AF670637

Verzeichnis der Abkürzungen und Zeichen

Abkürzung	Bedeutung
A	Anfang (z. B. A III = Anfang März)
Alp, alp	Alpen, alpin
Am, am	Amerika, amerikanisch
Arkt, arkt	Arktis, arktisch
As, as	Asien, asiatisch
Atl	Atlantischer Ozean
atl	atlantisch
Au	Auge, Augen
B.	Biologie
B	Bein, Beine
bes.	besonders, besondere
Bo	Borste, Borsten
Br	Brust (Thorax)
ca.	zirka, etwa
E	Ende (z. B. E III = Ende März; HlbE = Hinterleibsende), End-
Eiabl	Eiablage
Entw	Entwicklung
entw	entwickelt
Eur, eur	Europa, europäisch
F	Fühler (Antennen)
Fl	Flügel
Fld	Flügeldecken
FlSp	Flügelspannweite
Fortpfl	Fortpflanzung
Forts	Fortsatz, Fortsätze
Frühj	Frühjahr
G.	Gestalt
g	gemein, häufig
Geb	Gebirge
Gen	Generation, Generationen
Gld, gld	Glied, Glieder, gliedrig
H	Hinter-
HFl	Hinterflügel
Hlb	Hinterleib (Abdomen)
holarkt	holarktisch

Abkürzung	Bedeutung
Hsch	Halsschild (Pronotum)
Hü	Hüfte (Coxa)
Im.	Imago (Vollkerf)
J	Jahr, Jahre
Jh	Jahrhundert
K	Kopf
Kf	Kiefer
KOS	Kopfoberseite
Kosm	Kosmopolit
kosm	kosmopolitisch
Ksch	Kopfschild (Clypeus)
L.	Lebensstätte
L	Larve, Larven
Laubw	Laubwald
Lg, lg	Länge, lang
M	Mitte (z. B. M III = Mitte März; auch Mitte des Gebiets), Mittel-
medit	mediterran
MGeb	Mittelgebirge
Mischw	Mischwald
Mon	Monat
N	Norden, Nord- (auch Norden des Gebiets)
Na	Nahrung
Nadelw	Nadelwald
nördl	nördlich
O	Ober-; Osten, Ost- (auch Osten des Gebiets)
Oc	Ocellen (Punktaugen)
od.	oder
OKf	Oberkiefer (Mandibel)
Ol	Oberlippe (Labrum)
östl	östlich
OS	Oberseite
P	Puppe
pal	paläarktisch
Pfl, pfl	Pflanze, pflanzlich

R	Rüssel	**V.**	Verbreitung
		v	verbreitet
S	Seite; Süden, Süd- (auch Süden des Gebiets)	V	Vorder-
		VB	Vorderbeine
		versch.	verschieden, verschiedene
s	selten, einzeln		
Sch	Schildchen (Scutellum)	VFl	Vorderflügel
		vgl.	vergleiche
Sgm	Segment, Segmente		
Si	Siphonen		
Sp	Spannweite	W	Westen, West- (auch Westen des Gebiets)
Subgpl	Subgenitalplatte		
südl	südlich	WI	Primärwirt
		WII	Sekundärwirt
Trop, trop	Tropen, tropisch	westl	westlich
Tst	Taster	Wo	Woche
		Ww	Wirtswechsel
Überw, überw	Überwinterung, überwintern, überwintert	z	zerstreut
U	Unter-	Z	Zelle, Zellen
u.	und	z.B.	zum Beispiel
u. U.	unter Umständen	z.T.	zum Teil
UKf	Unterkiefer (Maxillen)	zw	zwischen
Ul	Unterlippe (Labium)		
US	Unterseite		

Weitere eingeschränkt gültige Abkürzungen finden sich bei einzelnen Ordnungen

♂	Männchen, männlich	I–XII	Januar bis Dezember; auch Auftreten der Imago
♀	Weibchen, weiblich		
☿	Arbeiterin		
±	mehr oder weniger	(Ei)	Überwinterung als Ei
–	bis	(L)	Überwinterung als Larve
∅	Durchmesser	(P)	Überwinterung als Puppe

Exkursionsfauna
von Deutschland

Band 2
Wirbellose: Insekten

Exkursionsfauna von Deutschland

Band 2

Wirbellose: Insekten

Begründet von Prof. Dr. Erwin Stresemann †
Weitergeführt von Prof. Dr. Hans-Joachim Hannemann †,
Prof. Dr. Bernhard Klausnitzer und Prof. Dr. Konrad Senglaub
Herausgegeben von Professor Dr. Dr. h.c. Bernhard Klausnitzer
in Zusammenarbeit mit zahlreichen Fachleuten

11., neu bearbeitete und erweiterte Auflage

Mit 3695 Abbildungen

Professor Dr. sc. nat. Dr. rer. nat. h. c. Bernhard Klausnitzer, Postfach 202731, D-01193 Dresden.

Bibliografische Information Der Deutschen Bibliothek
Die Deutsche Nationalbibliothek verzeichnet diese Publikation in der Deutschen Nationalbibliografie; detaillierte bibliografische Daten sind im Internet über http://dnb.d-nb.de abrufbar.

Springer ist ein Unternehmen von Springer Science+Business Media
springer.de

11. Auflage 2011

Spektrum Akademischer Verlag ist ein Imprint von Springer

11 12 13 14 15 5 4 3 2 1

Planung und Lektorat: Dr. Ulrich Moltmann, Dr. Christoph Iven
Satz: SatzReproService GmbH Jena
Umschlaggestaltung: SpieszDesign, Neu-Ulm
Titelfotografie: Großes Heupferd (*Tettigonia viridissima*): adultes Weibchen. © K.-U. Häßler, Fotolia.com
Fotos/Zeichnungen: siehe Bildquellenverzeichnis S. 937

ISBN 978-3-8274-2451-8

Mitarbeiterverzeichnis

Prof. Dr. habil. Rudolf Bährmann
Käulchensweg 38, D - 51105 Köln
Aleyrodina, Mottenschildläuse

Lutz Behne
Senckenberg Deutsches Entomologisches Institut, Eberswalder Straße 90
D - 15374 Müncheberg
Coleoptera: Curculionidae s. l.

Dr. Stephan M. Blank
Senckenberg Deutsches Entomologisches Institut, Eberswalder Straße 90
D - 15374 Müncheberg
Hymenoptera: Symphyta (mit A. Taeger & M. Kraus)

Prof. Dr. habil. Horst Bohn
Zoologische Staatssammlung,
Münchhausenstraße 21,
D - 81247 München
Blattoptera, Schaben

PD Dr. sc. Daniel Burckhardt
Naturhistorisches Museum
Augustinergasse 2, CH - 4001 Basel
Psyllina, Blattflöhe (mit B. Klausnitzer)

Prof. Dr. sc. Holger H. Dathe
Senckenberg Deutsches Entomologisches Institut, Eberswalder Straße 90
D - 15374 Müncheberg
Hymenoptera: Apidae

Dieter Doczkal
Klingelackerweg 10, D - 76571 Gaggenau
Diptera: Syrphidae

Prof. Dr. Bernd Gerken
Fitos, cx. 1044
P - 7670-604 Santana da Serra
Odonata, Libellen, Exuvien (mit K. Sternberg)

Dr. Ursula Göllner-Scheiding
Museum für Naturkunde
Invalidenstraße 43, D - 10115 Berlin
Heteroptera, Wanzen

Dr. Kurt K. Günther
Prignitzstraße 12, D - 12683 Berlin
Psocoptera, Staubläuse (mit Ch. Lienhard)

Dr. Fritz Hieke
Museum für Naturkunde
Invalidenstrape 43, D - 10115 Berlin
Coleoptera: Carabidae (mit J. Schmidt)

Dipl.-Biol. Hans-Joachim Jacobs
Dorfstraße 41, D - 17495 Ranzin
Hymenoptera: Sphecidae, Chrysididae

Prof. Dr. sc. Dr. h. c. Bernhard Klausnitzer
Lannerstraße 5, D - 01219 Dresden
Das System der Insekten, Allgemeine Charakteristik der Insekten, Hauptschlüssel heimischer Insektenordnungen (mit H.-J. Hannemann †), **Dermaptera** (mit H. Schiemenz †), **Mantodea** (mit H. Schiemenz †), **Psylloidea** (mit D. Burckhardt), **Coleoptera** (außer Carabidae, Staphylinidae, Curculionidae s. l.)

PD Dr. habil. Günter Köhler
Institut für Ökologie
Dornburger Straße 159, D - 07743 Jena
Saltatoria (Orthoptera), **Heuschrecken** (mit M. Oschmann, Juvenile partim)

Dr. Manfred Kraus
Fallrohrstraße 27, D - 90480 Nürnberg
Hymenoptera: Symphyta (mit A. Taeger & S. M. Blank)

Ralf Küttner
Neue Heimat 18 a
D - 09212 Limbach-Oberfrohna
OT Wolkenburg
Plecoptera, Steinfliegen (mit W. Joost †), **Ephemeroptera, Eintagsfliegen** (mit W. Zimmermann)

Dr. sc. nat. Charles Lienhard
Muséum d'histoire naturelle
Département Arthropodes et Entomologie I
Route de Malagnou 1
Case postale 6434
CH - 1211 Genève 6
Psocoptera, Staubläuse (mit K. K. Günther)

Dr. Eberhard Mey
Thüringer Landesmuseum Heidecksburg
Naturhistorisches Museum Rudolstadt
Schloßbezirk 1, D - 07407 Rudolstadt
Phthiraptera, Tierläuse

Dr. Wolfram Mey
Museum für Naturkunde
Invalidenstraße 43, D - 10115 Berlin
Trichoptera, Köcherfliegen, Lepidoptera, Schmetterlinge (mit H.-J. Hannemann † & B. Müller)

Prof. Dr. habil. Gerald Moritz
Institut für Biologie
Domplatz 4, D - 06108 Halle (Saale)
Thysanoptera, Fransenflügler (Thripse)

Dr. Bernd Müller
Weißdornallee 13, D - 13158 Berlin
Lepidoptera, Schmetterlinge (mit H. J. Hannemann † & W. Mey)

Prof. Dr. Joachim Oehlke
Schillerstraße 2, D - 16225 Eberswalde
Hymenoptera, Hautflügler (alles außer den separat genannten Gruppen), **Strepsiptera, Fächerflügler**

Dr. Martin Oschmann
Vor dem Nienburger Tor 57
D - 06406 Bernburg
Saltatoria (Orthoptera), **Heuschrecken** (Juvenile partim, mit G. Köhler)

Prof. Dr. Alfred Palissa
Am Niederfeld 28, D - 12621 Berlin
Diplura, Doppelschwänze, Protura, Beintaster, Archaeognatha, Felsenspringer, Zygentoma, Fischchen

Dipl.-Biol. Rolf Reinhardt
Burgstädter Straße 80a,
D - 09648 Mittweida
Wissenschaftliches Sammeln und Gesetzlichkeiten

Dr. Wieland Joh. Chrysostomos Röhricht
SJB, Eckardthaus, Neue Promenade 5
D - 15377 Buckow (Märkische Schweiz)
Raphidioptera, Kamelhalsfliegen (mit E. Kleinsteuber †), **Megaloptera, Schlammfliegen** (mit E. Kleinsteuber †), **Neuroptera, Netzflügler** (mit E. Kleinsteuber †), **Mecoptera, Schnabelfliegen** (mit E. Kleinsteuber †)

Prof. em. Dr. Eberhard G. Schmidt
Coesfelder Straße 230, D - 48249 Dülmen
Odonata, Libellen, Imagines, Exuvien, Einführung

Dipl.-Biol. Joachim Schmidt
Lindenstraße 3a,
D - 18211 Admannshagen
Coleoptera: Carabidae (mit F. Hieke)

Prof. Dr. habil. Heinrich Schmutterer
Wiesenstraße 55,
D - 35435 Wettenberg
Coccina, Schildläuse

Dr. Hans-Jürgen Schulz
Senckenberg Museum für Naturkunde
Abteilung Bodenzoologie
Bereich Apterygota
PF 300 154
D - 02806 Görlitz
Vorbemerkungen zur 1.–5. Ordnung, Collembola, Springschwänze

Dr. Klaus Sternberg
Schillerstraße 15
D - 76297 Stutensee-Blankenburg
Odonata, Libellen, Exuvien (mit B. Gerken)

Dr. Andreas Taeger
Senckenberg Deutsches Entomologisches Institut
Eberswalder Straße 90
D - 15374 Müncheberg
Hymenoptera: Symphyta (mit S. M. Blank & M. Kraus)

Dr. Thomas Thieme
Bio-Test Labor GmbH (BTL) Sagerheide
Birkenallee 19, D - 18184 Thulendorf
Aphidina, Blattläuse (mit F. P. Müller †)

Dr. Manfred Uhlig
Museum für Naturkunde
Invalidenstraße 43, D - 10115 Berlin
Coleoptera: Staphylinidae

Doz. Dr. habil. Werner Witsack
Stieger Weg 55, D - 06120 Halle
Auchenorrhyncha, Zikaden (mit H. J. Müller †)

Dr. Joachim Ziegler
Museum für Naturkunde
Invalidenstraße 43, D - 10115 Berlin
Diptera, Zweiflügler, Larven

Dr. Wolfgang Zimmermann
Thomas-Müntzer-Straße 5
D - 99423 Weimar
Ephemeroptera, Eintagsfliegen (mit R. Küttner)

Inhalt

Vorwort zur 11. Auflage

Charakter und Wert des seit Jahrzehnten hervorragend eingeführten und erprobten Bestimmungswerkes bedürfen wohl keiner näheren Erläuterung. Die Bestimmungstabellen sollen es ermöglichen, *alle* in Deutschland und den angrenzenden Regionen vorkommenden Insekten bis zu einer möglichst niedrigen taxonomischen Stufe einzuordnen bzw. zu bestimmen: nahezu immer bis zur Familie, oft bis zur Gattung, bei vielen Gruppen bis zur Art. Dadurch wird ein vollständiger Überblick über die Insekten Mitteleuropas ermöglicht.

Das Werk möchte die Artenkenntnis zuverlässig fördern, auch dazu anregen, den Insekten eine besondere Aufmerksamkeit zu widmen. Da mit den sechs Bänden der „Entomofauna Germanica" erstmals ein vollständiges Verzeichnis der Insekten Deutschlands vorliegt, wird die durch die „Exkursionsfauna" vermittelte taxonomische Kenntnis in einmaliger Weise durch Wissen über die Verbreitung ergänzt.

Der Band will eine Brücke zwischen den zahlreichen, oft hervorragenden und reich bebilderten Feldführern sowie den für den Benutzer meist zu knappen zusammenfassenden Bestimmungsbüchern und der meist nur von den Spezialisten benutzten weiterführenden Fachliteratur schlagen.

Für die vorliegende Auflage haben die einzelnen Autoren den Text, in manchen Fällen auch die Bilder weitgehend überarbeitet und auf den aktuellen Stand der Wissenschaft gebracht. Für nahezu alle Ordnungen wird ein Einstieg in die Bestimmung der Larven ermöglicht, denen man im Freiland mindestens ebenso oft begegnet wie den Imagines, die in den meisten Bestimmungsbüchern aber fehlen.

In den Jahren seit der letzten Auflage sind leider einige Mitarbeiter gestorben, ihrem Andenken gilt dieser Band besonders: Hans-Joachim Hannemann, Hans Joachim Müller, Gert Schliephake, Hubert Schumann und Herbert Weidner.

Herzlich begrüßt werden Charles Lienhard, Gerald Moritz, Joachim Schmidt und Hans-Jürgen Schulz als neue Mitarbeiter.

Allen Spezialisten, die sich als Autoren bereit fanden, ihre reichen Kenntnisse und Erfahrungen in den Dienst dieses Bestimmungswerkes zu stellen, sei herzlichst gedankt. Dank auch den vielen Kollegen, die mit mancherlei Hinweisen zu diesem Buch oder durch Mitarbeit an der Bildausstattung geholfen haben, ohne dass sie hier im Einzelnen genannt werden können.

Ein besonderer Dank geht an Herrn Dr. Ulrich G. Moltmann und die Mitarbeiterinnen und Mitarbeiter des Verlages sowie an SatzReproService GmbH Jena für die stets gute Zusammenarbeit.

Dresden, im September 2010 Bernhard Klausnitzer

Hinweise zur Benutzung

1. Zur Anlage und Benutzung der Bestimmungsschlüssel siehe unter Hauptschlüssel S. 24.
2. Da es nur für einen geringen Teil der bei uns vorkommenden Insekten deutsche Namen gibt, wurden lediglich die eingebürgerten Bezeichnungen verwendet. Auf die Bildung deutscher Namen oder Übersetzung von Namen ins Deutsche wird bewusst verzichtet. Jede hier aufgeführte Art ist durch ihren wissenschaftlichen Namen, durch die zweinamige, binäre beziehungsweise trinäre Benennungsweise hinreichend gekennzeichnet. Die Autorennamen mit Ausnahme von LINNAEUS (L.) und FABRICIUS (F.) werden stets ausgeschrieben.
3. Verständlicherweise können die Insektenarten hier nicht so ausführlich dargestellt werden wie die Wirbeltiere. Die hohe Artenzahl von etwa 35 000 Spezies allein in Mitteleuropa gebietet schon aus räumlichen Gründen eine Beschränkung.
4. Die wichtigsten Kennzeichen der Taxa, d. h. Angaben über Gestalt (**G.**), Verbreitung (**V.**), Lebensstätte (**L.**) und Biologie (**B.**) werden soweit wie möglich in knapper Form angegeben.
5. Die Abkürzungsliste befindet sich auf den Vorsatzblättern (Buchdeckelinnenseite) am Anfang des Buches.
6. Eine Darstellung der Bundesrepublik Deutschland mit den Grenzen ihrer Bundesländer und deren Abkürzungen befindet sich auf den Vorsatzblättern am Ende des Buches.
7. Fachausdrücke sind aus dem Abschnitt „Allgemeine Charakteristik der Insekten" zu entnehmen.
8. Die Größenangaben beziehen sich auf die Körperlänge ohne Anhänge, wie z. B. am Hinterleib oder die Fühler.
9. Auf Abbildungen wird im Text durch Seitenzahl und Abbildungsnummer hingewiesen, d. h. (Abb. **120**/3) ist auf Seite 120 als dritte Abbildung zu finden.
10. Das Literaturverzeichnis am Ende der einzelnen Kapitel weist weiterführende entomologische Standardwerke und Fachzeitschriften aus.

Wissenschaftliches Sammeln und Gesetzlichkeiten

Rolf Reinhardt

Die Ausgestaltung des Artenschutzes obliegt seit der Föderalismusreform den Ländern. Das Bundesnaturschutzgesetz (BNatSchG) legt in § 39 für den Allgemeinen Schutz die Grundsätze für die Ermächtigung der Ländergesetzgebung fest: 1. Tiere nicht mutwillig zu beunruhigen oder ohne vernünftigen Grund zu fangen, zu verletzen oder zu töten, ... 3. Lebensstätten nicht ohne vernünftigen Grund zu beeinträchtigen oder zu zerstören.

Es ist nicht unwichtig zu wissen, was der Gesetzgeber (§ 7) unter „wild lebendem Tier" versteht, es sind „Eier, Larven, Puppen und sonstige Entwicklungsstadien", „gefangene, gezüchtete ... sowie tote Tiere", „ohne weiteres erkennbare Teile von Tieren", „aus Tieren wild lebender Arten gewonnene Erzeugnisse". Das Beschäftigen mit Arthropoden (Sammeln, Züchten, Transportieren, Beobachten, Fotografieren usw.) fällt damit unter das BNatSchG bzw. die Naturschutzgesetze der Länder. Der allgemeinen Schutzbestimmung (§ 39) unterliegen demnach alle Arten; eine Vielzahl sind darüber hinaus „besonders geschützt". Die novellierte Bundesartenschutzverordnung (BArtSchV) enthält eine diesbezügliche umfangreiche Liste mit zwei Kategorien, den „besonders geschützten" und den „streng geschützten" Arten (die rein rechtlich auch zusätzlich „besonders geschützt" sind).

Artenschutz wird international gesehen, d. h. die deutschen und die europäischen gesetzlichen Bestimmungen beinhalten Vorschriften über Handlungsweisen außerhalb der europäischen Gemeinschaft, sie beziehen den Handel mit ein. Die einschlägigen Gesetze (Umsetzung des Washingtoner Artenschutzabkommens von 1973) enthalten daher auch Arten z. B. aus Übersee und regeln deren Einfuhr nach Deutschland oder in die Europäische Union. Die den internationalen Handel mit wild lebenden Tieren und Pflanzen regelnde EG-Verordnung 338/97 enthält als Arthropoden in ihren Anhängen als „besonders geschützte Arten" einige Schmetterlinge (aus der Familie der Papilionidae), Skorpione und Vogelspinnen. Bemerkt werden muss, dass nach deutschem Recht dem „Verkauf" auch Tausch und entgeltliche Überlassung zum Gebrauch oder zur Nutzung gleichgestellt sind.

Als wichtige EG-Richtlinie ist 92/43 EWG (= sog. FFH-Richtlinie) zu nennen, sie beinhaltet das europäische Schutzgebietssystem NATURA 2000. In den Anhängen II und IV dieser Richtlinie werden Arten von „gemeinschaftlichem Interesse" aufgeführt, darunter sog. „prioritäre Arten", also Arten, die besondere Aufmerksamkeit innerhalb der EU verdienen (nicht unbedingt die gefährdetsten oder seltensten!). Diese Arten genießen einen höheren Schutzstatus („streng geschützt"), Anhang IV enthält 46 Insektenarten, Anhang II 36 Insektenarten (z. T. auch im Anhang IV aufgeführt).

Die EG-Verordnungen und die BArtSchV führen Arten, Gattungen und Familien auf, die „besonders geschützt" sind. Bei der Beschäftigung mit Gruppen aus dieser Schutzkategorie ist – neben der allgemeinen Schutzklausel – auf den § 4 BArtSchV „Verbotene Handlungen, Verfahren und Geräte" zu verweisen. Die Verwendung von künstlichen Lichtquellen ist dort ebenso verboten wie die „Benutzung lebender Tiere als Lockmittel" oder die Anwendung von Netzen oder Fallen mit denen wahllos große Mengen gefangen oder getötet werden können.

Bei den Insekten fallen unter die „besonders geschützten" Arten vor allem Taxa attraktiver Gruppen der Schmetterlinge (sie stellen auch die längste Liste), Käfer, Libellen, Geradflügler usw., während andere Taxa nicht aufgeführt sind und daher die Mehrzahl der Insektenarten „nur" den eingangs zitierten allgemeinen Schutzbestimmungen unterliegen. Hierzu zählen z. B. die „Apterygota", *Ephemeroptera*, *Plecoptera*,

Blattoptera, Psocoptera, Phthiraptera, Sternorrhyncha, Auchenorrhyncha, Heteroptera, Thysanoptera, Megaloptera, Raphidioptera, Strepsiptera, Trichoptera, Mecoptera, Diptera und *Siphonaptera.*

Der Artenschutz liegt rahmenrechtlich beim Bund. Der Vollzug der einheimischen Belange ist nach der Föderalismusreform auf die Länder und dann unterschiedlichen Behördenebenen übertragen worden. Die Vielfalt der Länderregelungen lässt einen generell gültigen Hinweis auf Zuständigkeiten nicht zu. Durch Struktur- und Verwaltungsreformen ändern sich die Ansprechebenen. Es ist nicht möglich und in diesem Rahmen auch nicht erforderlich, alle Passagen zu nennen. Da aber im Extremfall bei Verstoß gegen die Gesetze (ausgeführt im Kapitel 10 BNatSchG) strafrechtliche Verfolgung mit Freiheitsentzug und hohe Geldstrafen angedroht werden, andererseits eine hohe Dynamik in der Gesetzesnovellierung besteht, empfiehlt es sich, den Kontakt mit den zuständigen Behörden (i. d. R. den unteren Naturschutzbehörden bei den Landratsämtern bzw. kreisfreien Städten) herzustellen. Bei ihnen liegt auch die Entscheidungsbefugnis für Befreiungen von den Verboten in verschiedenen Schutzgebietskategorien (z. B. Verlassen der Wege in Flächennaturdenkmalen). Auch Ausnahmeregelungen im Artenschutz und der Erfolg diese zu erlangen, lassen sich auf diese Weise im allgemeinen recht schnell eruieren. Ein im allgemeinen anerkannter „vernünftiger" Grund zur Erlangung einer Ausnahmegenehmigung, ist z. B. die faunistische Arbeit der Freizeitforscher. Als Einzelfallentscheidung wird auf schriftlichen Antrag bei der im Land zuständigen Behörde in begründeten Fällen nach einer angemessenen Bearbeitungszeit eine Ausnahmegenehmigung von den Verboten des BNatSchG bzw. der BArtSchV – meist mit Auflagen und u. U. mit Gebührenbescheid – erteilt. Natürlich sind die gefangenen Tiere dann auch ordnungsgemäß zu beschriften (Fundortetiketten).

Die Umweltministerien der Länder können ebenfalls Ansprechpartner bei der Klärung von Zuständigkeiten sein. Adressen sind über den Auskunftsdienst des Bundes erhältlich.

Neben dieser u. U. komplizierten Problematik des gesetzlichen Schutzes von wild lebenden Tieren besteht ein weiterer, völlig unabhängiger Problemkreis, der die Belange einer tatsächlichen Gefährdung der Arten betrachtet: Rote Listen. Entstanden sind diese Listen gefährdeter Arten für ganz unterschiedliche territoriale Gebilde (Staat, Land, Provinz, Naturraum usw.) und zunächst für Wirbeltiere und Pflanzen. Inzwischen sind die „Roten Listen gefährdeter Arten" als Bewertungsinstrument im Natur- und Umweltschutz grundlegend platziert und in aktualisierter Form für viele Taxa verfügbar, Gesetzeskraft kommt ihnen nicht zu. Die letzte Ausgabe der Roten Liste des Bundes erschien 1998 (Binot et al. 1998), eine Neufassung steht vor der Veröffentlichung (vgl. Ludwig et al. 2005, 2006).

Die Länder haben unterschiedliche Herangehensweisen, meist werden einzelne Gruppen be- und überarbeitet, es gibt aber auch zusammen gefasste Werke. Die Definitionen für die einzelnen Gefährdungsstufen haben sich im Verlaufe der Anwendung der Listen geändert. Die derzeit unter Einarbeitung internationaler Definitionen gebräuchlichen Versionen sind ausführlich bei Schnittler et al. (1994) diskutiert. Es ist aber noch immer keine Gleichheit unter den deutschen Bundesländern erreicht worden, wenngleich eine hochgradige Übereinstimmung inzwischen besteht. Im allgemeinen sind folgende Kategorien gebräuchlich: „Ausgestorben oder verschollen (0)", „Vom Aussterben bedroht (1)", „Stark gefährdet (2)", „Gefährdet (3)". Weiterhin wird unterschieden in „Arten mit geografisch geringer Verbreitung (R)", „Arten mit unzureichendem Kenntnisstand (D)" usw. Auch Arten für eine sogenannte „Vorwarnliste (V)" werden nominiert. Bei einem Vergleich des Gefährdungsgrades einzelner Arten in verschiedenen Bundesländern ist daher stets ein Vergleich der Definitionen angebracht bzw. erforderlich.

Ausweisungen der Gefährdungsgrade oder gesetzliche Schutzvorschriften nützen den Arten wenig, wenn ihre Lebensräume vernichtet, zerstört, verändert oder anderweitig verplant werden. Die Erhaltung des Artenreichtums kann nur über die Erhaltung intakter Lebensräume erfolgen (System NATURA 2000). In sog. Managementplänen für die FFH-Gebiete werden in einem Grundprogramm die Ist-Zustände erfasst und bewertet. Ein Monitoringprogramm – auch für FFH-Arten – mit Berichtspflicht an die EU soll sicherstellen, dass sich die Zustände nicht verschlechtern. Gegenwärtig ist dennoch festzustellen, dass die „Roten Listen" immer länger werden, d. h. die bestehenden vielfältigen Gesetzlichkeiten (EU, Bundesrepublik, Länder) zum Gebiets- und Biotopschutz sind ziemlich wirkungslos. Nur die Vernunft jedes einzelnen Menschen kann der Erhaltung der Artenvielfalt dienlich sein. Dazu ist aber eine Kenntnis der Arten und ihrer Lebensweisen Voraussetzung. Dieses Bestimmungswerk soll hierzu beitragen.

Literatur

BINOT, M., BLESS, R., BOYE, P., GRUTTKE, H. & PRETSCHER, P. (Bearb.) (1998): Rote Liste gefährdeter Tiere Deutschlands. – Schriftenreihe für Landschaftspflege und Naturschutz 55, 434 S.; BfN, Bonn-Bad Godesberg.

LUDWIG, G., HAUPT, H., GRUTTKE, H. & BINOT-HAFKE, M. (2005): Methodische Weiterentwicklung der Roten Listen gefährdeter Tiere, Pflanzen und Pilze in Deutschland – Eine Übersicht. – Natur und Landschaft 80 (6): 257–265.

LUDWIG, G., HAUPT, H., GRUTTKE, H. & BINOT-HAFKE, M. (2006): Methodische Anleitung zur Erstellung Roter Listen gefährdeter Tiere, Pflanzen und Pilze. – BfN-Skripten (Bonn-Bad Godesberg) 191: 1–97; 2. Auflage (2007) 81–109.

SCHNITTLER, M., LUDWIG, G., PRETSCHER, P. & BOYE, P. (1994): Konzeption der Roten Listen der in Deutschland gefährdeten Tier- und Pflanzenarten – unter Berücksichtigung der neuen internationalen Kategorien. – Natur und Landschaft 69: 451–459.

Gesetz über Naturschutz und Landschaftspflege (Bundesnaturschutzgesetz – BNatSchG): Artikel 1 des Gesetzes vom 29. Juli 2009, in Kraft getreten am 01.03.2010. – BGBl. I, S. 2542.

Rat der Europäischen Gemeinschaften (1992): Richtlinie 92/43/EWG des Rates zur Erhaltung der natürlichen Lebensräume sowie der wildlebenden Tiere und Pflanze vom 21. Mai 1992 (= FFH-Richtlinie). – ABl. EG Nr. L 206 vom 22.7.1992.

Rat der Europäischen Gemeinschaften (1997): Verordnung (EG) Nr. 338/97 des Rates vom 9. Dezember 1996 über den Schutz von Exemplaren wildlebender Tier- und Pflanzenarten durch Überwachung des Handels. – ABl. EG Nr. L 61 vom 3.3.1997.

Verordnung zum Schutz wild lebender Tier- und Pflanzenarten (Bundesartenschutzverordnung – BArtSchV) vom 19. Dezember 1986, in der Neufassung vom 16. Februar 2005, zuletzt geändert durch Artikel 22 des Gesetzes vom 29. Juli 2009. – BGBl. I, S. 2542.

Das System der Insekten

Bernhard Klausnitzer

Während die Insekten (*Insecta*) noch vor einigen Jahrzehnten in nur etwa 12 Ordnungen eingeteilt wurden, hat die moderne Systematik 36 Ordnungen aufzuweisen, wobei näher verwandte zu Überordnungen und anderen höheren Gruppen zusammengefasst werden. Eine einheitliche Benennung der Ordnungen – bes. im Hinblick auf die Wortendung – hat sich noch nicht allgemein durchgesetzt. Für die niederen Kategorien sind die Endungen für das gesamte Tierreich festgelegt (*-idae* für Familien, *-inae* für Unterfamilien, *-ini* für Tribus). Es sind in der folgenden Übersicht verschiedene Zwischenkategorien oberhalb der Ordnungen aufgeführt. Mit wenigen Ausnahmen gibt es für diese keine allgemein üblichen Rangbezeichnungen. Es ist aber sehr wahrscheinlich, dass sie stammesgeschichtliche Einheiten (monophyletische Gruppen) umfassen, weshalb sie hier genannt werden.
Das nachstehende System der Insekten richtet sich im wesentlichen nach Dathe (2005) sowie Klausnitzer in Westheide & Rieger (2004). Es werden alle Ordnungen angeführt, wobei die in der heimischen Fauna nicht vertretenen an Stelle der Seitenangabe durch – gekennzeichnet sind. Alle hier aufgeführten Ordnungen sollten monophyletische Gruppen sein, allerdings ist es nicht möglich, im Rahmen dieser kurzen Übersicht (und für die Zwecke eines Bestimmungsbuches) auf alle „höheren" Kategorien sowie Zweifelsfälle einzugehen, z. B. die möglicherweise mehrfach entstandene Entognathie und die daraus folgende Paraphylie der *Entognatha*, die Stellung der *Plecoptera*, die Einbeziehung der *Isoptera* in die *Blattoptera*, die unklare Stellung der *Zoraptera*, die vermutliche Paraphylie der *Zygentoma*, *Psocoptera* (*Psocoptera* + *Phthiraptera*), *Auchenorrhyncha*, *Mecoptera* u. a. oder die völlig unklare Position der *Strepsiptera*, die keiner Untergruppe der Holometabola zugeordnet werden können, auch sind selbstverständlich die einzelnen Ordnungen im phylogenetischen Sinne nicht immer gleichrangig.

Klasse *Insecta* – Insekten

Gruppe	Ordnung	Seite
Unterklasse *Entognatha*		
	1. Ordnung *Diplura*, Doppelschwänze	S. 42
Ellipura		
	2. Ordnung *Protura*, Beintastler	S. 43
	3. Ordnung *Collembola*, Springschwänze	S. 45
Unterklasse *Ectognatha*, Freikiefler		
	4. Ordnung *Archaeognatha*, Felsenspringer	S. 54
Dicondylia		
	5. Ordnung *Zygentoma*, Fischchen	S. 55
Pterygota, Fluginsekten		
Archipterygota		
	6. Ordnung *Ephemeroptera*, Eintagsfliegen	S. 58
Metapterygota		
	7. Ordnung *Odonata*, Libellen	S. 69
Neoptera		
Polyneoptera		
	8. Ordnung *Plecoptera*, Steinfliegen	S. 99
	9. Ordnung *Notoptera*, Grillenschaben	–
	10. Ordnung *Mantophasmatodea*, Fersenläufer	–
	11. Ordnung *Embioptera*, Tarsenspinner	–
	12. Ordnung *Dermaptera*, Ohrwürmer	S. 111

Literatur

DATHE, H. H. (Hrsg.) (2003): Lehrbuch der Speziellen Zoologie, Band I: Wirbellose Tiere, 5. Teil: Insecta, 2. Auflage. – Spektrum Akademischer Verlag, Heidelberg, Berlin. 961 Seiten.

KLAUSNITZER, B. (2004): Insecta (Hexapoda), Insekten. – In: WESTHEIDE, W. & RIEGER, R. (Hrsg.): Spezielle Zoologie. Teil 1: Einzeller und Wirbellose Tiere. Korrigierter und ergänzter Nachdruck. – Spektrum Akademischer Verlag Stuttgart, Heidelberg, Berlin, 601–681, 869–870.

Allgemeine Charakteristik der Insekten

Bernhard Klausnitzer

Mit reichlich 1 Million bislang beschriebenen Arten umfassen die Insekten mehr als 75% aller gegenwärtig bekannten Tierarten u. stellen damit die weitaus größte Tiergruppe dar (Schätzungen sprechen von 10 bis 90 Millionen Arten). Im. können meist fliegen u. sind primär Land- u. Lufttiere, die mit Hilfe eines Röhrensystems im Körperinnern (Tracheen) atmosphärische Luft atmen. Die L sind vielfach ganz anders gebaut u. führen oft eine andere Lebensweise als die Im. (bes. *Holometabola*). Von der enormen Vielgestaltigkeit kann nur ein allgemeiner Überblick gegeben werden. Einzelheiten des äußeren Körperbaus usw. bei den einzelnen Ordnungen. Innerer Körperbau bleibt weitgehend unberücksichtigt.

G. der **Imago**: Weniger als 1 mm bis mehrere cm lg. FlSp mitunter größer als KörperLg. Körper von einer Cuticula umgeben (Außenskelett), die aus verschiedenen Proteinen u. Chitin besteht u. während des Wachstums der L in ± periodischen Abständen mehrmals erneuert wird (Häutungen). Die Cuticula bestimmt mit Skulpturen, unechten u. echten Haaren, Schuppen sowie gemeinsam mit anderen Teilen die Färbung u. damit ganz wesentlich das für die Erkennung der einzelnen Arten wichtige äußere Erscheinungsbild. Außenskelett nicht überall gleich dick. Wenigstens am Hlb sind die Platten der Sgm fast immer durch dünnere u. weichere Gelenkhäute gegeneinander abgesetzt (Kerbtiere). Auch an den B sind die einzelnen Gld durch solche Gelenkhäute verbunden. Fast immer sind die für Insekten typischen 3 Körperabschnitte deutlich ausgebildet (Abb. **16**/3): vorn der K od. Caput, dahinter Br od. Thorax u. dahinter Hlb od. Abdomen. Selten sind K u. Br sekundär zu einem Cephalothorax (VKörper) verschmolzen (Abb. **16**/4). Bei einigen L sind sogar alle Körperabschnitte nur undeutlich od. überhaupt nicht gegeneinander abgesetzt (Abb. **21**/6), ebenso bei manchen Schildläusen (*Coccina*).

Der **Kopf** trägt wichtige Sinnesorgane, die Mundöffnung sowie zur Aufnahme der Na dienende Mundgliedmaßen (Abb. **16**/5, 6), u. er enthält das Gehirn. Er besteht aus dem Kopflappen (Akron) u. 6 nachfolgenden Sgm (diese Gliederung aber nur am

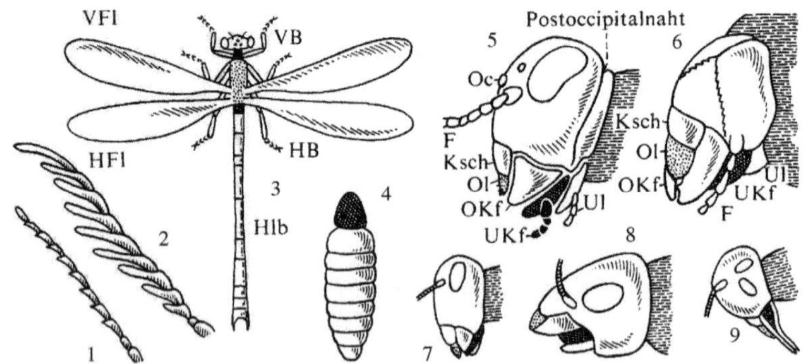

Abb. 16/1–9. 1–2 Geschlechtsunterschiede im F-Bau einer Schnellkäferart; ♀ **(1)** u. ♂ **(2)**; **3** Libelle; VBr u. 1. HlbSgm schwarz, M- u. HBr punktiert; **4** Fächerflügler, ♀; VKörper schwarz; **5** K einer Heuschrecke; UKf schwarz, Ol punktiert, Hals schraffiert; **6** K eines Engerlings; KKapsel mit Y-förmiger Häutungsnaht, UKf schwarz, VBr schraffiert; **7–9** Kopfstellungen: Mundwerkzeuge nach unten **(7)**, nach vorn **(8)** od. nach hinten **(9)** gerichtet, Ol punktiert, UKf schwarz, Hals schraffiert.

Bau des Nervensystems zu erkennen). Schon bei der L sind alle Sgm weitgehend verschmolzen u. bilden eine gemeinsame, ± kugelige, stark gepanzerte, hinten offene KKapsel, an der verschiedene Regionen u. Nähte unterschieden werden. Von den Nähten am K der Im. bezeichnet nur die Postoccipitalnaht im Bereich des HHaupts eine echte SgmGrenze (Abb. **16**/5). Für viele L typisch ist eine Y-förmige Naht auf der OS des K (Abb. **16**/6), an der der Panzer zu Beginn einer Häutung aufplatzt (Häutungsnaht). KStellung bei den einzelnen Ordnungen versch. Mundöffnung u. Mundgliedmaßen können rechtwinklig nach unten (orthognath, Abb. **16**/7), nach vorn (prognath, Abb. **16**/8) od. nach hinten weisen (hypognath, Abb. **16**/9).
An die hintere Öffnung der KKapsel (HHauptsloch) setzt der Hals (Cervix) an, der K u. Br verbindet u. KBewegungen ermöglicht. An der KUnterseite (KUS) liegt die Mundöffnung u. setzen die Mundgliedmaßen an. Dahinter ist die KUS durch die Kehle (Gula) verschlossen, die oft auch das HHauptsloch ± stark verengt. Die KOS wird Scheitel (Vertex), die KVWand Stirn (Frons) u. die KSWände (unter od. hinter den Au) Wangen (Genae) genannt. Stirn-VRand vielfach durch eine quer verlaufende Epistomalnaht gegen den Ksch (Clypeus) abgesetzt (Abb. **16**/5). An den KS je ein halbkugeliges bis nierenförmiges, 6-eckig gemustertes Komplex- od. FacettenAu, das manchmal durch vorspringende Streifen der Wange ± vollständig geteilt ist. Außerdem oft 3 EinzelAu od. Oc in 3-eckigerAnordnung: vorderer Oc auf der Stirn, die beiden hinteren auf dem Scheitel.
Auf der Stirn sind in versch. Lage zu den Au 1 Paar F (Antennen) eingelenkt (Abb. **16**/5–9). *Collembola* u. *Diplura* besitzen GliederF, die in allen Gld (außer im EGld) Muskeln enthalten. Alle übrigen Insekten tragen GeißelF, bei denen Muskeln nur im GrundGld (Schaft) ausgebildet sind. Nach der äußeren Gestalt sind die F borstenförmig (Abb. **17**/1), fadenförmig (Abb. **17**/2), perlschnurförmig (Abb. **17**/3), gesägt (Abb. **17**/4), ein- od. zweiseitig gekämmt (Abb. **17**/5), gefiedert (Abb. **17**/6), gekeult (Abb. **17**/7), gekniet (Abb. **17**/8), geblättert (Abb. **17**/9) od. pfriemenförmig (Abb. **17**/10). Mitunter auch Kombination mehrerer FTypen (z.B. gekniet-gekeult, Abb. **17**/11). F dienen hauptsächlich als Tast- u. Geruchssinnesorgane. Deshalb meist bei chemisch sich orientierenden Dämmerungs- od. Nachttieren besser entw als bei gut sehenden Tagtieren. Außerdem tragen ♂♂ vielfach größere u. leistungsfähigere F als ♀♀ (Abb. **16**/1, 2) (Zusammenfinden der Geschlechter). Alle Insekten mit GeißelF besitzen im ersten auf den Schaft (Scapus) folgenden Gld (Pedicellus) ein Sinnesorgan (JOHNSTONsches Organ) zur Wahrnehmung von FBewegungen, Luftströmungen u. Erschütterungen.
An der KOS ist der Mundraum nach vorn bei vielen Gruppen durch die unpaare, schuppen- od. plattenförmige Ol (Labrum) begrenzt, die vor der Mundöffnung am VRand der Stirn od. des Ksch ansetzt (Abb. **16**/5). Neben u. hinter dem Mund 3 Paar umgewandelte Gliedmaßen, die ursprünglich zum Kauen u. Beißen dienen u. deshalb zangenartig gegeneinander wirken (Abb. **18**/1): 1 Paar OKf (Mandibeln) halten

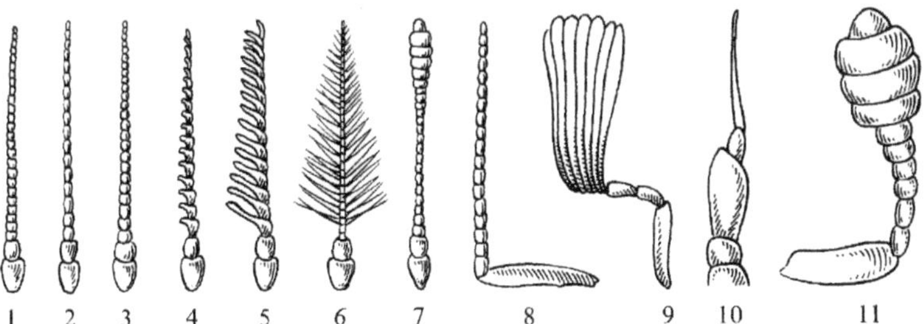

Abb. 17/1–11. FFormen **1** borstenförmig; **2** fadenförmig; **3** perlschnurförmig; **4** gesägt; **5** gekämmt; **6** gefiedert; **7** gekeult; **8** gekniet; **9** geblättert; **10** pfriemförmig; **11** gekniet-gekeult.

die Na fest u. zerkleinern sie, 1 Paar UKf (Maxillen) schaufeln die zerkleinerte Na in die Mundhöhle, die paarig angelegte Ul (Labium) verhindert das Herausfallen von NaTeilen aus dem Mund. Meist ist das Labium wenigstens am Grunde verwachsen. UKf u. Ul sind mit fühlerähnlichen Tst ausgestattet, die nach ihrer Lage als KfTst od. UlTst bezeichnet werden. Die Spitze der UKf trägt eine innere (Lacinia) u. eine äußere (Galea) Kaulade. Häufig sind die Mundgliedmaßen für andere Formen der NaAufnahme eingerichtet u. ganz od. teilweise zu stechenden, saugenden od. leckenden Mundwerkzeugen umgewandelt (Abb. **18**/2–4). Gelegentlich sind auch einzelne od. alle Mundgliedmaßen ± rückgebildet u. verkümmert.

Die **Brust** besteht aus 3 Sgm, die fast immer (wenigstens an der US) deutlich gegeneinander abgesetzt sind. Sie trägt bei den Im. alle Organe der Fortbewegung. An jedem BrSgm ein Paar B, die versch. gestaltet sein können: Lauf- od. SchreitB (Abb. **18**/5), SprungB (Abb. **18**/6), SchwimmB (Abb. **18**/7), RuderB (Abb. **18**/8), GrabB (Abb. **18**/9), FangB (Abb. **18**/10), KlammerB (Abb. **18**/11), PutzB (Abb. **18**/12) u. SammelB (Abb. **18**/13). Jedes B ist gegliedert in Hü (Coxa), Schenkelring (Trochanter), Schenkel (Femur), Schiene (Tibia), 1- bis 5gld Fuß (Tarsus) u. Klauen- od. KrallenGld (Prätarsus, Abb. **20**/3). KrallenGld oft mit bes. Hafteinrichtungen zum Laufen an glatten u. steilen Flächen (z.B. Gruppen u. Büschel bes. geformter Haare, Haftballen an den FußGld, versch. geformte, paarige od. unpaare, feststehende od. einziehbare Haftlappen, die meist mit bes. Drüsensekreten befeuchtet werden).

M- u. HBr tragen an der OS meist je 1 Paar Fl. Nur die 1.–5. Ordnung sind ursprünglich (primär) flügellos. Wo flügellose Im. bei den *Pterygota* auftreten, sind die Fl immer sekundär rückgebildet. Ursprünglich sind beide FlPaare gleich. Bei den meisten Ordnungen sind aber VFl u. HFl versch. gebaut. Manchmal sind die Fl nachträg-

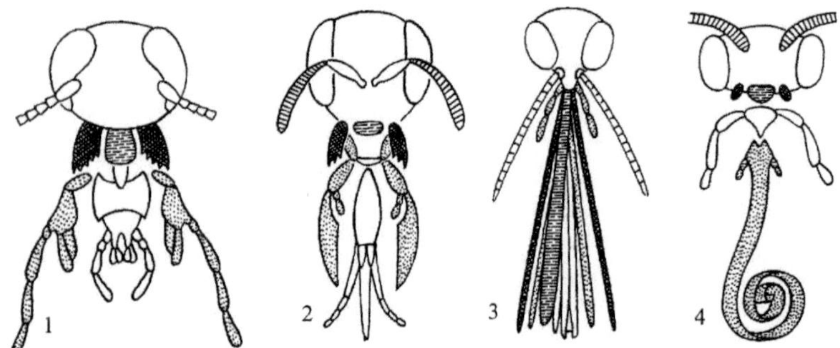

Abb. 18/1–4. Bau der Mundwerkzeuge. **1** Schabe (beißend); **2** Biene (leckend-saugend); **3** Mücke (stechend-saugend); **4** Schmetterling (leckend). OKf schwarz, Ol schraffiert, UKf punktiert, Ul ohne Struktur gezeichnet.

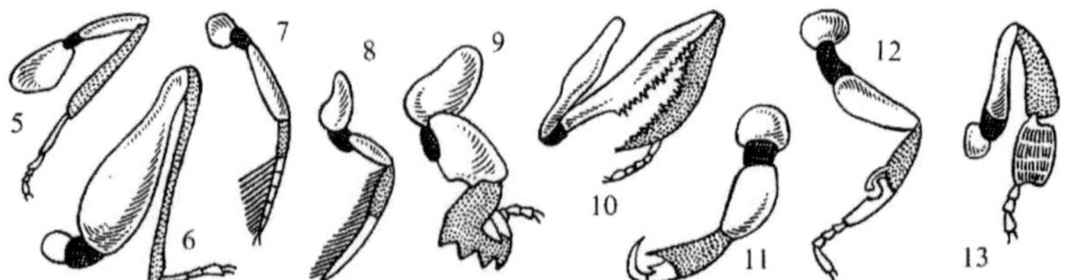

Abb. 18/5–13. Beinformen. **5** SchreitB; **6** SprungB; **7** SchwimmB; **8** RuderB; **9** GrabB; **10** FangB; **11** KlammerB; **12** PutzB; **13** SammelB. Schenkelring schwarz, Schiene punktiert.

lich vereinfacht u. dadurch sekundär wieder gleich. Von ursprünglich gleichflügeligen Formen sind solche Arten meist leicht daran zu unterscheiden, dass die Aderung der Fl weitgehend rückgebildet ist. Oft ist das vordere FlPaar umgestaltet. VFl der Wanzen meist am Grunde stärker verhornt u. nur zur FlSpitze hin häutig (Halbdecken, Abb. **19**/1). VFl der Käfer ganz u. gar stark verhornt (Fld, Abb. **19**/2), auch einige andere Ordnungen. VFl der Fächerflügler-♂♂ (Abb. **19**/3) u. HFl aller Zweiflügler (Abb. **19**/4) gänzlich umgestaltet (Schwingkölbchen od. Halteren), die als Sinnesorgane zum Regulieren des Gleichgewichts beim Fliegen dienen.

Die Fl entstehen aus doppelwandigen Hautausstülpungen der Rückenplatten-SRänder von M- u. HBr. Vor dem Schlüpfen der Im. sind sie stark gefaltet. Vor dem ersten Gebrauch werden die Fl durch eingepumpte Hämolymphe („Blut") aufgebläht u. gestreckt. Sie werden von zahlreichen Tracheen durchzogen, die als Adern vielfach für Bestimmungen sehr wichtig sind; vor allem die Längsadern (Abb. **20**/2). Den FlVRand bildet die Costa (Randader, c), parallel dazu die Subcosta (sc), dahinter Radius (r), Media (MAder, m), Cubitus (cu), Postcubitus (pcu) u. der FlHTeil mit den fächerförmigen Analadern (an). Alle Adern zw Costa u. den Analadern können zur FlSpitze hin ein- od. mehrfach gegabelt sein. Oft sind auch Queradern ausgebildet, so dass „Zellen" entstehen, die nach den sie vorn begrenzenden Längsadern benannt werden (RadialZ, CubitalZ, usw.). In den Abb. sind die Adern mit kleinen Anfangsbuchstaben des Adernamens u. die Z mit großen Anfangsbuchstaben ihres Namens bezeichnet; Gabeläste der Längsadern sind außerdem – am FlVRand beginnend – fortlaufend numeriert (Abb. **20**/2). Vielfach ist am FlVRand ein stärker verhornter u. intensiver gefärbter Fleck ausgebildet, dessen Lage u. Größe ebenfalls für Bestimmungen wichtig sein kann (Fl- od. Randmal, Pterostigma, Abb. **20**/1).

Alle RumpfSgm zeigen den grundsätzlich gleichen Aufbau. Sie bestehen aus einer Rückenplatte (Tergit) u. einer Bauchplatte (Sternit), die durch dünnere SWände (Pleuren) verbunden sind. Ursprünglich tragen 2 BrSgm (meist M- u. HBr) u. die vorderen 8 HlbSgm je 1 Paar Atemöffnungen (Stigmen), durch die die Tracheen nach außen münden. Diese Atemöffnungen sind manchmal mit ± komplizierten Verschlusseinrichtungen versehen. Sie liegen meist auf den SWänden der Sgm, können aber auch zum Rücken od. zum Bauch hin verlagert sein. Oft ist die Anzahl der Stigmenpaare reduziert.

Die BrSgm sind im Zusammenhang mit der FlAusbildung u. dem Ansatz der B meist ± abgewandelt. An den SWänden treten plattenförmige Verfestigungen auf, die manchmal für die Bestimmung wichtig sind: Episternum vor dem Hü-Ansatz, Epimerum hinter ihm u. wulstartige Pleuralleiste über ihm (Abb. **20**/5). Wo diese Skelettstücke mit dem Sternit u. Tergit enger verbunden werden od. sogar verwachsen, bilden die BrSgm ± starre Ringe. An den flügellosen BrSgm sind die SRänder der Tergite meist faltenartig ± weit bauchwärts herabgezogen (Paranota). An den flügeltragenden BrSgm dagegen sind umgekehrt die Tergitplatten meist nicht mehr deutlich zu erkennen. Erhalten bleibt nur das Tergit der VBr (Hsch od. Pronotum, Abb. **19**/2) u. häufig ein Tergitrest der MBr (Sch od. Scutellum, Abb. **19**/1).

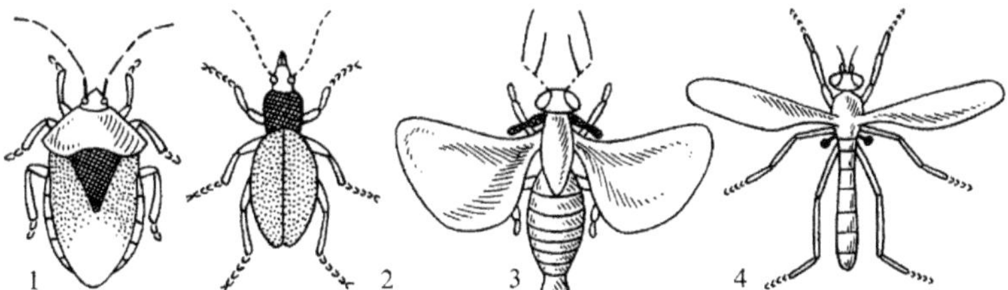

Abb. 19/1–4. 1 Baumwanze, Sch schwarz; **2** Laufkäfer, Hsch schwarz; **3** Fächerflügler, ♂, VFl schwarz; **4** Holzfliege, HFl schwarz.

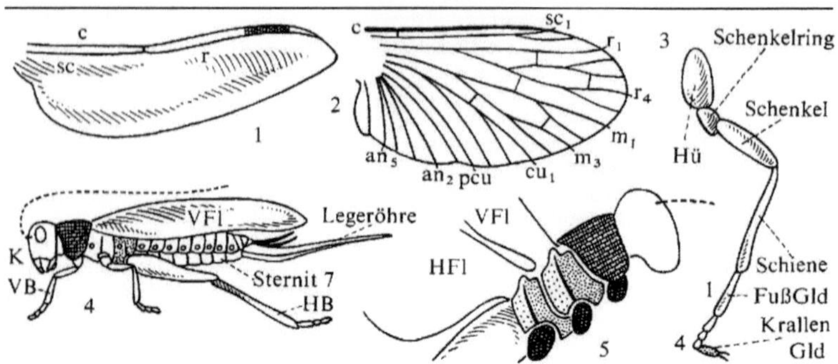

Abb. 20/1–5. 1 Fl einer Libelle, FlMal schwarz, nur randnahe Adern eingezeichnet; **2** FlAderung; **3** Beingliederung; **4** Laubheuschrecke, ♀ VBr u. Cerci schwarz, HBr punktiert; **5** VKörper einer Heuschrecke, Bau der BrSgm; Hü schwarz, Paranotum der BVr dunkel, Episternum fein punktiert, Epimerum grob punktiert, zw Episternum u. Epimerum die Naht der Pleuralleiste.

Im **Hinterleib** liegen die Verdauungs-, Stoffwechsel-, Atmungs-, Kreislauf-, Exkretions-, Osmoregulations- sowie die Geschlechtsorgane u. deren Anhangsdrüsen. Er besteht ursprünglich aus 11 Sgm u. dem Schwanzlappen (Telson) des Embryos. Die volle SgmZahl bleibt zeitlebens aber nur bei den *Protura* erhalten; sonst werden die ESgm (von Sgm 9 ab) meist abgewandelt bzw. ± rückgebildet. Bei den Vertretern der 1.–5. Ordnung bleiben zeitlebens Reste von HlbGliedmaßen erhalten. Sonst treten HlbGliedmaßen bei Im. nicht auf, wohl aber Abkömmlinge embryonaler Gliedmaßenanlagen, wie z. B. tasterförmige Schwanzanhänge (Cerci) od. Kopulations- u. Legeapparate an den GenitalSgm 8 u. 9 (Abb. **20**/4). Bes. die Anhänge der GenitalSgm sind oft artspezifisch gestaltet u. deshalb für genaue Artbestimmungen wichtig.

G. der **Larven**: Sie können den Im. sehr ähnlich sehen u. sich praktisch nur durch Fehlen der Fl u. Genitalanhänge von diesen unterscheiden (6.–25. Ordnung, Abb. **20**/6), sie gleichen sich von Häutung zu Häutung mehr den Im. an, indem FlScheiden u. Genitalanhänge allmählich auswachsen (Abb. **20**/7); mitunter wird aber die Entw der Fl u. Genitalanhänge auch ± lg verzögert, so dass flügellose L u. Nymphen mit FlScheiden unterschieden werden können. Bei den *Holometabola* sind sie völlig anders gestaltet u. zeigen keine Ähnlichkeit mit den Im. (Abb. **20**/9). Die Anzahl der Sgm am Hlb der L kann vollständig ausgebildet (Abb. **21**/1–5) od. ± stark vermindert sein (Abb. **21**/6). Bei vollzählig entw. HlbSgm können B auch am Hlb auftreten (z. B. viele Raupen, BlattwespenL, L der Schnabelfliegen, Abb. **21**/1), nur auf den VKörper beschränkt sein (z. B. fast alle KäferL, Abb. **20**/9; **21**/2) od. ganz fehlen (z. B. Zweiflügler, Flöhe, Abb. **21**/4). L vieler Fliegen haben oft auch keine vom übrigen Rumpf

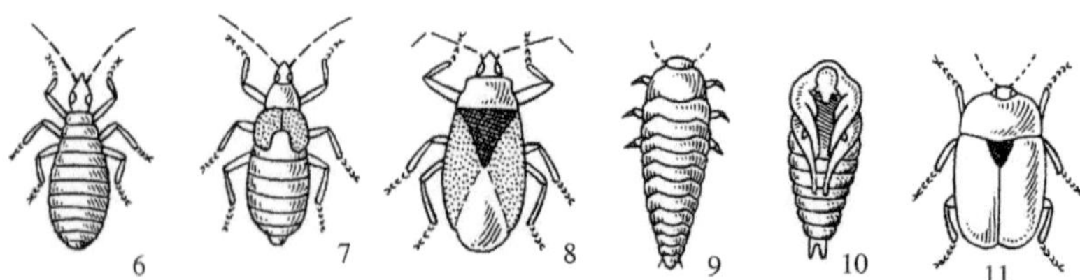

Abb. 20/6–11. 6–8 Unvollständige Verwandlung einer Wanze; FlScheiden u. Halbdecken der VFl punktiert, Sch schwarz; **9–11** vollständige Verwandlung eines Käfers (L, P, Im.); Sch schwarz.

abgesetzte KKapsel (Abb. **21**/4). Häufig sind bei L bes. Organe ausgebildet, die den Im. fehlen (z. B. Tracheenkiemen, Abb. **21**/5). Als JungL, PrimärL od. EiL wird das erste LStadium nach beendeter EiEntw bezeichnet, als AltL das letzte LStadium vor der Umwandlung.
Oft wird für die Umwandlung zur Im. ein bes. Übergangsstadium ausgebildet, das meist unbeweglich ist u. keine Na aufnimmt. Bei einigen *Paraneoptera* tritt dabei eine Nymphe, bei allen *Holometabola* eine P auf. An dieser P sind meist schon die FlScheiden, B, F, Mundgliedmaßen usw. zu erkennen (Abb. **22**/1, 3–5). Manchmal liegt die P in der letzten, verhärteten LHaut (TönnchenP, Abb. **22**/2). Bei P mit sichtbaren Gliedmaßen sind diese frei (freie P, Abb. **22**/3, 4) od. mit dem Rumpf fest verklebt (MumienP, Abb. **22**/5). Freie P können zum Durchbeißen des Kokons bereits stärker chitinisierte u. bewegliche OKf besitzen (Abb. **22**/4). –
V. Alle Erdteile. – **L.** Alle Lebensräume, sogar in Wüsten, auf Gletschern usw. Die Im. leben ganz überwiegend auf dem Lande u. sind größtenteils flugfähig. Viele Arten werden mit Frachten usw. regelmäßig verschleppt u. sind heute z. T. bereits weltweit verbreitet.
B. Sehr unterschiedlich, meistens sogar innerhalb einer Ordnung recht versch. Allermeiste Arten legen Eier, wenige Zweiflügler gebären L od. P. Überwiegend getrenntgeschlechtlich, Parthenogenese jedoch weit verbreitet, auch Polyembryonie kommt vor (bei parasitoiden Hautflüglern). Die L leben vielfach an anderen Lebensstätten u. oft auch auf ganz andere Weise als die Im. Sie können z. B. durch Kiemen atmende Wassertiere sein, während die durch Tracheen atmenden Im. weitab vom Wasser umherfliegen (z. B. viele Mücken); od. die L leben als Parasitoide an u. in anderen Tieren, während die Im. als Blütenbesucher Pollen u. Nektar fressen (viele Hautflügler). Bei anderen Arten sind L u. Im. im gleichen Lebensraum (oft sogar am selben Fundplatz) anzutreffen.
EntwDauer sehr unterschiedlich. Oft nehmen die Ei- u. LEntw u. die nachfolgende PZeit zusammen nur wenige Wo in Anspruch, u. die Im. leben noch einmal etwa ebenso lange (viele Fliegen). In anderen Fällen dauert die Ei- u. LEntw mehrere (4–10) J, die PZeit einige (6–9) Mon, u. die Im. leben nur wenige (höchstens 2–3) Wo (manche Käfer). Deshalb tritt bei vielen Arten jährlich nur eine Gen in einer bestimmten JZeit auf, während bei anderen Arten alle warmen Mon hindurch mehrere bis viele Gen aufeinanderfolgen. Arten mit mehreren Gen zeigen mitunter ein jahreszeitlich verschiedenes Aussehen (Färbung u. Zeichnung der Fl, Körpergröße usw.). Solcher Saisondimorphismus od. -polymorphismus sind bes. bei Schmetterlingen u. Zikaden verbreitet u. oft von Einwirkungen der Temperatur, Luftfeuchtigkeit od. Tageslänge auf die Entw abhängig.
Die meisten heimischen Insekten müssen ungünstige Witterungsperioden, vor allem den Winter, in versch. EntwStadien in einem Ruhezustand (Dormanz) verbringen in dem Energieverbrauch u. Stoffwechsel stark herabgesetzt sind. Es gibt 3 Stufen der

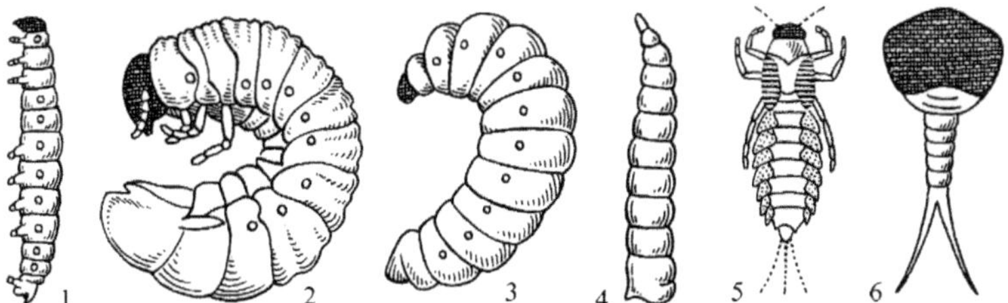

Abb. 21/1–6. InsektenL. K schwarz, FlScheiden schraffiert, Kiemen punktiert, Atemöffnungen als Kreise eingezeichnet. **1** Raupe; **2** Engerling; **3** Bienenmade; **4** Fliegenmade; **5** EintagsfliegenL; **6** parasitische WespenL.

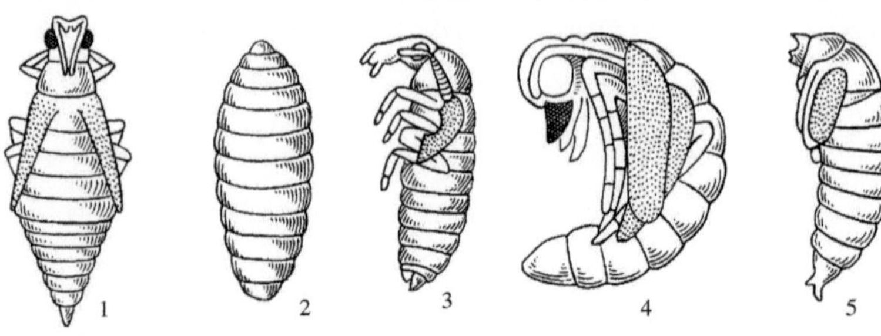

Abb. 22/1–5. 1 Puppe eines Fransenflüglers, Au schwarz durchscheinend, FlScheiden punktiert; **2** TönnchenP (Fliege); **3** freie P (Käfer); **4** freie P (Ameisenjungfer), OKf schwarz; **5** MumienP (Raubfliege).

Dormanz: Quieszenz, Parapause u. Diapause. Quieszenz tritt in jedem EntwStadium ein, wenn die normalen Lebensbedingungen (z. B. Temperatur, Feuchtigkeit, Na) unter einen Optimalbereich sinken. Die Entw kommt zum Stillstand, der aber nicht lange anhalten darf, soll das Tier nicht absterben. Die Parapause entsteht unter günstigen Lebensbedingungen beim Erreichen eines bestimmten EntwStadiums u. endet mit dem Eintritt suboptimaler Außenbedingungen, wobei die Winterkälte hier keine Bedeutung hat. Eine Parapause gibt es z. B. bei den Gonaden der Laufkäfer, die im Herbst die P verlassen, sich aber erst im kommenden Frühj fortpflanzen. Damit wird erreicht, dass die kälteanfälligen L nicht schon im Herbst, sondern erst im Frühj auftreten. Die vollkommenste Anpassung an ungünstige Jahreszeiten ist die Diapause, bei der der gesamte Organismus ruht u. der Stoffwechsel auf ein Minimum eingeschränkt ist. Die Diapause ist an ein bestimmtes EntwStadium gebunden, wobei vorher u. nachher herrschende Bedingungen ohne Einfluss sind. Sie wird bereits lange vor ihrem Eintritt unter noch günstigen Bedingungen induziert. Der wichtigste Induktionsfaktor ist die Tageslänge (Photoperiode), die alljährlich gleich u. vom Wetter unabhängig ist. Mit der frühzeitigen Determinierung zur Diapause wird verhindert, dass sich in günstigen Vorwintern die Tiere weiterentw u. bei plötzlich einsetzender Kälte zugrunde gehen. Die Diapause wird erst beendet, wenn die Winterkälte vorüber ist. Bei diapausierenden Arten mit 2 Gen im J – eine mit, eine ohne Diapause – können sich diese in Form u. Färbung unterscheiden (z. B. Landkärtchenfalter).

Die Diapause ist auch die Voraussetzung für die große Kälteresistenz vieler Insekten, die im Winter unterkühlt u. frosthart werden. In der Hämolymphe solcher Insekten bildet sich im Herbst viel Glyzerin od. Zucker, wodurch der Gefrierpunkt stark herabgesetzt wird (bis –20 °C). Die meisten Insekten überw zudem an geschützten Orten, viele im Erdboden, wo die Temperatur bereits in geringer Tiefe deutlich höher ist als an der BodenOFläche.

Auch die Lebensdauer der Im. ist vielfach selbst innerhalb einer Familie od. Gattung recht unterschiedlich. Allgemein sterben die ♂♂ bald nach der Paarung ab u. haben deshalb meistens eine kürzere Lebensdauer als die ♀♀. Bes. langlebig sind die ♀♀ derjenigen Arten, die eine ± intensive Brutfürsorge od. -pflege treiben. Höchstentw Form der Brutpflege bei staatenbildenden Insekten (verschiedene Hautflügler, Termiten).

Als Na kommen fast alle organischen Stoffe in Betracht, wobei die meisten Arten an Pf gebunden sind. Viele Arten sind nicht auf bestimmte Na angewiesen (polyphag), andere dagegen haben sich auf eine Na spezialisiert (monophag). Oft sind die L stärker auf bestimmte Na spezialisiert als die Im. u. können sich nur an bestimmten PflArten bzw. als Parasiten od. Parasitoide in/an artlich genau festgelegten Wirten entw. Manche NaSpezialisten verursachen durch Fraß an KulturPfl, Vorräten usw. großen Schaden. Viele andere Insekten haben als Lästlinge, Parasiten, Gifttiere, Zwischenträger od. Überträger von Krankheitserregern große Bedeutung. Manche von ihnen leben als L in Haut, Nase u. anderen Organen von Haus- u. Nutztieren. Blutsaugende Arten übertragen zahlreiche Krankheiten u. Viehseuchen. Viele PflSaft saugende Arten spielen als Überträger von Krankheiten auf Kulturpfl eine Rolle. Eine große Anzahl von Arten ist nützlich (Erhaltung der Stabilität von Ökosystemen, biologische Schädlingsbekämpfung). Die Blütenbesucher sind für die Bestäubung zahlreicher PflArten unentbehrlich. Räuberisch lebende Insekten u. Parasitoide sind als biologische Regulatoren wichtig. Als eine Art Haustier wirtschaftlich genutzt werden die Honigbiene u. der Seidenspinner.

Etwa 1000 000 Arten, im Gebiet etwa 33 500.

Literatur

DATHE, H. H. (Hrsg.) (2003): Lehrbuch der Speziellen Zoologie, Band I: Wirbellose Tiere, 5. Teil: Insecta, 2. Auflage, Spektrum Akademischer Verlag, Heidelberg, Berlin. 961 S.

DETTNER, K. & PETERS, W. (2003): Lehrbuch der Entomologie. 2. Aufl.– Spektrum Akademischer Verlag, Heidelberg, Berlin. 936 S.

EIDMANN, H. & KÜHLHORN, F. (1970): Lehrbuch der Entomologie. 2. Auflage. – Verlag Paul Parey Hamburg, Berlin.

FRITZSCHE, R., GEILER, H. & SEDLAG, U. (1968): Angewandte Entomologie. – Fischer Verlag Jena.

HENNIG, W. (1969): Die Stammesgeschichte der Insekten. – Kramer Frankfurt/M.

JACOBS, W. & RENNER, M. (1989): Biologie und Ökologie der Insekten. 2. Auflage. – Fischer Verlag Jena.

KEILBACH, R. (1966): Die tierischen Schädlinge Mitteleuropas mit kurzen Hinweisen auf ihre Bekämpfung. – Fischer Verlag Jena.

KÉLER, S. V. (1963): Entomologisches Wörterbuch. 3. Auflage. – Akademie Verlag Berlin.

KLAUSNITZER, B. (2004): Insecta (Hexapoda), Insekten. – In: WESTHEIDE, W. & RIEGER, R. (Hrsg.): Spezielle Zoologie. Teil 1: Einzeller und Wirbellose Tiere. Korrigierter und ergänzter Nachdruck – Spektrum Akademischer Verlag, Stuttgart, Heidelberg, Berlin, 601–681, 869–870.

MARTINI, E. (1952): Lehrbuch der medizinischen Entomologie. – Fischer Verlag Jena.

SEIFERT, G. (1995): Entomologisches Praktikum. 3. Aufl. – Georg Thieme Verlag Stuttgart, 322 S.

WEBER, H. & WEIDNER, H. (1974): Grundriß der Insektenkunde. 5. Auflage. – Fischer Verlag Stuttgart.

WEBER, H. (1933): Lehrbuch der Entomologie. – Gustav Fischer Verlag Jena.

Hauptschlüssel heimischer Insektenordnungen

Hans-Joachim Hannemann † & Bernhard Klausnitzer

Die im Band **1 Wirbellose (ohne Insekten)** gegebenen Hinweise für den Gebrauch des Bandes bzw. der Bestimmungsschlüssel gelten im vollen Umfang auch für das vorliegende Buch. Die Schlüssel sind nach dem dichotomen Prinzip angelegt, d. h. zwei Merkmale od. Kombinationen derselben sind durch eine halbfett gedruckte Ziffer am Zeilenbeginn gekennzeichnet, z. B. **1** u. **1***. Sie bilden jeweils ein Merkmalspaar (These u. Antithese). Zusammengehörige Merkmalspaare sind durch die gleiche halbfett gedruckte Ziffer am Beginn der Zeile erkennbar (z. B. **2** u. **2*** od. **3** u. **3***). Die angegebenen Merkmale sind am Objekt sorgfältig zu prüfen u. die beigefügten Abbildungen gründlich mit dem betreffenden Tier zu vergleichen. Trifft die Kennzeichnung zu, führt eine Ziffer am Ende der Zeile zum nächsten Merkmalspaar. Dieser Vorgang wiederholt sich so lange, bis man auf eine Tiergruppe (z. B. Ordnung, Überfamilie, Familie, Gattung) od. auch unmittelbar auf den Artnamen verwiesen wird.
Um die Handhabung des Hauptschlüssels zu vereinfachen, wurde er mehrfach untergliedert (Parasitische, Geflügelte, Flügellose Insekten usw.). Dadurch ist der Umfang der jeweiligen Teilschlüssel geringer u. diese gewinnen an Übersichtlichkeit. Die Abbildungen sind stark vereinfacht, es sollten auch die bei den einzelnen Ordnungen gegebenen verglichen werden. Nun gibt es verständlicherweise Problemfälle, in denen dem Benutzer eine Entscheidung zu Gunsten eines Merkmals schwerfällt. So weisen junge LStadien geflügelter hemimetaboler Insekten noch keine FlAnlagen auf. Bei älteren Tieren dagegen sind sie vorhanden. In diesem Fall muss der Benutzer sowohl den Schlüssel der Insektenlarven als auch den für Flügellose Insekten benutzen. Oft ist es für den Benutzer des Buches nicht ersichtlich, ob ein flügelloses Tier eine parasitische Lebensweise führt. Auch hier empfiehlt es sich, die fraglichen Tiere nach beiden Tabellen (Schlüssel 1 u. 3) zu bestimmen. Die L der Milben besitzen nur 6 B, man darf sie nicht mit Insekten verwechseln. Die Ameisenwanze (*Myrmecoris gracilis*) ist keine Ameise sondern eine Heteroptere. So gibt es mehrere Beispiele, in denen der Anfänger verunsichert ist. Bei der Vielfalt der Insekten (in MEur gibt es ca. 33 500 Arten) ist es bisweilen schwierig, den Grundbauplan einer Ordnung mit seinen typischen Erkennungsmerkmalen herauszustellen. Infolge von Anpassungen an bes. Lebensräume, Verlust des Flugvermögens, Wechsel zur aquatischen od. parasitischen Lebensweise, Umgestaltung der MundGldmaßen als Anpassung an spezielle Na, Reduktion versch. Organe usw., ist es mitunter nicht leicht, die charakteristischen Merkmale einer Tiergruppe wiederzuerkennen. In den Bestimmungstabellen wird auf solche Fälle hingewiesen, dennoch können auch die vorliegenden Schlüssel in Einzelfällen nicht immer zum Ziel führen. Der interessierte Benutzer wird aber auf die im Literaturverzeichnis angeführte Spezialliteratur zurückgreifen.

Beachte: Nicht bes. gekennzeichnete Größenangaben betreffen die Gesamtlänge des Körpers ohne Anhänge.

1 Freilebend **2**
1* Parasiten bzw. Parasitoide an Säugern, Vögeln, an od. in Insekten od. Spinnen. Oft in Nestern von Säugern u. Vögeln, in Wohnungen u. Ställen. Meist ohne Fl.
Schlüssel 3 – Parasitische Insekten S. 32
2 Mindestens 1 Paar Fl vorhanden. Fl mitunter verkürzt, nicht deutlich geadert.
Schlüssel 2 – Geflügelte Insekten S. 27
2* Fl fehlen völlig od. sind sehr stark verkürzt (bei L z. T. FlAnlagen vorhanden)
a) Schlüssel 1 – Flügellose Insekten S. 25
b) Schlüssel 4 – Insektenlarven an Land S. 33
c) Schlüssel 5 – Insektenlarven im Wasser S. 37

Schlüssel 1 – Flügellose Insekten u. solche mit sehr kleinen Flügelstummeln (keine Parasiten)

1 Tiere mit heuschreckenartigem Körper. 3 ungleich gestaltete BPaare. VB können zu GrabB od. die lg HB zu SprungB entw sein. (Ordnung Saltatoria – **Heuschrecken**) **2**

1* Tiere anders gebaut **3**

2 F kurz, meist nur halb so lg wie der Körper. Gehörorgane an den S des 1. HlbSgm (außer *Tetrix*). ♀ mit kurzer Legeröhre.
Unterordnung *Caelifera* – **Kurzfühlerschrecken** (Abb. **131**/1, 2) S. 131

2* F fadenförmig, meist länger als der Körper. Gehörorgane in den VSchienen unterhalb des Kniegelenkes od. fehlend (z. B. *Tachycines*). ♀ mit lg Legescheide.
Unterordnung *Ensifera* – **Langfühlerschrecken** (Abb. **122**/1, 2). S. 121

3 **(1)** MundGldmaßen werden nicht von der KKapsel umschlossen (die OKf sind frei beweglich), ektognath (Abb. **25**/3). Tst deutlich sichtbar (Abb. **25**/5). **6**

3* MundGldmaßen von der KKapsel eingeschlossen (Artikulation der Mundteile ins Innere verlagert), entognath. Tst fehlend od. sehr klein u. schwer sichtbar. HlbE ohne od. mit 2 Anhängen. **4**

4 F fehlen. VB tasterartig nach vorn gerichtet, neben dem K angehoben, wie F getragen (Abb. **43**/1). Au fehlen. Hlb bei Im mit 12 Sgm. Träge, pigmentlose Feuchtlufttiere, in Humusböden, im Mulm modernder Bäume. 0,5–2,5 mm.
Ordnung *Protura* – **Beintastler** (Abb. **26**/10) S. 43

4* F vorhanden. **5**

5 HlbE mit 2 lg vielgld od. ungegld kurzen, zangenartigen Schwanzanhängen (Abb. **42**/1, 3). F lg, perlschnurförmig. Au fehlen. B mit gut entw Klauen. Hlb mit 10 Sgm. Tiere weiß bis gelblich. Im Boden unter PflAbfällen, an dunklen, feuchten Stellen, in Wald- u. Ackerböden, unter Steinen. Meist 3–5 mm lg.
Ordnung *Diplura* – **Doppelschwänze** (Abb. **25**/4) S. 42

5* Ohne Schwanzanhänge am HlbE. Meist mit Sprunggabel am hinteren KörperE (Sprungvermögen). Hlb mit 6 Sgm. Tiere oft pigmentiert. Im Boden, in Laub- u. Nadelstreu, oft massenhaft (zersetzen organische Abfälle). 0,1–9 mm, meist bis 2,5 mm.
Ordnung *Collembola* – **Springschwänze** (Abb. **26**/1) S. 45

6 **(3)** HlbE mit 3 lg Schwanzfäden (2 Cerci u. 1 Terminalfaden) **7**

6* HlbE ohne od. nur mit 2 winzigen Anhängen **8**

7 Au sehr groß, in der KM eng aneinandergerückt. Hü der M- u. HB u. alle HlbSgm mit Styli. Körper mehr zylindrisch. Alle heimischen Arten beschuppt. Sprungvermögen. Meist im Geb in Gesteinsschutt, in Felsspalten, an steinigen Meeresküsten. 9–23 mm lg. Ordnung *Archaeognatha* – **Felsenspringer** S. 54

7* Au (wenn vorhanden) klein, Au u. F dorsal weit voneinander getrennt, an die KS gerückt. Keine Styli an den Hü der B, nur an den letzten HlbSgm. Körper abgeflacht.

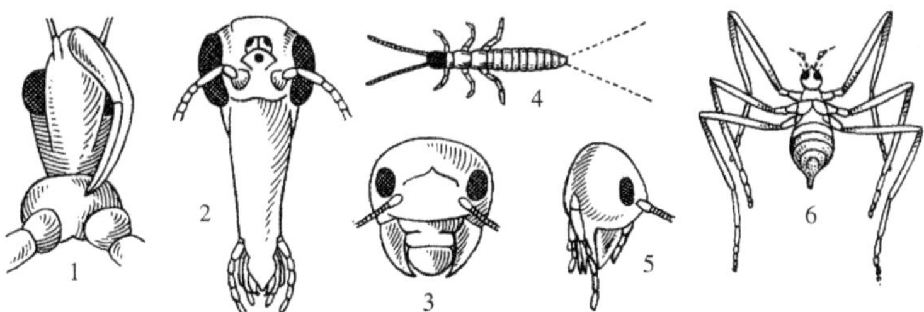

Abb. 25/1–6. **1** Raubwanze, K u. VBr (Bauchansicht); **2** Skorpionsfliege, K in VAnsicht; **3** Grille. K in VAnsicht; **4** Doppelschwanz; **5** Grille, K in SAnsicht; **6** Schneemücke.

Kein Sprungvermögen. Körper mit glänzenden Schuppen bedeckt, nach hinten verschmälert. Schnellfüßig. Meist in Gebäuden, tagsüber in Ritzen u. Spalten versteckt. 6–26 mm. Ordnung *Zygentoma* – **Fischchen** (Abb. **26**/11) S. 55

8 **(6)** Am HlbE 2 winzige Anhänge. Tiere ameisenähnlich, weißlich. Staatenbildend, lichtscheu, leben in Bauten. Geschlechtstiere zeitweilig mit Fl. Arbeiter u. Soldaten immer flügellos, Holzzerstörer. Vorkommen im Gebiet nur in Hamburg. 3–20 mm lg. L u. Im. der Ordnung *Isoptera* – **Termiten** (Abb. **26**/6) S. 119

8* HlbE ohne Anhänge **9**

9 Tiere mit „Wespentaille" (stielartige Einschnürung zw dem 1. u. 2. HlbSgm). F oft gekniet. Lg 0,2–10 mm. Ordnung *Hymenoptera* (z. B. Ameisen) – **Hautflügler** (Abb. **26**/2) S. 803

9* Tiere ohne „ Wespentaille" **10**

10 K schnabelartig verlängert (wie bei anderen Vertretern der Schnabelfliegen, Abb. **25**/2). OKf gut entw, übrige Mundteile zart. HB lg (Sprungvermögen). HlbE des ♀ mit legebohrerähnlicher Bildung. Tiere sind einer HeuschreckenL ähnlich. Wenig kälteempfindlich. ♂ mit stark reduzierten Fl, ♀ flügellos. Leben in u. ernähren sich von Moos. Vorkommen sehr lokal, auch auf Schnee. Bis 4 mm lg. Gattung *Boreus* – **Winterhaft, Schneefloh** (zu Ordnung *Mecoptera* – **Schnabelfliegen**) (Abb. **26**/12) S. 817

10* K nicht schnabelartig verlängert **11**

11 MundGldmaßen mit einem unpaaren SaugR od. sie bilden einen rundkonischen od. spitzen Kegel **12**

11* MundGldmaßen anders gebaut **14**

12 MundGldmaßen bilden einen Stechapparat(R), der der KörperUS ± anliegt **13**

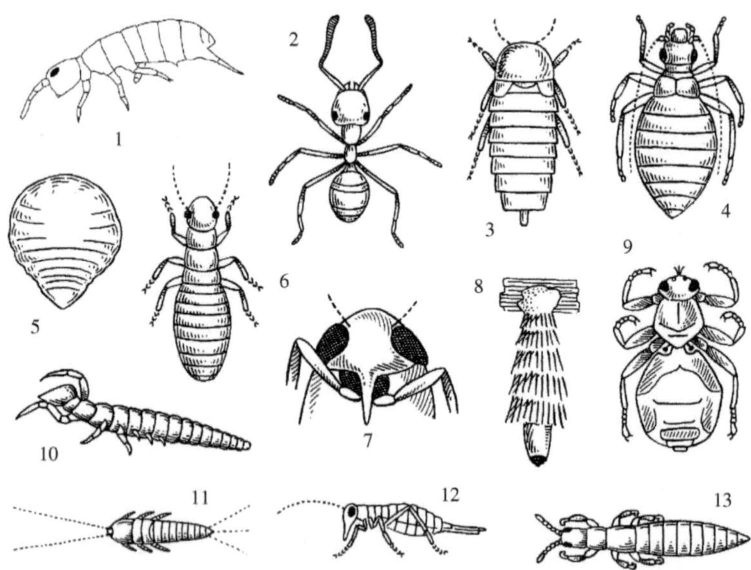

Abb. 26/1–13. **1** Springschwanz; **2** Ameise; **3** Leuchtkäfer, ♀; **4** Staublaus, ♀; **5** Schildlaus, ♀; **6** Termiten-Arbeiter; **7** Zikade, VE in Bauchansicht, Au u. VHüfte schwarz; **8** Sackträgermotte, ♀ im Wohnsack; **9** Lausfliege; **10** Beintastler; **11** Silberfischchen; **12** Schneefloh, ♀; **13** Fransenflügler, ♀.

12* Die stechendsaugenden, gegld MundGldmaßen sind zu einem Kegel auf der US des K verbunden. K mit großen KomplexAu. F 6–9 Gld. VBr erkennbar, M- u. HBr verschmolzen. Häufig in Blüten. L u. flügellose Arten der Ordnung *Thysanoptera* – **Fransenflügler** (Abb. **26**/13) S. 164

13 Der Stechapparat (R) ist 3–4 gld, entspringt stets vorn am K u. wird in Ruhestellung nach hinten zw die Hü gelegt. Fllosigkeit (vielfach StummelFl vorhanden) kommt vor z. B. bei den *Pyrrhocoridae, Aphelocheiridae, Gerridae, Mesoveliidae* u. *Hebridae*.
L u. flügellose Im. der Ordnung *Heteroptera* – **Wanzen** (Abb. **25**/1) S. 284

13* Der Stechapparat (R) entspringt weit hinten an der KUS zw den VB (der K ist nach unten hinten gerichtet, so dass die MundGldmaßen unter u. hinter den Au liegen). K klein u. zugespitzt, Hlb breit u. rund, meist mit Si u. Cauda. Saugen an Blättern u. Trieben, oft in Massen, meist grün u. braun gefärbt. Große Vermehrungsfähigkeit, gefährliche PflSchädlinge, nur 2–3 mm lg.
UOrdnung *Aphidina* – **Blattläuse** (Abb. **28**/6) (zu Ordnung *Sternorrhyncha*) S. 181
Durch ihren R fest mit der Na verbunden sind die Schild- u. Mottenschildläuse. Tiere schuppen- od. schildförmig, flach od. gewölbt, von einer wachsartigen Schale od. von Wachsausscheidungen bedeckt.
L, Puparien der UOrdnung *Aleyrodina* u. ♀♀ der UOrdnung *Coccina* – **Mottenschildläuse** u. **Schildläuse** (Abb. **26**/5) (zu Ordnung *Sternorrhyncha*) S. 178 u. 251

14 **(11)** Tiere blattlausähnlich, Körper gewölbt, s flach. K groß. F lg u. fadenförmig (13–50 Gld), ca. körperlg. Hlb weichhäutig, ca. oval od. sackförmig. Freilebend od. in Gebäuden, an getrockneten Materialien, wie Drogen, Herbarien, Saatgut. Bis 3 mm.
L u. flügellose Im. der Ordnung *Psocoptera* – **Staubläuse** (Abb. **26**/4) S. 143

14* Tiere anders gebaut **15**

15 Körper mit zarten Schuppenhaaren dachziegelartig bedeckt. Fl oft noch als winzige Stummel erkennbar od. gänzlich fehlend (z. B. ♀ von *Erannis defoliaria, Geometridae*, **Großer Frostspanner**).
In kleinen, arttypischen Säcken (ähnlich den LSäcken der Köcherfliegen) aus PflMaterial u. Steinen leben die ♀♀ der Sackträger. Madenähnlich. Au u. Gldmaßen fehlen. Säcke auf der besonnten S von Bäumen.10–13 mm lg.
♀♀ bestimmter Arten der *Psychidae* (Abb. **26**/8), *Geometridae* u. *Lymantriidae* – **Sackträger, Spanner u. Schadspinner** (zu Ordnung *Lepidoptera*) S. 700

15* Körper ohne Schuppenhaare **16**

16 Mundwerkzeuge beißend. Mit phosphoreszierenden Leuchtorganen ventral am vorletzten HlbSgm (an den Sterniten). In u. an Wäldern u. Gärten. Die flugunfähigen ♀♀ sitzen am Erdboden. L u. ♀♀ von *Phosphaenus* (7–10 mm), *Lampyris* (16–18 mm) u. *Lamprohiza* (mit FlResten, 8–10 mm) (vgl. Tabelle S. 405). Leuchtkäfer (Abb. **26**/3) od. ohne Leuchtvermögen: ♀ der Drilidae – Schneckenhauskäfer u. *Omalisidae*.
Lampyridae (zu Ordnung *Coleoptera*) S. 407

16* Mundwerkzeuge leckend-saugend. Ohne Leuchtorgane. B auffallend lg, F fadenförmig. Im. IX–IV. Im Winter auf Schnee, auch hochalp auf Gletschern. 3–5 mm.
Gattung *Chionea* – **Schneemücke** (Familie *Limoniidae*) (Abb. **25**/6) (zu Ordnung *Diptera*) S. 875

16** Mundwerkzeuge leckend-saugend, ein Haustellum bildend. Ohne Leuchtorgane.
Gattungen *Enoicyla* (♀) u. *Anomalapterygella* (zu Ordnung *Trichoptera*) S. 682

Schlüssel 2 – Geflügelte Insekten

1 K nach unten schnabelartig verlängert, Clypeus, Labrum u. Labium bilden einen „Schnabel“ an dessem E sich gezähnte Mandibeln befinden. HlbE des ♂ ballonartig verdickt u. (nach Art der Skorpione) über den Rücken gekrümmt. 2 Paar gleich große Fl. *Bittacus* ist schnakenähnlich.
Ordnung *Mecoptera* – **Schnabelfliegen** (Abb. **25**/2; **28**/11) S. 817

1* Ein solcher Schnabel fehlt, HlbE des ♂ nicht skorpionähnlich **2**

2 HlbE mit 2 beim ♂ u. ♀ meist unterschiedlich stark gebogenen, charakteristischen Greifzangen (Cerci). Körper lggestreckt u. flach. VFl sehr kurz, stark sklerotisiert u.

ohne Adern. Sie bedecken M- u. HBr u. die meist darunter befindlichen, zarthäutigen, kunstvoll gefalteten HFl. K breit. F dünn, bis zu 30 Gld. MundGldmaßen kauend. Allesfresser, auf feuchten Sandböden, in Blüten, nachtaktiv. Bis 26 mm.

Ordnung *Dermaptera* – **Ohrwürmer** (Abb. **29**/12) S. 111

2* HlbE ohne charakteristische Greifzange. Körper anders gebaut. **3**

3 VFl od. HFl sind zu Schwingkölbchen (Halteren) reduziert od. HFl fehlen gänzlich **4**

3* Schwingkölbchen fehlen, 2 funktionsfähige FlPaare vorhanden **8**

4 VFl des ♂ bilden keulenförmige Halteren. HFl groß u. breit. KomplexAu vorstehend. F 4–7 gld, einige mit Forts. Körperlg kaum 4 mm. ♀ madenförmig, bleiben stets am Wirt (vergl. Schlüssel 3).

♂♂ der Ordnung *Strepsiptera* – **Fächerflügler** (Abb. **29**/3) S. 826

4* HFl zu Halteren umgebildet od. HFl fehlen gänzlich **5**

5 HFl zu Halteren umgebildet **6**

5* HFl fehlen völlig od. sind stark reduziert **7**

6 HFl zu Halteren umgebildet. VFl in der Regel glasartig, bisweilen farbig (manche Arten flügellos). MundGldmaßen leckendsaugend od. stechendsaugend. Füße meist mit 2 Klauen. Körper kahl od. behaart. Fl in der Ruhe flach über dem Körper, bei manchen Arten (*Psychodidae*) liegen die Fl dachförmig. 0,8–35 mm.

Ordnung *Diptera* – **Zweiflügler** (Abb. **28**/7, 8) S. 832

6* HFl zu stummelförmigen Halteren umgewandelt od. ganz reduziert, s fehlen beide FlPaare. MundGldmaßen zurückgebildet. Füße mit nur 1 Klaue. Am HlbE ein lg Forts u. weiße Wachsfäden. Schlechte Flieger, s zu finden. Bis 2 mm.

♂ ♂ der *Coccina* – **Schildläuse** (zu Ordnung *Sternorrhyncha*) (Abb. **28**/10) S. 251

7 **(5)** HlbE mit 3 od. 2 lg Anhängen. Familie *Caenidae* u. Familie *Baetidae*

(zu Ordnung *Ephemeroptera* – **Eintagsfliegen**) S. 58

7* HlbE ohne lg Anhänge. VFl mit netzartiger Aderung.

Psectra diptera u. a. (zu *Neuroptera* – **Netzflügler**) S. 320

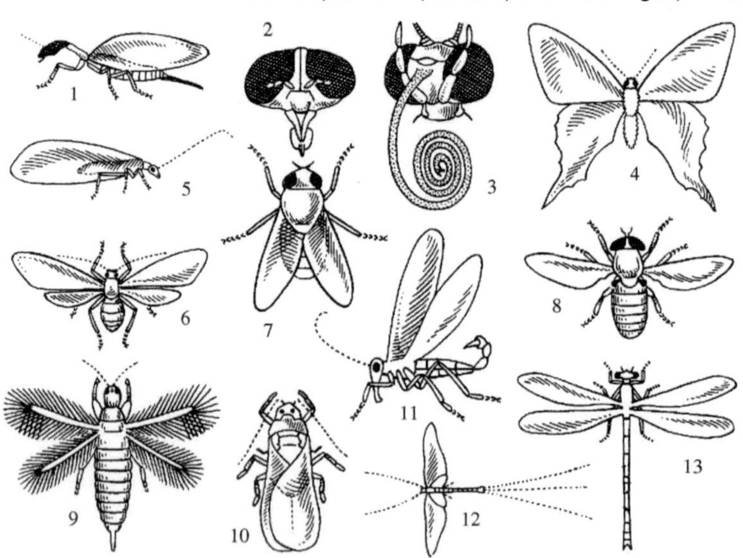

Abb. 28/1–13. 1 Kamelhalsfliege, ♀, K u. Legeröhre schwarz; **2** Bremse, K von vorn; **3** Schmetterling, K von vorn; **4** Schmetterling; **5** Florfliege; **6** Blattlaus, ♀; **7** Fliege in Ruhestellung; **8** Bremse; Schwingkölbchen u. Au schwarz; **9** Fransenflügler, ♀; **10** Schildlaus, ♂; **11** Skorpionsfliege; **12** Eintagsfliege; **13** Libelle.

8 **(3)** VB zu FangB umgebildet **9**

8* VB bilden keine FangB **10**

9 Mit SaugR. Verschiedene Gattungen der *Heteroptera*-**Wanzen** S. 284

9* Ohne SaugR. Pronotum lg u. schlank, am VE inserieren die bedornten VB, die aufwärts vor dem K gestreckt werden (die Schienen können beim Beutefang blitzschnell gegen die Schenkel eingeklappt werden, „RaubB"). Fl nicht netzartig geadert. 40–75 mm. Ordnung *Mantodea* – **Fangschrecken** (Abb. **29**/2) S. 113

9** Ohne SaugR. Ähnlich voriger, aber viel kleiner u. mit netzartigem Geäder. In SEur v, nördl der Alp lokal auf Wärmeinseln. 10–15 mm.
Mantispa sp. (Familie *Mantispidae*) (zu Ordnung *Neuroptera*) – **Netzflügler** (Abb. **35**/1). S. 320

10 **(8)** Prothorax auffallend lg, frei beweglich, in Ruhestellung schräg emporgestreckt (Kamelhals). 2 Paar zarte gleichartige Fl, netzartig geadert. Fl in Ruhe dachförmig. F lg u. dünn. MundGldmaßen kauend. ♀ mit Legebohrer. VB weit hinten an der VBr angesetzt. An schattigen Stellen in Wäldern u. Gärten.10–15 mm.
Ordnung *Raphidioptera* – **Kamelhalsfliegen** (Abb. **28**/1) S. 317

10* Prothorax nicht auffallend lg u. frei beweglich **11**

11 Tiere sehr hell, ameisenähnlich, staatenbildend, lichtscheu, leben in Bauten. HlbE mit 2 kleinen Cerci. Beide FlPaare gleichgestaltet (Geschlechtstiere nur zeitweilig mit Fl). Im Gebiet nur in Hamburg sesshaft. Bis 20 mm.
Ordnung *Isoptera* – **Termiten** (Abb. **29**/5) S. 119

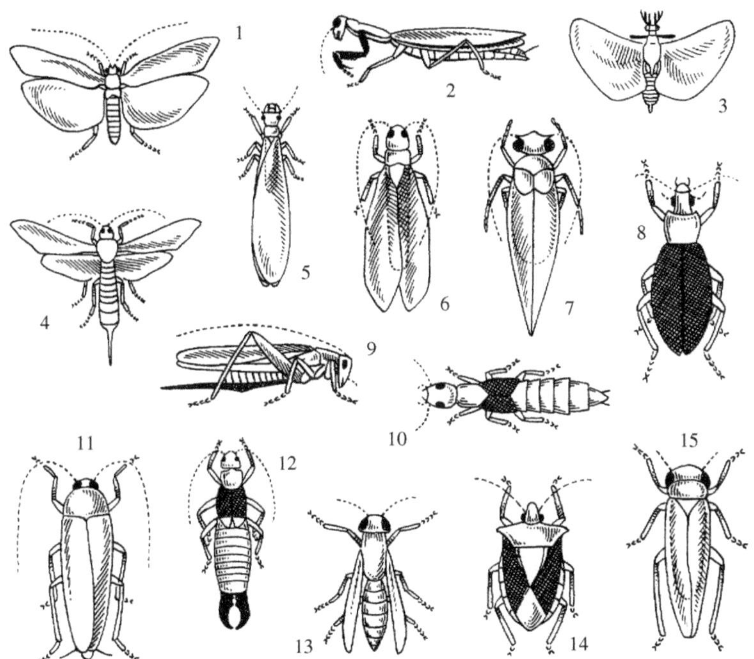

Abb. 29/1–15. **1** Köcherfliege; **2** Gottesanbeterin, ♀, FangB schwarz; **3** Fächerflügler, ♂, VFl schwarz; **4** Holzwespe, ♀; **5** Termite, geflügeltes Geschlechtstier; **6** Schlammfliege; **7** Staublaus, ♀; **8** Laufkäfer, Fld schwarz; **9** Laubheuschrecke, ♀, Legeröhre schwarz; **10** Kurzflügler, Fld schwarz; **11** Schabe, ♂; **12** Ohrwurm, ♂, VFl u. HlbAnhänge schwarz; **13** Faltenwespe, Fl in Ruhestellung; **14** Baumwanze, verstärkte Basis der VFl schwarz; **15** Zikade.

11* Merkmale nicht zutreffend **12**
12 Fl u. Körper mit feinen, oft farbigen Schuppen dachziegelartig bedeckt. Die MundGldmaßen bilden einen saugrohrartigen R (Proboscis), der in Ruhestellung unter dem K eingerollt ist. Bei Glasflüglern ist die Beschuppung sehr spärlich. Vielen Arten fehlt der R od. er ist reduziert. Ursprüngliche Arten, wie *Micropterix,* besitzen noch funktionstüchtige Mandibeln zum Zerkleinern von Pollen. Fl in Ruhe dachförmig, über dem Körper zusammengeklappt od. waagerecht ausgestreckt. 3–60 mm.
Ordnung *Lepidoptera* – **Schmetterlinge** (Abb. **28**/3, 4) S. 700
12* Dachziegelartige Beschuppung u. einrollbarer R fehlen **13**
13 MundGldmaßen bilden einen unpaaren SaugR od. einen rundkonischen od. spitzen Kegel **14**
13* MundGldmaßen anders gebaut **17**
14 Die stechendsaugenden, gegld MundGldmaßen verbinden sich zu einem Kegel auf der US des K. Tiere klein u. abgeflacht, meist 2 Paar Fl. (manche kurzflügelig od. flügellos). FlSpreite schmal u. bandartig, ringsum mit lg Fransen besetzt, die am VRand kürzer sind als am HRand. F 6–9 gld, B kurz, Füße 1 od. 2 gld, am E mit Haftblase. Gute Flieger. Häufig auf Blüten. Schwärmen an schwülen Tagen (Gewitterfliegen). Bis 5 mm lg. Ordnung *Thysanoptera* – **Fransenflügler** (Abb. **28**/9) S. 164
14* Merkmale nicht zutreffend **15**
15 Der Stechapparat (R) ist 3–4 gld u. entspringt stets vorn am K. In Ruhestellung weist er nach hinten zw die Hü. VFl geteilt in ledrige Basis u. häutige Spitze. HFl stets häutig. Fl in Ruhe flach über den Körper gelegt. Bis 40 mm.
Ordnung *Heteroptera* – **Wanzen** (Abb. **25**/1; **29**/14) S. 284
15* Der Stechapparat (R) entspringt weit hinten an der KUS zw den VB. VFl häutig od. lederig, nie unterteilt. HFl häutig, oft völlig durchsichtig. Fl in Ruhe dachförmig. Sprungvermögen kann auftreten.1,5–38 mm **16**
16 F sehr klein, mit 1–3 dickeren GrundGld u. dünner EBo. M- u.HB mit 3 FußGld. VFl oft ledrig u. ± gefärbt. Meist starkes Sprungvermögen.
Ordnung *Auchenorrhyncha* – **Zikaden** (Abb. **26**/7; **29**/15) S. 262
16* F länger, mehrgld, ohne feine EBo. Alle B mit 1 od. 2 FußGld. Fl meist glasig durchscheinend, s mehlig-weiß bestäubt. Nur z. T. mit Sprungvermögen.
Ordnung *Sternorrhyncha* – **Pflanzenläuse** S. 172
a) Schenkel dünn, kaum dicker als Schienen. F 3–7 gld. HHü klein . . . . **b**
a*) Schenkel verdickt, viel dicker als Schienen. SprungB. F (8–)10 gld. HHü groß. VFl mit 3 gegabelten Adern. Unterordnung *Psyllina* – **Blattflöhe** S. 173
b) Fl glashell, VFl vorn mit dicker Ader bis zum Randmal. F 3- bis 6gld.
Unterordnung *Aphidina* – **Blattläuse** S. 181
b*) Fl u. Körper mehlig bestäubt. F 6- bis 7gld.
Unterordnung *Aleyrodina* – **Mottenschildläuse** S. 178
17 **(13)** F auffallend kurz, sie erreichen höchstens die Breite des K **18**
17* F gut entw, meist viel länger als die KBreite **19**
18 Fl am VRand etwa in der M mit Knoten u. meist zur Spitze hin mit von Adern eingefasstem FlMal (Abb. **70**), HFl so lg wie VFl, beide werden in der Ruhe über dem Rücken nach hinten gerichtet zusammengelegt od. leicht gespreizt bzw. ausgebreitet; VB etwas kürzer als übrige B; HlbAnhänge nicht fadenförmig, bei ♀ 2 kurze, zapfenförmige HlbAnhänge, bei ♂ bilden 3–4 HlbAnhänge eine Greifzange; Paarung im Rad; wendige, oft ausdauernde, raumgreifende Flieger (Habitus wie Abb. **69**).
Ordnung *Odonata* – **Libellen** (Abb. **28**/13, **69**/1–5) S. 69
18* Fl ohne Knoten u. FlMal (Abb. **58**/1), werden in der Ruhe über dem Rücken zusammengeklappt, HFl viel kleiner als VFl od. fehlend; VB ♂ oft körperlg; mit 3 od. 2 (oft über körperlg) lg fadenförmigen HlbAnhängen, Flug (♂) in Schwärmen in der Abenddämmerung über dem Wasser auf- u. absteigend, Paarung im Sinkflug.
Ordnung *Ephemeroptera* – **Eintagsfliegen** (Abb. **28**/12) S. 58
19 **(17)** Blattlausähnlich, aber durch die lg F (13–50 Gld), den breiten K u. die kauenden MundGldmaßen unterschieden. Körper weich u. plump. 2 Paar häutige Fl (es treten auch flügellose u. kurzflüglige Arten auf). Fl in Ruhe dachförmig. Füße 2 od. 3 gld, am E mit 2 Klauen. Freilebend, auf Baumrinde od. in Gebäuden. Bis 7 mm.
Ordnung *Psocoptera* – **Staubläuse** (Abb. **29**/7) S. 143

19* Insekten anders gebaut **20**

20 2 Paar häutige, durchsichtige Fl. VFl größer als HFl. Geäder mit wenig Queradern, aber große Zellen abgegld, oft reduziert od. völlig fehlend. Fl in Ruhe flach über dem Rücken od. nebeneinander gefaltet. F oft gekniet. 0,2–30 mm.
Ordnung *Hymenoptera* – **Hautflügler** (Abb. **29**/4; **29**/13) S. 572

20* Merkmalskombination nicht zutreffend **21**

21 VFl fest, lederig, ± stark sklerotisiert **22**

21* VFl häutig **25**

22 Körper heuschreckenartig. Pronotum groß sattelförmig, bedeckt die S des Körpers u. kann weit nach hinten fast bis zum HlbE reichen. VFl stärker sklerotisiert als die oft bunt gefärbten HFl, die in Ruhe unter den VFl gefaltet werden. Fl überlappen sich in der MLinie u. liegen seitlich über dem Körper, in Ruhe dachförmig übereinander liegend. Beide Fl Paare od. 1 können reduziert sein od. gänzlich fehlen. (Ordnung *Saltatoria* (*Orthoptera*) – **Heuschrecken**) **23**

22* Körper anders, ohne SprungB **24**

23 F kürzer als Körper, ± gleichmäßig fadenförmig od. knopfartig verdickt. Gehörorgan an beiden S des 1. HlbSgm. HlbE beim ♂ aufwärts gebogen, beim ♀ mit 4 Legescheidenklappen. Füße 3gld.
Unterordnung *Caelifera* – **Kurzfühlerschrecken** (Abb. **131**/1, 2) S. 131

23* F länger als Körper, s kürzer, am E borstenförmig zugespitzt. Gehörorgan in den VSchienen unterhalb des Kniegelenkes. ♀ mit deutlicher meist säbelartiger Legeröhre. Füße 4gld; wenn 3gld, dann VFl in Ruhe flach übereinander liegend.
Unterordnung *Ensifera* – **Langfühlerschrecken** (Abb. **29**/9; **122**/1, 2) S. 121

24 **(22)** VFl hart od. lederig (Elytren, Fld), die beiden Fld treffen auf der MLinie des Körpers zusammen, meist den ganzen HKörper bedeckend (bei den Kurzflüglern u. a. bleiben Teile des Hlb unbedeckt). Die zarten glasartigen HFl sind in der Ruhe unter den Elytren gefaltet. HFl können auch fehlen, od. manche Arten sind gänzlich flügellos. Hlb ohne Cerci. 0,5–60 mm. Ordnung *Coleoptera* – **Käfer** (Abb. **29**/8, 10) S. 330

24* VFl groß, lederig, oft länger als der Hlb, sie liegen flach auf dem Körper u. überlappen sich in der MLinie (bei manchen Arten VFl stark verkürzt). Körper ± oval, plattgedrückt. Pronotum groß, schildförmig, einen Großteil des K überdeckend. F lg u. dünn. Hlb mit 2 kurzen gegld Cerci. Schnellfüßig, freilebend u. in Gebäuden. Bis 32 mm.
Ordnung *Blattoptera* – **Schaben** (Abb. **29**/11) S. 114

25 **(21)** 2 Paar zarte Fl, Geäder netzartig. FlHaltung dachförmig. Körper weich, grün od. braun. MundGldmaßen kauend, F lg u. dünn. 2–80 mm.
F am E geknöpft (Schmetterlingshafte), gekeult (Ameisenjungfern) od. fadenförmig (Bachhafte). Fl bunt tagfalterartig (*Libelloides*) od. grün mit goldgrünen Au (Florfliegen, Goldaugen) od. Fl mit weißlichen Wachsausscheidungen (Staubhafte) od. bunt gefärbt (Bachhafte) od. grau bis bräunlich (Blattlauslöwen).
Ordnung *Neuroptera* – **Netzflügler** (Abb. **28**/5) S. 320

25* Merkmale nicht zutreffend **26**

26 Fl in Ruhe dachförmig **27**

26* Fl in Ruhe flach über den Körper gelegt u. gefaltet od. gerollt, s verkürzt. Fl häutig, gleich groß od. HFl größer. F lg u. dünn, bis 80 Gld. MundGldmaßen kauend, meist reduziert. Füße dreigld, am E starke Klauen. HlbE mit 2 dünnen Cerci, die aber auch reduziert sein können. Vorkommen stets in Gewässernähe, meist Bächen. 3,5–30 mm. Ordnung *Plecoptera* – **Steinfliegen** (Abb. **99**/1) S. 99

27 Fl in Ruhe dachförmig, s anliegend. Fl u. Körper behaart, Zahl der FlQueradern gering. VFl schmal, stärker behaart u. gefärbt als die meist breiteren HFl. MundGldmaßen leckendsaugend, sie dienen zum Auflecken von Blütensäften. F fadenförmig, so lg od. länger als die Fl. Füße 5 gld, HlbE mit od. ohne Cerci. Meist in Gewässernähe. 2–30 mm. Ordnung *Trichoptera* – **Köcherfliegen** (Abb. **29**/1) S. 682

27* 2 Paar bräunliche Fl, reich geädert u. den Körper weit nach hinten überragend. Ruhehaltung dachförmig. Körper flach, kräftig sklerotisiert. F lg fadenförmig, bis 40 Gld. MundGldmaßen nehmen keine od. nur flüssige Na auf. VBr frei beweglich, kürzer als breit u. oft skulpturiert. Füße 5 gld, mit 2 Klauen. In der Nähe von stehenden od. fließenden Gewässern. Bis 20 mm.
Ordnung *Megaloptera* – **Großflügler** (Abb. **29**/6; **319**/1) S. 319

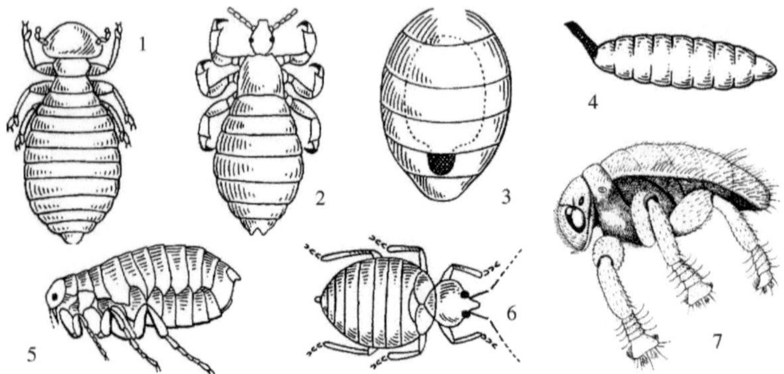

Abb. 32/1–7. 1 Läusling; **2** Kleiderlaus; **3** Fächerflügler, ♀ im Hlb einer Sandbiene, Körperumriss punktiert, VKörper schwarz; **4** Fächerflügler, ♀, VKörper schwarz; **5** Menschenfloh; **6** Bettwanze; **7** Bienenlaus.

Schlüssel 3 – Parasitische Insekten

1 Parasiten od. Parasitoide in od. an Insekten od. Spinnen **2**

1* Parasiten an Vögeln u. Säugern, oft in deren Nestern, in Ställen u. Wohnungen .. **4**

2 2 Paar häutige, durchsichtige Fl. Adernetzwerk mit wenig Queradern, große Zellen abgegld. Aderung oft stark reduziert od. völlig fehlend, Fl auch gestielt u. mit lg Wimperhaaren besetzt. Fl können auch fehlen. HFl kleiner als VFl. F lg, oft gekniet. Legestachel des ♀ oft sehr lg od. sehr kurz, kaum feststellbar. Im. oft metallisch gefärbt. Lg der Tiere schwankt zw 70 mm (Körper 30 mm u. Legestachel über 40 mm) u. 0,2 mm (*Mymaridae*). Tiere leben als Ecto- u. Entoparasiten (auch räuberisch) in versch. Stadien von Insekten (wie z. B. Käfern, Hautflüglern, Schmetterlingen u. in Spinnen).
Ichneumonoidea – **Schlupfwespen,** *Chalcidoidea* – **Erzwespen,** *Evanioidea, Trigonalyoidea, Proctotrupoidea, Cynipoidea* partim (zu Ordnung *Hymenoptera*) S. 572

2* 1 Paar häutige, durchsichtige Fl, HFl zu Halteren umgewandelt.
Familie *Tachinidae* (**Raupenfliegen**) u. 8 andere Familien (zu Ordnung Diptera) S. 832

2** Tiere anders gebaut **3**

3 ♀♀ stationäre Entoparasiten bei Hymenopteren u. Zikaden. Flügellos, leben in einem Sack nicht abgestreifter LHäute in der Intersegmentalhaut des Hlb ihrer Wirte. Nur der Cephalothorax ragt nach außen.
♀♀ der Ordnung *Strepsiptera* – **Fächerflügler** (Abb. **32**/3, 4) S. 826

3* Außenparasit auf Bienen. Kommensal in Bienenwaben. Milbenähnlich, 1–1,5 mm. Fl, Halteren u. Oc fehlen. B lg, beide Krallen zu kammähnlichen Anhängen umgebildet.
Braula coeca – **Bienenlaus** (Abb. **32**/7) (zu Ordnung *Diptera*) S. 908

4 **(1)** Mit häutigen Fl, oft kurz od. stummelförmig. K u. Thorax dorsoventral abgeflacht. K inseriert in einer Kerbe des ThoraxVRandes. B lg u. kräftig mit derben Krallen. Schnellfüßig. Im Gefieder von Vögeln u. im Fell von Huf- u. Raubtieren. Blutsauger, obligate Ektoparasiten. Bis 9 mm.
Familie *Hippoboscidae* – **Lausfliegen** (Abb. **26**/9) (zu Ordnung *Diptera*) S. 916

4* Flügellos (nur bei Plattwanzen sind VFl als fest aufliegende Platten vorhanden) .. **5**

5 Körper stark seitlich zusammengedrückt. Tergite u. Sternite schuppenartig übereinanderliegend. Bo u. Chitinzähne nach hinten gerichtet. MundGldmaßen stechend-saugend. MB u. HB mit vergrößerten Hü u. Schenkeln (SprungB). Auf Vögeln u. Säugern, in Nestern, Wohnräumen, Stallungen. Blutsauger. 4–7 mm.
Ordnung *Siphonaptera* – **Flöhe** (Abb. **32**/5). S. 820

5* Körper dorsoventral zusammengedrückt, keine SprungB **6**
6 B lg u. spinnenartig mit gut entw Klauen. **7**
6* B nicht spinnenartig **8**
7 K klein u. beweglich, in eine Grube des Mesonotums zurückziehbar. Körper platt u. zottig, bis 4 mm. Ektoparasiten auf Fledermäusen.
Familie *Nycteribiidae* – **Fledermausfliegen** (Abb. **35**/2) (zu Ordnung *Diptera*) S. 916
7* K nicht zurückziehbar, in einem Kerb des ThoraxVRandes inseriert. Hlb breit eiförmig, lederartig, dunkelbraun. Auf Vögeln, Huf- u. Raubtieren. Blutsauger. Bis 9 mm.
Familie *Hippoboscidae* – **Lausfliegen** (Abb. **26**/9) (zu Ordnung *Diptera*) S. 916
8 **(6)** MundGldmaßen beißend kauend, mit zangenförmigen OKf. F mit 3–5 Gld, kürzer als der K. K breiter als VBr. B kurz. Schmale lggestreckte bis breitovale, flügellose Tiere. Bis 6 mm, s bis 11 mm lg. Auf Vögeln u. Säugetieren, streng wirtsspezifisch, fressen Haare u. Federn, teils blutsaugend.
UOrdnungen *Amblycera* u. *Ischnocera* – **Läuslinge** (Abb. **32**/1) (zu Ordnung *Phthiraptera*) S. 156
8* MundGldmaßen stechend u. saugend. F mindestens so lg wie der K **9**
9 B als KlammerB bzw. als Greiforgan ausgebildet mit einer oft stark vergrößerten Kralle (bisweilen schaufelartig, s rudimentär). MundGldmaßen rüsselförmig, am VE des K vorstreckbar. K schmaler als VBr. F ca. so lg wie der K. Träge Tiere, permanente Ektoparasiten, blutsaugend. Nur auf Säugetieren, auch Mensch. Bis 6 mm.
UOrdnung *Anoplura* – **Läuse** (Abb. **32**/2) (zu Ordnung *Phthiraptera*) S. 156
9* B ohne auffallend stark vergrößerte Kralle. Körper im Umriss rundlichoval. KSchild dreieckig. Fl in Form kurzer Stummel vorhanden, Körper depress, bis 6 mm. Temporäre Parasiten an Säugetieren u. Vögeln. In menschlichen Wohnungen, an Fledermäusen, Vögeln (Tauben u. Hühner) u. in deren Nestern.
Familie *Cimicidae* – **Plattwanzen** (Abb. **32**/6) (zu Ordnung *Heteroptera*) S. 301

Schlüssel 4 – Insektenlarven an Land

1 Freilebend od. im Inneren von Pfl **2**
1* Innen- od. Außenparasiten bei Wirbellosen u. Wirbeltieren (vgl. Schlüssel 3) . . . **20**
2 HlbE mit zangenförmigen Cerci. Mit zunehmendem Wachstum entw sich die Fl, die Anzahl der FGld u. die endgültige Form der Zangen.
L der Ordnung *Dermaptera* – **Ohrwürmer** (Abb. **34**/3) S. 111
2* Zangenförmige Cerci fehlen **3**
3 VBr mehrfach so lg wie breit, aufgerichtet u. die VB zu FangB umgebildet. Am vorderen E der VBr inserieren die dornigen FangB. K abgerundet dreieckig, allseitig beweglich. Während des larvalen Lebens erreichen die F die endgültige Lg. Die Fl werden schrittweise ausgebildet. Bis 30 mm.
L der Ordnung *Mantodea* – **Fangschrecken** (Abb. **34**/5) S. 113
3* VBr nicht mehrfach so lg wie breit **4**
4 K unter dem schildförmigen Hsch verborgen. Körper dorsoventral abgeplattet. Schon junge L haben die gleiche Gestalt wie die Im. Lg LaufB, Füße 5gld, am E mit 2 Krallen. 6–12-malige Häutung mit schrittweiser Bildung der Fl. Regenerationsfähigkeit von F u. B. Bis 25 mm. L der Ordnung *Blattoptera* – **Schaben** (Abb. **34**/4) S. 114
4* K frei **5**
5 K mit nach vorn gerichteten Saugzangen. Tiere leben räuberisch in Sandtrichtern (Ameisenjungfern); im Laubwerk von Bäumen u. Sträuchern, Körper an den S mit BoHöckern (Florfliegen), auf Blättern u. Trieben, auch krautiger Pfl, seitliche BoHöcker fehlen (Blattlauslöwen), terrestrisch unter Moos u. Steinen, HlbSgm mit Anhängen u. InnenS der SaugKf scharf gezähnt (*Libelloides*), zw UferPfl u. unter Moos, Saugzangen stilettartig (Bachhafte). L der Ordnung *Neuroptera* – **Netzflügler** (Abb. **34**/9) S. 320
5* Merkmale nicht zutreffend **6**
6 Heuschreckenähnlich. Pronotum sattelförmig, bedeckt die S des Körpers bis zu den VHü. HSchenkel keulig verdickt (SprungB) od. VB umgebildet zu GrabB (Maulwurfs-

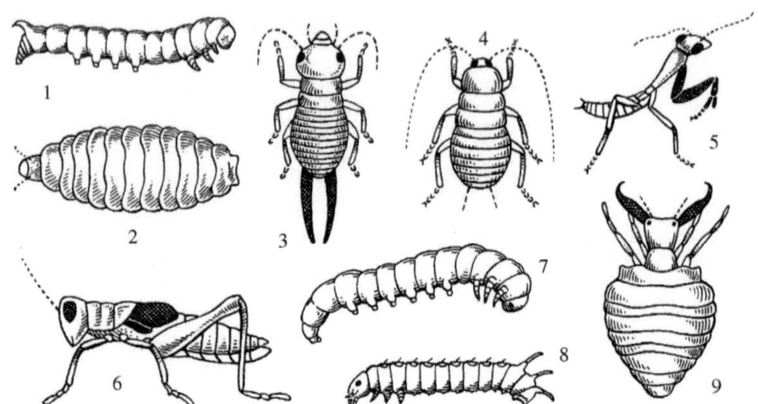

Abb. 34/1–9. **1** Schwärmerraupe; **2** Urmottenraupe; **3** OhrwurmL, HlbAnhänge schwarz; **4** SchabenL; **5** FangschreckenL, FangB schwarz; **6** KurzfühlerschreckenL, FlScheiden schwarz; **7** BlattwespenL; **8** SkorpionsfliegenL; **9** Ameisenlöwe, KfZangen schwarz.

grillen). L ähneln weitgehend den Im. Größe der FlScheiden nimmt mit jeder Häutung zu. L der Ordnung *Saltatoria* (*Orthoptera*) – **Heuschrecken** **7**

6* Nicht heuschreckenähnlich **8**

7 F kürzer als Körper, fadenförmig od. an der Spitze geknöpft.
L der Unterordnung *Caelifera* – **Kurzfühlerschrecken** (Abb. **34**/6) S. 140

7* F so lg od. länger als Körper, borstenförmig.
L der Unterordnung *Ensifera* – **Langfühlerschrecken** S. 128

8 **(6)** Hlb mit Bauchfüßen **9**

8* Hlb ohne Bauchfüße **11**

9 Meist 2–5 Paar Bauchfüße (einschließlich Nachschieber). Füße als Klammer- od. als Kranzfüße ausgebildet. HlbE gerundet, ein- od. zweispitzig. Körper nackt, behaart (oft mit Büscheln od. Pinseln), bedornt, diese mitunter verzweigt. 1. Sgm manchmal mit ausstülpbarer fleischiger Nackengabel (Ritterfalter) od. mit zwei großen Dornen (*Apatura*) od. 11. Sgm mit Afterhorn (*Sphingidae*) od. Körper asselförmig (*Lycaenidae, Zygaenidae*). Vorkommen frei an Pfl od. im Gespinstsack (*Coleophoridae, Psychidae*) od. in Minen (BrB fehlen) od. in Holz od. Wurzeln bohrend od. in der Erde.
L der Ordnung *Lepidoptera* – **Schmetterlinge** (Abb. **34**/1, 2) S. 700

9* Meist 8 u. mehr Bauchfußpaare vorhanden **10**

10 Sehr ähnlich den Schmetterlingsraupen („Afterraupen"), aber mit mindestens 6, maximal mit 8 Bauchfußpaaren (das 1. HlbSgm ist immer beinfrei). Hakenkränze u. Krallen fehlen (Schmetterlingsraupen haben nie mehr als 5 Bauchfußpaare !, bei ihnen sind stets mindestens das 1. u. 2. HlbSgm beinfrei). An der KS jederseits nur ein kleines PunktAu (bei Schmetterlingen stets mehrere!).
L der Holzwespen ohne Au, BrFüße reduziert, Afterfüße fehlen, aber letztes HlbSgm mit kräftigem Dorn, der als Nachschieber dient. L der *Pamphiliidae* in Gespinsten od. Blattwickeln, ohne Bauchfüße, am HlbE kleine gegld Cerci.
L der *Symphyta* – **Pflanzenwespen** (zu Ordnung *Hymenoptera*) S. 608

10* Körper ± raupenförmig, aber Anzahl der BPaare mehr als 8 (auch am 1. HlbSgm), außer *Boreus* u. 10. HlbSgm mit ausstülpbarem Haftorgan.
L der *Boreidae:* AbdominalB fehlen, leben zw Wurzelgeflecht von Moos, lichtscheu. Entw 2 J. Bis 3 mm.
L der *Panorpidae:* Hlb mit 8 kurzen BauchBPaaren. 10. HlbSgm mit ausstülpbarem Haftorgan. Fortbewegung spannerartig. L lebt an der Erdoberfläche.

L der *Bittacidae:* Körper mit stachelförmigen RückenForts, mehr als 8 BPaare. Kommt in dichtem PflBewuchs vor.

L der Ordnung *Mecoptera* – **Schnabelfliegen** (Abb. **34**/8) S. 817

11 **(8)** MundGldmaßen bilden einen unpaaren SaugR od. einen rundkonischen od. spitzen Kegel **12**

11* MundGldmaßen anders gebaut **14**

12 Die stechendsaugenden, gegld MundGldmaßen bilden einen Kegel auf der US des K. L sehen den Im. ähnlich, aber F kürzer (6–9 gld), Au kleiner, Fl fehlen. Nach der 2. Häutung treten FlScheiden auf, Verpuppung oft im Boden. Tiere g in Blüten. 2–5 mm.

L der Ordnung *Thysanoptera* – **Fransenflügler** (Abb. **26**/13) S. 164

12* Merkmale nicht zutreffend **13**

13 Der SaugR ist 3–4 gld u. entspringt stets vorn am K. In Ruhestellung wird er nach hinten zw die Hü gelegt. Körper ± abgeflacht. F oft geknickt. Meist 5 Häutungen bis zur geflügelten Im.

L (u. flügellose u. brachyptere Im.) der *Heteroptera* – **Wanzen** (Abb. **35**/7) S. 284

13* Der SaugR entspringt weit hinten an der KUS zw den VB.

Ordnung *Auchenorrhyncha* – **Zikaden** S. 262

Ordnung *Sternorrhyncha* – **Pflanzenläuse** S. 172

L der Ordnung *Auchenorrhyncha*, Zikaden: Körper ± zylindrisch (Abb. **35**/5). Sprungvermögen. M- u. HB mit 3 gld Füßen. VB bei Singzikaden als GrabB entw.

L der Unterordnung *Psyllina,* Blattflöhe: Abgeflacht. K u. VBr bilden einen Komplex (Abb. **35**/6), kein Sprungvermögen. Füße 1gld. 5 LStadien. Erst im 3. LStadium Anlagen von seitlich abstehenden FlScheiden. Umgebung des Afters mit Wachsdrüsen.

L der Unterordnung *Aleyrodina,* Mottenschildläuse: R 4 gld, Füße 2 gld. Körper oval u. platt, ab 2. Stadium bewegungsunfähig, durch Wachsabscheidungen fest mit der Unterlage verbunden. Gegen E der LZeit entsteht ein Puparium u. daraus schlüpft eine geflügelte Im.

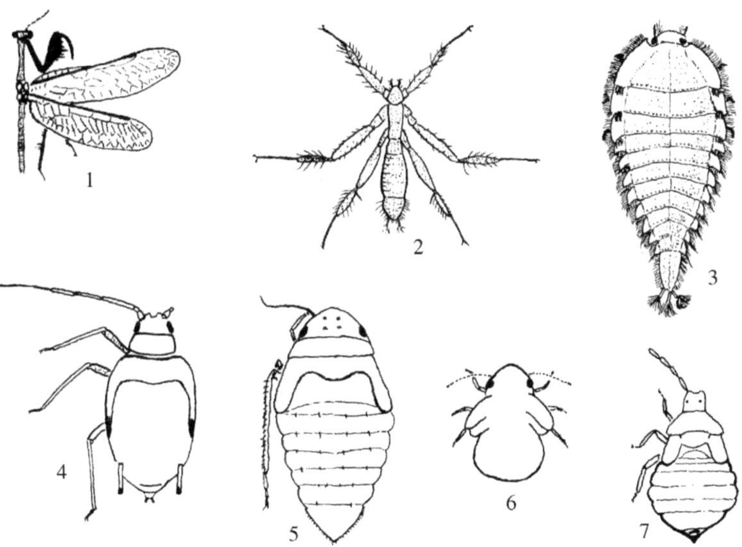

Abb. 35/1–7. 1 Fanghaft, *Mantispa* sp., FangB schwarz; **2** Fledermausfliege; **3** HakenkäferL, *Elmis*; **4** BlattlausL; **5** ZikadenL; **6** BlattflohL; **7** WanzenL.

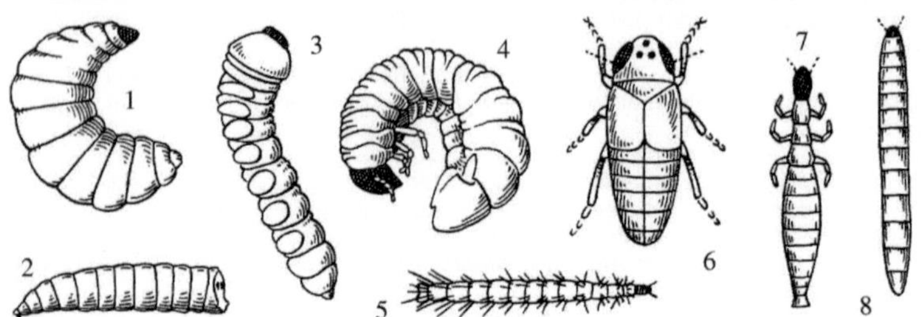

Abb. 36/1–8. **1** BienenL; **2** FliegenL; **3** BockkäferL; **4** Engerling; **5** FlohL; **6** ZikadenL; **7** KamelhalsfliegenL; **8** MehlkäferL.

L der Unterordnung *Aphidina,* Blattläuse: L schon den Im. ähnlich (Abb. **35**/4). HlbE oft mit 2 Siphonen. Körper ± kugelig, Füße 2 gld.
L der Unterordnung *Coccina,* Schildläuse: Körper sack- od. napfförmig, nach beweglicher Phase fest auf der Unterlage sitzend, mit schuppiger od. schildförmiger Sekretauflage. Füße 1 gld, mit 1 Kralle am E.

14 **(11)** BrSgm mit gegld B (vgl. auch **10** – *Symphyta*) **15**

14* BrSgm ohne B, es sind höchstens stummelförmige Reste vorhanden **17**

15 Körper blattlausähnlich. L der Ordnung *Psocoptera* – **Staubläuse** S. 143

15* Körper nicht blattlausähnlich. F lg, fadenförmig; MundGldMaßen kauend. **16**

16 Der Hsch umschließt seitlich die VBr röhrenförmig bis zu den VHü. Körper flachgedrückt, K länger als breit. F 3gld. Hlb verjüngt sich gegen das E. Letztes HlbSgm wird fußartig nach unten gerichtet. Leben räuberisch auf Bäumen, in Rissen u. Spalten, unter Borkenschuppen u. im Boden. Laufen geschickt auch rückwärts, bis 15 mm.
L der Ordnung *Raphidioptera* – **Kamelhalsfliegen** (Abb. **36**/7) S. 317

16* Hsch flach, bedeckt die Br höchstens bis zur Hälfte. Körper vielgestaltig: assel- od. engerlingsförmig, mehlwurmartig, lggestreckt, kurz u. dick, madenförmig, glatt, fest sklerotisiert od. samtartig behaart. Bis 50 mm.
div. L der Ordnung *Coleoptera* – **Käfer** (Abb. **36**/8) S. 556

17 **(14)** Tiere leben innerhalb von PflTeilen od. in Nestern, Wohnungen u. Stallungen od. frei **18**

17* Tiere leben in Waben, Einzelzellen, PflGallen od. in Eikokons von Spinnen **19**

18 Tiere fressen in PflTeilen. Gefressene Hohlräume nennt man Minen. Fraßgänge sehr verschiedenartig (Platz-, Gangminen usw.). Befallen werden alle PflTeile wie Blätter, Rinde u. Holz von Bäumen, krautige Pfl, Wurzeln, Samen, Früchte. Die charakteristischen Fraßbilder dienen zur Bestimmung der Tiere, deren Körper ± flach ist. B meist reduziert od. Tiere völlig beinlos.
L der Ordnungen *Coleoptera, Diptera, Hymenoptera* u. *Lepidoptera*

18* Tiere leben in Nestern, Wohnungen u. Stallungen. Au u. B fehlen. Körper mit lg Bo u. Haaren besetzt, weiß. F 2 gld. Am letzten HlbSgm ein Papillenpaar, darüber ein Bo-Kamm. 4–5 mm. L der Ordnung *Siphonaptera* – **Flöhe** (Abb. **36**/5) S. 820

18** Tiere frei auf Pfl, im Boden, in zerfallender PflSubstanz u.a. Substraten. L sehr vielgestaltig, mit od. ohne KKapsel. L der Ordnung *Diptera* – **Zweiflügler** (**36**/2) S. 919

19 **(17)** Tiere leben in Eikokons von Spinnen (*Lycosidae, Clubionidae, Dassidae*). L anfangs den FlorfliegenL ähnlich, nach der 1. Häutung madenförmig, mit kurzen Saugzangen. B stummelförmig. Verpuppung im Eisack einer Wirtsspinne (auch SchlupfwespenL findet man in Eikokons von Spinnen).
L von *Mantispa styriaca* – **Fanghaft** (zu Ordnung *Neuroptera* – **Netzflügler**) S. 328

19* Tiere leben in Waben, Einzelzellen od. in PflGallen. Körper gestreckt od. gebogen. weiß, madenähnlich. B stummelförmig od. fehlend.
L der Faltenwespen, Bienen u. Gallwespen (zu *Hymenoptera*) (Abb. **36**/1) S. 572

20 **(1)** Innenparasiten in Insekten (Parasitoide), Spinnen od. in deren Eikokons, in Ringelwürmern, Mollusken, Amphibien, Huftieren, Nagetieren, Hasenartigen u. Menschen **21**

20* Außenparasiten an Insekten (Parasitoide) aller Entwstadien, z. B. Erz-, Brack- u. Schlupfwespen. Bis 5 mm. L der Ordnung *Hymenoptera* – **Hautflügler** S. 572

21 Mit K u. deutlichen OKf, z. B. Schlupf-, Erz- u. Zehrwespen. L der Ordnung *Hymenoptera* – **Hautflügler** S. 572

21* Ohne K, am VE kräftige Mundhaken. Beispiele: in der Haut des Menschen (*Wohlfahrtia*); im K von Kröten (*Lucilia*); in od. unter der Haut von Huftieren (Dasselfliegen); in Landschnecken (*Melinda*); in Regenwürmern (*Pollenia*); in Insekten (*Phoridae*), in Spinnen u. Milben od. in deren Eikokons (*Acroceridae* – Kugelfliegen); Innenparasiten in Hymenopteren, vorwiegend Aculeaten (*Conopidae* – Dickkopffliegen). L der Ordnung *Diptera* – **Zweiflügler** S. 919

Schlüssel 5 – Insektenlarven im Wasser

1 An der KUS ein unpaarer, meist kurzer Stechrüssel, mit dem die Beute ausgesaugt wird. Ältere L mit FlScheiden. L der *Nepomorpha* – **Wasserwanzen** u. *Gerromorpha* – **Wasserläufer** (zu Ordnung *Heteroptera*) S. 285

1* Stechrüssel fehlt, MundGldmaßen beißend od. OKf u. UKf zu einem Paar zangenförmiger SaugKf verbunden. **2**

2 B gut entw u. deutlich sichtbar, manchmal sehr klein. FlAnlagen vorhanden od. fehlend **3**

2* Ohne B. FlAnlagen (FlScheiden) fehlen **12**

3 HlbE mit 2–5 kurzen spindel-, kegel- od. stilettförmigen od. mit 1–3 längeren lanzett-, blatt- od. fadenförmigen Anhängen. **5**

3* HlbE ohne solche Anhänge **4**

4 MundGldmaßen als SaugKf ausgebildet, in dem OKf u. UKf zu Halbrohren verlängert sind, die aneinander gelegt, 2 geschlossene Saugrohre bilden. BauchS des Hlb mit 7 beinähnlichen Tracheenkiemen. L in Schwämmen. L von *Sisyridae* – **Schwammfliegen** (zu Ordnung *Neuroptera*) S. 322

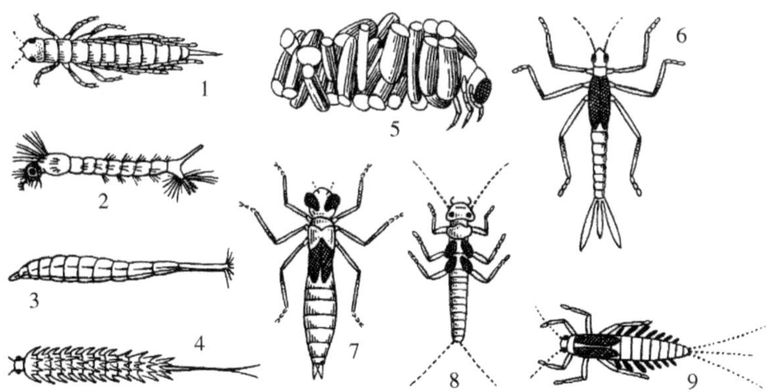

Abb. 37/1–9. 1 SchlammfliegenL; **2** MückenL; **3** WaffenfliegenL; **4** WassertreterL; **5** KöcherfliegenL im Köcher; **6** KleinlibellenL, FlScheiden schwarz; **7** GroßlibellenL, FlScheiden schwarz; **8** SteinfliegenL, FlScheiden schwarz; **9** EintagsfliegenL, FlScheiden u. Kiemenblätter schwarz.

4* MundGldmaßen beißend, OKf bei einigen Arten mit Saugkanal. L nicht in Schwämmen. div. L von aquatilen *Coleoptera* – **Käfer** S. 558

Beispiele:

Letztes HlbSgm mit 4 Häkchen. Hlb seitlich mit 10 Paar lg Tracheenkiemen. L der *Gyrinidae* – **Taumelkäfer** (Abb. **557**/16)

Letztes HlbSgm ohne Häkchen. Hlb seitlich ohne Tracheenkiemen (Ausnahme Gattung *Berosus*). L der *Hydrophilidae* – **Wasserkäfer** (Abb. **559**/16, 17)

F lg, Körper abgeplattet. L der *Scirtidae* – **Sumpfkäfer** (Abb. **559**/14)

F sehr kurz. Körper abgeplattet bis drehrund. L der *Elmidae* – **Hakenkäfer** (Abb. **35**/3, **559**/10, 11)

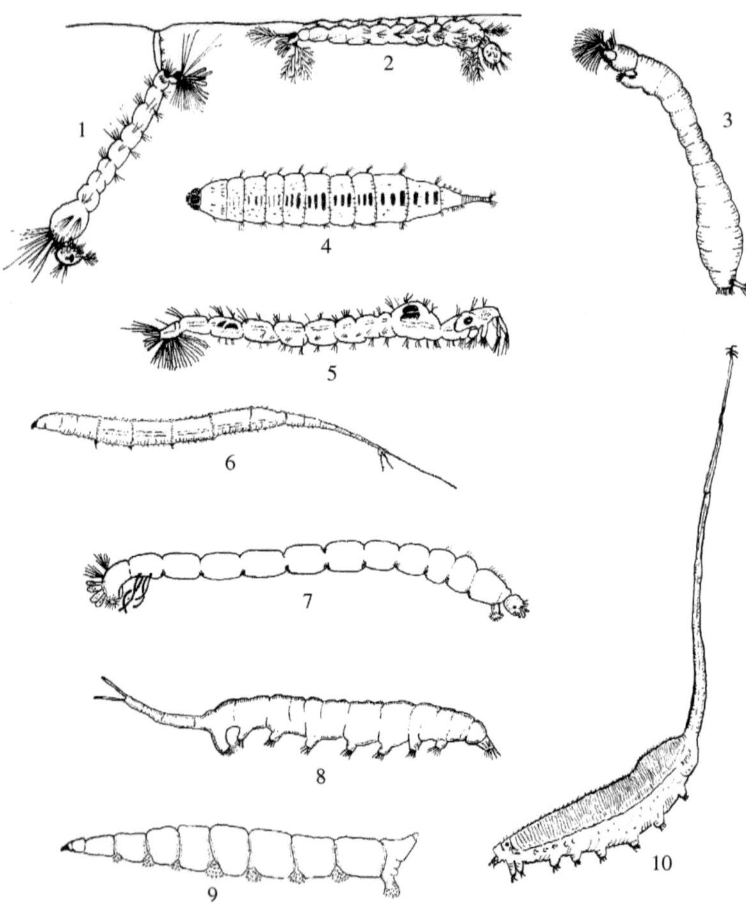

Abb. 38/1–10. 1 HausmückenL; **2** FiebermückenL; **3** KriebelmückenL; **4** SchmetterlingsmückenL; **5** BüschelmückenL; **6** FaltenmückenL; **7** ZuckmückenL; **8** SalzseefliegenL; **9** L von *Limnophora*; **10** RattenschwanzL.

5 **(3)** HlbE mit kurzen stift-, stilett- od. spindelförmigen Anhängen od. ohne Anhänge **6**

5* HlbE mit 1–3 lanzett-, blatt- od. fadenförmigen, nackten od. kurz behaarten Anhängen **8**

6 Breit gebaute Tiere mit 5 stilett- od. dornenartigen, kurzen Anhängen am HlbE, die zusammengelegt eine Pyramide bilden. ULippe zu einer vorschnellbaren Fangmaske umgebildet. Ältere L mit FlScheiden. Tracheenkiemen in der Wand des EDarmes. Bis 60 mm. L der *Anisoptera* – **Großlibellen** (Abb. **37**/7) (zu Ordnung *Odonata*) S. 92

6* Höchstens 2–4 kurze Anhänge am HlbE. Fangmaske u. FlScheiden fehlen **7**

7 L mit 4 Paar StummelB am Hlb (Sgm 6–9) u. 1 Paar Nachschiebern am HlbE. Atmung durch Stigmen od. Haut, s 3 Längsreihen weißlicher Kiemenbüschel auf dem Abdomen. In röhrenartigem, mit PflTeilen durchsetztem Gespinst unter der Wasseroberfläche, in Blattstücken, im Stängel von WasserPfl, frei an Blättern od. in ausgehöhlten Wasserlinsen (*Lemna*). L von *Acentropinae* – **Wasserschmetterlinge** (zu Ordnung *Lepidoptera*) S. 727

7* L ± raupenähnlich (ohne StummelB am Sgm 6–9). In Köchern aus PflTeilen, Kies, Sand od. Schneckenschalen od. frei in Gespinsten. Atmung meist durch fadenförmige Tracheenkiemen, die am Hlb (Rücken, Bauch od. S) s, zu zweit od. zu dreien od. in Büscheln stehen. s. Bis 25 mm.
L der Ordnung *Trichoptera* – **Köcherfliegen** (Abb. **37**/5) S. 683

8 **(5)** FlAnlagen vorhanden **9**

8* FlAnlagen fehlen **11**

9 HlbAnhänge lanzettförmig bis blattartig. ULippe zu einer spatelförmigen, vorschnellbaren Fangmaske umgestaltet. F ca. so lg wie K. Ältere L mit FlScheiden. Bis 30 mm. L der *Zygoptera* – **Kleinlibellen** (Abb. **37**/6) (zu Ordnung *Odonata*) S. 88

9* HlbAnhänge lg, mehrgld, borstenförmig. ULippe bildet keine Fangmaske **10**

10 2 HlbAnhänge. Tracheenkiemen, wenn vorhanden, schlauchförmig, unverzweigt od. verzweigt an der US des 1. BrSgm, zw den B, an den S der Br od. zw den Cerci am After (nie an den HlbS). Füße 3 gld mit je zwei Krallen. Meist in kalten schnellströmenden Bächen. Empfindlich gegen Verschmutzung. Beim Erreichen bestimmter Größe Auftreten von FlScheiden. Bis 30 mm.
L der Ordnung *Plecoptera* – **Steinfliegen** (Abb. **37**/8) S. 100

10* Meist 3 HlbAnhänge (2 Cerci u. 1 Terminalfaden) vorhanden, einige Arten nur 2 Cerci. 1.–7. HlbSgm seitlich mit blatt- od. büschelförmigen Tracheenkiemen (s oben od. Anzahl reduziert). Füße 1gld mit je 1 Kralle. Bis 35 mm, ältere L mit FlScheiden.
L der Ordnung *Ephemeroptera* – **Eintagsfliegen** (Abb. **37**/9) S. 60

11 **(8)** HlbE mit 1 lg, kurz behaartem, am E nicht gegabeltem, fadenartigem Forts. Beiderseits des Hlb 7 lg gegld u. behaarte Kiemenfäden. Tiere leben im Schlammgrund versch. Gewässer, auch mit organischer Verschmutzung.
L der Ordnung *Megaloptera* – **Großflügler** (Abb. **37**/1) S. 319

11* HlbE mit 2 behaarten ± lg Anhängen. L aquatiler *Coleoptera* – **Käfer**
Es werden einige wichtige Familien als Beispiele genannt.
Letztes HlbSgm lg, an der Spitze kurz gegabelt. Hlb mit 10 Sgm.
L der Familie *Haliplidae* – **Wassertreter** (Gattungen *Haliplus* u. *Brychius*) (Abb. **557**/13)
Letztes HlbSgm kurz, mit lg Forts. Körper mit lg Tracheenkiemen. Hlb mit 9 Sgm.
L der Familie *Haliplidae* – **Wassertreter** (Gattung *Peltodytes*) (Abb. **37**/4, **557**/14)
Letztes HlbSgm mit lg Forts u. einem MittelForts (Unterschied zu Schlammfliegen: keine seitlichen Tracheenkiemen). Hlb mit 8 Sgm.
L der Familie *Hygrobiidae* – **Schlammschwimmer** (Abb. **557**/10)
Letztes HlbSgm mit deutlichen behaarten lg Forts. Hlb mit 8 Sgm.
L der Familie *Dytiscidae* – **Schwimmkäfer** (Abb. **557**/15)
Letztes HlbSgm nur mit kurzen Forts. HlbE eine Atemkammer bildend.
L der Familie *Hydrophilidae* – **Wasserkäfer** (Abb. **559**/16)

12 **(2)** Mit deutlich sichtbarem K u. ohne echte Beine, aber mit vielgestaltigen Bildungen u. Anhängen, die der Fortbewegung u. Atmung dienen. Da es hier nicht möglich ist, die zahlreichen LTypen der *Nematocera* – **Mücken** (zu *Diptera*) darzustellen, sollen im folgenden einige Vertreter genannt werden (vgl. dazu Tabelle S. 919):
Mit Atemrohr (Sipho) am 8. HlbSgm. In stehenden u. langsam fließenden Gewässern, in Regenfässern, wassergefüllten Eimern, Gullys, in Dosen, Altreifen u. a. Kosm. L von *Culex pipiens* – **Hausmücke** (Abb. **38**/1)
In pflreichen Gewässern mit sauberem Wasser, waagerecht unter der Wasseroberfläche liegend, ohne Atemrohr. L von *Anopheles*-Arten – **Fiebermücken** (Abb. **38**/2)
In Fließgewässern. HE keulig verdickt. Fußstummel u. Haftscheibe vorhanden.
L von *Simuliidae* – **Kriebelmücken** (Abb. **38**/3)
In schnellfließenden Gebirgsbächen. BauchUS mit 6 Saugnäpfen u. büscheligen Tracheenkiemen. Tiere 6–10 mm lg, Na Kieselalgen.
L von *Liponeura* – **Lidmücken**
In allen stehenden Gewässern, auch Hochmoorweihern. L durchsichtig. 4–12 mm lg, schwebt waagerecht im Wasser. Tracheenblasen in der Br u. im drittletztem HlbSgm. F zu Fangwerkzeugen umgebildet. L von *Chaoborus* – **Büschelmücken** (Abb. **38**/5)
Im Bodenschlamm langsam fließender Bäche. Am HlbE ein biegsames Tracheenrohr, letztes Sgm mit zwei kurzen Fäden (Tracheenkiemen). Lg mit Atemrohr 5 cm.
L von *Ptychopteridae* – **Faltenmücken** (Abb. **38**/6)
Im Schlamm fließender od. stehender, auch verschmutzer Gewässer (*Chironomus*-Seen). Bis 20 mm lg, wurmförmig, Körper rötlich. Hautatmung. Fußstummel mit Hakenkränzen versehen. BauchS des 11. Sgm mit 2 Paar schlauchförmigen Anhängen.
L von *Chironomidae* – **Zuckmücken** (Abb. **38**/7)
Im verunreinigten Wasser, in Jauchegruben, Kläranlagen. Weißgrau, Rücken mit dunklen Platten. HlbE mit Atemrohr. Etwa 8 mm lg. Frisst faulendes organisches Material. L von *Psychodidae* – **Schmetterlingsmücken** (Abb. **38**/4)

12* Ohne deutlich sichtbaren K. Fußstummel vorhanden od. fehlend. Am HlbE der Atmung dienende vielgestaltige Anhänge, wie z. B. BoKranz u. Schwanzfäden.
Div. LTypen von Familien der *Brachycera* – **Zweiflügler** (zu *Diptera*) S. 919
Beispiele:
In pflreichen Weihern. Körper abgeflacht, spindelförmig. HlbE zugespitzt, mit einem Kranz gefiederter Haare. OKf hakenförmig, mit Wimpern besetzt. Tiere weiden den Algenbelag von WasserPfl ab. Bis 50 mm lg.
L von *Stratiomys* – **Waffenfliegen** (Abb. **37**/3)
In Abwässergräben, Klärbecken, Kloakengruben. Weißgelblich, mit 7 Paar Fußwarzen, die mit Haken bewehrt sind. Körperlg 2 cm, mit Atemrohr bis 13 cm lg.
L von *Eristalis* – **Rattenschwanzlarve (Schwebfliege)** (Abb. **38**/10)
In Salinenbecken, Salzseen u. Brackwasserlachen. Mit Fußstummeln u. gegabeltem Atemrohr. Schabt Algenbelege ab. Bis 15 mm lg.
L von *Ephydra* – **Salzseefliege** (Abb. **38**/8)
In Fließgewässern im Moosgewirr. 8 hakenbewehrte Fußstummel, der letzte stark vergrößert. Frisst Würmer u. Insekten. Bis 10 mm.
L von *Limnophora* (Familie *Muscidae*) (Abb. **38**/9)

Vorbemerkungen zur 1.–5. Ordnung

Hans-Jürgen Schulz

Uneinheitliche (polyphyletische) Sammelgruppe, früher als Apterygota bzw. Ur-Insekten zusammengefasst. Felsenspringer u. Fischchen, in der Vergangenheit als Borstenschwänze (*Thysanura*) bezeichnet, unterscheiden sich v. a. durch die Einlenkung der Mandibeln (monokondyl bzw. dicondyl). Collembola, Diplura u. Protura sind wesentlich kleiner als die beiden anderen Ordnungen (0,1–15 mm). Ihre verwandtschaftlichen Beziehungen, insbesondere die Monophylie der Diplura, werden verschieden diskutiert. Alle 5 Ordnungen stets primär flügellos. HlbGldmaßen umgebildet od. in Resten vorhanden.
Aufgrund ihrer meist geringen Körpergröße, mitunter sehr hohen Individuenzahlen, der aufwendigen Präparation, komplizierten u. langwierigen Bestimmungsarbeit zählen die 5 Ordnungen i. d. R. zu den wenig beachteten Insektenordnungen. Durch ihre große Bedeutung beim Abbau organischer Substanz u. der Humusbildung im Boden bilden die Collembolen hierbei sicherlich eine Ausnahme. Auch ist durch das Erscheinen der Synopsen paläarktischer Collembolen eine sehr gute Arbeitsgrundlage im Entstehen, die neben den aktuellen taxonomischen Erkenntnissen gleichfalls ökologische Daten bereit stellt.
Nur wenige Arten sind im Freiland mit der Lupe bestimmbar. Die Mehrheit der Arten muss u. kann nur mit einer an das jeweilige Taxa angepassten Präparationstechnik u. einer sehr guten Mikroskopausstattung, determiniert werden. So ist z. B. bei den Collembolen oft eine 1000fache Vergrößerung zum Studium der Mikrosensillenverteilung pro Körper- od. Antennensegment notwendig.
Aufsammlungen der Tiere richten sich nach ihrer Lebensweise: lauf- od. sprungaktive Exemplare innerhalb unterschiedlichster Habitate mittels Exhaustor od. Fang mit angefeuchtetem (70% Äthanol) Pinsel (auch für Tiere unter Rinde geeignet), Tiere aus der Vegetation (Krautschichten, Gebüsche usw.) mit Streifnetz. Der Einsatz von Bodenfallen führt oft zu einem schlechten Erhaltungszustand der Tiere. Am besten geeignet ist die Entnahme von Boden u. Substratproben (z. B. Moos-, Flechten- u. Streuauflagen). Diese Proben werden dann im Labor in einer Berlese- od. MacFadyen-Apparatur zur Auslese gebracht (Austreibung der Tiere mittels Licht u. langsamer Austrocknung). Außerordentlich wichtig ist das Auffangen der Tiere in einem geeigneten Medium, das einen optimalen Präparationszustand gewährleistet (weitere Hinweise bei den einzelnen Ordnungen).

Diplura – Doppelschwänze

Alfred Palissa

Im Gebiet vorwiegend die Familie *Campodeidae* (Abb. **42**/1), s auch Vertreter der *Japygidae* (Abb. **42**/3). **G.** Lggestreckt, von sehr einheitlicher Körperform mit lg, vielgld, leicht abbrechbaren F; am letzten HlbSgm ähnlich lg Cerci od. (*Japygidae*) diese ungegld, kurz u. kräftig , zangenartig.
Mundwerkzeuge stechend bis stechend-schabend, in die KKapsel einbezogen. Au fehlen. B mit je 2 gut entw. Klauen u. gewöhnlich 2 Prätarsalanhängen (Abb. **42**/2). Hlb mit 10 Sgm, mit Extremitätenresten (Styli) u. ausstülpbaren Coxalbläschen. Tracheen u. Stigmen vorhanden. Genitalöffnung am HRand des 8. HlbSternites, Genitalanhänge fehlen. Haut mit Bo, bei heimischen Arten ohne Schuppen, Körperfarbe weiß bis gelblich. Bis 5 mm (ohne F u. Cerci). – **L.** Im Boden u. in Höhlen, unter Steinen u. Laub, unter Rinde von Baumstümpfen. Viele Arten u. Gattungen zeigen eine streng regionale Begrenzung u. eignen sich zu zoogeographischen Untersuchungen. – **B.** Begattung mit indirekter Spermaübertragung. Eiabl in Ballen in kleinen Erdkammern; manche Arten mit Brutpflege, z. B. bewachen ♀♀ von *Japyx* ihre Eier u. L. Na: Vorwiegend organische Abfallstoffe u. Pilzmycelien; Japygiden räuberisch. – Aufsammlung mit Exhaustor.
Vorsicht beim Transport von konservierten Tieren, lg F u. Cerci brechen leicht ab! Bestimmung nur unterm Mikroskop nach Aufhellung (z. B. mit Kalilauge). – Ca. 850 Arten, heimisch 19.

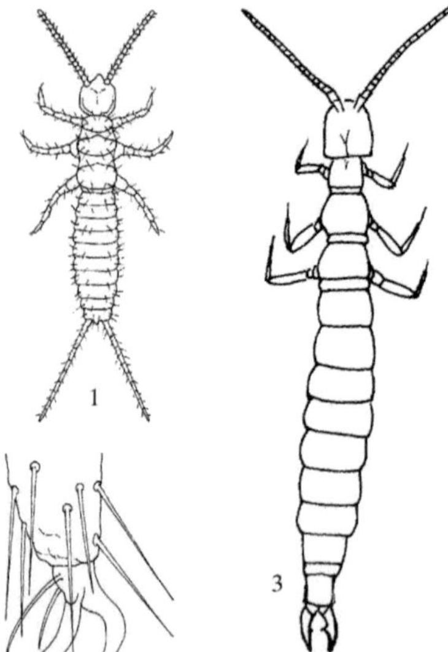

Abb. 42/1–3. 1 *Campodea* sp.; **2** Praetarsus mit Krallen von *Campodea* sp. **3** Habitus einer Japygide (*Dipljapyx humberti*).

Die Ordnung wird in DE kaum bearbeitet. Bei uns häufig Vertreter der Gattung *Campodea*. Nachweise der mehr südl v Japygiden s.

1 Schwanzanhänge (Cerci) lg, gegld, fadenförmig. Familie *Campodeidae*
Bei uns ca. 16 Arten nachgewiesen, darunter *Campodea fragilis* MEINERT: 3,5 mm, Cerci ab 4. Gld mit sehr kurzen Haaren.

1* Schwanzanhänge kurz, ungegld, zangenförmig. Familie *Japygidae*
Drei wärmeliebende Gattungen. Bei uns z. B. nachgewiesen *Metajapyx leruthi* SILVESTRI: Zangen (Forceps) mit wenig ausgeprägtem Hauptzahn; Postdentalrand (zw Hauptzahn u. Spitze) wenig konkav. – *Dipljapyx humberti* (GRASSI) (Abb. **42**/3): 9–11,5 mm; bes. der rechte Forceps mit starkem Hauptzahn, Postdentalrand gleichmäßig u. kräftig konkav.

Literatur – siehe S. 56

Protura – Beintastler

Alfred Palissa

G. Zart, 0,5–2,5 mm (Abb. **43**/1). Au u. F fehlen; dorsal ca. in der M des K jederseits 1 rundliches ScheinAu (Pseudoculus) in Form einer kleinen Grube, die von einer zarten Membran ausgekleidet wird. Dieses Organ umstrittener Homologie wird heute vorwiegend für ein chemo-sensibles Sinnesorgan gehalten, vergleichbar vielleicht dem Postantennalorgan (PAO) der Collembolen. Bei manchen Arten KKapsel vorn in einen Dorn (Rostrum) verlängert. Mundteile in die KKapsel eingeschlossen (entognath), stilettartig, zum Saugen eingerichtet. BrSgm 2 u. 3 bei *Eosentomidae* mit Stigmen eines primitiven Trachealsystems; die meisten Arten aber nur mit Hautatmung. VB deutlich länger als die anderen, in typischer Haltung nach vorn neben den K erhoben, mit charakteristischen, nur unter starker Mikroskopvergrößerung sichtbaren Sinneshaaren ausgestattet. Die VB werden als funktioneller Ersatz für die fehlenden F als Tastorgane benutzt. Die SinnesBo der VFüße sind wichtige Bestimmungsmerkmale. Sie dürften nicht nur taktile Funktionen haben, sondern dienen vermutlich auch als Temperatur- u. Feuchte-Rezeptoren. B insektentypisch gegld, Praetarsus mit Klaue u. Empodium; Füße eingld. Hlb bei erwachsenen Tieren mit 12 Sgm. Kein Geschlechtsdimorphismus. Genitalöffnung am 11. HlbSgm. Befruchtungsmodus unbekannt. Am 8. HlbSgm münden dorsal 1 Paar große „Wehrdrüsen", die bei vielen Arten mit ± komplizierten Deckeln („Tergalkämme") geschützt sind. Erste 3 HlbSgm ventral mit Resten von Extremitäten, das 1. Paar stets mit ausstülpbarem EBläschen (Abb. **43**/2). Pigmente fehlen, Tiere farblos od. gelblich, die dorsalen Querapodeme (solide kutikulare Hauteinstülpungen) deutlich abgesetzt. – **L.** Euedaphische Feuchtlufttiere von Humusböden u. der Streuschicht von Wäldern; bes. zahlreich unter Rinde u. im Mulm modernder Baumstümpfe, im Freiland kaum erkennbar. – **B.** Lebensweise u. Entw wenig bekannt. Aus dem Ei schlüpfende „Prälarve" mit nur 9 HlbSgm, weicht in Behaarung u. a. ab. Postembryonale Entw mit SgmVermehrung (anamer) über 6 Stadien zur Im. Ernährungsweise wenig untersucht: Saugen an Pilzhyphen (Mykorrhiza). Dauerhaltung im Labor bisher nicht möglich. – Fang am besten durch mechanisches Aussieben von Standortproben nach BERLESE-TULLGREN. Charakteristische Haltung der VB schließt Verwechslungen aus. Bestimmung nur mikroskopisch nach Milchsäure-Aufhellung, wichtig dabei die Anzahl der Bo auf den HlbSgm sowie Anordnung u. Form der Sensillen der Füße der VB. Ca. 680 Arten, heimisch 41.
Die Ordnung ist in DE bisher wenig bearbeitet.

1 1. u. 2. BrSgm mit deutlichen Stigmen. BStummel der vorderen 3 HlbSgm gleich gebaut, mit 5 Bo u. EBläschen (erscheinen deshalb 2gld). Familie *Eosentomidae*
Bei uns häufigste Art der verbreiteten Gattung *Eosentomon* BERLESE (Abb. **43**/1) mit 19 bisher aus DE gemeldete Arten ist *E. transitorium* BERLESE: 0,7–1,5 mm; in modernden Kiefernstümpfen u. a.

1* Stigmen fehlen. BStummel am 3. HlbSgm höchstens mit 4 Bo **2**

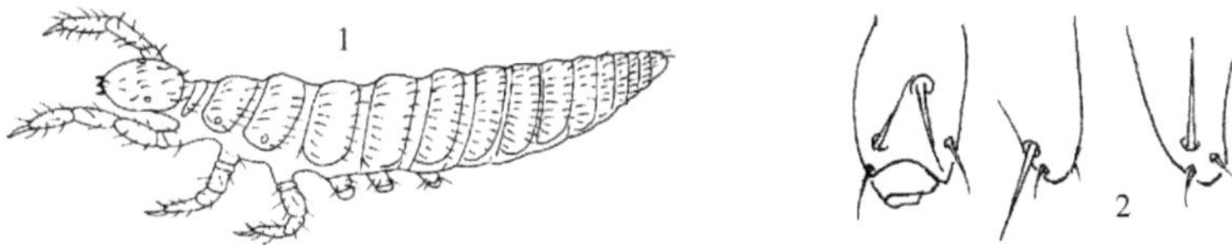

Abb. 43/1–2. 1 *Eosentomon* sp. **2** BStummel der 3 ersten HlbSgm von *Acerentulus gisini.*

2 Mindestens die beiden vorderen BStummel des Hlb mit EBläschen.
Familie *Protentomidae*

In DE bisher 4 Arten nachgewiesen, darunter *Protentomon thienemanni* Strenzke, auf HlbRücken I–IV nur 1 BoQuerreihe (aus humosen Sandböden) u. *Proturentomon minimum* (Berlese) mit 2 BoQuerreihen auf HlbRücken I–IV.

2* Nur das 1. Paar der BStummel des Hlb mit EBläschen (Abb. **43**/2).
Familie *Acerentomidae*

Acerentomon giganteum Condé: 2,3–2,4 mm, größte deutsche Art mit auffälligem Rostrum (d. i. die schnabelartig verlängerte Ol). Weitere Arten u. Gattungen nur mikroskopisch unterscheidbar.

Literatur – siehe S. 56

Collembola – Springschwänze

Hans-Jürgen Schulz

G. Ca. 0,1 (*Mesaphorura*-Arten)–9,0 mm (*Tetrodontophora bielanensis*). Der pro- od. hypognathe Kopf der Collembolen besitzt entognathe, kauende, schabende od. stechend-saugende Mundwerkzeuge. Die Morphologie der inneren (Maxillen, Mandibeln), sowie die Beborstung (Chaetotaxie) der äußeren Mundteile (Labrum u. Labium) sind wichtige Bestimmungsmerkmale. F meist 4 Gld, seltener 5 od. 6 (*Heteromurus, Orchesella*) bzw. (durch sekundäre Ringelung der DistalGld) vielgld (*Tomoceridae*). Beborstung der F u. ihre Ausstattung mit Sensillen u. Mikrosensillen von hoher taxonomischer Relevanz. Auf FGld 4 meist mehrere, verdickte Sensillen (= Riechhaare). Besonders wichtig ist am 3. FGld das sogenannte Antenne-3-Organ (chemisch-hygrisch-thermisches Sinnesorgan). FSpitze gewöhnlich mit ± großem EKölbchen. Hinter der FBasis u. vor dem Ommenfeld liegt das Postantennalorgan (= TÖMÖSVARYsches Organ), das der Feuchte- u. Temperaturwahrnehmung dient u. die höchste taxonomisch wichtige Differenzierung bei den *Onychiuridae* besitzt.
Das Ommenfeld besteht aus bis zu 8 Ommatidien, die neben einem Hell-Dunkel-Sehen auch ein einfaches Konturen- od. Gestaltwahrnehmen ermöglichen. Der Thorax weist 3 Beinpaare auf. B insektentypisch gegliedert, aber Coxa mitunter noch untergliedert u. Schienen u. Fuß zu einem Tibiotarsus verschmolzen. Beborstung der Tibiotarsen von großer taxonomischer Bedeutung (z.B. bei den *Symphypleona*). Krallengld mit Klaue u. Nebenklaue (Empodium). Hlb mit 6 Segmenten. Bei den *Arthropleona* alle Sgm frei od. höchstens 4.–6. HlbSgm verschmolzen (z.B. *Folsomia*). HlbE dorsal manchmal mit Dornen (AD), meist in Zwei- od. Vierzahl. BauchS des 1. HlbSgm mit mehrteiligem, stempelartigen Ventraltubus, der verschiedene Funktionen besitzt (u.a. Wasseraufnahme, Respiration, Anheftung an Oberflächen, Putzorgan). Gleichzeitig war er namensgebend für die Collembola: Ventraltubus bedeutet „Leimkolbenträger" (kolla = Leim, embolon = Kolben, Keil). Das Anheften basiert jedoch auf Ansaugen (ohne Leim). Kugelspringer (= *Symphypleona*) mit undeutlicher Segmentierung des Körpers; Br u. HlbSegmente verschmolzen (großes u. kleines Abdomen). Die Sprunggabel (Furca) befindet auf der BauchS des 4. HlbSgm u. besteht aus dem unpaaren Basalteil (Manubrium) mit den paarigen Dentes u. Mucrones (Abb. **45**/1). Furca in Ruhelage unter den Hlb geklappt, durch eine gezähnte Haltevorrichtung (Retinaculum) an basalen Chitinspangen der Dentes eingerastet.

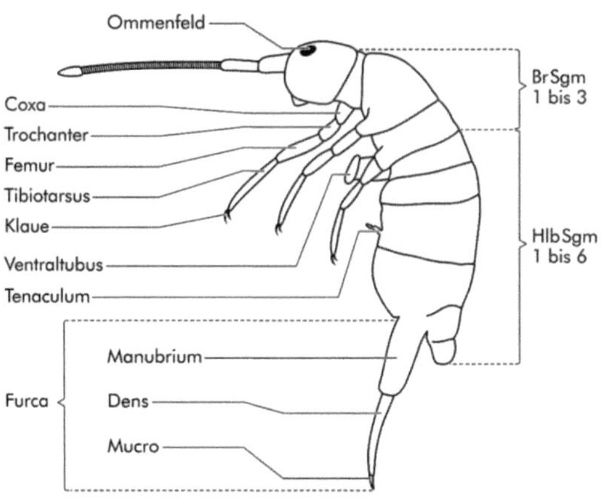

Abb. 45/1. Habitus eines arthropleonen Collembolen (*Pogonognathellus flavescens*).

Durch Muskelkontraktion (Körper- u. Furcamuskeln) wird die Sprunggabel nach hinten (gegen den Untergrund) geschlagen u. der Collembole führt, je nach Lage des Körperschwerpunktes, einen Salto vorwärts od. rückwärts aus. Hierbei spielt auch die Elastizität der Dentes eine Rolle. Der Sprung kann mehrmals hintereinander stattfinden (Fluchtverhalten). Sowohl Furca, Retinaculum als auch Ventraltubus sind charakteristische Umgestaltungen der Abdominalbeine. HlbSgm 5 ventral mit Genitalöffnung (beim ♂ als Längsspalt, beim ♀ als Querspalt ausgebildet, die von Bo umgeben sind). Die Haut der Collembolen ist glatt, gekörnt od. gefeldert (z. B. *Tetracanthella*), unbenetzbar u. gewährleistet den Verdunstungsschutz. Atmung über passive Diffusion durch die Haut. Tracheen nur bei wenigen Arten der *Symphypleona*. Färbung der Arten sehr unterschiedlich u. von ihrer Lebensweise bestimmt. Bewohner der Bodenoberflächen u. deren Vegetationsschichten oft mit intensiven Binden- u. Fleckenzeichnungen, ihre beschuppten Arten metallglänzend, Besiedler der tieferen Bodenschichten meist gelblich weiß.

B. Durchschnittliches Lebensalter meist deutlich unter einem, bis zu 3 Jahren, einige Arten nur wenige Wochen (z. B. *Sminthurides*). Manche Arten mit jahreszeitlich unterschiedlichen Morphen. Nach dem Schlupf aus dem Ei erfolgt eine direkte Entwicklung zum Adultzustand (ohne Ausbildung von Larvalmerkmalen). Anzahl der Häutungen, die zur Geschlechtsreife führen, ist artabhängig (minimal 3 u. maximal etwa 14). Begattung durch indirekte Spermaübertragung. Bei den bodenbewohnen-

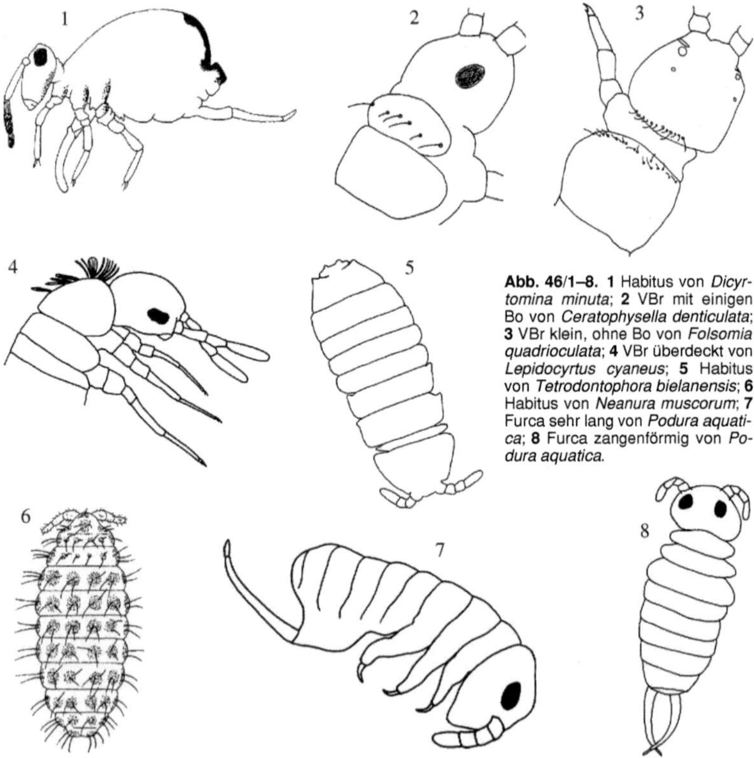

Abb. 46/1–8. 1 Habitus von *Dicyrtomina minuta*; **2** VBr mit einigen Bo von *Ceratophysella denticulata*; **3** VBr klein, ohne Bo von *Folsomia quadrioculata*; **4** VBr überdeckt von *Lepidocyrtus cyaneus*; **5** Habitus von *Tetrodontophora bielanensis*; **6** Habitus von *Neanura muscorum*; **7** Furca sehr lang von *Podura aquatica*; **8** Furca zangenförmig von *Podura aquatica*.

den *Arthropleona* setzt das ♂ ein gestieltes Spermatröpfchen ab, welches vom ♀ mit der Genitalöffnung aufgenommen wird. ♂ u. ♀ zeigen dabei keinerlei Paarungsverhalten. Dagegen sind viele verschiedene Stufen der Paarbildung bzw. Sexualkontakts (u.a. Balzverhalten) insbesondere von den *Symphypleona* bekannt. Durch das hierdurch schnelle u. gesicherte Übertragen des Spermas wird ein Austrocknen verhindert. Parthenogenese ist, insbesondere bei den echten Bodenbewohnern, weit verbreitet (*Mesaphorura*-Arten, *Isotomiella minor*); oft durch mikrobielle Infektion der ♂ (durch *Wolbachia*) verursacht.

Grundsätzlich werden 3 Lebensformen bei den Collembola unterschieden:

1. Relativ große, gut pigmentierte, kräftig behaarte od. beschuppte Arten mit langen Extremitäten (Lebensraum: Bodenoberfläche u. Vegetationsschicht) – epedaphisch;
2. Mittelgroße, kompaktere Arten, i.d.R. gut pigmentiert, Extremitäten kürzer (Lebensraum: Grobstrukturen (Streu- od. Moosauflagen) der Bodenoberfläche) – hemiedaphisch;
3. kleine, blinde, fast wurmförmige Arten (Lebensraum: Kleinhöhlen des Bodens) – euedaphisch (= „echte“ Bodenbewohner). Aufgrund ihrer wesentlich geringeren Ausbreitungsmöglichkeiten sind gerade die euedaphischen Arten als Bioindikatoren für die Qualität von Lebensräumen sehr gut geeignet. Springschwänze haben ein breites Nahrungsspektrum (Bakterien- u. Algenbeläge, Pilzrasen, Falllaub, Pollen, totes Holz usw.). Durch Massenvorkommen u. -wanderungen sind Collembolen bereits vor Jahrhunderten bekannt geworden („Schneeflöhe bzw. Gletscherflöhe“). Auch heutzutage werden Massenwanderungen z. B. von *Ceratophysella sigillata* (*Hypogastruridae*) im Bayrischen Wald regelmäßig beobachtet. Unter extremen klimatischen Bedingungen kommt es bei einigen Arten (meist innerhalb der *Hypogastruridae* u. *Isotomidae*) zu morphologischen Veränderungen (Ökomorphose), wie z. B. der Ausbildung zusätzlicher Dornen (HlbSgm).

L. Weltweit in einer Vielzahl unterschiedlicher terrestrischer Standorte verbreitet (u. a. Küsten, hochalpine Habitate (auf Schnee u. Gletschereis), Höhlen, in Bodenporen, Streu- u. Moosauflagen von Wäldern, unter Rinde, auf Gewässeroberflächen (z. B. von Mooren u. Tümpeln). Eine Reihe von Arten sind Kosmopoliten. Mitunter in enormen Siedlungsdichten (z. B. in Waldböden mit starker Streuauflage können unter einem Quadratmeter Bodenoberfläche bis 200 000 Individuen leben). Die Artenzahl ist vom Standort abhängig; mehr als 100 Arten sind i. d. R. in reich strukturierten Wäldern nachweisbar. Voraussetzung für die optimale Arterfassung bildet die Anwendung der richtigen Sammeltechnik im Jahresgang (Entnahme von Boden- u. Substratproben, Einsatz von Bodenfallen (i. d. R. mit 14-tägiger Leerung), Handaufsammlungen mittels Exhaustor od. Streifnetz). Sehr gut geeignet für den Fang von Bewohnern der Wasseroberfläche ist ein Hand-Wasserkescher mit starrer Planktongaze. Auslese im Labor mittels Berlese- od. MacFadyen-Apparatur (Abtöten in 70%igem Äthanol, besser im Törne-Gemisch (gewährleistet ein sofortiges Absinken der Exemplare u. damit einen sehr guten Präparationszustand). Überführen der Exemplare in offene Milchsäurepräparate (Hohlschliffobjektträger), Streckung u. Aufhellung der Tiere ist bei Zimmertemperatur am Folgetag ausreichend, Eindecken mittels Deckgläschen, wobei die Exemplare leicht durch das Deckgläschen fixiert werden müssen. Diese Fixierung ermöglicht eine schonende Drehung der zu bestimmenden Exemplare, so dass die Bestimmungsmerkmale in bester Lage betrachtet werden können (die moderne Taxonomie basiert auf Merkmalen, die sich auf alle Körperseiten beziehen!). Ungünstig ist das sofortige Anfertigen von Dauerpräparaten für die Bestimmung (Exemplare sind in ihrer Lage fixiert – einige wichtige Merkmale schwer od. gar nicht erkennbar). Nur bei den größeren Arten der Symphypleona ist nach Bretfeld das Anfertigen von 4 Präparaten von einem Tier unerlässlich (Kopf, Extremitäten (Beine, Furca, Fühler), Kleines Abdomen, Großes Abdomen). Bestimmung der Arten mittels Durchlichtmikroskop (z. B. mit Phasenkontrast). Weltweit sind ca. 7 000 Arten bekannt, heimisch ca. 450.

1 Körper langgestreckt, Br u. Hlb deutlich segmentiert (Unterordnung *Arthropleona*; Abb. **45**/1) **2**

1* Körper ± kugelig, Br u. HlbSegmente 1–4, mitunter auch 5 verschmolzen (Unterordnung *Symphypleona*; Abb. **46**/1) **31**

2 Tergit der VBr etwa halb so lang wie MBr, mit einigen Bo (Abb. **46**/2). Meist kleine, nicht so lebhafte Arten mit kurzen Extremitäten, kleiner od. fehlender Furca u. Analdornen. Körper einfarbig od. unpigmentiert (Überfamilie *Poduromorpha*) **3**

2* Tergit der VBr relativ klein (verglichen mit der MBr od. HBr Länge), ohne Bo od. vollkommen von der MBr überdeckt (Abb. **46**/3 u. **46**/4, Tiere am besten in Seitenlage betrachten!). Größtenteils schlanke Arten mit langen Extremitäten u. kräftiger Furca (Überfamilie *Entomobryomorpha*) **7**

3 Gestalt asselförmig (Abb. **46**/5), blaugraue Färbung, bis 9 mm. Einzige pigmentierte Art aus der Familie der *Onychiuridae* u. größte Collembolenart Europas, Verbreitungsschwerpunkt in Deutschland in der Oberlausitz (Zittauer Gebirge), nach Regenfällen oft in Massen an Baumstämmen, Stubben, an Felsen usw. beim „Abweiden" von Algenrasen zu beobachten, 3-jähriger Lebenszyklus.
Tetrodontophora bielanensis Waga – **Riesencollembole**

3* Gestalt nicht asselförmig, wesentlich kleiner **4**

4 Relativ große Arten mit plumper, breiter Körperform u. deutlichen, lang beborsteten Segmenthöckern über dem gesamten Körper (Abb. **46**/6). Gattung *Neanura* (Familie *Neanuridae,* 17 Gattungen in D, Arten nur mikroskopisch bestimmbar), Häufigste Art: *Neanura muscorum* (Templeton), bis 3,5 mm, graublaue Färbung, Kosmopolit.

4* Kleinere gedrungene Arten, blauschwarz bis dunkelrostrot gefärbt, ohne beborstete Segmenthöcker **5**

5 Furca sehr lang, reicht eingeschlagen an der Körperunterseite bis zum mittleren BPaar. Die beiden Dentes zangenförmig gegeneinander gekrümmt (Abb. **46**/7 u.

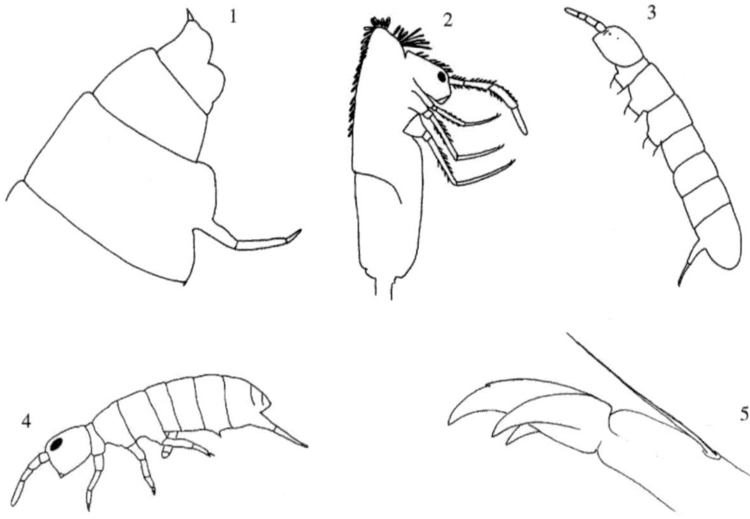

Abb. 48/1–5. 1 Furca klein u. gerade von *Hypogastrura purpurescens*; **2** Antennen, Beine und Körper mit Schuppen von *Lepidocyrtus paradoxus*; **3** Hlb zylinderförmig von *Folsomia quadrioculata*; **4** Hlb birnenförmig von *Pseudisotoma sensibilis*; **5** Mucro mit 3 großen Zähnen von *Isotoma viridis.*

46/8), bis 2 mm. Häufig auf WasserOflächen versch Habitate (Moore, Tümpel, Seeufer, langsam fließende Gewässer usw.).
Podura aquatica L. – **Schwarzer Wasserspringer**

5* Furca kürzer (Dentes gerade, Abb. **48**/1), zurückgebildet od. fehlend. **6**

6 Gelblichweiß, ohne Au, Furca fehlend od. stark reduziert, meist mit 2 Analdornen Familie *Onychiuridae*, zahlreiche Arten (2 Unterfamilien: *Onychiurinae* (Arten über 1 mm groß) u. *Tullbergiinae* (Arten weniger als 1 mm groß), nur mittels Mikroskop bestimmbar).

6* Kräftig pigmentiert, mehrheitlich mit AuFeld, Hautkörnelung deutlich Familie *Hypogastruridae* (9 Gattungen in D) Arten nur mikroskopisch bestimmbar; 2 Großgattungen: *Ceratophysella* (Analdornen groß; häufige Arten: C. *armata, C. denticulata, C. succinea, C. sigillata* u. *C. scotica* (Moorart)) u. *Hypogastrura* (Analdornen klein; häufige Arten: *H. socialis, H. purpurescens, H. viatica*).

7 **(2)** Körper mit Schuppen od. am E keulenartig verdickten Bo, die meist an der MBr mähnenartig abstehen (Abb. **48**/2) **11**

7* Körper stets ohne Schuppen u. mähnenartig abstehenden KeulenBo, Behaarung i. d. R. mit glatten Bo. Familie *Isotomidae* (26 Gattungen in D) **8**

8 HlbSgm 4.–6. verschmolzen, Körperform meist zylindrisch (Abb. **48**/3), Furca relativ klein, etwa so lg wie F. Gattung *Folsomia*
Etwa 15 Arten in D; nur mikroskopische Unterscheidung möglich (i. d. R. mittels Chaetotaxie), häufige Arten: *F. candida* – **„Blumentopfspringschwanz"** leicht in Zuchten zu halten u. daher oft in Laboruntersuchungen als Testobjekt genutzt, bis 2,5 mm, *F. quadrioculata, F. manolachei.*

8* HlbSgm 4.–6. nicht verschmolzen, Körper ± birnenförmig (Abb. **48**/4), Furca meist länger als F, i. d. R. deutlich pigmentierte dunkle Au **9**

9 Augenfeld ± quadratisch, Pigmentierung: diffuses Grau bis schwärzlich, bis 1 mm.
Parisotoma notabilis (Schäffer)
Kosmopolit, eine der häufigsten Arten innerhalb der Westpaläarktis überhaupt, besiedelt mitunter in sehr hoher Individuenzahl natürliche od. gestörte Standorte, Wälder, Grünland.

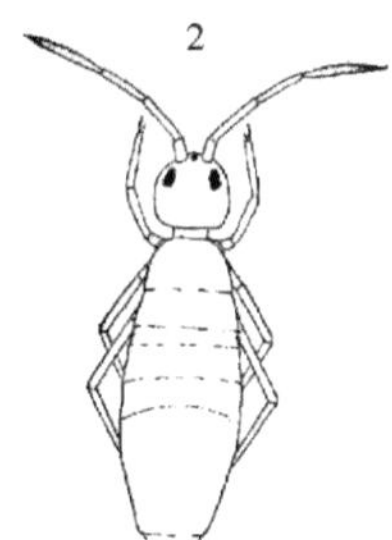

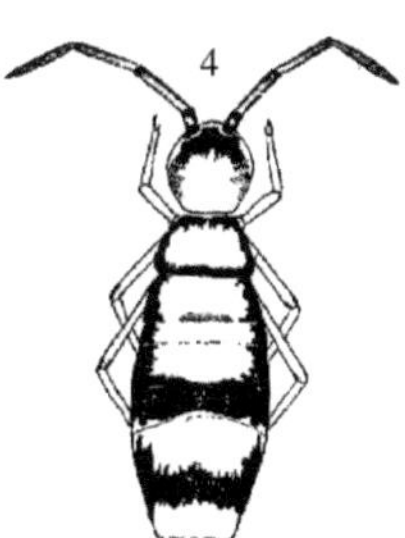

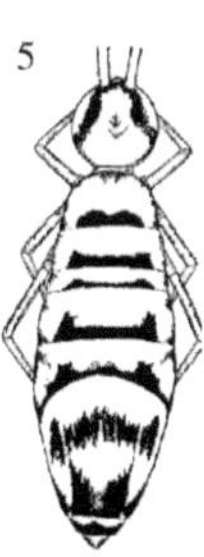

Abb. 49/1–5. 1 Mucro mit Lamellen u. 3 großen Zähnen von *Hydroisotoma schaefferi*; Farbmuster bei **2** *Entomobrya lanuginosa*; **3** *E. albocincta*; **4** *E. corticalis*; **5** *E. multifasciata*.

9* Augenfeld länglich, Pigmentierung meist intensiver (z. B. grünlich, dunkelbraun, rötlich, violett) **10**

10 Durchschnittlich 3–4 mm Körpergröße (ausgewachsene Exemplare), maximal 6 mm, Mucro mit 3 großen Zähnen. (Abb. **48**/5). Gattung *Isotoma*
Häufigste Arten: *I. anglicana* u. *I. viridis* (eurytope Offenlandarten, mitunter Massenvorkommen).

10* Bis 2,5 mm Körpergröße, Mucro mit 4 Zähnen od. Lamellen (Abb. **49**/1).
Mucro kräftig gebaut, mit 3 großen Zähnen u. Lamellen (Abb. **49**/1).
Hydroisotoma schaefferi (Krausbauer)
Winteraktive Art an europäischen Gebirgsbächen (u. a. Steine, Moosauflagen) mit einer Generation/Jahr. Der Schlupf erfolgt im Oktober, schnelles Wachstum u. hohe Aktivität während der Wintermonate. Auch auf Schnee neben den Bächen zu beobachten. Adulte Tiere bis Frühlingsende zu sehen.

11 **(7)** Mucro langgestreckt, mehr als zwei Zähne.
Große Arten (4–5 mm) u. mit stark verlängerten Antennen (bei ausgewachsenen Exemplaren länger als der Körper, Abb. **45**/1). Kopf u. Körper mit Schuppen.
Familie *Tomoceridae*
Häufige u. weit verbreitete Arten sind: *Pogonognathellus flavescens, P. longicornis, Tomocerus minor* u. *T. vulgaris.* Die 4 Arten sind Streubewohner (Laub- u. Nadelwälder), aber auch in Moosauflagen anzutreffen.

11* Mucro kurz, hakenförmig, zweizähnig Familie *Entomobryidae* **12**

12 HlbSgm 4 dorsal (Mittellinie) mehr als zweimal so lang wie HlbSgm 3, F Gld 1 nicht unterteilt (F mit 4 Gld). Unterfamilie *Entomobryinae* **13**

12* HlbSgm 4 dorsal (Mittellinie) etwa nur 1,5 so lang wie HlbSgm 3, F Gld 1 u. 2 mit je einem basalen kurzen Subsegment (F mit 6 Gld). Unterfamilie *Orchesellinae* (Gattungen *Orchesella* u. *Heteromurus*) **26**

13 Körper mit Schuppen (± Metallglanz) (Abb. **48**/2), (Gattungen *Lepidocyrtus, Pseudosinella, Willowsia,* nur Arten der Gattung *Lepidocyrtus* im Gelände z. T. erkennbar) **20***

13* Körper ohne Schuppen, die meisten Arten mit deutlichen Farbmustern. 12 Arten in D.
Gattung *Entomobrya* **14**

14 Körperfärbung blass (gelblichweiß), ohne Farbmuster, Augenfelder schwarz pigmentiert, zwischen den F ein schwarzer Fleck (Abb. **49**/2).
Entomobrya lanuginosa (Nicolet)
Charakterart offener (sandiger) Standorte, auch Erstbesiedler von rekultivierten Tagebauflächen.

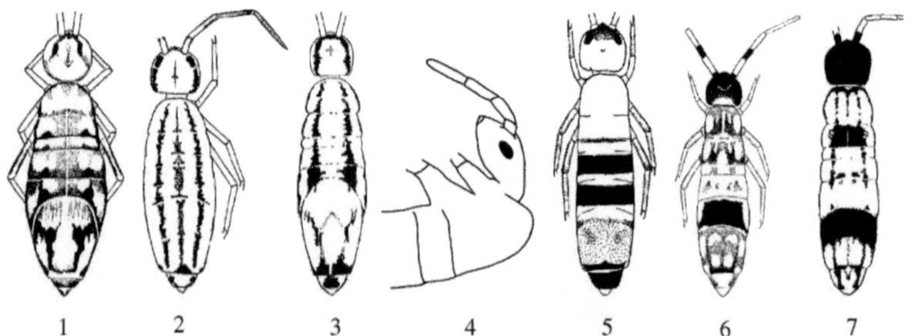

Abb. 50/1–7. Farbmuster bei **1** *Entomobrya nivalis*; **2** *E. quinquelineata*; **3** *E. muscorum*; **4** MBr helmartig über den K gezogen von *Lepidocyrtus curvicollis*; Farbmuster bzw. Pigmentverteilungen bei **5** *Orchesella bifasciata*; **6** *O. cincta*; **7** *O. flavescens*.

Abb. 51/1–3. Farbmuster bei **1** *Orchesella villosa*; **2** *O. multifasciata*; **3** *Sminthurus maculatus*.

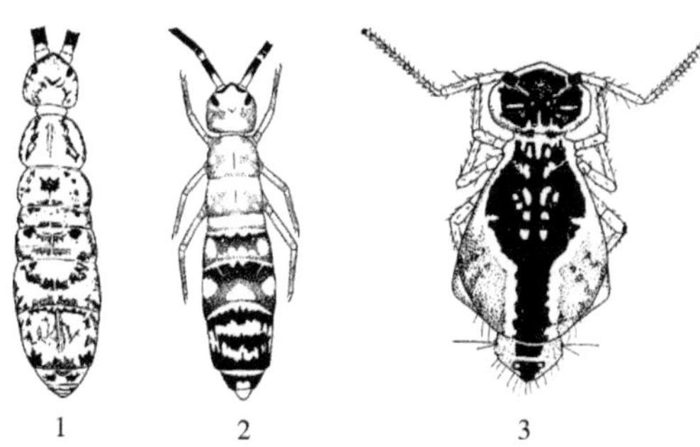

14* Körper mit deutlichen Farbmustern. **15**

15 Farbmuster wie Abb. **49**/3, Br 3 bis HlbSgm 3 komplett schwarz. *Entomobrya albocincta* (TEMPLETON)
Rindenbewohner, aber auch in Moos- u. Streuschichten.

15* Farbmuster anders. **16**

16 Farbmuster wie Abb. **49**/4. *Entomobrya corticalis* (NICOLET)
Häufig unter der Rinde abgestorbener Bäume (Nadel- u. Laubwälder).

16* Farbmuster anders. **17**

17 Farbmuster wie Abb. **49**/5, deutliche Querbänder an B u. Hlb. *Entomobrya multifasciata* (TULLBERG)
Weit verbreitet in einer Vielzahl von Habitaten, auch Pionierart von Haldenflächen.

17* Farbmuster anders. **18**

18 Farbmuster wie Abb. **50**/1, HlbSgm 4 mit V-förmiger Zeichnung. *Entomobrya nivalis* (L.)
Eine der häufigsten Collembolenarten, mit einer Bevorzugung von trockenen Standorten, unter Rinde, in Moos- u. Flechtenauflagen.

18* Farbmuster anders. **19**

19 Farbmuster wie Abb. **50**/2, mit 5 Längsbändern (die beiden seitlichen in Aufsicht nicht erkennbar). *Entomobrya quinquelineata* BÖRNER
Bewohner von Wiesen, Streuauflagen von Gebüschen u. Wäldern, unter Steinen, in Moosen, häufig.

19* Farbmuster anders. **20**

20 Farbmuster wie Abb. **50**/3, BrSgm 2 bis HlbSgm 3 mit zwei Längsstreifen, HlbSgm 4 mit W-förmiger Zeichnung. *Entomobrya muscorum* (NICOLET)
Kosmopolit, Bewohner der Streuschicht, auch unter Steinen. Es treten einige Farbformen auf.

20* **(13)** Körperfärbung hell od. dunkel. **21**

21 Körperfärbung intensiv blau, violett bis schwarz-violett. **22**

21* Körperfärbung weißlich bis gelblich. **24**

22 BrSgm 2 deutlich über den K konisch verlängert („kapuzenartig"), Abb. **48**/2. *Lepidocyrtus paradoxus* UZEL
Charakterart offener Standorte (z. B. Trockenrasen).

22* BrSgm 2 nicht verlängert, normal. **23**

23 B u. FSgm 1 u. 2 mit Schuppen, Abb. **48**/2. *Lepidocyrtus violaceus* (GEOFFROY)
Gemein in Moos- u. Streuschichten von Wäldern.

23* B u. FSgm 1 u. 2 ohne Schuppen. *Lepidocyrtus cyaneus* TULLBERG
Vorwiegend in feuchten Habitaten (z. B. Mooren, Bach- u. Seeränder).

24 **(21)** B u. FSgm 1 u. 2 mit Schuppen, Abb. **48**/2. . . . . **25**

24* B u. FSgm 1 u. 2 ohne Schuppen. Körperfärbung weiß, bis 2 mm. *Lepidocyrtus lanuginosus* (GMELIN)
Eurytope Art (viele Nachweise aus Wald- u. Offenlandstandorten).

25 BrSgm 2 helmartig über dem K (Abb. **50**/4), bis 3 mm groß. *Lepidocyrtus curvicollis* BOURLET
Weit verbreitet, aus einer Vielzahl von Habitaten nachgewiesen (auch in Höhlen).
25* BrSgm 2 nicht helmartig über dem K angeordnet, bis 2 mm groß. *Lepidocyrtus lignorum* (F.)
Häufig in vielen Habitattypen, vorwiegend in humusreichen Böden von Wiesen.
26 **(12)** Körper mit Schuppen, ohne Farbmuster u. Augenflecken, bis 2 mm groß. *Heteromurus nitidus* (TEMPLETON)
Eine Art in D. Kosmopolit.
26* Körper ohne Schuppen, mit deutlichen Farbmustern u. Augenflecken. **27**
Gattung *Orchesella* (7 Arten in D, bis 4 mm groß).
27 Farbmuster wie Abb. **50**/5, HlbSgm 2 u. 3 mit schwarzen Querbändern. *Orchesella bifasciata* BOURLET
Sehr häufig in Moosauflagen von Felsen, Baumstämmen u. Streuschichten von Wäldern.
27* Farbmuster anders. **28**
28 Farbmuster wie Abb. **50**/6, HlbSgm 3 ± schwarz. *Orchesella cincta* (L.)
Überwiegend aus Streuschichten bekannt, aber auch in Moosauflagen u. offenen Standorten zu finden.
28* Farbmuster anders. **29**
29 Farbmuster wie Abb. **50**/7, K u. HlbSgm 4 schwarz, BrSgm 3 ± schwarz oder K u. Körper mit 2 Längsstreifen (häufigste Farbformen). *Orchesella flavescens* (BOURLET)
Weit verbreitet, insbesondere in feuchteren Waldstandorten.
29* Farbmuster anders. **30**
30 Farbmuster wie Abb. **51**/1, ohne deutliche Quer- oder Längsbänder, insbesondere HlbSgm 3 mit halbkreisförmigem Band. *Orchesella villosa* (GEOFFROY)
Häufig in trockenen, warmen Standorten (Wälder, Wiesen).
30* Farbmuster wie Abb. **51**/2, deutliche Querbänder HlbSgm 2, 3, 4. *Orchesella multifasciata* STSCHERBAKOW
Vor allen Dingen aus Waldstandorten nachgewiesen.
31 **(1)** Körper sehr klein bis klein (0,2–2 mm). Zahlreiche Arten in mehreren Familien (u. a. *Katiannidae*, *Sminthurididae*, *Bourletiellidae*, nur mittels Mikroskop bestimmbar).
31* Größere Arten (2–4 mm) mit z. T. deutlicher Körperfärbung. **32**
32 FSgm 4 sehr klein (weniger als halb so lang wie FSgm 3) (Abb. **51**/2), F zwischen Sgm 2 u. 3 gekniet. Familie *Dicyrtomidae* (8 Arten in D). **33**
32* FSgm 4 mindestens so lang wie FSgm 3, F zwischen Sgm 3 u. 4 gekniet. **35**
33 Körper einheitlich violett braun bis violett schwarz gefärbt. **34**
33* Körper mit Querbänderung, HlbSgm 4–6 mit deutlichem, dunklem Feld (median) (Abb. **46**/1). Gattung *Dicyrtomina*
4 Arten in D, häufigste Arten *D. ornata* u. *minuta*, beide sind Bewohner der niedrigen Vegetation u. der Streuschicht von feuchten Wäldern.
34 F einheitlich violett braun oder rötlich gefärbt, Körpergröße bis 2 mm. *Dicyrtoma fusca* (LUBBOCK)
Häufig u. weit verbreitet in Wäldern, auch aus Mooren u. anderen feuchten Habitaten nachgewiesen.
34* FSgm 4 vollständig u. FSgm 3 distal weiß, Körpergröße bis 2,7 mm. *Ptenothrix atra* (L.)
Selten, in feuchten Streuschichten von Wäldern, auch an Pilzen, unter Steinen.
35 **(32)** Körperfärbung ± dunkelbraun, glänzend, K heller, manchmal leopardenartig gefleckt, bis 4 mm. *Allacma fusca* (L.)
Größte Art der *Symphypleona*, gemein in feuchten Wäldern, dort oft an Baumstubben, auf Grund der Körpergröße leicht erkennbar.
35* Körperfärbung anders. **36**

36 Körperfärbung grünlich bis gelblich, manche Populationen mit dunklen Körperseiten, bis 3 mm. *Sminthurus viridis* (L.)
Meist auf trockenen Wiesenstandorten.
36* Körperfärbung anders. **37**
37 Körperzeichnung wie Abb. **51**/3, K u. Körper mit einem dunkelbraunen breitem Band, bis 2,8 mm. *Sminthurus maculatus* TÖMÖSVARY
Bewohner der niedrigen Vegetation von sandigen, xerothermen Habitaten.
37* Körperfärbung anders. **38**
38 Körperfärbung rostbraun, HlbE mit 2–3 Längsstreifen, bis 2,5 mm. *Sminthurus multipunctatus* SCHÄFFER
Xerothermophile Art, insbesondere in der Vegetationsschicht trockener Standorte.
38* Körperfärbung von grünlich bis intensivem Purpur, ± gefleckt, 2–3 mm. *Sminthurus nigromaculatus* (TULLBERG)
Bewohner der Vegetation von trockenem Grünland. Auch in Habitaten mit extremen klimatischen Bedingungen vorkommend (z. B. Gebirge bis 2540 m).

Literatur – siehe S. 56

Archaeognatha – Felsenspringer

Alfred Palissa

G. Lggestreckt, 9–23 mm lg, flügellos, ektognath, gutes Sprungvermögen. Auffallend lg, gegld F u. 3 ähnlich gegld Schwanzanhänge (Cerci u. Filum terminale), der mittlere am längsten. Körper dicht beschuppt u. glänzend, etwas seitlich kompress u. leicht buckelförmig, nach hinten verjüngt. HlbSgm mit rückgebildeten Extremitäten. Habitus (F, Schwanzanhänge) ähnlich den Silberfischchen (Abb. **54**/1). OKf mit molarer Kauplatte u. distalem Zahnteil, wie bei *Entognatha* nur mit einem GelenkK eingelenkt. UKf u. Ul insektentypisch gegld, KfTst beinähnlich, lg mit 7 Gld. Au groß, kugelig hervortretend, meist in der M aneinanderstoßend; außerdem mit 3 Oc. Tracheen vorhanden. B insektentypisch, Fuß gewöhnlich mit 3 Gld u. 2 Klauen. Hü der M- u. HB mit Griffeln (Styli), die Jungtieren noch fehlen. Hlb aus 11 Sgm, mit HlbStyli. HlbSternite 1–8 mit 1–2 Paar ausstülpbaren Bläschen, die zur Wasseraufnahme dienen können. Genitalanhänge gegld, gehören zum 8. u. 9. HlbSgm; am E des Legebohrers oft kräftige Dornen („Grabklauen"), die das Unterbringen der Eier erleichtern sollen. – **L.** HauptV im Geb in Gesteinsschutt, Geröllhaufen, Felsspalten; vielfach an trockenen, besonnten Stellen bis über 3000 m, nachts oft in Scharen auftretend. Auch an steinigen u. felsigen Küsten in der Gezeitenzone. Gelegentlich auch im Tiefland im Waldboden u. Gras lichter Kiefernwälder. – **B.** Vorwiegend nächtlich aktiv. Paarung: nach Vorspiel indirekte Spermaübertragung, ♂ legt an einem Faden Spermatropfen ab u. drängt das ♀ vor allem mit seinen F u. Tst in die rechte Lage zur Aufnahme des Spermas. Anschließend kann durch die F des ♂ eine zusätzliche Spermaübertragung erfolgen. Bei manchen Arten ♂♂ nicht aufgefunden (parthenogenetische Fortpfl?). Na: Neben pfl Abfallstoffen werden Algen- u. Flechtenbewuchs von Steinen, Felswänden u. Bäumen befressen.

Felsenspringer lassen sich relativ leicht erbeuten. Man zwingt die meist ruckartig laufenden Tiere mit Pinsel od. Feder in eine vorgehaltene Glasröhre zu laufen bzw. zu springen od. klopft sie von der Unterlage in ein Glasgefäß ab. Neben in Alkohol konservierten Exemplaren sollte man stets Lebendmaterial mitnehmen, um die Lebendfärbung (Schuppenzeichnung) nach erfolgter Häutung zu beobachten. In genügend großen Glasgefäßen mit Bodenmaterial vom Fundort lassen sie sich leicht einige Zeit halten. Schuppenzeichnung leidet bei Alkoholmaterial stark, ist aber zur Bestimmung nicht wichtig. Konservierung soll das Hautpigment möglichst schonen (wichtiges Unterscheidungsmerkmal ist die Pigmentierung der UKfTst). Exakte Bestimmung nur nach diffiziler Präparation der Tiere durch Spezialisten. – Ca. 450 Arten, heimisch 8.

1 HlbSgm ventral nur mit 1 Paar Bläschen. Paarige Oc, klein, rundlich, weit voneinander getrennt (Abb. **54**/1). Familie *Praemachilidae*
Häufige Art, z. B. in Geröllhaufen der Kalkhänge um Jena, ist *Dilta hibernica* (Carpenter), 12 mm, F nur ca. 1/2 körperlg; ein Detritus- u. Algenfresser; kommt auch unabhängig von Gesteinsansammlungen im Tiefland (Laub- u. Nadelstreu) vor.

1* HlbSgm ventral mit 2 Paar ausstülpbaren Bläschen. Paarige Oc schuhsohlenförmig od. einander genähert, größer, dreieckig (Abb. **54**/2, 3). Familie *Machilidae*
Mehrere Gattungen. – v z. B. *Lepismachilis y-signata* Kratochvil, 8,5–10 mm; lebendes Tier mit deutlicher rotbrauner Y-Zeichnung der Au. – An felsigen Meeresküsten (z. B. Steindamm am NWRand der Insel Hiddensee; Helgoland) sehr g die halophile u. thalassobionte *Petrobius brevistylis* Carpenter, 11 mm.

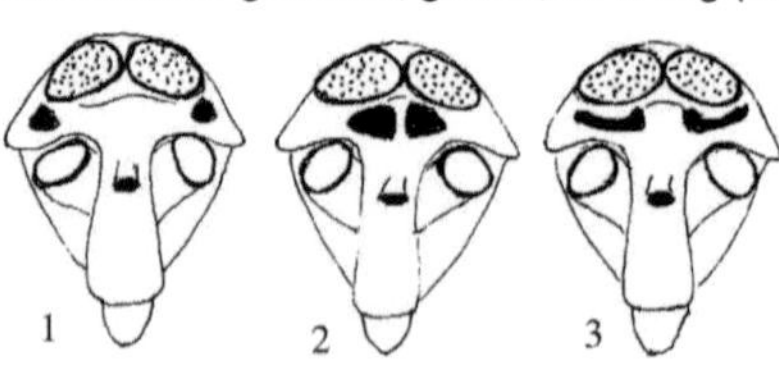

Abb. 54/1–3. Größe u. Lage der Oc (schwarz) bei **1** *Dilta*, **2** *Trigoniophthalmus* u. **3** *Machilis*.

Literatur – siehe S. 56

Zygentoma – Fischchen

Alfred Palissa

G. Flache, lggestreckte, nach hinten gewöhnlich schmaler werdende flügellose Insekten, 6–26 mm, ektognath, mit etwa körperlg, gegld F u. 3 lg, gegld Schwanzanhängen (Abb. **55**/1); ohne Sprungvermögen.
OKf wie bei den *Pterygota* mit 2 Gelenkpunkten an der KKapsel befestigt; KfTst mit 5 Gld. Au meist vorhanden, aber klein, aus wenigen Ommatidien zusammengesetzt u. stets an die KS gerückt. Oc fehlen gewöhnlich. BrAbschnitt relativ groß u. seitlich verbreitert. B insektentypisch gegld; Fuß mit 2–4 Gld u. 3 Klauen, die mittlere stets kleiner. Hlb deutlich abgesetzt, aus 11 Sgm, das letzte zum Filum terminale verlängert u. mit Cerci; die letzten 2–3 HlbSgm mit Styli. Genitalanhänge beim ♀ meist lg, stabförmig, gegld, beim ♂ kurz, am E oft zweigespalten. Körper mit kräftigen Bo in Kamm- od. Büschel-Stellung. Alle heimischen Arten mit Schuppen. – **L.** Wärmebedürftige Bodentiere, im Freien vielfach unter Steinen u. ä.; Hauptverbreitung trop – subtrop. Eingeschleppte südl Formen bisweilen in Häusern, Bäckereien, Gewächshäusern usw.; viele Arten sind Ameisengäste. Die bei uns häufigsten Arten *Lepisma saccharina* u. *Thermobia domestica* sind Hausbewohner. – **B.** Nächtliche Tiere. Biologie nur von *Lepisma saccharina* genauer bekannt. Begattung mit indirekter Spermaübertragung. ♂ legt nach längerem Paarungsvorspiel die Spermatophore ab u. treibt das ♀ durch vorher ausgespannte Signalfäden über die Spermatophore, wobei diese vom ♀ aufgenommen wird. Na: PflStoffe u. Detritus; synanthrope Arten gelegentlich lästig od. schädlich an Speiseresten, allen zellulose- od. stärkehaltigen Gegenständen u. ä.
Fang relativ leicht. Hausbewohner nachts bei plötzlich eingeschaltetem Licht vom Boden od. den Wänden absammeln bzw. in vorgehaltene Gläschen laufen lassen. Myrmekophile Arten mit alkoholfeuchtem Pinsel od. Exhaustor fangen. Konservieren in Alkohol. Bestimmung schwierig u. nur nach diffiziler Präparation. Von ca. 425 bekannten Arten nur 4 heimisch.

1 Au vorhanden. Bei uns vorwiegend Hausbewohner (Familie *Lepismatidae*) **3**
1* Au fehlen; unpigmentiert, auch die Schuppen farblos **2**
2 Schlanke, dünne Formen mit lg F u. lg Terminalfilum; meist ohne Schuppen. Nicht im Freien. Familie *Nicoletiidae*
2* Kurze Tiere von länglich-eiförmiger Gestalt. F u. Terminalfaden kurz; myrmekophil. Familie *Ateluridae*
Bei uns nur *Atelura formicaria* Heyden. 4–6 mm, gelb, Schuppen metallisch glänzend. In Nestern versch. Ameisen als geduldeter Gast.
3 **(1)** Bo auf dem Rücken in Kämmen od. Büscheln angeordnet. Schuppenkleid mehrfarbig **4**
3* Rücken ohne BoKämme od. -Büschel; HlbBoKämme nur auf der US. Schuppenkleid einfarbig, ± grau mit Silberglanz. F kürzer als der schlanke, nach hinten nur wenig verengte Körper. 10. Tergit am E gerade abgestutzt od. ausgebuchtet. Bis 11 mm. – **B.** Kosm; g in Wohnungen, Lagerräumen u. a., polyphag, oft durch Benagen von Papier u. Textilien schädlich. Dabei wirken Verunreinigungen durch Zucker od. Stärke stark fraßanreizend (z. B. auch mit Kartoffelstärke behandelte Wäsche, Textilbuntdrucke auf Stärkebasis).
Lepisma saccharina L. – **Silberfischchen, Zuckergast** (Abb. **55**/1)

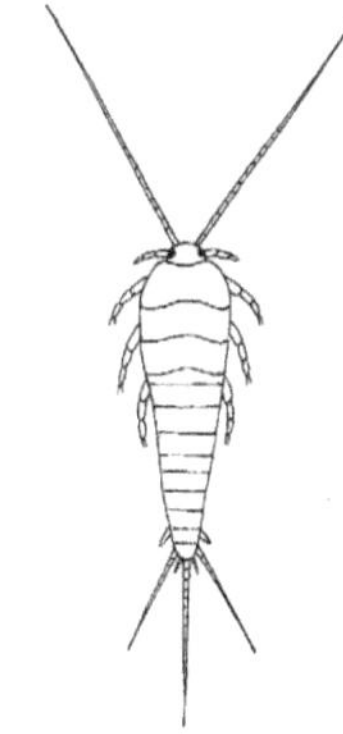

Abb. 55/1. Habitus von *Lepisma saccharina.*

4 Hlb nur mit 1 Paar Rückenkämmen auf 2.–7. Sgm. Hausbewohner. F länger als Körper. K u. Br überwiegend schwarz beschuppt. Rest dorsal gelb u. schwarz gezeichnet. Bis 10 mm. Wärmeliebend, daher bes. in Bäckereien. An Mehl, Brot u. anderen Vegetabilien; auch Kannibalismus. *Thermobia domestica* (PACKARD)

4* Hlb mit 2 Paar BoKämmen auf 2.–7. Sgm. Im Freiland od. in Häusern. F körperlg. 10–12 mm, gelblichweiß bis braun beschuppt, messingglänzend mit schwarzen u. weißen Flecken. *Ctenolepisma lineata* (F.)

Literatur 1.–5. Ordnung

BALKENHOL, B. & SZEPTYCKI, A. (2003): Verzeichnis der Beintaster (Protura) Deutschlands. – In: KLAUSNITZER, B. (Hrsg.): Entomofauna Germanica Band 6. – Entomologische Nachrichten und Berichte, Beiheft 7: 7–10. Dresden.

BRETFELD, G. (1999): Synopses on Palaearctic Collembola, Band 2: Symphypleona. – Abhandlungen und Berichte des Naturkundemuseums Görlitz 71, 1: 1–318.

CHRISTIAN, E. (2003): Verzeichnis der Doppelschwänze (Diplura) Deutschlands. – In: KLAUSNITZER, B. (Hrsg.): Entomofauna Germanica Band 6. – Entomologische Nachrichten und Berichte, Beiheft 7: 26–32. Dresden.

DEHARVENG, L. (2004): Recent advances in Collembola systematics. – Pedobiologia 48: 415–433.

DETTNER, K. & PETERS, W. (2003): Lehrbuch der Entomologie. – Spektrum Akademischer Verlag Gustav Fischer, 2. Auflage: 735–766.

DUNGER, W. & FIEDLER, H. J. (1997): Methoden der Bodenbiologie. – 2., neubearb. Aufl., Jena; Stuttgart; Lübeck; Ulm, G. Fischer: 402–530.

DUNGER, W. (2003): 1. Ordnung Protura, Beintaster; 2. Ordnung Collembola, Springschwänze; 3. Ordnung Diplura, Doppelschwänze; 4. Ordnung Archaeognatha (Microcoryphia) Felsenspringer; 5. Ordnung Zygentoma, Silberfischchen. – In: DATHE, H. H. (Hrsg.): Lehrbuch der Speziellen Zoologie, Band 1: Wirbellose Tiere, 5. Teil: Insecta, 2. Auflage. – Spektrum Akademischer Verlag Heidelberg Berlin: 66–107.

DUNGER, W. (2006): Zur Kenntnis der Collembolen (Insecta, Entognatha) in der Paläarktis. – Beiträge zur Entomologie 56, 2: 406–421.

FJELLBERG, A. (1985): Arctic Collembola I – Alaskan Collembola of the families Poduridae, Hypogastruridae, Odontellidae, Brachystomellidae and Neanuridae. – Entomologica Scandinavica, Suppl. 21: 1–126.

FJELLBERG, A. (1994): The Collembola of the Norwegian Arctic Islands. – Meddelelser 133: 1–57.

FJELLBERG, A. (1998): The Collembola of Fennoscandia and Denmark, Part I: Poduromorpha. – Fauna Entomologica Scandinavica 35: 1–183.

FJELLBERG, A. (2007): The Collembola of Fennoscandia and Denmark, Part II: Entomobryomorpha and Symphypleona. – Fauna Entomologica Scandinavica 42: 1–264.

GISIN, H. (1960): Collembolenfauna Europas. – Museum d'Histoire Naturelle Genève: 1-312.

HOPKIN, S. P. (1997): Biology of the Springtails (Insecta: Collembola). – Oxford University Press, Oxford, 1–330.

JANETSCHEK, H. (1970): Protura (Beintaster). – In: HELMCKE, STACK, WERMUTH (Hrsg.): Handbuch der Zoologie 4 (2) 2/3, 1–72, Berlin.

NOSEK, J. (1973): The European Protura, their taxonomy, ecology and distribution with keys for determination. – Genf, 1–345.

PACLT, J. (1956): Biologie der primär flügellosen Insekten. – Jena (Mit Zusammenstellung aller Apterygoten-Arbeiten bis 1956), 1–258.

PALISSA, A. (1964): Apterygota – Urinsekten. – In: BROHMER, EHRMANN, ULMER (Hrsg.): Die Tierwelt Mitteleuropas, IV, 1a, 1–407, Berlin.

PALISSA, A. (2000): Insecta: Collembola (Springschwänze). – In: SCHWOERBEL, F. & ZWICK, P. (Hrsg.): Süßwasserfauna von Europa. Band 10, 1–166. – Spektrum Akademischer Verlag, Berlin.

POMORSKI, R. J. (1998): Onychiurinae of Poland (Collembola: Onychiuridae). – Genus, Suppl., Wroclaw, 1–201.

POTAPOV, M. (2001): Synopses on Palaearctic Collembola, Band 3: Isotomidae. – Abhandlungen und Berichte des Naturkundemuseums Görlitz 73, 2: 1–602.

SCHALLER, F. (1970): Collembola (Springschwänze). – In: HELMCKE, STACK, WERMUTH (Hrsg.): Handbuch der Zoologie 4 (2) 2/3, 1–72, Berlin.

SCHULZ, H.-J., BRETFELD, G. & ZIMDARS, B. (2003): Verzeichnis der Springschwänze (Collembola) Deutschlands. – In: KLAUSNITZER, B. (Hrsg.): Entomofauna Germanica Band 6. – Entomologische Nachrichten und Berichte, Beiheft 7: 11–25. Dresden.

SEDLAG, U. (1953): Ur-Insekten. – Die Neue Brehmbücherei Nr. 17, Lutherstadt Wittenberg. 1-28.

SOTO-ADAMES, BARRA, J.-M., CHRISTIANSEN, K. & JORDANA, R. (2008): Suprageneric classification of Collembola Entomobryomorpha. – Ann. Entomol. Soc. Am. 101, 3: 501–513.

STACH, J. (1956): The Apterygotan fauna of Poland in relation to the world-fauna of this group of insects. Family: Sminthuridae. – Acta Monographica Musei Historiae Naturalis, Krakow: 1–287.

STACH, J. (1960): The Apterygotan fauna of Poland in relation to the world-fauna of this group of insects. Tribe: Orchesellini. – Acta Monographica Musei Historiae Naturalis, Krakow: 1–151.

STACH, J. (1963): The Apterygotan fauna of Poland in relation to the world-fauna of this group of insects. Tribe: Entomobryinae. – Acta Monographica Musei Historiae Naturalis, Krakow: 1–126.

STURM, H. & MACHIDA, R. (2001): Archaeognatha. – Berlin; New York: de Gryuter (Handbuch der Zoologie; Band 4. Arthropoda: Insecta, Teilbd. 4: 1–213.

STURM, H. (2001): Verzeichnis der Felsenspringer (Archaeognatha (= Microcoryphia)) Deutschlands. – In: KLAUSNITZER, B. (Hrsg.): Entomofauna Germanica Band 5. – Entomologische Nachrichten und Berichte, Beiheft 6: 3–5. Dresden.

STURM, H. (2001): Verzeichnis der Silberfischartigen (Zygentoma) Deutschlands. – In: KLAUSNITZER, B. (Hrsg.): Entomofauna Germanica Band 5. – Entomologische Nachrichten und Berichte, Beiheft 6: 6–8. Dresden.

THIBAUD, J.-M., SCHULZ, H.-J. & GAMA, M. M. (2004): Synopses on Palaearctic Collembola, Band 4: Hypogastruridae. – Abhandlungen und Berichte des Naturkundemuseums Görlitz 75, 2: 1–287.

ZIMDARS, B. & DUNGER, W. (1994): Synopses on Palaearctic Collembola Band I. Tullbergiinae BAGNALL, 1935. – Abhandlungen und Berichte des Naturkundemuseums Görlitz 68, 4: 1–71.

Ephemeroptera – Eintagsfliegen

Ralf Küttner & Wolfgang Zimmermann

G. Zarte Fluginsekten; 3–38 mm lg (Abb. **58**/1). Fl häutig, bei SubIm. milchig trüb u. am Rande behaart. Fl in Ruhe nach oben zusammengeklappt; meist 2 Paare, das hintere stets kleiner, kann ganz fehlen. F kurz, borstenförmig. Mundwerkzeuge verkümmert (keine NaAufnahme). KomplexAu u. 3 Oc. VB sehr lg, bes. bei ♂. ♂ von ♀ an Begattungsapparat (2 Genitalfüße, dazw. geteilter Penis) an der US des 9. Sgm zu unterscheiden. HlbE mit 2 od. 3 lg Schwanzfäden.
Körper der L je nach Lebensweise zylindrisch bis ± abgeplattet. Mundwerkzeuge kauend-beißend. Hlb an Sgm 1–7 seitlich, s auf OS, mit normalerweise 7 Paaren schlauch- od. blattförmigen Tracheenkiemen (Atmung!). HlbE mit 3 (s 2) Schwanzfäden. Schlupfreife L an deutlichen dunklen FlScheiden erkennbar. – **V.** Gebiete der meisten Arten wenig ausgedehnt, oft noch ungenügend bekannt. Etwa 1/3 der eur Arten auf bestimmte Gebiete beschränkt (Endemiten). Abwasserbelastung wirkt deutlich negativ auf die V. bes. der Flussbewohner. Weltweit ca. 3100, im Gebiet 112 Arten. Im. meist in Nähe der LWohngewässer. – **L.** L ausschließlich in Süßwasser, bes. Bächen u. Flüssen, auch Seen u. Teichen. – **B.** L (Ausnahme: *Raptobaetopus* MÜLLER-LIEBENAU 1978) ernähren sich vegetarisch (bes. von Algen u. Detritus). Entw bei meisten Arten 1 J, zahlreiche Häutungen, unvollkommene Verwandlung (hemimetabol). Aus letztem LStadium schlüpft an WasserOFläche flugfähige SubIm.,

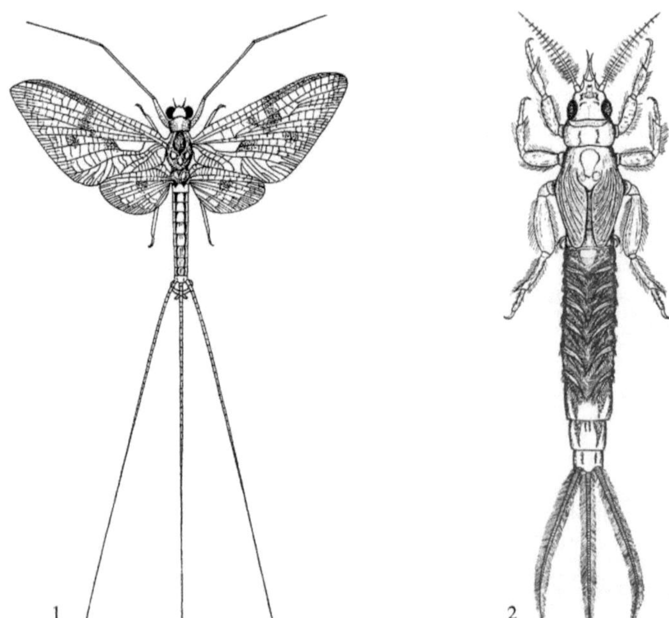

Abb. 58/1. 1 *Ephemera vulgata*, Habitus Imago ♂. **2** *Ephemera vulgata*: Habitus Larve.

daraus nach nochmaliger Häutung geschlechtsreife Im., die nur wenige Stunden bis Tage lebt u. ausschließlich der Fortpfl dient. Jährliche u. tägliche Flugzeit artspezifisch, bes. bei Sonnenuntergang, ♂♂ meist in Schwärmen am Gewässer. Paarung erfolgt im Fluge, wobei ♂ mit VB die FlWurzeln des ♀ u. mit Genitalfüßen dessen HlbE umgreift; Dauer wenige Sekunden. Nach Trennung Eiabl, indem ♀ Eipakete aus der Luft abwirft, seltener an WasserOFläche od. unter Wasser ablegt. Eier verankern sich mit Haftorganen od. Klebschicht.

Beachte: Meist sind die Im. ausschließlich unter dem Mikroskop zu bestimmen. Der Schlüssel führt deshalb oft nur bis zu den Gattungen. Z.T. sind nur ♂♂ bestimmbar. ♂♂ sind an Penis u. Forceps erkennbar (vgl. Abb. **64**/6–8 u. Abb. **65**/6, 7). – Tiere stets in 70%igem Alkohol aufbewahren, nicht nadeln u. trocknen! – Angegebene Maße bezeichnen MindestLg der ♂♂ u. HöchstLg der ♀♀ ohne Schwanzfäden. – FußGld (1–5) werden von der Schiene her gezählt.

Familienschlüssel

Imagines

1 FlAdern im VFl reduziert, keine Queradern im hinteren Teil des VFl (Abb. **60**/3) . . **2**

1* FlAdern im VFl nicht reduziert, mit Queradern im hinteren Teil des VFL (Abb. **56**/1, 2, 5, 6, 7 u. 8) **3**

2 FlLg > 10 mm, Queradern nur im vorderen Teil (Abb. **60**/3). Familie *Oligoneuriidae* S. 63

2* FlLg < 5 mm, ohne Queradern. Familie *Prosopistomatidae* S. 67

3 **(1)** cu2 im VFl stark nach unten gebogen (Abb. **60**/1). **4**

3* cu2 im VFl kaum od. nicht nach unten gebogen (Abb. **60**/2, 5, 6, 7 u. 8). **7**

4 Sehr große Tiere, FlLg 25–40 mm, Fl trüb u. rehbraun, sc der VFl nur basal deutlich. Familie *Palingeniidae* S. 67

4* Kleinere Tiere, FlLg 10–30 mm, Fl durchsichtig z.T. gefleckt od. trüb u. milchig, sc im bis zu FlRand deutlich (sc in Abb. **60**/1). **5**

5 Fl trüb u. milchig. Familie *Polymitarcyidae* S. 67

5* Fl durchsichtig **6**

6 Fl mit Flecken (Abb. **60**/1), OS des Hlb wie Abb **66**/1–4. Familie *Ephemeridae* S. 67

6* Fl ohne Flecken, Hlb gelb mit rotem Längsband. Familie *Potamanthidae* S. 67

7 **(3)** 2 Schwanzanhänge, mittlerer Anhang rudimentär (Vorsicht! Der mittlere Anhang bricht leicht ab. Dann ist das letzte vorhandene Glied nicht spitz!). **8**

7* 3 Schwanzanhänge (Abb. **58**/1a). **13**

8 HFl normal mit > 5 Längsadern. **9**

8* HFl reduziert mit höchstens 3 Längsadern od. ohne HFl. Familie *Baetidae* S. 62

9 Im VFl zw a1 u. a2 mit vier paarig geordneten Zwischenraumadern (Abb **60**/2). . . **10**

9* Im VFl zw a1 u. a2 ohne paarige Zwischenraumadern (z.B.: Abb. **60**/5, 6). **11**

10 Im HFl berühren sich c u. sc in der Mitte u. MA ist nicht gegabelt (Abb. **60**/4), Schienen der B kürzer als Schenkel. Familie *Arthropleidae* S. 63

10* Im HFl berühren sich c u. sc nicht u. MA ist gegabelt, Schiene so lg od. länger als Schenkel. Familie *Heptageniidae* S. 64

11 **(9)** Im VFl zw a1 u. a2 mehrere verzweigte, geschwungene nicht verbundene Queradern (Abb. **60**/5). Familie *Isonychiidae* S. 63

11* Im VFl zw a1 u. a2 mehrere unverzweigte miteinander verbundene Queradern. . **12**

12 Fußglieder mit zwei spitzen Krallen (Abb. **60**/9). Familie *Siphlonuridae* S. 62

12* Fußglieder mit einer spitzen u. einer gerundeten Kralle (Abb. **60**/10). Familie *Ameletidae* S. 62

13 **(7)** HFl vorhanden, Flügel durchsichtig. **14**

13* HFl fehlen, VFl milchig am HRand mit fein bewimpert. Familie Caenidae S. 65

14 a3 im VFl lg, durch mehrere Zwischenraumadern mit dem FlRand verbunden (Abb. **60**/6). Familie *Ametropodidae* S. 62

14* a3 im VFl kurz, nicht durch mehrere Zwischenraumadern mit dem FlRand verbunden. **15**
15 Im VFl entspringt a2 dicht bei a1 (Abb. **60**/7). Familie *Ephemerellidae* S. 65
15* Im VFl entspringt a2 im der M zw a1 u. a3 od. näher bei a3 (Abb. **60**/8). Familie *Leptophlebiidae* S. 65

Larven

1 K u. MBr elliptisch, schildförmig, B von oben nicht sichtbar, Habitus assel- od. krebsartig. Familie *Prosopistomatidae* S. 67
1* B von oben gut sichtbar, Habitus nicht wie eine Assel od. ein Krebs. **2**
2 VB stark reduziert, Krallen der HB lg als die Schiene. Familie *Ametropodidae* S. 62
2* VB nicht reduziert, Krallen der HB viel kürzer als die Schiene. **3**
3 Tracheenkiemen (Ki) am Hlb zweiästig u. federförmig gefranst (Abb. **61**/1). **13**
3* Ki niemals federförmig, sondern aus Blättchen u./od. Büscheln feiner Fäden bestehend **4**

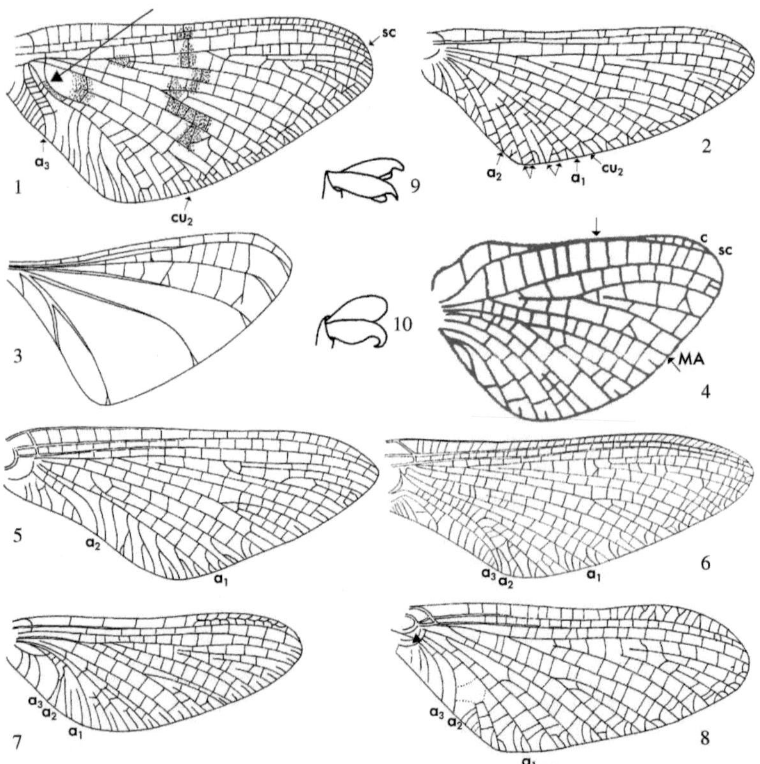

Abb. 60/1–10. **1** VFl, Familie *Ephemeridae*; **2** VFl, Familien *Heptageniidae* u. *Arthropleidae*. **3** VFl, Familie *Oligoneuriidae*; **4** HFl, Familie *Arthropleidae*. **5** VFl, Familie *Isonychiidae*; **6** VFl, Familie *Ametropodidae*; **7** VFl, Familie *Ephemerellidae*; **8** VFl, Familie *Leptophlebiidae*; **9** Tarsalkrallen, Familie *Siphlonuridae*, **10** Tarsalkrallen, Familie *Ameletidae*.

4 Neben den Ki am Hlb noch KiBüschel am Grunde des K bzw. der VB **5**
4* Ki nur am Hlb **6**
5 KiBüschel am Grunde des K. Familie *Oligoneuriidae* S. 63
5* KiBüschel am Grunde des K u. der VB, letztere auffallend lg behaart. Familie *Isonychiidae* S. 63
6 **(4)** 7 Paar Ki seitlich am Hlb (Abb. **61**/4; **61**/5) **7**
6* 5 od. 6 Paar Ki auf der OS des Hlb (davon nur 2–4 Paar sichtbar!) (Abb. **62**/1) .. **12**
7 UKfTst extrem lg; sein 1. Gld ragt hinten unter dem K hervor, während das 2. Gld diesen sichelförmig umgreift (Abb. **61**/3). Familie *Arthropleidae* S. 63
7* UKfTst nicht so entw **8**
8 Körper u. K der L stark abgeplattet, Au daher auf KOS (Abb. **61**/4). Familie *Heptageniidae* S. 64
8* Körper kaum abgeplattet, Au seitlich am K (Abb. **61**/5) **9**
9 Alle Schwanzfäden beidseitig nur mit kleinen Bo besetzt, Ki faden- od. blattförmig (Abb. **61**/6–9). Familie *Leptophlebiidae* S. 65
9* Äußere Schwanzfäden nur auf InnenS behaart (Abb. **61**/5) **10**
10 F viel länger als KBreite. Familie *Baetidae* S. 62
10* F so lg, od. wenig länger als KBreite. **11**
11 Mindestens Ki 1 u. 2 aus zwei Blättchen bestehend, UKf mit vorstehenden Zahn u. Haaren (Abb. **62**/2). Familie *Siphlonuridae* S. 62
11* Alle Kiemen nur aus einem Blatt bestehend, UKf ohne vorstehenden Zahn aber breiten Kammborsten (Abb. **62**/3). Familie *Ameletidae* S. 62
12 **(6)** 5 Paar Ki wie Dachziegel übereinander, das 5. u. zuweilen auch das 4. von den anderen ganz verdeckt (Abb. **62**/1). Familie *Ephemerellidae* S. 65

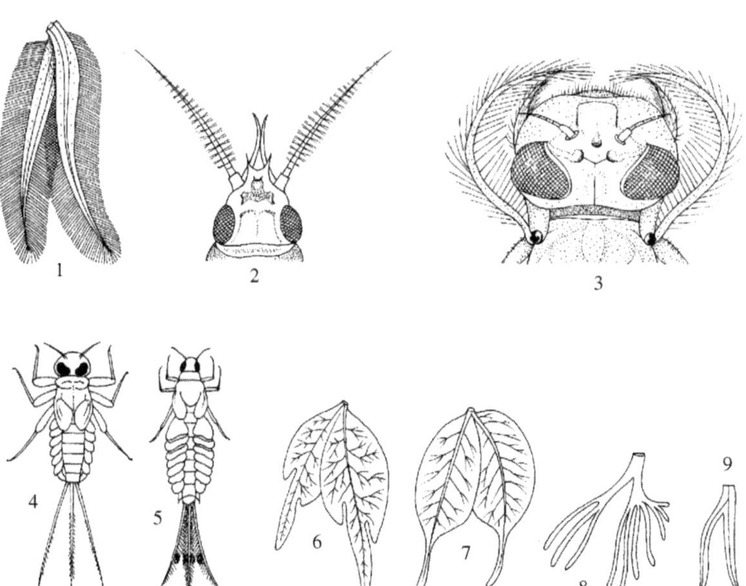

Abb. 61/1–9. 1 Tracheenkieme, L der Familie *Ephemeridae*; **2** K der L mit OKf, Familie *Ephemeridae*; **3** K der L mit UKf, Familie*Arthropleidae*; **4** Habitus der L, Familie *Heptageniidae*; **5** Habitus der L, Familie *Siphlonuridae*; **6–9** Tracheenkiemen der L versch. Arten, Familie *Leptophlebiidae*.

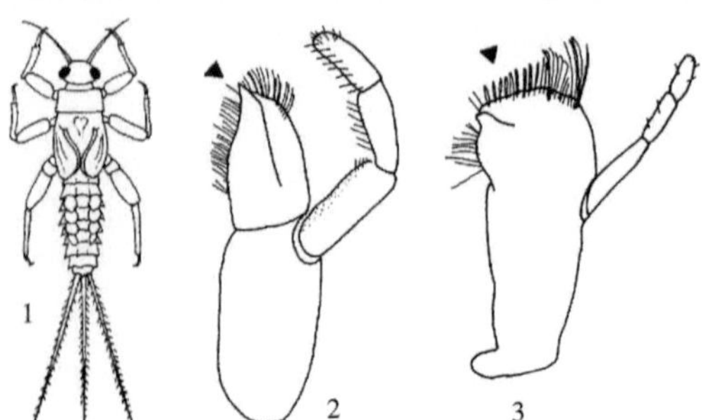

Abb. 62/1–3. 1 Habitus der L, Familie *Ephemerellidae*; **2** UKf der L, Familien *Siphlonuridae* u. *Baetidae*; **3** UKf der L, Familie *Rallidentidae*.

12* 6 Paar Ki, das 1. stielförmig klein, das 2. viereckig groß, alle folgenden verdeckend. Familie *Caenidae* S. 65

13 **(3)** Ki schräg über dem Hlb liegend; OKf sehr kräftig, geweih- od. dolchförmig, den K weit überragend **14**

13* Ki seitlich des Hlb nach hinten abstehend; OKf kürzer, nicht geweih- od. dolchförmig, anders gebaut. Familie *Potamanthidae* S. 67

14 OKf mit 6–8 Zähnen, geweihförmig, Ki in 6 Paaren. Familie *Palingeniidae* S. 67

14* OKf dolchförmig; Ki in 7 Paaren **15**

15 OKf nach innen gekrümmt. Familie *Polymitarcyidae* S. 67

16* OKf bogenförmig nach außen gekrümmt (Abb. **61**/2). Familie *Ephemeridae* S. 67

Familie ***Siphlonuridae***

1 Hlb oben mit typischer schwarzer Strichpunktzeichnung (Abb. **63**/1). In schwachströmenden Flüssen u. Teichen; s; V–VII (VIII). *Siphlonurus alternatus* EATON

1* Hlb oben hell od. mit Flecken, aber ohne typische Strichpunktzeichnung. **2**

2 9. Hlbsgm an den S auffällig flügelartig ausgezogen u. nach hinten verlängert. 13–15 mm, In (sommertrockenen) Bächen u. Überschwemmungstümpeln; sehr s; V–VI. *Siphlonurus armatus* EATON

2* 9. Hlbsgm nicht ausgezogen. Hierher 3 weitere Arten der Gattung.

Familie ***Ameletidae***

1 Fl durchsichtig, glashell od. bräunlich, HFl an der Basis mit Spitze (Abb. **63**/2), 9–11 mm. Quellbäche oberhalb 500 m; s, in Schwarzwald u. MGeb, VII–VIII. *Ameletus inopinatus* EATON

1* Fl gelblich mit brauner Aderung, HFl an der Basis ohne Spitze. 8–12 mm. Im Gebiet sehr s in sommertrockenen Bächen, V. *Metreletus balcanicus* (ULMER)

Familie ***Ametropodidae***

1 Art, an Flüssen, 14 mm, sehr s, BR: Neiße, V–IX. *Ametropus fragilis* ALBARDA

Familie ***Baetidae***

1 Winzige HFl vorhanden **2**

1* HFl fehlen ganz **5**

2 Am HRand der VFl kurze, doppelt stehende Zwischenraumadern (Abb. **63**/3). Ca. 17 Arten. Gattung *Baetis* LEACH

2* Am HRand der VFl kurze, einzeln stehende Zwischenraumadern **3**

3 Basis des 9. (= letztes) HlbSgm zw den Gonopoden mit starker, chitinisierter Spitze, EGld der Forceps ± halb so lg wie voriges (Lage der Forceps siehe Abb. **64**/6–8 u. **65**/7, 8). 3–4 mm; an Flüssen; sehr s; BY: Donau, BR: Neiße, ST: Mulde. *Raptobaetopus tenellus* (ALBARDA)

3* 9. HlbSgm zw den Gonopoden ohne stark chitinisierter SpitzeSpitze. EGld der Forceps nicht halb so lg wie voriges **4**

4 HFl mit einer Spitze an der Basis u. zugespitztem Ende. 5–7 mm; an Bächen, Flüssen u. Seen, V–X. *Cloeon luteolum* (MÜLLER)

4* HFl mit einer Spitze an der Basis u. mit abgerundeten Enden. Hierher zwei Arten. Gattung *Procloeon* BENGTSSON

5 **(1)** An HFüßen 1. Gld 3-mal so lg wie 2. Gld. 2 Arten. Bes. an Flüssen der Ebene, V–IX. Gattung *Procloeon* BENGTSSON

5* An HFüßen 1. Gld höchstens 2-mal so lg wie 2. Gld. 5–7 mm. *Cloeon bifidum* LEACH

Familie ***Oligoneuriidae***

1 Art. 9–15 mm; früher g an Flüssen u. Strömen, durch Abwässer s, jetzt wieder lokal Zunahme, z.B. Oberelbe. VII–IX. *Oligoneuriella rhenana* IMHOFF – **Rheinmücke**

Familie ***Isonychiidae***

1 Art. 12–13 mm; an Flüssen; in Dt verschollen VII–IX. *Isonychia ignota* (WALKER)

Familie ***Arthropleidae***

1 Art. 9,5–11 mm. Sehr s; an kleinen Bächen; L in Teichen; VI. *Arthroplea congener* BENGTSSON

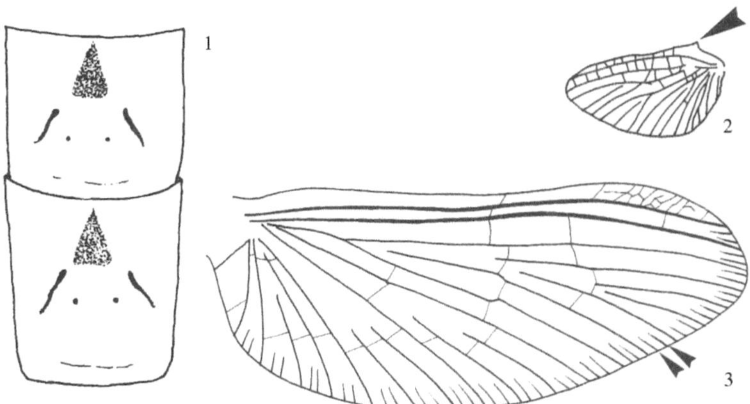

Abb. 63/1–3. 1 Zeichnung OS des Hlb von *Siphlonurus alternatus*; **2** HFl von *Ameletus inopinatus*; **3** VFl von *Baetis* sp.

Familie *Heptageniidae*

Schlüssel nur für ♂♂. ♂♂ mit Penis (Abb. **64**/1–5); starke Lupe erforderlich!

1 Penis am HlbE in der Form wie Abb. **64**/1, ohne Titillatoren (= t). 2 Arten. **2**

1* Penis wie Abb. **64**/2, mit Titillatoren (= t) **3**

2 Dunkle Zeichnung auf der OS der HlbSgm am HRand am breitesten, 13–16 mm, L in Bächen der Alp u. MGeb, V–VII. *Epeorus assimilis* (EATON)

2* Dunkle Zeichnung auf der OS der HlbSgm im der M am breitesten, 12–14 mm, BY: L in Bächen der Alp u. VorAlp, s, VI–VIII. *Epeorus alpicola* (EATON)

3 **(1)** Penis in der Form wie Abb. **64**/2, 21 Arten Gattung *Rhithrogena* EATON

3* Penis in der Form anders, Penisloben nahe nebeneinander (Abb. **64**/3–5) **4**

4 Penis in der Form wie Abb. **64**/3. Penisloben mit je 3 voneinander getrennten Skleriten, 14 Arten. Gattung *Ecdyonurus* EATON

4* Penis in der Form wie Abb. **64**/4 u. **64**/5. Penisloben mit nicht klar voneinander getrennten Skleriten **5**

5 Penisloben birnenförmig (Abb. **64**/4). 3 Arten. Gattung *Electrogena* ZURWERRA & TOMKA

5* Penisloben mit seitlichen Ausbuchtungen (Abb. **64**/5). **6**

6 OS des Hlb mit breiter rötlicher Längsbinde, 9–11 mm, L in Flüssen, s, V–X. *Heptagenia flava* ROSTOCK

6* OS des Hlb ohne auffällige Längsbinde. **7**

7 Schenkel einfärbig, ohne Zeichnung, 7–12 mm, L in Bächen u. Flüssen, V–X. *Heptagenia sulphurea* (MÜLLER)

7* Wenigstens VSchenkel einer oder zwei Querbindenbinden oder dunklem Mittelfleck. **8**

8 Alle Schenkel mit zwei dunklen Querbinden, 12–16 mm, L in pflanzenreichen langsam fließenden Bächen u. Flüssen, s, V–VII. *Kageronia fuscogrisea* (RETZIUS)

8* Schenkel mit nur einer Querbinde od. Flecken, hierher 2 weitere Arten der Gattung *Heptagenia.*

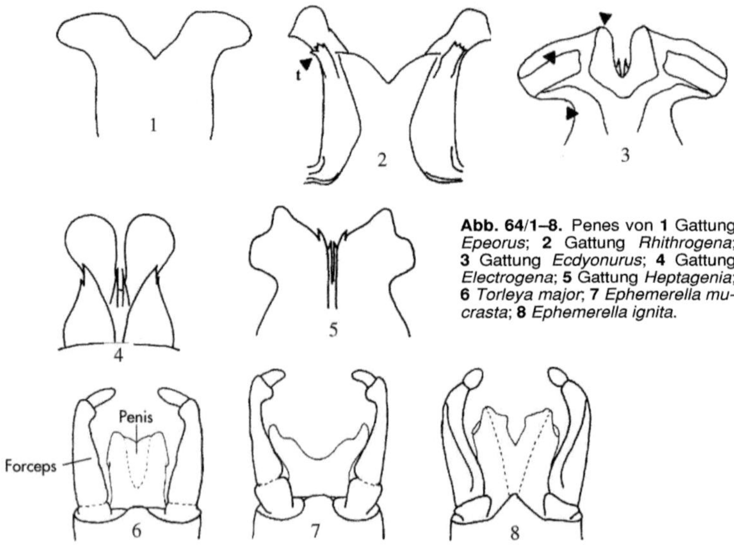

Abb. 64/1–8. Penes von **1** Gattung *Epeorus*; **2** Gattung *Rhithrogena*; **3** Gattung *Ecdyonurus*; **4** Gattung *Electrogena*; **5** Gattung *Heptagenia*; **6** *Torleya major*, **7** *Ephemerella mucrasta*; **8** *Ephemerella ignita*.

Familie *Ephemerellidae*

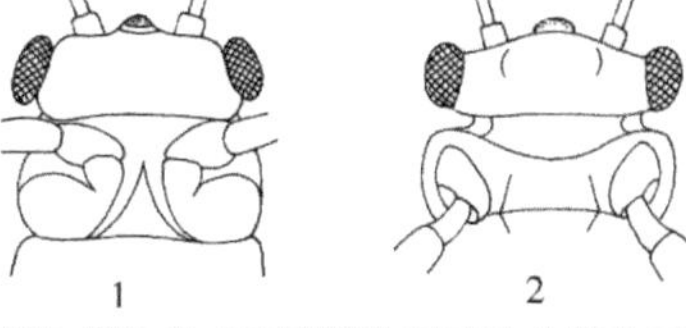

Abb. 65/1–2. K und VHü ventral, **1** Gattung *Caenis*; **2** *Brachycercus harrisellus.*

Schlüssel nur für ♂♂. ♂♂ mit Penis (Abb. **64**/6–8)

1 Penis am E nicht od. wenig eingebuchtet. (Abb. **64**/6); 1 Art, 6–8 mm, an großen Bächen u. kleinen Flüssen; g; IV–VI. *Torleya major* (KLAPALEK)

1* Penis am E eingebuchtet (Abb. **64**/7 u. 8). **2**

2 Penis tief gespalten, Loben divergierend (Abb. **64**/7). 8–11 mm, an MGebBächen; z; IV–VI. *Ephemerella mucronata* (BENGTSSON),

2* Penis geringer gespalten, Loben mehr verwachsen. **3**

3 Penis breit, getrennte Lobenabschnitte etwa so lg wie br (Abb. **64**/8), Schwanzanhänge dunkel geringelt, 6–10 mm, an Bächen und Flüssen, V–IX. *Epemerellea ignita* (PODA)

3* Penis schmal, getrennte Lobenabschnitte viel länger als br, hierher zwei weitere Arten der Gattung *Ephemerella* ZUWERRA & TOMKA.

Familie *Caenidae*

1 VHü eng beieinander (Abb. **65**/1); 2. FGld 2-mal so lg wie das 1. FGld. 9 Arten; 3,0–5,5 mm; an Bächen, Flüssen, Seen u. Teichen, v. Gattung *Caenis* STEPHENS

1* VHü weit auseinander (Abb. **65**/2); 2. FGld 3-mal so lg wie das 1. FGld. 5–7 mm. An Flüssen; sehr s; VII–VIII. *Brachycercus harrisellus* CURTIS

Familie *Leptophlebiidae*

1 VRand der HFl flach, in der M ohne Vorsprung, höchstens mit flacher Bucht (Abb. **65**/3) **2**

1* VRand der HFl mit Vorsprung (Abb. **65**/4–5) **4**

2 Im VFl entspringt a2 basal in der M zw a1 u. a3 (Abb. **60**/8). Hierher 2 Arten der Gattung *Leptophlebia* (WESTWOOD).

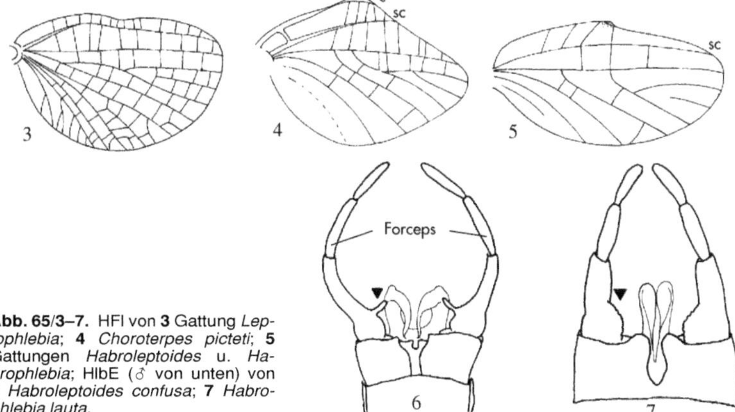

Abb. 65/3–7. HFl von **3** Gattung *Leptophlebia*; **4** *Choroterpes picteti*; **5** Gattungen *Habroleptoides* u. *Habrophlebia*; HlbE (♂ von unten) von **6** *Habroleptoides confusa*; **7** *Habrophlebia lauta*.

2* Im VFl entspringt a2 basal näher bei a3 als bei a1. . . . . **3**

3 VFl > 10 mm, Hlb braun (bei ♂♂ z. T. mit hellem VRand), 8–11 mm, an Bächen u. Flüssen, IV–VIII. *Leptophlebia* (*Paraleptophlebia*) *submarginata* (STEPHENS)

3* VFl < 10 mm, Hlb nur am E braun. Hierher 2 weitere Arten der Gattung *Leptophlebia* WESTWOOD.

4 **(1)** VRand der HFl bildet insgesamt einen vorgezogenen Winkel, kurz hinter dem sc endet (Abb. **65**/4). Weiter nur für ♂♂. **5**

4* VRand der HFl springt nur in der M vor, sc reicht darüber hinaus bis zur FlSpitze (Abb. **65**/5) **6**

5 Zw c u. sc mit 3–4 Queradern (Abb. **65**/4). 10 mm; an Flüssen u. Kiesweihern, durch Gewässerverschmutzung sehr s; VIII–IX. *Choroterpes picteti* (EATON)

5* Zw c u. sc mit 1–2 Queradern, sehr s; nur in RP: Eifel; V–IX. *Traulus bellus* EATON

6 **(4)** Basales Gld der Forceps an der InnenS mit deutlichen Sporn (wie Abb. **65**/6). . **7**

6* Basales Gld der Forceps an der InnenS ohne Sporn (wie Abb. **65**/7). **8**

7 ♂♂: Sgm der OS des Hlb dunkelbraun, nur an des SgmGrenzen hell, Sporn lg und spitz wie in Abb. **65**/6. 8–12 mm, an MGebBächen; IV–VI. *Habroleptoides confusa* SATORI & JACOB

7* ♂♂: Sgm der OS des Hlb weißlich am Rand mit dunklen Dreiecken, Sporn der Forceps kürzer und kräftig, BY: in Bächen der Alp; sehr s, IV–VI. *Habroleptoides auberti* BIANCHERI

8 **(6)** ♂♂: OS des Hlb weißlich mit dunkler Dreiecks-Zeichung an der S. 7–8 mm; an Bächen; VI–IX. *Habrophlebia lauta* EATON

8* ♂♂: OS des Hlb braun. *Habrophlebia fusca* (CURTIS)

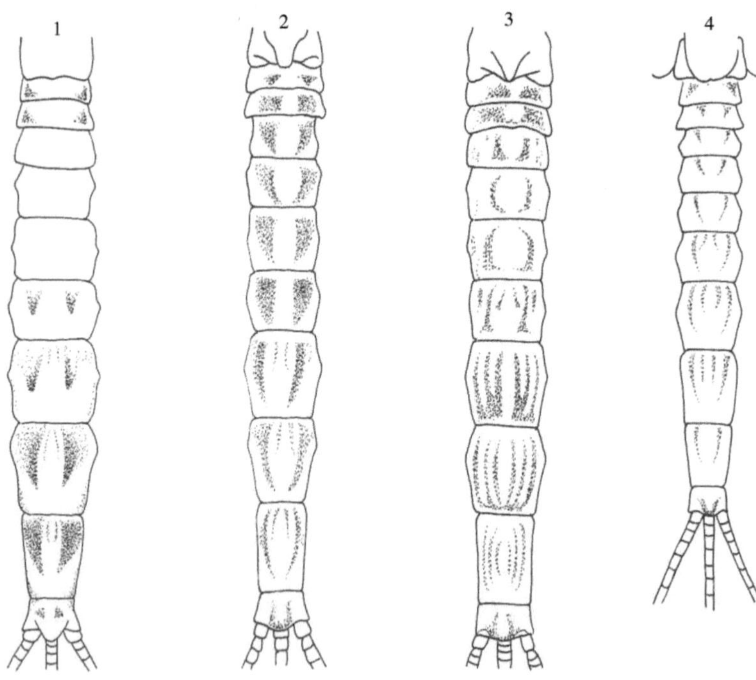

Abb. 66/1–4. OS des Hlb von **1** *Ephemera danica*, **2** *E. vulgata*, **3** *E. lineata*, **4** *E. glaucops*.

Familie *Palingeniidae*

1 Art. 25–38 mm, größte eur Eintagsfliege; früher im Sommer in allen größeren Flüssen (Oder, Lippe, Donau?) massenhaft, in Dt ausgestorben, aktuelles Wiederansiedlungsprojekt in der Lippe. *Palingenia longicauda* (OLIVER) – **Theißblüte**

Familie *Polymitarcyidae*

1 Art. 10–18 mm; im Hochsommer an größeren Flüssen; seit 1992 wieder Massenschwärme an Donau u. Rhein. *Ephoron virgo* (OLIVER) – **Uferaas**

Familie *Ephemeridae*

1 OS der HlbSgm 3–5 mit keiner deutlichen Zeichnung, HLbSgm 7–9 mit dreieckigen Flecken (Abb. **66**/1). 16–24 mm; Bäche, Flüsse und Seen; V–IIX. *Ephemera danica* O. F. MÜLLER

1* OS aller HlbSgm mit Zeichnung. **2**

2 OS aller HlbSgm mit ± dunklen dreieckigen Flecken (Ab. **66**/2). 14–22 mm; Teiche, Seen, Fließgewässer; V–IIX. *Ephemera vulgata* L.

2* OS aller HlbSgm mit dunklen Linien. **3**

3 OS der HlbSgm 7–9 mit 4 dunklen Linien (Ab. **66**/4). 11–17 mm; an Kiesgrubengewässern u. Seen der Alp u. VorAlp, s, VI. *Ephemera glaucops* PICTET

3* OS der HlbSgm 7–9 mit 6 dunklen Linien (Ab. **66**/3). 15–25 mm; größere Flüsse u. Seen, sehr s, VII–IIX. *Ephemera lineata* EATON

Familie *Potamanthidae*

1 Art. 10–13 mm; an Flüssen; s, aber in Zunahme; VI–VIII. *Potamanthus luteus* (L.)

Familie *Prosopistomatidae*

1 Art, 4–5 mm; an Flüssen; in D ausgestorben; VI–VIII. *Prosopistoma pennigerum* (O. F. MÜLLER)

Literatur

ALAIN, T. & BELFIORE, C. (2010): Fauna Europaea: Ephemeroptera. – Fauna Europaea, Version 2.2, http://www.faunaeur.org [Stand 2010].

BAUERNFEIND, E. (2003): 6. Ordnung Ephemeroptera, Eintagsfliegen. In: DATHE, H. H. (Hrsg.): Lehrbuch der Speziellen Zoologie, Band I: Wirbellose Tiere, 5. Teil: Insecta, 2. Auflage. – Spektrum Akademischer Verlag Heidelberg, Berlin: 108–120.

BAUERNFEIND, E. & HUMPESCH, U. H. (2003): Die Eintagsfliegen Zentraleuropas (Insecta: Ephemeroptera): Bestimmung und Ökologie. – Verlag des Naturhistorischen Museums Wien. 239 S.

BRITTAIN, J. E. & SARTORI, M. (2001): Ephemeroptera (Mayflies). – In: RESH, V. H. & R. T. CARDÉ (Hrsg.): Encyclopedia of Insects. – Academic Press: 273–380, Amsterdam.

EISELER, B. (2005): Bildbestimmungsschlüssel für die Eintagsfliegenlarven der deutschen Mittelgebirge und des Tieflandes. – Lauterbornia 53: 1–112, Dinkelschreben.

HAYBACH, A. (2006): Ein Schlüssel für die Weibchen der Gattung *Electrogena* ZURWERRA & TOMKA, 1985 in Deutschland (Insecta: Ephemeroptera), nebst einem Gattungsschlüssel für die Weibchen der Familie Heptageniidae. – Mainzer Naturwissenschaftliches Archiv 43: 39–44, Mainz.

HAYBACH, A. (2008): Katalog der aus Deutschland, Österreich und der Schweiz bekannten Eintagsfliegen und ihrer Synonyme (Insecta, Ephemeroptera) – Mainzer Naturwissenschaftliches Archiv, Beiheft 32: 1–75, Mainz.

HAYBACH, A. (2010): www.Ephemeroptera.de [Stand 2010].

HAYBACH, A. & MALZACHER, P. (2003): Verzeichnis der Eintagsfliegen (Ephemeroptera) Deutschlands. – In: KLAUSNITZER, B. (Hrsg.): Entomofauna Germanica. Band 6. – Entomologische Nachrichten und Berichte, Beiheft 7: 33–46. Dresden.

JACOB, U. (1993): Zur Systematik und Verbreitung der europäischen Ephemerellidae (Ephemeroptera). – Verh. Westd. Entom. Tag 1992: 101–110, Löbbecke-Mus., Düsseldorf.

JACOB, U., DORN, A. & HAYBACH, A. (1996): Systematik und Verbreitung der Gattung *Heptagenia* und nahestehender Taxa in Europa. – Verh. Westd. Entom. Tag 1995: 93–105, Löbbecke-Mus., Düsseldorf.

LANDA, V. (1969): Jepice – Ephemeroptera. – Fauna ČSSR, 18. Československě Akademie věd, 352 S., Praha.

MALZACHER, P., JACOB, U., HAYBACH, A. & REUSCH, H. (1998): Rote Liste der Eintagsfliegen (Ephemeroptera). – In: Rote Liste gefährdeter Tiere Deutschlands. Schriftenreihe für Landschaftspflege und Naturschutz Heft 55, Bonn-Bad Godesberg.

MÜLLER-LIEBENAU, I. (1969): Revision der europäischen Arten der Gattung *Baetis* LEACH, 1815. – Gewässer und Abwässer, H. 48/49.

SCHÖNEMUND, E. (1930): Eintagsfliegen oder Ephemeroptera. – In: DAHL, F. (Hrsg.): Die Tierwelt Deutschlands und der angrenzenden Meeresgebiete 19. Teil. – Fischer Verlag Jena, 107 S.

STANICZEK, A. (2003): Eintagsfliegen – Manna der Flüsse. – Stuttgarter Beiträge zur Naturkunde, Serie C, Heft 53: 1–79, Stuttgart.

STUDEMANN, D., LANDOLT, P., SARTORI, M., HEFTI, D. & TOMKA, I. (1992): 9 Ephemeroptera. – Insecta Helvetica Fauna, Fribourg, 174 S.

Odonata – Libellen (Imagines)

Eberhard G. Schmidt

G. Allgemein bekannte Großinsekten (Lg 2,5–10 cm, FlSp bis 12 cm; Abb. **69**/1–5), Flugjäger mit ± nadel-/stabförmigem Hlb, großen, schmalen Fl (Abb. **70**/1–4) mit spezifischem, dichtem Geäder, darin u.a. von verstärkten Adern eingefasstes queraderfreies FlMal (außer *Calopteryx*); Knoten (= Nodus: ± gelenkige Verstärkung mitten am FlVRand); mit großen Au (unterschiedlich bei den Familien, aber gleich groß bei ♂ u. ♀) u. 3 Oc (Abb. **79**/1), kleinen borstenförmigen F. VBr klein, K als Pendellot beweglich aufgehängt (Kf unten am K als Lot): Verletzungsgefahr bei Netzfang! M-/HBr als mächtiger Synthorax, stark verlängert u. nach hinten gekippt (Abb. **73**/1 sowie **72**/8–9, **77**/6): FlAnsatz damit über dem Schwerpunkt, BAnsatz nach vorn gerückt, B bilden Fangkorb zum Ergreifen von fliegender Beute u. von ♀, nicht zum Laufen geeignet. Vordere SPlatten der MBr (Mesepisterna) sind daher nach vorn oben gerichtet, bilden die „BrFront", stoßen in der M mit erhabener „BrLeiste" (Carina) zusammen (Abb. **77**/6, **79**/3). „Schulter": Kante von BrFront u. BrS mit der Schulternaht. 10 sichtbare HlbSgm (1. u. 10. kurz); Tergite HlbSgm röhrenförmig, Sternite eingesenkt (Stabilisierung!). ♂ an US Sgm 2/3 mit sekundärem cop-App (Geschlechtsöffnung jedoch US Sgm 9); ♀ der Klein- u. Edellibellen mit vollständigem (orthopteroiden) Legeapp US Sgm 8/9 (Abb. **72**/6, 7) zum Einstechen der Eier in die Veg, bei anderen Großlibellen zu artspezifisch geformten Eiabwurfklappen umgeformt (z.T. vorspringend: Abb. **81**/5, 6; **83**/4+6), am HlbE bei ♀ 2 einfache Anh (Cerci; Abb. **72**/6; **81**/5, 6; **83**/4–6); bei ♂ diese als ob. Anh, dazu 1 od. 2 unt Anh (Epiprokt bzw. Paraprokte, Auswüchse der Afterklappen), Anh ♂ artspezifisch strukturiert (Abb. **72**/3–5; **79**/6, 10; **81**/11, 13) zum Ergreifen der ♀♀ am K/VBr (Tandembildung); zur cop 2. Verbindungsstelle von dem cop-App. ♂ mit dem Legeapp. ♀⟹ für Libellen spezifisches „Paarungsrad" (Abb.

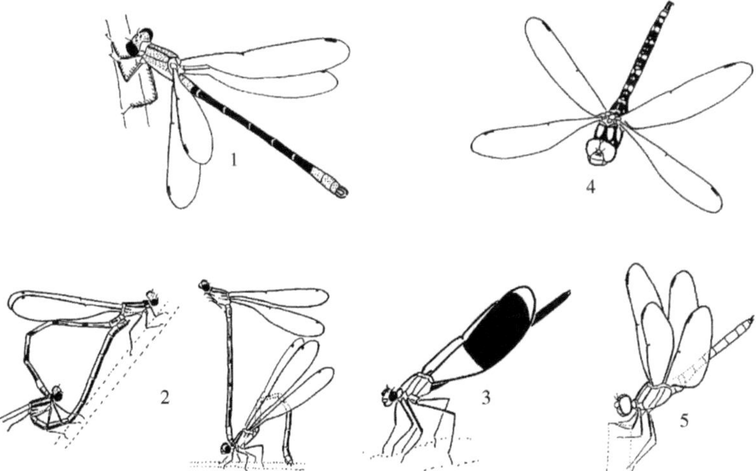

Abb. 69/1–5. Habitus von Libellen; **1** Teichjungfer (*Lestes dryas*) ♂ ruhend; **2** cop u. Eiabl im Tandem bei Azurjungfern (*Coenagrion pulchellum*); **3** Prachtjungfer (*Calopteryx splendens*) ♂ auf Warte; **4** Mosaikjungfer (*Aeshna cyanea*) ♂ Revierflug, Rüttelphase; **5** Heidelibelle (*Sympetrum striolatum*) ♂ auf Sitzwarte sich sonnend.

69/2). – **V:** 5600 Arten, größte Artenzahl in den Trop, in Eur ca. 120, in MEur gut 80 Arten, vielfach hier mit Arealgrenzen nach O, N, W od. S; z. T. dort thermisch bedingt enge Habitatpräferenz od. Biotopwechsel od. mit den J wechselnde Vorkommen. – **B.:** Libellen schlüpfen an Sonnentagen zumeist an der Uferveg (z. T. meterweit vom Ufer entfernt, auch hoch in Bäumen, z. B. bei Falkenlibellen) u. fliegen z. T. noch ± blass u. zart vom Wasser weg. Reifung/Ausfärbung oft auf Waldlichtungen, Heiden, auch in Stadtgärten, meist in 1–3 Wochen (juv = unausgefärbt, ad = ausgefärbt u. geschlechtsreif). Fernwanderungen (juv od. ad) bei vielen Arten. ♂ ad konzentrieren sich auffällig bei Sonnenschein an FortpflGewässern, ♀ ad dort meist in geringerer Zahl bei cop/Eiabl; artspezifische Habitatwahl (oft nach Wasserbewegung, Substrat-/Vegetationsstrukturen, Höhenlage; ungünstig ist meist durch Besatz überhöhter Fischbestand, weniger wegen der Prädation, sondern vor allem wegen der überlegenen NaKonkurrenz auch bei Kleinfischen wie Moderlieschen), die zur Bioindikation genutzt werden kann. Flugzeit, EntwDauer, Überwinterungsstadien artspezifisch.

Beachte: Alle Libellenarten stehen in DE strikt unter Artenschutz, Fang ist nur mit Sondergenehmigung erlaubt (vgl. S. 11–12)! Fang kollidiert auch mit Tierschutzgesetz, Fliegen lassen nach Fang ist unwissenschaftlich (kein Beleg!) u. wegen der empfindlichen KAufhängung kritisch; ökologisch ist das Fangverbot für Libellen allerdings irrelevant, Biotopschutz/-gestaltung sind entscheidend. Beim Betreten intakter Ufer zur Libellenbeobachtung ist der Biotopschutz nach BNatSchG zu beachten! Sichterfassung (mit Fernglas, monokular bis 0,5 m, am Schilfufer vom Boot aus) u. Fotodokumentation sind daher unerlässlich, dieser Schlüssel ist darauf abgestellt (für alle MEur Arten; aus Platzgründen aber durchgängig nur für ♂ ad, z. T. nicht für ♀, generell nicht für frisch geschlüpfte Tiere u. juv). – **Längenangaben**: KörperLg als typische GesamtLg, meist gerundet auf 0,5 cm. – **Flugzeit** als Hauptflugzeit (ohne Extreme, wechselt je nach Witterung und Höhenlage).

Besondere Abkürzungen (vgl. auch vorstehenden Text dazu): **./. ♀♀**: nachstehende Teile des Bestimmungsschlüssels nur für ♂ ad, nicht für ♀! **ad**: adult/geschlechtsreif u. ausgefärbt; **Anh**: HlbAnhänge (ob. Anh ♂, Anh ♀: Cerci, unt Anh ♂: Paraprokt bzw. Epiprokt); **Anq** (Antenodalqueradern): FlVRand-Queradern zw FlBasis u. Fl-Mal (vgl. Abb. **70**/1–4); **AuFlecke**: helle Flecke/Linie oben auf dem K hinter den Oc zw den Au von Keinlibellen (= Postokularflecke, Abb. **73**/2, 3); **AuDreieck:** (HAu-) Dreieck oben auf dem K hinter AuBerührungspunkt/-linie von Großlibellen (Abb. **77**/6; **81**/7–9; **83**/1, 3); **juv** (juvenil): unreife u. unausgefärbte Imagines.
Zusätzliche allgemeine Abkürzungen: App: Apparat (z. B. cop-, Lege-App); **BE** Belgien; **cop**: Begattung(s)/Paarung(s); **dkl**: dunkel (-braun/schwarz); **Färbg**: Färbung(en); **Fließw:** Fließgewässer (klein: Gräben, Bäche; groß: Flüsse), **hint**: hinten, hintere(r); **LX**: Luxemburg; **met**: metallisch; **mind**: mindestens; **mittl**: mittel-,

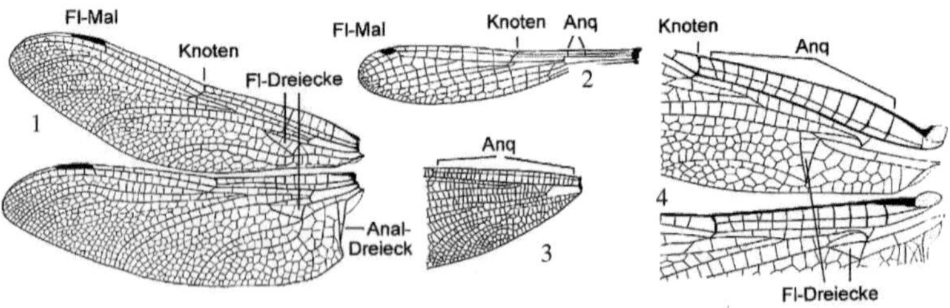

Abb. 70/1–4. Libellenflügel; **1** VFl u. HFl Edellibelle (*Aeshna viridis*) u. **2** Fl Kleinlibelle (*Enallagma cyathigerum*); **3** Fl-Basis Prachtjungfer (*Calopteryx splendens*) u. **4** Segellibelle (*Libellula quadrimaculata*).

mittlere; **NL**: Niederlande; **ob.**: obere; **See**: große Stillw (Weiher, Seen, Abgrabungsgewässer); **Stillw**: stehende Gewässer; **unt**: untere; **Veg**: Vegetation; **vord**: vordere(r); **Zg**: Zeichnung (helle/dunkle Farbmuster); **zus**: zusammen.
Abkürzungen spezifiziert: Au: Komplex- = Facettenaugen; **Br**: hier oft eingeschränkt auf Synthorax (M- + HBr);

1 HFl von gleicher Gestalt wie die VFl, gestielt od. allmählich zur Basis hin verschmälert (Abb. **70**/2, 3), beim Sitzen über dem Rücken zusammengelegt od. halb gespreizt (Abb. **69**/1–3). Unterordnung *Zygoptera* – **Kleinlibellen** S. 71
1* HFl an der Basis erweitert (Abb. **70**/1), Fl in der Ruhelage ± waagerecht ausgebreitet od. ± nach vorn vorgezogen (Abb. **69**/5; **77**/1).
Unterordnung *Anisoptera* – **Großlibellen** S. 76

Unterordnung *Zygoptera* – Kleinlibellen

G. K quer walzenförmig, Au weit getrennte Halbkugeln. ♂ mit 2 ob. u. 2 unt Anh (Abb. **72**/3–5; **73**/9), ♀ mit vollständigem Lege-App zum Einstechen in Uferveg (Abb. **72**/6, 7); Tandem-Griff der ♂ an artspezifischen Strukturen des Hsch der ♀ (wird hier nicht zur Diagnose genutzt). – **B**. Fliegen meist dicht an der Veg od. dicht über der Wasseroberfläche, setzen sich oft an die Veg (s auf offenen Boden). Beim Schlüpfen Ruhephase nach dem Platzen der LHaut mit aufgerichtetem VKörper, daher Schlüpfen auch von horizontalen Substraten (wie Flutrasen weit vor dem Ufer) möglich (Abb. **86**/5).

1 Fl ♂ ± ausgedehnt dkl (meist met blau), Fl ♀ auf ganzer Lg getönt; kein FlMal (Fl ♀ aber dort oft mit weißem Fleck), viele Anq (Abb. **70**/3); relativ groß (4–5 cm).
Familie *Calopterygidae* – **Prachtlibellen** S. 71
1* Fl glasklar bis auf das FlMal, gestielt, mit 2 Anq (Abb. **70**/2) **2**
2 FlMal lggestreckt (Abb. **69**/1), steht über mind 2 Z, ob. Anh ♂ groß (mind. so lg wie Sgm. 10), bilden (von oben gesehen) geschlossene Zange (Abb. **72**/3–5). Hlb ohne rote od. blaue Flecke (z. T. vorn od. hinten hellblau bereift).
Familie *Lestidae* – **Teichjungfern** S. 72
2* FlMal ± rhombisch (Abb. **70**/2), steht meist nur über 1 Z (s bis $1^3/_4$) **3**
3 An der Schulter helle Doppellinie, dkl Schulterstreif daher auch doppelt (Abb. **73**/1), K zw den Au mit heller Querlinie über den vord Oc; Schienen MB u. HB hell bis leuchtend weiß, nur außen mit dkl MLinie u. (bes. bei ♂) stark verbreitert.
Familie *Platycnemididae* – **Federlibellen** S. 74
3* BrFront einfarbig dkl od. mit 1 hellem Längsstreif nahe dem einfachen dkl Schulterstreif (Abb. **72**/8, 9), K ohne helle Querlinie an vord. Oc (wie Abb. **73**/2, 3), Schienen nicht breiter als Schenkel, oft dunkel.
Familie *Coenagrionidae* – **Schlankjungfern** S. 74

Familie *Calopterygidae* – Prachtlibellen

Auffallend met gefärbte FließwLibellen (Wanderer auch an Stillw) mit schmetterlingsartig flatterndem Fluge am Wasser. cop im Revier des ♂ mit bes. Balz u. Zeigen des Eiablplatzes (Schwirrflug auf dem Wasser mit erhobenem HlbE, so weißes od. rotes „Schlusslicht" der US vorzeigend). Eiabl typisch im Revier des ♂ in flutende Wasserpfl, auch K voran tief u. lange unter Wasser tauchend. ♂ ohne FlMal, bei ♀ meist dort ein weißer Fleck über mehrere Queradern hinweg.

1 Hlb ♂ met blau (od. grünlich), Schlusslicht weißlich od. rötlich, füllt die US von Sgm 8 nicht aus. Fl ♀ einfarbig bis zur Spitze **2**
1* Hlb ♂ kupferbraun (bis braunviolett), Schlusslicht schließt US Sgm 8 voll ein, leuchtend karminrot, Fl ♂ dunkel, an der Basis schräg abgeschnitten klar; Fl ♀ bräunlich,

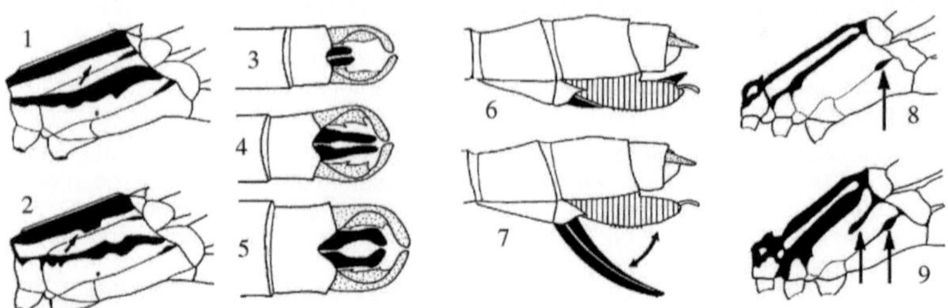

Abb. 72/1–7 Teich- u. **8–9** Azurjungfern; Br-Zg Winterlibellen bei **1** *Sympecma fusca*; **2** *S. paedisca*; Anh Binsenjungfer-♂ (ob. Anh = Cerci punktiert, unt Anh = Paraprokte schwarz) von **3** *Lestes virens*; **4** *L. sponsa*; **5** *L. dryas*; vollst. Legeapp Kleinlibellen (*L. dryas*), **6** in Ruhelage (Legesäbel im Schutz der -scheide), **7** Legesäbel abgeklappt zum Einstechen der Eier; Zg BrS bei den Azurjungfern **8** *Enallagma cyathigerum* u. **9** *Coenagrion* (hier *C. pulchellum*, ähnlich auch BrS *Cercion*).

HFl an der Spitze mit zur Basis hin scharf abgesetzter dkl Binde od. FlSpitzenfleck, knapp 5 cm;. Wmedit bis Italien v, erreicht fast WCH; E IV–AIX.
Calopteryx haemorrhoidalis (Vander Linden) – **Braune Prachtlibelle**

2 Fl ♂ mit met dunkelblauer Binde, diese kann (fast) bis zur Fl-Spitze reichen, aber FlBasis fast bis zum Knoten klar (Abb. **69**/3), Schlusslicht weiß; Fl ♀ zart grünlich getönt, Queradern wie die Längsadern met grün od. blau, selten Fl auf ganzer Länge metallisch blau; knapp 5 cm; ± v an offenen Fließw mit flutender Veg od. Teichrosen, auch Gräben, Alp bes. Seeabflüsse; von Stauhaltungs-Kaskaden begünstigt; V–M IX. *Calopteryx splendens* (Harris) – **Gebänderte Prachtlibelle**

2* Fl ♂ (nahezu) ganz met dunkelblau, Schlusslicht rot; Fl ♀ ± bräunlich, Queradern matt gelbbraun; knapp 5 cm; ± v an Bergbächen, auch Seen Hochgeb, Flachland s an Waldbächen; V–VIII (im Flachland oft nur V–VI).
Calopteryx virgo (L.) – **Blauflügel-Prachtlibelle**

Familie ***Lestidae*** – **Teichjungfern**

Schlüpfen im Frühsommer/Sommer, Eiabl im Tandem, im Sommer/Herbst bei Binsenjungfern in vertikale RöhrichtPflStengel (auch submers, oft oberhalb Wasserspiegel bzw. über Tümpelboden), bei Weidenjungfern in Ufergehölze bis in die Kronenregion (Fernglas!), oft in Gruppen; Winterlibellen überw juv in lichten Wäldern, Eiabl. im Frühj in vorjährige, meist schwimmende VegTeile. Binsenjungfern sind an fischfreien Tümpeln u. Moorgewässern od. an Karpfenanzuchtteichen bes. g.

1 Fl beim Sitzen zusammengelegt (analog Abb. **69**/2, 3), FlMale V-/Hfl liegen dann hintereinander, nicht aufeinander, Körper gelblich/bräunlich mit dunkelbrauner, ± met Zg, breiter heller Schulterstreif beiderseits der dkl Schulternaht, verdunkelt im Frühj (Abb. **72**/1, 2: Gattung *Sympecma* – **Winterlibellen**) **2**

1* Fl beim Sitzen gespreizt gehalten (Abb. **69**/1), Körper OS met grün/bronze (z. T. mit hellblauer Bereifung), heller Schulterstreif schmal entlang der Schulternaht bzw. ganz od. teilweise fehlend (unkenntlich) **3**

2 Dkl BrFront zum hellen Schulterstreif hin mit glatter Kante, der dkl Streifen darunter immer durchgehend, relativ breit (Abb. **72**/1); knapp 4 cm; v, aber oft nur lokal; E VII–V. *Sympecma fusca* (Vander Linden) – **Gemeine Winterlibelle**

2* Dkl BrFront zum hellen Schulterstreif hin mit Vorsprung etwas oberhalb der M (Pfeil in Abb. **72**/2), der dkl Streifen darunter deutlich schmaler als der helle Schulterstreif u. oft ± unterbrochen (Abb. **72**/2); knapp 4 cm; lokal im N (aktuell vor allem in der Uckermark) u. (Vor-) Alp; E VII–V.
Sympecma paedisca Brauer – **Sibirische Winterlibelle**

3 **(1)** FlMal hell (braun-) gelb, HK (ad) einfarbig met grün, ♂ Hlb ohne hellblaue Bereifung, unt Anh kurz (ähnl. Abb. **72**/3); knapp 4 cm; v (außer im NO); E VI–X.
Chalcolestes viridis (VANDER LINDEN) – **Weidenjungfer**

3* Andere Merkmalskombination (Gattung *Lestes* – **Binsenjungfern**) **4**

4 HK (ad) einfarbig met grün/bronze (z. T. hellblau bereift), Fl-Mal schwarzbraun, ♂ ad HlbBasis u. HlbE hellblau bereift **5**

4* HK in der unteren Hälfte scharf abgesetzt gelblich, ♂ ad HlbBasis unbereift, unt Anh kurz (wie Abb. **72**/3) **7**

5 FlMal über 2–2$^1/_2$ Z, Br-Front met grün/bronze, nicht bereift, unt Anh ♂ fast so lg wie ob. Anh (wie Abb. **72**/4, 5; ./. ♀♀) **6**

5* FlMal groß, über 3–4 Z, ad auch BrFront hellblau bereift, Untergrund schwarz durchschimmernd, unt Anh ♂ kurz (ähnl. Abb. **72**/3); knapp 5 cm; südl, oft an Salzlacken (ÖS: Neusiedler See, sonst im S sehr s); M V–IX.
Lestes macrostigma (EVERSMANN) – **Dunkle Binsenjungfer**

6 ♂ ad OS Sgm 2 auf ganzer Lg bereift, unt Anh gerade, am E ± verschmälert (Abb. **72**/4); knapp 4 cm; v, E VI–IX.
Lestes sponsa (HANSEMANN) – **Gemeine Binsenjungfer**

6* ♂ ad OS Sgm 2 nur vordere 2/3 bereift, hint Drittel scharf abgesetzt glänzend met (Abb. **69**/1), unt Anh am E verbreitert u. hakig nach innen gebogen (Abb. **72**/5); ~4 cm; lokal, oft temporär im sommertrockenen Ried, VI–IX.
Lestes dryas KIRBY – **Glänzende Binsenjungfer**

7 **(4)** FlMal (bei uns) einfarbig braun, ♂ ad auf Sgm 9+10 hellblau bereift u. (bei uns) oft heller Schulterstreif reduziert; 3–4 cm; lokal, im NW in Riedrasen, M VII–X.
Lestes virens (CHARPENTIER) – **Kleine Binsenjungfer**

7* FlMal halb braun, halb hell, heller Schulterstreif auch bei ♂ ad gut ausgebildet, ♂ ad nur oben auf Sgm 10 in der M bereift; 4–4$^1/_2$ cm; z über Tümpelböden; VII–X.
Lestes barbarus (F.) – **Südliche Binsenjungfer**

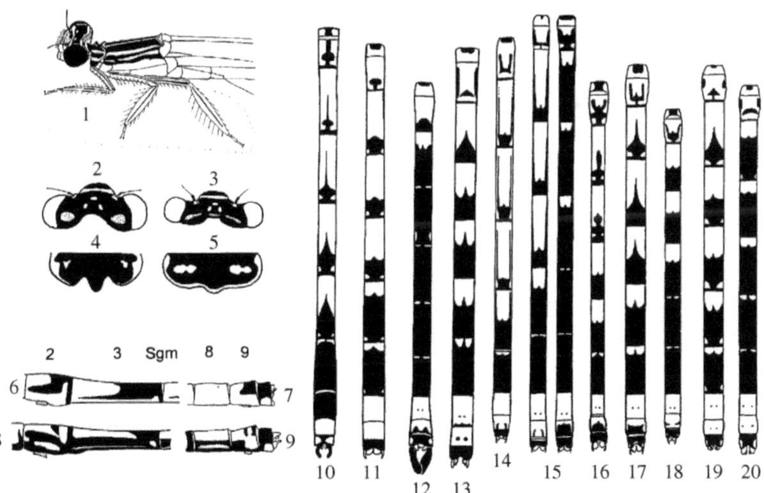

Abb. 73/1–20. Zeichnungsmuster von Federlibelle **1** u. Azurjungfern **2–20**; **1** ♂ *Platycnemis pennipes*; OS Kopf mit AuFlecken bei **2** *Coenagrion puella/pulchellum* u. **3** *Cercion lindenii*; HRand Hsch **4** *Coenagrion pulchellum* u. **5** *C. puella*; Zg Hlb-S ♂ (Sgm 2+3 bzw. 8–10): **6, 7** *Coenagrion pulchellum* u. **8, 9** *C. hylas*; Zg OS Hlb (jeweils Sgm 8 auf gleicher Höhe) von **10** ♂ *Cercion lindenii*, **11** *Enallagma cyathigerum*; **12** *Coenagrion armatum*; **13** *C. hylas*; **14** *C. puella*; **15** *C. pulchellum* (2 Farbformen); **16** *C. mercuriale*; **17** *C. ornatum*; **18** *C. scitulum*; **19** *C. hastulatum*; **20** *C. lunulatum*.

Familie *Platycnemididae* – Federlibellen

In Eur nur die Gattung *Platycnemis* mit 3 Arten. Charakteristisch sind der helle bzw. schwarze Doppel-Schulterstreif (Abb. **73**/1), der in Querrichtung bes. schmale u. langgestreckte K, die juv reduzierte dunkle Zg auf Hlb u. B bei heller, z. T. weißlicher Grundfärbung. Eiabl im Tandem in flutende Veg oder deren Blütenstengel, oft in Gruppen. In MEur nur 1 Art (*P. pennipes*), ad blassblau (♂) bzw. bräunlich, grünlich, selten blassblau (♀), Hlb auf OS Sgm 2–6 mit ± durchgehender dkl MLinie (die wmedit *P. acutipennis* SELYS ad ♂ orangerot, ♀ gelbbraun, *P. latipes* RAMBUR ad weißlich, beide OS Segm 3-5 ohne dkl MLinie; beide juv weißlich und sympatrisch mit *P. pennipes* nur in S/W-Frankreich), *P. pennipes* juv cremefarben/hellbraun, auch zeitweilig (fakultativ?) weißlich, dann *P. latipes* sehr ähnlich. Eine solche Verwechslung ist für die Meldung von *P. latipes* im Elsaß (nahe Grenze zu BW, nur juv auf Waldlichtung einmalig 1967) anzunehmen, die Art daher für MEur zu streichen (vgl. STERNBERG & BUCHWALD 1999; entgegen V.-Karten bei AGUILAR & DOMMANGET 1998, ASKEW 2004).

Juv u. Nächtigen ad gern auf grasigen Waldlichtungen in Gewässernähe; regional häufig an Carbonat-Gewässern, z. B. als Wiesenbach, Fluss, durchflossener See, Tongrube, Angelteich, Kanal (nicht Sandbach, Hochmoor, Küstenmarsch); M V–M IX.
Platycnemis pennipes (PALLAS) – (Blaue) **Federlibelle**

Familie *Coenagrionidae* – Schlankjungfern

Artenreich, in verschiedensten Lebensräumen. ♂ oft mit ± ausgedehnten artspezifischen roten od. blauen Farbmustern, vielfach blaues „Schlusslicht" (Abb. **73**/10–20), Grundfarbe ♀ oft grün od. braun, Farbmuster ♀ oft innerhalb der Art variabel, bei versch. Arten aber ähnlich (Unterscheidung vor allem nach dem VBrHRand), ♀ werden daher hier weitgehend ausgespart. Charakteristisch sind das Vorhandensein u. dann die Gestalt der AuFlecke, oft als Fleckenpaar (vgl. Abb. **73**/2, 3) od. als Linie. Eier werden typisch im Tandem (Ausnahme *Ischnura*) in die Uferveg eingestochen, auch submers (dann meistens ohne ♂ u. rückwärts schreitend, typisch K voran *Enallagma*). Z. T. 2 Gen (oft bei *Ischnura*).

1 Körper ± ausgedehnt rot, keine AuFlecke, Au (bes. ♂) ± rot **2**
1* Hlb ohne Rot (od. mit hellem AuFleckenpaar wie Abb. **73**/2: ♀ juv von *Ischnura*) . **3**
2 B schwarz, Au mit dkl Doppellinie, ♂ Segm 7 ganz, 8+9 ± schwarz; $3^1/_2$ cm; v, bes. MGeb, gern an besonnten Ufergebüschen; E IV–A VIII.
Pyrrhosoma nymphula (SULZER) – **Frühe Adonislibelle**
2* B rötlich, Au ohne dkl. Doppelstreifen, ♂ Hlb bis zum Ende rot; ± 3 cm; lokal im W, M VI–A IX. *Ceriagrion tenellum* (DE VILLERS) – **Späte Adonislibelle**
3 **(1)** Sehr zierlich, unscheinbar met grün, OS HlbE keilförmig blau od. (♀) gelblich, z. T. Au-Flecke als blaue Querlinie; 2–$2^1/_2$ cm; s in Seggenmooren im NO u. (Vor-) Alp; E V–M VII. *Nehalennia speciosa* (CHARPENTIER) – **Zwerglibelle**
3* Anders (**./.** ♀♀) **4**
4 OS Sgm 2–7 schwarz (höchstens heller Ring an SgmGrenzen) **5**
4* Zumindest Sgm 2 ± blau (s grün) mit artspezifischer schwarzer Zeichnung (Abb. **73**/10–20), AuFlecke meistens deutlich (wie Abb. **73**/2), z. T. als Querlinie (Abb. **73**/3; **„Azurjungfern"**) **8**
5 Au (braun-) rot, keine AuFlecke, Sgm 8 oben schwarz, Sgm 9 blau (wie Abb. **73**/10), auf Schwimm-/Tauchblattpfl. (dort auch cop), s am Ufer (Gattung *Erythromma* – **Granataugen**) **6**
5* Au grün od. blau, oben mit schwarzer Kappe, kleines kreisrundes AuFleckenpaar, OS Sgm 8 ± blau, vorzugsweise im Ried od. lichtem Röhricht (hier cop stundenlang: Gattung *Ischnura* – **Pechlibellen**) **7**

6 Sgm 2+8 seitlich bis unten dkl (HlbBasis aber ad dünn hellblau bereift), OS Sgm 10 rein blau; 3½ cm; v an größeren Gewässern mit Schwimmblattzone (od. Großlaichkräutern), Eiabl meist submers, zunächst im Tandem; V–VIII.
Erythromma najas (HANSEMANN) – **Großes Granatauge**

6* Sgm 2+8 seitlich in der unt Hälfte blau, OS Sgm 10 blau mit x-förmiger Zeichnung (wie Abb. **73**/10); gut 3 cm; v bes. im W, S an Gewässern mit *Myriophyllum, Ceratophyllum* o.ä., Eiabl. auf den Flutrasen im Tandem; VI–A IX.
Erythromma viridulum (CHARPENTIER) – **Kleines Granatauge**

7 **(5)** OS Sgm 8 blau, OS Sgm 9/10 schwarz; gut 3 cm; v an eutrophen Gewässern aller Art mit ± lichtem (Klein-) Röhrichtsaum (auch Küste); V–IX.
Ischnura elegans (VANDER LINDEN) – **Große Pechlibelle**

7* OS Sgm 8 vorn schwarz, nur hinten blau, OS Sgm 9 blau, z. T. mit schwarzen Punkten/Flecken; 3 cm; z an offenen Tümpeln, auch Küste, ÖS auch Salzlacken, Wanderer; V–IX. *Ischnura pumilio* (CHARPENTIER) – **Kleine Pechlibelle**

8 **(4)** OS Sgm 8 schwarz, Sgm 9 blau, OS Sgm 2 mit durchgehender dkl MLinie (Abb. **73**/10), ob. Anh von oben gesehen so lg wie Sgm 10, unt Anh viel kürzer; gut 3 cm; lokal BR, ± v im W an Fließw u. Abgrabungen über lockerer Tauchblattzone (Seitenansicht ähnlich *Enallagma*, gut am Schlusslicht zu unterscheiden); E IV–A IX.
Cercion lindenii (SELYS) – **Pokal-Azurjungfer**

8* OS Sgm 8 blau, OS Sgm 9 z. T. ± dkl, Zg Sgm 2+3 anders (Abb. **73**/11–20), ob. Anh von oben gesehen deutlich kürzer als Sgm 10 (od. so lg wie unt Anh) **9**

9 BrS mit nur 1 oberer Nahtschwärzung, heller Schulterstreif meistens breiter als der dkl darunter (Abb. **72**/8), Zg Hlb wie Abb. **73**/11); 3½ cm; v, g an Seen u. in Mooren mit Flutrasen; E IV–A X. *Enallagma cyathigerum* (CHARPENTIER) – **Becher-Azurjungfer**

9* BrS mit 2 oberen Nahtschwärzungen (z. T. 2. bis unten durchlaufend), heller Schulterstreif meistens schmaler als der dkl darunter (Abb. **72**/9; Gattung *Coenagrion*) . . **10**

10 Unt Anh riesig, so lg wie Sgm 9+10, Br + HlbBasis grün (Zg Hlb Abb. **73**/12); gut 3 cm; sehr s im N in Seggen-Mooren od. Riedbereich; V–A VI.
Coenagrion armatum (CHARPENTIER) – **Hauben-Azurjungfer**

10* Unt Anh von oben gesehen höchstens so lg wie Sgm 10, helle Zg Hlb blau (ohne Grün) **11**

11 S Sgm 2–8 unten durchgehend geschwärzt (SAnsicht, von oben nicht zu sehen: Abb. **73**/8, 9); Zg OS Sgm 2 U-förmig, Zg OS Sgm 3 (oft bis 7) mit MSpitze (Abb. **73**/13); 3½ cm; Nominatform sibirisch bis Japan, weit isoliert von der weltweit vom Aussterben bedrohten meur Form (Status als eigene ssp jedoch umstritten), diese sehr s im Ried kalter AlpSeezuflüsse bzw. Quellfluren, fliegt nur bei vollem Sonnenschein am Wasser (aktuell nur in W-Tirol); VII–VIII.
Coenagrion hylas freyi (BILEK) – **Sibirische Azurjungfer**

11* S Sgm 8 blau, keine durchgehende Schwärzung S Sgm 2–8 (Abb. **73**/6, 7) **12**

12 Zg S Sgm (3–4) 5–6 in lg SSpitzen ausgezogen, die von oben zu sehen sind (Abb. **73**/6, 14, 15) **13**

12* Zg zumindest auf OS Sgm 3 mit MSpitze, ohne lg seitliche Spitzen (Abb. **73**/16–20) **14**

13 Sgm 2 mit U-förmiger Zg, Schwärzung Sgm 3–5 schmal am HRand (Abb. **73**/14), VBrHRand leicht wellig, hell gesäumt (Abb. **73**/5); 3½ cm; v an Stillgew; V–IX.
Coenagrion puella (L.) – **Hufeisen-Azurjungfer**

13* Sgm 2 mit ~Y-förmiger Zg, Ausdehnung der dkl Zg Hlb höchst variabel (Abb. **73**/15), bei uns der helle Schulterstreif oft !-förmig unterbrochen, VBrHRand mit 2 tiefen Kerben, nur partiell hell gesäumt (Abb. **73**/4); 3½ cm; v an Seen, Flachmooren, Bächen/Flussauen (aber mit Verbreitungslücken z. B. im NW); V–A IX.
Coenagrion pulchellum (VANDER LINDEN.) – **Fledermaus-Azurjungfer**

14 **(12)** Helle Partien K/Au u. Br rein blau **15**

14* Helle Partien K/Au u. Br-S unten ± grünlich **17**

15 OS Sgm 2 mit Merkur-Zeichen, Zg OS Hlb wie Abb. **73**/16; gut 3 cm; wmedit, s an sonnigen, quellnahen Wiesen-Kalkbächen od. an Grundwassergräben; E V–A VIII.
Coenagrion mercuriale (CHARPENTIER) – **Helm-Azurjungfer**

15* OS Sgm 2 mit ~ Y-förmiger Zg (Abb. **73**/17–18) **16**

16 Zg OS Sgm 3–5 in lg MSpitze ausgezogen (Abb. **73**/17); gut 3 cm; omedit (bei uns) sehr s an sonnigen Grundwasser-/Wiesengräben; E V–VII.
Coenagrion ornatum (SELYS) – **Vogel-Azurjungfer**

16* Zg OS Sgm 3–5 wie Abb. **73**/18; gut 3 cm; medit, sehr s im W, ÖS, VI.
Coenagrion scitulum (RAMBUR) – **Gabel-Azurjungfer**

17 **(14)** Zg OS Sgm 2 wie Pfeilspitze, Sgm 3 wie Speerspitze; Sgm 4 mind zur Hälfte blau (Abb. **73**/19); gut 3 cm; ± v in Mooren; V–VII.
Coenagrion hastulatum (CHARPENTIER) – **Speer-Azurjungfer**

17* Zg OS Sgm 2 wie liegende Mondsichel, Sgm 4–6 überwiegend schwarz (Abb. **73**/20); gut 3 cm; s (im NW oft in Heideweihern/-mooren, in MV oft an Söllen); V–VI.
Coenagrion lunulatum (CHARPENTIER) – **Mond-Azurjungfer**

Unterordnung ***Anisoptera*** – **Großlibellen**

G. Kräftigere Gestalt als bei Kleinlibellen, insbes. Br kompakter, Hlb nicht so sehr nadelförmig, z. T. abgeflacht; FlGestalt u. -geäder vor allem an der Basis anders (Abb. **70**/1, 4), HFlBasis ♂ (außer bei Königs-, Segellibellen: Abb. **77**/1) in Ecke ausgezogen, mit Analdreieck (vgl. Abb. **70**/1), dann dort ein Vorsprung („Öhrchen") jederseits an Sgm 2; K (außer bei Gomphiden: Abb. **79**/1) ± halbkugelförmig mit bes. großen Au, die oben zusammenstoßen, direkt dahinter das Au-Dreieck (Abb. **77**/6; **81**/7–9; **83**/1, 3). Die kleine VBr ist weitgehend verdeckt. ♂ nur mit 1 unt Anh (Epiprokt), dieser z. T. aber zweiteilig (z. B. *Cordulia*, Gomphiden: Abb. **79**/8, 10; **81**/11). Nur Edellibellen mit vollständigem (orthopteroiden) Legeapparat (ähnl. Abb. **72**/6, 7: endophytische Eiabl im Sitzen am Substrat an od. über der Wasseroberfläche, nie dabei untertauchend), cop-App ♂ dann wie bei Kleinlibellen eingesenkt; sonst Legeapp zu Eiabwurfklappe reduziert (exophytische Eiabl als Abwurf aus der Luft od. als Abstreifen an der Wasseroberfläche; bei den Quelljungfern pflanzholzartige Sonderbildung, Abb. **81**/5, zum Einstechen in Feingrund bei Rüttelflug mit senkrecht gestelltem Körper) u. cop-App. ♂ vorstehend mit markanten Verankerungseinrichtungen („Hamuli") passend zu den Legeklappen der ♀. Die Artunterschiede der Genitalstrukturen sind oft nur am Präparat gut zu erkennen u. werden hier kaum genutzt. Großlibellen fliegen oft in 1–2 m Höhe über dem Wasser od. der Uferveg u. sind dann bes. eindrucksvoll. Beim Schlüpfen (außer bei Flußjungfern) Ruhephase nach dem Platzen der LHaut mit nach hinten überhängendem VKörper, damit an ± vertikale Schlüpfsubstrate gebunden (Abb. **86**/5).

1 Au oben weit getrennt (Abb. **79**/1), an der Schulter schwarzer Doppelstreif (Abb. **79**/2–4). Familie *Gomphidae* – **Flußjungfern** S. 79

1* Au berühren sich auf KOS od. stoßen dort ± breit zus (Abb. **77**/6; **81**/7; **83**/1) **2**

2 FlDreieck im VFl wie im HFl lggestreckt in FlRichtung (Abb. **70**/1) **3**

2* FlDreieck im VFl ± gleichseitig od. quer zur FlRichtung (Abb. **70**/4) **4**

3 Au berühren sich oben in 1 Punkt, (bei ♂) leuchtend smaragdgrün, Körper schwarz mit gelben Flecken, Hlb ♂ am E verbreitert (Abb. **81**/1), pflockartiger Legeapp ♀ überragt Hlb deutlich (Abb. **81**/5), im Gebiet typisch an Quellbächen.
Familie *Cordulegastridae* – **Quelljungfern** S. 80

3* Au berühren sich oben 1 Strecke weit, Hlb am E nicht verbreitert (Abb. **77**/1), Legeapp. vollständig (ähnlich Abb. **72**/6, 7), überragt HE nicht.
Familie *Aeshnidae* – **Edellibellen** S. 77

4 **(2)** Körper u. Gesicht erzgrün/ kupfern, meist glänzend (z. T. wenige helle Flecke), Au bes. ♂ ad leuchtend smaragdgrün, FlBasis ohne dkl Fleck; Flug ausdauernd (wie *Aeshnidae*). Familie *Corduliidae* – **Falkenlibellen** (ohne *Epitheca*) S. 81

4* Körper gelb/braun, rot, hellblau (Bereifung) od. ± schwarz (dann Au nicht smaragdgrün), Flug meistens von Warten aus.
Familie *Libellulidae* – **Segellibellen** (+ *Epitheca*) S. 82

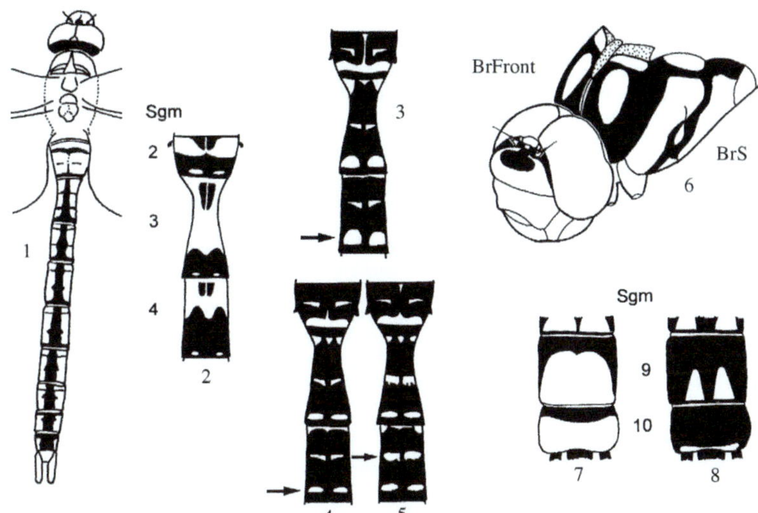

Abb. 77/1–8. Edellibellen. OS von **1** *Anax imperator*; Zg OS Sgm 2–4 von **2** *Boyeria irene*; **3** *Aeshna juncea*; **4** *A. subarctica*, dunkle Form; **5** dito, helle Form; K u. Br von **6** *A. cyanea*; Zg OS Sgm 9+10 von **7** *A. cyanea* u. **8** *Brachytron pratense*.

Familie *Aeshnidae* – **Edellibellen**

Bes. große, zumeist auffällig gefärbte Libellen mit lggestrecktem, zylindrischen Hlb u. ausdauerndem Flug. Viele Arten (z.B. *Aeshna mixta, Ae. juncea*) mit intensivem Suchflug nach Eier legenden ♀, die dann zur cop ergriffen werden (cop am Wasser, daher oft zu sehen), Eiabl dann oft erst am Abend od. bei trübem Wetter; nur wenige Arten beachten offen eierlegende ♀ kaum (*Anax imperator, Aeshna grandis, Ae. viridis*); bei *Ae. affinis, Anax parthenope* Eiabl auch im Tandem. Einige Arten (wie *Ae. mixta, Ae. affinis*) mit Jagd im Schwarmflug (z.B. hoch über Stoppelfeldern vor besonntem Waldrand), dann keine Interaktionen ♂ : ♀. Meiste Arten schlüpfen Frühsommer, Flugzeit bis (Spät-) Herbst (*Ae. cyanea, Ae. mixta* bis XI.); Schlüpfvorgang bes. eindrucksvoll (*Ae. cyanea* zahlreich auch an kleinen Gartenteichen), Schlupf an vertikalen Strukturen (wie Röhrichtpfl.), dauert tags oft ~2 h (bei ≥ 20° Schlupf auch nachts, Abflug dann am frühen Morgen). Schlüpfdichte oft von J zu J wechselnd u. auch abweichend von der Abundanz ♂ ad (z.B. bei *Ae. cyanea* an halbschattigen Waldweihern keine fliegenden ♂, aber hohe Reproduktion durch gelegentliche Eiabl).

1 Br (bis auf Nahtlinien) einfarbig grün od. braun, OS Hlb mit dkl MLinie durchgehend mind auf Segm 3–8, beiderseits daneben ein ± farblich abgehobenes Längsband (nur einzelne dkl Querlinien: Abb. **77**/1), HFlBasis ♂ (wie ♀) gerundet (Abb. **77**/1; U-Fam. *Anactinae* – **Königslibellen**) **2**

1* Br mehrfarbig od. mit Streifen/Flecken (Abb. **77**/6), HFlBasis ♂ eckig (Abb. **70**/1), Hlb ± einfarbig hellbraun od. mit farbigen Flecken (Abb. **77**/2–5, 7, 8) **4**

2 Br grün, S Hlb bei ♂ durchgehend leuchtend blau (Abb. **77**/1), bei ♀ grünlich/bläulich; 8 cm; v; fliegt auffällig über Schwimm-, Tauchblattzone, dort Eiabl offen; v V–VIII.
Anax imperator Leach – **Große Königslibelle**

2* Br braun, bes. bei ♂ leuchtend hellblauer Fleck an der HlbBasis, Hlb dahinter dunkler **3**

3 (♂) Sgm 2 ganz, Sgm 3 basal blau, übrige Sgm (bläulich) verdunkelt; 7 cm; ± s, bes. S, NO, ST; E V–M IX. *Anax pathenope* SELYS – **Kleine Königslibelle**

3* (♂) nur OS Sgm 2 leuchtend hellblau, übrige Sgm sand-/mittelbraun; 6½ cm; Wüstenlibelle, bes. im S gelegentl. (meist im Frühj) einfliegend, auch Vermehrung (Sommergeneration); IV–V, VII–X. *Hemianax ephippiger* (BURMEISTER) – **Schabrackenlibelle**

4 **(1)** Segm 4–10 von oben gesehen einfarbig mittelbraun, ebenso BrFront. **5**

4* Os Hlb mit farbiger Zeichnung (oft als Fleckenpaare: Abb. **77**/3–5), BrFront dkl braun mit hellem Streifen-/Fleckenpaar (Abb. **77**/6, Fleckenpaar jedoch z. T. viel kleiner) **6**

5 Au braun mit Blau, Fl goldbraun mit rotbraunen Adern, OS Hlb Sgm 2 u. S Sgm 3–7 mit hellblauen (bei ♀ oft gelben) Flecken; 7½ cm; v bes. NO; VII–X. *Aeshna grandis* (L.) – **Braune Mosaikjungfer**

5* Au ♂ grün schillernd, Fl mit rotgelbem Basisfleck, sonst klar, Adern schwarz, OS Sgm 2 mit gelbem Keilfleck (Spitze nach hinten), keine hellblauen Flecken; 6½ cm; südl, im NW vielfach s geworden; Frühjahrsart: V–VII. *Aeshna isoceles* (MÜLLER) – **Keilfleck-Mosaikjungfer**

6 **(4)** BrS grün, nur Nähte ± geschwärzt (Abb. **77**/6) oder BrS düster braun-grünlich marmoriert. **7**

6* BrS (dkl) braun mit 2–3 ± breiten hellen schräg stehenden Binden (ähnlich Abb. **83**/2, aber meist schmaler; ./. ♀). **11**

7 **(1)** Hlb Flecken düster graugrün/-braun, auf OS Sgm 3–6 vorn oben zusammenfließend (Abb. **77**/2); 6½ cm; westmed, schattige Fließgew, s CH, 1x BY (hier an Seen); VII–IX. *Boyeria irene* (BURMEISTER) – **Geisterlibelle**

7* OS Segm 3–6 auch vorn mit Fleckenpaaren, bes. bei ♂ leuchtend blau oder grün (bzw. gelb). **8**

8 Nähte BrS nur dünn geschwärzt, Schulternaht ± in der grünen BrSFärbung, ♂ Flecke Hlb groß, leuchtend blau, Au leuchtend blau **9**

8* Nähte Br-S kräftig geschwärzt, Schulternaht als Farb-Grenze (Abb. **77**/6) **10**

9 BrFront mit eiförmigem Fleckenpaar (ähnlich Abb. **77**/6), fast über die volle Lg reichend, Schulternaht nur unten im Grün; 7 cm; ± s im N an Krebsscherengewässern (bes. Bremen, NO); VI–IX. *Aeshna viridis* EVERSMANN – **Grüne Mosaikjungfer**

9* BrFront unten mit kleinem, kommaförmigen Fleckenpaar, Schulternaht ganz im Grün; gut 6 cm; südl (bes. ÖS: Neusiedler See), in jüngerer Zeit häufiger, dennoch wohl meist Einwanderer/Vermehrungsgast bes. an Auentümpeln, dort v mittlere Elbe; M VI–VIII. *Aeshna affinis* VANDER LINDEN – **Südliche Mosaikjungfer**

10 **(8)** BrS 1½ Nahtlinien breit geschwärzt, BrFront mit eiförmigem Fleckenpaar, fast über die volle Lg reichend (Abb. **77**/6), ♂: Sgm 3–6 oben mit grünen, Sgm 8–10 mit blauen Flecken, alle Seitenflecken blau, OS Sgm 9, 10 breit durchgehend blau (Abb. **77**/7), ob. Anh einzigartig in nach unten gerichtete Spitze ausgezogen; 7½ cm; v (auch Gartenteiche), fliegt als einzige Libelle oft auf schattigen Waldwegen; M VII–X. *Aeshna cyanea* (MÜLLER) – **Blaugrüne Mosaikjungfer**

10* BrS beide Nähte durchgehend breit geschwärzt, BrFront m. schmalem Fleckenpaar, bei ♂ über die volle Lg reichend, bei ♀ ± reduziert, ♂ alle Flecken Hlb blau, OS Sgm 9 überwiegend, Sgm 10 ganz dkl (Abb. **77**/8); 6 cm; in lichten Röhrichten früher v, heute oft s; V–M VII. *Brachytron pratense* (MÜLLER) – **Kleine Mosaikjungfer**

11 **(7)** BrFront mit dolchartigem Fleckenpaar fast über die volle Lg (bei ♀ ± reduziert), Fl >40 mm, Analdreieck ♂ mit 2 Z (wie Abb. **70**/1) **12**

11* BrFront nur mit kleinem, kommaförmigen Fleckenpaar, Fl ≤ 40 mm **13**

12 OS Sgm 2–5 mittleres Fleckenpaar als kleines, scharf begrenztes, rechtwinkliges, gelbes Dreieck, die großen hint Fleckenpaare leuchtend blau (Abb. **77**/3); 7–8 cm; v in Mooren, im höheren Geb überall; M VI–X. *Aeshna juncea* (L.) – **Torf-Mosaikjungfer**

12* OS Sgm 2–5 mittleres Fleckenpaar in der Form variabel, oft verwaschen, blass blau wie die relativ kleinen hint Fleckenpaare (Abb. **77**/4, 5), 7½ cm; s, im Gebiet nur in

Mooren mit flutenden Torfmoos-Rasen; VII–X.
Aeshna subarctica WALKER – **Hochmoor-Mosaikjungfer**

13 **(11)** BrSStreifen fast so breit wie ihr Abstand, Mittelfleckenpaar OS Sgm 3–7 als kleine, oft gelbe Dreiecke, Analdreieck ♂ mit 3 Z; gut 6 cm; Ebene v, fehlt Hochgeb; VII–X. *Aeshna mixta* LATREILLE – **Herbst-Mosaikjungfer**

13* BrSStreifen viel schmaler als ihr Abstand, MFlecken OS Sgm 3–7 ~ so groß wie die hinteren, alle leuchtend blau, Analdreieck ♂ m. 2 Z; gut 6 cm; Ried-(Klein-) Weiher Hochgeb (kaum < 1000 m); VII–IX. *Aeshna caerulea* (STRÖM) – **Alpen-Mosaikjungfer**

Familie ***Gomphidae*** – **Flußjungfern**

M-große, tarnfarben schwarz/grün/gelbe Libellen von Fließw u. (ggf. vom Grundwasser) durchflossenen Seen/Angelteichen. HFlBasis ♂ eckig (ähnl. Abb. **70**/1), Legeapp. ♀♀ reduziert, Eier werden (unauffällig u. ohne Begleitung von ♂) an der Wasseroberfläche in raschem Fluge am Ufer entlang od. über der Strommitte abgestreift. ♂ am Wasser oft unauffällig, setzen sich gern in Baumkronen (nur *Gomphus pulchellus* auf ufernahe Wege), fliegen am besten bei vollem Sonnenschein u. heißem Wetter u. sind daher leicht zu übersehen. Schlüpfen relativ rasch (≤ 1 h bis Abflug), Ruhephase wie Kleinlibellen, Flußjungfern können daher (im Gegensatz zu allen anderen Großlibellen) auf dem flachen Boden, z.B. am offenen Flussufer schlüpfen, dann sind Exuvien leichter zu finden als Im., aber Gefährdung durch Vögel u. Wellenschlag. Im O artenarm (*Onychogomphus forcipatus, Ophiogomphus cecilia, Gomphus vulgatissimus, Stylurus flavipes,* Skandinavien nur erste 3, Britische Inseln nur England u. nur *G. vulgatissimus*), im W erreichen uns dazu einige wmedit Arten.

1 Auf Hlb Sgm 3–6 eine schmale, helle Rückenlinie durchgehend, beiderseits breit dkl gesäumt (Abb. **79**/9); ♂: ob. Anh u. Äste unt Anh gespreizt (Abb. **79**/10; U-Fam. *Gomphinae*) **4**

1* Helle Zg auf Hlb Sgm 3–6 jeweils vorn verbreitert, nach hinten verschmälert, endet vor dem SgmHR (Abb. **79**/5, 7), Anh ♂ anders (U-Fam *Onychogomphinae*) **2**

2 Dkl Zg Schulter u. BrS fein (Schulter ähnlich Abb. **79**/4), zweifarbig: Br u. Sgm 2 giftgrün, helle Zg OS Hlb ab Sgm 3 gelb, diese schachfigurenähnl. (wie Abb. **79**/7, oft auch schmaler u. kürzer), ♂ ob. Anh u. Äste unt Anh parallel (Abb. **79**/8); $5^1/_2$ cm;

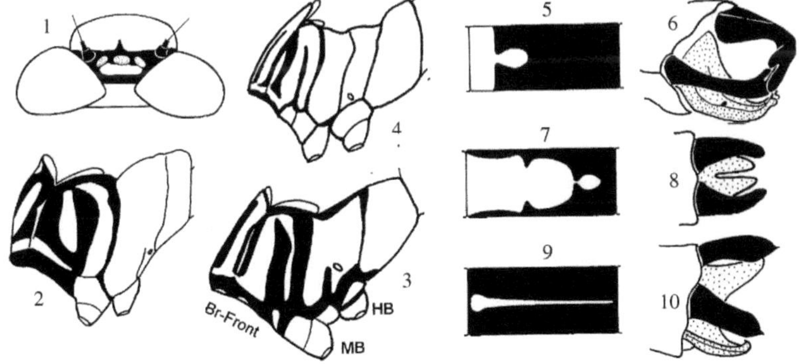

Abb. 79/1–10. Flußjungfern. **1** Kopf v. oben (Oc punktiert) *Onychogomphus forcipatus*; Br-Zg (schräg v. vorn, ohne VBr) von **2** *Stylurus flavipes*; **3** *Gomphus vulgatissimus*; **4** *G. pulchellus*; Zg OS Sgm 4 (ähnlich auch Sgm 5, 6; links ist vorn) u. Anh ♂ (ob. Anh = Cerci schwarz, unt Anh = Epiprokt punktiert) von **5, 6** *Onychogomphus forcipatus*, HE Sicht schräg von hinten oben; **7, 8** *Ophiogomphus cecilia*, HE Sicht von oben; **9, 10** *Gomphus vulgatissimus*, HE Sicht schräg von oben.

lokal an Heide-, Sandbächen u. Flussbuhnen (bes. Oder, Elbe); VI–A X.
Ophiogomphus cecilia (FOURCROY) – **Grüne Keiljungfer**

2* Dkl Zg Schulter u. Br S breit (Schulter ähnl. Abb. **79**/2, 3), einfarbig gelb od. grün, helle Zg OS Hlb Sgm 3–6 bei ♂ variabel, bei uns oft wie Abb. **79**/5; helle Zg ♀ weiter ausgedehnt, Figur oft ähnlich Abb. **79**/7, aber meist kürzer, ♂: ob. Anh bilden mit unt Anh mächtige, ≥3 mm lange, dreiteilige Zange (Abb. **79**/6; Gattung *Onychogomphus* – **Zangenlibellen**) **3**

3 KOS mit hellem Fleck direkt hinter Oc (Abb. **79**/1), Au ♂ grün, ob. Anh ♂ mit tiefer Kerbe am E (Abb. **79**/6), ob. Anh bei uns oft ± schwarz; knapp 5 cm; s an Seen (N) od. Fließw mit herausschauenden Steinen: Sitzwarten ♂ (S), E V–VIII.
Onychogomphus forcipatus (L.) – **Kleine Zangenlibelle**

3* KOS ohne hellen Fleck direkt hinter Oc; Au ♂ blau, ob. Anh ♂ am E plattenförmig verbreitert, ohne Kerbe, stets rein gelb; gut 5 cm; wmedit, im Gebiet nur 1 u. U. bereits erloschener östl Vorposten am Hochrhein unterhalb Rheinfall; VII–VIII.
Onychogomphus uncatus (CHARPENTIER) – **Große Zangenlibelle**

4 **(1)** Helle Zg BrFront maskenähnlich (Abb. **79**/2), da der innere dkl Schulterstreif oben u. unten mit der dkl Zg BrFront verbunden ist, heller Schulterstreif breit u. bis MB-Ansatz durchgehend, ob. Anh ♂ schlank, allmählich zugespitzt; $5^1/_2$ cm; an großen Flüssen, v Buhnen Oder, Havel, Elbe, s Donau, Weser, Rhein; Kanäle; VI–IX.
Stylurus flavipes (CHARPENTIER) – **Asiatische Keiljungfer**

4* Helle Zg BrFront U-förmig, da der innere dkl Schulterstreif unten von der dkl Linie an der BrLeiste weit getrennt ist, oben endet er frei (s feine Verbindungslinie), heller Schulterstreif schmaler als heller Längsfleck auf BrFront, oberhalb MBAnsatz dkl unterbrochen (Abb. **79**/3, 4), ob. Anh ♂ zylindrisch mit aufgesetzter Spitze (Abb. **79**/10) od. Doppelspitze (Gattung *Gomphus* i. e. S.) **5**

5 B u.OS Sgm 8–10 schwarz (nur helle SFlecke), HE bes. bei ♂ keulig verbreitert, Au ♂ dkl grün; 5 cm; ± s an Fließen, Kanälen, Seeabflüssen, SH, NO auch Seen; V–VII.
Gomphus vulgatissimus (L.) – **Gemeine Keiljungfer**

5* Helle Rückenlinie bis HlbE durchgehend, B hell gestreift, HE kaum/nicht verbreitert, Au ♂ blau **6**

6 Dkl Schulter-Doppelstreifen viel schmaler als ihr heller Zwischenraum, BrS beide Nahtlinien durchgehend schmal geschwärzt (Abb. **79**/4); $5^1/_2$ cm; wmedit, v ca. W Elbe/ Saale an Abgrabungen, Flüssen, Kanälen, Angelteichen; V–VII.
Gomphus pulchellus SELYS – **Westliche Keiljungfer**

6* Dkl Schulter-Doppelstreifen breiter als ihr heller Zwischenraum, BrS nur 1 Naht durchgehend geschwärzt (ähnl. Abb. **79**/3); 5 cm; wmedit, östl. Vorposten am Bodenseeabfluss/Hochrhein, -zuflüsse, sehr s BE; VII–VIII.
Gomphus simillimus SELYS – **Gelbe Keiljungfer**

Familie *Cordulegastridae* – Quelljungfern

In unserem Gebiet durch Größe u. Färbung unverwechselbar (Abb. **81**/1). HFlBasis ♂ eckig (ähnlich Abb. **70**/1); HlbAnh bes. kurz, Legeapp. ♀♀ einzigartig reduziert u. zugleich weit über das HlbE hinaus verlängert: „Pflanzholz" zum Einstechen der Eier mit senkrechtem Hlb rüttelnd in Flachwasser-Feingrund. Au smaragdgrün, stoßen punktförmig zusammen, AuDreieck mit spezifischer Färbung. In MEur 2 Artengruppen, die *bidentata*-Gruppe (S Sgm 1 mit gelbem Mittenfleck, U-Gattung *Thecagaster*) u. die *boltonii*-Gruppe (S Sgm 1 in der Ecke hinten unten gelb gesäumt, *Cordulegaster* s.str., bei uns mit *C. boltonii* u. *C. heros*, Abb. **81**/2–4). An (Quell-) Bächen mit Feingrund; jagen/ruhen gern in Bachnähe auf besonnten Waldlichtungen mit Disteln.

1 AuDreieck gelb, OS Sgm 3–7 (8) hinter dem größeren mittleren Fleckenpaar 1 kleines Fleckenpaar am SgmHRand (bei ♂♂ auf Sgm 6–8 manchmal unscheinbar), gelbe Zg S Sgm 1 wie Abb. **81**/3; $6^1/_2$–$7^1/_2$ cm (♀ bis $8^1/_2$ cm); v Geb, s Ebene; M V–A IX. *Cordulegaster boltonii* (DONOVAN) – **Zweigestreifte Quelljungfer**

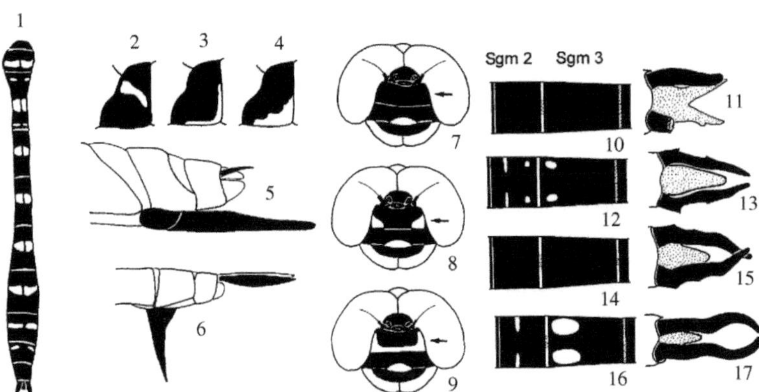

Abb. 81/1–5 Quelljungfern u. **6–17** Falkenlibellen. **1** Zg-Muster OS Hlb *Cordulegaster bidentata*; Zg S Sgm 1 (vorn ist links) von **2** *C. bidentata*, **3** *C. boltonii*, **4** *C. heros*; weit ab- bzw. vorstehende Legescheide (schwarz, auch Anh = Cerci schwarz) von **5** *Cordulegaster bidentata* u. **6** *Somatochlora metallica* ♀; Zg Gesicht von **7** *Cordulia aenea*, **8** *Somatochlora flavomaculata*, **9** *S. metallica*; Zg OS Sgm 2+3 ♀ u. Anh ♂ (ob. Anh = Cerci schwarz, unt Anh = Epiprokt punktiert) von **10, 11** *Cordulia aenea*, **12, 13** *Somatochlora metallica*, **14, 15** *S. alpestris*, **16, 17** *S. arctica*.

1* AuDreieck schwarz, OS Sgm 5–8 ohne die kleinen Fleckenpaare (Abb. **81**/1; bei ♀ *heros* manchmal angedeutet) **2**

2 Zg S Sgm 1 wie Abb. **81**/2, BrS ohne MStreif zw den beiden gelben Binden, nur oben oft kleiner gelber Fleck, OS Segm 7 (meist auch 3–6) mittlere Flecken durch dkl Längsline getrennt (Abb. **81**/1), seitlich in Spitze ausgezogen; $7^1/_2$–$8^1/_2$ cm; s an (beschatteten) GebQuellbächen (auch unscheinbare Wald-Rinnsale, überrieselte Moos-Kalktuffe); V–VII. *Cordulegaster bidentata* SELYS – **Gestreifte Quelljungfer**

2* Zg Sgm 1 wie Abb. **81**/4, BrS mit schmalem, meist 2× unterbrochenen MStreif; OS Sgm 3–7 mittlere Flecken oben zusammenfließend, seitl. breit durchlaufend, ± nach vorn gekrümmt; 8– fast 10 cm: ♀ größte Libelle Eur; Balkan, sehr s ÖS; M VI–A VIII. *Cordulegaster heros* THEISCHINGER – **Große Quelljungfer**

Familie *Corduliidae* – Falkenlibellen

Die meisten Arten mittelgroß, an der met Färbung gut kenntlich (nur *Epitheca bimaculata* ähnlich Vierfleck, daher im Schlüssel unter Segellibellen), HFlBasis ♂ eckig, mit Analdreieck (ähnlich wie Abb. **70**/1). Ob. Anh ♂ groß (Abb. **81**/11, 17) u. wie Legeklappen ♀ auffallend artspezifisch geformt (Abb. **81**/6). ♂ fliegen ausdauernd (ähnlich Edellibellen) über artspezifischen Gewässerzonen, Eiabl ♀ allein (oft versteckt unter Ufer-Veg) zum Abend hin. Schlüpfen z. T. >10 m vom Wasser entfernt u. hoch an Baumstämmen.

1 Hlb mit gelber Zg an Sgm 3–7 . . . . **2**

1* Hlb ohne gelbe Zg an Sgm 5–7 . . . . **3**

2 Gelbe Zg als Rückenlinie auf Sgm 1–7, OS Sgm 8+9 dkl, heller M-Kiel auf Sgm 10; gut 5 cm; wmedit, Tessin/ S-CH an Seen, um 1940 zeitweilig bodenständig an der Siegmündung gegenüber Bonn-N, sehr s NL, BE, neu Our/Sauer RP/LX; VI–VIII. *Oxygastra curtisii* (VANDER LINDEN) – **Gekielte Smaragdlibelle**

2* S Sgm 2+3 (♀ 2–8) mit großem, ♂ 4–8 mit kleinem gelbem Fleck, Gesicht: Abb. **81**/8; 5 cm; sommertrockene Seggenrasen, meist s, v NO, VorAlp; VI–VII. *Somatochlora flavomaculata* (VANDER LINDEN) – **Gefleckte Smaragdlibelle**

3 **(1)** Stirn einfarbig dkl met grün (Abb. **81**/7: Pfeil), Hlb ♂ am E verbreitert (größte Breite Sgm 7/8); ± 5 cm; einst v, vielfach seltener geworden (bes. an Seen/Weihern, Altarmen mit Schwimmblattzone vor Röhricht/Uferbäumen); V–VII (VIII).
Cordulia aenea (L.) – **Gemeine Smaragdlibelle**

3* Stirn an Au mit gelber Zg (Abb. **81**/8, 9: Pfeil), Hlb am E nicht verbreitert (Gattung *Somatochlora*) **4**

4 Stirn zw Au mit gelber Querbinde (Abb. **81**/9), Körper anfangs leuchtend met grün, später verdunkelnd, ob. Anh. ♂ eckig, wenig länger als unt Anh (Abb. **81**/13), ♀ einzigartig mit großer, abstehender Legescheide (Abb. **81**/6) als „Legehammer"; knapp 6 cm; v an Fließgewässern/ Flachmooren, im Geb g an Gewässern aller Art; VI–A IX.
Somatochlora metallica (Vander Linden) – **Glänzende Smaragdlibelle**

4* Stirn an Au mit gelbem Fleck (wie Abb. **81**/8), Körper düster matt met grün **5**

5 Ob. Anh ♂ gerundet, viel länger als unt Anh (Abb. **81**/17), ♀ S Sgm 3 vorn mit hellem ovalem Fleckenpaar (Abb. **81**/16); 5 cm; v im Geb an (Moor-) Schlenken/Rüllen, z (Rüllen) Hoch-, Heidemoore in der Ebene; V–VIII.
Somatochlora arctica (Zetterstedt) – **Arktische Smaragdlibelle**

5* Ob. Anh ♂ eckig, deutlich länger als unt Anh (Abb. **81**/15), ♀ OS Sgm 3 (fein oft auch Sgm 4) mit hellem Ring am HRand (wie Sgm 2, aber oft oben unterbrochen; Abb. **81**/14); knapp 5 cm; nur im höheren Geb (~>700 m), MGeb bes. in Hochmooren, Hochgeb ohne Biotoppräferenz (oft mit *Ae. caerulea*); V–VIII.
Somatochlora alpestris (Selys) – **Alpen-Smaragdlibelle**

Familie *Libellulidae* – Segellibellen

Mittelgroße bis kleine Großlibellen mit relativ kurzem Hlb. ♂ mit gerundeter HFl-Basis (eckige HFlBasis ♂ beim Zweifleck *Epitheca*, eine Falkenlibelle ohne met Färbung ähnlich Vierfleck, daher hier eingeordnet), ♂ oft farbenprächtig (hellblau bereift bzw. rot, ♀ meist bräunlich mit reduziertem Legeapp.: Abb. **83**/4–6), Eier werden (bei *Sympetrum* im Tandem, sonst oft mit „bewachendem" ♂) aus der Luft abgeworfen od. an der Wasseroberfläche abgestreift; Ansitzjagd. Die kleineren Formen syntop oft arten- u. individuenreich, manchmal regelrecht in Wolken an offenen Flachwasserzonen (*Sympetrum*) od. (*Leucorrhinia*) in Mooren.

1 HFlBasis mit dkl Fleck (reicht über ≥ $^1/_3$ der FlBreite) **2**

1* HFlBasis klar od. mit gelbem Fleck **10**

2 VFlBasis mit längs gerichtetem dkl Fleck, ≥ 12 Anq im VFl, Hlb ♂ ad leuchtend hellblau bereift (in Eur noch vielfach zur Gattung *Libellula* gestellt) **3**

2* VFlBasis klar od. mit gelbem Fleck od. ≤ 8 Anq im VFl **4**

3 FlBasisflecke groß, stehen unter ca. 6 Anq; Hlb breit abgeflacht (Sgm 3–5 fast 3-mal so breit wie lg), SgmSRand mit gelber Mondzg, die auch bei bereiften ♂ ad meist durchschimmert; 4–5 cm; v, bes. an offenen Tümpeln; V–A VIII.
Platetrum depressum (L.) – **Plattbauch**

3* FlBasisflecke klein, unter ca. 3 Anq, im VFl nur zw 2 Längsadern, Bereifung ♂ ad im Bereich Segm 4–6 seitlich (von cop) ± abgewischt, ♀ oft, ♂ s mit kleinem dkl Fleck an der Fl-Spitze, Körper juv einzigartig leuchtend braunorange; 4$^1/_2$ cm; ± s an Carbonat-Riedbächen, Flussauen, auch Seen, bes. NO, VorAlp, Oberrhein; V–VII.
Ladona fulva (Müller) – **Spitzenfleck**

4 **(2)** HFlBasisfleck groß (erreicht FlDreieck), ♂ u. ♀ gleich gefärbt: Br ± braun, Hlb vorn braun, hinten schwarz, ≥ 4$^1/_2$ cm **5**

4* HFlBasisfleck klein (reicht nur ca. halbe Strecke bis FlDreieck), Körper schwarz mit gelben (♀, juv) od. (♂ ad) mit roten Flecken od. nahe Hlb-Basis mit dünner heller Bereifung, Gesicht hell/weiß, < 4$^1/_2$ cm, meist in Mooren (Gattung *Leucorrhinia* – **Moosjungfern**) **6**

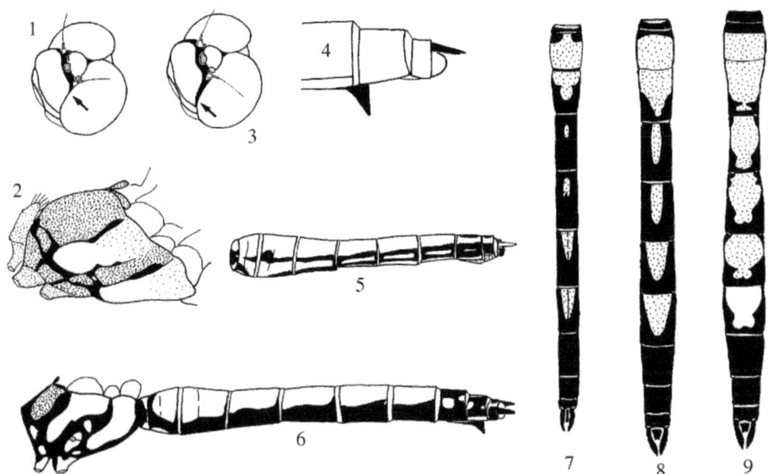

Abb. 83/1–6 Heidelibellen u. **7–9** Moosjungfern. **1, 2** Zg Kopf (Oc punktiert) u. Br-S von *Sympetrum striolatum*; **3, 4** Zg Kopf u. Legeklappe ♀ (diese u. Anh = Cerci schwarz) von *S. vulgatum*; Zg S Hlb ♀ von **5** *S. flaveolum* u. **6** *S. danae*; Zg OS Hlb ♂ von **7** *Leucorrhinia dubia*, **8** *L. rubicunda* u. **9** *L. pectoralis*.

5 Fl am Knoten mit dkl Fleck (FlSchwärzung s auch unter FlMal), VFl ≥ 12 Anq, OS Sgm 2–5 rein braun, meiste Sgm am SRand mit gelbem Mondfleck, Au braun; um $4^1/_2$ cm; v an Riedgewässern; V–VIII. *Libellula quadrimaculata* L. – **Vierfleck**

5* VFl ohne dkl Flecken (außer FlMal), <10 Anq, OS Hlb mit schwarzem Band nach vorn bis Sgm 3, nur Sgm 2 ganz braun, Au ♂ ad ± met grün schillernd (Falken-, keine Segellibelle); fliegt ausdauernd über offenem Wasser/Schwimmblattzone, Eipaket quillt im Wasser absinkend zu Schnur auf, heftet sich an Pfl an; groß: $5^1/_2$–$6^1/_2$ cm; kontinental, aktuell außer NO sehr s an Auengewässern, Altarmen (z.B. M-Elbe), Klarwasserseen (bes. NO), typisch mit Teichrosen vor Uferbäumen; V–M VI. *Epitheca bimaculata* (CHARPENTIER) – **Zweifleck**

6 **(4)** Ob. Anh weiß, Hlb ♂ ad einfarbig schwarz, Basis hell bereift, Schwimmblattzone (Wald-) Moorseen, Altarme **7**

6* Ob. Anh schwarz wie unt Anh ♂, OS Hlb ♂ ad Sgm 2–6 (oft auch 7) rot(braun) gefleckt (Abb. **83**/7–9), Heide-, Ried-/Hochmoorweiher **(./. ♀)** **8**

7 Hlb am E verbreitert (max. Breite Sgm 7), ♂ ad FlMal OS weiß; $3^1/_2$ cm; sehr s, bes. Altarme u. ä.; V–VII. *Leucorrhinia caudalis* (CHARPENTIER) – **Zierliche Moosjungfer**

7* Hlb zylindrisch (größte Breite Sgm 2), FlMal ♂ ad (wie ♀ beider Arten) beidseitig dkl; knapp 4 cm; sehr s an Moorseen (bes. NO, BY); VI–VIII. *Leucorrhinia albifrons* (BURMEISTER) – **Östliche Moosjungfer**

8 **(6)** ♂ ad HlbFlecken groß, Fleck auf Sgm 7 leuchtend zitronengelb (oft auch bei ♀ heller, Abb. **83**/9); ca. 4 cm; z, bes. ± mesotrophe Waldmoore; V–VII. *Leucorrhinia pectoralis* (CHARPENTIER) – **Große Moosjungfer**

8* ♂ ad HlbFlecken kleiner, alle rot/rotbraun (bei ♀ alle gelb, selten rötlich) **9**

9 ♂ ad FlMal hell rotbraun, HlbFlecken größer, reichen typisch auf Sgm 4 knapp, auf Segm 5 gut über die halbe SgmLg (Abb. **83**/8); ca. 4 cm; S s, N v Heideweiher, Zwischen- u. Hochmoore; E IV–M VII. *Leucorrhinia rubicunda* (L.) – **Nordische Moosjungfer**

9* ♂ ad FlMal dkl, HlbFlecken Sgm 4/5 bes. klein, manchmal nur punktförmig, reichen nicht über die halbe SgmLg (Abb. **83**/7); knapp 4 cm; z: Ebene bis HochGeb g in

Stillw. mit flutenden Torfmoos-Rasen („Hochmoore"); V–VIII.
Leucorrhinia dubia (Vander Linden) – **Kleine Moosjungfer**

10 **(1)** VFl > 11 Anq, auch die letzte bis zur 3. Längsader durchgehend (Abb. **70**/4), FlBasis klar, ♂ ad Hlb hellblau bereift; (Gattung *Orthetrum* – **Blaupfeile**) **11**

10* VFl <10 Anq od. FlBasis mit gelbem Fleck, die letzte Anq reicht nur bis 2. Längsader, ♂ ad Hlb rot od. schwarz, nicht hellblau bereift **14**

11 FlMal schwarzbraun **12**

11* FlMal gelb-hellbraun (**./.** ♀) **13**

12 Ob. Anh ganz schwarz, Gesicht ♂ düster grünlich; 5 cm; v Seen, Flüsse, Kanäle; E V–M IX. *Orthetrum cancellatum* (L.) – **Großer Blaupfeil**

12* Ob. Anh weiß od. weiß gefleckt, Gesicht ♂ weiß; knapp 5 cm; sehr s im S (bes. Neusiedler See/ÖS); VI–VIII. *Orthetrum albistylum* (Selys) – **Östlicher Blaupfeil**

13 **(11)** ♂ Br dunkel, meistens kaum bereift, Gesicht grünlich; gut 4 cm; s an Gräben/Bächen (auch Hochmoor), nicht NO; V–VIII.
Orthetrum coerulescens (Fabricius) – **Kleiner Blaupfeil**

13* ♂ Br dicht hellblau bereift, Gesicht weiß; gut 4 cm; s (bes. S) an gut besonnten Rinnsalen/Gräben, an Flüssen (bei uns) durchziehend; VI–VIII.
Orthetrum brunneum (Fonscolombe) – **Südlicher Blaupfeil**

14 **(10)** ♂ ad ganz schwarz; juv ♂ + ♀ BrS gelb mit breit geschwärzter Schulter- u. MNaht, HlbS in der unteren Hälfte schwarz (Abb. **83**/6), gelbe Partien bei alten ♀ ± verdunkelnd; im Gebiet kleinste Großlibelle $2^{1}/_{2}$–$3^{1}/_{2}$ cm; v, g in Mooren, VII–X.
Sympetrum danae (Sulzer) – **Schwarze Heidelibelle**

14* Hlb ♂ ad rot, MNaht BrS nicht od. nur schmal geschwärzt (Abb. **83**/2), S Hlb ♀ höchstens mit dkl Linien (Abb. **83**/5), nicht die untere Hälfte durchgehend dkl **15**

15 Meist 11–12 Anq im VFl, VFlBasis mit kleinem, HFlBasis mit großem gelbem Basisfleck (bis FlDreieck), Hlb verbreitert (ca 4 mm breit), B einfarbig mittelbraun, Eiabl mit bewachendem ♂; 4–$4^{1}/_{2}$ cm; jetzt v im S/W (s im N), oft an Kiesgruben, meist Wanderer (bodenständig z. B. Oberrhein, Neusiedler See/ÖS); im Gebiet VII–VIII.
Crocothemis erythraea Brullé – **Feuerlibelle**

15* <10, meist 7–8 Anq im VFl, B mit hellen Längsstreifen od. schwarz, selten braun, Eiabl. typisch im Tandem (Gattung *Sympetrum* – **Heidelibellen**) **16**

16 HFlBasis mit gelbem Fleck (bei ♂ mind über die halbe Flbreite u. halbe Strecke bis FlMal); ♀ mit 1–2 schwarzen Längsstreifen an der gelben HlbS (Abb. **83**/5) **17**

16* Fl ohne gelbe Flecken (höchstens Aderansatz mit winzigem gelbrotem Fleck), HlbS ♀ höchstens an der SgmKante durchgehend geschwärzt **18**

17 Gelber Fleck an der HFlBasis erreicht kaum FlDreieck, VFl ohne gelben Basisfleck, ♂ alle FlVRandadern bis Knoten auffallend gelb/rot, nur Sgm 8+9 UKante breit geschwärzt, Au unten ± blau; 4 cm; ± s Vermehrungsgast mit Frühjahrs- u. Sommer-Gen V–VII; VIII–X: einzige Heidelibelle mit roten ♂ schon im Frühj.
Sympetrum (*Tarnetrum*) *fonscolombii* (Selys) – **Frühe Heidelibelle**

17* Gelber HFlBasisfleck bei ♂ über volle FlBreite u. bis jenseits FlDreieck, oft auch VFl mit gelbem Basisfleck, bei ♀ gelbe Flecken oft bis Knoten, manchmal ganz fehlend; FlVRandadern z. T. gelb, z. T. schwarz, nicht rot; ♂ Sgm 3–9 UKante durchgehend breit geschwärzt; Au ohne Blau; $3^{1}/_{2}$ cm; v, offene Sümpfe, Tümpel, nicht über offenem Wasser, nur in manchen J g u. Schlüpfen (Wanderer); E VI–IX.
Sympetrum flaveolum (L.) – **Gefleckte Heidelibelle**

18 **(16)** Breite braune Flquerbinde am FlMal; 3 cm; im S z, sonst s Ried-/Auenart, auch besonnte Gräben; Wanderer, Pionierart; M VII–X.
Sympetrum pedemontanum (Allioni) – **Gebänderte Heidelibelle**

18* Fl klar (bis auf FlMal) **19**

19 B schwarz ohne helle Längsstreifen **20**

19* B mit hellen Längsstreifen (können zum Herbst hin verdunkeln) od. braun **21**

20 Alle FlAdern schwarz, Hlb ♂ in der M verschmälert, tief rot, SKante ♂, ♀ schwarz, ♂ Gesicht rot; $3^{1}/_{2}$ cm; v, Eiabl meist über rasigem Ufer, kaum über Wasser; E VI–IX.
Sympetrum sanguineum (Müller) – **Blutrote Heidelibelle**

20* FlVRandader gelblich, Gesicht gelblich/weiß, ♂ Hlb ~ gleich breit (größte Breite Sgm 6/7), abgeplattet, juv. SKante Sgm 4–7 hellorange, darüber (wie ♀) mit dkl Tropfenflecken, (Tandem schon morgens, cop mittags, Eiabl. im Wasserried); $3^1/_2$ cm; z (bes. hochsommertrockene Rieder Oberrhein, VorAlp, im NW an Karpfenanzuchtteichen); VII–X. *Sympetrum depressiusculum* (SELYS) – **Sumpf-Heidelibelle**

21 **(19)** Schwarze Stirnlinie läuft noch an den Au herab (Abb. **83**/3), BrSeiten ♂ ad einfarbig dklbraun (Nähte schwarz), Legeklappe ♀ steht ab (Abb. **83**/4); knapp 4 cm; v (bes. N, Geb, Moore); VII–X. *Sympetrum vulgatum* (L.) – **Gemeine Heidelibelle**

21* Schwarze Stirnlinie endet an den Au (Abb. **83**/1), Legeklappe ♀ anliegend (ähnlich Abb. **83**/5) **22**

22 BrSNähte auf voller Lg geschwärzt, Br mit 2 hellen SBinden (Abb. **83**/2), aber X/XI von oben her verdunkelnd; gut 4 cm; v SW, s im N, Geb (im N bes. Kiesgruben, Flachweiher), VI–X. *Sympetrum striolatum* (CHARPENTIER) – **Große Heidelibelle**

22* BrSNähte nur am FlAnsatz geschwärzt, BrS einfarbig braun; B oft braun; knapp 4 cm; medit, s, bes. S (z. B. Neusiedler See/ÖS), SW, Wanderer; VII–X.
Sympetrum meridionale SELYS – **Südliche Heidelibelle**

Literatur

AGUILAR, J. & DOMMANGET, J.-L. (1998): Guide des Libellules d'Europe et d'Afrique du Nord. – 2. Aufl. Paris.

ASKEW, R. (2004): The dragonflies of Europe. 2. Aufl. – Colchester/UK.

BELLMANN, H. (2007): Der Kosmos Libellenführer. – Franckh/Kosmos, Stuttgart.

BROCKHAUS, T. & FISCHER, U. (Hrsg., 2005): Die Libellenfauna Sachsens. – Natur & Text, Rangsdorf.

CORBET, P. (1999): Dragonflies. Behaviour and Ecology of Odonata. – 2. Aufl. Martins/UK.

DIJKSTRA, K. (Ed., 2007): Field Guide to the Dragonflies of Britain and Europe. – British Wildlife Publishing, Gillingham, UK.

DIJKSTRA, K., KALKMAN, V., KETELAAR, R. & V. D. WEIDE, M. (Red., 2002): De Nederlandse Libellen (Odonata). – NL Fauna 4. – Nat. Natuurhist Mus Naturalis, Leiden, NL.

FLIEDNER, H. (1997): Die Bedeutung der wissenschaftlichen Namen europäischer Libellen. – Libellula (GdO), Suppl. 1. – Mönchengladbach.

GRAND, D. & BOUDOT, J. (2006): Les Libellules de France, Belgique et Luxembourg. – Biotope, Mèze, F.

KNIJF, G. DE, ANSELIN, A., GOFFART, P. & TAILLY, M. (Red., 2006): De Libellen (Odonata) van Belgie. – Libellenwerkgroep Gomphus, Natuurpunt, Mechelen, B.

KUHN, K. & BURBACH, K. (Bearb.) (1998): Libellen in Bayern. – Stuttgart.

KUNZ, B. & MARTENS, A. (Red., 2006): Die Libellen Baden-Württembergs. Ergänzungsband. – Libellula, Suppl. 7. – GdO, Börnsen.

LANDMANN, A., LEHMANN, G., MUNGENAST, F. & SONNTAG, H. (2005): Die Libellen Tirols. – Berenkamp, Innsbruck.

LEHMANN, A. & NÜSS, J. (1998): Libellen. – DJN, 5. Aufl., Hamburg.

MAIBACH, A. & MEIER, C. (1987): Verbreitungsatlas der Libellen der Schweiz (Odonata). – Neuchâchtel.

MÜLLER, J. & SCHORR, M. (2001): Verzeichnis der Libellen (Odonata) Deutschlands. – In: KLAUSNITZER, B. (Hrsg.): Entomofauna Germanica. Band 5. – Entomologische Nachrichten und Berichte, Beiheft 6: 9–44. Dresden.

NIELSEN, O. (1998): De danske guldsmede. – Danmarks Dyreliv 8. – Apollo, Stenstrup, Dk.

RAAB, R., CHOVANEC, A. & PENNERSTORFER, J. (2006): Libellen Österreichs. – Umweltbundesamt, Wien; Springer, Wien.

SCHMIDT, EB. (1991): Das Nischenkonzept für die Bioindikation am Beispiel Libellen. – Beitr. Landespflege Rheinland-Pfalz 14: 95–117.

SCHMIDT, EB. (1996): Ökosystem See. Bd. 1: Der Uferbereich des Sees. – 5. Aufl., Wiesbaden.

SCHMIDT, EB. (2001): Strittige systematische Fragen auf Gattungsniveau bei mitteleuropäischen Libellen (Odonata). – Abhandlungen und Berichte des Naturkundemuseums Görlitz 73 (1): 69–77.

SCHMIDT, ER. (1929): Libellen, Odonata. – In: BROHMER, EHRMANN, ULMER: Tierwelt Mitteleuropas, Bd. IV, Leipzig.

STERNBERG, K. & BUCHWALD, R. (Hrsg., 1999, 2000): Die Libellen Baden-Württembergs. 2 Bände. – Stuttgart.

WILDERMUTH, H., GONSETH, Y. & MAIBACH, A. (Hrsg., 2005): Odonata.

XYLANDER, W. E. R. & GÜNTHER, K. K. (2003): 7. Ordnung Odonata, Libellen. – In: DATHE, H. H. (Hrsg.): Lehrbuch der Speziellen Zoologie, Band I: Wirbellose Tiere, 5. Teil: Insecta, 2. Auflage. – Spektrum Akademischer Verlag Heidelberg, Berlin: 121–142.

ZIMMERMANN, W., PETZOLD, F. & FRITZLAR, F. (2005): Verbreitungsatlas der Libellen (Odonata) im Freistaat Thüringen. – Naturschutzreport 22, Jena.

Odonata – Libellen (Exuvien)

Bernd Gerken & Klaus Sternberg, Einführung Eberhard G. Schmidt

G: Larven mit Schreit- od. Grabbeinen. Hlb ± langgestreckt, bei Zygoptera zylindrisch (Abb. **86**/1): Sternite wie die Tergite spangenförmig, stoßen seitlich mit einer Naht aneinander (Abb. **89**/3). Hlb bei Anisoptera ventral ± abgeflacht, oft verbreitert (dann breiter als der Kopf). Die spangenförmigen Tergite bilden eine ± deutliche Seitenkante (Abb. **86**/2–3, **91**/2, **95**/2) gegen die quer (parallel zum Substrat) liegenden Pleuren; diese sind mit einer Naht gegen die flach gewölbten Tergite abgesetzt (Abb. **98**/1, 2). Die Larven der Anisopteren haben oft artspezifische dorsale od. laterale Dornen am Hlb (Abb. **86**/2, **95**/2, **97**/3–6). An Segm 1–9 bei unseren Libellenarten keine Anhänge (Anh, z.B. dort keine Tracheenkiemen). An Segm. 10 (letztes sichtbares Segm, kürzer als die vorangehenden) 5 nach hinten gerichtete Anh. (Abb. **86**/1–2, **94**/1–2), etwa gleich groß sind ein oberer (Epiprokt) u. zwei untere (Paraprokte), dazwischen stehen die deutlich kleineren (bei Zygopteren oft winzigen) spitz kegelförmigen Cerci (eigentlich Cercoide, da sie dem 10. u. nicht dem reduzierten 11. Segment zugeordnet werden). Die 3 Prokte sind Auswüchse der Afterklappen (bzw. Telson-Rest), bei Zygopteren langgestreckt blattförmig mit verzweigten Tracheen

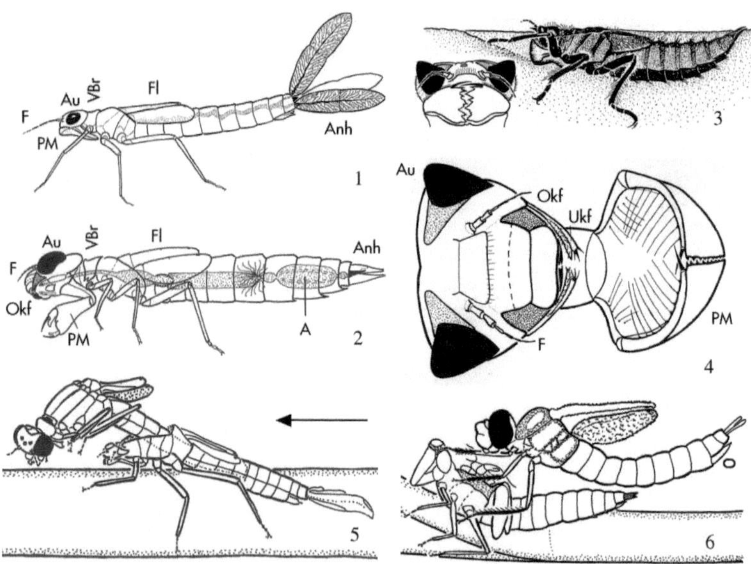

Abb. 86/1–6. 1 Zygopteren-Larve (*Coenagrion*) mit drei blattförmigen Prokten u. kaum erkennbaren Cerci. **2** *Aeshna*-Larve mit abgestellter Ul u. eingezeichnetem Darm, Enddarm als Atemkammer A. **3** *Cordulegaster*-Larve flach im Substrat eingegraben, daneben Gesicht von vorn, unten verdeckt von baggerschaufelförmigen, stark gezähnten Sl. **4** Ähnliche Fangmaske von Libelluliden (abgestellt, hier *Cordulia*), die Dornen auf dem Sl bilden eine Reuse. **5, 6** Schlüpfen bei Zygopteren (*Coenagrion*) u. Anisopteren (*Aeshna*), Schlüpfspalt u. Verformungen der Exuvien sind zu erkennen (im Bild vertikale Substrate entsprechend Pfeilrichtung).

(Caudallamellen als Tracheenkiemen, zugleich als Ruderplättchen vor allem beim Fluchtschwimmen: Abb. **86**/1, **89**/1–2, **91**/1), nur bei *Calopteryx* (im O_2-reichen Fließwasser) schmal dreikantig ohne deutliche Tracheen. Bei Anisopteren bilden die 5 Anh. zusammen die Analpyramide (bei Aeshniden, *Cordulegaster* als Wehrstachel; Abb. **91**/2, **94**/1–2, **97**/3–6). Bei ♀ der Zygoptera u. Aeshnidae Anlage des orthopteroiden Legeapp. an US Segm 9 (Abb. **89**/4, sonst nur kleine Eindrücke an US Segm. 9: Abb. **97**/7c), bei ♂ paarige Eindrücke (Anisoptera) od. Fortsätze (Zygoptera) an US Segm. 9 (spätere Genital-Öffnung: Abb. **90**/4, **97**/7a), Eindrücke auch an US Segm. 2/3 (späterer sekundärer Begattungs-App.: Abb. **89**/5, **90**/5, **97**/7b). Thorax mit Flügelanlagen (Fl, erreichen im letzten Stadium Segm. 4). Kopf mit ± kurzen Fühlern u. unterschiedlich großen Facettenaugen. Ul zu einzigartigem Fangapparat („Fangmaske" i. w. S., Synapomorphie, die Monophylie der Odonaten stützend) umgebildet (Abb. **86**/2, 4, **90**/8): Langes, in Ruhe nach hinten gerichtetes Grundglied (Sub- = Postmentum) u. etwa gleich langes, in Ruhe nach vorn gerichtetes Endglied (PM: Praementum od. kurz Mentum), dieses mit 2 platten- od. baggerschaufelartigen Seitenlappen Sl (Grundglied UlTst.) als Greiforgan („Fangmaske" i. e. S.), am distalen Rand oft mit Kerben od. Zähnen (Abb. **86**/4, **89**/7, **90**/6–9, **95**/1, **96**/ 4–6, **97**/1–2). Die Sl verdecken in Ruhelage ± das Gesicht („Maske"). Endglied UlTst. als beweglicher Dorn (D, Abb. **86**/4, **97**/1–2), D als großer Greifhaken z. B. bei Zygoptera, Aeshniden (Abb. **86**/2, **89**/7, **92**/1). Wichtig zum Bestimmen ist eine quere Borstenreihe im vorderen Teil von PM (dorsal) u. die Borstenreihe auf der (verstärkten) Oberkante Sl (Abb. **86**/4, **89**/6, **92**/1, **96**/5–6, **97**/1–2).

B: Die Libellenlarven lauern an der Vegetation (bzw. auf dem Substrat) od. ± in dem Feingrund vergraben auf ihre Beute (wie *Tubifex*-Würmer, Wasserflöhe, Flohkrebse, Wasserasseln, Insektenlarven). Deren Bewegung wird tags maßgeblich optisch (typisch für *Aeshna*), nachts generell mechanisch (über die Strömungsmuster mit den Fühlern bzw. Sensoren auf den Vorderbeinen) wahrgenommen u. geortet. Die Larve stellt sich auf die Beute ein (typisch für Aeshniden), packt sie mit Fangmaskenschlag u. verzehrt sie dann; Libelluloidea mit baggerschaufelartigem PM/Sl können auch nach schräg seitlich u. oben, im Schlamm auch „blind" zuschlagen: Die Beute ist dann in der Borsten-Reuse (Abb. **86**/4) gefangen. Die Fangeffektivität der Libellenlarven ist deutlich geringer als die von Fischen, Kleinfische (wie Moderlieschen) können beispielsweise die großen Wasserflöhe, eine gute Beute für fast alle Libellenlarven, eliminieren. Fische verändern daher das Libellen-Artenspektrum vor allem als überlegene Nahrungskonkurrenten. Besonders betroffen sind spezialisierte Wasserfloh-Fänger (wie die *Lestes*-Larven). Vor Feinden schützt das Verstecken in der Vegetation (Tarnung durch morphologischen Farbwechsel: Anpassung an den Untergrund bei den Häutungen) od. das Vergraben (wie bei Gomphiden, *Platetrum*, *Orthetrum*) mit Haarkleid als Schlammfänger; bei hoher Fischdichte werden von adaptierten Arten auffällige Bewegungen eingeschränkt. Libellenlarven atmen mit der Haut (maßgeblich für die kleinen Stadien), als Tracheenkiemen fungieren die Flügelscheiden (Tracheen-Muster ähnelt der späteren Aderung, deckt aber besser die Fläche ab) neben den Prokten der Zygopteren. Hinzu kommt eine Enddarm-Atmung (verbunden mit Osmoregulation), bei Anisopteren mit perfektionierter Ventilation, sie können das Atemwasser ruckartig ausstoßen: Rückstoß-Schwimmen (vor allem als Fluchtschwimmen). Effektive Schwimmer gibt es bei Libellenlarven nicht. *Lestes*-Larven können jedoch (wie Laubfrosch- od. Kammolchlarven) im Wasser schweben u. dabei Wasserflöhe fangen. Libellen haben zumeist 10–15 Stadien (einschließlich der Vorlarve), die Entwicklung dauert 1–2 Monate (wie bei Lestiden, *Sympetrum*) bis zu mehreren Jahren (wie bei *Cordulegaster*), die meisten Arten sind univoltin. Zwei Generationen im Jahr sind (bei passender Witterung) typisch für *Sympetrum fonscolombii* u. *Ischnura*. Eine Reihe von Arten überwintert obligat im letzten Stadium (mit Diapause) u. schlüpft im Frühjahr (EIV–AV; typisch für *Pyrrhosoma* od. *Anax imperator*). Die Hochsommerarten überwintern oft im Eistadium (bei *Chalcolestes* in Rindengallen der Ufergehölze).

Libellenlarven sind spannende Tiere für das Heimataquarium u. für Schulversuche. Leider stehen alle Arten, auch Arten, die selbst an Gartenteichen häufig sind (wie

Coenagrion puella, Aeshna cyanea, Libellula), unter strengem Artenschutz u. dürfen daher (ohne behördliche Sondererlaubnis) auch nicht vorübergehend entnommen werden. Das kriminalisiert schon das didaktisch wertvolle „Tümpeln" am Ufer von Stillgewässern mit hoher Dichte von Libellenlarven. Dem wird hier dadurch Rechnung getragen, dass der Bestimmungsschlüssel auf die beim Schlüpfen zurück gelassenen leeren Larvenhäute (Exuvien) abgestellt worden ist. Ihr Sammeln ist zulässig. Überdies können die Larvenhäute tagelang (unter günstigen Bedingungen sogar wochenlang) auffällig an der Ufervegetation hängen bleiben, sie sind also auch bei schlechtem Wetter zugänglich. Exuvien sind Belege für die Entwicklung der Art an der Fundstelle. Quantitatives Sammeln kann also für Populationsstudien (an offenen, übersichtlichen Uferbereichen, auch an Vegetationsschneisen, bei Bächen an Brücken) genutzt werden. In dichter Ufervegetation (insbesondere in Großstauden-Riedern, Röhrichten od. auf ausgedehnten Tauch- u. Schwimmblattrasen) können Exuvien jedoch leicht übersehen werden, Vertrittschäden sind zu bedenken.
Exuvien sind oft verformt, schon durch den Schlüpfspalt an Kopf u. Brust. Exuvien sind überdies empfindlicher als Larven. Für das Bestimmen von Zygopteren sind die Paraprokte wichtig. Einer der beiden reicht. Die Prokte sind jedoch oft zerknautscht (Abb. **86**/5). Der besser erhaltene Paraprokt wird dann auf einem Deckgläschen geweicht (ca. 5 min lang, dazu einen Wassertropfen mit einem Pinsel aufbringen) u. mit dem Pinsel in die alte Form gebracht. Die Ul ist (ebenfalls nach Weichen) abzustellen, damit die Beborstung zu sehen ist. Günstig ist es, die Exuvien durch die rechte Flügelscheiden zu nadeln od. in der Hinterleibs-Mitte auf einen schmalen Karton aufzukleben, dann den Karton zu nadeln. Diese Präparate sind in Insektenkästen (es reichen auch Pappschachteln mit eingelegtem Styropor-Boden) aufzubewahren. Die Gestalts-Typen sind dann übersichtlich. Am einfachsten ist jedoch die Aufbewahrung der trockenen Exuvien in Plastikdöschen. Genaue Daten zum Fundort u. das Funddatum sind unabdingbar. Exuvien, die schon länger hängen, werden gern von Spinnen bezogen. Sie verlassen im Sammelgefäß oft nachts die Exuvie u. können dann entfernt werden.
Die KörperLg wird hier bei Anisopteren u. *Calopteryx* von VRand des Kopfes (ohne F, Fangmaske in Ruhestellung) bis zur Spitze der HlbAnh (Analpyramide der Anisopteren gemessen, bei Zygopteren (außer *Calopteryx*) jedoch nur zum Ansatz der Prokte, da diese oft verkrellt sind, auch ganz fehlen können.
Spezifische Abkürzungen: Fl: Flügelanlagen (statt Flügel) der Larve/Exuvie, PM Prae- = Postmentum (Endglied Ul), Sl Seitenlappen PM (Grundglied UlTst.) mit beweglichem Dorn D am Ende der Oberkante (Endglied Ul), HlbAnh Hinterleibs-Anhänge (3 größere Prokte u. 2 Cerci).

1 Prokte ± zart blattartig od. dreikantig (*Calopteryx*), länger als Segm 7–10 zusammen, (Abb. **89**/1, 2, **91**/1), können aber bei Exuvien verkrellen (Abb. **86**/5), auch fehlen; Exuvien lggesteckt, Hlb zylindrisch (± drehrund, bei Exuvien z. T. geschrumpft), Tergite u. Sternite stoßen seitlich direkt an einander; Kopf (außer *Calopteryx*) deutlich breiter als der Körper. Unterordnung Zygoptera – **Kleinlibellen** S. 88

1* Prokte stabil stift- od. kegelförmig, deutlich kürzer als Segm. 8–10 zusammen, bilden mit den kürzeren Cerci die Analpyramide (Abb. **91**/2, **94**/1–2, **97**/3–6); Hlb Exuvien ventral abgeflacht, mit Naht zwischen den plattenförmigen Pleuren u. dem flachgewölbten Sternit; Hlb oft verbreitert, dann viel breiter als der Kopf
Unterordnung Anisoptera – **Großlibellen** S. 92

Unterordnung *Zygoptera* – Kleinlibellen

1 1. FGld so lg wie od. länger als die anderen sechs zusammen. PM mit rautenförmigem MFenster. Prokte schmal, dreikantig.
Familie *Calopterygidae* – **Prachtlibellen** S. 89

1* 1. FGld das kürzeste von allen. PM ohne MFenster. Prokte breit blattförmig, mit Tracheen (Abb. **89**/2) **2**

2 SL u. dessen beweglicher Dorn mit Bo. SL am distalen Rand durch tiefen Einschnitt in einen oberen (= SL-Außenast) u. einen unteren Haken (SL-Innenast) gegld (Abb. **89**/7). In der M des distalen PM-Randes ein schlitzartiger, kurzer Einschnitt. Prokte aus einem Teil bestehend u. distal abgerundet od. stumpf (Abb. **89**/1). STracheen in ± rechtem Winkel von der Haupttrachee abzweigend, wenige weitere Verzweigungen erst kurz vor dem Rand (Abb. **91**/2).
Familie *Lestidae* – **Binsen- u. Weidenjungfern** sowie **Winterlibellen** S. 90

2* Nur der SL trägt Bo, der bewegliche Zahn ist borstenlos; Einschnitt am distalen Rand des SL viel weniger tief, so dass der obere Haken nur klein ist. Distaler Rand des PM ohne Schlitz in der M. Prokte am E zugespitzt od. gerundet. Eine feine Teilungslinie teilt die Prokte meist in einen basalen Teil mit robustem SRand u. kräftigen Dörnchen u. einen Spitzenteil, der beim Eintrocknen leicht einfaltet u. oft mit feinen, lg Haaren besetzt ist (Abb. **89**/2; **91**/6, **92**/2). STracheen von der Haupttrachee in ± spitzem Winkel abzweigend, weitere Aufspaltungen der STracheen oft schon nahe ihrer Basis **3**

3 Das PM trägt innen insgesamt 4 Bo, die auf einer einzigen Querreihe angeordnet sind, Spitze der Prokte zu einem lg Faden ausgezogen, HK eckig.
Familie *Platycnemididae* – **Federlibellen**
nur eine Art in DE: *Platycnemis pennipes* (Pallas) – **Gemeine Federlibelle**

3* Das PM trägt innen entweder nur 2 (*Ceriagrion*, Abb. **89**/6) od. > 2 Bo. Prokte nicht zu einem lg Faden ausgezogen. HK (Abb. **89**/8, links) eckig (*Ceriagrion, Pyrrhosoma*) od. rund (übrige Arten). Familie *Coenagrionidae* – **Schlanklibellen** S. 91

Familie *Calopterygidae* – Prachtlibellen

1 Pronotum dorsal mit zwei nach vorne gerichteten spitzen Forts. Spitze, lg Höcker dicht hinter dem dorsalen AuHRand (Occiput), diesen deutlich überragend (Abb. **91**/3). 1. FGld kaum länger als $^1/_2$ der Gesamtlänge des F. Lg des Epiprokt wenigs-

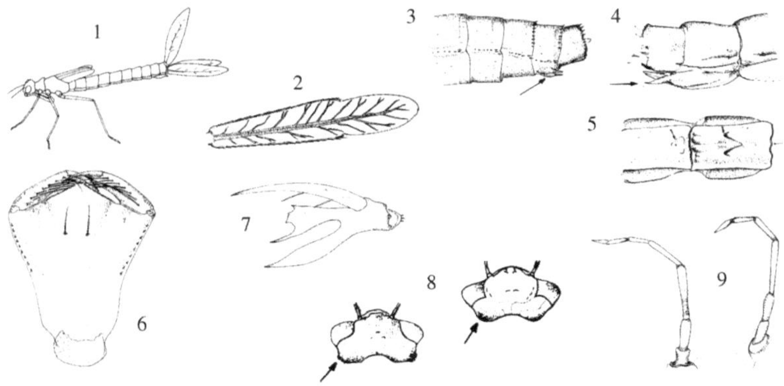

Abb. 89/1–9. Morphologische Strukturen der Exuvien von Kleinlibellen. **1** Totalansicht; **2** Paraprokt; **3** HlbE mit den Lateralkörnchen auf den Tergiträndern ventral am 9. Sgm, Fortsätze im Bereich der späteren Genitalöffnung, SAnsicht; **4** HlbE in SAnsicht mit Anlage des Legeapparats; beachte den in einer Spitze auslaufenden Stylus am distalen Rand (Pfeil); **5** HlbBasis (Segm 3+2) in Ventralansicht mit Anlage des sek. Begattungsapp.; **6** Fangmaske, Innenansicht; **7** SL Lestiden; **8** Dorsalansicht des K mit rundem bzw. eckigem Occiput (Pfeile); **9** 6- bzw. 7gld F.

tens $^3/_4$ der ParaproktLg. Paraprokte nur wenig schmaler als das Epiprokt.

Calopteryx virgo L. – **Blauflügel-Prachtlibelle**

1* Dorsale Pronotum-Forts klein bis fehlend. Dorsale Höcker am Occiput stumpf u. flach, den KHRand kaum überragend u. in deutlichem Abstand zu ihm. Lg des Epiprokt höchstens $^3/_4$ der ParaproktLg. Paraprokte deutlich schmaler als das Epiprokt.

C. splendens (Harris) – **Gebänderte Prachtlibelle**, *C. haemorrhoidalis* (Vander Linden) – **Mittelmeer-Prachtlibelle** (die Arten sind nach den Genitalarmaturen unterscheidbar)

Familie ***Lestidae*** – **Binsen- u. Weidenjungfern, Winterlibellen**

1 PM distal allmählich erweitert, keinen Stiel bildend, schmalste Stelle an der Basis (ähnlich Abb. **89**/6) **2**

1* PM gestielt, schmalste Stelle etwa in der Mitte **3**

2 Distaler Teil des SL-Außenastes stark erweitert, an seinem Rand ventral u. dorsal je ein nur abgestumpfter kurzer Zahn. Lateraldornen 9–6 kräftig, 5 kräftig od. klein. Prokte mit zwei Querbinden.

Chalcolestes viridis (Vander Linden) – **Weidenjungfer**

2* Distaler Teil des SL-Außenastes kaum erweitert, distaler Rand mit lg Zahn. Lateraldornen 9–7 kräftig, 6 klein, 5 fehlend. Prokte mit 3 Querbinden.

Sympecma – **Winterlibellen** in DE zwei schwer unterscheidbare Arten:
S. fusca (Vander Linden) – **Gemeine Winterlibelle**
S. paedisca (Brauer) – **Sibirische Winterlibelle**

3 **(1)** Ränder der Paraprokte nicht parallel, lggestreckt eiförmig (Abb. **91**/1).

Zwei sehr ähnliche Arten: *Lestes barbarus* (F.) – **Südliche Binsenjungfer**,
Lestes dryas Kirby – **Glänzende Binsenjungfer**
(die Arten sind nach den Genitalarmaturen unterscheidbar)

3* Ränder der Paraprokte ungefähr parallel **4**

4 Beweglicher Dorn des SL mit 2 Bo.

Lestes sponsa (Hansemann) – **Gemeine Binsenjungfer**

4* Beweglicher Dorn des SL mit 3 Bo.

Lestes virens (Charpentier) – **Kleine Binsenjungfer**

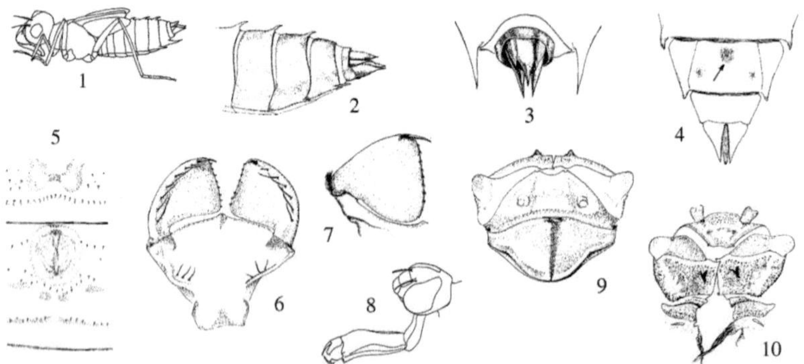

Abb. 90/1–10. Morphologische Strukturen der Exuvien von Großlibellen. **1** Totalansicht einer Libelluliden-Exuvie; **2** SAnsicht eines Hlb mit Analpyramide; **3** Analpyramide, Dorsalansicht; **4** HlbE mit männlichen Genitalstrukturen (Pfeil) (Ventral-Ansicht): der Genitalporus in der M nahe des proximalen Randes von Sgm 9 und Andeutungen (als Pigmentierung) der paarigen Valvulae beiderseits dazu; **5** Proximaler Abschnitt des Hlb mit sekundärem männlichem Geschlechtsapparat (2. u. 3. Sgm); **6** Fangmaske, Innenansicht; **7** Lbp, von vorne; **8** Ausgestreckte Fangmaske einer *Aeshnidae*; **9** Vorderansicht des K einer *Corduliidae*; **10** Dorsalansicht des K einer *Corduliidae*.

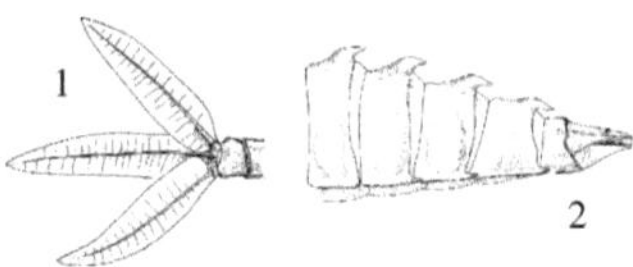

Abb. 91/1–2. 1 Prokte Lestiden; **2** Analpyramide einer Anisoptere.

Familie *Coenagrionidae* – Schlanklibellen

1 Occiput eckig (Abb. **89**/8, links) od. PM innen mit 2 Bo (Abb. **89**/6) **2**

1* Occiput gerundet (Abb. **89**/8, rechts), PM innen mit mehr als zwei Bo **3**

2 PM innen mit mehr als 2 Bo. Rand der Paraprokte gleichmäßig glatt, ohne Teilungslinie. Paraprokte breit mit dunklem, sehr variablem, meist aber X-förmigem Fleckenmuster im Spitzenteil, das ganz fehlen kann. Lg der Exuvien 13–14 mm (dazu Prokte 4,5–6 mm). *Pyrrhosoma nymphula* (Sulzer) – **Frühe Adonislibelle**

2* Paraprokte geteilt (Abb. **89**/2), Teilungslinie schräg, Basalteil mit kräftigen Bo, Spitzenteil mit feinen Haaren. Am E zugespitzt, in der M ziemlich breit. PM mit 2 Bo (Abb. **89**/6). Exuvien mit 11–12 mm relativ klein. *Ceriagrion tenellum* (de Villers) – **Späte Adonislibelle**

3 **(1)** F 6gld (Abb. **91**/4) **4**

3* F 7gld u. oft mit winzigem EGld od. 6gld, dann aber durch Einschnürung am apikalen (6.) Gld 7gld erscheinend (Abb. **91**/5) **8**

4 Exuvien mind. 18 mm. Prokte mind. 8 mm, der Spitzenteil ist bandartig pigmentiert (Abb. **91**/6). Tracheen können in den Prokten u. U. fast vollständig fehlen. *Erythromma najas* (Hansemann) – **Großes Granatauge**

4* Exuvien kürzer als 18 mm, Prokte anders **5**

5 Prokte am E zugespitzt **6**

5* Prokte am E abgerundet **7**

6 SL mit 6(–7) Bo, am Außenrand neben der distalen Bo eine kleine, dornartige Bo (Abb. **92**/1). Prokte typisch mit 2 dunklen Querstreifen, breit zugespitzt, 5,5–6 mm. Exuvien 14–18 mm. *Enallagma cyathigerum* (Charpentier) – **Becher-Azurjungfer**

6* Am Außenrand neben der distalen Bo ohne kleine, dornartige Bo. Exuvien ≤16 mm. *Coenagrion hylas* (Trybom) – **Sibirische Azurjungfer**

Exuvien < 11 mm. *Nehalennia speciosa* (Charpentier) – **Zwerglibelle**

7 **(5)** Prokte unpigmentiert, Exuvien 14–17 mm. *Coenagrion lunulatum* (Charpentier) – **Mond-Azurjungfer**

7* Prokte pigmentiert od. Teilung deutlich distal der M.
Coenagrion armatum (Charpentier) – **Hauben-Azurjungfer**
Coenagrion hastulatum (Charpentier) – **Speer-Azurjungfer**

8 **(3)** Prokte ohne od. mit undeutlicher Querteilung. Exuvien 11–15 mm **9**

8* Prokte mit deutlicher Querteilung von variabler, teils gewundener Form. **10**

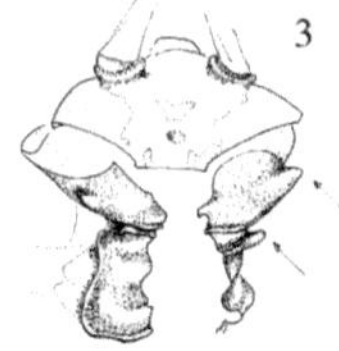

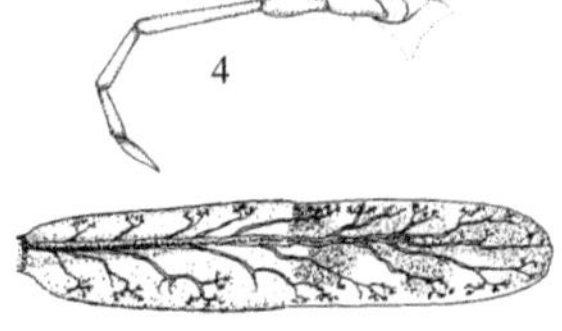

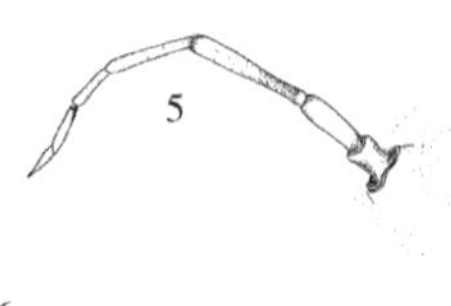

Abb. 91/3–6. 3 *Calopteryx virgo*, K mit Pronotum in Dorsalansicht; **4** 6gld F; **5** 7gld F; **6** *Erythromma najas*, Caudallamelle.

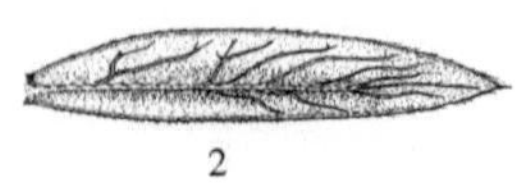

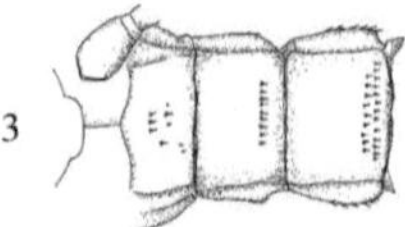

Abb. 92/1–3. 1 *Enallagma cyathigerum*, linke Innenseite des Praementum u. UlTst mit Bo sowie einer kleinen dornartigen NebenBo; **2** *Coenagrion mercuriale*, Caudallamelle; **3** *Cercion lindenii*, Metasternum des Thorax mit charakteristischer Beborstung.

9 Prokte transparent. Lateralkörnchen auf den HlbSgm nicht unterscheidbar von den borstentragenden Körnchen auf dem übrigen Integument.
Coenagrion ornatum (Sélys) – **Vogel-Azurjungfer**

9* Prokte graubraun bis rotbraun pigmentiert, die MTrachee mit ebenfalls pigmentierter, kräftiger, kurz vor der Teilung endender Beborstung (Abb. **92**/2). Lateralkante des Hlb mit kräftigen Bo, von denen des übrigen Integuments deutlich unterschieden. Lateralkörnchen meist auch bei Kalkverkrustung zu erkennen.
Coenagrion mercuriale (Charpentier) – **Helm-Azurjungfer**

10 **(8)** Metasternum mit BoHaaren (am besten an trockenen Exuvien zu erkennen, Abb. **92**/3) Basalteil der Prokte länger als der Spitzenteil, am E stumpf. MTrachee meist hellbraum pigmentiert. Exuvie (21–) 24 mm.
Cercion lindenii (Sélys) – **Pokal-Azurjungfer**

10* Metasternum ohne BoHaare u. weitere Merkmale.
Coenagrion puella (L.) – **Hufeisen-Azurjungfer**
C. pulchellum (Vander Linden) – **Fledermaus-Azurjungfer**
Erythromma viridulum (Charpentier) – **Kleines Granatauge**
Ischnura pumilio (Charpentier) – **Kleine Pechlibelle**
I. elegans (Vander Linden) – **Große Pechlibelle**

Unterordnung ***Anisoptera*** – **Großlibellen**

1 Die F bestehen aus 4 Gld, 3 davon sind relativ groß. Das 3. FGld ist im Querschnitt rund od. abgeflacht u. deutlich länger als das 1. u. 2. Gld zusammen, das 4. Gld ist meist sehr klein (Abb. **93**/1, 2). Die Füße der beiden ersten BPaare bestehen aus 2 Gld. Familie *Gomphidae* – **Flußjungfern** S. 93

1* Die F bestehen aus mindestens 6 länglichen u. im Querschnitt drehrunden Gld. Alle Füße haben 3 Gld **2**

2 PM nahezu flach (Abb. **90**/8). Körper lggestreckt; mehr als 4-mal so lg wie breit. SL nahezu rechteckig u. flach. PM innen höchstens mit sehr feinen, kleinen Börstchen.
Familie *Aeshnidae* – **Edellibellen** S. 93

2* PM schüsselförmig gewölbt (Abb. **90**/6, 9), der SL nahezu dreieckig (Abb. **90**/7). PM innen mit lg Bo **3**

3 Körper lggestreckt, Gesamtlänge mehr als 4-mal die maximale HlbBreite. Distaler Rand des SL mit unregelmäßigen, tiefen u. spitzen Zähnen.
Familie *Cordulegastridae* – **Quelljungfern** S. 94

3* Körper gedrungen (Abb. **90**/1), GesamtLg weniger als 4-mal die maximale HlbBreite (4.1). Distaler Rand des SL regelmäßig, ± tief gekerbt u. mit stumpfen Zähnchen, von denen jedes einige kurze, kräftige Bo trägt (Abb. **90**/6, 9) **4**

4 Die Cerci sind deutlich länger als $^1/_2$ der ParaproktLg. Der distale Rand der SL hat deutliche Wellenlinien. Familie *Corduliidae* – **Falkenlibellen** S. 94

4* Die Cerci sind wenig kürzer als $^1/_2$ der ParaproktLg (Abb. **90**/3). Der distale Rand der SL ist fast geradlinig od. hat meist schwach ausgebildete Wellenlinien (Abb. **97**/1, bei *Libellula* deutlich ausgebildet). Familie *Libellulidae* – **Segellibellen** S. 95

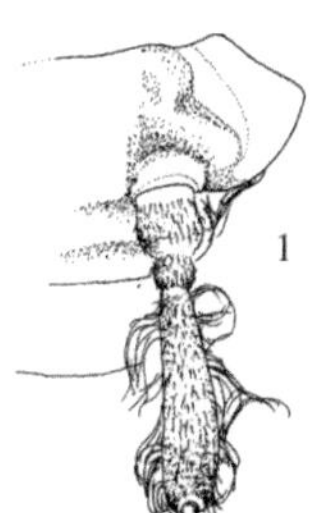

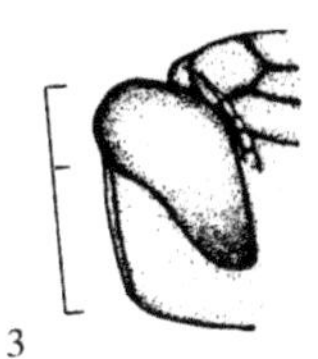
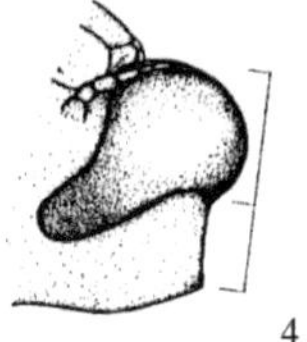

Abb. 93/1–4. 1 *Gomphidae*, F; **2** *Onychogomphus forcipatus*, F; **3** *Brachytron pratense*, K, Dorsalansicht. AuDurchmesser (d) < lateraler KHinter-Rand (l); **4** K, Dorsalansicht. AuDurchmesser (d) >= KSRand (l).

Familie *Gomphidae* – Flußjungfern

1 3. FGld 3–4 mal länger als breit (Abb. **93**/1). Mediodorsaldornen fehlen **2**
1* 3. FGld nur 2–3 mal länger als breit, immer deutlich breiter als das 2. (Abb. **93**/2). Immer ± gut ausgebildete Mediodorsaldornen vorhanden **5**
2 9. HlbSgm auffallend schmal u. lggestreckt, sein Sternit so lg wie breit od. länger, Sternit von Sgm 10 nahezu quadratisch **3**
2* Sternite des 9. u. 10. HlbSgm kürzer als breit **4**
3 VSchienen kaum dornartig verlängert, Lateraldornen auf Sgm 6.
Stylurus flavipes (CHARPENTIER) – **Asiatische Keiljungfer**
3* VSchienen deutlich dornartig verlängert, Lateraldornen an Sgm 7–9.
Gomphus pulchellus SÉLYS – **Westliche Keiljungfer**
4 **(2)** Lateraldornen an Sgm 6–9. *Gomphus vulgatissimus* (L.) – **Gemeine Keiljungfer**
4* Lateraldornen an Sgm 7–9. *Gomphus simillimus* SÉLYS – **Gelbe Keiljungfer**
5 **(1)** Exuvien länger als 29 mm. *Ophiogomphus cecilia* (FOURCROY) – **Grüne Keiljungfer**
5* Exuvien meist unter 26 mm lg **6**
6 Mediodorsale Höcker gut ausgeprägt, stumpfe Zähne bildend, Lateraldornen am 8.–9. Sgm. *Onychogomphus uncatus* (CHARPENTIER) – **Große Zangenlibelle**
6* Mediodorsale Höcker klein, Lateraldornen am 6.–9. Sgm.
Onychogomphus forcipatus (L.) – **Kleine Zangenlibelle**

Familie *Aeshnidae* – Edellibellen

1 Au klein (Abb. **93**/3), PM kurz, kaum länger als breit.
Brachytron pratense (MÜLLER) – **Kleine Mosaikjungfer**
1* Au anders (Abb. **93**/4) **2**
2 ♂: Basalhöcker des Epiprokt distal gerade abgestutzt od. sogar leicht konkav, weniger lg als breit. Bei seitlicher Betrachtung Basalhöcker fast nicht sich über den Epiprokt emporhebend: dorsale Kante des Basalhöckers u. des Epiprokt bilden eine ± gerade Linie. ♀: Ovipositor höchstens $^3/_4$ der Lg des Sternit 9.
Hemianax ephipppiger (BURMEISTER) – **Schabrackenlibelle**
Anax imperator LEACH – **Große Königslibelle**
Anax parthenope (SÉLYS) – **Kleine Königslibelle**
2* ♂: Basalhöcker an der Basis des Epiprokt spitz zulaufend (± dreieckig), länger als breit, bei seitlicher Betrachtung deutlich über dem Epiprokt emporgewölbt. ♀: Ovipositor lg, deutlich länger als $^3/_4$ der Sternitlänge von Sgm 9; er reicht fast bis zum HRand des 9. Sgm od. ragt darüber hinaus **3**
3 Lg der Lateraldornen des 9. HlbSgm mindestens $^2/_3$ so lg wie das 10. Sternit. Exuvien < 37 mm. F immer 7gld. Lateraldornen des 9. HlbSgm so lg wie das 10. Sternit. Praementum 4-mal so lg wie seine minimale Breite. ProthoraxForts am E abgestumpft,

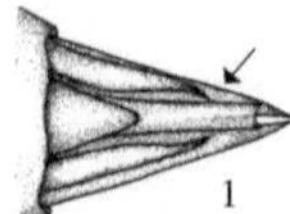

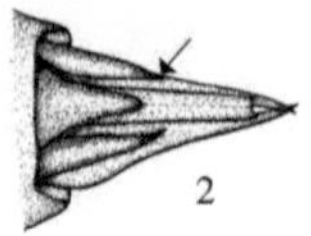

Abb. 94/1–2. 1 Analpyramide mit Cerci $>{}^{1}/_{2}$ Länge der Paraprokte; **2** Analpyramide mit Cerci höchstens $^{1}/_{2}$ Länge der Paraprokte.

ihre Spitzen liegen nahe beieinander. ♀: Ovipositor nur wenig länger als die Valvulae samt Styli, reicht etwas über den VRand von Sternit 10 hinaus.
Aeshna mixta Latreille – **Herbst-Mosaikjungfer**

3* Lateraldornen des 9. HlbSgm kürzer als $^{2}/_{3}$ der Lg des 10. Sgm. Exuvie entweder größer als 39 mm u. F 7gld od. Exuvie kleiner als 39 mm, dann aber F 6gld, das SpitzenGld ca. doppelt so lg wie das 5. . . . . **4**

4 Cerci mehr als halb so lg wie die Paraprokte, ihre Lg beträgt meist $>{}^{3}/_{5}$ der Paraprokt-Lg (Abb. **94**/1); od. wenn nicht deutlich länger als $^{1}/_{2}$ der Paraprokte, dann Cerci-Spitzen deutlich in einem Winkel von ca. 40° nach innen gebogen.
Aeshna subarctica elisabethae Diakonov – **Hochmoor-Mosaikjungfer**
Aeshna isosceles (Müller) – **Keilflecklibelle**

4* Cerci höchstens halb so lg wie die Paraprokte (Abb. **94**/2) **5**

5 Verhältnis Lg: Breite des PM an seiner Basis höchstens 2,5 . . . . **6**

5* Verhältnis Lg: Breite des PM an seiner Basis wenigstens 3 . . . . **8**

6 Lateraldornen am 9. HlbSgm weniger als halb so lg wie Sgm 10. PM an der Basis nur wenig verschmälert, seine größte Breite deutlich proximal u. in einiger Entfernung von der Gelenkung der SL. *Aeshna juncea* (L.) – **Torf-Mosaikjungfer**

6* Lateraldornen am 9. HlbSgm halb so lg wie Sgm 10 . . . . **7**

7 OKante der HFlScheide von der Basis bis zur Spitze länger als 8 mm. Exuvien auf dem HK u. auf dem Thorax kontrastreich hellbraun-dunkelbraun gescheckt.
Aeshna grandis (L.) – **Braune Mosaikjungfer**

7* OKante der HFlScheide von der Basis bis zur Spitze kürzer als 8 mm. Exuvien am K u. Thorax nicht auffällig gescheckt. Dorsomediane Fleckenzeichnung des Hlb nur schwach erkennbar, sich kaum von der Umgebung abhebend. Exuvien 39–44 mm.
Aeshna viridis Eversmann – **Grüne Mosaikjungfer**

8 **(5)** Lg der Lateraldornen am 9. Sgm $< {}^{1}/_{2}$ Lg von Sternit 10. Nur 6 FGld, das 6. (letzte) FGld ca. doppelt so lg wie das 5. Gesamtlänge (ohne Gelenk) $<$ 7,5 mm.
Aeshna caerulea (Ström) – **Alpen-Mosaikjungfer**

8* Lateraldornen am 9. Sgm mehr als halb so lg wie das 10. Sgm. 7 FGld, letztes FGld gleich lg od. etwas kürzer als das vorletzte (6.). Gesamtlänge des PM $>$ 8 mm.
Aeshna cyanea (Müller) – **Blaugrüne Mosaikjungfer**

Familie ***Cordulegastridae*** **– Quelljungfern**

1 HlbSgm 9 (meist auch 8) mit Lateraldornen.
Cordulegaster boltonii (Donovan) – **Zweigestreifte Quelljungfer**

1* HlbSgm 8 u. 9 ohne Lateraldornen.
Cordulegaster bidentata (Sélys) – **Eingestreifte Quelljungfer**

Familie ***Corduliidae*** **– Falkenlibellen**

1 Zwei spitze flaumige Höcker auf dem HHaupt (Abb. **95**/1). MDorne auf den HlbSgm 2–9, die der Sgm 6–9 sind groß u. hakenförmig gebogen (Abb. **95**/2). Lateraldornen an den Sgm 8 u. 9, am 9. Sgm erreichen sie die Spitzen der Paraprokte. Exuvien 27–31 mm. *Epitheca bimaculata* (Charpentier) – **Zweifleck**

1* Höchstens flache flaumige Höcker auf dem HHaupt (Abb. **95**/3) **2**

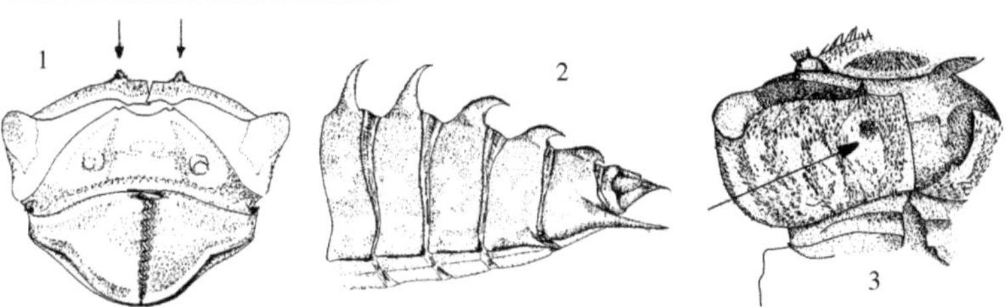

Abb. 95/1–3. 1 *Epitheca bimaculata*, K mit flaumigen Höckern (Pfeile), von vorne; **2** dto., Mediodorsaldornen, Lateralansicht; **3** *Somatochlora metallica*, HHaupt mit flaumigen Höckern (Pfeil).

2 Distaler Rand des SL mit 7–8 gerundeten Zähnen, die mittleren mit je mehr als zehn Bo. Auf den Sgm 3–9 mediodorsale BoBüschel mit kurzen steifen Bo (auf 3–7 manchmal fehlend). Exuvien 19–22 mm. *Oxygastra curtisii* (DALE) – **Gekielte Smaragdlibelle**

2* Distaler Rand des SLträgt 8–9 runde Zähne. Mediodorsale Höcker vorhanden od. fehlend, wenn vorhanden, dann entweder sehr deutlich ausgeprägt od. klein, dann aber Sl-Zähne mit 4–5 Bo **3**

3 Auf den Sgm 4–8 kleine mediale Höcker, Sgm 8 u. 9 mit deutlichen Lateraldornen, jeweils $^1/_4$ der Lg des jeweiligen Sgm. Thoraxseiten mit breiten, dunklen Längsbinden, die unteren beginnen erst über den HHü.
Cordulia aenea (L.) – **Gemeine Smaragdlibelle**

3* Mediodorsale Höcker fehlend od. vorhanden, dann der des 9. Sgm deutlich ausgebildet, die des 7. u. 8. Sgm lg u. hakenförmig gebogen **4**

4 Mediodorsale Höcker fehlend. Körper stark behaart. Ohne Lateraldornen.
Somatochlora arctica ZETTERSTEDT – **Arktische Smaragdlibelle**
Somatochlora alpestris (SÉLYS) – **Alpen-Smaragdlibelle**

4* Mediodorsale Höcker gut ausgebildet, am E zugespitzt u. hakenförmig gebogen. 8. u. 9. Sgm mit Lateraldornen **5**

5 Lateraldornen 8 u. 9 ungefähr gleich groß, Lateraldornen 9 innen gemessen kürzer als $^1/_2$ der Lg des 9. Sgm. Exuvien 23–26 mm.
Somatochlora metallica (VANDER LINDEN) – **Glänzende Smaragdlibelle**

5* Lateraldornen des 8. Sgm klein od. fehlend, die des 9. Sgm groß. Innen gemessen sind sie halb so lg wie Sgm 9. Exuvien nie mit HKHöcker, 19–22 mm.
Somatochlora flavomaculata (VANDER LINDEN) – **Gefleckte Smaragdlibelle**

Familie ***Libellulidae* – Segellibellen**

1 Exuvien behaart. Occiput-SRänder fast parallel. Occipitalregion gut ausgebildet, daher wirkt der K breit u. massig. Au klein: dorsal betrachtet nehmen sie kaum $^1/_4$ des KSRandes ein, von vorn betrachtet berühren sie nie den Rand des PM (Abb. **96**/1, 2). B kurz: die Femora des 3. BPaares reichen kaum bis zum VRand des 6. HlbSgm. Lateraldornen an den HlbSgm 8 u. 9 klein **2**

1* Exuvien nicht od. wenig behaart. Occipital-SRänder stark konvergierend. Occipitalregion schwach ausgebildet, dann dem K ein zierliches Aussehen verleihend. Au groß: dorsal betrachtet reichen sie ca. bis zur Hälfte des KSRandes u., von vorne betrachtet reichen sie bis zum ORand des PM (Abb. Abb. **96**/3, 4). B lg: die Femora des 3. BPaares reichen bis über den VRand des 6., manchmal sogar über den des 7. HlbSgm. Lateraldornen der Sgm 8 u. 9 groß **7**

2 Das 8. HlbSgm niemals mit einem mediodorsalen Dorn. (Gattung *Orthetrum*) . . . **3**

2* Das 8. HlbSgm trägt immer einen mediodorsalen Dorn od. zumindest einen Höcker. (Gattung *Libellula* i. w. S.) **5**

3 SL mit 3–5 Bo (Abb. **96**/5). *Orthetrum coerulescens* (F.) – **Kleiner Blaupfeil**
Orthetrum albistylum (Sélys) – **Östlicher Blaupfeil**

3* SL mit 6–8 Bo (Abb. **96**/6) **4**

4 An den HlbSgm 8 u. 9 kleine Lateraldornen. SL mit 8, s mit 6 od. 7 Bo.
Orthetrum cancellatum (L.) – **Großer Blaupfeil**

4* Keine Lateraldornen an den HlbSgm 8 u. 9. SL mit 5–6 Bo.
Orthetrum brunneum (Fonscolombe) – **Südlicher Blaupfeil**

5 **(2)** Große mediodorsale Dornen auf den HlbSgm 4–9. SL mit 4, s auch 3 od. 5 Bo. Exuvien 20–25 mm. *Ladona fulva* (Müller) – **Spitzenfleck**

5* Stumpfe, wenig ausgeprägte mediodorsale Dornen auf den HlbSgm 4 bis 8. SL mit mindestens 7 Bo **6**

6 SL mit 7–8 deutlichen stumpfen Zähnen (Abb. **97**/1).
Platetrum depressum (L.) – **Plattbauch**

6* SLst mit 8–9 wenig deutlichen Zähnen (Abb. **97**/2).
Libellula quadrimaculata L. – **Vierfleck**

7 **(1)** Hlb immer mit mediodorsalen Dornen auf mindestens 2 Sgm **8**

7* Hlb immer ohne mediodorsale Dornen. Exuvien kleiner als 20 mm, Körper deutlich eiförmig, die Lateraldornen an den Sgm 8 u. 9 sind kurz, die des 9. Sgm sind höchstens $^1/_4$ so lg wie Sgm 9 in der M **15**

8 VentralS des Hlb mit auffälliger, dunkler, bei einigen Arten zebraartiger Längszeichnung, s reduziert. (Gattung *Leucorrhinia*) **9**

8* VentralS des Hlb einheitlich gefärbt, ohne dunkle Fleckung. (Gattung *Sympetrum* sowie *Leucorrhinia albifrons*) **11**

9 Lateraldornen von Sgm 9 reichen über die Cerci hinaus.
Leucorrhinia caudalis (Charpentier) – **Zierliche Moosjungfer**
Leucorrhinia albifrons (Burmeister) – **Östliche Moosjungfer**

9* Lateraldornen an Sgm 9 reichen nicht über die Cerci hinaus **10**

10 Mediodorsaldornen nur auf den Sgm 3–4.
Leucorrhinia rubicunda (L.) – **Nordische Moosjungfer**

10* Mediodorsale Dornen auf den Sgm 4–6.
Leucorrhinia dubia (Vander Linden) – **Kleine Moosjungfer**

10** Mediodorsale Dornen auf den Sgm 3–8.
Leucorrhinia pectoralis (Charpentier) – **Große Moosjungfer**

11 **(8)** Mediodorsale Dornen mindestens auf den Sgm 4–8. Sie sind groß, von der S gesehen kielförmig verbreitert u. im Schnitt oval. Sie beginnen bei der Hälfte der SgmLg (Abb. **97**/3). *Sympetrum depressiusculum* (Sélys) – **Sumpf-Heidelibelle**
Sympetrum pedemontanum (Allioni) – **Gebänderte Heidelibelle**

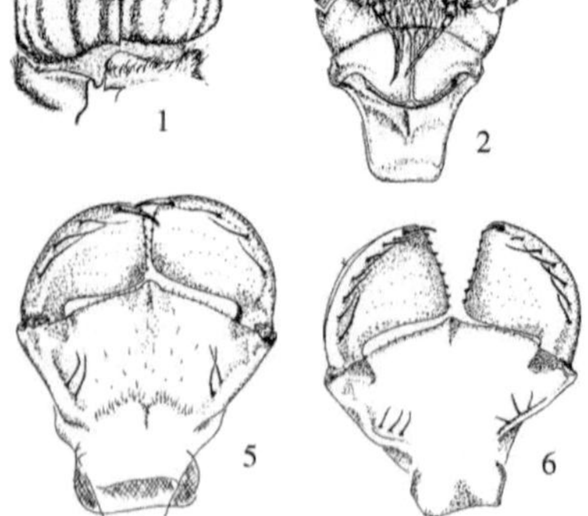

Abb. 96/1–6. 1 *Orthetrum albistylum*, K, Dorsalansicht; **2** dto, K, VAnsicht; **3** *Leucorrhinia dubia*, K, Dorsalansicht; **4** *L. dubia*, VAnsicht des K; **5** *Orthetrum coerulescens*, PM; **6** *O. brunneum*, PM.

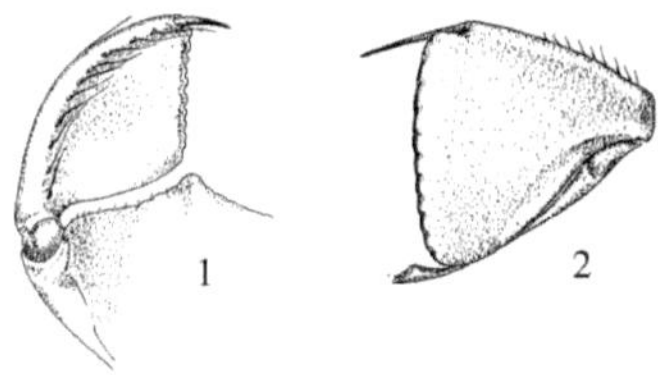

Abb. 97/1–2. 1 *Libellula depressa*, Praementum; **2** *L. quadrimaculata*, Lbp.

11* Mediodorsaldornen mindestens auf den Sgm 5–7, maximal auf den Sgm 3–8. Sie inserieren bei seitlicher Betrachtung im distalen Viertel des Sgm; sie sind eher schmal u. im Querschnitt rund (Abb. **97**/4) **12**

12 Der lRand (l) der Lateraldornen an Sgm 9 ist weniger als $^1/_2$ so lg wie ihr Außenrand (A, Abb. **97**/5). Die Lateraldornen überragen nicht die Cerci **13**

12* lRand (l) des Lateraldornens an Sgm 9 ca. halb so lg wie sein Außenrand (A), die Lateraldornen überragen die Cerci, manchmal erreichen sie die Spitze der Analpyramide (Abb. **97**/6) **14**

13 Exuvie länger als 18 mm, Zeichnung bzw. Struktur des Geschlechtsapparats wie Abb. **97**/7. *Leucorrhinia albifrons* (Burmeister) – **Östliche Moosjungfer**

13* Exuvie kürzer als 17 mm. Zeichnung bzw. Struktur des männlichen bzw. weiblichen Genitalapparats u. des Hlb anders als Abb. **97**/7.
Sympetrum danae Sulzer – **Schwarze Heidelibelle**
Sympetrum flaveolum L. – **Gefleckte Heidelibelle**

14 **(12)** Distaler Rand des 7. HlbSgm ohne medialen Börstchenkamm (Abb. **98**/1).
Sympetrum vulgatum (L.) – **Gemeine Heidelibelle**

14* Distaler Rand des 7. HlbSgm mit medialem Börstchenkamm (Abb. **98**/1).
Sympetrum striolatum (Charpentier) – **Große Heidelibelle**
Sympetrum meridionale (Sélys) – **Südliche Heidelibelle**
Sympetrum sanguineum (Müller) – **Blutrote Heidelibelle**

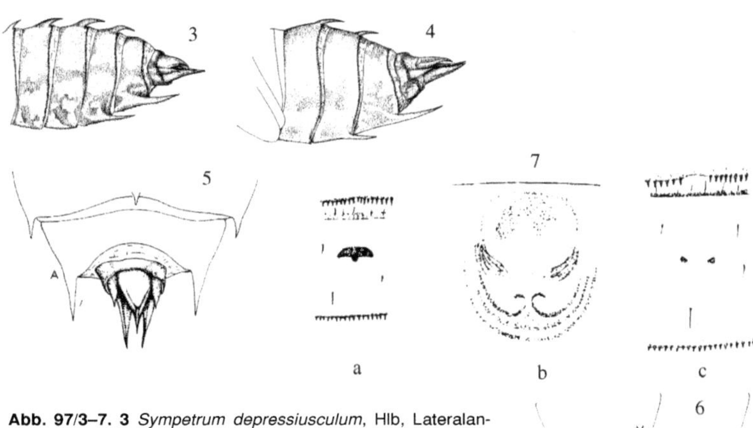

Abb. 97/3–7. 3 *Sympetrum depressiusculum*, Hlb, Lateralansicht; **4** *S. striolatum/meridionale*, Hlb, Lateralansicht; **5** *Leucorrhinia albifrons*, Distaler Teil des Hlb, Dorsalansicht; **6** *Sympetrum vulgatum*, Distaler Teil des Hlb, Dorsalansicht; **7** *L. albifrons*, Hlb, Ventralansicht: a: männliche Genitalarmatur am 9. Sgm; b: männliche Genitalarmatur am 2. Sgm; c: weibliche Genitalarmatur am 9. Sgm.

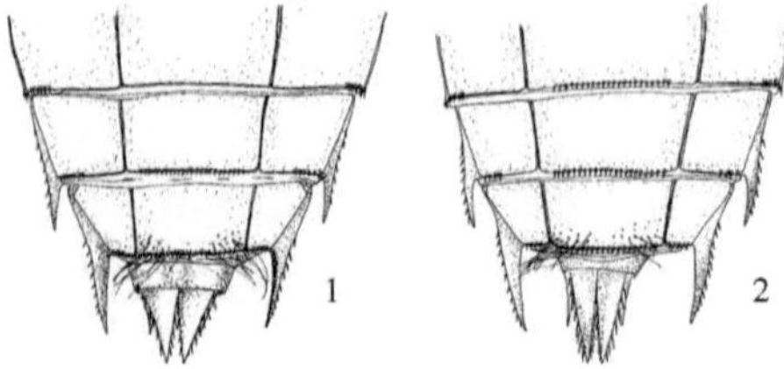

Abb. 98/1–2. 1 *Sympetrum vulgatum*, Distaler Rand des 7. Abdominalsternits medial ohne BoKamm; **2** *S. striolatum*, Distaler Rand des 7. Abdominalsternits medial mit Börstchenkamm.

15 **(7)** Distaler Rand des 8. Sgm ventral mit Börstchenkamm. Exuvien 18–19 mm.
Crocothemis erythraea (Brullé) – **Feuerlibelle**

15* Distaler Rand des 8.Sgm ventral ohne Börstchenkamm. Exuvien 16–19 mm.
Sympetrum fonscolombei (Sélys) – **Frühe Heidelibelle**

Literatur

Aguesse, P. (1968): Les Odonates de l'Europe occidentale, du nord de l'Afrique et des iles atlantiques. – Faune de France 4: 1–258.

Brockhaus, T. & U. Fischer (Hrsg., 2005): Die Libellenfauna Sachsens. – Natur & Text, Rangsdorf, 427 S.

Carchini, G. (1983): A key to the odonate larvae. – Soc. Int. Odonatol. Rap. Comm., Suppl. 1: 1–101.

Corbet (1999): Dragonflies. Behaviour and Ecology of Odonata. – Harley, Great Horkesley (Essex, UK), 829 S.

Gerken, B. & Sternberg, K. (1999): Die Exuvien der europäischen Libellen. – Arnika & Eisvogel, Höxter, Jena, 354 S.

Heidemann, H. & Seidenbusch, R. (1993): Die Libellenlarven Deutschlands und Frankreichs. Handbuch für Exuviensammler. – Erna Bauer. Keltern, 391 S.

Heidemann H. & Seidenbusch, R. (2002): Die Libellenlarven Deutschlands. Handbuch für Exuviensammler. – Tierwelt Deutschlands und der angrenzenden Meeresteile (Begr. F. Dahl), Bd 72. – Goecke & Evers, Keltern, 328 S.

Robert, P. A. (1959): Die Libellen (Odonaten). – Kümmerly & Frey, Bern. 404 S.

Schmidt, E. (1996): Ökosystem See. Der Uferbereich des Sees. – Biologische Arbeitsbücher 12/1. – 5. Aufl., Quelle & Meyer, Wiesbaden, 333 S.

Plecoptera – Steinfliegen, Uferfliegen

Ralf Küttner & Wolfgang Joost†

G. Weichhäutige, lggestreckte Fluginsekten mit 2 Paar hyalinen Fl (Abb. **99**/1), die in Ruhe flach auf dem Hlb liegen od. diesen teilweise umhüllen (*Leuctridae, Taeniopterygidae*). Heimische Arten 3,5–30 mm lg, braun bis schwarz, seltener gelb od. gelbgrün. ♂♂ kleiner als ♀♀. K mit großen, vorstehenden KomplexAu u. 3 Oc. Mundgliedmaßen kauend, bei Im. z. T. reduziert, Hlb zylindrisch, 9–10 Sgm (die für die Artdiagnose wichtigen Kopulationsorgane befinden sich an den Sgm 6–10) mit 2 ein- bis mehrgld Cerci. B mit 3gld Füßen. L ähneln den Im. weitgehend, jedoch ohne Fl. Körper lggestreckt, oft mit Schlauch- od. Büschelkiemen an Hsch u. HlbSgm, seltener an den Hü. Hlb immer mit 2 Cerci. – **V.** Auf allen Kontinenten, außer Antarktis u. ozeanische Inseln; zahlreiche Arten nur in einem eng begrenzten Gebiet beheimatet (Endemiten). Insgesamt 3497 Arten, 123 im Gebiet. – **L.** Im. an u. L. in Süßwasserbiotopen aller Art, größte Artenzahl jedoch in Bergbächen, weniger in Flüssen u. stehenden Gewässern (Gebirgsseen). L halten sich bes. auf u. unter Steinen, in Lückenräumen der Gewässersohle sowie im Genist auf. Einige Arten kommen nur in bestimmten Fließgewässerzonen vor. Steinfliegen-L eignen sich z. T. als Indikatoren zur Gewässergütebeurteilung u. sind als FischNa von Bedeutung. – **B.** L mit unvollkommener Verwandlung; PflFresser, Detritusfresser od. Räuber. Entw meist 1 J, seltener 2 od. 3 J., 12–25 Häutungen, Entw im Winter nicht unterbrochen. Na der Im.: Algen, Moospartikel, Feindetritus u. Pollen. Einige Arten fressen als Im. kaum oder nicht. Flugzeit artspezifisch, wenige Wo bis Mon. Partnerfindung durch mit Hlb erzeugte Trommelsignale. Eiabl durch Eintauchen der HlbSpitze ins Wasser, nasses Ufersubstrat oder Abwurf aus freiem Flug. Verankerung der weißen, weichen, runden od. hartschaligen, braunen, birnenförmigen bis dreieckigen Eier am Substrat durch Klebekitt od. bes. Haftorgane. Eizahl 50 bis über 2000.

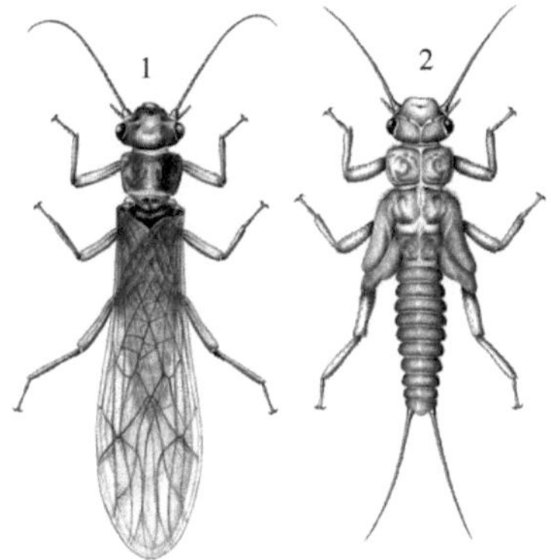

Abb. 99/1–2. 1 Steinfliege (*Nemoura* sp. Im.); **2** Steinfliege (*Nemoura* sp. L.)

Beachte: Die folgenden Tabellen berücksichtigen in erster Linie die ♂♂, da eine genaue Bestimmung der ♀♀ in vielen Fällen schwieriger od. unmöglich ist. Wenn nur ♂♂ bestimmt werden können, wird das in der Tabelle ausgewiesen u. die Merkmale der ♂♂ dort od. in der Familienbeschreibung genannt. Die Behandlung der Familien erfolgt in systematisch-phylogenetischer Reihenfolge nach Zwick (1973). *Plecoptera* nie nadeln, sondern in 75%igem Alkohol konservieren.

Imagines

1 1. FußGld etwa so lg wie 3. (Abb. **100**/1a od. b) **2**
1* 1. u. 2. FußGld viel kürzer als 3. (Abb. **100**/1c) **5**
2 Alle 3 FußGld etwa gleichlg (Abb. **100**/1a). Familie *Taeniopterygidae* S. 103
2* 2. FußGld viel kürzer als 1. od. 3. (Abb. **100**/1b) **3**

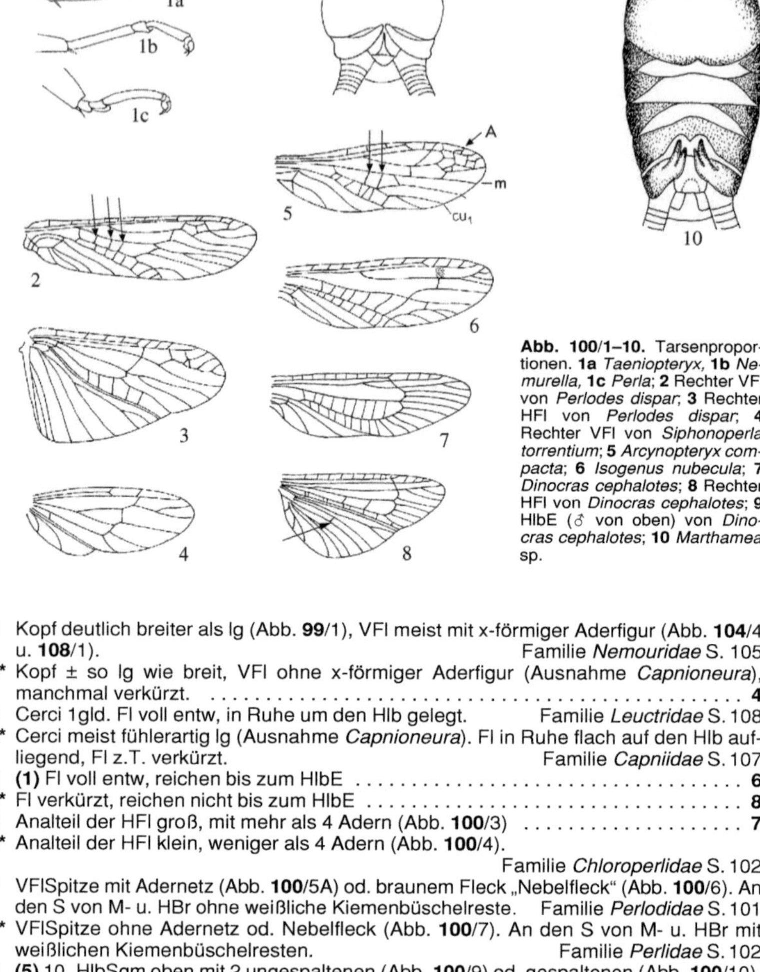

Abb. 100/1–10. Tarsenproportionen. **1a** *Taeniopteryx*, **1b** *Nemurella*, **1c** *Perla*; **2** Rechter VFl von *Perlodes dispar*; **3** Rechter HFl von *Perlodes dispar*; **4** Rechter VFl von *Siphonoperla torrentium*; **5** *Arcynopteryx compacta*; **6** *Isogenus nubecula*; **7** *Dinocras cephalotes*; **8** Rechter HFl von *Dinocras cephalotes*; **9** HlbE (♂ von oben) von *Dinocras cephalotes*; **10** *Marthamea* sp.

3 Kopf deutlich breiter als lg (Abb. **99**/1), VFl meist mit x-förmiger Aderfigur (Abb. **104**/4 u. **108**/1). Familie *Nemouridae* S. 105
3* Kopf ± so lg wie breit, VFl ohne x-förmiger Aderfigur (Ausnahme *Capnioneura*), manchmal verkürzt. **4**
4 Cerci 1gld. Fl voll entw, in Ruhe um den Hlb gelegt. Familie *Leuctridae* S. 108
4* Cerci meist fühlerartig lg (Ausnahme *Capnioneura*). Fl in Ruhe flach auf den Hlb aufliegend, Fl z.T. verkürzt. Familie *Capniidae* S. 107
5 **(1)** Fl voll entw, reichen bis zum HlbE **6**
5* Fl verkürzt, reichen nicht bis zum HlbE **8**
6 Analteil der HFl groß, mit mehr als 4 Adern (Abb. **100**/3) **7**
6* Analteil der HFl klein, weniger als 4 Adern (Abb. **100**/4). Familie *Chloroperlidae* S. 102
7 VFlSpitze mit Adernetz (Abb. **100**/5A) od. braunem Fleck „Nebelfleck" (Abb. **100**/6). An den S von M- u. HBr ohne weißliche Kiemenbüschelreste. Familie *Perlodidae* S. 101
7* VFlSpitze ohne Adernetz od. Nebelfleck (Abb. **100**/7). An den S von M- u. HBr mit weißlichen Kiemenbüschelresten. Familie *Perlidae* S. 102
8 **(5)** 10. HlbSgm oben mit 2 ungespaltenen (Abb. **100**/9) od. gespaltenen (Abb. **100**/10), nach vorn gekrümmten Haken. Kurzflügelige *Perlidae*-♂♂ S. 102
8* 10. HlbSgm ohne solche Haken. Kurzflügelige *Perlodidae*-♂♂ S. 101

Larven

1 1. FußGld etwa halb so lg wie 3. . . . . **2**
1* 1. u. 2. FußGld sehr kurz, nicht halb so lg wie 3. . . . . **5**
2 2. FußGld länger als 1., aber kürzer als 3. Famililie *Taeniopterygidae*
2* 2. FußGld kürzer als 1. . . . . **3**

3 L kurz gedrungen; HFlScheiden schräg nach hinten vom Körper abstehend (Abb. **99**/2). Familie *Nemouridae*
3* L lggestreckt, zylindrisch, HFlScheiden fast parallel zum Körper **4**
4 1.–4. HlbSgm seitlich getrennt, übrige ringförmig geschlossen. Familie *Leuctridae*
4* 1.–9. HlbSgm seitlich getrennt. Familie *Capniidae*
5 **(1)** Zw den BrSgm seitlich Büschelkiemen. Familie *Perlidae*
5* BrSgm ohne Büschelkiemen **6**
6 EGld der UKf kaum schwächer als vorletztes Gld. Familie *Perlodidae*
6* EGld der UKf sehr dünn, stiftförmig, viel dünner als übrige Gld. Familie *Chloroperlidae*

Familie *Perlodidae*

6–25 mm. Braune Grundfärbung, oft mit gelber Fleckenzeichnung auf K u. KörperSgm. Fl glasklar od. gelblich. Cerci fühlerförmig. ♂♂ einiger Arten kurzflügelig, Flugzeit III–IX. – **V.** Holarkt, orientalisch. Im Gebiet 21 Arten in 7 Gattungen. Entw 1- bis mehrjährig.

1 Fl von normaler Lg, HlbE erreichend (♂♂ u. ♀♀) **2**
1* Fl verkürzt, HlbE nicht erreichend (nur ♂♂) **10**
2 VFlSpitze mit unregelmäßigem Netzwerk (Abb. **100**/5A) **3**
2* VFlSpitze nicht netzartig (wie Abb. **100**/6) **8**
3 Im VFl zw m u. cu1 bis zu 2 Queradern (Abb. **100**/5). 11–20 mm; boreoalp; BW: Schwarzwald, über 1 200 m; V–IX; (♀♀). *Arcynopteryx compacta* Mc Lachlan
3* Im VFl zw m u. cu1 mindestens 3 Queradern (Abb. **100**/2) **4**
4 OS des 10. Sgm ungespalten, K u. Hsch mit gelben Abzeichen (Gattung *Perlodes* Banks) **5**
4* OS des 10. Sgm gespalten **7**
5 Vor der vorderen Oc ein heller, gelber Fleck **6**
5* Ohne gelben Fleck vor der vorderen Oc. 11–20 mm; an Fließgewässern der Ebene u. VorGeb; III–V; (♀♀). *Perlodes dispar* Rambur
6 K deutlich breiter als Hsch, VFlSpitze mit mehreren übereinanderliegenden Zellreihen, Grundfarbe von K u. Hsch dunkelbraun, matt. 17–21 mm; BY: kleine GebBäche der Alp oberhalb 800 m; V–VIII. *Perlodes intricatus* (Pictet)
6* K kaum breiter als Hsch, VFlSpitze mit nur 1–2 Zellreihen, Grundfarbe von K u. Hsch dunkelbraun, wenig glänzend; vor der vorderen Oc mit kleinem, gelbem Fleck. 13–20 mm; Alp u. an MGebBächen; III–V. *Perlodes microcephalus* (Pictet)
7 **(4)** Hsch einfarbig dunkelbraun, Hlb braun mit dunkler MLinie. 16–21 mm; BY u. BW: größere Fließgewässer; sehr s; IV–V. *Besdolus imhoffi* (Pictet)
7* Hsch mit gelber Längsbinde. Nur in BY u. BW. Gattung *Dictyogenus* Klapalek und Gattung *Besdolus* Ricker
8 **(2)** VFl im Spitzenteil zw r u. rs mit braunem Fleck „Nebelfleck" (Abb. **100**/6) **9**
8* VFl im Spitzenteil ohne braunen Fleck, bei ♂♂ US des 8. Sgm mit zungenförmigen Forts. Im Gebiet 11 Arten. Gattung *Isoperla* Banks
9 K hinter den Oc mit gelbem, rundem Fleck. 12–15 mm; an Quellbächen der MGeb; V–VIII; (♀♀). *Diura bicaudata* (L.)
9* K am HRand mit gelber Binde zwischen den Schläfen. 14–19 mm; an größeren Flüssen (Elbe, Rhein, Donau); in DE vermutlich ausgestorben; IV–V. *Isogenus nubecula* Newman
10 **(1)** Große Tiere (12–17 mm), K mit hellen Flecken **11**
10* Kleinere Tiere (6–7 mm), K fast einfarbig schwarz. Fließgewässer der Ebene u. des VorGeb; IV–V; (♂♂). *Isoperla difformis* (Klapalek)
11 Dünner Chitinfaden zw. Cerci. 11–18 mm; boreoalp; BW: Schwarzwald, über 1200 m; (♂♂). *Arcynopteryx compacta* Mc Lachlan
11* Ohne Chitinfaden zw. den Cerci 12

12 K zw den Oc u. hinter den Oc mit gelbem, rundem Fleck. 12–15 mm; an Quellbächen der MGeb; V–VIII; (♂♂). *Diura bicaudata* (L.)
12* K zw den Oc mit gelbem, rundem Fleck u. hinter den Oc mit gelbem meist die Au erreichenden Querband; an Fließgewässern der Ebene u. VorGeb; III–V; (♂♂). *Perlodes dispar* RAMBUR

Familie ***Perlidae***

12–30 mm, größte *Plecoptera* im Gebiet. Braune bis dunkelbraune Grundfärbung, meist mit gelber Fleckenzeichnung. Fl glasklar od. getrübt, Cerci lg, fühlerförmig. ♂♂ einiger Arten kurzflügelig. Flugzeit IV–VIII. – **V.** Weltweit, mit Ausnahme der australischen Region. Im Gebiet 8 Arten in 4 Gattungen. Entw mehrjährig.
♂♂: HlSgm 10 oben mit zwei ungespaltenen od. gespaltenen nach vorn gekrümmten Haken (Abb. **100**/9 u. 10).

1 UHälfte der HFl in der M ohne Querader. **2**
1* UHälfte der HFl in der M mit 1 Querader (Abb. **100**/8) **3**
2 ♂: 10. HlbSgm oben mit kurzen, gespaltenen nach vorn gekrümmten Haken (Abb. **100**/10), ♀: HRand des 8. Sgm auf der US ± gerade; 2 Arten an Flüssen; in DE vermutlich ausgestorben. Gattung *Marthamea* KLAPALEK
2* ♂: 10. HlbSgm oben mit langen, ungespaltenen nach vorn gekrümmten Haken; ♀: HRand des 8. Sgm mit deutlichem Bogen,12–20 mm; an Flüssen des Flachlandes (Oder, Plane); in DE vermutlich ausgestorben, VII. *Agnetina elegantula* (KLAPALEK)
3 **(1)** ♂: 9. HlSgm oben mit Dörnchen besetzt. ♀: HRand des 8. Sgm auf der US einen starken Bogen. Entw, 3 J. (Gattung *Dinocras* KLAPALEK) **4**
3* ♂: 9. HlSgm oben nur in der M mit Dörnchen besetzt. ♀: HRand des 8. Sgm auf US in der M mit 2 schwachen Zipfeln. Entw 3 J. (Gattung *Perla* GEOFFROY) **5**
4 ♂ stets kurzflügelig. 13–29 mm; MGeb, VorAlp; an Bächen; v; V–VIII. *Dinocras cephalotes* (CURTIS)
4* ♂ stets langflügelig. 16–28 mm; MGeb, BY: Alp; an Bächen u. Flüssen; sehr s; V. *Dinocras megacephala* (KLAPALEK)
5 **(3)** K zw den Oc gleichmäßig dunkelbraun bis schwarz **6**
5* K zw den Oc gelb, nur Oc schwarz umrandet. 20–28 mm; MGeb, Voralp u. Alp; sehr s; V–VI. *Perla grandis* RAMBUR
6 KUS gelb. 15–25 mm; an MGebBächen bis 800 m; v; V–VIII. *Perla marginata* (PANZER)
6* KUS schwarz, 17–28 mm; an größeren Bächen u. Flüssen bis 500 m; IV–VI. [*P. burmeisteriana* CLASSEN] *Perla abdominalis* BURMEISTER

Familie ***Chloroperlidae***

6–12 mm. Grundfärbung blass bis intensiv gelb mit schwarzer Zeichnung an den BrSgm, Fl glasklar od. leicht getrübt, Cerci lg, mehrgld. Flugzeit IV–VIII. – **V.** Holarkt. Im Gebiet 9 Arten in 4 Gattungen. Entw 1–2 J.

1 M- u. HBr oben mit W-förmiger schwarzer Zeichnung (Abb. **103**/1), F borstenförmig . **2**
1* M- u. HBr oben mit U-förmiger schwarzer Zeichnung (Abb. **103**/2), F gesägt. 7–8 mm; an Flüssen u. Niederungsbächen; s; V–VII. *Isoptena serricornis* (PICTET)
2 OS des Hsch schwarz gerandet **3**
2* OS des Hsch ungerandet, einfarbig blass gelb. 5–7 mm; an größeren Fließgewässern der Ebene (Oder, Neiße, früher auch Elbe, Spree, Rhein); VI–VII. *Xanthoperla apicalis* (NEWMAN)

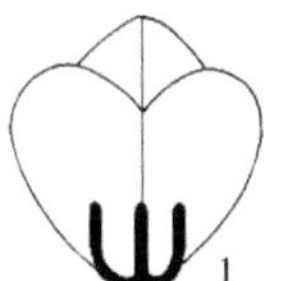

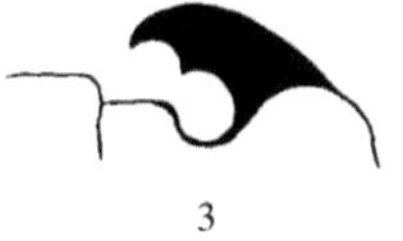
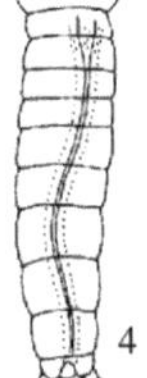
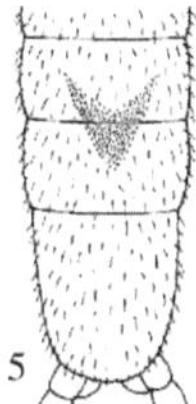

Abb. 103/1–5. MBr von **1** *Chloroperla* u. *Siphonoperla*; **2** *Isoptena serricornis*; **3** HlbE (♂ von der Seite) von *Siphonoperla torrentium*; HlbE (♂ von unten) von **4** *Siphonoperla torrentium*; **5** *Siphonoperla neglecta*.

3 Cerci mindestens so lg wie Hlb; ♂♂ am E des Hlb mit dunklem, hakenartigem Anhang (wie Abb. **95**/3). Im Gebiet 5 Arten. Weitere Bestimmung nur für ♂♂. Gattung *Siphonoperla* ZWICK

a) Große Art, > 9 mm; K zw Oc rein gelb. BY: an Bächen der Alp u. Alpvorlandes; s. *S. montana* (PICTET)

a*) Kleinere Arten < 8 mm . . . . **b)**

b) auf der US des Hlb mit durchscheinendem dreieckigem Zahnfeld (Abb. **103**/5), an Bächen der MGeb; s; IV–VII. *S. neglecta* (ROSTOCK & KOLBE)

b*) auf der US des Hlb ohne flächiges Zahnfeld . . . . **c)**

c) US des Hlb mit langen durchscheinenden Chitingräten (Abb. **103**/4), hakenartiger Anhang zum Hlb mit einer kleinen spitzen od. stumpfen Erhebung (Abb. **103**/3). 6–7 mm; in Bächen der MGeb u. VorAlp; V–VIII. *S. torrentium* (PICTET)

c*) Bei Betrachtung der US des Hlb keine od. viel kürzere Chitingräten sichtbar; hakenartiger Anhang innen ohne Erhebung, hierher 2 weitere Arten der Gattung.

3* Cerci höchstens halb so lg wie Hlb; Kopulationsorgan sackförmig kurz mit 2 Chitinhaken. 2 Arten. Gattung *Chloroperla* NEWMAN

Familie *Taeniopterygidae*

5–14 mm. Dunkelrotbraun bis schwarz, Fl oft dunkel gebändert. ♂♂ einiger Arten kurzflügelig. Flugzeit II–VII. – **V.** Holarkt. Im Gebiet 16 Arten in 4 Gattungen. Entw 1 J.

1 Costalraum in V- u. HFl mit 2 od. mehreren Queradern (1, 2, 3 in Abb. **103**/7) (Gattung *Rhabdiopteryx* KLAPALEK) **2**

1* Costalraum im V- u. HFl ohne Queradern (Abb. **103**/6). **4**

2 K u. Schenkel zweifarbig, gelb u. schwarz. 9–14 mm; BY: an Bächen der Alp über 1000 m; s; IV–VII. *Rhabdiopteryx alpina* KÜHTREIBER

2* K u. Schenkel einfarbig. Weitere Bestimmung nur für ♂♂, HlbE der ♂♂ wie Abb. **103**/9 od. ähnlich **3**

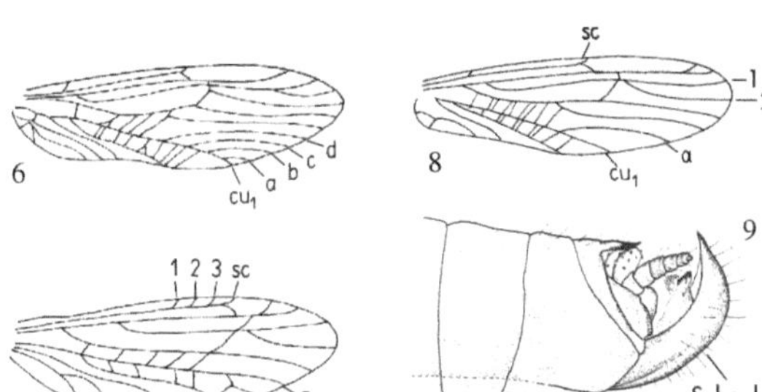

Abb. 103/6–9. Rechter VFl von **6** *Brachyptera* sp.; **7** *Rhabdiopteryx* sp.; **8** *Taeniopteryx* sp.; **9** HlbE (♂ von der Seite) von *Rhabdiopteryx acuminata*.

3 Subgenitalplatte (Subgpl) in eine nach oben gerichtete Spitze ausgezogen (Abb. **103**/9). 8,5–10 mm; BY: an Bergbächen der Alp; sehr s; IV. *Rhabdiopteryx acuminata* KLAPALEK

3* Subgpl nicht nach oben aufgebogen, sondern gerade nach hinten gestreckt. 8–12 mm; BY: an größeren Fließgewässern der VorAlp; III–IV. *Rhabdiopteryx neglecta* (ALBARDA)

4 **(1)** cu1 im VFl mit 2–4 Nebenadern (a, b, c, d in Abb. **103**/6). Fl oft gebändert (Gattung *Brachyptera* NEWPORT), weitere Bestimmung nur für ♂♂, ♂♂ mit Bauchblase (Abb. **104**/1 und 6) **5**

4* cu1 im VFl nur mit 1 Nebenader (a in Abb. **103**/8) **9**

5 Basale FGld breiter als lg oder kugelig **6**

5* Basale FGld länger als breit **8**

6 Fl lg, überragen den Hlb. **7**

6* Fl verkürzt, VFl viel kürzer als HFl, 5–12 mm, an Flüssen (Ammer, Iller, Inn); sehr s; II–V. *Brachyptera trifasciata* (PICTET)

7 K mit durchgehender gelb-rötlicher Querbinde hinter den Oc. 7–10 mm, an Flüssen der Ebene u. Vorgebirge. II–IV. *Brachyptera braueri* (KLAPALEK)

7* K ohne durchgehende Querbinde, hierher 2 weitere Arten der Gattung.

8 **(5)** Subgpl groß, rechtwinkelig nach oben umgebogen (Abb. **104**/1). 8–11 mm; an Bächen der MGeb: z; IV–VII. *Brachyptera risi* (MORTON)

8* Subgpl klein, nicht nach oben umgebogen (Abb. **104**/3). 7–13 mm; an Bächen der MGeb u. Alp; III–VII. *Brachyptera seticornis* (KLAPALEK)

9 **(4)** rs im VFl mit 3 Ästen. 8 mm; ♂♂ kurzflügelig u. ohne Bauchblase; an großen Flüssen (Rhein, Donau); in DE ausgestorben; III–IV. *Oemopteryx loewii* (ALBARDA)

9* rs im VFl nur mit 2 Ästen (1, 2 in Abb. **103**/8), ♂♂ mit Bauchblase (wie Abb. **104**/1, 6). Im Gebiet 6 Arten. Weitere Bestimmung nur für ♂♂. Gattung *Taeniopteryx* PICTET

a) Fl von normaler Lg . . . . . **b)**

a*) Fl stark verkürzt, Cerci mit einem Zahn. In großen Flüssen (Elbe, Donau); in DE vermutlich ausgestorben; III–IV. *T. araneoides* KLAPALEK

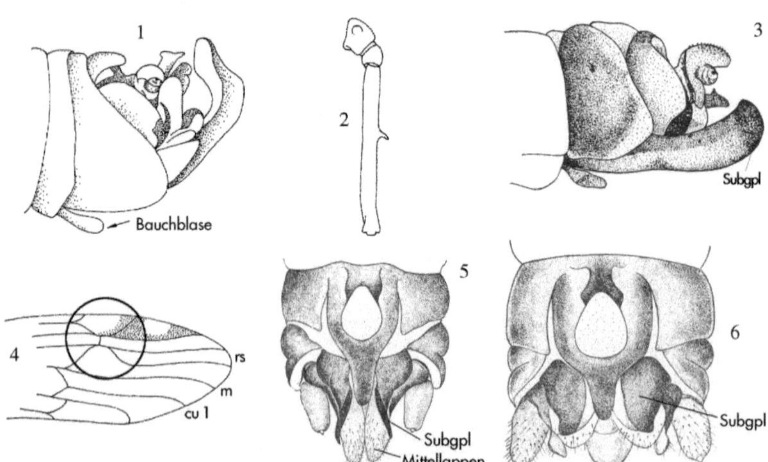

Abb. 104/1–6. 1 HlbE (♂ seitlich) von *Brachyptera risi*; **2** HSchenkel (♂) von *Taeniopteryx auberti*; **3** HlbE (♂ seitlich) von *Brachyptera seticornis*; **4** VFlSpitze von *Protonemura meyeri*; **5** HlbE (♂ von unten) von *Protonemura lateralis*; **6** HlbE (♂ von unten) von *Protonemura praecox*.

b) HSchenkel mit einem Zahn (Abb. **104**/2) . . . . **c)**
b*) HSchenkel ohne Zahn . . . . **d)**
c) Cerci kurz, 4gld. 9–11 mm; an Bächen der MGeb u. VorAlp; z; II–IV. *Taeniopteryx auberti* KIS & SOWA
c*) Cerci länger, 8–9gld. 8–10 mm; BY: größere Fließgewässer der Alp; s; II–IV. *T. kuehtreiberi* AUBERT
d) Cerci lg, 8–9gld. größere Fließgewässer; II–IV. *T. nebulosa* (L.)
d*) Cerci kürzer, 4gld; hierher zwei weitere Arten der Gattung

Familie ***Nemouridae***

4–12 mm. Braun, rotbraun od. schwärzlich. Fl glasklar, meistens mit typischer X-förmiger Figur, liegen in Ruhe dem Hlb flach auf. Cerci modifiziert, eingld. Flugzeit III–XI. Holarkt u. orientalisch. Im Gebiet 33 Arten in 4 Gattungen, Entw 1- bis mehrjährig. ♂♂: OS des Hlb am E mit Epiprokt (Ep) ähnlich Abb. **108**/3.

1 US der VBr mit 6 schlauchförmigen Kiemen od. 4 büschelförmigen Kiemenresten **2**
1* VBr ohne Kiemen od. deren Reste **6**
2 US der VBr mit 6 schlauchförmigen Kiemen. Im Gebiet 14 Arten. Weitere Bestimmung nur für ♂♂. ♂♂ mit oft arttypischen Subanalplatten (Subapl). Gattung *Protonemura* KEMPNY
a) Subanalplatte (Subapl) verrundet (Abb. **104**/6), nicht spitz ausgezogen od. mit einer Gräte. 7–8 mm; an Bächen der MGeb u. VorAlp; v; II–IV. *P. praecox* (MORTON)
a*) Subapl übergangslos spitz ausgezogen od. mit einer deutlich abgesetzten Verlängerung. . . . . **b)**
b) Subapl deutlich kürzer als MLappen (wie Abb. **104**/5); hierher 2 Arten.
b*) Subapl so lg od. länger als MLappen (Abb. **106**/1, 2, 3, 4). . . . . **c)**
c) rs, m, u. cu1 im VFl leicht s-förmig geschwungen (Abb. **104**/4), K mit deutlicher heller Querbinde hinter den Oc. US des HlbE Abb. **106**/3. 16–7 mm; an Bächen der Mgeb u. Alp; IV–VI. *P. meyeri* (PICTET)
c*) rs, m, u. cu1 nicht s-förmig geschwungen, K ohne deutliche helle Querbinde. . **d)**
d) US des HlbE wie Abb. **106**/3 od. 4. . . . . **e)**
d*) US des HlbE anders. Vielgestaltig (wie z.B. Abb. **106**/2: *P nitida* (PICTET); h im MGeb u. Alp); hierher 8 weitere Arten der Gattung.
e) Stützsklerit des MLappen am E kugelig verdickt, mit Dornen (Abb. **106**/1). 5–6 mm; an Bächen der MGeb u. Alp: IV–VIII. *P. intricata* (RIS)
e*) Stützsklerit des MLappen am E spitz, ohne Dornen (Abb. **106**/4). 5–6 mm; an Bächen der MGeb u. Alp: IV–X. *P. auberti* ILLIES
2* US der VBr mit büschelförmigen Kiemenresten. Weitere Bestimmung nur für ♂♂. (Gattung *Amphinemura* RIS) **3**
3 Epiprokt (Ep) von oben gesehen ± rechteckig (Abb. **106**/5, 6) **4**
3* Ep spitz eiförmig od. anders gestaltet (Abb. **106**/7, 8) **5**
4 Spitze des Ep verrundet, seitlich mit 2 kleinen Häkchen (Abb. **106**/5). 4,5–6,0 mm; an Fließgewässern des Hügellandes u. Geb.; V–VI. *Amphinemura borealis* (MORTON)
4* Spitze des Ep mit einem fadenförmigen Anhang (Abb. **106**/6). 4–6 mm; an Bächen der MGeb, s Alp u. Flachland; IV–IX. *Amphinemura sulcicollis* (STEPHENS)
5 **(3)** Ep eiförmig spitz (Abb. **106**/7). 4–5 mm; an kleinen Bächen der MGeb; VI–X. *Amphinemura standfussi* (RIS)
5* Ep an der Spitze beiderseits lappig erweitert (Abb. **106**/8). 4–6 mm; an Bächen der MGeb; IV–VII. *Amphinemura triangularis* (RIS)
6 **(1)** 1. FußGld der HB deutlich länger als 2. u. 3. zusammen; Cerci doppelt so lg wie 9. HlbSgm. 5–7 mm; Quellen, Grundwasseraustritte, Moorschlenken, in stehenden u. fließenden Gewässern der Ebene u. Geb; IV, IX. *Nemurella pictetii* KLAPALEK

6* 1. FußGld der HB nicht länger als 2. u. 3., Cerci so lg od. kürzer als 9. HlbSgm. Weitere Bestimmung nur für ♂♂. Im Gebiet 14 Arten. Gattung *Nemoura* LATREILLE

a) Cerci walzenförmig, am E verrundet (Abb. **106**/9). 5–6 mm; in quelligen Hochstaudenriedern, Zwischenmooren der Ebene u. VorGeb; IV–V. *N. dubitans* MORTON

a*) Cerci mit hakenartigem Forts . . . . **b)**

b) Cerci mit 2 hakenartigen Forts am E, Außenrand der Subapl deutlich gekerbt (Abb. **107**/1). 6–7 mm; Süßwasserubiquist, in allen Gewässertypen; IV–X. *N. cinerea* (RETZIUS)

b*) Cerci am E nur mit 1 nach außen gerichteten Forts, Außenrand der Subapl nicht gekerbt . . . . **c)**

c) K einfarbig dunkel . . . . **d)**

c*) K mit 2 hellen Flecken an den Au, Cerci an der Basis halbkugelig nach außen vorgewölbt (Abb. **107**/2). 5–8 mm; BY: an Bächen der Alp über 1000 m; s; VI–VIII. *N. obtusa* RIS

d) rs, m u. cu1 im VFl leicht S-förmig gebogen (ähnlich Abb. **104**/4), Subapl dreieckig spitz (Abb. **107**/3). 5–8 mm; BY: an Bächen der HochAlp; sehr s; V–VII. *N. undulata* RIS

d*) Adern im VFl gerade, Subapl anders gestaltet . . . . **e)**

e) OS des 10. HlbSgm mit 2 warzenartigen Forts. 6–8 mm; an Bächen der MGeb u. der Alp; IV–VI. *N. uncinata* DESPAX

e*) 10. HlbSgm oben ohne Forts . . . . **f)**

f) Das E der Cerci erinnert an einen Vogelkopf oder Schuh (Abb. **107**/4, 5) . . . . . . **g)**

f*) Das E der Cerci anders. . . . . **h)**

g) Das E der Cerci erinnert an einen Vogelkopf (Abb. **107**/4). 6–8 mm; an Fließgewässern der Ebene u. VorGeb u. oligothrophen Seen im Flachland; IV–VI. *N. avicularis* MORTON

g*) Das E der Cerci erinnert an einen Schuh od. Fuß (Abb. **107**/5). 5–6 mm; an MGebBächen; IV–VI. *N. cambrica* (STEPHENS)

h) Spitze der Subapl hell; sehr klein, Lg 4–5 mm. sehr s, BY: Bäche der VorAlp u. Alp; V–VI. *N. minima* AUBERT

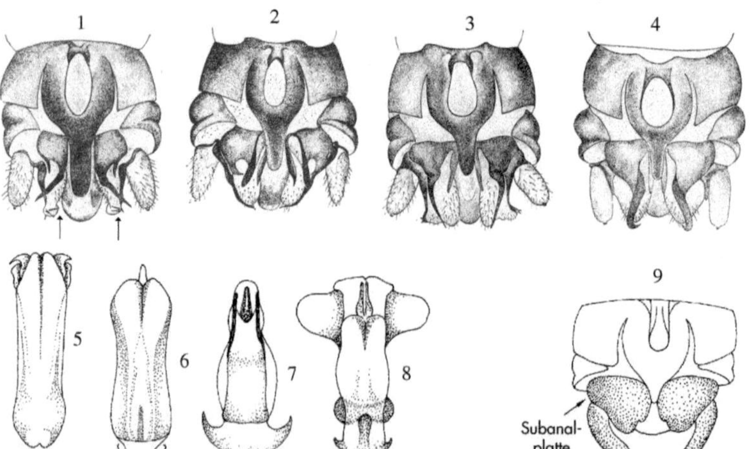

Abb. 106/1–9. HlbE (♂ von unten) von **1** *Protonemura intricata*; **2** *P. nitida*; **3** HlbE (♂ von unten) von *P. meyeri*; **4** HlbE (♂ von unten) von *P. auberti*; Epiproct (von oben) von **5** *Amphinemura borealis*; **6** *A. sulcicollis*; **7** *A. standfussi*; **8** *A. triangularis*; **9** HlbE (♂ von unten) von *Nemoura dubitans*.

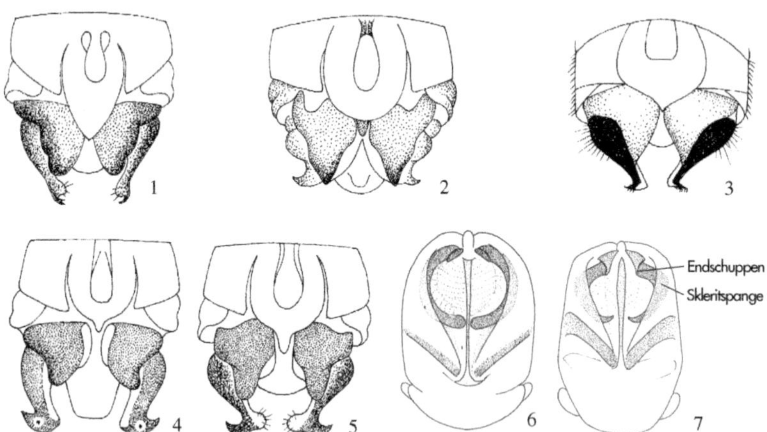

Abb. 107/1–7. HlbE (♂ von unten) von **1** *Nemoura cinerea*; **2** *N. obtusa*; **3** *N. undulata*; **4** *N. avicularis*; **5** *N. cambrica*; **6** Epiproct von *Nemoura flexuosa*; **7** Epiproct (von oben) von *Nemoura marginata*.

h*) Subapl ± einheitlich gefärbt, meist Lg > 5 mm . . . . **i)**
i) Subapl innen ± halbkreisförmig ausgeschnitten . . . . **j)**
i*) Subapl innen nicht ausgeschnitten. . . . . **k)**
j) Cerci deutlich länger als Subapl. 5–8 mm; BY: an Quellen u. Quellbächen der Alp. *N. sinuata* RIS
j*) Cerci ± so lg wie Subapl. 6–8 mm; an Bächen der MGeb u. Alp; IV–VIII. *N. mortoni* RIS
k) Cerci fast doppel so lg wie Subapl. 6–8 mm; an kleinen Bächen; IV–V. *N. sciurus* AUBERT
k*) Cerci nicht doppelt so lg wie Subapl . . . . **l)**
l) Skleritspangen des Ep am HlbE gleichmäßig gerundet (von oben betrachten), Endschuppen schmal (Abb. **107**/6). An Bächen; IV–VI. *N. flexuosa* AUBERT
l*) Skleritspangen des Ep winkelig gebogen, Endschuppen breiter, dreieckig (Abb. **107**/7). An Quellen u. Bächen der MGeb u. Alp; IV–VI. *N. marginata* PICTET

Familie *Capniidae*

3–8 mm. Einfarbig schwarze Grundfärbung, Fl glasklar, flach dem Hlb aufliegend. Cerci 1-bis mehrgld. Einige Arten kurzflügelig. Flugzeit II–VI. – **V.** Holarkt. In Eur 20 Arten, im Gebiet 6 Arten in 3 Gattungen. Entw 1 J.

1 Costalfeld mit 2 od. mehreren Queradern (Abb. **108**/2), Cerci lg, mehr als 10 Gld. Weitere Bestimmung nur für ♂♂. ♂♂ mit Epiprokt (Ep) (Abb. **108**/3–6).(Gattung *Capnia* PICTET) **2**
1* Costalfeld ohne Queradern, Cerci kürzer, bis 6 Gld od. 1 Gld **4**
2 Fl von normaler Lg, 7. HlbSgm oben mit Warze, Ep bei seitlicher Betrachtung konisch zugespitzt (Abb. **108**/3). 5,5–8,0 mm; in stehenden u. fließenden Gewässern; II–V. *Capnia nigra* (PICTET)
2* Fl verkürzt **3**
3 9. HlbSgm oben mit Höcker, Ep bei seitlicher Betrachtung fast rechteckig, leicht gebogen (Abb. **108**/4). 5–6 mm; an kleineren Fließgewässern der Ebene u. der VorGeb; II–V. *Capnia bifrons* (NEWMAN)

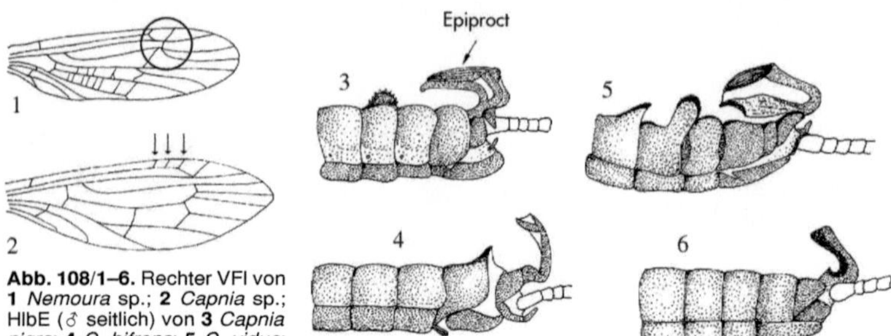

Abb. 108/1–6. Rechter VFl von **1** *Nemoura* sp.; **2** *Capnia* sp.; HlbE (♂ seitlich) von **3** *Capnia nigra*; **4** *C. bifrons*; **5** *C. vidua*; **6** *Capnopsis schilleri*.

3* 9. HlbSgm ohne Höcker, Forts auf 6. u. 7. Sgm, Ep zweischenkelig, breit, Schenkel nur an der Spitze durch eine dünne Membran verbunden (Abb. **108**/5). 6–7 mm; an Bächen der Alp u. MGeb; III–V. *Capnia vidua* KLAPALEK

4 **(1)** Cerci mehrgld, aber weniger als 10 Gld. HFL sehr klein, ohne Analteil. Ep bei seitlicher Betrachtung von rechteckiger Gestalt (Abb. **108**/6). 3,5–4,0 mm (kleinste Art im Gebiet!); in Fließgewässern der Ebene u. MGeb; s; IV–VI. *Capnopsis schilleri* (ROSTOCK)

4* Cerci 1gld, HFL sehr groß, Analteil mit 5 Adern. Im Gebiet 2 Arten. Gattung *Capnioneura* RIS

Familie ***Leuctridae***

3–15 mm. Einfarbig braun bis dunkelbraun. Fl in Ruhestellung halbzylindrisch um den Hlb gerollt. Cerci 1gld. Flugzeit II–XI. – **V.** Holarkt u. orientalisch. Im Gebiet 29 Arten in 1 Gattung. Entw 1 J.

Bestimmung nur für ♂♂

♂♂: OS der Hlb 1–5 HlbSgm stark chitinisiert u. dunkel

♀♀: OS der Hlbgm schwach chitinisiert u. hell

1 Mit chitinisierten Forts auf einem od. mehreren der HlbSgm 6–8 . . . . **2**

1* Ohne chitinisierte Forts auf den HlbSgm. 4 Arten im Gebiet. *Leuctra-inermis*-Gruppe

2 Forts auf den Sgm paarig od. 2spitzig **3**

2* Forts unpaarig, nur auf Sgm 8 . . . . **15**

3 **(1)** Forts nur auf Sgm 7 (Abb. **109**/1); Tiere hell bernsteinbraun, struppig behaart. 6–7 mm; an Bergbächen der MGeb u. Alp; VIII–XI. *Leuctra braueri* KEMPNY

3* Forts nicht nur auf Sgm 7 . . . . **4**

4 Forts auf Sgm 6 u. 7 . . . . **5**

4* Forts auf Sgm 6–8 od. 6 u. 8 od. nur auf Sgm 8 . . . . **11**

5 Sgm 8 mit großen paarigen Mittelplatten, Forts auf Sgm 6 parallel und eng beisammen, Forts Sgm 7 querliegend (Abb. **109**/2), 5–7 mm; an Bächen; X–XI. *Leuctra digitata* KEMPNY

5* Sgm 8 ohne paarige Mittelplatten, Forts anders **6**

6 Hsch deutlich länger als breit; große Arten, >7 mm **7**

6* Hsch nicht deutlich länger als breit, fast quadratisch; kleine Arten, <7 mm **8**

7 Forts auf Sgm 6 so breit wie der Abstand zw Ihnen. 7–10 mm; an Bächen der MGeb u. der Alp; s; VIII–IX. *Leuctra leptogaster* AUBERT

7* Forts auf Sgm 6 viel schmaler als der Abstand zw ihnen (Abb. **109**/3), 8–10 mm; an Bergbächen der MGeb u. Alp; s; VIII–IX. *Leuctra major* BRINCK

8 **(6)** US des 9. HlbSgm mit Bauchblase (wie Abb. **104**/1), Forts auf Sgm 7 breit . . **9**

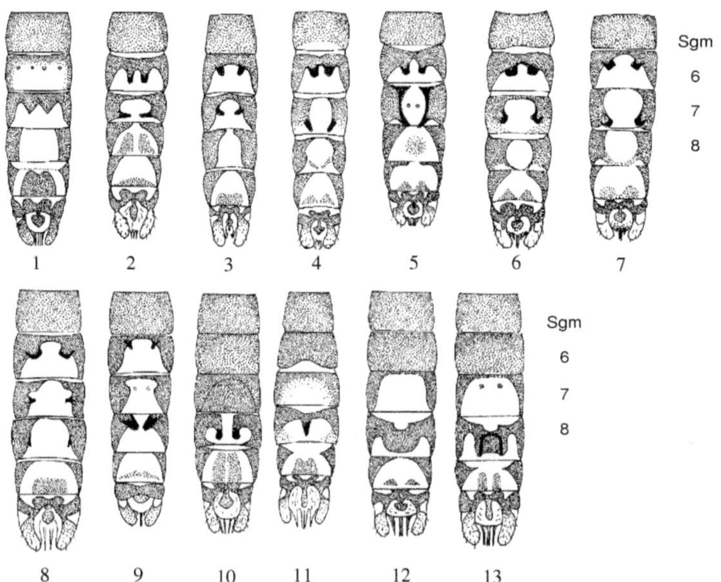

Abb. 109/1–13. HlbE (♂ von oben) von **1** *Leuctra braueri*; **2** *L. digitata*; **3** *L. major*; **4** *L. mortoni*; **5** *L. fusca*; **6** *L. albida*; **7** *L. moselyi*; **8** *L. aurita*; **9** *L. nigra*; **10** *L. hippopus*; **11** *L. geniculata*; **12** *L. armata*; **13** *L. rosinae*.

8* US des 9. HlbSgm ohne Bauchblase. Forts auf Sgm 7 sehr schmal, flach aufliegend (Abb. **109**/4). 5–7 mm; an Bächen der Mittelgebirge u. Alp; sehr s; VIII–XI. *Leuctra mortoni* KEMPNY

9 Forts auf Sgm 7 enden stumpf abgerundet **10**

9* Forts auf Sgm 7 spitz auslaufend (Abb. **109**/5). 7–9 mm; an Bächen und Flüssen des Flachlandes, der MGeb u. VorAlp; VIII–XI. *Leuctra fusca* (L.)

10 Forts auf Sgm 7 reichen bis zur M des Sgm (Abb. **109**/6). 5–8 mm; an Bächen der MGeb u. VorAlp; VII–X. *Leuctra albida* KEMPNY

10* Forts auf Sgm 7 reichen bis zu dessen HRand (Abb. **109**/7). 5–7 mm; BY u. BW: an Bächen der Alp u. des Schwarzwaldes; s; VII–X. *Leuctra moselyi* MORTON

11 **(4)** Forts auf Sgm 6–8, auf Sgm 7 u. 8 klein, rudimentär (Abb. **109**/8). 5–7 mm; an Bächen der MGeb u. Alp; VI–IX. *Leuctra aurita* NAVAS

11* Forts nicht auf Sgm 6–8 . . . . **12**

12 Forts auf Sgm 6 u. 8, auf Sgm 8 lg u. kräftig (Abb. **109**/9), 4–6 mm; an Fließgewässern der Ebene u. Geb; IV–IX. *Leuctra nigra* KEMPNY

12* Forts nur auf Sgm 6 oder nur auf Sgm 8 . . . . **13**

13 Forts nur auf Sgm 6; hierher weitere 2 Arten der *Leuctra-fusca*-Gruppe.

13* Forts nur auf Sgm 8 . . . . **14**

14 Forts auf Sgm 8 lang, deutlich getrennt und am HEnde verdickt (Abb. **109**/10). 5–7 mm; an Bächen der MGeb u. Voralp, im Flachland auch in Quellen; III–VIII. *Leuctra hippopus* KEMPNY

14* Forts auf Sgm 8 kurz, 2spitzig, hierher 5 weitere Arten der *Leuctra-hippopus*-Gruppe.

15 **(2)** Forts auf Sgm 8 stiftförmig (Abb. **109**/11), US des HlbSgm 9 ohne Bauchblase. 8–10 mm; an Fließgewässern; VIII–XI. *Leuctra geniculata* (STEPHENS)

15* Forts auf Sgm 8 breit **16**
16 HRand des Forts gerade od. leicht konkav; hierher 4 weitere Arten der *Leuctra-hippopus*-Gruppe.
16* HRand des Forts verrundet **17**
17 Forts halbkreisförmig verrundet (Abb. **109**/14). 6 mm; BY: an AlpBächen oberhalb 1000 m; IV–V. *Leuctra armata* KEMPNY
17* Forts halbkreisförmig verrundet, aber mit U-förmiger schwarzer Chitinleiste (Abb. **109**/15). 5–7 mm; Voralp u. Alp, früher Erzgeb; V–VIII. *Leuctra rosinae* KEMPNY

Literatur

AUBERT, J. (1959): Plecoptera. – In: Insecta Helvetica. Fauna 1, 140 S. Lausanne.
ENTING, K. (2003): Die Epiprocte der außeralpinen mitteleuropäischen Arten der Gattung *Nemoura* LATREILLE 1833 (Insecta: Plecoptera). – Lauterbornia 47: 131–140, Dinkelscherben.
ENTING, K.: www.pleoptera.de, [Stand 2010].
FOCHETTI, R. & TIERNO DE FIGUEROA, J. (2007): Fauna Europaea: Plecoptera. – Fauna Europaea version 2.2, http://www.faunaeur.org, [Stand 2010].
FOCHETTI, R. & TIERNO DE FIGUEROA, J. M. (2008): Global diversity and conservation of the stoneflies (Plecoptera: Insecta) in fresh water. – In: BALIAN, E. V. et al. (Hrsg.): Freshwater Animal Diversity Assessment. – Hydrobiologia 595: 365–377.
GRAF, W. & SCHMIDT-KLOIBER, A. (2008): Taxonomie und Verbreitung von Steinfliegen – Plecoptera in Österreich. Unterlagen zu Ökologie und Taxonomie aquatischer wirbelloser Organismen Teil VII. – Skriptum im Auftrag des Bundesministerium für Land- & Forstwirtschaft, Umwelt & Wasserwirtschaft: 162 S, Wien.
HOHMANN, M. & BERGER, T. (2010): Plecoptera (außeralpine Arten) und Heteroptera aquatica. – Skript zum 39. Bestimmungskurs der Deutschen Gesellschaft für Limnologie: 1–131.
ILLIES, J. (1955): Steinfliegen oder Plecoptera. – In: DAHL: Die Tierwelt Deutschlands. T. 43, 150 S. Jena.
ILLIES, J. (1963): Plecoptera, Steinfliegen – Uferfliegen. – In: BROHMER: Die Tierwelt Mitteleuropas, Bd. IV (Neubearbeitung), 185 S. u. XV Taf., Leipzig.
KIS, B. (1974): Plecoptera. – In: Fauna Rep. Soc. România, Bd. VIII, Fac. 7, 271 S., Bucuresti.
KOESE, B. (2008): De Nederlandse steenvliegen (Plecoptera). – In: Nederlandse Faunistische Mededelingen, Suppl.: Entomologische Tabellen, Band **1**: 158 S., Leiden.
MENDL, H. (1971): Steinfliegen aus Bayern – neu für Deutschland (Insecta, Plecoptera). – Bayerische Tierwelt 1: 99–114, Würzburg.
RAVIZZA, C. (2002): Atlas of the Italien Leuctridae (Insecta, Plecoptera) with an appendix including Central European species. – Lauterbornia 45, 42 S., Dinkelscherben.
REUSCH, H. & WEINZIERL, A. (1988): Rote Liste der Steinfliegen (Plecoptera). – In: Rote Liste gefährdeter Tiere Deutschlands. Schriftenreihe für Landschaftspflege und Naturschutz, Heft 55: 255–259, Bonn – Bad Godesberg.
REUSCH, H. & WEINZIERL, A. (2001): Verzeichnis der Steinfliegen (Plecoptera) Deutschlands. – In: KLAUSNITZER, B. (Hrsg.): Entomofauna Germanica. Band 5. – Entomologische Nachrichten und Berichte, Beiheft 6: 45–52. Dresden.
TIERNO DE FIGUEROA, J. M., SANCHEZ-ORTEGA, A., MEMBIELA IGLESIAS, P. & LUNZON-ORTEGA, J. M. (2003): Plecoptera. – In: RAMOS, M. A. et al. (Hrsg.): Fauna Ibérica, vol. 22: – Museo Nacional de Ciencias Naturales. CSIC. 404 S., Madrid.
WEINZIERL, A. (2004): Rote Liste gefährdeter Steinfliegen (Plecoptera) Bayerns. – Schriftenreihe Bayerisches Landesamt für Umweltschutz 166 (2003): 62–64, Augsburg.
ZWICK, P. (1970): Was ist *Nemoura marginata* F. J. PICTET 1836? Bestimmung eines Neotypus und Beschreibung einer neuen europäischen *Nemoura*-Art (Ins., Plecoptera). – Revue suisse Zool. 77: 261–272.
ZWICK, P. (1973): Insecta: Plecoptera. Phylogenetisches System und Katalog. – In: MERTENS & HENNIG: Das Tierreich, Lfg. 94, 465 S., Berlin & New York.
ZWICK, P. (1980): Plecoptera (Steinfliegen). – In: HELMCKE, J.-G., STARCK, D. & WERMUTH, H. (Hrsg.): Handbuch der Zoologie IV (2), 2/7: 115 S., Berlin, New York.
ZWICK, P. (2003): 8. Ordnung Plecoptera, Steinfliegen, Frühlingsfliegen, Uferfliegen. – In: DATHE, H. H. (Hrsg.): Lehrbuch der Speziellen Zoologie, Band I: Wirbellose Tiere, 5. Teil: Insecta, 2. Auflage. – Spektrum Akademischer Verlag Heidelberg, Berlin: 144–154.
ZWICK, P. (2004): A key to the west palaearctic genera of stoneflies (Plecoptera) in the larval stage. – Limnologica 34: 315–348.

Dermaptera – Ohrwürmer

Bernhard Klausnitzer & Hans Schiemenz†

G. Körper gestreckt, abgeplattet (Abb. **111**/1, 4–7), 5–26 mm. K liegt in der Körperebene (prognath). F fadenförmig. Oc fehlen. Beißende Mundwerkzeuge. Hsch ± rechteckig. VFl kurz, glatt, ungeadert, den Hlb größtenteils frei lassend. HFl meist gut entw, stark u. kompliziert gefaltet, oft völlig unter den VFl verborgen od. fehlend. Füße 3gld. Am E des Hlb 2 Zangen (Cerci), die zu Abwehr, Angriff, Beförderung der Beute zum Mund, Hilfe bei der Kopulation, Aushöhlen der Brutkammer u. Entfaltung der HFl dienen. Zangen beim ♂ meist stark gekrümmt, beim ♀ fast gerade mit überkreuzten Spitzen. Hlb beim ♂ mit 10 von oben sichtbaren Sgm, beim ♀ nur mit 8. – **L.** Meist lichtscheu, dämmerungs- u. nachtaktiv, tagsüber unter Steinen, Baumrinde, dem Boden aufliegenden Blättern, in Mauerrissen, engen Spalten u. dgl. Zeitweilig auch auf Gebüsch. *Labia* fliegt gern, bes. an Misthaufen. Die anderen Arten fliegen sehr s, Flugmuskulatur oft reduziert. – **B.** Unvollkommene Verwandlung. Na: räuberisch (weichhäutige Insekten u. a.), pfl Detritus, auch frische PflTeile. Eiabl im Frühj, bei *Forficula auricularia* auch im Herbst in kleinen Häufchen (50–60 Stück) unter Steinen usw., vielfach Balz u. Brutfürsorge. Schlupf der L bei allen Arten im Frühj. ♀ betreut Eier u. einige Zeit auch noch die L in selbst gefertigter Höhlung. 4 od. 5 LStadien (*Labidura riparia*). Manche ♀ überw u. legen ihre Eier erst im Frühj. Entw meist 1 J. 2000 Arten, heimisch 8, die zu 3 Familien gehören (alle außer *Labia minor* u. *Labidura riparia* zur Familie *Forficulidae*).

Beachte: Angegebene Maße bezeichnen die GesamtLg mit Zangen!

1 Zw Hsch u. VFl liegt eine breite, hinten stark konkave Platte (Abb. **111**/1). L der *Dermaptera*

1* Hinter dem Hsch liegen unmittelbar die VFl (Abb. **111**/4–7). **2**

2 VFl rechteckig, völlig getrennt, stoßen mit ihrer ganzen InnenS aneinander (Abb. **111**/4–7). **3**

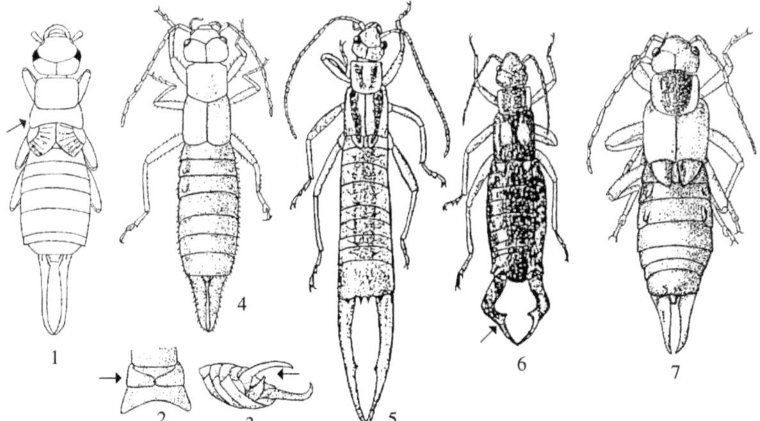

Abb. 111/1–7. 1 *Forficula auricularia*, L; **2** *Chelidurella acanthopygia*, Br u. VFl; **3** *Ch. acanthopygia*, ♂, HlbE; **4** *Apterygida media*, ♀; **5** *Labidura riparia*, ♂; **6** *Anechura bipunctata*, ♂; **7** *Forficula auricularia*, ♀.

2* VFl reduziert, breiter als lg, mit dem MRücken verwachsen, stoßen höchstens an einem Punkt aneinander (Abb. **111**/2). Hlb hinten am breitesten, Zangen weit getrennt. Beim ♂ ragt zw ihnen die hakenförmige Spitze der letzten Bauchplatte nach oben (Abb. **111**/3). 12–17 mm. F 13 Gld. – Wärmeliebend. Im Frühj in Laub- u. Mischwald unter Falllaub, später auch auf Gebüsch, bes. Eichen; v; III–IV. Vielleicht 2 Arten, die aber hier nicht getrennt werden können. Gattung *Chelidurella* VERHOEFF.
Chelidurella acanthopygia (GENÉ) – **Waldohrwurm**
u. *Chelidurella guentheri* GALVAGNI

3 HFl fehlend od. völlig unter den VFl verborgen (Abb. **111**/4). **4**

3* HFl ragen unter den VFl als kleine hellere Schuppen deutlich hervor (Abb. **111**/5–7). **5**

4 F 12 Gld. Hsch quadratisch od. quer (Abb. **111**/4). Körper gelbbraun bis rotbraun, schlank. 9–13 mm. – In Laub- u. Mischwald, bes. auf Gebüsch; v; V–X. [*A. albipennis* (CHARPENTIER)] *Apterygida media* (HAGENBACH) – **Gebüsch-Ohrwurm**

4* F 16–24 Gld. Hsch hinten verbreitert. HFl fehlend, Körper schwarzbraun. ♂ 9–11, ♀ 12–14 mm. – Aus warmen Gebieten stammend, Kosm, eingeschleppt; auf Müllplätzen bei Leipzig (seit 1930, wahrscheinlich nach 1995 erloschen) u. Kiel (seit 1952); VI–X. [*Anisolabis annulipes* (LUCAS)]
Euborellia annulipes (LUCAS) – **Südlicher Ohrwurm**

5 **(3)** 6,5–8,5 mm. – F 12 Gld, mit heller Spitze. Kosm. Ebene bis 1500 m. Guter Flieger, fliegt an warmen Tagen z. B. um Strohmisthaufen (Lebensraum) u. an Hauswänden; v; IV–X. (Familie Spongiphoridae). *Labia minor* (L.) – **Kleiner Ohrwurm**

5* Mindestens 10 mm. **6**

6 F 25–30 Gld. Strohgelb mit dunkelbrauner Zeichnung auf Hsch u. VFl (Abb. **111**/5). 13–38 mm. Kosm. An Meeresküsten u. sandigen Ufern von Seen u. Flüssen, vor allem Bergbaufolgelandschaften, auf Braunkohlenkippen, in Tagebauen, Sand- u. Kiesgruben; baut Wohnröhren in feuchtem Sand mit dreieckigem Eingang; auch unter Steinen; z; V–IX. (Familie Labiduridae).
Labidura riparia (PALLAS) – **Sandohrwurm**

6* F 12 od. 15 Gld. Dunkelbraun. **7**

7 F 12 Gld. VFl mit je 1 gelblichen Fleck in der M (Abb. **111**/6). Matt schwarzbraun. Zangen beim ♂ in 2 ± senkrecht zueinander stehenden Ebenen gekrümmt (Abb. **102**/6). 13–21 mm. – Im Geb bis 2400 m, unter Steinen; ältere Funde, sehr s; VII–X.
Anechura bipunctata (F.) – **Zweipunkt-Ohrwurm**

7* F 15 Gld. VFl ohne gelben Fleck (Abb. **111**/7). Glänzend dunkelbraun, B hell. Zangen beim ♂ nur horizontal gekrümmt. 11–17 mm. Kosm, Kulturfolger; mit Brutpflege; g; III–XI. (Vielleicht 2 Arten?) *Forficula auricularia* L. – **Gemeiner Ohrwurm**

Literatur

BEIER, M. (1959): Ohrwürmer und Tarsenspinner. Neue Brehm-Bücherei, Heft 251. – Wittenberg Lutherstadt.

BEIER, M. (1959): Ordnung Dermaptera. – In: Bronns Klassen und Ordnungen des Tierreichs, Bd. 5, Abt. 3, Buch 6, Lfg. 3. – Leipzig.

GÜNTHER, K. K. & HERTER, K. (1974): Dermaptera (Ohrwürmer). – In: Handbuch der Zoologie, Bd. 4, 2. Hälfte, 2. Teil, 11. Beitrag. – Berlin, New York.

HAAS, F. (2003): 12. Ordnung Dermaptera, Ohrwürmer. – In: DATHE, H. H. (Hrsg.): Lehrbuch der Speziellen Zoologie, Band I: Wirbellose Tiere, 5. Teil: Insecta, 2. Auflage. – Spektrum Akademischer Verlag Heidelberg Berlin: 173–180.

HARZ, K. (1957): Die Geradflügler Mitteleuropas. – G. Fischer Verl. Jena, 494 S.

HARZ, K. (1960): Geradflügler oder Orthopteren (Blattodea, Mantodea, Saltatoria, Dermaptera). – In: DAHL, F. (Begr.): Die Tierwelt Deutschlands. 46. Teil. – Jena, 232 S.

HARZ, K. & KALTENBACH, A. (1976): Die Orthopteren Europas. Bd. III. – The Hague.

MATZKE, D. (2001): Verzeichnis der Ohrwürmer (Dermaptera) Deutschlands. – In: KLAUSNITZER, B. (Hrsg.): Entomofauna Germanica. Band 5. – Entomologische Nachrichten und Berichte, Beiheft 6: 53–60. Dresden.

Mantodea – Fangschrecken oder Gottesanbeterinnen

Hans Schiemenz† & Bernhard Klausnitzer

G. K dreieckig, senkrecht stehend (orthognath), frei beweglich. KomplexAu sehr groß, weit getrennt, 3 Oc. F lg, borstenförmig. Beißende Mundwerkzeuge. VBr sehr lg, VB sind Fangbeine, Schiene kann gegen gefurchten Schenkel wie die Klinge eines Klappmessers eingeschlagen werden, Hüften lg u. frei beweglich. MB u. HB lg SchreitB. Fl gut ausgebildet, VFl liegen über den HFl u. dem Hlb flach übereinander. ♂ kleiner u. schwächer als Weibchen. – **V.** nur in warmen Zonen, im Mittelmeergebiet häufig. – **L.** Auf Waldlichtungen, in Savanne, Grassteppe, Halbwüste. – **B.** Unvollkommene Verwandlung. Tagaktiv. Na: vorwiegend Insekten, denen mit fangbereiten VB aufgelauert wird, die über der Beute zusammenschlagen, eine Bedornung der BGld verhindert das Entweichen (Lauerjäger). Bei od. nach der Paarung wird ♂ mitunter vom ♀ gefressen. Eiabl (im Gebiet im Herbst) in schaumigem, an der Luft bald erstarrendem, 2 bis 4 cm lg Sekretkokon (Oothek) mit 100 bis 250 Eiern, der an der Unterseite von Steinen od. an bodennahen Vegetationsteilen befestigt wird. Im Gebiet überw nur die Eier. Ca. 2.300 Arten, heimisch 1. – Grün, s braun, ♂ 40–55, ♀ 48–75 mm. BW, bes. am Kaiserstuhl, SL, RP, SN, Berlin; teils ausgesetzt, auf sonnigen Magerrasen, Brachen, Ruderalflächen, im Gras, auf Stauden u. Gebüsch; s; VII–X. *Mantis religiosa* L. – **Gottesanbeterin** (Abb. **113**/1)

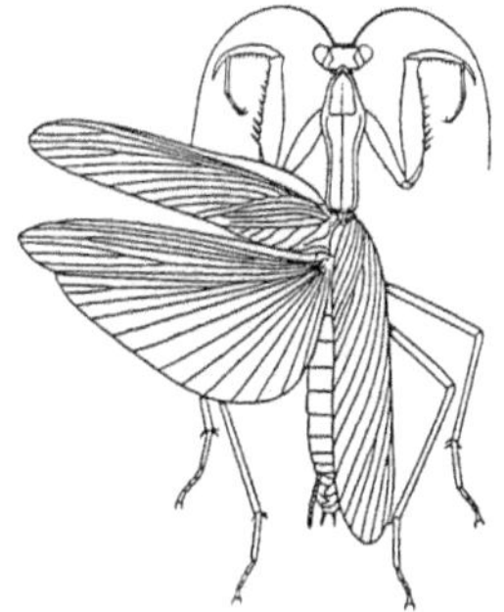

Abb. 113/1. *Mantis religiosa.*

Literatur

BEIER, M. (1968): 12. Mantodea (Fangheuschrecken). – In: HELMCKE, J. G., STARCK, D. & WERMUTH, H. (Hrsg.): Handbuch der Zoologie, IV. Band: Arthropoda, 2. Hälfte: Insecta, 2. Teil: Spezielles. – Walter de Gruyter, Berlin, 47 S.

BEIER, M. & HEIKERTINGER, F. (1952): Fangheuschrecken. – Neue Brehm-Bücherei, Heft 64, Leipzig, 32 S.

BERG, M. K., DÜKER, C., KELLER, M., KRÜGER, B., LÜBCKE, N. & LÜBKE, T. (2008): Die Gottesanbeterin, *Mantis religiosa* LINNAEUS, 1758 (Mantodea, Mantidae), im Freistaat Sachsen. – Entomologische Nachrichten und Berichte 52, 2: 93–98.

BERG, M. [K.] & KELLER, M. (2004): Die Gottesanbeterin, *Mantis religiosa* LINNAEUS, 1758 (Mantodea: Mantidae), im Stadtgebiet von Berlin-Schöneberg – Ihre Lebensweise und faunistische Beobachtungen in den Jahren 1998 bis 2003. – Märkische Entomologische Nachrichten 6, 1: 55–84.

BRECHTEL, F., EHRMANN, R. & DETZEL, P. (1996): Zum Vorkommen der Gottesanbeterin *Mantis religiosa* (LINNÉ, 1758) in Deutschland. – Carolinea 54: 73–90.

DETZEL, P. & EHRMANN, R. (2001): Verbreitung der Gottesanbeterin (*Mantis religiosa* LINNÉ, 1758) in Deutschland (Fangschrecken, Mantoptera). – In: KLAUSNITZER, B. (Hrsg.): Entomofauna Germanica 5. – Entomologische Nachrichten und Berichte, Beiheft 6, Dresden: 61–62.

EHRMANN, R. (2003): Die Gottesanbeterin *(Mantis religiosa)*, Neufunde in Deutschland. – Articulata, Erlangen 18 (2): 253–254.

GEPP, J. & KREISSL, E. (1988): Zum gegenwärtigen Stand des Vorkommens der Gottesanbeterin, *Mantis religiosa* L., in der Steiermark (Insecta, Mantodea). – Mitteilungen des Naturwissenschaftlichen Vereines für Steiermark, Graz 118: 185–191.

HARZ, K. (1957): Die Geradflügler Mitteleuropas. – G. Fischer Verl., Jena: 39–47.

HARZ, K. (1960): Geradflügler oder Orthopteren (Blattodea, Mantodea, Saltatoria, Dermaptera). – In: DAHL, F.: Die Tierwelt Deutschlands und der angrenzenden Meeresteile nach ihren Merkmalen und ihrer Lebensweise, 46. Teil. – G. Fischer, Jena: 26–31.

KALTENBACH, A. P. (1976): Mantodea. – In: HARZ, K. & KALTENBACH, A. P.: Die Orthopteren Europas, Bd. 3. (Mantodea, Phasmoptera, Dermaptera, Blattoptera, Isoptera). – Dr. W. JUNK, B. V. Publishers, The Hague: 129–169, 420–427.

KLASS, K.-D. & EHRMANN, R. (2005): 13. Ordnung Mantodea, Fangschrecken, Gottesanbeterinnen. – In: KAESTNER, A.: Lehrbuch der speziellen Zoologie, Band 1: Wirbellose Tiere (Hrsg. GRUNER, H.-E.), Teil 5: Insecta (Hrsg. DATHE, H. H.), 2. Aufl., korrigierter Nachdruck. – Spektrum Akademischer Verlag, Heidelberg, Berlin: 181–197.

Blattoptera – Schaben

Horst Bohn

G. Körper plattgedrückt, länglich eiförmig (Abb. **114**/1). Von Käfern leicht durch die HlbAnhänge (Cerci) u. die vielgld F zu unterscheiden. Heimische Arten 5–32 mm. K nach unten-rückwärts gerichtet (hypognath), unter dem großen Hsch verborgen. F borstenförmig, vielgld. VFl schwach sklerotisiert (Elytren), HFl weichhäutig; Fl bes. bei den ♀♀ häufig verkürzt. Alle B sind LaufB; Schenkel u. Schienen bedornt, Füße 5gld (nach Regeneration 4gld). ♂ in der Regel schlanker als das mehr gedrungen gebaute ♀. OS des Hlb mit 10 sichtbaren Sgm (Tergite, Te), letztes (Supraanalpl) mit paarigen Forts (Cerci); ♂ oft mit artspezifischen Drüsenstrukturen (Drüsengruben, Drgr), bei den hier freilebenden Arten am 7. Te; zur eindeutigen Artbestimmung ist es oft unumgänglich, ein mikroskopisches Präparat (KOH-Behandlung) des betreffenden Te anzufertigen. US des Hlb beim ♂ mit 8 sichtbaren (1. stark reduziert) Sgm (Sternite, St), letztes (= Subgpl = 9. St) klein, mit 1–2 griffelartigen Forts (Styli); beim ♀ mit 6 sichtbaren St, letztes (= Subgpl = 7. St) groß, bei manchen Familien (*Blattidae*) mit 2 Klappen zum Halten der Ootheken.
V. Weltweit v, manche Arten Kosm. Ca. 4 000 Arten, bes. artenreich in den Trop, heimisch: 6–7 freilebende Arten, 5 Arten in Häusern.
L. Freilebende Arten in Fallaub u. in Grasbüscheln, auf u. unter Gebüsch; ♀♀ mehr am Boden, ♂♂ oft höher. Manche Arten als Kulturfolger in Gebäuden.
B. Na: Vegetabilien (welche?). Sehr scheu u. flink. Eiablage in Paketen mit gemeinsamer Hülle (Oothek), viele trop Arten (*Blaberidae*) lebendgebärend. Unvollkommene Verwandlung. Freilebende Arten meist mit zweijährigem EntwZyklus: Im. erscheinen im Frühj, die im Sommer abgelegten Ootheken überw, Ausschlüpfen der L im nächsten Frühj, nochmalige Überw als fast ausgewachsene L. Die ♂♂ sind relativ kurzlebig u. nur bis in den Frühsommer anzutreffen; die langlebigeren ♀♀ findet man bis in den Herbst hinein. *E. panzeri* hat einen einjährigen EntwZyklus: Im. erscheinen im Spätsommer, Überw der Ootheken, Schlüpfen der L im Frühj, Entw bis zur Im. noch im selben J. Eingeschleppte, in Häusern lebende Arten können sich das ganze J hindurch fortpflanzen.

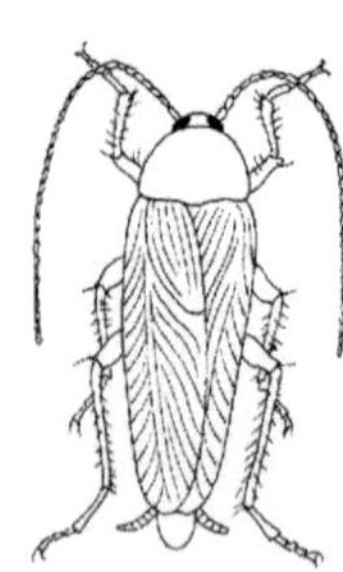
Abb. 114/1. Deutsche Schabe *(Blattella germanica)*, Habitus.

Zur Systematik u. Bestimmung. Freilebende Arten (*Ectobiinae*): Die Auftrennung der Arten auf die beiden Gattungen *Ectobius* u. *Phyllodromica* entspricht nicht den phylogenetischen Beziehungen u. bedarf einer Revision. Die ♀♀ sind oft sehr schwer unterscheidbar (vergl. *E. lapponicus*, *E. pallidus* u. *E. erythronotus*); sie können aber u. U. an Hand ihrer Ootheken unterschieden werden. Falls z. B. wegen der fortgeschrittenen Jahreszeit keine ♂♂ mehr auffindbar sind, empfiehlt es sich, die ♀♀ bis zur Ablage einer Oothek am Leben zu halten. Die V. der freilebenden Schaben in DE ist noch sehr ungenügend bekannt; weitere Angaben sind dringend erwünscht. Ältere Angaben über das Vorkommen von *P. megerlei* (Fieber) in DE sind sicher unzutreffend. – In Häusern lebende Arten: Gelegentlich können auch noch andere, nicht in der Bestimmungstabelle aufgeführte Arten gefunden werden. (Zur genaueren Bestimmung: Hebard, M.: The Blattidae of North America, north of the Mexican boundary. Mem. Am. Ent. Soc. **2**, 1917).

Beachte: Als HschScheibe wird der in der Regel dunkler gefärbte zentrale Teil des Hsch bezeichnet.

1 US der Schenkel mit zahlreichen Dornen; Klauen des letzten FußGld symmetrisch; Subgpl des ♂ mit 2 Styli (1 davon z. T. sehr klein; Abb. **116**/12–16); in Häusern . **2**
1* US der Schenkel mit höchstens 4 Dornen (EDornen nicht mitgezählt); Klauen asymmetrisch (vordere kürzer als hintere); Subgpl des ♂ nur mit 1 Stylus (Abb. **116**/17–22); im Freien (Familie *Blattellidae:* Unterfamilie *Ectobiinae*) **6**

In Häusern lebende Arten

2 Über 19 mm; Subgpl beim ♂ mit lg Styli (so lg wie Subgpl od. länger), beim ♀ am E mit 2 Klappen. (Familie *Blattidae*: Unterfamilie *Blattinae*) **3**
2* Unter 17 mm; Subgpl beim ♂ mit kurzen Styli (viel kürzer als Subgpl), beim ♀ am E ohne Klappen, höchstens eingekerbt. (Familie *Blattellidae:* Unterfamilien *Blattellinae* u. *Pseudophyllodromiinae*) **5**
3 VFl beim ♂ kürzer als Hlb, schräg abgestutzt, beim ♀ nur kurze Lappen. ♂ ohne Drüsenstrukturen am Hlb. Schwarzbraun. Subgpl des ♂: Abb. **116**/15.
Blatta orientalis L. – **Orientalische Schabe**
3* VFl bei ♂ u. ♀ länger als Hlb, E gerundet. (Gattung *Periplaneta*) **4**
4 VFl einfarbig braun. ♂ ohne Drüsenstrukturen am Hlb. Subgpl des ♂: Abb. **116**/12.
P. americana (L.) – **Amerikanische Schabe**
4* VFl braun, an der Basis mit breitem gelblichem VRand. ♂ am 1. HlbSgm mit Drüsenstrukturen (Haarbüschel) (Abb. **116**/1). Subgpl des ♂: Abb. **116**/16.
P. australasiae (F.)
5 **(2)** Hsch mit 2 braunen Längsstreifen; VFl ± einfarbig hell. ♂ mit Drgr am 7. u. 8. Te (Abb. **116**/2), Subgpl asymmetrisch, links stark ausgerandet, mit ungleich großen knopfförmigen Styli (Abb. **116**/13). (Unterfamilie *Blattellinae*).
Blattella germanica (L.) – **Deutsche Schabe**
5* Hsch bis auf transparenten SRand meistens einheitlich braun, zuweilen mit zentraler Aufhellung; VFl mit zwei breiten oft undeutlich getrennten bräunlichen Querbinden. ♂ mit Drüsenstrukturen am 7. Te (Abb. **116**/3), Subgpl symmetrisch mit 2 griffelförmigen Styli (Abb. **116**/14). (Unterfamilie *Pseudophyllodromiinae*).
Supella longipalpa (F.) – **Braunband-Schabe**
6 **(1)** US des Hlb mit 8 sichtbaren St, letztes (Subgpl) klein, ± dreieckig, am E mit 1 Stylus ; VFl mindestens bis HlbE reichend. ♂♂ **7**
6* US des Hlb mit 6 sichtbaren St, letztes (Subgpl) groß, halbkreisförmig, ohne Stylus; VFl z. T. stark verkürzt. ♀♀ **14**

Freilebende Arten, Männchen

7 VFl undeutlich geadert, breit gerundet, apikale Hälfte mit großem dunklem Fleck (Abb. **116**/27); HFl rudimentär, höchstens bis zum 2.Te reichend. Körper bis auf die hellen HschRänder ± einheitlich dunkel gefärbt. 7. u. 8. Te stark vergrößert, 7. Te aufgewölbt, HRand in der M tief eingeschnitten, Drgr groß, mit zwei vorderen u. hinteren Aussackungen, Öffnung am VRand des 7. Te, vom 6. Te ± überdeckt (Abb. **116**/4). Stylus klein, ohne Schüppchen (ähnlich Abb. **116**/22). – z in BR (relativ häufig um Berlin), SN, ST, TH; im S (BW, BY) entland der Schwäb. (W von Ulm) u. Fränk. Alb, an warmen Hängen, stellenweise häufig. Sonstige V.: O- u. SO-Eur.
Phyllodromica maculata (Schreber)
7* VFl mit deutlicher Aderung, schmal gerundet, fein bräunlich od. dunkel gemustert, höchstens mit einigen kleineren dunklen Flecken; HFl höchstens geringfügig kürzer als VFl. (Gattung *Ectobius*) **8**
8 HschScheibe ± sinusförmig, mit deutlichen HEcken, seitlich scharf hell begrenzt; Stylus klein, mit zerstreut stehenden Haaren, aber ohne Schüppchen (Abb. **116**/22); Drgr sehr groß, mehr als ein Drittel der SgmBreite einnehmend, flach **9**
8* HschScheibe rundlich; Stylus unterschiedlich groß, auf der DorsalS immer mit einem Schüppchenareal (Abb. **116**/18–21); Drgr unterschiedlich groß **10**
9 HschScheibe nie ganz dunkel, unterschiedlich aufgehellt, zuweilen ganz hell goldbraun; Drgr im Umriss ± queroval (Abb. **116**/6), flach, Boden mit zerstreut stehenden Haaren

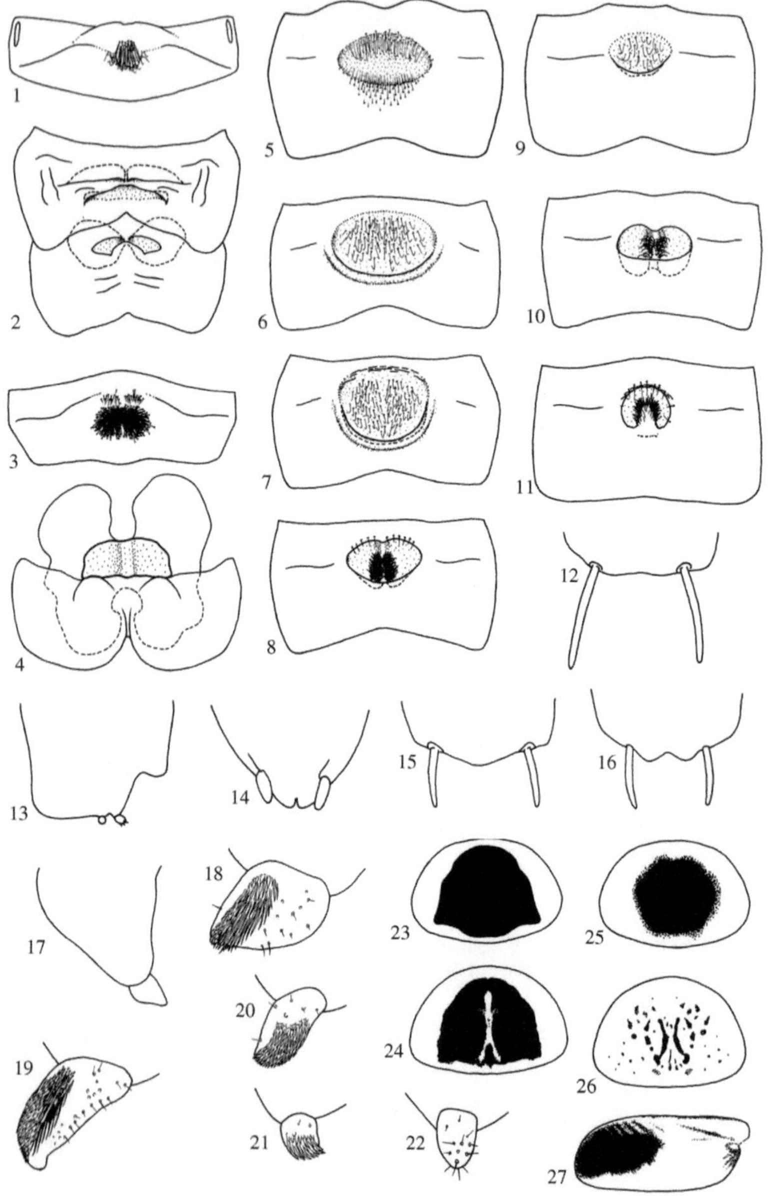
1
2
3
4
5
6
7
8
9
10
11
12
13
14
15
16
17
18
19
20
21
22
23
24
25
26
27

bedeckt; größer als folgende Art, VFl ca. 11 mm. – Im NW bis zum Rhein an warmen Stellen relativ häufig, östl bis Marburg; im SW in BW an warmen Hängen östl. bis Ulm. Sonstige V.: SW-Eur. Oft gemeinsam mit folgender Art. *Ectobius lucidus* (HAGENBACH)

9* HschScheibe ganz dunkel, nie aufgehellt (Abb. **116**/23); Drgr im Umriss ± rundlich (Abb. **116**/7), sonst wie bei vor. Art; kleiner, VFl ca. 10 mm. – g, im N z. Sonstige V.: Eur. bis zum Ural (nicht Iberien u. Apennin-Halbinsel). *E. sylvestris* (PODA)

10 **(8)** Drgr sehr groß, mehr als ein Drittel der SgmBreite einnehmend, queroval, wannenförmig vertieft, an der V- u. HWand mit langen Haaren versehen; HschScheibe meist einfarbig ockerfarben, zuweilen mit paarigen größeren, verwaschen bräunlichen Flecken; Stylus groß (ähnlich Abb. **116**/19). – V.: SEur., ursprünglich nördl nur bis in die S-CH, östlich bis zum Kaukasus reichend. Die Art hat in den letzten 20 Jahren ihr Areal nach N stark erweitert, in DE jetzt bis TH reichend; in DE ist sie bisher nur in großen Städten (Stuttgart, München, Augsburg, Jena) nachgewiesen, wo sie auch in Wohnungen auftaucht, ohne sich dort etablieren zu können.
E. vittiventris (COSTA)

10* Drgr klein, weniger als ein Drittel der SgmBreite erreichend **11**

11 HschScheibe einfarbig hell, stroh- od. ockerfarben, höchstens ganz fein dunkel punktiert **12**

11* HschScheibe auffällig dunkel gefleckt od. ganz dunkel **13**

12 Hlb (wie ganzes Tier) strohfarben, ventral u. dorsal auf jeder S mit einem unterbrochenen dunklen Längsstreifen; Drgr flach, rundlich bis queroval, Boden mit zerstreuten Haaren bedeckt (Abb. **116**/9). Stylus: Abb. **116**/20. – Im W bis zum Rhein an warmen Stellen relativ häufig; sonst sehr z (Marburg, Beckum, Ibbenbüren (NW), einige Lokalitäten in SN (noch?)). Sonstige V.: W- u. SW-Eur. *E. pallidus* (OLIVIER)

12* Hlb überwiegend dunkel; Drgr tiefer, mit querovaler Öffnung, hinten mit paarigen Aussackungen, in der M mit dichtem Haarbüschel (Abb. **116**/10). Stylus: Abb. **106**/19. – Bisher nur einmal bei Bamberg gefunden; sonst in den östl. u. südl. Nachbarländern weit v. *E. erythronotus* BURR

13 **(11)** Gößer, 9,3–12 mm; HschScheibe einheitlich dunkel (sehr selten mit einer medianen Aufhellung), mit verwaschenen Rändern (Abb. **116**/25), Körper größtenteils dunkel; Drgr mit querovaler Öffnung, hinten nur geringfügig ausgesackt, in der M mit dichtem zweiteiligem Haarbüschel (am getrockneten Tier als zweiteiliges Zäpfchen erscheinend); Stylus sehr groß u. breit lappenförmig (Abb. **116**/18). – g. Sonstige V.: Eur. bis zum Ural (nicht GB, Iberien u. Apennin-Halbinsel). *E. lapponicus* (L.)

13* Kleiner, 9,3–9,5 mm; HschScheibe mit auffälliger bauner Zeichnung (Abb. **116**/26), Körper sandfarben, braun gefleckt; Drgr mit rundlicher Öffnung, ohne Aussackungen, am HRand mit dicht behaartem Zäpfchen (Abb. **116**/11); Stylus klein, knopfartig (Abb. **116**/21). Nur von einigen Nordseeinseln (Sylt, Amrum, Borkum?), von Soest (?) u. Bremen (noch?) bekannt. Sonstige V.: W- u. SW Eur.
E. (*Capraiellus*) *panzeri* STEPHENS

Freilebende Arten, Weibchen

14 **(6)** VFl quer abgestutzt, höchstens bis zum 3. HlbSgm reichend **15**

14* VFl bisweilen verkürzt, aber nie quer abgestutzt **16**

15 Größer, >7 mm; VFl basal u. apikal (manchmal fehlend) mit dunklem Fleck; Körper bis auf die hellen HschRänder u. die bräunlichen od. gelblichen B einheitlich dunkel gefärbt; Oothek mit 2–3 schwachen Längsleisten in der Nähe des Kiels.
Phyllodromica maculata

Abb. 116/1–27. 1–11 Tergite mit Drüsenstrukturen (Drüsenöffnungen fein punktiert, von außen nicht sichtbare Aussackungen gestrichelt); **12–17** Subgpl mit Styli (14 von dorsal, sonst von ventral); **18–22** Styli (von dorsal, in gleicher Vergrößerung); **23–26** Hsch; **27** VFl. *Blatta orientalis* 15; *Blattella germanica* 2, 13; *Ectobius erythronotus* 10, 19; *E. lucidus* 6, 24 (♀); *E. lapponicus* 8, 17, 18, 25; *E. pallidus* 9, 20; *E. panzeri* 11, 21, 26; *E. sylvestris* 7, 22, 23; *E. vittiventris* 5; *Periplaneta americana* 12; *P. australasiae* 1, 16; *Phyllodromica maculata* 4, 27; *Supella longipalpa* 3, 14. Alles ♂♂ soweit nicht anders angegeben.

15* Kleiner, <7 mm; VFl fein braun gemustert; Körper ± sandfarben, bräunlich gefleckt; Oothek glatt. *Ectobius panzeri*

16 **(14)** HschScheibe ± sinusförmig, mit deutlichen HEcken, seitlich scharf hell begrenzt; Scheitel zw den Au vorn dunkel, hinten mit heller Querbinde; Oothek mit ca. 17 starken Längsleisten **17**

16* HschScheibe rundlich, einfarbig od. mit auffälliger dunkler Zeichnung; Scheitel ohne auffällige helle Binde zw den Au; Oothek entweder glatt, od. fein längs gestreift od. mit Längsleisten **18**

17 HschScheibe einheitlich od. gemischt dunkel bis goldbraun, in der M immer mit gelblichem verkehrt y-förmigem Makel (Abb. **116**/24); VFl weniger stark verkürzt, >6 mm, s mit dunklen Flecken. *E. lucidus*

17* HschScheibe wie bei voriger Art, aber nie mit gelblichem Makel in der M; VFl stark verkürzt, <5,5 mm, meist mit einigen dunklen Flecken. *E. sylvestris*

18 **(16)** Oothek ohne Längsleisten, ganz glatt od. mit sehr feiner Längsstreifung . . . **19**

18* Oothek mit Längsleisten **20**

19 **(18)** Oothek glatt; US des Hlb überwiegend gelblich, mit schmalen segmentalen dunklen Querstreifen, lateral meist mit einer Reihe dunkler Flecken. *E. pallidus*

19* Oothek mit feiner Längsstreifung; US des Hlb dunkler, zumindestens die vorderen St überwiegend dunkel. *E. lapponicus*

20 **(18)** Oothek mit über 30 feinen Längsleisten; Vfl das HlbEnde deutlich überragend; US des Hlb überwiegend gelblich, mit schmalen, sich zur M verbreiternden segmentalen dunklen Querbanden. *E. vittiventris*

20* Oothek mit ca. 17 starken Längsleisten; Vfl das HlbEnde nicht überragend; US des Hlb überwiegend dunkel, hintere St oft durch große paarige Flecken aufgehellt, aber niemals so weit, dass nur noch eine schmale dunkle Bande übrig bleibt. *E. erythronotus*

Literatur

Baur, H., Landauer Lüscher, I., Müller, G., Schmidt, M. & Coray, A. (2004): Taxonomie der Bernstein-Waldschabe *Ectobius vittiventris* (A. Costa, 1847) (Blattodea: Blattellidae) und ihre Verbreitung in der Schweiz. – Rev. suisse Zool. 111 (2): 395–424.

Bohn, H. (1989): Revision of the Sylvestris Group of *Ectobius* in Europe (Blattaria: Blattellidae). – Ent. scand. 20: 317–342, Kopenhagen.

Bohn, H. (2003): 14. Ordnung Blattoptera, Schaben. – In: Dathe, H. H. (Hrsg.): Lehrbuch der Speziellen Zoologie, Band I: Wirbellose Tiere, 5. Teil: Insecta, 2. Auflage. – Spektrum Akademischer Verlag Heidelberg, Berlin: 197–223.

Bohn, H. (2003): Verzeichnis der Schaben (Blattoptera) Deutschlands. – In: Klausnitzer, B. (Hrsg.): Entomofauna Germanica. Band 6. – Entomologische Nachrichten und Berichte, Beiheft 7: 47–53. Dresden.

Bohn, H. (2004): The Blattoptera fauna of Switzerland and the adjacent regions of France, Italy and Austria. I. The species of the *sylvestris*-group of *Ectobius* (Blattellidae, Ectobiinae). – Spixiana 27: 253–285.

Failla, M. C. & Messina, A. (1978): Struttura della fossetta ghiandolare dei maschi delle specie Italiane de *Ectobius* Steph. (Blattaria, Ectobiidae). – Animalia 5: 357–394, Catania.

Harz, K. (1976): Blattoptera. – In: Harz & Kaltenbach: Die Orthopteren Europas. Bd. 3, The Hague.

Köhler, G. (2006): Erstfund der Bernstein-Waldschabe, *Ectobius vittiventris* (A. Costa, 1847), in Thüringen (Insecta: Blattoptera, Blattellidae). – Thüringer Faun. Abh. 11: 49–53.

Köhler, G. & Renker, C. (2005): Schaben (Insecta: Blattoptera) in Thüringen – eine faunistische Zusammenschau. – Thüringer Faun. Abh. 10: 103–136.

Landau, I., Baur, H., Müller, G. & Schmidt, M. (2000): Zur Verbreitung und Taxonomie von *Ectobius vittiventris* (Costa) (Blattoptera: Ectobiidae) in der Schweiz. – Mitt. Schweiz. Entom. Ges. 73: 179–180.

Princis, K. (1965): Ordnung Blattariae (Schaben). – In: Beier: Bestimmungsbücher zur Bodenfauna Europas. Lieferung 3, Berlin.

Wallaschek, M., Langner, T. J. & Richter, K. (2004): Die Geradflügler des Landes Sachsen-Anhalt (Insecta: Dermaptera, Mantodea, Blattoptera, Ensifera, Caelifera). – Ber. Landesamt Umweltschutz Sachsen-Anhalt, Sonderh. 5: 1–289.

Isoptera – Termiten

Hans Schiemenz† & Herbert Weidner†

Alle Arten bilden Staaten, deren Ähnlichkeit in Aufbau u. Ausbildung von Polymorphismus (Kasten: Geschlechtstiere, sterile Arbeiter u. Soldaten) mit denen der Ameisen (S. 644) auf Konvergenzen beruht, während Morphologie, Entw u. Lebensweise sehr verschieden sind. Daher sind Bezeichnungen wie „weiße Ameisen" irreführend u. zu vermeiden. – **G.** Klein bis mittelgroß (2–22 mm; physogastre Königinnen bis 115 mm), etwas abgeflacht, zarthäutig, mit stärker sklerotisiertem K u. Körpersklerïten. Färbung unscheinbar, weißlich, rotgelb, braun bis schwarz, ohne auffallende Zeichnungen, bei Soldaten K oft viel dunkler als Körper. Primäre Geschlechtstiere (♂, ♀) geflügelt bis E des Schwarmfluges, VFl u. HFl gleich, arm an Adern, den Hlb weit überragend (Abb. **119**/1); besitzen FacettenAu. Arbeiter, Soldaten u. Ersatzgeschlechtstiere stets ungeflügelt (Abb. **119**/2–5), fast immer blind (od. höchstens mit 2 Oc) u. meist farblos (weißlich). F fadenförmig, mit leicht perlschnurförmig abgesetzten Gld. Mundwerkzeuge beißend. Soldaten meist mit stark vergrößertem K u. OKf (Abb. **119**/4), KVRand bei den sog. „Nasuti" mit nasenartigem Auswuchs, an dessen Spitze eine gewaltige Stirndrüse ausmündet, die ein sehr wirksames Wehrsekret absondert. Tergit der VBr nicht vergrößert, lässt den K völlig frei. US der Br größtenteils von den Hü eingenommen. B gleichförmig, meist mit 4gld Tarsus. Hlb deutlich gegld, am E mit sehr kurzen Styli; äußere Geschlechtsorgane bei ♂ u. ♀ sekundär vereinfacht u. stark rückgebildet. – **V.** Warme Gebiete (bes. Tropen) aller Erdteile, hauptsächlich Afrika, nur wenige Arten der Familien *Kalotermitidae* u. *Rhinotermitidae* kommen bis zu 40° nördl u. südl Breite vor. In DE gibt es keine rezente autochthone Art, doch werden holzbewohnende Arten gelegentlich eingeschleppt, von denen sich einige unter für sie günstigen Umständen eine gewisse Zeit halten können. – **L.** Alle warmen Lebensräume, in denen genügend PflStoffe als Na (vor allem Holz) vorhanden sind. – **B.** Lichtscheu, kommen normalerweise nicht ans Tageslicht; leben in Bauten, die überwiegend in der Erde od. in Holz angelegt werden, sich aber auch über die Oberfläche erheben (in Afrika bis 6 m hoch!). Bauten vielfach mit schornsteinartigen Aufsätzen u. von Kanalsystem durchzogen (Durchlüftung!). Baustoffe: mit Speichel verklebte Erde, Exkremente u. zerkaute Holzteilchen; werden bei manchen Arten steinhart. Bei einigen Arten besteht ein Volk mitunter aus mehreren Millionen Tieren; wird von einem Pärchen Geschlechtstiere gegründet. Geschlechtstiere

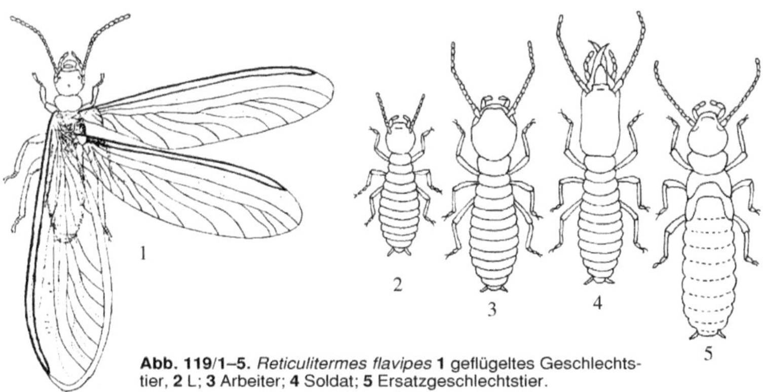

Abb. 119/1–5. *Reticulitermes flavipes* **1** geflügeltes Geschlechtstier, **2** L; **3** Arbeiter; **4** Soldat; **5** Ersatzgeschlechtstier.

werden einmal im J in großer Anzahl hervorgebracht, steigen gleichzeitig zum Hochzeitsflug in die Luft. Die Paare lassen sich zu Boden fallen, werfen die Fl an vorgebildeten Bruchnähten nahe der FlBasis ab u. suchen eine geeignete Stelle für die Paarung auf. Hochzeitskammer bildet Grundstock u. Zentrum des neuen Baues. Darin Paarung des ♀ (Königin) mit dem ♂ (König), Eiabl u. Aufzucht der ersten L. Darum herum entstehen weiter Kammern für L, Vorräte, Pilzgärten usw. In einem Bau meist nur 1 Paar (s mehrere Paare) Geschlechtstiere, werden bei manchen Arten 10 J alt, legen alle 2 Sekunden ein Ei. L ähneln den Im. Alle L ergeben fortpflanzungsunfähige ♂ u. ♀ mit degenerierten Geschlechtsorganen (Ausnahme: einmal im J gebildete Geschlechtstiere), die sämtliche Arbeiten verrichten (Arbeiter) od. den Schutz des Volkes übernehmen (Soldaten). Masse des Volkes besteht normalerweise aus Arbeitern. Bei manchen primitiven Arten gibt es keine Arbeiter; ältere L übernehmen deren Funktionen. Aus ArbeiterL können ungeflügelte hellfarbige Ersatzgeschlechtstiere nachgezogen werden, die zur Eiablage befähigt sind. – Na: Holz u. andere PflStoffe. Arbeiter zerstören Holz, können Zellulose mit Hilfe von symbiontischen Darmflagellaten verdauen. Geschlechtstiere, Soldaten u. L werden überwiegend von Arbeitern mit Speicheldrüsensekret, NaBrei aus dem VDarm od. mit dem Inhalt der Gärkammer im HDarm gefüttert. Weitergabe von Pheromonen. Hochspezialisierte Arten betreiben in unterirdischen Nestkammern Pilzzucht. – 3000 Arten; heimisch 1, aus NAm eingeschleppt. *Reticulitermes flavipes* (KOLLAR) – **Gelbfußtermite** (Abb. **119**/1–5)

Heimat O-USA bis etwa 38° nördl. Breite. Erster Fund einer lebenden Kolonie 1837 in einem Gewächshaus des Botanischen Gartens in Wien. Seit mindestens 1930 in Hamburg, wo Holzzerstörungen in Gebäuden so stark waren, dass nach 1952 etliche Häuser abgerissen werden mussten. Durch Dauerbeheizung (Fernheizungsrohre) gefördert. Nach 1945 mit Holztransporten aus USA mehrfach nach Mannheim gelangt; in einem Fall an 13 Stämmen von *Pinus echinata* MILLER 31 lebende Nester! – Geflügelte Geschlechtstiere im Gebiet vor allem innerhalb beheizter Räume beobachtet; Vermehrung u. Koloniegründungen nur durch Ersatzgeschlechtstiere (Abb. **119**/5). Auch in ÖS ein zeitweiliges Vorkommen (bei Hallein).

Literatur

BOHN, H. (2003): 15. Ordnung Isoptera, Termiten. – In: DATHE, H. H. (Hrsg.): Lehrbuch der Speziellen Zoologie, Band I: Wirbellose Tiere, 5. Teil: Insecta, 2. Auflage. – Spektrum Akademischer Verlag Heidelberg, Berlin: 223–250.

GAY, F. J. (1967): A world review of introduced species of termites. – Commonw. Scien. Industr. Res. Org. Australia, Bull. 286, Melbourne, 88 S.

SCHMIDT, H. (1954): Ist unser Bauholz durch Termitenbefall gefährdet? Ein Wort zum Termitenvorkommen in Hamburg-Altona. – Dtsch. Holzwirtschaft 8: 8–9.

SELLENSCHLO, U. (1988): Nordamerikanische Erdtermiten in Hamburg. – Prakt. Schädlingsbek. 40: 170–172.

WEIDNER, H. (1978): Die Gelbfüßige Bodentermite *Reticulitermes flavipes* (KOLLAR, 1837) in Hamburg (Isoptera). – Entom. Mitt. Zool. Mus. Hamburg 6: 49–100.

WEIDNER, H. & SELLENSCHLO, U. (2003): Bestimmungstabellen der Vorratsschädlinge und des Hausungeziefers Mitteleuropas. – 6. Aufl., Spektrum Akademischer Verlag, Heidelberg.

WICHMANN, H. E. (1957): Unbekannte Wege der Termiten-Einschleppung. – Anz. Schädlingsk. 30: 183–188.

Saltatoria (Orthoptera) – Heuschrecken

Günter Köhler (Imagines) & Martin Oschmann (Juvenile partim)

In zumeist älteren Schriften werden zu den Orthoptera i. e. S. (Geradflügler) neben den Saltatoria (Heuschrecken) noch die Dermaptera (Ohrwürmer) und die Blattoptera (Schaben), mitunter auch noch weitere Großgruppen gezählt. Inzwischen hat sich in der internationalen Systematik die Ordnung Orthoptera (Heuschrecken) durchgesetzt, mit den Unterordnungen der stammesgeschichtlich älteren Ensifera und der viel jüngeren Caelifera, die sich wesentlich in mindestens 20 Merkmalen unterscheiden.
Heimische Arten 1,5–50 mm.
G. K senkrecht zur Körperlängsachse (orthognath), mit beißenden Mundwerkzeugen; VFl viel derber als die darunter in Ruhe fächerförmig gefalteten HFl; in DE bei ca. 30 Arten beide FlPaare ± reduziert, s fehlend (bei ca. 20 Arten s auch wieder vollflüglige Ind. möglich, wie bei *Conocephalus, Metrioptera*, einigen Gryllidae, *Tetrix* und allen kurzflügligen Gomphocerinae); HB sind lg u. kräftige SprungB; Hlb ursprünglich aus 11 Sgm, das 1. mit der HBr verschmolzen, 10. u. 11. Sgm abgewandelt, folglich nur 8 sichtbar. ♂ meist kleiner als ♀. Juv. von (kurzflügliger) Im. dadurch zu unterscheiden, dass die ± häutigen FlAnlagen (ohne erhabene Adern) zunächst abwärts, später aufwärts gerichtet sind, wobei die HFl seitlich über den VFl liegen (bei Im. liegen die sklerotisierten VFl dorsal bis seitlich über den häutigen HFl). Juv. auch mit gleicher Lebensweise wie Im.
V. Fast alle Gebiete der Erde (außer Antarktika, Grönland u. einige ozean. Inseln). In Trop sehr viel arten- u. formenreicher, farbenfreudiger u. stattlicher als bei uns. Hohe Artenzahlen in trop Regenwäldern am Boden (*Tetrigidae*) und auf Bäumen (bes. *Ensifera*) sowie in borealen Steppengebieten (bes. *Acrididae*).
L. In allen Lebensräumen vom Regenwald bis zur Halbwüste, auch an Gewässerufern u. in Überschwemmungszonen großer Flüsse (hier s auch semiaquatisch). Bei uns Laubheuschrecken vielfach auf Hochgraswiesen, teils auf Kräutern u. Sträuchern, manche auf Bäumen. Bedornte Höhlenschrecke in Natur- u. Kunsthöhlen, Gewächshausschrecke in Warmhäusern (synanthrop). Grillen zumeist in der Bodenvegetation od. im Boden, das Heimchen in Gebäuden (synanthrop). Kurzfühlerschrecken zumeist auf Wiesen, Heiden u. Ödland.

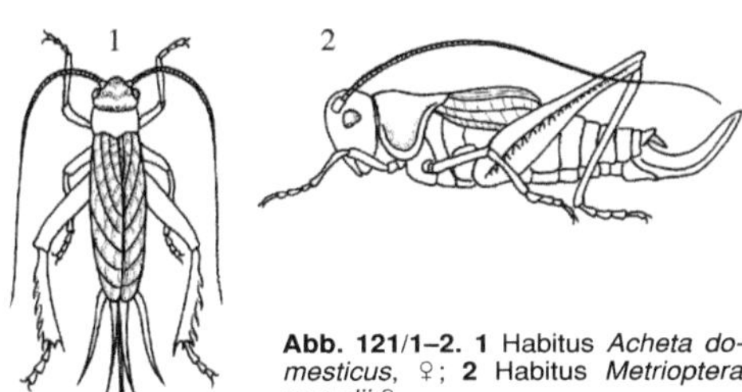

Abb. 121/1–2. 1 Habitus *Acheta domesticus*, ♀; **2** Habitus *Metrioptera roeselii* ♀.

Weltweit >20 000 Arten, Eur ca. 960, in DE 81 residente Arten (ohne Einzelnachweise und lokal eingeschleppte bzw. ausgesetzte Arten).
Nomenklatur nach Eades & Otte (2008).

Beachte: Angegebene Maßbereiche bezeichnen minimale KörperLg der ♂ bis maximale KörperLg der ♀ ohne überragende Fl, Cerci u. Legeröhre, aber mit HschDorn (*Tetrix*). Römische Ziffern bedeuten die Monate der Imaginalzeit (nach Lage u. Jahr sehr wechselhaft).

1 F so lg od. länger als Körper (brechen leicht ab!), am E borstenförmig zugespitzt (nur bei *Gryllotalpa* kürzer, dann VBeine als Grabbeine). Gehörorgan (Trommelfelle, Spalte) in den VSchienen unterhalb des Kniegelenks (vgl. Abb. **123**/4, 5) od. fehlend (*Rhaphidophoridae*). ♂: HlbE gerade (Subgpl waagerecht), Gesang durch Übereinanderreiben der basal umgebildeten VFl. ♀: mit meist lg, säbel-, sichel- od. stabförmiger Legeröhre (verkürzt bei *Myrmecophilus*, fehlt bei *Gryllotalpa*). Füße 4gld, VFl ± dachförmig; wenn Füße 3gld, dann VFl flach übereinander liegend (Grillen). Körperformen siehe Abb. **121**/1, 2. Färbung oft grün, auch grau, braun, s schwarz.
Unterordnung Ensifera – **Langfühlerschrecken** S. 122

1* F (viel) kürzer als Körper, ± gleichmäßig fadenförmig od. an Spitze keulig verdickt. Gehörorgane (als große Öffnungen) seitlich im 1. HlbSgm (Abb. **136**/5, 6, außer *Tetrix*). ♂: HlbE (Subgpl) aufwärts gebogen, glatt, mitunter zugespitzt (Abb. **134**/3, 4); Gesang durch Reiben der HSchenkel an einer VFlAder (*Stenobothrus*- u. *Oedipoda*-Typ), bei manchen Arten HSchenkelbewegungen lautlos; Schönschrecken u. Knarrschrecken mit Mandibellauten, Dornschrecken mit (unsichtbaren) Vibrationssignalen. ♀: mit 4 sichtbaren (von 6) Legescheideklappen (Abb. **136**/1, 2). Füße 2-gld. (*Tetrigidae*) od. 3-gld. (Acrididae). Körperformen siehe Abb. **131**/1, 2. Färbung braun, grau u. grün (innerartlich teils sehr variabel), bes. bei Ödlandschrecken dem Untergrund angepasst (Homochromie). Unterordnung Caelifera – **Kurzfühlerschrecken** S. 131

Unterordnung *Ensifera* – Langfühlerschrecken

Heimische Arten 1,5–50 mm (Ameisengrille – Maulwurfsgrille).

B. Eiabl meist in den Boden, s in PflTeile, morsches Holz od. Rinde. Laubheuschrecken überw 1–3-malig (s auch länger) als Ei, manche Grillen meist als Juv. in verschiedenen Stadien. Unvollkommene Verwandlung über 5–14 Juvenilstadien. Na: Tier-, Pfl.- od. Allesfresser. Die meisten Arten sind tagaktiv, einige vorwiegend dämmerungs- und nachtaktiv. Laubheuschrecken klettern meist gut, oft auf Gebüschen u. Bäumen. Einige Arten flugfähig, wenn auch Flüge selten beobachtet. Kommen auch ans Licht.

Weltweit knapp 10 000 Arten, Eur 593, in DE 39 residente Arten.

1 3 Fußgld (2. Gld sehr kurz, Abb. **123**/1). Fl seitlich abgewinkelt, dadurch in Ruhe auf Hlb flach übereinanderliegend (rechts über links; nur bei *Myrmecophilus* fehlend). Schwarz, braun od. gelbbraun, nur *Oecanthus* gelblich. ♀: Legeröhre stabförmig, nur an Spitze verdickt (Abb. **121**/1), aus 4 Valven (äußerlich sichtbar).
Überfamilie *Grylloidea* – **Grillen** S. 128

1* 4 Fußgld (3. Gld teils abweichend gebaut, Abb. **123**/2). Fl in Ruhe ± dachförmig od. seitlich am Hlb (links über rechts), auch rückgebildet od. fehlend. ♀: Legeröhre seitlich breit abgeflacht, daher säbelartig u. am E mitunter gezähnt (Abb. **121**/2), aus 6 Valven (2 innen liegend, durch Biegen auftröseln) **2**

2 Fußgld abgeplattet (breiter als hoch), 3.Gld kurz, tief eingeschnitten bis herzförmig (von oben gesehen, Abb. **123**/2). VSchienen mit paarigem Gehörorgan (Trommelfelle od. Spalte, Abb. **123**/4, 5). Fl in Ruhe dachförmig od. rückgebildet (Abb. **121**/2). Häufig mit Grün, aber auch braun od. graubraun, niemals völlig schwarz.
Überfamilie *Tettigonioidea* – **Laubheuschrecken** S. 123

2* Fußgld seitlich zusammengedrückt (höher als breit), lg u. dünn, 3. Gld zwar kurz, aber normal ausgebildet (Abb. **123**/3). VSchienen ohne Gehörorgan. Gänzlich ohne Fl. Färbung gelbbraun, mit hellen Flecken od. marmoriert. In Warmhäusern u. Höhlen (sommers auch davor).
Überfamilie *Rhaphidophoroidea* – **Buckelschrecken** S. 130

Abb. 123/1–3. Fuß von **1** *Gryllus campestris*; **2** *Tettigonia viridissima*; **3** *Troglophilus cavicola*.

Überfamilie *Tettigonioidea* – Laubheuschrecken

Familie *Tettigoniidae* – Laubheuschrecken

Eiabl in Erde, PflStängel od. morsches Holz, s in Blätter. Überw stets als Ei. Hauptmasse der Im. erscheint im Hochsommer. Gesang der Singschrecken vorwiegend nachmittags bis nachts, laut u. anhaltend. Singende ♂♂ von Schwert- u. Sichelschrecken gut mit Ultraschall-Detektor erfassbar.

Imagines

1 VSchienen oben innen u. außen mit deutlichem Trommelfell (Gehörorgan, Abb. **113**/4). Meist grün **2**
1* VSchienen oben mit 2 nach vorn gerichteten spaltförmigen Öffnungen (Abb. **123**/5), von der S trommelfellartig durchscheinend **5**
2 Fl viel kürzer als Hlb, lappen- od. schuppenförmig **3**
2* Fl länger als Hlb, voll ausgebildet, grün **4**
3 ♂: Subgpl mit Styli (von unten); Cerci (am HlbE) $^1/_2$ so lg wie Hlb. ♀: Legescheide ungezähnt. *Meconema meridionale (Meconematinae)* S. 124
3* ♂: Subgpl ohne Styli; Cerci höchstens $^1/_4$ so lg wie Hlb. ♀: Legescheide ± deutlich gezähnt. *Phaneropterinae* – **Sichelschrecken** S. 124
4 **(2)** HFl überragen VFl um knapp ein Drittel ihrer Lg (parapter). Körper grün, fein dunkel gepunktet. *Phaneroptera* (*Phaneropterinae*) S. 125
4* HFl u. VFl von etwa gleicher Lg. Körper rein lindgrün. *Meconematinae* – **Eichenschrecken** S. 124
5 **(1)** Hsch (in SAnsicht) in der hinteren Hälfte stark nach oben gebogen; F zw unteren AuRändern eingelenkt, näher zum Ksch als zum Scheitel (von vorn). *Bradyporinae* – **Sattelschrecken** S. 124
5* Hsch über ganze Lg gleich hoch; F zw den Au eingelenkt, näher zum Scheitel als zum Ksch **6**
6 K im SProfil stark konisch, am Scheitel spitzen Winkel bildend (Abb. **123**/6). *Conocephalinae* – **Schwertschrecken** S. 124

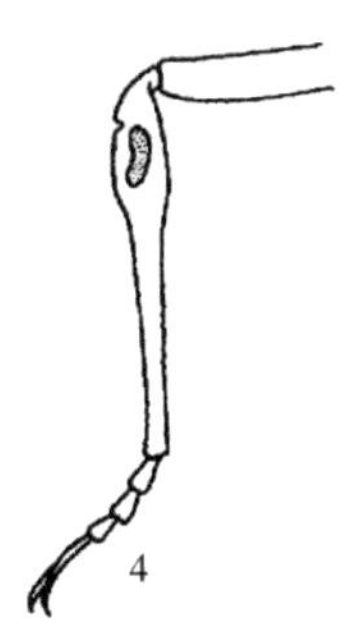

Abb. 123/4–7. 4 VB von *Phaneroptera falcata*; **5** VSchiene (Ausschnitt von vorn) von *Metrioptera roeselii*; KProfil von **6** *Conocephalus dorsalis*; **7** *Platycleis albopunctata*.

6* K im SProfil mehr rundlich, am Scheitel ± rechten od. stumpfen Winkel bildend (Abb. **123**/7). *Tettigoniinae* – **Singschrecken** S. 126

Unterfamilie *Bradyporinae* – Sattelschrecken

Nur 1 Art. Fl bis auf Stridulationsapparat (♂ u. ♀) verkürzt. 20–30 mm; Legescheide 20–21 mm; RP (v), HS (Rheingau/Bingen); Weinbergbrachen, gebüschreiche Saumbiotope, Halbtrockenrasen; s- lokal v; VII–X.
Ephippiger ephippiger (FIEBIG) – **Steppen-Sattelschrecke**

Unterfamilie *Conocephalinae* – Schwertschrecken

3 Arten

1 Fl so lg od. länger als Hlb. ♀: Legescheide ± gerade. **2**

1* Fl kürzer als Hlb (s lgflüglige Individuen); US der HSchenkel meist ohne Dornen. ♂: Supraanalplatte mittig kurzspitzig ausgezogen; Subgpl apikal gerade; Cerci (von der Seite) vor der Spitze abgeflacht u. aufwärts gebogen. ♀: Legescheide gekrümmt, 8–9 mm lg; 11–18 mm; bes. im N; Sumpf- u. Feuchtwiesen, Röhrichte, auch Brachen u. Dünen; v; A VII–X.
Conocephalus dorsalis (ATREILLE) – **Kurzflüglige Schwertschrecke**

2 Körper <20 mm, mit dkl Rückenstreifen; Fl <25 mm, die HKnie erreichend o. wenig überragend (s hyperptere Individuen); US der HSchenkel meist mit einer Reihe von 2–4 dunklen Dörnchen; ♂: Supraanalplatte mittig schwach eingekerbt; Subgpl apikal kurz dreieckig bis rundlich ausgeschnitten; Cerci gleichmäßig zugespitzt u. nicht abgeflacht. ♀: Legescheide gerade, 10–17 mm lg; 12–18 mm; bes im S u. O, fehlt in SH; regional in Ausbreitung; Sumpfwiesen, Wiesenbrachen, Ruderalstellen; v; M VII–X. [*C. discolor* THUNBERG]
Conocephalus fuscus (F.) – **Langflüglige Schwertschrecke**

2* Körper ≥20 mm, meist einfarbig grün; Fl über 25 mm, die HKnie weit überragend; US der HSchenkel mit Doppelreihe an hellen Dörnchen; Legescheide 16–26 mm lg, 20–39 mm; Nur BY u. BW (um Bodensee); Pfeifengraswiesen u. a. Nasswiesen, auch außerhalb; lokal; E VII–A XI. [*Homorocoryphus nitidulus* (SCOPOLI)].
Ruspolia nitidula (SCOPOLI) – **Schiefkopfschrecke**

Unterfamilie *Meconematinae* – Eichenschrecken

2 Arten

1 VFl überragen Hlb; Hsch hinten mit MKiel. 12–15 mm; in Kronen u. an Stämmen älterer Laubbäume, oft in Gärten, Parks u. Alleen, auf Fahrzeugen; Nachttier (meist ♂♂ auch ans Licht, dann in Wohnungen); v; VII–X.
Meconema thalassinum (DEGEER) – **Gemeine Eichenschrecke**

1* VFl viel kürzer als Hlb, höchstens so lg wie Hsch; Hsch gänzlich ohne MKiel. 12–17 mm; Südeur, nach SW-DE eingeschleppt u. wird weiter v; bes. BW, RP (bes. Oberrheinebene u. Neckartal) u. NW (zw. Köln u. Essen), sonst lokal in den meisten BL (außer SH u. MV); auf Bäumen in Städten; auf Fahrzeugen; Nachttier; s- lokal z; E V–XI. *Meconema meridionale* A. COSTA – **Südliche Eichenschrecke**

Unterfamilie *Phaneropterinae* – Sichelschrecken

8 Arten

1 Fl voll ausgebildet, viel länger als Hlb, Hfl länger als Vfl (parapter). **2**

1* Fl verkürzt, beim ♂ auf den Schrillapparat reduziert, beim ♀ schuppenförmig. . . . **3**

2 Hsch seitlich länger als hoch. Körper schwach dunkel punktiert. ♂: Subgpl zum Ende verbreitert, zwei abstehende Lappen bildend; Cerci vor Spitze deutlich verdickt, am Ende abgeplattet. ♀: Legeröhre unten leicht winklig gebogen, an Basis (von unten) abrupt verbreitert, seitlich sinusförmig verdickte Lamina. 12–20 mm; SW- u. M-DE; gebietsweise in Ausbreitung begriffen (bis MV); gebüschreiche Magerrasen, Brachen, Waldränder; z–v, VII–X. *Phaneroptera falcata* (Poda) – **Gemeine Sichelschrecke**

2* Hsch seitlich höher als lang, Körper kräftig dunkel punktiert. ♂: Subgpl zum Ende verschmälert, in zwei dreieckigen Spitzen endend; Cerci vor Spitze schwach verdickt, bis zum Ende drehrund. ♀: Legeröhre gleichmäßig gebogen, an Basis (von unten) allmählich verbreitert, seitlich nicht verdickte Lamina. 12–18 mm; Juv in Magerrasen, Im auf Hecken u. Gebüschen bes. in Siedlungsgebieten und auf verbuschenden Binnendünen; lokal z, VIII–X (in VIII mit *Ph. falcata*). BW, RP, HE, am Rhein sich nach N ausbreitend [*Phaneroptera quadripunctata* Brunner]
Phaneroptera nana nana Fieber – **Südliche Sichelschrecke, Vierpunktige** S. 000

3 F höchstens körperlg. Scheitelgipfel (von vorn) 2–2,5-mal so breit wie 1. FGld (Abb. **125**/1). MBr u. HBr unten hinten mit tiefem Einschnitt. 24–40 mm; in BW (bes. Schw. Alb), BY u. TH (bes. Grenzgebiet u. bei Erfurt); lggrasige Feucht- u. Frischwiesen u. Ruderalfluren; s; VI–IX. *Polysarcus denticauda* (Charpentier) – **Wanstschrecke**

3* F viel länger als Körper. Nach vorn gezogener Scheitelgipfel höchstens so breit wie 1. FGld (Abb. **125**/2). MBr u. HBr unten hinten gerade od. nur leicht eingeschnitten . . **4**

4 ♂: Cerci (oben am HlbE) nur im letzten Drittel od. am E gekrümmt (Abb. **125**/3, 4). ♀: Legescheide in der M am breitesten, im letzten Drittel schwach gezähnt (Abb. **125**/5) **5**

4* ♂: Cerci gleichmäßig od. angedeutet S-förmig gebogen (Abb. **125**/6, 7). ♀: Legescheide basal am breitesten, im letzten Viertel stark gezähnt (Abb. **125**/8, 9) **6**

5 ♂: Cerci im letzten Drittel gekrümmt (Abb. **125**/3); VFl nicht vom Hsch bedeckt. ♀: Legescheide fast 3-mal so lg wie Hsch; VFl zur Hälfte vom Hsch bedeckt. 10–17 mm; auf Gebüsch an sonnigen Waldrändern, in Gärten u. Parks (Kulturfolger); im W v, im O s; E VI–A XI. *Leptophyes punctatissima* (Bosc) – **Punktierte Zartschrecke**

5* ♂: Cerci nur am E kurz gebogen (Abb. **125**/4); VFl zur Hälfte vom Hsch bedeckt. ♀: Legescheide doppelt so lg wie Hsch; VFl fast ganz vom Hsch bedeckt. 10–16 mm; auf Sträuchern an sonnigen Waldrändern u. auf gebüschreichen Magerrasen; z im O (bes. ges. Elbtal) u. S (Franken), s im W (?hier in Ausbreitung); E VII–IX.
Leptophyes albovittata (Kollar) – **Gestreifte Zartschrecke**

6 **(4)** ♂: Cerci gleichmäßig gekrümmt (Abb. **125**/6); Subgpl ± ausgerandet, unten ohne od. mit angedeutetem MKiel. ♀: Legescheide unten in der M gleichmäßig gebogen, seitlich kaum auffallende Zähnchen (Abb. **125**/8). 16–26 mm; Tiefland bis MGeb; hochwüchsige Magerrasen, feuchte Bergwiesen, Waldränder; fehlt im N u. O; z; V–IX. [In früheren Schlüsseln als *I. pyrenaea* (Serville) angegeben, die aber nur in SW- u. S-Eur vorkommt.] *Isophya kraussii* Brunner von Wattenwyl – **Plumpschrecke**

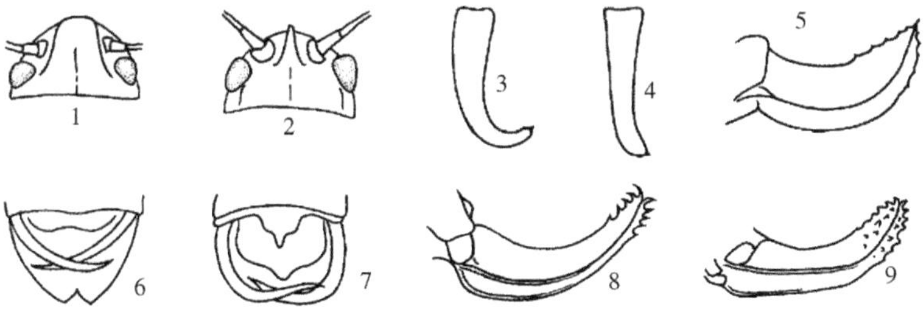

Abb. 125/1–9. KOS von **1** *Polysarcus denticauda*; **2** *Isophya kraussii*; Linker Cercus von **3** *Leptophyes punctatissima*, ♂; **4** *L. albovittata*, ♂; **5** Legescheide von *L. punctatissima*; Cerci von **6** *Isophya kraussii*, ♂; **7** *Barbitistes serricauda*, ♂; Legescheide von **8** *Isophya kraussii*; **9** *Barbitistes serricauda*.

6* ♂: Cerci angedeutet S-förmig gekrümmt (Abb. **125**/7); Subgpl kahnförmig, unterseits mit scharfem Mittelkiel. ♀: Legesäbel unten in der M gerade, auch seitlich mit deutlicher Bezahnung (Abb. **125**/9). Braun/Grün-Färbung und Punktierung sehr variabel. **7**

7 ♂: Cerci in der M etwas verdickt, mit dkl Spitzen; Subgpl kurz dreieckig eingeschnitten, Seitenlappen gerundet. ♀: Legesäbel fast 3-mal so lg wie Hsch; Lappen der Subgpl am E gerundet. 14–23 mm; SN, TH, BY, ST; bevorzugt auf od. in der Nähe von Nadelbäumen (Fichte, Kiefer), an Waldrändern, auf Wacholderheiden, auch auf Friedhöfen; Nachttier; s-z; VII–IX.
Barbitistes constrictus BRUNNER VON WATTENWYL – **Nadelholz-Säbelschrecke**

7* ♂: Cerci in der M nicht verdickt (Abb. **125**/7), einfarbig; Subgpl breit stumpfwinklig eingeschnitten, Seitenlappen ± eckig. ♀: Legesäbel etwa 2-mal so lg wie Hsch; Lappen der Subgpl am E ± abgeschnitten. 15–20 mm; bes. im MGeb, fehlt im NO; auf Gebüsch an Waldrändern u. Lichtungen, im Unterwuchs von Nadelwäldern; s-z; VII–X. *Barbitistes serricauda* (F.) – **Laubholz-Säbelschrecke**

Unterfamilie *Tettigoniinae* – Singschrecken

13 Arten

1 Fl so lg od. länger als Hlb; grün, grau, braun, teils gefleckt. Körper oft über 20 mm **2**

1* Fl viel kürzer als Hlb (s lgflüglige Individuen, daher Merkmale ab 2 u. 9 prüfen). Körper meist unter 20 mm **9**

2 Fl u. Körper einheitlich grün, s gelblich; 1. HFußGld mit Haftpolster, ohne freie Sohlenlappen (Abb. **127**/1) **3**

2* Fl u. Körper braun, grau, od. grün mit dunklen Würfelflecken; Hlb zumindest oben dkl; 1. HFußGld mit freien Sohlenlappen (Abb. **127**/2) **5**

3 VFl 3–3,5-mal so lg wie Hsch. 21–32 mm; Alp, MGeb u. Küstengebiet mit großen Verbreitungslücken, fehlt in SD; auf Gebüsch u. hohen Stauden auf Wiesen u. Feldern, oft an Wegrändern; v-g; A VII–X. *Tettigonia cantans* FÜSSLY – **Zwitscherheupferd**

3* VFl 5–6-mal so lg wie Hsch **4**

4 Dorne auf US der HSchenkel nicht auf schwarzen Flecken. ♂: Obere HlbAnhänge leicht nach innen gebogen u. viel länger als untere, überragen diese um 2,5–5 mm. ♀: Legescheide überragt Fl nicht od. höchstens um 1–2 mm. 28–42 mm; im Geb s über 500 m; auf Gebüsch u. Bäumen in sonnigen Lagen, auf Ödland, Magerrasen, in Gärten u. Getreidefeldern (Kulturfolger); g; VII–X.
Tettigonia viridissima L. – **Großes Heupferd**

4* Dorne auf US der HSchenkel auf schwarzen Ringflecken. ♂: Obere HlbAnhänge leicht nach außen gebogen u. kaum länger als untere, überragen diese wenig od. nicht. ♀: Legescheide überragt Fl um 10 mm. 22–38 mm; nur BR, östliches SN u. ST (bes. Börde); Getreidefelder, Ödland; s; VI–X.
Tettigonia caudata (CHARPENTIER) – **Östliches Heupferd**

5 **(2)** Hsch ohne MKiel. Zw den VB 2 kleine Dornen. 20–27 mm; nur noch in NI (Heide b. Unterlüß TÜP Munster-Süd) u. ST (Klietzer Heide); bes. *Calluna*-Heiden, Sandrasen; s; VII–IX.
Gampsocleis glabra (HERBST) – **Heideschrecke**

5* Hsch wenigstens hinten mit MKiel (oft schwach). Ohne Dornen zw den VB **6**

6 MKiel des Hsch vollständig durchlaufend. Über 22 mm. VFl grün od. braun, meist dunkel gefleckt. 24–44 mm; im N seltener; kurzgrasige Bergwiesen, Feuchtwiesen, Trockenrasen, auch Felder; v; VII–IX. *Decticus verrucivorus* (L.) – **Warzenbeißer**

6* MKiel des Hsch nur hinten ausgeprägt. Unter 20 mm **7**

7 VFl erreichen od. überragen die gestreckten HKnie, VFl mindestens 18 mm lg, grau. 15–24 mm; südexponierte Magerrasen, trockene Heiden, Dünen; v, im N, NW u. S z; M VII–IX. [*P. denticulata* (PANZER)]
Platycleis albopunctata (GOEZE) – **Westliche Beißschrecke**

7* VFl erreichen HKnie nicht, VFl höchstens 18 mm lg **8**

8 ♂: Cerci (an HlbE) mit SZahn an der Basis (Abb. **127**/3); letzte Rückenplatte abgeschnitten. ♀: Legescheide 10–12 mm lg; letzte Bauchplatte flach, ohne kielartige Leiste. 14–19 mm; nur BR (Unteres Odertal); Sandtrockenrasen; sehr s; VII–IX.
Platycleis montana (Kollar) – **Steppen-Beißschrecke**

8* ♂: Cerci mit SZahn vor Spitze (wie in Abb. **127**/4); letzte Rückenplatte zweispitzig. ♀: Legescheide 5 mm lg; letzte Bauchplatte mit kielartiger Leiste. 14–16 mm; nur BW (Oberrheinebene); dürres, vegetationsarmes Ödland; sehr s; VII–IX.
Platycleis tessellata (Charpentier) – **Braunfleckige Beißschrecke**

9 **(1)** HschS vollständig grün, ohne hellen Rand, oben graubraun; VFl überwiegend grün (auch lgflüglige Ind.). ♂: Cerci mit SZahn dicht vor der Spitze (Abb. **127**/4). ♀: Subgpl hinten nur wenig eingekerbt (wie in Abb. **127**/10). 15–18 mm; lggrasige, trockene Wiesen, Wacholderheiden, Sandrasen; z; A VII–X.
Metrioptera bicolor (Philippi) – **Zweifarbige Beißschrecke**

9* HschS ± dunkel, meist braun bis schwarzbraun (auch oben), mindestens hinten mit hellem Rand, s ganz dunkel; VFl überwiegend dunkel **10**

10 ♂: VFl doppelt so lg wie Schrillapparat. ♀: VFl mindestens so lg wie Hsch (s auch lgflüglige Ind.) **11**

10* ♂: VFl nur so lg wie Schrillapparat. ♀: VFl schuppenförmig, größtenteils vom Hsch verdeckt **12**

11 HschS unten u. hinten mit breitem, hellem Saum (Abb. **127**/7). ♂: Cerci mit SZahn vor der Spitze (Abb. **127**/5). ♀: Subgpl hinten tief eingekerbt (auch bei ♂♂, Abb. **127**/9). 14–18 mm; Frisch- u. Feuchtwiesen, auch Weiden; g (an Küste z); E VI–X.
Metrioptera roeselii (Hagenbach) – **Roesels Beißschrecke**

11* HschS nur hinten schmal hell gesäumt (Abb. **1276**/8). ♂: Cerci mit SZahn etwa in der M (Abb. **127**/6). ♀: Subgpl hinten wenig eingekerbt (Abb. **127**/10). 12–18 mm; bes. im MGeb, im O u. W seltener; Feuchtwiesen, Waldränder, Magerrasen; v; VII–X.
Metrioptera brachyptera (L.) – **Kurzflüglige Beißschrecke**

12 **(10)** HschS sehr fein od. gar nicht hell gerandet. 13–18 mm; unter Gesträuch auf Wiesen, Lichtungen, Ödland u. an Waldrändern; g; VII–X.
Pholidoptera griseoaptera (De Geer) – **Gemeine Strauchschrecke**

12* HschS hinten breit hell gerandet. 20–25 mm; nur südl. BY (Alp u. Vorland) u. südöstl. SN (Gr. Winterberg); Waldlichtungen u. Kahlschläge im montanen Bereich, dichter Bewuchs an Waldrändern (häufig auf Brombeere); s; VII–X.
Pholidoptera aptera (F.) – **Alpen-Strauchschrecke**

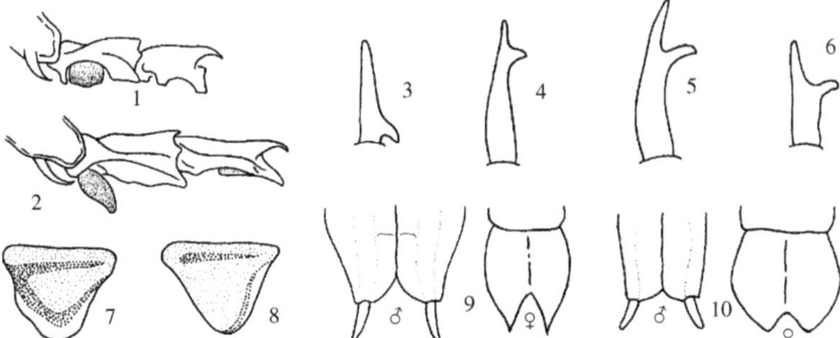

Abb. 127/1–10. HFußbasis von **1** *Tettigonia cantans*; **2** *Decticus verrucivorus*; Rechter Cercus von **3** *Platycleis montana*, ♂; **4** *Metrioptera bicolor*, ♂; **5** *M. roeselii*, ♂; **6** *M. brachyptera*, ♂; Linke HschS von **7** *Metrioptera roeselii*; **8** *M. brachyptera*; Subgpl von **9** *Metrioptera roeselii*, ♂, ♀; **10** *M. brachyptera*, ♂, ♀.

Juvenilstadien

1 HK mit breiter schwarzer Querbinde (kann unter Hsch verborgen sein!). *Ephippiger ephippiger* (FIEBIG)

1* HK ohne breite schwarze Querbinde. **2**

2 Tiere lindgrün, zart, weiße Rückenlinie nicht dunkel eingefasst. Gattung *Meconema* SERVILLE

2* Tiere von kräftiger grüner od. brauner Grundfarbe **3**

3 Über K, Hsch u. Hlb eine breite schwarze bis schwarzbraune Längsbinde. Tiere grün mit schwarzen Punkten. Gattung *Conocephalus* THUNBERG

3* Ohne schwarze Längsbinde. **4**

4 VHü ohne Sporn (nur bei älteren L von *Phaneroptera* ein kurzer Sporn, der nicht bis zum E der VHü reicht). **5**

4* VHü mit Sporn. **9**

5 Hsch länger als HE breit, ab L2 schwach sattelförmig gewölbt. L1 braun gepunktet, L2–L6 grün. HSchenkel schlank, bei L1–L4 mit 2 dunklen Querstreifen auf der OS. L5–L6 mit spitz zulaufenden FlAnlagen. *Phaneroptera falcata* (PODA)

5* Hsch höchstens so lg wie breit. **6**

6 Die hellen SLinien des Hsch gerade, nach hinten gleichmäßig divergierend. Hlb blasig aufgetrieben. Tiere grün. *Isophya kraussii* BRUNNER VON WATTENWYL

6* Die hellen SLinien des Hsch winklig gebogen od. undeutlich **7**

7 Rücken mit drei Reihen weißer Punkte, weiße Längslinie über den Stigmen. SLinien des Hsch deulich winklig gebogen. *Leptophyes albovittata* (KOLLAR)

7* Hlb ohne weiße Zeichnung **8**

8 Hsch (bes. bei jüngeren L) ohne deutliche SLinien. *Leptophyes punctatissima* (BOSC)

8* Hsch mit deutlichen SLinien. Grundfarbe grün od. braun. Gattung *Barbitistes* CHARPENTIER

9 **(4)** Tiere einfarbig grasgrün. Gattung *Tettigonia* L.

9* Tiere braun od. mehrfarbig. **10**

10 Hsch mit MKiel. *Decticus verrucivorus* (L.)

10* Hsch ohne MKiel. **11**

11 HschS braun bis braunschwarz, ohne helle Randbinde, nur die Kante mit hellerem Saum. HSchenkel u. Knie geschwärzt, über dem Knie eine verwaschene helle Binde. Die helle MLinie auf dem Hlb nur vorn von dunklen parallelen Strichen begleitet, auf den hinteren Sgm in eine grätenförmige Zeichnung übergehend. *Pholidoptera griseoaptera* (DEGEER)

11* HschS einfarbig grün od. mit heller Randbinde. Helle MLinie auf dem Hlb von parallelen Strichen begleitet. **12**

12 HschS einfarbig grün. Über K, Hsch u. Hlb hellbrauner Streifen. *Metrioptera bicolor* (PHILIPPI)

12* HschS nicht einfarbig grün. **13**

13 Helle Randbinde der HschS auf den HRand beschränkt (Abb. **127**/8). Dunkler Längsstrich auf der AußenS der HSchenkel nicht unterbrochen, HKnie dunkel. *Metrioptera brachyptera* (L.)

13* Helle Randbinde auch auf den VRand der HschS übergreifend (Abb. **127**/7). Schwarzer Längsstrich auf den AußenS der HSchenkel gestrichelt, HKnie nicht dunkler als der Schenkel **14**

14 B intensiv schwarz gepunktet, HSchenkel bei L1–L4 mit gestrichelter schwarzer Längslinie. Bei älteren L Gesicht nicht od. kaum gesprenkelt. *Metrioptera roeselii* (HAGENBACH)

14* B nicht schwarz gepunktet, HSchenkel innen immer mit schwarzer Zeichnung. Bei älteren L Gesicht grob rotbraun gesprenkelt. *Platycleis albopunctata* (GOEZE)

Überfamilie ***Grylloidea* – Grillen**

Körper meist gedrungen, walzenförmig; schwarz, dunkelbraun od. gelblich. Meist in Erdhöhlen u. unter Laub (außer *Oecanthus*); vorwiegend Nachttiere. Hauptsächlich

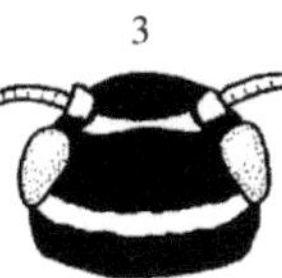

Abb. 129/1–3. KOS von **1** *Nemobius sylvestris*; **2** *Acheta domesticus*; **3** *Eumodicogryllus bordigalensis*.

PflFresser. Überw als L (nur *Oecanthus* als Ei), daher schon im Frühsommer geschlechtsreif. Lauter Heuschreckengesang im V/VI stammt von Feldgrillen, schnurrender Gesang in Dämmerung von Maulwurfsgrillen, nächtlicher Gesang von *Oecanthus* in VIII–IX bis >100 m weit hörbar. Heimchen zirpen VII–IX (u. später) bes. nachts in Gebäudekellern. Eiabl in die Erde, nur bei *Oecanthus* in PflStängel.

1 VB verbreiterte Grabschaufeln (wie Maulwurf). F viel kürzer als halbe KörperLg (Ausnahme bei *Ensifera*). Über 35 mm. ♀ ohne Legeröhre.
Familie *Gryllotalpidae* – **Maulwurfsgrillen** S. 130

1* VB normale SchreitB. F fast körperlg od. länger (brechen leicht ab). Unter 25 mm. ♀ mit (teils kurzer) stabförmiger Legeröhre **2**

2 Über 5 mm, walzenförmig bis schlank (vgl. Abb. **121**/1). Stets mit Fl (auch verkürzt). Au normal. Am Boden od. auf Gebüsch. Familie *Gryllidae* – **Echte Grillen** S. 129

2* Höchstens 4 mm, länglich eiförmig. Ohne Fl. Au verkümmert. In Ameisennestern, oft unter Steinen. Familie *Myrmecophilidae* – **Ameisengrillen** S. 130

Familie *Gryllidae* – Echte Grillen

8 Arten

1 Auf höheren Pfl u. Gebüsch. Körper u. HSchenkel schlank; HSchenkel kürzer als HSchienen; VSchienen außen u. innen mit großem Trommelfell (vgl. Abb. **123**/4); sehr zart, gelblich bis hellbraun; 9–15 mm; Hauptverbreitung im Rheingraben (nördlich bis Bonn); BW, HS, RP; vereinzelt in NW, BY, ST u. Berlin (im W in Ausbreitung begriffen, auch flugfähig); gebüschreiche Trockenrasen u. Ruderalstellen (Weinbau!), Industriebrachen, Sandrasen; z-s; VII–X.
Oecanthus pellucens (Scopoli) – **Weinhähnchen, Blütengrille**

1* Am od. im Boden, in Laubstreu. Körper ± walzenförmig. HSchenkel stark verdickt, so lg od. länger als HSchienen **2**

2 VSchienen nur außen mit Trommelfell (mitunter schlecht erkennbar) **3**

2* VSchienen außen mit großem u. innen mit kleinem Trommelfell **5**

3 VFl fast so lg wie Hlb. Körper 6–7 mm, fast schwarz. ♀: Legeröhre kürzer als HSchenkel, aufwärts gekrümmt. Nur südl. BW u. BY (bes. Oberrhein- u. Bodenseegebiet); sumpfige Wiesen, Nassstellen in Extensivgrünland, aber auch Weinberge; s; V–VIII (X). [*P. concolor* Walker]. *Pteronemobius heydenii* (Fischer) – **Sumpfgrille**

3* VFl halb so lg wie Hlb od. kürzer. Körper 8–15 mm, dunkelbraun od. braungelb. ♀: Legeröhre mindestens so lg wie HSchenkel, gerade **4**

4 Stirn mit heller, offener Fünfeckzeichnung (Abb. **129**/1); 8–10 mm; Legeröhre 5–7 mm. Fehlt in SH u. MV; im Falllaub gebüschreicher Trockenrasen, an Waldrändern, auf Lichtungen; z, im N s; VI–IX (semivoltin, überlappende Gen).
Nemobius sylvestris (Bosc) – **Waldgrille**

4* Stirn zw Au mit brauner Binde (wie Abb. **129**/2); 13–15 mm; Legeröhre 13–14 mm. Kosmotrop, anthropophil; in DE schon mehrmals eingeschleppt; nur RP (bei Wörth) u. HS (Wiesbaden); Bahnanlagen; sehr s; VII–IX.
Gryllodes sigillatus (Walker) – **Kurzflügelgrille**

5 **(2)** Körper glatt, schwarz glänzend, nur Hlb seitlich fein goldgelb behaart; HSchenkel unten blutrot. 20–26 mm; im N fehlend, teils ausgestorben, nicht im MGeb; trockene

Wiesen, Südhänge, Feldraine, Heiden, in selbstgegrabenen Löchern; v-z; zirpen laut im V–VII; V–VIII (Juv.). *Gryllus campestris* L. – **Feldgrille**

5* Körper fein behaart, seidig glänzend (Lichteinfall beachten), HSchenkel unten nie rot. Meist unter 20 mm **6**

6 Strohgelb bis gelbbraun. K dunkel mit breiter u. schmaler gelber Querbinde (Abb. **129**/2) (s ganz dunkel). VFl fast so lg wie Hlb. HFl viel länger als VFl u. den Hlb als Spieße überragend (vgl. Abb. **121**/1), gut flugfähig. 16–20 mm; synanthrop in Häusern, bes. in Bäckereien, Krankenhäusern, Kesselhäusern u. Kellern von zentralbeheizten Wohnblocks; auch in U-Bahn-Röhren der Großstädte u. auf Schiffen; im Sommer auch im Freien in Mauerritzen u. auf Müllplätzen, ganzjährig aktiv, neigt zu Massenvermehrungen; v; I–XII. *Acheta domesticus* (L.) – **Hausgrille, Heimchen**

6* Schwarzbraun. K schwarz mit 1 o. 2 schmalen weißgelben Querbinden zw Au (Abb. **129**/3). HFl verdeckt, nicht als Spieße überragend **7**

7 K mit 1 hellen Querlinie zw Au. VFl halb so lg wie Hlb. 12–13 mm; nur BW; Kiesgruben, Weinberge; s; IV–VIII. [*Acheta frontalis* (Latreille)].
Modicogryllus frontalis (Fieber) – **Östliche Grille**

7* K mit 2 hellen Querlinien zw Au (Abb. **129**/3). VFl fast so lg wie Hlb. 11–14 mm. SüdEur, in DE eingeschleppt, nur am Rhein in RP, BW u. HE; Bahnhofsgelände, Äcker, Böschungen; sehr s bis lokal massenhaft; V–VIII. [*Tartarogryllus burdigalensis* (Latreille)]. *Eumodicogryllus bordigalensis* (Latreille) – **Südliche Grille**

Familie *Gryllotalpidae* – Maulwurfsgrillen

Nur 1 Art. HFl länger als VFl u. als Spieße nach hinten vorstehend (flugfähig); Hsch samtartig; ♂: in VFlM mit stimmgabelartiger Aderverzweigung (die ♀ fehlt). 35–50 mm; Niedermoore, Feuchtwiesen, Äcker, Gärten, Weinberge; gräbt Gänge in feuchten, lockeren Boden, zuweilen in Gärten schädlich; s-v, im N u. O stark rückläufig; mehrjährige Juv.Entw; überw als Juv. u. Im. IV–X (I–XII).
Gryllotalpa gryllotalpa (L.) – **Maulwurfsgrille, Werre**

Familie *Myrmecophilidae* – Ameisengrillen

Nur 1 Art. Individuen versch. groß (minor-major) mit Übergangsformen. ♀ 2,8–3,5 mm, ♂ 1,5 mm (in MEur sehr s); auf Trockenstandorten in Ameisen-Nestern (bes. bei *Lasius* u. *Formica*) unter Steinen od. im Totholz; ernährt sich von Hautausscheidungen u. Brut ihrer Wirte u. nimmt am sozialen Futterfluss (Trophallaxis) teil. In DE nur ♀ bekannt; z-s, zerstreut bes. im O (bis MV) u. S (bes. BY); pflanzt sich parthenogenetisch fort; Entw 2 J, überw als Juv. u. Im. IV–X (I–XII).
Myrmecophilus acervorum (Panzer) – **Ameisengrille**

Überfamilie *Rhaphidophoroidea* – Buckelschrecken

Familie *Rhaphidophoridae* – Buckelschrecken

13–21 mm. Lgbeinige, flinke Bewohner von Warmhäusern u. Höhlen mit lg F u. Tst. Fressen pfl u. tierische Stoffe, lebende Gliederfüßer u. Aas. 2 Arten.

1 Cerci (am HlbE) mindestens 8 mm lg, so lg wie VSchenkel; HSchienen unterseits stielrund u. unbedornt; V- u. MKnie mit Dorn; 13–19 mm; Kosm, Kulturfolger vermutlich aus Zentralchina, seit 1892 in DE (Hamburg); aktuell Nachweise aus einigen Bundesländern; synanthrop in Warmhäusern (hier intensiv bekämpft); frisst nachts Insekten, aber auch Jungpflanzen; sehr s; I–XII.
Tachycines asynamorus Adelung – **Gewächshausschrecke**

1* Cerci höchstens 4 mm lg, etwa 1/3 so lg wie VSchenkel; HSchienen unten längsgefurcht mit 2 Reihen kleiner Dornen; V- u. MKnie ohne Dorn. 15–21 mm. In Stollen u. Klufthöhlen, sommers auch außerhalb; nur SN (Elbtal b. Dresden), BY (b. Wunsiedel) u. RP (Eifel)); sehr s. *Troglophilus neglectus* (KRAUSS) – **Bedornte Höhlenschrecke**

Neufunde (Ensifera)

Platycleis veyseli KOÇAK [*P. vittata* (CHARPENTIER)] – **Kleine Beißschrecke**: BR (TÜP Lieberose – nur einmal 1997 1 lgflügliges ♂).

Gryllus bimaculatus DEGEER – **Mittelmeer- o. Zweifleck-Feldgrille**: NI (Müllkippe b. Bremen, vermutlich ausgesetzt).

Unterordnung *Caelifera* – Kurzfühlerschrecken

Heimische Arten 8–40 mm (Dornschrecken – Große Höckerschrecke).
B. Eiabl meist in den Boden od. bodennah (in Grasbülten), s zw Gras- od. Kräuterblätter, in PflTeile od. Totholz. Feldheuschrecken überw meist einmalig (s zweimalig) als Ei, Dornschrecken als ältere Juv. Unvollkommene Verwandlung über 4–5 Juvenilstadien. Na: meist PflFresser, s Aas u. Kot; Feldheuschrecken meist Gräser, weniger Kräuter; Dornschrecken Algenbeläge, Moose u. Flechten. Tagtiere, bei Sonnenschein voll aktiv, s auch abends. Am Boden od. in der Krautschicht, s auf Büschen. Einige Arten ± flugfähig.
Weltweit über 10 000, in Europa 363, in DE 42 residente Arten.

1 Hsch nach hinten lg zugespitzt ausgezogen, so lg od. länger als Hlb, diesen u. HFl ± bedeckend (Abb. **131**/1). Füße 2-gld. Zw den Fußklauen kein Haftlappen. Kleine Arten, 8–17 mm (mit verlängertem Hsch). Familie *Tetrigidae* – **Dornschrecken** S. 131
1* Hsch nach hinten nicht dornförmig verlängert; Hsch abgeschnitten, gerundet od. kurz stumpfwinklig, Fl u. Hlb nicht bedeckend (Abb. **131**/2). Füße 3-gld. Zw den Fußklauen ein Haftlappen. Meist größere Arten, 10–40 mm. Familie *Acrididae* – **Feldheuschrecken** S. 133

Familie *Tetrigidae* – Dornschrecken

8–17 mm (mit Hsch). Grau- bis dunkelbraun, s heller (sehr farbvariabel), manche Individuen einzelner Arten auf Hsch mit dunklen od. hellen Flecken. VFl rückgebildet (Tegmentulae), schuppenartig seitlich am Körper anliegend; HFl überragen stets die VFl (Abb. **132**/5–7), bisweilen aber kurz; s makropronotale Formen mit längeren HFl. HSchenkel kräftig. Manche Arten flug- u. schwimmfähig. Eiabl in den Boden, überw als Juv. od. Im. 1 heimische Gattung: *Tetrix* LATREILLE mit 7 heimischen Arten. Bestimmung mitunter schwierig, daher immer alle genannten Merkmale vergleichen.

1 Hsch oben in ganzer Lg (bes. vorn) u. Br dachförmig hochgezogen (von hinten u. von der S gesehen; Abb. **132**/1). HschForts allmählich spitz auslaufend, wenig länger als Hlb, s auch länger (Abb. **131**/1) **2**
1* Hsch wenigstens hinten flach, dort nur MKiel ± herausragend (Abb. **132**/2), in Seitenansicht fast gerade; HschForts lg dornförmig ausgezogen, meist viel länger als Hlb . **5**

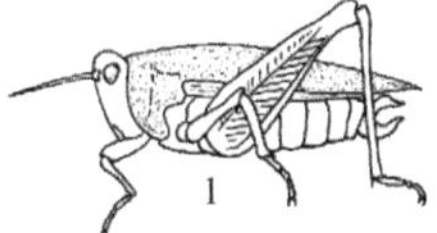

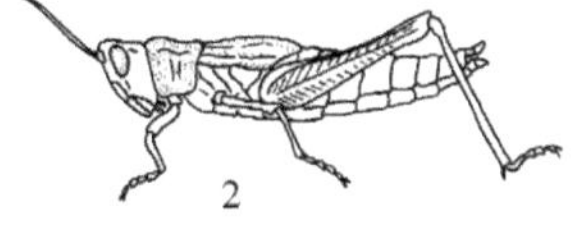

Abb. 131/1–2. 1 Habitus von *Tetrix tenuicornis*, ♀; **2** Habitus von *Chorthippus parallelus* ♀.

2 Außenrand der HFl nicht bogig gewellt (mit Pinzette ausfalten). MSchenkel so br wie VFlSchuppe, HSchenkel 3-mal so lg wie breit. Winkel unter Stirnkiel ist ein rechter (K schräg von vorn unten gesehen; Abb. **132**/3). Mittlere FGld etwa 2,5–3-mal so lg wie breit. VRand des Hsch angedeutet nach vorn gezogen. Sichtbarer Teil der HFl 2-mal so lg wie VFlSchuppe (Abb. **132**/5). 9–12 mm; Tiefland bis Alp; Waldlichtungen, Kahlschläge, Feuchtwiesen, Moore; im NW u. MGeb g, im S v, im O z; A III–E X.
Tetrix undulata (Sowerby) – **Gemeine Dornschrecke**

2* Außenrand der HFl bogig gewellt. MSchenkel breiter als Deckflügelschuppe. HSchenkel nicht ganz 3-mal so lg wie breit. Winkel unter Stirnschwiele ist ein leicht stumpfer (Abb. **132**/4). ♀: Oft mit 2 dunklen Flecken vor der M des Hsch **3**

3 Sichtbarer Teil der HFl 3-mal so lg wie VFlSchuppe (Abb. **132**/7). VRand des Hsch gerade, von oben eine Linie, von der S einen ± rechten Winkel bildend (Abb. **132**/7). Mittlere FGld 3–4-mal so lg wie breit. Dunkle Flecke auf Hsch oft ± dreieckig. 8,5–12,5 mm; vegetationsarme Trockenstandorte (Sandgruben, Steinbrüche, Kalktrockenrasen, Kiesbänke), auch gelegentlich Feuchtflächen; im S v, im N s; E III–X.
[*T. nutans* (Hagenbach)] *Tetrix tenuicornis* Sahlberg – **Langfühler-Dornschrecke**

3* Sichtbarer Teil der HFl höchstens 2,5-mal so lg wie VFlSchuppe (Abb. **132**/5, 6). VRand des Hsch in einer Spitze deutlich nach vorn gezogen (von oben u. seitlich gesehen; Abb. **132**/6). Mittlere FGld 2-mal so lg wie breit. Dunkle Flecke auf Hsch oft ± rhombisch. Beachte Arttrennung! **4**

4 Sichtbarer Teil der HFl 0,6–1,2-mal so lg wie VflSchuppe, diese ± rund und breit (Abb. **132**/6). 8–12 mm; Tiefland bis Mittelgebirge, selten Alp, fehlt in SD u. SH; ± vegetationsarme Trockenstandorte (bevorzugt auf Kalk), Waldränder, Kahlschläge, Halden, Steinbrüche, Bahndämme, Kalktrockenrasen, Heiden, trockene Uferbereiche; in Mitte u. S v, sonst s-z; III–X. [*T. bipunctata kraussi* Saulcy]
Tetrix kraussi Saulcy – **Kurzflügel-Dornschrecke**

4* Sichtbarer Teil der HFl 1,5–2,5-mal so lg wie VflSchuppe, diese leicht spitz zulaufend (vgl. Abb. **132**/5). 8–11 mm; bes. in S-DE Mittelgebirge bis Waldgrenze der Alp, nach N zu sehr lokal; lückige Trockenstandorte an ± bewaldeten Hängen, Magerrasen, Heiden; s; IV–X. [*T. bipunctata brachyptera* Sahlberg]
Tetrix bipunctata (L.) – **Zweipunkt-Dornschrecke**

5 **(1)** KGipfel etwa so breit wie ein Au, ragt nicht od. kaum über die Au vor (von oben betrachtet, Abb. **132**/8). MKiel des Hsch schneidenartig hochgezogen. ORand der HSchenkel kurz vor dem Knie plötzlich nach außen gebogen. 9,5–13 mm; Nachweise fehlen in MV u. SH; wechselfeuchte Sand- u. Schlickflächen in Kies- u. Tongruben, auf Binnen- u. Küstendünen, in Tagebauen; lokal s; IV–IX.
Tetrix ceperoi (Bolivar) – **Westliche Dornschrecke**

5* KGipfel 1,5–2-mal so br wie ein Au, etwa eine halbe AuBreite nach vorn vorragend (Abb. **132**/9). MKiel des Hsch wenig hervortretend (Abb. **132**/2), mehr eine Linie bildend (von hinten) **6**

6 ORand der HSchenkel kurz vor dem Knie etwas nach außen gebogen. MSchenkel oben gerade u. unten angedeutet gewellt. 11–17 mm; Tiefland bis MGeb; Feucht-

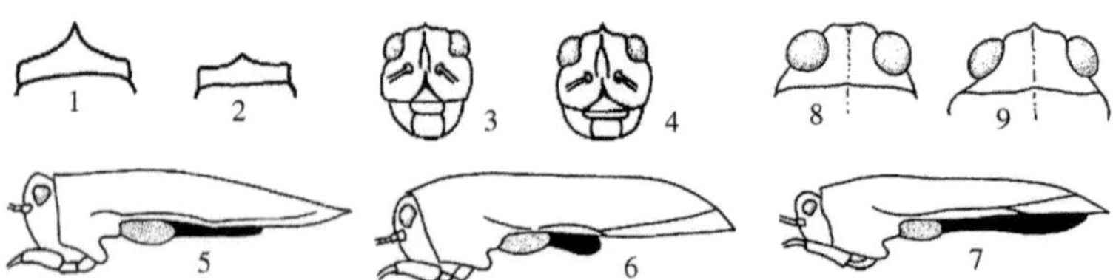

Abb. 132/1–9. Hsch (quer von hinten) von **1** *Tetrix tenuicornis*; **2** *T. subulata*; KFront von **3** *T. undulata*; **4** *T. bipunctata*; SAnsicht von **5** *T. undulata*; **6** *T. bipunctata kraussi*; **7** *T. tenuicornis*; KGipfel von **8** *T. ceperoi*; **9** *T. subulata*.

wiesen u. ± trockene Schlammflächen in Gewässernähe, auch Kahlschläge, Sandgruben; v-z (gut flug- u. schwimmfähig, Pionierbesiedler); A IV–M X.
Tetrix subulata (L.) – **Säbeldornschrecke**

6* ORand der HSchenkel kurz vor dem Knie etwas nach innen gebogen. MSchenkel oben u. unten kräftig gewellt (3-mal). 8–14 mm; nur im südl. BY (bes. Obere Isar); Schotterbänke in Wildflussauen; sehr s; IV–IX.
Tetrix tuerki (KRAUSS) – **Türks Dornschrecke**

Familie *Acrididae* – Feldheuschrecken

10–40 mm. Zahlreich in der Bodenvegetation an sonnigen Stellen. Grau od. braun, manche Arten grün. Eiabl in die Erde od. zw Bülten in Bodennähe, *Euthystira* zw Blätter u. Stängel, *Chrysochraon* in abgebrochene markreiche PflStängel, bes. Himbeere u. Brombeere, od. in Totholz. Überw stets als Ei. Im. ab VI/VII, in heißen Jahren ab E V. Die ♂♂ der Grashüpfer lassen an warmen Sommertagen zu Hunderten auf Wiesen u. Feldern u. an Säumen ihr feines rhythmisches Zirpen ertönen. 35 Arten.

1 Zw VHü lg Zapfen, mehrfach länger als breit **2**
1* Zw VHü glatt; wenn kurze kegelförmige Erhebung, dann diese etwa so lg wie breit **3**
2 Fl voll entwickelt, länger als Hlb. Hsch trapezförmig, mit schwachen SKielen. HFl am Grunde rosarot. Unterfamilie *Calliptaminae* – **Schönschrecken** S. 133
2* Fl verkürzt, höchstens so lg wie Hsch. Hsch ohne SKiele, an S gerundet.
Unterfamilie *Catantopinae* – **Knarrschrecken** S. 134
3 **(1)** VK bildet mit Scheitel fast rechten Winkel (Abb. **133**/1). HFl teilweise leuchtend rot od. blau, rötlich od. bläulich. SKiele des Hsch höchstens im hinteren Teil ± ausgeprägt, sonst seitlich gerundet. Hsch ± warzig.
Unterfamilie *Oedipodinae* – **Ödlandschrecken** S. 139
3* VK bildet mit Scheitel ± spitzen Winkel (Abb. **133**/2, 3). HFl glasig-durchsichtig, ± angeraucht od. s braun **4**
4 Zw VHü keine Erhebung, glatt. **5**
4* Zw VHü kurze kegelförmige Erhebung **6**
5 SKiele des Hsch durchgängig vorhanden (Abb. **135**/1–6), Hsch seitlich ± scharf abgeknickt. Unterfamilie *Gomphocerinae* – **Grashüpfer** S. 134
5* SKiele des Hsch fehlen od. höchstens hinten angedeutet. Hsch seitlich ± gerundet.
Mecostethus u. *Aiolopus* (Unterfamilie *Oedipodinae* – **Ödlandschrecken**) S. 139
6 **(4)** Grünlich, manchmal zart weinrot. Hsch mit fast geraden SKielen. In Feuchtgebieten. *Stethophyma* (Unterfamilie *Oedipodinae* – **Ödlandschrecken**) S. 139
6* Sehr bunt. Hsch mit ± eingeknickten SKielen. Auf stark besonnten Standorten.
Arcyptera (Unterfamilie *Gomphocerinae* – **Grashüpfer**) S. 134

Unterfamilie *Calliptaminae* – Schönschrecken

Nur 1 Art. Hsch oben flach mit deutlichem MKiel u. schwachen SKielen. HFl in der basalen Hälfte rosarot, sonst klar. ♂ 15–18 mm, ♀ 20–25 mm; verstreute Vorkommen in BY, BW, RP, HS u. BR; schütter bewachsene Kalk- u. Sandtrockenrasen, Felsschutthänge, *Calluna*-Heiden; s; VII–X.
Calliptamus italicus (L.) – **Italienische Schönschrecke**

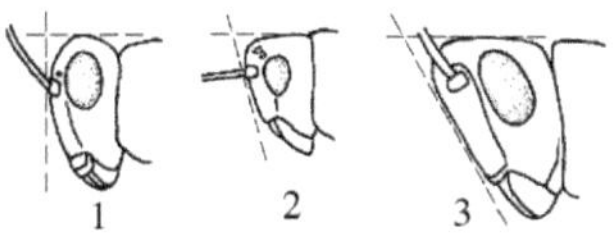

Abb. 133/1–3. KWinkel bei **1** *Oedipoda caerulescens*; **2** *Omocestus viridulus*; **3** *Euthystira brachyptera*.

Unterfamilie *Catantopinae* – Knarrschrecken

1 Hell olivgrün u. schwarz. VFl am E gerundet. HSchienen gelbbraun, schwarz od. rot. ♂ 16–23 mm, ♀ 22–31mm; nur BW (Schwarzwald) u. BY (Alp u. Vorland); Feucht- u. Nasswiesen, Staudenfluren (oft auf Pestwurz), vernässte Waldbiotope; lokal z; VI–X. *Miramella alpina* (KOLLAR) – **Alpine Gebirgsschrecke**

1* Braun, an BrS gelbe u. schwarze Zeichnung. VFl am E mit Spitze od. winklig. HSchienen schmutzig blauviolett. ♂ 17–19 mm, ♀ 24–30 mm; nur BY (Mittelfranken, Bayer. Wald), BW (Schwäbische Alb) u. SN (Königsbrücker Heide); Heiden, Sandrasen, Kahlschläge, feuchte Rinnen in Alp; sehr s; VI–X. *Podisma pedestris* (L.) – **Gewöhnliche Gebirgsschrecke**

Unterfamilie *Gomphocerinae* – Grashüpfer

1 Zw den VHü kurze kegelförmige Warze, etwa so lg wie breit; HSchenkel vor dem Knie mit vollständigem gelbem Ring. VFl mit Gelb; VFl am E, HFl vollständig dunkel; Fl beim ♀ verkürzt, etwa 2/3 des Hlb. ♂ 23–36 mm, ♀ 29–40 mm; nur noch BW (Schwäbische Alb) u. BY (bei Augsburg); trockene Bergwiesen (Truppenübungsplatz), Heiden; sehr s; VIII–IX. *Arcyptera fusca* (PALLAS) – **Große Höckerschrecke**

1* Zw den VHü keine Erhebung, glatt. HSchenkel ohne gelben Ring. HFl ± durchsichtig bis angeraucht (nur bei ♂ von *Stauroderus* braun) 2

2 F am E verdickt, ± keulenförmig (Abb. **134**/1, 2), beim ♀ von *Myrmeleotettix maculatus* nur geringfügig dicker (Abb. **134**/2, Klg > Hsch, dadurch mit ♀ von *Omocestus haemorrhoidalis* zu verwechseln, aber Klg < Hsch 3

2* F fadenförmig, am E nicht verdickt (Abb. **131**/2) 5

3 VRand der VFl gerade, hinter der Basis ohne Ausbuchtung (wie in Abb. **134**/5). Körpergröße unter 16 mm. Querfurche auf Hsch vor der M. F beim ♂ länglich verdickt, beim ♀ nur schwach erweitert (Abb. **134**/1, 2, Lupe). FEnden nach außen gebogen. VFl auffallend gefleckt, Tiere braun u. grün gescheckt. ♂ 11–13 mm, ♀ 12–17 mm; Ödland, Heiden, trockene Wiesen, Sandrasen, auch Dünen, Moore; im N g, im S v-z; VI–X. *Myrmeleotettix maculatus* (THUNBERG) – **Gefleckte Keulenschrecke**

3* VRand der VFl hinter der Basis deutlich ausgebuchtet (wie *Chorthippus*!), mit kurzer Ader (wie in Abb. **134**/6). Körpergröße 16 mm od. größer. Querfurche auf Hsch in der M od. dahinter 4

4 Hsch eben, Querfurche in der M. FKeule dunkel mit weißer Spitze. ♂: VSchienen normal. ♂ 14–16 mm, ♀ 17–24 mm; fehlt in SH, MV u. Norddt. Tiefebene; Halbtrockenrasen, Waldmoore, Lichtungen, Säume, Brachen; in Mitte u. O s, im S v-g; VII–A XI. [*Gomphocerus rufus* (L.)] *Gomphocerippus rufus* (L.) – **Rote Keulenschrecke**

4* Hsch in der M hochgewölbt, Querfurche weit hinter der M. FKeule rein dunkel. ♂: VSchienen blasenförmig aufgetrieben. ♂ 18–23, ♀ 19–25 mm; nur noch BY (Alp); lokal s; trockene Matten, Felsfluren, warme Grashänge; VII–M X. [*Aeropus sibiricus* (L.)] *Gomphocerus sibiricus* (L.) – **Sibirische Keulenschrecke**

5 **(2)** Körper im Leben mit Metallglanz (meist leuchtend grün). Stirn vor Au gerundet (von oben u. seitlich gesehen, Abb. **133**/3). ♂: Hlb spitz kegelförmig ausgezogen

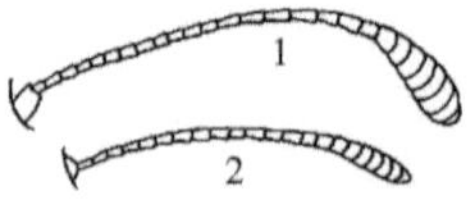

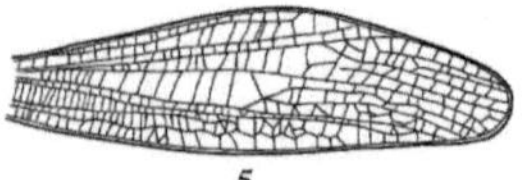

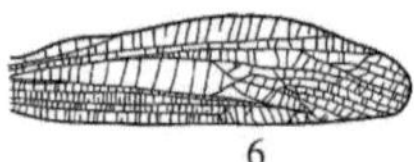

Abb. 134/1–6. Fühler von **1** *Myrmeleotettix maculatus* ♂; **2** *M. maculatus* ♀; HlbE von **3** *Euthystira brachyptera* ♂; **4** *Stenobothrus lineatus* ♂; Rechter VFl von **5** *Stenobothrus lineatus* ♂; **6** *Chorthippus apricarius* ♂.

(Abb. **134**/3), Fl kürzer als Hlb; ♀: Fl schuppenförmig, höchstens so lg wie Hsch. In beiden Geschlechtern auch lgflüglige Individuen (aber VFlBasis ohne Ausbuchtung; Verwechslung mit *Chorthippus*), dann weitere Merkmale in 6 u. 6* prüfen **6**

5* Körper ohne jeglichen Metallglanz. Stirn vor Au ± rhombisch eingesenkt od. abgeplattet (Abb. **133**/2). ♂: Hlb nach oben gerundet endend (Abb. **134**/4). In beiden Geschlechtern Fl meist so lg wie Hlb, falls kürzer, dann Merkmale in 6 u. 6* nicht zutreffend **7**

6 ♂: Leuchtend grün; VFl höchstens 6,5 mm lg, bedecken etwa halben Hlb, an der Spitze schräg abgestutzt; HKnie seitlich grün. Subgpl nicht ganz 2-mal so lg wie breit. ♀: K leuchtend grün, s grau; VFl schuppenförmig, rosa, s grün, am Rücken weit voneinander getrennt. HBeine ± grün; Obere Legescheidenklappen 4–5-mal so lg wie hoch (Hlb etwas drücken). ♂ 13–17, ♀ 18–26 mm; im S bes. in MGeb; fehlt in SH, MV, NI u. NW; lggrasige Magerrasen, Brachen, auch Feuchtwiesen; z-g; VI–IX.
Euthystira brachyptera (Ocskay) – **Kleine Goldschrecke**

6* ♂: Leuchtend grün; VFl mindestens 7,5 mm lg, bedecken etwa 3/4 des Hlb, an der Spitze abgerundet; HKnie seitlich verdunkelt. Subgpl mehr als 2-mal so lg wie breit. ♀: oft hellgraubraun; VFl berühren sich fast am Rücken, Basis ohne Ausbuchtung, Pronotum hinten ± runzlig (im Unterschied zu *Ch. parallelus*); HSchenkel unten u. HSchienen fast immer weinrot; Obere Legescheidenklappen höchstens 2-mal so lg wie hoch. ♂ 16–19 mm, ♀ 22–30 mm; Tiefland (bes. Flusstäler) bis MGeb; Feuchtwiesen, Grabenränder, Moore, s auf lggrasigen Magerrasen; im N u. S h-z, sonst in weiten Teilen fehlend; VI–IX.
Chrysochraon dispar (Germar) – **Große Goldschrecke**

7 **(5)** VRand der VFl (abgespreizt gegen hellen Hintergrund) gerade, ohne Spur einer Ausbuchtung an der Basis (Abb. **134**/5). SKiele des Hsch ± gebogen (Abb. **135**/1, 2), nur bei *O. haemorrhoidalis* winklig (wie in Abb. **135**/3) **8**

7* VRand der VFl an der Basis mit kleiner, aber deutlicher Ausbuchtung (Abb. **134**/6). SKiele des Hsch fast parallel (Abb. **135**/5), mäßig nach hinten auseinandergehend (Abb. **135**/6) od. winklig geknickt (Abb. **135**/3, 4) **14**

8 Fl etwa bis zur M des Hlb reichend (♂) od. kurz schuppenförmig (♀). Sehr kleine braune Art (wie dkl. *Ch. parallelus*): ♂ 10–12 mm, ♀ 13–16 mm; nur TH u. ST (Kyffhäuser, Hainleite, Huy); Steppenmagerrasen auf Gipskarst u. Muschelkalk; lokal s; VII–IX. *Stenobothrus crassipes* (Charpentier) – **Zwerggrashüpfer**

8* Fl bei ♂ u. ♀ jeweils länger als in 8 angegeben. Größere Arten: ♂ 11–18 mm, ♀ 15–24 mm **9**

9 SKiele des Hsch mit breiter heller Linie (so breit wie F), schwach gebogen, am HRand etwa um die Hälfte weiter voneinander entfernt als in der M (Abb. **135**/1). ♂: MFeld der VFl mit lg, parallelen Queradern, Z ± quadratisch od. 2-mal so lg wie breit, glänzend (Abb. **134**/5). ♀: Legescheidenklappen außen mit Basalzahn (Abb. **136**/1) (Gattung *Stenobothrus* Fischer) **10**

9* SKiele des Hsch mit feiner heller Linie (schmaler als F, manchmal schwach), am HRand fast doppelt so weit voneinander entfernt wie im Knick (Abb. **135**/2). ♂: MFeld im VFl mit kürzeren Queradern, Z höchstens 1,5-mal so lg wie breit (! so auch *S. stigmaticus*, Abb. **136**/3). ♀: Legescheidenklappen außen ohne Basalzahn, glatt od. mit stumpfer Basalplatte (Abb. **136**/2) (Gattung *Omocestus* Bolivar) **12**

Abb. 135/1–6. Hsch von **1** *Stenobothrus lineatus*; **2** *Omocestus viridulus*; **3** *Chorthippus brunneus*; **4** *Ch. vagans*; **5** *Ch. albomarginatus*; **6** *Ch. dorsatus*.

10 Vordere Cubitalader im VFl führt von unten schräg nach oben ins MFeld, dadurch Z im MFeld beim ♂ quadratisch bis länglich (s unregelmäßig), beim ♀ unregelmäßig (Abb. **136**/3). HFl nur am VRand leicht angeraucht. ♂ 11–15 mm, ♀ 15–20 mm; fehlt in SD u. SH, nur vereinzelt im O, sonst Tiefland bis MGeb; trockene Magerrasen (bes. Schaftriften), Heiden, auch Moore; im N s, im S z; E VI–X.
Stenobothrus stigmaticus (RAMBUR) – **Kleiner Heidegrashüpfer**

10* Vordere Cubitalader im VFl verläuft ± parallel zur hinteren unterhalb des MFeldes, dadurch Z im MFeld beider Geschlechter lggestreckt quaderförmig (Abb. **134**/5; **136**/4) **11**

11 VFl in Ruhe breiter als breiteste Stelle der HSchenkel u. etwa so lg wie HSchenkel. Im VFl weißes FlMal im Spitzendrittel. Meist grün. s ♀ violett, ♂ oft mit rotem HlbE; HFl in der Außenhälfte angeraucht. ♂ 15–19 mm, ♀ 21–26 mm; Tiefland bis Alp; gemähte Trespenrasen, Schaftriften, Wacholderheiden; im N u. NW s, im S v; VI–X.
Stenobothrus lineatus (PANZER) – **Großer Heidegrashüpfer**

11* VFl in Ruhe schmaler als breiteste Stelle der HSchenkel u. deutlich kürzer als HSchenkel. Im VFl weißes FlMal im Spitzenfünftel, in der FlMitte 5–6 scharf abgesetzte schwärzliche Flecke. HFl nur an der Spitze leicht angeraucht. Grün u. braun. ♂ 13–18 mm, ♀ 18–25 mm; fehlt im N u. NWesten, im S bes. MGeb bis Alp; trockene, bes. beweidete Magerrasen, Waldblößen, Heiden; z; E VI–X.
Stenobothrus nigromaculatus (HERRICH-SCHÄFFER) – **Schwarzfleckiger Grashüpfer**

12 **(9)** SKiele des Hsch einwärts gewinkelt (wie in Abb. **135**/3). VFl erreichen HKnie nicht. HFl klar, höchstens an Spitze angeraucht. ♂: VFl 9–11 mm; Hlb oben rötlich bis leuchtend rot, unten gelb; ♀: VFl 11–16 mm, VRand oft mit weißem Längsstrich. ♂ 10–14 mm, ♀ 16–19 mm; Tiefland bis MGeb; beweidete Magerrasen, Binnendünen, Zwergstrauchheiden; v – lokal s; VII–X.
Omocestus haemorrhoidalis (CHARPENTIER) – **Rotleibiger Grashüpfer**

12* SKiele des Hsch vorn gerundet einwärts gebogen (Abb. **135**/2). VFl erreichen od. überragen HKnie. HFl in der Spitzenhälfte rauchig **13**

13 Tst einfarbig. MFeld der VFl schwach gefleckt. ♂: HlbE grünlich u. schwarz, nie rot. ♀: Obere Legescheidenklappen 3-mal so lg wie hoch; VFl oft mit blass fleischfarbenem VRand. ♂ 13–17 mm, ♀ 20–24 mm; Tiefland bis Alp, bes. im MGeb; Wirtschaftsgrünland, Waldwiesen, Feuchtwiesen, Moore; g; M VI–IX.
Omocestus viridulus (L.) – **Bunter Grashüpfer**

13* Tst dunkel mit hellen EGld. MFeld der VFl oft dunkel gefleckt. Tiere insgesamt mit viel Schwarz. ♂: VFl 11–15 mm; HlbE oben u. unten leuchtend rot (Verwechslung mit *S. lineatus*). ♀: Legescheidenklappen höchstens 2-mal so lg wie hoch; VFl 17–19 mm, vorn nie mit hellem Längsstrich. ♂ 12–17 mm, ♀ 18–21 mm; Tiefland bis Alp, fehlt weitgehend in M- u. O-DE; Felsschuttfluren, lückige Magerrasen, Schaftriften, Moore, auch Ruderalflächen; z-s; A VII–XI. [*Omocestus ventralis* (ZETTERSTEDT)].
Omocestus rufipes (ZETTERSTEDT) – **Buntbäuchiger Grashüpfer**

14 **(7)** HFl ± dunkelbraun. HSchienen rötlich. ♂: VFl breiter als HSchenkel, VRand u. MFeld auffallend erweitert, stark glänzend. Beide Geschlechter schnarren im Flug. ♂ 18–21 mm, ♀ 23–27 mm; nur BW (bes. Hochschwarzwald) u. BY (Alp, ss im Allgäu);

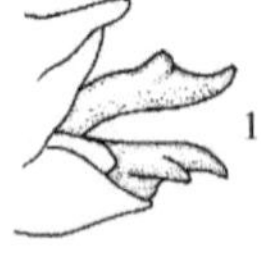

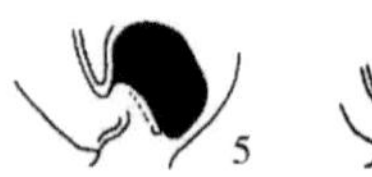

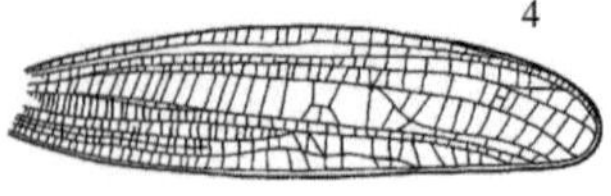

Abb. 136/1–6. Legescheide von **1** *Stenobothrus lineatus,* ♀; **2** *Omocestus viridulus,* ♀; Rechter VFl von **3** *Stenobothrus stigmaticus,* ♂; **4** *S. nigromaculatus,* ♂; Linke Tympanalöffnung von **5** *Chorthippus vagans*; **6** *Ch. brunneus.*

Bergwiesen, Heiden; VII–IX. [*Chorthippus scalaris* (FISCHER DE WALDHEIM)]
Stauroderus scalaris (FISCHER DE WALDHEIM) – **Gebirgsgrashüpfer**

14* HFl klar. Schnarrt nie beim Auffliegen. ♂: VFl etwa so breit wie HSchenkel; VRand u. MFeld nur bei *Ch. apricarius* u. lgflügligen *Ch. parallelus* auffällig erweitert. Meist weitverbreitete Wiesenarten (Gattung *Chorthippus* FIEBER) **15**

15 SKiele des HSch stark winklig geknickt (Abb. **135**/3, 4), dadurch an Einschnürung halb so breit od. weniger als am HRand. Die 3 folgenden Arten durch ihre Habitate gut getrennt (Untergattung *Glyptobothrus*) **16**

15* SKiele des Hsch ± gerade od. leicht gebogen (Abb. **135**/5, 6), dadurch an Einschnürung mindestens 3/4 so breit od. mehr als am HRand (Untergattung *Chorthippus*, 4 häufige, farbvariable Arten auf Frisch- u. Feuchtwiesen u. Weiden) **21**

16 Die beiden Cubitaladern im VFl verlaufen unter dem MFeld zunächst parallel, dann verschmelzen sie; MFeld dadurch auffallend verbreitert (VFl abspreizen), beim ♂ mit parallelen (Abb. **134**/6), beim ♀ mit unregelmäßigen Queradern. In beiden Geschlechtern HSchienen gelblich. ♂ 13–16 mm, ♀ 16–22 mm; fehlt in SD; Sandrasen, Feldwege, Ackerränder, Kalktrockenrasen; im NO v, im SW s; VII–X.
Chorthippus apricarius (L.) – **Feldgrashüpfer**

16* Die obere Cubitalader im VFl zieht schräg von unten ins MFeld, dadurch MFeld längsgeteilt u. ± netzartig geadert **17**

17 HFl viel kürzer als VFl. HTeil des Hsch (hinter Quernaht) kürzer als VTeil. VFl in Ruhe erreichen das E der HKnie nicht. HSchenkel hell-dkl abgesetzt. HKnie u. Basis der HSchienen verdunkelt. HSchienen sonst blutrot. ♂ 12–17 mm, ♀ 18–22 mm; nur in BY, SN u. BR; Kiesbänke von Alpenflüssen, Sand- u. Callunaheiden, Waldlichtungen, Wegränder; lokal s; VII–X. *Chorthippus pullus* (PHILIPPI) – **Kiesbank-Grashüpfer**

17* HFl ± so lg wie VFl. HTeil des Hsch so lg od. länger als VTeil. VFl erreichen HKnie od. überragen diese. HKnie nicht auffallend verdunkelt. Nicht auf Kiesbänken **18**

18 Höröffnung breitoval, höchstens 2-mal so hoch wie breit (Abb. **136**/5) (HB nach unten abklappen). HTeil des Hsch so lg wie VTeil. Br unten spärlich u. kurz behaart. HSchenkel innen mit dunklem Fleck. ♂ 12–15 mm, ♀ 16–22 mm; fehlt in SH; felsige Steppenheiden, Küsten- u. Binnendünen, lichte Kiefernwälder; v-lokal s; VII–X.
Chorthippus vagans (EVERSMANN) – **Steppengrashüpfer**

18* Höröffnung eng nierenförmig, 3-mal so hoch wie breit (Abb. **136**/6). HTeil des Hsch länger als VTeil. Br unten dicht u. lg behaart. (3 häufige Arten, auf Magerrasen oft zusammen auftretend; nach Körpermerkmalen schwer zu unterscheiden, bes. die ♀; Gesang der ♂ erlaubt dagegen sichere Artzuordnung) **19**

19 ♂: VRand der VFl mit breiter, glänzender Vorwölbung; zur FlSpitze mit deutlichem Knick übergehend (Abb. **137**/1); VFl 9,5–14 mm lg; Gesang etwa 3 sec lg, laut metallisch schwirrend. ♀: VFlLg zu -Breite 5–5,5fach; VFl im letzten Viertel ± deutlich nach

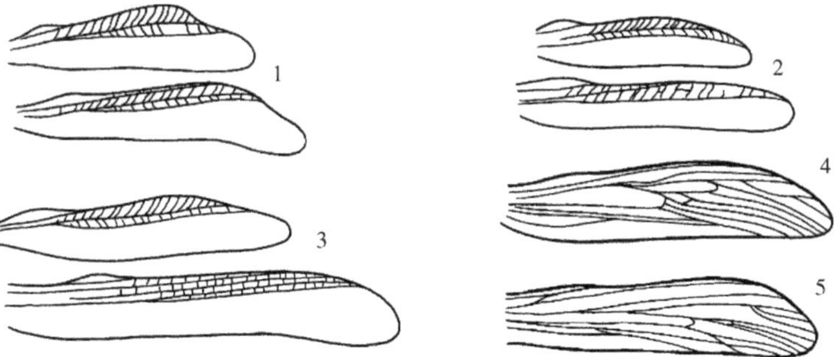

Abb. 137/1–5. Rechter VFl von **1** *Chorthippus biguttulus*, ♂, ♀; **2** *Ch. mollis* ♂, ♀; **3** *Ch. brunneus* ♂, ♀; **4** *Ch. albomarginatus*, ♂; **5** *Ch. dorsatus*, ♂.

hinten gebogen (Abb. **137**/1), 15–21 mm lg. Beide Geschlechter meist ± braun, aber insgesamt sehr farbvariabel. ♂ 13–15 mm, ♀ 17–22 mm; Tiefland bis Alp; überall, bes. Wirtschaftsgrünland, Saumbiotope, Magerrasen; g; VII–A XI.
Chorthippus biguttulus (L.) – **Nachtigall-Grashüpfer**

19* ♂: VRand der VFl nur schwach vorgewölbt u. kaum glänzend; zur FlSpitze allmählich im Bogen übergehend (Abb. **137**/2, 3). ♀: VFlLg zu -Breite 5,5fach u. mehr, ± gerade od. im letzten Drittel nach hinten gebogen (Abb. **137**/2, 3) **20**

20 ♂: VFl 10,5–13 mm lg, Lg zu Breite deutlich unter 5fach; Gesang aus 3–4 sec dauernden Strophen, anfangs laut u. schwirrend, später leiser u. langsamer werdend. ♀: VFl 12,5–16 mm, Lg zu Breite 5,5–6fach, am E kaum gebogen (Abb. **137**/2). In beiden Geschlechtern HlbE ohne Rot; neben graubraunen auch ± grüne Individuen. ♂ 12–14 mm, ♀ 17–19 mm; Tiefland, Becken u. Tallagen, fehlt weitgehend in westl. MGeb; Felsschutthalden, Heiden, Magerrasen, Pionierfluren; v; E VII–XI. *Chorthippus mollis* (Charpentier) – **Verkannter Grashüpfer**

20* ♂: VFl 12,5–17,5 mm lg, Lg zu Breite 5fach u. mehr; Hlb oft rot; Gesang kurzer pssrr-Laut in gleichmäßigen 2 sec-Abständen. ♀: VFl 17–21 mm lg, Lg zu Breite mehr als 6fach, im letzten Drittel nach hinten abgebogen (Abb. **137**/3). In beiden Geschlechtern HlbE rot od. braunrot; OS des Hsch oft auffällig hellbraun. ♂ 14–18 mm, ♀ 19–25 mm; Tiefland bis Alp; überall in ± vegetationsarmen, trockenen Lebensräumen, Pionierstandorte (gut flugfähig); g; A VII–X.
Chorthippus brunneus (Thunberg) – **Brauner Grashüpfer**

21 **(15)** Fl voll entwickelt, fast so lg od. länger als Hlb; HFl nur wenig kürzer als VFl . **22**

21* Fl verkürzt, halb so lg wie Hlb; falls bei ♂ länger, dann HFl mindestens 1/3 kürzer als VFl **24**

22 Fl erreichen HKnie nicht. VFl etwa 5-mal so lg wie br. HKnie hell od. kaum verdunkelt **23**

22* Angelegte Fl überragen HKnie. VFl 4-mal so lg wie br. HKnie schwärzlich. (Lgflüglige Individuen normal kurzflügliger Arten) **24**

23 SKiele des Hsch parallel bis schwach divergierend (Abb. **135**/5). Im VFl in FlM die 2.Längsader von vorn deutlich gewellt (Abb. **137**/4) (bei abgespreiztem Fl kontrollieren). ♀: Obere Legescheidenklappen allmählich (im Winkel von etwa 45°) zur Spitze abfallend (Abb. **138**/3); VRand der VFl häufig mit gelblichem Längsstrich. ♂ 13–15 mm, ♀ 18–21 mm; Tiefland bis MGeb; Frisch- bis Nasswiesen, Weiden, auch Salzwiesen u. Dünen; im N g, im S v-s; VII–X.
Chorthippus albomarginatus (De Geer) – **Weißrandiger Grashüpfer**

23* SKiele des Hsch vor der M nach hinten auseinandergebogen (Abb. **135**/6). Im VFl in FlMitte die 2.Längsader von vorn gerade (Abb. **137**/5). ♀: Obere Legescheidenklappen kurz vor dem E steil (etwa 60°) zur Spitze abfallend (Abb. **138**/4); VRand der VFl ohne hellen Längsstrich. ♂ 14–18 mm, ♀ 19–25 mm; Frisch- bis Nasswiesen, Weiden, auch Magerrasen u. Moore; im S g, im N v-s; VII–X.
Chorthippus dorsatus (Zetterstedt) – **Wiesengrashüpfer**

24 **(22)** Querfurche des Hsch hinter der M. ♂: HFl ca. 5 mm lg, knapp halb so lg wie VFl, enden deutlich vor FlStigma (von der S durchscheinend). ♀: VFl 4–11 mm lg, ± schuppenartig, in der M breit u. am E zugespitzt (Abb. **131**/2); Legescheidenklappen ca. 2-mal so lg wie hoch (Abb. **138**/1). Sehr farbvariabel, bes. ♀. ♂ 13–16 mm, ♀ 17–23 mm; Tiefland bis Alp; überall auf Frisch- u. Feuchtwiesen, Weiden, Magerrasen, in Mooren; g; VI–XI. *Chorthippus parallelus* (Zetterstedt) – **Gemeiner Grashüpfer**

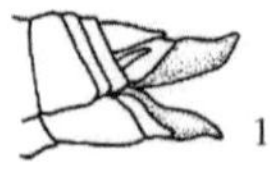

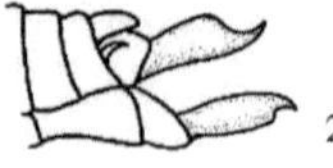

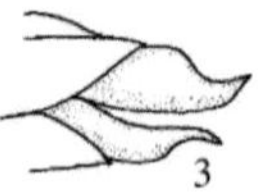

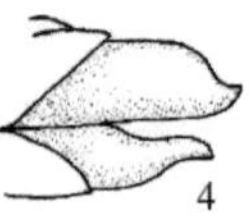

Abb. 138/1–2. Legescheide von **1** *Chorthippus parallelus,* ♀; **2** *Ch. montanus,* ♀; **3** *Ch. albomarginatus,* ♀; **4** *Ch. dorsatus,* ♀.

24* Querfurche des Hsch in der M. ♂: HFl ca. 7 mm lg, etwa 2/3 so lg wie VFl, enden ± am FlStigma. ♀. VFl 8–13 mm lg, normal geformt, am E gerundet; Legescheidenklappen 3–4-mal so lg wie hoch (Abb. **138**/2). ♂ 13–16 mm, ♀ 17–22 mm; Tiefland bis Alp; Feuchtwiesen u. Nassstellen an Gewässerufern, Moore; v; VI–XI.
Chorthippus montanus (CHARPENTIER) – **Sumpfgrashüpfer**

Unterfamilie ***Oedipodinae* – Ödlandschrecken**

1 Zw VHü kurze kegelförmige Erhebung. HSchenkel unten innen u. außen rot. KGipfel mit MRippe (von oben gesehen). VRand der VFl mit hellem grüngelbem Längsstreifen. Grünlich, manchmal zart weinrot. SKiele des Hsch nach hinten auseinanderweichend. HSchienen gelblich. ♂ 12–25 mm, ♀ 26–39 mm (Art sehr größenvariabel); Feucht- u. Nasswiesen, Seggenriede, Moore; v; E VI–X. [*Mecostethus grossus* (L.)]
Stethophyma grossum (L.) – **Sumpfschrecke**

1* Zw VHü keine Erhebung, nur flacher Querwulst; HSchenkel unten höchstens innen rot; KGipfel ohne deutliche MRippe **2**

2 Hsch ganz ohne SKiele; von den Au bis zur M der VFl seitlich je 1 schwarzes Band. ♂: HlbE spitz kegelförmig (wie in Abb. **134**/3); VFl ungefleckt; Körper u. HSchienen hellgrün, olivgrün od. graubraun. ♂ 17–23 mm, ♀ 28–32 mm; nur RP, HS, BW u. BY (bes. Oberrhein- u. Bodenseegebiet), verstreut in SO-BY; Frisch- u. Feuchtwiesen, Ruderal- u- Bracheflächen; z; VII–A XI. [*Parapleurus alliaceus* (GERMAR)]
Mecostethus parapleurus (HAGENBACH) – **Lauchschrecke**

2* Hsch zumindest hinten mit ± deutlichen SKielen; seitlich kein durchgehendes schwarzes Band **3**

3 VK u. Scheitelebene bilden einen spitzen Winkel (wie in Abb. **133**/2). HFl klar od. an Spitze angeraucht, VFl mit bräunlichen Flecken. HSchienen rötlich. HschS ohne od. mit 2 helleren Bändern. ♂ 15–19 mm, ♀ 21–29 mm; nur BW, RP u. HE (jeweils Oberrheintal); Teich- u. Flussufer, Feuchtwiesen, auch Sandrasen; s; M VII–A X.
Aiolopus thalassinus (F.) – **Grüne Strandschrecke**

3* KProfil ± rechtwinklig (Abb. **133**/1), HFl grünlich, blau od. rot, teils mit braunschwarzem Band **4**

4 HFl gelbgrünlich getönt, mit dkl Band. OS des Hsch mit heller X-Zeichnung, MKiel durchgehend. VFl mit 2 breiten dkl Querbinden. HSchienen gelblich od. rötlich. Körper grün od. ockerfarben, mit dkl Flecken. ♂ 18–31 mm, ♀ 25–43 mm (sehr variabel); nur im Oberrheingebiet von BW (b. Mannheim) u. HS (Viernheimer Heide); Binnendüne, Silbergras-Sandrasen; sehr lokal, s, VII–IX.
Oedaleus decorus (GERMAR) – **Kreuzschrecke**

4* HFl rot o. blau, mit od. ohne dkl Band; OS des Hsch ohne auffällige helle Zeichnung. **5**

5 MKiel des Hsch ohne Querfurchen, dachförmig erhöht, hinter der M beiderseits tiefe Einsenkung. HFl rot, an Spitze braun. Körper dunkel, manchmal fast schwarz. ♂: schnarrt im Flug. ♀: Fl kürzer als Hlb, am Boden. ♂ 23–25 mm, ♀ 26–40 mm; fehlt weitgehend im N u. W, sonst MGeb bis Alp; sonnige Magerrasen, Wacholderheiden, Flussschotter von Alpenflüssen; z-s; VII–X. . . . .
Psophus stridulus (L.) – **Rotflüglige Schnarrschrecke**

5* Hsch mit 1 od. 2 durchgehenden Querfurchen, flach od. nur mäßig erhöht, hinter der M keine tiefen Einsenkungen **6**

6 Hsch mit 1 durchgehenden Querfurche (Abb. **140**/1); ORand der HSchenkel nach innen gebogen, hinter der M mit deutlicher Stufe (von oben, auch seitlich, Abb. **140**/3) **7**

6* MKiel des Hsch mit 2 durchgehenden Querfurchen (Abb. **140**/2); ORand der HSchenkel ohne solche Stufe **8**

7 HFl blau, Spitze klar, dunkle Bogenbinde nicht bis zum E des HFl reichend (!HFl verfärben sich in Alkohol, Essigester od. im Sonnenlicht in rötlichgelb). ♂ 15–21 mm, ♀

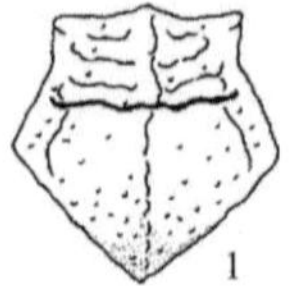

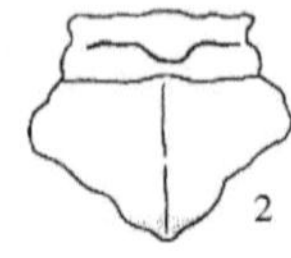

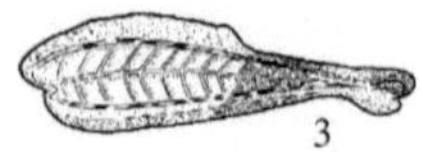

Abb. 140/1–3. 1 Hsch von *Oedipoda germanica*, ♀; **2** *Sphingonotus caerulans* ♀; **3** Linker HSchenkel von *Oedipoda germanica*.

22–28 mm; Sand- u. Kalkmagerrasen, steinige Trockenhänge, Ödland, Tagebaue, Bahngelände; im N u. NW s, im S u. O z; VII–X.
Oedipoda caerulescens (L.) – **Blauflüglige Ödlandschrecke**

7* HFl zinnoberrot, Spitze klar, dunkle Bogenbinde bis E des HFl reichend (!HFl verfärben sich in Alkohol, Essigester od. im Sonnenlicht in rötlichgelb). ♂ 17–22 mm, ♀ 24–28 mm; verstreut in BY, BW, RP, HS, TH, ST; südexponierte Felsschuttfluren, auch in Steinbrüchen; s; VII–X.
Oedipoda germanica (LATREILLE) – **Rotflüglige Ödlandschrecke**

8 **(6)** HFl blassrot, außen angeraucht, jede 2. Querader kräftig rosafarben; MKiel zw den 2 Querfurchen durchlaufend; F u. VB nicht geringelt; beide Geschlechter schnarren häufig im Fluge. ♂ 26–31 mm, ♀ 29–39 mm; nur noch BY (bes. Obere Isar u. Zuflüsse); auf Kiesbänken u. Geröllfächern; sehr s; VII–IX. [*Bryodema tuberculata* (F.)]
Bryodemella tuberculata (F.) – **Gefleckte Schnarrschrecke**

8* HFl blassblau (mitunter verblassend), an der Spitze klar; MKiel zw den 2 Querfurchen unterbrochen (Abb. **140**/2); F, VB u. MB unregelmäßig hell-dunkel geringelt. Kein Flugschnarren. ♂ 14–26 mm, ♀ 20–31 mm; im N bis NI u. MV; Sand- u. Kiesgruben, Binnendünen, Bahnanlagen, Industriebrachen, Tagebaue (sehr flugtüchtige Pionierart); z-s; VII–X. *Sphingonotus caerulans* (L.) – **Blauflüglige Sandschrecke**

Juvenilstadien

1 Hsch dachförmig, dornförmig nach hinten verlängert, mindestens die Hälfte des Hlb bedeckend (Abb. **122**/1). Weiter bei Im. S. 131. Gattung *Tetrix* LATREILLE
1* Hsch nicht den Hlb bedeckend. **2**
2 Zw den VHü ein zapfenförmiger Höcker. **3**
2* Höcker zw den VHü fehlt, Hsch mit Mittelkiel. **5**
3 Hsch oben flach, mit gelben Flecken, mit schwachen (M- u.) SKielen. Scheitelgrübchen fehlen. Grundfarbe schwarz bis schwarzbraun. *Calliptamus italicus* (L.)
3* Hsch gewölbt, ohne SKiele, mit breitem schwarzem Längsstreif; meist alpin. **4**
4 Grundfärbung grün, am VKörper kein Gelb, ♀: untere Legeröhrenklappen gezähnt. *Miramella alpina* (KOLLAR)
4* Grundfärbung rotbraun, seitlich an der Br gelbe und schwarze Zeichnung. ♀: Untere Legeröhrenklappen ungezähnt. FlAnlagen berühren sich bei den älteren L nicht auf dem Rücken. Scheitelgrübchen fehlen. *Podisma pedestris* (L.)
5 **(2)** KProfil rechtwinklig (Abb. **133**/1). **6**
5* Stirn und Scheitelebene bilden einen spitzen Winkel (Abb. **133**/2, 3). **9**
6 MKiel des Hsch dachförmig erhöht, ohne Einkerbung, hinten neben dem MKiel je eine Eindellung. Grundfärbung grau, braun od. schwarz, bei jüngeren L die F an der Spitze geschwärzt, das EGlied weiß. *Psophus stridulus* (L.)
6* MKiel mit 1–3 Kerben. **7**
7 MKiel des Hsch etwas gewölbt, mit 2 Kerben. *Bryodemella tuberculata* (F.)
7* MKiel mit 1 od. 3 Kerben. **8**
8 MKiel mit 3 Querfurchen, Hsch vorn stark eingeschnürt. Scheitelgrübchen dreieckig, flach. *Sphingonotus caerulans* (L.)
8* MKiel mit 1 Querfurche. Scheitelgrübchen abgerundet viereckig. ORand der HSchenkel mit Stufe (Abb. **140**/3). Gattung *Oedipoda* LATREILLE
9 **(5)** Hsch ganz ohne SKiele. **10**
9* Hsch mit SKielen. **11**

10 Färbung lauchgrün; anstelle der SKiele dunkle Längsstreifen bis zu den Au. Scheitelgrübchen fehlend od. kaum erkennbar. *Mecostethus parapleurus* (HAGENBACH)
10* Scheitelgrübchen trapezförmig. *Aiolopus thalassinus* (F.)
11 **(9)** Scheitelgrübchen fehlen (Abb. **133**/3). F abgeplattet, bei jüngeren L lanzettartig. *Chrysochraon dispar* (GERMAR), *Euthystira brachyptera* (OCSKAY)
11* Scheitelgrübchen vorhanden (Abb. **133**/2). F im Querschnitt rund, fadenförmig od. geknöpft. 12
12 Zw den VB eine kurze Warze. **13**
12* Zw den VB glatt. **14**
13 Scheitelgrübchen dreieckig. SKiele fast gerade. HSchenkel innen mit dunkler Längsbinde, HSchienen gelb, Knie schwarz. Grundfarbe olivgrün. *Stethophyma grossum* (L.)
13* Scheitelgrübchen rhombisch, undeutlich. Grundfarbe gelb bis olivbraun. *Arcyptera fusca* (PALLAS)
14 **(12)** F am E verdickt (Abb. **134**/1, 2), bei jüngeren L parallel u. am E plötzlich zugespitzt. **15**
14* F fadenförmig, nach dem E hin allmählich schmaler werdend. **16**
15 SKiele scharf winklig gebogen, meist auf der ganzen Lg weiß gerandet. Stirn u. Scheitel bilden fast einen rechten Winkel. Seitliche Begrenzung des Rückenstreifens in jedem Sgm schräg abgesetzt, daher sägeartig. *Myrmeleotettix maculatus* (THUNBERG)
15* KProfil spitzwinklig. *Gomphocerippus rufus* (L.)
16 **(14)** Hsch gewölbt, SKiele daher scheinbar tief ansetzend, im 1. Viertel winklig gebogen, hell. BauchS dunkel gefleckt, HSchienen dunkel. Scheitelgrübchen tief. Gattung *Omocestus* BOLIVAR
16* Hsch flach, im SProfil die SKiele scheinbar hoch ansetzend. **17**
17 SKiele nicht farblich markiert, winklig gebogen. Grundfarbe braun bis olivbraun. *Stauroderus scalaris* (FISCHER DE WALDHEIM)
17* SKiele des Hsch farblich markiert, zusammengeneigt oder parallel. **18**
18 Legeröhrenklappen seitlich mit Zahn (Abb. **136**/1), (bei jüngeren L nur ausgerandet). Winkel zw Stirn u. Scheitel weniger kleiner als ein rechter. Scheitelgrübchen flach. Grundfarbe grün od. grau. Gattung *Stenobothrus* FISCHER
18* Legeröhrenklappen ohne Zahn od. Ausrandung (Abb. **136**/2). SKiele des Hsch gerade od. in der M zusammengeneigt bis winklig. KProfil spitzwinklig. **19**
19 SKiele des Hsch gerade, weiß, innen schwarz gerandet. K u. Hsch schmutzigweiß. *Chorthippus albomarginatus* (DEGEER)
19* SKiele des Hsch winklig gebogen. *Chorthippus biguttulus* (L.), *Chorthippus brunneus* (THUNBERG), *Chorthippus mollis* (CHARPENTIER)
19** SKiele in der M zusammengeneigt. **20**
20 K u. Hsch gelbbraun. *Chorthippus apricarius* (L.)
20* K u. Hsch grün. *Chorthippus parallelus* (ZETTERSTEDT), *Chorthippus montanus* (CHARPENTIER), *Chorthippus dorsatus* (ZETTERSTEDT)

Neufund (Caelifera)

Acrotylus patruelis (HERRICH-SCHÄFFER) – **Südliche Sandschrecke**: BY (2003: mehrfach auf Bahnhofsgelände in Nürnberg, vermutlich verfrachtet).

Literatur

BAUR, B., BAUR, H., ROESTI, C. & ROESTI, D. (2006): Die Heuschrecken der Schweiz. – Haupt Verlag, Bern, 352 S.

BELLMANN, H. (2004): Heuschrecken. Die Stimmen von 61 heimischen Arten. Audio-CD mit Begleitheft. – Germering.

BELLMANN, H. (2006): Der Kosmos Heuschreckenführer: Die Arten Mitteleuropas sicher bestimmen. – Kosmos (Franckh-Kosmos), Stuttgart.

CORAY, A. & THORENS, PH. (2001): Heuschrecken der Schweiz (Fauna Helvetica 5). – Schweizer Entomologische Gesellschaft, Neuchâtel, 235 S. [dreisprachiger Bestimmungsschlüssel]

DETZEL, P. (1998): Die Heuschrecken Baden-Württembergs. – Ulmer, Stuttgart, 580 S.

DETZEL, P. (2001): Verzeichnis der Langfühlerschrecken (Ensifera) und Kurzfühlerschrecken (Caelifera) Deutschlands. In: KLAUSNITZER, B. (Hrsg.): Entomofauna Germanica. Band 5. – Entomologische Nachrichten und Berichte, Beiheft 6: 63–90. Dresden.

EADES, D. C. & OTTE, D. (2008): Orthoptera Species File Online (Version 2.0/3.4). http://Orthoptera.SpeciesFile.org.

GÖTZ, W. (1965): Orthoptera, Geradflügler. – In: BROHMER, P., EHRMANN, P. & ULMER, G. (Hrsg.): Die Tierwelt Mitteleuropas. Insekten I. Teil. Quelle & Meyer, Leipzig, 71 S.

HARZ, K. (1969): Die Orthopteren Europas I (Unterord. Ensifera). – Dr. W. Junk N.V. Publs, The Hague, 749 S.

HARZ, K. (1975): Die Orthopteren Europas II (Unterord. Caelifera) – Dr. W. Junk B.V., The Hague, 939 S.

HELLER, K.-G. (1988): Bioakustik der europäischen Laubheuschrecken. – Margraf, Weikersheim. 358 S.

HELLER, K.-G., KORSUNOVSKAYA, O., RAGGE, D. R., VEDENINA, V., WILLEMSE, F., ZHANTIEV, R. D. & FRANTSEVICH, L. (1998): Check-List of European Orthoptera. – Articulata, Beih. 7: 1–61.

HORSTKOTTE, J., LORENZ, C. & WENDLER, A. (1993): Heuschrecken. Bestimmung, Verbreitung, Lebensräume und Gefährdung aller in Deutschland vorkommenden Arten. – Dt. Jugendbund f. Naturbeobachtung, Hamburg, 98 S., zahl. Aufl.

INGRISCH, S. (1977): Beitrag zur Kenntnis der Larvenstadien mitteleuropäischer Laubheuschrecken (Orthoptera: Tettigoniidae). – Z. angew. Zool., N.F. 64: 459–501.

INGRISCH, S. & KÖHLER, G. (1998): Die Heuschrecken Mitteleuropas. – Westarp Wissenschaften, Magdeburg, 460 S.

KLEUKERS, R., VAN NIEUKERKEN, E., ODÉ, B., WILLEMSE, L. & VAN WINGERDEN, W. (1997): De sprinkhanen en krekels van Nederland (Orthoptera). – National Natuurhistorisch Museum/European Invertebrate Survey, Leiden, Nederlande (mit CD „De zingende sprinkhanen en krekels van de Benelux" von B. ODÉ).

KOČAREK, P., HOLUŠA, J. & VIDLIČKA, L. (2005): Blattaria, Mantodea, Orthoptera & Dermaptera of the Czech and Slovak Republics. (Illustrated key 3). [engl u. tschech.] – Nakl. Kabourek, Zlín, 348 S.

KÖHLER, G. (2001): Fauna der Heuschrecken (Ensifera et Caelifera) des Freistaates Thüringen. – Naturschutzreport, Jena 17: 378 S.

MAAS, S., DETZEL, P. & STAUDT, A. (2002): Gefährdungsanalyse der Heuschrecken Deutschlands. – Bundesamt für Naturschutz, Bonn-Bad Godesberg, 401 S. [mit Verbreitungsatlas].

NIELSEN, O. F. (2000): De danske graeshopper. – Apollo Books, Stenstrup, 101 pp.

OSCHMANN, M. (1969): Bestimmungstabellen für die Larven mitteldeutscher Orthopteren. – Dtsch. ent. Z., N.F. 16: 277–291.

ROESTI, C. & KEIST, B. (2009): Die Stimmen der Heuschrecken. – Haupt Verlag AG, Bern, 144 S., ca. 200 Oscillogramme, mit DVD.

SCHIRMEL, J. (2008): Hinweise zur Unterscheidung der Larven von *Tettigonia cantans*, *T. caudata* und *T. viridissima* im Freiland. – Articulata 23, 2: 69–72.

SCHLUMPRECHT, H. & WAEBER, G. (2003): Heuschrecken in Bayern. – Ulmer Verlag, Stuttgart, 515 S.

SZIJJ, J. (2004): Die Springschrecken Europas (Neue Brehm-Bücherei Bd. 652). – Westarp Wissenschaften, Hohenwarsleben, 176 S. [Bestimmungsschlüssel mit aquarellierten Farbtafeln].

WALLASCHEK, M., LANGNER, TH. J. & RICHTER, K. (2004): Die Geradflügler des Landes Sachsen-Anhalt (Insecta: Dermaptera, Mantodea, Blattoptera, Ensifera, Caelifera). – Berichte des Landesamtes für Umweltschutz Sachsen-Anhalt (Halle), Sonderheft 5, 289 S.

WRANIK, W., MEITZNER, V. & MARTSCHEI, TH. (2008): Verbreitungsatlas der Heuschrecken Mecklenburg-Vorpommerns. – Beiträge zur floristischen und faunistischen Erforschung des Landes Mecklenburg-Vorpommern, LUNG M-V, 281 S.

ZUNA-KRATKY, T. E., KARNER-RANNER, E., LEDERER, E., BRAUN, B., BERG, H.-M., DENNER, M., BIERINGER, G., RANNER, A. & ZECHNER, L. (2009): Verbreitungsatlas der Heuschrecken und Fangheuschrecken Ostösterreichs. – Verlag Naturhistorisches Museum Wien, Wien, 304 S.

Psocoptera – Staubläuse

Kurt K. Günther & Charles Lienhard

G. Kleine (0,6–7,0 mm), sehr zarte, meist geflügelte Landinsekten mit weichhäutigem, ovaloidem od. sackförmigem Hlb. Körper gewölbt, s (z. B. bei *Liposcelis*) abgeflacht. Färbung weißlich bis dunkelbraun od. der Umgebung angepasst mehrfarbig gemustert. Fl meist farblos durchsichtig od. schwach getönt. VFl oft durch dunkle Flecke od. Binden artspezifisch gezeichnet. K groß, halbkugelig od. ovaloid. F 13–50 gld, fadenförmig, dünn, etwa körperlg. Ksch groß u. stark vorgewölbt. Au freilebender Arten groß, bei gebäude- u. höhlenbewohnenden Arten kleiner. Makroptere (Fl voll entw) Tiere haben 3 dichtliegende Oc, die mikropteren (Fl sehr klein u. aderlos) u. apteren (Fl völlig rückgebildet) Tieren meist fehlen. Ortho-, s prognath. Mundwerkzeuge beißend; die kräftigen OKf werden von der großen, frei hängenden Ol bedeckt. Innenlade der UKf als meißelartiger Chitinstab mit arteigentümlich gezähnter Spitze ausgebildet. UKfTst 4gld, UlTst 1- od. 2gld. VBr kurz u. schmal, bei makropteren Tieren zw K u. der mächtigen FlBr (M- u. HBr) verborgen. B lg u. dünn (Ausnahme *Liposcelis*), Fuß 2–3gld. Meist 2 Paar Fl, die dachförmig über den Hlb zurückgelegt werden. FlAderung charakteristisch (Abb. **143**/1). Voll entw Fl überragen die HlbSpitze; bei brachypteren (Fl ± verkürzt) Tieren erreichen die noch geaderten Fl nicht die HlbSpitze; mikroptere Tiere haben nur kleine, aderlose FlRudimente; mehrere Arten sind apter; andere brachelytropter (VFl klein, ungeadert, stark chitinisiert). HlbE gewöhnlich kräftiger sklerotisiert u. dunkler gefärbt als der übrige Körper. Die terminalen HlbSgm, einschließlich der äußeren Geschlechtsorgane, weisen bedeutende Artmerkmale auf. Analöffnung umgeben von dem dorsalen Epiprokt u. einem Paar seitlicher Paraprokte. Subgpl des ♂ oft spezifisch gestaltet u. nach oben gebogen. Penis verborgen. Subgpl des ♀ häufig kennzeichnend gestaltet od. gezeichnet; der

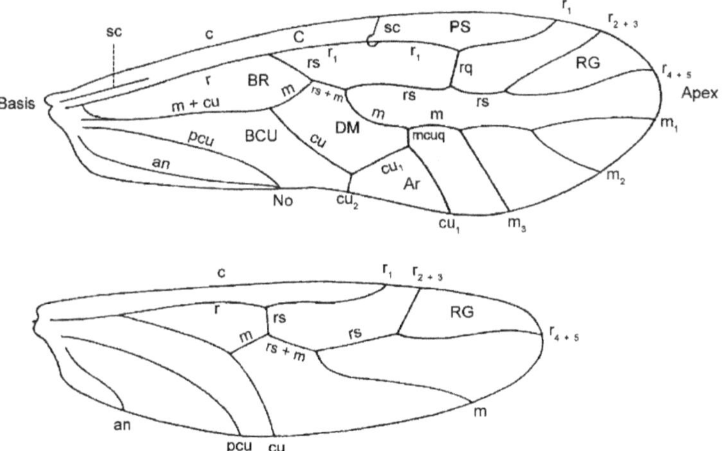

Abb. 143/1. *Stenopsocus stigmaticus.* Rechter V- u. HFl; an Analader, Ar Areola postica, BCU Basicubitalzelle, BR Basiradialzelle, c Costalader, C Costalzelle, cu Cubitalader, cu_{1-2} Cubitaladeräste, DM Diskomedialzelle, m Medialader, m_{1-3} Medialaderäste, mcuq Mediocubitalquerader, No Nodulus, pcu Postcubitalader, PS Pterostigma (Flügelmal), r Radialader, r_{1-5} Radialaderäste, RG Radialgabelzelle, rq Radialquerader, rs Radialsektor, sc Subcostalader.

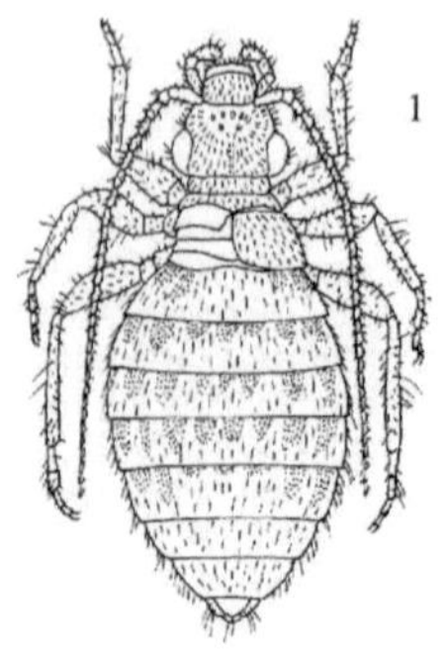

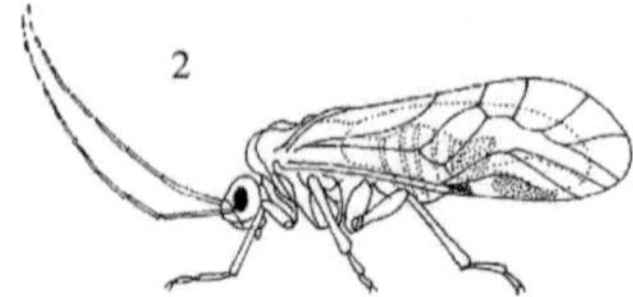

Abb. 144/1–2. 1 *Trogium pulsatorium*, ♀. Linker VFl entfernt. **2** *Amphigerontia contaminata*, ♂.

oft vorhandene mittlere Forts wird Eispatel genannt. Legeapparat besteht aus 2–3 Paar Gonapophysen des 8. u 9. Sgm. – **V.** Mit ca. 5700 beschriebenen Arten weltweit v. – **L.** Überwiegend freilebend, ca. 20 heimische Arten gebäudebewohnend. Bevorzugen warme, windstille, schattige Lagen mit höherer Luftfeuchtigkeit. Freilebende Arten in Gebüsch u. dichten Waldrändern bes. zahlreich, häufig auf mit Algen u. Flechten bewachsener Rinde von Bäumen u. Sträuchern sowie an Blättern, bes. an welkendem, kränkelndem Laub; viele Arten halten sich in Bodennähe auf (Reisig, dürre PflTeile, Fallaub, unter Steinen u. loser Rinde, in Höhlen); einige besiedeln auch Nester von Vögeln od. Insekten. Gebäudebewohnende Arten leben vor allem an muffigen, verpilzten organischen Stoffen (Papier, Drogen, Herbarien, zoologische Sammlungen, alte Möbel, Getreide, Saatgut, Na- u. Futtermittel) in etwas feuchten Räumen u. Lagerhäusern. Zur kurzen Charakterisierung des Lebensraumes werden folgende Begriffe verwendet: cavernicol – in Höhlen; corticicol – auf Rinde; domicol – in Gebäuden; foliicol – an Blättern; nidicol – in Nestern. – **B.** Metamorphose unvollkommen (Paurometabolie). 3–6 Im.-ähnliche L- bzw. Nymphenstadien; erste FlAnlagen im 2. Stadium. 1–2, s mehrere Gen. Fortpfl zweigeschlechtlich, fakultative u. obligatorische Parthenogenese (Thelytokie) kommen vor. Eier werden am Aufenthaltsort einzeln od. in kleinen Gruppen abgelegt u. gewöhnlich locker übersponnen od. mit Kittsubstanzen überschichtet. Überw im Eistadium, bei manchen Arten als Nymphe, s als Im. Na: bes. Grünalgen, Pilzmyzel u. verpilzte organische Substanzen. – 5700 Arten, heimisch ca. 95 Arten.

Beachte: Bestimmungsschlüssel gelten nur für Im. des Untersuchungsgebietes. Maßangaben beziehen sich auf die KörperLg ohne Fl.

1 F 15–50gld (20–30fach vergrößernde Lupe). VBr von oben sichtbar (Abb. **144**/1). Fuß 3gld. **2**

1* F 13gld. VBr schmal, zw K u. MBr verborgen (Abb. **144**/2). Fuß 2- od. 3gld. Unterordnung *Psocomorpha* S. 146

2 F 15gld (20–30fach vergrößernde Lupe). Sehr klein (0,5–1,8 mm), dorsoventral abgeflacht, flügellos, HSchenkel verdickt (Ausnahme: *Badonnelia*, HSchenkel dünn, VFl des ♀ kapseln Hlb ein, Abb. **146**/3). Unterordnung *Troctomorpha* S. 146

2* F >20gld. Meist größer, gewölbt. Hlb dick. Geflügelt od. mit FlRudimenten (falls winzig, Stirn mit ankerförmigem Fleck). HSchenkel nie verdickt. (Abb. **145**/1–3). Unterordnung *Trogiomorpha* S. 144

Unterordnung ***Trogiomorpha***

1 Makropter od. brachypter. VFl wenigstens mit Längsaderresten. **2**

1* Brachelytropter od. mikropter. VFl ohne Aderung, ovale behaarte Schuppen bildend (falls winzig, Stirn mit ankerförmigem Fleck). Familie *Trogiidae* S. 145

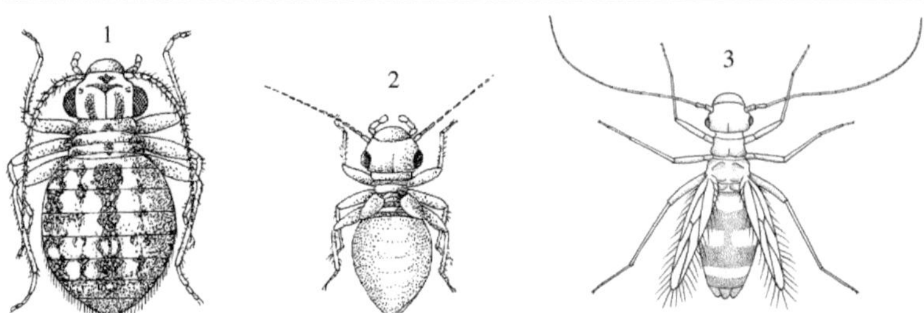

Abb. 145/1–3. **1** *Cerobasis guestfalica*, ♀; **2** *Lepinotus reticulatus*, ♀; **3** *Dorypteryx domestica*, ♂.

2 VFl 4–5,5 mm; sc lg, gebogen, trifft vor FlMal auf r_1. Familie *Prionoglarididae* S. 146

2* VFl <3 mm; sc kurz u. frei endend od. fehlt. Familie *Psyllipsocidae* S. 145

Familie **Trogiidae**

Klein (1–2 mm), gedrungen. K nicht länger als breit. Hlb dick. VFl kleine bis winzige, aderlose, behaarte Schuppen. Domicol, nidicol, corticicol. – 6 Arten.

1 VFlRudimente mikroskopisch klein (50 µm). Stirn mit ankerförmigem dunklem Fleck (Abb. **145**/1). 2 mm. Corticicol an Laub- u. Nadelgehölzen; häufig am Algenbelag der Stämme; g. V–XI. *Cerobasis guestfalica* (Kolbe)

1* VFL schuppenförmig, distal abgerundet, reichen bis auf die Basis des Hlb (brechen leicht ab!) **2**

2 Fast einfarbig braun od. graubraun. 1–2 mm. 3 Arten.
Gattung *Lepinotus* von Heyden
L. inquilinus von Heyden, *L. patruelis* Pearman, *L. reticulatus* Enderlein (Abb. **145**/2). Domicol u. nidicol. An muffigen Stellen in Häusern, Lagern, Getreidespeichern, in Nestern von Vögeln u. Insekten. v.

2* K u. Br weiß bis hellbräunlich; Hlb weißlich, auf der OS der Sgm 3–7 mit je einer Querreihe dreieckiger, violettbrauner Flecke. 1,5–2,0 mm. Domicol u. nidicol. In Lager-, Speicherräumen u. Bienenstöcken; v.
Trogium pulsatorium (L.) (Abb. **144**/1) u. *Cerobasis annulata* (Hagen)

Familie **Psyllipsocidae**

1–2 mm. Weißlich od. hell. Lgbeinig, spinnenähnlich. K länger als breit. F sehr lg. Makropter od. brachypter; VFl ohne Radialquerader (rq). FlMal u. Ar 3eckig. Domicol, cavernicol, lapidicol. 3 Arten.

1 VFl oval, distal breit abgerundet, bei makropteren ♀ 2–2,5 mm. 1,7–2,2 mm. Makro-, brachy- od. mikropter; zart. K u. Br hellbraun, Hlb weißlich, Terminalia hellbräunlich. Domicol u. cavernicol. Bes. in Kellern an muffigen Stellen, unter Tapeten, Teppichen, in alten Polstermöbeln; v. *Psyllipsocus ramburii* Selys-Longchamps (Abb. **146**/1)

1* VFl schmal, lanzettförmig **2**

2 VFl mit 2 beborsteten, basal verschmolzenen Längsadern. Ca. 1,2 mm; brachypter; sehr zart, blass weißlich. Domicol, nahe feuchter Stellen; s.
Dorypteryx pallida Aaron

2* VFl mit mehreren, vernetzten Längsadern. Ca. 1,5–1,8 mm; brachypter; Hlb mit rötlichbrauner Bindenzeichnung. Domicol; v.
Dorypteryx domestica (Smithers) (Abb. **145**/3)

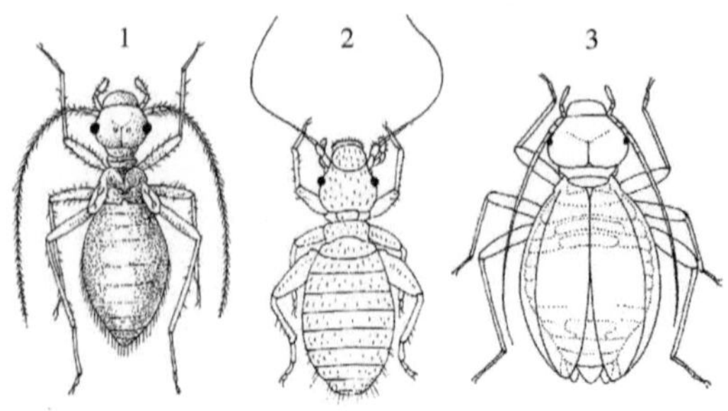

Abb. 146/1–3. 1 *Psyllipsocus ramburii*, brachypteres ♀; **2** *Liposcelis* sp., ♀; **3** *Badonnelia titei*, ♀.

Familie *Prionoglarididae*

Nur eine Art. 4–5 mm. VFl 4,5–5,5 mm; zw FlMal u. rs mit Radialquerader (rq). K u. Br bräunlichgelb; Hlb gelblichgrau gescheckt. Cavernicol u. lapidicol. SW; s.
Prionoglaris stygia Enderlein

Unterordnung *Troctomorpha*

1 HSchenkel stark verdickt, am VRand mit einem Höcker. Fllos, 0,6–1,5 mm.
Familie *Liposcelididae* S. 146

1* HSchenkel nicht verdickt, ohne Höcker, ♂ Fllos, ♀ elytropter. 1,0–1,8 mm.
Familie *Sphaeropsocidae* S. 146

Familie *Liposcelididae*

Heimisch ca. 14 domicole u. freilebende Arten der Gattung *Liposcelis* Motschulsky (Abb. **146**/2). Domicole Arten als „Bücherläuse" bekannt; bes. an verpilzten organischen Stoffen, Papierwaren, Drogen, Nahrungsmitteln, Getreide u. Häuten; z. B. *L. bostrychophila* Badonnel. Mehrere Arten in Vogel- od. Insektennestern. Corticicole Arten, z. B die schwarzbraune *L. silvarum* (Kolbe), g unter Borkenschuppen an Bäumen u. Sträuchern. Andere Arten besiedeln Bodenspreu.

Familie *Sphaeropsocidae*

Heimisch nur *Badonnelia titei* Pearman (Abb. **146**/3). ♂ bräunlich; ♀ K, Br u. Terminalia bräunlich, den weißlichen Hlb kapseln die pergamentenen VFl ein. Berlin; in Kellern, an feuchten Stellen in Wohn- u. Lagerräumen; s.

Unterordnung *Psocomorpha*

1 Makropter **2**
1* Brachy-, mikro- od. apter **14**
2 Fuß 2gld **3**
2* Fuß 3gld **12**
3 Mit Ar im VFl (Abb. **143**/1) **4**

3* Ohne Ar (Abb. **152**/1) **5**
4 Scheitel der Ar mit m verschmolzen; Ar meist 5eckig (Abb. **152**/3–5). Familie *Psocidae* S. 153
4* Scheitel der Ar frei od. durch eine Querader mit m verbunden (Abb. **152**/2; **143**/1). **6**
5 **(3)** VFl behaart. Im HFl rs mit m durch Querader verbunden. Familie *Ectopsocidae* S. 151
5* VFl nackt. Im HFl rs mit m eine Strecke verschmolzen (Abb. **150**/6). Familie *Peripsocidae* S. 152
6 **(4)** Ar 4eckig, Scheitelspitze durch Querader mit m verbunden; zw FlMal u. rs eine Querader (Abb. **143**/1). Familie *Stenopsocidae* S. 149
6* Ar frei, Scheitel abgerundet; cu_1 bogenförmig (Abb. **152**/2) **7**
7 VFlRand u. Adern nackt. Familie *Lachesillidae* S. 152
7* VFlRand u. Adern deutlich behaart (20–30fach vergrößernde Lupe) **8**
8 rs u. m im HFl eine Strecke weit verschmolzen. Rand der HFl größtenteils behaart **9**
8* rs u. m im HFl durch eine Querader verbunden. Rand der HFl nur zw der Radialgabel behaart. Gattung *Reuterella* S. 150
9 rs u. m im VFl durch eine Querader verbunden. Familie *Epipsocidae* S. 148
9* rs u. m im VFl eine Strecke weit verschmolzen **10**
10 VFlAdern am FlRand mit je einem kleinen, dunklen Dreieckfleck. FlMal ohne vortretenden Scheitel. Sehr zarte Tiere. Familie *Trichopsocidae* S. 151
10* VFl nicht od. anders gezeichnet. FlMal meist mit vortretendem Scheitel. Derbere Tiere **11**
11 Haare der VFl lg u. kräftig, stehen mehrreihig auf den Adern. VFlRandader zw FlMal u. Apex stark verbreitert. Familie *Amphipsocidae* S. 149
11* Haare der VFl kurz u. dünn, stehen einreihig auf den Adern. VFlRandader nicht verbreitert. Familie *Caeciliusidae* S. 148
12 **(2)** VFl nackt. Familie *Mesopsocidae* S. 151
12* VFlAdern behaart, Rand bewimpert. **13**
13 HFl am ganzen Rand bewimpert. Familie *Philotarsidae* S. 151
13* HFl nicht od. nur zw der Radialgabel bewimpert (20fach vergrößernde Lupe). Familie *Elipsocidae* S. 150
14 **(1)** Fuß 2gld **17**
14* Fuß 3gld **15**
15 F kurz, reichen zurückgelegt nicht bis zur M des Hlb. Gattung *Pseudopsocus*, ♀ S. 150
15* F lg, reichen wenigstens bis zum HlbE **16**
16 Subgpl am HRand mit einem großen, lappenförmigen Forts (Eispatel). Gattung *Mesopsocus*, ♀ S. 151
16* Subgpl ohne Eispatel. *Hermineura dispar* Tetens, ♀ S. 150
17 **(14)** Völlig flügellos **18**
17* Fl stark verkürzt, aber wenigstens FlRudimente vorhanden (20fach vergrößernde Lupe) **19**
18 F dünn, länger als Körper. *Bertkauia lucifuga* (Rambur), ♀ S. 148
18* F kräftig, kürzer als halbe Körperlg, ♀. – Hlb aufgetrieben dick: *Reuterella* (Abb. **150**/4). – Hlb länglich, nicht aufgetrieben: *Psoculus* S. 151
19 **(17)** VFlRudimente sehr klein, ohne Aderung **20**
19* VFlRudimente größer, mit Aderung **22**
20 KörperLg ca. 1,6 mm. *Lachesilla greeni* (Pearman), ♀ S. 153
20* KörperLg 2,5–3,5 mm **21**
21 Bräunlichgelb bis bräunlichgrau. F etwas kürzer als Körper. *Kolbia quisquiliarum* (Bertkau), ♀ S. 149
21* K u. Br schwarzbraun. F länger als der Körper. *Valenzuela gynapterus* (Tetens), ♀ S. 148
22 **(19)** ♂, 1,0–1,2 mm. *Lachesilla greeni* (Pearman) S. 153

22* ♀, größer **23**
23 Subgpl in der M des HRandes mit einem lappenförmigen Forts (Eispatel) **25**
23* Subgpl ohne Eispatel **24**
24 Hlb deutlich dunkel geringelt. 1,2–2,2 mm.
Lachesilla pedicularia (L.), brachypteres ♀ S. 153
24* Hlb nicht geringelt. 2,2–2,6 mm. *Valenzuela piceus* (KOLBE), brachypteres ♀ S. 148
25 **(23)** Eispatel am E eingebuchtet. 1,9–2,3 mm.
Peripsocus parvulus KOLBE, brachypteres ♀ S. 152
25* Eispatel am E abgerundet. Ca. 3–4 mm **26**
26 Eispatel kurz, viel breiter als lg. *Neopsocus rhenanus* KOLBE, brachypteres ♀ S. 154
26* Eispatel viel länger als breit.
Neopsocopsis hirticornis (REUTER), brachypteres ♀ S. 154

Familie ***Epipsocidae***

In MEur nur 1 Art. ♀ Fllos, 2,5–3,0 mm, dunkel- bis schwarzbraun, mit einem weißlichen Längsstreifen über Hals u. Br, der sich auf dem Hlb gabelt. ♂ s, kleiner, mit glasklaren Fln. Unter Steinen, bes. in alten Steinbrüchen, Höhleneingängen, Fugen von Mauern. Hygrophil. Vorherrschend parthenogenetisch; z. VII–IX.
Bertkauia lucifuga (RAMBUR)

Familie ***Caeciliusidae***

Mittelgroß (2,5–3,5 mm). Meist makropter. Ar frei. Fuß 2gld. Bes. Blattbewohner an Bäumen, Sträuchern u. Gräsern. Uni- bis polyvoltin. Eier in Gruppen, übersponnen. Überw als Ei. 9 Arten.

1 VFl wie in Abb. **149**/1 gezeichnet. K u. Br glänzend schwarzbraun. VFl 3,5 mm. An Laubgehölzen, bes. alten Eichen u. in feuchten Wäldern; v. VI–IX.
Caecilius fuscopterus (LATREILLE)
1* VFl nicht od. anders gezeichnet **2**
2 Adern der hyalinen VFl schmal dunkelbraun gesäumt, AnalZ dunkelbraun. Körper weißlichgelb, K u. Br braun gezeichnet. VFl 3,0–3,7 mm. An Laubgehölzen. Parthenogenetisch, ♂ sehr s; g. V–X. *Valenzuela flavidus* (STEPHENS)
2* VFl anders gezeichnet **3**
3 F länger als ein VFl **4**
3* F kürzer od. höchstens so lg wie ein VFl **5**
4 KScheitel dorsal zw den Au gelblich. F schwarz. VFl ♂♀ hell rostbräunlich getönt. Br schwarzbraun. Hlb gelblich, Terminalia braun. VFl 2,6–3,0 mm. An Sumpfgräsern *(Phragmites)* u. WasserPfl; z. VI–X. *Valenzuela atricornis* (MC LACHLAN)
4* KScheitel dorsal zw den Au schwarzbraun. VFl ♂ schwärzlich grau getrübt. ♀ mikropter (sehr s makropter). Br u. Querbänder der HlbTergite rotbraun. ♀ ca. 3 mm, VFl ♂ 3,2 bis 3,6 mm. An bodennahem Laubholzgesträuch (Heidelbeere); v. VI–IX.
Valenzuela gynapterus (TETENS)
5 **(3)** K u. Br dunkel- bis schwarzbraun **6**
5* K u. Br ockergelb bis bräunlich **7**
6 VFl dunkelbraun überhaucht, mit klarem Saum entlang dem Radius-Stamm u. r_1, Scheitel des FlMals sichelförmig schwärzlich umfasst. ♂ makropter, ♀ makro- od. brachypter. VFl makropterer Tiere 2,3–2,8 mm, brachypterer ♀ 0,6–0,9 mm. An Nadel- u. Laubgehölzen, brachyptere Tiere bes. in Bodennähe; v. VI–X.
Valenzuela piceus (KOLBE)
6* VFl schwach bräunlich überhaucht u. dunkelbraun gezeichnet. AußenrandZ zw FlMal u. Ar stark verdunkelt. VFl ♂ 2,4–2,6 mm, ♀ 1,9–2,3 mm u. leicht gewölbt. An bodennahen Zweigen von Nadel- u. Laubgehölzen *(Calluna)*; z. VII–IX. [*Valenzuela rhenanus* (TETENS)] *Valenzuela corsicus* (KOLBE)

7 **(5)** FlMal mit breit abgerundetem, aber vortretendem Scheitel. Körper bräunlichgelb. Bes. an Nadelgehölzen. VI–X.
a) VFl 2,3–2,7 mm; g. *Valenzuela burmeisteri* (BRAUER)
b) VFl 3,0–3,5 mm; z. *Valenzuela despaxi* (BADONNEL)

7* FlMal fast parallelseitig, ohne vortretenden Scheitel. Körper grünlichgelb. VFl 2,4–2,8 mm. An grünen Zweigen von Nadelgehölzen; z. VI–IX. *Enderleinella obsoleta* (STEPHENS)

Familie ***Amphipsocidae***

In MEur nur 1 Art. ♂ makropter, ♀ mikropter od. s makropter. Körper überwiegend bräunlichgelb. VFlRandader vom FlMal bis hinter den Apex verbreitert. Fl struppig behaart u. bewimpert. VFl 2,6–3,3 mm. ♀ 2,8–3,5 mm. Zw am Boden liegenden, lebenden u. toten PflTeilen (Stroh, Gräser); z. VI–X. *Kolbia quisquiliarum* BERTKAU (Abb. **149**/2).

Familie ***Stenopsocidae***

Mittelgroß (2–4 mm). Makropter. Ar 4eckig, gestielt. Fuß 2gld. Blattbewohner an Laub- u. Nadelgehölzen. Eier werden in Gruppen abgelegt u. übersponnen. 4 Arten.

1 VFl in der Basalhälfte mit 4 schwarzen Flecken, in der Distalhälfte mit einer dunklen Schleife. FlMal höchstens 3-mal so lg wie breit. VFl 3,0–3,7 mm. Bes. an Laubgehölzen; v. V–X. *Graphopsocus cruciatus* (L.) (Abb. **149**/3)

1* VFl glasklar, ohne Fleckenzeichnung. FlMal mindestens 4-mal so lg wie breit (Abb. **143**/1) **2**

2 Distaler Abschnitt des inneren FlMalRandes dunkelbraun gesäumt. FlMal-Scheitel winklig vorspringend. VFl ca. 4 mm. An Laubgehölzen, bes. Eiche; z. VI–X. *Stenopsocus stigmaticus* (IMHOFF u. LABRAM)

2* FlMal nicht od. anders gezeichnet, sehr schmal, FlMal-Scheitel kaum vortretend. VFl 5,0–5,5 mm **3**

3 KScheitel zw den Au durchgehend braun bis schwarzbraun. Bes. an Nadelgehölzen; g. VI–X. *Stenopsocus lachlani* KOLBE

3* KScheitelfärbung wenigstens durch 2 gelbe Längsbänder unterbrochen. Bes. an Laubgehölzen; g. VI–XI. *Stenopsocus immaculatus* (STEPHENS)

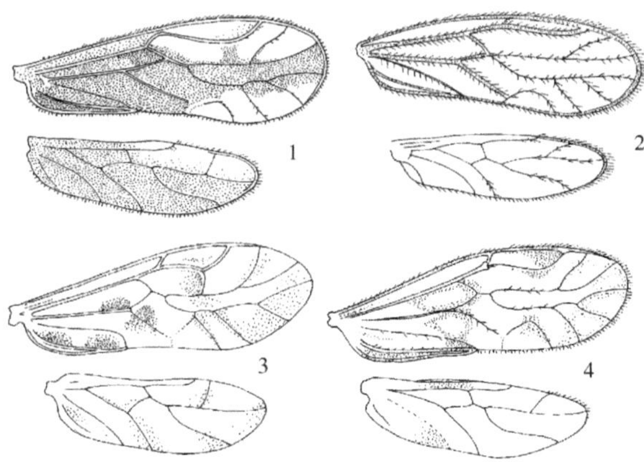

Abb. 149/1–4. 1 *Caecilius fuscopterus*, ♂; **2** *Kolbia quisquiliarum*, ♂; **3** *Graphopsocus cruciatus*, ♀; **4** *Elipsocus moebiusi*, ♀.

Familie ***Elipsocidae***

Klein bis mittelgroß (1,7–3,5 mm). Meist makropter. Ar frei. Fuß 3gld, s (nur *Reuterella*) 2gld. Bes. Rindenbewohner. 12 Arten.

1 Fuß 2gld. ♀ apter, 1,6–2,1 mm. Hlb des ♀ aufgetrieben dick. VFl des ♂ 2,0–2,3 mm. An Stämmen u. Ästen von Laub- u. Nadelgehölzen. Meist in Rindenspalten unter Gespinsten; v. VI–X. *Reuterella helvimacula* (Enderlein) (Abb. **150**/4).

1* Fuß 3gld **2**

2 Mit Fl **3**

2* Ohne Fl **6**

3 HFlRand völlig kahl. VFl ca. 4 mm. *Hemineura dispar* Tetens, ♂

3* HFlRand zw der Radialgabel bewimpert (20–30fach vergrößernde Lupe). VFl kürzer (Abb. **149**/4) **4**

4 VFl kürzer als 2,3 mm (Gattung *Pseudopsocus* Kolbe) **7**

4* VFl länger als 2,3 mm **5**

5 EGld des UKfTst kurz keulenförmig, doppelt so lg wie breit. Fl glasklar ohne Zeichnung. VFl 2,3–2,6 mm. Körper hell- bis bräunlichgelb. Bes. an Koniferen, auch an Laubgehölzen; v. VI–X. *Cuneopalpus cyanops* (Rostock)

5* EGld des UKfTst länglich, reichlich 3-mal so lg wie breit. Fl meist ± dunkel gezeichnet. VFl 2,5–3,8 mm. Gattung *Elipsocus* Hagen
Heimisch 6 Arten. Vorwiegend corticicol an Bäumen u. Sträuchern. Z. B. *E. moebiusi* Tetens (Abb. **149**/4), Fl braun getönt, Hlb oben schwarzbraun, g; *E. hyalinus* (Stephens), KScheitel schwarzbraun, Fl hyalin, Ar ohne schwarzen Fleck, g.

6 **(2)** F lg, reichen bis zum HlbE. 2,5–3,5 mm. Stirn mit hufeisenförmigem, schwarzem Fleck. Hlb des ♀ aufgetrieben dick, mehrfarbig gemustert. Corticicol an Gehölzen, bes. in Mooren u. Heiden; s. VI–X. *Hemineura dispar* Tetens, ♀

6* F kurz, reichen zurückgelegt nicht bis zur M des Hlb **7**

7 **(4)** ♂, mit Fl. *Pseudopsocus fusciceps* (Reuter) u. *Ps. meridionalis* Badonnel

7* ♀, ohne Fl **8**

8 Hlb wie in Abb. **150**/1 gefärbt. 2,2–2,6 mm. Parthenogenetisch, ♂ unbekannt. An Gehölzen, unter Borkenschuppen, in Rindenspalten. Corticicol; z. VI–X. *Pseudopsocus rostocki* Kolbe

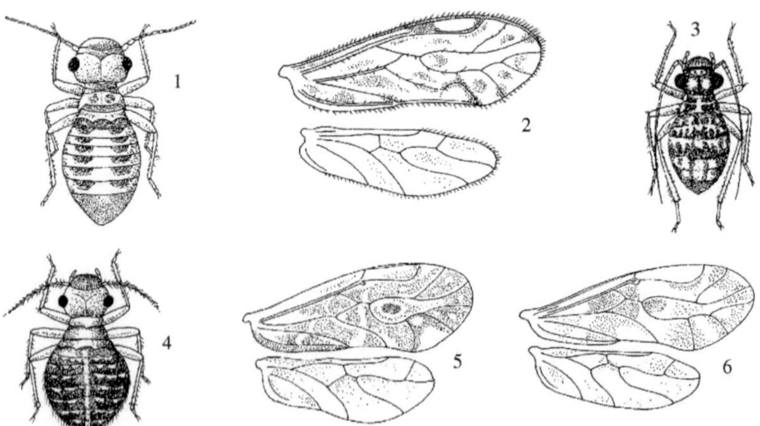

Abb. 150/1–6. **1** *Pseudopsocus rostocki*, ♀; **2** *Philotarsus picicornis*, ♀; **3** *Mesopsocus unipunctatus*, ♀; **4** *Reuterella helvimacula*, ♀; **5** *Peripsocus alboguttatus*, ♀; **6** *P. subfasciatus*, ♀.

8* Hlb orangegelb od. gelbbraun. Ca. 1,7–2,0 mm.
a) V–VII (Nymphe). Ca. 1,7 mm. *Pseudopsocus fusciceps* (REUTER)
b) VII–IX (Ei). Ca. 2 mm. Lapidicol u. corticicol. *Pseudopsocus meridionalis* BADONNEL

Familie ***Philotarsidae***

Heimisch 2 ähnliche Arten. Lebhaft gezeichnet. Fl kräftig behaart, dunkel gefleckt (Abb. **141**/2). VFl 3,0–3,5 mm. Fuß 3gld. An Laub- u. Nadelgehölzen; g. VI–X.
Philotarsus picicornis (F.) u. z. *P. parviceps* ROESLER

Familie ***Mesopsocidae***

Mittelgroß bis groß (3–5 mm). ♂ makropter, ♀ makro- bis apter. VFl nackt, ohne Zeichnung, Ar frei u. hoch. Fuß 3gld, s 2gld. Rindenbewohner an Bäumen u. Sträuchern. Eier in Gruppen, überkrustet u. übersponnen. 4 Arten.

1 Fuß 2gld. ♀ apter, Hlb länglich, nicht aufgetrieben. 1,3–1,9 mm. Im Gebiet parthenogenetisch, ohne ♂. An Stämmen u. Ästen von Laubbäumen, unter Gespinsten in Rindenritzen; z. VII–IX. *Psoculus neglectus* (ROESLER)

1* Fuß 3gld **2**

2 ♂ u. ♀ makropter. Im VFl rs mit m eine Strecke weit verschmolzen. VFl 4,4–5,0 mm. Bes. an Laubgehölzen; v. VI–X. *Mesopsocus laticeps* (KOLBE)

2* ♂ makropter, ♀ mikropter. Im ♂-VFl rs mit m in einem Punkt verschmolzen od. durch eine Querader verbunden **3**

3 Hlb des ♀ mit mehreren schmalen, dunklen Längsstreifen u. einer breiten, dunklen Querbinde (Abb. **150**/3). Im VFl des ♂ rs mit m meist durch eine kurze Querader verbunden. Subgpl des ♀ mit apikal breit gerundetem Eispatel. ♀ 3–5 mm, VFl des ♂ 4,9–6,2 mm. An Laub- u. Nadelgehölzen; g. VI–X.
Mesopsocus unipunctatus (MÜLLER)

3* Hlb des ♀ ohne dunkle Längsstreifen, mit 2 breiten, dunklen Querbinden. Im VFl des ♂ rs mit m meist in einem Punkt verschmolzen. Subgpl des ♀ mit spitz auslaufendem Eispatel. ♀ 4–5 mm, VFl des ♂ 4–5 mm. An Laub- u. Nadelgehölzen; v. V–IX.
Mesopsocus immunis (STEPHENS)

Familie ***Trichopsocidae***

Kleine, zarte, blass gelbliche, makroptere Tiere. Fl an den AderE mit je einem dunklen Dreieckfleck. Ar frei, flach. Fuß 2gld. VFl 2–3 mm. Bes. in Gewächshäusern u. angrenzenden Gärten an verschiedensten Pfl. 2 Arten.
Trichopsocus clarus (BANKS), z; *Tr. dalii* (MC LACHLAN), s.

Familie ***Ectopsocidae***

Kleine (1,0–2,8 mm) makroptere, hell- bis mittelbraun gefärbte Tiere; Hlb ± rotbraun geringelt; VFl 1,8–2,4 mm, fein behaart, FlMal fast rechteckig, ohne Ar, FlAderE oft mit dunklem Fleck; Fuß 2gld. In Gewächshäusern, auch im Freien an Gehölzen; v. V–X: *Ectopsocus briggsi* MC LACHLAN, *E. meridionalis* RIBAGA

Eingeschleppt in Gebäuden od. Gewächshäusern, sehr s: *Ectopsocus titschacki* JENTSCH, *Ectopsocopsis cryptomeriae* (ENDERLEIN).

Familie *Peripsocidae*

Klein bis mittelgroß (1,5–2,8 mm). Makropter, s brachypter. Fl nackt; Ar fehlt, Fuß 2gld. Corticicol u. foliicol. An toten u. kränkelnden Teilen von Bäumen, Sträuchern u. Stauden. Sehr träge. 5 Arten.

1 VFl mit wolkiger od. fleckiger dunkler Zeichnung **2**

1* VFl gleichmäßig dunkel getönt **3**

2 VFl in den RandZ mit hellen, dunkel umrandeten Flecken (AuFlecken). VFl 2,0–2,5 mm. An Laub-, seltener Nadelgehölzen (bes. Heidekraut, Ginster, Schlehe; in Bodennähe); g. VI–X. *Peripsocus alboguttatus* (DALMAN) (Abb. **150**/5)

2* VFl ohne AuFlecke. VFl 2,5–3,0 mm. Bes. in dichtem Gebüsch an GehölzPfl u. Stauden. Parthenogenetisch; v. VI–X. *Peripsocus subfasciatus* (RAMBUR) (Abb. **150**/6)

3 **(1)** VFl ♂ ca. 2,2 mm, ♀ 1,9 mm, brachyptere ♀ 0,8–1,0 mm. ♀ gewöhnlich brachypter. Corticicol. Bes. auf u. unter Rindenborke von Laubgehölzen; v. VI–X. *Peripsocus parvulus* KOLBE (Abb. **152**/1).

3* VFl ♂ 2,5–3,0 mm, ♀ 2,8–3,2 mm. K u. Br dunkelbraun, Hlb bräunlich. An Laub- u. Nadelgehölzen, bes. in dichtem Gebüsch. Corticicol; v. VI–X. *Peripsocus phaeopterus* (STEPHENS) u. *P. didymus* ROESLER

Familie *Lachesillidae*

Kleine (1–2 mm), bräunliche, makroptere, s brachy- od. mikroptere Blattbewohner. Ar frei. Fl nackt. Fuß 2gld. Bes. an kränkelnden od. welken Blättern von Laubgehölzen u. krautigen Pfl. 5 Arten.

1 K u. Br hellbraun bis braun. Paarige Forts der ♂Subgpl am E gegabelt. ♀ Subgpl endet mit 2 Lappen. VFl 2,0–2,6 mm, hyalin. An Laubgehölzen (Eichen), bes. abgeknickten Zweigen mit vertrockneten Blättern; g. VI–X. *Lachesilla quercus* (KOLBE)

1* K u. Br dunkel- bis schwarzbraun. Paarige Forts der ♂Subgpl einfach zugespitzt. ♀ Subgpl endet anders **2**

2 ♂ Epiprokt am E mit 2 hornartigen stumpfen Forts. ♀Subgpl hinten median eingekerbt. VFl schwach bräunlich getönt, 1,6–1,8 mm. An Sträuchern, Stauden u. krautigen Pfl. Elbe-Tal bei Dessau. *Lachesilla bernardi* BADONNEL

2* ♂ Epiprokt anders gestaltet. ♀Subgpl hinten einfach abgerundet **3**

3 KScheitel mit H-förmiger weißlichgelber Zeichnung. FlAdern distal schwärzlich gesäumt. Hlb violettbraun u. weiß geringelt. VFl 1,9–2,3 mm. Paarige Forts der ♂Subgpl zangenartig einwärts gebogen. Berlin. An welkenden PflTeilen, Reisig, in Bodennähe; s. VII–IX. *Lachesilla tanaidana* ROESLER

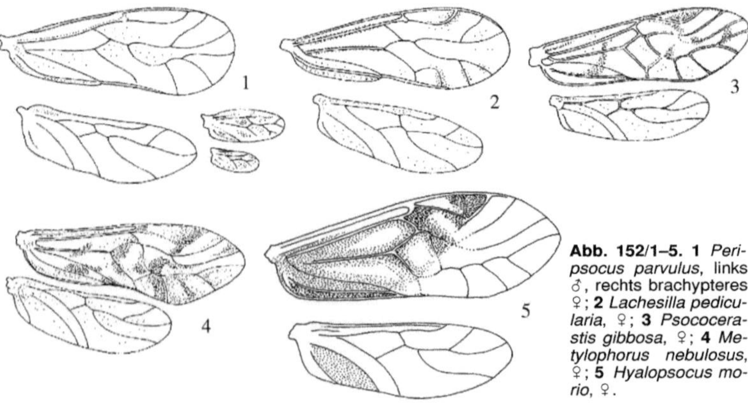

Abb. 152/1–5. 1 *Peripsocus parvulus*, links ♂, rechts brachypteres ♀; **2** *Lachesilla pedicularia*, ♀; **3** *Psococerastis gibbosa*, ♀; **4** *Metylophorus nebulosus*, ♀; **5** *Hyalopsocus morio*, ♀.

3* KScheitel nicht H-förmig gelb gezeichnet. ♂ Epiprokt dorsomedian mit einem hakenförmigen Sklerit **4**
4 Hlb deutlich braun geringelt. Makropter bis brachypter. VFl 1,5–2,1 mm; VFl brachypter. ♂ 1,2 mm, brachypter. ♀ 0,8–0,9 mm. Bes. in Bodennähe an dürren Zweigen von Laubgehölzen u. welken Gräsern (Heu); auch domicol; g. VI–X. *Lachesilla pedicularia* (L.) (Abb. **152**/2)
4* Hlb rostbraun ohne klare Ringelung. ♂ brachypter (VFl ca. 0,5 mm), ♀ mikropter (s makropter VFl 1,6–1,8 mm). 1,0–1,6 mm. Pfälzer Wald. An Baumstämmen u. gestapeltem Holz. Freilebend u. domicol; SW. s. VII–IX. *Lachesilla greeni* (PEARMAN)

Familie ***Psocidae***

Große (3–6 mm), meist makroptere, oft schön gefärbte Tiere. Ar 5-, s 4eckig. Fuß 2gld. Vorwiegend corticicol an Bäumen u. Sträuchern, s lapidicol. 20 Arten.

1 Sehr groß, VFl 5–7 mm **2**
1* VFl kürzer als 5 mm **3**
2 VFl hyalin, beim ♂ fast fleckenlos, beim ♀ mit einer unvollständigen, dunklen Querbinde u. einigen dunklen Flecken im Distalteil. EGld des UKfTst kurz u. dick, 2-mal so lg wie breit. ♂ 4,5–5,5 mm, ♀ 6–7 mm. Unsere größte Staublaus. An Laubgehölzen; v. VII–IX. *Psococerastis gibbosa* (SULZER) (Abb. **152**/3)
2* VFl kräftig graubraun getönt (♂) u. wolkig dunkel gefleckt (♀). EGld des UKfTst länglich, 4-mal so lg wie breit. ♂ 3,5–4,2 mm, ♀ 4,5–5,5 mm. An Laub- u. Nadelgehözen; g. VI–X. *Metylophorus nebulosus* (STEPHENS) (Abb. **152**/4)
3 **(1)** VFl schräg geteilt zweifarbig. Basalteil dunkelbraun, Distalteil hellbräunlich getönt. Nur ♀, parthenogenetisch. 2,2–2,8 mm, VFl 2,8–3,2 mm. Auf Borke von Nadel- u. Laubgehölzen; z. VI–X. *Hyalopsocus morio* (LATREILLE) (Abb. **152**/5)
3* VFl anders gefärbt u. gezeichnet **4**
4 Scheitelabschnitt der Ar kürzer als der angrenzende Basalabschnitt des cu_1. Ar zum Scheitel stets deutlich verschmälert. ♂Subgpl (St 9) klein, unsymmetrisch **7**
4* Scheitelabschnitt der Ar so lg od. länger als der angrenzende Basalabschnitt des cu_1. Ar zum Scheitel meist nicht od. wenig verschmälert. ♂Subgpl groß (St 8+9), symmetrisch **5**

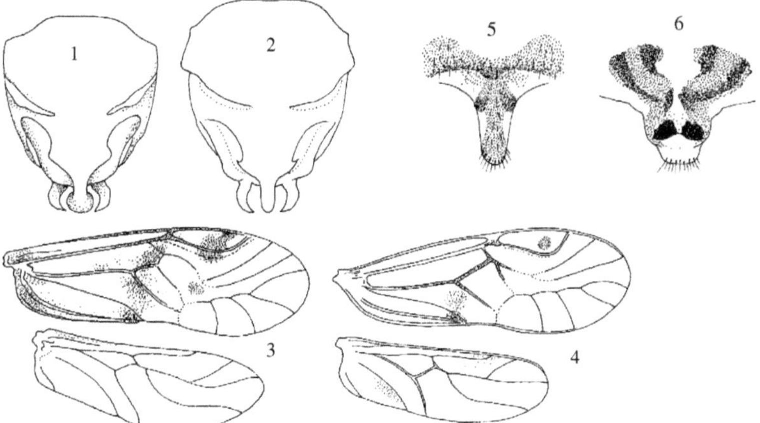

Abb. 153/1–6. 1 *Amphigerontia contaminata*, ♂, Subgpl ventral; **2** *A. bifasciata*, ♂, Subgpl ventral; **3** *A. contaminata*, ♀; **4** *Psocus bipunctatus*, ♀; **5** *Hyalopsocus contrarius*, ♀, Subgpl ventral; **6** *Oreopsocus montanus*, ♀, Subgpl ventral.

5 Ar am Scheitel etwa so breit wie am FlRand. Distalteil des cu_1 trifft fast senkrecht auf den FlRand. VFl des ♀ mit schrägem, schwarzem Fleck über dem Distalteil des cu_1. VFl 3–4 mm. ♂ Subgpl am E 2lappig; ♀Subgpl V-ähnlich dunkel gezeichnet. Corticicol an Gehölzen; v. VI–IX. Gattung *Blaste* KOLBE
2 Arten. *B. conspurcata* (RAMBUR) u. *B. quadrimaculata* (LATREILLE)

5* Ar am Scheitel deutlich schmaler als am FlRand. Distalteil des cu_1 trifft spitzwinklig auf den FlRand. ♂Subgpl am E mit 3 Forts **6**

6 VFl (3,5–4,5 mm) mit dunkler Flecken- u. Bindenzeichnung; rs u. m durch Querader verbunden. ♀Subgpl kreuzähnlich dunkel gezeichnet. Corticicol an Laub- u. Nadelgehölzen. VI–X. 3 Arten. Gattung *Amphigerontia* KOLBE
a) VFl ♀ mit 2 dunklen Querbinden. ♂Subgpl, Abb. **153**/2; g. *A. bifasciata* (LATREILLE)
b) VFl ♀ mit 1 dunklen Querbinde, Abb. **153**/3. ♂Subgpl, Abb. **153**/1; g. *A. contaminata* (Stephens)

6* VFl (♂ 3,0–3,5 mm, brachypteres ♀ 1,0–1,8 mm) hyalin, bräunlich getönt; rs u. m an einem Punkt verschmolzen. ♂ makropter, ♀ meist brachypter. MedianForts der ♂Subgpl kurz, basal breit. ♀Subgpl anders gezeichnet. In Bodenspreu von Laub- u. Nadelwäldern u. niedriger Vegetation, auch corticicol. Berlin; s. VII–IX. *Neopsocopsis hirticornis* (REUTER)

7 **(4)** Ar 4eckig; Basal- u. Scheitelabschnitt des cu_1 bilden eine Gerade (vgl. Abb. **154**/3) **11**

7* Ar deutlich 5eckig; Basal- u. Scheitelabschnitt des cu_1 stoßen winklig zusammen **8**

8 VFl des ♂ 3,0–3,6 mm, im Distaldrittel mit einer dunklen Schleife; VFl des brachypteren ♀ 1,0–1,5 mm, distal mit einigen dunklen Flecken (♀ s makropter). SW, Rheintal bis Bonn. Lapidicol. VII–IX. *Neopsocus rhenanus* KOLBE

8* VFl im Distaldrittel ohne dunkle Zeichnung **9**

9 FlMal distal mit einem runden, schwarzen Fleck. Äußere Gonapophysen (♀) rund, 2,5–3,0 mm. VFl 3,8–4,2 mm. Corticicol an Laubgehölzen u. lapidicol; z. VII–IX. *Psocus bipunctatus* (L.) (Abb. **153**/4)

9* FlMal anders gezeichnet. Äußere Gonapophysen nicht rund **10**

10 Subgpl (♀) T-förmig dunkel gezeichnet. Eispatel lg (Abb. **153**/5). 3–4 mm. VFl 4–5 mm. Corticicol; z. VII–IX. *Hyalopsocus contrarius* (REUTER)

10* Subgpl (♀) V-ähnlich dunkel gezeichnet. Eispatel kurz (Abb. **153**/6). VFl 3,7–4,2 mm. Alp u. MGeb. An Koniferen in Bergwäldern. Corticicol; z. VII–IX. *Oreopsocus montanus* (KOLBE)

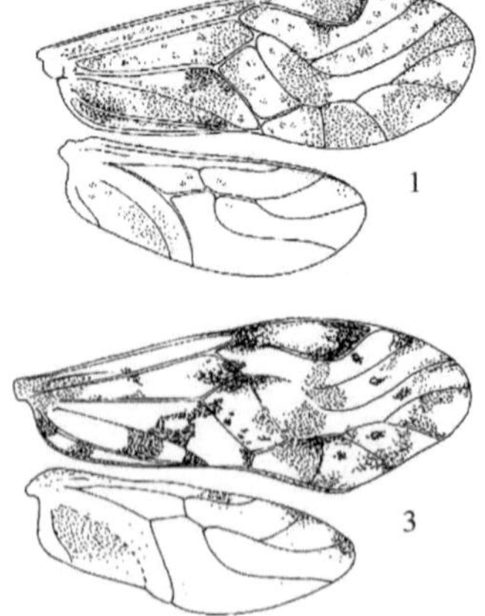

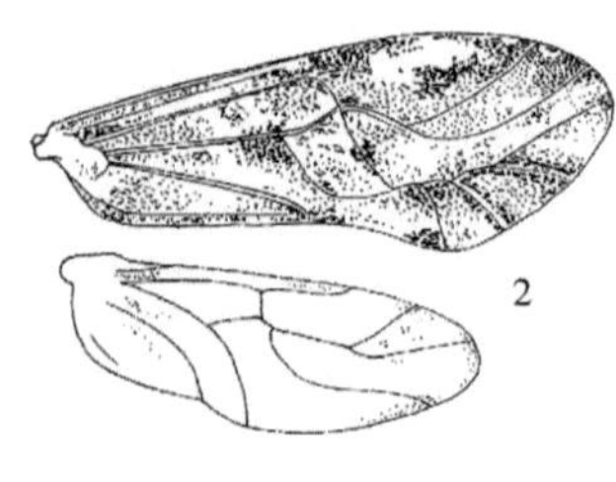

Abb. 154/1–3. **1** *Loensia fasciata*, ♀; **2** *L. variegata*, ♀; **3** *Trichadenotecnum majus*, ♀.

11 **(7)** VFl schwärzlich gesprenkelt; r u. m in einem Punkt vereinigt **12**
11* VFl nicht gesprenkelt, mit dunklen Binden u. Flecken, jede AußenrandZ mit einem dunklen Fleck; r u. m eine Strecke weit verschmolzen **13**
12 VFl locker gesprenkelt u. mit dunklen Querbinden. VFl des ♂ 3,8–4,2 mm, des ♀ 4,0–4,6 mm. An Baumstämmen u. Ästen; v. V–VIII (Nymphe).
Loensia fasciata (F.) (Abb. **154**/1)
12* VFl dicht graubraun fleckenbildend gesprenkelt; ohne Querbinden. VFl 3,3–4,0 mm. Corticicol an Laub- u. Nadelgehölzen; g. VII–IX.
Loensia variegata (LATREILLE) (Abb. **154**/2). u. *L. pearmani* KIMMINS
13 **(11)** Ksch mit 1 schwarzen T-Fleck in der M, VEcken breit weißlich **14**
13* Ksch ohne schwarzen T-Fleck; VEcken höchstens mit 1 kleinen hellen Punkt .. **15**
14 DiskomedialZ im VFl mit 1 od. wenigen großen, dunklen Flecken. VFl des ♂ 3,7–3,9 mm, des ♀ 3,9–4,5 mm. An Baumstämmen u. Ästen; v. VI–IX.
Trichadenotecnum sexpunctatum (L.)
14* DiskomedialZ im VFl mit vielen kleinen Flecken. VFl des ♂ 3,7–4,0 mm, des ♀ 4,0–4,6 mm. Corticicol an Bäumen u. Sträuchern; v. VII–X.
Trichadenotecnum majus (KOLBE) (Abb. **154**/3)
15 **(13)** VFlQuerbinde kräftig, scharf begrenzt, vollständig. VFl 3,7–4,5 mm. An Baumstämmen u. Mauern; z. V–VII (Nymphe). *Trichadenotecnum germanicum* ROESLER
15* VFlQuerbinde schwach, unscharf begrenzt, in der Basiradialzelle unterbrochen. VFl des ♂ 4,4–4,8 mm, des ♀ 4,2–4,6 mm. Pfalz u. MV. An Fichtenzweigen. V–VII (Nymphe). *Trichadenotecnum incognitum* ROESLER

Bemerkungen

In den Bestimmungsschlüsseln wurden die folgenden in Deutschland nachgewiesenen, sehr seltenen, eingeschleppten Arten der Unterordnung *Trogiomorpha* nicht aufgenommen:

Familie ***Lepidopsocidae***
Soa flaviterminata ENDERLEIN u. *Echmepteryx madagascariensis* (KOLBE).

Familie ***Psoquillidae***
Psoquilla marginepunctata HAGEN.

Literatur

GÜNTHER, K. K. (1974) : Staubläuse, Psocoptera. Die Tierwelt Deutschlands, 61. Teil. – Jena.
GÜNTHER, K. K. (2003): 19. Ordnung Psocoptera (Copeognatha, Corrodentia), Staubläuse und Flechtlinge. – In: DATHE, H. H. (Hrsg.): Lehrbuch der Speziellen Zoologie, Band I: Wirbellose Tiere, 5. Teil: Insecta, 2. Auflage. – Spektrum Akademischer Verlag Heidelberg, Berlin: 296–308.
KÉLER, ST. VON (1953): Staubläuse. – Die Neue Brehm-Bücherei Nr. 110, Leipzig.
KÉLER, ST. VON (1963): Staubläuse. – In: BROHMER, EHRMANN, ULMER: Die Tierwelt Mitteleuropas. Leipzig.
LIENHARD, CH. (1998): Pscocopères euroméditerranéens. – Faune de France 83. Paris.
LIENHARD, CH. (2003): Verzeichnis der Staubläuse (Psocoptera) Deutschlands. – In: KLAUSNITZER, B. (Hrsg.): Entomofauna Germanica. Band 6. – Entomologische Nachrichten und Berichte, Beiheft 7: 54–71. Dresden.
LIENHARD, CH. (ab 2003): Additions and corrections to LIENHARD & SMITHERS, 2002: 'Psocoptera (Insecta) – World Catalogue and Bibliography'. – In: YOSHIZAWA, K. (Hsg.). Psocid News. The Psocidologists' Newsletter. Systematic Entomology, Faculty of Agriculture, Hokkaido University, Sapporo, Japan.
LIENHARD, CH. (ab 2004): Subject bibliography for Psocoptera [based on the World Bibliography by LIENHARD & SMITHERS, 2002 and the Additions to the World Bibliography published in Psocid News]. – Online: http://www.ville-ge.ch/mhng/psocoptera/page/ps-bibli.htm
LIENHARD, CH. & SMITHERS, C. N. (2002): Psocoptera. World Catalogue and Bibliography. – Instrumenta Biodiversitatis **5**. Mus. d'hist. nat. Genève.
WEIDNER, H. (1972): Copeognatha (Staubläuse). – Handb. Zool. Berlin, **4** (2) 2/16: 1–94. Berlin.

Phthiraptera – Tierläuse od. Lauskerfe

Eberhard Mey

G. 1,5–6, s kleiner od. bis 11 mm; schmal lggestreckt (Abb. **159**/4, 6) bis breitoval (Abb. **159**/2); sekundär flügellos; vorherrschend bräunlich, aber auch weißlich (dann z. T. mit ± dunkel gefärbten Skleriten) über aschgrau bis fast schwarz (K, bes. Mundteile, ferner B, bes. Klauen oft sehr stark pigmentiert), ♂ meist kleiner als ♀, L stets weißlich. Hlb oft mit dunklen Querbändern od. mit stark pigmentierten Tergopleuriten (nur am SRand des abgeflachten Hlb, manchmal stark reduziert, häufig dreieckig zur MLinie des Hlb zeigend); bei *Ischnocera* u. *Anoplura* F liegen an den KS, 3–5 oft versch. geformte Gld, relativ dick u. kurz, perlschnur- od. stabförmig, angelegt nur s, meist den HRand des K nicht erreichend, oft sexualdimorph [z. B. beim ♂ 1. FGld verdickt (Abb. **159**/2) mit od. ohne Auswuchs u./od. 3. apikal mit daumenförmigem Auswuchs (Abb. **159**/2, 4)], bei *Amblycera* F kürzer, mit 4–5 Gld, keulenförmig, in FGruben verborgen (dann von außen meist nicht sichtbar). Mundwerkzeuge bei *Amblycera* u. *Ischnocera* beißend, mit zangenförmigen OKf, die auf der KUS entweder meist etwa in der M (*Ischnocera*) od. im vorderen KDrittel liegen (*Amblycera*); bei *Anoplura* stechend-saugend in Form eines kurzen Haustellum, das am VE des K vorstreckbar ist. B kurz u. kräftig od. ziemlich lg, als LaufB (mit 2 Krallen, Vogel-*Amblycera* u. *Trimenopon hispidum* auf Meerschweinchen), EnterB (mit 2 Krallen, Vogel-Ischnocera; mit 1 Kralle Säugetier-*Ischnocera* u. *Anoplura*, deren Kralle auffallend groß) od. KletterB (mit 1 rudimentären Kralle, *Gliricolidae* u. *Gyropoidae*, im Gebiet nur auf Meerschweinchen u. Nutria) (Abb. **158**/3); VB (zum Heranschieben der Na) bei vielen *Ischnocera* deutlich kleiner als andere B (Abb. **159**/3, 4, 6). BrSgm oft teilweise verschmolzen, so dass scheinbar nur 2 vorhanden; durch Sitz der B abgrenzbar (aber SgmGrenzen zw dorsal u. ventral verschoben). Hlb mit 9–10 Sgm, meist mit sichtbaren Intersegmentalnähten; 1. Sgm kann fehlen (*Ischnocera*), 9. u. 10. gewöhnlich verschmolzen, so dass nur 8 Sgm (bei *Anoplura* nur 7) zählbar. Pleurite bei *Anoplura* oft zu ± großen SPlatten der HlbSgm entw (diagnostisch wichtig), bei *Amblycera* u. vor allem *Ischnocera* mit Tergiten zu Tergopleuriten verschmolzen (bandförmig od. geteilt od. vom Rand her dreieckig). Gonapophysen bei ♀♀ schwach entw, bei ♂♂ fehlend. Beborstung der säugetierbewohnenden Arten i. allg. kurz (nur an den S der hinteren HlbSgm oft auch einige LgBo, bei vogelbewohnen-

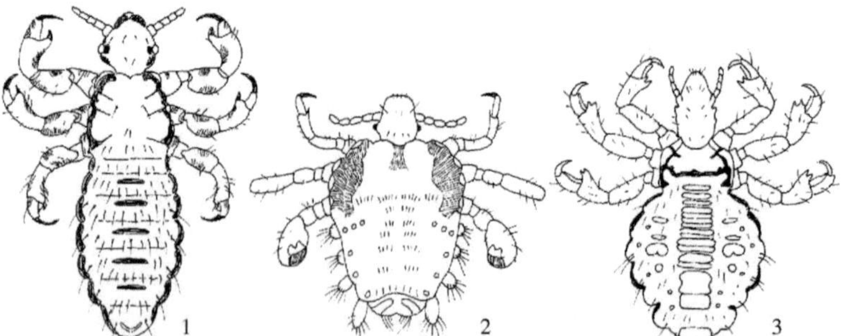

Abb. 156/1–3. 1 Kopflaus *Pediculus capitis*, ♂ [*Anoplura*, Ped] des Menschen, KörperLg 2,5 mm. – Alle Abb. in Dorsalanschicht; **2** Schamlaus *Pthirus pubis*, ♀ [*Anoplura*, Pth] des Menschen, KörperLg 1,6 mm; **3** Schweinelaus *Haematopinus suis*, ♂ [*Anoplura*, Hae] des Hausschweines, KörperLg 4,3 mm.

den Arten häufig reichlich u. ± lg (Festhaltemechanismus im Gefieder). – **V**. Bes. auf Vögeln (mehr als $^3/_4$ aller Arten; nur „Federlinge") u. Säugetieren („Haarlinge" u. Läuse), weltweit u. i. d. R. wirtsspezifisch (fast jede Säugetierart mit 1–3 Arten, heimische Fledermäuse sind frei, jede Vogelart mit 2–6 od. mehr Arten). Der Mensch hat 3 eigene *Anoplura*-Arten (Abb. **156**/1–3). Ausbreitung i. d. R. nur über Körperkontakt zw Wirtsindividuen. – **L**. Einzige Insektenordnung, bei der alle Arten permanent-obligate Ektoparasiten sind; *Anoplura* ausschließlich blutsaugend; *Amblycera* u. *Ischnocera* teils blut- bzw. sekretsaugend, teils detritus- u. federfressend (Vogel-*Ischnocera* bes. keratinfressend; zur Aufspaltung der Na Endosymbionten), manche fressen Milben u./od. andere Federlinge. Einige Arten sind Überträger von Krankheitserregern (Fleckfieber beim Menschen; Hautpilzerkrankungen, Virosen, Filariasis). *Anoplura* u. *Ischnocera* auf Haaren bzw. Federn behend kletternd, auf Wirtshaut unbeholfen, *Amblycera* meist umgekehrt, aber oft viel flinker. Festhalten am Wirt vornehmlich mit B (*Amblycera* u. *Anoplura*) u./od. OKf (*Ischnocera*). Abseits vom Wirt gehen sie nach wenigen Stunden (*Anoplura*, Säugetier-*Ischnocera*), Tagen (*Amblycera*) od. 2–3 Wochen (Vogel-*Ischnocera*) ein; manche Federlinge halten sich gelegentlich u. kurzzeitig in Mulde u./od. auf Eiern in Vogelnestern auf. *Ischnocera* gelegentlich phoresisch auf Lausfliegen, seltener auf Flöhen u. Stechmücken. – **B**. Entw vom Ei bis zum Tod der Imago in 25–100 Tagen stets auf dem Wirt. Die Eier (Nisse), gedeckelt u. relativ groß (bis $^1/_2$ der KörperLg), werden einzeln od. zu Gelegen an Haare od. Federn angekittet, oft in ganz bestimmten Regionen auf dem Wirt (durch die Eier ist Tierlaus-Befall oftmals zuerst feststellbar). Ein ♀ legt ca. 15–100 Eier. Schlüpfen der L nach 4–15 Tagen. 3 aufeinanderfolgende LStadien, den Im. sehr ähnlich, jedoch kleiner, geringer beborstet u. schwächer pigmentiert. Dauer jedes LStadiums 3–30 Tage. Fortpfl mancher Arten trotz vorhandener ♂♂ parthenogenetisch. ♂ oft mit relativ großem, kompliziert strukturiertem Genitale.

* = in MEur bisher nicht nachgewiesen

1 K breiter als VBr, Mundwerkzeuge beißend-kauend (± zangenförmige OKf); vogel- u. säugetierbewohnende Arten.
Unterordnung *Amblycera* – **Haftfußläuslinge** u. Unterordnung *Ischnocera* – **Kletterfußläuslinge** **2**

1* K schmaler als VBr, Mundwerkzeuge stechend-saugend (StechR); säugetierbewohnende Arten.
Unterordnung *Rhynchophthirina* – **Rüsselläuse*** u. Unterordnung *Anoplura* – **Läuse** **11**

2 3. FGld gestielt; mit (oft über KRand ragenden) UKfTst Unterordnung *Amblycera* **3**

2* 3. FGld nicht gestielt; ohne UKfTst. Unterordnung *Ischnocera* **9**

3 Hlb mit 5 Stigmen-Paaren (Stigmenpaar auf 8. HlbSgm fehlend) **4**

3* Hlb mit 6 Stigmen-Paaren (Stigmenpaar auf 8. HlbSgm vorhanden) **5**

4 MB u. HB mit je 2 Krallen. Familie *Trimenoponidae*
In MEur nur *Trimenopon hispidum* (Burmeister) auf Meerschweinchen.

4* MB u. HB mit je 1 Kralle (KrallenGld u. Kralle rudimentär), UKfTst 2gld.
Familie *Gliricolidae*
In MEur nur *Gliricola porcelli* (Schrank) (Abb. **158**/3) auf Meerschweinchen u. *Pitrufquenia coypus* Marelli auf Nutria.

5 **(3)** MB u. HB mit je 1 Kralle **6**

5* MB u. HB mit je 2 Krallen **7**

6 UKfTst 3–4gld, MB u. HB sind KlammerB mit lg Kralle. Familie *Gyropidae*

6* UKfTst 4–5gld, MB u. HB sind LaufB mit paarigen, gleichartigen Krallen. **8**
In MEur nur *Gyropus ovalis* (Burmeister) auf Meerschweinchen.

7 **(5)** UKfTst 5gld, UlTst fehlend, Ol mit Paar großer, seitlich über KRand ragender häutiger Blasen (Pulvinarien), Meso- u. Metanotum u. Tergum I miteinander verwachsen, Lg bis 5 mm. Familie *Ricinidae*

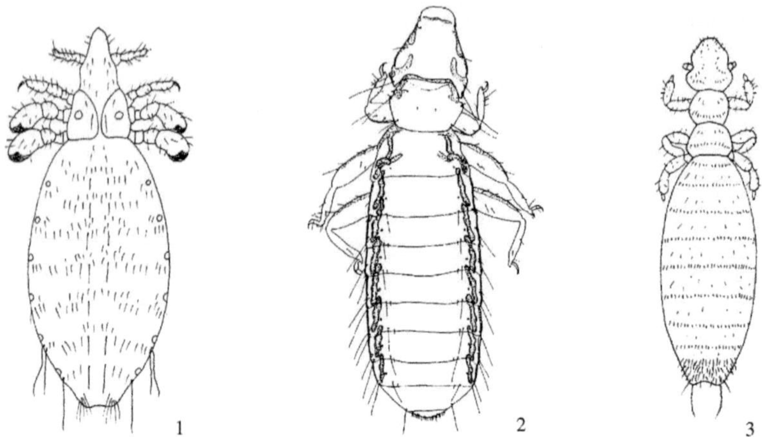

Abb. 158/1–3. 1 Kleine blaue Rinderlaus *Solenopotes capillatus*, ♀ [*Anoplura*, Lin] des Hausrindes, KörperLg 1,7 mm; **2** *Ricinus s. serratus*, ♀ [*Amblycera*, Ric] der Ohrenlerche, KörperLg 4,7 mm; **3** *Gliricola porcelli*, ♀ [*Amblycera*, Gli] des Meerschweinchens, KörperLg 1,2 mm.

Monotypisch. In MEur Gattung *Ricinus* DeGeer (Abb. **158**/2) mit über 20 Arten u. Unterarten nur auf Singvögeln.

7* UKfTst 4gld, UlTst 1gld, ohne Pulvinarien, Meso- u. Metanotum u. Tergum I nicht miteinander verwachsen, Lg größer als 5 mm. Familie *Laemobothriidae*
In MEur Gattungen *Eulaemobothrion* Ewing in 2 Arten auf Rallen (u. Lappentauchern ?), *Laemobothrion* Nitzsch in 3 Arten mit mehreren Unterarten auf Greifvögeln.

8 **(6)** Mesonotum mit einem Paar kräftiger Stacheln auf 2 ± warzenartigen Aufwölbungen, 1. HlbSgm mit Metathorax verwachsen; Tarsen lg, mit großen, nach hinten zurückgebogenen Krallen. Familie *Boopidae**
In MEur nur *Heterodoxus spiniger* (Enderlein) auf Haushund zu erwarten (stammt ursprünglich von einem Beuteltier, wahrscheinlich Kängeruh – *Macropus agilis*, aus der Australis; Beispiel für Sekundärbefall).

8* Mesonotum ohne stachelbesetzte warzenartige Aufwölbung; 1. HlbSgm vom Metathorax durch Naht getrennt; Tarsen mäßig lg, mit nach vorn gebogenen Krallen. Familie *Menoponidae* i. w. Sinne
In MEur zahlreiche Gattungen in über 250 Arten u. Unterarten (Abb. **159**/5, 7) auf allen Vogelordnungen.

9 **(2)** B 1krallig; F 3gld; säugetierbewohnende Arten. Familie *Trichodectidae*
In MEu 8 Gattungen in ca. 25 Arten (Abb. **159**/1).

9* B 2krallig; F 5gld **10**

10 VK mit kontinuierlichem Randsaum od. mit unterbrochenem Randsaum u. ± ausgeprägter dorsaler Clypealplatte; Schläfen abgerundet. Familie *Philopteridae* i. w. Sinne
In MEur zahlreiche Gattungen in über 250 Arten u. Unterarten (Abb. **159**/3, 4, 6) auf allen Vogelordnungen.

10* VK stets mit kontinuierlichem Randsaum u. ohne dorsale Clypealplatte; Schläfen 1- od. 2eckig. Familie *Goniodidae*
In MEur ca. 30 Arten u. Unterarten (Abb. **159**/2) auf Hühner- u. Taubenvögeln.

11 **(1)** VK zu lg u. dünnem Rüssel verlängert, an dessen Spitze sich anstelle von Bohrstacheln (Stilette) exodonte OKf befinden. Unterordnung *Rhynchophthirina**

Monotypisch. 3 *Haematomyzus*-Arten auf Afrikanischem u. Indischem Elefant – *Loxodonta africanus/Elephas maximus*, Warzenschwein – *Phacochoerus aethiopicus* u. Buschschwein – *Potamochoerus porcus*.

11* VK konisch od. flach gerundet mit Stilettpaar u. ohne apikale OKf. Unterordnung *Anoplura* **12**

12 AuLinse apikal auf flacher kegelförmiger od. ± konusartig ausgezogener Vorwölbung hinter den F **13**

12* AuLinse fehlend **17**

13 AuLinse (kaum sichtbar) apikal auf konusartig ausgezogener Vorwölbung hinter den F. K deutlich länger als breit. B homonom mit Forts am ventrodistalen E der Tibia. Familie *Haematopinidae*

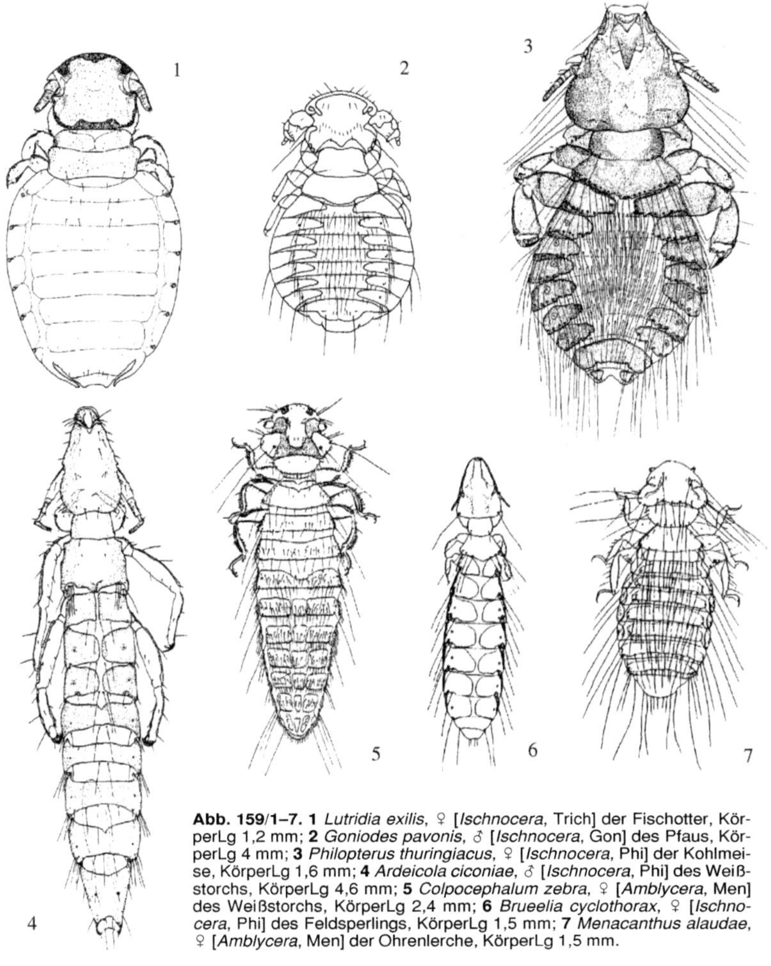

Abb. 159/1–7. 1 *Lutridia exilis*, ♀ [*Ischnocera*, Trich] der Fischotter, KörperLg 1,2 mm; **2** *Goniodes pavonis*, ♂ [*Ischnocera*, Gon] des Pfaus, KörperLg 4 mm; **3** *Philopterus thuringiacus*, ♀ [*Ischnocera*, Phi] der Kohlmeise, KörperLg 1,6 mm; **4** *Ardeicola ciconiae*, ♂ [*Ischnocera*, Phi] des Weißstorchs, KörperLg 4,6 mm; **5** *Colpocephalum zebra*, ♀ [*Amblycera*, Men] des Weißstorchs, KörperLg 2,4 mm; **6** *Brueelia cyclothorax*, ♀ [*Ischnocera*, Phi] des Feldsperlings, KörperLg 1,5 mm; **7** *Menacanthus alaudae*, ♀ [*Amblycera*, Men] der Ohrenlerche, KörperLg 1,5 mm.

Monotypisch. Gattung *Haematopinus* ENDERLEIN auf *Suidae, Bovidae, Cervidae* u. *Equidae*. In MEur 4 Arten (Abb. **156**/3), auf Hausrind, Esel u. Pferd (gemeinsame Art) sowie Hausschwein u. Wildschwein (siehe Wirt-Parasiten-Liste).

13* AuLinse (gut sichtbar) halbkugelig auf flacher Vorwölbung hinter den F. K stumpf rautenförmig, kaum länger als breit. B homonom ohne Tibia-Forts. Pleuralplatten der HlbSgm anliegend. Familie *Pediculidae* **14**
Monotypisch. Auf Primaten, in MEur auf Mensch **Kleiderlaus** – *Pediculus humanus* L. u. **Kopflaus** – *Pediculus capitis* DEGEER (Abb. **156**/1) (morphologisch schwer voneinander unterscheidbar).

14 VB u. MB gleichgroß, HB mit dicker Kralle od. diese breit plattenförmig **15**

14* VB kleiner als MB, HB mit schlanker spitzer od. plattenförmiger Kralle **16**

15 VB sind EnterB, so lg, aber schmaler als MB u. HB, diese mit dicker Kralle. Körper kompakt, weniger als zweimal so lg wie breit. Br so breit wie Hlb, ineinander ohne Taille übergehend. Familie *Pthiridae*
Monotypisch. 2 Arten: *Pthirus gorillae* EWING* auf Gorilla u. **Schamlaus** – *Pthirus pubis* (L.) (Abb. **156**/2) auf Mensch.

15* VB u. MB sind EnterB, von derselben Größe u. Form mit schlanker spitzer Kralle. Viel größere HB sind KlammerB mit plattenförmig verbreiteter Kralle. Körper länglich, mehr als zweimal so lg wie breit. Br in Hlb mit breiter Taille übergehend. 2. HlbSgm medio-ventral mit kurzborstebewehrtem Chitinzapfen. Familie *Enderleinellidae*
In MEur nur *Enderleinellus ferrisi* (TULESCHKOV) auf Ziesel *Spermophilus citellus* (L.) u. *Enderleinellus nitzschi* FAHRENHOLZ auf Eichhörnchen *Sciurus vulgaris* L.

16 **(14)** VB kleiner als MB u. diese kleiner als HB. Nur Krallen der HB breit plattenförmig. Pleurite dorsal u. ventral stark entw, deren hintere Innenecken oft dolchförmig, manchmal lappenförmig verlängert. Pleurite des 2.–6. od. 2.–7. HlbSgm dachziegelartig einander überdeckend. Auf 2. HlbSgm Sternit mit Pleurit gelenkig verbunden (Scharniergelenk). F 5gld, nicht geschlechtsdimorph. Familie *Hoplopleuridae*
In MEur ca. 7 *Hoplopleura*-Arten vor allem auf Mäusen u. 2–3 *Schizophthirus*-Arten auf Schläfern.

16* MB u. HB gleichgroß, deren Kralle niemals breit plattenförmig. Pleurite in Form od. Zahl reduziert, nicht dachziegelartig einander überdeckend. Tergite u. Sternite können fehlen. Sternite des 2. HlbSgm schmal, in keiner Verbindung mit den Pleuriten stehend. F oft geschlechtsdimorph, 3. FGl der ♂♂ bes. strukturiert.
Familie *Polyplacidae*
In MEur ca. 8 *Polyplax*-Arten auf *Muridae, Soricidae* u. *Sciuridae*, 2 *Haemodipsus*-Arten auf Hasen (siehe Wirt-Parasiten-Liste) u. *Neohaematopinus sciuri* JANCKE auf Eichhörnchen *Sciurus vulgaris* L.

17 **(12)** 4.–6. HlbSgm mit abstehenden Pleuralplatten. Tergite u. Sternite fehlen (außer in Genitalregion). HlbSgm 3–8 mit Stigmen. Notum mit deutlicher kleiner medianer Grube. Familie *Ratemiidae*
Monotypisch. 3 Arten auf *Equidae*. In MEur zu erwarten: *Ratemia asiatica* CHIN auf *Equus przewalskii* f. *caballus* u. *Ratemia squamulata* (NEUMANN) auf *Equus africanus* f. *asinus*.

17* HlbSgm ohne Pleurite (höchstens kleine Chitinplättchen um die Stigmata) **18**

18 K u. Br dicht mit zumeist dicken kurzen Bo, Hlb ebenso dicht mit Bo versch. Form u. Größe besetzt. F 3–, 4 od. 5gld. Familie *Echinophthiriidae*
In MEur *Echinophthirius horridus* (VON OLFERS) auf *Phoca vitulina* L.

18* K nicht so markant u. dicht beborstet. F 4– od. 5gld. Familie *Linognathidae*
In MEur 4 *Linognathus*- u. 3 *Solenopotes*-Arten (Abb. **158**/1) (s. Wirt-Parasiten-Liste).

Tierläuse einiger Vogel- und Säugetierarten von MEur

Bei dem enormen, jedoch insgesamt wenig erschlossenen Artenreichtum der Tierläuse (weltweit bisher ca. 5000, in Eu 719 Arten mit 448 Unterarten, DE 641 Arten bekannt, aber schätzungsweise insgesamt ca. 10000 zu erwarten, davon auch neue Arten in MEur) u. der oft minutiösen Artdifferenzierung ist die genaue Artbestimmung meist nur an durchleuchteten Kanadabalsampräparaten durch den Spezialisten möglich. Die Bestimmung von Anopluren u. Haarlingen ist aufgrund des erreichten Erforschungsstandes i. a. leichter als bei allen anderen Tierlaus-Gruppen (vgl. Literaturverzeichnis). Die Klassifikation der *Amblycera*, bes. aber der Vogel-*Ischnocera* ist noch sehr unausgewogen. Wegen der hohen Wirtsspezifität der meisten Tierläuse gibt das Vorkommen auf bestimmten Vogel- u. Säugetierarten wertvolle Indizien zu ihrer Arterkennung. Mit „wirtsunechtem" Material ist aber immer zu rechnen (Sammelfehler, Irr- u./od. Überläufer), so dass eine „Bestimmung" nur nach dem Wirt abzulehnen ist. Die folgenden Check-Listen beschränken sich auf einige wichtig u. häufig erscheinende Haus- u. Wildtiere in MEur u. alle die auf diesen Wirtsarten vorkommenden Tierlausarten u. -unterarten.

Beachte: In den Wirt-Parasiten-Listen u. Abb. werden folgende Abkürzungen der Familien verwendet:

Amblycera: [Gli] – *Gliricolidae*, [Gyr] – *Gyropidae*, [Tri] – *Trimenoponidae*, [Boo] *Boopidae*, [Men] – *Menoponidae* i. w. Sinne, [Lae] – *Laemobothriidae*, [Ric] – *Ricinidae*.
Ischnocera: [Trich] *Trichodectidae*, [Gon] – *Goniodidae*, [Phi] – *Philopteridae* i. w. Sinne.
Anoplura: [Ech] – *Echinophthiriidae*, [End] – *Enderleinellidae*, [Hae] – *Haematopinidae*, [Hop] – *Hoplopleuridae*, [Lin] – *Linognathidae*, [Ped] – *Pediculidae*, [Pol] – *Polyplacidae*, [Pth] – *Pthiridae*, [Rat] – *Ratemiidae*.

Nicht vom Kennwirt gemeldete Tierlausarten sind in eckige Klammern gefügt.

Vögel

Graugans *Anser a. anser* (L.) (incl. f. domestica): *Anseriphilus pectiniventris* (HARRISON) [Men], *Trinoton anserinum* (F.) [Men], *Anaticola anseris* (L.) [Phi], *Anatoecus adustus* (NITZSCH) [Phi], *Anatoecus dentatus* ssp. [Phi], *Ornithobius matthewsi* BALÁT
Stockente *Anas platyrhynchos* L. (incl. f. domestica): *Holomenopon maxbeieri* EICHLER [Men], *Trinoton querquedulae ludwigfreundi* EICHLER [Men], *Anaticola c. crassicornis* (SCOPOLI) [Phi], *Anatoecus icterodes boschadis* (V. KÉLER) [Phi], *Anatoecus d. dentatus* (SCOPOLI) [Phi]
Haushuhn *Gallus gallus* f. domestica: [*Eomenacanthus stramineus* (NITZSCH) [Men]], *Gallacanthus cornutus* (SCHÖMMER) [Men], *Menopon gallinae* (L.) [Men], *Uchida pallidulus* (NEUMANN) [Men], *Amyrsidea (Argimenopon)* sp. [Men]*, *Goniocotes gallinae* (DEGEER) [Gon], *Goniocotes maculatus* TASCHENBERG [Gon] (ursprünglich auf Perlhuhn *Numida meleagris*), *Oulocrepis dissimilis* (DENNY) [Gon], *Stenocrotaphus gigas* (TASCHENBERG) [Gon] (ursprünglich auf Perlhuhn *Numida meleagris*), *Lipeurus c. caponis* (L.) [Phi], *Reticulipeurus dentatus* (SUGIMOTO) [Phi]*, *Numidilipeurus tropicalis* (PETERS) [Phi]* (ursprünglich auf Perlhuhn *Numida meleagris*), *Lagopoecus sinensis* (SUGIMOTO) [Phi]*, *Cuclotogaster h. heterographa* (NITZSCH) [Phi]
Rebhuhn *Perdix perdix* (L.): *Amyrsidea (Argimenopon) perdicis* (DENNY) [Men], *Menopon pallens* CLAY [Men], *Goniocotes microthorax* (STEPHENS) [Gon], *Goniocotes simillimus* KÉLER [Gon], *Solenodes dispar* (BURMEISTER) [Gon], *Cuclotogaster heterogrammica* (NITZSCH) [Phi]
Jagdfasan *Phasianus colchicus* (L.): *Amyrsidea perdicis megalosoma* (OVERGAARD) [Men], *Uchida phasiani* MODRZEJEWSKA & ZŁOTORZYCKA [Men], *Goniocotes chrysocephalus* GIEBEL [Gon], *Solenodes capitatus* KÉLER [Gon], *Zlotorzyckella colchici* (DENNY) [Gon], *Lagopoecus colchicus* EMERSON [Phi], *Lipeurus maculosus* CLAY [Phi], *Reticulipeurus mesopelios colchicus* (CLAY) [Phi]

Haustaube *Columba livia* f. domestica: *Bonomiella columbae* EMERSON [Men], *Neocolpocephalum turbinatum* (DENNY) [Men], *Hohorstiella gigantea lata* (PIAGET) [Men], *Campanulotes compar* (BURMEISTER) [Gon], *Coloceras damicorne fahrenholzi* EICHLER [Gon], *Coloceras tovornikae* TENDEIRO [Gon]*, *Columbicola c. columbae* (L.) [Phi], [*Columbicola montschadskyi* BLAGOVEŠČENSKIJ [Phi]]*
Ringeltaube *Columba palumbus* L.: *Campanulotes bidentatus* (SCOPOLI) [Gon], *Coloceras d. damicorne* (NITZSCH) [Gon], *Nitzschiella allocerata* TENDEIRO [Gon], *Columbicola claviformis* (DENNY) [Phi]
Star *Sturnus vulgaris* L.: *Menacanthus eurysternus mutabilis* BLAGOVEŠČENSKIJ [Men], *Myrsidea cucullaris* (NITZSCH) [Men], *Brueelia nebulosa* (BURMEISTER) [Phi], *Sturnidoecus sturni* (SCHRANK) [Phi]
Amsel *Turdus merula* L.: *Menacanthus eurysternus pius* EICHLER & ZŁOTORZYCKA [Men], [*Myrsidea thoracica* (GIEBEL) [Men]], *Ricinus elongatus ernstlangi* EICHLER [Ric], *Turdinirmus m. merulensis* EICHLER [Phi], *Brueelia j. jacobi* EICHLER [Phi], *Brueelia amsel* EICHLER [Phi], *Philopterus merulae* (DENNY) [Phi], *Sturnidoecus* sp. [Phi]
Buchfink *Fringilla coelebs* L.: *Menacanthus eurysternus festivus* EICHLER & ZŁOTORZYCKA [Men], *Myrsidea lyali* KLOCKENHOFF [Men], *Ricinus fringillae irascens* (BURMEISTER) [Ric], *Philopterus fortunatus* (ZŁOTORZYCKA) [Phi], *Penenirmus serrahnensis* BALÁT [Phi], *Brueelia kluzi* BALÁT [Phi].
Haussperling *Passer domesticus* (L.): *Menacanthus eurysternus annulatus* (GIEBEL) [Men], *Myrsidea quadrifasciata* (PIAGET) [Men], *Brueelia obligata* EICHLER [Phi], *Philopterus f. fringillae* (SCOPOLI) [Phi], *Rostrinirmus refactariolus* ZŁOTORZYCKA [Phi]

Säugetiere

Waldspitzmaus *Sorex araneus* L.: *Polyplax reclinata* (NITZSCH) [Pol]
Mensch *Homo sapiens* L.: *Pediculus humanus* L. **Kleiderlaus** [Ped], *Pediculus capitis* DEGEER **Kopflaus** [Ped] (Abb. **156**/1), *Pthirus pubis* (L.) **Schamlaus** [Pth] (Abb. **156**/2)
Haushund *Canis lupus* f. domestica: *Heterodoxus spiniger* (ENDERLEIN) [Boo]*, *Trichodectes (Trichodectes) canis* (DEGEER) [Trich], *Linognathus setosus* (VON OLFERS) [Lin]
Rotfuchs *Vulpes vulpes* (L.): *Felicola (Suricatoecus) vulpis* (DENNY) [Trich], [*Linognathus setosus* (VON OLFERS)], *Linognathus sosninae* OZEROVA*, *Linognathus vulpis* WERNECK* [alle Lin]
Baummarder *Martes martes* (L.): *Trichodectes (Stachiella) retusus salfii* CONCI [Trich]
Steinmarder *Martes foina* (ERXLEBEN): *Trichodectes (Stachiella) r. retusus* BURMEISTER [Trich]
Dachs *Meles meles* (L.): *Trichodectes (Trichodectes) melis* (F.) [Trich]
Wildkatze *Felis silvestris* SCHREBER: *Lorisicola (Lorisicola) hercynianus* (VON KÉLER)
Hauskatze *Felis catus* f. domestica: *Felicola (Felicola) subrostratus* (NITZSCH) [Trich]
Seehund *Phoca vitulina* L.: *Echinophthirius horridus* (VON OLFERS) [Ech]
Pferd *Equus przewalskii* f. caballus L.: *Werneckiella equi* (DENNY), *Haematopinus asini* (L.) [Hae], *Ratemia asiatica* CHIN [Rat]*
Wildschwein *Sus scrofa* L. (incl. f. domestica): *Haematopinus suis* (L.) [Hae] (Abb. **156**/3) (auf Hausschwein), *Haematopinus apri* GOUREAU [Hae]
Reh *Capreolus capreolus* (L.): *Damalinia (Cervicola) m. meyeri* (TASCHENBERG) [Trich], *Solenopotes capreoli* (FREUND) [Lin]
Rothirsch *Cervus elaphus* L.: *Bovicola (Bovicola) longicornis* (NITZSCH) [Trich], *Solenopotes burmeisteri* (FAHRENHOLZ) [Lin], *Solenopotes ferrisi* (FAHRENHOLZ) [Lin]*
Hausziege *Capra aegagrus* f. hircus L.: *Bovicola (Bovicola) caprae* (GURLT) [Trich], [*Bovicola (Bovicola) limbatus* (GERVAIS) [Trich]], [*Bovicola (Holakartikos) crassipes* (RUDOW) [Trich]], *Linognathus stenopsis* (BURMEISTER) [Lin], *Linognathus africanus* KELLOGG & PAINE [Lin]*

Hausschaf *Ovis ammon* f. aries L.: *Bovicola (Bovicola) ovis* (SCHRANK) [Trich], *Linognathus ovillus* (NEUMANN) [Lin], *Linognathus pedalis* (OSBORN) [Lin]*, [*Linognathus africanus* KELLOGG & PAINE [Lin]]*
Hausrind *Bos primigenius* f. taurus L.: *Bovicola (Bovicola) bovis* (L.) [Trich], *Haematopinus eurysternus* (NITZSCH) [Hae], *Haematopinus quadripertusus* FAHRENHOLZ [Hae]*, *Linognathus vituli* (L.) [Lin], *Solenopotes capillatus* ENDERLEIN [Lin] (Abb. **158**/1)
Hausmaus *Mus musculus* L.: *Hoplopleura captiosa* JOHNSON [Hop], *Hoplopleura delticola* CASTRO* [Hop], *Polyplax serrata* (BURMEISTER) [Pol]
Wanderratte *Rattus norvegicus* (BERKENHOUT): *Polyplax spinulosa* (BURMEISTER) [Pol], [*Hoplopleura pacifica* EWING [Hop]]
Meerschweinchen *Cavia porcellus* L.: [*Gliricola distinctus* EWING*], [*Gliricola lindolphoi* WERNECK*], *Gliricola porcelli* (SCHRANK) [alle Gli] (Abb. **158**/3), *Gyropus ovalis* BURMEISTER [Gyr], *Trimenopon hispidum* BURMEISTER [Tri]
Hase *Lepus europaeus* PALLAS: *Haemodipsus lyriocephalus* (BURMEISTER) [Pol], *H. setoni* EWING [Pol]
Kaninchen *Oryctolagus cuniculus* (L.): *Haemodipsus ventricosus* (DENNY) [Pol]

Literatur

CLAY, TH. (1970): The Amblycera (Phthiraptera: Insecta). – Bull. Brit. Mus. (N. H.) Entomol. 25: 73–98 + 5 Pl.

DURDEN, L. A. & MUSSER, G. G. (1994): The sucking lice (Insecta, Anoplura) of the world: a taxonomic checklist with records of mammalian hosts and geographical distributions. – Bull. Am. Mus. Nat. Hist. (New York) No. 218: 90 pp.

DURDEN, L. A. & MUSSER, G. G. (1994): The mammalian host of the sucking lice (Anoplura) of the world: a host-parasite list. – Bull. Soc. Vect. Ecol. 19: 130–164.

EICHLER, W. (1963): Mallophaga. – Bronns Kl. Ord. Tierreichs (Leipzig), 291 pp.

EMERSON, K. C. & PRICE, R. D. (1981) A host-parasite list of the Mallophaga on mammals. – Misc. Pub. Entomol. Soc. Am. (Washington) 12 (1): 74 pp.

FERRIS, G. F. & STOJANOVICH, C. J. (1951): The sucking lice. – Mem. Pacific Coast Entomol. Soc. (San Francisco) 1: 320 pp.

JANCKE, O. (1938): Die Anopluren Deutschlands. – Tierw. Deutschl. (Jena) 35: 43–78.

HOPKINS, G. H. E. & CLAY, TH. (1952): A check list of the genera & species of Mallophaga. – London.

KÉLER, St. v. (1969): Mallophaga (Federlinge und Haarlinge). – Handb. Zool. (Berlin) IV, Arthropoda: Insecta, Beitrag 17, Lfg. 10, 72 pp.

KIM, K. C. & LUDWIG, H. W. (1978): The family classification of the Anoplura. – Syst. Entomol. 3: 249–284.

LYAL, C. (1985): A cladistic analysis and classification of trichodectid mammal lice (Phthiraptera: Ischnocera). – Bull. Brit. Mus. (N. H.) Entomol. 51: 187–346.

MEY, E. (1988): Übersicht über die Säugetier-Mallophagen Europas. – Angew. Parasitol. 29: 113–126.

MEY, E. (2003): 20. Ordnung Phthiraptera, Tierläuse, Lauskerfe. – In: DATHE, H. H. (Hrsg.): Lehrbuch der Speziellen Zoologie, Band I: Wirbellose Tiere, 5. Teil: Insecta, 2. Auflage. – Spektrum Akademischer Verlag Heidelberg, Berlin: 308–330.

MEY, E. (2003): Verzeichnis der Tierläuse (Phthiraptera) Deutschlands. – In: KLAUSNITZER, B. (Hrsg.): Entomofauna Germanica. Band 6. – Entomologische Nachrichten und Berichte, Beiheft 7: 72–129. Dresden.

PIOTROWSKI, F. (1992): Anoplura (echte Läuse). – Handb. Zool. (Berlin) IV Arthropoda: Insecta Teilband 32, 57 pp.

PRICE, R. D., HELLENTHAL, R. A., PALMA, R. L., JOHNSON, K. P. & CLAYTON, D. H. (2003): The chewing lice: world checklist and biological overview. – Illinois Natural History Survey Special Publication 24: x + 501 pp.

WEGENER, Z. (1972): Wszy-Anoplura. – Klucze do oznaczania owadów Polski (Warszawa) 16.

ZŁOTORZYCKA, J. (1972–1980): Wszoły – Mallophaga. – Klucze do oznaczania owadów Polski (Warszawa/Wrocław) 15 (Zeszyt 1–6).

ZŁOTORZYCKA, J., EICHLER, W. & LUDWIG, H. W. (1974): Taxonomie und Biologie der Mallophagen und Läuse mitteleuropäischer Haus- und Nutztiere. – Parasitol. Schr.Reihe (Jena) 22: 160 pp.

Thysanoptera – Fransenflügler (Thripse)

Gerald Moritz

G. 1–2, s bis 5 mm, schlanke, adult dorso-ventral abgeflachte, hellgelbe, braune bis schwarze Tiere, F artspezifisch gefärbt, häufig mittlere Gld wie B heller als Körper, VFl farblos od. ganz od. z. T. grau getrübt, s mit dunklen Querbinden. Wenige Arten ohne Fl od. brachypter. F am VRand des K zw den Au eingelenkt, 6–9 Gld, mit ovalen od. stabförmigen, mindestens in basaler Hälfte deutlich voneinander abgesetzten Gld, 3. u. 4. Gld oft mit typischen Sinneskegeln (Trichome), K mit VBr dorsal ± fest verbunden, ventral frei beweglich, M- u. HBr zum flügeltragenden Pterothorax vereint (Abb. **164**/1 u. 2). Stechendsaugende, asymmetrische MundGldmaßen mit nur linker Mandibel, zu einem rundkonischen od. spitzen, hypognathen Mundkegel auf der US des K vereinigt. Hlb mit 11 Sgm, 1. dorsal in HBr hineinragend, ventral reduziert, 11. rudimentär, 10. konisch, ventral immer (♀ *Aeolo*- u. *Melanthripidae*), dorsal oft (♀ *Thripidae*) gespalten (Abb. **164**/3) od. lg röhrenförmig (♀, ♂ *Phlaeothripidae*) (Abb. **156**/2 u. 3). ♀ der meisten Thysanopteren der UOrdnung Terebrantia mit ventral stichsägeartigem Legeapparat (Abb. **164**/8), ♀ der *Phlaeothripidae* (UOrdnung *Tubulifera*) ohne diesen (Abb. **166**/2). ♂ der meisten Thysanopteren mit breit gerundetem HlbE (Abb. **166**/1), ♂ Kopulationsorgane (insbes. Aedoeagusbereich bzw. Pseudovirga) deutlich ausstülpbar, Mikrotrichae u. Bo in Lage, Anzahl, Lg, Stärke u. Form am BoE für Artbestimmung wichtig (Vergrößerung 200–400fach). B kurz u. kräftig, mit 1-, jedoch meist 2-gld Füßen (Tarsen), mit einer Haftblase am E (alter Name „Blasenfüße“). Meistens 2 Paar Fl vorhanden, schmal bandförmig, ohne (*Phlaeothripidae*), mit 2 Längsadern (*Thripidae*), u. dazu mit einigen Queradern (*Aeolo*- u. *Melanthripidae*). Aderung oft erst durch BoReihen deutlich. Fl am VRand kurz, am

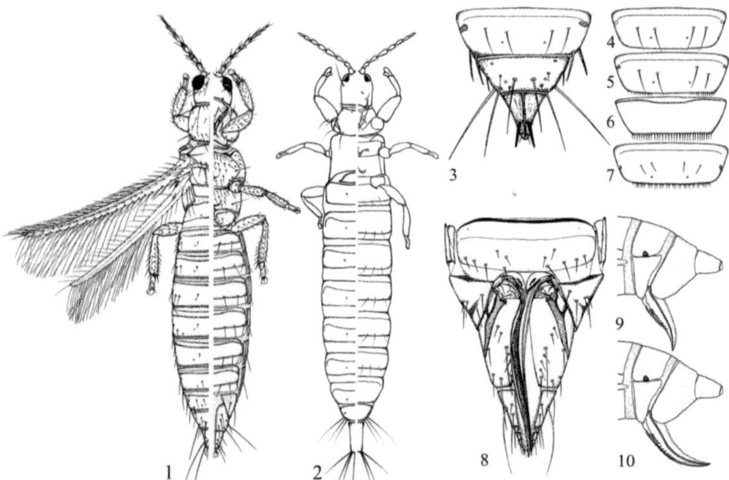

Abb. 164/1–10. 1 Habitus (dorsal/ventral) einer geflügelten Thripide, **2** einer flügellosen Phlaeothripide, **3** ♀ HlbSgm, Tergite 8–11, **4** 8. Tergit caudal ohne, **5** nur lateral, **6** vollständig ausgebildetem Kamm, **7** Mikrotrichien des Kamms gruppiert, **8** ♀ HlbSgm 7–11 mit Legebohrer, **9** Legebohrer vom Hlb weg gekrümmt, Thripide, **10** Legebohrer zum Hlb gebogen, Aeolothripide.

HRand lg (UOrdnung *Terebrantia*) bzw. gleich lg bewimpert (UOrdnung *Tubulifera*) (Abb. **166**/8 u. 10). – V. Terrestrisch, kosm. – L. Meiste Arten Pflzellsaftsauger, auch an Pollen, Pilzsporen u. -hyphen, s räuberisch an anderen Insekten, z. B. Thrips-Larven, -Eier (*Franklinothrips vespiformis,* Einsatz zur biologische Kontrolle) u. Milben. Unter Pflsaftsaugern viele an KulturPfl schädlich (hohe Individuendichten!) u. als Überträger von Tospoviren, Pilzen sowie Bakterien bekannt. In Blüten, Blattscheiden von Gräsern, Falllaub, an feuchtem (!) Reisig, unter abstehender Borke fast immer zu finden (Thigmotaxis, leicht auch unter Klingelschildern u. Bilderrahmen nachweisbar, s im Display von Notebooks u. Flachbildschirmen). Schwarmbildung an schwülen Sommertagen (= „Gewitterfliegen", auf gelber od. hellblauer Kleidung auffallend). – B. Verwandlung ± vollkommen: 2 LStadien, 1 ProP u. 1 od. 2 P-stadien. Jugendstadien weiß, gelb od. rot; P mit FlScheiden. Metamorphose der L oftmals im Boden, dort auch bei einigen Arten Überw. in bis zu ca. 1 m Tiefe. Fortpfl verschieden, meistens befruchtete, diploide Eier = ♀, unbefruchtete, haploide Eier = ♂ (*Frankliniella occidentalis*, arrhenotoke Parthenogenese), aber auch reine Weibchenpopulationen, unbefruchtete Eier = ♀ (*Parthenothrips dracaenae,* thelytoke Parthenogenese). Wechsel zwischen beiden Formen möglich (*Thrips tabaci*), oftmals auch durch Bakterien (*Wolbachia*) beeinflusst. Fang mit Kescher, Klopfschirm, Leinenbeutel od. mit größerer weißer/gelber Plastikschale, über der Pfl, Reisig od. Borke ausgeklopft werden. Konservierung nach Angaben der Literatur, in AGA (10 Teile 60% Ethanol, je 1 Teil Glycerol u. 98% Essigsäure), Einbettung auf Objektträger unter Deckglas in Kanadabalsam nachdem sorgfältig der Fettkörper herausgelöst worden ist (3–5% NaOH). Sichere Bestimmung nur mit Spezialliteratur od. -software u. Mikroskop mit 400× Vergrößerung möglich. Mit der Lupe lassen sich alle Familien, einige Gattungen, s Arten bestimmen. Etwa 5500 Arten weltweit, im Gebiet ca. 250.

1 HlbE konisch zugespitzt (♀; Abb. **164**/3) od. stumpf abgerundet (♂; Abb. **166**/1). AbdSgm 10 dorsal gespalten, VFl mit durch Bo markierten Adern (Abb. **166**/9), Fl am VRand mit kurzen, am HRand lg Fransen, ♀ mit Legebohrer am HlbE (Abb. **164**/8–10), UOrdnung: Terebrantia. **2**

1* HlbE bei ♀ u. ♂ in ein, am E mit Bo besetztes Rohr (Tubus) ausgezogen (Abb. **166**/2 u. 3). Sinneskegel am 3. u. 4. FGl einfach (Abb. **167**/4), VFl ohne Adern, FlRänder allseitig mit lg Fransen, VFlE breit gerundet, (Abb. **166**/10), UOrdnung: Tubulifera. Familie *Phlaeothripidae* S. 170

2 3. u. 4. FGld mit längs verlaufendem Sensorium (Abb. **167**/2 u. 3), F 9 gld, VFlE breit gerundet (Abb. **166**/4–7), VFl mit mindestens 2 Queradern, ♀ – Legebohrer zum Hlb hin gekrümmt, konkav (Abb. **164**/10), UOrdnung: Terebratia. **3**

2* 3. u. 4. FGld mit hyalinem einfachem od. gegabeltem Sinneskegel (Abb. **167**/1, 4 u. 5), F 6–8gld, VFlE spitz auslaufend (Abb. **166**/8), VFl mit nur 1 Querader, ♀ – Legebohrer vom Hlb weg gekrümmt, konvex (Abb. **164**/9), UOrdnung: Terebrantia. Familie *Thripidae* S. 166

3 K u. VBr mit lg Bo, Sensorium am 3. u. 4. FGld zirkulär um das apikale GldE verlaufend (Abb. **167**/2), alle FGld deutlich voneinander getrennt. Familie *Melanthripidae* S. 166

3* K u. VBr ohne lg Bo, Sensorium am 3. u. 4. FGld längs verlaufend (Abb. **167**/3), 5.–9. Fgl zu spindelförmigen Komplex vereint. Familie *Aeolothripidae* S. 165

Familie ***Aeolothripidae***

1 VFl mit 2 getrennten dunklen Binden (Abb. **166**/4). **2**

1* VFl anders. **7**

2 1. Tergit mit zahlreichen querverlaufenden Leisten, brachypterer, räuberischer Grasbewohner, vorwiegend an *Calamagrostis*. *Aeolothrips albicinctus* HALIDAY

2* 1. Tergit mit unauffälligen, quervernetzten Leisten. **3**

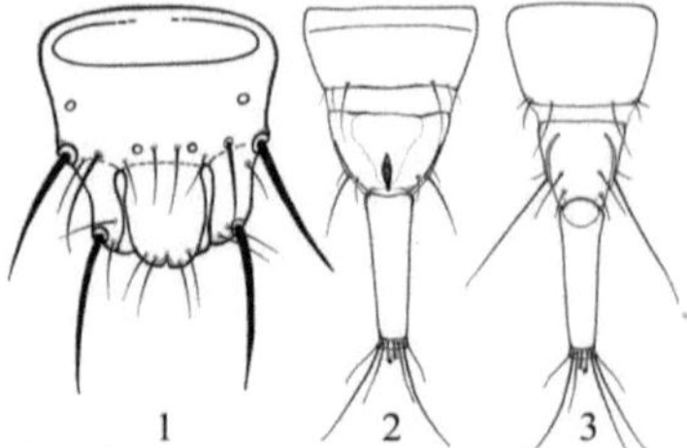

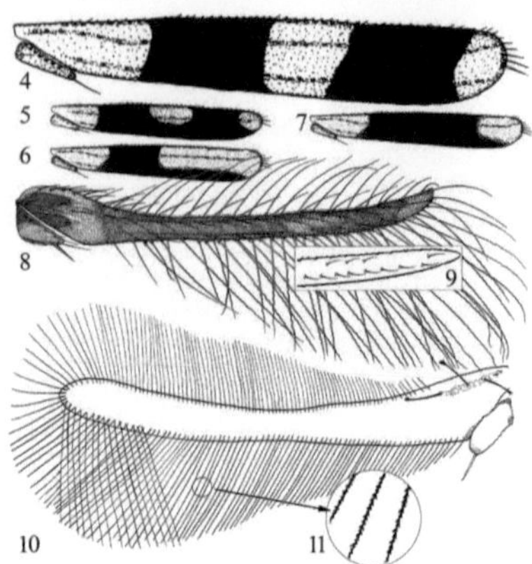

Abb. 166/1–11. 1 ♂ HlbSgm 8–11 ventral, Thripide, **2** ♀ HlbSgm 8–10 ventral, Phlaeothripide, **3** ♂ HlbSgm 8–10 ventral, Phlaeothripide, **4** VFl, Aeolothripide, **5–7** Bindenmuster des VFl, **8** u. **9** VFl, mit distalen Bo der Hauptader, Thripide, **10** VFl, Phlaeothripide mit glatten, **11** mit gefiederten Fransen.

3 Sensorium 4. FGld < 0,5 der Länge des Gld. **4**
3* Sensorium 4. FGld > 0,5 der Länge des Gld. **5**
4 VBr (Pronotum) hell, in Blüten vieler Pfl.arten. *Aeolothrips collaris* PRIESNER
4* VBr (Pronotum) dunkel wie MBr u. HBr. *Aeolothrips tenuicornis* BAGNALL
5 **(3)** Akzessorische Bo des 7. Sternits nah am HRand (Abb. **167**/7), fakultativer Räuber an *Echium-*, *Onobrychis-* u. *Verbascum*-Arten. *Aeolothrips propinquus* BAGNALL
5* Akzessorische Bo des 7. Sternits feldständig (Abb. **167**/8–10). **6**
6 7. Sternit, Abstand der HRandBo: Bo1–Bo1<Bo1–Bo2 (Abb. **167**/9), fakultativer Räuber, vorwiegend auf Fabaceen u. Ericaceen. *Aeolothrips ericae* BAGNALL
6* 7. Sternit, Abstand der HRandBo: Bo1–Bo1>Bo1–Bo2 (Abb. **167**/10), VFl mit 2 Binden (Abb. **166**/4), häufig, fakultativer Räuber in Blüten vieler Pfl.arten. *Aeolothrips intermedius* BAGNALL
7 **(1)** VFl mit 2 dunklen Binden, die am HRand breit verbunden sind (Abb. **166**/5), an Blättern verschiedener Laubbäume. *Aeolothrips melaleucus* (HALIDAY)
7* VFl mit 1 dunklen Binde. **8**
8 Binde am HRand des VFl breit verlängert (Abb. **166**/6). *Aeolothrips vittatus* HALIDAY
8* VFl mit nur einer auffallend breiten Binde (Abb. **166**/7), bes. an Laubhölzern. *Aeolothrips versicolor* UZEL

Familie ***Melanthripidae***

1 VFl gleichmäßig grau, an Leguminosen, Asteraceen. *Melanthrips fuscus* (SULZER)
1* VFl mit 2 hellen u. 2 dunklen Binden, oft auf Rubiaceen. *Melanthrips ficalbii* BUFFA

Familie ***Thripidae***

1 K u. VBr mit massiver netzartiger Skulptur, EGld der F nadelförmig. **2**
1* K u. VBr mit unauffälligen Leistenstrukturen, EGld der F ± stumpf endend (Abb. **167**/1). **4**

Panchaetothripinae (tropische u. subtropische Arten, V. Unterglasanbau, Gebäude)
2 VFl breit u. netzartig skulpturiert. *Parthenothrips dracaenae* (HEEGER) – **Palmthrips**
2* VFl schmal, nicht netzartig skulpturiert. **3**

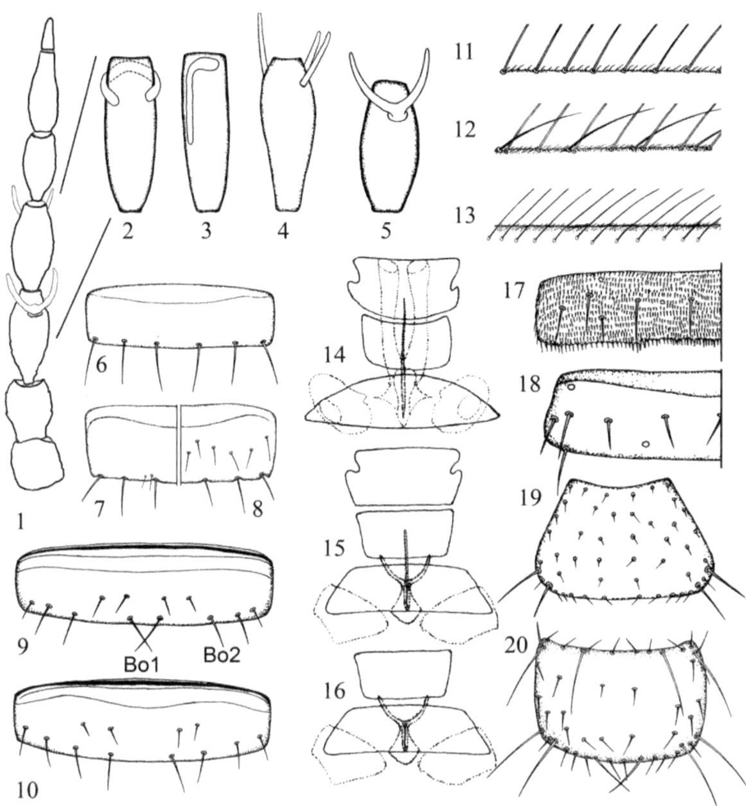

Abb. 167/1–20. **1** F, Thripide, **2** 4. FGld mit transversalem Sensorium, Melanthripide, **3** 4. FGld mit longitudinalem Sensorium, Aeolothripide, **4** 4. FGld mit einfachen Sinneskegeln (Trichomen), Phlaeothripide, **5** 4. FGld mit gegabeltem Sinneskegel (Trichom), Thripide, **6** HlbSgm, Sternit ohne akzessorische Bo, **7** 7. Sternit, akzessorische Bo nah am HRand, **8** 7. Sternit, akzessorischen Bo feldständig, **9** 7. Sternit, HRandBo Abstand Bo1–Bo1<Bo1–Bo2, **10** 7.Sternit, HRandBo Abstand Bo1–Bo1>Bo1–Bo2, **11** VFl, VRand mit Fransen, **12** VFl, VRand mit Fransen u. Bo, **13** Fransen hinter dem VRand inserierend, **14** M- u. HBr ventral mit lyraförmiger Furka, **15** M- u. HBr ventral mit y-förmiger Furka u. medianem Fortsatz (Spinula), **16** ohne medianem Fortsatz, **17** HlbSgm, Tergit mit zahlreichen Mikrotrichienreihen, **18** Tergit ohne Mikrotrichienreihen, **19** VBr, Pronotum trapezförmig, **20** VBr, Pronotum rechteckig.

3 VFl ohne dunkle Binden, VRand des VFl mit Fransen, keine Bo (Abb. **167**/11), alle B gelb. *Heliothrips haemorrhoidalis* (Bouché) – **Schwarze Fliege**

3* VFl mit 3 dunklen Binden, VRand des VFl mit längeren Fransen u. Bo (Abb. **167**/12), Schaden an Zierpflanzen in Gewächshäusern. *Hercinothrips femoralis* (O. M. Reuter)

Dendrothripinae

4 **(1)** Furka der HBr lyraförmig (Abb. **167**/14), bis in MBr ragend, Fransen des VFl inserieren weit hinter dem VFlRand (Abb. **167**/13), Sinneskegel in der Mitte des 6. FGl lie-

gend, an Sträuchern, Laubgehölzen.
Dendrothrips ornatus (JABLONOWSKI) – **Ligusterthrips**

4* Furka der HBr breit Y-förmig, mit (Abb. **167**/15) u. ohne Spinula (Abb. **167**/16), Fransen des VFl inserieren am VFlRand (Abb. **167**/11 u. 12). **5**

Sericothripinae

5 Abdominale Tergite mit zahlreichen Mikrotrichienreihen (Abb. **167**/17). **6**

5* Abdominale Tergite ohne zahlreiche Mikrotrichien (Abb. **167**/18). **7**

6 F 8gld, FE mit 2 gld Stylus, oft auf Fabaceen.
Neohydatothrips gracilicornis (WILLIAMS)

Thripinae

6* F 6 gld, kein terminaler Stylus am FE, Schädling an jungen Weinpflanzen, auch auf *Betula, Quercus, Corylus.* *Drepanothrips reuteri* UZEL – **Weinthrips**

7 **(5)** VBr (Pronotum) trapezförmig (Abb. **167**/19), VB vergrößert. **8**

7* VBr (Pronotum) rechteckig (Abb. **167**/20), VB nicht vergrößert. **9**

8 Sinneskegel 4. FGl gegabelt (Abb. **167**/1 u. 5), 10. HlbSgm deutlich verlängert, auf verschiedenen Gräsern, Blüte mit Eiern (*Avena, Bromus, Lolium*).
Chirothrips aculeatus BAGNALL

8* Sinneskegel 4. FGl einfach, 10. HlbSgm nicht verlängert, auf Gräsern, Getreide, auch auf Dikotyledonen (*Agrostis, Dactylis*).
Chirothrips manicatus HALIDAY – **Wiesenthrips**

9 **(7)** HlbSgm 10 (Tergit) mit 2 kräftigen dornartigen Bo (Abb. **164**/3). **10**

9* HlbSgm 10 (Tergit) ohne dornartige Bo. **11**

10 3. FGl deutlich asymmetrisch, 4. FGl Sinneskegel gegabelt (Abb. **167**/5), auf Gräsern, Getreide, etwas größer als *L. cerealium.*
Limothrips denticornis HALIDAY – **Getreidethrips**

10* 3. FGl ± symmetrisch, 4. FGl Sinneskegel einfach, massenhaft auf Gräsern, Getreide, Schwarmbildung an schwülen Tagen. *Limothrips cerealium* HALIDAY – **Kornthrips**

11 **(9)** K zw KomplexAu ohne Oc, VBr (Pronotum) ohne längere posteroangulare Bo, Fl fehlen. **12**

11* K zw KomplexAu mit Oc (Abb. **169**/1 u. 2), VBr (Pronotum) mit mindestens einer lg posteroangularen Bo (Abb. **169**/11 u. 12). **13**

12 F 6 gld, FE ohne Stylus, hellgelbe Art. *Aptinothrips rufus* HALIDAY – **Grasthrips**

12* F 8 gld, FE mit 2gld Stylus, hellgelbe Art (auf Gräsern). *Aptinothrips stylifer* TRYBOM

13 **(11)** HLb 8. Tergit ohne lateral kammartige Microtrichienreihe (Ctenidium). **14**

13* HLb 8. Tergit mit lateral kammartiger Microtrichienreihe (Abb. **169**/3 u. 4). **20**

14 VBr ohne od. nur mit 1 posteroangularem Bo am Pronotum. **15**

14* VBr mit 2 posteroangularen Bo am Pronotum (Abb. **169**/11 u. 12). **16**

15 Hlb 8. Tergit ohne Kamm am HRand (Abb. **164**/4), an *Pinus.* *Oxythrips ajugae* UZEL

15* Hlb 8. Tergit mit vollständigem Kamm am HRand (Abb. **164**/6), Schaderreger im Getreideanbau, Gräser.
Anaphothrips obscurus (O. F. MÜLLER) – **Gemeiner Grasthrips**

16 **(14)** 2 Paar OcellarBo vorhanden, erstes OcBoPaar fehlt (Abb. **169**/2). **17**

16* 3 Paar OcellarBo vorhanden, erstes OcBoPaar vorhanden (Abb. **169**/1). **18**

17 Submediale RandBo des 7. Sternits inserieren am HRand, VTarsus mit apikalem Zahn, Schaderreger im Obstanbau.
Taeniothrips inconsequens (UZEL) – **Birnenthrips**

17* Submediale RandBo des 7. Sternits inserieren vor dem Rand, VTarsus ohne Zahn, an krautigen Pflanzen, *Anemone, Primula.* *Taeniothrips picipes* (ZETTERSTEDT)

18 **(16)** Hlb 8. Tergit ohne Kamm (Abb. **164**/4), auf *Erica*-Arten.
Ceratothrips ericae (HALIDAY)

18* Hlb 8. Tergit Kamm komplett od. lateral ausgebildet (Abb. **164**/5–7). **19**

19 Basis des Sensoriums des 6. FGld länger als Breite des FGl, auf Leguminosen, *Lotus, Trifolium.* *Odontothrips loti* (HALIDAY)

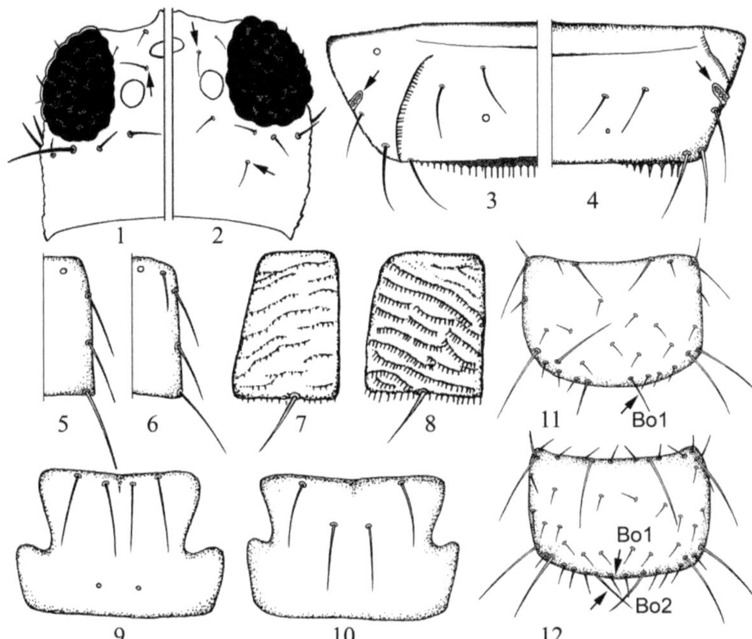

Abb. 169/1–12. 1 K mit KomplexAu, 3. Ocellarbo innerhalb Ocdreieck, postokulare Bo in einer Reihe stehend, **2** 3. Ocellarbo außerhalb Ocdreieck, eine postoculare Bo caudal verschoben, **3** 8. HlbSgm, Tergit, Ctenidium hinter Stigma, **4** Ctenidium vor Stigma, **5** 2. HlbSgm, lateraler Tergitrand mit 3 Bo, **6** 2. HlbSgm, lateraler Tergitrand mit 4 Bo, **7** 2. HlbSgm, Pleurotergit ohne Mikrotrichienreihen, **8** 2. HlbSgm, Pleurotergit mit zahlreichen Mikrotrichienreihen, **9** MBr, Metanotum mit randständiger S1-Bo u. Sensilla campaniformia, **10** MBr, Metanotum mit feldständiger S1-Bo u. ohne Sensilla campaniformia, **11** VBr, V- u. HRandBo des Pronotums Bo1>Bo2, **12** Bo2>Bo1.

19* Basis des Sensoriums des 6. FGld schmaler als Breite des FGl, Schädling an *Dianthus*-Arten. *Pezothrips dianthi* (PRIESNER)
20 **(13)** Ctenidium des 8. Tergits hinter dem Stigma liegend (Abb. **169**/3). **21**
20* Ctenidium des 8. Tergits vor dem Stigma liegend (Abb. **169**/4). **30**
21 Postokulare Bo in einer Reihe stehend (Abb. **169**/1). **22**
21* 1 Bo aus postokularer BoReihe nach hinten versetzt (Abb. **169**/2), vorwiegend auf Gräsern u. Getreide, *Avena sativa*. *Stenothrips graminum* UZEL – **Haferthrips**
22 F 7 gld. **23**
22* F 8 gld. **33**
23 Hlb Sternite ohne Feldborsten (Abb. **167**/7). **24**
23* Hlb Sternite mit Feldborsten (Abb. **167**/8). **29**
24 Hlb Pleurotergite mit zahlreichen Mikrotrichienreihen (Abb. **169**/8), Schaderreger an zahlreichen Pfl, Tospovirusvektor. *Thrips tabaci* LINDEMAN – **Zwiebelthrips**
24* Hlb Pleurotergite ohne Mikrotrichienreihen (Abb. **169**/7). **25**
25 2. Tergit mit 3 lateralen RandBo (Abb. **169**/5). **26**
25* 2. Tergit mit 4 lateralen RandBo (Abb. **169**/6). **27**
26 Hlb 8. Tergit Kamm komplett (Abb. **164**/6), Gräser, auch dikotyledone Pflanzen. *Thrips nigropilosus* UZEL – **Chrysanthementhrips**

26* Hlb 8. Tergit Kamm nur lateral ausgebildet (Abb. **164**/5), polyphag, in Blüten, z. B. Rosen, auch an Bäumen. *Thrips major* Uzel – **Rosenthrips**

27 **(25)** Hlb 8. Tergit Kamm nur lateral ausgebildet (Abb. **164**/5), zahlreiche Pflanzen, Schaden im Erdbeer- u. Rosenanbau. *Thrips fuscipennis* Haliday

27* Hlb 8. Tergit Kamm komplett ausgebildet (Abb. **164**/6). **28**

28 OcellarBo 3 außerhalb des Ocdreiecks (Abb. **169**/2), EU Quarantäne-Status A1/175, an tropischen Kulturpfl, Tospovirusvektor. *Thrips palmi* Karny – **Melonenthrips**

28* OcellarBo 3 innerhalb des Ocdreiecks (Abb. **169**/1), polyphager Blütenbewohner. *Thrips flavus* Schrank – **Gelber Thrips**

29 **(23)** VFl Hauptader mit 4-7 distalen Bo, Kamm des 8. Tergits mit gruppierten Mikrotrichien (Abb. **164**/7), an Kohl, Flachs, Zuckerrübe. *Thrips angusticeps* Uzel – **Ackerthrips**

29* VFl Hauptader mit 3 distalen Bo (Abb. **166**/9), Mikrotrichien des Kamms am 8. Tergit nicht gruppiert, in Blüten von Asteraceen. *Thrips physapus* L. – **Löwenzahnthrips**

30 **(20)** Mediane Bo am PronotumV- u. PronotumHrand Bo1 > Bo2 (Abb. **169**/11), an Blättern u. jungen Trieben von Erbsen (*Pisum sativum*). *Kakothrips pisivorus* (Westwood)

30* Mediane Bo des PronotumV- u. PronotumHrandes Bo1 < Bo2 (Abb. **169**/12). ... **31**

31 Hlb 8. Tergit Kamm fehlt (Abb. **164**/4), OcellarBo 3 außerhalb des Ocdreiecks (Abb. **169**/2), an Gräsern, Schaderreger im Getreide. *Frankliniella tenuicornis* (Uzel)

31* Hlb 8. Tergit Kamm komplett ausgebildet (Abb. **164**/6). **32**

32 PostokularBo länger als $^1/_2$ Lg der OcellarBo 3, MBr (Metanotum craniale) mit Sensilla campaniformia (Abb. **169**/9), eingeschleppt aus Nordamerika, polyphag, hohes Schadpotenzial, Tospovirusvektor. *Frankliniella occidentalis* (Pergande) – **Western Flower Thrips**

32* PostokularBo kürzer als $^1/_2$ Lg der OcellarBo 3, MBr (Metanotum craniale) ohne Sensilla campaniformia (Abb. **169**/10), polyphag an dikotyledonen Pflanzen, Tospovirusvektor. *Frankliniella intonsa* (Trybom) – **Gemeiner Blütenthrips**

33 **(22)** Hlb 8. Tergit, Kamm mit langen, uniformen Mikrotrichien (Abb. **164**/6), 2. Pleurotergit mit 3 RandBo (Abb. **169**/5), polyphag in Blüten, Kirsche. *Thrips vulgatissimus* Haliday

33* Hlb 8. Tergit, Kamm mit kurzen, nicht uniformen Mikrotrichien. **34**

34 2. Tergit mit 3 RandBo (Abb. **169**/5), mediane Bo des Metanotums randständig (Abb. **169**/9), oft in weißen Blüten, Nelken. *Thrips atratus* Haliday – **Schwarzfühlerthrips**

34* 2. Tergit mit 4 RandBo (Abb. **169**/6), mediane Bo des Metanotums feldständig (Abb. **169**/10), an Gladiolen u. weiteren Zierpfl. *Thrips simplex* (Morison) – **Gladiolenthrips**

Familie ***Phlaeothripidae***

1 Maxillarstilette weit, Durchmesser > 5 µm, ohne Maxillarbrücke. **2**

1* Maxillarstilette eng, Durchmesser < 3 µm, Maxillarbrücke fehlt od. vorhanden. .. **4**

Idolothripinae

2 Tubus ohne kräftige laterale Bo, Pelta ohne laterale Fl, 4. FGl mit 3 Sinneskegeln, Körperlg < 4 mm, an Pilzsporen an totem Holz. *Cryptothrips nigripes* (O. M. Reuter)

2* Tubus mit kräftigen lateralen Bo, Pelta mit seitlichen Fl, 4. FGl mit 4 Sinneskegeln, große Tiere, Körperlg > 4 mm. **3**

3 Wangen leicht eingeschnürt hinter KomplexAu, HSchienen u. Tarsen hell, E der Maxillarstilette nicht bis postokulare Bo reichend, Pelta ± breit rechteckig, in verrottetem Weiden-, Birken- od. Hasellaub. *Megathrips lativendris* (Heeger)

3* Wangen konvex hinter KomplexAu, B völlig dunkel, E der Maxillarstilette bis zum hinterem Rand der KomplexAu reichend, Pelta ± halbkreisförmig, unter Rinde u. Ästen von Weiden u. Kiefern. *Megalothrips bonanni* Uzel

Phlaeothripinae

4 **(1)** 3. FGl mit 1 Sinneskegel (Trichom). **5**
4* 3. FGl mit mehr Sinneskegeln (Trichome) (Abb. **167**/4). **8**
5 4. FGl mit 2 Sinneskegeln, KomplexAu ventral im Gegensatz zur Dorsalseite verlängert, Grasbewohner, an *Calamagrostis*. *Cephalothrips monilicornis* (O. M. REUTER)
5* 4. FGl mit mehr Sinneskegeln. **6**
6 4. FGl mit 3 Sinneskegeln (Abb. **167**/4). **7**
6* 4. FGl mit 4 Sinneskegeln, 3. FGl asymmetrisch, an Gräsern u. Getreide. *Haplothrips (Haplothrips) aculeatus* (FABRICIUS) – **Roggenthrips**
7 Mediolaterale Bo der VBr (Pronotum) kurz (< 20 µm), tropische Art an *Ficus*-Species, invasiv durch Agrarhandel. *Gynaikothrips ficorum* (MARCHAL) – **Kubanischer Lorbeerthrips**
7* Mediolaterale Bo der VBr (Pronotum) lang (> 90 µm), an Blättern von *Ulmus*-, *Fagus*- u. *Abies*-Arten. *Liothrips (Liothrips) setinodis* (O. M. REUTER) – **Großer Eschenthrips**
8 **(4)** 3. FGl mit 2 Sinneskegeln, Seiten der VFl in der Mitte verengt (Abb. **166**/10). . **9**
8* 3. FGl mit 3 Sinneskegeln, Seiten der VFl parallel, nicht verengt. **11**
9 Postokulare Bo kurz (< 20 µm), an Kompositen, *Chrysanthemum*. *Haplothrips (Haplothrips) leucanthemi* (SCHRANK)
9* Postokulare Bo lang (> 40 µm). **10**
10 Distaler Fransenbereich der VFl gefiedert (Abb. **166**/11), in Blüten verschiedener Kompositen. *Haplothrips (Haplothrips) setiger* PRIESNER
10* Distaler Fransenbereich der VFl glatt; in Blüten verschiedener Gräser u. Getreidearten. *Haplothrips (Haplothrips) tritici* (KURDJUMOV) – **Weizenthrips**
11 **(8)** KomplexAu ≤ $^1/_4$ KLg, Maxillarbrücke fehlt, an *Ulmus*. *Hoplothrips ulmi* (FABRICIUS)
11* KomplexAu ≥ $^1/_3$ KLg, an Pilzhyphen auf totem Buchenholz *Phlaeothrips coriaceus* (HALIDAY) – **Laubbaumrindenthrips**

Literatur

KIRK, W. D. J. (1996): Thrips. Naturalists' Handbooks 25. – Richmond Publishing Co. Ltd., Slough, 70 p.

KUMM, S. & MORITZ, G. (2008): First detection of *Wolbachia* in arrhenotokous populations of thrips species (Thysanoptera: Thripidae and Phlaeothripidae) and its role in reproduction. – Environmental Entomology 37 (6): 1422–1428.

MORITZ, G. (1989): Die Ontogenese der Thysanoptera unter besonderer Berücksichtigung des Fransenflüglers *Hercinothrips femoralis* (O. M. REUTER 1891) – 3. Praepupa und Pupa. – Zool. Jb. Anat. 118, 15–54.

MORITZ, G. (1994): Pictorial key to the economicaly important species of Thysanoptera in Central Europe. – OEPP/EPPO Bulletin 24, 181–208.

MORITZ, G. (2006): Thripse. Pflanzensaftsaugende Insekten, Bd. 1. – Westarp Wissenschaften, Hohenwarsleben. 384 S.

MORITZ, G., KUMM, S. & MOUND, L. A. (2004): Tospovirus transmission depends on thrips ontogeny. – Virus Research 100 (1): 143–149.

MORITZ, G., MOUND, L. A., MORRIS, D. & GOLDARAZENA, A. (2004): Pest thrips of the world – an identification and information system using molecular and microscopial methods. – Centre of Biological Information Technology, Brisbane, CD-ROM.

PRIESNER, H. (1964): Ordnung Thysanoptera. – Akademie-Verlag Berlin, 242 S.

SCHLIEPHAKE, G. (2001): Verzeichnis der Thysanoptera (Fransenflügler) – Physopoda (Blasenfüße) Deutschlands. – In: KLAUSNITZER, B. (Hrsg.): Entomofauna Germanica. Band 5. – Entomologische Nachrichten und Berichte, Beiheft 6: 91–106. Dresden.

SCHLIEPHAKE, G. & KLIMT, K. (1979): Thysanoptera, Fransenflügler. – In: DAHL, F.: Die Tierwelt Deutschlands, 66. Teil. – Fischer Jena, 477 S.

STRASSEN, R. ZUR (2003): Die terebranten Thysanopteren Europas und des Mittelmeer-Gebietes. – In: DAHL, F.: Die Tierwelt Deutschlands, 74. Teil. – GOECKE & EVERS, Kelteren, 277 S.

STRASSEN, R. ZUR & GÖLLNER-SCHEIDING, U. (2003): 21. Ordnung Thysanoptera (Physopoda), Fransenflügler, Thripse, „Blasenfüße". – In: DATHE, H. H. (Hrsg.): Lehrbuch der Speziellen Zoologie, Band I: Wirbellose Tiere, 5. Teil: Insecta, 2. Auflage. – Spektrum Akademischer Verlag Heidelberg Berlin: 331–342.

Ordnung *Sternorrhyncha* – Pflanzenläuse

G. MEur Arten 0,8–10 mm. Mundwerkzeuge: stechendsaugender R. Na: als PflSaftsauger (Phloem-, seltener Xylemsauger od. Zellsaftschlürfer) fast ausnahmslos an terrestrische Vegetation (**L.**) gebunden, meist nicht im Wasser. Fl in sich gleichmäßig, evtl. Fl fehlend. – **B.** Unvollkommene Verwandlung mit 5, bei Blattläusen 4 u. Schildläusen 3 (♀) od. 2 (♂) LStadien. Jungfernzeugung (bei Blattläusen u. einigen Schild- u. Mottenschildläusen sowie Blattflöhen) u. Viviparie (bei vielen Blattläusen u. einigen Schildläusen) häufig. Jährlich 1–3 u. mehr (Blattläuse) Gen.

1 Festsitzend, meist unter flachem od. buckelig gewölbtem Schild verborgen. Ohne Fl. B reduziert, oft fehlend. Bis 8 mm.
♀♀ der Unterordnung *Coccina* – **Schildläuse** S. 251

1* Frei beweglich, ohne Schild, stets mit B **2**

2 Mit 1 FußGld u. 1 Kralle, ♀ ohne Fl; ♂-VFl mit 2–3 einfachen Adern, HFl verkümmert. F der ♂♂ lg u. vielgld. Unterordnung *Coccina* – **Schildläuse** S. 251

2* Meist 2 FußGld, stets mit 2 Krallen. Wenn geflügelt, dann geflügelte Formen mit gut entw HFl **3**

3 Fl gut entw **4**

3* Ohne Fl od. (L) mit FlStummeln **5**

4 Schenkel dünn, kaum dicker als Schienen. F 3–7 gld. HHü klein **6**

4* Schenkel verdickt, viel dicker als Schienen. SprungB. F (8–)10 gld. HHü groß. VFl mit 3 gegabelten Adern. Unterordnung *Psyllina* – **Blattflöhe** S. 173

5 **(3)** Mit seitlich abstehenden FlStummeln. F mit 2 EBo. Schenkel verdickt.
L der *Psyllina* – **Blattflöhe** S. 173

5* Ohne Fl od. mit nicht abstehenden FlStummeln. F ohne EBo. B dünn.
Unterordnung *Aphidina* – **Blattläuse** S. 181

6 **(4)** Fl glashell, VFl vorn mit dicker Ader bis zum Randmal. F 3- bis 6gld.
Unterordnung *Aphidina* – **Blattläuse** S. 181

6* Fl u. Körper mehlig bestäubt. F 6- bis 7gld.
Unterordnung *Aleyrodina* – **Mottenschildläuse** S. 178

Unterordnung *Psyllina* – Blattflöhe

Daniel Burckhardt & Bernhard Klausnitzer

G. 1–10 mm. Stets mit Fl, diese in Ruhe dachförmig. VFl u. oft viel kleinere HFl im Flug durch Bindevorrichtung vereinigt. Adern deutlich. Meistens nur Längsadern, die sich gabeln. Fl ± durchsichtig bis lederig. 2. FußGld mit 2 Klauen u. Haftlappen. Große KomplexAu, 3 Oc. K nie zugespitzt, vorn oft mit Wangenkegeln. HB, die zum Springen dienen, mit stark vergrößerten u. fest mit Br verwachsenen Hü. L stark dorso-ventral abgeflacht. – **B.** L oft monophag od. eng oligophag. Manche Obstbaumschädlinge, einige L erzeugen Gallen. Haben symbiontische Mikroorganismen. Eistiel in PflGewebe versenkt. 5 LStadien, z. T. mit starker Wachs- u. Honigtauausscheidung, ab 3. Stadium mit FlScheiden. Viele mitteleur Arten überwintern als Adulte auf Koniferen. Mitunter Lautäußerungen bei beiden Geschlechtern. Über 3000 Arten, MEur ca. 175 Arten, DE 137.

Adulte (mit Fl)

1 Adern M u. Cu_1 mit gemeinsamem Stiel $M+Cu_1$ (= psylline Aderung) (Abb. **173**/1). Pterostigma fehlend od. vorhanden; Analbruch nahe od. entfernt der Mündung von Ader Cu_{1b} in den FlHRand. HSchienen mit 4–8 Spornen an der Spitze, 1. FußGld der HB mit 0–2 schwarzen Spornen **2**

1* Ader $M+Cu_1$ fehlt im VFl, so dass sich die Ader $R+M+Cu_1$ in drei Äste aufspaltet (= triozine Aderung) (Abb. **173**/2). VFl ohne Pterostigma; Analbruch weit von der Mündung der Ader Cu_{1b} in den FlHRand entfernt (Abb. **173**/2). HSchienen mit 3–4 Spornen an der Spitze, 1. FußGld der HB ohne schwarze Sporne.
Familie *Triozidae* S. 176

2 F mit dicken, im Querschnitt ovalen Gld, die dicht mit schwarzen Bo bedeckt sind. – An *Ficus carica*. 4–5 mm. Familie *Homotomidae*: *Homotoma ficus* (L.)

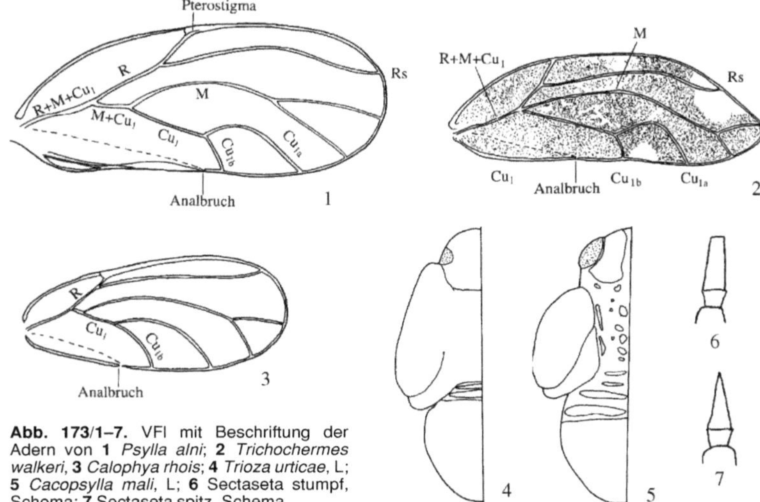

Abb. 173/1–7. VFl mit Beschriftung der Adern von **1** *Psylla alni*; **2** *Trichochermes walkeri*, **3** *Calophya rhois*; **4** *Trioza urticae*, L; **5** *Cacopsylla mali*, L; **6** Sectaseta stumpf, Schema; **7** Sectaseta spitz, Schema.

2* FGld im Querschnitt rund u. höchstens mit wenigen, unauffälligen Bo. **3**
3 Analbruch nahe der Mündung von Ader Cu_{1b} in den HRand der VFl (Abb. **173**/1); entweder Ader M+Cu_1 etwa so lg od. länger als Ader R od. falls kürzer, dann Ader Cu_1 deutlich länger als Ader Cu_{1b} (Abb. **173**/1). Familie *Psyllidae* S. 174
3* Analbruch weit von der Mündung von Ader Cu_{1b} in den FlHRand entfernt (Abb. **173**/3); Ader M+Cu_1 deutlich kürzer als R, die Adern Cu_1 u. Cu_{1b} von etwa gleicher Länge. – An *Cotinus coggygria*. 1,5 mm.
Familie *Calophyidae*: *Calophya rhois* (LÖW)

Letztes LStadium (ohne Fl, aber mit FlScheiden)
1 Thorakaltergite miteinander u. mit den FlScheiden verschmolzen (Abb. **173**/4) . . . **2**
1* Thorakaltergite untereinander u. von den FlScheiden getrennt (Abb. **173**/5) **3**
2 VFlScheiden am Rande mit zweiteiligen Bo, die aus einem BasisGld u. einem SpitzenGld bestehen (Sectasetae) (Abb. **173**/6, 7). Familie *Triozidae* S. 176
2* VFlScheiden ohne marginale Sectasetae. – An *Cotinus coggygria*. 1,2 mm.
Familie *Calophyidae*: *Calophya rhois* (LÖW)
3 **(1)** VFlScheiden mit marginalen Sectasetae, die auf lg Tuberkeln stehen. – An *Ficus carica*. 2,3–2,7 mm. Familie *Homotomidae*: *Homotoma ficus* (L.)
3* VFlScheiden ohne marginale Sectasetae. Auf anderen Pfl. Familie *Psyllidae* S. 174

Familie ***Psyllidae***

Adulte (mit Fl)
1 Scheitel länger als breit. An *Carex* u. *Juncus* spp. Gattung *Livia* LATREILLE
Drei Arten, die sich durch VFlForm u. -färbung sowie Genitalbau unterscheiden.
1* Scheitel breiter als lg. An Dicotyledonen **2**
2 Wangenkegel fehlend (Abb. **175**/1) **3**
2* Wangenkegel vorhanden (Abb. **175**/2) **8**
3 1. FußGld der HB ohne schwarze Sporne **4**
3* 1. FußGld der HB mit 2 schwarzen Spornen **5**
4 VFl mit Pterostigma (Abb. **173**/1). An *Populus*. 2–2,5 mm.
Camarotoscena speciosa (FLOR)
4* VFl ohne Pterostigma. An *Ranunculus*. 1,8–2,5 mm. *Aphorma lichenoides* (PUTON)
5 **(3)** HHü mit hornförmigem Forts **6**
5* HHü ohne hornförmigen Forts. An *Acer*. 1,5–2,5 mm. *Rhinocola aceris* (L.)
6 VFl mit Pterostigma. An *Calluna* u. *Erica*. Gattung *Strophingia* ENDERLEIN
Zwei Arten, die sich durch VFl- u. Genitalbau unterscheiden.
6* VFl ohne Pterostigma **7**
7 Scheitel mit schwach entwickelten vorderen Lappen, die gleichmäßig gerundet in die Wangen übergehen. KSchild kurz, ganz dem Kopf anliegend, nicht stark zw den Wangen vorstehend (Abb. **175**/3). An *Apiaceae, Asteraceae* u. *Onagraceae*. 1,5–4 mm. 13 Arten. Gattung *Craspedolepta* ENDERLEIN
7* Scheitel vorne mit deutlichen, dreieckigen Lappen, die durch eine schmale Rinne von den Wangen getrennt sind. KSchild abstehend, kurz od. lg (Abb. **175**/4). 1,5–2,5 mm. An *Caryophyllaceae, Polygonaceae* u. *Ranunculaceae*. 11 Arten.
Gattung *Aphalara* FOERSTER
8 **(2)** MSchienen außen vor der Spitze mit kleiner kammartiger Reihe von Bo (Vergrößerung 100×) (Abb. **175**/5). An *Eucalyptus*. 2 Arten.
Gattung *Ctenarytaina* (FERRIS & KLYVER)
8* MSchienen ohne kammartige Reihe von feinen Bo **9**
9 Sporne an der Spitze der HSchienen bilden einen ± regelmäßigen (offenen) Kranz. An *Fraxinus*. 2–3,5 mm. 3 Arten. Gattung *Psyllopsis* LÖW
9* Sporne an der Spitze der HSchienen deutlich gruppiert, keinen regelmäßigen Kranz bildend **10**

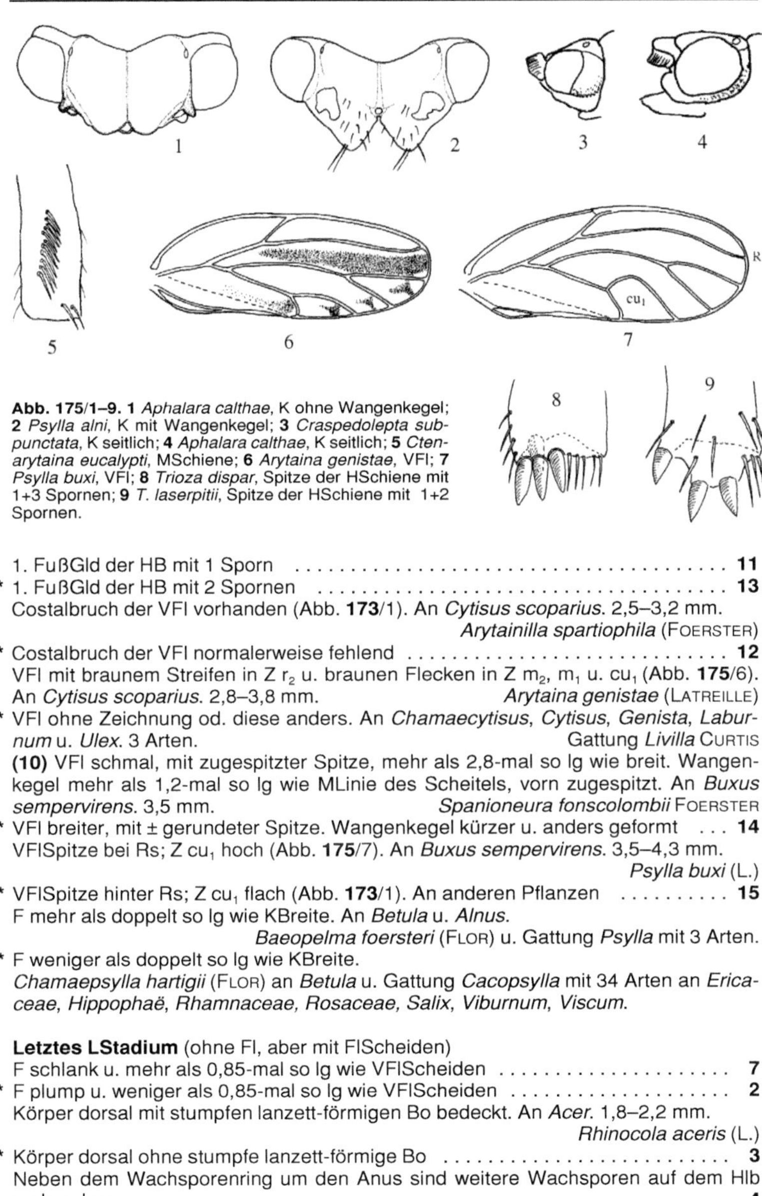

Abb. 175/1–9. 1 *Aphalara calthae*, K ohne Wangenkegel; **2** *Psylla alni*, K mit Wangenkegel; **3** *Craspedolepta subpunctata*, K seitlich; **4** *Aphalara calthae*, K seitlich; **5** *Ctenarytaina eucalypti*, MSchiene; **6** *Arytaina genistae*, VFl; **7** *Psylla buxi*, VFl; **8** *Trioza dispar*, Spitze der HSchiene mit 1+3 Spornen; **9** *T. laserpitii*, Spitze der HSchiene mit 1+2 Spornen.

10 1. FußGld der HB mit 1 Sporn **11**
10* 1. FußGld der HB mit 2 Spornen **13**
11 Costalbruch der VFl vorhanden (Abb. **173**/1). An *Cytisus scoparius*. 2,5–3,2 mm. *Arytainilla spartiophila* (FOERSTER)
11* Costalbruch der VFl normalerweise fehlend **12**
12 VFl mit braunem Streifen in Z r_2 u. braunen Flecken in Z m_2, m_1 u. cu_1 (Abb. **175**/6). An *Cytisus scoparius*. 2,8–3,8 mm. *Arytaina genistae* (LATREILLE)
12* VFl ohne Zeichnung od. diese anders. An *Chamaecytisus*, *Cytisus*, *Genista*, *Laburnum* u. *Ulex*. 3 Arten. Gattung *Livilla* CURTIS
13 **(10)** VFl schmal, mit zugespitzter Spitze, mehr als 2,8-mal so lg wie breit. Wangenkegel mehr als 1,2-mal so lg wie MLinie des Scheitels, vorn zugespitzt. An *Buxus sempervirens*. 3,5 mm. *Spanioneura fonscolombii* FOERSTER
13* VFl breiter, mit ± gerundeter Spitze. Wangenkegel kürzer u. anders geformt . . . **14**
14 VFlSpitze bei Rs; Z cu_1 hoch (Abb. **175**/7). An *Buxus sempervirens*. 3,5–4,3 mm. *Psylla buxi* (L.)
14* VFlSpitze hinter Rs; Z cu_1 flach (Abb. **173**/1). An anderen Pflanzen **15**
15 F mehr als doppelt so lg wie KBreite. An *Betula* u. *Alnus*. *Baeopelma foersteri* (FLOR) u. Gattung *Psylla* mit 3 Arten.
15* F weniger als doppelt so lg wie KBreite. *Chamaepsylla hartigii* (FLOR) an *Betula* u. Gattung *Cacopsylla* mit 34 Arten an *Ericaceae, Hippophaë, Rhamnaceae, Rosaceae, Salix, Viburnum, Viscum.*

Letztes LStadium (ohne Fl, aber mit FlScheiden)

1 F schlank u. mehr als 0,85-mal so lg wie VFlScheiden **7**
1* F plump u. weniger als 0,85-mal so lg wie VFlScheiden **2**
2 Körper dorsal mit stumpfen lanzett-förmigen Bo bedeckt. An *Acer*. 1,8–2,2 mm. *Rhinocola aceris* (L.)
2* Körper dorsal ohne stumpfe lanzett-förmige Bo **3**
3 Neben dem Wachsporenring um den Anus sind weitere Wachsporen auf dem Hlb vorhanden **4**
3* Nur ein Wachsporenring um den Anus vorhanden **6**

4 2. FGld länger als 3. An *Carex* u. *Juncus* spp. Gattung *Livia* Latreille
4* 3. FGld länger als 2 . . . . . **5**
5 Zusätzliche Wachsporen bilden je ein Band seitlich des Wachsporenringes um den Anus. An *Populus*. 1,5–2 mm. *Camarotoscena speciosa* (Flor)
5* Zusätzliche Wachsporen bilden kleine Punkte an den HlbS. An *Eucalyptus*. Gattung *Ctenarytaina* (Ferris & Klyver)
6 **(3)** HlbRand mit zweiteiligen Bo, die aus einem BasisGld u. einem SpitzenGld bestehen (Sectasetae). An *Calluna* u. *Erica*. 1,1–1,6 mm. Gattung *Strophingia* Enderlein
6* HlbRand ohne Sectasetae. An *Apiaceae, Asteraceae, Caryophyllaceae, Onagraceae, Polygonaceae* u. *Ranunculaceae*. Gattungen *Aphalara* Foerster u. *Craspedolepta* Enderlein
7 **(1)** HlbRand mit lanzett-förmigen Bo. An *Fraxinus*. 1,5–2,6 mm. Gattung *Psyllopsis* Löw
7* HlbRand ohne lanzett-förmige Bo **8**
8 Anus terminal. An *Alnus, Betula, Buxus*. Gattungen *Psylla* Geoffroy u. *Spanioneura* Foerster
8* Anus ventral **9**
9 F 9gld. An *Alnus*. 2–2,6 mm. Gattung *Baeopelma* Enderlein
9* F mit weniger als 9 Gld **10**
10 F 8gld. An *Betula*. 1,4–2,1 mm. Gattung *Chamaepsylla* Ossiannilsson
10* F mit weniger als 8 Gld **11**
11 An *Ericaceae, Hippophaë, Rhamnaceae, Rosaceae, Salix, Viburnum, Viscum*. Gattung *Cacopsylla* Ossiannilsson
11* An Ginstern **12**
12 Wachsporenring um den Anus aus mehreren Reihen von Wachsporen bestehend. An *Cytisus scoparius*. 1,4–1,9 mm. *Arytainilla spartiophila* (Foerster)
12* Wachsporenring um den Anus aus einer einzigen Wachsporenreihe bestehend . **13**
13 FlScheiden dorsal mit keulenförmigen Bo. An *Cytisus scoparius*. 2–2,6 mm. *Arytaina genistae* (Latreille)
13* FlScheiden dorsal ohne keulenförmige Bo. An *Chamaecytisus, Cytisus, Genista, Laburnum* u. *Ulex*. 1,4–2,6 mm. Gattung *Livilla* Curtis

Familie ***Triozidae***

1 Adulte: VFl mit braunen Flecken (Abb. **173**/2). 3,5–4 mm. Letztes LStadium: F 8gld. 2,6–3,1 mm. Bildet Rollgallen an Blättern von *Rhamnus*. *Trichochermes walkeri* (Foerster)
1* Adulte: VFl ohne braune Flecken, gelegentlich einfarbig gelb. Letztes LStadium: F mit höchstens 7 Gld **2**
2 Adulte: HSchienen mit 1+3 Spornen an der Spitze (Abb. **175**/8). Falls HSchienen mit nur 1+2 Spornen an der Spitze, dann entweder Ader M im VFl deutlich distal der Rs-Cu_{1a}-Linie endend u. Ader Rs konkav gegen den VRand gebogen od. Körperfarbe ganz gelb od. grün ohne bräunliche Einmischung, od. VFlSpitze breit gerundet, od. Z m_2 im VFl deutlich größer als cu_1. Letztes LStadium: F 6–7gld. Hinterer AuRand konvex. Gattung *Trioza* Foerster
An *Apiaceae, Asteraceae, Berberis, Chenopodiaceae, Galium, Quercus, Rosaceae, Rhamnus, Urtica* u. a. 1,5–3,5 mm. 31 Arten.
Schädlich an Möhren: *T. apicalis* Foerster – **Gelbgrüner Möhrenblattfloh**.
2* Adulte: HSchienen immer mit 1+2 Spornen an der Spitze (Abb. **163**/9). Falls Verzweigung von Ader M im VFl deutlich distal der Rs-Cu_{1a}-Linie liegt, dann Ader Rs lg u. S-förmig gebogen. Körperfarbe immer mit wenigstens einigen braunen Flecken. VFlSpitze ± gewinkelt; Z m_2 u. cu_1 etwa von gleicher Größe. Letztes LStadium: F 1–3gld, 3. Gld manchmal undeutlich unterteilt. Hinterer AuRand konkav durch Vorhandensein eines Tuberkels hinter dem Au.

Gattung *Bactericera* PUTON. An *Asteraceae, Liliaceae, Rosaceae, Salicaceae.* 15 Arten. *B. nigricornis* (FOERSTER) – **Schwarzer Möhrenblattfloh** – polyphag an verschiedenen Krautpflanzen, manchmal schädlich an Möhren u. Kartoffeln.

Literatur

BURCKHARDT, D. (1994): Psylloid pests of temperate and subtropical crop and ornamental plants (Hemiptera, Psylloidea): a review. – Trends in Agricultural Sciences, Entomology 2: 173–186.

BURCKHARDT, D. (2004): Fauna Europaea: Psylloides. Fauna Europaea version 1.1, http://www.fauna eur.org.

BURCKHARDT, D. (2005): Biology, ecology, and evolution of gall-inducing psyllids (Hemiptera: Psylloidea). – In: RAMAN, A., SCHAEFER, C. W. & WITHERS, T. M. (Hrsg.): Biology, ecollogy, and evolution of gall-inducing arthropods, pp. 143–157. Science Publishers, Inc., Enfield, NH.

BURCKHARDT, D. (2007): Bestimmungsschlüssel für Psylliden auf Rosaceae in Mitteleuropa. http://www.psyllidkey.com.

BURCKHARDT, D. & LAUTERER, P. (2003): Verzeichnis der Blattflöhe (Psylloidea) Deutschlands. – In: KLAUSNITZER, B. (Hrsg.): Entomofauna Germanica. Band 6. – Entomologische Nachrichten und Berichte, Beiheft 7: 155–164. Dresden.

HODKINSON, I. D. & WHITE, I. M. (1979): Homoptera Psylloidea. – Handb. Identif. British Ins. 2, 5 (a): 1–98.

OSSIANNILSSON, F. (1992): The Psylloidea (Homoptera) of Fennoscandia and Denmark. – Fauna ent. Scand. 26: 1–346.

WHITE, I. M. & HODKINSON, I. D. (1982): Psylloidea (Nymphal Stages) Hemiptera, Homoptera. – Handb. Identif. British Ins. 2, 5 (b): 1–50.

Unterordnung *Aleyrodina* – Mottenschildläuse, Weiße Fliegen

Rudolf Bährmann

G. 1–2 mm; die geflügelten, mit weißem, mehlartigem Wachsstaub bepuderten Im. (Abb. **179**/1) ähneln kleinen Motten (Name!). Die bei einigen Arten bes. in der EHälfte mit einem grauen Fleck versehenen, im übrigen durch Wachsstaub hellen Fl nehmen im Ruhezustand eine dachförmige Lage ein. Flügelgeäder reduziert. – **V**. Die V. der in MEur vorhandenen Arten ist noch unzureichend bekannt. Einige Arten (z. B. *Aleyrodes proletella, A. lonicerae, Pealius quercus, Asterobemisia carpini*) sind weit v; andere (z. B. *Asterobemisia paveli, A. obenbergeri*) sind offensichtlich wärmeliebend u. wahrscheinlich auf wärmebegünstigte Standorte beschränkt. – **L**. Sämtliche Arten sind PflSaftsauger. – **B**. 4 LStadien, nur das 1. LStadium ist frei beweglich. Die folgenden 3 sitzen fest, u. zwar in der Regel auf der BattUS ihrer WirtsPfl. Die L sehen Schildläusen ähnlich (Name!). Das letzte LStadium wird zum Puparium (zur Artbestimmung bes. gut geeignet). Die meisten Arten überwintern als Puparium, selten in jüngeren Entwicklungsstadien. Bei einigen Arten (z. B. *Aleyrodes proletella, A. asari, A. lonicerae*) Überwinterung im Imaginalzustand.
Die Im. fliegen flatternd (V- u. HFl nicht miteinander verbunden). Die Im. sind im allgemeinen nur bei geringer Luftbewegung aktiv. Passiver Transport durch Luftströmungen ist nicht s. Bei Störungen führen die Mottenschildläuse, ähnlich den Zikaden, Sprungbewegungen aus. Ihre HB sind als SprungB ausgebildet. Der Hlb ist durch das erste, stielförmige HlbSgm außerordentlich beweglich.
Bei manchen heimischen Arten zwei Gen jährlich, oft verbunden mit einem Saisondimorphismus. Die Artbestimmung nach den Im. ist problematisch. Bisher weltweit 1556 Arten von insgesamt 161 Gattungen bekannt (MARTIN & MOUND 2007), davon heimisch freilebend 16–17. Hinzu kommen einige in Gewächshäuser eingeschleppte, oft schädliche Arten, die manchmal sporadisch im Freiland erscheinen können, in der Bestimmungstabelle aber nicht berücksichtigt worden sind.

Bestimmungsschlüssel nach den Puparien

1 Puparien auf den BlattUS krautiger Pflanzen. **2**
1* Puparien auf den BlattUS von Holzgewächsen. **7**
2 Puparien an *Asarum europaeum*. **3**
2* Puparien nicht an *Asarum europaeum*. **4**
3 Puparien schwarz mit dorsalen u. randständigen weißen Wachsausscheidungen, Puparien überw. *Aleurolobus wunni* (RYBERG)
3* Puparien hell. *Aleyrodes asari* (SCHRANK) (Abb. **179**/3)
4 **(2)** Transversalfalte (T) der Br endet nicht seitlich am Rand des Pupariums, sondern ist in sich geschlossen (Abb. **179**/12). **5**
4* Transversalfalte (T) der Br ist nicht in sich geschlossen, sondern verläuft zum SRand des Pupariums (Abb. **179**/3). **6**
5 Puparien an Euphorbiaceae, Puparien überw (Abb. **179**/12). *Asterobemisia paveli* (ZAHRADNIK)
5* Puparien an *Thymus*, Puparien überw. *Asterobemisia obenbergeri* (ZAHRADNIK)
6 **(4)** Dorsale Börstchen (B) vorhanden (Abb. **179**/3), häufig an *Aegopodium podagrariae, Fragaria* u. a., neigt gelegentlich zur Massenvermehrung. *Aleyrodes lonicerae* WALKER
6* Dorsale Börstchen (B) winzig od. fehlend, häufig an *Chelidonium majus*. *Aleyrodes proletella* (L.) (Abb. **179**/2)
7 **(1)** Puparien an Spitz-, Feld- od. Bergahorn (*Acer platanoides, A. campestre, A. pseudoplatanus*). **8**
7* Puparien an anderen Holzgewächsen. **12**

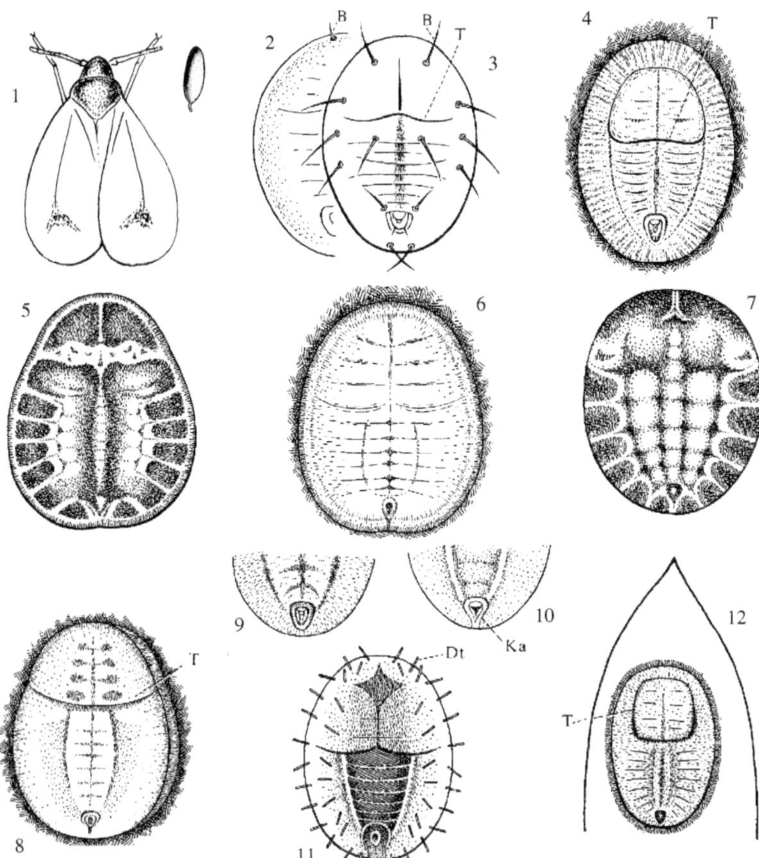

Abb. 179/1–12. 1 *Aleyrodes lonicerae* (♀, rechts daneben Ei, vergrößert); **2** *A. proletella*, Puparium, Teilansicht; **3** *A. asari*, Puparium; **4** *Asterobemisia carpini*, Puparium; **5** *Aleurochiton aceris*, Winterpuparium; **6** *A. aceris*, Sommerpuparium; **7** *A. acerinus*, Winterpuparium; **8** *A. pseudoplatani*, Puparium; **9** *Asterobemisia carpini*, hinterer Teil des Pupariums mit Analfeld; **10** *Pealius quercus*, hinterer Teil des Pupariums mit Analfeld; **11** *Siphoninus phillyreae*, Puparium; **12** *Asterobemisia paveli*, Puparium auf einem Blättchen der Zypressenwolfsmilch (alle Puparien in Rückenansicht); B = dorsale Börstchen, Dt = tubulöse Drüsen, Ka = Kaudalplatte, T = Transversalfalte im BrBereich.

8 Puparien an Spitzahorn (*Acer platanoides*). *Aleurochiton aceris* (MODEER)
[Dunkle Puparien mit hellen Wachsmustern: Winterpuparien (Abb. **179**/5); kleinere weißliche Puparien: Sommerpuparien (Abb. **179**/6)]

8* Puparien an Feld- od. Bergahorn (*Acer campestre*, *A. pseudoplatanus*). **9**

9 Puparien an Feldahorn (*Acer campestre*). *Aleurochiton acerinus* HAUPT
[Dunkle Puparien mit hellen Wachsmustern: Winterpuparien (Abb. **179**/7); kleinere weißliche Puparien: Sommerpuparien]

9* Puparien an Bergahorn (*Acer pseudoplatanus*). **10**

10 Auf der DorsalS des Pupariums tubulöse Drüsen (Dt) (Abb. **179**/11). *Siphoninus phillyreae* (HALIDAY)
10* Auf der DorsalS des Pupariums keine tubulösen Drüsen. **11**
11 Transversalfalte (T) im BrBereich in sich geschlossen (Abb. **179**/4), ohne Kaudalspalte im Analfeld, die bis zum Hinterrand des Pupariums reicht (Abb. **179**/9). Puparien überw. *Asterobemisia carpini* (KOCH)
11* Transversalfalte (T) nicht in sich geschlossen, sondern sie endet am Rand des dosenförmigen Pupariums (Abb. **179**/8). Puparien überw. *Aleurochiton pseudoplatani* VISNYA
12 **(7)** Puparien an *Rhododendron*. *Dialeurodes chittendeni* LANG
12* Puparien an anderen Holzgewächsen. **13**
13 Puparien an Heidekrautgewächsen (Ericaceae). **14**
13* Puparien nicht an Heidekrautgewächsen (Ericaceae). **17**
14 Puparien schwarz. Puparien überw. *Tetralicia ericae* HARRISON
14* Puparien nicht schwarz. **15**
15 Puparien an Heidelbeere (*Vaccinium myrtillus*). Puparien überw. *Aleurotuberculatus similis europaeus* (ZAHRADNIK)
15* Puparien an anderen Heidekrautgewächsen (Ericaceae). **16**
16 Puparien (graubraun, oval) an Gemeinem Heidekraut (*Calluna vularis*). Puparien überw. *Calluneyrodes callunae* (OSSIANNILSSON)
16* Puparien (hellbraun, langgestreckt, stäbchenförmig) an Glockenheide (*Erica*-Arten). *Trialeurodes ericae* BINK-MOENEN
17 **(13)** Puparien schwarz mit dorsalen u. randständigen, weißen Wachsausscheidungen. Puparien überw. *Aleurolobus wunni* (RYBERG)
17* Puparien niemals ganz schwarz, oft hell. **18**
18 Puparien auf der DorsalS mit tubulösen Drüsen (Dt) (Abb. **179**/11). **19**
18* Ohne tubulöse Drüsen. **20**
19 Puparien an Efeu (*Hedera helix*). *Siphoninus immaculatus* (HEEGER)
19* Puparien an verschiedenen Laubgehölzen, z.B. Esche (*Fraxinus*), Weißdorn (*Crataegus*), Birne (*Pirus*) u.a. *Siphoninus phillyreae* (HALIDAY)
20 **(18)** Puparien dorsal flach, Rand zargenförmig (vgl. Pupariensrand in Abb. **179**/8). Färbung der Puparien gelblich. Kaudalspalte (Abb. **179**/10, Ka) bis zum Hinterrand des Pupariums. Puparien überw. *Pealius quercus* (SIGNORET)
20* Puparien dorsal gewölbt, Rand nicht zargenförmig. **21**
21 Transversalfalte (T) im BrBereich nicht in sich geschlossen, sie verläuft zum SRand des Pupariums (Abb. **179**/3). Auf versch. Laubgehölzen, z.B. Geißblatt (*Lonicera*-Arten), Waldrebe (*Clematis vitalba*) u.a. *Aleyrodes lonicerae* WALKER
21* Transversalfalte (T) im BrBereich in sich geschlossen (Abb. **179**/4), ohne Kaudalspalte, die bis zum Hinterrand des Pupariums reicht (Abb. **179**/4; **179**/9). Puparien überw. *Asterobemisia carpini* (KOCH)

Literatur

BÄHRMANN, R. (2002): Die Mottenschildläuse. Aleyrodina. – Die Neue Brehm-Bücherei. Band 664. Westarp Wissenschaften, Hohenwarsleben. 240 S.

BÄHRMANN, R. (2003): Verzeichnis der Mottenschildläuse (Aleyrodoidea) Deutschlands. – In: KLAUSNITZER, B. (Hrsg.): Entomofauna Germanica. Band 6. – Entomologische Nachrichten und Berichte, Beiheft 7: 165–166. Dresden.

BURCKHARDT, D. (2007): Hemiptera, Aleyrodidae. In: Burckhardt, D. (ed.): Fauna Europaea. Version 1.1. (online) http://www.faunaeur.org.

BYRNE, D. N. & BELLOWS JR., T. S. (1991): Whitefly biology. – Ann. Rev. Entomol. 36: 431–457.

GERLING D. (ed.) (1990): Whiteflies: Their Bionomics, Pest Status and Management. – Intercept Ltd. Wimborne, UK. 348 S.

MARTIN, J. H. & MOUND, L. A. (2007): An annotated checklist of the world's Aleyrodidae (Insecta: Hemiptera: Sternorrhyncha). – Zootaxa 1492: 1–84.

STRÜMPEL, H. (2003): 23. Ordnung Sternorrhyncha, Pflanzenläuse. – In: DATHE, H. H. (Hrsg.): Lehrbuch der Speziellen Zoologie, Band I: Wirbellose Tiere, 5. Teil: Insecta, 2. Auflage. – Spektrum Akademischer Verlag Heidelberg Berlin: 366–401.

ZAHRADNIK, J. (1963): Aleyrodina. In: Die Tierwelt Mitteleuropas 4, 3, Xd. – Quelle & Meyer, Leipzig. 19 S.

Unterordnung *Aphidina* – Blattläuse

Thomas Thieme & Fritz Paul Müller†

G. Körper rundlich bis lgoval. Oberfläche glänzend, matt od. mit ± Wachsbedeckung (z. B. bereift, bepudert, mit Wachsflaum). Rücken (Oberseite, OS) entweder unpigmentiert, so dass die Grundfärbung voll zur Geltung kommt, od. mit Pigmentzeichnung, die jahreszeitlich od. durch Ernährungszustand verändert sein kann. Larven (L) u. Nymphen der *Aphidinae* u. der meisten übrigen Gruppen niemals mit Pigmentzeichnung, auch nicht bei Arten, deren Erwachsene (Imagines, Im.) sehr stark gedunkelte OS haben. Bei vielen Arten erheblicher Unterschied in der Pigmentierung zw ungeflügelten u. geflügelten Generationsformen (Morphen). Bei manchen Arten Ungeflügelte (Apterae, Apt) ohne jede Pigmentierung, Geflügelte (Alatae, Ala) jedoch mit sehr dunkler, ausgedehnter Zeichnung (Abb. **181**/1). Kopf (K) mit verschieden lg, in Ruhelage an die KörperUS angeschmiegtem R u. 4- bis meist 6gld Fühler (F). Wichtig für die Bestimmung ist die Betrachtung (senkrecht zur Körperachse) des

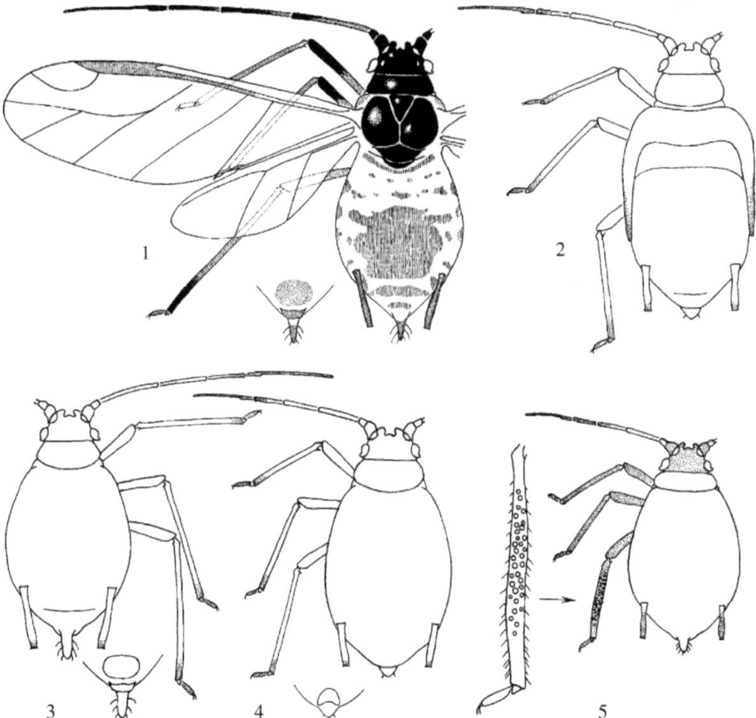

Abb. 181/1–5. Morphen von *Myzus persicae* (Grüne Pfirsichblattlaus). **1** geflügelte Exsulis; **2** Nymphe von einem W II; **3** Im. (1,8–2,3 mm); **4** L 4 der ungeflügelten Exsulis; **5** ovipares ♀ (mit stark vergrößerter HSchiene) (**1**, **3** u. **4** mit US des HlbE).

KProfils (Stirnprofils) zw den FWurzeln. Bei manchen Arten Stirn mit FSockel, an denen nach innen od. vorn vorspringende Stirnhöcker vorhanden sein können. Stirn zw den F mit verschieden großem od. ohne Mittelhöcker (MHöcker). Das letzte (in der Regel das 6.) FGld wird durch ein Sinnesorgan in Basis u. dünneren, verschieden lg Processus terminalis (Pt) geteilt (Abb. **182**/1). Beine (B) meist verhältnismäßig lg u. dünn. Füße (Tarsen) in der Regel 2gld, das 1. Gld sehr klein. Charakteristisch sind die Rückenröhren od. Siphonen (Si), die nur in wenigen Gattungen fehlen. Die 2 Si sitzen auf der hinteren Hälfte des Hlb (auf 5. od. meist 6. HlbSgm), sie sind poren-, knopf-, kegelstumpf- od. keulenförmig, schlauchförmig zylindrisch od. konisch zylindrisch. Bei Beunruhigung tritt bei vielen Arten aus den Si ein zähflüssiger Tropfen aus, der Alarmpheromone enthält.

L. Die meisten Phloembibitoren, einige auch am Mesophyll saugend, nicht wenige an bodennahen od. unterirdischen PflTeilen, einige an der Rinde von Stämmen u. starken Ästen. Viele induzieren Bildung von Gallen od. andere Deformationen. Manche Arten auf eine einzige WirtsPflArt beschränkt (monophag), andere an mehreren (oligophag) bis vielen (polyphag). Zahlreiche Schaderreger an Pfl u. Virusüberträger, z. T. von weltweiter Bedeutung.

B. Einige Arten nur mit eingeschlechtlicher Fortpfl (permanente Parthenogenese, Anholozyklie), diese in M- u. NEur nur in Gewächshäusern od. an anderen frostgeschützten Stellen (z. B. unterirdisch an Wurzeln) den Winter überdauernd. Die meisten mit Generationswechsel (Heterogonie, zyklische Parthenogenese, Holozyklie). Im typischen Falle 5 Morphen: die aus dem überwinternden (überw) Ei hervorgehende Stammutter od. Fundatrix (1), mehrere Generationen (Gen) von apt (2) u. ala (3) parthenogenetischen ♀♀ (Virgines), die Sexual♀♀ (4) (ovipare ♀♀, müssen begattet werden u. legen die überw Eier) u. die ♂♂ (5). Viele Arten der Familien *Adelgidae, Phylloxeridae* u. *Aphididae* mit Wirtswechsel (Ww), durch den der GenZyklus kompliziert wird. Bei Aphiden mit Ww lebt die Fundatrix auf einem od. mehreren Holzgewächsen. Die NaPfl der Fundatrix bei Aphiden mit Ww werden Primärwirte (W I) genannt. Auf den W I entstehen aus der Fundatrix eine od. mehrere Fundatrigenien genannte Gen. Die in der ersten u./od. einer späteren fundatrigenen Gen auftretenden Ala wandern ab zu Sekundärwirten (W II), meist krautige Pfl. Auf W II lebende parthenogenetische Läuse werden Exsules genannt. Die herbstliche Rückwanderung zu den W I erfolgt im Ww der *Aphidinae* durch Gynoparen, die auf W I parthenogene-

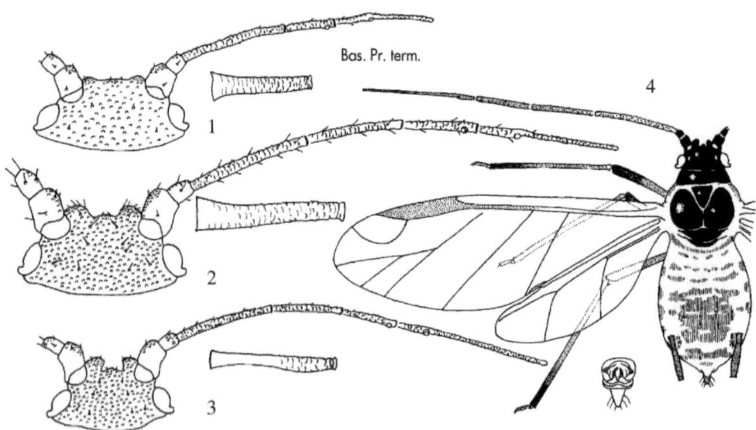

Abb. 182/1–4. Morphen von *Myzus persicae*. K u. Si der **1** Fundatrix (Bas. = Basis, Pr. term. = Processus terminalis); **2** ungeflügelte Fundatrigenia; **3** ungeflügelte Exsulis; **4** ♂ (mit US des HlbE).

tisch die oviparen ♀♀ erzeugen u. durch die hier immer ala ♂♂, beim Ww der übrigen Unterfamilien durch Sexuparen, die auf W I sowohl ovipare ♀♀ wie die hier immer apt ♂♂ gebären. Zw den Morphen bei vielen Arten erhebliche morphologische Unterschiede. Die Fundatrix von *Myzus persicae* (SULZER) z. B. mit nur 5gld F u. ohne die für die Gattung charakteristischen Stirnhöcker (Abb. **182**/1). – Bisher ca. 4400 Arten bekannt, davon 920 MEur, DE 733.

Sammeln u. Untersuchen. Die besiedelten PflTeile werden vorsichtig (die Im. mancher Arten lassen sich schon bei geringen Erschütterungen sofort fallen!) mit einer Schere abgeschnitten u. in Glasgefäße (z. B. 15 cm lg, 3 cm ∅) gebracht, die mit Watte od. durchbohrten Korken, deren Luftlöcher unten durch aufgeklebte feinmaschige Gaze abgedichtet sind, verschlossen werden. Mit 10fach vergrößernder Lupe untersucht od. besser (nachdem man Färbung u. Aussehen der Oberfläche notiert hat!) in Alkohol unter einem Stereomikroskop. Aufbewahrung in 80%igem Alkohol.

Beachte: Bestimmungsschlüssel sind auf Apt gegründet, da diese Morphe am häufigsten gefunden wird. Einigen Arten fehlt diese Morphe, hier wurden die Ala herangezogen. Zur Bestimmung sind adulte Tiere zu untersuchen. Blattlauskolonien bestehen jedoch zum weitaus größten Teil aus L, die den Adulten infolge paurometaboler Entw weitgehend gleichen, aber viele für die Bestimmung wichtige Merkmale noch nicht aufweisen. Mit einiger Übung sind die Apt von den L mit 10fach vergrößernder Lupe gut zu unterscheiden. Bei Arten, deren Erwachsene Rückenpigmentierung haben, Unterscheidung von den meist viel helleren L schon mit bloßem Au möglich. Bei Aphiden mit sehr dunkler Grundfärbung wird Grad der Rückenpigmentierung bei Untersuchung in Alkohol gut sichtbar. Wenn Apt von L nicht durch Pigmentierung verschieden sind, muss man das HlbE u. dessen BauchS betrachten. Die HlbSpitze („obere Afterklappe“) wird durch das Tergit des 9. HlbSgm gebildet. Sie wird bei den Adulten Cauda („Schwänzchen“) genannt. Die Im. vieler *Chaitophorinae, Drepanosiphinae, Calaphididae* u. vor allem *Aphidinae* besitzen eine gegenüber der oberen Afterklappe der L verlängerte Cauda. Während die HlbSpitze der L u. Nymphen nur aus der oberen u. der unteren Afterklappe (Abb. **181**/4) gebildet wird, tritt bei den Im. noch die Genitalplatte hinzu (Abb. **181**/1, 3). Diese liegt ventral unmittelbar vor der unteren Afterklappe, ist bei manchen Arten pigmentiert u. entspricht dem 8. HlbSternit. Bei Arten, deren Im. keine verlängerte Cauda aufweisen, dient sie allein der Erkennung der Adulten. Das Erkennen der Adulten wird erleichtert, wenn die L im Gegensatz zu ihnen bepudert od. wenn der Rücken bei Im. glänzend, bei L dagegen matt ist (einige *Aphis*-Arten). L, die Ala ergeben u. deshalb FlAnlagen tragen, werden Nymphen (Abb. **181**/2) genannt. Die meisten in der Blattlaustaxonomie benutzten Merkmale werden erst nach entsprechender Präparation der Tiere unter dem Mikroskop sichtbar. Ala, die nicht von ihren NaPfl gesammelt wurden, sind mit relativ wenigen Ausnahmen nur durch mikroskopische Untersuchung vom Spezialisten bestimmbar.

1 In allen Gen Eier legend. Sehr klein, ohne Si. Nur an Gehölzen **2**
1* Keine Eier in den Frühj- u. Sommerkolonien, da in allen parthenogenetischen Gen lebendgebärend. Familie *Aphididae* S. 185
2 An Nadelhölzern. Familie *Adelgidae* S. 183
2* An Laubgehölzen. Familie *Phylloxeridae* S. 184

Familie *Adelgidae* – Tannenläuse od. Fichtengallläuse

Sehr klein, nur mikroskopisch unterscheidbar, mit fädigen meist wolligen Wachsausscheidungen u. ausschließlich an Nadelhölzern. Holozyklus, wenn vorhanden, mit Ww verbunden. Allen holozyklischen Formen ist gemeinsam, dass die Fundatrizen an Fichten Gallen erzeugen u. nicht im Eistadium, sondern als L des 1. Stadiums überw. Die Fundatrix saugt in der Nähe der Basis einer Knospe, aus welcher eine ananas- od. zapfenähnliche Galle durch Anschwellung der primären Rinde u. der basalen Teile der

± verkürzten Nadeln hervorgeht. Diese Gallen enthalten zahlreiche Kammern, in welche die L, die aus den von der Fundatrix abgelegten Eiern schlüpfen, einwandern. Diese Läuse sind als Im. sämtlich ala. W II sind Lärchen, Tannen, Kiefern, Douglasien (*Pseudotsuga*) od. in wenigen Fällen Fichten. Viele Arten mit sog. Parallelreihen, d. h. neben dem Holozyklus od. neben einer holozyklisch lebenden Form gibt es Gen-Reihen mit rein parthenogenetischer FortpflWeise. Diese sind entweder auf W I od. auf W II beschränkt od. leben voneinander unabhängig auf beiden Wirten. *Pineus pini* (MACQUART) auf *Pinus sylvestris* u. *P. mugo, Pineus strobi* (HARTIG) auf *Pinus strobus*, *Adelges* (*Dreyfusia*) *piceae* (RATZEBURG) an Zweigen u. Stämmen von Tannen u. *Pineus pineoides* (CHOLODKOVSKY) an Zweigen u. Stämmen von *Picea abies* anscheinend nur parthenogenetisch ohne Ww zu Fichten. Wenn ein Holozyklus durchgeführt wird, ist er zweijährig; die Exsules überw als ErstL u. werden als bes. GenForm Hiemalis genannt. Bei parthenogenetischen, auf W I lebenden Parallelreihen wird die Galle von einer aus den Cellares hervorgegangenen Pseudofundatrix erzeugt.

Bestimmungsschlüssel der wichtigsten in MEur vorkommenden Adelgiden – Gallen

1 Nur die basalen Teile der Nadeln verdickt; Gallen deshalb mit Nadeln od. deutlichen u. lg Nadelresten bedeckt **2**

1* Nadeln vollständig in die Gallen einbezogen u. zu Schuppen umgebildet, auf denen höchstens Nadelreste in Form von kurzen Höckern od. Spitzen erkenntlich sind. Gallen ohne Nadelschopf **4**

2 Galle am Grunde der Maitriebe von *Picea abies* u. *P. sitchensis*, vom Trieb durchwachsen u. deshalb mit Nadelschopf. Galle eiförmig, 2,0–3,5 mm, grün, oft gerötet, die Ränder der geöffneten Kammern behaart u. oft gerötet. Exsules an Lärchen, die Nadeln besaugend u. krümmend, an Stämmen u. Ästen überw. Eur.
Adelges (*Sacchiphantes*) *abietis* (L.) – **Gelbe Fichtengallenlaus**

2* Gesamter Maitrieb zu länglich gestreckter Galle umgebildet **3**

3 Nadeln schräg abstehend, ihre Basis zu breiten Schuppen umgebildet. An *Picea sitchensis* u. einigen anderen, meist amerikan. *Picea*-Arten. Galle 4–8 cm, oft leicht gekrümmt. Exsules an den Nadeln der Douglasie. Schädling. NAm, eingeschleppt in DE u. SSchweden. *Adelges* (*Gilletteella*) *cooleyi* (GILLETTE)

3* Nadeln anliegend. An *Picea orientalis*. Gallen 3–6 cm, gerade gestreckt, äußerlich wie gestauchte Triebe aussehend. Exsules am Grunde der Nadeln von *Pinus sylvestris* u. *P. mugo*. Kaukasus, Eur. *Pineus orientalis* (DREYFUS)

4 (1) An *Picea abies*. Gallen klein, höchstens haselnussgroß, rundlich, sehr hell bleichgrün, oft an den Spitzen der Zweige, Nadelreste sehr kurz. Exsules an *Larix decidua*, an Nadeln saugend u. an Zweigen überw. Eur, NAm.
Adelges laricis VALLOT – **Rote Fichtengallenlaus**

4* An *Picea orientalis*. Gallen oft seitlich an den Zweigen **5**

5 Galle klein, erdbeerfarben. Exsules auf *Abies nordmanniana* u. *A. alba*, s an anderen *Abies*-Arten, an den Maitrieben, die Nadeln abwärts krümmend, auf Zweige u. Äste übergehend. Kaukasus, Eur, NAm.
Adelges (*Dreyfusia*) *nordmannianae* (ECKSTEIN) – **Tannentrieblaus**

5* Galle bis walnussgroß, bläulich-mattgrün. Exsules auf *Abies nordmanniana* u. *A. cephalonica*, an Blütentrieben u. Zweigrinde. Kaukasus, MEur.
Adelges (*Dreyfusia*) *prelli* (GROSMANN)

Familie ***Phylloxeridae* – Zwergläuse**

1 Mit dichtem weißem Wachsflaum. An der Rinde von Weiden. Ala Morphen fehlen. Gattung *Phylloxerina* BÖRNER:
a) An *Salix alba*, an der US älterer Zweige bis zum 2jährigen Holz, an Ästen u. am Stamm, bes. in den Rissen der Rinde. Zitronengelb bis rötlichgelb, ca. 1,1 mm. Eur.
Phylloxerina salicis (LICHTENSTEIN) – **Weidenzwerglaus**

a*) An *Salix caprea*. Lebensweise ähnlich vor. Art. Aber auch das einjährige Holz besiedelnd, die Achseln der Knospen bevorzugend. Grün od. ocker bis weinrot, etwas kleiner als die vor. Art. MEur. *Phylloxerina capreae* BÖRNER

1* Ohne Wachsflaum, Körper oft glänzend. Nicht an Weiden **2**

2 An Weinreben. Im nördlichen MEur fast nur in parthenogenetischer Lebensweise an den Wurzeln der Weinstöcke, an jungen Wurzelspitzen knotenartige Verdickungen, an älteren Wurzeln der eur Reben außerdem sehr schädliche Rindenzerstörungen hervorrufend. Wurzelläuse schmutzig grünlichgelb bis olivenbraun, mit dunkleren segmentalen Rückenplättchen, bis 1,35 mm. Im Spätsommer entstehen an den Wurzeln orangenfarbige Nymphen. Die daraus hervorgehenden Ala sind Sexuparen u. erzeugen an der Rinde der Weinstämme ♂♂ u. Geschlechts♀♀ ergebende Eier. Fundatrix u. Fundatrigenien gelb bis orangegelb, an amerikanischen *Vitis*-Arten einzeln in blattunterseits vorgewölbten, bis erbsengroßen behaarten Blattgallen. Abwanderung an die Wurzeln durch neugeborene JungL. Durch Verschleppung weltweit, Heimat NAm. Einschleppung nach DE vor 150 J, zunächst gefährlicher Schaderreger, heute durch Pfropfrebenbau niedergehalten. *Viteus vitifolae* (FITCH) – **Reblaus**

2* An anderen Pflanzen. **3**

3 An Birne, an Zweigen, Knospen u. Früchten. Gelb, Kopf, F. u. Beine braun, ca. 1 mm. Alle Gen. sind eierlegend, in D, F, I u. CH. Überwinterung holozyklisch, in Israel parthenogenetisch. Ala Morphen fehlen. *Aphanostigma piri* (CHOLODKOVSKY)

3* An Eichen. **4**

4 An der Rinde von Stämmen, Ästen, Zweigen u. freiliegenden Wurzeln. Gelb bis rötlich, auf dem Rücken Querreihen von Warzen mit dunklen verzweigten Dornen. Geflügelte mit schwarzem K u. Thorax. Vermehrung anscheinend nur parthenogenetisch. Überw als JungL. Pal. *Moritziella corticalis* (KALTENBACH)

4* An der US der Blätter. **5**

5 Grünliche bis bräunliche, nicht glänzende bis 2 mm lg Läuse in runden, ca. 3 mm breiten Grübchen, die etwas aufgehellt, mit einem Ringwulst versehen u. nach oben vorgewölbt sind. Diese Läuse sind Fundatrizen u. haben an den KörperS Höcker, welche bei den Im. kleine fingerhutförmige Gebilde, bei den L dagegen große runde Erhebungen mit zahlreichen farblosen, strahlenförmig angeordneten Dornen sind. Die Fundatrizen verlassen die Gallen E V bis A VI u. verkriechen sich in Rindenrisse an Ästen u. Stämmen, wo sie Eier ablegen, aus denen die Sexuales schlüpfen. Es sind also nur 2 Gen. (Fundatrix u. Sexuales) vorhanden. Geflügelte Morphen fehlen. Eur. *Acanthochermes quercus* KOLLAR

5* Gelb, oft mit kleinen orangerötlichen Flecken, glänzend, ca. 1,2 mm. Im. von einem Kranz Eier umgeben. Alle Saugstellen als kleine orangegelbe Flecke auch auf der BlattOS erkennbar. Im Spätsommer entstehen die zum größten Teil ala Sexuparen. Fundatrix in kleiner Faltengalle, die durch Umklappen eines Blattzipfels nach unten entsteht. 3 Arten. Gattung *Phylloxera* BOYER DE FONSCOLOMBE

Familie ***Aphididae***

1 Si poren- od. knopfförmig od. fehlend **2**

1* Si mindestens halb so lg wie breit bis sehr lg[1] **13**

([1] Die Si sind höckerartig bei den Fundatrizen von *Hyalopterus pruni* (GEOFFROY) an Pflaume, Schlehe u. Pfirsich u. fehlen bei den Fundatrizen von *Longicaudus trirhodus* (WALKER) an Rosen.)

2 An Nadelhölzern **3**

2* An anderen Pfl **4**

3 Si fehlen. Klein, hell gefärbt, an Fichtenwurzeln.
Unterfamilie *Eriosomatinae* z. T. S. 188

3* Si vorhanden. Dunkel, meist groß bis sehr groß.
Tribus *Eulachnini*, Unterfamilie *Lachninae* S. 246

4 **(2)** HFüße auffallend lg, meist mehr als halb so lg wie HSchienen. Groß, meist hell gefärbt, Wurzelläuse an Korbblütengewächsen u. Hahnenfußgewächsen. Immer mit Ameisen. Tribus *Tramini*, Unterfamilie *Lachninae* S. 249
4* HFuß normal **5**
5 OS des K mit dem Rückenschild des 1. BrustSgm bei Apt u. L verwachsen, Au deshalb scheinbar in der M der SLinie des K od. Apt mit fast rundem Körperumriss, dann blattunterseits an Birke **18**
5* Au normal, manchmal sehr klein, immer in der Nähe der HEcken des K **6**
6 Groß bis sehr groß; meist braun. An Zweigen, Ästen, Stämmen od. manchmal Wurzeln von Eiche, Buche od. anderen Gehölzen. Tribus *Lachnini*, Unterfamilie *Lachninae* S. 249
6* Klein bis mittelgroß; anders gefärbt. Selten (z.B. die Blutlaus an Apfel) an der Rinde von verholzten PflTeilen saugend **7**
7 Mit starken od. wolligen weißen Wachsausscheidungen **8**
7* Ohne Wachsausscheidungen od. nur mit Puder bedeckt **10**
8 Körper rundlich **9**
8* Körper länglich od. oval.
a) In den Blattwinkeln von *Carex*. Unterfamilie *Saltusaphidinae* z.T. S. 199
b) An Triebspitzen u. BlattUS von Rotbuche. Gattung *Phyllaphis* KOCH, Unterfamilie *Phyllaphidinae* S. 199
9 In eng gerollten roten Blattgallen an *Artemisia vulgaris*. *Cryptosiphum artemisiae* BUCKTON, Unterfamilie *Aphidinae* S. 207
9* In Gallen an Ulmen, Pappeln, Eschen, an Zweigen od. Wurzeln anderer Holzgewächse od. unterirdisch an Gräsern u. Kräutern. Außerdem *Pemphigus populinigrae* (SCHRANK), zw Blütenköpfen u. an oberen Stängelteilen von Ruhrkraut- u. Filzkraut (*Gnaphalium-*, *Filago-*) Arten. Unterfamilie *Eriosomatinae* S. 188
10 **(7)** KörperS mit lg fingerförmigen Forts. An Besenginster. *Ctenocallis setosus* (KALTENBACH), Unterfamilie *Calaphidinae* S. 197
10* Ohne seitliche Forts **11**
11 Körper bepudert, oval od. länglichoval. Cauda zungenförmig. F ca. 1/3 der KörperLg. Si meist flach kegelstumpfförmig. Unterfamilie *Aphidinae* z.T.
a) An Süßgräsern. Gattung *Diuraphis* AIZENBERG S. 238
b) An Spargel. Gattung *Brachycorynella* AIZENBERG S. 238
c) An *Cerastium*, *Silene* od. *Stellaria*. Gattung *Brachycolus* BUCKTON S. 237
11* Ohne Wachspuder. Körper schlank. Cauda anders. Si porenförmig od. nur wenig hervortretend **12**
12 F kürzer als 1/3 Körper, 5 Gld. An Süßgräsern. Gattungen *Laingia* THEOBALD u. *Atheroides* HALIDAY, Unterfamilie *Chaitophorinae* S. 192
12* F länger als 1/3 Körper, 6 Gld. An Seggen (*Carex*). Gattung *Subsaltusaphis* QUEDNAU, Unterfamilie *Saltusaphidinae* S. 199
13 **(1)** Ganzer Körper mit auffallend lg Bo. Si oft kegelstumpfförmig, höchstens doppelt so lg wie an der Basis breit. An Ahorn, Pappeln, Weiden, Süßgräsern od. Riedgräsern. Unterfamilie *Chaitophorinae* S. 192
13* Bo nicht auffallend lg od. wenn lgborstig, dann Si von anderer Gestalt u. an anderen Pfl **14**
14 Si höchstens doppelt so lg wie breit **15**
14* Si reichlich doppelt so lg wie breit bis sehr lg **16**
15 Cauda zungenförmig, länger als an der Basis breit, od. – bei *Microsiphum* CHOLODKOVSKY – dreieckig u. so lg wie an der Basis breit. Unterfamilie *Aphidinae*
a) ohne Ww an Kreuzblütengewächsen. Gattung *Semiaphis* VAN DER GOOT S. 236
b) ohne Ww an *Achillea* od. *Artemisia*, unterirdisch od. an bodennahen Stellen. Gattung *Microsiphum* CHOLODKOVSKY S. 215
c) mit Ww an Rose u. Akelei, seltener Wiesenraute (*Thalictrum*). Gattung *Longicaudus* VAN DER GOOT S. 205

d) ohne Ww an *Cerastium*, *Silene* od. *Stellaria*.
Gattung *Brachycolus* BUCKTON S. 237
e) ohne Ww an Süßgräsern. Gattung *Diuraphis* AJZENBERG S. 238
f) ohne Ww an Spargel. Gattung *Brachycorynella* AJZENBERG S. 238

15* Cauda sehr kurz u. breiter als lg od. mit abgeschnürtem kugelförmigem EAbschnitt, ohne Ww an Birke, Linde, Hainbuche, Gagelstrauch (*Myrica*), Eiche, Ulme, Erle, Walnuss (*Juglans*), Haselstrauch, Schmetterlingsblütengewächsen od. Riedgräsern.
Unterfamilie *Calaphidinae* S. 195

16 **(14)** An Ahorn. Groß. In allen Gen, mit Ausnahme des Geschlechts♀, ala. Cauda mit abgeschnürtem kugelförmigem EAbschnitt.
Gattung *Drepanosiphum* KOCH, Unterfamilie *Drepanosiphinae* S. 195

16* Nur ausnahmsweise an Ahorn (polyphage Arten). Alle Arten mit apt Virgines. Mit od. ohne Ww. Cauda ohne abgeschnürten Kugelteil **17**

17 Cauda nicht länger als breit, halbkreisförmig, 5- od. 3eckig. Oft größer als 3 mm u. bräunlichgrau gefärbt, behaart. An Zweigen, Ästen u. Stämmen von Weiden u. Pappeln. Unterfamilie *Pterocommatinae* S. 199

17* Anders aussehend od. an anderen Pfl. Artenreichste Unterfamilie der Blattläuse.
Unterfamilie *Aphidinae* S. 200

18 **(5)** Körper der Apt im Umriss rundlich, Wachs nur an den KörperS. B sehr kurz. Tarsen an V- u. MB fehlend, an den HB reduziert. Ala haben normale BlattlausG, ebenso wie ihre EntwStadien auf dem ganzen Körper bepudert. Ohne Si. An Birken.
Unterfamilie *Hormaphidinae* S. 188

18* Körper der Apt rundlichoval od. oval, ohne od. mit Wachsbedeckung. B, auch bei einer auf Birken lebenden Art, normal **19**

19 Ohne Si. Apt grün, wie die länglichen gelblichen L mit bläulichweißem Wachsflaum. 1,8–2,0 mm. Ala mit dunkelbraunem K u. Br u. braunen Querbändern auf dem Hlb-Rücken. Zw den Nadeln von Fichten od. Tannen, manchmal schädlich. Jährlich nur 3 Gen: Apt Fundatrix, ala od. apt Sexuparae u. zwerghafte, schon im Sommer auftretende Sexuales. Ohne Ameisenbesuch.
Gattung *Mindarus* KOCH, Unterfamilie *Mindarinae*
a) An Tannen, Holarkt, Türkei. *M. abietinus* KOCH
a*) An Fichten, Holarkt, Türkei. *M. obliquus* (CHOLODKOVSKY)

19* Si vorhanden, porenförmig. Apt mit vollständig od. fast vollständig pigmentiertem Rücken. Niemals mit Wachs. Mit Ameisenbesuch **20**

20 Prothorax u. Hlb mit flachen seitlichen Höckern, bei den Apt als helle, bei den Ala als dunkle runde Flecke zu sehen. Grundfärbung hell. Apt durch die Rückenpigmentierung braun bis schwarz. 1,4–2,8 mm. Cauda sehr flach, nicht hervortretend. Ohne Ww an den Wurzeln von Süßgräsern u. Seggen od. mit Ww von *Cornus sanguinea* (W I) zu Süßgräsern (W II), an denen die Wurzeln besiedelt werden. Die fast schwarz

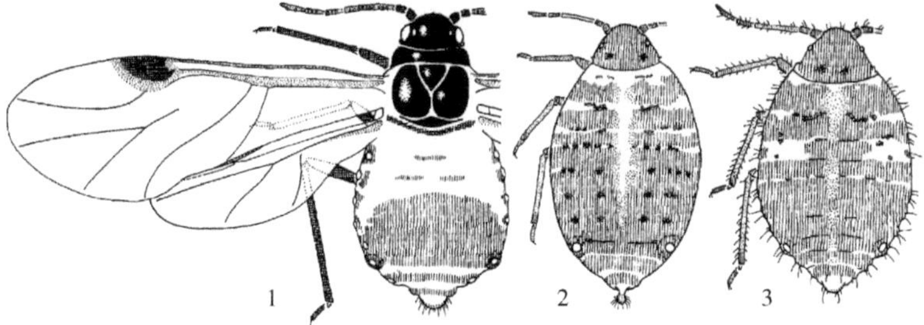

Abb. 187/1–3. 1 *Anoecia corni* (2,0–2,8 mm); **2** *Thelaxes dryophila* (1,6–2,3 mm); **3** *Glyphina betulae* (1,6–2,1 mm).

aussehenden Fundatrizen sitzen im Frühj in den Blütendolden von *Cornus sanguinea*. Von A September ab findet man an der US der Blätter von *Cornus sanguinea* die Sexuparen-Ala u. in großen Massen die sehr kleinen Sexuales. Diese sind als erwachsenes ovipares ♀ hellgelblich mit dunklem Rückenfleck, als erwachsenes ♂ gelblichbraun, apt. Alle ala Morphen mit auffallend großem schwarzem Pterostigma (Abb. **187**/1). Etwa 7 Arten. Gattung *Anoecia* KOCH, Unterfamilie *Anoeciinae*

20* Ohne seitliche Höcker. An anderen Pfl. Unterfamilie *Thelaxinae* S. 188

Unterfamilie ***Hormaphidinae***

1 Apt rund u. scheibenförmig, gelb bis bräunlichgelb. 0,9–1,2 mm. Körperrand mit einem aus strahlenförmig angeordneten Fäden bestehenden Wachssaum. F sehr stark reduziert. An der US der Blätter von Birken-Gebüsch u. -Jungpfl. Vermehrung nur parthenogenetisch. Ohne Ameisenbesuch. Eur. *Hormaphis betulae* (MORDVILKO)

1* Apt rundoval mit gewölbter OS, dunkel violettbraun. Etwa 1,6 mm. F u. B bei der überw Gen sehr stark, bei den SommerGen weniger stark reduziert. Überw Gen mit Wachsrand wie bei vor. Art; SommerGen jederseits mit seitlichem randständigem Wachsballen vor dem HE. An Birken, BlattUS; an den Blättern entstehen nach oben gerichtete blasige Wölbungen. Vermehrung nur parthenogenetisch. Überw als L an den Zweigen. Mit Ameisenbesuch. WEur bis MSibirien. [*Mansakia betulina* (HORVATH)] *Hamamelistes betulinus* (HORVATH)

Unterfamilie ***Thelaxinae***

1 Cauda verlängert, ca. so lg wie die HTarsen, distale Hälfte durch Einschnitt als ovales knopfartiges Gebilde abgetrennt. Dichte Kolonien an den Triebspitzen von Eichen-Gebüsch. Junge L grün, ältere L rotbraun. Apt dunkler rotbraun mit hellem Längsstreifen auf dem Rücken, SgmGrenzen des VKörpers als helle Querlinien sichtbar. 1,6–2,3 mm. Ala mit schwarzem K u. Br, ihr Hlb mit dunklen SFlecken u. einigen dunklen Querbändern auf der hinteren Hälfte. Eur, Türkei, As. *Thelaxes dryophila* (SCHRANK) (Abb. **187**/2)

1* Cauda flach u. breit gerundet. In dichten Kolonien an den Triebspitzen von *Betula pendula*. Dunkelgrün, die Rückenpigmentierung lässt einen Längsstrich sowie die SgmGrenzen am VKörper u. HE frei. 1,6–2,1 mm. Behaarung kräftig u. steif. Ala: K u. Br schwarz, Hlb mit dunklen SFlecken u. Querreihen von kleinen dunklen Flecken. Eur außer S. *Glyphina betulae* (L.) (Abb. **187**/3)

Unterfamilie ***Eriosomatinae*** – **Blasenläuse**

1 Fundatrizen an *Ulmus*, große blasenförmige Gallen od. Roll- od. Hohlgallen an den Blättern erzeugend. Ala Sexuparen u. sehr kleine bräunlichgelbe rüssellose Sexuales im Herbst an Stämmen u. Ästen von Ulmen. Tribus *Eriosomatini* S. 189

1* An anderen Pfl, ober- od. unterirdisch **2**

2 Fundatrizen u. Fundatrigenien in verschieden gestalteten Gallen an Pappeln, Eschen, Heckenkirsche od. Weißdorn. Ala Sexuparen u. die sehr kleinen rüssellosen Sexuales im Herbst an Stämmen u. Ästen der genannten Holzgewächse. Tribus *Pemphigini* S. 190

2* An Gehölzen, Sträuchern od. krautigen Pfl. in den meisten Fällen unterirdisch lebend **3**

3 Si fehlen **4**

3* Si vorhanden, poren- od. ringförmig. Exsules der Tribus *Eriosomatini* z. T. S. 189

4 Mit flaumartigen od. wolligen Wachsausscheidungen. Meist ohne Ameisenbesuch **5**

4* OFläche höchstens schwach bepudert. Meist mit Ameisenbesuch. Tribus *Fordini* S. 191

5 Trochanteren mit den Schenkeln verwachsen. An Wurzeln von Süßgräsern. Vgl. S. 192 *Aploneura lentisci* (PASSERINI)

5* Trochanteren von den Schenkeln getrennt. Meist an dikotylen Pfl, mit Ausnahme von Läusen an *Gnaphalium* u. *Filago* unterirdisch **6**

6 Alle Tarsen 2 Gld. Exsules der Tribus *Pemphigini* S. 190

6* Zum mindesten einTeil der Füße, bes. der V- u. MB, eingld. Exsules der Tribus *Eriosomatini* z. T. S. 189

Tribus *Eriosomatini*

1 Fundatrix induziert Gallen an *Ulmus*. Alle Arten mit Ww. Exsules unterirdisch an verschiedenen Pfl. Gattungen *Eriosoma* LEACH, *Kaltenbachiella* SCHOUTEDEN, *Tetraneura* HARTIG u. *Colopha* MONELL **2**

1* An Apfel, s an anderen Pomoideen. Dichte Kolonien an Zweigen an denen beulenförmige Gallen entstehen, an Überwallungswülsten von Ästen u. Stämmen, außerdem an Wurzeln, mitunter im Kerngehäuse von Äpfeln. Watteförmige Wachsausscheidungen. Rotbraun. Oval. 1,8–2,3 mm. Si porenförmig, auf flachem konischem Sockel. Vermehrung nur parthenogenetisch. Überw an ober- u. unterirdischen Teilen. Weltweit. *Eriosoma lanigerum* (HAUSMANN) – **Blutlaus**

2 An Ulmen unmittelbar an den Zweigen sitzende blasenförmige, hellgrüne, walnuss- bis apfelgroße Gallen bildend. Gallen allseits geschlossen, öffnen sich durch Längsrisse E VI bis A VII, beherbergen eine od. mehrere Fundatrizen u. ala wie apt Fundatrigenien. W II *Pyrus*, an Wurzeln. Fundatrix: Blauschwarz, bereift. Rundlich oval, gewölbt. 3,1–3,4 mm. F $^1/_6$ bis fast $^1/_5$ der KörperLg, 5 Gld. Keine Si. Apt Fundatrigenia: Ähnlich der Fundatrix, aber etwas länglicher u. mit ringförmigen Si. F $^1/_3$ der KörperLg, 6 Gld. Apt Exsulis: Rötlichgelb, oval, ca. 2 mm. F $^1/_4$ der KörperLg, 6 Gld. Si porenförmig, auf flachem konischem Sockel. Infolge starker Ausscheidung von Wachswolle ähneln die Kolonien an W II denen der Blutlaus. Eur, Türkei, NAfrika, Australien, Neuseeland. *Eriosoma lanuginosum* (HARTIG)

2* Gallen an Blättern. In den Gallen entstehen nur ala, niemals apt Fundatrigenien . **3**

3 Ein verschieden großer Teil des Ulmenblattes nach unten gerollt, gekräuselt, knorpelig verdickt u. stark aufgehellt. Exsules an den Wurzeln von *Ribes* spp. Fundatrix: Sehr dunkel grün, mit kurzer, aber ziemlich dichter Wachswolle bedeckt. Breit oval, gewölbt. 2,8–3,2 mm. F ca. $^1/_5$ der KörperLg, 6 Gld. Keine Si. Apt Exsulis: gelblich bis rötlichgelb, mit fädigem Wachs. Oval. Etwa 1,7 mm. F $^1/_5$ der KörperLg, 6 Gld, Si porenförmig. Holarkt. *Eriosoma ulmi* (L.)

3* Gallen an der OS von Ulmenblättern; während ihres Wachstums allseits geschlossen u. blasenförmig, öffnen sich erst vor dem Ausflug der ala Fundatrigenien **4**

4 Gallen stark behaart, erbsen- bis haselnussgroß, an der MRippe blattoberseits. Platzen vom Pol aus durch unregelmäßige Risse auf. HTarsen meist 2 Gld. Exsules an den Wurzeln von Lippenblütengewächsen: *Mentha*, *Thymus*, *Origanum*. Fundatrix: Gelblichweiß, wenig bereift. Oval. 2,0–2,9 mm. F $^1/_{10}$ der KörperLg, 4 Gld. Keine Si. Ala Fundatrigenia: Grundfärbung grün; K, Br u. Körperanhänge schwarz. Apt Exsulis: Hell gelblich, mit flaumartigem Wachs. Rundlich oval. 0,9–1,25 mm. F $^1/_8$–$^1/_7$ der KörperLg, meist 4 Gld. Ohne Si. Eur bis MAs. *Kaltenbachiella pallida* (HALIDAY)

4* Gallen nicht behaart. Tarsen der Apt immer eingld **5**

5 Galle bohnenähnlich, aufrecht auf einem etwas schmäleren Stiel, öffnet sich nahe der Basis. Exsules an den Wurzeln von Süßgräsern, z. B. Quecke. Fundatrix: Hell olivengrün bis dunkelgrün, wenig bereift. K, F u. B dunkelbraun. Rundlich, gewölbt. 1,9–2,1 mm. F $^1/_7$ der KörperLg, 4 Gld. Keine Si. Fundatrigenien mit grüner bis olivengrüner Grundfärbung u. ohne Si od. ockerfarben bis rötlich u. dann mit Si. Apt Exsulis: Hell gelborange bis bräunlichrot, schwach bepudert. K dunkelbraun. Oval, gewölbt. 1,3–3,0 mm. F $^1/_5$ der KörperLg, meist 5, manchmal 6 Gld. Si porenförmig, auf flachem konischem Sockel; bei größeren Individuen infolge brauner Pigmentierung gut sichtbar. Exsules manchmal von Ameisen besucht. Eur.
Tetraneura ulmi (L) (Abb. **192**/1)

5* Gallen aufrecht längs der MRippe stehend, seitlich zusammengedrückt, hahnenkammartig, bis 1 cm hoch, gelblich od. rötlich. Öffen sich durch Aufreißen eines runden Loches an der SchmalS. Exsules an den Wurzeln von *Carex* spp. Fundatrix: Gelb bis grünlichgelb, leicht bepudert. K ohne Pigment. F u. B nur hellbraun. Oval. 1,2–1,5 mm. F $^1/_8$ der KörperLg, 4 Gld. Keine Si. Apt Exsulis: Dunkelgelb, bepudert, mit flockigen Wachsfäden. Oval. 1,2–1,4 mm. F $^1/_8$ der KörperLg, 4 od. 5 Gld. Keine Si. Eur, Island, medit, WAs. *Colopha compressa* (KOCH)

Tribus *Pemphigini*

1 Fundatrigenien u./od. Fundatrizen erzeugen charakteristische Gallen an Holzgewächsen. Alle Arten mit Ausnahme von *Pemphigus spyrothecae* PASSERINI mit Ww. Die erste fundatrigene Gen besteht ausschließlich aus Ala **2**

1* Nur unterirdisch an Wurzeln von Beta-Rüben (Zucker- u. Futterrübe) u. von *Chenopodium* spp. – Schmutzig hellgelb bis hell gelblichgrün, durch Wachspuder weiß erscheinend. M des K, die F u. B graubraun. Körper oval. 1,5–2,5 mm. F $^1/_5$ der KörperLg, 5 Gld. In Eur nur mit anholozyklischer Lebensweise; es entstehen jedoch im Herbst große Mengen Ala, über deren weiteres Schicksal noch nichts bekannt ist. *Pemphigus fuscicornis* KOCH (wahrscheinlich mit der in NAm beheimateten *Pemphigus betae* DOANE – **Zuckerrübenwurzellaus** verwechselt; unklar ist, ob diese sehr ähnlich aussehende Art tatsächlich DE erreicht hat)

2 Gallen od. Deformationen der Fundatrizen u./od. Fundatrigenien an *Populus*-Arten **3**

2* Die entsprechenden Gallen od. Deformationen an anderen Gehölzen **5**

3 Blasenförmige od. Faltengallen, in vielen Fällen durch Umbildung ganzer Blattspreiten entstanden, keine allseits geschlossenen Hohlräume. An verschiedenen Pappel-Arten **4**

3* Gallen sind dickwandige, harte, entweder ganz od. bis auf einen dünnen Spalt verschlossene Gebilde, die nur einen Teil der Blattfläche od. des Blattstieles einnehmen u. die restliche Blattfläche unverändert lassen. An *Populus nigra* einschließlich *P. nigra* f. *pyramidalis*. 6 Arten. Gattung *Pemphigus* HARTIG

a) Gallen am Blattstiel, nicht od. nur wenig auf die Blattspreite übergreifend . . . . **b)**

a*) Längliche, meist rot gefärbte Galle neben dem MNerv, bis 2 cm lg u. ca. 1 cm ∅, enge spaltförmige Öffnung an der BlattUS. Ww zu *Gnaphalium*- u. *Filago*-Arten, dort die Exsules mit weißen watteartigen Wachsausscheidungen zw den Blütenköpfen. Fundatrix: Grün, bepudert. K, F u. B dunkel graubraun. Körper rundlich. 1,6–2,8 mm. F $^1/_6$ der KörperLg, 4 Gld. Apt Exsulis: Ähnlich der Fundatrix, aber F $^1/_5$ bis reichlich $^1/_5$ der KörperLg u. 5 Gld. Eur, Türkei, NAfrika, MAs. *Pemphigus populinigrae* (SCHRANK)

b) Beutelförmige, rundliche bis länglich gekrümmte, bis 1,5 cm lg. Galle am Blattstiel. Öffnet sich mit querliegendem Mundspalt. Exsules an den Wurzeln von Korbblütengewächsen: *Cichorium, Crepis, Lactuca, Lapsana, Sonchus, Taraxacum* u. einigen anderen Pfl, z.B. *Daucus* u. *Fragaria.* Parthenogenetische Überw an den Wurzeln der W II sehr häufig. Fundatrix: Grün, mit weißem Wachsmehl. K, F u. B schwarz. Körper rundlich, nach vorn verschmälert, 2,0–2,5 mm. F $^1/_8$–$^1/_7$ der KörperLg, 4 Gld. Apt Exsulis: Weißlichgelb, bewachst, HE mit weißem Wachsbüschel. K, F u. B schwarzbraun. Körper oval, 1,8–2,4 mm. F $^1/_6$–$^1/_5$ der KörperLg, 5 Gld, bei überw Tieren 6 Gld. Eur, Türkei, NAfrika, NAm, Australien, Neuseeland. *P. bursarius* (L.) – **Salatwurzellaus**

b*) Blattstiel im Bereich der Galle verbreitert u. spiralig gedreht. Galle bis 3 cm lg u. 1,2 cm dick, oft rötlich. Läuse im Innern dieser Gallen . . . . **c)**

c) Fundatrix schmutzig gelb bis weißlichgrün. 3. FGld so lg od. länger als das 6. Gallen öffnen sich E VI od. im VII. Ww zu *Berula erecta*, *Sium latifolium* u. *Apium nodiflorum* Eur. bis ZAs. *P. protospirae* LICHTENSTEIN

c*) Fundatrix hellgrün, 3. FGld kürzer als das 6. Gallen öffnen sich erst im Herbst. Ohne Ww. Häufiger als die vorhergehende Art. Eur. *P. spyrothecae* PASSERINI

4 Fundatrizen an *Populus nigra* einschließlich *P. nigra* f. *pyramidalis*.

a) Blattfläche mehrerer an einem Jahrestrieb nebeneinander stehender Blätter über den MNerv nach unten gefaltet, beulig aufgetrieben u. gelblich od. rotfleckig verfärbt.

Diese Gallen werden durch die blattunterseits saugenden u. große Mengen weiße Wachswolle ausscheidenden grünen, vollständig ala Fundatrigenien hervorgerufen. Fundatrix in einer kleinen taschenförmigen Faltengalle am Rande eines der untersten Blätter des befallenen Jahrestriebes. Exsules an den Wurzeln von *Ranunculus*-Arten. Fundatrix: Bläulich grün, mit weißem Wachsmehl; K, F u. B schwarz. Körper oval, kaum gewölbt. 4,5–5,0 mm. F $^1/_6$ der KörperLg, 5 Gld. Apt Exsulis: Schmutzig gelblichweiß, mit lg, seidig glänzender Wachsausscheidung. Oval, gewölbt. 2,1–2,8 mm. F ca. $^1/_3$ der KörperLg, 6 Gld. Pal. *Thecabius affinis* (KALTENBACH)

b) Blattfläche zw den SNerven wulstartig nach oben gewölbt. Exsules an den Blattachseln der kriechenden Stängel u. an Wurzeln von *Lysimachia nummularia*. Apt Exsulis: Hellbräunlich bis grünlichgrau, Tiere oft von einer gemeinsamen Wachshülle umgeben. Körper länglich oval, schwach gewölbt, 1,4–1,6 mm. F ca. $^1/_3$ der KörperLg, 6 Gld. M- u. NEur. *Thecabius* (*Parathecabius*) *lysimachiae* BÖRNER

c) Blätter zu großen, nach unten offenen Blasen emporgewölbt. Fundatrix düster olivengrün, eiförmig hochgewölbt, mit lg weißem Wachsflaum. Fundatrigenien als L gelblich, mit reichlichen Wachsausscheidungen. Grundfärbung der erwachsenen, sämtlich ala Fundatrigenien rostgelb. W II unbekannt. Eur bis Mongolei.
Pachypappa marsupialis KOCH

4* Fundatrizen an anderen Pappel-Arten.

a) Blattnester an *Populus alba* u. *P.* × *canadensis*, in diesen die Blätter stark blasenförmig gewölbt u. gebleicht. An der US der vergallten Blätter mit starken Wachsausscheidungen eine, manchmal mehrere Fundatrizen u. zahlreiche rote, immer ala Fundatrigenien. Exsules an den Wurzeln von Fichten, in Anzuchtbeeten manchmal schädlich. Fundatrix: Orangerot bis rotbraun, mit weißem Wachsmehl. K u. F dunkelbraun, B schwarz. Körper halbkugelförmig, 4,1–5,1 mm. F $^1/_7$–$^1/_6$ der KörperLg, 5 Gld. DE, SSchweden, Polen. *Pachypappa vesicalis* KOCH

b) An *Populus tremula*. Fundatrix an der Rinde der Basis junger Zweige. Fundatrigenien an den Blattstielen, die sich nach unten krümmen, so dass die Blattflächen zurückgeschlagen u. aufeinandergelegt werden. Exsules an den Wurzeln von *Picea*. Fundatrix: Braun, mit silbergrauer Wachsbedeckung, rundlich, stark gewölbt, unten flach, 5,0–6,0 mm. M- u. NEur. *Pachypappa tremulae* (L.)

5 **(2)** K der Fundatrix schwarz, oberseits mit mehreren weißen Wachsdrüsenfeldern, deren Gesamtfläche weniger als die Hälfte der Ofläche von Scheitel u. Stirn beträgt. An *Fraxinus excelsior*. Fundatrix an Zweigen, in der Nähe der Basis von Blattbüscheln, in denen die Blattstiele gekrümmt, die Blätter eingerollt u. die Sprossachse verkürzt sind. In diesen Blattnestern befinden sich mit reichlich weißer Wachswolle die Fundatrigenien. Exsules an den Wurzeln von *Picea*. 2 Arten. Gattung *Prociphilus* KOCH s. str.

5* K der Fundatrix mit in der Regel 4 großen weißen Wachsdrüsenfeldern, die fast die gesamte Fläche von Scheitel u. Stirn einnehmen. Nicht an *Fraxinus*.
Untergattung *Stagona* KOCH

a) Fundatrix an den Zweigen von *Lonicera xylosteum* u. *L. tatarica*, Fundatrigenien die US der daneben stehenden Blätter besiedelnd u. diese kräuselnd, später auch an den Zweigen, mit sehr viel weißer Wachswolle. Exsules an den zarten Wurzelspitzen von *Picea*. Fundatrix: Gelbgrün, oval, 3,0–4,6 mm. F $^1/_4$ der KörperLg, 5 Gld. M-, O-u. NEur. *Prociphilus* (*S.*) *xylostei* (DEGEER)

a*) Fundatrix u. Fundatrigenien mit reichlicher Wachswolle an Blüten-u. Fruchtstielen u. bes. an der US der Blätter von *Crataegus laevigata*, die Blätter wölbend u. vergilbend. Ww, jedoch WII u. Biologie noch nicht erforscht. Fundatrix: Graugrün, breit oval, 2,7–3,5 mm. F $^1/_5$ der KörperLg, 5 Gld. M- u. NEur. [*Stagona crataegi* (TULLGREN)]
Prociphilus (*S.*) *pini* (BURMEISTER)

Tribus *Fordini*

In MEur nur mit anholozyklischer Lebensweise u. an unterirdischen PflTeilen. In SEur u. im Mittelmeergebiet Ww zu *Pistacia*-Arten (W I), an deren Blättern die Fundatrizen hornförmige od. andere auffallende Gallen erzeugen.

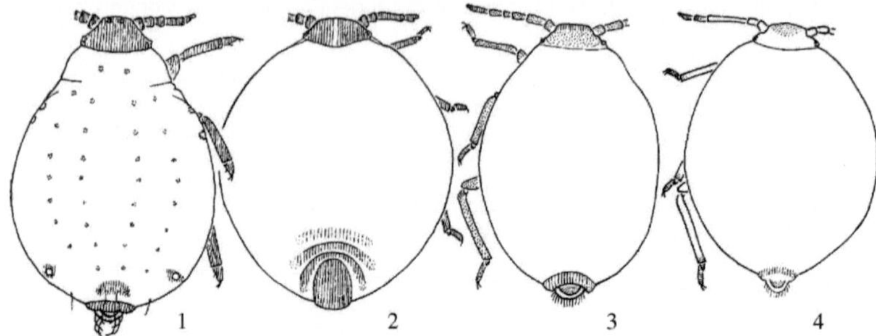

Abb. 192/1–4. 1 *Tetraneura ulmi* von W II (1,3–3 mm); **2** *Geoica utricularia* (1,5–2,6 mm); **3** *Smynthurodes betae* (2 mm); **4** *Forda formicaria* (2,2–2,9 mm).

1 Mit Wachspuder od. -flaum **2**
1* Körper ohne Wachsausscheidungen. Immer mit Ameisenbesuch **4**
2 After auf die RückenS verschoben; die letzte Bauchplatte liegt deshalb auf der OS der HlbSpitze (Abb. **192**/2). An den feinen Nebenwurzeln von Süßgräsern, mit Ameisenbesuch. Rundlich, mit Wachspuder bedeckt, 1,5–2,6 mm. F $^1/_5$–$^1/_4$ der KörperLg, 5, manchmal 4 Gld. Eur, medit. Gattung *Geoica* HART
a) Schmutzig bräunlichweiß bis gelblichweiß mit weißlichgelben JungL. *G. utricularia* (PASSERINI)
a*) Schmutzigweiß bis grünlichgrau mit blass graugrünen JungeL. *G. setulosa* (PASSERINI)
2* HlbE normal **3**
3 Trochanteren mit den Schenkeln verwachsen. 2. FGld kaum länger als Gld 1, deutlich kürzer als Gld 3. An den Wurzeln von Süßgräsern. Ohne Ameisenbesuch. Apt schmal spindelförmig, 2 $^1/_2$–3-mal so lg wie breit, K nicht vom Körperumriss abgesetzt. Blass zitronengelb. 1,5–2,4. mm. Weltweit. *Aploneura lentisci* (PASSERINI)
3* Trochanteren von den Schenkeln abgetrennt. 2. FGld deutlich länger als Gld 1, so lg od. etwas länger als Gld 3. An den Wurzeln von zahlreichen dikotylen Pfl, z. B. *Beta vulgaris, Armoracia, Phaseolus.* Meist mit Ameisenbesuch. Körper fast kugelrund. Schmutzig gelb bis hellbraun, gleichmäßig mit weißem Puder. Etwa 2 mm. F $^1/_3$ der KörperLg, 6 Gld. Weltweit. *Smynthurodes betae* WESTWOOD – **Bohnenwurzellaus** (Abb. **192**/3)
4 **(1)** F 6 Gld. Schmutzig gelblichweiß, ältere Tiere bräunlich. Oval. 2,4–3,2 mm. An Wurzeln zahlreicher Süßgräser, lebt in enger Verbindung mit *Tetramorium caespitum* u. einigen anderen Ameisen. Anscheinend können die Läuse von den Ameisen gefüttert werden u. dann zeitweise ohne an den Wirtspfl zu saugen, leben. Eur, medit, WAs. *Paracletus cimiciformis* VON HEYDEN
4* F 5 Gld. Grüne, orange- od. ockerfarbige ovale Läuse an den Hauptwurzeln von Süßgräsern. 4 Arten. Gattung *Forda* VON HEYDEN (Abb. **192**/4)

Unterfamilie *Chaitophorinae* – Borstenläuse

1 F 6 Gld. An Holzgewächsen. Tribus *Chaitophorini* S. 192
1* F 5 Gld. An Süßgräsern u. Riedgräsern. Tribus *Siphini* S. 194

Tribus *Chaitophorini*

1 An Ahorn. Gelblich, grün od. braun, mit Ameisenbesuch. An Trieben, Blüten od. BlattUS. 2–3 mm. Einige Arten übersommern als 0,7 mm lg hellgrüne LatenzL an den

BlattUS. LatenzL häuten sich erst im IX, ergeben Sexupare. 10 Arten.
Gattung *Periphyllus* VAN DER HOEVEN

Häufigste Art: [*P. testutinatus* (THORNTON)] *Periphyllus testudinaceus* (FERNIE), tritt in dunkelbrauner u. grüner Form auf. Eur. u. NAm.

1* An Weiden u. Pappeln. Gattung *Chaitophorus* KOCH

Gattung *Chaitophorus* KOCH

Klein, höchstens mittelgroß. Körper oval, meist nur wenig gewölbt. Ala mit dunkelbraunem bis schwarzem K u. Br, auf dem HlbRücken mit dunklen Querbändern [fehlen bei *C. capreae* (MOSLEY) meist].

1 An Weiden **2**

1* An Pappeln **7**

2 Rücken der Apt weichhäutig u. unpigmentiert. Läuse gelblichweiß bis sehr hell gelblichgrün, auf BlattUS. Kein Ameisenbesuch **3**

2* OS der Apt sklerotisch, sehr oft mit brauner od. schwarzer Pigmentierung. Meist von Ameisen besucht **4**

3 An schmalblättrigen Weiden- (*Salix*-) Arten: *S. viminalis*, *S. fragilis*, *S. babylonica*. 1,5–1,9 mm. M-, O- u. NEur. [*C. niger* (BÖRNER)]
Chaitophorus horii beuthania (BÖRNER) (Abb. **193**/1)

3* An breitblättrigen Weiden- (*Salix*-) Arten: *S. caprea*, *S. cinerea*, *S. aurita*. 0,8–1,7 mm. Eur bis MAs. *C. capreae* (MOSLEY)

4 **(2)** OS mit dunklen Querbändern. Dunkel oliv. 1,5–1,8 mm. An jungen verholzten Zweigen von *Salix caprea* u. *S. cinerea*. M-, O- u. NEur. *C. ramicola* (BÖRNER)

4* Rückenpigmentierung (wenn vorhanden) nicht in Querbändern **5**

5 OS bis auf einige SgmGrenzen einheitlich schwarz. An Blättern von schmalblättrigen Weiden- (*Salix*-) Arten: *S. alba*, *S. triandra*, *S. babylonica*, *S. fragilis*, *S. purpurea*. 1,2–1,8 mm. EurAs. [*C. niger* MORDVILKO]
Chaitophorus salijaponicus niger MORDVILKO (Abb. **193**/2)

5* Zw dem Rückenpigment der SommerGen großer heller medianer Längsfleck . . **6**

6 An BlattUS schmalblättriger *Salix*-Arten: *S. alba*, *S. fragilis*, *S. viminalis*. 1,5–1,9 mm. M-, O- u. NEur. *C. vitellinae* (SCHRANK)

6* An BlattUS breitblättriger *Salix*-Arten: *S. caprea*, *S. cinerea*, *S. aurita*. 1,2–1,8 mm. Eur bis MAs. *C. salicti* (SCHRANK) (Abb. **193**/3)

7 **(1)** Rücken der Apt nicht pigmentiert. Grundfärbung grünlichweiß bis hell gelblichgrün, grünfleckig, manchmal ganz weiß. 0,8-2,4 mm. An BlattUS von *Populus alba* u. *P. × canescens*. Eur bis MAs, NAfrika. . . . . . *C. populialbae* (BOYER DE FONSCOLOMBE)

7* Rücken der Apt in verschiedenem Ausmaß pigmentiert **8**

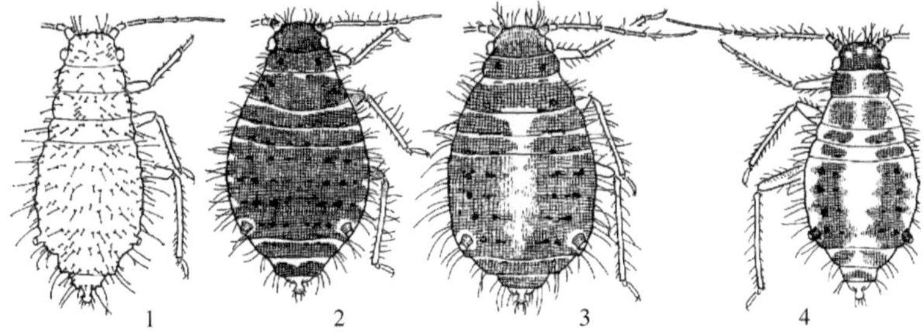

Abb. 193/1–4. 1 *Chaitophorus horii beuthania* (1,5–1,9 mm); **2** *C. salijaponicus niger* (1,2–1,8 mm); **3** *C. salicti* (1,2–1,8 mm); **4** *C. leucomelas* (1,3–2,6 mm).

8 Rückenpigmentierung auf 2 braune, von den Si nach vorn ziehende Längslinien beschränkt. Grundfärbung blassgrün bis hell gelblichgrün. Erste FrühjGen grün u. ohne Pigment. 1,3–2,6 mm. An *Populus nigra* bes. var. *pyramidalis* u. *P.* × *canadensis*, an Triebspitzen u. BlattUS. Oft in u. an Pemphigiden-Gallen. Im Frühj mit Ameisenbesuch. Eur bis MAs. [*C. versicolor* KOCH] *Chaitophorus leucomelas* KOCH (Abb. **193**/4)

8* Pigmentierung den gesamten od. den größten Teil des Rückens der Apt umfassend **9**

9 Hinter den Si 2 Querbänder (7. u. 8. HlbTergit) von der dunklen Rückenplatte abgetrennt **10**

9* An der HlbSpitze nur 1 Querband (8. HlbTergit) abgesetzt. Unmittelbar vor der M des schwarz pigmentierten Rückens meist ein heller Fleck. Grundfärbung grün. 1,6–2,7 mm, rundlich. An jungen Trieben von *Populus alba*, *P. tremula*, *P.* × *canescens*. Mit Ameisenbesuch. Eur bis MAs, NAfrika. *C. populeti* (PANZER)

10 Grundfärbung hellbraun bis rötlichbraun. Rücken der Apt mit hellerer MPartie. 1,25–2,3 mm. An jungen Zweigen u. insbesondere der Basis der Blattstiele von *Populus nigra*, bes. var. *pyramidalis*. Mit Ameisenbesuch. Eur. *C. nassonowi* MORDVILKO

10* Grundfärbung weißlich bis hellgrün. Rücken der Apt gleichmäßig schwarz, seltener mit heller MLinie. 1,1–1,9 mm. An BlattUS von *Populus tremula*. Ohne Ameisenbesuch. Eur. *C. tremulae* KOCH

Tribus *Siphini*

1 Körper schlank, mehr als doppelt so lg wie breit **2**

1* Körper rundlich, so breit wie halbe Lg od. breiter **3**

2 Si-Poren im letzten Drittel des Hlb (im 6. HlbSgm); deutlich sichtbar, ihr Ø größer als HSchienen breit. Schmutzig gelb bis grünlich. 2,0–2,5 mm. In Blattscheiden u. Rispen von *Ammophila arenaria*, *Calamagrostis epigejos* u. *C. arundinacea* sowie an einigen weiteren Gräsern. Eur. *Laingia psammae* THEOBALD (Abb. **194**/1)

2* Si-Poren nur wenig hinter der M des Hlb (im 5. HlbSgm), sehr klein, ihr Ø höchstens so groß wie Breite der Hschienen (Abb. **194**/2). Gelblichbraun bis schwarz. Ca. 2 mm. An Süßgräsern, hauptsächlich an BlattOS in Rillen, seltener an Seggen. Gattung *Atheroides* HALIDAY S. 195

3 **(1)** Au etwas, aber deutlich gestielt. Dunkelbraun bis schwarz. 1,8–2,0 mm. An *Carex*-Arten an feuchten Stellen, sehr beweglich. Eur. *Caricosipha paniculatae* BÖRNER (Abb. **194**/3)

3* Au normal. 4 Arten. Gattung *Sipha* PASSERINI S. 195

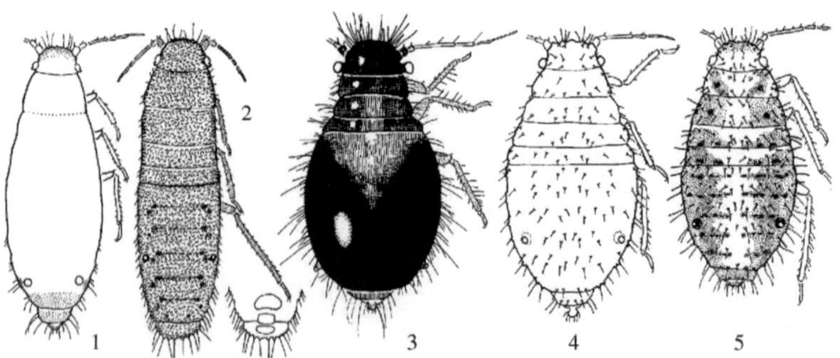

Abb. 194/1–5. 1 *Laingia psammae* (2–2,5 mm); **2** *Atheroides serrulatus* (2 mm); **3** *Caricosipha paniculatae* (1,8–2 mm); **4** *Sipha glyceriae* (1,7–2,5 mm); **5** *Sipha* (*Rungsia*) *elegans* (1,6–2,2 mm).

Gattung *Atheroides* HALIDAY

1 Körper mit lg stachligen Bo. Hlb etwas breiter als Brust. OS dunkelbraun bis schwarz, US schmutzig gelb bis gelblichgrün. F $^1/_4$ der KörperLg. An *Deschampsia cespitosa*. Eur. *A. hirtellus* HALIDAY
1* Nur am HE u. zw den F lg stachlige Bo. Hlb nicht od. kaum breiter als Brust 2
2 Körper fast parallelseitig, gelblichbraun. F knapp $^1/_4$ der KörperLg. Besiedelt zahlreiche Gräser an trockenen Standorten, gelegentlich auch Seggen. Bei starkem Befall werden die Blätter von *Festuca ovina* braun. Eur. *A. serrulatus* HALIDAY (Abb. **194**/2)
2* Körper mit leicht gerundeten S, bleich braun bis schwarz, F nur $^1/_6$–$^1/_7$ der KörperLg. An *Puccinellia* u. *Festuca*-Arten an der Küste u. an Salzstellen des Binnenlandes. Eur. *A. brevicornis* LAING

Gattung *Sipha* PASSERINI

1 OS gleichmäßig glänzend schwarz. 1,6–1,8 mm. Kolonien an der Blattbasis von Gräsern, dort Braunfärbung verursachend. Oft mit Ameisen. Eur, in SEur u. medit an Mais u. anderen Gräsern. [*S. maydis graminis* KALTENBACH] *Sipha* (*Rungsia*) *maydis* PASSERINI
1* Nur schwach pigmentiert, wenn dunkler, mit heller MLinie u. breit gerundeter Cauda, od. ohne helle MLinie u. geknöpfter Cauda 2
2 Cauda mindestens so lg wie breit, geknöpft 3
2* Cauda sehr kurz u. breit gerundet. Bräunlichgelb bis gelblichbraun. Rücken mit segmentalen dunklen Flecken od. braun, immer mit heller MLinie. L grün, mit braungrauen Flecken. 1,6–2,2 mm. An Quecke (*Elytrigia*), Weizen u. anderen Gräsern. Ohne Ameisenbesuch. Eur, Kanada. [*S. agropyrella* HILLE RIS LAMBERS] *Sipha* (*Rungsia*) *elegans* DEL GUERCIO (Abb. **194**/5)
3 Grün bis gelblich. Rücken ohne Pigmentzeichnung. 1,7–2,5 mm. An Süßgräsern, Binsen u. Simsen, bes. in Sümpfen. Manchmal mit Ameisen. Eurasien. *S. glyceriae* (KALTENBACH) (Abb. **194**/4)
3* Grün bis dunkelgrün. Rücken mit braunen Flecken. L grün, mit braungrauen Flecken. 1,4–2,2 mm. An *Spartina* u. *Puccinellia maritima*, gelegentlich an *Festuca rubra*, an der Küste, kann zeitweilige Überflutung überleben. Ohne Ameisenbesuch. NWEur. *S. littoralis* (WALKER)

Unterfamilie ***Drepanosiphinae***

Si 5-mal so lg wie breit. An BlattUS von Ahorn. Alle Gen mit Ausnahme der Geschlechts♀ ala. 5 Arten. Gattung *Drepanosiphum* KOCH

1 Hlb hellgrün, mit 5-6 dunkelbraunen Querbändern, die bei FrühjTieren fehlen können. F 1,2–1,3-mal so lg wie Körper. 4–4,3 mm. Eur, NAm. *D. platanoides* (SCHRANK)
1* Hlb hellgelblich, mit 2, manchmal mit mehr dunkelbraunen Querbändern. F 1,7 bis fast 2-mal so lg wie Körper. Meist etwas kleiner als vor. Art. Bevorzugt an Feld-Ahorn (*Acer campestre*). Eur. *D. acerinum* (WALKER)

Unterfamilie ***Calaphidinae***

1 An Schmetterlingsblütengewächsen 14
1* An anderen Pfl 2
2 An Bambus. 3 Arten. Gattung *Takecallis* MATSUMURA S. 197
2* An Gehölzen. 3
3 An Birke 4
3* An anderen Gehölzen. 9
4 Pt länger als Basis des 6. FGld. 5
4* Pt so lg od. kürzer als Basis des 6. FGld. 7

5 Pt mehr als 5-mal so lg wie Basis des 6. FGld. Einzeln an BlattOS. Grün. 3,3 bis 3,5 mm. Alle Gen. mit Ausnahme der Geschlechts-♀ geflügelt. F schwarz, länger als Körper. In der Ruhe nach hinten gebogen u. längs am Körper anliegend, deshalb L u. Nymphen an Bockkäfer erinnernd. Eur. *Monaphis antennata* (KALTENBACH)

5* Pt 2–3-mal so lg wie Basis des 6. FGld. In Kolonien an BlattUS u. Triebspitzen. Kleiner als 3 mm. **6**

6 Rücken ohne Pigmentzeichnung. F etwas länger als Körper. Ohne Ameisenbesuch. Gattung *Calaphis* WALSH

a) Hell gelblich, im Frühj hellgrün. Si farblos. 1,7–2,7 mm. Eur, verschleppt nach Australien. [*Kallistaphis basalis* STROYAN] *C. flava* MORDVILKO (Abb. **199**/1)

a*) Hellgrün, Si meist dunkel. Ähnlich vor. Art, aber seltener. Eur. *C. betulicola* (KALTENBACH)

6* Mit Pigmentzeichnung. F wenig kürzer als Körper. Mit Ameisen. Gattung *Callipterinella* VAN DER GOOT

a) Ganzer Körper mit dunklen Querbändern. Grundfärbung grün. 1,7–2,5 mm. Eur. *C. calliptera* (HARTIG)

a*) Hintere Hälfte des Rückens mit großem grünlichschwarzem Fleck. Grundfärbung hellgelb. Basis des Hlb rötlichbraun. K, Hsch u. Flecke an den KörperS braun pigmentiert. Auffallend bunte Färbung. 1,7–2,2 mm. Eur. *C. tuberculata* (VON HEYDEN)

7 **(4)** 1,1–1,9 mm. Gelblichweiß bis hellgrün. Ohne Pigment, nur im Herbst u. Geschlechts-♀ u. manchmal Ala mit ± großen braunen Pigmentflecken auf K, Thorax u. Hlb. F halb so lg wie Körper. An BlattUS. Eur, NAm, Island, verschleppt nach Neuseeland. *Betulaphis quadrituberculata* (KALTENBACH) (Abb. **196**/1)

7* 3 mm u. länger. Im. auch im Sommer mit Pigmentzeichnung. F nur wenig kürzer als Körper. **7**

8 Grundfärbung dunkelbraun. Ohne Wachs. 3,0–3,6 mm. An verholzten jüngeren Zweigen. Mit Ameisen. Eur. *Symydobius oblongus* (VON HEYDEN) (Abb. **196**/2)

8* Grundfärbung hell gelblichgrün bis hellgrün. Alle Gen. sind Ala (Ausnahme Geschlechts-♀). Ala mit zartem Wachsflaum, schwarzem K u. Thorax, meist mit schwarzen Querflecken u. SFlecken auf dem Hlb. 3,5–4,0 mm, schlank. An BlattUS u. Triebspitzen. Ohne Ameisenbesuch. Eur bis Japan, NAm, Island, Grönland. *Euceraphis punctipennis* (ZETTERSTEDT)

9 **(3)** Pt so lg wie Basis des 6. FGld od. kürzer **10**

9* Pt doppelt so lg wie Basis des 6. FGld. F so lg wie Körper. Alle Gen. außer Geschlechts-♀ geflügelt. Gattung *Myzocallis* PASSERINI S. 198

10 F fast so lg od. so lg wie Körper od. etwas länger. An BlattUS von Eichen. Alle parthenogenetischen ♀ geflügelt **11**

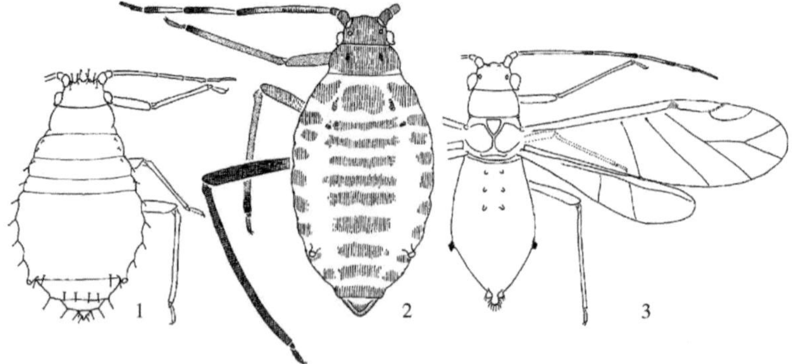

Abb. 196/1–3. 1 *Betulaphis quadrituberculata* (1,1–1,9 mm); **2** *Symydobius oblongus* (3–3,6 mm); **3** *Tuberculatus* (*Tuberculoides*) *annulatus* (1,9–2,2 mm).

10* F kürzer als der Körper. An anderen Gehölzen **12**

11 Großer 2teiliger dunkelbrauner Höcker auf dem vorderen Teil des HlbRückens, außerdem 1 (–3) seitliche Höcker. HSchenkel mit schwarzem Fleck vor der Spitze. Grundfärbung schmutzig grün. 2,2–2,4 mm. Eur. *Tuberculatus querceus* (KALTENBACH)

11* Auf M des vorderen Teils des HlbRückens 3 Paar nicht od. nur wenig gedunkelte Höcker. Seitliche Höcker schwach. HSchenkel ohne dunklen Fleck. Gelblich od. graugrün. 1,9–2,2 mm. Eur. bis MAs, NAm, verschleppt nach Australien u. Neuseeland. [*Tuberculoides annulatus* (HARTIG)] *Tuberculatus* (*Tuberculoides*) *annulatus* (HARTIG) (Abb. **196**/3)

11 **(10)** An Walnuss (*Juglans*) **13**

12* An Erle (*Alnus*) od. Linde (*Tilia*) **14**

13 3,4–3,8 mm. Grundfärbung ockergelb. K u. Brust dunkelbraun, Hlb mit dunkelbraunen Querbändern u. ebensolchen SFlecken. L u. Nymphen ähnlich gezeichnet. Kolonien auf OS der Walnussblätter längs der MRippe. Alle parthenogenetischen ♀ geflügelt. Mit Ameisen. Eur. [*Callaphis juglandis* (GOEZE)] *Panaphis juglandis* (GOEZE)

13* 1,6 mm od. kleiner. Gelblichweiß. Zerstreut an US der Walnussblätter. Ungeflügelte Virgines vorhanden. Ohne Ameisenbesuch. Eur, NAm. *Chromaphis juglandicola* (KALTENBACH)

14 **(12)** An US der Blätter von Linde. Alle Gen. außer Geschlechts-♀ geflügelt. Leuchtend gelb bis gelborange. S des K u. des Thorax braun, S des Hlb mit braunen Punkten. 2,8–3,0 mm. L u. Nymphen mit 2 Längsreihen brauner Punkte auf Hlb. Eur bis MAs, NAm. *Eucallipterus tiliae* (L.)

14* An Blättern von Erlen. Ungeflügelte Virgines vorhanden. Gattung *Pterocallis* PASSERINI

a) Weißlichgelb bis grünlichweiß. 1,7–2,0 mm. Zerstreut an BlattUS von *Alnus glutinosa*. Ohne Ameisen. Eur. *P. alni* (DEGEER)

b) Weiß. An BlattUS von *Alnus incana*. Ohne Ameisen. Eur. *P albidus* (BÖRNER)

c) Querstreifig grün. 1,7–2,0 mm. In Kolonien an OS u. US der Blätter von *Alnus glutinosa*. Mit Ameisenbesuch. Eur. *P. maculatus* (VON HEYDEN)

15 **(1)** Alle HlbSgm seitlich mit langen fingerförmigen Fortsätzen. Gelblichgrau. 1,5 mm. An grünen Stängeln u. Blättern von Besenginster (*Sarothamnus scoparius*). Eur. *Ctenocallis setosus* (KALTENBACH) (Abb. **200**/1)

15* Seitlich nur mit flachen Höckern, die je 1 Haar tragen u. meist braun pigmentiert sind. Ähnliche Höcker in segmentaler Anordnung auf dem Rücken, deshalb mit charakteristischer Fleckenzeichnung (Abb. **199**/2 u. 3). Gattung *Therioaphis* WALKER S. 198

Gattung *Takecallis* MATSUMURA

1 HlbRücken mit 7 Paar länglichen Pigmentflecken. Körper weißlichgelb, K u. Rücken d. Hsch mit dunkler Mittellinie. Alle parthenogenetischen ♀ geflügelt. Geschlechts-♀ und ♂ unbekannt. Heimat SOAsien, nach NAm eingeschleppt und später nach Europa. An BlattUS von Bambus-Arten (*Arundinaria* sp., *Bambusa* sp., *Dendrocalamus* sp., *Phyllostachys* sp., *Pleioblastus* sp.) sowie *Arundo* sp Körper u. F mit Wachsflocken bedeckt. *Takecallis arundinariae* (ESSIG) (Abb. **198**/1)

1* HlbRücken ohne Pigmentflecken, K u. Rücken d. Hsch ohne dunkle Mittellinie. . . . **2**

2 Cauda hell. Körper hellgrün. Alle parthenogenetischen ♀♀ geflügelt. Geschlechts-♀ und ♂ unbekannt. Heimat SOAsien, nach NAm eingeschleppt und später nach Europa, Südafrika u. Neuseeland. An jungen Blättern von Bambus-Arten (*Arundinaria* sp., u. *Phyllostachys* sp., seltener an *Bambusa* sp. u. *Sasa* sp.). Körper u. F mit Wachsflocken bedeckt. *Takecallis taiwanus* (TAKAHASHI) (Abb. **198**/2)

2* Cauda schwarz. Körper weißlichgelb. Alle parthenogenetischen ♀ geflügelt. Geschlechts-♀ und ♂ unbekannt. Heimat SOAsien, nach NAm eingeschleppt und später nach Europa. An Blättern von Bambus-Arten (*Arundinaria* sp., *Bambusa* sp., *Dendrocalamus* sp., *Phyllostachys* sp., *Pleioblastus* sp., *Sasa* sp.) sowie *Arundo donax*. Körper u. F mit Wachsflocken bedeckt. *Takecallis arundicolens* (CLARKE) (Abb. **198**/3)

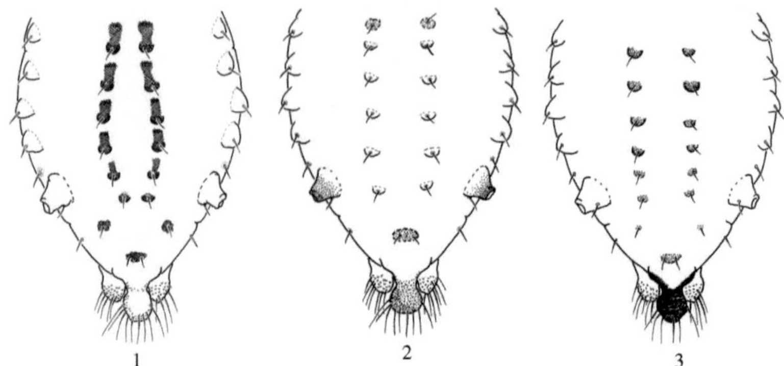

Abb. 198/1–3. 1 *Takecallis arundinariae* (1,7–2,4 mm); **2** *Takecallis taiwanus* (1,4–2,3 mm); **3** *Takecallis arundicolens* (1,8–2,8 mm).

Gattung *Myzocallis* Passerini

1 Hlb mit braunen SFlecken u. ebenso gefärbten Querstrichen od. -flecken. Si dunkel. Grundfärbung gelb bis orange **2**

1* Ohne Pigmentflecken. Si farblos. Körper gelblichweiß **4**

2 Querstriche des HlbRückens schmaler als Si. 1,6–2,0 mm. An Zerr-Eiche (*Quercus cerris*). Eur. *M.* (*Myzocallis*) *boerneri* Stroyan

2* Querflecken so breit wie od. breiter als die Si **3**

3 An *Castanea sativa* u. gelegentlich an Eiche. Etwa 1,6 mm. Eur, NAm, SAfrika, Australien, Neuseeland. *M.* (*Agrioaphis*) *castanicola* Baker

3* An Gagelstrauch (*Myrica gale*). 1,8–2,0 mm. MV, Dänemark, NEur, Polen, Großbritannien. *M.* (*Agrioaphis*) *myricae* (Kaltenbach)

4 **(1)** An Hainbuche (*Carpinus betulus*), BlattUS. 1,3–1,6 mm. Eur. *M.* (*Myzocallis*) *carpini* (Koch)

4* An Hasel (*Corylus avellana*), sonst wie vor. Art. Eur, NAm. *M.* (*Myzocallis*) *coryli* (Goeze

Gattung *Therioaphis* Walker

1 Grundfärbung gelblichweiß bis hellgelb **2**

1* Grundfärbung gelborange bis orange. Parthenogenetische ♀♀ ala u. apt **3**

2 Auf HlbRücken außer den seitlichen pigmentierten borstentragenden Höckern nur 2 Längsreihen von Pigmentflecken, deren vordere 5 Paare häufig bandartig verbreitert. Alle parthenogenetischen ♀♀ ala. 2,0–2,7 mm. An BlattUS von Steinklee (*Melilotus albus*, seltener *M. officinalis*). Eur, NAm *T. riehmi* (Börner) (Abb. **199**/2)

2* 2 seitliche u. 4 mittlere borstentragende Höckerreihen, sämtlich nur schwach pigmentiert. Parthenogenetische ♀♀ ala u. apt. 1,7–2,0 mm. An BlattUS von *Trifolium pratense*. Eur. *T. luteola* (Börner)

3 **(1)** Außer den Randhöckern auf dem Rücken 2 Reihen borstentragende große pigmentierte Höcker, deren Entfernung voneinander auf den einzelnen Sgm verschieden. 1,8–2,0 mm. An *Ononis*-Arten. Eur. *T. ononidis* (Kaltenbach)

3* Pigmentierte BoHöcker in 2 Rand- u. 6 weiteren Längsreihen, manchmal 2 nebeneinanderliegende Höcker verschmolzen. 1,6–1,9 mm. Vorwiegend an BlattUS von *Medicago*- u. *Trifolium*-Arten. Eurasien, bes. Rassen auch in Afrika u. NAm. *T. trifolii* (Monell) (Abb. **199**/3)

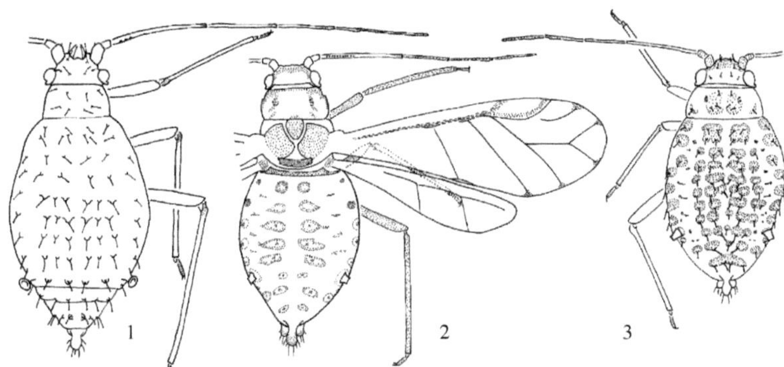

Abb. 199/1–3. 1 *Calaphis flava* (1,7–2,7 mm); **2** *Therioaphis riehmi* (2–2,7 mm); **3** *T. trifolii* (1,6–1,9 mm).

Unterfamilie *Phyllaphidinae*

Einzige Art. Mit starken wolligen weißen Wachsausscheidungen. Grundfärbung hellgelblichgrün. 2–3 mm. An BlattUS u. Triebspitzen von Rotbuche. Eur, Kanada.
Phyllaphis fagi (L.) – **Wollige Buchenlaus**

Unterfamilie *Saltusaphidinae*

1 Birnenförmig, bei den Si am breitesten. Grundfärbung gelblichgrün, auf dem Rücken umfangreiche dunkelbraune Pigmentzeichnung (Abb. **200**/2). Si auf großen dunkelbraunen Pigmentflecken. F fast so lg wie Körper.
a) An BlattOS von Seggen (*Carex*), sehr beweglich. 1,5–1,8 mm. 3 Arten
Gattung *Iziphya* NEVSKY
b) An BlattOS von Binsen (*Juncus*), sehr beweglich. 1,6–1,9 mm. Einzige Art.
Juncobia leegei (BÖRNER)

1* Länglich od. schlank parallelseitig. Rückpigmentierung fehlend od. in Form von seitlichen od. segmental angeordneten Flecken od. als 2 breite braune Längsbänder. F $^{2}/_{3}$ der KörperLg od. kürzer. An Seggen, meist blattoberseits an der Basis der Grundblätter od. in den Scheiden der oberen Blätter. 1,6–3,0 mm 2

2 8. HlbTergit (letztes Sgm vor der Cauda) am HRand mit bogenförmigem Einschnitt (Abb. **200**/3). Ohne Wachsabscheidungen. 6 Arten.
Gattung *Subsaltusaphis* QUEDNAU

2* HRand des 8. HlbTergits gerundet, Cauda überdeckend (Abb. **200**/4). Mit Wachsflaum. MV, BR, Schweden, Polen. [*Trichocallis thripsoides* (HILLE RIS LAMBERS)]
Thripsaphis (*Trichocallis*) *producta* GILLETTE

Unterfamilie *Pterocommatinae*

1 Mit flockigem Wachspuder bedeckt. Ohne Ameisenbesuch. Nur an Weiden. 2 Arten.
Gattung *Plocamaphis* OESTLUND S. 200

1* OS mit wenig od. ohne Puder. Mit Ameisenbesuch. An Weiden od. Pappeln. 7 Arten.
Gattung *Pterocomma* BUCKTON S. 200

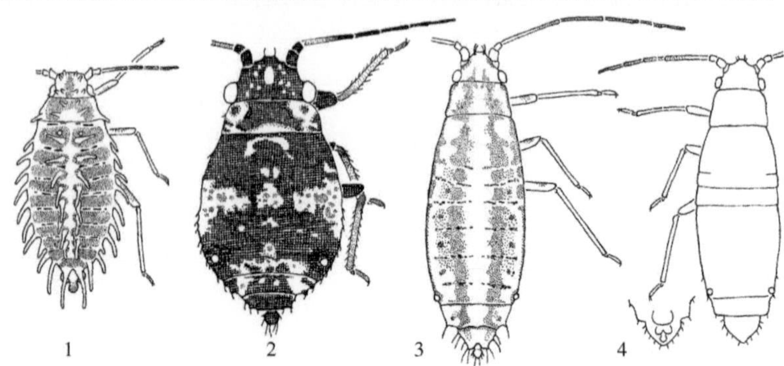

Abb. 200/1–4. 1 *Ctenocallis setosus* (1,5 mm); **2** *Iziphya bufo* (1,5–1,8 mm); **3** *Subsaltusaphis ornata* (1,6–3 mm); **4** *Thripsaphis* (*Trichocallis*) *producta* (2 mm).

Gattung *Plocamaphis* OESTLUND

1 Si lgoval, halb so lg wie die HFüße. An einjährigen Trieben von *Salix viminalis*. 3,4–4,5 mm. MEur. *P. amerinae* (HARTIG) (Abb. **210**/4)

1* Si keulenförmig, so lg wie die HFüße. An einjährigen Zweigen u. an Ästen von *Salix cinerea* u. *S. caprea*. 4,0–4,8 mm. MEur, Schweden, Großbritannien, NAm. *P. flocculosa* (WEED)

Gattung *Pterocomma* BUCKTON

1 Si geschwollen u. gelb od. rot **2**

1* Si zylindrisch u. fast farblos **4**

2 Si rot, stark geschwollen, in der Anschwellung mehr als doppelt so breit wie an der Mündung. Rücken schwarzgrün mit weißen Puderflecken. 3,2–4,5 mm. Breit- u. schmalblättrige Weiden-Arten, bes. an 2jährigen Zweigen. Holarkt. *P. salicis* (L.)

2* Si gelblich, weniger geschwollen, in der Anschwellung weniger als doppelt so breit wie an der Mündung. Grundfärbung meist bräunlich **3**

3 Pt doppelt so lg wie die Basis des 6. FGld. Bräunlichgrau. 3,0–4,0 mm. An jungen Zweigen von schmalblättrigen Weiden-Arten. Eur außer S, Mongolei. [*P. steinheili* MORDVILKO] *P. rufipes* (HARTIG]

3* Pt höchstens 1,5-mal so lg wie Basis des 6. FGld. Rötlichgrau bis bräunlichschwarz mit grünlicher Fleckung. 2,5–3,2 mm. An verholzten jungen Zweigen von breitblättrigen Weiden-Arten. Eur außer S. *Pterocomma jacksoni* THEOBALD

4 **(1)** Auf den seitlichen Pigmentflecken befindet sich je ein kleiner Höcker. Graubraun, manchmal olivengrün. 2,7–4,3 mm. An *Populus nigra*, *P. nigra* f. *pyramidalis* u. *Salix alba*, an 2-jährigen Zweigen u. an Überwallungswülsten am Stamm. Holarkt. *P. populeum* (KALTENBACH)

4* Seitliche Pigmentflecke ohne Höckerchen. Hell graubraun, manchmal olivengrün. Ähnlich vor. Art. 2,5–3,2 mm. An 2-jährigen Zweigen u. an Überwallungswülsten des Stammes von *Salix*. Eur, Türkei. *P. pilosum* BUCKTON

Unterfamilie ***Aphidinae*** – **Röhrenblattläuse**

1 Cauda länger als breit, zungen- od. fingerförmig od. spitz dreieckig **2**

1* Cauda nicht länger als breit, halbkreisförmig, 5- od. 3eckig **65**

2 F meist länger als $^3/_4$ KörperLg, oft länger als der Körper, auf deutlichen FSockeln. Wenn FSockel undeutlich, dann hell gefärbt mit lg steifen Bo, bes. zw den FWurzeln (Gattungen *Chaetosiphon* Mordvilko, *Capitophorus* van der Goot, *Pleotrichophorus* Börner) od. rötlich od. grün mit schwarzen F u. B in dichten Kolonien an *Tanacetum* mit regem Ameisenbesuch (*Metopeurum fuscoviride* Stroyan) od. rötlich bis dunkelbraun unterirdisch u. an bodennahen Stellen an *Achillea* od. *Artemisia* (Gattung *Microsiphum* Cholodkovsky) **3**

2* F meist kürzer als $^3/_4$ der KörperLg. FSockel niedrig od. fehlend, deshalb Stirnprofil sinusförmig od. gerade od. nach vorn gewölbt **33**

3 Si zylindrisch od. distalwärts allmählich verjüngt **4**

3* Si keulenförmig od. mit deutlicher bis sehr starker Schwellung **22**

4 FSockel mit nach innen od. vorn gerichteten Stirnhöckern, ihre InnenS deshalb parallel zur Längsachse des Tieres od. nach innen vorspringend **5**

4* FSockel divergierend, manchmal ziemlich niedrig **9**

5 Stirnhöcker wie stark nach innen od. nach vorn gerichtete Forts **6**

5* Stirnhöcker gerundet od. nur wenig nach innen vorspringend **7**

6 Stirnhöcker konvergierend. F meist etwas länger als der Körper. 5 Arten.
Gattung *Ovatus* van der Goot S. 234

6* Stirnhöcker nach vorn gerichtet, fingerförmig. F der Apt kürzer als der Körper. 2 Arten. Gattung *Phorodon* Passerini S. 234

7 **(5)** Stirn mit deutlichem MHöcker. An *Ribes* spp. u./od. Korbblütengewächsen u. Ehrenpreis (*Veronica* spp.). 4 Arten. Gattung *Nasonovia* Mordvilko S. 222

7* MHöcker der Stirn deutlich od. fehlend. An anderen Pfl; die polyphagen Arten *Myzus ornatus* Laing, *Aulacorthum solani* (Kaltenbach) u. *A.* (*Neomyzus*) *circumflexum* (Buckton) könnten jedoch gelegentlich auch an den bei 6 genannten Pfl saugen **8**

8 An Farnen, in Gewächshäusern, s im Freien. Schwarz mit weißen Rückenhaaren. 1,2–1,5 mm. F länger als der Körper. B einschließlich Schenkel weißlich. Si an Basis dunkel, sonst weiß. FlAdern der Ala breit braun gesäumt. Anholozyklische Lebensweise. Weltweit. *Idiopterus nephrelepidis* Davis

8* An anderen Pfl. Gattungen *Myzus* Passerini u. *Aulacorthum* Mordvilko S. 230

9 **(4)** Si ca. so lg wie breit. Gattung *Microsiphum* Cholodkovsky S. 216

9* Si mindestens doppelt so lg wie ihr ∅, bei vielen Arten sehr lg **10**

10 Haare auffallend dick u. steif u. ziemlich lg (stärkere Vergrößerung!), an der Spitze geknöpft u. meist auf höckerartigen Sockeln stehend **11**

10* Haare anders gestaltet, auch bei lghaarigen Arten dünn u. fein **16**

11 F so lg wie Körper od. (meist) etwas kürzer **12**

11* F länger als Körper (bei *Pleotrichophorus duponti* Hille Ris Lambers, grün od. sandfarbig, an der US der unteren Blätter von *Achillea millefolium*, nur körperlg) **13**

12 An Erdbeere, Gänse-Fingerkraut (*Potentilla anserina*) od. Rosen.
Gattung *Chaetosiphon* (*Pentatrichopus*) Börner S. 229

12* An anderen Pfl. Gattung *Capitophorus* van der Goot S. 228

13 **(11)** Körper rundlich, ± braun pigmentiert. F dunkel, B, Si u. Cauda braun. 1,4–2,0 mm. Grundfärbung grün mit rötlichen Flecken. Si ca. $^1/_5$ der KörperLg. An Gräsern, unmittelbar an der Erdoberfläche od. unter Steinen. MEur, Niederlande, Großbritannien. *Cryptaphis poae* (Hardy)

13* Körper lgoval bis spindelförmig. Körper u. Körperanhänge nicht od. nur wenig pigmentiert. An oberen PflTeilen u. nicht an Gräsern **14**

14 An grünen Trieben u. jungen Blättern von Hasel (*Corylus avellana*). Grün, manchmal etwas rötlich fleckig. 1,9–2,6 mm. Si $^1/_3$ od. fast $^1/_3$ der KörperLg. Cauda ziemlich kurz u. gerundet, $^1/_5$–$^1/_4$ der Lg der Si. Eur, Türkei.
Corylobium avellanae (Schrank) (Abb. **202**/1)

14* Nicht an *Corylus* **15**

15 Letztes RGl spitz, stilettförmig. Hlb der Ala ohne dunklen MFleck. Einheimische Arten an *Artemisia* u. *Achillea* od. an *Gnaphalium* u. *Filago*.
Gattung *Pleotrichophorus* Börner S. 227

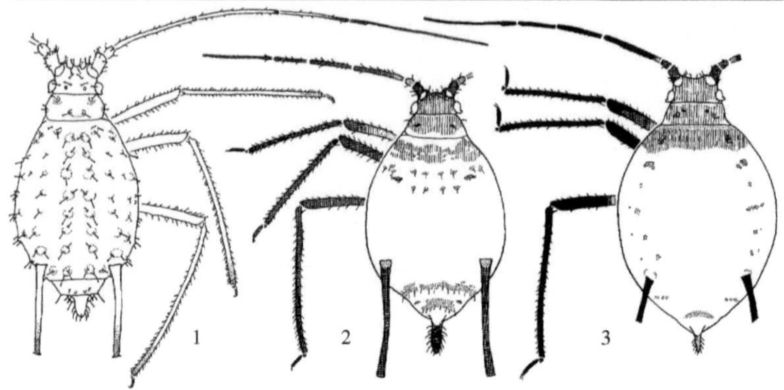

Abb. 202/1–3. 1 *Corylobium avellanae* (1,9–2,6 mm); **2** *Titanosiphon artemisiae* (2–2,6 mm); **3** *Metopeurum fuscoviride* (2,2–2,8 mm).

15* Letztes RGl nicht stilettförmig. Hlb der Ala mit dunklem MFleck. An *Ribes* spp. u./od. Lippenblütengewächsen. Gattung *Cryptomyzus* OESTLUND S. 227

16 **(10)** Rot bis sehr dunkel braun od. schwarz erscheinend, niemals mit Wachspuder **17**

16* Anders gefärbt. Wenn rot od. braun, dann nicht stark glänzend od. mit Wachspuder **19**

17 Si $^1/_7$–$^1/_6$, F $^5/_6$–$^9/_{10}$ der KörperLg. Stirnprofil mit MHöcker. Dunkelbraun, Oberfläche matt. 1,4–2,4 mm. Si schwarz, etwas konisch, ca. 1$^1/_3$-mal so lg wie die schwarze Cauda. In Gewächshäusern, anholozyklisch lebend, an *Camellia*. Auch *Ficus*, *Citrus* u. andere in südl Ländern beheimatete Gehölze besiedelnd. Weltweit. *Toxoptera aurantii* (BOYER DE FONSCOLOMBE)

17* Si länger. F wenig kürzer bis (meistens) länger als der Körper. Stirnprofil konkav **18**

18 Si sehr lg, $^1/_3$–$^4/_9$ der KörperLg, am distalen E etwas erweitert, deshalb in der M am dünnsten. Schwarz, manchmal sehr dunkel grün. 2,0–2,6mm. Körperanhänge sehr dunkel. F ca. so lg wie der Körper. *Artemisia campestris*, an den oberen dünnen Stängelteilen. Eur. *Titanosiphon artemisiae* (KOCH) (Abb. **202**/2)

18* Si $^1/_4$–$^1/_5$, nur bei einigen Arten bis $^1/_3$ der KörperLg, von der Basis bis zum distalen E wenig aber gleichmäßig verjüngt. Gattung *Uroleucon* MORDVILKO S. 211

19 **(16)** Körper ganz od. wie ein Zeichnungsmuster od. nur auf der BauchS (*M. asteris* WALKER, an *Aster tripolium*) mit Wachsmehl bedeckt. Si meist schwarz, manchmal heller u. dann distalwärts dunkler. Nur an Korbblütengewächsen. Gattung *Macrosiphoniella* DEL GUERCIO S. 213

19* Körper glänzend od. matt, höchstens die L schwach bepudert **20**

20 Rundlich. Mit Ameisenbesuch. Grundfärbung bräunlichrot, Hlb oft grün, mit großem dunklem Fleck in der M. 2,2–2,8 mm. F so lg wie der Körper. Si $^1/_5$–$^1/_6$ der KörperLg, knapp doppelt so lg wie die Cauda, wie die übrigen Körperanhänge schwarz. An Rainfarn (*Tanacetum vulgare*), in den Blütenständen u. an den oberen Stängelteilen. Eur. *Metopeurum fuscoviride* STROYAN (Abb. **202**/3)

20* Lgoval bis spindelförmig. Ohne Ameisenbesuch **21**

21 An Rosen u./od. Gräsern. Si farblos. Gattung *Metopolophium* MORDVILKO S. 221

21* An zahlreichen PflArten. Wenn an Rosen od. Gräsern, dann Si braun od. schwarz. Gattungen *Acyrthosiphon* MORDVILKO, *Linosiphon* BÖRNER, *Macrosiphum* PASSERINI, *Microlophium* MORDVILKO, *Sitobion* MORDVILKO S. 216

22 **(2)** Si stark geschwollen, an der breitesten Stelle mindestens doppelt so stark wie unmittelbar vor dem distalen E **23**

22* Si schwach keulig od. nur schwach geschwollen, ∅ an der breitesten Stelle höchstens doppelt so groß wie der ∅ unmittelbar vor dem distalen E **24**

23 Cauda fingerförmig, so lg od. länger als der Abstand zw FWurzeln, mindestens halb so lg wie die Si. An *Ribes* spp. u./od. Korbblütengewächsen od. *Rhinanthus*. Gattung *Hyperomyzus* BÖRNER S. 223

23* Cauda kurz zungenförmig od. dreieckig, kürzer als der Abstand zw den FWurzeln u. kürzer als die halbe SiLg. Gattungen *Rhopalosiphoninus* BAKER, *Myzosiphon* HILLE RIS LAMBERS, *Submegoura* HILLE RIS LAMBERS, *Pseudorhopalosiphoninus* HEINZE S. 224

24 **(22)** Si höchstens so lg wie die Cauda, meist kürzer, braun od. schwarz, in der wenig deutlichen Anschwellung nicht od. kaum breiter als an der Basis. An *Lathyrus* spp. u. *Vicia* spp. 2 Arten. Gattung *Megoura* BUCKTON S. 226

24* Si länger als die Cauda, farblos od. mit verschiedenem Pigmentierungsgrad. Schwellung gegenüber der Basis hervorgehoben. Nur ausnahmsweise (polypage Arten) an Schmetterlingsblütengewächsen **25**

25 Haare auffallend dick u. steif u. ziemlich lg (stärkere Vergrößerung!), an der Spitze geknöpft u. auf höckerartigen Sockeln stehend. Körperanhänge farblos **26**

25* Haare bei Lupenvergrößerung kaum sichtbar. Körperanhänge mit od. ohne Pigment **27**

26 Cauda kurz u. gerundet, höchstens $^1/_3$ der Lg der Si. An *Ribes* spp. (W I) u. Lippenblütengewächsen (W II). Gattung *Cryptomyzus* OESTLUND z. T. S. 227

26* Cauda zugespitzt, nur wenig kürzer als die halbe SiLg. An *Hippophaë* u. *Elaeagnus* spp. (W I) u. *Polygonum* spp. (W II). Gattung *Capitophorus* VAN DER GOOT z. T. S. 228

27 **(25)** Pt höchstens 4,5-mal so lg wie die Basis des 6. FGl. F kürzer als der Körper, wenn länger, dann FSockel mit konvergierenden Stirnhöckern **27**

27 Pt mindestens 5-mal so lg wie die Basis des 6. FGl. F in der Regel länger als der Körper **29**

28 Im Frühj an *Lonicera tatarica*, gelegentlich wohl auch an anderen *Lonicera* (Heckenkirsche)-Arten, Blätter nach unten gerollt u. gelb- u. rotfleckig (W I); die Herbstformen verursachen gelbe bis weiße Flecke an den Blättern von *Lonicera* spp. u. *Symphoricarpos albus*. W II: *Typhoides arundinacea*. BlattUS; an der forma *picta* oft schädlich, wobei die Blätter braun werden. Gelblichweiß, nicht glänzend. Oval. 2,0–2,8 mm. F $^2/_3$–$^9/_{10}$ der KörperLg, schwarz mit farbloser Basis. Übrige Körperanhänge farblos. Si $^1/_8$–$^1/_7$ der KörperLg, wenig aber deutlich geschwollen, 1$^1/_4$ so lg wie die Cauda. Ala mit dunkelbraunem K u. Br u. dunkelbraunem MFleck auf dem HlbRücken. Eur. *Rhopalomyzus* (*Judenkoa*) *lonicerae* (SIEBOLD)

28* An andern Pfl. Gattung *Myzus* PASSERINI S. 230

29 **(27)** Si sehr dunkel bis schwarz **30**

29* Si farblos od. von der Färbung des Körpers, höchstens an der Spitze gedunkelt . **31**

30 Vor u. hinter den Si je ein dunkler Pigmentfleck. An *Pulmonaria*. Gattung *Amphorosiphon* HILLE RIS LAMBERS S. 226

30* Ohne Pigmentflecke neben der Si-Basis. An *Delphinium* spp. u. *Aconitum* spp. am Stängel. Bläulich grün, glänzend. 2,9–4,1 mm. Körperanhänge dunkel pigmentiert. Si $^1/_8$–$^1/_6$ der KörperLg. Eur. *Delphiniobium junackianum* (KARSCH)

31 **(29)** Cauda kürzer als der Abstand zw den FBasen. Ala mit zentralem Pigmentfleck auf dem Hlb. Weiß od. gelb, glänzend. KAnhänge vollkommen farblos. Si $^1/_5$ der KörperLg. An *Heracleum sphondylium* an der US der Blätter, Gelbfleckung hervorrufend. 1,3–1,8 mm. M- u. OEur, Großbritannien. *Paramyzus heraclei* BÖRNER

31* Cauda länger als der Abstand zw den FBasen. HlbRücken der Ala ohne zentralen Pigmentfleck **32**

32 An Azaleen. Grün, glänzend, 1,8–2,3 mm. Si reichlich $^1/_4$ der KörperLg, grün, distalwärts hell bräunlich. Oft schädlich. Eur, NAm. [*Masonaphis azaleae* (MASON)] *Illinoia* (*Illinoia*) *azaleae* (MASON)

32* An *Rubus*- od. *Geum*-Arten od. Farnen. Gattung *Amphorophora* BUCKTON z. T. S. 226

33 **(2)** Si kürzer als die Cauda **34**

33* Si so lg od. länger als die Cauda **48**
34 Si mindestens doppelt so lg wie an der Basis breit. Mit od. ohne Wachspuder . . **35**
34* Si höchstens doppelt so lg wie an der Basis breit. Meist mit Wachspuder od. Oberfläche matt od. mindestens die L bereift **45**
35 Mit Wachsbedeckung **36**
35* Zum mindesten die OS ohne Puder, jedoch manchmal die L bereift **40**
36 Grundfärbung sehr dunkel (dunkelbraun od. sehr dunkel grünlich), manchmal fast schwarz erscheinend. An *Bupleurum falcatum, Vicia cracca, Spiraea, Galium* od. *Asperula.* Gattung *Aphis* L. z. T. S. 240
36* Heller u. anders gefärbt, an anderen Pfl **37**
37 Cauda zungen- bis fingerförmig. HlbRücken ohne Pigmentzeichnung **38**
37* Cauda dreieckig. HlbRücken der Apt mit 2 Reihen schwarzer Querstriche. Durch Wachsmehl grau erscheinend; Grundfärbung grünlich. 2,0–2,6 mm. An Kreuzblütengewächsen. Sehr oft schädlich an Kohl durch Verunstaltung u. Aufhellung der Blätter. Weltweit. *Brevicoryne brassicae* (L.) – **Mehlige Kohlblattlaus** (Abb. **235**/1)
38 Si halb so lg wie der Abstand zw FWurzeln. Gattung *Hyalopterus* Koch
a) Mit Ww. W I: Pflaume u. Schlehe, dichte Kolonien auf der BlattUS bis in den späten Sommer. W II: Schilf u. Pfeifengras (*Molinia caerulea*), s *Typha.* Grundfärbung an W I hellgrün, an W II hellgrün od. weinrot. 1,5–2,9 mm. Häufiger Schädling. Weltweit. *Hyalopterus pruni* (Geoffroy) – **Mehlige Pflaumenlaus** (Abb. **204**/1)
b) Ähnliche Lebensweise, aber Fundatrix u. Fundatrigenien an Pfirsich, oft schädlich. *H. amygdali* (E. Blanchard)
38* Si länger **39**
39 Si so lg wie der Abstand zw FWurzeln. An *Chenopodium* u. *Atriplex* die Blätter stark nach oben rollend. Grundfärbung gelblich bis bläulich grün. 1,9–2,1 mm. Eur, MAs, NAm. *Hayhurstia atriplicis* (L.)
39* Si ca. $^3/_4$ der Lg des Abstandes zw FWurzeln. Hell gelblichgrün od. bräunlich gelb. 1,0–2,1 mm. *Lonicera tatarica* u. einige andere *Lonicera*-Ziersträucher, Triebspitzen büschelartig verzweigt u. nach unten hängend, schwere Schäden verursachend. Ohne Ww. OEur bis BR u. MV, nach W vordringend. [*Hyadaphis tataricae* (Aizenberg)] *Hyadaphis coriandri* (B. Das)
40 **(35)** Vorletztes HlbSgm mit großem schildartigem Forts von der Form eines gleichseitigen Dreiecks u. mehr als doppelt so lg wie die Cauda, diese vollständig überdeckend. Si mit gerundetem E. Hell olivbraun bis hell grau-oliv-grün. Körper lgoval, am HE zugespitzt, 1,7–2,0 mm. Anhänge nicht pigmentiert. F etwas weniger als $^1/_3$ der KörperLg. Si halb so lg wie die Cauda u. halb so lg wie die HTarsen. Ala: Grundfärbung hell olivbraun bis hellbraun, K u. MBr dunkelbraun, sonst wenig pigmentiert. An

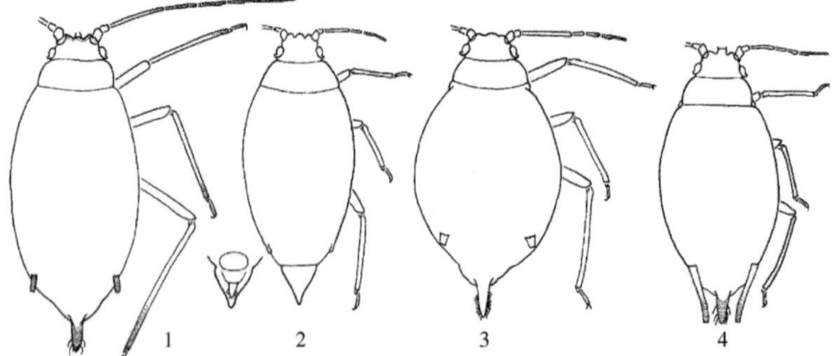

Abb. 204/1–4. 1 *Hyalopterus pruni* (1,5–2,9 mm); **2** *Aspidaphis adjuvans* (1,7–2 mm); **3** *Longicaudus trirhodus* (1,8–2,4 mm); **4** *Myzaphis rosarum* (1,6–2,2 mm).

Polygonum aviculare, auf der US von nach unten längsgerollten gelbadrigen Blättern, diese später gebleicht u. manchmal mit rötlichem Anflug. Eur, NAm, MAs.
Aspidaphis adjuvans (WALKER) (Abb. **204**/2)

40* HlbSpitze nicht von schildartigem Forts überdeckt. Si normal **41**

41 Grundfärbung sehr dunkel, schwarz erscheinend. An *Euphorbia*.
Gattung *Aphis* L. z. T. S. 240

41* Grundfärbung meist heller, wenn dunkel, dann an anderen Pfl **42**

42 Si konisch breit. An *Galium*-Arten. Grundfärbung schmutzig dunkelgrün. 1,4–2,2 mm. Eur. *Staegeriella necopinata* (BÖRNER)

42* Si zylindrisch, an der Basis nicht od. nur wenig breiter. An Gräsern od. Birne . . . **43**

43 Rücken der Apt mit großem zentralem Pigmentfleck. Grundfärbung braun. 1,7–2,0 mm. An Birne, Triebspitzen u. junge Blätter rollend. Mit Ameisen. Starker Befall im Frühj. u. Frühsommer. Ww zu Gräsern (s. S. 239). Fundatrix u. Fundatrigenien von [*Longiunguis pyrarius* (PASSERINI)] *Melanaphis pyraria* (PASSERINI)

43* Rücken der Apt ohne Pigment. An Gräsern, kein Ww, ohne Ameisen **44**

44 Länglich. Si $^{1}/_{25}$ der KörperLg. Gelblichgrün. 2,3–3,0 mm. An Knaulgras (*Dactylis glomerata*), BlattOS, Läuse meist in 1 Reihe entlang der MRippe. Blätter oft rinnenartig nach oben eingeschlagen, gelb- od. braunfleckig. Eur, NAm.
Hyalopteroides humilis (WALKER)

44* Oval. Si $^{1}/_{14}$ der KörperLg od. länger. Gattung *Schizaphis* BÖRNER z. T. S. 239

45 **(34)** Körper länglich. An Gräsern. Gattung *Diuraphis* AIZENBERG z. T. S. 238

45* Körper oval. An anderen Pfl **46**

46 Si farblos u. kurz zylindrisch, etwas konisch. Ala auf dem HlbRücken mit zentralem Pigmentfeld, welches in Querbänder aufgelöst sein kann. Ww zw Rosen (W I) u. *Aquilegia* u. *Thalictrum* (W II). Auf W I hellgrün, auf W II gelblich. 1,8–2,4 mm. Fundatrizen ohne Si! Eur bis China u. Japan, NAm. *Longicaudus trirhodus* (WALKER)

46* Si schwarz od. warzenförmig u. schwach pigmentiert. Ala ohne zentralen Pigmentfleck auf dem HlbRücken **47**

47 An Doldenblütengewächsen, die Blätter rollend. 5 Arten.
Gattung *Semiaphis* VAN DER GOOT S. 236

47* An anderen Pfl

a) An *Cerastium arvense*, *Silene vulgaris* od. *Stellaria holostea*, zum mindesten im Frühj Verunstaltungen hervorrufend. Gattung *Brachycolus* BUCKTON S. 237

b) An *Asparagus*, ebenfalls mit Verunstaltungen.
Gattung *Brachycorynella* AIZENBERG S. 238

c) An *Barbarea*, zw aufwärts eng gerollten Blättern. Grundfärbung bräunlichgelb bis schmutzig gelblichweiß. 1,7–1,9 mm. MEur, SSchweden, Großbritannien.
Pseudobrevicoryne buhri (BÖRNER)

48 **(33)** Stirnprofil fast gerade od. leicht gewölbt **49**

48* Stirnprofil sinusförmig, d. h. es sind 1 MHöcker u. je 1 Höcker neben den FWurzeln vorhanden; Höcker oft flach, nur MHöcker manchmal stärker hervortretend **54**

49 Si der Apt braun bis sehr dunkel, auch F, B u. meist die Cauda pigmentiert **50**

49* Si der Apt kaum od. höchstens gegen die Spitze etwas gebräunt, meist farblos. Ebenso F, B u. Cauda nicht od. nur sehr wenig pigmentiert **52**

50 Si geschwollen. Ohne Ameisen. An *Lonicera* (W I) u./od. *Apiaceae* (W II) od. ohne Ww. 3 Arten. Gattung *Hyadaphis* KIRKALDY S. 236

50* Si nicht geschwollen. Mit Ameisen **51**

51 Si so lg wie die Cauda. Gattung *Hydaphias* BÖRNER

a) Grünlich od. hell bis dunkel olivbraun. VKörper braun. 1,7–2,3 mm. An *Galium mollugo*, durch Stauchung können die Blütenstände geknäult werden. W- u. MEur.
H. molluginis BÖRNER (Abb. **237**/1)

b) Grünlichgelb, an *Galium verum*. W- u. MEur, Großbritannien, SSchweden.
H. hofmanni BÖRNER

51* Si doppelt so lg wie die Cauda u. auffallend schlank, aus verbreiteter Basis entspringend. Grundfärbung schmutzig grün, an den S gelb. 1,8–2,6 mm. An Sichelmöhre (*Falcaria vulgaris*) am Stängel. W- u. MEur. *Ammiaphis sii* (KOCH)

52 **(49)** Vor der HlbSpitze, d. h. auf dem 8.HlbTergit, ein vorspringender Forts (SupracaudalForts) **53**

52* Ohne SupracaudalForts. Ohne Ww, an Korbblütengewächsen. Gattung *Coloradoa* WILSON S. 237

53 Supracaudalfortsatz von ähnlicher Form wie die Cauda. Ww zw Weiden (W I) u. Doldenblütengewächsen (W II). Gattung *Cavariella* DEL GUERCIO S. 235

53* Supracaudalfortsatz ein flacher Höcker. An *Galium* **61**

54 **(48)** MHöcker der Stirn vorgewölbt u. die FWurzeln nach vorn überragend **55**

54* MHöcker nicht das Niveau der Höcker neben den FWurzeln überragend **56**

55 F ca. $^1/_3$ der KörperLg. An Triebspitzen u. Blättern von *Rosa* u. *Potentilla*. Grundfärbung gelblichgrün. Spindelförmig oval, 1,6–2,2 mm. Si, F, B u. Cauda hell. Si $^1/_5$ der KörperLg, doppelt so lg wie die Cauda. Eur, NAm. *Myzaphis rosarum* (KALTENBACH) (Abb. **204**/4)

55* F $^2/_5$–$^1/_2$ der KörperLg. In den Blütenständen von *Berteroa incana*. Körper u. Körperanhänge hellgrün bis graugrün. Länglich oval. 1,5–1,8 mm. Si $^1/_5$ der KörperLg, ca. doppelt so lg wie die Cauda. M- u. OEur. *Spatulophorus incanae* F. P. MÜLLER

56 **(54)** Si deutlich angeschwollen **57**

56* Si zylindrisch od. gegen das E allmählich verjüngt od. unmittelbar vor dem E eingeschnürt u. dann leicht keulig erscheinend od. am E plötzlich stark verschmälert . **59**

57 Si der Apt braun bis sehr dunkel, auch F, B u. Cauda stärker pigmentiert. An *Lonicera* (W I od. ohne Ww) u./od. Doldenblütengewächsen (W II od. ohne Ww). 3 Arten. Gattung *Hyadaphis* KIRKALDY S. 236

57* Si u. übrige Körperanhänge bei den Apt nicht auffallend gedunkelt **58**

58 Si so lg wie die zugespitzte Cauda. Gelb, glänzend, 1,2–1,7 mm. *Silene otites*, *Lychnis viscaria* u. *L. atropurpurea*, die Blätter längs einrollend u. bleichend. Frankreich bis Ukraine, SSchweden. *Volutaphis centaureae* BÖRNER

58* Si doppelt so lg wie die stumpfe zungenförmige Cauda. Gelblich, gelblichgrün od. orangerot, glanzlos. 1,1–2,3 mm. *Berberis* u. *Mahonia*, Triebspitzen u. BlattUS. Holarkt, Türkei, Iran. *Liosomaphis berberidis* (KALTENBACH)

59 **(56)** Stirnprofil mit 3 auffallenden u. weit vorspringenden Höckern. F nur $^1/_3$ der KörperLg. Si am E plötzlich stark verschmälert. Körper u. Körperanhänge gelblichgrün. 1,7–2,1 mm, Körper flach. Auf der OS der Blätter von Seggen, an feuchten Orten. Eur. [*Trilobaphis caricis* THEOBALD] *Vesiculaphis caricis* (FULLAWAY)

59* Keine weit vorstehenden Stirnhöcker. F meist etwas länger als $^1/_3$ der KörperLg. Si anders gestaltet **60**

60 Si am distalen E mit vorstehendem Rand (Flansche), vor dem sich eine Einschnürung befindet. (Diese Einschnürung ist bei der Gattung *Lipaphis* MORDVILKO, Bewohner von Kreuzblütengewächsen, oft undeutlich.) **61**

60* Si mit od. ohne deutliche Flansche, aber niemals mit Verengung vor der Spitze. Nur in wenigen Fällen an Kreuzblütengewächsen (Läuse der *Aphis frangulae*-Gruppe gelblich, grün od. dunkel olivgrün mit schwarzen Si an *Capsella bursa-pastoris*; *Aphis nasturtii* KALTENBACH gelblich bis gelblichgrün mit hellen u. an der Spitze etwas gedunkelten Si an *Nasturtium* u. *Rorippa*) **63**

61 **(53, 60)** Si unmittelbar unter der Flansche sehr stark verengt u. deutlich nach außen gebogen. An *Galium mollugo* u. *G. verum*, Triebe u. Blütenstände stauchend u. oft knäuelartig verbildend. Gelblich bis hellgrün, manchmal orangefarbig fleckig od. rötlich überlaufen. Rundlich oval. 1,3–1,9 mm. Körperanhänge nicht pigmentiert. F reichlich $^1/_3$, Si knapp $^1/_4$ der KörperLg. Si ca. 2 $^1/_2$-mal so lg wie die dreieckige Cauda. Ala schwarz erscheinend, da K, Br, Körperanhänge u. ein großer zentraler Fleck auf dem HlbRücken dunkel pigmentiert. Eur. [*Galiobium langei* BÖRNER] *Myzus* (*Galiobium*) *langei* (BÖRNER) (Abb. **230**/2)

61* Si anders gestaltet, nicht an *Galium* **62**

62 An Kreuzblütengewächsen. 5 Arten. Gattung *Lipaphis* MORDVILKO S. 234

62* An anderen Pfl (*Prunus*-Arten, Pomoideen, Süßgräser, Seggen, Dreizack (*Triglochin*) u. monocotyle Sumpf- u. Wasserpfl). Gattungen *Schizaphis* BÖRNER u. *Rhopalosiphum* KOCH z. T. S. 239

63 **(60)** Wenigstens die L bereift od. bepudert. Einige Arten auch als Apt mit Wachsmehl. Si von unterschiedlichem Pigmentierungsgrad. An sehr vielen PflArten. Zahlreiche Arten. Gattung *Aphis* L. z. T. S. 240

63* Nicht bereift, meist glänzend, niemals mit Wachspuder. Si der Apt niemals schwarz **64**

64 An *Ericaceae*. 2 Arten. Gattung *Ericaphis* BÖRNER S. 234

64* An Fichten (*Picea abies* u. einige *Picea*-Arten ausländischer Herkunft), an den Nadeln. Grün. 1,8 mm. Körperanhänge sehr hell. Si $^1/_4$ der KörperLg, doppelt so lg wie die Cauda. Eur, Island, Kanada, NAm. In NWDE oft schädlich. *Elatobium abietinum* (WALKER)

65 **(1)** Sämtliche Läuse einschließlich der L glänzend. Rücken der erwachsenen ungeflügelten parthenogenetischen ♀ meist dunkel pigmentiert (Ausnahme: *Brachycaudus helichrysi* [KALTENBACH]) **70**

65* Zum mindesten die L mit Wachspuder od. mit matter OFläche. Rücken der erwachsenen ungeflügelten parthenogenetischen ♀ nie in großer Ausdehnung pigmentiert. [Ausnahme *Ceruraphis eriophori* (WALKER)] **66**

66 L bereift, Apt mit dunkel pigmentierter OS u. etwas glänzend. Im Frühj die schwarz erscheinenden Fundatrizen u. die violetten bepuderten Nymphen der einzigen u. vollständig Ala fundatrigenen Gen. zw stark gerollten u. gekräuselten Blättern von *Viburnum lantana* u. *V. opulus* (W I). Ovipare ♀ hell gelblichgrün bis schmutzig weiß, ohne Rückenpigment. Ww zu *Eriophorum*, *Carex* u. *Luzula* (W II), wo die olivengrünen L u. die dunkel pigmentierten Im. von Ameisen besucht in den Blattscheiden leben. Eur außer S, Kanada. *Ceruraphis eriophori* (WALKER)

66* Kein wesentlicher äußerer Unterschied zw Apt u. L u. an anderen Pfl. OS nicht glänzend. **67**

67 OFläche der Apt u. L matt, jedoch ohne Bewachsung. Rüssel $^7/_{10}$ der KörperLg od. länger. Mit Ww. W I Birne, Blatt US, Blätter längs der MRippe nach unten gebogen, dabei beide Hälften zusammengeschlossen. Gattung *Anuraphis* DEL GUERCIO

a) Si kürzer als der Abstand zw den FWurzeln. Hell olivenbräunlich bis dunkler braun. 2,0–3,1 mm. W II *Pastinaca sativa* u. *Heracleum sphondylium*, in den Blattscheiden u. am Wurzelhals, von Ameisen umbaut. Eur, Türkei, As. *A. subterranea* (WALKER)

a*) Si so lg od. länger als der Abstand zw den FWurzeln. Rötlichgrau mit segmentalen grünen Querstrichen bis vorherrschend grün. W II *Petasites* spp. u. *Tussilago farfara* (Huflattich), am Wurzelstock u. in den unteren Blattscheiden, von Ameisen umbaut. Lebensweise ähnlich der vorigen Art. Eur, Türkei. *A. farfarae* (KOCH)

67* Apt bepuderte u. bewachst. Rüssel höchstens $^7/_{10}$ der KörperLg, meist kürzer. . . **68**

68 Si porenförmig u. schwer sichtbar. Reichliche Wachsausscheidungen. Grundfärbung weinrot. 1,1–1,3 mm, rundlich. In eng gerollten, blasenförmigen, leuchtend roten Gallen an den Blättern von *Artemisia vulgaris*. Eur. *Cryptosiphum artemisiae* BUCKTON

68* Si anders. **69**

69 Si kürzer 0,4 CaudaLg, an *Thalictrum*, an Stängeln, Blättern u. Blütenständen. Grundfärbung grau bis gelblich-grün. Geschlechtstiere werden bereits im VI gebildet. Eur. *Brachysiphum thalictri* (KOCH)

69* Si gut entwickelt. Bepudert od. bereift. Die meisten Arten mit Ww. W I: Pomoideen, mit starken Blattrollungen. W II: an den Wurzeln od. in den untersten Blattscheiden von Doldengewächsen u. einigen anderen Pfl. 22 Arten. Gattung *Dysaphis* BÖRNER, S. 209

70 **(65)** Si $^1/_5$ der KörperLg. Cauda flach gerundet, kaum sichtbar. Schwarzgrün, 1,8–2,6 mm. An Wurzelhals u. Stängelgrund von *Centaurea scabiosa* u. *C. nigra*, von Ameisen umbaut, seltener am Stängel aufwärts steigend. Eur. [*Acaudinum scabiosae* HILLS RIS LAMBERS] *A. centaureae* KOCH

70* Si höchstens $^1/_7$ der KörperLg. Cauda deutlich sichtbar. **71**

71 Grundfärbung bräunlich rot, Im. infolge ausgedehnter Pigmentierung schwarz erscheinend. Rundlich, mit gewölbtem Rücken. 2,0–2,7 mm. An *Aconitum* u. *Delphinium*. W-, M- u. NEur. *Brachycaudus* (*Acaudus*) *napelli* (SCHRANK)

71* Grundfärbung anders. Wenn bräunliche od. rötliche Farbtöne vorhanden, dann Läuse an anderen Pfl. **72**

72 An *Cerasus mahaleb* (Weichselkirsche), die Blätter rollend, blasig wölbend u. gelb verfärbend. Grundfärbung gelblich, Im. mit sehr dunkel pigmentierter OS. 1,4–2,1 mm. M- u. SEur, Türkei. *Roepkea marchali* (BÖRNER)

72* An anderen Pfl od. an Prunus-Arten. 21 Arten. Gattung *Brachycaudus* VAN DER GOOT, S. 208

Gattung *Brachycaudus* VAN DER GOOT

1 Si so lg od. etwas länger als der Abstand zw den FWurzeln **2**

1* Si kürzer als der Abstand zw den FWurzeln **4**

2 R bis höchstens zu den Hü des 3. BPaares reichend. Grundfärbung braun **3**

2* RSpitze die Hü des 3. BPaares überragend. Grundfärbung hellgrün, manchmal rötlich od. orange. Körper breit gerundet, 1,6–2,5 mm. Im Frühj an *Cerasus vulgaris* u. *Prunus spinosa* (W I), die Blätter ganzer Triebe sehr stark kräuselnd, mit Ww zu zahlreichen Korbblüten- u. Borretschgewächsen (W II). Holarkt, Türkei, Israel, Irak, Marokko. *B.* (*Acaudus*) *cardui* (L.) – **Große Pflaumenblattlaus** (Abb. **208**/1; **209**/1)
Die sehr ähnlich aussehende anholozyklisch lebende *B.* (*Acaudus*) *lateralis* (WALKER) in Gewächshäusern auch während des Winters an *Cineraria* u. *Chrysanthemum*. Eur, Türkei.

3 An *Silene*, dichte Kolonien an Sprossspitzen. 1,9–2,7 mm. Bevorzugt an *S. latifolia*, gelegentlich an *S. dioica*, *S. vulgaris* u. *Cucubalis baccifer*. Eur, Türkei, MAs. *B.* (*Acaudus*) *lychnidis* (L.)
Die sehr ähnlich aussehende Art *B.* (*Acaudus*) *klugkisti* (BÖRNER) besiedelt nur *Silene dioica*. MEur, Großbritannien, Schweden.

3* An *Prunus*-Arten, im Frühj an bodennahen Schossen, od. Pfirsich, im Frühj an Zweigspitzen. Im Sommer u. Winter an den Wurzeln, anholozyklisch. 1,4–2,4 mm. DE, Großbritannien, SEur, Türkei, SAfrika, Simbabwe, Am, Australien, Neuseeland. Frankreich. [*B. semisubterraneus* BÖRNER, *B. persicaecola* (BOISDUVAL)] *Brachycaudus* (*Acaudus*) *persicae* (PASSERINI)

4 **(1)** Si der Apt farblos od. nur schwach gebräunt **5**

4* Si dunkel pigmentiert **6**

5 OS der Apt braungrau, Grundfärbung hellgrün. 1,2–1,8 mm. An *Spiraea salicifolia*, die Triebe durch starke Blattkräuselungen heftig verunstaltend. Während des Sommers auch an *Spiraea vanhouttei* dort in vereinzelt gerollten Blättern verborgen. DE, Polen, NEur, NAm. *B. spiraeae* (OESTLUND)

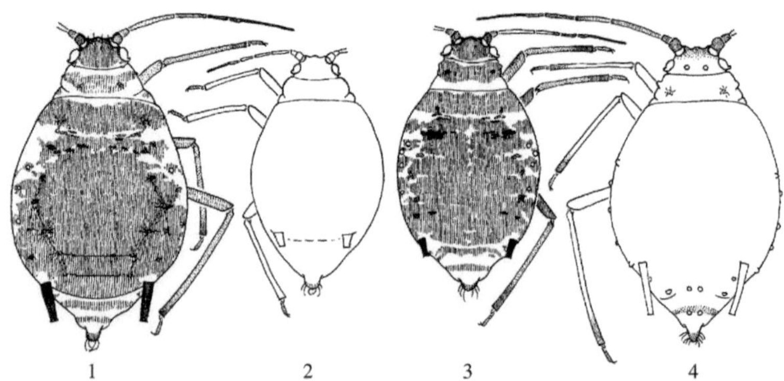

Abb. 208/1–4. 1 *Brachycaudus* (*Acaudus*) *cardui* von W II (1,6–2,5 mm); **2** *B. helichrysi* von W I (1,2–2 mm); **3** *B.* (*Appelia*) *prunicola* (1,8–2,2 mm); **4** *Dysaphis* (*Pomaphis*) *sorbi* von W I (an W I 2,2–3 mm, an W II 1,3–1,75 mm).

5* OS der Apt (mit Ausnahme der Fundatrix) unpigmentiert. Grundfärbung hellgrün, manchmal gelblich. 1,2–2,0 mm. Ww. W I: *Prunus vulgaris* u. *P. spinosa*, die Blätter ganzer Triebe sehr stark kräuselnd u. bis in den Sommer besiedelnd. W II: *Asteraceae* u. einige andere Pfl, z.B. *Myosotis* spp. u. *Trifolium pratense*, an letzterem in den Blütenköpfen u. in Samenbeständen Schäden verursachend. Eine anholozyklisch lebende Form überw in Gewächshäusern an *Cineraria* u. *Chrysanthemum*. Weltweit.
B. helichrysi (KALTENBACH) – **Kleine Pflaumenblattlaus** (Abb. **208**/2; **209**/2)

6 **(4)** Die RSpitze überragt die Hü des 3. BPaares. Grundfärbung hell gelblichgrün. 1,3–1,9 mm. Unterirdisch an *Plantago lanceolata*. Naumburg (Saale), Östereich, Frankreich, Großbritannien. *B.* (*Acaudus*) *lucifugus* F. P. MÜLLER

6* RSpitze das 3. HüPaar nicht erreichend **7**

7 An *Inula salicina*, in aufwärts rollenden Blättern. Auch an *I. hirta*. 1,0–1,2 mm. DE bis WAs. *B. salicinae* BÖRNER

7* An anderen Pfl. Grundfärbung braun od. (manchmal auf Pfirsich) olivgrün. 1,8–2,2 mm.
a) An Schlehe, starke Blattkräuselungen u. Triebstauchungen. Eur.
B. (*Appelia*) *prunicola* (KALTENBACH) (Abb. **208**/3; **209**/3)
b) An Pfirsich, starke Blattkräuselungen u. Triebverkrümmungen. MEur, Bulgarien, Türkei. *B.* (*Appelia*) *schwartzi* (BÖRNER) – **Schwarzgefleckte Pfirsichlaus**
c) An *Tragopogon pratensis*, in Blattscheiden u. am Stängelgrund. Eur.
B. (*Appelia*) *tragopogonis* (KALTENBACH)

Gattung *Dysaphis* BÖRNER

1 An *Pomoideen* (W I), auffallende Blattrollungen hervorrufend. Alle Arten mit Ww, an W II (Pfl vgl. 2–6) unterirdisch od. in unmittelbarer Bodennähe **2**

1* An Lilien- u. Schwertliliengewächsen od. an unterirdischen u. bodennahen Teilen von *Rumex* od. *Valeriana*. Kein Ww **7**

2 Si farblos. Zw stark gerollten Blättern von *Sorbus aucuparia* bis in den Sommer. W II *Campanula*-Arten. An W I grün, 2,2–3,0 mm. An W II gelblich, 1,3–1,75 mm. Eur, Türkei. *Dysaphis* (*Pomaphis*) *sorbi* (KALTENBACH) (Abb. **208**/4; **209**/4)

2* Si dunkel **3**

3 An Apfel **4**

3* An anderen *Pomoideen* **5**

4 Fundatrizen u. die im allgemeinen vollständig ala erste fundatrigene Gen in längs gerollten u. rot verfärbten Blättern.
a) W II *Valeriana*. M- u. OEur, Italien, Schweden, Großbritannien.
D. brancoi (BÖRNER)
b) W II *Anthriscus sylvestris*. M- u. OEur, Großbritannien. *D. anthrisci* BÖRNER
c) W II *Chaerophyllum* spp. M- u. OEur, Großbritannien. *D. chaerophylli* (BÖRNER)

4* Fundatrizen u. ± große Zahl apt fundatrigener Gen in quer gerollten, etwas gekräuselten u. höchstens gelblich verfärbten Blättern. 2–2,7 mm. W II *Plantago*-Arten. Eur, Türkei, WAs, NAfrika, NAm.
D. (*Pomaphis*) *plantaginea* (PASSERINI) – **Mehlige Apfellaus** (Abb. **210**/1; **209**/5)

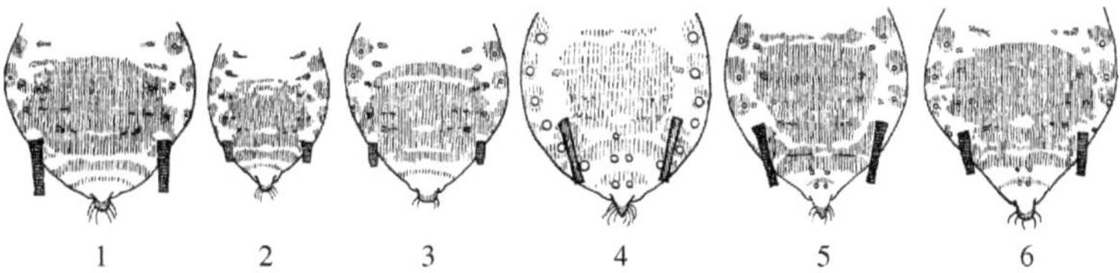

Abb. 209/1–6. Zeichnung der OS des Hlb bei Ala: **1** *Brachycaudus* (*Acaudus*) *cardui* von W II; **2** *B. helichrysi* von W II; **3** *B.* (*Appelia*) *prunicola*; **4** *Dysaphis* (*Pomaphis*) *sorbi*; **5** *D.* (*Pomaphis*) *plantaginea*; **6** *D. crataegi*.

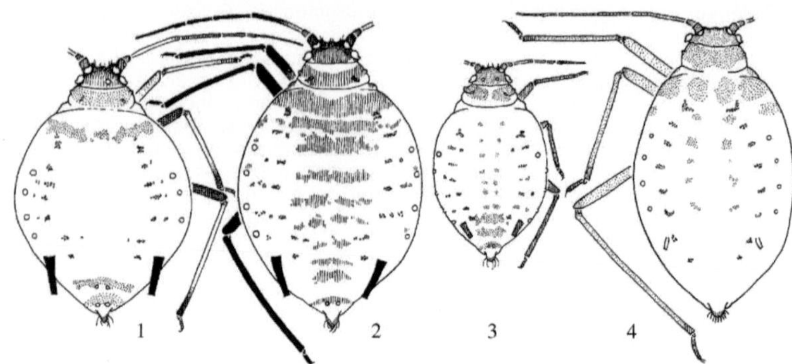

Abb. 210/1–4. 1 *Dysaphis* (*Pomaphis*) *plantaginea* von W I (2–2,7 mm); **2** *D.* (*Pomaphis*) *aucupariae* von W I (2,2–2,3 mm); **3** *D. crataegi* von W II (1,5–2,2 mm); **4** *Plocamaphis amerinae* (3,4–4,5 mm).

5 **(3)** Fundatrizen u. die im allgemeinen vollständig ala erste fundatrigene Gen in blasenförmigen gerollten Blattgallen an *Crataegus* **6**

5* Auch apt Fundatrigenien vorhanden.
a) An *Sorbus torminalis* in blasenförmigen, gelblich od. rötlich verfärbten Blattrollen, welche hauptsächlich an bodennahen Zweigen vorkommen u. nesterweise zusammenstehen. W II *Plantago*-Arten. Großbritannien bis Krim.
D. (*Pomaphis*) *aucupariae* (Buckton) (Abb. **210**/2)
b) An Birne, Blätter unregelmäßig kräuselnd u. rollend, auch an Triebspitzen. Bräunlich rot bis dunkel braun. W II *Galium*-Arten. Eur, As.
D. (*Pomaphis*) *pyri* (Boyer De Fonscolombe) – **Mehlige Birnblattlaus**

6 Blattrollen gelblich, höchstens etwas rötlich überlaufen. W II *Ranunculus*-Arten. Eur, MAs. *D. ranunculi* (Kaltenbach)

6* Blattrollen leuchtend rot bis dunkel rot. Mindestens 4 Arten.
a) Ww hauptsächlich zu *Daucus*. Eur, Türkei, MAs, NAm.
D. crataegi (Kaltenbach) (Abb. **210**/3; **209**/6)
b) Ww hauptsächlich zu Petersilie. MEur, Großbritannien.
D. apiifolia petroselini (Börner)
c) Ww hauptsächlich zu *Heracleum sphondylium*. DE, Niederlande, Großbritannien, Polen, Ukraine. *D. lauberti* (Börner)
d) Ww zu *Angelica*. MEur, Großbritannien. *D. angelicae* (Koch)

7 **(1)** An Zwiebeln u. Knollen von *Liliaceae* u. *Iridaceae*, hauptsächlich von *Tulipa* u. *Gladiolus*. Anholozyklisch lebend, deshalb auch über Winter in Lagerräumen u. Transporten. Olivenfarbig grünfleckig, durch Bepuderung grau erscheinend. 1,5–2,1 mm. Si braun, etwas kürzer als der Abstand zw den FWurzeln. F halb so lg wie der Körper. Weltweit. *Dysaphis tulipae* (Boyer De Fonscolombe)

7* An zweikeimblättrigen Pfl. Si so lg od. etwas länger als der Abstand zw den FWurzeln **8**

8 An Wurzeln von *Valeriana officinalis*. Si hellbraun durchscheinend. [Die ebenfalls an Baldrianwurzeln vorkommenden Exsules von *D. brancoi* (Börner) haben dunkelbraune Si.] Grundfärbung fleckig grün bis olivenfarbig, manchmal mit leicht rötlichem Stich. 1,7–2,3 mm. MV, Polen. *D. leefmansi krumbholzi* F. P. Müller

8* Am Wurzelstock u. an Stängelbasen von *Rumex*-Arten. Si dunkel. Grundfärbung dunkel bläulich mit ockerfarbigen Flecken an den Si od. ganz ockerfarbig. Eur außer S. In OEur Ww mit *Malus* als W I, Befallsbild an Apfel ähnlich **4**.
D. radicola (Mordvilko)

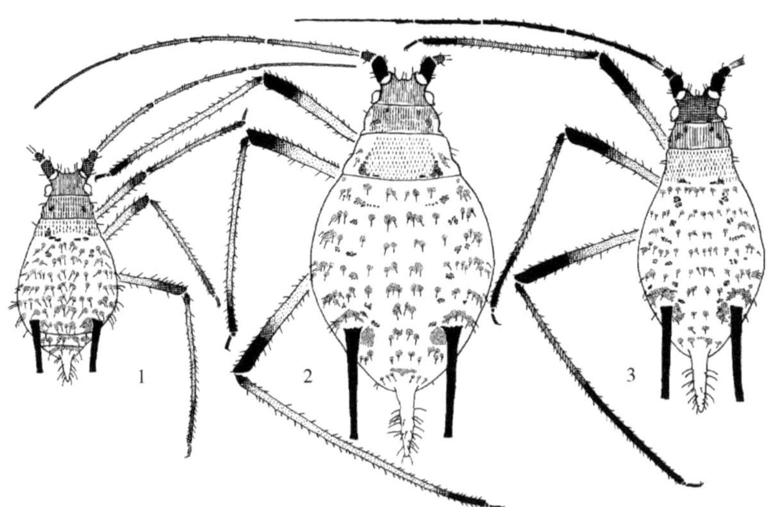

Abb. 211/1–3. 1 *Uroleucon* (*Uroleucon*) *achilleae* (2–2,4 mm); **2** *U.* (*Uroleucon*) *cirsii* (4–4,5 mm); **3** *U.* (*Uroleucon*) *obscurum* (2,7–3,3 mm).

Gattung *Uroleucon* MORDVILKO

Groß, ziemlich schlank od. länglich birnförmig, rötlichbraun bis schwarzbraun, glänzend, größere Tiere oft mit Metallglanz, die meisten Arten mit regelmäßig angeordneten dunklen Punkten auf dem Rücken. Si lg u. schlank, $^1/_5$–$^1/_3$, meist $^1/_4$ der KörperLg. ♂♂ als L u. Adulte meist grün. Monophag od. oligophag an Korbblütengewächsen od. Glockenblumengewächsen. Die Kolonien enthalten große Mengen von rötlichen od. rötlichbraunen L u. siedeln bei den meisten Arten an den Stängeln von den Blütenköpfen abwärts. Läuse mit dem K nach unten sitzend, lassen sich bei Störungen, die größeren Tiere zuerst, fallen. Einige Arten an der US älterer Blätter. 27 Arten. Je eine *Uroleucon*-ähnliche Art der Gattungen *Paczoskia* MORDVILKO u. *Macrosiphoniella* DEL GUERCIO wurden aus bestimmungstechnischen Gründen mit in den *Uroleucon*-Schlüssel aufgenommen.

1 Cauda sehr hell, gelblichweiß. *Uroleucon* s. str. **2**
1* Cauda schwarz, ebenso dunkel wie die Si. Untergattung *Uromelan* MORDVILKO . . **8**
2 Cauda ziemlich kurz, so lg wie der Abstand zw den FWurzeln **3**
2* Cauda lg, finger- od. säbelförmig, viel länger als der Abstand zw den FWurzeln . **4**
3 Si braun, nur an Basis u. Spitze dunkel. B gelblich, ohne dunkle Knie. Körper rot bis bräunlichrot, birnförmig, 2,5–3,4 mm. An Rainfarn (*Tanacetum*), an der US der unteren Blätter, welche gelb werden u. schließlich vertrocknen. Eur. [*Dactynotus tanaceticola* (KALTENBACH)] *U.* (*Uroleucon*) *tanaceti* (L.)
3* Si schwarz. B gelblich, aber SchenkelE u. Knie schwarz. Dunkel rotbraun, stark glänzend. An Schafgarbe (*Achillea millefolium*), an der US der unteren Blätter, welche braun u. trocken werden können. 2,0–2,4 mm. Eur.
U. (*Uroleucon*) *achilleae* (KOCH) (Abb. **211**/1)
4 **(2)** Rücken der Apt mit dunklen segmental angeordneten schwarzen Punkten (Sklerite), welche 1 od. mehrere Haare tragen **5**
4* Auf der M des HlbRückens der Apt keine od. nur undeutliche dunkle Punkte . . . **7**

5 3. FGld u. basale Hälfte des 4. FGld gelb bis bräunlichgelb. Dunkelbraun, OS mit Erzglanz. Auffallend große Art. 4,0–5,2 mm. An *Cirsium oleraceum*, *C. arvense* u. a. *Cirsium*-Arten, an den oberen Stängelteilen u. zw den Blütenköpfen. Eur.
U. (*Uroleucon*) *cirsii* (L.) (Abb. **211**/2)

5* F in ganzer Lg dunkelbraun bis schwarz **6**

6 Unmittelbar vor der SiBasis ein bogenförmiger Pigmentfleck. Schenkel distal mindestens in $^1/_3$ der SchenkelLg schwarz.
a) An *Chondrilla juncea*. Braun, ca. 3,8 mm. S- u. MEur, Türkei, WAs.
U. (*Uroleucon*) *chondrillae* (Nevsky)
b) An *Cichorium*, *Crepis*, *Leontodon* u. *Tragopogon*. Ein aus mehreren bionomischen Rassen bestehender Formenkreis. Braun. 3,1–4,4 mm. Eur, Türkei.
U. (*Uroleucon*) *cichorii* (Koch)
c) An *Hypochaeris radicata*. Braun. 3,1–3,7 mm. W- u. MEur, Großbritannien, Dänemark, SSchweden. *U.* (*Uroleucon*) *hypochoeridis* (Hille Ris Lambers)
d) An *Hieracium laevigatum*, *H. umbellatum* u. verwandten *Hieracium*-Arten. Rotbraun bis bronzebraun. 2,7–3,3 mm. Eur.
U. (*Uroleucon*) *obscurum* (Koch) (Abb. **211**/3)
e) An *Hieracium pilosella*. Dunkel rötlichbraun. Etwa 2,4 mm. Eur.
U. (*Uroleucon*) *pilosellae* (Börner)
f) An *Picris hieracioides*. Dunkelbraun. Etwa 3,5 mm. Eur, Türkei, Israel.
U. (*Uroleucon*) *picridis* (F.)

6* Unmittelbar vor der SiBasis kein Pigmentfleck. An den Schenkeln nur die E etwas angedunkelt. Dunkelbraun. OS stark glänzend. 2,2–3,0 mm. An *Lactuca muralis*, an Stängeln u. Blütenständen. Eur. *U.* (*Uroleucon*) *muralis* (Buckton)

7 **(4)** Si bräunlichgelb, nur Basis u. Spitze dunkel. SchenkelE nur wenig gedunkelt. Braun, manchmal braun mit grünlich. 3,0–3,8 mm. An Huflattich (*Tussilago*), BlattUS. Eur bis MAs. *U.* (*Uroleucon*) *tussilaginis* (Walker) (Abb. **213**/1)

7* Si ganz schwarz, SchenkelE schwarz. Dunkelbraun, mit Metallglanz. 3,3–4,5 mm. An *Sonchus* spp., auch an *Lactuca sativa*. Eur u. Afrika bis MAs, Am.
U. (*Uroleucon*) *sonchi* (L)

8 **(1)** Cauda zungenförmig, die halbe SiLg nicht erreichend **9**

8* Cauda finger- bis säbelförmig, mindestens halb so lg wie die Si **11**

9 Si ziemlich dick, ihr Ø breiter als die HSchienen, ca. $^1/_4$ der KörperLg. Cauda ca. doppelt so lg wie an der Basis breit **10**

9* Si sehr schlank, gegen die Spitze gleichmäßig verjüngt, in der distalen Hälfte ebenso schmal wie die HSchienen, fast $^1/_3$ der KörperLg. Cauda 3-mal so lg wie an der Basis breit. Schenkel u. Schienen überwiegend hellgelblichbraun. Braun, stark glänzend. 4,2–4,4 mm. An *Echinops sphaerocephalus*, BlattUS, auch Stängel. Eur, Türkei, Libanon, Israel, MAs. *Paczoskia major* Börner

10 B hellbraun, nur BE u. distale Hälfte der Schenkel schwarz. Rötlichbraun, ca. 2,7 mm. *Carlina acaulis*, US u. Stiel der bodennahen Blätter. DE, Polen, Ukraine, Frankreich.
Uroleucon (*Uromelan*) *carlinae* (Börner)

10* B mit Ausnahme der helleren Schenkelbasis ganz schwarz. Jedes RückenSgm mit einer Querreihe warzenförmiger Skleroite. Dunkelbraun, mit Bronzeglanz. 2,7–3,8 mm. An *Taraxacum officinale*, BlattUS. Eur, NAm.
U. (*Uromelan*) *taraxaci* (Kaltenbach)

11 **(8)** Si höchstens so lg wie die Cauda (nur bei Tieren an *Jasione montana* mitunter ganz wenig länger) **12**

11* Si deutlich länger als die Cauda **13**

12 Haare der OS auffallend lg, fast halb so lg wie Si, stehen auf sehr kleinen dunklen Punkten. Si $^1/_8$ der KörperLg, nur $^2/_3$ der Lg der Cauda. Schienen bis auf Knie u. distales E bräunlichgelb. Dunkelbraun, glänzend. 1,8–2,3 mm. An *Chrysanthemum indicum*, in Gewächshäusern an dieser Pfl ein häufiger Schaderreger. Während des Sommers auch im Freien. Vermehrung nur parthenogenetisch. Weltweit.
Macrosiphoniella sanborni (Gillette)

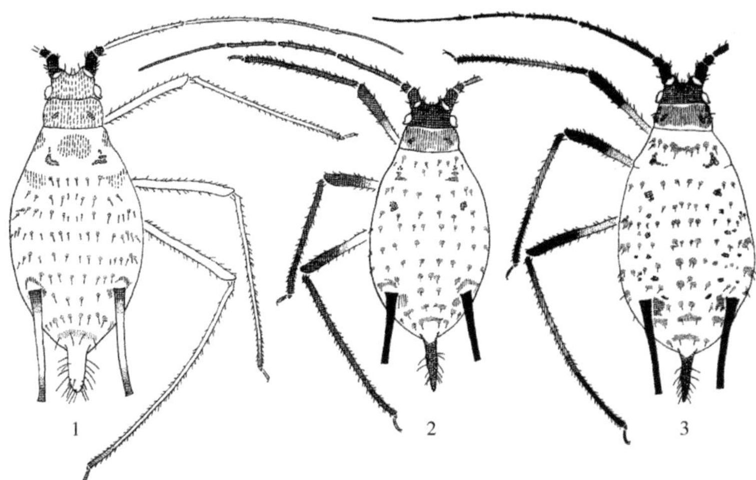

Abb. 213/1–3. 1 *Uroleucon* (*Uroleucon*) *tussilaginis* (3–3,8 mm); **2** *U.* (*Uromelan*) *campanulae* (2,1–2,8 mm); **3** *U.* (*Uromelan*) *jaceae* (2,8–4,3 mm).

12* Haare des OS nicht auffallend lg, auf deutlichen Skleroiten stehend. Si $^1/_5$–$^1/_4$ der KörperLg, so lg wie die Cauda. Schienen dunkelbraun bis schwarz. Dunkelrotbraun, glänzend. 2,1–2,8 mm. An *Campanula rotundifolia* u. *Jasione montana*, in kleinen Kolonien an den Blütenstängeln. Eur.
U. (*Uromelan*) *campanulae* (KALTENBACH) (Abb. **213**/2)

13 **(11)** Si $^1/_3$ der KörperLg u. doppelt so lg wie die Cauda.
a) Dunkelrotbraun, glänzend. 2,3–3,4 mm. An *Solidago virgaurea*, Blütenstängel, Eur. *U.* (*Uromelan*) *solidaginis* (F.)
b) Schwarzbraun, metallisch glänzend, 4,0–4,8 mm. An *Centaurea montana*, US der Stängelblätter. Ba. *U.* (*Uromelan*) *montanivorus* MOSBACHER

13* Si $^1/_4$ der KörperLg u. $1^1/_2$-mal so lg wie die Cauda.
a) Dunkelbraun, manchmal mit Metallglanz. 2,8–4,3 mm. An *Centaurea* spp., am Stängel, oft sehr große Kolonien. Eur, Ägypten, Israel, Türkei, MAs.
U. (*Uromelan*) *jaceae* (L.) (Abb. **213**/3)
b) Sehr dunkel braun, fast schwarz, mit Metallglanz. 4,0–4,8 mm. An *Carduus* spp., auch *Cirsium arvense*, *C. palustre*, am Stängel, oft sehr große Kolonien. Eur, Türkei, MAs. *Uroleucon* (*Uromelan*) *jaceae aeneus* HILLE RIS LAMBERS
c) Rotbraun, glänzend. 3,1–3,7 mm. An *Erigeron acris*, am Stängel. Eur.
U. (*Uromelan*) *similis* HILLE RIS LAMBERS
d) Dunkelbraun, manchmal vermischt mit grünlichen Farbtönen u. mit Erzglanz. 2,8–3,9 mm. An Glockenblumen (*Campanula glomerata*, *C. latifolia*, *C. medium*, *C. trachelium* u. *C. rapunculoides*), am Blütenstängel u. BlattUS. Blätter werden im Frühj gekräuselt u. längs nach unten gerollt, im Sommer gelbfleckig. DE, Großbritannien, SSchweden, Polen. *U.* (*Uromelan*) *nigrocampanulae* (THEOBALD)

Gattung *Macrosiphoniella* DEL GUERCIO

Mittelgroß bis groß, oval bis länglichoval. Mit verschiedenartiger Wachsbedeckung, welche die SgmGrenzen u. einen ± großen Bezirk des Rückens frei lassen kann. (Ei-

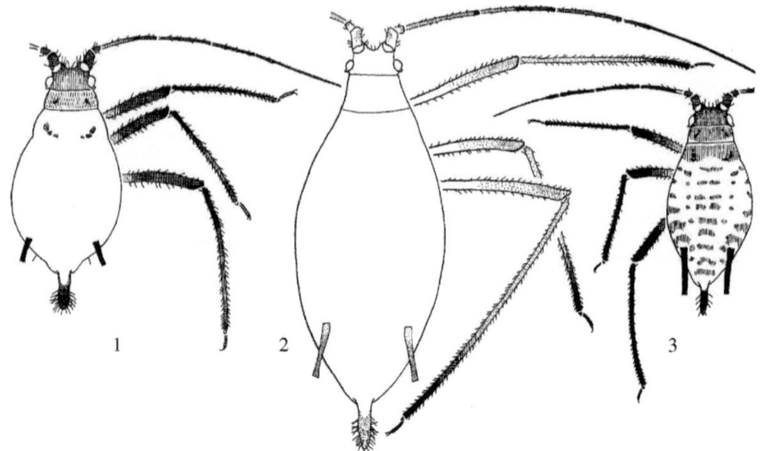

Abb. 214/1–3. 1 *Macrosiphoniella artemisiae* (2,1–2,9 mm); **2** *M.* (*Phalangomyzus*) *oblonga* (3,1–5 mm); **3** *M. dimidiata* (1,8–2,7 mm).

nige Arten ohne Puder, diese s. unter *Uroleucon* u. *Macrosiphum*). Au meist rot. An Anthemideen od. Asteroideen, meist an den Stängeln. Immer ohne Ameisenbesuch. Manche Arten lassen sich bei Störungen fallen u. stellen sich tot. 24 Arten.

1 Grundfärbung der Virgines grün bis gelblichgrün, im Spätsommer manchmal rötlichgelb **2**

1* Grundfärbung dunkelrot, rötlichbraun od. dunkelbraun. Si immer ganz schwarz . . **5**

2 Si, Cauda, F u. B bis auf die helleren Schenkelbasen schwarz. [SiBasis -nur bei *M. ptarmicae* HILLE RIS LAMBERS (an *Achillea ptarmica*) gelegentlich etwas aufgehellt] **3**

2* Si an der Basis hell, nur an der Spitze dunkel. Cauda, F u. B zum mindesten in großer Ausdehnung hell **4**

3 Rücken mit zahlreichen haartragenden schwarzen Plättchen (Skleroite). An *Achillea millefolium*, gelegentlich auch *A. ptarmica*, am Stängel u. zw den Blütenköpfen. Gelblichgrün bis grün, K braun. Weißgrauer Wachspuder auf dem Rücken in Querstreifen angeordnet, eine MLinie u. je einen Fleck vor den Si frei lassend. 2,5–3,6 mm. Si $^1/_8$–$^1/_7$ der KörperLg, $^3/_4$–$^4/_5$ der CaudaLg. Eur. *M. millefolii* (DEGEER)

3* Rücken ohne schwarze Punkte (Skleroite)

a) An *Artemisia vulgaris*, manchmal auf benachbarte andere *Artemisia*-Arten übergehend. Stängel u. US der oberen Blätter. Gelblichgrün mit grauem Wachspuder, SgmGrenzen der OS u. ein medianer Längsstrich ohne Puder. 2,1–2,9 mm. Si $^1/_8$–$^1/_7$ der KörperLg, ca. $^2/_3$–$^3/_4$ der CaudaLg. Holarkt, Türkei, Nafrika.
M. artemisiae (BOYER DE FONSCOLOMBE) (Abb. **214**/1 u. **222**/2)

b) An *Tanacetum vulgare*, obere Stängelteile. Grün, querstreifig bepudert. 3,2–3,9 mm. Si $^1/_7$ der KörperLg, $^7/_8$ der CaudaLg. Eur, Sibiren, NAm, Argentinien.
M. tanacetaria (KALTENBACH)

c) An *Achillea ptarmica*, Triebspitzen u. zw den Blütenständen. Grün mit Querstreifen aus weißem Wachspuder, die in der M des HlbRückens breit unterbrochen sind. 2,5–3,6 mm. Si $^1/_8$–$^1/_7$ der KörperLg, $^3/_4$ der CaudaLg. MEur, S- u. MSchweden, Niederlande, Großbritannien, Frankreich. *M. ptarmicae* HILLE RIS LAMBERS

4 **(2)** B hellgrün, nur die SchenkelE leicht u. die BE stärker gedunkelt. Si basal in größerer Ausdehnung grün u. gegen die Spitze allmählich dunkler werdend, im distalen Drittel am schmalsten, gegen die Spitze wieder leicht erweitert. Grün, mit dunkler grünem Längsstrich auf dem Rücken, querstreifig bepudert. Körper groß, länglich, 3,1–5,0 mm. Si so lg wie die Cauda, $^1/_8$ der KörperLg. *Artemisia vulgaris* BlattUS u. Stängel. Im Herbst häufig in Gewächshäusern an *Chrysanthemum indicum*, dort auch die schlanken braunen bereiften ♂♂. Eur, Türkei.

M. (*Phalangomyzus*) *oblonga* (MORDVILKO) (Abb. **214**/2)

4* B hellbraun, Schenkel u. Schienen in größerer Ausdehnung dunkelbraun. Si zylindrisch, nach der Spitze wenig u. gleichmäßig verjüngt, braun mit heller Basis. Grün, mit grauweißem Wachsmehl, von einer der WirtsPfl ähnlichen Gesamtfärbung. 1,9–2,3 mm. Si $^1/_6$ der KörperLg, so lg wie die Cauda. An *Artemisia maritima*, an Blättern u. Trieben. Bei Störungen lassen sich diese Läuse im Gegensatz zu anderen *Macrosiphoniella*-Arten nicht fallen, sondern klammern sich an den Pfl bes. fest; offenbar eine Anpassung an den oft windexponierten Standort der WirtsPfl. Eur.

Macrosiphoniella pulvera (WALKER)

5 **(1)** HlbRücken der Apt mit Pigmentflecken in der Form von haartragenden Punkten od. unterbrochenen Querbändern **6**

5* HlbRücken der Apt ohne Pigmentflecke **8**

6 Cauda hellbraun. Wachspuder nur auf der BauchS u. nur als schwache Bereifung. OS etwas glänzend. Untergattung *Asterobium* HILLE RIS LAMBERS. Auf dem Rücken außer je einem bogenförmigen Pigmentfleck unmittelbar vor den Si nur regelmäßig angeordnete Skleroite, die nicht breiter sind als der ∅ der Si. VKörper dunkelbraun, Hlb vorn u. in der M grün, sonst braun. 2,3–2,9 mm. Si $^1/_8$ der KörperLg, so lg wie die Cauda. *Aster tripolium*, zw den Blütenständen. Eur. *M.* (*Asterobium*) *asteris* (WALKER)

6* Cauda schwarz. Auch auf dem Rücken Wachspuder. Pigmentierung des HlbRückens aus unterbrochenen Querbändern zusammengesetzt **7**

7 Si $^1/_7$ der KörperLg, so lg wie die Cauda. Dunkelrot bis dunkel bräunlichrot, violettweißlich bepudert. Auf dem Rücken ein puderfreier MFleck, auch die Umgebung der SiBasen ohne Puder. 2,1–2,8 mm. An *Artemisia absinthium*, an den Sprossspitzen. Eur, NAfrika, As. *M. absinthii* (L.)

7* Si $^1/_5$–$^1/_4$ der KörperLg, 1 $^1/_2$-mal so lg wie die Cauda. Dunkelbraun. M des Hlb manchmal olivengrün. Bepuderung hellviolett. Seitliche Flecken u. auf der RückenM kurze Querstreifen puderfrei. 1,8–2,7 mm. An *Artemisia campestris*, Sprossspitzen. Italien, DE, SSchweden, Polen. [*M. fasciata* (DEL GUERCIO)]

M. dimidiata BÖRNER (Abb. **214**/3)

8 **(5)** RSpitze die Hü des 3. BPaares nicht od. nur wenig überragend. Letztes RGl nur $^1/_3$–$^1/_4$ der CaudaLg. Cauda fingerförmig, so lg wie die Si **9**

8* RSpitze die Hü des 3. BPaares deutlich überragend. Letztes RGl lg u. schmal, etwas länger als die Cauda. Untergattung *Ramitrichophorus* HILLE RIS LAMBERS. Cauda spitz dreieckig, ca. halb so lg wie die Si. Rötlichbraun, in der Region der Si grünfleckig, mit bräunlich-weißem Wachspuder, ein runder Fleck auf der M des HlbRückens u. seitliche Flecke frei von Puder. 1,8–2,0 mm. Si $^1/_5$ der KörperLg. An *Helichrysum arenarium*, zw den Blütenständen. MV, Polen.

Macrosiphoniella (*Ramitrichophorus*) *janckei* BÖRNER

9 Dunkel rötlich mit grauem Wachspuder, spindelförmiger Fleck auf der M des HlbRückens u. Umgebung der SiBasen ohne Puder. Etwa 3,3 mm. Si $^1/_5$ der KörperLg. An *Leucanthemum maximum* u. *L. vulgare*, BlattUS, Gelbfleckung hervorrufend. Eur. [*M. trimaculata* HILLE RIS LAMBERS] *M. subterranea* (KOCH)

9* Braun mit grauem Wachspuder, spindelförmiger Fleck auf der M des HlbRückens u. je ein Fleck vor den Si ohne Puder. 2,4–3,0 mm. Si $^1/_6$ der KörperLg. An *Achillea millefolium*, US der unteren Blätter, welche braun u. trocken werden können. Eur.

M. usquertensis HILLE RIS LAMBERS

Gattung *Microsiphum* CHOLODKOVSKY

Ohne Ww in Kolonien unterirdisch sowie an unteren Stängelteilen u. am Rosettengrund von *Achillea*- u. *Artemisia*-Arten. Wahrscheinlich alle Arten monophag u. von Ameisen besucht. Körper meist 2,0–2,5 mm, birnförmig, mit ziemlich breitem Hlb.

Ohne deutliche FSockel, aber Stirnprofil konkav. Si nur ca. so lg wie breit. F u. B sehr dunkel. Bisher aus MEur nur 2 Arten bekannt.

1 Gelblichrot bis dunkelrot od. dunkelbraun. An *Achillea millefolium*. MEur, SSchweden. *M. millefolii* WAHLGREN

1* Dunkelrot. An *Artemisia vulgaris*. DE, Polen. *M. woronieckae* JUDENKO

Gattungen *Acyrthosiphon* MORDVILKO, *Linosiphon* BÖRNER, *Macrosiphum* PASSERINI, *Microlophium* MORDVILKO u. *Sitobion* MORDVILKO

Mittelgroß bis groß, mit lg Si. Mehrere Arten mit grün od. rot gefärbten Rassen. Manche grüne Arten haben rote ♂♂ od. rote Sexuales. L bei den meisten Arten bereift od. bepudert. Ala: K u. Br in verschiedenem Grade pigmentiert, HlbRücken bei stärker pigmentierten Arten oft mit dunklen SFlecken u. manchmal mit dunklen Querbändern, aber niemals mit zentralem kompaktem MFleck. Unterscheidung der 5 Gattungen durch mikroskopische Merkmale. *Linosiphon* (2 Arten), *Macrosiphum* (16 Arten) und *Sitobion* (6 Arten) haben an den SiE eine Netzskulptur, welche bei *Acyrthosiphon* (12 Arten) u. *Microlophium* (2 Arten) fehlt. Haare am 3. FGld sind bei *Macrosiphum* länger (>$^1/_2$ so lg wie ∅ Basis 3. FGld) als bei *Linosiphon* u. *Sitobion* (<$^1/_2$ so lg wie ∅ Basis 3. FGld).

1 Si der Apt ganz ohne Pigment od. hell od. hellbraun mit dunkler Spitze **2**

1* Si der Apt gleichmäßig braun bis schwarz, höchstens ein kleiner basaler Bezirk etwas heller **16**

2 Apt auf der ganzen Körperoberfläche ebenso wie die L mit Wachspuder **3**

2* OS der Apt ohne Wachspuder, höchstens die SgmGrenzen u. die US schwach bereift **4**

3 F $^4/_5$–$^8/_9$ der KörperLg. Hellgrün bis gelblichgrün mit feinem grauem Wachspuder, der auf dem Rücken querstreifig angeordnet ist. Breit spindelförmig, 2,5–2,8 mm. FSockel niedrig. Si $^2/_9$–$^1/_4$ der KörperLg. Si, F, B u. Cauda farblos, nur die Spitzen der Si u. F sowie die E des 3., 4. u. 5. FGld u. die BE gedunkelt. Ala: Nur K, Br u. Körperanhänge leicht gebräunt. An *Lactuca serriola*, an den Blütenköpfen u. deren Stielen, auch an *Lactuca sativa* u. *L. virosa*. Eur, Türkei, WAs, Kanada. [*Acyrthosiphon* (*Tlja*) *scariolae* NEVSKY] *Acyrthosiphon* (*A.*) *lactucae* (PASSERINI)

3* F ± so lg wie der Körper. Hellgrün mit grobem grauem Wachspuder, der segmentale Anordnung erkennen lässt. Untergattung *Liporrhinus* BÖRNER. Oval, etwas gewölbt, ca. 2,2 mm. FSockel niedrig, Si $^1/_5$ der KörperLg, Körperanhänge hell bräunlich durchscheinend. Ala: Nur K, Br u. Körperanhänge leicht gebräunt. An *Chelidonium majus*, einzeln od. in kleinen Gesellschaften an den Blütenstielen. Eur. *Acyrthosiphon* (*Liporrhinus*) *chelidonii* (KALTENBACH)

4 **(2)** L ohne Puder u. ohne Bereifung **5**

4* L schwach bereift bis bepudert u. dadurch von den Im. verschieden **7**

5 Letztes RGld so lg wie ∅ der Schenkel. FSockel divergierend. 4,4–4,8 mm, spindelförmig, grün mit dunkler grünem Längsstrich. Si $^1/_5$ der KörperLg, $1^1/_2$-mal so lg wie die Cauda. An *Tanacetum vulgare*, an den unteren Blättern. DE, Niederlande, Großbritannien, Schweden, Polen. [*M. pseudolineata* HILLE RIS LAMBERS] *Macrosiphoniella* (*Phalangomyzus*) *persequens* (WALKER)

5* Letztes RGld $1^1/_2$-mal so lg wie ∅ der Schenkel. FSockel gerundet, Färbung verschieden. 2,0–2,9 mm. Körperanhänge sehr hell bräunlich durchscheinend, fast farblos, spitzenwärts nur wenig gedunkelt. Si $^1/_4$ der KörperLg, doppelt so lg wie die Cauda. An anderen Pfl **6**

6 Ala mit dunkelbraunem K u. Br, mit in großer Ausdehnung dunkelbraun pigmentierten F u. B u. mit dunkelbraunen SFlecken u. ebensolchen Querstreifen auf dem Hlb. Apt blass gelb, stärker glänzend. BlattUS an *Primula vulgaris*, *P. veris* u. *P. kewensis*. Vermehrung ausschließlich, parthenogenetisch, in Gewächshäusern manchmal schädlich. DE, Großbritannien, SSchweden. *Acyrthosiphon primulae* (THEOBALD)

6* Ala: K, Br u. Körperanhänge wenig gebräunt. Ein Komplex, aus mehreren bionomisch u. farblich verschiedenen Unterarten u. Rassen bestehend. Die folgende Übersicht erhebt keinen Anspruch auf Vollständigkeit in bezug auf die angegebenen Wirtspflanzen u. Abgrenzung der Unterarten.

a) Grün. An *Pelargonium* spp., bes. *P. grandiflorum*. Vermehrung in der Hauptsache permanent parthenogenetisch u. am stärksten während des Winters in Gewächshäusern. Eur, SAfrika, NAm, Australien.
Acyrthosiphon malvae (MOSLEY) s. str. – **Pelargonienlaus**

b) Eine od. mehrere grüne Formen an *Geranium* spp., *Malva* spp., u. *Fragaria* × *magna* (Garten-Erdbeere), u. eine rote Form an *Geranium* spp. Eur, NAm.
Acyrthosiphon malvae (MOSLEY) (Abb. **217**/1)

c) Eine grüne Form an *Fragaria* spp., vielleicht mit einer der grünen Formen unter **b)** identisch. Virusüberträger. M- u. NEur, Niederlande, Großbritannien.
A. malvae rogersii (THEOBALD)

d) Grün. An *Alchemilla* spp. u. *Potentilla* spp. DE, S- u. MSchweden.
A. malvae potha (BÖRNER)

e) Hell gelblichgrün. Alle Tiere einschließlich der L stärker glänzend. An den oberen Stängelteilen, u. zw den Blüten von *Agrimonia procera* u. *A. eupatoria*. DE, Polen, Niederlande, Türkei. *A. malvae agrimoniae* BÖRNER

7 **(4)** Si so lg wie die Cauda, $^1/_8$ der KörperLg. F höchstens $^2/_3$ der KörperLg. Hellgelblichgrün bis grün. Oval. 2,1–2,8 mm. FSockel ziemlich niedrig. Körperanhänge fast farblos. An *Honckenya peploides*, am Stängel zw den fleischigen Blättern, auch an *Cakile maritima*. An der Küste in der Dünenregion. NDE, Dänemark, Großbritannien, Island. *Acyrthosiphon auctum* (WALKER)

7* Si deutlich länger als die Cauda. F mindestens KörperLg **8**

8 Si dünn, ihr ∅ in der M etwas kleiner als der ∅ der M der HSchienen **9**

8* Si schlank, aber ihr ∅ in der M mindestens so groß wie der ∅ der M der HSchienen **10**

9 Si fast farblos, $^1/_5$–$^1/_4$ der KörperLg. F so lg wie der Körper od. wenig kürzer, fast farblos, nur die E der Gld 3, 4 u. 5 ganz schwach gedunkelt. B fast farblos. Gelblichgrün. 2,8–4,2 mm. Si $1^1/_2$-mal so lg wie die Cauda. An *Euphorbia palustris* u. *E. esula*, Zweigspitzen u. BlattUS, die Blätter manchmal leicht kräuselnd. Eur, Türkei.
Acyrthosiphon euphorbiae BÖRNER

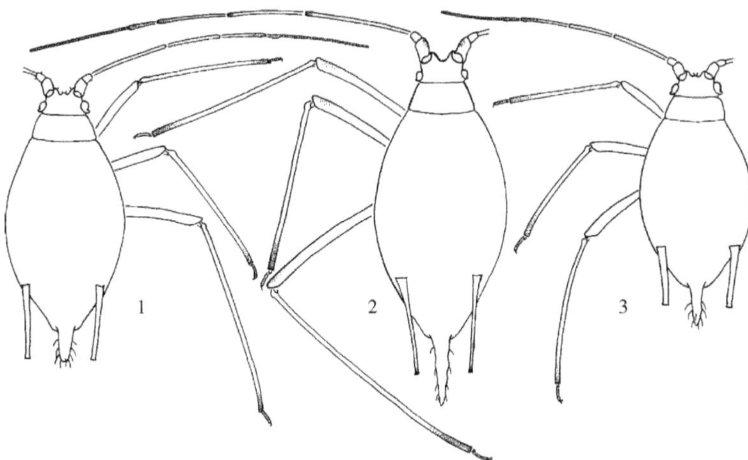

Abb. 217/1–3. 1 *Acyrthosiphon malvae* (2–2,9 mm),); **2** *A. pisum* (3,3–3,1 mm), ; **3** *A. loti* (2–3 mm).

9* Si gegen die Spitze ± leicht gebräunt, 1/4 der KörperLg od. etwas länger. F 1 1/5–1 3/5 der KörperLg. Spitzen der F u. der einzelnen FGld dunkelbraun. B hell, Spitzen der Schenkel u. Schienen sowie die Tarsen dunkel. Grün, gelblichgrün od. rot, an *Lotus uliginosus* außerdem gelb. Spindelförmig, 3,3–5,1 mm. Si 1 1/5–1 3/5-mal so lg wie die Cauda. Ala wie die Apt gefärbt, aber F, B u. Si dunkler, außerdem K u. Br schwach hellbräunlich pigmentiert; Si der Ala nur reichlich 1/5 der KörperLg. An oberen Stängelteilen u. an Blütenständen von zahlreichen krautigen Schmetterlingsblütengewächsen (*Pisum, Vicia, Trifolium, Medicago, Ononis, Lotus, Melilotus, Onobrychis, Sarothamnus* u. a.), oft in sehr umfangreichen Kolonien, manchmal mit Schadsymptomen. Ein Komplex von mehreren z. T. farblich verschiedenen Unterarten u. Rassen, von denen jede nur auf einer begrenzten Zahl von Fabaceen-Arten vorkommt. Alle Formen besiedeln *Vicia faba* u. *Capsella bursa-pastoris*. Die an *Pisum* (Erbse) lebenden grünen Formen mit oft etwas gelblichem Einschlag (Grüne Erbsenlaus, schädlich) haben Ww mit *Trifolium pratense* u./od. perennierenden *Vicia*-Arten als W I, alle übrigen Formen ohne Ww. Virusüberträger, weltweit.
Acyrthosiphon pisum (HARRIS) (Abb. **217**/2)

10 **(8)** Cauda 1/3 der SiLg. Grün, die L sehr hell grün mit grünem Längsstrich auf dem Rücken. Seltener in einer rötlichen Form auftretend. 3,1–4,0 mm. F hell bräunlich, die Spitze u. die E der einzelnen Gld dunkler, 1 1/3 der KörperLg. Si schlauchförmig, hell, 1/3 od. fast 1/3 der KörperLg, mit stark gerandetem E. BE dunkelbraun, sonst B hell. An *Urtica* spp. hauptsächlich *U. dioica*, US der Blätter. Eur.
Microlophium carnosum (BUCKTON)

10* Cauda mindestens halb so lg wie die Si. Nicht an *Urtica* (nur *Macrosiphum euphorbiae* (THOMAS) könnte an *Urtica* gefunden werden) **11**

11 Si von der Basis bis zur Spitze wenig aber gleichmäßig verjüngt, 1 1/2-mal so lg wie die Cauda **12**

11* Si im distalen 1/8 etwas enger, doppelt so lg wie die Cauda **13**

12 An Schmetterlingsblütengewächsen

a) An *Lotus corniculatus* u. *L. uliginosus*. Virgines grün, seltener rot. 2,0–3,0 mm. F ± so lg wie der Körper, hellbraun, an der Spitze dunkel u., im Gegensatz zu der auch auf *Lotus* vorkommenden Art *Acyrthosiphon pisum* (HARRIS), die E der FGld nicht gedunkelt. F deshalb nicht dunkel geringelt. Si 1/5–1/4 der KörperLg, hell, an der Spitze etwas gedunkelt. Ala: K, Br u. Körperanhänge hellbraun, Cauda u. basale Teile der B hellgrün. M-, W- u. NEur, Türkei. *Acyrthosiphon loti* (THEOBALD) (Abb. **217**/3)

b) An *Caragana arborescens, Colutea* spp. u. *Hippocrepis comosa*, BlattUS, bei *Caragana* auch an grünen Fruchthülsen. Grün. 2,6–3,7 mm. Si 1/4 bis fast 1/3 der KörperLg, hellbraun, sonst der vorhergehenden Art ähnlich. Großbritannien u. MEur bis Mongolei, Kanada. *Acyrthosiphon caraganae* (CHOLODKOVSKY)

12* An anderen Pfl

a) An Spiräen (*Spiraea vanhouttei, S. arguta, S. salicifolia*) oft sehr dichte Kolonien an den grünen Trieben. Hellgrün bis gelblichgrün, im Sommer auch grünlichgelb. 2,2–3,0 mm. F nur wenig länger als der Körper, hellbraun, gegen die Spitze allmählich etwas dunkler werdend. Si gelblich, 1/4 bis reichlich 1/4 der KörperLg. Ala: Kaum pigmentiert, K u. Br gelblich. MV, SSchweden, OEur, Mongolei.
Acyrthosiphon ignotum MORDVILKO

b) An *Vaccinium uliginosum*, Triebspitzen u. BlattUS. Grün o. rot. 2,0–2,6 mm. F ± 1 1/10-mal so lg wie der Körper. Körperanhänge mit Ausnahme der etwas gedunkelten F- u. BE hell. NWDE, MV, Polen, Schweden bis N, Rhön, Schweiz.
Acyrthosiphon knechteli (BÖRNER)

13 **(11)** Sehr hell grünlichweiß. *Daphne mezereum*, BlattUS. 3,3–3,9 mm. F 1 1/4–1 2/5, Si 1/3 der KörperLg. Körperanhänge bis auf die schwach gedunkelten B-, F- u. SiE farblos: Grundfärbung hellgrün; K, F, Br, distales Drittel der Schenkel u. die BE braun. Si bis auf die helle Basis braun. W-, M- u. NEur. *Macrosiphum daphnidis* BÖRNER

13* Grün od. rötlich **14**

14 Apt stark glänzend. Virgines nur in grüner Färbung bekannt. 1,7–2,4 mm. F etwas länger als der Körper. Si 1/4 der KörperLg. F-, B- u. SiE dunkel, sonst Körperanhänge ziemlich hell. *Galium*-Arten, an Trieben u. Blättern. WEur, Großbritannien, MV, Polen, SSchweden. [*Macrosiphum galiophagum* WIMSHURST]

Linosiphon galiophagum (WIMSHURST)

14* Apt glanzlos od. höchstens schwach glänzend, grüne Formen mit dunkler grünem Längsstrich auf dem Rücken. Si $^1/_4$–$^1/_3$ der KörperLg **15**

15 SchenkelE der Apt nicht auffallend gebräunt, Spitzen der Si heller als die BE. Körperanhänge der Apt meist fast ohne Pigment u. wie der Körper gefärbt, nur die Tarsen, das 6. FGld, die Spitzen des 3., 4. u. 5 FGld u. manchmal die Spitzen der Si leicht gebräunt. Grün, seltener auch in einer roten Form auftretend. Länglich oval, 2,5–3,8 mm. F ca. 1$^1/_{10}$ der KörperLg. Ala mit gelblichem K u. Br u. nur wenig mehr als die Apt pigmentiert. Polyphag, an zahlreichen PflArten, häufig an Kartoffel. In MEur Fortpfl in der Hauptsache permanent parthenogenetisch, deshalb nicht s während des Winters in Gewächshäusern, dabei bes. stark an Cinerarien („*Läuseprimel*“) auftretend. Wichtiger Virusüberträger. Weltweit.

Macrosiphum euphorbiae (THOMAS) – **Grünstreifige Kartoffellaus** (Abb. **219**/1)

15* E der Schenkel, der Schienen u. der Si braun bis dunkelbraun. Spitzen der Si dunkel, manchmal fast schwarz u. ebenso dunkel wie die BE.

a) An *Filipendula ulmaria*, Sprossspitzen. Grün, s rötlich. Breit spindelförmig. 3,6–4,0 mm. F so lg wie der Körper, braun. Ala: K u. Br braun, F schwarz, B u. Si bis auf die helle Basis braun bis dunkelbraun. Island, Eur, Türkei, WAs.

Macrosiphum cholodkovskyi (MORDVILKO)

b) An *Geum*- u. *Chaerophyllum*-Arten u. *Anthriscus sylvestris*, BlattUS od. obere Stängelteile. Im Frühj grün, später grün od. rötlichviolett mit grünem Querstreifen an der Ansatzstelle der Si. Spindelförmig, meist schlank. 3,3–4,9 mm. F 1$^1/_{10}$–1$^1/_4$-mal so lg wie der Körper, meist die distalen $^3/_5$ gebräunt. Pigmentierungsgrad der Ala ähnlich wie bei der vorhergehenden Art. Eur. *Macrosiphum gei* (KOCH) (Abb. **219**/2)

c) An *Stellaria holostea, Dianthus, Valeriana officinalis, Papaver* spp. (Mohn) u. anderen Pfl. WirtsPfl z.T. mit *M. euphorbiae* gemeinsam, aber nicht an Kartoffel. Im Frühj grün, später grün od. ziemlich dunkel violettrot bis violettbräunlich u. mit grünem Querstreifen an der Ansatzstelle der Si. Spindelförmig, 2,3–4,3 mm. F so lg bis 1$^1/_3$-mal so lg wie der Körper. Großbritannien, Dänemark, MV, Masuren. Wohl weiter v, wurde bis vor kurzem nicht von *M. euphorbiae* unterschieden.

Macrosiphum stellariae THEOBALD

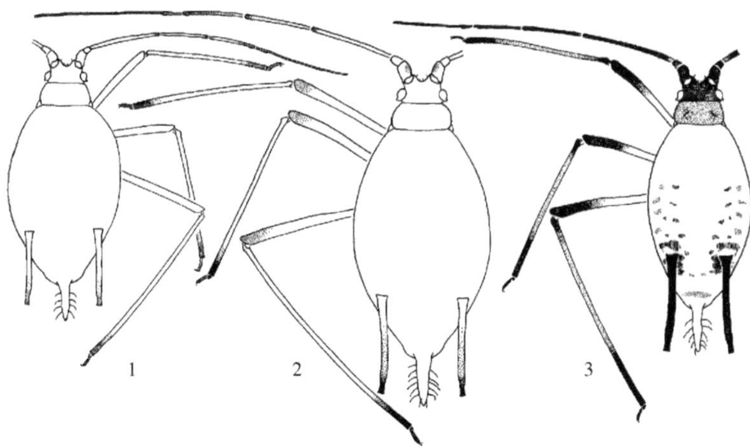

Abb. 219/1–3. 1 *Macrosiphum euphorbiae* (2,5–3,8 mm); **2** *M. gei* (3,3–4,9 mm); **3** *M. rosae* von W II (2,8–4,1 mm).

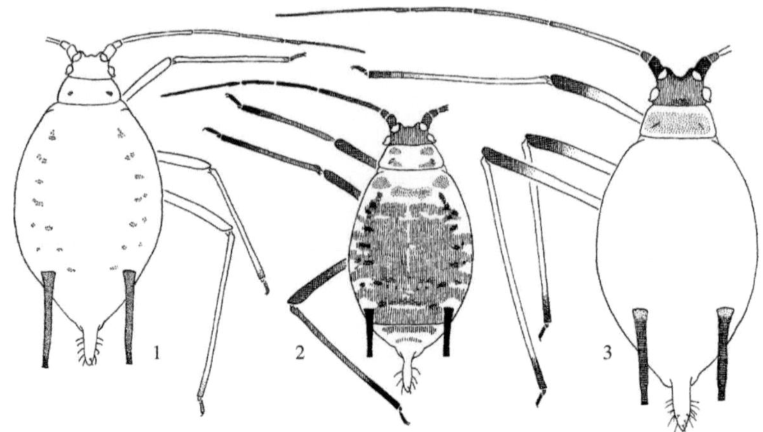

Abb. 220/1–3. 1 *Sitobion fragariae* von W I (2–3,5 mm); **2** *S. avenae* (1,9–3,3 mm); **3** *Macrosiphum trollii* (3–4,3 mm).

16 **(1)** Cauda nur wenig kürzer als die Si **17**

16* Cauda ca. halb so lg wie die Si **18**

17 F 1,0–1,2-mal so lg wie der Körper, schwarz. Gelblichgrün bis grün, mit schwarzem K. 2,2–3,3 mm. Si $^1/_5$ der KörperLg, schwarz, oft mit heller Basis, ziemlich dünn, kaum länger als die helle Cauda. B in großer Ausdehnung dunkel. An *Euphorbia cyparissias* u. *E. esula*, BlattUS. Eur. Türkei. *Acyrthosiphon cyparissiae* (KOCH)

17* F $^4/_5$–$^9/_{10}$ der KörperLg, zum mindestens das 3. Gld heller u. braun. Gelblichgrün, grün, rot, rotbraun bis fast schwarz mit allen Übergängen, Rücken meist in verschiedenen großem Ausmaß u. häufig ziemlich dunkel pigmentiert. Breit spindelförmig, 1,9–3,3 mm. Si $^1/_6$ der KörperLg, schwarz, mit verbreiteter Basis. B bräunlichgelb, ein verschieden großer distaler Teil der Schenkel u. die BE dunkelbraun bis schwarz. Ala: K u. Br dunkelbraun, F, Si u. der größte Teil der Schenkel u. die BE schwarz. Hlb mit braunen SFlecken u. in der M sehr breit unterbrochenen Querstrichen; Cauda hell. Ohne Ww an zahlreichen Gräsern, häufig an den grünen Ähren von Roggen u. Weizen, im Sommer auch an *Typha latifolia, Triglochin* spp., *Iris* spp., *Spergula arvensis* u. *Capsella bursa-pastoris*. Weltweit.
Sitobion avenae (F.) – **Getreidelaus** (Abb. **220**/2; **222**/3)

18 **(16)** SchenkelE der Apt höchstens nur schwach gedunkelt. B hell bräunlichgelb, nur die E der Schienen u. die Tarsen schwarz. Gelblichgrün bis grasgrün (W I) od. grün bis schmutzig grün, s rötlich (W II), glänzend, oval bis spindelförmig. 3,0–3,5 mm (W I) od. ca. 2 mm (W II). Rücken s durch Pigment gedunkelt. Si an W I oft hellbraun, manchmal mit dunklerer Spitze, an W II schwarz, $^1/_4$ bis reichlich $^1/_4$ der KörperLg. F an W I wenig kürzer als der Körper u. gelblich mit gedunkeltem E, an W II wenig länger als der Körper u. meist vollkommen schwarz. Pigmentierung der Ala wie bei der vorhergehenden Art, bei den herbstlichen Ala auf dem HlbRücken häufig zusammenhängende unregelmäßige Querbänder. Ww. W I: Brombeeren u. Rosen, im Frühj in dichten Kolonien an den grünen Trieben, bei starkem Befall die Blätter etwas wölbend, seltener an Erdbeeren. W II: Zahlreiche Süßgräser, im Gegensatz zu der vorhergehenden Art anscheinend mehr an feuchteren u. etwas schattigen Stellen. Auch an *Carex sylvatica* u. *Typha latifolia*. Eur, Kanada.
Sitobion fragariae (WALKER) (Abb. **220**/1; **222**/4)

18* SchenkelE der Apt dunkelbraun bis schwarz, ebenso dunkel wie die BE **19**

19 Unmittelbar vor der Ansatzstelle der Si meist ein bogenförmiger brauner bis schwarzer Pigmentfleck, ein ebenso gefärbter großer Fleck von unregelmäßiger Form unmittelbar hinter den Si. Schenkel distal mindestens in $^1/_4$ der Lg dunkelbraun bis schwarz. Grün od. rotbraun. Spindelförmig, 2,8–4,1 mm. K dunkelbraun bis schwarz, Pronotum meist braun. F so lg od. wenig länger als der Körper, in größerer Ausdehnung schwarz. Si $^1/_3$ der KörperLg, schwarz, manchmal braun, oft nach außen gebogen, etwas mehr als doppelt so lg wie die helle Cauda. Ala: K, Br, Si, in großer Ausdehnung die B u. seitliche Flecke des HlbRückens schwarz. Mit Ww. W I: Rosen, Triebspitzen, oft noch im Spätsommer mit Massenauftreten. W II: *Dipsacaceae* u. *Valerianaceae*, bes. *Knautia*, *Succisa* u. *Valeriana*. Weltweit.
Macrosiphum rosae (L.) – **Große Rosenblattlaus** (Abb. **219**/3)

19* An der Si-Ansatzstelle bei den Apt keine braunen Flecke, höchstens bei der an Brombeeren lebenden Art manchmal vor den Si ein blass bräunlicher Fleck. Schenkel der Apt nur an der Spitze braun od. schwarz **20**

20 An Brombeeren, Triebspitzen. Grün od. rot bis dunkelbraun, glänzend. 3,0–4,2 mm. F 1–1$^1/_5$ der KörperLg, Gld 3 u. 4 hellbraun mit dunkler Spitze, sonst F schwarz. Si $^1/_3$ der KörperLg, schwarz od. braun mit hellerer Basis, mehr als doppelt so lg wie die helle Cauda. Ala: K u. Br dunkelbraun, F u. Si dunkelbraun bis schwarz, B hellbraun, Schenkel- u. BE schwarz. Eur. *Macrosiphum funestum* (MACCHIATI)

20* An *Trollius*-Arten. Hell gelblichgrün. Oberfläche der Apt glanzlos. 3,0–4,3 mm. K braun. F nur wenig länger als der Körper, bis 1$^1/_{10}$ der KörperLg. FBasis, FGldE u. FSpitze sowie SchenkelE u. BE dunkelbraun, sonst Grundfärbung der B u. F sehr hell. Si $^2/_7$ der KörperLg, braun, manchmal mit hellerer Basis, doppelt so lg wie die helle Cauda. Schweiz, DE, Schweden. *Macrosiphum trollii* BÖRNER (Abb. **220**/3)

Gattung *Metopolophium* MORDVILKO

Mittelgroß, länglichoval, meist grün bis sehr hell u. ohne Wachspuder. Ala: K u. Br gelblichbraun bis dunkelbraun, HlbRücken ohne od. mit Pigmentzeichnung, Si ziemlich hell. An Gräsern werden die Blätter besiedelt. 5 Arten.

1 F an den E der Gld 3, 4 u. 5 sowie an der Spitze etwas gedunkelt, sonst hellgrün. Rücken mit grünem MStreifen. Si $^1/_7$–$^1/_5$ der KörperLg. Grün (W I) u. bleich grünlich bis hell gelblichgrün (W II). 1,9–2,8 mm, an W I bis 3,1 mm. F $^3/_4$–$^5/_6$ der KörperLg. Cauda etwas mehr als halb so lg wie die Si. K u. Br der Ala im Frühj u. Sommer gelblich-

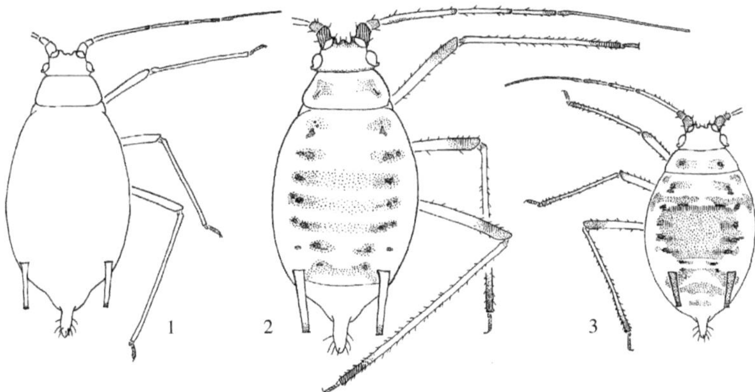

Abb. 221/1–3. 1 *Metopolophium dirhodum* von W II (1,9–3,1 mm)9; **2** *Nasonovia ribisnigri* (1,8–3 mm); **3** *N. pilosellae* (1,2–2,2 mm).

braun bis hellbraun, im Herbst dunkler braun. Mit Ww. W I: Rosen, im Frühj an den Triebspitzen manchmal in großen Massen. W II: zahlreiche Gräser, häufig an Hafer. Holarkt. *M. dirhodum* (WALKER) – **Bleiche Getreidelaus** (Abb. **221**/1)

1* E der einzelnen FGld nicht dunkler. Rücken ohne grünen MStreifen. Si $^1/_5$–$^1/_4$ der KörperLg. Nicht an *Rosa* **2**

2 F braun u. ziemlich dunkel, gegen die Spitze allmählich sehr dunkel werdend, $^3/_4$–$^4/_5$ der KörperLg. Grün bis gelblichgrün od. rot. 2,0–2,9 mm. Ala: K u. Br sehr dunkel braun, HlbRücken mit SFlecken u. braunen Querbändern. Ohne Ww an zahlreichen Süßgräsern. In NW-DE mitunter Schadauftreten in Wiesen u. Weiden. Scheint zur parthenogenetischen Überw befähigt zu sein. Argentinien, Azoren, Färöer, Island, WEur bis MV *Metopolophium festucae* (THEOBALD)

2* F sehr hell bräunlich, nur an der Spitze gedunkelt, ± so lg wie der Körper. Weißlichgelb bis gelblichgrün. 1,9–2,7 mm. Ala: hellgrünlichgelb, nur an Br hell bräunlich. Ohne Ww an *Arrhenatherum elatius*. WEur, Großbritannien, DE, SSchweden, Polen. *M. albidum* HILLE RIS LAMBERS

Gattung *Nasonovia* MORDVILKO

1 HlbRücken der Apt bis mindestens zu den Si einheitlich dunkel pigmentiert **2**

1* Rücken der Apt unpigmentiert od. nur in der M braungrau gedunkelt od. mit segmentaler Fleckenzeichnung **3**

2 B u. F dunkelbraun. Si $^1/_6$ der KörperLg. Untergattung *Kakimia* GILLETTE u. PALMER. Grundfärbung grün, oft rötlich fleckig. 1,5–2,1 mm. An *Sedum*, *Sempervivum* u. *Saxifraga aïzoides*, bes. in den Blütenständen. Großbritannien, Tschechien, Spanien, Alp, Kaukasus. *N.* (*Kakimia*) *dasyphylli* STROYAN

2* B u. F hell bräunlich, nur die Spitzen der FGld u. der Schenkel u. die BE gedunkelt. Si $^1/_6$–$^1/_5$ der KörperLg. Grundfärbung grün od. hellgrün. 1,8–2,3 mm. An *Hieracium* spp., bes. *H. murorum*, auf der OS von eng nach oben gerollten Blättern, auch am Stängel. MEur, Niederlande, Großbritannien, S- u. MSchweden. *N. compositellae nigra* (HILLE RIS LAMBERS)

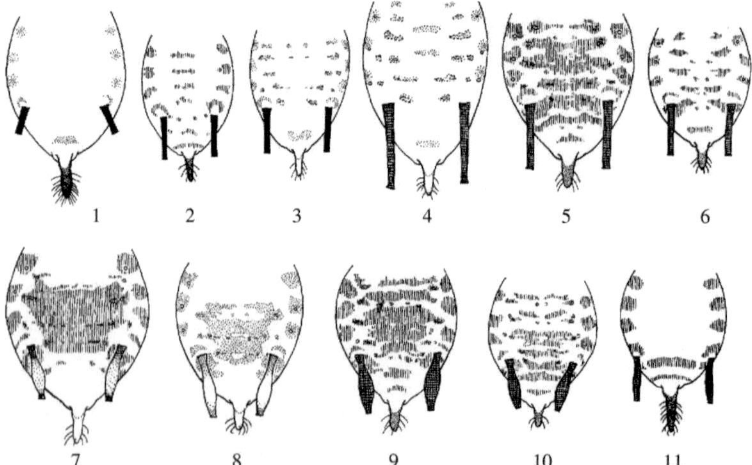

Abb. 222/1–11. Zeichnung der OS des Hlb bei Ala: **1** *Macrosiphoniella artemisiae*; **2** *M. dimidiata*; **3** *Sitobion avenae*; **4** *S. fragariae* von W I; **5** u. **6** *Nasonovia ribisnigri*; **7** *Hyperomyzus pallidus*; **8** *H. lactucae*; **9** *H.* (*Hyperomyzella*) *rhinanthi* von W II; **10** *H.* (*Neonasonovia*) *hieracii*; **11** *Megoura viciae*.

3 **(1)** Cauda länger als der Abstand zw den FWurzeln. Si $^1/_5$ der KörperLg. Rücken der Apt sehr oft seitlich mit je 1 Reihe segmental angeordneter brauner Flecke. Grundfärbung an W I grün, an W II gelb, grün, rötlich od. bräunlich. 1,8–3,0 mm. Ww. W I: *Ribes* spp., bes. *R. alpinum*, *R. nigrum*, *R. uva-crispa*, Blätter nur schwach wölbend. W II: *Hieracium*, *Crepis*, *Cichorium intybus*, *Lapsana communis* u.a. Korbblütengewächse mit Zungenblüten, außerdem *Veronica* u. *Euphrasia*. Eur, NAm, Argentinien. *Nasonovia ribisnigri* (MOSLEY) (Abb. **221**/2; **222**/5, 6)

3* Cauda so lg wie der Abstand zw den FWurzeln. Si $^1/_6$ der KörperLg. Rücken der Apt unpigmentiert od. in der M verschieden stark braungrau gedunkelt. Grün, 1,2–2,2 mm. Ohne Ww an *Hieracium pilosella* u. *H. aurantiacum*, die Blätter längs nach oben einrollend. Eur. *N. pilosellae* (BÖRNER) (Abb. **221**/3)

Gattung *Hyperomyzus* BÖRNER

Mittelgroß, oval, mit geschwollenen Si. F wenig kürzer bis wenig länger als der Körper. Ala mit dunkler u. ausgedehnter Pigmentierung, deshalb bei *Hyperomyzus* s. str. sehr von den Apt verschieden. Kein Ameisenbesuch. Meist Ww zw *Ribes* spp. u. einigen Korbblütengewächsen od. ohne Ww an einigen Korbblütengewächsen. 7 Arten. – An *Euphrasia* leben 2 WRassen der gelblichgrünen *H. zirnitsi* HILLE RIS LAMBERS; in MEur ohne Ww u. in MV mit Ww zu *Ribes alpinum*.

1 OS der Apt unpigmentiert od. mit einigen dunklen Flecken, höchstens ein begrenzter Bezirk vor den Si schwach gedunkelt. F hell, nur die Spitzen u. die E der Gld 3, 4 u. 5 dunkel. Cauda hell **2**

1* OS der Apt in großer Ausdehnung dunkelbraun bis schwarz pigmentiert. F schwarz, höchstens die Basis des 3. Gld heller. Untergattungen *Hyperomyzella* HILLE RIS LAMBERS u. *Neonasonovia* HILLE RIS LAMBERS z.T. **5**

2 Apt u. L auf W II bzw. *Asteraceae* mit matter Oberfläche u. leicht bereift erscheinend. Rücken der Apt fast immer ohne Pigment. HlbRücken der Ala mit trapezförmigem, nach vorn breitem, schwarzem MFleck. *Hyperomyzus* s. str. **3**

2* Apt u. L immer glänzend. HlbRücken der Ala mit schwarzen Querbändern od. Punkten. Grün. 1,9–2,6 mm. Rücken der Apt an W I ohne Pigment, an W II höchstens schwach braungrau u./od. mit dunklen Flecken. F fast so lg wie der Körper. Si hell (W I) bis braun (W II), $1^1/_2$ bis fast doppelt so lg wie die Cauda. Ww von *Ribes alpinum* (W I), an dem die jungen Blätter leicht gewölbt werden, zu *Picris hieracioides* (W II), dort an den oberen Stängelteilen unterhalb der Blütenköpfe. Eur. *Hyperomyzus* (*Neonasonovia*) *picridis* (BÖRNER)

3 Spitzen der Schenkel der Apt dunkel, ebenso dunkel wie die E der FGld. sonst B farblos. Weiß od. fast weiß. 2,5–3,5 mm. F $1–1^1/_{10}$-mal so lg wie der Körper. Si $^1/_5$ der KörperLg, stark geschwollen, farblos, mit dunkler Spitze, $1^1/_2$–2-mal so lg wie die Cauda. Ohne Ww an *Lapsana communis*, obere Stängelteile u. US der Blätter, diese höchstens schwach wölbend. Eur. *H. lampsanae* (BÖRNER)

3* B der Apt farblos bis sehr hell bräunlichgelb, SchenkelE nicht gedunkelt. Si $1^1/_2$-mal so lg wie die Cauda **4**

4 Grünlichgelb (W I) od. gelblichweiß (W II). MFleck auf dem HlbRücken der Ala kompakt u. groß. 2,4–3,1 mm. F so lg wie der Körper od. wenig kürzer. Si reichlich $^1/_6$ der KörperLg, farblos, mit gedunkelter Spitze. Grundfärbung der Ala hellgrün. Ww, W I: Stachelbeere (*Ribes uva-crispa*), Triebspitzen u. US junger Blätter; die Blätter werden schirmartig gewölbt u. leicht gelblich. W II: *Sonchus arvensis*, in dichten Kolonien an der US der unteren Blätter. Eur, NAm. *H. pallidus* HILLE RIS LAMBERS (Abb. **222**/7)

4* Grasgrün od. graugrün bis gelblichgrün. MFleck auf dem HlbRücken der Ala perforiert u. manchmal in zusammenfließende Flecke aufgelöst. 2,5–3,1 mm. F ± $^9/_{10}$ der KörperLg; Si $^1/_6$–$^1/_5$ der KörperLg, farblos bis bräunlichgelb. Grundfärbung der Ala grün. Ww. W I: *Ribes nigrum*, Triebspitzen u. US junger Blätter, die Triebspitzen werden schwach gestaucht, die jungen Blätter leicht gewölbt od. gerollt u. leicht gelblich. W II: *Sonchus*-Arten, bes. *S. oleraceus* u. *S. asper*, auch an *Leontodon autumnalis* u.

Lactuca sativa, an u. unmittelbar unter den Blütenköpfen. Holarkt, SAm, Australien.
H. lactucae (L.) (Abb. **224**/1; **222**/8)

5 **(1)** Pigmentierung des Hlb der Apt besteht aus großen schwarzen SFlecken (diese bei der Fundatrix fehlend) u. aus einem großen zentralen Fleck. B bis auf die helleren Schenkelbasen schwarz. Grundfärbung grün. Glänzend. Oval. 2,2–2,8 mm. F ca. so lg wie der Körper, bis auf die hellere Basis des 3. Gld schwarz. Si schwarz, $^1/_5$ der KörperLg, $1^2/_3$–2-mal so lg wie die schwarze Cauda. Bei den Ala besteht die Pigmentzeichnung der M des HlbRückens aus breiten Querbändern, die zu einem großen perforierten Fleck zusammenfließen können. Ww. W I: *Ribes rubrum*, im Frühj Blattnester bildend. W II: *Rhinanthus angustifolius*, innerhalb der Blütenkelche. Eur, Island. *Hyperomyzus* (*Hyperomyzella*) *rhinanthi* (Schouteden) (Abb. **224**/2; **222**/9)

5* Hlb der Apt mit nur kleinen hellbraunen SFlecken u. großem dunkelbraunem MFleck. B hellbraun, nur SchenkelE u. BE dunkel. Grundfärbung weinrot. Breit spindelförmig, gewölbt. 1,5–2,3 mm. F 1–$1^1/_{10}$-mal so lg wie der Körper, schwarz. Si dunkelbraun, $^1/_5$ der KörperLg, doppelt so lg wie die dunkelbraune Cauda. Zeichnung des HlbRückens der Ala: unregelmäßig, manchmal unterbrochene Querbänder. Ohne Ww an *Hieracium sabaudum* u. *H. umbellatum*, an der US der leicht gewölbten jungen Blätter, bei blühenden Pfl am Stängel. Österreich, DE, Großbritannien.
H. (*Neonasonovia*) *hieracii* (Börner) (Abb. **224**/3; **222**/10)

Gattungen *Myzosiphon* Hille Ris Lambers, *Pseudorhopalosiphoninus* Heinze, *Rhopalosiphoninus* Baker u. *Submegoura* Hille Ris Lambers

Mittelgroß, oval, meist stark gewölbt, glänzend. Si sehr stark geschwollen. Schwellung meist bes. dadurch deutlich, dass die stielförmige Basis der Si verhältnismäßig dünn ist. Cauda dreieckig u. ziemlich kurz. F wenig kürzer bis deutlich länger als der Körper. Ala stark pigmentiert. Kein Ameisenbesuch. An dunklen, feuchten Stellen, an bodennahen od. unterirdischen PflTeilen. Ausnahmen sind die an W I (*Staphylea*) lebenden Morphen von *Myzosiphon staphyleae* (Koch) u. die nicht mit in den Schlüssel aufgenommene braun gefärbte Art *Myzosiphon ribesinus* (van der Goot) (Großbritannien, Niederlande, NWDE, MV, Baltikum, S- u. MSchweden), welche an den verholzten Trieben von *Ribes rubrum* u. *R. nigrum* saugt.

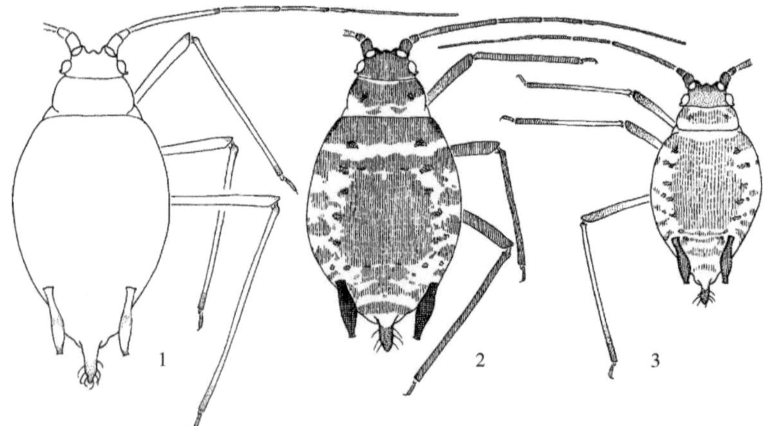

Abb. 224/1–3. 1 *Hyperomyzus lactucae* von W II (2,5–3,1 mm); **2** *H.* (*Hyperomyzella*) *rhinanthi* von W II (2,2–2,8 mm); **3** *H.* (*Neonasonovia*) *hieracii* (1,5–2,3 mm).

1 Rücken der Apt unpigmentiert, nur unmittelbar vor u. hinter der Si-Ansatzstelle je 1 dunkler Pigmentfleck. Pigmentierung des HlbRückens der Ala besteht aus großen SFlecken u. Querbändern in der Höhe der Si u. caudalwärts. Olivengrau bis dunkelgraubraun. 2,0–2,8 mm. F bis 1 $^1/_4$ der Körperlg. Si $^1/_5$ der KörperLg, schwarz, reichlich doppelt so lg wie die bräunliche Cauda. *Vicia cracca*, am Stängel unmittelbar über der Erdoberfläche. Eur. *Submegoura heikinheimoi* (BÖRNER)

1* Rücken der Apt dunkel pigmentiert od. mit Pigmentzeichnung (die an *Staphylea* lebenden Morphen von *Myzosiphon staphyleae* (KOCH) z. T. ausgenommen). Hlb der Ala mit großem dorsalem MFleck **2**

2 Rücken vollständig od. fast vollständig pigmentiert. Schwellung der Si gegenüber dem dünnen Stiel u. dem dünnen distalen E stark abgesetzt **3**

2* Rückenpigmentierung auf ein Zeichnungsmuster beschränkt od. fehlend. Schwellung der Si allmählich in Stiel u. EAbschnitt übergehend u. ziemlich gleichmäßig gerundet. **4**

3 Grundfärbung braun. Si bei Im. ca. von der Färbung des Körpers. 2,1–3,0 mm. F ± $^9/_{10}$ der KörperLg. Si $^2/_7$ der KörperLg, 4 $^1/_2$-mal so lg wie die dunkle Cauda. *Caltha palustris*, an der US bes. der älteren Blätter. Eur. *Pseudorhopalosiphoninus calthae* (KOCH)

3* Grundfärbung grün. Si dunkler als der Körper. 1,7–2,4 mm. F ca. 1 $^1/_4$-mal so lg wie der Körper. Si reichlich $^1/_4$ der KörperLg, 3–4-mal so lg wie die Cauda. Hauptsächlich in Kellern, dort an keimenden Kartoffeln (*Solanum tuberosum*), an Sellerie (*Apium graveolens*), Möhren (*Daucus*) u. Schwarzwurzeln (*Scorzonera*) sowie an Zucker-, Futter- u. Roter Rübe (*Beta vulgaris*) oft in sehr dichten Kolonien. An keimenden Kartoffeln in Kellern, gelegentlich auch in Mieten, erhebliche Schäden verursachend. Manchmal in dunklen Stellen in Gewächshäusern, z. B. an Chrysanthemen. Im Freien s u. dann die Stolonen von Kartoffelstauden, bes. in schweren Böden mit Trockenrissen, besiedelnd. Fortpfl ausschließlich parthenogenetisch. Aus NAm eingeschleppt. NAm, Großbritannien, W- u. MEur, Indien, Australien, Argentinien. *Rhopalosiphoninus latysiphon* (DAVIDSON) – **Kellerlaus** (Abb. **225**/1)

4 **(2)** OS der Apt mit breiten braunen Querbändern, die in der M des Hlb zu einem Fleck verschmelzen. Grundfärbung dunkel olivengrün bis dunkel olivenbraun, an der Ansatzstelle der Si je 1 orangebrauner Fleck. 1,7–2,3 mm. F bis 1 $^1/_4$ der KörperLg. Si an Basis u. Spitze dunkelbraun, in der Anschwellung heller, $^1/_4$ der KörperLg, 3-mal so lg wie die braune Cauda. An den unterirdischen Teilen von *Glechoma*, *Lamium*, *Rumex*, u. a. Pfl; lässt sich gut an Tulpenkeimen züchten. In WDE u. WEur sehr häu-

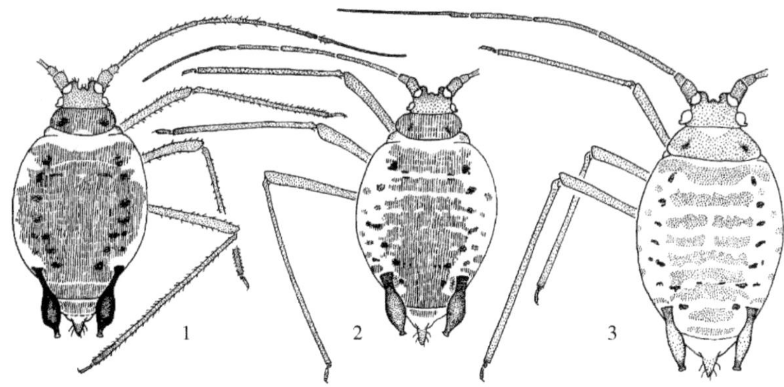

Abb. 225/1–3. 1 *Rhopalosiphoninus latysiphon* (1,7–2,4 mm); **2** *Myzosiphon tulipaellum* (1,7–2,3 mm); **3** *M. staphyleae*, anholozyklische Form (1,8–2,9 mm).

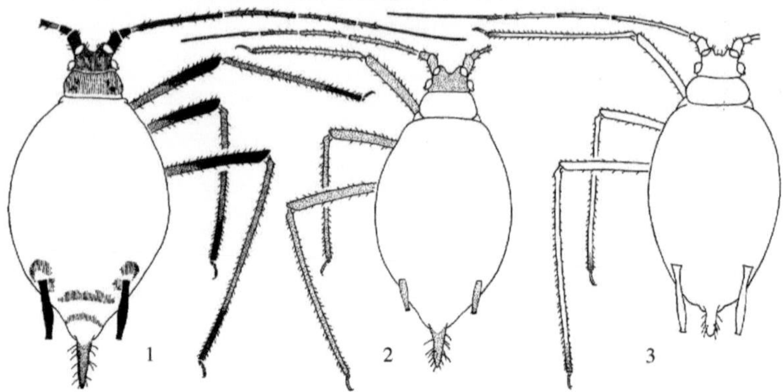

Abb. 226/1–3. 1 *Megoura viciae* (3,5–5 mm); **2** *M. litoralis* (3–4,4 mm); **3** *Amphorophora rubi* (2,5–4,5 mm).

fig in Rübenmieten. Vermehrung in der Hauptsache permanent parthenogenetisch. Wichtiger Überträger des Rübenvergilbungsvirus. Großbritannien, W- u. MEur.

Myzosiphon tulipaellum (THEOBALD) – **Mietenlaus** (Abb. **225**/2)

4* OS der Apt mit kurzen, oft schmalen, voneinander getrennten grauen Querbändern od. ohne Pigmentierung. Grundfärbung an W I hellgelb, später hellgrün, sonst grün bis olivenfarbig. 1,8-2,0 mm. F, Si u. Cauda wie bei vor. Art. Ww. W I: *Staphylea* spp., die Blätter werden gewölbt u. gelbfleckig. W II: *Liliaceae*, lässt sich auch auf *Viola* spp. u. *Beta*-Rüben züchten. Eine anholozyklisch lebende Form gelegentlich an gelagerten Zwiebeln von Tulpen u. Hyazinthen. Großbritannien, W- u. MEur, OAfrika, Australien. *Myzosiphon staphyleae* (KOCH) (Abb. **225**/3)

Gattung *Megoura* BUCKTON

1 Körperanhänge schwarz. Grün, 3,5–5,0 mm. F 1–$1\frac{1}{10}$-mal so lg wie der Körper. Si $\frac{1}{7}$ der KörperLg, so lg od. wenig kürzer als die Cauda. Vor u. hinter den Si je 1 schwarzer Pigmentfleck. Ala mit schwarzem K u. Br u. mit schwarzen SFlecken am Hlb. *Vicia*- u. *Lathyrus*-Arten, in dichten Kolonien an Triebspitzen u. oberen Stängelteilen. Mitunter Massenauftreten an *Vicia faba*. Eur, NAs.

M. vicia BUCKTON (Abb. **226**/1; **222**/11)

1* Körperanhänge im wesentlichen hellbraun. Grün bis gelblichgrün, 3,0–4,4 mm. F $\frac{4}{5}$–$1\frac{1}{10}$-mal so lg wie der Körper. Si $\frac{1}{10}$–$\frac{1}{8}$ der KörperLg, $\frac{2}{3}$–$\frac{3}{4}$ der CaudaLg. Neben den Si keine od. höchstens sehr helle blassbräunliche Flecke. Ala: K u. Br hellbraun, übrige Br, die distalen Schenkelhälften, BE u. F dunkler braun, Hlb seitlich mit hellbraunen Flecken, sonst wie die Apt. An *Lathyrus maritimus*, an noch nicht entfalteten Triebspitzen, oft von Nebenblättern eingehüllt. An den Küsten von MV, Dänemark, SSchweden u. Polen. *M. litoralis* F. P. MÜLLER (Abb. **226**/2)

Gattungen *Amphorophora* BUCKTON u. *Amphorosiphon* HILLE RIS LAMBERS

Ziemlich groß, glänzend, mit lg, deutlich geschwollenen Si. Si meist $\frac{1}{4}$ der KörperLg u. reichlich doppelt so lg wie die Cauda. F immer länger als der Körper. Ala in Färbung u. Pigmentierung wenig von den Apt verschieden, niemals mit zentralem Rückenfleck auf dem Hlb. Kein Ameisenbesuch.

1 Vor u. hinter der Ansatzstelle der Si je ein dunkler Pigmentfleck. Auch bei den Apt K u. Pronotum dunkelbraun u. Si u. SchenkelE schwarz. Gattung *Amphorosiphon* HILLE

Ris Lambers. Grün. Spindelförmig. 3,2–4,0 mm. An *Pulmonaria officinalis*, wohl auch an anderen *Pulmonaria*-Arten. BlattUS. Eur. *A. pulmonariae* (Börner)

1* Ansatzstelle der Si ohne Pigmentflecke. Bei den Apt K u. Pronotum in Färbung ähnlich dem übrigen Körper u. Si u. SchenkelE nicht auffallend gedunkelt, höchstens die Si an der Spitze u. die E der Schenkel des 3. BPaares etwas dunkel. Gattung *Amphorophora* **2**

2 Distales SchienenE schwarz, ebenso dunkel wie die Tarsen. An *Athyrium filix-femina* u.a. Farnen, BlattUS. Grün. 3,0–4,0 mm. Eur, NAm. *A. ampullata* Buckton

2* Distales SchienenE höchstens braun. Nicht an Farnen **3**

3 SchienenE ebenso dunkel wie die Tarsen. Sehr hell grün od. gelblichgrün bis grün. Schlank spindelförmig. 2,5–4,5 mm. An Brombeere u. Himbeere (*Rubus*), Triebspitzen u. BlattUS. Holarkt. *A. rubi* (Kaltenbach) (Abb. **226**/3)

3* Tarsen in der Regel dunkler als die SchienenE. L gelblichweiß, Im. hellgrün bis grün. Oval. 2,2–3,9 mm. Si $^1/_5$–$^1/_4$ der KörperLg, 2 $^1/_2$-mal so lg wie die Cauda. *Geum* spp., BlattUS. DE, Niederlande, Großbritannien, Schweden bis N, Polen, SOEur. *A. gei* (Börner)

Gattung *Cryptomyzus* Oestlund

Glänzend, Ungeflügelte sehr hell u. oft durchscheinend. 7 Arten.

1 Si mindestens $^1/_5$ der KörperLg. Cauda höchstens $^1/_4$ der SiLg, kürzer als der Abstand zw den FBasen **2**

1* Si höchstens $^1/_7$ der KörperLg. Cauda mindestens halb so lg wie die Si u. so lg wie der Abstand zw den FBasen **3**

2 Si ca. $^1/_5$ der KörperLg, schlank zylindrisch, höchstens sehr schwach u. undeutlich keulig. 1,6–2,3 mm. Grünlichweiß durchscheinend bis bleich gelblich, mit grünem Strich auf dem Rücken. Ww. W I: *Ribes rubrum*, BlattUS, Teile der Blattspreite blasenförmig nach oben wölbend u. leuchtend rot, manchmal gelblich verfärbend. W II: *Stachys*-Arten. Holarkt, Bulgarien, Türkei. *C. ribis* (L.) – **Johannisbeerblasenlaus** (Abb. **228**/4)

2* Si ca. $^1/_4$ der KörperLg, leicht keulenförmig. 1,3–2,2 mm. An W I orange bis rötlich u. ohne grüne Linie od. Punkte, an W II weißlichgrün mit segmtalen grünen Punkten. Ww, WI: *Ribes alpinum*, US der jungen Blätter, diese stark nach oben wölbend u. rotfleckig verfärbend. W II: *Stachys sylvatica*, vielleicht gelegentlich auch *Lamium* spp. MEur. *Cryptomyzus korschelti* Börner (Abb. **228**/1, 5)

3 **(1)** Si $^1/_7$ der KörperLg, leicht keulenförmig. Cauda halb so lg wie die Si. Grünlichweiß, oft mit grünem Längsstrich, an W II fast weiß. 1,9–2,7 mm. Ein Komplex von verschiedenen Taxa, ohne bzw. mit Ww.

a) R erreicht Hü 3. BPaares. W I: *Ribes rubrum*, ohne Deformationen. W II: *Lamium* spp., bes. *Galeobdolon luteum*. Großbritannien, Niederlande, DE, Tschechien. *C. maudamanti* Guldemond

b) R erreicht Hü 3. BPaares nicht. W I: *Ribes* spp., bes. *R. nigrum*, ohne Deformationen. W II: *Galeopsis*, gelegentlich *Lamium, Veronica* u. *Glechoma hederacea*. M- u. NEur, Großbritannien, Island. *C. galeopsidis* (Kaltenbach) (Abb. **228**/2, 6, 7)

3* Si ca. $^1/_{10}$ der KörperLg, keulenförmig. Cauda so lg od. fast so lg wie die Si. 1,6–2,5 mm. Ohne Ww am *Lamium album, L. maculatum* u. *Ballota nigra*, US der untersten Blätter, manchmal zw den Blüten. Großbritannien, Niederlande, DE, SSchweden, Polen. *C. alboapicalis* (Theobald)

Gattung *Pleotrichophorus* Börner

Oval, mit dünnen u. ziemlich lg Si. Auf der OS zahlreiche kurze, kräftige, an der Spitze knopfartig erweiterte Haare. 5 Arten. Die 5. Art ist *P. filaginis* (Schouteden), rötlichgrau, an *Gnaphalium* u. *Filago*. WEur, MV.

1 Si $^1/_3$ der KörperLg, in der distalen Hälfte braun. B- u. FE sowie distale E der FGld 3, 4 u. 5 stärker pigmentiert. Gelblichrot bis bräunlich-violett, mit feinem violettweißlichem

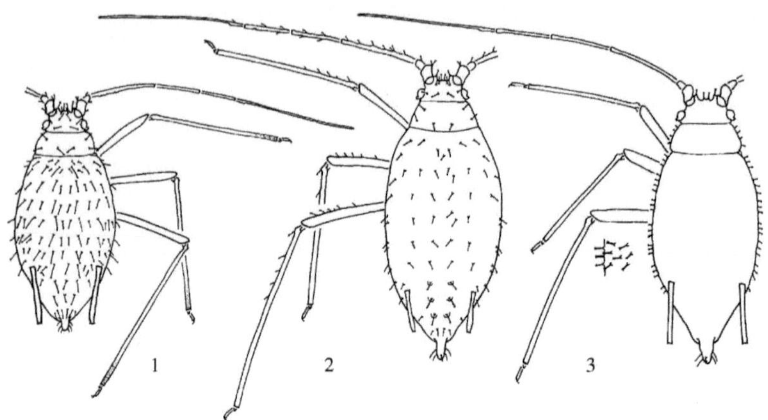

Abb. 228/1–3. **1** *Cryptomyzus korschelti* von W II (1,3–2,2 mm); **2** *C. galeopsidis* von W II (1,9–2,7 mm); **3** *Pleotrichophorus glandulosus* (1,8–2,6 mm).

Wachspuder. 1,9–2,5 mm. An *Artemisia campestris*. Eur, Türkei, Iran.
P. persimilis Börner

1* Si höchstens $^1/_4$ der KörperLg u. farblos durchscheinend. Auch übrige Körperanhänge mit Ausnahme der leicht gebräunten F- u. BE farblos **2**

2 Si höchstens $^1/_5$ der KörperLg. F etwas kürzer als der Körper. Pt kürzer als 4-mal Basis des 6. FGld. Graugrün mit feinen grünen Querbinden od. sandfarbig, bepudert. 1,6–2,0 mm. An *Achillea millefolium*, US der Rosettenblätter, wird leicht übersehen. W-, M- u. NEur. *P. duponti* Hille Ris Lambers

2* Si $^1/_4$ der KörperLg. F länger als der Körper. Pt länger als 5-mal Basis des 6. FGld **3**

3 Gelblichweiß, 1,8–2,6 mm. An *Artemisia vulgaris*, bevorzugt an der US junger Blätter. Pal, Türkei, Turkestan. *P. glandulosus* (Kaltenbach) (Abb. **228**/3)

3* Weißlich, 1,8–2,4 mm. An *Hieracium*. Dänemark, MV, Polen Tschechien.
P. deviatus F. P. Müller

Gattung *Capitophorus* van der Goot

Apt fast ohne Pigment u. sehr hell, mit lg geknöpften Bo. Si lg u. dünn, $^1/_4$–$^1/_3$ der KörperLg. Fundatrizen u. ovipare ♀♀ oft rötlich. Ala von hellgrüner Grundfärbung, mit dunklem K u. Br u. dunklem Fleck auf dem Hlb. 7 Arten.

1 Si im distalen Drittel leicht aber deutlich angeschwollen. Sehr hell grün, Rücken grünfleckig. Etwa 1,9–2,1 mm. F etwas kürzer als der Körper.Cauda reichlich halb so lg wie

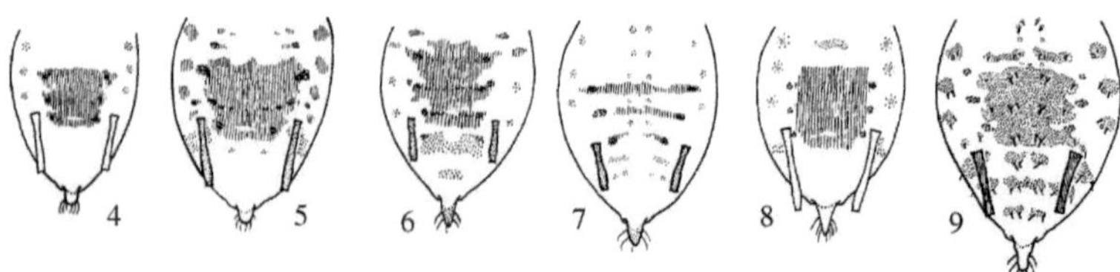

Abb. 228/4–9. Zeichnung der OS des Hlb bei Ala: **4** *Cryptomyzus ribis*; **5** *C. korschelti*; **6** u. **7** *C. galeopsidis*; **8** *Capitophorus hippophaës*; **9** *Chaetosiphon* (*Pentatrichopus*) *tetrarhodum*.

die Si. Ww zw *Hippophaë rhamnoides* u. *Elaeagnus* spp. (W I) u. *Polygonum* spp. (W II). Holarkt, NOIndien, Australien. *C. hippophaes* (WALKER) (Abb. **229**/1; **228**/8)

1* Si ohne Anschwellung. Nicht an *Polygonum* **2**

2 Cauda etwas kürzer als der Abstand zw den FWurzeln, $^1/_4$ der Lg der Si. Weiß, höchstens gelblichweiß. 2,0–2,5 mm. Ww zw *Hippophaë rhamnoides* u. *Elaeagnus* spp. (W I) u. *Tussilago farfara* u. *Petasites* spp. (W II), an W II BlattUS. Eur, Türkei, MAs. *C. similis* VAN DER GOOT

2* Cauda so lg od. länger als der Abstand zw den FBasen, $^1/_3$ der SiLg. Sehr hell grünlich od. gelblich, aber nicht weiß, sehr häufig mit einer Doppelreihe grüner Flecke od. 2 grünen Längslinien auf dem Rücken **3**

3 Lg, kräftige geknöpfte Haare nur an K u. Pronotum u. in der auf die Si folgenden HlbRegion. Blass grünlich. 1,6–2,2 mm. Ohne Ww an *Cirsium-* u. *Carduus-* Arten. BlattUS, anscheinend nicht an *Cirsium oleraceum*. Eur, NAm, Kuba, Argentinien. *Capitophorus carduinus* (WALKER)

3* Lg, kräftige geknöpfte Haare auch auf der vor dem Si gelegenen Rückenregion . . . **4**

4 Spitzen der Si etwas gedunkelt. OS pro Sgm 2 lg geknöpfte Haare. Hellgrün. 1,9–2,5 mm. Ww zw *Elaeagnaceae* (W I) u. *Cirsium-*, *Carduus-*, *Lappa-* u. *Cynara*-Arten (W II). Weltweit. *C. elaeagni* (DEL GUERCIO)

4* Si in der ganzen Lg hell u. durchsichtig. OS pro Sgm 6 lg geknöpfte Haare. Hellgelb bis blass grünlichgelb. 2,0–2,5 mm. Kein Ww. Hauptsächlich an *Cirsium oleraceum* u. *C. vulgare*, bevorzugt feuchte Stellen. DE, Großbritannien, Niederlande, Dänemark, SSchweden, Polen. *C. horni* (BÖRNER)

Gattung *Chaetosiphon* MORDVILKO

Apt fast ohne Pigment, mit dicken steifen geknöpften Bo, welche bes. auf dem Rücken kleinen Höckern aufsitzen. Ala mit dunklem K u. Br u. dunklem Fleck auf dem Hlb. Ohne Ww an Rosengewächsen. 4 Arten.

1 Si mit Haaren. *Chaetosiphon* s. str. Einzige Art: *Chaetosiphon alpestre* HILLE RIS LAMBERS

1* Si ohne Haare. Untergattung *Pentatrichopus* BÖRNER **2**

2 F ca. $^3/_4$, Si $^1/_7$–$^1/_6$ der KörperLg. Gelblichgrün bis grün. 1,4–2,5 mm. An Triebspitzen u. jungen Blättern von wildwachsenden u. kultivierten Rosen. Weltweit. *C. (Pentatrichopus) tetrarhodum* (WALKER) (Abb. **229**/2; **228**/9)

2* F so lg wie der Körper od. nur ganz wenig kürzer. Si $^1/_5$–$^1/_4$ der KörperLg. Arten nur mikroskop. sicher zu unterscheiden.

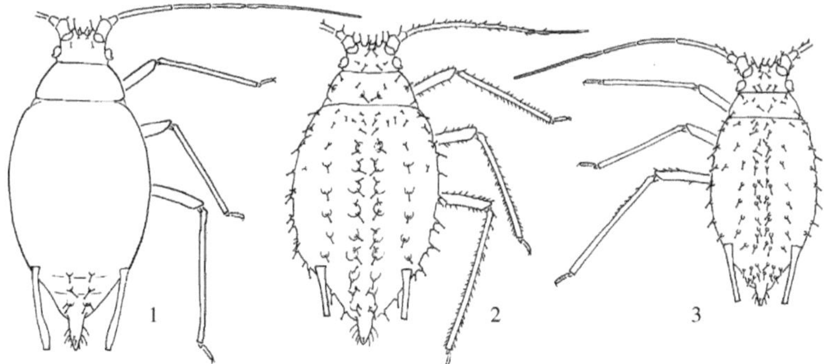

Abb. 229/1–3. 1 *Capitophorus hippophaës* von W II (1,9–2,1 mm); **2** *Chaetosiphon* (*Pentatrichopus*) *tetrarhodum* (1,4–2,5 mm); **3** *C.* (*Pentatrichopus*) *fragaefolii* (1,3–1,7 mm).

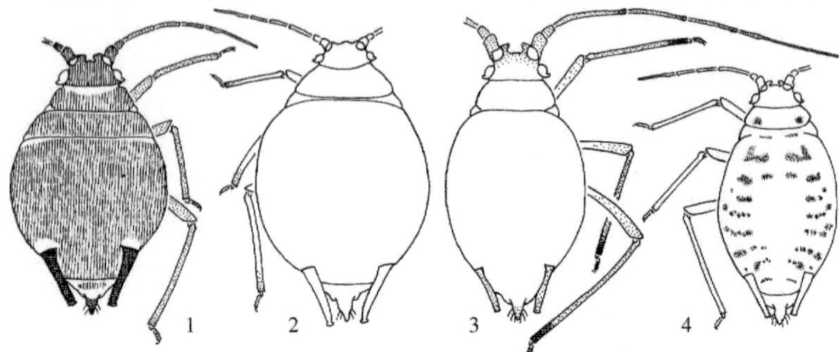

Abb. 230/1–4. 1 *Myzus cerasi* von W II (an W I 1,8–2,4 mm), an W II 1,1–1,7 mm); **2** *M.* (*Galiobium*) *langei* (1,3–1,9 mm); **3** *M.* (*Nectarosiphon*) *ascalonicus* (1,5–2,1 mm); **4** *M. ornatus* (1,3–1,9 mm).

a) Bleich gelblich bis weißlich. 1,6–2,1 mm. *Potentilla anserina,* zw den noch nicht entfalteten Fiedern junger Blätter u. längs der MRippe der Fiedern älterer Blätter. Eur. *C. (Pentatrichopus) potentillae* (WALKER)
b) Gelblichweiß bis grünlichweiß, 1,3-1,7 mm. An kultivierten Erdbeeren (*Fragaria × magna*), BlattUS, an jungen Blättern u. an Blattstielen. Vermehrung nach bisherigen Kenntnissen ausschließlich parthenogenetisch, obwohl gelegentlich u. in geringer Zahl Sexuales auftreten. In WDE gebietsweise häufig u. von großer wirtschaftlicher Bedeutung als Überträger von Erdbeervirosen. In ODE s, da parthenogenetische Überw infolge der kälteren Winter erschwert wird. W- u. SEur, Am, Afrika, Australien.
C. (Pentatrichopus) fragaefolii (COCKERELL) – **Erdbeerknotenhaarlaus** (Abb. **229**/3)

Gattungen *Myzus* PASSERINI, *Aulacorthum* MORDVILKO u. *Tubaphis* Hille Ris Lambers

Die Gattungen sind mikroskopisch leicht zu unterscheiden, die Apt besitzen am 3. FGld bei *Aulacorthum* (10 Arten) einige, bei *Tubaphis* (1 Art) u. *Myzus* (14 Arten) dagegen keine Rhinarien. Die Ala haben dunkel pigmentierten K u. Br. Ihr HlbRücken hat bei *Myzus* einen großen zentralen Pigmentfleck, bei *Aulacorthum* eine Querbänderung (Ausnahme: *A. flavum* F. P. MÜLLER). Bei *Tubaphis* fehlt dunkel Pigmentierung auf dem HlbRücken. Ala von *A. solani* (KALTENBACH) häufig nur schwach pigmentiert. Keulige Si gibt es bei *Myzus* in der Untergattung *Nectarosiphon* SCHOUTEDEN.

1 Grundfärbung rot bis/od. dunkelbraun **2**
1* Apt Tiere grün, gelb od. fast farblos (nur bei *Myzus persicae* (SULZER) ovipare ♀♀ u. häufig die LStadien der Ala rot) **4**
2 F so lg od. etwas länger als der Körper. Grundfärbung schokoladenbraun, Rücken der Im. dunkelbraun pigmentiert. 2,5–2,7 mm, breit spindel- bis etwas birnenförmig. An *Maianthemum bifolium*, BlattUS, Blätter in der Längsrichtung nach oben gerollt u. gelblich verfärbt. SN, MV, Dänemark, Polen. *Aulacorthum majanthemi* F. P. MÜLLER
2* F deutlich kürzer als der Körper **3**
3 OS der Im. schwarz pigmentiert. Si zylindrisch, spitzenwärts schwach nach außen gebogen. Dunkelbraun, Im. schwarz od. fast schwarz erscheinend, an W I 1,8–2,4 mm, an W II 1,1–1,7 mm. Ein Komplex aus wirtsspezifischen Formen, die morphometrisch nicht zu trennen sind. An Süßkirsche (*Cerasus avium*) Blätter stark rollend u. kräuselnd, an Sauerkirsche (*Cerasus vulgaris*) nur geringfügige Blattdeformationen (W I). Ww zu *Galium, Veronica, Euphrasia officinalis, Gentiana* u. *Centaurium* (W

II). Weltweit mit Ausnahme der Trop.

Myzus cerasi (F.) – **Schwarze Kirschenlaus** (Abb. **230**/1)

Blattläuse gleichen Aussehens im Frühj an *Veronica* u. *Galium* gehören zur nichtwirtswechselnden Unterart *veronicae* (WALKER). DE, Großbritannien, Schweden.

3* Rücken ohne Pigment. Si schwach keulenförmig. Rötlich, variierend von schmutzig rötlichgelb über dunkel ziegelrot bis schwärzlich. 1,6–2,1 mm. Ohne Ww an *Viola*, *Cerastium*, *Stellaria media*, *Capsella bursa-pastoris* u. *Dianthus caryophyllus*. MEur, Großbritannien, NAm. *Myzus* (*Nectarosiphon*) *certus* (WALKER)

4 **(1)** F so lg od. länger als der Körper (bei Populationen von *Myzus ascalonicus* DONCASTER, die sich bei niedriger Temperatur entw haben, F manchmal wenig kürzer als der Körper) **5**

4* F kürzer als der Körper [die F von *Myzus persicae* (SULZER) sind nach Entw im warmen Gewächshaus manchmal körperlg] **10**

5 OS der Apt mit brauner od. schwarzer Pigmentzeichnung **6**

5* OS der apt Morphen immer pigmentfrei **7**

6 Rückenzeichnung besteht aus je einem dunkelbraunen, in der M unterbrochenen Querband auf den BrSgm u. einem großen, ungefähr hufeisenförmigen, nach vorn offenen, dunkelbraunen Fleck, der von der Basis des Hlb bis unmittelbar vor die Si reicht. Untergattung *Neomyzus* VAN DER GOOT. Grundfärbung bleich gelblich, manchmal grünlich. 1,5–2,35 mm, oval, Si $^1/_5$–$^1/_6$ der KörperLg, wie die B u. F hellbräunlich. Ala s. An zahlreichen Pfl, bes. in Gewächshäusern u. an Zimmerpfl, weniger im Freien. Vermehrung ausschließlich in parthenogenetischer GenFolge. Weltweit.

Aulacorthum (*Neomyzus*) *circumflexum* (BUCKTON) – **Gefleckte Gewächshauslaus** (Abb. **231**/1)

6* Umfangreiche schwarze Rückenpigmentierung, nur die Grenzen zw den BrSgm u. der Basis des Hlb sowie eine Zone unmittelbar vor den Si pigmentfrei. Grundfärbung u. L fast weiß. 2,2–2,5 mm, rundlich oval. Si $^1/_4$ der KörperLg. An Maiglöckchen (*Convallaria majalis*), BlattUS durch das Saugen entstehen an den Blättern sehr große, lggestreckte gelbe Flecke. Manchmal schädlich. DE, Niederlande, Großbritannien, MSchweden, Polen. *Aulacorthum speyeri* BÖRNER – **Maiglöckchenlaus**

7 **(5)** Si $^1/_7$–$^1/_6$ der KörperLg, leicht keulenförmig. Blass olivenfarbig bis schmutzig gelb, manchmal grünfleckig. 1,5–2,1 mm, eiförmig, stark gewölbt. Cauda dreieckig, unter dem Hlb wenig vorragend. FE, Schienenspitzen u. Tarsen schwarz. An zahlreichen Pfl, meist in Gewächshäusern, wo u.a. *Chrysanthemum*, *Asparagus*, *Calceolaria* u. bes. heftig Schnittlauch (*Allium schoenoprasum*) befallen werden. Oft in Lagerräumen

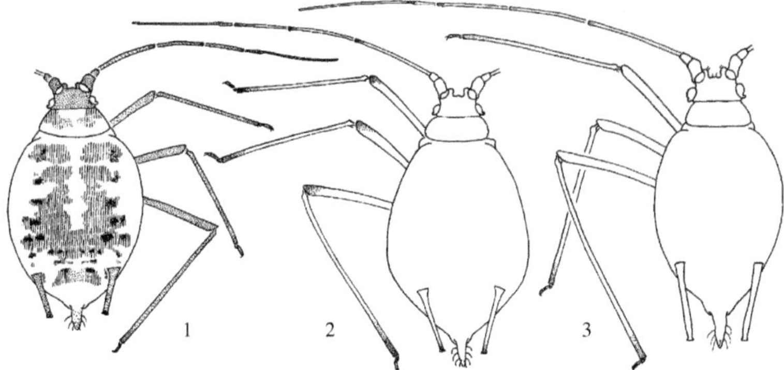

Abb. 231/1–3. 1 *Aulacorthum* (*Neomyzus*) *circumflexum* (1,5–2,35 mm); **2** *A. solani* (1,8–2,9 mm); **3** *A. knautiae* (2,4–3 mm).

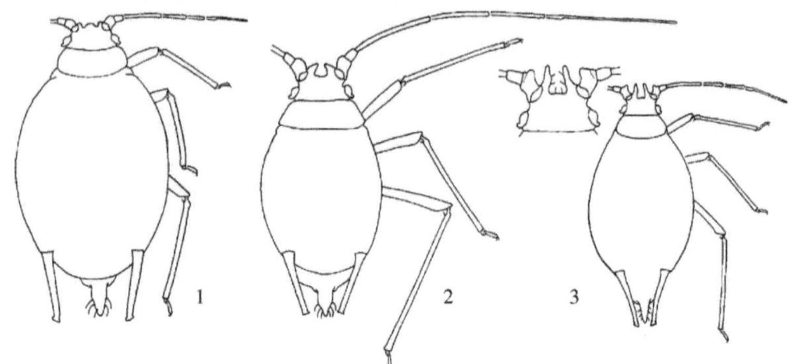

Abb. 232/1–3. 1 *Myzus lythri* von W II (an W I 1,9–2,4 mm, an W II 1,5–2 mm); **2** *Ovatus crataegarius* von W II (an W I 1,9–2,4 mm, W II 1–2 mm); **3** *Phorodon humuli* von W II (an W I 2,1–3 mm, an W II 1–1,9 mm).

an *Allium*- u. Gladiolenzwiebeln. Im Freien gelegentlich an *Cerastium*, *Stellaria*, *Viola*, *Fragaria*, in Gebieten mit atl Klima auch in Kartoffelfeldern. Vermehrung nur parthenogenetisch. Virusüberträger. MEur, Großbritannien, Dänemark, S- u. MSchweden, SFinnland, Island, Am. *Myzus* (*Nectarosiphon*) *ascalonicus* DONCASTER – **Schalotten- od. Zwiebellaus** (Abb. **230**/3)

7* Si $^1/_5$–$^1/_4$ der KörperLg, schlank zylindrisch, HlbRücken der Ala ohne zentralen Pigmentfleck; wenn Pigmentierung vorhanden, dann in Form von Querbändern . . . **8**

8 Spitzen der Si u. der FGld meist dunkel pigmentiert. Pt 4 bis 5$^1/_4$-mal so lg wie die Basis des 6. FGld. 1,8–3,0 mm **9**

8* Si u. F vollkommen unpigmentiert. Pt 2 $^1/_2$-mal so lg wie die Basis des 6. FGld. 1,2–1,9 mm. Gelb, oval. An der US der Blätter von *Ranunculus repens* u. *R. acris*, wohl auch an anderen Hahnenfuß- (*Ranunculus*-) Arten. Eur außer S. *Tubaphis ranunculinus* (WALKER)

9 Grün, hellgrün od. gelblich, am Ansatz der Si mit je 1 dunkleren grünen Fleck. Birnenförmig, hinter der KörperM am breitesten. Ala grün mit gelblich- bis schwarzbraunem VKörper, im letzteren Falle dunkle Querbänder auf dem Hlb. An zahlreichen Pfl. Im Freien häufig u.a. an Kartoffel, Fingerhut (*Digitalis*), Hahnenfuß (*Ranunculus*). In Gewächshäusern, bes. während des Winters, an Pelargonien, Chrysanthemen u. anderen Pfl. Ein Formenkreis mit permanent parthenogenetischen u. holozyklisch lebenden Formen. Wichtiger Virusüberträger. Weltweit.
Aulacorthum solani (KALTENBACH) – **Gefleckte Kartoffellaus** (Abb. **231**/2; **233**/1)

9* Sehr hell, ohne Siphonalflecke.
a) Gelblichweiß. An der US der Blätter von *Aegopodium podagraria*, an denen auffallende gelbe Flecke entstehen. MEur, S- u. MSchweden. *Aulacorthum solani aegopodi* BÖRNER
b) Gelblich bis bleich grünlich. Si $^1/_4$ bis reichlich $^1/_4$ der KörperLg. An *Knautia arvensis*, US der älteren Blätter. TH, MV, Polen, Dänemark, Großbritannien. *Aulacorthum knautiae* HEIE (Abb. **231**/3)
c) Hellgrün. An *Pulmonaria officinalis*, BlattUS, Blätter stark nach oben gerollt u. etwas gekräuselt. SDE, TH, Kyffhäuser, Polen. *Aulacorthum solani langei* BÖRNER

10 (**4**) F nicht bis zu den Si reichend. Si niemals keulig u. bei den Apt immer unpigmentiert **11**

10* FSpitzen die SiBasis soeben erreichend od. etwas überragend **12**

11 Rücken der Apt mit kleinen braunen, segmental angeordneten Flecken. Si $^1/_5$ der KörperLg. 1,0–1,8 mm. Apt schmutziggelb. L sehr hell, grünlichweiß. F der Ala $^5/_6$ der

KörperLg. An zahlreichen PflArten, anscheinend bes. gern an Lippenblüten- u. Doldenblütengewächsen. Hauptsächlich in Gewächshäusern u. an Zimmerblumen. Vermehrung ausschließlich parthenogenetisch. Weltweit.
Myzus ornatus LAING (Abb. **230**/4)

11* Apt ohne Rückenpunkte. Si ca. 1/4 der KörperLg. Grün, an W II manchmal mit bräunlichem VKörper u. rötlichem HE. 1,9–2,4 mm (W I) bzw. 1,5–2,0 mm (W II). Stirn mit verhältnismäßig niedrigen FSockeln, aber mit stark entw MHöcker. Ww. W I: *Cerasus mahaleb*, die Blätter rollend. W II: *Lythrum salicaria* u. *L. hyssopifolia*, an den oberen Stängelteilen zw den Blüten. Großbritannien, MEur, Türkei, MAs.
Myzus lythri (SCHRANK) (Abb. **232**/1)

12 **(10)** Si deutlich keulig geschwollen, in der distalen Hälfte dunkelbraun bis schwarz, ihr ∅ an der breitesten Stelle gleich dem Ø der HSchenkel. Hellgelb bis hell grünlichgelb, an der Ansatzstelle der Si etwas bräunlich-gelb. 1,3–1,8 mm. Si fast 1/4 der KörperLg. Ohne Ww an *Ligustrum vulgare*, an der US von Blättern, die im Frühj längs nach unten gerollt, später gelbfleckig verfärbt werden; bei starkem Auftreten frühzeitiger Blattfall. Eur. *Myzus* (*Nectarosiphon*) *ligustri* (MOSLEY)

12* Si nicht od. nur wenig keulig, bei Apt unpigmentiert, gleichmäßig gebräunt od. nur an der Spitze etwas gedunkelt, ihr ∅ kleiner als der ∅ der HSchenkel **13**

13 Si 1/6–1/5 der KörperLg, nur undeutlich keulig, fast zylindrisch, nicht pigmentiert. Gelblichgrün, 1,1–1,9 mm. Ohne Ww an den Blütenständen u. auf der OS der Blätter von *Myosotis palustris*, die Blätter längs nach oben einrollend. Schweiz, DE, Polen, Niederlande. *Myzus* (*Nectarosiphon*) *myosotidis* (BÖRNER)

13* Si 1/5–1/4 der KörperLg. An anderen Pfl [*Myzus persicae* (SULZER) kann auch an *Myosotis palustris* vorkommen, verursacht aber keine Blattrollen] **14**

14 Si hellbraun. OS der Apt sklerotisch u. oft leicht gebräunt. 1,4–2,0 mm. Schmutzig grün, oft mit dunklerem bis bräunlichem V- u. HTeil u. mit seitlichen, segmental angeordneten Flecken. Ohne Ww an *Ajuga reptans* u. *A. genevensis*, junge Blätter aufwärts einrollend. Bevorzugt schattige Stellen. MEur bis Großbritannien.
Myzus (*Nectarosiphon*) *ajugae* SCHOUTEDEN

14* Si unpigmentiert od. nur an der Spitze gedunkelt. Rücken der Apt niemals sklerotisch u. immer ohne Pigment **15**

15 Gelb, manchmal grünlichgelb, Umgebung der SiBasis gelblichbraun. VKörper weißlich. Si schlank zylindrisch. An Triebspitzen, BlattUS u.grünen Stängeln von *Vaccinium uliginosum*. 1,5–2,0 mm. MV, Rhön, Polen. *Aulacorthum flavum* F. P. MÜLLER

15* Grünlichgelb bis grün, s rot, im Sommer manchmal strohgelb, Nymphen u. andere LStadien der Ala oft rötlich. Si an W I im Frühj zylindrisch, an W II leicht keulig. 1,8–2,3 mm. Ein Formenkreis, bei dem einige Formen einen Ww durchführen, anderen permanent parthenogenetisch leben. W I: Pfirsich, *Prunus*-Arten (*P. davidiana, P. nana, P. nigra, P. serrulata*) u. *Padus serotina*, leichte Blattrollen u. Aufhellung, sehr häufig *Lycium barbarum*, an dem eine bes. Form (spp. *dyslycialis* F. P. MÜLLER) durch ihr Saugen die jungen Sprosse verlängert u. deren Blätter im Wachstum hemmt u. kräuselt. W II: zahlreiche Pfl, bes. Kreuzblüten- u. Nachschattengewächse. In Gebieten mit gehäuftem Vorkommen werden Kartoffelfelder stärker besiedelt (wichtigster Überträger

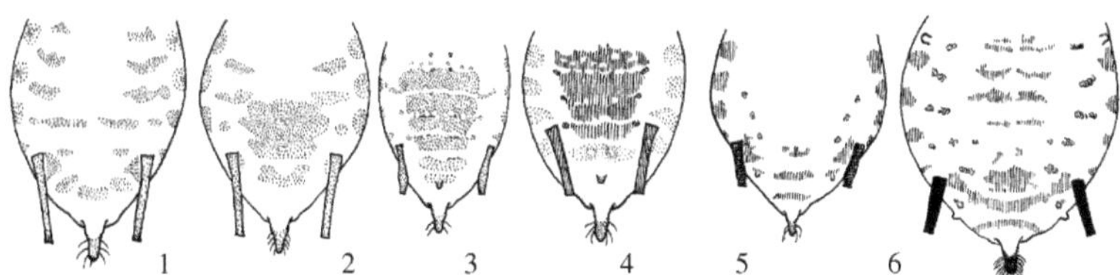

Abb. 233/1–6. Zeichnung des OS des Hlb bei Ala: **1** *Aulacorthum solani*; **2** *Phorodon humuli*; **3** *Cavariella aegopodii*; **4** *C. theobaldi*; **5** *Rhopalosiphum padi* von WII; **6** *Aphis fabae* von W II.

der gefährlichsten Kartoffelvirosen!). Die parthenogenetisch lebenden Formen im Herbst am Kohl u. während des Winters in Gewächshäusern u. an ZimmerPfl, bes. auffallend an *Asparagus sprengeri*. Wichtigster Virusüberträger unter den Blattläusen. Weltweit.
Myzus (*Nectarosiphon*) *persicae* (SULZER) – **Grüne Pfirsichblattlaus** (Abb. **181**/1–5)

Gattung *Ovatus* VAN DER GOOT

1 1. FGld mit nach innen vorspringendem Forts, Si so lg od. länger als das 3. FGld. Bleich weißlichgrün, 1,2–1,75 mm. Ohne Ww an *Mentha* spp. Eur, Türkei, Am. *O. mentharius* (VAN DER GOOT)
1* 1. FGld nach innen gerundet. Si etwas kürzer als das 3. FGld **2**
2 Si der Apt $^{1}/_{4}$ der KörperLg u. hellgrün, höchstens an der Spitze hellbraun. Cauda länger als das letzte RGld. Ala mit hellbraunem K u. Br, ohne od. fast ohne Pigmentflecke auf dem Hlb. An W I grün, glänzend, 1,9–2,4 mm; an W II hellgrün bis rötlichgrau od. bräunlich, glänzend, 1,0–2,0 mm. 2 sehr ähnliche Arten mit Ww. W I: *Crataegus, Mespilus* u. *Cydonia*; in dichten Kolonien u. ohne Deformationen an den Triebspitzen.
a) W II *Mentha* spp. Eur, Türkei. *O. crataegarius* (WALKER) (Abb. **232**/2)
b) W II *Lycopus europaeus*. Eur, Türkei, Iran, Israel. *O. insitus* (WALKER)
2* Si der Apt $^{1}/_{5}$ der KörperLg, hellbraun. Cauda so lg wie das letzte RGld. Olivgrün, rotfleckig, oft rötlich erscheinend, chagriniert, fast glanzlos, 1,6–1,8 mm. Ala mit fast schwarzem K u. Br u. schwacher Rückenzeichnung. Ohne Ww an *Glechoma hederaceum*, an bodennahen Stängeln u. Ausläufern. Großbritannien, Niederlande, WDE, MV, MSchweden. *O. glechomae* HILLE RIS LAMBERS

Gattung *Phorodon* PASSERINI

1 Si fast $^{1}/_{3}$ der KörperLg. Hell gelblichgrün, glänzend, 2,0–2,3 mm. Ala dunkel pigmentiert u. mit umfangreicher Pigmentzeichnung auf dem HlbRücken. Ohne Ww an *Cannabis sativa* (Hanf). Eur, Türkei, NAfrika, MAs.
P. (*Paraphorodon*) *cannabis* PASSERINI
1* Si $^{1}/_{4}$ der KörperLg. An W I hellgrün mit grüner Rückenlinie, 2,1–3,0 mm; an W II hellgrün, 1,0–1,9 mm, im Sommer L fast weiß. Ala mit schwarzem K u. Br u. mit zerteiltem MFleck u. 3 SFlecken auf dem Hlb. Ww von *Padus serotina* u. *Prunus pisardii, P. spinosa, P. domestica* (W I) zu *Humulus lupulus* (Hopfen, W II). Gefährlicher Hopfenschädling. Holarkt. *Phorodon humuli* (SCHRANK) – **Hopfenblattlaus** (Abb. **232**/3; **233**/2)

Gattung *Ericaphis* BÖRNER

1 Tiefgrün bis bräunlichgrün. Rücken leicht gebräunt. 1,2–1,7 mm. *Erica* spp., an grünen Trieben. Eine holozyklische Form im Freien an *Erica tetralix* (MV, Polen, SSchweden) u. eine anholozyklische Form in Gewächshäusern an kultivierten Eriken, manchmal schädlich (MEur, wohl eingeschleppt). *E. ericae* (BÖRNER)
1* Grün. Rücken vollkommen unpigmentiert. 1,3–1,9 mm. An *Empetrum nigrum*, einzeln an grünen Stängeln. W-, M- u. NEur *E. latifrons* (BÖRNER)

Gattung *Lipaphis* MORDVILKO

1 RückenM der Apt ohne Pigmentzeichnung **2**
1* HlbRücken dunkel od. mit braunen Querbändern **4**
2 F reichlich halb so lg wie der ovale Körper. Vorletztes Sgm normal **3**
2* F $^{1}/_{3}$ der Lg des länglichovalen Körpers. Dorsal unmittelbar vor der Cauda 1 kleiner Höcker. Olivgrün, dunkel fleckig, OS chagriniert u. schwach glänzend. 1,7–1,9 mm. Si $^{1}/_{6}$ der KörperLg, kaum länger als die Cauda. An *Lepidium ruderale*. M- u. OEur.
L. (*Lipaphidiella*) *ruderalis* BÖRNER

3 Si länger als die Cauda. Olivgrün bis schmutzig gelb, etwas bereift, auf dem Rücken in segmentaler Anordnung unbewachste Felder. 1,5–2,0 mm. Verschiedene Kreuzblütengewächse, bes. in den Blütenständen. Häufig an *Capsella bursa-pastoris* u. *Sisymbrium officinale*, an letzterer Pfl im Frühj starke Triebstauchung hervorrufend. Weltweit. *L. erysimi* (KALTENBACH) (Abb. **235**/2)

3* Si so lg wie die Cauda. Dunkel olivgrün. SgmGrenzen schwach bepudert. 1,5–2,0 mm. *Sisymbrium loeselii*, in Blütenständen u. am Stängel. BR. *L. fritzmuelleri* BÖRNER (Abb. **235**/3)

4 **(1)** HlbRücken dunkel graugrün, fast schwarz. An *Alliaria petiolata*. Eur außer S. *L. alliariae* F. P. MÜLLER

4* HlbRücken mit braunen Querbändern. An anderen Pfl **5**

5 Querbänder meist in der M miteinander verbunden. Pigmentierung insgesamt ca. die Hälfte der Rückenfläche einnehmend. Grundfärbung grünlichgelb bis gelbbraun, weißgepudert. 1,5–2,0 mm. *Arabis glabra*, die Blütenstände deformierend. ÖS, DE, Großbritannien, SSchweden, Polen. *Lipaphis turritella* (WAHLGREN)

5* Querbänder immer getrennt. Pigmentierung oft weniger als die Hälfte der Rückenfläche ausmachend. Grundfärbung olivenfarbig. Glänzend. 1,7–1,9 mm. *Arabis hirsuta*, Blütenstände stärkstens stauchend u. sehr dicht knäuelnd. DE, SSchweden. *L. rossi* BÖRNER (Abb. **235**/4)

Gattung *Cavariella* DEL GUERCIO

Alle Arten Ww mit Weiden als W I. 7 Arten.

1 Si leicht keulig, immer mindestens doppelt so lg wie die Cauda **2**

1* Si anders gestaltet **4**

2 SupracaudalForts ca. von der Lg der Cauda. Pt höchstens $1\,^1/_2$-mal so lg wie die Basis des 6. FGld. Grün, 2,0–2,8 mm. W II zahlreiche Doldengewächse, z. B. Petersilie, Möhre, Kümmel, Dill, Fenchel. An Samenmöhren (*Daucus*) manchmal schädlich. Eine anholozyklische Rasse während des Winters oft mit Massenbefall in Gewächshäusern u. Wohnungen an Petersilie. Weltweit. *C. aegopodii* (SCOPOLI) (Abb. **236**/1; **233**/3)

2* SupracaudalForts oft kürzer als die Cauda. Pt mindestens doppelt so lg wie die Basis des 6. FGld **3**

3 Pt 3–4-mal so lg wie die Basis des 6. FGld. Apt gelblichgrün. 1,8–2,8 mm. W II *Heracleum sphondylium* u. *Pastinaca sativa*, seltener andere Doldengewächse. Eur, Kanada. *C. pastinacae* (L.) (Abb. **236**/2)

3* Pt 2-mal so lg wie die Basis 6. FGld. 1,9–2,6 mm. W II *Angelica sylvestris* u. *A. archangelica*.

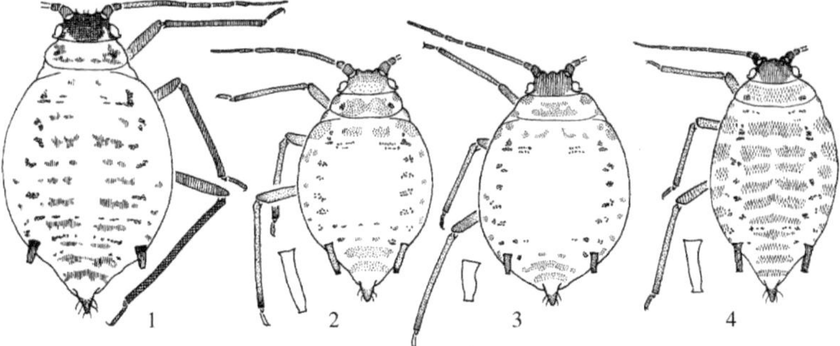

Abb. 235/1–4. 1 *Brevicoryne brassicae* (2–2,6 mm); **2** *Lipaphis erysimi* (1,5–2 mm); **3** *L. fritzmuelleri* (1,5–2 mm); **4** *L. rossi* (1,7–1,9 mm).

a) Strohfarbig bis grünlichgelb. Si schwach u. symmetrisch keulig. HlbRücken der Ala mit Querbändern. Eur, Island. *C. archangelicae* (Scopoli)
b) Grün. Si nach innen stärker geschwollen. Ala mit großem kompaktem trapezförmigem Fleck auf dem Hlb. MEur, Großbritannien, Norwegen, Island, NAm, Japan. *C. konoi* Takahashi

4 **(1)** Si zylindrisch, bei den Apt farblos, mindestens doppelt so lg wie die Cauda. SupracaudalForts zylinderförmig. $^1/_2$–$^3/_4$-mal so lg wie die Cauda. Pt 3–3,5-mal so lg wie die Basis des 6. FGld. Grün. 2,0–2,8 mm. W II hauptsächlich *Heracleum sphondylium* u. *Pastinaca sativa*. Eur, NAm. *C. theobaldi* (Gilette et Bragg) (Abb. **236**/3; **233**/4)

4* Si dicht vor dem E eingeschnürt, distal gedunkelt, nur 1 $^1/_2$-mal so lg wie die Cauda. SupracaudalForts zungenförmig, so lg wie die Cauda. Pt kaum länger als die Basis des 6. FGld. Grün. Nymphen u. Ala braun. An W I 1,9–2,6 mm. An W II 1,4–1,6 mm. W II *Cicuta, Berula* u. *Sium*. Eur. *Cavariella cicutae* (Koch) (Abb. **236**/4)

Gattung *Hyadaphis* Kirkaldy

Die 3. Art ist *H. tataricae* (Aizenberg)

1 Cauda schwarz. Si u.B dunkelbraun. Körper hellgrün bis gelblichgrün, auf W II manchmal schwärzlich braun. OFläche matt. 1,5–2,7 mm. F $^1/_2$–$^1/_3$ der KörperLg. Ww. W I: *Lonicera xylosteum, L. periclymenum, L. caprifolium*, zunächst in nach oben gefalteten Blättern, im Sommer auch an Triebspitzen. W II: *Anthriscus, Torilis, Angelica, Sanicula*, u.a. Doldengewächse. Eur, Türkei, Israel, N- u. SAfrika, Australien, Neuseeland. *H. foeniculi* (Passerini) (Abb. **237**/2)

1* Cauda, Si u. B hellbraun. Graugrün bis schmutzig gelblichgrün, mit grobem Wachsmehl. 1,3–2,2 mm. F $^1/_3$ der KörperLg. An *Bupleurum falcatum*, an Trieben, Dolden u. BlattOS. Kein Ww. Eur bis Korea. *H. bupleuri* Börner

Gattung *Semiaphis* van der Goot

1 Körperanhänge einschließlich der Si hell, fast unpigmentiert. Gelb, bepudert. 1,7–2,0 mm. An *Peucedanum cervaria* u. *P. oreoselinum*, BlattUS, Fiederblättchen nach unten rollend u. rot verfärbend, an älteren Blättern ohne Rollungen, aber Saugstellen verblichen od. rot. MEur. *S. cervariae* (Börner) (Abb. **237**/3)

1* Körperanhänge einschließlich der Si dunkel **2**

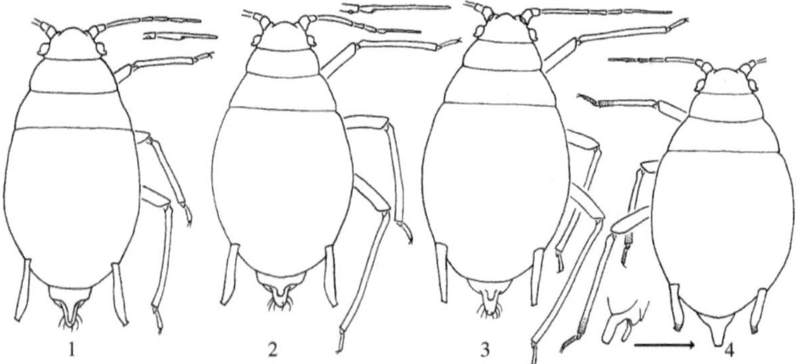

Abb. 236/1–4. 1 *Cavariella aegopodii* (2–2,8 mm); **2** *C. pastinacae* (1,8–2,8 mm); **3** *C. theobaldi* (2–2,8 mm); **4** *C. cicutae* von W I (an W I 1,9–2,6 mm, an W II 1,4–1,6 mm).

2 Si fast halb so lg wie die Cauda. Körper hellgrün, fein bepudert. 1,4–2,1 mm. An Möhre (*Daucus carota*), Blätter nach abwärts rollend od. kräuselnd. Eur, Türkei, Israel. *S. dauci* (F.) – **Möhrenblattlaus** (Abb. **237**/4)

2* Si $^1/_3$ der CaudaLg. Körper dunkelgraugrün, mit grobem Puder. Etwa 1,7 mm. An *Pimpinella major* u. *P. saxifraga*, Blätter nach oben faltend. Eur. *S. pimpinellae* (KALTENBACH)

Gattung *Coloradoa* WILSON

Klein (1,0–1,6 mm), meist grün, ± glänzend. An *Asteraceae* mit gefiederten Blättern. Meist in den Buchten zw den Blattfiedern, leicht übersehen. Stirn gerade. Cauda dreieckig zungenförmig, halb so lg wie die Si. B, Si u. Cauda fast farblos, F nur spitzenwärts gedunkelt, $^1/_2$–$^2/_3$ der KörperLg. Alle ohne Ww. 10 Arten.

1 Si deutlich keulenförmig. An *Artemisia absinthium*. Eur *Coloradoa absinthii* (LICHTENSTEIN) (Abb. **238**/1)

1* Si zylindrisch
a) An *Tanacetum vulgare*. Großbritannien, MEur, S- u. MSchweden. *C. tanacetina* (WALKER)
b) An *Artemisia vulgaris*, s. *A. absinthium*. Eur. *C. artemisiae* (DEL GUERCIO)
c) An *Achillea millefolium*. WEur bis MV u. S- u. MSchweden, Polen. *C. achilleae* HILLE RIS LAMBERS
d) An *Chrysanthemum indicum*, nur anholozyklisch, in Gewächshäusern oft schädlich, auch die Blüten befallend. Weltweit. *C. rufomaculata* WILSON

Gattung *Brachycolus* BUCKTON

Oval, bepudert, mit braunem K u. braunen Körperanhängen. Cauda dreieckig zungenförmig, ca. $1^1/_2$-mal so lg wie an der Basis breit. Ala mit braunem K u. brauner Br, aber M des HlbRückens ohne Pigment. Kein Ameisenbesuch. Alle Arten monophag an Caryophyllaceen, charakteristische Missbildungen (Gallen) induzierend: Die Sprossachse wird verkürzt, wobei die fleischig verdickten Blätter eng an die Triebachse angelegt bleiben, so dass ovale bis lanzettliche Gallen entstehen, in deren Inneren die Läuse leben.

1 F $^1/_3$ der KörperLg. Schmutzig hell olivgrün. 1,3–1,4 mm. Si niedrige hellbraune Höcker. An *Cerastium arvense*, Gallen eiförmig bis länglich, gelblich verfärbt. Großbritannien, Frankreich, DE, SSchweden, Polen. *B. cerastii* (KALTENBACH)

1* F halb so lg wie der Körper **2**

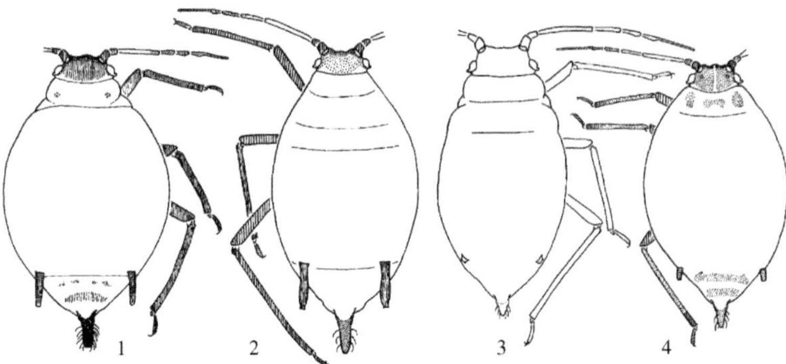

Abb. 237/1–4. 1 *Hydaphias molluginis* (1,7–2,3 mm); **2** *Hadaphis foeniculi* (1,5–2,7 mm); **3** *Semiaphis cervariae* (1,7–2 mm); **4** *S. dauci* (1,4–2,1 mm).

2 Si braun, 1 $^1/_2$–2-mal so lg wie breit. Körper hellgrün bis gelblich, bereift. 1,6–1,8 mm. An *Silene vulgaris*, die Blätter längs nach oben rollend. Eur. *B. cucubali* (PASSERINI) (Abb. **238**/2)

2* Si fast farblos, nur so lg wie breit. Körper hellgrün, bereift. 1,7–1,9 mm. An *Stellaria holostea*, die Blätter längs nach oben rollend. Eur. *B. stellariae* (HARDY)

Gattungen *Diuraphis* AIZENBERG u. *Brachycorynella* AIZENBERG

Ähnlich *Brachycolus* BUCKTON, aber die an Gräsern lebenden Arten lgoval. F ca. $^1/_3$ der KörperLg. Alle Arten mit Wachspuder, ohne Ameisenbesuch u. an den Pfl ähnliche Deformationen wie die *Brachycolus*-Arten erzeugend.

1 8. HlbTergit (das Sgm unmittelbar vor der Cauda) mit deutlichem SupracaudalForts **2**

1* Ohne SupracaudalForts, am HRand des 8. HlbSgm höchstens mit flacher Beule . **3**

2 SupracaudalForts weniger als $^1/_2$ so lg wie die Cauda. Hellgrün, bepudert. 1,3–2,0 mm. Körperanhänge hellbraun. Si schief kegelstumpfförmig, kürzer als an der Basis breit. Cauda zungenförmig, fast doppelt so lg wie an der Basis breit. An Gräsern, zw den noch eingerollten Blättern, wichtiger Schaderreger an Getreide. Trop, subtrop, medit, bis Nl. *Diuraphis noxia* (KURDJUMOV)

2* SupracaudalForts von der Lg der Si. Schmutzig gelb, bepudert. 1,4–2,3 mm. Körperanhänge hellbraun. Si schief kegelstumpfförmig, ca. so lg wie an der Basis breit. Cauda zungenförmig, fast doppelt so lg wie an der Basis breit. An *Phleum pratense*, zw den noch eingerollten Blättern, welche gebleicht werden. Großbritannien. W-, M- u. NEur. *D. muehlei* (BÖRNER) (Abb. **238**/3)

3 **(1)** K u. Körperanhänge hell u. fast unpigmentiert. Gattung *Brachycorynella* AIZENBERG. Einzige Art: *B. asparagi* (MORDVILKO)
Hellgrün bis hell bläulichgrün, bepudert. Oval. 1,6–2,0 mm. Si porenförmig, nur wenig erhoben, fast farblos. Cauda zungenförmig, doppelt so lg wie an der Basis breit. An *Asparagus officinalis*, STriebe büschel- od. federartig stauchend. An erwachsenen Sprossen auch ohne Deformationen. SOEur, SPolen, BR.

3* K braun, Körperanhänge hellbraun bis braun. Lgoval. An Süßgräsern. Untergattung *Holcaphis* HILLE RIS LAMBERS **4**

4 Si porenförmig, nicht hervortretend, farblos. Grundfärbung dunkelgrün. Dunkel blaugrau erscheinend, milchig bestäubt. 1,8–2,0 mm. Cauda nur wenig länger als an der Basis breit. An *Bromus inermis*, die noch eingerollten Blätter auftreibend u. gestauchten Wuchs hervorrufend. SN. *D.* (*H.*) *bromicola* (HILLE RIS LAMBERS)

4* Si kurz kegelstumpfförmig, pigmentiert, bis $^1/_4$ der Lg der Cauda. Körper heller . . . **5**

5 Grundfärbung hellgrün, durch Wachsmehl weiß erscheinend. 1,3–1,9 mm. An Quecke (*Elytrigia repens*) u. anderen *Elytrigia*-Arten. Triebstauchungen hervorrufend u. an Blättern. Eur, Türkei. *D.* (*H.*) *frequens* (WALKER)

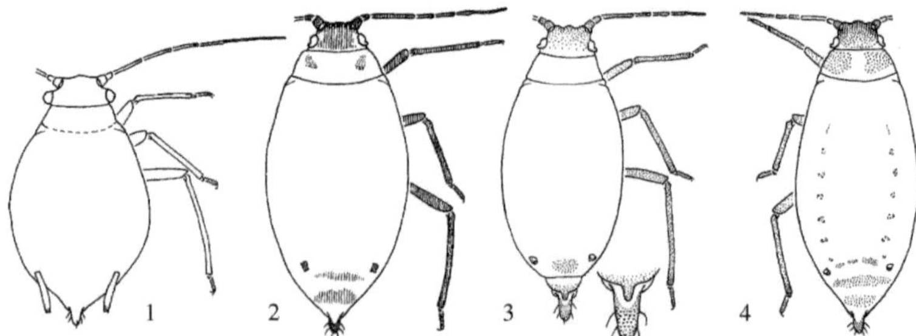

Abb. 238/1–4. 1 *Coloradoa absinthii* (1–1,6 mm); **2** *Brachycolus cucubali* (1,6–1,8 mm); **3** *Diuraphis muehlei* (1,3–2 mm); **4** *D.* (*Holcaphis*) *holci* (1,3–2,1 mm).

5* Grün, mit grauem Wachspuder, 1,3–2,4 mm. An *Holcus*-Arten, in Gallen, welche durch Triebstauchung in Verbindung mit Verdickung u. Verkürzung der eingerollt bleibenden Blätter entstehen. W-, M- u. NEur.
D. (*H.*) *holci* (HILLE RIS LAMBERS) (Abb. **238**/4)

Gattungen *Rhopalosiphum* KOCH (5 Arten) u. *Schizaphis* BÖRNER (9 Arten)

1 An Holzgewächsen (immer mit Ww) **2**
1* An Gräsern, Sauergräsern od. Sumpf. u. WasserPfl **4**
2 Schokoladenbraun (Fundatrigenia) od. dunkel olivengrün bis olivenbraun (Fundatrix). OS der Im. etwas glänzend. Si leicht keulig. Ohne Blattdeformationen an (W I) Pflaume, Schlehe, seltener Pfirsich u. *Prunus serotina*. W II vgl. unter **4.** Weltweit.
Rhopalosiphum nymphaeae (L.) – **Sumpfpflanzenlaus**
2* Anders gefärbt, Blattdeformationen hervorrufend **3**
3 Schmutzig dunkelgrün mit Wachsmehl (Fundatrigenia) od. hellgrün (Fundatrix). An *Prunus padus* (W I), Blätter längs nach unten gerollt u. gelbfleckig. W II vgl. unter **11**. Weltweit. *Rhopalosiphum padi* (L.) – **Traubenkirschen- od. Haferlaus**
3* Grün, Si hell (im Gegensatz zu der auf den gleichen Pomoideen vorkommenden *Aphis pomi* DEGEER, deren Si schwarz sind). Im Frühj an (W I) Apfel, Mispel, Weißdorn, Eberesche u.a. Pomoideen, die Blätter quer rollend, an Apfel oft schädlich. Die 1. auf die Fundatrix folgende Gen besteht in der Regel vollständig aus Ala, welche im Ww zu Gräsern (vgl. unter **10**) abwandern. Eur.
Rhopalosiphum insertum (WALKER) – **Apfelgraslaus**
4 **(1)** Si ca. $^1/_5$ der KörperLg, mehr als doppelt so lg wie die Cauda, leicht keulig. Rundlich, olivgrün, 1,9–2,5 mm. An (W II) *Nymphaea*, *Nuphar*, *Butomus*, *Sagittaria* u.a. meist monocotylen Wasser- u. Sumpfpfl. W I vgl. unter **2.**
Exsules von *Rhopalosiphum nymphaeae* (L.)
4* Si höchstens $^1/_7$ der KörperLg **5**
5 Si schwarz **6**
5* Si der Apt unpigmentiert od. nur wenig gebräunt **7**
6 Rundlich. Nicht bereift. Mit lg u. feinen Haaren. Si $^1/_7$, F $^3/_4$ der KörperLg. Dunkel olivgrün, schwarz erscheinend. OS der Im. schwach bis stark glänzend. 1,6–2,3 mm. An *Typha*, *Scirpus*- u. *Carex*-Arten. Eur. *Schizaphis* (*Paraschizaphis*) *scirpi* (PASSERINI)
6* Länglich. Bereift. Ohne auffallende Behaarung. Si $^1/_{12}$ der KörperLg, F kürzer als der halbe Körper. Sehr dunkelgrün bis blauschwarz. 2,0–2,6 mm. An Gräsern, an Mais bes. an den Fahnen. In warmen Ländern wichtiger Schädling an Mais (*Zea mays*), Gerste (*Hordeum*) u. anderen Getreidepfl, wirtsspezifischer Karyotyp sporadisch auch in MEur an Mais auftretend. Anholozyklisch, in MEur wahrscheinlich nicht überw u. dorthin in jedem J erneut aus S zufliegend. Trop, subtrop, medit, vorübergehend auch MEur. *Rhopalosiphum maidis* (FITCH) – **Maisblattlaus** (Abb. **240**/1)
7 **(5)** Si höchstens so lg wie die Cauda **8**
7* Si etwas länger als die Cauda **10**
8 F kürzer als der halbe Körper. Länglich oval. Bleich grünlich bis hell grünlichgelb, in der M grüner Längsstrich. 2,2–2,5 mm. An *Ammophila arenaria*, BlattOS, Blätter nach oben rollend. Auch an *Elymus arenarius*. Großbritannien u. WEur bis SFinnland u. Polen. [*Sch. geijskesi* HILLE RIS LAMBERS]. *Schizaphis rufula* (WALKER)
8* F länger als der halbe Körper **9**
9 Länglich oval. F 6 Gld, mit Ausnahme der helleren Basis dunkel. Hellgrün bis gelblich, 2,1 mm. An *Phalaris arundinacea* u. *Calamagrostis*. M- NEur.
Schizaphis longicaudata HILLE RIS LAMBERS
9* Oval. F 5 Gld u. farblos. Gelb bis hell orangebraun, am E des Sommers rot bis purpurfarbig. 1,2–1,4 mm. BlattOS von *Poa annua* u.a. Süßgräsern (W II). W I vgl. S. 192. Eur, Israel. Exsules von *Melanaphis pyraria* (PASSERINI)
10 **(7)** An den Wurzeln von Süßgräsern, gelegentlich unmittelbar unter der Erdoberfläche. Rundlich, bläulichgrün, 1,2–1,8 mm. Si mit bes. deutlich abgesetzter Flansche. Vgl. unter **3***. Exsules von *Rhopalosiphum insertum* (WALKER)

10* An oberirdischen PflTeilen . . . **11**

11 Rundlich. Olivenfarbig. Si vor der Flansche deutlich eingeschnürt. 1,6–2,4 mm. An zahlreichen Süßgräsern, z. B. an Mais bevorzugt an u. in den Kolben, manchmal Massenauftreten an Getreide im späten Frühj. Vgl. unter **3**.
Exsules von *Rhopalosiphum padi* (L.) (Abb. **240**/2; **233**/5)

11* Oval. Grün bis gelblich. Einschnürung der Si vor der Flansche undeutlich. 1,4–2,2 mm. An Süßgräsern. Mehrere Unterarten. In warmen Ländern gefährlicher Getreideschädling. Insgesamt weltweit. *Schizaphis graminum* (RONDANI) (Abb. **240**/3)

Gattung *Aphis* L.

Rundlich oval, oft rundlich. Artunterschiede in Na u./od. Gen Zyklen viel größer als in der Morphologie. Letztes Stigma (7. HlbSgm) etwas dorsalwärts verschoben, unter ihm ein manchmal schon mit stärkerer Lupe sichtbarer Höcker (Marginaltuberkel, z. B. Abb. **233**/6; **244**/1,4). Ein ähnlicher Marginalhöcker jederseits am 1. HlbSgm, bei manchen Arten auch an den HlbSgm 2–4 (Abb. **241**/2, 4; **245**/3). In MEur fast 100 Arten, mit wenigen Ausnahmen von Ameisen besucht. [*Aphidula* NEVSKY, *Cerosipha* DEL GUERICO, *Comaphis* BÖRNER, *Doralida* BÖRNER, *Doralis* LEACH, *Leucosiphon* BÖRNER, *Medoralis* BÖRNER, *Pergandeida* SCHOUTEDEN, *Tuberculaphis* BÖRNER, *Uraphis* DEL GUERICO.]

1 Si der Apt kräftig pigmentiert, am lebenden Tier sehr dunkelbraun od. schwarz . **2**

1* Si der Apt nicht od. nur schwach pigmentiert, am lebenden Tier nicht dunkelbraun, bei einigen Arten an der Spitze gedunkelt . . . **27**

2 Apt mit sehr dunkler Grundfärbung, schwarz od. fast schwarz erscheinend. Auch die kleinen L. ziemlich dunkel . . . **3**

2* Grundfärbung heller. Wenn dunkelgrün od. dunkel graugrün od. braun, dann deutlicher Kontrast zw den Si u. der Grundfärbung u. die kleinen L viel heller als die Alttiere . . . **21**

3 Si kürzer als die Cauda . . . **4**

3* Si so lg od. länger als die Cauda . . . **6**

4 OS der Apt glänzend, ohne Wachspuder, in großer Ausdehnung pigmentiert. 1,5–2,2 mm. Si $^1/_{10}$ der KörperLg, nur wenig kürzer als die fingerförmige Cauda. An *Euphorbia cyparissias*, Stängel u. in Blütenständen. Eur. *A. euphorbiae* KALTENBACH

4* OS auch der Apt mit Wachspuder . . . **5**

5 Si so lg wie der Abstand zw den FWurzeln. Rücken der Apt zum mindesten längs der MLinie u. im letzten Drittel mit umfangreicher Pigmentzeichnung. 2,1–2,5 mm. In dichten dunkel blaugrauen Kolonien an Trieben u. Blütenständen von *Vicia cracca* u.

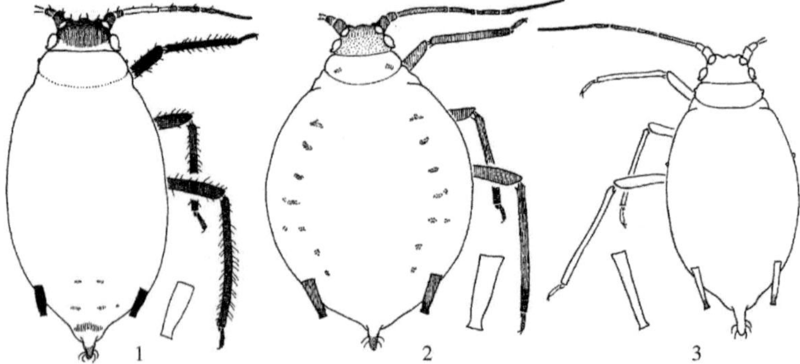

Abb. 240/1–3. 1 *Rhopalosiphum maidis* (2–2,6 mm); **2** *R. padi* von W II (1,6–2,4 mm); **3** *Schizaphis graminum* (1,4–2,2 mm).

V. villosa, bei starkem Auftreten Triebstauchungen verursachend. Eur.
A. craccae L.

5* Si kürzer als der Abstand zw den FWurzeln. RückenM der Apt ohne od. mit Pigmentzeichnung, nur größere Exemplare von *A. genistae* SCOPOLI längs der MLinie mit unregelmäßig gezacktem Pigmentstreifen.
a) An *Genista tinctoria*, an Trieben u. jungen Früchten. 1,4–2,3 mm. Eur.
A. genistae SCOPOLI
b) An *Bupleurum falcatum*, an Trieben u. Blütenständen. 1,3–2,2 mm. TH, ST, Franken, Lothringen. *A. bupleuri* (BÖRNER) (Abb. **241**/1)
c) An *Galium*-Arten u. *Asperula cynanchica*, an Trieben u. Blütenständen. 0,9–1,7 mm. Eur. *Aphis galiiscabri* SCHRANK

6 **(3)** HlbRücken der Apt mit Pigmentzeichnung als große bis zu den S reichende Platte od. als Querbänder. (Die Rückenzeichnung wird bei Kümmerformen weniger od. nicht ausgebildet.) OS der Apt bei den meisten Arten glänzend **7**

6* HlbRücken der Apt ohne Pigment, höchstens mit einigen Flecken, immer matt od. bepudert, nicht glänzend **10**

7 An den S der HlbSgm 1–4 (–5) u. 7 je ein großer Höcker (Marginaltuberkel) **8**

7* Je ein deutlich erkennbarer Marginalhöcker ist nur an der Basis des Hlb u. hinter den Si (am 1. u. 7. HlbSgm) vorhanden **9**

8 Rückenpigmentierung in Form von Querbändern. Dunkel bläulich grün. OS meist glänzend. 2,2–2,5 mm. An *Rumex acetosa* (Sauer-Ampfer), am Rosettengrund, von Ameisen umbaut, od. am Stängel. M-, N- u. OEur, Großbritannien. *A. acetosae* L.

8* Rücken vollständig od. fast vollständig pigmentiert, schwarz glänzend. 1,5–2,0 mm. An *Trifolium pratense*, am Stängelgrund. Italien u. Jugoslawien bis Polen u. MSchweden, Großbritannien. [*A. scaliai* DEL GUERCIO] *A. coronillae* FERRARI

9 (**7**) Si so lg od. nur wenig länger als die Cauda. Rückenpigment in schmalen Querbändern u. bei kleinen Exemplaren fehlend.
a) Apt OS etwas glänzend. An *Vaccinium uliginosum* u. *V. myrtillus*. 1,5–1,9 mm. M- u. NEur, Großbritannien. *A. vaccinii* (BÖRNER)
b) OS matt schwarz. An *Rumex obtusifolius* u. *R. maritimus*, seltener *R. crispus*, Stängel u. InnenS längs eingerollter Blätter. 1,4–2,5 mm. Holarkt, Türkei, Israel.
A. rumicis L.

9* Si $1\frac{1}{2}$-mal so lg wie die Cauda. Pigmentierung bei großen Exemplaren über den ganzen Rücken ausgedehnt od. (*A. salviae* WALKER) manchmal in breiten ineinanderfließenden Querbändern.
a) An *Laburnum, Sarothamnus* u. *Cytisus*, an *Laburnum* im Frühj die Blätter leicht rollend. 1,9–2,4 mm. L dick bläulich bepudert. Eur. *A. cytisorum* HARTIG

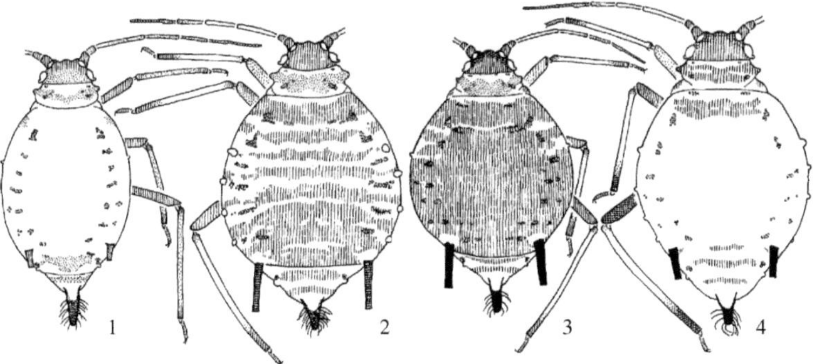

Abb. 241/1–4. **1** *Aphis bupleuri* (1,3–2,2 mm); **2** *A. acetosae* (2,2–2,5 mm); **3** *A. craccivora* (1,2–2,3 mm); **4** *A. viburni* (1,5–2,2 mm).

b) An anderen Schmetterlingsblütengewächsen: *Robinia pseudoacacia, Caragana arborescens, Lotus corniculatus, Coronilla varia, Anthyllis vulneraria, Pisum* (Erbse) u. viele andere, darunter trop Hülsenfruchtgewächse, z.B. *Arachis hypogaea* (Erdnuss). An *Vicia faba* auch in MEur schädlich u. dann meist mit *A. fabae* Scopoli verwechselt, außerdem an einigen weiteren Pfl., z.B. *Capsella bursa-pastoris* u. *Rumex* spp. 1,2–2,3 mm. L nur schwach bereift. Ein Komplex von bionomisch verschiedenen Rassen u. Unterarten. Im Weltmaßstab wichtiger Direktschädling u. Virusüberträger. Weltweit. *A. craccivora* Koch (Abb. **241**/3)

c) An *Salvia pratensis*, Stängelbasis u. am Grunde der Blattstiele. 1,8–2,3 mm. Großbritannien, MEur, Rumänien, Türkei, Israel. *A. salviae* Walker

d) An *Cichorium*, Wurzelhals u. Rosettengrund, manchmal auch am Stängel. 1,5–2,2 mm. Eur, Türkei, Israel. *A. intybi* Koch

10 **(6)** Schienen dunkelbraun bis schwarz, von dem gleichen Pigmentierungsgrad wie die Si ... **11**

10* Schienen der Im. bis auf das dunkle distale Viertel fast weiß od. hell bräunlich .. **14**

11 Si länger als der Abstand zw den FWurzeln ... **12**

11* Si so lg od. (meistens) kürzer als der Abstand zw den FWurzeln ... **13**

12 Si 3-mal so lg wie die Cauda. 2,2–3,2 mm. Nymphen u. manchmal Apt mit segmentalen weißen Wachstupfen. W I *Sambucus nigra*, das ganze J über. Außerdem Ww zu (W II) *Rumex, Saxifraga* u. einigen *Caryophyllaceae*, dort die grünen Exsules am Wurzelstock u. Wurzelhals. Holarkt, Türkei. *A. sambuci* L. – **Holunderlaus**

12* Si $1^{1}/_{2}$–2-mal so lg wie die Cauda. Etwa 2 mm. An *Senecio jacobaea*, Stängelgrund, aber auch an oberen Stängelteilen. MEur. *A. jacobaeae* Schrank

13 **(11)** OFläche matt. 1,6–2,1 mm. An *Senecio ovatus* u. *S. hercynicus* u. *Adenostyles glabra*, Blütenstiele u. BlattUS. MEur. *A. cacaliasteris* Hille Ris Lambers

13* Mit grobkörniger grauer Bepuderung. 1,1–1,4 mm. An *Rhamnus cathartica*, Blätter entlang der MRippe od. einem SNerven nach oben gefaltet u. gerollt. Während des Sommers u. Spätsommers vorzugsweise in den Gallen des Blattflohes *Trichopsylla walkeri* (Förster). NI, ST, BR, MV, Großbritannien, Österreich, Polen, Ukraine. *Aphis commensalis* Stroyan

14 **(10)** An den S vom 1.–7. HlbSgm je ein großer Höcker (Marginalhöcker od. -tuberkel) ... **15**

14* Deutlich erkennbare Marginalhöcker nur an der Basis des Hlb u. hinter den Si (1. u. 7. HlbSgm) vorhanden. Wenn auch an dazw liegenden Sgm Marginalhöcker auftreten, dann sind diese sehr klein u. unscheinbar ... **16**

15 An *Viburnum opulus*, die Blätter rollend u. kräuselnd. Ohne Ww. 1,5–2,2 mm. MEur, Großbritannien, Schweden. *A. viburni* Scopoli (Abb. **241**/4)

15* Am Stängelgrund u. in den unteren Blattachseln, von Ameisen umbaut.

a) An Möhre. 1,25–1,9 mm. MEur, Großbritannien. *A. lambersi* (Börner)

b) An Veilchen u. Stiefmütterchen. 1,5–1,8 mm. MEur, Großbritannien. *A. violae* Schouteden

16 **(14)** RSpitze die Hü des 3. BPaares überragend ... **17**

16* RSpitze die 3. Hü höchstens erreichend, nicht überragend ... **18**

17 An *Hedera helix*, an den Trieben. 1,7–2,5 mm. Eur, Türkei, Israel, SAfrika, NAm. *A. hederae* Kaltenbach

17* An *Peucedanum cervaria*, in Blütenständen u. Blattscheiden. 1,4–1,6 mm. MEur. *A. schilderi* (Börner)

18 **(16)** HSchenkel nur schwach gebräunt, nur wenig dunkler als die Schienen.

a) An *Pulsatilla pratensis, vulgaris* u. *patens*, an den Blättern, 1,4–1,7 mm. MV, MSchweden, Mongolei. *A. pulsatillae* Ossiannilsson

b) An *Sanguisorba minor*, Wurzelhals u. Basis der Blattstiele u. Stängel, von Ameisen umbaut. 1,2–2,0 mm. Eur, Türkei, Iran. *A. sanguisorbae poterii* (Börner)

18* HSchenkel bis auf die hellere Basis dunkel pigmentiert ... **19**

19 Mit Wachspuder, der (stärkere Vergrößerung!) in hexagonalen Feldern angeordnet ist. Durch die Bepuderung bräunlich-violett erscheinend. 1,0–1,2 mm. An *Calluna vulgaris*, Triebspitzen. M- u. NEur, Großbritannien. *A. callunae* Theobald

19* Apt matt schwarz, manchmal mit 2 Reihen weißer Wachstupfen, im allgemeinen größer als 1,2 mm **20**

20 An *Aegopodium podagraria* (Giersch), an der InnenS von eng nach unten gerollten Blättern, manchmal an Stängeln u. Blütenständen. 1,5–2,1 mm. MEur, Großbritannien, S- u. MSchweden. *A. podagrariae* SCHRANK

20* An zahlreichen Pfl, mit Ww. W I: *Euonymus europaea, Viburnum opulus* u. *Philadelphus coronarius.* (Braune Läuse an *Euonymus europaea* sind *A. fabae evonymi* F., vgl. **26***) W II: *Vicia faba, Dahlia, Beta*-Rüben, *Papaver* (Mohn) u. viele andere Pfl. Häufiger Schädling. Ein Komplex von biologisch verschiedenen Formen mit unterschiedlichen Ww-Verhältnissen u. verschiedenen Wirtsspektren. Eur, Türkei, Irak, Afrika, Am. *A. fabae* SCOPOLI – **Schwarze Bohnen**- od. **Rübenlaus** (Abb. **233**/6)

21 **(2)** Si kürzer als der Abstand zw den FWurzeln. Pt $1^1/_2$-mal so lg wie die Basis des 6. FGld **22**

21* Si so lg od. länger als der Abstand zw den FWurzeln. Pt mindestens 2-mal so lg wie die Basis **23**

22 HlbRücken mit SFlecken u. schmalen Querbändern. Blaugrün; bei den Si rotbraun. Schwach bepudert. 1,7 mm. An *Carlina acaulis*, am Grund der Rosette u. unterirdisch am Wurzelhals. M- u. OEur. *A.* (*Protaphis*) *carlinae* (BÖRNER)

22* HlbRücken außer den Muskelplatten höchstens mit einzelnen Flecken. Dunkelgrün, ohne Wachspuder, 1,6–1,8 mm. An *Anthemis tinctoria*, unterirdisch am Wurzelhals. TH. *A.* (*Protaphis*) *anthemidis* (BÖRNER)

23 **(21)** Si verhältnismäßig dick u. leicht nach außen gekrümmt **24**

23* Si schlank u. gerade gestreckt, nicht gebogen **25**

24 Braun od. dunkel graugrün, leicht bepudert. 1,6–2,1 mm. An *Epilobium angustifolium* (W II), BlattUS, die Blätter können vertrocknen. Ww zu (W I) *Cornus alba*, wo Blattnester gebildet werden. DE, Großbritannien, Dänemark, Schweden, Polen. [*A. corniella* (HILLE RIS LAMBERS)] *A. salicariae* KOCH (Abb. **244**/1)

24* Gelb, unmittelbar vor den Si manchmal mit 2 in der M unterbrochenen braunen Querbändern. R die 3. Hü überragend. 1,8–2,1 mm. An *Verbascum* spp., an der US älterer u. ältester Blätter. Eur, Türkei, Israel, NAfrika. *Aphis verbasci* SCHRANK

25 **(23)** RSpitze die 3. Hü etwas überragend. An unterirdischen PflTeilen od. in unmittelbarer Nähe der Erdoberfläche.

a) An *Tanacetum, Chrysanthemum, Achillea, Anthemis, Matricaria,* an Wurzeln u. Ausläufern. Tiefgrün. 1,2–2,0 mm. Eur. *A.* (*Toxopterina*) *vandergooti* (BÖRNER)

b) An *Plantago major, P. media* u. *P. lanceolata*, am Rosettengrund, an der US der Blätter, seltener am Stängel unterhalb des Blütenstandes. Grün bis dunkelgrün. 1,3–1,7 mm. Türkei bis MSchweden. *A. plantaginis* SCHRANK

c) An *Plantago maritima*, am Rosettengrund. Dunkelgrün. 1,4 mm. ÖS, ST, Niederlande, Großbritannien. [*A. insularis* HILLE RIS LAMBERS]
A. longirostrata HILLE RIS LAMBERS

d) An *Taraxacum* u. *Leontodon*, Rosettengrund u. Wurzelhals. Dunkelgrün. 1,4–2,2 mm. Eur außer S. *A. taraxacicola* (BÖRNER)

e) An *Hieracium pilosella* u. *H. aurantiacum*, Stängel- u. Rosettengrund u. an Ausläufern. Dunkelgrün. 1,2–1,6 mm. Si $^1/_9$ der KörperLg, nur knapp so lg wie der Abstand zw den FWurzeln. Eur außer S. *A. pilosellae* (BÖRNER)

25* R höchstens bis zu den 3. Hü reichend. An oberirdischen Teilen der WirtsPfl **26**

26 An Bäumen u. Sträuchern.

a) Pomoideen (Apfel, Birne, Eberesche, Mispel, Weißdorn u. a.). Grün. 1,4–2,2 mm. Si $^1/_4$–$^1/_5$ der KörperLg. An den S des Hlb 3–10 Marginalhöcker, Cauda mit 10–21 Haaren. An Apfel, bes. an Jungbäumen, oft schädlich. Holarkt, medit.
A. pomi DEGEER – **Grüne Apfellaus** (Abb. **244**/2)

b) Pomoideen (Apfel, Birne, Weißdorn u. a.), *Citrus* u. *Spiraea* (WI). Grün. 1,4–2,2 mm. Si $^1/_4$–$^1/_5$ der KörperLg. An den S des Hlb 0–3 Marginalhöcker, Cauda mit 8–12 Haaren. An Apfel, bes. an Jungbäumen, durch Stauchung der Internodien schädlich. Holarkt, medit. *A. spiraecola* PATCH – **Grüne Citruslaus**

c) An *Rubus idaeus* (Himbeere), Blattnester bildend. Hellgrün, etwas fleckig, leicht bereift. 1,6–2,2 mm. Si dunkelbraun, dünn. $^1/_4$–$^1/_5$ der KörperLg. M-, W- u. NEur, Neuseeland. *A. idaei* VAN DER GOOT

d) An *Spiraea vanhouttei* u. *S. arguta*, in dichten Kolonien an grünen Zweigen, manchmal mit Schadwirkung. Grundfärbung braun. Manchmal mit unregelmäßiger Zeichnung in der RückenM. Dunkelgraubraun erscheinend, mit querstreifig angeordnetem Wachspuder. 1,1–2,0 mm. Si $^1/_{10}$ der KörperLg. Eur. *A. spiraephaga* F. P. MÜLLER

e) An *Rhamnus frangula* (Faulbaum), an Triebspitzen. Olivenfarbig, schmutzig grün, dunkel graugrün od. braun. 1,1–2,0 mm. Si $^1/_6$–$^1/_8$ der KörperLg. Ein Komplex von biologisch verschiedenen Formen. Während des ganzen Jahres an *Rhamnus frangula*, außerdem Ww zu (W II) *Chamaenerion angustifolium*, Kartoffel, *Lamium*-Arten, *Capsella bursa-pastoris*, *Veronica beccabunga* u. a. Pfl. Eur. *A. frangulae* KALTENBACH – FAULBAUMLAUS (Abb. **244**/3)

f) An *Euonymus europaea*, ohne Ww an grünen Zweigen u. Triebspitzen. Braun. 1,7–2,1 mm. Si $^1/_7$ der KörperLg. Großbritannien, Dänemark, MV, BR. *A. fabae evonymi* F.

26* An Kräutern.

a) An *Ballota nigra*, an oberen Stängelteilen. Gelblichgrün, oft dunkel grünfleckig. 1,4–1,6 mm. Polen, DE, Italien, Türkei, Großbritannien. [*A. ballotae* PASSERINI] *A. balloticola* SZELEGIEWICZ

b) An *Nepeta cataria*, an jüngeren u. älteren Stängeln, manchmal die Blätter leicht rollend. Dunkler u. heller grün. 1,3–1,6 mm. NW, TH. *A. nepetae* KALTENBACH

c) An *Origanum vulgare*, an Sprossspitzen; Blattnester u. starke Blattkräuselungen hervorrufend. Dunkelgrün. 1,4–1,7 mm. MEur, Italien, Großbritannien. *A. origani* PASSERINI

d) An *Thymus pulegioides* u. *Th. serpyllum*, in den Blütenständen. Dunkelgrün, glänzend. 1 mm. Eur. *A. serpylli* KOCH

e) An *Anthriscus sylvestris*, an Stängeln u. Blattstielen. Braun, Rücken oft mit kurzen Querbändern. 2,4–2,8 mm. M- u. NEur, Großbritannien. *A. brohmeri* BÖRNER

f) An *Filipendula ulmaria*, an der US stark gerollter Blätter, manchmal an Blütenstielen. Dunkelgrün. 1,7–2,2 mm. M- u. NEur, Großbritannien. *A. ulmariae* SCHRANK

g) An *Sedum*- u. *Sempervivum*-Arten, an Triebspitzen u. zw Blüten. Grün bis dunkelgrün. 1,1–1,7 mm. Holarkt. *A. sedi* KALTENBACH

h) An *Knautia arvensis*, an Stängel u. Blütenköpfen. Bläulichgrün, hellgrün od. gelblichgrün. 1,3–1,8 mm. M- u. NEur, Großbritannien. *A. confusa* WALKER

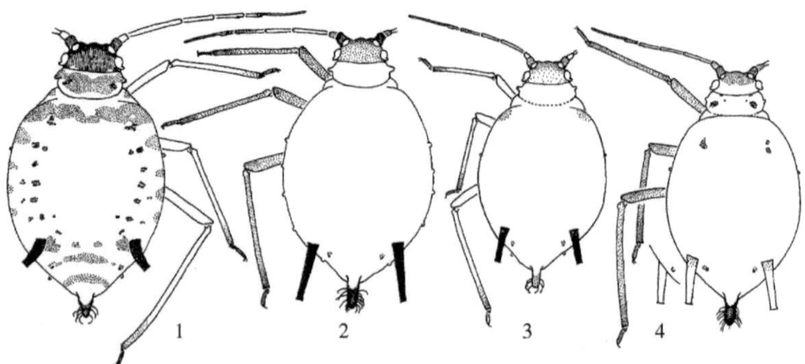

Abb. 244/1–4. 1 *Aphis salicariae* von W II (1,6–2,1 mm); **2** *A. pomi* (1,4–2,2 mm); **3** *A. frangulae* von W II (1,1–1,2 mm); **4** *A.* (*Bursaphis*) *epilobii* (1,4–1,9 mm).

i) An *Hieracium sabaudum* u. *H. umbellatum*, Blätter nach unten rollend u. Triebstauchungen verursachend. Tiefgrün bis dunkelgrün. 1,3–1,8 mm. M- u. NEur.
A. hieracii SCHRANK

j) An *Hypericum perforatum*, meist an den unteren Stängelteilen u. oft von Ameisen umbaut. Hellgrün bis grün, mit dunklerem VKörper. 1,2–1,8 mm. Eur, Türkei.
A. chloris KOCH

k) An *Epilobium angustifolium*, Kartoffel (*Solanum tuberosum*), *Lamium*-Arten, *Capsella bursa-pastoris*, *Veronica beccabunga* u.a. Pfl. Nicht an Gurke. Schmutzig gelb bis grün bis dunkel graugrün, an Kartoffel meist bräunlichgelb. 1,0–1,9 mm. Exsules von *A. frangulae* KALTENBACH (Abb. **244**/3)

l) An Gurke (*Cucumis sativus*) u. zahlreichen anderen Pfl. bes. in Gewächshäusern, z. B. *Fuchsia*. Anholozyklische Lebensweise. Im Sommer auch im Freien u. dann gelegentlich an Kartoffel u. anderen Wirtspfl. des *A. frangulae*-Komplexes. Schmutzig gelb bis grün bis dunkel graugrün. 1,0–1,8 mm. Weltweit, wichtiger Schädling der Baumwolle. *A. frangulae gossypii* GLOVER – **Gurkenblattlaus**

27 **(1)** Cauda deutlich dunkler als die Si **28**

27* Cauda nicht dunkler als die Si **29**

28 Si $^1/_4$ der KörperLg od. etwas länger. Grün, mit unregelmäßigen helleren Flecken. OFläche matt, ohne Wachspuder. 1,6–2,2 mm. An den Triebspitzen von Weiden. Die Entstehung der Sexuales beginnt schon im Juni. Man findet dann in den Kolonien die kleinen braunen apt ♂♂. Holarkt. *Aphis farinosa* GMELIN

28* Si $^1/_7$ der KörperLg. Braun od. dunkelgrün, mit Wachsmehl. 1,4–1,9 mm. An *Epilobium montanum* u. *E. hirsutum*, an Triebspitzen, Blütenständen u. jungen Früchten. M- u. NEur, Großbritannien. *A.* (*Bursaphis*) *epilobii* KALTENBACH (Abb. **244**/4)

29 **(27)** RSpitze die Hü des 3. BPaares überragend. Dunkelgrün. 1,0–1,4 mm. Am Grunde der Blattstiele u. Blütentriebe von Erdbeeren, manchmal schädlich. MEur, NAm.
A. forbesi WEED

29* R nicht über die 3. Hü ausgedehnt.

a) An *Ribes*-Arten (*R. sanguineum, R. nigrum, R. aureum* u. a.), anscheinend aber nicht an *R. uva-crispa* (Stachelbeere). Blattnester u. Triebstauchungen verursachend. Grün bis dunkelgrün. Leicht bepudert. 1,8–2,6 mm. MEur, Großbritannien, MSchweden. *A.* (*Bursaphis*) *schneideri* (BÖRNER)

b) An Stachelbeere (*Ribes uva-crispa*) (W I). Blattnester bildend. Ww zu (W II) *Epilobium montanum*. Grün bis hellgrün od. gelblichgrün. Rücken matt od. ganz leicht bereift. 1,4–1,9 mm. Eur, MAs. *A.* (*Bursaphis*) *grossulariae* KALTENBACH (Abb. **245**/1)

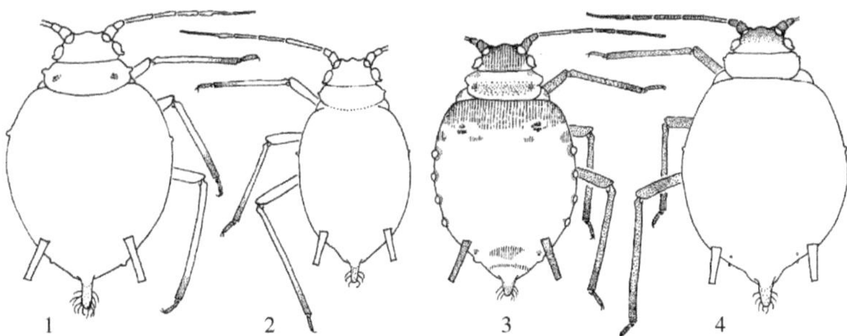

Abb. 245/1–4. 1 *Aphis* (*Bursaphis*) *grossulariae* von W II (1,4–1,9 mm); **2** *A. nasturtii* von W II (an W I 2–2,3 mm, an W II 0,9–1,8 mm); **3** *A. mammulata* (1,2–1,8 mm); **4** *A. triglochinis* von W II (2–2,2 mm).

c) An Brombeeren, an Triebspitzen u. US von gerollten Blättern. Grün bis schmutzig gelb. 1,8–2,2 mm. Im Sommer sitzen die Läuse verstreut an der US der Blätter u. sind dann sehr klein u. fast farblos. Eur, Türkei, Israel, NAfrika. *A. ruborum* (Börner)
d) An *Rhamnus cathartica* (Kreuzdorn), W I, an Triebspitzen u. an der US von gerollten Blättern. Ww zu (W II) zahlreichen Pfl, z. B. Kartoffel, *Rorippa, Nasturtium, Polygonum* u. a. An W I gelblichgrün. 2,0–2,3 mm. An W II oft gelb, manchmal grünlich. 0,9–1,8 mm. SiSpitze immer gedunkelt. Eur, Türkei, Jordanien, Israel, NAm.
A. nasturtii Kaltenbach – **Kreuzdornlaus** (Abb. **245**/2)
e) An *Rhamnus cathartica,* an Frucht- u. Blattstielen. Graugrün, dunkel marmoriert. 1,2–1,8 mm. Si hell bis braun. An den S des Hlb auffallend große Marginalhöcker. TH, NI, MV, Polen, Österreich, Großbritannien.
A. mammulata Gimingham u. Hille Ris Lambers (Abb. **245**/3)
f) An *Malva neglecta, M. sylvestris* u. *M. alcea, Lavatera* spp., BlattUS, die jüngeren Blätter zu „Blattschirmen" deformierend. Grünfleckig bis gelblich grün. 1,9–2,2 mm. Eur, Türkei, Jordanien, Israel, As. *A. umbrella* (Börner)
g) An *Urtica dioica,* an Sprossspitzen. Grün bis bläulich grün, fleckig. 1,4–2,4 mm. Eur, Türkei, Libanon, As. *A. urticata* J. F. Gmelin
h) An *Helianthemum* spp., an Blütenstielen. Gelblichgrün bis grün. 1,3–1,5 mm Eur.
A. helianthemi Ferrari
i) An *Triglochin maritima,* an Blüten- u. Fruchtständen. *Rorippa, Barbarea, Myosotis scorpioides* (W II). Ww zu (W I) *Ribes nigrum* u. *R. rubrum,* an W I leichte Blattkräuselungen. Grün bis olivgrün od. schmutzig grün. 2,0–2,2 mm. Großbritannien, Niederlande, MV, Polen, SSchweden. *A. triglochinis* Theobald (Abb. **245**/4)
k) An *Mentha* spp., an oberen Stängelteilen u. US der oberen Blätter, die Blätter wölbend u. nach unten biegend. Hellgrün, matt, etwas bereift, Cauda u. Si hellbraun. 1,1–1,6 mm. MEur, Italien, Türkei. *A. affinis* Del Guercio

Unterfamilie ***Lachninae*** **– Baumläuse**

1 Grün od. meist braun bis sehr dunkel; an Gehölzen **2**
1* Mindestens L sehr hell; meist weiß. HFuß auffallend lg, mehr als halb so lg wie HSchienen. An den unterirdischen Teilen von Korbblütengewächsen u. Hahnenfuß-Arten. Ala mit schwarzem K u. Brust u. dunklen Querbinden auf dem Hlb. Immer mit Ameisen. Nur mit parthenogenetischer GenFolge. Tribus *Tramini* S. 249
2 An Nadelhölzern. Tribus *Eulachnini* S. 246
2* An Laubhölzern. Immer mit Ameisen. Tribus *Lachnini* S. 249

Tribus *Eulachnini*

1 Meist kleiner als 2 ½ mm. Ohne Ameisen. An Nadeln von Kiefern **2**
1* Meist größer als 2 ½ mm u. meist mit Ameisen. An Zweigen, Ästen, Stämmen, auch Wurzeln von Nadelhölzern **3**
2 Körper schlank, mindestens doppelt so lg wie breit. 4 Arten.
Gattung *Eulachnus* del Guercio
a) Ohne Wachspuder. Grundfärbung grün. 1,75–2,5 mm. An Gemeiner Kiefer, bei Störung sehr schnell laufend. Eur, NAm. *E. agilis* (Kaltenbach)
a*) Mit Wachspuder. Grundfärbung dunkel olivengrün bis braun. 2,0–2,5 mm. An Schwarz-Kiefer. Eur, NAm. [*P. bluncki* (Börner)]
Eulachnus rileyi (Williams) (Abb. **247**/1)
2* Körper oval bis rundlich, ca 1⅔-mal so lg wie breit, immer mit Wachspuder.
Gattung *Schizolachnus* Mordvilko
a) Grundfärbung braun. 1,8–2,4 mm. An Gemeiner Kiefer. Eur.
S. pineti (F.) (Abb. **247**/2)
a*) Grundfärbung olivengrün. 1,8–2,5 mm. An Schwarz-Kiefer. Eur.
S. obscurus Börner

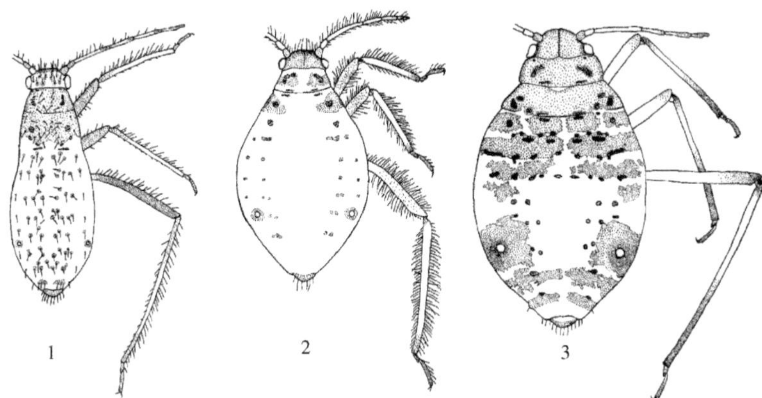

Abb. 247/1–3. 1 *Eulachnus rileyi* (2–2,5 mm); **2** *Schizolachnus pineti* (1,8–2,4 mm); **3** *Cinara pruinosa* (2,8–3,5 mm).

3 **(1)** Mit krümeligen Wachsausscheidungen. Grundfärbung olivengrün bis braun, grünes Querband bei den Si. 2,5 mm. An benadelten Zweigen von Fichten. Ohne Ameisen. Eur bis Japan. [*Lachniella costata* (ZETTERSTEDT)] *Cinara costata* (ZETTERSTEDT)

3* Nur mit schwachem Wachspuder bis fast nackt, oft glänzend. Meist mit Ameisen. Ca. 25 Arten. Gattung *Cinara* CURTIS S. 247

Gattung *Cinara* CURTIS – **Kienläuse**

A An Fichten

1 Sockel der Si groß, ∅ länger als die HFüße. Dunkel braunschwarz. 2,8–3,5 mm. An Zweigen u. Stämmen, im Sommer an Wurzeln. Eur. [*C. bogdanowi* (MORDVILKO)] *Cinara pruinosa* (HARTIG) (Abb. **247**/3)

1* ∅ des Si-Sockels höchstens so lg wie HFuß **2**

2 Dunkel braunschwarz, bis über 6 mm. An Zweigen u. Stämmen, im Sommer an Wurzeln. Eur. *Cinara piceae* (PANZER)

2* Braun od. heller braun od. grünlich, höchstens 4 mm lg **3**

3 Grundfärbung graubraun bis grünlich, 2 Reihen grüne Querstreifen. An 2jährigen u. älteren Zweigen, im Sommer an Wurzeln. Eur. [*C. cistata* (BUCKTON)] *Cinara piceicola* (CHOLODKOVSKY)

3* Hellbraun bis rostbraun, seltener graugrün. Lgbehaart u. im Frühj bepudert. An Maitrieben u. jungen Zweigen. Eur, Island. *C. pilicornis* (HARTIG)

B An Kiefern

1 Rückenzeichnung in Höhe der Si meist nur 6 Reihen dunkler Punkte (Muskelplatten). Braun, glänzend, seitlich u. auf dem Rücken Puderflecke, Bauch etwas bepudert. Körper oval. 3,0–3,5 mm. An 2- bis 5jährigen, meist nicht mehr benadelten Zweigen von *Pinus sylvestris* u. *P. nigra*. Eur. *C. pini* (L.)

1* Außer Muskelplatten noch weitere Rückenzeichnung. Körper rundlich. An jungen Zweigen **2**

2 HHälfte des HlbRückens der Apt pigmentiert u. braun glänzend. VHälfte matt gelbgrau. 2,5–3,0 mm. An Schwarz-Kiefer. Eur. *C. brauni* BÖRNER

2* Zusätzliche Zeichnung des HlbRückens aus zahlreichen kleinen dunklen Flecken. 4–5 mm **3**

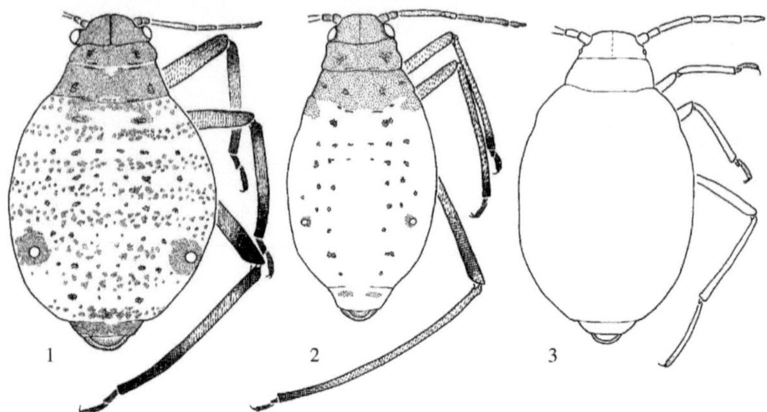

Abb. 248/1–3. 1 *Cinara pinea* (4–5 mm); **2** *Lachnus pallipes* (3–4,5 mm); **3** *Trama troglodytes* (3–3,7 mm).

3 Pigmentflecke des HlbRückens z. T. unter sich u. mit den Muskelplatten zu perforierter Zeichnung verwachsen. Rücken erzglänzend, aber auf der Rinde der Zweige im Bereich der Kolonien weiße Wachsablagerungen. An der Rinde 2jähriger Zweige von Gemeiner Kiefer. Eur. *C. hyperophila* (KOCH)

3* Pigmentflecke auf dem HlbRücken vollkommen getrennt. An der Rinde wachsender Jungtriebe **4**

4 Pigmentflecke ca. gleich groß wie Muskelplatten. Braun, seltener grün. An *Pinus sylvestris* u. *P. mugo*. Eur. *C. pinea* (MORDVILKO) (Abb. **248**/1)

4* Zw den Muskelplatten zahlreiche sehr kleine schwarze Punkte. Dunkelbraun. An *Pinus nigra*. Eur. *C. schimitscheki* BÖRNER

C An Lärchen

1 Rücken mit verschieden großen schwarzen flachen Tuberkeln u. Puderflecken. Grundfärbung dunkelbraun. K u. Rücken lghaarig. 2,6–3,8 mm. An 2- u. mehrjährigen Zweigen. Eur bis Mongolei. *C. laricis* (HARTIG)

1* Rücken mit 6 Reihen dunkler Flecke (Muskelplatten), ohne sonstige Zeichnung. Dunkelbraun. Haare auf K u. Rücken kurz **2**

2 Oval, 5,3–6 mm. An mehrjährigen Zweigen, Stämmen u. Wurzeln. Großbritannien u. MEur bis Japan. *C. kochiana* (BÖRNER)

2* Rundlich, 3–3,5 mm. An jungen Zweigen. Schweden u. MEur bis Mongolei. [*C. boerneri* HILLE RIS LAMBERS] *Cinara cuneomaculata* (DEL GUERCIO)

D An sonstigen Koniferen

1 Sockel der Si groß, sein ∅ länger als die HFüße. Körper 2,5 mm od. etwas kleiner. Oliv od. hellbraun, bepudert. An Wacholder (*Juniperus communis*). Eurasien, NAm, Grönland, Neuseeland. [*C. juniperi* (DEGEER)] *Cinara* (*Cupressobium*) *juniperi* (DEGEER)

1* ∅ des Si-Sockels höchstens so lg wie der HFuß, meistens kleiner **2**

2 Oliv, bräunlich od. grün, dann mit 3 helleren Längsstreifen. OS glänzend, mit zahlreichen kleinen schwarzen Flecken. Ca. 3 mm. An *Abies* spp. M- u. SEur, SSchweden, Türkei. *C. pectinatae* (NÖRDLINGER)

2* Rötlich- bis zimtbraun, leicht bepudert, 2,8–3,2 mm. An Lebensbaum (*Thuja occidentalis*), manchmal schädlich. Eur, N- u. SAfrika, NAm. [*C. juniperina* (MORDWILKO)] *Cinara* (*Cupressobium*) *cupressi* (BUCKTON)

Tribus *Lachnini*

1 R viel länger als Körper. Sehr groß, oval. Am Stammgrund von Eichen, Birken, Pappeln, Weiden u./od. Ahorn. 5 Arten. Gattung *Stomaphis* WALKER
Häufigste Art: *Stomaphis quercus* (L.). Dunkelbraun, 5,5–7,5 mm, unter Borkenschuppen an Stämmen von Eichen u. Birken, vom Erdboden bis ca. 1,5 m Höhe. Eur.
1* R kürzer als Körper **2**
2 M des HlbRückens mit großem schwarzem kegelförmigem Höcker. Braun. 4–5 mm. An jüngeren verholzten Zweigen von schmalblättrigen Weiden. Anscheinend nur anholozyklisch. Weltweit.
Tuberolachnus salignus (GMELIN) – **Große Weidenrindenlaus**
2* HlbRücken glatt **3**
3 An verholzten Zweigen od. Wurzeln von *Rosa*. Braun bis dunkelbraun. 3,0–3,5 mm. Eur, Naher Osten, NAm. *Maculolachnus submacula* (WALKER)
3* An Eiche od. Rot-Buche Gattung *Lachnus* BURMEISTER
a) Si auf großen dunkelbraunen Höckern. Braun. 4–5 mm. An 1- u. 2jährigen Zweigen von Eichen. Eur, medit. *Lachnus roboris* (L.)
b) Umgebung der Si nur schmale schwachpigmentierte Zone. Dunkelbraun bis fast schwarz. An 2- u. mehrjährigen Zweigen von Eichen. 3–4 mm. Eur. [*Schizodryobius longirostris* (MORDVILKO)] *Lachnus longirostris* (MORDVILKO)
c) Ähnlich der vor. Art. An Rotbuche, meist hoch in den Baumkronen, manchmal an Überwallungswülsten am Stamm. Bis 4,5 mm. Eur. [*Schizodryobius pallipes* (HARTIG)] *Lachnus pallipes* (HARTIG) (Abb. **248**/2)

Tribus *Tramini*

1 Si vorhanden **2**
1* Si fehlen Gattung *Trama* VON HEYDEN
a) H Fuß länger als 0,8 der HSchiene. Au fast normal groß, ∅ mindestens so groß wie ∅ des 1. FGld. Leicht bepudert. Apt hell grünlich bis gelblichweiß. 2,5–3,5 mm. Unterirdisch an Kuhblume (*Taraxacum officinale*). Eur bis Japan, NAm.
T. rara MORDVILKO
b) Ähnlich, wohl nur eine biologische Rasse der vor. Art. Ohne Puder, etwas glänzend. Apt schmutzigweiß bis graugrünlich. 2,7–3,0 mm. Unterirdisch an Flockenblume (*Centaurea* spp.) Eur. *Trama centaureae* BÖRNER
c) HFuß kürzer als 0,8 der HSchiene. Au sehr klein u. unscheinbar. Schwach bepudert. Apt weiß bis sehr wenig gelblich. HE oft grünlich. 3,0–3,7 mm. Unterirdisch an zahlreichen Korbblütengewächsen (*Achillea, Arctium, Artemisia, Chrysanthemum, Cirsium, Doronicum, Helianthus, Hieracium, Lapsana communis, Leontodon, Taraxacum officinale* u. a.). Formenkomplex, dessen Aufgliederung in Arten von einigen Autoren ohne Erfolg versucht wurde. Eur bis Sibiren.
T. troglodytes VON HEYDEN (Abb. **248**/3)
2 Si-Öffnung auf flacher kegelstumpfähnlicher Erhebung.
Untergattung *Neotrama* BAKER
Einzige Art: *Trama* (*Neotrama*) *caudata* (DEL GUERCIO). Apt schmutzig weiß bis blass gelblich mit bräunlichweißem od. grünlichem HlbE, niemals mit Pigmentzeichnung. Oberfläche matt. 2,5–3,0 mm. Unterirdisch an Korbblütengewächsen (*Crepis, Cichorium, Hypochoeris, Lactuca, Leontodon, Picris, Sonchus, Taraxacum officinale* u. a). Eur.
2* Si nicht od. nur wenig erhoben, bei Apt u. bei Ala in je einen Pigmentfleck eingeschlossen. Apt sehr häufig mit Rückenzeichnung aus segmentalen Querbändern, manchmal außerdem SFlecke. Gattung *Protrama* BAKER
a) Unterirdisch an Hahnenfuß-Arten. Apt hell bräunlich grau bis grünlich. 2,7–3,75 mm. Eur. *P. ranunculi* (DEL GUERCIO)
b) Unterirdisch an *Arctium, Carduus, Centaurea, Cirsium* u. *Cynara*. Apt bräunlichweiß bis meist graugrün, auch ältere L oft grünlich. Ohne Puder, etwas glänzend. 2,8–3,6 mm. Eur. *P. radicis* (KALTENBACH)

c) Unterirdisch an *Artemisia* spp. Apt weißlichgrau bis graugrün. Oberfläche matt. 2,8–3,6 mm. Eur. *P. flavescens* (Koch)

Literatur

Börner, C. (1952): Europae Centralis Aphides. Die Blattläuse Mitteleuropas, Namen, Synonyme, Wirtspflanzen, Generationszyklen. – Mitt. Thür. Botan. Ges. Beiheft 3, Weimar.

Blackman, R. L. & Eastop, V. F. (1994): Aphids on the world's trees. An identification and information Guide. – CAB International Wallingford.

Heie, O. E. H. (1980–1995): The Aphidoidea (Hemiptera) of Fennoscandia and Denmark. – I. Fauna ent. scand. **9**. – II. Fauna ent. scand. **11**. – III. Fauna ent. scand. **17**. – IV. Fauna ent. scand. **25**. – V. Fauna ent. scand. **28**. – VI. Fauna ent. scand. **31**.

Hille Ris Lambers, D. (1938–1953): Contributions to a monograph of the Aphididae of Europe. Temminckia. – part I, **3**, 1–44. – part II, **4**, 1–134. – part III, **7**, 179–320. – part IV, **8**, 182–324. – part V, **9**, 1–176.

Nieto Nafria, J. M., Mier Durante, M. P. & Remaudiere, G. (1997): Les noms des taxa du group-famille chez les Aphididae (Hemiptera). – Revue fr. Ent. (N.S.), 19 (3–4), 77–92.

Remaudiere, G. & M. Remaudiere (1997): Catalogue of the world's Aphididae, Homoptera Aphidoidea. – INRA, Paris.

Strümpel, H. (2003): 23. Ordnung Sternorrhyncha, Pflanzenläuse. – In: Dathe, H. H. (Hrsg.): Lehrbuch der Speziellen Zoologie, Band I: Wirbellose Tiere, 5. Teil: Insecta, 2. Auflage. – Spektrum Akademischer Verlag Heidelberg, Berlin: 366–401.

Thieme, Th. & Eggers-Schumacher, H. A. (2003): Verzeichnis der Blattläuse (Aphidina) Deutschlands. – In: Klausnitzer, B. (Hrsg.): Entomofauna Germanica. Band 6. – Entomologische Nachrichten und Berichte, Beiheft 7: 167–193. Dresden.

Unterordnung *Coccina* – Schildläuse

Heinrich Schmutterer

G. Durchweg kleine bis sehr kleine, meist 0,8–6 mm, s bis 10 mm lg PflLäuse mit extremem Geschlechtsdimorphismus (Abb. **255**/12, 15). ♀ in der Regel mit plumpem, sack-, beeren- od. napfförmigem Körper u. stets ohne Fl. Segmentierung ± stark verwischt; K, Br u. Hlb meist nicht deutlich voneinander abgesetzt. Fühler (F) u. B bei primitiveren Gruppen *(Ortheziidae, Pseudococcidae, Coccidae)* fast immer gut entw, bei spezialisierteren *(Kermesidae, Cryptococcidae, Asterolecaniidae, Diaspididae)* ± stark bzw. vollständig zurückgebildet (Mikroskop!). Mundwerkzeuge stechend-saugend, StechBo lg, Ul klein. Körper vielfach mit fädiger, pulveriger, manchmal auch schuppenartiger, meist weißlicher Wachsauflage, bei spezialisierten Familien in kapselartiger Sekrethülle eingeschlossen *(Asterolecaniidae)* od. von deckelähnlichem, mit der Haut nicht fest verbundenem Schild bedeckt *(Diaspididae).* ♂ mit deutlich segmentiertem Körper, gut entw F u. B sowie nur einem mit spärlicher Aderung versehenen FlPaar, s ohne Fl. HFl zu stummelförmigen Halteren umgewandelt od. ganz reduziert. Au bei zwei Familien *(Ortheziidae, Margarodidae)* meist als FacettenAu, sonst als PunktAu (Oc) ausgebildet (Mikroskop!). Mundwerkzeuge bei *Margarodidae* zurückgebildet. JungL bei den meisten Arten primitiverer Familien *(Ortheziidae, Putoidae, Pseudococcidae, Eriococcidae, Coccidae)* den ♀♀ ± ähnlich, bei spezialisierteren Gruppen *(Cryptococcidae, Kermesidae, Asterolecaniidae, Diaspididae)* deutlich versch. F u. B stets gut entw. Segmentierung von B u. Hlb klar erkennbar (Mikroskop!). – **L.** An verholzten ober- u. unterirdischen PflTeilen sowie Blättern u. Früchten; ausschließlich PflSauger. Viele Arten wärmeliebend, daher warme Standorte (Weinbauklima) bes. artenreich. Einige Arten an Laubhölzern, Obstbäumen u. Beerensträuchern schädlich, andere (eingeschleppte) in Gewächshäusern sowie an Zimmer- u. KübelPfl. Versch. Nadelholz-Schildläuse (Gattung *Physokermes*) als Honigtauerzeuger für die Bienenzucht in nadelholzreichen Gebieten von Bedeutung. – **B.** ♀♀ meist ovipar, in einigen Fällen ovovivipar od. selten vivipar; Parthenogenese bei vielen Arten nachgewiesen. Eiabl bzw. Abgabe von L vor allem im Frühj (V–VI), in einigen Fällen im Sommer (VII–IX). L setzen sich nach Wanderung von meist mehreren Stunden Dauer fest. Während der unvollkommenen Verwandlung bei ♀♀ 2–3, bei ♂♂ 4–5 Häutungen. Zahl der jährlichen Gen 1–3. Überw meist nur in einem Stadium (Ei, L od. ♀ Im.), bei manchen Arten in versch. Stadien (z. B. L u. ♀ Im. od. Ei u. ♀ Im.). Lebensdauer der ♀♀ wenige Wo bis mehrere Mon (bei Überw); ♂♂ sehr kurzlebig (wenige Stunden bis Tage). Vorkommen in Kolonien unterschiedlicher Stärke, seltener einzeln. Oft mit Ameisenbesuch (Trophobiose), bes. bei unterirdisch lebenden Arten. Natürliche Feinde vor allem Vögel, räuberische Coccinelliden u. parasitoide Hymenopteren. – 7500–8000 Arten (davon in DE 154 im Freiland u. viele eingeschleppte in Gewächshäusern). Artbestimmung anhand der ♀♀ u. meist nur mit mikroskopischen Hilfsmitteln mit Sicherheit möglich.

Beachte: Tabelle nur auf ♀♀ aufgebaut!

1 Insekt mit ziemlich festem, deckelartigem, mit dem Körper nicht fest verbundenem, meist leicht abnehmbarem Schild bedeckt (Abb. **260**/1; **260**/12; **260**/15) od. in ± durchsichtiger, hornartiger Kapsel eingeschlossen (Abb. **257**/7). Ohne B, F sehr klein (Mikroskop!) **10**

1* Insekt frei, d. h. nicht mit deckelartigem, abnehmbarem Schild bedeckt od. in ± durchsichtiger, hornartiger Kapsel, ausnahmsweise Galle eingeschlossen; B u. F meist gut entw, selten reduziert **2**

2 Abdominalstigmen vorhanden (Abb. **253**/5; **253**/6) (Mikroskop!) **3**

2* Abdominalstigmen fehlend **6**

3 Mundwerkzeuge vorhanden **4**

3* Mundwerkzeuge fehlend (Mikroskop!) **5**

4 Insekt im Leben mit weißen Wachsplatten bedeckt (Abb. **253**/1–3).
Familie *Ortheziidae* – **Röhrenschildläuse** S. 252

4* Insekt ohne Wachsplattenauflage; B stark reduziert (Mikroskop!); Körper kugelförmig bis oval (Abb. **253**/6); in Holzgallen in *Tilia*-Zweigen.
Familie *Xylococcidae* – **Holzgallenschildläuse** S. 254

5 B normal entwickelt (Abb. **253**/5); Körperform länglich-oval; unter Borke von *Pinus*-Arten. Familie *Matsucoccidae* – **Kiefernborkenschildläuse** S. 254

5* Vorderbeine zu Grabbeinen (Abb. **253**/4) umgewandelt; Körper oval, stark behaart; am Wurzelhals vorwiegend krautiger Pflanzen.
Familie *Margarodidae* – **Grabschildläuse** S. 253

6 Analring ohne Bo u. Poren (Mikroskop!); Haut der Dorsalseite mit 8-förmigen Drüsenöffnungen (Mikroskop!); Körper kugelig, nieren- od. gallenförmig (Abb. **255**/1); an Rinde von *Quercus*-Arten. Familie *Kermesidae* – **Eichenschildläuse** S. 254

6* Analring mit Bo u. Poren (Mikroskop!) **7**

7 HlbE mit Analspalte u. 2 kleinen, lappenartigen, dreieckigen Analplatten (Mikroskop!) (Abb. **255**/3b) (bei *Physokermes* nur bei L vorhanden); Haut der OS meist stärker sklerotisiert, oft lackartig glänzend; Körper kahn-, napf- od. beerenförmig, manchmal halbkugelig od. noch stärker gewölbt (Abb. **255**/5; **255**/14); seitlicher Körperrand vielfach mit charakteristischen Sekretdornen (Mikroskop!) (Abb. **255**/3, 3a).
Familie *Coccidae* – **Napfschildläuse** S. 254

7* HlbE ohne Analplatten u. Analspalte (Mikroskop!) **8**

8 Dorsale Ostiolen (1–2 Paare), ventrale(r) Ring(e) (Circulus, Circuli) u. laterale Wachsdrüsengruppen (Cerarii) vorhanden; Haut schwächer sklerotisiert, oft mit pulverigem od. fädigem Wachs bedeckt. Sgm meist ± deutlich erkennbar (Abb. **257**/1–3). B normalerweise gut entw, s stark reduziert *(Chaetococcus)*; Körperrand mit segmental angeordneten Drüsengruppen od. Sekretfortsätzen (Abb. **257**/1, 2). HlbE meist mit ± gut entw Anallappen u. lg, endständigen Bo.
Familie *Pseudococcidae* – **Woll- od. Schmierläuse** S. 256

8* Dorsale Ostiolenpaare, ventraler Ring (Circulus) u. laterale Wachsdrüsengruppen (Cerarii) fehlend **9**

9 Analloben deutlich hervortretend (Abb. **257**/5), B gut entw, DorsalS oft mit zahlreichen Dornen unterschiedlicher Größe. ♀♀ meist lggestreckt oval, während Eiabl in der Regel in gelblichweißen, filzartigen Eiersack eingeschlossen.
Familie *Eriococcidae* – **Filzschildläuse** S. 257

9* Anallappen praktisch ganz fehlend (Abb. **257**/6), Analring stark sklerotisiert. Unter weißen, fädigen Sekreten in Rindenrissen an *Fagus* u. *Acer*.
Familie *Cryptococcidae* – **Rindenrissschildläuse** S. 258

10 **(1)** Insekt in Kapsel von hornähnlicher Konsistenz. US ± stark abgeflacht, OS stärker gewölbt. Randzonen der OS mit 8-förmig erscheinenden Hautdrüsenmündungen (Mikroskop!) (Abb. **257**/8). Familie *Asterolecaniidae* – **Pockenschildläuse** S. 258

10* Insekt in deckelartigem, ± stark gewölbten, aus 2 Exuvien, fädigen Hautdrüsensekreten u. Exkrementen fest zusammengefügtem, weißem, grauem, schwarzem od. braunem Schild. Körper sehr klein (1–2 mm), dorsoventral meist stark abgeplattet; HlbE als stärker sklerotisiertes Pygidium mit lappen-, kamm- od. dornartigen Anhängen entw (Mikroskop!) (Abb. **260**/3–6, 10–11, 14, 17–21).
Familie *Diaspididae* – **Deckelschildläuse, Echte Schildläuse** S. 258

Überfamilie ***Orthezioidea***

Familie ***Ortheziidae*** – **Röhrenschildläuse**

Analring mit 6 lg Bo. Ältere ♀♀ mit Eiersack (Abb. **253**/1–3). Insekt zeitlebens frei beweglich. Fortbewegung auffallend langsam; ober- od. unterirdisch. 4 Arten.

a) *Orthezia urticae* (L.) (Abb. **253**/1)
Mit Eiersack 8–10 mm lg. Polyphag an krautigen Pfl wie *Urtica, Melampyrum, Achillea, Galium, Lathyrus, Stellaria* u. *Impatiens*; Überw als L u. ♀; v u. im Unterwuchs von lichten Laubw oft häufig; V–IX.

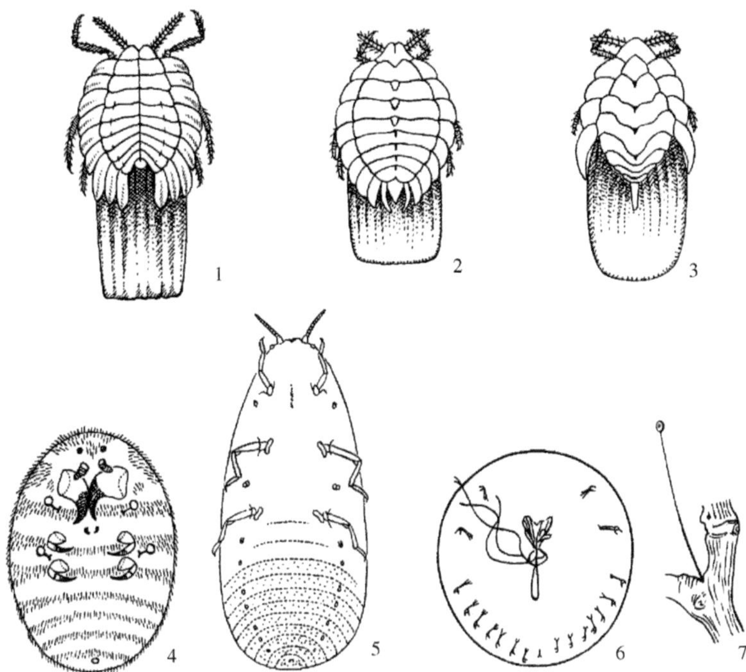

Abb. 253/1–7. **1** *Orthezia urticae*; **2** *Arctorthezia cataphracta*; **3** *Newsteadia floccosa*; **4** *Porphyrophora polonica*; **5** *Matsucoccus pini*; **6** *Xylococcus filiferus*; **7** *X. filiferus* in Zweiggabelung mit Sekretfaden am Hinterende u. endständigem Honigtropfen (nach BORATYŃSKI).

b) *Arctorthezia cataphracta* (OLAFSEN) (Abb. **253**/2)
Mit Eiersack 4–6 mm lg. An Wurzeln von *Saxifraga, Valeriana, Taraxacum* u. a.; bes. in höheren Lagen der Alp, stellenweise auch im MGeb (Riesen-Geb, Hohes Venn).
c) *Newsteadia floccosa* (DEGEER) (Abb. **253**/3)
Mit Eiersack 4–6 mm lg. Bes. im Moos u. in der Humusschicht von Nadel- u. Laubw, an Wurzeln u. Pilzhyphen; v u. häufig.
d) *Ortheziola vejdovskyi* ŠULC
Lg. ca. 2 mm, Eiersack kurz; Seitenregionen der DorsalS mit weißen Wachsplatten in 2 Reihen; dorsale Körpermitte nackt; Tibia u. Tarsus verschmolzen, Antennen 3-gliedrig. Im Hügelland v, oft unter Steinen, polyphag an Wurzeln von Gräsern wie *Festuca* od. in Moosen; Männchen unbekannt.

Familie ***Margarodidae*** – **Grabschildläuse**

Porphyrophora polonica (L.) (Abb. **253**/4). Vorderb zu Grabb mit kräftiger Klaue umgewandelt; Mundwerkzeuge fehlend. 1 Art, unterirdisch an krautigen Pflanzen wie *Scleranthus, Galium, Asperula, Dianthus* u. a., bes. an warmen, trockenen Stellen mit sandigem Boden; III–VII.

Familie *Matsucoccidae* – Kiefernborkenschildläuse

Matsucoccus pini (Green) (Abb. **253**/5). B u. F gut entwickelt; Mundwerkzeuge fehlend; im Frühj unter Borke von *Pinus*. 2 Arten.

Familie *Xylococcidae* – Holzgallenschildläuse

B. u. F sehr stark reduziert; Mundwerkzeuge vorhanden; nackt u. von Holz eingeschlossen in Zweigwinkeln von *Tilia*; Hinterende mit lg röhrenähnlichem Forts (Abb. **253**/7); s,stellenweise im S (BW; Hegau). 1 Art.
Die beiden letztgenannten Familien werden von manchen Autoren zu den Margarodidae gestellt.

Überfamilie *Coccoidea*

Familie *Kermesidae* – Eichenschildläuse

Körper beeren- od. nierenförmig. Haut stark sklerotisiert u. dunkel gebändert. An verholzten Teilen von *Quercus* (Abb. **255**/1). 3 Arten.
Kermes quercus (L.) (Abb. **255**/1)
Nieren- bis herzförmig, 3–4 mm breit u. 2–3 mm lg, mit 7–8 dunklen Querbinden. In Rindenrissen von *Quercus* bes. an Waldrändern häufig u. meist mit Ameisenbesuch; IV–VI.

Familie *Coccidae* – Napfschildläuse

Eiabl meist unter dem Körper, seltener dahinter in weißem Eiersack (Gattung *Pulvinaria* Targioni-Tozzetti) (Abb. **255**/11). Ca. 37 Arten.
a) *Palaeolecanium bituberculatum* (Targioni-Tozzetti) (Abb. **255**/4)
Bei Eiabl breit-oval, stärker gewölbt, 2,5–6 mm lg, 3–5 mm breit u. 2–3 mm hoch, RückenM mit 2 deutlich vorspringenden schwarzen Höckern. An schwachen Zweigen von *Crataegus*, stellenweise auch von *Malus*; Überw im Eistadium; VI–IX.
b) *Parthenolecanium corni* (Bouché) (Abb. **255**/2–3)
Bei Eiabl napfförmig, oval, meist weniger als halbkugelig gewölbt, 3–6 mm lg, 2–4 mm breit u. 1,5–2 mm hoch, braun bis schwarzbraun, glänzend. Polyphag an Laubhölzern u. Sträuchern wie *Fraxinus, Acer, Prunus, Pyrus, Crataegus, Robinia, Vitis* u. *Ribes*; v, häufig u. oft schädlich; V–VI.
c) *Parthenolecanium rufulum* (Cockerell)
Während der Eiabl oval, mäßig gewölbt, bis 6 mm lg u. 4 mm breit, hellbraun u. glanzlos; bei der Eiabl hintere Körperhälfte mit rötlichem Fleck. An Zweigen, Trieben u. Stämmchen vor allem von *Quercus,* seltener von *Fagus, Castanea, Carpinus, Sarothamnus, Rubus, Vaccinium* u. a.; v u. häufig; IV–VII.
d) *Parthenolecanium fletcheri* (Cockerell) (Abb. **255**/9)
Bei Eiabl oval bis rundlich, 3–4 mm lg u. 2–3 mm breit, halbkugelig od. noch stärker gewölbt, hinten stark abfallend, hell- bis mittelbraun u. teilweise glänzend; vor Eiabl RückenM mit breitem, hellem Längsstreifen. An schwachen Zweigen von *Thuja* vor allem in Parkanlagen u. auf Friedhöfen häufig; IV–VI.
e) *Sphaerolecanium prunastri* (Fonscolombe) (Abb. **255**/7)
Bei Eiabl mehr als halbkugelig gewölbt, etwa 3–3,5 mm lg u. 2,5–3,5 mm breit, nahezu rundlich, glänzend braun bis dunkelbraun. In kleinen bis großen Kolonien an schwächeren Zweigen u. Stämmchen von *Prunus spinosa*; ovovivipar; mit Ameisen; V–IX.
f) *Saissetia coffeae* (Walker) (Abb. **255**/8)
Während Eiabl halbkugelig, hell- bis dunkelbraun, 1,5–4,5 mm lg, 1,5–3 mm breit u. 1–3 mm hoch; OS vor der Eiabl mit ± deutlicher H-förmiger Wölbung. In Gewächshäusern u. an ZimmerPfl, an Farnen, *Asparagus* u. a.; eingeschleppt; Fortpfl parthenogenetisch.

g) *Eulecanium tiliae* (L.) (Abb. **255**/6)
Während Eiabl etwa halbkugelig gewölbt, 3–5 mm lg u. breit u. 4–4,5 mm hoch, meist glänzend braun. In kleinen Kolonien od. einzeln an schwachen Zweigen von *Corylus, Acer, Aesculus, Crataegus, Prunus spinosa* u. a.; mit intensivem Ameisenbesuch; IV–VI.

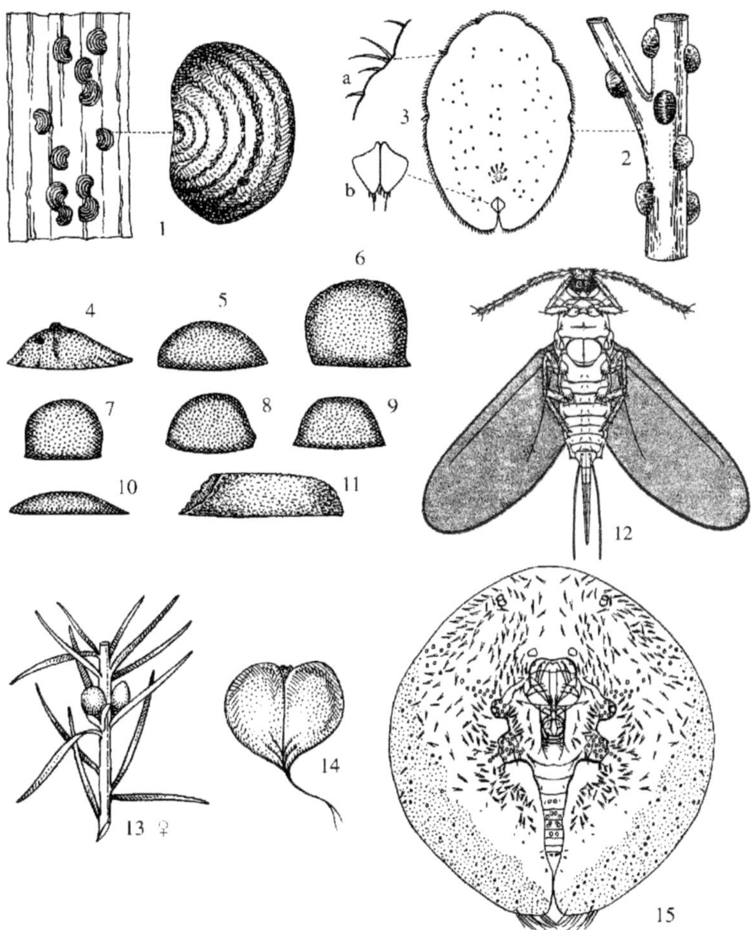

Abb. 255/1–15. 1 Kolonie von *Kermes quercus* in Rindenrissen von Eiche, daneben vergrößertes ♀; **2** Kolonie von *Parthenolecanium corni* an einem Zweig; **3** *P. corni*, junges ♀ in Rückenansicht mit Stigmendornen (a) und Analplatten (b); SAnsicht des Schildes von **4** *Palaeolecanium bituberculatum*; **5** *Parthenolecanium corni*; **6** *Eulecanium tiliae*; **7** *Sphaerolecanium prunastri*; **8** *Saissetia coffeae*; **9** *Parthenolecanium fletcheri*; **10** *Coccus hesperidum*; **11** SAnsicht des abgestorbenen ♀ und des Eiersackes von *Pulvinaria vitis*; **12** ♂ von *Physokermes hemicryphus*; **13** *P. hemicryphus*, ♀♀ an Fichtenzweig; **14** *P. piceae*, ♀; **15** *P. hemicryphus*, ♀ (Ventralansicht).

h) *Coccus hesperidum* (L.) (Abb. **255**/10)
3–4 mm lg, ziemlich flach, oval, manchmal asymmetrisch, grau, bräunlich, gelblich od. grünlichgelb. In Gewächshäusern u. an KübelPfl (im Sommer im Freien), d. h. oft an *Nerium, Hedera, Laurus, Anthurium* u. *Clivia* (an ZierPfl eingeschleppt); ovoviviipar, Fortpfl parthenogenetisch.
i) *Pulvinaria vitis* (L.) (Abb. **255**/11)
4–6 mm lg, u. 3–4 mm breit; bei Eiabl mit schneeweißem, fädigem Eiersack am HlbE. An *Populus, Crataegus, Ribes, Vitis, Sarothamnus, Alnus* u. a.; V–VI.
k) *Pulvinaria regalis* CANARD
Oval, grau bis graubraun (gegen Ende der Eiabl braun), ca. 4– 6 mm lg; Eiersack schneeweiß, locker; stellenweise v. a. an Straßenbäumen sehr zahlreich an Stämmen u. Basis von Ästen von *Tilia, Aesculus, Acer, Cornus, Ulmus* u. a.; Lv an Blättern u. Trieben; eingeschleppte Art, Herkunftsland unbekannt.
l) *Phyllostroma myrtilli* (KALTENBACH)
Oval, gelblich bis gelbgrün, 4– 5mm lg; Eiersack am HlbE bläulichweiß. An Stämmchen von *Vaccinium myrtillus* in unterwuchsreichen, feuchteren Wäldern; Eiabl an BlattUS od. im Bodenlaub; V–VII.
m) *Eriopeltis festucae* (FONSCOLOMBE)
4 mm lg u. 1,5 mm breit, stärker gewölbt, intensiv orangegelb, OS mit zahlreichen abgestutzten Dornen. In fädiger, schneeweißer Hülle an Grasblättern im Unterwuchs von Laub- u. Mischw; Überw im Eistadium.
n) *Physokermes hermicryphus* (DALMAN) (Abb. **255**/12, 13, 15)
Kleiner als folgende Art, d. h. ∅ ca. 3–4 mm, sonst sehr ähnlich. Unter Knospenschuppen an Zweiggabelungen von *Picea* u. *Abies*; Fortpfl meist parthenogenetisch; Überw als L_2; v u. meist häufig; V–VII.
o) *Physokermes piceae* (SCHRANK) (Abb. **255**/14)
Beerenförmig, rotbraun, ∅ ca. 5–8 mm. Meist in Zweigwinkeln, manchmal auch außerhalb an Zweigen von *Picea*; oft mit Ameisenbesuch; Fortpfl bisexuell; IV–VI.

Familie ***Pseudococcidae* – Woll- od. Schmierläuse**

Meist bis zur Eiabl od. zeitlebens frei beweglich. Ca. 50 Arten.
a) *Pseudococcus affinis* (MASKELL) (Abb. **257**/1)
3,5–5 mm lg u. 1,2–2 mm breit, rötlichbraun bis rosa, mit pulverigem Sekretbelag u. längeren SekretForts am Körperrand, Forts am HE etwa halb so lg wie Körper. In Gewächshäusern u. an ZimmerPfl wie *Clivia* u. Kakteen häufig (mit ZierPfl eingeschleppt).
b) *Planococcus citri* (RISSO) (Abb. **257**/2)
Elliptisch, 3–5 mm lg, dunkelgelb bis gelblichbraun, mit weißlichem, pulverigem Sekretbelag mit Ausnahme eines fast nackten medianen Längsstreifens, SekretForts am Körperrand einschließlich der am HE relativ kurz. Polyphag in Gewächshäusern u. an ZimmerPfl (mit ZierPfl eingeschleppt).
c) *Fonscolombia tomlinii* (NEWSTEAD) (= *Euripersia tomlinii*)
Fleischrot, kugelig; in dichter, fädiger, weißer Sekrethülle an Graswurzeln (*Festuca*) an warmen, trockenen Standorten in Gesellschaft von Ameisen.
d) *Fonscolombia europaea* (NEWSTEAD)
Blassrot bis lachsfarbig, 2–3 mm lg, mit stärkerer Wachsbestäubung; an Graswurzeln oft unter Steinen u. regelmäßig mit Ameisenbesuch; ovovivipar; an warmen S- u. SW-Hängen v u. oft häufig.
e) *Phenacoccus aceris* (SIGNORET) (Abb. **257**/3)
Graugrün bis gelblichgrün, 4–5 mm lg, mit stärkerem Sekretbelag u. unregelmäßig geformten Forts am SRand der hintersten Sgm. Polyphag an Laubhölzern wie *Acer, Crataegus, Corylus, Malus, Prunus spinosa* u. a., oft mit Ameisen; Eiabl in großen, bis 10 mm lg, schneeweißen Eiersack; V–VI.

f) *Trionymus aberrans* (Goux)
Länglich-oval, etwa 3–4 mm lg; HE mit 2 kurzen Wachsfortsätzen; SRänder nahezu parallel, Färbung rötlich-violett; Analring hufeisenförmig (d.h. hinten offen); unter Blattscheiden von Gräsern; v u. stellenweise häufig.
g) *Chaetococcus phragmitis* (Marchal)
Oval, ca. 3–7 mm lg, braun, teilweise mit Wachs bedeckt; B fehlend, F stark reduziert (Mikroskop!), Behaarung spärlich; unter Blattscheiden von *Phragmites australis* meist in kleinen Gruppen; besonders im SW u. S v, stellenweise häufig.
h) *Rhizoecus albidus* (Goux)
Länglich-oval, etwa 1,5–2 mm lg, weiß; Haut mit auffälligen, 3-porigen Drüsen (Mikroskop!), leicht mit Wachs bestäubt; an Wurzeln von Gräsern stellenweise häufig; oft unter Steinen, mit gelegentlichem Ameisenbesuch.

Familie *Eriococcidae* – Filzschildläuse

Ca. 15 Arten an Bäumen, Sträuchern, Zwergsträuchern u. Gräsern, meist gelblich od. rötlich gefärbt.
a) *Gossyparia* (*Eriococcus*) *spuria* (Modeer) (Abb. **257**/4)
Oval, 2,5–3 mm lg, dunkelviolett. Während der Eiabl (Ovoviviparie), in weißer, fädiger, den Rücken freilassender Sekrethülle in Rindenrissen von *Ulmus*, v u. meist häufig; V–VI.
b) *Acanthococcus* (*Eriococcus*) *aceris* (Signoret)
Oval, 3–4 mm lg, dunkelviolett, Dorsalseite mit zahlreichen kleinen, oft stumpfen Dornen. Während der Eiabl (Oviparie) in weißem, fädigem, geschlossenem Eiersack in Zweiggabelungen od. Rindenrissen von *Acer* u. *Aesculus*, v, IV–VI.

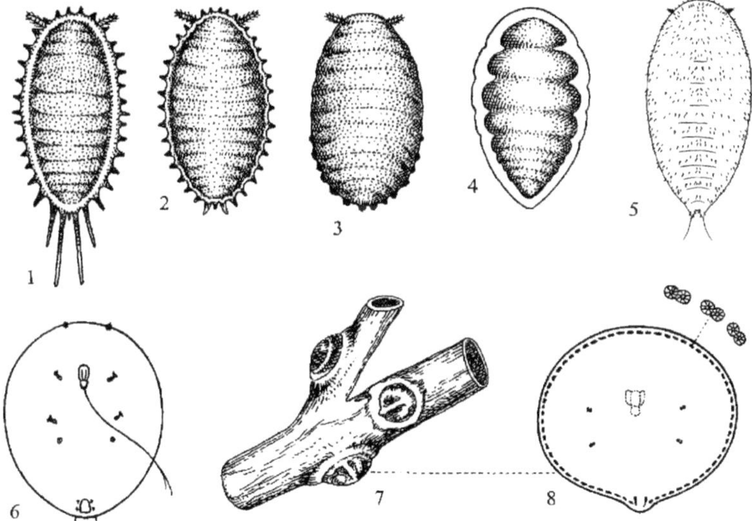

Abb. 257/1–8. 1 *Pseudococcus affinis*; **2** *Planococcus citri*; **3** *Phenacoccus aceris*; **4** *Gossyparia* (*Eriococcus*) *spuria*; **5** *Acanthococcus* (*Eriococcus*) *greeni*; **6** *Cryptococcus fagisuga*; **7** *Asterodiaspis variolosa* (♀♀) an Eichenzweig; **8** *A. variolosa* (♀) mit Mündungen marginaler Hautdrüsen.

c) *Acanthococcus* (*Eriococcus*) *greeni* (NEWSTEAD) (Abb. **257**/5)
Länglich-oval, 3–3,5 mm lg, blassgelb. Auf Blättern versch. Gräser vorzugsweise an warmen Stellen; während der Eiabl in weißer, ovaler Sekrethülle; VI–IX.
d) *Rhizococcus* (*Eriococcus*) *insignis* (NEWSTEAD)
Länglich-oval, hellgelb, ca. 4–5 mm lg; Dorsalseite mit zahlreichen Drüsendornen; SRand der Abdominalsegmente mit (4–)5 Dornen pro Segment; Eiersack gelblich-weiß, oval; an Blättern von Gräsern v u. stellenweise häufig.
e) *Greenisca* (*Eriococcus*) *brachypodii* BORCHSENIUS & DANZIG
Gelblich, oval, Haut mit zahlreichen Drüsenmündungen; Eiersack kompakt; an Blättern von Gräsern wie *Brachypodium*, v u. stellenweise häufig, z. B. an Waldrändern.
f) *Pseudochermes fraxini* (KALTENBACH)
0,8–1 mm lg, rot; in filziger, schmutzigweißer Hülle an Rinde von *Fraxinus*; weit v u. häufig; Fllose ♂♂ im ersten Frühj.

Familie *Cryptococcidae* – Rindenrissschildläuse

2 Arten an Laubhölzern.
a) *Cryptococcus fagisuga* (BÄRENSPRUNG) (Abb. **257**/6)
Kugelförmig, sehr klein (∅ ca. 0,8–1 mm), blassgelb mit stark reduzierten B u. F (Mikroskop!). Unter lockerer, fädiger Sekrethülle in Rindenrissen von *Fagus* in Wäldern u. Anlagen; stellenweise häufig u. sehr schädlich.

Familie *Asterolecaniidae* – Pockenschildläuse

In kleinen, grubenartigen Vertiefungen an Rinde bes. von *Quercus*. 3 Arten.
a) *Asterodiaspis variolosa* (RATZEBURG) (Abb. **257**/8)
Rundlich, etwas länger als breit, ± stark gewölbt, 2 mm lg u. 0,6 mm breit, schmutziggrün, gelblich od. bräunlich. In kapselartiger Sekrethülle an schwachen Zweigen von *Quercus* (Abb. **257**/7); v u. häufig; gallenbildend.
b) *Planchonia arabidis* SIGNORET
Oval bis birnenförmig, 1,7–3,2 mm lg u. 1,2–2,2 mm breit, grünlich, gelblich od. bräunlich, mit längeren, weißlichen, körperrandständigen Sekretfortsätzen. Ventrale Körperrandregionen u. DorsalS mit 8-förmigen Hautdrüsenöffnungen (MIkroskop!). Polyphag, im SW v. a. an Blattstielen von *Hedera* gallenbildend.

Familie *Diaspididae* – Deckelschildläuse, Echte Schildläuse

Bes. an HolzPfl, vor allem in wärmeren Gebieten. Ca. 60 Arten (darunter viele an ZierPfl aus den Trop in Gewächshäuser eingeschleppt).

Tribus *Aspidiotini*

a) *Diaspidiotus gigas* (THIEM et GERNECK) (Abb. **260**/3)
Gelbgrün, birnenförmig; Schild grau bis schwarzgrau, ∅ 1,7–2 mm; Außenrand des medianen Lappenpaares meist deutlich gekerbt, zw den medianen Lappen kleine dornenförmige Platten. An verholzten Teilen von *Populus* u. *Salix*; VI–IX; stellenweise schädlich.
b) *Diaspidiotus ostreaeformis* (CURTIS) (Abb. **260**/4)
Zitronengelb, rundlich; Schild dunkelgrau, ∅ 1,4–1,9 mm; medianes Lappenpaar mit schwach od. nicht eingekerbtem Außenrand; laterale Platten zw. 2. u. 3. Lappenpaar einander ähnlich u. mit wenigen Zähnchen. Polyphag an verholzten Teilen, seltener Früchten von Obstbäumen wie *Malus, Pyrus* u. *Prunus*; *Carpinus, Salix, Aesculus, Tilia* u. a.; v u. häufig; IV–VIII.

c) *Diaspidiotus perniciosus* (COMSTOCK) (Abb. **260**/5)
Ähnlich voriger Art; mediane u. laterale Platten lg u. gezähnt, zw 2. u. 3. Lappenpaar gabelförmig. Polyphag an verholzten Teilen u. Früchten von Obstbäumen u. Beerensträuchern; Überw als L_1; im SW eingeschleppt, oft sehr schädlich.
d) *Diaspidiotus pyri* (LICHTENSTEIN) (Abb. **260**/6)
Ähnlich voriger Art; Schild schwarzgrau, ∅ 1,8–2,1 mm; medianes Lappenpaar an beiden S od. nur außen gekerbt; laterale Platten zw 2. u. 3. Lappenpaar teilweise verzweigt u. an der AußenS stärker gezähnt. An Laubhölzern einschließlich Obstbäumen *(Malus, Pyrus, Prunus)* häufig; V–VIII.
e) *Dynaspidiotus abietis* (SCHRANK) (Abb. **260**/7–9)
Gelb; Schild grau bis schwarzgrau, lggestreckt oval, 1,7–2,3 mm lg. SRänder nahezu parallel; mediane u. laterale Platten zw 1. u. 2. Lappenpaar breit u. gezähnt. An Nadeln von *Pinus, Picea* u. *Abies*; v u. häufig; IV–VII.

Tribus *Parlatorini*

a) *Leucaspis pini* (HARTIG) (Abb. **260**/10)
Grünlich; unter weißem, länglichem (2,4–2,8 mm lg) Schild in fester Hülle; Pygidium mit zahlreichen, lg, stumpf auslaufenden od. gezähnten Platten. An der InnenS der Nadeln von *Pinus*; Überw als L_2 u. ♀; weit v, stellenweise häufig.
b) *Leucaspis loewi* COLVÉ (Abb. **260**/11)
Violett; unter weißem, ovalem (1,5–1,7 mm lg) Schild in fester brauner Hülle; ohne Platten. An Nadeln von *Pinus*; Überw wie vorige Art; v u. häufig.

Tribus *Diaspidini*

a) *Lepidosaphes ulmi* (L.) (Abb. **260**/14–16)
Länglich-oval, weißlich; Schild braun, 2–4 mm lg u. miesmuschelförmig. Polyphag. An vielen Laub- u. seltener auch Nadelhölzern sowie an Zier- u. Zwergsträuchern; bisexuelle u. parthenog. Form; Überw im Eistadium; Obstbaumschädling.
b) *Chionaspis salicis* (L.) (Abb. **260**/17)
Weinrot; Schild weiß, birnenförmig, 2,5–3 mm lg; medianes Lappenpaar groß, asymmetrisch u. leicht divergierend. An Rinde von *Salix, Populus, Alnus, Tilia* u. *Vaccinium myrtillus*, manchmal an Obstbäumen; Überw im Eistadium; weit v u. häufig; VI–IX.
c) *Epidiaspis leperii* (SIGNORET) (Abb. **260**/18)
Weinrot bis orangegelb; Schild weißlich od. grauweiß, rundlich, ∅ 1,1–1,4 mm; Pygidium mit nur einem Lappenpaar. An verholzten Teilen von Rosaceen wie *Pyrus, Malus, Prunus, Juglans* u. *Aesculus*; vor allem in klimatisch begünstigten Gebieten im W u. SW (Rhein-Main-Gebiet, Rhein-Neckar-Gebiet; Pfalz); oft an Obstbäumen wie Birnen schädlich; eingeschleppt.
d) *Aulacaspis rosae* (BOUCHÉ) (Abb. **260**/19)
Pilzförmig, rötlich bis orangegelb; Schild grau bis grauweiß, rundlich, ∅ 1,5–2,2 mm; medianes Lappenpaar groß, tief eingesenkt u. stark divergierend. An verholzten Teilen von *Rosa* u. *Rubus* bes. in wärmeren Gegenden; örtlich an Zierrosen schädlich.
e) *Carulaspis juniperi* (BOUCHÉ) (Abb. **260**/20)
Orangegelb bis rötlich; unter weißem, rundlichem, leicht gewölbtem Schild mit 1,2–1,6 mm ∅; 1. u. 2. Lappenpaar gut entw, 3. höckerartig, Drüsendornen zw medianen Lappen sehr klein. An Nadeln von Koniferen wie *Juniperus* u. *Thuja*; Überw als ♀; v u. häufig; stellenweise an ZierPfl schädlich.
f) *Pseudaulacaspis pentagona* (TARGIONI-TOZZETTI) (Abb. **261**/1)
Gelb bis orangegelb; Schild rundlich, weißlich bis gelblich weiß, 1,8–2,6 mm, Exuvien exzentrisch; Pygidium mit großem, medianem, seitlich mehrfach gekerbtem Lappenpaar, schlanke Drüsendornen an der Spitze mit kleinen Fortsätzen. An verholzten Teilen von Obstgehölzen u. Beerensträuchern (*Ribes*) sowie ZierPfl (*Catalpa*) oft schädlich; eingeschleppt.

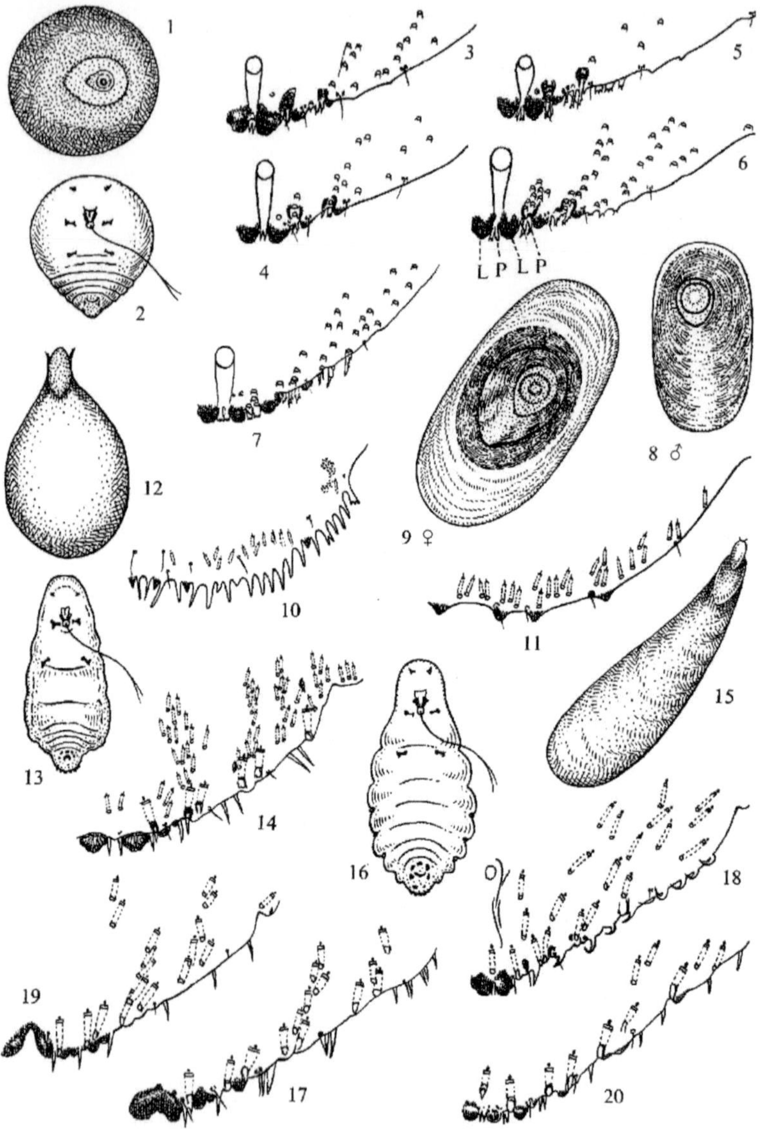
1
2
3
4
5
6
L P L P
7
8 ♂
9 ♀
10
11
12
13
14
15
16
17
18
19
20

Abb. 260/1–20. **1** *Diaspidiotus perniciosus*, ♀-Schild in Rückenansicht; **2** *D. perniciosus*, ♀ in Bauchansicht; **3** *D. gigas*, Pygidium; **4** *D. ostreaeformis*, Pygidium; **5** *D. perniciosus*, Pygidium; **6** *D. pyri*, Pygidium (L = Lappen, P = Platten); **7** *Dynaspidiotus abietis*, Pygidium; **8** *D. abietis*, ♂-Schild; **9** *D. abietis*, ♀-Schild; **10** *Leucaspis pini*, Pygidium; **11** *Leucaspis loewi*, Pygidium; **12** *L. loewi*, Schild; **13** *L. loewi*, ♀ in Bauchansicht; **14** *Lepidosaphes ulmi*, Pygidium; **15** *L. ulmi*, ♀-Schild in Rückenansicht; **16** *L. ulmi*, ♀ in Bauchansicht; **17** *Chionaspis salicis*, Pygidium; **18** *Epidiaspis leperii*, Pygidium; **19** *Aulacaspis rosae*, Pygidium; **20** *Carulaspis juniperi*, Pygidium (Pygidium: jeweils rechte Seite in Rückenansicht).

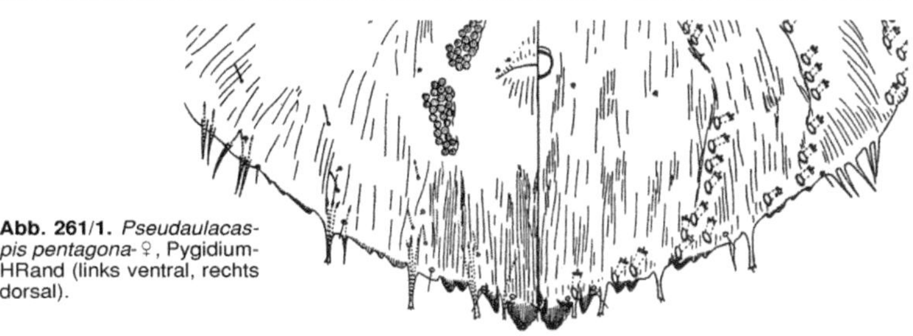

Abb. 261/1. *Pseudaulacaspis pentagona*-♀, Pygidium-HRand (links ventral, rechts dorsal).

Literatur

Balachowsky, A. S. (1954): Les cochenilles paléarctiques de la tribu des Diaspidini. – Mem. scient. Inst. Pasteur. Paris, 450 pp.

Borchsenius, N. S. (1945): Fauna der UdSSR, Pseudococcidae (russ.). – Zool. Inst. Akad. Wiss. (N. S. 38), 7. Moskau-Leningrad, 383 pp.

Borchsenius, N. S. (1957): Coccoidea der UdSSR, Coccidae (russ.). – Zool. Inst. Akad. Wiss. (N. S. 66), 9. Moskau-Leningrad, 493 pp.

Borchsenius, N. S. (1960): Fauna der UdSSR, Asterolecaniidae, Lecaniodiaspidae, Aclerdidae (russ.). – Zool. Inst. Akad. Wiss. (N. S. 77), 8. Moskau-Leningrad, 282 pp.

Ferris, G. F. (1937–1955): Atlas of the scale insects of North America, 1–7. – Stanford.

Kosztarab, M. & Kozár, F. (1988): Scale insects of central Europe. – Akadémiai Kiodó, Budapest, 456 pp.

Kozár, F. (2004): Ortheziidae of the World. – Plant Protec. Instit., Hungar. Acad. Scienc., Budapest, 525 S.

Kozár, F., Guignard, E., Bachmann, F., Mani, E. & Hippe, C. (1994): The scale insect and whitfly species of Switzerland (Homoptera: Coccoidea and Aleyrodoidea). – Mitt. Schweiz. Entomol. Ges. 67: 151–161.

Lindinger, L. (1912): Die Schildläuse (Coccidae) Europas, Nordafrikas und Vorderasiens, einschließlich der Azoren, der Kanaren und Madeiras. – Stuttgart, 388 pp.

Morrison, H. (1925): Classification of scale insects of the subfamily Ortheziinae. – J. agric. Res. 30: 97–154.

Morrison, H. (1928): A classification of the higher groups and genera of the coccid family Margarodidae. – US Dept. Agric. Techn. Bull. No. 52, 240 pp.

Reháček, J. (1960): Fauna puklic (Coccidae) Slovenska. – Biol. Prace 6: 1–88.

Schmutterer, H. (1952): Die Ökologie der Cocciden (Homoptera, Coccidea) Frankens. – Z. ang. Ent. 33: 369–420, 544–584; 34: 66–100.

Schmutterer, H. (1959): Schildläuse oder Coccoidea. I. Deckelschildläuse oder Diapididae. – Tierw. Dtschl. 45. Teil, Jena, 260 pp.

Schmutterer, H. (2003): Verzeichnis der Schildläuse (Coccina) Deutschlands. – In: Klausnitzer, B. (Hrsg.): Entomofauna Germanica. Band 6. – Entomologische Nachrichten und Berichte, Beiheft 7: 194–208. Dresden.

Schmutterer, H. (2008): Die Schildläuse Coccina und ihre natürlichen Antagonisten. – Westarp Wissenschaften, Hohenwarsleben, 277 S.

Schmutterer, H., Kloft, W. & M. Lüdicke (1955): Coccoidea. – In: Handbuch der Pflanzenkrankheiten 5: 403–520.

Strümpel, H. (2003): 23. Ordnung Sternorrhyncha, Pflanzenläuse. – In: Dathe, H. H. (Hrsg.): Lehrbuch der Speziellen Zoologie, Band I: Wirbellose Tiere, 5. Teil: Insecta, 2. Auflage. – Spektrum Akademischer Verlag Heidelberg, Berlin: 366–401.

Williams, D. J. (1962): The British Pseudococcidae (Homoptera, Coccoidea). – Bull. Brit. Mus. (Nat. Hist.) Ent. 12: 1–79.

Williams, D. J. (1985): The British and some other European Eriococcidae (Homoptera: Coccoidea). – Bull. Brit. Mus. (Nat. Hist.) Ent. **51**, 347–393.

Zahradník, J. (1990): Die Schildläuse (Coccinea) auf Gewächshaus- u. Zimmerpflanzen in den tschechischen Ländern. – Acta Univers. Carolinae-Biologica 34, 160 pp.

Auchenorrhyncha [*Cicadina*] – Zikaden

Hans Joachim Müller † & Werner Witsack

G. Bei dieser früher als Unterordnung der *Homoptera*, nun als eigene Ordnung betrachteten Gruppe der Zikaden entspringt die Ul am ventralen HRande des K (der „Kehle“), so dass der 3gld SaugR frei ausgeschwenkt u. auf das Substrat gesetzt werden kann. Von insgesamt etwa 42550 bisher bekannten Arten sind in DE 619 und in MEur über 900 meist kleine (1,75 mm) bis mittelgroße (38 mm) Arten heimisch. Bei diesen: HB meist mit stark verlängerten Schenkeln u. Schienen zu sehr wirksamen SprungB entw, deren Muskulatur jedoch in Br verborgen. Fl in der Ruhe dachförmig getragen. VFl stets größer als HFl, beide bisweilen ± stark verkürzt, meist glasartig durchscheinend. VFl aber oft kräftiger sklerotisiert u. pigmentiert (s bunt), nur bisweilen elytrenartig gewölbt. Flugvermögen meist mäßig entw, nur bei einigen Delphaciden u. Cixiiden sowie vielen Typhlocybinen besser. ♀♀ mit meist säbelartigem Legebohrer, mit dem die Eier in lebendes PflGewebe (s in Erde) versenkt werden. Alle Arten erzeugen mit Schallmembranen (an der Basis des Hlb) artspezifische Rufe u. Balzgesänge, die für das menschliche Ohr nur bei Singzikaden (bei uns *Cicadetta montana, Cicada orni* u. *Tibicina haematodes)* ohne Verstärkung wahrnehmbar sind. Wachsdrüsen bes. auf dem Hlb, aber auch auf den Fl *(Cicadellidae)* häufig. – **V.** Weltweit. – **L.** Alle terrestrischen Lebensräume. An krautigen Pfl u. Gehölzen. – **B.** NaAufnahme ausschließlich in flüssiger Form aus lebendem PflGewebe durch Anzapfen des Phloems od. auch des Xylems, nur bei den Typhlocybinen durch Aussaugen von Mesophyllzellen. Schäden, auch bei dichtem Befall, meist geringfügig, eher durch Übertragung phytopathogener Viren. Bindung weniger an die Nähr- als an die Brutwirte (zur Eiabl). Meist eine, häufig 2, s mehrere Gen im J. Überw meist im Eistadium, vielfach als Adulte, seltener als ältere L. Entw mit unvollkommener Verwandlung (Hemimetabolie) über 5 den Im. schon ähnelnden LStadien, in denen nur die FlAnlagen u. die äußeren Geschlechtsorgane erst allmählich angelegt werden. – Exakte Bestimmung oft nur am hochdifferenzierten äußeren Genitalapparat der ♂♂ nach Präparation u. mit Spezialliteratur möglich. Im folgenden sind daher nur die auffälligen sowie häufigsten Arten (od. Formen) berücksichtigt, so dass der Schlüssel vereinfacht u. für spezielle Studien in der Regel nicht ausreichend ist. – Bei getrockneten od. in Äthanol aufbewahrten Zikaden kann die Färbung sich etwas verändert (z. B. verblassen).

1 MBHü (wie VBHü) lggestreckt, weit voneinander entfernt, an den S eingelenkt. Über VFlBasis eine – bisweilen kleine – Deckschuppe (Tegula, T). F unter Au eingelenkt (Abb. **263**/2, 6). [Unterordnung *Fulgoromorpha* (Evans) (früher Überfamilie *Fulgoroidea* Kirkaldy)] **2**

1* MBHü kurz, dicht beisammenstehend, median eingelenkt. Über VFlBasis keine Deckschuppe (Tegula). F stehen zw Au ± auf Stirn (od. Scheitel) (Abb. **263**/3, 12). [Unterordnung *Cicadomorpha* Evans (früher Überfamilie *Cicadoidea* Kirkaldy)] . **10**

2 K flach, abgeplattet. VRand schneidenförmig. Paarige Oc an unteren Innenecken der Au, nach vorn bzw. abwärts gerichtet (Abb. **263**/5). Gedrungen käferförmig, mit relativ kurzen, von oben kaum sichtbaren B. 4–6 mm. 10 s Arten, oft unter Steinen u. bei Ameisen. Familie *Tettigometridae* S. 269

2* K kastenförmig mit steil (sagittal) gestellten SFlächen, die von der Stirn durch Kanten od. erhabene Leisten scharf abgegrenzt sind u. die paarigen Oc tragen (Abb. **263**/6). B lg u. auch von oben gut sichtbar **3**

3 Tibien der HB am E mit großem, beweglichem, ± gezähntem Sporn (Abb. **263**/7) Familie *Delphacidae* – **Spornzikaden** S. 265

3* Tibien der HB am E ohne größeren Sporn **4**

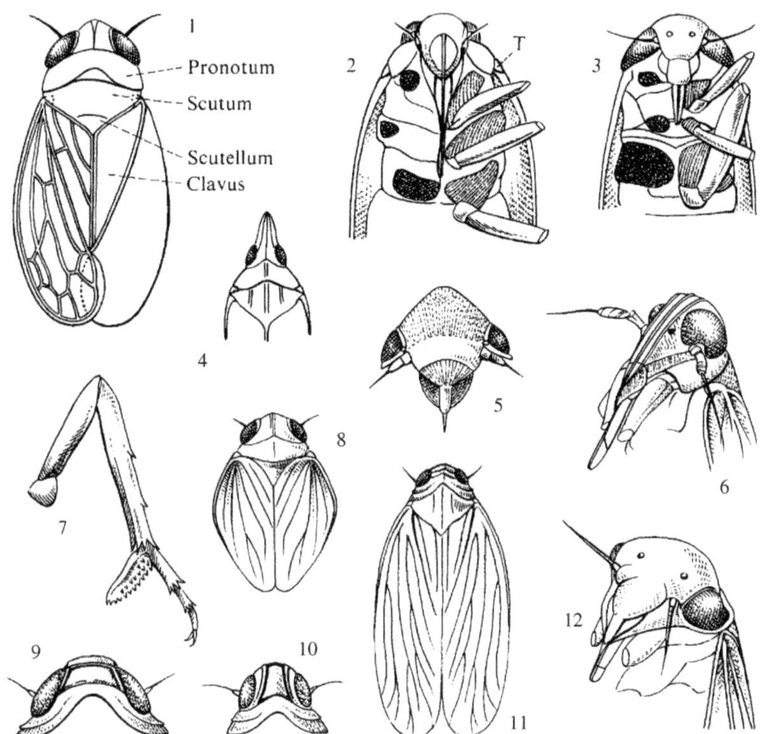

Abb. 263/1–12. **1** Lage von Pronotum (Hsch), Scutum, Scutellum (Schildchen) u. Clavus (schematisch); **2** Stellung der Hü u. Lage der FlSchuppen (T) bei einer Fulgoroide, rechte B völlig, linke B bis zu den Schenkeln entfernt; **3** Stellung der Hü bei einer Cicadoide, rechte B völlig, linke B bis zu den Schenkeln entfernt; **4** VKörper von *Dictyophara europaea* von oben; **5** K einer Tettigometride von unten; **6** K einer Fulgoroide schräg von links unten; **7** HB einer Spornzikade (*Delphacidae*) mit Sporn; **8** Käferhabitus einer Isside (*Issus coleoptratus*); **9** Scheitelfeld von *Cixius*; **10** Scheitelfeld von *Myndus musivus*; **11** Fliegenhabitus von *Cixius*; **12** K einer Cicadoide schräg von links unten.

4 K kegelig zugespitzt (Abb. **263**/4). Tier grün, getrocknet auch ausgebleicht, gelblich. VFl glasig, aber dicht geadert. 9–13 mm. VI–X. Familie *Dictyopharidae*, in DE 1 Art.
Dictyophara europaea (L.) **Laternenträger**

4* K vorn abgestumpft. Tiere meist nicht grün. Unter 9 mm **5**

5 VFl (wie HFl) glasig, flach, ± braun bis schwarz gezeichnet. Hsch schmal, winkelig nach vorn geknifft, daher HRand tief eingeschnitten (Abb. **263**/9). Fliegen-Habitus (Abb. **263**/11). In DE 20 Arten, in MEur ca. 40 Arten. (Familie *Cixiidae*) **6**

5* VFl nicht glasig, elytrenartig ledrig, gewölbt. Hsch nicht gewinkelt, breit dreieckig, hinten fast gerade. Gedrungen käferartiger Habitus (Abb. **263**/8). In DE 4 Arten, in MEur ca. 22 Arten. (Familie *Issidae)* **9**

6 Scutum mit 5 Kielen **7**

6* Scutum mit 3 Kielen (Abb. **263**/11) **8**

7 In Feuchtwiesen, an Schilf. 5–7 mm. VI–VIII. *Pentastiridius leporinus* (L.)

7* In Halbtrockenrasen u. an wärmeliebenden Gebüschen. 6–9 mm. VI–VIII.
Reptalus panzeri (O. Löw)

8 **(6)** Scheitelfeld kegelig, länger als breit (Abb. **263**/10). An Weide. 5–6 mm. VI–VII.
Myndus musivus (Germar)

8* Scheitelfeld mondsichelförmig, breiter als lg (Abb. **263**/9). An Laubgehölzen. Etwa 14 schwer unterscheidbare Arten in DE. Gattungen *Cixius* Latreille u. *Tachycixius* Wagner

9 **(5)** VFl vorn bauchig, nach hinten keilförmig verschmälert (Abb. **263**/8). Hellbraun. In trocken-warmen Laubw. 6–7 mm. V–IX. 2 Arten, davon häufiger: *Issus coleoptratus* (F.)

9* VFl schlank, ± parallelseitig, ± orangefarbig gestreift, am VRande (bes. beim ♂) dunkel gesäumt. In Hochmooren an *Eriophorum*. 3–4 mm. VII–X.
Ommatidiotus dissimilis (Fallén)

10 **(1)** 3 Oc dicht beisammen auf Scheitel (Abb. **264**/3). Fl glasig, weit über körperlg; VFl viel länger als HFl. Über 16 mm, meist viel größer. 3 Arten.
Familie *Cicadidae* – **Singzikaden**

a) 16–20 mm (ohne Fl). In trocken-warmen Waldsteppen. V–VII.
Cicadetta montana (Scopoli) – **Bergzikade**

a*) 22–38 mm (ohne Fl). . . . . **b)**

b) FlBasis meist ockerrot, FlEnde ohne dunkle Flecke. In Weinbergen am Main, Neckar u. in Rheinhessen. V–VIII.
Tibicina haematodes (Scopoli) – **Blutrote Singzikade**

b*) FlBasis dunkelbraun bis grau, nie rotbraun, FlEnde mit mindestens 4 dunklen Flecken. Bisher nur in Baden-Württemberg, VI–IX.
Cicada orni L. – **Manna-Singzikade**

10* 2 Oc, ± voneinander entfernt stehend (Abb. **264**/6), od. keine. Unter 20 mm **11**

11 Hsch hochgewölbt buckelig, den K ± überdeckend, Scutum mit ± lg Forts überragend (Abb. **264**/4). 3 Arten. (Familie *Membracidae* – **Buckelzikaden**) **12**

11* Hsch höchstens flach gewölbt, nur s mit seitlichen Forts, K u. Scutum freilassend (Abb. **264**/5) **13**

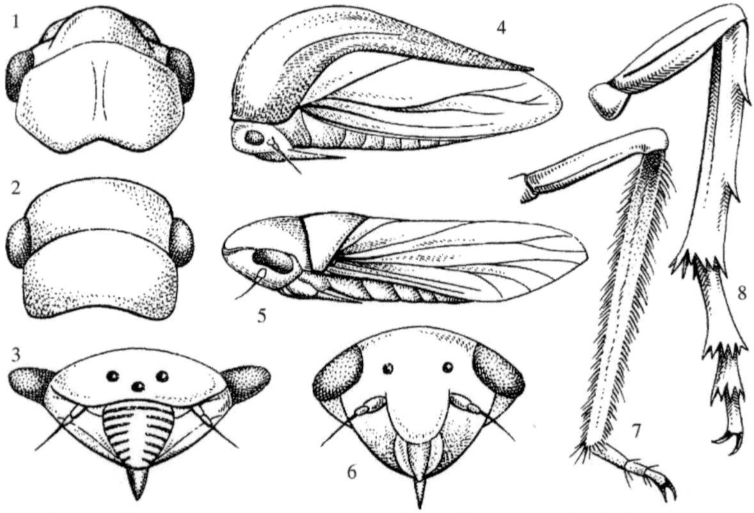

Abb. 264/1–8. **1** K von *Megophthalmus scanicus*; **2** K von *Ulopa;* **3** Anzahl u. Stellung der Oc bei den *Cicadidae*; **4** Hsch einer Membracide; **5** Hsch bei einer Cicadellide; **6** Anzahl u. Stellung der Oc bei den *Cicadellidae* (*Jassidae*); **7** HSchiene einer Cicadellide; **8** HSchiene einer Schaumzikade (*Cercopidae*).

12 HschBuckel mit 2 dreieckigen zugespitzten SHörnern. 2 Arten:
a) Braun. An wüchsigen Kräutern. 8–10 mm. V–X. *Centrotus cornutus* (L.)
b) Grün. An Kräutern u. Bäumen. Aus USA in Eur eingeschleppt. Im südl u. Mittel-DE. 6–8 mm. *Stictocephala bisonia* Kopp et Yonke – **Büffelzikade**

12* HschBuckel ohne SHörner. Bes. an *Genista* u. *Sarothamnus*. 3–5 mm. VI–X. *Gargara genistae* (F.)

13 **(11)** Hsch dorsal mit 2 lappig-ohrförmigen SForts. Graubrauner Rindenbewohner. 13–17 mm. VI–IX. Einziger Vertreter der Unterfamilie *Ledrinae* der *Cicadellidae*: *Ledra aurita* (L.) – **Ohrzikade**

13* Hsch ohne ohrförmige SForts **14**

14 HSchienen nicht auffällig länger als MSchienen, ohne Dornen, ± unbehaart. Scheitelrand scharfkantig, glatt, ± gebogen (Abb. **264**/2). 3–4 mm. (Unterfamilie *Ulopinae* der *Cicadellidae*) **17**

14* HSchienen deutlich länger als MSchienen, mit Dornen u. (od.) Haaren besetzt . . **15**

15 HSchienen an den S mit einzelnen, am E – wie die Tarsen – mit Querkämmen derber Dornen besetzt (Abb. **264**/8). Als L in selbsterzeugten Schaumballen. Familien *Cercopidae* u. *Aphrophoridae* – **Schaumzikaden** S. 270

15* HSchienen längs der Kanten ± dicht mit Haaren od. (u.) Dornen besetzt, am E ohne Querkämme (Abb. **264**/7). Als L freilebend **16**

16 K vorn mit aufgefalteten Kanten, wellig profiliert (Abb. **264**/1). Hsch braun (♀♀) od. schwarzfleckig (♂♂). 2,5–4 mm. VI–IX. Unterfamilie Megophthalminae der Cicadellidae. 2 Arten, davon häufiger: *Megophthalmus scanicus* (Fallén)

16* K ohne wellige Kanten, abgerundet od. gewölbt, höchstens schaufelförmig aufgebogen. Familie *Cicadellidae* – **Zwergzikaden** S. 271

17 **(14)** VFl grob braun, ± schräg, gefleckt. Scheitelrand ± gerade. 3–4 mm. VIII (Im.)–VII. Gattung *Ulopa*, 2 Arten, häufiger an *Calluna*: *U. reticulata* (F.)

17* VFl auffällig dunkel längsgestreift (♂♂) od. fein braun gestrichelt (♀♀). Scheitelrand gebogen. In Halbtrockenrasen. 3–4 mm. VIII (Im.)–VII. *Utecha trivia (*Germar)

Familie *Delphacidae* – Spornzikaden

Meist klein, gelblich-bräunlich bis schwarz, oft ± kurzflüglig. Bis auf *Stiroma pteridis* (an *Pteridium*) ausschließlich an Monocotylen u. deshalb meist in rasigen PflBeständen. Eiabl mit Legesäbel in Pfl. In DE 108 Arten, in MEur ca. 137 Arten. ♀♀ hier oft nicht berücksichtigt!

1 VFl überragen (in Ruhelage) HlbE **2**

1* VFl erreichen höchstens HlbE, meist kürzer, hinten oft ± gerade (wie abgeschnitten) (Abb. **266**/1–4) **11**

2 1. FGld auffällig vergrößert u. blattförmig abgeflacht (Abb. **266**/7) **3**

2* 1. FGld nicht vergrößert, Im Querschnitt drehrund (Abb. **266**/8) **5**

3 Schenkel u. Schienen der VB blattartig verbreitert (Abb. **266**/13). Ca. 5 mm. VIII (Im.)–VII. *Asiraca clavicornis* (F.)

3* VB normal, nicht verbreitert. (Gattung *Delphax* F.) **4**

4 VFl mit geschlossenem dunklem Zickzackband (Abb. **266**/6). An *Phragmites*. 6 mm. VII–IX. *Delphax crassicornis* (Panzer)

4* VFl mit unterbrochenem dunklem Längsband (Abb. **266**/5). An *Phragmites*. 6 mm. VII–IX. *D. pulchellus* (Curtis)

5 **(2)** Blass spangrün. An *Phragmites*. VI–IX. Ca. 7 Arten. Gattung *Chloriona* Fieber ♂♂

5* Gelblich-braun **6**

6 VFl mit großen dunklen Längsflecken (Abb. **266**/9). An *Phragmites*. 5 mm. V–VIII. [*E. speciosa* (Boheman)] *Euides basilinea* (German)

6* VFl unauffällig, glasig, höchstens distal mit dunklem Längswisch **7**

7 K vorn ± kegelig, Au deutlich überragend (Abb. **266**/14) **9**

7* K vorn gerundet, Au kaum überragend (Abb. **266**/11) **8**

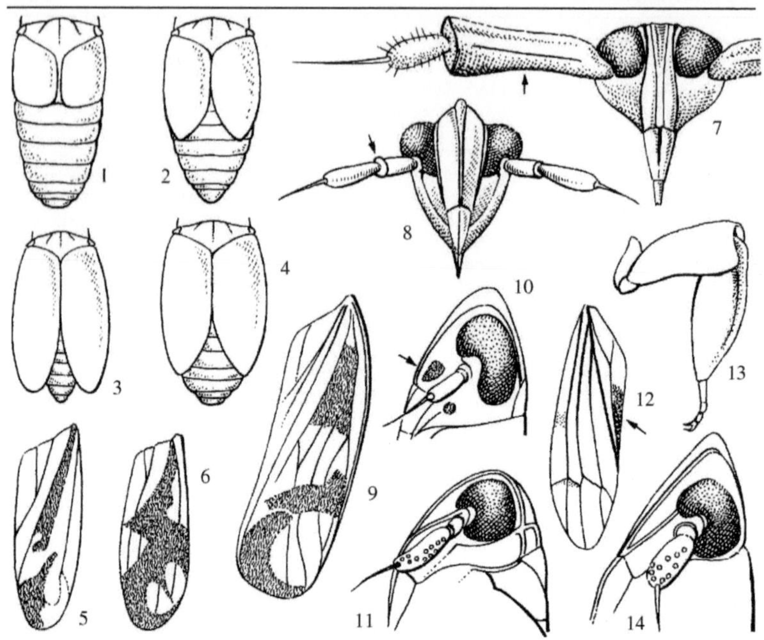

Abb. 266/1–14. 1 *Delphacinus mesomelas* ♀; **2** *Xanthodelphax flaveola*; **3** *Paradelphacodes paludosa*; **4** *Muellerianella* sp.; **5** rechter VFl von *Delphax pulchellus*; **6** rechter VFl von *Delphax crassicornis*; **7** K von *Asiraca clavicornis* bzw. *Delphax*; **8** K von *Euides basilinea*; **9** rechter VFl von *Euides basilinea*; **10** Wangenfleck bei *Kelisia*; **11** K von *Javesella* bzw. *Laodelphax*; **12** linker VFl von *Laodelphax striatella*; **13** VB von *Asiraca clavicornis*; **14** K von *Stenocranus*.

8 VFl glasig, ungefleckt, mit bräunlichen Adern. Hsch hinten breit weiß. 4–5 mm. IV–X. *Javesella pellucida* (F.)

8* VFl mit dunklem Keilfleck in Clavusspitze (Abb. **266**/12). Hsch ohne Weiß. 3–4,5 mm. IV–X. *Laodelphax striatella* (FALLÉN)

9 **(7)** K mit dunklem, oft winzigem rundlichem Wangenfleck (Abb. **266**/10). 18 Arten. Gattungen *Kelisia* FIEBER und *Anakelisia* WAGNER

9* K ohne dunklen Wangenfleck (Abb. **266**/14). (Gattung *Stenocranus* Fieber) . . . **10**

10 Stirnfurchen hell blassgelbbraun wie die Kiele (Abb. **267**/4). An *Dactylis glomerata,* in Wiesen, lichten Wäldern u. Gebüschen. 4,5–6 mm. VIII (Im.)–VII. *Stenocranus minutus* (F.)

10* Stirnfurchen ± geschwärzt (Abb. **267**/3). VIII (Im.)–VI.
a) An *Phalaris arundinacea*. 5,5–6,5 mm. *St. major* (KIRSCHBAUM)
b) An *Carex* in anmoorigen Wiesen. 5–6 mm. *St. fuscovittatus* (STÅL)
c) An *Carex paniculata*. 6,0–6 ,5mm. *St. longipennis* (CURTIS)

11 **(1)** OS überwiegend einheitlich gefärbt **12**

11* OS uneinheitlich, auf hellem od. dunklem Grund teilweise dunkler bzw. heller gefärbt od. gezeichnet **20**

12 Kräftig spangrün (trocken vergilbend). An *Phragmites*. VI–IX. Ca. 7 Arten. Gattung *Chloriona* FIEBER ♀♀

12* Nicht grün **13**

13 OS strohgelb bis gelblich-braun **14**

13* OS dunkelbraun od. schwarz **19**
14 4–5 mm **15**
14* Bis 3 mm **16**
15 1. FGld vergrößert, abgeflacht (Abb. **266**/7). An *Phragmites*. 2 Arten. VII–IX. Gattung *Delphax* F. ♀♀
15* 1. FGld nicht vergrößert, drehrund (Abb. **266**/8). An *Phragmites*. 5–6,5 mm. VI–VIII. [*E. speciosa* (BOHEMAN)] *Euides basilinea* (GERMAN) ♀
16 **(14)** VFl fast quadratisch, hinten gerade „abgeschnitten" (Abb. **266**/1). Elfenbeingelb. 2,5–3 mm. V–IX. *Delphacinus mesomelas* (Boheman) ♀
16* VFl länglich, hinten gerundet (Abb. **266**/2) **17**
17 VFl bedecken letzte HlbSgm nicht (Abb. **266**/2, 4) **18**
17* Fl bedecken gesamten Hlb. GenitalSgm schwarz (Abb. **266**/3). Auf moorigen Wiesen. 3,5–4 mm. V–IX. *Paradelphacodes paludosa* (FLOR)
18 Fl halblg, lassen letzte 3–4 HlbSgm unbedeckt (Abb. **266**/2). Goldgelb. 3–3,5 mm. VI–IX. 3 Arten. Z. B.: *Xanthodelphax flaveola* (FLOR)
18* Fl dreiviertellg, lassen nur letzte 1–2 HlbSgm unbedeckt (Abb. **266**/4). Grau-gelb. 3 Arten. Gattung *Muellerianella* WAGNER
19 **(13)** OS völlig schwarz. ♂ GenitalSgm klein, unauffällig. 1,75 mm. VIII (Im.)–VI. *Jassidaeus lugubris* (SIGNORET) ♂
19* OS dunkelbraun bis schwärzlich. ♂ GenitalSgm tubusförmig, nach hinten etwas erweitert. 2–3 mm. 8 Arten. Gattung *Javesella* FENNAH
20 **(11)** Grundfärbung überwiegend hell, evtl. mit dunkleren Abzeichen **21**
20* Grundfärbung zumindest des Hlb überwiegend düster, evtl. mit helleren Abzeichen **31**
21 Hlb orangerot. Br gelblich. In Trockenrasen. 3,5–4 mm. VI–VIII. *Chlorionidea flava* P. LÖW ♂
21* Hlb nicht orangerot **22**
22 Mit einzelnen schwarzen Flecken **23**
22* Dunkle Zeichnung ausgedehnter **24**
23 3 schwarze SFlecke auf letzten 3 HlbSgm (Abb. **267**/1). 2,5 mm. VII (Im.)–VI. *Jassidaeus lugubris* (SIGNORET) ♀

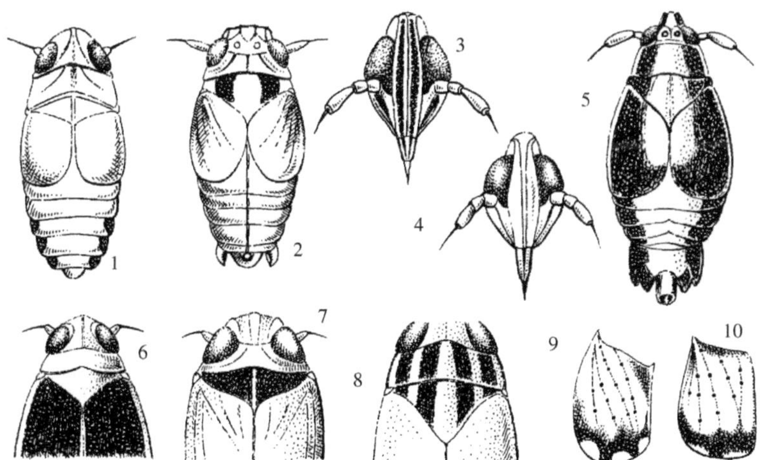

Abb. 267/1–10. 1 *Jassidaeus lugubris*, ♀; **2** *Stiroma*; **3** K von *Stenocranus major* u. *St. fuscovittatus*; **4** K von *St. minutus*; **5** *Megamelus notula*, ♂; **6** *Struebingianella lugubrina*, ♂ bzw. *Oncodelphax pullula*, ♂; **7** *Hyledelphax elegantula*; **8** *Eurybregma nigrolineata*, ♂; **9** linker VFl von *Euconomelus lepidus*; **10** linker VFl von *Conomelus anceps*.

23* 2 dunkle Flecke auf HschS (Abb. **267**/2). 3,5–4 mm. V–IX. 2 Arten. Gattung *Stiroma* FIEBER
24 **(22)** Dunkle Zeichnung als Längsstreifung entw **25**
24* Dunkle Zeichnung nicht als Längsstreifung entw **28**
25 2 breite dunkle SStreifen rahmen ein helles Medianband ein (Abb. **267**/5). 2,5–4 mm. VI–XI. *Megamelus notula* (GERMAR) ♂
25* 4 dunkle Längsstreifen (mindestens) auf Hsch u. Scutum (Abb. **267**/8) **26**
26 Scheitel stumpf, ohne Kiele, glatt **27**
26* Scheitel kegelig mit hellen Kielen. Auf Hochmoor an *Eriophorum*. VI–VIII. 2 Arten. Gattung *Nothodelphax* FENNAH
27 Dunkler Stirnfleck unter Scheitel. 3,5–5 mm. IV–VII. *Eurybregma nigrolineata* SCOTT ♂
27* Kein dunkler Stirnfleck. 3–4 mm. V–IX. *Eurysa lineata* (PERRIS)
28 **(24)** Scutum schwarz (Abb. **267**/7). VFl heller, durchsichtig **29**
28* Scutum weiß (Abb. **267**/6). VFl schwarz, hell gesäumt **30**
29 2,5 mm. Stirnkiele weißlich. VFl hellgrau, glasig. V–IX. *Hyledelphax elegantula* (BOHEMAN)
29* 3–4 mm. Stirnkiele bräunlich wie Stirn. VFl hell bräunlich, glasig. An *Juncus, Scirpus, Schoenoplectus*. V–VIII. *Calligypona reyi* (FIEBER)
30 **(28)** 3 mm. An *Glyceria maxima*. IV–IX. *Struebingianella lugubrina* (BOHEMAN) ♂
30* 1,5–2 mm. In Flachmooren. V–IX. *Oncodelphax pullula* (BOHEMAN) ♂
31 **(20)** Gesamte OS düster, evtl. mit hellerer Zeichnung **40**
31* Nur Hlb auffällig dunkel, meist schwarz **32**
32 VKörper (u. Fl) milchweiß. 2–2,5 mm. V–IX. *Delphacinus mesomelas* (BOHEMAN) ♂
32* VKörper gelblich-braun **33**
33 VFl-Adern mit dunklen Punkten (Abb. **267**/9–10) **34**
33* VFl-Adern ohne Punkte **35**
34 VFl-Rand mit 3 hellen Halbmondflecken (Abb. **267**/9). In flachmoorigen Wiesen. 2–2,5 mm. VI–X. *Euconomelus lepidus* (BOHEMAN)
34* VFl-Rand ohne deutliche Halbmondflecke (Abb. **267**/10). (Gattung *Conomelus* mit 2 Arten.) Häufig: An *Juncus* (bes. *J. effusus*). 2,5–3 mm. VI–IX. *Conomelus anceps* (GERMAR)
35 **(33)** ♂ GenitalSgm ± zangenförmig (Abb. **268**/3) **36**
35* ♂ GenitalSgm nicht zangenförmig **37**
36 Scheitelspitze schwarz mit 4 hellen Parallelkielen. 3–4 mm. IV–IX. *Dicranotropis hamata* (BOHEMAN)

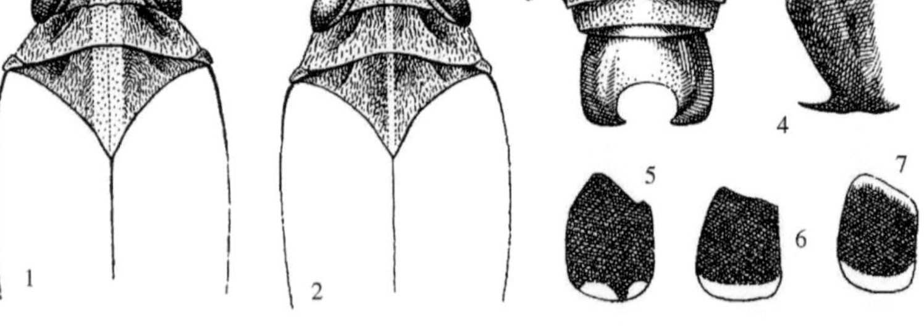

Abb. 268/1–7. 1 *Megadelphax sordidula* bzw. *Muirodelphax aubei*; **2** *Acanthodelphax spinosa* bzw. *Kosswigianella exigua*; **3** *Dicranotropis hamata*, ♂, GenitalSgm von oben; **4** Ventraldorn am Hlb von *Acanthodelphax spinosa*; **5** linker VFl von *Megamelodes quadrimaculatus*; **6** linker VFl von *Criomorphus albomarginatus*; **7** linker VFl von *Florodelphax leptosoma*.

36* Scheitelspitze einheitlich lederbraun, auch Kiele. In Flachmoorwiesen. 2–2,5 mm. IV–VIII. *Acanthodelphax denticauda* (BOHEMAN)
37 **(35)** Rücken mit deutlichem hellem Medianstreifen (Abb. **268**/1) **38**
37* Rücken höchstens mit dünner heller Firstlinie (Abb. **268**/2) **39**
38 3,5 mm u. darüber. Fl gestreckt oval, hinten gerundet. In feuchten Wiesen. V–IX. *Megadelphax sordidula* (STÅL)
38* Ca. 2,5 mm. Fl ± quadratisch, mit geradem HRand. In Trockenrasen. III–X. *Muirodelphax aubei* (PERRIS)
39 **(37)** ♂ GenitalSgm hinten mit Ventraldorn (Abb. **268**/4). In kurzrasigen Wiesen. 1,8–2,2 mm. IV–X. *Acanthodelphax spinosa* (FIEBER)
39* ♂ GenitalSgm ohne Dorn. In trockeneren Rasen. 2–2,5 mm. III–X. *Kosswigianella exigua* (BOHEMAN)
40 **(31)** VFl gestreckt oval, hinten gerundet. Bräunlich **41**
40* VFl ± quadratisch, HRand ± gerade. Braun-schwarz **42**
41 VFl erreichen fast HlbE, nur 1–2 Sgm freilassend. ± kastanienbraun, ohne helle Rückenlinie. 1,5–2 mm. VIII (Im.)–VII. *Delphacodes venosus* (GERMAR)
41* VFl lassen 3 HlbSgm unbedeckt. Braun, mit schmalem milchweißem Rückenstreifen (Gattung *Ribautodelphax* WAGNER, ca. 6 Arten). In Trockenrasen. Häufiger: 2–2,5 mm. IV–X. *Ribautodelphax albostriata* (FIEBER)
42 **(40)** VFl-HRand ohne hellere Abzeichen **45**
42* VFl-HRand mit hellen Abzeichen (Abb. **268**/5–7) **43**
43 VFl-HRand mit ± breitem weißem Saum (Abb. **268**/6–7) **44**
43* VFl-HRand mit 2 schmalen weißlichen Flecken (Abb. **268**/5). Braun. In flachmoorigen Wiesen. Ca. 3 mm. VII (Im.)–V. *Megamelodes quadrimaculatus* (SIGNORET)
44 VFlBasis weißlich aufgehellt (Abb. **268**/7). (Gattung *Florodelphax* VILBASTE mit 2 Arten). Z. B.: in Moorwiesen. 2–2,5 mm. IV–X. *Florodelphax leptosoma* (BOHEMAN)
44* VFlBasis nicht aufgehellt (Abb. **268**/6). Braun bis schwarz (Gattung *Criomorphus* CURTIS, 4 Arten). Häufiger: 2–3 mm. V–VII. *Criomorphus albomarginatus* CURTIS
45 **(42)** Scheitel rötlich-braun **46**
45* Scheitel elfenbeinweiß. Körper glänzend schwarz. B weiß. An *Calamagrostis epigejos*. 2–2,5 mm. IV–IX. *Mirabella albifrons* (FIEBER)
46 An *Pteridium*. Braun bis schwarz. 2,5–3 mm. V–VIII. *Ditropis pteridis* (SPINOLA)
46* An *Calamagrostis epigejos*. ± schwarzbraun. 2,5–3,5 mm. V–IX. *Eurysula lurida* (FIEBER)

Familie ***Tettigometridae***

Eine kleine (8 Arten in DE, ca. 17 Arten in MEur), systematisch abseits stehende Familie, deren Vertreter häufig erdnah u. in Beziehung zu Ameisen leben. Eier werden frei abgesetzt, nicht wie sonst bei Zikaden in PflGewebe od. Erde versenkt (Abb. **263**/5).

1 OS weitgehend einheitlich gefärbt **2**
1* OS deutlich zweifarbig: K u. Hsch (vorn) gelblich bis hell rötlich-braun. Fl dunkel- bis schwarzbraun. 6 mm. VIII (Im.)–V. *Tettigometra macrocephala* (FIEBER)
2 OS grün (beim Vertrocknen ± gelbbraun-grünlich). 3–3,5 mm. VIII (Im.)–IV. *T. virescens* (PANZER)
2* OS heller od. dunkler braun bis schwarz **3**
3 OS dunkel lederfarbig bis schwarzbraun **4**
3* OS hell schokoladenbraun bis graubraun **5**
4 5–6 mm. Glänzend schwarzbraun. VIII (Im.)–IV. *T. fusca* FIEBER
4* 3–4,5 mm. Dunkelbraun bis schwärzlich. VIII (Im.)–V. *T. atra* HAGENBACH
5 **(3)** Scheitel vorn bogig gerundet, so lg wie Hsch. Gelbbraun bis dunkelbraun. 4 mm. VIII (Im.)–V. *T. impressopunctata* DUFOUR

5* Scheitel dreieckig zugespitzt, länger als Hsch; rötlichbraun. VFl meist heller graubraun, evtl. mit 1–3 dunkler rotbraunen Schrägbinden. 4–5 mm. VIII (Im.)–VI. *T. leucophaea* (PREYSSL)

Familien *Cercopidae u. Aphrophoridae* – Schaumzikaden

So benannt nach den farblosen Schaumballen, die sich die ± bleichen L (durch Einblasen von Luft aus dem Stigmenkanal in die eiweißhaltige Kotflüssigkeit) als Schutz vor Verdunstung u. Feinden herstellen u. in denen sie bis zur letzten Häutung leben. Im. käferartig mit derben VFl, relativ wenig sprunglustig. In DE ca. 17 Arten, in MEur ca. 23 Arten.

1 Schwarz mit roten Flecken u. Binden (Abb. **271**/1–2). (Familie *Cercopidae*) **2**
1* Gelb, grau od. braun, niemals rote Abzeichen. (Familie *Aphrophoridae*) **3**
2 Hintere rote FlBinde U-förmig gebogen. 2 Arten:
a) FlAußenrand schwarz, hintere U-förmig gebogene rote FlBinde nicht mit rotem MFleck verbunden (Abb. **271**/1). Bevorzugt frische Biotope. 9,5–11 mm. V–VIII. *Cercopis vulnerata* ROSSI
b) FlAußenrand von hinterer roter FlBinde bis zur FlBasis rot. 6,5–8,5 mm. V–VIII. An Kiefern. Arealexpansion aus dem medit Gebiet, in DE zw 1930 u. 1940 eingewandert. *Haematoloma dorsatum* (AHRENS)
2* Hintere rote FlBinde kaum gebogen (Abb. **271**/2). Auf trockenen kalkreichen Böden. 8–10 mm. V–VII. *Cercopis sanguinolenta* (SCOPOLI)
3 **(1)** G. ± gestreckt, schlank oval od. keilförmig (Abb. **270**) **4**
3* G. breit, gedrungen eiförmig. 6,5–8 mm. VI–X. *Lepyronia coleoptrata* (L.)
4 Hsch mit MKiel. (Gattung *Aphrophora* GERMAR, 5 Arten in DE) **5**
4* Hsch ohne Kiel **7**
5 VFl gefleckt, mit ± deutlicher Sattelzeichnung. Grau- od. rostbraun **6**
5* VFl undeutlich od. nicht gefleckt. Sattelzeichnung undeutlich od. fehlend. Graugelb. Im. u. L an *Salix* u. *Populus*. 9–11 mm. VI–X. 2 Arten der Gattung *Aphrophora* GERMAR:

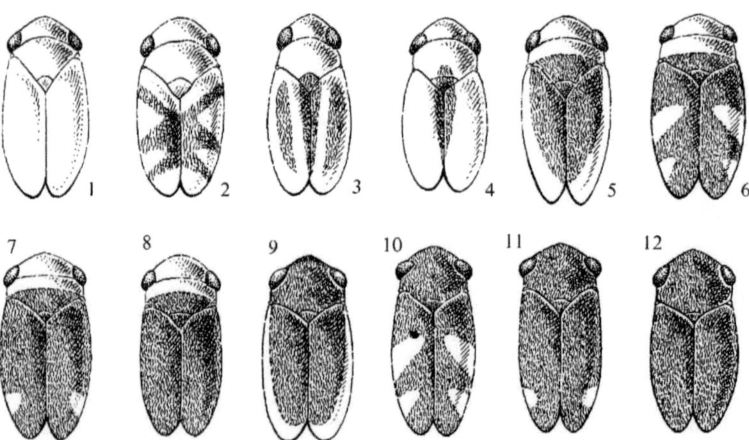

Abb. 270/1–12. Genetischer Polymorphismus bei *Philaenus spumarius* (12 Farbvarianten): **1** *populi;* **2** *typica;* **3** *trilineata;* **4** *vittata;* **5** *marginella;* **6** *flavicollis;* **7** *gibba;* **8** *leucocephala;* **9** *lateralis;* **10** *quadrimaculata;* **11** *albomarginata;* **12** *leucophthalmus.*

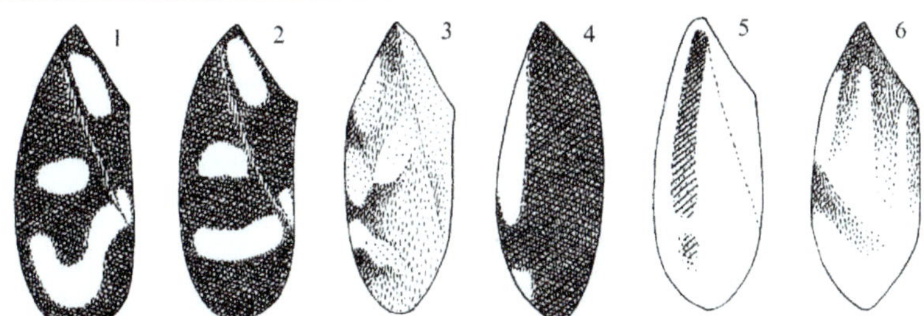

Abb. 271/1–6. VFl von Cercopiden. **1** *Cercopis vulnerata;* **2** *C. sanguinolenta;* **3** *Neophilaenus campestris;* **4** *N. exclamationis;* **5** *N. minor* u. *N. lineatus;* **6** *N. albipennis.*

a) Sattelzeichnung angedeutet. VFl daher schwach gefleckt. *Aphrophora pectoralis* Matsumura

b) Sattelzeichnung ± fehlend, VFl nahezu ungefleckt. *Aphrophora salicina* (Goeze)

6 VFl graubraun, grob heller gefleckt. An Laubgehölzen. L (mit blassrotem Hlb) an Kräutern. 6–9 mm. V–X. *Aphrophora alni* (Fallén)

6* VFl rostbraun, feinfleckig marmoriert. An Koniferen, bes. *Pinus* u. *Abies*; L (mit dunkelrotem Hlb) an *Vaccinium myrtillus*. 8–11 mm. VI–X. *A. corticea* Germar

7 **(4)** Scheitel stumpfwinklig. G. gedrungen bis länglich oval. In ca. 12–15 Farbvarianten (Abb. **270**/1–12). Im. u. L an Kräutern. 5–6 mm. V–XI. *Philaenus spumarius* (L.)

7* Scheitel recht- bis spitzwinklig. G. schlank, ± parallelseitig. (Gattung *Neophilaenus* Haupt, 6 Arten) **8**

8 VFlGrundfärbung heller od. dunkler braun **9**

8* VFlGrundfärbung fahlgelb, strohfarben, ocker **10**

9 VFl ± verwischt grobfleckig auf heller gelb- od. dunkler rötlich-braunem Grund (Abb. **271**/3). In trockenen Rasen. 5–6 mm. V–IX. *Neophilaenus campestris* (Fallén)

9* VFl mit hellem Randwisch u. EFleck (wie ein Ausrufungszeichen!) auf dunkelbraunem Grund (Abb. **271**/4). An Gräsern lichter Nadelw. 3,5–5 mm. VI–X. *N. exclamationis* (Thunberg)

10 **(8)** VFl mit auffälliger dunkler Schrägbinde im weißlichen Spitzenteil (Abb. **271**/6). Wiesenbewohner. 4,5–6,5 mm. VI–X. *N. albipennis* (F.)

10* VFl mit dunklem Längsstrich (u. Punkt) parallel zum VRande (Abb. **271**/5) **11**

11 4–5 mm. In Sandtrockenrasen, bes. an *Corynephorus canescens*. V–X. *N. minor* (Kirschbaum)

11* 5–7 mm. In Feuchtwiesen u. -wäldern. VI–XI. *N. lineatus* (L.)

Familie ***Cicadellidae [Jassidae]* – Zwergzikaden**

Einschließlich der oben behandelten sehr artenarmen Unterfamilien der *Ledrinae* (1), *Ulopinae* (3) u. *Megophthalminae* (2) (S. 265) sowie der noch gesondert zu behandelnden großen Unterfamilie der *Typhlocybinae* (S. 279) mit 453 Arten in DE bzw. 638 Arten in MEur die bei weitem umfangreichste Familie der mitteleur Zikaden. K meist ± abgerundet, mit großem, aber kaum blasig aufgetriebenem Clypeus, der – mit der Stirn verschmolzen – oft auf den Scheitel übergreift (Abb. **263**/12; **264**/6). Hsch breit, ± schildförmig. HTibien auffallend lg, ihre Kanten mit ± dichten Dornenreihen besetzt. Gestört lebhaft springend. Eier in PflGewebe versenkt. Vorwiegend Laub-, Kraut- u. Grasbewohner.

1 KOS (im Profil) vorn deutlich schaufelartig aufgebogen (Abb. **272**/1) **2**

1* KOS (im Profil) vorn eben (horizontal) (Abb. **272**/2) od. abwärts gewölbt (Abb. **272**/3) **9**

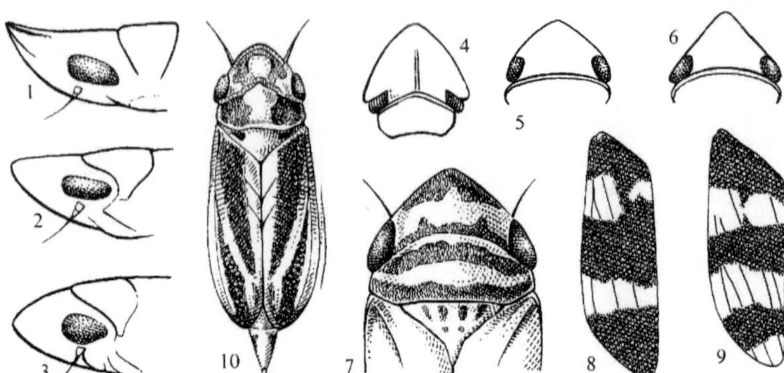

Abb. 272/1–10. *Cicadellidae* (*Jassidae*). **1** KOS schaufelartig, ± aufgebogen; **2** KOS horizontal; **3** KOS abwärts gewölbt; **4** K von *Eupelix cuspidata;* **5** KS konvex: *Doratura, Aphrodes;* **6** KS gerade: *Platymetopius;* **7** *Aphrodes bicincta* u. *A. makarovi,* ♂, VKörper; **8** *Planaphrodes bifasciata* u. *P. nigrita,* ♂, VFl; **9** *P. trifasciata,* ♂, VFl; **10** *Evacanthus interruptus.*

2 K (von oben) viel breiter als Hsch, auffallend spatenförmig (Abb. **272**/4). In trockenen, s in feuchten Rasen. 5–9 mm. VII (La/Im.)–VI. *Eupelix cuspidata* (F.)

2* K (von oben) kaum breiter als Hsch, nicht spatenförmig **3**

3 SRänder des Scheitels gerade (Abb. **272**/6). K zugespitzt, dreieckig. VFl median mit rotbraunem Zackenband. In Halbtrockenrasen. 5–7 mm. VI–X. 3 Arten.
Gattung *Platymetopius* BURMEISTER

3* SRänder des Scheitels ± konvex gebogen (Abb. **272**/5) **4**

4 Scheitelrand vorn mit 3 dunklen Punkten. Hell gelblich-graugrün mit Perlmutterglanz. VFl meist sehr verkürzt, ± quadratisch. ♀ hinten zugespitzt mit lg Legesäbel, 3,5–6 mm. ♂ hinten kurz gerundet, 3–4 mm. Meist in trockenen Rasen. VI–X. 6 Arten.
Gattung *Doratura* J. SAHLBERG

4* Scheitelrand vorn ohne Punkte **5**

5 Hsch mit hellem, ± gezacktem Querband **7**

5* Hsch ohne helles Querband **6**

6 Über 6 mm. Farbe hell ocker od. grünlich bis dunkelbraun u. fast schwarz, ± fein gestrichelt od. gefleckt. 6–8 mm. VI–XI. Gattung *Aphrodes* CURTIS. 4 Arten. Z. B.
♀♀ von *Aphrodes bicincta* (SCHRANK) u. *A. makarovi* ZACHVATKIN

6* Unter 6 mm. ♀♀ von Arten der Gattung *Planaphrodes* HAMILTON

7 **(5)** Scheitel u. Hsch mit hellem Querstreifen (Abb. **272**/7). VFl ± deutlich längsstreifig. 4,5–6,5 mm. VI–XI.
♂♂ von *Aphrodes bicincta* (SCHRANK) u. *A. makarovi* ZACHVATKIN

7* Scheitel ohne hellen Querstreifen, völlig dunkel. VFl mit 2 hellen Querbinden . . . **8**

8 VFlE milchweiß wie die 2 Querbinden der VFl (Abb. **272**/9). In montanen Wiesen. 3,5–4 mm. VI–XI. *Planaphrodes trifasciata* (FOURCROY) ♂

8* VFlE dunkel (Abb. **272**/8). 3,5–4,5 mm:
– In Wiesen. VI–IX. *P. bifasciata* (L.)
– In feuchten Waldwiesen, bes. im Bergland. VI–X. *P. nigrita* (KIRSCHBAUM)

9 **(1)** K (im Profil) oben flach, unterseits aufgebogen, dadurch vorn ± stumpf-kantig **10**

9* K (im Profil) ober- u. unterseits gewölbt od. abgeschrägt, dadurch vorn im ganzen abgerundet **37**

10 KOS durch Kanten u. flache Vertiefungen uneben (Abb. **272**/10). Gattung *Evacanthus* LE PELETIER et SERVILLE:
a) Grundfarbe goldgelb, mit kräftigen schwarzen Längsstreifen (Abb. **272**/10). Auf frischen, staudenreichen Wiesen. 5–7 mm. VI–IX. *Evacanthus interruptus* (L.)

b) Grundfarbe graugelb. VFl mit verwaschenen braunen Flecken zw den helleren Adern. An Kräutern, Stauden u. Büschen. 5–6,5 mm. VI–IX. *E. acuminatus* (F.)

10* KOS weitgehend eben, ohne Kiele od. Gruben **11**

11 OS ± grünlich (blassgrün, gelbgrün, malachitgrün, blaugrün od. grün mit braunorangenen Streifen) **12**

11* OS gelblich-graubraun bis dunkelbraun, nie grünstichig **21**

12 VFl grün mit je zwei braunorangenen Längsstreifen. Sch ebenfalls braunorange. K mit schwarzer VKante. An *Rhododendron*. Aus NAm in den 30er Jahren in Südengland und in den 60er Jahren auf dem eur Festland eingeschleppt. Ca. 8,5 mm. VII–IX. *Graphocephala fennahi* Young

12* VFl ohne braunorangene Längsstreifen **13**

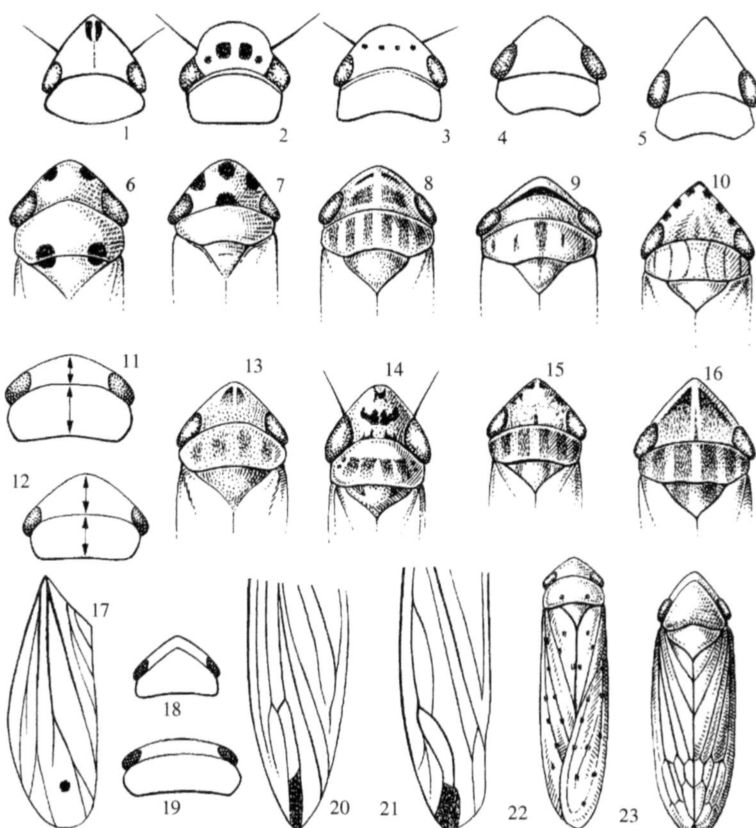

Abb. 273/1–23. 1 *Arthaldeus*: Scheitelspitze mit 2 Strichen; **2** *Cicadella viridis*: Scheitel mit Punkten; **3** *Graphocraerus ventralis*: Scheitel mit Punkten; **4** Scheitel breit dreieckig; **5** Scheitel spitz dreieckig; **6** *Macrosteles septemnotatus*; **7** *Rhopalopyx preyssleri* u. *R. adumbrata*; **8** *Mocydia crocea*, KOS; **9** *Paramesus obtusifrons*; **10** *Recilia coronifer*; **11** Scheitel < Hsch; **12** Scheitel ≧ Hsch; **13** *Turrutus socialis*; **14** *Adarrus multinotatus*; **15** *Psammotettix*; **16** *Diplocolenus bohemani*; **17** *Arocephalus punctum*, linker VFl; **18** Scheitel winklig; **19** Scheitel flach gebogen; **20** *Mocydia crocea*, linke VFlSpitze; **21** *Mocydiopsis*, linke VFlSpitze; **22** *Balclutha punctata*; **23** Vertreter der *Macropsinae*.

13 Scheitel mit schwarzen Punkten od. Strichen (Abb. **273**/1–3) **14**
13* Scheitel ohne schwarze Abzeichen **17**
14 Scheitelfläche mit einigen schwarzen Punktflecken (Abb. **273**/2–3) **15**
14* Scheitelspitze mit 2 kleinen schwarzen Strichen (Abb. **273**/1). (Gattung *Arthaldeus* RIBAUT) **16**
15 Scheitel mit 2 großen eckigen Flecken in der M u. 2 kleinen Punkten in Randnähe (Abb. **273**/2). (Gattung *Cicadella* mit 2 Arten.) Häufig: ♂ dunkel blaugrün bis schwarzviolett, 7 mm. ♀ malachitgrün, 8–9 mm. In Feuchtwiesen, u. a. an *Juncus* u. *Scirpus*. VI–XI. *Cicadella viridis* (L.)
15* Scheitel mit 4 kleinen Punkten in einer Querreihe (Abb. **273**/3). OS gelbgrün. G. etwas gedrungen. 5–6 mm. V–IX. *Graphocraerus ventralis* (FALLÉN)
16 **(14)** Stirn dunkel mit hellem Längsstrich:
a) OS mehr gelbgrün. In trockenen bis feuchten Wiesen. Kleiner, 3,1–3,7 mm. VI–XI. *Arthaldeus striifrons* (KIRSCHBAUM).
b) OS fahl strohgelblich. An *Calamagrostis epigejos*. Größer, 3,75–4,4 mm. VI–IX. *Arthaldeus arenarius* REMANE.
16* Stirn ohne hellen Längsstrich. OS strohgelb bis hell grünlich. Häufig in Wiesen. 3–3,5 mm. VI–X. *Arthaldeus pascuellus* (FALLÉN)
17 **(13)** B auffällig rötlich-gelb. Fl gelbgrün, distal dunkelgrau. In trockenen Rasen, *Calluna*-Heiden. 2,5–3 mm. V–XII. (Eine Typhlocybine!). *Erythria aureola* (FALLÉN)
17* B nicht auffällig rötlich-gelb **18**
18 VFl bleich graugrün bis bläulich-grün, ± glasig. In Trockenrasen. 3–3,5 mm.V–XI. *Rhopalopyx vitripennis* (FLOR)
18* VFl gelbgrün **19**
19 US bis auf den Stirnrand völlig schwarz. OS gelbgrün. Häufig in Wiesen. 4–4,5 mm. V–X. *Verdanus abdominalis* (F.)
19* US nicht schwarz **20**
20 VFl überragen HlbE. OS fahl gelbgrünlich. In montanen Trockenrasen. 2,7–3,5 mm. An *Briza media*. V–XI. *Psammotettix cephalotes* (HERRICH-SCHÄFFER)
20* VFl lassen letzte HlbSgm unbedeckt. OS laubgrün. In krautreichen (Kalk-) Trockenrasen. 3,5–4,5 mm. V–X. *Mocuellus collinus* (BOHEMAN)
21 **(11)** Scheitel breit dreieckig, breiter als lg. KSKanten schwach konvex gebogen (Abb. **273**/4) **22**
21* Scheitel spitz dreieckig, mindestens so lg wie breit. KSKanten gerade (Abb. **273**/5) **29**
22 Scheitel mit deutlichen dunklen Punkten, Strichen od. Streifen **23**
22* Scheitel höchstens ± bräunlich marmoriert. Fl mit milchweißen Flecken. In feuchten (Wald-) Wiesen. 3–4,5 mm. VI–XI. *Anoscopus albifrons* (L.)
23 Scheitel mit dunklen Punkten (Abb. **273**/6–7) **24**
23* Scheitel mit dunklem Bogenstrich parallel zum VRand (Abb. **273**/9) **25**
24 Scheitel mit 2 dunklen Punkten am VRand (Abb. **273**/6). An *Filipendula ulmaria*. 3–4 mm. VI–X. *Macrosteles septemnotatus* (FALLÉN)
24* Scheitel mit 4 (kreuzweise gestellten) Punkten (2 median u. 2 lateral) (Abb. **273**/7). 3,5–4 mm. VI–IX.
a) Trockenes bis feuchtes Grasland. *Rhopalopyx preyssleri* (HERRICH-SCHÄFFER)
b) Trockenes Grasland, Heiden. *R. adumbrata* (SAHLBERG)
25 **(23)** Bogenstrich am Scheitelrand kräftig, geschlossen (Abb. **273**/9) **26**
25* Bogenstrich am Scheitelrand schmal, mitten unterbrochen (Abb. **273**/8). Hsch mit blass orangegelben Längsstreifen **28**
26 Gesamtfärbung bleich ockergelb **27**
26* Gesamtfärbung braun. VFlAdern hell, dunkel gesäumt. An *Bolboschoenus maritimus, Phragmites* u. a., halophil. 5–7 mm. VII–X (Abb. **273**/9). *Paramesus obtusifrons* (STÅL)
27 G. gedrungen. VFl überragen Hlb nicht. In Sandtrockenrasen. 5 mm. VI–X. *Artianus interstitialis* (GERMAR)
27* G. schlank. K u. Hsch blass orangegelb gefleckt. Fl silberfleckig, SpitzenZ mit dunklem Punkt. An *Phragmites* in Feuchtwiesen. 4–5 mm. VII–IX. *Paralimnus phragmitis* (BOHEMAN)

28 **(25)** VFlE zugespitzt (Abb. **273**/20). SubapikalZ spindelförmig, gerade. 4,5–5,5 mm. VII (Im.)–VI. *Mocydia crocea* (HERRICH-SCHÄFFER)

28* VFlE gerundet (Abb. **273**/21). SubapikalZ bohnenförmig gebogen. 4–5 mm. VII (Im.)–VI. 5 Arten. Gattung *Mocydiopsis* RIBAUT

29 **(21)** Im ETeil der weißlich-gelben VFl ein kleiner dunkler Punkt (Abb. **273**/17). In Sandtrockenrasen. 2,5–3 mm. VI–X. *Arocephalus punctum* (FLOR)

29* Im ETeil der VFl kein auffälliger Punkt **30**

30 Scheitelzeichnung scharf dunkelbraun bis schwarz **31**

30* Scheitelzeichnung ± unscharf, orange bis hellbraun **34**

31 Dunkle Scheitelzeichnung nur am VRande (Abb. **273**/10, 13) **32**

31* Dunkle Scheitelzeichnung auf der ganzen Fläche, an der Spitze u. am HRand mit kleinen schwarzen Zackenflecken, in der M mit einem Paar größerer (oft median verschmolzener) Zackenbänder mit seitlichen Haken (Abb. **273**/14) **33**

32 Scheitel mit gezackter schwarzer Randbinde, die diademartig 3 helle Punkte umgreift (Abb. **273**/10). In feuchten Sandrasen, auch lichter Wälder. 3–3,8 mm. VII–X. *Recilia coronifer* (MARSHALL)

32* An der Scheitelspitze 2 kleine braune Dreiecke (evtl. zu Strichen reduziert) (Abb. **273**/13). G. gedrungen. Häufig in Halbtrockenrasen. 3–3,5 mm. V–X. *Turrutus socialis* (FLOR)

33 **(31)** Grundfärbung fahl milchweiß bis strohgelb. Dunkle Scheitelzeichnung daher stark hervortretend (Abb. **273**/14). In Halbtrockenrasen an *Brachypodium*. 2,7–3,3 mm. V–XI. *Adarrus multinotatus* (BOHEMAN)

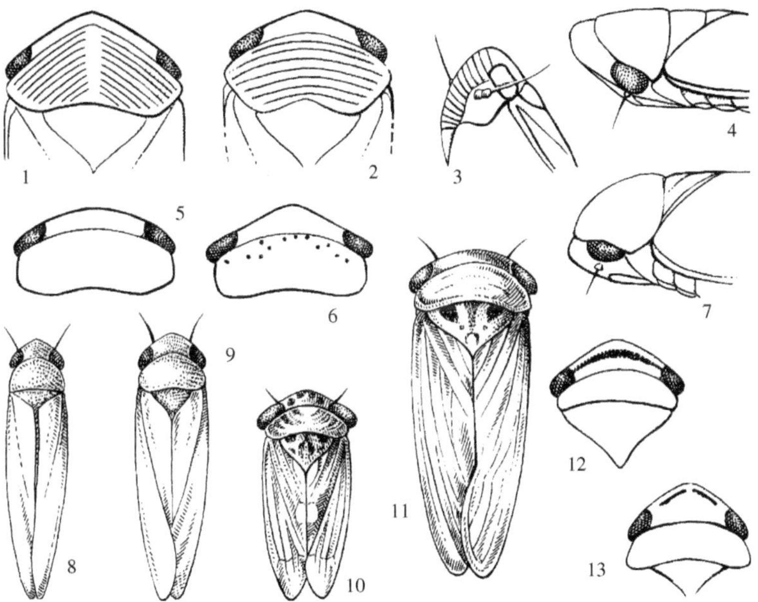

Abb. 275/1–13. 1 K u. Hsch von *Macropsis* bzw. *Pediopsis*; **2** K u. Hsch von *Oncopsis*; **3** *Goniagnathus brevis*; **4** VKörper von *Idiocerinae*; **5** *Jassus lanio*; **6** *Jassus scutellaris*; **7** VKörper von *Jassus*; **8** Habitus der *Typhlocybinae*; **9** Habitus der übrigen *Cicadellidae*; **10** *Balcanocerus larvatus*; **11** *Idiocerus*, z. B. *I. populi*; **12** *Athysanus argentarius*; **13** *Speudotettix subfusculus*.

33* Grundfärbung rotbraun. Dunkle Scheitelzeichnung daher weniger scharf hervortretend, oft etwas reduziert. VFlZ ± dunkel gerandet. In Halbtrockenrasen. 2,7–3,5 mm. V–XI. *Jassargus obtusivalvis* (Kirschbaum)

34 **(30)** Scheitelzeichnung braun od. orange, ± deutlich **35**

34* Scheitelzeichnung blass hellbraun, verschwommen od. erloschen (Abb. **273**/15). Gesamtfärbung graugelb. FlZ s etwas dunkler. 3–4 mm. 19 schwer unterscheidbare Arten. Gattung *Psammotettix* Haupt

35 Grundfärbung blass strohgelblich-braun. G. gedrungen. Scheitel mit 2 breiten hellbraunen Längsbändern auf hellem Grund (Abb. **273**/16). FlZ nur s mit schmalen dunklen Säumen. In Halbtrockenrasen. 4–5 mm. V–IX. *Diplocolenus bohemani* (Zetterstedt)

35* Grundfärbung kräftig braun. G. schlank. VFlZ bes. an FlSpitze breit dunkelbraun gerahmt od. gefüllt. 3–4 mm **36**

36 Scheitel, Hsch u. Scutum auf hellgelbem Grund orangerot gefleckt, zu VFl auffallend kontrastierend, da deren Z (meist) stark verdunkelt sind. Häufig in frischen u. feuchten Wiesen. V–X. *Errastunus ocellaris* (Fallén)

36* Scheitel, Hsch u. Scutum auf gelbbraunem Grund rotbraun gefleckt, zu den meist nicht verdunkelten VFlZ aber kaum kontrastierend. 7 Arten. Gattung *Jassargus* Zachvatkin. Z. B.:

a) In anmoorigen Wiesen mit *Molinia* häufig. VI–IX. *Jassargus sursumflexus* (Then)

b) In trockenen Rasen saurer Böden, z. B. in lichten Kiefernwäldern mit *Calamagrostis epigejos*. VI–X. *J. flori* (Fieber)

37 **(9)** Scheitel viel kürzer als Hsch, ± bandförmig, in der M kaum länger als seitlich (Abb. **273**/11, 22–23) **38**

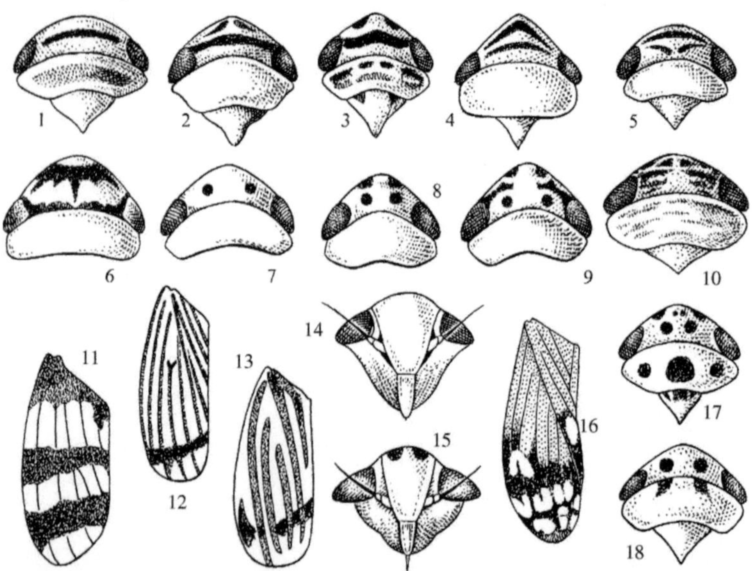

Abb. 276/1–18. **1** *Athysanus quadrum*; **2** *Limotettix striola*; **3** *Ophiola transversa*; **4** *Macustus grisescens*; **5** *Grypotes puncticollis*; **6** *Anoscopus serratulae*; **7** *Sagatus punctifrons*; **8** *Cicadula quadrinotata*; **9** *Macrosteles sexnotatus*; **10** *Allygus* u. *Euscelinae*; **11** *Anoscopus serratulae*, linker VFl; **12** *A. histrionicus*, linker VFl; **13** *A. flavostriatus*, linker VFl; **14** *Elymana sulphurella*, K von vorn; **15** *Idiodonus cruentatus*, K von vorn; **16** *Neoaliturus fenestratus*, linker VFl; **17** *Stictocoris picturatus*; **18** *Agallia* u. *Anaceratagallia*.

37* Scheitel so lg od. nur wenig kürzer als Hsch, ± dreieckig, in der M länger als seitlich (Abb. **273**/12) **46**
38 Scheitel gewinkelt (Abb. **273**/18, 23) **39**
38* Scheitel schwach gebogen (nicht gewinkelt) (Abb. **273**/19) **42**
39 G. sehr schlank. (Gattung *Balclutha* KIRKALDY, 5 Arten in DE). Häufigste Art: VFl punktiert (Abb. **273**/22). Grundfärbung rosa, bräunlich od. grünlich. Im Gras lichter Wälder. 3,5–4 mm. VII (Im.)–VII. *Balclutha punctata* (F.)
39* G. robust, käferartig. K ± keilförmig (Abb. **273**/23). VFl ohne Punkte (Unterfamilie *Macropsinae*) **40**
40 HschOFläche winkelig gefurcht (Abb. **275**/1) **41**
40* HschOFläche flach bogig gefurcht (Abb. **275**/2). Auf *Betula, Carpinus* od. *Alnus.* 5–6 mm. 7 Arten. Gattung *Oncopsis* BURMEISTER
41 Hsch kapuzenartig hochgewölbt, den Scheitel von oben weitgehend überdeckend. An *Tilia.* 5–6 mm. VI–IX. *Pediopsis tiliae* (GERMAR)
41* Hsch flach gewölbt, verdeckt den Scheitel von oben nicht. An Laubgehölzen. 4–5,5 mm. 23 Arten. Gattung *Macropsis* LEWIS
42 **(38)** Hsch stark gewölbt (Abb. **275**/7). (Gattung *Jassus* F.) **43**
42* Hsch kaum gewölbt (Abb. **275**/4). (Unterfamilie *Idiocerinae*) **44**
43 Scheitel in der M etwas länger als an den S (Abb. **275**/6). Scheitel, Hsch u. Scutum grün, nur bei var. *purpurata* blutrot. Fl hellgrün. An *Ulmus.* 6–7,5 mm. VI–X. *Jassus scutellaris* (FIEBER)
43* Scheitel in der MLinie nicht länger als an den S (Abb. **275**/5). Scheitel, Hsch u. Scutum ± fleckig braun. VFl grünlich od. bräunlich. An *Quercus.* 7–8,5 mm. VI–IX. *Jassus lanio* (L.)
44 **(42)** 4–4,5 mm. G. gedrungen (Abb. **275**/10). Dunkel- bis schwarzbraun. Fl mit einzelnen milchweißen Flecken. An *Prunus spinosa* u. *Crataegus.* VI–X. *Balcanocerus larvatus* (HERRICH-SCHÄFFER)
44* Über 4,5 mm. G. schlank, ± keilförmig (Abb. **275**/11). Fl meist hell, höchstens dunkler geadert **45**
45 K u. Hsch derb quer gerunzelt. ♂ grau, FlAdern stellenweise schwarzbraun. ♀ gleichmäßig braun. An *Populus nigra* (auch var. *italica*). 5,5–7,5 mm. VI (Im.)–VI. *Rhytidodus decimusquartus* (SCHRANK)
45* K u. Hsch nicht auffällig quer gerunzelt. Auf *Populus, Salix* u. *Acer.* 5–7 mm. Ca. 22 Arten in mehreren Gattungen, z. B. Gattung *Idiocerus* LEWIS. Z. B.: Gelbgrün mit 2 schwarzen Dreiecken (seitlich) auf dem Scutum (Abb. **275**/11). Auf *Populus tremula* häufig. VI–X. *Idiocerus populi* (L.)
46 **(37)** G. sehr schlank u. lggestreckt, zart (Abb. **275**/8). Oft lebhaft bunt gefärbt. Unterfamilie *Typhlocybinae* S. 279
46* G. schlank (aber nicht schmal) (Abb. **275**/9) bis gedrungen kräftig. ± einfarbig, s bunt. Nur Scheitel oft mit dunkler Zeichnung **47**
47 Scheitel scharf (dunkel) gezeichnet **48**
47* Scheitel ungezeichnet **65**
48 Scheitelzeichnung strich- od. bandförmig **49**
48* Scheitelzeichnung punkt-, flecken- od. strichelförmig **58**
49 Scheitelband gerade od. schwach gebogen, glatt (Abb. **275**/12–13; **276**/1–3) . . . **50**
49* Scheitelband ± gewinkelt, geknickt, unterbrochen od. gezackt (Abb. **276**/4–6) . . **54**
50 Scheitelband deutlich gebogen (Abb. **275**/12–13) **51**
50* Scheitelband fast gerade (Abb. **276**/1–3) **52**
51 Dunkles Scheitelband gleichmäßig flach gebogen, erreicht beiderseits die Au (Abb. **275**/12). OS bleich graugelb, zart längsgestreift. In Frischwiesen. 7–8 mm. V–XI. *Athysanus argentarius* METCALF
51* Dunkles Scheitelband strichförmig, etwas winkelig gebogen, in der M meist unterbrochen, erreicht die Au nicht (Abb. **275**/13). OS schokoladenbraun. Häufig an Bodenvegetation lichter Laub- (Eichen-) Wälder. 5–6 mm. VI–IX. *Speudotettix subfusculus* (FALLÉN)

52 **(50)** G. gedrungen plump. 4,5–5,5 mm. Dunkle Scheitelbinde erreicht die Au nicht (Abb. **276**/1). Grobfleckig dunkelbraun. Stirn braun. In flachmoorigen Wiesen. VII–IX. *Athysanus quadrum* BOHEMAN

52* G. schlank. Bis 5 mm. Schwarzes Scheitelband erreicht die vorderen Ecken der Au. Stirnrand schwarz gezeichnet (Abb. **276**/3) **53**

53 Hsch hell grüngelb, sein VRand höchstens mit vereinzelten dunklen Punkten. Schwarzes Scheitelband nur durch schmalen hellen Querstreifen von schwarzem Stirnband getrennt (Abb. **276**/2). In Feuchtwiesen. 4–5 mm. VI–X. *Limotettix striola* (FALLÉN)

53* Hsch gelbbraun, sein VRand unregelmäßig geschwärzt. Schwarzes Scheitelband durch flach dreieckiges helles Querfeld von der schwarzgefleckten Stirn getrennt (Abb. **276**/3). In Steppenrasen. 3–4 mm. VI–IX. *Ophiola transversa* (FALLÉN)

54 **(49)** Dunkles Scheitelband schmal, scharf nach vorn gewinkelt; ein zweites, weniger dunkles dahinter, schwach gebogen (Abb. **276**/4). In feuchten od. anmoorigen Wiesen. 4,5–5,5 mm. IV–IX. *Macustus grisescens* (ZETTERSTEDT)

54* Dunkles Scheitelband ± nach hinten eingebogen, oft verbreitert od. unscharf begrenzt od. ± aufgelöst (Abb. **276**/5–6) **55**

55 Scheitelband strichförmig, in der M unterbrochen (Abb. **276**/5). G. schlank, keilförmig, da K (mit Au) auffallend breiter als Br. Fahl gelblich braun. Auf *Pinus*. 4–5 mm. V–X. *Grypotes puncticollis* (HERRICH-SCHÄFFER)

55* Scheitelband ± gezackt, verbreitert, oft durch medianen Stiel mit dem dunkel gefleckten HRand verbunden (Abb. **276**/6) (evtl. stark verwaschen). G. gedrungen (Gattung *Anoscopus* KIRSCHBAUM, 7 Arten. ♂♂) **56**

56 VFl auf hellem (gelblichweißem) Grund mit 3 dunkelbraunen Querbändern (Abb. **276**/11). Hsch hellbraun, s unscharf dunkler gezeichnet. In frischen Wiesen. 3–4 mm. VI–XI. *Anoscopus serratulae* (F.)

56* VFl schräg längsgestreift (Abb. **276**/12–13). Hsch mit dunklem, vorn u. hinten hell gesäumtem Querband **57**

57 VFlZ weißlich-grau, Adern dunkelbraun. FlSpitze hell hinter dunkler Querbinde (Abb. **276**/12). G. schlank. In Wiesen. 3–4 mm. VI–XI. *A. histrionicus* (F.)

57* VFlZ dunkelbraun, Adern weißlich. Vor der FlSpitze keine dunkle Querbinde (Abb. **276**/13). G. gedrungen. In Feuchtwiesen häufig. 2,5–3,5 mm. VII–XI. *A. flavostriatus* (DONOVAN)

58 **(48)** Scheitelfarbe hell grünlich **59**

58* Scheitelfarbe bräunlich **61**

59 2 runde dunkle Scheitelflecke (Abb. **276**/7). Bleich grün. An *Salix*. 4–6 mm. VI–IX. *Sagatus punctifrons* (FALLÉN)

59* 4 od. 6 dunkle Scheitelflecke (Abb. **276**/8–9) **60**

60 4 runde, im Quadrat nahe der Scheitelspitze stehende dunkle Flecke (Abb. **276**/8). In Wiesen. 4–5 mm. VI–X. (Gattung *Cicadula* ZETTERSTEDT, 9 Arten in DE). Mit 7 Arten: *Cicadula quadrinotata* (F.)-Gruppe

60* 6 nur z. T. runde, z. T. gezackte dunkle Scheitelflecke (Abb. **276**/9). 3–4 mm. (Gattung *Macrosteles* FIEBER, 17 Arten in DE). Mit 8 Arten: *Macrosteles sexnotatus* (FALLÉN)-Gruppe

61 **(58)** Scheitel mit wenigen großen dunklen Punkten **62**

61* Scheitel mit ± zahlreichen kleinen Punkten od./u. ± verworrenen Stricheln (Abb. **276**/10) **64**

62 Hsch am VRande mit 2 dunklen Flecken (Abb. **276**/18) **63**

62* Hsch in der M mit 3 dunklen rundlichen Flecken in einer Querreihe; der mittlere viel größer (Abb. **276**/17). Strohgelb. VFl mit schwarzbraunen Längsstreifen. In Trockenrasen. 4–4,5 mm. V–X. *Stictororis picturatus* (SAHLBERG)

63 VFl erreichen od. überragen HlbE. Scheitel (mindestens) mit 2 großen, runden, schwarzen Punkten (Abb. **276**/18). In Trockenrasen. 2,5–3,5 mm.
Gattung *Anaceratagallia* ZACHVATKIN, 3 Arten, davon 2 häufiger:
Anaceratagallia venosa (GEOFFROY), VI–X;
A. ribauti (OSSIANNILSSON), VI (Im., bes. ♀♀)–VI.

63* VFl verkürzt, schräg gestutzt, nur die HlBasis deckend, dunkel fächerförmig gestreift. In Feuchtwiesen. 2,5–3,5 mm. VII–XII. *Agallia brachyptera* (Boheman)

64 **(61)** VFl mit milchweißen Queradern. 5–8 mm. Schlanke, aber robuste, grau- bis gelbbraune Arten. Auf u. unter Laubbäumen, bes. *Quercus* u. *Ulmus*. Gattungen *Allygus* Fieber (4 Arten) u. *Allygidius* Ribaut (3 Arten)

64* VFl ohne milchweiße Queradern. 3–5 mm. 12 gedrungene, schwer unterscheidbare Arten der Gattungen *Euscelis* Brulle (5), *Streptanus* Ribaut (5) u. *Euscelidius* Ribaut (2). Unterfamilie *Euscelinae*

65 **(47)** Scheitel ± (gelblich-)grün wie der ganze Körper **66**

65* Scheitel ± bräunlich, graubraun od. schwarz **67**

66 FGrube schwarz (Abb. **276**/14). Hell gelbgrün. In Wiesen häufig. 4–5,5 mm. VI–X. *Elymana sulphurella* (Zetterstedt)

66* FGrube hell. VKörper gelbgrün, oft rötlich gesprenkelt. In Wäldern an Kräutern, Gebüschen u. Laubbäumen. 5–7 mm. V–X. *Thamnotettix confinis* Zetterstedt

67 **(65)** Braun (bis gelbbraun) **68**

67* Grau(-braun) bis schwarz **70**

68 G. gedrungen eiförmig. Dunkel rotbraun (♀) bis schwarzbraun (♂). Wangenrand gelappt (Abb. **275**/3). In Trockenrasen. 4,5–5,5 mm. VIII (Im.)–VI. *Goniagnathus brevis* (Herrich-Schäffer)

68* G. gestreckt. Gelbbraun **69**

69 OS dicht blutrot gesprenkelt. Stirngipfel meist mit 2 schwarzen Punkten (Abb. **276**/15). In trockenwarmen Bergwiesen. 5–6 mm. VII–X. *Idiodonus cruentatus* (Panzer)

69* OS nicht blutrot gesprenkelt. Völlig gelbbraun (♀) bis braun (♂). VFl mit milchweißen Queradern. Nie dunkle Punkte auf der Stirn. Im Unterwuchs u. Rasen trockener Laubwälder. 5–7 mm. V–X. *Thamnotettix dilutior* (Kirschbaum)

70 **(67)** VFl dunkel braungrau bis schwarz mit runden glasigen Fensterflecken (Abb. **276**/16). In Trockenrasen. 3–4 mm. VI (Im.)–VI. *Neoaliturus fenestratus* (Herrich-Schäffer)

70* VFl dunkel graubraun bis schwärzlich ohne Glasflecke, oft etwas verkürzt; Z ± verdunkelt. In feuchten Wiesen, bes. auch im Geb. 2,2–3,2 mm. V–XI. *Deltocephalus pulicaris* (Fallén)

Unterfamilie ***Typhlocybinae***

Große, weitverbreitete Unterfamilie, oft ± monophag an Laubgehölzen. Relativ gut fliegend. Von etwa 158 Arten in DE (ca. 218 Arten in MEur) vorkommenden Arten nur typische Ausbildungen auffälliger u. häufiger Arten berücksichtigt!

1 Mit kräftigen schwarzen Punktflecken auf K u./od. Hsch **2**

1* Weder K noch Hsch mit scharf begrenzten Punktflecken **13**

2 VFl ± bräunlich längsstreifig **3**

2* VFl nicht gestreift, sondern mit dunkleren u. helleren Flecken ± dicht gescheckt-marmoriert **5**

3 Hsch mit 3(–5) großen schwarzen Punkten, der mittlere kommaförmig (Abb. **280**/1). Auf *Alnus*. 4–4,5 mm. VII–XI. *Eupterycyba jucunda* (Herrich-Schäffer)

3* Hsch ohne scharf begrenzte schwarze Flecke (Abb. **280**/2) **4**

4 Scheitel mit 3 schwarzen Punkten: 2 am V- u. einem am HRand (Abb. **280**/2). In trockenen Wiesen. 2,5–3 mm. V–X. *Eupteryx tenella* (Fallén)

4* Scheitel mit 2 schwarzen Punkten (Abb. **280**/12). Gattung *Arboridia* Zachvatkin mit 8 schwer unterscheidbaren Arten, häufigste Art: VFl glasig mit zarten bräunlichen Längsstreifen. In Trockenrasen. 2,5–3 mm. VI (Im.)–V. *Arboridia parvula* (Boheman)

5 **(2)** Scheitel (vorn) mit 2 (–4) kurzen dunkleren Schrägstrichen (Abb. **280**/7). G. gedrungen. Gesamtfärbung braun. In Bergwiesen. 3–3,5 mm. VII (Im.)–VII. *Erythria manderstjernii* (Kirschbaum)

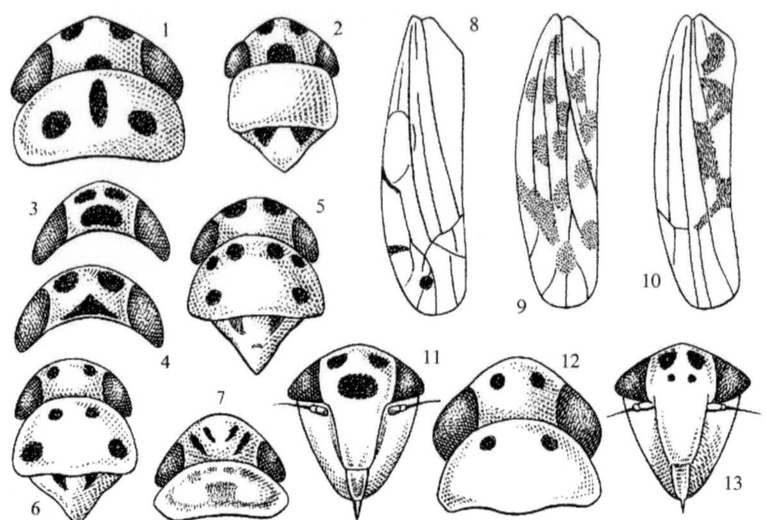

Abb. 280/1–13. 1 *Eupterycyba jucunda*; **2** *Eupteryx tenella*; **3** *E. stachydearum*; **4** *E. urticae*; **5** *Linnavuoriana decempunctata*; **6** *L. sexmaculata*; **7** *Erythria manderstjernii*; **8** *Eurhadina pulchella*, linker VFl; **9** *Typhlocyba quercus*, linker VFl; **10** *Zygina flammigera*-Gruppe, linker VFl; **11** *Eupteryx cyclops*; **12** *Arboridia parvula*; **13** *Eupteryx urticae*-Gruppe.

5* Scheitel mit 2–3 (braun-)schwarzen Punktflecken. G. schlank **6**

6 Scheitel mit 2 Punktflecken, aber ohne Nackenfleck **7**

6* Scheitel mit 2 Punktflecken (vorn) u. einem (oft dreieckigen) Nackenfleck. (Gattung *Eupteryx* CURTIS) **9**

7 Hsch ohne schwarze Punktflecke. VFl: Spitzen der Adern ± geschwärzt (Abb. **267**/6). Auf *Ulmus*. 3,5–4 mm. V–X. *Ribautiana ulmi* (L.)

7* Hsch mit schwarzen Punktflecken **8**

8 Hsch mit 4 schwarzen Punktflecken (Abb. **280**/6). An *Salix;* überw an Koniferen. 3,5–4 mm. VI (Im.)–VI. *Linnavuoriana sexmaculata* (HARDY)

8* Hsch mit 6 schwarzen Punktflecken (Abb. **280**/5). An *Betula* od. *Alnus*. 3,5–3,7 mm. VI (Im.)–VI. *L. decempunctata* (FALLÉN)

9 **(6)** Stirn oben mit schwarzen Punktflecken **10**

9* Stirn oben ohne schwarze Punktflecke **12**

10 Ein (unpaarer) schwarzer Punktfleck auf der Stirn (Abb. **280**/11). Hinterer Scheitelfleck spitz dreieckig (höher als breit), evtl. mit vorderen zu einem Y verschmolzen. An *Urtica dioica*. 3–3,7 mm. VI–XI. *Eupteryx cyclops* MATSUMURA

10* Ein Paar schwarzer Punktflecke auf der Stirn (Abb. **280**/13). Hinterer Scheitelfleck breiter als hoch. 3–4 mm. VI–XI. (*Eupteryx urticae* (F.)-Gruppe) **11**

11 An *Urtica*. Hinterer Scheitelfleck breit dreieckig (Abb. **280**/4). 3–4 mm. VI–XI. *E. urticae* (F.)

11* An *Stachys sylvatica, Lamium album* u. a. Labiaten. Hinterer Scheitelfleck breit oval (Abb. **280**/3). 2,8–3,6 mm. V–X. *E. stachydearum* (HARDY)

12 **(9)** Grundfärbung goldgelb bis orangegelb. An Kräutern feuchter Laubw. 3,5–4,3 mm. V–X. *E. aurata* (L.)

12* Grundfärbung fahl grünlichgelb. Polyphag an Kräutern, auch Kartoffeln, Rüben. 3,4–3,8 mm. V–XI. *E. atropunctata* (GOEZE)

13 **(1)** VFl rot (bis orange) gezeichnet od. gefleckt **14**

13* VFl nicht rot (od. orange) gezeichnet **20**
14 VFlSpitzenteil mit schwarzem Punkt (Abb. **280**/8). VK oben goldgelb. Bes. auf *Quercus.* 3,6–4,2 mm. VI–XI. *Eurhadina pulchella* (FALLÉN)
14* VFl ohne schwarzen Punkt **15**
15 VFl fast völlig rot(-braun) wie übrige OS. 3,5–4 mm. Auf *Fagus* u. a. Laubgehölzen. *Fagocyba cruenta* (HERRICH-SCHÄFFER)
15* VFl mit roten (-orange) Streifen od. Flecken **16**
16 VFl mit großen orange (-gelben) Punktflecken auf weißlich-gelbem Grund (Abb. **280**/9). Auf *Quercus, Carpinus, Malus* u. *Cerasus.* 3–3,5 mm. VI–X. *Typhlocyba quercus* (F.)
16* VFl mit roten (-orange) Streifen **17**
17 VFl mit blutrotem Zickzackstreifen auf gelblichweißem Grund (Abb. **280**/10). An Laubgehölzen polyphag. 3–3,5 mm. VII (Im.)–VI. *Zygina flammigera* (GEOFFROY)-Gruppe
17* VFl mit geraden (orangeroten) Streifen **18**
18 VFl mit einem orangeroten (etwas gezackten) Band am Innensaum **19**
18* VFl mit 3 orangeroten Längsbändern auf gelbweißem Grund. An *Quercus.* 3,5–4,5 mm. VI–X. *Alebra albostriella* (FALLÉN) ♀
19 K, Hsch u. Scutum mit rotbraunem Medianstreifen (fehlt bei ♂). Auf *Hypericum perforatum* in Halbtrockenrasen. 2–2,5 mm. V–X. *Zygina hyperici* (HERRICH-SCHÄFFER) ♀

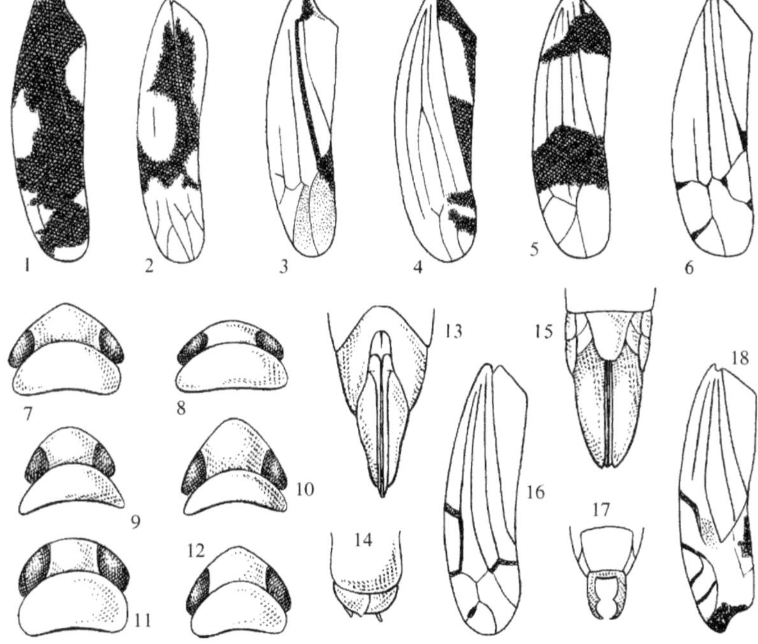

Abb. 281/1–18. 1 *Eupteryx notata*-Gruppe, linker VFl; **2** *Eurhadina loewii*, linker VFl; **3** *Edwardsiana geometrica*, linker VFl; **4** *E. gratiosa*; **5** *Typhlocyba bifasciata*; **6** *Ribautiana ulmi* u. *R. tenerrima*; **7** *Wagneripteryx germari*; **8** *Kybos smaragdula*-Gruppe; **9** *Empoasca vitis*; **10** *Dikraneura variata*; **11** *Alebra wahlbergi*; **12** *Alnetoidea alneti*; **13** *Notus flavipennis*, ♀, Legesäbel; **14** *N. flavipennis*, ♂, GenitalSgm; **15** *Forcipata*, ♀, Legesäbel; **16** *Eurhadina concinna*; **17** *Forcipata*, ♂, GenitalSgm; **18** *Aguriahana stellulata*.

19* K, Hsch u. Scutum mit orangeroter, z. T. geteilter Medianbinde. An *Calluna.* 2–2,5 mm. I–XII (Im.). *Z. rubrovittata* (LETHIERRY)
20 **(13)** VFl mit ± ausgedehnten dunkelbraunen od. schwarzen Flächen **21**
20* VFl ohne dunkle Flächen **27**
21 OS vorherrschend schwarz, nur KSpitze u. runder Medianfleck an der FlBasis gelblich (Abb. **281**/1) **22**
21* OS überwiegend hell, nur mit braunen Streifen od. Bändern **23**
22 2–2,5 mm. In Trockenrasen. V–X. *Eupteryx notata* CURTIS
22* 3–3,5 mm. In feuchten krautreichen Wiesen u. Gebüschen. V–XI. *E. vittata* (L.)
23 **(21)** VFl mit längs orientierten braunen Flecken **24**
23* VFl mit braunen Querbändern **26**
24 VFl: braunes Längsband hinten hakenförmig nach vorn gebogen, auf weißlichgrüngelblichem Grund (Abb. **281**/2). Auf *Acer pseudoplatanus.* 4–4,5 mm. VII–IX. *Eurhadina loewii* (THEN)
24* VFl mit braunem geradem Längsstreifen **25**
25 Jeder VFl mit lg braunem Schrägstreifen (zusammen ein V bildend) auf gelblichweißem Grund (Abb. **281**/3). Hsch ± braun. Auf *Alnus.* 4–4,5 mm. VI–XI. *Edwardsiana geometrica* (SCHRANK)
25* VFl: Clavus an Spitze u. Basis braun, sonst gelblichweiß (Abb. **281**/4). Auf *Alnus.* 3–4 mm. VII–X. *E. gratiosa* (BOHEMAN)
26 **(23)** VFl mit 2 braunen Querbändern (evtl. in ein sehr breites verschmolzen) auf hellgelbem Grund (Abb. **281**/5). Auf Laubgehölzen, vorwiegend auf *Carpinus betulus.* 3,5 mm. VII–X. *Typhlocyba bifasciata* BOHEMAN
26* VFl mit einem braunen Querband vor der Spitze auf gelbweißlichem Grund. Auf Laubbäumen, bes. *Acer pseudoplatanus.* 3,5–4,5 mm. VI–IX. *Alebra wahlbergi* (BOHEMAN)
27 **(20)** VFl grün (gelbgrün, laubgrün, blaugrün od. graugrün) **28**
27* VFl nicht grün **34**
28 2,5–3 mm **29**
28* Über 3 mm **30**
29 B gelb bis orangerot. VFl graugrün (♂) od. gelbgrün (♀). In Trockenrasen, *Calluna.* V–X. *Erythria aureola* (FALLÉN)
29* B grün wie die gesamte OS. Scheitel z. T. weißlich gefleckt. In trockenen Rasen, an *Artemisia* u. *Thymus.* V–X. *Chlorita paolii* (OSSIANNILSSON)-Gruppe
30 **(28)** 3–4 mm **32**
30* 4–4,8 mm **31**
31 Scheitel leicht gewinkelt, in der M etwas länger als seitlich (Abb. **281**/7). VFl blass graugrün. An *Pinus.* VI–XI. *Wagneripteryx germari* (ZETTERSTEDT)
31* Scheitel flach gebogen, in der M nicht länger als seitlich (Abb. **281**/8). VFl glasig laubgrün, innen bräunlich gerandet. An Laubgehölzen, bes. *Salix, Populus, Alnus.* VI–X. *Kybos smaragdula* (FALLÉN)-Gruppe
32 **(30)** Scheitel gerundet (Abb. **281**/9). Grasgrün. VFl mit farblosem Längsstreifen. Polyphag an Kräutern, häufig an Kartoffeln, Rüben. VI (Im.)–V. *Empoasca vitis* (GÖTHE)
32* Scheitel in der M ± vorgezogen (Abb. **281**/10). Gelbgrün bis graugrün **33**
33 Blass graugrünlich. Scheitel deutlich winkelig. K (u. Hsch) mit weißlicher Medianlinie. In trockenen Rasen u. lichten Kiefernwäldern. 3–4 mm. I–XII. *Dikraneura variata* HARDY
33* Fahl gelbgrün. Scheitel flach vorgewölbt. K (u. Hsch) ohne helleren Dorsalstreifen. In Halbtrockenrasen. 3,5–4 mm. V–XI, s (Im.). *Emelyanoviana mollicula* (BOHEMAN)
34 **(27)** Milchweiß od. gelblichweiß **35**
34* Goldgelb **38**
35 Perlweiß. VFlE dunkelbraun gezeichnet, mit bogig vorspringender VEcke (Abb. **281**/18). Auf Laubgehölzen, z. B. auf *Tilia.* 4–4,5 mm. VI–X. *Aguriahana stellulata* (BURMEISTER)
35* Gelblichweiß. VFlE normal gerundet, höchstens die AderE gebräunt **36**

36 VFl: AderE im Spitzenteil ± schwarzbraun gezeichnet (Abb. **281**/16) **37**
36* VFl: AderE nicht so gezeichnet. .... **a)**
a) Sch nicht gefleckt. An Gehölzen. 3–4 mm. V–XI. Gattung *Edwardsiana*. 31 Arten.
Z. B. an *Rosa*: *E. rosae* (L.)
a*) Sch gefleckt: 2 Dreiecke vorn und Spitze (hinten) dunkel. 2,5 – 3,5 mm. An Gräsern. Gattung *Zyginidia* mit 5 Arten. Häufigste Art: Nach 1990 in DE stark ausgebreitet, erzeugt an Mais Saugschäden. *Zyginidia scutellaris* (HERRICH-SCHÄFFER)
37 3,5–4 mm (Abb. **281**/10). An *Quercus, Fagus* u. a. Laubgehölzen. VI–IX.
Eurhadina concinna (GERMAR)
37* 2,7–3,5 mm (Abb. **281**/6). An *Rubus* (aber auch an anderen Sträuchern). V–X, gelegentlich (Im.). *Ribautiana tenerrima* (HERRICH-SCHÄFFER)
38 **(34)** VFl im ETeil mit schwarzem Punkt (Abb. **280**/8). OS goldgelb. Bes. auf *Quercus*. 3,6–4,2 mm. VI–XI. *Eurhadina pulchella* (FALLÉN)
38* VFl ohne schwarzen Punkt **39**
39 VFl ± leuchtend gelb. G. sehr schlank. In Feuchtwiesen **40**
39* VFl bleich gelb. G. nicht überschlank. Auf Laubbäumen **41**
40 Kräftig zitronengelb. 4 mm. ♀ Genitalklappe deckt Legesäbelbasis nicht (Abb. **281**/13). ♂ GenitalSgm ohne abstehende Zangen (Abb. **281**/14). In Flachmooren. VI–XI. *Notus flavipennis* (ZETTERSTEDT)
40* Goldgelb. 3–4 mm. ♀ Genitalklappe bedeckt Legesäbelbasis (Abb. **281**/15). ♂ GenitalSgm am E zangenförmig (Abb. **281**/17). In flachmoorigen Wiesen. VI–IX. 2 Arten.
Gattung *Forcipata* DE LONG u. CALDWELL
41 **(39)** Scheitel gleichmäßig flach gebogen, in der M u. seitlich gleich lg (Abb. **281**/11). An *Acer pseudoplatanus* u. a. Laubgehölzen. 3,6–4,2 mm. VI–IX.
Alebra wahlbergi (BOHEMAN)
41* Scheitel in der M vorgezogen, länger als an den S (Abb. **281**/12). Polyphag an Laubbäumen, bevorzugt an *Alnus* u. *Carpinus betulus*. 3,5–4,5 mm. V–X.
Alnetoidea alneti (DAHLBOM)

Literatur

BIEDERMANN, R. & NIEDRINGHAUS, R. (2004): Die Zikaden Deutschlands – Bestimmungstabellen für alle Arten. – Scheeßel. 409 S.

GIUSTINA, W. DELLA (1989): Homoptères Cicadellidae. Vol. 3. – In: Faune de France 73, 1–350. Paris.

HOLZINGER, W. E., KAMMERLANDER, J. & NICKEL, H. (2003): Die Zikaden Mitteleuropas. Vol. 1: Fulgoromorpha, Cicadomorpha excl. Cicadellidae. – Leiden – Boston. 673 S.

LE QUESNE, W. J. (1960): Hemiptera. – In: Handbooks for the Identification of British Insects, Vol. II. Part 3: Fulgoromorpha. Royal Entomological Society of London.

LE QUESNE, W. J. (1965): Hemiptera. – In: Handbooks for the Identification of British Insects, Vol. II. Part 2 (a): Cicadomorpha excluding Deltocephalinae and Typhlocybinae. Royal Entomological Society of London.

LE QUESNE, W. J. (1969): Hemiptera. – In: Handbooks for the Identification of British Insects, Vol. II. Part 2 (b): Cicadomorpha Deltocephalinae. Royal Entomological Society of London.

LE QUESNE, W. J. (1982): Hemiptera. – In: Handbooks for the Identification of British Insects, Vol. II. Part 2 (c): Cicadellidae (Typhlocybinae) with a check List of The British Auchenorrhyncha (Hemiptera, Homoptera). Royal Entomological Society of London.

NICKEL, H. & REMANE, R. (2003): Verzeichnis der Zikaden (Auchenorrhyncha) der Bundesländer Deutschlands. – In: KLAUSNITZER, B. (Hrsg.): Entomofauna Germanica. Band 6. – Entomologische Nachrichten und Berichte, Beiheft 7: 130–154. Dresden.

OSSIANNILSSON, F. (1978): The Auchenorrhyncha (Homoptera) of Fennoscandia and Denmark. – In: Fauna Entomologica Scandinavica, Vol. 7, Part 1: Introduction, infraorder Fulgoromorpha. Klampenborg – Denmark.

OSSIANNILSSON, F. (1981): The Auchenorrhyncha (Homoptera) of Fennoscandia and Denmark. – In: Fauna Entomologica Scandinavica, Vol. 7, Part 2: The Families Cicadidae, Cercopidae, Membracidae, and Cicadellidae (excl. Deltocephalinae). Klampenborg – Denmark.

OSSIANNILSSON, F. (1983): The Auchenorrhyncha (Homoptera) of Fennoscandia and Denmark. – In: Fauna Entomologica Scandinavica, Vol. 7, Part 3: Deltocephalinae. Klampenborg – Denmark.

RIBAUT, H. (1936): Faune de France 31. Homoptères Auchénorhynques I (Typhlocybidae). – Paris.

RIBAUT, H. (1952): Faune de France 57. Homoptères Auchénorhynques II (Jassidae). – Paris.

STRÜMPEL, H. (2003): 22. Ordnung Auchenorrhyncha, Zikaden. – In: DATHE, H. H. (Hrsg.): Lehrbuch der Speziellen Zoologie, Band I: Wirbellose Tiere, 5. Teil: Insecta, 2. Auflage. – Spektrum Akademischer Verlag Heidelberg, Berlin: 346–365.

Heteroptera – Wanzen

Ursula Göllner-Scheiding

G. K mit 4- od. 5gld F, 2 ± großen FacettenAu u. vielfach 2 Oc. Scheitel vorn in die abfallende Stirn übergehend, die in dem systematisch wichtigen Ksch endet. Seitlich davon die Wangen mit den Wangenplatten (Bucculae). Mundwerkzeuge stechend-saugend, als R ausgebildet: OKf u. Teile des UKf in nadelförmige Bo umgewandelt, die von der verlängerten, mehrgld Ul umhüllt werden. Ol bedeckt nur einen kleinen Teil des R (Abb. **284**/1). R liegt der KörperUS ± an. OKf am E mit feinen Zähnen, als StechBo fungierend, seitlich liegend; UKf ein Doppelrohr bildend mit Na- (oben) u. Speichelkanal (unten). – Br aus 3 Sgm bestehend, von oben jedoch nur Teile von 2 systematisch wichtigen Sgm sichtbar: Hsch u. das dahinter liegende Sch. Sch mitunter sehr groß, z. T. den Hlb bedeckend, in manchen Fällen auch von einem Forts des Hsch bedeckt. OS der HBr unter den Fl liegend. 2 Paar Fl: VFl (Halbdecken) zusammengesetzt aus einem kleineren, an das Sch angrenzenden inneren Teil (Clavus) u. dem größeren äußeren Lederteil (Corium) mit für die Bestimmung wichtigen Adern (Ausnahme: *Gerromorpha*). Manche Familien mit besonderem, gelenkig verbundenem EStück am Lederteil, dem systematisch wichtigen Keilstück (Cuneus), am Außenrand durch eine Einkerbung vom Corium getrennt. VFlE bildet eine häutige Membran, deren Aderung für die Bestimmung von Bedeutung ist (Abb. **286**/1–4). HFl häutig. Bei Im. auf der US des 3. BrSgm seitlich der HHü je 1 ± sichtbare Drüsenmündung, z. T. von systematischem Wert. – Hlb aus Rücken- (Tergite) u. BauchSgm (Sternite) bestehend, diese durch SStücke (Pleura) verbunden. Pleuren z. T. hervorragend u. als Connexivium bezeichnet. Auf den BauchSgm häufig Atemöffnungen (Stigmen) erkennbar. Letzte HlbSgm zu GenitalSgm umgebildet. – **L.** Vorwiegend Landbewohner, auch Vertreter in u. auf dem Wasser. – **B.** Na meist PflSäfte, auch als Räuber u. in wenigen Fällen als temporäre Ektoparasiten lebend. Unvollkommene Verwandlung, L der Im. recht ähnlich, jedoch ohne Fl. 5 (4) LStadien, in denen die FlAnlagen an Lg zunehmen. Drüsen bei L oben an den VKanten des 4., 5. u. 6. HlbSgm. Je nach Familie 3, 2 od. 1 Drüse. 40500 Arten, heimisch 867.

Beachte: Angegebene Maße betreffen Lg des Körpers ohne Anhänge (F, Mundwerkzeuge, HlbAnhänge)!

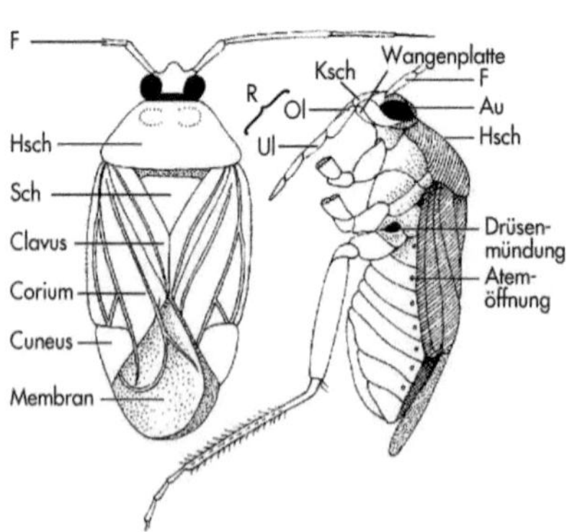

Abb. **284**/**1**. *Miridae* (von oben u. seitlich).

Anmerkung: Die Wanzen werden heute in verschiedene Großgruppen untergliedert:
Hydrocorisae entsprechen *Nepomorpha* (6 Familien)
Amphibiocorisae entsprechen *Gerromorpha* (5 Familien)
Geocorisae entsprechen verschiedenen Großgruppen, von denen in DE vertreten sind: *Leptopodomorpha* (2 Familien), *Cimicomorpha* (7 Familien) u. *Pentatomomorpha* (15 Familien). Ihre Unterscheidung ist im vorliegenden Werk nicht sinnvoll, sie werden aber angeführt.

1 F sehr kurz, unter bzw. hinter den Au entspringend, von oben nicht sichtbar. Im Wasser lebend, gelegentlich am Land, z. T. fliegend.
Nepomorpha = Hydrocorisae – **Wasserwanzen** S. 285

1* F lg, 4–5gld, vor od. neben den Au entspringend, von oben sichtbar **2**

2 Auf dem Wasser, z. T. in Ufernähe. US mit feiner silber- od. gelbweißer Behaarung.
Gerromorpha = Amphibiocorisae – **Wasserläufer** S. 288

2* Auf dem Lande lebend. US ohne silber- od. gelbweiße Behaarung.
Leptopodomorpha, Cimicomorpha, Pentatomomorpha = Geocorisae – **Landwanzen** S. 289

Übersicht über die Familien der *Heteroptera*

1. ***Enicocephalomorpha*** – nicht vertreten

2. ***Dipscoromorpha*** – nicht vertreten

3. ***Nepomorpha***
Corixidae
Nepidae
Naucoridae
Aphelocheiridae
Pleidae
Notonectidae

4. ***Gerromorpha***
Gerridae
Veliidae
Hydrometridae
Mesoveliidae
Hebridae

5. ***Leptopodomorpha***
Saldidae
Leptopodidae

6. ***Cimicomorpha***
Tingidae
Miridae
Nabidae
Anthocoridae
Cimicidae
Reduviidae

7. ***Pentatomomorpha***
Aradidae
Piesmatidae
Berytidae
Lygaeidae
Pyrrhocoridae
Stenocephalidae
Coreidae
Alydidae
Rhopalidae
Plataspidae
Thyreocoridae
Cydnidae
Scutelleridae
Pentatomidae
Acanthosomatidae

Nepomorpha = Hydrocorisae – Wasserwanzen

1 R ungegld, kurz u. breit, unbeweglich (Abb. **286**/6). VFüße oft ± schaufelartig verbreitert. Fl horizontal flach liegend. Mit der BauchS nach unten schwimmend. Viele Arten zirpen unter Wasser. Familie *Corixidae* – **Ruderwanzen** S. 286

1* R 3–4gld, frei beweglich (Abb. **286**/5) **2**

2 Hlb mit lg Atemrohr. Stabartig dünn od. breit abgeplattet. 17–40 mm.
Familie *Nepidae* – **Skorpionswanzen** S. 287

2* Hlb ohne Atemrohr **3**

3 Körper abgeflacht, viel breiter als hoch **4**

3* Körper nicht abgeflacht, etwa so breit wie hoch. VFl dachartig. Auf dem Rücken schwimmend **5**

4 VSchenkel stark verdickt. K breiter als lg. VFl stets ausgebildet. Frei schwimmend, meist zw WasserPfl. Familie *Naucoridae* – **Schwimmwanzen** S. 287

4* VSchenkel kaum verdickt. K etwa dreieckig. VFl i. allg. schuppenförmig. Nie frei schwimmend, am Grunde fließender Gewässer.
Familie *Aphelocheiridae* – **Grundwanzen** S. 287

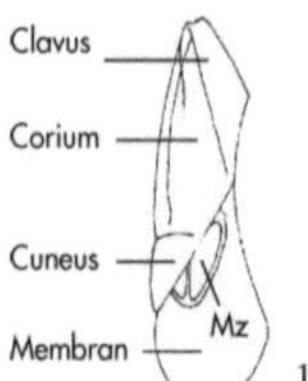

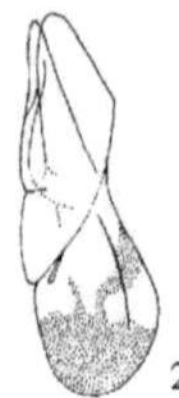

Abb. 286/1–4. Fl verschiedener Wanzenfamilien: **1** *Miridae*; **2** *Anthocoridae*; **3** *Coreidae*; **4** *Lygaeidae*. Mz = MembranZ

5 **(3)** 2–3 mm. Familie *Pleidae* – **Zwergrückenschwimmer** S. 287
5* 10–17 mm. Gute Flieger. Stechen empfindlich. Familie *Notonectidae* – **Rückenschwimmer** S. 288

Familie ***Corixidae* – Ruderwanzen**

1 1,5–2,2 mm. Kurzoval. Sch frei sichtbar. Im. IV–VIII, Ei VI–VII, L VIII–IV. Gesellig in fließenden u. stehenden Gewässern. 4 Arten. Gattung *Micronecta* KIRKALDY – **Zwergruderwanzen**
1* 3–15 mm. Sch nicht frei sichtbar. I–XII **2**
2 Hsch mit gelben Querlinien **3**
2* Hsch ohne gelbe Querlinien. 3 Arten. Gattung *Cymatia* FLOR
Häufig ist die kleinste Art: 3–4 mm. *C. coleoptrata* (F.).
3 Hsch glatt. Größere Arten von über 10 mm. 4 Arten. Gattung *Corixa* GEOFFROY
a) Halbdecken ohne Querlinien . . . . **b)**
a*) Halbdecken mit hellen Querlinien. *C. affinis* LEACH, *C. panzeri* FIEBER
b) MSchiene nahe der Spitze mit einer halbkreisförmigen Auskehlung. 13–14 mm. *C. dentipes* THOMSON (Abb. **286**/7)
b*) MSchiene ohne Auskehlung. 13–15 mm. *C. punctata* (ILLIGER)
3* Hsch fein längsgerunzelt, rastriert. Kleinere Arten **4**
4 1. Gld der HFüße am E mit scharfem dunklem Fleck. 6–7,5 mm. 2 Arten. Gattung *Callicorixa* BUCHANAN WHITE
a) Dunkler Fleck viereckig. 7–7,5 mm. s. *C. praeusta* (FIEBER)
a*) Dunkler Fleck unregelmäßig. 6–6,5 mm. *C. producta* (REUTER)
4* 1. Gld der HFüße am E ohne od. (1 Art) mit unscharfem dunklem Fleck **5**
5 Hsch mit deutlichem MKiel, der über die M hinausreicht. 8–10 mm **6**
5* Hsch ohne deutlichen MKiel od. dieser nicht bis zur M reichend. 5,4–9 mm **7**
6 Kopf groß, Stirn behaart, Au groß u. gewölbt. Scheitel Au überragend. Gattung *Glaenocorisa* THOMSON
8–9 mm. In dystrophen Gewässern. *G. propinqua* (FIEBER).
6* Stirn unbehaart, Au weniger gewölbt, Scheitel Au nicht überragend. 8–10 mm. 2 Arten. Gattung *Arctocorisa* WALLENGREN

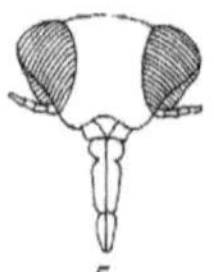

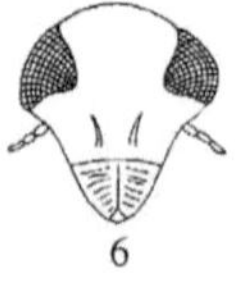

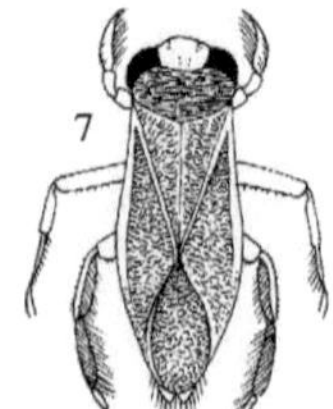

Abb. 286/5–7. **5** K einer *Notonectidae*; **6** K einer *Corixidae*; **7** *Corixidae*: *Corixa dentipes* (13–14 mm).

a) 1.–4. VentralSgm größtenteils braun. Geb, N; s. *A. carinata* (Sahlberg)
a*) 1.–2. VentralSgm größtenteils braun. Geb, N; s. *A. germari* (Fieber)

7 **(5)** VFl mit regelmäßigen gelben Querlinien (bei größeren Arten), sonst Querlinien kaum zu erkennen. Hsch u. VFl kräftig gerunzelt. 4 Arten, 2 häufig. Gattung *Hesperocorixa* Kirkaldy

a) Hsch mit 8–9 Querlinien. Hintere Ecke des Coriums gelb. 7–8 mm. *H. sahlbergi* (Fieber).
b) Hsch mit 6 Querlinien. Hintere Ecke des Coriums dunkel mit Querlinien. 7–8 mm. *H. linnaei* (Fieber).

7* VFl mit unregelmäßigen, z. T. unterbrochenen gelben Querlinien. Hsch u. VFl weniger kräftig gerunzelt. 16 Arten, im Gelände kaum zu unterscheiden. Gattung *Sigara* F.

Familie *Nepidae* – Skorpionswanzen

1 Stark abgeplattet, länglich oval, graubraun. 17–22 mm. Am Grund u. an WasserPfl seichter Gewässer. Räuber. I–XII. *Nepa cinerea* L. – **Wasserskorpion** (Abb. **287**/1)

1* Lggestreckt, zylindrisch. 30–40 mm. In flachen Gewässern zw WasserPfl. Räuber. I–XII. *Ranatra linearis* (L.) – **Stabwanze** (Abb. **287**/2)

Familie *Naucoridae* – Schwimmwanzen

Olivbraun, glänzend, oval. 12–16 mm. In stehenden Gewässern zw. WasserPfl. I–XII. 1 Art. *Ilyocoris cimicoides* (L.) – **Schwimmwanze** (Abb. **287**/3)

Familie *Aphelocheiridae* – Grundwanzen

Oval, schwarz. 8,5–10 mm. Am Grund fließender Gewässer, oft in größerer Tiefe. Räuber. I–XII. 1 Art. *Aphelocheirus aestivalis* (F.) – **Grundwanze**

Familie *Pleidae* – Zwergrückenschwimmer

Hellgelbbraun. Körper hoch, dachartig gewölbt. 2,5 mm. Zw Wasserlinsen u. SchwimmPfl. I–XII. 1 Art. *Plea minutissima* Leach

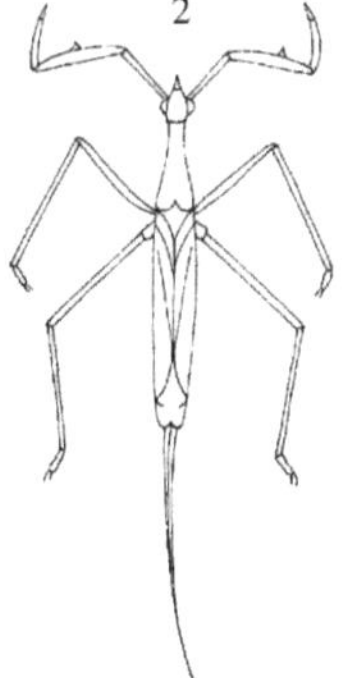

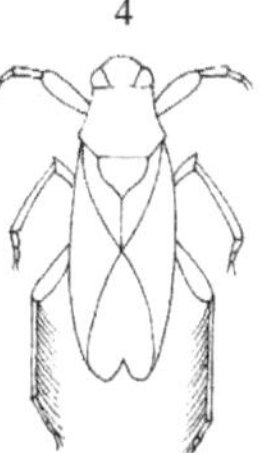

Abb. 287/1–4. 1 *Nepidae*: *Nepa cinerea* (17–22 mm); **2** *Ranatra linearis* (30–40 mm); **3** *Naucoridae*: *Ilyocoris cimicoides* (12–16 mm); **4** *Notonectidae*: *Notonecta glauca* (14–16 mm).

Familie *Notonectidae* – Rückenschwimmer

Räuber. Stechen schmerzhaft. I–XII. 6 Arten, 2 davon jedoch im Gebiet sehr s.

Gattung *Notonecta* L.

a) Sch schwarz . . . . **c)**
a*) Sch einfarbig hell . . . . **b)**
b) Corium höchstens schmal braun. Im N. 13–14 mm. *N. lutea* MÜLLER
b*) CoriumS breit braun. Sch z. T. am Grunde mit braunem Fleck. *N. reuteri* HUNGERFORD
c) **(a)** VEcken des Hsch spitz nach unten laufend, HRand des Au umfassend. VFl marmoriert od. graugelb. 13,5–14,5 mm. *N. viridis* DELCOURT
c*) VEcken des Hsch stumpf, HRand des Au nicht umfassend . . . . **d)**
d) VFl samtschwarz, Corium am Grunde u. Clavus mit je einem hellen Längsstreifen. Im N häufiger. 15–18 mm. *N. obliqua* THUNBERG
d*) VFl bräunlich, auch schwärzlich gefleckt . . . . **e)**
e) HRand des Hsch gerade. Hlb schwarz mit 2 hellen Querbinden. *N. maculata* F.
e*) HRand des Hsch nach hinten gebogen. Hlb einfarbig dunkel. 14–16 mm. *N. glauca* L. – **Gemeiner Rückenschwimmer, Wasserbiene** (Abb. **287**/4)

Gerromorpha = Amphibiocorisae – Wasserläufer

1 K kurz, Körper nicht lggestreckt **2**
1* K u. Körper lggestreckt, nadeldünn. Auf u. zw Schwimmblättern. Über 7,5 mm. Familie *Hydrometridae* – **Teichläufer** S. 289
2 M- u. HHü weit auseinander stehend **3**
2* M- u. HHü enger zusammenstehend **4**
3 Auf stehenden u. langsam fließenden Gewässern. B auffällig lg. Bewegungen ruckartig. Über 7 mm. Familie *Gerridae* – **Wasserläufer** S. 288
3* Auf schnellfließenden Bächen u. Quelltümpeln. Auch auf stehendem Wasser, dann unter 3 mm. Oft an beschatteten Stellen. B normal lg. Bewegungen nicht ruckartig. Familie *Veliidae* – **Bachläufer** S. 289
4 **(2)** F 4gld, alle Gld gleich dick. Körper ± oval. Mindestens 3 mm. Familie *Mesoveliidae* – **Zwergteichläufer** S. 289
4* F 5gld, die letzten Gld fadenförmig. Körper plump. Ca. 2 mm. Familie *Hebridae* – **Zwergwasserläufer** S. 289

Familie *Gerridae* – Wasserläufer, Wasserreiter

R 4gld. VB viel kürzer als MB u. HB (Abb. **288**/1). Überw als Im. Räuber. 6,5–20 mm. 11 im Gelände z. T. nicht bestimmbare Arten.

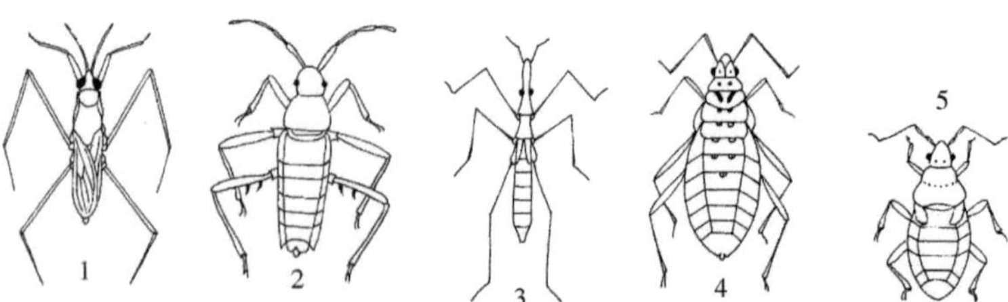

Abb. 288/1–5. 1 *Gerridae*: *Gerris* sp.; **2** *Veliidae*: *Velia* sp.; **3** *Hydrometridae*: *Hydrometra stagnorum* (9–12 mm); **4** *Mesoveliidae*: *Mesovelia furcata* (3–3,5 mm); **5** *Hebridae*: *Hebrus ruficeps* (1,5 mm).

1 F länger als der halbe Körper. MSchenkel kürzer als HSchenkel. 1 Art. Gattung *Limnoporus* STÅL
Weit v: Hsch z. T. rotbraun. 15–20 mm. Bes. auf Moortümpeln. *L. rufoscutellatus* (LATREILLE)
1* F kürzer als der halbe Körper. MSchenkel so lg od. länger als die HSchenkel **2**
2 HEcken des 6. HlbSgm lg pfriemenförmig. 1. FGld länger als 2. + 3. zusammen. 2 Arten. Gattung *Aquarius* SCHELLENBERG
a) SRand des Hsch mit gelbem Streifen. 14–16 mm. *A. paludum* (F.)
a*) SRand des Hsch ohne gelben Streifen. 16–17 mm. *A. najas* (DEGEER)
2* HEcken des 6. HlbSgm kürzer, kegelförmig od. dreieckig, 1. FGld höchstens so lg wie 2. + 3. zusammen. 9 schwer bestimmbare Arten. Gattung *Gerris* F.

Familie *Veliidae* – Bachläufer

R 3gld. VB nur wenig kürzer als MB. 4 Arten.
1 6–8 mm. HlbS mit breiten, schwarzen Längsstreifen, 1. FGld am längsten. Meist flügellos. I. allg. auf fließendem Wasser. 2 Arten. (Abb. **288**/2) Gattung *Velia* LATREILLE
1* 1,5–2,5 mm. 4. FGld am längsten. Auf stehenden Gewässern in Ufernähe od. am Ufer. I–XII (2 Gen). 3 Arten. Gattung *Microvelia* WESTWOOD

Familie *Hydrometridae* – Teichläufer

Körper lggestreckt, nadeldünn. K verlängert. F 4gld. Meist ungeflügelt. 2 Gen. Überw als Im. 2 Arten. Gattung *Hydrometra* LATREILLE
1 Schwarz od. schwarzbraun. K vor den Au fast doppelt so lg wie dahinter. 9–12 mm. *H. stagnorum* (L.) – **Gemeiner Teichläufer** (Abb. **288**/3)
1* Hellbraun. K vor den Au $^1/_2$-mal so lg wie dahinter. 7,5–9 mm. *H. gracilenta* HORVATH – **Zierlicher Teichläufer**

Familie *Mesoveliidae* – Zwergteichläufer

Körper länglich-oval, 3–3,5 mm, olivgrün bis hellbraun. Fast immer flügellos. Nur 1 Art: Auf stehenden Gewässern in Ufernähe. V–X. (Abb. **288**/4)
Mesovelia furcata MULSANT & REY – **Hüftwasserläufer**

Familie *Hebridae* – Zwergwasserläufer

F 5gld, die letzten 3 Gld dünn. 2 Arten. Gattung *Hebrus* CURTIS
1 Fast immer flügellos, 1. FGld wenig länger als das 2. 1,5 mm. Bes. im Torfmoos. *H. ruficeps* THOMSON – **Gemeiner Zwergwasserläufer** (Abb. **288**/5)
1* Stets geflügelt, 1. FGld doppelt so lg wie das 2. B. wie vorige Art, jedoch häufiger auf freiem Wasser. 2 mm. I–XII. *H. pusillus* (FALLÉN) – **Geflügelter Zwergwasserläufer**

Geocorisae – Landwanzen

1 F 4gld **2**
1* F 5gld **19**
2 R am K frei abstehend, meist gekrümmt **3**
2* R am K nicht frei abstehend, nicht gekrümmt **4**

3 VBr unten mit quergestreifter länglicher Vertiefung, 1 Art mit stark verdickten VSchenkeln. Familie *Reduviidae* – **Raubwanzen** S. 301
3* VBr unten ohne quergestreifte längliche Vertiefung. Familie *Nabidae* – **Sichelwanzen** S. 300
4 **(2)** Körper auffällig flach **5**
4* Körper nicht auffällig flach **6**
5 Körper rundlich-oval. Ksch dreieckig, nach vorn verbreitert. Fl nur kurze Stummel. Familie *Cimicidae* – **Plattwanzen** S. 301
5* Körper ± lggestreckt. Ksch nach vorn nicht verbreitert. Meist geflügelt. Wenn kurzflügelig, dann unter Kiefernrinde. Familie *Aradidae* – **Rindenwanzen** S. 302
6 **(4)** Corium am Außenrand mit abgetrenntem Cuneus **7**
6* Corium am Außenrand ohne abgetrennten Cuneus **9**
7 Ohne Oc. Membranbasis mit ± halbkreisförmiger, meist zweiteiliger Z. Weich, meist zart u. zerbrechlich. Familie *Miridae* – **Weichwanzen, Blindwanzen** S. 292
7* Mit Oc **8**
8 Füße 3gld. Membranbasis mit Längsadern, ohne Z. Familie *Anthocoridae* – **Blumenwanzen** S. 301
8* Füße 2gld. Membranbasis mit zweiteiliger Z. ♂♂ den *Anthocoridae*-♂♂ ähnlich, ♀ mit stark verbreitertem Hlb. Sehr klein. 10 Arten an Rinde od. im Moos. Familie *Microphysidae*
9 **(6)** Hsch u. VFl mit netzartiger Struktur **10**
9* Hsch u. VFl ohne netzartige Struktur **11**
10 HRand des Hsch spitz nach hinten ausgezogen. Sch verdeckt. Familie *Tingidae* – **Netzwanzen** S. 291
10* HRand des Hsch gerade. Sch sichtbar. Familie *Piesmatidae* – **Meldenwanzen** S. 303
11 **(9)** Membran mit höchstens 5 Längsadern od. 4–5 lggestreckten Z. F entspringen unter einer von der M der Au zur KSpitze gedachten Linie **12**
11* Membran mit mehr als 5 Längsadern. F entspringen auf od. über einer von der M der Au zur KSpitze gedachten Linie. VFl in einigen Fällen verkürzt **15**
12 Körper dünn, ± lggestreckt. F lg u. gekniet, 1. FGld u. Schenkel am E ± keulig verdickt. Familie *Berytidae* – **Stelzenwanzen** S. 303
12* Körper nicht dünn, nicht lggestreckt. F nicht gekniet **13**
13 Membran mit 4–5 lggestreckten Z **14**
13* Membran mit bis zu 5 Längsadern. Familie *Lygaeidae* – **Bodenwanzen** S. 303
14 OS u. Rand der VFl sowie VSchenkel mit abstehenden Stacheln. An trockenen Orten. Familie *Leptopodidae* S. 291
14* VFl u. VSchenkel ohne Stacheln. Bevorzugt an feuchten Orten, auch auf der WasserOFläche. Familie *Saldidae* – **Uferwanzen, Springwanzen** S. 291
15 **(11)** Oc vorhanden **16**
15* Oc fehlen. Rot-Schwarz gezeichnet od. dunkelbraun u. gelblich gerandet. VFl häufig verkürzt. Familie *Pyrrhocoridae* – **Feuerwanzen** S. 307
16 Mündung der Drüsen auf der KörperUS deutlich. ± ohrenförmig, außerhalb der Hü gelegen. Corium nie durchsichtig. GenitalSgm sichtbar **17**
16* Mündung der Drüsen versteckt zw M- u. HHü gelegen. Corium vielfach glasartig durchsichtig. GenitalSgm in den Hlb eingezogen. Familie *Rhopalidae* – **Glasflügelwanzen** S. 309
17 K so breit wie Hsch, dreieckig. Gestalt lg u. schmal. HSchenkel bedornt. Familie *Alydidae* – **Krummfühlerwanzen** S. 309
17* K schmaler als Hsch, viereckig. Gestalt breiter **18**
18 Wangen nach vorn verlängert, 2 Spitzen bildend, die vor dem Ksch zusammen stoßen. 4. FGld länger als das 3. Familie *Stenocephalidae* – **Wolfsmilchwanzen** S. 307
18* Wangen nicht nach vorn verlängert, K nicht zweispitzig. Familie *Coreidae* – **Lederwanzen, Randwanzen** S. 307

19 **(1)** Füße 2gld **20**
19* Füße 3gld **21**
20 Körper halbkugelig. Sch den Hlb ganz bedeckend.
Familie *Plataspidae* – **Kugelwanzen** S. 310
20* Körper länger als breit. Sch kürzer.
Familie *Acanthosomatidae* – **Bauchkiel**-, **Stachelwanzen** S. 315
21 **(19)** VB sind GrabB mit vielfach kräftigen Dornen **22**
21* VB keine GrabB **23**
22 Sch breit u. fast den ganzen Hlb bedeckend, SR der VFl sichtbar.
Familie *Thyreocoridae* – **Schwarzwanzen** S. 310
22* VFl nicht den ganzen Hlb bedeckend. Familie *Cydnidae* – **Erdwanzen** S. 310
23 Sch meist den ganzen Hlb bedeckend u. vom Corium nur ein schmaler Streifen im basalen Teil sichtbar, nur bei einer Gattung (*Eurygaster*) das Connexivium sichtbar.
Familie *Scutelleridae* – **Schildwanzen** S. 311
23* Sch nur bis zur M des Hlb reichend, VFl größtenteils freibleibend. Sch s zungenförmig bis zum E des Hlb reichend u. einen Teil der VFl bedeckend.
Familie *Pentatomidae* – **Baumwanzen** S. 312

Anmerkung: Eine Sonderstellung nehmen in Bezug auf die FBildung die Familien der *Dipsocoridae* sowie der *Ceratocombidae* ein. FGld 1 u. 2 kurz u. dick, 3 u. 4 fadenförmig u. lg bewimpert. Winzige Arten von 0,8 –2,2 mm in feuchtem Moos, unter Rinde usw. 3 Gattungen mit 7 Arten. Nur mikroskopisch zu bestimmen. Dies trifft auch für die Familie *Microphysidae* mit 2 Gattungen u. 8 Arten zu: Kleine Arten von 1,5–2,5 mm Lg, den Blumenwanzen ähnlich. Sie leben im Moos od. auf der Rinde.

Leptopodomorpha

Familie *Saldidae* – Uferwanzen, Springwanzen

Schwer zu sehen, fallen durch ihre Bewegungen auf. Laufen rasch u. fliegen in geringer Höhe. Fang schwierig. An Ufern von Flüssen u. Seen, an Meeresküsten u. an moorigen Stellen des Binnenlandes. 2–7 mm. 24 Arten, die im Gelände nicht zu bestimmen sind. (Abb. **292**/1)

Familie *Leptopodidae*

Nicht wasserliebend. OS mit Stacheln besetzt. Nur 1 Art. 4,2–4,7 mm. Unter flachen Steinen, s. *Leptopus marmoratus* (GOEZE)

Cimicomorpha

Familie *Tingidae* – Netzwanzen

OS, bes. die VFl, mit netzartiger Struktur. 61 Arten, z. T. sehr s u. sehr klein. Einige Arten sind nach den NaPfl zu erkennen, die meisten müssen bei stärkerer Vergrößerung untersucht werden. Bei uns nur UFamilie *Tinginae* vertreten.

1 SRand des Hsch abgerundet od. mit undeutlicher Kante. Hsch ohne SKiele u. ohne Halsblase, oft auch MKiel undeutlich. *Agramma* STEPHENS
1* SRand des Hsch leisten- od. blattartig verbreitert, oft aufgebogen od. auf das Hsch umgeschlagen. Hsch mit 3 Längskielen, VRand z. T. mit Halsblase. **2**
2 SRand des Hsch mit einer Maschenreihe **3**
2* SRand des Hsch mit mehr als 1 Maschenreihe od. umgeschlagen **4**

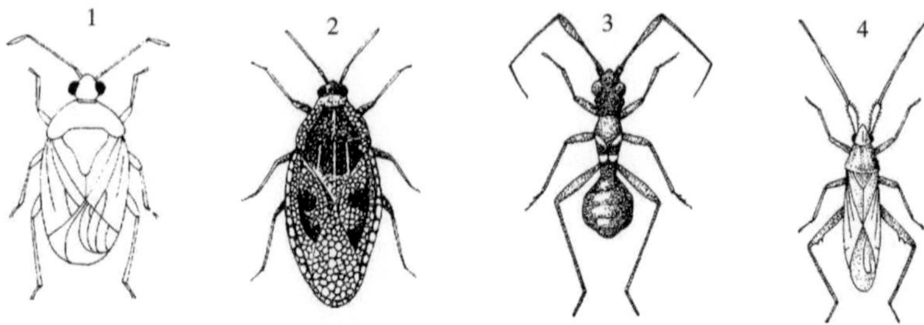

Abb. 292/1–4. 1 *Saldidae*: *Saldula* sp.; **2** *Tingidae*: *Dictyla echii* (3,2–3,8 mm); **3** *Miridae*: *Myrmecoris gracilis* (4–6 mm); **4** *Stenodema calcarata* (6,7–7,9 mm).

3 SRand des Hsch mit 1 Reihe ungewöhnlich großer Maschen, F normal ausgebildet, K mit lg Stacheln. 3–4 mm. An od. unter Kleinem Habichtskraut (*Hieracium pilosella*). *Galeatus maculatus* (Herrich-Schaeffer)

3* SRand des Hsch mit 1 Maschenreihe normaler Größe, 3. u. 4. FGld stark verdickt. 2,5–4 mm. 2 Arten. Gallenbildner an *Teucrium* sp. *Copium* Thunberg

4 SRand des Hsch mit 3 Maschenreihen. SRand der VFl mit 3, hinten z. T. mit 4 Maschenreihen. 3,5–3,8 mm. An Disteln (*Carduus* u. *Cirsium*), meist an Blütenköpfen. V–X. *Tingis cardui* (L.)

4* SRand des Hsch nach oben umgeschlagen. Hsch mit Halsblase. 5 Arten. Gattung *Dictyla* Stål

a) SRand des Hsch schmal. SRand der VFl mit l, hinten mit 2 Maschenreihen. Gelbbraun, K u. Hsch schwarz. 3,2–3,8 mm. An Natternkopf (*Echium vulgare*). *D. echii* (Schrank) (Abb. **292**/2)

a*) SRand des Hsch breit, SKiele berührend. 2,8–3 mm. An Sumpf-Vergißmeinnicht (*Myosotis scorpioides*). 4 weitere *Dictyla*-Arten.

Familie *Miridae* – Weichwanzen, Blindwanzen

Artenreichste Familie mit 328 Arten im Gebiet, z. T. sehr schwer bestimmbar. Ohne Mikroskop ist die Unterscheidung der 8 UFamilien nicht möglich, da man den Bau der Klauen u. ihrer Anhänge untersuchen muss.

Beachte: Die folgende Tabelle enthält nur Arten, die durch bes. Merkmale leicht erkennbar sind. – Nicht berücksichtigt wurden folgende Gattungen, die entweder s, sehr klein od. schwer bestimmbar sind: *Alloeonotus* Fieber, *Asciodema* Reuter, *Atomoscelis* Reuter, *Bothynotus* Fieber, *Brachyarthrum* Fieber, *Brachynotocoris* Reuter, *Campyloneura* Fieber, *Conostethus* Fieber, *Cremnocephalus* Fieber, *Cyrtorhinus* Fieber, *Eurycolpus* Reuter, *Euryopocoris* Reuter, *Excentricus* Reuter, *Fieberocapsus* Carvalho & Southwood, *Hallodapus* Fieber, *Hypseloecus* Reuter, *Lopus* Hahn, *Macrolophus* Fieber, *Macrotylus* Fieber, *Malacocoris* Fieber, *Mecomma* Fieber, *Monosynamma* Scott, *Omphalonotus* Reuter, *Oncotylus* Fieber, *Orthonotus* Stephens, *Pachytomella* Reuter, *Plesiodema* Reuter, *Pseudoloxops* Kirkaldy, *Reuteria* Puton, *Sthenarus* Fieber, *Systellonotus* Fieber, *Tinicephalus* Fieber, *Tuponia* Reuter, *Tytthus* Fieber.

1 1. Gld der HFüße 2–3-mal so lg wie 2. Gld **2**

1* 1. Gld der HFüße nicht od. wenig länger als 2. Gld **12**

2 K mit Längsfurche **7**

2* K ohne Längsfurche. VRand des Hsch ± breit ring- od. leistenförmig abgesetzt (Halsring). Ist dieser undeutlich, dann Gestalt ameisenähnlich od. Hsch mit MKiel . . . **3**

3 Hsch mit MKiel. ♂ schwarz od. bräunlich mit hellen Längslinien, ♀ hell gelbbraun mit braunen Längsstreifen. An Gräsern (trockene Orte). 2 Arten.
Gattung *Acetropis* FIEBER
a) 2. FGld u. Schenkel mit borstenartigen Haaren. VRand des Hsch ohne Querwulst. 4,8–6,4 mm. *A. gimmerthalii* (FLOR)
a*) 2. FGl u. Schenkel fast kahl. VRand des Hsch mit Querwulst. 5,6–7 mm.
A. carinata (HERRICH-SCHAEFFER)
3* Hsch ohne MKiel **4**
4 HRand des Hsch nach hinten ausgebogen, 1. FGld länger als der K u. schlank. ♂ gelbbraun, ♀ grünlichgrau, schwarz gezeichnet. 5,7–7,2 mm. An Gräsern an ± feuchten Stellen. VI–IX. *Stenotus binotatus* (F.)
4* HRand des Hsch gerade od. etwas eingebogen, 1. FGld kürzer als der K **5**
5 Auf Gräsern, z. T. am Boden **6**
5* Auf Kiefern. Gelb- bis rotbraun, glänzend. Kräftig punktiert. 2 Arten.
Gattung *Alloeotomus* FIEBER
a) OS lg u. dicht aufrecht behaart. Au klein u. Abstand zw den Au groß. 5,1–6 mm. VI–IX. *A. gothicus* (FALLÉN)
a*) OS kürzer behaart (♂) od. fast kahl (♀). Au groß u. Abstand zw den Au klein. 5,6–6,9 mm. VII–IX. *A. germanicus* WAGNER
6 Ameisenähnlich, Hlb ± kugelförmig verbreitert. Meist kurzflügelig. 4–6 mm. Stark besonnte Stellen, an Gräsern, am Boden. VI–VIII.
Myrmecoris gracilis (SAHLBERG) – **Ameisenwanze** (Abb. **292**/3)
6* Nicht ameisenähnlich. Au meist groß, kugelig. Meist kurzflügelig. SRand des Corium gelblich. 4–6,5 mm. VI–VII. *Pithanus maerkelii* (HERRICH-SCHAEFFER)
7 **(2)** Sch punktiert. Von gelber, brauner od. grüner Färbung, die nacheinander bei jeder Art auftritt. Schlank. Überall an Gräsern. Überw als Im. 7 Arten.
Gattung *Stenodema* LAPORTE
a) HSchenkel nahe der Spitze mit Zähnen . . . . **b)**
a*) HSchenkel ohne Zähne . . . . **c)**
b) HSchenkel nahe der Spitze mit einem ± gekrümmten kleinen u. großen Zahn. 6,7–7,9 mm. Bes. auf feuchten Wiesen. *S. calcarata* (FALLÉN) (Abb. **292**/4)
b*) HSchenkel mit einem kleinen u. 2 größeren geraden Zähnen. 7,1–8,6 mm. Im N, an Meeresküsten. *S. trispinosa* REUTER
c) HSchenkel vor der Spitze mit einer Verengung . . . . **d)**
c*) Hschenkel vor der Spitze ohne Verengung . . . . **e)**
d) F (1. FGld länger) länger als bei *virens*. 7,8–9,1 mm. *S. laevigata* (L.)
d*) F (1. FGld kürzer) kürzer als bei *laevigata*. 7,4–8,5 mm. *S. virens* (L.)
e) Gestalt breiter. 1. FGld etwa so lg wie K breit ist. Brachypter u. macropter. 5,5–7,5 mm. *Stenodema holsata* (F.)
e*) Gestalt schlanker. 1. FGld deutlich länger als K breit. 7,5–8,8 mm. Geb.
S. sericans (FIEBER), *S. algoviensis* SCHMIDT
7* Sch nicht punktiert **8**
8 K länger als über den Au breit. Au berühren den Rand des Hsch **9**
8* K breiter als lg. Au berühren nicht den Hsch **11**
9 HSchienen lg behaart, Haare an der InnenS länger als der Schienen-∅. Im Sommer grünlich, im Herbst gelbbräunlich. 6,2–8,7 mm. 2 Arten, im Freien nicht zu bestimmen. Gattung *Notostira* FIEBER
9* HSchienen fein bedornt u. kurz behaart **10**
10 Schenkel überall gleich dick. Grün bis gelbbraun. 8–10 mm. Auf Wiesen, vor allem im Geb. *Megaloceroea recticornis* (GEOFFROY)
10* Schenkel an der Basis dicker als am E. Grünlich. Zart. 4,2–6,8 mm. An Gräsern. 4 Arten. Gattung *Trigonotylus* FIEBER
11 **(8)** 1. FGld an der Spitze dünner als am Grunde. An Schilf u. Gräsern an feuchten Orten. 3 Arten. Gattung *Teratocoris* FIEBER
Weit v: Grün bis gelb, mit variabler schwarzer Zeichnung. 3,2–5,5 mm, v, aber nicht häufig. VII–IX. *T. antennatus* (BOHEMAN)

11* 1. FGld an der Spitze nicht dünner als am Grunde. ♀ oft kurzflügelig. An Gräsern. 2 Arten. Gattung *Leptopterna* FIEBER
a) Behaarung lg u. aufrecht. ± rötlich mit schwarzen Längsstreifen auf K u. Hsch. 7–9,5 mm. VI–VIII. *L. dolobrata* (L.)
a*) Behaarung kurz .Nicht so lebhaft gezeichnet. 6,5–8,5 mm. *L. ferrugata* (FALLÉN)
12 **(1)** Membran mit 1 Z. 3. FußGld der HB stark verdickt. 2–4 mm. An Farnen **13**
12* Membran mit 2 Z. 3. FußGld der HB nicht stark verdickt **14**
13 R schlank, bis zu den MHü reichend. 2–3 mm. I–XII. *Monalocoris filicis* (L.)
13* R kräftig, nur bis zu den VHü reichend. 2–4 mm. VI–IX. *Bryocoris pteridis* (FALLÉN) (Abb. **294**/1)
14 **(12)** VR des Hsch mit Halsring **15**
14* VR des Hsch ohne Halsring **36**
15 K mit Längsfurche od. Grube in der M. Grün od. rotbraun. Länglich-oval. 8,5–10 mm. An Erle u. Haselnuss, s an Birke. VII–IX. *Pantilius tunicatus* (F.) (Abb. **294**/2)
15* K ohne Längsfurche **16**
16 Au seitlich am K, berühren nicht den VRand des Hsch. Dieser hinter der M mit tiefer Querfurche. Fl durchscheinend gelblich od. grünlich. Zart. 3–6,5 mm. Meist an Kräutern (Ziest, Batunge, Brennessel, Feuerkraut, Weidenröschen u. a.) schattiger Orte. 11 Arten. Gattung *Dicyphus* FIEBER (Abb. **294**/3)
16* Au hinten am K, berühren den Hsch **17**
17 HRand des K mit ± deutlicher Querleiste od. scharfer Kante **18**
17* HRand des K ohne Querleiste od. scharfe Kante **27**
18 Querleiste am HRand des K nur neben den Au deutlich **19**
18* Querleiste am HRand des K vollständig (1 Ausnahme in Gattung *Lygocoris*) ... **20**
19 Schwarz u. gelb, Färbung veränderlich. 4–5 mm. Auf Brennessel. Ab VI. *Liocoris tripustulatus* (F.)
19* Grünlich, VFl rötlich. 3,5–6 mm. Auf Nadelhölzern. 3 Arten. Gattung *Dichrooscytus* FIEBER
20 **(18)** Halsring des Hsch breit, fast doppelt so breit wie 2. FGld. Cuneus schmaler als Corium. Membran schräg nach hinten abfallend. 3–3,9 mm. An Labkraut. Ab VII. *Charagochilus gyllenhalii* (FALLÉN) (Abb. **295**/1)
20* Halsring des Hsch schmaler, nicht dicker als 2. FGld. Cuneus nicht schmaler als Corium **21**
21 Schwielen des Hsch deutlich getrennt durch grob punktierte Fläche **22**
21* Schwielen des Hsch nicht od. undeutlich getrennt **23**
22 OS dicht mit anliegenden hellen glänzenden Haaren besetzt. 3,5–6,8 mm. 11 Arten. Gattung *Polymerus* HAHN
a) Hsch, Sch u. VFl schwarz, Cuneus z. T. gelbbraun. 4,2–5 mm. An sumpfigen Orten an Labkraut. VI–IX. 3 Arten, häufig *P. nigrita* (FALLÉN).
a*) Hsch, Sch u. VFl z. T. gelb, Cuneus z. T. rot od. gelblich .... **b)**
b) Außenrand der VFl in ganzer Lg schmal schwarz. 2 Arten von 3,5–5 mm: *P. cognatus* (FIEBER), *P. vulneratus* (PANZER).

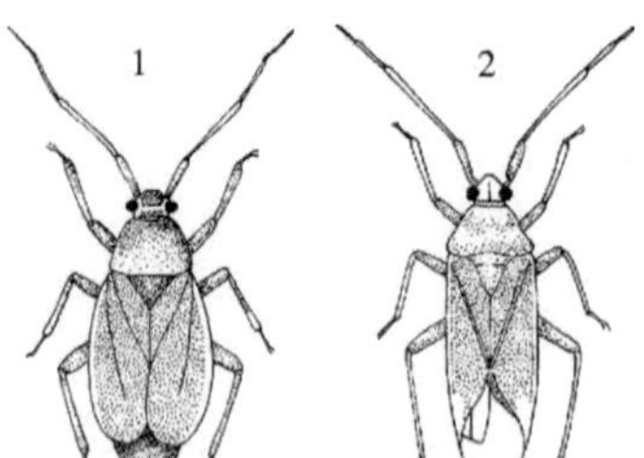

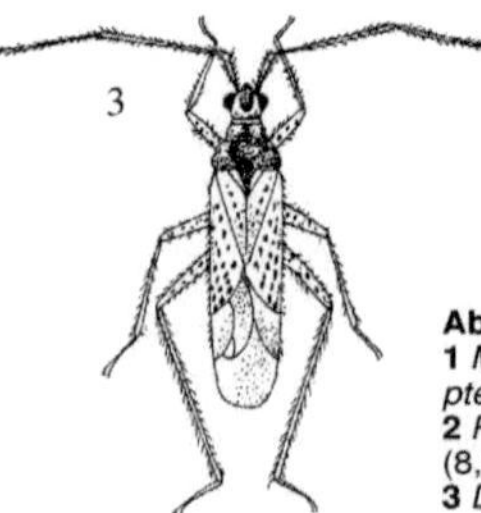

Abb. 294/1–3.
1 *Miridae*: *Bryocoris pteridis* (2–4 mm);
2 *Pantilius tunicatus* (8,5–10 mm);
3 *Dicyphus* sp.

b*) Außenrand der VFl z. T. gelb . . . . **c)**
c) Cuneus in der M schwarz, ohne rote Färbung. 4–5 mm. Auf trockenen Böden an Labkraut. *P. brevicornis* (REUTER)
c*) Cuneus ± ausgedehnt rot od. gelblich-rötlich . . . . **d)**
d) K klein, Scheitel breiter. Ausgedehnt dunkel gefärbt. 5–6,6 mm. An Labkraut. *P. microphthalmus* (WAGNER)
d*) K größer, Scheitel schmaler . . . . **e)**
e) Cuneus gelblich-rötlich, F, B u. Sch vorwiegend rötlich. 4,1–6,1 mm. An Meier (*Asperula*). *P. asperulae* (FIEBER)
e*) Cuneus unterschiedlich ausgedehnt rot gefärbt . . . . **f)**
f) Cuneus in der M rot, am Außenrand schmal schwarz. 5–6,8 mm. Auf trockenen Böden an Labkraut. VI–X. *P. unifasciatus* (F.)
f*) Cuneus breit schwarz. VFl ausgedehnt schwarz. 5,5–6 mm. Auf feuchten Wiesen an Labkraut. *P. palustris* (REUTER)

22* OS locker mit abstehenden Haaren besetzt, gelb- bis braunschwarz. Sch punktiert. 3,5–4,5 mm. An Kiefer. VII–IX. *Camptozygum aequale* (VILLERS)

23 **(21)** 2. FGld so lg od. kürzer als der K breit ist. Rotbraun bis rotgrau, oft mit dunkler Zeichnung. Oval. 4,3–5,5 mm. An *Salix*. 2 Arten. Gattung *Agnocoris* REUTER

23* 2. FGld weit länger als der K breit ist **24**

24 Behaarung des Sch aufrecht u. dicht. Kleinere Arten bis 5,5 mm **25**

24* Behaarung des Sch anliegend. Größere Arten über 5,5 mm **26**

25 2. FGld dünner, länger als HRand des Hsch. Auf Laub- u. Nadelbäumen. 4 Arten. Gattung *Pinalitus* LESTON

25* 2. FGld kräftiger, kürzer als HRand des Hsch. Auf Kräutern. 5 Arten. Gattung *Orthops* FIEBER

26 **(24)** Basis der Schienen außen braun gefleckt. Gelblich-bräunlich, auch rötlich gefärbt. An Kräutern. 7 Arten. Gattung *Lygus* HAHN (Abb. **295**/2)
a) Punktierung der VFl dicht u. kräftig . . . . **b)**
a*) Punktierung der VFl fein u. weniger dicht . . . . **d)**
b) Behaarung der OS sehr dicht, so dass diese matt erscheint. Färbung variabel. 4,6–5,7 mm. Häufige Art. *L. rugulipennis* POPPIUS
b*) Behaarung der OS kaum sichtbar, diese glänzend . . . . **c)**
c) Sch in M der Basis mit schwarzem Fleck. Spitze des Cuneus schwarz. Graugelb, auch rötlich, z. T. dunkel gefleckt. 5,8–7,3 mm. *L. pratensis* (L.)
c*) Sch an der Basis mit dunkler Zeichnung in Form eines W. Spitze des Cuneus hell. 5,4–7 mm. *L. wagneri* REMANE
d) (a) Mehr bräunlich gefärbt. Sch an der Basis mit dunklem W. 5,4–7 mm. *L. punctatus* (ZETTERSTEDT)
d*) Gelblich gefärbt, z. T. mit bräunlicher Zeichnung . . . . **e)**

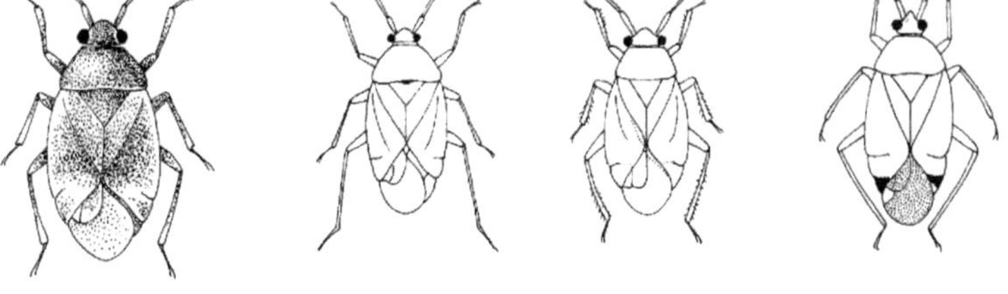

Abb. 295/1–4. 1 *Miridae*: *Charagochilus gyllenhalii* (3–3,9 mm); **2** *Lygus* sp.; **3** *Capsus ater* (5,1–6,7 mm); **4** *Deraeocoris ruber* (6,5–7,5 mm).

e) 2. FGld distal schwarz. Hsch meist mit 2 dunklen Punkten. Sch gelblich mit 2 dunklen Spitzen. Bräunliche Färbung unterschiedlich ausgedehnt. 2 schwer zu trennende Arten von 5,2–6 mm: *L. adspersus* (Schilling), *L. gemellatus* (Herrich-Schaeffer). An Beifuß.
e*) 2. FGld distal kaum schwarz. Hsch ohne schwarze Punkte. VFl ohne bräunliche Färbung. 5,4–6 mm. An Meeresküste. *L. maritimus* Wagner
26* Basis der Schienen außen ungefleckt. Punktierung der VFl flach u. weitläufig. An Laubbäumen u. Kräutern. Gattungen *Lygocoris* Reuter (7 Arten) u. *Apolygus* China (4 Arten)
27 **(17)** 2. FGld ± verdickt **28**
27* 2. FGld nicht verdickt, wenn verdickt, dann Halsring auffällig breit **30**
28 Hsch grob u. ± stark punktiert. Glänzend **29**
28* Hsch nicht punktiert. K breit, gut halb so breit wie Hsch. I. allg. schwarz, matt, fein behaart. 3 Arten. Gattung *Capsus* F.
a) 2. FGld an der Spitze stark keulig verdickt. Bisweilen B od. auch K u. Hsch gelbbraun. 5,1–6,5 mm. Trockene Wiesen. VI–VII. *C. ater* (L.) (Abb. **295**/3)
a*) 2. FGld allmählich u. weniger stark verdickt . . . . **b)**
b) Schienen in der M mit hellem Ring. 5,1–6.5 mm. Auf sumpfigen Wiesen. VII. *C. wagneri* (Remane)
b*) Schienen nahe dem Grunde mit hellem Ring. 5–5,5 mm. Auf Mooren. N. VI–VIII. *C. pilifer* (Remane)
29 1. FGld die KSpitze weit überragend. Größer, oft bunt gefärbt, glänzend. Räuberisch auf Laubbäumen u. Kräutern. 12 Arten. Gattung *Deraeocoris* Kirschbaum
a) Ring des Hsch glänzend, nicht behaart. Sehr variabel in der Färbung. Unbehaart. 6,5–7,5 mm. V1I–IX. *D. ruber* (L.) (Abb. **295**/4)
a*) Ring des Hsch mit filziger Behaarung . . . . **b)**
b) Öffnungen der Stinkdrüsen schwarz od. schwarzbraun. Größere Arten . . . . . **c)**
b*) Öffnungen der Stinkdrüsen weißlich od. gelblich. Kleinere Arten unter 9 mm, z. T. s: *D. annulipes* (Herrich-Schaeffer), *D. cordiger* (Hahn), *D. morio* (Boheman), *D. scutellaris* (F.), *D. ventralis* Reuter.
c) K u. 1. FGld rötlich od. gelblich. Punktierung des Hsch schwarz. 8,5–10 mm. VI–VII. *D. olivaceus* (F.)
c*) K z. T. u. 1. FGld schwarz. Punktierung farblos. 8,5–12 mm. VI–VII. *D. trifasciatus* (L.)
29* 1. FGld kürzer. Kleiner, braun gefärbt. Räuber. Gattung *Deraeocoris* Kirschbaum
a) Sch glatt, unpunktiert, glänzend. Gelbbraun bis braun. 3,4–4 mm. Bes. auf Laubbäumen. UGattung *Knightocapsus* Wagner *D. lutescens* (Schilling)
a*) Sch punktiert. I. allg. dunkler gefärbt. 3,8–4,5 mm. UGattung *Camptobrochis* Fieber *D. punctulatus* (Fallén)
30 **(27)** 1. FGld lg u. dünn. B lg, HSchenkel lg u. dünn, das HlbE überragend. Hellgrau bis gelblich, dunkel gescheckt. Auffällig durch bes. lg F u. schlanke lg B. 4,3–8,5 mm. Meist räuberisch auf Bäumen u. Sträuchern, manche auf niedrigen Pfl. Bestimmung erfordert vielfach genaue mikroskopische Messungen. VII–IX. 19 Arten. Gattung *Phytocoris* Fallén (Abb. **297**/1)
30* 1. FGld meist kräftiger u. kürzer. HSchenkel kräftiger, das HlbE nicht überragend. Hsch mit deutlich begrenztem schwarzen SRand. *P. tiliae* (F.) **31**
31 1. Gld der HFüße dicker u. etwas länger als das 2. Schwarz mit gelber Zeichnung. Cuneus oft orange. Adern der VFl gelb. 9,2–11,8 mm. Auf Laubhölzern. V–VI. *Miris striatus* (L.)
31* 1. Gld der HFüße so dick wie das 2. . . . . **32**
32 2. FGld am Grunde dicker als der Halsring des Hsch **35**
32* 2. FGld am Grunde dünner als der Halsring des Hsch **33**
33 K breit u. kurz. Au an der oberen Ecke des K (in SAnsicht). Schwielen des Hsch kräftig. *Horistus orientalis* (Gmelin) u. Gattung *Capsodes* Dahlbom (2 Arten)

33* K meist etwas länger u. spitzer. Au an der S des K (in SAnsicht). Schwielen des Hsch wenig auffallend **34**

34 1. Gld der HFüße viel kürzer als 2. R z. T. kurz, kaum die VHü überragend. Stirn z. T. stumpfkegelig über Ksch hervorstehend. OS gelb od. grün mit schwarzer Zeichnung. ♂ schlanker als ♀. 6,5–9,1 mm. An Doldengewächsen u. Wolfsmilch. VI–VII. 2 Arten. Gattung *Brachycoleus* FIEBER

34* 1. Gld der HFüße etwa so lg wie das 2. R länger, MBr überragend. Stirn nicht stumpf kegelig vorstehend. 5,7–11 mm. Auf Laubhölzern u. Gräsern. Gattungen *Calocoris* FIEBER (4 Arten) u. *Closterotomus* FIEBER (3 Arten)

35 **(32)** Große MembranZ am E spitzwinklig. Große, lggestreckte Arten. 6–10 mm. Auf Kräutern. VII–IX. 8 Arten. Gattung *Adelphocoris* REUTER (Abb. **297**/3)

a) OS mit schwarzen u. einzelnen hellen Haaren. Graugrün bis gelbgrün. Hsch i. allg. mit 4 schwarzen Flecken. 7,4–10,4 mm. An Brennessel. VIII–IX. *A. quadripunctatus* (F.) u. *A. hercynicus* WAGNER

a*) OS mit hellen Haaren . . . . **b)**

b) Hsch größtenteils u. Sch schwarz. VFl mehrfarbig. 6,5–9 mm. *A. reichelii* (FIEBER) u. *A. seticornis* (F.)

b*) Hsch u. Sch hell. Hsch oft mit 2 schwarzen Flecken, Sch s schwarz, dann VFl einfarbig. 4 weitere Arten. Häufig: *A. lineolatus* (GOEZE).

35* Große MembranZ breit gerundet. Gelbbraun mit roter u. schwarzer Zeichnung. Räuber. (s. Abb. **297**/3). 2 Arten. Gattung *Megacoelum* FIEBER

a) OS, HSchenkel u. HSchienen mit lg Behaarung. 6,3–7,5 mm. Auf Kiefern. VII–IX. *M. beckeri* (FIEBER)

a*) OS, HSchenkel u. HSchienen mit kurzer Behaarung bzw. kahl. 6–7,2 mm. Auf Laubbäumen. VII–X. *M. infusum* (HERRICH-SCHAEFFER)

36 **(14)** Hsch mit deutlichem Quereindruck **37**

36* Hsch ohne deutlichen Quereindruck **40**

37 3. FGld etwa so lg wie das 2. 1. FGld mit 2 schwarzen Ringen, den K weit überragend. K vorn spitz. Grün, Knie u. HEcken des Hsch schwarz. 5,1–5,9 mm. Auf Erle, Birke, Ulme. VI–X. *Blepharidopterus angulatus* (FALLÉN)

37* 3. FGld deutlich kürzer als das 2. . . . . **38**

38 HHü einander berührend. K kugelig. Schwarz, VFl mit hellen, ± breiten Querbinden aus Schuppenhaaren. 3–6,5 mm. Auf Laubhölzern, Sträuchern u. Kräutern. 4 Arten. Gattung *Globiceps* LE PELETIER & SERVILLE (Abb. **297**/4)

38* HHü deutlich getrennt **39**

39 Schwielen des Hsch groß, fast rund. Schwarz, VFl mit 4 gelben Flecken. 6–6,6 mm. An Eiche. V–VI. *Dryophilocoris flavoquadrimaculatus* (DEGEER)

39* Schwielen des Hsch klein, länglich. Hsch vorn u. hinten gelblich. VFl rot- bis schwarzbraun. 5,7–8 mm. Auf Eichen. VI–VII. *Cyllecoris histrionius* (L.)

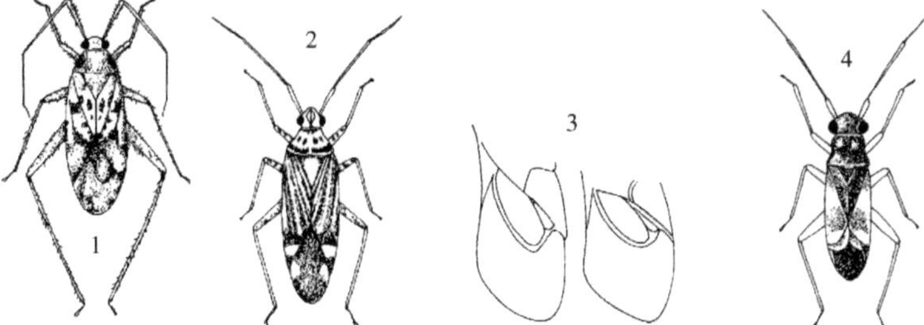

Abb. 297/1–4. *Miridae*: **1** *Phytocoris tiliae* (6–7 mm); **2** *Rhabdomiris striatellus* (7–8,4 mm); **3** Membranzelle von *Adelphocoris* sp. u. *Megacoelum* sp.; **4** *Globiceps flavomaculatus* (5,9–6,7 mm)

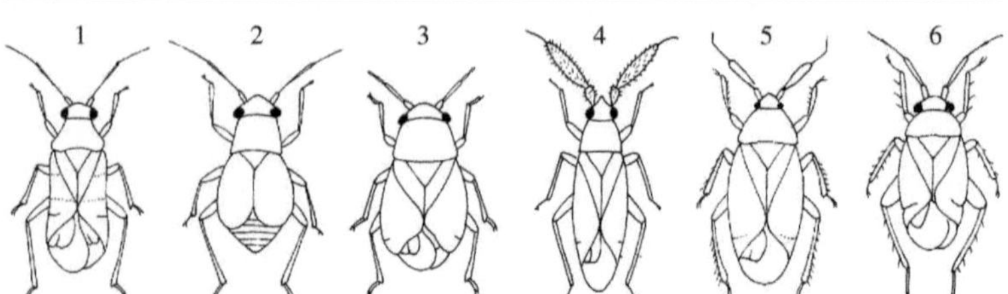

Abb. 298/1–6. *Miridae*: **1** *Pilophorus clavatus* (3,9–5 mm); **2** *Halticus* sp.; **3** *Strongylocoris* sp.; **4** *Heterotoma planicornis* (5–5,5 mm); **5** *Atractotomus* sp.; **6** *Chlamydatus* sp.

40 **(37)** VFl mit 2–3 schmalen, silberweißen Querbinden. Braun bis schwarz. 4–5,5 mm. Räuberisch auf Laub- u. Nadelhölzern. 5 Arten. Gattung *Pilophorus* HAHN

a) VFl mit aufrechten lg Haaren. Membran verkürzt, mit 1 Z. An Laubhölzern. 3,5–4,5 mm. *P. confusus* (KIRSCHBAUM)

a*) VFl mit kurzen Haaren, vereinzelt lg Haare .... **b)**

b) Corium hinter der 2. Querbinde glänzend. 4,1–5,2 mm. Auf Kiefer. VII–IX. *P. cinnamopterus* (KIRSCHBAUM)

b*) Corium hinter der 2. Querbinde größtenteils matt. Auf Laubhölzern .... **c)**

c) 2. Querbinde des Coriums etwa auf einer Höhe mit der des Clavus liegend. 3,7–4,9 mm. VII–X. *P. simulans* JOSIFOV u. *P. perplexus* DOUGLAS & SCOTT

c*) 2. Querbinde des Coriums etwas hinter der des Clavus liegend. 3,9–5 mm. VI–IX. *P. clavatus* (L.) (Abb. **298**/1)

40* VFl ohne schmale, silberweiße Querbinden **41**

41 1. Gld des R mehr als doppelt so dick wie das 1. FGld **42**

41* 1. Gld des R weniger als doppelt so dick wie das 1. FGld **44**

42 2. FGld gegen das E verdickt. Vorwiegend schwarz gefärbt. Schwarz behaart. ♀ gedrungen, eiförmig, ♂ gestreckt. 4,5–7 mm. An Kräutern. 4 Arten. Gattung *Orthocephalus* FIEBER

42* 2. FGld am E nicht verdickt **43**

43 F sehr lg u. dünn, länger als das Tier. Kurz u. breit. Vorwiegend schwarz gefärbt. 2–3,5 mm. An Kräutern, bisweilen schädlich. Bes. auf trockenen Böden. 6 Arten. Gattung *Halticus* HAHN (Abb. **298**/2)

43* F viel kürzer als der Körper. K sehr kurz u. breit. Gestalt breit oval, gewölbt. 3–5 mm. An *Peucedanum, Campanula* u. *Jasione*. 5 Arten. Gattung *Strongylocoris* BLANCHARD (Abb. **298**/3)

44 **(41)** HRand des K gerandet. Bei 1 *Orthotylus*-Art ungerandet, dann R die HHü weit überragend **45**

44* HRand des K nicht gerandet **47**

45 R länger, stets die VHü überragend **46**

45* R sehr kurz, nur bis zu VHü reichend. 2 FGld beim ♂ hakenförmig erweitert. Schwarzbraun mit gelblicher Zeichnung. 6–7 mm. Bes. auf blühenden Eichen. V–VI. *Harpocera thoracica* (FALLÉN)

46 2. FGld ± stark verdickt. Länglich oval bis oval, robust. Schwarz od. grau, i. allg. mit hellen Schuppenhaaren bedeckt. 4,2–5,2 mm. An Sträuchern. 5 Arten. Gattung *Heterocordylus* FIEBER

46* 2. FGld nicht verdickt. Meist schlank. I. allg. grün gefärbt. Die Arten ähneln sich sehr. 2,5–7 mm. Auf Sträuchern u. niedrigen Pfl. 20 Arten. Gattung *Orthotylus* FIEBER

47 **(44)** 2. FGld ungewöhnlich vergrößert u. flach verbreitert. Schwarz bis schwarzbraun. Länglich. 5–5,5 mm. Auf Laubhölzern (Schlehe) u. Kräutern. VII–X. *Heterotoma planicornis* (PALLAS) (Abb. **298**/4)

47* 2. FGld nicht ungewöhnlich vergrößert u. nicht flach verbreitert **48**

48 OS mit einfacher, gleichartiger Behaarung, ohne Schuppenhaare. Behaarung evtl. zweifarbig **51**

48* OS mit einfacher Behaarung u. glänzenden Schuppenhaaren **49**

49 K nach unten verlängert. Schwarz. ♂ oval, ♀ lggestreckt, mit meist verdicktem 2. FGld. Schienen schwarz od. hell u. ohne schwarze Punkte. 2,5–4 mm. Meist an Labkrautarten. 4 Arten. Gattung *Criocoris* FIEBER

49* K nach unten nicht verlängert **50**

50 2. FGld verdickt, meist spindelförmig. Beim ♂ bisweilen zylindrisch, dann jedoch höchstens 10-mal so lg wie dick. Länglich-oval. Schwarzbraun bis schwarz. 2,6–3,8 mm. An Laub- u. Nadelhölzern u. Kräutern. 5 Arten.
Gattung *Atractotomus* FIEBER (Abb. **298**/5)

50* 2. FGld zylindrisch, stets mehr als 10-mal so lg wie dick, beim ♀ nie dicker als beim ♂. Schienen meist mit schwarzen Punkten u. Dornen. Färbung unterschiedlich. 2,8–5 mm. An Laub-u. Nadelhölzern. Schwer zu bestimmen. 24 Arten.
Gattung *Psallus* FIEBER

51 **(48)** K sehr vorgestreckt, Stirn stark vorgezogen u. gekrümmt. Hellgelbliche, grünliche Färbung. 3,8–5,5 mm. An Gräsern. 5 Arten. Häufig: *A. nasutus* (KIRSCHBAUM)
Gattung *Amblytylus* FIEBER

51* K ± geneigt **52**

52 2. FGld (so lg od.) länger als der K breit ist **54**

52* 2. FGld kürzer als der K breit ist **53**

53 HSchenkel verdickt (SprungB). K sehr breit, fast so breit wie Hsch. Klein, breit-oval. Schwarz, l Art bräunlich. F ± hell. l,6–2,7 mm. Trockene Grasböden. 4 Arten.
Gattung *Chlamydatus* CURTIS (Abb. **298**/6)

53* HSchenkel nicht verdickt. K schmaler u. sehr kurz. Schenkel u. Schienen hell mit schwarzen Punkten. Klein, oval. 2 Arten. Gattung *Campylomma* REUTER
Häufig: VFl graugelb. F hell, 1. Gld vor der Spitze mit schwarzem Ring. 2,8–3,2 mm. Auf Kräutern, auch auf Laubhölzern. VI–X. *C. verbasci* (MEYER-DÜR)

54 **(52)** Schenkel schwarz, wenn hell, dann Dornen der Schienen aus schwarzen Punkten entspringend. Schienen am Grunde mit schwarzem Fleck. Grünlich-grau bis schwarz. An krautigen Pfl (häufig Beifuß), meist auf trockenen Böden. 2,8–4,6 mm.
Gattungen *Plagiognathus* FIEBER (3 Arten) u. *Europiella* REUTER (4 Arten)
Häufig: bräunlich, auch mehr gelblich, B gelblich, HSchenkel beidseitig schwarz gesäumt. 3,7–4,6 mm. *P. arbustorum* (F.)

54* Schenkel hell. Dornen der Schienen nicht aus dunklen Punkten entspringend . . **55**

55 Behaarung OS einfarbig schwarz, glatt anliegend **56**

55* Behaarung weißlich, wenn schwarz, dann nicht glatt anliegend, z. T. mit einzelnen hellen Haaren. Körper einfarbig gelblich **57**

56 Körper gelbbraun-orange (♂) bis graugelblich (♀), K schwarz u. gelb gefleckt. VFl mit hellen Adern u. Rändern. 3,6–4,5 mm. Auf Kleinem Habichtskraut. VI–VIII.
Hoplomachus thunbergii (FALLÉN)

56* Körper weißlich-blaugrün, matt. Länglich-oval. 4,4–5,8 mm. An Scabiosen. VI–VIII.
Placochilus seladonicus (FALLÉN)

57 **(55)** Körper sehr lggestreckt u. schmal, glänzend. 4,5–6 mm. Auf Laubbäumen. 4 Arten, z. T. s. Gattung *Phylus* HAHN

a) 1. u. 2. FGl ganz od. z. T. schwarz. Gelblich mit dunkler Zeichnung. 4,7–5,4 mm. An Erle. Geb, s. *Ph. plagiatus* (HERRICH-SCHAEFFER)

a*) 1. u. 2. FGl hell . . . . . **b)**

b) Hellgelb. K einfarbig hell. Membran hell. 4,4–5,3 mm. An Laubgehölzen. s.
Ph. palliceps FIEBER

b*) Nicht einfarbig hellgelb. K schwarz od. rotbraun . . . . . **c)**

c) OS einfarbig schwarz od. rötlich graubraun. 4,4–5,3 mm. Auf Hasel. VI–VIII.
Ph. coryli (L.)

c*) OS ocker- bis rotgelb, K schwarz. 4,6–6,1 mm. An Eichen. VI–VIII.
Ph. melanocephalus (L.)

57* Körper mehr oval, matt. Meist hell gelblich od. grünlich-gelblich. 3,5–5,5 mm. Auf Korbblütengewächsen (Rainfarn, Schafgarbe). 3 Arten. Gattung *Megalocoleus* REUTER

Familie ***Nabidae*** – Sichelwanzen

16 Arten, die räuberisch auf Gebüsch, Bäumen u. am Boden leben. 2 UFamilien.

1 Mit breitem, flachem Halsring. VSchenkel nicht verkürzt u. ohne Dornen. Gelbbraun bis schwarz. UFamilie *Nabinae* **3**

1* Ohne Halsring. VSchenkel verkürzt u. mit Dornen. UFamilie *Prostemmatinae* . . . **2**

2 Nur VSchenkel bedornt. Rot-schwarz. Fast immer kurzflügelig. 7,5–10 mm. An trockenen Stellen. *Prostemma guttula* (F.)

2* Auch M- u. HSchenkel bedornt. Gelb-schwarz. 4–5,2 mm. Auf trockenen Böden im S. *Alloeorhynchus flavipes* (FIEBER)

3 **(1)** HlbUS am SRand mit einer Längsrinne. Connexivium waagerecht. 9 Arten. Gattung *Nabis* LATREILLE

a) HlbOS in der Regel schwarz . . . . **b)**

a*) HlbOS gelbbraun, mit 1–3 dunklen Längsstreifen. Meist kurzflügelig . . . . **e)**

b) HlbOS schwarz mit 2 gelblichen Längslinien. Connexivium gelb. VFl meist verkürzt. 7,5–9,6 mm. Auf feuchten Wiesen. *N. flavomarginatus* SCHOLTZ

b*) HlbOS einfarbig schwarz . . . . **c)**

c) Kleinere Arten von 5,5–6,8 mm . . . . **d)**

c*) Größere Arten von 8–9,5 mm: *N. punctatus* COSTA, *N. ferus* (L.), *N. pseudoferus* REMANE u. *N. rugosus* (L.), deren Bestimmung ohne Untersuchung der Genitalgriffel nicht möglich ist. (Abb. **300**/1)

d) Rötlichbraun. 6–6,8 mm. An Heidekraut. *N. ericetorum* SCHOLTZ

d*) Graubraun. VSchenkel mit schwarzem Längsfleck. 5,5–6 mm. *N. brevis* SCHOLTZ

e) Connexivium breiter als die HSchenkel. 8–9 mm. An feuchten Stellen auf Stauden u. Gräsern. *N. limbatus* DAHLBOM

e*) Connexivium schmaler als HSchenkel. 9,7–12 mm. Auf Mooren an Schilf u. a. Im N. *N. lineatus* DAHLBOM

3* HlbUS am SR ohne Längsrinne. Connexivium nach oben gebogen. 4 Arten. Gattung *Himacerus* WOLFF

a) HlbOS gelbbraun mit dunkler MLinie. Au auffallend groß, vorstehend. Hsch mit 3 schwarzen Längsbinden. 7–8 mm. Auf trockenen u. feuchten Böden. *H. boops* (SCHIOEDTE)

a*) HlbOS dunkelbraun bis schwarz . . . . **b)**

b) F so lg wie der Körper. Hlb am E sehr breit. Dunkelbraun, Corium mehr rotbraun. VFl oft verkürzt. 9–11 mm. Auf Gebüsch. *H. apterus* (F.) (Abb. **300**/2)

b*) F kürzer als der Körper. Hlb nicht auffällig breit . . . . **c)**

c) Connexivium schwarz mit rötlichem Fleck auf jedem Sgm. Hsch ohne dunkle Längsstreifen. SRand des Coriums nicht dunkel. VFl oft verkürzt. 7–9 mm. Auf Kräutern, bes. Brennessel. *H. mirmicoides* (COSTA)

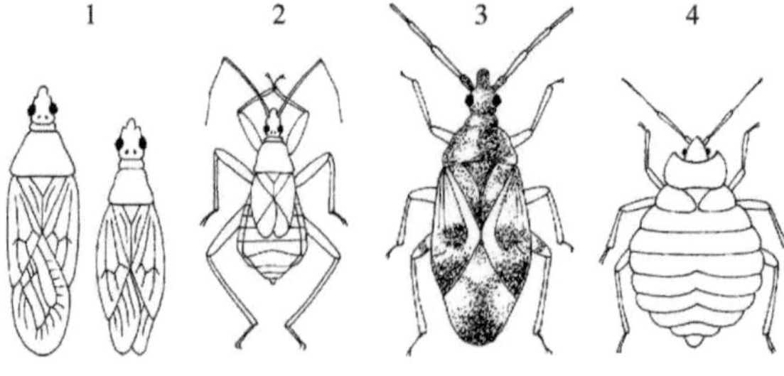

Abb. 300/1–4. **1** *Nabidae*: *Nabis ferus* u. *N. rugosus* (8–9,5 mm); **2** *Himacerus apterus* (9–11 mm); **3** *Anthocoridae*: *Anthocoris nemorum* (3,4–4,5 mm); **4** *Cimicidae*: *Cimex lectularius* (5–6 mm).

c*) Connexivium einfarbig gelblich. Hsch mit dunklen Längsstreifen. CoriumRand dunkel. 8,5–9,5 mm. Am Boden. *Himacerus major* (COSTA)

Familie *Anthocoridae* – Blumenwanzen

Kleine Arten, vielfach nicht bestimmbar. Räuber. 46 Arten. 2 UFamilien.

1 3. u. 4. FGld fadenförmig dünn. UFamilie *Xylocorinae.* 14 Arten, die auf Exkursionen nicht bestimmt werden können. Häufig sind:
a) VSchenkel verdickt. HlbSpitze mit lg Haaren. VFl schwarzbraun, im hinteren Teil gelblich. Brachypter u. macropter. 2,2–2,5 mm. Unter Rinde.
Xylocoris cursitans (FALLÉN)
b) VSchenkel kaum verdickt. HlbSpitze ohne lg Haare. Gelbbraun bis schwarz, VFl am Grunde hell. 3–4 mm. Unter Heu, in Nestern, oft in Häusern u. Ställen, „Geflügelte Bettwanze". *Lyctocoris campestris* (F.)

1* 3. u. 4. FGld nicht fadenförmig, sondern spindelartig u. so dick wie die ersten Gld. UFamilie *Anthocorinae* **2**

2 K ohne deutlichen Halsring. 7 Arten, 1,5–3 mm. Nur mikroskopisch bestimmbar.
Gattung *Orius* WOLFF

2* K mit deutlichem Halsring. Mehr als 20 Arten, die räuberisch auf Gebüsch u. niedrigen Kräutern leben. Klein, meist unter 4 mm, im Gelände kaum zu bestimmen. Gattungen *Acompocoris* REUTER mit 3 Arten, *Anthocoris* FALLÉN mit 12 Arten, *Elatophilus* REUTER mit 3 Arten, *Temnostethus* FIEBER mit 6 Arten u. *Tetraphleps* FIEBER mit 2 Arten. Sehr häufig:
Schwarz, VFl glänzend, braun bis weißlich, mit schwarzem Fleck od. Querbinde in der hinteren Hälfte des Corium. F länger als K u. Hsch zusammen. 3,5–4,5 mm.
Anthocoris nemorum (L.) (Abb. **300**/3)

Familie *Cimicidae* – Plattwanzen

Parasiten (temporär) an Säugetieren u. Vögeln. Genaue Bestimmung nur mit starker Vergrößerung möglich.

1 3. u. 4. FGld fadenförmig. VRand des Hsch stark eingebuchtet. KS hinter den Au sichtbar. 4 Arten. Gattung *Cimex* L.
a) SRand des Hsch breit. . . . . **b)**
a*) SRand des Hsch schmal. Nur an Fledermäusen. 4,5–5,7 mm.
C. pipistrelli JENYNS
b) In Wohnungen, s auch an Fledermäusen. 5–6 mm. I–XII.
C. lectularius L. – **Bettwanze** (Abb. **300**/4)
b*) An Tauben u. Hühnern u. in deren Ställen. 3,5–4,5 mm. IV–IX.
C. columbarius JENYNS – **Taubenwanze**

1* 3. u. 4. FGld nicht fadenförmig. VRand des Hsch kaum eingebuchtet. KS hinter den Au nicht sichtbar. 3–4 mm. An Schwalben u. in deren Nestern, bei Mauerseglern u. Sperlingen. *Oeciacus hirundinis* (LAMARCK) – **Schwalbenwanze**

Familie *Reduviidae* – Raubwanzen

Kräftig u. groß od. zart mückenartig. Räuber. 13 Arten, davon 1 extrem s. 6 UFamilien.

1 Vschenkel stark verdickt, Schiene u. Fuß krallenförmig. SRand des Hlb stark dreieckig verbreitert. Mittelgroße Arten, bes. im S, bei uns 1 Art. 8–9 mm. An trockenen Orten im Gras. UFamilie *Phymatinae.* *Phymata crassipes* (F.)

1* Vschenkel nicht od. wenig verdickt. SR des Hlb nur schmal verbreitert **2**

2 Zart, mückenahnlich. F u. Schenkel dunkel geringelt. An Nadel- u. Laubbäumen, auch in Wohnungen. 3 Arten, 1 sehr s. UFamilie *Emesinae.*
Gattung *Empicoris* WOLFF
a) Connexivium einfarbig. Dunkle Ringe der F u. Schenkel schmaler als die hellen 6–7 mm. VI–X. *E. vagabundus* (L.) (Abb. **302**/1)
b) Connexivium hell u. dunkel gefleckt. Dunkle Ringe der F u. Schenkel breiter als die hellen. 4,5 mm. *E. culiciformis* (DEGEER)

2* Kräftig, nicht mückenartig **3**

3 1. FGld kürzer als das 2. . . . . **4**

3* 1. FGld viel länger als das 2. UFamilie *Harpactorinae* **6**

4 K u. Br unten regelmäßig bedornt. Flachgedrückt. Braun. 12–15 mm. Feuchte Wiesen, Ufer, unter PflPolstern. UFamilie *Stenopodainae.* *Pygolampis bidentata* (GOEZE)

4* K u. Br unten ohne Dornen **5**

5 VFl rot u. schwarz. 12–14 mm. Unter Steinen. Im S. UFamilie *Peiratinae.*
Peirates hybridus (SCOPOLI)

5* VFl nie rot. Körper dunkelbraun bis schwarz. Stark behaart. 16–18 mm. In Kellern u. auf Müllplätzen. L oft mit Staub bedeckt. UFamilie *Reduviinae.*
Reduvius personatus (L.) – **Große Raubwanze**

6 **(3)** Körper schwarzbraun. B graubraun. Vielfach kurzflügelig. 9–12 mm. Unter Heidekraut. III–X. *Coranus subapterus* (DEGEER)

6* Körper nicht einfarbig dunkel, zumindest B rot u. schwarz.
Gattung *Rhynocoris* HAHN
a) Körper schwarz, nur Connexivium u. B rot gefleckt. 12–15 mm. Waldränder, auf Gebüsch. *R. annulatus* (L.)
a*) Corium rot od rotbraun . . . . **b)**
b) 1. RGld unten rot. Sch schwarz mit heller Spitze. 14–17 mm. Trockene Böden, an sonnigen, warmen Orten an Kräutern. *Rhynocoris iracundus* (PODA) (Abb. **302**/2)
b*) 1. RGld unten ganz od. überwiegend schwarz. Sch schwarz mit heller Linie u. Spitze. 12–15 mm. An warmen Orten am Boden u. auf Kräutern. Im S u. SW.
R. erythropus (L.)

Pentatomomorpha

Familie *Aradidae* – Rindenwanzen

Schwarze od. braune Arten mit flachem Körper u. sehr gleichförmigem Aussehen. VFl schmal, SRand des Hlb nicht erreichend. Auf u. unter der Rinde von Baumstämmen u. in Baumschwämmen. 21 Arten, z. T. sehr s. 3 UFamilien.

1 VFl deutlich in Corium u. Membran geteilt **2**

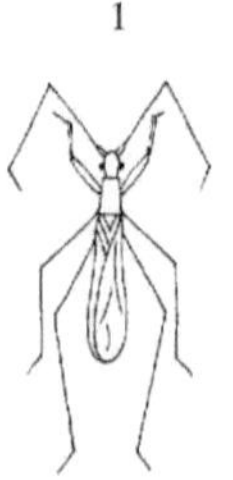

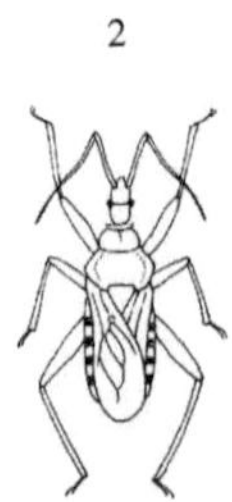

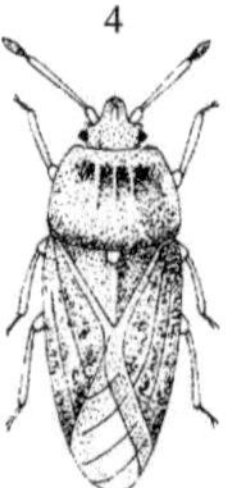

Abb. 302/1–5. 1 *Reduviidae*: *Empicoris vagabundus* (6–7 mm); **2** *Rhynocoris iracundus* (14–17 mm); **3** *Aradidae*: *Aradus cinnamomeus* (3,5–5 mm); **4** *Piesmatidae*: *Piesma quadratum* (2–3 mm); **5** *Berytidae*: *Neides tipularius* (9–11 mm).

1* VFl nicht geteilt, Corium u. Membran ineinander übergehend, glasartig. 2 Arten. UFamilie *Aneurinae.* Gattung *Aneurus* CURTIS

2 K hinter den Au breiter als vor den Au. UFamilie *Mezirinae.*
Nur 1 Art. Schwarzbraun. F u. B rotbraun. 7,5–9 mm. Im Mulm u. an der Rinde von Laubbäumen. s. *Mezira tremulae* (GERMAR)

2* K hinter den Au so breit wie vor den Au. UFamilie *Aradinae.* Nur 1 Gattung mit 18 Arten. Gattung *Aradus* F.
Häufiger sind:
a) F kaum länger als K. Hell- bis dunkelbraun. ♀ vielfach kurzflügelig. 3,5–5 mm. Nur an Kiefer. III–VII. *A. cinnamomeus* (PANZER) (Abb. **302**/3)
b) F beträchtlich länger als der K. VE des Hsch mit hellem Fleck. Corium hell mit dunkler Zeichnung. 5–6 mm. An Laubbäumen, bes. Birke. III–XII. *A. depressus* (F.)

Familie ***Piesmatidae* – Meldenwanzen**

Klein, oval. SRand des Hsch u. der VFl mit Maschen. 2–3 mm.
Gattungen *Piesma* LE PELETIER & SERVILLE u. *Parapiesma* PÉRICART
6 Arten. Darunter die durch Übertragung des Virus der Kräuselkrankheit sehr schädliche *Parapiesma quadratum* (FIEBER) – **Rübenwanze** (Abb. **302**/4).

Familie ***Berytidae* – Stelzenwanzen**

Körper schmal, lggestreckt mit lg, dünnen u. gewinkelten F u. lg, dünnen B. FGld u. Schenkel am E verdickt. Bewegungen langsam. 11 Arten in 2 UFamilien.

1 Stirn mit seitlich zusammengedrücktem Forts. Sch ohne aufrechten Forts. UFamilie *Berytinae* **2**

1* Stirn mit nicht nach vorn vorstehendem Höcker. Sch mit meist aufrechtem Dorn. 3 Arten. UFamilie *Metacanthinae*

2 F so lg wie Körper. Graubraun. 9–11 mm. Trockene Böden, an u. unter Gräsern. III–X. *Neides tipularius* (L.) – **Große Stelzenwanze** (Abb. **302**/5)

2* F viel kürzer als Körper. 4–9 mm. An Gräsern, auf trockenen Wiesen. 7 Arten. Gattung *Berytinus* KIRKALDY

Familie ***Lygaeidae* – Bodenwanzen**[1)]

Kräftig gebaute, i. allg. ovale od. länglich ovale Arten. Meist dunkelbraun. 3–12 mm. Vielfach auf trockenen Böden, i. allg. sehr schnell laufend. Meist PflSauger. 126 Arten in 9 UFamilien – Nicht berücksichtigt wurden folgende Gattungen: *Camptotelus* FIEBER, *Ischnocoris* FIEBER, *Lamproplax* DOUGLAS & SCOTT, *Lasiosomus* FIEBER, *Macrodema* FIEBER, *Metopoplax* FIEBER, *Microplax* FIEBER, *Pionosomus* FIEBER, *Plinthisus* STEPHENS u. *Taphropeltus* STÅL. UFamilien schwer zu unterscheiden.

1 Au eiförmig, sehr groß, KS einnehmend. Schwarz, glänzend. Membran oft verkürzt. 3 Arten. Gattung *Geocoris* FALLÉN
a) Hsch schwarz mit gelber MLinie, VFl einfarbig schwarz. 3–3,5 mm. Auf Sandböden. *G. ater* (F.)
a*) Ränder des Hsch u. der VFl z. T. gelb . . . . **b)**
b) Alle Ränder des Hsch u. der VFl gelb. 3,5–5 mm. Auf Sandböden. *G. grylloides* (L.) – **Grillenwanze** (Abb. **304**/1)
b*) Nur V- u. SRand des Hsch sowie Außenrand u. Clavus der VFl gelb. 4–5,5 mm. Auch auf feuchteren Böden. *G. dispar* (WAGA)

---

1) Werden heute in mehrere F unterteilt, die hier nicht berücksichtigt werden.

1* Au kleiner ... **2**

2 Au gestielt. Braun, dunkel punktiert. Länglich. 5–6 mm. An Salzstellen unter Pfl.
Henestaris halophilus (Burmeister)

2* Au nicht gestielt, normal groß ... **3**

3 Naht zw 3. u. 4. BauchSgm gerade zum SRand durchlaufend ... **4**

3* Naht zw 3. u. 4. BauchSgm am SRand nach vorn einen Bogen bildend, ohne diesen zu erreichen ... **17**

4 Corium deutlich punktiert ... **14**

4* Corium nicht od. kaum punktiert ... **5**

5 Hsch im VTeil mit (mindestens an S deutlicher) Querfurche ... **6**

5* Hsch im VTeil ohne Querfurche ... **12**

6 Clavus mit deutlichen Punktreihen. Gelb bis rotbraun. Querrinne des Hsch schwarz. Membran durchsichtig, ohne Z am Grunde. 5–6 mm. Auf Birke.
Kleidocerys resedae (Panzer) (Abb. **304**/2)

6* Clavus ohne Punktreihen. Membran mit Z am Grunde ... **7**

7 Naht zw Corium u. Membran gerade ... **8**

7* Naht zw Corium u. Membran geschweift ... **10**

8 Au den VRand des Hsch berührend. Kopf rot u. schwarz ... **9**

8* Au vom VRand des Hsch entfernt. K schwarz. 6–7 mm. 3 Arten.
Gattung *Arocatus* (Spinola)

a) Connexivium schwarz u. rot gefleckt. Corium größtenteils schwarz. Auf Laubhölzern (Eiche). *A. melanocephalus* (F.)

a*) Connexivium rot. Corium rot, in der M mit dunklem Fleck. An Erlen.
A. roeselii (Schilling)

9 Hsch vorn u. hinten mit schwarzen Flecken. 10–12 mm. An Kräutern auf warmem Boden. *Lygaeus equestris* (L.) – **Ritterwanze** (Abb. **304**/3)

9* Hsch schwarz mit 3 roten Längsstreifen. 10–11 mm. Auf Dolden- u. Korbblütengewächsen. *Spilostethus saxatilis* (Scopoli)

10 **(7)** VFl immer vollständig. SchSpitze wenig gerundet ... **11**

10* VFl fast immer verkürzt. Sch stark gerundet. Gelbbraun bis braun, schwarz gefleckt. 4–6 mm. Im Bergland unter Pfl. *Nithecus jacobaeae* (Schilling)

11 SR der VFl gerade. Mit aufrechter, kurzer, dicker Behaarung. Grau bis graubraun. 4,5–6,5 mm. Bodentier an sonnigen, trockenen Orten.
Ortholomus punctipennis (Herrich-Schaeffer)

11* SR der VFl am Grunde gerade, in Höhe der SchSpitze erweitert. Behaarung anliegend. Bräunlich bis gelbgrau. 3–6 mm. Bodentiere. 6 Arten.
Gattung *Nysius* Dallas (Abb. **304**/4)

12 **(5)** Körper lggestreckt mit ± parallelen S. VFl oft verkürzt, auch bei macropteren Formen das HlbE nicht erreichend. Schwarzgrau. VFl gelbbraun mit braunen Adern. 4,5–5,6 mm. Auf feuchten Wiesen. *Ischnodemus sabuleti* (Fallén)

12* KörperS ± nach außen gebogen. VFl das HlbE überragend ... **13**

13 1. FGld die KSpitze überragend. Corium grauweißlich mit starken, braunen Adern. 3–4 mm. Unter Gräsern u. PflPolstern. Mehr im S. *Macroplax preyssleri* (Fieber)

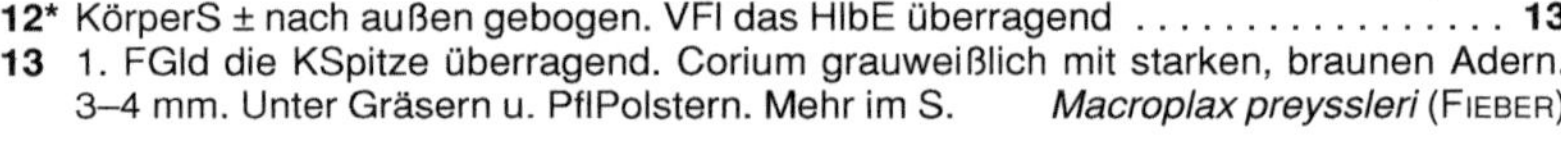

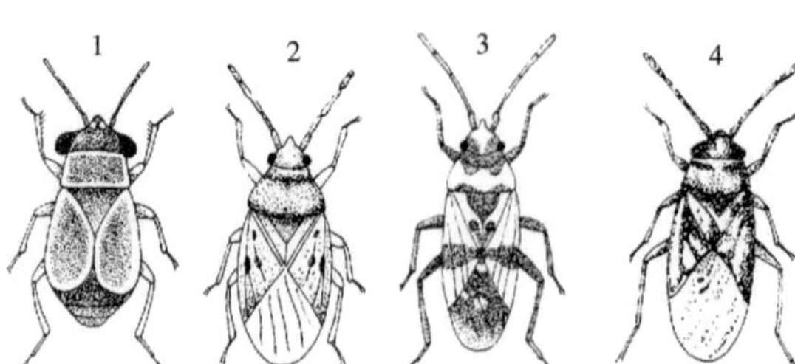

Abb. 304/1–4. **1** *Lygaeidae*: *Geocoris grylloides* (3,5–5 mm); **2** *Kleidocerys resedae* (5–6 mm); **3** *Lygaeus equestris* (10–12 mm); **4** *Nysius* sp.

13* 1. FGld die KSpitze nicht überragend. Dunkelbraun, SR u. Grund des Coriums hell. 3,2–3,8 mm. Auf Erle. *Oxycarenus modestus* (FALLÉN)
14 **(4)** Punktierung farblos. 2,5–5 mm. Auf sumpfigen Wiesen u. an Teichrändern. 4 Arten. Gattung *Cymus* HAHN
14* Punktierung braun, in Längsreihen **15**
15 Sch an den S mit 2 Längsschwielen. Wangen fast so lg wie der Ksch. Gelbbraun, gelb gezeichnet. 4–5 mm. In den Kolben von *Typha*. VII–VIII. *Chilacis typhae* (PERRIS)
15* Sch an den S ohne Längsschwielen. Wangen kürzer als der Ksch **16**
16 VSchenkel unten mit 1 Dorn. Hsch in der M quer eingeschnürt. Länglich-oval. 4 Arten. Gattung *Heterogaster* SCHILLING
a) Schenkel schwarz, Spitze oft hell. 2 Arten von 6,5–7,5 mm. Südl v. *H. affinis* HERRICH-SCHAEFFER, *H. cathariae* (GEOFFROY)
a*) Schenkel am Grunde hell, distal z. T. schwarz . . . . **b)**
b) OS lg u. abstehend behaart. 6–7 mm. An Brennessel. VI–IX. *H. urticae* (F.) – **Brennesselwanze**
b*) OS kurz u. anliegend behaart. 5–5,5 mm. Auf trockenem Boden, gern an Beifuß (*Artemisia*). *H. artemisiae* SCHILLING
16* VSchenkel ohne Dorn. Hsch kaum eingeschnürt. 5–6 mm. Trockene Böden unter Salbei (*Salvia*). *Platyplax salviae* (SCHILLING)
17 **(3)** Hsch hinter der M stark eingeschnürt. VSchenkel bedornt **18**
17* Hsch ohne Einschnürung, höchstens mit Querfurche **19**
18 2. FGld mehr als doppelt so lg wie das 1. Schwarz, Corium z. T. weißlich. 4,5–6 mm. Auf Hochmooren. *Ligyrocoris silvestris* (L.)
18* 2. FGld weniger als doppelt so lg wie das 1. Schwarz, z. T. bräunlich gefleckt. 4–6 mm. Feuchte Wiesen, an Gräsern. 2 Arten. Gattung *Pachybrachius* HAHN (Abb. **306**/1)
19 **(17)** SRand des Hsch ± blattartig verbreitert, nach außen gebogen u. kaum eingebuchtet **29**
19* SRand des Hsch nicht od. nur neben der Querfurche verbreitert od. schmal leistenartig **20**
20 SRand des Hsch neben der Querfurche deutlich verbreitert **21**
20* SRand des Hsch neben der Querfurche nicht verbreitert, überall schmal leistenartig **22**
21 Über 6 mm. 1. FGld den K deutlich überragend. Schwarz-gelbbraun. Bodentiere, 1 Art in Ameisennestern. 4 Arten. Gattung *Eremocoris* FIEBER
21* 3–4,5 mm. 1. FGld den K wenig überragend. Lebhaft gezeichnet. S- u. HRand des Hsch braun, VFl hellbraun mit dunkler Zeichnung. An trockenen u. feuchten Orten unter Pfl. 7 Arten. Gattung *Scolopostethus* FIEBER
22 **(20)** Körper unten u. oben flach, breit-oval. Braun, K u. HschVTeil schwarz. 7–7,5 mm. Auf Nadelhölzern (Zapfen). 2 Arten. Gattung *Gastrodes* WESTWOOD
22* Körper zumindest unten gewölbt **23**
23 Hsch so breit wie lg od. breiter **24**
23* Hsch länger als breit. Schmal, lggestreckt. Schwarz, VFl rotbraun, meist verkürzt. 5–5,5 mm. Sandboden. *Pterotmetus staphyliniformis* (SCHILLING) (Abb. **306**/2)
24 VSchenkel mit Dornen **25**
24* VSchenkel ohne Dornen **28**
25 Sch vor der Spitze mit 2 gelben Flecken. Grau bis braun. 4,5–6 mm. Bodentiere, unter Pfl an trockenen u. feuchten Orten. 6 Arten. Gattung *Peritrechus* FIEBER
25* Sch vor der Spitze ohne gelbe Flecke **26**
26 VSchenkel stark verdickt, mit sehr kräftigem Dorn. B kräftig. Hsch etwa so lg wie breit, lg-oval, fast parallelseitig. 4–7 mm. Bodentiere unter Laub u. Pfl. 7 Arten. Gattung *Megalonotus* FIEBER
26* VSchenkel weniger stark verdickt, mit meist sehr kleinem Dorn. B schlanker. Hsch ± trapezförmig. Breit-oval **27**

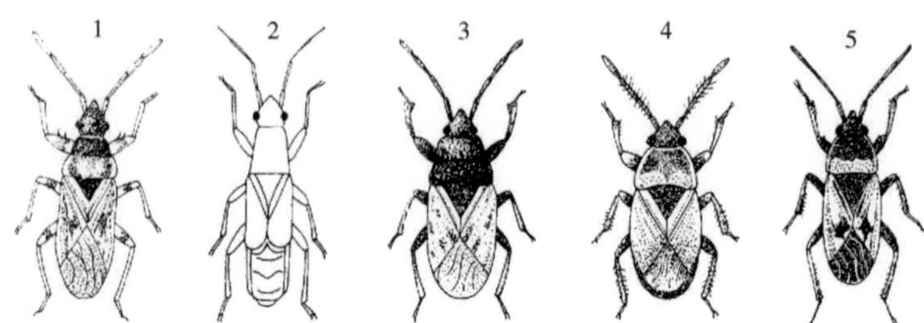

Abb. 306/1–5. 1 *Lygaeidae*: *Pachybrachius* sp.; **2** *Pterotmetus staphyliniformis* (5–5,5 mm); **3** *Drymus* sp.; **4** *Trapezonotus* sp.; **5** *Rhyparochromus pini* (7–8 mm).

27 Einfarbig mattschwarz. 7–8 mm. An trockenen, warmen Orten unter Blattrosetten. Bes. im S. *Aellopus atratus* (GOEZE)

27* Nicht einfarbig schwarz, ± glänzend. 3–5,5 mm. Auf trockenen u. feuchten Böden, oft unter Moos. 7 Arten. Gattung *Drymus* FIEBER (Abb. **306**/3)

28 **(24)** 1. FGld den K nicht od. kaum überragend. Clavus mit 3 Punktreihen. Schwarz, VFl gelbbraun. 3,5–4,2 mm. Auf Steppenheiden od. feuchten Wiesen. 2 Arten. Gattung *Acompus* FIEBER

28* 1. FGld den K deutlich überragend. Clavus mit 4 Punktreihen. 2,5–4,2 mm. Auf trockenen Böden, vielfach Heidegebiete. 5 Arten. Gattung *Stygnocoris* DOUGLAS & SCOTT

29 **(19)** Blattartiger SRand des Hsch deutlich u. dicht dunkel punktiert **30**

29* SRand des Hsch i. allg. weniger breit, höchstens außen dunkel punktiert **31**

30 HschVRand bogig ausgeschnitten. Graubraun, dunkel punktiert. 5,5–7,5 mm. Auf trockenen Böden unter Pfl. 3 Arten. Gattung *Emblethis* FIEBER

30* HschVRand gerade. Graubraun, dunkel punktiert. 5–5,5 mm. Sand- u. HeideBöden. *Gonianotus marginepunctatus* (WOLFF)

31 **(29)** 2. u. 3. FGld mit lg abstehenden Haaren **32**

31* 2. u. 3. FGld höchstens kurz behaart **33**

32 SRand des Hsch mit lg Haaren aus Porenpunkten entspringend. Schwarz, gelbbraun gezeichnet. 4–5,5 mm. Trockene Böden. *Sphragisticus nebulosus* (FALLÉN)

32* SRand des Hsch ohne lg Haare. Schwarz, Hsch im hinteren Abschnitt u. VFl vorwiegend gelbbraun. 4,5–5,5 mm. Trockene Böden. 5 Arten. Gattung *Trapezonotus* FIEBER (Abb. **306**/4)
Häufig: VSchenkel bedornt, 2. u. 3. FGld schwarz, M- u. HTibien dunkel, Corium mit schwarzem Fleck. 4,5–4,9 mm. *T. arenarius* (L.)

33 **(31)** K samt Au breiter als der VRand des Hsch. Schwarz, HAbschnitt des Hsch u. der VFl gelbbraun. Corium hinten mit einer schwarzen Querbinde u. einem schwarzen HRand. 7–7,5 mm. Sandböden. IV–X. *Beosus maritimus* (SCOPOLI)

33* K samt Au nicht breiter als VRand des Hsch **34**

34 VFl einfarbig schwarz. Membran mit rot-gelbem Fleck. Länglich-oval. 7–8 mm. Ton- u. Kalkboden, auch auf Kulturland. s. *Aphanus rolandri* (L.)

34* VFl nicht einfarbig schwarz. Schwarz, HschHRand u. VFl braun od. gelblich mit schwarzer Zeichnung. 5–8 mm. Bodentiere. An ÜberwOrten, z. T. in großen Mengen (z. T. in Häusern) **35**

35 SRand des Hsch breit gelbbraun, VRand meist mit 3 gelben Flecken. Innenwinkel des Coriums mit rhombischem schwarzem Fleck. 5–5,5 mm. *Xanthochilus quadratus* (F.)

35* SRand des Hsch ± schwarz. 4 Arten. **36**
Gattung *Rhyparochromus* HAHN

36 SRand des Hsch sehr schmal gelb, sonst schwarz. B schwarz, nur VSchienen rotbraun. 7–8 mm. *R. pini* (L.) (Abb. **306**/5)
36* SRand des Hsch vorn schwarz, hinten breit hell. B schwarz. V- u. MSchienen gelbbraun. 7–8 mm. *R. vulgaris* (SCHILLING)

Familie *Pyrrhocoridae* – Feuerwanzen

1 Gattung mit 2 Arten, davon eine sehr häufig am Fuße von Linden: rot-schwarz, in der Regel kurzflügelig. 9–11 mm. *Pyrrhocoris apterus* (L.) – **Feuerwanze**

Familie *Stenocephalidae* – Wolfsmilchwanzen

Körper groß, schlank. Grau bis schwarzbraun. Auf trockenem Boden an Wolfsmilch. 1 Gattung. 3 Arten. Gattung *Dicranocephalus* HAHN
1 F u. B lg abstehend behaart. 2. FGld gelb, am Grunde u. an der Spitze dunkel. 10–12 mm. Im S. *D. albipes* (F.)
1* F u. B kurz anliegend behaart. 2. FGld auch in der M dunkel **2**
2 R bis zu den MHü reichend. 2. FGld schwarz mit 2 breiten gelben Ringen. HSchenkel unten abstehend schwarz beborstet. 12–14 mm. *D. agilis* (SCOPOLI)
2* R bis zu den HHü reichend. 2. FGld in der M wenig verdunkelt. HSchenkel kaum beborstet. 8–11 mm. *D. medius* (MULSANT & REY)

Familie *Coreidae* – Lederwanzen, Randwanzen

Körper lg-oval bis oval, wechselnde Größe. Färbung gelbbraun bis schwarz. F lg, 1. Gld ± dick, 2. u 3. dünner, z. T. erweitert, 4. spindelförmig. 2 UFamilien. 19 Arten.

1 Membranbasis mit nur 1 lg querverlaufenden, dreieckigen Z od. mit 4 von der Kante ablaufenden Adern u. unregelmäßigen Z. HSchenkel ohne Dornen, wenn Dornen, dann HSchiene verbreitert. UFamilie *Coreinae* **8**
1* Membranbasis mit 2–3 rhombischen Z. HSchenkel mit Dornen. UFamilie *Pseudophloeinae* **2**
2 HSchenkel vor der Spitze mit nur 1 Dorn od. Zahn **3**
2* HSchenkel vor der Spitze mit einer Gruppe von Zähnen **6**
3 2. FGld viel kürzer als das 3. u. beide dünner als das 4. **4**
3* 2.–4. FGld etwa gleichlg u. dick, das 1. am E verjüngt. Dunkelbraun, nur Rand des Hsch u. Basis der VFl heller. 8,5–9 mm. Am Boden unter Hülsenfrüchtlern. *Nemocoris falleni* SAHLBERG
4 HschS mit Zähnen od. Dornen. 1. FGld u. Schenkel mit kräftiger Körnelung. Graugelb bis graubraun. Unter Polstern, bes. auf Sandboden. 2 Arten. Gattung *Arenocoris* HAHN
a) 3. FGld an der Spitze verdickt u. schwarz. 7–7,5 mm. Im SW, s. *A. waltli* (HERRICH-SCHAEFFER)
a*) 3. FGld an der Spitze nicht verdickt. 6–6,5 mm. *A. falleni* (SCHILLING)
4* Hsch ohne Zähne od. Dornen od. im vorderen Teil fein gekörnelt **5**
5 4. FGld so lg wie das 3. u. fast so dick. Gelb- bis dunkelbraun. 8–9 mm. An Klee. *Ulmicola spinipes* (FALLÉN)
5* 4. FGld etwa halb so lg wie das 3. u. doppelt so dick. K, F, Hsch u. B fein gekörnelt. Dunkelbraun. 5,5–6 mm. Unter Klee. *Bathysolen nubilus* (FALLÉN)
6 (**2**) Hsch beiderseits des Sch mit je 1 rückwärts gerichtetem Dorn. Länglich. An Kleearten. 2 Arten. Gattung *Coriomeris* WESTWOOD
a) F mit anliegenden u. längeren abstehenden Haaren. HSchenkel mit 2 großen u. vielen kleinen Zähnen. Hell- bis dunkelbraun. 8–9,5 mm. *C. denticulatus* (SCOPOLI)

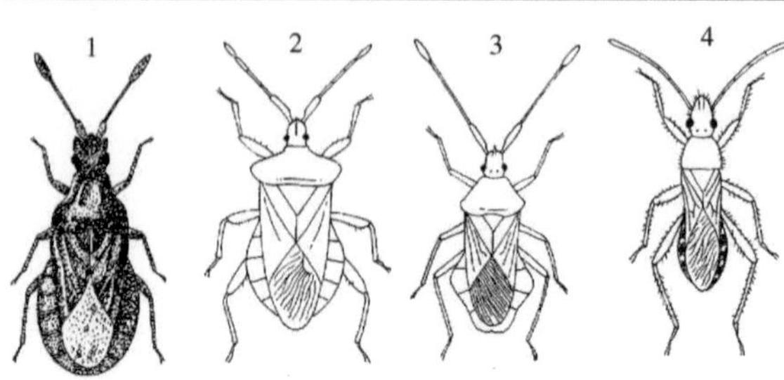

Abb. 308/1–4.
1 *Coreidae*: *Spathocera dalmanii* (5,5–6,3 mm); **2** *Coreus marginatus* (12–15 mm); **3** *Syromastes rhombeus* (9–11 mm); **4** *Alydidae*: *Alydus calcaratus* (10–12 mm).

a*) F nur mit anliegenden Haaren. HSchenkel mit 1 großem u. mehreren kleinen Zähnen. Dunkelbraun. 7,5–9 mm. Auf Sandboden. *C. scabricornis* (PANZER)

6* Hsch ohne solche Dornen **7**

7 1. FGld außen mit kräftigen Dornen. Körper schwarzbraun. Connexivium gelb gefleckt. 9–10 mm. An Ginsterarten u. Besenginster.
Bothrostethus annulipes (HERRICH-SCHAEFFER)

7* 1. FGld ohne Dornen. Unter Leguminosen. 2 Arten. Gattung *Ceraleptus* COSTA
a) 2. u. 3. FGld mit kräftigen Bo, 3. gegen die Spitze verdickt. Basis der Schienen hell. Körper gelbbraun. 10–11 mm. *C. lividus* STEIN
a*) 2. u. 3. FGld fast kahl, 3. kaum verdickt. Basis der Schienen schwarz. Graubraun. 10,5–11,5 mm. Nur im S. *C. gracilicornis* (HERRICH-SCHAEFFER)

8 **(1)** Membranbasis mit 4 von der Kante ablaufenden Adern u. unregelmäßigen Z. 2 Arten. Gattung *Spathocera* STEIN
a) 3. FGld vor der M stark verbreitert u. abgeflacht. 6–6,5 mm. Unter Kräutern auf sandigem Boden. *S. laticornis* (SCHILLING)
a*) 3. FGld kurz vor der Spitze etwas verbreitert. 5,5–6,3 mm. An Ampfer.
S. dahlmannii (SCHILLING) (Abb. **308**/1)

8* Membranbasis mit 1 lg querverlaufenden dreieckigen Z **9**

9 HSchenkel mit relativ gleichmäßigen kleinen Dornen. HTibien verbreitert. Bräunlich, FlAdern etwa M des Körpers weißlich gerändert. 16–20 mm. An *Pinus*. Aus Amerika eingeschleppt. *Leptoglossus orientalis* HEIDEMANN

9* HSchenkel ohne Dornen **10**

10 FHöcker außen mit einer dornartigen Spitze. Hsch, SchBasis u. 1 Fleck auf den ConnexiviumSgm gelbbraun. 11–12 mm. Auf trockenem Boden an Kräutern.
Enoplops scapha (F.)

10* FHöcker außen ohne Dorn **11**

11 FHöcker innen mit 1 Dorn. Schenkel mit 2 Reihen kleiner Zähne. Körper braun, Connexivium gelb gefleckt. 12–15 mm. Auf Sauerampfer an feuchteren Orten.
Coreus marginatus (L.) – **Saumwanze** (Abb. **308**/2)

11* FHöcker innen ohne Dorn. Schenkel ohne Zähnchen **12**

12 Connexivium sehr breit, bes. in der M **13**

12* Connexivium wenig verbreitert. 2 lgovale Arten. Gattung *Gonocerus* LATREILLE
a) 2. u. 3. FGld einfarbig rotbraun. Körper einfarbig braun. 12–15 mm. An früchtetragenden Sträuchern. *G. acuteangulatus* (GOEZE)
a*) 2. u. 3. FGld gegen die Spitze abgeflacht u. schwärzlich. HschSRand dunkel. 10–12 mm. Auf beerentragendem Wacholder. *G. juniperi* HERRICH-SCHAEFFER

13 Hlb rautenförmig. 3. FGld rund. Körper hellbraun, dunkel punktiert. 9–11 mm. An trockenen Orten im Grase. *Syromastes rhombeus* (L.) – **Rautenwanze** (Abb. **308**/3)

13* Hlb nicht rautenförmig, mehr eiförmig gerundet. 3. FGld kantig. ± rötlichbraun. 10–14 mm. An Ampfer an trockenen u. sonnigen Orten. Im SW.
Haploprocta sulcicornis (F.)

Familie *Alydidae* – Krummfühlerwanzen

Große, sehr schlanke Arten mit lg F u. B. L oft ameisenähnlich. 4 Arten, z. B.

a) HEcken des Hsch spitz, 1. FGld etwas länger als das 2. VFl dunkelbraun, SRand breit gelb. 13–15 mm. Evtl. Ameisengäste. Im S. *Megalotomus junceus* (SCOPOLI)
a*) HEcken des Hsch abgerundet, 1. FGld kürzer als das 2. Schwarzbraun. Stark schwarz behaart. 10–12 mm. Auf trockenen Böden, evtl. Ameisengäste. *Alydus calcaratus* (L.) (Abb. **308**/4)

Familie *Rhopalidae* – Glasflügelwanzen

Mittelgroße- bis lggestreckte Arten. Corium z. T. glasartig durchsichtig. 15 Arten.

1 1. FGld die KSpitze wenig überragend. 4. FGld nicht kürzer als das 3. . . . . **2**
1* 1. FGld die KSpitze deutlich, mitunter weit überragend. 4. FGld kürzer als das 3. . **6**
2 OS rot mit schwarzen Flecken. Corium undurchsichtig. Membran schwärzlich. F u. B schwarz. 9–10 mm. Auf trockenen Böden, oft auf Korbblütengewächsen. *Corizus hyoscyami* (L.) (Abb. **309**/1)
2* OS nicht rot u. schwarz. Corium glasartig durchsichtig. Membran hell **3**
3 HBr (US) seitlich abgerundet, überall gleichmäßig punktiert. K so breit wie lg. Au die VEcken des Hsch nicht berührend. 5,5–9 mm. An Kräutern. 4 Arten. Gattung *Stictopleurus* STÅL
a) Hsch gleichmäßig punktiert, ohne erhabene Querwulst im vorderen Abschnitt. Bräunlich. 7–8,5 mm. *S. punctatonervosus* (GOEZE)
a*) Hsch mit erhabener Querwulst im VAbschnitt. Gelblich-braun. . . . . **b)**
b) Querwulst breit, die VEcken des Hsch erreichend. GenitalSgm der ♂♂ höher als breit. 2 ähnliche Arten von 7–9 mm Länge. *S. abutilon* (ROSSI) u. *S. pictus* (FIEBER)
b*) Querwulst des Hsch schmaler, die VEcken nicht erreichend. GenitalSgm der ♂♂ breiter als hoch. 7,5–8 mm. *S. crassicornis* (L.)
3* HBr an den S in einen Zipfel ausgezogen, dieser nicht punktiert **4**
4 4. FGld fast $1^1/_2$-mal so lg wie das 3. VRandwulst des Hsch kaum punktiert. Membran den Hlb weit überragend. Körper hell gelbbraun bis rötlich. 6–6,5 mm. Nur im S. *Liorhyssus hyalinus* (F.)
4* 4. FGld nur wenig länger als das 3. VRandwulst des Hsch deutlich punktiert. Membran kaum länger als Hlb **5**
5 K so lg wie hoch. FHöcker von oben nicht sichtbar. R kurz, nur wenig die VHü überragend. Körper gelbbraun, K u. Hsch schwarz gefleckt. Dicht behaart. 6–6,8 mm. Auf trockenen Böden. *Brachycarenus tigrinus* (SCHILLING)

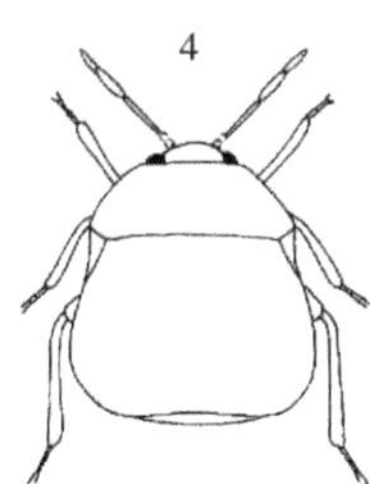

Abb. 309/1–4. 1 *Rhopalidae*: *Corizus hyoscyami* (9–10 mm); **2** *Rhopalus* sp.; **3** *Chorosoma schillingii* (14–16 mm); **4** *Plataspidae*: *Coptosoma scutellatum* (3,5–4,5 mm).

5* K länger als hoch. FHöcker von oben sichtbar. R länger, MHü überragend. 5,5–8 mm. 6 Arten. Gattung *Rhopalus* SCHILLING (Abb. **309**/2)
a) OS des Hlb rotbraun, mit schwarzem Streifen neben dem SRand. Körper rotbraun mit lg hellen Haaren. 7,5–8 mm. Auf sumpfigem Gelände. *R. maculatus* (FIEBER)
a*) OS des Hlb schwarz mit gelber Zeichnung. Körper gelblich-rötlich. 6–7,5 mm. An warmen trockenen Orten an Kräutern. Übrige 5 Arten.
Sehr häufig: Adern der VFlg stets mit schwarzen Punkten. 6,5–7,5 mm.
R. parumpunctatus SCHILLING

6 **(1)** 1. FGld so lg od. länger als der K. Körper hell bis bräunlich gelb, lg u. schmal. B u. F lg. 14–16 mm. Auf Sandboden an Gräsern.
Chorosoma schillingii (SCHILLING) (Abb. **309**/3)

6* 1. FGld kürzer als der K, ihn jedoch überragend. Körper grün od. braun. Hlb (OS) mit rotem Längsfleck. F rötlich. Meist kurzflügelig. ♀ breiter als ♂. 8–9 mm. An trockenen Orten an Gräsern. *Myrmus miriformis* (FALLÉN)

Familie *Plataspidae* – Kugelwanzen

Klein, stark gewölbt, sehr breit, rundlich. Nur 1 Art. Körper schwarz mit grünlichem od. bläulichem Schimmer. 3,5–4,5 mm. Nur an trockenen, warmen Stellen unter Kronwicke. *Coptosoma scutellatum* (GEOFFROY) (Abb. **309**/4)

Familie *Thyreocoridae* – Schwarzwanzen

Bodenbewohner, auch im Boden, bisweilen an Pfl hochsteigend. PflSauger. Kleine Familie, bei uns mit 1 Gattung u. 1 Art vertreten.
Sch bis etwa an das HlbE reichend, nur hellen VFlSaum freilassend. Gewölbt, länger als breit, schwarz. 3–4 mm. Häufig an trockenen Orten. IV–IX.
Thyreocoris scarabaeoides (L.) (Abb. **310**/1)

Familie *Cydnidae* – Erdwanzen

Bodenbewohner, die sich oft mehrere cm tief eingraben. PflSauger. Sch bis etwa zur M des Hlb reichend. 2 UFamilien. 15 Arten.

1 SRand des Hsch, der VFl u. oft auch des K mit BoHaaren. VSchienen schaufelartig. UFamilie *Cydninae* **2**

1* SRand von K, Hsch u. VFl ohne BoHaare. VSchienen dreikantig, an der Spitze leicht verdickt. UFamilie *Sehirinae* **3**

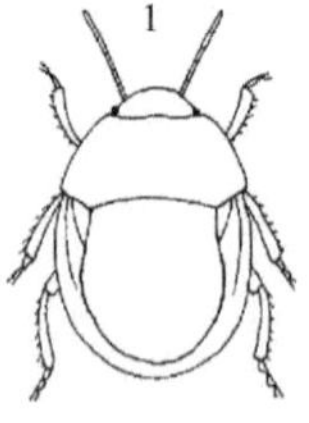

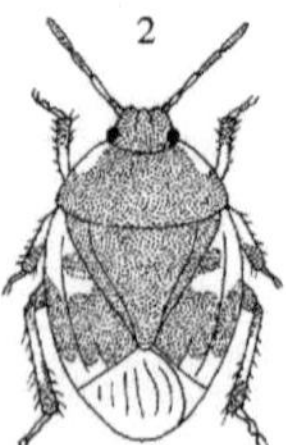

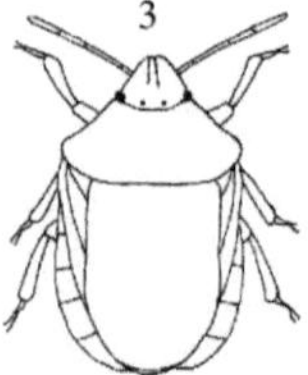

Abb. 310/1–4. 1 *Thyreocoridae*: *Thyreocoris scarabaeoides* (3–4 mm); **2** *Cydnidae*: *Tritomegas bicolor* (5–7 mm); **3** *Scutelleridae*: *Eurygaster maura* (8,5–11 mm); **4** *Pentatomidae*: *Graphosoma lineatum* (8–12 mm).

2 KRand vorn ohne Dornen u. Haare, HRand des Corium geschweift. Ksch von den Wangen eingeschlossen. Körper länglich, schwarz. OS dicht punktiert. 12–14 mm. Unter Wolfsmilch. *Cydnus aterrimus* (FORSTER)

2* KRand vorn mit Dornen u. Haaren besetzt. HRand des Coriums fast gerade. Ksch frei durchlaufend. Auf u. im Sandboden.

a) Spitze des Ksch mit 2 Dornen. BauchSgm nicht od. kaum behaart. Körper schwarz. 4–5 mm. Unter PflPolstern. *Microporus nigrita* (F.) – **Schwarze Erdwanze**

a*) Spitze des Ksch ohne Dornen, mit 2 lg Haaren. BauchSgm lg behaart. Körper braun. 3–3,7 mm. An Graswurzeln. *Byrsinus flavicornis* (F.) – **Braune Erdwanze**

3 **(1)** MBr mit tiefer Rinne. Körper einfarbig braun bis schwarz. 3–4 mm. Auf Sandboden, an Graswurzeln. *Ochetostethus opacus* (SCHOLTZ)

3* MBr mit erhöhtem LängsKiel **4**

4 Au kegelförmig. VFl dunkel mit hellem SRand. Höchstens 4,5 mm. An Labkraut. 2 Arten. Gattung *Legnotus* SCHIOEDTE

a) Corium breit hell gerandet. Ksch kürzer als Wangen, dadurch KVRand mit deutlichem Einschnitt. 3,3–4,5 mm. *L. limbosus* (GEOFFROY)

a*) Corium schmal hell gerandet. Ksch etwa so lg wie Wangen, dadurch KVRand kaum eingeschnitten. 3–4,5 mm. *L. picipes* (FALLÉN)

4* Au ± kugelförmig. Körper einfarbig dunkel od. SRand des Hsch u. der Vfl hell. Mindestens 5 mm **5**

5 Körper einfarbig dunkel. Auf Sandboden. 2 Arten. Gattung *Sehirus* AMYOT & SERVILLE

a) Körper ohne Metallglanz. 8–11 mm. Unter Blattrosetten. III–IX. *S. morio* (L.)

a*) Körper mit Metallglanz. 6–7 mm. Unter Pfl. *S. luctuosus* MULSANT & REY

5* Körper nicht einfarbig schwarz **6**

6 Hsch mit 1 hellen länglichen Fleck u. VFl mit 2 größeren hellen Flecken. 2 Arten. Gattung *Tritomegas* AMYOT & SERVILLE

a) SFleck des Hsch bis zur M des SRandes reichend. 5–7 mm. Unter Lippenblütlern, bes. Ziest, auch unter Sträuchern. *T. bicolor* (L.) (Abb. **310**/2)

a*) SFleck des Hsch bis zu den HEcken reichend. 6–8 mm. An u. unter Schwarznessel. *T. sexmaculatus* (RAMBUR)

6* SRand des Hsch u. des Coriums sehr schmal hell **7**

7 Körper blauglänzend. 6–8 mm. An Leinblatt. *Canthophorus dubius* (SCOPOLI)

7* Körper bräunlich-schwärzlich, nicht blauglänzend. In der M des Coriums ein runder heller Fleck. 6–8 mm. Unter Wiesen-Wachtelweizen. *Adomerus biguttatus* (L.)

Familie ***Scutelleridae*** – **Schildwanzen**

Körper oft gewölbt. Sch bis zum E des Hlb reichend. 3 UFamilien. 10 Arten.

1 K breiter als lg. Ränder des K u. Hsch mit Bo. Körper behaart. Auf Sand- u. Kalkboden. UFamilie *Odontoscelinae*. 2 Arten. Gattung *Odontoscelis* LAPORTE

a) Körper mit 4 Längsbinden aus silberglänzenden Haaren. 4–7 mm. VI–VIII. *O. lineola* RAMBUR

a*) Körper ohne Längsbinden, nur mit schwarzbraunen Haaren bedeckt. 6–9 mm. V–IX. *O. fuliginosa* (L.)

1* K so lg od. länger als breit. Ränder des K u. Hsch ohne Bo **2**

2 HBr ohne Drüsenöffnung u. -ablaufrinne. UFamilie *Odontotarsinae* **3**

2* HBr mit deutlicher Drüsenöffnung u. -ablaufrinne. UFamilie *Eurygastrinae* **4**

3 K viereckig. Au gestielt. Körper gelbbraun bis schwarz. 5–7,5 mm. Auf Sandboden an Graswurzeln. 2 Arten. Gattung *Phimodera* GERMAR

3* K mehr dreieckig. Au nicht gestielt. Körper gewölbt, Sch etwas länger als Körper. Gelbbraun mit dunklen Längsflecken. 9–11 mm. An *Sanguisorba*. Im S; s. *Odontotarsus purpureolineatus* (ROSSI)

4 **(2)** Sch schmaler als Hlb, Connexivium sichtbar. K dreieckig, relativ spitz zulaufend. Körper flach, gelb, gefleckt od. braunschwarz. 8,5–13 mm. An Gräsern. 4 Arten.
Gattung *Eurygaster* LAPORTE

a) Ksch von den Wangen eingeschlossen. 8–12 mm.
E. austriaca (SCHRANK) (V) u. *E. fokkeri* PUTON (Geb, s)

a*) Ksch nicht von den Wangen eingeschlossen . . . . **b)**

b) Ksch u. Wangen in einer Ebene liegend. 2. FGld fast doppelt so lg wie das 3. 8,5–11 mm. An trockenen Orten, oft an Getreideähren. V–X.
E. maura (L.) (Abb. **310**/3)

b*) Ksch tiefer als die Wangen liegend. 2. FGld nur $^1/_2$-mal länger als das 3. 8,5–11 mm. An feuchten Orten. *E. testudinaria* (GEOFFROY)

4* Sch groß, Connexivium kaum sichtbar. Körper gewölbt, etwa ab M abfallend. Dunkel gelb- bis schwarzbraun. 8–12 mm. An trockenen Orten unter *Boraginaceae*. Im S.
Psacasta exanthemica (SCOPOLI)

Familie ***Pentatomidae*** **– Baumwanzen**

Vielfach auf Gesträuch u. Kräutern, auch am Boden. 3 UFamilien. 57 Arten.

1 Sch bis zur Spitze des Hlb reichend, innerhalb der HEcken des Hsch gelegen, VFl nur z. T. verdeckend. UFamilie *Podopinae* S. 297

1* Sch kürzer als der Hlb, Clavus u. Membran sichtbar **2**

2 1. RGld dünn, der KUS anliegend. UFamilie *Pentatominae* S. 297

2* 1. RGld dick, von der M der KUS an abstehend. UFamilie *Asopinae* S. 299

Unterfamilie ***Podopinae***

2 Arten.

1 Körper mit roten u. schwarzen Längsstreifen.
Gattung *Graphosoma* LAPORTE – **Streifenwanze**
Connexivium rot u. schwarz gefleckt. Hsch mit 6 Längsflecken. 8–12 mm. An Doldengewächsen. *G. lineatum* (L.) (Abb. **310**/4)

1* Körper graubraun. Hsch vorn jederseits mit hakenartigem Forts. 5–6,5 mm. An feuchten Orten. *Podops inuncta* (F.)

Unterfamilie ***Pentatominae***

48 Arten.

1 Körper stark abgeflacht. Hsch mit scharfen SRändern. 5–8,5 mm. 7 Arten.
Gattung *Sciocoris* FALLÉN
Sehr g auf Sandboden. Körper graubraun, Bauch hinten mit schwarzem Fleck u. 2 schwarzen Längsstreifen. SRand des Hsch heller gefärbt, kaum punktiert. 5–6 mm.
S. cursitans (F.) (Abb. **313**/1)

1* Körper weniger flach, Hsch nicht mit scharfen SRändern **2**

2 MBr zw den Hü mit einer Längsrinne, ohne Kiel **3**

2* MBr zw den Hü mit feinem Kiel, dieser mitunter in einer Furche liegend **4**

3 K zugespitzt. 2. FGld die KSpitze nicht erreichend. 3 Arten. Gattung *Aelia* F.

a) M- u. HSchenkel unten mit 2 schwarzen Punkten. Körper gelblich mit dunklen Längsstreifen. 8–9 mm. Häufig an Getreide. IV–IX.
A. acuminata (L.) – **Spitzling** (Abb. **313**/2)

a*) M- u. HSchenkel unten höchsten mit 1 schwarzem Punkt . . . . **b)**

b) Corium innen mit schwarzem Längsstreif. Körper gelb od. orange. 6,5–8,2 mm. An Gräsern, bes. auf Heide- u. Moorboden. *Aelia klugii* **Hahn**

b*) Corium ohne schwarzen Streif. 10–12 mm. An Gräsern, z. T. schädlich an Getreide. *A. rostrata* BOHEMAN

3* K nicht zugespitzt. 2. FGld die KSpitze überragend. Körper gelbbraun. 5–6 mm. Am Boden. 3 Arten. Gattung *Neottiglossa* KIRBY

a) Bauch gelblich. Corium farblos punktiert. *N. leporina* (HERRICH-SCHAEFFER)

a*) Bauch bronzeschwarz. Corium schwarz punktiert. *N. pusilla* (GMELIN)

4 **(2)** Mündung der Drüsen zw M- u. HHü deutlich sichtbar **5**

4* Mündung der Drüsen undeutlich. Körper rot-schwarz od. schwarz-gelb od. schwarz-rot gezeichnet, dunkle Flächen oft metallisch glänzend. 5–10 mm. Bes. auf Kreuzblütengewächsen. 6 Arten. Gattung *Eurydema* LAPORTE

a) Außenrand der VFl einfarbig gelb od. rot. Rücken rot. Körper schwarz-rot gezeichnet. 5,5–7 mm. Auf feuchten Wiesen. VI–IX. *E. dominulus* (SCOPOLI)

a*) Außenrand der VFl teilweise od. ganz schwarz .... **b)**

b) Außenrand nur in der M mit schwarzem Fleck .... **c)**

b*) Hinterer Teil des Außenrandes der VFl ± schwarz. Körper grün-schwarz, glänzend, mit gelber, auch roter Zeichnung. 5–7 mm. Z. T. schädlich an Kohl. IV–IX. *E. oleracea* (L.) – **Kohlwanze** (Abb. **313**/4)

c) Rücken einfarbig schwarz. Schwarz-rot gezeichnet. SRand des Conexiviums rot. 7–9 mm. *E. ornata* (L.) – **Schmuckwanze** (Abb. **313**/3)

c*) Rücken im VTeil rot. Schwarz-rot gezeichnet. SRand des Conexiviums schwarz. 8–12 mm. *E. ventralis* KOLENATI

5 2. BauchSgm mit lg, nach vorn gerichtetem Dorn **6**

5* 2. BauchSgm ohne nach vorn gerichteten Dorn **7**

6 Dorn bis zu den MHü reichend. Connexivium hell. Körper grüngelblich, oft ± ausgedehnt rot. F gelbrot. 10–12 mm. An Besenginster. *Piezodorus lituratus* (F.)

6* Dorn bis zu den VHü reichend. Connexivium schwarz gefleckt. Körper graubraun. F schwarz mit gelben Ringen. 14–16 mm. Auf Laubhölzern u. Kräutern. Mehr im S. *Rhaphigaster nebulosa* (PODA)

7 **(5)** Mündung der Drüse ± rundlich. Körper oval, stark gewölbt. Sch in den VEcken mit heller Schwiele. Bes. an Ziest. 5–6 mm. 3 Arten. Gattung *Eysarcoris* HAHN

a) Sch in der M am Grunde mit großem, bronzegrünem Fleck, Bauch ebenso gefärbt, sonst bräunlich. Bes. an feuchten Orten u. Waldrändern. *E. venustissimus* (SCHRANK)

a*) Sch ohne großen Fleck. Bauch nur in der M schwarz .... **b)**

b) VEcken des Sch mit deutlicher heller Schwiele. Tylus kürzer als die Wangen. *E. aeneus* (SCOPOLI)

b*) VEcken des Sch mit undeutlicher kleiner Schwiele. Tylus so lg wie die Wangen. *E. ventralis* (WESTWOOD)

7* Mündung der Drüse in eine Furche verlängert **8**

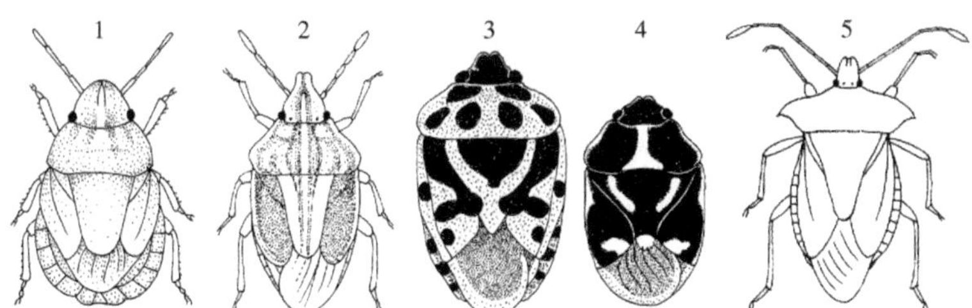

Abb. 313/1–5. 1 *Pentatomidae*: *Sciocoris cursitans* (5–6 mm); **2** *Aelia acuminata* (8–9 mm); **3** *Eurydema ornatum* (7–9 mm); **4** *Eurydema oleraceum* (5–7 mm); **5** *Pentatoma rufipes* (13–16 mm).

8 SEcken des Hsch eckig erweitert. Ksch nicht gerade durchlaufend. Körper gelbbraun mit Erzglanz. F, B, SRand des Hsch u. SchSpitze gelbrot. 13–16 mm. Auf Laubbäumen. V–X. *Pentatoma rufipes* (L.) (Abb. **313**/5)
8* SEcken des Hsch nicht eckig erweitert, sondern ± abgerundet od. spitz **9**
9 HüGelenke außen mit je 1 schwarzem Punkt **10**
9* HüGelenke ohne schwarze Punkte **13**
10 2. FGld fast doppelt so lg wie das 3. .... **11**
10* 2. FGld kaum od. nur wenig länger als das 3. Körper graubraun, dicht schwarz punktiert. 9–10 mm. An trockenen Orten an Kräutern. Gattung *Holcostethus* FIEBER
a) 1.–3. FGld rotgelb, 4. u. 5. in der M breit schwarz. Ksch von den Wangen eingeschlossen. IV–IX. *H. strictus vernalis* (WOLFF)
a*) 2.–5. FGld schwarz, nur am Grunde gelb. Ksch von den Wangen nicht eingeschlossen. *H. sphacelatus* (F.)
11 OS lg behaart. Körper grau bis violett, überall schwarz punktiert. 10–12mm. An Kräutern. IV–X. *Dolycoris baccarum* (L.) – **Beerenwanze** (Abb. **315**/1)
11* OS kaum behaart **12**
12 2.–5. FGld schwarz. Ksch frei durchlaufend. SEcken des Hsch ± zugespitzt. Gelb-bis rotbraun. 11–14 mm. An Kräutern. 4 Arten. Gattung *Carpocoris* KOLENATI
Nicht leicht zu unterscheiden, am häufigsten:
SEcken des Hsch spitz, stark vorstehend, über die Basis des Coriums weit hinausragend. Bes. an Korbblütengewächsen. *C. fuscispinus* (BOHEMAN) (Abb. **315**/2)
12* 1.–3. FGld u. Grund vom 4. rötlich od. bräunlich. Ksch vorn eingeengt. SEcken des Hsch mehr abgerundet. Körper gelblichgrün bis ockergelb, oft rötlich. 6,5–9 mm. An warmen, trockenen Orten. *Antheminia lunulata* (GOEZE)
13 **(9)** SchSpitze mit weißem Fleck. Körper grün bis braun. 11–14 mm. 2 Arten. Gattung *Chlorochroa* STÅL
a) R die HHü nicht od. wenig überragend. 1.–2. FGld u. Basis vom 3. grün, sonst schwarz. Auf Wacholder, im N an Krähenbeere. IV–X. *C. juniperina* (L.)
a*) R die HHü weit überragend. F i. allg. ganz schwarz. Auf Kiefer u. Fichte. IV–X. *C. pinicola* (MULSANT & REY)
13* SchSpitze ohne weißen Fleck. Körper grün bis braun. 11–14 mm. Auf Gebüsch u. Kräutern. 2 Arten. Gattung *Palomena* MULSANT & REY
a) 2. u. 3. FGld gleich lg. S des Hsch vorn leicht eingebogen. IV–X. *P. prasina* (L.)
a*) 2. FGld länger als das 3. S des Hsch vorn nach außen gebogen. *P. viridissima* (PODA)

Unterfamilie ***Asopinae***

Leben räuberisch, bes. von Raupen. 7 Arten.

1 SEcken des Hsch nach außen vorstehend, Ränder gezähnt **2**
1* SEcken des Hsch nicht nach außen vorstehend, Ränder nicht gezähnt **6**
2 VSchenkel nahe der Spitze mit kleinem Dorn **3**
2* VSchenkel ohne Dorn **4**
3 SEcken des Hsch sehr spitz. Braun. F rotbraun. 10–12 mm. An Laubhölzern. III–X. *Picromerus bidens* (L.) (Abb. **315**/3)
3* SEcken des Hsch etwas abgerundet. Körper braun. F schwarz. 11–13 mm. An Laubhölzern. s. III–X. *Pinthaeus sanguinipes* (F.)
4 **(2)** 2. BauchSgm mit nach vorn gerichtetem Dorn. Körper graubraun, an K u. Hsch bronzegrün. 10–13 mm. An Laub- u. Nadelbäumen. III–X. *Troilus luridus* (F.)
4* 2. BauchSgm ohne Dorn **5**
5 2. FGld mehr als doppelt so lg wie 3. Körper gelbbraun bis braun. 10–14 mm. Bes. auf Erle. *Arma custos* (F.)
5* 2. FGld etwa so lg wie 3. Körper graubraun, gelb gefleckt, dicht schwarz punktiert. 8–9 mm. Auf Laubhölzern. *Rhacognathus punctatus* (L.)

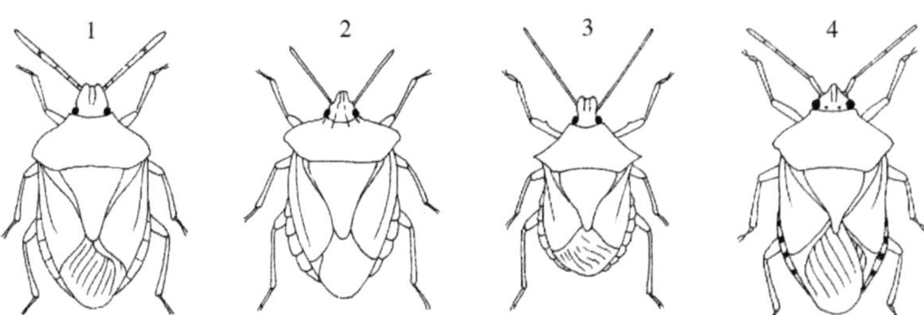

Abb. 315/1–4. 1 *Pentatomidae*: *Dolycoris baccarum* (10–12 mm); **2** *Carpocoris fuscispinus* (11–14 mm); **3** *Picromerus bidens* (10–12 mm); **4** *Acanthosomatidae*: *Elasmucha grisea* (7–9 mm).

6 **(1)** Körper metallisch blau od. grün. 5–6 mm. Auf Laubhölzern u. Stauden, bes. auf Weidenröschen. VI–IX. *Zicrona caerulea* (L.)
6* Körper gelbbraun, schwarz punktiert. Helle MLinie über K, Hsch u. Sch. 11–14 mm. Auf Bäumen u. trockenem Boden. IV–X. *Jalla dumosa* (L.)

Familie ***Acanthosomatidae*** **– Stachel-, Bauchkielwanzen**

PflSauger mit 2gld Füßen. MBr u. Bauch mit MKiel. 7 Arten.
1 K, Hsch u. Sch farblos punktiert. 1. FGld den K nicht überragend. Körper gelblichgrün mit rötlicher Zeichnung. 9–11 mm. Auf Wacholder. II–X. *Cyphostethus tristriatus* (F.)
1* Punktierung schwarz. 1. FGld den K deutlich überragend **2**
2 15–17 mm. Färbung wie vor. Art. Oft auf beerentragenden Sträuchern. III–IX. *Acanthosoma haemorrhoidale* (L.) – **Stachelwanze**
2* Unter 11 mm **3**
3 Connexivium ungefleckt. Körper gelb- od. braungrün, rötlich gezeichnet. 8–11 mm. Auf Büschen u. Bäumen, bes. Birke. IV–IX. 2 Arten. Gattung *Elasmostethus* Fieber
3* Connexivium schwarz gefleckt. 3 Arten. Gattung *Elasmucha* Stål
a) SEcken des Hsch spitz ausgezogen. Körper braun. 8–10 mm. An Heidelbeere. *E. ferrugata* (F.) – **Heidelbeerwanze**
a*) SEcken des Hsch nicht spitz ausgezogen .... **b)**
b) Bauch zerstreut kräftig schwarz punktiert. VEcken des Hsch an der KBasis mit einem nach außen gerichteten Zahn. Körper grünlich grau bis braun. 7–8 mm. Auf Bäumen u. Gebüsch. *E. fieberi* (Jakovlev)
b*) Bauch ohne schwarze Punktierung. Hsch mit sehr kleinem od. ohne Zahn. Färbung wie vorige Art. 7–9 mm. Auf Birke, auch auf Erle. Brutpflege. *E. grisea* (L.) (Abb. **315**/4)

Literatur

Aukema, B. & Rieger, C. (eds.) (1995–2006): Catalogue of the Heteroptera of the Palearctic Region. Band 1–5. – Netherlandse Entomologische Vereniging. Amsterdam.
Deckert, J. & Göllner-Scheiding, U. (2003): 24. Ordnung Heteroptera, Wanzen. – In: Dathe, H. H. (Hrsg.): Lehrbuch der Speziellen Zoologie, Band I: Wirbellose Tiere, 5. Teil: Insecta, 2. Auflage. – Spektrum Akademischer Verlag Heidelberg, Berlin: 402–423.
Gulde, J. (1933–56): Die Wanzen Mitteleuropas. Teil II–XI. – Frankfurt/M.
Hoffmann, H.-J. & Melber, A. (2003): Verzeichnis der Wanzen (Heteroptera) Deutschlands. – In: Klausnitzer, B. (Hrsg.): Entomofauna Germanica. Band 6. – Entomologische Nachrichten und Berichte, Beiheft 7: 209–272. Dresden.

JORDAN, K. H. C. (1950): Die Wasserwanzen. – Die Neue Brehm-Bücherei, H. 23.
JORDAN, K. H. C. (1952): Wasserläufer. – Die Neue Brehm-Bücherei, H. 52.
JORDAN, K. H. C. (1962): Landwanzen. – Die Neue Brehm-Bücherei, H. 294.
STICHEL, W. (1925–38): Illustrierte Bestimmungstabellen der deutschen Wanzen. – Berlin.
WACHMANN, E. (1989): Wanzen beobachten – kennenlernen. – INN-Naturführer. Melsungen.
WACHMANN, E., MELBER, A. & DECKERT, J. (2004): Wanzen. Band 2 Cimicomorpha. – In: DAHL, F.: Die Tierwelt Deutschlands, 75. Teil. Goecke & Evers, Keltern. 283 S.
WACHMANN, E., MELBER, A. & DECKERT, J. (2006): Wanzen. Band 1 Dipsocoromorpha, Nepomorpha, Gerromorpha, Leptopodomorpha, Cimicomorpha (Teil 1). – In: DAHL, F.: Die Tierwelt Deutschlands, 77. Teil. Goecke & Evers, Keltern. 230 S.
WACHMANN, E., MELBER, A. & DECKERT, J. (2007): Wanzen. Band 3 Pentatomorpha I. – In: DAHL, F.: Die Tierwelt Deutschlands, 78. Teil. Goecke & Evers, Keltern. 272 S.
WACHMANN, E., MELBER, A. & DECKERT, J. (2008): Wanzen. Band 4 Pentatomorpha II. – In: DAHL, F.: Die Tierwelt Deutschlands, 81. Teil. Goecke & Evers, Keltern. 230 S.
WAGNER, E. (1961): Ungleichflügler, Wanzen, Heteroptera (Hemiptera). – In: BROHMER, P.: Die Tierwelt Mitteleuropas. Band IV, Lief. 3 (H.Xa). Leipzig.
WAGNER, E. (1966): Wanzen oder Heteropteren. I. Pentatomorpha. – In: DAHL, F.: Die Tierwelt Deutschlands. Teil 54. Jena.
WAGNER, E. (1967): Wanzen oder Heteropteren. II. Cimicomorpha. – In: DAHL, F.: Die Tierwelt Deutschlands. Teil 55. Jena.
WEBER, H. (1929): Hemiptera. Schnabelkerfe. Heteroptera. Wanzen. – In SCHULZE, P.: Biologie der Tiere Deutschlands. Teil 31. Berlin.

Raphidioptera – Kamelhalsfliegen

Wieland Röhricht & Erich Kleinsteuber†

Die Ordnung gliedert sich in 2 Familien von ähnlichem Habitus, die beide auch im Gebiet vertreten sind.
G. Mittelgroße Tiere mit abgeplattetem K u. beißenden Mundteilen. VBr stark verlängert, sehr beweglich (Kamelhals!). Fl gleichförmig, mit deutlich ausgebildetem FlMal; in Ruhe dachförmig über dem Hlb zusammengelegt. ♀ mit lg Legescheide (Abb. **317**/1). VFlLg 8–15 mm. – **V.** Ausschließlich holarkt. – **B.** Im. auf Laub- u. Nadelhölzern an Waldrändern u. a. Gehölzbeständen, meist einzeln; gewandt umherlaufend, fliegen aufgescheucht nur kurze Strecken; Na: lebende Insekten (z. B. Blattläuse). Na-Aufnahme, Kopula u. Eiabl tagsüber. Eier werden vom ♀ mit Hilfe der Legescheide in Anzahl tief in Risse u. Spalten der Borke zumeist großer, randständiger Bäume versenkt od. (nur *Dichrostigma flavipes*) in den Boden abgelegt. L (Abb. **36**/7; **317**/2) halten sich in Borkenspalten u. unter Borkenschuppen (subkortikol) od. im Boden auf, wo sie sich räuberisch von kleinen Gliederfüßern ernähren; sehr lebhaft, vermögen sich gewandt u. schnell vor- u. rückwärts zu bewegen. Entw 2–3 J mit ca. 10 LStadien; Verpuppung in selbstgenagter PWiege; freigld P kurz vor Häutung beweglich u. ebenso behende wie Im. umherlaufend. – Weltweit 206 Arten, heimisch 10.

Imagines

1 FlMal von einer od. mehreren Queradern durchzogen. Mit 3 Oc. (Abb. **318**/1–2) (Familie *Raphidiidae*) **2**

1* FlMal ohne Queradern. Oc fehlen. (Familie *Inocelliidae*). 1 Art. VFlLg 8–15 mm. Auf Nadelhölzern; z; V–VII.
Inocellia crassicornis (SCHUMMEL) – **Dickhörnige Kamelhalsfliege**

2 Im HFl zw der Basis des Radiussektors u. der Basis der m eine Längsader (Abb. **318**/3) **3**

2* Zw Radiussektor u. m im HFl eine Querader (Abb. **318**/4) **6**

3 FlMal deutlich zweifarbig (außen heller als innen) (Abb. **318**/5), VFlLg 8–14,5 mm. Entw im Boden; z; V–VII. [*Raphidia f.*]
Dichrostigma flavipes (STEIN) – **Gelbfüßige Kamelhalsfliege**

3* FlMal einfarbig gelb od. braun **4**

4 FlMal braun **5**

4* FlMal hellgelb. VFlLg 7–10 mm. An Laubbäumen (Apfel, Birne, Eiche); s; V–VII. [*Raphidia cognata* RAMBUR, *R. confinis*]
Subilla confinis (STEPHENS) – **Eichenbusch-Kamelhalsfliege**

5 VFlLg 8–10 (–11,2) mm, KUmriss ± dreieckig (Abb. **318**/1) FlMal nur mit 1 Querader (Abb. **318**/3). Fast ausschließlich an Kiefern; v; IV–VII.
Raphidia ophiopsis L. – **Schlangenköpfige Kamelhalsfliege**

5* VFlLg fast immer größer als 10 mm, KForm ± viereckig (Abb. **318**/2), FlMal meist von 2–3 Queradern durchzogen (Abb. **318**/6). 2 im Gelände schwer unterscheidbare

Abb. 317/1–2. 1 *Raphidia* s. l., ♀ (Lg ca. 15 mm ohne Legeröhre), SAnsicht; **2** *Inocellia crassicornis*, L (Lg ca. 10 mm), Dorsalansicht.

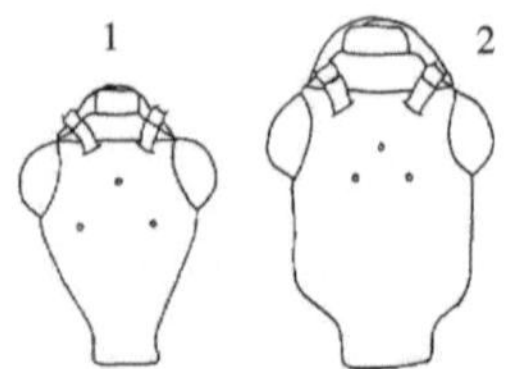

Abb. 318/1–2. K mit Oc, Dorsalansicht **1** *Raphidia ophiopsis*, **2** *Phaeostigma notata*.

Arten, Bestimmung nur durch mikroskopische Untersuchung der GenitalSgm möglich. (Gattung *Phaeostigma* Navás)

a) Euryök, an vielen Laub- u. Nadelhölzern, VFlLg 9–14,5 mm; g; V–VII. [*Raphidia n.*] *Phaeostigma notata* (F.) – **Kenntliche Kamelhalsfliege**

b) Nur an Laubbäumen, bes. Rosengewächsen u. Eichen, VFlLg 9,5–15 mm; s; V–VI (VII). [*Raphidia m.*] *Phaeostigma (Magnoraphidia) major* (Burmeister) – **Große Kamelhalsfliege**

6 **(2)** Apikalader (r) des VFl endet am VFlAußenrand (vgl. Abb. **318**/3–6) **7**

6* Aus dem hellen FlMal entspringende Apikalader (r) endet am VFlVRand (Abb. **318**/7). Fast ausschließlich an Kiefer; nur im W des Gebietes; sehr s; V–VII. [*Raphidia m.*] *Atlantoraphidia maculicollis* (Stephens) – **Atlantische Kamelhalsfliege**

7 FlMal braun bis ockerbraun **8**

7* FlMal hellgelb, ± so lg wie die darunter liegende 1. DiskoidalZ (Abb. **318**/4). Euryök, jedoch fast nur an Laubbäumen; g; IV–VII. [*Raphidia x.*] *Xanthostigma xanthostigma* (Schummel) – **Gelbgezeichnete Kamelhalsfliege**

8 FlMal ± so lg wie 1. DiskoidalZ, zw r u. Radiussektor 3 Z (Abb. **318**/8); relativ groß, VFlLg 9–11 mm. An Nadelhölzern; z; V–VII. [*Raphidia r.*] *Puncha ratzeburgi* (Brauer) – **Ratzeburgs Kamelhalsfliege**

8* FlMal kürzer als 1. DiskoidalZ, zw r u. Radiussektor 2 Z; klein, VFlLg 6–8,5 mm. An Laubgehölzen (meist Apfel u. Birne); s; V–VII. [*Raphidia n.*] *Venustoraphidia nigricollis* (Albarda) – **Schwarzhals-Kamelhalsfliege**

Larven (letzte Stadien)

1 Rückenteil des 1.–8. HlbSgm im hinteren Drittel mit einem schmal rechteckigen od. trapezförmigen hellen Fleck (Abb. **317**/2). (Familie *Inocelliidae*) *Inocellia crassicornis* (Schummel) – **Dickhörnige Kamelhalsfliege**

1* Rückenteil des 1.–8. HlbSgm im hinteren Drittel andersartig Familie *Raphidiidae*

Literatur – siehe S. 329

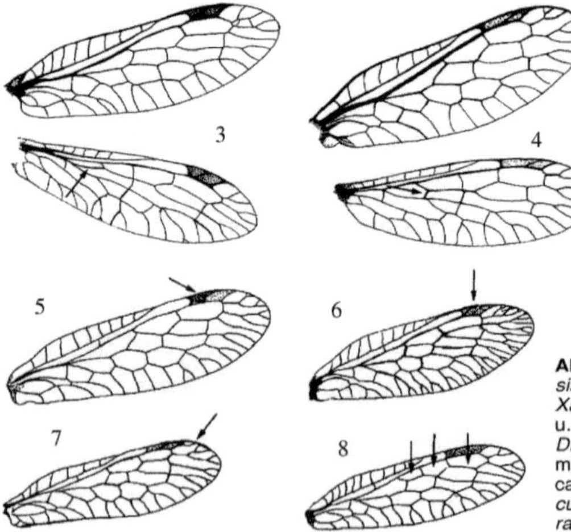

Abb. 318/3–8. **3** *Raphidia ophiopsis*, VFl u. HFl (Lg ca. 9 mm); **4** *Xanthostigma xanthostigma*, VFl u. HFl (Lg ca. 9 mm); VFl von **5** *Dichrostigma flavipes* (Lg ca. 11 mm); **6** *Phaeostigma notata* (Lg ca. 12 mm); **7** *Atlantoraphidia maculicollis* (Lg ca. 8 mm); **8** *Puncha ratzeburgi* (Lg ca. 10 mm).

Megaloptera – Großflügler

Erich Kleinsteuber† & Wieland Röhricht

Ca. 270 beschriebene Arten in allen Regionen, vor allem in warmen Zonen. Im Gebiet nur 1 Familie mit 1 Gattung.

Familie ***Sialidae*** – **Schlammfliegen, Wasserflorfliegen**

G. Mittelgroß, düster pechbraun gefärbt. Fl breit, dunkelbraun getrübt; Längsadern am Rande ungegabelt; in Ruhe dachförmig über den Hlb zusammengelegt; VFlLg 10–17 mm (Abb. **319**/1). – **B.** Im. an stehenden u. fließenden Gewässern; an ufernahen Pfl, unter Brücken, Stegen usw. häufig in größerer Anzahl sitzend, im Sonnenschein schwerfällig fliegend; NaAufnahme unsicher (Nektar?), sitzen auf Blüten mit offenen Honiggruben. Eiabl in Fladen an über die Wasserfläche ragende PflTeile, Pfähle usw. L (Abb. **37**/1; s. Hauptschlüssel) lassen sich nach dem Schlüpfen ins Wasser fallen, schwimmen zunächst frei umher, nach 1. Häutung sich mehr im Bodenschlamm aufhaltend; Na: Würmer, MückenL, kleine Muscheln usw.; der aquatilen Lebensweise durch 7 Paar fadenförmiger Tracheenkiemen beiderseits der HlbSgm angepasst; Entw 2 J mit ca. 10 LStadien; Verpuppung an Land in Wassernähe. Im Gebiet 3 Arten; im Gelände nicht sicher unterscheidbar, exakte Bestimmung nur durch mikroskopische Untersuchung der GenitalSgm möglich.

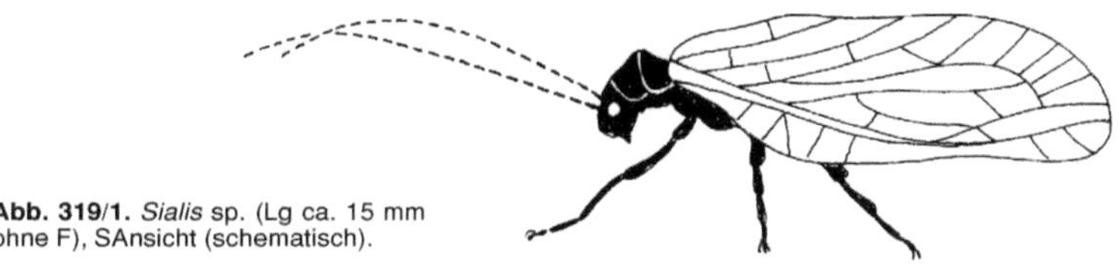

Abb. 319/1. *Sialis* sp. (Lg ca. 15 mm ohne F), SAnsicht (schematisch).

a) Vorwiegend an Seen, Teichen u. Weihern, s an langsam fließenden Gewässern; g; IV–VII. [*S. flavilatera* Kolbe] *Sialis lutaria* (L.) – **See-Schlammfliege**
b) Nur an fließenden, oft kleineren Gewässern; z; V–VII (VIII). *Sialis fuliginosa* Pictet – **Fluss-Schlammfliege**
c) Im Gebiet bisher nur an großen Strömen; sehr s; V–VI. *Sialis nigripes* Pictet – **Schwarzfüßige Schlammfliege**

Literatur – siehe S. 329

Neuroptera [*Planipennia*] – Echte Netzflügler

Erich Kleinsteuber† & Wieland Röhricht

G. Sehr kleine bis sehr große Fluginsekten. K nach unten gerichtet, mit beißenden Mundteilen. Fl gleichförmig breit, meist mit reichem Kleingeäder; werden in Ruhe dachartig über dem Hlb zusammengelegt. Große Unterschiede im Habitus der Im. zw den einzelnen Familien. – **V.** Weltweit, vor allem in warmen Zonen. – **B.** Vollständige Verwandlung. L leben räuberisch (od. parasitisch) u. sind mit Ausnahme der *Sisyridae* Landbewohner, L zeigen die Einheitlichkeit der Ordnung am deutlichsten: OKf u. UKf stark verlängert u. zu einer Saugzange umgebildet (Abb. **321**/3–6), mit der die Beutetiere ergriffen u. ausgesogen werden; MDarm verschlossen, feste Verdauungsrückstände werden erst von den Im. ausgeschieden; 3 LStadien (*Mantispidae* 2). Verpuppung in Kokons, deren Spinnmaterial in Malpighischen Gefäßen erzeugt u. durch den EDarm ausgeschieden wird. Im. (außer *Mantispidae* u. *Ascalaphidae*) tagsüber weitgehend inaktiv, fliegen aufgescheucht nur kurze Strecken; NaAufnahme, Kopula u. Eiabl finden in den Abend- u. Nachtstunden statt; an künstlichen Lichtquellen oft in Anzahl anzutreffen. Na: sehr verschieden, meist Arthropoden, bes. Blattläuse, aber auch Pollen. – Trockenpräparation od. Konservierung in 70%igem Alkohol (*Coniopterygidae*). Zur Bestimmung der in den Tabellen nicht näher aufgeschlüsselten Arten ist eine mikroskopische Untersuchung der GenitalSgm notwendig. Weltweit etwa 6000 Arten, im Gebiet ca. 110.

Imagines

1 Sehr klein, VFlLg höchstens 5 mm. Körper u. Fl mit weißlichen Wachsschuppen bedeckt. Längsadern der Fl am Rande ungegabelt, ohne FlMal. Familie *Coniopterygidae* – **Staubhafte** S. 322

1* Größer, VFlLg meist über 5 mm. Körper u. Fl ohne weißliche Wachsschuppen. Längsadern der Fl am Rande gegabelt, meist deutliches FlMal . . . **2**

2 VB zu großen FangB umgestaltet (Abb. **320**/1). Familie *Mantispidae* – **Fanghafte** S. 328

2* VB von den anderen B nicht auffallend verschieden . . . **3**

3 F am E keulenförmig verdickt . . . **4**

3* F fadenförmig . . . **5**

4 F fast so lg wie die VFl. Fl bunt, mit gelber u. schwarzer Zeichnung. Familie *Ascalaphidae* – **Schmetterlingshafte** S. 329

4* F viel kürzer als die VFl. Fl glashell, zuweilen mit bräunlichen Flecken. Familie *Myrmeleontidae* – **Ameisenjungfern** S. 328

5 **(3)** sc im VFl vereinigt sich nahe der FlSpitze mit dem r (Abb. **321**/1) . . . **6**

5* sc im VFl endet frei (Abb. **321**/2) . . . **7**

6 Oc vorhanden. VFlLg über 20 mm. Mit lebhaft gefleckten VFl mit zahlreichen Queradern. Familie *Osmylidae* – **Bachhafte** S. 322

6* Oc fehlen. VFlLg bis 10 mm. Dunkel schwarzbraun gefärbt. Fl mit nur wenigen Queradern. Familie *Sisyridae* – **Schwammfliegen** S. 322

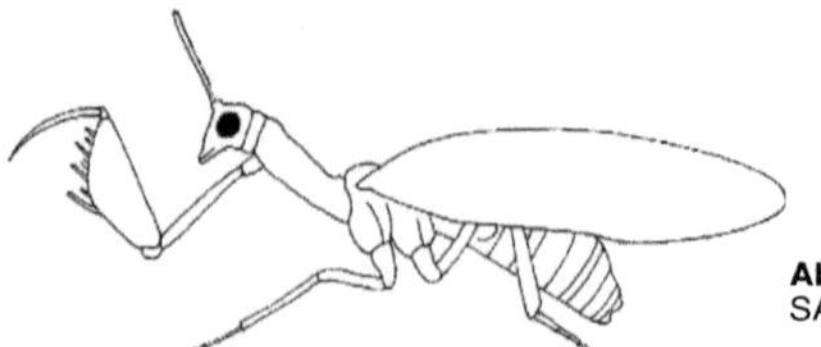

Abb. 320/1. *Mantispa styriaca* (Lg ca. 18 mm), SAnsicht (schematisch).

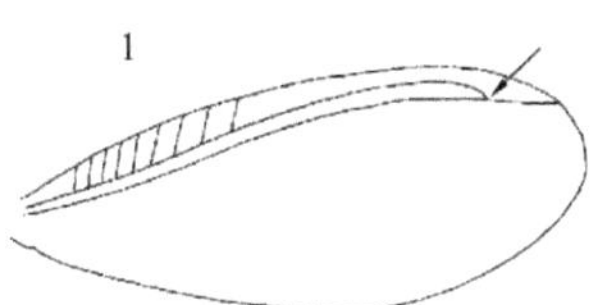

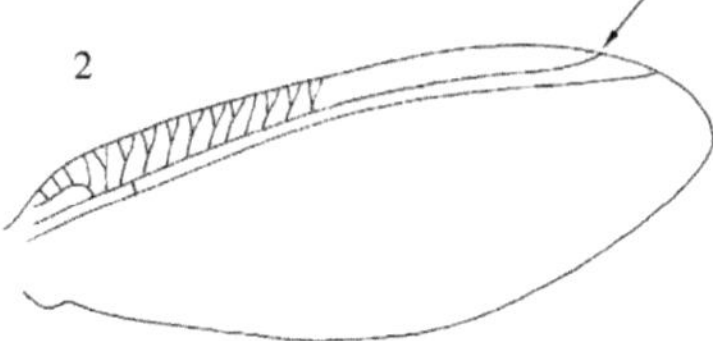

Abb. 321/1–2. **1** *Sisyra* sp., VFl (Lg ca. 5 mm) (Adern nur teilweise eingezeichnet); **2** *Hemerobius* sp., VFl (Lg ca. 8 mm) (Adern nur teilweise eingezeichnet).

7 **(5)** Queradern im ersten Feld (Costalfeld der VFl gegabelt (Abb. **321**/2). Klein, meist grau od. bräunlich gefärbt, VFlLg 3–16 mm. Familie *Hemerobiidae* – **Blattlauslöwen, Taghafte** S. 323

7* Queradern im ersten Feld der VFl ungegabelt. Mittelgroß, fast immer grün gefärbt, VFlLg 7–25 mm. Familie *Chrysopidae* – **Florfliegen, Goldaugen** S. 324

Larven (letztes Stadium)

1 Im od. unmittelbar am Wasser **2**

1* Nur auf dem Lande **3**

2 Im Wasser an od. in Süßwasserschwämmen. US der HlbSgm mit gliedmaßenähnlichen Tracheenkiemen. (Abb. **321**/3). Familie *Sisyridae* – **Schwammfliegen** S. 322

2* Am Ufer von Gewässern unter Steinen, Wurzeln od. zw der gelegentlich vom Wasser überspülten Vegetation. US der HlbSgm ohne Tracheenkiemen. (Abb. **321**/4). Familie *Osmylidae* – **Bachhafte** S. 322

3 **(1)** Saugzangen am Innenrand mit kräftigen Zähnen, Körper kurz u. breit. Am od. im Boden **4**

3* Saugzangen innen ungezähnt, Körper schmaler. Auf Pfl **5**

4 HlbSgm jederseits mit Anhängen (Abb. **321**/5). Zw abgestorbenen PflTeilen, unter Moos u. Steinen. Familie *Ascalaphidae* – **Schmetterlingshafte** S. 329

4* HlbSgm ohne Anhänge (Abb. **321**/6). Überwiegend frei im Sand od. lockerem Boden, manche Arten bauen Fangtrichter („Ameisenlöwen“). Familie *Myrmeleontidae* – **Ameisenjungfern** S. 328

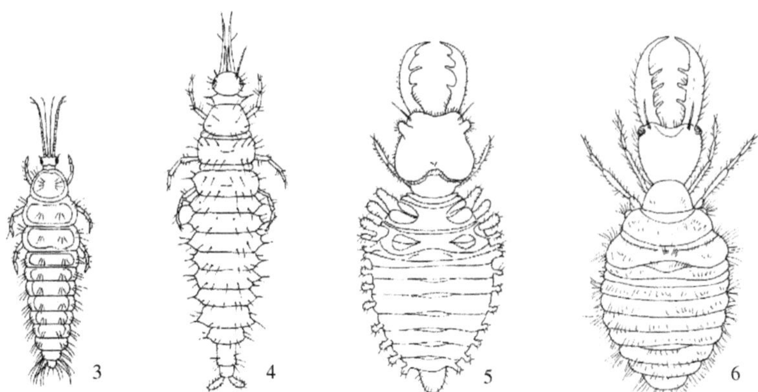

Abb. 321/3–6. L, Dorsalansicht von **3** *Sisyra* sp. (Lg ca. 6 mm); **4** *Osmylus* sp. (Lg ca. 14 mm); **5** *Libelloides* sp. (Lg ca. 10 mm); **6** *Myrmeleon* sp. („Ameisenlöwe“) (Lg ca. 13 mm).

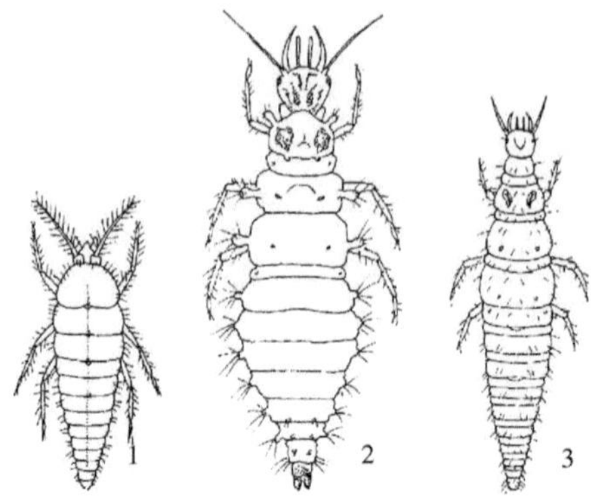

Abb. 322/1–3. L, Dorsalansicht von **1** *Coniopterygidae* (Lg ca. 3 mm); **2** *Chrysopidae* (Lg ca. 10 mm); **3** *Hemerobiidae* („Blattlauslöwe") (Lg ca. 8 mm).

5 **(3)** Sehr klein, bis ca. 3 mm. Saugzangen kurz, von der Ol verdeckt od. länger, unter der Ol hervorragend u. gerade, nadelförmig (Abb. **322**/1).
Familie *Coniopterygidae* – **Staubhafte** S. 322

5* Größer als 5 mm. Saugzangen lg, unter der Ol hervorragend u. nach innen gekrümmt **6**

6 Br- u. HlbSgm jederseits mit ± stark ausgebildeten BoHöckern (Abb. **322**/2).
Familie *Chrysopidae* – **Florfliegen, Goldaugen** S. 324

6* Br- u. HlbSgm ohne BoHöcker (Abb. **322**/3).
Familie *Hemerobiidae* – **Blattlauslöwen, Taghafte** S. 323

Familie *Coniopterygidae* – Staubhafte

Sehr klein, Körper u. Fl mit weißlichen Wachsausscheidungen bedeckt („bestäubt"); starke Rückbildung des FlGeäders; VFlLg 2–5 mm. Im. u. L (Abb. **322**/1) auf Bäumen u. Sträuchern, s an krautigen Pfl; Vorkommen oft auffallend lokalisiert; IV– XII. Na: kleine, weichhäutige Arthropoden, bes. Milben od. Blattläuse. Eiabl einzeln od. in kleinen Gruppen bes. an den Rändern od. hervortretenden Adern von Blättern. 3 LStadien. 1–3 Gen im J. Überw im präpupalen Stadium oft zw Borkenschuppen. 19 im Gelände nicht näher bestimmbare Arten.

Familie *Osmylidae* – Bachhafte

1 Art. Fl glashell mit reichem Kleingeäder, die VFl auffallend dunkelbraun gefleckt; VFlLg 20–26 mm. (Abb. **323**/1). An fließenden Gewässern. Im. ruhen tagsüber an ufernahen Pfl, unter Brücken, Stegen; v; IV–VIII. Na: Insekten. Eiabl reihenweise an Blätter, herabhängende Wurzeln usw. L (Abb. **321**/4) am Rande der Gewässer unter Steinen, Wurzeln u. zw UferPfl lebend, wo sie sich räuberisch von InsektenL (ChironomidenL) ernähren; Überw im 2. od. 3. LStadium in Wassernähe unter Moos usw.
Osmylus fulvicephalus (Scopoli) – **Europäischer Bachhaft**

Familie *Sisyridae* – Schwammfliegen

Klein, dunkel gefärbt (Abb. **323**/2); VFlLg 4,5–6 mm. An stehenden u. fließenden Gewässern. Im. tagsüber an ufernahen Pfl, Pfählen usw. sitzend. Die wenigen Eier (ca.

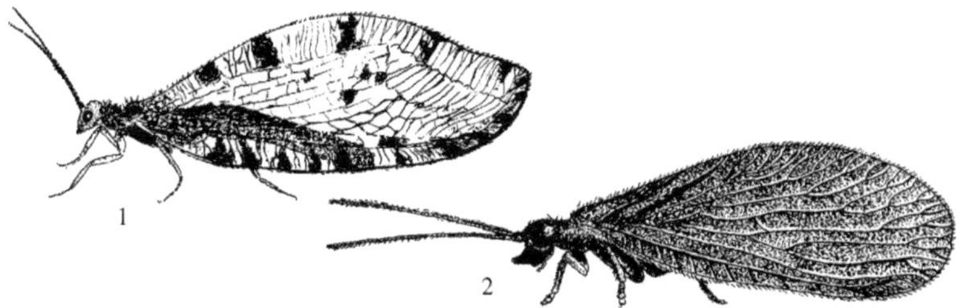

Abb. 323/1–2. 1 *Osmylus fulvicephalus* (Lg ohne F ca. 20 mm), Seitenansicht; **2** *Sisyra nigra* (Lg ohne F ca. 5 mm), Seitenansicht.

50) werden an über die Wasserfläche ragende PflTeile abgelegt u. mit Gespinst überzogen. L (Abb. **321**/3) lassen sich nach dem Ausschlüpfen ins Wasser fallen u. suchen schwimmend Süßwasserschwämme, seltener Moostierchenkolonien auf, wo sie sich festsetzen u. sich durch Aussaugen des Wirtsgewebes parasitisch ernähren; der aquatilen Lebensweise durch gliedmaßenähnliche, schwingende Kiemen an der US der HlbSgm angepasst. Überw in Kokon an Land im präpupalen Stadium. 4 Arten.

1 F in ihrer ganzen Lg schwarzbraun **2**
1* F dunkel, mit helleren Teilen, Fl völlig fleckenlos **3**
2 VFl bräunlichgrau, an den Queradern dunkel geschattet u. dadurch gefleckt erscheinend; s; VI–VIII. *Sisyra dalii* McLachlan – **Dales Schwammfliege**
2* VFl einfarbig dunkelbraun bis schwärzlich irisierend; v; V–IX. *Sisyra nigra* (Retzius) – **Schwärzliche Schwammfliege**
3 **(1)** F schwarzgrau, im letzten Drittel auffallend weißlichgelb; s; V–VIII. *Sisyra terminalis* Curtis – **Gelbfühlerige Schwammfliege**
3* F hell, FSpitze u. die beiden basalen Gld dunkelbraun, VBr u. MBr sandbraun; im Gebiet bisher nur bei Hamburg; V –VII. *Sisyra jutlandica* Esben-Petersen – **Jütische Schwammfliege**

Familie *Hemerobiidae* – Blattlauslöwen, Taghafte

Klein, meist grau od. bräunlich gefärbt; VFlLg 3–16 mm. Im. u. L auf Bäumen u. Sträuchern, einige Arten auch an krautigen Pfl. Na: kleine weichhäutige Gliederfüßer, bes. Blattläuse. Eiabl einzeln od. in kleinen Gruppen an Blätter u. andere PflTeile. L = „Blattlauslöwe" (Abb. **322**/3), gewandt umherlaufend. 1–5 Gen im J. Überw im präpupalen Stadium, als EiL, L od. PräP, s als Im. Ca. 39 z. T. nur mikroskopisch bestimmbare Arten im Gebiet.

1 Am Grunde des 1. Feldes des VFl (Costalfeld) eine rücklaufende Ader (vena recurrens) (Abb. **323**/3) **2**
1* Am Grunde des 1. Feldes des VFl ohne vena recurrens (Abb. **323**/4) **7**
2 Radiussektor des VFl mit 3–5 Ästen (Abb. **325**/1) **3**
2* Radiussektor des VFl mit mehr als 5 Ästen **5**
3 Äußere Queraderreihe des HFl vollständig ausgebildet (Abb. **325**/2) **4**

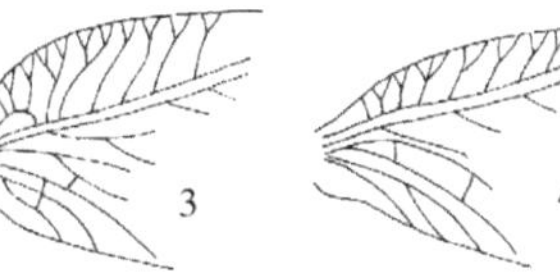

Abb. 323/3–4. Basis des VFl **3** *Hemerobius* sp.; **4** *Micromus* sp.

3* Äußere Queraderreihe des HFl mit nur 1 Querader od. gänzlich fehlend. Klein, VFlLg 3–6 mm. 5 oft nur genitalmorphologisch unterscheidbare Arten.
Gattung *Sympherobius* BANKS

4 Im VFl zw dem 1. Ast des Radiussektors u. dem vorderen Ast der m eine basale Querader (Abb. **325**/3). 11 Arten. Sicher nur durch Untersuchung der charakteristischen GenitalSgm unterscheidbar. [*Boriomyia* BANKS] Gattung *Wesmaelius* KRÜGER

4* Im VFl zw dem 1. Ast des Radiussektors u. dem vorderen Ast der m keine basale Querader. Gattung *Hemerobius* L.
a) 1. Feld des VFl an der Basis abrupt verbreitert (Abb. **323**/3), Im. oft mit grüner bis blaugrüner Färbung, VFlLg 6–11 mm. z; VI–IX. (Untergattung *Brauerobius* KRÜGER).
Hemerobius (*Brauerobius*) *marginatus* STEPHENS – **Grüner Taghaft**
b) 1. Feld des VFl an der Basis kontinuierlicher verbreitert (vgl. Abb. **325**/1), Im. immer bräunlich gefärbt. Ca. 13 im Gelände schwer unterscheidbare Arten. Bestimmung durch mikroskopische Untersuchung der GenitalSgm.
Untergattung *Hemerobius* L.

5 **(2)** VFl mit 3 vollständig ausgebildeten Queraderreihen (Abb. **325**/4), Radiussektor mit 10 od. mehr Ästen **6**

5* VFl mit 2 vollständig ausgebildeten Queraderreihen, Radiussektor mit weniger als 10 Ästen. 2 sehr s Arten; nur sicher durch Untersuchung der GenitalSgm unterscheidbar. Gattung *Megalomus* RAMBUR

6 VFl am Außenrand unterhalb der Spitze sichelförmig eingebuchtet (Abb. **325**/4), bräunlichgelb. VFlLg 11–16 mm. Meist auf Laubgehölzen; v; IV– XI. [*Drepanopteryx p.*] *Drepanepteryx phalaenoides* (L.) – **Sichelflügel-Taghaft**

6* VFl nicht eingebuchtet, an der Spitze abgerundet, bräunlichgrau. VFlLg 8–10 mm. Nadelhölzer, bes. auf Lärche; s; III– XI. [*Drepanopteryx a.*]
Drepanepteryx algida (ERICHSON) – **Lärchen-Taghaft**

7 **(1)** Im VFl Radiussektor mit 2 Ästen, 1 vollständig ausgebildete Queraderreihe. HFl z. T. lappig reduziert. Sehr klein, VFlLg 2,6–3,7 mm. Entw vermutlich in niedriger Vegetation (Horstgräser?) feuchter Habitate; s; VI–IX.
Psectra diptera (BURMEISTER) – **Fliegen-Taghaft**

7* Im VFl Radiussektor mit mehr als 2 Ästen, 2 vollständig ausgebildete Queraderreihen. VFlLg 5–11 mm. 4 Arten. (Gattung *Micromus* RAMBUR) **8**

8 Radiussektor des VFl mit 3 Ästen. Fl schmal u. lggestreckt, VFl klar, dunkel gefleckt, HFl glashell, mit 3 dunklen Flecken in der äußeren Hälfte. VFlLg 5–7,5 mm. Unverwechselbare Art. Bes. an krautigen Pfl u. in Hecken; v; V–IX.
Micromus variegatus (F.) – **Bunter Taghaft**

8* Radiussektor des VFl mit 4–5 Ästen, VFl weißlich bis bräunlich. **9**

9 VFlLg 6–8 mm, vollkommen braune, gefleckte FlMembran, Radiussektor des VFl mit 4 Ästen. Wahrscheinlich ausschließlich in der Krautschicht; z; I–XII.
Micromus angulatus (STEPHENS) – **Brauner Taghaft**

9* VFlLg 8–11 mm, VFl weißlich, braun gefleckt, Radiussektor des VFl mit 5, s mit 4 Ästen. An Laubgehölzen. 2 nur genitalmorphologisch sicher unterscheidbare Arten.

Familie *Chrysopidae* – Florfliegen, Goldaugen

Mittelgroß, fast immer grün gefärbt, mit goldgrün schimmernden Au; oft mit schwarzer od. rötlicher KZeichnung (Abb. **325**/5). VFlLg 7–25 mm. Im. u. L auf Bäumen u. Sträuchern, s an krautigen Pfl. Na: kleine weichhäutige Gliederfüßer, bes. Blattläuse (L, Im.) od. (Im.) Pollen (z. B. *Chrysoperla carnea* s.l. u. Gattung *Dichochrysa*). Einige Arten (Im.) bei Verteidigung Stinkdrüsen gebrauchend. Eier gestielt, werden in Gruppen auf Blätter u. andere PflTeile, meist in Nähe von Blattlauskolonien, abgesetzt. L (Abb. **322**/2) sehr lebhaft; Beute wird beim Angriff unterlaufen; manche Arten bedecken sich mit den Hüllen ausgesaugter Beutetiere. 1–3 Gen im J. Überw im präpupalen Stadium, s als L od. Im. In DE ca. 30 Arten nachgewiesen.

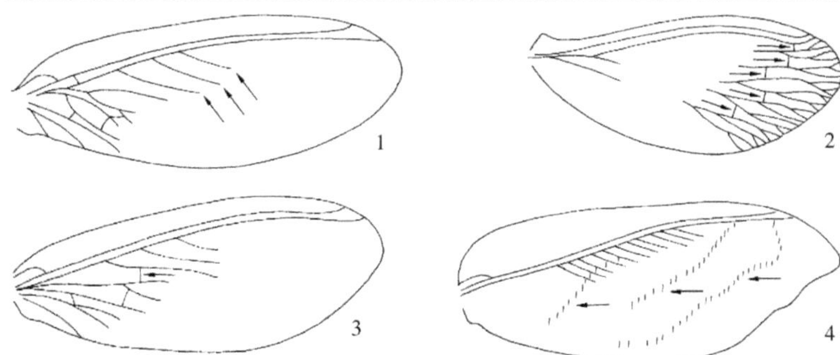

Abb. 325/1–4. **1** *Hemerobius* sp., VFl (Lg ca. 8 mm); **2** *Wesmaelius* sp., HFl (Lg ca. 6 mm); **3** *W.* sp., VFl (Lg ca. 9 mm); **4** *Drepanepteryx phalaenoides,* VFl (Lg ca. 15 mm) (Adern stets nur teilweise eingezeichnet).

1 1. Feld des HFl mit weniger als 15 Queradern. K gelb, mit schwarzem MStreifen. VFlLg 8–10 mm. Auf Laubbäumen; z; V–VI. [*H. nobilis* (SCHNEIDER), *H. pernobilis* TJEDER] *Hypochrysa elegans* (BURMEISTER) – **Buchen-Florfliege**

1* 1. Feld des HFl mit mehr als 15 Queradern. **2**

2 IntramedianZ des VFl trapezoidförmig bis fünfeckig (Abb. **326**/1). K u. Körper vorwiegend bleich weißlich bis schwarzbraun, nicht grün. **3**

2* IntramedianZ des VFl dreieckig (Abb. **326**/2). K u. Körper vorwiegend grün od. hell gelblich (Unterfamilie *Chrysopinae* SCHNEIDER). **5**

3 K u. Körper bleich weißlich bis braungelb, F u. SStreifen der Br violett od. rotbraun, unverwechselbar. Größte *Chrysopiden*-Art in Europa, VFlLg 22–25 mm. Trockenwarme Biotope, Entw in Ameisennestern; bislang nur in SD; sehr s; VII–VIII. *Italochrysa italica* (ROSSI) – **Italische Florfliege**

3* Körper vorwiegend braun bis schwarzbraun, K auffallend rötlichbraun. (Gattung *Nothochrysa* MCLACHLAN). **4**

4 Br mit gelbem MStreifen. Groß, VFlLg 19–25 mm. An Laubhölzern; s; V–IX. *Nothochrysa fulviceps* (STEPHENS) – **Rotköpfige Florfliege**

4* Br einfarbig rötlichbraun. Deutlich kleiner, VFlLg 13–17 mm. An Nadelhölzern; z; VI–IX. *Nothochrysa capitata* (F.) – **Großköpfige Florfliege**

5 **(2)** Stirn zw den F mit einem dunklen Fleck od. dunkler Zeichnung. **18**

5* Stirn zw den F ungefleckt. **6**

6 Groß, VFlLg 16–25 mm. K ohne Zeichnung. (Gattung *Nineta* NAVAS). **7**

6* Kleiner, VFlLg s über 16 mm, nicht über 17 mm. **11**

7 1. Feld des VFl im 1. Drittel stark ausgeweitet, dann abrupt verschmälert. **8**

7* 1. Feld des VFl nicht abrupt verschmälert. **9**

8 Queradern im VFl überwiegend grün. Auf Laubhölzern, auch in städtischen Anlagen; v; V–X. *Nineta vittata* (WESMAEL) – **Gelbliche Florfliege**

8* Queradern in VFl teilweise schwarz. Auf Eichen; bislang nur in SDE; sehr s. VI–X. *Nineta guadarramensis* (PICTET) – **Guadarrama-Florfliege**

9 **(7)** BasalGld der F (Scapus) schmal zylinderförmig; ± doppelt so lg wie breit. Auf Laubhölzern; z; V–IX. *Nineta vittata* (WESMAEL) – **Weißliche Florfliege**

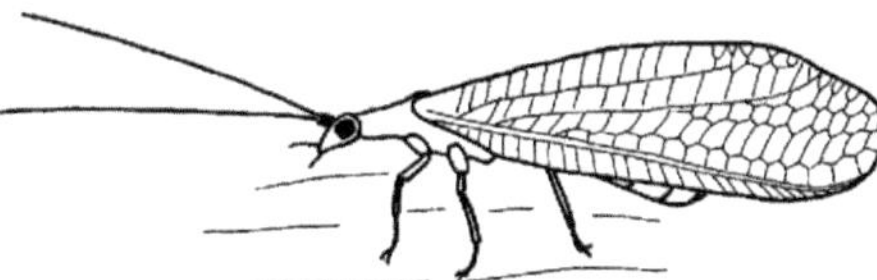

Abb. 325/5. *Chrysopa* sp. (Lg ohne F ca. 15 mm), Seitenansicht (schematisch).

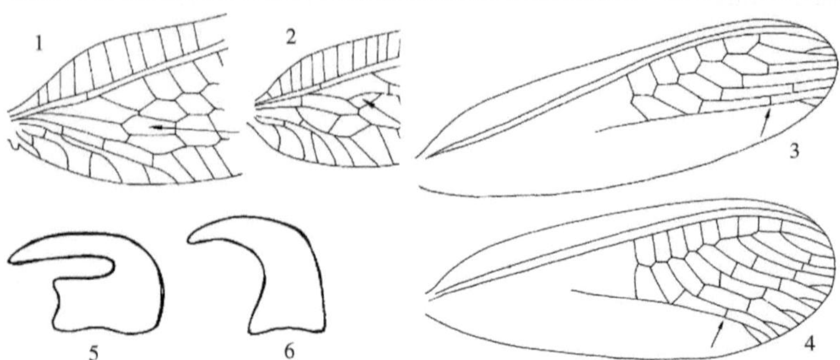

Abb. 326/1–6. **1** *Nothochrysa* sp., Basis des VFl; **2** *Chrysoperla carnea,* Basis des VFl; **3** *Peyerimhoffina gracilis,* VFl (Lg ca. 9 mm) (Adern nur teilweise eingezeichnet); **4** *Chrysopa* sp. VFl (Lg ca. 13 mm) (Adern nur teilweise eingezeichnet); **5** *Chrysoperla carnea,* Kralle; **6** *Peyerimhoffina gracilis,* Kralle.

9* Scapus kaum länger als breit **10**

10 Rücken beiderseits mit violett-braunem Längsstreifen. Nadelw, bes. auf Fichte; s; VII–X. *Nineta pallida* (SCHNEIDER) – **Braungestreifte Florfliege**

10* Rücken grün mit gelbem MStreifen; sehr s; bislang nur in SDE; V–VII. *Nineta inpunctata* (REUTER) – **Schwärzliche Florfliege**

11 **(6)** Fl am VRand mit lg, abstehenden Haaren, VFlLg 11–17 mm. K ungefleckt. Au- u. Bruchwälder; z; V–IX. [*Chrysopa c., Chrysopidia c.*] *Chrysotropia ciliata* (WESMAEL) – **Bewimperte Florfliege**

11* Fl am VRand mit kürzeren, anliegenden Haaren. K auf Wangen od. Ksch mit rötlichen od. schwarzen Flecken. **12**

12 VFl schmal u. lggestreckt, sehr markant, äußere Queraderreihe mit höchstens 1–2 Queradern (Abb. **326**/3), basale Querader zw Radiussektor u. m trifft genau in der Spitze der IntramedianZ auf die m, VFlLg 7–11 mm, völlig grünes FlGeäder; Krallen einfach (Abb. **326**/6). Nadelw, bes. auf Fichte; z; III–IX. [*Chrysopa g., Tjederina g.*] *Peyerimhoffina gracilis* (SCHNEIDER) – **Zierliche Florfliege**

12* VFl breiter, mit abgerundeter Spitze; äußere Queraderreihe vollständig ausgebildet (Abb. **326**/4). VFlLg über 11 mm (Gattungen *Chrysopa* LEACH, *Chrysoperla* STEINMANN, *Cunctochrysa* HÖLZEL, *Dichochrysa* YANG). **13**

13 Basale Querader zw Radiussektor u. m trifft außerhalb der dreieckigen IntramedianZ (Abb. **326**/2) auf die m; Krallen an der Basis erweitert (Abb. **326**/5). Häufigstes Netzflügler-Taxon, einige Arten Kulturfolger; oft massenhaft auf Laub- u. Nadelhölzern, auch im Stadtbereich; in biologischer Schädlingsbekämpfung eingesetzt; Im. überw in Gebäuden, verfärben sich dann bei einigen Arten rötlich bis bräunlich; I–XI *Chrysoperla carnea* (STEPHENS)-Komplex – **Gemeine Florfliege**

13* Basale Querader zw Radiussektor u. m innerhalb der dreieckigen IntramedianZ auftreffend. Mehrere Arten; zur Absicherung sollten die GenitalSgm mikroskopisch untersucht werden. **14**

14 Auf der c nahe der FlWurzel ein schwarzer Fleck. **15**

14* c nahe der FlWurzel ohne schwarzen Fleck. **16**

15 Wangen schwärzlich u. rötlich gefleckt, Queradern an beiden E od. ganz schwarz. Meist auf Laubholz; v; V–IX. [*Anisochrysa f., Mallada f.*] *Dichochrysa flavifrons* (BRAUER) – **Gelbstirnige Florfliege**

15* Wangen nur mit schwarzen Flecken, Queradern grün, nur im Costal- u. Analfeld schwarz gefleckt, sehr s; V–VII. [*Anisochrysa i., Mallada i.*] *Dichochrysa inornata* (NAVAS) – **Ungeschmückte Florfliege**

16 **(14)** Wangen mit breitem rotbraunem Band, aber ohne schwarze Flecken. s; IV–IX. *Chrysopa viridana* SCHNEIDER – **Spangrüne Florfliege**

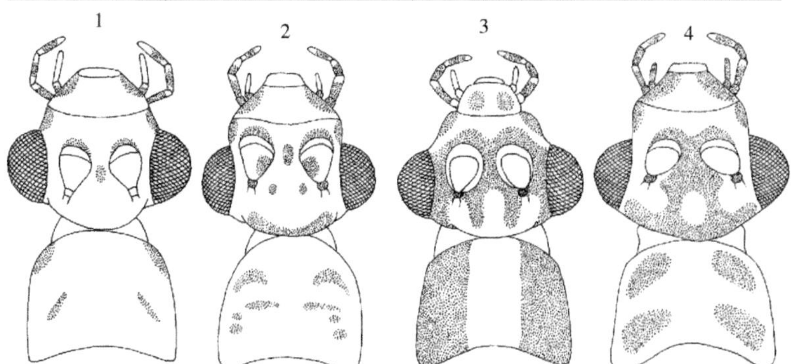

Abb. 327/1–4. 1 *Chrysopa pallens*, K mit 1. u. 2. FGld u. VBr, Dorsalansicht; **2** *Ch. abbreviata*, K mit 1. u. 2. FGld u. VBr, Dorsalansicht; **3** *Ch. dorsalis*, K mit 1. u. 2. FGld u. VBr, Dorsalansicht; **4** *Ch. perla*, K mit 1. u. 2. FGld u. VBr, Dorsalansicht.

16* Wangen mit schwarzen Flecken, ohne rotbraunes Band. **17**

17 Vbr mit sehr starken, schwarzen Bo. s; V–IX.
Chrysopa nigricostata Brauer – **Schwarzaderige Florfliege**

17* Vbr ohne bes. starke schwarze Bo; Queradern z.T. dunkel. Bes. auf Laubhölzern; auch in städtischen Anlagen; v; V–X. [*Chrysopa a., Anisochrysa a.*]
Cunctochrysa albolineata (Killington) – **Weißgestreifte Florfliege**

18 **(5)** Zw den F ein einfacher dunkler Fleck (Abb. **327**/1–2). **19**

18* Zw den F eine x-förmige Zeichnung (Abb. **327**/3–4). **25**

19 2. FGld (Pedicellus) einfarbig grün. **20**

19* Pedicellus schwarz od. schwarz gefleckt. **22**

20 Auf der c nahe der Wurzel aller Fl ein schwarzer Punkt; VFlLg 10–18 mm. **21**

20* c an der FlWurzel ohne schwarzen Punkt; groß, VFlLg 16–22 mm. K (Abb. **327**/1). Bes. auf Laubhölzern, auch in städtischen Anlagen; v; V–X. [*Ch. semptempunctata* Wesmael] *Chrysopa pallens* (Rambur) – **Siebenpunkt-Florfliege**

21 US des Hlb schwarz. Auf Laub- u. Nadelhölzern; v; V–IX. [*Anisochrysa v., Mallada v.*]
Dichochrysa ventralis (Curtis) – **Schwarzbäuchige Florfliege**

21* US des Hlb grün. V–X. 2 Arten. [*Anisochrysa prasina, Mallada p.*]
Dichochrysa abdominalis (Brauer) – **Punktierte Florfliege**
Dichochrysa prasina (Burmeister) – **Lauchgrüne Florfliege**

22 **(19)** Queradern im 1. Feld des VFl einfarbig schwarz; VFlLg 11–16 mm. In Strauchschicht u. am Rande von Laubgehölzen; bevorzugt trockenwarme Habitate. z; VI–IX.
Chrysopa formosa Brauer – **Schöne Florfliege**

22* Queradern im 1. Feld des VFl grün, an der Basis des sc schwarz; VFlLg 8–14 mm **23**

23 HRand des K mit einem schwarzen Band (Abb. **327**/2), (an der Nseeküste auch ohne Band, dann insgesamt kleiner u. heller), Krallen an der Basis erweitert (vgl. Abb. **326**/5). An krautigen Pfl bes. der Binnendünen, auf den Schotterflächen großer Flüsse u. an Meeresküsten; z; V–IX. [*Chrysopa chlorophanus* Ratzeburg]
Chrysopa abbreviata Curtis – **Dünen-Florfliege**

23* HRand des K ohne schwarze Zeichnung. Krallen einfach (vgl. Abb. **326**/6). 2 nur mikroskopisch sicher unterscheidbare Arten. Ruderalflächen, Hecken, landwirtschaftliche Kulturflächen, Gras- und Staudenfluren. **24**

24 Flanken des Hlb ganz grün. z; VI–IX.
Chrysopa phylochroma Wesmael – **Blattgrüne Florfliege**

24* Pleuralnähte an den HlbS schwarz. v; VI–IX.
Chrysopa commata Kis et Ujhelyi – **Komma-Florfliege**

25 **(18)** sc des VFl schwarz; VFlLg 11–15 mm. Die x-förmige Zeichnung am HK offen (Abb. **327**/3). Trockene Kiefernwälder; z; VI–VIII. *Chrysopa dorsalis* BURMEISTER – **Kiefernwald-Florfliege**

25* sc des VFl grün. **26**

26 Die x-förmige Zeichnung am HK geschlossen (Abb. **327**/4); VFlLg 11–15 mm. Körper blaugrün. In Laubgebüschen u. Hochstaudenfluren, bes. an luftfeuchteren Stellen; g; V–IX. *Chrysopa perla* (L.) sensu SCHNEIDER – **Perlaugen-Florfliege**

26* Die x-förmige Zeichnung am HK offen; VFlLg 12–17 mm. Körper grasgrün. Auf Trockenrasen an krautigen Pfl; bisher nur in SDE, TH u. im Unstruttal nachgewiesen; sehr s; V–VIII. *Chrysopa walkeri* MCLACHLAN – **Walkers Florfliege**

Familie ***Mantispidae*** – Fanghafte

Wenigstens 2 Arten. VBr verlängert, VB zu großen FangB umgestaltet; VFlLg 7–17 mm (Abb. **320**/1). Nördl der Alp in weit von einander entfernt liegenden Reliktvorkommen bis Berlin. Im. auf Gebüsch trockenwarmer Habitate, in der heißen Tageszeit unter Blättern versteckt. Na: Insekten, bes. Fliegen; seit M 20. Jh verschollen, erst kürzlich in SD wieder neu für DE nachgewiesen; VI–VIII. Eier gestielt, werden in großer Anzahl an Pfl abgesetzt. L zunächst freilebend u. mit typischen Merkmalen der NeuropterenL; dringen nach Überw in Eikokons von Wolfspinnen ein, darin Häutung zum 2. LStadium mit madenförmigem Aussehen u. parasitischer Lebensweise. Verpuppung innerhalb des Spinnenkokons. Arten nur genitalmorphologisch sicher unterscheidbar. *Mantispa styriaca* (PODA) – **Steirischer Fanghaft**
Mantispa aphavexelte U. ASPÖCK et H. ASPÖCK – **Verwechselter Fanghaft**

Familie ***Myrmeleontidae*** – Ameisenjungfern, Ameisenlöwen

Groß, libellenähnlich; mit kurzen, gekeulten F (Abb. **328**/1). In Gebieten mit trockenen u. lockeren Sandböden. Im. tagsüber an Pfl usw. ruhend. Na: Insekten; V–VII. Eiabl in den Boden. L (Abb. **321**/6) bauen Trichter, in denen Beutetiere, bes. Ameisen, gefangen werden („Ameisenlöwe") od. einfach im Sand verborgen. Entw 2–3 J, überw 2mal als L. Weltweit ca. 2000 Arten, heimisch 6.

1 1. Feld des VFl mit 2 Zellreihen. K, Br u. B pelzartig weiß behaart; unverwechselbar. VFlLg 45–57 mm. L nicht trichterbauend, im feinen Sand verborgen, hohe Wärmeansprüche, Dünen; sehr s. V–VIII. *Acanthaclisis occitanica* (VILLERS) – **Okzitanische Ameisenjungfer**

1* 1. Feld des VFl mit einer Zellreihe **2**

2 VFl mit dunklen Flecken **3**

2* VFl ungefleckt. Gattung *Myrmeleon* L. 2 im Gelände nicht immer sicher unterscheidbare Arten, deren L Trichter bauen. Nach VFlLg, Lage der LTrichter u. Habitat oft zu bestimmen.

a) VFlLg 25–35 mm. Nur auf Binnendünen od. Dünen der Ostseeküste ohne geschlossene Vegetation (Silbergrasfluren), L baut Trichter offen in den Sand. ♂ an der Basis des HFl mit pilzförmigem Anhang (Axillarpelotte). In NODE v, in SDE s; VI–VIII. [*Grocus b.*] *Myrmeleon bore* (TJEDER) – **Dünen-Ameisenjungfer**

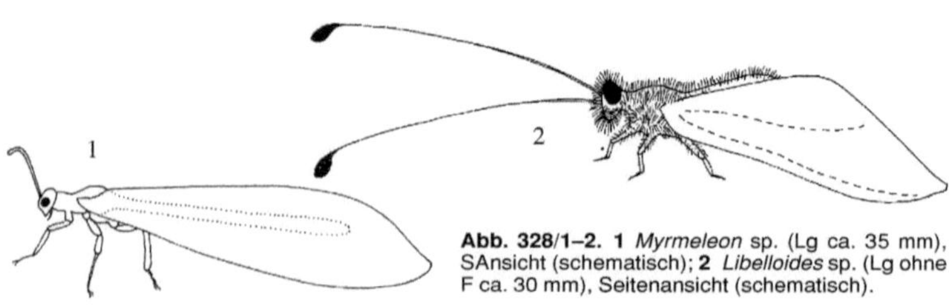

Abb. 328/1–2. 1 *Myrmeleon* sp. (Lg ca. 35 mm), SAnsicht (schematisch); **2** *Libelloides* sp. (Lg ohne F ca. 30 mm), Seitenansicht (schematisch).

b) VFlLg 35–40 mm. In Gebieten mit trockenen Sandböden, bes. in lichten Nadelw, L baut Trichter (fast) immer regengeschützt. ♂ ohne Axillarpelotte. v; V–VIII.
Myrmeleon formicarius L. – **Gewöhnliche Ameisenjungfer**

3 Sporne an den VSchienen etwa so lg wie die ersten 4 FußGld. VFlLg 26–40 mm. L nicht trichterbauend, nur im Sand verborgen; in wärmebegünstigten Habitaten, Kiefern- u. Eichenwälder; sehr s; VI–VIII. [*Formicaleon t.*]
Distoleon tetragrammicus (F.) – **Langfühlerige Ameisenjungfer**

3* Sporne an den VSchienen höchstens so lg wie die ersten 2 FußGld. VFlLg 25–33 mm **4**

4 HFl mit zahlreichen größeren, dunklen Flecken im äußeren Drittel. L nicht trichterbauend, vermutlich in Baummulm lebend; sehr s; VII–VIII.
Dendroleon pantherinus (F.) – **Panther-Ameisenjungfer**

4* HFl mit höchstens 2–3 größeren dunklen Flecken entlang des r. L bauen Trichter; an trockenwarmen Stellen mit Sandboden, meist unter Überhängen; v; VII–VIII (IX). [*Myrmeleon europaeus* McLachlan]
Euroleon nostras (Geoffroy in Fourcroy) – **Gefleckte Ameisenjungfer**

Familie *Ascalaphidae* – Schmetterlingshafte

Groß, schmetterlingsähnlich, mit bunten Fl u. lg, gekeulten F; VFlLg 18–28 mm (Abb. **328**/2). Im Gebiet nur einige wenige, eng begrenzte Vorkommen im Bereich xerothermer Habitate (Trockenrasen). Im. fliegen nur bei Sonnenschein, oft hoch u. lange; bei kaltem Wetter nach Zygaenenart an Pfl hängend. Na: Insekten, die im Fluge erbeutet werden. Einleitung der Kopula erfolgt während des Fluges. Eier werden in Doppelreihen an PflStängeln angebracht. L (Abb. **321**/5) leben terrestrisch zw PflResten (Detritus) von Bäumen u. Sträuchern, unter Moos od. Steinen, wo sie kleinen Gliederfüßern auflauern; Körper oft mit Detritus bedeckt. Überw wahrscheinlich im 2. LStadium. Entw 2 J. 2 Arten heimisch; weltweit ca. 350 beschriebene Arten.

1 Am Grunde des HFl ein schwarzer Fleck, der bis zum Analwinkel reicht. Fränkische Alb, SW-Teil des Bayerischen Waldes, Isartal, Schwäbische Alb, Kaiserstuhl, Mittelrheingebiet; s; V–VII. [*Ascalaphus libelluloides* (Schäffer)]
Libelloides coccajus (Denis & Schiffermüller)

1* Der schwarze Fleck am Grunde des HFl reicht nicht bis zum Analwinkel. Maintal zw Würzburg u. Karlstadt, Fränkische Saale bei Hammelburg, Kaiserstuhl, Waldshut; s; VI–VIII. [*Ascalaphus l.*] *Libelloides longicornis* (L.)

Literatur

Aspöck, U. & Aspöck, H. (2003): 28. Ordnung Raphidioptera, Kamelhalsfliegen; 29. Ordnung Megaloptera, Großflügler, Schlammfliegen; 30. Ordnung Neuroptera (Planipennia), Netzflügler. – In: Dathe, H. H. (Hrsg.): Lehrbuch der Speziellen Zoologie, Band I: Wirbellose Tiere, 5. Teil: Insecta, 2. Auflage. – Spektrum Akademischer Verlag Heidelberg, Berlin: 542–584.

Aspöck, H., Aspöck, U. & Hölzel, H. (1980): Die Neuropteren Europas. – Goecke & Evers, Krefeld. 2 Bd.

Aspöck, H., Aspöck, U. & Rausch, H. (1991): Die Raphidiopteren der Erde. – Goecke & Evers, Krefeld. 2 Bd.

Aspöck, U. & Aspöck, H. (2003): Friedrich, H. (1953): Neuroptera. – In: H. G. Bronns Klassen und Ordnungen des Tierreichs. – Bd. **5**, 3. Abt., XII. Buch, Teil a, Leipzig, S. 1–148.

Aspöck, H., Hölzel, H. & Aspöck, U. (2001): Kommentierter Katalog der Neuropterida (Insecta: Raphidioptera, Megaloptera, Neuroptera) der Westpaläarktis. – Denisia 02. 1–606.

Gepp, J. & Hölzel, H. (1989): Ameisenlöwen und Ameisenjungfern (Myrmeleonidae). – Die Neue Brehm-Bücherei 589, A. Ziemsen Verlag, Wittenberg Lutherstadt. 108 S.

Saure, C. (2003): Verzeichnis der Kamelhalsfliegen (Raphidioptera), Schlammfliegen (Megaloptera), Netzflügler (Neuroptera) Deutschlands. – In: Klausnitzer, B. (Hrsg.): Entomofauna Germanica. Band 6. – Entomologische Nachrichten und Berichte, Beiheft 7: 276–291. Dresden.

Wachmann, E. & Saure, C. (1997): Netzflügler, Schlammfliegen und Kamelhalsfliegen: Beobachtung, Lebensweise. – Naturbuch-Verlag, Augsburg. 159 S.

Coleoptera – Käfer

Bernhard Klausnitzer unter Mitarbeit von Joachim Schmidt, Fritz Hieke (Carabidae), Manfred Uhlig (Staphylinidae) & Lutz Behne (Curculionidae s. l.)

G. Körper ± stark chitinisiert. 3 Hauptabschnitte: K, Br u. Hlb, Abb. **330**/1 u. **330**/2. K beweglich, in einer Ebene mit dem Hsch, od. abwärts geneigt od. senkrecht abfallend, vorn mitunter in einen R ausgezogen. Verbindung zum Hsch manchmal halsartig. KS mit FacettenAu, die s durch eingeschobene Wangenteile in obere u. untere Au unterteilt sind (z. B. bei *Gyrinus, Tetrops*). Tief im Boden lebende Arten u. Höhlenkäfer häufig ohne Au od. mit rückgebildeten Au. Manchmal zw den Au 1–2 Oc. Am KVRand die lappenartige Ol, die oft mit dem Ksch verwachsen ist. Darunter die Mundteile: OKf, UKf u. Ul mit Tst. F vor od. seitlich vor den Au eingelenkt, 2–12 Gld von versch. Gestalt: fadenförmig, perlschnurförmig, gesägt, gekämmt od. gefiedert,

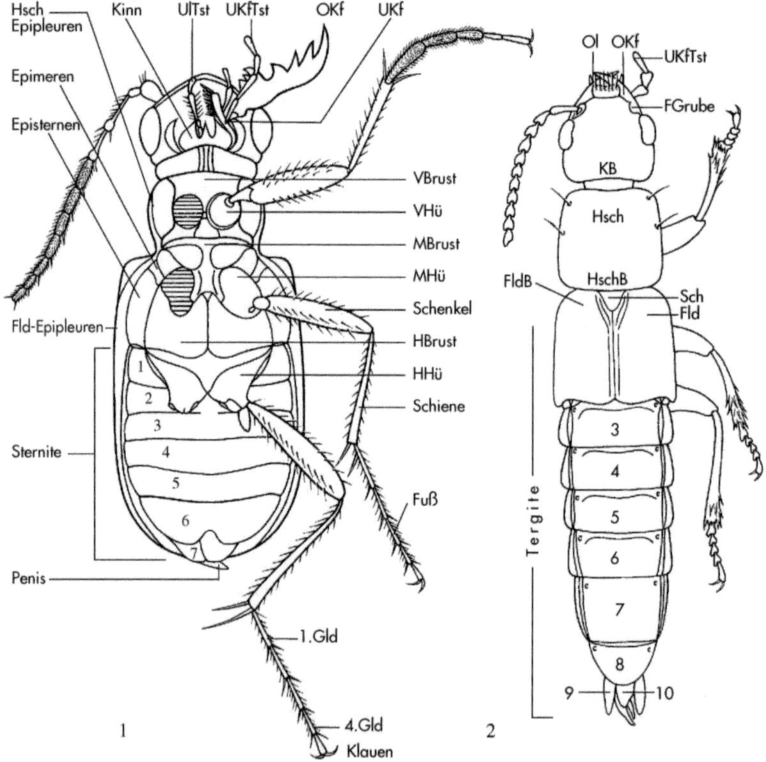

Abb. 330/1–2. 1 *Cicindela* sp., US; **2** *Staphylinidae,* schematisch. KB = Kopfbasis, HschB = HschBasis, FldB = FldBasis.

gekeult, geblättert od. gekniet (mit Schaft u. Geißel) (vgl. Abb. **472**/1, 2 u. a.). BrUS in V-, M- u. HBr geteilt. OS der VBr bildet den versch. gestalteten Hsch (häufig für die Bestimmung wichtig). Basis (HRand) des Hsch ist an die Basis (VRand) der Fld ± eng angeschlossen od. halsartig abgerückt. US der VBr überdeckt manchmal die Mundteile von unten. HüHöhlen der VB sind hinten offen (Abb. **451**/1) od. geschlossen (Abb. **451**/2). Zw den HüHöhlen der Forts der VBr. STeile der VBr oft von den umgebogenen HschS (Epipleuren) umfasst. Außen, neben u. hinter den HüHöhlen kleinere Chitinplatten: vorn die Episternen, hinten die Epimeren der VBr. M- u. HBr ähnlich gebaut wie die VBr, tragen die M- u. HB. Schienen der B oben zuweilen mit einer Linie od. Furche (Fußfurche). Füße 2gld. Die ersten 4 Gld häufig erweitert od. verbreitert, unten (bes. bei ♂♂) schwammig od. bürstenartig besohlt. Zw den 1–2 Klauen od. Krallen manchmal lappenartige Anhänge. Hlb oben von den stark chitinisierten Fld ganz od. teilweise überdeckt. Fld in der M aneinanderstoßend od. (s) etwas übereinandergreifend. Die umgebogenen SRänder sind die Epipleuren der Fld. Unter den Fld die in der Ruhe zusammengefalteten, häutigen HFl (oft rückgebildet). Wenn HFl ganz fehlen, sind Fld mitunter verwachsen. Geäder der HFl wird nur s für die Bestimmung verwendet. Zum Fluge werden die Fld seitlich gehoben u. die HFl entfaltet; nur *Cetoniinae* (S. 457) halten die Fld beim Fliegen geschlossen u. bringen die HFl durch seitliche Aussparungen heraus. Unter den Fld u. HFl liegen die Tergite der HlbSgm, von denen wenigstens die vorderen zumeist weichhäutig sind. Bei verkürzten od. fehlenden Fld sind alle freiliegenden Tergite ± stark chitinisiert. Gegen die Sternite der HlbUS sind die Tergite etwas verschoben (schräggezackte Nahtlinie). Letztes Tergit (Pygidium) oft stärker als die anderen entw. ♂♂ zuweilen noch mit kleinem AfterSgm od. seitlichen Anhängen. Sternite häufig z. T. verwachsen od. starr verbunden. Analsternit manchmal mit versch. geformten Anhängen od. Forts. – **V.** Auf der ganzen Erde in fast allen Lebensräumen. Insgesamt ca. 360 000 Arten, davon ca. 25 000 in Eur, in DE ca. 6500. – **B.** Verwandlung holometabol (Puppenstadium, P). Einzelheiten bei den Familien u. Gattungen.

Beachte: Maße in mm geben die KörperLg vom VRand des K bis zum HlbE an!

Die systematische Gliederung der Käfer (*Coleoptera*) ist mit zunehmendem Kenntnisstand ständigen Veränderungen unterworfen. Die vielen neuen Erkenntnisse spielen für den Zweck eines Bestimmungsbuches kaum eine Rolle. Wesentliche, hier nicht berücksichtigte Veränderungen sind: *Hydrochidae*, *Spercheidae* u. *Georissidae* werden als Unterfamilien der *Hydrophilidae* aufgefasst, die *Helophorinae* als eigene Familie; die *Histeroidea* werden zu den *Hydrophilioidea* gestellt; *Cholevidae* u. *Colonidae* werden als Unterfamilien der *Leiodidae* angesehen; *Lissomidae* als Unterfamilie der *Elateridae*; *Malachiidae* als Unterfamilie der *Dasytidae*; *Peltidae* u. *Lophocateridae* als Unterfamilien der *Trogossitidae*; *Dryopoidea* u. *Psephenoidea* zu den *Byrrhoidea*; *Dermestoidea* zu den *Bostrichoidea*; *Cybocephalidae* als Unterfamilie der *Nitidulidae*; *Lyctidae* als Unterfamilie der *Bostrichidae*; die *Chrysomelidae* werden hier einschließlich der als Familien aufgefassten *Orsodacninae* (*Orsodacnidae*) u. *Zeugophorinae* (*Megalopodidae*) abgehandelt; *Urodontidae* als Unterfamilie der *Anthribidae*; *Scolytidae* als Unterfamilie der *Curculionidae*. Die *Curculionidae* einschließlich der als Familien angesehenen *Nanophyidae*, *Dryophthoridae* u. *Erirhinidae*.

Hier wird eine Gliederung verwendet, die auf der Arbeit von LAWRENCE & NEWTON (1995) sowie dem Katalog von LÖBL & SMETANA (2003–2010) beruht, jedoch an einigen Stellen abweicht u. sich im Ganzen nach dem Werk FREUDE, H. HARDE, K. W. & G. A. LOHSE „Die Käfer Mitteleuropas“ (1964–1983) einschließlich der Supplementbände (LOHSE, G. A. & W. LUCHT 1989–1994; LUCHT, W. & B. KLAUSNITZER 1998) richtet. Diese Werke (15 Bände) stellen die Grundlage für die vorliegende Bearbeitung dar.

Übersicht über das System

Unterordnung *Adephaga*

Familie *Carabidae* – **Laufkäfer**
Familie *Rhysodidae* – **Faulholzkäfer**
Familie *Hygrobiidae* – **Schlammschwimmer**
Familie *Haliplidae* – **Wassertreter**
Familie *Noteridae* – **Tauchkäfer**
Familie *Dytiscidae* – **Schwimmkäfer**
Familie *Gyrinidae* – **Taumel-**, **Dreh-** od. **Kreiselkäfer**

Unterordnung *Myxophaga*

Familie *Sphaeriusidae* – **Ufer-Kugelkäfer**

Unterordnung *Polyphaga*

Überfamilie *Hydrophiloidea*
Familie *Hydrochidae* – **Schmalwasserkäfer**
Familie *Spercheidae* – **Buckelwasserkäfer**
Familie *Georissidae* – **Uferschlammkäfer**
Familie *Hydrophilidae* – **Wasserkäfer**

Überfamilie *Histeroidea*
Familie *Histeridae* – **Stutzkäfer**
Familie *Sphaeritidae*

Überfamilie *Staphylinoidea*
Familie *Hydraenidae* – **Langtasterwasserkäfer**
Familie *Silphidae* – **Aaskäfer**
Familie *Agyrtidae*
Familie *Leptinidae* – **Pelzflohkäfer**
Familie *Cholevidae* – **Nestkäfer**
Familie *Colonidae* – **Kolonistenkäfer**
Familie *Leiodidae* – **Schwammkugelkäfer**
Familie *Ptiliidae* – **Haar-** od. **Federflügler**
Familie *Staphylinidae* – **Kurzflügler**, **Raubkäfer**

Überfamilie *Cantharoidea*
Familie *Lycidae* – **Rotdeckenkäfer**
Familie *Omalisidae*
Familie *Lampyridae* – **Leuchtkäfer**
Familie *Cantharidae* – **Weichkäfer**
Familie *Drilidae* – **Schneckenhauskäfer**

Überfamilie *Elateroidea*
Familie *Elateridae* – **Schnellkäfer**
Familie *Cerophytidae*
Familie *Eucnemidae* – **Schienenkäfer**
Familie *Lissomidae*
Familie *Throscidae* – **Hüpfkäfer**

Überfamilie *Cleroidea*
Familie *Malachiidae* – **Zipfelkäfer**
Familie *Dasytidae* – **Wollhaarkäfer**
Familie *Phloiophilidae*
Familie *Cleridae* – **Buntkäfer**
Familie *Trogossitidae*
Familie *Peltidae* – **Flachkäfer**
Familie *Lophocateridae*

Überfamilie *Derodontoidea*
Familie *Derodontidae*

Überfamilie *Lymexyloidea*
Familie *Lymexylidae* – **Werftkäfer**

Überfamilie *Buprestoidea*
Familie *Buprestidae* – **Prachtkäfer**

Überfamilie *Dascilloidea*
Familie *Dascillidae* – **Wiesenkäfer**

Überfamilie *Scirtoidea*
Familie *Clambidae* – **Punktkäfer**
Familie *Scirtidae* – **Sumpfkäfer**
Familie *Eucinetidae*

Überfamilie *Dryopoidea*
Familie *Dryopidae* – **Klauenkäfer**
Familie *Elmidae* – **Hakenkäfer**
Familie *Heteroceridae* – **Sägekäfer**
Familie *Limnichidae* – **Ufer-Pillenkäfer**

Überfamilie *Psephenoidea*
Familie *Psephenidae* – **Bachkäfer**

Überfamilie *Dermestoidea*
Familie *Dermestidae* – **Speckkäfer**
Familie *Nosodendridae* – **Saftkäfer**

Überfamilie *Byrrhoidea*
Familie *Byrrhidae* – **Pillenkäfer**

Überfamilie *Cucujoidea*
Familie *Byturidae* – **Blütenkäfer**
Familie *Bothrideridae*
Familie *Cerylonidae*
Familie *Alexiidae* – **Kugelmoderkäfer**
Familie *Nitidulidae* – **Glanzkäfer**
Familie *Kateretidae*
Familie *Cybocephalidae*
Familie *Monotomidae*
Familie *Cucujidae* – **Plattkäfer**
Familie *Silvanidae*
Familie *Phloeostichidae* – **Ahornplattkäfer**
Familie *Erotylidae* – **Pilzkäfer**
Familie *Biphyllidae*
Familie *Cryptophagidae* – **Schimmelkäfer**
Familie *Languriidae*
Familie *Phalacridae* – **Glattkäfer**
Familie *Laemophloeidae*
Familie *Latridiidae* – **Moderkäfer**
Familie *Corylophidae* – **Faulholzkäfer**
Familie *Endomychidae* – **Stäublingskäfer**
Familie *Coccinellidae* – **Marienkäfer**
Familie *Sphindidae* – **Staubpilzkäfer**

Überfamilie *Tenebrionoidea*
Familie *Mycetophagidae* – **Baumschwammkäfer**
Familie *Colydiidae* – **Rindenkäfer**
Familie *Ciidae* – **Schwammkäfer**
Familie *Oedemeridae* – **Scheinbockkäfer**
Familie *Pythidae* – **Drachenkäfer**
Familie *Salpingidae* – **Scheinrüßler**
Familie *Mycteridae* – **Haarscheinrüßler**
Familie *Prostomidae*
Familie *Pyrochroidae* – **Feuerkäfer**
Familie *Scraptiidae* – **Seidenkäfer**
Familie *Aderidae* – **Mulmkäfer**
Familie *Anthicidae* – **Blumenkäfer**
Familie *Meloidae* – **Ölkäfer**
Familie *Ripiphoridae* – **Fächerkäfer**
Familie *Mordellidae* – **Stachelkäfer**
Familie *Melandryidae* – **Düsterkäfer**
Familie *Tetratomidae*
Familie *Tenebrionidae* – **Schwarzkäfer**

Überfamilie *Bostrichoidea*
Familie *Lyctidae* – **Splintholzkäfer**
Familie *Bostrichidae* – **Bohrkäfer**
Familie *Anobiidae* – **Pochkäfer**
Familie *Ptinidae* – **Diebskäfer**

Überfamilie: *Scarabaeoidea*
Familie *Trogidae* – **Erdkäfer**
Familie *Bolboceratidae*
Familie *Geotrupidae* – **Mistkäfer**
Familie *Scarabaeidae* – **Blatthornkäfer**
Familie *Lucanidae* – **Schröter**

Überfamilie *Chrysomeloidea*
Familie *Cerambycidae* – **Bockkäfer**
Familie *Chrysomelidae* – **Blattkäfer**
Familie *Bruchidae* – **Samenkäfer**

Überfamilie *Curculionoidea*
Familie *Urodonidae*
Familie *Anthribidae* – **Breitrüßler**
Familie *Scolytidae* – **Borkenkäfer**
Familie *Platypodidae* – **Eichenkernholzkäfer**
Familie *Nemonychidae*
Familie *Rhynchitidae*
Familie *Attelabidae*
Familie *Apionidae* – **Spitzmausrüßler**
Familie *Curculionidae* – **Rüsselkäfer**

1 1. sichtbares Sternit des Hlb in der M vollständig von den HHü durchsetzt, die bis auf das anschließende Sternit ragen (Abb. **333**/1). Die ersten drei Sternite sind ± miteinander verwachsen, Trennungsnähte sind meist nur an den S erkennbar.

Unterordnung *Adephaga* S. 334

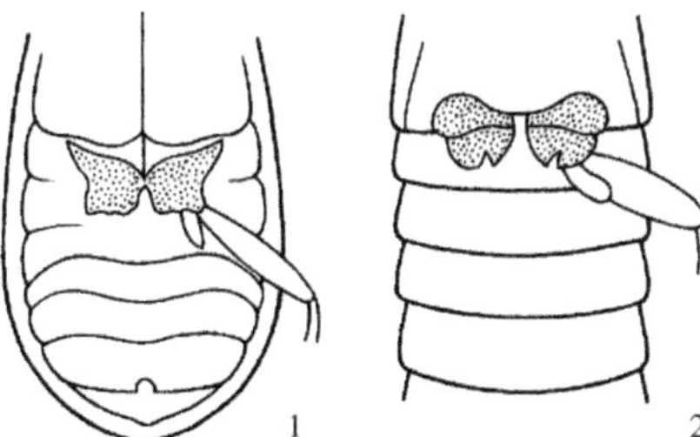

Abb. 333/1–2. 1 *Adephaga*, Hlb, US, schematisch; **2** *Polyphaga*, Hlb, US, schematisch. HHü punktiert.

1* 1. sichtbares Sternit des Hlb nicht od. nicht vollständig von den HHü durchsetzt, der HRand des Sternits ist hinter od. unter den HHü vollständig sichtbar (Abb. **333**/2). Die ersten drei Sternite sind nicht miteinander verwachsen, die Trennungsnähte sind durchgehend vorhanden. Unterordnungen *Myxophaga* u. *Polyphaga* S. 358

Diese Merkmale sind nicht immer gut zu erkennen. Die Familien der *Adephaga* u. die *Myxophaga* können am Habitus erkannt werden. Vgl. deshalb die Abb. **334**/1–8. Käfer mit anderem Habitus sollten nach den Tabellen der Polyphaga erkannt werden können.

Unterordnung ***Adephaga*** (Familien)

1 HB mit lg Haaren od. Plättchen, SchwimmB (Abb. **335**/1). VBr ± kielförmig nach hinten verlängert. Wasserbewohner **3**

1* HB ohne lg Haare od. Plättchen, LaufB. VBr nicht kielförmig verlängert **2**

2 F perlschnurartig, mäßig lg u. fast gleichmäßig dick. Mundwerkzeuge durch die verlängerte Kinnplatte vollständig bedeckt.
Familie *Rhysodidae* – **Furchenwalzenkäfer** (Abb. **334**/1) S. 351

2* F meist fadenförmig, länger, allmählich feiner werdend. Mundwerkzeuge unterseits frei. Familie *Carabidae* – **Laufkäfer** (Abb. **334**/2) S. 335

3 **(1)** Teile der HHü plattenförmig vergrößert (Abb. **335**/4), höchstens vier HlbSgm frei lassend. 2,2–4,5 mm. Familie *Haliplidae* – **Wassertreter** (Abb. **334**/3) S. 351

3* HHü nicht plattenförmig vergrößert, mehr als vier HlbSgm frei lassend (Abb. **335**/5) **4**

4 Au jederseits in eine obere u. untere Hälfte geteilt (Überwasser-, UnterwasserAu) (Abb. **335**/6). F kurz u. dick, BasalGld ohrenförmig. Körper glänzend schwarz, lg oval (Abb. **334**/7). 3,5–8 mm.
Familie *Gyrinidae* – **Taumel-, Dreh- od. Kreiselkäfer** S. 358

4* Au ungeteilt. F länger, BasalGld nicht ohrenförmig **5**

5 HBr vor den HHü mit einem kleinen, durch eine Naht abgegrenzten Querstück (Abb. **335**/5). K nicht in den Hsch eingezogen, ± weit vorgestreckt, Au deutlich hervor-

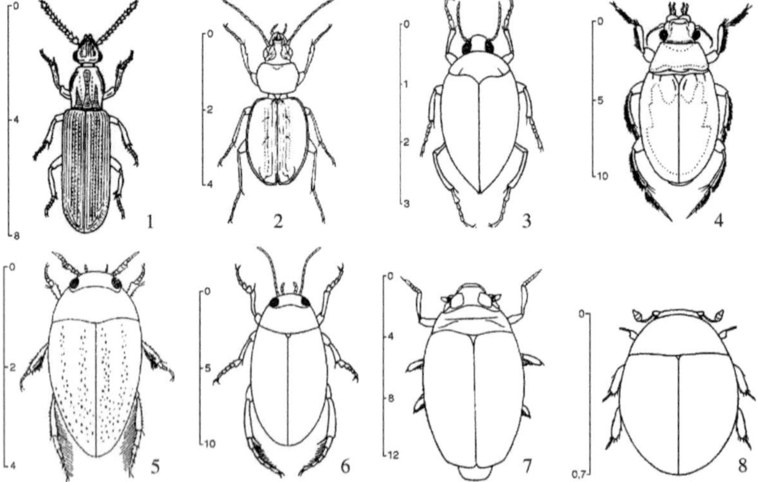

Abb. 334/1–8. 1 *Rhysodes sulcatus*; **2** *Trechus quadristriatus*; **3** *Haliplus ruficollis*; **4** *Hygrobia hermanni*; **5** *Noterus clavicornis*; **6** *Agabus bipustulatus*; **7** *Gyrinus substriatus*; **8** *Sphaerius acaroides*.

stehend (Abb. **334**/4). Körper gelbbraun, Fld über die Naht weg mit einem großen, dunklen Fleck (Abb. **334**/4), nur vorn u. an den S hell. Schienen u. Füße der HB mit SchwimmBo. HB jedoch keine typischen SchwimmB, werden beim Schwimmen alternierend bewegt. 8–11 mm. Familie *Hygrobiidae* – **Schlammschwimmer** S. 351

5* HBr vor den HHü ohne solches Querstück. K ± tief in den Hsch eingezogen (Abb. **334**/5, 6). Au nicht deutlich über den SRand des K hervorstehend (Abb. **334**/5, 6). Körper stärker abgeplattet, elliptisch, dem Wasser wenig Widerstand bietend. HB typische SchwimmB (abgeplattet, mit Bo, die sich beim Rudern abspreizen), sie werden beim Schwimmen gleichzeitig bewegt **6**

6 RückenS des Körpers stark konvex, BauchS abgeplattet. Innenplatten der HHü klein, sie formen je eine nach hinten gerichtete Platte von charakteristischer Form. Mittlere FGld nicht od. nur wenig länger als breit. 3,5–4,5 mm.
Familie *Noteridae* – **Tauchkäfer** (Abb. **334**/5) S. 351

6* O- u. US des Körpers gleichermaßen ± konvex. HHü größer, sie formen keine derartige Platte. Alle FGld zylindrisch, länger als breit. 1,7–44 mm.
Familie *Dytiscidae* – **Schwimmkäfer** (Abb. **334**/6) S. 352

Familie *Carabidae* – Laufkäfer

In nahezu allen Land- u. Uferlebensräumen vom Meer bis ins Hochgebirge. Besonders artenreich auf Äckern u. Brachen, im Grünland, in Wäldern, Auen u. Sümpfen sowie auf trockenen Offenflächen, aber auch am Meeresstrand u. in Salzwiesen, auf Bäumen u. Gebüsch, unter Rinde, in lehmigen Steilwänden, Tierbauten, Höhlen u. Kellern, in Blockhalden u. im alpinen Frostschutt. Die meisten Arten sowohl als Im. u. L räuberisch, jagen zumeist kleine Insekten u. deren L sowie Würmer, seltener Schnecken, gern wird frisches Aas genommen; die Im. vieler Arten aber auch polyphag, als Beikost dienen grüne Pflanzenteile u. Samen. Einige Arten tagaktiv, die meisten nachtaktiv, oft schnelle Läufer, selten gute Flieger (*Cicindelini*), vielfach sind die HFl ganz od. teilweise reduziert. Manche Arten an grabende Lebensweise od. an das Leben in Rindenspalten angepasst. L meist in Bodenstreu od. Genist. LEntw im Frühling od. Herbst. Überw als Im. oder L zumeist im feuchten Milieu im Boden, in morschen Baumstämmen, unter Rinde, Laub u. Moos. – DE 580 Arten.

1 F auf Stirn seitlich zw Ol u. Au eingelenkt. Ol sehr groß, breiter als der Abstand zw den FWurzeln (Abb. **335**/2). Au groß u. stark gewölbt. Fld metallisch grün od. braun mit weißlichen Flecken od. Querbinden. Tribus *Cicindelini* S. 339

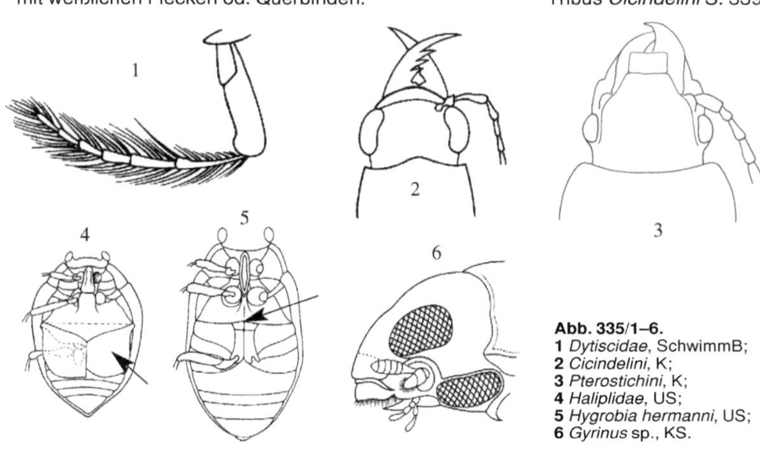

Abb. 335/1–6.
1 *Dytiscidae*, SchwimmB;
2 *Cicindelini*, K;
3 *Pterostichini*, K;
4 *Haliplidae*, US;
5 *Hygrobia hermanni*, US;
6 *Gyrinus* sp., KS.

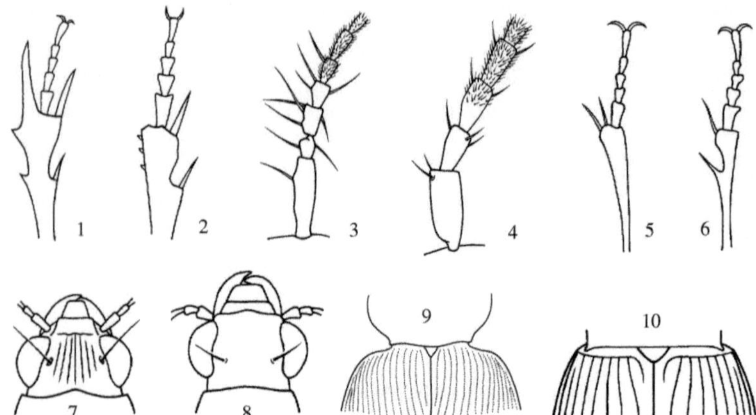

Abb. 336/1–10. 1 *Scaritini*, VSchiene; **2** *Broscini*, VSchiene; **3** *Loricerini*, FBasis; **4** übrige *Carabidae*, FBasis; **5** VSchiene ohne Ausschnitt; **6** VSchiene mit Ausschnitt; **7** *Notiophilini*, Stirn; **8** übrige *Carabidae*, Stirn; **9** ungerandete FldBasis; **10** gerandete FldBasis.

1* F seitlich des Stirnwulstes nahe der Mandibelbasis eingelenkt. Ol schmaler als der Abstand zw den FWurzeln (Abb. **335**/2). **2**

2 Körper stark gewölbt mit fast kreisförmigem Umriss. Fld u. Hsch gelb mit grüner Zeichnung (nur eine ca. 6 mm lg Art). Tribus *Omophronini* S. 344

2* Körper länglich; wenn eiförmiger Umriss, dann anders gefärbt. **3**

3 Äußere Spitze der VSchiene fingerförmig ausgezogen, oft auch an der Außenkante mit 1–3 Zähnen (Abb. **336**/1). Kleine Arten, unter 8 mm. Körper ± zylindrisch, mit „Wespentaille" zw Hsch u. Fld. Tribus *Scaritini* S. 344

3* VSchiene an der Spitze nicht fingerförmig ausgezogen (Abb. **336**/2). **4**

4 2. bis 6. FGld mit abstehenden, kräftigen, dunklen Bo (Abb. **336**/3), die Bo sind etwa doppelt so lg wie das FGld auf dem sie stehen. Bei uns nur eine 7–8 mm lg Art, deren K hinter den Au ringförmig abgeschnürt ist u. die auf jeder Fld 2–3 Grübchen trägt. Tribus *Loricerini* S. 344

4* Die ersten FGld höchstens mit kurzen, feinen HaarBo an der Spitze (Abb. **336**/4). **5**

5 VSchienen innen ohne Ausschnitt vor der Spitze (Abb. **336**/5). **6**

5* VSchienen innen vor der Spitze mit tiefem Ausschnitt, vor dem eine Bo steht (Abb. **336**/6). **10**

6 **(4)** Körper kleiner als 6 mm. Stirn mit 5–12 tiefen Längsstreifen (Abb. **336**/7). Tribus *Notiophilini* S. 344

6* Körper größer als 6 mm. Stirn ohne solche Längsstreifen (Abb. **336**/8). **7**

7 K mit Au so breit wie Hsch. Fld mit mehreren, oft ringförmig umwallten Gruben. Körper nie größer als 12 mm. Tribus *Elaphrini* S. 344

7* K mit Au schmaler als Hsch. Fld meist mit eingestochenen Punkten, wenn mit Gruben, dann Körper größer als 12 mm. **8**

8 Randlinie der FldBasis vorhanden (Abb. **336**/10). Größe 6,5–16 mm. Tribus *Nebriini* S. 344

8* FldBasis ohne Randlinie (Abb. **336**/9). Größe 13–40 mm. **9**

9 HHü weit voneinander getrennt. K schmal u. vorn verlängert, mit tief gespaltener OL u. oberseits löffelartig ausgehöhltem letzten TstGld. Tribus *Cychrini* S. 343

9* HHü einander berührend. K nicht verlängert, OL höchstens schwach konkav, EndGld der Tst nicht löffelförmig ausgehöhlt. Tribus *Carabini* S. 340

10 **(5)** Fld etwas verkürzt, hinten abgestutzt, HlbSpitze deshalb teilweise unbedeckt. **26**

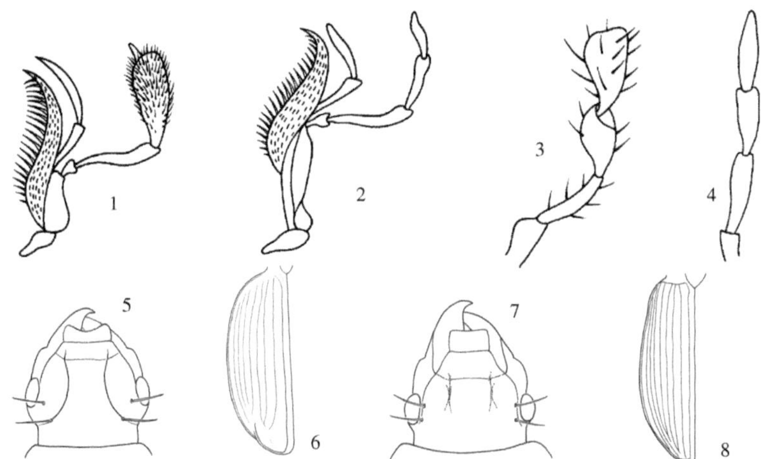

Abb. 337/1–8. 1 *Bembidiini*, UKf; **2** übrige *Carabidae*, UKf; **3** *Panagaeini*, UKfTst; **4** übrige *Carabidae*, UKfTst; **5** *Trechini*, Stirnfurchen; **6** *Trechini*, Fld; **7** *Pterostichini*, Stirnfurchen; **8** *Pterostichini*, Fld.

10* HlbSpitze von Fld bedeckt, diese nicht abgestutzt, sondern an der Spitze verrundet. **11**

11 EndGld der UKfTst stark verkürzt, nadelförmig auf dem vorletzten, etwas verdickten Gld aufsitzend (Abb. **337**/1). Körper immer kleiner als 8 mm. Tribus *Bembidiini* S. 345

11* EndGld der UKfTst nicht stark verkürzt u. nadelförmig (Abb. **337**/2). **12**

12 EndGld der UKfTst beilförmig verbreitert, auf dem schräg abgestutzten, vorletzten Gld seitlich u. etwas gedreht eingefügt (Abb. **337**/3). Körper abstehend behaart. Hsch seitlich stark gerundet u. kräftig punktiert. Zwei 7–8 mm große Arten, die auf jeder Fld 2 rote Makeln auf schwarzem Grund tragen. Tribus *Panagaeini* S. 349

12* EndGld der UKfTst normal, ± zylindrisch (Abb. **337**/4). **13**

13 Stirnfurchen tief u. bogenförmig bis hinter die Au reichend (Abb. **337**/5). Der erste Streifen auf den Fld verläuft hinten bogenförmig zum E des 5. od. 7. Streifs (Abb. **337**/6). Körper immer unter 6 mm Lg. Tribus *Trechini* S. 345

13* Stirnfurchen annähernd gerade, nicht hinter die Au reichend (Abb. **337**/7). Erster FldStreif am E nicht zurückgebogen (Abb. **337**/8). **14**

14 OKf sehr stumpf, der rechte od. linke an der Spitze tief u. breit gekerbt. Ksch meist asymmetrisch eingebuchtet, OlWurzel freilassend (Abb. **338**/1). Tribus *Licinini* S. 349

14* OKf ± spitz, immer ohne Kerbe. Ksch symmetrisch, OlWurzel bedeckend (Abb. **338**/2). **15**

15 StirnS an den Augen mit 2 Bo (Abb. **338**/6). **16**

15* StirnS an den Augen mit 1 Bo (Abb. **338**/7). **22**

16 Eine sehr kleine Art, um 3 mm. Körper hellbraun mit dunklem K u. dunklen FldSpitzen. Tribus *Perigonini* S. 346

16* Körper größer, über 4 mm. **17**

17 K hinter den Au durch eine kräftig punktierte Querdepression abgeschnürt (Abb. **338**/3). Außenfurche der OKf mit einer schwer sichtbaren Bo (Abb. **338**/4). Tribus *Patrobini* S. 346

17* K hinter den Au nicht oder nur schwach abgeschnürt, dann aber nicht punktiert. Außenfurche der OKf mit oder ohne Bo. **18**

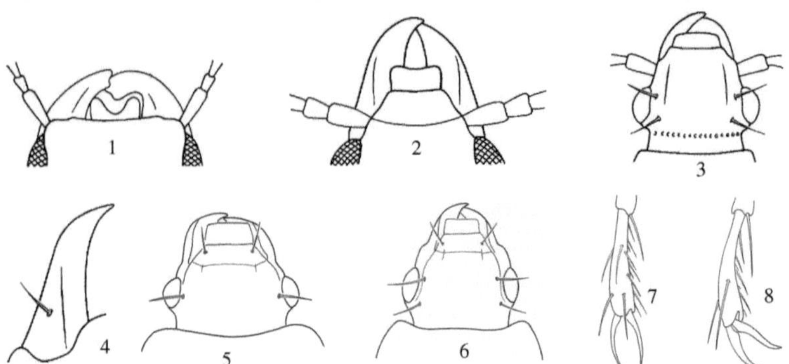

Abb. 338/1–8. 1 *Licinini*, OKf; **2** übrige *Carabidae*, OKf; **3** *Patrobini*, K; **4** *Patrobini*, OKf; **5** *Harpalini*, StirnS mit 1 Bo neben Au; **6** *Platynini*, Stirn mit 2 Bo neben Au; **7** *Pogonini*, OS der KlauenGld mit 2 Paar HaarBo; **8** *Platynini*, OS der KlauenGld mit 1 Paar HaarBo.

18 OS der KlauenGld mit wenigstens 2 Paar HaarBo (Abb. **338**/7). 5–8 mm lg Käfer, die nur auf Salzböden leben. Außenfurche der OKf mit einer schwer sichtbaren Bo (Abb. **338**/4). Tribus *Pogonini* S. 346

18* OS der KlauenGld mit 1 BoPaar od. kahl (Abb. **338**/8), wenn fein behaart, dann Körper größer. Außenfurche der OKf immer ohne Bo. **19**

19 Vorletztes Gld der UlTst mit mehr als 3 Bo (Abb. **339**/1). Meist kurze, kompakte Käfer, oft mit eiförmigem Umriss. Fld ohne BoPunkte im 3. ZwRaum. Tribus *Zabrini*, Gattung *Amara* S. 347

19* Vorletztes Gld der UlTst mit nur 2 Bo (Abb. **339**/2). **20**

20 Epipleuren der Fld vor der Spitze gekreuzt (Abb. **339**/3). Tribus *Pterostichini* S. 346

20* Epipleuren der Fld vor der Spitze nicht gekreuzt (Abb. **339**/4). **21**

21 Klauen am Innenrand gezähnelt (Abb. **339**/11+12), bei einer Art glatt, dann Fld ohne Bo im 3. Intervall. Tribus *Sphodrini* S. 346

21* Klauen am Innenrand glatt, Fld mit mind. 2 Bo im 3. Intervall. Tribus *Platynini* S. 347

22 **(15)** Epipleuren der Fld vor der Spitze gekreuzt (Abb. **339**/3). Nur 1 robust gebaute, oberseits stark gewölbte, schwarze Art von 14–16 mm Lg. Tribus *Zabrini*, Gattung *Zabrus* S. 347

22* Epipleuren der Fld vor der Spitze nicht gekreuzt (Abb. **339**/4). **23**

23 FldBasis ohne Randlinie. Außenfurche der OKf mit Bo (Abb. **338**/4). Hsch vorn breit, nach hinten zur „Wespentaille" stark verengt. Eine 17–25 mm lg schwarze u. eine 6–8 mm lg erzfarbene Art. Tribus *Broscini* S. 344

23* Randlinie der FldBasis vorhanden (Abb. **336**/10). Außenfurche der OKf ohne Bo. Hsch nicht zur „Wespentaille" verengt. **24**

24 Hinterer, äußerer Teil der HHü gegen das 1. freiliegende HlbSternit schräg abfallend (Abb. **339**/5). F meist erst vom 4. Gld an behaart. Tribus *Harpalini* S. 348

24* Hinterer, äußerer Teil der HHü flach u. mit dem 1. freiliegenden HlbSternit in einer Ebene liegend (Abb. **339**/6). F vom 3. Gld an behaart. **25**

25 SRandkehle der Fld setzt sich als scharf begrenzte Furche um die Spitze der Fld bis zur Naht fort (Abb. **339**/7). Fld unbehaart mit kaum sichtbaren Streifen. Tribus *Oodini* S. 349

25* SRandkehle der Fld endet weit vor der FldSpitze (Abb. **339**/8). Fld meist anliegend behaart, häufig grün, selten mehrfarbig od. schwarz. Tribus *Chlaeniini* S. 349

26 **(10)** Hlb mit 8 (♂) od. 7 (♀) freiliegenden Sterniten (Abb. **339**/9). Tribus *Brachinini* S. 350

26* Hlb mit 6 freiliegenden Sterniten (Abb. **339**/10). **27**

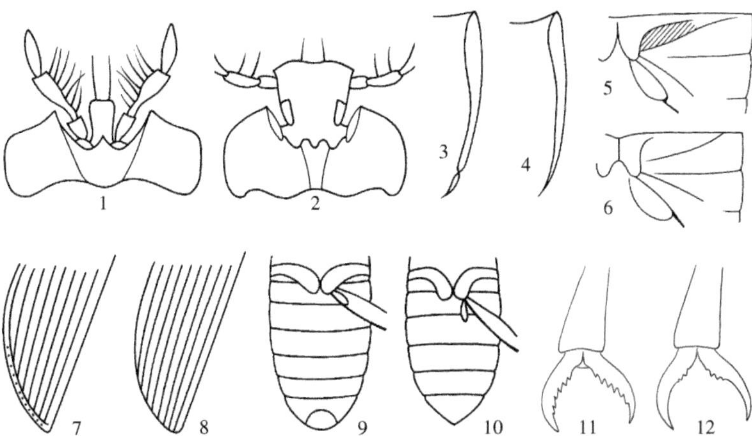

Abb. 339/1–12. **1** *Carabidae*, Ul, vorletztes TstGld mit mehr als 3 Bo; **2** *Carabidae*, Ul, vorletztes TstGld mit 2 Bo; **3** *Carabidae*, Fld, Epipleure gekreuzt; **4** *Carabidae*, Fld, Epipleure nicht gekreuzt; **5** *Harpalini*, HHü; **6** *Oodini, Chlaeniini*, HHü; **7** *Oodini*, Fld; **8** *Chlaeniini*, Fld; **9** *Brachinini*, Hlb; **10** übrige *Carabidae*, Hlb; **11, 12** *Sphodrini*, KlauenGld mit unterschiedlich ausgeprägter Bezahnung.

27 Hsch schlank, zylindrisch, ohne scharfen SRand. **28**
27* Hsch quer, flach, mit scharfem SRand. **29**
28 1. Gld der F normal lg, kürzer als die folgenden 3 zusammen. Nur 1 Art: Fld gelbrot mit blauschwarzer Spitze, kahl. Tribus *Odacanthini* S. 350
28* 1. Gld der F sehr lg, schaftförmig, länger als die folgenden 3 zusammen. Nur 1 Art: Körper blau od. grün, behaart. Tribus *Dryptini* S. 350
29 **(27)** HSchiene außen bedornt u. mit lg ESporn. Nur 1 ca. 5 mm lg, schwarzbraune Art. Tribus *Masoreini* S. 349
29* HSchiene außen nicht bedornt, höchstens behaart, mit kurzem ESporn. **30**
30 Spitzenrand der Fld mit schmalem häutigen Saum. Tribus *Zuphiini* S. 350
30* Spitzenrand der Fld ohne häutigen Saum. Tribus *Lebiini* S. 349

Tribus *Cicindelini*

Gattung *Cicindela* L.

Erjagen ihre Beute (Insekten, Spinnen, Würmer) blitzschnell im Lauf; s an Aas. Fliegen bei Sonne in geringer Höhe. Bei trübem Wetter zw Gräsern u. abgefallenem Laub od. im Eingang selbstgegrabener Erdgänge Beute auflauernd. Tagesration: 1 Fliege od. 1 Käfer. Eiabl ab V, danach Absterben der Altkäfer. L ständig (meist über 1 J) in bis 50 cm tiefem, röhrenförmigem Erdbau, bei Sonne am Eingang auf Beutefang, sonst am Grunde. Im. u. L sehr empfindlich gegen Bodenerschütterungen (Schritte!). Jungkäfer nach 2–4wöchiger PRuhe im Herbst nach dem 2. Sommer. IV bis IX (Im. u. L.). Heute in mehrere Gattungen aufgespalten.

1 Fld ohne gezackte MBinde, nur mit isolierten weißen Flecken **2**
1* Fld mit gezackter weißer MBinde **3**
2 Weiße Flecken nur am SRand der Fld. Dunkelgrün, s bläulich od. ganz schwarz. Auf Feldern, Heiden, in Lehmgruben, seltener am Ufer. Bevorzugt spärlich bewachsene Lehmböden. Fliegt wenig; s; 8–11 mm. *C. (Cylindera) germanica* (L.)

2* Wenigstens 1 weißer Punkt (der s mit der mittleren Randmakel verschmilzt) in der M auf jeder Fld. Lichte Waldwege, Heiden, sonnige Hänge, Ufer; v; 12–16 mm. *C. (Cicindela) campestris* L.

3 **(1)** Ol schwarz, längsgekielt. – Sehr dunkel kupferfarben bis fast schwarz mit weißer Zeichnung. Heiden, trockene Kiefernwälder, Dünen. Fliegt gut u. höher als andere Arten. v; 14–19 mm. *C. (Cicindela) sylvatica* L.

3* Ol weiß, ungekielt **4**

4 Epipleuren der Fld weißlich. Mattgrün; MBinde der Fld schmal. Hsch auch in der M behaart. BY, BR bis untere Oder. Ufer, Lehmgruben; bevorzugt Tonböden; sehr s; 8–10 mm. *C. (Cylindera) arenaria* (Fuessly)

4* Epipleuren der Fld dunkel metallisch. MBinde der Fld breiter. Hsch nur an den S behaart **5**

5 1. FGld auf der ganzen VS behaart. Grün, oft mit kupferfarbenem Anflug. Geb, in der Ebene nur vereinzelt u. s. Sonnige Hänge, auch auf Schneefeldern beobachtet. Fliegt relativ hoch; z; 15–18 mm. *C. (Cicindela) silvicola* Dejean

5* 1. FGld nur an der Spitze mit einigen Haaren **6**

6 Äußerer Teil der MBinde auf den Fld im allgemeinen nicht stark nach hinten gebogen. K nur vorn behaart, Scheitel meist kahl. Kupfrig-grün bis dunkel kupferfarben. Auf Dünen u. trockenen Sandflächen an der Küste u. im Binnenland g. 13–17 mm. *C. (Cicindela) hybrida* L.

6* Äußerer Teil der MBinde auf den Fld stark nach hinten gebogen. Stirn u. Scheitel behaart. Voriger Art sehr ähnlich u. schwer von ihr zu unterscheiden. Meerstrand u. Küstendünen, an der Elbe bis Hamburg. sehr s; 13–16 mm. *C. (Cicindela) maritima* Dejean

Tribus *Carabini*

1 OS der OKf dicht quer gerunzelt. 3. FGld an der Basis zusammengedrückt u. daher oben scharfkantig. **2**

1* OS der OKf glatt. 3. FGld ± zylindrisch. Gattung *Carabus* S. 341

2 Fld mit feinen regelmäßigen Längsstreifen. Schultern deutlich vortretend. Gattung *Calosoma* S. 340

2* Fld irregulär gerunzelt, Streifen nur angedeutet. Schultern abgerundet. Gattung *Callisthenes* S. 341

Gattung *Calosoma* Weber – **Puppenräuber**

In Wäldern, auf Feldern, Ödland, in Heidegebieten. Einige Arten u. ihre L klettern auf Bäume u. Gesträuch, wo sie bes. Schmetterlingsraupen u. -P nachstellen; andere jagen am Boden bes. Erdraupen. Entw der L im Sommer 2–4 Wo, PRuhe in Erdzellen 3–4 Wo. Jungkäfer ab Spätsommer, überw 2-mal. E VI–VIII. Nützlinge, die früher in Raupenjahren in Massen erschienen u. für das Erlöschen von Gradationen sorgten. Jetzt bei uns s. Suchen von früh bis spät Na (je Tier jährlich 200–400 Raupen, als L davon etwa 10%). Bei uns 3 Arten.

1 Die ZwRäume der FldStreifen sind nicht durch Querstricheln od. Runzeln zerhackt. Fld goldgrün, meist mit rotgoldenem Schimmer, Hsch schwarzblau. OS nie bronzefarben. Auf Laubbäumen in naturnahen Wäldern u. unbegifteten Obsthainen. Gute Flieger; sehr s.; 24–30 mm. *C. sycophanta* (L.)

1* Die feinen Längsstreifen od. -furchen der Fld sind durch Querstricheln zerhackt. Fld u. Hsch gleichfarbig. **2**

2 Fld mit feinen Längsfurchen u. 3 Reihen undeutlicher goldener Grübchen. Meist kupferfarben mit grünen od. roten Rändern der Fld, s schwarzblau. In ähnlichen Biotopen wie *C. sycophanta*; s; 18–24 mm. *C. inquisitor* (L.)

2* Fld mit sehr feiner, raspel- oder schuppenförmiger Streifenstruktur, ohne deutliche Längsfurchen, aber mit 3 Reihen auffälliger rot- od. grüngoldener Pünktchen. Einförmig kupferfarben bis schwarz. Felder, Heiden, Ödland; nur am Erdboden jagend; s; 22–30 mm. *C. auropunctatum* (Herbst)

Gattung *Callisthenes* Fischer von Waldheim

Fld mit irregulärer Runzelstruktur, s mit angedeuteten Kettenstreifen. Auffällig breit (10–12 mm) gebaut. OS smaragdgrün od. kupferfarben, rauh. Schultern verrundet. Flugunfähig. Nur im offenen Gelände, Extensiväcker, Heiden. Jagt nach Raupen am Erdboden; sehr s; 20–26 mm. *C. reticulatus* (F.)

Gattung *Carabus* L.

In Wäldern u. im Offenland, meist Dämmerungs- u. Nachttiere, tagsüber unter Steinen, Holz, Pfl, Laub. *C. auratus* ist typisches Tagtier. Flugunfähigkeit mit Ausnahme einzelner Tiere von *C. clatratus* u. *C. granulatus*. Im. u. L karnivor, in Gefangenschaft auch Kannibalismus. Die meisten Arten überw als Im., einige auch als L in verschiedenen Stadien, in morschen Baumstümpfen, in Erdspalten od. unter Moos. Eiabl oberflächlich im Erdboden; LEntw 7–11 Wo; PRuhe 2–3 Wo; Entw meist IV–VIII; Na: Insekten, Krebstiere, Würmer, Aas, ausnahmsweise zarte Blätter, faules od. weiches Obst. – Die Skulptur der Fld ist auf eine Grundform aus primären Punktreihen zurückzuführen. Sie können ganz (*C. glabratus*) od. fast ganz (*C. coriaceus*) erlöschen od. als Punkt- (*C. nemoralis*) bzw. Grübchenreihen (*C. hortensis*) od. als unterbrochene Kettenstreifen (*C. monilis*) auftreten. Zwischen ihnen können Sekundär- u. Tertiärstreifen als feine Streifen (*C. arvensis*) od. hohe Rippen (*C. cancellatus*) ausgebildet sein. Manchmal sind nur Sekundärstreifen als hohe Rippen enthalten, die primären aber erloschen (*C. auratus*). In DE 27 Arten, 3 alp Arten sind im Schlüssel nicht berücksichtigt.

1 Fld ohne deutliche Rippen, Kettenstreifen, Gruben od. Pünktchenreihen. Fld entweder glatt, gleichmäßig gerunzelt od. sehr fein, völlig gleichmäßig gestreift (alle Intervalle gleichartig) bzw. gekörnelt **2**

1* Fld mit Längsrippen, Kettenstreifen (manchmal sehr fein u. nicht erhöht) od. Punktreihen **6**

2 Fld grob lederartig gerunzelt. Ganz mattschwarz. Größte einheimische Art. In Wäldern, Parks, Gebüschen, jagt Schnecken. III–V u. VII–X; v; 32–42 mm. *C. coriaceus* L. – **Lederlaufkäfer**

2* Fld glatt od. sehr fein gleichmäßig längs gerunzelt, gestreift od. gekörnt. **3**

3 Fld glatt, stark gewölbt, hinten steil abfallend. Körper schwarz, höchstens die Ränder der Fld bläulich. In Wäldern. V–VII; s; 22–34 mm. *C. glabratus* Paykull – **Glatter Laufkäfer**

3* Fld weniger stark gewölbt, mit feiner aber deutlicher Skulptur, entweder fein längs gerunzelt, gestreift od. gekörnt. **4**

4 Körper höchstens 20 mm lg. Fld fein längs gestreift-punktiert. Schwarz mit bläulichem SRand der Fld, oft auch des Hsch. In Heiden. III–VIII; v; 14–20 mm. *C. convexus* F.

4* Körper über 22 mm lg. **5**

5 Fld mit feinen irregulären Runzeln oder Körnchen. Färbung schwarz, manchmal blau od. grün überhaucht, SRand der Fld immer violett, blau od. grün. In Wäldern u. Heiden, nur im N u. O von DE, hier v; V–VIII. 26–30 mm. *C. violaceus* L. – **Goldleiste**

5* Fld fein längs gestreift od. gerunzelt-gestreift. Färbung wie voriger. Nur im S u. SW von DE. Von vielen Autoren als Unterart des *C. violaceus* angesehen, bildet mit diesem in MittelDE Übergangsformen. Lebensweise wie dieser. 22–38 mm. *C. purpurascens* F.

6 **(1)** Fld mit nur je 3 Längsrippen (Arten mit leuchtend grünen, s kupfrig überhauchten Fld). **7**

6* Fld mit Kettenstreifen, Gruben, Grübchenreihen, oder Längsrillen, wenn mit 3 durchgehenden Längsrippen, dann zw diesen noch eine Körnchen- od. Punktreihe. . . **9**

7 Körper höchstens 17 mm lg. OS s ganz grün, Hsch wie der FldSRand meist kupfrig; B, F u. OKante der FldRippen schwarz. In Heiden u. Mooren des Flachlandes, sehr s; Tagtier; III–IX. 13–17 mm. *C. nitens* L.

7* Körper immer über 18 mm, meist über 22 mm lg. **8**

8 OS einschließlich des Hsch u. der OKante der FldRippen grün, FldSRand meist goldrot abgesetzt. Erste 4 FGld u. B gelb. Auf lehmigen Böden im Offenland, nicht im Gebirge; Tagtier; v bis g; IV–VIII. 20–30 mm.
C. auratus L. – **Goldlaufkäfer, Goldschmied**

8* OKante der FldRippen u. FldNaht schwarz, Rest der Fld leuchtend grün od. kupfrig überhaucht, Hsch häufig teilweise od. ganz kupferrot. Höchstens erstes FGld gelb, manchmal ganze F dunkel; B gelb od. verdunkelt. In Wäldern; im Gebirge v, im Flachland sehr s. V–VIII. 18–34 mm. *C. auronitens* F.

9 **(6)** Fld mit großen, tiefen Gruben, Skulptur wirkt dadurch unregelmäßig. Schwarz, matt glänzend. Sehr s, in DE heute nur noch sehr lokal im SW. In montanen Wäldern an Bächen u. Kleingewässern; ausgesprochen hygrophil, jagt auch unter Wasser. V–VIII. 26–33 mm. *C. nodulosus* Creutzer – **Schwarzer Grubenlaufkäfer**

9* Fld ohne große Gruben, höchstens mit kleinen Punktgruben, dann Struktur regelmäßig. **10**

10 Fld mit je 3 durchgehenden Längsrippen u. zw ihnen je 1 Körnchenreihe od. eine Reihe goldener Punktgruben. **11**

10* Fld entweder mit zahlreichen Längsrillen mit u. ohne Grübchenreihe od. mit Kettenstreifen, zw denen 3 feine u. ebenso hohe Längsstreifen stehen; immer ohne deutlich erhabene Längsrippen. **15**

11 1. FGld rot. OS kupfrig bis metallisch grün. Relativ eurytope Art, v, meist im Offenland, s in Wäldern. IV–IX. 19–33 mm. *C. cancellatus* Illiger – **Körnerwarze**

11* 1. FGld schwarz. **12**

12 Zw den FldRippen eine Reihe großer goldener Punktgruben, die sich gut von der düster schwarzgrünen Färbung abheben. Moore, Seeufer, Strandwiesen; ausgesprochen hygrophil, jagt auch unter Wasser. IV–IX; s; 20–36 mm.
C. clatratus L. – **Grubenlaufkäfer**

12* Zw den FldRippen ein Kettenstreifen, ohne auffällige Punktgruben. **13**

13 Große, gedrungene Art mit stark gewölbten Fld. FldRippen u. Kettenstreifen dick, deutlich breiter als der gekörnte Raum dazwischen, 1. Rippe neben der Naht bis zur Spitze der Fld deutlich. OS bronze- bis kupferfarben, selten grünlich metallisch. Nur im S u. SE von DE, z, im offenen Gelände. IV–VI; VIII; 22–34 mm.
C. ulrichii Germar

13* Durchschnittlich kleinere (unter 24 mm), flachere Arten. FldRippen u. Kettenstreifen schmaler, diese kaum breiter als der gekörnte Raum dazwischen, die 1. Rippe erlischt vor dem hinteren FldDrittel. **14**

14 Die 1. Rippe neben der Naht erlischt hinter dem vorderen Drittel der Fld, sie erreicht meist die FldMitte. F länger, überragen die HschBasis mit 4–5 Gld. Färbung wie vorige Art, aber weniger glänzend. In Feuchtwiesen, Feuchtwäldern, an Ufern, g; III–X; 16–23 mm. *C. granulatus* L. – **Gekörnter Laufkäfer**

14* Die 1. Rippe neben der Naht erlischt im vorderen Drittel der Fld. F kürzer, überragen die HschBasis mit 3 Gld. Meist dunkler als vorige Art. Sehr s in wenigen Mooren von BY, MV, SN; IV–IX; 18–24 mm. *C. menetriesii* Faldermann – **Moorlaufkäfer**

15 **(10)** Fld mit je 3 Kettenstreifen u. feinen Längsrillen zw ihnen (bei einer leuchtend blauvioletten Art ist der Raum zw den Kettenstreifen ohne deutliche Längsriefung, mit etwas verworrener Runzelung), ohne lockere Reihen von Punktgruben **16**

15* Alle Streifen völlig gleichartig, gleichmäßig fein längsgerieft erscheinend, ohne Kettenstreifen, fast immer jede Fld aber mit 3 Reihen Punktgrübchen **19**

16 Zw den erhabenen Kettenstreifen verworren, nicht deutlich reihig skulpturiert. Große (meist um 27 mm), leuchtend blauviolette, schlanke Art, bei der die S des Hsch vor den HEcken deutlich ausgeschweift sind. In lichten Wäldern. Z; IV–VI, VIII–IX; 25–32 mm. *C. intricatus* L.

16* Zw den wenig od. nicht erhabenen Kettenstreifen stehen mehrere reguläre Längsrillen **17**

17 Körper stets schwarzblau. Letzte 3 HlbSternite mit einer auch in der M nicht unterbrochenen Querfurche. Kettenstreifen auf den Fld nicht sehr deutlich. In Wäldern, bes. in den MGeb, in der Ebene sehr s, fehlt im NO, sonst v; IV–IX; 20–27 (meist um 24) mm. *C. problematicus* HERBST

17* Körper nicht schwarzblau, meist grünlich, kupfern od. schwarz. Letzte 3 HlbSternite höchstens an der S mit Querfurche **18**

18 Größere Art (25–39) mm mit deutlichen Kettenstreifen, zw denen 3 gleichmäßige, glatte Längskiele stehen. In DE nur westl. der Elbe, z, meist im offenen Kulturland. IV–IX. *C. monilis* F.

18* Kleinere Art (13–21 mm) mit nur undeutlichen Längskielen zw den Kettenstreifen. In Mooren, Heiden, lichten Wäldern. E III–X; z. *C. arvensis* HERBST

19 **(15)** Punktgrübchen groß, grün- oder rotgolden, heben sich auffällig von den Streifen der Fld ab. **20**

19* Punktreihen der Fld unauffällig, klein, heben sich nicht durch goldenen Glanz ab. **21**

20 Punktgrübchen der Fld stehen in geordneter Reihe. Körper kräftig gewölbt, Schultern breit. K viel kleiner als Hsch. Düster lila od. bronzefarben, Fld mit goldenen Punkten u. blauem od. violettem SRand. Wälder, Haine, g; IV–IX; 22–30 mm. *C. hortensis* L. – **Gartenlaufkäfer**

20* Punktgrübchen der Fld stehen etwas irregulär. Körper abgeflacht, Schultern verrundet. K fast so groß wie Hsch. Körper bronzefarben, Fld mit goldenen Punkten u. grünen Rändern. Vom Hügelland bis HochGeb; s; IV–IX; 17–30 mm. *C. irregularis* F.

21 **(19)** Erste 4 FGld rotgelb. HEcken des Hsch spitz u. seitlich hochgebogen. OS bronze- bis kupferfarben. MGeb u. Alp; Wälder; sehr s; IV–IX; 16–21 mm. *C. linnei* PANZER

21* FBasis schwarz. HEcken des Hsch nicht auffällig hochgebogen. **22**

22 Skulptur der Fld besteht aus feinen Längsrunzeln, die in Reihen angeordnet sind, daneben jeweils 3 Reihen feiner Punkte. OS bronzefarben bis blauschwarz, manchmal olivgrün überhaucht. Vorwiegend in der Ebene, bevorzugt offenes Kulturland, Gärten; g; III–V, VII–X; 20–26 mm. *C. nemoralis* MÜLLER – **Hainlaufkäfer**

22* Skulptur der Fld besteht neben den Punktreihen aus feinen Längsrillen. Ausschließlich montane Arten. **23**

23 Punktgrübchen der Fld größer, etwa so breit wie 2-3 der feinen Streifen. Körper flacher. Basisgruben des Hsch neben dem SRand sehr flach, kaum entwickelt. OS meist bronze- od. hell kupferfarben, manchmal grünlich od. schwarz. GebWälder, Grasheiden; s; V–IX; 19–29 mm. *C. sylvestris* PANZER

23* Punktgrübchen der Fld viel kleiner, kleiner als der ZwRaum, in dem sie stehen. Körper kräftig gewölbt. Basisgruben des Hsch neben dem hoch gebogenen SRand gut entwickelt. Färbung der OS sehr variabel, meist blauviolett od. grünlichschwarz. Wälder u. Kulturland; s; nur im O von BY; 25–30 mm. *C. scheidleri* PANZER

Tribus *Cychrini*

Gattung *Cychrus* F. – **Schaufelkäfer**

In feuchten Wäldern, an Fluss- u. Bachufern. Jagen fast ausschließlich Schnecken, in deren Gehäuse sie mit ihrem zugespitzten VKörper oft ganz hineinkriechen, s an Aas. LEntw im Frühsommer unter Steinen u. Moos. Jungkäfer im Spätsommer. IV–IX. 3 Arten (*C. angustatus* HOPPE nur im Allgäu).

1 Fld lederartig gekörnelt, ohne deutliche Kettenstreifen. OS stark gewölbt. Körper mattschwarz. Ebene bis hochalp; v; 13–23 mm. *C. caraboides* (L.)

1* Fld hinten mit 3 deutlichen Kettenstreifen, OS mäßig gewölbt. Körper schwarz mit leichtem Bronzeglanz. In Wäldern der MGeb u. Alp; s; 13–17 mm. *C. attenuatus* (F.)

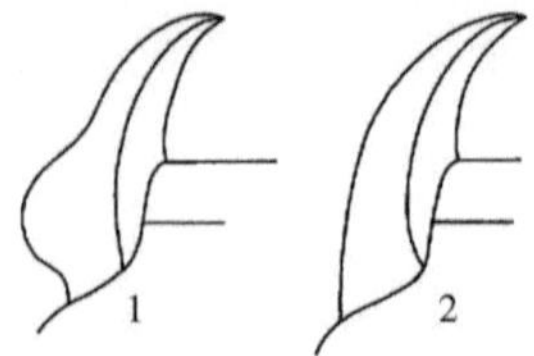

Abb. 344/1–2. OKf **1** *Leistus*; **2** *Nebria*.

Tribus *Nebriini*

Bes. im Geb, wenige Arten auch in der Ebene; an Ufern, in Wäldern u. auf alp Grasheiden. Jagen meist nachts kleine Bodentiere. IV–IX.

1 S der OKf plattenförmig (Abb. **344**/1). 6,5 bis 11,0 mm. 8 Arten.
Gattung *Leistus* Fröhlich – **Bartkäfer**

1* OKf einfach (Abb. **344**/2); 9–17 mm. 14 Arten.
Gattung *Nebria* Latreille – **Dammläufer**

Tribus *Notiophilini*

In der Ebene u. im Geb, in Wäldern, Heiden, Trockenrasen sowie an feuchten Stellen des offenen Geländes. Jagen Collembolen. III–IX. 8 Arten.
Gattung *Notiophilus* – **Eilkäfer**

Tribus *Elaphrini*

Nur in Sümpfen u. an Ufern stehender u. fließender Gewässer. Auch im Sonnenschein laufend, jagen kleine Insekten. IV–VIII.

1 Fld an der Basis gerandet. 3. u. 5. ZwRaum der Fld mit einer Reihe großer Grübchen. Au nur wenig vorstehend. Schwarz mit Erzglanz. SRänder des Hsch u. der Fld oft kupfrig od. erzgrün. S; 11–13 mm. *Blethisa multipunctata* (L.) – **Narbenkäfer**

1* Fld an der Basis ungerandet. Fld mit großen genabelten AuFlecken, die in 3–4 Längsreihen stehen. Au stark vorstehend. 6,5–9,0 mm. 5 Arten.
Gattung *Elaphrus* F. – **Raschkäfer**

Tribus *Omophronini*

Vom Habitus eines Wasserkäfers. Hsch dicht an den Hlb angeschlossen. Körper braungelb; KScheitel, HschHRand u. 3 Querbinden auf den Fld grün. An sandigen Ufern nahe dem Wasserspiegel. Jagen nachts kleine Bodentiere. IV–VIII; v; meist um 6 mm. *Omophron limbatum* (F.) – **Grundkäfer**

Tribus *Loricerini*

Körper dunkel grünlich bis bronzefarben. Mit lg dunklen Bo auf den ersten FGld. 3. ZwRaum der Fld mit 3 Punktgrübchen. In Wäldern, Sümpfen, Brachen. III–VIII; g; 7–8 mm. *Loricera pilicornis* (F.) – **Krummhornkäfer**

Tribus *Scaritini*

An sandigen od. leicht lehmigen Ufern, auf Schlickflächen, Salzboden u. am Meeresstrand. Jagen grabend andere grabende Käfer u. deren L (*Bledius, Platystethus, Carpelimus, Heterocerus*). IV–VIII.

1 HschS bis zur Basis scharf gerandet. Fld neben dem SRand mit einer durchgehenden Punktreihe. 2 größere Arten. 5,5–6,5 mm. Gattung *Clivina* Latreille – **Fingerkäfer**

1* HschS nur vorn od. bis wenig hinter die M gerandet. Punktreihe neben dem SRand der Fld in der M breit unterbrochen. 21 meist kleine bis sehr kleine Arten (2–6 mm).
Gattung *Dyschirius* Bonelli – **Handkäfer**

Tribus *Broscini*

1 17–22 mm; K fast so breit wie Hsch. Körper mattschwarz. Meist in sandigen Biotopen; Felder, Ödland, Ufer. Lauert am Eingang eines etwa 15 cm tiefen Erdganges auf Beute. Jungkäfer im Frühling. III–X; v. *Broscus cephalotes* (L.) – **Kopfkäfer**

1* 6–7 mm; K viel schmaler als Hsch. Körper erz- od. bronzefarben. Nur im N, in Heiden u. Mooren auf Sand- u. Kiesboden. IV–IX; sehr s. *Miscodera arctica* (PAYKULL)

Tribus *Bembidiini*

Mehrzahl der Arten an Bach- u. Flussufern, Seen, Teichen, auf Sand-, Kies- u. Schlammbänken. Einige auf Salzboden od. hochalp., andere auf Feldern, in Heidegebieten od. auf Ödland. Meist tagaktiv; jagen kleine Bodentiere.

1 Au völlig reduziert. Sehr klein (2,2–2,6 mm), schlank, gelbbraun, lebt im Boden. SWeur Art, bisher nur von Ludwigsburg in BW bekannt, vermutlich durch Pflanzgut verschleppt. *Anillus caecus* JAQUELIN DU VAL
1* Au normal entwickelt. **2**
2 Fld mit fleckig anliegender Behaarung u. unregelmäßig dicht punktiert. 3,6–7,4 mm. 6 Arten. Gattung *Asaphidion* GOZIS
2* Fld kahl, nur mit den normalen SinnesBo, Punkte in Reihen oder fehlend. **3**
3 VSchienen außen zur Spitze abgeschrägt oder ausgerandet (Abb. **346**/1). **4**
3* VSchienen außen gerade, zur Spitze einfach kurz verrundet (Abb. **346**/2). **5**
4 Vordere Bo auf den Fld befindet sich im vorderen FldViertel am 4. Streif. Matt schwarz. 2,6–3,1 mm; s; unter Baumrinde. *Tachyta nana* (GYLLENHAL)
4* Vordere Bo auf den Fld befindet sich im vorderen FldDrittel am 3. Streif. 11 kleine bis sehr kleine Arten (1,7–3,2 mm), meist s. Gattungen *Elaphropus* MOTSCHULSKY, *Paratachys* CASEY, *Porotachys* NETOLITZKY u. *Tachys* DEJEAN
5 **(3)** OS der Fld mit 4 Bo dicht am 3. Streifen. K groß mit schlanken, vorgestreckten Mandibeln. K u. Hsch dunkel mit leichtem Metallglanz, Fld gelbbraun, parallelseitig. 3,5–4,6 mm; v an den Küsten des Atlantiks u. der Nordsee. *Cillenus lateralis* SAMOUELLE
5* Am 3. Streif od. im 3. ZwRaum der Fld mit 2 Bo, selten nur 1. . . . . **6**
6 Der Nahtstreif der Fld ist an der Spitze zum E des 5. Streifs zurück gebogen (wie in Abb. **337**/6). 4–5 mm. 2 braune Arten, s. Gattung *Ocys* STEPHENS
6* Nahtstreif der Fld an der Spitze nicht zurück gebogen. 2–9,5 mm. 87 Arten. Gattung *Bembidion* LATREILLE

Tribus *Trechini*

Artenreich in GebWälder u. alp, einige an Fluss- u. Bachufern, wenige Arten in der Ebene an feuchten Stellen u. im Kulturland. Na: Kleine Bodentiere, z. B. FliegenL, kleine Spinnentiere, Collembolen. Entw. wenig bekannt.

1 Körper abgeflacht u. sehr klein (1,5–2,5 mm), sehr fein behaart. Färbung braun. An Flussufern, nur im S, s. *Perileptus areolatus* (CREUTZER)
1* Fld gewölbt u. kahl, wenn abgeflacht u. behaart, dann größer als 4 mm. **2**
2 Fld fein anliegend behaart. **3**
2* Fld kahl. **4**
3 Nur die Fld behaart, Hsch kahl. Hell rötlich braun, Fld hinter der M mit einer dunklen Querbinde. Auf feuchten, mineralischen Böden, in Kleinsäugerbauten, v; 4,5–5,5 mm. *Blemus discus* (F.)
3* Fld u. Hsch fein behaart. Hell rötlich braun, Fld hinter der M mit einem unscharfen dunklen Längswisch. Lebensweise ähnlich voriger Art, s; 4–5 mm. *Trechoblemus micros* (HERBST)
4 **(2)** FldBasis bis zum Sch fein gerandet. Körper flach, FldS fast parallelseitig. F auffällig lang. Rotbraun. Im Schotter der GebBäche, nur im S u. in der M von DE, sehr s; 4–4,5 mm. *Thalassophilus longicornis* (STURM)
4* FldBasis nur bis zum 3. Streif gerandet. Fld oval, F nicht auffällig lang. **5**
5 Die letzte der 3 Bo im 3. ZwRaum der Fld ist von der Spitze nur wenig weiter entfernt als von der Naht. 2,5–6 mm; 17 Arten, davon die meisten montan bis alp, aber 2 Arten v-g in der Ebene, 1 weitere sehr s in alten Kellern. Gattung *Trechus* CLAIRVILLE

5* Die letzte der 3 Bo im 3. ZwRaum der Fld ist von der Spitze mehr als doppelt so weit entfernt wie von der Naht. 2 Arten. Gattung *Epaphius* STEPHENS
Kleiner (3–4 mm), rotbraun, S der HschBasis nach vorn abgeschrägt; v in Feuchtgebieten: *E. secalis* (PAYKULL). Größer (4,5–5 mm), braun, HschBasis gerade; s in Mooren u. Rieden: *E. rivularis* (GYLLENHAL).

Tribus *Pogonini*

Nur auf Salzboden der Meeresküsten u. Binnenlandsalzstellen. IV–IX, 5,0–8,5 mm. 3 Arten. Gattung *Pogonus* DEJEAN

Tribus *Patrobini*

Feuchte Wälder, Seeufer, Ufer der GebBäche u. alp Schneeränder; IV–X; meist s; 7–10 mm. 3 schwer unterscheidbare Arten.
Gattung *Patrobus* DEJEAN – **Grubenhalskäfer**

Tribus *Perigonini*

Kosm wärmeliebende Art, bes. in Kompost; 2,5–3 mm; s.
Perigona nigriceps (DEJEAN)

Tribus *Pterostichini*

1 OS der Tarsen einzeln gelb behaart, BasalGld der F kahl. OS schwarz, glänzend, gewölbt; 3 Arten. Gattung *Molops* BONELLI – **Striemenkäfer**
1* OS der Tarsen kahl **2**
2 OKf so lg wie der K, auffallend lg; 1. FGld so lg wie die folgenden 2 zusammen. Hsch länger als breit, an der Basis stark eingeschnürt; v; 6,0–7,5 mm.
Stomis pumicatus (PANZER)
2* OKf u. 1. FGld von normaler Lg **3**
3 2. u. 3. FGld zusammengedrückt, ihr ORand bildet eine scharfe Kante. 5 Arten, z. T. sehr g. Gattung *Poecilus* BONELLI – **Listkäfer**
3* 2. u. 3. FGld zylindrisch, oben ohne scharfe Kante **4**
4 Fld im 3. ZwRaum od. am 3. Streifen ohne eingestochenen Porenpunkt. Immer einförmig schwarz mit relativ breitem Körper. Meist in GebWäldern; 4 Arten; 12–17 mm.
Gattung *Abax* BONELLI – **Breitkäfer**
4* Fld im 3. ZwRaum od. am 3. Streifen wenigstens mit 1 (oft schwer sichtbaren!) eingestochenen Porenpunkt. Körper schwarz od. metallisch, nicht auffällig breit. Bes. in feuchten Biotopen, Wäldern, Sümpfen u. Mooren; Ebene bis alp; 5–22 mm; 35 Arten.
Gattung *Pterostichus* BONELLI – **Grabkäfer**

Tribus *Sphodrini*

1 FußGld oben fein behaart. Schwarz mit leichtem Blauschimmer. In Höhlen, Tierbauten, Kellerruinen. IV–IX, v; 12–18 mm.
Laemostenus terricola (HERBST) – **Dunkellaufkäfer**
1* FußGld oben höchstens mit einem Paar SinnesBo. **2**
2 Fld ohne Porenpunkte im 3. Intervall zw 2. u. 3. Streif. Klauen am Innenrand glatt. Mattschwarz. Medit Art, bevorzugt Wärme und Dunkelheit, bei uns nur in Kellern alter Gebäude, Ställen, Mühlen etc., aber inzwischen sehr s; IV–X; 17–30 mm.
Sphodrus leucophthalmus (L.) – **Gierkäfer**
2* Fld mit 2 od. mehr Porenpunkten im 3. Intervall. Klauen am Innenrand gezähnelt (Abb. **339**/11+12) **3**

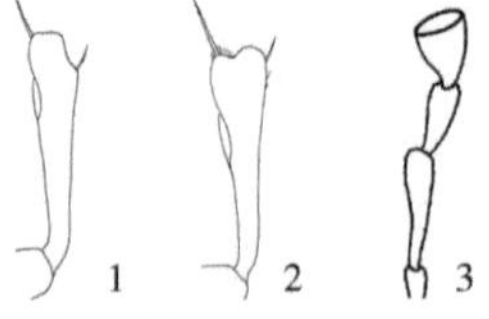

Abb. 346/1–3.
1 *Tachys*, VSchiene;
2 *Bembidion*, VSchiene;
3 *Synuchus vivalis*, UlTst.

3 K auf dem Scheitel mit 2 blassen, rötlichen Flecken. Körper 13–19 mm, meist über 14 mm lg. Fld dunkelbraun bis schwarz od. mit ± ausgedehnter gelbbrauner Zeichnung. Im extensiv genutzten, offenen Kulturland auf bindigen Böden, s; IV–IX. *Dolichus halensis* (Schaller) – **Fluchtläufer**

3* Scheitel ohne rötliche Flecken. Körper selten bis 14 mm lg. **4**

4 EGld der UlTst etwas beilförmig verbreitert (Abb. **346**/3). HschS auch nach hinten kräftig gerundet verengt. OS dunkelbraun. Im mäßig feuchten Grünland, in Brachen, v; VII–X; 6–9 mm. *Synuchus vivalis* (Illiger)

4* EGld der UlTst einfach zugespitzt (Abb. **337**/4). HschS nach hinten meist viel schwächer verengt als nach vorn. Hellbraun bis schwarz, manchmal mit rötlichem Hsch. 8 Arten, sehr h im trockenen Offenland, nur 2 in trockenen Wäldern; IV–X; 6–14 mm. Gattung *Calathus* Bonelli – **Kahnläufer**

Tribus *Zabrini*

1 Robuste u. stark gewölbte Art, Hsch u. Fld. etwa gleich breit. HWinkel des Hsch ohne Bo. Sandig-lehmige Getreidefelder, Feldwege, Grünland. Klettert auf Getreideähren u. verzehrt milchreife Körner, L ab E V in selbstgegrabenem Erdgang, in den sie zarte Blätter u. junge Getreidehalme hineinzieht u. zerkaut. VII–X; s; 14–16 mm. *Zabrus tenebrioides* (Goeze) – **Getreidelaufkäfer**

1* Meist kleine (5–14 mm) schwarze, braune od. metallisch gefärbte Arten mit meist eiförmigem Körperumriss. HWinkel des Hsch mit Bo. Vielfach Tagtiere, karnivor od. teilweise phytophag (bes. milchreife Samen von Gräsern u. Kreuzblütengewächsen). III–X; Jungkäfer im Frühj od. Spätsommer. 48 Arten. Gattung *Amara* Bonelli – **Kanalkäfer**

Tribus *Platynini*

1 K gedrungen mit kurzen Mandibeln, Ol nach vorn verbreitert mit gerundeter VKante. Hsch hinten gänzlich verrundet. Dunkelbraun mit od. ohne Erzschimmer. Auf relativ trockenen Böden im Offenland u. lichten Wäldern, meist s; 2 Arten. Gattung *Olisthopus* Dejean
Größer (6–7,5 mm), Körper nicht auffällig gewölbt, OS mit Erzschimmer: *O. rotundatus* (Paykull). Kleiner (4,8–5,8 mm), Körper stark gewölbt, ohne Erzschimmer; nur im S, collin bis montan: *O. sturmii* (Duftschmid).

1* K u. Mandibeln schlank, Ol quer, ihre VKante gerade. **2**

2 K auf dem Scheitel mit 2 blassen, rötlichen Flecken. 2 seltene, dunkel- bis schwarzbraune Arten. Gattung *Platynus* Dejean
HWinkel des Hsch abgerundet. In Mooren u. Feuchtwäldern; 7–10 mm: *P. livens* (Gyllenhal). Hsch mit gut ausgebildeten HWinkeln. Nur ostalp u. im Bayerischen Wald, an schattigen Berggewässern; 9–11 mm: *P. scrobiculatus* (F.).

2* Scheitel ohne rötliche Flecken. **3**

3 HschS zur Basis gerundet oder gerade verengt, die HEcken höchstens als kleines Zähnchen markiert. **4**

3* HschS zur Basis gerade oder konkav geschwungen verengt, die HEcken gewinkelt oder als großes Zähnchen markiert. **5**

4 Porenpunkte auf den Fld grübchenartig erweitert, schon mit bloßem Auge sichtbar. Klein (4,5–6 mm Lg). Auf Waldbrandflächen, s. *Sericoda quadripunctata* (DeGeer)

4* Porenpunkte auf den Fld nicht grübchenartig erweitert, oder Körper über 8 mm. 24 Arten; g in Verlandungsvegetation, aber auch an offenen Ufern, auf Wiesen, in Feuchtwäldern u. Feuchtheiden; 5–10,5 mm. Gattung *Agonum* Bonelli

5 **(3)** HWinkel des Hsch ohne Bo. 2 Arten. Gattung *Anchomenus* Bonelli
Kleiner (5,8–7,8 mm), K u. Hsch grün od. blau metallisch, Fld hellbraun mit breiter Verdunklung in HHälfte. An Feld- u. Wegrändern sehr g: *A. dorsalis* (Pontoppidan). Größer (8,5–11 mm), Körper ganz blau metallisch. Nur alp, sehr s: *A. cyaneus* (Dejean).

5* HWinkel des Hsch mit Bo. **6**

6 Größere Arten (10–14 mm Lg), ganz schwarz. 3 Arten, davon 1 sehr g in feuchten Wäldern u. Gebüschen (Hsch vor den HWinkeln konkav ausgeschweift): *L. assimilis* (PAYKULL). 2 weitere Arten (ohne Ausschweifung des Hsch) sehr s in Moorwäldern u. Auen. Gattung *Limodromus* MOTSCHULSKY
6* Kleinere Arten (unter 9 mm Lg) mit brauner OS und gelblichen B. **7**
7 Hsch sehr schlank, etwas länger als breit. Fld mit 3 Bo zw 2. u. 3. Streif. STeile der V- u. HBrust kräftig punktiert. 5–6,5 mm. Auf feuchten, sauren Böden in Wäldern u. Heiden, g. *Oxypselaphus obscurus* (HERBST)
7* Hsch breiter als lang. Fld mit 2 Bo zw 2. u. 3. Streif. STeile der V- u. HBrust glatt. 6–9 mm. An steinigen Ufern, v. *Paranchus albipes* (F.)

Tribus *Harpalini*

1 Vorletztes Gld der UlTst auf der InnenS mit 3 od. mehr Bo. **2**
1* Vorletztes Gld der UlTst auf der InnenS mit 2 Bo. Immer unter 8 mm Lg. **7**
2 Auffällig gefärbt: Hsch blau mit rötlichen Rändern, K u. Fld rotgelb, letztere mit bläulicher Makel vor der Spitze. OS kurz abstehend behaart. 7,5–9,5 mm. Wärmeliebende Art, im Offenland an mäßig feuchten Stellen, z, nicht im N. *Diachromus germanus* (L.)
2* Körper anders gefärbt. **3**
3 K mit einer queren, manchmal geteilten rötlichen Stirnmakel. OS schwarz od. grünlich metallisch. 9–13,5 mm. Im feuchten Grünland, im offenen Kulturland, auch an Salzstellen, 4 Arten. Gattung *Anisodactylus* DEJEAN
3* K ohne rötliche Stirnmakel. **4**
4 1. Gld der HFüße so lg wie 2. u. 3. zusammen. **5**
4* 1. Gld der HFüße deutlich kürzer als 2. u. 3. zusammen. **6**
5 OS punktiert und behaart. Dunkelbraun. 5,5–7,8 mm. Wärmeliebende Art im offenen Kulturland, s, im N fehlend. *Parophonus maculicornis* (DUFTSCHMID)
5* OS kahl, unpunktiert. 6–9 mm. 2 dunkelbraune bis schwarze Arten, vor allem in Gebirgswäldern, im Flachland s od. fehlend. Gattung *Trichotichnus* MORAWITZ
6 **(4)** OS inkl. K punktiert und behaart. 6–18 mm. Körper rötlich- bis schwarzbraun, wenn über 12 mm Lg, dann grünlich od. bläulich metallisch. Meist im offenen, mäßig feuchtem Kulturland, auch an Salzstellen, 17 Arten. Gattung *Ophonus* DEJEAN – **Haarschnellläufer**
6* OS kahl, wenn behaart, dann wenigstens K kahl u. unpunktiert (nur bei einer sehr s, 12–15 mm lg, schwarzbraunen Art K punktiert). 4,5–16 mm. Überall im offenen Kulturland, auch auf sehr trockenen Böden, in Dünen u. Heiden, s in Wäldern; 42 Arten. Gattung *Harpalus* LATREILLE – **Schnellläufer**
7 **(1)** HWinkel des Hsch mit einem lg BoPaar. Fld wenigstens an den S fein behaart. **8**
7* HWinkel des Hsch ohne Bo. Fld kahl. **9**
8 HEcken des Hsch rechtwinklig. Ganze OS dicht punktiert u. behaart. Gelb- bis rotbraun mit ± ausgedehnten dunklen Makeln. Besonders auf Salzboden; an den Küsten verbreitet, im Binnenland sehr s; 4–8 mm; 3 Arten. Gattung *Dicheirotrichus* JAQUELIN DU VAL
8* HEcken des Hsch stumpf bis verrundet. Nur die äußeren ZwRäume der Fld sehr fein behaart. Färbung ähnlich voriger Gattung, aber meist dunkler. In Sümpfen, Mooren, Feuchtheiden, v; 4–5 mm; 2 Arten. Gattung *Trichocellus* GANGLBAUER
9 **(7)** 1. Gld der HTarsen an AußenS mit scharfer Längsfurche. 5–7 mm. In Röhrichten, an Ufern u. Feuchtstellen. 3 Arten. Gattung *Stenolophus* DEJEAN
9* 1. Gld der HTarsen ohne Längsfurche. KörperLg 2–5 mm. **10**
10 HEcken des Hsch rechtwinklig, die S davor ausgeschweift, die Basis fast gerade. Rötlich bis gelblich braun, K schwarzbraun, Fld mit langovaler dunkler Makel. In der Verlandungszone von Gewässern, v; 4–5 mm. *Anthracus consputus* (DUFTSCHMID)
10* HEcken des Hsch stumpf od. abgerundet, die Basis an den S vorgezogen. In Sümpfen, Mooren, Heiden, Brachen. 2–4,5 mm. 16 Arten. Gattungen *Acupalpus* LATREILLE, *Bradycellus* ERICHSON

Tribus *Oodini*

Sehr feuchtigkeitsliebend, nur in Röhrichten u. nassen Wiesen. E III–IX. Ganz schwarz, oben glatt u. unpunktiert. Am Igovalen Körperumriss u. an der tiefen Furche, die die Fläche der Fld vom SRand bis zur Spitze trennt, leicht zu erkennen. 7–9 mm. 2 Arten. Gattung *Oodes* BONELLI – **Straßenkäfer**

Tribus *Chlaeniini*

1 Hsch rot, Fld schwarz, mit gelbem Nahtfleck u. 2 gelben Querbändern; im südl Teil des Gebietes; s; 6–7 mm. *Callistus lunatus* (F.) – **Mondfleck**

1* Größer u. anders gefärbt, meist grün od. schwarz. An feuchten Stellen, meist an Ufern. 8–17 mm. 8 Arten. Gattung *Chlaenius* BONELLI

Tribus *Licinini*

1 Große, flache, einfarbig schwarze Arten; 8–18 mm; EGld der UKFTst zur Spitze verbreitert u. hier abgestutzt. Offenland u. lichte Wälder, auf trockenen Böden. 3 Arten. Alle s bis sehr s. Gattung *Licinus* LATREILLE – **Bodenkäfer**

1* Kleinere Arten (bis 9 mm) mit orangerot-schwarz gezeichneten Fld od. ganz schwarzbraun bis schwarz. EGld der UKfTst schlank u. spitz. 9 Arten.
Gattung *Badister* CLAIRVILLE – **Wanderkäfer**

Tribus *Panagaeini*

Lg behaart, schwarz, Fld mit je 2 roten Flecken. IV–IX; v; 6,5–9 mm; 2 Arten.
Gattung *Panagaeus* LATREILLE – **Scheukäfer**

Tribus *Masoreini*

Fld undeutlich abgestutzt, letztes Tergit aber unbedeckt u. von oben sichtbar. Körper schwarz- bis rotbraun. Hsch fast so breit wie die feingestreiften Fld. Dünen, Sandgebiete im Binnenland, z; IV–IX; 4,5–5,0 mm. *Masoreus wetterhallii* (GYLLENHAL)

Tribus *Lebiini*

1 Hsch sehr breit, die S an der Basis tief und breit ausgeschnitten (Abb. **349**/1). Körper breit. Krautreiche, sonnige Säume; jagen auf Sträuchern u. Stauden kleine Insekten u. derenL. IV–IX; 4–8 mm; 4 buntgefärbte Arten.
Gattung *Lebia* LATREILLE – **Prunkläufer**

1* HschS an der Basis nicht ausgeschnitten, aber manchmal schräg abgestutzt. Körper schmal, wenn breit, dann kleiner als 5 mm. **2**

2 Die Epipleuren des Hsch sind an den S vor der Basis von oben sichtbar (Abb. **349**/2). Schwarz, auf jeder Fld 2 gelbliche Flecken. Körper breit, aber klein (2,8–3,5 mm lg). Sand- und Kiesgruben, vegetationsarme Flächen, z; IV–IX.
Lionychus quadrillum (DUFTSCHMID)

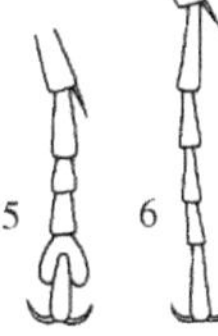

Abb. 349/1–6. 1 *Lebia*, Hsch; **2** *Lionychus quadrillum*, Hsch; **3** *Syntomus*, FldE; **4** *Microlestes*, FldE; **5** *Demetrias*, FußGld; **6** *Dromius*, FußGld.

2* HschEpipleuren von oben nicht sichtbar. **3**
3 Körper klein, unter 3,5 mm, schwarz, manchmal mit Erzglanz. **4**
3* Größer als 5 mm, wenn kleiner, dann hell od. Fld mit gelben Flecken. **5**
4 3. FGld kahl. Fld am E schräg abgestutzt (Abb. **349**/3). Auf trockenen Offenflächen. III–X; 3–3,5 mm; 4 Arten. Gattung *Syntomus* HOPE
4 3. FGld sehr fein behaart. Fld am E gemeinsam gerade abgestutzt (Abb. **349**/4). B. wie vorige Gattung. III–X; 2,5–3 mm; 3 Arten. Gattung *Microlestes* SCHMIDT-GOEBEL
5 **(3)** Größer als 7,5 mm. Fld zw den Streifen ± dicht punktiert. Rötlich bis schwarzbraun, Fld meist mit heller Schultermakel od. -streifen. Lichte Wälder, trockene u. feuchte Heiden, s; 7,5–12 mm; 5 Arten. Gattung *Cymindis* LATREILLE
5* Kleiner als 7 mm. Fld zw den inneren Streifen unpunktiert. **6**
6 Vorletzte TarsenGld tief zweilappig (Abb. **349**/5). Fld gelb, mit od. ohne schwarze Zeichnung. Röhrichte, Genist, vorjährige Vegetation; IV–X; 4–6 mm; 3 Arten. Gattung *Demetrias* BONELLI – **Scheunenkäfer**
6* Vorletzte TarsenGld nicht zweilappig (Abb. **349**/6). **7**
7 Fld neben dem Sch mit feiner Bo. **8**
7* Fld neben dem Sch ohne Bo. **9**
8 Basisrand der Fld verkürzt, reicht höchstens bis zum 3. Streif. Körper sehr schlank, Fld 1,7–2-mal so lg wie breit. Gelblich bis rötlich braun, FldNaht ± verdunkelt. 2 Arten. Gattung *Paradromius* FOWLER
K normal groß, StirnM mit deutlichen Längsrunzeln. 4–5,5 mm; v-g, in Genist u. vorjähriger Vegetation: *P. linearis* (OLIVIER). K auffällig lg gestreckt, StirnM glatt. 5–6,8 mm; z, in Schilfröhrichten: *P. longiceps* (DEJEAN).
8* Basisrand der Fld vollständig, erreicht den 1. Streif. Fld maximal 1,7-mal so lg wie breit. Rötlich bis schwarzbraun, Fld oft mit ± ausgedehnten, hellen Makeln. Auf Bäumen, im Winter unter Rinde; 4,5–7 mm; 8 Arten. Gattung *Dromius* BONELLI – **Rindenläufer**
9 **(7)** Basisrand der Fld vollständig, mündet in den 1. Streif. 3. FGld in der 2. Hälfte fein behaart. Fld gelblich mit ± ausgedehnten dunklen Makeln. B. wie vorige Gattung; 2,8–4 mm; 2 Arten. Gattung *Calodromius* REITTER
9* Basisrand der Fld unvollständig, reicht höchstens bis auf Höhe des 3. Streif. F erst ab 4. Gld. behaart. Fld gelblich mit ± ausgedehnten dunklen Makeln, manchmal nur die Naht schmal verdunkelt. Auf Bäumen od. im Genist, in Röhrichten u. vorjähriger Vegetation; 2,5–4,5 mm; 5 Arten. Gattung *Philorhizus* REITTER

Tribus *Odacanthini*

K u. Hsch schwarzgrün; Fld braunrot, im hinteren Teil schwarzblau. See- u. Teichufer, im Schilf; E III–IX; v; 6,5–8,0 mm. *Odacantha melanura* (L.) – **Halskäfer**

Tribus *Zuphiini*

Körper dunkel rotbraun, FldRänder u. Naht schwärzlich. Feuchte Wiesen, Überschwemmungsgebiete; nur im SW; sehr s; 8–9 mm. *Polystichus connexus* (FOURCROY)

Tribus *Dryptini*

Körper grünblau. Wärmeliebend, nur im S, Flussauen, extensives Kulturland; s; 7–9 mm. *Drypta dentata* (ROSSI)

Tribus *Brachinini*

Gesellig unter Steinen u. Grasbüscheln auf trockenen Böden. Im. besitzen am HlbE einen paarigen Drüsenapparat, dessen Sekret beim Ausspritzen explodiert. IV–X; fehlen im N des Gebietes.

1 OS schwarz; nur im O von BY; 10–13 mm. *Aptinus bombarda* (ILLIGER)
1* K u. Hsch rot, Fld blau; 4–10 mm. 2 Arten.
Gattung *Brachinus* WEBER – **Bombardierkäfer**

Familie ***Rhysodidae*** – **Furchenwalzenkäfer**

Unter Borke, in morschem Holz. In DE nur vor 1900. 2 Gattungen, 2 Arten (Abb. **334**/1).

Familie ***Hygrobiidae*** – **Schlammschwimmer**

In stehenden, schlammigen Gewässern mit Sandboden; s; räuberisch, Lauterzeugung; IV–XI; 8–11 mm. [*H. tarda* (HERBST)] *Hygrobia hermanni* (F.) (Abb. **334**/4)

Familie ***Haliplidae*** – **Wassertreter**

In stehenden u. langsam fließenden Gewässern zw WasserPfl, bes. an Algen, die neben Chironomideneiern u. -L, Süßwasserpolypen, Kleinkrebsen u. a. die Na bilden. Lauterzeugung. LEntw meist 2 J, L od. Im. überw, P an Land. – DE 20 Arten.

1 Hsch fast rechteckig, größte Breite nahe der M . 3. ZwRaum der Fld mit kielartig erhobener Rippe (Abb. **351**/1). – In langsam fließenden u. stehenden Gewässern; z. 3,5–4,3 mm. *Brychius elevatus* (PANZER)
1* Hsch trapezförmig (Abb. **334**/3), an der Basis am breitesten. Fld ohne Längsrippen **2**
2 Fld hinter der M neben der Naht mit einem vertieften, unpunktierten Streifen (Linie), vor der Spitze befindet sich eine beiderseitige Aussparung (Abb. **351**/2). Hsch vor der BasisM stark quer eingedrückt. HHüftplatten an der S gerandet. AuAbstand nicht breiter als ein Au. – In stehenden Gewässern. 3,5–4 mm. *Peltodytes caesus* (DUFTSCHMID)
2* Fld ohne vertieften Nahtstreif u. ohne Aussparung vor der Spitze (Abb. **334**/3). Hsch nicht quer eingedrückt. HHüftplatten an der S nicht gerandet. AuAbstand doppelt so breit wie ein einzelnes Au. – In stehenden, auch langsam fließenden Gewässern. 2,2–4,5 mm. 18 Arten. Gattung *Haliplus* LATREILLE

Familie ***Noteridae*** – **Tauchkäfer**

In stehenden Gewässern, auch Brackwassern an seichten, schlammigen Uferstellen zw WasserrandPfl (Schilf, Binsen); h. L im Bodengrund. III–X.
Gattung *Noterus* CLAIRVILLE

1 4,2–4,5 mm. Fld vorn zerstreut punktiert. *N. clavicornis* (DEGEER) (Abb. **334**/5)
1* 3,5–3,7 mm. Fld vorn reihig punktiert. *N. crassicornis* (O. F. MÜLLER)

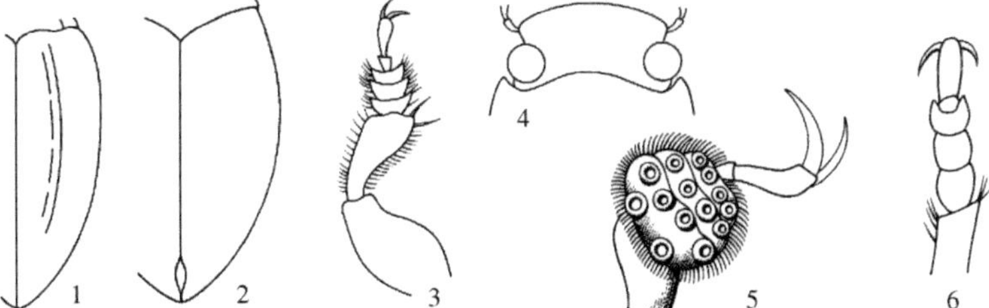

Abb. 351/1–6. 1 *Brychius elevatus*, Fld; **2** *Peltodytes caesus*, Fld; **3** *Colymbetinae*, ♂, VB; **4** *Dytiscinae*, K; **5** *Dytiscinae*, ♂, VFuß; **6** *Hydroporinae*, VFuß.

Familie *Dytiscidae* – Schwimmkäfer

Geschickte Schwimmer, fliegen gut. Räuber. L im Wasser, P an Land, überw als L od. Im. – DE 143 Arten.

1 Sch nicht sichtbar, verdeckt (Abb. **352**/4) 2
1* Sch gut sichtbar, freiliegend 3
2 V- u. MFüße scheinbar 4gld, 4. Gld sehr klein, zw den Lappen des 3. Gld kaum erkennbar (Abb. **351**/6). 1,7–7 mm. Unterfamilie *Hydroporinae* S. 352
2* V- u. MFüße deutlich 5gld, 3. u. 4. Gld etwa gleichlg. 3,8–5 mm. Unterfamilie *Laccophilinae* S. 354
3 **(1)** VRand der Au hinter der FWurzel ausgeschnitten (Abb. **352**/1). 1.–3. VFußGld des ♂ erweitert, aber keine rundliche Saugscheibe bildend (Abb. **351**/3). 6–19 mm. Unterfamilien *Agabinae, Colymbetinae, Copelatinae* S. 354
3* VRand der Au ohne Ausschnitt, rund (Abb. **351**/4). 1.–3. VFußGld des ♂ stark erweitert, eine rund-ovale Saugscheibe bildend (Abb. **351**/5). 10–44 mm. Unterfamilie *Dytiscinae* S. 356

Unterfamilie *Hydroporinae* – Zwergschwimmer

In stehenden Gewässern u. Bächen; viele nur subalp u. alp in AlpSeen, Quellwassern u. Schmelzwassertümpeln. Bevorzugen seichte Uferstellen mit lehmig-moorigem Grund u. reichlichem PflWuchs. Arten oft ökologisch stark spezialisiert. LEntw am Uferstreifen. P auf dem Lande in Ufernähe.

1 Klauen der HFüße ungleich lg (Abb. **352**/2). Körper fast kugelig. – In stehenden Gewässern; g; 4,5–5,0 mm. *Hyphydrus ovatus* (L.) – **Kugelschwimmer**
1* Klauen der HFüße gleichlg 2
2 VBrForts hinten dreieckig erweitert (Abb. **352**/3). Fld hinten am Nahtwinkel spitz ausgezogen. – In stehenden Gewässern; s; 2,8–3,0 mm. *Hydrovatus cuspidatus* (Kunze)
2* VBrForts hinten spitz od. schmal abgerundet. Fld hinten gemeinsam abgerundet 3
3 HschBasis jederseits mit einem Strich, der sich auf die Fld fortsetzt (Abb. **352**/4) 4
3* Fld ohne solchen Längsstrich 5
4 Ksch mit einem Querstrich, der den HRand der Au verbindet (Abb. **352**/5). 1,7–2 mm. – In Stillgewässern u. Mooren. 4 Arten. Gattung *Bidessus* Sharp
4* Ksch ohne Querstrich. – In stehenden Gewässern. 1,8–2,3 mm. [*Guignotus* Houlbert]. Gattung *Hydroglyphus* Motschulsky S. 353

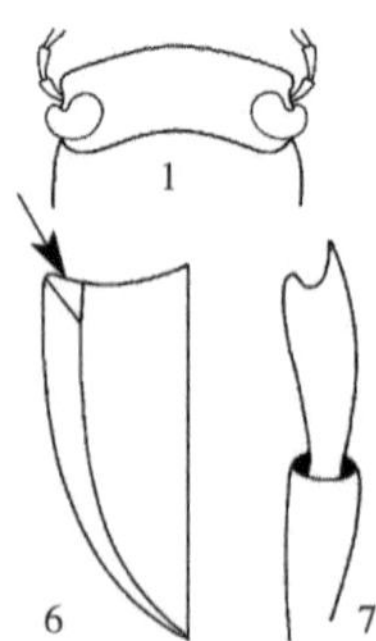

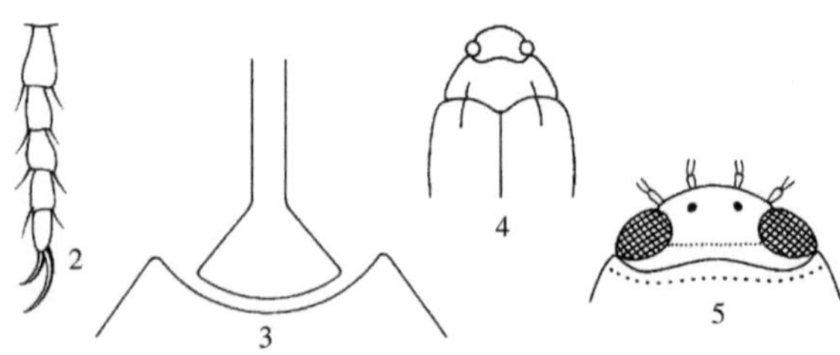

Abb. 352/1–7. 1 *Colymbetinae*, K; **2** *Hyphydrus ovatus*, HFuß; **3** *Hydrovatus cuspidatus*, VBrForts; **4** *Hydroglyphus* sp., Hsch, Fld; **5** *Bidessus* sp., K; **6** *Hygrotus* sp., Fld, US; **7** *Graptodytes* sp., UlTst.

5 **(3)** Epipleuren der Fld unter den Schultern mit dreieckiger Grube zum Einlegen der MSchenkel-Knie (Abb. **352**/6) (Gattung *Hygrotus* STEPHENS) **6**
5* Epipleuren der Fld ohne Grube **7**
6 Ksch vorn mit schmal abgesetzter Randkante. – In stehenden Gewässern. 2,0–3,7 mm. 4 Arten. Untergattung *Hygrotus* s.str.
6* Ksch vorn ungerandet. – In stehenden Gewässern. 2,7–5,0 mm. 6 Arten. Untergattung *Coelambus* C. G. THOMSON
7 **(5)** Hsch zw der Punktierung bei 10facher Vergrößerung glatt erscheinend **8**
7* Hsch zw der Punktierung gekörnelt od. sehr dicht u. fein punktiert **13**
8 Hsch längs des SRandes mit eingedrückter Längsfurche **9**
8* Hsch ohne Längsfurche am SRand **10**
9 Letztes Gld der UlTst am E ausgehöhlt (Abb. **352**/7). 4. FGld kürzer als 3. u. 5. – In stehenden Gewässern. Gattung *Graptodytes* SEIDLITZ S. 353
9* Letztes Gld der UlTst nicht ausgehöhlt. 3.–5. FGld annähernd gleichlg. – In Bergbächen; montan-alpin. Gattung *Oreodytes* SEIDLITZ S. 354
10 **(8)** Fld gelb mit schwarzen Längsbinden. – In Kiesgruben u. a. stehenden Gewässern. 4,0–4,5 mm. *Scarodytes halensis* (F.)
10* Fld anders gefärbt **11**
11 4. FGld schwächer u. kürzer als 5. . . . . **12**
11* 4. u. 5. FGld annähernd gleich. – In Mooren. Meist im N; z; 4–4,5 mm. *Laccornis oblongus* (STEPHENS)
12 4,5–5 mm lg. Hsch von den Fld deutlich abgesetzt. – In Waldtümpeln u. Mooren. *Suphrodytes dorsalis* (F.)
12* Körper höchstens 4 mm lg. Hsch u. Fld bilden eine kaum unterbrochene SLinie. – In stehenden Gewässern, Kleingewässern, Mooren, Quellen, Bächen. 1,8–5,5 mm. 32 Arten. Gattung *Hydroporus* CLAIRVILLE
13 **(7)** 4. FGld viel kürzer als anschließende Gld. **14**
13* 4. FGld so lg wie die anderen. **15**
14 Hsch mit angedeutetem seitlichen Eindruck. OS schwach behaart. Fld mit unregelmäßiger schwarzer Zeichnung. – In Bächen u. Gräben; MV. 3–3,2 mm. *Stictonectes lepidus* (OLIVIER)
14* Hsch ohne seitlichen Eindruck. OS stark behaart. Fld mit schmalen, schwarzen, gleichmäßigen Längsstreifen. 3–3,5 mm. *Porhydrus lineatus* (F.)
15 **(13)** OS einfarbig. – In Bergbächen; s. 4–4,8 mm. 3 Arten. Gattung *Deronectes* SHARP
15* OS gelb mit schwarzen Längsbinden od. Flecken. **16**
16 5–7 mm. – In Fließgewässern; W–S; s. 2 Arten. Gattung *Stictotarsus* ZIMMERMANN
16* 4–5 mm. – Meist Bachbewohner; z. 4 Arten. [*Potamonectes* ZIMMERMANN] Gattung *Nebrioporus* RÉGIMBART

Gattung *Hydroglyphus* MOTSCHULSKY [*Guignotus* HOULBERT]

1 Hsch mit schwarzen Querbinden; v. [*H. pusillus* (F.)] *H. geminus* (F.)
1* Hsch einfarbig; sehr s. *H. hamulatus* (GYLLENHAL)

Gattung *Graptodytes* SEIDLITZ

1 K rostrot; g; 2,2–2,5 mm. *G. pictus* (F.)
1* K schwarz od. dunkelbraun **2**
2 Fld mit 4 schwarzen unregelmäßigen Längsbinden; nur vor 1900 nachgewiesen; 3,5 mm. [*G. concinnus* (STEPHENS] *G. flavipes* (OLIVIER)
2* Fld mit gelbem RandStreifen u. je 2 gelben Längsbinden **3**
3 Innere Binde erreicht fast die FldBasis, gerade (Abb. **354**/1); s; 2,5 mm. *G. bilineatus* (STURM)
3* Innere Binde die FldBasis nicht erreichend, nach außen gebogen (Abb. **354**/2); g; 2,2 mm. *G. granularis* (L.)

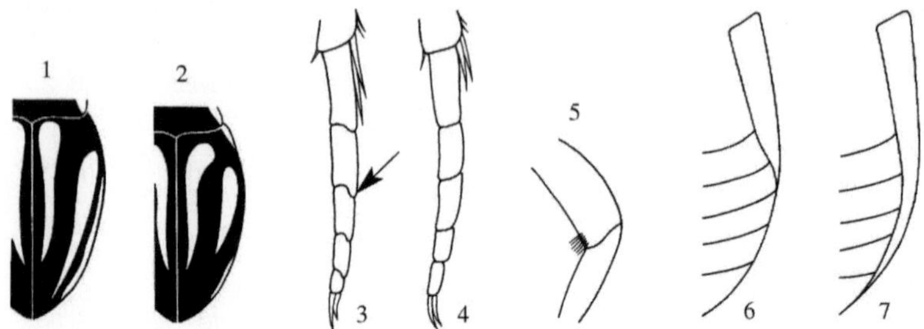

Abb. 354/1–7. 1 *Graptodytes bilineatus*, Fld; **2** *Graptodytes granularis*, Fld; **3** *Rhantus* sp., HFuß; **4** *Agabus* sp., HFuß; **5** *Ilybius* sp., HSchenkel; **6** *Agabus* sp., Fld, US; **7** *Platambus maculatus*, Fld, US.

Gattung *Oreodytes* SEIDLITZ

1 4,0–4,5 mm. BY, s. [*O. borealis* (GYLLENHAL)] *O. davisii* (CURTIS)
1* 2,5–3,5 mm **2**
2 Hsch mit 2 schwarzen, in der M unterbrochenen Querbinden. Körper schlanker. – Boreomontan; s. *O. septentrionalis* (GYLLENHAL)
2* Hsch mit einer ungeteilten Querbinde. Körper breiter. – Montan; s. [*O. rivalis* (GYLLENHAL)] *O. sanmarkii* (C. R. SAHLBERG)

Unterfamilie ***Laccophilinae***

In stehenden u. langsam fließenden Gewässern, auch Mooren. IV–X. 3,5–4,5 mm. 3 Arten. Gattung *Laccophilus* LEACH – **Grundschwimmer**

Unterfamilien ***Agabinae, Colymbetinae, Copelatinae***

In stehenden u. langsam fließenden Gewässern, auch in Mooren. Na: größere Wasserinsekten, Krebstiere, Aas. IV–IX.

1 Fld mit auffälligen Querriefen. HschS ungerandet. – In stehenden Gewässern, bes. Mooren. 16–19 mm. 3 Arten.
Gattung *Colymbetes* CLAIRVILLE – **Teichschwimmer** S. 356
1* Fld ohne Querriefen. HschS linienförmig gerandet. **2**
2 Klauen der HFüße ungleich lg, die äußere ist kürzer als die innere. HRand der HFußGld außen deutlich lappig nach hinten gezogen (Abb. **354**/3). **3**
2* Klauen der HFüße etwa gleichlg, HRand der HFußGld gerade, nicht lappig nach hinten gezogen (Abb. **354**/4). **6**
3 HSchenkel mit einer BoGruppe an der Innenecke des HRandes (Abb. **354**/5) (von unten betrachten). – In Stillgewässern, oft in Mooren. 8,5–14 mm. 16 Arten.
Gattung *Ilybius* ERICHSON – **Schlammschwimmer**
3* HSchenkel ohne solche BoGruppe. **4**
4 Körperlänge 20–23 mm. Fld mit vielen dichtgestellten, nach vorn offenen, halbmondförmigen Eindrücken, die wie Fischschuppen erscheinen. – Im SW möglich.
Meladema coriacea LAPORTE
4* Körperlänge höchstens 19 mm. FldSkulptur anders. **5**
5 OS schwarz. HEcken des Hsch stark nach hinten gezogen. – In Moortümpeln. 10–11 mm. *Rhantus (Nartus) grapii* (GYLLENHAL)

5* Fld gelb, mit einer dichten schwarzen Sprenkelung, die so dicht verfließen kann, dass die Fld dunkel mit gelben Punkten erscheinen. HEcken des Hsch nicht deutlich nach hinten gezogen. – In stehenden Gewässern. 9–13 mm. 8 Arten. Gattung *Rhantus (Rhantus)* DEJEAN S. 355

6 **(2)** Innere Endwinkel der HSchenkel mit einem BoBüschel (vgl. Abb. **354**/5) (von unten betrachten). Körper mehr oval gerundet. **7**

6* Innere Endwinkel der HSchenkel ohne BoBüschel. Körper schmal. – In stehenden Gewässern; g. 6,5–8 mm. (Unterfamilie Copelatinae) *Copelatus haemorrhoidalis* (F.)

7 Epipleuren der Fld bis zur Spitze allmählich, ohne abrupten Bruch, verschmälert (Abb. **354**/7), der Innenrand trifft erst auf der Höhe des letzten HlbSgm den Außenrand. Fld mit charakteristischer gelb-schwarzer Zeichnung. – In Bächen, an Seeufern; z. 7–8,5 mm. *Platambus maculatus* (L.)

7* Epipleuren der Fld von der M ab sehr schmal, sie verjüngen sich plötzlich (Abb. **354**/6), der Innenrand trifft bereits auf der Höhe des 2. HlbSgm den Außenrand. Körper meist einfarbig dunkel, die bei einigen Arten vorhandene helle Zeichnung sieht anders aus. – In stehenden u. fließenden Gewässern, auch Brackwasser u. Moore. 6–12 mm. 19 Arten. Gattung *Agabus* LEACH – **Schnellschwimmer**

Gattung *Rhantus* DEJEAN

1 US ganz schwarz; z; 10,5–12,5 mm. [*R. pulverosus* (STEPHENS)] *R. suturalis* (MACLEAY)

1* US ganz od. teilweise gelb bis gelbbraun **2**

2 US teilweise gelb, wenigstens MBrForts **3**

2* US vollständig gelb **6**

3 Hsch mit schwarzem Querfleck in der M **4**

3* Hsch ohne schwarzen MFleck **5**

4 Fld mit dünnen gelben Längsstreifen. 10,5–11,0 mm. [*R. notatus* (sensu F.)] *Rhantus frontalis* (MARSHAM)

4* Fld ohne gelbe Längsstreifen; s; 10,5–11,0 mm. *R. notaticollis* (AUBÉ)

5 **(3)** 1. Sternit weitgehend gelb; s; 9–10 mm. *R. bistriatus* (BERGSTRÄSSER)

5* 1. Sternit schwarz; s; 10–11 mm. *R. suturellus* (HARRIS)

6 **(2)** HschM ohne Maschen, mit deutlichen Punkten; s; 12–13 mm. *R. consputus* (STURM)

6* HschMaschen bis zur M deutlich. Punkte durch Maschen verbunden **7**

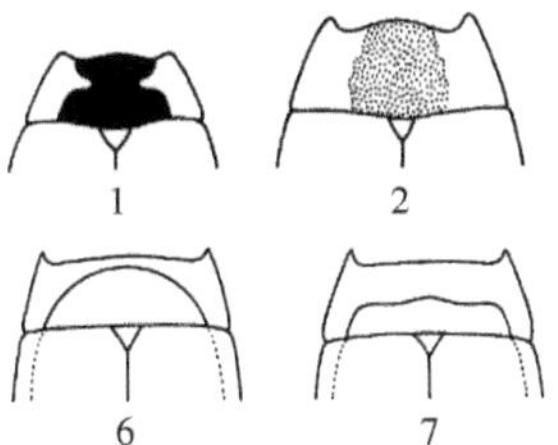

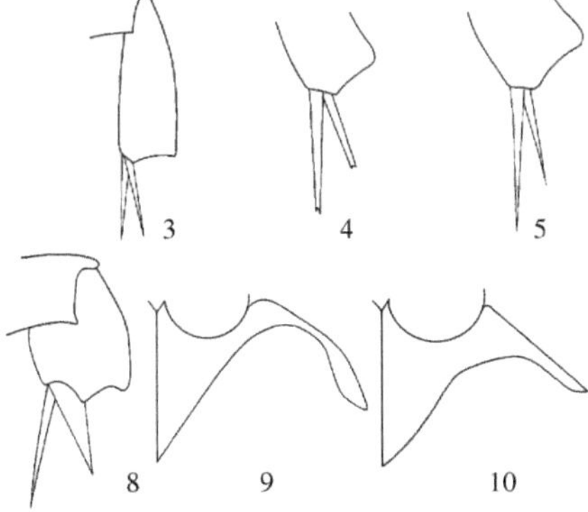

Abb. 355/1–10. 1 *Colymbetes striatus*, Hsch; **2** *Colymbetes fuscus*, Hsch; **3** *Dytiscus* sp., HSchiene; **4** *Graphoderus* sp., HSchiene; **5** *Hydaticus* sp., HSchiene; **6** *Hydaticus seminiger*, Hsch; **7** *Hydaticus aruspex*, Hsch; **8** *Cybister lateralimarginalis*, HSchiene; **9** *Graphoderus* sp., HBr; **10** *Hydaticus* sp., HBr.

7 Hsch mit schwarzer Basalbinde; z; 10–11 mm. *R. latitans* SHARP
7* Hsch meist ohne deutliche Basalbinde; g; 9–10 mm. *R. exsoletus* (FORSTER)

Gattung *Colymbetes* CLAIRVILLE

1 Epipleuren u. B schwarz; z; 17–19 mm. *C. paykulli* ERICHSON
1* Epipleuren u. B gelb bis gelbbraun 2
2 HschM mit deutlich begrenztem, dunklem Querfleck (Abb. **355**/1); z; 16–18 mm. *C. striatus* (L.)
2* HschM unscharf angedunkelt (Abb. **355**/2); h; 16–17 mm. *C. fuscus* (L.)

Unterfamilie ***Dytiscinae***

In stehenden u. schwach fließenden Gewässern, bes. an ruhigen, seichten Uferstellen, auch Moore u. Brackwasser. Na: fast alle Wassertiere, die sie überwältigen können, auch Aas.

1 Körper unter 20 mm. 1.–4. HFußGld hinten in der gesamten Breite mit goldgelben Bo bewimpert 2
1* Körper über 24 mm. 1.–4. HFußGld hinten nicht (höchstens an den seitlichen Ecken) bewimpert 4
2 EDorne der HSchienen scharf zugespitzt (Abb. **355**/5). STeile der HBr außen gerade, gegen das rückwärtige E nicht erweitert (Abb. **355**/10). 10–15 mm. 5 Arten. Gattung *Hydaticus* LEACH S. 356
2* EDorne der HSchienen gespalten, schwach eingeschnitten od. abgestumpft (Abb. **355**/4). STeile der HBr außen bogenförmig, gegen das rückwärtige E nach innen bauchig erweitert (Abb. **355**/9) 3
3 O- u. US glatt. Fld glatt, beim ♀ nicht gefurcht. VFüße der ♂ entweder mit 16 in Reihen stehenden Haftplättchen fortschreitender Größe od. aber 3 größere u. über 30 kleinere. 13–16 mm. 4 Arten. Gattung *Graphoderus* DEJEAN S. 357
3* O- u. US stark u. grob punktiert. Fld stark punktiert, beim ♀ tief gefurcht, die Furchen behaart. VFüße der ♂ mit einem sehr großen, 2 mittleren u. über 300 winzigen lggestielten Haftplättchen. 13,5–18 mm. 2 Arten. Gattung *Acilius* LEACH – **Furchenschwimmer** S. 357
4 **(1)** HSchienen viel länger als breit, der äußere ESporn schmal, nicht breiter als der innere (Abb. **355**/3). Körper in der M am breitesten. 24–44 mm. 7 Arten. Gattung *Dytiscus* L. – **Gelbrandkäfer** S. 357
4* HSchienen fast so breit wie lg, der äußere ESporn basal erweitert u. viel breiter als der innere (Abb. **355**/8). Körper hinter der M am breitesten; s. 30–37 mm. *Cybister lateralimarginalis* (DEGEER) – **Gaukler**

Gattung *Hydaticus* LEACH

1 Hsch einfarbig rotgelb. – Nur SW; nur vor 1950; 10–11 mm. *H. grammicus* (GERMAR)
1* Hsch am Basalrand ± breit schwarz gesäumt (Abb. **355**/6, 7) 2
2 Schwarzer Basalrand breit, in der M weit nach vorn gezogen (Abb. **355**/6); g; 13,0–14,5 mm. *H. seminiger* (DEGEER)

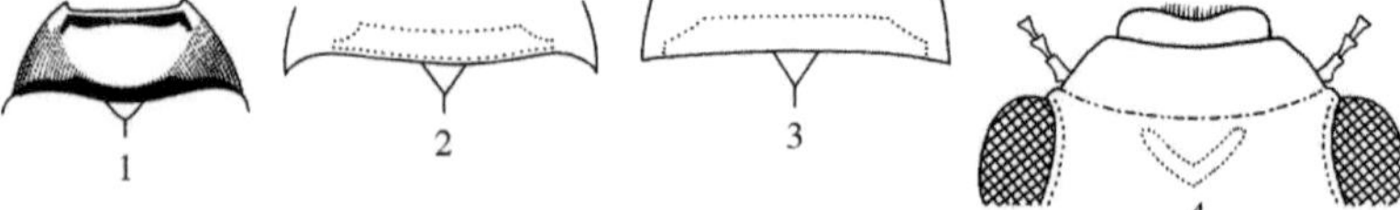

Abb. 356/1–4. 1 *Graphoderus bilineatus*, Hsch; **2** *Graphoderus zonatus*, Hsch; **3** *Graphoderus cinereus*, Hsch; **4** *Dytiscus semisulcatus*, K.

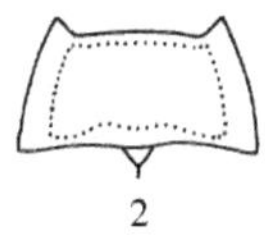

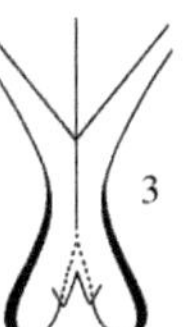

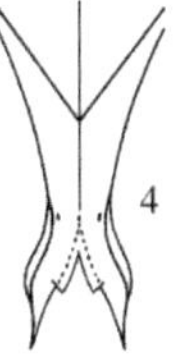

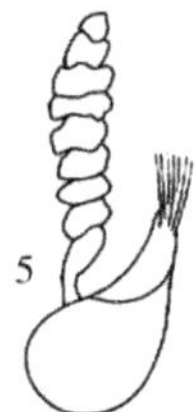

Abb. 357/1–5. 1 *Dytiscus lapponicus*, Hsch; **2** *Dytiscus circumcinctus*, Hsch; **3** *Dytiscus semisulcatus*, HHü; **4** *Dytiscus lapponicus*, HHü; **5** *Gyrinidae*, F.

2* Schwarzer Basalrand schmal, nur in der M etwas vorgezogen (Abb. **355**/7) **3**
3 Fld mit feinen u. groben Punkten **4**
3* Fld nur mit feinen Punkten. – SH; sehr s; 14–15 mm. [*H. laevipennis* C. G. Thomson] *H. aruspex* Clark
4 Fld mit gelben Längsbinden; z; 12–14 mm. [*H. stagnalis* (F.)] *H. continentalis* J. Balfour-Browne
4* Fld ohne Längsbinden; g; 12–13 mm. *H. transversalis* (Pontoppidan)

Gattung *Graphoderus* Dejean

1 MKlauen ungleich lg; s; 13 mm. *G. austriacus* (Sturm)
1* MKlauen gleich lg, 14–16 mm **2**
2 Gelbe MBinde des Hsch 2–3-mal breiter als schwarze Basalbinde (Abb. **356**/1); sehr s. *G. bilineatus* (DeGeer)
2* Gelbe MBinde u. schwarze Basalbinde etwa gleich breit **3**
3 V- u. (od.) HRand des Hsch schmal gelb gesäumt, HEcken nach hinten vorragend (Abb. **356**/2); s. *G. zonatus* (Hoppe)
3* HRand des Hsch schwarz, Basalrand fast gerade (Abb. **356**/3); z. *G. cinereus* (L.)

Gattung *Acilius* Leach – **Furchenschwimmer**

1 HB gelb bis gelbrot mit schwarzem Fleck an der Schenkelbasis; g; 15–18 mm. *A. sulcatus* (L.)
1* HB einfarbig gelbrot; z; 13,5–16,0 mm. *A. canaliculatus* (Nicolai)

Gattung *Dytiscus* L. – **Gelbrandkäfer**

1 Ol vorn gerade. Körper sehr breit (bis 25 mm); sehr s; 36–44 mm. *D. latissimus* L. – **Breitrand**
1* Ol vorn bogenförmig eingeschnitten (Abb. **356**/4). Körper schlanker **2**
2 EGabel der HHü ± abgerundet, InnenS konvex (Abb. **357**/3) **3**
2* EGabel der HHü nadelförmig zugespitzt, innen konkav (Abb. **357**/4) **5**
3 US schwarz; s; 24–30 mm. *D. semisulcatus* O. F. Müller – **Schwarzbauch**
3* US gelb bis rotgelb **4**
4 Hsch nur an den S breit gelb gerandet; z; 32–39 mm. *D. dimidiatus* Bergsträsser
4* Hsch auch vorn u. hinten breit gelb gerandet; g; 27–35 mm. *D. marginalis* L. – **Gemeiner Gelbrand**
5 **(2)** Schwarze MBinde des Hsch etwa doppelt so breit wie gelbe Randbinden (Abb. **357**/1). – Boreoalpin; sehr s. 24–28 mm. *D. lapponicus* Gyllenhal
5* Schwarzer MFleck des Hsch viel breiter, gelbe Binden schmal (Abb. **357**/2) **6**
6 Au innen rot gerandet. Sch schwarz; s; 31–36 mm. *D. circumcinctus* Ahrens
6* Au innen nicht rot gerandet. Sch rötlich; z; 27–33 mm. *D. circumflexus* F.

Familie ***Gyrinidae* – Taumel-, Dreh- od. Kreiselkäfer**

Vor allem in Bächen u. Gräben, die eine mäßige Strömung aufweisen, auch in Seen, Teichen u. Tümpeln. Schwimmen im Sonnenschein auf der Wasseroberfläche (einzige Käfer dieses Lebensraumes) meist in Anzahl, drehen dabei Bogen, Spiralen u. Kreise. Bei Beunruhigung flüchten sie an das Ufer od. auf den Gewässergrund. Na: Insekten, die auf die Wasseroberfläche fallen, jagen auch unter Wasser. – Auffällig die F (Abb. **357**/5), mit denen Wellen (Beutetiere u. Eigenbewegung) wahrgenommen werden, die kurzen M- u. HB, die zu schaufelartigen Rudern mit beweglichen Haarplättchen (schnellste Schwimmer unter den Käfern) umgestaltet sind u. die vollständige Teilung des Au in ein oberes Luft- u. ein unteres WasserAu (Abb. **335**/6). – DE 13 Arten.

1 OS deutlich behaart. Fld ohne Punktstreifen od. -reihen. F 11gld. – Bes. in Fließgewässern; nachtaktiv; v. 5–7 mm. *Orectochilus villosus* (O. F. MÜLLER)
1* OS kahl. Fld mit Punktreihen od. Längsstreifen. F 9gld **2**
2 Hsch mit ± deutlichen Querfurchen (Abb. **334**/7). Fld u. Hsch ohne gelben SRand. Fld mit 11 Punktreihen, von denen die inneren gelegentlich ± undeutlich sind. 3,5–8 mm. 11 Arten. Gattung *Gyrinus* O. F. MÜLLER – **Taumelkäfer**
2* Hsch ohne Querfurchen. Fld u. Hsch mit gelbem SRand. Fld mit 11 Längsstreifen, die zum SRand hin zunehmend furchig vertieft sind. – Im N; nur vor 1900. 5–7,5 mm. *Aulonogyrus concinnus* (KLUG)

Unterordnung **Myxophaga**

Familie ***Sphaeriusidae* [*Microsporidae*] – Ufer-Kugelkäfer**

An Uferrändern in der oberen Sandschicht, unter Torfmoos, PflResten, Genist, Steinen; GrabB; s; IV–X. 0,6–0,7 mm. [*Microsporus acaroides* (WALTL)]
Sphaerius acaroides WALTL – **Ufer-Kugelkäfer** (Abb. **334**/8)

Unterordnung ***Polyphaga*** (Überfamilien, z. T. Familien)

Die richtige Bestimmung der Familie ist bei den *Coleoptera*, vor allem den *Polyphaga* in vielen Fällen schwierig. Die *Polyphaga* werden hier in 21 Überfamilien unterteilt, deren einfache Unterscheidung jedoch meist ebenfalls Schwierigkeiten bereitet. Die folgenden Tabellen sind nach möglichst leicht beurteilbaren Merkmalen aufgebaut u. berücksichtigen weitgehend zahlreiche Ausnahmen. Die einzige Art der Unterordnung *Myxophaga* wurde einbezogen.
Da es leider kaum möglich ist, bereits die Überfamilien der *Polyphaga* nach leicht sichtbaren Merkmalen zu definieren, kommen manche an mehreren Stellen der folgenden Tabellen vor, mitunter können auch einzelne Familien bereits abgetrennt werden. Es sollten zusätzlich zu den folgenden Tabellen die bei den einzelnen Überfamilien gegebenen Familientabellen verglichen werden sowie vor allem die Habitusabbildungen, die für fast jede Familie beigefügt sind.

1 Körper ohne Fld (jedoch keine L) od. diese sind nur als winzige Stummel ausgebildet, die sich am Sch nicht berühren (Abb. **406**/1, 2, 6, 7). Tabelle A S. 359
1* Körper mit Fld, die verkürzt sein können, sich aber wenigstens am Sch berühren . **2**
2 Körper halbkugelig, milbenähnlich, 0,6–0,7 mm (Abb. **334**/8). F am E mit 3gld Knopf. Fld nicht verkürzt. 3 sichtbare Sternite. VB GrabB.
Unterordnung *Myxophaga*, Familie *Sphaeriusidae* – **Ufer-Kugelkäfer**

2* Körper größer, wenn ebenso klein, dann andere Merkmalskombination **3**
3 F mit lg od. verdicktem BasalGld u. geblätterter (Abb. **472**/1) od. kammzahnartiger Keule (Abb. **472**/2) mit 3–7 Gld. Überfamilie *Scarabaeoidea* S. 471
3* FKeule (wenn vorhanden) nicht einseitig geblättert od. gezähnt **4**
4 Fld ± verkürzt, mindestens noch einen Teil des vorletzten Tergits freilassend. Tabelle B S. 359
4* Fld nicht verkürzt, höchstens das letzte Tergit (Pygidium) frei lassend **5**
5 Fußformel 5, 5, 4, d.h. VFüße u. MFüße mit 5, HFüße mit 4 Gld. Tabelle C S. 360
5* Fußformel anders **6**
6 Füße scheinbar 4gld, mit breit lappigem 3. Gld , in dem das sehr kleine 4. Gld liegt (Abb. **360**/1). Tabelle D S. 361
6* Füße anders **7**
7 Fußformel deutlich 5, 5, 5 .... **8**
7* Fußformel niedriger als 5, 5, 5. Tabelle E S. 361
8 Hlb mit 5 (s 4) sichtbaren Sterniten. Tabelle F S. 364
8* Hlb mit 6–8 sichtbaren Sterniten **9**
9 Hlb mit 7–8 sichtbaren Sterniten **10**
9* Hlb mit 6 sichtbaren Sterniten. Tabelle G S. 366
10 Körper auffallend lg u. fast zylindrisch (vgl. Abb. **422**/1). Überfamilie *Lymexyloidea* (Gattung *Elateroides*) S. 421
10* Körper nicht auffallend lg u. zylindrisch. Überfamilie *Cantharoidea* S. 405

Tabelle A

1 Mit Oc. F 9gld. Überfamilie *Dermestoidea* (Familie *Dermestidae,* Gattung *Thylodrias,* ♀) S. 430
1* Ohne Oc. F 11gld **2**
2 HFüße 4gld. K breit, rundlich, nicht vom Hsch überdacht. Au sehr klein. Hsch trapezförmig. Um 5 mm. Überfamilie *Tenebrionoidea* (Familie *Ripiphoridae*) S. 459
2* HFüße 5gld. K frei od. vom Hsch überdacht. Au größer. Hsch quer od. nach vorn ausgezogen, nicht trapezförmig. Größer als 8 mm. Überfamilie *Cantharoidea* S. 405

Tabelle B

1 Fld lassen höchstens 3 HlbSgm unbedeckt **2**
1* Fld lassen mindestens 4 HlbSgm unbedeckt **14**
2 1. sichtbares HlbTergit sehr groß, die beiden anderen klein (Abb. **384**/8). Überfamilie *Staphylinoidea* (Familie *Staphylinidae, Pselaphinae,* Gattung *Claviger*) S. 389
2* Sichtbare HlbTergite etwa gleichbreit **3**
3 KfTst länger als F. Wasserbewohner. Überfamilie *Staphylinoidea* (Familie *Hydraenidae,* Gattung *Limnebius* ♂) S. 375
3* KfTst kürzer als F. Landbewohner **4**
4 F mit knopfartiger Keule aus höchstens 4 Gld. (Abb. **360**/2; **377**/1; **437**/3, 4) **5**
4* F ohne knopfartige Keule **8**
5 Knopfartige FKeule besteht nur aus einem od. zwei Gld (Abb. **437**/4). Überfamilie *Cucujoidea* (Familie *Monotomidae*) S. 441
5* FKeule besteht aus mehreren Gld **6**
6 FKeule 4gld. (Abb. **377**/1). Überfamilie *Staphylinoidea* (Familie *Silphidae,* Gattung *Nicrophorus*) S. 376
6* FKeule 3gld (Abb. **360**/2) (s 2gld) **7**
7 F mit längerem SchaftGld, ± deutlich gekniet (Abb. **360**/2). Überfamilie *Histeroidea* (Familie *Histeridae*) S. 371

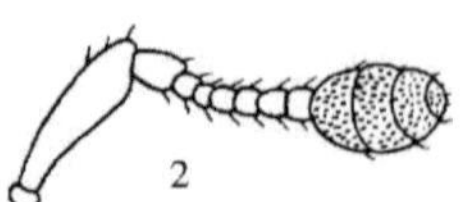
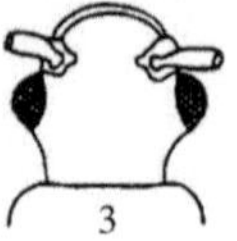

Abb. 360/1–5. 1 *Oreina intricata* Fuß; **2** *Dendrophilus punctatus*, F; **3** *Podabrus alpinus*, K; **4** *Malachius bipustulatus*, K; **5** *Uloma* sp., F.

7* F ohne SchaftGld, nicht gekniet (Abb. **437**/3). Überfamilie *Cucujoidea* (Familien *Nitidulidae, Kateretidae*) S. 438, 440

8 **(4)** Auf Scheitel 2 augenartige glatte Knöpfe (Oc) (Abb. **383**/4). Überfamilie *Staphylinoidea* (Familie *Staphylinidae, Omaliinae*) S. 386

8* Scheitel ohne solche Knöpfe **9**

9 Körper kurz, hochgewölbt (Abb. **385**/8) **10**

9* Körper ± länglich, höchstens zylindrisch **11**

10 OS glatt u. glänzend (Körperform: Abb. **385**/8). Überfamilie *Staphylinoidea* (Familie *Staphylinidae, Scaphidiinae*) S. 394

10* OS beschuppt od. behaart, nicht glänzend (Körperform: Abb. **516**/1; **517**/1). Überfamilien *Chrysomeloidea* (Familie *Bruchidae*) u. *Curculionoidea* (Familie *Urodonidae*) S. 515, 518

11 **(9)** Körper drehrund, auffallend lggestreckt (Abb. **422**/1). Fuß so lg wie Schienen. Überfamilie *Lymexyloidea* S. 421

11* Körper abgeflacht. Fuß kürzer als die Schienen **12**

12 K hinter den Au ringförmig abgeschnürt. Überfamilie *Staphylinoidea* (Familie *Silphidae*, Gattung *Necrodes*) S. 376

12* K nicht ringförmig abgeschnürt **13**

13 Ol nicht sichtbar. F entspringen dicht neben den Au (Abb. **360**/3). Überfamilie *Cantharoidea* (Familie *Cantharidae*) S. 407

13* Ol sichtbar. F entspringen innerhalb der Au (Abb. **360**/4). Überfamilie *Cleroidea* (Familie *Malachiidae*) S. 417

14 **(1)** Ohne Au. F 3gld. Abb. **374**/4. Überfamilie *Staphylinoidea* (Familie *Leptinidae*, Gattung *Platypsyllus*) S. 378

14* Mit Au. F mindestens 9gld **15**

15 Au nierenförmig um FWurzeln gebogen (Abb. **483**/9). K geneigt. Überfamilie *Chrysomeloidea* (Familie *Cerambycidae*) S. 482

15* Au nicht um FWurzel gebogen. K gerade vorgestreckt **16**

16 Hlb breiter als Hsch, kurz u. hochgewölbt (Abb. **384**/7). Überfamilie *Staphylinoidea* (Familie *Staphylinidae, Pselaphinae*) S. 389

16* Hlb lggestreckt, länger als Hsch (Abb. **330**/2) **17**

17 Hsch halbkreisförmig, K darunter verborgen (Abb. **406**/1). Überfamilie *Cantharoidea* (Familie *Lampyridae*) S. 407

17* K nicht unter Hsch verborgen **18**

18 Füße mit 5, 5, 4 Gld. Überfamilie *Tenebrionoidea* (Familien *Meloidae, Ripiphoridae*) S. 458, 459

18* Fußformel anders. Überfamilie *Staphylinoidea* S. 374

Tabelle C

1 FKeule geknopft, 1- od. 2gld. Hinter Pygidium zusätzliches kleines Sgm vorhanden (Abb. **441**/3). Überfamilie *Cucujoidea* (Familie *Monotomidae*) S. 441

1* F nicht geknopft. Kein Aftersgm vorhanden **2**

2 F mit deutlicher mehrgld Keule (Abb. **451**/5) **3**
2* F ohne Keule, höchstens allmählich verdickt (Abb. **360**/5).
Überfamilie *Tenebrionoidea* (14 Familien) S. 450
3 FKeule 4gld (Abb. **451**/5).
Überfamilie *Tenebrionoidea* (Familie *Tetratomidae*) S. 462
3* FKeule mit anderer GldZahl **4**
4 F 10gld. ♂♂. Überfamilie *Cucujoidea* (Familie *Sphindidae*) S. 450
4* F 11gld **5**
5 Fld halbkugelig gewölbt (Abb. **374**/7).
Überfamilie *Staphylinoidea* (Familie *Leiodidae*) S. 380
5* Fld länglich, Körper gestreckt (Abb. **441**/4; **444**/3).
Überfamilie *Cucujoidea* (Familien *Cucujidae, Cryptophagidae*) S. 441, 443

Tabelle D

1 K mit deutlichem R, dieser mitunter breit plattenförmig.
Überfamilie *Curculionoidea* S. 516
1* K ohne R **2**
2 F mit abgesetzter Keule od. EKnopf, oft gekniet **3**
2* F ohne abgesetzte Keule, höchstens zur Spitze allmählich verdickt.
Überfamilie *Chrysomeloidea* S. 482
3 Körper elliptisch bis oval, US ± flach, S scharf gekantet (Abb. **442**/9; **444**/1).
Überfamilie *Cucujoidea* (Familien *Erotylidae, Phalacridae*) S. 442, 444
3* Körper zylindrisch, S gerundet (Abb. **517**/2–4). Überfamilie *Curculionoidea*
(Familien *Anthribidae, Scolytidae, Platypodidae*) S. 518, 519, 525

Tabelle E

1 Fußformel 4, 5, 5 (Abb. **362**/1).
Überfamilie *Cleroidea* (Familie *Malachiidae,* Gattung *Troglops,* ♂♂) S. 417
1* Fußformel anders **2**
2 Fußformel 5, 4, 4 . . . . **3**
2* Fußformel anders. **4**
3 KfTst länger als F. Überfamilie *Hydrophiloidea* (Familie *Hydrophilidae*) S. 368
3* F bedeutend länger als die KfTst.
Überfamilie *Staphylinoidea* (Familie *Leiodidae*, Gattung *Anisotoma,* ♀♀) S. 380
4 **(2)** Fußformel 4, 3, 3 (Abb. **362**/2).
Überfamilie *Staphylinoidea* (Familie *Leiodidae*, Gattung *Agaricophagus*) S. 380
4* Fußformel anders **5**
5 Fußformel 3, 4, 4.
Überfamilie *Tenebrionoidea* (Familie *Mycetophagidae,* ♂♂) S. 453
5* Fußformel anders **6**
6 Fußformel 3, 3, 3 . . . . **7**
6* Fußformel 4, 4, 4 . . . . **10**
7 Körper höchstens 1,2 mm lg. Oval, flach gewölbt (Abb. **374**/2). F haardünn, mit lg bewimperten MGld (Abb. **375**/1). Fl federartig.
Überfamilie *Staphylinoidea* (Familie *Ptiliidae*) S. 380
7* Körper größer, anders gebaut **8**
8 Ohne Au. Überfamilien *Tenebrionoidea* (Familie *Colydiidae*, Gattung *Langelandia*)
u. *Cucujoidea* (Familie *Bothrideridae,* Gattung *Anommatus*) S. 453, 437
8* Mit Au **9**
9 Hsch von Fld stark abgesetzt (Abb. **384**/6; **444**/6). Überfamilien *Cucujoidea*
(Familien *Latridiidae, Endomychidae*, Gattung *Holoparamecus*) u. *Staphylinoidea*
(Familie *Staphylinidae, Dasycerinae*) S. 445, 389

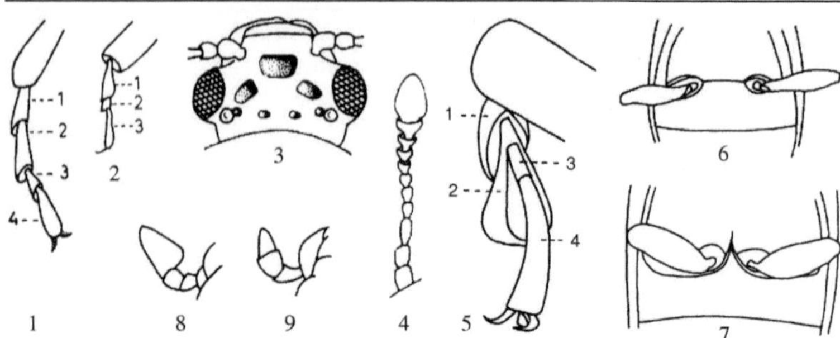

Abb. 362/1–9. 1 *Troglops albicans*, ♂, VFuß; **2** *Agaricophagus cephalotes*, MFuß; **3** *Laricobius erichsonii*, K; **4** *Curimopsis setigera*, F; **5** *Calvia* sp., Fuß; **6** *Endomychus coccineus*, HHü; **7** *Cis boleti*, HHü; **8** *Adalia bipunctata*, KfTst; **9** *Endomychus coccineus*, KfTst.

9* Hsch wenig von Fld abgesetzt. Körper einheitlich oval.
Überfamilie *Staphylinoidea* (Familie *Leiodidae*) S. 380

10 **(6)** Neben Innenrand der Au jederseits 1 Oc (Abb. **362**/3).
Überfamilie *Derodontoidea* S. 421

10* Ohne Oc **11**

11 HHü bilden große Schenkeldecken (Abb. **375**/2). Körper kleiner 2 mm.
Überfamilie *Scirtoidea* (Familie *Clambidae*) S. 425

11* Ohne solche Schenkeldecken **12**

12 K unter dem Hsch verborgen **13**

12* K u. wenigstens Teile der Au von oben sichtbar **15**

13 F mit 2gld Keule u. 2 dicken BasalGld (Abb. **362**/4).
Überfamilie *Byrrhoidea* (Familie *Byrrhidae,* Unterfamilie *Syncalyptinae*) S. 433

13* F mit mehr als 2gld Keule u. höchstens einem verdickten BasalGld **14**

14 K vollständig von Hsch bedeckt (Abb. **377**/1). VHü bilden große quere Platten.
Überfamilie *Hydrophiloidea* (Familie *Georissidae*) S. 367

14* K vollständig bedeckt od. Hsch vorn leicht ausgeschnitten u. der KRand von oben sichtbar (Abb. **444**/7). VHü bilden keine solchen Platten.
Überfamilie *Cucujoidea* (Familie *Corylophidae*) S. 445

15 **(12)** F kurz, mit gesägter 7gld Keule (Abb. **427**/4).
Überfamilie *Dryopoidea* (Familie *Heteroceridae*) S. 429

15* F anders, mit kürzerer Keule **16**

16 3. FußGld. im gelappten 2. versteckt (Abb. **362**/5) **17**

16* 3. FußGld. frei, 2. nicht gelappt **18**

17 EGld der KfTst beilförmig abgeflacht (Abb. **362**/8). F kurz u. fein. 1. Sternit mit Schenkellinien. Überfamilie *Cucujoidea* (Familie *Coccinellidae*) S. 445

17* EGld der KfTst drehrund, eiförmig od. zugespitzt (Abb. **362**/9). F kräftiger. 1. Sternit ohne Schenkellinien. Überfamilie *Cucujoidea* (Familie *Endomychidae*) S. 445

18 **(16)** EGld der KfTst dreieckig beilförmig (Abb. **362**/8).
Überfamilie *Cucujoidea* (Familie *Coccinellidae,* Gattung *Lithophilus*) S. 445

18* EGld der KfTst nicht beilförmig **19**

19 VHü klein, kugelig, HHü quer **20**

19* VHü größer, oval od. quer **21**

20 K so breit od. breiter als der Hsch; OKf stehen um KLänge parallel nach vorn (Abb. **457**/7). Überfamilie *Tenebrionoidea* (Familie *Prostomidae*) S. 456

20* K schmaler als der Hsch; OKf stehen nicht parallel vor (Abb. **454**/6).
Überfamilie *Tenebrionoidea* (Familie *Colydiidae*) S. 453

21 **(19)** HHü breit getrennt (Abb. **362**/6) **22**

21* HHü schmal getrennt (Abb. **362**/7) **23**

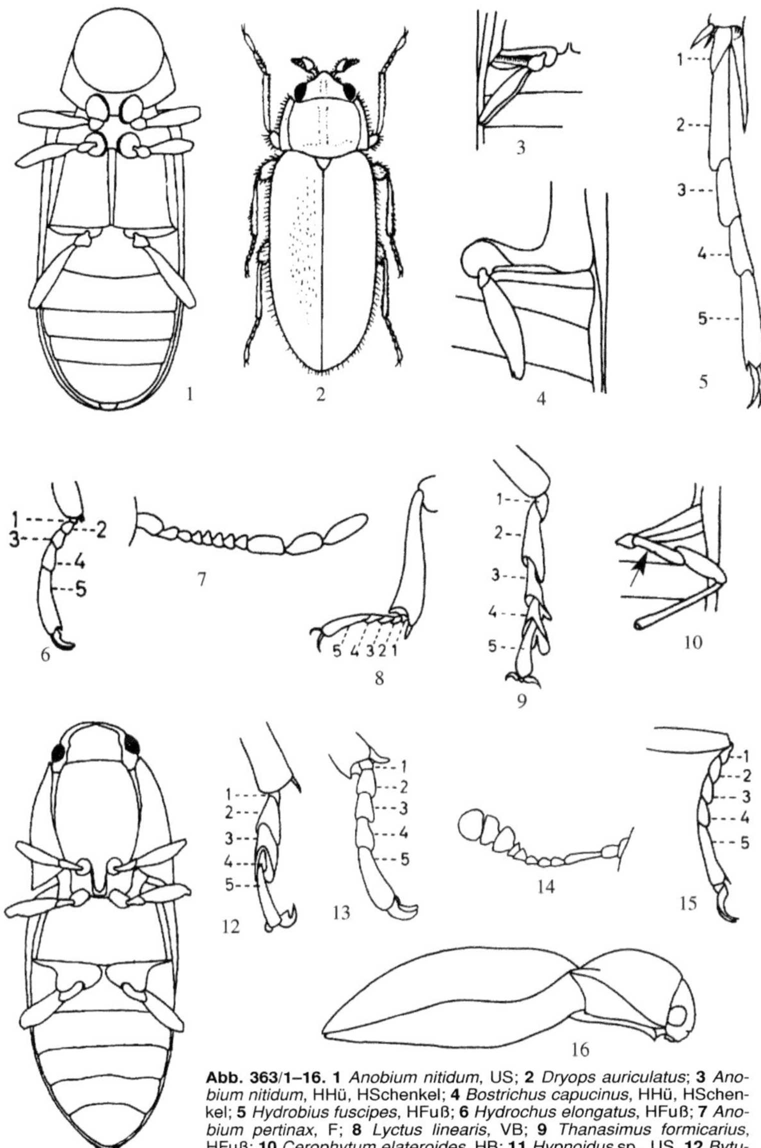

Abb. 363/1–16. 1 *Anobium nitidum*, US; **2** *Dryops auriculatus*; **3** *Anobium nitidum*, HHü, HSchenkel; **4** *Bostrichus capucinus*, HHü, HSchenkel; **5** *Hydrobius fuscipes*, HFuß; **6** *Hydrochus elongatus*, HFuß; **7** *Anobium pertinax*, F; **8** *Lyctus linearis*, VB; **9** *Thanasimus formicarius*, HFuß; **10** *Cerophytum elateroides*, HB; **11** *Hypnoidus* sp., US, **12** *Byturus* sp., MFuß; **13** *Tenebroides mauritanicus*, HFuß; **14** *Nosodendron fasciculare*, F; **15** *Elmis maugetii*, HFuß; **16** *Agriotes obscurus*, SAnsicht.

22 Körper rundlich, mit Kugelvermögen (Abb. **441**/2). Stets unter 1,5 mm.
Überfamilie *Cucujoidea* (Familie *Cybocephalidae*) S. 440

22* Körper mäßig gewölbt, mit deutlicher SRandkante (Abb. **444**/8). Nur *Alexiidae* unter 1,5 mm. Überfamilie *Cucujoidea* (Familien *Alexiidae, Endomychidae*) S. 438, 445

23 **(21)** Klauengld der Füße lg, meist länger als die vorhergehenden Gld zusammen (Abb. **451**/6). Körper ± zylindrisch.
Überfamilie *Tenebrionoidea* (Familie *Ciidae*) S. 454

23* Klauengld der Füße nicht auffallend länger als die anderen FußGld. Körper mehr oval **24**

24 Hlb mit 6 sichtbaren Sterniten. OS glatt, unbehaart (Habitus: Abb. **374**/7).
Überfamilie *Staphylinoidea* (Familie *Leiodidae*) S. 380

24* Hlb mit 5 sichtbaren Sterniten. Deutlich behaart (Habitus: Abb. **454**/10).
Überfamilie *Tenebrionoidea* (Familie *Mycetophagidae*, ♀♀) S. 453

Tabelle F

1 VHü stark vorstehend, meist ± konisch, s quer (Abb. **363**/1) **2**

1* VHü meist abgeflacht, gerundet od. quer (Abb. **363**/11) **21**

2 HHü zum Einlegen der Schenkel ± ausgebuchtet (Abb. **363**/3). HBrust u. 1. HlbSternit niveauverschieden **3**

2* HHü nicht ausgebuchtet (Abb. **363**/4). HBrust u. 1. HlbSternit niveaugleich **12**

3 VHüHöhlen geschlossen (Abb. **451**/2) **4**

3* VHüHöhlen hinten offen (Abb. **451**/1) **5**

4 HschBasis breit, SRand mit den Fld gemeinsam gebogen (Abb. **430**/5; **432**/9).
Überfamilie *Dermestoidea* (Familie *Dermestidae*) S. 430

4* HschBasis schmal, stark gegen die Fld abgesetzt.
Überfamilie *Derodontoidea* (Gattung *Derodontus*) S. 421

5 **(3)** KfTst länger als F **6**

5* KfTst wesentlich kürzer als F **8**

6 EGld der HFüße kürzer als die übrigen zusammen (Abb. **363**/5).
Überfamilie *Hydrophiloidea* (Familie *Hydrophilidae*) S. 368

6* EGld der HFüße länger als die übrigen zusammen (Abb. **363**/6) **7**

7 Hsch mit Längsfurchen u. Gruben. Überfamilien *Hydrophiloidea* (Familie *Hydrochidae*) u. *Staphylinoidea* (Familie *Hydraenidae*) S. 367, 375

7* Hsch ohne Längsfurchen u. Gruben (Abb. **367**/3).
Überfamilie *Hydrophiloidea* (Familie *Spercheidae*) S. 367

8 **(5)** F ± kurz, mit variabler gedrängter kräftiger Keule (Abb. **432**/3–7).
Überfamilie *Dermestoidea* (Familie *Dermestidae*) S. 430

8* F lg, höchstens mit lockerer, verlängerter Keule (Abb. **363**/7) **9**

9 F entspringen unter dachförmiger Vorwölbung der Stirn **10**

9* FWurzeln nicht überdeckt, völlig frei liegend **11**

10 Körper lgoval (Abb. **424**/3). 10–12 mm. Fld mit schwachen Punktreihen.
Überfamilie *Dascilloidea* S. 424

10* Körper kurzoval. 2–2,6 mm. Fld mit 4 punktfreien, tiefen Längsfurchen (Abb. **427**/6).
Überfamilie *Psephenoidea* S. 429

11 **(9)** VHü quer, walzenförmig vorstehend. Körper oval, mehr flach (Abb. **426**/9).
Überfamilie *Scirtoidea* (Familie *Scirtidae*) S. 425

11* VHü rund, zapfenförmig vorstehend. Körper ± zylindrisch, mehr rund (Abb. **471**/1, 2).
Überfamilie *Bostrichoidea* (Familie *Anobiidae*) S. 469

12 **(2)** 1. FußGld sehr klein, oft undeutlich u. in das 2. übergehend (Abb. **363**/8).
Überfamilie *Bostrichoidea* (Familien *Lyctidae, Bostrichidae*) S. 468

12* 1. FußGld manchmal klein, aber stets deutlich vom 2. abgesetzt od. fast so lg wie die übrigen zusammen **13**

13 1. FußGld manchmal klein, aber stets deutlich vom 2. abgesetzt (Abb. **363**/9) .. **14**

13* 1. FußGld fast so lg wie die übrigen zusammen.
Überfamilie *Curculionoidea* (Familie *Platypodidae*) S. 525

14 HHü erheben sich nur wenig über die Fläche des Hlb **15**
14* HHü erheben sich wesentlich über die Fläche des Hlb **18**
15 4. FußGld vom trichterförmig verbreiterten 3. Gld ± umschlossen (Abb. **363**/9).
Überfamilie *Cleroidea* (Familie *Cleridae*) S. 419
15* 4. FußGld frei **16**
16 5. HlbSternit konisch vorgezogen, so lg wie die 3 vorhergehenden zusammen.
Überfamilie *Staphylinoidea* (Familie *Staphylinidae, Scaphidiinae*) S. 394
16* 5. HlbSternit nicht konisch verlängert **17**
17 Schenkelring der HB fast so lg wie die Schenkel (Abb. **363**/10).
Überfamilie *Elateroidea* (Familie *Cerophytidae*) S. 415
17* Schenkelring der HB nicht auffallend lg.
Überfamilie *Bostrichoidea* (Familie *Ptinidae*) S. 470
18 **(14)** Körper ungewöhnlich lg zylindrisch (Abb. **422**/1).
Überfamilie *Lymexyloidea* (Gattung *Lymexylon*) S. 421
18* Körper anders gebaut. **19**
19 F deutlich gekeult. **20**
19* F nicht gekeult, höchstens gesägt.
Überfamilie *Cleroidea* (Familien *Malachiidae, Dasytidae*) S. 417, 419
20 F mit festgefügter 3gld Keule (Abb. **371**/2).
Überfamilie *Histeroidea* (Familie *Sphaeritidae*) S. 373
20* F mit locker 3gld od. mehrgld Keule (Abb. **374**/6).
Überfamilie *Staphylinoidea* (Familien *Agyrtidae, Colonidae*) S. 378, 379
21 **(1)** VHü ± quer **22**
21* VHü kugelig od. flach gerundet **26**
22 HHü zur Aufnahme der Schenkel ± ausgehöhlt **24**
22* HHü flach, nicht ausgehöhlt **23**
23 FußGld etwa gleich lg, 2. u. 3. Gld unten mit befilztem Sohlenlappen. Klauen mit starkem Basalzahn (Abb. **363**/12). Überfamilie *Cucujoidea* (Familie *Byturidae*) S. 437
23* 1. FußGld verkürzt. Klauen ungezähnt (Abb. **363**/13) Überfamilie *Cleroidea* (Familien *Trogossitidae*, *Peltidae*, *Lophocateridae*) S. 420, 421
24 **(22)** Klauengld stark verlängert, keulenförmig. Körper ± zylindrisch (Abb. **363**/2).
Überfamilie *Dryopoidea* (Familie *Dryopidae*) S. 427
24* Klauengld nicht auffallend vergrößert. Körper mehr oval **25**
25 Fld mit gereihten büschelförmigen Haarflecken (Abb. **430**/3). F mit stark abgesetzter 3gld Keule (Abb. **363**/14).
Überfamilie *Dermestoidea* (Familie *Nosodendridae*) S. 433
25* Fld ohne Haarbüschel. F allmählich verbreitert, höchstens EGld vergrößert (Abb. **432**/8). Überfamilie *Byrrhoidea* (Familie *Byrrhidae*) S. 433
26 **(21)** Klauengld stark verlängert, mit großen Klauen (Abb. **363**/15). Im Wasser.
Überfamilie *Dryopoidea* (Familie *Elmidae*) S. 428
26* Klauengld nicht auffallend vergrößert **27**
27 VBr nach hinten in einen ± langen, meist spitzen Forts ausgezogen, der in eine entsprechende Vertiefung der MBr eingreift (Abb. **363**/11) **28**

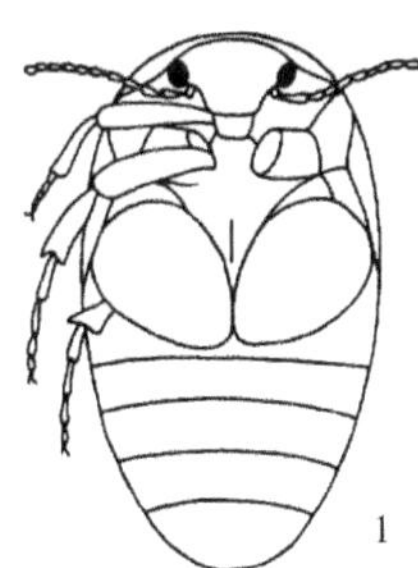

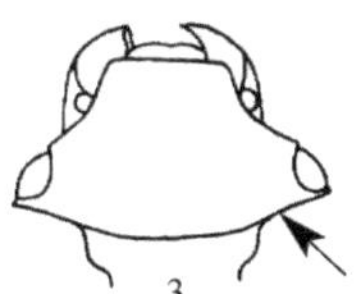

Abb. 365/1–4. 1 *Eucinetus haemorrhoidalis*, US; **2** *Opilo mollis*, VHü; **3** *Catops tristis*, K; **4** *Stenichnus scutellaris*, KfTst.

27* MBr nie ausgehöhlt. VBr s mit Forts. Überfamilie *Cucujoidea* (4 Familien) S. 434
28 Die ersten 2 Sternite in der M verwachsen (Abb. **411**/5).
Überfamilie *Buprestoidea* S. 422
28* Alle Sternite deutlich getrennt (Abb. **411**/6, 7). Überfamilie *Elateroidea* S. 411

Tabelle G

1 Scheitel mit 2 augenartigen Chitinknöpfen (Oc) (Abb. **383**/4).
Überfamilie *Staphylinoidea* (Familie *Staphylinidae, Omaliinae*) S. 386
1* Scheitel ohne solche Chitinknöpfe **2**
2 VHü gerundet od. kugelig, nicht vorspringend (Abb. **363**/11) **3**
2* VHü zapfenförmig od. konisch vorspringend (Abb. **365**/2) **4**
3 Mit Au. VBr mit dornförmigem Forts (Abb. **363**/11). Mit Schnellvermögen.
Überfamilie *Elateroidea* (Familie *Elateridae*) S. 411
3* Ohne Au. VBr ohne Forts. Überfamilie *Staphylinoidea* (Familie *Leptinidae*) S. 378
4 **(2)** HHü bilden große, schräg gestellte ovale Platten, unter denen die Schenkel liegen (Abb. **365**/1). Überfamilie *Scirtoidea* (Familie *Eucinetidae*) S. 426
4* HHü bilden keine solchen Platten **5**
5 5. HlbSternit konisch verlängert, so lg wie die 3 vorhergehenden zusammen.
Überfamilie *Staphylinoidea* (Familie *Staphylinidae, Scaphidiinae*) S. 394
5* 5. HlbSternit nicht verlängert **6**
6 K hinter den Au scharfkantig begrenzt (Abb. **365**/3).
Überfamilie *Staphylinoidea* (Familie *Cholevidae*) S. 378
6* K hinter den Au nicht scharfkantig begrenzt. **7**
7 KfTst lg mit spitzem EGld, vorletztes Gld verdickt (Abb. **365**/4).
Überfamilie *Staphylinoidea*
(Familie *Staphylinidae*, Unterfamilie *Scydmaeninae*) S. 396
7* KfTst kürzer, EGld nicht zugespitzt, vorletztes Gld nicht verdickt **8**
8 Körper oval bis elliptisch, ca. 3 mm lg. Überfamilie *Staphylinoidea*
(Familie *Leiodidae,* Gattungen *Triarthron, Hydnobius*) S. 380
8* Körper ± länglich, nicht oval, größer **9**
9 Körper auffällig lg u. zylindrisch.
Überfamilie *Lymexyloidea* (Gattung *Lymexylon*) S. 421
9* Körper anders geformt **10**
10 HschS nicht gerandet, Basis meist schmaler als FldBasis (Abb. **420**/9).
Überfamilie *Cleroidea* (Familie *Cleridae*) S. 419
10* HschS gerandet, Basis etwa so breit wie FldBasis **11**
11 1.–3. FußGld ± stark gelappt bei allen Füßen.
Überfamilie *Cleroidea* (Familie *Cleridae, Corynetinae*) S. 419
11* FußGld nicht gelappt, höchstens VFuß verbreitert **12**
12 1. FGld so lg wie 2. u. 3. zusammen (Abb. **377**/1), F meist deutlich gekeult.
Überfamilie *Staphylinoidea* (Familie *Silphidae*) S. 376
12* 1. FGld etwa so lg wie das 3., F nicht gekeult **13**
13 Fld mit kräftigen Punktreihen. Hsch herzförmig, mit aufgebogenem SRand (Abb. **374**/8). Überfamilie *Staphylinoidea* (Familie *Agyrtidae*) S. 378
13* Fld ohne Punktreihen. Hsch nicht herzförmig, ohne aufgebogenen SRand.
Überfamilie *Cleroidea* (Familie *Dasytidae*) S. 419

Überfamilie ***Hydrophiloidea***

1 KfTst stets kürzer als die F. Hsch vorn kapuzenartig über den K verlängert, mit Gruben od. Längslinien (Abb. **367**/1). Fld mit grober Skulptur. Sch kaum sichtbar. 1–2,1 mm. Familie *Georissidae* – **Uferschlammkäfer** S. 367
1* KfTst so lg od. länger als die F (Abb. **367**/5, 6). Körper anders gebaut **2**

2 F scheinbar 6gld (es sind 7 Gld, das 3. ist undeutlich ausgebildet), nur das BasalGld ist unbehaart, die übrigen Gld zeigen eine kurze u. dichte Behaarung (Abb. **367**/2). VRand des KSchildes breit dreieckig ausgeschnitten (Abb. **367**/3). Körper hochgewölbt, rundlich (Abb. **367**/3), bräunlich. 5,5–7 mm.
Familie *Spercheidae* – **Buckelwasserkäfer** S. 367

2* F 7–9gld, nur die 3 letzten Gld sind kurz u. dicht behaart (Abb. **367**/4) **3**

3 Körper lggestreckt, die Kontur ist zw Hsch u. Fld durch einen einspringenden Winkel deutlich unterbrochen (Abb. **367**/5). Hsch kaum breiter als lg. VHüfthöhlen hinten geschlossen. 2,3–4 mm. Familie *Hydrochidae* – **Schmalwasserkäfer** S. 367

3* Die Kontur des Körpers ist zw Hsch u. Fld nicht deutlich durch einen einspringenden Winkel unterbrochen (Abb. **367**/6). Wenn dies doch der Fall ist (Abb. **369**/2), dann ist der Hsch deutlich breiter als lg. VHüfthöhlen hinten offen. 1,3–50 mm.
Familie *Hydrophilidae* – **Wasserkäfer** S. 368

Familie *Hydrochidae* – Schmalwasserkäfer

In stehenden, pflanzenreichen Gewässern. Na: Wasserpflanzen. 2–4,3 mm. – DE 7 Arten. Gattung *Hydrochus* LEACH (Abb. **367**/5)

Familie *Spercheidae* – Buckelwasserkäfer

In stehenden Gewässern; Lauterzeugung; Brutpflege; Filtrierer unterhalb Wasseroberfläche; z; 5,5–7 mm.
Spercheus emarginatus (SCHALLER) – **Buckelwasserkäfer** (Abb. **367**/3)

Familie *Georissidae* – Uferschlammkäfer

An sandigen u. schlammigen Uferrändern, oft von Flüssen. Meist mit Erdkruste überzogen, daher manchmal schwer erkennbar. Na: organische Bestandteile des Schlammes. IV–VIII. 1–2 mm. – DE 3 Arten.
Gattung *Georissus* LATREILLE – **Uferschlammkäfer** (Abb. **367**/1)

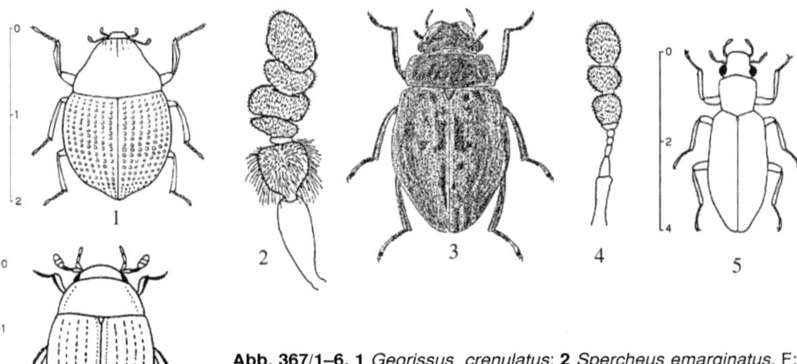

Abb. 367/1–6. 1 *Georissus crenulatus*; **2** *Spercheus emarginatus*, F; **3** *S. emarginatus*; **4** *Coelostoma orbiculare*, F; **5** *Hydrochus elongatus*; **6** *Cercyon unipunctatus*.

Familie *Hydrophilidae* – Wasserkäfer

Vorwiegend im Wasser (bes. Teiche u. Seen, aber auch Fließgewässer). Ohne spezialisierte SchwimmB. Mittelmäßige Schwimmer, daher nur in der Uferzone zw WasserPfl. Die hinteren 4 B werden abwechselnd (nicht gleichsinnig), paddelnd od. wassertretend bewegt. Atmung über F. F funktionell durch KfTst ersetzt. Manche Arten Lauterzeugung. Eiabl in selbstgesponnenem Kokon, einige mit Brutpflege. Na: hauptsächlich PflTeile u. Detritus, auch Dung. L räuberisch (bes. Schnecken). LEntw VIII–III. Die meisten *Sphaeridiinae* u. einige *Helophorinae* leben auf dem Lande an feuchten Stellen, bes. auf Feldern u. Grünland, vor allem an Dung, Mist, auch unter faulenden PflStoffen, im Genist, an Gewässerufern. Na: Mist- u. Faulstoffe, Wurzeln. IV–VII. – DE 109 Arten.

1 1. M- u. HFußGld deutlich länger als das 2. (Abb. **369**/4), M- u. HFüße stets 5gld. KfTst kürzer als F, 2. Gld auffällig verdickt (Abb. **369**/5). Meist Landbewohner. (Unterfamilie *Sphaeridiinae*) **2**

1* 1. M- u. HFußGld deutlich kürzer als das 2. (Abb. **369**/6). M- u. HFüße 4- od. 5gld. KfTst länger als F, 2. Gld nicht auffällig verdickt (Abb. **369**/10). Meist Wasserbewohner **7**

2 Fld unregelmäßig punktiert, außer dem Nahtstreifen keine Punktreihen **3**

2* Fld mit deutlichen Punktreihen, die oft streifig vertieft sind **4**

3 Sch doppelt so lg wie vorn breit (Abb. **369**/11). F 8gld. – In frischem Kuhmist. 3,5–7,5 mm. 4 Arten. Gattung *Sphaeridium* F.

3* Sch kaum länger als vorn breit (Abb. **369**/12). F 9gld. – In stehenden Gewässern; g; 3,5–4,5 mm. *Coelostoma orbiculare* (F.)

4 **(2)** Körper 5–5,3 mm lg. – In Kompost; südl Art; z. *Dactylosternum abdominale* (F.)

4* Körper höchstens 4 mm lg **5**

5 OS fein behaart. – In Mist. 1,5–2,2 mm. 3 Arten. Gattung *Cryptopleurum* MULSANT

5* OS kahl **6**

6 VSchienen vorn außen tief eckig ausgeschnitten (Abb. **369**/13). – Unter faulenden PflStoffen; in Pilzen; v; 1,7–2,2 mm. [*M. obscurum* (MARSHAM)] *Megasternum concinnum* (MARSHAM)

6* VSchienen vorn außen abgerundet (Abb. **369**/14). – An PflAbfall an Gewässerufern, an Lichtquellen. 1,3–4 mm. 22 Arten. Gattung *Cercyon* LEACH (Abb. **367**/6)

7 **(1)** Körper 13–50 mm. M- u. HFüße stark abgeplattet. M- u. HBr bilden ventral einen gemeinsamen Kiel, der hinten in einen spitzen Dorn ausläuft (Abb. **369**/3) (Unterfamilie *Hydrophilinae*, Tribus *Hydrophilini*) **19**

7* Körper 1–10 mm. M- u. HFüße nicht abgeplattet. M- u. HBr sind zwar bei manchen Arten gekielt, bilden aber keinen gemeinsamen Kiel. **8**

8 Hsch mit 5 auffälligen Längsfurchen u. dazwischen liegenden Wülsten (Abb. **369**/1). Kontur des Körpers zwischen Hsch u. Fld deutlich unterbrochen (Abb. **369**/2). Fld mit Punktstreifen. – Wasser- u. Landbewohner. (Unterfamilie *Helophorinae*). 30 Arten. Gattung *Helophorus* F.

8* Hsch ohne Längsfurchen u. dazwischen liegende Wülste. Körperrand ± gleichmäßig gebogen, Kontur zw Hsch u. Fld nur manchmal schwach unterbrochen. Fld ohne od. mit Punktstreifen. **9**

9 Sch deutlich länger als breit (Abb. **369**/15). E der M- u. HSchienen mit einer Zeile von auffällig lg Schwimmhaaren. – In Stillgewässern. 3,5–6,4 mm. 6 Arten. (Unterfamilie *Hydrophilinae*, Tribus *Berosini*). Gattung *Berosus* LEACH

9* Sch etwa so lg wie breit. Nur M- u. HFüße mit Schwimmhaaren, Schienen ohne Schwimmhaare. (Unterfamilie *Hydrophilinae*, Tribus *Hydrophilini*) **10**

10 Fld mit 9–10 regelmäßigen Punktreihen od. vertieften Punktstreifen (Abb. **369**/7). Körper schwarz, 6–10 mm **11**

10* Fld ohne regelmäßige Punktreihen od. -streifen, wenn solche vorhanden sind, dann ist ihre Zahl geringer, od. der Körper ist kürzer als 4 mm **12**

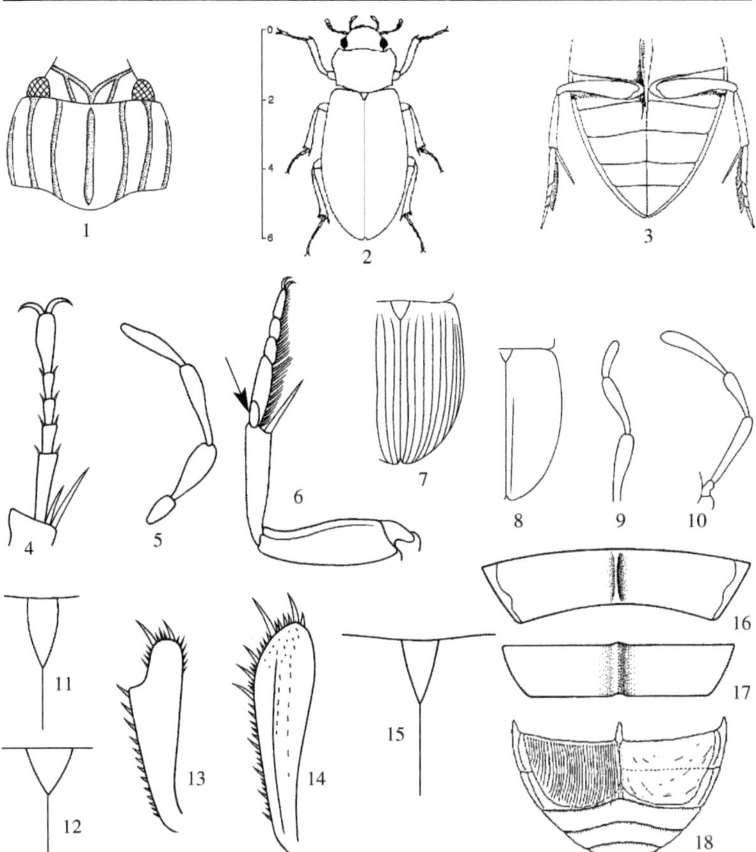

Abb. 369/1–18. 1 *Helophorus nanus*, Hsch; **2** *Helophorus grandis*; **3** *Hydrophilus piceus*, HlbUS; **4** *Sphaeridiinae*, HFuß; **5** *Sphaeridiinae*, KfTst; **6** *Hydrophilinae*, HB; **7** *Hydrobius fuscipes*, Fld; **8** *Enochrus bicolor*, Fld; **9** *Enochrus melanocephalus*, KfTst; **10** *Anacaena* sp., KfTst; **11** *Sphaeridium* sp., Sch; **12** *Coelostoma orbiculare*, Sch; **13** *Megasternum concinnum*, VSchiene; **14** *Cercyon impressus*, VSchiene; **15** *Berosus* sp., Sch; **16** *Hydrophilus piceus*, Sternit; **17** *Hydrophilus aterrimus*, Sternit; **18** *Chaetarthria seminulum*, Hlb, US, links Bedeckung entfernt.

11 Fld ohne rissig vertiefte Streifen, nur mit einfachen Punktreihen. MBr stark erhoben, der ventrale Rand verläuft in SAnsicht annähernd horizontal. – Stillgewässer, Moore; s. 8–9,7 mm. *Limnoxenus niger* (Gmelin)

11* Fld mit nach hinten tief eingeritzten Punktstreifen (Abb. **369**/7). MBr weniger stark erhoben, der ventrale Rand verläuft schräg. – In stehenden Gewässern; g. 6–9 mm. *Hydrobius fuscipes* (L.)

12 **(10)** Fld von der M ab nach hinten mit vertieftem Nahtstreif (Abb. **369**/8). (Körper von hinten betrachten). **13**

12* Fld ohne vertieften Nahtstreif **18**

13 EGld der KfTst kürzer, höchstens so lg wie das vorletzte Gld (Abb. **369**/9), KfTst meist viel länger als die F. Körper länglich, bräunlichgelb, 3–6,5 mm **14**

13* EGld der KfTst deutlich länger als das vorletzte Gld (Abb. **369**/10), KfTst nur etwas länger als die F. Körper kurzoval, hochgewölbt, kürzer als 3,5 mm **15**

14 Alle Füße 5gld. 1. HFußGld viel kürzer als das 2. Gld. HschBasis fein gerandet. – Stillgewässer, Moore, Meeresküsten. 3,5–6,8 mm. 10 Arten. Gattung *Enochrus* THOMSON

14* M- u. HFüße 4gld. 1. HFußGld viel länger als das 2. Gld. HschBasis ungerandet. – Stillgewässer; z. 3,3–4,3 mm. *Cymbiodyta marginella* (F.)

15 **(13)** Fld mit feinen Punktreihen. – Montan; in Moortümpeln, in *Sphagnum*-Polstern; s. 3–3,5 mm. (Tribus *Anacaeini*) *Crenitis punctatostriata* (LETZNER)

15* Fld völlig unregelmäßig punktiert **16**

16 KörperLg 1,3–1,7 mm. Körper hoch gewölbt. FKeule deutlich u. kompakt. Die ersten beiden Sternite sind mit einer hyalinen Masse bedeckt, die von einer Reihe lg, steifer, gelbweißer Haare gehalten wird (Abb. **369**/18). – Uferbereich von Gewässern. (Tribus *Chaetarthriini*). 2 Arten. Gattung *Chaetarthria* STEPHENS

16* KörperLg 2,3–3,5 mm. Die letzten FGld bilden nur eine lose Keule. Hlb auf der BauchS ohne hyaline Masse u. derartige Bo. (Tribus *Anacaeini*) **17**

17 OS ± metallschimmernd. 1. Gld der HFüße deutlich mehr als halb so lg wie das 2. Gld. F mit 8 Gld. US der HSchenkel fast glatt. – Moorgewässer u. Meeresküsten. 2 Arten. Gattung *Paracymus* THOMSON

17* OS nicht metallschimmernd. 1. Gld der HFüße weniger als halb so lg wie das 2. Gld. F mit 9 Gld. US der HSchenkel in der gesamten Basalhälfte punktiert u. behaart. – Stillgewässer. 4 Arten. Gattung *Anacaena* THOMSON

18 **(12)** KörperLg 2,5–4,1 mm. Körper fast halbkugelig. KfTst kurz, ihr EGld kürzer als das vorletzte. Fld mit ± dicht gestellten meist verworrenen Punktreihen. – Bes. in Fließgewässern. 12 Arten. (Tribus *Laccobiini*) Gattung *Laccobius* ERICHSON

18* KörperLg 4–6,5 mm. Körper länglich-oval. KfTst lggestreckt, ihr EGld fast so lg wie das vorletzte. Fld dicht punktiert, dazwischen 2 unregelmäßige Längsreihen stärkerer Punkte. – In Stillgewässern. 3 Arten. (Tribus *Hydrophilini*) Gattung *Helochares* MULSANT

19 **(7)** KörperLg 14–19 mm. Prosternum dachförmig, in der M hoch gekielt, ohne Ausrandung in der M des HRandes. Der Dorn der HBr ist kürzer, er überragt die HHü nicht. – In Stillgewässern. 2 Arten. Gattung *Hydrochara* BERTHOLD – **Stachelwasserkäfer** S. 370

19* KörperLg 32–50 mm. Prosternum in der M deutlich erhoben, haubenförmig, mit einer schmalen u. tiefen Ausrandung in der M des HRandes. Der Dorn der HBr überragt die HHü weit (Abb. **369**/3). – In pflanzenreichen Stillgewässern. 2 Arten. Gattung *Hydrophilus* GEOFFROY – **Kolbenwasserkäfer** S. 370

Gattung *Hydrochara* BERTHOLD – **Stachelwasserkäfer**

1 Kiel der VBr nach hinten unten dornförmig ausgezogen. – In stehenden Gewässern; h. 14–19 mm. *H. caraboides* (L.)

1* Kiel der VBr nicht nach hinten verlängert. – In stehenden Gewässern; südl Art; BY, ST, SN; s. 13–16 mm. *H. flavipes* (STEVEN)

Gattung *Hydrophilus* GEOFFROY [*Hydrous* L.] – **Kolbenwasserkäfer**

1 Sternite dachfirstartig scharf längsgekielt (Abb. **369**/16). Schwarz mit Olivschein; s; 34–50 mm. *H. piceus* (L.) – **Pechschwarzer Kolbenwasserkäfer**

1* Sternite in der M nur stumpf vorgewölbt (Abb. **369**/17). Tiefschwarz; s; 32–43 mm. *H. aterrimus* ESCHSCHOLTZ – **Tiefschwarzer Kolbenwasserkäfer**

Überfamilie ***Histeroidea***

1 Fld deutlich verkürzt, einen Teil des Hlb unbedeckt lassend (Abb. **371**/1). 1–15 mm. Familie *Histeridae* – **Stutzkäfer** S. 371

1* Fld nicht verkürzt, nur das Pygidium frei lassend (Abb. **371**/2). 5,5–7 mm. Familie *Sphaeritidae* S. 373

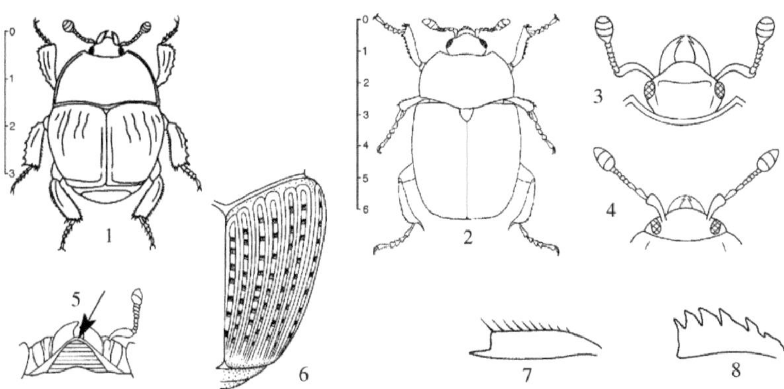

Abb. 371/1–8. **1** *Saprinus aeneus*; **2** *Sphaerites glabratus*; **3** *Histerinae*, K; **4** *Abraeinae*, K; **5** *Histerinae*, VBr, US; **6** *Onthophilus* sp., Fld; **7** *Myrmetes paykulli*, VSchiene; **8** *Gnathoncus* sp., VSchiene.

Familie ***Histeridae*** – **Stutzkäfer**

An faulenden PflStoffen, Exkrementen, Aas, Pilzen, unter Rinde, im Mulm alter Bäume, in Vogelnestern u. Erdbauen kleiner Säuger, einige bei Ameisen. Na: Fliegenmaden, KäferL u. a. InsektenL. IV–VIII. – DE 83 Arten.
Die Zählung der Rückenstreifen erfolgt von außen nach innen!

1 F unter dem SRand der Stirn zw Au u. OKfWurzeln eingelenkt (Abb. **371**/3). **3**
1* F auf der Stirn neben Innenrand der Au eingelenkt (Abb. **371**/4). **2**
2 Hsch u. Fld mit Rippen (Abb. **371**/6). Unterfamilie *Onthophilinae* S. 371
2* Hsch u. Fld ohne deutlich erhabene Rippen. Unterfamilie *Abraeinae* S. 371
3 **(1)** OS spärlich behaart od. klein beschuppt. Unterfamilie *Hetaeriinae* S. 373
3* OS kahl **4**
4 VBr vorn mit einem ± lg Forts (Kehlplatte, Abb. **371**/5) **5**
4* VBr ohne Kehlplatte. Unterfamilie *Saprininae* S. 372
5 FGruben in den VWinkeln der HschUS. Kehlplatte ohne Rinne zum Einlegen der FGeißel (Abb. **371**/5). Unterfamilie *Histerinae* S. 373
5* FGruben in der M der VBrS vor den VHü. Kehlplatte mit Rinne zum Einlegen der FGeißel. Unterfamilie *Dendrophilinae* S. 372

Unterfamilie ***Onthophilinae***

2,0–3,5 mm. 2 Arten. Gattung *Onthophilus* Leach

Unterfamilie ***Abraeinae***

1 Körper sehr flach, alle Teile in einer Ebene liegend. K nicht zurückziehbar. – Unter Laubholzrinde; bes. Pappel; s. 8–9 mm. *Hololepta plana* (Sulzer)
1* Körper nicht sehr flach, K zurückziehbar. **2**
2 Hsch mit wulstförmigem SRand, innen durch Furche begrenzt. – Borkenkäferfeinde. 1–2 mm. 5 Arten. Gattung *Plegaderus* Erichson
2* Hsch ohne wulstförmigen SRand **3**

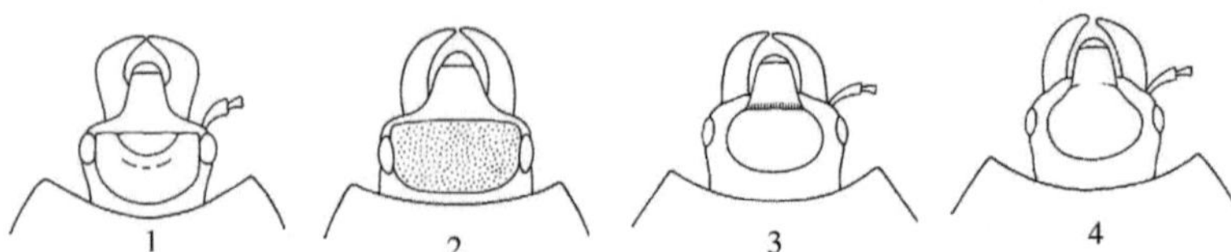

Abb. 372/1–4. 1 *Hypocaccus dimidiatus*, K; **2** *Hypocacculus rufipes*, K; **3** *Hypocaccus* sp., K; **4** *Saprinus* sp., K.

3 Körper zylindrisch. – Unter Laubholzrinde; Feind von *Scolytus*; s; 2,0–2,5 mm. [*Teretrius picipes* (F.)] *Teretrius fabricii* Mazur
3* Körper oval **4**
4 Epipleuren strichförmig abgesetzt. HFüße 4gld. **5**
4* Epipleuren nicht strichförmig abgesetzt. HFüße 5gld **6**
5 Stirn vorn gerandet. – In morschem Holz, unter Rinde, bei Ameisen. 1 mm. 4 Arten. Gattung *Acritus* LeConte
5* Stirn vorn nicht gerandet. – In Laubbaummulm; sehr s; 1 mm. *Aeletes atomarius* (Aubé)
6 **(4)** Körper schwarz. Fld mit Bo. – Unter trockenem Tierkot, faulenden Vegetabilien; s; 1,2–1,4 mm. *Chaetabraeus globulus* (Creutzer)
6* Körper rotbraun. Fld ohne Bo. – Unter Laubbaumrinde, bei *Lasius*. 1,0–1,5 mm. 3 Arten. Gattung *Abraeus* Leach

Unterfamilie ***Saprininae***

1 Stirn innen neben den Au mit deutlichem Randstreifen (Abb. **372**/1–4) **2**
1* Stirn auch am Innenrand der Au ohne Randstreifen **6**
2 Stirn vorn in der KschM erhaben gerandet (Abb. **372**/1–3) **3**
2* Stirn in der KschM nicht gerandet (Abb. **372**/4). – An faulenden PflResten, Aas, Dung, 3,0–5,5 mm. 11 Arten. Gattung *Saprinus* Erichson (Abb. **371**/1)
3 Fld bis auf 2 Spiegelflecken runzelig punktiert od. Stirn hinter der queren Randlinie mit 1–2 Querfurchen (Abb. **372**/1) **4**
3* Fld ohne Spiegelflecken. Stirn ohne Querfurchen (Abb. **372**/2) **5**
4 Hsch bis auf Punktreihen am HRand glatt. – Nordseeküste. An Exkrementen, Aas; s. 3,5–5,0 mm. *Hypocaccus dimidiatus* (Illiger)
4* Mindestens HschS punktiert. – An Exkrementen, Aas. An Ufern. 2,5–4,0 mm. Gattung *Hypocaccus* C. G. Thomson (5 Arten)
5 **(3)** 2,8–4,0 mm; nur Funde vor 1900. *Chalcionellus decemstriatus* (P. Rossi)
5* 1,5–2,5 mm. s. *Hypocacculus rufipes* (Kugelann)
6 **(1)** VSchienen am Außenrand fein bedornt (Abb. **371**/7). – Bei *Formica*; z; 2,0–2,5 mm. [*Myrmetes piceus* (Paykull)] *Myrmetes paykulli* Kanaar
6* VSchienen am Außenrand gezähnt (Abb. **371**/8). – In Hühnerställen, Vogelnestern. 1,8–4,0 mm. 5 Arten. Gattung *Gnathoncus* Jacquelin du Val

Unterfamilie ***Dendrophilinae***

1 VSchienen breiter als M- u. HSchienen **2**
1* Alle Schienen gleich breit. – In Vogelnestern od. bei *Formica*. 3 mm. 2 Arten. Gattung *Dendrophilus* Leach
2 Fld mit 4 od. 6 Rückenstreifen. Sch sichtbar **3**
2* Fld höchstens mit Spuren von Rückenstreifen. Sch nicht sichtbar **4**
3 Fld mit 6 deutlichen Rückenstreifen. – Kosm. An Tier- u. PflResten; z; 2–2,5 mm. *Carcinops pumilio* (Erichson)

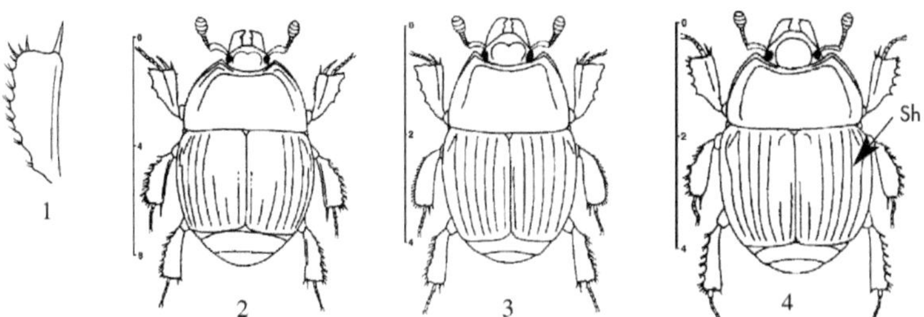

Abb. 373/1–4. 1 *Hister* sp., VSchiene; **2** *Hister unicolor*; **3** *Atholus bimaculatus*; **4** *Margarinotus ruficornis*. Sh = Subhumeralstreifen.

3* Fld mit 4 deutlichen Rückenstreifen. – An trockenen Tierresten; NW. 1,3 mm. *Kissister minimus* (LAPORTE)
4 **(2)** Körper gewölbt u. schmal. – Unter Rinde. 1,5–2,5 mm. 2 Arten. Gattung *Paromalus* ERICHSON
4* Körper flach u. breit. – Unter Laubbaumrinde. Nur SN vor 1950. 2,5–3,5 mm. *Platylomalus complanatus* (PANZER)

Unterfamilie ***Histerinae***

1 VSchienen am Außenrand bedornt, aber nicht gezähnt. – Unter Baumrinde; RP; sehr s. 2–3 mm. *Epierus comptus* (ERICHSON)
1* VSchienen am Außenrand mit Zähnchen (Abb. **373**/1) **2**
2 Alle Schienen am Außenrand mit Zähnchen **3**
2* Nur VSchienen mit Zähnchen, M- u. HSchienen mit StachelBo **5**
3 Fld fast doppelt so lg wie zusammen breit. – Unter Nadelholzrinde. Borkenkäferfeinde. 2,5–4 mm. 3 Arten. Gattung *Platysoma* LEACH, Untergattung *Cylister* COOMANN
3* Fld kaum länger als breit **4**
4 Körper gewölbt, oval. – Unter Laubbaumrinde; v. 3–4 mm. *Eblisia minor* (P. ROSSI)
4* Körper deutlich flachgedrückt. – Unter Laubholzrinde. 3–4 mm. 5 Arten. Gattung *Platysoma* LEACH, Unterattung *Platysoma* s.str.
5 **(2)** HschVEcken mit 2 Streifen. Fld ohne Subhumeralstreifen (Abb. **373**/3). – In Dung, Mist. 3,5–5,5 mm. 4 Arten. Gattung *Atholus* C. G. THOMSON
5* HschVEcken mit 2 od. 3 Streifen, wenn mit 2, dann immer mit Subhumeralstreifen (Abb. **373**/4) **6**
6 Epipleuren mit einem äußeren Streifen. HschVEcken mit 2 od. 3 Streifen (Abb. **373**/2). – In Dung, an faulenden Pfl, auf Erlen. 3–11 mm. 7 Arten. Gattung *Hister* L.
6* Epipleuren ohne Streifen. HschVEcken mit 3 Streifen. – In Dung, an Aas, Pilzen, faulenden Pfl, in Nestern von Säugern u. Ameisen. 3–11 mm. 15 Arten. Gattung *Margarinotus* MARSEUL

Unterfamilie ***Hetaeriinae***

Bei vielen Ameisenarten; s; 1,5–2,0 mm. *Hetaerius ferrugineus* (OLIVIER) – **Ameisenstutzkäfer**

Familie ***Sphaeritidae***

An Baumsaft, faulenden Baumschwämmen, unter Laub u. Moos. Montan; s; IV–VII; 5,5–7 mm. *Sphaerites glabratus* (F.) (Abb. **371**/2)

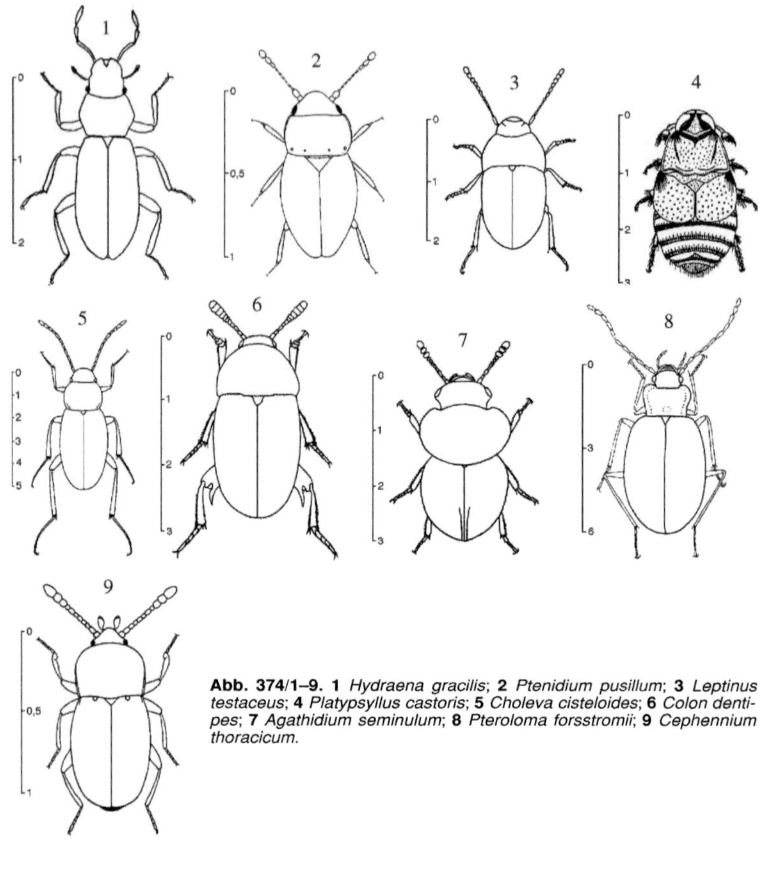

Abb. 374/1–9. **1** *Hydraena gracilis*; **2** *Ptenidium pusillum*; **3** *Leptinus testaceus*; **4** *Platypsyllus castoris*; **5** *Choleva cisteloides*; **6** *Colon dentipes*; **7** *Agathidium seminulum*; **8** *Pteroloma forsstromii*; **9** *Cephennium thoracicum*.

Überfamilie *Staphylinoidea*

1 Fld 5–7 Tergite unbedeckt lassend (Abb. **384**/1–5, 7, 9–15; **385**/1, 3–7, 9–15).
Familie *Staphylinidae* – **Kurzflügler** S. 380

1* Fld nicht od. schwach verkürzt, höchstens 4 Tergite unbedeckt lassend **2**

2 KfTst lg, meist deutlich länger als F (Abb. **374**/1), diese 9gld mit 3–4gld Keule, die etwa gleich lg wie die beiden BasisGld ist. Wasserbewohner.
Familie *Hydraenidae* – **Langtasterwasserkäfer** S. 375

2* KfTst deutlich kürzer als F, diese anders gebaut. Landbewohner **3**

3 Füße scheinbar ungegliedert, zur Spitze verschmälert. F haarartig mit längeren Wimperhaaren u. 2 stärkeren BasalGld, häufig mit einigen größeren EGld (Abb. **374**/2; **375**/1). Fld ± verkürzt. 6–7 Sternite sichtbar. 0,5–1,2 mm.
Familie *Ptiliidae* – **Haarflügler**, **Federflügler** S. 380

3* Füße deutlich gegliedert, mit je 3, 4 od. 5 Gld od. ungleich. F anders. Meist deutlich größer **4**

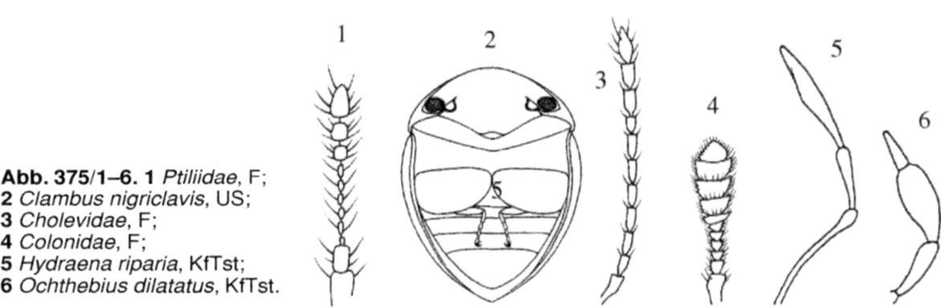

Abb. 375/1–6. 1 *Ptiliidae*, F; **2** *Clambus nigriclavis*, US; **3** *Cholevidae*, F; **4** *Colonidae*, F; **5** *Hydraena riparia*, KfTst; **6** *Ochthebius dilatatus*, KfTst.

4 HHü ± dicht beieinander liegend **5**
4* HHü weit auseinander liegend **10**
5 VHü kugelig vorragend. EGld der KfTst nicht klein u. pfriemenförmig. Mundteile unten vom Kinn bedeckt. F lg u. fadenförmig od. kurz u. 3gld. Ohne Au. 2–3 mm.
Familie *Leptinidae* – **Pelzflohkäfer** (Abb. **374**/3, 4) S. 378
5* VHü zapfenförmig hängend. EGld der KfTst häufig klein u. pfriemenförmig. Mundteile unten vom Kinn nicht überdeckt. F perlschnurförmig mit größerem EGld. Mit Au . **6**
6 KfTst mit konisch zugespitztem od. ahleförmigem EGld. Schienen ohne Längskiele u. -kanten. Körper längsoval (Abb. **374**/5, 6) **7**
6* KfTst mit ovalem od. ± parallelem EGld. Schienen meist mit Längskielen od. -kanten. Körperform unterschiedlich **8**
7 F dünn, allmählich zur Spitze breiter, nicht keulenartig (Abb. **375**/3). K am Scheitelrand mit einer Randkante. 1,5–6,5 mm.
Familie *Cholevidae* – **Nestkäfer** (Abb. **374**/5) S. 378
7* F mit kräftiger, 4gld Keule (Abb. **359**/4). K am Scheitelrand ohne Randkante. 1,5–3,2 mm. Familie *Colonidae* – **Kolonistenkäfer** (Abb. **374**/6) S. 379
8 **(6)** Körper rund od. rundoval, oft mit Kugelvermögen (Abb. **374**/7). K neben dem inneren AuRand strichförmig eingeritzt. F mit 3–5gld Keule. 1,2–6 mm.
Familie *Leiodidae* – **Schwammkugelkäfer** S. 380
8* Körper unterschiedlich geformt. K neben dem inneren AuRand ohne eingeritzte Linie. F allmählich zur Spitze verdickt od. mit mehrgld Keule. 4–30 mm **9**
9 Körper 7–30 mm lg. Fld meist mit 3 Längsrippen, ohne Punktreihen od. große Arten (12–30 mm), die F mit knopfartiger Keule haben. Sch groß.
Familie *Silphidae* – **Aaskäfer** S. 376
9* Körper 4–8 mm lg. Fld mit 9 regelmäßigen Punktreihen, ohne Längsrippen. Sch klein.
Familie *Agyrtidae* (Abb. **374**/8) S. 378
10 **(4)** Körper kurzoval, kahnförmig (Abb. **385**/8). HschBasis etwa so breit wie FldBasis, FldBasis ohne Grübchen.
Familie *Staphylinidae* (*Scaphidiinae*) – **Kahnkäfer** S. 394
10* Körper lgoval. Hsch meist viel schmaler als Fld. FldBasis mit 1–2 Grübchen (Abb. **374**/9). Familie *Staphylinidae* (*Scydmaeninae*) – **Ameisenkäfer** S. 396

Familie *Hydraenidae* – Langtasterwasserkäfer

In seichten u. langsam fließenden Gewässern, im Geb in Bächen u. Quellgewässern, in Quellmoos, unter Steinen, Holzabfällen, auch in stehenden Gewässern u. Salzwasserlachen am Meer. *Ochthebius*-Arten auch außerhalb des Wassers. Na: Algen, Detritus. III–VIII. – DE 52 Arten.

1 Hsch ohne Eindrücke u. Streifen, glatt u. glänzend, nach hinten nicht verengt, an der Basis am breitesten. Fld hinten abgestutzt, das Pygidium bleibt unbedeckt. Körper oval, mit gleichmäßig gebogener Kontur. – In stehenden od. fließenden Kleingewässern. 1–2,5 mm. 8 Arten. Gattung *Limnebius* LEACH – **Teichkäfer**

1* Hsch mit Furchen od. Gruben, nach hinten deutlich verschmälert u. durch einen Einschnitt vom Hlb abgesetzt (Abb. **374**/1). Körper schlanker. Fld den Hlb völlig bedeckend **2**

2 KfTst extrem lg u. schlank (Abb. **374**/1), zurückgelegt gedacht den HRand des Hsch erreichend. Das letzte Gld ist gut entwickelt u. länger als das vorletzte (Abb. **375**/5). Hsch ohne einen durchsichtigen SRand. – In fließenden, s in stehenden Gewässern. 1,5–2,7 mm. 24 Arten. Gattung *Hydraena* KUGELANN

2* KfTst viel kürzer, das letzte Gld ist sehr klein u. viel kürzer als das vorletzte (Abb. **375**/6). Hsch von einer schmalen durchsichtigen Membran begrenzt. – Meist in Fließgewässern, auch an Meeresküsten. 1,2–3 mm. 20 Arten. Gattung *Ochthebius* LEACH

Familie ***Silphidae* – Aaskäfer**

Aasfresser, Räuber, PflFresser. – DE 22 Arten.

1 F mit knopfartiger Keule aus 4 blätterartigen Gld; 1. Gld schaftförmig verlängert (Abb. **377**/1). – Im. untergräbt oft gemeinschaftlich den Kadaver kleiner Tiere, zieht ihn in vorbereitete Erdgruben u. presst ihn zu einer Kugel zusammen. Von der unterirdischen Krypte zweigt ein „Muttergang" ab, in dessen Kammern bis 24 Eier abgelegt werden. L wandern auf die Aaskugel, wo sie zunächst vom Mutterkäfer gefüttert werden, ehe sie selbständig den Aasklumpen von oben her völlig auffressen. Im. Lauterzeugung. IV–VIII. [*Necrophorus* THUNBERG]
Gattung *Nicrophorus* F. – **Totengräber** S. 377

1* F ohne knopfartige Keule. 1. Gld nicht schaftförmig **2**

2 Hsch rot, Fld schwarz. – Aasfresser; zuweilen an Kot u. Pilzen (Stinkmorchel); v; IV–VIII. 11–16 mm. *Oiceoptoma thoracicum* (L.)

2* Hsch u. Fld gleichfarbig, nicht rot **3**

3 Fld gelb mit 4 schwarzen Makeln. – Jagt Raupen (Prozessionsspinner, Goldafter, Nonne, Schwammspinner, Ringelspinner, Frostspanner, Eichenwickler u. a.); g; V–VI. 12–14 mm. [*Xylodrepa quadripunctata* (L.)], *X. quadrimaculata* (SCOPOLI)
Dendroxena quadrimaculata (SCOPOLI) – **Vierpunktiger Aaskäfer**

3* Fld einfarbig dunkel **4**

4 Letzte 3 FGld durch matt gelbliche Farbe von den vorhergehenden glänzend schwarzen abstechend. – An größeren Kadavern; v; V–IV. 15–25 mm.
Necrodes littoralis (L.)

4* Letzte FGld matt, aber so dunkel wie die übrigen **5**

5 OS wenigstens teilweise behaart **6**

5* OS kahl **7**

6 K hinten tief abgeschnürt (Abb. **377**/2). 2. FGld kürzer als 3. – Aasfresser. IV–VIII. 7–12 mm. Gattung *Thanatophilus* LEACH – **Totenfreund** S. 377

6* K hinter den Au wulstig verdickt (Abb. **377**/3), nur schwach eingeschnürt. Ksch tief dreieckig ausgeschnitten u. aufgebogen. 2. FGld länger als 3. Ol viel länger als Ksch u. stark ausgerandet. – Rübenschädlinge. Fressen auch viele andere Pfl (Getreidekeimlinge, Gänsefuß-, Nelken-, Kreuzblüten- u. Schmetterlingsblütengewächse, Möhren, Rapünzchen, Disteln, Salat u. a.). IV–VIII. [*Blitophaga* REITTER]
Gattung *Aclypea* REITTER – **Rübenaaskäfer** S. 377

7 **(5)** K kurz u. breit (Abb. **377**/3). Stirn vorn wulstig aufgebogen. (*Aclypea*, s. **6***)

7* K u. Ksch anders **8**

8 Hsch vorn konvex (Abb. **377**/4). Fld ohne Rippen. – Im. u. L jagen bes. Schnecken. S u. M; s; IV–IX. 12–18 mm.
Ablattaria laevigata (F.) – **Mattschwarzer Schneckenjäger**

8* Hsch vorn abgestutzt od. konvex. Fld mit kräftigen Rippen **9**

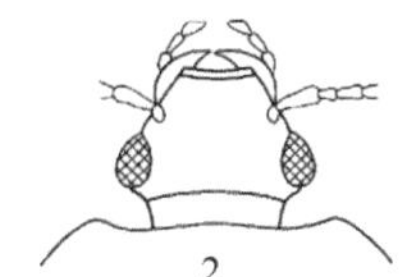
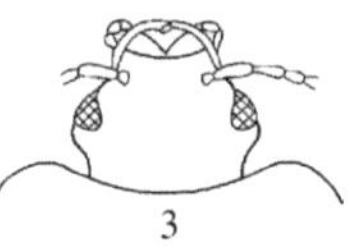
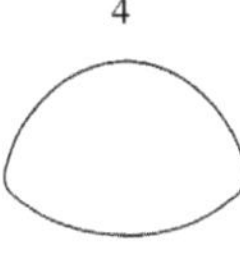

Abb. 377/1–4. 1 *Nicrophorus germanicus*, F; **2** *Thanatophilus sinuatus*, K; **3** *Aclypea opaca*, K; **4** *Ablattaria laevigata*, Hsch.

9 K lggestreckt (Abb. **378**/1). OS stark glänzend. – Na: Schnecken; g; VIII–IX. 10–15 mm. *Phosphuga atrata* (L.) – **Schwarzer Schneckenjäger**
9* K nicht stark lggestreckt (Abb. **378**/2). OS matt od. fettglänzend. – Na: Aas, Schnecken, Insekten u. Regenwürmer. IV–VIII. Gattung *Silpha* L. – **Aaskäfer** S. 377

Gattung *Nicrophorus* F. – **Totengräber**

1 Fld schwarz **2**
1* Fld mit roten Querbinden **3**
2 FKeule schwarz; s; 20–30 mm. *Nicrophorus germanicus* (L.)
2* FKeule gelbrot; g; 18–26 mm. *N. humator* (GLEDITSCH)
3 **(1)** FKeule schwarz; g; 12–18 mm. *N. vespilloides* HERBST
3* FKeule gelbrot **4**
4 HSchienen deutlich nach innen gebogen (Abb. **362**/5); g; 12–22 mm. *N. vespillo* (L.)
4* HSchienen gerade **5**
5 HschVRand dicht u. lg gelb behaart; v; 12–22 mm. *N. vestigator* HERSCHEL
5* Hsch kahl, höchstens kaum sichtbar behaart **6**
6 Alle Tergite fein goldgelb behaart; z; 12–20 mm. [*N. fossor* ERICHSON] *N. interruptus* STEPHENS
6* Höchstens letztes Tergit goldgelb behaart **7**
7 HlbSpitze schwarz behaart; s; 12–22 mm. *N. sepultor* CHARPENTIER
7* HlbSpitze gelb behaart; z; 12–22 mm. *N. investigator* ZETTERSTEDT

Gattung *Thanatophilus* LEACH – **Totenfreund**

1 ZwRäume der Fld glänzend, quergerunzelt; g. *T. rugosus* (L.)
1* ZwRäume der Fld matt, fein punktiert **2**
2 Fld an Schulterwinkeln mit kleinem Zähnchen (Abb. **362**/4); g. *T. sinuatus* (F.)
2* FldSchultern gerundet; z. *T. dispar* (HERBST)

Gattung *Aclypea* REITTER – **Rübenaaskäfer**

1 OS deutlich goldig behaart. 9–12 mm. *A. opaca* (L.) – **Brauner Rübenaaskäfer**
1* OS nur schwach dunkel behaart. 11–15 mm. *A. undata* (O. F. MÜLLER) – **Schwarzer Rübenaaskäfer**

Gattung *Silpha* L. – **Aaskäfer**

1 8. FGld länger als 9. (Abb. **378**/6). – Montan; s; 11–20 mm. *S. carinata* HERBST
1* 8. FGld nicht länger als 9. 12–17 mm **2**
2 Körper glänzend. F kurz, 5. Gld rundlich, 6. quer (Abb. **378**/7). Fld innerhalb der Schulterrippen unregelmäßig punktiert. – Boreomontan; s. *S. tyrolensis* LAICHARTING
2* Körper meist matt. F länger, 5. Gld länglich, 6. rundlich (Abb. **378**/8). Punktierung einheitlich **3**

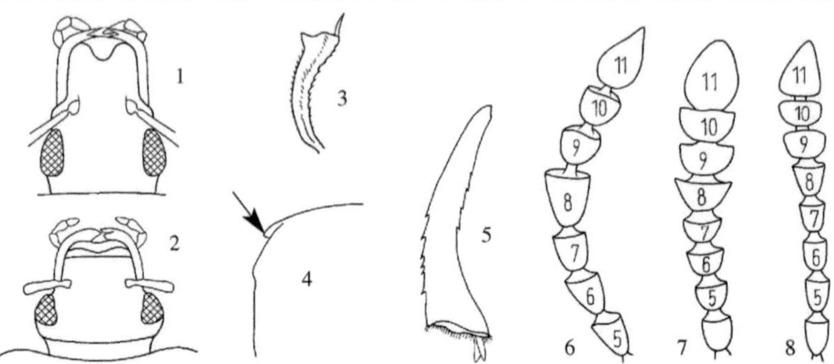

Abb. 378/1–8. 1 *Phosphuga atrata*, K; **2** *Silpha oblonga*, K; **3** *Necrophilus subterraneus*, VSchiene; **4** *Thanatophilus sinuatus*, Hsch, SRand; **5** *Nicrophorus vespillo*, HSchiene; **6** *Silpha carinata*, F; **7** *Silpha tyrolensis*, F; **8** *Silpha obscura*, F.

3 Alle FldRippen kräftig; g. *S. tristis* ILLIGER
3* Innere FldRippen schwächer als Schulterrippen; g. *S. obscura* L.

Familie *Agyrtidae*

DE 4 Arten.

1 Hsch herzförmig, schmaler als Fld (Abb. **374**/8). KScheitel mit 2 gelben Oc. – Boreomontan; s; räuberisch. V–IX, 5–7 mm. *Pteroloma forsstromii* (GYLLENHAL)
1* Hsch nicht herzförmig, fast so breit wie Fld. K ohne Oc **2**
2 VSchienen auffällig gebogen, außen zahnförmig ausgezogen (Abb. **378**/3). Hsch halbkreisförmig, SRand breit verflacht. – Montan, jagt nachts Gehäuseschnecken; s; IV–VII; 6–8 mm. *Necrophilus subterraneus* (DAHL) – **Bergschneckenjäger**
2* VSchienen außen nicht zahnförmig ausgezogen. Hsch quer, SRand nicht verflacht. – An Faulstoffen, unter Moos, an morschen Baumstämmen. Leben von Baumpilzen; s; VII–VIII. 4–5 mm. 2 Arten. Gattung *Agyrtes* FRÖLICH

Familie *Leptinidae* – Pelzflohkäfer

DE 2 Arten.

1 F 11gld. Fld wenig verkürzt (Abb. **374**/3). – In Erdgängen u. Nestern von Kleinsäugern (Mäuse, Maulwurf), keine Parasiten; z; 2,0–2,2 mm.
Leptinus testaceus P. W. J. MÜLLER – **Mäusekäfer („Mäusefloh")**
1* F 3gld. Fld stark verkürzt (Abb. **374**/4). – Im Fell von Bibern. Na: Milben. 2,2–3,0 mm.
Platypsyllus castoris RITSEMA – **Biberkäfer („Biberlaus")**

Familie *Cholevidae* [*Catopidae*] – Nestkäfer

In Erdnestern od. -gängen von Nagetieren, Insektenfressern u. Kleinraubtieren, in Vogelnestern u. Hymenopterenbauten, auch in Mulm, Bodenstreu, faulenden Pilzen u. a. Unterirdische Hohlräume bieten gleichbleibende, günstige Lebensverhältnisse (Temperatur, Feuchtigkeit), wie sie viele Arten (bes. augenlose *Bathysciinae*) auch in

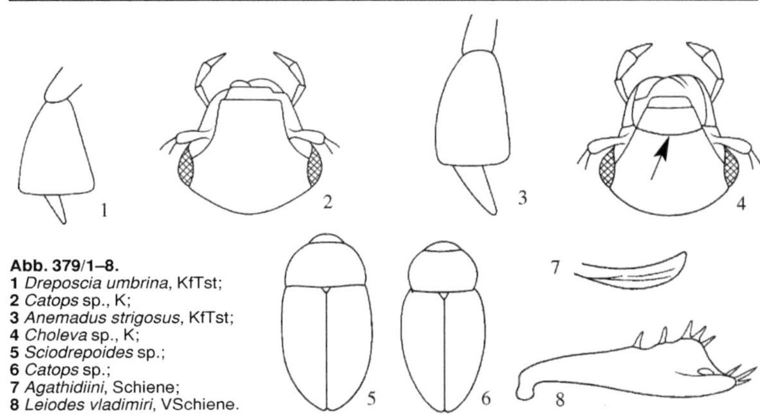

Abb. 379/1–8.
1 *Dreposcia umbrina*, KfTst;
2 *Catops* sp., K;
3 *Anemadus strigosus*, KfTst;
4 *Choleva* sp., K;
5 *Sciodrepoides* sp.;
6 *Catops* sp.;
7 *Agathidiini*, Schiene;
8 *Leiodes vladimiri*, VSchiene.

natürlichen Höhlen (südeur Karstgebiet) finden. Na: Faulstoffe, PflReste, Exkremente, Aas. – DE 48 Arten.

1 OS regelmäßig quergerieft. – In Erdnestern u. -gängen von Säugern, an Aas. III–VIII. 1,7–4,0 mm. 3 Arten. (Tribus *Ptomaphagini*) Gattung *Ptomaphagus* HELLWIG

1* Wenigstens K u. Hsch punktiert, ohne Querriefen **2**

2 Fld quergerieft. MBr ± gekielt (Tribus *Anematini*) **3**

2* Fld nicht quergerieft, sondern punktiert. MBr ungekielt (Tribus *Cholevini*) **4**

3 Hsch nicht quergerieft. Ksch von der Stirn durch Querlinie getrennt. Vorletztes Gld der KfTst stark verdickt, größer als das letzte (Abb. **379**/3). – Im Mulm alter Bäume bei Ameisen (*Lasius*). V–VIII. Sehr s. 2,8–3,0 mm.
Anemadus strigosus (KRAATZ) – **Südöstlicher Nisthöhlenkäfer**

3* Hsch wenigstens an den S quergerieft. Ksch mit Stirn verschmolzen. Letzte Gld der KfTst etwa gleich groß. – In Vogelnestern (meist bei Höhlenbrütern); s; IV–VIII. ,5–2,0 mm. *Nemadus colonoides* (KRAATZ) – **Brauner Nisthöhlenkäfer**

4 **(2)** Ksch von Stirn durch eine Naht getrennt (Abb. **379**/4) **5**

4* Ksch mit Stirn verschmolzen (Abb. **379**/2) **6**

5 1,5–3,0 mm. 2. FGld so lg wie 3. – Unter Laub. 4 Arten. Gattung *Nargus* THOMSON

5* 4–6 mm. 2. FGld kürzer als 3. – In Säugerbauen. 15 Arten.
Gattung *Choleva* LATREILLE (Abb. **374**/5)

6 **(4)** EGld der KfTst viel kleiner als das vorletzte Gld (Abb. **379**/1). In Eichenmulm; s; 3,5–4,5 mm. *Dreposcia umbrina* (ERICHSON)

6* EGld der KfTst so lg wie das vorletzte Gld **7**

7 SRand des Hsch u. der Fld bilden einheitlichen Umriss (Abb. **379**/5). – In Säugerbauen, an Aas, in Vogelnestern. 2,6–3,5 mm. 3 Arten. Gattung *Sciodrepoides* HATCH

7* Zw Fld u. Hsch ein deutlich einspringender Winkel (Abb. **379**/6). – An Aas, faulen Pilzen, in Säugernestern. 2,5–6,5 mm. 18 Arten. Gattung *Catops* PAYKULL u.
Apocatops nigrita (ERICHSON), *Fissocatops westi* (KROGERUS)

Familie *Colonidae* – Kolonistenkäfer

Kolonieweise an humusreichen, mit Grasbüscheln bewachsenen Plätzen in oberen Bodenschichten, wo sie an Faulstoffen u. an Pilzmyzelien der Graswurzeln fressen. Auch an Baumstümpfen u. unter Rinde. Bevor der Tau fällt, erscheinen sie kurz vor Sonnenuntergang auf beschatteten Grasflächen u. schwärmen auch bei schwülem Wetter. V–IX. 1,3–3,5 mm. – DE 19 Arten. Gattung *Colon* HERBST (Abb. **374**/6)

Familie *Leiodidae* – Schwammkugelkäfer

Mit sinkender Sonne kriechen sie zw beschatteten WiesenPfl hervor, führen mit zunehmendem Tau in geringer Höhe Schwärmflüge durch u. verschwinden etwa eine Stunde nach Sonnenuntergang wieder in der Erde. Na: Pilzmyzelien od. deren Fruchtkörper, an Wurzeln von Gräsern, Walderdbeeren u. a. Pfl. „Trüffelkäfer" *Leiodes cinnamomea* (PANZER) bevorzugt die Schwarze Trüffel (*Tuber*). Als Winterkäfer, der nach sommerlicher Entw ab E VII schlüpft, läuft er gelegentlich an Frosttagen oberirdisch umher. Die *Agathidiini* ernähren sich von oberirdischen Waldpilzen u. Pilzen auf Holz. LEntw i. allg. vom Herbst über den Winter hinaus. – DE 79 Arten.

1 Schienen oben mit 2 feinen Längsleisten (Abb. **379**/7), außen ohne Dornen (keine GrabB). 1,8–4,3 mm. 27 Arten in 5 Gattungen. Tribus *Agathidiini* (Abb. **374**/7)

1* Schienen oben ohne Längsleisten, außen mit kräftigen Dornen (GrabB) u. hakig gebogen (Abb. **379**/8). 1,4–7,0 mm. 52 Arten in 9 Gattungen. Tribus *Leiodini, Pseudoliodini, Sogdini*

Familie *Ptiliidae* – Haar- od. Federflügler

Kleinste heimische Käfer. Neben geflügelten Formen auch ungeflügelte u. augenlose. Vorzugsweise an sonnigen Plätzen in lichten Wäldern, an Uferrändern u. am Meer. An Faulstoffen, PflResten, trockenem Mist, Aas, unter Rinde. Einige Arten in Ameisennestern, Vogel- u. Säugernestern. Na: Pilzsporen (Schimmelpilze, auch höhere Pilze). VII–X. 0,5–1,2 mm. – DE 74 Arten in 16 Gattungen (Abb. **374**/2).

Familie *Staphylinidae* – Kurzflügler, Raubkäfer

In der Bodenstreu, im Fallaub, im Wurzelgeflecht der Gräser u. Kräuter, in Moospolstern, am Fuße meist alter Bäume im Mulm od. in der Nadelspreu. In od. unter faulenden PflResten, an Exkrementen u. Kadavern, einige an jungen, frischen, andere an alten, faulenden Pilzen. Oft an bestimmte Biotope gebunden: Moor (z. T. *Sphagnum*-Bestände), Laubw od. Nadelw, Verlandungszonen von Seen, Teichen u. Flüssen od. offene Uferflächen, Heide- u. Sandlandschaften, Trocken- und Halbtrockenrasen. Halophile Arten im angespülten Tang der Meeresküsten od. an Salzstellen des Binnenlandes. Manche montane od. alp Arten an Schneeflecken. *Nudobius, Zeteotomus, Siagonium* u.a. im Holzmulm od. hinter Baumrinde; verfolgen dort andere Insekten (z. B. Borkenkäfer). Einige Omaliinen in Blüten. Manche Arten in Tiernestern (Kleinsäuger, Vögel, Wespen, Hornissen, Ameisen), z. T. wirtsspezifisch. Synanthrope Arten in warmen Komposten, auf Schuttplätzen, in Kellern u. Ställen. Bledien graben tiefe Gänge in Sand- u. Lehmböden. Im. jagen lebende Kleintiere, bes. Insekten u. deren L; s wird Aas od. Dung zusätzlich aufgenommen. Oft nützlich, da Schädlingsvertilger. PflNa ist die Ausnahme (*Bledius*: Algen; *Eusphalerum*: Blütenteile; *Scaphidiinae*, *Gyrophaena* u. *Oxyporus*: Pilze). Eiabl meist in das Substrat der Lebensstätte. L leben meist räuberisch wie die Im. *Aleochara*-L parasitieren in TönnchenP der Fliegen. PStadium meist wenige Wo. Überw je nach Art als L od. Im., s als Ei od. P. Bei günstigen Bedingungen s mehrere, meist eine Gen im J, oft bedingt durch kontinuierliche Eiabl der ♀♀ über mehrere Mo u. relativ lg Larvalentw. Im. der meisten Staphylinidenarten findet man zu jeder JZeit (deshalb keine MonAngaben!); andere je nach Art im Winter- od. SommerhalbJ. Manche Arten sind im Winter in der Bodenstreu unter dem Schnee aktiv! Fangmethoden: Siebtechnik, Bodenfallen, Ködern, Malaisefallen, Fensterfallen, Schwemmen, Schwebbern, Keschern, Lichtfang, Autokescher. – DE 1554 Arten.

1 Größer als 12 mm.* Unterfamilie *Staphylininae* S. 399

1* 12 mm lg od. kleiner **2**

---

* Bei Längenmessungen beachte, dass die HlbSgm ± stark ineinandergeschoben od. auseinandergezogen sein können. Die Angaben beziehen sich auf Tiere mit nicht deformiertem Hlb. Die Messung erfolgt vom VRand des K bis zur Spitze des Hlb.

2 4 mm lg od. kleiner **17**
2* 4–12 mm lg **3**
3 Körper nicht kahnförmig, ± parallel od. von anderer Form (Abb. **384**/2, 3, 10; **385**/1–7, 9–15; **398**/1–5; **399**/1–5) **5**
3* Körper kahnförmig (Abb. **384**/11–12, **385**/8) **4**
4 Fld lassen nur 1–3 HlbSgm frei (Abb. **385**/8). Unterfamilie *Scaphidiinae* S. 394
4* Fld lassen mindestens 4 HlbSgm frei (Abb. **384**/11–12). Unterfamilie *Tachyporinae* S. 391
5 **(3)** Hlb drehrund, ohne abgesetzte SRandung (Abb. **395**/8). Unterfamilie *Steninae* S. 396
5* Hlb an den S gerandet. Rand entweder flach, breit u. messerscharf (Abb. **395**/6) od. deutlich aufgebogen mit schmaler separierter Dorsalfläche (Abb. **395**/7) **6**
6 HlbSRand deutlich aufgebogen, schmaler u. mit schmaler separierter Dorsalfläche, die mit der Lupe nicht immer deutlich zu sehen ist (Abb. **395**/7) **8**
6* HlbSRand flach u. breit, nicht aufgebogen; seine Außenkante einfach u. messerscharf (Abb. **395**/6). Fld bedecken den Hlb manchmal zum größeren Teil u. lassen nur wenige Tergite frei **7**
7 6,5–8,5 mm. Ohne Oc. Schwarz, Hsch u. Fld ziegelrot. F u. B gelbrot. Trochanteren der HSchenkel klein, 1/5 so lg wie der Schenkel. Unterfamilie *Oxytelinae*: *Deleaster dichrous* (Gravenhorst) S. 394
7* 1,5–7,5 mm. Mit 2 Oc auf dem Scheitel. Färbung anders. Trochanteren der HSchenkel groß, 1/3 so lg wie der Schenkel. Habitus Abb. **384**/1–3. Unterfamilie *Omaliinae* S. 386
8 **(6)** 7–12 mm. EGld der UlTst quer halbmondförmig (Abb. **403**/1; **385**/12). Körper glänzend, bunt. Unterfamilie *Oxyporinae* S. 396
8* 4–12 mm. EGld der UlTst nicht halbmondförmig **9**
9 Au klein, so lg od. kürzer als die Schläfen **11**
9* Au groß, fast halbkugelig vorstehend, nehmen fast die gesamte KS ein (Abb. **383**/3). Nur bei einer Art Au so lg wie Schläfen, dann aber jede Fld mit einem rotgelben Makel u. 2 lg Bo am HlbE (Abb. **385**/13–14) **10**
10 OS überall kräftig punktiert od. verrunzelt. F inserieren auf der Stirn zw den Au od. in Höhe des AuVRandes (Abb. **383**/3). Unterfamilie *Steninae* S. 396
10* Hsch glatt, nur mit wenigen Punkten an den S u. einer aus 3 Punkten bestehenden Dorsalreihe. Übrige OS nur spärlich, weitläufig od. fein punktiert. F inserieren am VRand des K vor dem Niveau des VRandes der Au (Abb. **383**/6–10). Unterfamilie *Staphylininae* S. 399
11 **(9)** F inserieren auf der Stirn zw den Au od. in Höhe des AuVRandes (Abb. **383**/1, 2). 1,7–9 mm, meist klein. (Abb. **384**/15; **385**/1–7). Unterfamilie *Aleocharinae* S. 392
11* F inserieren am VRand od. SRand des K vor dem Niveau des AuVRandes (Abb. **383**/4–10) **12**
12 3–32 mm. F inserieren am VRand des K innerhalb des Niveaus der Außenkanten der OKf. Abstand der Außenkanten der OKfBasis also größer als der Abstand der FEinlenkungsstellen (Abb. **383**/6–10; **398**/4–5; **399**/1–5; **400**/4). Unterfamilie *Staphylininae* S. 399
12* 3–10 mm. F am V- od. SRand des K über od. außerhalb der OKf Basis eingelenkt. Abstand der Außenkanten der OKfBasis also kleiner als Abstand der FEinlenkungsstellen (Abb. **383**/4, 5; **400**/1–3) **13**
13 Nur in den Alp. u. im Böhmerwald. 5–6 mm. Fld mit unregelmäßigen Streifen. HlbFurchen gerade. Körper hell bräunlichrot. K u. Fld außer HRand schwarz. Hsch ohne Eindrücke (Abb. **384**/10). Unterfamilie *Olisthaerinae* S. 391
13* Merkmalskombination trifft nicht od. nur teilweise zu **14**
14 4,5–5,5 mm. Körper flach, parallel. Hsch ohne Eindrücke. HlbFurchen an den S nach hinten gezogen (Abb. **395**/1). Hsch herzförmig (Abb. **385**/9). K mindestens so breit wie der Hsch. F lg u. schlank, zurückgelegt die FldM überragend. Glänzend. B u. mindestens FBasis rostrot. Beim ♂ sind die Wangen in ein kräftiges Horn nach vorn ausgezogen. OKf mit auffallend lg Forts (Abb. **385**/9). Unterfamilie *Piestinae* S. 394

14* Merkmalskombination trifft nicht od. nur teilweise zu **15**
15 K bis zu den flachen Au in den Hsch eingezogen. Körper ± kahnförmig, Hlb zur Spitze ± konisch. 2–9 mm. (Abb. **384**/11–12). Unterfamilie *Tachyporinae* S. 391
15* K nicht bis zu den Au in den Hsch eingezogen. Au meist gewölbt. Körper meist ± parallel **16**
16 0,5–8,0 mm. HHü ragen zapfenförmig über das 1. Sternit hinaus. K vor den Au ohne od. mit konvergierenden Wangen (Abb. **400**/2). VSchenkel nicht verdickt. Hsch meist mit Eindrücken (Abb. **400**/2; **385**/11). Meist einfarbige Arten. Füße mit 3 od. 5 Gld. Unterfamilie *Oxytelinae* S. 394
16* 2,5–10,0 mm. HHü ragen nicht über das 1. Sternit hinaus. K groß, vor den Au mit deutlich entw, parallelen Wangen (Abb. **383**/5; **400**/1). VSchenkel oft verdickt. Hsch höchstens mit punktfreier MLinie od. glatter MFurche. Oft bunte Arten. Füße immer 5gld. Habitus Abb. **398**/2–3. Unterfamilie *Paederinae* S. 397
17 **(2)** Fld stark verkürzt, mindestens 4 Tergite liegen frei **21**
17* Fld bedecken Hlb völlig od. lassen höchstens 3 Tergite frei **18**
18 Körper kahnförmig (Abb. **385**/8). Unterfamilie *Scaphidiinae* S. 394
18* Körper nicht kahnförmig **19**
19 F 6gld (scheinbar 5gld, da 1. Gld sehr klein). Ohne Au (Abb. **384**/8). Unterfamilie *Pselaphinae*: Gattung *Claviger* Preyssler S. 389
19* F 11gld. Mit Au **20**

20 F haarförmig. K ohne Oc (Abb. **384**/6). Unterfamilie *Dasycerinae* S. 389
20* F fadenförmig. K mit 2 Oc (Abb. **384**/1). Unterfamilie *Omaliinae*: Gattung *Eusphalerum* Kraatz S. 386
21 **(17)** Hlb mit abgesetzter SRandung, diese mit separierter Dorsalfläche od. messerscharf (Abb. **395**/6, 7) **23**
21* Hlb drehrund (Abb. **395**/8) **22**
22 2,5 mm. Au klein. Fld u. Hsch mit Längsrippen. F kurz u. dick. HschVEcken u. HschS lappenförmig ausgezogen. Hsch u. Hlb heller rotbraun. (Abb. **385**/10). Unterfamilie *Osoriinae* S. 394
22* 2,3–5,5 mm. Au groß, nehmen fast die gesamten KS ein. (Abb. **383**/3; **385**/13). Fld u. Hsch ohne Längsrippen. F schlank. Schwarz, manchmal mit rotgelbem FldMakel. Unterfamilie *Steninae* S. 396
23 **(21)** Hsch u. Fld glatt, ohne Längsrippen **25**
23* Hsch u. Fld mit Längsrippen (Abb. **384**/5; **398**/1) **24**
24 1,5–2,8 mm. F mit 9 Gld, EGld knopfförmig gekeult (Abb. **382**/3). Hsch u. Fld mit starken Längsrippen. Hlb mit tiefen Gruben, die von kielförmigen Erhabenheiten begrenzt sind. 5 Tergite unbedeckt. Schwarzbraun, s heller rotbraun (Abb. **384**/5). Unterfamilie *Micropeplinae* S. 389

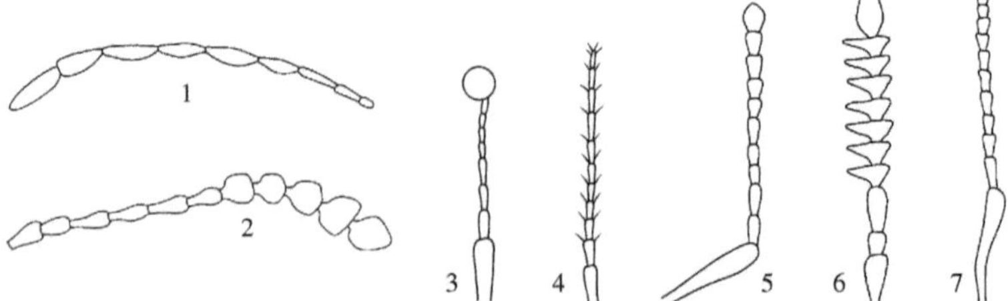

Abb. 382/1–7. F von **1** *Scaphisoma*; **2** *Scaphium*; **3** *Micropeplus*; **4** *Habrocerus*; **5** *Cryptobium*; **6** *Velleius*; **7** *Acylophorus*.

24* 3,5–4,0 mm. F mit 11 Gld, fadenförmig, ohne knopfförmiges EGld. Hlb glatt. Dunkelbraun; K schwarzbraun; F u. B rotbraun (Abb. **398**/1).
Unterfamilie *Pseudopsinae* S. 397

25 **(23)** 0,5–1,5 mm. VKörper halbkugelig. Hlb teleskopartig.
Unterfamilie *Aleocharinae*: Gattung *Cypha* LEACH S. 392

25* 0,5–32,0 mm. VKörper nicht halbkugelig **26**

26 0,5–32,0 mm. F fadenförmig, gekeult od. kräftig (Abb. **382**/5–7; **383**/1–2; **385**/1–7) **28**

26* 2,5–3,5 mm. F haarförmig (Abb. **382**/4; **384**/13–14) **27**

27 3,0–3,5 mm. Körper kahnförmig. OS unbehaart, glänzend. HlbRandung scharf (Abb. **395**/6), ohne separierte Dorsalfläche. Epipleuren der Fld scharfkantig abgesetzt. Au wenig vorspringend. Körper braun (Abb. **384**/14). Unterfamilie *Habrocerinae* S. 392

27* 2,5–3,0 mm. Körper ± parallel. OS fein behaart, matt. HlbRandung aufgebogen, mit separierter Dorsalfläche (Abb. **395**/7). Epipleuren der Fld nicht scharfkantig abgegrenzt. Au stark vorspringend. Körper schwarzbraun (Abb. **384**/13).
Unterfamilie *Trichophyinae* S. 392

28 **(26)** Habitus charakteristisch (Abb. **384**/7). Hsch meist mit 3 Basalgrübchen. Fld mit 4 Basalgrübchen. UKfTst kräftig u. oft groß. Hlb mit 5 od. 3 sichtbaren, stark sklerotisierten Tergiten. Unterfamilie *Pselaphinae* S. 389

28* Merkmalskombination trifft nicht zu **29**

29 HlbSRand deutlich aufgebogen, schmal u. mit schmaler separierter Dorsalfläche, die mit der Lupe nicht immer deutlich zu sehen ist (Abb. **395**/7) **33**

29* HlbSRand flach u. breit, nicht aufgebogen; seine Außenkante einfach u. messerscharf (Abb. **395**/6). Fld bedecken den Hlb manchmal zum größeren Teil u. lassen nur wenige Tergite frei **30**

30 HschHWinkel mit einem Ausschnitt verschiedener Form (Abb. **395**/3). Hsch mit tiefer Längsfurche in der M. Unterfamilie *Proteininae* S. 388

30* HschHWinkel ohne Ausschnitt, eckig od. verrundet. Hsch mit od. ohne Längsfurche (Abb. **395**/4–5; **384**/4) **31**

31 1,0–2,2 mm. Körper schwarz; HschS manchmal, FBasis u. B rötlichgelb. F mit Keule. VHü quer walzenförmig (Abb. **384**/4). Unterfamilie *Proteininae* S. 388

31* Entweder größer, anders gefärbt od. F ohne Keule. Wenn alle drei Merkmale zutreffen, dann VHü konisch zapfenförmig **32**

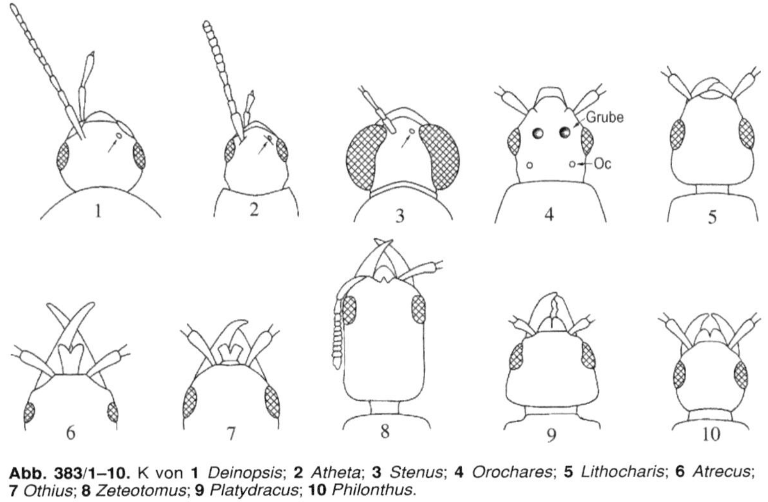

Abb. 383/1–10. K von **1** *Deinopsis*; **2** *Atheta*; **3** *Stenus*; **4** *Orochares*; **5** *Lithocharis*; **6** *Atrecus*; **7** *Othius*; **8** *Zeteotomus*; **9** *Platydracus*; **10** *Philonthus*.

32 1,5–7,5 mm. Trochanteren der HSchenkel groß, 1/3 so lg wie der Schenkel. Habitus Abb. **384**/1–3. Unterfamilie *Omaliinae* S. 386

32* 2–3 mm. Trochanteren der HSchenkel klein, 1/5 so lg wie der Schenkel. Unterfamilie *Oxytelinae*: Gattung *Syntomium* CURTIS S. 394

33 **(29)** F inserieren am VRand od. SRand des K vor dem Niveau des AuVRandes (Abb. **383**/4–10; **398**/2–5; **399**/1–5; **400**/1–4) **35**

33* F auf der Stirn zw den Au od. in Höhe des AuVRandes eingelenkt (Abb. **383**/1–3) . **34**

34 1,7–7,0 mm. Au nehmen fast die gesamte KS ein, vorgequollen. K mindestens so breit wie Hsch (Abb. **383**/3). OS stark punktiert (Abb. **385**/13). Unterfamilie *Steninae* S. 396

34* 0,5–9,0 mm. Au klein, nicht vorgequollen (Abb. **383**/1–2). K meist schmaler als Hsch. OS meist fein punktiert (Abb. **384**/15; **385**/1–7). Unterfamilie *Aleocharinae* S. 392

35 **(33)** K nicht bis zu den Au in den Hsch eingezogen. Au meist gewölbt. Körper meist ± parallel **37**

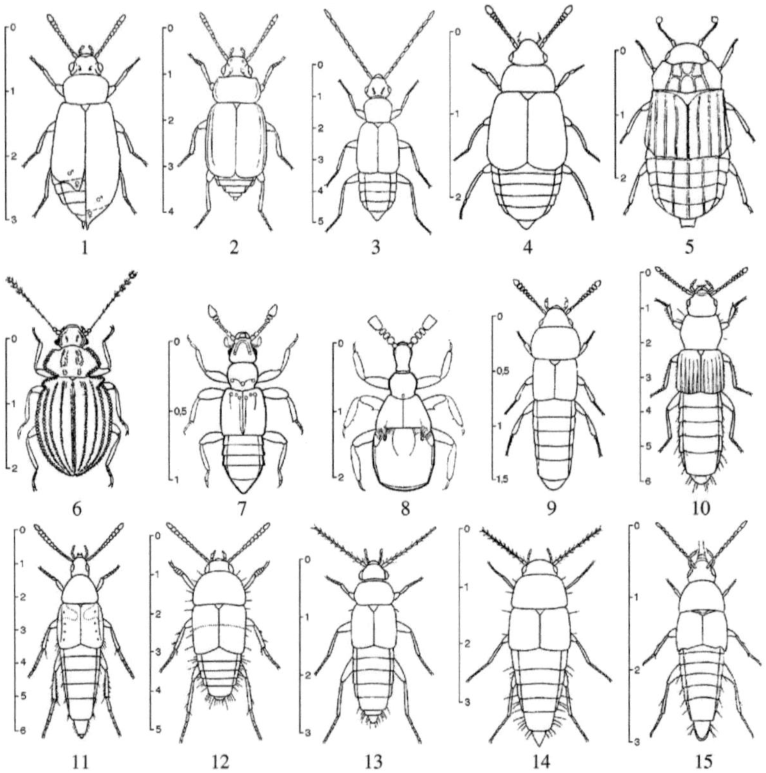

Abb. 384/1–15. Habitus von **1** *Eusphalerum* (links *Eusphalerum* s.str., rechts *Eusphalerum (Abinothum)*, ♂ Fld kurz, ♀ Fld lang); **2** *Anthobium atrocephalum*; **3** *Anthophagus caraboides*; **4** *Proteinus ovalis*; **5** *Micropeplus porcatus*; **6** *Dasycerus sulcatus*; **7** *Bibloplectus ambiguus*; **8** *Claviger testaceus*; **9** *Phloeocharis subtilissma*; **10** *Olisthaerus substriatus*; **11** *Lordithon lunulatus*; **12** *Tachyporus obtusus*; **13** *Trichophya pilicornis*; **14** *Habrocerus capillaricornis*; **15** *Myllaena intermedia*.

35* K bis zu den flachen Au in den Hsch eingezogen. Körper ± kahnförmig, Hlb zur Spitze ± konisch. 1,5–9 mm **36**

36 1,5–2,0 mm (Abb. **384**/9). Unterfamilie *Phloeocharinae* S. 390

36* 2–9 mm (Abb. **384**/11–12). Unterfamilie *Tachyporinae* S. 391

37 **(35)** F am V- od. SRand des K über od. außerhalb der OKfBasis eingelenkt. Abstand der Außenkanten der OKfBasis also kleiner als Abstand der FEinlenkungsstellen (Abb. **383**/4–5; **400**/1–3). FldNaht nie übereinandergreifend **39**

37* F inserieren am VRand des K innerhalb des Niveaus der Außenkanten der OKf. Abstand der Außenkanten der OKfBasis also größer als der Abstand der FEinlenkungsstellen. Fld an der Naht manchmal übereinandergreifend (Abb. **383**/6–10; **400**/4) **38**

38 1–2 mm. F mit 2gld Keule (Abb. **385**/15). Unterfamilie *Euaesthetinae* S. 397

38* Über 3 mm. F ungekeult (Abb. **383**/6–10; **398**/4–5; **399**/1–5; **400**/4). Unterfamilie *Staphylininae* S. 399

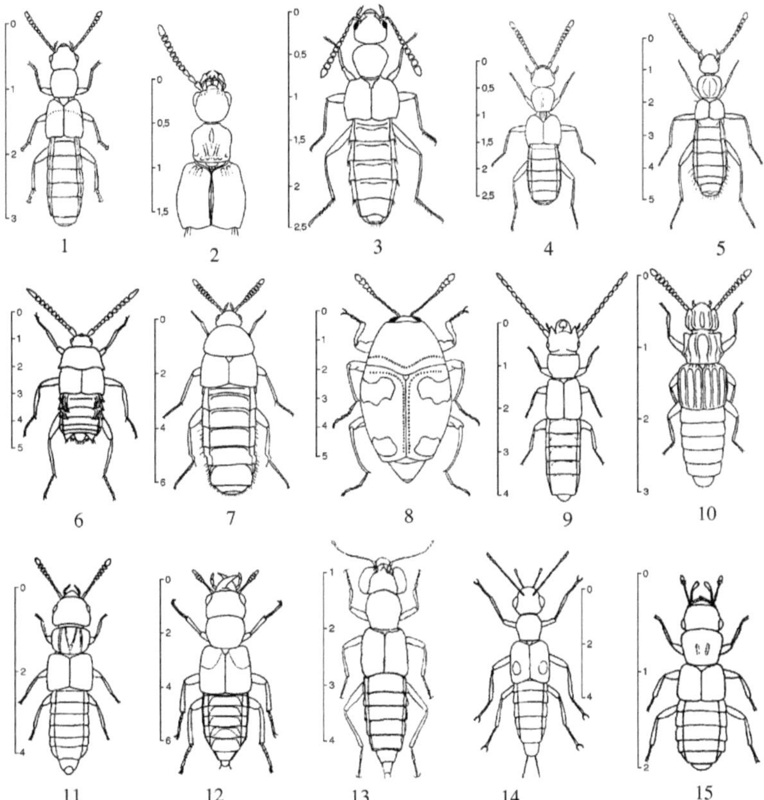

Abb. 385/1–15. Habitus von **1** *Hygronoma dimidiata*; **2** *Autalia impressa*; **3** *Cordalia obscura*; **4** *Falagria caesar*; **5** *Drusilla canaliculata*; **6** *Lomechusa emarginata*; **7** *Aleochara curtula*; **8** *Scaphidium quadrimaculatum*; **9** *Siagonium quadricorne*; **10** *Thoracophorus corticinus*; **11** *Anotylus tetracarinatus*; **12** *Oxyporus rufus*; **13** *Stenus impressus*; **14** *Dianous coerulescens*; **15** *Euaesthetus bipunctatus*.

39 **(37)** 0,5–8,0 mm. HHü ragen zapfenförmig über das 1. Sternit hinaus. K vor den Au ohne od. mit konvergierenden Wangen (Abb. **400**/2). VSchenkel nie verdickt. Hsch meist mit Eindrücken (Abb. **385**/11; **395**/9; **400**/2). Meist einfarbige Arten. Füße mit 3 od. 5 Gld. Unterfamilie *Oxytelinae* S. 394
39* 2,5–10,0 mm. HHü ragen nicht über das 1. Sternit hinaus. Vor den Au mit deutlich entw, parallelen Wangen (Abb. **400**/1; **383**/5). VSchenkel oft verdickt. Hsch höchstens mit punktfreier MLinie od. glatter MFurche. Oft bunte Arten. Füße immer 5gld. Habitus (Abb. **398**/2–3). Unterfamilie *Paederinae* S. 397

Unterfamilie ***Omaliinae***

1 EGld der UKfTst fast so breit u. mindestens so lg wie das vorletzte (Abb. **387**/2–6). Vorletztes Gld der UKfTst nicht birnenförmig **4**
1* EGld der UKfTst nur als winzige, nadelförmige Spitze ausgebildet, mit der Lupe nicht sichtbar. Vorletztes Gld täuscht das EGld vor und ist birnenförmig erweitert (Abb. **387**/1). 2,0–3,9 mm **2**
2 K schmaler als Hsch; dieser an den S mit vorspringenden Ecken; sechseckig. Im Sommerhalbjahr; montan; im Baummoos, unter Rinde, in der Nadelstreu; s; 2,2–3,0 mm. *Eudectus giraudi* REDTENBACHER
2* K mindestens so breit wie Hsch **3**
3 Hsch quer herzförmig. Vor der M gerundet erweitert. Im Moos, unter Rinde; s; 2,5–3,2 mm. *Coryphium angusticolle* STEPHENS
3* Hsch länglich, an den S winklig vortretend. Rhön; in Laub u. Moos; im Sommerhalbjahr; s; 2,8–3,9 mm. *Boreaphilus henningianus* SAHLBERG
4 **(1)** EGld der HFüße kürzer als die 4 anderen zusammen (Abb. **387**/10) **12**
4* EGld der HFüße so lg wie die 4 vorhergehenden zusammen od. länger (Abb. **387**/ 11–12) **5**
5 Fld so lang wie Hsch. Früher Helgoland, Nordseeküste. Im Bereich der Flutgrenze in Felsspalten, in angespülten Tang u. Algen, wo sich Im. u. L bei Flut überspülen lassen. 2,5–3,0 mm. *Micralymma marinum* (STRÖM)
5* Fld wesentlich länger als Hsch **6**
6 Im Frühj u. Sommer in Blüten (Sträucher, Blumen, Gräser). Alle Füße leicht erweitert, lg bewimpert (Abb. **387**/11). Fld bedecken manchmal den Hlb völlig. Hsch s mit deutlichen Eindrücken. Gedrungene Arten (Abb. **384**/1). Fressen Blütenteile; 1,5–4,0 mm; g – sehr s; 27 Arten. Gemeinste Art: *E. minutum* (F.) – Körper schwarz, FBasis u. B gelb. Gattung *Eusphalerum* KRAATZ
6* Nur s auf Blüten, dann gestrecktere Arten. Füße nie erweitert (Abb. **387**/12) **7**
7 EGld der UKfTst viel schmaler als das vorletzte (Abb. **387**/2). EGld der HFüße fast doppelt so lg wie die anderen Gld zusammen. Jagen unter Rinde Borkenkäfer. Höchstens 3,5 mm lg **27**
7* EGld der UKfTst so breit wie das vorletzte (Abb. **387**/5). EGld der HFüße kürzer, nicht doppelt so lg wie die anderen zusammen **8**
8 Hsch mit 2 deutlichen Eindrücken auf der Scheibe (Abb. **400**/3). MBr in der M gekielt. In Kompost, Faulstoffen, Bodenstreu, Anspülicht; unter angespültem Tang; in Tiernestern; g–sehr s; 1,7–4,5 mm; 17 Arten. Gattung *Omalium* GRAVENHORST
8* Hsch höchstens mit flachen Unebenheiten **9**
9 Körper parallel, lggestreckt. In Tiernestern (Säuger, Vögel, Ameisen, Wespen), Moos; unter Rinde, manchmal auf Blüten **30**
9* Körper ± oval **10**
10 Körper flach, schwarz od. zweifarbig schwarz u. braun. An Pilzen, Mist u. Faulstoffen; v–s; 2,0–2,8 mm; 4 Arten. Gattung *Acrolocha* THOMSON
10* Körper deutlich hochgewölbt. Kastanienbraun **11**
11 FKeule deutlich; 2,0–2,5 mm; s. *Acrulia inflata* (GYLLENHAL)
11* F nur schwach erweitert. 2,5–3,0 mm. Nordöstlichstes MEur; sehr s. *Pycnoglypta lurida* (GYLLENHAL)

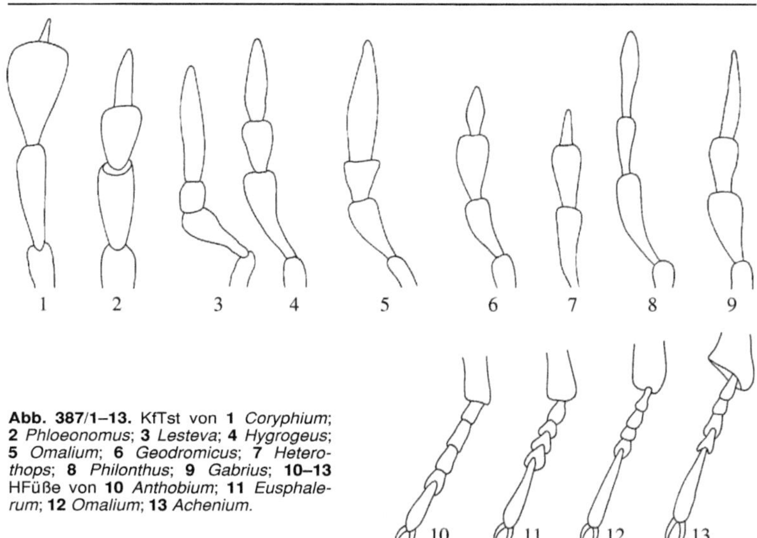

Abb. 387/1–13. KfTst von **1** *Coryphium*; **2** *Phloeonomus*; **3** *Lesteva*; **4** *Hygrogeus*; **5** *Omalium*; **6** *Geodromicus*; **7** *Heterothops*; **8** *Philonthus*; **9** *Gabrius*; **10–13** HFüße von **10** *Anthobium*; **11** *Eusphalerum*; **12** *Omalium*; **13** *Achenium*.

12 **(4)** Hsch nicht herzförmig, oft viel breiter als der K (Abb. **395**/5; **384**/2) **16**

12* Hsch herzförmig, nicht od. wenig quer (Abb. **395**/4, 9; **384**/3). K fast so breit wie der Hsch **13**

13 EGld der UKfTst 3–4-mal so lg wie das vorletzte (Abb. **387**/3). Im besprühten Moos an Wasserfällen, Wehren u. Bächen, in feuchter Bodenstreu; g–sehr s; 3,5–5,0 mm; 12 Arten. Gattung *Lesteva* LATREILLE

13* EGld der UKfTst höchstens wenig länger als das vorletzte **14**

14 Körper ± umfangreich hell gelbbraun. F u. B gelb. Meist GebTiere. Auf Blüten; g–sehr s; 14 Arten (Abb. **384**/3). Gattung *Anthophagus* GRAVENHORST

14* Braun bis schwarz. Im Moos der Bäche u. Wasserfälle **15**

15 EGld der UKfTst kürzer als das vorletzte (Abb. **387**/6); v–s; 4–6 mm; 4 Arten. Gattung *Geodromicus* REDTENBACHER

15* EGld der UKfTst länger als das vorletzte (Abb. **387**/4); s; nur in den Alp; 4,0–5,6 mm. *Hygrogeus aemulus* (ROSENHAUER)

16 **(12)** K gleichmäßig gewölbt od. höchstens mit furchenartigen Eindrücken, die dann an den Oc beginnen. 2–7 mm **18**

16* K vor den Oc u. zw den Au mit 2 tiefen, runden Gruben; Oc stehen weit dahinter (Abb. **383**/4). 3–4 mm **17**

17 3 mm. Montan; sehr s. *Porrhodites fenestralis* (ZETTERSTEDT)

17* 3,5–4,0 mm. Im Mist; s. *Orochares angustatus* (ERICHSON)

18 **(16)** Hlb kräftig punktiert. Körper lggestreckt u. parallel. Fld streifig punktiert. In feuchtem Laub u. in der Bodenstreu; 4,5–7,0 mm; 2 Arten. Gattung *Acidota* STEPHENS

18* Hlb fein, mit der Lupe schwer erkennbar punktiert **19**

19 Körper oval, breit gebaut. Wenn schlanker, dann über 3,5 mm **21**

19* Höchstens 3,5 mm lg, Körper schlank u. parallel, abgeflacht **20**

20 In Blüten. Schläfen kaum erkennbar. Östl. bis Harz, TH, BW, Alp; s; 2–3 mm. *Philorinum sordidum* (STEPHENS)

20* In Faulstoffen, Stroh, Laub u. Tiernestern. Schläfen gut entw; g–s; 2,5–3,7 mm; 4 Arten. Gattung *Xylodromus* HEER

21 **(19)** 4. FGld sehr klein, rund. Fld furchenartig punktiert. 4,5–5,5 mm. Körper parallel. Unter Baumrinde; s. Im mittleren u. südl MEur. *Phyllodrepoidea crenata* (GANGLBAUER)
21* 4. FGld so groß wie das 5. Fld gleichartig punktiert **22**
22 OS behaart. 1. Gld der HFüße so lg wie die 3 folgenden zusammen. Im Geb auf Sträuchern; g–s; 4–5 mm; 2 Arten. Gattung *Amphichroum* KRAATZ
22* OS nicht behaart. 1. Gld der HFüße kürzer als die 3 folgenden **23**
23 Fld relativ kurz, nur wenig länger als Hsch. Fld zusammen quadratisch, hinten leicht klaffend. 6 Tergite freiliegend. Körper gestreckt, flach. NOEur, westl. bis SH, Niederelbe, Hannover, ST, SN. In Sümpfen im Moos, bes. montan; s; 3,0–4,5 mm. *Eucnecosum brachypterum* (GRAVENHORST)
23* Fld deutlich länger als Hsch, meist zusammen länger als breit. Meist weniger Tergite freilassend **24**
24 K geht nahtlos in den Hals über. Vor den Oc ohne Eindrücke. In Sümpfen, Mooren u. Moos; v–sehr s; 3,5–6 mm; 7 Arten. Gattung *Olophrum* ERICHSON
24* K u. Hals durch eine Furche voneinander getrennt. Vor den Oc mit Eindrücken . **25**
25 HschSRand in der HHälfte doppelt erscheinend (Abb. **395**/5). Montan; s; 3,0 bis 5,5 mm; 2 Arten. Gattung *Deliphrum* ERICHSON
25* HschSRand einfach **26**
26 Hsch wenig quer. In feuchten Biotopen; z; 4,5–5,5 mm. *Arpedium quadrum* (GRAVENHORST)
26* Hsch stark quer; g–s. In der Bodenstreu bes. der Wälder. 2,4–4,0 mm; 4 Arten (Abb. **384**/2). Gattung *Anthobium* LEACH
27 **(7)** HschMLinie schwach niedergedrückt, daneben keine Längseindrücke. VKörper deutlich punktiert. Bes. unter Eichen- u. Nadelholzrinde; v; 2,5–3 mm; 2 Arten. Gattung *Phloeostiba* THOMSON
27* Hsch mit 2 Längseindrücken neben der M (manchmal nur schwach ausgebildet) **28**
28 K u. Hsch sehr deutlich punktiert, ziemlich glänzend. Vorzugsweise montan u. alp; v aber s; 2,5–3,5 mm; 2 Arten. Gattung *Xylostiba* GANGLBAUER
28* K u. Hsch nur bei sehr starker Vergrößerung erkennbar punktiert. Punktur zw dem Chagrin kaum erkennbar. Durch starke Chagrinierung matt **29**
29 F deutlich zweifarbig. 1.–5. FGld gelbrot, 6.–11. braunschwarz. Körper dunkelbraun bis schwärzlich. Dringt seit 10 Jahren von SüdwestEur nach MEur vor; 2,5–3,2 mm. *Paraphloeostiba gayndahensis* (MACLEAY)
29* F nicht deutlich zweifarbig. K u. Hsch heller bräunlich. Bes. unter Eichen- u. Nadelholzrinde; g bis sehr s; Lg unter 2 mm; 3 Arten. Gattung *Phloeonomus* HEER
30 **(9)** 2–2,5 mm. UKfTst kurz, EGld kegelförmig, schmaler als vorletztes. F mit 7 größeren EGld. Au stark gewölbt. Hell rotbraun, glänzend, Hlb angedunkelt. Unter Moos u. Rinde; sehr s. *Hypopycna rufula* (ERICHSON)
30* 2–5 mm. UKfTst gestreckt, EGld spindelförmig. Au flach. Helle od. dunkle Arten . . **31**
31 2,2–3 mm. Gelbrot bis rotbraun mit dunklerem K. Körper querüber gewölbt, oval. In Moos, Pilzen, Baumstubben; s. *Hapalarea pygmaea* (PAYKULL)
31* 2–5 mm. Meist dunkel gefärbt, s rotgelb od. heller braun, dann größer od. Körper flach u. parallel. In Tiernestern, an Pilzen, in Baumstubben, fliegen oft blühende Sträucher an; g–sehr s; 10 Arten. Gattung *Phyllodrepa* THOMSON

Unterfamilie ***Proteininae***

1 HschHWinkel ohne Ausschnitt, eckig od. verrundet. Hsch ohne Längsfurche. K ohne Oc. Oft gesellig in faulenden Pilzen, verschimmelnden PflResten, z. T. an Aas od. in der Bodenstreu; g–s; 1,0–2,3 mm; 6 Arten (Abb. **384**/4). Gattung *Proteinus* LATREILLE
1* HschHWinkel mit einem Ausschnitt verschiedener Form (Abb. **395**/3). Hsch mit tiefer Längsfurche in der M **2**
2 2,5–3,0 mm. Körper hell bräunlichgelb. OS stark punktiert. HschVRand doppelbuchtig. K mit 1 Oc. In der Bodenstreu, unter Faulstoffen, vor allem in Trockenrasen; s.

M. clypeata (MÜLLER) linksrheinisch, Schwarzwald u. Ostfriesische Inseln. *M. similis* ZERCHE im restlichen DE. Gattung *Metopsia* WOLLASTON

2* 1,9–3,0 mm. Körper schwarz od. teilweise rostrot. K ohne Oc. Unter Faulstoffen (Pfl, Pilze, Aas, Dung); g–s; 2–3 mm. 7 Arten. Gattung *Megarthrus* STEPHENS

Unterfamilie ***Micropeplinae***

Bes. an schimmelnden Vegetabilien, s an Aas u. Exkrementen, in der Bodenstreu; v – sehr s; 1,5 bis 3,0 mm. 8 Arten (Abb. **384**/5). Gattung *Micropeplus* LATREILLE

Unterfamilie ***Dasycerinae***

Braun bis hellbraun. In Moos, Stubben, in der Bodenstreu, unter Reisig; nach N u. O sehr s. 1,8–2,3 mm (Abb. **384**/6). *Dasycerus sulcatus* BRONGNIART

Unterfamilie ***Pselaphinae* – Palpenkäfer**

Unter faulenden PflResten, in Humus, Moos, im Mulm u. unter Baumrinde, an Uferrändern, an Wurzeln von Gräsern u. a. Pfl od. unter tief in den Boden eingebetteten Steinen, in natürlichen Höhlen. Sehr oft zusammen mit Ameisen. *Clavigerini* sind echte Ameisengäste bei *Lasius*-Arten u. werden von den Ameisen beleckt (Sekretabgabe) u. gefüttert. Leben räuberisch. 91 Arten.

1 F 6gld, EGld abgestutzt. Fld ohne Nahtstreif, am HRand mit gelben Haarbüscheln aus verzweigten Haaren. Hlb mit 3 freiliegenden Tergiten. Bei *Lasius*; 2,2–2,7 mm; 2 Arten (Abb. **384**/8). Tribus *Clavigerini* – **Keulenkäfer:** Gattung *Claviger* PREYSSLER

1* F 11gld. EGld zugespitzt od. abgerundet. Fld mit Nahtstreifen, ohne gelbe Haarbüschel, Haare nicht verzweigt. Hlb mit 5 freiliegenden Tergiten **2**

2 Trochanteren lg, an ihrer Spitze die Schenkel angefügt (Abb. **390**/2). HR der Fld manchmal mit dichter, gelber Tomentbewimperung **7**

2* Trochanteren klein, schräg an SchenkelBasis angefügt (Abb. **390**/1). HR der Fld ohne gelbe Tomentbewimperung **3**

3 HlbS höchstens sehr fein gerandet, nicht aufgebogen. Basis des 1. Tergit mit 4 Längskielchen (Abb. **390**/4). Bei Ameisen (*Lasius*); 1,9–3,5 mm; 7 Arten in 2 Gattungen. Tribus *Batrisini*

3* HlbS auf den ersten 3 Tergiten randförmig abgesetzt u. aufgebogen. Basis des 1. Tergits höchstens mit 2 Längskielchen **4**

4 Länglich, gestreckt. Hlb mindestens so lg wie Fld, erst vom 3. od. 4. Tergit an nach hinten verschmälert, länglich verflacht. Beim ♂ 7, beim ♀ 6 sichtbare Sternite. UKfTst immer klein. Unter faulenden PflResten, in Moos, Laub, Dünger, Kompost, meist im Mulm alter Bäume u. unter Rinde, zuweilen bei Ameisen (*Lasius, Formica*); 0,9–3,0 mm; 39 Arten in 10 Gattungen (Abb. **384**/7). Tribus *Euplectini*

4* Gedrungen. Hlb kürzer als die Fld, schon vom 2. Tergit an verschmälert, konvex. Mit 5 od. 6 (bei *Tychini:* 7) sichtbaren Sterniten. UKfTst klein oder groß (länger als der K) **5**

5 UKfTst kürzer als K (Abb. **390**/6). Hlb mit 5 sichtbaren Sterniten. Sehr feuchtigkeitsbedürftig, an Uferrändern, in Sümpfen, unter faulenden PflResten, in Moos u. Genist; 1,4–2,4 mm; 14 Arten in 4 Gattungen. Tribus *Brachyglutini*

5* UKfTst länger als K (Abb. **390**/5, 7). Hlb mit 6 od. 7 sichtbaren Sterniten **6**

6 Vorletztes Gld der UKfTst mehr als doppelt so lg wie breit (Abb. **390**/7). Hsch vor der Basis ohne Querfurche. Unter Laub; 1,5–1,6 mm. Tribus *Tychini*
Nur Gattung *Tychus* mit 2 sehr s Arten u. dem sehr v *T. niger* (PAYKULL).

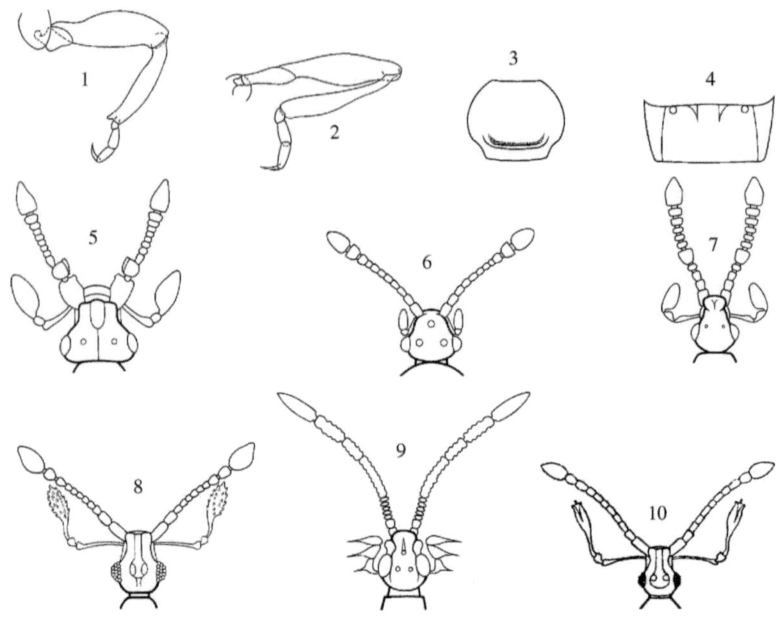

Abb. 390/1–10. Beine mit **1** kleinen Trochanteren bzw. **2** großen Trochanteren; **3** Hsch von *Tyrus*; **4** 1. Tergit von *Batrisodes*; **5–10**: Köpfe von **5** *Bryaxis*; **6** *Brachygluta*; **7** *Tychus niger*, **8** *Pselaphus*; **9** *Ctenistes*; **10** *Pselaphaulax*.

6* Vorletztes Gld der UKfTst weniger als doppelt so lg wie breit (Abb. **390**/5). Hsch vor der Basis mit feiner Querfurche. An feuchten, sumpfigen Plätzen, unter faulenden PflStoffen, in Laub u. Moos; 1,2–1,9 mm; 17 Arten in 3 Gattungen. Tribus *Bythini*

7 **(2)** 1. Tergit viel länger als 2. Füße mit 1 Klaue. UKfTstEGld so lg wie K (Abb. **390**/8, 10). Unter faulenden PflResten, Moos, Gras, an feuchten Plätzen, in Sümpfen; 1,7–2,0 mm. Tribus *Pselaphini* **9**

7* 1. Tergit nicht länger als 2. Füße mit 2 Klauen. UKfTstEGld viel kürzer als K (Abb. **390**/9) **8**

8 OS mit einfacher Behaarung. Hsch vor der Basis mit einer Querfurche (Abb. **390**/3). In morschem Holz, unter Rinde; s; 2,2–2,4 mm.
Tribus *Tyrini*: *Tyrus mucronatus* (Panzer)

8* OS mit anliegender, schuppiger Behaarung. Hsch vor der Basis ohne Querfurche. An sonnigen Hängen unter Steinen bei Ameisen (*Tetramorium*); 1,8–2,7 mm; 3 sehr s Arten in 3 Gattungen: *Ctenistes palpalis* Reichenbach (Abb. **390**/9). Tribus *Ctenistini*

9 **(7)** Abb. **390**/8. *Pselaphus heisei* Herbst

9* Abb. **390**/10. *Pselaphaulax dresdensis* (Herbst)

Unterfamilie ***Phloeocharinae***

Körper klein, dunkelbraun, gelblich behaart. Fld heller, Hlb dunkler braun. F u. B gelbrot. F zur Spitze erweitert. Unter Rinde, oft bei Borkenkäfern; 1,5 bis 2,0 mm (Abb. **384**/9). *Phloeocharis subtilissima* Mannerheim

Unterfamilie *Olisthaerinae*

In den Alp (Karwendel) u. im Böhmerwald. Urwaldrelikt, unter Fichtenrinde; sehr s; 5–6 mm (Abb. **384**/10). *Olisthaerus substriatus* (PAYKULL)

Unterfamilie *Tachyporinae*

1 Fld neben der erhabenen Naht mit deutlich eingegrabenen Nahtstreifen (Abb. **391**/2). (Tribus *Mycetoporini*) **2**

1* FldNaht nicht erhaben, daneben ohne deutlich eingegrabenen Nahtstreifen. (Tribus *Tachyporini*) **9**

2 Arten von 6–9 mm. Fld einfarbig rot od. gelbrot. F gestreckt (den HRd des Hsch erreichend) od. mit 1–3 hellen EGld. Im Moos u. in der Laubstreu, an feuchten Stellen; vereinzelt **3**

2* Meist kleiner, wenn bis 9 mm, dann Fld ganz od. teilweise angedunkelt; oft mit deutlicher Zeichnung. FEGld nicht weißlich **4**

3 Fld gelbrot, gleichmäßig punktiert. F gelbrot, s M gebräunt. 2 Arten. Gattung *Parabolitobius* LI, ZHAO & SAKAI

3* Fld rot, mit einer Längsreihe kräftiger Punkte. F schwarz mit 1–3 hellen EGld und gelbroter Basis. 2 Arten. Gattung *Bolitobius* LEACH

4 **(2*)** In Pilzen od. Baumschwämmen. Fld mit deutlichen schwarzen Flecken od. schwarzer Zeichnung. EGld der UKfTst so lg u. breit wie das vorletzte. Fressen PilzmückenL; 2,5–9,0 mm; 8 Arten (Abb. **384**/11). Gattung *Lordithon* THOMSON

4* Im Moos u. Laub, in der Bodenstreu, s in Baumschwämmen. Fld einfarbig od. hell u. unscharf angedunkelt od. rötlichbraun u. unscharf angedunkelt **5**

5 EGld der UKfTst etwa so breit u. lg wie das vorletzte. Fld fast stets einfarbig rot od. gelb od. rötlichbraun u. unscharf angedunkelt **7**

5* EGld der UKfTst nur als kleine nadelförmige Spitze ausgebildet, schwer sichtbar. Fld einfarbig hell od. dunkel, oft auch zweifarbig **6**

6 F lg u. schlank, zurückgelegt die HschBasis deutlich überragend. Vorletzte FGld nicht deutlich quer. In der feuchten Bodenstreu; v–sehr s; 3,5–5 mm; 3 Arten. Gattung *Ischnosoma* STEPHENS

6* F kürzer, zurückgelegt die HschBasis nicht od. wenig überragend. Vorletzte FGld meist quer. In der Bodenstreu, im Moos; v–sehr s; 2,5–8 mm; 24 Arten. Gattung *Mycetoporus* MANNERHEIM

7 **(5)** F kurz, zur Spitze stark verdickt, letzte FGld stark zusammengedrückt. Schwarzdunkelbraun, Fld rötlich-braun mit unscharfem schwarzem Fleck vor HRd. B, FBasis, TergitHRand u. HschSRänder heller rötlich. In Baumschwämmen; 5–6 mm; s. *Carphacis striatus* (OLIVIER)

7* Letzte FGld nicht zusammengedrückt; in der feuchten Bodenstreu u. im Moos . . **8**

8 K am Innenrand der Au hinten mit einem kräftigen BoPunkt. Schwarz bis schwarzbraun. Hsch ganz od. nur an den Rändern sowie TergitHRänder rötlich. 5–7 mm; s. *Bryoporus cernuus* (GRAVENHORST)

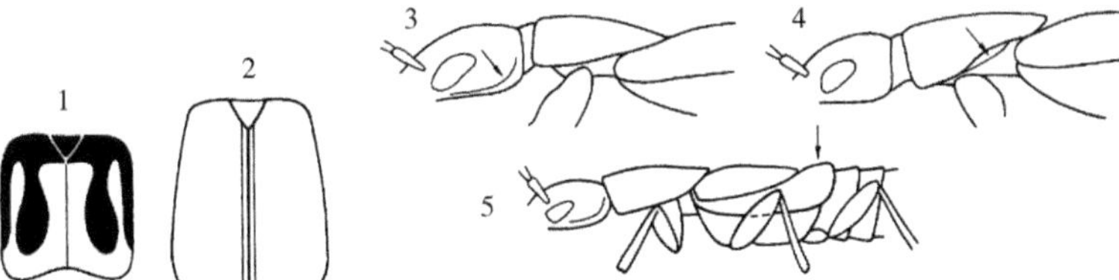

Abb. 391/1–5. Fld von **1** *Cilea*; **2** *Atrecus*; **3–5** VKörper (SAnsicht) von **3** *Quedius*; **4** *Philonthus*; **5** *Drusilla*.

8* K ohne BoPunkt am Innenrand der Au. 3,5–6,5 mm; s; 3 Arten. Gattung *Bryophacis* Reitter
9 (1) Hlb nur am 1. freiliegenden Tergit mit feiner SRandung, sonst drehrund. OS fein behaart. Fld einfarbig od. mit verschwommenen gelbroten Flecken. Unter schimmelnden Stoffen, im Moos; g–s; 2–5 mm. 13 Arten. Gattung *Sepedophilus* Gistel
9* Hlb deutlich gerandet. OS kahl 10
10 2–5 mm. EGld der UKfTst nur als kleine nadelförmige Spitze ausgebildet, schwer sichtbar. Grundfarbe des Körpers meist hell 13
10* 3–9 mm. EGld des UKfTst mindestens so lg wie das vorletzte. Grundfarbe des Körpers meist schwarz 11
11 3–4 mm. Schwarz; HschS, FBasis u. B gelb; Fld gelb mit charakteristischer schwarzer Zeichnung (Abb. **391**/1), die aber ± stark aufgelöst sein kann. In warmen Komposten u. Mist; v. *Cilea silphoides* (L.)
11* 1,8–9 mm. Fld, schwarz, rot od. schwarz mit roten Flecken od. schwarz mit gelbroten Rändern 12
12 1,8–2 mm. FldHRand u. HschRänder hell rötlich. 2 Arten. *C. colchicus* Kraatz erreicht Tschechien vom SO, s; *C. immigrans* Schülke in Faulstoffen (Adventivart). Gattung *Coproporus* Kraatz
12* 3–9 mm. Fld schwarz, rot od. schwarz mit roten Flecken od. schwarz mit aufgehellten (H)Rändern. An Dünger, Aas, Faulstoffen, in Tiernestern; g bis sehr s; 14 Arten. Gattung *Tachinus* Gravenhorst
13 (10) F seitlich zusammengedrückt. 4. Gld der HFüße nur wenig kürzer als das 3. Bei Ameisen; sehr s 14
13* F nicht seitlich zusammengedrückt. 4. Gld der HFüße sehr klein. In fast allen Biotopen; g-s; 19 Arten (Abb. **384**/12). Gattung *Tachyporus* Gravenhorst
14 3,5–4 mm. F kurz, zurückgelegt HschM kaum überragend. Fld rot, am Sch geschwärzt. *Lamprinus erythropterus* (Panzer)
14* 4–5 mm. F länger, Basis des Hsch erreichend. Fld gelb od. rot. 2 Arten. Gattung *Lamprinodes* Luze

Unterfamilie ***Trichophyinae***

Tagsüber unter faulenden Holzabfällen (tiefe Lagen von Sägespänen, Reisig, Mulm). Schwärmt regelmäßig abends u. wird dann erbeutet; s; 2,5–3,0 mm (Abb. **384**/13). *Trichophya pilicornis* (Gyllenhal)

Unterfamilie ***Habrocerinae***

Lebt in Wäldern, bes. in feuchtem, verpilzten Laub u. in der Bodenstreu; g; 3,0–3,5 mm (Abb. **384**/14). *Habrocerus capillaricornis* (Gravenhorst)

Unterfamilie ***Aleocharinae***

Artenreichste Unterfamilie der Staphyliniden mit meist kleinen, einander sehr ähnlichen Arten. Viele im Gelände nicht bestimmbar.

1 0,5–1,5 mm. VKörper halbkugelig. Hlb teleskopartig. In feuchtem Laub, Moos, Anspülicht u. Kompost; unter Rinde; v–sehr s; 0,5 bis 1,5 mm; 12 Arten. Gattung *Cypha* Leach
1* 0,5–9,0 mm. VKörper nicht halbkugelig 2
2 UKfTst von normaler Lg (Abb. **383**/2; **385**/1–7) 8
2* UKfTst auffällig verlängert, fast 1/3 so lg wie die F od. länger (Abb. **383**/1; **384**/15) 3
3 4,5–6,0 mm. In Moos (bes. *Sphagnum*), an nassen Stellen, im Anspülicht; s; 2 Arten, *G. brevicollis* (Paykull) v, *G. variegata* Kiesenwetter sehr s. Gattung *Gymnusa* Gravenhorst

3* Kleiner **4**

4 3,0–3,7 mm. 6. vollständiges Tergit am HRand zweizipflig. In Sümpfen u. Mooren, bes. in *Sphagnum*; s. (Abb. **383**/1). *Deinopsis erosa* (STEPHENS)

4* Bis 3,2 mm. 6. Tergit einfach **5**

5 K breiter als Hsch. Nord- u. Ostsee, im Sandwatt; sehr s; 2 Arten. Gattung *Diglotta* CHAMPION

5* K schmaler als Hsch **6**

6 0,5–1,5 mm. F mit deutlicher Keule. Im Kompost, Dünger; in Kellern; z. T. synanthrop; v–s; 12 Arten. Gattungen *Oligota* MANNERHEIM u. *Holobus* SOLIER

6* 1,3–3,2 mm. F ohne deutlich abgesetzte Keule **7**

7 1,3–3,2 mm. Körper kahnförmig. In Sümpfen, Mooren, Verlandungszonen u. a. feuchten Stellen, g–sehr s; 10 Arten. (Abb. **384**/15). Gattung *Myllaena* ERICHSON

7* 2,8–3,2 mm. Körper fast parallel. An feuchten Stellen; s; 2 Arten. Gattung *Pronomaea* ERICHSON

8 **(2)** 2,5–3,0 mm. Körper abgeplattet, parallel. Schwarz; FBasis, B u. FldHHälfte abstechend gelb (Abb. **385**/1). An Ufern, im Schilfgürtel. Im Winter in den Blattscheiden des Rohrkolbens; v. *Hygronoma dimidiata* (GRAVENHORST)

8* Merkmalskombination trifft nicht zu **9**

9 Tergite ohne dichte gelbe Haarbüschel **11**

9* Die ersten Tergite an den S mit dichten gelben Haarbüscheln, 3,0–6,5 mm **10**

10 5,5–6,5 mm. HschHWinkel rechteckig. Bei *Formica*-Arten, bes. *F. sanguinea*, kein Wirtswechsel, sonst Lebensweise wie *Lomechusa*; s. *Lomechusoides strumosus* (F.)

10* 3–5 mm. HschHWinkel lappenförmig vorgezogen. Im. bei *Formica*-Arten; scheiden ein Sekret ab, an dem sich die Ameisen „berauschen“. Eiabl im *Formica*-Nest (vivipar od. ovovivipar). L u. Im. werden von den Ameisen gefüttert. L sollen auch Ameiseneier fressen. Verpuppung im Boden. Die frisch geschlüpften, weichen Jungkäfer verlassen im Frühherbst das *Formica*-Nest, überw nach einer „Quarantäne“ bei *Myrmica*-Arten. Kehren im Frühj nach einer weiteren „Quarantäne“ zu *Formica* zurück; s; 3 Arten (Abb. **385**/6). Gattung *Lomechusa* GRAVENHORST

11 **(9)** Unter 5,5 mm **15**

11* Über 5,5 mm. Hierher 4 Gattungen, deren kleinere Arten im Gelände nicht sicher bestimmbar sind u. unter **18*** behandelt werden **12**

12 Meist bei Ameisen. VFüße 4gld. Körper oft bunt; v–sehr s; 3–7 mm; 11 Arten. Gattung *Zyras* STEPHENS

12* Nicht bei Ameisen. VFüße 5gld **13**

13 Epimeren der HBr überragen den FldHRand deutlich (Abb. **391**/5). Breit, kräftig. F gedrungen. An Aas, in Faulstoffen, in Säugernestern. L entw sich halbparasitisch in den TönnchenP der Fliegen; g–sehr s; 1,5–9,0 mm; 40 Arten. *A. curtula* (GOEZE) (Abb. **385**/7): 4–8 mm; schwarz, goldgelb behaart, Fld rotbraun, an S schwärzlich, FBasis, Tst, B u. Hlb Spitze braun; g. Gattung *Aleochara* GRAVENHORST

13* Epimeren der HBr überragen den FldHRand nicht. Körper u. F schlank **14**

14 Hsch kaum quer, schmaler als die Fld. An feuchten Stellen; z–sehr; 3–8 mm; 3 Arten. Gattung *Ilyobates* KRAATZ

14* Hsch quer, so breit od. breiter als die Fld. In der Bodenstreu, an Tiernester od. -gänge gebunden; g–sehr s; 1,7–7,5 mm. Nur *O. spectabilis* MÄRKEL über 5,5 mm; 46 Arten. Gattung *Oxypoda* MANNERHEIM

15 **(11)** 1,7–3,5 mm. Fld an der Basis mit 2 tiefen Längsgrübchen. Schwarz, manchmal Hsch u. HlbBasis abstechend heller rötlichgelb. Habitus charakteristisch (Abb. **385**/2). In Pilzen, Kompost, Aas, Dung u. der Bodenstreu; g–s; 4 Arten. Gattung *Autalia* LEACH

15* Fld an der Basis immer ohne Längsgrübchen **16**

16 Hsch meist ohne MFurche od. Längseindruck, wenn MFurche vorhanden, dann nicht mit dem Habitus der Arten unter **17** od. andere Größe u. anders gefärbt **18**

16* Hsch mit eingegrabener MFurche od. längsgrubig eingedrückt **17**

17 4–5 mm. Fld kürzer als Hsch. Bräunlichrot, K u. ein Querband vor HlbSpitze dunkelbraun, F u. B hell braungelb. Hsch beim ♀ mit MFurche, beim ♂ längsgrubig eingedrückt. Habitus charakteristisch (Abb. **385**/5; **391**/5). Überall in der Bodenstreu, g. *Drusilla canaliculata* (F.)

17* 2–3,5 mm. Habitus charakteristisch (Abb. **385**/4). Braun bis schwarz, Hsch manchmal gelbrot. An bewachsenen u. freien Ufern; g–s; 5 Arten. Gattungen *Falagria* LEACH, *Myrmecocephalus* MACLEAY, *Falagrioma* CASEY u. *Anaulacaspis* GANGLBAUER

18 **(16)** 2–2,8 mm. Hsch fast kugelig. Habitus charakteristisch (Abb. **385**/3). Glänzend braun, Fld heller rotbraun, F hellbraun mit heller Basis, B bräunlichgelb. In Faulstoffen, g. *Cordalia obscura* (GRAVENHORST)

18* Etwa 400 Arten in 95 Gattungen, deren Bestimmung im Gelände dem Ungeübten nicht möglich ist. Hierher auch die artenreichste Käfergattung in MEur mit über 200 Arten im Gebiet. (Abb. **383**/2). Gattung *Atheta* THOMSON

Unterfamilie ***Scaphidiinae* – Kahnkäfer**

Echte Pilzkäfer, die sich wie ihre L von frischen od. faulenden Waldpilzen, Baumschwämmen u. a. Pilzmyzelien in vermulmtem Holz u. unter loser, morscher Rinde ernähren. IV–X. 10 Arten.

1 1,5–3,0 mm. F haardünn, mit 2 dickeren BasalGld u. 5 breiteren EGld (Abb. **382**/1). 8 Arten. Gattung *Scaphisoma* LEACH

1* 4,5–7 mm. F mit kräftiger, 5gld Keule (Abb. **382**/2) **2**

2 Fld einfarbig. Nach N s. *Scaphium immaculatum* (OLIVIER)

2* Fld mit 4 roten Makeln (Abb. **385**/8). Nicht s. *Scaphidium quadrimaculatum* OLIVIER

Unterfamilie ***Piestinae***

Unter der Rinde alter Laubbäume. Jagen Borkenkäfer u.a. Insekten; s, aber gesellig; 4,5–5,5 mm; 2 Arten. Gattung *Siagonium* KIRBY & SPENCE

1 Pechschwarz, F zur Spitze dunkel, Fld mit rötlichem Humeralmakel, nur Umgebung Aschaffenburg. *Siagonium humerale* GERMAR

1* Dunkel kastanienbraun, glänzend. Mund, F ganz, B, Basis der Fld u. HlbSpitze heller, rostrot. Ganz DE (Abb. **385**/9). *Siagonium quadricorne* KIRBY & SPENCE

Unterfamilie ***Osoriinae***

Hinter Rinde u. im morschen Holz. Westl. u. südöstl MEur, strahlt bis Berlin aus; sehr s; 2,5 mm (Abb. **385**/10). *Thoracophorus corticinus* MOTSCHULSKY

Unterfamilie ***Oxytelinae***

1 HlbSRandung mit abgesetzter Dorsalfläche (Abb. **395**/7) **3**

1* HlbSRandung einfach, messerscharf, ohne abgesetzte Dorsalfläche (Abb. **395**/6) **2**

2 2–3 mm. Gewölbt. VKörper glänzt metallisch. Im nassen Baummoos u. Mulm, auch in Mooren. Sehr träge; z. *Syntomium aeneum* (MÜLLER)

2* 6,5–8,0 mm. K schwarz. Hsch u. Fld ziegelrot. An Ufern; z; in kollinen u. montanen Lagen, g. Fliegt regelmäßig ans Licht. *Deleaster dichrous* (GRAVENHORST)

3 **(1)** Hsch ohne od. mit ± deutlichen Eindrücken von anderer Form, nicht mit scharf eingegrabener MLinie **5**

3* Hsch gleichmäßig gewölbt, mit scharf eingegrabener MLinie **4**

4 1,8–5,0 mm. Körper abgeflacht. OS nur mit wenigen längeren BoHaaren. In Mist u. Uferschlamm, unter Algen; g–s; 9 Arten. Gattung *Platystethus* MANNERHEIM

4* 2–8 mm. Körper stark gewölbt, fast drehrund. OS mit kurzen Haaren besetzt. An Gewässerufern. Graben Gänge in ebene od. senkrechte Sand- od. Lehmböden in Gewässernähe, wo sie von *Dyschirius* (Laufkäfer) verfolgt werden. Am Eingang der Stollen aufgeworfenes Substrat. Manche Arten nur an Salzstellen des Binnenlandes od. an Meeresküsten. Ernähren sich von Algen. An geeigneten Orten v–sehr s; 41 Arten. (Abb. **400**/2). Gattung *Bledius* LEACH

5 **(3)** Hsch ohne Eindrücke u. Erhabenheiten, höchstens mit punktfreier MLinie. Fld vom Hsch durch einen kurzen Hals abgesetzt, der halb so breit wie der Hsch ist und auf dem das Sch liegt (Abb. **400**/2) **4***

5* Hsch mit Eindrücken od. Fld nicht vom Hsch abgesetzt. Körper meist abgeflacht **6**

6 Kleiner, 0,5–5,5 mm. Füße 2gld, 3gld od. scheinbar 3gld (1., 2. u. 3. FußGld sehr klein, erscheinen als gemeinsames 1. FußGld) **8**

6* Größer, 5,5–8,0 mm. Füße 5gld **7**

7 Körper schwarz, höchstens Fld braun. Körper stark gewölbt. 2 Arten: *C. striatulus* (F.): In Kompost u. Faulstoffen; überall häufig; 5–7 mm. *C. piceus* (SOLSKY): In Säugernestern, BY, NI, SN; s; 4–5 mm. Gattung *Coprophilus* LATREILLE

7* Körper rostrot. Hsch, s K u. Fld angedunkelt. In der Ufervegetation großer Flüsse; z; 5–8 mm. *Manda mandibularis* (GYLLENHAL)

8 **(6)** 2,0–2,5 mm. Rotgelb bis hell rotbraun. K u. HlbSpitze braun. Körper lggestreckt. Fld hinten nicht klaffend. An Ufern; v. *Planeustomus palpalis* (ERICHSON)

8* 0,5–5,5 mm. Körper meist schwarz. Wenn ähnlich gefärbt, dann Fld hinten klaffend **9**

9 FldNaht 2-mal so lg wie der Hsch in der M. Körper ziemlich flach. Fld meist braun. In Schotter u. im Moos der Sprühzonen von Gebirgsbächen, Wasserfällen u. Wehren; v–sehr s; 2,2–5,0 mm; 9 Arten. Gattung *Ochthephilus* MULSANT et REY

9* FldNaht höchstens 1,5-mal so lg wie Hsch in der M **10**

10 0,5–4,5 mm. Hsch mit flacheren Eindrücken anderer Art. Basalfurchen der Tergite gerade **12**

10* 1,2–5,5 mm. Hsch mit 4 längsgerichteten Erhabenheiten, die von 3 Längseindrücken begrenzt sind. (Abb. **385**/11). Basalfurchen der Tergite an den S bogenförmig nach hinten gezogen (Abb. **395**/1). Körper schwarz od. dunkelbraun, manchmal mit hellen Fld od. Hsch. Im Dünger, in Faulstoffen, in der Bodenstreu. Einige in Säugernestern. Schwärmen an warmen Abenden. Einige gehören zu den häufigsten Käfern überhaupt; g–sehr s **11**

11 Sch völlig glatt. 3,5–5,0 mm. 5 Arten. Gattung *Oxytelus* GRAVENHORST

11* Sch mit 3 Eindrücken (Abb. **395**/2). 1,2–5,5 mm; 20 Arten (Abb. **385**/11). Gattung *Anotylus* THOMSON

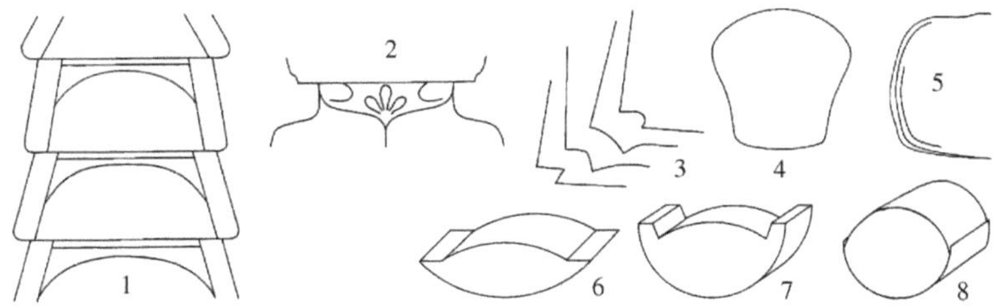

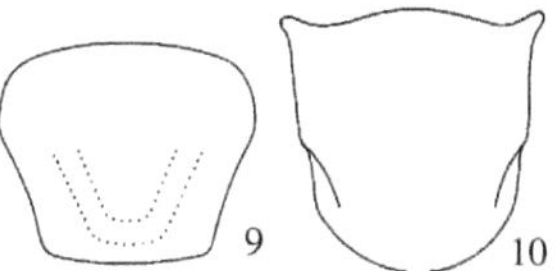

Abb. 395/1–10. 1 Tergite von *Oxytelus*; **2**: Sch von *Anotylus*; **3**: Ausschnitt der HschHEcken von *Metopsia, Megarthrus*; **4** Hsch von *Lesteva*; **5** HschSRandung von *Deliphrum*; **6** HlbRing an den S gerandet, Rand flach, breit, messerscharf; **7** HlbRing an den S gerandet, Rand aufgebogen mit separierter Dorsalfläche; **8** HlbRing drehrund, ohne abgesetzte SRandung; **9** Hsch von *Thinodromus*; **10** Hsch von *Ontholestes tessellatus*.

12 **(10)** 3,5–4,5 mm. Fld manchmal braungelb. Im Kompost u. Dünger, in Sümpfen. 2 Arten. Gattung *Aploderus* STEPHENS

12* 0,5–3,5 mm **13**

13 0,5–2,5 mm. Fld klaffen hinten auseinander. Körper schwarz, braun od. heller rotgelb. Im Sand der Ufer u. Schotterbänke bes. montaner Flüsse und Bäche; s–sehr s; 12 Arten. Gattung *Thinobius* KIESENWETTER

13* 1,3–3,5 mm. Fld hinten nie klaffend. Körper schwarz. Hsch u. Fld s heller pechbraun. Leben an Ufern, z. T. auf vegetationsfreien Flächen, andere in der Streu, manche auf Salzboden, andere im Kompost; fressen z. T. Algen **14**

14 Hsch vor der Basis mit einem hufeisenförmigen Eindruck (Abb. **395**/9). 3,0 bis 3,5 mm; v–s; 5 Arten. Gattung *Thinodromus* KRAATZ

14* Hsch ohne od. nur mit 2 Längseindrücken. 1,3–3,5 mm; g–sehr s; 21 Arten. Gattung *Carpelimus* LEACH

Unterfamilie *Oxyporinae*

An Hutpilzen. Eiabl an die Pilze. L fressen Pilzgewebe; entw sich in einer „Schnellmetamorphose“ in wenigen Wo im Spätsommer. Im. fressen ebenfalls Pilzgewebe, verschmähen nach neueren Untersuchungen Insekten (Fliegenmaden). 7–12 mm.

1 K, Fld u. HlbSpitze schwarz; Hsch, Schulterecken der Fld u. erste HlbRinge rot (Abb. **385**/12). Bes. in Blätterpilzen; g. *Oxyporus rufus* (L.)

1* Körper schwarz, Fld gelb mit schwarzen Außenwinkeln; Hlb gelb od. geschwärzt. Bevorzugt Röhrenpilze; s. *Oxyporus maxillosus* F.

Unterfamilie *Scydmaeninae* – Ameisenkäfer

Unter feuchtem Laub, an faulenden u. schimmeligen PflAbfällen, im Moos, in der Schilf- u. Bodenstreu, an faulem Holz, unter Rinde u. Steinen. Einige (*Stenichnus, Euconnus* u. *Scydmaenus*) ± regelmäßig bei Ameisen, andere in Maulwurfsnestern u. Mäusegängen. Na: Milben (L u. Im.). 0,7–2,3 mm. – DE 53 Arten in 10 Gattungen (Abb. **374**/9).

Unterfamilie *Steninae*

1 Au nehmen die gesamte KS ein (Abb. **383**/3; **385**/13). Schläfen sehr klein od. fehlend. Körper meist schwarz, z. T. mit Metallschimmer, s bläulich. Fld mit od. ohne gelbrote Makel. B schwarz, gelb od. zweifarbig. Teile der Mundteile sind zu einem Klebfangapparat umgebildet, der in Ruhe wie ein eingezogener Handschuhfinger im Körper gelagert ist (kann bei frisch getöteten Tieren durch Druck auf die KKapsel ausgestülpt werden). Zum Erfassen der Beute (oft Springschwänze!) wird das lg Organ herausgeschnellt, die Beute haftet am Klebepolster der „Zunge“ fest u. wird nach dem Zurückziehen von den OKf erfasst. Leben meist an Ufern. Einige Arten haben breite, gelappte Füße u. können deshalb auf der Wasseroberfläche laufen. Andere, mit schmalen Füßen, zeigen „Entspannungsschwimmen“: Aus den Pygidialdrüsen wird ein Sekret abgegeben, das die Oberflächenspannung des Wassers verändert u. die Käfer einige Dezimeter blitzschnell davonschießen lässt. Andere Arten leben in Mooren (oft *Sphagnum*-Bestände) u. Sümpfen, in der Bodenstreu. *St. humilis* ERICHSON u. *St. aterrimus* ERICHSON bei Ameisen. Wenige in Trockenrasen od. *Calluna*-Heiden. Manche *Parastenus* an Schneerändern der HochGeb. Im. je nach Art im Sommer- od. Winterhalbjahr; g–sehr s; 2–7 mm; 101 Arten. Gattung *Stenus* LATREILLE

1* Schläfen so lg wie die Au (Abb. **385**/14). HlbE mit einem Paar lg Bo. Körper schimmert metallisch blau; auf jeder Fld ein gelbroter Fleck. B schwarz. Im Moos der Sprühzonen von GebBächen, Wasserfällen u. Wehren. 5–6 mm. *Dianous coerulescens* (GYLLENHAL)

Unterfamilie ***Euaesthetinae***

1 OS glatt u. glänzend. K mit Stirnfurchen. Hsch an der Basis mit einer Querfurche. Bes. in warmen Komposten, in Gärtnereien, auf Schuttplätzen. Hat sich seit ca. 40 Jahren über das südl u. westl MEur ausgebreitet u. dehnt sein Verbreitungsgebiet weiter aus. 1,0–1,1 mm. *Edaphus beszedesi* Reitter

1* OS punktiert, matt. K ohne Stirnfurchen. HschBasis ohne Querfurche, manchmal mit flachen Längseindrücken. Im Anspülicht der Ufer, auf überschwemmten Wiesen, in Sümpfen, in faulenden PflResten; v–sehr s; 1,3–2,0 mm; 4 Arten (Abb. **385**/15). Gattung *Euaesthetus* Gravenhorst

Unterfamilie ***Pseudopsinae***

Unter faulendem Laub, Stroh, Heu u. Moos. Westl u. südöstl MEur, Thüringer Wald, Gotha, Greifswald; sehr s; 3,5–4,0 mm (Abb. **398**/1). *Pseudopsis sulcata* Newman

Unterfamilie ***Paederinae***

1 5–10 mm. Hsch gelbrot. Fld metallisch blau od. schwarz. K schwarz, z.T. bläulich schimmernd. Hlb rotgelb mit schwarzer Spitze od. einfarbig schwarz bis blauschwarz. Die breiten, mit Drüsenhaaren besetzten Füße erlauben den Tieren, auf der Wasseroberfläche u. an glatten, senkrechten Flächen zu laufen. In der Körperflüssigkeit der Tiere das Gift Pederin, das Entzündungen der Haut u. Augen (Erblindungsgefahr!) verursacht. Vorsicht beim Anfassen, nicht zerdrücken! **2**

1* 2,5–9,5 mm. Anders gefärbte Arten **3**

2 Hlb einfarbig schwarz bis blauschwarz. An freien Ufern großer Flüsse u. GebBäche im Sand u. Geröll; s; 2 Arten; 6,5–9,5mm. Gattung *Paederidus* Mulsant et Rey

2* Hlb rotgelb mit schwarzer Spitze (Abb. **398**/2). An Uferrändern, bes. im Schilfgürtel; in Mooren u.a. feuchten Stellen; g–s; 8 Arten; 5–10 mm. Gattung *Paederus* F.

3 **(1)** Unter 6 mm, sowie eine Art mit rotbraunem Hsch bis 6,5 mm **6**

3* Über 6,5 mm **4**

4 KlauenGld der HFüße so lg wie die übrigen 4 Gld zusammen (Abb. **371**/13). Hsch auffallend flach, VEcken leicht vorgezogen. Körper schwarz; Fld ganz od. z.T. rot. 6,5–8,5 mm. In wärmeren Gebieten an Ufern; s; 2 Arten. Gattung *Achenium* Leach

4* KlauenGld der HFüße deutlich kürzer als die 4 übrigen Gld zusammen. Hsch schwach od. stark gewölbt, VEcken abgerundet **5**

5 Gesamter Hsch sehr dicht längsrunzlig punktiert, matt. Körper dunkel pechbraun. F u. B rotbraun. Montan, bes. in Wäldern; z; 6,5–7,5 mm. *Domene scabricollis* (Erichson)

5* Hsch kräftig, aber weitläufig punktiert meist mit breiter, punktfreier MLinie **14**

6 **(3)** Hals mindestens $^1/_4$ so breit wie der K. Hsch nach vorn nicht verengt (Abb. **383**/5) **8**

6* Hals höchstens $^1/_6$ der KBreite. Hsch nach vorn stark verengt (Abb. **398**/3; **400**/1) . **7**

7 3,5–6,5 mm. K u. Hsch kräftig u. dicht punktiert. Im Kompost, Anspülicht, unter Steinen; g–s; 8 Arten (Abb. **398**/3; **400**/1). Gattung *Rugilus* Leach

7* 2,5–3,5 mm. VKörper fein u. weitläufig punktiert. An sonnigen Stellen unter Steinen, Blattrosetten, zw Graswurzeln, im Schotter u. Ufergenist; z–sehr s; 10 Arten. Gattung *Scopaeus* Erichson

8 **(6)** BasalGld der F lg, fast so lg wie die 4 folgenden Gld zusammen. F zw 1. u. 2. Gld gekniet (Abb. **382**/5). 4,5–5,5 mm; 2 Arten: *O. fracticorne* (Paykull): in Mooren u. Sümpfen; v. *O. collare* (Reitter): in Trockenrasen u. auf Salzböden; s. Gattung *Ochthephilum* Stephens

8* F nicht gekniet. BasalGld so lg wie Gld 2 u. 3 zusammen **9**

9 Fld mit Punktstreifen. Körper dunkelbraun; F, B u. FldSpitzen dunkel rotgelb. Westl MEur, Rheingebiet; sehr s; 3,6–4,0 mm. *Pseudobium gridellii* Jarrige

9* Fld ohne Punktstreifen, glatt, od. Körper größer **10**

10 Fld einfarbig gelb, hell- od. dunkelbraun od. schwarz. Nur s sind die helleren Fld verschwommen angedunkelt **13**

10* Fld deutlich zweifarbig: Basis dunkelbraun od. schwarz, hinten gelbrot **11**

11 Hsch dicht u. kräftig punktiert, matt. Körper dunkelbraun. 4. FußGld 2lappig. B u. der ± breite Spitzenteil der Fld gelb. Auf sonnenexponierten Böden; im PflDetritus, bes. unter Blattrosetten; in Stroh; manche Arten sollen Ameisengäste sein; z–sehr s; 3–5 mm; 8 Arten. Gattung *Astenus* STEPHENS

11* Hsch weitläufig punktiert, mit punktfreier MLinie, ± glänzend. 4. FußGld einfach . **12**

12 Körper glänzend schwarz. F, B u. ein großer Fleck auf jeder Fld gelb. 1. Gld der HFüße viel länger als das 2. In Wärmegebieten des südl MEur; s; 5–6 mm. *Leptobium gracile* (GRAVENHORST)

12* Anders gefärbt od. von anderer Körpergröße; wenn ähnlich gefärbt, dann 1. Gld der HFüße so lg wie das 2. . . . . **14**

13 **(10)** K leicht trapezförmig. Au so lg wie Schläfen (Abb. **383**/5). OS sehr dicht u. fein punktiert. Ohne od. mit sehr schmaler, nicht deutlich glänzender MLinie auf dem Hsch. In der Bodenstreu, in Stroh u. Kompost; g–s; 3,5–4,0 mm; 2 Arten. *L. nigriceps* KRAATZ hat sich seit ca. 1930 von As aus über Eur ausgebreitet. Gattung *Lithocharis* DEJEAN

13* Entweder Schläfen deutlich länger als Au od. K ohne deutliche Schläfenwinkel, mehr abgerundet **14**

14 **(5, 12, 13)** 2,5–6,0 mm, meist unter 4,5 mm. 1. Gld der HFüße länger als das 2. Körper meist einfarbig rostbraun od. dunkelbraun, s Hsch gelb od. hell rotbraun. K meist umfangreicher als Hsch **19**

14* 3,6–9,5 mm, meist über 5 mm. 1. Gld der Füße nicht länger als das 2. Körper einfarbig rostbraun, dunkelbraun, schwarz od. zweifarbig. Fld oft schwarz mit gelbroten Flecken od. roter HHälfte. Hsch meist umfangreicher als K **15**

15 Fld gleichmäßig punktiert. 3,6–9,5 mm **17**

15* Fld kräftig u. deutlich gereiht punktiert. 6,5–8 mm. Dunkelbraun bis rotbraun, F, B u. HlbSpitze rotgelb, FldBasis angedunkelt **16**

16 Hsch mit schmaler unpunktierter MLinie, die auf jeder S von einer Reihe dicht stehender Punkte begrenzt wird, nach außen unregelmäßig punktiert. 7–8 mm. Kaiserstuhl. *Pseudolathra manueli* (FAUVEL)

16* Neben der unpunktierten HschMLinie ohne parallele Punktreihe, die unregelmäßige SPunktur beginnt unmittelbar neben der unpunktierten Zone. 6,5–8 mm, v, aber nicht häufig. *Lobrathium multipunctum* (GRAVENHORST)

17 **(15)** Umgeschlagene S der Fld mit einer von der S sichtbaren, nach vorn verkürzten Linie über den schmalen Epipleuren. Körper stark abgeflacht. 5–8 mm. An Ufern von GebBächen. 5 Arten. Gattung *Platydomene* GANGLBAUER

17* Umgeschlagene S der Fld ohne zusätzliche Linie über den Epipleuren. Körper nicht deutlich abgeflacht. 3,6–9,5 mm **18**

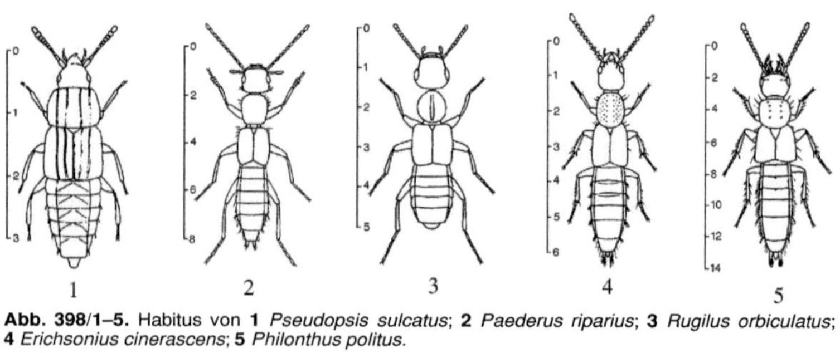

Abb. 398/1–5. Habitus von **1** *Pseudopsis sulcatus*; **2** *Paederus riparius*; **3** *Rugilus orbiculatus*; **4** *Erichsonius cinerascens*; **5** *Philonthus politus*.

18 5,5–7,5 mm. Hals $^1/_3$ so breit wie der K. Dunkelbraun bis schwarz, Fld manchmal rot mit geschwärzter Basis. In der Bodenstreu, vor allem in Sümpfen u. Mooren. 6 Arten. Gattung *Tetartopeus* CZWALINA

18* 4–9,5 mm. Hals $^1/_2$ so breit wie der K. Einfarbig hell gelbbraun, braun od. dunkelbraun od. schwarz od. Fld rot mit schwarzer Basis. Manche Arten mit reduzierten Augen leben unterirdisch. In der Bodenstreu, in Sümpfen u. Mooren, g bis sehr s. In den Alp viele Endemiten. Gattung *Lathrobium* GRAVENHORST

19 **(14)** Hsch braun od. schwarz ... **21**

19* Hsch gelb od. gelbrot ... **20**

20 Hsch wie der gesamte Körper hell gelbrot. F kurz, perlschnurartig, alle FGld kugelig. 2,5 mm. Im Kompost. *Hypomedon debilicornis* (WOLLASTON)

20* Hsch gelb. Fld bräunlich, manchmal mit gelben Rändern. F gestreckter, alle FGld länger als breit. 3–4,5 mm. 3 Arten. Gattung *Sunius* STEPHENS

21 **(19)** 3–4,5 mm. Körper äußerst fein punktiert, seidenglänzend. Rotbraun bis dunkelbraun. In der feuchten Bodenstreu u. im Kompost; s. 3 Arten. Gattung *Pseudomedon* MULSANT & REY

21* 3–6,5 mm. Körper mäßig fein bis grob punktiert, ± glänzend. Körper meist rotbraun, s schwarz ... **22**

22 3 mm. Körper schwarz, z u. s. *Luzea nigritula* (ERICHSON)

22* 3,5–6 mm. Körper rotbraun. Unter Steinen, in der Boden- u. Laubstreu. Viele Arten scheinen an Mäusegänge gebunden zu sein. Die einzige große Art, *M. castaneus* (GRAVENHORST), 5–6 mm, in Maulwurfsnestern. 8 Arten. Gattung *Medon* STEPHENS

Unterfamilie ***Staphylininae***

1 Fld überdecken einander an der Naht, diese leicht gebogen (Abb. **400**/4). 2,8–14 mm. Tribus *Xantholinini* S. 399

1* Fld stoßen normal aneinander. Nahtlinie gerade (Abb. **399**/1–5; **398**/4–5; **391**/2) . **2**

2 4,5–14,0 mm. FEinlenkungsstellen voneinander etwa genauso weit entfernt wie von den Au (Abb. **383**/6–7). 1. Gld der HFüße kaum länger als das 2. Tribus *Othiini* S. 401

2* 3–32 mm. FEinlenkungsstellen voneinander weiter entfernt als von den Au (Abb. **383**/9–10). BasalGld der HFüße oft verlängert. Tribus *Staphylinini* S. 401

Tribus ***Xantholinini***

1 Grundfarbe der Fld braun bis schwarz, manchmal zweifarbig. 3–14 mm ... **4**

1* Fld rot od. gelblich. Immer über 6,5 mm lg ... **2**

2 Hsch ohne dorsale Punktreihe (Abb. **400**/4; HschPunktur rechts). Sch grob punktiert. An faulenden pfl u. tierischen Stoffen; auf Müllplätzen, in Gebäuden; z; 9–12 mm. *Gauropterus fulgidus* (F.)

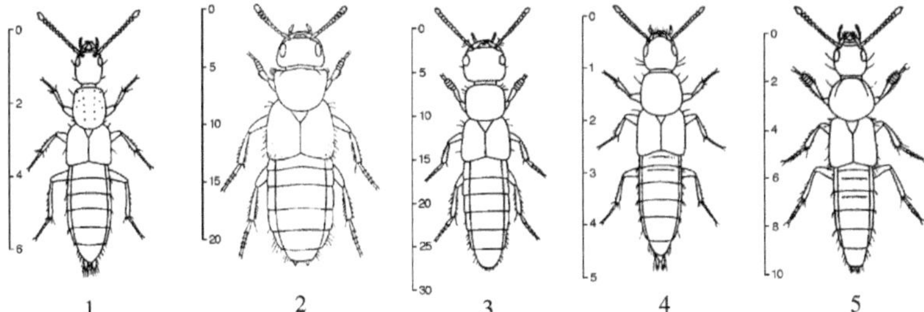

Abb. 399/1–5. Habitus von **1** *Gabrius osseticus*; **2** *Creophilus maxillosus*; **3** *Ocypus olens*; **4** *Heterothops niger*; **5** *Quedius mesomelinus*.

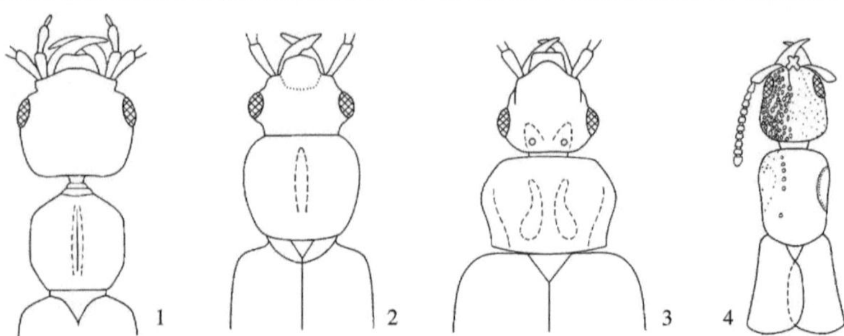

Abb. 400/1–4. VKörper von **1** *Rugilus*; **2** *Bledius*; **3** *Omalium*; **4** einer hypothetischen *Xantholinini*: KPunktur links: *Gyrohypnus*, KPunktur rechts: *Xantholinus*, HschPunktur links: *Xantholinus*, HschPunktur rechts: *Gauropterus*.

2* Hsch jederseits der M mit einer dorsalen Punktreihe (Abb. **400**/4; HschPunktur links). Sch mit 2 Punkten **3**

3 6,5–8,0 mm. K mit groben Punkten. SRandlinie des Hsch nur im hinteren Teil von oben sichtbar, Fld gelbrot, Hsch schwarz. Unter Nadelholzrinde; jagt Borkenkäfer u. deren L; z. *Nudobius lentus* (GRAVENHORST)

3* 6,0–14,0 mm, oft über 8 mm. Hsch oft heller. K meist fein punktiert **8***

4 **(1)** F kürzer als der sehr lggestreckte K. K deutlich länger als Hsch. FBasen einander stark genähert (Abb. **383**/8). Unter Rinde (bes. Nadelholz, Tanne). Jagt Borkenkäfer u. deren L; s; 5,5–7,5 mm; montan. *Zeteotomus brevicornis* (ERICHSON)

4* F länger als der K, dieser nur wenig länger als Hsch (Abb. **400**/4). FBasen voneinander etwa so weit entfernt wie von den Au **5**

5 5,5–14,0 mm. EGld der UKfTst ist zugespitzt, aber an der Basis nur wenig dünner als das vorletzte. Die 2 äußeren Längsfurchen am KVRand weniger tief **7**

5* 2,8–6,5 mm. EGld der UKfTst klein u. schmal, 1/2 so dick wie das vorletzte Gld. K am VRand mit 4 tiefen Längsfurchen **6**

6 HschReihen mit 8–16 Punkten. An pfl u. tierischen Faulstoffen. Möglicherweise an Mäusegänge gebunden; v; 2,8–6,5 mm; 5 Arten. *L. formicetorum* MÄRKEL bei *Formica*. Gattung *Leptacinus* ERICHSON

6* HschReihen mit 5 od. 6 Punkten. Im Dünger. 5,5–6,5 mm. *Phacophallus parumpunctatus* (GYLLENHAL)

7 **(5)** Schläfen hinter den Au sehr grob verrunzelt punktiert. K an dieser Stelle matter als Hsch (Abb. **400**/4; KPunktur links). In Dung u. Faulstoffen, in der Bodenstreu; g. *G. atratus* (HEER) bei Ameisen (*Formica*); z; 5,5–9,0 mm. 5 Arten. Gattung *Gyrohypnus* LEACH

7* K (auch Schläfen) ziemlich fein, weitläufig u. nicht verrunzelt punktiert; nicht matter als Hsch (Abb. **400**/4; KPunktur rechts) **8**

8 Fld vollständig gelb, rot od. hell rotbraun **9**

8* Fld braun bis schwarz (manchmal mit Metallschimmer) od. zweifarbig braun bis schwarz mit rotgelben Flecken od. Zeichnung **9***

9 Hsch einfarbig pechbraun bis schwarz (manchmal mit Metallschimmer) **10**

9* Hsch gelb, rot od. hell rotbraun, manchmal vor allem in der HHälfte angedunkelt od. geschwärzt. 6–12 mm. Bunte od. einfarbig dunkle Arten. In faulenden PflResten, Laub, Moos, unter Steinen, im Dünger; g bis sehr s; 11 Arten. Gattung *Xantholinus* SERVILLE

10 6–7,5 mm. Fld hell braunrot. ♂ mit schwarzen Dörnchen am HRand des VIII. Tergits. Im Mulm hohler Bäume, in Vogelnestern; s. *Hypnogyra angularis* (GANGLBAUER)

10* 8–14 mm. Fld hell bräunlichgelb od. ziegelrot. ♂ ohne schwarze Dörnchen am HRand des VIII. Tergits **11**

11 8–11 mm. Fld bräunlichgelb. K fast quadratisch. Aktuelle Nachweise nur aus BY, s. *Leptophius flavocinctus* (HOCHHUTH)
11* 10–14mm. Fld ziegelrot. K nach hinten deutlich erweitert. Im Kompost, nach NO seltener. *Megalinus glabratus* (GRAVENHORST)

Tribus ***Othiini***

1 Fld lederartig verrunzelt, Nahtstreifen kräftig abgesetzt (Abb. **391**/2). Ol vorn winklig ausgeschnitten (Abb. **383**/6). Vordere Tergite hinter der Basalkante mit 2 Querlinien. Unter Rinde u. im Mulm. *A. affinis* (PAYKULL): Körper zweifarbig: hell braunrot; K. Fld ohne Basis sowie 4. u. 5. Tergitbasis schwarz bis schwarzbraun. Überall g. 2 weitere, dunkle Arten s, in höheren Geb. 5,5–8,0 mm. Gattung *Atrecus* JACQUELIN DU VAL
1* Fld deutlich punktiert. Nahtstreifen schwächer abgesetzt. Ol durch einen schmalen Einschnitt zweilappig (Abb. **383**/7). Tergite mit nur einer vertieften Querlinie. In der Bodenstreu. *O. punctulatus* (GOEZE) 9–14 mm, v, 6 weitere Arten von 4,5–7,5 mm. Gattung *Othius* STEPHENS

Tribus ***Staphylinini***

1 FGeißel deutlich länger als der K, fadenförmig. 3–32 mm **4**
1* FGeißel nur wenig länger als der K, mit 5–6 deutlich verbreiterten* (Abb. **399**/2) od. 7 sägeförmig nach innen erweiterten EGld (Abb. **382**/6). 15–28 mm **2**
2 FGeißel vom 4. Gld an sägeartig nach innen erweitert (Abb. **382**/6). Körper nicht auffallend behaart. Hsch u. Hlb irisieren metallisch. Lebt in Hornissennestern. L u. Im. ernähren sich hauptsächlich von FliegenL, die sich in den Kothaufen der Hornissen entwickeln; s; 15–24 mm. *Velleius dilatatus* (F.)
2* F ab 6. Gld schwach erweitert. Körper auffällig behaart **3**
3 Körper überwiegend goldgelb, dicht u. langzottig behaart. Fld mit graugelber Querbinde. HlbBasis schwarz, HlbSpitze goldgelb behaart. An frischen Exkrementen, bes. Rindermist, Aas u. Faulstoffen; s; 18–28 mm. *Emus hirtus* (L.)
3* K u. Hsch schwarz glänzend, unbehaart. Fld u. Hlb grau- u. schwarzfleckig behaart. Fld mit breiter grauer Querbinde (Abb. **399**/2). An Aas, Mist u. stark zersetzten Faulstoffen. Jagt Fliegen, FliegenL u. KäferL od. frisst Aas; g; 15–25 mm. *Creophilus maxillosus* (L.)
4 **(1)** HschVEcken in eine kurze Spitze vorgezogen (Abb. **395**/10). Körper graugelb u. schwärzlich marmoriert behaart. MBr scharf gekielt. An Dünger u. Aas; 10–19 mm; 3 Arten. Gattung *Ontholestes* GANGLBAUER S. 404
4* HschVEcken stumpf, rechtwinklig od. abgerundet, nie in eine scharfe Spitze ausgezogen **5**
5 K mit struppiger, abstehender, schmutziggelber Behaarung u. dazw deutlich glänzenden, kahlen Spiegelflecken. Körper mit schwarzbrauner u. schmutziggelber, marmorierter Behaarung. Ähnlich *Ontholestes,* aber HschVEcken abgerundet. Bes. an Mist; seit 3 Jahrzehnten vor allem im Norden sehr s geworden. Jagt Fliegen, Käfer u. deren L; 12–17 mm. *Dinothenarus pubescens* (DEGEER)
5* K unbehaart od. Behaarung nicht struppig u. andersfarbig, ohne Spiegelflecken **6**
6 Hlb völlig gleichförmig, meist dunkel behaart. Einzelne Tiere können fleckig angeschmutzt sein! **11**
6* Hlb mit deutlichen Flecken, Querbinden od. Längsstreifen aus weißlichen od. goldgelben Haaren. Bei alten Tieren kann die Behaarung z. T. abgeschabt sein! **7**
7 K trapezförmig, Schläfen geradlinig nach hinten erweitert (Abb. **383**/9). Hlb mit dichten gelben od. weißen Haarflecken. In der Bodenstreu, unter Steinen u. Baumrinde, an Faulstoffen, Aas u. Exkrementen; sollen auch Ameisen verfolgen; 10–19 mm; 4 Arten. Gattung *Platydracus* THOMSON S. 404

---

* FGld sind gewöhnlich im Querschnitt oval. Die Beurteilung von Lg u. Breite der FGld erfolgt stets von der breitesten Ansicht.

7* K rund, oval, gerundet viereckig od. rechteckig, nach hinten nicht erweitert **8**

8 Hlb mit hellen Haaren, die in Längsstreifen angeordnet sind **11**

8* Die hellen Haare nicht in durchgehenden Längsstreifen angeordnet **9**

9 14–22 mm; mit roten Fld. Hlb mit Haarflecken od. mit durchgehenden Querbinden **27**

9* Unter 11 mm od. Fld nicht rot **10**

10 Hsch mit 2 Reihen aus jeweils 3 od. 4 grubig vertieften Punkten. Fld sehr deutlich länger als breit, viel länger als der Hsch. Schwarz. Hlb hellgrau scheckig behaart. Umgeschlagenen STeile der Fld gelb. Im Sand unter angespülten Tang der Nord- u. Ostsee; g; 6–9 mm. *Cafius xantholoma* (Gravenhorst)

10* Hsch mit 2 Reihen aus jeweils 3 feinen Punkten. Hlb mit goldgelben Haarflecken **22**

11 **(6, 8)** 11–32 mm. Hsch bis auf eine glatte MLinie gleichmäßig dicht u. fein punktiert. Immer ohne 2 Dorsalreihen grober Punkte. K u. Hsch mit feiner Grundbehaarung. (Abb. **399**/3). Jagen Insekten u. deren L, aber auch Würmer u. Schnecken. Am Boden, im Moos, unter Steinen u. Rinde, in Kellern, an Kadavern u. faulenden Vegetabilien; g–sehr s; 13 bzw. 6 Arten.
Gattungen *Ocypus* Leach u. *Tasgius* Stephens S. 404

11* 3–16 mm. Hsch entweder völlig unpunktiert, od. mit wenigen kräftigen Punkten, die in 2 Dorsalreihen angeordnet sind od. Hsch bis auf eine glatte MLinie punktiert, dann aber unter 10 mm. K und Hsch bei den größeren Arten nur mit wenigen lg BoHaaren, die in den kräftigen Punkten entspringen **12**

12 1. FGld mindestens so lg wie 2., 3. u. 4. Gld zusammen (Abb. **382**/7). F nach dem 1. FGld gekniet. In schwimmendem *Sphagnum* u. Mooranspülicht; sehr s; 6–9 mm. 2 Arten. Gattung *Acylophorus* Nordmann

12* 1. FGld höchstens so lg wie 2. u. 3. zusammen. F nicht gekniet **13**

13 Über 7,5 mm **20**

13* Unter 7,5 mm **14**

14 Hsch glatt, mit nur ganz wenigen Punkten am SRand od. mit 2 Dorsalreihen aus 2–6 Punkten. 3,0–7,5 mm **17**

14* Hsch bis auf eine glatte MLinie mit vielen Punkten besetzt, die nicht in Reihen geordnet sind. 4–6 mm **15**

15 2. FGld so dick wie das 1. u. deutlich breiter als das 3. FGld (Abb. **398**/4). Fld u. Hlb braunschwarz, durch feine graue Haare seidig schimmernd. An Ufern im Genist, in Sümpfen, unter faulenden PflTeilen; v bis sehr s; 4,0–5,5 mm; 4 Arten.
Gattung *Erichsonius* Fauvel

15* 2. FGld nicht verdickt, von der Breite des 3. u. schmaler als das 1. .... **16**

16 OS glänzend. 1. Gld der HFüße nicht länger als das EGld. Fld braungelb-rot, meist ± große Teile angedunkelt. An Ufern od. im Kompost 4–5 mm; z; 4 Arten.
Gattung *Neobisnius* Ganglbauer

16* OS matt. 1. Gld der HFüße länger als das EGld. Fld dunkel. Im angespülten Tang an der Küste der Nord- u. westl Ostsee; s; 5–6 mm. *Remus sericeus* Holme

17 **(14)** HFüße 4gld. 4,0–4,5 mm. Körper ± kahnförmig. Tst sehr lggestreckt. K mit deutlichen Wangen. Fußformel 5, 4, 4. Schwarz, Hsch braun mit hellerem Rand. HRand der Fld u. HlbSpitze gelbrot. *Atanygnathus terminalis* (Erichson)

17* Fußformel 5, 5, 5. Tst von normaler Länge **18**

18 EGld der UKfTst sehr klein (mit der Lupe gerade erkennbar), nur eine kurze, nadelförmige Spitze bildend. Das vorletzte ziemlich plump u. täuscht manchmal das letzte vor (Abb. **387**/7). Körper braun-schwarz. *H. niger* Kraatz regelmäßig in Maulwurfsnestern (Abb. **399**/4). *H. binotatus* (Gravenhorst) an den Meeresküsten unter Tang. Sonst in der Bodenstreu u. im Anspülicht; s; 3,5–5,0 mm; 8 Arten.
Gattung *Heterothops* Stephens

18* EGld der UKfTst nicht als kleine nadelförmige Spitze ausgebildet, sondern mindestens so lg wie das vorletzte, jedoch oft zugespitzt (Abb. **387**/8–9) **19**

19 EGld der UKfTst konisch zugespitzt od. zugespitzt, schmaler als das vorletzte Gld (Abb. **387**/9). K meist deutlich länger als breit, lg rechteckig. Schläfen meist deutlich länger als die Au. Dorsalreihen des Hsch aus 5 od. 6 Punkten. Körper hellbraun bis schwarz. *Rabigus tenuis* (F.) mit rotgelbem Hsch u. rotgelber FldHHälfte. In der Bodenstreu, an Uferrändern, im Genist, in faulenden Vegetabilien. 3,0–7,5 mm . . . **24**

19* EGld der UKfTst etwa so breit u. so lg wie das vorletzte, nicht zugespitzt (Abb. **387**/8). K s lg rechteckig, meist gerundet od. quer (Abb. **383**/10). Au etwa so lg od. viel länger als die Schläfen **22**

20 **(13)** EGld der UlTst beilförmig erweitert (Abb. **403**/2). Körper schwarz, Hlb irisierend. In feuchten Gebieten, unter Moos (bes. *Sphagnum*) u. Genist. Soll an Mäusegänge gebunden sein, v aber s; 9–10 mm. *Euryporus picipes* (Paykull)

20* EGld der UlTst einfach **21**

21 8–10 mm u. Fld rot u. Hsch bis auf seine MLinie kräftig punktiert. HschSRand nur im hinteren Drittel von oben her sichtbar. KfTstEGld doppelt so lg wie vorletztes Gld. Im mittleren u. südl MEur, im Mulm u. Moos alter Bäume; s. *Hesperus rufipennis* (Gravenhorst)

21* Die Merkmale treffen gemeinsam nicht zu **22**

22 **(10, 19, 21)** Hsch schüsselförmig über die VBr gezogen. Die umgeschlagenen S (Epipleuren) des Hsch von der S nicht sichtbar; sie sind völlig nach innen umgeschlagen (Abb. **391**/3). Die KS unter den Au mit einer SRandKante. Hsch mit dorsalen Punktreihen aus meist 3 (s 2 od. 4) Punkten, wovon der erste nahe am VRand u. etwas nach außen gerückt steht (Abb. **399**/5). Die im Gebiet vorkommenden 63 Arten sind einander oft sehr ähnlich. Leben in der Bodenstreu, im Moos, unter Rinde; viele in den Nestern von Kleinsäugern; in Baumhöhlen, im Kompost; g–sehr s; 4–14 mm. Gattung *Quedius* Stephens

22* Epipleuren des Hsch von der S im letzten Drittel sichtbar (Abb. **391**/4). K unter den Au ohne Randleiste. Hsch ohne od. mit Punktreihen, die dann aus s 3 od. häufiger 4, 5, 6 od. vielen Punkten bestehen (der 1. Punkt steht auch hier nahe dem VRand u. etwas nach außen gerückt). An Faulstoffen, Exkrementen, Aas; in der Bodenstreu, an Uferrändern, in Sümpfen, hinter Rinde, unter Steinen; einige Arten in den Nestern von Kleinsäugern od. Vögeln **23**

23 4,5–16 mm. Basale 4 VTrGld auf der US mit hellen Haaren, meist deutlich erweitert. Hsch ohne od. mit Punktreihen aus s 3 od. häufiger 4, 5, 6 od. vielen Punkten. 60 Arten, g bis sehr s (Abb. **398**/5). Gattung *Philonthus* Stephens

23* 4–8,5 mm. Basale 4 VTrGld auf der US einfach behaart, nicht erweitert. Hsch immer mit Punktreihen aus 4, 5, 6 od. vielen Punkten. 12 Arten, g–s. Gattung *Bisnius* Stephens

24 **(19)** 4,5–5,5 mm. Hsch u. HHälfte der Fld klar gelbrot. Im NO fehlend, sonst s. *Rabigus tenuis* (F.)

24* Hsch u. Fld braun bis schwarz, s heller gelbbraun **25**

25 4,5–5,5 mm. Körper glänzend schwarz, auch B schwarz. Letztes Gld der KfTst konisch zugespitzt. Im S, s., im NO fehlend. *Rabigus pullus* (Nordmann)

25* 3–8 mm. Körper hellbraun, braun bis schwarz, B meist gelbbraun, s Schienen u./od. Schenkel geschwärzt **26**

26 3–4,5 mm. K nach hinten erweitert. Körper hellbraun bis pechschwarz. Fld hellbraun, FBasis u. B braungelb. 2 sehr s Arten. Gattung *Gabronthus* Tottenham

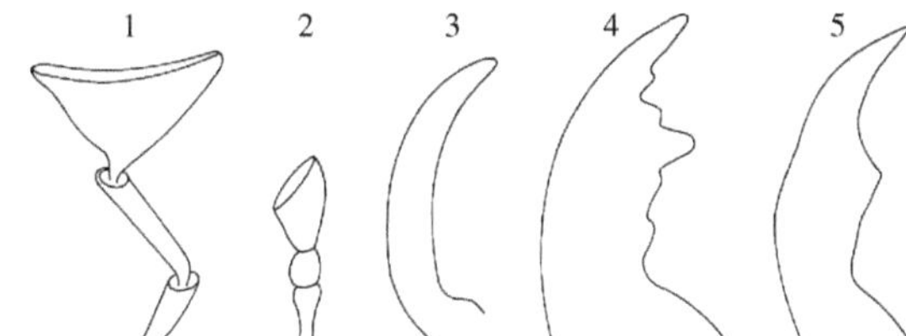

Abb. 403/1–5. UlTst von **1** *Oxyporus*; **2** *Euryporus*; **3–5** OKf von **3** *Tasgius melanarius*; **4** *Ocypus nitens*; **5** *Tasgius ater*.

26* 3,5–8 mm. K nach hinten nicht erweitert. Körper braun bis schwarz, B meist gelbbraun, s Schienen u./od. Schenkel geschwärzt. 21 Arten, g bis sehr s. Gattung *Gabrius* STEPHENS

27 **(9)** SRand des Hsch nur im hinteren Viertel von oben sichtbar. K und Hsch rotbraun. Fld rot, der hintere Teil goldgelb behaart mit Haarflecken. Unter Rinde u. Steinen. Soll Ameisen jagen. In den südl. u. mittleren Teilen Deutschlands v, im N extrem s. *Dinothenarus fossor* SCOPOLI

27* SRand des Hsch in der HHälfte von oben sichtbar. K und Hsch dunkelbraunschwarz. Fld rot. Hlb nur an den S mit Haarflecken od. mit durchgehenden Querbinden. In der Bodenstreu, unter verwitternden PflResten, Steinen, Rinde, an Aas und Exkrementen. 3 Arten. Gattung *Staphylinus* L. S. 404

Gattung *Ontholestes* GANGLBAUER

1 B ganz schwarz; g; 10–15 mm. *O. murinus* (L.)

1* B teilweise gelb **2**

2 Obere Kante des HschSRandes ausgeschweift verengt (Abb. **395**/10); v; 14–19 mm. *O. tessellatus* (GEOFFROY)

2* HschS parallel, nicht ausgeschweift; sehr s; 10–15 mm. *O. haroldi* (EPPELSHEIM)

Gattung *Platydracus* THOMSON

1 Fld u. übriger Körper schwarz mit blauem od. blaugrünem Metallschimmer. FBasis u. B rot. Überall s; 14–17 mm. *P. fulvipes* (SCOPOLI)

1* Fld rot **2**

2 K u. Hsch tiefschwarz od. blauschwarz, unauffällig behaart. Fld, F u. B ± rotgelb. 11 bis 15 mm. Überall, aber z. *P. stercorarius* (OLIVIER)

2* Hsch dunkelbraun, mit Metallglanz **3**

3 10–12 mm. Hsch erzglänzend-bräunlich, unauffällig behaart. Schläfen nicht länger als die Au. B braunrot. Verbreitet, aber s. *P. latebricola* (GRAVENHORST)

3* 13–19 mm. Hsch braun mit Bronzeglanz u. rauher Behaarung; z u. sehr s. *P. chalcocephalus* (F.)

Gattung *Staphylinus* L.

1 Sch gelb behaart; v. *S. erythropterus* L.

1* Sch schwarz behaart **2**

2 Schläfen gelb behaart (zur Beurteilung der Haarfärbung Tier im Licht drehen). Basalrand der Fld dunkel; v. *S. caesareus* CEDERHJELM

2* Schläfen dunkel behaart. Auch Basalrand der Fld rot; s. *S. dimidiaticornis* GEMMINGER

Gattungen *Ocypus* LEACH u. *Tasgius* STEPHENS

1 Fld schwarz, braun od. rotbraun **3**

1* Fld mit deutlich blauem Schimmer (Zur Beurteilung von Metallschimmer, Bronzeglanz u. Haarfärbung Tier im (Tages)Licht drehen) **2**

2 F dunkel; oft in Gärten; g; 13–23 mm. *O. ophthalmicus* (SCOPOLI)

2* F ausgedehnt rotgelb od. rotbraun; s; 15–20 mm. *T. pedator* (GRAVENHORST)

3 **(1)** VKörper ohne Bronzeglanz **9**

3* VKörper mit deutlichem Bronzeglanz **4**

4 Hlb völlig gleichförmig behaart od. bei 1 Art helle Haare regellos verstreut **6**

4* Hlb neben der dunklen Behaarung mit hellen Haaren, die in deutlichen Längsstreifen angeordnet sind **5**

5 Klein, 11–15 mm. K rund. Fld schwarzbraun; v. *O. aeneocephalus* (DEGEER)

5* Groß, 15–20 mm. K gerundet viereckig. Fld rot od. schwarz. FBasis hellrot, bei der ssp. *O. p. fallaciosus* (MÜLLER) in den Alp völlig schwarz. Überall v. *O. picipennis* (F.)
6 **(4)** Fld wie der Hlb braunschwarz, Hsch stark glänzend mit groben u. dazwischen feinen Punkten. Überall v. *O. fuscatus* (GRAVENHORST)
6* Fld rotbraun **7**
7 B einfarbig braunrot, HlbBehaarung aus regellos miteinander vermischten hellen u. dunklen Haaren. 12–14 mm. Im mittleren u. südl MEur. *O. fulvipennis* ERICHSON
7* Zumindest die Schenkel angedunkelt. Hlb gleichförmig behaart **8**
8 Nur VSchienen u. Füße hell rotbraun. Hsch mit deutlich glänzender, punktfreier MLinie. Bronzeschein kräftig. In den Alp; s; 13–20 mm. *O. megalocephalus* (NORDMANN)
8* Nur die Schenkel ± angedunkelt. MLinie weniger deutlich. Bronzeschein schwach. Im Geb; s; 18–24 mm. *O. macrocephalus* (GRAVENHORST)
9 **(3)** B dunkel **11**
9* B hell braunrot **10**
10 K rund, schmaler als der Hsch. Schläfen kaum länger als die Au. F in der M angedunkelt. Im N v; nach S s; 12–15 mm. *O. brunnipes* (F.)
10* K quer viereckig. Hsch ohne punktfreie MLinie. F u. B hell rostrot (Stammform) od. schwarzbraun mit hellen Füßen *T. m.* var. *cerdo* ERICHSON. Verbreitet, aber sehr s; 12–17 mm. *T. morsitans* (ROSSI)
11 **(9)** OKf ± kräftig, mit mindestens 1 Zahn am Innenrand (Abb. **403**/4–5). (Zur sicheren Beurteilung dieses Merkmals müssen die OKf mit einer Nadel nach vorn geklappt werden) **13**
11* OKf dünn u. sichelförmig, ohne Zähne (Abb. **403**/3) **12**
12 Hsch ohne punktfreie MLinie **10***
12* Hsch mit unpunktierter MLinie. 3 Arten, die nur nach Genitalpräparaten bestimmbar sind: *T. melanarius* (HEER) g; *T. winkleri* (BERNHAUER) s; *T. globulifer* (GEOFFROY) s, nach O sehr s od. fehlend.
13 **(11)** OKf schlank, mit nur einem ± breiten Zahn (Abb. **403**/5). K u. Hsch schwarz, stark lackglänzend. Synanthrop, Ruderalstellen im Kompost u. in Ställen; v. *T. ater* (GRAVENHORST)
13* OKf kräftig. Am Innenrand mit einem kräftigen Zahn u. einigen kleineren Zähnen (Abb. **403**/4) **14**
14 VSchienen am Außenrand neben der Behaarung im Spitzenviertel mit kräftigen Dornen. 12–32 mm **16**
14* VSchienen am Außenrand behaart, 12–22 mm. Alp Tiere **15**
15 K quer viereckig; schwarz, Hsch schwach glänzend. 9. Gld der F deutlich länger als breit. 16–22 mm; s. *O. alpestris* ERICHSON
15* K gerundeter; pechschwarz bis pechbraun. 9. FGld nicht länger als breit. s; 12–22 mm. *O. brevipennis* (HEER)
16 **(14)** 12–20 mm. Hsch mit breiter glänzender MLinie. Körper schwarz. Überall häufig. *O. nitens* (SCHRANK)
16* 22–32 mm. Mattschwarze Arten. Hsch ohne durchgehende glänzende MLinie . . **17**
17 HRand des 5. freiliegenden Tergits mit feinem weißen Hautsaum. Die häutigen Fl bedeutend länger als die Fld. SchulterLg der Fld größer als HschMLg (Abb. **399**/3). In Wäldern u. Gebüschen, häufig in der Bodenstreu. *O. olens* (MÜLLER)
17* HRand des 5. freiliegenden Tergits ohne weißen Hautsaum. Nur mit kurzen StummelFl. Hsch länger als Fld an der Schulter. Im mittleren u. südl MEur, montan. *O. tenebricosus* (GRAVENHORST)

Überfamilie ***Cantharoidea***

1 HSchenkel u. HSchienen verhältnismäßig dick, oft abgeflacht, etwa gleich lg **2**
1* HSchenkel u. HSchienen dünn u. schlank, nicht abgeflacht. HSchienen deutlich länger als HSchenkel. Familie *Cantharidae* – **Weichkäfer** S. 407

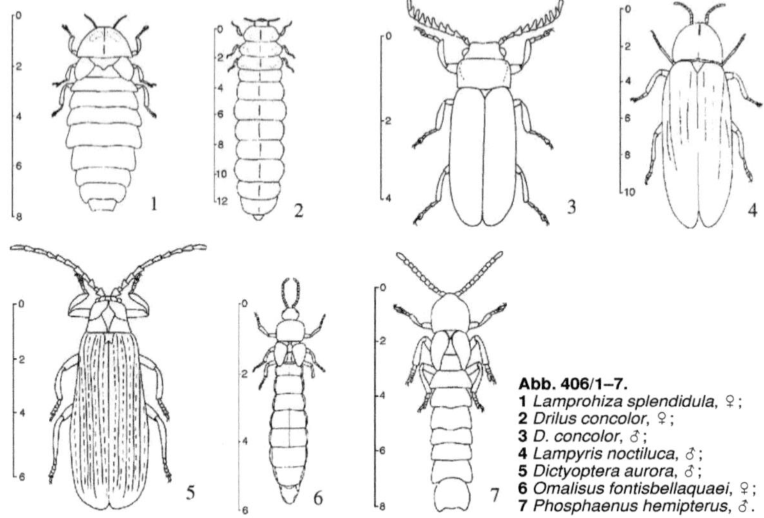

Abb. 406/1–7.
1 *Lamprohiza splendidula*, ♀;
2 *Drilus concolor*, ♀;
3 *D. concolor*, ♂;
4 *Lampyris noctiluca*, ♂;
5 *Dictyoptera aurora*, ♂;
6 *Omalisus fontisbellaquaei*, ♀;
7 *Phosphaenus hemipterus*, ♂.

2 K normal vorgestreckt, fast so breit wie der Hsch. F beim ♂ vom 4. Gld an gekämmt od. gesägt, vor den Au unter dem SRand der Stirn voneinander getrennt eingelenkt (Abb. **406**/3). ♀ ohne Spuren von Fld (Abb. **406**/2).
Familie *Drilidae* – **Schneckenhauskäfer** S. 410

2* K gerade od. abwärts gerichtet, klein. F nicht gekämmt od. gesägt, meist dick, vor od. zw den Au auf der Stirn einander genähert eingelenkt. ♀ mit kurzen Fld (Abb. **406**/1, 6) od. ohne od. mit vollständig ausgebildeten Fld **3**

3 K unter den vorn abgerundeten Hsch eingezogen (Abb. **406**/1, 4, 7). Hsch ohne Kiele. Au sehr groß. Fld nicht rot; lederartig gerunzelt, nur mit schwachen Längsrippen, hinten klaffend, beim ♀ als rudimentäre Stummel (Abb. **406**/1) od. fehlend. Leuchtorgane vorhanden. Familie *Lampyridae* – **Leuchtkäfer** S. 407

3* K nicht unter den Hsch eingezogen (Abb. **406**/5, 6). Hsch mit Kielen od. kielartig begrenzten Feldern. Au nicht auffällig groß. Fld meist rot, mit deutlichen Rippen, dazw mit gitterartigen Punktstreifen od. ungerippt, nur mit feinen Punktreihen. **4**

4 ♂ mit braunen Fld, ♀ flugunfähig, mit stark verkürzten Fld (Abb. **406**/6).
Familie *Omalisidae* S. 407

4* Fld einfarbig rot. ♀ mit vollständig ausgebildeten Fld.
Familie *Lycidae* – **Rotdeckenkäfer** S. 406

Familie *Lycidae* – Rotdeckenkäfer

Auf niedrigem Gesträuch u. Blüten, an Baumstümpfen u. im morschen Holz alter Bäume, leben räuberisch. – DE 7 Arten.

1 Hsch durch Kiele deutlich in verschiedene Felder geteilt (Abb. **408**/3). K nicht rüsselartig verlängert **2**

1* Hsch ohne durch Kiele begrenzte Felder, mit einer MRinne, in der M der S mit Schrägfalte (Abb. **408**/3). K rüsselartig verlängert; z; 6–12 mm.
Lygistopterus sanguineus (L.)

2 Hsch mit 5 kielig begrenzten Feldern (Abb. **406**/5; **408**/4). **3**

2* Hsch mit 4 kielig begrenzten Feldern. – Montan; s; 7–10 mm. *Lopherus rubens* (GYLLENHAL)
3 2. u. 3. FGld kurz, etwa gleichlg; Hsch schwarz; z; 6,5–10 mm. *Pyropteros nigroruber* (DEGEER)
3* 2. FGld viel kürzer als 3.; Hsch ± rot **4**
4 Hsch mit 3 Feldern im VTeil, 2 dahinter (Abb. **408**/4). 5–10 mm. *Platycis minutus* (F.), *Erotides cosnardi* (CHEVROLAT)
4* Hsch mit je 2 Feldern vorn u. hinten, das 5. in der M (Abb. **406**/5) **5**
5 Fld mit je 3 starken, vorn gebogenen Rippen in der Mitte; Hsch einfarbig rot; sehr s; 9–10 mm. [*Dictyopterus fiedleri* REITTER] *Benibotarus taygetanus* (PIC)
5* Fld mit weniger starken Rippen; Hsch Rippen rot; Felder am Grunde dunkel; z; 7–13 mm. *Dictyoptera aurora* (HERBST)

Familie *Omalisidae*

♂ mit braunen, an den S helleren Fld, ♀ flugunfähig, mit stark verkürzten Fld (Abb. **406**/6); z; 5–10 mm. *Omalisus fontisbellaquaei* GEOFFROY

Familie *Lampyridae* – Leuchtkäfer

Im. u. L (*Phosphaenus hemipterus*) mit Leuchtorganen, bes. an den hinteren Sterniten. In u. an Wäldern u. Gärten, im Gebüsch, zw. Laub u. Moos, unter faulendem Holz. Während die ♂♂ von *Lamprohiza* in der Dämmerung u. nachts gut fliegen, sitzen die flugunfähigen, larvenähnlichen ♀♀ am Erdboden, locken ♂♂ durch ihr glimmendes Leuchten an. L ernähren sich von Schnecken. – DE 3 Arten.

1 F dick, den Hsch weit überragend. Fld beim ♂ sehr stark verkürzt (Abb. **406**/7), beim ♀ fehlend. s. ♂ 6–8 mm; ♀ 7–10 mm. *Phosphaenus hemipterus* (GEOFFROY) – **Kurzflügel-Leuchtkäfer**
1* F dünn, die HschBasis nicht erreichend (Abb. **406**/1, 4). Fld beim ♂ so lg wie Hlb, beim ♀ stummelförmig (*Lamprohiza*; Abb. **406**/1) od. fehlend (*Lampyris*) **2**
2 Hsch mit abgestumpften HEcken, vorn mit 2 großen durchsichtigen „Fensterflecken". ♂ 8–10 mm. ♀ mit kurzen Fld (Abb. **406**/1), 8–10 mm. *Lamprohiza splendidula* (L.) – **Gemeiner Leuchtkäfer**
2* Hsch mit scharfgewinkelten HEcken (Abb. **406**/4), höchstens mit undeutlichen „Fensterflecken". ♀ völlig ohne Fld. ♂ 10–12 mm, ♀ 16–20 mm. *Lampyris noctiluca* (L.) – **Gelbhals-Leuchtkäfer, Glühwürmchen**

Familie *Cantharidae* – Weichkäfer

An Waldrändern u. auf waldnahen Wiesen, auf Nadel- u. Laubbäumen, Sträuchern, Kräutern, Wiesenblumen, Gräsern u. Getreideähren; auf alp Grasheiden, unter Laub u. Waldstreu. Na der Im.: Blattläuse, Raupen u. a., auch PflTeile. L nach Überw häufig schon beim ersten Tauwetter auf Schneeflecken (daher „Schneewürmer" genannt), im Mulm u. unter morscher Rinde, leben räuberisch. – DE 85 Arten.

1 Fld den Hlb bedeckend. EGld der KfTst breit, beil- od. spatelförmig (Abb. **408**/5). (Unterfamilien *Cantharinae* u. *Silinae*) **2**
1* Fld verkürzt, den Hlb teilweise frei lassend. EGld der KfTst oval, zugespitzt (Abb. **408**/6). (Unterfamilie *Malthininae*) **9**
2 Vorletztes Tergit groß, breit, hinten abgestutzt, HEcken vortretend. Fld dicht u. tief grübchenartig punktiert. – K u. Fld schwarz. Hsch gelbrot. Montan bis alp; s; 6–7 mm. *Cratosilis denticollis* (SCHUMMEL)

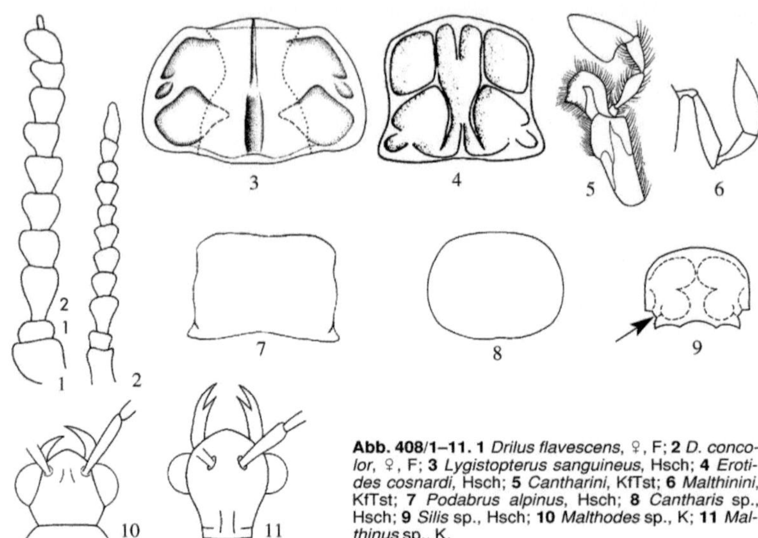

Abb. 408/1–11. 1 *Drilus flavescens*, ♀, F; **2** *D. concolor*, ♀, F; **3** *Lygistopterus sanguineus*, Hsch; **4** *Erotides cosnardi*, Hsch; **5** *Cantharini*, KfTst; **6** *Malthinini*, KfTst; **7** *Podabrus alpinus*, Hsch; **8** *Cantharis* sp., Hsch; **9** *Silis* sp., Hsch; **10** *Malthodes* sp., K; **11** *Malthinus* sp., K.

2* Vorletztes Tergit hinten nicht abgestutzt, HEcken nicht vorspringend. Fld feiner, nicht grübchenartig punktiert **3**

3 Hsch beim ♂ hinten jederseits mit scharf gewinkeltem Ausschnitt (Abb. **408**/9), beim ♀ glattrandig, mindestens so breit wie die Fld. Fld stets schwarz. (Unterfamilie *Silinae*) Gattungen *Silis* CHARPENTIER u. *Crudosilis* KAZANTSEV S. 410

3* Hsch ohne gewinkelten Ausschnitt, schmaler als die Fld **4**

4 Hsch quer, HEcken scharf gewinkelt; VRand abgestutzt (Abb. **408**/7). K nach hinten halsartig verlängert. – Bes. auf Nadelholz; z; 11–14 mm. *Podabrus alpinus* (PAYKULL)

4* Hsch meist weniger quer, HEcken nicht scharf; VRand meist ± abgerundet (Abb. **391**/8). K meist bis zu den Au in den Hsch einziehbar, nicht halsartig verlängert . . **5**

5 Klauen der MB u. HB an der Spitze gespalten. Gattung *Rhagonycha* ESCHSCHOLTZ S. 410

5* Klauen der MB u. HB nicht gespalten, höchstens mit Basalzahn **6**

6 HschVRand gerade, VEcken deutlich. – Montan; s; 7–11 mm; 3 Arten. [*Absidia* MULSANT] Gattung *Podistra* MOTSCHULSKY

6* HschVRand konvex, VEcken abgerundet (Abb. **408**/8) **7**

7 Fld gelb mit dunkler Naht u. SRand od. nur Naht schmal dunkel, glänzend. VKlauen beim ♂ gespalten. Gattung *Metacantharis* BOURGEOIS S. 410

7* Fld anders gefärbt, wenn gelb, dann einfarbig u. nicht glänzend od. mit schwarzer FldSpitze. Klauen nicht gespalten **8**

8 Klauen aller Füße beim ♂ ohne Zahn an der Basis, beim ♀ wenigstens VFüße mit einem zahnartigen Forts. Gattung *Ancistronycha* MÄRKEL S. 409

8* Klauen der VFüße beim ♂ mit einem Zahn an der Basis, der beim ♀ stark reduziert sein kann. Gattung *Cantharis* L. S. 409

9 **(1)** FEinlenkungsgruben weit von den Au entfernt (Abb. **408**/11). OKf innen mit einem lg spitzen Zahn. 3–6,5 mm. 8 Arten. Gattung *Malthinus* LATREILLE

9* FEinlenkungsgruben den Au genähert (Abb. **408**/10). OKf innen höchstens mit einem eckigen Vorsprung, oft gezähnelt od. gekerbt. 1,3–6 mm; 29 Arten. Gattung *Malthodes* KIESENWETTER

Gattung *Cantharis* L. (Hilfstabelle)
(einschließlich *Ancistronycha* MÄRKEL)

1 Fld mit blauem od. grünem Metallschein **2**
1* Fld ohne blauen od. grünen Metallschein **3**
2 K u. Hsch einfarbig gelbrot; z; 11–14 mm. *A. violacea* (PAYKULL)
2* K hinter den Au schwarz. Hsch schwarz, rot gezeichnet (♂) od. gelbrot (♀). – Montan; s; 11,0–14,5 mm. *A. abdominalis* (F.)
3 **(1)** Fld einfarbig schwarz od. braunschwarz **4**
3* Fld rotgelb, höchstens Spitze schwarz **18**
4 Fld vorn mit einförmiger, gleichartiger Behaarung **5**
4* Fld auch vorn mit sehr feiner, kurzer, anliegender Behaarung, dazw mit abstehenden, längeren, kräftigen Haaren **16**
5 Hsch rot bis gelb, höchstens in der M mit 1–2 dunklen Flecken **6**
5* Hsch schwarz, höchstens der SRand schmal rot **12**
6 9–18 mm **7**
6* 5–8 mm **11**
7 B ganz schwarz; g; 11–15 mm. *C. fusca* L.
7* B größtenteils rot **8**
8 K ganz gelb, höchstens hinten mit schwarzem Makel. Farbabänderung von *C. livida* (vgl. **23***)
8* K ganz schwarz od. wenigstens hinter den Au völlig schwarz **9**
9 Hsch so breit wie Fld; s; 11–18 mm. *Cantharis annularis* MÉNÉTRIÉS
9* Hsch nicht ganz so breit wie Fld **10**
10 HschM mit schwarzem Fleck; g; 10–14,5 mm. *C. rustica* FALLÉN
10* Hsch einfarbig gelbrot; g; 10–13,5 mm. *C. pellucida* F.
11 **(6)** Sch schwarz. HlbBasis dunkel; g; 5–7,5 mm. [*C. fulvicollis* F.] *C. flavilabris* FALLÉN
11* Sch rot. Hlb völlig gelbrot; g; 5–7 mm. [*C. thoracica* (A. G. OLIVIER)] *C. nigra* DEGEER
12 **(5)** 4,5–6,0 mm; z. *C. paludosa* FALLÉN
12* 6–15 mm **13**
13 Hsch ganz schwarz. – Montan bis alp, BY; s; 8–10 mm. *C. tristis* F.
13* Hsch mit hellem SRand **14**
14 2. FGld halb so lg wie 3.; s; 6–9 mm. *C. pulicaria* F.
14* 2. FGld wenig kürzer als 3. .... **15**
15 2. u. 3. FGld nicht verdickt; v bzw. s; 8–15 mm. *C. obscura* L. u. *C. paradoxa* HICKER
15* 2. u. 3. FGld beim ♂ verdickt; nur Funde vor 1900; 8–11 mm. *C. liburnica* DEPOLI
16 **(4)** Hsch schwarz mit weißgelbem Saum. – Montan bis alp; z; 6,0–8,5 mm. *C. pagana* ROSENHAUER
16* Hsch einfarbig gelb-gelbrot od. mit schwarzem MFleck **17**
17 Hsch fast quadratisch, meist einfarbig gelbrot. FldS schmal gelbrot gesäumt; 5–7 mm; z. *C. lateralis* L.
17* HschS deutlich gerundet, meist mit dunklem MFleck; FldS nicht gelbrot gesäumt; g; 8–11 mm. *C. nigricans* O. F. MÜLLER
18 **(3)** Fld gelb mit schwarzer Spitze **19**
18* Fld einfarbig gelbbraun, höchstens längs der Naht u. an den S geschwärzt **20**
19 Dunkle FldSpitze gelblich behaart. – Montan; s; 10–11 mm. [*C. sudetica* LETZNER] *C. terminata* FALDERMANN
19* Dunkle FldSpitze schwarz behaart. – Montan; s; 10–13 mm. *A. erichsonii* (BACH)
20 **(18)** Gesamter HK schwarz **21**
20* HK braungelb od. nur hinter Au schwarz od. mit schwarzem Makel **22**
21 Schienen schwarz. 3. FGld reichlich doppelt so lg wie 2.; s bzw. z. 8–13 mm. *C. quadripunctata* (O. F. MÜLLER) u. *C. montana* STIERLIN
21* Schienen gelbrot. 3. FGld 1,5-mal so lg wie 2.; s; 6–8 mm. *C. decipiens* BAUDI DI SELVE
22 **(20)** 8–12 mm **23**

22* 6–8 mm **24**
23 HSchienen gelb; g; 8,5–11,5 mm. *C. rufa* L.
23* HSchienen schwarz; g; 9–13,5 mm. *C. livida* L.
24 **(22)** Hsch meist mit M-förmigem, schwarzem Makel. HlbUS schwarz; z. *C. figurata* MANNERHEIM
24* Hsch einfarbig gelb. HlbUS an den S mit braungelbem Rand **25**
25 KfTstEGld einfarbig rotgelb; s. *C. cryptica* ASHE
25* KfTstEGld z. T. schwarzbraun; z. *C. pallida* GOEZE

Gattung *Metacantharis* BOURGEOIS

1 HK völlig schwarz. Hsch mit dunklem MFleck. Fld nur mit schmaler schwarzer Nahtkante; z; 6,5–10,0 mm. [*M. haemorrhoidalis* (F.)] *M. clypeata* (ILLIGER)
1* HK höchstens z. T. schwarz. Hsch meist ohne MFleck. Fld längs der Naht u. den S schwarz; z; 9–11 mm. *M. discoidea* (AHRENS)

Gattung *Rhagonycha* ESCHSCHOLTZ (Hilfstabelle)

1 Hsch einfarbig gelbrot **2**
1* Hsch z. T. od. völlig schwarz **5**
2 Fld einfarbig gelbrot **4**
2* Fld an der Spitze schwarz gesäumt **3**
3 K u. Sch schwarz; z; 6–9 mm. *Rhagonycha lutea* (O. F. MÜLLER)
3* K u. Sch gelbrot; g; 7–10 mm. *R. fulva* (SCOPOLI)
4 **(2)** K einfarbig gelbrot. US gelb-braun. – Montan; s; 9–11 mm. *R. translucida* (KRYNICKI)
4* HK schwarz; US schwarz. – Montan; s; 8–11 mm. *R. nigriceps* (WALTL)
5 **(1)** HschM schwarz, S gelb **6**
5* Hsch völlig schwarz **7**
6 HSchenkelbasis schwarz; g; 5–6 mm. [*R. limbata* (C. G. THOMSON)] *R. nigriventris* MOTSCHULSKY
6* HSchenkelbasis gelb; g; 5–6 mm. *R. testacea* (L.)
7 **(5)** Schenkel fast völlig hellgelb. Fld gelb, höchstens Spitze geschwärzt; g; 5–7 mm. *R. lignosa* (O. F. MÜLLER)
7* Schenkel ganz od. größtenteils schwarz. Fld braun bis schwarz. 4–8 mm. *R. nigripes* (W. REDTENBACHER), *R. gallica* PIC, *R. elongata* (FALLÉN), *R. atra* (L.)

Gattungen *Silis* CHARPENTER u. *Crudosilis* KAZANTSEV

1 Hlb u. Schienen schwarz. Hsch schwarz (♂) od. rot (♀); sehr s; 4,5–5,5 mm. *S. nitidula* (F.)
1* Hlb u. Schienen gelbrot. Hsch rot; s; 6,0–7,5 mm. *C. ruficollis* (F.)

Familie ***Drilidae*** **– Schneckenhauskäfer**

Feuchte Wiesen, Uferränder u. a. Plätze mit großem Schneckenreichtum, ♂ auf Blüten. Im. u. L fressen Gehäuseschnecken, die vorher durch Giftbisse getötet werden. L entw sich entweder in größeren Gehäusen zu ♀♀ od. in kleineren zu ♂♂. L verbringen 3 Sommer in immer größeren, ihrem Alter entsprechenden Schneckenhäusern, in denen sie zweimal in bes. Winterform überw, bis sie sich verpuppen (Hypermetabolie). ♂♂ meist auf Blüten u. Gräsern; flügellose ♀♀ (Abb. **406**/2) unter Steinen u. in leeren Schneckenhäusern. – DE 2 Arten.

Gattung *Drilus* G. A. Olivier

♂♂ (mit Fld)

1 Fld hell gelbbraun; s; 5–9 mm. *D. flavescens* G. A. Olivier

1* Fld schwarz; z; 4–6 mm. *D. concolor* Ahrens (Abb. **406**/3)

♀♀ (ohne Fld)

1 F 10gld, letztes Gld sehr klein (Abb. **408**/1). 2. FGld etwa 1,5-mal so breit wie lg. s. 12–25 mm. *flavescens* G. A. Olivier

1* F 11gld, letztes Gld größer, zugespitzt (Abb. **408**/2). 2. FGld etwa so lg wie breit. z. Bis ca. 14 mm. *concolor* Ahrens (Abb. **406**/2)

Überfamilie **Elateroidea**

1 HRand des 4. Sternits mit deutlicher gelber glänzender Gelenkhaut **4**

1* HlbSternite ohne sichtbare Gelenkhaut **2**

2 Hsch an die Fld unbeweglich angeschlossen. F entspringen vor den Au, mit 3 gld Keule (Abb. **411**/8) (außer *Lissomidae*, diese aber an Färbung erkennbar) **3**

2* Hsch an die Fld beweglich angeschlossen. F entspringen auf der Stirn zw den Au, ohne Keule. Familie *Eucnemidae* – **Schienenkäfer** (Abb. **411**/2) S. 415

3 Fld einfarbig, rötlichbraun bis schwärzlich. Familie *Throscidae* – **Hüpfkäfer** (Abb. **411**/4) S. 416

3* Fld schwarz bis braunschwarz, vorn mit breiter rotgelber Querbinde (Abb. **411**/3). Familie *Lissomidae* S. 416

4 **(1)** HHü von Schenkeldecken bedeckt (Abb. **411**/7). Käfer mit Schnellvermögen. Familie *Elateridae* – **Schnellkäfer** S. 411

4* HHü freiliegend (Abb. **411**/6). F gekämmt od. gesägt; OS schwarz; 6–7,6 mm. Familie *Cerophytidae* (Abb. **411**/1) S. 415

Familie ***Elateridae*** – **Schnellkäfer**

Schlanke, abgeflachte Käfer, spindelförmig. Bekannt durch ihr Emporschnellen aus der Rückenlage (daher Name). US der VBr mit dornartigem Forts. HEcken des Hsch

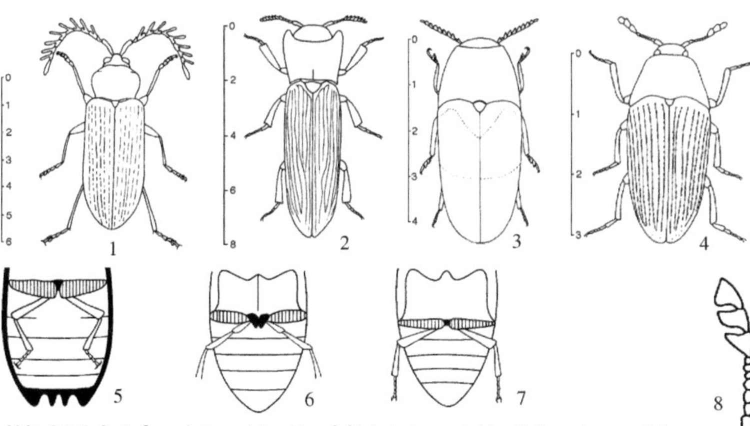

Abb. 411/1–8. **1** *Cerophytum elateroides*; **2** *Melasis buprestoides*; **3** *Drapetes mordelloides*; **4** *Trixagus dermestoides*; **5** *Buprestidae*, Hlb, US; **6** *Cerophytum elateroides*, Hlb, US; **7** *Elateridae*, Hlb, US; **8** *Trixagus* sp., F. Schenkeldecken gestrichelt, HHü schwarz.

spitz ausgezogen. F des ♂ gesägt od. lg gekämmt, beim ♀ gezähnt. 2–28 mm. Viele in u. an lichten Wäldern auf Gesträuch, Gräsern, Blüten usw., auf feuchten Wiesen, auf Feldern, in Gärten, an Fluss- u. Bachufern im Sand u. Geröll, andere in u. an morschem Holz alter Bäume u. Stümpfe. L rund, derbhäutig, steif („Drahtwürmer"), gelb, braun bis schwarz. Entw erfolgt im Humus, unter der Waldstreu, unter Moos, im Mulm hohler Bäume od. vermoderter Stämme. Allesfresser mit ± stark ausgeprägter Neigung, lebende PflTeile zu fressen, andere nehmen abgestorbene, auch faulende PflStoffe auf od. leben räuberisch. LStadium 2–3 J. Im. fast aller Arten überw nach dem Schlüpfen im Herbst in PWiege. Flugzeit im nächsten J E IV–VIII. Na der Im.: Blüten, zarte PflTeile. – DE 143 Arten.

1 Arten unter 6 mm, Fld oft mit bunten Flecken (Abb. **413**/1, 2) (vgl. auch *Drasterius*, Abb. **413**/3) od. braun mit dunkler Mitte **2**
1* Arten meist über 6 mm, Fld einfarbig od. Färbung anders, wenn Klauen gezähnt, dann Körper über 9 mm lg **7**
2 Klauen gezähnt (Abb. **413**/4). Hsch kugelig gewölbt, SRandkante von oben nicht sichtbar. Körper schwarz, Fld oft gelbbraun mit dunklem Mittelband. – Auf Weiden u. a. Sträuchern; 3–6 mm. 6 Arten. Gattung *Adrastus* Eschscholtz
2* Klauen nicht gezähnt. Hsch flach, SRand von oben gut sichtbar. Körper schwarz, Fld oft mit gelben Makeln. Meist 2–3 mm **3**
3 Fld ungestreift, einfarbig schwarz. 2–2,2 mm. – Auf Blüten u. Gebüsch; z. *Quasimus minutissimus* (Germar)
3* Fld gestreift (Abb. **413**/1), gefleckt od. einfarbig schwarz **4**
4 Hsch punktiert **5**
4* Hsch gerunzelt od. gekörnt **6**
5 2. FGld etwa so lg wie das 3., Fld gefleckt od. einfarbig schwarz – An Ufern, unter Steinen, im Schotter. 3–5 mm. 2 Arten. Gattung *Oedostethus* LeConte
5* 2. FGld halb so lg wie das 3., Fld einfarbig schwarz – In Sand u. Schotter von Fließgewässern; BY; s. 4,5–5,5 mm. *Fleutiauxillus maritimus* (Curtis)
6 **(4)** Fld gekielt u. gestreift, meist mit heller Zeichnung. – Sandige Ufer, Sandgruben. 3–5,5 mm. 3 Arten. Gattung *Negastrius* C. G. Thomson
6* Fld nur gestreift, meist mit 4 gelben Makeln. – Ufersand von Fließgewässern. 1,5.3,8 mm. 4 Arten. Gattung *Zorochros* C. G. Thomson
7 **(1)** Au stark vorgequollen (Abb. **413**/5). – Auf Blüten u. Sträuchern. 9–16 mm. 3 Arten. Gattung *Denticollis* Piller et Mitterpacher
7* Au nicht stark vorgequollen **8**
8 S der VBr mit tiefen FRinnen (Abb. **413**/7) **9**
8* S der VBr höchstens mit seichter Furche (Abb. **413**/6) **10**
9 Körper grau beschuppt. – Am Boden, auf niedrigen Pfl; g. 12–17 mm. *Agrypnus murinus* (L.) – **Mausgrauer Sandschnellkäfer**
9* Körper goldgelb beschuppt. – In morschem Holz; s. 9–19 mm. Gattung *Lacon* Laporte (3 Arten), *Danosoma fasciata* (L.)
10 **(8)** Sch herzförmig **11**
10* Sch nicht herzförmig **13**
11 SRand des Hsch von oben sichtbar. Schwarz. – In sandigen Gegenden, oft in Gewässernähe; s. 5,8–7,8 mm. *Paracardiophorus musculus* (Erichson)
11* SRand des Hsch von oben nicht sichtbar **12**
12 Klauen mit einem Zahn an der Basis. Schwarz bis braun. – Auf Sandwegen, in Sandgebieten. 5,5–10,5 mm. 4 Arten. Gattung *Dicronychus* Brullé
12* Klauen einfach. Schwarz, Hsch bei einigen Arten rot. – In Sandgebieten, auf Sträuchern. 6–9,5 mm. 8 Arten. Gattung *Cardiophorus* Eschscholtz
13 **(10)** Ol vom Stirnrand überwölbt (Abb. **413**/8) **30**
13* Ol u. Stirn in einer Ebene liegend (Abb. **413**/9) **14**
14 Klauen gezähnt. – An Flussufern, auf Weiden; v. 9–12 mm. *Synaptus filiformis* (F.)
14* Klauen einfach **15**

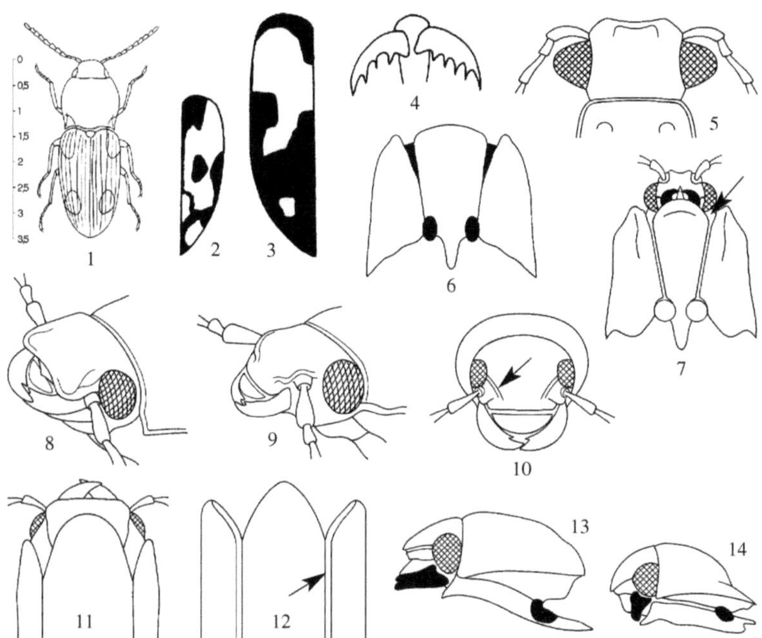

Abb. 413/1–14. 1 *Oedostethus quadripustulatus*; **2** *Negastrius sabulicola*, Fld; **3** *Drasterius bimaculatus*, Fld; **4** *Adrastus* sp., Klauen; **5** *Denticollis* sp., K; **6** *Ampedus* sp., VBr; **7** *Agrypnus murina*, VBr; **8** *Athous* sp., KS; **9** *Ctenicera* sp., KS; **10** *Agriotes* sp., K von vorn; **11** *Selatosomus* sp., VBr; **12** *Prosternon tesselatum*, VBr; **13** *Athous* sp., K, Hsch, S; **14** *Ampedus* sp., K, Hsch, S. OKf schwarz.

15 Mund nach vorn gerichtet (vgl. Abb. **413**/13) **16**
15* Mund nach unten gerichtet (vgl. Abb. **413**/14) **26**
16 Prosternum verlängert, das Kinn bedeckend (Abb. **413**/11, 12) **19**
16* Prosternum nicht verlängert, Kinn frei **17**
17 Hsch mit tiefer, lg MLinie. OS metallisch kupfrig od. grün. Fld manchmal gelb bis rot. – Auf Gräsern, Blüten. 12,5–20,5 mm. 4 Arten.
Gattung *Ctenicera* LATREILLE – **Rindenschnellkäfer**
17* Hsch höchstens mit kurzer MLinie an der Basis **18**
18 Fld streifig behaart, mit grauem Muster. – Auf feuchten Wiesen, in Sumpfgebieten; g. 12–15 mm. *Actenicerus sjaelandicus* (O. F. MÜLLER)
18* Körper rot od. schwarz u. Fld gelb od. rot. Hsch filzig behaart. – Auf Gebüsch, Blüten. 8,5–14 mm. 4 Arten. Gattung *Anostirus* C. G. THOMSON
19 **(16)** Prosternalnähte einfach (Abb. **413**/11) **20**
19* Prosternalnähte doppelt (Abb. **413**/12) **23**
20 Fld mit rotgelbem Schulterfleck. – Unter Rinde von Laubbäumen, auf Gebüsch; v. 6,3–8,5 mm. *Calambus bipustulatus* (L.)
20* Fld ohne rotgelben Schulterfleck **21**
21 3. FGld so lg wie 4. Gld u. von ähnlicher Form. – Auf Nadelbäumen; MGeb, Alp; s. 10–13 mm. *Liotrichus affinis* (PAYKULL)
21* 3. FGld dünner u. od. kürzer als 4. Gld **22**
22 F fadenförmig, 4.–10. Gld viel länger als breit. – BY; s.
Metanomus infuscatus (ESCHSCHOLTZ)

22* F kurz, die HWinkel des Hsch nicht erreichend, vom 4. Gld an gesägt. – Auf Blüten, an Gräsern, auf Wegen, unter Steinen. 6–20 mm.
Gattungen *Selatosomus* STEPHENS (5 Arten), *Paraphotistus* KISHII (2 Arten), *Neopristilophus insitivus* (GERMAR) [= *depressus* (GERMAR)], *Pseudanostirus globicollis* (GERMAR)

23 **(19)** OS wolkig behaart. – Auf blühenden Nadelbäumen, Gebüsch; g. 10–12 mm.
Prosternon tesselatum (L.)

23* OS nicht wolkig behaart **24**

24 HschBehaarung nach vorn gerichtet. – Sümpfe, Moore, Waldwiesen. 7–9 mm. 2 Arten. [*Haplotarsus* STEPHENS] Gattung *Aplotarsus* STEPHENS

24* HschBehaarung nicht nach vorn gerichtet **25**

25 OS lackglänzend, kahl. Körper schwarz, Fld manchmal rot. – Entw in weißfaulem Holz; s; 8–10,5 mm. [*H. cinctus* (PAYKULL)] *Hypoganus inunctus* (LACORDAIRE)

25* OS behaart, schwarz. – Im Geb, auf Blüten u. Gebüsch; s. 6–7,3 mm.
Orithales serraticornis (PAYKULL)

26 **(15)** SRandkante des Hsch auf US gebogen **27**

26* SRandkante des Hsch von oben gut sichtbar **28**

27 Stirnleisten erreichen den VRand des KSchildes. – In Wäldern; v. 10–15 mm.
Ectinus aterrimus (L.)

27* Stirnleisten erreichen nicht den VRand des KSchildes (Abb. **413**/10). – Auf Doldengewächsen, Äckern, Wegen, unter Gras. 10 Arten. 3,5–17 mm.
Gattung *Agriotes* ESCHSCHOLTZ – **Saatschnellkäfer**

28 **(26)** Körper groß, 17–24 mm. – Rotbraun; im Mulm hohler Laubbäume; s.
Elater ferrugineus L.

28* Körper kleiner als 12 mm **29**

29 Fld rotbraun, Naht schwarz. 6–7,5 mm. – Meist in Wäldern; g.
Dalopius marginatus (L.)

29* Fld einfarbig. 8–12 mm. 2 Arten. Gattung *Sericus* ESCHSCHOLTZ

30 **(13)** Prosternum breit, oval **31**

30* Prosternum eng, nicht oval **32**

31 Fld bunt (Abb. **413**/3). 4–5,5 mm. – Am Boden, in Ufernähe; nur alte Funde.
Drasterius bimaculatus (P. ROSSI)

31* Fld einfarbig dunkel. 4,6–6,8 mm. – Montan, unter Steinen, an Bach- u. Flussufern. 2 Arten. Gattung *Hypnoidus* DILLWYN

32 **(30)** Klauen gezähnelt. Groß, gestreckt, braunschwarz. – Auf Hölzern, Gesträuch, Blüten. 12–20 mm. 5 Arten. Gattung *Melanotus* ESCHSCHOLTZ

32* Klauen ohne Zähnchen **33**

33 Mund prognath, Ol ± waagerecht (Abb. **413**/13) **34**

33* Mund nicht prognath, Ol ± senkrecht (Abb. **413**/14) **38**

34 1. Gld der HFüße viel länger als das 2. . . . . **36**

34* 1. Gld der HFüße nicht länger als das 2 . . . . **35**

35 OS blauschwarz. – In alten Laubwäldern; sehr s. 10–11 mm.
Limoniscus violaceus (P. W. J. MÜLLER)

35* OS schwarz, zuweilen mit Erzglanz. – Auf Gesträuch u. Gräsern. 5,5–12 mm.
Pheletes KIESENWETTER (2 Arten), *Cidnopus* C. G. THOMSON (3 Arten), *Limonius minutus* (L.), *Nothodes parvulus* (PANZER)

36 **(34)** Körper schwarz, Fld mit 3 gezackten Querbinden. – Montan in Fichtenwäldern; BY, BW; s; 12,5–19 mm. *Diacanthous undulatus* (DEGEER)

36* Fld ohne Querbinden **37**

37 Körper 15–28 mm, rotbraun. – In Wäldern. 2 Arten.
Gattung *Stenagostus* C. G.THOMSON

37* Körper schwarz od. kleiner als 12 mm. – Auf Sträuchern, Gräsern, Blüten u. an Hölzern. 8–18 mm. Gattungen *Athous* ESCHSCHOLTZ (5 Arten), *Hemicrepidius* GERMAR (2 Arten), *Crepidophorus mutilatus* (ROSENHAUER)

38 **(33)** 3. FußGld unten mit einem lg Sohlenlappen **43**

38* Alle FußGld einfach **39**
39 Hsch neben der Randkante mit einer Längsfurche. – Schwarz, oft mit hellem Schulterfleck. Im Geb. auf Nadelholz u. Sträuchern; s. 4,5–6,5 mm.
Idolus picipennis (BACH)
39* Hsch neben der Randkante ohne Längsfurche **40**
40 Prosternalnähte vorn zur Aufnahme der FBasis kurz eingeschnitten (Abb. **413**/6). – Körper schwarz-braun. Fld rot, orange, gelb od. schwarz. – Meist in Wäldern; Entw im Mulm. 6–17 mm.
Gattungen *Ampedus* DEJEAN (27 Arten), *Brachygonus* BUYSSON (3 Arten)
40* Prosternalnähte nicht eingeschnitten **41**
41 Körper schwarz, Hsch rot. – In Laubwäldern; s. 8,5–10 mm.
Ischnodes sanguinicollis (PANZER)
41* Körper einfarbig schwarz. 7–10,5 mm **42**
42 OS matt, Stirn ungekielt. – In Laubwäldern; sehr s. 7,5–10,5 mm.
Megapenthes lugens (W. REDTENBACHER)
42* OS glänzend, Stirn gekielt. – Auf Gebüsch, in Laubwäldern; v. 7–10 mm.
Procraerus tibialis (LACORDAIRE)
43 **(38)** Körper rotgelb, FldBasis, -naht u. -spitze sowie MBinde schwarz. – Auf feuchten Wiesen, Auen, auf Weiden u. Pappeln; s. 4–6 mm. [*B. ferrugineus* (SCOPOLI)]
Betarmon bisbimaculatus (F.)
43* Körper einfarbig rotgelb od. schwarz **44**
44 Körper rotgelb. – Auf Gebüsch u. Bäumen, wärmeliebend; s. 6,5–7,5 mm.
Porthmidius austriacus (SCHRANK)
44* Körper schwarz. – An Laubbäumen; sehr s. 7–8,5 mm. [*Anchastus a.*]
Podeonius acuticornis (GERMAR)

Familie ***Cerophytidae***

An anbrüchigen Stellen von Laubhölzern, im morschen Holz u. Mulm. IX–X. Körper schwarzbraun. 6–8 mm; s. *Cerophytum elateroides* LATREILLE (Abb. **411**/1)

Familie ***Eucnemidae* – Schienenkäfer**

Elateridenähnlich, Hsch wie bei den Elateriden gelenkig mit den Fld verbunden. In u. an alten, anbrüchigen Laub-, seltener Nadelbäumen, in alten, urständigen Wäldern. Meist sehr s („Raritäten"). Entw der L im faulen Oberflächenholz alter Bäume, meist nur 3 cm tief gehend, tiefere Schichten od. gesundes Holz werden nicht befallen. L wahrscheinlich Holzfresser. LStadium 2–3 J. Verpuppung im Spätsommer. Im. überw in der PWiege E V–VI. Im. sehr wärmeliebend, Aufenthalt meist nur in der größten Mittagshitze sehr heißer Tage. – DE 18 Arten.

1 Schenkel u. Schienen verbreitert u. plattgedrückt. Hsch an den VWinkeln am breitesten, VRand dazwischen konkav eingebuchtet. – In Laubbäumen, bes. *Fagus, Carpinus, Ulmus*; z. 6–9 mm. *Melasis buprestoides* (L.) (Abb. **411**/2)
1* Schenkel u. Schienen nicht verbreitert u. plattgedrückt. Hsch an der Basis am breitesten, zw den VWinkeln nicht konkav eingebuchtet 2
2 HschUS unmittelbar neben der SKante mit einer vollständigen vertieften FRinne . **3**
2* HschUS unmittelbar neben der SKante ohne solche FRinne **4**
3 F stark gesägt. K mit feinem MKiel. Schwarz, glänzend. – In Laubbäumen; z. 4,5–6,5 mm. *Eucnemis capucina* AHRENS
3* F schnurförmig. K ohne MKiel. Schwarz, matt. – In dürrem Laubholz; s. 4–6 mm.
Dromaeolus barnabita (A. VILLA et J. B. VILLA)
4 **(2)** Die von den HschHWinkeln ausgehende SKante erlischt weit vor dem HschVRand **5**

4* Hsch mit einfachem u. vollständigem SRand 6
5 Stirn zw den FEinlenkungsstellen schmal, nicht breiter als die Breite des 1. FGld (Abb. **416**/2). – In Laubholz; s. 3,5–6 mm. 3 Arten. [*Dirhagus* LATREILLE]
Gattung *Microrhagus* DEJEAN
5* Stirn zw den FEinlenkungsstellen so breit wie die Lg des 1. FGld (Abb. **416**/3). – In Laubholz; sehr s. 5–8 mm. 2 Arten. Gattung *Rhacopus* HAMPE
6 Schenkeldecken verschmälern sich nach außen erheblich 7
6* Schenkeldecken annähernd gleich breit, parallel verlaufend. s. 3–5,5 mm. 2 Arten. [*Xylobius* LATREILLE] Gattung *Xylophilus* MANNERHEIM
7 5–11 mm lg. Mittlere FGld stark gesägt od. in lg Forts ausgezogen. s. 2 Arten.
Gattung *Isorhipis* LACORDAIRE
7* Stets kleiner als 6 mm. Mittlere FGld nicht stark gesägt od. in lg Forts ausgezogen 8
8 Hsch länger als breit, vor der M am breitesten. Die letzten 5 FGld größer als die vorhergehenden. – In Buche. BY vor 1900. 5–6 mm. *Nematodes filum* (F.)
8* Hsch kürzer als breit, nach vorn gleichmäßig verengt. Mittlere 5 FGld untereinader fast gleich. – In Laub- u. Nadelbäumen. 3-6 mm. 4 Arten. Gattung *Hylis* GOZIS

Familie ***Lissomidae***

In morschen Laubbäumen; räuberisch; s; 4–5 mm. [*D. cinctus* (PANZER)].
Drapetes mordelloides (HOST) (Abb. **411**/3)

Familie ***Throscidae*** – **Hüpfkäfer**

Auf Wiesen u. Waldlichtungen, in Flussauen auf blühenden Sträuchern, Kräutern, Gräsern, um Bäume, in morschem Holz, Baumstümpfen, unter Laub, Moos, Genist, LEntw im Boden. IV–VIII. – DE 10 Arten.

1 Au mit einem ± lg dreieckigen Einschnitt (Abb. **416**/1). 1,5–3,5 mm. 7 Arten. [*Throscus* LATREILLE] Gattung *Trixagus* KUGELANN (Abb. **411**/4)
1* Au ohne dreieckigen Einschnitt. 2,5–3 mm.
Aulonothroscus brevicollis (BONVOULOIR)

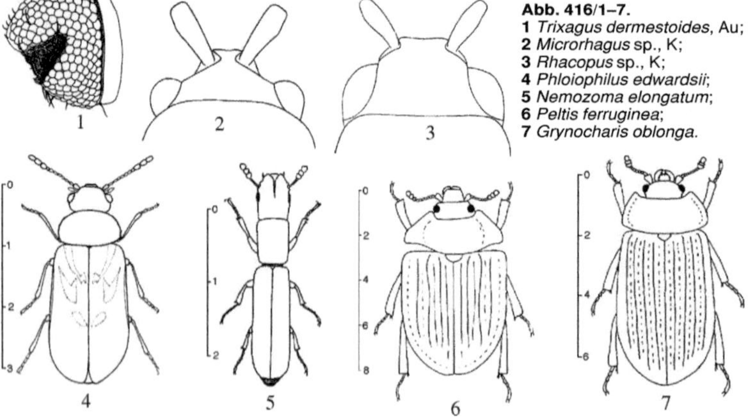

Abb. 416/1–7.
1 *Trixagus dermestoides*, Au; **2** *Microrhagus* sp., K; **3** *Rhacopus* sp., K; **4** *Phloiophilus edwardsii*; **5** *Nemozoma elongatum*; **6** *Peltis ferruginea*; **7** *Grynocharis oblonga*.

Überfamilie ***Cleroidea***

1 F mit 3gld Keule **2**
1* F nicht gekeult **6**
2 OS abstehend behaart, Körper schlank. Familie *Cleridae* – **Buntkäfer**, partim S. 419
2* OS kahl od. nur anliegend behaart, wenn abstehend behaart, dann Körper breit . **3**
3 Fld braun-gelb mit dunkler Fleckenzeichnung (Abb. **416**/4). Familie *Phloiophilidae* S. 419
3* Fld einfarbig, nur bei einer schlanken Art (Abb. **416**/5) schwarze Fld vorn u. hinten gelblich **4**
4 K etwa so breit wie Hsch, dieser fast quadratisch od. länger als breit (Abb. **416**/5). Familie *Trogossitidae* S. 420
4* K höchstens halb so breit wie der Hsch, dieser meist mehr als doppelt so breit wie lg (Abb. **416**/6, 7) **5**
5 Körper auffallend breit (Abb. **416**/6). Familie *Peltidae* – **Flachkäfer** S. 421
5* Körper lg oval (Abb. **416**/7). Familie *Lophocateridae* S. 421
6 **(1)** 2. u. 3. FußGld herzförmig, mit lappenförmigen Sohlen. HHü voneinander getrennt, nicht zapfenförmig vorragend. Familie *Cleridae* – **Buntkäfer**, partim S. 419
6* 2. u. 3. FußGld schlank, nicht herzförmig u. mit lappenförmigen Sohlen. HHü zapfenförmig vorragend, innen zusammenstoßend **7**
7 OS deutlich punktiert. Fld gemeinsam od. einzeln abgerundet od. zugespitzt. HHü horizontal gestellt. Familie *Dasytidae* – **Wollhaarkäfer** S. 419
7* OS od. wenigstens K u. Hsch nicht deutlich punktiert. Fld hinten abgestutzt. HHü schräg gestellt. Familie *Malachiidae* – **Zipfelkäfer** S. 417

Familie ***Malachiidae* – Zipfelkäfer**

Auf blühenden Gräsern, Bäumen u. Sträuchern, viele in Flussauen größerer Ströme, einige in Sumpfgebieten. Im. i. a. Pollenfresser, stellen aber auch kleineren Insekten, bes. Blattläusen, nach. LEntw vom Spätsommer über 2 Winter. LNa: Vor allem KäferL im Mulm, unter Rinde u. in dürren Ästen. Am Hsch u. an den KörperS der Im. sind ausstülpbare rote Drüsenschläuche (Excitatoren) vorhanden. – DE 33 Arten.

1 F scheinbar 10gld (2. Gld sehr klein) (Abb. **417**/1). – SH, MV; am Ostseestrand auf Strandhafer, meist in Blattscheiden; s. 3,8–4 mm. [*Paratinus femoralis* ERICHSON] *Apalochrus femoralis* ERICHSON
1* F deutlich 11gld **2**
2 F seitlich am VRand der Stirn vor den Au eingefügt (Abb. **417**/2). 2–4 mm **3**
2* F zw den Au eingefügt (Abb. **417**/3). 2,5–7 mm **13**
3 K auffällig breiter als Hsch (Abb. **417**/4); s. 3 mm. 2 Arten. Gattung *Troglops* ERICHSON

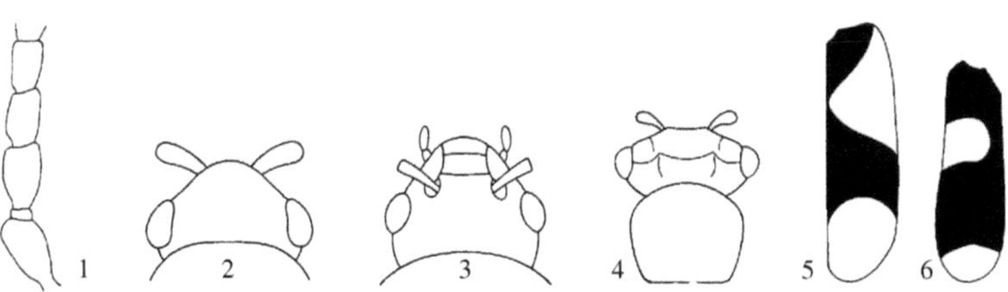

Abb. 417/1–6. 1 *Apalochrus femoralis*, 1.–5. FGld; **2** *Anthocomus* sp., K; **3** *Malachius* sp., K; **4** *Troglops* sp., K, Hsch; **5** *Anthocomus bipunctatus*, Fld; **6** *Anthocomus fasciatus*, Fld.

3* K nicht breiter als Hsch **4**
4 Hsch einfarbig schwarz od. schwarzgrün **5**
4* Hsch einfarbig rot, rotgelb od. mit schwarzer Zeichnung **10**
5 Fld einfarbig **6**
5* Fld mit gelbem Spitzenfleck od. rot-schwarzer Zeichnung **7**
6 Fld schwarzgrün. 2–2,5 mm. 3 Arten. Gattung *Charopus* Erichson
6* Fld schwarz od. dunkelbraun. 2–2,5 mm. *Ebaeus flavicornis* Erichson (s), *E. appendiculatus* Erichson (BY, ST vor 1950; sehr s), *E. ater* Kiesenwetter (Fld mit schmaler gelber Spitze; BY, sehr s)
7 **(5)** Fld schwarz mit ± ausgedehntem gelbem Spitzenfleck **8**
7* Fld mit rot-schwarzer Zeichnung **9**
8 B vollständig gelb. z. 1,5 mm. *Hypebaeus flavipes* (F.)
8* Schenkelbasis schwarz; z. 2,5–3 mm. *Ebaeus pedicularius* (L.)
9 **(7)** Fld rot, ein dreieckiger Fleck an der Basis u. eine Querbinde hinter der M schwarz (Abb. **417**/5); z. 3 mm. [*A. bipunctatus* (Harrer)] *Anthocomus equestris* (F.)
9* Fld schwarz, eine Querbinde in der M u. die Spitze rot (Abb. **417**/6); g. 3–3,5 mm. *Anthocomus fasciatus* (L.)
10 **(4)** Hsch einfarbig rot od. rotgelb **11**
10* Hsch rot mit schwarzem Fleck **12**
10** Hsch bronzefarben, Basis gelblich; s. 2,5–3 mm. *Sphinginus lobatus* (A. G. Olivier)
11 Fld einfarbig blau; s. 2,5 mm. *Ebaeus thoracicus* (Geoffroy)
11* Fld mit rotgelber Spitze. In Sumpfgebieten; s. 4 mm. *Cerapheles terminatus* (Ménétriés)
12 **(10)** Fld schwarz mit gelber Spitze; s. 2,5-3 mm. (*A. alpinus* (Giraud); Alp, BY; sehr s; 4 mm; nicht berücksichtigt). *Attalus analis* (Panzer)
12* Fld rot, manchmal mit schmalem schwarzem SchMakel. – Auf *Phragmites*; z. 4–5 mm. [*A. coccineus* (Schaller)] *Anthocomus rufus* (Herbst)
13 **(2)** KörperLg 2-3,5 mm. Gattung *Axinotarsus* Motschulsky S. 418
13* KörperLg 4–7 mm. Gattung *Malachius* F. (4 Arten), Gattung *Clanoptilus* Motschulsky (6 Arten) u. *Cordylepherus viridis* (F.) S. 418

Gattung *Axinotarsus* Motschulsky

1 Hsch einfarbig rot; s. 2–3 mm. *A. ruficollis* (A. G. Olivier)
1* Hsch schwarz mit roten S **2**
2 VSchienen rötlich, Fld etwa doppelt so lg wie breit; g. 3–3,5 mm. *A. pulicarius* (F.)
2* VSchienen dunkler, Fld kaum länger als breit; z. 2–3 mm. *A. marginalis* (Laporte)

Gattung *Malachius* F., Gattung *Clanoptilus* Motschulsky u. *Cordylepherus viridis* (F.) (Hilfstabelle)

1 Fld größtenteils rot od. grün mit rotem Spitzenfleck u. rotem SRand **2**
1* Fld metallisch grün od. blau, nur Spitzenfleck rot **4**
2 Fld grün, nur Spitze u. S. rot. 2. FGld fast so lg wie das 1.; g. 6–7 mm. *Malachius aeneus* (L.)
2* Fld rot mit dunkler Zeichnung. 2. FGld viel kürzer als das 1. 5–6 mm **3**
3 Fld bis auf kleine SchMakel rot; s. 5,5 mm. *Malachius scutellaris* Erichson
3* Fld längs der Naht mit großem, dreieckigem, schwarz-grünem Makel bis vor das letzte Drittel; s. 5,5-6 mm. *Malachius rubidus* Erichson
4 **(1)** Hsch einfarbig metallisch grün od. blau. 4–6,5 mm. (5 schwer bestimmbare Arten)
4* Hsch mit roter Zeichnung **5**
5 Hsch mit rotem SRand; z. 5–6,5 mm. *Clanoptilus marginellus* (Olivier)
5* Hsch mit roten VWinkeln; g. 5–6 mm. *Malachius bipustulatus* (L.)

Familie *Dasytidae* – Wollhaarkäfer

Auf Laub- u. Nadelbäumen, Sträuchern, Kräutern u. Gräsern, auf Blüten, an ausfließendem Baumsaft, an toten Ästen u. unter morscher Rinde, wo die L holzfressenden KäferL nachstellen, auch in Baumschwämmen, wo sie wahrscheinlich Fliegenmaden fressen. Entw im Spätsommer, Jungkäfer ab IX. IV–VIII. 2–7,5 mm. – DE 24 Arten in 7 Gattungen.

Familie *Phloiophilidae*

In dürrem Laub- u. Nadelholz; X–IV; s; 2,5–3,3 mm.
Phloiophilus edwardsii STEPHENS (Abb. **416**/4)

Familie *Cleridae* – Buntkäfer

Auf Laub- u. Nadelbäumen, an abgestorbenen od. gefällten Stämmen, unter Rinde, an Balken u. Brettern in Gebäuden (synanthrop), einige auf Blüten u. Gesträuch. Na der Im.: *Scolytidae, Anobiidae* u. a., auch Pollen; Holzbewohner. LNa: L u. P vorstehender Beutetiere. Einige L (*Trichodes*) bei Wildbienen, s Honigbienen. *Necrobia*-Arten leben räuberisch an Aas, Knochen, Fellen, Klauen, Hufen, Fleisch. IV–VIII. – DE 21 Arten. Importiert wurde *Thaneroclerus buquet* (LEFEBVRE) (Familie *Thanerocleridae*).

1 Hsch einfarbig **2**
1* Hsch auffällig zweifarbig **19**
2 Hsch rot **3**
2* Hsch schwarz, braun, metallisch grün od. blau **8**
3 Fld einfarbig **4**
3* Fld mit bunter Zeichnung **6**
4 K rot. – An altem verbautem Holz. Nur vor 1900 in MV gefunden. 2–4 mm.
Opetiopalpus scutellaris (PANZER)
4* K schwarz **5**
5 F schnurförmig, ohne deutliche Keule (Abb. **420**/1). – Bes. an Buchen, auch an anderem Laubholz; räuberisch von *Ptilinus*-Larven; s; 6–10 mm.
Tillus elongatus (L.) – **Holzbuntkäfer** (♀)
5* F mit 3gld Keule (Abb. **420**/2). – An alten Eichen; S u. M; sehr s; 7–9 mm. [*Orthopleura sanguinicollis* (F.)] *Dermestoides sanguinicollis* (F.)
6 **(3)** Fld schwarz, mit gelber Querbinde in der M. – In Laubholzästen; räuberisch von *Bostrichidae*; sehr s; BY, ältere Funde in RP, HE. 6–10 mm.
Denops albofasciatus (CHARPENTIER)
6* Fld anders gefärbt **7**
7 Fld schwarz, mit 4 weißgelben Makeln. – Bes. an Kiefern, auch an Laubholz; sehr s; 5–6 mm. *Allonyx quadrimaculatus* (SCHALLER)
7* Fld blaugrün, mit roter Basalbinde. – An Aas, Knochen u. a. Tierteilen (gesamte Gattung); Kosm; z; 4–6 mm. *Necrobia ruficollis* (F.)
8 **(2)** Fld einfarbig gelb, braun, schwarz od. grün **9**
8* Fld mit bunter Zeichnung **13**
9 Fld u. Hsch gelbbraun. – An Eichenästen; sehr s, 8–10,5 mm.
Opilo pallidus (A. G. OLIVIER)
9* Fld u. Hsch anders gefärbt **10**
10 F schnurförmig, ohne deutliche Keule (Abb. **420**/1). *Tillus elongatus* (L.) (♂)
10* F mit deutlicher 3gld Keule (Abb. **420**/3, 4) **11**
11 FEGld nicht wesentlich größer als die beiden vorhergehenden (Abb. **420**/3). K mit Au so breit wie Hsch. – Meist in Nadelholz, auch synanthrop; räuberisch bei *Anobiidae*; g; 3–6,5 mm; 2 Arten. Gattung *Korynetes* HERBST

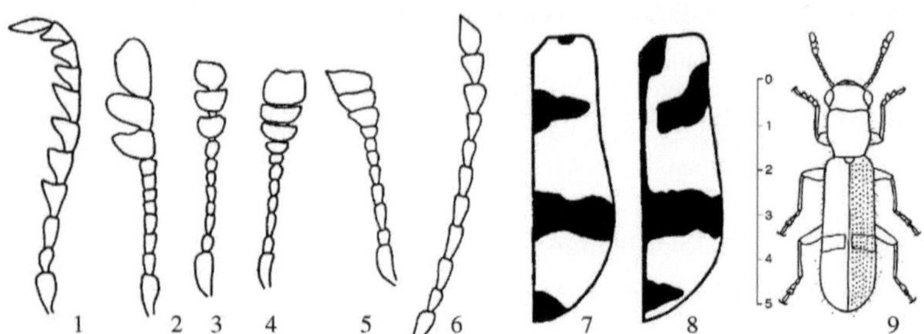

Abb. 420/1–9. 1 *Tillus elongatus*, F; **2** *Dermestoides sanguinicollis*, F; **3** *Korynetes* sp., F; **4** *Necrobia* sp., F; **5** *Trichodes* sp., F; **6** *Opilo* sp., F; **7** *Trichodes apiarius*, Fld; **8** *T. alvearius*, Fld; **9** *Tarsostenus univittatus*.

11* FEGld viel größer als die vorherigen (Abb. **420**/4). K mit Au schmaler als Hsch . . **12**

12 B dunkel. – Kosm; g. 4–5 mm. *Necrobia violacea* (L.) – **Schinkenkäfer**

12* B rot. – Kosm; z; 4–6 mm. *Necrobia rufipes* (DeGeer)

13 **(8)** FldBasis mit reihig punktierter, roter Querbinde **14**

13* FldBasis anders gefärbt, nicht reihig punktiert **15**

14 Hinter der roten Basalbinde eine gelbe Querbinde. – Im. auf Blüten; L meist in Laubholz; s; 4–8 mm. *Tilloidea unifasciata* (F.)

14* Hinter der roten Basalbinde 2 weiße Querbinden. – An Eichen; sehr s; 8–15 mm. *Clerus mutillarius* F. – **Eichenbuntkäfer**

15 **(13)** Fld braun mit gelbbraunen Flecken od. heller Querbinde **16**

15* Fld rot mit schwarzen od. metallischen Querbinden. F mit großer, 3gld Keule (Abb. **420**/5). – Im. auf Doldenblüten. L in Bauten versch. *Apidae*, räuberisch. 10–16 mm (Gattung *Trichodes* Herbst – **Bienenwolf**) **18**

16 F mit auffälliger Keule. Fld mit gelber, in der M unterbrochener Querbinde (Abb. **420**/9). – Kosm; BW. 3–5 mm. *Tarsostenus univittatus* (P. Rossi)

16* F ohne auffällige Keule (Abb. 253/6). Fld mit 3 gelben, ± unterbrochenen Binden **17**

17 Punktreihen der Fld erlöschen allmählich hinter der M. – In altem Holz auch synanthrop; g; 8–13 mm. *Opilo mollis* (L.)

17* Fld bis zur Spitze mit kräftigen Punktreihen. – Meist synanthrop; räuberisch bei *Anobiidae* u. *Hylotrupes bajulus*; s; 6–12 mm. *Opilo domesticus* (Sturm) – **Hausbuntkäfer**

18 **(15)** Hsch fein punktiert; vordere Querbinde der Fld gerade (Abb. **420**/7); FldSpitze schwarz; z. 9–16 mm. *Trichodes apiarius* (L.)

18* Hsch grob u. gedrängt punktiert; vordere Querbinde der Fld schräg gestellt (Abb. **420**/8); FldSpitze rot; s. 9,5–17 mm. *Trichodes alvearius* (F.)

19 **(1)** M- u. HBr schwarz; s. 6,5–9,5 mm. [*Thanasimus rufipes* (Brahm), *pectoralis* (Fuss)] *Thanasimus femoralis* (Zetterstedt)

19* Gesamte US rot. – An Nadelholz. Borkenkäferfeind; g. 7–12 mm. *Thanasimus formicarius* (L.) – **Ameisenbuntkäfer**

Familie ***Trogossitidae***

An alten, anbrüchigen Bäumen, unter Rinde, auch in Gebäuden u. Speichern, in Getreide-, Mehl- u. Brotvorräten. Räuberisch. – DE 4 Arten.

1 K mindestens so breit wie Hsch, vorn mit Längsrinne (Abb. **416**/5). Fld mit breiter gelber Binde u. 2 gelben Flecken. – Unter Rinde. Borkenkäferfeind; z; 4–6 mm. *Nemozoma elongatum* (L.)

1* K etwas schmaler als Hsch, vorn ohne Längsrinne. Fld einfarbig **2**
2 OS metallisch blau, s grün. – Urwaldrelikt. Unter Nadelholzrinde. Nur vor 1900 in MV gefunden; 11–18 mm. *Temnochila caerulea* (A. G. OLIVIER) – **Schneidekäfer**
2* OS braun bis schwarz. 6–11 mm. Die Berechtigung der beiden Arten ist umstritten. Gattung *Tenebroides* PILLER et MITTERPACHER – **Finsterkäfer** S. 421

Gattung *Tenebroides* PILLER et MITTERPACHER

1 Vorratsschädling an Getreide, Reis, Mehl, Zucker; g. *T. mauritanicus* (L.) – **Schwarzer Getreidenager**
1* Unter Laubholzrinde, bes. Eiche. Urwaldrelikt; s. *T. fuscus* (PREYSSLER)

Familie ***Peltidae* – Flachkäfer**

An alten Bäumen, unter Rinde, in Pilzen. – DE 4 Arten.

1 OS deutlich behaart **2**
1* OS unbehaart **3**
2 Fld mit 3 unterbrochenen, grobgekörnten Rippen. – Boreoalp. Urwaldrelikt. Unter verpilzter Nadelholzrinde; BY; sehr s; 8–11 mm. *Calitys scabra* (THUNBERG)
2* Fld ohne Rippen. – Unter verpilzter Rinde, in Baumpilzen; s; 5–7 mm. *Thymalus limbatus* (F.)
3 **(1)** 11–19 mm. – Boreomontan. Unter verpilzter Nadelholzrinde; BY, sehr s. [*Zimioma grossum* (L.)] *Peltis grossa* (L.)
3* Unter 10 mm. – Unter verpilzter Nadelholzrinde; s; 7–10 mm. [*Ostoma ferruginea* (L.)] *Peltis ferruginea* (L.) (Abb. **416**/6)

Familie ***Lophocateridae***

Importiert wurde: *Lophocateres pusillus* (KLUG).
In morschem Laubholz, bes. Weiden; s; 5–8 mm. *Grynocharis oblonga* (L.) (Abb. **416**/7)

Überfamilie ***Derodontoidea***

Familie ***Derodontidae***

DE 2 Arten.

1 Fld gelbbraun mit 2 schrägen, zackigen, schwarzen Querbinden. HschS dicht gezähnt (Abb. **422**/5). – Bayerisches Allgäu, Württemberg. An Baumschwämmen; sehr s; IV, X–XII; 2,5–3,1 mm. *Derodontus macularis* (FUSS)
1* Fld mit großen, gelbbraunen Längsflecken od. völlig schwarz. HschS glattrandig. – Auf Nadelbäumen, wo Im. u. L Blattläuse (*Adelgidae*) u. deren Eier fressen. V–VIII; v; 2–2,5 mm. *Laricobius erichsoni* ROSENHAUER – **Lärchenkäfer**

Überfamilie ***Lymexyloidea***

Familie ***Lymexylidae [Lymexylonidae]* – Werftkäfer**

Im. an gefällten Baumstämmen (Buche, Eiche, Hainbuche, Erle, Ahorn, Kastanie) u. Stümpfen. Mit Eichenholz in Schiffswerften eingeschleppt. L bohren waagerechte od.

geschwungene Gänge ins Holz, *Hylecoetus* fressen kein Holz, sondern Ambrosiapilze, die an Gangwänden siedeln u. von den ♀ bei der Eiabl übertragen werden (ähnlich wie manche *Scolytidae* S. 500). 2. KfTstGld beim ♂ mit großem büschelförmigem Anhang. – DE 2 Arten.

1 K braun bis dunkelbraun, hinten nur schwach eingeschnürt. F stumpf gesägt; g; 6–18 mm. [*Hylecoetus dermestoides* (L.)]
Elateroides dermestoides (L.) – **Bohrkäfer, Buchenwerftkäfer**

1* K schwarz, hinten stark halsartig eingeschnürt (Abb. **422**/1). F schnurförmig; s; 7–13 mm. *Lymexylon navale* (L.) – **Schiffswerftkäfer**

Überfamilie ***Buprestoidea***

Familie ***Buprestidae*** – **Prachtkäfer**

An Laub- u. Nadelbäumen, Gebüsch, abgestorbenen, anbrüchigen, auch brandgeschädigten, aber auch jungen od. älteren gesunden Stämmen u. Ästen, an Holzklaftern u. Brennholz, auf Blättern u. Blüten. Na: Pollen, Blätter. Eiabl bes. an Borkenstücken od. Blättern. Einige L bohren sich in Blätter u. minieren, andere fressen zunächst unregelmäßig gewundene Gänge unter Bast u. Rinde, manche dringen später ins Splintholz u. können junge Bäume zum Absterben bringen. LEntw ein- bis mehrjährig. P in erweiterten LGängen. – DE 97 Arten.

1 Au vom HschVRand weit entfernt, vorn am SRand des K (Abb. **422**/6). Körper auffällig schlank **2**

1* Au dem HschVRand stark genähert (Abb. **422**/7–9). Körper nicht auffällig schlank **3**

2 FKeule 4gld. Stirn tief gekerbt. Hsch gekantet. – Minieren in *Juncus, Carex* u. a. 2,2–4,5 mm. 3 Arten. Gattung *Aphanisticus* LATREILLE

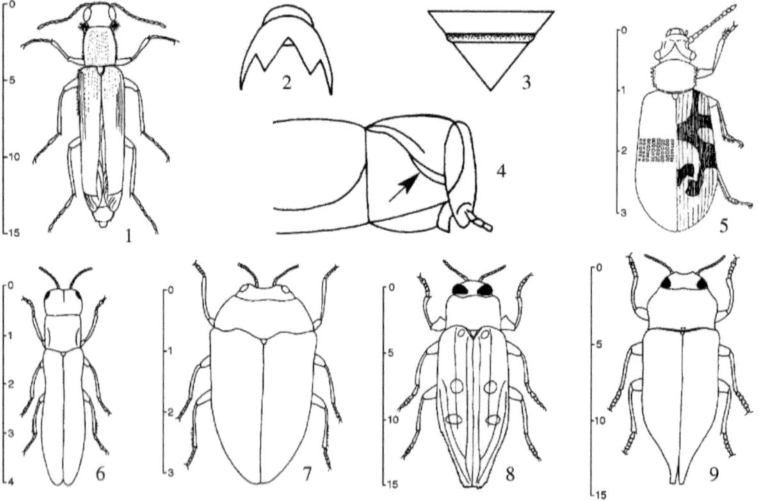

Abb. 422/1–9. **1** *Lymexylon navale*; **2** *Agrilus cinctus*, Klauen; **3** *A.* sp., Sch; **4** *A.* sp., HschS; **5** *Derodontus macularis*, links Punktur, rechts Zeichnung; **6** *Cylindromorphus filum*; **7** *Trachys minutus*; **8** *Chrysobothris chrysostigma*; **9** *Dicerca moesta*.

2* FKeule 6gld. Stirn nicht gekerbt. Hsch nicht gekantet. – In Gräsern; s. 3,2–5 mm. *Cylindromorphus filum* (GYLLENHAL) (Abb. **422**/6)
3 **(1)** Körper kurz u. breit, dreieckig (Abb. **422**/7) **4**
3* Körper lg gestreckt, meist größer als 3 mm **5**
4 HschVWinkel mit kleiner Grube. FldS mit Kiellinie. – Miniert in *Geranium sanguineum*; z. 2–3 mm. *Habroloma nanum* (PAYKULL)
4* HschVWinkel ohne Gruben. FldS ohne Kiellinie. – Minieren in Blättern von Weiden, *Rosaceae, Lamiaceae, Dipsacaceae*, bes. *Stachys recta*. 1,5–3,8 mm. 7 Arten. Gattung *Trachys* F.
5 **(3)** Klauen ungezähnt, an der Basis mit Verdickung **8**
5* Klauen an der Basis mit großem Zahn (Abb. **422**/2) **6**
6 HschS doppellinig gerandet (Abb. **422**/4). Sch meist mit feinem Querkiel (Abb. **422**/3). – An Laubhölzern, bes. Eichen, Weiden, Pappeln, Obstbäumen, auch an *Rubus, Rosa, Daphne, Hypericum*. 3,5–11 mm. 31 Arten. Gattung *Agrilus* CURTIS
6* HschS einfach gerandet. Sch ungekielt **7**
7 KörperLg 4,5–16 mm. SRand des Hsch gezackt. – In Eichen u. Wurzeln von *Rosaceae*; s. 5–14 mm. 4 Arten. Gattung *Coraebus* GORY & LAPORTE
7* KörperLg 2,5–5 mm. SRand des Hsch nicht gezackt. – In Eichenästen; Baden; sehr s. *Meliboeus fulgidicollis* (P. H. LUCAS)
8 **(5)** F schwach gekniet. 1. u. 3. Gld lg. VSchenkel verdickt, mit großem Zahn. Fld mit 4–6 rundlichen Goldgruben (Abb. **422**/8). – In Nadel- u. Laubhölzern. 7–16 mm. 4 Arten. Gattung *Chysobothris* ESCHSCHOLTZ
8* F ungekniet. 1. u. 3. Gld weniger verlängert. VSchenkel ohne Zahn. Fld meist anders gefärbt **9**
9 HschBasis ± doppelbuchtig. FldBasis nicht wulstförmig gerandet **12**
9* HschBasis gerade. FldBasis oft wulstförmig gerandet **10**
10 Fld mit Streifen od. Punktreihen, mit 2 Reihen goldgelber Makeln. Gewölbt, ± zylindrisch **11**
10* Fld unregelmäßig punktiert, ohne Makeln. Abgeflacht. – In Laubholz, bes. Ulmen, Eichen, Obstbäumen; auch Nadelholz u. Ginster. 3–15 mm. 19 Arten. Gattung *Anthaxia* ESCHSCHOLTZ
11 Sch klein, aber deutlich sichtbar. Fld mit 3–4 gelben Makeln. – In *Prunus*-Arten u. a. Obstbäumen; WDE; s. 7–13 mm. [*Ptosima flavoguttata* (ILLIGER)] *Ptosima undecimmaculata* (HERBST)
11* Ohne Sch. Fld mit 8-10 gelben Makeln. – In alten Eichen; sehr s. Heute nur BY, Baden. 6,5–12 mm. 2 Arten. Gattung *Acmaeodera* ESCHSCHOLTZ
12 **(9)** 24–33 mm. Fld mit 4 breiten Längsfurchen. OS erzbraun mit Kupferglanz in Vertiefungen. – In morschem Kiefernholz, bes. Stümpfen; v. *Chalcophora mariana* (L.) – **Kiefernprachtkäfer**
12* Höchstens 24 mm **13**
13 Fld mit vertieften Streifen, dazw oft mit gereihten, glänzenden Flecken (Reliefs) . **15**
13* Fld glatt od. mit regelmäßigen Rippen, dicht unregelmäßig punktiert, ohne Reliefs **14**
14 Fld schwarz mit gelben Flecken, FldE zugespitzt . – In teilweise verbrannten Bäumen, bes. Nadelholz; z. 8–11 mm. *Melanophila acuminata* (DEGEER)
14* Fld einfarbig blau od. grün, FldE abgerundet. – In Kiefern, gelegentlich g u. schädlich. 5,5–12 mm. 2 Arten. Gattung *Phaenops* DEJEAN
15 **(13)** OS nicht gescheckt u. nicht gelb. Letztes Gld der KfTst zylindrisch. SRand des Hsch glatt, strichförmig gerandet **16**
15* OS gescheckt mit Flecken od. dunklen Erhabenheiten. SRand des Hsch fein gekerbt, nicht strichförmig gerandet, Rand von der groben Punktur erfasst **16**
16 Sch groß, quer. Fld mit 2 Zähnen an der Spitze, metallisch goldgrün. – SWDE. In Eichen, Tannen; s. 15–25 mm. 2 Arten. Gattung *Eurythyrea* DEJEAN
16* Sch klein, kaum breiter als lg. Fld ohne Spitzenzähne; mit gelben Flecken od. einfarbig. – In Nadelhölzern, bes. Kiefern. 9–21 mm. 5 Arten. Gattung *Buprestis* L.

17 **(15)** Fld ± lg schwanzförmig ausgezogen (Abb. **422**/9). Sch klein, rundlich. Hsch mit 2 kleinen Punktgrübchen vor dem Sch. – In Buchen, Erlen, Birken, Pappeln, Weiden u. Nadelbäumen. 12–24 mm. 5 Arten. Gattung *Dicerca* ESCHSCHOLTZ

17* Fld nicht od. nur kurz nach hinten ausgezogen. Sch quer. Hsch ohne Punktgrübchen **18**

18 Fld mit einigen symmetrisch angeordneten größeren dunklen rundlichen Flecken. – An Wacholder; BY, Württemberg, s. 6–12 mm. [*Palmar festiva* (L.)] *Lamprodila* (*Palmar*) *festiva* (L.)

18* Fld nicht mit einigen symmetrisch angeordneten größeren dunklen rundlichen Flecken, sondern mit vielen kleinen dunklen Flecken unregelmäßig gesprenkelt **19**

19 Fld kurz schwanzförmig verlängert. Körper kupfer- od. bronzefarben. – In Pappeln; s. 13–21 mm. *Poecilonota variolosa* (PAYKULL) – **Pappelprachtkäfer**

19* FldSpitze nicht schwanzförmig verlängert. Körper grünblau metallisch glänzend. – In Ulmen, Linden, Weiden; s. 7–15 mm. 3 Arten. [*Scintillatrix* OBENBERGER] Gattung *Lamprodila* MOTSCHULSKY – **Lindenprachtkäfer**

Überfamilie ***Dascilloidea***

Familie ***Dascillidae*** – **Wiesenkäfer**

Auf Blüten u. Gebüsch; z; LNa: Graswurzeln. 9–12 mm. *Dascillus cervinus* (L.) – **Wiesenkäfer** (Abb. **424**/3)

Überfamilie ***Scirtoidea***

1 F kurz, mit 2 bis 3gld Keule (Abb. **424**/6). K sehr groß, mit dem Hsch unter den rundlichen Körper einschlagbar (Kugelvermögen). Au oft zweigeteilt. Familie *Clambidae* – **Punktkäfer** (Abb. **424**/1, 2) S. 425

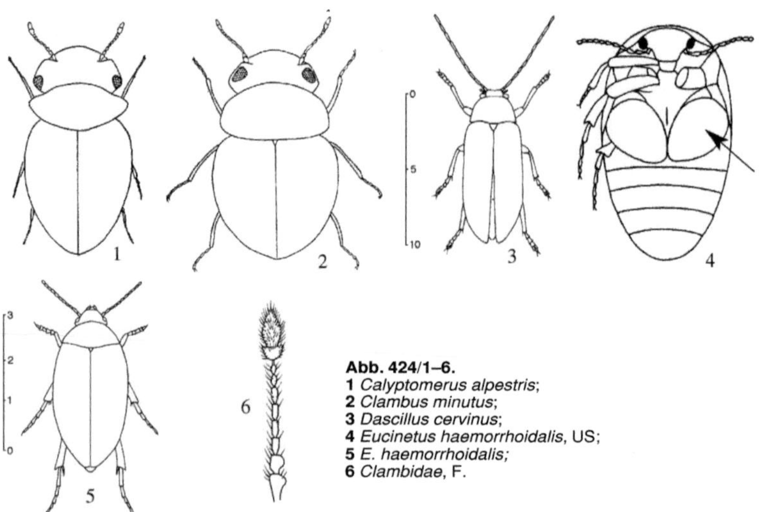

Abb. 424/1–6.
1 *Calyptomerus alpestris*;
2 *Clambus minutus*;
3 *Dascillus cervinus*;
4 *Eucinetus haemorrhoidalis*, US;
5 *E. haemorrhoidalis;*
6 *Clambidae*, F.

1* F ohne Keule. Kein Kugelvermögen. Au nicht geteilt. 2–6 mm **2**
2 HHü einfach, klein u. quer, nach hinten nur sehr wenig erweitert, reichen nicht bis an den SRand des Körpers. Füße kürzer als Schiene.
Familie *Scirtidae* – **Sumpfkäfer** (Abb. **426**/9) S. 425
2* HHü sehr groß, plattenförmig nach vorn u. hinten erweitert, bilden sehr große Schenkeldecken u. reichen bis an den SRand des Körpers (Abb. **424**/4). Füße länger als Schiene. Familie *Eucinetidae* (Abb. **424**/5) S. 426

Familie *Clambidae* – Punktkäfer

An Uferrändern in zersetzten PflResten, Hochwassergenist, faulem Laub u. unter loser, morscher Baumrinde. Na: Pilzmyzel, Schimmelrasen od. Baumschwämme. III–VIII. – DE 12 Arten.

1 K größer als Hsch (Abb. **424**/1). F weit vor den Au eingelenkt. 6 Sternite. MBr ungekielt. 1,1–1,9 mm. 2 Arten. Gattung *Calyptomerus* L. Redtenbacher
1* K etwas schmaler als der Hsch (Abb. **424**/2). F nahe vor den Au eingelenkt. 5 Sternite. MBr gekielt od. ungekielt **2**
2 F 9gld. K wenig schmaler als Hsch. MBr gekielt, 0,6–1,8 mm. 9 Arten.
Gattung *Clambus* Fischer von Waldheim
2* F 8gld. K viel schmäler als Hsch. MBr nicht gekielt. – BW; sehr s. 0,6–0,8 mm.
Loricaster testaceus Mulsant et Rey

Familie *Scirtidae* [*Helodidae*] – Sumpfkäfer

Entw im Wasser. Im meist auf Ufervegetation, können gut fliegen. LNa: Detritus, der ausgefiltert wird.

1 HB als SprungB ausgebildet, HSchenkel stark verdickt (Abb. **426**/8). Größerer Enddorn der HSchienen etwa so lg od. länger als das 1. HFußGld. – An stehenden Gewässern. 3–3,6 mm. 2 Arten. Gattung *Scirtes* Illiger
1* HB nicht als SprungB ausgebildet, HSchenkel nicht auffällig verdickt. Größerer Enddorn der HSchienen etwa 1/4, höchstens 1/3 so lang wie das 1. HFußGld. **2**
2 V- u. SRand des Hsch ineinander ohne eine Andeutung von vorspringenden VWinkeln übergehend (Abb. **426**/1). **3**
2* VWinkel des Hsch stumpf vorspringend, der VRand dazwischen ist zurückgesetzt (Abb. **426**/2). **6**
3 3. FGld deutlich kürzer als das 2. (Abb. **426**/5). HschBasis jederseits mit einem kleinen Punktgrübchen nahe der Randlinie etwa in der M (Abb. **426**/1). 2. HFußGld mit einem zahnartigen Fortsatz. **4**
3* 3. FGld länger als das 2. (Abb. **426**/6). HschBasis ohne Punktgrübchen. 2. HFußGld nicht zahnartig ausgezogen. – In stehenden Gewässern; g. 3,5–6 mm.
Microcara testacea (L.)
4 Hsch u. Sch einfarbig gelbrot, die Fld einfarbig dunkelbraun bis schwarz. VRand des Hsch ± gerade bis deutlich gebogen, Seitenrand etwas schräg, Hsch dadurch trapezförmig wirkend. – In wassergefüllten Baumhöhlen; nicht in DE, in ÖS. 3,3–4,3 mm.
Sacodes flavicollis (Kiesenwetter)
4* Färbung nicht in diesem Kontrast erscheinend. VRand des Hsch in der M deutlich nach vorn gezogen, gleichmäßig gerundet, dadurch ± halbkreisförmig erscheinend (Abb. **426**/1). – Bes. in fließenden Gewässern. **5**
5 3. FGld nur wenig kleiner als das 2. Körper meist breit oval, Antennen und Beine kürzer. Seitlich inserierendes 3. Glied der LippenTst der Spitze des 2. Gld relativ stark genähert, länger als dieses, ungefähr in der Mitte eingelenkt. Prosternalfortsatz rela-

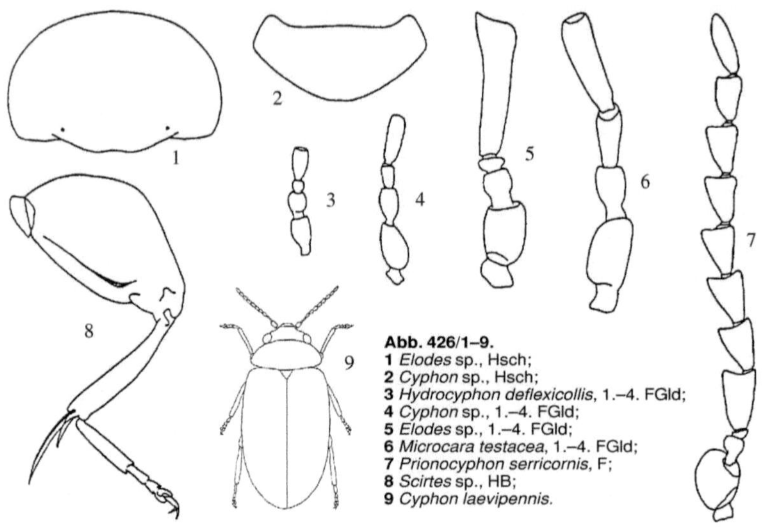

Abb. 426/1–9.
1 *Elodes* sp., Hsch;
2 *Cyphon* sp., Hsch;
3 *Hydrocyphon deflexicollis*, 1.–4. FGld;
4 *Cyphon* sp., 1.–4. FGld;
5 *Elodes* sp., 1.–4. FGld;
6 *Microcara testacea*, 1.–4. FGld;
7 *Prionocyphon serricornis*, F;
8 *Scirtes* sp., HB;
9 *Cyphon laevipennis*.

tiv lang. – In fließenden Gewässern. 3,5–5,2 mm. 4 Arten. Gattung *Odeles* KLAUSNITZER

5* 3. FGld viel kleiner als das 2. (Abb. **426**/5). Körper schlanker, Antennen und Beine länger. 3. Glied der LippenTst unterhalb der Mitte des 2. Gliedes inserierend, kürzer als das 2. Gld. Prosternalfortsatz relativ kurz. – In fließenden Gewässern und Wassergräben. 4,1–6,0 mm. 5 Arten. Gattung *Elodes* LATREILLE

6 **(2)** 1. FGld sehr viel dicker als die nächsten Gld, 3. FGld sehr klein, beim ♂ 4.–10. Gld nach innen zahnartig erweitert (Abb. **426**/7), beim ♀ sind diese Gld schlank, ohne Erweiterung zur Spitze. 2. LippenTstGld mit deutlich seitenständigem 3. Gld. Sch länger als an der Basis breit. – In wassergefüllten Baumhöhlen; z. 3–4,2 mm. *Prionocyphon serricornis* (P. W. J. MÜLLER)

6* 1. FGld nicht auffällig vergrößert (Abb. **426**/3, 4). F fadenförmig. 3. Gld an od. neben der Spitze des 2. LippenTstGld inserierend. Sch etwa so lg wie an der Basis breit. **7**

7 3. FGld der ♂ minimal etwa halb so lg wie das 2. Gld (Abb. **426**/4). 5. Gld der HFüße etwa halb so lg das 2.–4. zusammen. Letztes Gld der KfTst mindestens so lg wie das vorletzte. 3. Gld auf dem 2. LippenTstGld annähernd an der Spitze inserierend. OKf mit scharfer Spitze, kräftig sklerotisiert – In stehenden Gewässern, auch Mooren, Brackwassertümpeln u. im Grundwasser. 2,2–4,0 mm. 12 Arten. Gattung *Cyphon* PAYKULL

7* 3. FGld der ♂ nur etwa 1/3 so lg wie das 2. Gld (Abb. **426**/3). 5. Gld der HFüße fast so lg wie das 2.–4. zusammen. Letztes Gld der KfTst viel kleiner als das vorletzte. 3. Gld auf dem 2. LippenTstGld fast endständig. OKf ohne abgesetzte Spitze, gerundet, wenig sklerotisiert, flach – Bes. in Gebirgsbächen; s. 2–2,6 mm. *Hydrocyphon deflexicollis* (P. W. J. MÜLLER)

Familie ***Eucinetidae***

In trockenen Habitaten, im Wurzelwerk, unter faulender PflSubstanz; s; 3–4 mm; – DE 2 Arten. Gattung *Eucinetus haemorrhoidalis* (GERMAR) (Abb. **424**/5) u. *Nycteus meridionalis* LAPORTE

Überfamilie *Dryopoidea*

1 Krallentragendes EGld der Füße keulenförmig verdickt, länger od. so lg wie die vorhergehenden 4 FußGld zusammen (Abb. **427**/1). Krallen auffallend groß **2**

1* Krallentragendes EGld der Füße kürzer als die 4 vorhergehenden FußGld zusammen, nicht keulenförmig. Krallen nicht auffallend vergrößert **3**

2 F kurz, mit spindelförmiger Keule, 2. Gld verdickt od. ohrenförmig vorragend (Abb. **427**/3). Körper fast zylindrisch (Abb. **427**/2), bes. oben sehr dicht behaart. VHü ± quer, Schenkelring freiliegend. HHü zur Aufnahme der Schenkel ausgehöhlt, mit Schenkeldecken. 3–5,5 mm. Familie *Dryopidae* – **Klauenkäfer** S. 427

2* F fadenförmig. Körper von unterschiedlicher Form (Abb. **428**/1–8), fast kahl, nur sehr fein behaart. VHüften kugelig od. flach gerundet, Schenkelring verborgen. HHü ohne Schenkeldecken. 1,2–8,5 mm. Familie *Elmidae* – **Hakenkäfer** S. 428

3 **(1)** Körper lgoval, Fld parallelseitig (Abb. **427**/4). VSchienen breit verflacht, außen mit lg StachelBo besetzt (GrabB). 1,3–7,5 mm.
Familie *Heteroceridae* – **Sägekäfer** S. 429

3* Körper gedrungen, fast kugelförmig (Abb. **427**/5). VSchienen unbedornt, schmal. 1,3–2,2 mm. Familie *Limnichidae* – **Ufer-Pillenkäfer** S. 429

Familie *Dryopidae* – Klauenkäfer

An Ufern von Fließgewässern, auch Stillgewässern. Na: Detritus. – DE 14 Arten.

1 Hsch jederseits mit einem Längskiel neben der S, am HRand so breit wie die FldBasis (Abb. **427**/2). Au dicht abstehend behaart. Körper lg abstehend behaart. – Bes. an Bachufern, auch stehenden Gewässern. 3–5,7 mm. 13 Arten.
Gattung *Dryops* A. G. OLIVIER

1* Hsch ohne Längskiel, schmaler als die Fld. Au fast kahl. Körper sehr dicht u. kurz behaart. – Am Unterlauf von Bächen; s. 4,2–5,5 mm. [*Helichus s.*]
Pomatinus substriatus (P. W. J. MÜLLER)

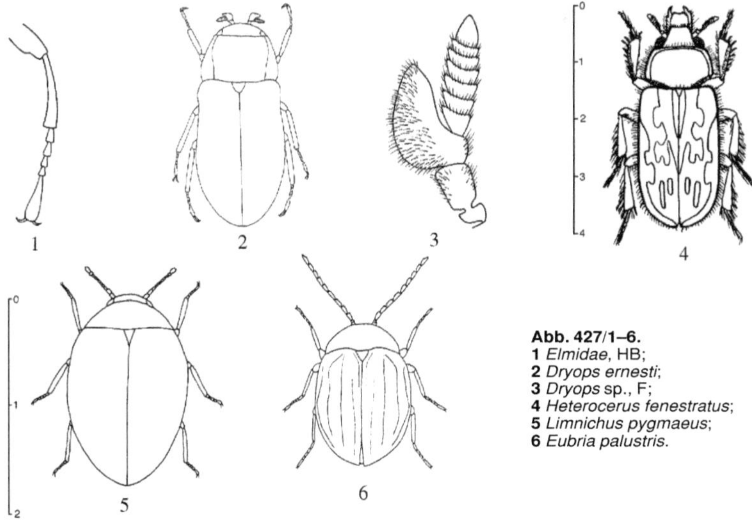

Abb. 427/1–6.
1 *Elmidae*, HB;
2 *Dryops ernesti*;
3 *Dryops* sp., F;
4 *Heterocerus fenestratus*;
5 *Limnichus pygmaeus*;
6 *Eubria palustris*.

Familie *Elmidae* – Hakenkäfer

In Flüssen, Bächen, Seen u. Teichen, in die sie eintauchen, bes. an Steinen. Oft auf bestimmte Fließwasserzonen spezialisiert. Nehmen im wasserabweisenden Haarkleid Luftschicht für die Atmung unter Wasser mit, wo sie an WasserPfl, Quellmoos, faulendem Holz (oft an Wehren), im Genist, Schlamm u. Sand od. an der US bemooster Steine umherlaufen (Nichtschwimmer). Im. u. L phytophag. IV–IX. – DE 25 Arten.

1 F relativ kurz, 3.–11. Gld eine schmale Keule bildend, die kaum länger ist als die beiden BasalGld zusammen. HschS hinter der M stumpfeckig, dahinter eingebuchtet (Abb. **428**/1). Fld hinten einzeln zugespitzt. – In Flüssen; sehr s. 6,5–8,5 mm. (Unterfamilie *Larainae*). *Potamophilus acuminatus* (F.)

1* F lg, perlschnurartig, ohne Keule. HschS gleichmäßig gerundet, ohne Ecken u. Einbuchtungen. Fld hinten gemeinsam abgerundet (Abb. **428**/2–8). 3–5,5 mm. (Unterfamilie *Elminae*) **2**

2 Hsch deutlich länger als breit, mit 2 rundlichen Höckern hinter der M. Fld hinter der M mit je einem länglichen Höcker (Abb. **428**/5). F 7gld. – In Flüssen; sehr s. 2,8–3,3 mm. *Macronychus quadrituberculatus* P. W. J. Müller

2* Hsch kürzer od. kaum länger als breit. Fld u. Hsch ohne Höcker. F 11gld **3**

3 Hsch mit gefurchter MLinie. Körper schmal u. lggestreckt (Abb. **428**/3). – In Bächen u. Flüssen; s. 2,3–5 mm. 2 Arten. Gattung *Stenelmis* Dufour

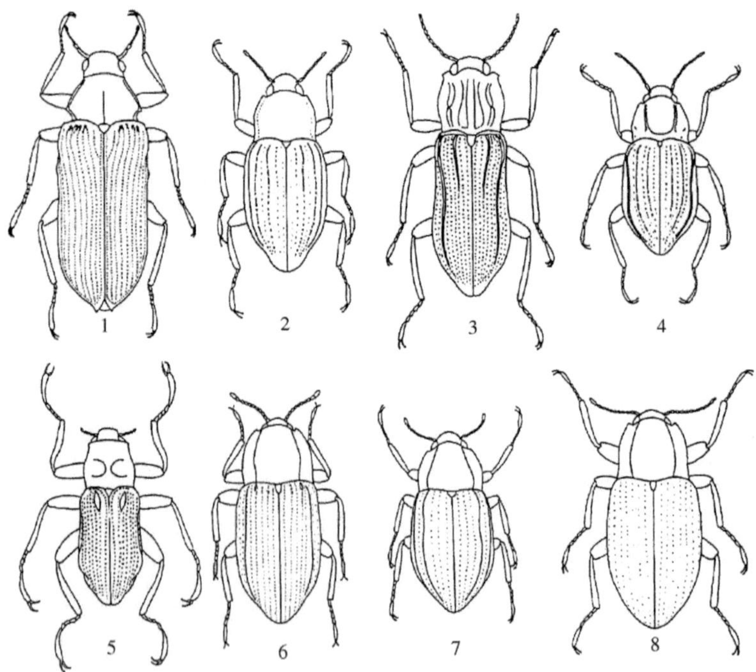

Abb. 428/1–8. 1 *Potamophilus acuminatus*; **2** *Riolus* sp.; **3** *Stenelmis* sp.; **4** *Elmis* sp.; **5** *Macronychus quadrituberculatus*; **6** *Esolus* sp.; **7** *Oulimnius* sp.; **8** *Limnius* sp.

3* Hsch in der M ohne Längsfurche. Körper mehr gedrungen **4**

4 Hsch jederseits mit einem Längskiel od. einer Längsfurche (Abb. **428**/4, 6–8) . . . **5**

4* Hsch ohne seitliche Längskiele od. -furchen (Abb. **428**/2) **8**

5 Längslinien des Hsch vor der Basis durch einen Quereindruck verbunden (Abb. **428**/4). – In Quellen, GebBächen u. Flüssen. 1,6–2,5 mm (in Quellen u. Thermen können Zwergformen vorkommen). 6 Arten. Gattung *Elmis* LATREILLE

5* Längslinien des Hsch an der Basis nicht miteinander verbunden **6**

6 Sch rundlich, breit. Der MLappen der doppelbuchtigen HschBasis vor dem Sch ausgerandet. Die Längskiele des Hsch treffen an der Basis auf die ebenfalls gekielten 5. ZwRäume der Fld (Abb. **428**/7). – In Fließgewässern u. Seen. 1,4–1,9 mm (in Quellen können Zwergformen vorkommen). 3 Arten. Gattung *Oulimnius* DES GOZIS

6* Sch länglich, schmaler. HschBasis vor dem Sch nicht ausgerandet. Die Längskiele des Hsch werden auf den Fld nicht unmittelbar durch Kiele fortgesetzt **7**

7 Der 7. ZwRaum der Punktstreifen auf den Fld ist kielförmig erhaben (Abb. **428**/6), er umgrenzt ein fast ungeripptes MFeld. – In Bächen u. Flüssen. 1,3–2 mm. 2 Arten. Gattung *Esolus* MULSANT et REY

7* Alle ZwRäume auf den Fld sind gleichartig, es ist kein umgrenztes MFeld vorhanden (Abb. **428**/8). – In Quellen, GebBächen, Flüssen u. Seen. 2,2–3,3 mm (in Quellen können Zwergformen vorkommen). 4 Arten. Gattung *Limnius* ILLIGER

8 **(4)** Die 7. kielförmigen ZwRäume der Fld mit scharf-leistenförmigem Innenrand, ein ebenes MFeld umgrenzend. EGld der Spinngriffel auffallend verkürzt. – In kalkreichen Bächen; s. 1,7–2,3 mm. 2 Arten. Gattung *Normandia* PIC

8* Die 7. kielförmigen ZwRäume der Fld ohne scharf-leistenförmigen Innenrand, alle nach innen folgenden ungeraden FldZwRäume ebenfalls kielförmig erhaben, es ist kein umgrenztes MFeld vorhanden (Abb. **428**/2). EGld der Spinngriffel nicht auffallend verkürzt. – In Quellen, Bächen, Flüssen u. Seen; s. 1,5–2,1 mm (in Quellen können Zwergformen vorkommen). 3 Arten. Gattung *Riolus* MULSANT er REY

Familie ***Heteroceridae* – Sägekäfer**

Meist gesellig an sandigen, tonigen od. schlammigen Uferrändern von Seen, Bächen u. Flüssen, auch auf Salzboden u. am Meeresstrand, zusammen mit L in selbstgegrabenen Gängen. Na: Detritus aus Schlamm. – DE 14 Arten.

1 Fld einfarbig dunkelbraun. F 8gld. – An Flussufern; BY; s. 1,3–1,5 mm. *Micilus murinus* (KIESENWETTER)

1* Fld mit gelber Zeichnung (Abb. **427**/4). F 10- od. 11gld. – An Gewässerufern. 2,6–7,6 mm. 13 Arten. Gattungen *Augyles* SCHIÖDTE u. *Heterocerus* F.

Familie ***Limnichidae* – Ufer-Pillenkäfer**

An sandigen u. schlammigen Ufern von Stillgewässern. Na: Algen. – DE 3 Arten.

1 Sch groß, breit dreieckig, kaum länger als breit (Abb. **430**/1). VEcken des Hsch mit einem deutlichen Zahn. F zur Spitze allmählich verdickt. – Auf sandigen Uferstellen; s. 1,9–2,2 mm. *Pelochares versicolor* (WALTL)

1* Sch klein, länger als breit (Abb. **430**/2). VEcken des Hsch ohne Zahn. F mit 3gld Keule. – An Ufern, auch Lehm- u. Sandgruben; z. 1,6–1,9. 2 Arten. Gattung *Limnichus* DEJEAN (Abb. **427**/5)

Überfamilie ***Psephenoidea***

Familie ***Psephenidae* [*Eubriidae*] – Bachkäfer**

An Uferrändern, auf Gräsern u. WasserrandPfl. L in Bergbächen, an Steinen; LNa: Aufwuchsalgen; s; 2–2,6 mm. *Eubria palustris* (GERMAR) – **Bachkäfer** (Abb. **427**/6)

Überfamilie *Dermestoidea*

1 Fld mit gereihten büschelförmigen Haarflecken. VSchienen oben vorn meist mit Fußfurche. K schräg nach vorn gerichtet.
Familie *Nosodendridae* – **Saftkäfer** (Abb. **430**/3) S. 433
1* Behaarung, wenn vorhanden, anders. VSchienen ohne Fußfurche. K senkrecht gestellt. Familie *Dermestidae* – **Speckkäfer** S. 430

Familie *Dermestidae* – Speckkäfer

In Häusern u. Lagerräumen an Tierresten (Speck, Knochen, Horn, Häute, Felle, Haare, Wolle u. daraus verfertigte Pelze, Kleider, Polster, Teppiche, Bucheinbände usw.), aber auch in Tiersammlungen, Herbarien u. Tabakwaren. Häufig weltweit verschleppt. Andere Arten leben im Freien von Insektenresten, Aas, in Vogel- u. Hymenopterennestern. Na: vielfach Chitin, Keratin. – Viele Im. im Frühj. u. Frühsommer auf Blüten (bes. Doldengewächsen u. Spiraeen). Fliegen zur Eiabl in Gebäude u. nach Überw (meist in PWiege) wieder hinaus, daher oft auf Fensterbrettern. IV–VIII. – DE 41 Arten.
Es werden ständig weitere Arten importiert, z. B.: *Anthrenus coloratus* Reitter, *A. flavipes* LeConte, *A. olgae* Kalik, *A. polonicus* Mroczkowski, *Attagenus brunneus* Faldermann, *A. fasciatus* Thunberg, *Dermestes carnivorus* F., *D. fuliginosus* P. Rossi, *D. intermedius* Kalik, *D. kaszabi* Kalik, *D. mustelinus* Erichson, *D. pardalis* Billberg, *Orphilus niger* P. Rossi, *Orphinus fulvipes* Guérin-Méneville, *Phradonoma villosulum* Duftschmid sowie *Endecatomus reticulatus* (Herbst) (heute Familie *Endecatomidae*).

1 F fadenförmig, mit 3 od. 4 verlängerten EGld. Körper ♂ mit gegliedertem Umriss (Abb. **430**/4), ♀ flügellos. – Synanthrop; SH, BR. ♂ 2–3 mm; ♀ 3–4,5 mm.
Thylodrias contractus Motschulsky
1* F zur Spitze verdickt od. gekeult. Körper mit geschlossenem Umriss **2**
2 StirnM mit 1 Oc. 1,5–6 mm **3**
2* Stirn ohne Oc. 6–12 mm. – An Fellen, Pelzen, Häuten, Knochen, trockenem Aas, auch in Raupennestern, Taubenschlägen, Bienenstöcken.
Gattung *Dermestes* L. – **Speckkäfer** S. 431

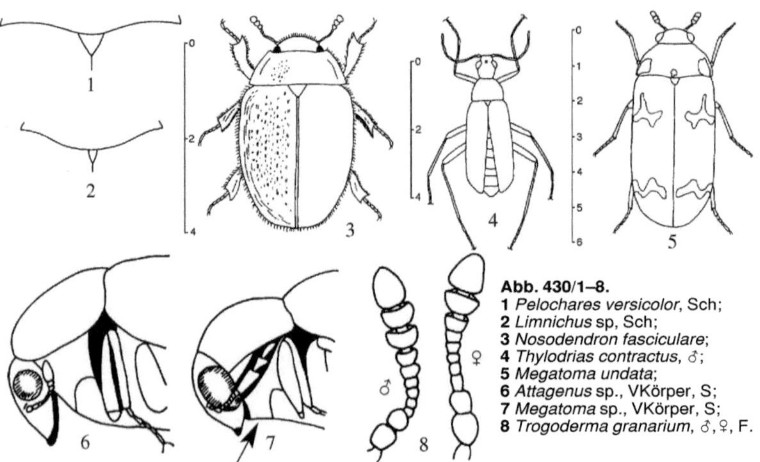

Abb. 430/1–8.
1 *Pelochares versicolor*, Sch;
2 *Limnichus* sp, Sch;
3 *Nosodendron fasciculare*;
4 *Thylodrias contractus*, ♂;
5 *Megatoma undata*;
6 *Attagenus* sp., VKörper, S;
7 *Megatoma* sp., VKörper, S;
8 *Trogoderma granarium*, ♂, ♀, F.

3 OS anliegend dicht mit bunten Schuppen bedeckt. – In Vogelnestern, an Textilien, Federn, Fellen, Borsten, in Insekten- u. Vogelsammlungen. Im. auf Blüten.
Gattung *Anthrenus* GEOFFROY – **Museumskäfer** S. 433
3* OS behaart, oft mit hellen Schuppenhaarflecken od. -binden **4**
4 HschSRand in der VHälfte ungekantet, nur neben HWinkeln mit nach vorn verkürzter kielförmiger Längsfurche. OS mit lg abstehenden Haaren. – In altem Holz u. Spinnweben an Insektenresten; z; 1,5–2,5 mm. *Trinodes hirtus* (F.)
4* HschSRand vollständig gekantet, OS höchstens schräg abstehend behaart **5**
5 VBr nicht nach vorn verlängert, die unteren Mundteile freilassend (Abb. **430**/6). – Im. auf Blüten. Meist synanthrop an Wolle, Federn, Fellen, Pelzen, Haaren, auch Mehl u. Sämereien, in Hummelnestern. 3,5–5,5 mm.
Gattung *Attagenus* LATREILLE – **Pelzkäfer** S. 432
5* VBr mit nach vorn gezogener lappiger Verlängerung, die unteren Mundteile ± überdeckend (Abb. **430**/7) **6**
6 FGrube auf der VBr hinten nur von einem niedrigen Kiel begrenzt. – Aus NAm stammend; in Sammlungen; v. 2,8–3,8 mm.
Reesa vespulae (MILLIRON) – **Amerikanischer Wespenkäfer**
6* FGrube auf der VBr hinten wenigstens teilweise von einem scharfen Kiel begrenzt **7**
7 FKeule beim ♀ 3- od. 4gld, beim ♂ 5–8gld (Abb. **430**/8). – In Insektensammlungen u. Hymenopterennestern, an Getreidekörnern. 2–5 mm. 5 Arten. Häufig in Getreidevorräten: *T. granarium* EVERTS – **Khaprakäfer**. Gattung *Trogoderma* DEJEAN
7* FKeule bei beiden Geschlechtern 3gld **8**
8 F 10gld. – Unter Rinde an Insektenresten, auf Blüten. 2,2–5,5 mm. 4 Arten.
Gattung *Globicornis* LATREILLE
8* F 11gld **9**
9 Fld einfarbig, schwarz, glänzend. Umgeschlagene S des Hsch mit deutlichen FFurchen. – Unter Rinde an Insektenresten, in hohlen Bäumen; v; 4–5 mm.
Ctesias serra (F.)
9* Fld mit Haarzeichnungen **10**
10 VBr mit abgegrenzter FGrube. Körper rundlich. – Synanthrop; z; 2–3,4 mm.
Anthrenocerus australis (HOPE) – **Australischer Teppichkäfer**
10* HschS ohne FFurchen. Fld mit 2 weißen Querbinden (Abb. **430**/5). – Im. auf Blüten. L in Hymenopterennestern; s; 4–6 mm. *Megatoma undata* (L.)

Gattung *Dermestes* L. – **Speckkäfer** (Hilfstabelle)

1 Hsch stark gewölbt, die VEcken herabgezogen (Abb. **432**/1). HlbUS mit dicken anliegenden Härchen bedeckt, die meist kreideweiße, gelegentlich rötliche bis bräunliche Flecken bilden **2**
1* Hsch flach gewölbt (Abb. **432**/2). HlbUS ohne kreideweiße Flecke **9**
2 HschS ausgedehnt weiß behaart, auch dort ist die Behaarung schräg nach innen gerichtet **3**
2* HschS andersfarbig behaart, Behaarung von vorn nach hinten gerichtet **4**
3 Nahtwinkel der Fld dornförmig; z; 5,5–10 mm.
D. maculatus DEGEER – **Dornspeckkäfer**
3* Nahtwinkel der Fld rechteckig; v; 6–10 mm.
D. frischii KUGELANN – **Dornloser Speckkäfer**
4 **(2)** Schenkel durch deutlich abgegrenzte helle Haarbinde geringelt **5**
4* Schenkel ohne Querbinde **6**
5 FKeule samtschwarz. Hsch marmoriert gemustert; g; 7–9 mm. *D. murinus* L.
5* FKeule rostrot od. braunrot. Hsch einfarbig; v; 5–7 mm. *D. undulatus* BRAHM
6 **(4)** US gelblich behaart. – In LNestern des Eichenprozessionsspinners; sehr s; 6–7 mm. *D. erichsoni* GANGLBAUER
6* US kreideweiß behaart **7**
7 FKeule länger (Abb. **432**/4) **8**

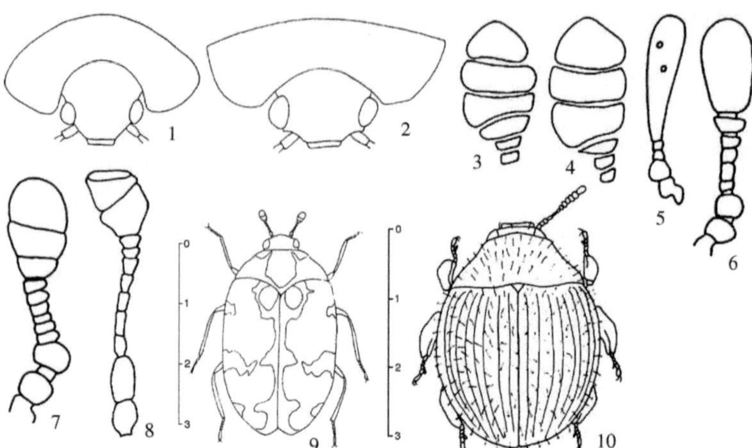

Abb. 432/1–10. 1 *Dermestes (Dermestinus)*, K, Hsch, von vorn; **2** *Dermestes (Dermestes)*, K, Hsch, von vorn; **3** *Dermestes gyllenhalii*, FKeule; **4** *Dermestes szekessyi*, FKeule; **5** *Anthrenus fuscus*, F; **6** *Anthrenus museorum*, F; **7** *Anthrenus scrophulariae*, F; **8** *Chaetophora spinosa*, F; **9** *Anthrenus scrophulariae*; **10** *Curimus erinaceus*.

7* FKeule klein, halb so lg wie übriger F (Abb. **432**/3); s, meist alte Funde; 5–6 mm. *D. gyllenhalii* LAPORTE

8 Hsch mit queren braunroten Haarflecken zw schwarzer Behaarung. – SH, MV; s; 6–7 mm. *D. szekessyi* KALIK

8* Hsch mit schwarzer Behaarung, einzelne weiße Haare eingestreut; g; 6,5–8 mm. *Dermestes laniarius* ILLIGER

9 **(1)** Fld zweifarbig; g; 7–9 mm. *D. lardarius* L. – **Gemeiner Speckkäfer**

9* Fld einfarbig **10**

10 Fld ca. doppelt so lg wie breit. HschHRand hell behaart **11**

10* Fld ca. 1,5-mal so lg wie breit. HschHRand schwarz. – In hohlen Bäumen, Hummelnestern; nur BY vor 1900. 6–7 mm. *D. olivieri* LEPESME

11 Fld bes. hinten mit tiefen furchenartigen Längsstreifen. – In Nestern, Taubenschlägen, Hühnerställen; z; 7–9 mm. *D. bicolor* F. – **Gestreifter Speckkäfer**

11* Fld nicht deutlich gestreift **12**

12 HschBasis in der M ungerandet. Behaarung KörperOS lg u. dick. Körper etwas abgeplattet; s; 7–9 mm. *D. ater* DEGEER

12* HschBasis vollständig gerandet. Behaarung KörperOS kurz u. dünn. Körper nicht abgeplattet **13**

13 Dunkelbraun od. rotbraun. Fld zw schwarzer Grundbehaarung mit lg gelben Haaren; z; 7–8 mm. *D. haemorrhoidalis* KÜSTER

13* Schwarz od. schwarzbraun. Fld nur mit weißgelben Haaren; z; 8,5–9,5 mm. *D. peruvianus* LAPORTE – **Peruanischer Speckkäfer**

Gattung *Attagenus* LATREILLE – **Pelzkäfer**

1 Fld mit reihig angeordneten weißen Makeln od. hellen Haarbinden **2**

1* Fld einfarbig, höchstens mit 1–3 weißen Punkten **3**

2 Fld schwarz mit 9–10 reihig angeordneten weißen Makeln. – In hohlen Bäumen; s; 3,5–5,5 mm. *A. punctatus* (SCOPOLI)

2* Fld mit Querbindenzeichnung. – In Hymenopterennestern; nur Funde vor 1950; s; 4–6 mm. *A. pantherinus* (AHRENS)

3 **(1)** Fld mit einem weißem Punkt. – Synanthrop; g; 3,5–6 mm.
A. pellio (L.) – **Gefleckter Pelzkäfer**
3* Fld ohne weiße Punkte **4**
4 Schwarz, Fld gelb od. rotgelb mit gelber Behaarung; s. *Attagenus smirnovi* ZHANTIEV
4* OS ganz braun bis schwarz mit brauner od. schwarzer Behaarung **5**
5 US schwarz behaart; s; 2,5–5,5 mm. *A. schaefferi* (HERBST)
5* US gelblichgrau behaart. – Kosm; z; 2,5–5,5 mm.
A. unicolor (BRAHM) – **Dunkler Pelzkäfer**

Gattung *Anthrenus* MÜLLER – **Kabinettkäfer**

1 F 11gld, mit 3gld Keule (Abb. **432**/7) **2**
1* F 5- od. 8gld mit 2gld od. 1gld Keule (Abb. **432**/5, 6) **4**
2 Innenrand der Au vorn eingebuchte, Schuppen breit **3**
2* Innenrand der Au nicht eingebuchtet; Schuppen schmal. – Oft in Insektensammlungen; g; 1,8–3,5 mm. *A. verbasci* (L.) – **Wollkrautblütenkäfer**
3 Fld vorn mit breiter weißer Querbinde; 1. Gld der FKeule so lg wie das 2. – Oft in Vogelnestern; v; 2–4,5 mm. *A. pimpinellae* (F.)
3* Fld mit 3 schmalen weißen Querbinden, Naht mit rostrotem Längsband (Abb. **432**/9); 1. Gld der FKeule viel kürzer als 2. (Abb. **432**/7). – An wollhaltigen Textilien; g; 2–3,8 mm. *A. scrophulariae* (L.) – **Teppichkäfer**
4 **(1)** F 5gld, mit 1gld Keule, EGld verdickt (Abb. **432**/5). – Fast nur im Freiland; z; 2–3,5 mm. *A. fuscus* A. G. OLIVIER
4* F 8gld, mit 2gld Keule (Abb. **432**/6); g; 2–3,5 mm.
A. museorum (L.) – **Museumskäfer** (Abb. **430**/3)

Familie *Nosodendridae* – Saftkäfer

Zusammen mit L an ausfließendem Baumsaft, bes. an Ulmen u. Eichen; s; 4–5 mm.
Nosodendron fasciculare (A. G. OLIVIER) – **Saftkäfer** (Abb. **430**/3)

Überfamilie *Byrrhoidea*

Familie *Byrrhidae* – Pillenkäfer

An Bodenoberfläche. Na: Moos. – DE 25 Arten.

1 OS mit aufrechten, dicken, meist gekeulten Bo **2**
1* OS ohne aufrechte Bo, mit einfachen Haaren od. kahl **5**
2 OS am Grunde fein beschuppt od. kahl. F mit deutlicher 2- od. 3gld Keule (Abb. **432**/8). Füße 4gld (Unterfamilie *Syncalyptinae*) **3**
2* OS am Grunde mit feinen Haaren. Ohne scharf abgesetzte FKeule. Füße 5gld . . **4**
3 FKeule 3gld. – An Flussufern, in Sandgruben, Mooren. 1,3–3 mm. 6 Arten.
Gattung *Curimopsis* GANGLBAUER
3* FKeule 2gld (Abb. **432**/8). – Auf Sandboden, unter Moos-Algen-Bewuchs; v. 1,2–1,6 mm. [*Syncalypta* STEPHENS] *Chaetophora spinosa* (P. ROSSI)
4 **(2)** Gekeulte Bo sehr kurz. 3. FußGld ungelappt. – In Sandgebieten unter Steinen; z; 4–5 mm. *Porcinolus murinus* (F.)
4* Gekeulte Bo lg (Abb. **432**/10). 3. FußGld gelappt. – In Moos an alten Bäumen. Montan, BY vor 1950; 2,8–3,8 mm. *Curimus erinaceus* (DUFTSCHMID)
5 **(1)** Schienen viel schmaler als Schenkel. – Unter Moos u. Steinen an feuchten Stellen. 2–3,5 mm. 3 Arten. Gattung *Simplocaria* STEPHENS
5* Schienen verbreitert, fast so breit wie Schenkel **6**
6 Fld mit Längsstreifen **7**

6* Fld ohne Längsstreifen 8
7 6–13 mm. Alle Schienen oben mit tiefen, breiten Fußfurchen. – Unter Moos u. Steinen; 9 Arten. Gattung *Byrrhus* L. – **Pillenkäfer**
7* 4,5–5,5 mm. Nur VSchienen mit Fußfurchen. – In Moos; h. *Cytilus sericeus* (FORSTER)
8 **(6)** OS kahl. – BY vor 1950. 3,5–4,5 mm. *Pedilophorus auratus* (DUFTSCHMID)
8* OS behaart 9
9 Sch dicht weiß behaart. – In Sandgebieten; z; 3,2–4,8 mm. *Morychus aeneus* (F.)
9* Sch fast kahl, dunkel. – Auf Sandboden unter Steinen; z; 2,3–3,5 mm. *Lamprobyrrhulus nitidus* (SCHALLER)

Überfamilie ***Cucujoidea***

1 Hochgewölbte, rundliche bis ovale, glänzende Arten, höchstens 3,5 mm lg u. glatt od. höchstens kaum sichtbar staubförmig behaart. F mit 3gld Keule 2
1* Käfer entspricht nicht dieser Beschreibung 5
2 K u. Hsch breit, auf die US umschlagbar (Kugelvermögen) (Abb. **441**/2). Familie *Cybocephalidae* S. 440
2* Käfer ohne Kugelvermögen 3
3 Fld vor einer Basisrandung mit einer glatten abgeschrägten Gleitfläche für den übergreifenden Hsch. 1,3–3,5 mm lg. Familie *Phalacridae* – **Glattkäfer** S. 444
3* Fld an der Basis ohne Gleitfläche. 0,8–1,7 mm lg. 4
4 Sch kaum sichtbar (Abb. **438**/4). Grundfarbe gelbbraun bis schwarz. Familie *Alexiidae* – **Kugelmoderkäfer** S. 438
4* Sch deutlich sichtbar. Grundfarbe schwarz. Familie *Cryptophagidae* (Gattungen *Ootypus, Ephistemus*) – **Schimmelkäfer** S. 443
5 **(1)** EGld der F nicht verdickt (Abb. **437**/1, 2, 8). Familien *Silvanidae* partim, *Cucujidae* partim – **Plattkäfer**, *Laemophloeidae* S. 444
5* FEGld bilden eine ± deutliche Keule (Abb. **437**/3–7) 6
6 F mit kreisrunder od. kurz ovaler 1–3gld knopfförmiger Keule (Abb. **437**/3, 4) . . . 7
6* F mit verdickten od. unscharf keulenförmig abgesetzten EGld od. mit ± lose gegliederter nicht knopfförmiger Keule (Abb. **437**/6, 7) 10
7 10. FGld halbkugelig od. ellipsoid, seitlich wenig komprimiert, das 11. FGld geringfügig od. gar nicht aus der gerade abgeschnittenen Stirnfläche des 10. Gld vorragend (Abb. **437**/4). Familie *Monotomidae* – **Rindenkäfer** S. 441
7* FKeule seitlich abgeplattet, von der Breitseite gesehen, kreisförmig bis kurz oval, sofern 2–3gld, die einzelnen Gld eng aneinander angeschlossen (Abb. **437**/3) 8
8 Fld relativ flach, mindestens das Pygidium unbedeckt lassend (Abb. **438**/5, 6; **441**/1) 9
8* Fld querüber stark gewölbt, Pygidium bedeckt (Abb. **444**/1). Familie *Erotylidae* partim – **Pilzkäfer** S. 442
9 FKeule deutlich abgesetzt, ± kompakt (Abb. **437**/3). Familie *Nitidulidae* partim – **Glanzkäfer** S. 438
9* FKeule wenig deutlich abgesetzt, länglich oval (Abb. **441**/1). Familie *Kateretidae* S. 440
10 **(6)** Käfer ohne Au. Familie *Bothrideridae* (Gattung *Anommatus*) S. 437
10* Käfer mit Au 11
11 Fld mit Längsstreifen, Rippen od. deutlichen Punktreihen 12
11* Fld abgesehen von einem etwaigen Nahtstreifen ohne Längsstreifen, glatt od. matt od. unregelmäßig punktiert 29
12 Fld behaart, beborstet od. beschuppt 13
12* Fld ohne Haare, Schuppen od. Bo 18
13 Alle Füße 3gld, die mittleren u. hinteren nicht erweitert, schmal (Abb. **435**/8). Familie *Latridiidae* partim – **Moderkäfer** S. 445
13* Alle Füße 5gld, das 4. meist klein, manchmal schwer sichtbar, das 5. meist etwa so lg wie die vorhergehenden zusammen, ausnahmsweise beim ♂ mit 5, 5, 4 Gld (Abb. **435**/1–7) 14

13** Alle Füße 4gld od. 5gld, aber das 1. Glied so klein, dass es kaum sichtbar ist, ausnahmsweise ♂ VFüße mit 3 Gld **15**
14 Hsch in die ovale Gesamtform des Körpers eingepasst (Abb. **444**/2, 4).
Familien *Languriidae, Biphyllidae* S. 444, 443
14* HschForm schließt sich nicht glatt an die FldForm an; letztere häufig lg, parallel. Hsch oft mit lappig od. zahnförmig nach vorn außen vorgezogenen VEcken od. am SRand gekerbt (Abb. **441**/4, 5). Familien *Cucujidae* partim – **Plattkäfer**, *Silvanidae* partim, *Phloeostichidae* – **Ahornplattkäfer** S. 441, 442
15 **(13)** Gestalt rundlich, fast so breit wie lg.
Familie *Sphindidae* (Gattung *Aspidiphorus*) S. 450
15* Gestalt oval, walzenförmig od. gestreckt **16**
16 Behaarung nur staubfein. Fld zw den Schulterrippen abgeflacht.
Familie *Laemophloeidae* partim S. 444
16* Behaarung deutlich sichtbar. Fld querüber stark gewölbt **17**
17 Körper dunkel gefärbt, Gestalt walzenförmig (Abb. **454**/9).
Familie *Sphindidae* (Gattung *Sphindus*) S. 450
17* Körper gelb, Fld nach hinten etwas kahnförmig zugespitzt (Abb. **426**/8).
Familie *Endomychidae* partim – **Stäublingskäfer** S. 445
18 **(12)** Fld mit Längsrippen (Abb. **444**/6) **19**
18* Fld mit Punktstreifen auf glattem, gewirktem od. punktiertem Grund **23**
19 Füße 3gld, schmal u. nicht gelappt (Abb. **435**/8).
Familie *Latridiidae* partim – **Moderkäfer** S. 445
19* Füße 4 od. 5gld **20**
20 F so lg od. länger als K u. Hsch zusammen (Abb. **444**/5). FKeule höchstens doppelt so breit wie die mittleren FGld (Abb. **437**/8). Familie *Laemophloeidae* S. 444
20* F kürzer als K u. Hsch zusammen, Keule deutlicher abgesetzt, mindestens doppelt so breit wie die mittleren FGld **21**
21 FKeule sehr breit, knopfförmig. Fld nur mit je einer Rippe, die von der Schulter ausgeht (Abb. **438**/6). Familie *Nitidulidae* (Gattung *Ipidia*) – **Glanzkäfer** S. 440
21* FKeule nicht knopfförmig, jede Fld mit mehreren Rippen **22**

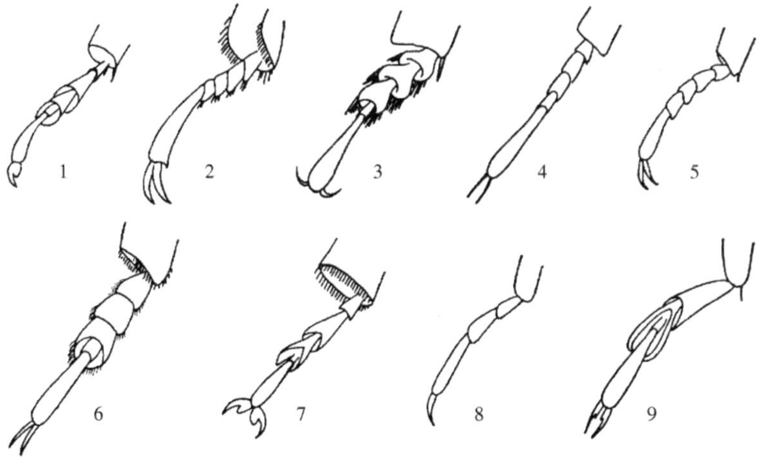

1 2 3 4 5
6 7 8 9

Abb. 435/1–9. HFuß. **1** *Byturus tomentosus*; **2** *Soronia punctatissima*; **3** *Glischrochilus hortensis*, ♂; **4** *Pediacus depressus*; **5** *Antherophagus nigricornis*, ♀; **6** *Triplax russica*, ♀; **7** *Phalacrus fimetarius*; **8** *Stephostethus lardarius*; **9** *Coccinella undecimpunctata*.

22 Hsch mit MEindruck od. scharfer MLängslinie. Familie *Silvanidae* partim S. 441
22* Hsch mit flachen Grübchen jederseits der M. Rippen der Fld wenig auffällig. Familie *Laemophloeidae* (Gattung *Lathropus*) S. 444
23 **(18)** F so lg od. länger als K u. Hsch zusammen (Abb. **444**/5), FKeule höchstens doppelt so breit wie die mittleren FGld. Familie *Laemophloeidae* S. 444
23* F kürzer als K u. Hsch zusammen (Abb. **438**/2, 3, 5, 6), Keule deutlicher abgesetzt, mindestens doppelt so breit wie die mittleren FGld (Abb. **437**/6) **24**
24 FldZwRäume ungleichmäßig erhoben od. einzelne leicht kielförmig gewölbt **25**
24* Alle ZwRäume zw den Punktstreifen gleich u. flach **26**
25 Nur der ZwRaum hinter der Schulterbeule stumpf gekielt (Abb. **438**/6). Familie *Nitidulidae* (Gattung *Ipidia*) – **Glanzkäfer** S. 440
25* Die abwechselnden ZwRäume der Fld stärker gewölbt. Familie *Bothrideridae* (Gattung *Bothrideres*) S. 437
25** Der 3. u. 5. ZwRaum kaum merklich, der 7. deutlich gekielt. Kleine dunkle Art. Familie *Laemophloeidae* (Gattung *Lathropus*) S. 444
26 **(24)** Form des Käfers breit, rund, hoch gewölbt. Hsch an der Basis beim Anblick von oben gerade abgeschnitten. Einfarbig schwarz. Familie *Nitidulidae* (Gattung *Cyllodes*) – **Glanzkäfer** S. 439
26* Form des Käfers länglich oval bis linear (Abb. **438**/2, 3, 5, 6; **444**/1), wenn kurz oval, dann zweifarbig **27**
27 FKeule 2gld. Familien *Bothrideridae* (Gattungen *Oxylaemus, Teredus*), Familie *Cerylonidae* S. 437, 438
27* FKeule 3gld (Abb. **437**/6). Familie *Erotylidae* – **Pilzkäfer** S. 442
28 **(11)** Füße pseudotrimer, d. h. 4gld, das 3. Gld klein u. meist in der Ausrandung des gelappten 2. Gld versteckt (Abb. **435**/9) **29**
28* Füße 4- od. 5gld; das 3. Gld gut sichtbar, das 2. ohne Sohlenlappen **31**
29 K von oben nicht zu sehen (Abb. **444**/7). Körper 0,7–2,5 mm lg. Familie *Corylophidae* – **Faulholzkäfer** S. 445
29* K von oben meist sichtbar (Abb. **444**/8). Körper 1–9 mm lg **30**
30 Käfer fast stets kurz oval bis rundlich, kugelig gewölbt (Abb. **447**/1). Hsch zur S gleichmäßig herabgebogen, ohne Längsstriche od. Vertiefungen. EGld der KfTst beilförmig. F den HRand des Hsch nicht erreichend. Familie *Coccinellidae* – **Marienkäfer** S. 445
30* Käfer mehr gestreckt u. länglich-oval. Hsch zur S abgeflacht, beidseitig vor der Basis mit nach vorn verkürzten Längseindrücken od. Längslinien. EGld der KfTst nicht beilförmig. F den HRand des Hsch erreichend od. überragend (Abb. **444**/8). Familie *Endomychidae* – **Stäublingskäfer** S. 445
31 **(28)** Fld matt chagriniert od. glatt, höchstens mikroskopisch fein behaart bzw. punktiert **32**
31* Fld verworren deutlich punktiert **34**
32 Fld zw zwei von den Schultern nach hinten ziehenden Falten auffallend abgeflacht, erkennbar streifig (Abb. **444**/5). Familie *Laemophloeidae* partim S. 444
32* Fld normal gewölbt **33**
33 Fld glänzend. Familie *Erotylidae* partim – **Pilzkäfer** S. 442
33* Fld matt, sehr fein behaart. Familie *Cryptophagidae* (Gattungen *Antherophagus, Emphylus*) – **Schimmelkäfer** S. 443
34 **(31)** Fld unbehaart. Familie *Nitidulidae* partim – **Glanzkäfer** S. 438
34* Fld deutlich behaart **35**
35 Käfer unter 1,5 mm, rundlich od. breit oval (Abb. **438**/4), hoch gewölbt, einfarbig gelbrot bis schwarz. Familie *Alexiidae* – **Kugelmoderkäfer** S. 438
35* Käfer größer od. falls ebenso klein, von gestreckter Form **36**
36 Fld hinten nicht stark nach unten gebogen, ± breit, meist einzeln abgestutzt, das Pygidium od. die letzten 2–3 Tergite unbedeckt lassend (Abb. **438**/5, 6; **441**/1) . . . **37**
36* Fld stark herabgezogen u. den Hlb vollständig bedeckend **38**
37 FKeule deutlich abgesetzt, ± kompakt (Abb. **437**/3; **438**/5, 6). Familie *Nitidulidae* partim – **Glanzkäfer** S. 438

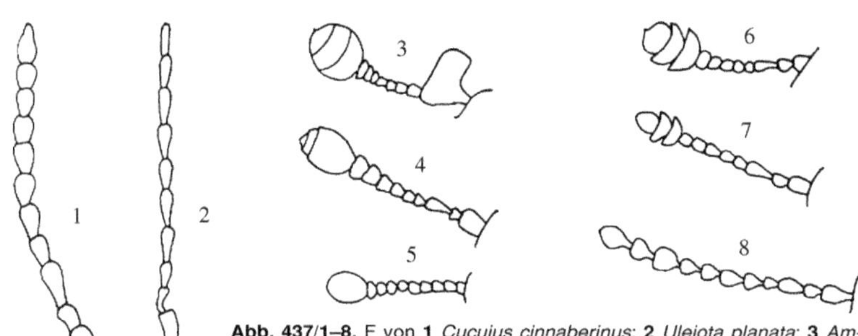

Abb. 437/1–8. F von **1** *Cucujus cinnaberinus*; **2** *Uleiota planata*; **3** *Amphotis marginata*; **4** *Rhizophagus ferrugineus*; **5** *Synchita humeralis*; **6** *Tritoma bipustulata*; **7** *Cryptophagus saginatus*; **8** *Laemophloeus monilis*.

37* FKeule wenig deutlich abgesetzt, länglich oval (Abb. **441**/1).
Familie *Kateretidae* S. 440

38 **(36)** HschS mit vielen spitzen Zähnen.
Familie *Cryptophagidae* partim – **Schimmelkäfer** S. 443

38* HschS glatt, höchstens schwach körnig gekerbt **39**

39 Hsch herzförmig, im vorderen Drittel am breitesten, etwas länger als breit, stumpf gekantet od. sehr fein gerandet (KörperLg 1 mm).
Familie *Endomychidae* (Gattung *Holoparamecus*) – **Stäublingskäfer** S. 445

39* Hsch breit, in der M od. hinter derselben am breitesten, deutlich gerandet (Abb. **438**/1; **444**/3) **40**

40 Hsch an den S breit verflacht (Abb. **438**/1). Familie *Byturidae* – **Blütenkäfer** S. 437

40* Hsch bis zur Randlinie herabgewölbt od. nur schmal verflacht **41**

41 Käfer breit oval, mit starker gedrungener FKeule.
Familie *Nitidulidae* (Gattungen *Cychramus, Cryptarcha*) – **Glanzkäfer** S. 439

41* Käfer lg oval, mit lose gegliederter schmaler FKeule (Abb. **437**/7; **444**/3).
Familie *Cryptophagidae* partim – **Schimmelkäfer** S. 443

Familie *Byturidae* – Blütenkäfer

Leben u. entw sich in Blüten. – DE 2 Arten.

Gattung *Byturus* LATREILLE

1 3,2–4,0 mm, braungelb. – Im. Pollenfresser (*Rosaceae*). Entw in Him- u. Brombeeren; g. *B. tomentosus* (DEGEER) – **Himbeerkäfer**

1* 4,0–4,6 mm, grau. – Im. auf versch. Blüten. Entw in *Geum urbanum*; g.
B. ochraceus (SCRIBA) (Abb. **438**/1)

Familie *Bothrideridae*

DE 7 Arten.

1 Ohne Au. – Unterirdisch; s; 1,5–1,8 mm. 3 Arten. Gattung *Anommatus* WESMAEL

1* Au vorhanden **2**

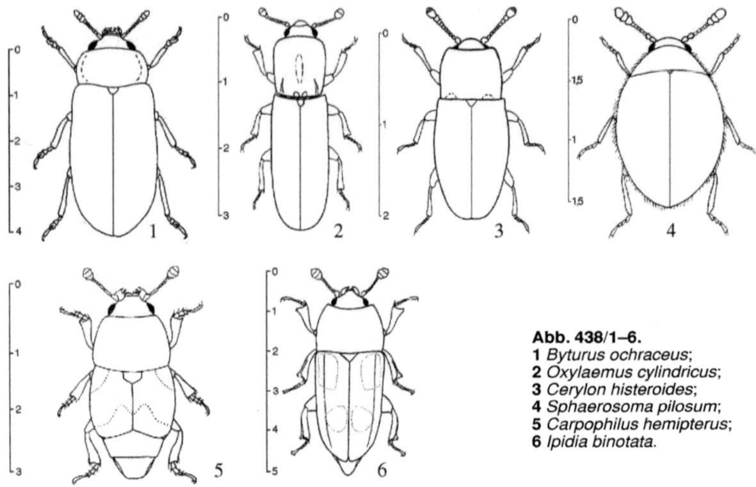

Abb. 438/1–6.
1 *Byturus ochraceus*;
2 *Oxylaemus cylindricus*;
3 *Cerylon histeroides*;
4 *Sphaerosoma pilosum*;
5 *Carpophilus hemipterus*;
6 *Ipidia binotata*.

2 Punktstreifen der Fld in scharf eingegrabenen Linien, die abwechselnden ZwRäume erhöht. – In morschen Nadel- u. Laubbäumen; L Ectoparasitoide; sehr s. 3–5 mm. *Bothrideres bipunctatus* (GMELIN)

2* Punktstreifen der Fld einfach, ZwRäume flach **3**

3 HschBasis mit 4 Grübchen (Abb. **438**/2), etwas länger als breit. – In alten Eichen; sehr s; 2,8–3,8 mm; 2 Arten. Gattung *Oxylaemus* ERICHSON

3* HschBasis ohne Grübchen, viel länger als breit. – An rindenlosen Stellen alter Laubbäume; sehr s; 3,5–4,5 mm. *Teredus cylindricus* (A. G. OLIVIER)

Familie *Cerylonidae*

Unter Rinde, in schimmeligem Holz. 1,8–2,6 mm. – DE 6 Arten.
Gattung *Cerylon* LATREILLE (Abb. **438**/3)

Familie *Alexiidae* [*Sphaerosomatidae*] – Kugelmoderkäfer

In Waldstreu, unter Moos, Reisig, Laub. Na: Pilzmyzel. 1,2–1,6 mm. – DE 3 Arten.
Gattung *Sphaerosoma* SAMOUELLE – **Kugelmoderkäfer** (Abb. **438**/4)

Familie *Nitidulidae* – Glanzkäfer

Auf Blüten (Pollenfresser), carnivor, unter Rinde, an ausfließendem Baumsaft, an reifen Früchten, an Baumschwämmen, in faulendem PflAbfall, in Nestern von Bienen u. Ameisen, an trockenem Aas, Knochen, getrockneten Vorräten. – DE 120 Arten.

1 Fld verkürzt, mehr als das Pygidium unbedeckt lassend (Abb. **438**/5). FKeule hebt sich sehr stark von Geißel ab (Abb. **439**/1). – Unter Laubholzrinde, an Fallobst, in Drogen, Dörrobst, feuchtem Getreide; weltweit verschleppt. 2 bis 4 mm. 4 Arten. (UFamilie *Carpophilinae*) Gattung *Carpophilus* STEPHENS

1* Fld nicht verkürzt, höchstens das Pygidium frei lassend **2**

2 Ol mit dem KSch verwachsen (Abb. **439**/5) (UFamilie *Cryptarchinae*) **3**
2* Ol vom KSch völlig getrennt (Abb. **439**/6) **5**
3 OS fein behaart. – An Laubbaumsaft; z; 2,0–4,4 mm. 2 Arten.
Gattung *Cryptarcha* SHUCKARD
3* OS kahl **4**
4 Fld mit je 2 gelben Makeln. – An Baumsaft, in Borkenkäfergängen.
Gattung *Glischrochilus* REITTER S. 422
4* Fld einfarbig rotbraun. Gattung *Pityophagus* SHUCKARD S. 422
5 **(2)** M- u. HSchienen außen mit einfacher scharfer Randkante (UFamilie *Meligethinae*) **6**
5* M- u. HSchienen außen mit doppelter Randkante (UFamilien *Epuraeinae* u. *Nitidulinae*) **7**
6 Körper gelbbraun. FKeule lose gegliedert (Abb. **439**/2). – An *Solanum dulcamara*; g. 1,5–1,8 mm. *Pria dulcamarae* (SCOPOLI)
6* Körper braun-schwarz, od. metallisch grün, blau, violett. FKeule kompakt (Abb. **439**/3). – L u. Im. in Blüten, einige schädlich, z.B. *M. aeneus* F. – **Rapsglanzkäfer**, 1,2–4,0 mm. 60 Arten. Gattung *Meligethes* STEPHENS
7 **(5)** HschM mit 2 deutlichen Gruben. Fld hinten mit Nahtstreif. – An Knochen, trockenem Aas. Gattung *Omosita* ERICHSON S. 422
7* HschM ohne Gruben, höchstens mit Unebenheiten, dann aber Fld hinten ohne Nahtstreif **8**
8 Fld mit Punktreihen od. Rippen **9**
8* Fld ohne Punktreihen od. Rippen **14**
9 1. FGld sehr stark lappig erweitert (Abb. **439**/4). – Bei *Lasius fuliginosus*; z; 4,0 bis 6,3 mm. *Amphotis marginata* (F.)
9* 1. FGld nur normal verdickt **10**
10 OS einfarbig schwarz. – In Pilzen; BY; s; 2,3–4,9 mm. *Cyllodes ater* (HERBST)
10* OS nicht einfarbig schwarz. **11**
11 Fld mit gelber od. rotgelber Zeichnung **12**
11* Fld ohne gelbe Zeichnung, einfarbig rotbraun **13**

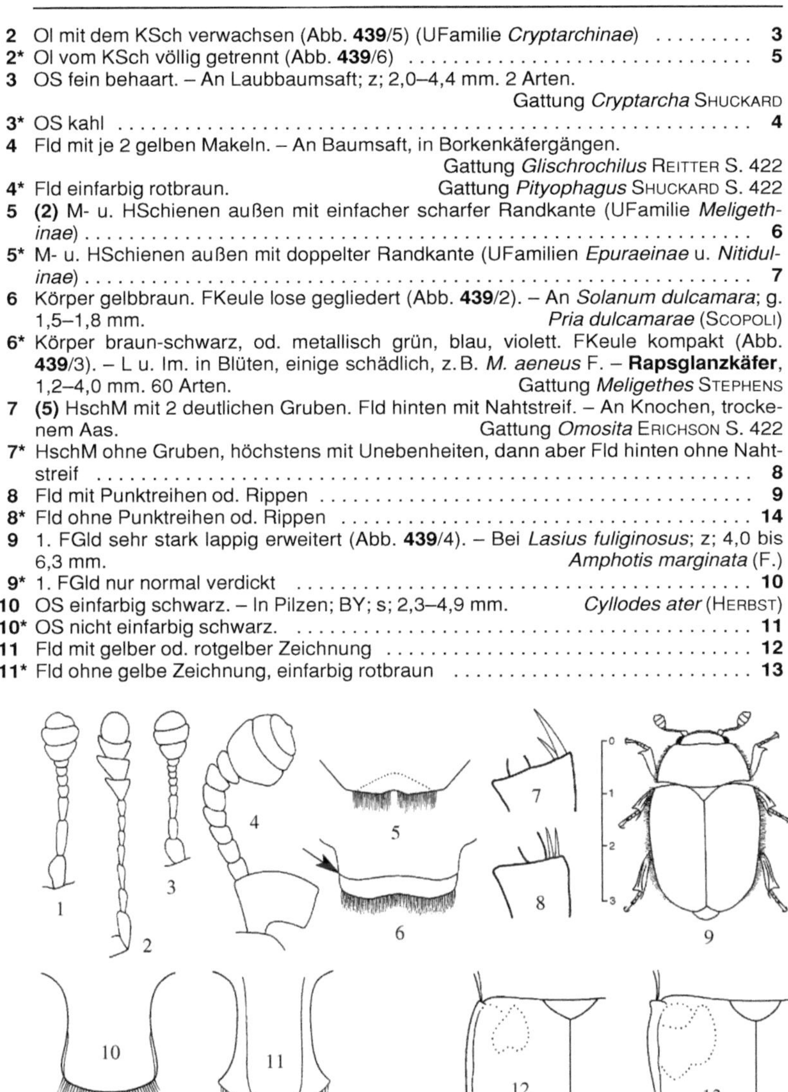

Abb. 439/1–13. 1 *Carpophilus* sp., F; **2** *Pria dulcamarae*, F; **3** *Meligethes* sp., F; **4** *Amphotis marginata*, F; **5** *Glischrochilus hortensis*, Ksch; **6** *Omosita discoidea*, Ksch; **7** *Thalycra ferfida*, VSchiene; **8** *Nitidula* sp., VSchiene; **9** *Pocadius ferrugineus*; **10** *Glischrochilus quadripunctatus*, VBrForts; **11** *Glischrochilus hortensis*, VBrForts; **12** *Glischrochilus hortensis*, Schultermakel; **13** *Glischrochilus quadrisignatus*, Schultermakel.

12 Fld mit je 2 klar begrenzten gelben Flecken (Abb. **438**/6). – Unter Nadelholzrinde; BY, TH; sehr s; 4,0 bis 5,5 mm. [*Ipidia quadrimaculata* (QUENSEL)] *Ipidia binotata* REITTER

12* Fld schwarz u. rotgelb gefleckt. – An Baumsaft, gärenden Vegetabilien. 4–7 mm. 2 Arten. Gattung *Soronia* ERICHSON

13 **(11)** VSchienen vorn außen mit scharfem Zahn (Abb. **439**/9). – In Staubpilzen. 2,6–4,8 mm. 2 Arten. Gattung *Pocadius* ERICHSON

13* VSchienen vorn außen abgerundet. – In Staubpilzen; BY; s. 4–5,2 mm. [*Pocadiodes w.*] *Physoronia wajdelota* (WANKOWICZ)

14 **(8)** SRand von Hsch u. Fld mit deutlichem Haarsaum **15**

14* SRand von Hsch u. Fld ohne Haarsaum. – Im. auf Blüten. L in Borkenkäfergängen, an Baumsaft, in Pilzen. 2,0–4,5 mm. 29 Arten. (UFamilie *Epuraeinae*) Gattung *Epuraea* ERICHSON

15 HschS kürzer gesäumt als FldS. Unvollständiges Kugelvermögen. – In Pilzen. 3–7 mm; 2 Arten. Gattung *Cychramus* KUGELANN

15* HschS länger gesäumt als FldS. Kein Kugelvermögen **16**

16 VSchienen am VRand innen mit 2 gleichlg Dörnchen (Abb. **439**/8). – An Knochen, trockenem Aas, Fleischwaren. 1,6–5,6 mm. 4 Arten. Gattung *Nitidula* F.

16* VSchienen am VRand innen mit 2 ungleichen Dörnchen (Abb. **439**/7). – An Wurzeltrüffeln, Bovisten; z; 3–5 mm. *Thalycra fervida* (A. G. OLIVIER)

Gattung *Glischrochilus* REITTER

1 Forts der VBr am E abgestutzt (Abb. **439**/10). Körper flach, parallel; z; 3–8 mm. *G. quadripunctatus* (L.)

1* Forts der VBr kräftig gerundet (Abb. **439**/11). Körper oval, stark gewölbt **2**

2 Fld mit weißlichgelben Flecken, der Schulterfleck meist 3ästig; z; 3,2–6 mm. *G. quadriguttatus* (F.)

2* Fld mit rötlichen Flecken, der Schulterfleck nicht 3ästig **3**

3 FldMakeln rötlich, Schultermakel klein, erreicht nicht den SRand der Fld (Abb. **439**/12); g; 4–8 mm. *G. hortensis* (GEOFFROY)

3* FldMakeln gelblich, Schultermakel größer, den SRand der Fld fast erreichend (Abb. **439**/13). Die Schulterbeule ist von dem Makel umfasst. – Aus NAm eingeschleppt; v; 4–8 mm. *G. quadrisignatus* (SAY)

Gattung *Pityophagus* SHUCKARD

1 Körper rostrot. – Unter Nadelholzrinde. Borkenkäferfeind; g; 4–6 mm. *P. ferrugineus* (L.)

1* Körper rotgelb. – Nur Baden, Pfalz; s; 5–7 mm. *P. laevior* ABEILLE DE PERRIN

Gattung *Omosita* ERICHSON

1 Fld mit gelben Flecken **2**

1* Fld ohne gelbe Flecke; z; 2–5 mm. *O. depressa* (L.)

2 Fld vorn mit großem gemeinschaftlichem gelbem Fleck; g; 2,0–3,8 mm. *O. discoidea* (F.)

2* Fld anders gefleckt, HRand gelb; g; 2,0–3,9 mm. *O. colon* (L.)

Familie ***Kateretidae***

Entw an *Urtica, Linaria, Antirrhinum, Sambucus, Carex, Juncus.* Im. auf Blüten. 1,5–3,0 mm. – DE 12 Arten in 4 Gattungen (Abb. **441**/1).

Familie ***Cybocephalidae***

Schildlausfresser, bes. auf Obstbäumen; 1,1–1,6 mm. – DE 3 Arten.
Gattung *Cybocephalus* ERICHSON (Abb. **441**/2)

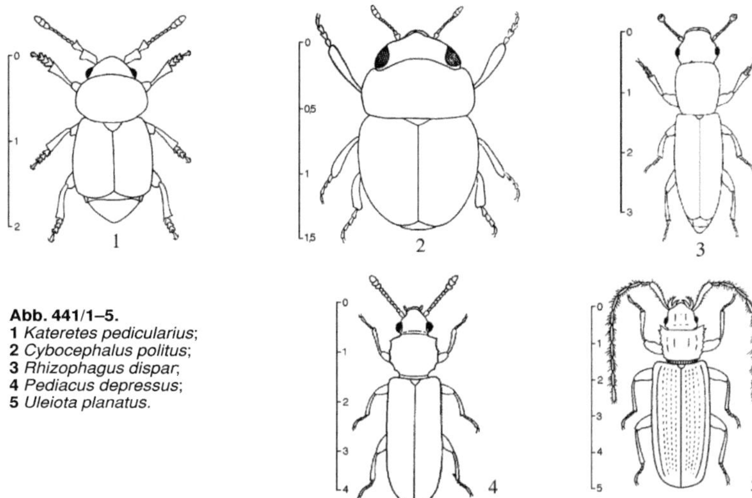

Abb. 441/1–5.
1 *Kateretes pedicularius*;
2 *Cybocephalus politus*;
3 *Rhizophagus dispar*;
4 *Pediacus depressus*;
5 *Uleiota planatus*.

Familie *Monotomidae [Rhizophagidae]*

DE 22 Arten.

1 OS matt, behaart. – An faulenden PflResten, Komposthaufen, einige sind Ameisengäste (bei *Formica*). 1,4–3 mm; 9 Arten. Gattung *Monotoma* HERBST

1* OS glatt, unbehaart **2**

2 Fld mit blauem od. grünem Metallschimmer. Größte Breite des Hsch in der M. – Unter Laubholzrinde; s; 2,3–3,3 mm. [*Cyanostolus a.*] *Rhizophagus aeneus* RICHTER

2* Fld ohne Metallschein. Größte Breite des Hsch vor der M (Abb. **441**/3). – Unter Rinde, Borkenkäferfeinde. 2–5,5 mm; 12 Arten. Gattung *Rhizophagus* HERBST

Familie *Cucujidae* – Plattkäfer

Unter Rinde, räuberisch. – DE 4 Arten.

1 11–15 mm. Körper scharlachrot. – Unter Rinde von Laubbäumen, räuberisch. BY; sehr s. *Cucujus cinnaberinus* (SCOPOLI) – **Scharlachkäfer**

1* 3,5–4,5 mm. Körper gelb-bräunlich. – Unter Rinde; sehr s. 3 Arten. Gattung *Pediacus* SHUCKARD (Abb. **441**/4)

Familie *Silvanidae*

Im. u. L meist unter loser morscher Rinde, teils räuberisch lebend, teils PflMaterial, teils Schimmelpilze fressend. Einige in Lagerräumen an Zucker, Getreide, Reis, Erdnüssen. – DE 10 Arten, außerdem importierte Arten, z. B.: *Cathartus quadricollis* (GUÉRIN-MÉNEVILLE), *Monanus concinnulus* (WALKER).

1 F fast so lg wie Körper, 1. Gld schaftförmig (Abb. **441**/5) **2**

1* F höchstens halb so lg wie Körper, 1. Gld länger u. dicker, aber nicht schaftförmig **3**

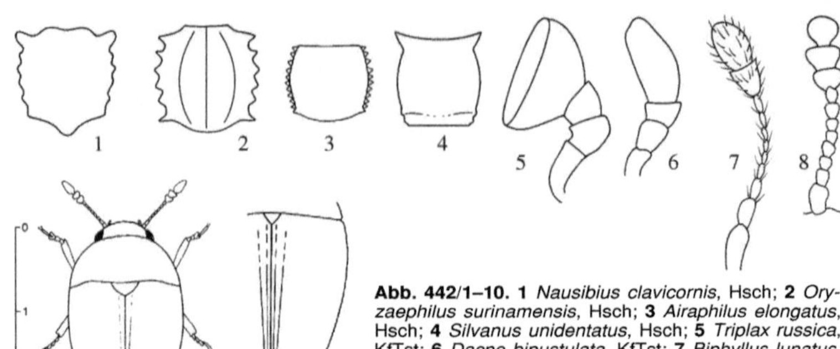

9 10

Abb. 442/1–10. 1 *Nausibius clavicornis*, Hsch; **2** *Oryzaephilus surinamensis*, Hsch; **3** *Airaphilus elongatus*, Hsch; **4** *Silvanus unidentatus*, Hsch; **5** *Triplax russica*, KfTst; **6** *Dacne bipustulata*, KfTst; **7** *Biphyllus lunatus*, F; **8** *Diplocoelus fagi*, F; **9** *Phalacrus corruscus*; **10** *Olibrus bicolor*, Fld.

2 HschS spitz gezähnt (Abb. **441**/5). – Unter Rinde; z; 4,5–5,5 mm. *Uleiota planatus* (L.)

2* HschS glatt. – Unter Nadelholzrinde. Boreomontan; BY, BW; s; 6–7 mm. *Dendrophagus crenatus* (PAYKULL)

3 **(1)** Fld gelb, hinten mit 2 dunklen Flecken. – Unter altem Schilf; z; 2,3–2,8 mm. *Psammoecus bipunctatus* (F.)

3* Fld einfarbig, rotbraun od. schwarz **4**

4 HschS mit 6 starken Zähnen (Abb. **442**/1, 2) **5**

4* HschS glatt od. mit mehr als 6 feinen Zähnchen (Abb. **442**/3, 4) **6**

5 HschZähne stumpf (Abb. **442**/1). – Kosm, importiert. An Zucker; s; 3,5–4,5 mm. *Nausibius clavicornis* (KUGELANN)

5* HschZähne spitz (Abb. **442**/2). – Kosm. An Getreide, Mehl; g; 2,5–3,5 mm. 2 Arten. Vor allem *Oryzaephilus surinamensis* (L.) – **Getreideplattkäfer.** Gattung *Oryzaephilus* GANGLBAUER

6 **(4)** HschS mit feinen spitzen Zähnchen (Abb. **442**/3). – Auf Moorwiesen; s; 2,6–3,3 mm. *Airaphilus elongatus* (GYLLENHAL)

6* HschS glatt od. sehr fein gekerbt (Abb. **442**/4) **7**

7 Hsch mattglänzend, S fast glatt. – Schimmelfresser. Unter PflResten; z; 2,0–2,6 mm. *Ahasverus advena* (WALTL)

7* Hsch matt gekörnt, S fein gekerbt (Abb. **442**/4). – Unter Rinde, an Reisig, 2,4–3,4 mm. Gattung *Silvanus* LATREILLE (2 Arten) od. *Silvanoprus fagi* (GUÉRIN-MÉNEVILLE)

Familie *Phloeostichidae* – Ahornplattkäfer

Fld mit 2 gewellten, rotgelben Querbinden. – Montan. Unter Laubholzrinde; s; 3,5–4,5 mm. *Phloeostichus denticollis* W. REDTENBACHER – **Ahornplattkäfer**

Familie *Erotylidae* – Pilzkäfer

In Baumpilzen, unter verpilzter Rinde, an zerfallendem PflMaterial, Mist. – DE 14 Arten, außerdem importiert: *Pharaxonotha kirschii* REITTER, *Leucohimatium arundinacium* (FORSKÅL).

1 EGld der KfTst beilförmig (Abb. **442**/5) **2**

1* EGld der KfTst zugespitzt od. eiförmig (Abb. **442**/6) **3**

2 Fld mit rotem Schulterfleck (Abb. **444**/1). Hsch meist schwarz. – An Baumpilzen; g; 3,5–4,0 mm. Gattung *Tritoma* F. S. 443

2* Fld einfarbig. Hsch rot. Gattung *Triplax* HERBST S. 443
3 **(1)** Fld mit je 2 scharf begrenzten roten Makeln. – Unter trockenem Mist, Steinen; s; 3,3–4,3 mm. *Combocerus glaber* (SCHALLER)
3* Fld nur mit einem Schultermakel, höchstens Spitze unscharf rot. – In Baumpilzen. Gattung *Dacne* LATREILLE S. 443

Gattung *Tritoma* F.

1 Großer roter Schulterfleck an der Naht breit unterbrochen (Abb. **444**/1). – An Baumpilzen; g; 3,5–4 mm. *T. bipustulata* F.
1* Querbinde an der Basis der Fld unterbrochen, vor der M nicht. – BY; s; 4 mm. *T. subbasalis* (REITTER)

Gattung *Triplax* HERBST

1 HschBasis kräftig gerandet **2**
1* HschBasis sehr fein gerandet **5**
2 K schwarz; RP; sehr s; 3,5–4,8 mm. *T. melanocephala* (LATREILLE)
2* K rot **3**
3 US ganz gelbrot **4**
3* MBr u. HBr schwarz, Bauch gelbrot. 5,0–6,5 mm. – In Baumpilzen; z. *T. russica* (L.)
4 Fld metallisch blau od. grün; s; 3,3–4,3 mm. *T. aenea* (SCHALLER)
4* Fld schwarz; HS, sehr s; 6,0–6,5 mm. *T. elongata* LACORDAIRE
5 **(1)** K schwarz; sehr s; 3–4 mm. *T. collaris* (SCHALLER)
5* K gelbrot **6**
6 US ganz gelbrot; BY; sehr s; 4,5–5,5 mm. *T. scutellaris* CHARPENTIER
6* MBr, HBr u. Bauch schwarz **7**
7 FldBasis ungerandet; s; 3,3–5,0 mm. *T. lepida* (FALDERMANN)
7* FldBasis durch feine Punktlinie gerandet; sehr s; 3–5 mm. *T. rufipes* (F.)

Gattung *Dacne* LATREILLE

1 Hsch rot; g; 2,5–3,3 mm. *D. bipustulata* (THUNBERG)
1* Hsch schwarz bis braunschwarz **2**
2 K schwarz; nur vor 1950 gefunden; 3,0–3,5 mm. *D. notata* (GMELIN)
2* K rot; s; 2,2–3,0 mm. *D. rufifrons* (F.)

Familie ***Biphyllidae***

DE 2 Arten.

1 FKeule 2gld (Abb. **442**/7). – In Baumpilzen; sehr s; 3,0–3,3 mm. [*Diphyllus l.*] *Biphyllus lunatus* (F.)
1* FKeule 3gld (Abb. **442**/8). – An verpilzter Laubbaumrinde; z; 2,8–3,3 mm. *Diplocoelus fagi* (CHEVROLAT) (Abb. **444**/2)

Familie ***Cryptophagidae* – Schimmelkäfer**

An altem, faulem, ± verpilztem Holz, in Baumschwämmen, faulenden Pilzen, an Schimmelpilzen, in schimmelndem Stroh, unter feuchtem, oft verpilztem Laub u. Nadelstreu u. an PflAbfall; mitunter lästig in Häusern, Lagern u. Kellern an feuchten Stellen mit Schimmelbildung, an alten Knochen u. Fleischresten. Einige in Schilfresten an Teichen, andere auf blühendem Gebüsch, andere in Ställen u. Nestern (Ameisen, Wespen, Hornissen, Hummeln, Prozessionsspinner, Vögel, Kleinsäuger). Nur der Moosknopfkäfer (*Atomaria linearis* STEPHENS), 1,0–1,5 mm, schädlich an

Rübensaaten; nagt an Wurzeln, an jungen Blättern od. Stängeln, so dass junge Rübenpflänzchen (auch Spinat u. Radieschen) umfallen. III–IX; 0,8–5,0 mm. – DE 129 Arten in 14 Gattungen (Abb. **444**/3).

Familie *Languriidae* [*Cryptophilidae*]

Schimmelfresser; 1,8–3,9 mm. – DE eine Gattung (*Cryptophilus* Reitter) mit 2 Arten (Abb. **444**/4).

Familie *Phalacridae* – Glattkäfer

Im. auf Blüten. – DE 22 Arten.

1 Fld neben der Naht mit einem durchgehenden Streifen (Abb. **442**/9) **2**
1* Fld neben der Naht mit 2 Streifen (Abb. **442**/10). – Entw in Blütenköpfen von *Asteraceae*. 1,3–3,5 mm. 13 Arten. Gattung *Olibrus* Erichson
2 FldE braun. 1,7–2,3 mm. 3 Arten. Gattung *Stilbus* Seidlitz
2* Fld ganz schwarz. – An Brand- u. Rostpilzen von *Poaceae* u. *Cyperaceae*. 1,5–3,5 mm. 6 Arten. Gattung *Phalacrus* Paykull (Abb. **442**/9)

Familie *Laemophloeidae*

Unter Laubholzrinde, häufig in Borkenkäfergängen, an dürren Ästen u. Reisig, einige in Lagerräumen in Reis, Kleie, Mehl, Teigwaren, Trockenfrüchten. 1,4–4,5 mm. – DE 20 Arten in 6 Gattungen (Abb. **444**/5).

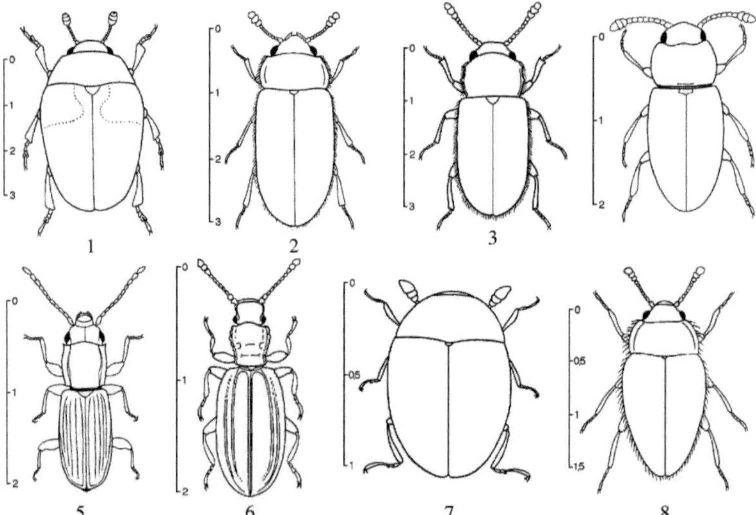

Abb. 444/1–8. 1 *Tritoma bipustulata*; **2** *Diplocoelus fagi*; **3** *Cryptophagus lycoperdi*; **4** *Cryptophilus integer*; **5** *Placonotus testaceus*; **6** *Dienerella vincenti*; **7** *Orthoperus atomus*; **8** *Mycetaea subterranea*.

Familie *Latridiidae* – Moderkäfer

Im. u. L an u. in Baumschwämmen, faulenden Pilzen, in schimmeligen PflStoffen (Laub, Nadelstreu, Schilf, Heu, Stroh, Reisig, morsches Holz, Rinde, alte Futtermittel, Drogen u. andere Vorräte, in Lagern, Scheunen, Ställen, Wohnungen, Kellern); einige in Nestern (von Hornissen, Ameisen, Vögeln). Na: Pilzmyzelien, Sporen; *Dienerella filum* (AUBÉ) (1,3–1,4 mm) in Labor-Präparaten (Hefe, Mutterkorn, Penicillin), auch schädlich, IV–IX; 1–3 mm. – DE 77 Arten in 13 Gattungen (Abb. **444**/6).

Familie *Corylophidae [Orthoperidae]* – Faulholzkäfer

Unter schimmelndem Holz, Rinde, zw Reisig, einige Arten unter faulenden PflResten (Laub, Unkraut), an verpilzten Baumstümpfen, manchmal in feuchten Kellern, einige an Uferrändern u. Sumpfstellen, an u. in SchilfPfl u. Genist. Na: zerfallendes PflGewebe, Schimmel. IV–IX. 0,75–2,5 mm. – DE 15 Arten in 5 Gattungen (Abb. **444**/7).

Familie *Endomychidae* – Stäublingskäfer

In Baumschwämmen, Schimmelpilzen u. Stäublingen (Lycoperdaceen). Auch in faulem, mulmigem Holz, unter feuchtfaulem Laub, in verpilztem Moos, an Scheunen zw altem Heu u. Stroh. VIII–IX. – DE 11 Arten.

1 Hsch herzförmig, im vorderen Drittel am breitesten, etwas länger als breit. 1 mm. *Holoparamecus caularum* (AUBÉ)
1* Hsch breit, in der M od. hinter der M am breitesten, meist breiter als lg. 1,5–6 mm **2**
2 Kleiner als 2,0 mm **3**
2* Größer als 2,5 mm **4**
3 HschS mit vollständiger Bogenfurche (Abb. **444**/8). – Am Hausschwamm; g; 1,5–1,8 mm. [*Mycetaea hirta* (MARSHAM)] *Mycetaea subterranea* (F.)
3* Hsch jederseits mit einem bis zur M reichenden Eindruck (Abb. **454**/7). – An schimmeligem Holz; s; 1,5–2,4 mm. 3 Arten. Gattung *Symbiotes* L. REDTENBACHER
4 **(2)** 2,6–3,3 mm. – In Baumpilzen; BR; sehr s. *Leiesthes seminiger* (GYLLENHAL)
4* Größer als 3,5 mm **5**
5 Fld schwarz od. braun. – In Bovisten; s; 4,5 mm. *Lycoperdina bovistae* (F.)
5* Fld rot mit schwarzer Zeichnung.
a) Mit schwarzer Querbinde. – In Bovisten; s; 4,0–4,5 mm. *Lycoperdina succincta* (L.)
b) Mit je einem SFleck u. kleinem Makel im hinteren Teil der Naht; nur vor 1950 gefunden; 4,0–4,5 mm. *Dapsa denticollis* (GERMAR et KAULFUSS)
c) Mit schwarzem Kreuz. – In Baumpilzen. Montan; s; 3,8–4,5 mm. *Mycetina cruciata* (SCHALLER)
d) Mit je 2 schwarzen Punkten. – An Baumpilzen; z; 4–6 mm. *Endomychus coccineus* (L.)

Familie *Coccinellidae* – Marienkäfer

Na: Im. u. L vorzugsweise Blattläuse, auch Schildläuse, Blattflöhe, Spinnmilben, einige phytophag (*Epilachninae*) od. mycophag an Mehltaupilzen (*Halyziini*). L u. P (Mumien-P) auf Pfl, Bäumen. Überw als Im., mitunter in größeren Gesellschaften (Aggregationen). Im. gelegentlich Wanderzüge. IV–IX. Nach der folgenden Tabelle sind Tiere mit s Farbänderungen nicht immer bestimmbar. – DE 80 Arten.

1 F vorn zw den Au in tiefer Ausrandung der StirnS, auch nach oben frei beweglich eingelenkt (Abb. **446**/4). Fein behaart. Phytophag an verschiedenen Samenpflanzen **2**

1* F dicht vor den Au unter dem StirnSRand eingelenkt (Abb. **446**/3). Kahl od. behaart. Carnivor od. mycophag **4**

2 6–8 mm. – An *Bryonia*; W, M; z. [*Epilachna argus* (GEOFFROY)]
Henosepilachna argus (GEOFFROY) – **Zaunrüben-Marienkäfer**

2* 3,0–4,5 mm **3**

3 Fld meist mit schwarzen Punkten, Klauen gespalten, ohne Basalzahn (Abb. **446**/2). – Auf Klee, Nelken, Dahlien, Rüben u. a. Pfl; g.
Subcoccinella vigintiquatuorpunctata (L.) – **Luzerne-Marienkäfer**

3* Fld meist einfarbig rostbraun, Klauen ungespalten, mit Basalzahn (Abb. **446**/1). – An *Poaceae*; v. *Cynegetis impunctata* (L.) – **Gras-Marienkäfer**

4 **(1)** OS fein behaart **5**

4* OS kahl **11**

5 F reichen bis zur HschBasis. Au grob facettiert. Körper ± länglich **6**

5* F viel kürzer. Au fein facettiert (Facetten mit 10fach vergrößernder Lupe nicht sichtbar). Körper ± rund **7**

6 FldS nahezu parallel. 2,5–3,0 mm.
Gattung *Coccidula* KUGELANN – **Schilf-Marienkäfer** S. 448

6* FldS gerundet. 2,5–3,5 mm; 2 Arten.
Gattung *Rhyzobius* STEPHENS – **Schlank-Marienkäfer**

7 **(5)** KSch vor den Au stark erweitert (Abb. **446**/5). – Trockenrasen; v; 2,5–3,5 mm.
Platynaspis luteorubra (GOEZE) – **Rainfarn-Marienkäfer**

7* KSch vor den Au nicht erweitert **8**

8 HschHEcken breit abgerundet (Abb. **446**/6). – An Kiefern; N, NO; s; 2,5–4,0 mm.
Novius cruentatus (MULSANT) – **Gemusterter Kiefern-Marienkäfer**

8* HschHEcken rechteckig od. stumpfwinklig **9**

9 Behaarung des FldE an der Naht deutlich nach den S gerichtet. 1,0–3,3 mm.
Gattungen *Nephus* MULSANT (5 Arten) u.
Scymnus KUGELANN (18 Arten) – **Zwerg-Marienkäfer**

9* Behaarung des FldE parallel zur Naht verlaufend **10**

10 Körper einfarbig schwarz. – Spinnmilbenfresser; g; 1,2–1,5 mm. [*Stethorus punctillum* WEISE] *Stethorus pusillus* (HERBST) – **Spinnmilben-Marienkäfer**

10* Körper gelb u. rotbraun, mit bogenförmiger Zeichnung (Abb. **447**/1). – Medit. An Efeu. s; in Ausbreitung nach N; 1,2–1,5 mm.
Clitostethus arcuatus (P. ROSSI) – **Bogen-Zwergmarienkäfer**

11 **(4)** Ksch mit stark verbreitertem, schildartig gerundetem Rand, der die Au größtenteils plattenförmig durchsetzt u. die FBasis überdeckt (Abb. **447**/3) **12**

11* Ksch nicht verbreitert, FBasis frei **14**

12 Fld an der Schulter mit einem roten Fleck od. ganz schwarz **13**

12* Fld ohne roten Schulterfleck, aber nie ganz schwarz.
Gattung *Chilocorus* LEACH S. 448

13 Körper rund. Klauenbasis gezähnt (Abb. **447**/2).
Gattungen *Exochomus* L. REDTENBACHER u. *Parexochomus* BAROVSKIJ S. 448

13* Körper oval. Klauenbasis ungezähnt. – Subalp, BY, BW; s; 2,5–3,8 mm. [*Brumus o.*]
Exochomus oblongus WEIDENBACH – **Alpen-Schildlaus-Marienkäfer**

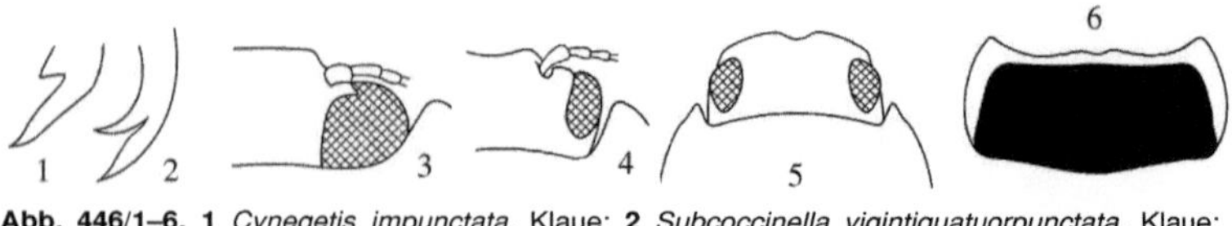

Abb. 446/1–6. 1 *Cynegetis impunctata*, Klaue; **2** *Subcoccinella vigintiquatuorpunctata*, Klaue; **3** *Coccinellinae*, K; **4** *Epilachninae*, K; **5** *Platynaspis luteorubra*, K; **6** *Novius cruentatus*, Hsch.

14 **(11)** Hsch schließt sehr dicht an Fld an. HschHEcken rechteckig. 2,0–4,5 mm; 5 Arten. Gattung *Hyperaspis* CHEVROLAT – **Kurzhorn-Marienkäfer**
14* Hsch nicht sehr dicht an Fld anschließend. HschHEcken abgerundet **15**
15 Hsch in od. dicht vor der M am breitesten, an den S gleichmäßig gerundet (Abb. **447**/5, 6) **16**
15* Hsch an der Basis am breitesten, nach vorn deutlich verengt (Abb. **447**/4) **20**
16 Hsch gelb mit schwarzen Flecken od. ganz schwarz **17**
16* Hsch schwarz mit gelbem Rand u. Zeichnung **18**
17 Hsch mit 6 schwarzen Punkten (Abb. **447**/5). Fld gelb, je 9 Punkte schwarz. – Ufervegetation; g; 3–4 mm. *Anisosticta novemdecimpunctata* (L.) – **Teich-Marienkäfer**
17* Hsch mit 4 schwarzen Flecken, meist zu einem „M" zusammengeflossen od. ganz schwarz. Fld variabel, aber nicht mit 9 Punkten. – Auf Nadelhölzern; g; 3,5–5,0 mm. *Aphidecta obliterata* (L.) – **Nadelbaum-Marienkäfer**
18 **(16)** HschBasis fein gerandet. – Krautschicht; g; 3,0–5,5 mm. *Hippodamia* (*Hippodamia*) *variegata* (GOEZE) – **Variabler Flach-Marienkäfer**
18* HschBasis ungerandet **19**
19 HschVRand fast gerade abgeschnitten (Abb. **447**/6). Gattung *Hippodamia* (*Hemisphaerica*) CHEVROLAT S. 449
19* HschVRand ± tief eingebuchtet. [*Semiadalia* CROTCH] Gattung *Ceratomegilla* CROTCH S. 449
20 **(15)** Sch auffällig klein, kaum erkennbar. – Trockenrasen; g; 2,5–3,0 mm. *Tytthaspis sedecimpunctata* (L.) – **Sechzehnpunkt**
20* Sch deutlich erkennbar **21**
21 Fld hinten an der Nahtkante flach ausgeschnitten, dort dicht fein behaart (Abb. **447**/7). – Auf Nadelbäumen; g; 8–9 mm. *Anatis ocellata* (L.) – **Augenfleck-Marienkäfer**
21* Fld an der Nahtkante ohne Ausschnitt, kahl **22**
22 FKeule kompakt, die vorletzten Gld breiter als lg (Abb. **447**/8). Au von oben vollständig sichtbar. **23**
22* F lose gegliedert, die vorletzten Gld länger als breit (Abb. **447**/9). Au vom HschVRand wenigstens in der HHälfte überdeckt. **29**
23 6,0 (s 5,0)–8,2 mm **24**
23* Höchstens 5 mm. **26**

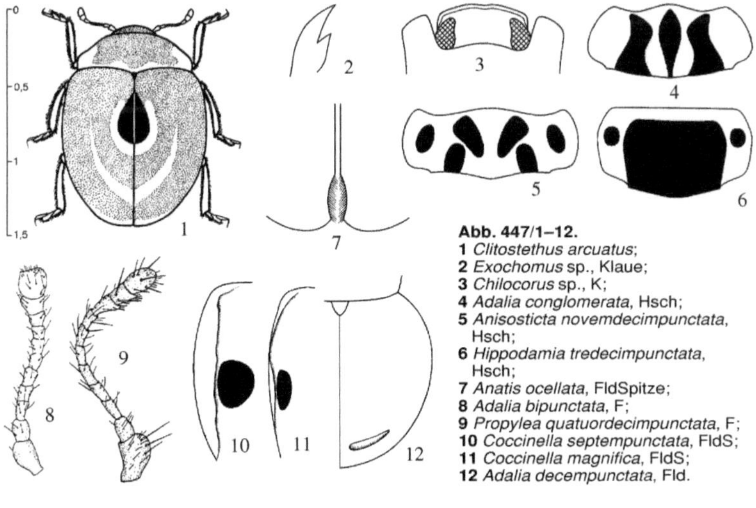

Abb. 447/1–12.
1 *Clitostethus arcuatus*;
2 *Exochomus* sp., Klaue;
3 *Chilocorus* sp., K;
4 *Adalia conglomerata*, Hsch;
5 *Anisosticta novemdecimpunctata*, Hsch;
6 *Hippodamia tredecimpunctata*, Hsch;
7 *Anatis ocellata*, FldSpitze;
8 *Adalia bipunctata*, F;
9 *Propylea quatuordecimpunctata*, F;
10 *Coccinella septempunctata*, FldS;
11 *Coccinella magnifica*, FldS;
12 *Adalia decempunctata*, Fld.

24 Fld rot, zusammen mit 7 Punkten in charakteristischer Anordnung. Gattung *Coccinella* L. (2 Arten) S. 449
24* Fld anders gezeichnet **25**
25 Fld vor dem Ende mit querer Bogenfalte. – Oft auf Linden; v; aus OAs stammend. *Harmonia axyridis* (PALLAS) – **Asiatischer Marienkäfer**
25* Fld ohne quere Bogenfalte. – An Nadelbäumen; g. *Harmonia quadripunctata* (PONTOPPIDAN) – **Vierpunktiger Marienkäfer**
26 **(23)** Hsch schwarz mit gelbweißen VEcken. Fld rot od. gelbrot mit schwarzer Zeichnung, nie schwarz mit roten Flecken. Gattung *Coccinella* L. S. 449
26* Hsch anders gezeichnet, wenn VEcken gelb, dann Fld schwarz mit roten Flecken od. gelben Punkten **27**
27 Hsch mit ± deutlicher M-förmiger Zeichnung od. bis auf hellen SRand u. VEcken ± vollständig schwarz. Fld nie völlig schwarz. Gattung *Adalia* MULSANT S. 449
27* Hsch mit schwarzen Flecken od. zusammenhängender anderer Zeichnung. Fld s völlig schwarz **28**
28 Fld schwarz mit je 7 gelben Punkten; g; 3–4 mm. *Coccinula quatuordecimpustulata* (L.) – **Trockenrasen-Marienkäfer**
28* Fld anders gezeichnet. Gattung *Oenopia* MULSANT S. 449
29 **(22)** Fld braun mit weißer bis gelbweißer Zeichnung **30**
29* Fld schwarz-gelb gezeichnet **35**
30 Fld mit hellen Längsstreifen. – An Nadelbäumen; g; 7–9 mm. [*Neomysia* CASEY] *Myzia oblongoguttata* (L.) – **Gestreifter Marienkäfer**
30* Fld mit hellen Punkten od. Flecken **31**
31 Hsch bedeckt die Au ± vollständig **32**
31* Hsch lässt die Au größtenteils unbdeckt **33**
32 Fld mit je 8 Punkten. – An Laubbäumen. An Licht. Mycophag; s; 5–7 mm. *Halyzia sedecimguttata* (L.) – **Sechzehnfleckiger Pilz-Marienkäfer**
32* Fld mit je 6 Punkten. – Auf Blüten, Gebüsch. Mycophag; s; 3–4 mm. *Vibidia duodecimguttata* (PODA VON NEUHAUS) – **Zwölffleckiger Pilz-Marienkäfer**
33 **(31)** Fld mit je 10 Punkten. – Auf Erlen. 5,0–6,5 mm; s; Sommerform. *Sospita vigintiguttata* (L.) – **Schöner Marienkäfer**
33* Fld mit je 5–9 Punkten od. Flecken **34**
34 Fld mit je 9 ungleichgroßen Flecken, die z. T. miteinander verbunden sind. – Auf Kiefern; g; 3,5–5,0 mm. *Myrrha octodecimguttata* (L.) – **Kiefernwipfel-Marienkäfer**
34* Fld mit je 5–7 runden Punkten. Gattung *Calvia* MULSANT S. 449
35 **(29)** Fld mit runden, meist nicht miteinander verflossenen Punkten **36**
35* Fld mit schachbrettartiger Fleckenzeichnung, ± miteinander verbunden; g; 3,5–4,5 mm. *Propylea quatuordecimpunctata* (L.) – **Schachbrett-Marienkäfer**
36 Punkte gelb. – FrühjForm. *Sospita vigintiguttata* (L.) – **Schöner Marienkäfer**
36* Punkte schwarz. – Bes. auf Eichen. Mycophag; g; 3,0–4,5 mm. [*Thea* MULSANT] *Psyllobora vigintiduopunctata* (L.) – **Gemeiner Pilz-Marienkäfer**

Gattung *Coccidula* KUGELANN – **Schilf-Marienkäfer**

1 Fld mit schwarzen Flecken. – Auf UferPfl; g. *C. scutellata* (HERBST) – **Gefleckter Schilf-Marienkäfer**
1* Fld einfarbig rot. – Auf UferPfl; h. *C. rufa* (HERBST) – **Roter Schilf-Marienkäfer**

Gattung *Chilocorus* LEACH

1 Fld mit je 1 runden roten Punkt. – Auf Laubbäumen; g; 4–5 mm. *C. renipustulatus* (L. G. SCRIBA) – **Rundfleckiger Schildlaus-Marienkäfer**
1* Fld mit je 3 kleinen rotgelben Flecken in ± verschmolzener Querreihe. – Bes. auf Nadelbäumen; g; 2,7–4,0 mm. *C. bipustulatus* (L.) – **Strichfleckiger Schildlaus-Marienkäfer**

Gattungen *Exochomus* L. REDTENBACHER u. *Parexochomus* BAROVSKIJ

1 Fld mit 2 roten Makeln. – Auf Bäumen; g; 3–5 mm. *E. quadripustulatus* (L.) – **Vierfleckiger Schildlaus-Marienkäfer**

1* Fld einfarbig schwarz. – Auf *Erica*; s; 3,0–4,5 mm.
P. nigromaculatus (GOEZE) – **Schwarzer Schildlaus-Marienkäfer**

Gattung *Hippodamia* (UGattung *Hemisphaerica*) CHEVROLAT

1 Hsch neben MFleck jederseits mit einem schwarzen Randpunkt (Abb. **447**/6), der oft mit dem MFleck zusammenhängt. – Auf UferPfl; z; 4,5–7,0 mm.
H. tredecimpunctata (L.) – **Dreizehnpunktiger Flach-Marienkäfer**
1* Hsch mit einheitlichem schwarzem MFleck. – Moorwiesen; s; 5–7 mm.
H. septemmaculata (DEGEER) – **Siebenpunktiger Flach-Marienkäfer**

Gattung *Ceratomegilla* CROTCH [*Semiadalia* CROTCH]

1 Fld schwarz mit roten Makeln. – Montan-alp; BY, Baden; s; 3,7–4,5 mm.
C. alpina (A. VILLA & G. B. VILLA) – **Alpen-Marienkäfer**
1* Fld rot mit schwarzen Makeln od. Punkten **2**
2 Hsch mit gelben VEcken. Habitus ähnlich *Coccinella septempunctata*. – Bildet große Aggregationen; s; 5–7 mm.
C. undecimnotata (D. H. SCHNEIDER) – **Hügel-Marienkäfer**
2* Hsch mit gelb gewelltem VRand. – Boreomontan. Bes. auf *Urtica*; s; 4,5–5,5 mm.
C. notata (LAICHARTING) – **Berg-Marienkäfer**

Gattung *Adalia* MULSANT

1 Fld hinten mit querer Bogenfalte (Abb. **447**/12). Färbung sehr variabel; g; 3,5–5,0 mm. *A. decempunctata* (L.) – **Zehnpunkt**
1* Fld hinten glatt, ohne Bogenfalte **2**
2 Fld gelb mit schwarzer Zeichnung. – Boreomontan. Bes. auf Fichte; z; 3,0–4,5 mm.
A. conglomerata (L.) – **Fichten-Marienkäfer**
2* Fld rot mit schwarzen Punkten od. schwarz mit roten Punkten; g; 3,5–5,5 mm.
A. bipunctata (L.) – **Zweipunkt**

Gattung *Coccinella* L.

1 Fld mit schwarzer Fleckenzeichnung, manchmal ganz schwarz. – Auf *Calluna*; s; 3,5–5,0 mm. *C. hieroglyphica* L. – **Heidekraut-Marienkäfer**
1* Fld rot mit schwarzen Punkten **2**
2 5–8 mm. Fld zusammen mit 7 Punkten **3**
2* 3–5 mm. Fld zusammen mit anderer Punktzahl **4**
3 FldSRand vorn mit aufgebogenem Wulst (Abb. **447**/10); g.
C. septempunctata L. – **Siebenpunkt**
3* FldSRand gleichmäßig gewölbt (Abb. **447**/11); s.
C. magnifica L. REDTENBACHER – **Ameisen-Siebenpunkt**
4 **(2)** Fld zusammen mit 5 Punkten; g. *C. quinquepunctata* L. – **Fünfpunkt**
4* Fld zusammen mit 9–11 (s weniger) Punkten; z. *C. undecimpunctata* L. – **Elfpunkt**

Gattung *Oenopia* MULSANT

1 Fld schwarz mit je 6 gelben Flecken. – Medit. Wärmeliebend; s; 3,0–4,5 mm.
O. lyncea (A. G. OLIVIER) – **Wärmeliebender Marienkäfer**
1* Fld anders gefärbt **2**
2 Fld gelb bis rosa mit schwarzen, ± verflossenen Makeln. – Auf Laubbäumen, bes. Pappel; g; 3,5–5,0 mm. *O. conglobata* (L.) – **Pappel-Marienkäfer**
2* Fld schwarz. – Bes. in Mooren; s; 3,5–5,3 mm.
O. impustulata (L.) – **Ungefleckter Marienkäfer**

Gattung *Calvia* MULSANT

1 Fld mit je 5 Punkten. – Auf Erlen. Häufig an Licht; z; 5,0–6,7 mm.
C. decemguttata (L.) – **Licht-Marienkäfer**

1* Fld mit je 7 Punkten **2**
2 3 Punkte stehen in einer Querreihe vor der M. – Bes. auf Erlen. Na: Blattflöhe; g; 4,5–6,0 mm. *C. quatuordecimguttata* (L.) – **Blattfloh-Marienkäfer**
2* Punkte nicht in Querreihe; s; 5–6 mm. *C. quindecimguttata* (F.) – **Erlen-Marienkäfer**

Familie ***Sphindidae*** – **Staubpilzkäfer**

DE 2 Arten.

1 Körper länglich, parallelseitig (Abb. **454**/9). HschBasis gerade, gerandet. – In u. an Wäldern meist an Staubpilzen (*Reticularia*), auf u. an alten Baumstämmen u. -stümpfen, abends auf Gräsern. IV–VIII. 1,8–2,0 mm. *Sphindus dubius* (GYLLENHAL)
1* Körper halbkugelig. HschBasis bogig gegen das Sch vorgezogen, ungerandet. – Im. u. L in Baumschwämmen. 1,2–1,5 mm. *Aspidiphorus orbiculatus* (GYLLENHAL)

Überfamilie ***Tenebrionoidea***

1 F nicht gekeult (Abb. **467**/4, 5). Fußformel 5, 5, 4. . . . . **5**
1* F ± deutlich gekeult, Fußformel meist anders, nie 5gld Füße vorhanden. **2**
2 OKf sehr groß, weit vorgestreckt, innen gezähnt (Abb. **457**/7). Familie *Prostomidae* S. 456
2* OKf nicht auffällig weit vorgestreckt. **3**
3 Füße dünn, fast so lg wie die Schienen, beim ♂ mit 3, 4, 4 Gld, beim ♀ 4,4,4 Gld. 1. HFußGld mindestens so lg wie KlauenGld. Körper dicht behaart. Familie *Mycetophagidae* – **Baumschwammkäfer** S. 453
3* Füße kurz u. kräftig, in beiden Geschlechtern 4gld. 1. HFußGld nicht verlängert, KlauenGld meist so lg wie die vorhergehenden 3 Gld zusammen. **4**
4 Körper walzenförmig (Abb. **454**/11), an Borkenkäfer erinnernd. KlauenGld keulenförmig (Abb. **451**/6). F mit 8–10 Gld, FKeule 3- od. 2gld, locker gefügt. Sternite frei beweglich, dachziegelartig aneinandergefügt. Ksch vorn durch eine Querfurche scharf abgesetzt. Familie *Ciidae* – **Schwammkäfer** S. 454
4* Körper meist länglich, ± flach (Abb. **454**/6). KlauenGld nicht keulenförmig. F 10- od. 11gld, FKeule sehr verschieden. Die ersten 2 bis 3 Sternite starr verbunden, Nähte vorhanden. Ksch vorn nicht quergefurcht. Familie *Colydiidae* – **Rindenkäfer** S. 453
5 **(1)** HüHöhlen der VBr hinten geschlossen (Abb. **451**/2). **6**
5* HüHöhlen der VBr hinten offen (Abb. **451**/1). **7**
6 Fld mit rosa Schulterfleck u. weißgrauen Querbinden. Familie *Pyrochroidae* (Unterfamilie *Agnathinae*) S. 457
6* Fld anders gefärbt od. K vor den Au mit plattenförmig vorgezogenen Wangen (Abb. **451**/7) od. Klauen unten gesägt od. gekämmt (Abb. **451**/3). Familie *Tenebrionidae* – **Schwarzkäfer, Pflanzenkäfer, Wollkäfer** S. 462
7 **(5)** HschS scharf, meist linienförmig gerandet. **16**
7* HschS stumpf, ungerandet. **8**
8 K hinter den Schläfen plötzlich stark eingeschnürt u. als Hals mit dem Hsch verbunden (Abb. **457**/13). **9**
8* K hinter den Schläfen nur leicht u. nicht plötzlich eingeschnürt, nicht gestielt. . . . **13**
9 Hsch hinten so breit wie Fld, nach vorn verengt, meist länger als breit (Abb. **452**/3). Familie *Ripiphoridae* – **Fächerkäfer** S. 459
9* HschBasis schmaler als die FldBasis. **10**
10 Klauen bis zur Basis gespalten (Abb. **452**/4), die inneren manchmal gezähnelt. Familie *Meloidae* – **Ölkäfer** S. 458
10* Klauen nicht gespalten, höchstens an der Basis gezähnt. **11**

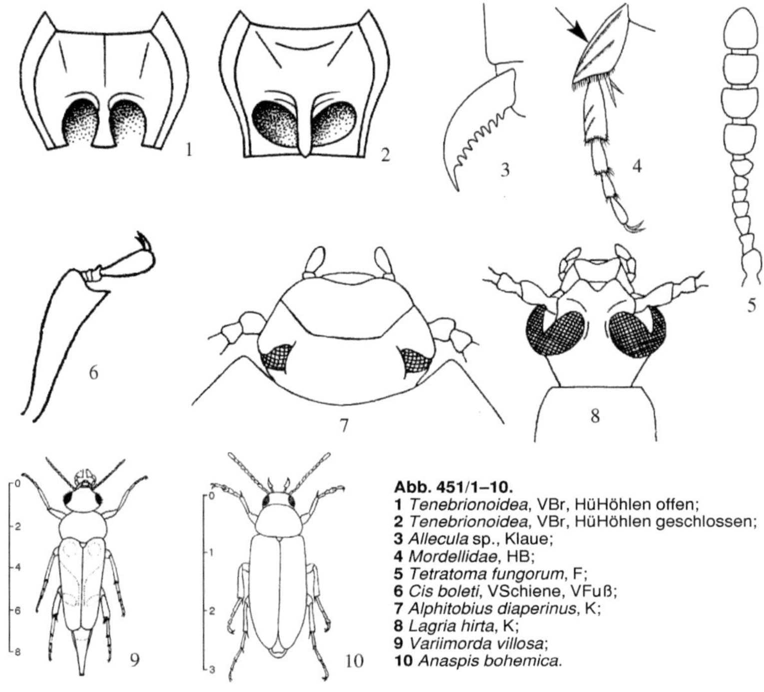

Abb. 451/1–10.
1 *Tenebrionoidea*, VBr, HüHöhlen offen;
2 *Tenebrionoidea*, VBr, HüHöhlen geschlossen;
3 *Allecula* sp., Klaue;
4 *Mordellidae*, HB;
5 *Tetratoma fungorum*, F;
6 *Cis boleti*, VSchiene, VFuß;
7 *Alphitobius diaperinus*, K;
8 *Lagria hirta*, K;
9 *Variimorda villosa*;
10 *Anaspis bohemica*.

11 Fld blutrot, abgeflacht. Körper 8–18 mm lg. F vom 3. Gld an beim ♂ in lg, dünne Äste ausgezogen (Abb. **452**/5), beim ♀ dreieckig erweitert.
Familie *Pyrochroidae* (Unterfamilie *Pyrochroinae*) – **Feuerkäfer** S. 457

11* Fld nicht blutrot u. abgeflacht. Körper 1,3–6 mm lg. F schnur- od. fadenförmig, zuweilen mit verdickten EndGld, od. schwach gesägt, od. anders gestaltet, aber nicht gekämmt. **12**

12 Hals breit (nur bei abwärtsgebogenem K sichtbar). K eng an den Hsch angeschlossen (Abb. **457**/12). 1. HFußGld meist doppelt so lg wie die übrigen Gld zusammen, vorletztes Gld sehr klein, im gelappten 2. Gld eingeschlossen (Abb. **452**/6).
Familie *Aderidae* – **Mulmkäfer** S. 458

12* Hals schmal stielartig. K dem Hsch nur lose angefügt (Abb. **457**/13), manchmal mit einem nach vorn über den K gerichteten, geraden Horn (Abb. **457**/8). 1. HFußGld höchstens so lg wie die übrigen Gld zusammen, vorletztes Gld nicht sehr klein (Abb. **452**/7). Familie *Anthicidae* – **Blumenkäfer** S. 458

13 **(8)** F kurz, schnurförmig, seitlich vor den Au eingelenkt (Abb. **457**/5). F die HschBasis kaum od. nur wenig überragend (Abb. **457**/4, 6, 9). K vorn ± rüsselartig verlängert (Abb. **457**/4). **14**

13* F lg, dünn, fadenförmig, manchmal schwach gesägt, frei vor den Au (Abb. **452**/9) od. (*Calopus*) zw den Au unter einem Höcker eingelenkt, mindestens bis zur FldM reichend. K vorn nicht rüsselartig verlängert (Abb. **452**/8).
Familie *Oedemeridae* – **Scheinbockkäfer** S. 454

14 Körper breit u. behaart. Vorletztes Gld aller Füße breit u. lappenartig erweitert, an der Basis der Krallen mit je einem Zahn (Abb. **452**/10). K vor den Au rüsselförmig verlän-

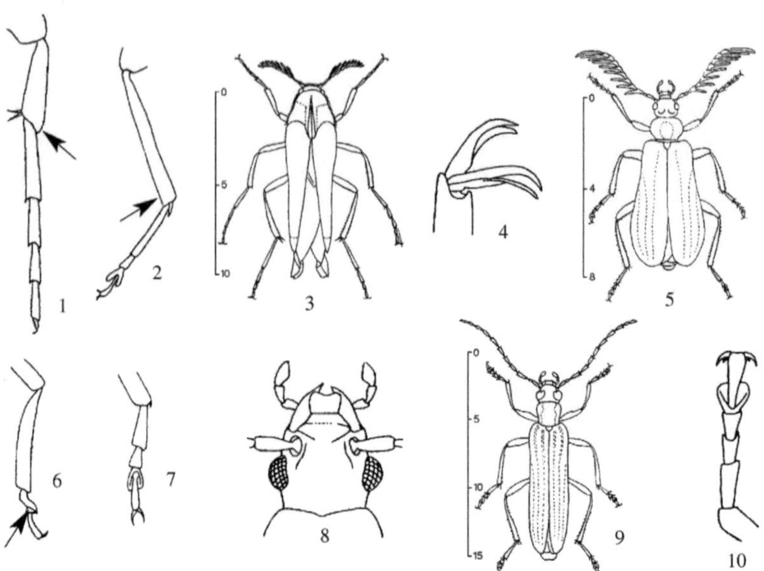

Abb. 452/1–10. 1 *Hoshihananomia perlata*, HB; **2** *Scraptia* sp., HB; **3** *Metoecus paradoxus*; **4** *Lytta vesicatoria*, Klauen; **5** *Schizotus pectinicornis*; **6** *Anidorus nigrinus*, HFuß; **7** *Cordicomus gracilis*, HFuß; **8** *Chrysanthia viridissima*, K; **9** *Nacerdes carniolica*; **10** *Mycterus tibialis*, VFuß.

gert (Abb. **457**/6). Fld dicht u. unregelmäßig punktiert.
Familie *Mycteridae* – **Haarscheinrüßler** S. 456

14* Körper kahl. Vorletztes FußGld. u. auch die Krallen einfach. Fld mit Längsreihen od. mit Punktstreifen. **15**

15 Körper groß, 7,5–16 mm, abgeflacht. Fld gestreift (Abb. **457**/9).
Familie *Pythidae* – **Drachenkäfer** S. 456

15* Körper kleiner, 2,5–4,5 mm. Fld in Reihen punktiert od. punktiert-gestreift (Abb. **457**/4). Familie *Salpingidae* – **Scheinrüßler** S. 456

16 **(7)** K hinter den Au od. hinter den Schläfen gerade abgestutzt u. mit scharfem Rand begrenzt. **17**

16* K hinter den Au nur leicht eingeschnürt, mit ± lg gerundeten Schläfen, ungestielt. **19**

17 HFüße viel länger als HSchienen (Abb. **452**/1). **18**

17* HFüße nicht länger als HSchienen (Abb. **452**/2).
Familie *Scraptiidae* – **Seidenkäfer**, partim S. 458

18 Hlb mit lg, die Fld weit überragender, horniger Spitze (Abb. **451**/9). HSchienen mit einer od. mehreren Einkerbungen (Abb. **451**/4). 2–10 mm.
Familie *Mordellidae* – **Stachelkäfer** S. 460

18* Hlb ohne hornige Spitze (Abb. **451**/10). HSchienen fast nie mit Einkerbungen. 1,5–4 mm. Familie *Scraptiidae* (Unterfamilie *Anaspidinae*) S. 458

19 **(16)** F mit deutlich abgesetzter 4gld Keule (Abb. **451**/5). HSchienen ohne lg Enddorne. Familie *Tetratomidae* (Unterfamilie *Tetratominae*) S. 462

19* F ohne Keule, wenn gekeult, dann tragen die HSchienen Enddorne, die so lg od. länger sind wie die Schienen selbst (Abb. **461**/8).
Familie *Melandryidae* – **Düsterkäfer** S. 460
Familie *Tetratomidae* (Unterfamilien *Eustrophinae, Hallomeninae*) S. 462

Familie *Mycetophagidae* – Baumschwammkäfer

Im. u. L in Pilzen, unter schimmliger Rinde, an schimmligen Vorräten. – DE 17 Arten.

1 Hsch viel breiter als lg, hinten so breit od. fast so breit wie Fld (Abb. **454**/10). K viel schmaler als Hsch. F zur Spitze verdickt od. mit 3–5gld Keule **2**
1* Hsch kaum breiter als lg, viel schmaler als Fld. K mit Au fast so breit wie Hsch. FKeule 2gld. – In Kaktusblüten, eingeschleppt. Baden. 1,5–1,7 mm. *Berginus tamarisci* WOLLASTON
2 F mit 4–5 vergrößerten EGld od. allmählich zur Spitze verdickt. – In Baumpilzen, in verpilztem Holz, auch an Heu u. Stroh. 3,5–6 mm. 10 Arten. Gattung *Mycetophagus* F. (Abb. **454**/10)
2* F mit gut abgesetzter 3gld Keule **3**
3 Fld verworren punktiert, ohne Haarreihen **4**
3* Fld zw dichter, anliegender Behaarung mit länger abstehenden Haarreihen; mit feinen Punktreihen. – Kosm. In Scheunen, Kellern, an schimmelnden PflResten; 2,5–3 mm. 2 Arten. Gattung *Typhaea* STEPHENS
4 Fld mit 2 gewellten gelben Querbinden; 2,2–3 mm. 2 Arten. Gattung *Litargus* ERICHSON
4* Fld einfarbig od. mit heller Basis, ohne Querbinden **5**
5 Haare lg u. halb aufgerichtet. Fld mit deutlich abgesetzter heller Basis. FKeule schmal. 3,5–4 mm. – Bes. am Leberpilz; s. *Triphyllus bicolor* (F.)
5* Haare fein u. anliegend. Fld ± einfarbig. FKeule breit. 2,2–2,5 mm. – In Baumschwämmen. BY; sehr s. *Pseudotriphyllus suturalis* (F.)

Familie *Colydiidae* (*Zopheridae*) – Rindenkäfer

Unter Rinde, in faulendem Holz, Getreidevorräten, einige unterirdisch, andere bei Ameisen. – DE 19 Arten.

1 Fld unregelmäßig punktiert, glatt. Höchstens 2 mm lg. Ohne Au. – In Kompost; s; 1,5–2 mm. [wird zu Familie *Salpingidae* gestellt] *Aglenus brunneus* (GYLLENHAL)
1* Fld mit Punktreihen, Streifen od. Längsrippen. Meist größer als 2 mm **2**
2 Mittlere FGld auffällig verdickt u. beborstet (Abb. **454**/1). – Unter Flechten. 2,5–5 mm; 2 Arten. Gattung *Orthocerus* LATREILLE
2* Mittlere FGld nicht breiter als die ersten (Abb. **454**/2, 3) **3**
3 Mit Au **4**
3* Ohne Au. Fld mit Längsrippen. – Unterirdisch. BW, NW; s; 2,2–3 mm. *Langelandia anophthalma* AUBÉ
4 Fld mit deutlichen Bo- od. Schuppenreihen **5**
4* Fld ohne Bo od. Schuppen, kahl, höchstens fein behaart **10**
5 3.–9. FGld dick, quer, 10. Gld zylindrisch, vorn abgestutzt (Abb. **454**/2). – Unter Rinde, in Baummulm; bei *Lasius*; BW, HS; sehr s. 2,8–4 mm. *Rhopalocerus rondanii* (A. VILLA & J. B. VILLA)
5* 3.–9. FGld dünn, F mit EKnopf od. 2–3gld Keule **6**
6 F 11gld, Keule 2–3gld **7**
6* F 10gld, Keule 1gld (EKnopf; Abb. **454**/3) **9**
7 HschS fast glatt; sehr s; 3–5 mm. [*C. marginatus* LATREILLE] *Colobicus hirtus* (ROSSI)
7* HschS gekerbt (Abb. **454**/4) **8**
8 Au mit dicken schwarzen Börstchen (Abb. **454**/5). – In faulendem Holz u. Laub. Montan; sehr s; 2,3–3 mm. *Coxelus pictus* (J. S. STURM)
8* Au ohne Börstchen. – Unter Laub, Holz. Montan; BW, RP; s; 2–2,8 mm. *Diodesma subterranea* LATREILLE
9 **(6)** Fld einfarbig od. mit hellem Schulterfleck. – An Laubbäumen. 2,5–5 mm; 3 Arten. Gattung *Synchita* HELLWIG

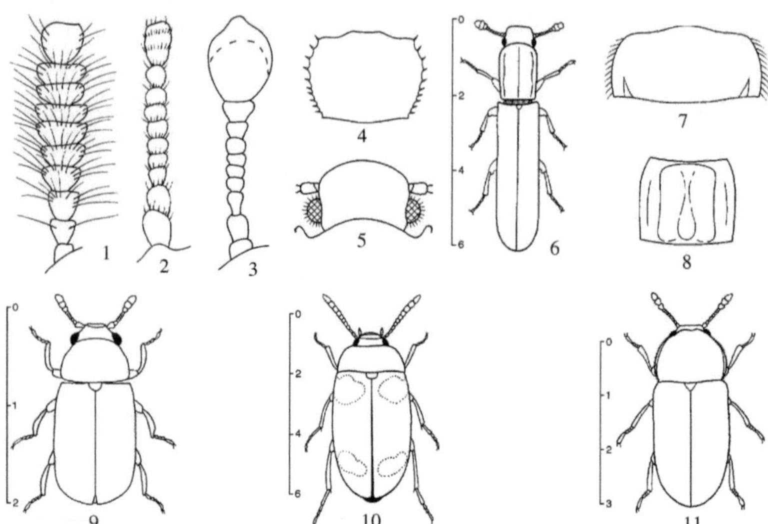

Abb. 454/1–11. **1** *Orthocerus clavicornis*, F; **2** *Rhopalocerus rondanii*, F; **3** *Synchita separanda*, F; **4** *Diodesma subterranea*, Hsch; **5** *Coxelus pictus*, K; **6** *Colydium elongatum*; **7** *Symbiotes gibberosus*, Hsch; **8** *Aulonium trisulcum*, Hsch; **9** *Sphindus dubius*; **10** *Mycetophagus quadripustulatus*; **11** *Cis rugulosus*.

9* Fld mit rostroten Querbinden od. Flecken. – An Laubbäumen, bes. Buchen; z; 2,3–3,5 mm. 2 Arten. [*Cicones* CURTIS] Gattung *Synchita* HELLWIG partim

10 **(4)** Alle ZwRäume der Punktstreifen flach. Hsch mit 4 durchgehenden Längsrinnen (Abb. **454**/8). – In anbrüchigen Ulmen; s; 4,5–6,5 mm. *Aulonium trisulcum* (GEOFFROY)

10* Wenigstens die abwechselnden ZwRäume rippig erhaben **11**

11 Hsch fast doppelt so lg wie breit (Abb. **454**/6). – Unter Rinde u. in faulendem Holz; in Gängen von *Scolytidae* u. *Anobiidae*; s; 5–7 mm; 2 Arten. Gattung *Colydium* F. – **Fadenkäfer**

11* Hsch kaum länger als breit **12**

12 Fld einfarbig rostrot. – Urwaldrelikt. In Laubbäumen (bei *Lasius*); s; 3,5–5 mm. 2 Arten. Gattung *Pycnomerus* ERICHSON

12* Fld mit schwarzer Querbinde. – Unter Rinde, carnivor; g; 2,6–3,5 mm. [*Ditoma* ILLIGER] *Bitoma crenata* (F.)

Familie *Ciidae* – Schwammkäfer

Im. u. L an u. in harten Baumschwämmen (z. B. *Polyporus, Polystictus, Trametes, Fomes*), seltener in verpilztem Holz u. Baumstümpfen, unter Rinde. LEntw VI–IX. Ab VIII Jungkäfer. IV–IX (Im.). 1–4 mm. – DE 44 Arten in 8 Gattungen (Abb. **454**/11).

Familie *Oedemeridae* – Scheinbockkäfer

LEntw bes. in altem, abgestorbenem Holz (Baumstümpfe, Klafterholz, Holzzäune), häufig an Holzstellen, die nahe am feuchten Erdboden liegen od. sogar an Ufern u.

Gräben in Wasser od. in Stängeln krautiger Pfl. *Calopus* bevorzugt Fichte u. Kiefer; *Nacerdes* u. *Anogcodes* Eiche u. Tanne; *Ischnomera* Buche u. Ulme. *Oedemera*-L im Mark der unteren Stängelteile krautiger Pfl. LEntw meist ab E VI bis etwa IX/X. Anschließend Verpuppung u. Überw der Jungkäfer in PWiege bis IV. Im. bis VII, vielfach auf Blüten von Laubbäumen, Sträuchern, Kräutern u. Gräsern, wo sie sich von Pollen ernähren. Andere unter loser Nadelholzrinde, an trockenen Zweigen. – DE 25 Arten.

1 F sehr lg, vom 3. Gld an gesägt u. flach (Abb. **455**/1). Au vorn tief ausgeschnitten, in dem Ausschnitt entspringen die F auf FBeule (Abb. **455**/2). – Nachttier. In morschem Holz; s; 18–20 mm. *Calopus serraticornis* (L.) – **Balkenbohrer**

1* F lang, nicht gesägt u. Gld nicht abgeflacht. Au vorn nicht od. wenig ausgeschnitten, F davor eingelenkt, ohne FBeule (Abb. **455**/3, 4) **2**

2 VSchienen mit 1 großen EDorn (Abb. **455**/5) **3**

2* VSchienen meist mit 2 kleinen EDornen (Abb. **455**/6) **5**

3 Stirn zw den Au viel schmaler als zw den FWurzeln (Abb. **455**/3). – Baden. Nachttier. In morschen Kiefernstümpfen; s; 12–15 mm. *Nacerdes carniolica* (GISTEL) (Abb. **452**/9)

3* Stirn zw den Au genau so breit wie zw den FWurzeln (Abb. **455**/4) **4**

4 OL gelb. – Meeresküsten; L in überschwemmtem Holz; s; 9–13 mm. *Nacerdes melanura* (L.) – **Pfahlkäfer**

4* OL schwarz. 8–15 mm. 4 Arten. Gattung *Anogcodes* DEJEAN

5 **(2)** EGld der KfTst schmal u. zylindrisch (Abb. **455**/7). 3. FGld ca. 4-mal so lg wie das 2. (Abb. **455**/8). – L in dürren Stängeln u. Wurzeln versch. krautiger Pfl. 5–13 mm; 11 Arten. Gattung *Oedemera* A. G. OLIVIER

5* EGld der KfTst beilförmig (Abb. **452**/8; **455**/9). 3. FGld kaum mehr als doppelt so lg wie das 2. . . . . **6**

6 Der seitliche (4.) Längsstreif der Fld entspringt weit hinter der Schulterbeule nahe dem SRand (Abb. **455**/10). – In faulendem Laubholz, bes. Buchen, Ulmen. 6–12 mm; 4 Arten. Gattung *Ischnomera* STEPHENS

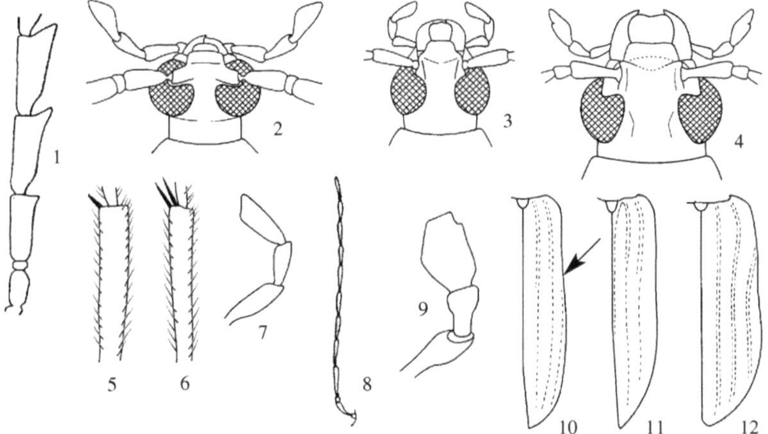

Abb. 455/1–12. 1 *Calopus serraticornis*, 1.–5. FGld; **2** *C. serraticornis*, K; **3** *Nacerdes carniolica*, K; **4** *Anogcodes rufiventris*, K; **5** *Nacerdes melanura*, VSchiene; **6** *Oedemera* sp., VSchiene; **7** *Oedemera croceicollis*, KfTst; **8** *O.* sp., F; **9** *Ditylus laevis*, KfTst; **10** *Ischnomera sanguinicollis*, Fld; **11** *Chrysanthia viridissima*, Fld; **12** *Ditylus laevis*, Fld.

6* Der seitliche (4.) Längsstreif der Fld entspringt aus der Schulterbeule (Abb. **455**/11, 12), läuft parallel mit breitem Abstand zum SRand **7**

7 14–17 mm. Fld mit je 4 breiten, flachen, dicht punktierten Längsstreifen, diese von 2 feinen Linien eingefasst (Abb. **455**/12). – In nassem Tannenholz; sehr s. *Ditylus laevis* (F.)

7* 5–10 mm. Fld mit je 4 feinen, unpunktierten Längsstreifen (Abb. **455**/11). – L in Holz. 2 Arten. Gattung *Chrysanthia* W. L. E. SCHMIDT

Familie ***Pythidae*** **– Drachenkäfer**

Unter Kiefernrinde. 2 Arten. Gattung *Pytho* LATREILLE – **Drachenkäfer**

Gattung *Pytho* LATREILLE – **Drachenkäfer**

1 OS blau, US (außer rostrotem Hlb) schwarz, unreife Tiere heller. 7,5–16 mm; s. *P. depressus* (L.) (Abb. **457**/9)

1* Körper vollständig schwarz (außer Hlb der ♀). 8–10 mm; BY; sehr s. *P. abieticola* J. R. SAHLBERG

Familie ***Salpingidae*** **– Scheinrüßler**

Unter Rinde von Laub- u. Nadelbäumen. Oft in Borkenkäfergängen. Meist carnivor. – DE 14 Arten.

1 SRand des Hsch gezähnt (Abb. **457**/1). – In dürren Laubholzästen. 2,5–3,5 mm. Gattung *Lissodema* CURTIS S. 438

1* SRand des Hsch glatt (Abb. **457**/4, 5) **2**

2 K vor den Au rüsselförmig verlängert (Abb. **457**/4). – Unter Laubholzrinde. 2,5–4,5 mm. *Vincenzellus ruficollis* (PANZER) u. Gattung [*Rhinosimus* LATREILLE] *Salpingus* ILLIGER (3 Arten)

2* K vor den Au kurz, nicht deutlich rüsselförmig (Abb. **457**/5). – Unter Rinde. 2,5–4 mm. *Colposis mutilatus* (BECK), Gattungen *Rabocerus* MULSANT (2 Arten) u. *Sphaeriestes* STEPHENS (5 Arten)

Gattung *Lissodema* CURTIS

1 Fld einfarbig, Basis oft heller; s. *L. cursor* (GYLLENHAL)

1* Fld mit je 2 gelben Flecken; z. [*L. quadripustulatum* (MARSHAM)] *L. denticolle* (GYLLENHAL)

Familie ***Mycteridae*** **– Haarscheinrüßler**

In Blüten, Entw wahrscheinlich in Stängeln von Kräutern; sehr s; 5–10 mm. *Mycterus curculioides* (F.) – **Haarscheinrüßler** (Abb. **457**/6)

Familie ***Prostomidae***

Urwaldrelikt. In vermodertem Holz, bes. Eiche; sehr s; 5–6 mm. *Prostomis mandibularis* (F.) (Abb. **457**/7)

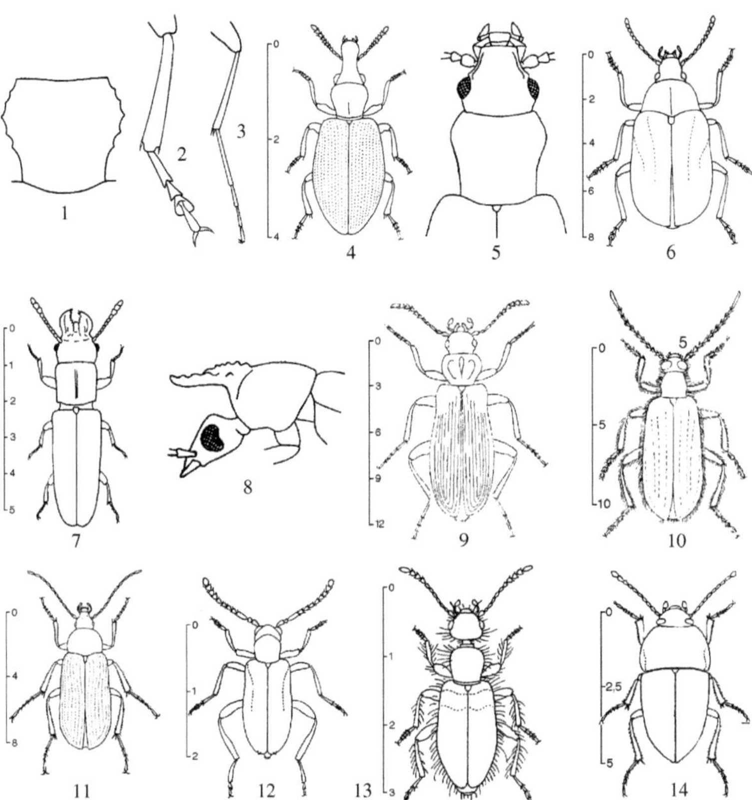

Abb. 457/1–13. 1 *Lissodema cursor*, Hsch; **2** *Notoxus brachycerus*, HB; **3** *Mecynotarsus serricornis*, HB; **4** *Salpingus ruficollis*; **5** *Colposis mutilatus*, K, Hsch; **6** *Mycterus curculioides*; **7** *Prostomis mandibularis*; **8** *Notoxus brachycerus*, VKörper, S; **9** *Pytho depressus*; **10** *Lagria hirta*; **11** *Cteniopus sulphureus*; **12** *Anidorus nigrinus*; **13** *Hirticomus hispidus*; **14** *Crypticus quisquilius*.

Familie *Pyrochroidae* – Feuerkäfer

Im. auf Blüten u. Gebüsch. L unter Laubholzrinde, oft in Baumstümpfen, räuberisch. – DE 4 Arten.

1 Fld mit rosa Schulterfleck u. weißgrauen Querbinden. – In Borkenkäfer-Gängen (*Xyleborus*) alter, wasserumspülter Erlenstümpfe als Räuber. Aktuell nur BY, Westfalen; sehr s; 4–5 mm. *Agnathus decoratus* (GERMAR) – **Schmarotzer-Wollkäfer**
1* Fld einfarbig rot **2**
2 K vollständig gelbrot; z; 10–14 mm. *Pyrochroa serraticornis* (SCOPOLI)
2* K größtenteils od. völlig schwarz **3**
3 14–18 mm; g. *Pyrochroa coccinea* (L.)
3* 8–9 mm; z. *Schizotus pectinicornis* (L.) (Abb. **452**/5)

Familie *Scraptiidae* – Seidenkäfer

Im. an Waldrändern, auf Gebüsch u. Blüten. LEntw in morschem Laubholz. IV–VIII; 1,5–4 mm. – DE 28 Arten in 4 Gattungen.

Familie *Aderidae* – Mulmkäfer

Unter dürrem Laub, unter Rinde, unter faulem PflAbfall, im Mulm hohler Bäume. V–VIII (Im.). 1,6–3 mm. – DE 8 Arten in 6 Gattungen (Abb. **457**/12).

Familie *Anthicidae* – Blumenkäfer

Unter Steinen, faulenden PflResten, Waldstreu, Laub, im Genist, in Schilfresten. Einige häufig auf salzhaltigen Böden. Manche Im. fressen tote cantharidinhaltige Käfer (*Meloe*). Ab V LEntw. E III–IX (Im.). – DE 25 Arten.

1 Hsch mit einem nach vorn gerichteten Horn (Abb. **457**/8) **2**
1* Hsch ohne Horn (Abb. **457**/13). 1,8–4,5 mm; 20 Arten.
Gattung *Anthicus* Paykull und weitere 7 Gattungen
2 HFüße kürzer als HSchienen, vorletztes Gld lappenartig (Abb. **457**/2). 3–6 mm. 4 Arten. Gattung *Notoxus* Geoffroy – **Einhornkäfer**
2* HFüße länger als HSchienen, vorletztes Gld nicht lappenartig (Abb. **457**/3). – Auf Ufersand; sehr s; 1,5–2,2 mm. *Mecynotarsus serricornis* (Panzer)

Familie *Meloidae* – Ölkäfer

Im. trockenheits- u. wärmeliebend. Auf Steppenwiesen, in trockenen Auwäldern, an Waldrändern. Na: Blätter, Pollen, Nektar. Entw kompliziert (Hypermetamorphose). Eiabl in großer Anzahl (mehrere tausend Eier) häufchenweise oberflächlich in Erdhöhlen, manchmal im Eingangsloch von Erdbienen-Bauen. JungL (Triungulinus, L I) klettern entweder auf Blüten (*Meloe*) od. direkt in die Erdnester von Bienen (*Apalus*). *Meloe*-L klammern sich im Bienenpelz fest, lassen sich von Bienen zum Nest tragen (Phoresie) u. gleiten nach der Eiabl vom Bienen-♀ auf dessen Ei, das auf dem Nahrungsbrei schwimmt. Bienen-Ei wird in etwa 8 Tagen völlig leer gefressen. L II schlank u. wendig. L III, IV plump u. fast unbeweglich, im Nahrungsbrei in der Zelle, den sie rasch verzehrt. Danach verbringt die L V in der Zelle od. im Erdboden den 2. Winter. Erst im nächsten Frühj od. Sommer häutet sie sich abermals, ohne diese Haut abzustreifen, so dass L VI in einem doppelwandigem Sack steckt (Scheinpuppe – einmalig bei Coleoptera). Nach 4–5 Wo äußerer Ruhe schlüpft die L VII, dann Verwandlung zur P. Der Jungkäfer sprengt die umgebenden Hüllen. – Aus Öffnungen der Kniegelenkhaut können die Im. gelbe Tropfen austreten lassen („Ölkäfer"), die das Gift Cantharidin enthalten, das pharmazeutisch verwendet wurde. – DE 19 Arten.

1 Fld stark verkürzt, an der Basis übereinander greifend (Abb. **461**/1). – L sind Parasiten bei Bienen, z. B. *Anthophora, Andrena.* Gattung *Meloe* L. – **Ölkäfer** S. 441
1* Fld nicht verkürzt, nicht übereinander greifend **2**
2 Fld metallisch grün **3**
2* Fld gelb bzw. rotgelb, mit schwarzer Zeichnung **4**
3 F gedrungen, 9gld, beim ♂ kompliziert gebaut (Abb. **461**/2), beim ♀ mit Keule (Abb. **461**/3). – Komplizierte Balz; Im auf Blüten. Parasit bei Grabwespen, Ernährung von den eingetragenen Heuschrecken. s; 7–13 mm. 2 Arten.
Gattung *Cerocoma* Geoffroy
3* F schlank, 11gld, ohne Keule. – Auf Esche, Flieder, Liguster, Robinie; Parasit bei *Colletes, Megachile, Halictus*; z; 6–28 mm. *Lytta vesicatoria* (L.) – **Spanische Fliege**

4 **(2)** Fld gelbrot mit 6 schwarzen Flecken. Nur alte Funde; L fressen Eigelege von *Saltatoria*; 10–16 mm. *Mylabris crocata* (PALLAS)
4* Fld anders gezeichnet **5**
5 Fld vollständig ausgebildet, strohgelb, hinten mit je einem schwarzen Fleck, der die Spitze nicht erreicht. – Parasit bei Seidenbienen; sehr s; 9–11 mm. *Apalus bimaculatus* (L.)
5* Fld nach hinten verschmälert. Fld gelb, Spitze unterschiedlich ausgedehnt schwarz **6**
6 Nur FldSpitze schwarz. – BR. Sehr s; 7–10 mm. *Stenoria analis* SCHAUM
6* Fld größtenteils schwarz, nur Basis gelb. – Parasit bei Pelz u. Mauerbienen; in Ausbreitung?; s; 7–12 mm. *Sitaris muralis* (FÖRSTER)

Gattung *Meloe* L. – **Ölkäfer, Maiwurm** (Hilfstabelle)

1 F in der M bes. beim ♂ ± auffällig erweitert (Abb. **461**/21) **2**
1* F in der M nicht erweitert **4**
2 Fld mit einzelnen großen Punkten. F in der M nicht geknickt.– Herbsttier; sehr s; 6–23 mm. *M. autumnalis* A. G. OLIVIER
2* Fld lederartig gerunzelt. F in der M geknickt. **3**
3 K u. Hsch grob punktiert. Schwarzblau bis schwarz; z; 8–45 mm. *M. proscarabaeus* L.
3* K u. Hsch fein punktiert. Blau; z; 10–49 mm. *M. violaceus* MARSHAM
4 **(1)** Körper erzgrün, mit kupferroter u. grüner Zeichnung. – Litoral; sehr s; 11–38 mm. *M. variegatus* DONOVAN
4* Körper schwarz, blau od. blauviolett **5**
5 OS des Hsch flach **6**
5* OS des Hsch gewölbt **9**
6 K u. Hsch grob punktiert **7**
6* K u. Hsch glatt od. fein punktiert **8**
7 HschS parallel. – BR. Sehr s. 16–32 mm. [*M. coriarius* BRANDT et ERICHSON] *M. rufiventris* GERMAR
7* Hsch vorn am breitesten. – ST. Sehr s. 16–45 mm. *M. cicatricosus* LEACH
8 **(6)** SRand u. Nahtkante der Fld gelb. – Nur SW; nur um 1940; 16–40 mm. *M. hungarus* SCHRANK
8* SRand der Fld nicht gelb. – S, SW, ST; sehr s; 10–20 mm. *M. decorus* BRANDT et ERICHSON
9 **(5)** K u. Hsch kahl; s; 6–24 mm. *M. brevicollis* PANZER
9* K u. Hsch deutlich behaart **10**
10 F dünn, vorletzte Gld länger als breit (Abb. **461**/4). – S; 6–20 mm. *M. rugosus* MARSHAM
10* F dick, vorletzte Gld nicht länger als breit (Abb. **461**/5). – S; 6–30 mm. *M. scabriusculus* BRANDT et ERICHSON

Familie ***Ripiphoridae* – Fächerkäfer**

Die L zeigen eine ähnliche Hypermetamorphose wie die *Meloidae*, sie sind Parasiten verschiedener Insekten. *Metoecus*-L saugt als L I im Hlb erwachsener ErdwespenL Körpersäfte, vor der Häutung bohrt sie sich nach außen u. frisst als madenförmige L II u. L III von außen her den Hlb der WespenL leer, P in Wespenzelle. *Ripidius*-L parasitiert waldbewohnende SchabenL (*Ectobius*). P im Boden. Im. auf Blüten. – DE 3 Arten.

1 8–12 mm. – Fld hinten spitz zulaufend, den Hlb völlig bedeckend, gelb mit schwarzer Zeichnung od. völlig schwarz. In Erdnestern von *Vespula*, s. *Metoecus paradoxus* (L.) – **Wespen-Fächerkäfer** (Abb. **452**/3)

1* Höchstens 5 mm. **2**

2 Fld den Hlb vollständig bedeckend, gemeinsam gerundet. – An abgestorbenen Pappeln u. Weiden, die von *Ptilinus* (*Anobiidae*) befallen sind, von denen die L leben; sehr s; 3,5–5,0 mm. *Pelecotoma fennica* (PAYKULL)

2* Fld beim ♂ stark verkürzt, breit klaffend, HFl freiliegend; ♀ ohne Fld u. HFl, dadurch larvenförmig. – Parasit von *Ectobius*-Arten; sehr s; 5 mm. *Ripidius quadriceps* (ABEILLE DE PERRIN) – **Schaben-Fächerkäfer**

Familie ***Mordellidae*** – **Stachelkäfer**

Im. auf Blüten, Sträuchern, Heiden, Trockenrasen. Viele Arten wärmeliebend. LEntw in verpilztem Holz, Ästen, PflStängeln u. Baumschwämmen. 2–10 mm. – DE 78 Arten in 9 Gattungen (Abb. **451**/9).

Familie ***Melandryidae [Serropalpidae]*** – **Düsterkäfer**

Meist an u. in Baumpilzen auf Laub- u. Nadelbäumen. LEntw in den Schwämmen selbst; od. L dringen längs des Pilzmyzels ins Holz ein od. unter losen, verpilzten Rinden, wo sie pilzfressend bis 2 J verbringen. Einige in morschem Holz von Stämmen, Baumstümpfen, Zäunen, Pfählen, zuweilen auch ohne Vorkommen von Pilzmyzel. Wenige Arten auf blühendem Gesträuch. – DE 32 Arten. Einige Arten werden jetzt zu den *Tetratomidae* gestellt.

1 VHü durch schmalen VBrForts voneinander getrennt (Abb. **461**/6) **2**

1* VHü in der M einander berührend (Abb. **461**/7) **5**

2 Fld rot od. braungelb, jeweils mit einem lg schwarzen Längsfleck, der Naht u. SRand hell lässt. – In Baumschwämmen; BY, Baden; sehr s; 6,5–7,5 mm. (Familie *Tetratomidae*) *Mycetoma suturale* (PANZER)

2* Fld anders gefärbt **3**

3 HSchienen mit sehr lg ESpornen (Abb. **461**/8), Im. können dadurch bis $^1/_2$ m weit springen. – In Baumpilzen, unter Rinden. 3–5 mm; 6 Arten. Gattung *Orchesia* LATREILLE

3* HSchienen mit kurzen EDornen (Abb. **461**/9) **4**

4 Körper breit eiförmig, ziemlich flach. Schwarz. – In verpilzten Laubbäumen; s; 4–5 mm. (Familie *Tetratomidae*) *Eustrophus dermestoides* (F.)

4* Körper gestreckt eiförmig, fast zylindrisch. Braun-gelbbraun. – Käfer mit Sprungvermögen. (Familie *Tetratomidae*) Gattung *Hallomenus* PANZER S. 462

5 **(1)** Klauen einfach, weder gezähnt noch geteilt **6**

5* Klauen mit deutlichem Zahn, od. bis zur Basis gespalten (Abb. **461**/13) **15**

6 Hsch eng an die Fld angeschlossen, an der Basis meist fein gerandet **7**

6* Hsch locker an die Fld angeschlossen, an der Basis ungerandet **14**

7 HschBasis so breit wie Fld **8**

7* HschBasis schmaler als die Fld **13**

8 Über 5 mm. EGld der KfTst groß messerförmig od. breit beilförmig (Abb. **461**/15, 16) **10**

8* 2,5–4,0 mm. EGld der KfTst meist kurz eiförmig (Abb. **461**/14) **9**

9 Hsch etwa so lg wie breit, Basis ungerandet (Abb. **461**/10). Schwarz glänzend, fein grau behaart. – In abgestorbenen Zweigen von Laubbäumen; s. *Anisoxya fuscula* (ILLIGER)

9* Hsch ± quer, nach vorn verengt, Basis fein gerandet (Abb. **461**/11). Rotgelb od. braun-schwarz; od. mit Makeln od. gezackten Querbinden. Gattungen *Abdera* STEPHENS u. *Wanachia* SCHULZE S. 462

10 **(8)** Fld mit feinen, flachen Streifen. F die FldM gerade erreichend. – An frisch gefälltem, gesundem Nadelholz, in das die L tiefe Gänge fressen; z; 8–18 mm. *Serropalpus barbatus* (SCHALLER)

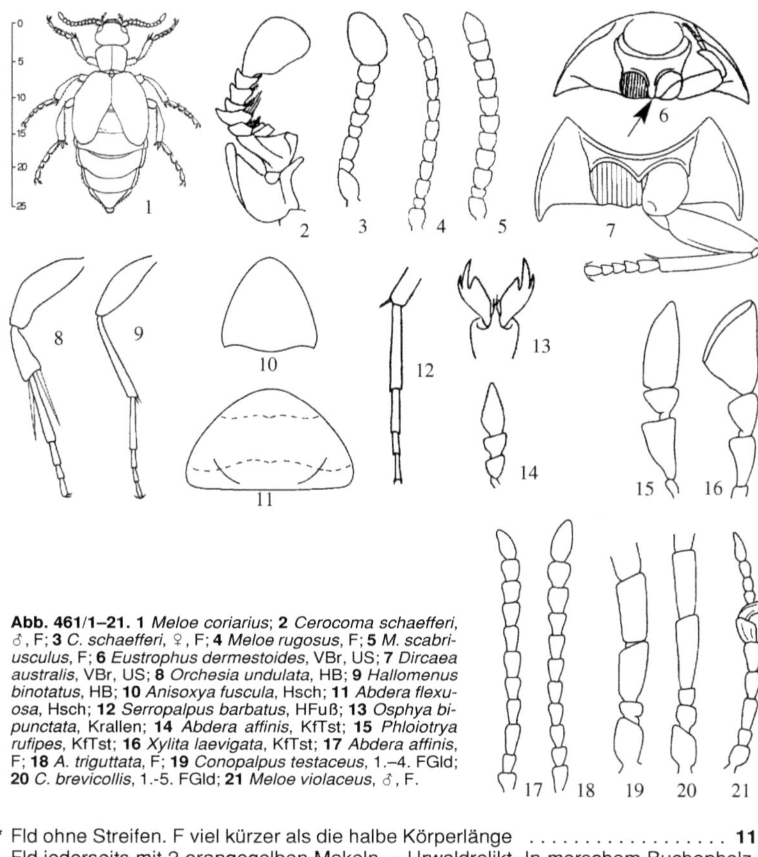

Abb. 461/1–21. 1 *Meloe coriarius*; **2** *Cerocoma schaefferi*, ♂, F; **3** *C. schaefferi*, ♀, F; **4** *Meloe rugosus*, F; **5** *M. scabriusculus*, F; **6** *Eustrophus dermestoides*, VBr, US; **7** *Dircaea australis*, VBr, US; **8** *Orchesia undulata*, HB; **9** *Hallomenus binotatus*, HB; **10** *Anisoxya fuscula*, Hsch; **11** *Abdera flexuosa*, Hsch; **12** *Serropalpus barbatus*, HFuß; **13** *Osphya bipunctata*, Krallen; **14** *Abdera affinis*, KfTst; **15** *Phloiotrya rufipes*, KfTst; **16** *Xylita laevigata*, KfTst; **17** *Abdera affinis*, F; **18** *A. triguttata*, F; **19** *Conopalpus testaceus*, 1.–4. FGld; **20** *C. brevicollis*, 1.-5. FGld; **21** *Meloe violaceus*, ♂, F.

10* Fld ohne Streifen. F viel kürzer als die halbe Körperlänge **11**

11 Fld jederseits mit 2 orangegelben Makeln. – Urwaldrelikt. In morschem Buchenholz. Nur alte Funde; sehr s; 8–12 mm. *Dircaea australis* FAIRMAIRE

11* Fld ohne Makeln **12**

12 EGld der KfTst lg messerförmig (Abb. **461**/15). – In morschem Laubholz; s; 5–12 mm; 2 Arten. Gattung *Phloiotrya* STEPHENS

12* EGld der KfTst breit beilförmig (Abb. **461**/16). – In verpilztem Nadelholz; s; 6–10 mm; 2 Arten. Gattung *Xylita* PAYKULL

13 **(7)** Fld mit Flecken u. Querbinden. 4,5–6,0 mm Gattung *Hypulus* PAYKULL S. 462

13* Fld einfarbig schwarz od. braun, höchstens am SRand heller. – Unter Kiefernrinde; s; 4,5–9,0 mm. [*Zilora sericea* (J. STURM)] *Zilora obscura* (F.)

14 **(6)** Hsch schwarz od. blauschwarz. – In morschem Laubholz, bes. Buche. Gattung *Melandrya* F. S. 462

14* Hsch rotgelb. – In morschem Eichenholz. BY; vor 1950; 14–16 mm. *Phryganophilus ruficollis* (F.)

15 **(5)** F 10gld. Au behaart. – In morschem Laubholz u. Ästen. Gattung *Conopalpus* GYLLENHAL S. 462

15* F 11gld. Au kahl. – Auf blühendem Gesträuch; s; 5–11 mm. *Osphya bipunctata* (F.)

Gattung *Hallomenus* PANZER

1 3,5–6,0 mm. Hsch mit 2 schwarzen Flecken. – In verpilztem Holz; z. *H. binotatus* (QUENSEL)
1* 2,5–3,0 mm. Hsch einfarbig braun. – In Baumpilzen. Boreomontan; s. *H. axillaris* (ILLIGER)

Gattungen *Abdera* STEPHENS u. *Wanachia* SCHULZE

1 3. FGld doppelt so lg wie das 2. (Abb. **461**/17). – In Baumpilzen **2**
1* 3. FGld kaum länger als das 2. (Abb. **461**/18). – Unter Rinde **3**
2 Fld einfarbig; s; 2,5–3,5 mm. *Abdera affinis* (PAYKULL)
2* Fld mit 2 schwarzen Querbinden; s; 3–4 mm. *A. flexuosa* (PAYKULL)
3 **(1)** Fld mit einer gelben Querbinde u. Spitzenfleck. EGld der KfTst beilförmig. – In Nadelhölzern; z; 2–3 mm. [*Abdera*] *Wanachia triguttata* (GYLLENHAL)
3* Fld mit 2 gelben Querbinden. EGld der KfTst eiförmig. **4**
4 Hsch so lg wie breit. Fld am E gemeinsam abgerundet. – In Laubhölzern; s; 2,5–4 mm. *A. quadrifasciata* (CURTIS)
4* Hsch etwas länger als breit. Fld am E einzeln abgerundet. – In Eichenästen; HS; sehr s; 2,5–3,5 mm. [*A. biflexuosa* (CURTIS)] *A. bifasciata* (MARSHAM)

Gattung *Hypulus* PAYKULL

1 Hsch vorn mit schwarzem Fleck. – In Laubholz; sehr s. *H. bifasciatus* (F.)
1* Hsch einfarbig. – In morschen Eichen; s. *H. quercinus* (QUENSEL)

Gattung *Melandrya* F.

1 Hsch schmaler als Fld; s; 10–16 mm. *M. dubia* (SCHALLER)
1* Hsch so breit wie Fld **2**
2 OS schwarzblau; s; 10–16 mm. *M. caraboides* (L.)
2* OS glänzend schwarz; s; 9–12 mm. *M. barbata* (F.)

Gattung *Conopalpus* GYLLENHAL

1 3. FGld doppelt so lg wie das 2. (Abb. **461**/19); z; 5–7 mm. *C. testaceus* (A. G. OLIVIER)
1* 3. u. 2. FGld gleichlg (Abb. **461**/20); s; 3,5–4,0 mm. *C. brevicollis* KRAATZ

Familie ***Tetratomidae***

In Baumschwämmen, an verpilzten Laubbäumen. – DE 3 Arten. Hierher werden auch einige Gattungen gestellt, die bei den *Melandryidae* abgehandelt werden.

Gattung *Tetratoma* F.

1 Fld braun mit gelber Zeichnung. – An verpilzten Laubbäumen; s; 3,0–3,5 mm. *T. ancora* F.
1* Fld einfarbig blau od. schwarz-grün. **2**
2 OS kahl. – Im Birkenschwamm; z; 4,0–4,5 mm. *T. fungorum* F.
2* OS fein behaart. – In verpilztem Eichenholz; sehr s; 3,5 mm. *T. desmarestii* LATREILLE

Familie ***Tenebrionidae* – Schwarzkäfer**

Einige fressen u. entw sich an PflWurzeln, unterirdischen Stängelteilen, keimenden Samen, in verpilztem Laub, unter Heu u. Stroh. Auf Feldern an Rüben, Tabak, Klee, Nelken. Manche salzliebend am Meeresstrand im Sand u. unter Tang, an Graswurzeln od. Fischaas. Einige an dunklen Orten unter Steinen, in Gebäuden, Kellern u. Ställen. Andere in Baumschwämmen, unter verpilzter Rinde, in morschem, mulmigem Holz, in Borkenkäfergängen, in Vogel- u. Säugetiernestern. Einige sind Vorratsschädlinge geworden, befallen Getreideabfälle, Mehlprodukte, Reis, Hülsenfrüchte, Nüsse, Drogen. Im. oft am HlbE mit Wehrdrüsen. – DE 79 Arten.

1 Klauen unten gesägt od. gekämmt (Abb. **451**/3). – Auf Blüten u. Gebüsch, in mulmigem Holz, unter loser Rinde, in Baumschwämmen, an PflWurzeln. (Unterfamilie *Alleculinae* – **Pflanzenkäfer**). **2**
1* Klauen einfach, weder gekämmt noch gezähnt. **10**
2 F dicht vor den Au frei eingelenkt, diese vom HRand der Wangen stark ausgerandet (Abb. **463**/1) **3**
2* F vor den Au unter einem ± starken Winkel der Wangen eingelenkt, diese die Au nicht berührend (Abb. **463**/2) **9**
3 Vorletztes FußGld mit einem bis unter das KlauenGld vorragenden Lappen (Abb. **463**/3) **4**
3* Vorletztes FußGld ungelappt **6**
4 Beim ♂ 2. u. 3. FGld sehr kurz, ab 4. Gld lggestreckt (Abb. **463**/4). Beim ♀ 3. Gld länger als 2., aber viel kürzer als 4. – In morschen Laubholzästen; s; 8–9 mm. *Hymenalia rufipes* (F.).
4* Beim ♂ u. ♀ nur 2. FGld verkürzt, ab 3. Gld lggestreckt (Abb. **463**/5) **5**
5 6–10 mm. Punkte der FldStreifen stärker als die der ZwRäume. Körper schlanker. – In morschem Laubholz; s. 2 Arten. Gattung *Allecula* F.
5* 10–14 mm. Punkte der FldStreifen genauso fein wie die der ZwRäume. Körper breiter. – Unter Rinde u. im Holz alter Laubbäume. 2 Arten. Gattung *Prionychus* Solier
6 **(3)** F dick (Abb. **463**/6), abstehend behaart. Fld mit nach hinten geneigter, abstehender Behaarung. Gattung *Mycetochara* Berthold S. 467
6* F dünn (Abb. **463**/7), fein anliegend behaart od. kahl. Fld kahl, höchstens fein anliegend behaart **7**
7 10–12 mm. HschS nur hinten scharf gekantet, vorn gerundet. – Hsch schwarz, Fld gelbbraun. In faulendem Laubholz; s. *Pseudocistela ceramboides* (L.)
7* Unter 10 mm. HschS rundherum gekantet u. fein gerandet **8**
8 6,5–9,0 mm. OS kahl. Hsch u. Fld schwarz. – Auf blühendem Gebüsch; z. *Gonodera luperus* (Herbst)
8* 5–7 mm. OS fein anliegend behaart. Hsch u. Fld schwarz od. braun. – Auf blühendem Gesträuch. 3 Arten. Gattung *Isomira* Mulsant
9 **(2)** OS einfarbig gelb. – L im Boden. Im. auf Umbelliferen; s; 7–9 mm. [*Cteniopus flavus* (Scopoli)] *Cteniopus sulphureus* (L.) – **Schwefelkäfer** (Abb. **457**/11)
9* Körper schwarz; Fld gelbbraun. – Auf blühendem Gesträuch u. Gräsern; s; 5–16 mm; 3 Arten. Gattung *Omophlus* Dejean

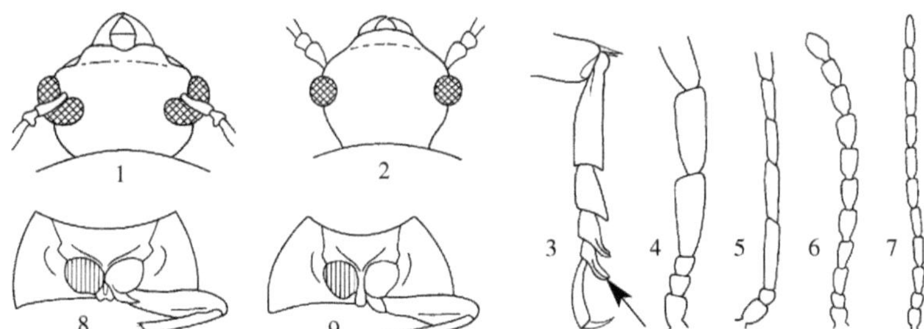

Abb. 463/1–9. 1 *Alleculinae*, K; **2** *Omophlinae*, K; **3** *Allecula aterrima*, Fuß; **4** *Hymenalia rufipes*, 1.-5. FGld; **5** *Allecula aterrima*, 1.-6. FGld; **6** *Mycetochara axillaris*, F; **7** *Isomira murina*, F; **8** *Mycetochara flavipes*, VBr, US; **9** *M. humeralis*, VBr, US.

10 **(2)** K ohne verbreiterte Wangen, Einlenkungsstelle der F stets von oben sichtbar (Abb. **451**/8). – Fld gelbbraun. Auf blühendem Gebüsch in u. an Wäldern, Gärten, auf Gräsern. Na der Im.: junge Blätter; LNa: Falllaub. 7–12 mm. 2 Arten. (Unterfamilie *Lagriinae*) Gattung *Lagria* F. – **Wollkäfer** (Abb. **457**/10)

10* K vor den Au mit plattenförmig vorgezogenen Wangen (Abb. **451**/7), darunter die F eingelenkt (Einlenkungsstelle nur von der S sichtbar). **11**

11 Körper 1,3–2 mm lg. Alle Füße 4gld. – In Komposthaufen, bei Ameisen. 2 Arten. . . Gattung *Myrmechixenus* CHEVROLAT

11* Körper fast immer größer. V- u. MFüße 5gld, HFüße 4gld **12**

12 OS deutlich behaart, beborstet od. (u.) beschuppt **13**

12* Fld (bei 40facher Vergrößerung) kahl erscheinend (*Alphitophagus bifasciatus* mit schlecht erkennbarer FldBehaarung wird doppelt erwähnt) **15**

13 Hell gefärbt, klein, unter 4 mm **14**

13* Schwarz od. grau, groß u. breit, 11–15 mm. OS mit kaum sichtbaren anliegenden Härchen u. unregelmäßig verteilten schwarzen Börstchen. Fld mit z.T. unterbrochenen Längsrippen. Letztes FGld kleiner als das vergrößerte vorletzte (Abb. **465**/1). – Zw Gras u. Stängeln u. Wurzeln von Thymian; Südl RP, SL; sehr s. *Asida sabulosa* (FUESSLY)

14 Fld braun mit rotgelben Flecken, 2 schwarzen Querbinden u. Punktstreifen. – Unter Laubholzrinde, in schimmeligem Getreide; z; 2–2,5 mm. *Alphitophagus bifasciatus* (SAY)

14* Einfarbig gelbbraun, OS ohne Punktstreifen, fein anliegend behaart. – In Mulm u. morschem Laubholz, unter faulendem Laub. 1,5–3,5 mm. 2 Arten. . . . . Gattung *Pentaphyllus* DEJEAN

15 **(12)** Fld glatt, ungeordnet punktiert. Punktreihen allenfalls bei starker Vergrößerung sichtbar (*Crypticus*) **16**

15* Fld mit deutlichen Punktreihen, Punktstreifen od. groben Skulpturen **18**

16 Große Arten über 20 mm. Fld zipfelförmig endend (mit Mucro). – Meist synanthrop. 20–38 mm. 3 Arten. Gattung *Blaps* F. – **Totenkäfer** S. 467

16* Arten unter 8 mm **17**

17 Körper ähnlich einem Laufkäfer (Gattung *Amara*), länglichoval, F fadenförmig (Abb. **457**/14). – Unter Steinen u. PflWuchs; g; 4,5–6 mm. *Crypticus quisquilius* (L.)

17* Körper parallelseitig, fast zylindrisch, F kurz. – In morschen Fichtenstämmen; BY; sehr s; 6–7,5 mm. *Bius thoracicus* (F.)

18 **(15)** HschS gewellt od. gezähnt, breit verflacht. Fld gerippt **19**

18* HschSRand glatt **21**

19 Größer, 3,7–8 mm. Körper flach gewölbt, ganz schwarz. – In Baumpilzen an Buchen. 2 Arten. Gattung *Bolitophagus* ILLIGER S. 467

19* Unter 3 mm; Körper hoch gewölbt, heller bräunlich od. zumindest der HschSRand heller **20**

20 Die gekielten FldZwRäume dicht gehöckert (SAnsicht). Schienen einfach. Körper rostrot. Au geteilt. – In Baumpilzen; sehr s; 2,5–3 mm. *Eledonoprius armatus* (PANZER)

20* Die gekielten FldZwRäume nicht gehöckert, Schienen mit deutlichem ESporn. Körper dunkelbraun. Au nicht geteilt. – In Baumpilzen, oft auf Weiden; z; 2–2,5 mm. *Eledona agricola* (HERBST)

21 **(18)** VSchienen kurz, zum E ± stark erweitert (GrabB) (Abb. **465**/5) **22**

21* VSchienen zum E nicht auffällig erweitert **26**

22 OS bräunlichgelb, Körper oval. – Ostsee- u. Nordseeküste (salzliebend); unter Tang; s; 5,5–7 mm. *Phaleria cadaverina* (F.)

22* OS schwarz, s rotbraun **23**

23 Fld mit warzenförmigen od. unregelmäßig gebuckelten Erhabenheiten. ARand der VSchienen in einem kräftigen Zahn auslaufend **24**

23* Fld ohne entsprechende Erhabenheiten. VSchienenE stumpf abgerundet od. gewinkelt **25**

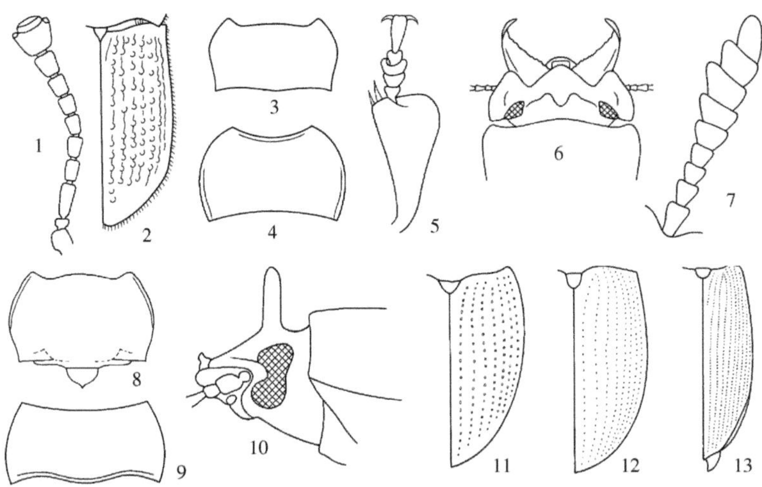

Abb. 465/1–13. 1 *Asida sabulosa*, F; **2** *Opatrum sabulosum*, Fld; **3** *Phylan gibbus*, Hsch; **4** *Pedinus femoralis*, Hsch; **5** *Phaleria cadaverina*, VSchiene; **6** *Gnatocerus cornutus*, K; **7** *Latheticus oryzae*, F; **8** *Tenebrio molitor*, Hsch; **9** *Alphitobius laevigatus*, Hsch; **10** *Neomida haemorrhoidalis*, KS; **11** *Scaphidema metallicum*, Fld; **12** *Platydema violaceum*, Fld; **13** *Stenomax aeneus*, Fld.

24 7–10 mm. Fld mit Reihen warzenförmiger Erhabenheiten (Abb. **465**/2). – Trockene Sandplätze, unter Steinen. 2 Arten. *Opatrum* F. – **Staubkäfer**

24* 3–4 mm. Fld mit unregelmäßigen buckligen Erhabenheiten. – Trockene Sandplätze; g. *Melanimon tibialis* (F.)

25 **(23)** Hsch zur Basis gerundet verengt, die HWinkel stumpf (Abb. **465**/4). Fld mit feinen Punktreihen. – Auf trockenwarmen Grassteppen; sehr s; 7–9 mm. *Pedinus femoralis* (L.) – **Kleiner Stinkkäfer**

25* HschSRand vor den HWinkel ausgeschweift, HWinkel scharf (Abb. **465**/3). – Ostsee- u. Nordseeküste (salzliebend); z; 6–8,5 mm. *Phylan gibbus* (F.)

26 **(21)** Fld zweifarbig, mit Flecken, Binden od. mit roter V- u. dunkler HHälfte **27**

26* Fld einfarbig **29**

27 Fld in der VHälfte rot, in der HHälfte dunkel, Körper schmal, Pygidium freiliegend. – LEntw in Borkenkäfergängen, räuberisch. 2,5–7 mm. 10 Arten. [*Hypophlaeus* F.] Gattung *Corticeus* Piller et Mitterpacher partim

27* Fld mit Flecken od. Binden **28**

28 Kurzoval, stark gewölbt, die glänzend schwarzen Fld mit rötlichgelben Flecken od. Zackenbinden. – In Baumpilzen, oft an Birken; v; 6–8 mm. *Diaperis boleti* (L.)

28* Oval, flach. Fld braun mit je 2 rotgelben Flecken. – Unter Laubholzrinde, in schimmeligem Getreide; z; 2–2,5 mm. *Alphitophagus bifasciatus* (Say)

29 **(26)** Hsch braunrot, Fld schwarz, Spitze rot. K beim ♂ mit 2 aufrechten Hörnchen (Abb. **465**/10). – In Baumpilzen, bes. an Buchen; sehr s; 5,5–6 mm. [*Oplocephala* Castelnau et Brullé] *Neomida haemorrhoidalis* (F.)

29* OS einfarbig **30**

30 HFüße kurz, Gld 1 kürzer als Gld 2 u. 3 zusammen, KlauenGld so lg od. fast so lg wie Gld 1–3 zusammen **31**

30* HFüße länger, Gld 1 mindestens so lg wie Gld 2 u. 3 zusammen, KlauenGld kürzer als Gld 1–3 ..... **34**

31 Große Art. 12–13 mm; *Tenebrio*-ähnlich. – Unter Nadelholzrinde; Urwaldrelikt; BY, RP, BR, nur alte Funde. *Menephilus cylindricus* (HERBST)
31* Bedeutend kleiner, unter 7 mm **32**
32 Die Fld lassen das Pygidium unbedeckt. F mit 7 vergrößerten EGld. – LEntw in Borkenkäfergängen, räuberisch. 2,5–7 mm. 10 Arten. [*Hypophlaeus* F.] Gattung *Corticeus* PILLER et MITTERPACHER partim
32* Fld bedecken den Hlb vollständig. F mit 5 größeren EGld od. gleichmäßig verdickt . **33**
33 Clypeus auffällig groß, sein Umfang entspricht dem des übrigen K; VRand breit u. flach eingebuchtet. F mit 5 größeren EGld (Abb. **465**/7). – In gelagertem Reis, eingeschleppt; z; 2–2,8 mm. *Latheticus oryzae* WATERHOUSE
33* Clypeus von normaler Größe, viel kleiner als der übrige K; F zum E allmählich verdickt. – Im Mulm, unter Rinde von Laubbäumen, in Getreide- u. Mehlvorräten. 2,5–3 mm. 3 Arten. Gattung *Palorus* MULSANT
34 **(30)** HschBasis ungerandet, OS meistens mit Metallschimmer. Körper oval **35**
34* HschBasis gerandet **36**
35 4–5 mm. Bronzebraun, s mit bläulichem Schimmer. Wangen schwach entw, den AuVRand nur schwach einbuchtend. Fld mit Randstreif u. 7 Streifen (Abb. **465**/11). – In morschem Laubholz; z. *Scaphidema metallicum* (F.)
35* 5–8 mm. Dunkelbraun mit violettem Schimmer, s schwarz. Wangen stark entw, kielförmig. Der AuVRand tief eingebuchtet. Fld mit Randstreif u. 8 Streifen (Abb. **465**/12). – Unter Laubholzrinde; s; 6–7,5 mm. 2 Arten. Gattung *Platydema* LAPORTE DE CASTELNAU et BRULLÉ
36 **(34)** Kleinere Arten von 3–6 mm **37**
36* Arten von 7–18 mm **40**
37 Hsch nach vorn deutlich gerundet verengt, sein VRand schmaler als sein HRand (vgl. Abb. **465**/4). Schwarz od. dunkelbraun **38**
37* Hsch ± parallelseitig od. nach vorn erweitert, sein V- u. HRand etwa gleichbreit. Färbung oft heller **39**
38 S des K von den Au an nach vorn gleichmäßig gerundet verengt. – Unter Laubbaumrinde; s; 4–5 mm. 2 Arten. Gattung *Diaclina* JACQUELIN DU VAL
38* Wangen vor den Au vorspringend, VRand des K ± konkav. – An schimmelnden PflResten, in Lagern an Getreide, Mehl, Reis, Kakao; v; 4,5–6 mm. 2 Arten. Gattung *Alphitobius* STEPHENS – **Getreideschimmelkäfer**
39 **(37)** Äußere FldZwRäume fein gekielt. K des ♂ ohne Auszeichnungen. – In Häusern, Mühlen, Futtermittelhandlungen, Scheunen; an Vorräten aller Art: Getreide, Mehl u. Mehlprodukte, Backpulver, Reis, Hülsenfrüchte, Spreu, Sämereien, Ingwer, Paprika, Kakao, toten Insekten. 3–5,5 mm. 4 Arten. Gattung *Tribolium* W. S. MACLEAY – **Reismehlkäfer**
39* FldZwRäume flach, ♂ mit großen Mandibelhörnern (Abb. **465**/6). – In Lagern, Mühlen, Bäckereien an Getreide, Mehl, Teigwaren, Kleie, Grieß, Reis, Brot, Zwieback; g; 3,5–4 mm. *Gnatocerus cornutus* (F.) – **Vierhornkäfer**
40 **(36)** ARand der VSchienen stark gezähnt; rotbraun, ziemlich glänzend. – Unter Nadelholzrinde; s; 8–11,5 mm. 2 Arten. Gattung *Uloma* DEJEAN S. 467
40* ARand der VSchienen ungezähnt **41**
41 Körper gestreckt, parallelseitig. F relativ kurz, zurückgelegt die HschM erreichend . **42**
41* Körper Laufkäfer-ähnlich, F länger, zurückgelegt die HschBasis erreichend **43**
42 Sch halbkreisförmig, HschS stärker gerundet, Basis doppelbuchtig. Basalgrübchen fehlen. – Unter Rinde u. im Mulm alter Laubbäume; sehr s; 12–16 mm. *Neatus picipes* (HERBST)
42* Sch 5eckig, HschS flach gerundet, Basis fast gerade, mit 2 Punktgrübchen (Abb. **465**/8). – In Lagern, Speichern, Mühlen, Bäckereien, Ställen an Getreide, Mehl, Teigwaren. Auch im Freiland in Baummulm. L von *T. molitor* L. („Mehlwürmer") als Tierfutter gezogen. 12–18 mm. 3 Arten. Gattung *Tenebrio* L. – **Mehlkäfer**
43 **(41)** Jede Fld in einen Zipfel endend (mit Mucro) (Abb. **465**/13). Metallisch braun, bronzefarbig. – In morschem Laubholz; s; 12–16 mm. *Stenomax aeneus* (SCOPOLI)

43* Fld ohne Mucro. Körper ± kurzoval, Fld ± glänzend dunkelbraun od. bräunlichgelb. Hsch hinter der M am breitesten. **44**

44 Körper dunkel- bis schwarzbraun. OS glänzend. – Unter Rinde u. Steinen; s; 7–11 mm. 3 Arten. Gattung *Nalassus* MULSANT

44* Körper bräunlichgelb. – Küstenbewohner; sandliebend; SH vor 1950. 7–9 mm. *Xanthomus pallidus* (CURTIS)

Gattung *Mycetochara* BERTHOLD

1 VHü in der M einander berührend (Abb. **463**/8) **2**

1* VHü deutlich voneinander getrennt (Abb. **463**/9) **3**

2 Hsch deutlich schmaler als Fld. Fld mit gelbem Schulterfleck. – In morschem Holz; s; 4–6 mm. *M. flavipes* (F.)

2* Hsch kaum schmaler als Fld. Fld ohne gelben Schulterfleck. – In hohlen Laubbäumen; s; 6–9 mm. *M. axillaris* (PAYKULL)

3 **(1)** Fld mit gelbem Schulterfleck. – In morschem Laubholz; s; 4–5 mm. *M. humeralis* (F.)

3* Fld einfarbig schwarz. – In morschem Laubholz; g; 4–6 mm. [*M. linearis* (ILLIGER)] *M. maura* (F.)

Gattung *Blaps* – **Totenkäfer**

1 Hlb des ♂ mit Bürstenfleck (Abb. **467**/1) **2**

1* Hlb des ♂ ohne Bürstenfleck. – In Kellern u. Lagerhäusern; z; 20–24 mm. *B. mucronata* LATREILLE

2 Forts der Fld lg (Abb. **467**/2). – In Kellern; z; 20–31 mm. *B. mortisaga* (L.)

2* Forts der Fld kurz (Abb. **467**/3). – Auch im Freiland; v; 16–27 mm. *B. lethifera* MARSHAM

Gattung *Bolitophagus* ILLIGER

1 6–7 mm. Hsch kaum breiter als K; s. *B. reticulatus* (L.)

1* 4,0–4,5 mm. Hsch viel breiter als K; nur bis 1950 gefunden. *B. interruptus* ILLIGER

Gattung *Uloma* DEJEAN

1 HschBasis gerandet. 10,0–11,5 mm; s. *U. culinaris* (L.)

1* HschBasis ungerandet. 8–9 mm; s. *U. rufa* (PILLER et MITTERPACHER)

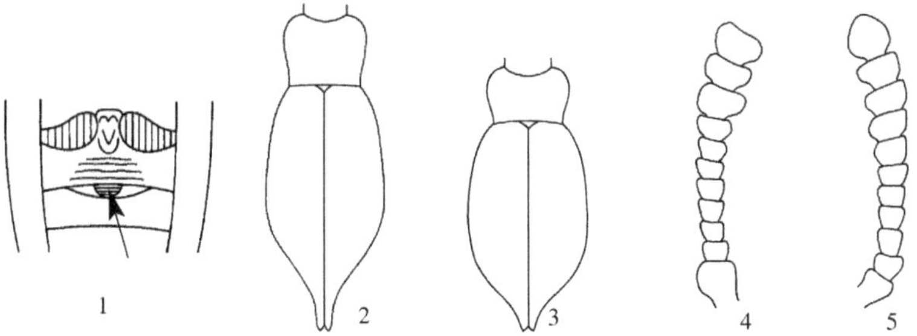

1 2 3 4 5

Abb. 467/1–5. 1 *Blaps mortisaga*, HlbUS; **2** *B. mortisaga*; **3** *B. lethifera*; **4** *Tribolium castaneum*, F; **5** *T. confusum*, F.

Überfamilie *Bostrichoidea*

1 F kurz (etwa bis zur HschBasis reichend), mit 2gld Keule. Körper flach, parallelseitig (Abb. **469**/1). Familie *Lyctidae* – **Splintholzkäfer** S. 468
1* F kurz, mit 3gld Keule od. allmählich verdickten EGld, od. lg u. ohne Keule. Körper walzenförmig (Abb. **468**/2; **471**/1) od. mit ± rundem Hlb (Abb. **471**/2) **2**
2 F lg, weit über den Hsch hinausragend, faden- od. schnurförmig, ohne Keule, zw den Au nahe beieinander eingelenkt. Familie *Ptinidae* – **Diebskäfer** S. 470
2* F kürzer, mit 3gld Keule od. allmählich verdickten EGld, od. mit gesägten od. gekämmten Gld, an den Wangen eingelenkt **3**
3 F mit 3 lg, schmalen EGld, od. gesägt od. gekämmt (Abb. **469**/1–9). Familie *Anobiidae* – **Pochkäfer** S. 469
3* F mit 3 großen, breiten EGld (Abb. **468**/2). Familie *Bostrichidae* – **Bohrkäfer** S. 468

Familie *Lyctidae* – Splintholzkäfer

Befallen Nutzholz in Holzlagern, Tischlereien u. Häusern (z. B. *Lyctus brunneus* (STEPHENS)) (Abb. **468**/1). An Eichensplintholz der **Parkettkäfer** (*Lyctus linearis* (GOEZE)). Auch an gefälltem, entrindetem Laubholz. Häufig schädlich, denn L bohren in verschiedenen Richtungen unter dem Bast bis ins Splintholz od. nagen sogar 3–4 cm tiefe Gänge ins Kernholz, an deren erweitertem E Verpuppung. 3–5 mm. – DE 6 Arten. Zusätzlich eingeschleppte Arten, z. B. *Minthea vugicollis* (WALKER), *Psoa dubia* (P. ROSSI). Gattung *Lyctus* F. (5 Arten) u. *Trogoxylon impressum* (COMOLLI)

Familie *Bostrichidae* – Bohrkäfer

Oft thermophil od. Urwaldrelikte. Im. nagen beim Reifungsfraß längere Gänge in Zweige u. junge lebende Baumstämme. LEntw 10–12 Mon in totem Laubholz u. Ästen u. bes. in verarbeitetem Eichen- u. Buchenholz (Balken, Fußböden, Fässer). – Viele eingeschleppte Arten, z. B. *Dinoderus* STEPHENS (in Bambus), *Heterobostrychus brunneus* (MURRAY), *Bostrychoplites cornutus* (A. G. OLIVIER) (verarbeitetes Holz) u. *Rhyzopertha* (aus Indien u. a. trop Gebieten) bei uns in Vorräten (Getreide, Mehl, Drogen), von denen bes. L fressen. Im. legt 300–500 Eier zw Körner. – DE 5 Arten.

1 6–14 mm **5**
1* Unter 6 mm **2**

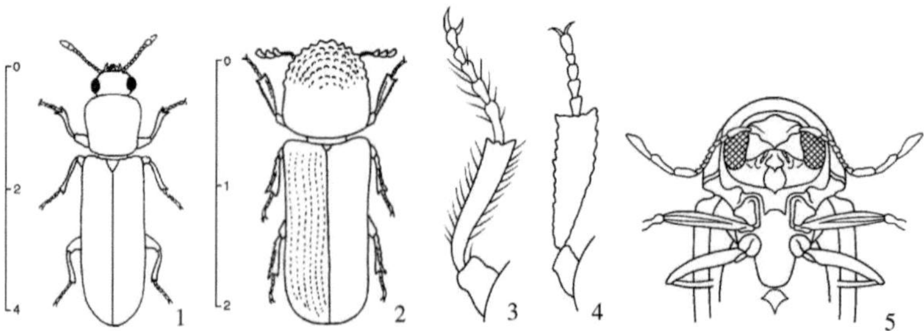

Abb. 468/1–5. 1 *Lyctus brunneus*; **2** *Rhyzopertha dominica*; **3** *Xylopertha retusa*, VB; **4** *Rhyzopertha dominica*, VB; **5** *Anobium* sp., US.

2 Füße fast so lg od. länger als die Schienen (Abb. **468**/3). – Thermophil. Eichen- u. Rebholz; s; 3–6 mm. *Xylopertha retusa* (A. G. Olivier)
2* Füße viel kürzer als die Schienen (Abb. **468**/4) **3**
3 Hsch mit nach hinten kräftiger werdender SRandlinie **4**
3* Hsch ohne SRandlinie. – Boreoalp. In Nadelholz; BY; sehr s; 3,5–6,0 mm. *Stephanopachys substriatus* (Paykull)
4 Körper schlank (Abb. **468**/2). Fld 2,5-mal so lg wie an der Basis breit. – Vorratsschädling in Getreide u. Reis. 2–3 mm. *Rhyzopertha dominica* (F.) – **Getreidekapuziner**
4* Körper gedrungen. Fld 1,5–2,0-mal so lg wie breit. – Mit Bambus eingeschleppt. 2–4 mm. Gattung *Dinoderus* Stephens
5 **(1)** Körper braunschwarz, oben mit kleinen, gelbbraunen Flecken gescheckt. – Urwaldrelikt. – An alten Buchen; s; 6–13 mm. *Lichenophanes varius* (Illiger)
5* Körper schwarz; Fld u. Bauch ziegelrot. – Eichensplint, Obstholz, Weinstöcke; s; 8,0–13,0 mm. *Bostrichus capucinus* (L.) – **Kapuzinerkäfer**

Familie *Anobiidae* – Pochkäfer

Entw in toten Hölzern, Zweigen, Samen, Zapfen, Gallen, Baumpilzen, Bauholz, Möbeln, Holzskulpturen. Einige Arten Vorratsschädlinge (Getreide, Lebensmittel, Tabak, Gewürze). Im. V–VII, nur kurze Lebensdauer, oft auf Blüten; manche Kugelvermögen. Einige mit Lauterzeugung (Klopfen). LEntw meist 1 J u. länger. – DE 66 Arten. Weitere Arten sind eingeschleppt worden.

1 Körper rundoval (Abb. **471**/2). HBr u. 1. Sternit mit Vertiefungen zum Einlegen der B. **18**
1* Körper meist länglich oval (Abb. **471**/1). HBr u. 1. Sternit ohne Vertiefungen zum Einlegen der B. **2**
2 HschS ungekantet **3**
2* Hsch wenigstens in der HHälfte gekantet **6**
3 F fast fadenförmig, schwach gesägt (Abb. **469**/1). – In dürren Ästen von Laubbäumen. 3,0–7,5 mm. 3 Arten. Gattungen *Hedobia* Dejean u. *Ptinomorphus* Mulsant et Rey
3* F mit 3 verlängerten EGld (Abb. **469**/2) **4**
4 F 10gld. Fld ohne kräftige Punktstreifen (s. *Episernus* C. G. Thomson).
4* F 11gld. Fld mit kräftigen Punktstreifen **5**
5 4–6 mm. – An trockenen Laubhölzern;. s. *Grynobius planus* (F.)
5* 1,7–3,5 mm. – Bes. an Nadelholz. 3 Arten. Gattung *Dryophilus* Chevrolat
6 **(2)** VBr zur Aufnahme des K ausgehöhlt (Abb. **468**/5) **7**
6* VBr nicht ausgehöhlt. K ± vorgestreckt (Abb. **471**/1) **14**

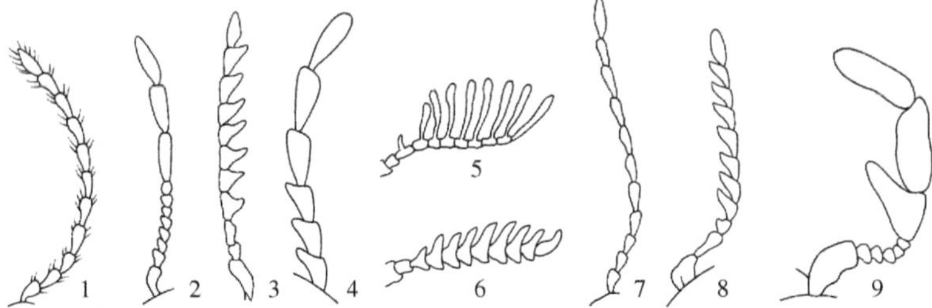

Abb. 469/1–9. F. **1** *Hedobia imperialis*; **2** *Grynobius planus*; **3** *Lasioderma serricorne*; **4** *Priobium carpini*, 6.–8. FGld; **5** *Ptilinus pectinicornis*, ♂; **6** *Ptilinus pectinicornis*, ♀; **7** *Ochina ptinoides*; **8** *Mesocoelopus niger*, **9** *Caenocara bovistae*.

7 Die 3 letzten FGld viel länger als die vorhergehenden (Abb. **469**/4) **8**
7* F gesägt, Gld 9 u. 10 immer von gleicher Lg wie die vorherigen (Abb. **469**/3, 5, 6) **12**
8 HschS nur hinten gerandet. Fld ohne Punktreihen. – In alten Eichen, Misteln; s; 2,0–2,5 mm; 2 Arten. Gattung *Gastrallus* JAQUELIN DU VAL
8* HschS vollständig gerandet. Fld mit Punktreihen **9**
9 5.–8. FGld breit gesägt (Abb. **469**/4). – In verbautem Nadelholz; z; 3–5 mm. *Priobium carpini* (HERBST)
9* 5.–8. FGld schlank **10**
10 OS mit doppelter, anliegender u. lg abstehender Behaarung. – In verschiedenen Lebensmitteln; g; 2–4 mm. *Stegobium paniceum* (L.) – **Brotkäfer**
10* OS mit einfacher, kurzer Behaarung **11**
11 F 10gld. VHü genähert. – An Laubbäumen; s; 5,0–6,5 mm. *Oligomerus brunneus* (A. G. OLIVIER)
11* F 11gld. VHü durch einen tiefen Eindruck getrennt (Abb. **468**/5). – In verarbeitetem Holz (Möbel, Schnitzereien, Balken): *Anobium punctatum* (DEGEER) **(Klopfkäfer, Totenuhr)** u. *Hadrobregmus pertinax* (L.) **(Trotzkopf)**. In Laub- u. Nadelhölzern. 2,5–7,0 mm. 11 Arten. Gattung *Anobium* F. u. weitere Gattungen
12 **(7)** Körper gestreckt, zylindrisch. F des ♂ lg, des ♀ kürzer gekämmt. Hsch mit MFurche. – In Lindenästen; BW, TH; sehr s; 5–7 mm. *Pseudoptilinus fissicollis* (REITTER)
12* Körper ± oval. F bei ♂ u. ♀ gesägt (Abb. **469**/3). Hsch ohne MFurche **13**
13 Fld mit Punktstreifen. – In trockenem Laubholz u. trockenem Dünger. 2,6 mm. 8 Arten. Gattung *Xyletinus* LATREILLE
13* Fld verworren punktiert. – An lagernden Tabakwaren, Trockenfrüchten, Reis od. in *Asteraceae*. 2,0–4,5 mm. 2 Arten. Gattung *Lasioderma* STEPHENS – **Tabakkäfer**
14 **(6)** F beim ♂ gekämmt (Abb. **469**/5), beim ♀ gesägt (Abb. **469**/6). Fld mit Punktreihen. – In trockenem Laubholz. 3,0–5,5 mm. 2 Arten. Gattung *Ptilinus* GEOFFROY – **Kammhornkäfer**
14* F mit 3 verlängerten EGld (Abb. **471**/1), die auch wenig abgesetzt sein können (Abb. **469**/7). Fld ohne Punktreihen **15**
15 F schwach gesägt (Abb. **469**/7). – In Efeu- u. a. Laubholz; s; 2,5–4,0 mm. 2 Arten. Gattung *Ochina* DEJEAN
15* F mit 3 verlängerten EGld (Abb. **471**/1) **16**
16 HschS nur hinten gekantet. F 10gld. – An Nadelholz; s; 2,0–3,5 mm; 2 Arten. Gattung *Episernus* C. G. THOMSON
16* HschS vollständig gekantet. F 11gld **17**
17 OS fein u. anliegend behaart. – In Zapfen u. Zweigen von Koniferen. 1,8–6,2 mm. 9 Arten. Gattung *Ernobius* C. G. THOMSON – **Zapfenklopfkäfer** (Abb. **471**/1)
17* OS entweder lg aufstehend od. anliegend fleckig behaart. – In Laubholz, Bauholz, Möbeln. 3–9 mm. 3 Arten. Gattungen *Hyperisus* MULSANT et REY u. *Xestobium* MOTSCHULSKY
18 **(1)** F 11gld, gesägt, ohne vergrößerte EGld (Abb. **469**/8). – An Efeu; s; 1,8–4,2 mm. *Mesocoelopus niger* (P. W. J. MÜLLER)
18* F 8–10gld, mit 3 vergrößerten, abgeflachten, asymmetrischen EGld. (Abb. **469**/9; **471**/2) **19**
19 Au fast zweigeteilt. – In Bovisten; z–s; 1,5–2,5 mm. 3 Arten. Gattung *Caenocara* C. G. THOMSON
19* Au ± ganzrandig **20**
20 F 10- od 9gld. FldSRand an den Schultern nicht aufgebogen. – In Baumpilzen, verpilztem Holz. 1,5–4,5 mm. 8 Arten. Gattung *Dorcatoma* HERBST (Abb. **471**/2)
20* F 8gld. FldSRand an den Schultern aufgebogen. – In verpilztem Laubholz; s; 2,2–2,8 mm. *Anitys rubens* (J. J. HOFFMANN)

Familie *Ptinidae* – Diebskäfer

In Gebäuden, Scheunen, Ställen, Lagerräumen. Vorratsschädlinge an Getreide, trockenen Pfl u. a. meist sehr trockenen Substanzen. V–VII (Im.). – DE 21 Arten.

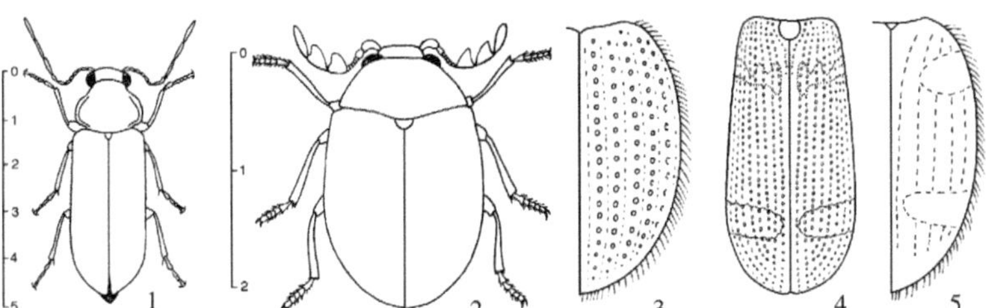

Abb. 471/1–5. 1 *Ernobius mollis*; **2** *Dorcatoma flavicornis*; **3** *Epauloecus unicolor*, Fld; **4** *Ptinus fur*, ♂, Fld; **5** *Ptinus fur*, ♀, Fld.

1 Fld punktiert, nicht auf die US übergewölbt, diese normal sichtbar. (Unterfamilie *Ptininae*) **3**

1* Fld unpunktiert, glasglänzend, kugelig u. stark auf die US übergewölbt, von dieser nur eine kleine Fläche sichtbar. Körper hochgewölbt, eiförmig, milbenähnlich. – Kosm. Synanthrop in Holzhäusern, Ställen, Lagern, zuweilen in Insektensammlungen u. Herbarien, tierischen Abfällen, Schafwolle, mit dieser weit verschleppt. (Unterfamilie *Gibbiinae*) **2**

2 K u. Hsch unbehaart; z; 2,0–3,2 mm. 2 Arten, z. B.
Gibbium psylloides (Czenpinski) – **Kugelkäfer**

2* K u. Hsch dicht gelb behaart. – Aus SEur u. NAfrika eingeschleppt; s; 1,9–3,3 mm.
Mezium affine Boieldieu – **Kapuzenkugelkäfer**

3 **(1)** Dichte, goldgelbe Behaarung bedeckt den Untergrund des Körpers völlig. – Eingeschleppt, heute heimisch. Na der Im.: Getreideabfälle, Wollstoffe (kreisrunde Löcher), auch alte Knochen, Bo, Federn, Leder, Drogen, Tabak, Tee, Brot u. a. LNa: Getreide, Grieß, Graupen u. a. stärkehaltige NaMittel. Entw etwa 3 Mon. Meist 2 Gen im J (VI–VII, X–XI); g; 2,6–4,6 mm. *Niptus hololeucus* (Faldermann) – **Messingkäfer**

3* Körper ohne dichte, gelbe Behaarung, Untergrund sichtbar **4**

4 Au klein, ± flach, Fld bei ♂ u. ♀ nach vorn u. hinten kugelig verrundet (Abb. **453**/3). F höchstens bis FldM reichend **5**

4* Au groß, stark gewölbt, Fld beim ♂ lg, ± parallelseitig, mit deutlich gewinkelten Schultern (Abb. **471**/4), beim ♀ kürzer, seitlich verrundet, höchstens mit undeutlich vortretenden Schultern (Abb. **471**/5). F viel länger, oft die FldSpitze überrragend. – In Wäldern, Anlagen u. Ortschaften, häufig auf blühenden Sträuchern u. Bäumen. Na der Im. u. L: in Gebäuden fast alle tierischen u. pfl Produkte (Wolle, Federn, Pelze, Leder, Rauchfleisch, Sämereien, Drogen, Getreide, Teig- u. Mehlwaren). Viele Kosm. 1,8–4,5 mm. 18 Arten. Gattung *Ptinus* L. – **Diebskäfer**

5 F weit voneinander getrennt eingelenkt. – In Scheunen, Ställen, auch Freiland (Mäuse- u. Hummelnester); z; 1,7–3,1 mm. [*Tipnus unicolor* (Piller et Mitterpacher)]
Epauloecus unicolor (Piller et Mitterpacher)

5* F eng nebeneinander eingelenkt. – Mühlen, Lager, synanthrop; aus OAs; z; 2–3 mm.
Pseudeurostus hilleri (Reitter)

Überfamilie ***Scarabaeoidea***

1 FKeule mit 3–7 einseitigen, beweglichen BlätterGld (FFächer) (Abb. **472**/1). F schwach gekniet, 1. Gld wenig verlängert, jedoch verdickt. Hlb mit 6 Sterniten (nur bei *Trogidae* 5 Sternite). **2**

1* FKeule mit 3–7 starren, kammartigen Gld (Abb. **472**/2). F stark gekniet. 1. Gld lggestreckt u. verdickt. Hlb mit 5 Sterniten. Familie *Lucanidae* – **Schröter** S. 481

2 5 HlbSternite. Familie *Trogidae* – **Erdkäfer** S. 472

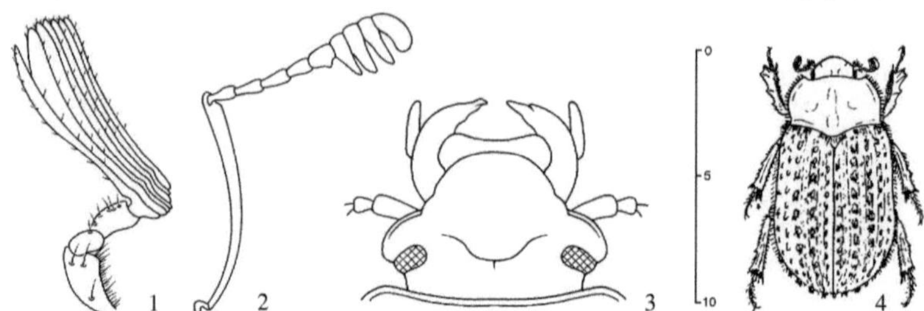

Abb. 472/1–4. 1 *Melolontha melolontha*, F; **2** *Lucanus cervus*, F; **3** *Geotrupes* sp., K; **4** *Trox hispidus.*

2* 6 HlbSternite. **3**
3 F 11gld, Ol frei, nicht vom Ksch bedeckt (Abb. **472**/3). **4**
3* F höchstens 10gld. Ol unter Ksch verborgen. . . . . Familie *Scarabaeidae* – **Blatthornkäfer** S. 473
4 Fld mit feinem Nahtstreif. VSchenkel vorn ohne Tomentfleck. Familie *Bolboceratidae* S. 472
4* Fld ohne Nahtstreif. VSchenkel vorn mit dichtem, filzigem Tomentfleck. Familie *Geotrupidae* – **Mistkäfer** S. 472

Familie ***Trogidae*** – **Erdkäfer**

An trockenem Aas, Knochen, Hufen, Federn, Leder, Fellen, an Gewöllen, in Vogelnestern. 5–13 mm. – DE 7 Arten. Gattung *Trox* F. (Abb. **472**/4)

Familie ***Bolboceratidae***

1 Au nur zur Hälfte geteilt. Randung der HschBasis beiderseits der M unterbrochen. KHorn des Männchen unbeweglich, kurz u. robust. An unterirdischen Pilzen. BW, BY; sehr s; 12–15 mm. *Bolbelasmus unicornis* (SCHRANK)
1* Au ganz geteilt. HschBasis vollständig gerandet. KHorn des Männchen beweglich, sehr kurz bis lg u. schlank; z; 7–10 mm. *Odonteus armiger* (SCOPOLI)

Familie ***Geotrupidae*** – **Mistkäfer**

Entw meist in Kot von Säugetieren; Brutfürsorge u. Brutpflege. Einige an Erdpilzen (Trüffel). – DE 8 Arten.

1 Hsch beim ♂ seitlich mit 2 lg Hörnchen, dazw mit 1 kurzen Horn, beim ♀ nur mit 2 kleinen Höckern u. dazw mit einer Querleiste. HSchienen außen mit 4 Querleisten (Abb. **473**/2). – Auf Sandflächen besonders mit Kaninchenbauen, deren Losung sie vorzugsweise zu ihren lg, in tiefen Erdstollen vergrabenen Brutwürsten verwenden, auch an Wild- u. Schafkot; z; 12–24 mm. *Typhaeus typhoeus* (L.) – **Stierkäfer**
1* Hsch ohne Hörner u. Höcker. HSchienen außen mit 2 od. 3 Querleisten (Abb. **473**/1, 3). – Tragen Kot (von Pferd, Rind, Rotwild, Schaf, Hase, Mensch) in verzweigte Erdstollen ein u. fertigen daraus Brutballen mit je einer Eikammer an **2**
2 HSchienen auf der AußenS mit 3 vollständigen Querleisten (Abb. **473**/1) **3**
2* HSchienen nur mit 2 vollständigen Querleisten (Abb. **473**/3) **6**
3 Fld zw Naht u. Schulterbeule mit 9 Punktstreifen (Abb. **474**/1). – Bevorzugt Rinderkot; s; 15–26 mm. *Geotrupes mutator* (MARSHAM)

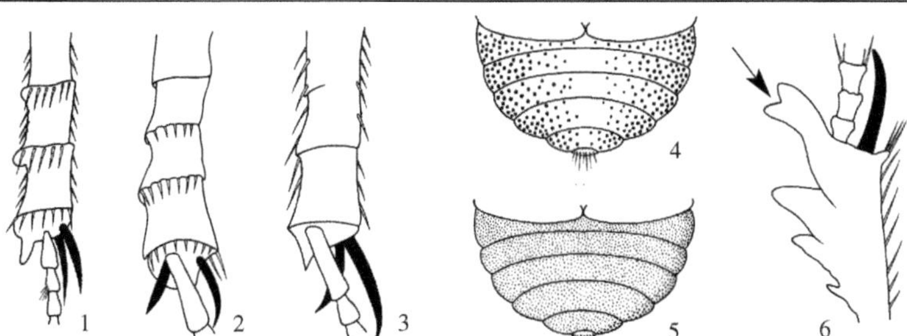

Abb. 473/1–6. 1 *Geotrupes stercorarius*, HSchiene; **2** *Typhaeus typhoeus*, HSchiene; **3** *Anoplotrupes stercorosus*, HSchiene; **4** *Geotrupes spiniger*, Hlb, US; **5** *Geotrupes stercorarius*, Hlb, US; **6** *Trypocopris vernalis*, ♂, VSchiene. Endsporne schwarz.

3* Fld zw Naht u. Schulterbeule mit 7 Punktstreifen (Abb. **474**/2) **4**
4 Fld mit kräftigen Streifen **5**
4* Fld mit sehr feinen Streifen. – Im W; sehr s. *Sericotrupes niger* (MARSHAM)
5 HlbSgm in der M nicht punktiert, unbehaart (Abb. **473**/4); z; 18–26 mm. *Geotrupes spiniger* (MARSHAM)
5* HlbSgm gleichmäßig punktiert u. behaart (Abb. **473**/5); v; 16–25 mm. *Geotrupes stercorarius* (L.)
6 **(2)** Hsch Basis vollständig gerandet, EZahn der VSchienen bei ♂ u. ♀ einfach zugespitzt; g; 12–19 mm. *Anoplotrupes stercorosus* (SCRIBA)
6* HschBasis jederseits der M ungerandet. EZahn der VSchienen beim ♂ zweispitzig (Abb. **473**/6), beim ♀ einspitzig **7**
7 Hlb mit doppelter (anliegender u. abstehender) Behaarung. Punktstreifen der Fld deutlich, ZwRäume punktiert. – Alp, BY; s; 10–14 mm. *Trypocopris alpinus* (STURM et HAGENBACH)
7* Hlb mit einfacher (anliegender) Behaarung. Punktstreifen der Fld fast völlig erloschen, ZwRäume unpunktiert; g; 12–20 mm. *Trypocopris vernalis* (L.)

Familie ***Scarabaeidae* – Blatthornkäfer**

Zum großen Teil Kotfresser (Coprophage), zum anderen Blatt- u. Blütenfresser (Phytophage). Die Coprophagen treiben mit Einbringen der DungNa in die Erde für die L Brutfürsorge, die bei *Copris* so hoch entw ist, dass es bereits zur Brutpflege kommt, allerdings ohne Fütterung der Brut. – Die *Aphodiinae* legen die Eier häufchenweise in kleine Höhlungen in od. unter Mistfladen ab, in denen die L kreuz u. quer fressen u. zur Verpuppung in den Boden gehen. – Die ♀♀ von *Onthophagus* graben, häufig unterstützt von je einem ♂, ± verzweigte Erdstollen u. tragen Mistbrocken ein, die je nach der Körpergröße zu kleineren od. größeren Brutballen im erweiterten StollenE zusammengepresst werden. In jedem Brutballen liegt stets nur eine Eikammer mit einem Ei. Die L zehrt die eingetragene Dungmasse bis zur Verpuppung auf. – Die Pillenwälzer *Gymnopleurus* u. *Sisyphus* schachten einen oberflächigen Brutbau aus, in den sie eine erbsengroße Mistpille versenken, die aus Rinder- od. Schafmist herausgeschält u. oberirdisch zu einer Kugel gerollt wird. Unterirdisch wird ihr vom ♀ eine Eikammer aufgesetzt u. mit einem Ei versehen. – Der Mondhornkäfer *Copris* legt eine bes. große u. weite Bruthöhle an, die fast völlig mit Dung gefüllt wird. Durch dauerndes Umlaufen u. Festkneten fertigt das ♀ ein festes Dungbrot von etwa 125 g an. Nach einwöchigem Gären wird es vom ♀ in 4–5 Teile geschnitten, die zu je einem kugeligen Gebilde umgeformt werden, das durch eine aufgesetzte Eikammer mit einem Ei Birnenform erhält. Das Muttertier bleibt auch nach dieser etwa dreiwöchi-

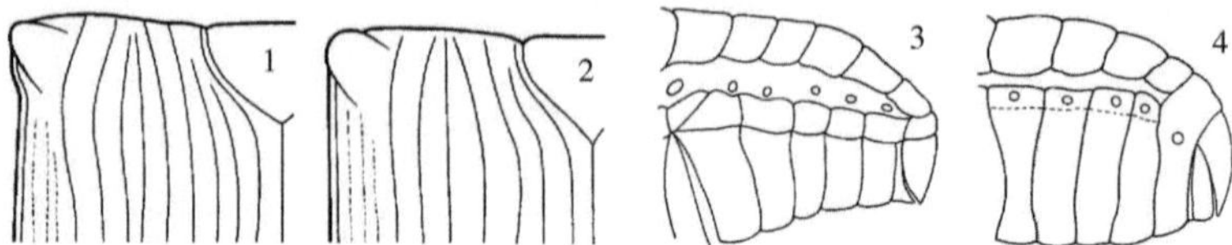

Abb. 474/1–4. **1** *Geotrupes mutator*, Fld; **2** *Geotrupes spiniger*, Fld; **3** laparosticter Hlb; **4** pleurosticter Hlb.

gen Arbeit in der Bruthöhle, pflegt die Brutbirnen während der ganzen JugendEntw u. schützt sie vor Schimmelbildung u. Zerstörung. – Die phytophagen maikäferartigen Blatthornkäfer ernähren sich als Im. von Blättern u. Blüten od. vom Baumsaft, als L von Mulm od. Wurzelfasern, dadurch häufig als „Engerlinge" schädlich, deren Entw zuweilen einige J (oft in ± regelmäßigen Abständen: „Flugjahre") beträgt. Im. u. L mitunter mit Lauterzeugung. – DE 152 Arten.

1 Coprophage mistkäferartige Unterfamilien. FKeule 3gld, matt staubartig grau behaart. HlbStigmen in Intersegmentalhaut zw Tergit u. Sternit liegend (Abb. **474**/3) **2**
1* Phytophage maikäferartige Unterfamilien. FKeule 3–7gld, kahl, höchstens spärlich länger behaart. HlbStigmen in den Sterniten liegend (Abb. **474**/4) **5**
2 HSchienen mit 1 ESporn (Abb. **474**/1). Unterfamilie *Scarabaeinae* S. 475
2* HSchienen mit 2 ESpornen (Abb. **474**/2) **3**
3 Ksch vorn gerundet erweitert, die OKf u. Ol bedeckend (Abb. **475**/1). Unterfamilie *Aphodiinae* S. 476
3* Ksch wenigstens die Spitze der OKf nicht bedeckend, diese von oben sichtbar . . **4**
4 F 9gld. Hsch VRand ungerandet. VSchienen außen mit 3–5 Zähnchen. Unterfamilie *Aegialiinae* S. 476
4* F 10gld. HschVRand gerandet. VSchienen außen mit 3 Zähnchen. Unterfamilie *Ochodaeinae* S. 476
5 **(2)** VRand der VBr in der M mit einer Beule, länger abstehend behaart. OKf meist blattartig verbreitert, leicht aufgebogen, außen gezackt, von oben sichtbar (Abb. **475**/2). Unterfamilie *Dynastinae* S. 479
5* VRand der VBr ohne Beule u. Behaarung. OKf unter Ksch verborgen **6**
6 EDorne der HSchienen an der Basis weit auseinander stehend (Abb. **474**/8). Unterfamilie *Sericinae* S. 477
6* EDorne der HSchienen an der Basis dicht beieinander stehend od. fehlend (Abb. **474**/7) **7**
7 VSchienen innen mit beweglichem Sporn, dieser vor der Spitze, an der die Füße eingelenkt sind (Abb. **474**/9). Sporn kann fehlen (*Hopliinae*). Spitzenrand der M- u. HSchienen nicht gezackt od. gefingert **8**

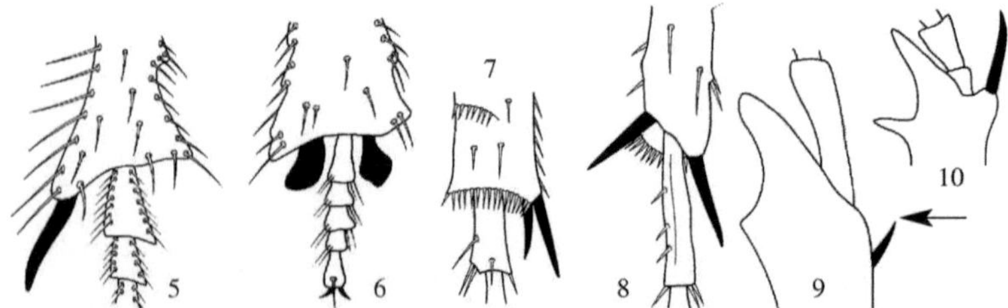

Abb. 474/5–10. **5** *Copris lunaris*, HSchiene; **6** *Aegialia rufa*, HSchiene; **7** *Anomala dubia*, HSchiene; **8** *Serica brunna*, HSchiene; **9** *Melolonthinae*, VSchiene, schematisch; **10** *Cetoniinae*, VSchiene, schematisch. Endsporne schwarz.

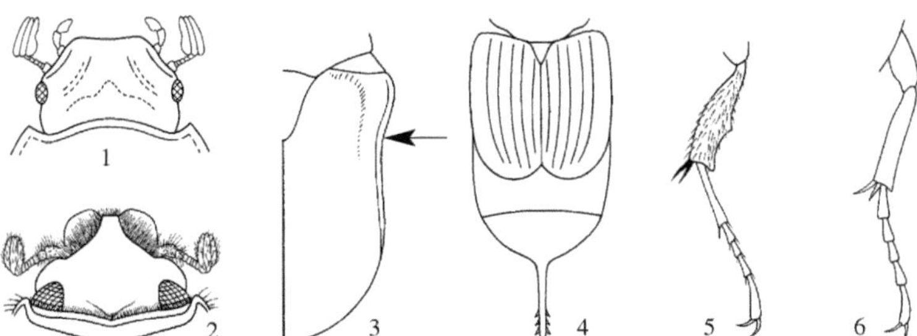

Abb. 475/1–6. 1 *Aphodius* sp., K; **2** *Oryctes nasicornis*, ♀, K; **3** *Cetoniinae*, Fld; **4** *Valgus hemipterus*, Hlb, OS; **5** *Valgus hemipterus*, HB; **6** *Trichius* sp., HB.

7* VSchienen innen mit beweglichem Sporn, dieser an der Spitze, dahinter die Einlenkung der Füße (Abb. **474**/10). Spitzenrand der M- u. HSchienen scharf gezackt od. gefingert **10**

8 Beide Klauen gleich lg. Unterfamilie *Melolonthinae* S. 477

8* Innere Klaue verkürzt od. fehlend (Unterfamilie *Rutelinae*) **9**

9 M- u. HSchienen mit EDornen. VSchienen mit beweglichem Innensporn. Tribus *Anomalini* S. 478

9* M- u. HSchienen ohne EDornen. VSchienen ohne beweglichen Innensporn. Tribus *Hopliini* S. 479

10 **(7)** S der Fld, die beim Flug geschlossen bleiben, vorn mit einem Ausschnitt für das Entfalten der HFl (Abb. **475**/3). Unterfamilie *Cetoniinae* S. 479

10* S der Fld ohne Ausschnitt, werden beim Flug geöffnet **11**

11 HHü weit auseinander. 1. HFußGld viel länger als das 2. u. 3. zusammen (Abb. **475**/5). Pygidium des ♀ mit einer spießförmigen Verlängerung (Abb. **475**/4). Tribus *Valgini* S. 480

11* HHü nahe beieinander. 1. HFußGld kaum länger als das 2. (Abb. **475**/6). Tribus *Trichiini* S. 480

Unterfamilie ***Scarabaeinae***

1 MSchienen mit 1 EDorn. MHü hinten genähert. – Wälzt Kotkugeln meist aus frischem Rindermist. 10–15 mm. Nur alte Funde im S u. SW; s. *Gymnopleurus geoffroyi* (FUESSLY) – **Seidiger Pillenwälzer** u. *G. mopsus* (PALLAS)

1* MSchienen mit 2 EDornen. MHü parallel, sehr weit auseinander **2**

2 HB sehr lg. HSchenkel zur Spitze keulenförmig, HSchienen stark gebogen (Abb. **476**/1). F 8gld. – Im S u. W, an warmen Orten, auf Kalkboden, Pillenwälzer an Schafmist; s; 6,5–12,0 mm. *Sisyphus schaefferi* (L.) – **Matter Pillenwälzer**

2* HB nicht verlängert. HSchenkel nicht keulenförmig, HSchienen nicht od. nur schwach gebogen. F 9gld. **3**

3 HschBasis mit Längseindruck. Sch deutlich sichtbar; sehr s; 7–12 mm. *Euoniticellus fulvus* (GOEZE)

3* HSchBasis ohne Längseindruck. Sch nicht sichtbar **4**

4 Fld mit 9 Streifen. – An Rinder-, Pferde- od. Schafkot; s; 16–24 mm. *Copris lunaris* (L.) – **Mondhornkäfer**

4* Fld mit 8 Streifen. Höchstens 15 mm lg **5**

5 VSchienen an der Spitze gerade abgestutzt, EZahn schräg nach außen vortretend (Abb. **476**/3). Hsch unten vorn jederseits mit großer, rundlicher FGrube. Fld schwarz mit je 2 roten Flecken. – An Pferde- u. Rinderkot; s; 4–7 mm. *Caccobius schreberi* (L.)

5* VSchienen an der Spitze schräg abgeschnitten, EZahn nach vorn gerichtet (Abb. **476**/2). HschUS ohne FFurche. Fld einfarbig od. anders gezeichnet. – In verzweigten, seltener unverzeigten Erdstollen. Nach spezialisiertem Bauprinzip arbeiten ♀♀ unter Hilfe der ♂♂ u. verfertigen Brutpfropfen aus versch. Dungstoffen (von Rind, Schaf, Rotwild, Mensch, Pferd). 4–15 mm. 15 Arten.
Gattung *Onthophagus* LATREILLE – **Kotfresser**
u. *Euonthophagus gibbosus* (SCRIBA) (HE, vor 1900; SN, vor 1950)

Unterfamilie ***Ochodaeinae***

Schwärmt gegen Sonnenuntergang. An unterirdischen Pilzen; sehr s; 4–6 mm. (Auch als eigene Familie angesehen).
Ochodaeus chrysomeloides (SCHRANK) – **Steppen-Trüffelbohrer**

Unterfamilie ***Aegialiinae***

1 HSchenkel u. alle Schienen verbreitert; EDorne der HSchienen verbreitert; Fld an den Schultern abgerundet. **2**
1* Alle Schenkel u. Schienen von normaler Breite; EDorne der HSchienen einfach, zugespitzt; Schultern der Fld gut ausgebildet. – Ufer, Sandgruben; s. 3 Arten.
Aegialia (*Psammoporus*) LATREILLE
2 M- u. HSchienen am Außenrand mit 1 vollständigen Querleiste; Hsch glatt, unpunktiert, Basis ungerandet; Körper sehr gewölbt, oval. – Meeresküsten.
Aegialia (*Aegialia*) *arenaria* (F.)
2* M- u. HSchienen am Außenrand ohne Querleiste; Hsch vorn granuliert, in der M grob punktiert, Basis gerandet; Körper länglich, Fld subparallel. – S.
Aegialia (*Rhysothorax*) *rufa* (F.)

Unterfamilie ***Aphodiinae***

1 HSchienen außen mit 2 starken Querleisten. Hsch ohne Querwülste (Tribus *Aphodiini*) **2**
1* HSchienen ohne Querleisten. Hsch mit einer MFurche od. mehreren Querfurchen. (Tribus *Psammodiini*) **4**
2 Hsch mit einer vorn verkürzten MFurche vor der Basis. – Unter faulenden PflResten, in Kompost, in Strohmist, an Pilzen; g; 2,5–3,7 mm. *Oxyomus sylvestris* (SCOPOLI)
2* Hsch ohne MFurche **3**

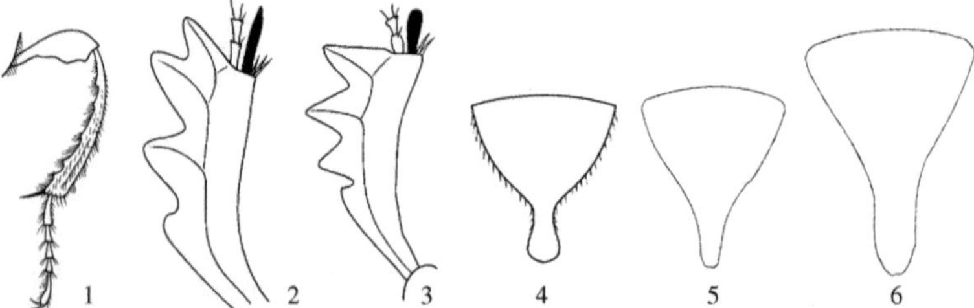

Abb. 476/1–6. 1 *Sisyphus schaefferi*, HB; **2** *Onthophagus* sp., VSchiene; **3** *Caccobius schreberi*, VSchiene; **4** *Melolontha hippocastani*, ♂, Pygidium; **5** *Melolontha pectoralis*, ♂, Pygidium; **6** *Melolontha melolontha*, ♂, Pygidium.

3 Fld mit 7–9 zweistreifigen Furchen, die breiter als die ZwRäume sind. HschBasis dicht bewimpert. – In Dung, Stallmist, faulem Stroh, in fetter Humuserde; s; 3–5 mm. Gattung *Euheptaulacus* G. DELLACASA (2 Arten) u. *Heptaulacus testudinarius* (F.)

3* Fld mit 10 Punktstreifen, ZwRäume stets breiter als Streifen. HschBasis unbewimpert. – Im Kot (von Rind, Pferd, Schaf, Rotwild, Mensch), auch an Faulstoffen. Schwärmen häufig nachmittags u. abends. LEntw im Kot, graben keine Gänge in die Erde. 2,5–15,0 mm; 65 Arten. Gattung *Aphodius* ILLIGER – **Dungkäfer**

4 **(1)** Hsch mit Querfurchen. S u. Basis mit Börstchen **5**

4* Hsch mit vorn verkürzter MFurche, S u. Basis ohne Börstchen **6**

5 HSchenkel dicker als VSchenkel. EDorne der HSchienen verbreitert, größerer EDorn so lg wie die 2 ersten FußGld zusammen. – Auf Sandboden, auch Dünen; v; 2,5–4,0 mm. [*Psammodius sulcicollis* (ILLIGER)] *Psammodius asper* (F.).

5* HSchenkel nicht dicker als VSchenkel. EDorne der HSchienen schmal, größerer EDorn so lg wie das 1. FußGld. – An Graswurzeln, unter faulem PflAbfall, Steinen, auch in Säugernestern; z; 2,5–3,5 mm. *Rhyssemus germanus* (L.)

6 **(4)** Gedrungen, nach hinten bauchig erweitert. HSchenkel dicker als VSchenkel. Fld in den Furchen kettenartig punktiert; z; 2,8–3,5 mm. *Diastictus vulneratus* (STURM)

6* Schmal, zylindrisch. HSchenkel nicht dicker als VSchenkel. Fld in den Furchen einfach punktiert. – Pontisch-medit, wärmeliebend; s; 2,5–3,2 mm. 2 Arten. Gattung *Pleurophorus* MULSANT

Unterfamilie ***Sericinae***

1 HschBasis gerandet. Fld mit dunkler Naht u. SRand. Am Tag fliegend. – Auf blühenden Büschen, Kräutern u. Gräsern, trockenheits- u. wärmeliebend; 5,0–7,5 mm. 2 Arten. *Omaloplia* SCHÖNHERR

1* HschBasis ungerandet. Fld einfarbig. Abends u. nachts fliegend. **2**

2 F 9gld. FldHRand ohne Hautsaum. – Im. unter Steinen u. Moos. LEntw an PflWurzeln; g; 8–10 mm. *Serica brunnea* (L.) – **Rotbrauner Laubkäfer**

2* F 10gld. FldHRand mit Hautsaum. – Auf Sandböden, im Gras, unter Steinen. LEntw an PflWurzeln; s; 6–9 mm. *Maladera holosericea* (SCOPOLI)

Unterfamilie ***Melolonthinae***

1 FFächer mit 3 Gld. Höchstens 18 mm **2**

1* FFächer mit 4–7 Gld (Abb. **472**/1). Mindestens 18 mm **4**

2 F 10gld **3**

2* F 9gld. – Lebensweise ähnlich *Rhizotrogus,* ♂♂ schwärmen auch frühmorgens. Gattung *Amphimallon* LATREILLE – **Brachkäfer** S. 478

3 HschBasis fein gerandet. – Auf Bäumen u. Sträuchern, ♀♀ häufig am Erdboden. Schwärmen nur etwa $^1/_2$ Std in der Dämmerung. LEntw 2–3 J an Wurzeln von Wiesen- u. FeldPfl. Gattung *Rhizotrogus* LATREILLE – **Junikäfer** S. 478

3* HschBasis ungerandet. – Nur alte Funde. 13–18 mm. 2 Arten. [*Miltotrogus* REITTER] Gattung *Holochelus* REITTER

4 **(1)** VSchienen beim ♂ innen ohne ESporn. FFächer beim ♂ 5gld, beim ♀ 4gld. – An Obstbäumen, in Weinbergen. LEntw 3 J an Wurzeln. Im SW; s; 20–29 mm. *Anoxia villosa* (F.).

4* VSchienen bei ♂ u. ♀ innen mit einem ESporn. FFächer beim ♂ 7gld (Abb. **472**/1), beim ♀ 5 od. 6gld. **5**

5 FFächer beim ♀ 6gld. Sternite seitlich mit scharf begrenzten, weiß behaarten Makeln. Fld meist einfarbig braungelb. – Auf Obst- u. a. Laubbäumen u. Sträuchern, seltener auf Nadelbäumen. Im. fressen Blätter u. Maitriebe. Eiabl im Frühj in lockerem Erdboden etwa 15 cm tief. LEntw als „Engerling" 3–4 J; L schädigen durch Wurzelfraß. Im. schwärmen abends meist nach Sonnenuntergang. Gattung *Melolontha* F. – **Maikäfer** S. 478

5* FFächer beim ♀ 5gld. Sternite seitlich ohne weiße Makeln. Fld gelbweiß marmoriert. – Im. auf Kiefern, LEntw an Wurzeln von Gräsern. 3–4 J; s; 25–36 mm. *Polyphylla fullo* (L.) – **Walker**

Gattung *Amphimallon* LATREILLE – **Brachkäfer**

1 Fld kahl oder mit lang aufgerichteten Bo. 2
1* Fld gleichmäßig fein anliegend behaart. 5
2 Fld fast kahl. ♂ schwarzbraun, ♀ gelbbraun. 11–14 mm; s. *A. atrum* (HERBST)
2* Fld mit zerstreuten Bo; ♂ u. ♀ hell, gelbbraun. 3
3 FldS mit langen Bo. 4
3* FldS mit kurzen, oft starren Bo; Fld zerstreut kurz behaart. Tagflieger, wahrscheinlich nicht in Deutschland. *A. ochraceum* (KNOCH)
4 Fld zerstreut lg behaart. Dämmerungsflieger; g. *A. solstitiale* (L.)
4* Fld zerstreut kurz behaart. Tagflieger; s. *A. fallenii* (GYLLENHAL)
5 **(1)** K u. Hsch dunkel, Fld mit heller Grundfärbung; s. *A. ruficorne* (F.)
5* OS einfarbig gelbrot bis hell rotbraun; s. 3 weitere Arten.

Gattung *Rhizotrogus* LATREILLE – **Junikäfer**

1 HschM u. Pygidium behaart. – Im W; sehr s; 14–18 mm. *R. marginipes* MULSANT
1* HschM u. Pygidium kahl 2
2 Hsch rundherum lg bewimpert. – Nur Kaiserstuhl; sehr s; 12–18 mm. *R. maculicollis* A. VILLA & G. VILLA
2* Nur V- u. SRand des Hsch lg bewimpert 3
3 Hsch matt, zw großen Punkten fein u. dicht punktiert. s; 12–18 mm. *R. aestivus* (A. G. OLIVIER)
3* Hsch glänzend, nur einfach punktiert. – BY, TH; sehr s; 14–17 mm. *R. cicatricosus* MULSANT

Gattung *Melolontha* F. – **Maikäfer**

1 Pygidium am E knotenartig verdickt (Abb. **476**/4); g; 22–26 mm. *M. hippocastani* F. – **Waldmaikäfer**
1* Pygidium fast immer in einen schmalen lanzettartigen Forts verlängert (Abb. **476**/6), einfach behaart; g; 20–30 mm. *M. melolontha* (L.) – **Feldmaikäfer**
Eine 3. Art kann nur durch Genitaluntersuchung sicher erkannt werden. Pontisch-pannonisch; sehr s; 20–28 mm. – *M. pectoralis* MEGERLE VON MÜHLFELD – **Kaukasischer Maikäfer**

Unterfamilie ***Rutelinae***

Tribus *Anomalini*

1 Ksch etwas rüsselförmig verlängert (Abb. **479**/1). – Auf Gräsern u. Getreide, fressen Staubbeutel, auch an Rosen. LEntw 2 J an Graswurzeln 2
1* Ksch ± viereckig od. abgerundet (Abb. **479**/2) 3
2 Fld einfarbig rotgelb (♂) od. mit dunklem Fleck um das Sch (♀); s; 9–13 mm. *Chaetopteroplia segetum* (HERBST) – **Getreidelaubkäfer**
2* Fld mit variabler schwarzer Zeichnung. SRand oft schwarz; s; 10–16 mm. 5 Arten. Gattung *Anisoplia* FISCHER VON WALDHEIM
3 **(1)** OS kahl. Hsch hinter der M am breitesten, nach vorn verengt. – Auf Weidengebüsch, Birken u. anderen Laubbäumen, Getreide; v; 12–15 mm. *Anomala dubia* (SCOPOLI) – **Julikäfer**
3* OS behaart. Hsch in der M am breitesten, schmaler als die Fld. – Auf Gebüsch, Sträuchern u. Stauden. Schwärmt in der Mittagssonne. LEntw an Wurzeln von Getreide, Gräsern u. Klee; g; 8,5–11,0 mm. *Phyllopertha horticola* (L.) – **Gartenlaubkäfer**

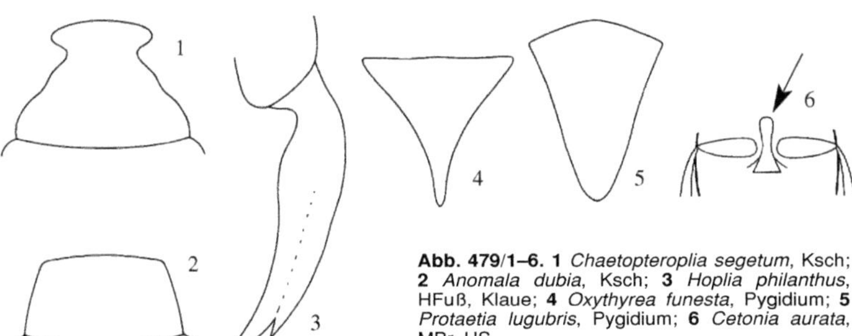

Abb. 479/1–6. 1 *Chaetopteroplia segetum*, Ksch; **2** *Anomala dubia*, Ksch; **3** *Hoplia philanthus*, HFuß, Klaue; **4** *Oxythyrea funesta*, Pygidium; **5** *Protaetia lugubris*, Pygidium; **6** *Cetonia aurata*, MBr, US.

Tribus *Hopliini*

Auf blühenden Büschen u. Sträuchern. Schwärmen im Sonnenschein.
Gattung *Hoplia* ILLIGER S. 479

Gattung *Hoplia* ILLIGER

1 F 10gld, s bei ♀ 9gld **2**
1* F 9gld **3**
2 Klaue der HFüße an der Spitze gespalten (Abb. **479**/3); v; 8–9 mm.
Hoplia philanthus (FUESSLY)
2* Klaue der HFüße nicht gespalten; s; 9–11 mm. *H. praticola* DUFTSCHMID
3 **(1)** Klaue der HFüße an der Spitze gespalten. – TH vor 1950; 6–8 mm. [*H. subnuda* (REITTER)] *H. hungarica* BURMEISTER
3* Klaue der HFüße nicht gespalten **4**
4 FldSchuppen dicht, bedecken ohne ZwRäume den UGrund. – z; 9–11 mm. [*H. farinosa* (L.)] *H. argentea* (PODA VON NEUHAUS)
4* FldSchuppen weniger dicht, mit ZwRäumen, UGrund sichtbar; s; 6–7 mm.
H. graminicola (F.)

Unterfamilie *Dynastinae*

In Gärtnereien, in Mistbeeten, Komposthaufen u. Mulm, in Gerbereien in fauler Lohe u. in Lohbeeten, in Sägemehlhaufen; v; 20–40 mm.
Oryctes nasicornis (L.) – **Nashornkäfer**

Unterfamilie *Cetoniinae* – Rosenkäfer

1 Sch am E scharf zugespitzt (Abb. **479**/4). OS lg abstehend behaart. Fld mit weißen Punkten **2**
1* Sch am E abgerundet (Abb. **479**/5). OS schwach behaart od. kahl **3**
2 VSchienen außen mit 3 Zähnen. Hsch mit einem MKiel. – Auf Blüten, wärmeliebend. LEntw in humosem Boden; s; 9–11 mm.
Tropinota hirta (PODA VON NEUHAUS) – **Zottiger Blütenkäfer**
2* VSchienen außen mit 2 Zähnen. Hsch ohne MKiel. – Auf Blüten; s; 8–12 mm.
Oxythyrea funesta (PODA VON NEUHAUS)
3 **(1)** MBrForts am E kugelig (Abb. **479**/6). – Auf Blüten. LEntw in Baummulm u. Kompost; g; 14–20 mm. *Cetonia aurata* (L.) – **Gemeiner Rosenkäfer**
3* MBrForts vorn flach u. verbreitert. (Gattung *Protaetia* BURMEISTER) **4**

4 SRandlinie des Hsch endet deutlich vor dem VRand. Hlb beim ♂ unten in der M mit einer Längsfurche. OS dunkel erzfarben. – LEntw im Mulm von Laubbäumen; z; 19–25 mm. [*Protaetia lugubris* (HERBST)]
Protaetia marmorata (F.) – **Marmorierter Goldkäfer**

4* SRandlinie des Hsch erreicht fast den VRand. Hlb beim ♂ unten ohne Längsfurche. OS metallisch grün od. erzfarben **5**

5 M des HschVRandes buckelig gewölbt. Fld hinter der M ohne Längseindruck. – LEntw im Mulm alter Eichen; s; 22–28 mm.
Protaetia aeruginosa (DRURY) – **Großer Goldkäfer**

5* Hsch vorn gleichmäßig gewölbt. Fld in der M mit einem flachen Längseindruck neben der Naht. 14–23 mm **6**

6 Schienen mit einem weißbehaarten Fleck auf dem Knie. – L oft in Ameisennestern; v. [*Protaetia cuprea* (F.)] *Protaetia metallica* (HERBST)

6* Schienen ohne weißen Fleck am Knie. – L in morschem Holz; s.
Protaetia fieberi (KRAATZ)

Tribus *Valgini*

Auf Blüten, Sträuchern, Obst- u. a. Laubbäumen. LEntw in Mulm u. Faulholz, unter Rinde; v; 6–10 mm. *Valgus hemipterus* (L.)

Tribus *Trichiini*

1 VSchienen außen mit 3 Zähnen. HSchienen hinten mit 2 Zähnen, Sch spitz, lg. – LEntw in Laubbaummulm. Duften bes. im Sonnenschein nach Juchten; s; 23–39 mm.
Osmoderma eremita (SCOPOLI) u. *O. coriarium* (DEGEER) – **Eremit, Juchtenkäfer**

1* VSchienen außen mit 2 Zähnen. HSchienen hinten nur mit einem kleinen Zahn. Sch kurz dreieckig **2**

2 OS unbehaart. 1. VFußGld gerade (Abb. **481**/1). – LEntw im Mulm hohler Bäume.
Gattung *Gnorimus* LEPELETIER & AUDINET-SERVILLE S. 480

2* OS, nicht Fld, dicht wollig behaart. 1. VFußGld nach außen vorgebogen (Abb. **481**/2). – Auf Blüten von Doldengewächsen u. Sträuchern. Schwärmen im Sonnenschein. LEntw in morschem Laubholz. Gattung *Trichius* F. – **Pinselkäfer** S. 480

Gattung *Gnorimus* LEPELETIER & AUDINET-SERVILLE – **Edelscharrkäfer**

1 Hsch schwarz mit 4 weißen Flecken; sehr s; 17–22 mm. [*G. octopunctatus* (F.)]
G. variabilis (L.)

1* Hsch einfarbig metallisch grün bis kupferbraun; s; 15–18 mm. *G. nobilis* (L.)

Gattung *Trichius* F. – **Pinselkäfer**

1 1. VFußGld an der vorderen Außenecke erweitert u. breit verrundet. VSchienen lg u. schmal. (♂♂) **2**

1* 1. VFußGld an der vorderen Außenecke in eine schmale, lg Spitze ausgezogen. (♀♀) **4**

2 MSchiene an der Außenkante vor der Spitze mit einer tiefen Einkerbung, die Kerbe nach außen zahnartig verlängert (Abb. **481**/3). – v. 9–12 mm. *T. fasciatus* (L.)

2* MSchiene ohne tiefe Einkerbung, mit einer unregelmäßigen Schrägleiste, die nicht dornartig verlängert ist (Abb. **481**/4). Sternite mit weißen Flecken **3**

3 Nur das vorletzte Sternit an der Basis mit einer weißen, meist in zwei quere Flecken aufgelösten Querbinde. – In Ausbreitung, vielfach in Stadtgebieten; v; 10–12 mm. [*T. zonatus* GERMAR] *T. rosaceus* (VOET)

3* Die ersten vier Sternite mit einer breiten, weißlich beschuppten, an den S verkürzten Querbinde. – Im S u. SW; s. 9–13 mm. *T. sexualis* BEDEL

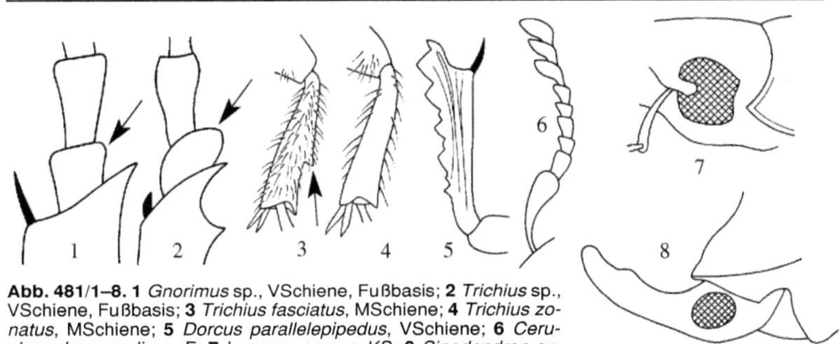

Abb. 481/1–8. 1 *Gnorimus* sp., VSchiene, Fußbasis; **2** *Trichius* sp., VSchiene, Fußbasis; **3** *Trichius fasciatus*, MSchiene; **4** *Trichius zonatus*, MSchiene; **5** *Dorcus parallelepipedus*, VSchiene; **6** *Ceruchus chrysomelinus*, F; **7** *Lucanus cervus*, KS; **8** *Sinodendron cylindricum*, ♂, KS.

4 **(1)** Pygidium an der Spitze tief ausgerandet, die äußeren Ecken dieser Ausrandung etwas vortretend. *T. fasciatus* (L.)
4* Pygidium ohne Ausrandung **5**
5 Pygidium in der apikalen Hälfte der Scheibe schwach konkav. HRand des letzten Sternits ganzrandig, ohne halbkreisförmige Ausschnitte. [*T. zonatus* GERMAR] *T. rosaceus* (VOET)
5* Pygidium auf der Scheibe nicht konkav. HRand des letzten Sternits in der M schwach ausgerandet u. jederseits der Ausrandung mit einem kleinen halbkreisförmigen Ausschnitt. *T. sexualis* BEDEL

Familie *Lucanidae* – Schröter

Auf Hölzern, an ausfließendem Baumsaft. LEntw bes. in faulendem Holz abgestorbener Bäume (bes. Laubbäume) od. in Stümpfen, mehrjährig. P in einem aus Holz- u. Erdteilchen gebauten Gehäuse. – DE 7 Arten.

1 Hsch fest an die Fld angeschlossen, breit, seine Basis ungerandet. Körper kurz, gedrungen, stark gewölbt, mit schuppenartigen Haaren bedeckt. FKeule 3gld. – In rotfaulen Eichenstümpfen, seltener in Buchenholz; IV–VI; s. 5–8 mm. *Aesalus scarabaeoides* (PANZER) – **Kurzschröter**
1* Hsch etwas von den Fld abgerückt, seine Basis deutlich gerandet. Körper lggestreckt, OS mit einfachen Haaren od. unbehaart. FKeule 3- bis 6gld **2**
2 FKeule aus 3 Gld bestehend (Abb. **481**/6). VBrForts zw den VHü schmal u. stark vertieft **3**
2* FKeule aus 4 – 6 Gld bestehend (Abb. **472**/2). VBrForts zw den VHü erhaben . . . **4**
3 K des ♂ mit einem aufrecht stehendem kleinem Horn (Abb. **481**/8), beim ♀ mit einem Höcker. OKF von oben nicht sichtbar. K bei beiden Geschlechtern nicht auffällig verbreitert. OKf des ♂ nicht verlängert, von oben nicht sichtbar. Körper zylindrisch. – In rotfaulen Laubbaumstämmen u. Stümpfen, bes. Buche; VI–VII; z. 12–16 mm. *Sinodendron cylindricum* (L.) – **Kopfhornschröter**
3* K ohne Horn od. Höcker. OKf verlängert, von oben sichtbar. K beim ♂ etwa so breit wie Hsch. Körper flach gewölbt. – Montan; LEntw in rotfaulem Laub- u. Nadelholz; VI–VII; s. 11–17 mm. *Ceruchus chrysomelinus* (HOCHENWARTH) – **Rindenschröter**
4 Au rundlich, ungeteilt. Hlb beim ♀ mit 5, beim ♂ mit 6 sichtbaren Sterniten. FKeule 4gld. – Auf blühenden Sträuchern u. Laubbäumen, bes. Eiche u. Buche. LEntw in totem, faulendem Laubholz; V–VI. 9–15 mm. 2 Arten. Gattung *Platycerus* GEOFFROY – **Rehschröter**
4* Au im 1. Drittel durch eine Leiste des Ksch geteilt (Abb. **481**/7). Hlb mit 5 sichtbaren Sterniten. FKeule 4- bis 6gld **5**

5 VSchienen oben mit mehreren Leisten u. Längsrinnen (Abb. **481**/5). OKf des ♂ nur schwach vergrößert. Ol überragt den VRand des Ksch. Fld schwarz. US der FußGld mit lg, gelben Bo, das letzte Gld kahl, nur vor der Spitze mit einem Haarpinsel. – In Laubbäumen, bes. in faulenden Stümpfen; V–VIII; z. 18–32 mm.
Dorcus parallelipipedus (L.) – **Balkenschröter**

5* VSchienen oben ohne Leisten u. Längsrinnen. OKf des ♂ geweihartig vergrößert. Ol von einem Forts des Ksch verdeckt. Fld kastanienbraun, nur s fast schwarz. US der FußGld nur an der Spitze mit gelben Bo, das letzte Gld mit beborsteter Längslinie. – LEntw in verschiedenen Laubbäumen, bes. Eichen; Im. oft an ausfließendem Saft von Eichen, schwärmen abends, fliegen ans Licht; VI–VIII; s. 25–75 mm.
Lucanus cervus (L.) – **Hirschkäfer**

Überfamilie ***Chrysomeloidea***

1 1. FGld nicht verdickt, F meist mit verbreitertem od. gesägtem EGld. Pygidium groß, steil gestellt, von den Fld nicht bedeckt. Familie *Bruchidae* – **Samenkäfer** S. 515

1* 1. FGld meist stärker als folgende Gld, EGld meist nicht bes. ausgebildet. Pygidium nicht steil gestellt, meist von den Fld bedeckt **2**

2 Schienen mit 2 EDornen. Au meist stark ausgerandet (nierenförmig) (Abb. **483**/9), vom HschVRand entfernt. F meist fadenförmig u. sehr lg, 2. Gld stets auffällig klein. HschS oft mit Höckern, Beulen od. Zähnen. Meist fein behaart.
Familie *Cerambycidae* – **Bockkäfer** S. 482

2* Schienen höchstens mit 1 EDorn. K meist bis zu den Au in den Hsch eingezogen. Au meist rund. F meist kürzer, 2. Gld meist nicht auffällig klein. HschS unterschiedlich gerundet, nur ganz s beulig vorgewölbt. Meist kahl.
Familie *Chrysomelidae* – **Blattkäfer**
einschließlich *Orsodacnidae* u. *Megalopodidae* S. 501

Familie ***Cerambycidae*** – **Bockkäfer**

In u. an Wäldern, Alleen, Gärten u. Grünland; auf Blüten, Gebüsch, Sträuchern u. Kräutern, an Baumstämmen u. -stümpfen, Klafterholz, Holzlagern, Gebäuden; manchmal an ausfließendem Baumsaft. Im Reifungsfraß nehmen Im. Pollen, Blüten, junge Triebe, Rinden u. Nadeln. Vielfach Blütenbesucher (Tagtiere); viele Arten dämmerungsaktiv, kommen ans Licht. Im. häufig schwer zu beobachten, weil sie sich in der Wipfelregion hoher Bäume aufhalten u. vermehren. LEntw oft viele Mon od. mehrere J dauernd. Bei Beunruhigung zirpen (stridulieren) die Im. vieler Arten mit BrOrgan. – Eiabl nach sorgfältiger Prüfung durch das ♀ in geeignet erscheinenden Rindenritzen, in Bohrlöcher der *Scolytidae, Anobiidae* u. a. Holzinsekten od. an anderen Plätzen. LEntw meist in abgestorbenem od. morschem Holz, in dürren Zweigen, Ästen, Reisig, Stümpfen od. unter Rinde. L einiger Arten bleiben zw Rinde u. Bast, andere dringen ins Splintholz ein. – Im Stängelmark krautartiger Gewächse leben einige *Lamiinae.* Frei im Boden ernähren sich *Iberodorcadion*-L von Graswurzeln. L oft mit Symbionten. Überw meist als L. P in PWiege unter Rinde od. bes. Verpuppungsgang. – Flugzeit der meisten Arten M VI–VIII. Größe der Im. variabel. Zahlen geben die Extremwerte an. Färbung vieler Arten variabel. In den Tabellen ist nur manchmal die Tribuseinteilung erfolgt. – DE 186 Arten, außerdem einige importierte.

1 Füße deutlich 5gld, das 4. Gld ist gut sichtbar (Abb. **483**/1), 3. FußGld nicht zweilappig. – Körper rotbraun, glänzend. Unterfamilie *Parandrinae* S. 483

1* Füße scheinbar 4gld, das 4. Gld sehr klein (Abb. **483**/4, Pfeil), im Ausschnitt des zweilappigen 3. Gld gelegen **2**

2 VSchienen außen mit Zähnchen, neben dem Fuß mit breiter Spitze (Abb. **483**/2). – F kurz, Gld kurz u. breit (Abb. **485**/10). Körper schwarz, walzenförmig.
Unterfamilie *Spondylidinae* S. 484

2* VSchienen außen glatt, nicht in breiter Spitze endend. (Abb. **483**/3) **3**

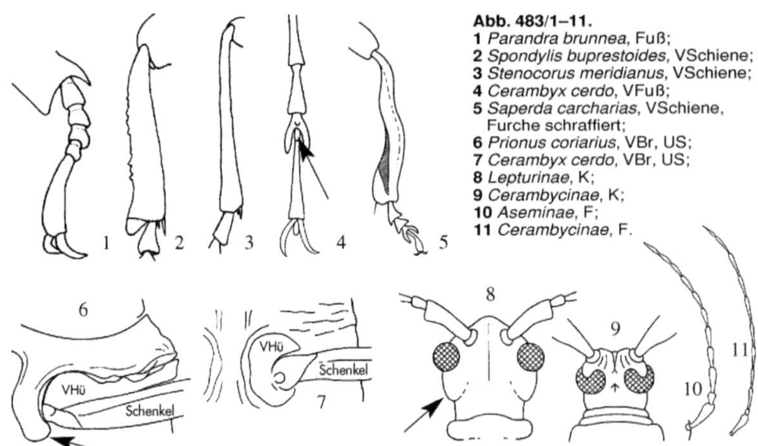

Abb. 483/1–11.
1 *Parandra brunnea*, Fuß;
2 *Spondylis buprestoides*, VSchiene;
3 *Stenocorus meridianus*, VSchiene;
4 *Cerambyx cerdo*, VFuß;
5 *Saperda carcharias*, VSchiene, Furche schraffiert;
6 *Prionus coriarius*, VBr, US;
7 *Cerambyx cerdo*, VBr, US;
8 *Lepturinae*, K;
9 *Cerambycinae*, K;
10 *Aseminae*, F;
11 *Cerambycinae*, F.

3 VHü stark quer, von der vorgewölbten VBr größtenteils eingeschlossen. Ein starker Forts der VBr erstreckt sich zw die VHü (Abb. **483**/6, Pfeil). F kahl, 3. Gld ± verlängert. HschS mit scharfen Kanten, meist mit ± großen Zähnen.
Unterfamilie *Prioninae* – **Breitböcke** S. 484

3* VHü zapfenförmig vorragend, groß konisch od. klein kugelig (Abb. **483**/7). F fein od. borstenförmig behaart. HschS gerundet, oft mit einem Höcker od. Zahn **4**

4 K vorn senkrecht auffallend; EGld der KfTst zugespitzt. VSchienen innen mit einer schrägen Furche (Abb. **483**/5). F mitten in der großen AuAusrandung eingelenkt, die von der Einlenkungsgrube völlig ausgefüllt wird.
Unterfamilie *Lamiinae* – **Weberböcke** S. 496

4* K ± geneigt, ohne auffälligen Winkel zw Stirn u. Scheitel; EGld der KfTst abgestutzt. VSchienen innen ungefurcht. F vor od. neben der AuAusrandung eingelenkt, diese nicht von der Einlenkungsgrube ausgefüllt **5**

5 K hinter den Au lg, meist nach hinten schmaler werdend, halsartig, Schläfen ± deutlich, kantig (Abb. **483**/8). VHüften konisch od. zapfenförmig vorragend. Au meist kreisrund, bei *Necydalinae* ausgerandet **6**

5* K hinter den Au parallelseitig, ohne halsartige Verengung, Schläfen nicht kantig (Abb. **483**/9). VHüften kugelig. Au ± stark ausgerandet bis nierenförmig **7**

6 Fld stark verkürzt, die HFl liegen frei über dem Hlb. Au stark ausgerandet.
Unterfamilie *Necydalinae* S. 491

6* Fld voll entwickelt, den Hlb vollständig bedeckend. Au rund, höchstens schwach ausgerandet. Unterfamilie *Lepturinae* – **Schmalböcke** S. 485

7 **(5)** 2. FGld mindestens halb so lg wie das 3., länger als breit (Abb. **483**/10).
Unterfamilie *Aseminae* S. 484

7* 2. FGld weniger als halb so lg wie das 3., meist nur ringförmig (Abb. **483**/11).
Unterfamilie *Cerambycinae* S. 491
(+ 2 Gattungen der *Aseminae, Saphanini*, die in Tabelle S. 491 nochmals enthalten sind)

Unterfamilie ***Parandrinae***

Bes. im Holz anbrüchiger Linden, bevorzugt die unteren Stammteile u. Wurzelpartien. 1916 aus NAm nach Dresden eingeschleppt, dort eingebürgert. VIII–IX. 10–24 mm. *Parandra brunnea* (F.)

Unterfamilie ***Prioninae* – Breitböcke**

1 HschS scharf gekantet **2**

1* HschS höchstens schwach gerandet **3**

2 HschS mit 3 dornartigen Zähnen (Abb. **485**/2). F dick, ± stark gesägt. Körper schwarzbraun. – In morschem Nadel- od. Laubholz, bes. Wurzeln. Dämmerungstier; z; VII–IX; 18–45 mm. *Prionus coriarius* (L.) – **Sägebock**

2* Hsch mit 2 größeren, rundlichen Schwielen, S gezähnelt u. mit einem etwas stärkeren Dorn hinter der M (Abb. **485**/3). F schlank, nicht gesägt. Körper meist rotbraun. – In mulmigen Nadelholzstubben (bes. Kiefer). Dämmerungstier; v; VIII–IX; 25–60 mm. *Ergates faber* (L.) – **Mulmbock**

3 **(1)** 3. FGld sehr lg, überragt HschBasis. HschS ohne Dorn; HWinkel zahnartig vorgezogen. Hsch ohne abstehende Behaarung. – In anbrüchigen Stämmen u. Stubben von Laubhölzern. Dämmerungs- u. Nachttier. Im SW; s; VII–VIII; 30–50 mm. [*Megopis scabricornis* (Scopoli)] *Aegosoma scabricorne* (Scopoli) – **Körnerbock**

3* 3. FGld kürzer, erreicht nicht die HSchBasis. HschS mit 1 Dorn hinter der M. Hsch gelblich zottig behaart. – Boreoalp. In morschem Nadelholz (meist Fichten); BY; s; VII–VIII; 18–36 mm. *Tragosoma depsarium* (L.) – **Zottenbock**

Unterfamilie ***Spondylidinae***

In Kiefernwäldern. Entw in Kiefernstümpfen, selten anderen Nadelhölzern u. liegenden Stämmen; g; VI–IX; 12–24 mm. *Spondylis buprestoides* (L.) – **Waldbock**

Unterfamilie ***Aseminae***

1 Hsch länger als breit (Abb. **485**/4), S grob raspelartig gekörnt. – In Kiefernrinde. Im. mit Lautäußerungen durch Körperbewegungen in der Borke; s; VI–VII; 7–15 mm. [*Nothorhina punctata* (auct. nec. F.)] *Nothorhina muricata* (Dalman)

1* Hsch so lg wie breit od. breiter als lg, S nicht grob raspelartig gehöckert. **2**

2 HschS mit Höcker od. Dorn. – In Wurzelstöcken von Laubholzstämmen. Montan-subalp; s; VI–VIII; 14–19 mm. *Saphanus piceus* (Laicharting) – **Schwarzer Bergbock**

2* HschS ohne Höcker od. Dorn **3**

3 3. + 4. FGld zusammen viel länger als 5. Gld **4**

3* 3. + 4. FGld sehr kurz (Abb. **485**/9), zusammen kaum länger als 5. Gld. Hsch abstehend rötlichgelb behaart. – In Laubholz; s; VI–VII; 6–11 mm. *Anisarthron barbipes* (Schrank) – **Rosthaar-Bock**

4 Au tief ausgerandet, fast geteilt (Abb. **485**/1). Schenkel stark verdickt, keulenförmig (Abb. **485**/5). – In Fichte bzw. Lärche: *T. castaneum* (L.) – **Fichtensplintholzbock,** *T. gabrieli* Weise – **Lärchensplintholzbock;** V–VII; 8–18 mm; 3 Arten. Gattung *Tetropium* Kirby – **Splintbock**

4* Au nur leicht ausgerandet. Schenkel nur schwach verdickt, nicht gekeult (Abb. **485**/6) **5**

5 F nicht bis zu FldM reichend. Au klein, unauffällig, fein facettiert. – In anbrüchigen Nadelholzstämmen u. deren Stümpfen, bes. Kiefer; g; V–VII; 8–23 mm. *Asemum striatum* (L.) – **Düsterbock**

5* F die FldM erreichend od. überragend. Au groß, deutlich hervortretend, grob facettiert. [*Criocephalus* Mulsant] Gattung *Arhopalus* Audinet-Serville – **Halsgrubenbock** S. 484

Gattung *Arhopalus* Audinet-Serville [*Criocephalus* Mulsant] – **Halsgrubenbock**

1 Au mit einzelnen Härchen zw den Ommatidien (Abb. **485**/7). 3. HFußGld fast bis zur Basis gespalten. FldE an der Naht leicht zugespitzt. – In anbrüchigem Kiefernholz, auch Fichten; VI–IX; g; 10–30 mm. *A. rusticus* (L.)

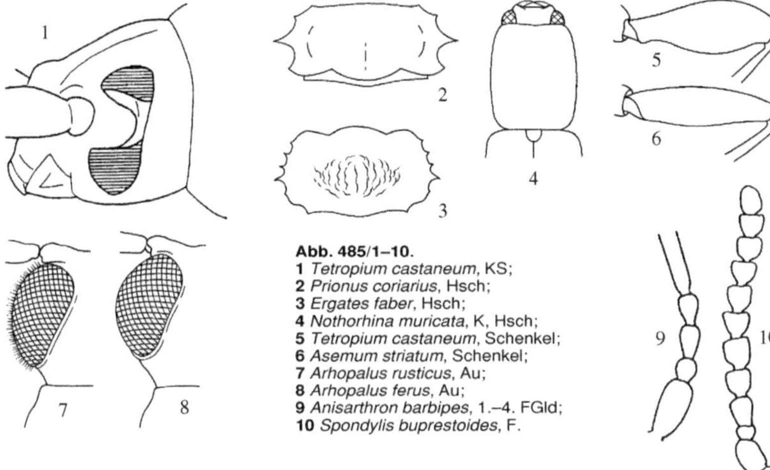

Abb. 485/1–10.
1 *Tetropium castaneum*, KS;
2 *Prionus coriarius*, Hsch;
3 *Ergates faber*, Hsch;
4 *Nothorhina muricata*, K, Hsch;
5 *Tetropium castaneum*, Schenkel;
6 *Asemum striatum*, Schenkel;
7 *Arhopalus rusticus*, Au;
8 *Arhopalus ferus*, Au;
9 *Anisarthron barbipes*, 1.–4. FGld;
10 *Spondylis buprestoides*, F.

1* Au ohne Härchen zw den Ommatidien (Abb. **485**/8). 3. HFußGld nur bis zur M gespalten. FldE abgerundet. – In Kiefern- u. Fichtenstümpfen; s; VI–IX; 10–25 mm. [*A. tristis* (F.)] *A. ferus* (MULSANT)

Unterfamilie ***Lepturinae*** – **Schmalböcke**

1 VBr von den VHü bis zum VRand tief eingeschnürt od. ausgehöhlt (von der S gesehen erscheint ein Winkel). HschS meist mit dornartigem Höcker. F meist vor den Au eingelenkt. [*Stenocorini*] Tribus *Rhagiini* S. 485

1* VBr von den VHü bis zum VRand nicht eingeschnürt (von der S gesehen erscheint eine Gerade). HschS meist ohne Höcker. F immer zwischen den Au eingelenkt. Tribus *Lepturini* S. 487

Tribus *Rhagiini* [*Stenocorini*]

1 Hsch mit deutlichem, ± spitzem SHöcker **2**

1* Hsch ohne od. nur mit schwach entw SHöcker **11**

2 VBrForts ± breit u. hoch, von den VHü nicht überragt (Abb. **486**/1). Gattung *Rhagium* F. – **Zangenbock** S. 487

2* VBrForts schmal, zwischen den VHü endend, von diesen weit überragt (Abb. **486**/2) **3**

3 3. u. 4. FGld fast gleich lg, beide ziemlich kurz (Abb. **486**/3). – In altem, oft morschem Holz vieler Laubbäume, in Alleen u. Parkanlagen; z; V–VIII; 15–23 mm. *Rhamnusium bicolor* (SCHRANK) – **Weidenbock**

3* 3. FGld länger als das 4. (Abb. **486**/4) **4**

4 Fld metallisch glänzend, blau bis grün. – Hlb rötlichgelb. Montan. Entw in Fichten; z; V–VIII; 9–12 mm. *Gaurotes virginea* (L.) – **Blaubock**

4* Fld nicht metallisch glänzend **5**

5 F dicht vor dem AuVRand eingelenkt **6**

5* F zw den Au eingelenkt. – In Nadelholzstubben u. altem Holz, bes. Fichten, auch in Laubholz; z; IV–VIII; 16–30 mm. [*Toxotus* ZETTERSTEDT] *Oxymirus cursor* (L.) – **Schulterbock**

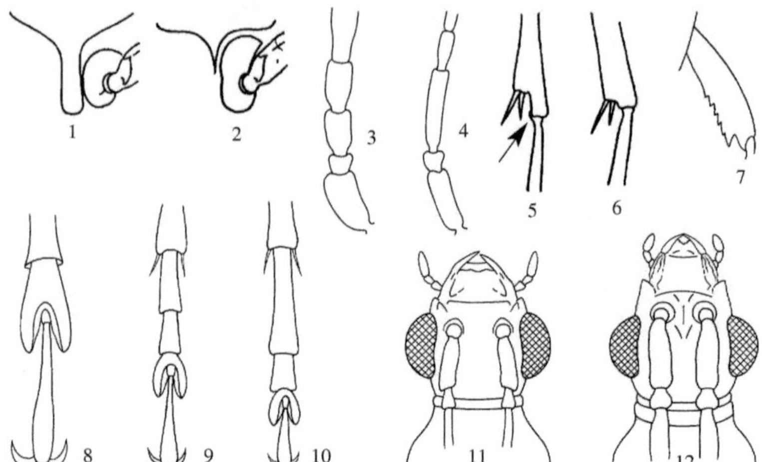

Abb. 486/1–12. 1 *Rhagium sycophanta*, VBr, US; **2** *Oxymirus cursor*, VBr, US; **3** *Rhamnusium bicolor*, 1.–4. FGld; **4** *Oxymirus cursor*, 1.–4. FGld; **5** *Stenocorus meridianus*, HSchiene; **6** *Pachyta quadrimaculata*, HSchiene; **7** *Akimerus schaefferi*, HSchenkel; **8** *Pachyta quadrimaculata*, HFuß; **9** *Brachyta interogationis*, HFuß; **10** *Evodinus clathratus*, HFuß; **11** *Dinoptera collaris*, K; **12** *Acmaeops pratensis*, K.

6 HSchienen an der inneren Spitze mit kräftiger Ausrandung, EDorne dort entspringend (Abb. **486**/5) **7**

6* HSchienen ohne Ausrandung, EDorne am E der Schiene entspringend (Abb. **486**/6) **9**

7 M- u. HSchenkel innen fein gezähnt, vor der Spitze mit stärkerem Zahn (Abb. **486**/7). Fld hinten abgerundet. – In Eiche; s; VI–VII; 15–24 mm.
Akimerus schaefferi (Laicharting) – **Breitschulterbock**

7* M- u. HSchenkel ungezähnt. Fld hinten abgestutzt. **8**

8 3. FGld etwas länger als das 5. – L in Laubholz. Im. auf Blüten; z; V–VII; 15–25 mm.
Stenocorus meridianus (L.) – **Stubbenbock**

8* 3. FGld kürzer als das 5. – L in Laubholz, bes. Eichen; s; IV–VI; 12–21 mm.
Anisorus quercus (Götz)

9 **(6)** 3. HFußGld höchstens bis zur Hälfte gelappt (Abb. **486**/8). Fld am E abgestutzt, meist gelb u. mit schwarzen Makeln.
Gattung *Pachyta* Dejean – **Vierfleckenbock** S. 487

9* 3. HFußGld tief zweilappig ausgerandet (Abb. **486**/9, 10). Fld am E abgerundet, gelb mit dunkler Zeichnung **10**

10 1. Gld der HFüße kurz, nicht länger als das 2. u. 3. Gld zusammen (Abb. **486**/9). – Boreomontan. Entw in Wurzeln von *Geranium sylvaticum*; s; VI–VIII; 9–18 mm. . . . .
Brachyta interrogationis (L.)

10* 1. Gld der HFüße lg, deutlich länger als das 2. u. 3. Gld zusammen (Abb. **486**/10). – Montan. Entw in Laubholz; s; IV–VIII; 10–12 mm. . . . .
Evodinus clathratus (F.) – **Fleckenbock**

11 **(1)** HschS ± kugelig gerundet, ohne Höcker u. Beule **12**

11* HschS mit kleinem, eckig vorspringendem Buckel. – Entw in Laub- u. Nadelholz; s; IV–VIII; 9–11 mm. *Pidonia lurida* (F.)

12 F in Höhe des AuVRand eingelenkt (Abb. **486**/11). Hsch hinter dem VRand nicht eingeschnürt, fast kugelig. Fld dunkelblau od. dunkelgrün. – L in Laubholz; montan; z; V–VIII; 7–9 mm. *Dinoptera collaris* (L.)

12* F vor dem AuVRand eingelenkt (Abb. **486**/12). Hsch hinter dem VRand eingeschnürt. Fld gelb od. schwarz. Gattung *Acmaeops* LeConte – **Kugelhalsbock** S. 487

Gattung *Rhagium* F. – **Zangenbock**

1 F die M der Fld fast erreichend. OS gleichmäßig u. fein behaart. – L in Nadel- u. Laubholz. Im. auf Blüten, an Holz. P im Holzkörper; g; IV–VII; 12–22 mm. *R. bifasciatum* F.

1* F die Basis der Fld kaum überragend. OS mit dichter fleckig verteilter Behaarung **2**

2 Schläfen wesentlich kürzer als Au. Fld mit 2 schwarzen, ± vollständigen Querbinden. – L unter Rinde von totem Nadelholz, bes. Stümpfen, dort auch P. Im. auf Blüten u. Holz; g; IV–VI; 10–21 mm. *R. inquisitor* (L.)

2* Schläfen so lg od. länger als Au. Fld mit 2 gelbbraunen Querbinden **3**

3 Fld zw Sch u. Schulter mit einer deutlichen höckerartigen Erhebung. SRand der Fld ohne schwarzen unbehaarten Fleck. – L unter Rinde von Eichenstümpfen, s anderen Laubbäumen; s; V–VI; 17–26 mm. *Rhagium sycophanta* (Schrank)

3* Fld zw Sch u. Schulter ohne od. mit kaum erkennbarer höckerartiger Erhebung. SRand der Fld mit schwarzem unbehaartem Fleck. – L unter Rinde verschiedener Laubhölzer, bes. Stümpfen; g; V–VIII; 13–22 mm. *R. mordax* (DeGeer)

Gattung *Pachyta* Dejean – **Vierfleckenbock**

1 Hsch matt, dicht u. stark runzelig punktiert. Jede Fld mit 2 deutlich abgegrenzten schwarzen Flecken. – Boreomontan. Entw meist in Kiefer; VI–VII; 11–20 mm. *P. quadrimaculata* (L.)

1* Hsch glänzend, spärlich u. fein punktiert. Jede Fld mit 2 undeutlich abgegrenzten ± verwaschenen dunklen Flecken od. einfarbig. – Boreomontan. L in toten, stehenden Fichten; s; VII–VIII; 10–20 mm. *P. lamed* (L.)

Gattung *Acmaeops* LeConte – **Kugelhalsbock**

1 Fld am E bogig ausgerandet (Abb. **488**/1), hintere Außenecke meist zahnförmig vorspringend. – L in Kiefernborke; s; V–VI; 7–11 mm. *A. marginatus* (F.)

1* Fld am E gerundet od. gerade abgeschnitten (Abb. **488**/2) **2**

2 Wangen vor den Au kürzer als $^{2}/_{3}$ AuDurchmesser. – In Fichte, auch anderem Nadelholz. Boreomontan; s; VI–VII; 7–9 mm. *A. septentrionis* (C. G. Thomson)

2* Wangen vor den Au so lg wie AuDurchmesser. – Unter Nadelholzrinde, bes. Fichte. Boreomontan; BY, SN; nur vor 1950; VII–VIII; 6–10 mm. *A. pratensis* (Laicharting)

Tribus *Lepturini*

1 Wangen kürzer als halber AuDurchmesser, zw Au u. OKfBasis nur ein schmaler Steg (Abb. **488**/3) **2**

1* Wangen so lg wie der halbe AuDurchmesser **3**

2 3. HFußGld breiter als die vorhergehenden Gld (Abb. **488**/4). Au kaum ausgerandet. Gattung *Cortodera* Mulsant – **Tiefaugen-Bock** S. 489

2* 3. HFußGld nicht breiter als die vorhergehenden Gld (Abb. **488**/5). Au stets deutlich ausgerandet. Gattung *Grammoptera* Audinet-Serville – **Blütenbock** S. 489

3 **(1)** Hsch oben mit deutlicher MFurche. – Entw in Laubholz; Boreoalp, BY; s; VI–VII; 10–14 mm. *Nivellia sanguinosa* (Gyllenhal)

3* Hsch oben ohne od. nur mit schwach entw MFurche **4**

4 HWinkel des Hsch spitz ausgezogen (Abb. **488**/8) **5**

4* HWinkel des Hsch abgerundet (Abb. **488**/7, 9) **13**

5 Körper kurz, Fld höchstens doppelt so lg wie zusammen breit **6**

5* Körper lg, Fld mehr als doppelt so lg wie zusammen breit **7**

6 Hsch vor dem HRand flach u. regelmäßig eingedrückt. – Meist in Fichten. Boreomontan; s; VI–VIII; 8–14 mm. *Judolia sexmaculata* (L.)

6* Hsch vor dem HRand an beiden S tief u. breit eingedrückt, aber nicht in der M vor dem Sch. Gattung *Pachytodes* PIC S. 491

7 **(5)** Fld an der Spitze abgerundet. – In dürren Laubholzästen; g; V–VIII; 6–8 mm. *Alosterna tabacicolor* (DEGEER) – **Feldahorn-Bock**

7* Fld an der Spitze abgeschnitten od. ausgerandet **8**

8 F ab dem 3. Gld deutlich gelb u. schwarz geringelt. HSchienenInnenS bei ♂ eingeschnitten u. gezähnt. – In Laubhölzern; z; V–VIII; 14–20 mm. *Rutpela maculata* (PODA VON NEUHAUS)

8* F nicht geringelt. HSchienenInnenS glatt **9**

9 1. u. 2. FußGld der HB unten in der M mit einer glatten, glänzenden, unbehaarten Furche. **10**

9* 1. u. 2. FußGld der HB unten gleichmäßig behaart, ohne glatte Furche **11**

10 Hsch im ersten Drittel seitlich mit einem kleinen Höcker, nicht länger als breit. K vor den Au kurz u. breit. Hlb gelbrot. – In Laubhölzern; s; V–VIII; 8–15 mm. *Pedostrangalia revestita* (L.)

10* Hsch seitlich ohne Höcker, länger als breit. K vor den Au lg gestreckt. Hlb schwarz. – In Nadelhölzern, bes. Kiefern; s; VI–VII; 12–17 mm. *Etorufus pubescens* (F.)

11 Die letzten 5 FGld an der AußenS mit einer flachen matten Grube vor dem E (Abb. **488**/6). 3. HFußGld lg, nur schwach eingekerbt. – In Laubhölzern; z; VI–VIII. 9–17 mm. *Strangalia attenuata* (L.)

11* Die letzten FGld an ihrer AußenS ohne flache Grube. 3. HFußGld kurz, tief zweilappig eingekerbt. **12**

12 Hsch bis zum VRand gewölbt. Gattung *Stenurella* VILLIERS S. 491

12* Hsch hinter dem VRand deutlich eingeschnürt (Abb. **488**/8, 10). Gattung *Leptura* L. S. 489

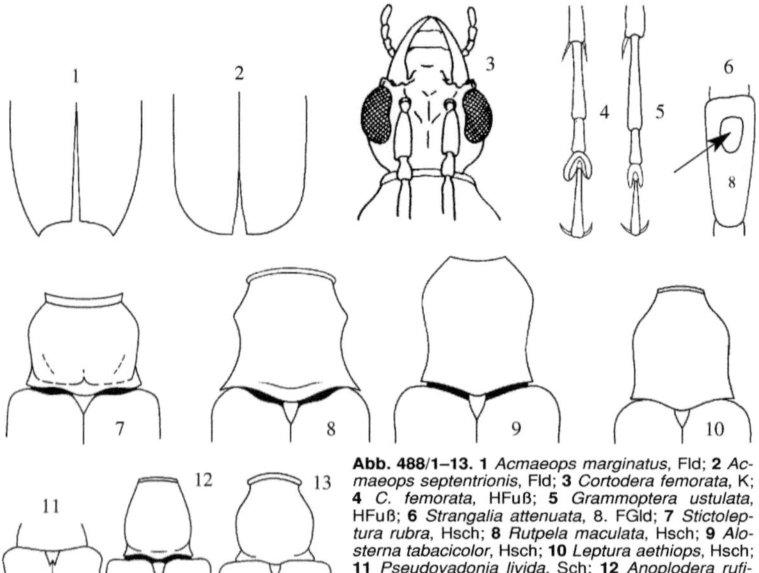

Abb. 488/1–13. 1 *Acmaeops marginatus*, Fld; **2** *Acmaeops septentrionis*, Fld; **3** *Cortodera femorata*, K; **4** *C. femorata*, HFuß; **5** *Grammoptera ustulata*, HFuß; **6** *Strangalia attenuata*, 8. FGld; **7** *Stictoleptura rubra*, Hsch; **8** *Rutpela maculata*, Hsch; **9** *Alosterna tabacicolor*, Hsch; **10** *Leptura aethiops*, Hsch; **11** *Pseudovadonia livida*, Sch; **12** *Anoplodera rufipes*, Hsch; **13** *Paracorymbia maculicornis*, Hsch.

13 **(4)** Ganzer Körper mit dichter, lg grünlicher Behaarung. – In Nadelholz. Boreomontan; s; VI–VIII; 14–22 mm. *Lepturobosca virens* (L.)
13* Fld ohne dichte, lg grünliche Behaarung **14**
14 FldE ausgerandet od. abgeschnitten, mit einem deutlichen Außenwinkel. Hsch hinter dem VRand deutlich eingeschnürt (Abb. **488**/13) **15**
14* FldE abgerundet od. abgestumpft, ohne deutlichen Außenwinkel. Hsch hinter dem VRand nicht od. nur wenig eingeschnürt (Abb. **488**/12) **16**
15 Hsch schmal, seitlich nicht buckelig erweitert. Gattung *Anastrangalia* CASEY S. 490
15* Hsch breit, seitlich buckelig gewölbt (Abb. **488**/13).
Gattungen *Stictoleptura* CASEY u. *Paracorymbia* MIROSHNIKOV S. 490
16 **(14)** Schläfen hinter den Au eckig erweitert. Hsch länger als breit. Sch hinten nicht eingeschnitten (Abb. **488**/12). Gattung *Anoplodera* MULSANT S. 489
16* Schläfen hinter den Au nicht eckig erweitert. Hsch etwa so lg wie breit, in der M kugelig gewölbt. Sch hinten eingeschnitten, zweispitzig (Abb. **488**/11). – Entw im Boden, der mit Myzelien von *Marasmius oreades* durchsetzt ist; g; V–VIII; 5–9 mm.
Pseudovadonia livida (F.)

Gattung *Cortodera* MULSANT – **Tiefaugen-Bock**

1 Hsch wenig behaart, mit unpunktierter, glatter MLinie. K zw AuInnenRand u. FBasis kaum behaart. – In Fichtenzapfen; z; IV–VIII; 8–11 mm. *C. femorata* (F.)
1* Hsch dicht behaart, ohne unpunktierte, glatte MLinie. K zw AuInnenRand u. FBasis deutlich behaart. – In toten Wurzeln von Eichen; z; V–VI; 8–11 mm.
C. humeralis (SCHALLER)

Gattung *Grammoptera* AUDINET-SERVILLE – **Blütenbock**

1 2. FGld etwa doppelt so lg wie breit (Abb. **490**/1). – In dürren Laubholzästen; g; IV–VIII; 3–7 mm. *G. ruficornis* (F.)
1* 2. FGld etwa so lg wie breit **2**
2 Hsch fein weiß behaart. Schenkel u. Schienen der VB ganz gelb, nur Füße schwarz. – In dürren Laubholzästen, meist Eiche; z; IV–VI; 6–8 mm. *G. ustulata* (SCHALLER)
2* Hsch dicht goldgelb behaart. Schenkel u. Schienen der VB z. T. od. ganz schwarz. – In dürren Eichenästen, auch anderen Laubbäumen, Wipfelregion; z; IV–VIII; 6–9 mm. [*G. variegata* (GERMAR)] *G. abdominalis* (STEPHENS)

Gattung *Leptura* L.

1 Hsch kürzer als an der Basis breit **2**
1* Hsch deutlich länger als an der Basis breit (Abb. **488**/10) **3**
2 V- u. HRand des Hsch dicht goldgelb saumartig behaart. – In Laubholz. Im S und SW; s; VII–VIII; 13–23 mm. *L. aurulenta* F.
2* Ganzer Hsch gleichmäßig dünn gelblich behaart. – In Laubhölzern; z; VI–VIII; 11–20 mm. *L. quadrifasciata* L.
3 **(1)** Fld schwarz mit gelben Binden. F u. B wenigstens teilweise gelbbraun. – In Laubholz; s; V–VII; 12–17 mm. [*L. arcuata* (PANZER)] *L. annularis* F.
3* Fld, F u. B. ganz schwarz. – Entw in Laubholz; z; V–VII. 10–15 mm.
L. aethiops PODA VON NEUHAUS

Gattung *Anoplodera* MULSANT

1 Körper ganz schwarz, nur B meist rot. – In Laubholz, bes. Eichen; s; V–VI; 7–12 mm.
A. rufipes (SCHALLER)
1* Fld meist mit 3 rotgelben Flecken. B stets schwarz. – In morschen Stubben u. Ästen von Eichen; z; V–VIII; 7–12 mm. *A. sexguttata* (F.)

Gattungen *Stictoleptura* CASEY [*Corymbia* DES GOZIS] u. *Paracorymbia* MIROSHNIKOV

1 OS des Hsch mit kurzer, nach hinten gerichteter Behaarung **2**
1* OS des Hsch mit ± lg, gerade abstehender Behaarung **4**
2 Sch auffällig dicht behaart. Körper schwarz. Fld im vorderen Drittel grob punktiert, Punktur nach hinten deutlich feiner. – In Laubhölzern, bes. Buchen; s; VI–IX; 14–20 mm. *S. scutellata* (F.)
2* Sch nicht auffällig behaart. Körper nur ausnahmsweise schwarz. Fld fast gleichmäßig punktiert **3**
3 Fld rot mit schwarzer, herzförmiger Zeichnung u. schwarzer Spitze. – In Laubholz; nur vor 1950; VI–VIII; 13–19 mm. *S. cordigera* (FUESSLINS)
3* Fld einfarbig rot (♀) od. gelbbraun (♂). – In Nadelholzstümpfen, auch toten Stämmen; g; V–IX; 10–20 mm. *S. rubra* (L.)
4 **(1)** B ganz schwarz **5**
4* B z. T. gelb od. rot. – In Laubholz; s; VI–VII; 12–18 mm. *S. erythroptera* (HAGENBACH)
5 F schwarz, die mittleren Gld an der Basis gelb geringelt. – Sowohl in Nadel- als auch Laubholz. Boreomontan; z; VI–VII; 8–10 mm. *P. maculicornis* (DEGEER)
5* F ganz schwarz. – Entw unbekannt; s; VI–VII; 10–14 mm. *P. fulva* (DEGEER)

Gattung *Anastrangalia* CASEY

1 Ganzer Käfer schwarz. *A. dubia* (SCOPOLI) (schwarze Form)
1* Käfer anders gefärbt **2**
2 Hsch kurz, halb aufgerichtet, gelblich behaart, ohne flach vertiefte Längslinie im hinteren Teil, kaum länger als breit, M kugelig gewölbt. Fld beim ♂ gelbbraun mit schwarzer Spitze, beim ♀ rot. – In Nadelholz; z; V–VIII; 9–13 mm. *A. sanguinolenta* (L.)
2* Hsch dicht aufrecht graubraun behaart, mit einzelnen längeren Haaren, mit einer flach vertieften MLängslinie im hinteren Teil, deutlich länger als breit, M gleichmäßig gewölbt **3**
3 Schläfen lg, nach hinten backenartig erweitert (Abb. **490**/2). Fld beim ♂ gelbbraun mit schwarzem Nahtsaum, SRändern u. Spitze, beim ♀ rot od. rot mit Schwarzfärbung. – In Nadelholz. Montan-subalp; s; VI–VIII; 9–16 mm. *A. dubia* (SCOPOLI)
3* Schläfen kurz, nicht backenartig erweitert (Abb. **490**/3). Fld beim ♂ gelbbraun mit schwarzen SRändern u. Spitze, beim ♀ rot mit schwarzen SRändern. – In Nadelholz; Boreomontan; s; VI–VIII; 9–16 mm. [*A. inexpectata* (JANSSON et SJÖBERG)] *A. reyi* (HEYDEN)

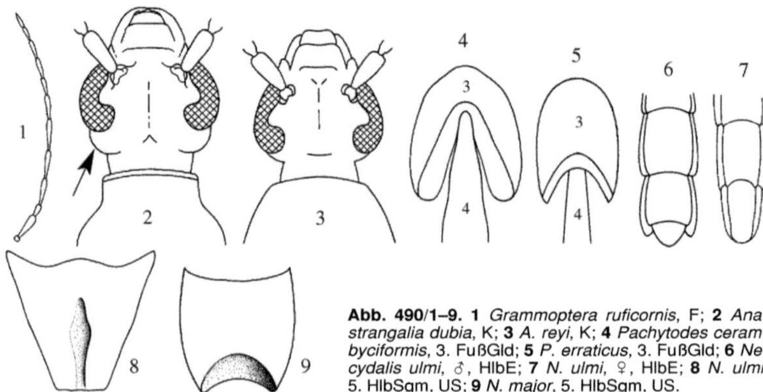

Abb. 490/1–9. 1 *Grammoptera ruficornis*, F; **2** *Anastrangalia dubia*, K; **3** *A. reyi*, K; **4** *Pachytodes cerambyciformis*, 3. FußGld; **5** *P. erraticus*, 3. FußGld; **6** *Necydalis ulmi*, ♂, HlbE; **7** *N. ulmi*, ♀, HlbE; **8** *N. ulmi*, 5. HlbSgm, US; **9** *N. major*, 5. HlbSgm, US.

Gattung *Pachytodes* Pic

1 3. FußGld bis zur Hälfte od. mehr gespalten (Abb. **490**/4). FldNaht hell. Fld matt. – Entw in Laubhölzern; z; V–VIII; 7–11 mm. *P. cerambyciformis* (Schrank)
1* 3. FußGld nur 1/3 seiner Lg gespalten (Abb. **490**/5). FldNaht schwarz. Fld glänzend. – In Laubhölzern; nur vor 1950; V–VIII; 7–12 mm. *P. erraticus* (Dalman)

Gattung *Stenurella* Villiers

1 Fld einfarbig schwarz **2**
1* Fld anders gefärbt **3**
2 Hlb überwiegend rot. – In Laubhölzern; g; V–VIII. 6,5–9 mm. *S. nigra* (L.)
2* Hlb schwarz. *S. melanura* (L.) (schwarze Form)
3 **(1)** Hlb schwarz **4**
3* Hlb ganz od. z. T. rot od. orange **5**
4 Fld beim ♂ gelbbraun mit schwarzer Spitze u. schwarzer Naht, beim ♀ rot od. orange mit schwarzer Spitze u. breitem schwarzem Nahtstreifen. Hsch grob punktiert, nicht glänzend. – In Laub- u. Nadelhölzern; g; V–IX; 6–10 mm. *S. melanura* (L.)
4* Fld beim ♂ gelbbraun mit dunkler Naht u. schwarzer Spitze, beim ♀ rot mit schwarzer Spitze, schwarzer Naht u. Querbinde hinter der M. Hsch fein punktiert, glänzend. – In Laub- u. Nadelhölzern; z; V–IX; 7–10 mm. *S. bifasciata* (O. F. Müller)
5 **(3)** B vorwiegend rot. Fld rot, Naht hinter dem Sch ausgedehnt schwarz, jede Fld mit 3 schwarzen Flecken. – In Laubhölzern, bes. Haselnuss. BY; s; VI–VII; 8–12 mm. *S. septempunctata* (F.)
5* B ± schwarz. Fld vgl. **4***. *S. bifasciata* (O. F. Müller) (Farbform)

Unterfamilie ***Necydalinae* – Wespenböcke**

Gattung *Necydalis* L. – **Wespenbock**

1 HlbSpitze wie Abb. **490**/6 (♂♂) **2**
1* HlbSpitze wie Abb. **490**/7 (♀♀) **3**
2 5. HlbSgm unten der ganzen Lg nach tief eingedrückt (Abb. **490**/8). 2. u. 3. HlbSgm gelbrot. – In Laubhölzern; s; V–IX; 21–32 mm. *N. ulmi* Chevrolat
2* 5. HlbSgm unten nur am E eingedrückt (Abb. **490**/9). 1. u. 2. HlbSgm gelbrot. – In Laubhölzern, auch Obstbäumen, VI–VIII; 19–32 mm. *N. major* L.
3 **(1)** 5. HlbSgm unten nicht so dicht, aber gröber punktiert als das 4. HRand des 1. u. oft des 2. HlbSgm gelbrot. HschS auffällig dicht goldgelb behaart. *N. ulmi* Chevrolat
3* 5. u. 4. HlbSgm fast gleich punktiert. Höchstens VRand des 1. HlbSgm gelbrot. Hsch unauffällig, weniger dicht behaart. *N. major* L.

Unterfamilie ***Cerambycinae****

*einschließlich von 2 Arten der *Aseminae, Saphanini*

1 Fld den Hlb bedeckend od. höchstens 2 Tergite freilassend **4**
1* Fld stark verkürzt, HFl teilweise freiliegend **2**
2 Fld die M des Hlb erreichend od. überragend. Au nicht ausgerandet. – Synanthrop. In verarbeiteten Weidenruten; z; IV–VIII; 4–7 mm.
Nathrius brevipennis (Mulsant) – **Kleiner Kurzdeckenbock**
2* Fld die M des Hlb nicht erreichend. Au ausgerandet. (*Molorchini*) **3**
3 3. FGld viel länger als das 1. (Abb. **495**/5). Fld mit weißer Schräglinie. – In Nadelhölzern, bes. Fichten; g; V–VIII; 6–16 mm. *Molorchus minor* (L.) – **Kurzdeckenbock**
3* 3. FGld höchstens so lg od. kürzer als das 1. Fld ohne weiße Schräglinie.
Gattung *Glaphyra* Newman S. 494

4 **(1)** Fld nach hinten einzeln bogig verschmälert (Abb. **493**/1), klaffend. – In Laubholzzweigen; s; V–VIII; 8–16 mm. *Stenopterus rufus* (L.) – **Spitzdeckenbock**
4* Fld nach hinten nicht einzeln verschmälert, nicht klaffend **5**
5 Körper samtschwarz u. blau gezeichnet. Hsch oben seitlich mit je einem kleinen Dörnchen. 3.–5. FGld mit dichtem schwarzen Haarbüschel am E. – Montan-subalp. In anbrüchigen Buchenstämmen. BY, BW; s; VII–VIII; 15–38 mm. *Rosalia alpina* (L.) – **Alpenbock**
5* Anders gefärbt. HschOS ohne Dörnchen. FGld ohne schwarze Haarbüschel. ... **6**
6 HschOS ± rauh skulpturiert od. ziseliert. Über 13 mm **7**
6* HschOS nicht stark skulpturiert, höchstens mit flachen Schwielen. **8**
7 Lederbraun, schwarz-braunschwarz. Gattung *Cerambyx* L. – **Spießbock** S. 494
7* Metallisch glänzend, grün od. blau (Farbabarten). – In alten Weiden. Moschusgeruch; v; VI–IX; 13–34 mm. *Aromia moschata* (L.) – **Moschusbock**
8 **(6)** Fld blutrot od. zinnober, an der Naht entlang mit breitem längsovalen schwarzen Fleck. – In Obstbäumen u. a. Laubbäumen. Nur vor 1950; V–VIII, 9–20 mm. *Purpuricenus kaehleri* (L.) – **Purpurbock**
8* Fld nicht zweifarbig rot u. schwarz **9**
9 Hsch an der S mit spitzem Dorn od. stumpfem Höcker **10**
9* Hsch an der S ohne Dorn od. Höcker **16**
10 Hsch u. Fld einheitlich rot, mit auffälliger roter Behaarung. – In Laubhölzern, bes. Eiche; s; V–VI; 8–15 mm. *Pyrrhidium sanguineum* (L.) – **Rothaarbock**
10* OS anders gefärbt **11**
11 Fld metallisch, blau, blaugrün od. kupfern **12**
11* Fld braun od. schwarz, nicht metallisch **13**
12 Fld vorn bläulich, hinten dunkel bronze. Körper über 15 mm lg. Gattung *Ropalopus* MULSANT – **Rindenbock** (teilweise) S. 494
12* Fld einfarbig blau od. blaugrün. – In dürren Laubholzästen; s; IV–VII; 7–9 mm. [*Callimellum angulatum* (SCHRANK)] *Callimus angulatus* (SCHRANK)
13 **(11)** Hsch länger als breit **14**
13* Hsch breiter als lg **15**
14 KfTst mit großem, messerförmigem EGld (Abb. **493**/2). – In dürren Ästen von Eichen u. a. Laubhölzern; s; IV–VI; 5–12 mm. *Axinopalpis gracilis* (KRYNICKI) – **Messerbock**
14* KfTstEGld nicht bes. groß u. nicht messerförmig. Gattung *Obrium* DEJEAN – **Reisigbock** S. 494
15 **(13)** OS, vor allem die Fld hinten, abgeflacht. Au fein facettiert, K dahinter nicht eingeschnürt. Gattung *Ropalopus* MULSANT – **Rindenbock** (teilweise) S. 494
15* OS, auch die Fld hinten, rund gewölbt. Au grob facettiert, K dahinter eingeschnürt. – In Wurzelstöcken von Laubholzstämmen; s; V–VIII; 14–19 mm. *Saphanus piceus* (LAICHARTING) – **Schwarzer Bergbock** (Unterfamilie *Aseminae*)
16 **(9)** F einander genähert, der Oberteil der Au umgreift nicht die FBasis (Abb. **493**/3). Hsch u. Fld mit grauweißen od. gelben Querbinden u. -flecken **17**
16* FBasis weiter voneinander entfernt als Innenränder der Au, d. h., der Oberteil der Au umgreift die FBasis (Abb. **493**/4) **23**
17 Au u. FBasis zur StirnM hin von einer kielförmigen Leiste getrennt, Stirn in der M meist ebenfalls mit Längskiel. – In Laubhölzern; V–IX; 7–20 mm; 5 Arten. Gattung *Xylotrechus* CHEVROLAT – **Holzwespenbock**
17* StirnM u. S ohne Kiel **18**
18 Körper u. B lg abstehend behaart. – In Ahorn u. a. Laubgehölzen. Montan. BY; s; VI–VII; 9–15 mm. *Cyrtoclytus capra* (GERMAR) – **Alpenwespenbock**
18* Körper kurz behaart **19**
19 FGruben voneinander so weit entfernt wie AuAbstand (Abb. **493**/5) **20**
19* AuAbstand größer als Abstand der FGruben (Abb. **493**/6) **21**
20 Fld schwarz mit weißen od. grauen Binden. Hsch oben raspelartig skulpturiert. – In Eichenästen. BW, HE (nur vor 1900); V–VIII; 9–15 mm. *Pseudosphegesthes cinerea* (LAPORTE DE CASTELNAU et GORY)

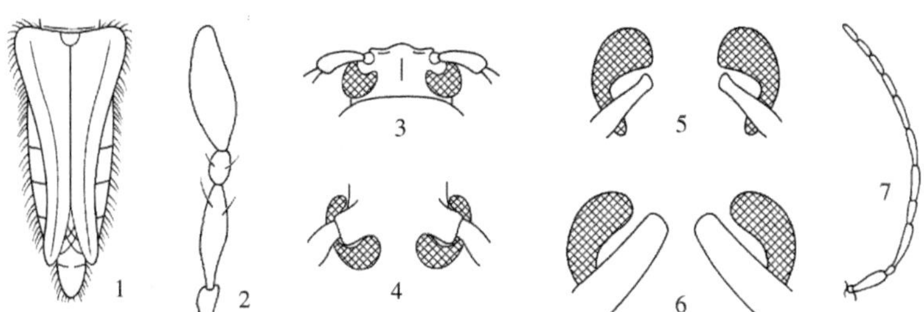

Abb. 493/1–7. 1 *Stenopterus rufus*, Fld; **2** *Axinopalpis gracilis*, KfTst; **3** *Xylotrechus* sp., K; **4** *Callidium* sp., FBasis, Au; **5** *Clytus* sp., FBasis, Au; **6** *Anaglyptus mysticus*, FBasis, Au; **7** *Hylotrupes bajulus*, F.

20* Fld schwarz od. dunkelbraun mit gelben Binden. Hsch oben nicht raspelartig skulpturiert. Gattung *Clytus* LAICHARTING – **Widderbock** S. 495

21 **(19)** F dick, ab 5. FGld jedes Gld zum E hin kontinuierlich eckig erweitert. Gattung *Plagionotus* MULSANT – **Rinden-Widderbock** S. 496

21* F dünn, FGld nicht kontinuierlich eckig erweitert **22**

22 Fld mit 3 weißlichen Querbinden od. grünlichgelb mit 3 schwarzen Querbinden od. -flecken. Hsch kaum schmäler als Fld. Gattung *Chlorophorus* CHEVROLAT – **Wespenbock** S. 496

22* Vordere Hälfte der Fld rotbraun, dahinter 3 gelbweiße Querbinden durch 2 schmale schwarze Binden getrennt u. 1 breite schwarze Querbinde, FldSpitze grauweiß behaart. Hsch deutlich schmäler als Fld. – In Obst- u. a. Laubbäumen; z; IV–VIII; 6–14 mm. *Anaglyptus mysticus* (L.) – **Zierbock**

23 **(16)** 3–7 mm. Körper einfarbig hell od. dunkelbraun, matt. Hsch länger als breit. – Synanthrop. In Weinfassreifen, Weidenkörben, Korbflaschen u. a.; v; V–VIII. *Gracilia minuta* (F.) – **Kleinbock**

23* Größer als 7 mm od. Körper nicht einfarbig braun, wenn kleiner u. braun, dann Hsch nicht länger als breit **24**

24 5. FGld fast so lg wie 3. u. 4. zusammen, diese Gld sehr kurz (Abb. **485**/9). OS sehr dicht, lg rötlichgelb behaart. – In Laubholz; s; VI–VII; 6–11 mm. *Anisarthron barbipes* (SCHRANK) – **Rosthaar-Bock** (Unterfamilie *Aseminae*)

24* 5. FGld viel kürzer als 3. u. 4. zusammen, diese nicht ausgesprochen kurz (Abb. **495**/6, 7) **25**

25 VHü durch VBrForts in ganzer Länge voneinander getrennt **26**

25* VBrForts verkürzt, VHü hinten aneinanderstoßend **31**

26 VBrForts flach u. breit, die VHü weit trennend. – In verbautem Holz von Nadelbäumen, vielfach auf Hausböden in dicken Balken u. Pfosten schädlich, auch im Freien in Nadelholz; z; VI–VIII; 7–21 mm. *Hylotrupes bajulus* (L.) – **Hausbock**

26* VBrForts schmal od. verkürzt. VHü nahe zusammenstehend **27**

27 Bei 10facher Lupenvergrößerung sind die Einzelfacetten der Au deutlich sichtbar. – In alten Eichen; s; VII–VIII; 14–21 mm. *Trichoferus pallidus* (OLIVIER)

27* Bei 10facher Lupenvergrößerung sind die Einzelfacetten der Au nicht deutlich sichtbar **28**

28 3. FGld kürzer od. höchstens so lg wie das 4. Fld mit 2 gezackten, gelblich-weißen Querbinden. – In Nadelholz, bes. Fichte. Boreomontan; BY, BW; s; IV–VII; 7–14 mm. *Semanotus undatus* (L.) – **Bayern-Bock**

28* 3. FGld deutlich länger als das 4. Fld einfarbig **29**

29 Fld mit mehreren deutlichen Quereindrücken. Gattung *Callidium* F. – **Scheibenbock** (teilweise) S. 494

29* Fld ohne Quereindrücke **30**

30 Fld stark abgeflacht. OS kahl erscheinend. Hsch dunkel.
Gattung *Ropalopus* MULSANT – **Rindenbock** (teilweise) S. 494
30* Fld gewölbt. OS deutlich behaart. Hsch rot. – Meist ältere Funde. In Fichtenästen; s; V–VIII. 8,5–12 mm. *Pronocera angusta* (KRIECHBAUMER)
31 **(25)** Fld grob aufgerauht, meist runzlig. Hsch dicht grob punktiert.
Gattung *Callidium* F. – **Scheibenbock** (teilweise) S. 494
31* Fld u. Hsch fein punktiert. **32**
32 1. Gld der HFüße deutlich länger als das 2. u. 3. zusammen (Abb. **495**/10). – In Laubholz, bes. Eiche; g; V–VIII; 6–17 mm. *Phymatodes testaceus* (L.) – **Schönbock**
32* 1. Gld der HFüße kürzer od. höchstens so lg wie das 2. u. 3. zusammen (Abb. **495**/9) Gattung *Poecilium* FAIRMAIRE S. 495
u. *Phymatodes rufipes* (F.)

Gattung *Cerambyx* L. – **Spießbock**

1 2. FGld etwa so lg wie breit (Abb. **495**/1). FldE an der Naht in einen Dorn ausgezogen. – In stehendenalten Eichen; z; V–VIII; 24–53 mm. *C. cerdo* L. – **Eichenbock**
1* 2. FGld ringförmig, nahezu 3-mal so breit wie lg (Abb. **495**/2). FldE abgerundet, ohne Dorn. – In stehenden, besonnten Laubhölzern, bes. Obstbäumen u. Buchen; z; IV–VIII; 17–28 mm. *Cerambyx scopolii* FUESSLINS

Gattung *Obrium* DEJEAN – **Reisigbock**

1 Scheitel zw den Au so breit (♂) od. breiter (♀) wie ein Au (Abb. **495**/3). Hsch mit dichter deutlicher Punktierung. – In Nadelholz; z; V–VIII; 4–7 mm. *O. brunneum* (F.)
1* Scheitel zw den Au viel schmaler als ein Au (Abb. **495**/4). Hsch glatt, Punktierung undeutlich. – In Laubhölzern; s; IV–VIII; 5–10 mm. *O. cantharinum* (L.)

Gattung *Glaphyra* NEWMAN

1 Fld kürzer als Hsch u. kürzer als zusammen breit. Hsch etwa so lg wie breit, S ohne Höcker. – In Kiefernzweigen; sehr s; V–VII; 5–8 mm.
G. marmottani (BRISOUT DE BARNEVILLE)
1* Fld länger als Hsch, länger als an der Basis zusammen breit. Hsch länger als breit, S mit kleinem Höcker. – In Rosengewächsen u. a. Laubholz; z; IV–VII; 5–8 mm.
G. umbellatarum (SCHREBER)

Gattung *Ropalopus* MULSANT – **Rindenbock**

1 3.–10. FGld am E mit dornartigem Forts (Abb. **495**/7) **2**
1* FGld ohne dornartige Forts (Abb. **495**/6) **4**
2 Fld metallisch grün bis violett. HschM glänzend, glatt. – In Ahorn, auch anderen Laubhölzern. Montan; s; VI–VIII; 16–24 mm. *R. ungaricus* (HERBST)
2* Fld schwarz. HschM dicht runzelig punktiert, nicht glänzend **3**
3 Schenkel teilweise rot. Körper schwarz, leicht glänzend. – In Laubholz, bes. Eichen; s; V–VII; 10–14 mm. [*R. spinicornis* (ABEILLE)] *R. varini* (BEDEL)
3* Schenkel völlig schwarz. Körper matt schwarz. – In dünnen, morschen Laubholzästen; s; V–VII; 10–23 mm. *R. clavipes* (F.)
4 **(1)** Schenkel rot, Basis und Spitze schwarz. – In Eichen; s; V–VII; 8–13 mm.
R. femoratus (L.)
4* Schenkel schwarz. – In Laubhölzern; BY, ST; s; IV–VIII; 8–14 mm.
R. macropus (GERMAR)

Gattung *Callidium* F. – **Scheibenbock**

1 Fld kahl, hinten grob netzförmig gerunzelt. – In Nadelholz, gelegentlich Laubholz; z; V–VII; 9–15 mm. *C. aeneum* (DEGEER)
1* Fld behaart, nicht grob netzförmig gerunzelt **2**

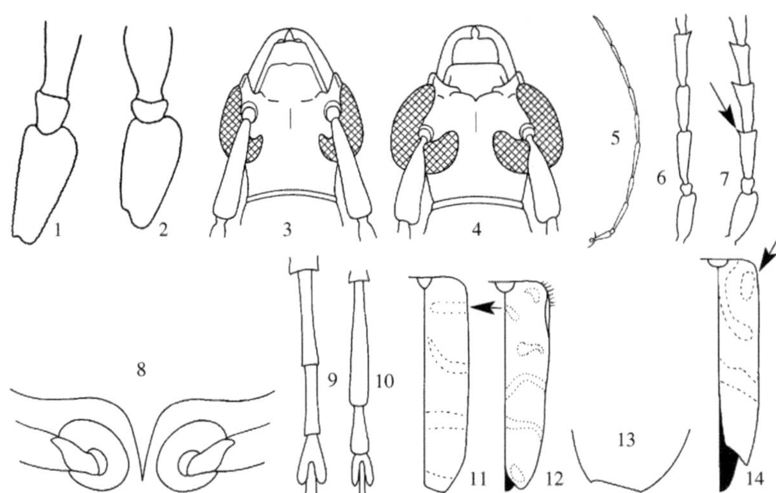

Abb. 495/1–14. **1** *Cerambyx cerdo*, 1.–3. FGld; **2** *Cerambyx scopolii*, 1.–3. FGld; **3** *Obrium brunneum*, K; **4** *Obrium cantharinum*, K; **5** *Molorchus minor*, F; **6** *Ropalopus femoratus*, 1.–5. FGld; **7** *Ropalopus ungaricus*, 1.–5. FGld; **8** *Callidium coriaceum*, VBr, US; **9** *Poecilium alni*, 1.–3. FußGld; **10** *Phymatodes testaceus*, 1.–3. FußGld; **11** *Clytus arietis*, Fld; **12** *Plagionotus arcuatus*, Fld; **13** *Plagionotus detritus*, FldSpitze; **14** *Chlorophorus figuratus*, Fld.

2 VHü durch einen schmalen Forts der VBr getrennt (Abb. **495**/8). Fld vorn mit schrägen Quereindrücken, bronzefarben od. gelbbraun. – In Nadelholz, bes. Fichten. Boreomontan; s; VI–VIII; 8–14 mm. *C. coriaceum* PAYKULL

2* VHü nicht durch einen Forts der VBr getrennt. Fld vorn ohne Quereindrücke, meist blau od. violett. – In Nadelhölzern; g; V–VII; 8–16 mm. *C. violaceum* (F.)

Gattungen *Poecilium* FAIRMAIRE u. *Phymatodes* MULSANT (partim)

1 Fld mit 2 gebogenen hellen Querbinden, hinter dem Sch je mit einem Büschel dunkler Haare. – In dürren Zweigen von Eiche u. a. Laubhölzern; z; IV–VI; 4–7 mm. *P. alni* (L.)

1* Fld ohne helle Querbinden 2

2 K, Hsch, Fld metallisch blau od. violett, glänzend. B teilweise gelblich. – In dürren Laubholzästen; s; IV–VI; 5–8 mm. *Phymatodes rufipes* (F.)

2* K, Hsch, Fld niemals einfarbig blau od. violett. B einfarbig 3

3 Hsch oben mit ± deutlichen glatten Höckern. – In Eichen; s; III–VI; 5–10 mm. *P. pusillum* (F.)

3* Hsch oben ohne glatte Höcker. – In Wacholderzweigen; s; III–VI; 5–9 mm. *P. glabratum* (CHARPENTIER)

Gattung *Clytus* LAICHARTING – **Widderbock**

1 Spitze der Fld gelb. Hsch u. FldBasis mit lg abstehenden Haaren. 2

1* FldSpitzen nicht gelb, der letzte gelbe Fleck endet vor der Spitze. Hsch u. FldBasis nicht lg abstehend behaart. – In Eichen; s; V–VII; 10–19 mm. *C. tropicus* (PANZER)

2 Fld dünn punktiert, glänzend, Punktzwischenräume größer als die Punkte. – In Laubhölzern; s; V–VII; 6–12 mm. *C. rhamni* GERMAR

2* Fld dicht punktiert, matt, Punktzwischenräume etwa so groß wie die Punkte 3

3 Der kleine gelbe Strichfleck hinter der Schulter steht senkrecht zur Naht (Abb. **495**/11). F zum E verdickt, 3. u. 4. Gld gelbrot, Spitze angedunkelt. – In Laubholzästen; z; V–VII; 6–15 mm. *C. arietis* (L.)
3* Dieser Fleck steht leicht schräg. F zum E nicht verdickt, einfarbig gelbbraun. – Montan-subalp. In Nadelhölzern, bes. Fichten; s; VI–VII; 8–14 mm. *C. lama* MULSANT

Gattung *Plagionotus* MULSANT – **Rinden-Widderbock**

1 HSchenkel auf der US mit lg abstehenden Haaren **2**
1* HSchenkel ohne lg abstehende Haare. – In Stängeln verschiedener Stauden; Vorkommen fraglich; V–VII; 6–20 mm. *P. floralis* (PALLAS)
2 Fld an der Spitze abgerundet (Abb. **495**/12). – In Eichen, auch anderen Laubbäumen; v; V–VII; 8–20 mm. *P. arcuatus* (L.)
2* Fld an der Spitze abgestutzt (Abb. **495**/13). – In Eichen u. a. Laubholz; s; V–VII; 10–19 mm. *P. detritus* (L.)

Gattung *Chlorophorus* CHEVROLAT – **Wespenbock**

1 OS grünlich od. gelblich (nicht weiß!) behaart, mit schwarzen Flecken od. Binden . **2**
1* OS schwarz, mit weißer Bindenzeichnung **4**
2 Hsch einfarbig. Fld mit kleinen schwarzen Flecken. – In Laubhölzern; nur vor 1950; VI–VIII; 9–18 mm. [*C. pilosus* (FORSTER)] *C. glabromaculatus* (GOEZE)
2* Hsch mit schwarzer Zeichnung. Fld mit schwarzen Querbinden od. großen schwarzen Flecken **3**
3 Fld mit schwarzen Querbinden, die wenigstens z. T. an der Naht zusammenstoßen. – In Laubhölzern; s; V–IX; 8–14 mm. *C. varius* (O. F. MÜLLER)
3* Fld mit schwarzen Flecken, die an der Naht getrennt sind. – In Linden u. a. Laubhölzern; s; VI–VIII; 9–15 mm. *C. herbstii* (BRAHM)
4 **(1)** Fld ohne Schulterfleck. Hsch anliegend behaart. – In Laubhölzern; s; V–VIII; 5–9 mm. *C. sartor* (O. F. MÜLLER)
4* Fld mit einem grauweißen Fleck, der hinter der Schulter nahe am SRand steht (Abb. **495**/14). Hsch abstehend behaart. – In Laubhölzern; z; VI–VIII; 7–13 mm. *C. figuratus* (SCOPOLI)

Unterfamilie *Lamiinae* – Weberböcke

1 HschS mit spitzem od. abgestumpftem Höcker **2**
1* HschS ohne spitzen Zahn od. Höcker, höchstens mit undeutlicher Beule **11**
2 1. FGld vor der Spitze mit scharfer Querleiste (Abb. **497**/1) **3**
2* 1. FGld ohne scharfe Querleiste **4**
3 3. FGld länger als 1. Gattung *Monochamus* DEJEAN – **Langhornbock** S. 498
3* 3. FGld nicht länger als 1. – In Pappeln u. Weiden; z; V–VIII; 15–32 mm. *Lamia textor* (L.) – **Weberbock**
4 **(2)** F die FldM wenig od. nicht überragend, unbewimpert. – L im Boden, an Graswurzeln; Im. auf Rasen od. unter Steinen; s; IV–V; 10–15 mm. [*Dorcadion*] *Iberodorcadion fuliginator* (L.) – **Erdbock**
4* F die FldM weit überragend, oft bewimpert **5**
5 1. FGld zur Spitze keulig od. birnenförmig verdickt (Abb. **497**/2). – In Laubhölzern; s; V–VIII; 7–17 mm. [*Acanthoderes*] *Aegomorphus clavipes* (SCHRANK) – **Scheckenbock**
5* 1. FGld schlank, zur Spitze nur allmählich verdickt **6**
6 F lg bewimpert (Abb. **497**/3) **8**
6* F ohne längere Bewimperung **7**
7 F beim ♂ bis 5×, beim ♀ $1^1/_2$–2× so lg wie der Körper u. Hlb in eine lg Legeröhre ausgezogen. Hsch mit 4 gelben Haarflecken. Gattung *Acanthocinus* DEJEAN – **Zimmerbock** S. 499

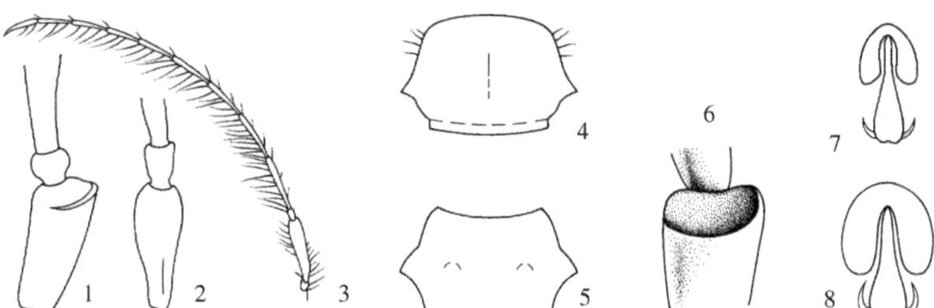

Abb. 497/1–8. 1 *Lamia textor*, 1.–2. FGld; **2** *Acanthoderes clavipes*, 1.–2. FGld; **3** *Exocentrus lusitanus*, F; **4** *Exocentrus* sp., Hsch; **5** *Pogonocherus* sp., Hsch; **6** *Mesosa nebulosa*, 1. FGld; **7** *Anaesthetis testacea*, KlauenGld; **8** *Saperda* sp., KlauenGld.

7* F etwa $1^1/_4\times$ so lg wie der Körper. Hlb immer ohne Legeröhre. Hsch ohne gelbe Haarflecke. Gattung *Leiopus* SERVILLE – **Splintbock** S. 499

8 **(6)** SDornen des Hsch stehen hinter der M u. sind nach hinten gerichtet (Abb. **497**/4). F einfarbig rotbraun, ungeringelt. Gattung *Exocentrus* DEJEAN – **Wimperhornbock** S. 499

8* SDornen des Hsch etwa in der M, ± gerade nach außen gerichtet (Abb. **497**/5). FGld meist geringelt . . . **9**

9 Fld mit einigen schwarzen pinselförmigen Haarbüscheln. Gattung *Pogonocherus* DEJEAN – **Wipfelbock** S. 498

9* Fld ohne solche Haarbüschel . . . **10**

10 11–13 mm. Hsch breiter als lg. Fld etwa $2^1/_2\times$ so lg wie an der Basis breit. Schenkel keulenförmig. – Meist in dürren Lindenästen; s; V–VII; 9–13 mm. [*Oplosia fennica* (PAYKULL)] *Oplosia cinerea* (MULSANT) – **Finnenbock**

10* 6–9 mm. Hsch quadratisch. Fld fast $3^1/_2\times$ so lg wie an der Basis breit. Schenkel nicht keulenförmig. – In dürren Ästen von Eichen; BW, RP (vor 1900), ST (vor 1950); III–VI; 6–9 mm. [*Stenidea genei* (ARAGONA)] *Deroplia genei* (ARAGONA) – **Langdeckenbock**

11 **(1)** 1. FGld vor der Spitze mit scharfer Querleiste, davor eine abgeflachte Stelle (Abb. **497**/6). *Mesosa* LATREILLE – **Augenfleckenbock** S. 498

11* 1. FGld vor der Spitze ohne Querleiste . . . **12**

12 F 12gld . . . **13**

12* F 11gld . . . **14**

13 F etwa 2× so lg wie der Körper, kurz bewimpert, nicht geringelt. Körper sehr schmal. – LEntw in Stängeln von Gräsern. Im S; s; IV–VII; 5–11 mm. *Calamobius filum* (ROSSI) – **Getreidebock**

13* F etwa körperlg od. wenig länger, lg bewimpert, oft geringelt. Körper breiter. Gattung *Agapanthia* AUDINET-SERVILLE – **Scheckhornbock** S. 499

14 **(12)** Klauen an der Basis mit deutlichem, ± großem Zahn od. gespalten . . . **15**

14* Klauen ungezähnt, nicht gespalten . . . **18**

15 3–6 mm. Hsch vor der Basis mit tiefer Querfurche. Au zweigeteilt. Gattung *Tetrops* STEPHENS – **Pflaumenbock** S. 501

15* Über 6 mm. Hsch vor der Basis ohne Querfurche. Au meist nicht geteilt . . . **16**

16 Fld vorn parallel, vor der Spitze etwas bauchig erweitert; Spitzen abgerundet. – In Laubhölzern, bes. Linden. V–VII; 9–14 mm; 2 Arten. Gattung *Stenostola* DEJEAN – **Lindenbock**

16* Fld bis zum E parallel od. zur Spitze verengt . . . **17**

17 Spitze der zurückgelegten HSchenkel ragt nicht über den HRand des 2. HlbSgm hinaus. Körper parallel, lg. Gattung *Oberea* DEJEAN – **Linienbock** S. 500

17* Spitze der zurückgelegten HSchenkel ragt weit über den HRand des 2. HlbSgm hinaus. Körper kurz, nach hinten verschmälert.
Gattungen *Phytoecia* DEJEAN u. *Opsilia* MULSANT – **Walzenhalsbock** S. 500
18 **(14)** KlauenGld schlank, mindestens doppelt so lg wie 3. FußGld (Abb. **497**/7). – In Laubhölzern; z; V–VIII; 6–10 mm. *Anaesthetis testacea* (F.). – **Kragenbock**
18* KlauenGld kurz, nicht doppelt so lg wie 3. FußGld (Abb. **497**/8) **19**
19 6–9 mm. Sch viereckig, schneeweiß behaart. K mit Au auffällig breiter als Hsch. Fld schwarz, jederseits mit einem weißen Fleck vor der Spitze. – In Faulbaumzweigen; s; IV–VI; 5–9 mm. *Menesia bipunctata* (ZUBKOV) – **Schwarzbock**
19* 9–30 mm. Sch dreieckig, verrundet. K mit Au kaum breiter als Hsch. Fld anders gefärbt, mit dichter od. lockerer Tomentierung.
Gattung *Saperda* F. – **Pappelbock** S. 500

Gattung *Monochamus* DEJEAN – **Langhornbock**

1 Fld im vorderen Drittel mit Quereindruck. Sch gleichmäßig behaart, ohne kahle MLinie. – In Nadelholz, bes. Fichten; z; VI–IV; 19–35 mm.
M. sartor (F.) – **Schneiderbock**
1* Fld gleichmäßig gewölbt, ohne Quereindruck. Sch wenigstens im vorderen Teil mit kahler MLinie (Abb. **499**/1, 2) **2**
2 Fld in ganzer Lg stark punktiert, an der Basis körnig **3**
2* Fld nur an der Basis deutlich, aber kaum körnig punktiert. – Sch mit unbehaarter MLinie. In Fichtenästen; BY, SN; s; VI–IX; 11–20 mm. *M. saltuarius* (GEBLER)
3 Sch in der M mit unbehaartem Streifen (Abb. **499**/1). – Boreomontan. In Nadelholz, bes. Fichten; s; VI–IX; 15–24 mm. *M. sutor* (L.) – **Schusterbock**
3* Sch nur an der Basis mit unbehaartem Fleck (Abb. **499**/2). – In Kiefern; s; VI–IX; 12–25 mm. *M. galloprovincialis* (GERMAR)

Gattung *Mesosa* LATREILLE – **Augenfleckenbock**

1 HschOS mit 4 samtschwarzen, gelb umsäumten Flecken. Fld je mit einem größeren samtschwarzen, gelb umrandeten Fleck. – In Laubhölzern; s; IV–IX; 10–17 mm.
M. curculionoides (L.)
1* Hsch ohne AuFlecke. Fld in der M mit undeutlicher heller Querbinde. – In Laubhölzern; z; IV–VIII; 9–15 mm. *M. nebulosa* (F.)

Gattung *Pogonocherus* DEJEAN – **Wipfelbock**

1 Fld an der Spitze ausgerandet, der Außenwinkel in einen Zahn ausgezogen (Abb. **499**/3) **2**
1* Fld an der Spitze stumpf od. abgerundet **3**
2 Nahtwinkel der Fld ebenfalls zahnartig ausgezogen (Abb. **499**/3). Sch mit heller MLinie. – In Laubhölzern; z; IV–VIII; 5–7 mm. *P. hispidulus* (PILLER et MITTERPACHER)
2* Nahtwinkel der Fld nicht zahnartig. Sch einfarbig schwarz. – In Laubhölzern; IV–X; 4–6 mm. *P. hispidus* (L.)
3 **(1)** K, Hsch, Fld nur mit einzelnen kurzen HaarBo. Fld auch an der Spitze mit tiefen Punkten. – In Tanne, auch in anderem Nadel- u. in Laubholz; z; III–X; 4–6 mm.
P. ovatus (GOEZE)
3* K, Hsch, Fld mit zahlreichen abstehenden EinzelBo. FldSpitze ohne tiefe Punkte . **4**
4 Fld vor der M mit annähernd senkrecht zur Naht verlaufender weißer Binde, die den SRand breit erreicht. Scheitel mit 2 dunklen BoBüscheln. – In Nadelhölzern; g; III–X; 5–8 mm. *P. fasciculatus* (DEGEER)
4* Fld in der M mit dunkler, schräger Binde, die vorn grauweiß umrandet ist. Der helle Teil erreicht nicht den SRand. Scheitel ohne dunkle BoBüschel. – In Kiefern u. Fichten; z; III–X; 4–6 mm. *P. decoratus* FAIRMAIRE

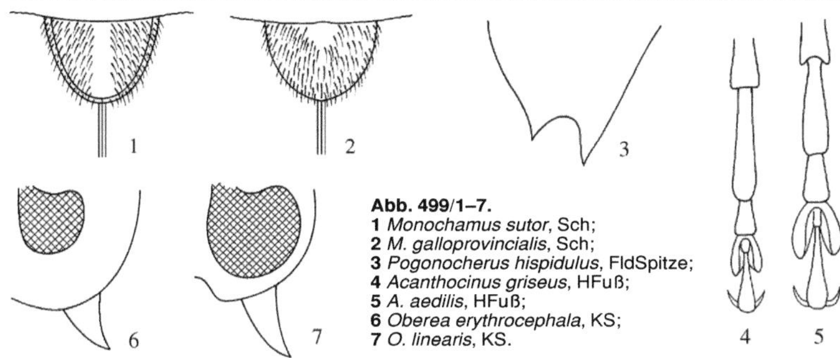

Abb. 499/1–7.
1 *Monochamus sutor*, Sch;
2 *M. galloprovincialis*, Sch;
3 *Pogonocherus hispidulus*, FldSpitze;
4 *Acanthocinus griseus*, HFuß;
5 *A. aedilis*, HFuß;
6 *Oberea erythrocephala*, KS;
7 *O. linearis*, KS.

Gattung *Leiopus* Serville – **Splintbock**

1 HschDornen stehen hinter der M. B z. T. rötlich. – In Laubhölzern; v; V–VII; 6–10 mm. (eine 2. Art ist vorhanden) *L. nebulosus* (L.)

1* HschDornen in der M stehend. B schwarz. – In Espen u. a. Laubhölzern; nur vor 1950; V–VII; 6–8 mm. *L. punctulatus* (Paykull)

Gattung *Acanthocinus* Dejean – **Zimmerbock**

1 1. FußGld der HB höchstens 1,3-mal so lg wie die anderen zusammen (Abb. **499**/5) **2**

1* 1. FußGld der HB mindestens 1,4-mal so lg wie die anderen zusammen (Abb. **499**/4). – In Nadelhölzern, bes. Kiefern; s; IV–VIII; 9–12 mm. *A. griseus* (F.)

2 Fld mit 4 stark erhabenen Rippen, mit pinselförmigen Haarbüscheln. 1. u. 2. FußGld an der Basis hell, an der Spitze schwarz behaart. – In Nadelhölzern, bes. Tannen; s; V–VIII; 10–15 mm. *A. reticulatus* (Razoumowsky)

2* Fld mit 3 schwach erhabenen Längsrippen. 1. u. 2. FußGld einheitlich grau behaart. – In Nadelhölzern, bes. Kiefern; v; III–X; 12–20 mm. *A. aedilis* (L.)

Gattung *Exocentrus* Dejean – **Wimperhornbock**

1 Fld mit in Längsreihen angeordneten hellen Haarflecken. 3. FGld oben u. unten mit lg abstehenden Haaren. – In Laubhölzern; s; V–VII; 5–8 mm. *E. adspersus* Mulsant

1* Fld ohne in Längsreihen angeordnete Haarflecke. 3. FGld nur unten mit abstehenden Haaren **2**

2 Au groß, grob facettiert. Abstand der Au oben halb so groß wie zw den FWurzeln. Fld mit Reihen dunkler kahler Punkte. – In Ulmen, monophag; s; VI–VIII; 3,5–6 mm. *E. punctipennis* Mulsant et Guillebeau

2* Au klein, fein facettiert. Abstand der Au oben 0,65-mal so groß wie der Abstand zw den FWurzeln. Fld ohne deutliche kahle Punkte. – In Linden, monophag; z; V–VIII; 4–6 mm. *E. lusitanus* (L.)

Gattung *Agapanthia* Audinet-Serville – **Scheckhornbock**

1 Körper metallisch glänzend, blau, grün od. violett. – In Stängeln krautiger Pfl; s; V–VIII; 8–13 mm. Eine 2. Art, *A. intermedia* Ganglbauer, ist monophag an *Knautia*. *A. violacea* (F.)

1* Körper dunkel bis schwarz, nicht metallisch glänzend **2**

2 FldNaht mit weißen Tomentstreifen, Fld am E zugespitzt. – In Stängeln krautiger Pfl, polyphag; s; V–VI; 7–13 mm. [*A. pannonica* Kratochvil] *A. cardui* (L.)

2* FldNaht nicht weiß tomentiert. Fld am E abgerundet **3**
3 Grundfarbe der FGld an der Basis vom 3. Gld ab rotgelb. – In Disteln; BW, HE (vor 1900); IV–VII; 10–22 mm. *A. dahli* (C. F. W. RICHTER)
3* Grundfarbe der FGld im ganzen schwarz. – In Stängeln krautiger Pfl; v; V–IX; 10–22 mm. *A. villosoviridescens* (DEGEER)

Gattung *Saperda* F. – **Pappelbock**

1 Fld mit zahlreichen kleinen nackten schwarzen Körnchen **2**
1* Fld ohne kleine nackte Körnchen **3**
2 Jede Fld am E mit einer kleinen zähnchenförmigen Spitze. Letztes FGld einheitlich grau behaart. – In Pappeln; z; VI–X; 20–30 mm.
S. carcharias (L.) – **Großer Pappelbock**
2* Jede Fld am E abgerundet, ohne Zähnchen. Letztes FGld an der Spitze dunkler als an der Basis. – In Sal-Weide; s; VI–VII; 15–22 mm. *S. similis* LAICHARTING
3 **(1)** Hsch u. Fld mit rundlichen schwarzen Punkten od. Flecken **4**
3* Hsch u. Fld nicht mit solchen Flecken **6**
4 Fld mit schwarzem, behaartem Schulterstreif, zw diesem u. dem SRand ein schwarzer Fleck. Fld je mit 5 in einer Reihe stehenden schwarzen Punkten. – In Espen u. a. Pappeln; s; V–VIII; 12–20 mm. *S. perforata* (PALLAS)
4* Fld ohne schwarzen Schulterstreif u. ohne SFleck **5**
5 Die 5–6 schwarzen Flecken auf den Fld bilden keine Längsreihe. 1.–4. HlbSgm mit schwarzem SFleck. – In Ulmen, monophag; s; V–VII; 11–18 mm. *S. punctata* (L.)
5* Die 4 schwarzen FldFlecken bilden eine Längsreihe. 1.–4. HlbSgm ohne SFlecke. – In Linden, monophag; V–VII; 13–20 mm. *S. octopunctata* (SCOPOLI)
6 **(3)** Fld gelbbraun behaart, mit 4–5 dichten gelben Haarflecken auf jeder Fld. – In Espen, auch anderen Pappeln u. Weiden. Brutfürsorge. Gallenbildung; g; V–VII; 9–15 mm. *S. populnea* (L.) – **Kleiner Pappelbock**
6* Fld schwarz, mit gelbgrüner Querbindenzeichnung. – In Laubhölzern, polyphag; z; IV–VIII; 12–18 mm. *S. scalaris* (L.)

Gattung *Oberea* DEJEAN – **Linienbock**

1 Au klein, ihr URand von der OKfBasis weit entfernt (Abb. **499**/6). – In Wolfsmilchstängeln; s; V–VIII; 6–14 mm. *O. erythrocephala* (SCHRANK)
1* Au groß, ihr URand nahe der OKfBasis (Abb. **499**/7) **2**
2 Hsch einfarbig schwarz. – In Laubhölzern, bes. Haselnuss; z; V–VIII; 11–14 mm.
O. linearis (L.)
2* Hsch orange-gelb **3**
3 Basis der Fld orange-gelb. – In *Lonicera*, monophag; s; V–IX; 13–18 mm.
O. pupillata (GYLLENHAL)
3* Basis der Fld nicht orange-gelb. – In Weiden, monophag; z; VI–IX; 15–21 mm.
O. oculata (L.)

Gattungen *Phytoecia* DEJEAN u. *Opsilia* MULSANT – **Walzenhalsbock**

1 Fld mit gelber Außenecke unterhalb der Schulter (von der S betrachten!). Hsch rot mit schwarzen Punkten **2**
1* Fld ohne gelbe Außenecke. Hsch anders gefärbt **3**
2 K ganz schwarz. Hsch mit 2 schwarzen Flecken. – In *Apiaceae*. BY, BW; s; V–VII; 10–16 mm. [*M. nigripes* (VOET)] *P. affinis* (HARRER)
2* K rot mit schwarzen Punkten. Hsch mit 7 schwarzen Flecken. – Westmedit. In *Trinia glauca* u. *Seseli montanum*. RP (vor 1950); IV–VI; 8–14 mm.
P. rubropunctata (GOEZE)
3 **(1)** B mindestens teilweise rot, rotbraun od. orange **4**

3* B einfarbig dunkel, höchstens VSchienen rötlich **7**
4 Hsch schwarz, mit rotem Fleck in der M **5**
4* Hsch ohne roten Fleck in der M **6**
5 Roter HschFleck länglich, kielförmig erhaben. – In *Achillea*-Stängeln u. a. *Asteraceae*; s; IV–VIII; 5–9 mm. *P. pustulata* (SCHRANK)
5* Roter HschFleck rundlich, ohne Kiel, dicht hinter dem VRand. – In krautigen Pfl; s; IV–VI; 6–12 mm. *P. virgula* (CHARPENTIER)
6 **(4)** MB u. HB wenigstens z. T. rotgelb. – In *Apiaceae*; s; IV–VII; 5–12 mm. *P. icterica* (SCHALLER)
6* MB u. HB schwarz. – In *Apiaceae*; z; IV–VIII; 6–14 mm. *P. cylindrica* (L.)
7 **(3)** Körper metallisch dunkelgrün od. dunkelblau glänzend. – In *Boraginaceae*; s; V–VII; 5–9 mm. *O. molybdaena* (DALMAN)
7* Körper nicht metallisch grün od. blau **8**
8 1. Gld der HFüße länger als 2. u. 3. Gld zusammen. Au zweigeteilt **9**
8* 1. Gld der HFüße höchstens so lg wie 2. u. 3. Gld zusammen. Au tief ausgerandet, aber nicht geteilt. – In *Asteraceae*; z; V–VII; 6–12 mm. *P. nigricornis* (F.)
9 OKfSpitze 2zähnig (von der S od. von unten betrachten!). – In *Boraginaceae*; s; IV–VII; 6–14 mm. *O. coerulescens* (SCOPOLI)
9* OKfSpitze einfach. – In *Cerinthe minor*, monophag. BY; s; V–VI; 5–9 mm. *O. uncinata* (W. REDTENBACHER)

Gattung *Tetrops* STEPHENS – **Pflaumenbock**

1 HschS mit lg u. kurzer Behaarung. Spitzenfleck der Fld nach vorn unscharf begrenzt. – In Laubbaumzweigen; g; V–VII; 3–6 mm. *T. praeustus* (L.)
1* HschS nur mit lg Behaarung. Spitzenfleck der Fld scharf begrenzt, nach vorn vorgezogen. – In Esche; z; V–VII; 3–6 mm. *T. starkii* CHEVROLAT

Familie *Chrysomelidae* – Blattkäfer

Ernähren sich meist von Blättern, die die Im. u. L benagen, skelettieren od. durchlöchern. Einige als Im. u. L Schädlinge an KulturPfl (Getreide-, Spargel- u. Lilienhähnchen, Kartoffelkäfer, zahlreiche Erdflohkäfer, Rübenschildkäfer u. a.). Eier werden einzeln, häufchen- od. reihenweise an NährPfl od. Brutstätten der L abgelegt. Einige ♀♀ (Schneeballkäfer, *Phaedon* u. a.) versenken ihre Eier in flachgenagte Löcher od. Grübchen an Blättern, Stängeln u. Zweigen. Andere ♀♀ (*Clytrinae, Cryptocephalinae, Cassidinae*) bedecken die Eier mit Mutterkot. Unter Wasser lebende *Donaciinae* legen Eier an WasserPfl ab. Einige L ernähren sich frei auf Blättern, andere in Stängeln u. Wurzeln. Manche L (*Criocerinae, Cassidinae*) bedecken ihren Rücken mit eigenem Kot. *Clytrinae* u. *Cryptocephalinae* leben als L in Kotsäcken, aus denen sie nur mit dem VKörper herausragen. L der unter Wasser lebenden *Donaciinae* halten sich dauernd unter Wasser auf. Zur Atmung (ohne Kiemen) haken sie an den letzten Stigmen sitzende, gekrümmte, hohle Hörnchen in genagte od. eingeritzte Löcher in WasserPfl ein u. entnehmen daraus Sauerstoff. *Clytra*-L leben als geduldete Gäste bei Ameisen (*Formica*). Verpuppung an der BrutPfl od. in deren Nähe im Erdboden. – DE 508 Arten.

1 K vorgestreckt, hinter den Au od. Schläfen verengt. Hsch viel schmaler als die Fld, mit ungerandeten S (Abb. **502**/1). OKf einfach zugespitzt **2**
1* K bis zu den Au in den Hsch eingezogen od. von ihm bedeckt (Abb. **502**/2). Hsch so breit od. kaum schmaler als Fld, seine S meist gerandet. OKf gezähnt od. mit mehreren Spitzen versehen **5**
2 Punkte auf den Fld in Reihen geordnet, Epipleuren nicht untergebogen, vom SRand der Fld nicht scharf abgesetzt **4**

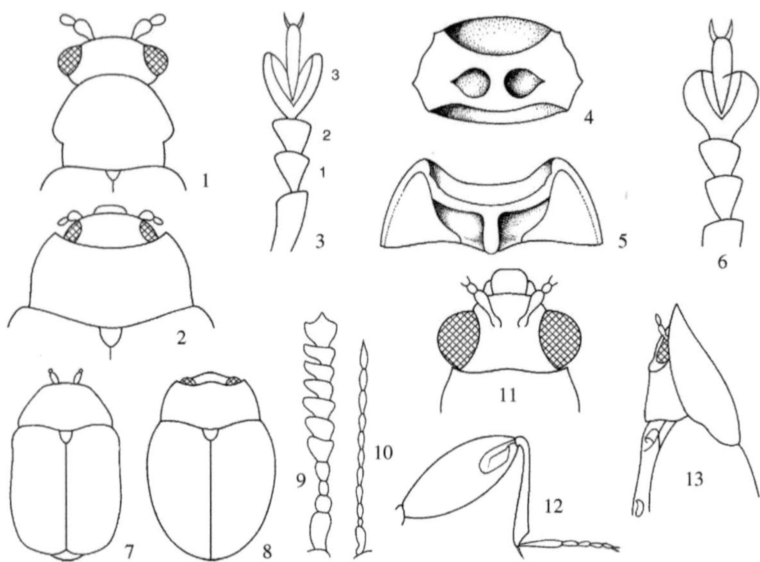

Abb. 502/1–13. **1** *Zeugophora subspinosa*, K, Hsch; **2** *Chrysomelinae*, K, Hsch; **3** *Eumolpinae*, Fuß; **4** *Eumolpinae*, HschUS; **5** *Chrysomelinae*, HschUS; **6** *Chrysomelinae*, Fuß; **7** *Cryptocephalus* sp.; **8** *Chrysomelinae*; **9** *Clytrinae*, F; **10** *Cryptocephalinae*, F; **11** *Galerucinae*, K; **12** *Alticinae*, HB; **13** *Cassidinae*, K, Hsch, SAnsicht.

2* Punkte auf den Fld zerstreut, Epipleuren vom SRand der Fld scharf begrenzt u. untergebogen **3**

3 Hsch herzförmig mit ungewinkelten S. 4–8 mm. Unterfamilie *Orsodacninae* (= Familie *Orsodacnidae*) S. 503

3* S des Hsch in der M stark ausgewinkelt (Abb. **502**/1). 2,5–4 mm. Unterfamilie *Zeugophorinae* (= Familie *Megalopodidae*) S. 503

4 **(2)** BasalGld der F länger als breit, Au innen nicht ausgerandet, VEcken des Hsch deutlich, Sch fein behaart, 1. HlbSternit fast so lg wie die übrigen zusammen. 5–13 mm. Unterfamilie *Donaciinae* – **Schilfkäfer** S. 503

4* BasalGld der F nicht länger als breit, Au innen ± ausgerandet, VEcken des Hsch untergebogen, Sch glatt u. kahl, 1. HlbSternit kaum so lg wie die beiden folgenden zusammen. 3–8 mm. Unterfamilie *Criocerinae* S. 505

5 **(1)** Gestalt zylindrisch, vorn u. hinten ± abgestutzt, Pygidium groß, nach unten gerichtet u. meist unbedeckt (Abb. **502**/7) **6**

5* Gestalt rund, oval od. gestreckt, Pygidium klein u. meist unter den Fld verborgen (Abb. **502**/8) **7**

6 F gesägt (Abb. **502**/9), VHü nahe beieinanderstehend. Unterfamilie *Clytrinae* S. 506

6* F fadenförmig (Abb. **502**/10), VHü durch einen Forts der VBr weit voneinander getrennt. Unterfamilie *Cryptocephalinae* S. 508

7 **(5)** F an der Basis weit voneinander getrennt, auf der Stirn über der Wurzel der OKf eingefügt (Abb. **502**/2), Körper zumeist rundlich (Abb. **502**/8) **8**

7* F an der Basis einander stark genähert, auf der Stirn zw den Au eingefügt (Abb. **502**/11), Schienen außen oft mit Längskanten **10**

8 3. FußGld zweilappig, oben u. unten tief ausgerandet (Abb. **502**/3), VHü kugelig (Abb. **502**/4) **9**

8* 3. FußGld nur oberseits ± ausgerandet, nicht deutlich zweilappig (Abb. **502**/6), VHü quer (Abb. **502**/5). 2,5–18,0 mm. Unterfamilie *Chrysomelinae* S. 508
9 Körper klein, kugelig, oval, B kurz, Schenkel die S des Körpers nicht überragend, VBr mit Furchen, in welche die F vollkommen eingelegt werden können, die Epipleuren mit Gruben zum Einlegen der Schenkel. 2–3 mm. Unterfamilie *Lamprosomatinae*
Einziger Vertreter, [*Lamprosoma* KIRBY] *Oomorphus concolor* (STURM), lebt an *Aegopodium podagraria*; z.
9* Körper von versch. Gestalt, B lg, Epipleuren ohne Schenkelgruben, F nur vorn od. gar nicht in BrFurchen einlegbar. 2,5–10,0 mm. Unterfamilie *Eumolpinae* S. 508
10 **(7)** K ± vorgestreckt, F an der Basis einander genähert, auf der Stirn zw den Au eingelenkt (Abb. **502**/11) **11**
10* K zumeist vom Hsch vollkommen überdeckt u. stets nach unten u. hinten gerichtet, Mund daher von oben nicht sichtbar (Abb. **502**/13), OS entweder mit Stacheln besetzt od. schildartig abgeflacht **12**
11 HSchenkel normal, nicht verdickt, VHü zapfenförmig u. ± nahe beieinanderstehend, Tiere ohne Sprungvermögen. 2,5–12,0 mm. Unterfamilie *Galerucinae* S. 512
11* HSchenkel deutlich verdickt (Abb. **502**/12), VHü kugelig u. durch einen VHüForts deutlich getrennt, Tiere mit Sprungvermögen, kleinere Arten. 1–5 mm.
Unterfamilie *Alticinae* – **Erdflohkäfer** S. 513
12 **(10)** OS mit Stacheln, K u. Mundteile frei, nicht von Hsch bedeckt, K viereckig, 3–4 mm. Unterfamilie *Hispinae*
Einziger Vertreter: *Hispa atra* L. – **Stachelkäfer, Igelkäfer**, deren L in Gräsern miniert; v.
12* OS ohne Stacheln, Hsch über den K vorgezogen, dieser von oben nicht sichtbar (Abb. **502**/13), Epipleuren dachförmig verbreitert, 3–11 mm.
Unterfamilie *Cassidinae* – **Schildkäfer** S. 515

Unterfamilie ***Orsodacninae*** (= Familie *Orsodacnidae*)

Gattung *Orsodacne* LATREILLE

1 OS des Körpers unbehaart. Sehr variabel, von einfarbig gelb bis einfarbig schwarz mit allen Übergängen. – V–VIII. Polyphag; z. *O. cerasi* (L.)
1* OS des Körpers behaart. Sehr variabel. – V–VIII. Polyphag; s. [*O. lineola* (PANZER)]
O. humeralis LATREILLE

Unterfamilie ***Zeugophorinae*** (= Familie *Megalopodidae*)

Gattung *Zeugophora* KUNZE

1 K einfarbig rotgelb **2**
1* K mit dunkler Stirn. – V–VIII. An *Populus, Salix*; v. *Z. flavicollis* (MARSHAM)
2 Der ganze Körper rotgelb. – An *Populus*; nur ODE; s. *Z. turneri* POWER
2* Fld schwarz **3**
3 3–4 mm. Sch gelb. – IV–X. An *Populus*.
Z. scutellaris SUFFRIAN (v) u. *Z. frontalis* SUFFRIAN (s)
3* Unter 3 mm. Sch schwarz. – V–IX u. XI. An *Salix, Populus, Corylus*; v.
Z. subspinosa (F.)

Unterfamilie ***Donaciinae*** – **Schilfkäfer**

Über u. unter Wasser auf u. in WasserPfl, oft ± spezialisiert. Eier werden, in Gallerte eingehüllt, reihenweise an Blätter über od. unter Wasser abgelegt. L mit dem K in Wurzeln, Stängel od. (auch schwimmende) Blätter eingebohrt, gewinnen Luft aus Pfl. Verpuppung in länglichem Kokon an Wurzeln, s an Blättern; *Macroplea*-P liegt in einer Öffnung, die von der L in die Pfl genagt u. später verschlossen wird; dadurch erhält die P den Sauerstoff von der Pfl. IV–IX (Im.).

1 Füße lg, 3. Gld klein, ungelappt, KlauenGld länger als die anderen zusammen (Abb. **504**/1), Fld an der Spitze abgestutzt u. meist am Außenrand mit dornähnlichem Zahn (Abb. **504**/3), Fld meist schwarz-gelb längsgestreift, s ganz gelb. – Meist an WasserPfl (*Myriophyllum, Potamogeton*, im Brackwasser der Ostsee an *Ruppia maritima* u. a.); s. 4,5–8,5 mm. 2 Arten. Gattung *Macroplea* SAMOUELLE

1* Füße kurz, 3. Gld zweilappig, KlauenGld höchstens doppelt so lg wie 3. Gld (Abb. **504**/2). FldSpitze ohne dornähnlichen Zahn (Abb. **504**/4–9). **2**

2 Mehr abgeflachte Arten, Nahtrand der Fld im letzten Drittel einfach u. in seiner ganzen Lg gerade (Abb. **504**/4), B schlank. OS meist stark metallisch glänzend. 5–13 mm. 21 Arten. Gattung *Donacia* F. S. 504

2* Mehr gewölbte Arten, obere Nahtkante der Fld im letzten Drittel nach außen aufgebogen, wodurch die untere Kante frei sichtbar wird (Abb. **504**/5). B kürzer, kräftig. 6–11 mm. 4 Arten. Gattung *Plateumaris* C. G. THOMSON S. 505

Gattung *Donacia* F. (Hilfstabelle)

1 Fld unbehaart (Untergattung *Donacia* F.) **3**

1* Fld dicht grau behaart (Untergattung *Donaciella* REITTER) **2**

2 3. FGld fast doppelt so lg wie 2. – V–VIII. An *Butomus*; s. *D. tomentosa* AHRENS

2* 3. FGld kaum länger als 2. – V–VII. An *Typha* u. a.; v. *D. cinerea* HERBST

3 **(1)** F u. B ganz od. teilweise gelblich bis rotbraun **4**

3* F u. B vollkommen schwarz **11**

4 HSchenkel das E des Hlb erreichend od. überragend **5**

4* HSchenkel das E des Hlb nicht erreichend **7**

5 Hsch chagriniert, nicht punktiert. – An *Nymphaea, Nuphar*; v. *D. crassipes* F.

5* Hsch deutlich punktiert **6**

6 Spitze der Fld abgestutzt mit verrundeten Außenecken (Abb. **504**/6). – VI–VIII. An *Potamogeton*; v. *D. versicolorea* (BRAHM)

6* Spitze der Fld nach innen abgestutzt mit gut markierten Außenecken (Abb. **504**/7). – V–VII. An *Sagittaria, Alisma*; s. *D. dentata* HOPPE

7 **(4)** Fld auf der Scheibe mit Eindrücken **8**

7* Fld auf der Scheibe ohne Eindrücke **10**

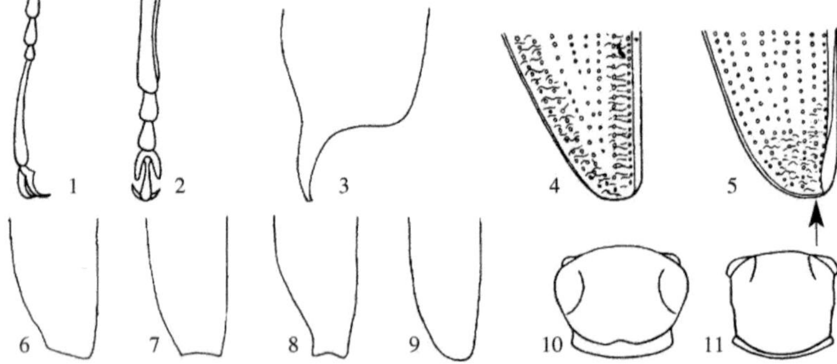

Abb. 504/1–11. 1 *Macroplea mutica*, Fuß; **2** *Donacia impressa*, Fuß; **3** *Macroplea appendiculata*, FldSpitze; **4** *Donacia* sp., FldSpitze; **5** *Plateumaris* sp., FldSpitze; **6** *Donacia versicolorea*, FldSpitze; **7** *D. dentata*, FldSpitze; **8** *D. vulgaris*, FldSpitze; **9** *D. simplex*, FldSpitze; **10** *Plateumaris braccata*, Hsch; **11** *P. rustica*, Hsch.

8 Fld glänzend, der erste Eindruck neben der Naht vor der M kaum wahrnehmbar, grün, an den S u. in der M meist kupferartig glänzend. – V–VIII. An *Glyceria*; v. (Hierher auch *D. reticulata* GYLLENHAL; BY vor 1950.) *Donacia semicuprea* PANZER
8* Fld fast matt. Eindrücke immer deutlich **9**
9 Fld am E abgestutzt u. flach ausgerandet, HEcken innen u. außen vorstehend (Abb. **504**/8). OS grün od. kupfern. Fld oft mit purpurfarbenen Längsbinden. Fld bis weit hinter die M parallel, erst dann zur Spitze fast abgeknickt verengt. – V–VI. An *Sparganium, Carex, Scirpus* u. a.; v. *D. vulgaris* ZSCHACH
9* Fld am E verkürzt, aber nicht ausgeschnitten, HEcken stumpf (Abb. **504**/9), Färbung meist einfarbig grün od. bronzen. Fld nur bis zur M parallel, dann allmählich zur Spitze verengt. – IV–VII. An *Glyceria, Carex* u. a.; z. *D. simplex* F.
10 F u. B meist vollkommen gelb. 3. FGld so lg od. länger als 1. – V–VIII. An *Phragmites*; v. *D. clavipes* F.
10* B teilweise ausgedunkelt. 3. FGld etwas kürzer als 1. – An *Glyceria*; sehr s. *D. malinovskyi* AHRENS
11 **(3)** 3. FGld deutlich kürzer als 1. (die hierher gehörenden 8 Arten sind ohne stärkere optische Hilfsmittel u. Präparation nicht bestimmbar)
11* 3. FGld fast so lg wie 1. . . . . **12**
12 Hsch fein gerunzelt u. wenig deutlich punktiert, HSchenkel mit 2, s 3 spitzen Zähnchen, OS der Fld grünlich od. violett. – VI–VII. An *Sparganium*; s. *D. sparganii* AHRENS
12* Hsch deutlich gerunzelt u. punktiert, HSchenkel nur mit einem scharfen Zahn, Rücken mit breiter, kupferroter Längsbinde. – IV–VI. An *Sparganium, Carex*; z. *D. aquatica* (L.)

Gattung *Plateumaris* C. G. THOMSON (Hilfstabelle)

1 Hsch kahl, B schlank. Schienen mit einer vollkommenen Leiste am Außenrand u. einer verkürzten Leiste innen. – IV–VII. An *Carex* u. a.; v. *Pl. sericea* (L.)
1* Hsch fein behaart, B kräftig. Schienen mit 3 deutlichen Leisten, einer am Außenrand u. 2 an den S **2**
2 Hsch hinter den VEcken deutlich gerundet, im vorderen Drittel am breitesten (Abb. **504**/10) **3**
2* S des Hsch fast gerade, hinter den VEcken nicht verbreitert (Abb. **504**/11). – IV–VI. An *Carex* u. a.; z. *Pl. rustica* (KUNZE)
3 8–11 mm, schlank. Fld doppelt so lg wie zusammen breit, Fld dunkel mit violettem Schimmer, Hsch mit bläulichem od. grünlichem Schein. F u. B rötlich. – V–VI. An *Phragmites*; z. *Pl. braccata* (SCOPOLI)
3* 6–8 mm. Fld nicht doppelt so lg wie zusammen breit, OS bronzen, kupfern, grün od. schwärzlich, B rötlich, oft angedunkelt. – IV–VI. An *Carex*; v. *Pl. consimilis* (SCHRANK)

Unterfamilie ***Criocerinae***

An Disteln, Liliengewächsen u. Gräsern, Spargelkäfer bes. an Neupflanzungen. Getreidehähnchen an Getreide, Lilienhähnchen an Zwiebelkulturen schädlich. L mit Schleim u. Kot bedeckt. Nach 2–3 Wo Entw Verpuppung im Boden. 2 Gen im J. V–VI u. VIII–IX. Im. können zirpen („Hähnchen").

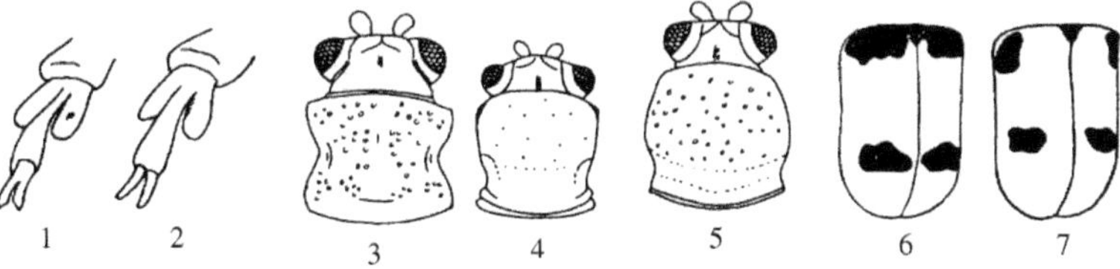

Abb. 505/1–7. 1 *Oulema gallaeciana*, Fuß; **2** *Crioceris asparagi*, Fuß; **3** *Lema cyanella*, Hsch; **4** *Oulema gallaeciana*, Hsch; **5** *O. erichsonii*, Hsch; **6** *Coptocephala scopolina*, Fld; **7** *C. rubicunda*, Fld.

1 Klauen an der Basis nicht miteinander verwachsen (Abb. **505**/2) 2
1* Klauen an der Basis miteinander verwachsen (Abb. **505**/1). Meist an *Poaceae*.
Gattungen *Oulema* DES GOZIS u. *Lema* F. S. 506
2 Fld zwei- od. mehrfarbig, mit Makeln od. Binden. An *Asparagus*.
Gattung *Crioceris* GEROFFROY S. 506
2* Fld einfarbig rotgelb. An *Liliaceae*. Gattung *Lilioceris* REITTER S. 506

Gattungen *Oulema* DES GOZIS u. *Lema* F.

1 Hsch od. B rot 2
1* Ganzer Körper blau od. grünlich metallisch 3
2 Nur B gelbrot. Hsch dunkel. – An *Poaceae*; sehr s; 3,5 mm. *O. tristis* (HERBST)
2* Hsch gelbrot. Fld blau od. grünlich. – An *Poaceae*. 4–4,5 mm.
O. melanopus (L.) , *O. duftschmidi* (L. REDTENBACHER) u. *O. rufocyanea* (SUFFRIAN)
3 **(1)** Hsch in der M eingebuchtet (Abb. **505**/3). – An *Cirsium*-Arten; v; 4–5,5 mm.
Lema cyanella (L.)
3* Hsch nur kurz vor der Basis eingeschnürt 4
4 Hsch in der abgeschnürten Furche an der Basis glatt u. mit einzelnen großen, strichartigen Punkten (Abb. **505**/4). – An *Poaceae*; g; 3–4 mm. [*O. lichenis* (VOET)]
O. gallaeciana (HEYDEN) – **Getreidehähnchen**
4* HschFurche breit u. tief, fein, gleichmäßig dicht punktiert (Abb. **505**/5). – An *Nasturtium*-Arten; s; 4–4,5 mm. *O. erichsonii* (SUFFRIAN) u. *O. septentrionis* (WEISE)

Gattung *Crioceris* MÜLLER – **Spargelhähnchen**

1 OS dunkel metallisch mit gelber Zeichnung. Hsch rot. 5–6,5 mm; g. *C. asparagi* (L.)
1* OS rötlich mit schwarzen Punkten 2
2 Naht der Fld schwarz gesäumt. – BY; sehr s; 5–6 mm. *C. quinquepunctata* (SCOPOLI)
2* Naht der Fld ganz od. teilweise rot 3
3 Hsch einfarbig gelbrot. – 5–6,5 mm; g. *C. duodecimpunctata* (L.)
3* Hsch mit 5 schwarzen Punkten. – Im N, MV, BR; s; 5–5,5 mm.
C. quatuordecimpunctata (SCOPOLI)

Gattung *Lilioceris* REITTER – **Lilienhähnchen**

1 Streifen der Fld grob punktiert. – Montan bis subalp; BY; s; an *Lilium martagon;* 6–7 mm. *L. tibialis* (A. VILLA et G. B. VILLA)
1* Fld mit feinen Punktreihen 2
2 K u. B schwarz. Hsch u. Fld. zinnoberrot. 6–8 mm; g. *L. lilii* (SCOPOLI)
2* B rötlich mit schwarzen Knien u. Füßen. Hsch u. Fld dunkel zinnoberrot. – Bisweilen schädlich an Zwiebelkulturen; g; 6–7 mm. *L. merdigera* (L.)
(hierher auch *L. schneideri* WEISE; BY vor 1950)

Unterfamilie ***Clytrinae***

Auf versch. Pfl JungL formt den das Ei umgebenden Mutterkot unter Verwendung von eigenem Kot zu einem dünnwandigen, braunschwarzen Sack, aus dem sie sich nur halb herausstrecken kann, bewegt sich trotzdem schnell auf Blättern (HauptNa). P im völlig verschlossenen LSack, an Steinen od. Holzstücken angeheftet. *Clytra* legt mit Kot verkleidete Eier an od. in Ameisenhaufen, L u. P dieser Gattung nur bei Ameisen (*Formica*), von denen sie nicht angegriffen werden. IV–VII (Im.).

1 HWinkel des Hsch (von hinten betrachtet) über die Basis der Fld aufgebogen, Ksch mit zahnartig vorgezogenen VEcken 2
1* HWinkel des Hsch normal verrundet. Ksch rechtwinklig od. mit verrundeten Ecken 3

2 Hsch zweifarbig, metallisch grün od. blau mit roten SRändern. Fld metallisch grünlich. 3–5 mm. – An *Rumex*- u. *Anthyllis*-Arten; s. *Cheilotoma musciformis* (GOEZE)
2* Hsch einfarbig metallisch grün od. blau. Fld gelb. Gattung *Labidostomis* CHEVROLAT S. 507
3 **(1)** Bes. K u. Hsch lg abstehend behaart. Hsch dunkel metallisch grün. Fld hell ockerfarben mit 3 schwarzen Makeln. 9–13 mm. – An *Quercus*-, *Salix*- u. *Corylus*-Arten; fehlt im N; z. *Lachnaia sexpunctata* (SCOPOLI)
3* Hsch kahl **4**
4 Fld einfarbig dunkel, metallisch blau, grün od. schwarz mit grünlichem od. bläulichem Schimmer. Hsch u. B mindestens teilweise gelbrot. [*Gynandrophthalma* LACORDAIRE] Gattung *Smaragdina* CHEVROLAT S. 507
4* Fld gelb od. rot. Hsch u. B. einheitlich dunkel **5**
5 4–7 mm. Makeln auf den Fld mit Metallglanz. Gattung *Coptocephala* CHEVROLAT S. 507
5* 6–11 mm. Makeln auf den Fld schwarz. Gattung *Clytra* LAICHARTING S. 508

Gattung *Labidostomis* CHEVROLAT

1 Hsch fein, weitläufig punktiert, Fld matt, blassgelb mit kleinem Schulterpunkt. – s. 6–8 mm. *L. lucida* (GERMAR)
1 Hsch ziemlich dicht u. stark punktiert **2**
2 Fld einfarbig ohne Schulterpunkt, 4. FGld kaum länger als 3., 6,5–8,5 mm. – An *Corylus*-, *Betula*-, *Salix*- u. *Spiraea*-Arten; s. *L. tridentata* (L.)
2* Fld mit Schulterpunkt, 4. FGld deutlich länger als 3. . . . . . **3**
3 5–10 mm, K u. Hsch blau, 4. FGld so lg wie 2. u. 3. zusammen. – s. *L. humeralis* (D. H. SCHNEIDER)
3* 3,4–7,0 mm. K u. Hsch grün mit Bronzeglanz, Schulterpunkt schlecht begrenzt, bisweilen fehlend, 4. FGld etwas länger als 3., aber nicht so lg wie 2. u. 3. zusammen. – An *Lotus*- u. *Trifolium*-Arten; z. *L. longimana* (L.)

Gattung *Smaragdina* CHEVROLAT [*Gynandrophthalma* LACORDAIRE]

1 Hsch einfarbig dunkel **2**
1* Hsch dunkel mit rotgelber Zeichnung **3**
2 4,5–6,5 mm. Fld dicht u. stark punktiert, Körper gedrungen, B kräftig. – An *Crataegus*- u. *Salix*-Arten; v. [*S. cyanea* (F.)] *Smaragdina salicina* (SCOPOLI)
2* 3,5–4,0 mm. B dünn, rotgelb. HSchenkel z. T. schwärzlich, Fld fein punktiert, tief blau, s grünlich. – An *Alnus glutinosa*; s. *S. flavicollis* CHARPENTIER (Hierhier auch *S. diversipes* (LETZNER); BY, SN vor 1900).
3 **(1)** Fld fein u. flach punktiert, Körper schwarz mit leichtem bläulichen Schimmer. 4,5–6,0 mm. – An *Corylus*-, *Betula*-, *Crataegus*-Arten u. a.; z. *S. aurita* (L.)
3* Fld ziemlich kräftig punktiert, Körper dunkelblau **4**
4 2,5–4,0 mm. B u. VHü rotgelb. – An *Corylus*-, *Quercus*-, *Crataegus*-Arten u. a.; z. *S. affinis* (ILLIGER)
4* 4–7 mm. HHü u. Schenkel vor der Basis schwarz. – BY, RP; s. *S. xanthaspis* (GERMAR)

Gattung *Coptocephala* CHEVROLAT

1 Ol rot, Schienen wenigstens an der Basis rotgelb, Fld mit 2 Querbinden, die an der Naht meist unterbrochen sind u. den SRand nicht erreichen. 4–7 mm. – An *Pastinaca*- u. *Daucus*-Arten; s. *C. unifasciata* (SCOPOLI)
1* Ol u. B völlig schwarz **2**
2 Fld mit 2 Querbinden. Schulterbinde oft auf einen querliegenden Makel reduziert (Abb. **505**/6). 5–7 mm. – An *Seseli*- u. *Daucus*-Arten; Rheinland; s. *C. scopolina* (L.)
2* Wie *C. scopolina*, doch Schulterbinde auf einen längsliegenden Makel reduziert (Abb. **505**/7). 4,5–6,0 mm. – Auf *Apiaceae*; z. *C. rubicunda* (LAICHARTING) (Hierher auch *C. linnaeana* PETITPIERRE et ALONSA-ZARAZAGA [C. quadrimaculata (L.)]; MV vor 1900.)

Gattung *Clytra* LAICHARTING

1 Fld orangegelb, fast rötlich. Quermakeln breit, innen u. außen kaum verkürzt. Hsch fast glatt, mit sehr schmalem SRand, 7–11 mm. – An *Prunus-*, *Salix-*, *Dorycnium-* u. *Fraxinus*-Arten; z. *C. laeviuscula* RATZEBURG

1* Fld gelb. Quermakel hinter der M der Fld schmal, innen u. außen verkürzt. SRand des Hsch breit abgesetzt u. gerunzelt. 7–11 mm. – An *Betula-*, *Quercus-*, *Crataegus-* u. *Salix*-Arten; v. *C. quadripunctata* (L.)

Unterfamilie ***Cryptocephalinae***

Auf Gebüsch, Kräutern u. Gräsern. Die L erweitert mit eigenem Kot den um das Ei gelegten Kotmantel zum LSack, aus dem sie nur bis zum 1. HlbSgm herausragt. P im verschlossenen LSack an Reisig, Laub, Gräsern u. Steinen angeheftet.

1 Hsch fast viereckig, nach der Basis zu schwach eingezogen, Basis des Hsch einfach gerandet, Hsch u. Fld gelb mit schwarzen Makeln od. schwarz mit gelben, ± isolierten Makeln, s vollkommen schwarz. 2,5–6,0 mm. 7 Arten. Gattung *Pachybrachis* CHEVROLAT

1* Hsch mit seiner größten Breite an der Basis, letztere doppelbuchtig, HRand des Hsch ungerandet u. dicht gezähnt. 60 Arten. Gattung *Cryptocephalus* GEOFFROY – **Fallkäfer**

Unterfamilie ***Eumolpinae***

An Blättern u. jungen Trieben versch. Pfl. LEntw an Wurzeln. P im Erdboden.

1 8–10 mm. Körper vollkommen glatt, Hsch stark gewölbt, OS glänzend, blau od. violett-metallisch. – An Wärmestellen auf *Vincetoxicum hirundinaria*; s; VI–IX. *Chrysochus asclepiadeus* (PALLAS)

1* 2,5–6 mm. Körper kurz beschuppt od. behaart **2**

2 Körper schwarz, behaart. Hsch stark gewölbt u. ohne SRandkante. Fld breiter als Hsch. 5–6 mm. – Bes. an *Epilobium*-Arten; v. V–X. [*Adoxus* KIRBY] *Bromius obscurus* (L.)

2* Körper erzfarbig. Hsch mit SRandkante. OS kaum beschuppt, mit dichter weißer Behaarung. 2,5–3,5 mm. – An Wärmestellen; s; III–VII. 2 Arten. Gattung *Pachnephorus* CHEVROLAT

Unterfamilie ***Chrysomelinae***

Im. u. L häufig durch Blattfraß schädlich: *Leptinotarsa* an Kartoffel, *Colaphellus* an Radieschen, *Chrysomela* an Weide u. Pappel, *Phaedon* an Meerrettich, *Gonioctena* an Espe u. Weide, *Phratora* an Weide usw. Im. u. L schaden durch Loch- od. Fensterfraß an Blättern, Stielen u. Blüten. An WasserPfl lebende *Prasocuris, Phaedon* u. *Sclerophaedon* nagen zur Eiabl über der Wasseroberfläche flache Löcher in Blätter u. Stängel. LEntw nur 10–30 Tage, einzelne Arten bis 3 u. mehr Gen im J. P im Erdboden od. mit dem HlbE an einem Blatt hängend.

1 Epipleuren der Fld breit, nicht untergebogen (Abb. **509**/1). Füße breit, Körper groß, Fld kugelig u. ohne Schulterbeulen. Gattung *Timarcha* LATREILLE S. 510

1* Epipleuren der Fld ± untergebogen u. zur Spitze stark verengt, innen in ihrer ganzen Lg meist scharfkantig begrenzt (Abb. **509**/2), Füße mäßig verbreitert **2**

2 SRand der Fld an der Spitze nach unten sehr kurz u. fein mit Härchen bewimpert (Abb. **509**/3). **3**

2* Fld am E nicht bewimpert (Abb. **509**/4) **6**

3 Fld gelb mit 10 schwarzen Längsstreifen, ca. 10 mm. – Bes. an Kartoffel, bedeutender PflSchädling. Verpuppung im Boden, bei uns nur eine Gen im J. IV–X.
Leptinotarsa decemlineata (SAY) – **Kartoffelkäfer**

3* Fld anders gefärbt **4**

4 Klauen auf der US mit einem kräftigen EZahn (Abb. **509**/5). Au regelmäßig oval. OS goldgrün glänzend, Fld mit blauem SRand u. blauer Längsbinde od. Längsbinde grün mit violettem Kern. Färbung variabel. 5–6 mm. – An *Galeopsis*- u. *Lamium*-Arten; v. IV–VIII. [*Dlochrysa f.*] *Chrysolina fastuosa* (SCOPOLI)

4* Klauen ohne Zähnchen, Au nierenförmig **5**

5 Körper kurz, rundlich od. oval, hochgewölbt mit kaum vortretender Schulterbeule, die HBr (über der M gemessen) kürzer od. höchstens so lg wie das 1. HlbSternit (Abb. **509**/6). 4–12 mm; 32 Arten [*Chrysomela* L.] Gattung *Chrysolina* MOTSCHULSKY

5* Körper gestreckt u. ziemlich flach, Schultern deutlich, die HBr (über der M gemessen) nicht kürzer als das 1. HlbSternit (Abb. **509**/7), metallisch gefärbte Arten. 6,5–11 mm. – An *Asteraceae* u. *Apiaceae*. MGeb, Alp. 12 Arten. [*Chrysochloa* HOPE]
Gattung *Oreina* CHEVROLAT – **Alpenblattkäfer**

6 **(2)** Fld unregelmäßig punktiert **7**

6* Fld mit Punktreihen **11**

7 Hsch viel schmaler als Fld, letztere ohne Nahtstreifen, nur im Spitzendrittel mit einem Längsgrübchen neben der Naht, meist größere Arten. [*Melasoma* STEPHENS]
Gattungen *Chrysomela* L. u. *Plagiosterna* MOTSCHULSKY S. 510

7* Hsch kaum schmaler als Fld an der Basis **8**

8 Fld am E mit einem linienförmig eingedrückten Nahtstreifen (Abb. **509**/4) **9**

8* Fld am E ohne Nahtstreifen. Die letzten 5 FGld verdickt **10**

9 Fld metallisch grün od. blau. [*Gastroidea* HOPE]
Gattung *Gastrophysa* CHEVROLAT S. 511

9* Fld rot mit schwarzen Längsstreifen od. -flecken. 7–10 mm. – An *Brassicaceae*. An Wärmestellen; BY, TH; s. *Entomoscelis adonidis* (PALLAS)

10 **(8)** Fld am E gemeinsam zugespitzt, Epipleuren von der S gesehen sichtbar. Körper oval, matt grünlich od. bläulich metallisch. 4,0–5,5 mm. – An *Sisymbrium* u. a. *Brassicaceae*, gelegentlich schädlich an Ackersenf; z. V–VII. [*Colaphus sophiae* (SCHALLER)]
Colaphellus sophiae (SCHALLER)

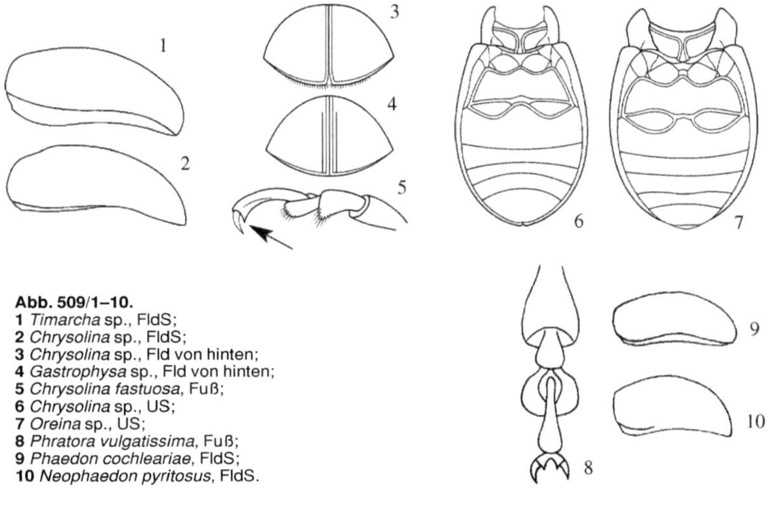

Abb. 509/1–10.
1 *Timarcha* sp., FldS;
2 *Chrysolina* sp., FldS;
3 *Chrysolina* sp., Fld von hinten;
4 *Gastrophysa* sp., Fld von hinten;
5 *Chrysolina fastuosa*, Fuß;
6 *Chrysolina* sp., US;
7 *Oreina* sp., US;
8 *Phratora vulgatissima*, Fuß;
9 *Phaedon cochleariae*, FldS;
10 *Neophaedon pyritosus*, FldS.

10* Fld am E gemeinsam abgerundet, Epipleuren untergebogen, von der S nicht sichtbar. Körper rundlich, metallisch blau od. grünlich. 2,3–4,5 mm. – An *Salix*- u. *Populus*-Arten; g. IV–XI. *Plagiodera versicolora* (LAICHARTING) – **Blauer Weidenblattkäfer**
11 **(6)** Körper zumindest teilweise metallisch glänzend. Schienen am E nicht zahnartig erweitert **12**
11* Körper ohne Metallglanz. Wenigstens die Schienen der MB u. HB am Außenrande vor der Spitze zahnartig erweitert. OS rötlich od. gelbbraun, mit od. ohne schwarze Flecken. [*Phytodecta* KIRBY] Gattung *Gonioctena* CHEVROLAT S. 511
12 Klauen an der Basis gezähnt (Abb. **509**/8). OS einfarbig metallisch dunkelblau, grünlich od. bronzefarben. 3,5–6,0 mm. – An *Salix*- u. *Populus*-Arten. 6 Arten. [*Phyllodecta* KIRBY] Gattung *Phratora* CHEVROLAT
12* Klauen einfach, ungezähnt **13**
13 Körper ± lggestreckt, nur mäßig gewölbt, 3–6 mm. – Leben bes. an feuchten Orten. 5 Arten. [*Hydrothassa* THOMSON] Gattung *Prasocuris* LATREILLE S. 511
13* Körper kurzoval, fast halbkugelig, stets einfarbig, 2,5–4,0 mm **14**
14 OS grob u. wenig dicht punktiert, 3–5 mm. – Ausgesprochen montan; bes. an *Stellaria*-Arten; s. 2 Arten. Gattung *Sclerophaedon* WEISE
14* OS fein u. in dichten Reihen punktiert, stark glänzend, 2,5–4 mm **15**
15 Die an den Schultern der Fld beginnende SRandlinie geht bis zum E der Fld (Abb. **509**/9).– Die bes. an feuchten Orten an *Brassicaceae* lebende *Ph. cochleariae* (F.) bisweilen schädlich an Meerrettich. 4 Arten. Gattung *Phaedon* LATREILLE
15* Die SRandlinie der Fld endet vor der M (Abb. **509**/10). – An *Ranunculus*; s. *Neophaedon pyritosus* (ROSSI)

Gattung *Timarcha* LATREILLE – **Labkrautblattkäfer**

1 Hsch deutlich gerandet (Abb. **511**/1), Körper bläulich od. violett, Fld dicht punktiert. 8–11 mm. – An *Galium*-Arten; z bzw. s. III–X. *T. goettingensis* (L.) u. *T. tenebricosa* (F.) (12–20 mm)
1* Hsch ungerandet (Abb. **511**/2), Körper bronzefarben, B braunrot. – Montan; z. 10 mm. VII–X. *T. metallica* (LAICHARTING)

Gattungen *Chrysomela* L. u. *Plagiosterna* MOTSCHULSKY [*Melasoma* STEPHENS]

1 Hsch ohne deutlich abgesetzten SWulst, Körper metallisch grün, rotgolden od. blau. 6,5–8,5 mm. – An *Alnus*-Arten; v. IV–VIII. [*Linaeidea aenea* (L.)] *Plagiosterna aenea* (L.)
1* Hsch mit deutlich abgesetztem SWulst, der innen gut begrenzt ist **2**
2 Schienen nur am Außenrand vor der Spitze mit deutlicher Furche. Fld gelblich mit schwarzem Nahtsaum u. 10 schwarzen Punkten, Hsch gelb gerandet. 6,5–8,5 mm. – An *Salix*-Arten; v. IV–VIII. *C. vigintipunctata* SCOPOLI
2* Schienen in ihrer ganzen Lg am Außenrand gefurcht, die Furche fast bis zur Basis von 2 Kielen begrenzt **3**
3 Fld ganz od. teilweise mit Metallglanz **4**
3* Fld rot, ohne Metallglanz **6**
4 Hsch in der M schwarz, die S rot, Fld schwarz mit Metallglanz. 5,5–7,5 mm. – An *Salix*-Arten; s. V–IX. *C. collaris* L.
4* Hsch vollkommen metallisch **5**
5 Körper einfarbig kupfern od. violett. 7–10 mm. – An *Salix*-Arten; z. VI–VIII. *C. cuprea* F.
5* Fld rot, meist mit dunkler Zeichnung, s ganz dunkel. 5–8 mm. – An *Salix-, Populus-* u. *Betula*-Arten, montane Art; s. V–VIII. *C. lapponica* L.
6 **(3)** 3. FußGld tiefer zweilappig ausgeschnitten (Abb. **511**/3). Fld an der Spitze mit schwärzlicher Nahtecke, größte u. häufigste Art der Gattung. 10–12 mm. – An *Salix*- u. *Populus*-Arten; s. V–VIII. *C. populi* L. – **Pappelblattkäfer**
6* 3. FußGld weniger tief ausgeschnitten (Abb. **511**/4). Fld an der Spitze nicht schwärzlich. 6–10 mm. – Auf *Salix-*, u. *Populus*-Arten; g. *C. saliceti* (WEISE) u. *C. tremula* F.

Gattung *Gastrophysa* CHEVROLAT [*Gastroidea* HOPE]

1 Hsch u. B rotgelb, Fld grün od. blau. 4–5 mm. – An *Rumex*- u. *Polyonum*-Arten; g. V–IX. *G. polygoni* (L.)

1* Hsch u. Fld metallisch. 4–6 mm. – An *Rumex*- u. *Polygonum*-Arten; g. IV–XI. *G. viridula* (DEGEER)

Gattung *Gonioctena* CHEVROLAT [*Phytodecta* KIRBY]

1 Sch dunkelbraun bis schwarz, der 7. Punktstreifen hinter der M nicht durch danebenstehende Punkte unregelmäßig, auch die VSchienen gezähnt **2**

1* Sch fast immer gelblich, der 7. Punktstreifen hinter der M immer unregelmäßig, nur die M- u. HSchienen mit deutlich entw Zähnchen **5**

2 Wenigstens die Schenkel schwarz **3**

2* B einfarbig rotgelb od. nur die Füße angedunkelt. 5,5–7,5 mm. – An *Populus*- u. *Salix*-Arten; v. V–VIII. [*G. rufipes* (DEGEER)] *G. decemnotata* (MARSHAM)

3 3. FGld fast doppelt so lg wie 4., die ZwRäume der FldPunktstreifen nur schwach punktiert, sehr variable Art. 6–7 mm. – An *Salix*-Arten; z. VII. *Gonioctena linnaeana* (SCHRANK)

3* 3. FGld kaum länger als 5., ZwRäume der FldPunktstreifen zahlreich u. deutlich punktiert **4**

4 B vollkommen schwarz, Fld meist mit schwarzen Makeln. 5,5–7,5 mm. – An *Salix*-Arten; v. V–VII. *G. viminalis* (L.)

4* Schienen teilweise gelblich. Hsch dunkel, Fld rotbraun, s schwarz. 4,5–5,5 mm. – An *Salix cinerea*; s. V–VII. *G. flavicornis* (SUFFRIAN), *G. holdhausi* (LEEDER) (BY), u. *G. kaufmanni* (MILLER) (BY, BW)

5 **(1)** 3–4 mm. Hsch nur an den S grob punktiert, K u. Hsch rötlich, Fld oft mit dunklem Nahtsaum u. dunklem Streifen auf der Schulterbeule. – An *Sarothamnus*- u. *Genista*-Arten; v. V–VII. *G. olivacea* (FORSTER)

5* Größere Arten, Hsch auch in der M grob punktiert. – Hierher *G. quinquepunctata* (F.) u. *G. pallida* (L.), die bes. an *Sorbus aucuparia* u. *Salix* leben, sowie 2 weitere s Arten.

Gattung *Prasocuris* LATREILLE [*Hydrothassa* THOMSON]

1 Hsch quer (Abb. **511**/5), Fld mit rotem SRand **2**

1* Hsch fast quadratisch (Abb. **511**/6), Fld nicht mit rotem SRand **4**

2 Hsch schmaler als Fld an der Basis, Körper länglich **3**

2* Hsch kaum schmaler als Fld. Körper länglich oval, Fld mit rotem SSaum, der bei der Aberration *aucta* fehlt. 3–4 mm. – An *Ranunculus*-Arten; v: III–VIII. *P. glabra* (HERBST)

3 Fld länglich, past parallel, nur an den S mit rotem Saum. 3,5–4,5 mm. – An *Ranunculus*-Arten u. *Caltha palustris*; v. I–XI. *P. marginella* (L.)

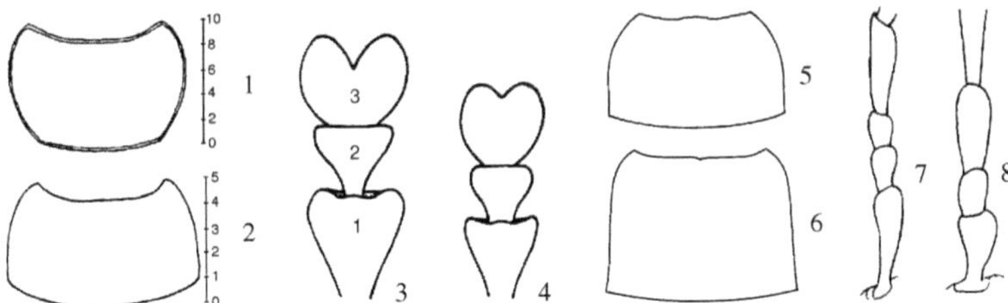

Abb. 511/1–8. 1 *Timarcha tenebricosa*, Hsch; **2** *Timarcha metallica*, Hsch; **3** *Chrysomela populi*, VFuß; **4** *Chrysomela saliceti*, VFuß; **5** *Prasocuris marginella*, Hsch; **6** *Prasocuris phellandrii*, Hsch; **7** *Calomicrus circumfusus*, FBasis; **8** *Luperus saxonicus*, FBasis.

3* Fld weniger länglich, außer dem roten SSaum noch mit roter, gebogener Längsbinde. 4–5 mm. – An *Caltha palustris*; z. V–VII. *P. hannoverana* (F.)
4 **(1)** Körper metallisch grünlich od. bronzen mit gelben Längsstreifen. 5–6 mm. – An versch. aquatilen *Apiaceae*, *Caltha palustris*; v. II–IX. *P. phellandrii* (L.)
4* Körper einfarbig schwärzlich od. bläulich metallisch. 4–5 mm. – An *Veronica beccabunga* u. *Anagallis* sp.; v. III–VII u. XI. *P. junci* (BRAHM)

Unterfamilie ***Galerucinae***

L durch starken Fraß an Blättern, Knospen u. jungen Trieben gelegentlich schädlich. Eiabl meist häufchenweise an Blätter; *Pyrrhalta*-♀ nagt ein Loch in die Rinde von Zweigen, legt 5–7 Eier hinein u. verschließt die Öffnungen mit einem Deckel aus klebrigem Sekret u. Kot.

1 SRandkante der Fld von oben fast vollständig sichtbar, Hsch meist sehr uneben **2**
1* SRandkante der Fld von oben gesehen höchstens an der Spitze sichtbar, Hsch einheitlich gewölbt **9**
2 Hsch ohne Unebenheiten, OS dunkel metallisch blau, grünlich od. violett. 6–8 mm. – L u. Im. an *Alnus*-Arten; g. *Agelastica alni* (L.) – **Erlenblattkäfer**
2* Hsch durch Gruben od. Quereindrücke stark uneben **3**
3 Fld metallisch blau, grün od. bronzefarben, Hsch gelbbraun. 5–7 mm. – Bes. an *Galium*-Arten; v. VII–IX. *Sermylassa halensis* (L.)
3* Fld nicht metallisch glänzend **4**
4 6–9 mm. Fld grob punktiert u. meist deutlich gerippt, OS kahl. – Häufigste Art *G. tanaceti* (L.) – **Rainfarnblattkäfer**. 4,5–12 mm. 6 Arten. Gattung *Galeruca* GEOFFROY
4* Bis 6 mm, Fld stets ohne Rippen, OS oft fein behaart **5**
5 OS kahl od. fast kahl, Fld grob punktiert. 3 Arten. Gattung *Lochmaea* WEISE S. 494
5* OS deutlich, fein u. kurz anliegend behaart **6**
6 K fast so breit wie Hsch, OS matt, dicht seidig behaart, US gelbbraun. 4,5–6,5 mm. – An *Viburnum*; g. VI–X. *Pyrrhalta viburni* (PAYKULL) – **Schneeballblattkäfer**
6* K viel schmaler als Hsch, deutlich punktiert, OS fein, aber nicht dicht seidig behaart, US ganz od. teilweise schwarz **7**
7 Stirnhöcker u. Stirn schwarz, OS orangegelb, Fld mit lg, schwarzer Schulterbinde. 5,5–7 mm. – Vorwiegend südl Art; z. *Xanthogaleruca luteola* (O. F. MÜLLER)
7* Stirn gelb od. rötlich **8**
8 Hsch in der M glänzend. Nahtwinkel der Fld in eine schwache Spitze ausgezogen. 6–8 mm. – Bes. an *Nymphaea*-Arten, *Nuphar, Potentilla palustris.* V–VIII. 2 Arten. Gattung *Galerucella* (Untergattung *Galerucella*) CROTCH
8* Hsch in der M punktiert od. gerunzelt. 4,5–6 mm. – An *Salix-, Populus-* u. *Alnus*-Arten, *Lythrum* u. *Rosaceae.* IV–XII. 4 Arten. Gattung *Galerucella* (Untergattung *Neogalerucella* CHUJO)
9 **(1)** Fld ohne Epipleuren, Körper gelb, jede Fld mit 2 schwarzen Makeln. 5–7 mm. – An *Scutellaria galericulata;* v; VI–X. *Phyllobrotica quadrimaculata* (L.)
9* Fld wenigstens in der vorderen Hälfte mit deutlich abgesetzten Epipleuren, OS schwarz, oft mit rotem Hsch, nur s Fld metallisch grün od. schwach bläulich **10**
10 2. u. 3. FGld sehr kurz, fast gleichlg (Abb. **511**/7). 3–4 mm. – An *Genista* u. *Pinus.* V–VII. 2 Arten. Gattung *Calomicrus* DILLWYN
10* 3. FGld viel länger als 2. (Abb. **511**/8). 3,5–5,5 mm. – An *Ulmus, Alnus, Salix* u. a. IV–VIII. 6 Arten. Gattung *Luperus* GEOFFROY

Gattung *Lochmaea* WEISE

1 3. FGld viel länger als 4., Fld braungelb **2**
1* 3. FGld kaum länger als das 4., Fld rötlich. 4–5 mm. – Auf blühendem *Crataegus*; g. IV–VIII. *L. crataegi* (FORSTER)

2 K vollkommen schwarz, HB des ♂ normal. 4–6 mm. – An *Salix-, Populus-* u. *Betula*-Arten; g. IV–IX. *L. capreae* (L.)

2* K mit gelbem Makel vor den Au, beim ♂ HSchenkel verdickt u. 1. Gld der Füße verbreitert u. verdickt. 5–6 mm. – Nur an *Calluna vulgaris*; v. IV–X. *L. suturalis* (C. G. THOMSON) – **Heideblattkäfer**

Unterfamilie ***Alticinae*** – **Erdflohkäfer**

Durch Sprungapparat in den verdickten HSchenkeln zu weiten Sprüngen befähigt. Meist auf krautigen Pfl, s auf Büschen u. Bäumen. Fressen kleinere od. größere Löcher in die Blattfläche. Einzelne Arten durch Vernichten auflaufender Pfl gefürchtete Schädlinge. LEntw 2–6 Wo, Überw meist als Im. L fressen in Stängeln, Wurzeln, Stielen od. minieren in Blättern, s frei auf Blättern. P im Erdboden. – DE 217 Arten in 23 Gattungen.

1 F 10gld (Abb. **513**/1). HFüße ca. $^1/_3$ vor dem SchienenE eingelenkt, 1. Gld der HFüße so lg wie die halbe Schiene (Abb. **513**/10). 2–4,5 mm. – Vielfach auf *Brassicaceae*, einige Arten PflSchädlinge, z. B. *Ps. chrysocephala* (L.) **Rapserdfloh**, *Ps. attenuata* (KOCH). – **Hopfen-** u. **Hanferdfloh**, *Ps. affinis* (PAYKULL). – **Kartoffelerdfloh**. 25 Arten. Gattung *Psylliodes* LATREILLE

1* F stets 11gld (Abb. **513**/2, 3) **2**

2 Hsch im Basisteil mit Längs- od. Querfurchen (Abb. **513**/4–6) **14**

2* Hsch ohne Furchen (Abb. **513**/7) **3**

3 EDorn der HSchienen breit, am E ausgesprochen zweispitzig (Abb. **513**/11). K in den Hsch eingezogen, von oben kaum sichtbar. Körper geschlossen eiförmig, Fld unregelmäßig punktiert od. mit ± deutlichen Punktreihen. – Meist wärmeliebend; oft auf *Lamiaceae*. 1,8–4 mm. 9 Arten. Gattung *Dibolia* LATREILLE

3* EDorn der HSchienen nicht erkennbar od. einspitzig, am E nicht gegabelt (Abb. **513**/8, 9) **4**

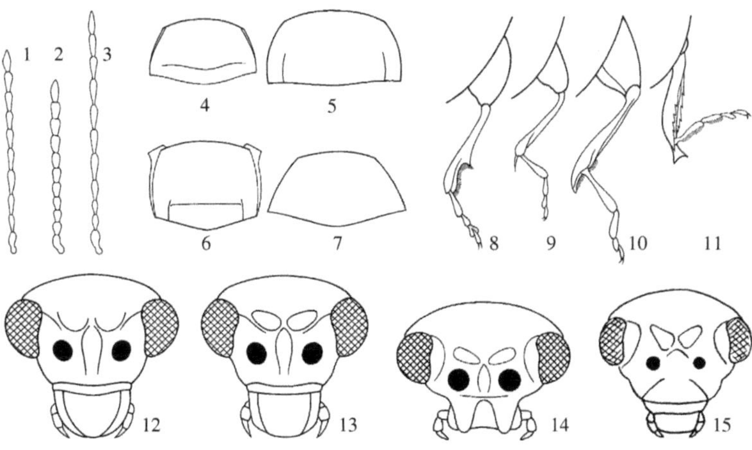

Abb. 513/1–16. 1 *Psylliodes* sp., F; **2** *Orestia* sp., F; **3** *Longitarsus* sp., F; **4** *Altica* sp., Hsch; **5** *Mantura* sp., Hsch; **6** *Asiorestia* sp., Hsch; **7** *Aphthona* sp., Hsch; **8** *Chaetocnema* sp., HSchiene; **9** *Longitarsus* sp., HSchiene; **10** *Psylliodes* sp., HSchiene; **11** *Dibolia* sp., HSchiene; **12** *Asiorestia* sp., K; **13** *Derocrepis rufipes*, K; **14** *Argopus ahrensi*, K; **15** *Aphthona* sp. , K; **16** *Ochrosis ventralis*, K. Schwarze Kreise sind FEinlenkungsstellen, darüber die Stirnhöcker.

4 Fld unregelmäßig punktiert **5**
4* Fld mit deutlichen Punktreihen **10**
5 1. Gld der HFüße so lg wie die halbe Schiene (Abb. **513**/9), beim toten Tier meist gegen die Schiene zurückgeschlagen. 1–4 mm. – Bes. an *Lamiaceae, Boraginaceae* u. *Scrophulariaceae*. 66 Arten. Gattung *Longitarsus* LATREILLE
5* 1. Gld der HFüße kürzer als die halbe Schiene **6**
6 Länglich eiförmige, mäßig gewölbte (nicht fast kugelige) Arten **9**
6* Halbkugelige, stark gewölbte Arten **7**
7 Körper sehr klein (1,0–1,5 mm), dunkel metallisch. Punktierung unregelmäßig od. teilweise regelmäßig. – Vorwiegend montan, die L minieren in *Digitalis*- u. *Plantago*-Arten. *Mniophila muscorum* (KOCH)
7* Körper größer (3–5 mm), gelbrot **8**
8 2.–4. FGld gleichlg, Ksch vorn nicht ausgeschnitten. – An *Asteraceae*. 2 Arten. Gattung *Shaeroderma* STEPHENS
8* 4. FGld beträchtlich länger als 2., Ksch über dem Mund ausgeschnitten u. die Ecken deutlich verlängert (Abb. **513**/14). Gelbbraun. 3,5–5 mm. – An *Clematis recta*, in deren Blättern die L minieren; sehr s. *Argopus ahrensii* (GERMAR)
9 **(6)** Stirnhöcker undeutlich, nicht durch scharfe Linien von der darüberliegenden Stirn getrennt, Stirn meist punktiert. Arten dieser Gattung einfarbig schwarz, metallisch glänzend od. die schwarzen Fld mit gelben Längsbinden. 1,5–3,5 mm. – Auf *Brassicaceae*; versch. Arten bilden Gruppe der pflanzenschädlichen **Kohlerdflöhe**. 22 Arten. Gattung *Phyllotreta* CHEVROLAT
9* Stirnhöcker meist deutlich u. von der Stirn durch deutliche Furchen getrennt (Abb. **513**/15), die Stirn darüber ohne Punkte. Von *Phyllotreta* oft schwer zu unterscheiden. Die Arten sind schwarz, metallisch od. gelblich, nicht schwarz mit gelben Längsbinden. 1,3–4 mm. Meist auf *Euphorbia*; zu dieser Gattung zählen auch die pflschädlichen **Leinerdflöhe**. 19 Arten. Gattung *Aphthona* CHEVROLAT
10 **(4)** M- u. HSchienen auf der OS vor dem E mit einem Zahn u. hinter diesem mit einer bogigen, bewimperten Ausrandung (Abb. **513**/8). Die Punktstreifen in der Umgebung des Sch oft unregelmäßig. 1,5–3,5 mm. – Auf *Poaceae*. 18 Arten. Gattung *Chaetocnema* STEPHENS
10* M- u. HSchienen anders gestaltet **11**
11 Körper länglich-eiförmig, nicht kugelig **12**
11* Körper fast kugelig, hinten etwas zugespitzt **13**
12 Körper gelbbraun, Fld mit Schulterbeulen. 1,8–2,2 mm. – An *Lysimachia*-Arten; v. *Lythraria salicariae* (PAYKULL)
12* Körper schwärzlich, Fld ohne Schulterbeulen. 1–2 mm. – An *Rubus*- u. *Fragaria*-Arten. 2 Arten. Gattung *Batophila* FOUDRAS
13 **(11)** Mittelgroß (2–3 mm). Punktstreifen der Fld tief u. regelmäßig, OS oft stark metallisch glänzend. 3 Arten. – Bes. an *Ajuga*-Arten, in deren Blättern die L minieren. Gattung *Apteropeda* CHEVROLAT
13* Sehr klein (1,0–1,5 mm); siehe *Mniophila* Merkmal **7**.
14 **(2)** Hsch mit einer Querfurche im hinteren Teil (Abb. **513**/4, 6) **15**
14* Hsch ohne Querfurche, aber mit eingegrabenen Längsstricheln jederseits vor der Basis (Abb. **513**/5) **22**
15 Fld unregelmäßig punktiert **16**
15* Fld mit regelmäßigen Punktreihen **17**
16 Querfurche des Hsch schmal u. sehr flach, nicht durch einen scharfen, bis zur Basis reichenden Längseindruck abgeschlossen (Abb. **513**/4). 3–5 mm, metallisch grün bis blau glänzend. 14 Arten. [*Haltica* F.] Gattung *Altica* GEOFFROY
16* Querfurche des Hsch jederseits durch ein scharfrandiges, in den Basisrand mündendes Längsgrübchen abgeschlossen (vgl. Abb. **513**/6). Kurz, breit eiförmig, fast rundlich, stark gewölbt, ohne Schulterbeulen. 2,3–3,0 mm. Blauschwarz. – In schattigen Laubwäldern an *Mercurialis perennis*. 2 Arten. Gattung *Hermaeophaga* FOUDRAS
17 **(15)** Fld reihenweise kurz behaart. 1,5–2,0 mm. – An versch. *Solanaceae*. Gattung *Epitrix* FOUDRAS

17* Fld ohne auffällige Behaarung **18**
18 Stirnhöcker auch nach oben gegen die Stirn scharf begrenzt (Abb. **513**/13, 16) . **19**
18* Stirnhöcker rundlich, nach oben gegen die Stirn nicht durch scharfe Linien begrenzt (Abb. **513**/12). 3,5–5,0 mm. 11 Arten. [Gattung *Asiorestia* JACOBSON] *Neocrepidodera* HEIKERTINGER
19 Körper einfarbig bräunlich gelb. Stirnhöcker flach dreieckig (Abb. **513**/16), Punktreihen der Fld nach dem E hin verloschen. 1,8–2,4 mm. – An *Anagallis arvensis*, in deren Blättern die L minieren; z. *Ochrosis ventralis* (ILLIGER)
19* Körper nicht einfarbig bräunlich-gelb, größer. Stirnhöcker gewölbt (Abb. **513**/13) **20**
20 Hsch gelbrot, Fld metallisch. Stirnhöcker groß, rundlich (Abb. **513**/13). 2,8–3,8 mm. – An *Fabaceae*; v. *Derocrepis rufipes* (L.). – **Wickenerdfloh**
20* Hsch nicht gelbrot, Stirnhöcker schmal **21**
21 Lebhaft metallisch glänzend. 2,5–3,8 mm. – An *Salix*- u. *Populus*-Arten. 6 Arten. [*Chalcoides* FOUDRAS] Gattung *Crepidodera* CHEVROLAT
21* Körper dunkel bronzebraun mit Metallglanz, Fld am E gelblich. 2,0–2,5 mm. – An feuchten Orten auf *Equisetum*-Arten; v. *Hippuriphila modeeri* (L.)
22 **(14)** 3–4 mm. Hsch rot. Fld metallisch grün od. blau. – An *Malvaceae*. 3 Arten. Gattung *Podagrica* CHEVROLAT
22* Hsch metallisch **23**
23 1,5–3,0 mm, länglich, annähernd halbwalzig gebaute Arten. – An *Polygonaceae*. 6 Arten. Gattung *Mantura* STEPHENS
23* 2,0–2,5 mm. Körper kugelig. – MGeb; an *Vaccinium myrtillus*. 2 Arten. Gattung *Minota* KUTSCHERA

Unterfamilie ***Cassidinae*** – **Schildkäfer**

Meist einseitiger Schabefraß an Blättern. Eier werden häufchenweise an Blätter geklebt u. mit Mutterkot bedeckt. L bedecken sich selbst mit dickem Kotdach. L frei auf Blättern. P kleben mit HlbE in letzter LHaut am Blatt.

1 Hsch auf der US neben dem K mit FFurche (Abb. **515**/1) **2**
1* Hsch ohne FFurche (Abb. **515**/2). 25 Arten. Gattung *Cassida* L.
2 Klauen mit starkem Basalzahn (Abb. **515**/6). Hsch halbkreisförmig, mit scharfen rechtwinkligen HEcken (Abb. **515**/3). OS ziegelrot, mit großen schwarzen Flecken. 4,5–6,0 mm. – An feuchten Orten an *Pulicaria-*, *Inula-* u. *Senecio*-Arten; z. *Pilemostoma fastuosum* (SCHALLER)
2* Klauen ungezähnt (Abb. **515**/5). Hsch elliptisch mit breit verrundeten HEcken (Abb. **515**/4). OS rotbraun, im Leben mit Kupferglanz. 4,5–6,0 mm. – An *Convolvulus arvensis*; z. *Hypocassida subferruginea* (SCHRANK)

Familie ***Bruchidae*** – **Samenkäfer**

L fressen Samen von Leguminosen in den Hülsen. Nachdem sie die Samenschale an einer Stelle kreisrund zu einem kleinen Deckel angenagt haben, durch den später

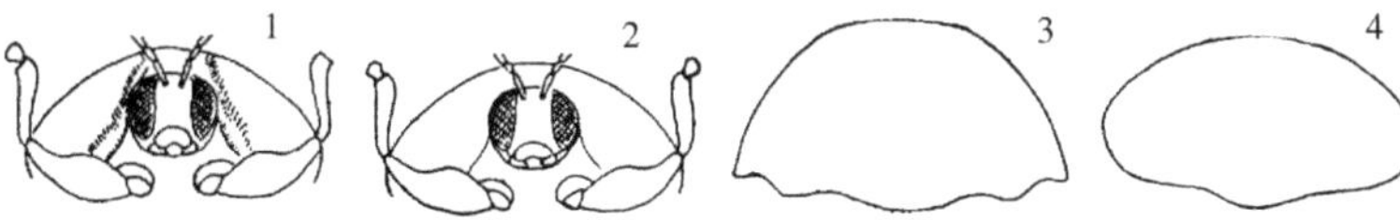

Abb. 515/1–6. **1** *Hypocassida subferruginea*, K von vorn; **2** *Cassida viridis*, K von vorn; **3** *Pilemostoma fastuosum*, Hsch; **4** *Hypocassida subferruginea*, Hsch; **5** *H. subferruginea*, Klauen; **6** *Pilemostoma fastuosum*, Klauen.

der Jungkäfer schlüpft, verpuppen sie sich im Inneren. Befall stets im Freien auf der noch unreifen NährPfl. Mit dem Erntegut gelangen L in Lager, wo sie als Vorratsschädlinge weiterfressen, sich aber nicht fortpflanzen können. Nur einige (meist von Übersee eingeschleppte) Arten, die auch in gärtnerischen Sämereien auftreten, können erneut reife Samen befallen, diese eingeschleppten Arten bleiben hier unberücksichtigt. Im. oft auf Blüten. IV–VIII. – DE 28 Arten.

1 HSchienen mit 2 lg Dornen am E. Sch dreieckig, nach hinten spitz zulaufend (Abb. **516**/1). – An *Convolvulus* u. *Calystegia*. 1,3–3 mm. 2 Arten.
Gattung *Spermophagus* SCHÖNHERR

1* HSchienen nur s am E in einen längeren Zahn od. kleine Zähnchen ausgezogen. Sch quadratisch od. rechteckig, hinten oft eingeschnitten **2**

2 HSchenkel an der UKante mit einem großen u. 2 kleineren Zähnen (Abb. **516**/2). – Kosm; In Samen von *Phaseolus vulgaris*. 2,7–4,2 mm.
Acanthoscelides obtectus (SAY) – **Speisebohnenkäfer**

2* HSchenkel an der UKante nur mit einem Zahn od. ohne Zahn (Abb. **516**/3, 4) . . . **3**

3 Hsch ± rechteckig, meist ist der SRand in einen vorspringenden Winkel od. Zahn ausgezogen (Abb. **516**/5). HSchenkel mit einem kräftigen Zahn (Abb. **516**/3). – In Samen von *Lathyrus, Lotus, Pisum, Sarothamnus, Vicia* u. a.; in Erbsen häufig *Bruchus pisorum* (L.) – **Erbsenkäfer**. 1,5–5 mm. 14 Arten. Gattung *Bruchus* L.

3* Hsch ± kegelförmig, kein vorspringender Winkel od. Zahn vorhanden (Abb. **516**/6). HSchenkel glatt, ohne kräftigen Zahn (Abb. **516**/4). – In Samen von *Eryngium, Genista, Onobrychis, Vicia* u. a.; 1,3–4 mm. 12 Arten. Gattung *Bruchidius* SCHILSKY

Überfamilie ***Curculionoidea***

1 F mit 3gld, lose geblätterter Keule (Abb. **517**/1). Familie *Urodonidae* S. 518

1* FKeule nicht lose geblättert, ± geschlossen **2**

2 R breit, plattenförmig, vorn quer abgerundet (Abb. **517**/2, 5–7).
Familie *Anthribidae* – **Breitrüßler** S. 518

2* R rund od. kantig, zuweilen sehr kurz od. fehlend, aber nie plattenförmig **3**

3 FKeule groß, knopfförmig (Abb. **523**/2–5). K vom Hsch ± überwölbt. R kurz kegelförmig od. fehlend. Körper zylindrisch **4**

3* FKeule klein, nicht knopfförmig. K s vom Hsch ± überwölbt. R lg od. kurz, nur s kegelförmig. Körper s zylindrisch **5**

4 Hsch vorn ± gerundet verengt. K schmaler als Hsch (Abb. **517**/3). Au quer od. geteilt. 1. FußGld so lg wie die Schiene. Familie *Scolytidae* – **Borkenkäfer** S. 519

4* Hsch vorn gerade abgestutzt. K so breit wie Hsch (Abb. **517**/4). Au rund. 1. FußGld so lg wie die Schiene od. wie die übrigen Gld zusammen.
Familie *Platypodidae* – **Eichenkernholzkäfer** S. 525

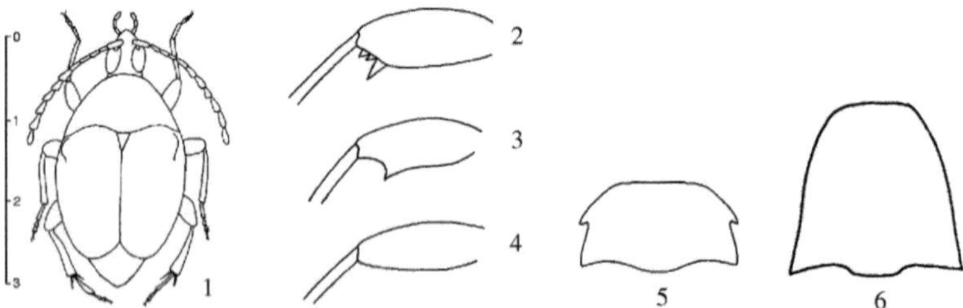

Abb. 516/1–6. 1 *Spermophagus sericeus*; **2** *Acanthoscelides* sp., HSchenkel; **3** *Bruchus* sp., HSchenkel; **4** *Bruchidius* sp., HSchenkel; **5** *Bruchus pisorum*, Hsch; **6** *Bruchidius seminarius*, Hsch.

5 **(3)** F gekniet, d. h. das 1. Gld bildet mit den folgenden Gld einen Winkel (Abb. **526**/1). (Ausnahmen S. 526). Familie *Curculionidae* – **Rüsselkäfer** S. 525

5* F nicht gekniet (Abb. **526**/2) **6**

6 HSchenkel doppelt so breit wie V- u. MSchenkel, Käfer mit Sprungvermögen. Familie *Curculionidae*, Unterfamilie *Rhynchaeninae* S. 556

6* HSchenkel nicht breiter als V- u. MSchenkel, Käfer ohne Sprungvermögen **7**

7 Hü u. Schenkel durch lg Trochanteren getrennt (Abb. **526**/3). Fld oval od. birnenförmig, mit Punktreihen. R lg u. dünn. 1,2–4,5 mm. Familie *Apionidae* – **Spitzmausrüßler** S. 533

7* Hü u. Schenkel berühren sich, Trochanteren klein, im inneren Basalwinkel zw Hü u. Schenkel liegend (Abb. **526**/4). Fld im Umriss rechteckig od. quadratisch. 2–9 mm **8**

8 Fld ohne Nahtstreifen, unregelmäßig punktiert. OS fein behaart. 3–6 mm. Familien *Nemonychidae* S. 531

8* Fld neben der Naht mit einem Streifen od. einer Punktreihe, daneben weitere Punktreihen **9**

9 K mit backenartig gerundeten, nach hinten verengten Schläfen, die länger sind als der R. K stielartig mit dem Hsch verbunden (Abb. **526**/5). Hsch vor der Basis mit scharf eingeschnittener Querfurche. 3,8–5 mm. Familie *Attelabidae* (Gattung *Apoderus* Olivier) S. 532

9* K mit kurzen, parallelseitigen od. nach hinten verbreiterten Schläfen, die kürzer sind als der R (Abb. **526**/6). K stielartig mit dem Hsch verbunden (Abb. **526**/5). Hsch vor der Basis ohne Querfurche **10**

10 Schienen am IRand gezähnt. Klauen an der Basis verwachsen (Abb. **526**/9). OS des Körpers unbehaart. K schwarz, Hsch u. Fld rot. 4–6,5 mm. Familie *Attelabidae* (*Attelabus nitens* (Scopoli)) S. 532

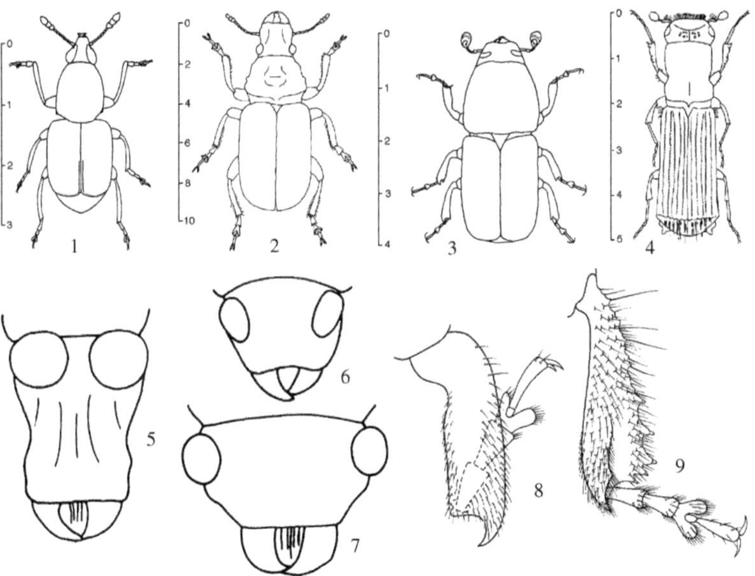

Abb. 517/1–9. 1 *Urodon rufipes*; **2** *Platyrhinus resinosus*; **3** *Scolytus mali*; **4** *Platypus cylindrus*; **5** *Tropideres albirostris*, K; **6** *Opanthribus tesselatus*, K; **7** *Anthribus fasciatus*, K; **8** *Scolytus* sp., VSchiene u. Fuß; **9** *Hylesininae*, VSchiene u. Fuß.

10* Schienen am lRand glatt. Klauen an der Basis nicht verwachsen, innen gezähnt (Abb. **526**/10). OS des Körpers meist behaart. Körper meist metallisch blau, grün, kupfrig od. goldig, s einfarbig schwarz od. z. T. rot. 2–9 mm.
Familie *Rhynchitidae* S. 531

Familie ***Urodonidae***

In *Reseda*-Samen. 1,5–3 mm. – DE 3 Arten.
Gattung *Urodon* SCHÖNHERR – **Reseda-Samenkäfer** (Abb. **517**/1)

Familie ***Anthribidae*** – **Breitrüßler**

Vielfach an alten, anbrüchigen, morschen Laub- u. Obstbäumen, meist in dürren Ästen. LEntw oft unter der Rinde. *Platyrhinus* bes. in Baumschwämmen (*Daldinia, Peniophora, Sphaeria*). – Beim Beobachten der übrigen Arten ebenfalls auf Pilzmyzelien achten! – *Anthribus* in den Bruträumen von Schildläusen (*Physokermes*), wo die L unter dem Schild die Eier verzehren. V–VIII (IX). – DE 19 Arten.

1 Die FGruben liegen seitlich am R vor den Au u. sind von oben nicht einsehbar .. **2**
1* Die FGruben liegen dorsal am RRücken vor den Au u. können von oben eingesehen werden **12**
2 Hsch vor dem HRand mit Querleiste **3**
2* Hsch ohne Querleiste, od. diese bildet den HRand **10**
3 Au mehr dorsal gelegen. Stirn an der schmalsten Stelle nur halb so breit wie ein AuDurchmesser od. schmaler (Abb. **517**/5). – An Laubholz; 3–7 mm. 2 Arten.
Gattung *Tropideres* SCHÖNHERR
3* Au mehr seitlich gelegen, Stirn an der schmalsten Stelle nahezu so breit wie ein AuDurchmesser od. breiter (Abb. **517**/2, 6, 7) **4**
4 R länger als an der Basis breit **5**
4* R kürzer als an der Basis breit, nach vorn nicht od. nur sehr schwach erweitert . **7**
5 Hsch mit 2 Haarbüscheln auf der Scheibe. – In abgestorbenen Laubholzästen; z; 2,5–5 mm. *Enedreytes sepicola* (F.)
5* Hsch ohne hervortretende Haarbüschel **6**
6 Querleiste des Hsch an den S nach vorn verrundet. – An Nadelholz; 2–3 mm. 2 Arten. Gattung *Allandrus* LECONTE
6* Querleiste des Hsch an den S winkelig nach vorn gebogen. – An abgestorbenem Laubholz; s; 2–3 mm. *Phaeochrotes cinctus* (PAYKULL)
7 **(4)** Große Art, 8–15 mm. Scheibe des Hsch runzelig verflacht u. großgrubig eingedrückt. (Abb. **517**/2). – In Baumpilzen u. verpilztem Laubholz. z.
Platyrhinus resinosus (SCOPOLI)
7* Kleinere Arten, 2–4 mm. HschOS gewölbt, ohne grubenartige Vertiefungen **8**
8 Querleiste des Hsch in der M fast gerade u. keinen Winkel bildend **9**
8* Querleiste des Hsch stark doppelbuchtig, in der M gewinkelt. – In Laubholz; 2–3 mm. 2 Arten. Gattung *Rhaphitropis* REITTER
9 Au am VRand gerade abgeschnitten. Fld auf den ZwRäumen mit Erhabenheiten. – In Laubholzästen; z; 2–4 mm. *Dissoleucas niveirostris* (F.)
9* Au am VRand deutlich ausgeschnitten. ZwRäume der Fld ohne Erhabenheiten. – An abgestorbenem Holz. HS; sehr s; 2–3 mm. *Noxius curtirostris* (MULSANT)
10 **(2)** Große Art, 6–12 mm. R länger als breit. HschScheibe mit 3 Haarbüscheln. F des ♂ überragen die FldM. – In anbrüchigem Laubholz; z; 6–12 mm. *Platystomos albinus* (L.)
10* Kleine Arten, 1,5–4 mm. Hsch ohne Haarbüschel. F auch beim ♂ die HschM nicht überragend **11**
11 Körper zylindrisch. Au flach, aus der seitlichen KWölbung nicht vorstehend, vorn tief ausgerandet (Abb. **517**/6). – In trockener Laubholzrinde. SW; s; 2–3 mm.
Opanthribus tesselatus (BOHEMAN)

11* Körper gedrungen. Au stark gewölbt, aus der seitlichen KWölbung deutlich vortretend u. vorn höchstens gering ausgeschnitten (Abb. **517**/7). – Leben von Schildläusen; räuberisch; 1,5–4 mm. 3 Arten. Gattung *Anthribus* GEOFFROY

12 **(1)** F 11gld. – An Laubholzästen; 1,4–2,4 mm. 2 Arten. Gattung *Choragus* KIRBY

12* F 9gld. – SN vor 1950; 1–1,2 mm. *Pseudochoragus piceus* (SCHAUM)

Familie *Scolytidae [Ipidae]* – Borkenkäfer

Verbringen die Hauptzeit des Lebens im Inneren der BrutPfl, die nur die Jungkäfer zum Reifungsfraß, auf der Suche nach neuen Brutplätzen od. zur Überw verlassen. Bes. in Nadelbäumen, weniger in Laubbäumen, seltener in Sträuchern, Stauden u. Kräutern. Entweder leben sie auf einer PflArt (monophag) od. sie besuchen mehrere PflArten (oligo- bis polyphag). Meist sind sie auf einen bestimmten Teil eines Baumes od. Strauches spezialisiert. Die meisten legen ihre Brutgänge für die Nachkommenschaft im Rindenbereich an („Rindenbrüter"). Im. u. L fressen Rindengewebe. – Die „Holzbrüter" ernähren sich dagegen von sog. Ambrosiapilzen. In den Brutgängen werden von den ♀♀ Pilzmutterzellen u. Sporen als „Saatgut" über die Gangwände verteilt. An den sich entw Pilzhyphen ragen schließlich kugelige Pilzköpfe in die Gangrohre hinein, die den L als ausschließliche Na dienen u. von den Mutterkäfern dauernd gepflegt werden, damit sie nicht durch andere Pilze „verunkrauten" od. durch übermäßiges Wachstum junge L ersticken. – Viele Borkenkäfer sind gefährliche Forstschädlinge. Früh- od. Spätschwärmer: IV–VIII (s früher od. später).
Im. vielfach mit Lautäußerung, oft mit Symbionten. Befall artspezifisch abhängig vom physiologischen Zustand der WirtsPfl (meist werden kränkelnde od. frisch tote Pfl bevorzugt), wirkt anlockend. Ebenfalls Sexuallockstoffe u. Aggregationspheromone. – DE 109 Arten.

1 VSchienen außen glatt, die Spitze mit 1 Haken (Abb. **517**/9). M- u. HSchienen mit 2 Haken. HschS gerandet, Hsch ungehöckert. Fld bis zum E horizontal verlaufend, ohne Absturzfläche. Hlb ab 2. Sternit zum E schräg ansteigend. Unterfamilie *Scolytinae* S. 522

1* Alle Schienen außen gezähnt (Abb. **517**/9), die Spitzen ohne Haken, mit kleinem ESporn. HschS ungerandet, Hsch vorn oft rau gehöckert. Fld an der Spitze mit einer steil herabgewölbten, den Hlb umfassenden Absturzfläche. HlbUS gerade. **2**

2 K von oben sichtbar. Hsch gleichartig punktiert. 3. FußGld herzförmig, zweilappig (Abb. **523**/5). Unterfamilie *Hylesininae* S. 522

2* K von oben nicht sichtbar, vom Hsch überragt. Hsch vorn runzelig od. mit Höckern (Abb. **524**/2, 4). 3. FußGld zylindrisch (Abb. **523**/6). Unterfamilie *Ipinae* S. 523

Die Im. der Borkenkäfer sind meist schwer zu bestimmen; die Artzugehörigkeit kann mitunter leichter an der Bauweise der Holz- od. Rindengänge (Fraßbilder) erkannt werden; deshalb wird eine Übersicht der Bautypen vorangestellt (die dazugehörenden Zeichnungen sind leicht schematisiert).

A Rindenbrüter

1.1. Es wird nur ein Brutplatz vom ♀ genagt u. darin ein Häufchen Eier abgelegt, von denen aus die L selbständig strahlenförmige, dünne Gänge fressen u. jeweils am E die PWiege anfertigen (Abb. **520**/1). *Cryphalus* ERICHSON

1.2. Durch eine verletzte Rindenstelle mit Harzausfluss bohrt das ♀ einen kurzen, platzartigen Muttergang u. legt die Eier häufchenweise ab. L fressen keine Einzelgänge, sondern gesellig nebeneinander zw Rinde u. Bast eine große Fläche aus (Familiengang), die allmählich in einzelnen LGängen mit PWiegen endet (Abb. **520**/4). *Dendroctonus micans* (KUGELANN)

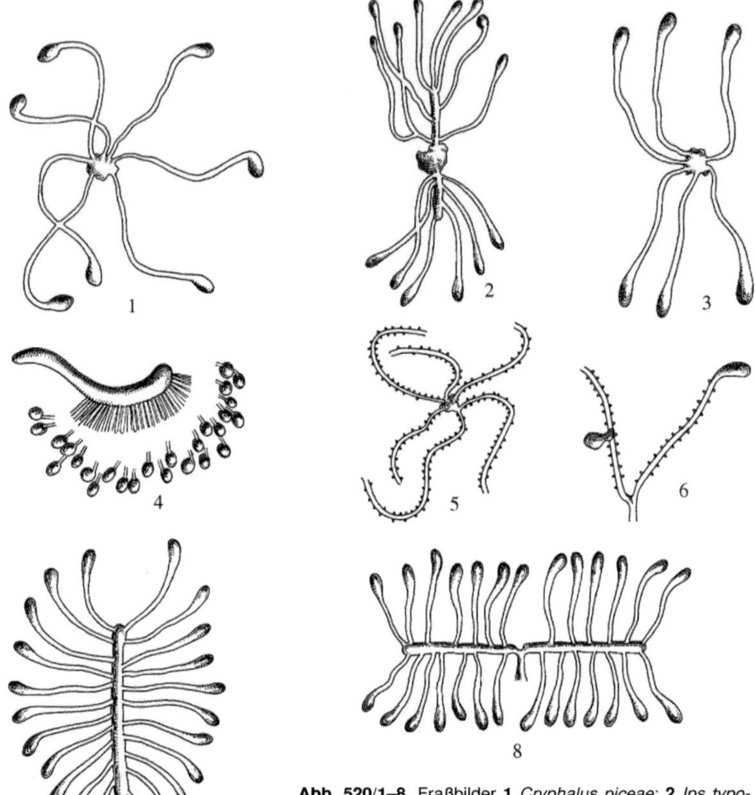

Abb. 520/1–8. Fraßbilder **1** *Cryphalus piceae*; **2** *Ips typographus*; **3** *Taphrorychus bicolor*; **4** *Dendroctonus micans*; **5** *Pityophthorus pityographus*; **6** *Phthorophloeus spinulosus*; **7** *Scolytus ratzeburgi*; **8** *Leperisinus fraxini*.

2. Das ♂ beginnt das Eingangsloch zu bohren u. zu einer „Rammelkammer" zu erweitern. In dieser Kopula mit den nach u. nach einfliegenden ♀♀ (Polygamie), die von der Mittelkammer einzeln Muttergänge in Längs-, Quer- od. Schrägrichtung anlegen u. seitwärts von ihnen Eikammern einrichten. L fressen allmählich breiter werdende Gänge, die mit der erweiterten PWiege enden. Die ♀♀ halten den Bau von Bohrmehl u. Unrat sauber (Brutpflege).

2.1. Von der Rammelkammer ausgehende Muttergänge (Sterngänge) verlaufen in Längsrichtung geschwungen nach oben u. unten (Abb. **520**/3).
Carphoborus minimus (F.), *Hylastes* Erichson, *Pityophthorus* Eichhoff, *Polygraphus grandiclava* C. G. Thomson, *Taphrorychus bicolor* (Herbst), *Ips* DeGeer

2.2. Von der Rammelkammer ausgehende Sterngänge zweigen in mehrere quere Richtungen ab (Abb. **520**/2). *Polygraphus subopacus* Thomson, *Ips* DeGeer

2.3. Von der Rammelkammer ausgehende Sterngänge zweigen strahlenförmig in alle Richtungen ab (Abb. **520**/5).
Dryocoetes alni (GEORG), *Pityophthorus* EICHHOFF, *Pityogenes* BEDEL, *Polygraphus poligraphus* (L.), *Ips* DEGEER, *Pityokteines* FUCHS

3.1. Von einer sehr kurzen Eingangsröhre gabeln sich stammaufwärts in spitzwinkliger, V-förmiger Richtung zwei Muttergänge, von denen aus die L ihre Gänge fressen (Abb. **520**/6). *Phthorophloeus spinulosus* REY

3.2. Eine Abart des vorigen Typs hat zwei nach oben u. unten sich gabelnde Längs-Muttergänge. *Phloeosinus thujae* (PERRIS)

4. Vom ♀ wird in der Längsachse des Stammes ein Muttergang angelegt, von dem die LGänge in waagerechter Richtung abzweigen. Am Muttergang liegen die LGänge noch sehr dicht beieinander, sie entfernen sich mit zunehmendem LAlter voneinander; ihre äußersten E biegen meist ± deutlich in die Längsrichtung ab (Abb. **520**/7). – Nach der Form der Eingangsröhre werden unterschieden:

4.1. eine stiefelförmige Eingangsröhre. *Hylurgops* LECONTE, *Scolytus* GEOFFROY

4.2. eine krückstockartige erweiterte Eingangsröhre in liegenden Stämmen (als Fangbäume verwendet) od. rammelkammerähnliche Erweiterungen in stehenden Bäumen.
Scolytus mali (BECHSTEIN), *S. ratzeburgi* JANSON, *S. carpini* (RATZEBURG) u. a.

4.3. längsgerichtete Muttergänge in Wurzelstöcken können mit einem nicht erweiterten Gangrohr beginnen. *Tomicus piniperda* (L.), *Hylurgus ligniperda* (F.)

4.4. ein kurzer u. dicker Mutter-Längsgang, oft mit Ausbuchtungen.
Dryocoetes autographus (RATZEBURG), *Hylastes* ERICHSON

5. Von einem sehr kurzen Eingang zweigt nach recht u. links quer zur Längsachse des Stammes od. Astes je ein Quergang ab, von dem senkrecht dazu in Längsrichtung die LGänge verlaufen (Abb. **520**/8).

5.1. Die Quergänge sind doppelarmig, s einarmig.
Scolytus intricatus (RATZEBURG), *Tomicus minor* (HARTIG), *Dryocoetes villosus* (F.), *Ernoporus tiliae* (PANZER), *Hylesinus* F., *Lymantor coryli* (PERRIS), *Pteleobius* BEDEL, *Xylechinus pilosus* (RATZEBURG), *Leperisinus* REITTER, *Ernoporicus* BERGER

5.2. Vom kurzen Eingang zweigen nach rechts u. links je zwei Quer- od. Schräggänge ab. *Pityokteines curvidens* (GERMAR)

5.3. In dünnen Ästen sind die Quergänge unregelmäßig, auch die LGänge verlaufen unregelmäßig, da Eiabl häufchenweise. *Trypophloeus* FAIRMAIRE

6. Einmieter in Quer- od. Längsgängen anderer Borkenkäfer. Dadurch wird das Bild ihrer eigenen Fraßfiguren u. der stark gewundenen LGänge vielfach verwischt. *Crypturgus cinereus* (HERBST)

B Holzbrüter

7. Senkrecht zum Stamm od. Ast wird eine 1 mm dicke u. 3–4 cm breite „Familienkammer" ausgebohrt, die den Mutterkäfer mit Eiern u. L aufnimmt. L u. ♀ erweitern gemeinsam die Kammer allmählich, in der dann L, P u. unausgefärbte Jungkäfer neben- u. durcheinander liegen (Abb. **522**/1). Muttertier betreibt Brutpflege, baut das Nest, reinigt es von Kot, züchtet u. pflegt Nährpilze u. verschließt das Eingangsloch mit dem eigenen Körper.
Xyleborus saxeseni (RATZEBURG)

8.1. Eine Eingangsröhre wird von ♀ in geschwungener Linie 2–8 cm tief ins Kernholz vorgetrieben. Vom Hauptgang gabeln beidseitig in gleicher Ebene Brutgänge (Gabelgänge) ab, in denen die Eier häufchenweise abgelegt werden (Abb. **522**/2). L können jedoch ihre Geburtsgänge nicht selbst erweitern.
Xyleborus monographus (F.)

8.2. Gabelgänge zweigen in alle Richtungen ab. Die Eier werden zu je 10 Stück in einem Gang abgelegt, der vom ♀ mit einem Pfropfen aus feuchtem Bohrmehl u.

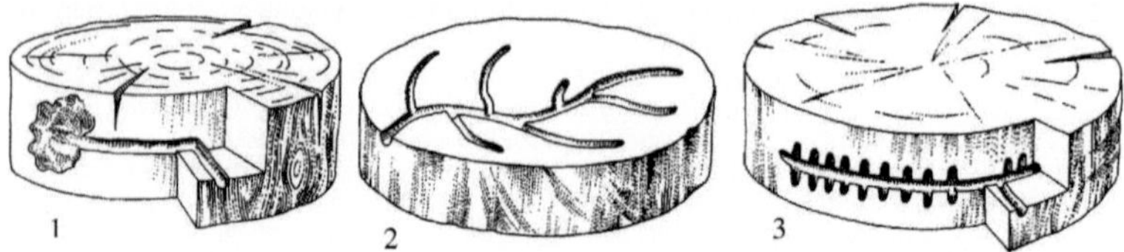

Abb. 522/1–3. Fraßbilder **1** *Xyleborus saxeseni*; **2** *X. monographus*; **3** *Xyloterus lineatus*.

Pilzsubstrat verschlossen wird. – Gabelgänge können auch in größerer Tiefe (bis 13 cm) u. mit mehreren Verästelungen gebaut werden.
Xyleborus dispar (F.)

9. Nach der Kopula bohren ♀ u. ♂ gemeinsam frei am Baum einen radialen, 2–4 cm tiefen Eingang, von dem 1–2 Quergänge (bis 10 cm lg) abzweigen. Von hier aus nagt das ♀ allein abwechselnd nach oben u. unten kurze Gruben od. Nischen für die einzeln abgelegten Eier. Dadurch entsteht ein „Leitergang" (Abb. **522**/3). Die Einischen werden mit Bohrmehl u. Ambrosia verstopft. Die ausgewachsene L vergrößert ihre Nische zur PWiege. Vor Beginn des Winters verschließt das Muttertier mit dem eigenen Körper den Eingang.
Xyloterus Erichson

C Strauch- u. Krautbrüter

Einige Arten siedeln in Wurzelstöcken, Efeusprossen od. in Stängeln von Kräutern. Über dem vom ♀ durchbissenen Stängelteil stirbt das Gewebe ab, darunter bildet sich eine Galle mit erhöhter Saftzufuhr, die den L zugute kommt. Reifungsfraß des Jungkäfers ab VIII, der zur Überw in eine neue Pfl übersiedelt.

10. In Wurzelstöcken.
Hylastinus obscurus (Marsham), *Phloeophthorus rhododactylus* (Marsham)
11. In Efeusprossen. *Kissophagus hederae* (Schmidt)
12. In Krautstängeln. *Thamnurgus* Eichenhoff, *Xylocleptes bispinus* (Duftschmid)

Unterfamilie *Scolytinae*

Wälder u. Gärten, im Holz; monophag in Laubbäumen. Bautyp 4.1, 4.2. u. 5.1. V–IX. 2–6 mm. 11 Arten. Gattung *Scolytus* Geoffroy – **Splintkäfer** (Abb. **517**/3)

Unterfamilie *Hylesininae*

1 FldVRand gekerbt, gezähnt od. gehöckert, ± aufgebogen. **2**

1* FldVRand einfach gekantet, nicht aufgebogen, gezähnt od. gehöckert. – K mit kurzem R (Abb. **524**/1) u. tiefer FFurche. F von den Au entfernt eingelenkt.
a) Gattung *Hylurgops* Leconte – In Fichte u. Kiefer. Bautyp 4.1. 3–5 mm. 2 Arten.
b) Gattung *Hylastes* Erichson – In Wurzelstöcken von Fichte u. Kiefer, seltener Lärche, auch in Stämmen u. Zweigen bis Wipfelregion. Bautyp 2.1, 4.4. IV–VIII. 2–5 mm. 7 Arten (z. B. *H. cunicularius* Erichson – **Fichtenbastkäfer**; g).

2 Der gezähnte FldVRand zum Sch nach hinten gebogen u. hier unterbrochen (Abb. **523**/1). **4**

2* Der scharf gezähnte FldVRand gerade u. am Sch nicht unterbrochen. **3**

3 FKeule zusammengedrückt, ohne scharfe Nähte (Abb. **523**/2), Au völlig geteilt. – In Fichte, seltener Kiefer, Lärche, Kirsche u. Pflaume, manchmal in Wipfeln. Bautyp 2.1.–2.3. IV–X. 2–3 mm. 3 Arten (z. B. *P. poligraphus* (L.)).
Gattung *Polygraphus* Erichson – **Fichtenbastkäfer**

3* FKeule eichelförmig, mit scharfen Nähten (Abb. **523**/4), Au nierenförmig ausgerandet. – In dünneren Ästen von Kiefern, s; Bautyp 2.1. VI–IX. 1,0–1,5 mm.
Carphoborus minimus (F.) – **Kleinster Kiefernbastkäfer**

4 **(2)** FKeule 3gld, Gld meist deutlich getrennt (Abb. **523**/3).
a) *Phloeophthorus rhododactylus* (Marsham) – In Wurzeln von Besenginster (*Sarothamnus*) u. Geißklee (*Lembotropis*), z; Bautyp 10. 1,5–1,8 mm.
b) *Phthorophloeus spinulosus* (Rey) – In Zweigen von Fichte. Boreomontan, s; Bautyp 3.1. IV–VII. 1,8–2,2 mm.
c) *Phloeosinus* Chapuis – In Wacholder u. Lebensbaum, s; Bautyp 3.2. IV–VII. 1,5–2,0 mm. 2 Arten.

4* FKeule kompakt, ohne deutlich getrennte Gld **5**

5 OS beschuppt od. mit feinen BoReihen. VHü durch breiten VBrForts weit getrennt.
a) Gattung *Hylesinus* F. – In Laub- u. Obstbäumen u. Sträuchern. Bautyp 5.1. IV–VIII. 2,5–6,0 mm. 2 Arten (z. B. *H. crenatus* (F.) – **Großer Eschenbastkäfer**; z).
b) Gattung *Leperisinus* Reitter – In Esche u. a. Laubbäumen. Bautyp 5.1. IV–VIII. 3 mm. 2 Arten (z. B. *L. fraxini* (Panzer) – **Bunter Eschenbastkäfer**; g).
c) Gattung *Pteleobius* Bedel – **Ulmenbastkäfer.** In Ulme u. Esche. Bautyp 5.1. 1,8–2,2 mm. 2 Arten.
d) *Xylechinus pilosus* (Ratzeburg) – In Fichte, seltener Lärche, s; Bautyp 4.1. V–VII. 2,2–2,5 mm.
e) *Kissophagus hederae* Schmidt – In dicken Efeusprossen, s; Bautyp 11. IV–V. 2,0–2,4 mm.
f) *Hylastinus obscurus* (Marsham) – **Kleewurzelrüßler** – In Klee, Besenginster, Hauhechel, s; Bautyp 10. V–VI. 2,0–2,5 mm.

5* OS behaart, ohne BoReihen. VHü einander genähert.
a) *Dendroctonus micans* (Kugelann) – **Riesenbastkäfer** – In Fichte, seltener Kiefer u. Lärche, z, g; Bautyp 1.2. IV–VIII. 7–9 mm.
b) Gattung *Tomicus* Latreille [*Blastophagus* Eichhoff] – **Waldgärtner** – In Kiefer, seltener Fichte, Lärche, Tanne; Bautyp 4.3; *T. piniperda* (L.) – **Großer W.**, g; Bautyp 5.1; *T. minor* (Hartig) – **Kleiner W.**, in Kiefer, z. III–VIII. 3,5–4,8 mm.
c) *Hylurgus ligniperda* (F.) – **Kiefernbastkäfer**. In stärkeren Wurzeln der Kiefer, z; Bautyp 4.3. 5,0–5,7 mm.

Unterfamilie *Ipinae*

1 Hsch vollständig punktiert, nicht gehöckert **2**

1* Hsch wenigstens vorn gehöckert, gekörnt od. gerunzelt (Abb. **524**/2) **3**

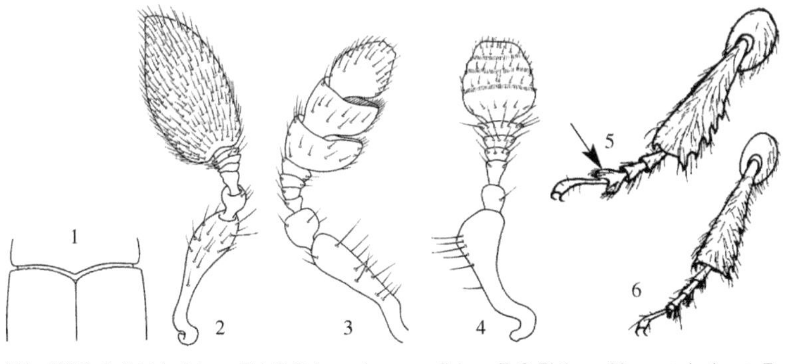

Abb. 523/1–6. 1 *Hylesininae*, Fld; **2** *Polygraphus grandiclava*, F; **3** *Phthorophloeus spinulosus*, F; **4** *Carphoborus minimus*, F; **5** *Hylesinini*, VB; **6** *Ipini*, VB.

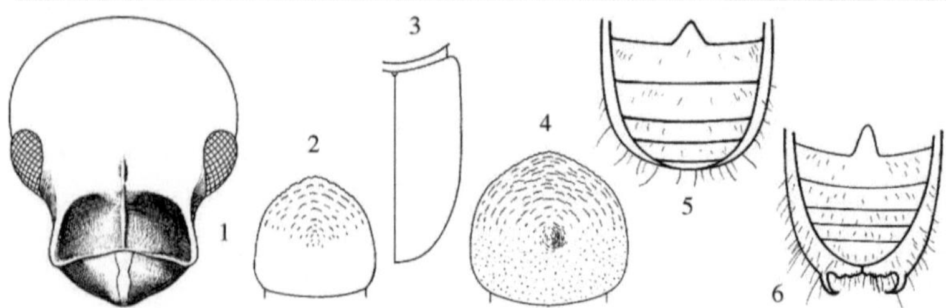

Abb. 524/1–6. 1 *Hylastes* sp., K; **2** *Trypophloeus* sp., Hsch; **3** *Crypturgus* sp., Fld; **4** *Xyleborus* sp., Hsch; **5** *Lymantor* sp., HlbUS; **6** *Pityokteines* sp., HlbUS.

2 FGeißel 2gld. FldAbsturz einfach abgerundet (Abb. **524**/3). – In Fichte u. Kiefer, seltener Lärche u. Tanne. Bautyp 6. IV–X. 1,0–1,3 mm. 3 Arten. Gattung *Crypturgus* ERICHSON

2* FGeißel 5gld. FldAbsturz mit abgeflachter Fläche. – In Stängeln von Kräutern, s; Bautyp 12. 2,0–2,5 mm. 2 Arten. Gattung *Thamnurgus* EICHHOFF

3 **(1)** Hsch buckelig gewölbt, mit einem groben Höckerfleck. Fld beschuppt od. fein behaart, dazw mit lg Haar- od. dicken BoReihen.
a) Gattung *Cryphalus* ERICHSON – In dünnen Stämmen u. Zweigen des Wipfels von Fichte u. Tanne, seltener Kiefer. Bautyp 1.1. IV—VII. 1,1–2,0 mm. 3 Arten (z. B. *C. piceae* (RATZEBURG) – **Kleiner Tannenborkenkäfer**; z).
b) *Ernoporus tiliae* (PANZER) – In Linde, z; Bautyp 5.1. IV–VII. 1,1–1,5 mm.
c) Gattung *Ernoporicus* BERGER – In Linde, Buche, Ulme u. Hainbuche. Bautyp 5.1. IV–VII. 1,5–2,0 mm. 3 Arten.
d) Gattung *Trypophloeus* FAIRMAIRE – In Espe. Bautyp 5.3. III–VI. 1,2–2,1 mm. 3 Arten.

3* Hsch gleichmäßig gewölbt, ohne Höckerfleck, punktiert od. gekörnt. Fld einfach behaart **4**

4 Hsch an der Basis einfach punktiert od. glatt, vorn mit Höckern. **6**

4* Hsch mit einheitlicher, zur Basis etwas schwächerer Körnelung **5**

5 Au vollständig geteilt. HschBasis fein gerandet. – In Laubbäumen. Bautyp 9. III–VIII. 3,5 mm. 4 Arten. [*Trypodendron* STEPHENS] Gattung *Xyloterus* ERICHSON

5* Au ungeteilt, nierenförmig. HschBasis ungerandet. – In Fichte, Eiche u. Erle. Bautyp 2.3., 4.4., 5.1. IV–XI. 2–4 mm. 4 Arten. Gattung *Dryocoetes* EICHHOFF

6 **(4)** Hsch nahe der M mit einer hohen, kegelförmigen Wölbung (Abb. **524**/4), seitlich nicht eingedrückt. ♂ u. ♀ meist versch. gebaut. – In Laub- u. Nadelbäumen. Bautyp 7., 8.1., 8.2. IV–VII. 1,5–4,0 mm. 10 Arten (z.B. *X. dispar* (F.) – **Ungleicher Holzbohrer**; g). Gattung *Xyleborus* EICHHOFF

6* Hsch ohne kegelförmige Wölbung, seitlich leicht quer od. schräg eingedrückt. ♂ u. ♀ gleich gebaut. **7**

7 Spitzenrand der Fld einfach, den Hlb unmittelbar umfassend (Abb. **524**/5) **8**

7* Spitzenrand der Fld doppelt, der innere Rand den Hlb umfassend, der äußere begrenzt eine über den Hlb vorragende, waagerechte Platte (Abb. **524**/6).
a) Gattung *Ips* DEGEER – In Nadelbäumen. Bautyp 2.1.–2.3. IV–IX. 2–7 mm. 6 Arten.
b) Gattung *Orthotomicus* FERRARI – In Kiefer. 4 Arten.
c) Gattung *Pityokteines* FUCHS – In Tanne, seltener Fichte, Kiefer, Lärche. Bautyp 2.3. u. 5.2. 2–3 mm. 3 Arten.

8 HschBasis gerandet. – In Fichte u. Kiefer, seltener Tanne u. Lärche. Bautyp 2.1. u. 2.3. V–IX. 1–3 mm. 9 Arten. (z.B. *P. micrographus* (L.) – **Kleiner Fichtenborkenkäfer**; z). Gattung *Pityophthorus* EICHHOFF

8* HschBasis ungerandet **9**

9 HschBasis mit feinem Höckerkranz.
a) Gattung *Taphrorychus* EICHHOFF – In Laubbäumen, s; Bautyp 2.1. 1,6–2,3 mm. 2 Arten.
b) Gattung *Pityogenes* BEDEL – In Nadelbäumen. Bautyp 2.3. V–X. 1,8–2,8 mm. 7 Arten (z. B. *P. chalcographus* (L.) – **Kupferstecher**; g an Fichte).

9* HschBasis ohne feinen Höckerkranz, glattrandig **10**

10 FGeißel 4gld. Sch deutlich sichtbar. – In Hainbuche u. Haselnuss, auch in anderen Laubbäumen, s; Bautyp 5.1. 1,5–2,0 mm. 2 Arten. Gattung *Lymantor* LOEVENDAL

10* FGeißel 5gld. Sch sehr klein, kaum sichtbar. – In Stängeln der Waldrebe (*Clematis*), z; Bautyp 12. III–X. 3 mm. *Xylocleptes bispinus* (DUFTSCHMID)

Familie *Platypodidae* – Eichenkernholzkäfer

Befällt bes. Eiche. Auch an Kastanie, Esche, Ahorn u. a. Laubhölzern. Fraßbild: Radiärer Eingang bis ins Kernholz, tangentiale, wellenförmige Horizontalgänge zweigen ab. Von diesen neue Gänge zur Stammitte, die wiederum SGänge abgeben können. L ernähren sich von Ambrosiapilzen. Im. mit Lauterzeugung; s; IV–IX. 5–6 mm. – DE 2 Arten. Gattung *Platypus* HERBST – **Eichenkernholzkäfer** (Abb. **517**/4)

Familie *Curculionidae* – Rüsselkäfer*

K zu einem R verlängert, dieser kann kürzer als der K, aber auch von KörperLg sein. Körper von unterschiedlicher Form, seine OS meist ± dicht mit farbigen Haaren od. Schuppen bedeckt, die den Arten ihre charakteristische Färbung u. Zeichnung verleihen, s kahl. L durch Lebensweise im Innern der Pfl od. im Boden ziemlich einheitlich gestaltet: gedrungen, walzig mit verschmälerten KörperE, ohne B. Im. u. L PflFresser, Fraß an Wurzeln, Zwiebeln, Stängeln, Knospen, Blättern, Blüten, Früchten, verrottendem Laub u. im Holz; die kurzrüssligen Arten fressen meist wahllos von Pfl verschiedener Familien (polyphag), die langrüssligen sind auf eine (monophag) od. mehrere (oligophag) verwandte PflArten spezialisiert, Rüsselkäfer besiedeln die verschiedensten Habitate, wie Wiesen, Wälder, Felder, Ödland, Ruderalflächen, trockenwarme Hänge (Steppen- u. Felsheiden), Salzstellen, Gewässerufer, stehende Gewässer (untergetaucht an WasserPfl), Meeresküsten, Geb bis in die alp Zone. Der EntwZyklus verläuft meist in folgender Weise: Im. überw im Boden, unter Rinde, im Moos od. ähnlichen Verstecken; im Frühj Aufsuchen der WirtsPfl, hier Reifungsfraß an Blättern, Trieben od. Knospen; Kopulation; Eiabl in PflTeile od. in den Boden; hier LEntw; nach 2 od. 3 Häutungen Verpuppung am LPlatz in der Pfl od. in Erdhöhle. Jungkäfer fressen im Sommer u. Herbst meist noch kurze Zeit u. suchen dann das Winterquartier auf. Bei den Gattungen *Hypera, Donus, Cionus* u. *Phytobius* LFraß auf Blättern u. Blüten mit Verpuppung auf der Pfl in gesponnenem Kokon. Einige *Rhynchitidae* mit bes. Brutpflege durch Anfertigen von Blattwickeln, in die Eiabl erfolgt. L der meisten *Otiorhynchinae* u. *Brachyderinae* überw im Boden u. verpuppen sich im zeitigen Frühj. Im allgemeinen nur 1 Gen im J, s 2. Bei einigen *Curculio*-Arten u. *Rhynchitidae* durch Überliegen der L im Stadium der VorP 2- od. 3jährige Entw. Bei *Otiorhynchinae, Brachyderinae* u. *Leptopiinae* einige Arten mit parthenogenetischer Entw. In fast allen Gattungen Symbiose mit Bakterien nachgewiesen; diese leben in verschiedenen Organen im Hlb u. werden auf die Eier übertragen. Die Rüsselkäfer stellen einen hohen Anteil an landwirtschaftlichen, forstwirtschaftlichen u. Vorrats-Schädlingen. Von ca. 400 landwirtschaftlich schädlichen Käfern aus MEur sind 175 Arten (44%) Rüsselkäfer.

---

* Einschließlich der Familien *Nemonychidae, Rhynchitidae, Attelabidae* u. *Apionidae*

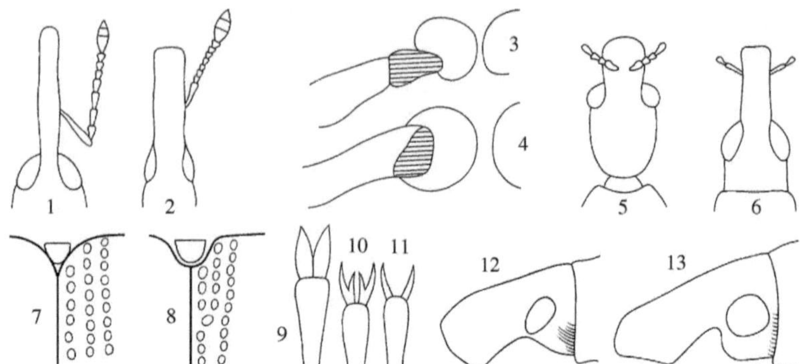

Abb. 526/1–13. 1 *Curculio* sp., K; **2** *Apion* sp., K; **3** *A. frumentarium*, Trochanter; **4** *Cimberis attelaboides*, Trochanter; **5** *Apoderus coryli*, K; **6** *Rhynchites* sp., K; **7** *R. caeruleus*, Fld; **8** *Neocoenorrhinus pauxillus*, Fld; **9** *Attelabus nitens*, Klauen; **10** *Anthonomus* sp., Klauen; **11** *Tanymecus palliatus*, Klauen; **12** *T. palliatus*, KS; **13** *Barynotus obscurus*, KS.

Beachte: In dieser Tabelle wird die KörperLg vom VRand der Au bis zur HlbSpitze, also ohne R, gemessen. Die mit römischen Zahlen für die Im. angegebenen Mon betreffen die Erscheinungszeit der Im. auf den WirtsPfl, nicht die Lebensdauer der Käfer.

1 F gekniet, d. h. das 1. Gld (FSchaft) bildet mit den folgenden Gld (FGeißel) einen Winkel (Abb. **526**/1) (F ungekniet nur bei *Rhinocyllus* u. *Chlorophanus*) **7**

1* F nicht gekniet (Abb. **526**/2) **2**

2 HSchenkel doppelt so breit wie V- od. MSchenkel, Käfer mit Sprungvermögen. R in Ruhelage an die VBr angelegt. 1,4–2,0 mm. Auf Birken u. Weiden. *Rhamphus*.
Unterfamilie *Rhynchaeninae* S. 556

2* HSchenkel nicht breiter als V- od. MSchenkel (nur das 3,0–4,3 mm große ♂ von *Deporaus betulae* hat verdickte HSchenkel), Käfer ohne Sprungvermögen. R stets vorgestreckt **3**

3 Hü u. Schenkel durch die lg Trochanteren getrennt (Abb. **526**/3). Fld oval od. birnenförmig, mit Punktreihen. R lg u. dünn, F zw M u. Basis des R eingelegt. 1,2–4,5 mm.
Familie *Apionidae* S. 533

3* Hü u. Schenkel berühren sich, Trochanteren klein, im inneren Basalwinkel zw Hü u. Schenkel liegend (Abb. **526**/4). Fld im Umriss rechteckig od. quadratisch, manchmal nach hinten ein wenig verschmälert od. verbreitert, ihre SRänder meist gerade . . **4**

4 Fld ohne Nahtstreifen, unregelmäßig punktiert, auch neben dem SRand ohne Punktstreifen, länglich, 1,6–2-mal länger als breit. OS des Körpers fein behaart. 3–6 mm.
Familie *Nemonychidae* S. 531

4* Fld neben der Naht mit einem Streifen od. einer Punktreihe (mitunter nur in der hinteren Hälfte deutlich ausgeprägt), mit Punktreihen (nur bei *Auletobius* unregelmäßig punktiert) **5**

5 K mit backenartig gerundeten, nach hinten verengten Schläfen, die länger sind als der R. K stielartig mit dem Hsch verbunden (Abb. **526**/5). Hsch vor der Basis mit scharf eingeschnittener Querfurche. Klauen an der Basis verwachsen (Abb. **526**/9). Fld ohne SchStreifen (Abb. **526**/7). Körperfärbung rot u. schwarz. 3,8–8,0 mm.
Familie *Attelabidae* S. 532

5* K mit kurzen, parallelseitigen od. nach hinten verbreiterten Schläfen, die kürzer sind als der R (Abb. **526**/6). Hsch vor der Basis ohne Querfurche. Fld vorn neben der Naht ohne (Abb. **526**/7) od. mit kurzem SchStreifen (Abb. **526**/8) **6**

6 Schienen am Innenrand gezähnt. Klauen an der Basis verwachsen (Abb. **526**/9). Fld quadratisch. OS des Körpers unbehaart. K schwarz, Hsch u. Fld rot. 4,0–6,5 mm. *Attelabus nitens* (SCOPOLI). Familie *Attelabidae* S. 532

6* Schienen am Innenrand glatt, Klauen frei, an der Basis nicht verwachsen, innen gezähnt (Abb. **526**/10). Fld quadratisch od. rechteckig. OS des Körpers bei den meisten Arten behaart. Körper meist metallisch blau, grün, kupfrig od. goldig gefärbt, s einfarbig schwarz od. z. T. rot. 2–9 mm. Familie *Rhynchitidae* S. 531

7 **(1)** R dick u. kurz, kaum länger als breit, gerade od. nur schwach gebogen, oben abgeflacht od. gewölbt, niemals stielrund. F nahe der Spitze od. im vorderen Drittel des R eingelenkt, FSchaft meist den AuVRand, manchmal sogar den HschVRand überragend. Au rundlich, schmaler als die RS hoch. OKf am äußeren Winkel mit einer Narbe (rauhe, flache Stelle) **8**

7* R meist viel länger als breit, seltener (bei einigen *Lixinae* u. *Molytinae*) kurz, meist schlank u. gebogen, sehr oft stielrund, VRand abgestutzt od. flach buchtig, seltener dreieckig ausgeschnitten. F vor, in od. hinter der M des R eingelenkt, FSchaft den AuVRand meist nicht erreichend, s die Au überragend. Au meist queroval, fast so breit wie die schmalste Stelle der RS. OKf ohne Narbe **11**

8 HSchVRand an den S hinter den Au mit einem Büschel längerer, nach vorn gerichteter Wimpernhaare (Abb. **526**/12). Fld länglich oval. OS des Körpers graubraun od. grün behaart od. beschuppt. R etwas länger als breit, abgeflacht. Klauen frei (Abb. **526**/11). 4–11 mm. Unterfamilie *Tanymecinae* S. 537

8* HschVRand an den S hinter den Au ohne lg Wimperhaare, höchstens mit sehr kurzen, feinen, gleichlg Bo (Abb. **526**/13). Klauen frei (Abb. **526**/11) od. an der Basis verwachsen (Abb. **526**/9) **9**

9 FFurchen grubig vertieft, meist rund od. oval, auf der OS des R nahe dem VRand eingesenkt, von oben vollständig sichtbar, ihr vorderer Außenrand meist als ohren- od. muschelförmiger Wulst (Pterygium) vortretend (Abb. **528**/1), nur bei *Trachyphloeus* (2–4 mm, graubraun, Fld mit aufgerichteten Bo) FFurchen an der S des R gelegen. FSchaft überragt die Au u. manchmal sogar den HschVRand. Fld oval, bei *Phyllobius* parallelseitig. 2–13 mm. Unterfamilie *Otiorhynchinae* S. 533

9* FFurchen länglich, meist rinnenförmig (Abb. **528**/2), in voller Lg od. zum größten Teil an den S des R gelegen, von oben gar nicht od. nur teilweise sichtbar, ohne Pterygien **10**

10 FFurche vor Au nach unten gebogen, ihr oberer Rand nicht höher als auf unteren Rand des Au gerichtet (Abb. **528**/3). Fld lg- od. kurzoval, nur bei *Polydrusus* u. *Sitona* parallelseitig. 2–14 mm. Unterfamilie *Brachyderinae* S. 535

10* FFurche nach hinten in Richtung des Au verlaufend, ihr oberer Rand nicht tiefer als auf die M des Au gerichtet (Abb. **528**/4). Hsch in der M mit Längskiel od. mit flacher, matter, punktfreier Längslinie. Fld kurzoval, mit od. ohne Längsrippen. Ungeflügelt. Klauen an der Basis verwachsen (Abb. **526**/9). Körper schwarzbraun. 4–7 mm. *Tropiphorus.* Unterfamilie *Leptopiinae* S. 538

11 **(7)** FFurchen schräg abwärts gebogen, unterhalb vor den Au endend (Abb. **528**/5), VTeil von oben sichtbar. FSchaft den AuVRand niemals erreichend (F bei *Rhinocyllus* ungekniet). R entweder kurz, dick u. mit 1–3 Längskielen, od. lg u. stielrund, vorn abgestumpft od. dreibuchtig (oft mit kahler, dreieckiger Spitzenfläche). HschBasis mit nach hinten vorspringender M. Fld hinten zusammen od. einzeln abgerundet od. einzeln spitz vorgezogen. 4–20 mm. Unterfamilie *Lixinae* S. 538

11* FFurchen gerade od. gebogen, höchstens zum AuURand gerichtet (nur bei *Dryophthorinae* unter einer RVerdickung) **12**

12 Vorderer Teil der FFurchen von oben sichtbar (Abb. **528**/6). F hinter der Spitze od. im vorderen Drittel des R eingelenkt. VSchienen am inneren Spitzenrand mit einem EDorn (Abb. **528**/11), dieser manchmal sehr klein od. durch Härchen verdeckt (äußerer Spitzenrand ohne Dorn) **13**

12* FFurchen von oben nicht sichtbar (Abb. **528**/7). F vor, in od. hinter der M des R eingelenkt. VSchienen am inneren (Abb. **528**/11) od. äußeren (Abb. **528**/9) Spitzenrand mit einem EDorn od. ohne Dorn (Abb. **528**/12) **14**

13 Hsch von quadratischem Umriss, stark skulptiert, mit breiter Längsfurche in der M u. tiefen Gruben an der S. Fld mit kräftigen Rippen od. Höckern. Stirn mit Grube. Körper schmutzig gelbgrau bis schwarzbraun fleckig beschuppt. 3,0–4,5 mm. *Gronops.* Unterfamilie *Cyclominae* S. 548

13* Hsch verrundet, gleichmäßig gewölbt, ohne Unebenheiten, s mit einem MKiel, bei *Graptus* manchmal mit schmaler, verkürzter MFurche. 2–17 mm. [*Hylobiinae*] Unterfamilie *Molytinae* S. 546

14 **(12)** R etwas kürzer als Hsch, vor den Au mit Verdickung, darunter die F eingelenkt (Abb. **528**/8), der kurze FSchaft die Au überragend, FKeule glatt u. glänzend, FGeißel 6gld. Hsch länger als breit. Fld am Spitzenrand mit schmalem, hellem Hautsaum. Schienen mit Punktreihen. Pygidium freiliegend. Klauen frei (Abb. **526**/11). 2–15 mm [*Calandrinae, Rhynchophorinae*] Unterfamilie *Dryophthorinae* S. 548

14* R vor den Au ohne Verdickung. FKeule meist matt, fein staubartig behaart. Fld an der Spitze ohne Hautsaum. Schienen nicht od. unregelmäßig punktiert **15**

15 HSchenkel breiter als V- od. MSchenkel, Käfer mit Sprungvermögen. Au auf der Stirn genähert. R in Ruhelage an VBr angelegt, diese ohne RFurche. F in od. hinter der M des R eingelenkt. 1,5–4,0 mm. Unterfamilie *Rhynchaeninae* S. 556

15* HSchenkel nicht breiter als V- od. MSchenkel. R in Ruhelage nicht an die VBr gelegt **16**

16 Schienen am äußeren Spitzenrand mit einem EDorn (Abb. **528**/9), manchmal zusätzlich mit einem viel kleineren Dorn am inneren Spitzenwinkel (Abb. **528**/10) **17**

16* Schienen am inneren Spitzenrand mit einem EDorn (Abb. **528**/11) od. ohne Dorn (Abb. **528**/12) **22**

17 VBr mit lg, tiefer R-Einlegefurche, diese oft bis auf die MBr reichend u. hier pfannenartig umschlossen. F in od. hinter der RM eingelengt (Abb. **528**/7). Körper rundlich od. kurz oval, oben beschuppt. 1,5–10,0 mm. Auf GehölzPfl, auch abgestorbenen Zweigen. Unterfamilie *Cryptorhynchinae* S. 549

17* VBr ohne Furche für den R, dieser auch in Ruhelage vorgestreckt **18**

18 Schenkel innen mit kräftigem Zahn. Hsch etwas breiter als lg, schmaler als die Fld, diese bauchig eiförmig, ihre Spitze schnabelförmig vorgezogen. OS dicht mit kleinen anliegenden u. größeren aufgerichteten, in Reihen gestellten Schuppen bedeckt. R zur Spitze verschmälert. F kurz hinter der RM eingelenkt. 3–4 mm. Auf abgestorbenen Zweigen. *Trachodes hispidus* (L.). Unterfamilie *Acicnemidinae* S. 545

18* Schenkel ungezähnt, nur bei *Magdalis* (mit kahler OS) mit einem Zahn **19**

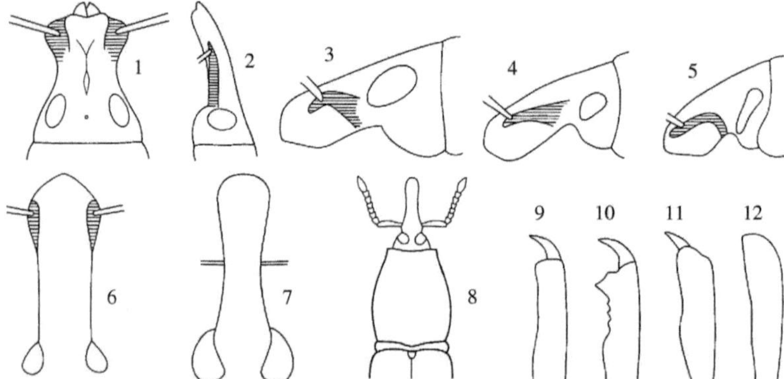

Abb. 528/1–12. 1 *Otiorhynchus niger*, K; **2** *Dorytomus* sp., K; **3** *Brachyderes incanus*, KS; **4** *Tropiphorus elevatus*, KS; **5** *Rhinocyllus conicus*, KS; **6** *Lepyrus capucinus*, K; **7** *Cryptorhynchus lapathi*, K; **8** *Sitophilus* sp., K, Hsch; **9** *Magdalis* sp., VSchiene; **10** *Pissodes pini*, VSchiene; **11** *Baris* sp., VSchiene; **12** *Acalyptus carpini*, VSchiene.

19 Fuß 3gld, ohne KlauenGld. R kurz u. kräftig, F vor der RM eingelenkt, Hsch trapezförmig, viel schmaler als die Fld, diese etwa $1^1/_2$-mal so lg wie breit, mit tiefen Punktstreifen u. rippenartig gewölbten ZwRäumen, spärlich weißlich behaart. Sch dicht weiß behaart. Körper schwarz. 2,0–2,5 mm. Auf Erlen u. Birken. *Anoplus.* Unterfamilie *Anoplinae* S. 556

19* Fuß 4gld, mit KlauenGld **20**

20 KlauenGld kurz, nur die Klauen ragen über das zweilappige 3. FußGld vor (Abb. **529**/1). 1,4–1,8 mm. Auf Wasser- od. UferPfl. R länger als der fast quadratische Hsch. F im vorderen Drittel des R eingelenkt. Fld $1^1/_2$-mal so lg wie breit, hinten abgerundet, mit kräftigen Schultern. Körper schwarz, dicht fleckig beschuppt. *Tanysphyrus.* Unterfamilie *Tanysphyrinae* S. 541

20* KlauenGld von normaler Lg, weiter aus dem 3. FußGld vorragend (Abb. **529**/2). Wenigstens 2,5 mm lg. Holzbewohner **21**

21 Körper pechbraun bis schwarz, lggestreckt, meist zylindrisch, an Borkenkäfer erinnernd, nur bei 2 *Cossonus*-Arten abgeflacht, kahl, s mit feinen, abstehenden Haaren od. Bo. VHü nicht dicht beieinander. Schenkel ungezähnt. 3. FußGld meist nicht breiter als das 2. Gld, undeutlich gelappt (Abb. **529**/2, 3), KlauenGld sehr lg. 2,5–6,0 mm. Unterfamilie *Cossoninae* S. 540

21* Körper gedrungener. VHü dicht beieinander od. nur schmal getrennt. Schenkel gezähnt od. ungezähnt. 3. FußGld breiter als das 2. Gld, deutlich gelappt (Abb. **529**/4). Körper fleckig beschuppt u. kahl. 2,5–10,0 mm. Unterfamilie *Pissodinae* S. 545

22 **(16)** FGeißel 5gld **23**

22* FGeißel 6–7gld **24**

23 Hü von den Schenkeln durch große Trochanteren getrennt (Abb. **526**/3). Basis der Fld mit erhabener, fein u. dicht gekerbter Randkante. Körper oval bis kuglig. OS in dern Farben gelb bis rotbraun u. schwarz fleckig gezeichnet, seltener einfarbig schwarz od. rötlich. 1,5–2,6 mm. Bes. an Gewässer-Ufern u. auf nassen Wiesen. *Nanophyes.* Familie *Apionidae* S. 533

23* Hü u. Schenkel berühren sich, der kleine Trochanter im inneren Basalwinkel zw Hü u. Schenkel liegend (Abb. **526**/4). FKeule kompakt (Abb. **529**/6). Basis der Fld ohne erhabene Randkante. Körper oval, kuglig, rechteckig od. zylindrisch. 1,6–5,5 mm. Unterfamilie *Mecininae* S. 555

24 **(22)** 3. FußGld nicht 2lappig, vorn gerade abgestutzt (Abb. **526**/2) od. nur oben ausgerandet (Abb. **526**/3). Fld mit starken Schultern u. ± kräftiger Beule vor der Spitze. OS schwarzgrau, meist mit undeutlicher Fleckenzeichnung. Körper mit dicht aneinanderliegenden Schuppen bedeckt, die von einer wasserabstoßenden, lackähnlichen Schicht überzogen sind. Hsch glatt od. fein gekörnt. Pygidium bedeckt. 2–8 mm. Im Wasser, an Ufern od. auf nassen Wiesen. Unterfamilie *Bagoinae* S. 541

24* 3. FußGld 2lappig, fast bis zur Basis ausgeschnitten u. breiter als das 2. Gld. (Abb. **526**/4) **25**

25 Epimeren der MBr hoch aufsteigend u. im Winkel zw Hsch u. Fld als Dreieck von oben sichtbar (Abb. **526**/7, 8) **26**

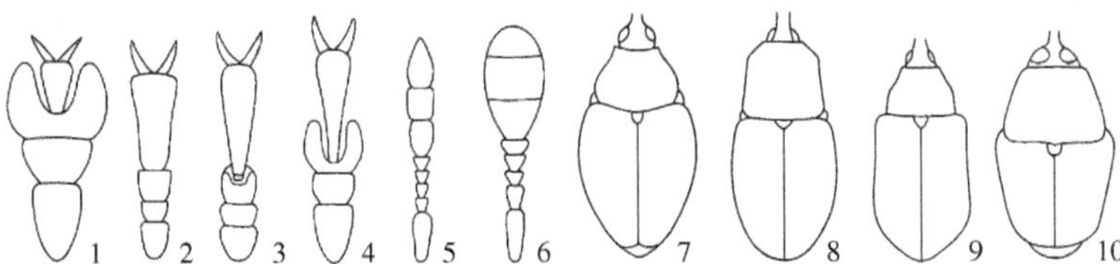

Abb. 529/1–10. 1 *Tanysphyrus lemnae*, KlauenGld; **2** *Bagous* sp., KlauenGld; **3** *Cossonus* sp., KlauenGld; **4** *Pissodes* sp., KlauenGld; **5** *Nanophyes marmoratus*, FKeule; **6** *Gymnetron* sp., FKeule; **7** *Ceutorhynchus* sp.; **8** *Baris* sp.; **9** *Anthonomus* sp.; **10** *Curculio* sp.

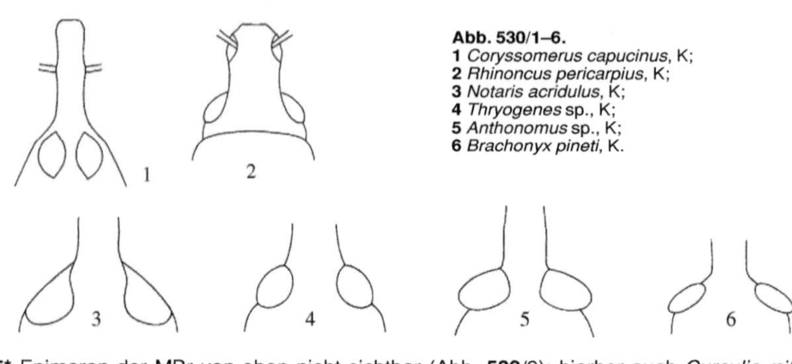

Abb. 530/1–6.
1 *Coryssomerus capucinus*, K;
2 *Rhinoncus pericarpius*, K;
3 *Notaris acridulus*, K;
4 *Thryogenes* sp., K;
5 *Anthonomus* sp., K;
6 *Brachonyx pineti*, K.

25* Epimeren der MBr von oben nicht sichtbar (Abb. **529**/9); hierher auch *Curculio* mit ziemlich hoch aufsteigenden, aber von oben meist nicht erkennbaren Epimeren (Abb. **529**/10) **28**

26 Au auf der Stirn so stark genähert, dass sie sich fast berühren (Abb. **530**/1). Schenkel kräftig gezähnt. Fld nach hinten stark verschmälert, von dreieckigem Umriss. OS graubraun wolkig, fleckig beschuppt. 2,6–3,4 mm. *Coryssomerus capucinus* (Beck). Unterfamilie *Conoderinae* S. 550

26* Au an den S des K gelegen. Stirn zw den Au etwa so breit wie der R an der Basis (Abb. **530**/2). Schenkel mit od. ohne Zahn **27**

27 VSchienen am inneren Spitzenrand mit kräftigem, nach innen gebogenem EDorn (Abb. **528**/11). OS des Körpers meist kahl. RBasis zw den Au meist durch eine Querkante od. Querrinne von der Stirn abgesetzt, so dass RBasis u. Stirn nicht in einer Ebene liegen, Stirn zw den Au nicht vertieft. Körper meist länglich oval (Abb. **529**/8) bis zylindrisch. Pygidium meist unbedeckt. VRand des Hsch ohne AuLappen (bei *Limnobaris* RBasis nicht von der Stirn abgesetzt, Körper behaart, Pygidium verdeckt). 2,5–5,0 mm. Unterfamilie *Baridinae* S. 549

27* VSchienen am inneren Spitzenrand mit winzigem EDorn od. ohne Dorn. OS des Körpers behaart od. beschuppt. RBasis zw den Au nicht durch eine Querkante od. Querrinne von der Stirn abgesetzt. RBasis u. Stirn in einer Ebene liegend (bei einigen Arten mit vertiefter Stirn zw den Au gehen RBasis u. Stirn ohne scharf abgesetzte Kante ineinander über). Körper meist rund bis oval (Abb. **529**/7). Pygidium ganz od. teilweise freiliegend. VRand des Hsch meist mit vorgezogenen AuLappen. 1,5–6,0 mm. Unterfamilie *Ceutorhynchinae* S. 550

28 **(25)** Klauen innen gezähnt (Abb. **526**/10). Körper behaart od. beschuppt, s kahl. Fld oval, bei *Curculio* (Abb. **529**/10) von dreieckigem Umriss. 1,8–9,0 mm. Unterfamilie *Curculioninae* S. 543

28* Klauen innen ungezähnt, an der Basis getrennt (Abb. **526**/11) od. verwachsen (Abb. **526**/9) **29**

29 Pygidium ganz od. teilweise unbedeckt **30**

29* Pygidium von den Fld verdeckt **31**

30 VSchienen am inneren Spitzenrand ohne EDorn (Abb. **528**/12). OS des Körpers dicht mit silbergrauen, glänzenden, anliegenden Härchen bedeckt. B gelbbraun. 1,9–2,9 mm. Auf Weidengebüsch. *Acalyptus.* Unterfamilie *Curculioninae* S. 550

30* VSchienen am inneren Spitzenrand mit EDorn (Abb. **528**/11). OS des Körpers kahl od. fleckig mit verschiedenfarbigen Schuppen bedeckt. B dunkel. 2,5–5,0 mm. *Baris.* Unterfamilie *Baridinae* S. 549

31 **(29)** Au flach (Abb. **530**/3) od. gleichmäßig gewölbt (Abb. **530**/4). R schlank, ziemlich gerade. F in der vorderen Hälfte des R eingelenkt. Körper oval. 1,8–6,0 mm. Unterfamilie *Notarinae* S. 542

31* Au ungleichmäßig gewölbt (Abb. **530**/5, 6). 2,0–3,5 mm. *Brachonyx* u. einige *Anthonomus*-Arten. Unterfamilie *Curculioninae* S. 543

Familie *Nemonychidae*

DE 3 Arten.

1 R länger als Hsch, VHälfte seiner OS gewölbt, glatt, mit je einer Punktreihe an der S. F hinter der RM eingelenkt. Hsch breiter als lg, sein VRand in der M flach ausgeschnitten. Körper schlank, gelbrot-schwarz, mit feinen, hellen, fast anliegenden Haaren. 3,3–4,7 mm. – Auf Kiefern, Im. M IV–A VI, LEntw in den männlichen Blütenständen, P im Boden. *Doydirhynchus austriacus* (OLIVIER) (*Cimberinae*)

1* R etwas kürzer als Hsch, seine OS zw FBasis u. OLippe eine unregelmäßig punktierte Ebene od. flache Mulde bildend, die von einem hufeisenförmigen Wulst begrenzt wird. F kurz vor der RM eingelenkt. Hsch so lg od. länger als breit, sein VRand gerade **2**

2 F u. B schwarz. Klauen innen gezähnt. Hsch u. Fld gleichartig fein punktiert. Fld mit schräg aufgerichteten, hellen Haaren, unter die einige wenige dunkle, kräftigere u. noch stärker aufgerichtete Haare gemischt sind. Körper schlank, schwarz. 4,3–5,9 mm. – M u. S von M Eur. An Feldrainen, auf Ödland u. trockenen Hängen monophag auf Feld-Rittersporn (*Consolida regalis*). Im. E V–A VIII. LEntw in Frucht, P im Boden. *Nemonyx lepturoides* (F.) (*Nemonychinae*)

2* F u. gelbrot. Klauen ungezähnt. Fld doppelt so stark punktiert wie der Hsch u. nur mit hellen, fast anliegenden Haaren bedeckt. Körper schlank, schwarz, glänzend. 3–5 mm. – Auf Kiefern. Im. M IV–M VI. LEntw in den männlichen Blütenständen, P im Boden. [*Rhinomacer a.*] *Cimberis attelaboides* (F.) (*Cimberinae*)

Familie *Rhynchitidae*

Auf Büschen u. Bäumen, nur wenige Arten auf krautigen Pfl. Nach Reifungsfraß Eiabl in Zweige, Knospen od. Früchte, darin LEntw, P meist im Boden. Von einigen Arten mit bes. Brutpflege werden Blattwickel angefertigt, darin LEntw. Mehrere Arten Gartenschädlinge. – DE 25 Arten.

1 Fld unregelmäßig punktiert, nur neben der Naht mit einer Furche. F an der RBasis eingelenkt. R so lg od. etwas länger als Hsch. Körper schwarz, Fld mit schwarz-blauem Schimmer. 2,5–4,0 mm. – Auf feuchten Wiesen monophag auf dem Großen Wiesenknopf (*Sanguisorba officinalis*); s. Im. M VI–A IX. *Auletobius sanguisorbae* (SCHRANK)

1* Fld mit ± regelmäßigen Punktreihen; bei einigen Arten sind die ZwRäume fast genauso stark punktiert wie die Reihen, wodurch die letzteren nicht so leicht zu erkennen sind. F weiter vorn am R eingelenkt **2**

2 Schläfen hinten gerundet, K hinter dem Scheitel durch eine Querfurche abgesetzt (Abb. **534**/1). R höchstens doppelt so lg wie breit. Körper meist gedrungen, schwarz, od. dunkelblau. 2,8–5,0 mm. – *D. betulae* (L.) – **Birkenblattroller** einfarbig schwarz, auf Birke u. Erle, seltener auf anderen Laubgehölzen. Im. M IV–A VII. ♀ fertigt aus Blatt trichterförmigen Wickel an, darin LEntw; *D. tristis* (F.) ♂ **Ahornblattroller** schwarz, mit quadratischen, blauen Fld, auf Berg-Ahorn. Im. M IV–A VII, LEntw in seitenständigem Blattwickel. 4 Arten. Gattung *Deporaus* LEACH

2* Schläfen gerade (Abb. **534**/2) od. hinten nur wenig gerundet. K hinter dem Scheitel nicht abgeschnürt. R doppelt so lg wie breit, meist jedoch viel länger als breit **3**

3 OS kahl od. nur FldE fein anliegend behaart. HHü nicht so breit, seitlich nicht die Episternen der HBr erreichend. Körper gedrungen, grün, goldgrün, blau od. violett. HschS beim ♂ vor der M mit kräftigem Dorn. – *B. betulae* (L.) – **Rebstichler** OS u. US gleichfarbig grün, blau od. violett. 4,8–7,0 mm. Auf versch. Laubgehölzen, auch auf Birne, Apfel u. Wein. Im. M IV–IX. ♀ fertigt aus einem od. mehreren Blättern zigarrenförmigen Wickel an, darin LEntw; *B. populi* (L.) – **Pappelblattroller** US dunkelblau, OS grün, oft mit Goldglanz. 4,0–5,5 mm. Auf versch. Pappel-Arten. Im. M IV–A X. Eiabl in schlanke Blattrolle. 2 Arten. Gattung *Byctiscus* THOMSON

3* OS mit aufgerichteten od. anliegenden Haaren. Bei *Temnocerus* OS scheinbar kahl, da die feinen, anliegenden, dunklen Haare kaum erkennbar. HHü breitgezogen, seitlich die Episternen der HBr erreichend **4**

4 Fld vorn neben der Naht ohne verkürzte Punktreihe (Abb. **526**/7). OS abstehend behaart. Fld fast quadratisch. Körper schwarz, dunkelblau, kupferig od. grün mit Gold- od. Purpurglanz. 2,5–9,0 mm. – *R. caeruleus* (DeGeer) – **Obstbaumtriebstecher** dunkelblau, 3.0–3,9 mm. M u. S vom MEur. Auf Obstbäumen, bes. Birne. Im M IV–M VI. Eiabl in junge grüne Triebe, die dann angeschnitten werden u. abfallen; *R. cupreus* (L.) – **Pflaumenstecher** kupferig, 3,7–4,5 mm. Auf Gehölzen der Familien Rosengewächse, bes. auf Pflaume u. Apfel. Im. M IV–IX. Eiabl in Fruchtfleisch der jungen Pflaumen od. beim Apfel in junge Triebe; *R. auratus* (Scopoli) – **Kirschfruchtstecher** grün mit Gold- od. Purpurglanz. 5,5–9,0 mm. Auf Obstbäumen, bes. auf Kirsche u. Pflaume. Im. M IV–A VII. Eiabl in junge Früchte, L frisst im Kern. 6 Arten. Gattung *Rhynchites* Schneider

4* Fld vorn neben der Naht mit verkürzter Punktreihe (Abb. **526**/8). OS anliegend od. abstehend behaart **5**

5 OS mit dunklen, anliegenden Härchen, scheinbar kahl aussehend. Fld schmal, $1^1/_2$-mal so lg wie breit. Körper metallisch dunkelblau. 2,0–3,5 mm. – Auf Weiden u. Birken. Im V–X. Eiabl in Spitzenknospen der jungen Triebe, die angeschnitten werden u. später abfallen. LEntw in Knospe, P im Boden. 3 Arten.
Gattung *Temnocerus* Thunberg

5* OS mit lg, abstehenden Haaren **6**

6 Fld schlanker, 1,4–1,7-mal so lg wie breit. R kürzer od. so lg wie Hsch, meist gerade. 3,3–7,2 mm. – *L. sericeus* (Herbst) – **Kuckucksrüßler** blau od. violett. 5,2–6,4 mm. M u. S von MEur. Auf Eichen. Im. V–A VII. Eiabl in die tonnenförmigen Wickel, die der Eichenkugelroller (*Attelabus nitens*) für seine Brut aus Eichenblättern anfertigt. L u. P im Wickel; *L. coeruleocephalus* (Schaller) Hsch u. Fld rot. 4,0–5,5 mm. Im. E V–M IX: Auf Birke u. Kiefer, WirtsPflWechsel, Ernährungsfraß der Käfer an Birkenblättern, Eiabl in tote Kiefernzweige, LEntw im Zweig, P im Boden; *L. cavifrons* (Gyllenhal) – **Eichentriebstecher** blau. 5,3–7,2 mm. Auf Eiche. Im. M IV–A VII. Eiabl in einjährige Eichentriebe, LEntw im Zweig, P im Boden. 4 Arten. Gattung *Lasiorhynchites* Jekel

6* Fld gedrungener, 1,2–1,3-mal so lg wie breit. R länger als Hsch, gebogen. 2,0–4,5 mm. – *N. germanicus* (Herbst) – **Erdbeerstengelstecher** blau, 2,1–3,1 mm. Auf versch. krautigen Rosengewächsen (bes. Erdbeere) u. Weiden. Im. E III–A VIII. Schädlinge an Erdbeere u. Korb-Weide. Eiabl in junge Triebe, die angeschnitten werden u. absterben. LEntw im Trieb; *N. pauxillus* (Germar) – **Blattrippenstecher** blau. 2,1–3,3 mm. Auf Obstbäumen, bes. Apfel. Im. M IV–M VI, Eiabl in Blattstiel od. MNerv, das Blatt wird angeschnitten u. fällt ab. LEntw im Blattgewebe; *N. aequatus* (L.) – **Rotbrauner Fruchtstecher** Fld rot, 2,7–4,5 mm. Auf Weißdorn u. versch. Obstbäumen, bes. Apfel. Im. IV–XI. Eiabl in die Samen der jungen Frucht, der Fruchtstiel wird angeschnitten, dadurch trocknet die Frucht u. fällt ab, LEntw im Samen. 5 Arten. Gattung *Neocoenorrhinus* Voss

Familie ***Attelabidae***

DE 3 Arten.

1 Körper gedrungen, fast kugelförmig mit roten Fld u. Hsch. K schwarz. 4,0–6,5 mm. – Auf Eichengebüsch, im S auf Ess-Kastanie. Im. V–VIII. Das ♀ schneidet ein junges Blatt jederseits bis zur MRippe durch, legt beide Hälften übereinander u. wickelt sie in Richtung Blattstiel zu einer „Büchse" auf, darin 1–3 Eier. L überw in der abgefallenen Büchse, darin auch P. *Attelabus nitens* (Scopoli) – **Eichenkugelroller**

1* Körper kurz, Fld rechteckig mit stark vortretenden Schultern, K stielartig mit dem Hsch verbunden. Schwarz, Fld od. auch Hsch rot. – *A. coryli* (L.) – **Haselnuß-Dickkopfroller** 6–8 mm. Auf Haselnuss, seltener Erle u. Birke. Im. V–IX. Das ♀ schneidet das Blatt bogenförmig vom Rand bis über MRippe ein. u. rollt den erschlaffenden Blattschnitt zu einem zylindrischen Wickel auf, darin 1–2 Eier. LEntw im Wickel, darun auch P. Jungkäfer ab VII; *A. erythropterus* (GMELIN) 3,8–5,0 mm. Auf nassen Wiesen, an Gewässerufern, auf krautigen Pfl aus der Familie Rosengewächse (*Potentilla palustris, Sanguisorba, Filipendula*). Im. E IV–E VI, E VII–IX. ♀ fertigt Blattwickel an, darin LEntw u. P. 2 Arten. Gattung *Apoderus* OLIVIER

Familie *Apionidae* – Spitzmausrüßler

DE 132 Arten.

1 Körper meist birnenförmig, seltener oval, i. allg. schwarz od. metallisch dunkelblau bis dunkelgrün, 5 Arten rot gefärbt, kahl od. fein einfarbig, spärlich behaart, nur 6 Arten mit Flecken- od. Bindenzeichnung. 1,2–4,5 mm. – Im. III–XI, nach Überw Reifungs-, später Ernährungsfraß an Blättern, Knospen, Blüten u. jungen Trieben. LEntw artspezifisch in versch PflTeilen wie Wurzeln, Sprossachsen, Blattspreiten, Spross- u. Blütenknospen, Fruchtständen od. Samen; einige L Gallen- od. Blattminenerzeuger. Verpuppung am LPlatz. 1 Gen im J. Monophage od. oligophage Bindung an krautige Pfl, nur 2 Arten auf Laubgehölzen (*Melanapion minimum* (HERBST) auf Weiden, *Trichapion simile* (KIRBY) auf Birken). Die Im. vieler Arten suchen in der Ausbreitungsphase (VII–IX) gern hochliegende Objekte auf u. sind deshalb oft auf Büschen od. Bäumen zu finden, ohne dass sie daran fressen. Die Hälfte (58) der Arten lebt auf Schmetterlingsblütengewächsen. 40 Arten sind ± gefürchtete landwirtschaftliche Schädlinge: LEntw von *Protapion assimile* (KIRBY), *P. apricans* (HERBST), *P. flavipes* (PAYKULL) in Kleesamen, von *Ischnopterapion virens* (HERBST), *Catapion seniculus* (KIRBY) in Kleestängeln, von *Oxystoma pomonae* (F.), *O. cerdo* (GERSTAECKER), *O. craccae* (L.) in Wicken- u. Linsensamen, von *Holotrichapion pisi* (F.) in Sprossknospen der Luzerne. Im. schädigen meist durch Lochfraß an Blättern. 120 Arten. Unterfamilie *Apioninae* – **Spitzmäuschen**
(in 39 Gattungen unterteilt, die hier nicht unterschieden werden)

1* Körper oval-kuglig, fast kahl, OS in den Farben gelb-rotbraun u. schwarz fleckig gezeichnet, s einfarbig schwarz od. rötlich. 1,5–2,6 mm. – Sehr s; g nur *N. marmoratus* (GOEZE) 1,4–2,1 mm, schwarzgelb gefleckt, ohne Zahn am VSchenkel, auf Blutweiderich (*Lythrum salicaria*). Auf nassen Wiesen, an Ufern auf Blutweiderich (*Lythrum*) u. Sumpfquendel (*Peplis*). Nur *Pericartiellus flavidus* (AUBÉ) vom Rheinland an Fetthenne (*Sedum*). Im. V–X. L in Spross- u. Blattgallen od. Früchten, hier auch Verpuppung. 9 Arten. Unterfamilie *Nanophyinae*
(in 5 Gattungen unterteilt)

Familie *Curculionidae* – Rüsselkäfer

DE 765 Arten.

Unterfamilie *Otiorhynchinae*

Im. polyphag an krautigen u. GehölzPfl, befressen Blätter, Knospen, junge Triebe u. zarte Rinden. Eiabl in den Boden, wo L an Wurzeln fressen. P in Erdhöhle. Überw meist als L, seltener als P. Einjährige, ausnahmsweise zweijährige Entw. Bei mehreren Arten versch. Gattungen sind nur ♀♀ bekannt (Parthenogenese). Land- u. forstwirtschaftliche Schädlinge in den Gattungen *Otiorhynchus, Peritelus, Omias, Phyllobius.*

1 Klauen frei (Abb. **526**/11). **2**
1* Klauen an der Basis verwachsen (Abb. **526**/9) **4**

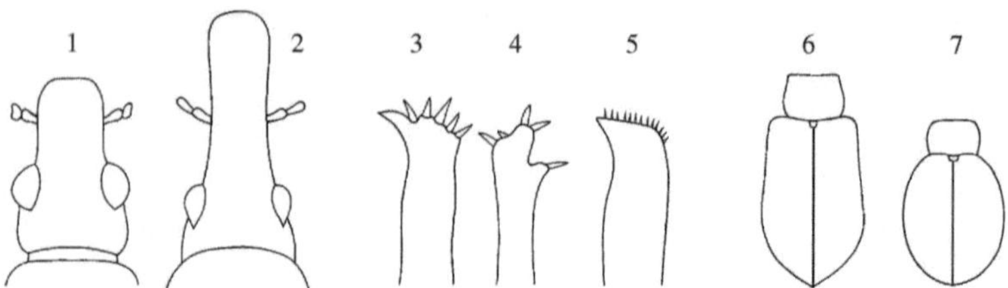

Abb. 534/1–7. 1 *Deporaus betulae*, K; **2** *Byctiscus betulae*, K; **3** *Trachyphloeus scabriculus*, VSchiene; **4** *T. spinimanus*, VSchiene; **5** *Phyllobius* sp., VSchiene; **6** *P. maculicornis*, Hsch, Fld; **7** *Peritelus sphaeroides*, Hsch, Fld.

2 FFurche länglich, mehr an der RS gelegen, s von oben in ganzer Lg sichtbar. VSchienen am Spitzenrand mit Dornen od. Zähnen (Abb. **534**/3, 4). Gedrungen, kurz oval, OS mit dichten, dem UGrund anliegenden u. diesen völlig verdeckenden Schuppen, dazw aufgerichtete, meist gereihte Bo od. Schuppen, oft mit Erde verkrustet. Hsch meist mit Längs- od. Quereindrücken. Schwarzbraun bis gelbgrau, manchmal etwas fleckig. 2–4 mm. – Fraß an krautigen Pfl u. an verrottenden Blättern, z. T. ständig in der Humusschicht des Bodens lebend. Im. I–XII. *T. scabriculus* (L.) mit bisexueller, alle anderen Arten in MEur mit parthenogenetischer Fortpfl. 11 Arten.
Gattung *Trachyphloeus* Germar – **Krustenrüßler**

2* FGruben oval, von oben vollständig sichtbar (Abb. **528**/1). VSchienen am Spitzenrand mit einem Saum dicht aneinanderliegender, kurzer Bo (Abb. **534**/5) **3**

3 OS des Körpers, Schenkel, Schienen u. FSchaft kahl, behaart od. beschuppt, manchmal fleckig, Schuppen nicht so dicht liegend, der dunkle UGrund überall hindurchscheinend. Gelbbraun bis schwarz. Schenkel in der M stark verdickt, mit od. ohne Zahn. R mit kräftig entw Pterygien (muschel- od. ohrenförmige Wülste außen neben den FGruben, Abb. **528**/1), an der Spitze verbreitert, etwa doppelt so lg wie an der Basis breit. Hsch seitlich gerundet, oben punktiert, gerunzelt od. gekörnt. Fld eiförmig od. elliptisch, Schultern stark abgerundet. Ungeflügelt. 3,5–14,0 mm. – Im. IV–XI, polyphag an krautigen od. GehölzPfl, z. T. nur nachts fressend. Parthenogenese nicht s, auch Arten mit geographisch vikariierenden bisexuellen u. parthenogenetischen Rassen. Schädlich in Landwirtschaft, Forstwirtschaft u. Gartenbau. 60 Arten. Gattung *Otiorhynchus* Germar – **Dickmaulrüßler**

3* OS des Körpers, Schenkel, Schienen u. FSchaft dicht fleckig graubraun beschuppt, der dunkle UGrund dadurch völlig verdeckt. Pterygien schmal. 5.–7. Gld der FGeißel viel breiter als lg. Länglich oval, ohne Schulterbeule, ungeflügelt. 4,5–6,5 mm. – Bes. im Geb, im nördl MEur s, polyphag, bes. auf Büschen u. Bäumen, auch Blattfraß an Heidelbeeren. Im. V–VIII. Parthenogenese. 2 Arten. Gattung *Simo* Dejean

4 **(1)** Basis u. SRand der Fld einen rechten Winkel bildend, Schulterbeule kräftig entw, FldS bis hinter die M parallel (Abb. **534**/6). Geflügelt. Hsch quer. Körper beschuppt, seltener dicht behaart od. fast kahl. Schuppen auf braunschwarzem Grund meist leuchtend metallisch grün, seltener braun od. grau. 3–12 mm. – Polyphag auf krautigen Pfl, Laub- u. Nadelbäumen. Schäden an Obstbäumen u. Forstgehölzen durch Fraß an Blättern, Knospen, Blüten u. Maitrieben der Nadelbäume. Im. bei den meisten Arten M IV–A VII. 15 Arten. Gattung *Phyllobius* Germar – **Blattnager**

4* Fld länglich od. kurz oval, z. T. kugelig, Basis u. SRand in einem Bogen gerundet, Schultern nicht rechteckig vortretend (Abb. **534**/7). Ungeflügelt **5**

5 Fld nur anliegend behaart od. beschuppt **6**

5* Fld mit anliegenden Haaren od. Schuppen u. aufgerichteten, in Reihen stehenden Bo **7**

6 OS mit runden, grauen u. braunen, den UGrund völlig verdeckenden Schuppen fleckig besetzt. – *P. sphaeroides* Germar: 4,5–7,5 mm. WEur, Polyphag, Schaden an Obstbäumen u. Wein durch Fraß der Im. an Knospen u. Blättern; Im. M IV–A VIII. –

P. leucogrammus GERMAR: 2,5–3,0 mm. M u. S von MEur, auf Steppenhängen, polyphag an krautigen Pfl. Im. V–IX. 2 Arten. Gattung *Peritelus* GERMAR

6* OS mit hellen, metallisch schimmernden Haaren spärlich bedeckt, der schwarze UGrund überall durchscheinend. Fld kurz oval od. kugelig. 2,0–3,5 mm. – M u. S von MEur. An Wärmestellen. Im. M IV–VI. Polyphag. *O. rotundatus* (F.) in S- u. OEur Schädling an Futter- u. Zuckerrüben. 2 Arten. Gattung *Omias* GERMAR

7 **(5)** Fld mit anliegenden, runden od. ovalen Schuppen u. hoch aufgerichteten Bo, OS fleckig gezeichnet **8**

7* Fld mit anliegender, feiner, staubartiger Behaarung u. hoch od. schräg aufgerichteten Bo, Körper einfarbig rotbraun bis schwarzbraun **9**

8 Fld dicht mit runden, gelbgrauen u. braunen, den UGrund verdeckenden, fleckig gelagerten Schuppen u. abstehenden, gekeulten Bo. Schläfen mit Längsriefen. Körper kurz- od. länglichoval. 3–5 mm. – WEur bis NWDE, Kiefernheide. 2 Arten. Gattung *Caenopsis* BACH

8* Fld oval, mit ovalen, weißen bis metallisch hellgrünen, anliegenden Schuppen, dazw eine Querbinde hinter der M u. je 1 Fleck hinter der Basis schwarzbraun behaart; abstehende Bo hell, zugespitzt. F u. B gelbrot. 2,5–3,0 nmm. – Nur TH; s. Steppenheide. Im. V–VII. *Argoptochus quadrisignatus* (BACH)

9 **(7)** R eben, Hsch fein punktiert, glänzend, Fld kugelig, hoch gewölbt, mit fast senkrecht abstehenden Bo. Körper rotbraun bis schwarzbraun. 3,0–3,8 mm. – In MEur weit v, aber s. Auf feuchten Wiesen; polyphag. Im. IV–VI. Parthenogenese. *Omiamima mollina* (BOHEMAN)

9* RM nasenartig aufgewölbt, Hsch rauh punktiert, matt. Fld länglich oval, beim ♂ schlanker als beim ♀, mit kurzen, schräg abstehenden Bo. Körper rotbraun. 3,0–3,5 mm. – M u. S von MEur, s. Bes. im Geb im Laubw, bes. unter Buchen; unter Moos u. Laub. Im. V–X. *Rhinomias forticornis* (BOHEMAN)

Unterfamilie ***Brachyderinae***

Im. meist polyphag an krautigen u. GehölzPfl; Fraß an Blättern, Nadeln, Knospen, jungen Trieben u. Blüten. L an Wurzeln, P in Erdhöhle. Bei einigen Arten Parthenogenese. Mehrere land- u. forstwirtschaftliche Schädlinge.

1 Klauen frei (Abb. **526**/11), Schenkel ungezähnt **2**

1* Klauen an der Basis verwachsen (Abb. **526**/9) **3**

2 Breitoval. Fld an der Basis kaum breiter als Hsch, mit abgerundeten Schultern. Hsch mit verkürzter MFurche. Schienen mit nach innen gerichteten EDornen. R länger als breit. Körper schwarz; braungrau fleckig beschuppt, dazw mit aufgerichteten Haaren od. Börstchen. 7,5–14,0 mm. – Bes. in Wäldern. Polyphag. Schäden an Bohnen u. Luzerne. Im. V–IX. 3 Arten. Gattung *Barynotus* GERMAR

2* Länglich oval. Fld an der Basis breiter als HschBasis, mit deutlich vortretenden Schultern. Hsch ohne MFurche. Schienen ohne EDorn. R kurz u. breit, meist gefurcht. Körper schwarzbraun; braun-grau weißlich gescheckt od. reihig gefleckt beschuppt od. behaart, s fast kahl; Hsch häufig mit 2–3 weißlichen Längsbinden. 3–10 mm. – Oligophag auf Schmetterlingsblütlern. Im. Kerbefraß am Blattrand. L fressen zunächst Wurzelknöllchen, später Neben- u. Hauptwurzeln. Im. III–XI. Mehrere Arten als Schädlinge an Klee, Luzerne, Steinklee, Lupine, Erbse, Bohne. 24 Arten [in 4 Gattungen unterteilt, die hier nicht unterschieden werden: *Charagmus* SCHÖNHERR (3 Arten), *Andrion regensteinensis* (HERBST), *Coelositona* GONZALEZ (2 Arten), *Sitona* GERMAR (18 Arten)] Gattung *Sitona* GERMAR – **Blattrandkäfer**

3 **(1)** Fld mit kräftig entw, vortretender Schulterbeule (Abb. **534**/6); meist geflügelt . **4**

3* Fld mit abgerundeten Schultern (Abb. **534**/7), ungeflügelt **6**

4 7,5–11,0 mm. Graubraun, fleckig beschuppt. Ungeflügelt od. mit FlStummeln. R etwas länger als breit. Fld gedrungen eiförmig, hinter der M am breitesten. – Poly-

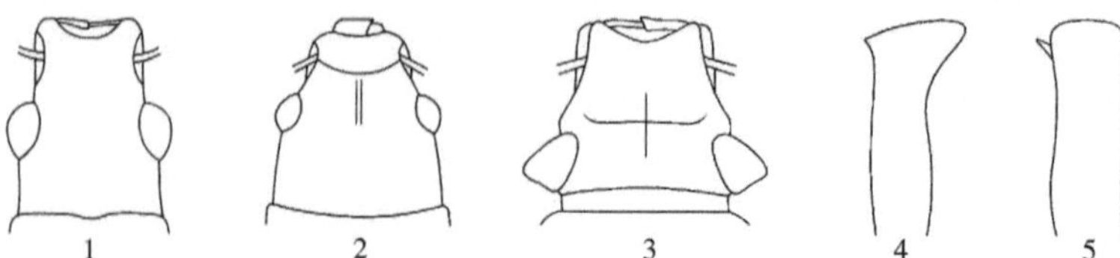

Abb. 536/1–5. 1 *Polydrusus cervinus*, K; **2** *Pachyrhinus squamulosus*, K; **3** *Strophosoma capitatum*, K; **4** *Philopedon plagiatus*, VSchiene; **5** *Attactogenus plumbeus*, VSchiene.

phag, bes. auf Doldengewächsen u. Efeu. L überw in Erdhöhle. Entw 2 J. Im. V–M VII. An Liebstöckel u. Efeu schädlich. *Liophloeus tessulatus* (MÜLLER)

4* 3–8 mm. OS meist mit metallisch glänzenden grünen, rötlichen od. kupferfarbigen Haaren od. Schuppen. Geflügelt. Fld schlanker, parallelseitig od. hinter der M am breitesten **5**

5 R so lg od. etwas länger als breit, ohne glatte Spitzenfläche (Abb. **536**/1). Au groß. Schenkel mit od. ohne Zahn. OS einfarbig od. fleckig mit metallisch glänzenden Haaren od. Schuppen versch. Farbe, dazw. manchmal mit kurzen, abstehenden Bo. 3–8 mm. – Polyphag auf krautigen u. GehölzPfl. Im. fressen an Blättern, Nadeln, Knospen, jungen Trieben u. Blüten; schädlich an Wein, Obstbäumen u. Forstgehölzen. Im. meist IV–M VII. L an Wurzeln. Bei einigen Arten Parthenogenese. 20 Arten. Gattung *Polydrusus* GERMAR – **Glanzrüßler**

5* R breiter als lg, Spitzenhälfte mit breiter, glatter Fläche (Abb. **536**/2). Au klein, Schenkel ungezähnt. Körper mit braunen bis kupferigen Haaren, im Gebiet der Naht u. neben dem SRand fleckig weiß behaart. 6–8 mm. – M u. S von MEur, meist s. Durch Fraß an Nadeln u. Blüten von Nadelbäumen schädlich. Im. M IV–VI. [*Scythropus mustela* (HERBST)] *Pachyrhinus squamulosus* (HERBST) – **Brauner Nadelnager**

6 **(3)** OS kahl od. so spärlich, fein, meist abstehend behaart, dass UGrund nicht verdeckt wird. Körper gelb bis dunkelbraun, glänzend. Schenkel mit od. ohne Zahn. Hsch fast kugelig; Fld oval od. eiförmig. 2,5–4,0 mm. – Polyphag an krautigen Pfl u. Büschen. Fraß an Blättern, Knospen u. Früchten; durch Lochfraß an Erdbeerfrüchten u. Aushöhlen von Korbweidenknospen schädlich. Im. V–VIII. 8 Arten. Gattung *Barypeithes* DUVAL – **Glänzender Knospenrüßler**

6* Dichte Behaarung od. Beschuppung der OS verdeckt den UGrund vollständig od. zum größten Teil **7**

7 VSchenkel in der M mit einem Zahn **8**

7* VSchenkel ungezähnt **9**

8 Körper lgoval; dicht grün beschuppt. 4,5–7,0 mm. – S u. M von MEur. Polyphag auf krautigen Pfl. Im. V–M VIII. *Eusomus ovulum* GERMAR

8* Körper kürzer oval; fleckig graubraun beschuppt, Fld zusätzlich mit hoch aufgerichteten, hellen, gereihten Bo. 4,5–5,5 mm. – Bes. in Wäldern u. Gebüsch, polyphag auf krautigen Pfl; an Erdbeeren durch Blattfraß (Im.) od. Wurzelfraß (L) schädlich. Im. M IV–M X. *Sciaphilus asperatus* (BONSDORFF)

9 **(7)** OS einfarbig mit runden Schuppen dicht bedeckt, leuchtend grün mit aufgerichteten Haaren dazw, od. hell mit schwachem kupferrotem Schimmer. Au wenig gewölbt, Hsch quer. Fld eiförmig. 3–5 mm. – M u. S von MEur, s. In trockenen u. warmen Habitaten auf krautigen Pfl. Im. V–VIII. 2 Arten. Gattung *Sciaphobus* DANIEL

9* OS mit fleckiger Zeichnung od. einfarbig mit grauen, gelb bis dunkelbraunen Haaren od. Schuppen ± dicht bedeckt **10**

10 Stirn dicht hinter den seitlich stark vortretenden Au durch eine Querkante vom Scheitel des K scharf abgesetzt (Abb. **536**/3). R trapezförmig, oben abgeflacht. Stirn mit einer Längsrinne in der M u. einer Querrinne vor den Au. Hsch quer. Fld kurzoval. OS ± dicht mit gelbbraunen, dunkelbraunen u. hellgrauen Schuppen fleckig bedeckt, s

fast kahl u. glänzend. Fld zw Beschuppung meist mit aufgerichteten Haaren od. Bo. 3,0–5,5 mm. – Auf Laub- u. Nadelhölzern. *S. capitatum* (DeGeer) u. *S. melanogrammum* (Forster) schädlich durch Fraß an Blättern, Nadeln, Knospen, Trieben u. jungen Rinden; auf Heidekraut leben 3 Arten. Im. IV–IX. 6 Arten.
Gattung *Strophosoma* Billberg – **Trapezrüßler**

10* Zw Stirn u. Scheitel keine Querkante, beide Teile gleichmäßig ineinander übergehend (Abb. **536**/1) **11**

11 Körper schlank; Fld lgoval, doppelt so lg wie breit, oben flach. R kurz u. dick, kaum schmaler als der K. Hsch quer, abgeflacht. Schwarz, fein grau bis braun behaart, mit eingestreuten kleinen Flecken aus hellen, metallisch glänzenden Schuppen. 7–10 mm. – Auf Nadelbäumen, bes. Kiefern, schädlich durch Nadel- u. Rindenfraß. Im. IV–M IX. Junge Bäume können durch LFraß an Wurzeln absterben. Gefürchteter Forstschädling. *Brachyderes incanus* (L.) – **Grauer Kiefernnadelrüßler**

11* Körper gedrungen; Fld kurzoval bis kugelig, höchstens $1^1/_2$-mal länger als breit, hoch gewölbt. 2,5–8,0 mm **12**

12 4,5–8,0 mm. Spitze der HSchienen dachförmig, durch einen mit Bo besetzten Kiel in eine beschuppte Außen- u. eine kahle, glänzende Innenfläche geteilt, innen Ansatz des Fußes **13**

12* 2,2–3,0 mm **14**

13 VSchienenspitze außen lappenförmig verbreitert (Abb. **536**/4). Fld fast kugelig. OS braun beschuppt, Fld meist grau u. braun längsstreifig, s einfarbig grau. 4,5–8 mm. – N u. M von MEur, im S s. In sandigem Gelände, in den Dünen der Meeresküsten häufig. Polyphag, bes. auf Strandhafer (*Ammophila*) u. Besenginster (*Sarothamnus*), als Schädling an Wein, Obstbäumen u. GemüsePfl aufgetreten. Im. IV–VII.
Philopedon plagiatus (Schaller)

13* VSchienen an der Spitze nicht verbreitert (Abb. **536**/5). Fld kurzoval. OS gelbgrau fleckig beschuppt. – Rheinland, Oldenburg, Hamburg. In Heidegebieten. [*Cneorrhinus exaratus* (Marsham)] *Attactogenus plumbeus* (Marsham)

14 **(12)** OS dicht mit runden Schuppen bedeckt, dazw aufgerichtete weiße Haare. Fld einfarbig grau bis graugrün od. Fld mit 6 eingelagerten kleinen dunklen Flecken. 2,5–3,0 mm. – M u. S von MEur. In trockenwarmen Habitaten, Steppenheide; polyphag auf krautigen Pfl. Im. V–M VIII. 1 Art mit Parthenogenese. 2 Arten.
Gattung *Foucartia* Duval

14* OS mäßig dicht mit winzigen, hellen, anliegenden Haaren bedeckt, dazw lg, aufgerichtete Bo od. Haare, der UGrund wird nur halb verdeckt. Fld rotbraun bis dunkelbraun, nicht gefleckt. 2,2–3,0 mm. – Gebüsch, Hecken, Waldränder, im Boden unter Laub; polyphag an krautigen Pfl, wahrscheinlich nachts aktiv. Im IV–M VII. 1 Art mit Parthenogenese. 5 Arten. Gattung *Brachysomus* Stephens

Unterfamilie ***Tanymecinae***

1 3,5–5,0 mm. OS des Körpers u. B mit lg, senkrecht abstehenden, schwarzen Haaren. Gedrungen; Fld kurzoval, hinter der M etwas bauchig, mit undeutlichen Punktstreifen; ungeflügelt. Hsch quer, mit gerundeten S. Körper schwarz, dicht mit grauweißen, gelbgrauen u. dunkelbraunen, runden Schuppen fleckig bedeckt. Hsch in der M mit 2 hellen Längsbinden. – Auf trockenen Hängen, polyphag an krautigen Pfl; s. Im. IV–XI. *Cycloderes pilosus* (F.)

1* Über 7 mm. OS des Körpers nur mit anliegenden Haaren od. Schuppen. Fld länger oval, mit parallelen S u. deutlichen Punktstreifen **2**

2 F deutlich gekniet, Schaft den AuHRand überragend. Fld hinten einzeln abgerundet, ohne scharfe Spitze. HschS gerundet, vor der M am breitesten. Körper lgoval; schwarz; fleckig braungrau, S heller beschupt. 7,5–10,0 mm. – Polyphag auf krautigen Pfl. Im. IV–M VII. Durch Blattfraß an vielen KulturPfl schädlich: Futter- u. Zuckerrübe, Spinat, Mangold, Erbse, Klee, Kartoffel, Mais, Mohn, Zwiebel u. a.
Tanymecus palliatus (F.) – **Klettenrüßler**

2* F nicht od. undeutlich gekniet, Schaft die Au nicht erreichend. Fld hinten einzeln scharf zugespitzt. Hsch trapezförmig, mit fast geraden S. Körper schwarz, dicht grün beschuppt, mit gelben S od. rotbraun mit gelbgrünen S. 8,0–11,5 mm. – Polyphag auf krautigen Pfl u. Gehölzen, bes. Weiden. Im. V–VIII. Durch Blattfraß an Rüben, Klee, Luzerne u. Korb-Weide schädlich. 3 Arten.
Gattung *Chlorophanus* SAHLBERG – **Grünrüßler**

Unterfamilie ***Leptopiinae***

Auf krautigen Pfl in Wäldern u. unter Gebüsch. Wahrscheinlich polyphag, gemeldet von Bingelkraut (*Mercurialis*) u. Flockenblume (*Centaurea*). Im. M IV–VII. Bei allen 5 Arten Parthenogenese. Gattung *Tropiphorus* SCHOENHERR – **Lauchrüßler**

Unterfamilie ***Lixinae***

Mono- od. oligophag auf krautigen Pfl, an denen Im. Blätter vom Rand aus buchtig befressen. LEntw in der Pfl (Wurzel, Sprossachse, Blütenkopf) od. im Boden, z. T. Gallbildung an Wurzeln. Verpuppung am LPlatz in der Pfl od. in Erdhöhle. Mehrere landwirtschaftliche Schädlinge.

1 R dick, höchstens doppelt so lg wie breit, in der M u. an den S mit kräftigen Längskielen od. Kanten **3**

1* R dünn u. länger, stielrund, oben höchstens mit feinem MKiel **2**

2 Körper lggestreckt, zylindrisch. Hsch etwas länger als breit, od. fast quadratisch, nach vorn wenig verengt. Fld ± parallelseitig, hinten einzeln stark zugespitzt od. abgerundet. Schwarz, OS fein grau behaart, manchmal fleckig, z. T: an S mit heller Längsbinde. Frisch entw Im. oft mit gelber od. roter Bestäubung. 4,5–17,0 mm. – Artspezifisch auf Dolden-, Nelken-, Gänsefuß-, Storchschnabelgewächsen u. Korbblütlern (bes. Disteln). Im. V–IX: LEntw im Stängel od. Wurzelhals, hier auch P. 18 Arten.
Gattung *Lixus* F. – **Sumpfrüßler**

2* Körper gedrungen, breitoval. Hsch quer, nach vorn gerundet verengt. Fld oval, gleichmäßig nach hinten verrundet, am E nicht zugespitzt. Schwarz, OS fein grau behaart, meist fleckig. Frisch entw Im. mit gelber od. roter Bestäubung. 4–12 mm. – Auf Disteln (*Cirsium, Carduus, Carlina, Onopordum*) u. Flockenblumen (*Centaurea*). Im. M V–VIII. LEntw u. P in Blütenköpfen. 7 Arten.
Gattung *Larinus* GERMAR – **Distelblütenrüßler**

3 **(1)** R so lg wie breit, flach mit MKiel, an S gekantet. F in der RM eingelenkt. FSchaft etwas kürzer als die ersten 3 GeißelGld zusammen. Hsch quer, dicht punktiert, ohne Gruben, Furchen, Längskiele od. glänzende Höcker. Fld parallelseitig, hinten breit verrundet. Körper walzenförmig schwarz, fleckig graugelb behaart. 4–6 mm. – Auf Disteln (*Cirsium, Carduus*). Im. V–IX. LEntw u. P in den Blütenköpfen.
Rhinocyllus conicus (FRÖLICH) – **Distelkurzrüßler**

3* R etwa doppelt so lg wie breit, kantig, mit 1–2 Längskielen. F vor od. in der RM eingelenkt. FSchaft länger als die ersten 3 GeißelGld zusammen. Hsch quadratisch od. nur wenig breiter als lg, stark skulptiert; mit Rinnen, Gruben, Längskielen od. glänzenden Höckern. FldS parallel od. gerundet. Körper lgoval, schwarz, behaart od. beschuppt. 6–14 mm. **4**

4 R in der M mit 2 aneinanderliegenden Längskielen. Der trapezförmige Hsch u. der vordere Teil der Fld mit glänzenden Körnchen. OS grauweiß behaart. HschM angedunkelt, Fld mit 2(–3) schwarzen, kahlen Schrägbinden. 9,5–14,0 mm. – Auf Disteln (*Cirsium, Carduus, Onopordum*) u. Klette (*Arctium*). Im. M IV–IX. LEntw u. P in spindelförmiger, 3–4 cm lg u. 1 cm dicker Wurzelgalle.
Cleonis pigra (SCOPOLI) – **Distelgallenrüßler**

4* R in der M mit 1 Längskiel, dieser manchmal vorn gegabelt, od. ungekielt **5**

5 R zur Spitze konisch verschmälert **6**
5* R mit parallelen S, an der Spitze meist verbreitert **7**
6 2. Gld des HFußes länger als breit. Hsch trapezförmig, mit groben u. dazwischenliegenden feinen Punkten, in der M mit undeutlichem Längskiel. OS mit winzigen, grauweißen, 3zipfligen Schuppen; dunkel gefärbt sind die HschM, auf den Fld je 1 Fleck an der Basis des 3. u. 5. ZwRaumes, eine schräge Binde in der M. u. ein Fleck hinter der flachen, weiß hervortretenden Spitzenbeule. US mit einigen schwarzen Punkten. 10,0–13,5 mm. – Auf Gänsefußgewächsen, Rübenschädling. Im. IV–VIII. Durch Blattfraß sterben junge Pfl ab, LFraß erst an Faserwurzeln, später werden Rinnen u. Gruben in die Rüben gefressen; P in Erdhöhle.
Asproparthenis punctiventris (GERMAR) – **Rübenderbrüßler**
6* 2. Gld des HFußes breiter als lg. Hsch fast quadratisch, oben gerunzelt u. grob punktiert, ohne MKiel. OS mit feinen weißen Haaren; schwarz sind HschM u. auf den Fld Querbinden an der Basis, hinter der M u. an der Spitze, diese im Bereich der Naht unterbrochen; jede Fldspitze mit einem Haarzipfel. 6,0–10,5 mm. – Auf Gänsefußgewächsen, bes. Melde (*Chenopodium, Atriplex*), auch Blattfraß an Futter- u. Zuckerrüben. Im. IV–IX. LEntw u. P in Wurzelgalle.
Bothynoderes affinis (SCHRANK) – **Gänsefußgallenrüßler**
7 **(5)** 2. Gld des HFußes etwa doppelt so lg wie breit. R mit hohem MKiel, der sich auf die Stirn fortsetzt, aber zw den Au kurz unterbrochen ist. Hsch quadratisch, in der vorderen Hälfte mit MKiel, dahinter mit tiefer bis zum HschHRand reichender Grube. OS mit grauweißer Behaarung, Fld mit je 1 dunklen Schrägbinde im vorderen Drittel u. kurz hinter der M, Punktstreifen im Gebiet der dunklen Binden tiefe Rinnen bildend. 7,5–14,5 mm. – In trockenen u. warmen Gebieten, bes. auf sandigem Gelände. Im. IV–X. *C. hollbergi* (FAHRAEUS) auf Kiefern, L an Kiefernwurzeln. 4 Arten, davon 3 sehr s. Gattung *Coniocleonus* MOTSCHULSKY
7* 2. Gld des HFußes so lg wie breit od. breiter als lg. FldStreifen im Bereich dunkler Binden nicht zu tiefen Rinnen umgebildet **8**
8 Hsch mit glänzenden Höckern od. Körnchen. R mit breitem, nie scharfkantigem MKiel od. ungekielt **9**
8* Hsch ohne glänzende Höcker od. Körnchen. R mit scharfkantigem MKiel **10**
9 FSchaft höchstens $2^1/_2$-mal so lg wie an der Spitze breit. Au bandförmig. Hsch mit feinem, ± lg MKiel, HschVRand hinter den Au bogenförmig nach vorn gezogen (AuLappen). Fld breit oval, zur Spitze fast keilförmig verengt. OS weißgelb beschuppt, mit 2 größeren dunklen SFlecken u. mehreren kleinen Flecken. 8–13 mm. – HS, Harz; s. Auf Boraginaceen (*Anchusa, Echium*). L im Wurzelhals vom Natternkopf (*Echium*) eine 3×2 cm große, eiförmige Galle erzeugend. P am LPlatz.
Pachycerus cordiger (GERMAR)
9* FSchaft wenigstens 3-mal so lg wie an der Spitze breit. Au oval, Hsch ohne MKiel u. ohne vorgezogene AuLappen. Fld länger oval, zur Spitze breit verrundet. OS fleckig grauweiß behaart. 8,5–11,5 mm. – Auf Schafgarbe (*Achillea*), Flockenblume (*Centaurea*), Beifuß (*Artemisia*) u. Wucherblume (*Chrysanthemum*). Im. V–IX. L u. P in der Wurzel. 2 Arten. Gattung *Cyphocleonus* MOTSCHULSKY
10 **(8)** HschM mit einer feinen Längsrinne. OS fleckig od. längsstreifig grauweiß behaart. 8,0–12,5 mm. – M u. S von MEur; s. Auf versch. Doldengewächsen, auch auf wilden u. kultivierten Möhren (*Daucus carota*). Im. IV–IX: L in der Wurzel. P in Erdhöhle. 2 Arten. Gattung *Mecaspis* SCHOENHERR
10* HschM mit glänzender Längsschwiele, feinem, verkürztem MKiel od. glatt **11**
11 HschM mit glänzender Längsschwiele od. in der vorderen Hälfte mit feinem Kiel. Hsch quadratisch. Fld oval, in der M am breitesten. OS je nach Art spärlich od. dicht fleckig weiß behaart. 7–13 mm. – M u. S von MEur. Auf Flockenblume (*Centaurea*) u. Distel (*Carlina*). Im. V–IX. L in Wurzel Galle bildend. P am LPlatz. 2 Arten.
Gattung *Pseudocleonus* CHEVROLAT
11* HschM glatt, ohne Schwiele od. Kiel. Hsch etwas breiter als lg, fein punktiert, mit gerader Basis. Fld gedrungen. Körper plump, kurzoval. OS fein weiß behaart, z.T.

etwas gefleckt, Fld an den S hinter M mit einem runden, weißen Fleck auf dunklem Grund. 11–14 mm. – M u. S vom MEur; s. Lebensweise unbekannt. Im. M IV–VI. 2 Arten. [*Leucosomus* MOTSCHULSKY] Gattung *Leucophyes* MARSHALL

Unterfamilie ***Cossoninae*** – **Faulholzrüßler**

In faulendem, morschem Holz von Laub- u. Nadelbäumen, Baumstümpfen, stehenden od. liegenden Stämmen, im Mulm hohler Bäume, bes. in feuchtem Holz. Schäden an Hafenanlagen, in den Balken u. Fußböden von Gebäuden u. im Grubenholz unter Tage. Vielfach alle EntwStadien gleichzeitig auftretend. Zuweilen zusammen mit Ameisen, aber keine Bindung an diese. Im. u. L I–XII.

1 Fld oval, zur Basis verschmälert, mit aufgerichteten Haaren od. Bo **2**

1* Fld parallelseitig, kahl od. mit winzigen anliegenden Härchen, meist glänzend . . . **3**

2 Au gewölbt. Hsch länger als breit. Fld auf den abwechselnden ZwRäumen mit aufgerichteten, keulenförmigen Bo, hinter der M am breitesten. Körper rostrot bis dunkelbraun, matt. 2,0–2,5 mm. – In faulenden Fichtenstubben u. liegenden Stämmen; s. *Cotaster uncipes* (BOHEMAN)

2* Au flach. Hsch so lg wie breit. Fld auf allen ZwRäumen mit feinen aufgerichteten Haaren, in der M am breitesten. Körper schwarzbraun od. schwarz, glänzend. 2,8–4,0 mm. – N u. M von MEur; s, in Küstengebieten häufiger. In faulendem Nadel-, s Laubholz. Schaden im Holz von Häusern u. an Pfählen von Hafenanlagen. *Pselactus spadix* (HERBST)

3 **(1)** R 2–3-mal so lg wie breit, vorn schaufelförmig verbreitert (Abb. **540**/1). F vor der RM eingelenkt. Hsch abgeflacht. Fld reichlich doppelt so lg wie breit, abgeflacht od. zylindrisch. Körper rotbraun bis schwarz, Hsch oft dunkler als Fld. 4–7 mm. – In abgestorbenem Holz von Laubbäumen, bes. von Weiden u. Pappeln. 3 Arten. Gattung *Cossonus* CLAIRVILLE

3* R parallelseitig od. nach vorn verschmälert. Fld zylindrisch. 2,3–4,4 mm **4**

4 R ± parallelseitig (Abb. **540**/2, 3). Au gerundet, aus der KWölbung ± stark vortretend **5**

4* R konisch, nach vorn verschmälert (Abb. **540**/4). Au flach, nicht aus der KWölbung vortretend **6**

5 R oben abgeflacht, meist breiter als lg. Au stark gewölbt (Abb. **540**/2). Hsch quadratisch od. etwas länger als breit, nach vorn wenig verschmälert. Körper rotbraun bis schwarz. 2,3–4,4 mm. – Meist s. In morschem Laub- u. Nadelholz. 5 Arten. Gattung *Rhyncolus* GERMAR

5* R oben gewölbt, meist zylindrisch, viel länger als breit. Au schwach gewölbt (Abb. **540**/3). Hsch etwas länger als breit, nach vorn stark verschmälert. Körper braun bis schwarz. 2,8–3,5 mm. – In abgestorbenem Laubholz. 2 Arten. Gattung *Phloeophagus* SCHOENHERR

6 **(4)** ZwRäume auf der hinteren Hälfte der Fld mit feinen, spitzen Zähnen. FGeißel 6gld. R beim ♂ so lg wie breit, beim ♀ 1½-mal so lg. Hsch so lg wie breit. Fld fast doppelt so lg wie breit. 2,8–3,4 mm. – In morschem Laub- u. Nadelholz. Schädlich an Holzteilen in Gebäuden u. in Fichtenstempeln im Bergbau. *Hexarthrum exiguum* (BOHEMAN)

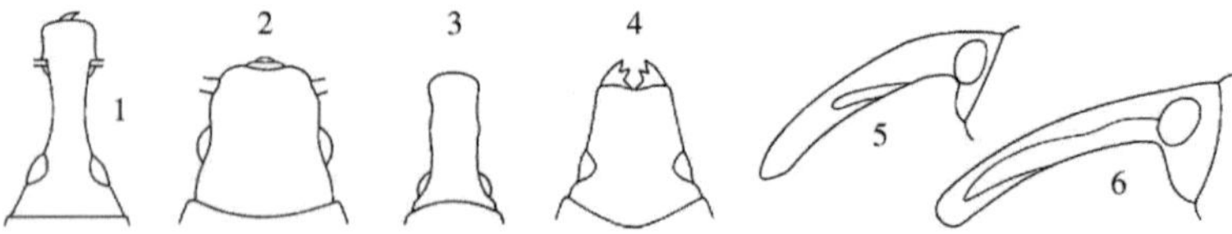

Abb. 540/1–6. 1 *Cossonus linearis*, K; **2** *Rhyncolus ater*, K; **3** *Phloeophagus lignarius*, K; **4** *Hexarthrum exiguum*, K; **5** *Pachytychius haematocephalus*, KS; **6** *Notaris acridulus*, KS.

6* ZwRäume der Fld glatt. FGeißel 7gld **7**
7 Punkte der HschM größer als die der FldReihen; diese Punktreihen breiter als die rippenförmigen ZwRäume. R konisch, so lg wie breit. Hsch quadratisch. Fld fast doppelt so lg wie breit. Körper schwarz. 2,6–2,9 mm. – In abgestorbenem Holz von Kiefern u. Tannen; s. *Brachytemnus porcatus* (GERMAR)
7* Punkte der HschM kleiner als die der FldReihen; diese Punktreihen so breit wie die flachen ZwRäume. R länger als breit. Hsch so lg wie breit, hinter der M am breitesten. Fld fast doppelt so lg wie breit. Körper braun-dunkelbraun. 2,8–3,8 mm. – In morschem Nadelholz, s in Laubholz. In Gebäuden in Balken u. Fußböden schädlich. *Stereocorynes truncorum* (GERMAR)

Unterfamilie ***Bagoinae***

Körper mit dichter, wasserabstoßender Beschuppung. Im. von V–VIII in od. an stehenden Gewässern, mono- od. oligophag auf Wasser- od. UferPfl. Im. überw von IX–IX am Ufer unter Laub od. Moos. L u. meist auch P in Stängeln od. Blättern.

1 R wenig länger als der K, $1^1/_2$-mal so lg wie breit, vordere Hälfte rot, hintere schwarz, Hsch fast quadratisch, halb so breit wie die Fld; diese nur wenig länger als breit. Körper schwarz; F, Schienen u. Knie rot; OS dunkel beschuppt mit einigen Flecken aus grauen u. gelbroten Schuppen. 1,8–2,0 mm. – Aus NAm eingeschleppt. Auf stehenden Gewässern, monophag auf dem schwimmenden Algenfarn (*Azolla filiculoides*). Im. V–X. Im. u. L fressen die schuppenähnlichen Blätter. P im Kokon auf der Pfl. *Stenopelmus rufinasus* (GYLLENHAL)
1* R in voller Lg schwarz, s braun gefärbt. Über 2,2 mm **2**
2 Jede FldSpitze in einen lg Dorn ausgezogen. R dünn, länger als der quadratische, vorn eingeschnürte Hsch; Fld parallelseitig, 5. ZwRaum im hinteren Drittel mit großer Beule. Körper gelbbraun, 2 breite Längsbinden auf dem Hsch u. 2., 4., 6. ZwRaum der Fld schwarz, dadurch Fld zebrastreifig. 6–9 mm. – N u. M von MEur; s. *D. elegans* monophag auf Schilf (*Phragmites*), oft unter Wasser. Im. V–X. L u. P in den unter Wasser stehenden Teilen des Halmes. 2 Arten. Gattung *Dicranthus* MOTSCHULSKY
2* FldSpitzen gemeinsam abgerundet. 2,2–6,0 mm **3**
3 VBr vorn tief ausgeschnitten, mit breiter, seitlich hoch gerandeter RFurche. R gebogen, etwa von HschLg. HschS meist gerundet. Körperform veränderlich: zylindrisch bis kurzoval. Körper schwarz; dicht schwarzbraun beschuppt, oft mit hellen Flecken. 2,2–6,0 mm. – Auf Wasser-, Schwimmblatt- od. UferPfl: Tausendblatt (*Myriophyllum*), Hornblatt (*Ceratophyllum*), Krebsschere (*Stratiotes*), Schwanenblume (*Butomus*), Teichrose (*Nymphaea*), Laichkraut (*Potamogeton*), Schachtelhalm (*Equisetum*), Hahnenfuß (*Ranunculus*), versch. Gräser; Käfer oft unter Wasser. Im. V–VIII. L u. P in den PflTeilen. 23 Arten. Gattung *Bagous* GERMAR – **Uferrüßler**
3* VBr vorn seicht ausgeschnitten, ohne RFurche. R schwach gebogen, von HschLg. F im vorderen RDrittel eingelegt. Hsch quadratisch, mit geraden S. Fld doppelt so lg wie breit, mit kurz schnabelartig verengter Spitze. Körper schwarz, graubraun u. weißlich beschuppt, Fld in der M mit heller Schrägbinde. 2,5–3,3 mm. – An Gewässerufern monophag auf Froschlöffel (*Alisma plantago-aquatica*). Im. V–IX. L erzeugt im Blatt Gang- bis Platzmine; Verpuppung im MRippe od. Blattstiel. *Hydronomus alismatis* (MARSHAM) – **Froschlöffelrüßler**

Unterfamilie ***Tanysphyrinae***

An Gewässerufern auf Wasserlinsen (*Lemna, Spirodela*), oft an UferPfl emporkletternd. Im. V–X. L miniert in Blättern der Wasserlinsen, Verpuppung am Ufer zw angeschwemmtem Detritus. Im. überw am Ufer unter Laub u. Moos. 2 Arten.
Gattung *Tanysphyrus* GERMAR – **Wasserlinsenrüßler**

Unterfamilie ***Notarinae***

Die Mehrzahl der Arten an Gewässerufern u. in feuchten Wiesen auf UferPfl, Weiden u. Pappeln; einige Arten an Wärmestellen. Mono- od. oligophage PflBindung. LEntw in den Pfl (Kätzchenachse, Stängel, Blütenboden, Früchte), dabei z. T. Gallenbildung.

1 Klauen an der Basis verwachsen (Abb. **526**/9), manchmal ungleich lg. R länger als K u. Hsch zusammen, wenig gebogen. Au sich auf der US fast berührend. Schenkel ungezähnt. Körper schwarz, fast kahl od. anliegend dunkel beschuppt mit hellen Flecken. 1,5–2,3 mm. – In feuchten wie trockenen Gebieten auf Seide (*Cuscuta*) od. Enziangewächsen: Enzian (*Gentiana*), Tausendgüldenkraut (*Centaurium*), Tarant (*Swertia*). Im. M IV–IX. LEntw in kugelförmigen od. ovalen Stängelgallen. P in Erdhöhle. Im. überw im Boden. 7 Arten. Gattung *Smicronyx* SCHOENHERR – **Seidenrüßler**

1* Klauen frei (Abb. **526**/11), stets gleich lg. Größere Arten (2,2–8,0 mm), bei *Comasinus* (2,2–2,9 mm) Fld mit aufgerichteten, gereihten Bo **2**

2 V- u. MSchenkel innen mit ± großem Zahn. R meist länger als K u. Hsch zusammen. Hsch etwas breiter als lg, schmaler als die Fld, diese etwa doppelt so lg wie breit. Fld gelb, rot, braun bis schwarzbraun; fein anliegend behaart (bei 1 Art zusätzlich mit kurzen, abstehenden Bo), einfarbig od. hell bis dunkel fleckig. 2,5–7,0 mm. – Auf Weiden u. Pappeln. Im. III–X. L in Blütenkätzchen. P in Erdhöhle. Im. überw unter Rinde u. im Boden. 22 Arten.
Gattung *Dorytomus* GERMAR – **Gezähnte Weidenkätzchenrüßler**

2* V- u. MSchenkel ungezähnt **3**

3 Fld auf den abwechselnden ZwRäumen mit aufgerichteten, gereihten, hellen Bo; der UGrund kahl od. dicht mit runden Schuppen bedeckt. 2,2–3,4 mm. **4**

3* Fld kahl od. nur mit anliegenden Haaren od. Schuppen; nur bei *Procas* (4–7 mm) neben der feinen anliegenden Behaarung auf allen ZwRäumen mit längeren, etwas angehobenen Haaren **5**

4 OS mit dicht gelagerten, runden, den UGrund völlig verdeckenden Schuppen. FGeißel 7gld. Fld mit rechteckigen Schultern, bis über die M parallelseitig. Geflügelt. Körper dunkelbraun, schmutzig gelbgrau beschuppt. 2,5–3,4 mm. – Auf Ödland, Ruderalstellen, an Wegrändern monophag auf Kamille (*Matricaria*). Im. V–VII. LEntw im Blütenboden, P in Erdhöhle. *Pseudostyphlus pillumus* (GYLLENHAL) – **Kamillenrüßler**

4* OS (abgesehen von den aufgerichteten Bo) kahl, oft mit Erde verkrustet. FGeißel 6gld. Fld oval, mit abgeschrägten Schultern, größte Breite in der M. Ungeflügelt. Körper gelb bis schwarzbraun. 2,2–2,9 mm. – Auf vielen Gattungen der Korbblütler. Im. unter den Blättern der Bodenrosette. III–IX. LEntw in Gangmine der Bodenblätter. Verpuppung im Boden. Parthenogenese. *Orthochaetes setiger* (BECK) – **Asternrüßler**

5 **(3)** FFurche an der RS nach unten gerichtet, im hinteren Drittel der RLg den URand des R erreichend (Abb. **540**/5). R etwas länger als K u. Hsch zusammen. Hsch quer, so breit wie die Fld, diese 1,5- fast 2-mal so lg wie breit. Körper schwarz; grau u. braun od. schwärzlich fleckig beschuppt. 2,5–4,0 mm. – An trockenen, warmen Stellen, auf Hornklee (*Lotus*) od. Ginster (*Genista, Sarothamnus*); s. Im. V–VII. LEntw in den Samen. 2 Arten. Gattung *Pachytychius* JEKEL

5* FFurche an der RS nach hinten gerichtet, das Au erreichend (Abb. **540**/6) **6**

6 OS kahl od. fein behaart, manchmal die Härchen schuppig verbreitert; Behaarung den UGrund nicht verdeckend **7**

6* OS dicht behaart od. beschuppt, an den HschS immer mit runden bis kurzovalen Schuppen; UGrund durch die Beschuppung zum größten Teil verdeckt **8**

7 OS mit feinen anliegenden u. längeren, gebogenen, etwas aufgerichteten Haaren. R dicht punktiert, matt, vor der in Spitzennähe liegenden FBasis plötzlich verbreitert. Hsch quer, vorn stark verengt. Fld $1^1/_2$-mal so lg wie breit, parallelseitig, Körper schwarz, matt wolkig fleckig grau u. schwarz behaart. 4–7 mm. – In feuchten, kühleren Habitaten; Lebensweise unbekannt; s. *Procas armillatus* (F.)

7* OS kahl od. nur mit anliegenden gelben Haaren od. Schuppenhaaren. R spärlicher, meist in Längsreihen punktiert, oft gekielt, ± stark glänzend, vor der FBasis nicht od. allmählich verbreitert. Hsch so lg wie breit, an den S gerundet. Fld $1^1/_2$-mal so lg wie breit, schwarz bis dunkelbraun, meist glänzend. 3–8 mm. – Auf nassen Wiesen, an Gewässerufern, auf Gräsern, Riedgräsern u. Rohrkolben (*Typha*). Im. V–A X. L u. P im Stängel. Käfer z. T. unter Steinen od. im Boden versteckt. Im. überw. 6 Arten. Gattung *Notaris* GERMAR

8 **(6)** Fld höchstens $1^1/_2$-mal so lg wie breit, vorn parallelseitig, hinter der M am breitesten, zur Spitze kurz schnabelförmig verengt, 3., 5. u. 7. ZwRaum stärker gewölbt. Hsch etwa so lg wie breit, gewölbt, dicht punktiert od. gekörnt, viel schmaler als die Fld. Schienen gerade. – *G. equiseti* (F.): 4,5–6,5 mm, Körper schwarz, Spitzendrittel der Fld, vorn einige Flecken u. HschS grauweiß. – *G. brunirostris* (F.): 3,5–4,3 mm, Körper einfarbig od. wolkig fleckig gelb bis braun beschuppt. In feuchtem Gelände auf Schachtelhalm (*Equisetum*). Im. V–IX. L u. P im Stängel od. Rhizom. 2 Arten. Gattung *Grypus* GERMAR – **Schachtelhalmrüßler**

8* Fld 2–$2^1/_2$-mal so lg wie breit, parallelseitig, Spitze breiter verrundet, alle ZwRäume gleich geformt. Hsch etwa so lg wie breit, abgeflacht, punktiert, wenig schmaler als die Fld. Schienen im Spitzendrittel stark nach innen gebogen. Körper braun bis schwarzbraun, dicht gelb bis grau beschuppt. HschM fast kahl. Fld im hinteren Drittel meist mit hellem Fleck. 3,3–5,3 mm. – An Gewässerufern, in Mooren u. nassen Wiesen auf Segge (*Carex*), Simse (*Scirpus*), Sumpfsimse (*Eleocharis*) u. Igelkolben (*Sparganium*). Im. IV–VIII. L u. P im Stängel. 4 Arten. Gattung *Thryogenes* BEDEL – **Riedgrasrüßler**

Unterfamilie ***Curculioninae***

Mono- od. oligophag auf krautigen od. GehölzPfl. Im. fessen an Blättern, Knospen u. jungen Trieben. LEntw im pflanzlichen Substrat. Verpuppung am LPlatz od. im Boden. Mehrere Schädlinge in Landwirtschaft, Forstwirtschaft u. Gartenbau.

1 HRand des 2. HlbSternits an den S bogig nach hinten verlaufend (Abb. **543**/1) .. **2**

1* HRand des 2. HlbSternits gerade (Abb. **543**/2) **5**

2 FldSpitze mit Nahtwinkel, jede Fld einzeln abgerundet (Abb. **543**/3); Pygidium frei. FGeißel 6gld. Körper lg- od. kurzoval; schwarz, dicht gelblich od. grau behaart od. beschuppt, manchmal längsstreifig od. mit dunklem Fleck hinter dem Sch. 1,7–4,0 mm. – In trockenen Gebieten auf versch. Nelkengewächsen, auch auf niedrigen, mierenähnlichen Arten. *S. sodalis* GERMAR auf der Grasnelke (*Armeria*). Im. V–IX. L u. P in den Fruchtkapseln. Käfer überw. 12 Arten. Gattung *Sibinia* GERMAR – **Nelkenrüßler**

2* Fld gemeinsam abgerundet, ohne Nahtwinkel (Abb. **543**/4). FGeißel 6- od. 7gld **3**

3 Au genähert, Stirn nur halb so breit wie die RBasis. FGeißel 7gld. Hsch quer, nach vorn stark verengt. Fld $1^1/_2$-mal so lg wie breit, breiter als Hsch, an den Schultern am breitesten, von hier nach hinten allmählich verschmälert. Körper rostbraun. Fld braunschwarz mit gelbrotem, dreieckigem Fleck im vorderen Drittel u. gelbroter Naht. 3,4–4,7 mm. – Auf Esche, seltener Flieder od. Liguster; s. Im. IV–VI. LEntw in Eschenfrüchten. *Lignyodes enucleator* (PANZER) – **Eschenrüßler**

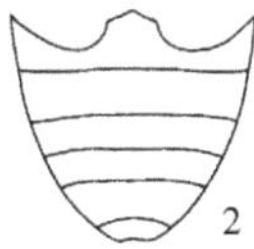

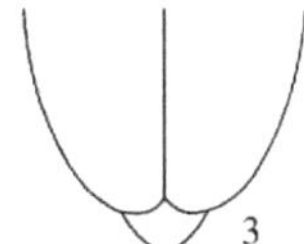

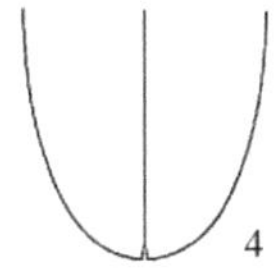

Abb. 543/1–4. **1** *Sibinia* sp., Hlb; **2** *Anthonomus* sp., Hlb; **3** *Sibinia* sp., FldSpitze; **4** *Tychius* sp., FldSpitze.

3* Au nicht genähert, Stirn nicht od. nur wenig schmaler als die RBasis. Fld anders gezeichnet **4**

4 FGeißel 7gld. Lg- od. kurzoval. Körper meist einfarbig dicht grauweiß, gelblich od. gelbbraun beschuppt, manchmal helldunkel längsstreifig od. kupferrot mit weißer Längsbinde in der M u. 2 weißen Flecken auf den Fld. 1,6–4,5 mm. – Mono- od. oligophag auf versch. Schmetterlingsblütlern. Im. V–VII. LEntw in Hülsen, im Stängel od. in Blattrippengallen. Verpuppung im Boden. Mehrere Arten schädlich an Erbse, Wicke, Klee, Luzerne u. Steinklee durch Käferfraß an den Blättern, Knospen, Blüten u. jungen Hülsen u. LFraß in den Samen. 19 Arten. Gattung *Tychius* GERMAR

4* FGeißel 6gld. Lgoval. Körper einfarbig gelblich-grauweiß beschuppt. 1,8–2,3 mm. – Auf Klee-Arten, bes. Weißklee (*Trifolium repens*). Im. V–IX. LEntw in den Hülsen der Blütenköpfe. P in Erdhöhle. Kleeschädling. *Tychius picirostris* (F.)

5 **(1)** Fld länglich dreieckig, an den Schultern am breitesten, zur Spitze stark verengt (Abb. **529**/10). R dünn, ± stark gebogen, lg, beim ♀ fast von KörperLg. F in od. hinter der RM eingelenkt. K kugelig, Au nicht aus der KWölbung vortretend. Hsch etwa so lg wie breit, schmaler als die Fld. Schenkel mit od. ohne Zahn. – 8 Arten der Untergattung *Curculio*, 2,8–9,0 mm, gelbrot bis braun, mit gelblichen u. bräunlichen Schuppen, z.T. gefleckt, nur *C. villosus* F. schwarz mit heller Querbinde hinter der FldM. Artspezifisch auf Eiche, Edelkastanie, Haselnuss, Birke od. Erle. Im. V–VII. LEntw in den Früchten, P im Boden. L von *C. nucum* L. Schädling in Haselnüssen. 3 Arten der Untergattung *Balanobius* JEKEL, 1,7–2,8 mm, schwarz, mit feiner greiser Behaarung, bei *C. crux* F. Fld mit weißer Kreuzzeichnung. Auf Eiche u. Weide. Im. M IV–VII. LEntw in Gallen, die von Blattwespen der Gattung *Pontania* auf Weidenblättern u. von Gallwespen (*Cynipidae*) auf Eichen erzeugt werden. 11 Arten.
Gattung *Curculio* L. – **Nußbohrer**

5* Fld parallelseitig od. kurz hinter der M am breitesten **6**

6 Au flach (Abb. **530**/3) od. geringfügig gleichmäßig gewölbt. 2,0–3,3 mm. **7**

6* Au gewölbt, AuRundung gleichmäßig (Abb. **530**/4) od. unsymmetrisch (Abb. **530**/5, 6). 2,0–4,5 mm **8**

7 Schienen innen mit einem EDorn. Fld parallelseitig, $1^1/_2$–2-mal so lg wie breit, hinten gemeinsam abgerundet; Pygidium bedeckt. Körper rotbraun, dunkelbraun od. schwarz; OS durch unterschiedlich dicht gelagerte helle Haare fleckig gezeichnet; Fld mit Querbinden od. dunklen Flecken; rot od. schwarz. 2,4–3,3 mm. – Auf Weiden u. Pappeln. Im. E II–M VI. LEntw in den Blütenkätzchen. P im Boden. 3 Arten.
Gattung *Ellescus* DEJEAN – **Kleine Weidenkätzchenrüßler**

7* Schienen ohne EDorn. Fld parallelseitig od. nach hinten etwas verbreitert, $1^1/_2$-mal so lg wie breit, hinten einzeln abgerundet, in ihrem Spitzenwinkel Pygidium sichtbar. Körper u. R schwarz; OS gelblich od. grau behaart, mit seidigem Glanz, ungefleckt. 2,0–2,9 mm. – Weit v, aber s. Auf Weiden. Im. IV–VI. LEntw in Blütenkätzchen; P im Boden. 2 Arten. Gattung *Acalyptus* SCHOENHERR – **Seidige Weidenkätzchenrüßler**

8 **(6)** VSchenkel kräftig gezähnt od. mit feinem, nadelförmigem Dorn. Fld nach hinten etwas verbreitert od. parallelseitig. FGeißel 6- od. 7gld. KlauenGld von normaler Lg. 2,0–4,5 mm **9**

8* VSchenkel ohne Zahn od. Dorn. Fld parallelseitig, 2-mal so lg wie breit. FGeißel 7gld. KlauenGld sehr kurz, kaum aus dem gelappten 3. FußGld hervorragend. Körper, B u. F rot, R braun od. schwarz; OS spärlich hell behaart, ohne Fleckenzeichnung. 2,1–2,8 mm. – Auf Kiefern. Im. V–X. L frisst an der Basis eines Nadelpaars im Bereich der Nadelscheide, hier auch PRuhe.
Brachonyx pineti (PAYKULL) – **Kiefernscheidenrüßler**

9 FGeißel 6gld. R so lg od. nur wenig länger als der Hsch. Fld parallelseitig, doppelt so lg wie breit, nur bei *B. fallax* HERBST nach hinten verbreitert u. nur $1^1/_2$-mal so lg wie breit. Körper rot, braun od. schwarz; spärlich hell behaart, mit 1 od. 2 dichter behaarten Querbinden auf den Fld. 3,2–4,5 mm. – M u. S von MEur; s. Auf Ahorn. Im. V–VI. LEntw u. P in Ahornfrüchten. 3 Arten.
Gattung *Bradybatus* GERMAR – **Ahornfruchtstecher**

9* FGeißel 7gld. Fld nach hinten verbreitert, etwa $1^{1}/_{2}$-mal so lg wie breit **10**

10 VSchenkel mit 2 Zähnen. R gerade. Sch groß, länglich, die Wölbung der Fld überragend. Körper rotbraun, Fld mit 2 abwechselnd helleren u. dunkleren, gezackten Querbinden. 3,7–4,5 mm. – Auf wilden (*Prunus padus, P. spinosa*) u. kultivierten Kirschen. Im. M IV–VI. LEntw u. P im Kern.
Furcipus rectirostris (L.) – **Kirschkernstecher**

10* VSchenkel mit 1 Zahn od. Dorn. R ± stark gebogen. Sch klein, rundlich, die Fld nicht überragend, durch dichte Behaarung als heller Punkt hervortretend. Körper schwarz, dunkelbraun, braun, rot; meist mit hellen Flecken od. Rindenzeichnung, seltener einfarbig spärlich behaart. 2,0–4,5 mm. – Auf Laub- od. Nadelgehölzen, nur 2 Arten auf krautigen Pfl. Im. IV–VI. LEntw in Blatt- od. Blütenknospen u. in männlichen Blütenständen von Nadelbäumen; P am LOrt, Jungkäfer meist ab VI, überw im Boden od. unter Rinde. Einige Gartenschädlinge. 18 Arten. Gattung *Anthonomus* GERMAR

Unterfamilie ***Pissodinae***

Auf Laub- u. Nadelbäumen. Einige Arten Schädlinge an Obstbäumen u. Forstgehölzen.

1 OS des roten, braunen od. schwarzen Körpers mit Flecken od. Binden aus weißlichgelben Schuppen. Hsch in der M mit 2 Flecken u. an den S manchmal mit Längsbinde; Fld hinter der M mit einer Querbinde u. im vorderen Drittel meist mit je 1 quergezogenen Fleck. Hsch etwas breiter als lg, nach vorn stark gerundet verengt, Basis so breit wie die Fld, in der M mit ± deutlichem Längskiel. Fld parallelseitig, $1^{1}/_{2}$-mal so lg wie breit, vor der Spitze mit Beule im Bereich des 5. ZwRaumes. Schienen mit 2 nach innen gerichteten EDornen (Abb. **528**/10). Schenkel ungezähnt. 4,5–10,0 mm. – Auf Kiefern, seltener Fichten, Lärchen u. Tannen. Im. M IV–IX. Befall bes. von jungen, kränkelnden od. absterbenden, seltener gesunden Bäumen. Im. Fraß an junger Rinde u. Trieben. LEntw unter der Rinde von Ästen u. Stämmen, Anlage von unregelmäßigen od. strahlenförmig von einem Punkt ausgehenden Fraßgängen im Kambium; nur bei *P. validirostris* (SAHLBERG) LEntw in der Achse von Kiefernzapfen. Mit Nagespänen ausgepolsterte PWiege im Splintholz. P überw, seltener L. Schaden an Bau- u. Möbelholz; junge Bäume können absterben. 8 Arten.
Gattung *Pissodes* GERMAR – **Nadelholzbohrer**

1* OS kahl, s fein behaart, matt-glänzend. Hsch quer, seltener so lg wie breit, dicht punktiert, bei einigen Arten an der S mit Höcker, Kiel od. Zähnen, Basis schmaler od. so breit wie die Fld; diese parallelseitig od. nach hinten etwas verbreitert. Bei den ♂♂ einiger Arten FKeule viel länger als FGeißel. Schienen nur mit einem EDorn (Abb. **528**/9). Schenkel mit od. ohne Zahn. Körper einfarbig schwarz, od. Fld dunkel metallisch blau-grün, od. einfarbig rot, dunkelblau, od. dunkelgrün. 2,5–8,0 mm. – Artspezifisch auf Nadel- (Kiefer, Fichte) od. Laubgehölzen (Eiche, Ulme, Birke, Pappel, Weide, Obstbäume u. Büsche aus der Familie Rosengewächse). Im. V–M VII, im Geb –E VIII. Käferfraß an jungen Rinden, Nadeln od. Laubblättern. LEntw in abgestorbenen od. lebenden Zweigen od. Ästen, Anlage von Fraßgängen im Kambium od. Mark. PWiege im Zweig, L od. Im. überw. Schaden der 9 auf Nadelbäumen lebenden Arten umstritten, wahrscheinlich gering; desgl. bei den 3 auf Obstbäumen vorkommenden Arten *M. ruficornis* (L.), *M. cerasi* (L.) u. *M. barbicornis* (LATREILLE). 19 Arten. Gattung *Magdalis* GERMAR – **Rinden-** u. **Zweigrüßler**

Unterfamilie ***Acicnemidinae***

Körper graubraun-schwarz; OS mit kleinen, anliegenden u. großen aufgerichteten, gereihten Schuppen. S des Hsch u. Querbinde hinter der FldM hell beschuppt. Fld kurz eiförmig, stark zugespitzt. 3–4 mm. – Auf abgestorbenen Zweigen u. Ästen von

Laubbäumen. Die Käfer können das ganze J hindurch im Laubwald aus Laub u. Moos gesiebt werden. LEntw u. P in moderndem Holz. *Trachodes hispidus* (L.)

Unterfamilie ***Molytinae** [Hylobiinae]*

Oligo- od. polyphag an krautigen Pfl, nur *Hylobius* auf Nadelbäumen. Meist ungeflügelte Arten. Mehrere land- u. forstwirtschaftliche Schädlinge.

1 Innerer Spitzenrand der Schienen mit einem großen, nach innen gebogenen Haken (Abb. **528**/11) **2**

1* Innerer Spitzenrand der Schienen mit einem kleinen Zahn (Abb. **536**/5) **10**

2 FGeißel u. FKeule ineinander übergehend, 7. GeißelGld verbreitert u. an das 1. KeulenGld dicht angeschlossen (Abb. **550**/1) **3**

2* FGeißel u. FKeule deutlich voneinander abgesetzt, das 7. GeißelGld kein verbreitertes ÜbergangsGld zur Keule bildend (Abb. **550**/2) **7**

3 2,0–3,2 mm. Körper kurzoval; OS kahl, glänzend, schwarz mit roten Füßen, Fld mit kräftigen Punktreihen. Ungeflügelt. – M u. S von MEur; s. Auf Veilchen (*Viola*), Hahnenfuß (*Ranunculus*) u. Windröschen (*Anemone*). Im. IV–VIII. LEntw in Rhizomen, Ausläufern u. unteren Teilen der Stängel, P im Boden. 4 Arten.
Gattung *Leiosoma* Stephens – **Veilchenrüßler**

3* 6,5–17,0 mm. OS meist fleckig behaart od. beschuppt **4**

4 Fld mit kräftigen Punktstreifen. HschM mit ± deutlichem Längskiel **5**

4* Fld ohne Punktstreifen, glatt, mit feiner netzartiger Strichelung. Hsch so lg wie breit, ohne Längskiel. Fld oval, mit gerundeten S, ohne Schulterbeule, Naht verwachsen; ungeflügelt. Körper schwarz, kahl od. mit einigen gelben Haarflecken. 9–17 mm. – M u. S von MEur. Im. V–VIII. Bes. im Geb auf Doldengewächsen, Pestwurz (*Petasites*) u. Huflattich (*Tussilago*). LEntw in Rhizomen od. Wurzeln; Verpuppung in Erdhöhle. *L. coronatus* (Goeze) 9–13 mm, mit kahlen Fld, Möhrenschädling: Käfer zerstören Blätter, L höhlen Pfahlwurzeln aus. 4 Arten.
Gattung *Liparus* Olivier – **Möhrenrüßler**

5 3. FußGld so breit wie das 2., oben nur wenig ausgeschnitten (Abb. **529**/3). R kürzer als der Hsch, dieser $1^{1}/_{2}$-mal breiter als lg, vor der M am breitesten, mit kräftigem, glänzendem MKiel u. tiefen, grubigen Punkten. Fld fast quadratisch, kaum länger als breit, abwechselnde ZwRäume rippenartig erhöht u. mit glänzenden Höckern. Ungeflügelt. Schenkel ungezähnt. Körper schwarz, fleckig beschuppt, meist mit Erde verkrustet. 6,5–11,0 mm. – S u. M von MEur; sehr s. An Wegrändern, unter Steinen. Lebensweise u. Entw unbekannt. *Minyops carinatus* (L.)

5* 3. FußGld breiter als das 2., oben tief ausgeschnitten (Abb. **529**/4). Hsch so lg wie breit od. nur wenig breiter als lg, in od. hinter der M am breitesten. Fld wenigstens $1^{1}/_{2}$-mal so lg wie breit, alle ZwRäume gleich gestaltet, ohne glänzende Höcker. Schenkel ± stark gezähnt **6**

6 Hsch vorn stark verengt, S mit hell behaarter Längsbinde. Fld eiförmig, vorn fast parallelseitig, od. bis zur M etwas verbreitert, mit abgeschrägten Schultern, von der M zur Spitze stark verengt, hinten gemeinsam schmal verrundet od. einzeln kurz zugespitzt. R so lg wie K u. Hsch zusammen. Körper schwarz, dicht graubraun, wolkigfleckig behaart, bei der häufigsten Art *L. palustris* (Scopoli) mit einem leuchtend weißen Fleck in der FldM. 7–11 mm. – Polyphag auf krautigen Pfl u. auf Weidengebüsch. Im. V–VII. L an Wurzeln; P im Boden. 3 Arten.
Gattung *Lepyrus* Germar – **Krautrüßler**

6* HschS mit 1 od. mehreren Haarflecken. Fld parallelseitig, mit rechtwinkligen Schultern, erst vom hinteren Drittel od. Viertel zur Spitze verengt, hinten gemeinsam breit verrundet. Geflügelt. R so lg od. kürzer als der Hsch. Körper rotbraun, schwarzbraun od. schwarz, Fld mit gelben, meist zu Querbinden angeordneten Haarflecken. 7,0–16,5 mm. – Auf Nadelbäumen; nur *H. transversovittatus* (Goeze) 7,5–11,0 mm, rotbraun, auf Blutweiderich (*Lythrum salicaria*), *H. abietis* (L.) 7,5–13,5 mm, schwarz-

braun–schwarz, sehr schädlich an jungen Kiefern u. Fichten durch Fraß der Käfer an Rinde, Knospen u. Nadeln, dadurch Absterben. Im. M IV–X. L in abgestorbenen Wurzeln u. Stöcken, unschädlich. EntwDauer 1–2 J. 4 Arten.
Gattung *Hylobius* GERMAR – **Große Kiefernrüßler**

7 **(2)** 2,2–3,2 mm. OS mit lg, senkrecht abstehenden, hellen Bo. R so lg wie Hsch, dieser etwas breiter als lg, mit groben, grubigen Punkten, ohne MKiel. Fld kuglig, mit Reihen tief eingedrückter Punkte. Ungeflügelt. Schenkel ungezähnt. Körper rotbraun bis schwarz. – Südl MEur, im Geb in Laubw unter Moos u. Laub; s. Entw unbekannt.
Adexius scrobipennis GYLLENHAL

7* 6,5–13,0 mm. OS mit anliegenden Haaren od. Schuppen bedeckt. Fld viel länger als breit, mit rippenartig erhöhten ZwRäumen. Hsch mit MKiel. Ungeflügelt. Schenkel gezähnt **8**

8 Hsch breiter als lg. Fld kurzoval, höchstens $1^1/_2$-mal so lg wie breit, mit schwach gerundeten S u. kräftigen Schultern, auf den erhöhten ZwRäumen mit glänzenden Höckern. Körper schwarz, dicht graubraun beschuppt, mit heller Längsbinde an den HschS u. heller Querbinde im hinteren Drittel der Fld. 7–12 mm. – In den MGeb u. Alp; s. Auf krautigen Pfl, bes. auf Ampfer (*Rumex*), Käfer oft unter Steinen. Im. V–VIII. L an Wurzeln. 3 Arten. Gattung *Plinthus* GERMAR – **Plumpe Ampferrüßler**

8* Hsch länger als breit. Fld gestreckt mit parallelen, ein wenig gerundeten S, 2-mal so lg wie breit **9**

9 OS rötlich fleckig beschuppt. Erhöhte ZwRäume der Fld mit glänzenden Höckern. Hsch u. Fld parallelseitig, oben abgeflacht. Fld 2-mal so lg wie breit. Körper rotbraun bis schwarz. 1–13 mm. – BY; s. Unter Steinen u. Moos. Lebensweise u. Entw unbekannt. *Neoplinthus porcatus* (PANZER)

9* OS spärlich mit feinen Härchen bedeckt, kahl erscheinend. Erhöhte ZwRäume der Fld ohne glänzende Höcker, Hsch u. Fld an den S geringfügig gerundet. Hsch abgeflacht, Fld schwach gewölbt, knapp 2-mal so lg wie breit. Körper braun-schwarz. 6,5–8,0 mm. – Weit v, aber s. Unter Laub, Moos u. Steinen. L fressen an Wurzeln.
Mitoplinthus caliginosus (F.)

10 **(1)** R oben etwas abgeflacht u. mit feiner MRinne, etwas kürzer als Hsch; dieser etwas breiter als Lg, nach hinten verschmälert, vor der M mit länglicher Grube; die ovalen, an den Schultern abgeschrägten Fld dicht graubraun beschuppt, vor der M jederseits mit einem bandförmigen, vom 3. ZwRaum zur Schulter ziehenden, weißlichen Makel u. vor der Spitze mit einer gezackten, weißlichen Querbinde. Körper schwarz, Füße u. F braun. 5,8–7,8 mm. – Polyphag auf krautigen Pfl; unter Steinen u. Genist. Im. IV–X. *Graptus triguttatus* (F.) – **Dreimakelrüßler**

10* R stielrund, ohne MFurche, manchmal mit undeutlichem MKiel; Hsch gleichmäßig gewölbt, ohne MGrube; Fld mit anderem Zeichnungsmuster **11**

11 Fld mit abgerundeten Schultern u. ovalem Umriss (Abb. **550**/3); Körper beim ♂ schlanker als beim ♀. Körper schwarz; braun od. graugrün fleckig behaart. 5–9 mm. Meist s. – Im Geb auf krautigen Pfl wie Doldengewächsen, Pestwurz (*Petasites*), Huflattich (*Tussilago farfara*), Frauenmantel (*Alchemilla*), Salbei (*Salvia*) u. Minze (*Mentha*); nur *D. tessellatus* (HERBST). 5–6 mm, in der Ebene an trockenen Stellen auf Schafgarbe (*Achillea millefolium*). LEntw auf Blättern u. Blüten, Verpuppung auf der Pfl in ovalem Kokon. Im. V–IX: 7 Arten.
Gattung *Donus* JEKEL – **Eiförmige Kokonrüßler**

11* Fld mit nach außen vortretenden, schräg abgeschnittenen Schultern u. in der VHälfte meist parallelen S (Abb. **550**/4) **12**

12 Au rund. Körper kurzoval; schwarz, B, F u. R rotbraun, OS silbergrau u. rötlich beschuppt, Fld im VDrittel u. hinter der M mit je 1 V-förmigen, dunklen Makel, US u. S der Fld metallisch grün beschuppt. 3,0–4,5 mm. – Oberrhein bei Kleinkems. Auf Tamariskengebüsch (*Myricaria germanica*). *Coniatus wenckeri* CAPIOMONT

12* Au oval **13**

13 2,7–3,0 mm. FGeißel 6gld. R nach vorn verbreitert, so lg wie Hsch. Fld gedrungen. Schwarz. F, Schienen u. Füße rot. OS mit anliegenden, hellen, meist metallisch grün od. rötlich schimmernden Schuppen, HschM dunkel behaart, ZwRäume der Fld mit

schwärzlichen, gereihten Flecken u. hoch aufgerichteten weißen u. schwarzen Haaren. – Auf Ödland, an Feld- u. Waldrändern, auf trockenen Hängen, oligophag auf Reiherschnabel (*Erodium cicutarium*) u. Storchschnabel (*Geranium*)-Arten. LEntw u. PKokon auf Blättern u. Blüten. Im. V–VIII.
Limobius borealis (PAYKULL) – **Kleiner Kokonrüßler**

13* 3,3–8,0 mm. FGeißel 7gld. Fld meist schlanker. Körper schwarz. OS mit rundlichen od. 2zinkigen Schuppen dicht bedeckt, ZwRäume der Fld außerdem mit einigen längeren, ± stark aufgerichteten, hellen Haaren; Beschuppung braun, grau od. grün, oft mit großen schwärzlichen Makeln, kleinen Flecken od. Längsstreifen. ♂ bei mehreren Arten schlanker als ♀. – Im. auf krautigen Pfl versch. Familien. Im. IV–X. L fressen ektophag an Knospen, Blättern u. in Blütenständen, Verpuppung auf der Pfl in rundem od. ovalem Kokon mit durchscheinender, pergamentartiger od. gitterartig durchlöcherter Wand. Jährlich 1 Gen. Mehrere Schädlinge in Landwirtschaft u. Gartenbau. 22 Arten. Gattung *Hypera* GERMAR – **Ovale Kokonrüßler**

Unterfamilie *Cyclominae*

Hsch quadratisch, mit breiter Längsfurche in der M u. tiefen Gruben an der S. Fld mit kräftigen Rippen od. Höckern. Körper schwarz, dicht graubraun bis schwarzbraun beschuppt u. mit längeren, hellen, anliegenden Bo auf den Rippen od. Höckern der Fld. – *G. lunatus* (F.) 3,0–3,8 mm, graubraun, Fld mit dunkler Querbinde in der M u. kräftigen Längsrippen; meist s, an trockenen, sandigen Stellen auf Bruchkraut (*Herniaria*) u. Schuppenmiere (*Spergularia*). Im. V–IX: – *G. inaequalis* BOHEMAN, 3,8–4,7 mm, graubraun bis schwärzlich, Fld in der M u. vor der Spitze mit hellen Querbinden u. starken Höckern; Einwanderer aus Sibirien, etwa 1955 MEur erreichend u. gegenwärtig bis Belgien vorgedrungen, auf Ödland; polyphag, Fraß an Blättern von Melde (*Chenopodium*). Im. V–IX. 2 Arten. Gattung *Gronops* SCHOENHERR

Unterfamilie *Dryophthorinae [Rhynchophorinae]*

R an der FBasis verdickt; Schienen mit Punktreihen; Hsch so lg od. nur wenig kürzer als die Fld. Körper dunkelbraun od. schwarz.

1 Füße 5gld. FGeißel 4gld. R etwas kürzer als der Hsch, zylindrisch, vor der FBasis etwas verdickt, stark punktiert, F im hinteren Viertel des R eingelenkt. Hsch etwas länger als breit, schmaler als Fld, vorn stark eingeschnürt. Fld doppelt so lg wie breit, nach hinten allmählich verschmälert, mit tiefen Punktfurchen, dazw schmale erhabene Rippen. Körper grauschwarz, matt. 3–4 mm. – In morschem Holz, bes. in Stubben von Nadelbäumen. Im. I–XII. *Dryophthorus corticalis* (PAYKULL)

1* Füße 4gld. FGeißel 6–7gld. Hsch meist fast so breit wie Fld. Körper rotbraun bis schwarz, meist glänzend **2**

2 6–15 mm; R gebogen, spärlich punktiert; Hsch schmaler als die Fld, glatt, weitläufig punktiert, oft mit punktfreier MLinie; Fld an den Schultern am breitesten, von hier nach hinten verengt, mit feinen Streifen. Körper schwarz, kahl. – M u. S von MEur, sehr s, die meisten Funde aus dem vorigen Jh. An Ufern auf Gräsern u. Riedgräsern. Im. V–VII. L in Wurzeln. P im Wurzelhals. 3 Arten.
Gattung *Sphenophorus* SCHOENHERR

2* 2,0–4,5 mm; R gerade od. nur wenig gebogen, kräftig punktiert, Hsch so breit od. breiter als die Fld, dicht punktiert; Fld kurz, mit kräftigen Streifen. Körper rotbraun bis dunkelbraun, Fld z. T. mit helleren Flecken. – Durch Getreide weltweit verschleppt. Wichtige Schädlinge in Getreidespeichern, s im Freien. L u. P in den Körnern unserer 4 heimischen Getreidearten, auch in Reis u. Mais; Im. auch in Teigwaren u. Mehl. Je nach Temperaturverhältnissen mehrere Gen im J. 4 Arten. [*Calandra* CLAIRVILLE]
Gattung *Sitophilus* SCHOENHERR – **Kornkäfer, Reiskäfer, Maiskäfer**

Unterfamilie ***Cryptorhynchinae***

VBr mit tiefer RFurche; Fld meist mit Höckern, Längsrippen od. aufgerichteten Schuppenbüscheln. Auf GehölzPfl; bei *Acalles* L in abgestorbenen Zweigen, bei den anderen Gattungen unter der Rinde von Laubbäumen.

1 Ohne Sch; Schenkel ungezähnt; R ± abgeflacht, so lg od. wenig kürzer als Hsch, dieser meist so lg wie breit, vorn eingeschnürt; Fld nur wenig breiter als Hsch, ovalkugelig, ZwRäume der Punktstreifen oft gekielt od. gehöckert u. meist mit dunklen aufgerichteten Schuppenbüscheln. Körper schwarz, R u. Füße oft braun; graubraun bis schwarz anliegend beschuppt, oft mit helleren Flecken od. Querbinden auf den Fld. 1,7–5,0 mm. – In Laub- u. Nadelw, bes. am Boden auf abgebrochenen, toten Zweigen, unter Laub u. Reisig. Im. I–XII. LEntw u. P in abgestorbenen Zweigen. 13 Arten. Gattung *Acalles* SCHOENHERR

1* Sch groß, rund, schwarz od. gelb-weiß beschuppt od. kahl. VSchenkel gezähnt, bei *Gasterocercus* Schenkelzahn winzig; 5–10 mm . . . **2**

2 R abgeplattet, ganz gerade, etwas kürzer als Hsch; dieser hinten so breit wie die Fld, parallelseitig, vorn stark eingeschnürt u. hier nur halb so breit wie an der Basis. Fld parallelseitig, hinten breit verrundet, etwa doppelt so lg wie breit. OS dachziegelartig dicht mit abgerundeten, grauen, weißen u. dunklen Schuppen bedeckt, Fld in der M u. an der Spitze mit undeutlicher heller Querbinde. VFüße beim ♂ am Innenrand mit lg, dunklen Fransen. 5–10 mm. – An Buchen u. Eichen; sehr s. Im. auf der Rinde. LEntw im Holz, hier auch P. *Gasterocercus depressirostris* (F.)

2* R rund, nur an der Basis etwas abgeflacht, ± gebogen; Hsch schmaler als Fld . . . **3**

3 Körper zylindrisch, R kürzer als Hsch; dieser länger als breit, ohne MKiel; Fld $2^1/_2$-mal so lg wie breit, parallelseitig, ungerade ZwRäume gekielt. Körper braunschwarz beschuppt, Fld vor der Spitze mit heller Querbinde. 5–9 mm. – Nur Meldungen aus dem vorigen Jh. von HS, Franken u. BR. Auf Eichen, L u. P im Holz der Stämme u. stärkeren Ästen. *Camptorhinus statua* (ROSSI)

3* Körper oval, R länger als Hsch; dieser breiter als lg, vorn stark verengt, mit glänzendem MKiel. Fld kaum $1^1/_2$-mal so lg wie breit, bis hinter die M parallelseitig, nach hinten schnabelförmig ausgebuchtet. Schenkel mit 2 kleinen Zähnen. OS mit anliegenden u. einigen zu aufgerichteten Büscheln angeordneten Schuppen. HschS, Schenkel-Ringe, hinteres Drittel der Fld u. vorn einige Flecke weißlich od. gelbgrau beschuppt; 5,5–8,5 mm. – Auf Weiden, Pappeln u. Erlen. Im. V–IX. Fraß an Rinde u. jungen Trieben. L in Zweigen u. jungen Stämmen. Gänge bis ins Holz fressend, hier Verpuppung. Durch LFraß Verdickungen u. Absterben der Stämme, auch starke Seitentriebbildung, wodurch Weidenruten wertlos werden. 2jährige Gen. *Cryptorhynchus lapathi* (L.) – **Erlenwürger**

Unterfamilie ***Baridinae***

Körper zylindrisch-lgoval; kahl od. fein weiß behaart, s fleckig beschuppt; schwarz od. metallisch blau od. grün gefärbt. Auf krautigen Pfl; Eiabl im Frühj in Stängel, L bohren im Stängel od. in Wurzel, hier Verpuppung, neue Gen im VII u. VIII. Einige schädlich in Landwirtschaft u. Gartenbau an Kreuzblütengewächsen.

1 Pygidium freiliegend; R von der Stirn durch eine Querrinne od. -kante getrennt, so lg od. etwas kürzer als Hsch, dieser quadratisch od. breiter als lg, vorn eingeschnürt, meist nicht schmaler als die zylindrischen od. ovalen Fld. Körper schwarz (bei *B. analis* (OLIVIER) Fld Spitze rot) od. metallisch blaugrün, kahl (nur *B. scolopacea* GERMAR, dicht weiß, gelblich u. dunkelbraun fleckig beschuppt). 2,5–4,5 mm. – Artspezifisch auf Beifuß (*Artemisia*), Reseda, Gänsefußgewächsen u. Kreuzblütlern. Im. IV–X. Durch LFraß oft gallenförmige Anschwellungen von Stängeln u. Wurzeln. An Kohl, Raps, Kohlrübe, Rettich, Radies u. Levkoje sind 5 Arten schädlich. 12 Arten Gattung *Baris* GERMAR – **Mauszahnrüßler**

1* Pygidium bedeckt, RBasis u. Stirn in einer Ebene liegend, nicht durch eine Querfurche voneinander getrennt. R kürzer als Hsch, dieser etwas länger als breit; Fld lg-oval. Körper schwarz, Fld staubartig fein od. undeutlich längsstreifig weiß behaart. 3,5–5,0 mm. – Auf nassen Wiesen, an Ufern auf Seggen (*Carex*), Simsen (*Scirpus*), Schneide (*Cladium*) u. Binsen (*Juncus*). Im. M IV–M VII. L im Stängel u. Rhizom, hier auch Verpuppung. 2 Arten. Gattung *Limnobaris* BEDEL

Unterfamilie ***Conoderinae***

Au sich auf der Stirn fast berührend (Abb. **530**/1); R länger als der Hsch, gebogen; F in od. hinter der RM eingelenkt; Hsch etwas breiter als lg, schmaler als die Fld; diese von dreieckigem Umriss, nach hinten stark verschmälert. Schenkel gezähnt. Körper schwarz, F, Schienen u. Füße braun; OS fleckig mit weißen, gelblichen u. dunkelbraunen Schuppen bedeckt. 2,6–3,4 mm. – Auf trockenem Gelände wie Ödland, Ruderalstellen, Wegrändern, warmen Hängen oligophag auf Kamille (*Matricaria*), Schafgarbe (*Achillea*) u. Wucherblume (*Chrysanthemum*). Im. IV–VI. Eiabl im Frühj in den Wurzelhals, L fressen in der Wurzel, Verpuppung in Erdhöhle. *Coryssomerus capucinus* (BECK)

Unterfamilie ***Ceutorhynchinae***

Epimeren der MBr im Winkel zw Hsch u. Fld von oben erkennbar; Körper oval-kugelig; behaart od. beschuppt, oft mit fleckigem Zeichnungsmuster. Mono- od. oligophag auf krautigen Pfl. L in den PflTeilen fressend, z. T: Gallen od. Blattminen erzeugend. Verpuppung meist im Boden. Mehrere Gattungen an UferPfl od. untergetaucht an WasserPfl lebend. Einige Arten Schädlinge an GartenPfl u. landwirtschaftlichen Kulturen (bes. an Kohl u. Raps).

1 Stirn zw den Au schmaler als der R vor der Basis (Abb. **550**/5); Körper kugelförmig; bei seitlicher Betrachtung Hsch u. Fld einen einheitlichen, fast halbkreisförmigen Bogen bildend (Abb. **551**/1). R etwas länger als K u. Hsch zusammen. Hsch breit, glatt, Fld hoch gewölbt, von den Schultern nach hinten verschmälert, mit feinen Streifen u. breiten, flachen ZwRäumen. Schenkel ungezähnt. Körper schwarz; F, Schienen u. Füße braun; OS mit unauffälligen, länglichen, metallisch dunkelblau-grün schimmernden Schuppen, US dicht gelb beschuppt. 2,0–2,6 mm. – Auf Veilchen (*Viola*)-Arten. Im. M V–IX. Eiabl im V–VI in Fruchtkapseln, L fressen Samen, Verpuppung in der Kapsel. In Gärtnereien im Samenbau Schädling an Zierveilchen u. Stiefmütterchen. *Orobitis cyaneus* (L.) – **Kugelrüßler**

1* Stirn so breit od. breiter als der R vor der BAsis (Abb. **550**/6); Profillinie von Hsch u. Fld gerade od. wenig gebogen, zw Hsch u. Fld oft eingekerbt (Abb. **551**/2) **2**

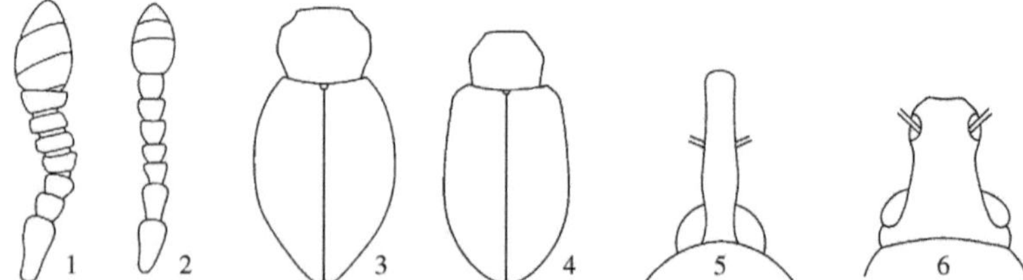

Abb. 550/1–6. 1 *Liparus* sp., F; **2** *Hypera* sp., F; **3** *Donus* sp., Hsch, Fld; **4** *Hypera* sp., Hsch, Fld; **5** *Orobitis cyaneus*, K; **6** *Rhinoncus pericarpius*, K.

2 Alle ZwRäume der Fld von der Basis bis zur Spitze mit dicht hintereinanderliegenden Raspelkörnern, ZwRäume nicht breiter als die Punktstreifen; Fld kugelig, ohne Schulterbeule; ungeflügelt. Körper schwarz, fast kahl, hinter dem Schildchen od. auf dem Hsch mit einigen hellen Schuppen. 1,9–3,1 mm. **3**

2* ZwRäume der Fld höchstens an der Spitze od. an den S mit Raspelkörnern (bei einigen Arten der Gattungen *Rhinoncus, Pelenomus, Micrelus* u. *Zacladus* auch auf den inneren ZwRäumen mit Raspelkörnern; diese Arten jedoch mit Schulterbeule, od. ZwiRäume breiter als die Streifen) **4**

3 1,9–2,3 mm; kugelig. Raspelkörner der Fld klein. R so lg wie Hsch. Körper schwarz, hinter dem Sch mit weißem Schuppenfleck. – Meist s. Auf Pappelschößlingen (*R. globulus* (Herbst)) od. in feuchten Wäldern auf Sauerklee (*Oxalis acetosella*) (*R. fallax* (Otto)). Im. V–VIII. Entw unbekannt. 2 Arten. Gattung *Rutidosoma* Stephens

3* 2,6–3,1 mm; oval. Raspelkörner der Fld groß, sägezahnartig. R so lg wie Hsch. Körper schwarz, ohne hellen SchFleck, Hsch mit 3 undeutlichen, hellen Schuppenbinden. – In den MGeb u. Alp. Auf Bachnelkenwurz (*Geum rivale*) u. Frauenmantel (*Alchemilla*). Im. M V–M X. Entw unbekannt. *Scleropterus serratus* (Germar)

4 **(2)** R kurz, höchstens 3-mal so lg wie an der Spitze breit (Abb. **550**/6) **5**

4* R lg, wenigstens 4-mal so lg wie an der Spitze breit (Abb. **526**/1) **11**

5 HSchenkel verdickt, viel dicker als V- u. MSchenkel (geringes Sprungvermögen). Körper kugelförmig. R so lg wie Hsch, zw die VHü einlegbar; Hsch quer, mit undeutlichen SHöckern, Fld so lg wie breit, ohne Schulterbeule, mit Raspelkörpern an der Spitze. Ungeflügelt. Körper schwarz, Schienen u. Füße rotbraun. OS dicht weiß u. dunkelbraun fleckig beschuppt. 1,5–1,9 mm. – Im vorigen Jh. bei Weimar u. im ElbsandsteinGeb gefunden. Auf versch. Nelkengewächsen; Leimkraut (*Silene*), Nachtnelke (*Melandrium*), Sandkraut (*Arenaria*). Im. IV–VIII. L miniert in den Blättern, P im Boden in Erdhöhle. *Aphytobius sphaerion* (Boheman)

5* HSchenkel kaum dicker als V- u. MSchenkel **6**

6 Letztes FußGld mit 1 Klaue. Körper kurzoval. US mit bis zu den MHü reichender RFurche. R so lg wie Hsch; dieser breiter als lg u. schmaler als die kurzen, nach hinten gerundet verengten Fld. Körper schwarz; OS mit schwarzen Schuppen; US, S des Hsch, je 1 Fleck hinter dem Sch u. an der Spitze der Fld gelb beschuppt. 3,8–5,2 mm. – An Ufern auf Wasserschwertlilie (*Iris pseudacorus*), seltener auf trockenem Gelände an wilden u. kultivierten *Iris*-Arten. Im. M V–A VII. LEntw u. Verpuppung in den Früchten; neue Gen E VIII–A X.
Mononychus punctumalbum (Herbst) – **Irisrüßler**

6* Letztes FußGld mit 2 Klauen **7**

7 FGeißel 6gld. Käfer auf nassen Wiesen, an Ufern od. untergetaucht an WasserPfl **8**

7* FGeißel 7gld. Käfer an feuchten od. trockenen Stellen **10**

8 Fuß kürzer, 3. Gld breit 2lappig, 4. Gld etwa 2-mal so lg wie das 3. (Abb. **551**/3). Körper gedrungen; Fld etwa so lg wie breit. Schwarz, OS fein behaart mit hellem SchFleck od. hell u. dunkel fleckig beschuppt. 1,8–3,1 mm. – Auf feuchten Wiesen an

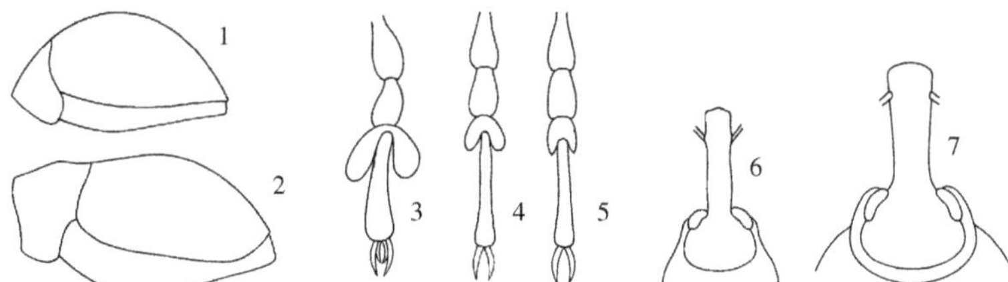

Abb. 551/1–7. 1 *Orobitis cyaneus*, Hsch, Fld; **2** *Rhinoncus pericarpius*, Hsch, Fld; **3** *Pelenomus quadricorniger*, KlauenGld; **4** *Phytobius leucogaster*, KlauenGld; **5** *Eubrychius velutus*, KlauenGld; **6** *Tapinotus sellatus*, K; **7** *Phrydiuchus topiarius*, K.

Ufern oligophag auf krautigen Pfl, bes. auf Knöterich (*Polygonum*)-Arten (6 Arten) u. auf Blutauge (*Comarum palustre*), Wiesenknopf (*Sanguisorba officinalis*), Blutweiderich (*Lythrum salicaria*), Tausendblatt (*Myriophyllum*) u. Sumpfquendel (*Peplis portula*). Im. IV–X. L fressen auf den Blättern u. verpuppen sich auf den Pfl in gelbbraunem Kokon. 11 Arten. [*Phytobius* SCHOENHERR] Gattung *Pelenomus* THOMSON

8* Fuß schlanker, 3. Gld schmal 2lappig, 4. Gld 3–4-mal so lg wie das 3. (Abb. **551**/4) **9**

9 3. FußGld deutlicher gelappt u. etwas breiter als das 2. (Abb. **551**/5). Körper kurzoval, Fld etwas länger als breit. Schwarz. F u. B rotbraun, Knie u. Füße schwärzlich. OS dicht samtartig grauschwarz u. weißlich fleckig beschuppt. 2,6–3 mm. – Käfer, L u. P in stehenden Gewässern untergetaucht auf Tausendblatt (*Myriophyllum*). Im. V–IX. Überw am Ufer unter Laub. LFraß an Fiederblättchen u. Verpuppung in Kokon auf der Pfl. [*Litodactylus l.*] *Phytobius leucogaster* (MARSHAM)

9* 3. FußGld undeutlich gelappt u. nicht breiter als das 2. (Abb. **551**/5). Rund-oval, Fld so lg wie breit. Schwarz, F u. B gelbrot; US mit gelben, OS mit gelben u. schwarzen Schuppen dicht bedeckt, Naht der Fld als gelbe Linie hervortretend. 2,2–2,9 mm. – Lebensweise ähnlich *Phytobius leucogaster.* *Eubrychius velutus* (BECK)

10 **(7)** Schenkel ungezähnt; Klauen innen gezähnt (Abb. **526**/10). Rundlich-kurzoval. Körper schwarz, B teilweise rotbraun; OS fleckig behaart od. beschuppt, z. T. nur mit weißem Fleck hinter dem Sch. 2,1–3,8 mm. – Auf Ampfer (*Rumex*) u. Knöterich (*Polygonum*). Im. IV–X. LEntw u. P in Stängeln, Rhizomen u. Wurzeln. 8 Arten. Gattung *Rhinoncus* STEPHENS

10* M- u. HSchenkel stark gezähnt; Klauen innen ungezähnt (Abb. **526**/11). Körper lgoval, Hsch so breit wie die Fld. Körper schwarz, OS einförmig braun behaart. 3,0–3,8 mm. – Monophag auf Sauerampfer (*Rumex acetosa*). Im. V–IX. L u. P im Stängel u. oberen Teil der Wurzeln. *Marmaropus besseri* GYLLENHAL

11 **(4)** Hsch mit einfacher, dem K aufliegender VRandkante (Abb. **551**/6) **12**

11* Hsch mit doppelter VRandkante, die obere ± aufgebogen (Abb. **551**/7) **16**

12 1,7–2,3 mm. Körper kurzoval-rundlich. FGeißel 6gld **13**

12* 2,6–4,7 mm. Körper lgoval. FGeißel 6- od. 7gld. **14**

13 Körper schwarz, Fld rotbraun-schwarzbraun. B gelbrot. R nicht zw die VHü einlegbar. OS fast kahl, HschS u. FldNaht weiß beschuppt. 1,7–2,0 mm. – Auf Ruderalstellen an Vogelknöterich (*Polygonum aviculare*). Im. IV–IX. Entw unbekannt. *Amalus scortillum* (HERBST)

13* Der ganze Körper u. B schwarz. R zw die VHü einlegbar. OS dunkel behaart; HschS, FldNaht, S u. hintere Hälfte mit grauweißen Schuppen. 1,8–2,3 mm. – Auf nassen Wiesen, an Ufern auf Brunnenkresse (*Nasturtium officinale*) u. Sumpfkresse (*Rorippa amphibia*). Im. V–IX. LEntw u. P in den Schoten. *Amalorrhynchus melanarius* (STEPHENS)

14 **(12)** Die gelbgrau beschuppten Fld in der M mit schwarzbrauner Querbinde. FGeißel 6gld. Hsch schlank trapezförmig, mit geraden S. Schwarz, F, Schienen u. Füße rotbraun; OS mit gelbgrauer Grundbeschuppung, Hsch mit 2 schwärzlichen Längsbinden. 3,5–4,7 mm. – In feuchtem Gelände monophag auf Gilbweiderich (*Lysimachia vulgaris*). Im. IV–IX. L sich im Stängel nach unten fressend, Verpuppung im Wurzelhals. Jungkäfer schlüpfen von VIII–A IX. *Tapinotus sellatus* (F.)

14* Fld einfarbig od. fleckig beschuppt. FGeißel 7gld. HschS etwas gerundet **15**

15 Körper u. Schenkel metallisch dunkelgrün, F, Schienen u. Füße gelbrot; OS einfarbig, mit grauweißen Haaren u. Schuppen bedeckt. Schenkel mit winzigem Zahn. 3,0–3,8 mm. – An Ufern auf Brunnenkresse (*Nasturtium officinale*). Im. IV–X. L u. P im Stängel. *Drupenatus nasturtii* (GERMAR)

15* Körper, F u. B schwarz, z. T: Schienen gelbbraun. OS durch weißliche u. graubraune Schuppen sowie kahle schwarze Stellen gefleckt. Schenkel ungezähnt. 2,6–3,8 mm. – Auf nassen Wiesen, an Ufern auf Brunnenkresse (*Nasturtium officinale*) u. Sumpfkresse (*Rorippa amphibia*). Im. IV–X. L u. P im Stängel. 2 Arten. Gattung *Poophagus* SCHOENHERR

16 **(11)** FGeißel 7gld **17**

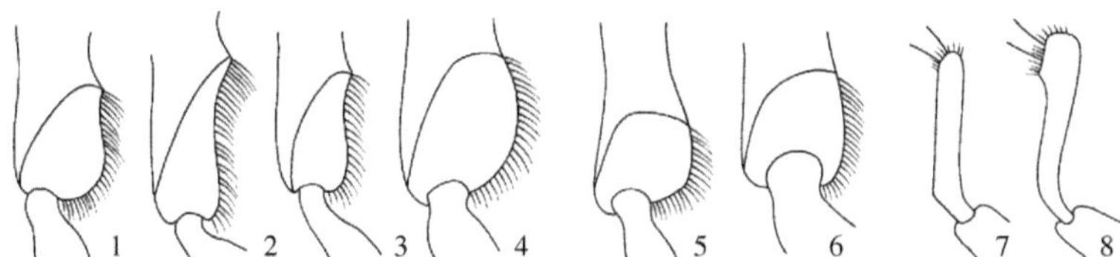

Abb. 553/1–8. 1 *Thamiocolus viduatus*, Spitze der M- u. HSchienen; **2** *Zacladus geranii*, Spitze der M- u. HSchienen; **3** *Auleutes epilobii*, Spitze der M- u. HSchienen; **4** *Phrydiuchus topiarius*, Spitze der M- u. HSchienen; **5** *Ceutorhynchus napi*, Spitze der M- u. HSchienen; **6** *Mogulones larvatus*, Spitze der M- u. HSchienen; **7** *Auleutes epilobii*, VSchiene; **8** *Thamiocolus viduatus*, VSchiene.

16* FGeißel 6gld **25**

17 M- u. HSchienen vor der Spitze mit einer länglichen, schrägen, meist glatten, von schwarzen Bo begrenzten Fläche (Körbchen), Außenrand des Körbchens gerade od. konkav geschweift (Abb. **553**/1, 2, 3) **18**

17* M- u. HSchienen mit runden-kurzovalen Körbchen, ihr Außenrand gerade od. konvex gerundet (Abb. **553**/4, 5, 6) **22**

18 Alle ZwRäume der Fld mit einer Reihe spitzer Raspelkörner; Fld ohne Flecken od. Querbinden **19**

18* ZwRäume der Fld ohne Raspelkörner, höchstens vor der Spitze mit einigen Körnchen **20**

19 Körper schwarz; R, F u. B rot. ZwRäume der Fld mit je 1 Reihe weißer, etwas angehobener Bo, Naht mit anliegenden, weißen Schuppen. 1,8–2,2 mm. – Auf Heidekraut (*Calluna vulgaris*) u. Glockenheide (*Erica tetralix*). Im. V–IX. L in Frucht, P im Boden. *Micrelus ericae* (Gyllenhal)

19* Körper, R, F u. B schwarz. OS fast kahl, Fld mit schwarzbraunen, etwas angehobenen, unscheinbaren Bo. 2,2–3,5 mm. – Auf Storchschnabel (*Geranium*). Im. E V–M IX. L in Frucht. P im Boden. 2 Arten. Gattung *Zacladus* Reitter

20 **(18)** Körper ganz rot od. wenigstens Fld, F u. B rot. Fld mit weißen Flecken od. Querbinden. 2,0–3,5 mm. – Auf Birken u. Eichen, nur *Eucoeliodes mirabilis* (Villa) aus den Alp auf Pfaffenhütchen (*Euonymus*). Im. IV–VIII. 7 Arten. Gattung *Coeliodes* Schoenherr

20* Körper u. B schwarz. Auf krautigen Pfl **21**

21 VSchienen parallelseitig, ihr Außenrand an der Basis gewinkelt (Abb. **553**/7). Hsch mit SHöcker. Br mir RFurche. Körper schwarz, Fld hinter dem Sch mit weißer Kreuzzeichnung. 2,3–2,9 mm. – Auf Kahlschlägen, in lichten Nadelwäldern monophag auf Weidenröschen (*Epilobium angustifolium*). Im. V–VIII. L in spindelförmiger Stängelgalle, P im Boden. *Auleutes epilobii* (Paykull)

21* VSchienen nach vorn verbreitert, ihr Außenrand an der Basis gerundet (Abb. **553**/8). Hsch ohne SHöcker. Br ohne RFurche. Körper schwarz. Fld mit weißen Querbinden u. T-förmiger Zeichnung hinter dem Sch, nur *T. viduatus* (Gyllenhal) mit schwarzbraunen Schuppen u. seitlicher, undeutlicher, heller Querbinde im vorderen Drittel. 2,3–4,2 mm. – Meist s. Auf Ziest (*Stachys*) u. Taubnessel (*Lamium*). L im Stängel, P im Boden. 4 Arten. Gattung *Thamiocolus* Thomson

22 **(17)** V- u. MBr mit tiefem, hinten durch eine Kante begrenztem RKanal **23**

22* V- u. MBr ohne RKanal, manchmal mit flacher, hinten nicht kantig abgegrenzter Längsrinne **24**

23 OS graubraun-schwarzbraun behaart, Naht hinter dem Sch mit einem samtschwarzen u. vor der Spitze mit einem weißen-gelben Schuppenfleck. ZwRäume der Fld 2–3-mal so breit wie die Streifen. 2,7–4,2 mm. – Auf wildem u. kultiviertem Mohn (*Papaver*). Im. IV–X. L in od. an Wurzel, P im Boden. 2 Arten. Gattung *Stenocarus* Thomson – **Mohnwurzelrüßler**

23* OS durch weiße u. gelbbraune bis schwarzbraune Schuppen fleckig gezeichnet; Fld auf der Naht hinter dem Sch u. seitlich in der M mit weißen Flecken. ZwRäume der

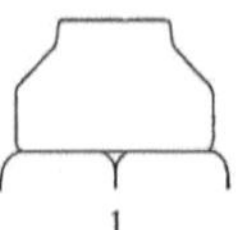

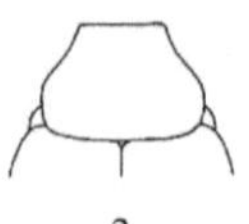

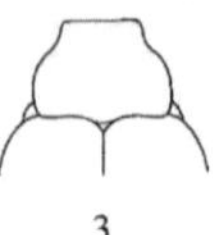

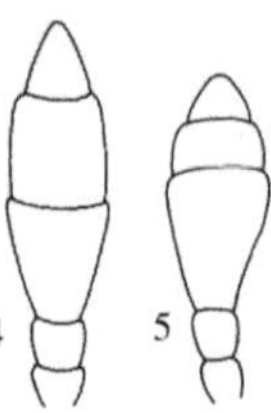

Abb. 554/1–5. 1 *Phrydiuchus topiarius*, Hsch, FldBasis; **2** *Ceutorhynchus* sp., Hsch, FldBasis; **3** *Ceutorhynchus cakilis*, Hsch, FldBasis; **4** *Sirocalodes quercicola*, FKeule; **5** *Ceutorhynchus cakilis*, FKeule.

Fld nur wenig breiter als die Streifen. 2,6–3,2 mm. – Monophag auf Brennessel (*Urtica dioica*). Im. IV–X. L in der Wurzel, P im Boden. [*Cidnorhinus qu.*]
Nedyus quadrimaculatus (L.)

24 **(22)** HWinkel des Hsch rechteckig (Abb. **554**/1). R kürzer als Hsch; Fld kurz, halbkreisförmig. F kurz hinter der RSpitze eingelenkt. Schwarz, F u. B braun. OS schwarz behaart, vermischt mit weißen u. braunen Haaren, Fld auf der Naht hinter dem Sch mit einem großen u. an der Spitze mit einem kleinen, weißen bis gelben Fleck; 2., 4. u. 6. ZwRaum mit gereihten, schwarzen Flecken. 4,0–5,8 mm. – M u. S von MEur, s. In trockenem Gelände auf Wiesen-Salbei (*Salvia pratensis*). Im. IV–XI, bes. am Wurzelhals u. unter den Bodenblättern. LEntw im Stängel u. Wurzelhals, P im Boden.
Phrydiuchus topiarius (Germar)

24* HWinkel des Hsch gerundet (Abb. **554**/2). R meist so lg od. länger als Hsch. Körper oval-rundlich, schwarz, s braun, Fld oft metallisch blau od. grün, OS entweder fast kahl od. ± dicht behaart od. beschuppt, dieses Schuppenkleid einfarbig od. aus heller Flecken- u. Bindenzeichnung auf dunklem Grund bestehend. 1,5–5,3 mm. – Die Hälfte der Arten mono- od. oligophag auf Kreuzblüten-, sonst bes. auf Borretsch-, Korb- u. Lippenblütengewächsen. Im. V–X, Hauptauftreten V–VI. L in Stängeln, Wurzeln, Früchten, Blättern u. Knospen, z. T. Gallen od. Blattminen erzeugend; Verpuppung im Boden in Erdhöhle. Mehrere Schädlinge an Kohl, Raps, Rübsen u. Mohn: *C. assimilis* (Paykull) – **Kohlgallenrüßler**, 2,3–3,1 mm, schwarz, L erbsen-haselnussgroße Gallen an Stängelbasis u. Wurzelhals von Kohl. u. anderen Kreuzblütlern bildend (nicht zu verwechseln mit Kohlhernie) – *C. obstrictus* (Marsham) – **Rapsschotenrüßler**, 2,2–3,3 mm, grau, L in Rapsschoten – *C. napi* Gyllenhal – **Großer Kohltriebrüßler**, 3,5–4,2 mm, grau, L im Stängel von Kohl u. Raps; gleiche Lebensweise bei *C. pallidactylus* (Marsham) – **Gefleckter Kohltriebrüßler**, 2,3–3,5 mm, graufleckig mit weißem Makel am Sch. 105 Arten, in 12 Gattungen unterteilt.
Gattung *Ceutorhynchus* Germar

25 **(16)** ZwRäume der Fld mit einer Reihe abstehender Bo; Körper rot-braun, oft mit schmutziggelber, pulverartiger Absonderung bedeckt, durch die Flecken- od. Bindenzeichnung vorgetäuscht wird. 1,8–4,8 mm. – Artspezifisch auf Wegerich (*Plantago*), Schafgarbe (*Achillea*) u. Disteln (*Cirsium, Carduus*). Im. IV–A X. L im Stängel, P im Boden. 6 Arten. [*Ceutorhynchidius* Duval] Gattung *Trichosirocalus* Colonnelli

25* Fld nur mit anliegenden Haaren od. Schuppen; Körper meist schwarz **26**

26 V- u. MBr mit tiefem RKanal. Schwarz, Schienen u. Füße rot. Fld hinter dem Sch, vor der Spitze u. seitlich auf der M mit weißen Schuppenflecken. 2,0–2,3 mm. – In Gebüsch u. Wald auf Taubnessel (*Lamium*). Im. IV–IX. L im Stängel, P im Boden.
Coeliastes lamii (F.)

26* Br ohne RKanal. OS einfarbig behaart, z. T. mit weißem SchFleck od. weißer Naht, andere Fleckung fehlt **27**

27 HRand des Hsch gerade (Abb. **554**/2). FKeule lggestreckt (Abb. **554**/4). Körper einfarbig grau od. schwarzbraun mit weißem SchFleck. 1,9–2,6 mm. – Auf Feldern, an Wegrändern auf Erdrauch (*Fumaria*). L Stängelgalle bildend, P im Boden. 2 Arten.
Gattung *Sirocalodes* Neresheimer & Wagner

27* HRand des Hsch doppelbuchtig, in der M winklig zum Sch vorgezogen (Abb. **554**/3). FKeule gedrungener (Abb. **554**/5) **28**

28 Fld mit weißem bis gelbgrauem SchFleck. Körper schwarz, FldSpitze u. Füße rot. 1,9–2,6 mm. – Auf Doldengewächsen. Im. V–X. L im Stängel u. Blattstiel, P im Boden. Schädlinge an Petersilie u. Möhre. 2 Arten. Gattung *Calosirus* THOMSON

28* Fld ohne vorstechenden, weißen SchFleck, oft aber die ganze Naht dicht weiß beschuppt. Körper schwarz-braun, Fld einfarbig, Füße schwarz, braun od. rot. OS ± dicht weißgelb behaart. 1,5–2,6 mm. – Auf Kreuzblütlern, jedoch nicht auf KulturPfl. Im. IV–IX. L in den Schoten, P im Boden. 9 Arten. [*Neosirocalus* NERESHEIMER & WAGNER] Gattung *Ceutorhynchus* GERMAR, partim

Unterfamilie ***Mecininae***

In feuchten wie trockenen Habitaten auf krautigen Pfl, *Stereonychus* auf Esche. L in Stängeln u. Früchten, hier z. T. Gallen erzeugend, Verpuppung am LPlatz. Bei *Cionus, Cleopus* u. *Stereonychus* L ektophag an Blättern u. Blüten mit Verpuppung auf der Pfl in pergamentartigem, bräunlichem Kokon.

1 Au seitenständig, Stirn zw den Au mindestens so breit wie der R; HRand des 2.–4. HlbSternits gerade. (Tribus *Mecinini*) **2**

1* Au nach oben gerückt, Stirn zw den Au schmaler als der R; HRand des 2.–4. HlbSternits an den S nach hinten gebogen. (Tribus *Cionini*) **4**

2 VHü breit getrennt, der dünne R dazw einlegbar. Klauen frei (Abb. **526**/11). Körper oval, schwarz; OS weiß-gelblich behaart. 1,9–4,2 mm. – Auf Wiesen u. sandigem Ödland auf Glockenblumen (*Campanula*) u. Sandknöpfchen (*Jasione*). Im. V–VIII, in Blüten sitzend. LEntw in gallenförmig geschwollenen Früchten, darin Verpuppung. 8 Arten. Gattung *Miarus* SCHOENHERR

2* VHü eng beieinander, R dazw nicht einlegbar. Klauen an der Basis verwachsen (Abb. **526**/9) **3**

3 Körper lg, zylindrisch, Hsch so breit wie die Fld. Schwarz, Fld manchmal metallisch dunkelblau. 2,2–4,0 mm. – Auf Wiesen, Ödland, an Wegrändern auf Leinkraut (*Linaria*) u. Wegerich (*Plantago*). Im. M IV–A X. L im Stängel od. Wurzelhals, z. T. spindelförmige Galle erzeugend, P am LPlatz. 4 Arten. Gattung *Mecinus* GERMAR

3* Körper kurzoval, Hsch schmaler als die Fld. Schwarz, Fld manchmal ganz od. teilweise rot-braun. OS meist einfarbig hell behaart, mitunter mit bunter, fleckiger Zeichnung. 1,6–5,3 mm. – Auf nassem u. trockenem Gelände auf Wegerich (*Plantago*), Kamille (*Matricaria*), Schafgarbe (*Achillea*), Ehrenpreis (*Veronica*), Königskerze (*Verbascum*), Leinkraut (*Linaria*) u. Braunwurz (*Scrophularia*). Im. V–IX. L in Stängel, Wurzel od. Fruchtkapsel, in diesen PflTeilen oft Gallen erzeugend, P am LPlatz. 22 Arten. Gattung *Gymnetron* SCHOENHERR

4 **(1)** Füße mit 1 Klaue. Fld 1,5-mal so lg wie breit, parallelseitig. Körper schwarz, F u. B braun; OS dicht grau-gelb beschuppt, HschM u. Scheibe der Fld mit dunklem Makel unterschiedlicher Ausdehnung. 3,2–3,8 mm. – Auf Esche (*Fraxinus*). Im. V–VII. L fressen auf der US der Blätter u. verpuppen sich hier in gelbbraunem Kokon. Nach PRuhe von 10 Tagen Jungkäfer im VI. *Stereonychus fraxini* (DEGEER)

4* Füße mit 2 Klauen **5**

5 VRand der VBr in der M halbkreisförmig ausgeschnitten. Fld kaum länger als breit, hoch gewölbt, fast kugelförmig, auf der Naht mit je 1 runden-kurzovalen, samtschwarzen Makel hinter dem Sch u. vor der Spitze; dunkel od. graugrün behaart mit hellen u. dunklen Gitterflecken auf den abwechselnden ZwRäumen. 3,0–5,7 mm. – Auf Königskerze (*Verbascum*) u. Braunwurz (*Scrophularia*). Im. M IV–VIII. Die glasig transparenten, schleimigen L fressen auf Blättern u. Blüten, hier auch Verpuppung in rundlichem, gelbbraunem Kokon. 12 Arten. Gattung *Cionus* CLAIRVILLE

5* VRand der VBr gerade od. gleichmäßig flach gerundet. Fld 1,5-mal länger als breit, weniger gewölbt, parallelseitig. OS mit hellen u. dunklen Haaren, die abwechselnden ZwRäume der Fld mit weißen u. schwarzen Gitterflecken. 2,5–3,0 mm. – Auf Königskerze (*Verbascum*) u. Braunwurz (*Scrophularia*). Im. M IV–VIII. Entw wie bei *Cionus*. 2 Arten. Gattung *Cleopus* STEPHENS – **Wollblumenrüßler**

Unterfamilie ***Anoplinae***

Füße ohne KlauenGld. Auf Weiden, Birken u. Erlen. Im. IV–VIII. L im Blatt eine Gangmine erzeugend; Verpuppung im Boden. 3 Arten. Gattung *Anoplus* SCHOENHERR

Unterfamilie ***Rhynchaeninae***

HSchenkel verdickt, mit Sprungvermögen. Bes. auf GehölzPfl. L erzeugen Blattminen. Verpuppung in der Mine od. im Boden.

1 F gekniet, an der RS hinter der M eingelenkt, Körper oval; schwarz, gelbbraun, rot od. dunkelbraun. OS einfarbig behaart od. fleckig mit verschiedenfarbigen Haaren. 1,5–4,0 mm. – Bes. auf Bäumen u. Sträuchern wie Eiche, Buche, Ulme, Birke, Erle, Weide, Pappel, Geißblatt; 2 Arten (Gattung *Pseudorchestes* BEDEL) auf Flockenblumen (*Centaurea*). Im. M IV–X. L Gang-, Blasen- od. Platzminen in den Blättern erzeugend; P in der Mine od. in Erdhöhle.
Gattungen *Rhynchaenus* CLAIRVILLE – **Springrüßler** (13 Arten), *Pseudorchestes* BEDEL (3 Arten), *Tachyerges* SCHOENHERR (5 Arten) u. *Isochnus* THOMSON (3 Arten).

1* F nicht gekniet, an den S der Stirn neben den Au eingelenkt. Körper oval; schwarz, manchmal mit Bronzeglanz; kahl. 1,4–2,0 mm. – Auf Birken, Weiden u. GehölzPfl der Rosengewächse (Obstbäume, Weißdorn, Schlehe). Im. M IV–VIII. L im Blatt Platzminen bildend; darin P. 3 Arten. Gattung *Rhamphus* CLAIRVILLE

Larven

Die folgende Übersicht kann nicht vollständig sein, sonst müsste der Rahmen einer „Exkursionsfauna" bei weitem überschritten werden. Die Bestimmungstabellen enthalten eine Auswahl jener L, denen der Benutzer ± oft begegnen wird u. vermittelt einen ersten Überblick über die KäferL. Nähere Bestimmung u. Vollständigkeit der Kenntnisse sind nur mit speziellen Untersuchungsmethoden u. weiterführender Literatur zu erreichen. Dies trifft vor allem auf die L der *Cucujoidea* u. *Tenebrionoidea* zu, die hier mit wenigen Ausnahmen nicht näher aufgeschlüsselt werden können.
Zuerst ist die Zugehörigkeit einer L zu den Unterordnungen *Adephaga* od. *Polyphaga* zu bestimmen. Bei den *Adephaga* werden anschließend fast alle Familien unterschieden. Für die Erkennbarkeit der Überfamilien (Familien) der *Polyphaga* werden 3 Tabellen gegeben:

Tabelle A – Wasserbewohnende L
Tabelle B – Landbewohnende L mit voll entw B
Tabelle C – Landbewohnende L mit reduzierter BGldZahl od. ohne B

Für einige Überfamilien folgen Bestimmungstabellen der wichtigsten Familien: *Staphylinoidea, Cantharoidea, Elateroidea, Cleroidea, Bostrichoidea, Scarabaeoidea.*

1 B bestehen aus 5 Gld (Coxa, Trochanter, Femur, Tibia, Tarsus) (Abb. **557**/1). Tarsus mit 1 od. 2 Klauen. Unterordnung *Adephaga* S. 558

1* B bestehen aus höchstens 4 Gld (Coxa, Trochanter, Femur, Tibiotarsus) (Abb. **557**/2). Tarsus mit einer Klaue, die mitunter verkümmert ist od. fehlt. Hierher auch beinlose L. Unterordnung *Polyphaga* S. 558

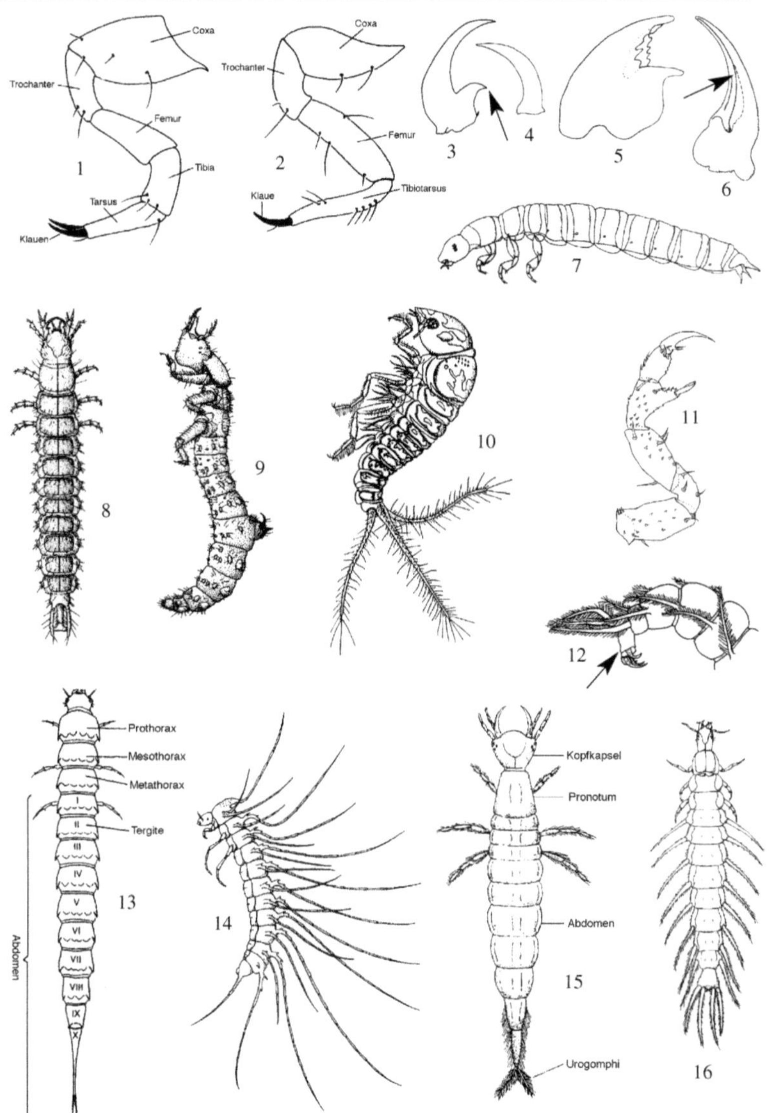

Abb. 557/1–16. 1 *Adephaga*, B; **2** *Polyphaga*, B; **3** *Carabus irregularis*, OKf; **4** *Hygrobia hermanni*, OKf; **5** *Noterus* sp., OKf; **6** *Colymbetes* sp., OKf; **7** *Noterus clavicornis*; **8** *Patrobus atrorufus*; **9** *Cicindela* sp.; **10** *Hygrobia hermanni*; **11** *Haliplus* sp., VB; **12** *Gyrinus* sp., 6.–10. HlbSgm; **13** *Haliplus confinis*; **14** *Peltodytes caesus*; **15** *Dytiscus* sp.; **16** *Gyrinus minutus*.

Unterordnung *Adephaga*

1 Landbewohnende L. OKf ohne Saugkanal od. -rinne, meist mit einem Retinaculum (Abb. **557**/3). Der Hlb besteht aus 10 deutlich getrennten Sgm, das 9. ist gut entw, das 10. als Pygopodium ausgebildet (Abb. **557**/8). Stark abgewandelt durch Leben in Erdröhren sind die L der *Cicindelinae* (Abb. **557**/9). Familie *Carabidae* – **Laufkäfer**

1* Wasserbewohnende L. OKf mit Saugkanal od. -rinne. Wenn diese Bildungen fehlen, besteht der Hlb nur aus 7–8 von oben deutlich sichtbaren Sgm, das 9. ist klein u. unter dem 8. verborgen od. es sind Tracheenkiemen vorhanden **2**

2 OKf ohne Saugkanal (Abb. **557**/4, 5) **3**

2* OKf mit Saugkanal (Abb. **557**/6) **4**

3 Die BrSgm u. die ersten 3 HlbSgm auf der US mit paarigen Büscheln von Tracheenkiemen (Abb. **557**/10). 8. HlbSgm mit einem lg MForts u. 2 lg Urogomphi. B mit Schwimmhaaren u. 2 Klauen. OKf ohne Retinaculum (Abb. **557**/4).
Familie *Hygrobiidae* – **Schlammschwimmer**

3* Keine ventralen Tracheenkiemen vorhanden (Abb. **557**/7). 8. HlbSgm über das 9. hinaus zu einer schmalen Spitze verlängert. Urogomphi klein, nicht deutlich gegliedert. VB zu GrabB ausgebildet. OKf mit Retinaculum (Abb. **557**/5).
Familie *Noteridae* – **Tauchkäfer**

4 **(2)** Tarsus mit einer Klaue (Abb. **557**/11). K orthognath. Der Hlb besteht aus 9 od. 10 Sgm (Abb. **557**/13), das letzte kann direkt in ein Paar Urogomphi verlängert sein. L von *Peltodytes* mit lg Tracheenkiemen (Abb. **557**/14).
Familie *Haliplidae* – **Wassertreter**

4* Tarsus mit 2 Klauen. K prognath. Der Hlb besteht aus 8 od. 10 Sgm. Das letzte deutlich sichtbare Sgm ist niemals direkt, ohne eine Gelenkung, in ein Paar Urogomphi ausgezogen **5**

5 Der Hlb besteht aus 8 deutlichen Sgm (das 9. ist reduziert), am HE des 8. Sgm inseriert ein Paar Urogomphi (Abb. **557**/15). Tracheenkiemen fehlend.
Familie *Dytiscidae* – **Schwimmkäfer**

5* Hlb besteht aus 10 deutlich getrennten Sgm, das 10. trägt 4 starke Haken u. bildet ein Pygopodium (Abb. **557**/12). Das 1.–8. HlbSgm jederseits mit einem, das 9. mit 2 Paar lg Tracheenkiemen (Abb. **557**/16).
Familie *Gyrinidae* – **Taumel-, Dreh-** od. **Kreiselkäfer**

Unterordnung *Polyphaga*

Tabelle A – Wasserbewohnende L

1 Körper der L auffällig verbreitert, „asselförmig" u. von nahezu ovaler Form (Abb. **559**/1), deutlich abgeplattet. K bei Dorsalsicht unter der VBr verborgen.
Familie *Psephenidae* – **Bachkäfer**

1* Körper der L schlank (Abb. **559**/2, 5, 7, 9, 10, 15–17), nicht auffällig verbreitert, wenn „asselförmig" u. von nahezu ovaler Form, dann schaut der K bei Dorsalsicht stets unter der VBr hervor (Abb. **559**/11, 14) **2**

2 Auf der US des 9. HlbSgm befindet sich ein ± gut ausgebildeter Deckel (Operculum) (Abb. **559**/6) **3**

2* Es ist kein Operculum vorhanden **4**

3 Körper der L zylindrisch, den L der Schnellkäfer (*Elateridae*) ähnelnd (Abb. **559**/2), von rötlicher Farbe, mit kurzen B. Stemmataanordnung: 2 dorsolateral, 3 lateral hinter der FBasis, 1 ventral nahe der Basis der OKf (Abb. **559**/3). Keine Analkiemen vorhanden. OKf ohne Prostheca (Abb. **559**/4). Familie *Dryopidae* – **Klauenkäfer**

3* Körper der L ± zylindrisch (Abb. **559**/10), aber nicht den *Elateridae* ähnlich od. deutlich abgeplattet (Abb. **559**/11), nicht rötlich gefärbt, mit längeren B. Auf jeder S der KKapsel befinden sich 5 Stemmata eng nebeneinander in einer Gruppe, keines

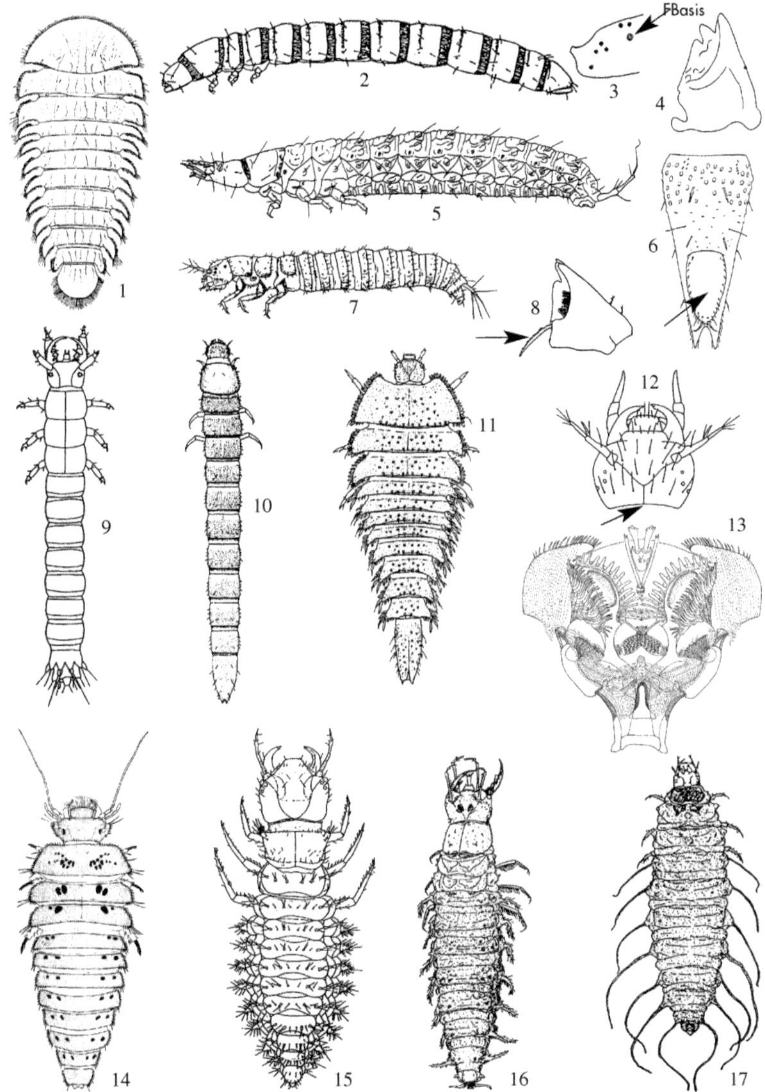

Abb. 559/1–17. 1 *Eubria palustris*; **2** *Dryops* sp.; **3** *D.* sp., Stemmataanordnung; **4** *D. auricularius*, OKf; **5** *Helophorus aquaticus*; **6** *Limnius perrisi*, 9. HlbSgm, US, Operculum; **7** *Ochthebius minimus*; **8** *Elmis aenea*, OKf; **9** *Hydrochus squamifer*, **10** *Limnius volckmari*; **11** *Elmis* sp.; **12** *Hydraena* sp., K; **13** *Elodes* sp., Hypopharynx; **14** *Elodes* sp.; **15** *Spercheus emarginatus*; **16** *Hydrochara carabo-ides*; **17** *Berosus* sp.

davon liegt ventrolateral. Analkiemen vorhanden. OKf immer mit gut ausgebildeter Prostheca (Abb. **559**/8). *Elmidae* – **Hakenkäfer**

4 **(2)** B mehr od. weniger reduziert, mitunter nur aus 3 Gld bestehend od. völlig fehlend. Familie *Hydrophilidae* – **Wasserkäfer**, partim

4* B aus Coxa, Trochanter, Femur, Tibiotarsus u. Klaue bestehend, letztere kann fehlen od. sehr klein sein **5**

5 Urogomphi gegliedert, mit dem 9. Tergit gelenkig verbunden (Abb. **559**/5, 7, 9) . . . **6**

5* Urogomphi ungegliedert (Abb. **559**/16), nicht mit dem 9. Tergit gelenkig verbunden od. völlig fehlend (Abb. **559**/14, 15, 17) **8**

6 In Dorsalansicht sind 8 HlbSgm deutlich sichtbar (Abb. **559**/9). 9. u. 10. HlbSgm klein, in eine große Atemkammer am HE des 8. HlbSgm eingebettet, die von den Tergiten des 8. u. 9. HlbSgm gebildet wird u. die großen Stigmen des 8. HlbSgm einschließt. Familie *Hydrochidae* – **Schmalwasserkäfer**

6* In Dorsalansicht sind 9 HlbSgm deutlich sichtbar, das 9. mit 2–3gld Urogomphi (Abb. **559**/5, 7). Keine terminale Atemkammer vorhanden **7**

7 Urogomphi lg u. 3gld (Abb. **559**/5). 10. HlbSgm als Pygopodium entw, ohne abwärts gebogene Haken. Keine Epicranialnaht vorhanden, Ksch u. Ol miteinander verschmolzen. Familie *Hydrophilidae* – **Wasserkäfer**, UFamilie *Helophorinae* – **Furchenwasserkäfer**

7* Urogomphi 2gld (Abb. **559**/7). 10. HlbSgm als Pygopodium entw, ein Paar abwärts gebogene Haken tragend. KKapsel mit lg Epicranialnaht, Ol vom Ksch getrennt (Abb. **559**/12). Familie *Hydraenidae* – **Langtasterwasserkäfer**

8 **(5)** F auffällig lg, vielgld (Abb. **559**/14). Hypopharynx von kompliziertem Bau (Abb. **559**/13). Familie *Scirtidae* – **Sumpfkäfer**

8* F kürzer, nur mit wenigen Gld (Abb. **559**/15–17). Hypopharynx völlig anders gebaut **9**

9 In Dorsalansicht sind 9 HlbSgm deutlich sichtbar (Abb. **559**/15). Urogomphi fehlen völlig. Keine terminale Atemkammer vorhanden. Familie *Spercheidae* – **Buckelwasserkäfer**

9* In Dorsalansicht sind 8 HlbSgm deutlich sichtbar (Abb. **559**/16). Urogomphi meist vorhanden. Das 8. HlbSgm formt meist eine ± deutlich sichtbare terminale Atemkammer, die das Stigmenpaar des 8. HlbSgm enthält od. es sind lg Tracheenkiemen vorhanden (Abb. **559**/17). Familie *Hydrophilidae* – **Wasserkäfer**

Tabelle B – Landbewohnende L mit voll entw B

1 Urogomphi gegliedert (Abb. **561**/1, 3), mit dem 9. Tergit gelenkig verbunden **2**

1* Urogomphi ungegliedert, nicht mit dem 9. Tergit gelenkig verbunden. Sie können durch ein Paar auffallende Bo ersetzt sein (Abb. **561**/6) od. völlig fehlen **3**

2 Charakteristischer Habitus wie Abb. **561**/1. Am UKf ist eine frei abgegliederte kleine Galea vorhanden (Abb. **561**/2). Überfamilie *Histeroidea* (Familie *Histeridae* – **Stutzkäfer**)

2* Charakteristischer Habitus z. B. wie Abb. **561**/3. Beide Laden der UKf meist miteinander verschmolzen, UKf anders gebaut. Überfamilie *Staphylinoidea* S. 565

3 **(1)** Zw Cardo, Stipes u. Submentum befindet sich keine wohl entw Gelenkmembran (Abb. **561**/4). Die UKf sind deshalb nicht od. nur sehr wenig gegeneinander beweglich **4**

3* Zw Cardo, Stipes u. Submentum ist eine gut entw Gelenkmembran vorhanden (Abb. **561**/5). Die UKf sind deutlich gegeneinander beweglich **7**

4 Statt Urogomphi sind 1 od. 2 Paar KaudalBo vorhanden (1. LStadium, TriungulinusL (Abb. **561**/6). Überfamilie *Tenebrionoidea* (Familien *Meloidae* – **Ölkäfer**, *Ripiphoridae* – **Fächerkäfer**)

4* Urogomphi vorhanden od. fehlend, aber nicht durch ein Paar Bo ersetzt **5**

5 Ol frei, nicht mit Ksch u. Stirn verschmolzen (Abb. **561**/7). Überfamilie *Cleroidea* S. 568

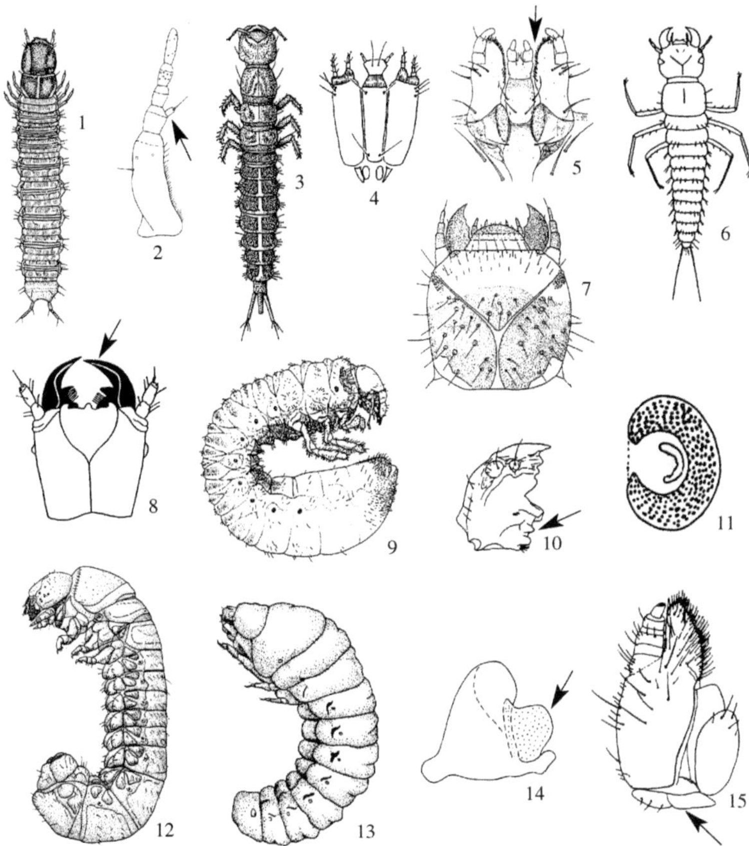

Abb. 561/1–15. 1 *Platysoma elongatum*; **2** *P. elongatum*, UKf; **3** *Staphylinus similis*; **4** *Elateridae*, UKf, Ul; **5** *Mycetochara linearis*, UKf, Ul; **6** *Epicauta rufidorsum*, 1. LStadium; **7** *Dasytes caeruleus*, K; **8** *Lampyris noctiluca*, K; **9** *Melolontha* sp.; **10** *Cetonia aurata*, OKf; **11** *Anomala* sp., Stigma; **12** *Byrrhus fasciatus*; **13** *Lyctus planicollis*; **14** *Lyctidae*, OKf; **15** *Elateroides dermestoides*, UKf.

5* Ol mit Ksch u. Stirn verschmolzen (Abb. **561**/8) **6**

6 OKf ohne Saugkanal od. Saugrinne. Dorsalnähte des K immer vorhanden od. KKapsel ± reduziert (Familie *Throscidae*). Körper ± zylindrisch, meist fest sklerotisiert. Überfamilie *Elateroidea* S. 567

6* OKf mit Saugkanal od. Saugrinne (Abb. **561**/8). Dorsalnähte des K fehlend, bei L mit Leuchtvermögen sind sie vorhanden (OKf mit geschlossenem Saugkanal). Körper ± abgeplattet, weichhäutig u. behaart. Überfamilie *Cantharoidea* S. 566

7 **(3)** L C-förmig gekrümmt, US konkav. (Abb. **561**/9, 12, 13) **8**

7* L ± gerade **10**

8 OKf mit einer grob skulpturierten Mola (Abb. **561**/10). Stigmen mit siebartig durchlöcherter Platte (Abb. **561**/11), sehr s anders. Überfamilie *Scarabaeoidea* S. 569

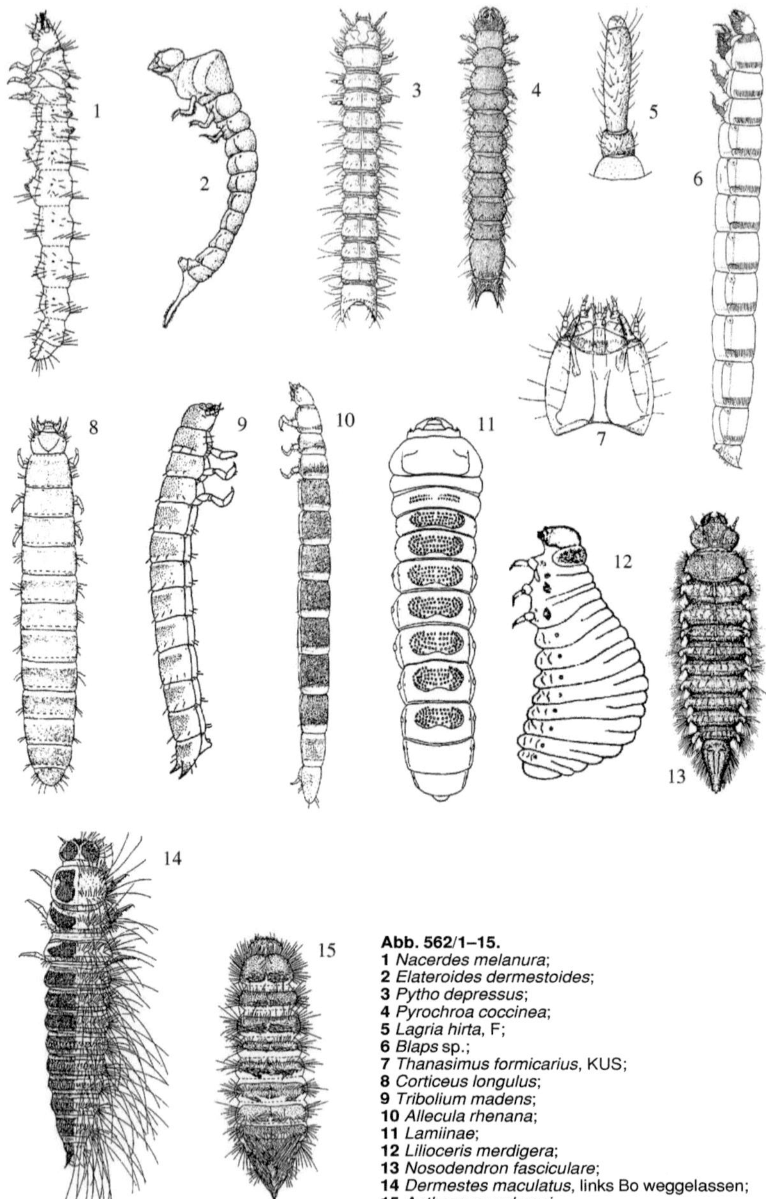

Abb. 562/1–15.
1 *Nacerdes melanura*;
2 *Elateroides dermestoides*;
3 *Pytho depressus*;
4 *Pyrochroa coccinea*;
5 *Lagria hirta*, F;
6 *Blaps* sp.;
7 *Thanasimus formicarius*, KUS;
8 *Corticeus longulus*;
9 *Tribolium madens*;
10 *Allecula rhenana*;
11 *Lamiinae*;
12 *Lilioceris merdigera*;
13 *Nosodendron fasciculare*;
14 *Dermestes maculatus*, links Bo weggelassen;
15 *Anthrenus verbasci*.

8* OKf ohne deutliche Mola, aber meistens mit einer Pseudomola (das ist ein skulpturierter molaähnlicher Forts am inneren Teil der OS, der gegen ein breites Sklerit des Epipharynx reibt) (Abb. **561**/14). Stigmen anders **9**

9 Die OS einiger Sgm (wenigstens des VBr) mit deutlich sklerotisierten Tergiten, die das Sgm ± vollständig bedecken (Abb. **561**/12).
Überfamilie *Byrrhoidea* (Familie *Byrrhidae* – **Pillenkäfer**)

9* OS der Sgm ohne deutliche Sklerite (Abb. **561**/13). Überfamilie *Bostrichoidea* S. 568

10 **(7)** OKf mit Mola **11**

10* OKf ohne Mola **19**

11 Cardo auffällig in einen distalen u. basalen Teil getrennt (Abb. **561**/15) **12**

11* Cardo einfach, nicht in einen basalen u. distalen Teil gespalten **16**

12 Mehrere HlbSgm mit auffälligen, bedornten Bauchfüßen (Abb. **562**/1).
Überfamilie *Tenebrionoidea* (Familie *Oedemeridae* – **Scheinbockkäfer**, partim)

12* HlbSgm ohne Bauchfüße **13**

13 Körper zylindrisch **14**

13* Körper ± abgeplattet u. parallelseitig. Urogomphi kräftig u. oft von komplizierter Struktur **15**

14 VBr stark vergrößert, das 9. HlbSgm ist in einen lg Forts ausgezogen (Abb. **562**/2). Urogomphi kurz, dornenförmig.
Überfamilie *Lymexyloidea* (Familie *Lymexylidae* – **Werftkäfer**, partim)

14* VBr nicht stark vergrößert. Urogomphi bei einigen Arten stark aufwärts gebogen.
Überfamilie *Tenebrionoidea* (Familie *Melandryidae* – **Düsterkäfer**, partim)

15 **(13)** 7.–9. HlbSgm (das letztere ohne die Urogomphi) von etwa gleicher Lg, das 9. Sgm ist das längste (Abb. **562**/3).
Überfamilie *Tenebrionoidea* (Familien *Salpingidae* – **Scheinrüßler**, *Pythidae* – **Drachenkäfer**)

15* 8. HlbSgm länger als das 7. u. wenigstens zweimal so lg wie das 9. (ohne die Urogomphi) (Abb. **562**/4).
Überfamilie *Tenebrionoidea* (Familie *Pyrochroidae* – **Feuerkäfer**)

16 **(11)** Epicranialnaht fehlt od. sehr kurz, kürzer als $^{1}/_{8}$ der Lg der KKapsel.
Überfamilien *Cucujoidea* u. *Tenebrionoidea* (verschiedene Familien)

16* Epicranialnaht gut entw. **17**

17 2. FGld auffällig verlängert (Abb. **562**/5), schwach keulenförmig, viel länger als das 1., das 3. reduziert. Überfamilie *Tenebrionoidea*
(Familie *Tenebrionidae*, Unterfamilie *Lagriinae* – **Wollkäfer**)

17* 2. FGld nicht keulenförmig, weniger lg, das 3. FGld deutlich **18**

18 9. HlbSgm halbkreisförmig od. zugespitzt od. weichhäutig od. bedornt od. mit dichten Haaren, mit od. ohne Urogomphi (Abb. **562**/6–9). Überfamilie *Tenebrionoidea*
(Familie *Tenebrionidae*, verschiedene Unterfamilien – **Schwarzkäfer**)

18* 9. HlbSgm konisch, mit gerundeter Spitze (Abb. **562**/10), gut sklerotisiert, ohne Dornen od. dichte Haare, aber mit wenigen lg u. feinen Bo. Überfamilie *Tenebrionoidea*
(Familie *Tenebrionidae*, Unterfamilie *Alleculinae* – **Pflanzenkäfer**)

19 **(10)** UKf nur mit einer Lade **20**

19* UKf mit 2 Laden, die 2. ist wenigstens in Dorsalansicht deutlich sichtbar **24**

20 OKf schlank, sichelförmig, fast 8-mal so lg wie an der Basis breit od. länger. Ol oft mit Ksch u. Stirn verschmolzen. Überfamilie *Staphylinoidea* S. 565

20* OKf kurz u. kräftig, höchstens zweimal so lg wie an der Basis breit. Ol frei **21**

21 Die ventralen Mundteile inserieren nahe dem VRand des K in einer schwachen Ausrandung (Abb. **562**/7) **22**

21* Die ventralen Mundteile inserieren in einer tiefen Ausrandung auf der US des K . **23**

22 Urogomphi gut entw, auffallend u. stark sklerotisiert, über das HE des Körpers herausragend. Überfamilie *Cleroidea* (Familie *Cleridae* – **Buntkäfer**, partim) S. 568

22* Urogomphi fast immer fehlend (Abb. **562**/11), wenn vorhanden, dann sind sie nur als ein Paar kleine Dornen ausgebildet, die das HE des Körpers nicht überragen.
Überfamilie *Chrysomeloidea* (Familie *Cerambycidae* – **Bockkäfer**)

23 **(21)** K ± orthognath (Abb. **562**/12).
Überfamilie *Chrysomeloidea* (Familie *Chrysomelidae* – **Blattkäfer**)

23* K prognath. Überfamilien *Cucujoidea* u. *Tenebrionoidea* (verschiedene Familien)

24 **(19)** 8. HlbSgm terminal, sehr groß u. konisch, mit einem Stigmenpaar an der Spitze. 9. HlbSgm sehr klein, unter dem 8. liegend (Abb. **562**/13).
Überfamilie *Dermestoidea* (Familie *Nosodendridae* – **Saftkäfer**)

24* 9. HlbSgm terminal, von oben deutlich sichtbar (Abb. **562**/14, 15). 8. HlbSgm anders gebaut. Körper meist mit zahlreichen, lg, auffallenden Haaren (z. T. komplexen Bo), die meist am HE konzentriert sind.
Überfamilie *Dermestoidea* (Familie *Dermestidae* – **Speckkäfer**)

Tabelle C – Landbewohnende L mit reduzierter BGldZahl od. ohne B

1 B völlig fehlend od. nur aus einem einzigen ringförmigen od. mikroskopisch kleinen Gld bestehend **2**

1* B aus mehreren sehr kleinen Gld bestehend **10**

2 K prognath. Körper gerade, gewöhnlich ± abgeplattet (Abb. **564**/1). Blatt- u. holzminierende L **3**

2* K orthognath. Körper gebogen, gewöhnlich stark konvex an der OS **7**

3 Ventrale Mundteile verkümmert. OKf klein u. außen gezähnt, auf der Innenseite nicht gezähnt (Abb. **564**/2).
Überfamilie *Elateroidea* (Familie *Eucnemidae* – **Schienenkäfer**)

3* Ventrale Mundteile gut entw. Zähne der OKf nach innen gerichtet, nicht nach außen zeigend. Ol frei **4**

4 Keine Gelenkmembran zwischen Cardo u. Submentum vorhanden. Stigmen mit siebartig durchlöcherter Platte.
Überfamilie *Buprestoidea* (Familie *Buprestidae* – **Prachtkäfer**)

4* Zwischen Cardo, Stipes u. Submentum ist eine gut entw Gelenkmembran vorhanden **5**

5 Ventrale Mundteile inserieren in einer seichten Ausrandung am VRand des K.
Überfamilie *Chrysomeloidea* (Familie *Cerambycidae* – **Bockkäfer**, partim)

5* Ventrale Mundteile tief zurückgezogen **6**

6 F mit 2–3 deutlichen Gld u. einem Sinnesanhang am letzten Gld.
Überfamilie *Chrysomeloidea* (Familie *Chrysomelidae* (UFamilie *Orsodacninae*)

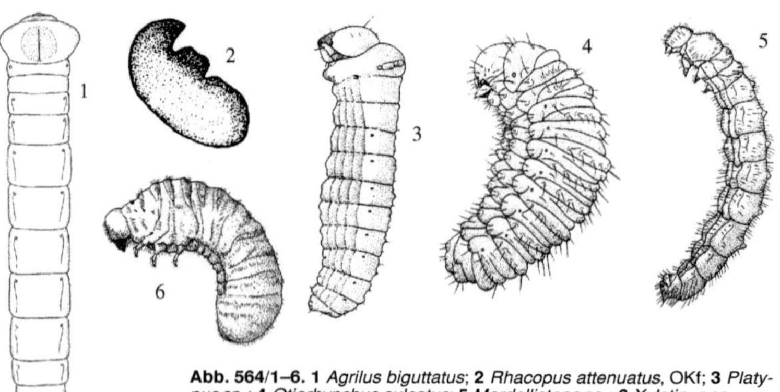

Abb. 564/1–6. 1 *Agrilus biguttatus*; **2** *Rhacopus attenuatus*, OKf; **3** *Platypus* sp.; **4** *Otiorhynchus sulcatus*; **5** *Mordellistena* sp.; **6** *Xyletinus* sp.

6* F nur aus einem Gld mit einem deutlichen Sinnesanhang bestehend.
Überfamilie *Curculionoidea* (Familie *Curculionidae* – **Rüsselkäfer**, partim)
7 **(2)** OKf mit Mola, die gelegentlich schwach ausgebildet sein kann.
Überfamilie *Curculionoidea* (Familie *Anthribidae* – **Breitrüßler,** partim)
7* OKf ohne Mola ... **8**
8 Pronotum in der hinteren Hälfte mit sklerotisierten Ringen u. Linien (Abb. **564**/3).
Überfamilie *Curculionoidea* (Familie *Platypodidae* – **Eichenkernholzkäfer**)
8* Pronotum ohne sklerotisierte Ringe (Abb. **564**/4–6) ... **9**
9 Mit od. ohne Stemmata.
Überfamilie *Curculionoidea* (Familie *Curculionidae* – **Rüsselkäfer**, partim)
9* Ohne Stemmata. Überfamilie *Curculionoidea* (Familie *Scolytidae* – **Borkenkäfer**)
10 **(1)** K prognath. Körper gerade, nicht C-förmig gebogen.
Überfamilie *Chrysomeloidea* (Familie *Cerambycidae* – **Bockkäfer**, partim)
10* K orthognath ... **11**
11 L mehr od. weniger gerade, nicht gebogen ... **12**
11* L gebogen. 9. HlbSgm immer ohne Urogomphi ... **13**
12 Das 9. HlbSgm endet in einer einfachen, sklerotisierten Spitze (Abb. **564**/5) od. mit einem Paar kleiner Urogomphi.
Überfamilie *Tenebrionoidea* (Familie *Mordellidae* – **Stachelkäfer**)
12* 9. HlbSgm ohne Urogomphi. HlbSgm mit 3 deutlichen Querfalten. Mesonotum mit 2 dunkel pigmentierten, tuberkeltragenden Flecken.
Überfamilie *Curculionoidea* (Familie *Apionidae* – **Spitzmausrüßler**)
13 **(11)** OKfSpitze einfach. UlTst fehlen.
Überfamilie *Chrysomeloidea* (Familie *Bruchidae* – **Samenkäfer**)
13* OKfSpitze 2zähnig. UlTst gut entw. ... **14**
14 HlbSgm dorsal mit queren Dörnchenreihen (Abb. **564**/6). US des 10. HlbSgm vor dem Anus mit einer Längsfurche u. einem Paar polsterähnlicher längsgestellter Erhebungen, die mit dieser verbunden sind. OKf ohne Mola.
Überfamilie *Bostrichoidea* (Familie *Anobiidae* – **Pochkäfer**, partim)
14* HlbSgm ohne Dörnchenreihen. US des 10. HlbSgm ohne Längsfurche u. längliche, kissenähnliche Erhebungen. OKf mit Mola.
Überfamilie *Curculionoidea* (Familie *Anthribidae* – **Breitrüßler**, partim)

Überfamilie ***Staphylinoidea***

1 Urogomphi 1gld od. gegliedert, mit dem 9. Tergit gelenkig verbunden (Abb. **566**/5) **2**
1* Urogomphi ungegliedert, mit dem 9. Tergit fest verbunden od. völlig fehlend **6**
2 UKf meist mit ungeteilter Mala. Familie *Staphylinidae* – **Kurzflügler** (meiste Arten)
2* UKf mit deutlich abgeteilter Galea u. Lacinia (Abb. **566**/1) ... **3**
3 OKf mit deutlicher Mola, Schneidekante vor der Spitze mit mehreren Sägezähnchen (Abb. **566**/2) ... **4**
3* OKf mit od. ohne Mola, Schneidekante nicht gesägt, Apex 1-, 2- od. 3spitzig (Abb. **566**/3, 6) ... **5**
4 Urogomphi 2gld. KKapsel jederseits mit 6 Stemmata. Tergite u. Sternite deutlich entw (Abb. **566**/4). Epicranialnaht deutlich ausgebildet. Familie *Agyrtidae*
4* Urogomphi 1gld (Abb. **566**/5). Stemmata fehlen. Tergite u. Sternite undeutlich. Epicranialnaht undeutlich. 10. HlbSgm mit sklerotisierten Haken auf der US (Abb. **566**/5). L sehr klein, weniger als 2 mm lg. Familie *Ptiliidae* – **Haarflügler**
5 **(3)** OKf ohne Mola od. Prostheca (Abb. **566**/6), s mit Retinaculum. Körper entweder asselförmig, ± abgeplattet (Abb. **566**/7), mit 6 Stemmata auf jeder S der KKapsel od. raupenförmig (Abb. **566**/8), dann tragen vor allem die letzten Abdominaltergite 4 hervorstehende Dornen an ihrem HRand, u. es ist jederseits nur ein Stemma vorhanden (*Nicrophorus*). Epicranialnaht verhältnismäßig lg. Familie *Silphidae* – **Aaskäfer**
5 OKf mit Mola u. Retinaculum od. Prostheca (Abb. **566**/3). Körper schlank, nicht asselförmig (Abb. **566**/10). Meist ohne Epicranialnaht.
Familien *Leiodidae* – **Schwammkugelkäfer** u. *Cholevidae* – **Nestkäfer**

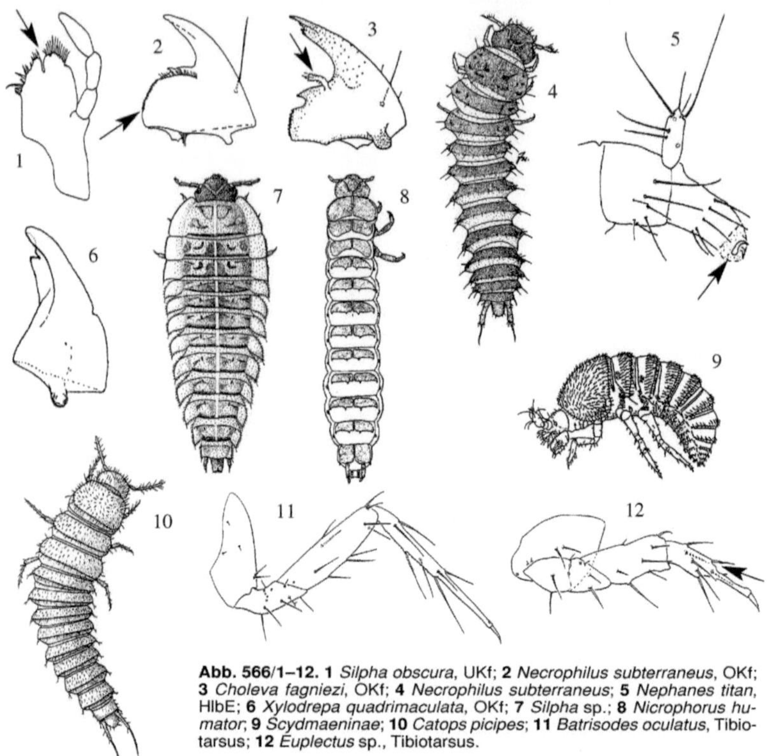

Abb. 566/1–12. 1 *Silpha obscura*, UKf; **2** *Necrophilus subterraneus*, OKf; **3** *Choleva fagniezi*, OKf; **4** *Necrophilus subterraneus*; **5** *Nephanes titan*, HlbE; **6** *Xylodrepa quadrimaculata*, OKf; **7** *Silpha* sp.; **8** *Nicrophorus humator*; **9** *Scydmaeninae*; **10** *Catops picipes*; **11** *Batrisodes oculatus*, Tibiotarsus; **12** *Euplectus* sp., Tibiotarsus.

6 **(1)** Tibiotarsus zur Spitze allmählich verdickt (Abb. **566**/11). Körper meist abgeflacht, ventral ± eingebogen, asselförmig (Abb. **566**/9). F oft zur Spitze hin verdickt u. keulenförmig. Familie *Staphylinidae* (UFamilie *Scydmaeninae* – **Ameisenkäfer**)

6* Tibiotarsus mit einem breiten Basalteil, an den sich übergangslos ein schmaler Apikalabschnitt anschließt (Abb. **566**/12). Körper immer schlank, ± campodeoid. F meist nicht auffallend verdickt.
Familie *Staphylinidae* (UFamilie *Pselaphinae* – **Palpenkäfer**)

Überfamilie ***Cantharoidea***

1 Nasale ungewöhnlich lg, spatelförmig, an der Spitze ausgerandet (Abb. **567**/1). 9. HlbSgm ohne Urogomphi. L mit Leuchtvermögen. Familie *Omalisidae*

1* Nasale viel kürzer, nicht spatelförmig. 9. HlbSgm mit od. ohne Urogomphi. L ohne od. mit Leuchtvermögen **2**

2 1.–8. HlbSgm seitlich mit je 2 weit vom Körper abstehenden kräftig beborsteten Forts (Abb. **567**/2). 9. HlbSgm mit kräftigen Urogomphi.
Familie *Drilidae* – **Schneckenhauskäfer**

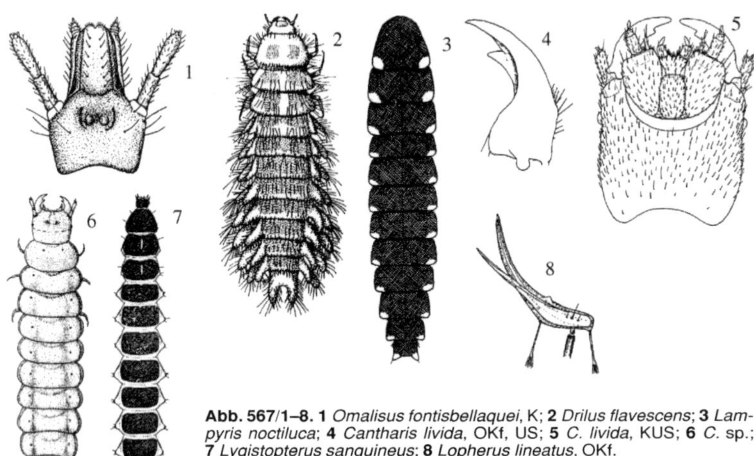

Abb. 567/1–8. 1 *Omalisus fontisbellaquei*, K; **2** *Drilus flavescens*; **3** *Lampyris noctiluca*; **4** *Cantharis livida*, OKf, US; **5** *C. livida*, KUS; **6** *C.* sp.; **7** *Lygistopterus sanguineus*; **8** *Lopherus lineatus*, OKf.

2* Br- u. HlbSgm ohne derartige Forts (Abb. **567**/3, 6, 7). 9. HlbSgm meist ohne Urogomphi **3**

3 Dorsale KNähte deutlich entw, mit lg Epicranialnaht (Abb. **561**/8). K in Dorsalansicht meist nicht deutlich sichtbar, ± in die stark vergrößerte VBr zurückziehbar (Abb. **567**/3). L mit Leuchtvermögen. Familie *Lampyridae* – **Leuchtkäfer**

3* Dorsale KNähte nicht deutlich ausgeprägt, ohne Epicranialnaht. K in Dorsalansicht ± vollständig sichtbar, nur wenig in die VBr zurückziehbar. L ohne Leuchtvermögen **4**

4 OKf stark gebogen, mit einer ± offenen Schlürfrinne (Abb. **567**/4). Die KKapsel ist auf der US zur Aufnahme des Labiomaxillarkomplexes halbkreisförmig ausgeschnitten (Abb. **567**/5). F 3gld. Körper dicht samtig behaart, mit Segmentaldrüsen (Abb. **567**/6). 10. HlbSgm deutlich entw, von oben sichtbar. Urogomphi fehlen immer. Familie *Cantharidae* – **Weichkäfer**

4* OKf fast gerade, mit geschlossenem Saugkanal, längsgeteilt u. 2 Paar klingenartige Teile formend, deren Basen einander genähert sind (Abb. **567**/8). F 2gld. Körper nicht dicht samtig behaart, ohne Segmentaldrüsen. 2 Arten mit Urogomphi (Abb. **567**/9). Familie *Lycidae* – **Rotdeckenkäfer**

Überfamilie ***Elateroidea***

1 B fehlend (Abb. **568**/1). Ventrale Teile der Mundwerkzeuge reduziert. Familie *Eucnemidae* – **Schienenkäfer**

1* B mit mehreren Gld. Wenigstens die ventralen Teile der Mundwerkzeuge vom normal beißenden Typ **2**

2 VB mit 2 Klauen (Abb. **568**/5). Ul als fünfzähnige Platte ausgebildet. Familie *Cerophytidae*

2* VB mit einer Klaue. Ul abgeplattet, ohne auffällige Zähne. **3**

3 Körper kräftig chitinisiert, lggestreckt. Wenn der Körper wenig sklerotisiert ist, ist er ungewöhnlich lg u. mit teleskopartig ineinander schiebbaren ZwSgm ausgestattet (*Elateridae-Cardiophorinae*, Abb. **568**/2). K fast so breit wie die VBr. KKapsel mit gut

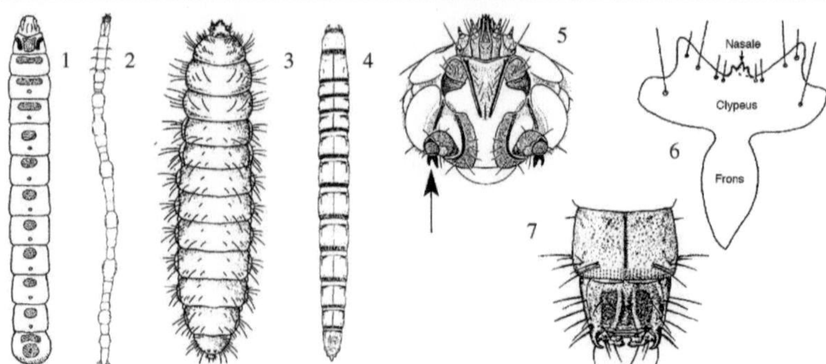

Abb. 568/1–7. **1** *Eucnemis capucina*, KörperUS; **2** *Cardiophorinae*; **3** *Trixagus dermestoides*; **4** *Melanotus* sp.; **5** *Cerophytum elateroides*, K, VBr, von vorn; **6** *Elateridae*, Frontoclypeus; **7** *Drapetes cinctus*, 8./9. HlbSgm.

entw Frontoclypeus (Abb. **568**/6). B ± lg, gut entw. 9. HlbSgm fast so breit wie das 8., mit od. ohne Urogomphi, wenn diese vorhanden sind, dann sind sie deutlich anders gestaltet **4**

3* Körper größtenteils weichhäutig, gedrungen. K etwa halb so breit wie VBr (Abb. **568**/3). KKapsel ohne abgeteilten Frontoclypeus. B sehr kurz. 9. HlbSgm mit kleinen dornenförmigen Urogomphi in der M des Sgm, deutlich schmaler als das 8.
Familie *Throscidae* – **Hüpfkäfer**

4 2.–6. HlbSgm dorsal ohne eine Dörnchenfläche (Abb. **568**/4). Wenn das 9. HlbSgm gebogene Urogomphi trägt, sind diese nach oben od. nach unten, aber nie als einfache Bögen bei einem gleichzeitig vorhandenen mittleren, kreisförmigen Einschnitt nach innen gebogen. Familie *Elateridae* – **Schnellkäfer**

4* 2.–6. HlbSgm dorsal mit einer Dörnchenfläche. 9. HlbSgm in der M mit einem kreisförmigen Einschnitt, Urogomphi kräftig nach innen gebogen (Abb. **568**/7).
Familie *Lissomidae*

Überfamilie ***Cleroidea***

1 Epicranialnaht vorhanden, lg (Abb. **561**/7). KKapsel ohne Endocarina, parallelseitig u. ± abgeplattet. Familien *Dasytidae* – **Wollhaarkäfer**, *Malachiidae* – **Zipfelkäfer**

1* Epicranialnaht fehlt od. ist sehr kurz. KKapsel mit Endocarina (Abb. **569**/1) **2**

2 Ventrale Mundteile deutlich vorgestreckt (Abb. **562**/7). Familie *Cleridae* – **Buntkäfer**

2* Ventrale Mundteile ± zurückgezogen (Abb. **569**/2) **3**

3 VBr mit gut abgegrenzten, queren, paarigen Prosternalplatten u. einem lanzettförmigen mittleren Sternalsklerit (Abb. **569**/2). Familie *Trogossitidae*

3* VBr ohne klar definierte Prosternalplatten od. eine lanzettförmige MPlatte **4**

4 9. Tergit durch eine auffallende, gerade, transverse Naht in einen großen hinteren u. einen kleineren, meist halbkreisförmigen vorderen Teil getrennt (Abb. **569**/3). Der HRand des 9. Tergits formt einen stumpfen konischen Zahn zw der Basis der Urogomphi. KKapsel mit 2 Stemmata. Familie *Lophocateridae*

4* 9. Tergit ungeteilt, ohne Zahn zw der Basis der Urogomphi. KKapsel mit 5 Stemmata.
Familie *Peltidae* – **Flachkäfer**

Überfamilie ***Bostrichoidea***

1 K wenig abgebogen, teilweise in die VBr zurückgezogen (Abb. **561**/13). F länger, aus 2–3 gut entw Gld bestehend **2**

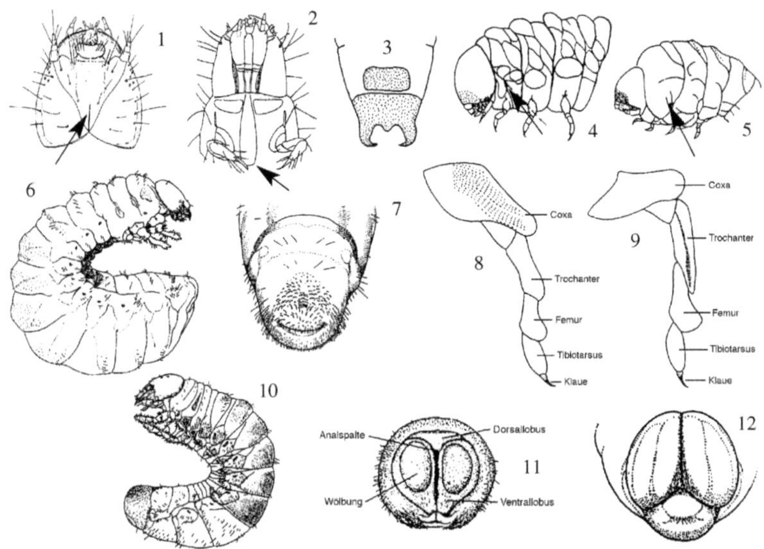

Abb. 569/1–12. 1 *Thanasimus formicarius*, K; **2** *Nemosoma elongatum*, K, VBr, US; **3** *Lophocateres pusillus*, 9. HlbSgm; **4** *Ptinus tectus*, K, Br; **5** *Ochina ptinoides*, K, Br; **6** *Geotrupes* sp.; **7** *Anomala dubia*, letztes HlbSgm, US; **8** *Lucanidae*, MB mit Stridulationsorgan; **9** *Lucanidae*, HB mit Stridulationsorgan; **10** *Lucanus cervus*; **11** *Lucanus cervus*, HlbE von hinten; **12** *Trox* sp., HlbE von hinten.

1* K stark abgebogen, frei, nicht in die VBr zurückgezogen (Abb. **569**/4, 5). F sehr klein u. unauffällig, nur aus einem einzigen Gld bestehend **3**

2 Stigmen des 8. HlbSgm (letzte Stigmen) viel größer als die anderen Stigmen (Abb. **561**/13). Familie *Lyctidae* – **Splintholzkäfer**

2* Stigmen des 8. HlbSgm nicht größer als die anderen Stigmen. Familie *Bostrichidae* – **Bohrkäfer**

3 BrStigmen in normaler Position in der Membran zwischen VBr u. MBr od. im hinteren, seitlichen Teil des VBr (Abb. **569**/5). Abdominaltergite mit quer verlaufenden Dörnchenbändern (Abb. **564**/6). Familie *Anobiidae* – **Pochkäfer**

3* BrStigmen im vorderen, seitlichen Teil des VBr (Abb. **569**/4). Abdominaltergite ohne quere Dörnchenbänder. Familie *Ptinidae* – **Diebskäfer**

Überfamilie ***Scarabaeoidea***

1 Analspalte Y-förmig od. quer (Abb. **569**/7). Tergite mit 2–3 deutlichen konvexen Querfalten. **2**

1* Analspalte längs (Abb. **569**/11, 12) od. 3spaltig. Tergite ohne od. mit 2–3 deutlichen konvexen Querfalten. **4**

2 Abdominaltergite merklich bedornt, mit zahlreichen Bo u. Rauhigkeiten in mehreren unregelmäßigen Reihen. Spitze des Hlb mit einem Paar auffallender gebogener Lateralforts. F 3gld. BoFeld nicht deutlich entw. BGldZahl reduziert, die HB können kleiner als die V- u. MB sein (Abb. **569**/6). M- u. HB meist mit Stridulationsorgan. **3**

2* Abdominaltergite nicht bedornt. Spitze des Hlb ohne derartige Fortsätze. F 4gld. BoFeld fast immer deutlich entw (Abb. **569**/7). B meist mit voller GldZahl, HB nicht kleiner als V- u. MB. M- u. HB ohne Stridulationsorgan.

Familie *Scarabaeidae* – **Blatthornkäfer**

3 Letztes FGld auffällig schlanker und kürzer als das vorletzte. Ende des letzten HlbSegment abgeflacht, mit Wülsten. Adulte Larven größer.

Familie *Geotrupidae* – **Mistkäfer**

3* Letztes FGld nicht auffällig schlanker als das vorletzte. Ende des letzten HlbSegment gerundet. Adulte Larven kleiner (ca. 15 mm). Familie *Bolboceratidae* (*Odonteus*)

4 **(1)** Mit Stridulationsorgan auf MHü u. HTrochanteren (Abb. **569**/8, 9). Abdominaltergite ohne Querfalten (Abb. **569**/10). Analspalte längs od. schwach Y-förmig, beidseitig mit je einer deutlich abgegrenzten ovalen, kissenförmigen Fläche (Abb. **569**/11). F 4gld (Ausnahme: Aesalus 3gld). Familie *Lucanidae* – **Schröter**

4* M- u. HB ohne Stridulationsorgan. Abdominaltergite mit 3 deutlichen, konvexen Querfalten, die mit Bo u. Rauhigkeiten bedeckt sind. Analspalte dreiteilig, ohne ein Paar auffälliger ovaler, kissenförmiger Flächen (Abb. **569**/12). F 3gld.

Familie *Trogidae* – **Erdkäfer**

Literatur

Bense, U. (1995): Bockkäfer. Illustrierter Schlüssel zu den Cerambyciden und Vesperiden Europas. – Margraf Verlag, Weikersheim.

Beutel, R. G. (2003): 26. Ordnung Coleoptera, Käfer. – In: Dathe, H. H. (Hrsg.): Lehrbuch der Speziellen Zoologie, Band I: Wirbellose Tiere, 5. Teil: Insecta, 2. Auflage. – Spektrum Akademischer Verlag Heidelberg, Berlin: 426–452.

Crowson, R. A. (1955): The natural classification of the families of Coleoptera. – Nathaniel Lloyd & Co., London.

Crowson, R. A. (1981): The Biology of Coleoptera. – London, Academic Press. 802 S.

Drost, M. B. P., Cuppen, H. P. J. J., Nieukerken, E. J. van & Schreijer, M. (1992): De waterkefers van Nederland. – Utrecht.

Freude, H , Harde, K. W. & Lohse, G. A. (1964–1989): Die Käfer Mitteleuropas. Bände 1–11. – Krefeld; Goecke & Evers.

Gerstmeier, R. (1998): Buntkäfer. Illustrierter Schlüssel zu den Cleridae und Thanerocleridae der West-Paläarktis. – Margraf Verlag, Weikersheim. 241 S., 8 Tafeln.

Grüne, S. (1979): Handbuch zur Bestimmung der europäischen Borkenkäfer. – Hannover.

Hansen, M. (1987): The Hydrophiloidea (Coleoptera) of Fennoscandia and Denmark. – Fauna Ent. Scand. 18, Leiden, Copenhagen.

Horion, A. (1941): Faunistik der deutschen Käfer. Band 1: Adephaga – Caraboidea. – Krefeld.

Horion, A. (1949–1974): Faunistik der mitteleuropäischen Käfer. Band 2–12. – Frankfurt am Main, Tutzing bei München, Überlingen.

Jacobs, W. & Renner, M. (1989): Biologie und Ökologie der Insekten. 2. Auflage. – Fischer Verlag, Jena.

Klausnitzer, B. (1978): Bestimmungsbücher zur Bodenfauna Europas, Lieferung 10, Ordnung Coleoptera (Larven). – Akademie-Verlag, Berlin und W. Junk, The Hague. 378 Seiten.

Klausnitzer, B. (1991–2001): Die Larven der Käfer Mitteleuropas. Band 1–6. – Goecke & Evers, Krefeld; Gustav Fischer Verlag Jena, Stuttgart, Lübeck, Ulm; Spektrum Akademischer Verlag Heidelberg, Berlin.

Klausnitzer, B. (1996): Käfer im und am Wasser. 2. Auflage. – Die Neue Brehm-Bücherei, Nr. 567, Westarp Wissenschaften Magdeburg.

Klausnitzer, B. (2003): Unterordnung Polyphaga. – In: Dathe, H. H. (Hrsg.): Lehrbuch der Speziellen Zoologie, Band I: Wirbellose Tiere, 5. Teil: Insecta, 2. Auflage. – Spektrum Akademischer Verlag Heidelberg, Berlin: 452–526.

Klausnitzer, B. (2009): Insecta: Coleoptera: Scirtidae. (Die Scirtidae der Westpaläarktis). – In: Süßwasserfauna von Mitteleuropa. Begründet von A. Brauer, herausgegeben von P. Zwick. Band 20/17. – Spektrum Akademischer Verlag, Heidelberg. 326 S., 1041 Abb., 8 Farbtafeln.

Klausnitzer, B. & Klausnitzer, H. (1997): Marienkäfer (Coccinellidae). 4. überarbeitete Auflage. – Die Neue Brehm-Bücherei Bd. 451, Westarp Wissenschaften Magdeburg. 175 Seiten, 96 Abbildungen, 2 Farbtafeln.

Klausnitzer, B. & Sander, F. (1981): Die Bockkäfer Mitteleuropas (Cerambycidae). 2. verbesserte Auflage – Die Neue Brehm-Bücherei Nr. 499, Wittenberg-Lutherstadt. 224 Seiten, 132 Abbildungen, 3 Farbtafeln.

Klausnitzer, B. & Sprecher-Uebersax, E. (2008): Die Hirschkäfer oder Schröter (Lucanidae). 4., stark bearbeitete Auflage – Die Neue Brehm-Bücherei Nr. 551, Westarp Wissenschaften Hohenwarsleben. 161 S., 97 Abb.

Koch, K. (1989–1993): Die Käfer Mitteleuropas. Ökologie. Band 1–3. – Krefeld; Goecke & Evers.

KÖHLER, F. & KLAUSNITZER, B. (Hrsg.) (1998): Verzeichnis der Käfer Deutschlands. – Ent. Nachr. Ber. Beiheft 4: 1–185.

LAWRENCE, J. F. & NEWTON Jr., A. F. (1995): Families and subfamilies of Coleoptera (with selected genera, notes, references and data on family – group names). – In: PAKALUK, J. & S. A. SLIPINSKI (eds.): Biology, Phylogeny, and Classification of Coleoptera: Papers Celebrating the 80th Birthday of ROY A. CROWSON, Warszawa.

LENGERKEN, H. VON (1954): Die Brutfürsorge und Brutpflegeinstinkte der Käfer. – Geest & Portig Leipzig.

LÖBL, I. & SMETANA, A. (Eds.) (2003): Catalogue of Palaearctic Coleoptera. Volume 1. Archostemata – Myxophaga – Adephaga. – Apollo Books, Stenstrup.

LÖBL, I. & SMETANA, A. (Eds.) (2004): Catalogue of Palaearctic Coleoptera, Volume 2. Hydrophiloidea – Histeroidea – Staphylinoidea. – Apollo Books, Stenstrup.

LÖBL, I. & SMETANA, A. (Eds.) (2006): Catalogue of Palaearctic Coleoptera. Volume 3. Scarabaeoidea – Scirtoidea Dascilloidea – Buprestoidea – Byrrhoidea. – Apollo Books, Stenstrup.

LÖBL, I. & SMETANA, A. (Eds.) (2007): Catalogue of Palaearctic Coleoptera, Volume 4. Elateroidea – Derodontoidea – Bostrichoidea – Lymexyloidea – Cleroidea – Cucujoidea. – Apollo Books, Stenstrup.

LÖBL, I. & SMETANA, A. (Eds.) (2008): Catalogue of Palaearctic Coleoptera, Volume 5. Tenebrionoidea. – Apollo Books, Stenstrup.

LÖBL, I. & SMETANA, A. (Eds.) (2010): Catalogue of Palaearctic Coleoptera, Volume 6. Chrysomeloidea. – Apollo Books, Stenstrup.

LOHSE, G. A. & LUCHT, W. (1989–1994): Die Käfer Mitteleuropas. Supplementbände 1–3. – Krefeld; Goecke & Evers.

LUCHT, W. & KLAUSNITZER, B. (Hrsg.) (1998): Die Käfer Mitteleuropas. 4. Supplementband. – Goecke & Evers, Krefeld im Gustav Fischer Verlag Jena, Stuttgart, Lübeck, Ulm. 398 Seiten, 110 Abbildungen.

LÜCKMANN, J. & NIEHUIS, M. (2009): Die Ölkäfer in Rheinland-Pfalz und im Saarland. Verbreitung, Phänologie, Ökologie, Situation und Schutz. – Fauna und Flora in Rheinland-Pfalz, Beiheft 40. GNOR-Eigenverlag, Mainz. 479 S.

MOHR, K.-H. (1960): Erdflöhe. – Neue Brehm-Bücherei Nr. 261. Wittenberg-Lutherstadt.

MÜLLER-MOTZFELD, G. (Hrsg.) (2006): Band 2, Adephaga 1, Carabidae (Laufkäfer). 2. (erweiterte) Auflage (korrigierter Nachdruck). – In: FREUDE, H., HARDE, K. W., LOHSE, G. A. & KLAUSNITZER, B. (Hrsg.): Die Käfer Mitteleuropas. – Spektrum Akademischer Verlag Stuttgart, Heidelberg, Berlin, 521 S.

NIEHUIS, M. (2004): Die Prachtkäfer in Rheinland-Pfalz und im Saarland. – Fauna und Flora in Rheinland-Pfalz, Beiheft 31. GNOR-Eigenverlag, Mainz. 713 S.

REITTER, E. (1908–1916): Fauna Germanica. Die Käfer des Deutschen Reiches. Band 1–5. – Stuttgart.

SAMA, G. (2002): Atlas of the Cerambycidae of Europe and the Mediterranean Area. Volume 1: Northern, Western, Central and Eastern Europe. – Zlin. 173 S.

TRAUTNER, J. & GEIGENMÜLLER, K. (1987): Sandlaufkäfer, Laufkäfer. Illustrierter Schlüssel zu den Cicindeliden und Carabiden Europas. – Verlag Josef Margraf, Gaimersheim.

Hymenoptera – Hautflügler

Joachim Oehlke (Allgemeines, übrige Gruppen), Andreas Taeger, Stephan M. Blank, Manfred Kraus (Symphyta), Holger H. Dathe (Apidae) & Hans-Joachim Jacobs (Specidae, Chrysididae)

G. Lg 0,2–48,0 mm (Maße ohne Legebohrer), darunter die kleinsten Insekten mit 1 mm FlSp (*Mymaridae*). Vielgestaltig, in der Regel mit 2 häutigen FlPaaren, sekundär auch ohne Fl. Eine Übersicht des Bauplanes geben Abb. **573**/1–4, **574**/1, wobei die eingebürgerten, meist gebrauchten Bezeichnungen beibehalten wurden. Das betrifft bes. die FlAderung (die RadialZ wird auch als MarginalZ u. die CubitalZ als SubmarginalZ bezeichnet) u. die Zählung der Sgm bei Arten mit „Wespentaille" (*Apocrita*). Bei letzteren liegt der Körpereinschnitt zw dem 1. u. 2. HlbSgm, so dass das 1. HlbSgm zur Br gehörig erscheint. Trotzdem wird nur der „anhängende" Teil als Hlb bezeichnet u. die Zählung beginnt mit dem Petiolus (HlbStiel) als 1. Sgm. – **V.** Außer in den Polgebieten in allen Erdteilen. – **L.** Im. bevölkern Luft, Boden u. in einigen Fällen auch das Wasser. – **B.** Vollkommene Verwandlung, L z. T. raupenähnlich freilebend (Afterraupen der Blattwespen), jedoch meist fußlos in od. an Gliederfüßern od. höheren Pfl. Hochentw Formen mit Brutfürsorge, hierher auch alle sozial lebenden Arten. Die zahlreichen Schlupf- od. Schmarotzerwespen sind keine echten Parasiten, da sie ihren Wirt töten. Entgegen dem Sprachgebrauch ist „Parasitoide" die korrekte Bezeichnung.

Bei Hautflüglern gibt es zahlreiche Formen des Schmarotzertums. Hier nur Erläuterungen zu denen, die im folgenden Text verwendet werden. Endoparasitismus (internaler Parasitismus): L leben in Eiern, L, P od. Im. von Gliederfüßern. Ektoparasitismus (externaler Parasitismus): L leben an ihren Wirten (meist nur an L), der Parasit verankert bei der Eiabl in der Regel sein Ei in der Haut des Wirts. Gregärparasitismus bzw. Superparasitismus: Mehrere Parasiten gleicher Art leben an/in einem Wirtstier, das mit entsprechender Anzahl Eier belegt wurde. Polyembryonie: Das Parasitenei teilt sich innerhalb des Wirts, so dass sich aus diesem zahlreiche Parasiten entw. Primärparasitismus: Der Parasit entw sich in od. an einem Wirtsstadium, das selbst nicht parasitisch (parasitoid) lebt. Sekundärparasitismus, Hyperparasitismus 1. Grades: Der Parasit entw sich (oft obligat) in od. an einem Wirt, der selbst primärer Parasit ist. Hyperparasitismus 2. Grades: Der Parasit lebt (wohl meist fakultativ) bei einem Wirt, der selbst sekundärer Parasit ist.

Die Art der Wirts- od. PflBindung wird unter anderem durch folgende Termini ausgedrückt: monophag – der Parasit lebt nur bei einer Wirtsart; oligophag – der Parasit/Parasitoid lebt bei Wirtsarten, die zu einer Gattung gehören; polyphag: – der Parasit lebt in Wirtsarten, die versch. Familien od. Ordnungen angehören.

Unter den Schmarotzerwespen gibt es beispielsweise Arten, die von mehreren Wirten leben (Raubektoparasiten), z.B. Schmarotzer von Spinnen- od. Schabeneiern. Diese Form des Parasitismus kommt häufig bei Schlupf- u. Hungerwespen vor, deren L von einem Wirtstier (Beutetier) nicht ausreichend ernährt werden. NaParasitismus hat sich bei vielen hochentw Hymenopterenfamilien konvergent entw. Dabei legt der Parasit sein Ei an die Na des Wirtes in dessen Brutraum ab od. Beutetiere werden vom NaParasiten gestohlen (Cleptobiose). Die Ausdrücke „polylektisch" u. „oligolektisch" werden bei den *Apidae* erläutert. Manche Tierarten sind bes. zur Charakterisierung eines Lebensraums bzw. eines definierten Biotops, Habitats od. einer Biozönose geeignet. Sie werden im Sprachgebrauch u.a. als Charakterarten bezeichnet. In der vorliegenden Bearbeitung der *Hymenoptera* wird bevorzugt der Begriff Leitart verwendet. Leitart ist eine Art, die in einem Biotoptyp mit hoher Stetigkeit anzutreffen ist. Leitarten können stenotyp od. eurytop sein; entscheidend ist, dass sie in dem für sie benannten Lebensraum mit großer Wahrscheinlichkeit nachweisbar sind. Leitarten sind zur Flächenbewertung einsetzbar.

132 000 Arten, in DE nach den Zweiflüglern die artenreichste Insektenordnung mit 8896 Arten, darunter viele bedeutsame „Schädlinge" u. Nutzinsekten. Größtenteils schwer u. im Gelände nur in wenigen Fällen bis auf die Art bestimmbar. Größere Gruppen der UOrdnung *Apocrita* sind selbst für die mitteleur Fauna noch sehr ungenügend bearbeitet.

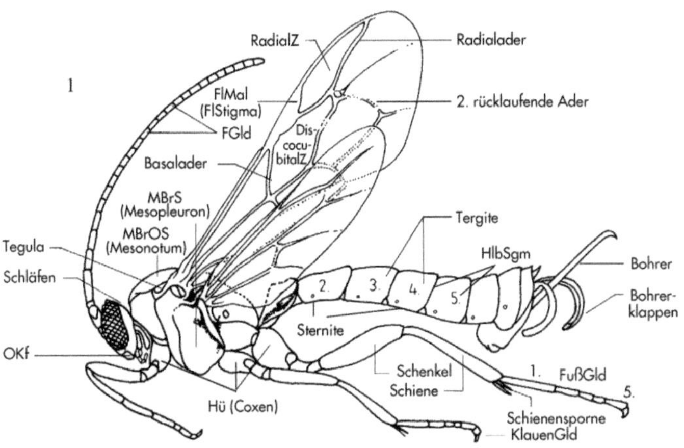

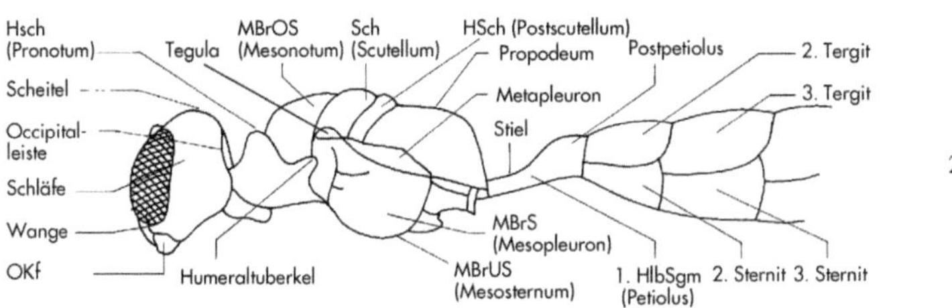

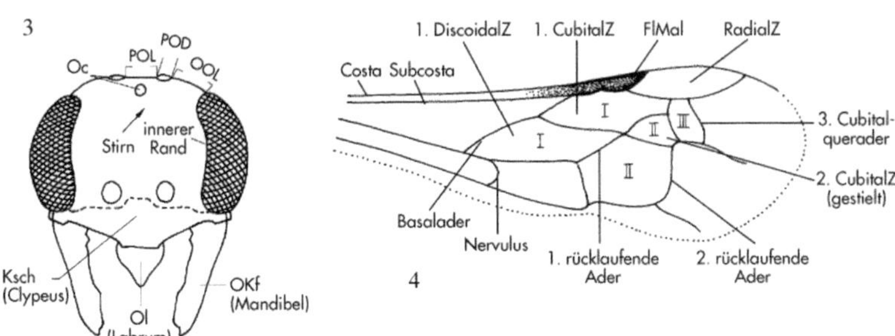

Abb. 573/1–4. 1 SAnsicht, Habitus *Ichneumonidae* (UFamilie *Pimplinae*); **2** SAnsicht, VKörper, *Sphecidae*; **3** K von vorn, *Sphecidae*; **4** VFl, *Sphecidae*.

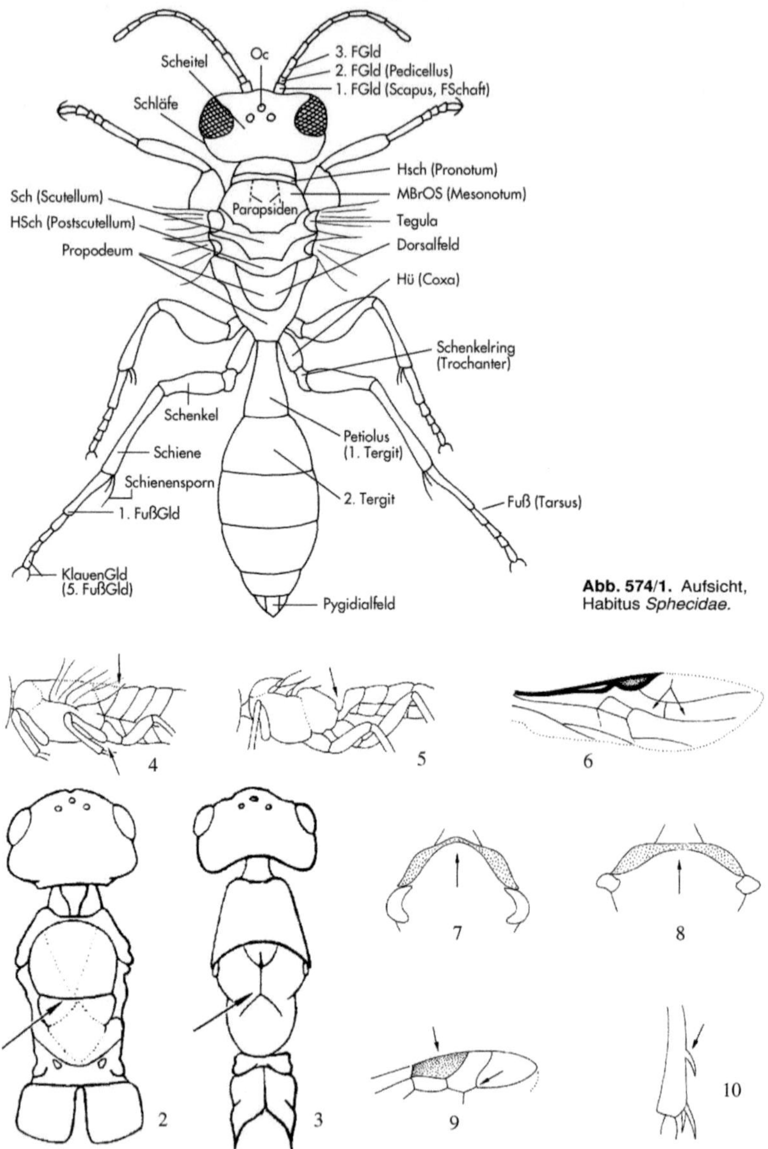

Abb. 574/1. Aufsicht, Habitus *Sphecidae.*

Abb. 574/2–10. K, Br u. 1. Tergit von **2** *Xiphydriidae*; **3** *Cephidae*; **4** Br u. Hlb ohne Wespentaille; **5** Br u. Hlb mit Wespentaille; **6** VFl *Orussus*; **7** *Tenthredinidae*; **8** *Pamphiliidae*; **9** VFl Spitze *Xyela*; **10** HSchiene *Arge*.

Systematische Übersicht der Hautflügler bis zu den Familien

SYMPHYTA

Xyeloidea
Xyelidae

Pamphilioidea
Megalodontesidae
Pamphiliidae

Siricoidea
Siricidae

Xiphydrioidea
Xiphydriidae

Orussoidea
Orussidae

Cephoidea
Cephidae

Tenthredinoidea
Argidae
Blasticotomidae
Cimbicidae
Diprionidae
Tenthredinidae

APOCRITA (ACULEATA)

Apoidea
Apidae
Ampulicidae
Crabronidae
Sphecidae

Chrysidoidea
Bethylidae
Chrysididae
Dryinidae
Embolemidae

Vespoidea
Formicidae
Mutillidae
Pompilidae
Sapygidae
Scoliidae
Tiphiidae
Masaridae
Eumenidae
Vespidae

APOCRITA (PARASITICA)

Ceraphronoidea
Ceraphronidae
Megaspilidae

Chalcidoidea
Agaonidae
Aphelinidae
Chalcididae
Elasmidae
Encyrtidae
Eucharitidae
Eulophidae
Eupelmidae
Eurytomidae
Leucospidae
Mymaridae
Myrmarommatidae
Ormyridae
Perilampidae
Pteromalidae
Signiphoridae
Tetracampidae
Torymidae
Trichogrammatidae

Cynipoidea
Charipidae
Cynipidae
Eucoilidae
Figitidae
Ibaliidae

Evanioidea
Aulacidae
Evaniidae
Gasteruptiidae

Ichneumonoidea
Braconidae
Ichneumonidae

Platygastroidea
Platygasteridae
Scelionidae

Proctotrupoidea
Diapriidae
Heloridae
Proctotrupidae

Stephanoidea
Stephanidae

Trigonaloidea
Trigonalidae

Bestimmungstabelle der Familien

1 Zw Br (Thorax) u. Hlb (Abdomen) von oben od. der S gesehen eine Einschnürung (Wespentaille) (Abb. **574**/5, **574**/1) (*Apocrita* – **Taillenwespen**) **14**
1* Ohne Wespentaille (Abb. **574**/4), s eine solche schwach angedeutet **2**
2 KörperLg 3–40 mm. Vfl mit geschlossenen Z (*Symphyta* – **Pflanzenwespen**) . . **3**
2* KörperLg bis 3 mm. Vfl ohne geschlossene Z od. Fl reduziert.
wenige *Chalcidoidea* – **Erzwespen** S. 671
3 VFl mit 2 CubitalZ (Abb. **574**/6). 3 s Arten, Parasitoide. Familie *Orussidae* S. 591
3* VFl mit 3–4 CubitalZ (Abb. **595**/1–3; **596**/1–4). Phytophage Arten **4**
4 3. FGld viel länger u. dicker als die folgenden 9–12 Gld (Abb. **593**/5). 7 Arten.
Familie *Xyelidae* – **Urblattwespen** S. 587

4* F anders gebaut, Geißel nicht in großes BasalGld u. kleine FolgeGld gegld **5**

5 F mit 4 Gld, wobei das 4. Gld nur als kleiner Forts auf dem vergrößerten 3. Gld aufsitzt (Abb. **593**/3). Eine s Art. Familie *Blasticotomidae* S. 594

5* F mit 3 od. mehr als 4 Gld **6**

6 F mit 3 Gld, das 3. Gld groß (Abb. **593**/1), beim ♂ manchmal gabelförmig gespalten. 34 Arten. Familie *Argidae* – **Bürsthornblattwespen** S. 593

6* F mit wenigstens 5 Gld, meist ± fadenförmig, s gekeult od. gekämmt **7**

7 VSchienen mit zwei ESpornen, einer meist ± verbreitert. F oft mit 9 Gld **8**

7* VSchienen mit einem ESporn. F stets mit mehr als 9 Gld **12**

8 Hsch am HRand tief halbkreisförmig ausgerandet (Abb. **574**/7). HSchiene mit 1 Präapikalsporn od. ohne. F meist mit weniger als 15 Gld **9**

8* Hsch am HRand flach ausgerandet (Abb. **574**/8). HSchiene mit 2–3 Präapikalspornen. F mit mehr als 15 Gld, meist über 20 . . . . **11**

9 F mit 5–7 Gld, gekeult (Abb. **593**/2; **595**/2). 23 meist s Arten. Familie *Cimbicidae* – **Keulhornblattwespen** S. 594

9* F mit 9 od. mehr Gld, ausnahmsweise mit 7, dann aber fadenförmig **10**

10 F beim ♂ lg gekämmt, beim ♀ kurz gesägt (Abb. **593**/4), mit 13 od. mehr Gld. 16 Arten, manchmal bedeutsame Forstschädlinge. Familie *Diprionidae* – **Buschhornblattwespen** S. 595

10* F meist fadenförmig od. schwach gekeult, ausnahmsweise beim ♂ gekämmt, dann jedoch (wie bei den meisten Arten) mit 9 Gld. 595 Arten. Familie *Tenthredinidae* – **Blattwespen** S. 596

11 **(8)** F fadenförmig. 50 Arten, teilweise Forstschädlinge. Familie *Pamphiliidae* – **Gespinstblattwespen** S. 588

11* F kurz gekämmt od. zumindest basal gesägt. 6 meist s Arten. Familie *Megalodontesidae* S. 588

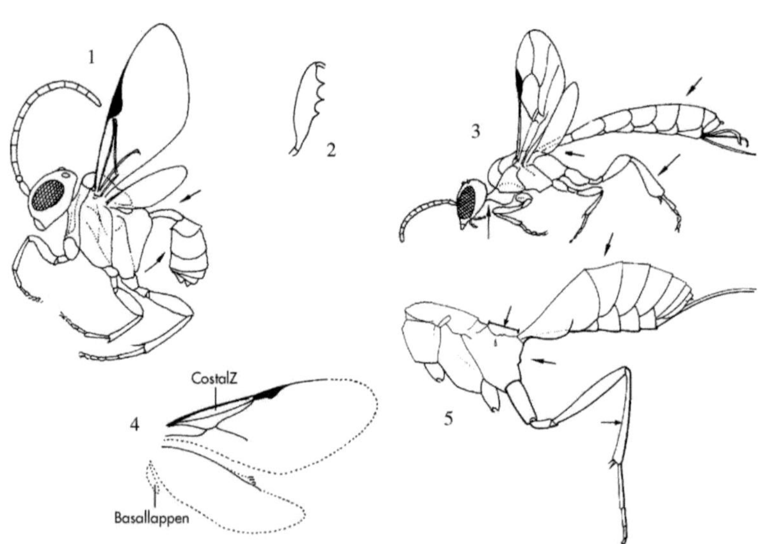

Abb. 576/1–5. **1** Habitus, *Brachygaster minuta*; **2** HSchenkel, *Stephanus serrator*; **3** Habitus, *Gasteruption assectator*; **4** Fl, *Brachygaster minuta*; **5** Körper seitlich, *Pristaulacus* sp.

12 **(7)** MBrOS (Mesonotum) in der M durch Querfurche geteilt (Abb. **574**/2). 5 Arten.
Familie *Xiphydriidae* – **Schwertwespen** S. 591

12* MBrOS in der M nicht durch Querfurche geteilt (Abb. **574**/3) **13**

13 Oberer Bereich des Hsch in seitlicher Sicht fast rechtwinklig vom vorderen Bereich des Hsch abgewinkelt; apikales HlbSternit beim ♂ u. apikales HlbTergit beim ♀ mit zylinderförmigem Forts. 12–40 mm. 9 Arten.
Familie *Siricidae* – **Holzwespen** S. 590

13* Hsch in seitlicher Sicht gerade od. flach gewölbt; apikale HlbSgm ohne derartigen Forts; 4–18 mm. 19 Arten. Familie *Cephidae* – **Halmwespen** S. 592

14 **(1)** Fl entw, überragen das Abdomen, flugfähig **15**

14* Fl stark reduziert od. fehlend **53**

15 Auf der Stirn mit 5, HSchenkel mit 2–3 Dornen (Abb. **576**/2). Eine sehr s größere Art von 8–17 mm KörperLg. Familie *Stephanidae* S. 678

15* Stirn nicht mit Dornen **16**

16 Basis des 1. Tergites am oberen E des Propodeums verankert (Abb. **576**/1, 3, 5) u. CostalZ deutlich (Abb. **576**/4). Wenige, nicht häufige Arten (Überfamilie *Evanioidea*) **17**

16* Hlb am unteren E des Propodeums nahe bei den HHü ansetzend (Abb. **573**/2; **574**/5) od. im Zweifelsfall ohne CostalZ **19**

17 Hlb lg gestielt, die folgenden Sgm viel höher als breit, also komprimiert, kurz, zusammen meist kleiner als die Br. HFl mit Basallappen (Abb. **576**/1, 4).
Familie *Evaniidae* – **Hungerwespen** S. 676

17* Hlb lg u. schlank od. keulenförmig (Abb. **576**/3, 5). HFl ohne Basallappen **18**

18 HSchienen keulenartig verdickt. Hlb schlank (Abb. **576**/3).
Familie *Gasteruptionidae* – **Schmalbauchwespen** S. 676

18* HSchienen normal. Hlb keulenförmig (Abb. **576**/5). Familie *Aulacidae* S. 676

19 **(16)** KörperLg 0,2–8 mm (Ausnahme: *Ibaliidae* mit messerförmigem Hlb). VFl mit höchstens 2, s 3 geschlossenen Z, FlMal meist nicht vorhanden (Ausnahme: *Proctotrupoidea, Chrysidoidea*) u./od. HFl höchstens mit 1 geschlossenen Z. Hamuli der HFl stark genähert, meist 3, s bis 5 (Abb. **578**/1) (Ausnahme: *Chrysididae*) **20**

19* KörperLg 5–48 mm. VFl mit 3 od. mehreren geschlossenen Z u. deutlichem FlMal. HFl mit mehreren geschlossenen Z. Hamuli in einer Reihe (Abb. **578**/2) **39**

20 FlMal u. Costa im VFl vorhanden u. mit mehreren geschlossenen Z (incl. CostalZ) (Abb. **643**/5–8). Hamuli in einer Reihe (vergl. Abb. **578**/2). Hlb meist kugelförmig, nach unten einschlagbar, mit höchstens 5 sichtbaren Tergiten (Abb. **578**/3). Körper metallfarbig. Lg wenigstens 3 mm.
Familie *Chrysididae* – **Goldwespen** partim S. 641

20* Nicht diese Merkmalskombination **21**

21 VFl höchstens mit kurzer Subcosta u. HFl apikal mit lg Bewimperung (Abb. **578**/4). KörperLg unter 1,5 mm. Familie *Mymaridae* (u. *Mymarommatidae*) S. 673

21* Nicht diese Merkmalskombination **22**

22 Basis der Costa im VFl nicht vorhanden, zuweilen aber die Subcosta. FlMal fehlt (Abb. **578**/6–8; **580**/3, 4) **23**

22* Costa mit der Subcosta verschmolzen od. dazw eine Z. FlMal oft vorhanden (Abb. **578**/1; **580**/9, 10; **581**/4–6, 8) **30**

23 Hsch erreicht nicht die Tegulae (Abb. **579**/1) u./od. bei den meisten Arten Körper metallfarbig grün od. blau. B gewöhnlich deutlich mit 2 Trochanteren. F fast stets mit lg Schaft (1. FGl), also gekniet u. häufig mit 1 od. mehr RingGld (Abb. **578**/5, 9, 10).
Überfamilie *Chalcidoidea* – **Erzwespen** S. 671

23* Hsch erreicht die Tegulae (Abb. **579**/2). Körper nicht metallfarbig glänzend, häufig dunkel od. glänzend schwarz. Trochanter häufig 1gld. FSchaft meist kurz. RingGld fehlen **24**

24 Hlb der ♀ meist deutlich seitlich zusammengedrückt (komprimiert). FSchaft kurz, F in der M der Au angefügt. K von der S gesehen nicht vorgewölbt (Abb. **579**/3). 1. HlbTergit an der Basis abgerundet (Abb. **579**/5; **585**/5) (Überfamilie *Cynipoidea*) **25**

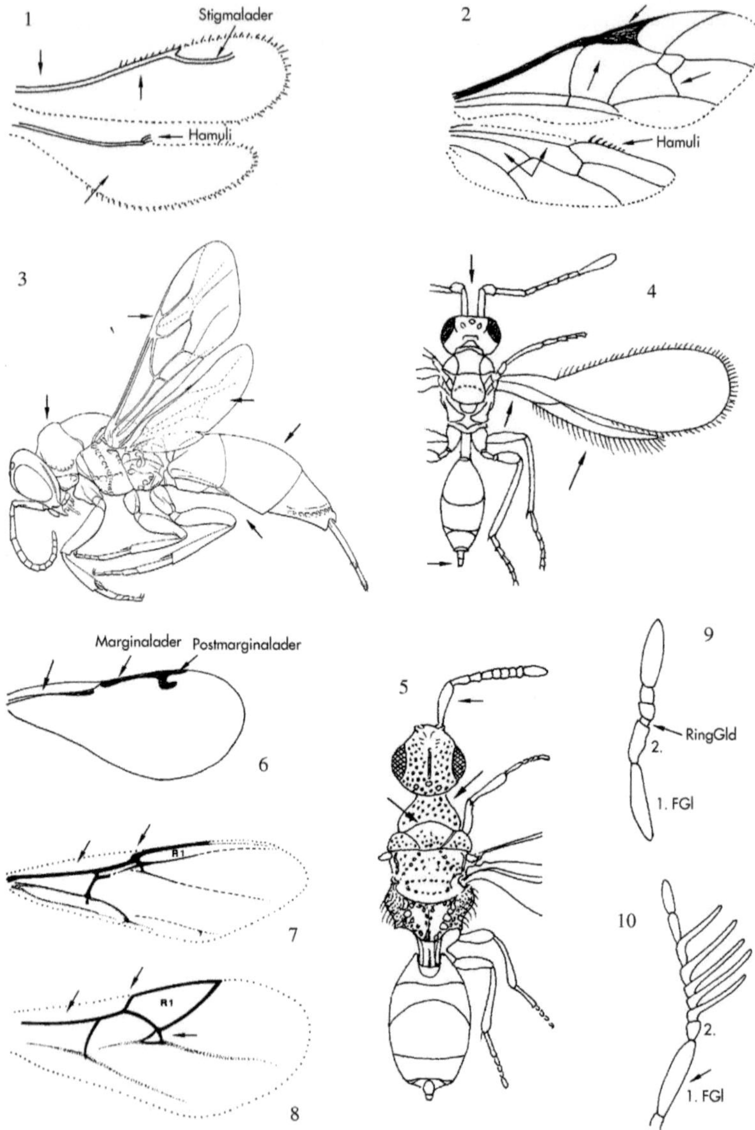

Abb. 578/1–10. **1** V- u. HFl, *Ceraphronidae*; **2** V- u. HFl, *Ichneumonidae*; **3** Habitus, *Chrysididae* ♀; **4** Habitus, *Mymaridae*; **5**, Habitus, *Pteromalidae*; **6** VFl, *Torymidae*; **7** VFl, *Ibaliidae*; **8** VFl, *Figitidae*; **9** F, *Eupelmidae*; **10** F, *Eulophidae* ♂.

24* Hlb deprimiert, zumindest breiter als hoch, FSchaft lg, F gekniet, am unteren E der Au angefügt (Abb. **579**/4). 1. HlbTergit an der Basis fast rechtwinklig vorgezogen (Abb. **579**/6) (Überfamilie *Platygastroidea*) **29**

25 1. Gld der HTarsen mehr als doppelt so lg wie die folgenden Gld. 3 große Arten mit über 10 mm Lg. Parasitoide bei Holzwespen. Familie *Ibaliidae* S. 676

25* 1. Gld der HTarsen höchstens so lg wie die folgenden Gld. Kleine Arten von 1–6 mm Lg **26**

26 Sch median mit einer napfförmigen Scheibe (Abb. **579**/8). K u. Br oben glänzend. Parasiten in FliegenP. Familie *Eucoilidae* S. 674

26* Sch ohne solche Bildung. K. u. Br oben oft chagriniert, matt **27**

27 3. Tergit das größte, das 2. liegt ihm zungenförmig auf (Abb. **579**/9) od. Hlb lg gestielt (Abb. **579**/10). Sch manchmal mit lg Dorn (Abb. **579**/12). Meist Schmarotzer aus FliegenP. Familie *Figitidae* S. 674

27* 2. Tergit das größte (Abb. **579**/11) bzw. das 2. u. 3. verschmolzen. Sch ohne Dorn **28**

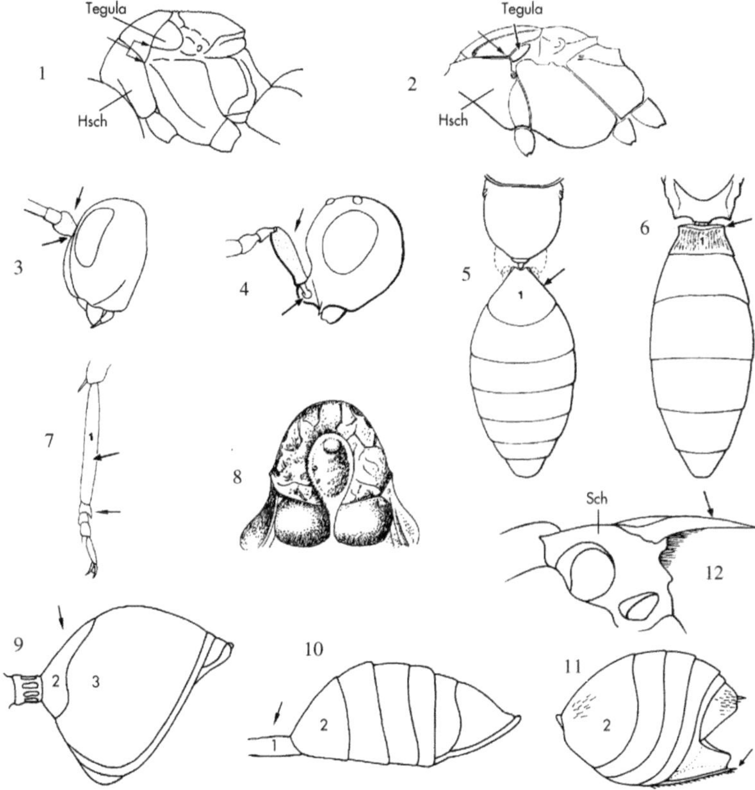

Abb. 579/1–12. **1** Thorax seitlich, *Chalcidoidea*; **2** Thorax seitlich, *Cynipoidea*; **3** K seitlich, *Cynipoidea*; **4** K seitlich, *Platygastroidea*; **5** Hlb von oben, *Cynipoidea*; **6**, Hlb von oben, *Platygastroidea*; **7** HTarsen, *Ibaliidae*; **8** Sch Aufsicht, *Eucoilidae*; **9** Hlb seitlich, *Figitidae: Aspiceratinae*; **10** Hlb seitlich, *Figitidae: Anacharitinae*; **11** Hlb seitlich, *Cynipidae*; **12** Sch mit Dorn, *Figitidae*.

28 M- u. HSchienen mit 2 ESpornen. Sch, MBrS (Mesopleuren) od. Tergite fein skulpturiert. 2. Tergit s mit Haarring. Bis 6 mm lg. Familie *Cynipidae* – **Gallwespen** S. 674

28* M- u. HSchienen mit einem ESporn, zuweilen bei den HSchienen auch 2 ungleiche Sporne. Mesonotum, Sch, MBrS u. Tergite glatt u. glänzend. Bis 3 mm lg. Hyperparasiten in Blatt- u. Schildläusen. Familie *Charipidae* S. 674

29 **(24)** 3. Tergit länger als das 2 (Abb. **580**/1. VFl mit Stigmalader (Abb. **580**/3). F mit 11–12 Gld. Familie *Scelionidae* S. 678

29* 2. Tergit länger als die restlichen Tergite, zumindest länger als das 3. (Abb. **580**/2) VFl ohne Stigmalader (Abb. **580**/4) bzw. ganz ohne Aderung. F mit 10 Gld. Familie *Platygasteridae* S. 677

30 **(22)** F mit 10 Gld. VB der ♀ oft mit Sonderbildungen (Abb. **580**/6) **31**

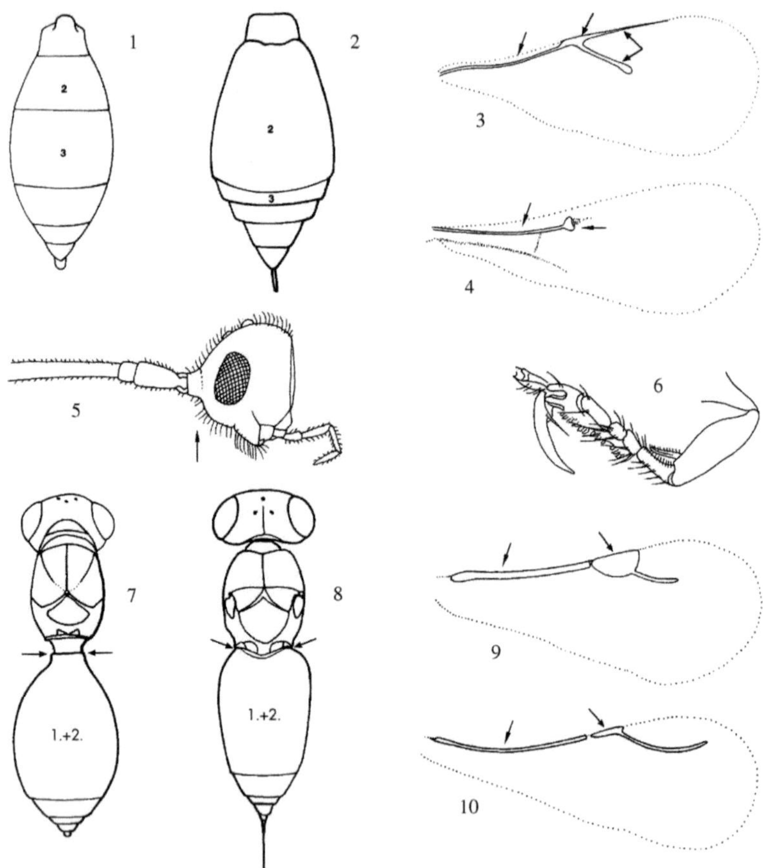

Abb. 580/1–10. 1 Hlb, *Scelionidae*; **2** Hlb, *Platygasteridae*; **3** VFl, *Scelionidae*; **4** VFl, *Platygasteridae*; **5** K seitlich, *Embolemus* sp.; **6** Fangzange am VB, *Dryinidae*; **7** Körperaufsicht, *Megaspilidae*; **8** Körperaufsicht, *Ceraphronidae*; **9** VFl, *Megaspilidae*; **10** VFl, *Ceraphronidae*.

30* F s mit 9–11 (*Megaspilidae* u. *Ceraphronidae*), meist aber mit 12 u. mehr Gld. VB ohne Sonderbildung **32**

31 FBasis weit über dem Ksch in stark vorgewölbtem Gesicht (Abb. **580**/5). B ohne Sonderbildung. 2 s Arten. Familie *Embolemidae* S. 644

31* FBasis kurz über dem Ksch. Höchstens die GesichtsM etwas konvex. Au oft vortretend. VB der ♀ meist zu Raubzangen umgebildet od. anders spezialisiert (Abb. **580**/6). Schmarotzer bei Zikaden. Familie *Dryinidae* – **Zikadenwespen** S. 644

32 (30) 1. Tergit größer als die folgenden, zuweilen mit dem 2. verschmolzen. Etwa so breit wie lg od. breiter (Abb. **580**/7, 8). Costa u. Subcosta verschmolzen (Abb. **580**/9, 10). (Überfamilie *Ceraphronoidea*) **33**

32* 1. Tergit so lg od. kürzer als die folgenden u. schmaler (Abb. **581**/1, 7). Costa u. Subcosta zuweilen getrennt u. dazw eine Z (Abb. **581**/4–6, 8) **34**

33 HlbBasis halsartig eingeschnürt (von oben betrachten) (Abb. **580**/7). FlMal im VFl groß, breit (Abb. **580**/9). Schiene der MB mit 2 Spornen. Familie *Megaspilidae* S. 671

33* HlbBasis nur furchenartig eingeschnürt (Abb. **580**/8). FlMal linear (Abb. **580**/10). MSchiene mit einem ESporn. Familie *Ceraphronidae* S. 671

34 (32) Die ersten beiden Sgm des Hlb schmal u. knotenförmig (Abb. **584**/4). wenige *Formicidae* – **Ameisen** S. 644

34* HlbBasis nicht knotenförmig, höchstens gestielt **35**

35 K lg vorgezogen, nach vorn gestreckt (prognath) (Abb. **581**/2). Ksch median mit einer Längsleiste. Hsch pyramidenförmig. Schenkel verdickt (Abb. **581**/1). Familie *Bethylidae* – **Ameisenwespen** S. 641

35* K nach unten geneigt (hypognath) (Abb. **581**/3; **578**/3). Ksch ohne mediane Längsleiste **36**

36 VFl mit deutlichem u. breitem FlMal (Abb. **582**/5, 6). F mit wenigstens 18 Gld. FSchaft (1. FGld) nicht mehr als 2-mal so lg wie breit. Sternite z. T. bei luftgetrockneten Exemplaren mit Falte. Familie *Braconidae* – **Brackwespen** partim S. 647

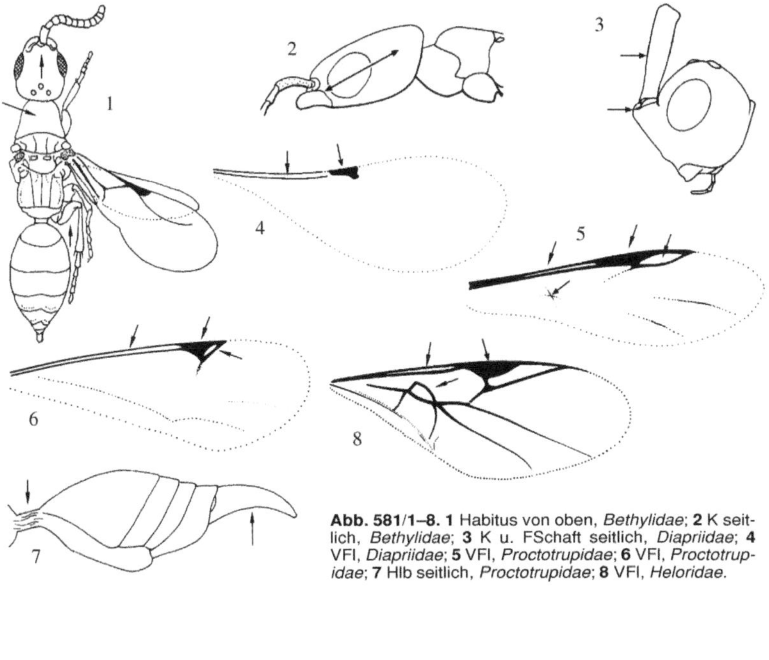

Abb. 581/1–8. 1 Habitus von oben, *Bethylidae*; **2** K seitlich, *Bethylidae*; **3** K u. FSchaft seitlich, *Diapriidae*; **4** VFl, *Diapriidae*; **5** VFl, *Proctotrupidae*; **6** VFl, *Proctotrupidae*; **7** Hlb seitlich, *Proctotrupidae*; **8** VFl, *Heloridae*.

36* VFl ohne, od. wenn mit FlMal (Abb. **581**/4–6, 8), dann F mit höchstens 15 Gld (ohne RingGld). FSchaft wenigstens etwas länger als breit. Sternite median ohne Falte (Überfamilie *Proctotrupoidea* – **Zehrwespen**) **37**

37 FSchaft wenigstens 2,5-mal so lg wie breit. VFl ohne deutliches FlMal (Abb. **581**/4). K unter den F vorgewölbt (Abb. **581**/3). Familie *Diapriidae* S. 678

37* FSchaft höchstens 2,2-mal so lg wie breit. VFl mit FlMal u. geschlossenen Z (Abb. **581**/5, 6, 8). K nicht vorgewölbt **38**

38 F mit 15, s mit 13 Gld. VFl mit höchstens 2 geschlossenen Z (Abb. **581**/5, 6). Hlb kurz gestielt (Abb. **581**/7). Familie *Proctotrupidae* – **Zehrwespen** S. 678

38* F mit 15 Gld u. 1 RingGld. VFl mit mehr als 2 geschlossenen Z u. charakteristischer MedianZ (Abb. **581**/8). Hlb lg gestielt. Familie *Heloridae* S. 678

39 **(19)** Costa u. Subcosta fast od. ganz verschmolzen, somit dazw ohne Z (Abb. **582**/3, 5, 6). F mit mehr als 18 Gld (Ausnahme: *Neorhacodes, Hybrizon* = 13 Gld). Körper nie metallfarbig. Sternite schwach sklerotisiert, bei luftgetrockneten Exemplaren meist mit Bauchfalte (Abb. **582**/1). Bohrer (Ovipositor) der ♀ oft lg vorstehend . **40**

39* Costa u. Subcosta im VFl nicht verschmolzen, dazw eine lggestreckte Z (Abb. **583**/10; **584**/8). Sternite in der Regel ohne Bauchfalte. F mit 12 od. 13 Gld (Ausnahme: *Trigonalidae* mit 26 Gld) **41**

40 VFl mit 2. rücklaufender Ader (Ausnahme: *Hybrizon, Neorhacodes*). DiscocubitalZ verschmolzen (Abb. **582**/3). HFl Abb. **582**/4. 2. u. 3. Tergit beweglich verbunden (Abb. **582**/1). Familie *Ichneumonidae* – **Echte Schlupfwespen** S. 677

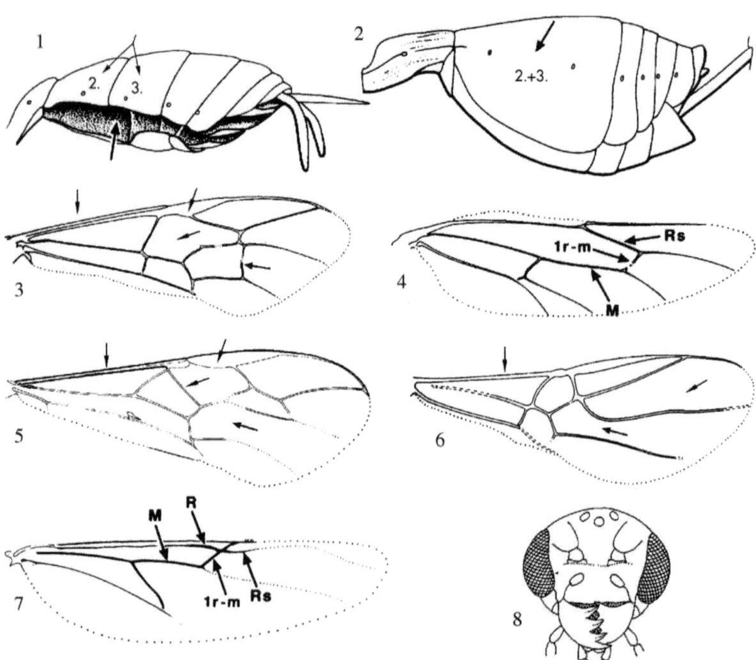

Abb. 582/1–8. **1** Hlb, *Ichneumonidae*; **2** Hlb, *Braconidae*; **3** VFl, *Ichneumonidae*; **4** HFl, *Ichneumonidae*; **5** VFl, *Braconidae*; **6** VFl, *Braconidae*; **7** HFl, *Braconidae*; **8** K von vorn, *Pseudogonalis hahnii (Trigonalidae)*.

40* VFl ohne 2. rücklaufende Ader. DiscocubitalZ getrennt (Abb. **582**/5) (Ausnahme: einige *Aphidiinae, Euphorinae),* wenn nicht, dann FlAderung apikal reduziert (Abb. **582**/6) u./od. 2. u. 3. Tergit verschmolzen (Abb. **582**/2) (zu erkennen an 2 Stigmalöffnungen seitlich am Tergit). Familie *Braconidae* – **Brackwespen**, partim S. 677

41 **(39)** F mit etwa 26 Gld. OKf auffallend breit mit links 3, rechts 4 großen Zähnen (Abb. **582**/8). Nur eine, meist s schwarze Art mit geflecktem VFl. KörperLg 9–14 mm. Familie *Trigonalidae* S. 678

41* F mit 12 od. 13 Gld (Ausnahme: *Heloridae* mit 15 Gld). OKf nicht so auffallend . **42**

42 Hlb am oberen E des Propodeums verankert (Abb. **576**/1, 3, 5) . **16**

42* Hlb am unteren E des Propodeums verankert . **43**

43 Körper metallfarbig glänzend. HFl ohne geschlossene Z (Abb. **578**/3). Hlb mit höchstens 5 sichtbaren, meist einrollbaren Sgm. Familie *Chrysididae* – **Goldwespen** S. 641

43* Körper nicht metallfarbig, höchstens schwarz glänzend. HlbSgm nicht einrollbar . . **44**

44 VFl mit einer medianen geschlossenen DreieckZ (Abb. **581**/8). HFl ohne geschlossene Z. F mit 15 Gld. 2. bis 4. HlbTergit verschmolzen. Familie *Heloridae* S. 678

44* VFlAderung anders. HFl mit deutlicher Aderung u. geschlossenen Z. F mit 12 od. 13 Gld. HlbTergite nicht verschmolzen . **45**

45 Hsch erreicht nicht die Tegulae (Abb. **583**/1) u./od. Körper lg u. dicht behaart (Abb. **583**/2) (Überfamilie *Apoidea*) . **46**

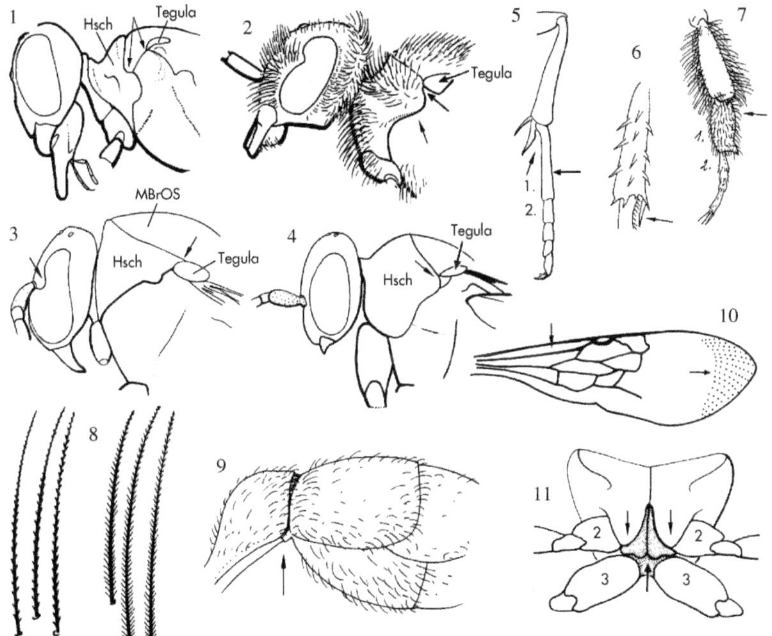

Abb. 583/1–11. **1** K u. Hsch seitlich, *Sphecidae*; **2** K u. Hsch seitlich, *Apidae*; **3** K u. Hsch seitlich, *Vespidae*; **4** K u. Hsch seitlich, *Tiphiidae*; **5** Schiene u. FußGl, *Sphecidae*; **6** SchienenE, *Sphecidae*; **7** Schiene u. FußGl, *Apidae*; **8** Propodeumshaare, *Apidae*; **9** 1. u. 2. HlbSgm, *Tiphia* sp.; **10** VFl, *Scolia* sp.; **11** Hüften 2 u. 3 u. MSternum, *Tiphiidae*.

45* Hsch erreicht die Tegulae (Abb. **583**/3, 4). Körper höchstens lg, aber wenig dicht behaart (*Scoliidae, Tiphiidae*) (Überfamilie *Vespoidea*) **47**

46 1. Gld der HTarsen zylindrisch, kaum breiter als die folgenden (Abb. **583**/5), an der Basis mit meist deutlicher Einbuchtung u. darüber mit Putzsporn (Abb. **583**/6). Körper kurz u. locker behaart. Propodeumsbehaarung ohne Befiederung.
Familie *Sphecidae* et *Crabronidae* – **Grabwespen, Sandwespen** S. 634

46* 1. Gld der HTarsen abgeflacht, breiter als die folgenden, basal nicht eingebuchtet. VSchienenE (höchstens) mit einfachen ESpornen. Bes. die oft dichte Propodeumsbehaarung gefiedert (Abb. **583**/8). Familie *Apidae* – **Bienen** S. 617

47 **(45)** Zw dem 1. u. 2. HlbSternit von der S gesehen eine tiefe Kerbe (Abb. **583**/9; **584**/7). Körper meist lg behaart **48**

47* Zw dem 1. u. 2. Sternit keine solche Kerbe, wenn im Zweifelsfall eine tiefere Furche (einige Vespidae), dann mit lg 1. DiscoidalZ (Abb. **584**/8). Körper höchstens mit vereinzelten längeren Haaren **50**

48 VFl apikal mit lg Längsriefen (Abb. **583**/10). HHü weit separiert. 2 größere s Arten.
Familie *Scoliidae* – **Dolch-, Mordwespen** S. 657

48* VFl apikal ohne Längsriefen, höchstens fein gerunzelt. HHü dicht nebeneinander (Abb. **583**/11) **49**

49 HFl ohne Basallappen (Abb. **584**/1). FlMal im VFl klein, zellenförmig (Abb. **584**/3). 1. Tergit an der S mit Furche. HlbE nie mit Dorn. Nur ♂.
Familie *Mutillidae* – **Bienenameisen** S. 653

49* HFl mit Basallappen (Abb. **584**/2). FlMal meist sklerotisiert (Abb. **658**/2–4). HlbE beim ♂ oft mit nach oben gebogenem Dorn. Familie *Tiphiidae* – **Rollwespen** S. 658

50 **(47)** Die ersten beiden HlbSgm knotenförmig od. das 1. mit einer aufrechten Schuppe od. knotenförmig (Abb. **584**/4, 5). FSchaft stets lg u. schlank.
Familie *Formicidae* – **Ameisen** S. 644

50* HlbBasis nicht knoten- od. schuppenförmig **51**

51 Au nicht nierenförmig ausgerandet. B lg, meist überragt die HSchiene das HlbE.
Familie *Pompilidae* – **Wegwespen** S. 656

51* Au innen nierenförmig ausgerandet (Abb. **584**/6; **662**/6–9). B kurz, HSchienen überragen nicht das HlbE **52**

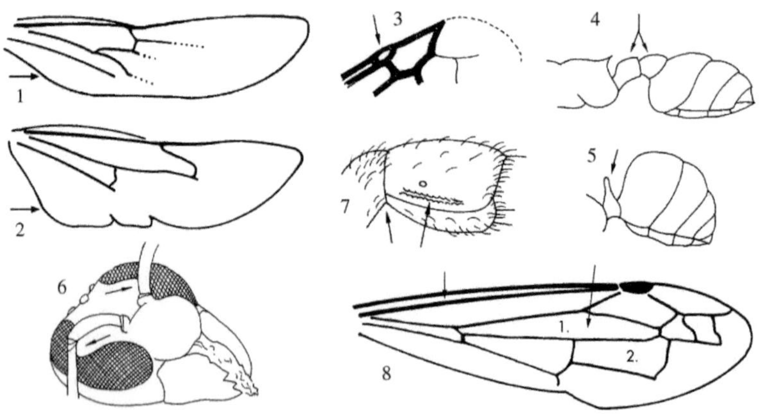

Abb. 584/1–8. **1** HFl, *Mutillidae*; **2** HFl, *Tiphiidae*; **3** Spitze des VFl mit FlMal, *Mutillidae*; **4** Hlb seitlich, *Myrmicinae*; **5** Hlb seitlich, *Formicinae*; **6** K von seitlich vorn, *Vespidae*; **7** 2. HlbSgm, *Mutillidae*; **8** VFl, *Vespidae*.

52 1. DiscoidalZ im VFl lg u. schlank (Abb. **584**/8). VFl der Lg nach faltbar. 1. u. 2. Tergit ohne Furche. Hlb nicht schlank u. kreisrund.
Familie *Vespidae* – **Faltenwespen**, Aufteilung s. S. 659

52* 1. DiscoidalZ im VFl kurz (Abb. **657**/1, 2). VFl nicht faltbar. Hlb lg u. schlank, im Querschnitt kreisrund. 1. u. 2. Tergit seitlich mit feiner Furche.
Familie *Sapygidae* – **Keulenwespen** S. 656

53 **(14)** 2. u. 3. BrSgm miteinander verschmolzen, Furchen höchstens seitlich deutlich. Im Zweifelsfall HlbBasis nicht knoten- od. schuppenförmig. Wenige s Arten.
Familie *Mutillidae* – **Bienenameisen** S. 653

53* BrSgm nicht verschmolzen u./od. 1.(2.) HlbSgm knoten- od. schuppenförmig . . . **54**

54 1.(2.) HlbSgm knoten- od. schuppenförmig (Abb. **584**/4, 5). FSchaft stets lg, F mit 12 Gld. Familie *Formicidae* – **Ameisen** S. 644

54* HlbBasis nicht knoten- od. schuppenförmig **55**

55 Hsch erreicht nicht die Tegulae (Abb. **579**/1). Tergite häufig schwach sklerotisiert u. eingedrückt. Körper meist grün od. blau metallisch.
Überfamilie *Chalcidoidea* – **Erzwespen** S. 671

55* Hsch erreicht die Tegulae (Abb. **579**/2) od. Br anders gestaltet u. ohne Tegulae. Tergite stärker sklerotisiert u. nicht eingefallen. Körper nicht metallisch glänzend . . **56**

56 FBasis dicht am Ksch angefügt (Abb. **585**/1) **57**

56* FBasis vom Ksch deutlich entfernt, in der M des K angefügt (Abb. **585**/2) **64**

57 FSchaft (1. FGld) wenigstens 5-mal so lg wie breit, ± gerade u. mit parallelen S. Hlb ohne sichtbare Stigmen. Körper meist unter 3 mm lg **58**

57* FSchaft gewöhnlich weniger als 3-mal so lg wie breit, wenn lg, dann stark gebogen. Hlb wenigstens mit 2 Paar Stigmen an Sgm 1 u. 2. Körper 2 bis 30 mm lg **61**

58 Hlb flach (deprimiert), zuweilen 2-mal breiter als hoch. 2. od. 3. Tergit am größten, länger als breit (Abb. **579**/6; **580**/1, 2). Au breit u. erreichen oft den HRand des K. (Überfamilie *Platygastroidea*) **59**

58* Hlb breit oval. 1. Tergit am größten, länger als die folgenden zusammen (Abb. **580**/7, 8). Au normal, Wangen breit (Überfamilie *Ceraphronoidea*) **60**

59 2. HlbTergit groß, viel länger als das 3. (Abb. **580**/2) u./od. F mit meist 10 Gld.
Familie *Platygasteridae* S. 677

59* 3. HlbTergit länger als das 2. (Abb. **580**/1). F meist mit 11–12 Gld.
Familie *Scelionidae* S. 678

60 **(58)** HlbBasis halsartig eingeschnürt (von oben betrachten, Abb. **580**/7). Schienen der MB mit 2 Spornen. Familie *Megaspilidae* S. 671

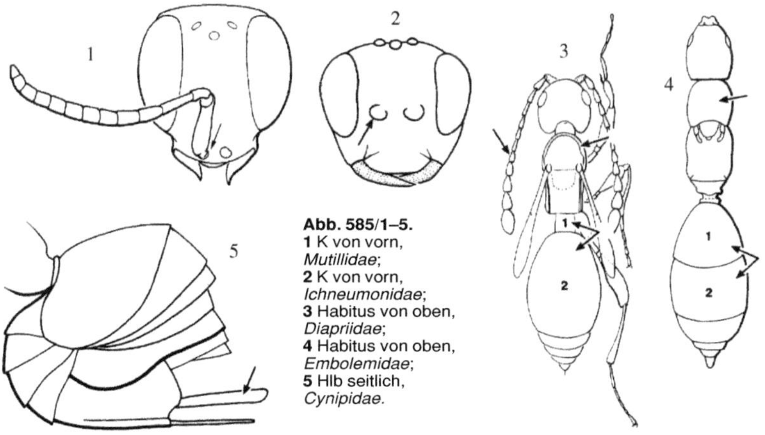

Abb. 585/1–5.
1 K von vorn, *Mutillidae*;
2 K von vorn, *Ichneumonidae*;
3 Habitus von oben, *Diapriidae*;
4 Habitus von oben, *Embolemidae*;
5 Hlb seitlich, *Cynipidae*.

60* HlbBasis nur furchenartig eingeschnürt (Abb. **580**/8). MSchiene mit 1 ESporn. Familie *Ceraphronidae* S. 671

61 **(57)** VB der ♀ zu FangB umgebildet (Abb. **580**/6). F mit 10 Gld. Familie *Dryinidae* – **Zikadenwespen** S. 644

61* VB der ♀ normal. F mit wenigstens 10 Gld **62**

62 ♂ od. ♀. K länger als breit, vorgestreckt (prognath) (Abb. **581**/2). FlStummel u. Tegulae meist vorhanden. SFurche des 2. Tergits fehlt. Körper kaum behaart. 1,5–5 mm KörperLg. Familie *Bethylidae* – **Ameisenwespen** S. 641

62* Nur ♀. K breiter als lg, nach unten geneigt (Abb. **581**/3). Br ohne FlStummel u. Tegulae. 2. Tergit oft mit SFurche (außer Gattung *Methocha, Tiphiidae* u. *Myrmosa*) (Abb. **584**/7) **63**

63 Br oben ganz verschmolzen, ohne Furche od. 2teilig (Gattung *Myrmosa*). 2. Tergit mit SFurche (außer *Myrmosa*). Körper zerstreut lg behaart. Familie *Mutillidae* – **Bienenameisen** S. 653

63* Br normal 3teilig. 2. Tergit ohne SFurche. Körper ohne Haarbinden. 1 Art der Gattung *Methocha*. Familie *Tiphiidae* – **Rollwespen**, partim S. 658

64 **(56)** FSchaft wenigstens 4-mal so lg wie breit **65**

64* FSchaft weniger als 3-mal so lg wie breit **66**

65 Hsch von oben gesehen ± U-förmig. 2. Tergit lg, länger als die folgenden zusammen (Abb. **585**/3). F mit gewöhnlich 11–15 Gld, s mit 9 od. weniger. Familie *Diapriidae* S. 678

65* Hsch ± rechteckig. 1. u. 2. Tergit etwa gleich lg, das 1. konisch nicht gestielt (Abb. **585**/4). F mit 10 Gld. Wenige seltene Arten. Familie *Embolemidae* S. 644

66 Hlb komprimiert, von der S gesehen höher als breit. Letztes Sternit groß, kielartig. Bohrer weit vor der HlbSpitze inseriert, ± nach oben gerichtet (Abb. **585**/5). Nur ♀. Familie *Cynipidae* – **Gallwespen** S. 674

66* Hlb deprimiert od. spindelförmig. Letztes Sternit nicht auffallend groß, Bohrer kurz vor od. aus der HlbSpitze, gerade od. nach unten gerichtet **67**

67 Sternite schwach sklerotisiert u. bei luftgetrockneten Exemplaren mit Längsfalten. Bohrer gerade. Meist größere Arten bis 35 mm Körperlg (Abb. **582**/1). Familie *Ichneumonidae* – **Echte Schlupfwespen** S. 677

67* Hlb spindelförmig, die Sternite stark sklerotisiert u. nicht faltig. Bohrer nach unten gerichtet . Kleine Arten, selten bis 10 mm Körpgerlg (Abb. **581**/7). Familie *Proctotrupidae* – **Zehrwespen** S. 678

Unterordnung *Symphyta* – Pflanzenwespen

Weltweit über 8350, in DE fast 800 Arten. Die Umweltanforderungen der Pflanzenwespen sind bisher nur wenig bekannt. Die Wirtspflanzen stellen hierbei nur einen, wenn auch wesentlichen, Faktor für das Vorkommen der Arten dar. Das Wirtspflanzenspektrum umfasst neben den Blütenpflanzen auch Koniferen, Farne, Moose u. Schachtelhalme. Die meisten Arten sind mono- bzw. oligophag, d. h. auf eine Wirtspflanzenart bzw. -gattung beschränkt. Ausgesprochen polyphage Arten sind eher die Ausnahme. Das Vorkommen einer Pflanzenart lässt keineswegs den automatischen Rückschluss auf das Vorkommen der daran gebundenen *Symphyta* zu. Wegen der Flugaktivität der Im. ist von deren Aufenthaltsort nicht unbedingt auch auf den Lebensraum der L zu schließen. Die Im. finden sich oft auf Blüten (meist Doldenblüten), während sich die L meist an völlig anderen Pfl entw. Hier ist die Notwendigkeit mosaikartiger Strukturen (unterschiedliche Habitate auf relativ engem Raum) sehr wahrscheinlich eine Voraussetzung für das Vorkommen der Arten, ihr Lebensraum ist insofern nicht einfach auf einen bestimmten Typ zu reduzieren. Die meisten Pflanzenwespen finden sich in vegetationsreichen Feuchthabitaten. Die entsprechenden Arten sind oft weit im nördl Bereich der Paläarktis verbreitet. Deutlich weniger, wahrscheinlich unter 20% der heimischen *Symphyta*, bevorzugen Xerothermstandorte.

Diese Taxa sind häufig in S- bzw. SOEur weiter verbreitet u. erreichen in DE ihre nördl Verbreitungsgrenze od. bilden hier nur kleinere Inselvorkommen. Die meisten Pflanzenwespen, die als ± bedroht angesehen werden, leben auf Feuchtflächen od. Trockenrasen. Für einige Arten ist die großflächige landwirtschaftliche Intensivierung als unmittelbare Gefährdungsursache zu nennen (vgl. TAEGER et al. in TAEGER & BLANK 1998). Durch die Bundesartenschutzverordnung sind lediglich die Keulhornblattwespen der Gattung *Cimbex* geschützt.
Die Flugzeit der Im. liegt meist im Frühling u. Frühsommer (IV–VI), relativ wenige Arten fliegen im Sommer (bis VIII). Bei den wenigen im Herbst auftretenden Tieren handelt es sich entweder um die Gattungen *Apethymus* u. *Neodiprion* (s. u.) od. vereinzelte Exemplare von Arten mit mehreren Gen. Die Überw der Arten erfolgt meist als Eonymphe („Einspinnstadium" bei kokonbildenden Arten), bei *Apethymus* u. *Neodiprion* überw das Ei. Holzbewohnende Arten haben meist eine mehrjährige Larvalentw. Von vielen Arten ist das Überliegen der Eonymphe (oft über mehrere Jahre!) von Teilen der Population bekannt. Die Eonymphen bilden oft ± stabile Kokons. Arten der Überfamilien *Megalodontesoidea* u. *Siricoidea* sowie viele *Tenthredinidae* haben keinen Kokon. Einige Arten pflanzen sich obligat od. fakultativ parthenogenetisch fort. In diesen Fällen sind die ♂♂ s od. unbekannt.
Die Bestimmungsliteratur zur Gruppe ist z. Zt. sehr verstreut. Die einzige Arbeit, die den größten Teil der heimischen Taxa relativ aktuell zusammenfasst, ist von ZHELOCHOVTSEV (1988). Mit diesem Buch allein ist jedoch keine sichere Identifikation aller deutschen Arten möglich. Umfangreiche Hinweise zur Biologie, Verbreitung u. Gefährdung der deutschen Arten sowie Bestimmungsschlüssel für Teilgruppen finden sich in TAEGER & BLANK (1998). Eine Übersicht zur Naturgeschichte der Unterordnung wurde von SCHEDL (1991) zusammengestellt. Die Biologie forstlich relevanter Arten Eur wird von PSCHORN-WALCHER & EICHORN (1982) umfangreich abgehandelt.

Überfamilie ***Xyeloidea***

Lg 2,5–7,0 mm. 3. FGld lg u. dick, folgende FGld sehr dünn. VFl mit gegabelter Radialader (Abb. **574**/9). ♀♀ mit lg Sägescheide. L mit undeutlichen HlbB. – L in den ♂ Blüten von Kiefern (Gattung *Xyela* DALMAN) od. in Tannentrieben (Gattung *Pleroneura* KONOW). Im. IV–V. Weltweit rezent nur die Familie *Xyelidae* mit etwa 65 Arten.

Familie ***Xyelidae* – Urblattwespen**

1 Die 9–12 EGld des F zusammen nur halb so lg wie das 3. Gld. OS der Sägescheide nach oben gebogen. Lg 5,0–7,0 mm. Sehr s. L in diesjährigen Tannentrieben. 2 Arten. Gattung *Pleroneura* KONOW **6**
1* Die 9 EGld des F zusammen so lg wie od. länger als das 3. Gld. OS der Sägescheide gerade od. nach unten gebogen. Lg 2,5–4,5 mm. Im. im Frühj bes. an Kätzchen windbestäubender Bäume (Birke, Kiefer), L in ♂ Kiefernblüten. 5 Arten, ♂♂ u. z. T. auch ♀♀ schwierig zu unterscheiden. Gattung *Xyela* DALMAN **2**
2 UKfTst in der M deutlich dünner als 3. FGld. Sägescheide ± so lg wie VFl. L vermutlich an Weißkiefer. Sehr s. [= *Xyelatana l.*, = *X. piliserra* (THOMSON)]. *Xyela longula* DALMAN
2* UKfTst in der M so dick wie 3. FGld. Sägescheide kürzer **3**
3 Sägescheide dunkelbraun od. schwarz **4**
3* Sägescheide hellbraun od. gelblich **5**
4 Sägescheide zur Spitze hin keilförmig zulaufend, US gerade. Alp, s (in DE noch nicht nachgewiesen, aber zu erwarten). L an Zirbe. *Xyela alpigena* (STROBL) ♀
4* Sägescheide parallelseitig, nach unten gebogen. L an Schwarzkiefer. s, lokal g. *Xyela curva* BENSON ♀

5 **(3)** K überwiegend braun. Alp. L an Latschenkiefer. s, lokal g. *Xyela obscura* (STROBL) ♀
5* K meist ausgedehnt gelb mit brauner Zeichnung. L an Weißkiefer. g. *Xyela julii* (BRÉBISSON) ♀
6 **(1)** Schenkel, 3. Gld der UKfTst, Scapus, Pedicellus u. oft 3. FGld rotbraun. Klauen der HB ohne Subapikalzahn. *Pleroneura dahlii* (HARTIG)
6* Schenkel, F u. basale Hälfte des 3. Gld der UKfTst schwarz. Klauen der HB mit kleinem, oft schwierig erkennbarem Subapikalzahn. *Pleroneura coniferarum* (HARTIG)

Überfamilie ***Pamphilioidea***

Familie ***Megalodontesidae***

10–13 mm. Schwarz mit gelber Zeichnung. VFl teilweise verdunkelt. Hlb seitlich gerundet, ohne scharfe Kante. L ohne HlbB. – L einzeln od. in kleinen Gruppen in Gespinsten an Doldenblütengewächsen. Bevorzugt an Xerothermstandorten. Im. VI–VIII. Die knapp 50 Arten der Familie sind auf die Paläarktis beschränkt u. haben ihren Verbreitungsschwerpunkt im Mittelmeerraum. Sie werden alle der Gattung *Megalodontes* LATREILLE zugeordnet. Mit Ausnahme von *M. cephalotes* in DE sehr lokal u. s.

1 Gesicht mit 2 gelben Flecken am inneren AuRand. Forts der F sehr kurz. [= *Melanopus f.*]. DE: ST, NS, TH, BY. *Megalodontes fabricii* (LEACH)
1* Gesicht mit 3 gelben Flecken, ein Fleck in der M unter den F liegend. Längste Forts der F wenigstens 1,5-mal so lg wie das folgende Gld. **2**
2 FGeißel zur Spitze hin deutlich verdunkelt, beim ♀ Tergite 5–7(–8) meist etwa gleichbreit gelb gerandet. **3**
2* FGeißel gelb, beim ♀ Tergite 5–6 meist schmaler gelb gerandet als Tergite 7–8. . **5**
3 Längste Forts der F ca. so lg wie die folgenden 2–3 Gld zusammen. L an *Seseli libanotis, Laserpitium siler, L. latifolium* u. *Peucedanum cervaria.* Lokal, z., fehlt in N DE. [= *M. klugii* (LEACH) = *M. spissicornis* (KLUG)] *Megalodontes cephalotes* (F.)
3* Längste Forts der F nur ca. 1,5-mal so lg wie das folgende Gld. **4**
4 MBrOS mit größeren glatten Flächen, beim ♀ gelber HRand der Sternite 5–6 durchgängig u. 1. FGld schwarz gezeichnet; DE: BW. *Megalodontes plagiocephalus* (F.)
4* MBrOS ohne größere glatte Flächen, beim ♀ meist gelber HRand der Sternite 5–6 in der Mitte unterbrochen u. 1. FGld ganz rotgelb; DE: BW, BY, RP. *Megalodontes thor* TAEGER
5 **(2)** MBrOS mit 2 gelben Flecken, beim ♀ Tergit 1 meist ganz schwarz; ♂ unbekannt; wenige, sehr alte Nachweise aus DE: BR, ST, TH, BY. *Megalodontes flavicornis* (KLUG)
5* MBrOS meist mit 4 gelben Flecken, beim ♀ Tergit 1 meist gelb gefleckt; einzelne Nachweise aus BW. [= *M. cephalotes* auct.] *Megalodontes panzeri* (LEACH)

Familie ***Pamphiliidae*** – **Gespinstblattwespen**

(7–)10–13(–14) mm lg Arten. Meist schwarz mit auffallend gelber od. roter Zeichnung. Hlb seitlich mit scharfer Kante. L ohne HlbB. – L einzeln od. in Gruppen in Gespinsten an Nadelbäumen (UFamilie *Cephalciinae*) od. in gerollten Blättern von Laubbäumen u. -sträuchern (UFamilie *Pamphiliinae*). Einige Vertreter der *Cephalciinae* neigen zu Massenvermehrungen. Während die *Cephalciinae* recht plumpes Verhalten zeigen, handelt es sich bei den *Pamphiliinae* meist um sehr schnell fliegende Arten. Im. hauptsächlich V–VI, Einzeltiere bis VIII. Gruppe mit holarkt Verbreitung, insgesamt ca. 300 bekannte Arten. Eur Arten ACHTERBERG & AARTSEN (1986). L S. 609.

1 VTeil der VFl irregulär geknittert. Klauen mit kleinem Zähnchen in der M (Abb. **591**/2). UFamilie *Cephalciinae* **2**
1* VTeil der VFl längsgewellt. Klauen deutlich gespalten bzw. 2zähnig (Abb. **591**/3–4). UFamilie *Pamphiliinae* **9**
2 FlZ braun. Adern leuchtend rot (bei toten Tieren weißgelb). L an Kiefer. s. [= *Cephalcia r.*]. *Caenolyda reticulata* (L.)
2* Fl ± hyalin, s mit FlBinde od. geschwärzt. Adern braun od. schwarz **3**
3 VSchiene mit Präapikalsporn (Abb. **574**/10). L an Kiefer od. Lärche **4**
3* VSchiene ohne Präapikalsporn. L an Tanne, Fichte od. Lärche. 9 z. T. sehr schwer unterscheidbare Arten. Gattung *Cephalcia* PANZER. Schädlich an Fichte im Geb bes. *Cephalcia abietis* (L.) – **Große Fichten-Gespinstblattwespe**, im Flachland bes. *Cephalcia arvensis* PANZER – **Kleine Fichten-Gespinstblattwespe**.
4 Br metallisch schwarzblau, Occipitalleiste fehlend **5**
4* Br nicht metallisch, Occipitalleiste vorhanden **7**
5 Hlb in der M gelbrot. L an Kiefer. Alp, s. *Acantholyda pumilionis* (GIRAUD)
5* Hlb einfarbig schwarzblau **6**
6 3. FGld ca. so lg wie die folgenden 3 Gld zusammen. K beim ♀ fast ganz rotbraun. L oft an 10–40jährigen Kiefern schädlich. *Acantholyda erythrocephala* (L.) – **Stahlblaue Kiefernschonung-Gespinstblattwespe**
6* 3. FGld ca. so lg wie die folgenden 2 Gld zusammen. K beim ♀ gelbbraun mit schwarzem Scheitel. Wird mit voriger zusammen gefunden, ist aber s. *Acantholyda flaviceps* (RETZIUS)
7 **(4)** Fl glänzend goldgelb. HlbTergite 2–5 rotgelb. L an 2–5-jährigen Kiefern. *Acantholyda hieroglyphica* (CHRIST) – **Kiefernkultur-Gespinstblattwespe**
7* Fl hyalin od. mit getrübter Spitze. HlbTergite ausgedehnter geschwärzt **8**
8 Fl ± gleichmäßig hyalin. FlMal rotgelb, basal wenig verdunkelt. L gelegentlich an Kiefer schädlich. [= *A. nemoralis* auct., = *A. pinivora* ENSLIN]. *Acantholyda posticalis* (MATSUMURA) – **Große Kiefern-Gespinstblattwespe**
8* FlSpitze bräunlich getrübt. FlMal basal deutlich verdunkelt. L an Lärche, in den Alp häufiger, sonst s. *Acantholyda laricis* (GIRAUD)
9 **(1)** Intercostalader im VFl gegabelt, vorderer Ast in die Costa mündend (Abb. **589**/1) **10**
9* Intercostalader im VFl einfach (Abb. **589**/3), in die Subcosta mündend. Falls andeutungsweise gegabelt, vorderer Ast nicht die Costa erreichend (Abb. **589**/2) **16**
10 K rotgelb, Ocellarfeld schwarz. Hlb schwarz u. ± orange **11**
10* K schwarz mit ± gelber bzw. weißer Zeichnung, manchmal überwiegend hell. Hlb variabel gefärbt **14**
11 ♀ (Sägescheide vorhanden) **12**
11* ♂ (letztes Sternit bildet die hinten abgerundete Subgpl) **15***
12 Schenkel schwarz. L an Ahorn. *Pamphilius lethierryi* KONOW ♀
12* Schenkel gelb **13**
13 HlbSgm 2–5 ganz u. 6–7 seitlich orange. L an Pappel. *Pamphilius betulae* (L.) ♀
13* HlbSgm 2–5 orange, 6–9 schwarz. L an Pappel. *Pamphilius festivus* PESARINI & PESARINI ♀
14 **(10)** FGld 3 ca. so lg wie das 4. Gld. F gelb, Scapus ± schwarz. Schwarz, K u. Körper gering gelb, B ausgedehnt gelb gezeichnet. Häufigste Art, L polyphag. *Pamphilius sylvaticus* (L.) ♀
14* Entweder FGld 3 deutlich länger als das 4. Gld od. F ausgedehnt schwarz. K u. Körper oft mit markanter heller Zeichnung **15**

1 2 3

Abb. 589/1–3. VFl Spitze von **1** *Pamphilius*; **2** u. **3** *Neurotoma*.

15 **(11, 14)** K fast ganz schwarz, nur ein kleiner gelber Fleck an den oberen AuEcken. HlbSgm 3–5 (auch ventral!) orange. L an Brombeere. Häufige Art. *Pamphilius hortorum* (KLUG) ♀

15* Färbung anders, oft auffällig gefärbt. Meist s, manchmal nur wenige Exemplare bekannt. L einzeln in Blattrollen an verschiedenen Laubbäumen bzw. Rosengewächsen. 21 Arten. *Onycholyda kervillei* (KONOW) u. Gattung *Pamphilius* LATREILLE

16 **(9)** Körper metallisch blau. K oben ohne Occipitalleiste. L zu zweit in eingerollten Eichenblättern. Sehr s. *Neurotoma mandibularis* (ZADDACH)

16* Körper nicht metallisch. K oben mit Occipitalleiste. L in Gespinsten an Rosengewächsen **17**

17 Fl zumindest teilweise deutlich verdunkelt **18**

17* Fl annähernd hyalin **19**

18 K in dorsaler Sicht ♀ fast ganz orange, beim ♂ K seitlich ausgedehnt gelb. 7–10 mm. s. *Neurotoma fausta* (KLUG)

18* K in dorsaler Sicht schwarz. 10–14 mm. L früher als Schädling im Obstbau gemeldet, heute recht s. [= *N. flaviventris* (RETZIUS)]. *Neurotoma saltuum* (L.) – **Gesellige Birnenblattwespe**

19 **(17)** Basale FHälfte schwarz. K beim ♀ in dorsaler Sicht mit 4–6 hellen Streifen. Häufigste Art der Gattung. L bes. an Pflaume u. Schlehe. *Neurotoma nemoralis* (L.) – **Steinobst-Gespinstblattwespe**

19* Basale FHälfte gelb. K beim ♀ in dorsaler Sicht schwarz. L bes. an Vogelbeere u. Kirsche. Sehr s. *Neurotoma iridescens* (ANDRÉ)

Überfamilie ***Siricoidea* – Holzwespen**

Familie ***Siricidae* – Holzwespen**

Meist groß, auffallend, Lg 12–40 mm, mit schwarzer u./od. gelber Grundfarbe. Größenschwankungen der Im. z. T. beträchtlich. Verbindungsstück (Nacken) zw K u. Br kurz. HlbE mit chitinisierter Spitze (Abb. **595**/1). Die ♀♀ mit kräftigem, vorstehendem Sägebohrer. L nur mit stummelförmigen BrB u. hornigem EStachel. Xylobiont mit breitem Wirtspflanzenspektrum: Gattung *Tremex* in Laubgehölzen, die übrigen Arten in Nadelgehölzen. L meist in Symbiose mit Pilzen. Diese werden bei der Eiabl in das Holz übertragen u. entw sich in den Gängen u. dienen den L als Na. Im. V–VIII. Gelegentlich werden ausländische Arten mit Bauholz nach DE eingeschleppt. Die hier verwendeten deutschen Namen spiegeln nicht das breite Futterpflanzenspektrum der Arten wider. Die Systematik u. Nomenklatur der Gruppe sind in der älteren Literatur oft verworren. Versuche, *Urocerus gigas* in UArten od. Arten zu gliedern, sind wohl nicht haltbar. Die 3 heimischen *Sirex*-Arten wurden häufig als nur eine Art aufgefasst. Weltweit über 110 Arten, in DE 9.

1 F kürzer als K u. Br zusammen. VFl mit 2 CubitalZ, die 2. nimmt beide Discoidalnerven auf **2**

1* F länger als K u. Br zusammen. VFl mit 3 CubitalZ, Discoidalnerven münden in die 2. u. 3. CubitalZ (Abb. **595**/1) **3**

2 Fl gelblich mit gelbem Geäder. z – s. *Tremex fuscicornis* (F.)

2* Fl basal hell, apikal bräunlich, Geäder schwarz, FlMal gelblich. Mehr südliche Art, s, evtl. eingeschleppt. *Tremex magus* (F.)

3 **(1)** HSchienen mit 1 ESporn. *Xeris spectrum* (L.) – **Schwarze „Fichtenholzwespe“**

3* HSchienen mit 2 ESpornen **4**

4 K stets einfarbig dunkel. **Blaue „Kiefernholzwespen“** **5**

4* K immer gelb gezeichnet **7**

5 5. Tarsalgld aller B schwarz. s. *Sirex noctilio* F.

5* 5. Tarsalgld aller B gelb, höchstens apikal wenig dunkler **6**

6 F ganz schwarz. s. [*S. cyaneus* auct.] *Sirex torvus* (HARRIS)

6* F basal ± gelbbraun. z. *Sirex juvencus* (L.)

Abb. 591/1–4. Klauenformen. **1** einfach; **2** mit kleinem Zahn; **3** mit deutlichem Zahn; **4** gespalten.

7 **(4)** Scheitel breit schwarz, dicht punktiert. Häufigste Art (Abb. **595**/1). [= *U. g. taiganus* BENSON]. *Urocerus gigas* (L.) – **Riesenholzwespe**
7* Scheitel meist nur entlang der Längsfurche geschwärzt, seine Punktur weitläufig, glänzend **8**
8 Beim ♀ HSchienen wenigstens in der apikalen Hälfte schwarz. V- u. MSchienen der ♂ ± verdunkelt. Klauen mit deutlichem Subapikalzahn (Abb. **591**/3). Bevorzugt im Bereich primärer Tannenvorkommen. s. *Urocerus augur* (KLUG)
8* HSchienen der ♀ gelb. V- u. MSchienen der ♂ gelb. Klauen mit undeutlichem Zahn (Abb. **591**/2). s. [= *U. phantoma* auct., = *U. tardigradus* (CEDERHJELM)]. *Urocerus fantoma* (F.)

Familie *Xiphydriidae* – Schwertwespen

Relativ große Arten, 7–22 mm lg. Größenschwankungen der Im. z. T. beträchtlich. Nacken auffallend lg. Sägebohrer vorstehend, HlbE ohne hornige Spitze. Im. V–VIII. L polyphag, xylobiont in Birke, Erle, Weiden- u. Ulmengewächsen. Weltweit über 135 Arten. In DE 5 Arten der Gattung *Xiphydria* LATREILLE [= *Konowia* BRAUNS, = *Pseudoxiphydria* ENSLIN].

1 Hlb schwarz mit rotem Gürtel. z. *Xiphydria prolongata* (GEOFFROY)
1* Hlb schwarz od. schwarz mit hellen Flecken **2**
2 Klauen der Tarsen mit Subapikalzahn (Abb. **591**/2–3). Hlb mit hellen Flecken . . . **3**
2* Klauen der Tarsen einfach (Abb. **591**/1). Hlb ganz schwarz. Sehr s **5**
3 2. FGld deutlich länger als 4. s. *Xiphydria longicollis* (GEOFFROY)
3* 2. FGld etwas kürzer als 4 . . . . **4**
4 Ksch gleichmäßig in das Stirnfeld übergehend. Stirn schwarz. Häufigste Art. *Xiphydria camelus* (L.)
4* Ksch winklig auf das Stirnfeld stoßend. Stirn meist mit heller Zeichnung. In DE nicht nachgewiesen, aber zu erwarten. Sehr s. *Xiphydria picta* KONOW
5 **(2)** 4. FGld u. folgende Gld höchstens 1,5-mal so lg wie breit. [= *Konowia m.*]. *Xiphydria megapolitana* (BRAUNS)
5* 4. FGld u. folgende Gld ca. 2,5-mal so lg wie breit. [= *Konowia b.*]. *Xiphydria betulae* (ENSLIN)

Überfamilie *Orussoidea*

Familie *Orussidae*

5–15 mm. F mit 11 (♂) od. 10 (♀) Gld. FBasis tief, durch einen Stirnanhang überdeckt. Stirn mit einem Kranz aufrechter Dörnchen. ♀♀ mit einziehbarem, lg, dünnem Bohrer. Größenschwankungen der Im. z. T. beträchtlich. – Einzige Gruppe der *Symphyta* mit parasitoider Lebensweise, L Parasiten bei xylobionten KäferL (*Buprestidae*, *Cerambycidae*) od. Schwert- u. HolzwespenL (*Xiphydriidae*, *Siricidae*). Im. (IV–) V–VI(–VII). Weltweit ca. 85 Arten. Eur Arten vgl. KRAUS in TAEGER & BLANK (1998).

1 Hlb ab 3. Sgm rot. Meist über 8 mm. Art mit starken Populationsschwankungen, oft jahrelang keine Nachweise. s. *Orussus abietinus* (SCOPOLI)

1* Hlb schwarz od. schwarz mit weißen Flecken. Meist unter 8 mm. Sehr s **2**
2 Meist mit weißer Zeichnung. VFl getrübt mit bleicher Binde unter dem FlMal. Hlb ab dem 3. Tergit seidig skulpturiert. *Orussus unicolor* LATREILLE
2* Schwarz. VFl an der Basis hyalin, Apikalhälfte getrübt. Hlb kraterartig skulpturiert. *Pseudoryssus henschii* (MOCSÁRY)

Überfamilie *Cephoidea* – Halmwespen

Familie *Cephidae* – Halmwespen

Schlanke, 4–18 mm lg Arten mit vielgld, fadenförmigen, zuweilen leicht gekeulten F. HBr ohne paarige Rückenkörnchen (Cenchri, vgl. Abb. **574**/3). Hlb schwarz, meist gelb geringelt, s ausgedehnt hell. – L leben in Zweigen u. Stängeln von Laubbäumen u. Stauden od. in Sprossachsen von Kräutern u. Gräsern. Im. häufig auf gelben od. weißen Blüten. Weltweit ca. 160, in DE 19 Arten. Im. V–VII.

1 HSchienen außer dem ESporn etwas unterhalb der M mit 1–2 zusätzlichen Dornen **2**
1* HSchienen außer dem ESporn ohne zusätzlichen Dorn. Sehr s (1 Nachweis von 1976 aus BR). *Caenocephus lunulatus* (STROBL)
2 3. FGld deutlich länger als 4 .... **3**
2* 3. FGld höchstens so lg wie 4. L an Gräsern **6**
3 HSchienen außer dem ESporn etwas unterhalb der M mit 1 zusätzlichen Dorn (Abb. **574**/10) **14**
3* HSchienen außer dem ESporn etwas unterhalb der M mit 2 zusätzlichen Dornen. 3 Arten. 6–9 mm **4**
4 Hlb beim ♀ mit breitem braunrotem Ring, beim ♂ rotgelb mit schwarzer Basis. L bevorzugt in Wasserreisern von Birnbäumen. z. *Janus compressus* (F.)
4* Hlb schwarz, beim ♂ mit ± gelber HlbSpitze **5**
5 HSchenkel beim ♀ rot. Beim ♂ höchstens das apikale HlbSgm hell gezeichnet. L in Eichenzweigen. z. [= *J. femoratus* (CURTIS)] *Janus cynosbati* (L.)
5* HSchenkel beim ♀ schwarz. Beim ♂ wenigstens die 3 apikalen HlbSgm hell gezeichnet. L in Weiden- u. Pappelzweigen. z. *Janus luteipes* (LEPELETIER)
6 **(2)** K von vorn so breit wie hoch, ca. kreisförmig (Abb. **594**/6) **7**
6* Au vorstehend, daher K von vorn breiter als hoch (Abb. **594**/7) **9**
7 HSchienen schwarz. Hlb ± gelb gezeichnet **8**
7* HSchienen überwiegend gelb. Hlb beim ♀ schwarz. z–g. [= *Cephus p.*]. *Calameuta pallipes* (KLUG)
8 Letztes HlbSgm schwarz, Hlb z. T. gelb gebändert. z. *Calameuta filiformis* (EVERSMANN)
8* Letztes HlbSgm dorsal sattgelb, Hlb. beim ♀ sonst meist ganz schwarz. Sehr s, wahrscheinlich in DE ausgestorben, in SEur häufig. [= *Cephus h.*]. *Calameuta haemorrhoidalis* (F.)
9 **(6)** Hlb schwarz. z. *Cephus nigrinus* THOMSON
9* Hlb ± auffällig gelb gezeichnet **10**
10 VFl basal geschwärzt, apikal hyalin. s. *Cephus infuscatus* THOMSON
10* VFl ± hyalin od. gleichmäßig getrübt **11**
11 HSchienen gelb, die RückS ± durchgängig geschwärzt. g. L schädlich an Getreide. [= *C. pygmaeus* auct.]. *Cephus pygmeus* (L.) – **Getreidehalmwespe**
11* HSchienen gelb od. nur apikal geschwärzt **12**
12 HlbTergite nur an den HEcken gelb gefleckt. s. *Cephus brachycercus* THOMSON
12* HlbTergite zumindest z.T. mit durchgängigem gelbem HRand **13**
13 Letztes HlbSgm ± gelb gezeichnet. OKf fast ganz gelb. 7–9 mm. g. [= *C. pilosulus* THOMSON; = *C. cultratus* auct.]. *Cephus spinipes* (PANZER)
13* Letztes HlbSgm schwarz. OKf nur wenig gelb. 10–14 mm. s. *Trachelus troglodyta* (F.)

14 **(3)** Hlb mit geringer gelbweißer Färbung (Sgm 3–6 od. weniger). Hsch schwarz. L in Brombeerstängeln. z. *Hartigia nigra* (Harris)

14* Hlb mit ausgedehnter gelber Färbung (meist Sgm 2–9 gelb gezeichnet). Hsch meist gelb gezeichnet. 2 sehr ähnliche z Arten: L von *Hartigia linearis* (Schrank) in Stängeln von Odermennig, L von *Hartigia xanthosoma* (Eversmann) in Stängeln von Mädesüß.

Überfamilie ***Tenthredinoidea***

Familie ***Argidae* – Bürsthornblattwespen**

5–12 mm, häufig schwarz, ± metallisch blau od. grün glänzend od. ± gelb. F 3gld, 3. Gld meist groß u. keulenförmig (Abb. **593**/1), bei ♂♂ lg behaart, bei *Sterictiphorinae* ♂♂ gegabelt. – Im. V–VIII, oft auf Doldenblüten. Weltweit ca. 900 Arten, Schwerpunkte in der Südhemisphäre. L S. 611.

1 HSchienen vor der unteren AußenS mit Dorn(Abb. **574**/10). 3. FGld der ♂♂ einfach. Oft über 8 mm. UFamilie *Arginae* **2**

1* HSchienen vor der unteren AußenS ohne Dorn. 3. FGld der ♂♂ gegabelt. 5–8 mm. UFamilie *Sterictiphorinae.* Arten meist s **10**

2 Hlb ganz od. überwiegend gelb **3**

2* Hlb schwarz, manchmal z. T. hell gezeichnet **8**

3 Costa u. Subcosta schwarz **4**

3* Costa u. Subcosta gelb **6**

4 Br seitlich gelb u. unten schwarz. L an Rose. g. [= *A. rosae* auct.]. *Arge ochropus* (Gmelin)

4* Br ganz schwarz **5**

5 Schienen ganz schwarz. L an Rose. g. *Arge pagana* (Panzer)

5* Schienen gelb. Sehr s. *Arge fuscipennis* (Herrich-Schäffer)

6 **(3)** HSchenkel gelb mit schwarzer Spitze. z. *Arge cyanocrocea* (Forster)

6* HSchenkel schwarz **7**

7 HSchienenspitze breit schwarz. L an Weißdorn. g. *Arge melanochra* (Gmelin)

7* HSchienenspitze höchstens wenig verdunkelt. L an Birke. s. *Arge dimidiata* (Fallén)

8 **(2)** Mittlere HlbTergite mit gelben HRändern. L an Eiche. z. *Arge rustica* (L.)

8* Hlb ganz schwarz **9**

9 Sägescheide in dorsaler Sicht zangenförmig. L an Berberitze. z–g. *Arge berberidis* Schrank ♀

9* Sägescheide normal, in dorsaler Sicht muschelförmig, od. ♂. 9 Arten. Gattung *Arge* Schrank

10 **(1)** AnalZ des VFl gestielt (vgl. Abb. **596**/3). K viel breiter als hoch. **11**

10* AnalZ des VFl in der M breit zusammengezogen (vgl. Abb. **596**/5). K kaum breiter als hoch. **12**

11 ♀ u. ♂. Hlb ± orange, beim ? selten ganz schwarz. AnalZ des HFl geschlossen. L an Fabaceae. Ca. 5–10 s, schwer unterscheidbare Arten. Gattung *Aprosthema* Konow

11* Nur ♀. Hlb schwarz od. dunkelbraun. AnalZ des HFl offen. L an *Ulmus*, Schädling. Neozoon, ÖS, in DE zu erwarten. *Aproceros leucopoda* Takeuchi

12 Hlb ± orange. Bes. in SDE. ♀ (♂ schwer unterscheidbar). **13**

12* Hlb schwarz, ± metallisch. **14**

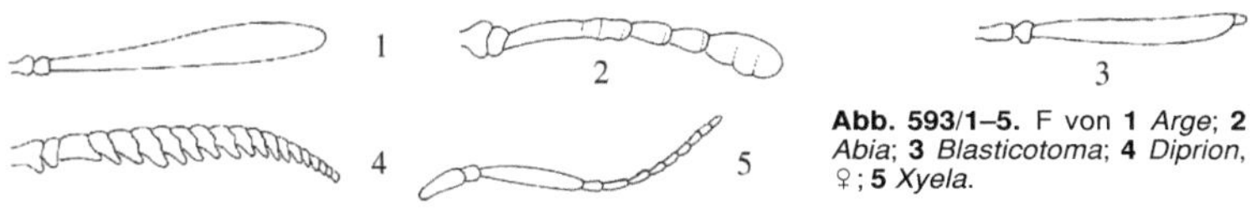

Abb. 593/1–5. F von **1** *Arge*; **2** *Abia*; **3** *Blasticotoma*; **4** *Diprion*, ♀; **5** *Xyela*.

13 Br ausgedehnt orange. L an *Prunus*. s. *Sterictiphora angelicae* (PANZER) ♀
13* Br fast ganz schwarz. L an *Prunus*. s. *Sterictiphora furcata* (VILLERS) ♀
14 **(12)** BrS kraterartig skulpturiert. L an *Rosa*. z. *Sterictiphora geminata* (GMELIN)
14* BrS wenig punktiert. L an *Rosa*. z. *Sterictiphora longicornis* CHEVIN

Familie *Blasticotomidae*

Weltweit ca. 10 Arten, eine s in Eur, die übrigen in OAs. Ca. 8 mm, größtenteils schwarz, mit gelben B u. charakteristischen F (Abb. **593**/3). – L bohrt in Stängeln von Farnen. *Blasticotoma filiceti* KLUG

Familie *Cimbicidae* – Keulhornblattwespen, Knopfhornblattwespen

5–25 mm, bes. bei den großen Arten gelegentlich Kümmerformen auftretend. Oft auffällig gefärbte Formen mit charakteristischen F (Abb. **593**/2). HlbSgm seitlich mit Kante. Im. (IV–)V–VIII. L oft an Gehölzen, bei Störung Abgabe von Körperflüssigkeit („Blutspritzen"). Weltweit ca. 200 Arten. Bei den meisten der 23 heimischen Arten deutlicher Bestandsrückgang erkennbar. Die sehr auffällige *Cimbex quadrimaculatus* (O. F. MÜLLER) ist seit über 100 Jahren nicht mehr in DE gefunden worden. Deutsche Arten vgl. TAEGER in TAEGER & BLANK (1998). L S. 611.

1 Große Arten, meist > 15 mm. Innere AuRänder ± parallel (Abb. **594**/1–3). AnalZ des VFl mit Querader, sehr s zusammengezogen. UFamilie *Cimbicinae* **2**
1* Kleinere Arten, < 15 mm. Innere AuRänder deutlich nach oben (Abb. **594**/4) od. unten (Abb. **594**/5) konvergierend. AnalZ des VFl zusammengezogen **10**
2 1. HlbTergit halbkreisförmig ausgeschnitten. Ol klein (Abb. **594**/3) **3**
2* 1. HlbTergit nicht derartig ausgeschnitten. Ol groß (Abb. **594**/2), sehr s klein (Abb. **594**/1) **8**
3 HlbM rotbraun. L an Birke. z. *Cimbex femoratus* (L.) – **Birkenkeulhornblattwespe**
3* Hlb schwarz od. mit gelber Zeichnung **4**
4 ♀ (Sägescheide vorhanden) **5**
4* ♂ (hinten abgerundete Subgpl vorhanden). Körper schwarz od. schwarzbraun. Nicht sicher zu unterscheiden. Gattung *Cimbex* OLIVIER ♂
5 Hlb schwarz. vgl. Couplet 3. *Cimbex femoratus* (L.) ♀

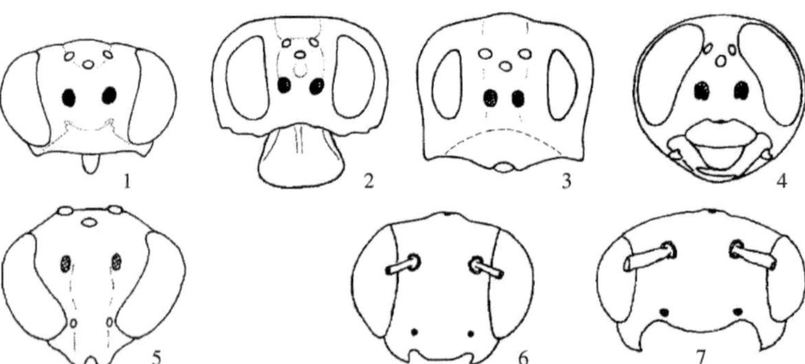

Abb. 594/1–7. K in Frontalansicht von **1** *Praia*; **2** *Pseudoclavellaria*; **3** *Cimbex*; **4** *Abia*; **5** *Corynis*; **6** *Calameuta*; **7** *Cephus*.

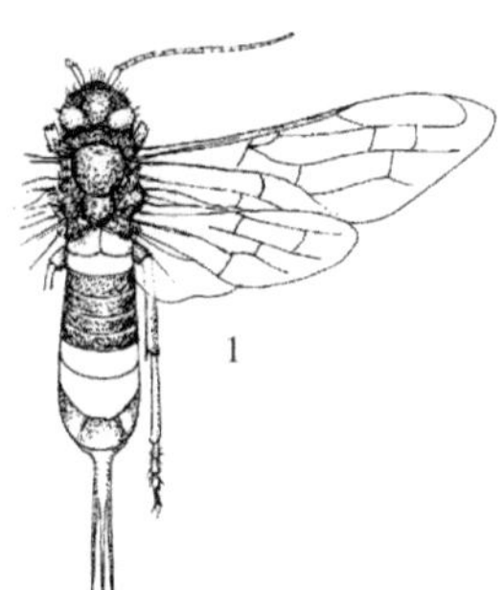

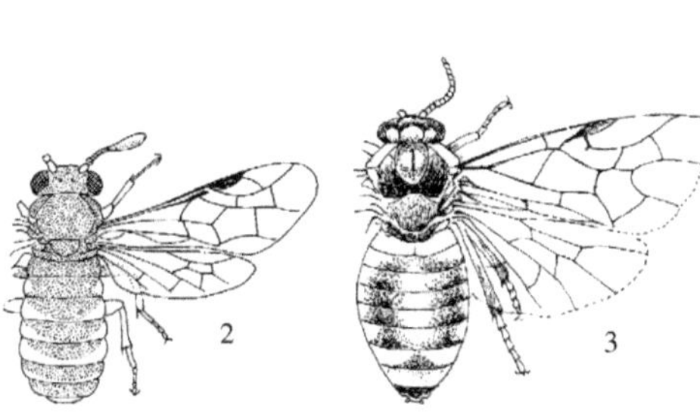

Abb. 595/1–3. **1** *Urocerus gigas*; **2** *Corynis crassicornis*; **3** *Diprion*.

5* Hlb mit gelber Zeichnung **6**
6 HlbTergite 1–3 überwiegend schwarz. L an Erle. z. *Cimbex connatus* (SCHRANK) ♀
6* Nur HlbTergite 1–2 überwiegend schwarz **7**
7 BrS schwarz. L an Buche. s. *Cimbex fagi* ZADDACH ♀
7* BrS überwiegend gelb. L an Weide u. Pappel. z. *Cimbex luteus* (L.) ♀
8 **(2)** Ol klein (Abb. **594**/1). HlbTergite schwarz mit schmalen gelben HRändern. L an Birke. Im. IV. Sehr s od. ausgestorben. *Praia taczanowskii* WANKOWITZ
8* Ol groß (Abb. **594**/2) **9**
9 Ol weißgelb. L an Weide u. Birke. Früher häufig, heute sehr s od. ausgestorben. *Pseudoclavellaria amerinae* (L.)
9* Ol schwarz. Wenigstens 4 ± s, sehr schwer unterscheidbare, taxonomisch unklare Arten. Gattung *Trichiosoma* LEACH
10 **(2)** Au nach unten konvergierend (Abb. **594**/5). 5–8 mm. UFamilie *Coryninae* . . . **12**
10 Au nach oben konvergierend (Abb. **594**/4). 8–14 mm. UFamilie *Abiinae* **11**
11 Hlb schwarz, beim ♀ 1. HlbTergit weiß. L an Geißblatt. z. *Abia fasciata* (L.)
11* Hlb grün, blau od. kupfern metallisch glänzend. 7 s Arten. Gattung *Abia* LEACH
12 **(10)** Hlb schwarz. L u. Im. an Storchschnabel. s. *Corynis obscura* (F.)
12* Hlb mit ausgedehnter gelber Färbung. **13**
13 MBr u. K schwarz (Abb. **595**/2). L. an Mauerpfeffer. Im. oft auf Hahnenfußblüten. s. *Corynis crassicornis* (ROSSI)
13* MBr u. K mit ausgedehnter Gelbfärbung. sehr s, BR. *Corynis amoena* (KLUG)

Familie ***Diprionidae* – Buschhornblattwespen**

5–13 mm, Körper plump (Abb. **595**/3). F der ♀♀ gesägt, der ♂♂ lg gefiedert (UFamilie *Monocteninae* einfach, UFamilie *Diprionidae* doppelt). – L einzeln od. gesellig an Koniferen, manche *Diprioninae* neigen zu Massenvermehrungen u. sind dann sehr bedeutende Forstschädlinge. Weltweit ca. 140, in DE 16 Arten. Oft 2 Gen. Im. (IV–) V–VIII, bei *Neodiprion sertifer* IX–X (überw als Ei). L S. 611.

1 AnalZ in der M zusammengezogen (Abb. **596**/5). L an Wacholder. s. *Monoctenus juniperi* (L.)
1* AnalZ in der M durch schräge Querader geteilt (Abb. **596**/6) **2**
2 Hlb glänzend, kaum od. nicht skulpturiert. AnalZ im HFl an der Spitze kurz gestielt, Stiel kürzer als die Z hoch **3**
2* Hlb dicht skulpturiert u. matt. AnalZ im HFl an der Spitze lg gestielt, Stiel länger als die Z hoch **4**
3 Fußklauen einfach (Abb. **591**/1). Hlb mit schwacher Skulptur. Überwiegend schwarz, mit hellen B. L an Kiefer. z. *Microdiprion pallipes* (FALLÉN) – **Kleine Kiefern-Buschhornblattwespe**

3* Fußklauen mit Subapikalzahn (Abb. **591**/3). Hlb glatt. ♀ überwiegend rotbraun, ♂ schwarz mit heller HlbUS. (Ei). L oft schädlich an Kiefer.
Neodiprion sertifer (GEOFFROY) – **Späte od. Rote Kiefern-Buschhornblattwespe**

4 **(2)** F beim ♀ doppelt gesägt. F beim ♂ mit ca. 32 Gld, apikale 5–6 Gld ohne Kammstrahlen. 9–11 mm. L an Kiefer. z. *Macrodiprion nemoralis* (ENSLIN)

4* F beim ♀ nur an US gesägt. F beim ♂ mit höchstens 26 Gld, apikale 2–3 Gld ohne Kammstrahlen. Meist unter 10 mm **5**

5 Abstand zw den Cenchri 1,1–1,4-mal so lg wie die CenchriLg. Sehr plumpe Arten. 2 imaginal schwer trennbare Arten, die oft gemeinsam auftreten u. nicht s an Kiefer schädlich werden. L vgl. S. 612. *Diprion pini* (L.) – **Gemeine Kiefern-Buschhornblattwespe** u. *Diprion similis* (HARTIG) – **Verwechselte Kiefern-Buschhornblattwespe**

5* Abstand zw den Cenchri 0,6–0,8-mal so lg wie die CenchriLg. Meist schlankere Arten **6**

6 ♂ (F gekämmt). Im Freiland nicht bestimmbar. Gattung *Gilpinia* BENSON ♂

6* ♀ (F gesägt) **7**

7 Beide HSchienensporne einfach **8**

7* Innerer HSchienensporn lappenartig erweitert **9**

8 Hlb bräunlichrot. L an Kiefer. z–s. *Gilpinia socia* (KLUG) ♀

8* Hlb schwarz mit gelben Binden. 4 Arten. Gattung *Gilpinia* BENSON ♀

9 **(7)** MBrUS gelbbraun. HlbUS hell. L an Kiefer. z. *Gilpinia pallida* (KLUG) ♀

9* MBrUS schwarz od. dunkelbraun. HlbSternite mit dunklen Rändern **10**

10 FlMalbasis gelb, das FlMal ± dunkel umrandet. HSchenkel meist gelb mit ± verdunkelter Basis. L an Kiefer. z. *Gilpinia virens* (KLUG) ♀

10* FlMalbasis schwarz, das FlMal ± dunkel umrandet. HSchenkel meist schwarz mit ± heller Basis. L an Fichte. 2 g, schwer unterscheidbare Arten.
Gilpinia polytoma (HARTIG) ♀ u. *Gilpinia hercyniae* (HARTIG) ♀ – **Fichten-Buschhornblattwespen**

Familie *Tenthredinidae* – Blattwespen

Größte Familie der *Symphyta*, weltweit mehr als 5500, in DE fast 600 Arten. 2–15 mm. Die systematische Einteilung der Gruppe ist z.T. umstritten. Futterpflanzenspektrum sehr breit, L öfters (bes. bei s Arten) unbekannt. L S. 613.

1 RadialZ des VFl ohne Querader (Abb. **596**/3). UFamilie *Nematinae* partim S. 606

1* RadialZ des VFl mit Querader (Abb. **596**/1–2, 4) **2**

2 AnalZ des VFl gestielt (Abb. **596**/3) **8**

2* AnalZ des VFl nicht gestielt (Abb. **596**/2, 4, 5, 7) **3**

3 AnalZ des VFl offen (Abb. **596**/7). UFamilie *Selandriinae* partim S. 597

3* AnalZ des VFl zusammengezogen (Abb. **596**/5) od. mit Querader (Abb. **596**/6) . . **4**

4 Basalader u. 1. Cubitalquerader deutlich zum FlMal hin konvergierend (Abb. **596**/3) **5**

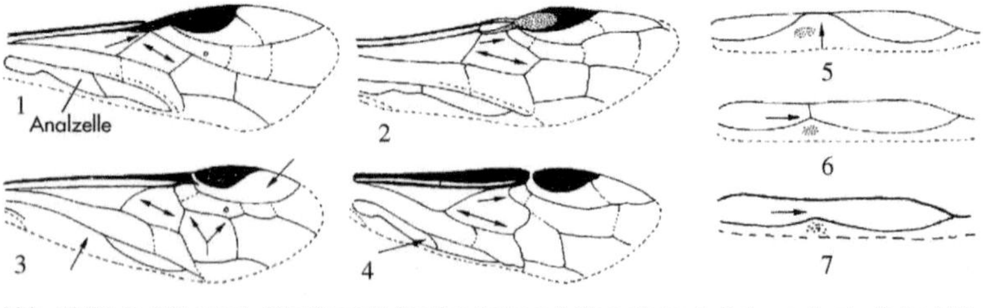

Abb. 596/1–7. VFl von **1** *Allantinae*; **2** *Tenthredininae*; **3** *Nematinae*; **4** *Dolerus*; Analzelle im VFl **5** zusammengezogen; **6** mit Querader; **7** offen.

4* Basalader u. 1. Cubitalquerader ± parallel bis divergierend (Abb. **596**/1–2) **7**
5 Cubitus an der Basis stark in Richtung FlMal gebogen. AnalZ mit schräg stehender Querader (Abb. **596**/4). UFamilie *Selandriinae* partim S. 597
5 Cubitus an der Basis nicht deutlich in Richtung FlMal gebogen (vgl. Abb. **596**/1–2). AnalZ zusammengezogen (Abb. **596**/5) od. mit schräg stehender Querader (Abb. **596**/1) **6**
6 AnalZ zusammengezogen (vgl. Abb. **596**/5). UFamilie *Nematinae* partim S. 606
6* AnalZ mit schräg stehender Querader (vgl. Abb. **596**/1). UFamilie *Heterarthrinae* partim S. 598
7 **(4)** Basalader in deutlicher Entfernung vom Cubitus in den VRand (Subcosta) mündend (Abb. **596**/2). AnalZ ca. in der M mit kurzer senkrechter Querader od. ± zusammengezogen, s mit schräger Querader (dann F überwiegend rot). 6–15 mm. Im. oft auf Doldenblüten, größere Im. leben z. T. räuberisch u. jagen andere Insekten. Ca.100 meist mittelgroße, z. T. häufige Arten. UFamilie *Tenthredininae* S. 601
7* Basalader u. Cubitus mit geringem Abstand voneinander od. gemeinsam in den VRand (Subcosta) mündend (Abb. **596**/1). AnalZ mit schräger Querader hinter der M der Z, sehr s zusammengezogen. UFamilie *Allantinae* S. 599
8 **(2)** Basalader u. Cubitus ± parallel, mit geringem Abstand voneinander od. gemeinsam in den VRand (Subcosta) mündend (vgl. Abb. **596**/1). UFamilie *Blennocampinae* S. 598
8* Basalader u. 1. Cubitalquerader deutlich zum FlMal hin konvergierend, in deutlicher Entfernung voneinander in den VRand (Subcosta) mündend (vgl. Abb. **596**/3) . . **9**
9 HFl mit 2 geschlossenen MZ (vgl. Abb. **595**/3). UFamilie *Nematinae* partim S. 606
9* HFl ohne od. mit 1 geschlossenen MZ **10**
10 Körper ca. 7–8 mm. UFamilie *Blennocampinae* partim: *Tomostethus nigritus* (F.)
10* Körper 3–6 mm. UFamilie *Heterarthrinae* partim S. 598

Unterfamilie ***Selandriinae***

Mitteleur Arten (außer *Dolerus*) siehe Blank in Taeger & Blank (1998). L S. 613.

1 VFl mit 3 CubitalZ, 2. Cubitalquerader fehlt (Abb. **596**/4). Färbung meist ganz schwarz, seltener mit ausgedehnter roter od. rotgelber Färbung. – L an Gräsern, Schachtelhalm u. Binsen, machmal an Getreide od. Futtergräsern schädlich. Ca. 40 Arten. Einige Arten schon im III. Teilweise g. 5–13 mm. Gattung *Dolerus* Panzer
1* VFl mit 4 CubitalZ **2**
2 AnalZ mit schräger Querader (vgl. Abb. **596**/4). L an Adlerfarn. 8–11 mm. s. *Strongylogaster filicis* (Klug)
2* AnalZ offen (Abb. **596**/7) **3**
3 F mit 7–8 Gld. 5 mm. L an Farn. z. *Heptamelus ochroleucus* (Stephens) u. *H. dahlbomi* (Thomson)
3* F mit 9 Gld **4**
4 Körper gedrungen. Costa vor dem FlMal stark verdickt, mehr als halb so breit wie das FlMal. F kürzer als die doppelte KBreite **5**
4* Körper schlank. Costa vor dem FlMal kaum verdickt, deutlich schmaler als die Hälfte des FlMals. F länger als die doppelte KBreite. L an Farnen **14**
5 Hlb ausgedehnt gelb **6**
5* Hlb schwarz, höchstens mit minimalen Aufhellungen **9**
6 In Höhe der FSockel Abstand zw den Au nur wenig länger als die AuHöhe. 6–11 mm **7**
6* In Höhe der FSockel Abstand zw den Au fast doppelt so lg wie die AuHöhe. 4,5–7 mm **8**
7 6–8 mm. 3. FGld so lg wie od. kürzer als die beiden folgenden Gld zusammen. Beim ♀ (manchmal auch beim ♂) Br seitlich breit gelb. L bevorzugt an Süßgräsern. g. *Selandria serva* (F.)

7* 8–11 mm. 3. FGld länger als die beiden folgenden Gld zusammen. Br schwarz. L an Seggen u. Binsen. s. [= *S. sixii* VOLLENHOVEN] *Selandria melanosterna* SERVILLE
8 **(6)** Ksch ± gelb. FlMal einheitlich dunkelbraun. L an Wasser-Schwaden. s, lokal häufiger. *Brachythops flavens* (KLUG)
8* Ksch schwarz. FlMal vorn dunkelbraun, hinten gelbbraun. L an Segge. s. *Brachythops wuestneii* (KONOW)
9 **(5)** Tegulae gelb. L an Farnen **10**
9* Tegulae schwarz **13**
10 Klauen einfach. Hsch breit weiß. s. *Aneugmenus fuerstenbergensis* (KONOW)
10* Klauen mit Subapikalzahn. Hsch schwarz od. schmal hell **11**
11 Tergit 9 u. meist Ksch weiß. Im N g, im S z. *Aneugmenus coronatus* (KLUG)
11* Tergit 9 u. Ksch schwarz **12**
12 Occipitalleiste bis zu den Schläfen reichend. Im S g, im N z. *Aneugmenus padi* (L.)
12* Occipitalleiste nur im unteren KBereich ausgebildet. s. *Aneugmenus temporalis* (THOMSON)
13 **(9)** B hell rötlich. [= *Dulophanes m.*, = *Melisandra m.*]. g. *Nesoselandria morio* (F.)
13* Schenkel überwiegend schwarz. 2–3 Arten. Gattung *Birka* MALAISE. Nur *Birka cinereipes* (KLUG) wird regelmäßig gefunden, g. L an Moosen.
14 **(4)** 2. FGld ca. 1,5-mal so lg wie breit. Grün mit schwarzer Zeichnung. 6–7 mm. Im Geb g. *Stromboceros delicatulus* (FALLÉN)
14* 2. FGld so lg wie breit od. kürzer. Schwarz mit gelber, roter od. weißer Zeichnung **15**
15 Klauen einfach. Br überwiegend glatt. 6–8(–9) mm **16**
15* Klauen mit Zahn od. gespalten. Br grob punktiert. 8–12 mm. *Strongylogaster multifasciata* (GEOFFROY) [= *St. lineata* (CHRIST)], g. *Strongylogaster xanthocera* (STEPHENS), z.
16 Ksch weiß. z–g. *Strongylogaster macula* (KLUG)
16* Ksch schwarz. z–g. *Strongylogaster mixta* (KLUG)

Unterfamilie ***Heterarthrinae***

Meist klein, s über 5 mm. Schwer bestimmbar, Bestimmung am leichtesten über die FutterPfl, L meist mono- od. oligophag (vgl. LSchlüssel, S. 614). Die Tribus werden manchmal als eigene UFamilien aufgefasst. L S. 614.

1 AnalZ des VFl mit Querader **2**
1* AnalZ gestielt. 9 Gattungen mit ca. 25 Arten. L in Blattminen von Bäumen u. Kräutern. Tribus *Fenusini*
2 F mit mehr als 9 Gld. 8 Arten. L in Blattminen verschiedener Bäume. (Tribus *Heterarthrini*). Gattung *Heterarthrus* STEPHENS
2* F mit 9 Gld. L freilebend (Tribus *Caliroini*) **3**
3 AnalZ des HFl apikal gestielt. L nicht schleimig, an Rosen. z. *Endelomyia aethiops* (GMELIN)
3* AnalZ des HFl nicht gestielt. L schleimig. Ca. 5 imaginal schwer trennbare Arten. L S. 845. Gattung *Caliroa* COSTA

Unterfamilie ***Blennocampinae***

Meist kleine, dunkle Arten, 3–8 mm. L S. 615.

1 Basalader u. 1. Cubitalquerader deutlich zum FlMal hin konvergierend. Schwarz. 7–8 mm. z, L manchmal an Eschen schädlich. *Tomostethus nigritus* (F.)
1* Basalader u. 1. Cubitalquerader ± parallel laufend **2**
2 Hlb ausgedehnt hell **3**
2* Hlb schwarz, höchstens mit geringfüger heller Zeichnung **8**

3 HlbTergite 2–7 mit ± dunklem Fleck in der M, Tergite 1 u. 9 schwarz. Br u. Hüften schwarz. L in den Stängeln von Binsen. g. Nur ♀. *Eutomostethus luteiventris* (KLUG)
3* Nicht derartig gefärbt. Mittlere Tergite ganz gelb. Im Zweifelsfall Br od. Hüften hell **4**
4 HFl mit MZ **5**
4* HFl ohne MZ **6**
5 3. u. 4. FGld ca. gleichlg. L manchmal in Waldreben-Zuchten schädlich (auch an ausländischen *Clematis* Arten), im Freiland s. *Eurhadinoceraea ventralis* (PANZER)
5* 3. FGld viel länger als das 4. FGld **7**
6 **(4)** B überwiegend gelb. Bevorzugt an Xerothermstandorten. L an Waldrebe. *Monophadnus spinolae* (KLUG)
6* B überwiegend schwarz. L an Schlehe. Lokal g. *Pareophora pruni* (L.)
7 **(5)** Br schwarz. FlMal schwarz. L an Labkraut. ♂ s, ♀ g. *Halidamia affinis* (FALLÉN)
7* Br ± rotgelb. FlMal hellbraun. L an Eiche. Im. s. *Periclista albida* (KLUG)
8 **(2)** 3. FGld nicht länger als das 4. FGld. HFl immer mit einer MZ **9**
8* 3. FGld länger als das 4. FGld. HFl oft ohne MZ **10**
9 Klauen gespalten (Abb. **591**/4). L an Weißwurz, manchmal g. *Phymatocera aterrima* (KLUG)
9* Klauen einfach od. mit kleinem Zahn (Abb. **591**/1–2). L an Lilien u. Germer. 4 meist s Arten. Gattung *Rhadinoceraea* KONOW
10 **(8)** BrOS überwiegend rot. L an Gräsern. g. In DE nur ♀. *Eutomostethus ephippium* (PANZER)
10* Br schwarz **11**
11 Kleine Art, 3–4 mm. 2. FGld deutlich länger als breit, ca. so lg wie das 1. FGld. L in Blattrollen an Wildrosen. g. [= *B. pusilla* (KLUG)]. *Blennocampa phyllocolpa* VIITASAARI & VIKBERG
11* Meist über 4 mm große Arten. 1. u. 2. FGld anders gebaut. Ca. 20 weitere Arten in 12 Gattungen. L meist an Rosengewächsen.

Unterfamilie ***Allantinae***

L S. 615.

1 AnalZ des VFl zusammengezogen. L in Sprossgallen der Roten Heckenkirsche. 4–5 mm. Sehr s, nur SDE(?). *Hoplocampoides xylostei* (VALLOT)
1* AnalZ des VFl mit Querader **2**
2 F 10–11gld, leicht gekeult. Hlb ausgedehnt gelb. Im. oft auf Doldenblütlern. 4–7 mm **3**
2* F ± schlank, mit 9 Gld. Hlb in der Grundfärbung meist schwarz **11**
3 MLappen der BrOS rot. L an Kreuzblütlern. Gelegentlich schädlich an Raps u. Senf. g. [= *A. colibri* (CHRIST); fälschlich als „Rübenblattwespe"]. *Athalia rosae* (L.) – **Rübsenblattwespe**
3* BrOS ganz schwarz, nur Sch s rot od. gelb **4**
4 Klauen mit kleinem Zahn. Auf Feuchtflächen. L an Helmkraut. z. *Athalia scutellariae* CAMERON
4* Klauen einfach **5**
5 MSchienen gelb mit auffälliger schwarzer Spitze **6**
5* MSchienen ganz gelb, an der Spitze höchstens wenig dunkler **9**
6 AußenS der HSchienen schwarz. Auf Feuchtflächen. L an Kreuzblütlern, z. *Athalia lugens* (KLUG)
6* HSchienen gelb mit schwarzer Spitze **7**
7 BrS fast ganz schwarz. L bes. an Günsel. g. *Athalia cordata* SERVILLE
7* BrS gelb **8**
8 FGld ab dem 6. od. 7. breiter als lg. L an Kreuzblütlern. s. [*A. glabricollis* THOMSON] *Athalia ancilla* SERVILLE

8* FGld erst ab dem 8. od. 9. breiter als lg. 2 Arten:
L an diversen Kreuzblütlern, z–g, *Athalia liberta* (KLUG);
L an Mauerpfeffer, nur auf Xerothermstandorten, s. *Athalia cornubiae* BENSON

9 **(5)** Sägescheide beim ♀ in dorsaler Sicht zum E erweitert. Sch meist rotgelb. Im S an Trockenstandorten nicht s, im N fehlend. [= *A. maculata* MOCSÁRY]. *Athalia rufoscutellata* MOCSÁRY

9* Sägescheide zum E zugespitzt. Sch schwarz **10**

10 Ol am VRand deutlich vorgezogen. 1. HlbSgm u. BrS schwarz. An Trockenstandorten lokal g. *Athalia bicolor* SERVILLE

10* Ol am VRand fast abgestutzt. Farblich variabel, 1. HlbSgm überwiegend, BrS meist ± gelb. g. [= *A. lineolata* LEPELETIER]. *Athalia circularis* (KLUG)

11 **(2)** Plumpe Arten mit kraterartiger Punktur im oberen Bereich der BrS. 6–8 mm. L an Erlen **12**

11* Relativ schlanke Arten, ohne derartige Punktur **13**

12 Br oben ausgedehnt rot. In DE nur ♀, in SEur auch ♂, diese jedoch mit schwarzer Br. z. *Eriocampa ovata* (L.) – **Rotfleckige Erlenblattwespe**

12* Br schwarz. ♂ u. ♀. s. *Eriocampa umbratica* (KLUG)

13 **(11)** HlbTergite schwarz, manchmal schmal weiß gerandet, einige Tergite mit weißlichen, häutigen Fleckenpaaren. 4–8 mm. Ca. 15 schwer unterscheidbare Arten, oft g. Gattung *Empria* LEPELETIER & SERVILLE

13* Hlb anders gestaltet, ohne Fleckenpaare, häufig mit rotem od. gelbweißem Ring **14**

14 VFl mit 3 CubitalZ **15**

14* VFl mit 4 CubitalZ **23**

15 F sehr lg, länger als HSchiene u. HTarsus zusammen. Im. nur im Herbst. 8–11 mm . **16**

15* F deutlich kürzer. Im. im Frühling od. Sommer **20**

16 Hlb gelb, höchstens 1. HlbTergit u. Sägescheide schwarz **17**

16* Hlb ausgedehnt schwarz, wenigstens basale HlbSternite geschwärzt **18**

17 F schwarz, 6.–8. Gld ± weißlich. Sehr s. *Apethymus ustus* (KLUG)

17* F ganz schwarz, L an Eiche. z. *Apethymus cereus* (KLUG)

18 **(16)** HSchienen rötlich. L an Rose. z. *Apethymus apicalis* (KLUG)

18* HSchienen mit weißer Basis u. schwarzer Spitze. L an Eiche **19**

19 F schwarz, 6.–8. Gld ± weißlich. z. *Apethymus serotinus* (O. F. MÜLLER)

19* F ganz schwarz. z. *Apethymus filiformis* (KLUG)

20 **(15)** RadialZ des VFl deutlich verdunkelt. 8–10 mm **21**

20* RadialZ nicht deutlich verdunkelt. 5–10 mm **22**

21 BrS oben glatt. L an Rosen. s. *Allantus viennensis* (SCHRANK)

21* BrS oben dicht punktiert, ± matt. L an Birke, Weide u. Eiche. s. *Allantus togatus* (PANZER)

22 **(20)** 2. FGld ca. doppelt so lg wie das 1. FGld (Scapus). KörperLg knapp 5 mm. L an Eiche. z. *Harpiphorus lepidus* (KLUG)

22* 2. FGld höchstens so lg wie das 1. FGld. KörperLg meist über 5 mm. 12 Arten der Gattung *Allantus* PANZER [= *Emphytus* KLUG] u. 4 Arten der Gattung *Ametastegia* COSTA [= *Protemphytus* ROHWER].

23 **(14)** Hlb gelbbraun, beim ♀ 1.–2. Sgm, beim sehr s ♂ die gesamte OS geschwärzt. 6–8 mm. L an Gilbweiderich. z. *Monostegia abdominalis* (F.)

23* Hlb schwarz, mit rotem Ring od. heller Zeichnung **24**

24 Hlb schwarz **25**

24* Hlb nicht ganz schwarz **26**

25 Tegulae schwarz. 6–8 mm. L polyphag. g. *Ametastegia glabrata* (FALLÉN)

25* Tegulae gelb. 5–6 mm. z. *Ametastegia albipes* (THOMSON)

26 **(24)** Hlb mit rotem Ring **27**

26* Hlb ohne roten Ring **28**

27 Tegulae schwarz. HFl beim ♀ mit 2 MZ, beim ♂ mit geschlossener Randader. 7–11 mm. L an Himbeere. g. *Taxonus agrorum* (FALLÉN)

27* Tegulae weißlich. HFl ohne MZ u. ohne geschlossene Randader. 6–7 mm. L an Knöterich- u. Gänsefußgewächsen. g. *Ametastegia equiseti* (FALLÉN)

28 **(26)** KOS mit reichlicher heller Zeichnung. K ohne Occipitalleiste. L an Schlangen-Knöterich u. Ampfer. 6–10 mm. MGeb, lokal häufig. *Eopsis beaumonti* BENSON
28* KOS schwarz. K zumindest im unteren Bereich mit deutlicher Occipitalleiste . . . **29**
29 HlbSgm schwarz mit schmalen weißen Rändern. 7–9 mm. L an Erle u. Weide. z. [= *Monosoma p.*]. *Monsoma pulveratum* (RETZIUS)
29* Hlb orange, die Basis u. die S, beim ♂ auch die Spitze schwarz. 7–8 mm. MGeb. Sehr s. *Taxonus alboscutellatus* NIEZABITOWSKI

Unterfamilie ***Tenthredininae***

Die Im. der UFamilie werden relativ oft gefunden. Sie sind häufig auffällig gefärbt. Im. 5–15 (meist 9–12) mm. Flugzeit meist V–VI, eine Gen im Jahr; wespenartig gefärbte *Tenthredo*-Arten oft im Hochsommer auf Doldenblüten. Große Arten jagen oft andere Insekten. L S. 613.

1 AnalZ im VFl mit schräger Querader (vgl. Abb. **596**/1). F hauptsächlich rotgelb. Hlb schwarz mit ± rotem HlbRing. L an Echtem Springkraut. Bes. im MGeb, im Flachland s. *Siobla sturmii* (KLUG)
1* AnalZ mit kurzer Querader od. ± breit zusammengezogen. Färbung anders **2**
2 HB auffällig verlängert, HSchenkel ca. so lg wie die HSchienen (Abb. **601**/1). Spitzen der HSchenkel meist HlbSpitze erreichend. HHüften auffällig vergrößert, oft in seitlicher Sicht fast so groß wie die MBrS. AnalZ im VFl oft ± breit zusammengezogen. Ksch ± breit rundlich ausgerandet bis abgestutzt **3**
2* HB nicht auffällig verlängert, HSchenkel kürzer als die HSchienen (Abb. **601**/2). Spitzen der HSchenkel die Spitze des Hlb nicht erreichend. HHüften nicht auffällig vergrößert, in seitlicher Sicht deutlich kleiner als die MBrS. AnalZ im VFl mit kurzer, senkrechter Querader, s kurz zusammengezogen, dann Ksch in der M dreieckig ausgeschnitten **25**
3 K im unteren Bereich ohne Occipitalleiste. Beim ♀ VFl mit auffälliger dunkler Querbinde u. Hlb schwarz mit rotem Ring. Beim ♂ HFl mit geschlossener Randader, ohne MZ, Hlb ockerfarben. L polyphag. Sehr s, fehlt im norddeutschen Tiefland [= *Macrophyopsis n.*]. *Aglaostigma nebulosum* (ANDRÉ).
3* K mit durchgängiger Occipitalleiste (Abb. **601**/4). Färbung anders. HFl mit 2 MZ **4**
4 Innere AuRänder parallel. F lg, borstenförmig. 3. FGld höchstens wenig länger als das 4. FGld. AnalZ des VFl breit zusammengezogen **5**
4* Innere AuRänder zum Ksch konvergierend (Abb. **601**/3). F relativ kurz, zur Spitze oft ± verdickt. 3. FGld meist viel länger als das 4. FGld. AnalZ des VFl mit Querader od. zusammengezogen **9**
5 Hlb ganz grün. L polyphag. Sehr s od. ausgestorben. *Pachyprotasis nigronotata* KRIECHBAUMER
5* HlbTergite mit auffälliger Schwärzung **6**
6 KörperUS ganz grüngelb. L polyphag. Bevorzugt auf strukturreichen Feuchtflächen, z. *Pachyprotasis antennata* (KLUG)
6* KörperUS ± geschwärzt **7**
7 HlbTergite oben schwarz. L. polyphag. Euryök, g. *Pachyprotasis rapae* (L.)

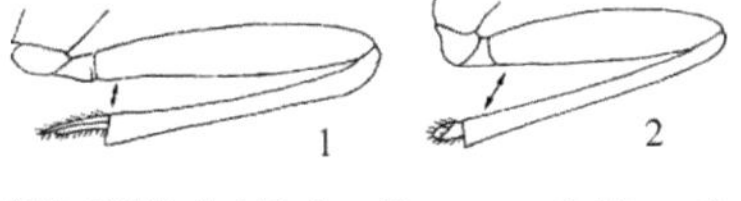

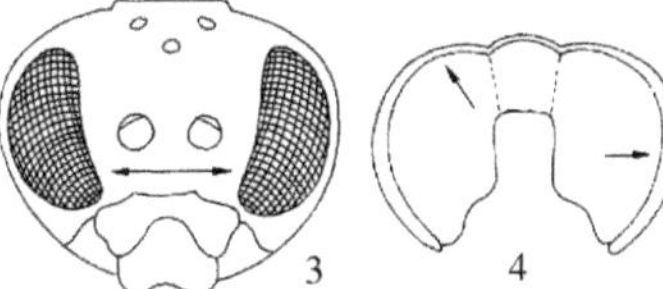

Abb. 601/1–4. HB ohne Tarsus von **1** *Macrophya*; **2** *Tenthredo*; **3** K von *Elinora*; **4** K von hinten, mit geschlossener Occipitalleiste.

7* HlbTergite an den HRändern ± weißlich gerandet 8
8 HSchenkel beim ♀ rötlich. HHü beim ♂ ausgedehnt geschwärzt. z. *Pachyprotasis variegata* (F.)
8* HSchenkel beim ♀ grüngelb mit schwarzer Zeichnung. HHü beim ♂ (fast) völlig grüngelb. L bevorzugt an Goldrute. z. *Pachyprotasis simulans* (KLUG)
9 **(4)** BrOs ausgedehnt rot. L an Wolfsmilch. Auf Xerothermstandorten. s. *Macrophya teutona* (PANZER)
9* BrOs schwarz, öfters Sch ± hell 10
10 HB ± rot gefärbt 11
10* HB ohne rote Färbung 18
11 Hlb mit roter Färbung. L an Odermennig. Auf Xerothermstandorten. z. *Macrophya rufipes* (L.)
11* Hlb schwarz od. ± gelb od. weiß gezeichnet 12
12 HHü seitlich mit großem weißgelbem Fleck 13
12* HHü schwarz, höchstens die Spitze ± aufgehellt 14
13 Sch weiß gefleckt. L bevorzugt an Liguster. z. *Macrophya punctumalbum* (L.)
13* Sch schwarz. L bevorzugt an Ehrenpreis. Euryök, g. [= *M. quadrimaculata* (F.)]. *Macrophya sanguinolenta* (GEOFFROY) ♀
14 **(12)** Schenkel der vorderen u. mittleren B zumindest überwiegend gelb bis rotgelb. 10–12 mm. Auf Xerothermstandorten. s. *Macrophya diversipes* (SCHRANK)
14* Schenkel der vorderen u. mittleren B überwiegend schwarz. 7–9 mm 15
15 Schenkelringe (Trochanteren) der HB gelb. Sch schwarz. vgl. **13.** *Macrophya sanguinolenta* (GEOFFROY) ♂
15* Schenkelringe (Trochanteren) der HB schwarz. Sch meist ± weiß. s 16
16 Hsch weiß gerandet. L an Wilder Möhre. Nur vom Kaiserstuhl bekannt. Sehr s od. ausgestorben. *Macrophya chrysura* (KLUG)
16* Hsch schwarz. Auf Xerothermstandorten 17
17 Ol weiß gezeichnet. FlMal braun, an der Basis aufgehellt. s. [= *M. cognata* MOCSÁRY]. *Macrophya recognata* ZOMBORI
17* Ol meist schwarz. FlMal einfarbig braun. s. *Macrophya erythrocnema* COSTA
18 **(10)** Hlb mit rotem Ring 19
18* Hlb schwarz, ± gelb od. weiß gezeichnet 21
19 Sch u. Ksch weißgelb. L an Dost u. Brombeere. Silvicol. z. *Macrophya militaris* (KLUG)
19* Sch u. Ksch schwarz 20
20 HHü weißgelb gezeichnet. Auf Xerothermstandorten. z. *Macrophya blanda* (F.)
20* B ganz schwarz. L polyphag. [= *M. ligata* (O. F. MÜLLER)]. g. *Macrophya annulata* (GEOFFROY)
21 **(19)** HSchenkel ganz gelb. s, in S u. W DE nicht nachgewiesen. *Macrophya tenella* MOCSÁRY ♀
21* HSchenkel zumindest teilweise schwarz 22
22 FlMal beim ♀ gelb, beim ♂ gelbbraun. L an Seggen. Euryök, g. *Macrophya duodecimpunctata* (L.)
22* FlMal schwarzbraun 23
23 Schenkel der vorderen u. mittleren B gelb. Hlb beim ♀ mit auffälliger gelber Zeichnung, beim ♂ Hlb schwarz. L an Himbeere. Im. oft auf Doldenblüten. [= *M. rustica* auct.]. g. *Macrophya montana* (SCOPOLI)
23* Schenkel der vorderen u. mittleren B deutlich schwarz gezeichnet 24
24 Hsch schwarz, Ksch oft hell. L u. oft Im. an Holunder. z. *Macrophya ribis* (SCHRANK)
24* Hsch ± schmal hell gerandet, falls schwarz, Ksch schwarz. 5 weitere, z.T. g, schwer unterscheidbare Arten. L u. Im. meist an Holunder, 2 s Arten an Storchschnabel. (Siehe TAEGER 1989) Gattung *Macrophya* DAHLBOM
25 **(3)** AuInnenränder stark konvergierend (Abb. **601**/3), weisen auf den Ksch 38
25* AuInnenränder ± parallel, falls leicht konvergierend, weisen sie höchstens auf die AußenS des Ksch 26

26 1. Tergit median nicht geteilt. L an Gräsern. Ca. 12 taxonomisch schwierige, farblich manchmal recht auffällige Arten, z.T. g. (Siehe BLANK in TAEGER & BLANK, 1998). Gattung *Tenthredopsis* COSTA
26* 1. Tergit median geteilt **27**
27 K im Wangenbereich ohne Occipitalleiste **28**
27* K im Wangenbereich mit Occipitalleiste **33**
28 Körper grün mit schwarzer Zeichnung. L an Pestwurz. Im MGeb lokal g. *Aglaostigma lichtwardti* (KONOW)
28* Körper schwarz mit roter u. oft gelber Zeichnung **29**
29 Hlb schwarz mit breitem rotem Ring, ohne Gelbfärbung **30**
29* Hlb schwarz, rot u. gelb od. nur schwarz u. gelb gezeichnet **31**
30 HSchenkel rot. 6–8 mm. L an Labkraut. g. *Aglaostigma aucupariae* (KLUG)
30* HSchenkel schwarz. 10–12 mm. L an Weidenröschen. s. *Aglaostigma langei* (KONOW)
31 **(29)** Hlb ohne rote Färbung. Alp. s. *Aglaostigma pingue* (KLUG)
31* Hlb schwarz, rot u. gelb gefärbt **32**
32 VFl beim ♀ mit deutlicher dunkler Binde. Beim ♂ FlMal einfarbig hell. L an Pestwurz u. Huflattich. Im MGeb lokal g. *Aglaostigma discolor* (KLUG)
32* VFl beim ♀ ohne dunkle Binde. Beim ♂ FlMal braun mit heller Basis. L an Labkraut. g. *Aglaostigma fulvipes* (SCOPOLI)
33 **(27)** AnalZ im VFl zusammengezogen. Hlb rotbraun, beim ♀ US schwarz. Bevorzugt im MGeb. z. *Perineura rubi* (PANZER)
33* AnalZ mit Querader. Färbung anders **34**
34 Hlb schwarz mit ± deutlichen weißen Tergiträndern. L an Hahnenfußgewächsen **35**
34* Hlb ± grün, wenigstens die S grün (bei toten Tieren oft gelblich) **36**
35 FlMal schwarz. z. *Sciapteryx consobrina* (KLUG)
35* FlMal gelb, an der Spitze verdunkelt. z. *Sciapteryx costalis* (F.)
36 6–8 mm. Schläfen überwiegend schwarz. Beim ♀ HlbUS ausgedehnt schwarz. L an Ginster u. Lein. 3 Arten. [= *Cytisogaster* LACOURT]. Gattung *Rhogogaster* KONOW partim
36* 9–12 mm. Schläfen überwiegend grün. Beim ♀ HlbUS grün **37**
37 Hlb grün, auf den Tergiten seitlich jeweils 2 kleine schwarze Punkte. L polyphag. Im Flachland s, im Geb g. *Rhogogaster punctulata* (KLUG)
37* Hlb variabel gefärbt, meist mit deutlicher Schwärzung in der M der Tergite, jedoch ohne seitliche Punkte. 3 schwer unterscheidbare Arten. L polyphag. Gattung *Rhogogaster* KONOW partim
38 **(25)** F überwiegend gelb od. rötlich **39**
38* F schwarz, schwarz mit weißer Spitze od. schwarz mit ± bleicher US **43**
39 Hlb rotgelb mit schwarzer Spitze. L an Giersch. g. *Tenthredo campestris* L.
39* Hlb schwarz mit gelben Ringen (± wespenartig). Im. oft an Dolden, meist VI–VIII **40**
40 Schenkelringe (Trochanteren) schwarz **41**
40* Schenkelringe gelb. L an Wegerich. z. *Tenthredo omissa* (FÖRSTER)
41 8. FGld fast 2-mal so lg wie breit. K u. Br seidenartig skulpturiert. Bevorzugt Xerothermstandorte, evtl. Kalkgebiete, s. *Tenthredo vespiformis* SCHRANK ♀
41* 8. FGld kaum länger als breit. K u. Br ± runzlig punktiert **42**
42 FBasis gelb. L an Braunwurz. z. *Tenthredo scrophulariae* L.
42* 1. u. 2., beim ♂ auch z.T. 3. FGld schwarz. Alp, sehr s. *Tenthredo propinqua* KLUG
43 **(38)** Mundteile schnabelartig verlängert. K ganz schwarz, FBasis machmal aufgehellt. Hlb schwarz mit gelben Binden. L an Schaumkraut. z. [= *Cuneala k.*, = *Tenthredo k.*] *Elinora koehleri* (KLUG)
43* Mundteile nicht derartig gebildet. Im Zweifelsfall Färbung anders **44**
44 F u. K ganz schwarz. Br schwarz od. mit gelben HschEcken. Hlb schwarz mit gelber Zeichnung auf 3.–4.(–7.) Tergit **71**
44* Färbung anders. Mundteile u. oft F ± hell **45**
45 F ± gekeult, 8. FGld kaum länger als breit. Schwarz mit gelber (s grüngelber) ± wespenartiger Zeichnung, sehr s Hlb teilweise rötlich **46**

45* F nicht gekeult, 8. FGld fast immer wenigstens doppelt so lg wie breit. Hlb nicht wespenartig schwarz-gelb gefärbt, oft ± rot od. fast völlig schwarz, manchmal schwarz u. grün **53**
46 OK kaum punktiert, stark glänzend, Scheitel hinten nicht gerandet **47**
46* OK ± deutlich grob punktiert, Scheitel hinten gerandet **50**
47 HSchenkel beim ♀ ganz gelb od. an der Basis wenig geschwärzt. Beim ♂ Hlb mit rotgelben Farbanteilen. s–z. L an Kreuzblütlern **91**
47* HSchenkel ausgedehnt schwarz od. an der Spitze geschwärzt. Hlb nicht rot . . . **48**
48 HSchenkel gelb mit schwarzer Spitze. L an Tüpfel-Hartheu. g. *Tenthredo zonula* KLUG
48* HSchenkel ausgedehnt schwarz **49**
49 Tegulae nur gelb gerandet. L an Tüpfel-Hartheu. g. *Tenthredo amoena* GRAVENHORST
49* Tegulae ganz gelb. s. *Tenthredo distinguenda* (STEIN)
50 **(46)** HlbTergite beim ♀ mit sich seitlich verbreiternden gelben (s grüngelben) HRandbinden, so dass die HlbS meist durchgängig gelb sind. Beim ♂ HlbUS ganz gelb. Fl ± hyalin. L an Klee, Hornklee, Wicke etc. od. Sichel-Hasenohr. Im. z. T. g. (*Tenthredo-arcuata*-Komplex, ♂ nicht sicher bestimmbar, Merkmale nur für die ♀) **74**
50* Gelbfärbung anders verteilt. Meist wenigstens 2.–3. HlbTergit ganz schwarz. FlSpitzen (bes. Bereich der RadialZ) oft verdunkelt **51**
51 Tegulae schwarz **90**
51* Tegulae gelb od. rotgelb **52**
52 4. HlbTergit schwarz. Im. hauptsächlich V. L an Tüpfel-Hartheu. z. *Tenthredo zona* KLUG
52* 4. HlbTergit mit gelbem HRand. L polyphag. z. *Tenthredo vespa* RETZIUS
53 **(45)** F schwarz **54**
53* F schwarz mit ± heller US od. weißer Spitze **63**
54 Körper mit hauptsächlich grüner US, OS dominierend schwarz **88**
54* Körper ohne grüne Färbung **55**
55 Am K nur OKf weiß. L an Pestwurz u. Huflattich. z. *Tenthredo mandibularis* F.
55* Am K auch Ksch hell **56**
56 3. HlbTergit gelb, 4. HlbTergit seitlich breit gelb, in der M schwarz. L an Dost. g. *Tenthredo temula* SCOPOLI
56* Färbung anders **57**
57 Sch gelb gefleckt (sehr s schwarz). Beim ♀ 3. HlbTergit schwarz, 4.–5. HlbTergit gelb. Beim ♂ Hlb überwiegend gelb, apikale Sgm schwarz. L an Gräsern. z. *Tenthredo maculata* GEOFFROY
57* Sch schwarz. Hlb anders gefärbt, beim ♂ meist ± rötlich gezeichnet **58**
58 Beim ♀ 3.–5. HlbSgm oben orange, seitlich gelb. HSchenkel bei ♂ u. ♀ schwarz. L an Korbblütlern. MGeb. u. Alp, s. *Tenthredo trabeata* KLUG
58* Hlb beim ♀ meist schwarz, s mittlere Sgm rot, dann aber seitlich nicht gelb. HSchenkel meist ausgedehnt hell. (Merkmale nur für ♀, ♂ im Gelände nicht bestimmbar) **59**
59 Hlb schwarz **60**
59* Mittlere HlbSgm rot **62**
60 Hü rot. L an Kreuzkraut. Bevorzugt im MGeb. z. *Tenthredo rubricoxis* ENSLIN ♀
60* Hü schwarz **61**
61 BrS matt. L polyphag. g. *Tenthredo atra* L. ♀
61* BrS glänzend. L an Pestwurz u. Beinwell. s. *Tenthredo procera* KLUG ♀
62 **(59)** Innere AuRänder schwarz. s. L an Fetthenne (?). *Tenthredo ignobilis* KLUG ♀
62* Innere AuRänder unten gelb. L polyphag. Sehr s, montan. *Tenthredo moniliata* KLUG ♀
63 **(53)** FlSpitzen stark getrübt. Schwarz mit hellen OKf, FSpitzen, Schienen u. Tarsen. L unbekannt(!), evtl. an Engelwurz. g. [= *T. albicornis* F.]. *Tenthredo crassa* SCOPOLI
63* FlSpitzen nicht auffällig verdunkelt **64**
64 Grün mit schwarzer Färbung und FlMal grünlich. **92**
64* Anders gefärbt, falls mit grüner Färbung, FlMal schwarz. **65**
65 Sch ± bleich. s Arten **66**
65* Sch schwarz **68**

66 F schwarz mit heller Spitze. Hlb beim ♀ schwarz, beim ♂ in der M ± bräunlich. L polyphag. s. *Tenthredo fagi* PANZER
66* F mit ± aufgehellter US. Hlb anders gefärbt **67**
67 Hlb ausgedehnt gelb. Fl gelblich. Bevorzugt Xerothermstandorte, evtl. Kalkgebiete, s. *Tenthredo vespiformis* SCHRANK ♂
67* Hlb beim ♀ schwarz mit bleichen S, beim ♂ grünlich mit schwarzer Zeichnung. Fl hyalin, Geäder schwarz. Alp, s. *Tenthredo cunyi* KONOW
68 **(65)** Vfl mit ± deutlicher dunkler Binde unter dem FlMal. Hlb beim ♀ schwarz, 2.–5. Sgm seitlich weiß. L polyphag, die Eier werden auch an Pfl abgelegt, die die L nicht fressen. s. *Tenthredo silensis* COSTA
68* VFl ohne deutliche Binde. Hlb beim ♀ anders gefärbt **69**
69 Innere AuRänder hell **80**
69* Innere AuRänder schwarz **70**
70 US des ♂ ausgedehnt gelb od. grünlich. K u. Br matt. L u. oft auch Im. an Wolfsmilch. z. *Tenthredo solitaria* SCOPOLI ♂
70* ♂ nicht so hell, od. ♀ **81**
71 **(44)** B ganz schwarz. Alp, sehr s. *Tenthredo caucasica cinctaria* ENSLIN
71* Schienen ± gelb **72**
72 BrSch dicht skulpturiert, matt. Alp, s. [= *T. stecki* (KONOW)]. *Tenthredo segmentaria* F.
72* BrSch punktiert mit glatten ZwRäumen **73**
73 5. HlbTergit schwarz. 4. HlbTergit beim ♀ oft nur seitlich breit gelb. VSchienenHS beim ♂ durchgängig schwarz. An Trockenstandorten, s. *Tenthredo bifasciata rossii* (PANZER)
73* 5.(–6.) HlbTergit oft gelb gerandet. Falls beim ♀ 5. HlbTergit schwarz, 4. HlbTergit durchgängig schmal gelb. VSchienenHS beim ♂ nicht durchgängig schwarz. L an Korbblütlern. s. [= *T. pseudorossii* TAEGER]. *Tenthredo neobesa* ZOMBORI
74 **(50)** HSchenkel ganz gelb. L u. Im. an Sichel-Hasenohr. s. *Tenthredo sulphuripes* (KRIECHBAUMER) ♀
74* HSchenkel wenigstens auf der HS ± geschwärzt. Im. gewöhnlich nicht auf Sichel-Hasenohr sondern auf diversen Doldenblütlern. L, soweit bekannt, an Schmetterlingsblütlern (Klee, Hornklee, Wicke) **75**
75 HSchienenspitze ± geschwärzt **77**
75* HSchienenspitze rotgelb bis rotbraun **76**
76 Sch u. 1. FGld ± gelb. s. *Tenthredo schaefferi* KLUG ♀
76* Sch u. 1. FGld schwarz. Alp, s. *Tenthredo algoviensis* ENSLIN ♀
77 **(75)** Tegulae, Sch u. 1. FGld schwarz. Alp, z. [= *T. aegra* auct.]. *Tenthredo korabica* TAEGER ♀
77* Wenigstens Tegulae, oft auch Sch od. 1. FGld ± gelb **78**
78 VSchienen auf der HS durchgängig schwarz. 7. HlbTergit am HRand durchgängig gelb. 1. FGld meist schwarz. L an Klee. Im Flachland s, im MGeb g. *Tenthredo arcuata* FORSTER ♀
78* VSchienen auf der HS nicht durchgängig schwarz, falls ausnahmsweise so dunkel, 7. HlbTergit am HRand nicht durchgängig gelb. 1. FGld oft ± gelb **79**
79 1. FGld ± gelb. 1. HlbTergit fast völlig gelb. L an Klee u. Wicke. g. [= *T. schaefferi perkinsi* (MORICE)]. *Tenthredo notha* KLUG ♀
79* 1. FGld meist ganz schwarz. Gelbfärbung des 1. HlbTergit seitlich meist unterbrochen. Sehr variabel. L an Hornklee. s–z. [= *T. acerrima* BENSON]. *Tenthredo brevicornis* (KONOW) ♀
80 **(69)** FlMal gelbbraun. Hlb gelbbraun, nur basal geschwärzt. L polyphag. z. *Tenthredo ferruginea* SCHRANK
80* FlMal schwarzbraun. Hlb gelbbraun, basal u. apikal geschwärzt. L polyphag. MGeb, s. *Tenthredo balteata* KLUG
81 **(70)** Ksch schwarz, meist mit zwei seitlichen hellen Flecken. Im. VII–VIII. L an Kreuzkraut, Pestwurz u. Beinwell. MGeb, s. *Tenthredo bipunctula* KLUG
81* KSch ausgedehnter gelbweiß. Im. meist V–VI **82**

82 1. HlbTergit ganz schwarz, nur Br seitlich im hinteren Bereich (Metapleuren) hell gefleckt, über den HHü somit seitlich ein heller Fleck **87**
82* 1. HlbTergit seitlich hell. Br seitlich im hinteren Bereich (Metapleuren) hell gefleckt, über den HHü somit seitlich zwei helle Flecken, s Metapleuren schwarz **83**
83 Hlb beim ♀ ganz schwarz od. HlbSpitze ± ausgedehnt rot, od. ♂ **84**
83* Hlb beim ♀ basal u. apikal schwarz, 4.–6. Sgm rot. L u. oft auch Im. an Wolfsmilch. z. *Tenthredo solitaria* Scopoli ♀
84 FlMal deutlich zweifarbig, die Basis heller als die Spitze. L polyphag. g. *Tenthredo livida* L.
84* FlMal schwarzbraun, höchstens an der Spitze bzw. am Rand wenig heller **85**
85 Metapleuren schwarz. 7.–9. FGld weiß, 6. FGld schwarz. Sehr s od. ausgestorben. *Tenthredo amurica* Dalla Torre
85* Metapleuren u. 6. FGld ± gelbweiß **86**
86 5. FGld schwarz, 6. FGld basal geschwärzt. L polyphag. g. (2 sehr ähnliche Arten) *Tenthredo colon* Klug s.l.
86* 5. FGld apikal weiß, 6. FGld ganz weiß. Sehr s od. ausgestorben. *Tenthredo eburneifrons* Kirby
87 **(82)** Hlb beim ♀ schwarz, beim ♂ rot mit schwarzer Basis. HSchenkel auf der InnenS beim meist ♂ ± rötlich. L polyphag. s, im MGeb z.T. g. *Tenthredo velox* F.
87* Hlb bei ♀ u. ♂ rot mit schwarzer Basis. HSchenkel auf der InnenS beim ♂ schwarz. Nur Hochlagen der Alp, s. *Tenthredo simplex* Dalla Torre
88 **(54)** MBr seitlich fast völlig schwarz. L an Wegerich, evtl. polyphag. MGeb u. Alp, s. *Tenthredo obsoleta* Klug
88* MBr seitlich ausgedehnt grün **89**
89 8. FGld meist deutlich länger als doppelt so lg wie breit. MBrS grün mit senkrechter dunkler Strieme, MBrUS grün. L polyphag. g. *Tenthredo mesomela* L.
89* 8. FGld meist deutlich kürzer als doppelt so lg wie breit. MBrS grün mit senkrechter dunkler Strieme, MBrUS oft ausgedehnt schwarz. L polyphag. Nicht im Flachland, z. *Tenthredo mioceras* (Enslin)
90 **(51)** HSchienenspitze rotgelb. L an Wegerich. z. *Tenthredo omissa* (Förster)
90* HSchienenspitze schwarzbraun. Nur genitalmorphologisch sicher trennbar. L polyphag (?). z. *Tenthredo marginella* F. u. *Tenthredo thompsoni* (Curtis)
91 **(47)** Beim ♀ HHü fast ganz gelb, apikale 3 HlbTergite gelb gerandet. Beim ♂ Hlb schwarz mit rotbraunen mittleren Sgm u. letztes Sgm ± gelb. L an Kreuzblütlern. z. *Elinora flaveola* (Gmelin)
91* Beim ♀ HHü nur apikal gelb, apikale 3 HlbTergite fast ganz gelb. Beim ♂ Hlb schwarz mit rotbraunen mittleren Sgm u. 6.–8. Sgm ± gelb. L an Kreuzblütlern. s. *Elinora dominiquei* (Konow)
92 **(64)** MBrOS überwiegend grün. L polyphag. MGeb. u. Alp, g. *Tenthredo olivacea* Klug
92* MBrOS schwarz, Sch grün. L an *Astragalus* (?). sehr s, wenige Nachweise aus BY. [= *Sciapteryx arctica* Kiaer, = *T. microps* Konow] *Tenthredo aaliensis* (Strand)

Unterfamilie ***Nematinae***

In diese UFamilie gehört fast die Hälfte der *Tenthredinidae*-Arten. Die Gattungen u. Arten sind in vielen Fällen nur schwer bestimmbar, oft sind die taxonomischen Verhältnisse noch nicht ausreichend geklärt. Viele Arten mit mehreren Gen. Hauptflugzeit V–VI. Die Im. sind oft in der Nähe der FutterPfl zu finden, Blütenbesuch ist wie bei den *Tenthredininae* eher die Ausnahme. Meist kleinere Arten, 3–9(–12) mm. L S. 616.

1 Basale FGld mit deutlichen Forts. L an Rose. g. Eventuell ein Gemisch sehr ähnlicher Arten. *Cladius pectinicornis* (Geoffroy) ♂
1* F ohne derartige Bildung **2**
2 RadialZ mit Querader **3**

2* RadialZ ohne Querader **18**
3 1. u. 2. rücklaufende Ader einzeln in die 2. u. 3. CubitalZ mündend. Eiabl in die Fruchtknoten, L entw sich in unreifen Früchten, die dann abfallen. Meist 3–5 mm, s bis 7 mm **4**
3* 1. u. 2. rücklaufende Ader in die 2. CubitalZ mündend (Abb. **596**/3) **10**
4 HlbUS (fast) ganz schwarz **5**
4* HlbUS ausgedehnt hell **6**
5 K u. Hlb ganz schwarz. L in unreifen Früchten von Pflaume u. Schlehe, gelegentlich schädlich. z–g. *Hoplocampa minuta* (CHRIST) – **Schwarze Pflaumensägewespe**
5* HlbUS an der Spitze ± gelbbraun. Mundteile ± hell. L in unreifen Früchten von Pflaume u. Schlehe. z. [= *H. rutilicornis* (KLUG)]. *Hoplocampa fulvicornis* (PANZER)
6 **(4)** VFl mit bräunlichem Band unter dem FlMal. L in unreifen Früchten von Pflaume u. Schlehe. z. *Hoplocampa flava* (L.) – **Gelbe Pflaumensägewespe**
6* VFl hyalin od. gebräunt, jedoch ohne dunkles Band **7**
7 HlbOS ausgedehnt hell. 4 Arten. Gattung *Hoplocampa* HARTIG – **Sägewespen**
7* HlbOS (fast) ganz schwarz **8**
8 MBrOS (Mesonotum) ± hell gezeichnet. L in unreifen Früchten der Birne. s. *Hoplocampa brevis* (KLUG) – **Birnensägewespe**
8* MBrOS ganz schwarz **9**
9 6–7 mm. K orangegelb mit schwarzer Zeichnung im Bereich der Oc. L in unreifen Äpfeln. z. *Hoplocampa testudinea* (KLUG) – **Apfelsägewespe**
9* 3,5–5 mm. KOS schwarz. L bes. an Schlehe, Angaben über Schäden an Stachelbeere sind unzutreffend („Stachelbeersägewespe"). z. *Hoplocampa chrysorrhoea* (KLUG)
10 **(3)** AnalZ zusammengezogen. 5–8 mm **11**
10* AnalZ gestielt. 3–8 mm **13**
11 Hlb rotgelb. L gesellig an Erle u. Birke. z. *Hemichroa crocea* (GEOFFROY) ♀
11* Hlb schwarz **12**
12 FlBasis beim ♂ schwarz. Sehr s. *Hemichroa crocea* (GEOFFROY) ♂
12* Entweder ♀ od. FlBasis beim ♂ gelbbraun. L einzeln an Erle u. Birke. z, ♂ sehr s. [= *H. alni* auct.]. *Hemichroa australis* (SERVILLE)
13 **(10)** Klauen einfach. 3–5 mm lg. L Blattminierer an Hahnenfußgewächsen. 7 ± schwarze Arten der Gattung *Pseudodineura* KONOW u. der im FlGeäder sehr variable *Endophytus anemones* (HERING).
13* Klauen gespalten od. mit großem Subapikalzahn. 5–8 mm. L freilebend **14**
14 Abstand zw AuRand u. OKf kurz, kürzer als Oc **15**
14* Abstand zw AuRand u. OKf länger als Oc **16**
15 Mundteile ± hell. Hlb wenigstens auf der OS schwarz. L an Eiche. ♀ z, ♂ sehr s. *Mesoneura opaca* (F.)
15* K schwarz, Hlb gelb mit schwarzer Basis. Ausgestorben? *Neodineura arquata* (KLUG)
16 **(14)** K größtenteils gelb. L an Birke. z. *Dineura viridiorsata* (RETZIUS)
16* K schwarz, höchstens mit geringer heller Zeichnung. L an Mehlbeere u. Weißdorn **17**
17 HlbOS wenigstens im mittleren Bereich rotgelb. z. *Dineura stilata* (KLUG)
17* HlbOS schwarz. s. *Dineura testaceipes* (KLUG)
18 **(2)** AnalZ des VFl zusammengezogen **19**
18* AnalZ des VFl gstielt **26**
19 1. u. 2. rücklaufende Ader führen in die 2. CubitalZ (Abb. **596**/3). 5–7 mm **20**
19* 1. u. 2. rücklaufende Ader führen in verschiedene CubitalZ (Gattung *Cladius* ILLIGER i. w. S.) **21**
20 Klauen einfach (Abb. **591**/1). L an Lärche, z. T. schädlich. Ca. 4 Arten. Gattung *Anoplonyx* MARLATT
20* Klauen mit großem Subapikalzahn (Abb. **591**/3). L an Erle. Eventuell Gemisch sehr ähnlicher Arten. z. *Platycampus luridiventris* (FALLÉN)
21 **(19)** Hlb gelb. L an Pappel u. Weide. 7–9 mm. z. [= *T. viminalis* (FALLÉN)]. *Trichiocampus grandis* (SERVILLE)
21* Hlb schwarz. 5–7 mm **22**

22 Beim ♀ 3. FGld ca. 3-mal so lg wie breit. (♂ mit FForts). L an Rose. g. Eventuell Gemisch sehr ähnlicher Arten. *Cladius pectinicornis* (GEOFFROY) ♀
22* Beim ♀ 3. FGld ca. 4-mal so lg wie breit; od. ♂ **23**
23 B rötlich. L an Ulme. [= *P. ulmi* auct.]. *Priophorus rufipes* (SERVILLE)
23* B weißlich od. mit geschwärzten Schenkeln **24**
24 Klauen beim ♀ mit großem Subapikalzahn. 3. FGld beim ♂ einfach. L an Rosengewächsen. g. *Priophorus brullei* (DAHLBOM) [= *P. morio* auct.] u. *Priophorus compressicornis* (F.) [= *P. pallipes*].
24* Klauen beim ♀ mit kleinem Subapikalzahn. 3. FGld beim ♂ an der Basis zahnartig verbreitert **25**
25 KOS mit warzenartiger Skulptur. L an Weißdorn. z. *Trichiocampus pilicornis* (CURTIS)
25* KOS glatt. L an Ulme. [= *Priophorus eradiatus* (HARTIG)]. *Trichiocampus ulmi* (L.)
26 **(18)** 1. FußGld der HB stark lappenartig verbreitert. 7–10 mm **27**
26* 1. FußGld der HB nicht auffällig verbreitert. Oft kleiner **30**
27 MBrS matt, ohne deutlich erkennbare Punktur **28**
27* MBrS mit klar erkennbarer Punktur. ♂ sehr s **29**
28 Abstand zw den hinteren Oc etwas kürzer als der Abstand zw Oc u. HRand des K. L an Birke u. Erle. z. [= *Croesus s.*]. *Craesus septentrionalis* (L.)
28 Abstand zw den hinteren Oc so lg wie der Abstand zw Oc u. HRand des K od. etwas länger. L an Birke. z. *Craesus latipes* (VILLARET)
29 **(27)** VFl mit deutlicher dunkler Querbinde. MBrS zw den Punkten gerunzelt. L an Hainbuche u. Hasel. Sehr s. *Craesus brischkei* (ZADDACH)
29* VFl ohne deutliche Querbinde. MBrS zw den Punkten glänzend. L an Erle. z. [= *C. varus* (VILLARET)]. *Craesus alniastri* (SCHARFENBERG)
30 **(26)** 2. Cubitalquerader fehlt, dadurch nur 3 CubitalZ. 2,5–6 mm. Schwarz mit geringer heller Zeichnung. L Gallenbildner an Weiden. Ca. 11 Arten. Gattung *Euura* NEWMAN
30* 2. Cubitalquerader vorhanden, falls nur 3 CubitalZ vorhanden sind, fehlt die 1. Querader. Oft über 6 mm lg. Ca. 150 Arten. L an verschiedenen Pfl, darunter bedeutende Forstschädlinge. Gattungseinteilung schwierig u. z.T. stark unterschiedlich gehandhabt. Hierher artenreiche Gattungen wie *Amauronematus* KONOW, *Nematus* PANZER, *Pachynematus* KONOW, *Pontania* COSTA (Gallbildner an Weiden) u. *Pristiphora* LATREILLE.

Unterordnung ***Symphyta* – Pflanzenwespen (Larven, Afterraupen)**

Die L der Pflanzenwespen sind in vielen Fällen nicht od. nur unzureichend bekannt. Sie scheinen meist monophag od. oligophag zu sein. Polyphagie tritt nur bei wenigen Arten auf. Die Determination der L im folgenden Schlüssel setzt in vielen Fällen die Kenntnis der FutterPfl voraus. Nach der Bestimmung der Gruppe ist die Identifikation der Arten oft an Hand der FutterPfl möglich. Die morphologischen Bestimmungsmerkmale der L beziehen sich auf das letzte fressende Stadium. Die darauf folgende Eonymphe („Einspinnstadium" bei kokonbildenden Arten) verliert meist charakteristische Merkmale. Die erwachsenen L treten meist etwa 4–8 Wochen nach den Im. auf, lediglich bei *Apethymus* u. *Neodiprion* im nächsten Jahr. Bestimmung der Arten mit LORENZ & KRAUS (1957). Im. S. 586.

1 L oft bunt gefärbt, häufig freilebend, seltener in Gallen, Minen od. Stängeln. BrB segmentiert u. mit Krallen (Abb. **610**/1–2), bei Minierern z.T. stark modifiziert (hier K ± stark abgeplattet). HlbB vorhanden od. fehlend **2**
1* L weißlich, oft in Pfl od. im Holz lebend. BrB fehlend od. unsegmentiert, ohne Krallen. HlbB fehlen **9**

2 10. HlbSgm seitlich mit gegld, borstenartigen Anhängen. BrB borstenartig schlank (Abb. **610**/11). HlbB fehlen. F schlank (Abb. **610**/8). L in Gespinsten od. gerollten Blättern **3**
2* 10. HlbSgm ohne gegld Anhänge. Meist BrB deutlich konisch (vgl. Abb. **610**/10) u. HlbB vorhanden (außer manche Minierer). F meist gedrungen **4**
3 HlbSgm mit 4 Querfalten (Abb. **612**/6), nur mit kleinen Bo besetzt. L an versch. Bäumen u. Sträuchern, nie an Umbelliferen. Familie *Pamphiliidae* S. 609
3* HlbSgm mit 6 Querfalten (Abb. **612**/7), diese mit dunklen Flecken, auf denen lg braune Bo stehen. L an Umbelliferen. (Gattung *Megalodontes* LATREILLE). Familie *Megalodontesidae*
4 **(2)** 1.–10. Sgm mit querwulstartigen HlbB (Abb. **610**/3). 3–8 mm lg. F 6gld. Fortbewegung madenartig. L in ♂ Blüten von Kiefern (Gattung *Xyela* DALMAN) od. Tannentrieben (Gattung *Pleroneura* KONOW). Bestimmung nach Futterpfl vgl. S. 587. Familie *Xyelidae*
4* HlbB fehlen zumindest am 1. u. 9. Sgm. Häufig größer u. oft bunt gezeichnet. F mit weniger als 6 Gld **5**
5 9.–10. HlbSgm mit je 1 Paar ungegld Forts. HlbB fehlen (Abb. **610**/4). L in Farnstängeln, die dann walnussgroßen, weißgelben Schaumballen tragen. 1 s Art: *Blasticotoma filiceti* KLUG. Familie *Blasticotomidae*
5* 9.–10. HlbSgm ohne paarige, ungegld Forts. HlbB meist vorhanden **6**
6 F 1–2gld (Abb. **610**/5–6), knopfförmig od. leicht konisch. L freilebend **7**
6* F mit mehr als 2 Gld (Abb. **610**/7, 9). L freilebend od. Minierer **8**
7 HlbSgm mit 7 Querfalten (Abb. **612**/9). HlbB mit 8 BPaaren. BrB deutlich 5gld. F 2gld (Abb. **610**/6). Manche L verspritzen ein Sekret. Familie *Cimbicidae* S. 611
7* HlbSgm mit 3 Querfalten (Abb. **612**/8). HlbB mit 6–7 BPaaren. BrB meist 6gld od. s 3–4gld (Abb. **610**/10). F 1gld (Abb. **610**/5). L verspritzen kein Sekret. Familie *Argidae* S. 611
8 **(6)** F 3gld, 1.–2. Gld flach, 3. Gld exzentrisch u. stiftförmig (Abb. **610**/7). L an Koniferen. Familie *Diprionidae* S. 611
8* F mehr als 3gld (Abb. **610**/9); wenn 3gld, dann nicht so geformt. L an versch. Pfl., z. T. Minierer. Familie *Tenthredinidae* S. 613
9 **(1)** BrB, Anhänge am HlbE u. Stemmata (= LAu) fehlen. L im Holz, parasitoid. s. Familie *Orussidae*
9* BrB u. oft Anhänge am HlbE vorhanden. Stemmata (= LAu) fehlen oft **10**
10 L in Stängeln od. Trieben. F 5gld, Basis nicht verdickt u. beborstet. 10. HlbSgm oben in der M ohne sklerotisierten Anhang (= Nachschieber). Stemmata u. paarige Anhänge am HlbE vorhanden od. reduziert. Familie *Cephidae*
10* L in Baumstämmen od. Ästen. F 1–3gld., Basis auffallend verdickt u. beborstet. 10. HlbSgm oben in der M mit sklerotisiertem Anhang (= Nachschieber, Abb. **612**/1–2). Stemmata u. paarige Anhänge am HlbE fehlen **11**
11 Nachschieber nach unten gebogen, US mit stufenförmig angeordneten Zähnen (Abb. **612**/2). 10. HlbSgm mit deutlichen Dornen. F 3gld. Familie *Xiphydriidae*
11* Nachschieber gerade, OS mit stufenförmig angeordneten Zähnen (Abb. **612**/1). 10. HlbSgm ohne deutliche Dornen. F 1gld. Familie *Siricidae*

Familie *Pamphiliidae* – Gespinstblattwespen

Im. S. 588.

1 L an Nadelbäumen **2**
1* L an Laubbäumen od. Stäuchern **7**
2 L an *Larix*. *Acantholyda laricis* (GIRAUD)
2* L an *Pinus* od. *Picea* **3**
3 L an *Pinus* **4**
3* L an *Picea* **6**
4 L einzeln in Gespinst an 3–4jährigen Kiefern. *Acantholyda hieroglyphica* (CHRIST) – **Kiefernkultur-Gespinstblattwespe**

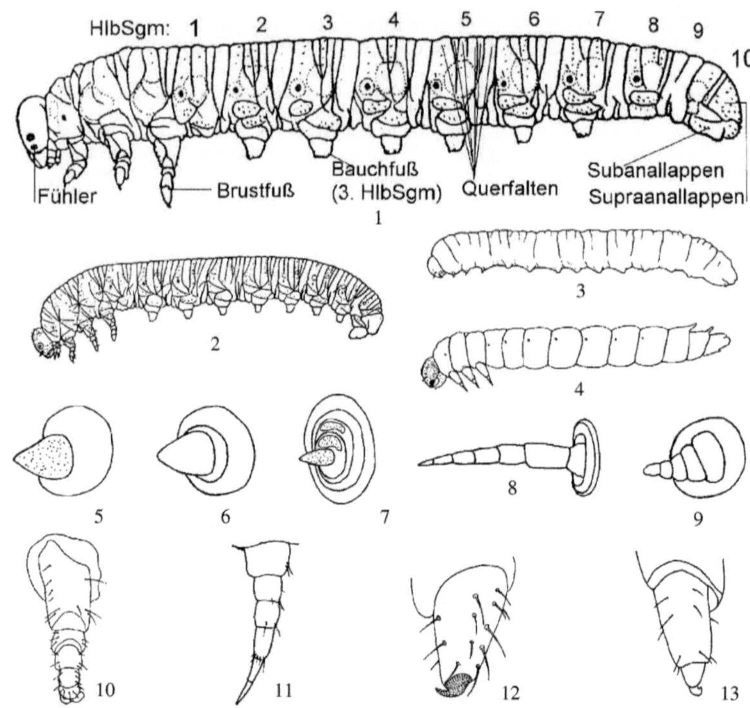

Abb. 610/1–13. L von Pflanzenwespen. **1** *Nematus*; **2** *Tenthredo*; **3** *Xyela*; **4** *Blasticotoma*; FForm von **5** *Arge*; **6** *Cimbex*, **7** *Diprion*; **8** *Pamphilius*; **9** *Aglaostigma*; BrBein von **10** *Arge*; **11** *Pamphilius*; Tibia von **12** *Tenthredo*; **13** *Brachythops*.

4* L gesellig in Gespinst, jede L mit eigener Wohnröhre **5**
5 In Kiefern-Schonungen. *Acantholyda erythrocephala* (L.) – **Stahlblaue Kiefernschonung-Gespinstblattwespe**
5* In Stangen- u. Altholzbeständen. *Acantholyda posticalis* (Matsumura) – **Große Kiefern-Gespinstblattwespe**
6 **(3)** L einzeln in kotlosen, lockeren Gespinsten, bes. im Flachland. *Cephalcia arvensis* Panzer – **Kleine Fichten-Gespinstblattwespe**
6* L meist gesellig, in mit Kot besetzten Gespinsten, bes. im Geb. *Cephalcia abietis* (L.) – **Große Fichten-Gespinstblattwespe**
7 **(1)** L in lockeren Gespinsten **8**
7* L einzeln in Blattröhren u. durch Gespinstfäden zusammengehaltenen Blättern. Gattung *Pamphilius* Latreille. Bevorzugte FutterPfl sind *Betula, Corylus, Carpinus, Acer, Salix, Populus, Prunus* u. *Crataegus*. An *Fragaria P. nemorum* (Gmelin), an *Lonicera P. thorwaldi* Kontuniemi, an *Quercus* der s *P. sylvarum* (Stephens), an *Rosa P. balteatus* (Fallén) u. *P. inanitus* (Villers).
8 L (meist) an *Prunus spinosa*. Körper grün, F bleich. *Neurotoma nemoralis* (L.) – **Steinobst-Gespinstblattwespe**
8* L (meist) an *Crataegus*. Körper orangefarben, F dunkel. *Neurotoma saltuum* (L.) – **Gesellige Birnenblattwespe**

Familie *Argidae* – Bürsthornblattwespen

Die L leben frei u. häufig gesellig an den Blättern von *Betulaceae*, *Salicaceae*, *Rosaceae*, *Fabaceae* u. a., die sie bis auf die MRippe abfressen. Im. S. 593.

1 Subanallappen mit 2 Forts nahe M (Abb. **612**/3) (UFamilie *Sterictiphorinae*). *Aproceros leucopoda* TAKEUCHI schädlich an *Ulmus*, zickzackförmiges Fraßbild, Neozoon; *Aprosthema* KONOW an *Fabaceae*; *Sterictiphora* BILLBERG an *Rosaceae*.
1* Subanallappen ohne Forts (UFamilie *Arginae*) **2**
2 Rumpf mit 7 Paar HlbB **3**
2* Rumpf mit 5–6 Paar HlbB **4**
3 L an *Betula*, machmal Kahlfraß. Bei Massenbefall Gefahr von Weidevieh-Vergiftung. K stahlbau. Sehr lokale Vorkommen. *Arge pullata* (ZADDACH)
3* L an *Rosa* od. *Fragaria*. K braungelb. *Arge nigripes* (RETZIUS)
4 **(2)** Rumpf mit 6 Paar HlbB. L an *Salix* od. *Betula*. *Arge ustulata* (L.) u. *Arge fuscipes* (FALLÉN).
4* Rumpf mit 5 Paar HlbB **5**
5 L an *Rosa* **6**
5* L an anderen Pfl. Gattung *Arge* SCHRANK: an *Berberis A. berberidis* SCHRANK, an *Crataegus A. melanochra* (GMELIN), an *Filipendula A. ciliaris* (L.), an *Quercus A. rustica* (L.), an *Rubus A. gracilicornis* (KLUG), an *Salix A. enodis* (L.), an *Sorbus A. sorbi* SCHEDL & PSCHORN-WALCHER.
6 Bo am K schwarz. *Arge ochropus* (GMELIN)
6* Bo am K bleich. *Arge pagana* (PANZER)

Familie *Cimbicidae* – Keulhornblattwespen

Im. S. 594.

1 Rumpf mit zuckerhut- od. kegelförmigen Warzen. 40–50 mm **2**
1* Rumpf ohne größerere Warzen. Oft kleiner **3**
2 HlbSgm oben mit schwarzem Band, seitlich mit schwarzen Flecken. L an *Alnus*. *Cimbex connatus* (SCHRANK)
2* HlbSgm oben mit schwarzem Band, seitlich ohne schwarze Flecken. Gattung *Cimbex* OLIVIER: an *Betula C. femoratus* (L.) – **Birkenkeulhornblattwespe**, an *Fagus C. fagi* ZADDACH, an *Populus* u. *Salix C. luteus* (L.).
3 **(1)** 40–50 mm. L an versch. Laubbäumen (*Betula*, *Salix*, *Populus*, *Sorbus*, *Crataegus*) **4**
3* Unter 30 mm. L an Sträuchern u. Kräutern (*Lonicera*, *Symphoricarpus*, *Knautia*, *Succisa*, *Geranium*, *Sedum*) **5**
4 K mit bräunlichem Scheitelfleck, Rumpf nicht verschmälert. Gattung *Trichiosoma* LEACH
4* K einfarbig, Rumpf vorn u. hinten verschmälert, weiß bepudert. L an *Betula* u. *Populus*. *Pseudoclavellaria amerinae* (L.)
5 **(3)** Rumpf grau, weiß bepudert mit auffälligen gelben u. weißen Fleckenreihen. L an *Lonicera, Symphoricarpus, Knautia* od. *Succisa*. Gattung *Abia* LEACH
5* Rumpf graugrün, ventral gelblich, caudal stark verschmälert. Gattung *Corynis* THUNBERG: an *Geranium silvaticum C. obscura* (F.), an *Sedum album C. crassicornis* (ROSSI).

Familie *Diprionidae* – Buschhornblattwespen

L einiger Arten oft an Kiefer schädlich. Häufig gleichzeitiges Auftreten versch. Arten. Oft 2–3 Gen. Im. S. 595.

1 L an *Juniperus.* *Monoctenus juniperi* (L.)
1* L an *Pinus* od. *Picea* **2**
2 L an *Pinus*, solitär od. gesellig **3**
2* L an *Picea*, solitär. 3 Arten.
Gattung *Gilpinia* Benson – **Fichten-Buschhornblattwespen**
3 L gesellig auftretend **4**
3* L solitär lebend **9**
4 K ganz schwarz **5**
4* K einfarbig gelb od. braun bzw. hell mit dunkler Zeichnung **7**
5 Rumpf dorsal u. lateral blauschwarz mit grellgelben Flecken.
Diprion similis (Hartig) – **Verwechselte Kiefern-Buschhornblattwespe**
5* Rumpf ohne grellgelbe Flecken **6**
6 Rumpf mit breitem, hellem Rückenstreifen. Schädling. (Ei).
Neodiprion sertifer (Geoffroy) – **Späte od. Rote Kiefern-Buschhornblattwespe**
6* Rumpf nur mit schmalem, hellem Rückenstreifen.
Microdiprion pallipes (Fallén) – **Kleine Kiefern-Buschhornblattwespe**
7 **(4)** K dunkelbraun mit schwarzer Stirnplatte. *Gilpinia socia* (Klug)
7* K einfarbig gelb od. braun **8**
8 K rundlich. Wenigstens basale HlbSgm dorsal ± einfarbig. Schädling.
Diprion pini (L.) – **Gemeine Kiefern-Buschhornblattwespe**
8* K oval. Rumpf dorsal mit dunkler MLinie. *Gilpinia pallida* (Klug)
9 **(3)** K dunkelbraun bis schwarz mit heller StirnM. *Macrodiprion nemoralis* (Enslin)
9* K bräunlich mit schwarzer Stirnzeichnung **10**
10 K mit schwarzem Dreieck auf der Stirn. *Gilpinia frutetorum* (F.)
10* K mit schwarzer Bogenlinie auf der Stirn. *Gilpinia laricis* (Jurine)

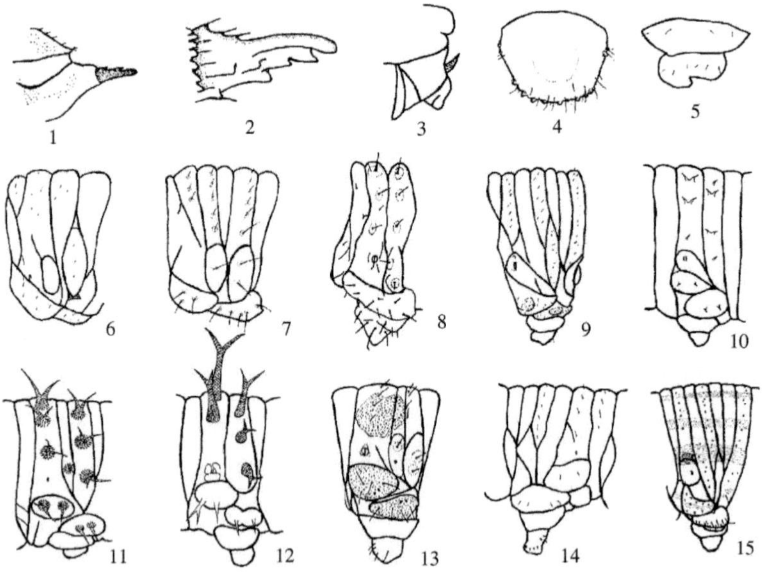

Abb. 612/1–15. Hlb-Spitze von **1** *Sirex*; **2** *Xiphydria*; **3** *Sterictiphora* (SAnsicht); **4** Supraanallappen von *Hemichroa*; **5** Labrum von *Dolerus*; 3. Abdominalsegment von **6** *Pamphilius*; **7** *Megalodontes*; **8** *Arge*; **9** *Cimbex*; **10** *Blennocampa*; **11–12** *Periclista*; **13** *Craesus*; **14** *Strongylogaster*; **15** *Macrophya*.

Familie *Tenthredinidae* – Blattwespen

Im. S. 596.

1 L meist freilebend, seltener Gallenbildner an *Salix*, in Stängeln od. in Früchten. Falls Blattminierer in *Ranunculaceae* od. Farnstielen, K nicht auffällig abgeflacht, OKf nach unten od. hinten weisend **2**
1* L Blattminierer, jedoch nicht in *Ranunculaceae* od. Farnstielen. K stark abgeflacht, OKf nach vorne weisend. UFamilie *Heterarthrinae* S. 614
2 Ol asymmetrisch (Abb. **612**/5). HlbSgm mit 6 Querfalten. L an *Poaceae, Juncaceae, Cyperaceae* u. *Equisetum*. (Gattung *Dolerus* PANZER). UFamilie *Selandriinae* partim S. 613
2* Ol symmetrisch, HlbSgm mit 3–7 Querfalten **3**
3 HlbB am 2.–8. HlbSgm (vgl. Abb. **610**/2), am 10. HlbSgm vorhanden od. fehlend. HlbSgm mit 4–7 Querfalten **4**
3* HlbB am 2.–7. u. 10. HlbSgm (Abb. **610**/1). HlbSgm mit 3–6 Querfalten. UFamilie *Nematinae* S. 616
4 HlbSgm mit 7 Querfalten (Abb. **612**/15) **5**
4* HlbSgm mit 4–6 Querfalten (Abb. **612**/13) **6**
5 Tibien der BrB mit 13–18 Bo (Abb. **610**/12). UFamilie *Tenthredininae* S. 613
5* Tibien der BrB mit 8–10 Bo (Abb. **610**/13). UFamilie *Selandriinae* partim S. 613
6 **(4)** L mit Schleim bedeckt. 10. HlbSgm ohne B. L verursacht Schabefraß an Blättern. (Gattung *Caliroa* A. COSTA). UFamilie *Heterarthrinae* partim S. 614
6* L ohne Schleim. 10. HlbSgm mit B. Fraßspuren unterschiedlich **7**
7 HlbB außen beborstet (Abb. **612**/14). Rumpf ungekörnt. 3 der 6 Querfalten der HlbSgm bewarzt. UFamilie *Selandriinae* partim S. 613
7* HlbB außen unbeborstet; wenn doch, dann Rumpf deutlich gekörnt. HlbSgm mit 4–6 Querfalten (Abb. **612**/10–12). UFamilien *Allantinae* u. *Blennocampinae* S. 615

Unterfamilie *Tenthredininae*

L im Sommer meist einzeln u. frei an den Blättern von Gräsern, Kräutern, Stauden u. Sträuchern diverser PflFamilien. Tagsüber oft an der US der Blätter u. lassen sich schon bei geringster Erschütterung fallen. Bestimmung der Gattungen u. Arten schwierig. Einige Arten der Gruppe offenbar polyphag.
An *Poaceae* u. *Cyperaceae* Gattung *Tenthredopsis* COSTA (lg ausgestreckt, Rumpf caudalwärts deutlich verjüngt mit Längsstreifen, K meist dunkel gestreift) u. *Tenthredo maculata* GEOFFROY (Rumpf nicht deutlich verjüngt, K bräunlichgrün); an *Euphorbia cyparissias Tenthredo solitaria* SCOPOLI (Rumpf einfarbig blaugrün mit schmalem dunklem Dorsal- u. breitem Suprastigmalband); an *Galium Aglaostigma aucupariae* (KLUG) (Rumpf blaugrün bereift) u. *Aglaostigma fulvipes* (SCOPOLI) (Rumpf grünlich mit dunklerem Streif); an *Hypericum Tenthredo zona* KLUG (Rumpf gelbgrün mit 5 Längsreihen schwarzer, runder Flecken) u. *Tenthredo zonula* KLUG (wie *zona*, jedoch nur 4 Längsreihen schwarzer Flecken); an *Impatiens nolitangere Siobla sturmii* (KLUG) (HlbSgm mit großen, zipfelförmigen Warzen); an *Petasites* u. *Tussilago Tenthredo mandibularis* F. (Rumpf dunkelgrau, auf jedem Sgm ein grellgelber Fleck); an *Sambucus* mehrere Arten von *Macrophya* DAHLBOM; an *Scrophularia nodosa Tenthredo scrophulariae* L. (Rumpf perlgrau mit schwarzen Flecken u. weiß bestäubt). Im. S. 601.

Unterfamilie *Selandriinae*

Im. S. 597.

1 L an *Poaceae, Juncaceae, Cyperaceae* od. *Equisetum* **2**
1* L an Farnen, Moosen od. *Myosotis* **4**

2 Ol asymmetrisch (Abb. **612**/5). Gattung *Dolerus* Panzer
2* Ol ± symmetrisch **3**
3 L grün mit schwarzen Dornwärzchen. 2 Arten, darunter die g *S. serva* (F.). Gattung *Selandria* Leach
3* L grün mit hellen Dornwärzchen. 2 s Arten. Gattung *Brachythops* Curtis
4 **(1)** L an Moosen. *Nesoselandria morio* (F.)
4* L an Farnen od. *Myosotis* **5**
5 Rumpf in der Grundfärbung braungelb. L an *Myosotis*. *Birka cinereipes* (Klug)
5* Rumpf in der Grundfärbung hellgrün. L an Farnen **6**
6 F 3gld. L miniert in Farnstängeln, die dadurch verkümmern u. schwarz werden. *Heptamelus dahlbomi* (Thomson)
6* F 5gld **7**
7 Rumpf gekörnt. HlbB außen unbeborstet. 4 Arten. Gattung *Aneugmenus* Hartig
7* Rumpf ungekörnt. HlbB außen beborstet. 6 Arten. Gattung *Strongylogaster* Dahlbom u. *Stromboceros delicatulus* (Fallén)

Unterfamilie ***Heterarthrinae***

Heterogene UFamilie mit freilebenden u. minierenden Arten. Die in Blättern von Kräutern, Stauden u. Laubhölzern minierenden Arten sind durch den stark abgeflachten K u. dunkle Thorakalsternite gekennzeichnet. Deren Platzminen lassen sich relativ gut von den Gangminen anderer Insekten (*Diptera*, *Lepidoptera*) unterscheiden. Die Tribus *Caliroini* u. *Fenusini* werden häufig zu den *Blennocampinae* gestellt. Bestimmung am sichersten über die FutterPfl. In *Ranunculaceae* minierende Arten vgl. unter *Nematinae* (Gattung *Pseudodineura* Konow). Im. S. 598.

1 L freilebend, verursacht Schabefraß an Blättern. K nicht abgeplattet, jedoch oft mit der VS auf dem Blatt liegend u. OKf nach hinten weisend **2**
1* L in Blättern minierend. K auffällig abgeflacht, OKf nach vorne weisend **7**
2 L ohne Schleim. Rumpf zylinderförmig. 10. HlbSgm mit B. L auf BlattOS an *Rosa*. *Endelomyia aethiops* (Gmelin)
2* L mit Schleim bedeckt, meist auf BlattUS. Br deutlich breiter als Hlb. 10. HlbSgm ohne B **3**
3 K u. alle BrB braun od. schwarz **4**
3* K höchstens am Scheitel schwarz, 1. BrB hell u. 2.–3. BrB dunkel **6**
4 Rumpf mit schwarzem Schleim bedeckt. L bes. an *Rosaceae*. *Caliroa cerasi* (L.)
4* Rumpf mit hellem Schleim bedeckt **5**
5 L an *Populus tremula*. *Caliroa tremulae* Chevin
5* L an *Quercus*. *Caliroa varipes* (Klug)
6 **(3)** K einfarbig hell rötlichbraun. L an *Quercus*. *Caliroa cinxia* (Klug)
6* K hellbraun, Scheitelplatten teilweise schwarzbraun. *Caliroa annulipes* (Klug)
7 **(1)** BrB 4–5gld mit deutlicher Klaue od. 3gld u. ohne HlbB (*Fenusini*). *Fenella nigrita* Westwood an versch. *Rosaceae* (*Agrimonia*, *Aremonia*, *Filipendula*, *Fragaria*, *Potentilla*) u. *Geranium*. An *Acer pseudoplatanus Hinatara excisa* (Konow), an *Acer campestre Hinatara nigripes* (Konow), an *Acer platanoides Hinatara recta* (Thomson), an *Alnus glutinosa* u. *incana Fenusa dohrnii* (Tischbein), an *Alnus viridis Fenusa pumila* (Klug), an *Betula* 5–6 Arten aus 4 Gattungen, an *Castanea* u. *Quercus Profenusa pygmaea* (Klug), an *Geum Metallus lanceolatus* (Thomson), an *Populus Fenusella glaucopis* (Konow) u. *Fenusella hortulana* (Klug), an *Rubus* (meist) *caesius Metallus pumilus* (Klug) u. *Metallus albipes* (Cameron), an *Salix Fenusella wuestneii* (Konow), an *Tilia Parna tenella* (Klug) u. *Parna apicalis* (Brischke), an *Ulmus glabra Fenusa ulmi* Sundevall, an *Ulmus minor Fenusa altenhoferi* (Liston).
7* BrB 3gld, HlbB vorhanden (*Heterarthrini*). Gattung *Heterarthrus* Stephens. An *Acer* 4 Arten, an *Alnus glutinosa H. vagans* (Fallén), *Betula pendula H. nemoratus* (Fallén), an *Populus tremula H. ochropoda* (Klug), an *Salix* sp. *H. microcephalus* (Klug).

Unterfamilien ***Blennocampinae*** **u.** ***Allantinae***

L dieser Gruppe nur in wenigen Fällen ohne Berücksichtigung der Chaetotaxie sicher ansprechbar. Im. S. 598; 599.

1 L mit ± deutlich gespaltenen Dornen (Abb. **612**/10–12) **2**
1* L ohne gespaltene Dornen **7**
2 L an *Rosa* (meist *canina*), einzeln in eingerollten Blatträndern (alle Fiederblätter des Blattes sind eingerollt, die meisten Fiederblätter jedoch leer). Rumpf hellgrün, gekörnt, mit mit kurzen Spaltdornen (Abb. **612**/10). g. *Blennocampa phyllocolpa* VIITASAARI & VIKBERG
2* L nicht an *Rosa*, sondern an *Quercus* od. anderen *Rosaceae* **3**
3 L an *Rosaceae.* Gattungen *Claremontia* ROHWER (5 Arten) u. *Monophadnoides* ASHMEAD (2 Arten) sowie *Pareophora pruni* (L.) an *Prunus spinosa.*
3* L an *Quercus* **4**
4 HlbSgm mit 5 Querfalten (Abb. **612**/11) **5**
4* HlbSgm mit 4 Querfalten (Abb. **612**/12) **6**
5 Nur Spaltdornen der Br teilweise an der Basis schwarz. K gelbgrün. *Periclista albipennis* (ZADDACH)
5* Spaltdornen stets schwarz (Abb. **612**/11). K hell mit schwarzen Flecken. *Periclista albida* (KLUG)
6 **(4)** Stiel der SpaltBo gleich lg od. wenig kürzer als der gegabelte Teil (Abb. **612**/12). K schwarz. *Periclista lineolata* (KLUG)
6* Stiel der SpaltBo dick, bedeutend länger als der gabelige Teil. K z. T. hell. *Periclista pubescens* (ZADDACH)
7 **(1)** L Stängelbohrer an *Rosa*, HlbB reduziert **8**
7* L freilebend, HlbB normal **9**
8 L am HE mit 2 Griffeln, im Trieb aufwärts fressend. *Cladardis elongatula* (KLUG)
8* L ohne Griffel am HE, im Trieb von oben nach unten fressend. 2 Arten. Gattung *Ardis* KONOW
9 **(7)** BrB 4gld **10**
9* BrB 5gld **12**
10 L mit Schleim bedeckt. BrSgm breiter als HlbSgm. B fehlen am 10. HlbSgm. (Gattung *Caliroa* A. COSTA). Siehe *Heterarthrinae* S. 614
10* L nicht mit Schleim bedeckt. Rumpf zylinderförmig. B am 10. HlbSgm vorhanden **11**
11 L an *Quercus.* *Harpiphorus lepidus* (KLUG)
11* L an *Rosa. Endelomyia aethiops* (GMELIN). Siehe *Heterarthrinae* S. 614
12 **(9)** HlbB außen stark beborstet. Rumpf stark gekörnt, ± grau. Gattung *Athalia* LEACH
12* HlbB außen nicht beborstet. Rumpf anders **13**
13 1., 2. u. 4. Querfalte der HlbSgm mit Warzen od. Bo **14**
13* Nur 2. u. 4. Querfalte der HlbSgm mit Warzen od. Bo **15**
14 1. Querfalte der HlbSgm nur mit Bo. L häufiger Arten bes. an *Geum, Filipendula ulmaria, Fragaria, Rubus* u. *Salix.* Gattung *Empria* LEPELETIER & SERVILLE
14* 1. Querfalte der HlbSgm mit Warzen u. Bo. L häufiger Arten bes. an *Rosa.* Gattung *Allantus* PANZER
15 **(13)** Hlb u. bes. Br mit großen, beulenartigen, auf 2 Querfalten der Sgm. mit 1–3 Wärzchen tragenden Wülsten. L manchmal in Gärten an *Convallaria majalis* u. *Polygonatum* schädlich. *Phymatocera aterrima* (KLUG)
15* Rumpf ohne große, beulenartige Wülste. Zahlreiche Gattungen u. Arten, von denen sich einige an Hand von FutterPfl u. Körperfarbe unterscheiden lassen: an *Alnus glutinosa Monsoma pulveratum* (RETZIUS) (Rumpf weiß bestäubt); an *Alnus Eriocampa ovata* (L.) (Rumpf grün mit 4 dorsalen Längsreihen großer weißer Punkte, weiß bereift); an *Fraxinus excelsior Tomostethus nigratus* (F.) (K gelb, an den Rumpf gezogen, dieser gekörnt, dorsal grün); an *Iris pseudacorus Rhadinoceraea micans* (KLUG) (BrB bleich, K ohne behaarte Tuberkel); an *Lilium martagon Rhadinoceraea bensoni* BENEŠ (BrB dunkel; K mit behaarten Tuberkeln); an *Lysimachia vulgaris* u. *L. nummularia Monostegia abdominalis* (F.) (Körper weiß bepudert).

Unterfamilie ***Nematinae***

Artenreichste UFamilie der Blattwespen. L frei lebend, in Gallen od. Früchten; einzeln od. gesellig. Die frei lebenden Arten benagen die Blätter vom Rande her od. verursachen Löcherfraß; einige Arten skelettieren die Blätter. Von den randständig fressenden Arten werden die Blätter häufig bis auf die MRippe verzehrt. Bei Störung (Anfassen, Erschütterung) vermögen viele L Bauchdrüsen auszustülpen u. bei einigen Arten ein wanzenartig (z. B. *Nematus pavidus*) od. aromatisch (z. B. *N. spiraeae*) riechendes Sekret abzugeben. Andere spreizen bei Störung das Abdomenende ab u. führen mit diesem wippende Bewegungen aus. Normal erfolgt der Fraß mit eingerolltem, über dem Blattrand hängenden HE. Im. S. 606.

1 L in Gallen von *Salix*, in Früchten od. minierend **2**
1* L freilebend **7**
2 L an *Salix* **3**
2* L in Früchten od. minierend in *Ranunculaceae* **5**
3 Geschlossene Gallen an Blättern. Gattung *Pontania* COSTA
3* Gallen als offene Blattrollen od. an Spross, BlattMRippe u. Knospe **4**
4 Gallen als eingerollte Blattränder. Gattung *Phyllocolpa* BENSON
4* Gallen am Spross, der BlattMRippe od. Blütenknospe. Gattung *Euura* NEWMAN
5 **(2)** L minierend in *Ranunculaceae*. Gattungen *Pseudodineura* KONOW u. *Endophytus* HERING: an *Anemone nemorosa* u. *ranuncoloides Endophytus anemones* (HERING), an *Anemone silvestris Pseudodineura heringi* (ENSLIN), an *Clematis recta P. clematidisrectae* (HERING), an *Clematis alpina P. clematidis* (HERING), an *Hepatica nobilis P. mentiens* (THOMSON), an *Pulsatilla vulgaris P. parvula* (KLUG), an *Ranuculus acris* u. *R. repens P. fuscula* (KLUG), an *Trollius europaeus P. enslini* (HERING).
5* L in Früchten **6**
6 L in Früchten von *Ribes nigrum*. *Bacconematus pumilio* (KONOW)
6* L in Früchten versch. *Rosaceae*, z. T. im Obstbau schädlich. Gattung *Hoplocampa* HARTIG. – **Sägewespen.** An *Pyrus H. brevis* (KLUG), an *Malus H. testudinea* (KLUG), weitere Arten an *Prunus, Crataegus, Amelanchier* u. *Sorbus*.
7 **(1)** L flach, asselartig, an *Alnus*. *Platycampus luridiventris* (FALLÉN)
7* L nicht asselartig **8**
8 Querfalten mit lg, oft gebogenen u. mit Widerhäkchen versehenen Bo **9**
8* Querfalten ohne solche Bo **12**
9 K ohne schwarze Zeichnung, gelb bis rotbraun **10**
9* K wenigstens teilweise schwarz gezeichnet **11**
10 L meist an *Rosa*. g. *Cladius pectinicornis* (GEOFFROY)
10* L meist an *Rubus*. g. *Priophorus brullei* DAHLBOM
11 **(10)** K schwarz. L an *Populus* u. *Salix*. *Trichiocampus grandis* (SERVILLE)
11* K hell mit schwarzer Zeichnung. *Priophorus pallipes* (SERVILLE) polyphag, g. An *Crataegus* der s *Trichiocampus pilicornis* (CURTIS), an *Ulmus Trichiocampus ulmi* (L.) u. *Priophorus rufipes* (SERVILLE).
12 **(8)** 3. HlbSgm mit 5 Querfalten **13**
12* 3. HlbSgm mit 6 Querfalten **19**
13 Bo der HlbSgm am E spatelförmig od. eingekerbt; Rumpf caudalwärts stark verschmälert. Gattung *Dineura* DAHLBOM: an *Betula D. virididorsata* (RETZIUS), 2 weitere Arten an *Crataegus* u. *Sorbus*.
13* Bo normal **14**
14 L an *Larix*. Hlb gekörnt. Wenigstens 4 Arten. Gattung *Anoplonyx* MARLATT
14* L an *Alnus* u. *Betula*, seltener an *Corylus* od. *Carpinus* **15**
15 Hlb mit kegelförmigen, weißen Warzen, die eine Bo tragen. Supraanallappen seitlich u. unten mit ± 40 Bo. z. T. g **16**
15* Hlb nur beborstet. Supraanallappen seitlich u. unten mit ± 20 Bo. s Arten **18**
16 K oben ohne dunkle Flecken, nur rotbraun gepunktet. *Nematinus fuscipennis* (SERVILLE)
16* K oben mit meist deutlichen dunklen Flecken **17**

17 Supraanallappen mit zwei großen, oft zusammenfließenden, dunkelbraunen Flecken. *Nematinus luteus* (PANZER)
17* Supraanallappen ohne dunkle Flecken. *Nematinus steini* BLANK (g) u. *N. bilineatus* (KLUG) (s)
18 **(15)** Rumpf oben dunkelgrün, unten heller. *Nematinus acuminatus* (THOMSON)
18* Rumpf schwarz mit regelmäßigen Querreihen weißer Punkte. Nur NDE. *Nematinus caledonicus* (CAMERON)
19 **(12)** Supraanallappen am E mit 10–12 Höckern (Abb. **612**/4). L an *Alnus* u. *Betula*, seltener an *Corylus* **20**
19* Supraanallappen ohne derartige Höcker **21**
20 K schwarz. L gesellig, Fraß hinterlässt oft schriftzeichenähnliche Löcher. . . . . *Hemichroa crocea* (GEOFFROY)
20* K gelbgrün. L meist einzeln. Fraßbild anders. *Hemichroa australis* (SERVILLE)
21 Sekrete der Mandibulardrüsen bilden palisadenartige Schaumgebilde auf dem Blatt. L an *Populus*. [= *S. compressicornis* auct.] *Stauronematus platycerus* (HARTIG)
21* Keine Bildung palisadenartiger Schaumgebilde. Zahlreiche Arten u. Gattungen, bevorzugt an Bäumen der Gattungen *Salix, Populus, Betula* u. *Picea*. Einige Arten mit Hilfe der FutterPfl erkennbar. An *Aquilegia Pristiphora rufipes* (SERVILLE) [= *P. aquilegiae* (VOLLENHOVEN)]; an *Aruncus Nematus spiraeae* ZADDACH; an *Betula* u. *Alnus*, ca. 20–23 mm groß, gesellig *Craesus latipes* (VILLARET) (K u. Rumpf schwarz) u. *Craesus septentrionalis* (L.) (K schwarz, Rumpf grün, mit großen schwarzen Flecken zw den HlbB, Abb. **612**/13); an *Fagus Nematus fagi* ZADDACH; an *Filipendula, Geum* u. *Rubus Pristiphora pallidiventris* (FALLÉN); an *Poaceae Pachynematus-clitellatus*-Komplex (wenigstens 5 Arten); an *Larix Pristiphora erichsonii* (HARTIG) (gesellig, ca. 20 mm groß, K dunkelbraun, OK schwarz punktiert; Rumpf dorsal graugrün, ventral hell, stark gekörnt; nach Am eingeschleppt; dort gefürchteter Schädling); an *Malus Pristiphora maesta* (ZADDACH); an *Padus Pristiphora retusa* (THOMSON); an *Quercus Pristiphora fausta* (HARTIG); an *Ribes uva-crispa Nematus-ribesii*-Komplex (L ca. 17 mm, grün, über den B sowie 1.–2. u. 11. Sgm ± gelb; mit schwarzen Warzen) u. *Pristiphora appendiculata* (HARTIG) (*rufipes* auct. = *P. pallipes*; L ca. 12 mm, grün mit braunem K, ohne schwarze Warzen); an *Robinia Nematus tibialis* NEWMAN; an *Rumex* bes. *Pachynematus annulatus* (GIMMERTHAL) (= *P. rumicis* auct.; L ca. 10 mm), u. die s *Nematus vicinus* SERVILLE (L ca. 20 mm). An *Salix* viele Arten; einige gesellig lebende Arten mit charakteristischer schwarzer Fleckenzeichnung der HlbSgm (dorsal durchgehende od. höchstens teilweise unterbrochene, schwarze Mediane). Bes. an *Salix alba* u. *S. fragilis Nematus salicis* (L.) (K schwarz, gefeldert. Rumpf blaugrün, 1. u. die 3 letzten Sgm. rotbraun; 1. Querfalte der Sgm in Höhe der Substigmallinie mit schwarzem Fleck) u. *Nematus miliaris* (PANZER) (K schwarz; Rumpf blaugrün, die ersten u. letzten 3 Sgm orangegelb; 1. Querfalte der Sgm ohne Fleck); an *Salix caprea* (auch an anderen raublättrigen Weiden u. *Populus tremula*) *Nematus pavidus* SERVILLE (g, K schwarzbraun; Rumpf grün, 1. u. letztes Sgm gelb; Dorsolateralband nicht in Flecken aufgelöst; Wanzengeruch u. Schreckstellung). An *Sorbus aucuparia Pristiphora geniculata* (HARTIG) (gesellig, K grüngelb; Rumpf gelb mit charakteristischer schwarzer Zeichnung; unangenehmer Geruch).

Unterordnung ***Apocrita (Aculeata)*** – **Stechwespen**

Überfamilie ***Apoidea***

Familie ***Apidae*** – **Bienen**

Die mit 551 deutschen Arten recht umfangreiche Familie der Bienen weist morphologisch, ökologisch u. biologisch einige Besonderheiten auf, die bei der Nutzung des Schlüssels von Bedeutung sind. Die Fiederung der Haare, bes. deutlich im hinteren

Teil des Br u. der Lage des FlAnsatzes bzw. der Tegulae wurde bereits in der Familientabelle erwähnt. Die Fovea facialis ist ein oft deutlich abgegrenzter Eindruck längs des AuInnenrandes (Abb. **619**/1). Galea u. Zunge (Glossa) ergeben die Lg der Mundwerkzeuge (R) u. sind für Blütenbesuch (Nektarquelle) von Bedeutung.
Kropfsammler verschlucken zum Transport Pollen u. Nektar auf der Blüte u. benötigen keine analogen Sammeleinrichtungen (*Hylaeus*, *Ceratina* u. *Xylocopa*). Bauchsammler transportieren Pollen u. Nektar an einer Bauchbürste des Hlb (z. B. *Anthidium*, *Megachile*, *Osmia*), was schon im Gelände gut erkennbar ist. Beinsammler, die meisten Arten, bürsten mit speziellen Einrichtungen Pollen u. Nektar auf die HSchienen, die auch dazu mit gekrümmten Haaren (Körbchen) versehen sein können. Wichtige Informationen zur Lebensweise u. z. T. zur Artidentifikation liefert die Spezialisierung der Wildbienen auf bestimmte Pfl, von denen sie Pollen zur Brutversorgung beziehen. Pollenspezialisten, die zur Brutversorgung eine Pfl-Familie, -Gattung od. -Art besammeln, werden als oligolektisch bezeichnet, Arten, die mehrere Pfl-Familien besammeln, als polylektisch. Diese Verhaltensweisen können jedoch geographisch variabel sein. Die Spezialisierung ist nicht am Blütenbesuch erkennbar, sondern erfordert eine Pollenanalyse des Larvenfutters u. ist nur durch letzteres eindeutig zu definieren.
Bis auf die sozialen Honigbienen u. Hummeln u. einige Furchenbienen leben die heimischen Arten einzeln (solitär). Es gibt aber auch Übergänge, wo mehrere ♀ ein Nest versorgen (fast sozial od. quasisozial). Viele Arten bilden Nestaggregationen in ± großen Kolonien.
Manche, bes. spezialisierte Arten, sind zu einer Charakterisierung eines Biotops, des Habitats od. einer Biozönose geeignet u. werden als Leitarten bezeichnet. Die meisten solitären od. sozialen Bienen sind Wirte unterschiedlicher Schmarotzer. Parasitoide leben in od. an den L. NaSchmarotzer nutzen die Na ihrer Wirte u. Sozialparasiten auch ihre Pflegedienste (Hummeln). Fächerflügler (Stylopidae) sind Parasitoide in Im.
Die Literaturangaben in der Tabelle weisen auf bes. geeignete Art-Bestimmungstabellen hin. Vollständige Zitate sind bei weiterführender Literatur am E der Ordnung. Fast vollständig und sehr empfehlenswert sind die Bestimmungswerke von Amiet et al. (1996 ff.) und Scheuchl (1995ff.).

Bestimmungstabelle der Gattungen, z. T. bis zu den Arten

1 Fl mit drei vollständigen CubitalZ (Abb. **619**/2–4) **2**
1* Fl mit zwei vollständigen CubitalZ (Abb. **619**/1 , 5, 6, 8, 9) **23**
2 RadialZ am E schräg abgestutzt (Abb. **619**/2) **3**
2* RadialZ am E zugespitzt od. abgerundet (Abb. **619**/3, 4) **4**
3 Große Art von 13–16 mm. F kurz u. keulenförmig (Abb. **619**/5). Körper schwarz, dicht u. lg gelbbraun behaart. Das ♂ mit auffallend großen Au u. nach vorne gerückten Oc sowie plattgedrückten B. BSammler. VS der FSchaftes beim ♂ gelb. Ksch beim ♀ gelb. Nestanlage in selbstgegrabenen Hohlräumen im Erdboden. S- u. OEur, vereinzelt in MEur. Oligolektisch auf Schmetterlingsblütlern im VII–VIII. Von den eur Arten nur eine in DE. *Melitturga clavicornis* (Latreille) – **Schwebebiene**
3* Sehr kleine Art von nur 3–5 mm KörperLg. F beim ♂ lg. K u. Br grün mit gelber Zeichnung. Hlb gelb, dunkel bandiert. FlAderung sehr blass; CubitalZ 2 u. 3 sehr klein, zusammen höchstens so groß wie 1 (Abb. **619**/2). Südl Art, sehr s in DE. Nestanlage in selbstgegrabenen Hohlräumen im Erdboden, einzeln u. in Kolonien. Flugzeit VI–VIII. Charakterart auf Binnendünen. Polylektisch auf *Reseda*, *Sedum* od. *Thymus*.
Nomioides minutissimus (Rossi)
4 **(2)** HSchienen ohne Sporne. RadialZ gleich breit, mindestens 4-mal so lg wie breit, fast bis zur FlSpitze reichend. CubitalZ 2 oben viel schmaler als unten, 3 schief nach dem FlE hin geneigt (Abb. **619**/3). Au des ♂ (Drohne) berühren sich oben. KörperLg 11–18 mm. Weltweit v. Beinsammler. Im Gebiet nur eine domestizierte Art. Manch-

mal im Freien vorkommende Bauten beherbergen verwilderte Völker, sozial, polylektisch. Flugzeit III–X *Apis mellifera* L. – **Honigbiene**

4* HSchienen mit Spornen. RadialZ weit vor der FlSpitze endend (Abb. **619**/4) **5**

5 CubitalZ untereinander an Größe fast gleich (Abb. **619**/4) **6**

5* CubitalZ an Größe sehr verschieden (Abb. **621**/1, 2, 5, 6) **7**

6 Oc im Dreieck stehend (Abb. **619**/6). Ksch des ♂, oft auch die GesichtsS weiß od. gelb. Beim ♀ 1. FußGld der HB mit auffallendem Haarpinsel (Abb. **619**/10). Hummelähnlich. KörperLg 8–18 mm. Beinsammler. Nisten in Steilwänden, lehmverfugten Mauern u. vegetationslosen Bodenstellen, s in Totholz od. Stängelmark, meist in Ko-

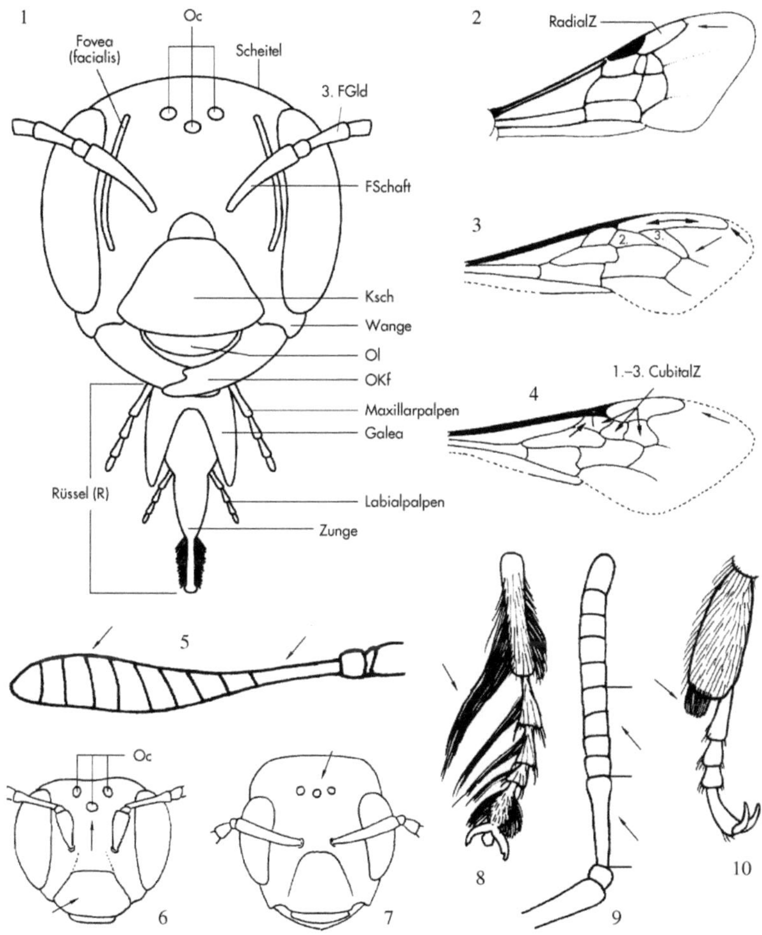

Abb. 619/1–10. 1 K von vorn, *Apidae* schematisch; **2** VFl, *Nomioides* sp.; **3** VFl, *Apis mellifera*; **4** VFl, *Bombus* sp.; **5** F, *Melitturga clavicornis*; **6** K von vorn, *Anthophora* sp.; **7** K von vorn, *Bombus* sp.; **8** FußGl der MB, *Anthophora plumipes* ♂; **9** F, *Anthophora plumipes* ♀; **10** FußGl der HB, *Anthophora* sp. ♀.

lonien. Flugzeit IV–VI, auch sehr früh od. spät (konkurrenzarme Tageszeiten). Polylektisch. 12 Arten. Häufigste Art *A. plumipes* (PALLAS) [= *acervorum* L.] . ♂ durch lg Behaarung der MFüße charakterisiert (Abb. **619**/8). FProportionen des ♀ (Abb. **619**/9). Literatur: SCHEUCHL 1995. Gattung *Anthophora* LATREILLE – **Pelzbiene**

6* Oc fast in gerader Linie (Abb. **619**/7). Ksch u. Gesicht stets schwarz. Dichte, pelzige Behaarung mit farbigem charakteristischem, aber variablem Haarkleid. KörperLg 8–34 mm, ☿ sind im Durchschnitt kleiner als die ♀ u. ♂. Weltweit v, weniger in den Trop, eingeführt in Australien. Die befruchteten ♀ („Königinnen") beginnen im Frühj mit Nestbau u. Brutgeschäft. Artlich unterschiedlich in hohlen Bäumen, in der Kraut- u. Moosschicht od. verlassenen Mäusenestern u. ä. Die sehr unregelmäßig angeordneten BrutZ, Kokon u. Vorratsbehälter (Nektartöpfe) unterscheiden sie von anderen sozial od. fast sozial lebenden Bienen. Die Eier werden auf Nektar-/Pollenklumpen in WachsZ abgelegt, woran sich die ersten ☿ entw. Sie übernehmen dann die weitere Versorgung der Brut u. den Aufbau des Staates. Erst ab den Sommermonaten entstehen Geschlechtstiere, die sich verpaaren. Die Volkgröße beträgt in dieser Zeit 30–600 ☿. Man unterscheidet kurz- u. lgrüsslige (bis 20 mm RLg) Arten. Die 31 deutschen Arten sind polylektisch. Flugzeit III–X. Durch ihre dichte Behaarung u. spezielle Physiologie können sie auch kühle u. feuchte Witterung u. extreme Gebiete (z. B. Höhenlagen) nutzen. Manche PflArten sind auf Hummeln zur Befruchtung angewiesen. In Gewächshäusern werden einige Arten zur Bestäubung gewerblich genutzt. Bes. im Frühj erleiden häufig die schwerfälligen Königinnen den Unfalltod auf Straßen. In manchen J sterben Hummeln durch Vergiftung an bestimmten Blüten (südländische Linden, Rhododendron) zuweilen massenhaft. Schmarotzerhummeln (UGattung *Psithyrus*) haben oft eine ihren Wirten, die ausschließlich andere Hummelarten sind, ähnliche Färbung. KörperLg 13–25 mm. Flugzeit V–X. Das befruchtete ♀ dringt in das Nest ihrer Wirtsart (manchmal auch mehrerer Wirtsarten) ein u. belegt, oft nach tödlichen Kämpfen od. Vertreibung der Königin, BrutZ mit ihrem Ei (Sozialparasiten). Ihre L werden von den ☿ neben den eigenen aufgezogen. Schmarotzerhummeln besuchen Blüten nur zur NaAufnahme. Literatur: VON HAGEN 1994, MAUSS 1992. Gattung *Bombus* LATREILLE [einschl. *Psithyrus* LEPELETIER] – **Hummeln** u. **Schmarotzerhummeln** S. 630

7 **(5)** CubitalZ 3 viel größer als 1 od. 2, die letztere fast dreieckig. CubitalZ 3 nimmt die Discoidalader 1 im Innenwinkel, Discoidalader 2 in der M auf (Abb. **621**/1). Fl metallisch dunkelblau od. -grün glänzend, Körper hummelartig. Pollen wird meist im Kropf, s mittels der Behaarung der HB gesammelt. Nestanlage in selbstgenagten Hohlräumen, in markhaltigen Stängeln od. totem Holz. An der Größe gut unterscheidbar. KörperLg 20–23 mm (*X. violacea* (L.)) bzw. 14–16 mm (*X. iris* (CHRIST)). SOEur, nördl bis Berlin. Überwinterer ab IV, Jungtiere im Spätsommer. Polylektisch. Sehr s. Gattung *Xylocopa* LATREILLE – **Holzbienen**

7* CubitalZ 3 so groß od. kleiner als 1 (Abb. **621**/2, 5, 6, 8) **8**

8 CubitalZ 1 etwa so groß wie 3, 2 ist die kleinste (Abb. **621**/2, 5, 6, 8) **9**

8* CubitalZ 3 viel kleineres 1 (Abb. **623**/1–3, 6, 12) **15**

9 CubitalZ 3 oben so breit wie unten. CubitalZ 2 fast dreieckig, fast halbkreisförmig (Abb. **621**/2). Körper schwarz behaart, in der Regel mit weißen Haarflecken an den Seiten **10**

9* CubitalZ 3 oben schmaler als unten (Abb. **621**/5, 6) **11**

10 Sch flach u. kahl, am HRand ausgeschnitten u. mit einem weißen Haarbüschel in der M (Abb. **621**/3). Behaarung weit spärlicher, mehr anliegend u. fleckenartig. Im Gebiet 2 s Arten. Flugzeit VII–VIII. Brutparasiten bei *Anthophora*. Bei *T. orbatus* (LEPELETIER) Gesicht unterhalb der F am Scheitel schwarz behaart. Bei *T. histrionicus* (ILLIGER) Gesicht u. Scheitel weiß. Gattung *Thyreus* PANZER – **Schildbienen**

10* Sch gewölbt u. zweidornig, die Dornen jedoch wegen der dichten u. lg Behaarung nicht gut sichtbar. K u. Br dicht u. abstehend behaart. KörperLg 14–16 mm. 2 Arten, Brutparasiten bei *Anthophora*. Flugzeit IV–VI, s. Bei *M. punctata* (F.) 1. FußGld der HB gekrümmt, bei *M. luctuosa* SCOPOLI 1. FußGld der HB gerade. Gattung *Melecta* LATREILLE – **Trauerbienen**

11 **(9)** Tegulae abnorm groß, zum Teil weißlich (Abb. **621**/4). Das ♂ mit auffallend gebildeten HSchenkeln u. Schienen. Hlb mit bleichen ERändern. Nester im Boden meist in Kolonien. Polylektisch. Flugzeit VI–VII, sehr s.

Pseudapis femoralis (PALLAS) [= *Nomia* part.]

11* Tegulae von normaler Größe **12**

12 Hlb glatt u. kahl, zum größten Teil rot, nur bei einigen kleineren Arten das ♂ ausgedehnt schwarz. ♀ ohne auffallende Bürste an den HSchienen, ♂ mit knotig vortretenden FGld. 4–15 mm KörperLg. Flugzeit III–X. Brutparasiten, hauptsächlich bei Furchenbienen (*Lasioglossum* u. *Halictus*). Im Gebiet 25 Arten.

Gattung *Sphecodes* LATREILLE – **Blutbienen**

12* Hlb schwarz od. erzfarben, in der Regel deutlich behaart. **13**

13 RadialZ zugespitzt, mit ihrem E den FlRand erreichend (Abb. **621**/6). F des ♀ sehr kurz, der Schaft so lg wie die keulenförmige Geißel. Beim ♂ Geißel an der Spitze zu einem Dreieck eingerollt (Abb. **621**/7). K kurz, auffallend klein. Ol u. Ksch sehr kurz, doppelt so breit wie lg. Hlb des ♂ ab Tergit 5 nach unten eingekrümmt, die Sternite verdeckend. Beinsammler. Nestanlage in selbstgegrabenen Hohlräumen im Erdboden, zuweilen in Kolonien. Flugzeit VI–VIII. Oligolektisch an *Convolvulus*, *Cichorium*, sehr s. 8–10 mm. 2 Arten. *S. curvicornis* (SCOPOLI) u. *S. planidens* GIRAUD im Feld nicht zu trennen. Gattung *Systropha* ILLIGER – **Spiralhornbienen**

13* RadialZ mit ihrem E deutlich vom FlRand entfernt (Abb. **621**/8) **14**

14 Hlb fast kahl, gewöhnlich erzfarben. Die kurzen F gegen das E etwas verdickt, beim ♀ u. ♂ von gleicher Lg. CubitalZ 2 oben sehr verengt (Abb. **621**/8). An den knotenförmigen Sgm u. dem nach hinten verbreiterten, kahlen, glänzenden Hlb leicht kenntlich. Ol lg. 6–10 mm KörperLg. Pollen wird meist im Kropf gesammelt. Polylektisch. Nest in Stängeln u. Zweigen. Typisch für Brachflächen. 3 Arten. Flugzeit ab VIII, überwinternde langlebige ♀ erscheinen im IV–V, Brutzellenbau bis VIII.

Gattung *Ceratina* LATREILLE – **Keulhornbienen**

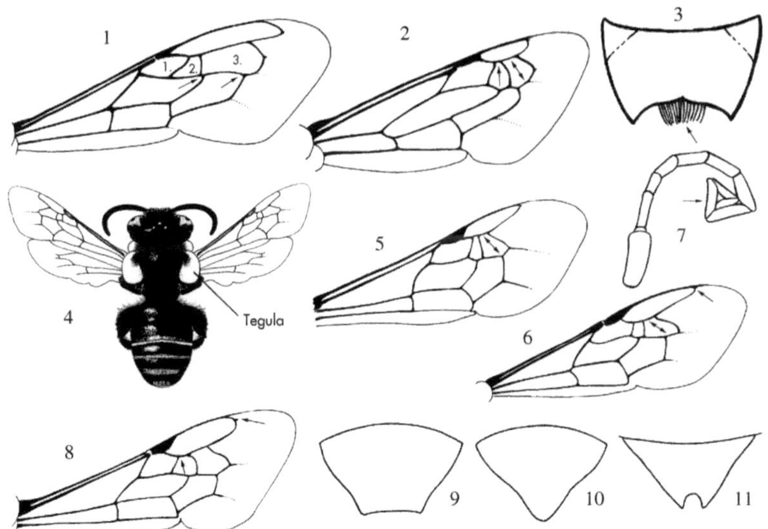

Abb. 621/11. **1** VFl, *Xylocopa* sp.; **2** VFl, *Melecta* sp.; **3** Sch, *Thyreus* sp.; **4** Habitus, *Pseudapis* sp. ♂; **5** VFl, *Sphecodes* sp.; **6** VFl, *Systropha* sp.; **7** F, *Systropha* sp. ♂; **8** VFl, *Ceratina* sp.; **9** 7. Tergit ♂, *C. cucurbitina*; **10** *C. chalybea*; **11** *C. cyanea*.

a) Körper schwarz glänzend. 7. Tergit des ♂ Abb. **621**/9. In S- u. MEur.
C. cucurbitina Rossi

a*) Körper metallisch blau od. grün glänzend .... **b)**

b) Letztes Tergit beim ♂ gekielt, am E abgerundet (Abb. **621**/10), einspitzig, beim ♀ Ksch weiß gefleckt, gleichmäßig punktiert. Spanien bis Türkei, nördl bis DE.
C. chalybea Chevrier

b*) Letztes Tergit beim ♂ zweispitzig, median eingebuchtet, viel breiter als hoch (Abb. **621**/1 1), beim ♀ Ksch schwarz, median meist unpunktiert. In S- u. MEur, nordwärts bis England. *C. cyanea* Kirby

14* Hlb lg behaart od. mit hellen Haarbinden. F beim ♂ sehr lg, fast von KörperLg. CubitalZ 2 nach oben wenig verengt. Die UGattung *Tetralonia* ist von *Eucera* s. str. nur durch die Zahl der CubitalZ (3) verschieden. Die ♂ sind durch die fast körperlg F u. gelben Ksch leicht kenntlich. Die ♀ mit breit ovalem, abgeflachtem Hlb mit hellen Haarbinden od. SFlecken. Viele Arten können schon im Gelände erkannt werden, bes. unter Zuhilfenahme spezifischen Blütenbesuchs. KörperLg 8–20 mm. V. westpal. Die selbstgegrabenen Nester werden im Boden angelegt, oft in großen Kolonien. Bei der häufigen u. großen (14–16 mm KörperLg) *E. longicornis* L. versorgen auch 2 ♀ die Brut (quasisozial). Flugzeit IV–IX, die UGattung *Eucera* vorwiegend im Frühling, die UGattung *Tetralonia* im Sommer. Beinsammler. Oligolektisch auf Schmetterlingsblütlern, Korbblütlern, bes. auf Flockenblumen u. Disteln, Borretsch- u. Malvengewächsen, eine Art auf Blutweiderich (*Lythrum*). Einige als Charakterarten (Leitarten) geeignet. 8 Arten. Literatur: Schmiedeknecht 1930, Scheuchl 1995. [= *Tetralonia* Spinola]. Gattung *Eucera* Scopoli – **Langhornbienen**

15 (8) RadialZ elliptisch, mit der Spitze vom Rand entfernt (Abb. **623**/1, 2) **10**

15* RadialZ nach dem E hin verschmälert u. zugespitzt (Abb. **623**/3, 8, 12) **17**

16 CubitalZ 2 u. 3 fast gleich groß (Abb. **623**/1). Hlb ohne Glanz, mit weißen Haarflecken. Sch beiderseits mit kräftigem Zahn. Behaarung, spärlich, filzig, überall dicht anliegend. ♀ mit fünf sichtbaren Sterniten, von denen das 5. sehr groß, breit u. schaufelartig ist. Beim ♂ Tergit 7 schmal u. abgerundet. KörperLg 5–12 mm. Eur, in DE 4 Arten. Flugzeit VI–IX, Brutparasiten bei *Colletes*. Die Bienen beißen sich in charakteristischer Weise zum Schlafen an Stängeln fest. Literatur: Scheuchl 1995.
Gattung *Epeolus* Latreille – **Filzbienen**

16* CubitalZ 2 deutlich kleiner als 3 (Abb. **623**/2). Hlb glänzend, beim ♀ rot u. schwarz, mit undeutlichen weißen Haarflecken; beim ♂ rotgelb u. schwarz. Sch ungezähnt. FGld 2 auffallend kurz, dreieckig mit vorstehendem Spitzenrand. Au groß, vorragend, graugrün. KörperLg 9–10 mm. In ganz N- u. MEur, nicht s. Flugzeit VII–VIII, bevorzugt in Feuchtgebieten. Brutparasit bei *Macropis*.
Epeoloides coecutiens F. – **Schmuckbiene**

17 (15) CubitalZ 2 u. 3 fast gleich groß (Abb. **623**/3) **18**

17* CubitalZ 3 viel größer als 2 (Abb. **623**/8, 12) **19**

18 Hlb dunkel behaart, oft mit hellen Haarbinden. Spitze der RadialZ etwas vom FlRand entfernt. Galea kurz, Zunge am E breit u. ausgerandet (Abb. **623**/4). Ksch am ERand in der Regel quer eingedrückt u. mit zwei ± stark ausgebildeten rundlichen Vertiefungen in der M. HB des ♀ an der Basis mit lg lockenartigen Haarbüscheln. Behaarung gelblichgrau, oft dicht. Hlb zugespitzt. Habituell ähnlich der Gattung *Andrena*. KörperLg 7–14 mm. Pal. Beinsammler. Nestanlage in selbstgegrabenen Hohlräumen im Erdboden, oft in Kolonien. 1 Generation im J. Flugzeit III–XI, wobei nur *C. cunicularius* (L.) im zeitigen Frühj fliegt (an Weiden). Fast alle Arten sind oligolektisch bes. auf Ochsenzunge (*Anchusa*), Mannstreu (*Eryngium*), Efeu (*Hedera*), Schwarzkümmel (*Nigella*), Zahntrost (*Odontites*), Reseda (*Reseda*) u. Weide (*Salix*). Einige sind auf Schmetterlings- bzw. Korbblütler spezialisiert. In DE 14 Arten. Literatur: Noskiewicz 1938. Gattung *Colletes* Latreille – **Seidenbienen**

18* Hlb fast unbehaart, schwarz, gelb u./od. rot gefärbt. Die Spitze der RadialZ liegt am FlRand. Galea länger, Zunge am E schmal (Abb. **623**/5). KörperLg 3–14 mm. v. entsprechend der Wirte, ebenfalls die Flugzeit, bes. häufig im Frühj. Brutparasiten überwiegend bei *Andrena, Halictus, Lasioglossum, Panurgus* u. *Melitta*. 64 Arten. Literatur: SCHEUCHL 1998, SCHWARZ 1988. Gattung *Nomada* SCOPOLI – **Wespenbienen**

19 **(17)** Basalader gerade od. fast gerade (Abb. **623**/8) **20**

19* Basalader stark gekrümmt (Abb. **623**/12) **21**

20 KlauenGld von normaler Größe. Beim ♀ die HTrochanteren mit Haarlocke (Flocculus) u. Gesicht mit samtartig behaarten Foveae (Abb. **623**/8). F des ♂ nicht knotig, abgerundet. Arten mit recht unterschiedlichem Habitus, so kann der Hlb pelzartig behaart od. fast kahl od. mit hellen Haarbinden besetzt sein. Das ♀ mit gut ausgebildetem Pygidium (obere abgesetzte Fläche des letzten HlbSternit), dieses immer unbehaart u. oft mit seitlichen Furchen versehen. Habituell ähnlich der Gattung *Colle-*

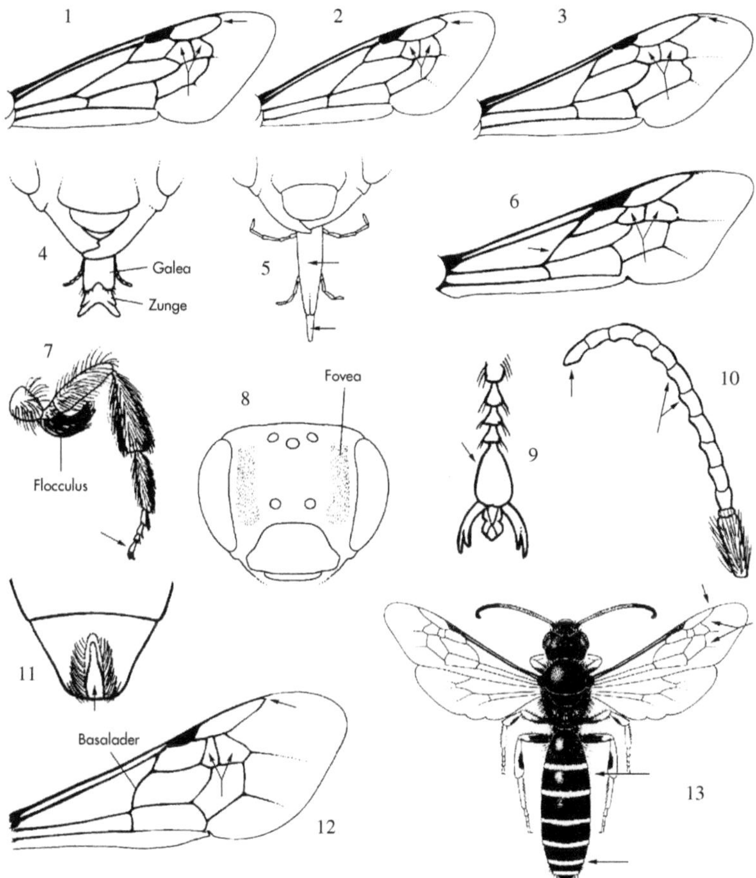

Abb. 623/1–13. **1** VFl, *Epeolus* sp.; **2** VFl, *Epeoloides coecutiens*; **3** VFl, *Colletes* sp.; **4** unterer KTeil von vorn, *Colletes* sp.; **5** unterer KTeil von vorn, *Nomada* sp.; **6** VFl, *Andrena* sp.; **7** HB, *Andrena* ♀; **8** Gesicht von vorn, *Andrena* sp.; **9** Fußglieder, *Melitta* sp.; **10** F, *Melitta* sp. ♂; **11** 6. Tergit von oben, *Lasioglossum* sp. ♀; **12** VFl, *Sphecodes* sp.; **13** Habitus, *Halictus sexcinctus* ♂.

tes. In der ganzen Pal verbreitet. Beinsammler. Nestanlage in selbstgegrabenen bis 60 cm tiefen (!) Hohlräumen im Erdboden. Meist solitär, manche kommunal (mehrere ♀ benutzen einen gemeinsamen Nesteingang), kleine bis sehr große Kolonien bildend (Nestaggregationen). Flugzeit III–IX, im zeitigen Frühj schon bei Temperaturen ab 10 °C. Viele Arten sind oligolektisch u. zeigen charakteristische Biozönosen (Biotope) an. Als Beispiel seien für Spezialisierung (Oligolektie) genannt: Spargel (*Asparagus*), Zaunrübe (*Bryonia*), Fingerkraut (*Potentilla*), Weide (*Salix*), Ehrenpreis (*Veronica*), aber auch auf vielen Doldenblütlern, Korb- u. Kreuzblütlern, Glockenblumengewächsen od. Schmetterlingsblütlern. In DE 111 Arten. Literatur. SCHMID-EGGER & SCHEUCHL 1997. Gattung *Andrena* F. – **Sandbienen**

20* KlauenGld der HB auffallend groß (Abb. **623**/9). Die HTrochanteren beim ♀ ohne Haarlocke, Gesicht ohne Foveae. Das ♂ bis auf eine Art mit knotigen FGld (Name!), das letzte abgestutzt (Abb. **623**/10). KörperLg 10–14 mm. Eurasien. Beinsammler. Nester einzeln in selbstgegrabenen Hohlräumen im Erdboden. Flugzeit V–IX. 8 z. T. sehr s Arten. Streng oligolektisch, nach FundPfl bestimmbar. *M. dimidiata* MORAWITZ auf Esparsette (*Onobrychis*), *M. haemorrhoidalis* (F.) auf Glockenblume (*Campanula*), *M. leporina* (PANZER) auf Fabaceae, insbesondere Luzerne (*Medicago sativa*), *M. nigricans* ALFKEN auf Weiderich (*Lythrum*), *M. tricincta* KIRBY auf Zahntrost (*Odontites*), *M. wankowiczi* RADOSZKOWSKI wahrscheinlich auf Blutweiderich (*Lythrum*). Literatur: SCHEUCHL 1996. Gattung *Melitta* KIRBY – **Sägehornbienen**

21 **(19)** RadialZ mit ihrer Spitze vom FlRand entfernt (Abb. **623**/12). Beim ♀ das Tergit 8 ohne kahle Längsfurche; HB ohne deutlichen Sammelapparat. ♂ mit schwarzem, weißbehaartem, nicht vorragendem Ksch u. meist knotigen GeißelGld. Hlb ausgedehnt rot (Name!), nur bei einigen kleineren ♂ ausgedehnt schwarz; diese unterscheiden sich von den wenigen kleinen *Lasioglossum*-♂ mit schwarzem KschRand durch ihr im Verhältnis zur geringen Körpergröße außergewöhnlich grob gerunzeltes Propodeum. KörperLg 4–15 mm. Siehe **12**.
Gattung *Sphecodes* LATREILLE – **Blutbienen**

21* RadialZ meist dicht am FlRand endend (Abb. **623**/13). Beim ♀ Tergit 8 mit kahler Längsfurche (Abb. **623**/11); HB mit deutlichem Sammelapparat. ♂ mit vorragendem, oft an der Spitze gelbem Ksch. Hlb nur s rot **22**

22 ERänder der Tergite mit Haarbinden, die auf den ersten Tergiten ± breit unterbrochen sein können, völlig befilzt. Basale Haarbinden auf Tergit 1 u. 2 können zusätzlich vorhanden sein. Cubitalader 3 u. 2. rücklaufende Ader vollständig ausgebildet. Dieses Merkmal beim ♀ deutlich, beim ♂ undeutlich. ♂ mit schlankem Körper, meist mit gelb gezeichnetem Ksch (Abb. **623**/13). KörperLg 4–15 mm. Je nach Art solitär od. quasisozial lebend; die sozialen Arten bilden Königinnen (eine od. mehrere befruchtete ♀) u. ☿ (♀ mit zurückgebildetem Eierstock od. mit Eikeimlingen, aus denen ♂ hervorgehen können) aus. Beinsammler. Nestanlage in selbstgegrabenen 5–60 cm tiefen Hohlräumen im Erdboden, bes. im Sand. Polylektisch. Flugzeit III–X. Mit der nachstehenden Gattung eng verwandt u. in MEur oft schwer zu unterscheiden. 17 Arten. Literatur: EBMER 1988b. Gattung *Halictus* LATREILLE – **Furchenbienen**

22* ERand vom Tergit 1 u. 2 nie mit Haarbinden, höchstens erst ab Tergit 3, od. ganz seitlich an der Basis der ERänder von Tergit 1 u. 2 WimpernBo. Bei vielen Arten an der Basis von Tergit 2 u. 3, manchmal auch 4, deutliche Haarflecken od. Binden. Cubitalader 3 u. 2. rücklaufende Ader reduziert od. schwächer ausgebildet als 1. Cubitalader u. 1. rücklaufende Ader. Dieses Merkmal beim ♀ deutlich, beim ♂ undeutlich. ♂ auch mit schlankem Körper, meist gelb gezeichnetem Ksch. KörperLg 4–15 mm. B. siehe vorige Gattung. Im Gebiet 70 Arten. Literatur: EBMER 1988b.
Gattung *Lasioglossum* CURTIS – **Furchenbienen**

23 **(1)** RadialZ nach außen stark verengt, mit der Spitze am FlRand liegend (Abb. **625**/1, 5, 6) **24**

23* RadialZ mit der Spitze ± vom FlRand entfernt (Abb. **625**/8, 9) **29**

24 Hlb fast halbkugelig, glänzend schwarz, am E gelblichweiß behaart. Das 2. FußGld der HB am unteren EWinkel des 1. (Metatarsus) eingefügt (Abb. **625**/2). Beim ♂ der

Ksch gelb, HSchenkel verdickt. V. eurasisch. Beinsammler, oligolektisch. Nestanlage in selbstgegrabenen Hohlräumen im Erdboden. 2 Arten. Bei *M europaea* WARNCKE HSchienen beim ♂ an der Spitze ohne Zahn (Abb. **625**/3). 8–9 mm KörperLg. Flugzeit VII–IX. Bei *M. fulvipes* (F.) HSchienen beim ♂ apikal mit Zahn (Abb. **625**/4). KörperLg 8,5–9,5 mm. Flugzeit VI–VIII. Gattung *Macropis* PANZER – **Schenkelbienen**

24* Hlb verlängert. TarsenGld 2 der HB in der M des ERandes vom 1. Gld eingefügt . **25**

25 Körper sparsam behaart. Hlb ohne Haarbinden, höchstens ESgm am Rande dünn behaart **20**

25* Körper, vor allem die Br, dicht behaart, Hlb mit hellen Binden **27**

26 Hlb schwarz, rot u. gelb od. weißgelb gefärbt.
Gattung *Nomada* SCOPOLI – **Wespenbienen** siehe **18***

26* Hlb einfarbig schwarz, glänzend, schlank. Basalader der VFl schwach gekrümmt, auf der Medialader in steilem Winkel auftreffend. CubitalZ u. DiscoidalZ 1 kürzer als bei *Rophites* u. *Rhophitoides* (Abb. **625**/5). Propodeum lg, meist so lg wie Sch, am E abgerundet. Im Feld kaum von einigen im Habitus ähnlichen *Halictus, Lasioglossum, Andrena* od. *Panurginus* zu unterscheiden. In Eur. 4–10 mm KörperLg. Beinsammler. Nestanlage in selbstgegrabenen Hohlräumen im schwach bewachsenen Erdboden. Flugzeit VII–IX. Polylektisch z. T. auch streng oligolektisch auf Sandknöpfchen (Jasione), Glockenblumengewächsen u. Korbblütlern. 6 Arten.
Gattung *Dufourea* LEPELETIER – **Glanzbienen**

27 **(25)** K u. Br rostrot behaart; Hlb matt, dicht u. stark punktiert, die ERänder der Tergite beim ♀ dünn, beim ♂ etwas stärker behaart. Basis der HB beim ♀ mit Haarlocke,

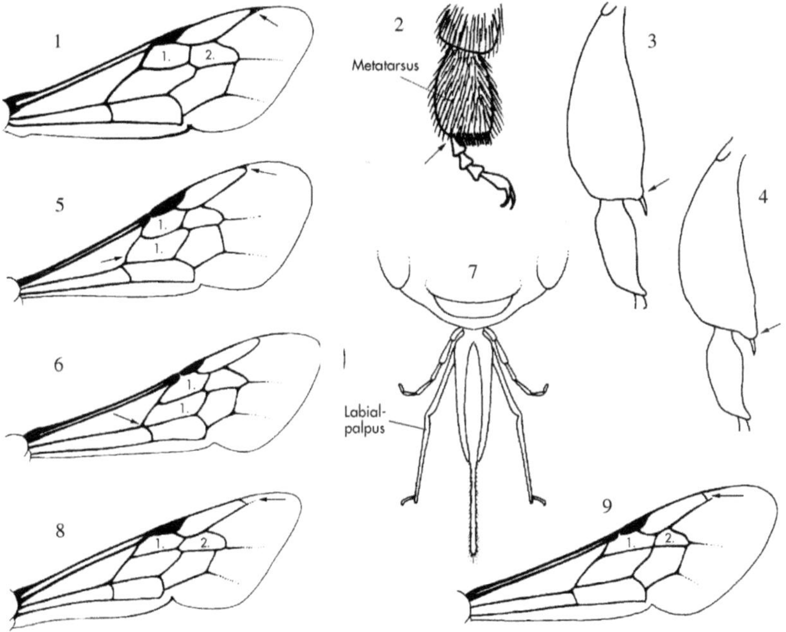

Abb. 625/1–9. **1** VFl, *Macropis* sp.; **2** FußGl des HB, *Macropis europaea*; **3** HSchiene, *Macropis europaea* ♂; **4** HSchiene, *Macropis fulvipes* ♂; **5** VFL, *Dufourea* sp.; **6** VFl, *Rophites* sp.; **7** Rüssel, *Rophites* sp.; **8** VFl, *Panurgus* sp.; **9** VFl, *Panurginus labiatus*.

Gesicht mit Fovea facialis. 8–10 mm. ♀ auch im Feld durch die leuchtend rotbraun behaarte Br u. die scharf abgesetzten, median breit unterbrochen hellen Haarbinden u. den spezialisierten Blütenbesuch gut kenntlich . In ganz DE v, nicht häufig. Flugzeit IV–VI, zuweilen in Kolonien. Streng oligolektisch auf Kreuzblütlern. (Im Zweifelsfall auch Fortsetzung bei **29**). *Andrena lagopus* LATREILLE (siehe auch **20**)

27* Br u. Hlb graugelb bis schmutzig weiß behaart, letzterer mit hellen od. hell behaarten Tergit-ERändern. Basis der HB beim ♀ ohne Haarlocke, Gesicht ohne Foveae faciales **28**

28 Labialpalpen-Gld 1–3 enorm verlängert u. abgeplattet, zu Zungenscheiden umgebildet (Abb. **625**/7). Stirn des ♀ mit zahlreichen stachelartigen BoHaaren besetzt. Behaarung gelbgrau bis olivgrün, neben den längeren borstenartigen Haaren viele feine, sehr kurze u. dicht stehende Härchen in dieser Färbung, so dass frische Tiere insgesamt gelblich od. grünlich aussehen. Basalader auf die Medialader in flachem Winkel auftreffend. CubitalZ u. DiscoidalZ 1 deutlich schlanker u. gestreckter als bei *Dufourea* (Abb. **625**/8). 7–10 mm KörperLg. V. WPal. Pollen wird auf den HB gesammelt. Nestanlage im lückig bewachsenen, warmen Boden. Streng oligolektisch auf Lippenblütlern. Flugzeit VI–VIII. 2 Arten. *R. algirus* PÉREZ z. B. Leitart auf basiphilen Trockenrasen an Aufrechtem Ziest (*Stachys recta*); *R. quinquespinosus* SPINOLA an Schwarznessel (*Ballota nigra*). Gattung *Rophites* SPINOLA – **Schlürfbienen**

28* Mundteile ohne auffällige Bildungen. Stirn des ♀ ohne stachelartige BoHaare. Gesicht deutlich queroval. Behaarung schmutzig weiß bis gelblich, auch bei frischen Tieren spärlich, so dass sie im Gesamteindruck braun bis braunschwarz wirken. Basalader auf die Medialader in flachem Winkel auftreffend. WPal. KörperLg 7–8 mm. Oft bis 30 cm tiefe Nester im vegetationslosen Boden, auch in Kolonien. Flugzeit VI–VIII, s. Streng oligolektisch auf Luzerne u. Sichelklee (*Medicago falcata*). In DE nur eine Art. *Rhophitoides canus* (EVERSMANN) – **Graubiene**

29 **(23, 27)** RadialZ am E abgestutzt (Abb. **625**/8, 9) **30**

29* RadialZ am E zugespitzt od. schmal abgerundet (Abb. **627**/1, 5) **32**

30 Hlb einfarbig, glänzend schwarz, ohne helle Behaarung **31**

30* Hlb rot bis schwärzlich, mit Flecken od. Binden aus weißen Haaren. F beim ♀ 12-, beim ♂ 13gld. HSch (Postscutellum) oft als Dorn od. zumindest als scharfe Kante hervortretend. Ol überragt die OKfSpitze. KörperLg 7–8 mm. S- u. MEur, sehr s. Flugzeit VI–VIII. Brutparasit bei *Anthophora*. *Ammobates punctatus* (F.)

31 **(30)** CubitalZ 1 u. 2 fast gleich groß (Abb. **625**/8). Beim ♀ die HSchienen u. Metatarsen sehr lg u. dicht behaart. ♂ mit dicht behaartem K; Ksch u. B schwarz, auch der Körper tief schwarz, glänzend mit struppiger Behaarung (Name!). Größere Arten von 8–12 mm. V. eur. Beinsammler. Selbstgegrabene Nester vorwiegend auf vegetationslosem Sand. Flugzeit VI–IX. Oligolektisch nur auf Korbblütlern. Nur *P. banksianus* (KIRBY) (KörperLg 10–12 mm) von den anderen beiden Arten (KörperLg 8–9 mm) *P. calcaratus* (SCOPOLI) u. *P. dentipes* LATREILLE (letztere nur von Wärmestellen z. B. Oberrheingraben in DE) im Feld trennbar. Tergite mit lg Behaarung. ♀ mit rostroter BBürste. Gattung *Panurgus* PANZER – **Zottelbienen**

31* CubitalZ 1 deutlich größer als 2 (Abb. **625**/9). Beim ♀ die HSchienen u. Metatarsen kurz behaart. K des ♂ vorn fast unbehaart; Ksch u. B zum Teil gelb gefärbt. Kleine Art von 5–6 mm. ♀ im Feld schwierig von kleinen *Andrena*-Arten zu trennen. V. WPal, bei uns sehr s. SEur. Flugzeit VI–VII. Beinsammler. Oligolektisch auf Korbblütlern. Nur eine Art. *Panurginus labiatus* (EVERSMANN)

32 **(29)** CubitalZ 1 kleiner als 2 (Abb. **627**/1). ♂ mit F von fast KörperLg u. mit meist gelbem Ksch. Hlb des ♂ in der Regel auf Tergit 1 u. 2. lg braungelb, im übrigen kurz u. dunkel behaart. Gattung *Eucera* SCOPOLI – **Langhornbienen** (siehe Nr. **14***)

32* CubitalZ 1 so groß od. größer als 2 (Abb. **627**/5); ♂ mit kurzen F **33**

33 Behaarung der Schienen u. des 1. FußGld der HB sehr lg (bes. beim ♀), längste Haare mehr als 3-mal so lg wie die Breite des FußGld (Abb. **627**/2). Eur, bes. medit. Nestanlage oft kolonieweise, in Sand- u. Lößböden. Beinsammler, oligolektisch. Flugzeit VII–VIII. 3 Arten. Nur *D. hirtipes* (PANZER) häufiger. WangenLg 0,5-mal so lg wie OcDurchmesser bzw. höchstens 0,2-mal so lg wie die OKfBreite. KörperLg 11–14 mm, auf Korbblütlern. Die beiden anderen Arten sehr s; WangenLg 1–1,5-mal so lg wie OcDurchmesser bzw. ca. 0,4-mal so lg wie die OKfBreite. KörperLg 13–17 mm, auf Kardengewächsen. Bei *D. suripes* (CHRIST) KOS median rundlich (Abb. **627**/3), bei *D. argentata* (PANZER) abgeflacht (Abb. **627**/4)

Gattung *Dasypoda* LATREILLE – **Hosenbienen**

33* Behaarung der HB deutlich kürzer **34**

34 CubitalZ 1 viel größer als 2. (Abb. **627**/5) **35**

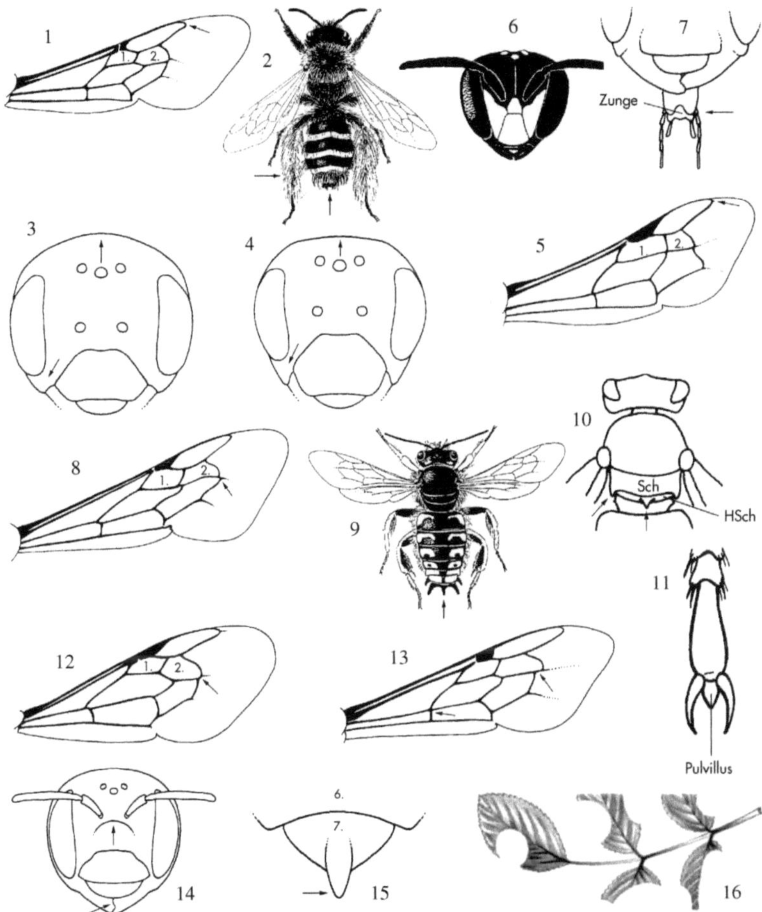

Abb. 627/1–16. **1** VFl, *Eucera* sp.; **2** Habitus, *Dasypoda hirtipes* ♀; **3** K von vorn, *D. suripes*; **4** K von vorn, *D. argentata*; **5** VFl, *Hylaeus* sp.; **6** K von vorn, *Hylaeus* sp. ♂; **7** unterer KTeil, *Hylaeus* sp.; **8** VFl, *Anthidium* sp.; **9** Habitus, *Anthidium manicatum* ♂; **10** K u. Br von oben, *Dioxys* sp.; **11** KlauenGld, *Osmia* sp.; **12** VFl, *Biastes* sp.; **13** VFl, *Osmia* sp.; **14** K von vorn, *Lithurgus chrysurus* ♀; **15** 7. Tergit von oben, *L. chrysurus* ♂; **16** Rosenblatt mit Schnittstellen von *Megachile* sp.

34* CubitalZ 1 von derselben Größe wie 2; s etwas größer od. kleiner (Abb. **627**/8, 12) **36**

35 Körper klein, 4–9 mm lg, glatt u. kahl, schwarz, bei wenigen Arten Hlb rotbraun. VS des K bei fast allen Arten weiß od. gelb gezeichnet (Abb. **627**/8). Zunge sehr kurz, am E erweitert u. leicht ausgerandet (Abb. **627**/7). OKf zwei- od. dreizähnig . In der Regel Hsch-ORand u. Tegulae mit hellen Flecken. V. in der gesamten Pal. Pollen wird im Kropf gesammelt. Nestanlage in vorgefundenen Hohlräumen, meist in dürren Stängeln, totem Holz, einige Arten auch in selbstgenagten Gängen in markhaltigen Stängeln od. Zweigen, eine Art im Boden. Solitär. Flugzeit V–IX. Wenige Arten sind oligolektisch, die meisten polylektisch. 37 Arten. Literatur: DATHE 1980.
Gattung *Hylaeus* F. – **Maskenbienen**

35* Körper 10–12 mm lg, behaart. VS des K schwarz. Zunge verlängert. Hlb bis auf die schwarze Spitze leuchtend rotbraun. Tergit 4 mit weißer EBinde . In SEur, in DE nur in BR nachgewiesen (ausgestorben?). Flugzeit VI–VII. Brutparasit bei *Melitturga*.
Ammobatoides abdominalis (EVERSMANN) – **Steppenglanzbiene**

36 **(34)** 2. rücklaufende Ader mündet hinter od. bei der Cubitalader 2 (Abb. **627**/8) . . **37**

36* 2. rücklaufende Ader mündet deutlich vor der Cubitalader 2 (Abb. **627**/12) **39**

37 Körper gelbbraun behaart, fast stets mit gelben Flecken od. Binden, wespenartig. ♀ mit Bauchbürste. ETergit des ♂ meist mit Dornen u. Zacken (Abb. **627**/9). Ol lggestreckt, fast parallelseitig, viel länger als breit, abgestutzt, gewöhnlich durch die OKf ganz verdeckt. Fl fast immer stark gebräunt, ♂ in der Regel größer als die ♀. KörperLg 6–18 mm. Im Feld eventuell mit *Stelis* od. *Osmia* zu verwechseln. Holarktis, Neotropis, Indien. Nistweise unterschiedlich. Einige Arten sammeln Harz für den Bau ihrer BrutZ (Name!), andere Arten benutzen Haare (PflWolle, Name!), andere kombinieren beides in Hohlräumen unterschiedlicher Art. Charakteristisch ist der schwebfliegenartige Flug. Flugzeit VI–IX. Oligo- u. polylektisch. 9 Arten, die z.T. bereits im Felde bestimmt werden können. Pollen wird mittels einer Haarbürste auf der USeite des Hlb gesammelt. Literatur: SCHEUCHL 1996.
Gattung *Anthidium* F. – **Harz-** od. **Wollbienen**

37* Hlb fast unbehaart, ganz schwarz od. schwarz mit weißer od. gelber Zeichnung . **38**

38 ♀ mit Bauchbürste. Beim ♂ 8. Sternit in lg Griffel endend od. Tergit 6 u. 7 mit starker Bedornung. Körper reich gelb gezeichnet. Gattung *Anthidium* F. (partim) (siehe **37**)

38* ♀ ohne Bauchbürste. Beim ♂ Sternit 8 nie mit griffelartigem Anhang, Tergit 6 u. 7 nie bedornt. Meist völlig schwarz (Name!) od. auf den Tergiten mit weißen Flecken, nur eine Art (*S. signatus* LATREILLE) mit gelber Zeichnung. KörperLg 3–12 mm. WPal. Flugzeit V–IX. Brutparasiten bei *Anthidium, Osmia* sowie *Megachile*. 10 Arten. Literatur: SCHEUCHL 1996. Gattung *Stelis* PANZER – **Düsterbienen**

39 **(30)** Sch beiderseits mit einem großen, etwas gekrümmten Zahn (Abb. **627**/10). KlauenGld ohne Pulvillus, ♀ ohne Bauchbürste **40**

39* Sch an den S unbewehrt, höchstens mit einem kleinen Zähnchen. KlauenGld manchmal mit Pulvillus (Abb. **627**/11) **41**

40 Au behaart. HSch (Postscutellum) ohne Zahn. Hlb kegelförmig, E beim ♀ zugespitzt, beim ♂ mit 6–9 Dornen. Schwarz gefärbte Bienen mit schart abgesetzten, weißen Haarflecken od. Binden auf dem Hlb. KörperLg 7–16 mm. Eur. Im Feld leicht am kegelförmigen Hlb erkenntlich. Sie übernachten festgebissen an dünnen Stängeln. Flugzeit V–IX. Brutparasiten vor allem bei *Megachile*, zwei Arten bei *Anthophora*. 12 Arten. Literatur: SCHEUCHL 1996. Gattung *Coelioxys* LATREILLE – **Kegelbienen**

40* Au sehr vereinzelt behaart. HSch dornartig verlängert (Abb. **627**/10). Hlb mehr zylindrisch, am E stumpf. Die einzige s, in DE vorkommende Art ist schwarz mit hellen HlbBinden u. geflecktem Br. KörperLg 7–11 mm. Flugzeit V–VII. Brutparasit bei *Megachile* u. *Osmia*. *Dioxys tridentata* NYLANDER – **Zweizahnbiene**

41 **(39)** Hlb glatt, fast unbehaart, mit gelber Zeichnung. Beim ♀ der Bauch ohne Sammelapparat, nur spärlich behaart. F bei beiden Geschlechtern kurz. Habitus ähnlich *Panurgus*, doch mit charakteristischen gelben Binden. KörperLg 7–8 mm. S- u. MEur, sehr s. Beinsammler, Nester in xerothermen, locker bewachsenen Böden. Flugzeit VII–VIII. Oligolektisch auf Flockenblumen (*Centaurea*).
Camptopoeum frontale F. – **Buntbiene**

41* Hlb ± behaart, niemals gelb gezeichnet **42**

42 Körper sehr spärlich behaart, Hlb oft ganz kahl, schwarz u. rot od. ganz schwarz. Der Bauch des ♀ ohne Sammelapparat, beim ♂ filzig behaart. Entfernung der FBasen größer als KschBreite. Ksch verlängert, stark vorragend u. sehr gewölbt. Ol kurz, queroval. Hlb abgeflacht. KörperLg 5–8 mm. v. eur. Sehr s. Im Bereich der Wirte oft gemeinsame Schlafplätze an dünnen Stängeln. 2 Arten. Das ♂ von *B. brevicornis* (PANZER) mit 13 FGld u. ohne helle Haarflecken am schwarzen Hlb, ebenso das ♀, abgesehen von einem MFleck auf Tergit 5 des roten Hlb. Außerdem ist der HK auffallend scharfkantig. KörperLg 7–8 mm. Die Art fliegt vom VI–VIII u. ist Brutparasit bei *Systropha*. Beim ♂ u. ♀ von *B. emarginatus* (SCHENCK) ist der rote Hlb mit deutlichen weißen Haarflecken charakteristisch. Die F des ♂ sind 12(!)gld. KörperLg 7–8 mm. Flugzeit wie bei voriger Art, aber Brutparasit bei *Rophites*.
Gattung *Biastes* PANZER – **Kraftbienen**

42* Körper ± lg behaart, beim ♀ der Bauch mit Sammelbürste **43**

43 KlauenGld ohne Pulvillus **48**

43* KlauenGld mit deutlichem Pulvillus (Abb. **627**/11). (**Großgattung *Osmia***) **44**

44 Br auch hinten kräftig gewölbt, Propodeum abschüssig. Maxillarpalpen 4-gld . . . **45**

44* Br hinten abgeflacht, Propodeumbasis mit horizontaler Fläche. Maxillarpalpen 3-gld **47**

45 Parapsiden punktförmig. Tergit 6 des ♂ ungezähnt. Körperbau gedrungen, schwarz od. mit Metallglanz. Bauchbürste der ♀ oft charakteristisch gefärbt. KörperLg 7–16 mm. V. pal. Bauchsammler. Nistweisen sehr vielseitig. Für die BrutZ werden genagte od. vorhandene Hohlräume wie Käferfraßgänge, hohle PflStängel, verlassene Gallen, Stein-(Name!) u. Erdspalten, SteinUS od. leere Schneckenhäuser benutzt. Nistmaterial kann zerkautes Blattmaterial, Blüten- u. Blattstücke, Markpartikel, Lehm od. Harz sein. Meist solitär, seltener Kolonien bildend, auch soziale Verhaltensweisen sind nachgewiesen. Etwa die Hälfte der Arten ist polylektisch, der andere Teil oligolektisch od. streng spezialisiert. Flugzeit III–X. 24 Arten. Eine der häufigsten Arten ist *O. rufa* (L.) mit graubraun behaarter Br u. orangebraun behaartem Tergit 1–3. ♂ mit auffallend lg F. Sie fliegt von III–VI u. a. häufig in Nisthilfen. Polylektisch, KörperLg 8–13 mm. Gattung *Osmia* PANZER – **Mauerbienen**

45* Parapsiden linear. Tergit 6 des ♂ mit SZahn od. mehrzähnig. **46**

46 Sch-SEcken mit Zahn. Bei ♂ 1. Sternit mit langem Dorn. 1 Art, nistet in leeren Schneckenhäusern. Flugzeit V–IX. Spezialisiert auf Korbblütler. KörperLg 7–8 mm.
Hoplosmia spinulosa (KIRBY)

46* Sch-SEcken ohne Zahn, ♂ ohne Sternit-Dorn. Körperbau u. Lebensweise ähnlich *Osmia* s. str. 13 Arten. Eine der häufigeren Arten ist *H. adunca* (PANZER) mit gelblich behaarter Br u. weiß gefransten Tergiträndern, Bauchbürste des ♀ weiß. ♂ am Tergit 6 neben dem Seitenzahn ausgeschnitten; Tergit 7 breit, fast rechteckig. Die Art fliegt von IV–IX. Polylektisch, vor allem an Natterkopf (*Echium*). KörperLg 11–13 mm.
Gattung *Hoplitis* KLUG – **Mauerbienen**

47 Tergit 1 mit Querkante zwischen horizontalem u. vertikalem Teil. Sch jederseits mit einem spitzen Zahn. Hlb oval. Schwarz mit spärlicher greiser Behaarung. 2 Arten, beide spezialisiert auf Korbblütler, am häufigsten *H. truncorum* (L.). KörperL 6–7 mm.
Gattung *Heriades* SPINOLA – **Löcherbienen**

47* Tergit 1 gerundet, ohne Querkante. Sch ungezähnt. Hlb zylindrisch. Schwarz mit meist spärlicher Behaarung. 5 Arten, auf bestimmte Blüten spezialisiert; häufig sind *C. campanularum* (KIRBY) (6 mm, auf Glockenblumen) u. *C. florisomne* (L.) (8–10 mm, auf Hahnenfuß). Gattung *Chelostoma* LATREILLE – **Scherenbienen**

48 **(43)** OKf schmal, am E zweizähnig. Das ♀ unter den F mit einer weit vorstehenden Querlamelle (Abb. **627**/14); das ♂ mit dornartigem ETergit (Abb. **627**/15). K kreisrund. Ol viereckig, wenig länger als breit Tergit 1 greift scheibenartig auf 2 hinüber u. wird von diesem seitlich umfasst. Behaarung schwarz, schwach, jedoch Tergitränder immer mit heller Befransung, beim ♀ mit leuchtend orangerot behaartem letztem Tergit. Das ♀ trägt auf dem Ksch eine breite, dicke, schuppenartige, zur FBasis ge-

richtete Verlängerung; Schienen des ♂ sind deutlich keulenartig verdickt. KörperLg 10–14 mm. Sehr s, nur in RP. Pollen wird mittels einer Haarbürste auf der US des Hlb gesammelt. Bauchsammler. Nestanlage in selbstgenagten Gängen in totem Holz. Flugzeit VII–VIII. Oligolektisch auf Flockenblumen (*Centaurea*) u. Disteln (*Carduus*).
Lithurgus chrysurus FONSCOLOMBE – **Steinbiene**

48* OKf stark an der Spitze verbreitert, in der Regel vier-, s dreizähnig. Ol sehr lg, fast parallelseitig, drei- bis viermal so lg wie breit, abgestutzt, gewöhnlich durch die OKf ganz verdeckt . InnenS des 1. FußGld der HB beim ♀ auffallend beborstet, dieser gewöhnlich sehr breit u. eiförmig, s parallelseitig, mit kräftiger Bürste. Beim ♂ Tergit 7 in der Regel auf der BauchS unter dem stark entw Tergit 6 liegend. KörperLg 7–17 mm. Die Gattung ist weltweit v. Einige Arten bauen ihre BrutZ aus Blattstückchen, die sie mit Hilfe ihrer OKf in charakteristischer Weise aus Blättern schneiden (Abb. **627**/18, Name!). Sie werden durch Saft u. Speichel in verschiedenen Hohlräumen (alte Fraßgänge, PflStängeln, Felsspalten od. selbstgegrabene Gänge im Boden) zusammengeklebt. 22 Arten. Flugzeit V–IX, s eine zweite Gen. Eine der häufigsten Arten ist bei uns *M. centuncularis* (L.) mit 9–12 mm KörperLg. Wenige (UGattung *Chalicodoma* LEPELETIER, z.B. *M. parietina* CURTIS) verkleben Steinchen, Erde u. Speichel zu festen Z an Steinen od. in Hohlräumen (z.B. *M. ericetorum* LEPELETIER) (Mörtelbienen), die auch im nächsten J wieder benutzt werden. Nistweise solitär in Kolonien. Charakteristisch ist die Haarbürste des Hlb (Bauchsammler). Die meisten Arten sind polylektisch, einige spezialisiert z.B. auf Korb- od. Schmetterlingsblütler. *M rotundata* (F.) hat wirtschaftliche Bedeutung erlangt. Sie bestäubt Luzerne u. wird gewerbsmäßig erfolgreich gezüchtet. Literatur: DORN & WEBER 1988
Gattung *Megachile* LATREILLE – **Blattschneider, Mörtelbienen**

Gattung *Bombus* LATREILLE – **Hummeln u. Schmarotzerhummeln**

Der einfache Schlüssel soll eine Bestimmung der häufigsten ♀ u. ☿ ermöglichen, die ♂ sind nicht aufgeschlüsselt. Auf Grund der Farbvariabilität sind zur eindeutigen Identifizierung umfangreichere Tabellen, vor allem auch Farbabb., zu verwenden (MAUSS 1992, VON HAGEN 1994). Die meist schwer bestimmbaren alp Arten wurden weggelassen. Nach einiger Übung können die Tiere lebend bestimmt werden.

1 F mit 13 Gld. OKf klein. Hlb mit 7 sichtbaren Tergiten, am E abgerundet . . . . ♂

1* F mit 12 Gld. OKf groß. Hlb mit 8 sichtbaren Tergiten, am E zugespitzt **2**

2 HSchienen außen flach, unbehaart u. glänzend, mit einem Sammelapparat (Körbchen) u. Fersenhenkel (Abb. **631**/1). Behaarung des Hlb dicht, im allgemeinen die Tergite verdeckend. (**Hummeln**, ♀ u. ☿) **3**

2* HSchienen außen konvex, dicht behaart u. matt, ohne Körbchen od. Fersenhenkel. Behaarung bes. auf dem Hlb schwach, so dass die Tergite deutlich zu sehen sind (**Schmarotzerhummeln** ♀) **24**

3 Tergit 4–8 rot od. orangerot, Br andersfarbig **4**

3* Tergit 4–8 weiß, grau od. orangebraun bis braun. Wenn orangebraun, dann auch BrOS weitgehend mit gleicher Färbung **12**

4 K sehr lggezogen (vgl. Abb. **631**/2). Tergit 3–8 dunkel orangerot, manchmal mit einem schwarzen Fleck am VRand von Tergit 3. Zuweilen mit matt gelbgrauer VBr u. gelbgrauen Haaren auf dem BrHRand u. Tergit 2. 14–22 mm. Im S von DE. Sehr s.
B. pomorum (PANZER) – **Obsthummel**

4* K kürzer (Abb. **631**/3, 7). Tergit 3 nicht rot **5**

5 VBr u. BrHRand grau bis gelbgrau behaart. Zw den Fl ein schwarzes Band. Alle Tergite mit gelblichgrau behaartem HRand, auch Tergit 4–8. Körbchenhaare hellgrau. 10–18 mm. An Waldrändern, auf Streuobstwiesen u. offenen Gelände. Nicht s.
B. sylvarum (L.) – **Waldhummel**

5* Färbung anders **6**

6 Körbchenhaare rostfarben u. lg. Schwarz, Tergit 4–8 meist rötlichgelb. Manchmal mit gelber od. grauer VBr, BrHRand u./od. Tergit 2. Im Alter Färbungen häufig verblasst. 9–18 mm. Bes. im Offenland u. auf Streuobstwiesen, nicht häufig. *B. ruderarius* (MÜLLER) – **Grashummel**

6* Körbchenhaare schwarz **7**

7 OKf sehr kräftig, schaufelförmig u. ohne geraden Kaurand (Abb. **631**/4). K sehr kurz u. breit, mit sehr kurzem u. breitem Ksch. Große Art mit unregelmäßiger, zottiger Behaarung. Bis auf die orangeroten Tergite 4–6 schwarz. 13–22 mm. Bergwiesen u. Schafweiden. Nördl bis in die MGeb, s. [= *mastrucatus* GERSTAECKER] *B. wurflenii* RADOSZKOWSKI – **Bergwaldhummel**

7* OKf mit geradem Kaurand u. höchstens 3 Zähnen (Abb. **631**/5) **8**

8 An der Basis des 1 . FußGld der MB befinden sich auf der AußenS neben den dicken, kurzen Haaren auch lg, dünnere (Abb. **631**/8) **9**

8* Auf der AußenS des 1. FußGld der MB befinden sich nur kurze, dicke Haare . . . **10**

9 Tergit 4–8 zinnoberrot, sonst tiefschwarz behaart. Behaarung kurz, samtartig. Große Art von 12–22 mm KörperLg. Schon ab III in Waldrändern, Parks u. Gärten, Kulturfolger, häufig. *B. lapidarius* (L.) – **Steinhummel**

9* Tergit 4–8 orangerot. Meist mit gelber VBr, dies zuweilen völlig reduziert. Manchmal mit gelben Haaren auf Tergit 2, die ein vollständiges Band bilden können. Behaarung unregelmäßiger. Kleine Art von 9–17 mm. Auf Wiesen u. in Gärten, häufig. *B. pratorum* (L.) – **Wiesenhummel**

10 **(8)** Sehr kurz u. samtartig behaart. Tergit 4–8 feuerrot, sonst schwarz. 12–20 mm. MGeb u. SWDE. Bevorzugt Trockenrasen. Sehr s. *B. confusus* SCHENCK – **Samthummel**

10* Behaarung länger u. ungleichmäßiger **11**

11 Behaarung auf Tergit 1 spärlich, so dass Chitin durchschimmert. Bis auf Tergit 4–6 schwarz, manchmal mit gelben Haaren auf dem BrvRand u. auf Tergit 2. 1 0–1 7 mm. Waldränder, Berg- u. Sandheiden. Im N sehr s. *B. soroeensis* (F.) – **Distelhummel**

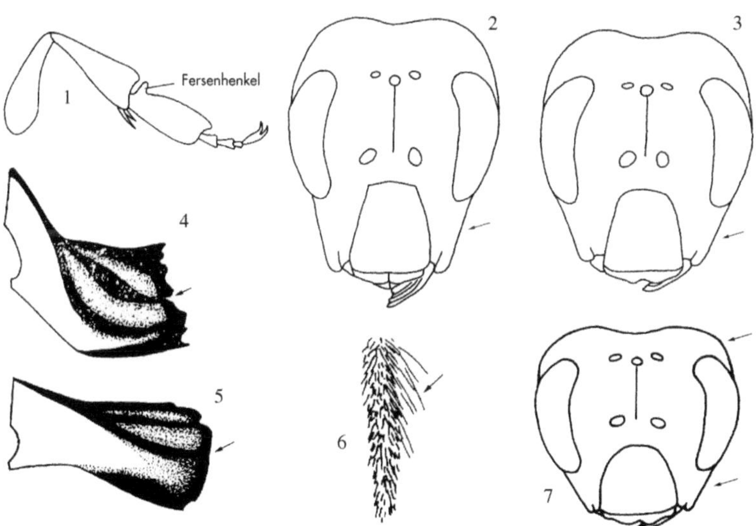

Abb. 631/1–7. 1 HB, *Bombus* sp. ♀; **2** K von vorn, *B. hortorum*; **3** K von vorn, *B. subterraneus*; **4** OKf von vorn, *B. wurfleini*; **5** OKf von vorn, *B. lapidarius*; **6** 1. FußGld der MB von vorn, *B. lapidarius*; **7** K von vorn, *B. jonellus*.

11* Sehr schwer von der vorigen Art zu trennen. Behaarung auf Tergit 1 meist dichter. Bis auf Tergit 4–8 schwarz, wenn helle Haare auf der Br sind, so sind diese gräulich. Auf die Küste beschränkt. Sehr s, ausgestorben? *B. cullumanus* (KIRBY)
12 **(3)** Tergit 4–8 weiß **13**
12* Tergit 4–8 anders gefärbt **19**
13 Br braun, manchmal eingedunkelt. 8–20 mm . In lichten Wäldern u. Parks, Kulturfolger, schon ab III. Häufig. *B. hypnorum* (L.) – **Baumhummel**
13* Br anders gefärbt **14**
14 VBr u. Tergit 2 gelb, sonst schwarz **15**
14* VBr, BrHRand u. Tergit 1 gelb (Verdunklungen können auftreten) **16**
15 Schmale VBr u. Tergit 2 braungelb behaart. 11–23 mm. Überall häufig. Diese u. die folgende Form bilden einen Komplex von 4 Arten. *B. terrestris* (L.) – **Dunkle Erdhummel**
15* Breite VBr u. Tergit 2 zitronen- bis weißgelb behaart. 9–21 mm. Im offenen Gelände, häufig *B. lucorum* (L.) – **Helle Erdhummel**
16 **(14)** K sehr lg (Abb. **631**/2) **17**
16* K kürzer (Abb. **631**/3, 7) **18**
17 Gelbe Färbung zitronengelb. Br zottig behaart. 11–22 mm. Kulturfolger, überall häufig. *Bombus hortorum* (L.) – **Gartenhummel**
17* Gelbe Färbung ocker- bis braungelb. Br kurz u. samtartig behaart. 11–24 mm. Im offenen Gelände, in Streuobstwiesen. s. *B. ruderatus* (F.) – **Feldhummel**
18 **(10)** Kurz behaarte, große Arten. Tergit 1 in der M schwarz mit gelbbraunen Haaren an den S. K deutlich länger als breit (Abb. **631**/3). Im offenen Gelände, in strukturreichen Wiesen, sehr s *B. subterraneus* (L.)
18* Lg behaarte, kleine Art von 9–18 mm KörperLg. Tergit 1 mit einem vollständigen gelben Band. K etwa so lg wie breit (Abb. **631**/7) . In Moor- u. Heidelandschaften. Mehr im N von DE. Meist s. *B. jonellus* (KIRBY) – **Heidehummel**
19 **(12)** Br schwarz, Tergit 4–5 braun. Art des Offenlandes. Sehr s. *B. subterraneus* (L.)
19* Br mit hellen Haaren **20**
20 Br mit schwarzem Band zw den Fl **21**
20* Br vollständig hell gefärbt, od. falls schwarze Haare vorhanden sind, bilden diese kein Band **22**
21 Gelbbraune Art, Körbchenhaare schwarz. 11–22 mm. Im offenen Gelände des Flachlandes u. Küstenbereiches. Sehr s. *B. distinguendus* MORAWITZ – **Deichhummel**
21* Graue Art, Körbchenhaare hell. Tergite z.T. grau u. z.T. schwarz behaart, wodurch der Hlb geringelt erscheint. Tergit 2 dunkler als die übrigen Tergite. 10–19 mm . In Offenlandschaft u. Gebüschzone. In küstennahen Gebieten, im S sehr s. *B. veteranus* (F.) – **Sandhummel**
22 **(20)** Br rotbraun behaart, Hlb gelb bis gelbbraun ohne schwarze Haare. Kurze, samtartige Behaarung. 10–19 mm. In offenen Feuchtgebieten bes. in NDE. Sehr s *B. muscorum* (L.) – **Mooshummel**
22* Fast immer schwarze Haare auf der Br u./od. Hlb **23**
23 Br braun, manchmal mit schwarzen Haaren, die in einem schwarzen Dreieck angeordnet sein können, dessen Spitze zum Hlb weist. Tergit 4–6 rotbraun, sonst dunkel. Bei allen Formen braune bis mausgraue Verfärbung möglich. 9–18 mm. Überall, Kulturfolger, häufig. *B. pascuorum* (SCOPOLI) – **Ackerhummel**
23* Färbung des gesamten Körpers relativ einheitlich, aber von sehr hell (ähnlich *B. muscorum*) bis fast schwarz variierend. Nie ein schwarzes Dreieck auf der Br, sondern gleichmäßige Verteilung der schwarzen Haare zwischen den hellen. 9–18 mm. Auf Wegrändern u. Wiesen. Im N des Gebietes, s. *B. humilis* ILLIGER – **Veränderliche Hummel**
24 **(2)** Sternit 8 nicht länger als Tergit 8. SLeisten auf Sternit 8 meist stark entw (Abb. **633**/1) **25**
24* Sternit 8 überragt das E von Tergit 8 beträchtlich. SLeisten schwach entw (Abb. **633**/2). Hlb ± stark nach unten gekrümmt (Abb. **633**/3) **29**

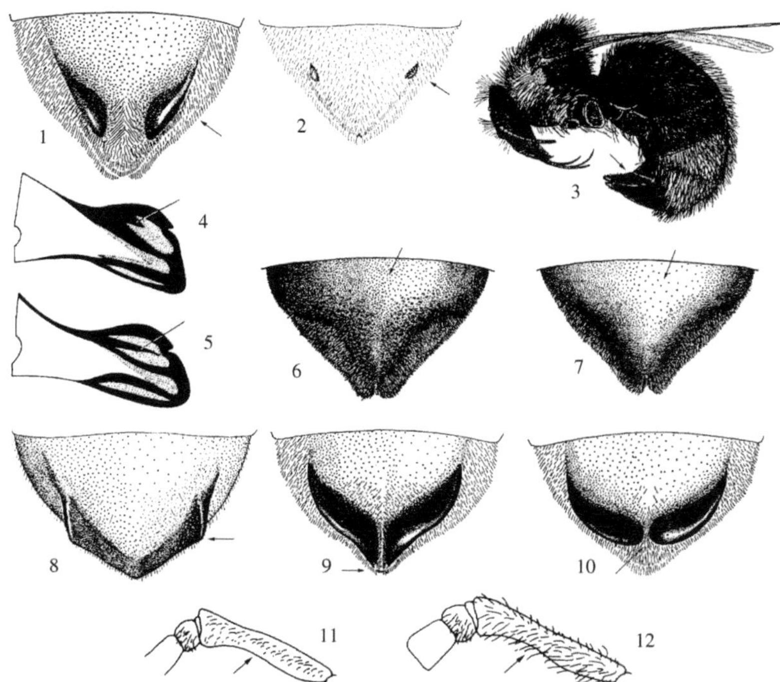

Abb. 633/1–12. 1 6. Sternit, Aufsicht, *Bombus vestalis*; **2** 6. Sternit, Aufsicht, *B. sylvestris*; **3** Habitus seitlich, *B. sylvestris*; **4** rechter OKf, *B. bohemicus*; **5** rechter OKf, *B. sylvestris*; **6** 6. Tergit, *B. vestalis*; **7** 6. Tergit, *B. bohemicus*; **8** 6. Sternit, *B. rupestris*; **9** 6. Sternit, *B. campestris*; **10** 6. Sternit, *B. barbutellus*; **11** FSchaft u. Pedicellus, *B. sylvestris*; **12** FSchaft u. Pedicellus, *B. norvegicus*.

25 1. FußGld der HB genauso breit wie das untere E der HSchiene. Obere OKfLeiste schwach entw (Abb. **633**/4) **20**

25* 1. FußGld der HB schmaler als das untere E der HSchiene. Obere OKfLeiste stärker entw u. reicht mindestens bis zur M der darunter gelegenen Leiste (Abb. **633**/5). **27**

26 3. FGld ist so lg wie das 5. Tergit 8 deutlich punktiert (Abb. **633**/8). Leisten auf Sternit 8 wie in Abb. **633**/1. Br kurz u. samtartig behaart, ebenso die HB. VBr breit gelbbraun, Tergit 4–8 weiß, meist mit gelben Haaren an den S. KörperLg 20–22 mm. Wirt: *B. terrestris*. Nicht s. *B. vestalis* (Geoffroy)

26* 3. FGld ist länger als das 5. Tergit 8 in der M kaum punktiert (Abb. **633**/7). Br u. HB länger u. unregelmäßiger behaart. VBr breit gelbgrau, Tergit 4–8 weiß, meist ohne gelbe Haare. KörperLg 23–25 mm. Wirt: *B. lucorum*. Häufig. *B. bohemicus* Seidl

27 **(25)** Leisten von Sternit 8 sehr groß, eckig emporragend (Abb. **633**/8) u. auch von oben sichtbar. 1. FußGld der HB 4-mal so lg wie breit. Fl schwarzbraun, mit violettem Schein. VBr braungelb, Tergit 5–6 rot behaart. KörperLg 18–25 mm. Hauptwirt: *B. lapidarius*. Nicht s. *B. rupestris* (F.)

27* Leisten gebogen, nicht von oben sichtbar. 1. FußGld der HB etwa 3-mal so lg wie breit. Fl nicht od. kaum verdunkelt Tergit 4–6 gelb od. weiß **28**

28 Leisten auf Sternit 8 treffen nahe der HlbSpitze spitzwinklig aufeinander (Abb. **633**/9). Tergit 8 mit unregelmäßiger, verstreuter Punktur. Obere OKfLeiste endet weit vor dem OKfRand. Helle HlbBehaarung gelb. KörperLg 15–20 mm. Hauptwirt: *B. pascuorum*. Nicht häufig. *B. campestris* (PANZER)

28* Leisten formen einen weit vor der Sternitspitze liegenden Bogen (Abb. **633**/10). Tergit 8 mit dichter, einheitlicher Punktur. Obere OKfLeiste erreicht fast den OKfRand. Helle HlbBehaarung weiß. Hauptwirt: *B. hortorum*. Nicht s. *B. barbutellus* (KIRBY)

29 **(24)** Tergit 5 schwarz, manchmal mit einigen hellen Haaren, die aber niemals rot sind **30**

29* Tergit 3–5 blassrot bis fuchsrot behaart, manchmal durch weiße Haare aufgehellt, aber immer rote Haare auf Tergit 5. Wirt: *B. soroeensis*. Sehr s. Die Art tritt in zwei Subspezies auf. *B. quadricolor* (LEPELETIER)

30 1. FGld (Scapus) kaum behaart, glänzend (Abb. **633**/11). Tergit 5 dicht punktiert. Tergit 8 ziemlich dicht befilzt. Fl dunkel. 14–18 mm. Hauptwirt: *B. pratorum*. Nicht s. *B. sylvestris* (LEPELETIER)

30* 1. FGld dicht u. lg behaart, matt (Abb. **633**/12). Tergit 5 viel spärlicher punktiert, stark glänzend. Tergit 8 fast kahl u. glatt. K u. Br schwarz mit gelber VBr. Tergit 3–4 weiß. Wirt: *B. hypnorum*. Meist s. *B. norvegicus* (SPARRE-SCHNEIDER)

Familien ***Ampulicidae, Sphecidae, Crabronidae*** – **Grabwespen, Sandwespen**

Die etwa 260 vielgestaltigen Arten der Familie ähneln Faltenwespen, Wegwespen u. a. Hautflüglern. Ihr Vorkommen ist oft an bestimmte abiotische u. biotische Voraussetzungen gebunden. Sie sind daher, auch wegen ihres guten Bearbeitungsstandes, als Charakter- od. Leitarten (vgl. *Apidae*) bes. geeignet. U. a. gehören sie zu den Erstbesiedlern vegetationsloser Sanddünen. Die Brutkammern werden von den ♀ im Boden, in Totholz od. hohlen Pflanzenstängeln angelegt. Als LNa werden verschiedenste, meist ganz spezifische Gliederfüßer od. deren L eingetragen. Die Beute wird vom ♀ durch Stiche paralysiert, zum vorbereiteten Nest transportiert u. dort mit einem Ei belegt. Von einigen Arten werden die Brutkammern nachträglich kontrolliert u. betreut. Bei Arten von *Cerceris* u. *Bembix* kann es zur Bildung von Kolonien kommen. Hauptflugzeit ist von VI–IX, zuweilen in zwei Gen. Entsprechend ihren kurzen Mundwerkzeugen besuchen viele Im. freiliegende Blüten od. nehmen Honigtau von Blattläusen auf. Grabwespen werden von zahlreichen NaSchmarotzern od. Parasitoiden heimgesucht, insbes. von Schlupfwespen, Goldwespen, Bienenameisen u. Schmalbauchwespen. Im Boden nistende Grabwespen bewohnen je nach Wärmebedürfnis vorwiegend sonnenexponierte, vegetationsarme Sande, warme Waldränder und -wege mit offenen Bodenstellen, Aufschlüsse wie Sand- und Kiesgruben oder Straßenböschungen. In Totholz oder hohlen bzw. markhaltigen Pflanzenstängeln nistende Arten findet man an sonnigen, windgeschützten Saumbiotopen wie Waldrändern, Gebüschen und oft auch im menschlichen Siedlungsbereich.

♀ mit 6, ♂ mit 7 sichtbaren HlbSgm (einschließlich Petiolus).

1 VFl nur mit 1 Cubital- u. 1 DiscoidalZ, beide zuweilen verschmolzen (Abb. **635**/1–3). **2**

1* VFl mit 2 o. 3 CubitalZ (Abb. **636**/1–4, 7). **12**

2 Au innen nierenförmig ausgerandet (Abb. **635**/4). Hlb schlank u. schwarz. 5–12 mm. Brutkammern in Stängeln, Totholz, Schilf. 11 z. T. schwer unterscheidbare, schlanke Arten. Gattung *Trypoxylon* LATREILLE

2* Au innen nicht ausgerandet. **3**

3 FlMal im VFl groß, fast so breit wie lang. RadialZ sehr kurz (Abb. **635**/1). 2–3 mm. Nester in Lehmwänden, wärmeliebend, nördl. bis BR. LNa Blasenfüße (*Thysanoptera*). Kein Blütenbesuch bekannt. 4 sehr s Arten. Gattung *Ammoplanus* GIRAUD

3* FlMal schmal, RadialZ lg (Abb. **635**/2, 3). **4**

4 Innere AuRänder nach oben verengt (Abb. **635**/5). Aderung der HFl undeutlich, 2,5–3,5 mm. Nester inTotholz. Zuweilen auf Dolden. LNa kleine Blatt- u. Staubläuse. 5 Arten. Gattung *Nitela* LATREILLE

4* Innere AuRänder gerade od. nach unten verengt. Aderung der HFl deutlich. Körper oft gelb gefleckt. **5**

5 Cubital- u. DiscoidalZ verschmolzen (Abb. **635**/3). HSch (Postscutellum) an den S mit lamellenartigen Forts, dahinter mit einem Dorn. 3–10 mm. Nester im Boden. Auf Dolden u. Korbblütlern. LNa Fliegen, die auf dem Stachel eingetragen werden. 13 Arten. Gattung *Oxybelus* LATREILLE

5* Cubital- und DiscoidalZ getrennt. HSch (Postscutellum) ohne Forts. **6**

6 OKf stumpf, apikal einzähnig (Abb. **635**/6) u. Hlb schwarz. Oc stets ein flaches Dreieck bildend. **7**

6* OKf mehrzähnig u./od. Hlb gelb gefleckt. **8**

7 Au kurz behaart. OKf kurz vor der Basis außen mit Zahn (Abb. **635**/6). 3,5–5,5 mm. Nest im Boden. Auf Dolden u. Korbblütlern. LNa Flohkäfer (*Alticinae*). *Entomognathus brevis* (VANDER LINDEN)

7* Au unbehaart. OKf außen ohne Zahn. 3–8 mm. Nester im Boden. Auf Dolden u. Korbblütlern. LNa Blindwanzen u. Fliegen. 4 Arten. Gattung *Lindenius* LEPELETIER & BRULLÉ

8 **(6)** 1. HlbSgm (Petiolus) lg gestielt (Abb. **635**/7). 4–6 mm. Nester in Stängeln. LNa Fliegen od. Blattläuse. Auf Dolden. 5 Arten. Gattung *Rhopalum* STEPHENS

8* Petiolus kurz, sitzend. Hlb oft gelb gefleckt. **9**

9 Hlb meist schwarz; wenn gelb gefleckt, dann Dorsalfeld glatt u. glänzend, höchstens am Rand fein gleichmäßig nadelrissig. MBrS (Mesopleuren) glatt od. fein u. zerstreut punktiert. 3,5–12 mm. LNa meist Fliegen, s Blindwanzen. Nester artspezifisch im Boden, in Totholz u. Pflanzenstängeln. Auf Dolden, ♂ gern auf Eichenblättern. 30 z. T. häufige, meist dunkle Arten. Gattung *Crossocerus* LEPELETIER & BRULLÉ

9* Hlb gelb gefleckt u. Dorsalfeld deutlich skulpturiert. MBrS oft gestreift. **10**

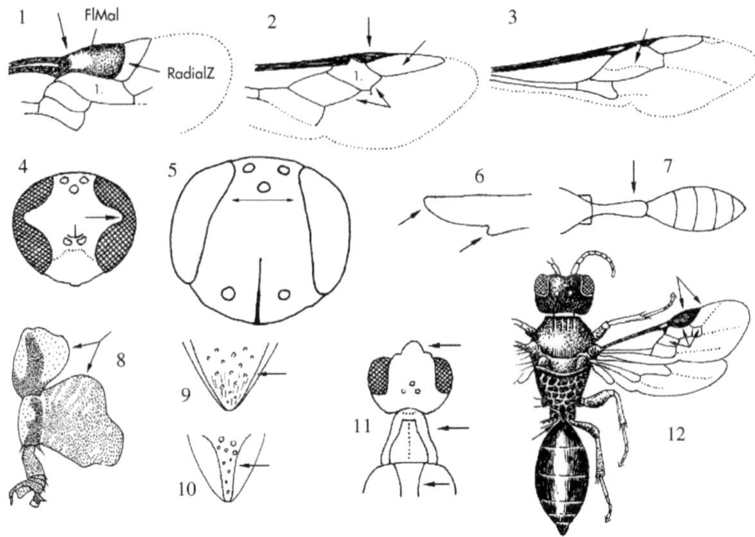

Abb. 635/1–12. 1 VFl, *Ammoplanus* sp.; **2** VFl, *Nitela* sp.; **3** VFl, *Oxybelus* sp.; **4** K von vorn, *Trypoxylon* sp.; **5** K von vorn, *Nitela* sp.; **6** rechter OKf, *Entomognathus brevis*; **7** Hlb von oben, *Rhopalum* sp.; **8** VB, *Crabro peltarius* ♂; **9** 6. Tergit Aufsicht, *Crabro* sp. ♀; **10** 6. Tergit Aufsicht, *Ectemnius* sp. ♀; **11** VKörper von oben, *Ampulex fasciata*; **12** Habitus von oben, *Stigmus pendulus* ♀.

10 HlbTergite klar u. kräftig punktiert. K von vorn höher als breit, bei ♀ weniger deutlich. ♀ mit flacher glatter Furche vor inneren oberen AuRändern. 8–12 mm. Nester artspezifisch in Boden bzw. Totholz. Auf Dolden, Korbblütlern, *Jasione. Thymus.* LNa kleine Schmetterlinge, denen Flügel und Beine abgebissen werden. 3 Arten. Gattung *Lestica* BILLBERG

10* HlbTergite glatt, zuweilen fein punktiert bis lederartig matt. K von vorn breiter als hoch. Innere AuRänder oben ohne deutliche Furche. **11**

11 ♂ mit 13 FGld u. meist schaufelförmig verbreiterten VSchienen (Abb. **635**/8). Pygidialfeld der ♀ breit, mit geraden S (Abb. **635**/9). 8–18 mm. Nester im Sand. Häufig auf Dolden. LNa Fliegen. 8 Arten. Gattung *Crabro* F.

11* ♂ mit 12 FGld u. niemals mit verbreiterten VSchienen. Pygidialfeld der ♀ schmal, rinnenförmig, mit konkaven S (Abb. **635**/10). 5–18 mm. Nester in Totholz. LNa Fliegen. Häufig auf Dolden. 15 Arten. Gattung *Ectemnius* DAHLBOM

12 **(1)** VFl mit 2 CubitalZ (Abb. **636**/1–4). **13**

12* VFl mit 3 CubitalZ (Abb. **636**/7; **639**/1, 2). **21**

13 VBr halsartig verlängert, ihre hinteren S erreichen die Tegulae. MBrOS (Mesonotum) mit lg. parallelen Furchen (Parapsiden) bis zum HRand (Abb. **635**/11). 5,5–8,5 mm. Im N bis TH. Nest in Pflanzenstängeln. LNa Schaben. Sehr s. *Ampulex fasciata* JURINE

13* VBr normal u./od. ihre S erreichen nicht die Tegulae. MBrOS ohne od. nur mit kurzen Furchen (Parapsiden). **14**

14 1. HlbSgm (Petiolus) stielartig, manchmal nur kurz (Abb. **635**/12). Schwarze Arten. **15**

14* Petiolus nicht stielartig od. der kurze Stiel nicht länger als breit; im Zweifelsfall zw den F kein Zapfen u./od. OKf u. Humeraltuberkel weißlich. **16**

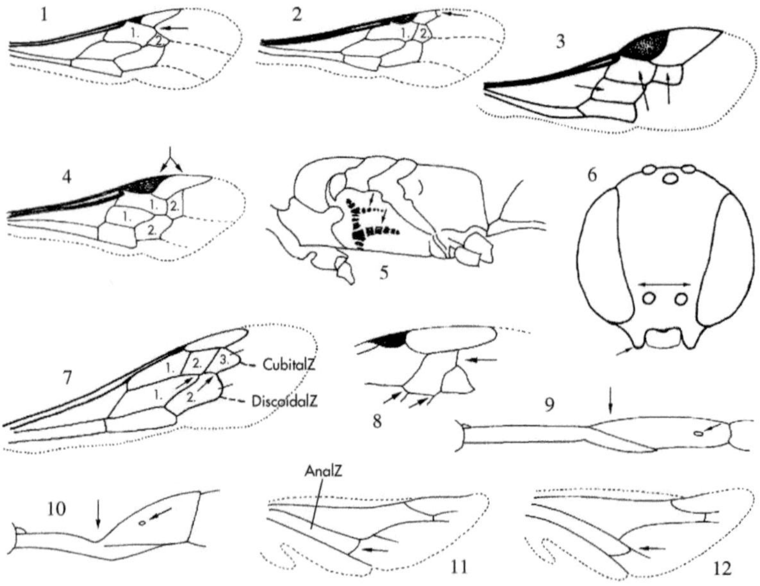

1 2 3 4 5 6 7 8 9 10 11 12

Cubital Z

DiscoidalZ

AnalZ

Abb. 636/1–12. 1 VFl, *Miscophus* sp.; **2** VFl, *Dinetus pictus*; **3** VFl, *Spilomena* sp.; **4** VFl, *Passaloecus* sp.; **5** Br von der Seite mit Mesopleuralfurchen, *Passaloecus* sp.; **6** K von vorn, *Polemistus abnormis*; **7** VFl, *Sphex rufocinctus*; **8** VFl Ausschnitt, *Ammophila* sp.; **9** Petiolus (1. Sgm), *Ammophila* sp.; **10** Petiolus (1. Sgm), *Podalonia* sp.; **11** HFl, *Psenulus* sp., **12** HFl, *Psen* sp.

15 Im VFl nur 1 DiscoidalZ. FlMal groß, fast so groß wie RadialZ (Abb. **635**/12). 3–5,5 mm. Nester in Totholz und Pflanzenstängeln. Auf Dolden. LNa Blattläuse. 2 nicht s Arten. Humeraltuberkel schwarz: S. *pendulus* PANZER; Humeraltuberkel oben weiß: S. *solskyi* MORAWITZ. Gattung *Stigmus* PANZER

15* Im VFl 2 DiscoidalZ. FlMal klein, deutlich kleiner als RadialZ (vgl. Abb. **636**/2, 7). 5–12 mm. Nester in Totholz, Pflanzenstängeln und verlassenen Schilfgallen. Selten auf Dolden. LNa Blattläuse. 16 z. T. schwer unterscheidbare, teilweise häufige Arten. Gattung *Pemphredon* LATREILLE

16 **(14)** 2. CubitalZ gestielt (Abb. **636**/1). 3–6 mm. Nester im Boden. Kaum Blütenbesuch. LNa Spinnen. 6 Arten. Gattung *Miscophus* JURINE

16* 2. CubitalZ nicht gestielt. **17**

17 RadialZ kurz, am E breit abgestutzt (Abb. **636**/2). Hlb rot od. gelb gefleckt. 5–9 mm. Nest im Boden, Charakterart offener Sandgebiete. Auf Dolden. LNa Wanzen. *Dinetus pictus* F.

17* RadialZ lg, am E zugespitzt. Hlb schwarz. **18**

18 Im VFl nur 1 DiscoidalZ. FlMal groß (Abb. **636**/3). 2–3,5 mm. Nester in Totholz, bes. Bohrgängen von Käfern. LNa Thripse (Fransenflügler). 7 schwarze, schwer bestimmbare Arten. Gattung *Spilomena* SHUCKARD

18* Im VFl 2 DiscoidalZ, FlMal kleiner (Abb. **636**/4). **19**

19 MBrS (Mesopleuren) glatt od. fein punktiert, mit 1 od. 2 horizontalen Mesopleuralfurchen (Abb. **636**/5). HSchienen außen ohne Dornen. **20**

19* MBrS grob netzartig geleistet. HSchienen außen mit kurzen Dornen. 4–9 mm. Nester im Boden. Kaum Blütenbesuch. LNa Blattläuse. 5 Arten. Gattung *Diodontus* CURTIS

20 Innenränder der Au stark nach unten konvergent. Ksch mit SLoben (Abb. **636**/6). 4–5 mm. Sehr s, nur im S. Nest in Pflanzenstängeln. *Polemistus abnormis* (KOHL)

20* Innenränder der Au parallel. Ksch ohne SLoben. 4–7 mm. Nester in Totholz. Kaum auf Blüten. LNa Blattläuse. 12 Arten. Gattung *Passaloecus* SHUCKARD

21 **(12)** 1. HlbSgm (Petiolus) stielartig, oft mit fast parallelen S (Abb. **636**/9, 10). Hlb niemals gelb gefleckt. **22**

21* Petiolus nicht stielartig, meist keilförmig nach vorn verjüngt, zuweilen sehr schlank u. hinten knotenförmig verdickt. Hlb oft gelb, weiß od. rot gezeichnet. **32**

22 Petiolus gleichmäßig zylindrisch. MSchienen mit 2 Spornen. Große Arten von 10–30 mm. **23**

22* Petiolus mit Leisten u. Kanten. MSchienen mit 1 Sporn. Kleinere Arten von 4,5–12 mm. **28**

23 1. rücklaufende Ader mündet in 2. CubitalZ, 2. rücklaufende Ader in 3. CubitalZ (Abb. **636**/7). 15–23 mm. Im S des Gebietes, früher auch in BR. Nester im Boden, Charakterart für Silbergrasfluren u. Flugsand. Flugzeit VIII–IX. Gern auf *Thymus*. LNa Heuschrecken. Sehr s, früher häufiger. *Sphex funerarius* GUSSAKOVSKIJ

23* Beide rücklaufende Adern münden in 2. CubitalZ (Abb. **636**/8). **24**

24 B schwarz und gelb. 20–30 mm. In Deutschland nicht bodenständig, im S aber zu erwarten. Bauen Lehmnester auf festem Untergrund. LNa Spinnen. Gattung *Sceliphron* KLUG

24* B schwarz, schwarz u. rot od. schwarz u. braun. **25**

25 B schwarz u. braun. Hlb dorsal u. ventral mit braungelben Binden.13–20 mm. Baut Lehmnester auf festem Untergrund. LNa Spinnen. Im S von DE bodenständig. *Sceliphron curvatum* SMITH

25* B schwarz od. schwarz u. rot. Hlb basal rot, apikal schwarz. **26**

26 1. Tergit (Petiolus) seitlich gesehen oben einen Winkel bildend. Stigma vor od. in der M gelegen (Abb. **636**/10). 13-23 mm. Nester im Boden. LNa Schmetterlingsraupen (*Noctuidae*). Auf Dolden, *Thymus, Eryngium*. 4 Arten. *Podalonia* FERNALD

26* 1. Tergit (Petiolus) seitlich gesehen oben eine gerade Linie bildend, Stigma im Postpetiolus hinter der M gelegen (Abb. **636**/9). **27**

27 **(1)** 3. CubitalZ gestielt (Abb. **636**/8). Letzte HlbSgm nicht blaumetallisch glän-zend. 11–19 mm. Nester im Boden. 2 Arten: *A. campestris* LATREILLE: Dorsalfeld des Propo-

deum zw Leisten glänzend, LNa BlattwespenL. *A. pubescens* CURTIS: Dorsalfeld des Propodeum zw Leisten chagriniert u. matt, LNa unbehaarte Schmetterlingsraupen.
Gattung *Ammophila* KIRBY

27* 3. CubitalZ nicht gestielt. Letzte HlbSgm mit blaumetallischem Glanz. 14–24 mm. Nest im Boden. Häufig. Auf Dolden u. *Thymus, Eryngium, Centaurea*. LNa Schmetterlingsraupen. *Ammophila sabulosa* (L.)

28 **(22)** Aus der Spitze der AnalZ im HFl entspringt eine Ader (Abb. **636**/12). Zw den F höchstens mit feiner Lamelle od. Tuberkel. **29**

28* E der AnalZ im HFl abgestutzt (Abb. **636**/11). Oberer Gesichtsteil springt stark vor u. umfasst schildartig die untere u. innere FBasis. 5–7,5 mm. Nester in Totholz, Stängeln u. verlassenen Schilfgallen. Kaum auf Blüten. LNa Blattläuse u. Blattflöhe. 8 schwarze Arten. Gattung *Psenulus* KOHL

29 Oberer Teil der Mesopleuren (über der Quernaht) skulpturiert. Hlb stets mit roten Tergiten. 7–9 mm. Nester im Boden. Manchmal auf Dolden. LNa Zikaden. 5 Arten.
Gattung *Mimesa* SHUCKARD

29* Oberer Teil der Mesopleuren glänzend, deutlich durch eine Naht abgetrennt. . . . **30**

30 1. u. 2. Tergit rot gezeichnet. 7,5–10 mm. Nur an der Nordseeküste. Sehr s.
Mimumesa sibiricana BOHART

30* Hlb schwarz. **31**

31 Stirn zw den F mit kleinem Höcker. 10–12 mm. Nester im Boden. LNa Zikaden. Flugzeit VII–VIII. 2 s Arten. Gattung *Psen* LATREILLE

31* Stirn ohne Höcker zwischen den F, allenfalls mit feiner Leiste. 7–9 mm. Nester artspezifisch im Boden od. in Totholz. LNa Zikaden. 6 schwarze Arten.
Gattung *Mimumesa* MALLOCH

32 **(21)** 2. CubitalZ gestielt (Abb. **639**/1, 2). **33**

32* 2. CubitalZ nicht gestielt (Abb. **639**/4–6). **40**

33 Au innen nierenförmig ausgerandet (vgl. Abb. **635**/4). Hlb schwarz. 6,5–9 mm. BW, sehr s, eventuell eingeschleppt. *Pison atrum* (SPINOLA)

33* Au innen nicht nierenförmig ausgerandet. **34**

34 HlbSgm (bes. 1.) knotenförmig (Abb. **639**/3). 6–15 mm. Nester im Boden. LNa Wildbienen od. Rüsselkäfer. 11 Arten. Gattung *Cerceris* LATREILLE – **Knotenwespen**

34* HlbSgm nicht knotenförmig. **35**

35 RadialZ mit AnhangsZ (Abb. **639**/1). Kleine Art von 3–4,5 mm mit schwarzem Hlb. Nest im Boden. LNa Wanzen. Sehr s, im N bis BR. *Solierella compedita* (PICCIOLI)

35* RadialZ ohne AnhangsZ, zugespitzt (Abb. **639**/2). Größere Arten, oft mit gelb od. rot geflecktem Hlb. **36**

36 HSchenkel apikal unten mit auffälligem dornartigen Forts. **37**

36* HSchenkel normal, apikal unten ohne dornartigen Forts. **38**

37 2. Tergit ohne weiße Flecken. 6–8 mm. Nest im Boden. LNa Zikaden. Sehr s.
Didineis lunicornis F.

37* 2. Tergit stets mit paarigen weißen Flecken. 5–8 mm. Nest im Boden. LNa Zikaden. 3 meist s Arten. Gattung *Alysson* PANZER

38 **(36)** Stirn in der M über den FGruben mit deutlichem Längskiel. HSchienen außen mit dicken, sägezahnartigen Dornen. 7–9 mm. Brutparasit bei Gattung *Tachytes*. Im N bis BR. Flugzeit VI–VII. Nur Funde vor 1980. Sehr s. *Brachystegus scalaris* ILLIGER

38* Stirn ohne auffälligen Längskiel. HSchienen nicht bedornt, nur behaart. **39**

39 Propodeum an den HKanten deutlich kielartig mit halbrundem Einschnitt im unteren Bereich. 2. CubitalZ zuweilen nur kurz gestielt. Ksch beim ♀ gelb. 8–11 mm. Nest im Boden. LNa Zikaden. Sehr s, einziger Nachweis vor 100 Jahren bei Mainz.
Bembecinus hungaricus (FRIVALDSKY)

39* Propodeum an den HKanten oben mit Dorn, aber niemals kielförmig mit halb-rundem Einschnitt. 4–11 mm. Brutparasiten bei Gattungen *Argogorytes, Gorytes, Harpactus*. Auf Dolden. 11 Arten. Gattung *Nysson* LATREILLE

40 **(32)** 1. rücklaufende Ader mündet in 1. CubitalZ (Abb. **639**/4). 1. HlbSgm (Petiolus) schlank, fast stielartig, hinten knotenförmig verdickt (Abb. **573**/2; **574**/1). Nester im

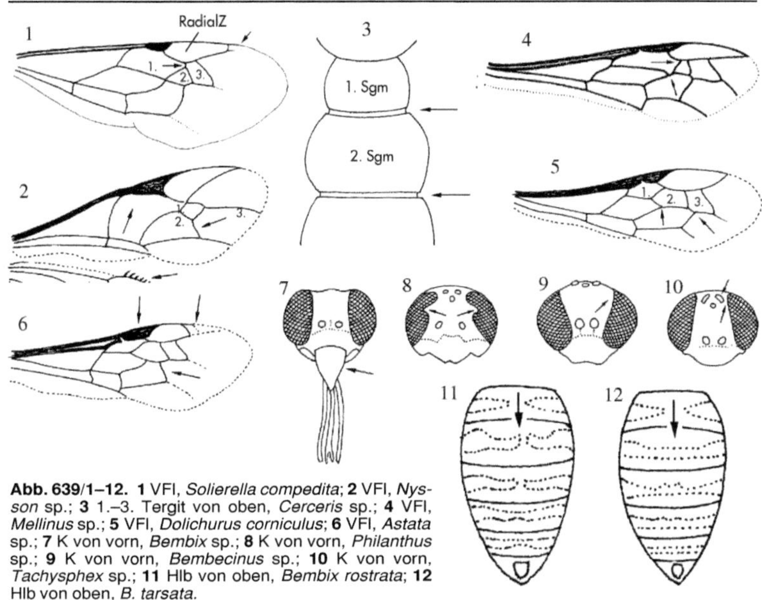

Abb. 639/1–12. 1 VFl, *Solierella compedita*; **2** VFl, *Nysson* sp.; **3** 1.–3. Tergit von oben, *Cerceris* sp.; **4** VFl, *Mellinus* sp.; **5** VFl, *Dolichurus corniculus*; **6** VFl, *Astata* sp.; **7** K von vorn, *Bembix* sp.; **8** K von vorn, *Philanthus* sp.; **9** K von vorn, *Bembecinus* sp.; **10** K von vorn, *Tachysphex* sp.; **11** Hlb von oben, *Bembix rostrata*; **12** Hlb von oben, *B. tarsata*.

Boden. Auf Dolden u. Blüten von *Achillea* u. *Calluna*. LNa Fliegen. (Gattung *Mellinus* F.) **41**

40* 1. rücklaufende Ader mündet in 2. CubitalZ (Abb. **639**/5, 6). Petiolus nicht stielartig. **42**

41 Körper mit goldgelben Flecken. FGeißel schwarz u. unten bräunlich. 7–14 mm. *Mellinus arvensis* (L.)

41* Körper mit weißlichen Flecken. FGeißel überwiegend hellbraun. 6–12 mm. Lokal. *Mellinus crabroneus* (Thunberg)

42 **(40)** 2. rücklaufende Ader mündet in 3. CubitalZ (Abb. **639**/5). **43**

42* 2. rücklaufende Ader mündet in 2. CubitalZ (Abb. **639**/6). **46**

43 Innenrand der Au schwach nierenförmig ausgerandet (Abb. **639**/8). Tergite gelb gefleckt. Nester im Boden (Gattung *Philanthus* F.). **44**

43* Innenrand der Au nicht ausgerandet. Tergite niemals gelb gezeichnet. 5–8 mm. Nest im Boden. LNa Waldschaben. (Gattung *Dolichurus* Latreille). **45**

44 Dorsalfeld dicht punktiert u. vollständig behaart. Stirn bei den ♀ fast stets mit auffälligem dreizackigem Fleck. 8–17 mm. Auf vielen Blüten. LNa Honigbienen. *Philanthus triangulum* (F.) – **Bienenwolf**

44* Dorsalfeld nicht punktiert u. unbehaart. Stirnfleck bei den ♀ nicht dreizackig. 11–17 mm. LNa Wildbienen. Nur im S, sehr s. *Philanthus coronatus* (Thunberg)

45 **(43)** Hlb schwarz, glatt u. glänzend. OKf an Basis schwarz. 5-8 mm. Im S v, im N s. *Dolichurus corniculus* (Spinola)

45* 1. u. 2. Tergit des Hlb rot. OKf an Basis mit weißem Fleck. 5–7 mm. Nur im S, sehr s. *Dolichurus bicolor* Lepeletier

46 **(42)** RadialZ am E zugespitzt (Abb. **640**/1). Innere AuRänder parallel od. nach unten konvergent (Abb. **639**/7, 9). **47**

46* RadialZ abgestutzt u. mit AnhangsZ (Abb. **639**/6). Innere AuRänder nach oben konvergent (Abb. **639**/10). **58**

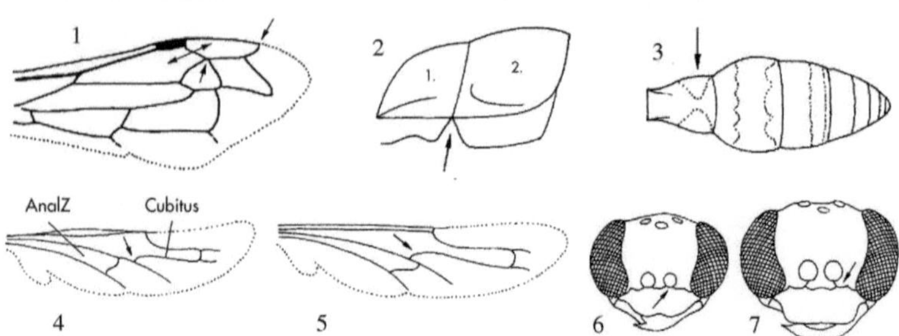

Abb. 640/1–7. **1** VFl, *Bembecinus tridens*; **2** 1. u. 2. Sgm seitlich, *Argogorytes* sp.; **3** Hlb von oben, *Lestiphorus bicinctus*; **4** HFl, *Harpactus* sp.; **5** HFl, *Gorytes* sp.; **6** K von vorn, *Hoplisoides punctuosus*; **7** K von vorn, *Gorytes* sp.

47 Ol schnabelartig verlängert (Abb. **639**/7). Große Arten von 15-22 mm mit charakteristischem Fluggeräusch. Nester im Boden, oft in Kolonien. LNa größere Fliegen. Die Nester werden während der LZeit ständig mit frischer Beute versorgt. (Gattung *Bembix* F.) **48**

47* Ol nicht schnabelartig verlängert. Meist kleinere Arten bis 15 mm. **49**

48 Tergite mit sinusförmigen gelben Binden, die in der M unterbrochen sind (Abb. **639**/11), s. Gern auf Blüten von *Thymus*, auch auf *Knautia*, *Calluna*, *Centaurea*. *Bembix rostrata* (L.) – **Kreiselwespe**

48* Tergitbinden seitlich breit, median schmaler, relativ gerade verlaufend, bei den ♀ auf den Tergiten 3–5 durchgehend (Abb. **639**/12). bei den ♂ ± unterbrochen. Letzter Nachweis vor 1900 bei Mainz. *Bembix tarsata* LATREILLE

49 **(47)** 1. CubitalZ viel länger als RadialZ (Abb. **640**/1). Letztes Tergit der ♀ ohne Pygidialfeld. **50**

49* 1. CubitalZ so lg od. kürzer als RadialZ. Letztes Tergit der ♀ mit Pygidialfeld. . . . **52**

50 Groß, 14–21 mm. Gelbe Tergitbinden median unterbrochen. Innere AuRänder fast parallel. Propodeum an den S abgerundet. Nest in lockerem Sand. LNa Heuschrecken. Sehr s. *Stizus perrisii* DUFOUR

50* Kleiner, 8–10 mm. Gelbe Tergitbinden durchgehend. Innere AuRänder stark nach unten konvergent (Abb. **639**/9). Propodeum an HEcken kielartig, in unterer Hälfte mit halbrundem Ausschnitt. Nest im Boden. LNa Zikaden (Gattung *Bembecinus* COSTA). **51**

51 2. CubitalZ nicht gestielt. Bei ♀ Ksch schwarz. 8–10 mm. Charakterart für trockenwarme vegetationsarme Sande. Sehr s, N bis BR. *Bembecinus tridens* (F.)

51* 2. CubitalZ gestielt. Bei ♀ Ksch gelb. 8–11 mm (vgl. auch **39**). Extrem s, einziger Nachweis vor 100 Jahren bei Mainz. *Bembecinus hungaricus* (FRIVALDSKY)

52 **(49)** Zw 1. u. 2. Sternit mit tiefer Querfurche (Abb. **640**/2). 8–14 mm. Nester im Boden. Auf Dolden. LNa Zikaden. 2 Arten. Gattung *Argogorytes* ASHMEAD

52* Zw 1. u. 2. Sternit keine tiefe Querfurche. **53**

53 1. Sgm knotenförmig abgesetzt (Abb. **640**/3). Nest im Boden. Auf Dolden. LNa Zikaden. (Gattung *Lestiphorus* LEPELETIER). **54**

53* 1. Sgm nicht knotenförmig abgesetzt. **55**

54 2. Tergit mit breiter, durchgehender gelber Binde. Humeraltuberkel gelb. 7–11 mm. *Lestiphorus bicinctus* (ROSSI)

54* 2. Tergit mit 2 größeren, niemals zusammenfließenden SFlecken. Humeraltuberkel schwarz. 10–13 mm. Sehr s, im N bis MDE. *Lestiphorus bilunulatus* COSTA

55 **(53)** Cubitus im HFl entspringt hinter der AnalZ (Abb. **640**/4). Br zuweilen rot gezeichnet. **56**

55* Cubitus im HFl entspringt aus der AnalZ (Abb. **640**/5). Br niemals rot gezeichnet. **57**

56 Br schwarz; wenn rot gezeichnet, dann VFl ohne dunklen Fleck in Höhe RadialZ. 5–9 mm. Nest im Boden. Auf Dolden. LNa Zikaden. 6 meist s Arten. Gattung *Harpactus* Shuckard

56* Br stets rot gezeichnet, Flügel mit dunklem Fleck in Höhe RadialZ. 10–12 mm. Heidelberg, eventuell eingeschleppt. *Oryttus concinnus* (Rossi)

57 **(55)** FBasis dicht am Ksch (Abb. **640**/6). 7,5–9,5 mm. Nest im Boden. LNa Zikaden. Sehr s, nur Funde vor 1980. *Hoplisoides punctuosus* (Eversmann)

57* FBasis deutlich vom Ksch entfernt (Abb. **640**/7). 7–13 mm. Nester im Boden. Auf Dolden. LNa Zikaden. 8 Arten. Gattung *Gorytes* Latreille

58 **(46)** Hintere Oc normal, punktförmig. Au der ♂ stoßen am Scheitel zusammen. . **59**

58* Hintere Oc verbreitert, oval od. kommaförmig (Abb. **640**/10). **60**

59 Propodeum deutlich leistenartig strukturiert. ♂ : Stirn schwarz. ♀: Pygidialfeld matt, an S mit Reihe dichter gebogener Bo. 9–12 mm. Nester im Boden. Kaum auf Blüten. LNa Wanzen. 3 Arten. Gattung *Astata* Latreille

59* Propodeum nicht deutlich leistenartig strukturiert, sondern chagriniert u. matt. ♂: Stirn vor dem VOc mit weißem Fleck. ♀: Pygidialfeld glänzend, an S nur spärlich behaart. 6–11 mm. Nester im Boden. LNa Wanzen. 3 Arten. Gattung *Dryudella* Spinola

60 **(58)** Gesicht an inneren AuRändern mit Längswulst. Sehr s Arten. **62**

60* Gesicht flach, an inneren AuRändern ohne Längswulst. **61**

61 HOc sehr groß, kommaförmig nach vorn gebogen. Pygidialfeld ♀ u. 7. Tergit ♂ dicht anliegend behaart. 10–15 mm. Nester im Sand, Charakterart für Flugsand u. Silbergrasfluren. Auf Dolden, *Thymus* u. *Jasione*. LNa Heuschrecken. Sehr s. *Tachytes panzeri* (Dufour)

61* HOc klein, oval, nicht kommaförmig nach vorn gebogen. Pygidialfeld ♀ u. 7. Tergit ♂ unbehaart. 4–13 mm. Nester im Boden, oft Charakterarten für vegetationsarme Sande und Silbergrasfluren. Kaum auf Blüten. LNa HeuschreckenL. 10 Arten. Gattung *Tachysphex* Kohl

62 **(60)** Große Art, 12–24 mm. Hlb rot u. schwarz. Bodennister. LNa Maulwurfsgrillen. Aktuelle Funde nur in SBaden, sehr s. *Larra anathema* (Rossi)

62* Kleine schlanke Art, 8–13 mm. Hlb blauschwarz. Xerothermophiler Bodennister. LNa Grillen. Sichere Nachweise nur aus SBaden. Sehr s. *Liris niger* (F.)

Überfamilie ***Chrysidoidea***

Familie ***Bethylidae* – Ameisenwespen**

Weltweit die größte Familie der *Chrysidoidea* mit ca. 2.200 bes. in den Trop v Arten. In DE 13 Gattungen mit 36 bisher beschriebenen Arten. Mundwerkzeuge prognath, wie der K, flach, nach vorn gerichtet. Fl vorwiegend bei den ♀ reduziert od. ganz fehlend. FlAderung ± reduziert, meist mit FlMal (Abb. **581**/1, 2). Au u. Oc zuweilen rückgebildet. F mit 13, s weniger Gld. Schenkel oft verdickt u. innen abgeflacht. Hlb mit 6 od. 7 Tergiten. 1,5–5 mm KörperLg. Parasitoide an Käfer- u. SchmetterlingsL. Arten der Gattung *Goniozus* Förster u. *Bethylus* Latreille ektoparasitisch an Wickler- u. Zünslerraupen. *Cephalonomia*-Arten z. T. synanthrope u. bedeutsame Schmarotzer an L von Vorrats- u. Materialschädlingen wie Nage-, Diebs-, Speck- od. Schwarzkäfern. *Scleroderma domesticum* Latreille lebt an holzbewohnenden KäferL. Angaben als Ameisenschmarotzer sind zweifelhaft.

Familie ***Chrysididae* – Goldwespen**

Die fast 100 Arten gehören durch ihre rot, blau, grün od. golden schillernden Metallfarben wohl zu den schönsten Hautflüglern in DE. Trotzdem ist die Taxonomie einiger heimischer Arten ungenügend geklärt. Die letzten Segmente des Hlb sind in eine

teleskopartige Legeröhre umgebildet, mit deren Hilfe die ♀ ihre Eier in Nester von solitären Bienen, Grab- und Faltenwespen legen. Eine Ausnahme bilden die Arten der Gattung Cleptes, deren L als Parasitoide in Vorpuppen von Blattwespen leben.
Ein fester Chitinpanzer, das Einrollvermögen der Wespe u. zuweilen ein abschreckender Duft schützen Goldwespen vor Angriffen ihrer Wirte u. vor Fressfeinden. Die L der bei Grab- und Faltenwespen schmarotzenden Arten verzehren zuerst die WirtsL, später den eingetragenen NaVorrat. Parasitoide von Bienen saugen das erwachsene Stadium der WirtsL aus, den eingetragenen Pollen und Nektar können sie nicht verwerten. Die Habitate der Goldwespen entsprechen denen ihrer meist wärmebedürftigen Wirte. Bis auf die Arten der Gattung Cleptes fliegen sie nur bei Sonnenschein. Die Flugzeit reicht von IV–IX. Bestimmung im Feld ist meist nicht möglich.

1 Hsch in VHälfte stark verschmälert, ± glockenförmig. HlbUS schwach konvex, ohne scharfen SRand. Hlb bei ♀ mit 4, bei ♂ mit 5 Tergiten. Sternite nicht längsgeteilt. 5–8 mm. An feuchten schattigen Orten. 5 meist s Arten. Wirte: Blattwespenlarven.
Gattung *Cleptes* LATREILLE

1* Hsch breit, ± rechteckig. Hlb meist nur mit 3, s mit 4 Tergiten (♂ *Parnopes*). HlbUS konkav. Tergite mit scharfem SRand, Sternite median längsgeteilt (Abb. **578**/3). . **2**

2 Tegulae groß, länger als ein Drittel der BrBreite. Hlb der ♂ mit 4, der ♀ mit 3 Tergiten, außer an der Basis nicht metallisch (Abb. **643**/1). 7–14 mm. Wirte: Grabwespen der Gattung *Bembix*. Sehr s, nur im S u. warmen kontinentalen Sandgebieten, z. B. BR.
Parnopes grandior (PALLAS)

2* Tegulae kleiner. Hlb stets mit 3 Tergiten. **3**

3 Klauen an der Spitze gabelförmig, kammartig, mit einem od. mehreren Zähnchen in der M (Abb. **643**/2–4). Stigmen des 2. u. 3. Tergites dorsal. **4**

3* Klauen einfach. Stigmen des 2. u. 3. Tergites ventral. **8**

4 VFl mit ± deutlicher DiscoidalZ. Radialader im VFl lg (Abb. **643**/5, 6, 8). **5**

4* VFl ohne deutliche DiscoidalZ. Radialader stark verkürzt (Abb. **643**/7) u. Klauen wenigstens mit 2 Nebenzähnchen. **7**

5 Basalader fast rechtwinklig gebogen (Abb. **643**/5). Klauen mit mehreren Kammzähnen (Abb. **643**/3). 4–9 mm. B. wenig bekannt; wärmeliebende Tiere, Wirte wahrscheinlich bodennistenden Grabwespen. Auf stark besonnten Sanden mit schütterer Vegetation, an Abbrüchen und Aufschlüssen. Gern auf Dolden, *Euphorbia*. 6 Arten.
Gattung *Holopyga* DAHLBOM

5* Basalader schwächer gebogen. Im Zweifelsfall Klauen an Spitze gespalten (Abb. **643**/2) od. nur mit kleinem MZähnchen (Abb. **643**/4). **6**

6 Apikale SRänder des 3. Tergites mit kleiner Ecke (Abb. **643**/9). Klauen an Spitze gespalten (Abb. **643**/2). 4–10 mm. Wirte: Bodennistende Grabwespen. Auf stark besonnten Sanden mit schütterer Vegetation, an Abbrüchen und Aufschlüssen. Gern auf Dolden, *Achillea*. 5 oft häufige Arten. Gattung *Hedychrum* LATREILLE

6* Apikale SRänder des 3. Tergites abgerundet. Klauen mit kleinem MZähnchen (Abb. **643**/4). 2–7,5 mm. Wirte u. Habitat wie vorige Gattung. 11 meist s Arten.
Gattung *Hedychridium* ABEILLE

7 **(4)** HSch in breite flache Platte ausgezogen (Abb. **643**/10). 4–9 mm. Wirte kleine bodennistende Grabwespen. Auf vegetationsarmen Sanden, Trockenrasen. 4 Arten.
Gattung *Elampus* FÖRSTER

7* HSch abgerundet. 3–8 mm. Wirte in Stängeln nistende Grabwespen in Gebüschen u. an Waldrändern. 8 Arten.
Gattungen *Omalus* PANZER, *Philoctetes* ABEILLE u. *Pseudomalus* ASHMEAD

8 **(3)** HSch tief löffelartig ausgehöhlt u. Gesicht auffallend verlängert. 5–19 mm. Nur Einzelfunde aus dem vorigen Jahrhundert aus TH. Artzugehörigkeit ungeklärt.
Gattung *Stilbum* SPINOLA

8* HSch nicht löffelartig. Gesicht nicht auffallend verlängert. **9**

9 RadialZ weit offen, d. h. Radialader vom VRand VFl weit entfernt (Abb. **643**/6). . . **10**

9* RadialZ ± geschlossen (Abb. **643**/5, 8). **13**

10 MBrS (Mesopleuren) mit zwei deutlichen Zähnen. Bei ♀ Scheitel, Mesonotum (MBrOS), 1. u. 2. Tergit teilweise, 3. Tergit ganz purpurfarben. ♂ überwiegend grün. 7–11 mm. Wirte sind Grabwespen der Gattung *Podalonia*. Nur im S, sehr s. *Brugmoia quadrata* (SHUCKARD)

10* MBrS ohne Zähne. Tiere niemals purpurn gefärbt. **11**

11 Ganz grüne bis blaue Art. 4–6 mm. Wirte bodennistende Grabwespen (Gattung *Tachysphex*) od. Faltenwespen (Gattung *Pterocheilus*) auf vegetationsarmen Sanden. Auf *Achillea*, *Thymus* u. *Hieracium*. Sehr s. *Spinolia unicolor* (DAHLBOM)

11* Wenigstens 1. u. 2. Tergit rotgolden. **12**

12 Hlb völlig rotgolden. 5–9 mm. Wirte: Solitäre Faltenwespen (*Eumeninae*) in Steilwänden u. Böschungen. Auf *Hieracium*, *Achillea*. *Pseudospinolia neglecta* (SHUCKARD)

12* 1. u. 2. Tergit rotgolden, 3. Tergit grün bis blau. Nur in Baden, sehr s. *Pseudospinolia incrassata* (SPINOLA)

13 **(9)** DiscoidalZ fehlend od. undeutlich bzw. Analrand des Hlb deutlich dreizähnig, MZahn oben gekielt. Kleine, ganz grünblaue Arten. **14**

13* DiscoidalZ deutlich u. Analrand des Hlb anders, nicht dreizähnig. Körper oft teilweise golden gefärbt. Größere Arten. **15**

14 DiscoidalZ fehlend. Analrand mit zwei deutlichen SEcken u. in der M abgerundet. 3,5–6 mm. Nur im S, sehr s. *Chrysidea disclusa* (LINSENMAIER)

14* DiscoidalZ deutlich. Analrand deutlich dreizähnig (Abb. **643**/11). 4–8 mm. Wirte in Stängeln od. Holz nistende Grabwespen (Gattung *Trypoxylon*). Oft an besonntem Totholz, häufig. *Trichrysis cyanea* (L.)

15 **(13)** Analrand des HlbE durchscheinend; in der M abgerundet u. seitlich mit kleinen Zähnchen. Seitlicher Forts des Propodeums (hinterer Forts) blattförmig, basal mit tie-

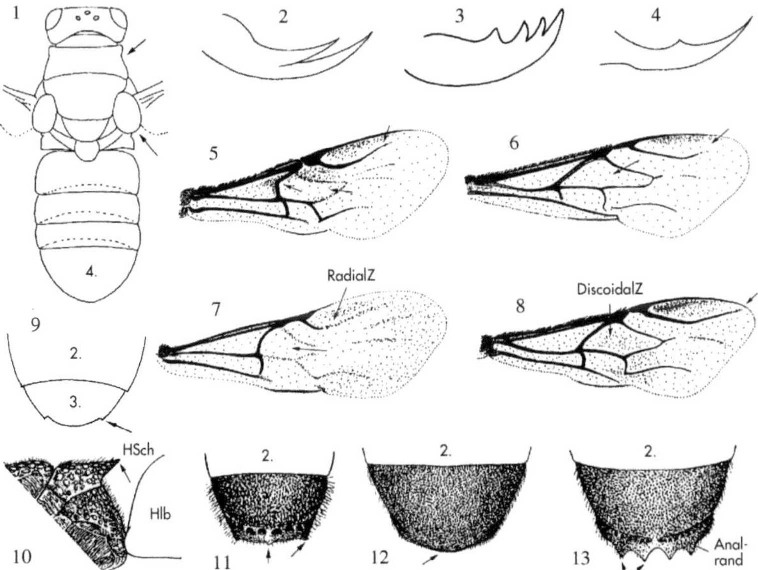

Abb. 643/1–13. **1** Körper Aufsicht, *Parnopes* sp.; **2** FußKlaue, *Hedychrum* sp.; **3** FußKlaue, *Holopyga* sp.; **4** FußKlaue, *Hedychridium* sp.; **5** VFl, *Holopyga* sp.; **6** VFl, *Pseudospinolia* sp.; **7** VFl, *Omalus* sp.; **8** VFl, *Chrysis* sp.; **9** HlbE von oben, *Hedychridium* sp.; **10** HSch (Postscutellum) seitlich, *Elampus* sp.; **11** HlbE von oben (3. Tergit), *Trichrysis cyanea*; **12** HlbE von oben (3. Tergit), *Chrysura simplex* ♀; **13** HlbE von oben (3. Tergit), *Chrysis fasciata*.

fen Einschnitten. Körper ganz kupfern od. grünkupfern. 5-6,5 mm. Wirt: Faltenwespe *Celonites abbreviatus* (VILLERS). Im N bis TH, sehr s.
Spintharina versicolor (SPINOLA)

15* Analrand nicht durchscheinend u. meist anders gestaltet (Abb. **643**/12, 13). Seitlicher Forts des Propodeums dreieckig; wenn basal eingeschnitten, dann Analrand mit 4 od. mehr Zähnen. Körper oft mehrfarbig. **16**

16 Gesicht flach; dicht, grob u. gleichmäßig punktiert; oben nicht durch Stirnleiste begrenzt. Analrand stets glattrandig, ohne Zähnchen (Abb. **643**/12). 4–12 mm. Wirte: Bauchsammlerbienen (*Megachilinae*) in Holznestern und Schneckenhäusern. 8 Arten. Gattung *Chrysura* DAHLBOM

16* Gesicht ± ausgehöhlt; Aushöhlung meist feiner skulpturiert als umliegende Bereiche. Gesicht oben oft durch vorspringende Querleiste begrenzt. Analrand sehr verschieden gestaltet. 4–13 mm. Wirte: Solitäre Bienen, Faltenwespen u. Grabwespen. Oft an besonntem Totholz, Lehm- u. Steilwänden. Auf Dolden u. an Honigtau. Taxonomie schwierig u. umstritten. Ca. 44 z. T. häufige Arten. Gattung *Chrysis* L.

Familie ***Dryinidae* – Zikadenwespen**

Über 1.420 weit verbreitete Arten. In DE 7 Gattungen mit 36 Arten. K nach unten gerichtet, Au oft vortretend, Oc vorhanden. F mit 10 Gld. Fl oft reduziert, wenn vorhanden mit FlMal u. 1–3 geschlossenen basalen Z. VTarsen der ♀ meist zu Fangzangen umgebildet (Abb. **580**/6). Abdomen mit 6–7 Tergiten. KörperLg 1,5–4 mm. Ekto-, s Endoparasitoide an zahlreichen *Auchenorrhyncha* (Zikaden) bes. *Cicadellidae, Delphacidae* u. *Flatidae*. Die ♀ der *Aphelopinae* (nur *Aphelopus* DALMANN) haben keine ausgeprägte Fangzange. Die *Dryininae* u. *Gonatopodinae* unterscheiden sich durch flache, unvollständig od. ungerandete Aushöhlung des HK u. ±vorstehende Au von den *Aphelopinae* u. *Anteoninae*. In Ländern, wo Zikaden als PflSchädlinge eine Rolle spielen, sind Dryiniden schon erfolgreich zur biologischen Bekämpfung eingesetzt worden.

Familie ***Embolemidae***

Eine kleine Familie mit weltweit nur 39 Arten, davon *Embolemus ruddii* WESTWOOD auch in DE. KörperLg 3,5–5 mm. F mit 10 Gld, K u. VTarsen normal, FlAderung wenig reduziert od. flügellos (Abb. **585**/4).

Überfamilie ***Vespoidea***

Familie ***Formicidae* – Ameisen**

Weltweit etwa 17.000 sozial lebende, in DE 114 Arten. Im. leicht kenntlich durch gekniete F mit lg Schaft (Abb. **646**/5; **650**/6, 7); Petiolus u. Postpetiolus (HlbStiel) verschmälert, knoten- od. schuppenförmig, daran schließt sich der Hlb an (Abb. **646**/1–3). ☿ stets flügellos. Meist 3 ausgeprägte Kasten. Nach dem Hochzeitsflug werfen auch die ♀ (Königinnen) die Fl ab. Damit beginnt in der Regel die Nestgründung meist selbständig od. sozialparasitisch mit Hilfe anderer Arten. Während manche Nester nur eine oft langlebige (bis 25 Jahre) Königin enthalten (monogyn), haben andere bis über 1.000 (polygyn). Bei sozialparasitischen Arten sind die Völker z. T. vermischt od. die eindringende Königin tötet die Königin des Wirtsnestes (Hilfsameisen). Bei permanenten Sozialparasiten unterscheidet man ständige Einmieter u. obligatorische Sklavenjäger. Bei „temporärer Koloniegründung“ werden die Nester anderer Arten lediglich im Anfangsstadium (z. B. *Formica rufa*) genutzt.

Nester werden im Boden, über dem Boden od. in totem u. lebendem Holz angelegt. In manchen Gebieten erreicht die Lebendmasse bis 150 kg/ha. Der NaBedarf ist aus diesen Gründen groß u. es wurden vielseitige Strategien entwickelt. Zu den zoophagen Jägern u. Aasfressern gehören *Formica*-, *Myrmica*- u. *Leptothorax*-Arten. In Wechselbeziehung zu Honigtauerzeugern (Trophobiose), vor allem Blatt- u. Schildläusen, Blattflöhen u. Zikaden durch sogenanntes „Melken“ stehen vor allem *Lasius*, aber auch *Formica*, *Myrmica* u. *Tetramorium*. PflSäfte werden direkt od. indirekt durch Nektar bes. von *Camponotus*, *Plagiolepis* u. *Leptothorax* genutzt. Neben Diebsameisen (*Solenopsis*, *Tetramorium*) u. Symbiosen zu Bläulingsraupen (*Myrmica*, *Lasius*, *Tetramorium*) werden PflSamen bes. von WaldPfl wie *Anemone, Viola, Corydalis, Lamium* od. *Melampyrum* als Na verwandt. Dabei bleibt der eigentliche Samen unbeschädigt (Myrmecochorie) u. nur Samenanhangsorgane, die reich an Fetten, Zucker, Eiweißen u. Vitaminen sind, dienen der Ernährung. Die typischen, xerothermen Ernteameisen der Gattung *Messor* zerstören allerdings den Samen, was auch bei *Pheidole*- u. *Tetramorium*-Arten vorkommt. Die Bedeutung der Ameisen ist vielseitig wie ihre Lebensweise. Der Einfluss von Waldameisen (*Formica*-Arten) bei Massenvermehrungen von forstlichen Schädlingen wurde schon frühzeitig erkannt u. führte zur Unterschutzstellung vor über 150 Jahren, leider ohne entscheidenden Erfolg. Noch heute wird die bodenbiologische Bedeutung der Ameisen in Form von Durchmischung, Durchlüftung u. Umlagerung häufig unterschätzt. So werden z.B. bis zu 7 Tonnen Erdmasse von manchen *Lasius*-Arten pro Jahr u. Hektar an die OFläche gefördert. In einzigartiger Anpassung gewährleisten manche Pfl die Ausbreitung ihrer Ameisen auch in unseren Breiten. Andererseits verursachen sie auch nicht übersehbare Schäden. Zerstörung von Trockenholz u. Nestbau in lebenden Bäumen, Förderung u. Ausbreitung von Blattläusen od. als Vektoren von Krankheitskeimen sind nur einige Beispiele.
In den folgenden Bestimmungstabellen werden aus praktischen Gründen nur ♀ u. ☿ berücksichtigt, ebenso wurden hochalp Arten weggelassen.

1 HlbStiel (Petiolus u. Postpetiolus) 2gld, von den nachfolgenden HlbSgm abgetrennt (Abb. **646**/1). UFamilie *Myrmicinae* – **Knotenameisen** S. 649

1* Nur der 1gld Petiolus deutlich als Schuppe od. Knoten abgesetzt (Abb. **646**/2, 3) . **2**

2 Zw 2. u. 3. HlbSgm eine Einschnürung (Abb. **646**/3). Stachel vorhanden.
UFamilie *Ponerinae* – **Stechameisen**
In DE nur 2 Gattungen mit je 1 Art.
– Im Freiland: ♀ von 3,6–4,2, ☿ von 2,7–3,5 mm KörperLg. Au bei ersteren groß, mit deutlichen Oc. Sonst ähnlich ☿. Braun bis schwarzbraun, F, B u. HlbE rötlich. Außer im N des Gebietes in wärmeren Habitaten, auch urban. Weit v, aber schwer auffindbar. Erdnester mit bis ca. 40 ☿. Koloniegründung unabhängig, zoophag von Bodenarthropoden lebend. Häufig. *Ponera coarctata* (Latreille)
– In Warmhäusern u. Müllkippen. Weltweit verschleppt. Sonst ähnlich der vorigen Art, volkreicher. Häufig. *Hypoponera punctatissima* (Roger)

2* Keine Einschnürung zw 2. u. 3. Sgm. Ohne Stachel **3**

3 Oberer Rand des Ksch (Ksch) ragt nicht zw die Stirnleisten (Abb. **646**/5, 6). Hlb von oben mit 5–6 sichbaren Tergiten. UFamilie *Formicinae* – **Schuppenameisen** S. 646

3* Oberer Rand des Ksch ragt zw die Stirnleisten (Abb. **646**/4). Hlb von oben mit 7 Tergiten. UFamilie *Dolichoderinae* – **Drüsenameisen**
Im Gebiet 3 Gattungen mit 4 Arten. – In Warmhäusern zuweilen die **Argentinische Ameise** (*Linepithema humile* Mayr) eingeschleppt. – Die beiden schwarz bis dunkelbraunen *Tapinoma*-Arten, ♀ 4,2–5,5 mm, ☿ 2,5–4,2 mm KörperLg, sind häufig polygyn u. haben saisonabhängige Neststandorte auf Trockenrasen od. Sand. Die meist über 2.000 ☿ sind überwiegend räuberisch. Im S häufiger.
– *Dolichoderus quadripunctatus* (L.) hat eine KörperLg von ♀ 4–5 mm, ☿ 3–4 mm u. ist leicht kenntlich am flachen BrProfil, hellen F u. Schienen u. weißen seitlichen Flecken am Hlb. Sie besiedelt lokal Wärmegebiete mit Althölzern u. Streuobstwiesen. Die kleinen Nester befinden sich im Totholz od. unter Borke bis in mehreren Meter Höhe.

Unterfamilie ***Formicinae* – Schuppenameisen**

Der Wehrstachel ist reduziert. In einer Giftblase wird ein bis 60% Ameisensäure enthaltendes Sekret gespeichert u. kann unter hohem Druck auf einem Feind od. Beutetier gespritzt werden. P in einem hellen Kokon.

1 Basis der F deutlich vom ORand des Ksch entfernt (Abb. **646**/5).
Gattung *Camponotus* Mayr – **Roßameisen**
8 z. T. s u. nur im südl DE vorkommende Arten. Dazu unsere größten Ameisen, bei denen die ♂ bis 12 mm, die ♀ bis 18 mm u. die ☿ bis 14 mm KörperLg erreichen. Die beiden häufigsten, C. *herculeanus* (L.) – **Riesenameise** u. C. *ligniperda* (Latreille) – **Große Holzameise**, schwärmen schon ab V. Die Nester werden im toten u. auch lebenden, vorwiegend Nadelholz bis in 10 m Höhe, aber teilweise auch unterirdisch angelegt.

1* Basis der F am KschORand eingefügt (Abb. **646**/6) **2**

2 F 11gld. KörperLg der ♀ bis 4,5, der ☿ bis 2,3 mm. Gattung *Plagiolepis* Mayr
Die 3 s kleinen Arten sind nur in Wärmegebieten bis MDE v. Die Nestanlage erfolgt unter Steinen, eine Art ist Sozialparasit bei den beiden anderen.

2* F mit 12 Gld. Größere Arten **3**

3 OKf sichelförmig (Abb. **646**/7), ihr Kaurand ist mit winzigen Zähnchen versehen.
Polyergus rufescens (Latreille) – **Amazonenameise**
Obligatorischer Sklavenjäger bei Arten der *Formica fusca*-Gruppe. In Raubzügen bis zu 1 Stunde Dauer werden L u. P der Wirtsameisen erbeutet u. nach deren Schlupf als Arbeiter (Sklaven) genutzt. Ganz DE, z, bes. auf Trockenrasen in Muschelkalkgebieten, daher im Norden sehr s.

3* OKf schaufelförmig mit deutlich bezahntem Kaurand (Abb. **646**/6) **4**

4 Zw den Kanten der Stirnleisten, von oben betrachtet, ± konkav (Abb. **646**/8). FGld 4–8 länger od. nur so lg wie 10–12. ☿ 4–5–9 mm, stets mit Oc. KörperLg der ♀ 9–11 mm, der ♂ 7–11 mm. Gattung *Formica* L. – **Wald-** u. **Raubameisen** S. 878

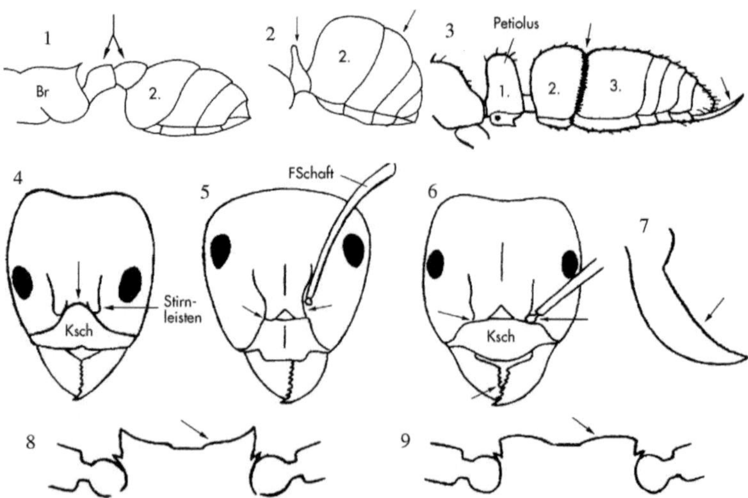

Abb. 646/1–9. 1 Hlb seitlich, *Myrmicinae;* **2** Hlb seitlich, *Formicinae*; **3** Hlb seitlich, *Ponerinae*; **4** K von vorn, *Dolichoderus* sp.; **5** K von vorn, *Camponotus* sp.; **6** K von vorn, *Formica* sp.; **7** OKf, *Polyergus rufescens*; **8** Stirn von oben im Profil, *Formica* sp.; **9** Stirn von oben im Profil, *Lasius* sp.

4* Zw den Kanten der Stirnleisten meist schwach konvex, nicht konkav (Abb. **646**/9). FGld 4–8 meist kürzer als 10–12. ☿ 2,5–5 mm KörperLg, Oc klein, oft fehlend, KörperLg der ♀ 6–9 mm, der ♂ stets kleiner 3–5 mm.

Gattung *Lasius* F. – **Holz**- u. **Wegameisen**

In DE 21 meist schwer unterscheidbare Arten. Die Nester werden in Holz, unterirdisch, in kleinen Hügeln od. unter Steinen angelegt. Selbständige Koloniegründung nur bei den UGattungen *Lasius* u. *Cautolasius*, sonst temporäre Sozialparasiten. Zur ersteren unsere häufigste Art *L. niger* (L.) – **Schwarzgraue Wegameise**. Kulturfolger mit Dichten bis 108 Nestern/100 m^2, die sich meist im Boden od. unter Steinen befinden. Meterlg „überdachte" Ameisenstraßen führen häufig auch zu Gebäuden, wo sie sehr lästig werden kann. *Lasius brunneus* (LATREILLE) – **Rotrückige Hausameise** nistet im Freien unter Borke u. im Wurzelbereich von Bäumen. Nicht s in Bauholz von Häusern. *Lasius flavus* (F.) – **Gelbe Wiesenameise** erreicht in MEur die größte Biomasse. Die Nester werden bes. in feuchten Habitaten zw Gräsern angelegt. *Lasius* (*Dendrolasius*) *fuliginosus* (LATREILLE) – **Glänzendschwarze Holzameise** ist schon durch den intensiven Geruch ihrer Drüsensekrete unverwechselbar. Sie baut in Holz schwarze Kartonnester, die durch spezielle Pilzhyphen verfestigt werden. Die Kolonien können mit bis zu 2 Mill. Individuen sehr volkreich sein. Als Na dient vorrangig Honigtau.

Gattung *Formica* L. – **Raub**- u. **Waldameisen**

Für DE lassen sich 4 UGattungen mit 26 Arten unterscheiden: Nester, bes. der Waldameisen sind die auffallenden Kuppelbauten; oft kleinere Hügelbauten, aber auch im Boden od. morschem Holz. Den oberirdischen Aufbauten entsprechen wenigstens gleichgroße unterirdische Nestanlagen. Eine selbständige Volkgründung ist nur bei den Sklavenameisen (UGattung *Serviformica*) möglich. Alle anderen ♀ der Waldameisen (UGattung *Formica*), Kerbameisen (UGattung *Coptoformica*) u. Raubameisen (UGattung *Raptiformica*) können primär nur bei *Serviformica* gründen, häufig aber Anlage von Tochternestern. Völker können eine Königin (monogyn) od. mehrere Königinnen (polygyn) enthalten, bei manchen Arten sind beide Formen möglich.

Die Bestimmung der Arten ist oft schwierig u. bei Einzelexemplaren manchmal unmöglich. Die nachfolgende Tabelle ist nur für ☿, mit Einschränkungen auch für ♀, gültig. Ansonsten sei auf Spezialliteratur wie KUTTER (1977), GÖSSWALD (1981) od. SEIFERT (1996 u. 2007) verwiesen.

☿ (♀)

1 KHRand mit einer deutlichen Einbuchtung (Abb. **648**/1).

UGattung *Coptoformica* – **Kerbameisen**

Im Gebiet 4–5 Arten mit meist wenigen Fundorten. Häufiger nur *F. exsecta* NYLANDER, vorzugsweise auf Magerrasen mit Gehölzen in Nesthügeln bis 1,50 m ∅

1* KHRand konvex, gerade od. nur schwach eingebuchtet (Abb. **648**/2, 3) **2**

2 KschVRand deutlich eingebuchtet (Abb. **648**/2). KUS, Br u. B rot, sonst dunkelbraun. Sklavenhalter, wärme- u. trockenheitsliebend. Nestanlage sehr unterschiedlich, vorwiegend unter Steinen. Häufige u. dominierende Art.

F. (*Raptiformica*) *sanguinea* LATREILLE – **Blutrote Raubameise**

2* KschVRand nicht eingebuchtet (Abb. **648**/3) **3**

3 Stirndreieck deutlich stärker glänzend als seine Umgebung. UGattung *Formica* . **5**

3* Der OFlächeneindruck des Stirndreiecks kontrastiert nicht mit dem seiner Umgebung. Stirndreieck bei den meisten Arten matt; wenn doch glänzend, dann ganze KOS, Br u. Hlb ebenfalls glänzend **4**

4 FSchaft (1. FGld) kürzer als die KBreite. Ganzer K, Hsch, manchmal dorsales Mesonotum u. Hlb schwärzlich; BrTergite rötlichbraun. Ganzer Körper matt, ohne abstehende Haare am KHRand u. auf dem Propodeum. In Moorstandorten, s lokal. Nester in Grasbulten u. Mooskuten. *F.* (*Formica*) *uralensis* RUZSKY

4* FSchaft lg, länger als die KBreite (vgl. Abb. **646**/5). UGattung *Serviformica* **9**

5 **(3)** 2. u. 3. FGeißelGld mindestens doppelt so lg wie breit (Abb. **648**/4). Ganzer K, Br u. Petiolus hell rötlichbraun. Abstehende Behaarung sehr stark u. auf der ganzen KörperOFläche. In DE auf Felskuppen, s an Waldrändern u. Heiden. Nester in Spalten, unter Steinen u. in Totholz. *F.* (*Formica*) *truncorum* F. – **Strunkameise**

5* 2. u. 3. FGeißelGld weniger als doppelt so lg wie breit (Abb. **648**/5). Schwärzlich pigmentierte Bereiche am K fast stets vorhanden **6**

6 KHRand ohne abstehende Haare. Au unbehaart. Engere *Formica-rufa*-Gruppe . **7**

6* KHRand mit mehr als 10 abstehenden Haaren. Au fein behaart **8**

7 KUS mit 0–8 abstehenden Haaren. Hsch mit 0–16 kurzen abstehenden Haaren. Propodeum mit 0–14 abstehenden Haaren. Unsere wichtigste Waldameise. Polygyn mit bis 5.000 Königinnen u. einschließlich Zweignestern (mit eigenständiger Gründung) bis 5 Millionen ☿. In Laub- u. Nadelwaldbeständen in standortbedingten flachen od. bis 2 m hohen Kuppelnestern. Schwarmzeit IV–VI.
F. (*Formica*) *polyctena* FÖRSTER – **Kleine Rote** od. **Kahlrückige Waldameise**

7* KUS mit 10–20 abstehenden lg Haaren. Hsch mit 30–90 abstehenden Haaren. Propodeum mit 16–59 abstehenden Haaren. Überwiegend monogyn u. vorwiegend sozialparasitische Koloniegründung. Schwarmzeit V–VI, sonst wie vorige Art. Zw beiden zuweilen Hybridpopulationen u. dadurch morphologisch nicht unterscheidbar.
F. (*Formica*) *rufa* L. – **Große Rote Waldameise**

8 **(6)** Hsch mit 0–25, KUS mit 0–16 abstehenden Haaren. Dunkler Fleck des Mesonotums (MBrOS), wenn vorhanden unscharf. 3 montane bis alp Arten ab 900 m.
UGattung *Formica* (*F. aquilonia* YARROW, *F. lugubris* ZETTERSTEDT, *F. paralugubris* SEIFERT)

8* Hsch mit 40–90 abstehenden Haaren, ganze Br reichlich behaart. Stirn matt. Dunkler Fleck des Mesonotums meist mit scharf begrenztem Rand. Submontan, überall häufig. Bevorzugt xerotherme Wiesenhänge, Trockenrasen u. Kiefernheiden, nahe von Gehölzen. Nester im Zentralteil flach od. mit Hügel aus groben PflMaterial. Oft 2 Gen. Schwarmzeit IV–VII u. VIII–IX.
F. (*Formica*) *pratensis* RETZIUS – **Wiesenraubameise**

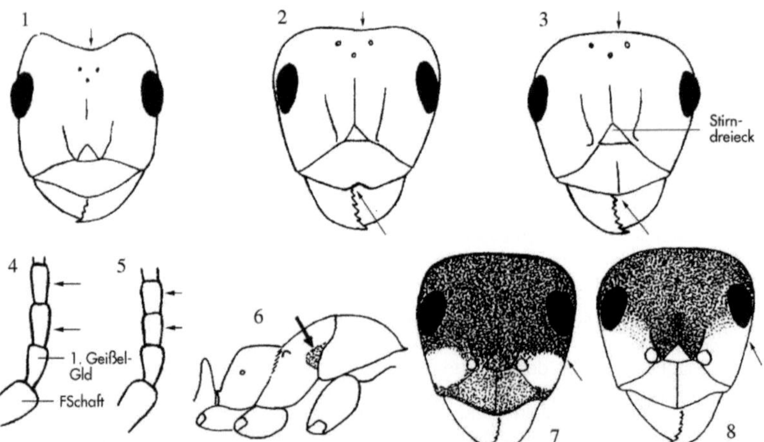

Abb. 648/1–8. **1** K von vorn, *Formica execta*; **2** K von vorn, *F. sanguinea*; **3** K von vorn, *F. polyctena*; **4** FGeißelGld 1–3, *F. truncorum*; **5** FGeißelGld 1–3, *F. polyctena*; **6** Thorax seitlich, *F. cunicularia*; **7** K von vorn, *F. cunicularia*; **8** K von vorn, *F. glauca*.

9 **(4)** KHRand mit mehr als 10 abstehenden Haaren. Schuppe mit wenigstens 10 abstehenden Haaren. Körper matt, nicht einheitlich dunkel. Thermophile Pionierart auf Rohböden u. Dünen. *F.* (*Serviformica*) *cinerea* MAYR

9* KHRand ohne abstehenden Haare **10**

10 Br mit deutlichen Anteilen roter Pigmentierung, mindestens ein kleiner Fleck im vorderen Teil des ventrolateralen Mesonotum mit rötlicher Pigmentierung (Abb. **648**/6). Unterscheidung der Arten manchmal schwierig (Nestserien untersuchen!) **11**

10* Br einfarbig dunkel, ohne rötlichen Fleck am VRand des ventrolateralen Mesonotum **13**

11 Hsch stark behaart. Mehr auf warmen Sanden u. kurzrasigen Habitaten, sonst wie *F. cunicularia.* *F.* (*Serviformica*) *rufibarbis* F.

11* Hsch weniger stark behaart **12**

12 Hsch in der Regel nicht, sehr s schwach behaart. Die rötlichgelbe Pigmentierung der vorderen Wangen ist ziemlich scharf zur dunklen Pigmentierung der hinteren Wangen u. KOS abgegrenzt (Abb. **648**/7). Br mit großen Anteilen dunkel pigmentierter Flächen. Meist monogyn. Weit v, bes. an ruderalen Trockenhängen, Bahndämmen u. entsprechendem Grasland. Nester im Boden oft mit Erdhügeln.
F. (*Serviformica*) *cunicularia* LATREILLE

12* Hsch etwas behaart. Ganze Wangen hell rötlichgelb, zur dunklen Pigmentierung der hinteren KHälfte u. KOS nicht deutlich abgegrenzt (Abb. **648**/8). Br mit kleinen Anteilen dunkel pigmentierter Flächen, oft ganz hellrot. Nur regional in Wärmegebieten mit Sand- u. Kalktrockenrasen. Große u. agressive ☿ in volkreichen Nestern.
F. (*Serviformica*) *glauca* RUZSKY

13 **(10)** Pubeszenz auf Dorsalfläche des 1. Tergites dichter, Abstand der Pubeszenzhaare kleiner als ihre Lg **14**

13* Pubeszenz auf Dorsalfläche des 1. Tergites äußerst spärlich, Abstand der Pubeszenzhaare wenigstens so groß wie ihre Lg. KörperOFläche stark glänzend. Z in ganz DE in Moorgebieten. Wenig kälteempfindlich. Nester in Bulten mit *Sphagnum* u. Gräsern. [= *picea* NYLANDER]
F. (*Serviformica*) *transkaukasica* NASSONOV – **Schwarze Moorameise**

14 Hsch u. BeugeS beider MSchenkel mit höchstens 1 Haar. Häufigste Sklavenameise. Wärmeliebend in offenen u. trockenen Habitaten, Kulturfolger. Nester im Boden mit bis 15 Königinnen. Ernährung überwiegend zoophag.
F. (*Serviformica*) *fusca* L. – **Grauschwarze Sklavenameise**

14* Hsch u. BeugeS beider MSchenkel mit meist 3–12 abstehenden Haaren. Sklavenameise des Berglandes bis zu subalp Höhenlagen in kühleren u. feuchteren Habitaten. Sonst wie vorige Art. *F.* (*Serviformica*) *lemani* BONDROIT

Unterfamilie ***Myrmicinae* – Knotenameisen**

Wehrstachel vorhanden, Giftblase enthält keine Ameisensäure. P nackt ohne Kokon.

♀ u. ☿

1 Postpetiolus oben am 1. HlbSgm angefügt. HlbE bei ☿ deutlich u. bei ♀ leicht zugespitzt (Abb. **650**/1). 2 südl wahrscheinlich eingeschleppte Arten, die in Totholz bzw. Bäumen nisten. Gattung *Crematogaster* LUND

1* Postpetiolus in od. unter der M ventral am 1. HlbSgm inseriert. HlbE nicht zugespitzt (Abb. **650**/2) **2**

2 OKf nicht lg u. säbelartig gekrümmt; ihre Grundform dreieckig, schaufelförmig od. zangenförmig; wenn doch sehr schmal, dann zumindest mit ganz kurzen Kaurand (Abb. **650**/3, 4, 9) **3**

2* OKf lg u. säbelartig gekrümmt (Abb. **650**/5). Sozialparasit bei *Tetramorium caespitum.* In nördl Sandgebieten weit v, sonst s. Anteil bei der Wirtsart 1–5%. Auch urban.
Strongylognathus testaceus (SCHENCK) – **Säbelameise**

3 Das apikale u. subapikale FGld bilden eine große, deutlich abgesetzte Keule, die etwa so lg wie der übrige Teil der Geißel ist. Ksch apikal mit spitzen Zähnchen. OKf 4zähnig (Abb. **650**/6). Kolonien sehr volkreich u. polygyn. Dichte Populationen bes. im mittleren u. südl DE auf xerothermen Trockenhabitaten.
Solenopsis fugax (LATREILLE) – **Diebsameise**

3* Das apikale u. subapikale FGld zusammen deutlich kürzer als der übrige Teil der Geißel. FKeule 3–5gld od. fehlend. Ksch anders gestaltet **4**

4 Propodeum ganz ohne Dornen od. stumpfe Zähne. Deutlich abgesetzte, 3gld FKeule, so lg od. länger als die übrige Geißel. OKf nur 3–5zähnig. Medianhaar am VRand des Ksch vorhanden. (♀: Abb. **650**/3, 7). Eingeschleppte trop Art u. inzwischen anthropogen weit v, meist polygyn, in kontinuierlich beheizten Gebäuden. In Hotels, Computerräumen u. bes. Krankenhäusern von größerer Bedeutung, z. B. als Überträger von Krankheitskeimen. *Monomorium pharaonis* (L.) – **Pharaoameise**

4* Nicht diese Merkmalskombination **5**

5 KUS mit 2 starken Längsleisten. Ksch Abb. **650**/8. Petiolus im Profil annähernd rechteckig. Meist mongyne südl Art. Wärmeliebend im Boden u. Streuschicht. Totstellreflex. *Myrmecina graminicola* (LATREILLE)

5* Nicht diese Merkmale **6**

6 OKf kneifzangenartig; mit scharfer, völlig glatter, zahnloser Schneidekante. K annähernd rechteckig (Abb. **650**/9). Postpetiolus ventral mit dornenähnlichem Forts (vgl. Abb. **652**/1). Sozialparasit mit obligatorischen Sklavenraub bei *Leptothorax*-Arten. Bes. in Kiefernwäldern aber auch Mooren. *Harpagoxenus sublaevis* (NYLANDER)

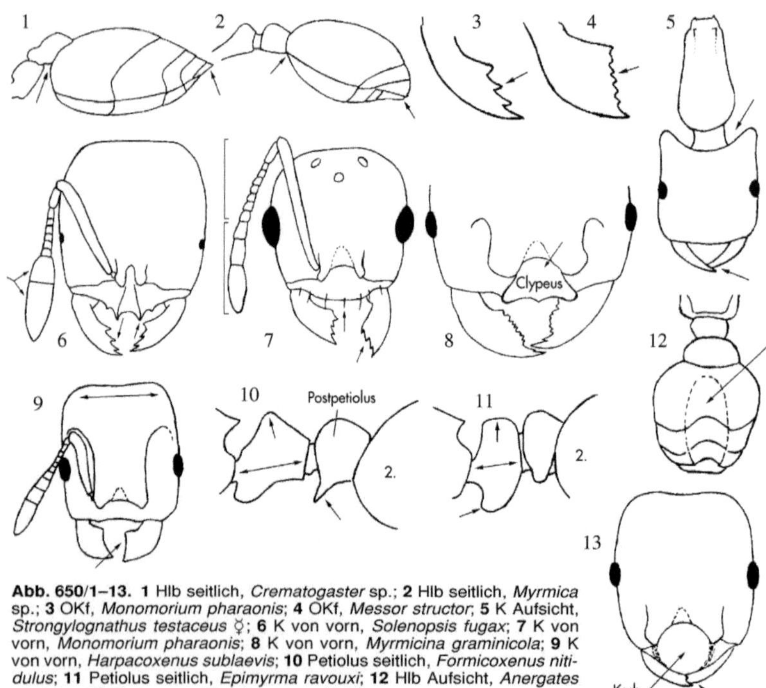

Abb. 650/1–13. 1 Hlb seitlich, *Crematogaster* sp.; **2** Hlb seitlich, *Myrmica* sp.; **3** OKf, *Monomorium pharaonis*; **4** OKf, *Messor structor*; **5** K Aufsicht, *Strongylognathus testaceus* ☿; **6** K von vorn, *Solenopsis fugax*; **7** K von vorn, *Monomorium pharaonis*; **8** K von vorn, *Myrmicina graminicola*; **9** K von vorn, *Harpacoxenus sublaevis*; **10** Petiolus seitlich, *Formicoxenus nitidulus*; **11** Petiolus seitlich, *Epimyrma ravouxi*; **12** Hlb Aufsicht, *Anergates atratulus*; **13** K von vorn, *Formicoxenus nitidulus*.

6* Merkmalskombination anders **7**
7 FGeißel 12gld **12**
7* FGeißel 11gld **8**
8 Petiolus im Profil weniger als doppelt so hoch wie lg. Ventraler Forts des Petiolus fehlend, klein od. dornenförmig zugespitzt. Ist doch ein etwas größerer Lappen vorhanden (*Formicoxenus*), dann dorsales Petiolusprofil spitzwinkelig dreieckig u. Postpetiolus mit spitzem Ventraldorn (Abb. **650**/10) **9**
8* Petiolus im Profil doppelt so hoch wie lg; unterseits mit einem ungewöhnlich breiten, lappenförmigen Anhang (Abb. **650**/11). Dorsales Petiolusprofil niemals spitzwinkelig dreieckig. Monogyne Sozialparasiten mit Sklavenraub. Sehr wärmeliebend u. lokal im südl. DE. Wirt: *Leptothorax*-Arten. *Epimyrma ravouxi* (André)
9 Körper normal sklerotisiert u. nicht nymphenähnlich gedrungen. Hlb ohne breite, tiefe Längsfurche **10**
9* Körper schwach sklerotisiert u. nymphenähnlich gedrungen. Hlb oben mit breiter, tiefer Längsfurche u. matt (Abb. **650**/12), oft angeschwollen. Sozialparasit bei *Tetramorium*. Ohne ☿, die ♂ flügellos u. s. *Anergates atratulus* (Schenck)
10 OS von K u. Br spiegelglatt u. nur stellenweise mit ganz schwacher Skulptur. Postpetiolus mit spitzem Ventraldorn (Abb. **650**/10). Ksch Abb. **650**/13. Behaarung spärlich. KHRand stark abgerundet. Gastameise bei *Formica* im Nestinnern (eigenes Nest!). V in ganz DE. *Formicoxenus nitidulus* (Nylander)
10* Skulptur auf größeren Teilen der KOFläche vorhanden. Ksch andersartig. Ein dornenförmiger VentralForts am Postpetiolus fehlt bei den meisten Arten (Ausnahme *Doronomyrmex*) **11**
11 Postpetiolus ohne od. mit sehr kleinem nach vorn gerichtetem Ventralzahn. In MEur 14 Arten mit oberflächennahen kleinräumigen Bodennestern. Bis 300 ☿, meist zoophag. Häufig bes. *Leptothorax acervorum* (F.).
Gattung *Leptothorax* Mayr – **Schmalbrustameisen**
11* Postpetiolus mit deutlichem, nach vorn gerichtetem Ventraldorn unterschiedlicher Größe (Abb. **652**/1, 2). Behaarung u. Skulptur deutlich stärker als bei *Formicoxenus*. 2 Arten mit montaner bis alp V. Permanente ☿lose Sozialparasiten bei *Leptothorax acervorum*. Gattung *Doronomyrmex* Kutter
12 **(7)** FGruben vom KschHRand durch einen erhabenen, bogenförmigen Grat abgetrennt (Abb. **652**/3). Mesonotum der ☿ in Dorsalsicht mit HschEcken (Abb. **652**/4). 3 Arten im Gebiet. Weit v bes. *T. caespitum* (L.) – **Rasenameise**. Die volkreichen Kolonien verfüttern bes. PflSamen, aber auch Aas. Vorwiegend monogyn auf offenen, xerothermen Habitaten. Gattung *Tetramorium* Mayr
12* FGruben nicht durch einen erhabenen, bogenförmigen Grat vom KschHRand abgetrennt. Hsch der ☿ in Dorsalsicht ohne Ecken **13**
13 OKf nicht stark reduziert **14**
13* OKf stark reduziert (Abb. **650**/13), ihre Spitzen auch im völlig eingeklappten Zustand noch deutlich auseinanderstehend. Ganze KörperOFläche spiegelnd glatt. Postpetiolus mit spitzem Ventralzahn. Siehe auch **10**. *Formicoxenus nitidulus* (Nylander)
14 PetiolusUS nahe der Einlenkung in die Br mit einem spitzen Zähnchen od. zahnförmigen Lappen. Petiolus meist ohne lg Stiel (Abb. **652**/5) **15**
14* PetiolusUS ohne Zähnchen od. zahnförmigen Lappen. Petiolus stets lggestielt (Abb. **652**/6) **18**
15 Ventraler HK mit breitem, bogenförmigem Flansch, der auf der KUS als Leiste ausläuft (Abb. **652**/7). ♀ von gedrungener Gestalt mit kurzer Br. KörperLg 1,1–1,3 mm. Postpetiolus mit breitem, vorstehendem Ventralanhang (Abb. **652**/9). In DE nur wenige Funde im S. Sozialparasiten ohne ☿ bei *Myrmica*-Arten.
Symbiomyrma karavajevi Arnoldi
15* Ventraler HK höchstens mit schwacher bogenförmiger Leiste, ohne deutlichen Flansch (Abb. **652**/8). Postpetiolus in der Regel ohne Ventralanhang **16**
16 OKf mit höchstens 6 Zähnchen. Siehe auch **11**.
Gattung *Leptothorax* Mayr – **Schmalbrustameisen**

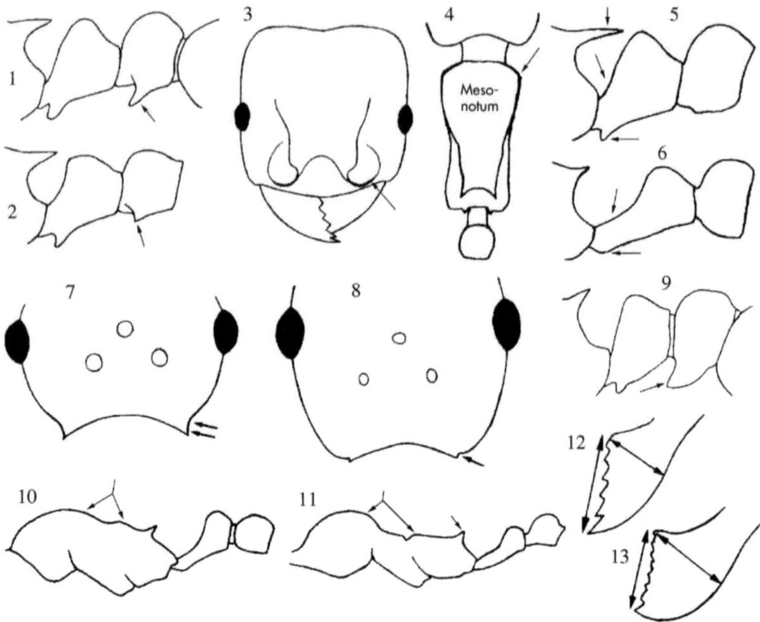

Abb. 652/1–13. 1 Petiolus seitlich, *Doronomyrmex pacis*; **2** Petiolus seitlich, *Doronomyrmex kutteri*; **3** K von vorn, *Tetramorium caespitum*; **4** Thorax von oben, *Tetramorium caespitum* ♀; **5** Petiolus seitlich, *Myrmica* sp.; **6** Petiolus seitlich, *Aphaenogaster subterranea*; **7** hinterer KTeil, Aufsicht, *Symbiomyrma karavajevi*; **8** hinterer KTeil, Aufsicht, *Myrmica* sp.; **9** Petiolus seitlich, *Symbiomyrma karavajevi*; **10** Thorax u. Petiolus, seitlich, *Stenamma debile*; **11** Thorax u. Petiolus seitlich, *Aphaenogaster subterranea*; **12** OKf, *Aphaenogaster subterranea*; **13** OKf, *Messor structor*.

16* OKf mit mehr als 6 Zähnchen **17**

17 OKf mit mehr als 12 Zähnen. Propodeum ohne spitzen Zahn od. Dornen. Große Tiere: Lg der ☿ 5–9 mm, der ♀ 9–12 mm. FKeule undeutlich 5gld. Außer in den nördl Bundesländern nicht s u. weit v. Wärmebedürftig, auch in Folgelandschaften (Tagebau) mit ausreichender Wasserversorgung. Im Geb unter großen Steinen. Polygyne Kratersysteme. *Manica rubida* (LATREILLE)

17* OKf nur mit 7–10 Zähnen. Propodeum mit spitzem Zahn od. lg Dornen (Abb. **652**/5). Meist deutlich kleiner als vorige. FKeule 3–4gld. 16 z. T. häufige Arten, überwiegend zoophag. Nester oft sehr volkreich im Boden u. in der Streuschicht. Auch gegen Bodenverdichtung wenig empfindlich. Gattung *Myrmica* LATREILLE

18 (**14**) F nicht auffallend schlank: 3.–6. GeißelGld breiter als lg. Propodeum Abb. **652**/10. Unabhängige Koloniegründung, vorwiegend an kühlen Standorten. Monogyn mit bis 120 ☿. Oft in größeren Dichten in Streuauflagen. *Stenamma debile* (FÖRSTER)

18* F auffallend schlank: 3.–6. GeißelGld lg als breit. Propodeum Abb. **652**/11) **19**

19 OKf sehr massiv, mit stark einwärts gekrümmtem Außenrand (Abb. **652**/13). Propodeum ohne Dornen od. Zähne, nur mit zwei stumpfwinkligen Ecken. Arbeiterkaste polymorph. In der Pal mit 70 Arten weit v. Bedeutende Rolle im Stoff- u. Energiefluss der Ökosysteme. Bei uns nur eine wärmebedürftige Art auf xerothermem Trockenrasen mit reichhaltigen SamenPfl. Bes. im S des Gebietes, auch urban. *Messor structor* (LATREILLE) – **Ernteameise**

19* OKf schlank, mit wenig einwärts gekrümmtem Außenrand (Abb. **652**/12). Propodeum mindestens mit kurzen Dornen (Abb. **652**/11). Wärmeliebend u. bes. in Flusstälern, an Waldsäumen. Volkreiche Bodennester, auch unter großen Steinen im S von DE. *Aphaenogaster subterranea* (LATREILLE)

Familie *Mutillidae* – Bienen-, Spinnen- od. Trugameisen

Habitus der ♀ ameisenähnlich. Ihr Körper meist lg behaart, mit silbernen Flecken od. Binden. K ohne Oc, die BrSgm oben vollständig verwachsen (Ausnahme: *Myrmosinae*), flügellos. Die ♂ unserer Arten stets geflügelt, ebenfalls meist lg behaart. K mit Oc; Fl mit kleinem FlMal u. ohne Basallappen (Ausnahme: *Myrmosinae*). Analhaken nicht vorhanden. – Heimische Arten leben als L parasitoid bei anderen Stechwespen. Die ♂ sind mäßig gute Flieger, die man auf Umbelliferen od. auf der Suche nach ♀ über sandige Flächen fliegend beobachten kann. Lg 3,2–19,0 mm. OOL = Abstand der hinteren Oc zu den Au. POD = Durchmesser eines hinteren Oc. In DE 10 Arten.

♂ **Männchen**

1 Cubitalader reicht bis zum VFlAußenrand (Abb. **654**/1). HFl mit Basallappen (Abb. **654**/2). 2. Tergit ohne Filzfurche (SLeiste). HschHRand nur schwach konkav (Abb. **654**/4). (UFamilie *Myrmosinae*) **2**

1* Cubitalader reicht nicht bis zum VFlAußenrand (Abb. **654**/3). HFl ohne Basallappen. 2. Tergit meist mit Filzfurche (SLeiste) (Abb. **654**/6). HschHRand fast rechtwinklig konkav (Abb. **654**/5) **3**

2 Letztes Sternit kielartig, sein Tergit konkav, 2lappig. 2. Sternit mit medianem, zahnartigem Vorsprung (Abb. **654**/7). Wirte sind sandbewohnende kleine Spheciden-Arten. In den letzten Jahrzehnten nicht s im ganzen Gebiet. *Myrmosa atra* (PANZER)

2* Letztes Sternit ohne Kiel, sein Tergit konvex u. zugespitzt. 2. Sternit höchstens mit Tuberkel. Lebt bei sandbewohnenden Grabwespen u. Bienen. Nur im S des Gebietes zu erwarten. *Myrmosa brunnipes* (LEPELETIER)

3 **(1)** 1. Tergit (Petiolus) zum 2. hin knotenförmig abgesetzt (Abb. **654**/8). Tegulae eiförmig (Abb. **654**/12). Hlb mit 3 Silberbinden. KörperLg 11–13 mm. Meist s, im NO des Gebietes häufiger. Parasitoid bei *Sphex* u. *Ammophila* (*Sphecidae*), bei *Eumeninae*? *Dasylabris maura* (L.)

3* 1. Tergit keilförmig verbreitert **4**

4 1. Tergit quer, deutlich breiter als lg (Abb. **654**/9) **5**

4* 1. Tergit etwa so lg wie breit od. länger (Abb. **654**/10) **8**

5 Tegulae kleiner u. glänzend (Abb. **654**/11). 1. Tergit seitlich mit schlanken flügelartigen Forts (Abb. **654**/9). Im VFl 2 CubitalZ. Br rot. KörperLg etwa 7 mm. Nur Einzelfunde. Sehr s. *Myrmilla calva* (VILLERS)

5* Tegulae groß, länglich u. punktiert (Abb. **654**/13). 1. Tergit ohne Forts. Im VFl 3 CubitalZ (Abb. **654**/3). KörperLg 11–17 mm **6**

6 Hlb ohne blauvioletten Schimmer. 3. Tergit durchgehend silbrig. Tergite grob gerunzelt. V SEur. Nur in SN nachgewiesen. *Mutilla brutia* PETANGA

6* Hlb mit blauvioletten Schimmer. 3. Tergit mit median unterbrochener silbriger Binde. Tergite punktiert **7**

7 1. Tergit grob u. dicht punktiert. Br oben meist rotbraun. Behaarung der B schwarz. Wie folgende Art Parasitoid bei L fast aller Hummelarten. Mehr im Flachland. *Mutilla europaea* L.

7* 1. Tergit fein u. mit fast Punktdurchmesserabstand punktiert. Br schwarz. Behaarung der B überwiegend silbrig. Mehr im Bergland *Mutilla marginata* BAER

8 **(4)** OKfSpitze 2zähnig, schmal (Abb. **654**/14). An den S von Tergit 2 jeweils eine Filzfurche (vgl. Abb. **654**/6). Oc klein, OOL etwa 4-mal lg als POD. Färbung variabel. Bei bodenbewohnenden Grabwespen auf Sand u. Trockenrasen u. Löß. Häufigste Art. *Smicromyrme rufipes* (F.)

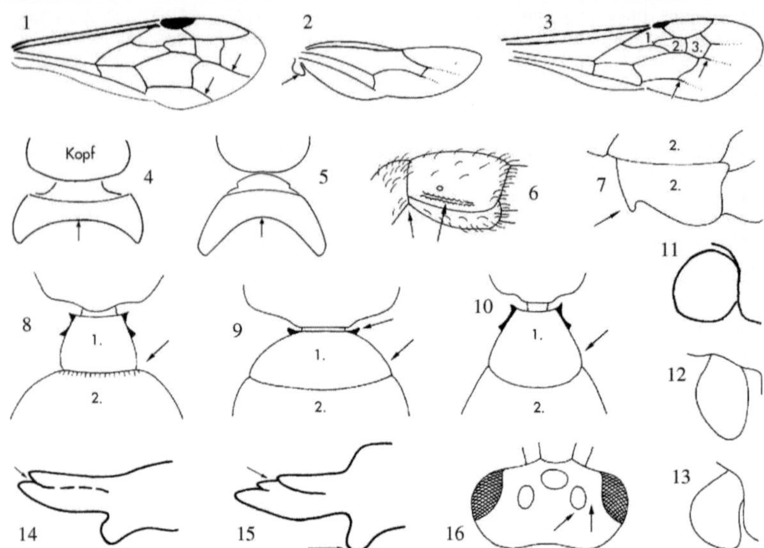

Abb. 654/1–16. **1** VFl, *Myrmosa* sp.; **2** HFl, *Myrmosa* sp.; **3** VFl, *Mutilla* sp.; **4** Hsch (Pronotum) von oben, *Myrmosa* sp.; **5** Hsch von oben, *Smicromyrme* sp.; **6** 2. Tergit seitlich, *Mutilla* sp.; **7** 2. Sternit seitlich, *Myrmosa atra*; **8** 1. u. 2. Tergit von oben, *Dasylabris maura*; **9** 1. u. 2. Tergit von oben, *Myrmilla calva*; **10**, 1. u. 2. Tergit von oben, *Smicromyrme* sp.; **11** linke Tegula, *Myrmilla calva*; **12** linke Tegula, *Dasylabris maura*; **13** linke Tegula, *Mutilla* sp.; **14** OKf, *Smicromyrme rufipes*; **15** OKf, *Smicromyrme halensis*; **16** K von oben, *Smicromyrme halensis*. Abb. 4–16 beziehen sich auf weibliche Tiere.

8* OKfSpitze 3zähnig, breit (Abb. **654**/15). S von Tergit 2 zuweilen ohne Filzfurche . **9**

9 Oc klein, OOL etwa 4-mal lg als POD. 1. GeißelGld so lg wie breit. Br schwarz; rot sind Tegulae, Sch u. HSch. Ksch in der M ohne Tuberkeln. Bes. an Weinbergen u. Muschelkalkhängen. Nur in SDE. *Smicromyrme scutellaris* (LATREILLE)

9* Oc größer, OOL höchstens 2,5-mal lg als POD. 1. GeißelGld 1,3-mal lg als breit. Ksch in der M mit Tuberkeln **10**

10 Oc mittelgroß, OOL 1,7–2,4-mal lg als POD. Hsch, MBrOS u. Tegulae rot, Sch u. HSch schwarz. Nur wenige, sehr alte Funde in SDE auf Halbtrockenrasen. *Smicromyrme daghestanica* (RADOSZKOWSKI)

10* Oc groß, OOL nur 0,75–1,75-mal lg als POD (Abb. **654**/16). Br vollständig schwarz, wenn rot, dann Färbung wie bei der vorhergehenden Art, außerdem sind Sch u. HSch rot. Aus Zuchten des Blattkäfers *Clytra* in Ameisennestern. [= *montana* PANZER] *Physetopoda halensis* (F.)

♀ **Weibchen** (B. siehe ♂)

Das ♀ von *S. daghestanica* ist unbekannt.

1 Br von oben 2teilig. 1. Tergit 2-mal so breit wie lg (Abb. **655**/1). 2. Tergit ohne Filzfurche (SLeiste). KörperLg 3–9 mm (UFamilie *Myrmosinae*) **2**

1* Br von oben 1teilig, verwachsen (Abb. **655**/2–4). 2. Tergit meist mit Filzfurche (SLeiste) (Abb. **654**/6) **3**

2 K breiter als lg, hinter den Au verschmälert. VBrEcken von oben abgerundet (Abb. **655**/5). *Myrmosa atra* (PANZER)

2* K fast quadratisch, hinter den Au nicht verschmälert. VBrEcken spitz (Abb. **655**/6). Nur im S des Gebietes zu erwarten. *Myrmosa brunnipes* (LEPELETIER)

3 **(1)** Br nach vorn u. hinten verschmälert. 1. Tergit (Petiolus) klein u. knotenförmig (Abb. **654**/8). 7–13 mm KörperLg. *Dasylabris maura* (L.)

3* Br nach vorn nicht verschmälert. 1. Tergit nicht knotenförmig (Abb. **655**/2–4) **4**

4 1. Tergit deutlich breiter als lg (Abb. **654**/9; **655**/3). OKf subbasal ohne Zahn. KörperLg 6–16 mm **5**

4* 1. Tergit etwa so lg wie breit (Abb. **654**/10; **655**/2). OKf subbasal mit Zahn (Abb. **654**/14, 15). KörperLg 3,2–8 mm **8**

5 K quer 4eckig (Abb. **655**/3). 1. Tergit seitlich mit schlanken flügelartigen Forts (Abb. **654**/9). Br rot. KörperLg 6–8 mm. *Myrmilla calva* (VILLERS)

5* K gerundet (Abb. **655**/4). 1. Tergit basal höchstens mit hakenartigen Forts. KörperLg 9–16 mm **6**

6 K oben rot. 1. u. 2. Tergit nur mit medianen u. seitlichen silbrigen Haarflecken. Tergit grob punktiert bis runzlig. *Mutilla brutia* PETANGA

6* K oben schwarz. 1. u. 2. Tergit mit silbrigen Binden. Tergite punktiert **7**

7 Tergit 2 grob u. dicht punktiert. Br oben u. B mit schwarzer Beborstung. *Mutilla europaea* L.

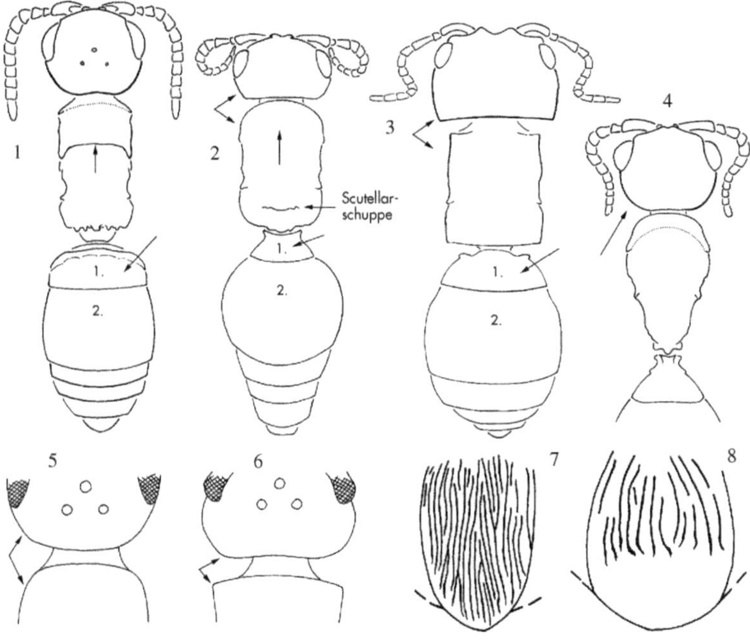

Abb. 655/1–10 **1** Körper von oben, *Myrmosa* sp.; **2** Körper von oben, *Smicromyrme* sp.; **3** Körper von oben, *Myrmillinae*; **4** K u. Hsch von oben, *Mutillinae*; **5** K u. Hsch von oben, *Myrmosa atra*; **6** K u. Hsch von oben, *Myrmosa brunnipes*; **7** Pygidialfeld (letztes Tergit), *Smicromyrme rufipes*; **8** Pygidialfeld, *Sm. scutellaris*; **9** Propodeum im Profil, *Sm. scutellaris*; **10** Propodium im Profil, *Sm. halensis*. Alle Teilabbildungen beziehen sich auf männliche Tiere.

7* Tergit 2 fein, von fast Punktdurchmesserabstand punktiert. Br oben mit schwarzer, wolliger u. B mit silbriger Behaarung. *Mutilla marginata* BAER

8 **(4)** Pygidialfeld bis an die Spitze längsgestreift (Abb. **655**/7). *Smicromyrme rufipes* (F.)

8* Pygidialfeld im unteren Drittel glatt od. unregelmäßig gerunzelt (Abb. **655**/8) **9**

9 Propodeum an der OS gerundet, Winkel zw Br u. Propodeumrückwand stumpf (Abb. **655**/9). 2. Tergit mit einer weißen Apikalbinde, die in der M 3eckig nach vorne verlängert sein kann. Scutellarschuppe des Propodeums klein, 2–3-mal breiter als lg. 1. GeißelGld so lg wie breit. *Smicromyrme scutellaris* (LATREILLE)

9* Propodeum an der OS gekantet u. steil abfallend, Winkel zw Br u. Propodeumrückwand etwa 90° (Abb. **655**/10). Apikalrand von Tergit 2 höchstens mit einer dünnen Haarreihe, in der M mit weißem Fleck. Scutellarschuppe größer, 3–6-mal breiter als lg, gewöhnlich schwarz (vgl. Abb. **655**/2). 1. GeißelgGld 1,3-mal so lg wie breit. *Physetopoda halensis* (F.)

Familie ***Pompilidae* – Wegwespen, Spinnentöter**

Einheitlich gebaute u. meist auch gefärbte Arten, deren lg B auffallen. Sie bewegen sich mehr laufend als fliegend fort. Lähmen ihre Beute durch einen Stich u. legen in einer Bruthöhle das Ei daran. Biotope sind heiße Sande u. Waldgebiete mit reichlich Unterwuchs. Im Gebiet über 100 Arten. Viele Arten bevorzugen spezielle Habitate u. sind als Leit- u. Zielarten hervorragend geeignet. Die Bestimmung ist schwierig u. Spezialisten vorbehalten. Lit. OEHLKE & WOLF (1987).

1 Propodeum apikal mit schwachem, nicht aufgewölbtem ERand. Untere FBasis mit PedicellusLg vom oberen KschRand entfernt (Abb. **656**/1). Unterfamilie *Ceropalinae*
Bei uns erst 3 Arten der Gattung *Ceropales* LATREILLE nachgewiesen. F beim ♀ dick fadenförmig, im Tode nur gebogen, nicht eingerollt. Ol vorgestreckt. HHü an der Basis oben mit höckerartiger Spitze. Körper schwarz, gelb, seltener zusätzlich rot gezeichnet, Lg 4–11 mm. Belegen von anderen *Pompilidae* gelähmte Spinnen mit ihrem Ei u. führen somit eine schmarotzende Lebensweise.

1* Propodeum apikal mit aufgewölbtem Rand (Abb. **656**/2). FBasis unter PedicellusLg vom oberen KschRand entfernt. Unterfamilie *Pompilinae* u. *Pepsinae*
F der ♀ im Tode eingerollt. Ol kaum vorragend. HHü basal, oben ohne spitzen Höcker. Körper schwarz, oft rot, seltener gelb gezeichnet, Lg 4–15 mm. Die *Pompilinae* unterscheiden sich von den *Pepsinae* durch das Vorhandensein einzelner abgespreizter Dornen am HSchienenE; letztere besitzen nur kurze, kammartig angeordnete Dornen. Bei den ♀♀ der *Pepsinae* ist außerdem das 3. Tergit breiter u. länger als die übrigen Tergite. Als LNa werden Spinnen in (meist) Erdröhren eingetragen. Einige stehlen die von anderen Arten erbeutete LNa.

Familie ***Sapygidae* – Keulenwespen**

Habitus ähnlich dem der Halmwespen (*Cephidae*). F ± keulenförmig unter einem dachartigen Vorsprung eingefügt. Au nierenförmig. VFl mit deutlichem FlMal u. 3 ge-

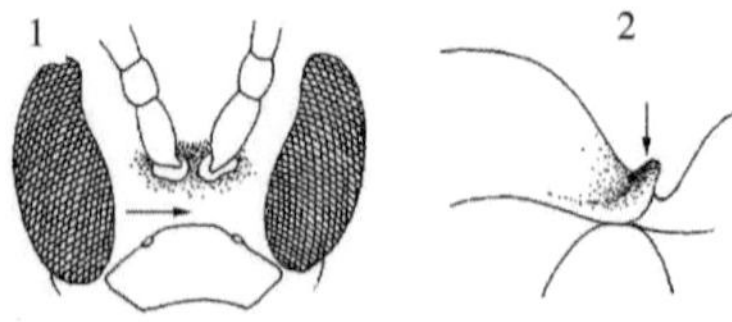

Abb. 656/1–2.
1 Gesicht von vorn, *Ceropalinae*;
2 Propodeum HRand, *Pompilinae*.

schlossenen CubitalZ. Hlb schlank, sitzend, wenigstens 2farbig. Körper kurz, meist schwach behaart. Lg 6,5–13,0 mm. F der ♂♂ mit Tyloiden (Abb. **657**/3, 4). HlbE nicht spitz wie beim ♀, sondern stumpf od. abgestutzt. Ziemlich s Parasitoiden bei Bienen.

1 3. CubitalZ oben u. unten von gleicher Lg (Abb. **657**/1). B schwarz. Schmarotzer bei *Heriades*. Im S nicht s. *Sapyga decemguttata* (JURINE)
1* 3. CubitalZ oben viel schmaler als unten (Abb. **657**/2). B braun u./od. bunt gefleckt **2**
2 Hlb 3farbig. 2. Tergit stets rotbraun; nur ♀♀ **3**
2* Hlb 2farbig. 2. Tergit mit hellen Farben **4**
3 1. (Petiolus) u. 2. Tergit mit deutlicher Punktierung auf fein chagriniertem UGrund. 2. u. 3. Tergit braunrot, B schwarz. Parasitoid bei *Osmia*-Arten. Häufigste Art. *Sapyga quinquepunctata* (F.)
3* 1. u. 2. Tergit nur fein chagriniert bis schwach querrunzlig. Diese Tergite u. B ab Schenkelspitzen braunrot. Die Art schmarotzt bei *Osmia*-Arten. s. *Sapyga similis* (F.)
4 **(2)** ♀♀; Hlb apikal zugespitzt, Tergite 2–4 mit gelben Binden. F deutlich keulenförmig ohne Tyloiden. Bei *Chelostoma*. *Monosapyga clavicornis* (L.)
4* ♂♂, Hlb abgerundet. F mit leistenförmigen Tyloiden **5**
5 Tergite 2–4 mit je 2 weißgelben Flecken. Tyloiden der vorletzten FGld deutlich bogenförmig, diese Gld quadratisch od. breiter als lg (Abb. **657**/3). M- u. HSchienen höchstens mit kleinem, weißlichem Basalfleck. *Sapyga quinquepunctata* (F.)
5* Tergite 3. u. 4 mit gelben, s unterbrochenen Binden. Tyloiden gerade, FGld länger als breit (Abb. **657**/4) **6**
6 Die letzten 2 FGld stark vergrößert, mit länglichen, tiefen Gruben auf der US (Abb. **657**/4). Die schwarzen Schienen mit länglichem, gelbem Basalfleck. 1. Tergit deutlich punktiert. *Monosapyga clavicornis* (L.)
6* Letztes FGld stark verkleinert u. in das vorhergehende eingezogen. Schienen u. Tarsen hellbraun. 1. Tergit chagriniert. *Sapyga similis* (F.)

Familie *Scoliidae* – Mordwespen, Dolchwespen

F dick, schwach keulenförmig, beim ♀ deutlich segmentiert u. kürzer. VFl ohne FlMal, ± dunkel gefärbt. Körper dicht, z.T. borstenartig behaart (Abb. **657**/5). HlbE der ♂♂ mit 3 Analhaken. – Die wärmeliebenden, bei *Scarabaeidae* ektoparasitisch lebenden Arten dieser Familie sind bei uns nur durch die Gattung *Scolia* F. vertreten. Die 2 s, auffallenden Arten sind schwarz mit gelben Tergitflecken. Lg 10–25 mm.

1 2. u. 3., s das 4. Tergit mit gelber Binde (Abb. **657**/5). Metapleuralfeld über den M- u. HHü punktiert. Vereinzelt von VII–IX in Wärmegebieten. ♂♂ gern auf blauen Blüten. ♀♀ graben im Boden nach ihrem WirtsL, z.B. *Cetonia, Anomala, Potosia*. *Scolia hirta* (SCHRANK)

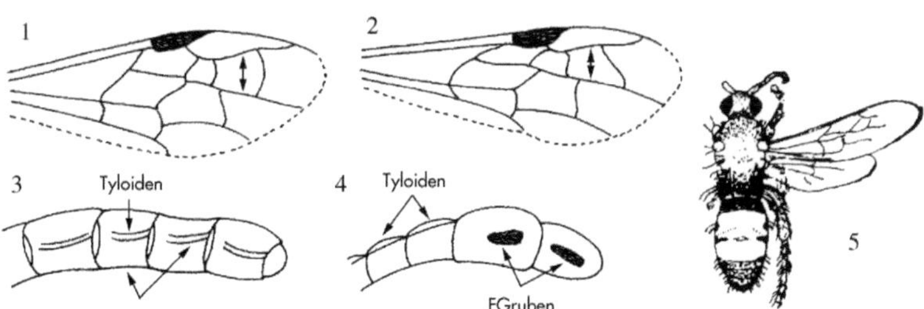

Abb. 657/1–5. 1 VFl, *Sapyga decemguttata*; **2** VFl, *Sapyga clavicornis*; **3** letzte FGld mit Tyloiden, *Sapyga quinquepunctata* ♂; **4** letzte FGld mit Tyloiden u. FGruben, *Monosapyga clavicornis* ♂; **5** Habitus, *Scolia hirta*.

1* 2. u. 3., s das 4. Tergit mit je 2 gelben Flecken, d. h. die gelbe Binde median unterbrochen. Vorderes Metapleuralfeld unpunktiert. B. wie bei voriger Art, doch sehr s.
Scolia sexmaculata MÜLLER

Familie *Tiphiidae* – Rollwespen

Geflügelte Formen mit deutlichem FlMal u. 2 geschlossenen CubitalZ. Br 2- od. 3gld. Körper meist lg behaart. ♂♂ mit 13 FGld u. am HlbE meist mit Analhaken; stets geflügelt. ♀♀ mit 12 FGld. HlbE einfach zugespitzt; z. T. ungeflügelt.

1 Hlb kurz gestielt, die Tergite mit elfenbeinfarbenen Flecken. VFl mit 3 CubitalZ (*Myzininae*). Nur alte Funde. Wirte sind SchwarzkäferL. *Meria tripunctata* (ROSSI)

1* 1. Tergit (Petiolus) keilförmig, Hlb daher sitzend. Tergite schwarz. VFl mit 2 CubitalZ (Abb. **658**/2–4) od. ungeflügelt **2**

2 Die MHüBasis von Mesosternallappen überdeckt (Abb. **658**/1). Propodeum durch Leisten deutlich gefeldert. F überragen zurückgelegt nicht die Br, kurz. ♀♀ geflügelt (*Tiphiinae*) **3**

2* MHüBasis einfach. Propodeum gerunzelt od. glatt ohne Leisten. ♀♀ ungeflügelt; Mesopleura (MBrS) der ♂ mit auffallender länglicher behaarter Grube, seine F überragen die Br, Br der ♀♀ schwach behaart, schlank u. 3teilig (*Methochinae*). Schmarotzer bei den in Röhren lebenden L der Sandlaufkäfer (*Cicindela*). Meist s. [*M. ichneumonides* (LATREILLE)] *Methocha articulata* (LATREILLE)

3 **(2)** ♀♀, RadialZ außen offen (Abb. **658**/2, 3). HlbE ohne Analhaken **4**

3* ♂♂, RadialZ in der Regel geschlossen (Abb. **658**/4), HlbE mit Analhaken **7**

4 FlMal punktiert, groß, so breit wie der Abstand bis zur Basalader (Abb. **658**/2). 1. FußGld der HB innen ohne Furche. HSchienen innen gleichartig matt u. dicht behaart. Kleine s Art, bis 6,5 mm Lg. *Tiphia minuta* VANDER LINDEN

4* FlMal höchstens schwach chagriniert, klein, schmaler als der Abstand zur Basalader (Abb. **658**/3). 1. FußGld der HB innen mit Furche (Abb. **658**/6). HSchienen innen 2teilig, der hintere Teil matt u. dicht behaart, der vordere glänzend, mit einzelnen längeren Bo **5**

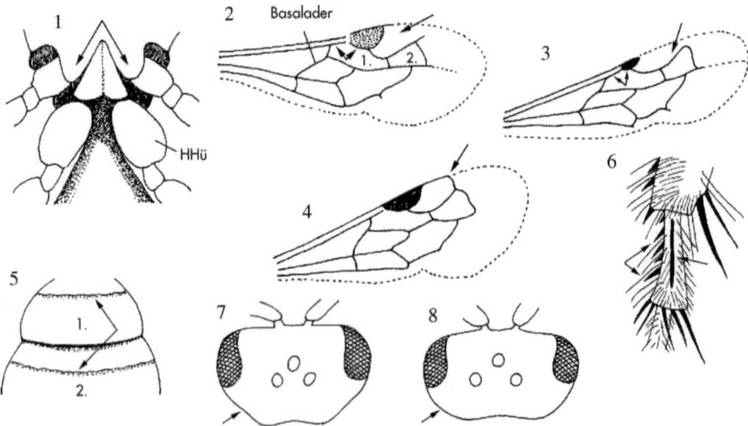

Abb. 658/1–8. 1 Br von unten B, u. HHü, *Tiphia femorata*; **2** VFl, *T. minuta* ♀; **3** VFl, *T. unicolor* ♀; **4** VFl, *T. villosa* ♂; **5** 1. u. 2. Tergit von oben, *T. villosa*; **6** 1. FußGld des HB von innen, *T. villosa* ♀; **7** HK im Profil, *T. femorata*; **8** HK im Profil, *T. minuta*.

5 1. (Petiolus) u. 2. Tergit mit deutlicher Querleiste (Abb. **658**/5). 1. FußGld der HB mit mehr als 4 2reihig stehenden Dornen (Abb. **658**/6). Lg 10–16 mm. Die nur in sehr warmen Gebieten vorkommende Art lebt bei KäferL von *Anisoplia* u. *Amphimallon*. [= *T. morio* auct.] *Tiphia villosa* F.

5* 1. u. 2. Tergit ohne Querleiste. 1. FußGld der HB mit höchstens 4 meist 1reihig stehenden Fornen. Lg von 6,0–13 mm **6**

6 1. Tergit vor dem E mit wenigstens doppelter Punktreihe. Schenkel u. Schienen der H- u. MB hellbraun. F nur unten rotbraun. Lokal häufig. Wirte sind KäferL der Gattung *Amphimallon, Anisoplia, Aphodius* u. *Oxythyrea*. *Tiphia femorata* F.

6* 1. Tergit vor dem E mit einfacher dichter Punktreihe. Schenkel u. Schienen schwarzbraun bis dunkelbraun. FlMal so lg wie seine Entfernung bis zur Basalader (Abb. **658**/3). F meist ganz rotbraun. Häufig mit voriger Art verwechselt; z. *Tiphia unicolor* (Lepeletier)

7 **(3)** Tergite 1 u. 2 mit Querleiste (Abb. **658**/5). Propodeum oben mit unregelmäßigen groben Runzeln. Dorsalfeld undeutlich abgegrenzt. 5. Sternit subapikal, außen jeweils mit einer größeren ohrartigen Erweiterung. Lg 9–13 mm. *Tiphia villosa* F.

7* Wenigstens 2. Tergit ohne Querleiste. Propodeum oben chagriniert. Dorsalfeld deutlich abgegrenzt, meist ohne große Runzeln. Ohrartige Erweiterung des 5. Sternits klein u. undeutlich. Lg 4–9 mm **8**

8 1. Tergit vor dem E mit einfacher dichter Punktreihe. 2. Tergit fein u. zerstreut punktiert, sein Sternit dagegen dicht punktiert u. behaart, matt, ähnlich den Mesopleuren (MBrS). Abfallender Teil des Propodeums chagriniert, matt, ohne deutliche MLeiste. 5–7 mm. *Tiphia unicolor* (Lepeletier)

8* 1. Tergit vor dem E mit wenigstens doppelter Punktreihe. 2. Tergit ± dicht punktiert, in fast gleicher Art u. Weise wie sein Sternit u. die Mesopleuren. Abfallender Teil des Propodeums runzlig, mit meist deutlicher MLeiste **9**

9 S des Propodeum durch kräftige Leisten horizontal streifig. K hinter den Au stark verengt (Abb. **658**/7). 6–9 mm. *Tiphia femorata* F.

9* S des Propodeums runzlig. K hinter den Au schwächer verengt (Abb. **658**/8). 4–5 mm. *Tiphia minuta* Vander Linden

Familie *Vespidae* – Faltenwespen*

Hierher die bekannten, schwarz u. gelb gezeichneten Wespen, deren VFl der Lg nach faltbar sind. Sozial, solitär od. als Sozialparasiten bei anderen sozialen Arten lebend. Die Nester werden frei, im Boden, im Mauerwerk od. holzigen Stängeln angelegt (Nesttypen Abb. **660**/1–5). Fast alle Arten leben räuberisch, indem sie vor allem InsektenL als LNa eintragen od. diese vorverdaut verfüttern. Im. ernähren sich auch von Nektar, Honigtau u. Obstsaft. Bei den sozialen Wespen gibt es eine ± ausgeprägte Kastenbildung. Nur befruchtete junge ♀♀ überleben den Winter. 82 Arten in DE. ♂♂ mit 13, ♀♀ mit 12 FGld.

1 VFl nur mit 2 CubitalZ. F nicht mit verlängertem Schaft, keulenförmig (Abb. **660**/6). Innerer Sporn der HSchienen gespalten. Familie *Masaridae*
Im Gebiet nur 1 Art. Charakteristisch ist die goldwespenähnliche, schwach konkave HlbUS. Kann sich kugelförmig zusammenrollen. Propodeum mit schuppenartigem Auswuchs an den S. Körper reich gelb gezeichnet, 7–9 mm. – Die sehr s Art lebt solitär; trägt Nektar u. Pollen als LNa ein. Nach 1900 nur aus TH u. BY. *Celonites abbreviata* (Villers) – **Honigwespe**

1* VFl mit 3 CubitalZ. F mit verlängertem Schaft (gekniet), nicht ausgeprägt keulenförmig. Innerer Sporn der HSchienen nicht gespalten **2**

2 Fußklauen ungezähnt. MSchienen mit 2 ESpornen. AuBreite unten schmaler als die Breite des OKf (Abb. **660**/7). Soziale Arten u. Sozialparasiten. Familie *Vespidae* . **3**

* Die Familie wird jetzt in 3 selbstständige Familien unterteilt.

2* Fußklauen gezähnt od. gespalten. MSchienen mit einem ESporn (außer *Discoelius* LATREILLE). Au unten breiter als die Breite der OKfBasis (Abb. **660**/8). Solitäre Arten. Etwa 15 Gattungen mit fast 70 häufig kleinen, schwarzgelben Arten im Gebiet. Im Feld sind sie meist nicht bestimmbar. Charakteristisch z. B. Arten der Gattung *Eumenes* LATREILLE – **Glockenwespen** mit ihrem glockenförmigen 2. HlbSgm. Sie bauen Mörtelnester u. heften diese an Steine od. PflStängel (Abb. **660**/1), ehe sie mit klei-

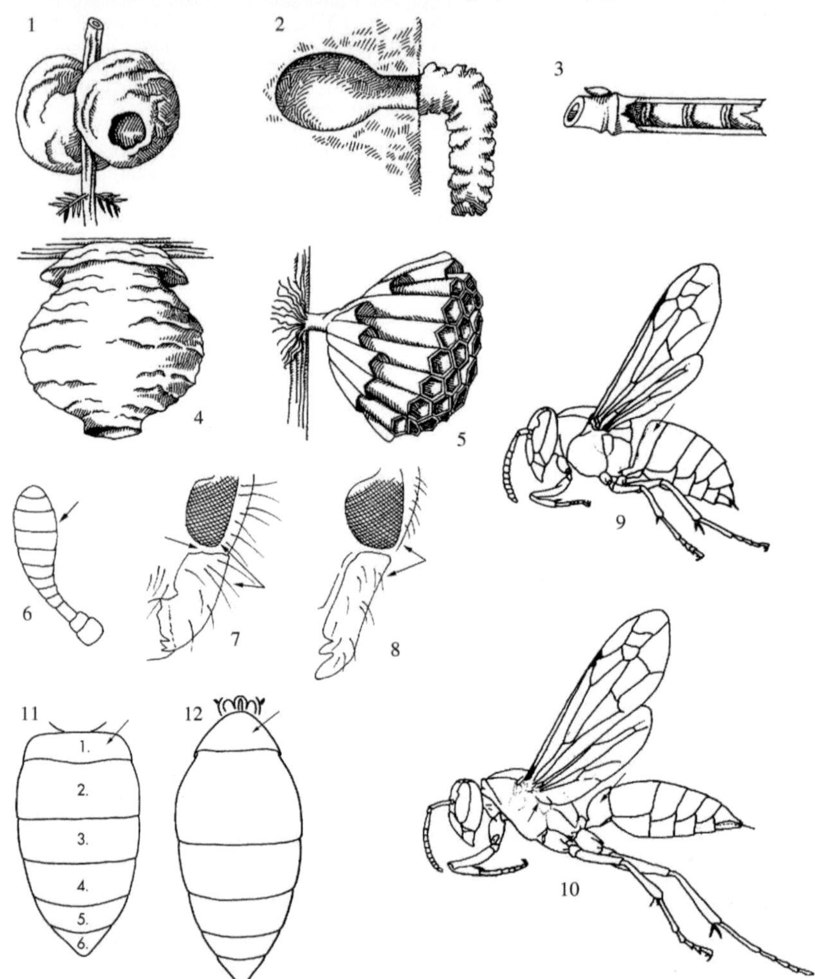

Abb. 660/1–12. **1** Mörtelnester an Heidekraut, *Eumenes* sp.; **2** Nestanlage in Lehmwand, *Odynerus* sp.; **3** Nestanlage in Schilfstängel, *Ancistrocerus* sp.; **4** Nest an Dachvorsprung, *Dolichovespula saxonica*; **5** Nest in Mauerhöhlung, *Polistes dominulus*; **6** F, *Celonites abbreviata*; **7** OKf u. unteres Au, *Vespidae*; **8** OKf u. unteres Au, *Eumenidae*; **9** Habitus seitlich, *Vespula* ☿; **10** Habitus seitlich, *Polistes* ♀; **11** Hlb von oben, *Vespula* ☿; **12** Hlb von oben, *Polistes* ♀.

nen Raupen gefüllt werden. Einige *Odynerus*-Arten bauen vor ihre Nesteingänge in Löß- u. Lehmwänden „Schornsteine“ (Abb. **660**/2) (Schmarotzerabwehr?) u. tragen RüsselkäferL als LNa ein. Arten der Gattung *Symmorphus* WESMAEL nisten oberirdisch in versch. Hohlräumen u. Totholz. Sie tragen L von Blattkäfern u. Raupen als Beute ein. Die ausschließlich Raupen als LNa eintragenden Arten der Gattung *Ancistrocerus* WESMAEL haben unterschiedlichste Nistweisen. Hohle Stängel (Abb. **660**/3), verlassene Gallen u. Käferbohrgänge werden je nach Art genauso genutzt wie Mörtel- u. Erdnester. Literatur: GUSENLEITNER 2000, SCHMID-EGGER 1994.

Familie *Eumenidae* – **Solitäre Faltenwespen, Lehmwespen**

3 Körper lg behaart, Hlb von oben kegelförmig. Petiolus nach der Basis zu kaum verschmälert, gerade abgestutzt (Abb. **660**/9, 11). HFl ohne Basallappen.
Unterfamilie *Vespinae* – **Echte Faltenwespen** S. 661

3* Körper fein u. kurz behaart. Hlb von oben spindelförmig. Petiolus zur Basis zu verschmälert. HFl mit kleinem rundem Basallappen (Abb. **660**/10, 12).
Unterfamilie *Polistinae* – **Feldwespen** S. 668

Familie *Vespidae* – Soziale Faltenwespen

Unterfamilie *Vespinae* – Echte Faltenwespen

Die wenig morphologisch aber vor allem durch ihre sozialparasitische Lebensweise unterscheidbaren Arten wurden mit ihren sozial lebenden Wirten wieder in gemeinsame Gattungen zusammengefasst. Nur letztere erzeugen ☿, die im Herbst wie die ♂ absterben. Ihre befruchteten ♀ (Königinnen) beginnen nach der Winterruhe mit dem Nestbau. Alte Nester werden fast nie wieder benutzt. Nur **Kurzkopfwespen** (*Vespula*), vor allem die **Deutsche** u. die **Gemeine Wespe**, bauen individuenreiche Nester mit oft mehr als 1000 Einzeltieren überwiegend unterirdisch, in Höhlungen od. ± geschlossenen Räumen. Sie sind die oft lästigen Arten im Wohnbereich, in Bäckereien u. a., wo sie nach süßen Säften, Zucker aber auch eiweißhaltiger Na suchen. Da sie auch auf Kadavern zu finden sind, wurde eine Übertragung von insbes. Coli-Bakterien nachgewiesen. Wie durch Honigbienen kann auch durch sie ein allergischer Schock ausgelöst werden. Oft werden *Vespula*-Arten mit den recht ähnlichen **Langkopfwespen** (*Dolichovespula*) verwechselt, deren wesentlich kleinere Nester oberirdisch an Dachvorsprüngen, in Hausböden, Schuppen od. an Zweigen angebracht werden (Abb. **660**/4). Sie belästigen den Menschen kaum u. diese vielmehr nützlichen Arten füttern ihre kopfunter hängenden L oft mit Schädlingen.
Unserer größten einheimischen Wespe, der **Hornisse**, werden zu Unrecht Aggressivität u. Stiche mit Todesfolge nachgesagt. Für ihre manchmal mehrere hundert Individuen umfassenden Nester benötigt sie ausschließlich Baumhöhlen u. ähnliche geschlossene Räume. In manchen Gebieten ist sie daher im Rückgang begriffen u. steht unter Schutz. Literatur BLÜTHGEN 1961; KEMPER u. DÖHRING 1987; MAUS u. TREIBER 1994.

1 Hlb mit 7 sichtbaren Tergiten. F 13gld, auffällig verlängert erscheinend. Ohne Stachelapparat im Hlb. Oft Präparation der Genitalien (Aedoeagus, Penisvalven u. Gonocoxen) durch Herausdrücken erforderlich! . . . . ♂♂ **13**

1* Hlb mit 6 sichtbaren Tergiten (Abb. **660**/9, 11). Antennen 12gld. Mit Stachelapparat im Hlb. . . . . ♀♀, ☿☿ **2**

2 K hinter den Au stark erweitert: Abstand von einem der hinteren Oc zum HRand des K ca. 3–4-mal größer als der Abstand von diesem Oc zum Rand des Au (Abb. **662**/1). 1. Tergit dreifarbig: Basis rot, M schokoladenbraun, HRand gelb. Größte mitteleur Art von 19–35 mm KörperLg. Nistet in Höhlungen. Synantrop.
Vespa crabro L. – **Hornisse**

2* K hinter den Au nicht od. kaum erweitert: Abstand von einem der hinteren Oc zum KHRand wenig größer als der Abstand von diesem Oc zum Au (Abb. **662**/2). Bis 20 mm KörperLg. **3**

3 Abstand zw OKf u. unterem AuRand gering (Abb. **662**/3). Br vorne ohne vertikalen Grat (Abb. **663**/1, 2). Gattung *Vespula* – **Kurzkopfwespen** **4**

3* Abstand zw OKf u. unterem AuRand des Au groß (Abb. **662**/4). Br vorne mit vertikalem Grat (Abb. **662**/5). Gattung *Dolichovespula* – **Langkopfwespen** **8**

4 AuBucht vollständig gelb ausgefüllt (Abb. **662**/6, 7) **5**

4* AuBucht nur im unteren Teil gelb gefärbt (Abb. **662**/8, 9) **7**

5 1. Tergit im vorderen Teil mit durchgehend schwarzem Band (Abb. **662**/10). Nestanlage meist unterirdisch, häufig auch in dunklen Hohlräumen von Gebäuden. Synantrop u. mit der folgenden Art unsere häufigste Faltenwespe.
Vespula vulgaris (L.) – **Gemeine Wespe**

5* Schwarzes Band auf Tergit 1 ± ausgedehnt gelb unterbrochen (Abb. **662**/11). <u>Anmerkung:</u> Arbeiterinnen der beiden folgenden Arten können mitunter recht ähnlich aussehen. Es sollten daher alle Färbungsmerkmale gründlich geprüft werden. Bei Unsicherheiten kann eine Nachbestimmung anhand der Form des Kaurandes der OKf erfolgen. **6**

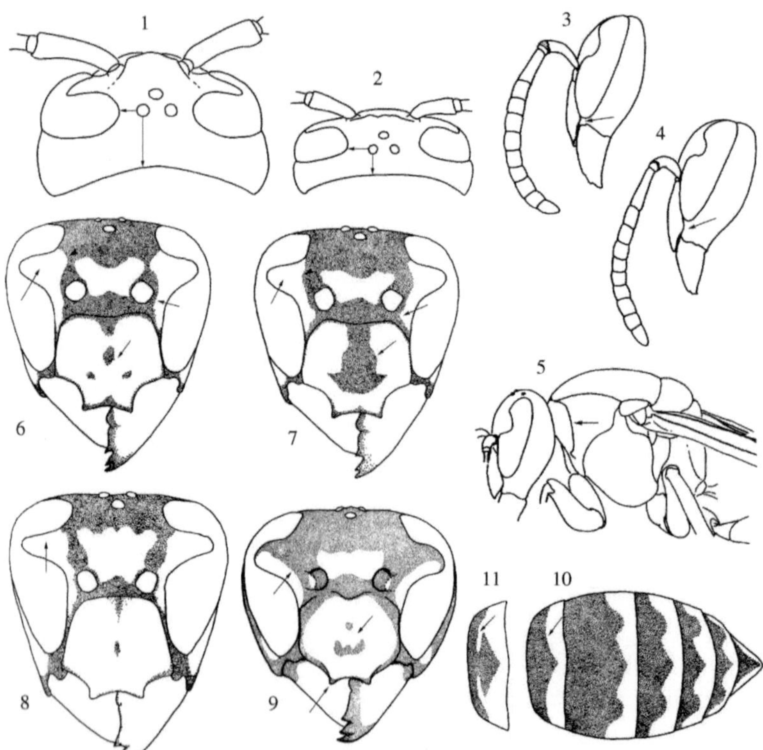

Abb. 662/1–11. 1 K von oben, *Vespa crabro* ☿; **2** K von oben, *Dolichovespula media* ☿; **3** K seitlich, *Vespula germanica*; **4** K seitlich, *Dolichovespula saxonica*; **5** K u. Br seitlich, *Dolichovespula adulterina*; **6** K von vorn, *Vespula germanica* ♀; **7** K von vorn, *V. vulgaris* ♀; **8** K von vorn, *V. rufa* ☿; **9** K von vorn, *V. austriaca* ♀; **10** Hlb, Aufsicht, *V. vulgaris* ☿; **11** 1. HlbTergit, Aufsicht, *V. germanica* ☿.

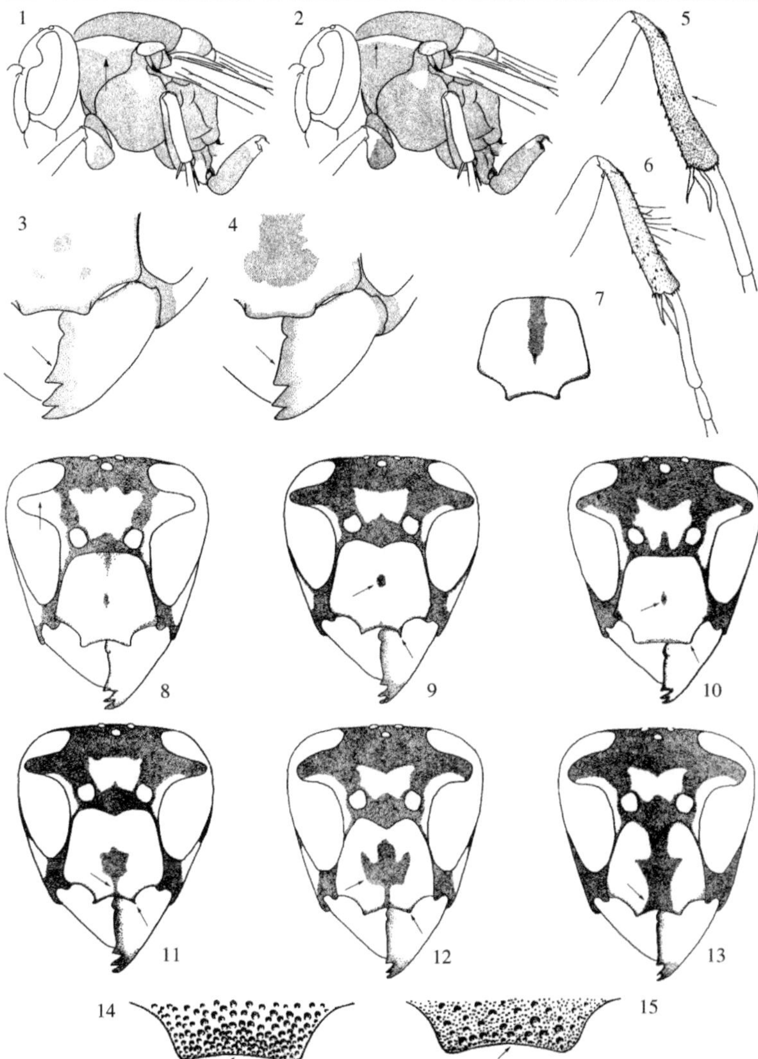

Abb. 663/1–15. **1** Br seitlich, *Vespula germanica* ☿; **2** Br seitlich, *V. vulgaris* ☿; **3** OKf von vorn, *V. germanica* ♀; **4** OKf von vorn, *V. vulgaris* ♀; **5** Schiene der HB, *V. rufa* ♂; **6** Schiene der HB, *V. austriaca* ♂; **7** KSch, *Dolichovespula media* ☿; **8** K von vorn, *D. media* ♀; **9** K von vorn, *D. omissa* ☿; **10** K von vorn, *D. sylvestris* ♀; **11** K von vorn, *D. adulterina* ♀; **12** K von vorn, *D. saxonica* ♀; **13** K von vorn, *D. norwegica* ♀; **14** E des KSch, *D. sylvestris* ♀; **15** E des KSch, *D. saxonica* ♀.

6 Ksch mit 1–3 schwarzen Punkten. Gelbe Zeichnung der AuBucht zu den F hin konvex (Abb. **662**/6). KS hinter den Au durchgehend gelb gezeichnet. Gelber BrStreif in der M nach unten hin erweitert (Abb. **663**/1). Gelbe Flecken auf dem Metanotum innen stumpf endend (gilt nur für ☿). Kaurand der OKf oberhalb des ersten Zahnes konkav verlaufend (Abb. **663**/3). *Vespula germanica* (F.) – **Deutsche Wespe**

6* Ksch meist mit schwarzer ankerförmiger Zeichnung, s mit 3 schwarzen Punkten. Gelbe Zeichnung der AuBucht zu den F hin konkav (Abb. **662**/7). Gelbfärbung der KS hinter den Au mit ± ausgedehntem schwarzem Fleck, oft vollständig schwarz unterbrochen. Unterer Rand des gelben BrSStreifens geradlinig, nicht nach unten hin erweitert (Abb. **663**/2). Gelbe Flecken auf dem Metanotum ± kontinuierlich nach innen/oben bogenförmig spitz zulaufend (gilt nur für ☿). Kaurand der OKf oberhalb des ersten Zahnes gerade verlaufend (Abb. **663**/4).
Vespula vulgaris (L.) – **Gemeine Wespe**

7 **(4)** 1. u. 2. Tergit oben i. d. R. mit ± ausgedehnter roter Zeichnung (bei Königinnen oft weniger ausgeprägt). Ksch meist mit schwarzer ankerförmiger Zeichnung. FSchaft vollständig schwarz. Untere Ecken des KschMLappens abgerundet (Abb. **662**/8). HSchiene nur mit kurzen gelben Haaren (Abb. **663**/5). Nest unterirdisch, auch in feuchten Bodenmulden. In vielen Habitaten. *Vespula rufa* (L.) – **Rote Wespe**

7* 2., oft auch 1. Tergit mit gelben Flecken, ohne ausgedehnte rote Zeichnung. Ksch nur mit einem kleinen schwarzen Punkt od. Fleck. FSchaft auf der US gelb. Untere Ecken des KschMLappens spitz (Abb. **662**/9). An der AußenS der HSchiene zw kurzen gelben auch lg schwarze Haare (Abb. **663**/6). Sozialparasit bei *V. rufa*, wobei sie die Wirtskönigin tötet; z bis s.
Vespula austriaca (Panzer) – **Österreichische Kuckuckswespe**

8 **(3)** AuBucht größtenteils gelb ausgefüllt (Abb. **663**/8). Propleura (= S der VBr) im unteren Teil dicht quergerunzelt (Abb. **665**/1). 18–22 mm. s bis z. Feuchtigkeitsliebend, Nester an Zweigen. *Dolichovespula media* (Retzius) – **Kleine Hornisse**

8* AuBucht nur mit einem schmalen gelben Streifen im unteren Teil (Abb. **663**/9–13). Propleura ohne Querrunzeln. Bis 20 mm KörperLg. **9**

9 Ksch größtenteils gelb, in der M oft mit 1–3 kleinen schwarzen Punkten (Abb. **663**/9, 10). KschBehaarung gelb, am Rand von wenigen schwarzen Haaren durchsetzt. Unteres Drittel des Ksch so dicht punktiert, dass fast keine Punktzwischenräume zu sehen sind (Abb. **663**/14). **10**

9* Ksch meist mit ausgedehnter schwarzer Zeichnung (Abb. **663**/11–13). Ksch neben gelben Haaren mit größerem Anteil schwarzer Haare, die sich auch in der M des Ksch finden. Unteres Drittel des Ksch zerstreut punktiert, die Punktzwischenräume sind größer als die Punkte (Abb. **663**/15). **11**

10 BrSStreif breit, im mittleren Teil nach unten erweitert (Abb. **665**/2). Gelbfärbung am HRand der Sternite 1–5 in der M schwarz unterbrochen (Abb. **665**/5). Gelbe Zeichnung der hinter den Au gelegenen KS in der M durch einen breiten schwarzen Balken unterbrochen (Abb. **665**/6). Untere Ecken des KschMLappens spitz (Abb. **663**/9). Sozialparasit bei *D. sylvestris*. In SDE u. MDE, s.
Dolichovespula omissa (Bischoff) – **Waldkuckuckswespe**

10* BrS mit einfachem, zumindest nicht breit ausgebuchtetem Streifen (Abb. **665**/3). Sternite am HRand mit durchgehenden gelben Bändern. Gelbe Zeichnung der KS niemals breit schwarz unterbrochen, meist ± auf den oberen Teil beschränkt (Abb. **665**/7). Ecken des KschMLappens abgerundet (Abb. **663**/10, 14). Nest meist unter Grasbüscheln od. in Mäuselöchern. Nicht s.
Dolichovespula sylvestris (Scopoli) – **Waldwespe**

11 BrSStreif am vorderen E entlang des vertikalen Grates spitz nach unten ausgezogen (Abb. **665**/4). Ksch mit vom unteren Rand bis in die M hineinragendem schwarzem Strich, der sich nach oben hin verbreitert. Untere Ecken des KschMLappens spitz u. etwas nach oben gebogen (Abb. **663**/11). Sozialparasit bei *D. saxonica* u. *D. norwegica*. Überall s, im N sehr s.
Dolichovespula adulterina (Buysson) – **Falsche Kuckuckswespe**

11* BrS mit einfachem Längsstrich (ähnlich Abb. **665**/3). Untere Ecken des KschMLappens abgerundet (Abb. **663**/12, 15). **12**

12 Hlb nur gelb u. schwarz gezeichnet. Ksch meist mit einer Zeichnung ähnlich Abb. **663**/12 (s mit durchgehendem schwarzem MBalken wie bei der folgenden Art). KS hinter den Au mit Wangen u. Schläfenfleck (Abb. **665**/8). Behaarung der BrS gelblich. Übergang vom Scheitel zum HHaupt erfolgt in einer flachen Wölbung, so dass die hinteren Oc – von oben gesehen – weit vom Rand des HK entfernt liegen. Kulturfolger. Freihängendes Kugelnest in od. an Gebäuden. Häufig.
Dolichovespula saxonica (F.) – **Sächsische Wespe**

12* Häufig 2., oft auch 1. Tergit rotbraun gefleckt. Ksch mit einer Zeichnung ähnlich Abb. **663**/13. KS hinter den Au gewöhnlich nur oben mit gelbem Fleck, Wangenfleck fehlt meist vollständig (Abb. **665**/9). Behaarung der BrS schwarz bis bräunlich. Übergang vom Scheitel zum HHaupt vollzieht sich in kurzer scharfer Krümmung, so dass – von schräg hinten gesehen – der Scheitel hinter den Oc ± steil abfällt. Im Bergland häufiger, s in NWDE. Nest zw Wurzeln od. Gras, auch frei hängend im Gebüsch.
Dolichovespula norwegica (F.) – **Norwegische Wespe**

13 **(1)** K hinter den Au stark erweitert: Abstand von einem der hinteren Oc zum HRand des K ca. 3-mal größer als der Abstand von diesem Oc zum Rand des Au (Abb. **662**/1). 1. Tergit dreifarbig: Basis rot, M schokoladenbraun, HRand gelb. Größte mitteleur Art, 21–28 mm. *Vespa crabro* (L.) – **Hornisse**

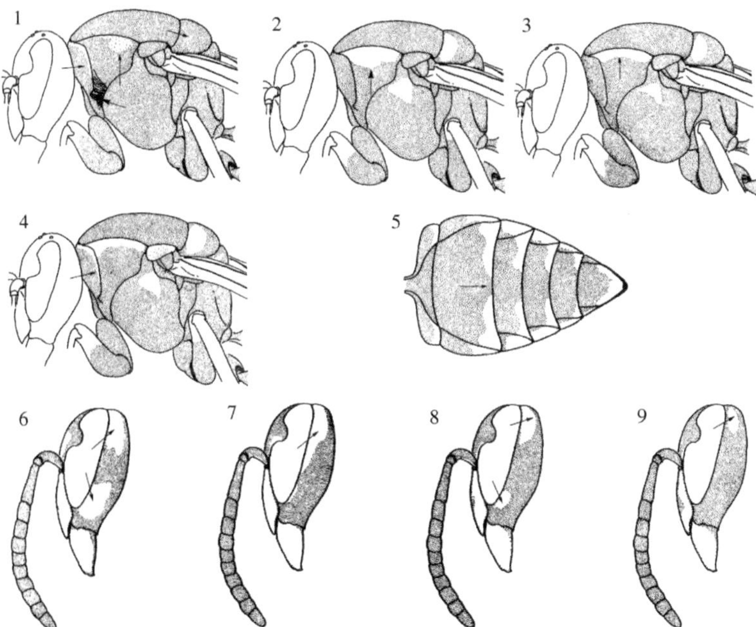

Abb. 665/1–9. **1** Br seitlich, *Dolichovespula media* ♀; **2** Br seitlich, *Dolichovespula omissa* ♀; **3** Br seitlich, *Dolichovespula sylvestris* ♀; **4** Br seitlich, *Dolichovespula adulterina* ♀; **5** Hlb von unten, *D. omissa* ♀; **6** K seitlich, *D. omissa* ♀; **7** K seitlich, *D. sylvestris* ♀; **8** K seitlich, *D. saxonica* ♀; **9** K seitlich, *D. norwegica* ♀.

13* K hinter den Au nicht od. kaum erweitert: Abstand von einem der hinteren Oc zum AuHRand wenig größer als der Abstand von diesem Oc zum Au (Abb. **662**/2). Bis 19 mm. **14**

14 Abstand zw OKf u. unterem Rand des Au gering (Abb. **662**/3). Br vorne ohne vertikalen Grat. Gattung *Vespula* – **Kurzkopfwespen** **15**

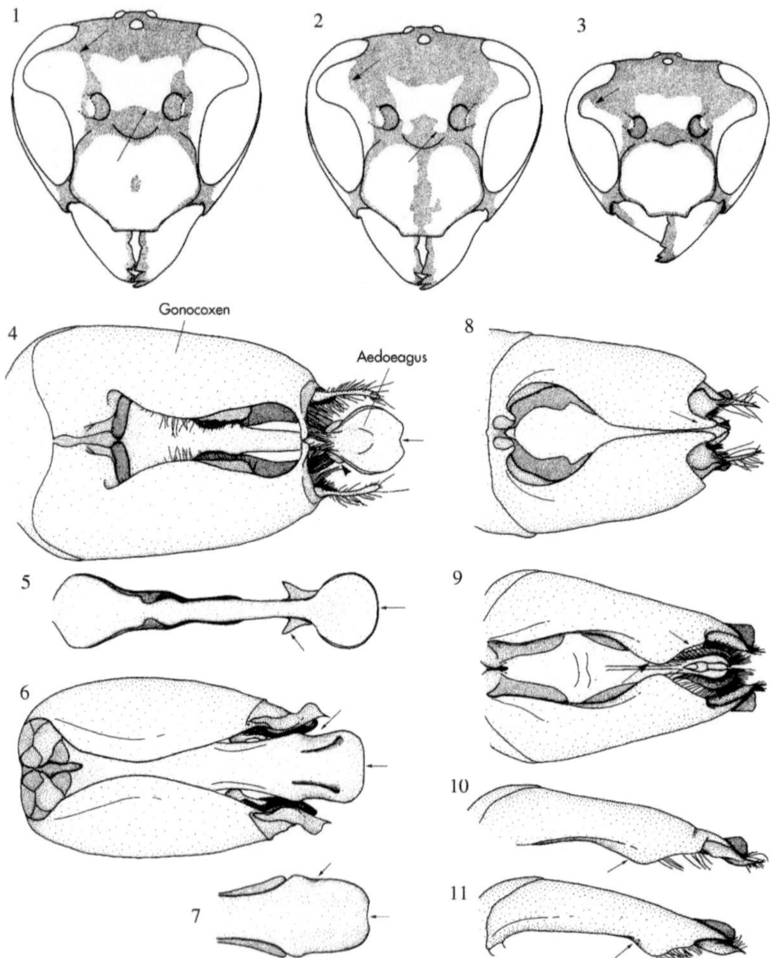

Abb. 666/1–11. **1** K von vorn, *Vespula germanica* ♂; **2** K von vorn, *Vespula vulgaris* ♂; **3** K von vorn, *V. austriaca* ♂; **4** Genitale, Aufsicht, *V. germanica* ♂; **5** Aedoeagus, Aufsicht, *V. vulgaris* ♂; **6** Genitale, Aufsicht, *V. austriaca* ♂; **7** Aedoeagus, Aufsicht, *V. rufa* ♂; **8** Genitale, Aufsicht, *Dolichovespula sylvestris* ♂; **9** Genitale, Aufsicht, *D. saxonica* ♂; **10** linke Gonocoxa, Aufsicht, *D. norwegica* ♂; **11** linke Gonocoxa, Aufsicht, *D. omissa* ♂.

14* Abstand zw OKf u. unterem Rand des Au groß (Abb. **662**/4). Br vorne mit vertikalem Grat (Abb. **662**/5). Gattung *Dolichovespula* – **Langkopfwespen** **18**

15 AuBucht vollständig gelb ausgefüllt (Abb. **666**/1, 2). Genitalien ähnlich Abb. **666**/4, 5: Aedoeagus kochlöffelförmig, mit stielförmiger Basis u. verbreiteter EPlatte **16**

15* AuBucht teilweise schwarz gefärbt (Abb. **666**/3). Genitalien ähnlich Abb. **666**/6, 7: Aedoeagus breit spatelförmig **17**

16 Gelber Stirnfleck am unteren Rand ± gerade, stets ohne die beiden nach unten gerichteten Streifen. Gelbe Zeichnung der AuBucht zu den F hin konvex (Abb. **666**/1). EPlatte des Aedoeagus an der Spitze mit deutlicher Einkerbung (Abb. **666**/4). Die vor der runden EPlatte gelegenen seitlichen Anhänge des Aedoeagus ± rundlich.
Vespula germanica (F.) – **Deutsche Wespe**

16* Gelber Stirnfleck am unteren Rand oft mit zwei bis unter die Antennenbasis ausgezogen, am E kreisförmig erweiterten, senkrechten Streifen. Gelbe Zeichnung der AuBucht zu den F hin konkav (Abb. **666**/2). Aedoeagus am E mit kreisrunder, verbreiterter Platte (Abb. **666**/5), die davor liegenden Anhänge des Aedoeagus widerhakenförmig. *Vespula vulgaris* (L.) – **Gemeine Wespe**

17 An der AußenS der HSchiene zw kurzen gelben auch lg schwarze Haare (Abb. **663**/6). 1. u. 2. Tergit ohne rötliche Färbung. Spitze des Aedoeagus in der M gerade verlaufend; S des vorderen Teils des Aedoeagus deutlich konkav eingebuchtet (Abb. **666**/6). *Vespula austriaca* (Panzer) – **Österreichische Kuckuckswespe**

17* HSchiene nur mit kurzen gelben Haaren (Abb. **663**/5). 1. u. 2. Tergit meist deutlich rötlich gezeichnet. Spitze des Aedoeagus in der M leicht eingebuchtet; S des vorderen Teils des Aedoeagus schwach konkav (Abb. **666**/7).
Vespula rufa (L.) – **Rote Wespe**

18 AuBucht größtenteils gelb ausgefüllt (Abb. **663**/8). BrSZeichnung ähnlich wie in Abb. **665**/1. Propleura (= S der VBr) im unteren Teil dicht quergerunzelt.
Dolichovespula media (Retzius) – **Kleine Hornisse**

18* AuBucht nur mit einem schmalen gelben Streifen im unteren Teil (Abb. **663**/9–13). Propleura ohne Querrunzeln (Abb. **665**/2–4). **19**

19 2. Tergit u. manchmal auch 1. Tergit oben mit braunroten SFlecken.
Dolichovespula norwegica (F.) – **Norwegische Wespe**

19* 1. u. 2. Tergit ohne solche SFlecken **20**

20 Gonocoxen oben am HE auf der InnenS zapfenförmig nach hinten ausgezogen (Abb. **666**/8). *Dolichovespula sylvestris* (Scopoli) – **Waldwespe**

20* InnenS der Gonocoxen verläuft in ± flachem Bogen (Abb. **666**/9), HE der Gonocoxen oben auf der InnenS ohne zapfenförmigem Forts. **21**

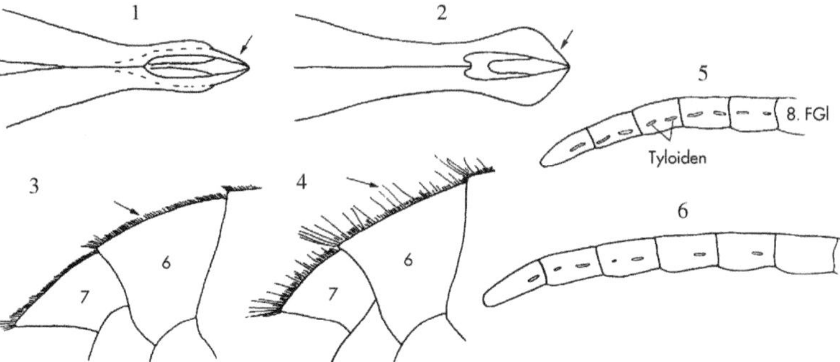

Abb. 667/1–6. 1 AedoeagusE mit Penisvalven Aufsicht, *Dolichovespula adulterina* ♂; **2** Aedoeagus E mit Penisvalven, *D. saxonica* ♂; **3** 6. u. 7. Tergit seitlich, *D. omissa* ♂; **4** 6. u. 7. Tergit seitlich, *D. sylvestris* ♂; **5** 9.–13. FGl, *D. saxonica* ♂; **6** 9.–13. FGl, *D. norwegica* ♂.

21 Aedoeagus zusammengedrückt, Penis-Valven von oben betrachtet am E schmal u. spitz auslaufend (Abb. **667**/1). Ksch meist mit schwarzer Zeichnung, die von der M bis zum unteren Rand reicht (ähnlich Abb. **663**/11). BrSStreif meist am vorderen E entlang des vertikalen Grates spitz nach unten ausgezogen (ähnlich Abb. **665**/4).
Dolichovespula adulterina (Buysson) – **Falsche Kuckuckswespe**

21* Aedoeagus am E breiter auslaufend. Penis-Valven von oben betrachtet am E weniger spitz (Abb. **667**/2). BrS mit einfachem Längsstrich (ähnlich Abb. **665**/2) **22**

22 Tergit 6 u. 7 von der S betrachtet nur sehr kurz u. samtartig behaart; eingestreute längere u. abstehende Haare höchstens an den SgmGrenzen (Abb. **667**/3). InnenS der Gonocoxen verläuft von der Basis bis ca. 2/3 der GesamtLg ± gerade u. ist im folgenden Teil ziemlich abrupt ausgebuchtet; die Ausbuchtung nimmt ca. 1/4 der GonocoxenLg ein (Abb. **666**/11).
Dolichovespula omissa (Bischoff) – **Waldkuckuckswespe**

22* Tergit 6 u. 8 auf der gesamten Fläche mit ± zahlreichen, längeren u. abstehenden Haaren (Abb. **667**/4). Ausbuchtung der InnenS der Gonocoxen in flacherem Bogen vorgewölbt; die Ausbuchtung nimmt ca. 1/2 der GonocoxenLg ein (Abb. **666**/10). **23**

23 FGld 9–12 auf der US mit je zwei annähernd gleichartigen Tyloiden (Abb. **667**/5). FGeißel auf der US teilweise gelbbraun gefärbt. BrS braungelb behaart. Ausbuchtung auf der InnenS der Gonocoxen stärker nach innen vorgewölbt, ihr hinterer Rand gerade bis schwach konkav (Abb. **666**/9). Übergang vom Scheitel zum HK erfolgt in einer flachen Wölbung, so dass die hinteren Oc – von oben gesehen – weit vom Rand des HK entfernt liegen. *Dolichovespula saxonica* (F.) – **Sächsische Wespe**

23* FGld 9–12 auf der US der proximalen Hälfte je mit einer deutlichen Tyloide; im distalen (= End-) Bereich der letzten FGld kann eine zweite, schwächer ausgeprägte Tyloide vorhanden sein (Abb. **667**/6). FGeißel vollständig schwarz. Behaarung der BrS schwarz bis bräunlich. Ausbuchtung auf der InnenS der Gonocoxen relativ schwach vorgewölbt, der distale Rand der Ausbuchtung deutlich konkav verlaufend (Abb. **666**/10). Übergang vom Scheitel zum HK vollzieht sich in kurzer scharfer Krümmung, so dass – von schräg hinten gesehen – der Scheitel hinter den Oc ± steil abfällt.
Dolichovespula norwegica (F.) – **Norwegische Wespe**

Unterfamilie ***Polistinae*** – **Feldwespen**

Auch hier schmarotzen bei den sozial lebenden Arten spezifisch angepasste Formen, wovon nur eine bisher in DE nachgewiesen wurde. Im Gegensatz zu den *Vespinae* bauen sie einfache, hüllenlose Waben (Abb. **660**/5). Die Nestgründung erfolgt durch ein od. mehrere überw ♀♀. Die Eiabl übernimmt ein dominierendes ♀, welches morphologisch nicht von den ☿☿ unterscheidbar ist u. von solchen ersetzt werden kann (nachträgliche OvarienEntw). Die meist harmlosen u. scheuen Wespen besuchen gern Dolden u. ä. offene Blüten. Literatur s. UFamilie *Vespinae.*

1 Hlb mit 6 sichtbaren Tergiten (Abb. **660**/10, 12). KVS unterhalb der F gelb mit schwarzer Zeichnung. Au dunkel. Mit Stachelapparat im Hlb. ♀, ☿ **2**

1* Hlb mit 7 sichtbaren Tergiten. F mit 13 Gld, am E oft ± spiralig aufgerollt (Abb. **670**/5, 6). KVS unterhalb der F vollständig gelb (außer bei *P. atrimandibularis*) (Abb. **669**/5). Au bei lebenden Tieren meist grünlich. Ohne Stachel. ♂ **6**

2 OKf auf der AußenS mit längs verlaufender, grubenartiger Vertiefung (Abb. **669**/1). Der mittlere, nach unten ausgezogene Teil des Ksch ist an seiner Basis stark nach hinten abgesenkt (Abb. **669**/3). Die Spitze des KschMLappens ragt kaum über die SEcken des Ksch hinaus. KForm u. -Zeichnung wie in Abb. **669**/5. 15–18 mm. Sozialparasitische Art, in dem der Wirt zum Hilfsweibchen bei *B. biglumis* wird. Ein Fund von 1931 vom MRhein u. einer von BY. *Polistes atrimandibularis* Zimmermann

2* OKf auf der AußenS ohne Vertiefung (Abb. **669**/2). KschMLappen ohne Absenkung an der Basis, in SAnsicht nach unten in schwach konvexem Bogen verlaufend (Abb.

669/4). Ksch in der M stärker nach unten gezogen, so dass das ± winkelförmige mittlere KschE unten weiter über die SEcken des Ksch hinausragt (Abb. **669**/6–8). Soziale Arten. **3**

3 F ab dem 3. Gld vollständig orangegelb (Abb. **669**/9). Ksch entweder einfarbig gelb od. mit ± ausgedehntem schwarzem Fleck in der M (Abb. **669**/6). Sternit 6 meist überwiegend gelb. 14–18 mm. Wärmeliebend u. Kulturfolger in Nestern in exponierten Hohlräumen von Gebäuden z. B. unter Dachziegeln u. in Mauerspalten. Unsere häufigste Feldwespe. *Polistes dominulus* (CHRIST)

3* OS der FGeißel auf ganzer Lg dunkel (schwarz bis rotbraun) überlaufen (Abb. **669**/10). Ksch gelb, mit ± ausgedehnter schwarzer Zeichnung (von isoliertem Fleck bis zu durchgehendem Querband) (Abb. **669**/7, 8). Sternit 6 größtenteils od. vollständig schwarz. **4**

4 Wangen zw OKf u. Au ausgedehnt gelb. OKf meist vollständig schwarz (Abb. **669**/8). 12–16 mm. Nistet in warmen Habitaten an Stängeln bis 30 cm vom Boden. Im nördl DE nur sehr z. *Polistes nimpha* (CHRIST)

4* Wangen schwarz od. schwarz mit kleinem gelbem Fleck. OKf schwarz mit gelbem Fleck, der aber manchmal fehlen kann (Abb. **669**/7).
Anmerkung: Die beiden folgenden Arten sind sehr schwer zu trennen. Zur sicheren Bestimmung ist ein Abtöten unumgänglich. Soweit irgend möglich, sollte mit sicher determinierten Exemplaren verglichen werden. **5**

5 Epicnemialkante am unteren E der Mesopleura (MBrS) vorhanden (feiner Grat, der an der Rundung zur US verläuft) (Abb. **669**/11). BrOS relativ lg behaart. Farbgrenze

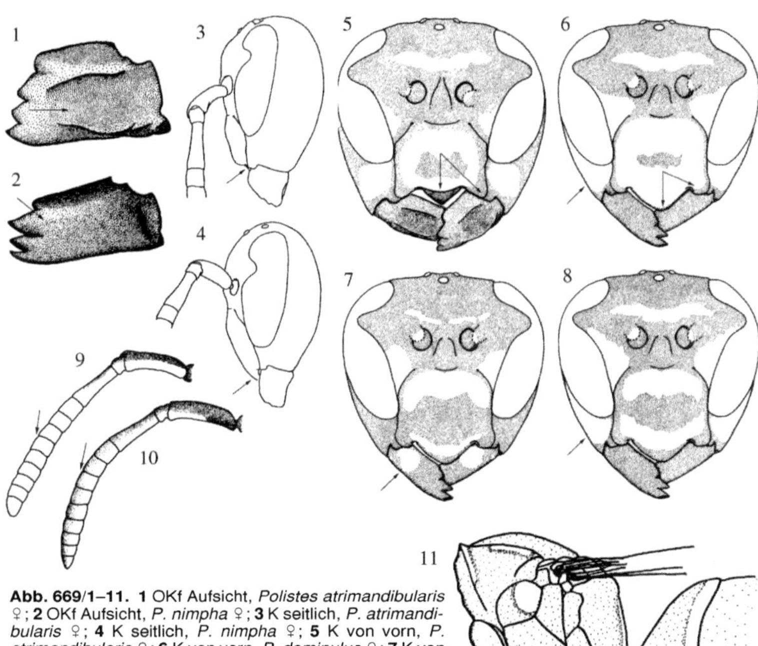

Abb. 669/1–11. 1 OKf Aufsicht, *Polistes atrimandibularis* ♀; **2** OKf Aufsicht, *P. nimpha* ♀; **3** K seitlich, *P. atrimandibularis* ♀; **4** K seitlich, *P. nimpha* ♀; **5** K von vorn, *P. atrimandibularis* ♀; **6** K von vorn, *P. dominulus* ♀; **7** K von vorn, *P. biglumis* ♀; **8** K von vorn, *P. nimpha* ♀; **9** F seitlich, *P. dominulus* ♀; **10** F seitlich, *P. nimpha* ♀; **11** Br seitlich, *P. biglumis* ♀.

zw dunkler OS u. heller US der F oft scharf begrenzt. Größer u. robuster als folgende Art. 14–16 mm. Nestwabe an südexponierten Felsnischen, Steinen u. Zweigen. S- u. MDE. *Polistes biglumis bimaculatus* (GEOFFROY)

5* Epicnemialkante schwach od. gar nicht ausgebildet. BrOS etwas kürzer behaart als bei voriger Art. Farbgrenze an den F oft unscharf, verwaschen erscheinend. Klein, zierlicher, 12–14 mm. Nester an PflStängeln in Bodennähe. Auch in Feuchtgebieten. Nur in SDE. *Polistes bischoffi* WEYRAUCH

6 **(1)** OKf schwarz, KVS unterhalb der Antennen oft mit schwarzer Zeichnung (Abb. **670**/1). OKf auf der AußenS mit längs verlaufender, grubenartiger Vertiefung (Abb. **669**/1). In SAnsicht ist der mittlere, nach unten ausgezogene Teil des Ksch an seiner Basis stark nach hinten abgesenkt (ähnlich Abb. **669**/3). Die Spitze des KschMLappens ragt kaum über die SEcken des Ksch hinaus (Abb. **670**/5). 16–18 mm. Sozialparasitische Art. *Polistes atrimandibularis* ZIMMERMANN

6* OKf gelb, KVS unterhalb der F vollständig gelb (Abb. **670**/2–4). OKf auf der AußenS ohne Vertiefung (Abb. **669**/2). KschMLappen ohne Absenkung an der Basis, nach unten in SAnsicht in schwach konvexem Bogen verlaufend (ähnlich Abb. **669**/4). Das mittlere KschE ragt unten weiter über die SEcken des Ksch hinaus (Abb. **670**/6–8). KörperLg bis 16 mm. Soziale Arten **7**

7 F ab dem 3. Gld vollständig orangegelb (Abb. **670**/5). 14–16 mm KörperLg. *Polistes dominulus* (CHRIST)

7* FGeißel auf der OS dunkel überlaufen (Abb. **670**/6). **8**

8 VS des K nach unten hin stärker verschmälert (Abb. **670**/3). AußenS des HK von oben gesehen schwach konvex, gleich hinter den KomplexAu stark nach hinten konvergierend (Abb. **670**/7). OKf zierlicher (Abb. **670**/3). KörperLg um 12 mm. *Polistes bischoffi* WEYRAUCH

8* VS des K im unteren Teil breiter, weniger nach unten hin verschmälert (Abb. **670**/2, 4). AußenS des HK von oben gesehen stärker konvex, hinter den Au zunächst noch ein kurzes Stück parallel zur Körperachse verlaufend, erst danach konvergierend (Abb. **670**/8). OKf kräftiger (Abb. **670**/4). **9**

9 Zw den F gelegener Stirnkiel mit breiter u. tiefer Längsfurche. Seitlich der F u. auf dem Ksch sind entlang des Innenrandes der Au breite, deutlich hervortretende Längswülste ausgebildet. Gelbe Färbung des unteren Teils des K u. schwarze Fär-

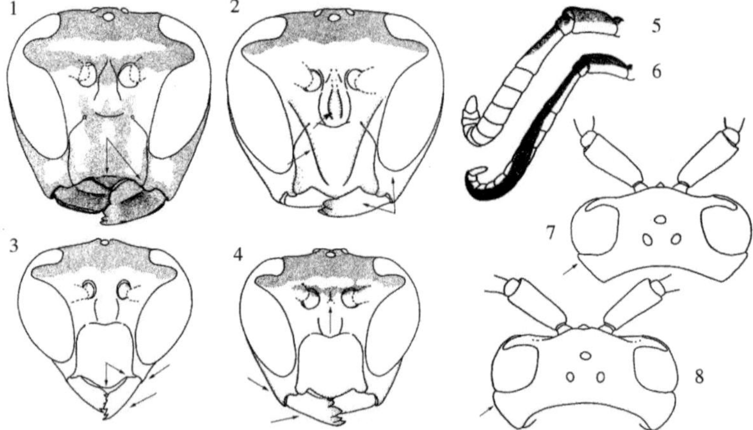

Abb. 670/1–8. **1** K von vorn, *Polistes atrimandibularis* ♂; **2** K von vorn, *P. nimpha* ♂; **3** K von vorn, *P. bischoffi* ♂, **4** *P. biglumis* ♂; **5** F seitlich, *P. dominulus* ♂; **6** F seitlich, *P. bischoffi* ♂; **7** K von oben, *P. bischoffi* ♂; **8** K von oben, *P. biglumis* ♂.

bung des oberen Teils grenzen auf der Stirn oberhalb der F ± gerade aneinander (Abb. **670**/2). Größere, kräftigere Art. 13–15 mm. *Polistes nimpha* (CHRIST)

9* Zw den F gelegener Stirnkiel nahezu ungefurcht. Längswülste schwach od. fehlend. Unterhalb der Grenzlinie zw gelber u. schwarzer Färbung meist noch mit „fledermausartiger" schwarzer Zeichnung, die bis zw die F reicht (Abb. **670**/4). Etwas kleinere Art, 12–14 mm. *Polistes biglumis bimaculatus* (GEOFFROY)

Unterordnung ***Apocrita (Parasitica)*** – **Schlupf- u. Legwespen**

Überfamilie ***Ceraphronoidea***

Familie ***Ceraphronidae***

Im Gebiet 3 Gattungen mit 10 Arten. F mit 8 bis 11 Gld, letzteres nur bei ♂. Wenn Fl vorhanden, dann FlMal schmal, linear (Abb. **580**/10). KörperLg 0,7–2 mm. Parasitoide bes. in Gallmücken (*Cecidomyiidae*), aber auch in *Neuroptera* od. als Hyperparasitoide.

Familie ***Megaspilidae***

Bei uns 5 Gattungen mit 24 Arten. F mit 11 Gld. Das FlMal der geflügelten Formen ist, außer bei den 5 Arten der Gattung *Lagynodes* FÖRSTER, sehr breit (Abb. **580**/9). Die flügellosen ♀ dieser Gattung besitzen keine Oc (*Lagynodinae*). Bes. umfangreich ist die Gattung *Dendrocerus* RATZEBURG (*Megaspilinae*). KörperLg 0,6–4,5 mm. Viele Arten sind Parasitoide von Blattläusen (*Aphidoidea*), aber auch anderen *Sternorrhyncha*, *Neuroptera* u. *Diptera*. Manche sind auch Hyperparasitoide in *Hymenoptera*.

Überfamilie ***Chalcidoidea*** – **Erzwespen**

Die Überfamilie enthält die kleinsten geflügelten Insekten überhaupt. Als Parasitoide od. Schadinsekten von großer wirtschaftlicher Bedeutung. Bestimmung schwierig u. unter feldbiologischen Bedingungen nicht durchführbar. Es empfiehlt sich ein Sammeln in 70%igem Alkohol. In DE 1788 u. weltweit ca. 21.500 Arten.

Familie ***Agaonidae*** – **Feigenwespen**

Phytophage Arten mit vorwiegend trop od. subtrop V. In SEur u. bei uns vielleicht eingeschleppt nur *Blastophaga psenes* (L.) von 1,5–2,0 mm KörperLg. K prognath. In spezifischer Anpassung sind die ♀ einziger Bestäuber der Ess- u. Bocksfeigen (*Ficus carica*). Die L entw sich nur in den Früchten letzterer.

Familie ***Aphelinidae***

In DE etwa 50 Arten um 1 mm, höchstens 2 mm KörperLg u. von gelber u. schwarzer Färbung. Fl oft mit Haarflecken, zuweilen reduziert. Hlb breit ansitzend. Parasitoide hauptsächlich von Schild-, Blatt- u. Mottenläusen, aber auch in Insekteneiern u. als Hyperparasitoide. Einige Arten werden zur biologischen Bekämpfung eingesetzt.

Familie ***Chalcididae***

Acht Gattungen mit 23 meist schwarzen Arten, zuweilen mit rötlichen od. gelben Flecken. F mit 13 Gld, gekniet u. mit großem RingGld. HSchenkel verbreitert, HSchienen gekrümmt, Tarsen 5 gld, KörperLg 2–11 mm. Parasitoide bei L von Schmetterlingen, Fliegen, auch bei Hautflüglern u. Käfern.

Familie ***Elasmidae***

Hierher nur 1 Gattung mit 6 Arten, nahe verwandt mit den *Eulophidae*. F mit höchstens 8 Gld, beim ♂ häufig verzweigt. Tarsen mit meist 4 Gld. Schlanke Arten mit schmalen keilförmigen Fl. KörperLg 1,5–3 mm. Ektoparasitoide an Raupen von Schmetterlingen od. Hyperparasitoide bei Schlupfwespen in diesen.

Familie ***Encyrtidae***

Im Gebiet 70 Gattungen mit 165 Arten von häufig kurzer, gedrungener Form u. 1–2 mm Lg. F mit meist 11 Gld ohne RingGld beim ♀ oft keulenförmig u. mit auffallenden Kammzähnen. MB mit Sprungfähigkeit, ihr 1. FußGld verbreitert. Fl mit kurzen Marginal- od. Postmarginaladern, zuweilen verdunkelt, häufig auch verkümmert. Hlb breit ansitzend. Körper meist metallfarben, seine Lg meist zw 1–2 mm. Zahlreiche Arten parasitieren in Schildläusen, andere in Eiern u. L verschiedenster Insekten. Ein Teil lebt hyperparasitisch.

Familie ***Eucharitidae***

Zwei metallfarbene Arten von 3–6 mm Lg. Hlb hoch 3seitig, mit ± lg Stiel. Schmarotzer in Ameisennestern, die die L im 1. EntwStadium aktiv aufsuchen.

Familie ***Eulophidae***

Größere Familie mit 443 oft metallfarbenen Arten. F mit 5–10 Gld, beim ♂ oft verzweigt (Abb. **578**/10). Fl manchmal reduziert. Mesonotum meist mit deutlichen Parapsidengruben u. Sch zuweilen mit zwei Längsgruben. Tarsen 4 gld, Bohrer vorstehend, KörperLg meist zw 1–3 mm. Parasitieren bes. Blattminierer aber auch Eier, L u. P versch. Insektenordnungen, z. T. Schmarotzer 2. u. 3. Grades, einige sind phytophag.

Familie ***Eupelmidae***

Sechs Gattungen mit 32 Arten. Marginalader der VFl lg, Fl mitunter reduziert. Tarsen 5 gld. Körper meist metallisch, Bohrer zuweilen vorstehend. KörperLg 1,5–10 mm. Teils Primär-, teils Hyperparasitoide bei verschiedensten InsektenL od. deren Eiern, vor allem in Grasstängeln, aber auch bei KäferL im Holz.

Familie ***Eurytomidae***

111 Arten mit meist schwarzem Körper u. s mit metallischem Glanz. F mit 13 Gld, ihre Basis in der GesichtsM in einer tiefen Grube. Tarsen 5 gld. Hlb konvex, Bohrer kurz

vorstehend. KörperLg 1–8 mm. Parasiten bei den verschiedensten, vor allem gallbildenden Insekten. Einige auch phytophag in PflSamen od. Grasstängeln gallbildend.

Familie ***Leucospididae***

Nur 3, durch Größe u. gelbe Färbung auffallende Arten der Gattung *Leucospis* F. Der Legebohrer der ♀♀ ist über den Rücken gekrümmt. KörperLg 5–15 mm. L schmarotzen in den Nestern solitärer Bienen.

Familie ***Mymaridae***

Hierher gehören die kleinsten geflügelten Insekten überhaupt. 104 Arten in DE. Fl lg bewimpert, Aderung rückgebildet. FBasen weit separiert (Abb. **578**/4). Bohrer der ♀♀ kurz vorstehend. KörperLg 0,2–1,2 mm. Parasitoide in Insekteneiern, wenige Arten in Motten- u. Schildläusen.

Familie ***Mymarommatidae***

Aus der einzigen Gattung nur eine s Art in MEur. Ähnlich den *Mymaridae* aber 2gld Petiolusstiel. Fl gestielt u. bewimpert. Das Propodeum erreicht die Tegulae. Lg 0,6 mm. B. Aus Pilzen gezüchtet. *Palaeomymar anomalum* (Blood & Kryger)

Familie ***Ormyridae***

12 Arten der Gattung *Ormyrus* Westwood. F mit 13 Gld. Körper ± metallisch. Wenigstens ein Tergit oben mit tiefen Punktgruben. Füße 5gld. KörperLg 1,2–3,5 mm. L sind Schmarotzer in Cynipiden- u. Cecidomyiiden-Gallen.

Familie ***Perilampidae***

40 nicht häufige Arten mit kräftigem, gedrungenem, metallfarbenem Körper. F mit 13 Gld einschließlich des RingGld. Hlb oft kurz gestielt. Einige Arten leben als Hyperparasitoide vor allem bei Raupen, andere als primäre Ektoparasitoide bei holzbohrenden KäferL.

Familie ***Pteromalidae***

Eine sehr große u. schwierig definierbare Gruppe mit 663 Arten. Meist metallfarben grün. K u. Br sehr dicht, fast lederartig punktiert. F meist mit 2–3 RingGld (Abb. **578**/5, 9). Leben als primäre od. sekundäre Parasitoide in versch. EntwStadien zahlreicher Insektenarten. Ihr Spezialisierungsgrad ist sehr unterschiedlich.

Familie ***Signiphoridae***

Nur zwei schwärzliche Arten im Gebiet. Auffallend ist die lg unsegmentierte FKeule. FlAußenrand ± lg behaart. Hlb breit ansitzend mit feiner Skulptur. KörperLg unter 2 mm. Die Arten sind Parasitoide verschiedener Familien der *Sternorrhyncha*.

Familie *Tetracampidae*

11 Arten aus 6 Gattungen. F schlank u. lg. B zart. Hlb ± deutlich gestielt, KörperLg 1–5 mm. Parasitoide von Minierern (*Agromyzidae*) od. in Eiern von Schildkäfern (*Cassida* sp.) u. Buschhornblattwespen (*Diprionidae*).

Familie *Torymidae*

93 häufige, oft relativ große Arten mit schlankem Hlb. HSchenkel zuweilen verdickt. Die ♀♀ mit lg vorstehendem Bohrer. VFl Abb. **578**/6. Körper metallisch grün, blau, golden od. purpurn gefärbt. KörperLg 1–7 mm. Meist primäre Parasiten bes. bei versch. gallbildenden Insekten. Wenige leben hyperparasitisch u. einige phytophag vornehmlich in Nadelbaumfrüchten.

Familie *Trichogrammatidae*

In DE 18 sehr kleine Arten um 0,5 mm KörperLg. F häufig gekeult u. sehr kurz, meist nur mit 4 Gld. Hlb breit ansitzend. Alle Arten sind Ei-Parasitoide in versch. Insektenordnungen. Mit Erfolg werden sie zur biologischen Bekämpfung von Schadschmetterlingen eingesetzt.

Überfamilie *Cynipoidea*

Familie *Charipidae*

Im Gebiet nur wenige Gattungen u. etwa 30 Arten. Charakteristisch der glänzende Körper. Hsch vorn mit scharfen Ecken. MSchiene meist nur mit einem Sporn. Hlb mit einem Haarring an der Basis des 2. Sgm. KörperLg 1–3 mm. Hyperparasitoide in Erz- u. Brackwespen in *Sternorrhyncha*.

Familie *Cynipidae* – Gallwespen

98 Arten in zahlreichen Gattungen. Fl oft reduziert. Br od. wenigstens Tergite fein skulpturiert. M- u. HSchienen stets mit 2 ESpornen. 2. Sgm sehr s mit Haarring. KörperLg 1–6 mm. Phytophage gallbildende Arten (80) u. Einmieter (18) bei diesen. Rein zweigeschlechtlich od. parthenogenetisch, nicht s Generationswechsel u. mit versch. Galltypen. Etwa 80% der Gallen an Eiche, häufiger noch an Rosengewächsen. An anderen Pfl seltener. Bes. bekannte Gallen siehe Abb. **675**/1–13.

Familie *Eucoilidae*

In DE fast 50 an der SchBildung (Abb. **579**/8) leicht kenntliche Arten. Das 3. FGld beim ♂ oft von besonderer Bildung. Sch i. d. R. vom Mesonotum durch eine Furche getrennt, zuweilen mit 2 Gruben an der Basis. KörperLg 1,5–4 mm. Parasiten in FliegenP, z. B. der Fritfliege (*Oscinella frit*).

Familie *Figitidae*

Wenigstens 27 Arten.

1 2. Tergit dem großen 3. zungenförmig aufliegend (Abb. **579**/9). Br skulpturiert.
Unterfamilie *Aspiceratinae*

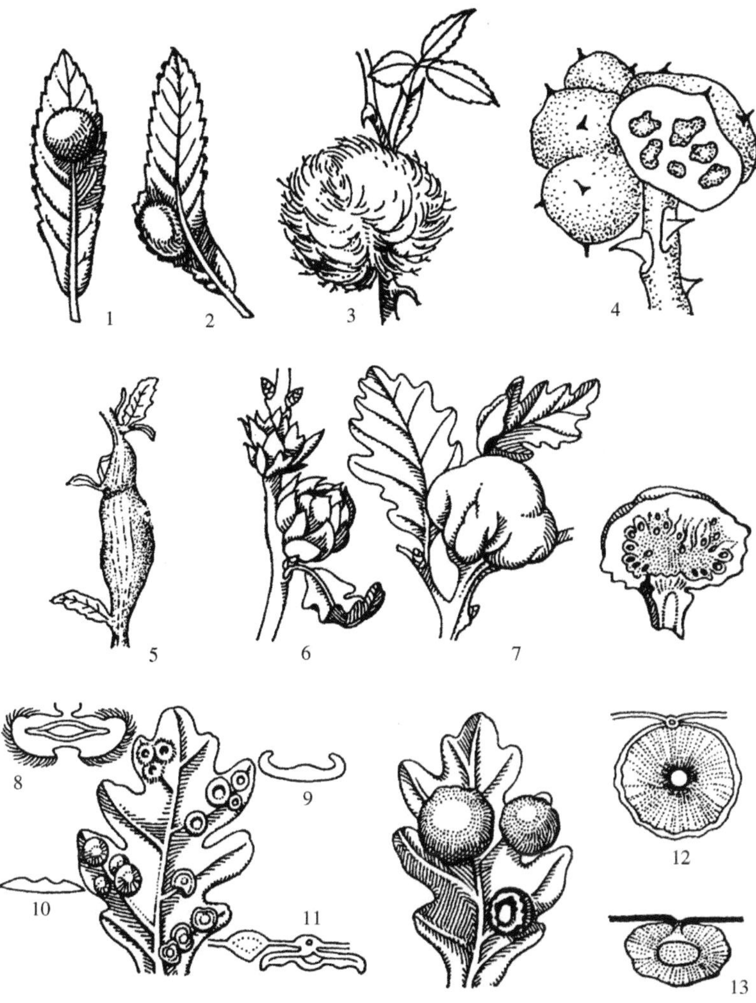

Abb. 675/1–13. 1 Kugelgalle an Weide von *Pontania salicis* (Blattwespe); **2** Blattgalle an Weide von *Pontania vesicator* (Blattwespe); **3** „Schlafapfel"-Galle an Rose von *Diplolepis rosae*; **4** Verholzte Galle mit Querschnitt an Rose von *Diplolepis mayri*; **5** Stängelgalle an Habichtskraut von *Aulacidea hieracii*; **6** Knospengalle (Eichenrose) an Eiche von *Andricus fecundator*; **7** Sprossgalle (Schwammapfel und Querschnitt an Eiche von *Biorhiza pallida*; **8** Blattgallen und Querschnitt an Eiche von *Neuroterus numismalis*; **9** Blattgallen (Linsengallen) und Querschnitt an Eiche von *Neuroterus tricolor [= fumipennis]*; **10** Blattgallen und Querschnitt an Eiche von *Neuroterus quercusbaccarum*; **11** Blattgallen und Querschnitt an Eiche von *Neuroterus albipes [= laeviusculus]*; **12** Kugelgalle (Gallapfel) und Querschnitt an Eiche von *Cynips quercusfolii*; **13** „Ziergalle" und Querschnitt von *Cynips longiventris*.

Nur wenige Gattungen u. Arten. Sch mit 3 Längsleisten u. hinten mit Dorn od. einer Grube. HSchienen außen od. hinten oft gefurcht od. gerillt. Parasitoide in Puparien von Schwebfliegen.

1* 2. Tergit nicht zungenförmig. Br meist glatt u. glänzend 2

2 2. Tergit so groß od. größer als das 3. Das 1. Tergit (Petiolus) zuweilen sehr lg, stielartig (Abb. **579**/10). Unterfamilie *Anacharitinae*

Nur wenige Arten. F beim ♂ mit 14, beim ♀ mit 13 Gld. Cubitalader vor der Basis nicht gespalten, keine Areola. Parasitoide bei Netzflüglern.

2* 2. Tergit kürzer als das 3. Das 1. Tergit kurz od. sehr kurz. Unterfamilie *Figitinae*

Hierher eine Reihe Gattungen u. Arten mit der Hauptgattung *Figites* LATREILLE. ♂ ebenfalls mit 14, ♀ mit 13 FGld. Areola vorhanden, aber oft undeutlich, d. h. Cubitalader vor der Basis gespalten (Abb. **578**/8). KörperLg 2–5 mm. Schmarotzer in FliegenL, die Im. schlüpfen aus dem Puparium.

Familie *Ibaliidae*

In DE nur Gattung *Ibalia* LATREILLE mit drei Arten von ca. 10 mm Lg. VFl Abb. **578**/7.

1 Fl gelblich, in der M u. an der Spitze grau getrübt. Maximaler Au∅ 3,7–4-mal so lg wie Abstand zw AuURand u. OKfBasis. F der ♂ mit 14 Gld. L an LaubholzwespenL (*Siricidae: Tremex* JURINE). Im. im VI. *Ibalia jakowlewi* JACOBSON

1* Fl nicht gelblich, ohne Graufärbung. Maximaler Au∅ 1,7–2-mal so lg wie Abstand zw AuURand u. OKfBasis. F der ♂ mit 15 Gld. L an NadelholzwespenL (*Siricidae: Sirex* L., *Urocerus* GEOFFROY, *Xeris* COSTA) 2

2 HSchenkel rot, HSchienen schwarz. Hlb rotbraun, hinten oben schwarz und unten mit gelblichen Flecken. OK zw Au u. Oc überwiegend glatt. Im. im V–VI. *Ibalia rufipes drewseni* BORRIES

2* HSchenkel u. HSchienen schwarz, manchmal beide braun. Hlb rotbraun, manchmal verdunkelt, ohne gelbe Flecken. OK zw Au u. Oc mit deutlichen Leistchen. Im. im VII–IX. *Ibalia leucospoides* (HOCHENWARTH)

Überfamilie *Evanioidea*

Familie *Aulacidae*

Nur *Aulacus striatus* JURINE (Klauen mit nur einen kleinen Basalzahn, HHü des ♀ zapfenförmig verlängert) u. zwei Arten der Gattung *Pristaulacus* KIEFFER. 6–15 mm große s Wespen mit lg F u. schlanken B. HlbBasis vom HSch deutlich entfernt. Aus dem keulenförmigen Hlb entspringt ein lg vorstehender Bohrer (Abb. **576**/5). – Erstere parasitiert bei Holzwespen, *Pristaulacus* bei KäferL in Holz.

Familie *Evaniidae* – Hungerwespen

Bei uns nur 2 Gattungen, *Evania* F. u. *Brachygaster* LEACH, mit 2 z. T. sporadisch eingeschleppten Arten. Die häufigere u. kleinste Art ist *Brachygaster minuta* (OLIVIER) 3–4,5 mm lg. Hlb hängt knopfartig dem oben eingefügten Petiolus an. Bohrer nicht vorstehend (Abb. **576**/1, 4). – Leben in den Eipaketen von Schaben, mehr räuberisch als parasitoid.

Familie *Gasteruptionidae* – Schmalbauchwespen

15 meist s Arten von 5–15 mm Lg. Hlb lg, sichelförmig, schwarz u. rötlich, seine Basis nahe am HSch. Bohrer oft weit vorstehend. Fl in der Lg faltbar (Abb. **576**/3). – L leben

räuberisch u. als Futterparasiten bei solitären Bienen. Fast alle Arten nach Oehlke, 1984 zu bestimmen. Gattung *Gasteruption* Latreille

Überfamilie ***Ichneumonoidea***

Familie ***Braconidae* – Brackwespen**

In DE wenigstens 1485 Arten. Eine Checklist gibt Belokobytskij et al. 2003. In der Regel ist im VFl die DiscocubitalZ getrennt, die 2. Rücklaufende Ader fehlt u. das 2. u. 3. Tergit sind verwachsen u. unbeweglich (außer *Aphidiinae*). In wenigen UFamilien kommen FlReduktionen vor. Charakteristisch für bestimmte UFamilien sind die Stellung u. Form der OKf. Mit exodont – die OKf stehen weit auseinander – sind die *Alysiinae* gekennzeichnet. Eine rundliche, scheinbare „Mundöffnung" haben die „cyclostomen" UFamilien. Die KörperLg liegt meist bei 2–6 mm, kann aber 15 mm überschreiten. Alle Arten sind primäre Ekto- od. Endoparasitoide in L verschiedenster Insektenordnungen, aber auch in Im. Häufig werden Schmetterlingsraupen parasitiert, so z. B. vom **Weißlingstöter** *Cotesia glomerata* (L.). Die zahlreichen SchmarotzerL dringen durch die Raupenhaut nach außen u. verpuppen sich in kleinen gelben Kokons, die vom Volksmund „Raupeneier" genannt werden. Der hellbraune *Spathius exarator* (L.) mit seinem lg Legebohrer ist ein wichtiger Parasitoid von Nagekäfern (*Anobiidae*) u. deshalb nicht s in Wohnungen anzutreffen. Brackwespen sind im Gegensatz zur folgenden Familie schwerfällige u. langsame Flieger u. können mit einiger Übung daran im Feld oft erkannt werden.

Familie ***Ichneumonidae* – Echte Schlupfwespen**

Die umfangreichste Familie der Hautflügler – weltweit ca. 100 000 Arten – ist in DE mit etwa 3332 Arten vertreten. Unter Berücksichtigung der Larvalmorphologie werden im Gebiet 34 UFamilien unterschieden. In der Regel sind im VFl eine DiscocubitalZ u. die 2. Rücklaufende Ader vorhanden (Abb. **582**/3, 4). Das 2. u. 3. Tergit sind nicht verschmolzen u. untereinander beweglich. Viele Arten haben reduzierte Fl. KörperLg zw 4–30 mm. Fast alle Gruppen sind wie die Brackwespen nur von Spezialisten sicher bestimmbar. Wenige können im Feld erkannt werden. So z. B. die bis 20 mm lg schwarzweiß gekennzeichnete **Holzschlupfwespe** *Rhyssa persuasoria* (L.) (*Pimplinae*). Sie kann leicht beobachtet werden, wie sie bes. in Nadelholz mit ihrem über körperlg Bohrer bohrt, um ihr Ei an holzbewohnende Käfer- u. WespenL abzulegen. Gelbbraune **Sichelwespen** – *Ophioninae* stellen bes. nachts Schmetterlingsraupen nach u. können sehr schmerzhaft stechen. *Agriotypus armatus* Walker, die **Wasserschlupfwespe** (*Agriotypinae*), taucht unter Wasser, um KöcherfliegenL anzustechen. Die agriotypisierten Gehäuse kann man an den bis 30 mm lg Gespinstband erkennen. Der monophage Kiefernspannerparasitoid *Cratichneumon viator* (Scopoli) (*Ichneumoninae*) ist an seinem charakteristischen Geruch leicht kenntlich. Im Gegensatz zu den Brackwespen kommt neben Primärparasitismus Hyperparasitismus nicht s auch 2. Grades vor. Neben InsektenL u. P werden von spezialisierten Taxa auch Spinnen u. deren Eigelege parasitiert. Die Echten Schlupfwespen sind – selbst mit lg Legebohrer – gute u. oft schnelle Flieger. Viele Arten besuchen Blüten, häufig ist Honigtau größerer Blattlauskolonien bes. Anziehungspunkt.

Überfamilie ***Platygastroidea***

Familie ***Platygasteridae***

Mit der nachfolgenden Familie auch oft vereint. Zahlreiche Gattungen mit 77 (UFamilie *Platygasterinae*) meist schwarzen Arten. VFl häufig ohne Adern. Hlb ± gestielt, lg

oval (Abb. **580**/2, 4). Petiolus zuweilen mit stielartigen Bildungen zur Aufnahme des Bohrers (Gattung *Inostemma* HALIDAY). KörperLg 1–2(4) mm. Meist Fliegenparasitoide (*Cecidomyiidae*), indem die Eier belegt werden u. die Im. aus dem PStadien schlüpfen. Oft Polyembryonie.
Die zweite sehr kleine UFamilie mit 3 Arten lebt parasitoid z. B. in Mottenschildläusen, Wollläusen oder Käfereiern.

Familie ***Scelionidae***

In DE 56 Arten in 3 UFamilien. Meist sehr kleine Tiere mit 0,3–4,4 mm KörperLg. Stigmalader im VFl vorhanden. Fl zuweilen reduziert. Hlb mehr kurz oval, abgeflacht, sitzend (Abb. **580**/1, 3). Mitunter bedeutende Parasiten in Eiern, bes. der Ordnungen *Lepidoptera, Coleoptera, Hemiptera, Ensifera, Caelifera* u. *Diptera* sowie *Arachnida*.

Überfamilie ***Proctotrupoidea* – Zehrwespen**

Familie ***Diapriidae***

Umfangreiche Familie mit 289 Arten in DE u. den 3 UFamilien *Belytinae, Ismarinae* u. *Diapriinae*. F mit 12–15 Gld. Fl mit u. ohne geschlossene Z, manchmal das Pterostigma verdickt (Abb. **581**/4). Fl zuweilen reduziert. Schenkel mitunter keulenartig verdickt. Körper glänzend, Hlb gestielt (Abb. **585**/3). KörperLg 1,4–4 mm. Schmarotzer in FliegenL u. P. Die abweichende Gattung *Ismarus* HALIDAY (Gesicht ohne Vorsprung) ist Hyperparasitoid bei *Dryinidae*.

Familie ***Heloridae***

Hierher nur 5 Arten der Gattung *Helorus* LATREILLE. Charakteristisch ist das FlGeäder (Abb. **581**/8) der 5–7 mm großen Arten. Parasitoide bei FlorfliegenL (*Chrysopa*).

Familie ***Proctotrupidae* – Zehrwespen**

In DE 43 Arten, mit 3–10 mm KörperLg. F in der M des Gesichts eingefügt. Hlb lg, eiförmig. Bohrerklappen breit vorragend (Abb. **581**/7). Körper außer Propodeum glänzend. Parasitoide in KäferL, bes. Lauf-, Schnell- u. Marienkäfern sowie Kurzflüglern im Boden. Eine Revision liegt von TOWNES 1981 als „Serphidae" vor.

Überfamilie ***Stephanoidea***

Familie ***Stephanidae***

Im Gebiet nur eine sehr s Art von 7–20 mm Lg mit reichlich so lg Bohrer. VBr halsartig. Hlb schmal, nach vorn verdünnt. HSchenkel Abb. **576**/2. Taxonomisch auch zu den *Ichneumonoidea* gestellt. Schmarotzer von holzbewohnenden KäferL.

Stephanus serrator (F.)

Überfamilie ***Trigonalioidea***

Familie ***Trigonalidae***

Bei uns nur eine nicht häufige Art. Auffallende OKfForm. Ganz schwarz, die FBasen werden von Lamellen überdeckt (Abb. **582**/8). Schläfen lg. Die Mesopleuren durch eine grubige Leiste geteilt. VFl vor dem FlMal mit großem, schwärzlichem Fleck. Hlb deprimiert. Legeapparat von außen nicht sichtbar. Lg ca. 10 mm. Bis zu 10 000 Eier von etwa 0,1 mm Lg, aus denen das erste LStadium schlüpft. Die junge L sucht aktiv ihren Wirt u. lebt als Hyperparasitoid bei *Ophioninae* (*Ichneumonidae*) in Eulenraupen. *Pseudogonalos hahnii* (SPINOLA)

Literatur

ACHTERBERG, C. VAN (1990): Illustrated key to the subfamilies of the Holarctic Braconidae (Hymenoptera: Ichneumonoidea). – Zool. Med. Leiden 64 (1): 1–20.

ACHTERBERG, C. VAN & AARTSEN, B. VAN (1986): The European Pamphiliidae (Hymenoptera: Symphyta), with special reference to the Netherlands. – Zool. Verhandel., Leiden 234: 1–98.

AMIET, F. (1996): Hymenoptera Apidae, 1. Teil. Allgemeiner Teil, Gattungsschlüssel, Die Gattungen *Apis*, *Bombus* und *Psithyrus*. – Insecta Helvetica, Band 12. Schweizerische Entomologische Gesellschaft (SEG).

AMIET, F., NEUMEYER, R. & MÜLLER, A. (1999): Apidae 2. *Colletes, Dufourea, Hylaeus, Nomia, Nomioides, Rhophitoides, Rophites, Sphecodes, Systropha.* – Fauna Helvetica 4. CSCF und SEG.

AMIET, F., HERRMANN, M., MÜLLER, A. & NEUMEYER, R. (2001): Apidae 3. *Halictus, Lasioglossum.* – Fauna Helvetica 6. CSCF und SEG.

AMIET, F., HERRMANN, M., MÜLLER, A. & NEUMEYER, R. (2004): Apidae 4. *Anthidium, Chelostoma, Coelioxys, Dioxys, Heriades, Lithurgus, Megachile, Osmia, Stelis.* – Fauna Helvetica 9. CSCF und SEG.

AMIET, F., HERRMANN, M., MÜLLER, A. & NEUMEYER, R. (2007): Apidae 5. *Ammobates, Ammobatoides, Anthophora, Biastes, Ceratina, Dasypoda, Epeoloides, Epeolus, Eucera, Macropis, Melecta, Melitta, Nomada, Pasites, Tetralonia, Thyreus, Xylocopa.* – Fauna Helvetica 20. CSCF und SEG.

BELOKOBYLSKIJ, S. A., TAEGER, A., ACHTERBERG, C. VAN, HAESELBARTH, E. & RIEDEL, M. (2003): Checklist of the Braconidae of Germany. – Beiträge zur Entomologie 53 (2): 341–435.

BELLMANN, H. (1995): Bienen, Wespen, Ameisen: die Hautflügler Mitteleuropas. – Franckh. Stuttgart. 336 S.

BLÖSCH, M. (2000): Die Grabwespen Deutschlands – Sphecidae s.str., Crabronidae. Lebensweise, Verhalten, Verbreitung. – In: BLANK, S. M. & TAEGER, A. (Hrsg.): Die Tierwelt Deutschlands und der angrenzenden Meeresteile nach ihren Merkmalen und nach ihrer Lebensweise, begründet 1925 von FRIEDRICH DAHL, Hymenoptera II. – Keltern, Goecke & Evers, 71: 1–480.

DATHE, H. H. (1980): Die Arten der Gattung *Hylaeus* F. in Europa (Hymenoptera: Apoidea: Colletidae). – Mitt. zool. Mus. Berlin 56/2: 207–294.

DATHE, H. H. (2003): 31. Ordnung Hymenoptera, Hautflügler. – In: DATHE, H. H. (Hrsg.): Lehrbuch der Speziellen Zoologie, Band I: Wirbellose Tiere, 5. Teil: Insecta, 2. Auflage. – Spektrum Akademischer Verlag Heidelberg, Berlin: 585-651.

DATHE, H. H., TAEGER, A. & BLANK, S. M. (Hrsg.) (2001): Entomofauna Germanica. Band 4. Verzeichnis der Hautflügler Deutschlands. – Entomologische Nachrichten und Berichte. Beiheft 7 (2001): 1–178. Dresden.

DOLLFUSS, H. (1991): Bestimmungsschlüssel der Grabwespen Nord- und Zentraleuropas (Hymenoptera, *Sphecidae*) mit speziellen Angaben zur Grabwespenfauna Österreichs. – Stapfia, Linz 24:1–247.

DOLLFUSS, H. (1995): A Worldwide Revision of *Pemphredon* LATREILLE 1796 (Hymenoptera, Sphecidae) – Linzer biol. Beitr. 27/2. 905–1019.

DORN, M. & WEBER, D. (1988): Die Luzerne-Blattschneiderbiene und ihre Verwandten in Mitteleuropa. – Die Neue Brehm-Bücherei 582. A-Ziemsen-Verlag, Wittenberg.

EBMER, A. W. (1988): Die europäischen Arten der Gattungen *Halictus* LATREILLE 1804 und *Lasioglossum* CURTIS 1833 mit illustrierten Bestimmungstabellen (Insecta: Hymenoptera: Apoidea: Halictinae). 2. Die Untergattung *Seladonia* ROBERTSON 1918. – Senckenberg biol. 68 (1987): 323–375.

EBMER, A. W. & K. D. SCHWAMMBERGER (1986): Die Bienengattung *Rophites* SPINOLA (1808) (Insecta: Hymenoptera: Apoidea: Halictidae: Dufoureinae). Illustrierte Bestimmungstabellen. – Senckenberg. biol. 66/4–6: 276–304.

GÖSSWALD, K. (1989): Die Waldameise: Biologie, Ökologie und forstliche Nutzung. Band 1. Biologische Grundlagen, Ökologie und Verhalten. – Aula-Verlag. Wiesbaden. 660 S.

GÖSSWALD, K. (1990): Die Waldameise: Biologie, Ökologie und forstliche Nutzung. Bad 2. Die Waldameise im Ökosystem Wald, ihr Nutzen und ihre Hege. – Aula-Verlag. Wiesbaden. 510 S.

GOULET, H. & HUBER, J. T. (1993): Hymenoptera of the world: An identification guide to families. – Agriculture Canada Publ., Research Branch, Ottawa 1894/E: 668 S.

GUSENLEITNER, J. (2000): Bestimmungstabellen mittel- und südeuropäischer Eumeniden (Vespoidea, Hymenoptera). Teil 14: Der Gattungsschlüssel und die bisher in dieser Reihe nicht behandelten Gattungen und Arten. – Linzer biol. Beitr. 32: 43–65.

HAGEN, E. VON (1994): Hummeln: bestimmen, ansiedeln, vermehren, schützen. – 4. überarb. Auflage, Natur-Verlag, Augsburg.

JACOBS, H.-J. (2007): Die Grabwespen Deutschlands. Ampulicidae, Sphecidae, Crabronidae. Bestimmungsschlüssel – In: BLANK, S. M. & TAEGER, A. (Hrsg.): Die Tierwelt Deutschlands und der angrenzenden Meeresteile nach ihren Merkmalen und nach ihrer Lebensweise, begründet 1925 von FRIEDRICH DAHL, Hymenoptera III. – Keltern, Goecke & Evers, 79. 1–207.

JACOBS, H.-J. & OEHLKE, J. (1990): Beiträge zur Insektenfauna der DDR: Hymenoptera: Sphecidae. 1. Nachtrag. – Beitr. Ent., Berlin 40: 121–229.

KEMPER, H. & DÖHRING, E. (1967): Die sozialen Faltenwespen Mitteleuropas. – Paul Parey-Verlag, Berlin und Hamburg. 180 S.

KIMSEY, L. & BOHART, R. M. (1990): The Chrysidid Wasps of the World. I–X + 1-652. Oxford Science Publications. Oxford, New York, Toronto.

KLAUSNITZER, B. (1978): Hautflügler. – In: FRITZSCHE, R.: Pflanzenschädlinge. – Neumann Verlag, Leipzig und Radebeul 9: 212 S.

KUNZ, P. X. (1994): Die Goldwespen (Chrysididae) Baden-Württembergs. – Beih. Veröff. Naturschutz Landschaftspflege Bad.-Württ. 77, 1–188.

KUTTER, H. (1977): Hymenoptera-Formicidae. – In: SAUTER, W. (Hrsg.): Fauna Insecta Helvetica 6, Schweizerische Entomologische Gesellschaft Zürich, 298 pp.

KUTTER, H. (1978): Hymenoptera-Formicidae. – In: SAUTER, W. (Hrsg.): Fauna Insecta Helvetica 6a-Ergänzungsband, Schweizerische Entomologische Gesellschaft Zürich, 112 pp.

LINSENMAIER, W. (1959): Revision der Familie Chrysididae (Hymenoptera) mit besonderer Berücksichtigung der europäischen Spezies. – Mitt. Schweiz. Ent. Ges. 32, 1–240.

LINSENMAIER, W. (1997): Die Goldwespen der Schweiz. – Veröff. Natur-Mus. Luzern 9, 1–140.

LORENZ, H. & KRAUS, M. (1957): Die Larvalsystematik der Blattwespen (Tenthredinoidea und Megalodontoidea). – Abh. Larvalsyst. Insekten, Berlin 1: 1–389.

MAUSS, V. (1992): Bestimmungsschlüssel für Hummeln der Bundesrepublik Deutschland. – Deutscher Jugendbund für Naturbeobachtung (DJN), Hamburg.

MAUSS, V. & TREIBER, R. (1994): Bestimmungsschlüssel für die Faltenwespen (Hymenoptera: Masarinae, Polistinae, Vespinae) der Bundesrepublik Deutschland. – Deutscher Jugendbund für Naturbeobachtung (DJN), Justus-Strandes-Weg 14, 22337 Hamburg (Hrsg.). 1–91.

MUCHE, W. H. (1981): Die Cephidae der Erde (Hym., Cephidae). – Dt. ent. Z., Berlin N. F. 28(IV–V): 239–295.

MÜLLER, A., KREBS, A. & AMIET, F. (1997): Bienen: Mitteleuropäische Gattungen, Beobachtung, Lebensweise. – Naturbuchverlag, München.

NOSKIEWICZ, J. (1936): Die paläarktischen *Colletes*-Arten. – Pr. nauk. Wyd. Tow. Nauk, Lwow 3: 1–531.

OEHLKE, J. (1969): Beiträge zur Fauna der DDR: Hymenoptera – Bestimmungstabellen bis zu den Unterfamilien. – Beiträge zur Entomologie 19, 7/8: 753–801.

OEHLKE, J. (1970): Beiträge zur Insekten-Fauna der DDR: Hymenoptera – Sphecidae. – Beitr. Ent., Berlin 20: 615–812.

OEHLKE, J. (1974): Beiträge zur Insekten-Fauna der DDR: Hymenoptera – Scolioidea. – Beitr. Ent., Berlin 24: 279–300.

OEHLKE, J. (1983): Revision der europäischen Aulacidae (Hymenoptera – Evanioidea). – Beitr. Ent., Berlin 33: 439–447.

OEHLKE, J. (1984): Beiträge zur Inseken-Fauna der DDR: Hymenoptera – Evanioidea, Stephanoidea, Trigonalyoidea (Insecta). – Faun. Abh. Staatl. Mus. Tierk. Dresden 11 (13): 161–190.

OEHLKE, J. & WOLF, H. (1987): Beiträge zur Insekten-Fauna der DDR: Hymenoptera – Pompilidae. – Beitr. Ent., Berlin 37: 279–390.

OTTO, D. (1962): Die roten Waldameisen. – Neue Brehm-Bücherei, Nr. 293. Ziemsen-Verlag. Wittenberg. 1–151.

PECK, O., BOUCEK, Z. & HOFFER, A. (1964): Keys to the Chalcidoidea of Czechoslovakia (Insecta, Hymenoptera). – Mem. Ent. Soc. of Canada 34: 1–122.

PETERSEN, B. (1988): The Palaearctic Mutillidae of I.C. Fabricius and some related Material (Insecta, Hymenoptera, Aculeata). – Steenstrupia 14(6): 129–224.

PSCHORN-WALCHER, H. & EICHORN, O. (1982): Unterordnung Symphyta, Pflanzenwespen. – In: SCHWENKE, W. (Hrsg.): Die Forstschädlinge Europas. – Paul Parey, Hamburg und Berlin 4: 4–234.

QUINLAN, J. & GAULD, I. D. (1981): Symphyta (except Tenthredinidae). Hymenoptera. New edition. – Handb. Ident. Brit. Insects, London 6(2a): 67 S.

SAURE, C., BURGER, F. & OEHLKE, J. (1998): Rote Listen und Artenlisten Wespen des Landes Brandenburg. – Naturschutz und Landschaftspflege in Brandenburg, Beilage zum Heft 2: 1–43.

SCHEUCHL, E. (1995): Illustrierte Bestimmungstabellen der Wildbienen Deutschlands und Österreichs. Bd. I: Schlüssel der Gattungen u. der Arten der Familie Anthophoridae. – Selbstverlag, Velden.

SCHEUCHL, E. (1996): Illustrierte Bestimmungstabellen der Wildbienen Deutschlands und Österreichs. Bd. II: Schlüssel der Arten der Familien Megachilidae und Melittidae. – Selbstverlag, Velden.

SCHEDL, W. (1991): Hymenoptera. Unterordnung Symphyta. Pflanzenwespen. – In: FISCHER, M. (Hrsg.): Handbuch der Zoologie. Eine Naturgeschichte der Stämme des Tierreiches. Arthropoda: Insecta. – Walter de Gruyter, Berlin und New York 4(31): 1–136.

SCHMID-EGGER, C. (1994): Bestimmungsschlüssel für die deutschen Arten der solitären Faltenwespen (Hymenoptera: Eumeninae). – Deutscher Jugendbund für Naturbeobachtung (DJN), Justus-Strandes-Weg 14, 22337 Hamburg (Hrsg.). 1–91.

SCHMID-EGGER, C. (2005): *Sceliphron curvatum* (F. SMITH 1870) in Europa mit einem Bestimmungsschlüssel für die europäischen und mediterranen *Sceliphron*-Arten (Hymenoptera, Sphecidae). – Bembix, Bielefeld 19: 7–28.
SCHMID-EGGER, C. & PETERSEN, B. (1993): Taxonomie, Verbreitung, Bestandessituation und Bestimmungsschlüssel für die deutschen Arten der Gattung *Smicromyrme* THOMSON, 1869 (Hymenoptera, Mutillidae) – Nachr. Bl. Bayer. Ent. 42 (2): 46–56.
SCHMID-EGGER, C. & SCHEUCHL, E. (1997): Illustrierte Bestimmungstabellen der Wildbienen Deutschlands und Österreichs unter Berücksichtigung der Arten der Schweiz. Band III: Andrenidae. – Eigenverlag; Velden/Vils.
SCHMIDT, K. & SCHMID-EGGER, C. (1997): Kritisches Verzeichnis der deutschen Grabwespenarten (Hymenoptera, Sphecidae). – Mitt. Arb.-Gem. ostwestf.-lipp. Ent., Bielefeld 13 (Beiheft 3): 1–35.
SCHMIDT, K. (2008): *Oryttus concinnus* (ROSSI, 1790) in Deutschland. Neu- oder Wiederfund? (Hymenoptera: Crabronidae). – Bembix, Bielefeld 27: 24–29.
SCHMIEDEKNECHT, O. [Hrsg.] (1930): Die Hymenopteren Nord- und Mitteleuropas. – 2. Auflage. Gustav Fischer Verlag, Jena.
SCHWARZ, M. (1966): Zur Kenntnis der Gattung *Nomada* SCOP. (Hymenoptera, Apoidea). – NachrBl. bayer. Ent. 15: 17–24.
SEDLAG, U. (Hrsg.) (1986): Insekten Mitteleuropas. – Neumann Verlag. Radebeul. 408 S.
SEIFERT, B. (1994): Die freilebenden Ameisen Deutschlands (Hymenoptera: Formicidae) und Angaben zu deren Taxonomie und Verbreitung. – Abh. Ber. Naturkundemus. Görlitz 67, 3: 1–44.
SEIFERT. B. (1996): Ameisen: beobachten, bestimmen. – Naturbuch-Verlag, Augsburg.
SEIFERT, B. (2007): Die Ameisen Mittel- und Nordeuropas. – lutra-Verlags- und Vertriebsgesellschaft, Tauern, 368 S.
STOECKHERT, F. K. (1933): Die Bienen Frankens (Hym. Apid.). – Dt. ent. Z. Beiheft 1932: 1–294.
TAEGER, A. (1989): Die Gattung *Macrophya* DAHLBOM in der DDR (Insecta, Hymenoptera, Symphyta: Tenthredinidae). – Ent. Abh. Staatl. Mus. Tierk. Dresden 53(5): 57–69.
TAEGER, A. & BLANK, S. M. (Hrsg.) (1998): Pflanzenwespen Deutschlands (Hymenoptera, Symphyta). Kommentierte Bestandsaufnahme. – Goecke & Evers, Keltern, 364 pp. (Hier umfangreiche Hinweise auf weiterführende Literatur, Bestimmungsschlüssel für verschiedene Gruppen, Futterpflanzenangaben, Hinweise zur Gefährdungssituation u. Verbreitungsangaben).
WARNCKE, K. (1992): Die westpaläarktischen Arten der Bienengattung *Sphecodes*. – Ber. naturf. Ges. Augsburg 52: 9–64.
WESTRICH, P. (1990): Die Wildbienen Baden-Württembergs. Bd. 1 u. 2. – 2. Aufl. E. Ulmer Verlag, Stuttgart.
ZHELOCHOVTSEV, A. N. (1988): Pereponchatokrylye. Shestaja Tshast. – Opred. nasekom. evrop. tschasti SSSR, Leningrad 3(6): 271 pp. (Bestimmungsbuch, das die meisten deutschen Arten behandelt.) [Englische, z. T. fehlerhafte Übersetzung: ZHELOCHOVTSEV, A. N. (1993): 27. Order Hymenoptera. Suborder Symphyta (Chalastogastra). – In: MEDVEDÉV, G. S. (Hrsg.): Keys to the Insects of the European Part of the USSR. – Amerind Publ. Co. Pvt. Ltd., New Delhi 3(6): 1–387].

Trichoptera – Köcherfliegen

Wolfram Mey

G. FlSp. 3,5–68,0 mm, Im. ähnlich wie Kleinschmetterlinge (Abb. **29**/1), jedoch ohne Rollrüssel u. ohne Schuppen auf Fl u. Körper. F fadenförmig, in Ruhelage stets nach vorn gestreckt. K auf der OS mit beborsteten Erhebungen (= Warzen). Oc, wenn vorhanden, stets in Dreizahl. Leckend-saugende Mundteile in Form eines Haustellums, das aus UKf, Hypopharynx u. Ul gebildet ist. OKf reduziert. UKfTst bei ♀♀ mit 5 Gld, bei manchen ♂♂ mit 2–5 Gld. UlTst stets mit 3 Gld. Beide FlPaare in Ruhe meist dachförmig über dem Hlb zusammengelegt. Fl mit feiner Behaarung auf der Membran u. dickeren Haaren auf den Adern. Geäder stets mit Rs, M u. Cu, deren Verzweigung eine durch Queradern geschlossene od. offene Discoidalzelle (Dz), Medianzelle (Mz) bzw. Thyridiumzelle (Tz) bilden (Abb. **687**/2). Färbung unauffällig braun, grau, schwarz od. gelblich, oft mit ± deutlichem Muster. B schlank, mit Dornen u. charakteristischer Zahl von Spornen an den Schienen. TarsenUS mit kleinen Dornen. L aquatisch od. semiaquatisch, mit meist beißend-kauenden Mundwerkzeugen u. abdominalen Tracheenkiemen od. Rektalpapillen, die der Sauerstoffaufnahme dienen, köcherbauende L raupenförmig (Abb. **683**/1), freilebende u. netzbauende L schlank (Abb. **683**/2), mit nach vorn gerichteten Mundwerkzeugen, Verpuppung in einem Gehäuse aus mineralischen od. pfl Teilen, P mit starken u. beweglichen OKf, mit denen das Gehäuse beim Schlupf aufgebissen wird. – **L.** Artspezifische Besiedlung von Fließgewässern u. Quellen, sowie stehender Gewässer (manche Arten auch im Brackwasser). Im. bleiben überwiegend in Gewässernähe. – **V.** Weltweit, mit Diversitätszentren in SOAs u. SAm. – **B.** Die meisten Arten sind dämmerungs- u. nachtaktiv u. halten sich tagsüber in der Vegetation verborgen; viele Arten werden nachts vom Licht angezogen. Tagaktive Arten oft mit spezifischem Schwarmverhalten über dem Wasser od. in der Ufervegetation; Aufenthalt in Höhlen dient der Übersommerung der Im. (imaginale Diapause). Na besteht aus Honigtau u. PflSäften, oft wird nur Wasser aufgenommen. Paarung bei sitzenden Tieren (nicht im Flug). Lebensdauer der Im. meist 1–2 Wochen, bei Diapause bis zu 6 Monaten. Eiabl unter Wasser: ♀ taucht ins Wasser u. klebt die Eier einzeln od. als Gelege an eine feste Unterlage (Kittlaich). Eiabl über Wasser auf überhängenden Zweigen u. Blättern als aufquellender Gallertlaich, in dem die EmbryonalEntw stattfindet; EiL gelangen passiv od. aktiv in das Gewässer. L leben meist in der flachen Uferzone (0–4 m), s in größeren Tiefen. Die L sind entweder freilebende Räuber *(Rhyacophilidae)* od. sie spinnen Fangnetze u. Wohngewebe zw Wasserpfl u. Steinen (z.B. *Polycentropodidae*) od. legen tunnelförmige Röhren aus Sandpartikeln an (*Psychomyidae*) od. bauen transportable Köcher aus PflTeilen, Sandkörnern, kleinen Steinchen od. Molluskenschalen (Abb. **682**/1–5). Die Köcherarchitektur ist oft kennzeichnend für die Gattung u. Familie (s für die Art). Die Na der gehäusebauenden u. filtrierenden Arten besteht aus Algen, Detritus, PflTeilen, od. bei Räubern (z.B. *Phryganeidae*) aus InsektenL u. Krebstieren. Während der LEntw. werden 5–7 Häutungen absolviert. Verpuppung im Gewässer. PRuhe etwa 14 Tage, die pharate P verlässt das Gehäuse u. kriecht aus dem Wasser od. sie entlässt die Im. von der freien Wasser-

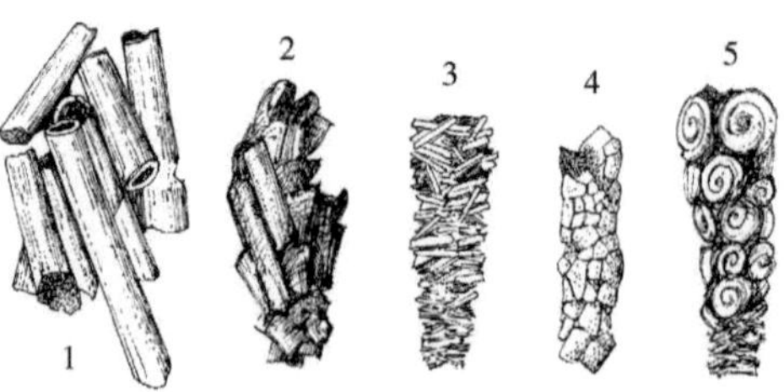

Abb. 682/1–5. Versch. Köcherformen von *Limnephilus*.

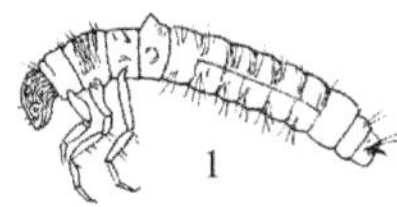

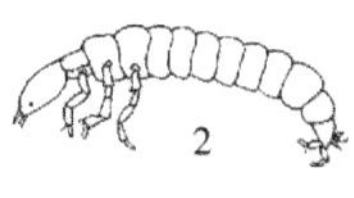

Abb. 683/1–2.
1 Raupenförmige L, ohne Köcher;
2 netzbauende L.

oberfläche. Überw meist als JungL. Arten der stehenden Gewässer oft mit 2 Gen im Jahr.
Die Im. können am Tage von der Ufervegetation geketschert od. nachts am Licht erbeutet werden. Die L u. P sammelt man von Steinen u. PflTeilen ab. Sowohl die Im. als auch die L u. P werden in 70%igem Alkohol konserviert. Es empfiehlt sich, die Im. auch trocken zu präparieren, um Färbung u. Behaarungsmuster zu erhalten. Zur Bestimmung der Arten u. Gattungen, die in den Tabellen nicht näher aufgeschlüsselt sind, ist die Untersuchung des Kopulationsapparates notwendig. Dazu muss der Hlb in KOH mazeriert werden. Die Tabellen enthalten alle in DE bekannten Gattungen. Für den Bestimmungsgang wurden fast ausschließlich äußere Merkmale herangezogen. 13 000 Arten, im Gebiet 314.

Zur Bestimmung der Familien u. Gattungen sind folgende Merkmalskomplexe der Im. von Bedeutung:
- Oc vorhanden od. fehlend (Abb. **686**/4),
- Form des UKfTst (Abb. **686**/2–3),
- Spornzahl: z. B. bedeutet 1.3.4., dass die VSchiene 1 Sporn, die MSchiene 3 Sporne u. die HSchiene 4 Sporne trägt (Abb. **686**/1),
- Geäder der VFl u. HFl (Abb. **687**/2),
- VFlLänge in mm.

Tabelle der Familien (Larven)

Bis auf wenige Gattungen können heute die meisten L bis zur Art bestimmt werden. Die folgende Tabelle kann nur eine grobe Einführung in die Identifikation und den Formenreichtum bei den L bieten. Für eine tiefergehende Beschäftigung mit den L sei auf WARINGER & GRAF (1997) verwiesen.

1 L campodeaförmig (Abb. **683**/2) **2**
1* L nicht campodeaförmig **11**
2 Alle 3 BrSgm oben chitinisiert (Abb. **684**/6–7) **3**
2* Nicht alle 3 BrSgm oben chitinisiert **6**
3 Hlb mit büschelförmigen Kiemen. Familie *Hydropsychidae* S. 690
3* Hlb ohne Kiemen. Ausnahme: Gattung *Ithytrichia* mit dicken dorsalen u. ventralen Ausstülpungen (Abb. **684**/1) **4**
4 9. HlbSgm dorsal mit Sklerit. **5**
4* Dorsaler Sklerit nicht vorhanden; L freilebend, manchmal in Süßwasserschwämmen. Familie *Ecnomidae* S. 690
5 Alle HlbSgm od. nur letzter Teil mit Tergit. Familie *Hydroptilidae* S. 688
5* Nur 1. u. 9. HlbSgm mit Tergit, Gehäuse aus Moosstückchen. Familie *Ptilocolepidae* S. 688
6 **(2)** Hlb mit büschelförmigen Kiemen; Nachschieber am Hlb breit, mit großer Klaue u. einer schmaleren, säbelförmigen Klaue (Abb. **684**/2). Familie *Rhyacophilidae* S. 687
6* Hlb ohne Kiemen **7**
7 Nachschieber kurz, mit letztem HlbSgm teilweise verwachsen; L in transportablen, festen, halbelliptischen Gehäusen (Abb. **685**/4). Familie *Glossosomatidae* S. 687
7* Nachschieber lg, bein- od. fußähnlich; L frei od. in Gespinsten an festen Gegenständen **8**
8 Ol chitinisiert, gelb od. braun **9**

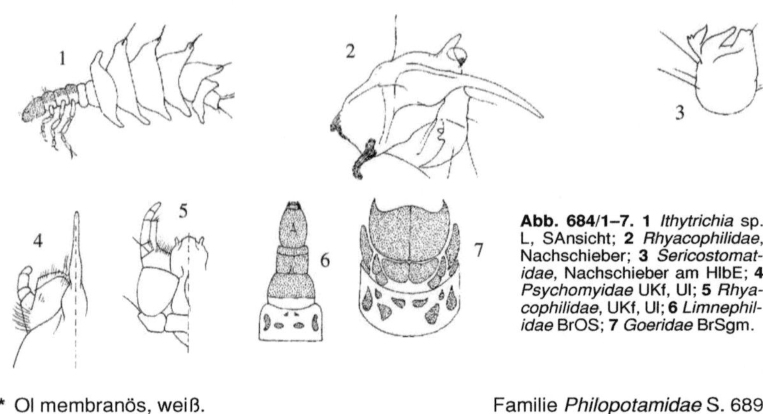

Abb. 684/1–7. 1 *Ithytrichia* sp. L, SAnsicht; **2** *Rhyacophilidae*, Nachschieber; **3** *Sericostomatidae*, Nachschieber am HlbE; **4** *Psychomyidae* UKf, Ul; **5** *Rhyacophilidae*, UKf, Ul; **6** *Limnephilidae* BrOS; **7** *Goeridae* BrSgm.

8* Ol membranös, weiß. Familie *Philopotamidae* S. 689

9 Ul in einen sehr lg Forts verlängert, der weit länger ist als der UKfTst (Abb. **684**/4). Familie *Psychomyidae* S. 690

9* Ul nicht in einen lg Forts verlängert, kürzer od. höchstens so lg wie der UKfTst (Abb. **684**/5) **10**

10 Nachschieber beinähnlich, 3gld, nur das 3. Gld chitinisiert. Familie *Polycentropodidae* S. 689

10* Nachschieber fußähnlich, 2gld, ganz chitinisiert. Familie *Rhyacophilidae* S. 687

11 **(1)** L subraupenförmig; nur 1. BrSgm oben chitinisiert; seitliche Kiemen am 2.–7. HlbSgm unbehaart; Gehäuse aus PflStoffen, meist gerade, s schwach gekrümmt, am HE offen, meist aus rechteckigen, spiralig gelegten PflStückchen, seltener ein einfaches Schilfstängelfragment. Familie *Phryganeidae* S. 691

11* L raupenförmig. V- u. meist auch MBrSgm oben chitinisiert, seltener letztere nur mit einigen Chitinschildchen od. auch häutig; seitliche Kiemen am 2.–7. HlbSgm behaart **12**

12 V- u. MBrSgm oben ganz chitinisiert, HBr mit 3 Paar Chitinschildchen (Abb. **684**/6); Gehäuse verschieden, aber nie aus reiner Gespinstmasse, hinten meist durch eine Membran mit Loch geschlossen. Familien *Apataniidae* u. *Limnephilidae* S. 693

12* Chitinbedeckung der BrSgm anders, oft nur VBr oben chitinisiert, MBr oft nur mit einigen voneinander getrennten Chitinschildchen bedeckt **13**

13 K in den vorn stark ausgeschnittenen u. mit vorgezogenen VEcken versehenen VBrSchild zurückziehbar (Abb. **684**/7); Gehäuse gerade Sandröhre, durch angefügte grobe Sandkörnchen od. meist durch Steinchen flügelartig verbreitert (Abb. **685**/1). Familie *Goeridae* S. 696

13* K nicht in den VBrSchild zurückziehbar, VBrSchild nicht stark ausgeschnitten; Gehäuse nicht flügelartig verbreitert **14**

14 Klauen der Nachschieber am HlbE groß, aus 2 od. 3 großen, übereinander gestellten Rückenhaken gebildet (Abb. **684**/3); K dunkel, MBr oben häutig, mit einigen Chitinfleckchen od. am VRand chitinisiert, HBr oben ganz häutig; Gehäuse eine glatte, konische, gebogene Sandröhre. Familie *Sericostomatidae* S. 698

14* Klauen der Nachschieber klein, mit od. ohne kleine Rückenhaken **15**

15 Gehäuse mützenartig (Abb. **685**/2), aus Sand. Familie *Uenoidae* S. 696

15* Gehäuse nicht mützenartig, sondern röhrenförmig od. schildartig verbreitert (Abb. **685**/3) **16**

16 VBr mit stilettartigem Forts („Horn") zw den VB, 1. HlbSgm mit SHöckern; Gehäuse oft vierseitig. Familie *Lepidostomatidae* S. 692

16* VBr ohne „Horn" zw den VB **17**

17 1. HlbSgm ohne Höcker; Gehäuse manchmal 4seitig, nie schildförmig. Familie *Brachycentridae* S. 692

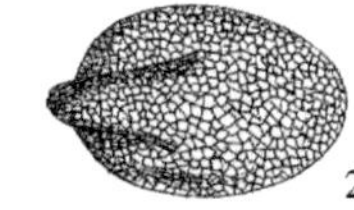
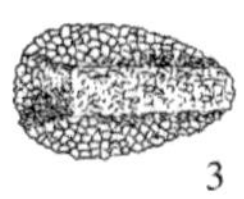
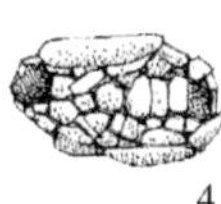

Abb. 685/1–4. LGehäuse **1** *Goeridae*; **2** *Thremma* sp.; **3** *Molannidae*; **4** *Glossosomatidae*.

17* 1. HlbSgm mit 3 Höckern; Gehäuse nie 4seitig **18**
18 MBr mit 2 großen, queren Chitinplättchen hintereinander u. mit je einem kleineren über den Stützplättchen am B; Gehäuse gebogen, konisch, nach hinten wenig verschmälert, aus Sand. Familie *Odontoceridae* S. 698
18* MBr oben ganz häutig **19**
19 Gehäuse schildartig verbreitert, aus Sand (Abb. **685**/3). Familie *Molannidae* S. 698
19* Gehäuse nicht schildartig verbreitert **20**
20 UKfTst 5gld; Gehäuse stark gebogen, glatt, konisch, aus Sand. Familie *Beraeidae* S. 699
20* UKfTst 4gld; Gehäuse stark gebogen, konisch, aus Sand, Stoffen od. aus Sekret. Familie *Leptoceridae* S. 697

Tabelle der Familien (Imagines)

1 Im. sehr klein, VFl 1,5–5 mm, mit aufgerichteten BoHaaren auf einigen Adern, F etwa halb so lg wie VFl. **2**
1* Im. größer u. mit längeren F **3**
2 VFl u. HFl mit spitzem Apex. Familie *Hydroptilidae* S. 688
2* Fl mit abgerundetem Apex. Familie *Ptilolepidae* S. 688
3 **(1)** UKfTst fünfgld (Abb. **686**/3) **4**
3* UKfTst mit weniger als 5 Gld, EGld oft umgebildet, nur ♂♂ (Abb. **686**/2) **22**
4 EGld der UKfTst verlängert u. mit rissiger Oberfläche (Abb. **686**/3) **5**
4* EGld der UKfTst kaum länger, meist kürzer als vorhergehende Gld, ohne rissige Oberfläche **9**
5 Oc vorhanden (Abb. **686**/4). Familie *Philopotamidae* S. 689
5* Oc fehlend **6**
6 Spornzahl 3.4.4. . . . . **7**
6* Spornzahl 2.4.4. . . . . **8**
7 2. Gld der UKfTst so lg wie 1. Gld, kürzer als 3. Gld, Dz im VFl doppelt so lg wie breit (Abb. **688**/1). Familie *Polycentropodidae* S. 689
7* 2. Gld der UKfTst so lg od. länger als 3. Gld, Dz im VFl kurz, R gegabelt. Familie *Ecnomidae* S. 690
8 **(6)** HFl so breit wie VFl (Abb. **687**/2), VFl über 10 mm lg. Familie *Hydropsychidae* S. 690
8* HFl schmaler als VFl (Abb. **687**/3), VFl unter 10 mm lg. Familie *Psychomyidae* S. 690
9 **(4)** Oc vorhanden (Abb. **686**/4) **10**
9* Oc fehlend **15**
10 EGld der beiden Tst zugespitzt **11**
10* EGld der Tst abgerundet **12**
11 Spornzahl 3.4.4., Dz im VFl offen (Abb. **698**/2). Familie *Rhyacophilidae* S. 687
11* Spornzahl 2.4.4., Dz im VFl geschlossen (Abb. **687**/6). Familie *Glossosomatidae* S. 687
12 **(10)** Spornzahl 2.4.4.. Familie *Phryganeidae* S. 691
12* V- u. MSchiene mit weniger als 2 bzw. 4 Spornen **13**
13 Au glatt **14**

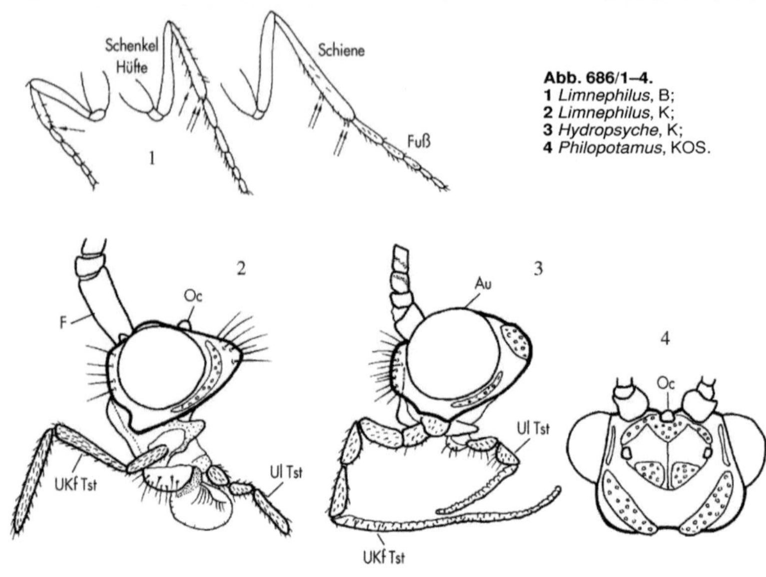

Abb. 686/1–4.
1 *Limnephilus*, B;
2 *Limnephilus*, K;
3 *Hydropsyche*, K;
4 *Philopotamus*, KOS.

13* Au dicht bewimpert. Familie *Uenoidae* S. 696
14 im VFl mündet die Sc in eine Querader c-r (Abb. **685**/5), Spornzahl 1.2.4. Familie *Apataniidae* S. 696
14* Sc des VFl mündet in C (FlVRand). Familie *Limnephilidae* S. 693
15 **(9)** Dz im VFl geschlossen (Abb. **687**/1) **16**
15* Dz im VFl u. HFl fehlend (Abb. **687**/7) **21**
16 F deutlich länger als VFl **17**
16* F so lg wie VFl od. kürzer **18**
17 F doppelt so lg wie VFl. Familie *Leptoceridae* S. 697
17* F etwa 1,5-mal so lg wie VFl, beim ♂ gesägt (Abb. **687**/4). Familie *Odontoceridae* S. 698
18 **(16)** Spornzahl 2.4.4., Au glatt, 1. FGld länger als K (Abb. **687**/5) **19**
18* Spornzahl anders, Au bewimpert, 1. FGld kürzer als K **20**
19 HFl mit Gabel 3 (Abb. **692**/1). Familie *Goeridae* S. 696
19* HFl ohne Gabel 3. Familie *Lepidostomatidae* S. 692
20 **(18)** Spornzahl 2.2.4. Familie *Sericostomatidae* S. 698
20* Spornzahl 2.2.2. od. 2.3.3. Familie *Brachycentridae* S. 692
21 **(15)** Spornzahl 2.4.4., VFl mehr als 10 mm lg (Abb. **687**/7). Familie *Molannidae* S. 698
21* Spornzahl 2.2.4., VFl unter 7 mm lg (Abb. **698**/3). Familie *Beraeidae* S. 699
22 **(3)** Oc fehlend **18**
22* Oc vorhanden **12**

Unterordnung ***Spicipalpia***

Diese (paraphyletische) Unterordnung umfasst die ursprünglichsten Köcherfliegengruppen.

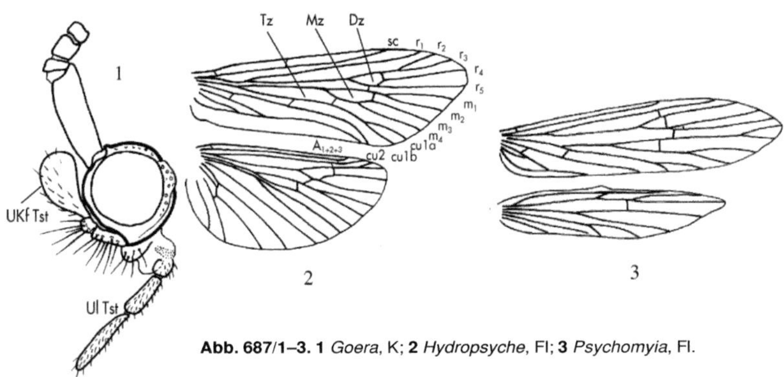

Abb. 687/1–3. 1 *Goera*, K; **2** *Hydropsyche*, Fl; **3** *Psychomyia*, Fl.

Familie ***Rhyacophilidae***

VFl 7–16 mm, Spornzahl 3.4.4., ♂ mit artspezifischen u. äußerlich erkennbaren Genitalanhängen, ♀ mit Legeröhre, L sind freilebende Räuber, Verpuppung in einem semipermeablen Kokon innerhalb eines Puppengehäuses aus Steinchen, L in Fließgewässern bes. der Geb, V–XI, nur 1 Gattung, 24 Arten. Gattung *Rhyacophila* PICTET

Familie ***Glossosomatidae***

VFl 5–11 mm, Spornzahl 2.4.4., Dz im VFl von charakteristischer Form (Abb. **687**/6), ♂ mit kurzen Forts am 6. u. 7. BauchSgm, ♀ mit Legeröhre u. verbreiterten MB, L bauen schildkrötenartige Gehäuse aus Steinchen, weiden den Algenbelag (Auf-

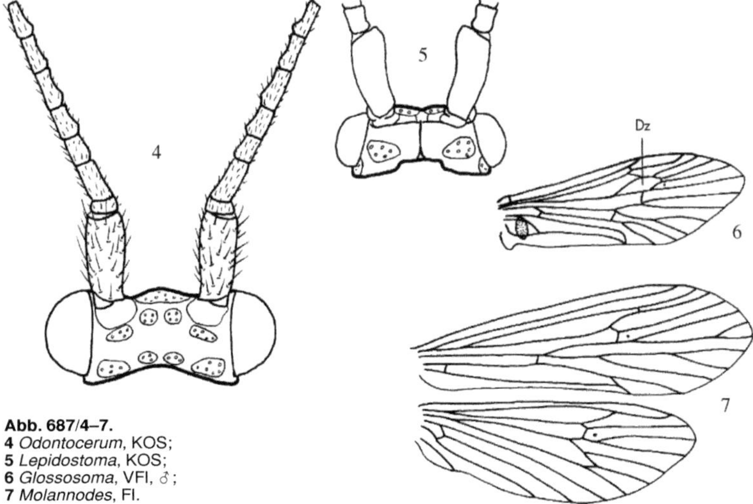

Abb. 687/4–7.
4 *Odontocerum*, KOS;
5 *Lepidostoma*, KOS;
6 *Glossosoma*, VFl, ♂;
7 *Molannodes*, Fl.

wuchs) der Steine ab, Verpuppung im Kokon im LGehäuse, L in Bächen u. kleinen Flüssen.

1 Geschlossene Dz auch im HFl vorhanden, VFl 7–11 mm. V–VIII, nur im Geb, 4 Arten. Gattung *Glossosoma* Curtis
1* HFl ohne Dz, VFl 5–7 mm 2
2 5. HlbSgm des ♂ lateral mit Anhängen. V–VII, nur im Geb, 3 Arten. Gattung *Synagapetus* McLachlan
2* 5. HlbSgm des ♂ nur mit kurzen Zapfen. V–X, im Geb u. im Tiefland, 5 Arten. Gattung *Agapetus* Curtis

Familie ***Ptilocolepidae***

VFl u. Körper schwarz, VF 4–5 mm, Dz geschlossen, Oc vorhanden, Spornzahl 1.3.4. – L in Bächen u. Quellen, Gehäuse in Form eines Brillenetuis aus Moosstückchen, V–VIII, s im Tiefland, z im Geb. *Ptilocolepus granulatus* (Pictet)

Familie ***Hydroptilidae***

Kleinste Köcherfliegen, Fl schmal u. lanzettförmig, Fransen der HFl breiter als der Fl, K u. Tst stark behaart, erste LStadien freilebend, letztes Stadium baut ein gattungstypisches Gehäuse, Na vorwiegend Grün- u. Kieselalgen, L in fließenden u. stehenden Gewässern.

1 Gabel 1 im VFl vorhanden, Oc vorhanden, Spornzahl 0.3.4 2
1* Gabel 1 fehlend 3
2 Gabel 1 entspringt in VFlM, Apex schief abgerundet.– L in Weihern u. Seen, V–IX, g im Tiefland, 2 Arten. Gattung *Agraylea* Curtis
2* Gabel 1 entspringt im letzten Drittel des VFl, Apex spitz. – L in Flüssen, VII–VIII, z im S u. in TH. *Allotrichia pallicornis* Eaton
3 **(1)** Spornzahl 0.3.4. od. 1.3.4. 4
3* Spornzahl 0.2.4. od. 1.2.4. 9
4 Oc vorhanden 5
4* Oc fehlend, VFl mit weißen Haaren am HRand. – L saugen Algenzellen aus, in Weihern u. Seen, 2 Gen, V–IX, g bis z im Tiefland, 3 Arten. Gattung *Orthotrichia* Eaton
5 VFl über 2 mm lg 7
5* VFl bis 2 mm lg 6
6 Spornzahl 1.3.4. – L in Flüssen, s, kaum bekannt im Gebiet. Gattung *Stactobiella* Martynov
6* Spornzahl 0.3.4. – L in Quellbächen, Alp [noch nicht in DE nachgewiesen]. Gattung *Microptila* Ris
7 **(5)** VFl sehr schmal u. zugespitzt, ohne Gabeln 8

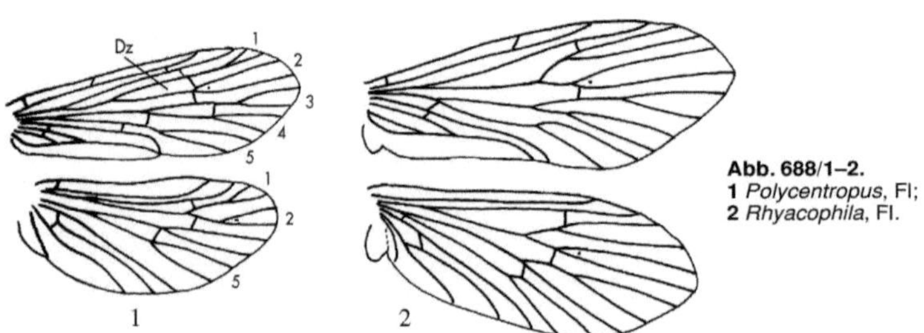

Abb. 688/1–2.
1 *Polycentropus*, Fl;
2 *Rhyacophila*, Fl.

7* VFl weniger schmal, mit Gabeln. VFl braun mit weißgelben Flecken, 3–4 mm. – L in Flüssen u. Bächen, VI–VIII, z. *Ithytrichia lamellaris* EATON

8 VFl gelbweißlich gefleckt, F geringelt. Kopulationsapparat des ♂ mit lateralen Dornen od. Haken. – L in Weihern, Seen u. Flüssen, 2 Gen, IV–X, *O. flavicornis* (PICTET) g im Tiefland, weitere 6 Arten z od. s. Gattung *Oxyethira* EATON

8* VFl bräunlich, F ohne dunkle Gld. Kopulationsapparat des ♂ ohne Haken u. Dornen. – L in Moorgewässern u. Seen, s in MV, BR u. BW. *Tricholeiochiton fagesi* (GUINARD)

9 **(3)** Spornzahl 1.2.4, Oc vorhanden. VFl dunkelbraun bis schwarz, mit weißen Punkten. – L an hygropetrischen Stellen u. in kleinen Bächen, VI–VIII, im Geb, s, 3 Arten. Gattung *Stactobia* MCLACHLAN

9* Spornzahl 0.2.4., Oc fehlend. VFl braun mit undeutlichen hellen Flecken, ♂♂ mit ausstülpbaren, membranösen Forts auf dem K. – L in großen Seen, Flüssen u. Bächen, Na Algen, V– IX, 15 Arten. Gattung *Hydroptila* DALMAN

Unterordnung ***Annulipalpia***

Diese Gruppe umfasst alle Arten u. Familien, deren L Wohn- u. Fangnetze bauen od. in selbstgefertigten röhrenförmigen Tunneln leben.

Familie ***Philopotamidae***

L weben sehr engmaschige Netze, aus denen Mikropartikel u. Algenbewuchs mit Hilfe der verbreiterten, membranösen Ol abgekämmt werden, omnivor, L nur in Fließgewässern, g im Geb, s im Tiefland.

1 Spornzahl 1.4.4. – VFl 7–7 mm lg, Radialsektor gebogen u. mit angrenzendem, glattem Fleck, L in kleineren Flüssen, VI–VII, s in MV u. BY. *Chimarra marginata* (L.)

1* Spornzahl 2.4.4. . . . . **2**

2 VFL 6–8 mm lg, einfarbig braun. – L in Quellen u. Quellbächen der Ebene, im Geb auch in größeren Bächen, Im. tagaktiv, 2 Gen, IV–X, s im N, g im Geb, 6 Arten. Gattung *Wormaldia* MCLACHLAN

2* VFl 10–14 mm lg, braun mit zahlreichen gelblichen Flecken. – L in Bächen u. Flüssen der Geb (auch auf Rügen), Im. tagaktiv, V–IX, g, 3 Arten. Gattung *Philopotamus* LEACH

Familie ***Polycentropodidae***

Im. meist mit goldig gefleckten VFl, am Apex abgerundet, L bauen Netze zw PflTeilen u. Steinen, Na InsektenL, Algen, Detritus, L in stehenden u. fließenden Gewässern, einige Arten g im Tiefland u. im Geb.

1 VFl ohne Gabel 1. – VFl 5–8 mm lg, hellbräunlich mit dunklen Flecken od. dunkelbraun mit hellen Flecken, L besonders zw der Unterwasservegetation lebend, weit verbreitet an stehenden u. langsam fließenden Gewässern, 2 Gen, IV–IX, g, 4 Arten. Gattung *Cyrnus* STEPHENS

1* VFl mit Gabel 1, manchmal sehr klein (Abb. **688**/1) **2**

2 VFl mit 2 gelben Flecken an der Dz u. Tz. – VFl mausgrau behaart, 6–11 mm lg, Costalraum ohne distale Querader, MB des ♀ erweitert, L mit ballon- u. trichterförmigen Netzen, in Flüssen u. Seeausflüssen, IV–IX, v im N, z im S. *Neureclipsis bimaculata* (L.)

2* VFl mit zahlreichen Flecken bedeckt, Gabel 3 fehlt im HFl **3**

3 HFl mit offener Dz. – VFl 6–10 mm lg, L in Bächen u. Flüssen u. im Brandungsufer von Seen, V–IX, g im Tiefland u. im Gebirge, 3 Arten. Gattung *Polycentropus* CURTIS

3* HFl mit geschlossener Dz **4**

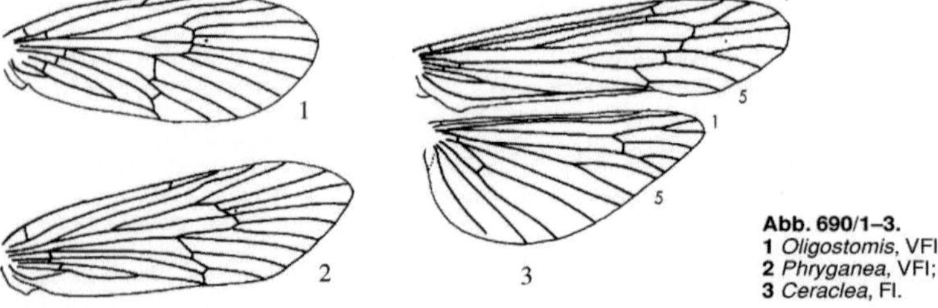

Abb. 690/1–3.
1 *Oligostomis*, VFl;
2 *Phryganea*, VFl;
3 *Ceraclea*, Fl.

4 HFl mit Gabel 1, VFl über 10 mm lg. VFl 10–15 mm lg, F gelb geringelt. – L in Bächen u. Quellen, Na bes. InsektenL u. Krebstiere, V–IX, im Tiefland u. im Geb, 4 Arten. Gattung *Plectrocnemia* STEPHENS

4* HFl ohne Gabel 1, VFl 5–9 mm lg. Körper dunkelbraun bis schwarz, VFl braun mit goldgelben Flecken. – L in Moorgewässern, Weihern u. Seen, IV–VIII, v im Tiefland, z im S, 4 Arten. Gattung *Holocentropus* MCLACHLAN

Familie ***Ecnomidae***

VFl gelblich mit braunen Flecken, 4–6 mm lg, Radius gegabelt, HFl ohne Gabel 3, L in stehenden Gewässern u. größeren Flüssen, VI–IX, g im N u. im S, 1 Gattung, 2 Arten. Gattung *Ecnomus* MCLACHLAN

Familie ***Psychomyidae***

VFl meist einfarbig hell- bis dunkelbraun behaart, 4–8 mm lg, L leben in tunnelförmigen Röhren aus feinen Sandpartikeln auf Steinen u. Holz, Na Detritus u. Algen.

1 3. Gld der UKfTst länger als 2. Gld. – L in Flüssen u. Seen der Ebene (*T. waeneri* (L.)) od. in Bächen der Gebirge, 10 Arten. Gattung *Tinodes* LEACH

1* 3. u. 2.Gld der UKfTst gleichlg **2**

2 VFl hellbraun, ♀ ohne Legeröhre. – F u. B gelblich, L in Flüssen, s in Seen, V–VIII, z im N, v im S, 2 Arten. Gattung *Psychomyia* LATREILLE

2* VFl mit schwärzlicher Behaarung, ♀ mit Legeröhre. – F u. B braun, VFl abgerundet, L leben auf Wurzeln u. Holz, L g in Weihern, Seen u. Flüssen der Ebene (*L. phaeopa* (STEPHENS)), z in Bächen (*L. reducta*), V–IX, 2 Arten. Gattung *Lype* MCLACHLAN

Familie ***Hydropsychidae***

F etwa so lg od. länger als VFl, mit kurzem u. breitem BasalGld, EGld der UKfTst meist so lg wie alle anderen Gld zusammen, Dz u. Mz in beiden Fl geschlossen, MB des ♀ oft erweitert, L in fließenden Gewässern, bes. in Flüssen u. Bächen, oft in Massen, bauen Stellnetze mit rechteckigen Maschen an der VS von Steingehäusen, ♂♂ mancher Arten mit Schwarmbildung.

1 VFl mit geradem Außenrand (Abb. **687**/2), Radius im HFl nicht gebogen **2**

1* VFl mit abgerundetem Außenrand, Radius im HFl am E deutlich geschwungen. VFl goldigbraun behaart, 6–8 mm lg, MB des ♀ nicht erweitert, keine schwarzen BoBüschel an den Krallen der ♂♂. – L in Quellbächen, VI–IX, s. *Diplectrona felix* MCLACHLAN

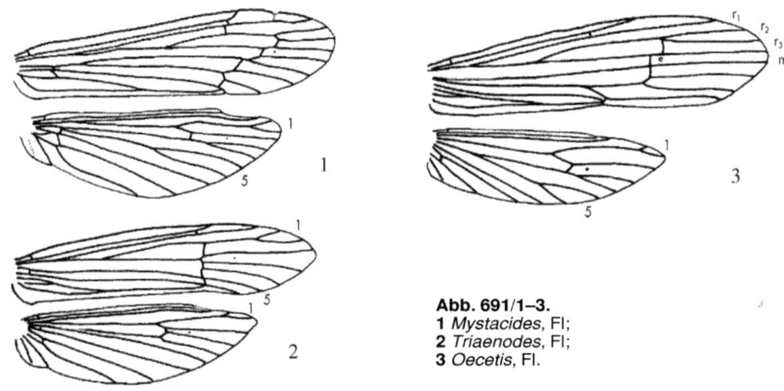

Abb. 691/1–3.
1 *Mystacides*, Fl;
2 *Triaenodes*, Fl;
3 *Oecetis*, Fl.

2 FGld mit schwarzem Schrägstrich. VFl mit undeutlichen gelben u. braunen Flecken, 11–18 mm lg, Körper dunkelbraun bis schwarz, ♂ mit schwarzen BoBüscheln an den Krallen. – L in Bächen, Flüssen u. Strömen, IV–X, g in der Ebene u. im Geb, 17 Arten. Gattung *Hydropsyche* Pictet

2* F ohne Schrägstrich. VFl hellgoldig behaart, mit undeutlichen Flecken, 6–8 mm lg. – L in Flüssen, VI–IX, z, s im N. *Cheumatopsyche lepida* (Pictet)

Unterordnung ***Integripalpia***

Die L dieser Unterordnung bauen alle einen transportablen Köcher bzw. Gehäuse, in dem auch die Verpuppung stattfindet.

Familie ***Phryganeidae***

Große Arten, VFl 10–35 mm lg, F dick, etwas kürzer als die VFl, UKfTst des ♂ mit 4 Gld, beim ♀ mit 5 Gld, EGld der UlTst oval u. löffelförmig ausgehöhlt, L in beidseitig offenen Köchern bestehend aus PflTeilen, aus denen sie blitzartig herausstürzen können, Räuber, L. in Weihern, Moorgewässern u. langsamen Fließgewässern.

1 VFl einfarbig rauchbraun, glänzend, 1.BrSgm rotgelb. – L in Weihern u. Moorgewässern, Im. tagfliegend, VFl 15–20 mm lg, V–VI, z. *Oligotricha striata* (L.)

1* VFl u. Br anders **2**

2 VFl u. HFl fast glatt, dunkelgelb, mit netzartig zusammenfließenden, schwarzen Querstrichen, Fl breit (Abb. **690**/1) **3**

2* VFl u. HFl dicht behaart, ohne gelbe Flecken, Fl länglich (Abb. **690**/2) **4**

3 B schwarz, nur HSchienen gelblich. – L in Bächen, die auch periodisch trockenfallen können, Im. tagaktiv, IV–V, z. *Oligostomis reticulata* (L.)

3* B gelblich, nur Schenkel schwarz. – L in Bächen u. Moorgewässern, Im. tagaktiv, VFl 14–17 mm lg, V–VII, s. *Hagenella clathrata* (Kolenati)

4 VFlLänge 9–12 mm. – Kleinste Art der Familie, VFl dunkelbraun, mit grauweißen Flecken. – L in Bächen u. Weihern, die auch periodisch trockenfallen können, V–VII, v im Tiefland. *Trichostegia minor* (Curtis)

4* VFlLänge über 15 mm **5**

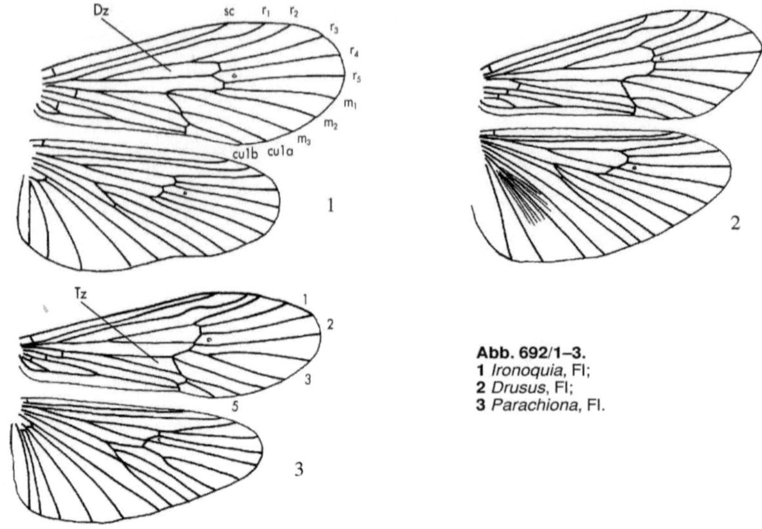

Abb. 692/1–3.
1 *Ironoquia*, Fl;
2 *Drusus*, Fl;
3 *Parachiona*, Fl.

5 VFl 20–32 mm lg, Spitze der HFl kaum verdunkelt. – Größte Arten der Familie, VFlFärbung variabel, von fast einfarbig braun bis auffällig gefleckt mit weißen Makeln u. schwarzen Strichen. – L in stehenden u. langsam fließenden Gewässern, V–VIII, v, 2 Arten. Gattung *Phryganea* L.

5* VFl 12–18 mm lg, Spitze der HFl deutlich schwarz abgesetzt. – VFl einfarbig od. dunkler u. kontrastreicher als bei *Phryganea* , L in stehenden Gewässern u. Mooren, V–IX, v, 4 Arten. Gattung *Agrypnia* CURTIS

Familie *Brachycentridae*

♂♂ mit 3gld UKfTst, eng dem Kopf anliegend, ♀♀ oft mit rundem Eiballen am AbdomenE.

1 VFl einfarbig dunkelbraun bis schwarz, 4–8 mm lg, Radius am Apex nur einfach gebogen. – Gabel 3 des VFl gestielt, Körper schwarz, L mit runden Gehäusen aus Sandpartikeln, Na Algen, Detritus, VI–VIII, v in Bächen der Geb, 4 Arten. Gattung *Micrasema* MCLACHLAN

1* VFl dunkelbraun, mit hellen Flecken, 6–13 mm lg, Radius vor dem Apex deutlich geschwungen (Abb. **698**/1). – Gabel 3 im VFl sitzend, Im. tagaktiv, L bauen runde u. viereckige Köcher aus pfl Material, Driftfang mit ausgespreizten B, v in Bächen der Geb u. z in Flüssen der Ebene, III–VI, 3 Arten. Gattung *Brachycentrus* CURTIS

Familie *Lepidostomatidae*

Au u. Tst stark behaart, ♂ oft mit Duftorganen od. verdickten Haaren auf Fl u. Tst, FlGeäder in den Geschlechtern verschieden, L bauen oft viereckige Köcher aus pfl Material, Na Falllaub, Detritus, Algen.

1 Dz im HFl offen, VFlLänge 5–7 mm. – Grundgld der F doppelt so lg wie der K, VFl mit goldigbrauner Behaarung, L in Quellen u. Quellbächen der Ebene u. im Geb, V–IX, v, 2 Arten. Gattung *Crunoecia* McLachlan
1* Dz im HFl geschlossen, VFl über 7 mm lg 2
2 GrundGld der F mehr als doppelt so lg wie der K. – Fl mit hellbrauner Behaarung, Dz im VFl kurz, Costa des ♂ mit Haarbürste, L in Bächen, VI–IX, z. *Lasiocephala basalis* (Kolenati)
2* GrundGld der F etwas länger als K (Abb. **687**/5). – Fl mit graubrauner Behaarung, mit schwarzen Schuppen, Dz im VFl lg, HFl des ♂ mit Faltentasche, L in Bächen u. Flüssen, VI–VIII, z. *Lepidostoma hirtum* (F.)

Familie ***Limnephilidae***

Spornzahl verschieden, jedoch VSchiene höchstens 1 u. MSchiene höchstens 3 Sporne, F kaum länger als VFl, Oc stets vorhanden, UKfTst des ♂ stets dreigld (Abb. **686**/2), beim ♀ fünfgld, VFl mit variabler Behaarung u. oft charakteristischer Zeichnung, HFl wenig behaart, meist glatt u. farblos, Nervatur in beiden Geschlechtern gleich. L bauen Köcher aus den verschiedensten Materialien, L in allen Gewässertypen, manche auch im Brackwasser, artenreichste Familie in MEur.

1 VFl verkümmert u. Geäder reduziert. (s. bei *Enoicyla* u. *Anomalopterygella*)
1* VFl normal ausgebildet 2
2 Basis der Gabel 1 im VFl weit an der Dz herabreichend, FlMembran körnig (Abb. **692**/1). Unterfamilie *Dicosmoecinae*
2* Gabel 1 kaum an der Dz herabreichend, FlMembran glatt 3
3 M u.oft auch Cu des HFl gabeln sich vor od. in der FlM (Abb. **692**/2), HSchiene höchstens 3 Sporne. Unterfamilie *Drusinae*
3* Gabelung von M u. Cu im HFl hinter der FlM (Abb. **695**/3). Unterfamilie *Limnephilinae*

Unterfamilie ***Dicosmoecinae***

VFl breit gerundet, 12–14 mm lg, bräunlichgelb, mit zahlreichen kleinen, hellen Flecken gesprenkelt, bes. am Apex, Dz in beiden Fl sehr lg, Spornzahl 1.3.4., L in Bächen der Ebene, mit büschelförmigen Kiemen, IX–X, z , 1 Gattung, 1 Art. *Ironoquia dubia* (Stephens)

Unterfamilie ***Drusinae***

1 Beide Fl reduziert u. lanzettförmig (♂) od. nur HFl kleiner als VFl.– Fl mit aufgerichteten Bo, 5–8 mm lg, Im. am Boden, L in größeren Bächen der Geb, IX–X, z. *Anomalopterygella chauviniana* (Stein)
1* Beide Fl normal entw 2
2 HFl des ♂ ohne Faltentasche mit verdickten Haaren im Analfeld. – VFl mit hellen Adern u. hellgelber Behaarung, 8– 12 mm lg, Spornzahl 1.3.3., L in Bächen, VII–X, v in den Alp. *Metanoea rhaetica* (Schmid)
2* HFl des ♂ mit Faltentasche (Abb. **692**/2) 3
3 VFl einfarbig hellgelb bis braungelb, Spornzahl 1.3.3, 0.3.3. u. 1.2.2. – VFl 10–15 mm lg, L in Bächen, VI–X, v nur im Geb, 6 Arten. Gattung *Drusus* Stephens
3* VFl braun, mit hellen, kleinen Flecken gesprenkelt, Spornzahl 1.2.3. – VFl 8–14 mm, L in Bächen u. Flüssen, V–VIII, v im Geb, s im Tiefland, 3 Arten. Gattung *Ecclisopteryx* Kolenati

Unterfamilie ***Limnephilinae***

1 Gabel 3 im VFl gestielt, Tz sehr kurz (Abb. **692**/3) **2**
1* Gabel 3 sitzend **3**
2 Spornzahl 0.2.2., Dz in beiden Fl kürzer als ihr Stiel. – Körper schwarz, VFl 5–7 mm lg, einfarbig bräunlich, mit dunkleren Adern u. aufgerichteten BoHaaren, HFl membranös, ♀ mit verkümmerten Fl, L leben terrestrisch od. semiterrestrisch in Quellbereichen, Im. tagaktiv, IX–X, z, 2 Arten. Gattung *Enoicyla* RAMBUR
2* Spornzahl 1.3.4., Dz länger als ihr Stiel. – Körper u. F schwarz, VFl hellbraun, glänzend, 6–9 mm lg, HFl hyalin, Im. tagaktiv, L in Quellen u. Quellbächen, III–V, v in der Ebene u. im Geb. *Parachiona picicornis* PICTET
3 **(1)** R5 u. ihre Umgebung im HFl geschwärzt (Abb. **695**/3). – VFl 14–20 mm lg, gelbbräunlich, mit zahlreichen schwarzen Punkten, die zu Flecken zusammenfließen können od. einen Fensterfleck freilassen, HFl hyalin, L in Weihern, Moorgewässern u. Seen, V–IX, v, 3 Arten. Gattung *Grammotaulius* KOLENATI
3* R5 im HFl normal **4**
4 Außenrand der VFl ausgeschnitten (Abb. **695**/4) **5**
4* Außenrand gerade od. konvex **6**
5 VFl 12–18 mm lg. VFl graubraun bis dunkelbraun, oft mit hyalinem Fleck, L in stehenden Gewässern, V–IX, g, bes. in der Ebene. *Glyphotaelius pellucidus* (RETZIUS)
5* VFl über 20 mm lg. VFl hellbraun, mit hyalinen Punkten u. Fensterfleck, R5 auch im VFl verdunkelt, Außenrand nur schwach ausgeschnitten, L in Weihern, Eiabl. auf Blätter überhängender Bäume, V–VII, s, in SH, NS u. MV. *Nemotaulius punctatolineatus* (RETZIUS)
6 **(4)** HSchiene nur mit 2 od. 3 Spornen **17**
6* Spornzahl 0.3.4. od. 1.3.4. . . . . **7**
7 VFl einfarbig braun, nur ein hyaliner Fleck an Tz **8**
7* VFl mit Flecken u. Mustern, zumindest im Analfeld **10**
8 Außenrand des VFl an den Adern kurz eingezogen, im HFl ist der Außenrand an Gabel 5 tief eingezogen (Abb. **695**/6). – VFl 10–12 mm lg, Membran deutlich granuliert, glänzend, L in Weihern, Moorgewässern u. langsam fließenden Bächen, Köcher mit dreieckigem Querschnitt, VI–X, z. *Phacopteryx brevipennis* (CURTIS)
8* Außenrand der Fl gerade **9**
9 VFl rauchbraun, Adern dunkler u. hervortretend, R an der Basis schwarz. – VFl 13–18 mm, Apex breit gerundet, Membran granuliert, F u. Körper dunkelbraun bis schwarz, L in Bächen, VI–VIII, z, nur im Geb. *Hydatophylax infumatus* (MCLACHLAN)
9* VFl hellbraun bis dunkelbraun, glänzend, Dz im HFl mindestens genauso lg wie ihr Stiel. – VFl 11–17 mm lg, Körper dunkelbraun, HFl mit bräunlich eingefärbter Membran, von mehr elliptischer Form, Im. tagaktiv, L in Köchern aus Sand mit angefügten, längeren Zweigstücken, L in Weihern, Seen, Flüssen u. langsam fließenden Bächen, IX–X, g, überall, 2 Arten. Gattung *Anabolia* STEPHENS
10 **(7)** VRand der Dz im VFl deutlich konkav (Abb. **697**/1) **14**
10* Dz gerade **11**
11 1. Gld der UKfTst winzig klein, 1. BrSgm dorsal mit orangefarbenen Warzen u. Bo, ♂ mit deutlichem Pterostigma auf dem VFl. – VFl 9–12 mm, spärlich behaart, Tst, F u. Körper schwarz, HFl hyalin, L in subalp Bergbächen, IX–XI, Federseegebiet im Schwarzwald u. BY. *Consorophylax consors* (MCLACHLAN)
11* 1. Gld der UKfTst größer **12**
12 Dz in beiden Fl länger als ihr Stiel, Außenrand der VFl meist abgerundet **13**
12* Dz im HFl deutlich kürzer als ihr Stiel, Außenrand der VFl gerade abgeschnitten (Abb. **697**/2). – VFl 5–22 mm lg, mit variablen Mustern, HFl hyalin, breiter als VFl, L in allen Gewässertypen, Köcherarchitektur vielgestaltig, Na: Fallaub, Algen, Detritus, viele Arten schlüpfen im Frühjahr u. durchlaufen eine imaginale Sommerdiapause, Eiabl im Herbst, V–XI, viele Arten überall, andere nur lokal vorkommend, 34 Arten. Gattung *Limnephilus* LEACH

Abb. 695/1–2.
1 HaarBo auf Membran u. Adern;
2 HaarBo nur auf Adern.

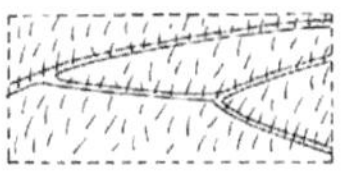

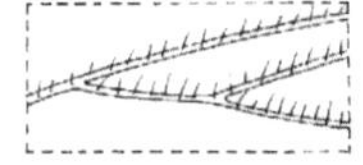

13 VFl gelbbraun, mit weißen Flecken an der Basis der Apikalzellen u. einem großen Fleck über der Tz-VFl 10–13 mm, L in Moorgewässern der Ebene u. Geb, VI–VIII, z u. lokal. *Rhadicoleptus alpestris* (KOLENATI)

13* VFl braun, mit hellen Flecken übersprenkelt, ein größerer Fleck in der FlM zw Dz u. Tz – VFl 11–13 mm lg, F u. Körper schwarz, HFl hyalin, L in Bächen u. Bergseen der Geb, IV–V, v, BY, BW. *Acrophylax zerberus* BRAUER

14 **(10)** VFl hellbraun bis gelblich, HFl gelblich hyalin **15**

14* VFl dunkler, graubraun, HFl gräulich hyalin. – Mit weißen Strichen od. Flecken in den Apikalzellen des VFl, oft auch in Dz u. Tz, Analfeld dunkler, VFl 15–24 mm, L in Fließgewässern u. Quellen, Na: Fallaub, Detritus, z im N, v im Geb. 5 Arten Gattung *Potamophylax* WALLENGREN

15 1. FußGld der VB beim ♂ kürzer als das nächste. – VFl 12–20 mm lg, Analfeld dunkler, Adern braun, F, Tst u. Körper gelbbraun, L in Fließgewässern u. Quellbereichen, Na: Fallaub, Detritus, Algen, Im. mit Sommerdiapause in Höhlen, Eiabl im Herbst, V–X, v im S, z im N, 5 Arten. Gattung *Micropterna* STEIN

15* 1. FußGld genauso lg od. länger als 2 . . . . **16**

16 Adern im VFl braun. – VFl 15–25 mm lg, Habitus u. L. wie bei *Micropterna*, V–X, v, 3 Arten. Gattung *Stenophylax* KOLENATI

16* VFl ockergelb, Adern gelblich. – VFl 13–20 mm lg, Habitus u. L. wie bei *Micropterna*, VI–X, z in BY. *Mesophylax impunctatus* MCLACHLAN

17 **(6)** Auf allen Adern der VFl stehen lg, aufgerichtete BoHaare (Abb. **695**/2), VSchiene meist ohne Sporn **20**

17* BoHaare nur im Basal- u. Analfeld der VFl, Spornzahl 1.3.3. . . . . **18**

18 KrallenGld der M- u. HBeine ohne Dornen auf der US, Schenkel (Femur) aller BPaare dunkelbraun bis schwarz. VFl 11–13 mm lg, braun, spärlich behaart, undeutliche hellere Flecken, F u. K schwarz, Tst dunkelbraun, L in Bächen der Gebirge, IX–XI, z in den MGeb u. Alp, 3 Arten. Gattung *Melampophylax* SCHMID

18* KrallenGld ohne Dornen, Schenkel hellbraun bis gelblich **19**

19 VS des K u. US der Br gelbbraun. – VFl 21–26 mm lg, graubraun bis gelblich, mit zusammenfließenden hellen Flecken od. einfarbig, US der F heller als OS, B gelblich, mit zahlreichen schwarzen Dornen auf Sch u. Tarsen, L in Weihern, Seen, Bächen, Flüssen der Ebene u. im Geb, Na: Fallaub, Detritus, Algen, VII–XI, g, 4 Arten. Gattung *Halesus* STEPHENS

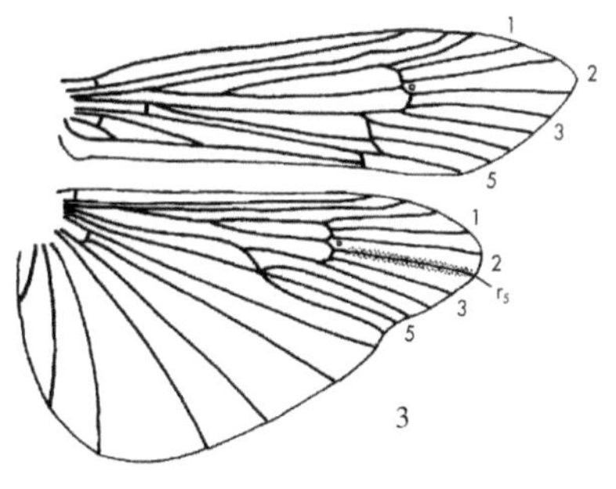

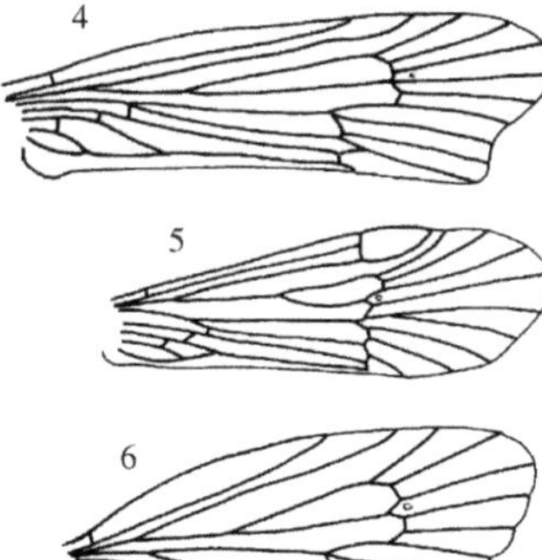

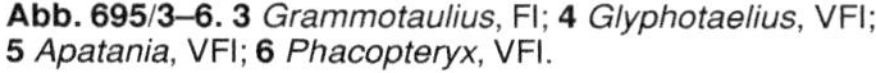
Abb. 695/3–6. 3 *Grammotaulius*, Fl; **4** *Glyphotaelius*, VFl; **5** *Apatania*, VFl; **6** *Phacopteryx*, VFl.

19* K u. Br dunkelbraun bis schwarz, F schwarz. – VFl 13–20 mm lg, braun, mit kleineren hellen Flecken, 1. BrSgm oben oft orangerot, L in Bergbächen, Na wie *Halesus*, IX–XI, v in den MGeb u. Alp, 5 Arten. Gattung *Allogamus* SCHMID

20 **(17)** BoHaare stehen auch auf der FlMembran (Abb. **695**/1) **21**

20* Auf der FlMembran nur die normale, feine Behaarung **23**

21 8. HlbSgm beim ♂ in der M des HRandes deutlich vorgezogen. – VFl 5–11 mm lg, gelblichbraun, glänzend, an der Tz ein heller Fleck, HFl hyalin, Fl oft verkürzt, F rötlich bis bräunlich, Körper u. B braungelb, L in Bergbächen, IX–XI, z in den MGeb u. Alp. *Chaetopterygopsis maclachlani* STEIN

21* 8. HlbSgm ohne Forts **22**

22 BoHaare auf den VFl hellbraun. – VFl 6–22 mm lg, hellbraun, Adern gelblich, F, Tst, B u. Körper gelb- bis dunkelbraun, Habitus u. L. wie bei *Chaetopterygopsis*, auch in der Ebene an Bächen u. kleinen Flüssen, IX–XII, v u. g, 2 Arten. Gattung *Chaetopteryx* STEPHENS

22* BoHaare dunkelbraun bis schwarz. – VFl 8–12 mm lg, meist dunkler gefärbt als bei *Chaetopteryx*, Spornzahl auch 0.2.2., L in Flüssen u. Bächen der MGeb u. Alp, X–XI, v, 2 Arten. Gattung *Annitella* KLAPALEK

23 **(20)** F dunkelbraun. – VFl 9–12 mm lg, graubräunlich, mit schwarzen Bo, Körper schwarz, B rötlichgelb, Spornzahl 0.3.3.(♂)/1.3.3.(♀), B. u. L. wie bei *Chaetopterygopsis*, X–XI, v im Geb. *Pseudopsilopteryx zimmeri* (MCLACHLAN)

23* F rötlichgelb. – VFl 6–10 mm lg, graugelblich, Bo schwarz, B. u. L. wie bei *Chaetopterygopsis*, X–XI, z im Geb, ErzGeb, HS, BY. *Psilopteryx psorosa bohemosaxonica* MEY

Familie ***Apataniidae***

Spornzahl 1.2.4., ♂ mit stark gebogener R1 im VFl u. deutlichem Pterostigma, beides beim ♀ nur schwach ausgebildet, Dz im VFl mit konkavem VRand, im HFl offen, 3 FrenulumBo an der Basis der C des HFl, F, Tst u. Körper dunkelbraun bis schwarz, VFl mit goldbrauner od. graubrauner Behaarung, L bauen Steinköcher, Na: Algenbelag der Steine, die mit den spatelförmigen OKf abgeweidet werden, L. in Bergbächen, Quellen u. tiefen Seen, V–IX, v im Geb, s im Tiefland (BR: Stechlinsee), 1 Gattung im Gebiet, 4 Arten. Gattung *Apatania* KOLENATI

Familie ***Uenoidae***

Spornzahl 1.3.3., F u. Körper dunkelbraun bis schwarz, UKfTst beim ♂ eng dem Gesicht anliegend, kaum das FGrundGld erreichend, VFl rauchgrau, 5–6 mm lg, Dz am VRand konvex, im HFl offen, R1 im HFl vor dem Apex stark geschwungen, Costalfeld sehr breit, L bauen mützenartige Gehäuse aus Steinchen, in Gebirgsbächen, VI–VII, im Schwarzwald (BW), 1 Gattung, 1 Art. *Thremma gallicum* MCLACHLAN

Familie ***Goeridae***

Spornzahl 2.4.4., Kopf u. Taster stark behaart, Oc fehlend, OKfTst des ♂ dreigld, letztes Gld vergrößert u. mit verdickten Haaren besetzt (Abb. **687**/1), VFl u. HFl einfarbig, dicht behaart, Dz im HFl offen, L baut Steinköcher, weidet den Algenbelag auf Steinen ab.

1 Zellraum unter der Gabelung des Cu im VFl erweitert u. glatt (ohne Behaarung). – VFl 8–11 mm lg, dicht braun bis gelbbraun behaart, HFl dunkler braun, LKöcher mit größeren Seitensteinen, in Bächen, Flüssen u. in größeren Seen, VII– VIII, v im N u. S. *Goera pilosa* (F.)

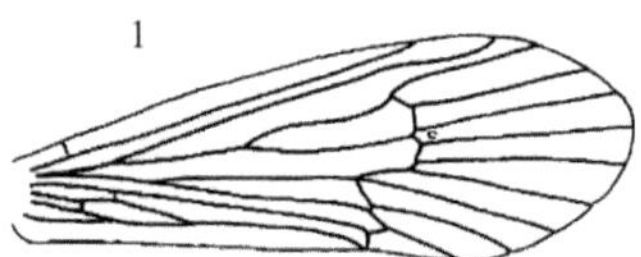

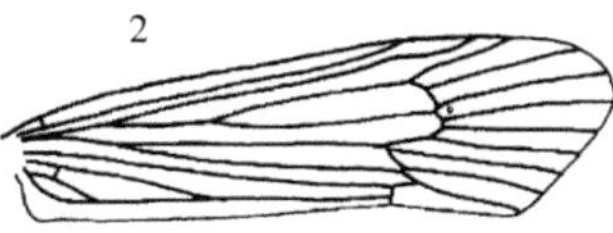

Abb. 697/1–2. 1 *Stenophylax*, VFl; **2** *Limnephilus*, VFl.

1* Zellraum dort nicht erweitert **2**

2 Auf dem HFl des ♂ eine Faltentasche mit verdickten Haaren. – VFl 5–10 mm lg, braun bis schwarzbraun behaart, Gabel 1 weit an der Dz herabreichend, L in Bächen u. Quellen, V–IX, v im Geb u. Ebene, 3 Arten. Gattung *Silo* CURTIS

2* HFl ohne Faltentasche. – VFl 4–7 mm, dunkelbraun bis schwarz, mit dunklen Adern, L in Bächen, IV–VI, v im Geb, s im Tiefland, 2 Arten. Gattung *Lithax* MCLACHLAN

Familie ***Leptoceridae***

Spornzahl 0.2.2., 1.2.2., od. 2.2.2., nur bei dieser Familie sind die F doppelt so lg wie die VFl, 1. FGld nicht länger als K, Oc fehlend, Tst stark behaart, VFl stets länglich. ♂♂ schwärmen in der Dämmerung über dem Wasser.

1 Gabel 5 im HFl fehlend (Abb. **691**/2) **7**

1* Gabel 5 im HFl vorhanden (Abb. **691**/3) **2**

2 VFlRand vor dem Apex eingekerbt (Abb. **691**/1), UKfTst lg u. dicht behaart. – VFl 7–9 mm lg, schwarz od. goldbraun, mit schwarzen Querbinden, F schwarz u. weiß geringelt od. gelblich, L in Weihern, Seen u. Flüssen, V–IX, g, überall, 3 Arten. Gattung *Mystacides* LATREILLE

2* VFlRand nicht eingekerbt, Tst nicht federartig behaart **3**

3 HFl breiter als VFl (Abb. **690**/3) **4**

3* HFl schmaler od. genauso breit wie VFl **5**

4 VFl dunkelbraun bis schwarz, mit weißen bzw. gelben Flecken od. Linien od. einfarbig rehbraun. – VFl 7–9 mm, 5.Gld der UKfTst runzelig, ♀ im VFl mit Gabel 3, L in Weihern, Seen, Bächen u. Flüssen bes. in der Ebene, V–VIII, v, 6 Arten. Gattung *Athripsodes* BILLBERG

4* VFl ohne solche Flecken u. Linien. – VFl 7–12 mm, 4. u. 5.Gld der UKfTst runzelig, L mit Steinköchern, Na: Algen, Detritus, Fallaub, InsektenL od. räuberische Lebensweise in Schwammkolonien, L in Seen, Bächen u. Flüssen bes. der Ebene, V– IX, v, 9 Arten. Gattung *Ceraclea* STEPHENS

5 **(3)** Media des VFl scheinbar ungeteilt bis zum FlRand verlaufend (Abb. **691**/3). – VFl 4–14 mm lg, mit variablem aber charakteristischem Muster, L mit Köcher aus mineralischem u. pfl Material, räuberische Lebensweise, in Weihern, Moorgewässern, Seen u. Flüssen, V–IX, g, überall, 7 Arten. Gattung *Oecetis* MCLACHLAN

5* Media scheinbar gegabelt **6**

6 EGabel der Media gestielt, VFl grau od. schwarz, mit weißen Flecken. – VFl 6–7 mm lg, F, Tst u. Körper dunkelbraun bis schwarz, L mit Köcher aus Spinndrüsensekret, in Weihern, Seen u. Flüssen, VII–VIII, v im N, s im S, 3 Arten. Gattung *Leptocerus* LEACH

6* EGabel der Media im VFl sitzend, VFl weißlich bis gelb. – VFl 5–6 mm lg, mit Längsreihen silberweißer Haarpunkte, F u. Tst weißlichgelb, L mit Köcher aus Steinchen, in Flüssen u. Strömen, V–VIII, s, 3 Arten. Gattung *Setodes* RAMBUR

7 **(1)** Stamm der Media im VFl fehlend, keine Tz (Abb. **691**/2) **8**

7* Media vollständig ausgebildet **9**

8 VFl einfarbig rehbraun, HFl schwarz behaart. – VFl 5–8 mm, K u. Br schwarz, dicht rotgelb behaart, F hellgelb, schwarz geringelt, L mit Köcher aus PflMaterial, das spi-

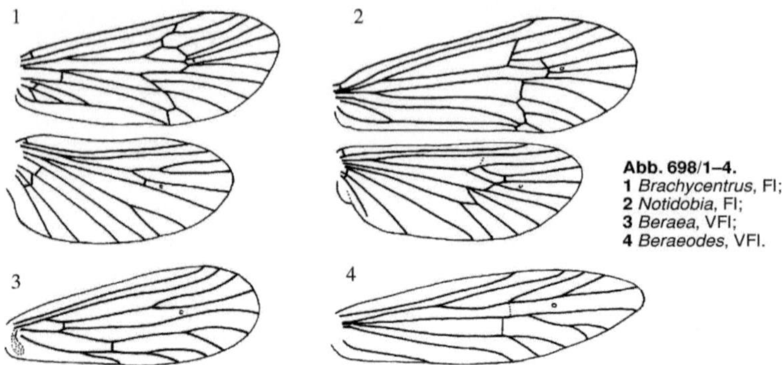

Abb. 698/1–4. **1** *Brachycentrus*, Fl; **2** *Notidobia*, Fl; **3** *Beraea*, VFl; **4** *Beraeodes*, VFl.

ralig angeordnet ist, L. in pflreichen Weihern u. langsam fließenden Gewässern, V–VIII, v, bes. in der Ebene, 2 Arten. Gattung *Triaenodes* McLachlan

8* VFl graubraun bis gelblich, HFl hellgrau. – VFl 6–10 mm lg, Habitus u. L wie bei *Triaenodes*, VI–IX, s, in Bächen u. Flüssen der Ebene, 4 Arten. Gattung *Ylodes* Milne

9 **(7)** Körper dunkelbraun bis schwarz. – VFl 6–8 mm lg, F gelb, HFl hellgrau, so breit wie die VFl, L in Weihern u. Moorgewässern, VI–IX, s, z im N. *Erotesis baltica* McLachlan

9* Körper rötlichgelb, HFl schwärzlich. – VFl 5–7 mm lg, rehbraune, dichte Behaarung, Queradern bilden eine gerade Linie, F grau, HFl kaum schmaler als die VFl, L mit Köcher aus Sandkörnchen, in Bächen u. Quellen, VI–VIII, v, 2 Arten. Gattung *Adicella* McLachlan

Familie ***Molannidae***

Spornzahl 2.4.4., F etwas länger als die VFl, UKfTst bei beiden Geschlechtern 5gld, Oc fehlen, Fl ohne geschlossene Z, L in flachen Köchern aus Sand- u. PflPartikeln mit flügelartigen Erweiterungen an den Seiten.

1 VFl einfarbig hell sandfarben bis braun, F gelbbraun. – VFl 8–15 mm lg, FlGeäder in den Geschlechtern verschieden, L in Weihern, Seen u. Flüssen, V–IX, g. bes. im Tiefland, 3 Arten. Gattung *Molanna* Curtis

1* VFl dunkelgrau, mit goldgelben Flecken, F schwarzbraun. – VFl 7–10 mm lg, FlGeäder (Abb. **697**/7) in den Geschlechtern gleich, L in Bergbächen, VI–VII, z in den MGeb, s in BR. *Molannodes tinctus* (Zetterstedt)

Familie ***Odontoceridae***

Spornzahl 2.4.4., Oc fehlend, VFl 10–20 mm lg, beim ♂ braun, beim ♀ hellgrau, HFl des ♂ mit spitz ausgezogenem Analfeld, L mit Köcher aus Sandkörnchen, in Bergbächen, VI–VIII, g im Geb, s im Tiefland, 1 Gattung, 1 Art. *Odontocerum albicorne* (Scopoli)

Familie ***Sericostomatidae***

Spornzahl 2.2.4., Oc fehlen, GrundGld der F kürzer als der K, UKfTst des ♂ 3gld, das 3. Gld löffelförmig od. stark vergrößert, beim ♀ mit 5 Gld, Fl dicht behaart, Dz im VFl klein, schief trapezoid (Abb. **698**/2).

1 VFl schwarz. – VFl 9–12 mm lg, F, Tst u. Körper schwarz, nur Schienen u. Tarsen der HB gelbräunlich, L mit Steinköcher, in Weihern, Seen u. Flüssen, V–VI, v.
Notidobia ciliaris (L.)

1* VFl graubraun bis braun **2**

2 Dz im HFl offen (Abb. **698**/1). – VFl 9–15 mm lg, manchmal mit hellen Flecken, F braun, 1.BrSgm orange behaart, L bauen Köcher aus Sandkörnern, Na: Falllaub, Wasserpfl, Algen, L in Bächen u. Quellen, V–IX, g, 2 Arten.
Gattung *Sericostoma* LATREILLE

2* Dz im HFl geschlossen. – VFl 10–15 mm lg, F gelb, Habitus u. L wie bei *Sericostoma*, VII–VIII, v, nur im Geb. *Oecismus monedula* (HAGEN)

Familie ***Beraeidae***

Kleine, schwarze Arten, Spornzahl 2.2.4., Tst, K u. Fl dicht behaart, 1.Gld der F länger als K, FlGeäder in den Geschlechtern oft verschieden, L mit Köchern aus Sandkörnchen, bes. in Quellen u. Quellbächen verbreitet.

1 Apex des VFl abgerundet (Abb. **698**/3) **2**

1* Apex des VFl zugespitzt (Abb. **698**/4). – VFl 3,5–5 mm lg, Tst gelblich, B braun, L außer in Quellen auch in Bächen u. Flüssen, V–VII, v im Geb u. im Tiefland.
Beraeodes minutus (L.)

2 UKfTst stark u. aufällig behaart. – VFl 4–5 mm, Im. tagaktiv, V–VIII, v , 2 Arten.
Gattung *Ernodes* WALLENGREN

2* UKfTst ohne auffällige Behaarung. – VFl 4–5 mm lg, L manchmal auch in stehenden Gewässern, V–IX, v im Geb u. Tiefland, 2 Arten. Gattung *Beraea* STEPHENS

Literatur

KLIMA, F. et al. (1994): Die aktuelle Gefährdungssituation der Köcherfliegen Deutschlands (Insecta, Trichoptera). – Natur und Landschaft 69 (11), 511–518.

MALICKY, H. (2004): Atlas of European Trichoptera. Second Edition. – Springer, Dordrecht, XXVIII + 359 pp.

MEY, W. (2003): 32. Ordnung Trichoptera, Köcherfliegen. – In: DATHE, H. H. (Hrsg.): Lehrbuch der Speziellen Zoologie, Band I: Wirbellose Tiere, 5. Teil: Insecta, 2. Auflage. – Spektrum Akademischer Verlag Heidelberg, Berlin: 652–672.

ROBERT, B. (2001): Verzeichnis der Köcherfliegen (Trichoptera) Deutschlands. – In: KLAUSNITZER, B. (Hrsg.): Entomofauna Germanica. Band 5. – Entomologische Nachrichten und Berichte, Beiheft 6: 107–151. Dresden.

TOBIAS, W. & TOBIAS, D. (1981): Trichoptera Germanica. Bestimmungstafeln für die deutschen Köcherfliegen. Teil 1: Imagines. – Courier Forschungs-Institut Senckenberg 49, 1–672.

ULMER, G. (1927): 21. Ordnung: Köcherfliegen – In: BROHMER, P., EHRMANN, P. & ULMER, G. (Hsg.): Die Tierwelt Deutschlands, Bd. 6, 1. Lief., 3. Teil, 1–46.

WARINGER, J. & GRAF, W. (1997): Atlas der österreichischen Köcherfliegenlarven. – Facultas Universitätsverlag Wien, 1–286.

Lepidoptera – Schmetterlinge, Schuppenflügler

Hans-Joachim Hannemann †, Bernd Müller & Wolfram Mey

Von anderen Insektenordnungen unterschieden durch 2 Paar beschuppte Fl u. durch die zu einem SaugR ausgebildeten Außenladen der UKf (1. Maxille). Nur bei *Micropterix* noch funktionsfähige OKf (Mandibeln), die zum Zermahlen von Pollen dienen. Verwandlung vollkommen (holometabol). **G.** K glatt (Abb. **701**/6), rauh od. mit aufgerichteten Schuppenhaaren (Abb. **701**/4). Form der F verschiedenartig (Abb. **700**/1–13), FacettenAu meist nackt, bisweilen fein behaart. Häufig hinter den F, am Scheitel nahe dem AuRand, je ein Oc. Einige Familien am HK mit Chaetosema (Abb. **708**/8, einem Sinnesorgan, das die Stärke des Luftstromes beim Fliegen registrieren soll. Es besteht aus feinen Bo, die ringartig einer Erhöhung entspringen. Stirn bisweilen mit Beulen od. Vorsprüngen (Abb. **759**/4, 5). MundGldmaßen saugend, nur *Micropterix* mit OKf (Mandibeln). SaugR sehr unterschiedlich lg, in Ruhestellung aufgerollt, bei vielen Faltern zurückgebildet. Zwei TstPaare, Labial- u. Maxillarpalpen (Lippen- u. KfTst, LabTst u. MaxTst). LabTst meist dreigld u. deutlich ausgebildet. MaxTst nur bei einigen Gruppen vorhanden, zwei-, drei- od. fünfgld (Abb. **701**/5). Zw K u. Br liegen die Patagia (Halskragen, Abb. **701**/2). Die drei BrSgm ventral mit je einem BPaar, dorsal das 2. u. 3. Sgm mit je einem FlPaar. B± dicht beschuppt, dienen als Klammerapparate wärend der Ruhe, s als LaufB zur schnellen Fortbewegung. 1. BPaar bei manchen Gruppen (z. B. *Nymphalidae)* krallenlos, Tarsen zurückgebildet. VSchienen mit Schienenblatt (Putzeinrichtung für F), M- u. HSchienen häufig mit Schuppenhaarbesatz u. unterseits am E mit je einem Spornpaar (ESporne). HSchienen in der M meist noch mit einem weiteren Spornpaar (MSporne). Neben den Spornen oft noch für die Unterscheidung wichtige Dorne vorhanden, die meist kürzer sind u. an Schienen u. Tarsen in Reihen od. einzeln stehen. VFl an der Basis von den Schulterklappen (Tegulae) bedeckt. FlPaare s bei ♀♀ ± reduziert. Synchrones Schlagen der V- u. HFl wird ermöglicht durch eine Falte des VFl (Jugum), die unter den HFl od. in einen Haarbesatz am VRand des HFl greift (Abb. **701**/3). Verbreiteter ist die Ausbildung eines HaftBoApparates (Abb. **778**/3). Eine (♂) od. mehrere (♀) HaftBo (Frenulum) an der Basis des HFl fassen in eine Falte (Retinaculum) an der Basis der VFlUS.

Einige Gruppen ohne HaftBoApparat (z. B. Tagfalter).

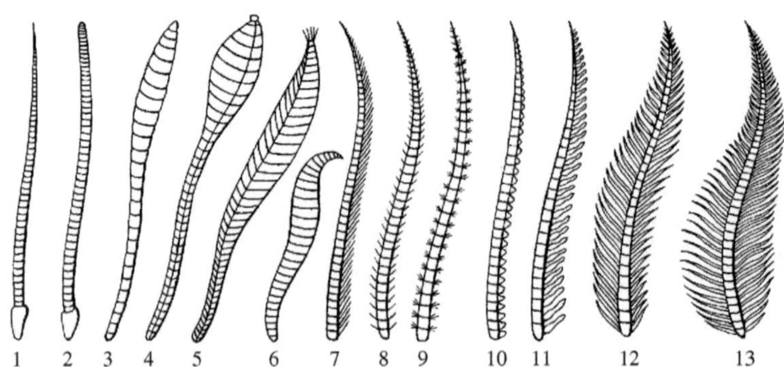

Abb. 700/1–13. Formen von SchmetterlingsF. **1** borstenförmig; **2** fadenförmig; **3** kolbenförmig; **4** knopfförmig; **5** spindelförmig; **6** hakenförmig; **7** fein bewimpert; **8** borstig bewimpert; **9** mit Wimperbüscheln; **10** pyramidenzähnig; **11** sägezähnig; **12** kammzähnig, gekämmt; **13** gefiedert.

Wichtig für die Gruppierung der Falter ist der Geäderverlauf der meist dicht mit Schuppen besetzten Fl. Anordnung u. Benennung der FlAdern aus Abb. **701**/2 u. der Übersicht auf S. 702 ersichtlich. Subcosta (sc) immer ungeteilt, 5 Radialadern (r_1 – r_5), 3 Medialadern (m_1 – m_3), 2 Cubitaladern (cu_1 + cu_2), Analis (an) sowie 2 Axillaradern (ax_1 + ax_2). In der FlM die MZ od. Zelle (Z), häufig noch eine AnhangsZ ausgebildet. Manche Adern miteinander verschmolzen od. reduziert. Im HFl meist weniger Adern. Vom Radius nur ein Stamm vorhanden, der Radialramus (rr). Bei ursprünglichen Gruppen, z.B. *Micropterigidae, Hepialidae,* ist das Geäder im VFl u. HFl nahezu gleich.

Manchmal eine Ader zwischen Subcosta (sc) u. Flügelvorderrand (FlVRand), die Praecostalader (Abb. **701**/2). Bisweilen fehlt die Querverbindung von Radius u. Cubitus, dann ist die Z offen, od. die Z ist durch die Medialader geteilt (Abb. **708**/3). Gelegentlich, z.B. bei Pyraliden, der VRand der Fl dorsal od. ventral umgeschlagen (Costalumschlag, Abb. **730**/8).

Bestimmte Familien mit Hörorganen (Tympanalorgan, Abb. **708**/7), beiderseits am E des 3. BrSgm (z.B. *Noctuidae, Arctiidae)* od. am 1. HlbSgm (*Geometridae, Pyralidae*).

V. Kosm. – **L.** In der Regel Landbewohner. Einige Arten als Raupe (L), seltener als Im. ständig im Wasser. Wenige exotische Arten als L od. als Im. Parasiten.

B. Eiabl nach Begattung, seltener Parthenogenese (manche Psychiden). Eier werden einzeln, in Reihen, Haufen od. Spiegeln an bestimmten Pfl abgelegt, oft werden

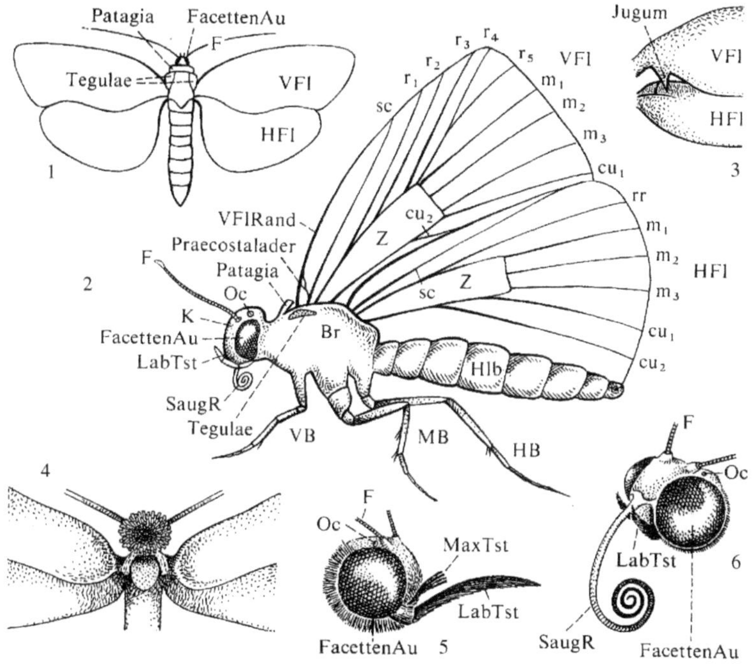

Abb. 701/1–6. 1 u. **2** Schmetterling, schematische Übersicht; **3** Fl mit Jugum; **4** *Emmetia heinemanni,* K in Rückenansicht; **5** u. **6** K eines Schmetterlings.

sie mit Schuppenhaaren (Afterwolle) der ♀♀ bedeckt. Auch Verstreuen der Eier während des Fluges (*Hepialus* u. *Erebia*) od. Verstecken in Rindenspalten od. Halmscheiden (z. B. *Noctuidae*).
Eiform sowie Dicke u. Struktur der Eischale sehr verschiedenartig u. arttypisch. Viele Raupen (L) fressen zunächst die Eischale.
L. Walzen-, spindel- od. asselförmig od. schneckenartig (*Cochlididae*). Nackt, behaart od. bedornt od. mit Warzen versehen, oft bunt gefärbt. K u. 13 Sgm (14). (3 BrSgm u. 10(11) HlbSgm). K mit kräftigen OKf, um pflanzl od. tierische Substanzen (Blätter, Samen, Früchte, Pilze, verholzte Teile, Haare, Federn, Horn, Wachs od. Artgenossen) zu zerkleinern. Übrige MundGldmaßen ± zurückgebildet. *Micropterix* ist Detritusfresser. Kannibalismus nicht s, Myrmecophilie (Zusammenleben mit Ameisen) v.

Benennung der FlAdern bei Schmetterlingen nach verschiedenen Autoren

HERRICH-SCHÄFFER	JORDAN (auch in SEITZ)	SCHATZ	SPULER	COMSTOCK	Abkürzung
–	–	–	–	Costa	c
12	Costale	Costale	I	Subcosta	sc
11	Subcostale 1	Subcostale 1	II_1	Radius 1	r_1
10	Subcostale 2	Subcostale 2	II_2	Radius 2	r_2
9	Subcostale 3	Subcostale 3	II_3	Radius 3	r_3
8	Subcostale 4	Subcostale 4	II_4	Radius 4	r_4
7	Subcostale 5	Subcostale 5	II_5	Radius 5	r_5
6	Radiale 1	Obere Radiale	III_1	Media 1	m_1
5	Radiale 2	Untere Radiale	III_2	Media 2	m_2
4	Radiale 3	Mediana 3	III_3	Media 3	m_3
3	Mediana 1	Mediana 2	IV_1	Cubitus 1	cu_1
2	Mediana 2	Mediana 1	IV_2	Cubitus 2	cu_2
1c	Submediane 1	–	V	Analis	an
1b	Submediane 2	Submedia	α	Axillaris 1 (Analis 2)	ax_1
1a	Submediane 3	Submediaast	β	Axillaris 2 (Analis 3)	ax_2

Für den HFl gelten die gleichen Bezeichnungen, nur ist:

8	Costale	Costale	$I + II_1$	Subcosta ü Radius 1	$sc + r_1$
7	Subcostale 2	Subcostale	II	Radial-Ramus	rr
1a	Submediane 3	Innenrandsader	β	Axillaris 2	ax_2

Das in der letzten Spalte aufgeführte System von COMSTOCK (erweitert durch NEEDHAM u. ENDERLEIN) ist das am meisten wissenschaftlich ausgebildete. Es wird heute vorzugsweise bei allen Insekten angewendet. Bei den homoneuren Familien ist im V- u. HFl annähernd gleichartiges Geäder ausgebildet. Die Zellen des Fl (die von je 2 Aderästen u. vom Außenrand begrenzten Flächen des Fl) werden jeweils nach der vor ihnen liegenden Ader benannt, aber mit großem Anfangsbuchstaben geschrieben. M_1 ist die zwischen m_1 u. m_2, Ax_1 die zwischen ax_1 u. ax_2 liegende Zelle (nach E. M. HERING).

Die 3 ersten Sgm mit gegld BrB, Sgm 6–9 mit ungegld BauchB, Sgm 13 (14) mit Nachschiebern (das 10. (11.) Sgm des Hlb), Bauchfüße entweder mit geschlossenen Hakenkränzen, deren Zähnchen nach außen gerichtet sind (Kranzfüße, Abb. **709**/1), verbreitet bei L, die im Innern von Pfl leben) od. Bauchfüße mit lappiger Außensohle u. einwärts gekrümmten Haken auf der InnenS (Klammerfüße, Abb. **709**/2), meist bei L, die frei auf Pfl leben). Häufig tritt eine Reduktion von B auf, z. B. bei Spannern u. Minierern. Die L mancher Familien, wie Coleophoriden u. Psychiden, leben in einem Sack, mit dem sie umherwandern. Andere L halten sich in Gespinsten od. frei an der FutterPfl auf. Mit zunehmendem Wachstum der L finden Häutungen statt, in der Regel 4–5. Erwachsene L verwandeln sich, meist in einem kunstvoll gesponnenen Kokon, in die P, die an Pfl, Mauern, Zäunen usw. od. in bzw. auf der Erde ruht.
P: Meist MumienP, seltener freigld (*Micropterix*). Dauer der PRuhe sehr unterschiedlich, oft nur wenige Tage, aber auch mehrere J. Während der PRuhe Verwandlung (Metamorphose) zum Falter (Im.). Die Im. nimmt mit Hilfe des SaugR flüssige Na auf, wie Blütennektar, Honig, Wasser, Tränenflüssigkeit od. Blut (exotische Arten), Obstsäfte u. Kot. *Micropterix* zermahlt Blütenpollen. Arten ohne SaugR nehmen keine Na auf. Lebensdauer der Im. wenige Stunden bis mehrere Mon. Im. u. L vieler Arten überw. Orientierung der Im. optisch u. nach Duftstoffen. Wandernde Falter verfügen über einen physiologischen Sonnenkompass.
Über 148 500 Arten, heimisch 3602.
Beachte: Schmetterlinge aus den Alp werden in den Tabellen nicht erfasst. Bestimmung vieler Falter nur möglich, wenn diese gespannt, FlZeichnung einwandfrei erhalten u. B gerichtet sind. Bei großen Tieren reicht eine starke Lupe aus. Kleine Falter, deren VFlLg in der Regel unter 10 mm beträgt, sind mit einer zehnfach vergrößernden Lupe nicht bestimmbar. Deshalb können mehrere Gruppen der Mikroleptidoptera in der Familientabelle nicht berücksichtigt werden (vgl. hierzu in der Familientabelle Nr. **26***, S. 707). Um aber dem Benutzer der Exkursionsfauna einen Überblick über alle Schmetterlingsfamilien der heimischen Fauna zu geben, ist dem Familienschlüssel eine Liste aller Familien vorangestellt, werden wichtige Gruppen im Anhang auf S. 806 beschrieben u. es wird auf Spezialliteratur verwiesen.
Die Untersuchung des Geäderverlaufs erfolgt von der FlUS. Wenn man die Fl mit einem feinen Pinsel betupft, der mit Alkohol od. Xylol getränkt ist, od. wenn man die Schuppen vorsichtig entfernt, werden die Adern sichtbar.
Die Größenangaben beziehen sich auf die FlSp eines VFl, gemessen von der VFlWurzel od. -Basis bis zur VFlSpitze.

Systematische Übersicht zu den Familien der Lepidoptera in Deutschland

Die Familien von den *Micropterigidae* bis einschließlich der *Pyraloidea* werden unter praktischen Aspekten als Mikrolepidoptera od. Kleinschmetterlinge bezeichnet.

Micropterigidae
Eriocraniidae
Hepialidae
Nepticulidae
Opostegidae
Tischeriidae

Incurvarioidea
Heliozelidae
Prodoxidae
Incurvariidae
Adelidae

Tineoidea
Tineidae
Psychidae
Lypusidae

Gracillarioidea
Bucculatricidae
Roesslerstammiidae
Douglasiidae
Gracillariidae

Yponomeutoidea
Yponomeutidae
Ypsolophidae
Plutellidae
Acrolepiidae
Glyphipterigidae
Heliodinidae
Bedelliidae
Lyonetiidae

Gelechioidea
Ethmiidae
Depressariidae
Elachistidae
Agonoxenidae
Deuterogoniidae
Scythrididae
Chimabachidae
Oecophoridae
Batrachedridae
Coleophoridae
Momphidae
Blastobasidae
Autostichidae
Amphisbatidae

Cosmopterigidae
Gelechiidae

Zygaenoidea

Limacodidae
Heterogynidae
Zygaenidae

Sesiidae
Cossidae
Tortricidae

Choreutidae
Urodidae
Schreckensteiniidae
Epermeniidae
Alucitidae
Pterophoridae
Carposinidae
Thyrididae

Pyraloidea

Pyralidae
Crambidae

Bombycoidea

Lasiocampidae
Bombycidae
Saturniidae
Lemoniidae
Sphingidae

Rhopalocera

Papilionidae
Nymphalidae
Pieridae
Hesperiidae

Geometroidea

Drepanidae
Geometridae

Noctuoidea

Notodontidae
Noctuidae
Pantheidae
Lymantriidae
Nolidae
Arctiidae

Familienschlüssel der Falter

1 Körper schlank; F enden kolben- od. knopfförmig (Abb. **700**/3–4); ohne Oc; HFl ohne HaftBo **2**
1* Obige Merkmale vereint nicht vorhanden **9**
2 Alle Adern ungestielt vorhanden (Abb. **704**/1); HSchienen meist mit 2 Paar Spornen **3**
2* Mindestens 2 Adern gestielt; HSchienen stets ohne MSporne (Überfamilie *Papilionoidea* – **Echte Tagfalter** S. 744) **4**
3 Beide Fl mit offener MZelle, am Saum geeckt (Abb. **704**/3).
Familie *Thyrididae* – **Fensterschwärmerchen** S. 720
3* MZelle im VFl geschlossen (Abb. **704**/1); K breit; FWurzel mit Haarpinsel.
Überfamilie *Hesperioidea* – **Unechte Tagfalter,**
Familie *Hesperiidae* – **Dickköpfe** S. 742
4 **(2)** Grundfarbe der Fl hell (weiß, gelb bis orange), VB beim ♂ u. ♀ voll ausgebildet, immer mit EKlauen am letzten FußGld (Abb. **704**/4) **5**
4* Bis auf wenige Ausnahmen (*Melanargia*) Grundfarbe der Fl dunkel (schwarz bis rotbraun); VB wenigstens beim ♂ ± verkümmert (Abb. **705**/1–2) **6**
5 IRand (Abb. **704**/5) der HFl konkav ausgeschnitten (Abb. **704**/2), Hlb im Querschnitt rundlich Familie *Papilionidae* – **Ritter** S. 744
5* IRand der HFl nicht ausgeschnitten; Hlb seitlich zusammengedrückt.
Familie *Pieridae* – **Weißlinge** S. 745
6 **(4)** Analfeld der HFl breit ausgekehlt, zur Aufnahme des Hlb (Abb. **756**/5). VB bei ♂ u. ♀ stark verkümmert (Abb. **705**/2) **7**
6* Analfeld der HFl weniger ausgekehlt, VB nur beim ♂ verändert (Abb. **705**/1) . . . **8**

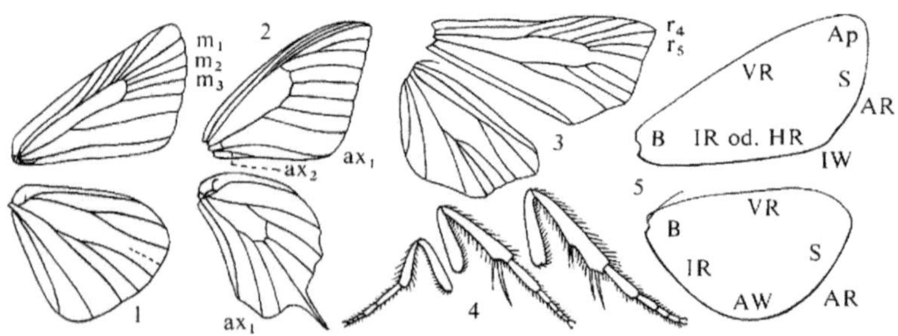

Abb. 704/1–5. Geäder von **1** *Hesperiidae*; **2** *Papilionidae*; **3** offene MZ (*Thyrididae*); **4** B mit Dornen u. EKlauen; **5** FlRänder u. FlWinkel (Ap = Apex (Spitze), AR = Außenrand, AW = Analwinkel, B = Basalwinkel, HR = Hinterrand, IR = Innenrand, VR = Vorderrand, IW = Innenwinkel, S = Saum).

7 VFl-Adern an der Wurzel z. T. blasig verdickt (Abb. **705**/4).
Familie *Nymphalidae*, Unterfamilie *Satyrinae* – **Augenfalter** S. 755

7* VFl-Adern ohne blasige Verdickungen.
Familie *Nymphalidae*, Unterfamilien *Apaturinae, Limenitinae, Nymphalinae* u. *Heliconiinae* – **Edelfalter** S. 751

8 **(6)** Fl schwarzbraun gescheckt. HFl mit Praecostalader (Abb. **705**/5).
Familie *Lycaenidae*, Unterfamilie *Riodininae* – **Würfelfalter** S. 747

8* Fl mit lebhaft rotem od. blauem Metallglanz od. schwarzbraun bis gelbrot mit schwarzen Flecken; HFl ohne Praecostalader.
Familie *Lycaenidae*, Unterfamilie *Lycaeninae* – **Bläulinge** S. 747

9 **(1)** Bienen- od. wespenähnlich. VFl sehr schmal (Abb. **705**/3). Fl meist mit unbeschuppten Stellen (Fensterflecke), NebenAu vorhanden.
Familie *Sesiidae* – **Glasflügler** S. 714

9* Merkmale vereint nicht zutreffend **10**

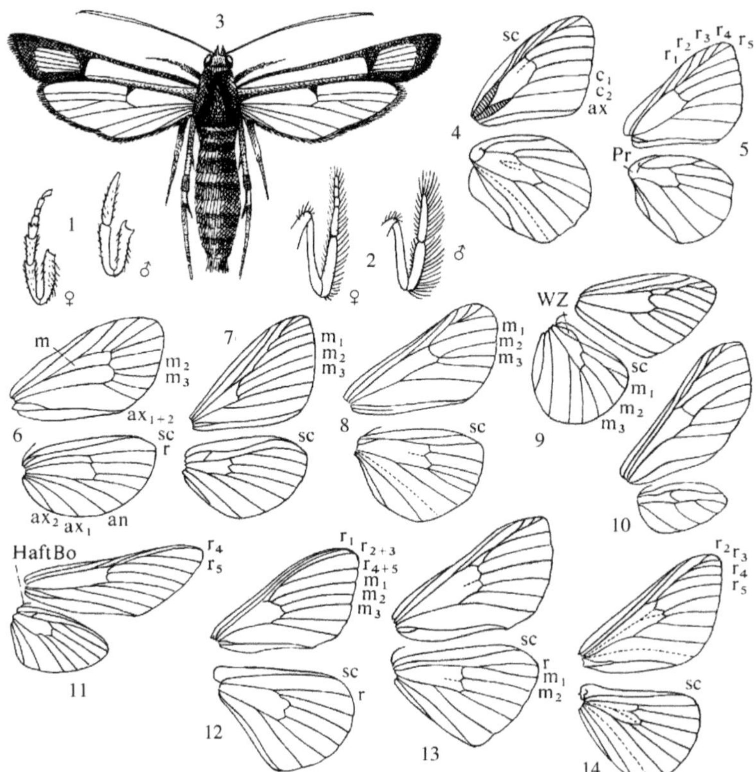

Abb. 705/1–14. KümmerB von **1** *Lycaeninae*; **2** *Nymphalinae*; **3** *Bembecia scopigera* (7–9 mm); **4** Blasenadern von *Satyrinae*; **5** Praecostalader von *Hamearis*; **6** Analadern *Psychidae*; Geäder von **7** *Lemonia*; **8** *Spilosoma*; **9** *Lymantriidae*; **10** *Amata*; **11** *Sphingidae*; **12** *Aglia*; **13** *Notodontinae*; **14** *Endromis*.

10 Im HFl die Analis (an) vorhanden (Abb. **705**/6) od. Falter sehr klein (VFl meist unter 10 mm), oft HFl mehr als doppelt so lg wie breit u. Fransen der HFl wenigstens halb so lg wie der HFl breit ist (hierher gehören die sog. Kleinschmetterlinge) **26**

10* Im HFl fehlt die Analis (an) **11**

11 F spindelförmig, prismatisch od. gegen das E verdickt (Abb. **700**/5); VFl lg, HFl klein, mit HaftBo (Abb. **705**/11); Körper lg, oft stromlinienförmig; meist groß, kräftig.
Familie *Sphingidae* – **Schwärmer** S. 739

11* Anders gebaut **12**

12 Im VFl entspringt m_2 näher bei m_3 als bei m_1 (Abb. **705**/8) **13**

12* Im VFl entspringt m_2 mitten zw m_3 u. m_1 (oder näher bei m_1) (Abb. **705**/7) **20**

13 HFl mit sc (Abb. **705**/8) **14**

13* HFl ohne sc (Abb. **705**/10). Familie *Arctiidae*, Unterfamilie *Syntominae* – **Fleckwidderchen, Widderbären** S. 803

14 Im HFl berührt sc den Zell-VRand in einem Punkt od. nähert sich ihm od. ist durch Querast mit ihm verbunden **15**

14* Im HFl verschmilzt sc mit dem Zell-VRand von der Wurzel bis etwa zur ZellM, so dass keine Wurzelzelle entsteht (Abb. **705**/8) (Ausnahme *Callimorpha*).
a) Meist größer 15 mm u. bunt
Familie *Arctiidae*, Unterfamilie *Arctiinae* – **Bären** S. 804
a*) Kaum größer 10 mm, unscheinbar gezeichnet
Familie *Nolidae*, Unterfamilie *Nolinae* – **Kleinbären** S. 801

15 Im HFl bildet sc mit dem Zell-VRand auf versch. Weise stets eine lg Wurzelzelle (Abb. **705**/11); ♂-F stets doppelt gekämmt; Grundfarbe weiß, bräunlich od. grau.
Familie *Lymantriidae* – **Schadspinner** S. 799

15* Im HFl bildet sc mit dem Zell-VRand durch Berührung eine kurze Wurzelzelle od. nähert sich nur u. ist höchstens durch Querader mit dem Zell-VRand verbunden .. **16**

16 Im HFl berührt sc den Zell-VRand nahe der Wurzel, so dass eine kurze WurzelZ entsteht (Abb. **706**/1). Vgl. z.B. auch Abb. **778**/4!
Familien *Noctuidae* – **Eulen** u. *Pantheidae* S. 777 u. 798

16* Im HFl verläuft sc getrennt vom Zell-VRand; höchstens durch Querast mit ihm verbunden **17**

17 Mit HaftBo (Abb. **706**/2) **18**

17* Ohne HaftBo **19**

18 VFl mit sichelförmiger Spitze (Abb. **706**/4), wenn nicht, dann im HFl sc u. r lg gestielt (Abb. **706**/3 u. **759**/7).
Familie *Drepanidae*, Unterfamilie *Drepaninae* – **Sichelflügler** S. 758

18* VFl nie mit Sichelspitze; im HFl sc u. r nie gestielt, sc nähert sich r bogig erst außerhalb der Zelle. Eulenähnlich, aber mit abweichendem Geäder (Abb. **706**/2 u. **758**/1, 4, 8). Familie *Drepanidae*, Unterfamilie *Thyatirinae* – **Eulenspinner** S. 757

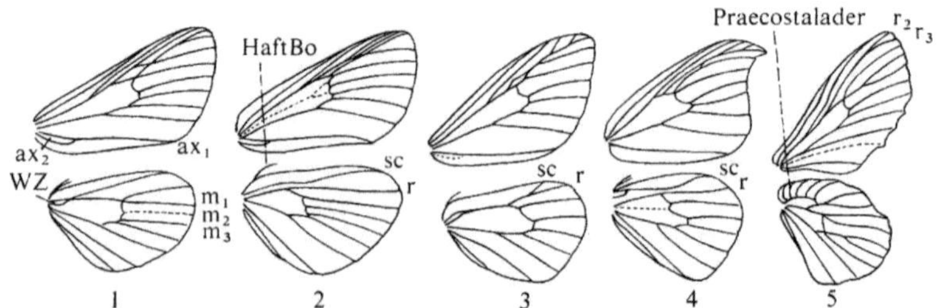

Abb. 706/1–5. Geäder von **1** Trifine *Noctuidae*; **2** *Thyatiridae*; **3** *Cilix*; **4** *Drepana*; **5** *Lasiocampidae* (WZ = Wurzelzelle).

19 **(17)** HFl-MZelle kürzer als ½ HFl-Lg, meist mehrere Praecostaladern (Abb. **706**/5). VFl oft mit weißem MFleck, vgl. z. B. Abb. **735**/3!
Familie *Lasiocampidae* – **Glucken** S. 734

19* MZelle von ½ HFl-Lg, nur ein Praecostalsporn; sc mit dem Zell-VRand durch Queradern verbunden (Abb. **705**/14). Braun u. weiß gescheckt; Frühj.
Familie *Endromidae* – **Scheckflügel** S. 737

20 **(12)** Fl breit, mit AuFlecken in der M; im HFl sc von r völlig getrennt (Abb. **705**/12); ohne Schienensporne **21**

20* Fl schmaler, ohne AuFlecke; im HFl sc dem Zell-VRand genähert od. mit ihm verbunden (Abb. **705**/7, 13); mit Schienenspornen **22**

21 Im VFl m_2 mitten zw m_1 u. m_3; r_1 frei; HFl ohne Praecostalsporn. Grundfarbe gelb.
Familie *Saturniidae*, Unterfamilie *Agliinae* S. 737

21* Im VFl m_2 näher bei m_1; die r-Adern alle gemeinsam gestielt; HFl mit Praecostalsporn. Grundfarbe grau gemischt. Familie *Saturniidae*, Unterfamilie *Saturniinae* S. 738

22 **(20)** R rückgebildet; VTarsen mit großer EKralle. Mittelgroß, gelbgemustert.
Familie *Lemoniidae* – **Herbstspinner** S. 738

22* R vorhanden, oft kurz; VTarsen mit normaler EKralle **23**

23 Zum Teil groß u. kräftig, schwärmer- od. eulenähnlich; Schienen u. Tarsen lghaarig. HSchienen meist nur mit ESpornen. F bei ♂ u. oft auch bei ♀ kammzähnig; im HFl Wurzelzelle – wenn vorhanden – etwa ½ so lg wie die MZelle, meist aber sc u. r nur genähert (Abb. **705**/13) **24**

23* Fast stets zart, mit dünnem Leib; Schienen u. Tarsen meist anliegend beschuppt; im HFl Wurzelzelle etwa ¼ so lg wie die MZelle. Mit Chaetosema u. großem Tympanalorgan (Abb. **708**/7–8) **25**

24 Unscheinbar, grau, Stirn mit Chitinleiste (Abb. **759**/4–5); ♀ mit Afterwolle. Ohne Oc. Im HFl m_2 stets schwächer als andere Adern; HSchienen nur mit ESpornen.
Familie *Notodontidae*, Unterfamilie *Thaumetopoeinae* – **Prozessionsspinner** S. 773

24* Stirn ohne Chitinleiste; ♀ ohne Afterwolle. Mit Oc. VFl meist gestreckt, oft mit Zahnfortsatz am HRand (Abb. **774**/2). HFl viel kleiner. Im HFl m_2 z. T. nicht schwächer als übrige Adern (Abb. **705**/13); wenn doch, dann HSchienen mit 2 Paar Spornen.
Familie *Notodontidae* (außer *Thaumetopoeinae*) – **Zahnspinner** S. 772

25 **(23)** Au rund; Fl in Ruhe meist flach ausgebreitet (Abb. **760**/12).
Familie *Geometridae* (außer *Archiearinae*) – **Spanner** S. 760

25* Au oval; Fl-Haltung dachförmig
Familie *Geometridae*, Unterfamilie *Archiearinae* – **Jungfernkinder** S. 761

26 **(10)** Fransen der HFl in der Regel nicht so lg wie die Breite der HFl **27**

26* Fransen der HFl meist viel länger als die Breite der HFl (Abb. **812**/1–2), od. F länger als die VFlLg, od. Fl in Federn gespalten (Abb. **814**/9–10, 13), od. FBasis mit AuDeckel (Abb. **708**/1), od. Falter mit aufgebogenen LabTst, wobei die VFlLg bisweilen über 10 mm betragen kann (Abb. **708**/2) (hierher gehören alle Arten, deren VFlLg meist unter 8 mm beträgt u. deren Bestimmung nur mit Hilfe eines Stereomikroskops bei 60–80facher Vergrößerung möglich ist). Anhang (Mikrolepidoptera) S. 806

27 F kolbenartig verdickt (Abb. **700**/3). VFl schwärzlich od. blaugrün, oft mit roten, gelben od. weißlichen Flecken. Falter fliegen schwerfällig, tagsüber
Familie *Zygaenidae* – **Widderchen** S. 713

27* F nicht kolbenartig verdickt. FlZeichnung anders **28**

28 Basis der VFl mit Jugum (Abb. **701**/3). Lg der VFl über 10 mm (Abb. **708**/4)
Familie *Hepialidae* – **Wurzelbohrer** S. 718

28* Basis der VFl ohne Jugum **29**

29 HFl mit Anhangszelle (Abb. **708**/9) Familie *Cossidae* – **Holzbohrer** S. 719

29* Fl ohne Anhangszelle **30**

30 Im HFl die Subcosta (sc) mit dem ZVRand durch einen Steg verbunden (Abb. **708**/3)
Familie *Limacodidae* – **Schildmotten** S. 713

30* Geäder des HFl anders **31**

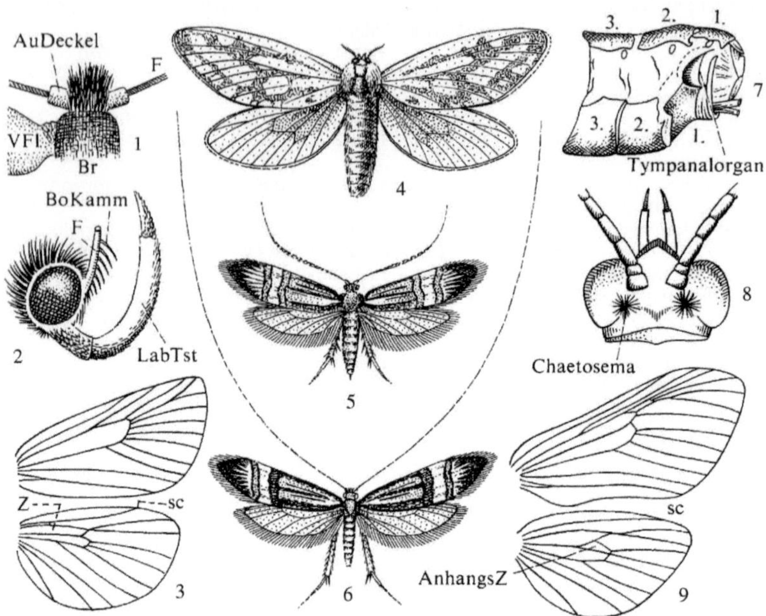

Abb. 708/1–9. K von **1** *Stigmella* (von oben); **2** *Oecophoridae* (von der S); **3** Geäder von *Apoda limacodes*; **4** *Hepialus humuli*, ♀ (30–35 mm); **5** *Adela degeerella*, ♀, 7–10 mm; **6** *A. degeerella*, ♂, 7–10 mm; **7** Tympanalorgan (*Geometridae*); **8** K mit Chaetosema; **9** Geäder von *Cossus cossus*.

31 F auffallend lg, beim ♂ immer mehr als doppelt so lg wie der VFl, beim ♀ fast so lg wie der VFl. Fl meist metallisch glänzend (Abb. **708**/5–6)
Familie *Adelidae* – **Langhornmotten** S. 720

31* Merkmale nicht zutreffend **32**

32 Falter mit Tympanalorgan am 1. HlbSgm. LabTst u. MaxTst vorhanden.
Familie *Pyralidae* – **Zünsler** S. 721

32* Ohne Tympanalorgan u. MaxTst **33**

33 Fl dicht beschuppt. LabTst meist gerade vorgestreckt, 2. Gld durch dichte Beschuppung verdickt, HFl meist breit, etwa dreieckig Familie *Tortricidae* – **Wickler** S. 729

33* Fl dünn beschuppt, durchscheinend od. mit feinen Schuppenhaaren bedeckt, LabTst reduziert od. hängend. Körper meist lg behaart. SaugR fehlt.
Familie *Psychidae* – **Sackträger** S. 713

Vereinfachter Familienschlüssel der Raupen (L)

LKörper besteht aus K u. 13–14 Sgm. Erste 3 Sgm meist mit je 1 gegld BrFußpaar, Sgm 6–9 meist mit 4 Bauchfußpaaren u. Sgm 12–14 gemeinsam mit 1 Paar Nachschiebern; L also zumeist 16füßig (z. B. Abb. **710**/3). Bauchfüße entweder mit geschlossenen Hakenkränzen, deren Zähnchen nach außen gerichtet sind (Kranzfüße, Abb. **709**/1, verbreitet bei L, die im Inneren von Pfl leben) od. Bauchfüße mit lappiger Außensohle u. einwärts gekrümmten Haken auf der InnenS (Klammerfüße, Abb. **709**/2, meist bei frei auf Pfl lebenden L).

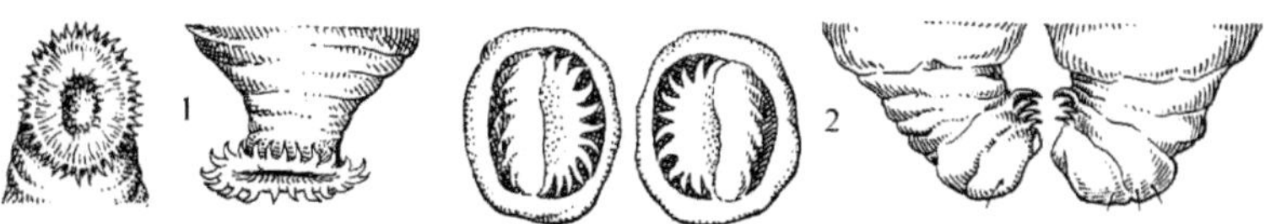

Abb. 709/1–2. 1 Kranzfüße; **2** Klammerfüße (jeweils links Sohle, rechts Seitenansicht).

Anmerkung: Junge L oft von anderer Farbe u. mit anderer Lebensweise als ältere, z. B. jung minierend, später in Säcken; Farbangaben gelten für erwachsene L! L der *Notodontidae, Drepanidae* u. *Noctuidae* sind so vielgestaltig, dass sie in der Tabelle nur gruppenweise u. partiell erfasst werden konnten.

1 L in köcherartigen Säcken (Abb. **778**/1, 5, 6) Familie *Psychidae* – **Sackträger** S. 713
1* L nicht in Säcken **2**
2 Kurz, nacktschneckenähnlich (Abb. **758**/9), mit Kriechwarzen statt Bauchfüßen Familie *Limacodidae* – **Schildmotten** S. 713
2* L raupenförmig, Bauchfüße vorhanden **3**
3 Bauchfüße als Kranzfüße ausgebildet (Abb. **709**/1) **4**
3* Bauchfüße als Klammerfüße ausgebildet (Abb. **709**/2) **5**
4 Mit Wanzengeruch, wicklerartig an Waldrebe (*Clematis*) Familie *Thyrididae* – **Fensterschwärmerchen** S. 720
4* Ohne Wanzengeruch; K groß, vom Körper abgesetzt (Abb. **712**/4); Bauchfüße mit mindestens 5 Bo; versponnen zw Gräsern u. PflTeilen. Familie *Hesperiidae* – **Dickköpfe** S. 742
5 **(3)** 4 Bauchfußpaare u. meist 1 Paar Nachschieber **6**
5* Zahl der Bauchfußpaare vermindert **35**
6 Nachschieber fehlend od. stark umgebildet **7**
6* Nachschieber normal entw **8**
7 Letztes Sgm endet in 2 Spitzen od. Forts (Abb. **774**/9). Familie *Notodontidae* (außer *Thaumetopoeinae*) – **Zahnspinner** S. 772
7* Letztes Sgm in eine Spitze ausgezogen (Abb. **759**/6, 8). Familie *Drepanidae*, Unterfamilie *Drepaninae* – **Sichelflügler** S. 758
8 **(6)** 1. Sgm mit ausstülpbarer fleischiger Nackengabel. Familie *Papilionidae* – **Ritter** S. 744
8* 1. Sgm ohne Nackengabel **9**
9 Sgm 2–11 mit verzweigten Dornen od, fleischigen Scheindornen (Abb. **710**/1, 4). Familie *Nymphalidae*, Unterfamilien *Apaturinae, Limenitinae, Nymphalinae* u. *Heliconiinae* – **Edelfalter** S. 751
9* Erwachsene L ohne Dornen, z. T. mit anders gestalteten Forts **10**
10 Letztes Sgm in 2 Spitzen ausgezogen, aber Nachschieber vorhanden **11**
10* Letztes Sgm nicht in 2 Spitzen ausgezogen **12**
11 K mit 2 großen Dornen (Abb. **710**/6). Familie *Nymphalidae*, Unterfamilie *Apaturinae* – **Schillerfalter** S. 751
11* K ohne spitze, große Dornen (Abb. **710**/2). Familie *Nymphalidae*, Unterfamilie *Satyrinae* – **Augenfalter** S. 755
12 **(10)** Körper asselförmig, Rücken gewölbt. Bauch abgeplattet (Abb. **710**/11). Familie *Lycaenidae* – **Würfelfalter u. Bläulinge** S. 747
12* Körper nicht asselförmig **13**
13 Stark behaart od. mindestens stellenweise mit mehreren Haaren od. Bo auf je einer Warze **14**
13* Nackt od. nur mit je 1 Bo auf den Punktwarzen **27**
14 Sgm 9 u. 10 auf der OS mit ausstülpbarer Trichterwarze. Familie *Lymantriidae* – **Schadspinner** S. 799

14* Ohne Trichterwarzen **15**
15 Mit Bürsten, Pinseln, Schöpfen od. mit Höckern, Querleisten, Wülsten auf verschiedenen Sgm **16**
15* Alle Sgm ± gleichartig gestaltet u. behaart **18**
16 Körper fein u. dicht kurz behaart mit einzelnen längeren Haaren; Einschnitte meist abweichend gefärbt; Sgm 11 mit Warze, Wulst od. Haarbüschel; Sgm 4 immer ohne solche (Abb. **735**/10). Familie *Lasiocampidae* – **Glucken** (teilweise) S. 734
16* Obige Merkmale vereint nicht vorhanden **17**
17 L zw Blättern versponnen; 4. Sgm mit behaartem Fleck od. Erhöhung. Familie *Notodontidae*, Unterfamilie *Pygaerinae* S. 773
17* L freilebend, oft büschelig bunt behaart; 4. Sgm z. T. mit Fleischzapfen. Familie *Noctuidae* – **Eulen** (teilweise) S. 777

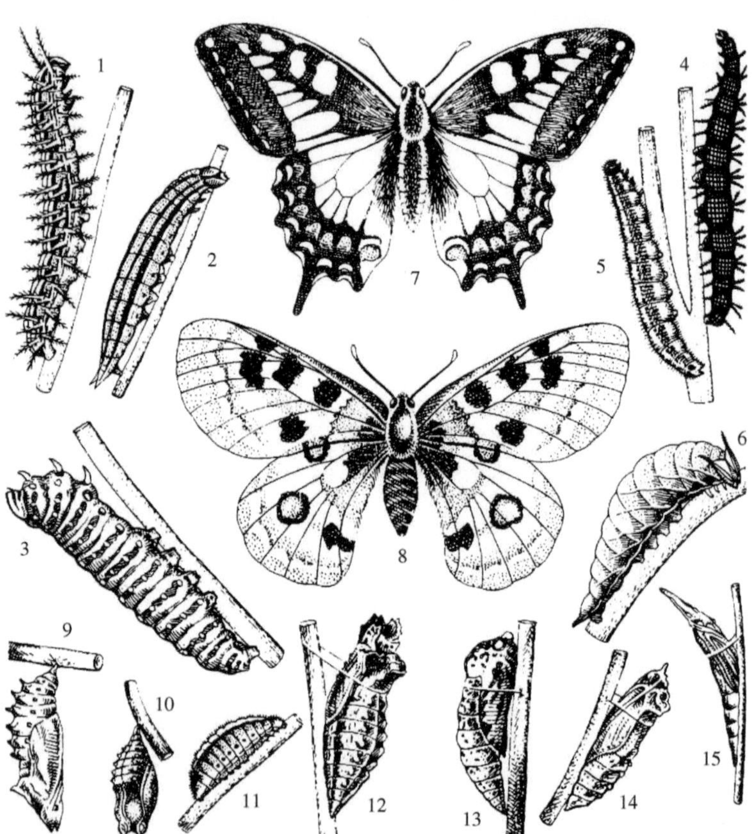

Abb. 710/1–15. 1 L von *Argynnis paphia*; **2** *Hipparchia semele*; **3** *Papilio machaon*; **4** *Inachis io*; **5** *Pieris brassicae*; **6** *Apatura iris*; **7** *Papilio machaon* (34–45 mm); **8** *Parnassius apollo* (34–50 mm); StürzP von **9** *Inachis io*; **10** *Epinephele* sp.; **11** L von *Lycaeninae*; GürtelP von **12** *Papilio machaon*; **13** *Aporia crataegi*; **14** *Pieris brassicae*; **15** *Anthocharis cardamines*.

18 **(15)** Haar polsterartig dicht büschelig (Abb. **799**/6).
Familie *Arctiidae*, Unterfamilie *Syntominae* – **Fleckwidderchen, Widderbären** S. 803
18* Haare nicht polsterartig dicht, aber büschelig; 4.–14. Sgm mit Spiegelflecken ... **19**
19 Haare brüchig, mit Widerhaken; L gesellig in Nestern.
Familie *Notodontidae*, Unterfamilie *Thaumetopoeinae* – **Prozessionsspinner** S. 773
19* Haare normal ... **20**
20 Haare in Büscheln, sternhaarig od. borstig. Außer den Warzenhaaren keine Behaarung ... **24**
20* Haare nicht gebüschelt, weich, meist gleichmäßig verteilt ... **21**
21 Gedrungen, bis 30 mm, hell mit schwarzen Flecken, K eingezogen, Behaarung spärlich (Abb. **712**/8). Familie *Zygaenidae* – **Widderchen** S. 713
21* Anders, erwachsen meist größer als 30 mm ... **22**
22 Behaarung kurz, fein u. dicht, die Grundfarbe nicht verdeckend. Wenigstens 1 Längsstreifen, meist an Kreuzblütengewächsen (Abb. **710**/5).
Familie *Pieridae* – **Weißlinge** S. 745
22* Diese Merkmale vereint nicht vorhanden ... **23**
23 Behaarung dicht filzig od. kurz samtig, mit hervorragenden Einzelhaaren (Abb. **735**/9). Familie *Lemoniidae* – **Herbstspinner** S. 738
u. Familie *Lasiocampidae* – **Glucken** (teilweise) S. 734
23* Behaarung lg u. weich, ohne filzige Grundbehaarung.
Familie *Noctuidae* – **Eulen** (teilweise) S. 777
24 **(20)** AnFlechten, vorn u. hinten verjüngt.
Familie *Arctiidae*, Unterfamilie *Lithosiinae* – **Flechtenbären** S. 802
24* An Blättern, länglich walzig ... **25**
25 Grün, jedes Sgm mit roten beborsteten Knopfwarzen (Abb. **738**/7).
Familie *Saturniidae*, Unterfamilie *Saturniinae* S. 738
25* Nicht grün, Warzen weniger lebhaft gefärbt ... **26**
26 Sehr schnellfüßig, bei Berührung sich einrollend; mit sternhaarbüscheligen Warzen; Haare dicht, steifborstig (Abb. **801**/7).
Familie *Arctiidae*, Unterfamilie *Arctiinae* – **Bären** (teilweise) S. 804
26* Warzenbehaarung weniger dicht u. weicher.
Familie *Noctuidae* – **Eulen** (teilweise) S. 777
27 **(13)** Einzelne Sgm mit bes. Auswüchsen od. Merkmalen (Höckern, Hörnern, Chitinplatten) od. einzelne Sgm verdickt ... **28**
27* Ohne solche Auswüchse ... **32**
28 Nur Sgm 11 mit Erhöhung od. Verdickung ... **29**
28* Höcker auf einem od. mehreren anderen Sgm, oft auch auf Sgm 11 ... **31**
29 Sgm 11 mit (meist gebogenem) Horn (Abb. **741**/3–6) od. seitliche AuFlecke auf Sgm 3–5 (Abb. **741**/2). Familie *Sphingidae* – **Schwärmer** S. 739
29* Sgm 11 mit pyramidenförmiger Erhöhung ... **30**
30 Pyramidenförmige Erhöhung endet am 11. Sgm spitz; seitliche Schrägstriche von oben vorn nach unten hinten (Abb. **738**/3–4). Familie *Endromidae* – **Scheckflügel** S. 737
30* Pyramidenförmige Erhöhung endet am 11. Sgm stumpf; seitliche Schrägstriche, falls vorhanden, von oben hinten nach unten vorn.
Familie *Noctuidae* – **Eulen** (teilweise) S. 777
31 **(28)** Alle Sgm wulstig, bes. Sgm 3; KörperS mit Schrägstreifen (Abb. **738**/1).
Familie *Saturniidae*, Unterfamilie *Agliinae* S. 737
31* Anders. Familie *Noctuidae* – **Eulen** (teilweise) S. 777
32 **(27)** Im Innern von PflTeilen od. zw Blättern, an Blütenständen u. dgl. versponnen od. in der Erde an Wurzeln ... **33**
32* Freilebend, höchstens bei Tage versteckt ... **34**
33 Körper nach hinten abgeplattet; K nicht grün, größer als Sgm 11; L zw Blättern versponnen.
Familie *Drepanidae*, Unterfamilie *Thyatirinae* – **Eulenspinner** (teilweise) S. 757

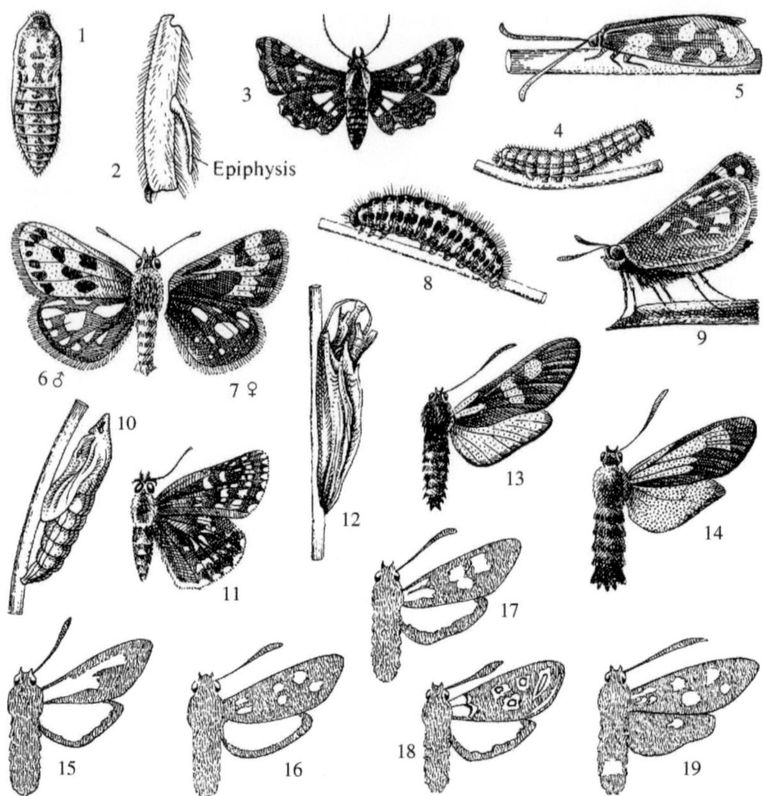

Abb. 712/1–19. 1 *Pyrgus malvae*, P; **2** Schiene mit Epiphysis bei *Hesperiidae*; **3** *Thyris fenestrella* (6–7 mm); **4** *Hesperiidae*, L; **5** *Zygaena carniolica*; **6** *Carterocephalus silvicola* (14–16 mm), ♂; **7** *C. silvicola* (14–16 mm), ♀; **8** *Zygaena*, L; **9** *Hesperia comma* (14–17 mm); **10** *Carterocephalus silvicola*, P; **11** *Pyrgus malvae* (10–11 mm); **12** *Zygaena*, P; **13** *Z. lonicerae* (15–16 mm); **14** *Z. purpuralis* (14–16 mm); **15–19** Fleckenmuster bei Zygaenen.

33* Körper anders, K kleiner. Familie *Noctuidae* – **Eulen** (teilweise) S. 777

34 **(32)** An Bäumen u. Sträuchern.
Familie *Notodontidae* – **Zahnspinner** (teilweise) S. 772
u. Familie *Noctuidae* – **Eulen** (teilweise) S. 777

34* An Stauden, Kräutern od. Gräsern. Familie *Noctuidae* – **Eulen** (teilweise) S. 777

35 **(5)** Außer den BrFüßen u. Nachschiebern nur letztes Bauchfußpaar (9. Sgm) voll entw (z. B. Abb. **768**/9). Familie *Geometridae* (außer *Archiearinae*) – **Spanner** S. 760

35* Mindestens 2 Bauchfußpaare voll entw (8. u. 9. Sgm) **36**

36 3 Bauchfußpaare entw; L mit BoBüscheln auf Wärzchen, klein.
Familie *Nolidae*, Unterfamilie *Nolinae* – **Kleinbären** S. 801

36* Bauchfußpaare am 6. (u. 7.) Sgm verkürzt od. rückgebildet; auf jeder Warze nur 1 Haar (Abb. **763**/7).
Familie *Geometridae*, Unterfamilie *Archiearinae* – **Jungfernkinder** S. 761
u. Familie *Noctuidae* – **Eulen** (teilweise) S. 777

Familie *Psychidae* – Sackträger

♀ stets ohne Fl, oft madenähnlich ohne ausgebildete GldMaßen u. Au; ♂ klein, kurzlebig, meist schwärzlich od. bräunlich, Fl oft dünn beschuppt, zeichnungslos, seltener mit Gitterzeichnung. Ohne R u. Oc, F meist doppelkammzähnig. K u. Br oft zottig behaart. Geäder durch überzählige Randadern u. Asymmetrien häufig abweichend – L polyphag in selbstgefertigten, arteigenen Röhren, den Säcken (Abb. **778**/1, 5, 6), überw. 46 Arten (Eur 213).
a) Unterfamilie *Oiketicinae: Canephora hirsuta* PODA – **Großer Sackträger** (Abb. **778**/1, 5, 7, 8)
b) Unterfamilie *Psychinae: Psyche casta* PALLAS (Abb. **778**/6)

Familie *Limacodidae* – Schildmotten

Klein, ohne Oc, R rückgebildet, Körper u. B kurz, rauh beschuppt, ♂-Fühler kurz sägezähnig. Fl breit, dicht beschuppt, mit m u. ax_2. Haft-Bo vorhanden (Abb. **758**/3). ♂♂ gegen Abend fliegend. – L (Abb. **758**/9) eirund, OS gewölbt, mit abgeplatteter US u. rückgebildeten Bauchfüßen im Herbst auf der Blattfläche „klebend". Überw im Kokon Abb. **758**/5). 2 Arten (Eur 3).
Beispiel: *Apoda limacodes* HUFNAGEL – **Große Schildmotte** (Abb. **758**/2).

Familie *Zygaenidae* – Widderchen

Analader, Chaetosema, Oc u. Tst vorhanden. Klein, plump, zählebig, mit schmalen VFl. Fliegen tags schwirrend od. sitzen mit dachförmig gehaltenen Fl u. vorgestreckten F auf Blüten (Abb. **712**/5). – L 16füßig, kurz, dick, OS stark gewölbt, K klein, einziehbar, Warzen beborstet; Bauchfüße mit einem inneren Hakenkranz; meist an *Fabaceae*; überw. P weichhäutig, mit fast freien Gldmaßen, oft in pergamentartigem Kokon (Abb. **712**/12). Nomenklatur wie von DABROWSKI in KARSHOLT & RAZOWSKI verwendet. Die deutschen *Zygaenidae* werden in 3 Unterfamilien mit 5 Gattungen u. 24 Arten (Eur 63) eingeteilt.

1 R vorhanden **2**
1* R ganz rückgebildet Unterfamilie *Chalcosiinae*
1 Art im Gebiet; Fl durchscheinend bräunlich, im Wurzelfeld, bes. der HFl, rot. 10–11 mm; südl Art, lokal im Rheintal; VI/VII. – L braun u. gelbschwarz gestreift, an *Prunus spinosa* u. *Crataegus*. *Aglaope infausta* L. – **Trauerwidderchen**
2 F gekämmt (♂) od. gesägt (♀), VSchiene ohne Sporn. VFl u. Leib metallisch grün, HFl grau, einfarbig, V–VIII. – L mit nur 8 flachen behaarten Warzen auf jedem Sgm. P in losem Gespinst. Mehrere z. T. schwer unterscheidbare Arten.
Unterfamilie *Procridinae* – **Grünwidderchen**
a) *Adscita statices* L. – **Grasnelken-Widderchen**
VFl u. Körper lebhaft grüngolden glänzend, HFl schwarzgrau. 11–14 mm. Wiesen u. Grasplätze, VI–VIII.
b) *Rhagades (Rhagades) pruni* DENIS & SCHIFFERMÜLLER
Schwarzgrau mit dünner grüner Beschuppung. 10–12 mm. VI–VIII; L auf *Calluna* od. *Prunus spinosa*.
2* F kolbenförmig, VSchiene mit Sporn. VFl mit 5 od. 6 roten (s weißen od. gelben) runden Flecken auf metallisch dunklem Grunde, die auch zu Längsstriemen verschmolzen sein können; HFl rot (s gelb), schwarz gerandet od. stärker verdunkelt. – L (Abb. **712**/8) mit 10 feinbehaarten Warzen auf jedem Sgm, faltig, meist gelb bis grün mit schwarzen Fleckenreihen; Kokon mit geschlüpfter P siehe Abb. **712**/12. – 15 z. T. sehr variable Arten. Unterfamilie *Zygaeninae* – **Blutströpfchen**

Alle eur Arten gehören mit 3 Untergattungen zur Gattung *Zygaena* F. 5 äußerlich leicht unterscheidbare Formengruppen (Abb. **712**/15–19):

Gruppe 1: VFl schwärzlich, dünn beschuppt, mit 3 roten Längsstriemen (Abb. **712**/15). 3 Arten, z. B. *Zygaena (Mesembrynus) purpuralis* Brünnich (Abb. **712**/14): 14–16 mm; auf Ödland mit Thymianpolstern (*Thymus*). VI–VII.

Gruppe 2: VFl metallisch schwarzgrün, dichter beschuppt, mit 6 rundlichen roten Flecken (Abb. **712**/16): 3 Arten, z. B. *Zygaena (Zygaena) filipendulae* L.: 14–17 mm; sonnige Hänge; VI–VIII.

Gruppe 3: VFl mit 5 rundlichen roten Flecken (Abb. **712**/17). 6 Arten, z. B. *Zygaena (Zygaena) trifolii* Esper u. *Zygaena (Zygaena) lonicerae* Scheven (Abb. **712**/13). 15–16 mm; auf feuchten Wiesen. VI/VII.

Gruppe 4: Die 6 roten Flecke der VFl sind ± weißgelb umringt; 6. Fleck nierenförmig; Hlb oft rot geringt. 2 Arten, z. B. *Zygaena (Agrumenia) carniolica* Scopoli u. *Zygaena (Agrumenia) fausta* L. (Abb. **712**/18). 12–15 mm; lieben warme Kalkböden, im N nur lokal; VI–VIII.

Gruppe 5: Eine äußerst variable Art: *Zygaena (Zygaena) ephialtes* L. VFl u. HFl blauschwarz mit weißen (z. T. roten od. gelben) Flecken u. rotem od. gelbem HlbRing. Im Gebiet fast nur in roten Formen, ähnlich Gruppe 2 (6fleckig, f. *peucedani* Esper) (Abb. **712**/19) od. Gruppe 3 (5fleckig, f. *athamanthae* Esper), aber mit breitem, rotem HlbGürtel; v auf Kalkböden, VII/VIII; mehr im S.

Familie ***Sesiidae*** – **Glasflügler**

F fadenförmig (setiform, distal verjüngt) od. spindelförmig (clavat, distal gekolbt) mit endständigem Haarpinsel. Darüber hinaus F oft noch pyramiden- od. sägezähnig od. zweiseitig gekämmt. Beim ♂ bewimpert, beim ♀ unbewimpert. LabTst aufrecht, dreigld, MaxTst reduziert. SaugR bei manchen Arten nicht funktionsfähig. Br kräftig, Fl schmal, meist nur an den Rändern u. an der Querader beschuppt, dadurch entstehen „Glasfenster". Der in der FlSpitze liegende Bereich ist das Apikalfeld. Häufig tritt ein Fleck an der Diskoidalader auf (Diskalfleck), zw äußerem u. innerem Glasfeld des VFl. FlHaltung in der Ruhe dachförmig. Hlb schlank mit charakteristischen gelben, weißen od. roten Ringen, deren Anzahl bei einigen Arten eine Unterscheidung von ♂ u. ♀ ermöglicht. Falter sonnenliebend, schnelle Flieger, saugen z. T. im Fluge, nehmen Nektar od. Saft von verletzten Bäumen auf. Lebensdauer der Im. bis zu 1 Wo. – L nackt u. weiß, im Inneren der NaPfl (Stängel, Stamm, Wurzel, Zweige). In krautigen Pfl im allgemeinen einjährig, in holzigen zweimal od. öfter überw. P mit Dornen am Rücken u. Stachelkranz am E, um sich aus dem Bohrloch herauszuschieben. Weltweit in allen Faunenbereichen v. 34 Arten (Eur 111). (Literatur: Laštůvka, Z. & A. 2001).

1 F am E ohne Haarpinsel. Im VFl r_4 u. r_5 gestielt. VFl braun, äußeres Glasfeld durch zwei dunkle Adern geteilt (Abb. **716**/3). Hlb mit 3–4 gelben Ringen u. gelbschwarzem EBusch. 9–14 mm. Auf Lichtungen, Schlägen u. in Gärten um Himbeeren, v ; VI–VIII. – L im Wurzelstock u. Stängel von *Rubus idaeus* u. anderen *Rubus*-Arten. Zweijährig. VIII–V, Verpuppung im Stängel, dicht über dem Boden.
Pennisetia hylaeiformis Laspeyres

1* F am E mit Haarpinsel (Abb. **716**/6) **2**

2 VFl überwiegend beschuppt u. mit nur einem längsgeteilten Glasfeld vor der Querader (äußere Begrenzung der Z) (Abb. **716**/7). 11–14 mm. E V – VII. – L (zweijährig), in Zweiggallen von *Populus nigra* u. *P. tremula,* seltener in *Salix.* VIII–V.
Paranthrene tabaniformis Rottemburg
Sehr ähnlich u. nur durch Vergleich der Kopulationsapparate sicher zu unterscheiden ist *P. insolita* Le Cerf. F gelbbraun, VFl grob u. dunkel beschuppt. – L zweijährig in Eichen, seltener in Pappeln u. Weide (?). Im S u. SW des Gebietes.

2* Vfl überwiegend unbeschuppt, Glasfelder gut entw **3**

3 Kräftige Formen mit FlSp zw 13 u. 20 mm. Im VFl reicht der Schuppenfleck auf der Querader nicht bis zum HRand des Fl (Abb. **716**/1). VFl ohne Apikalfeld, der Schuppenfleck (Diskalfleck) schwach entw od. fehlend. Gattung *Sesia* F. S. 715
3* Zierlichere Formen mit FlSp meist unter 15 mm. Im VFl erstreckt sich der Schuppenfleck meist bis zum HRand des Fl **4**
4 SaugR verkümmert. Gattung *Bembecia* HÜBNER S. 717
4* SaugR gut entw. Gattung *Synanthedon* HÜBNER S. 715
Die drei folgenden Genera sind nur mit Hilfe der Kopulationsapparate sicher zu unterscheiden: Aedoeagus apikal mit zwei Skleriten. Gattung *Chamaesphecia* SPULER S. 717
Aedoeagus apikal mit mehreren kleinen Dornen. Gattung *Synansphecia* CĂPUŞE S. 717
Aedoeagus apikal mit zwei Forts. Gattung *Pyropteron* NEWMAN S. 717

Gattung *Sesia* F.

1 Hlb schwarz, mit schmalen gelben Ringen auf dem 2.–4. Sgm vorn u. dem 5. u. 6. Sgm hinten, beim ♂ auch auf dem 7. Sgm. 13–15 mm, v, doch lokal. VI, VII. – L (dreijährig) in alten u. dicken Stämmen u. Zweigen von *Populus tremula*. In sonnigen, trockenen Espenbeständen. *Sesia melanocephala* DALMAN
1* Hlb auf dem 5.–7. Sgm ganz gelb, nur mit schmalem schwarzem Ring hinten . . . **2**
2 Patagia (Halskragen) dunkel, Tegulae (Schulterklappen) vorn mit gelbem Fleck. Hlb auf Sgm 2 u. 3 vorn, auf 5–7 fast ganz gelb. 15–20 mm. Um *Populus* u.*Salix caprea* v, VI-VII. – L (dreijährig) in Wurzeln u. im Stammgrund von *Populus nigra, P. tremula* u. seltener an *Salix caprea*. VIII–V. Auf warmen Standorten in Auen, Hainen u. Alleen. VIII–V. *Sesia apiformis* CLERCK (Abb. **716**/1)
2* Patagia gelb, Tegulae einfarbig schwarz, übrige Zeichnung sehr ähnlich voriger Art. 14–18 mm. v um *Salix*-Arten. VI, VII. – L drei-vierjährig in *Salix (S. caprea, S. viminalis* u. *S. alba*). Verpuppung im Frühjahr. *Sesia bembeciformis* HÜBNER

Gattung *Synanthedon* HÜBNER

1 Hlb mit roten Ringen **9**
1* Hlb mit gelben od. weißen Ringen **2**
2 F am E od. davor weiß od. gelblich **3**
2* F einfarbig dunkel **4**
3 Stirn mit weißem Fleck seitlich vor dem AuRand. Au oben weiß umrandet. Ecken der Tegulae gelblich. 2. u. 4. HlbSgm oben gelb gerandet. Afterbusch orange (Abb. **716**/2). 12–16 mm. In Birkenwäldern, -alleen u. -mooren. V–VII. – L dreijährig lebt unter der Rinde von *Betula*.VII–V. *Synanthedon scoliaeformis* BORKHAUSEN
3* Stirn ohne diesen weißen Fleck. Au oben ohne weißen Rand. 4. HlbSgm ventral breit gelb gerandet, 2. dorsal gelblichweiß. Afterbusch blauschwarz (Abb. **716**/4). 12–15 mm. In Erlen- u. Birkenbeständen v. V–VII. – L dreijährig, vorwiegend in Stockausschlägen von *Alnus glutinosa, A. incana* u. in *Betula,* in feuchten Auwäldern u. Erlenhainen. *Synanthedon spheciformis* DENIS & SCHIFFERMÜLLER
Sehr ähnlich ist *S. stomoxiformis* HÜBNER Im S des Gebietes, nördl bis zu den MGeb. VI–VII. – L im Holz von *Rhamnus* u. *Frangula,* zwei- bis dreijährig.
4 **(2)** Der Queraderfleck im VFl leuchtend rot bis orange beschuppt. F blauschwarz, LabTst unten gelb. 2., 4. (u. s 5.) u. 6. (u. 7. beim ♂) HlbSgm gelb gerandet. Afterbusch schwarz, oberseits beim ♂ seitlich u. beim ♀ in der M gelb. 7–11 mm; v in Eichen- u. Birkenwäldern; V–VIII. – L zweijährig, im Stamm u. unter der Rinde od. in krebsartigen Wucherungen od. in Baumstümpfen von *Quercus* u. *Fagus.* Auch in *Castanea* u. *Tamarindus.* VIII–V. *Synanthedon vespiformis* L.
4* Der Queraderfleck im VFl nicht rot beschuppt **5**
5 Im VFl Saumfeld schwärzlich beschuppt, s zw den Adern zartrote Striche. Queraderfleck im VFl außen fast gerade. Afterbusch beim ♀ in der M gelb, beim ♂ unten gelb od. ganz schwarz. Hlb mit gelben Ringen auf dem 2., 4., 6. u. 7 (♂) bzw. 2.,4. u. 6. (♀) Sgm. 7–10 mm. In Fichten- u. Tannenwäldern. V–VIII. – L zweijährig, in gallen-

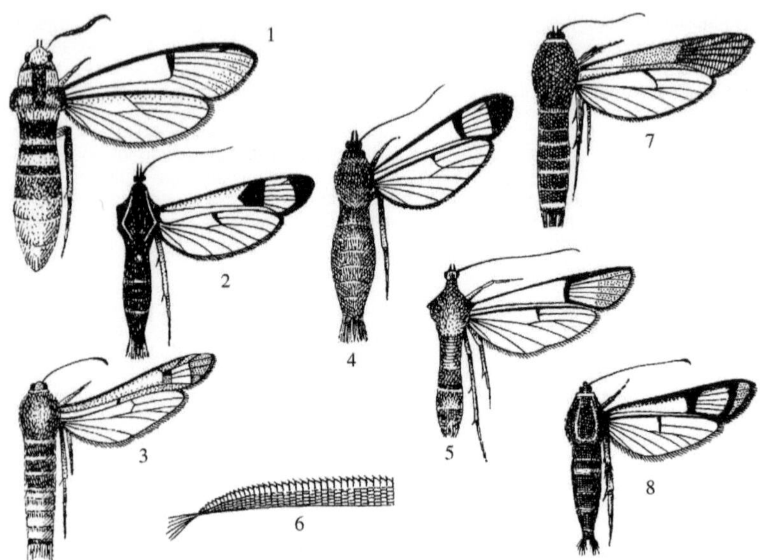

Abb. 716/1–8. 1 *Sesia apiformis* (15–20 mm); **2** *Synanthedon scoliaeformis* (12–15 mm); **3** *Pennisetia hylaeiformis* (10–12 mm); **4** *Synanthedon spheciformis* (12–14 mm); **5** *Synanthedon formicaeformis* (9–11 mm); **6** F eines Glasflüglers mit Pinsel; **7** *Paranthrene tabaniformis* (12–14 mm); **8** *Chamaesphecia tenthrediniformis* (7–9 mm).

artigen Auswüchsen von *Larix, Picea* u. *Abies alba.* IX–V. Im Gebiet nördl bis Berlin.
Synanthedon cephiformis OCHSENHEIMER

2 weitere sehr ähnliche Arten im Gebiet vorkommend.

5* Im VFl Saumfeld deutlich gelbbraun, gelbrot od. hellrot beschuppt **6**

6 Metanotum mit gelbem Band. Im VFl Saumfeld hell- bis kupferrot, Queraderfleck außen konkav. Afterbusch blauschwarz. 8–10 mm. In Eichenwäldern u. -beständen. VI–VIII. – L zweijährig in krebsartigen Auswüchsen od. in Stümpfen von *Quercus,* seltener in *Viscum album* u. *Loranthus.* Meist in alten, kranken Bäumen.
Synanthedon conopiformis ESPER

6* Metanotum ohne gelbes Band **7**

7 Nur HlbSgm 2 u. 4 dorsal mit gelblichem Band, der schwarze Afterbusch mit gelblichen bis orangefarbenen Schuppen durchsetzt. 8–11 mm. Im S des Gebietes, nördl bis zu den MGeb. – L zweijährig, in Stamm u. Zweigen von *Viburnum lantana, V. opulus* u. *Sambucus ebulus.* *Synanthedon andrenaeformis* LASPEYRES

Erst 1983 wurde die ihr nahe stehende *S. soffneri* SPATENKA beschrieben, die im S des Gebietes u. in TH vorkommt. – L dreijährig, im Stängel von *Lonicera*-Arten.

7* Außer dem 2. u. 4. auch das 6. HlbSgm gelb gerandet **8**

8 K u. Tegulae hinten gelb gesäumt. LabTst unterseits gelb, vorderer AuRand weiß. Afterbusch einfarbig blauschwarz. 7–9 mm. Auf Schlägen, in Obstanlagen u. auf Heiden, häufig auf Blättern od. Blüten der FutterPfl. V–VIII. – L VII–V, einjährig, s zweijährig, in Zweigen von *Ribes, Rubus, Corylus, Euonymus* u. a.
Synanthedon tipuliformis CLERCK

8* K u. Tegulae einfarbig, schwarz. 4.–6. HlbSgm ventral gelb, dorsal 2.4.6. (beim ♂ 7.). HlbSgm gelb gerandet. 6–9 mm. VI–VII. BY, BW u. MV. – L (zweijährig) erst in Zweigen, später zw Rinde u. Holz von *Salix*-Arten (*S. repens, S. aurita* u.*S. caprea).*
Synanthedon flaviventris STAUDINGER

9 **(1)** LabTst unten u. innen gelbrot **10**

9* LabTst unten u. innen schwarz, beim ♂ innen weiß. Hlb mit roter Binde auf Sgm 4. Afterbusch schwarz, beim ♂ unten in der M weißgelb. 8–9 mm. In Obstplantagen, Gärten u. Alleen. V–VII. – L VIII – V, in krebsartigen u. kranken Stellen von Stümpfen u. Zweigen bes. von *Malus,* aber auch *Prunus, Cerasus, Crataegus, Sorbus* u. a. (zweijährig) *Synanthedon myopaeformis* Borkhausen

10 Saumfeld der VFl hellrot, Stirn seitlich am AuRand mit weißem Fleck. LabTst schwarz, innen u. unten rotgelb (Abb. **716**/5). 4. (u. der VRand des 5.) HlbSgm mennigerot. Afterbusch schwarz, an den S weißlich, gelb gemischt. 7–11 mm. Um *Salix,* V–VII. – L ein- bis zweijährig. VIII-V unter der Rinde von verschiedenen *Salix*-Arten. Zweiganschwellung zeigt den Befall an. *Synanthedon formicaeformis* Esper

10* Saumfeld der VFl braunschwarz. LabTst unten u. innen gelbrot. HlbSgm orangerot, Afterbusch beim ♂ oft schwach orangefarben gemischt. 10–12 mm, häufig in Birken- u. Erlenbeständen, V–VIII. – L zweijährig unter der Rinde u. im Holz von *Quercus, Betula, Fagus, Ulmus, Prunus* u. *Tilia.* VIII–V. *Synanthedon culiciformis* L.
1 weitere sehr ähnliche Art im Gebiet.

Gattung *Bembecia* Hübner

1 F blauschwarz, auf den HlbSgm 3 u. 5 fehlen die gelben Ringe. Beim ♂ die Sgm 2, 4–6 u. 7, beim ♀ die Sgm 2, 4 u. 6 am HRand gelb gezeichnet.VI–VIII. lokal v, in SN u. TH sowie in RP u. BW (?). – L zweijährig, in den Wurzeln von Färberginster (*Genista tinctoria*), auch *Cytisus* wird angegeben. *Bembecia megillaeformis* Hübner

1* Merkmale vereint nicht zutreffend **2**

2 Im VFl der Diskoidalfleck auf der InnenS fast gerade od. nur schwach konkav. Der folgenden sehr ähnlich, VI–IX bzw. VII–VIII. Xerotherme Art, im S des Gebietes auf Trockenhängen auf Kalkboden. – L zweijährig, in *Ononis*-Arten u. *Psoralea* (Harzklee). *Bembecia albanensis* Rebel

2* Äußeres Glasfeld außen breit u. innen schmal orangefarben begrenzt. SaugR verkümmert. HlbSgm dorsal auf dem 2.–6. (u. 7. beim ♂) gelb gerandet. Bei manchen Tieren fehlt auf dem 5. Sgm das gelbe Band (Abb. **705**/3). Tegulaeinnenrand gelb, außen mit weißem Fleck. 7–10 mm. Bevorzugt Kalkboden, auf warmen Hängen u. Heiden. E VI–VIII. Oft an *Papilionaceae* zu finden. – L im Wurzelstock von *Ononis, Lotus, Anthyllis* u. *Medicago.* Zweijährig. *Bembecia ichneumoniformis* Denis & Schiffermüller

Gattung *Pyropteron* Newman

VFl am Innenrand u. im Saumfeld rot. EGld der LabTst gelb, MGld lg, schwarz behaart. 4. u. 6. (u. 7. des ♂) HlbSgm gelblichweiß geringelt. Afterbusch schwarz, in der M orange, HSchienen gelb od. rot. 7–10 mm.V–VII. Im S des Gebietes, nördl bis Bonn, SHS, Harz u. NBY. – L ein- bis zweijährig, VII–V, im Stängel u. Wurzelstock von *Rumex*-Arten. *Pyropteron chrysidiforme* Esper

Gattung *Synansphecia* Căpuşe

LabTst unterseits, Stirn u. VHü weiß, Hlb schwarz mit Längsreihe gelber Dorsalflecken. 2., 4. u. 6. HlbSgm weiß gerandet. Afterbusch schwarz, in der M u. an den S gelblich. 5–8,5 mm. Auf trockenen Hängen mit *Armeria*, tagsüber oft an den Futterpfl. V–VIII. – L einjährig, in den Wurzeln von *Armeria* u. *Limonium.* VIII–V.
Synansphecia muscaeformis Esper
2 weitere sehr ähnliche Arten.

Gattung *Chamaesphecia* Spuler

1 Br blauschwarz, mit 2 gelben seitlichen Längsstriemen unter den VFl. Hlb mit nur 2 schmalen weißlichgelb gerandeten Sgm 4 u. 6. Afterbusch schwarz. IV–VII. Lokale

Art, auf trockenwarmen Lößboden, nur im SW des Gebietes (BW). FlSp 6–9 mm. – L zweijährig in *Origanum* u. *Satureja*. *Chamaesphecia aerifrons* Zeller
Von *Ch. aerifrons* durch kontrastreichere Färbung u. durch die kräftig weißgelben E der M- u. HSchienen unterschieden ist die sehr ähnliche *Ch. nigrifrons*. Eine thermophile Art, die in RP, BW vorkommt. V–VII. – L einjährig im Wurzelstock von *Hypericum* u. *Origanum*. *Chamaesphecia nigrifrons* Le Cerf

1* Merkmale vereint nicht zutreffend 2

2 Äußeres Glasfeld wird nur von 2 dunklen Adern durchzogen. Hlb mit gelbem MStreifen. 4. HlbSgm mit schmalem weißem Ring, AußenS von M- u. HTibien kreideweiß. Afterbusch schwarz, in der M u. an den S gelblich (♂) od. schwarzbraun, weißlich gemischt (♀). 8–10 mm. Sehr lokal v. Hamburg, BR u. N-BY. VII–IX. – L einjährig, X–VII im Wurzelstock von *Euphorbia cyparissias*. *Chamaesphecia leucopsiformis* Esper

2* Äußeres Glasfeld wird von mehr als 2 dunklen Adern durchzogen 3

3 Afterbusch fast gelb. Alle Sgm des ♂ orangegelb beringt. B schwarz mit gelben Flecken. ♀ mit breit gelb gerandeten Sgm 2, 4 u. 6. Mittelgroße lebhaft gefärbte Art. FlSp 6–10 mm. VI–VII. Im S des Gebietes, thermophile Art. – L zweijährig, im Wurzelstock von *Stachys*. *Chamaesphecia dumonti* Le Cerf

3* Afterbusch dunkelbraun, schmutzig gelb gemischt. LabTst oben gelb. Stirn schwarz. VFl schwarzbraun, äußeres Glas- u. Saumfeld goldgelb (Abb. **716**/8). VHü blassgelb. Hlb dorsal dunkelbraun, auf dem 4. Sgm mit gut entw gelblichem MBand. HlbSgm weißlich od. gelb gerandet. Afterbusch schwarz, gelblich gemischt. 7–9 mm. Häufig auf sonnigen Hängen, an Waldrändern u. auf Lichtungen. VI–VIII. Lokal v um *Euphorbia*-Bestände, im S des Gebietes, nördl bis Hamburg. – L IX–V in den Wurzeln von *Euphorbia*-Arten, bes. *Eu. cyparissias*. *Chamaesphecia tenthrediniformis* Denis & Schiffermüller
An *Euphorbia* lebt auch *Ch. empiformis* Esper

Familie ***Hepialidae*** – **Wurzelbohrer**

Sehr ursprünglich, mit Jugum, wird zusammen mit den *Micropterigidae* u. *Eriocraniidae* in die Gruppe der *Jugatae* gestellt. F sehr kurz, LabTst klein, hängend, ohne SaugR u. Oc. Fl lg u. schmal, Geäderverlauf im VFl u. HFl annähernd gleich (Abb. **718**/1). Hlb auffallend lg, B zottig behaart. ♂♂ mancher Arten mit Duftorganen an den HSchienen. Raupen endophag in den Wurzeln versch. Pfl. Verpuppung in einem lockeren Gespinst. Nähte der P nicht fest verwachsen, abstehende Gldmaßen. Flugzeit der Falter in der Dämmerung. Eiproduktion mancher ♀♀ unvorstellbar hoch (bis 30 000 bei einigen Exoten). Eiabl durch Verstreuen während des Fluges. Weltweite V. Schwerpunkt Indo-Australien mit Riesenformen bis zu 120 mm FlSp. Im Gebiet 7 Arten.

1 VFl u. HFl silberweiß (♂) od. lehmgelb mit roten Fleckreihen (♀)(Abb. **708**/4). HSchienen des ♂ mit Duftorgan. 30–35 mm. Auf feuchten Wiesen u. Waldlichtungen sowie Bruchgebieten; ♂♂ in der Dämmerung fliegend; ♀♀ im Gras sitzend. VI–VIII.

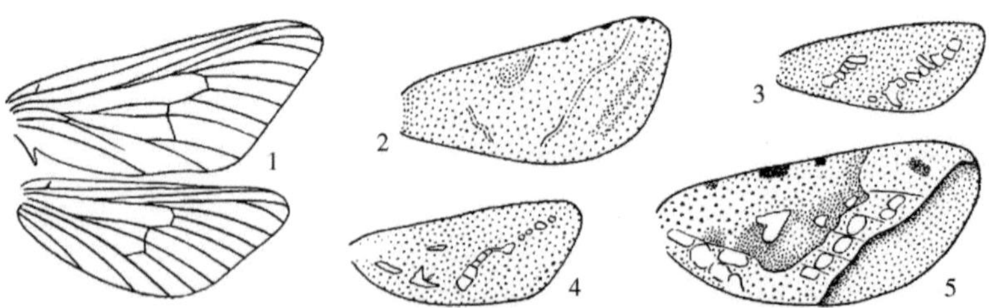

Abb. 718/1–5. 1 *Hepialus humuli*, ♂, VFl u. HFl; **2** *Triodia sylvina*, ♂, VFl; **3** *Phymatopus hecta*, ♂, VFl; **4** *Korscheltellus lupulina*, ♂, VFl; **5** *Pharmacis fusconebulosa* ♂, VFl.

– L gelblich, K braun. An Wurzeln von *Taraxacum, Rumex, Humulus lupulus* u. a., VIII–IV. *Hepialus humuli* L. – **Hopfenmotte**

1* Fl nicht silberweiß, wenn gelblich, dann ohne rote Fleckreihen **2**

2 Im VFl die äußere Querbinde annähernd gerade verlaufend u. kaum in einzelne Flecke aufgelöst (Abb. **718**/2). Grundfarbe der VFl beim ♂ rotgelb bis zimtrot, beim ♀ mehr bräunlichgrau.16–22 mm. An Waldrändern, auf Lichtungen, Wiesen u. Heiden. VII–IX. – L an den Wurzeln von *Plantago, Malva, Rumex* u. a. IX–VI. *Triodia sylvina* L.

2* Im Vfl äußere Querbinde unterbrochen u. in Flecke aufgelöst **3**

3 VFl gelblich rotbraun (♂) od. graubraun (♀), Fleckreihen gelblichsilbern u. etwa parallel gestellt (Abb. **718**/3). HSchienen der ♂♂ keulenförmig verdickt u. mit einem Büschel gelber Schuppenhaare versehen (Duftorgan !). 10–14 mm. In der Dämmerung an Waldrändern, Waldwiesen, Mooren u. Schneisen. E V–VII. – L an den Wurzeln von *Pteridium, Calluna, Rumex, Primula* u. a. VIII–IV. *Phymatopus hecta* L. Von ähnlicher grauer od. dunkelbrauner Grundfarbe ist die nur aus den Alp bekannte *Pharmacis carna* Denis & Schiffermüller. Flecke od. Binden der VFl aber mit heller Einfassung. 15–20 mm. VII, VIII. s.

3* Färbung u. Zeichnung der VFl anders **4**

4 Der weiße aus der Wurzel des VFl kommende Streifen verläuft anfangs in der Z, dann bogig zum Innenrand. VFlGrundfarbe rotbraun (♂), beim ♀ mehr gelblich. Bindenflecke weiß. 15–22 mm, s, Alp. *Gazoryctra ganna* Hübner

4* VFl ohne diesen bogig verlaufenden Streifen **5**

5 Im VFl verläuft unterhalb der Z ein weißer Streifen (Abb. **718**/4). Die in die FlSpitze laufende Fleckbinde weiß, nicht eingefasst. Grundfarbe ockergelb od. grau, schwärzlich bestäubt. 10–18 mm. An Waldrändern, auf Wiesen u. Lichtungen, V–VII. – L an den Wurzeln von *Agropyron, Plantago, Rumex* u. a. VII–IV. *Korscheltellus lupulina* L.

5* Im VFl der Streifen unterhalb der Z sehr breit u. grau, mündet in die breit eingefasste zur FlSpitze laufende Fleckbinde (Abb. **718**/5). VFl rotbraun bis grau, schwärzlich gefleckt. 15–25 mm. Auf Lichtungen von Kieferwäldern u. moorigen Wiesen, V–VII. – L an den Wurzeln von *Pteridium* u. *Scirpus.* VII–IV. *Pharmacis fusconebulosa* DeGeer

Familie *Cossidae* – Holzbohrer

Ursprüngliche Gruppe. Z mit Medialader u. AnhangsZ (Abb. **708**/9). SaugR zurückgebildet od. nicht vorhanden. LabTst reduziert, Körper robust. Raupen nackt, mit kräftigen OKf. Leben im Inneren von Baumstämmen, meist mehrjährig. Verpuppung im Stamm, nahe der Rinde. P mit Hakenkränzen am Hlb, womit sie sich beim Schlüpfen des Falters aus dem Bohrloch schiebt. Größte Arten in Australien (bis 120 mm FlSp), mehrere hundert Arten. Im Gebiet 5 Gattungen mit 5 Arten.

1 Br dorsal weiß, mit 6 stahlblauen Punkten. Hlb stahlblau. VFl weiß mit vielen stahlblauen Flecken (Abb. **720**/5). 18–35 mm, g, VI/VII. – L gelb, mit schwarzen Punktwarzen, zweijährig in Stämmen von Laub- u. Obstbäumen. Gefürchteter Obstbaumschädling. *Zeuzera pyrina L.* – **Blausieb**

1* Br, Hlb u. VFl anders gezeichnet **2**

2 VFl olivgrau bis braungrau mit weißlichen Flecken (Abb. **720**/6). HFl olivgrau. 8–13 mm. Nur S, RP, V/VI. – L mehrjährig in Zwiebeln von *Allium.* *Dyspessa ulula* Borkhausen

2* VFl mit bräunlicher Grundfarbe, aber ohne weißliche Flecke **3**

3 Hlb auffallend lg u. schmal. VFl schmal ockergelblichgrau mit feiner braungrauer Strichzeichnung. HFl bleich gelbgrau (Abb. **720**/4). 16–21 mm, z in Sumpfgegenden. VI/VII. – L hellgelbgrau, zweijährig im Stängel von *Phragmites.* *Phragmataecia castaneae* Hübner

3* Hlb sehr dick. VFl breit. Körper sehr robust. Geäderverlauf Abb. **708**/9. Gattungen *Cossus* F. u. *Lamellocossus* Daniel

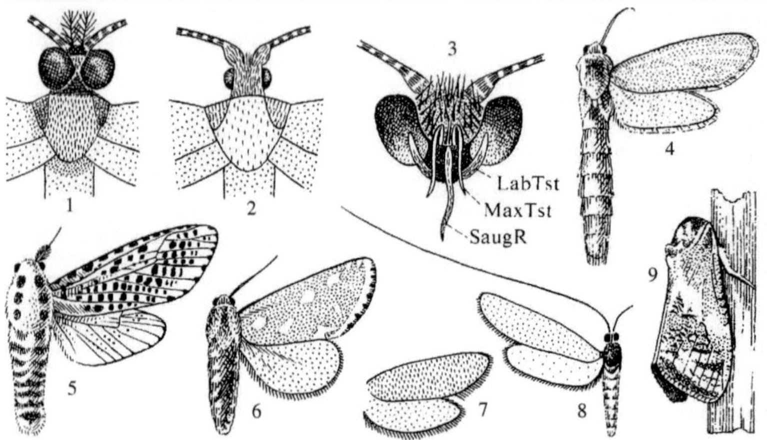

Abb. 720/1–9. 1 *Nemophora metallica*, KOS; **2** *N. degeerella*, ♂, KOS; **3** *Nematopogon metaxella*, KUS mit 5gld u. umgeschlagenen MaxTst; **4** *Phragmataecia castaneae* (16–21 mm); **5** *Zeuzera pyrina* (18–35 mm); **6** *Dyspessa ulula* (8–13 mm); **7** *Nematopogon swammerdamella*, Fl; **8** *Nemophora metallica* (9–10 mm); **9** *Cossus cossus* (30–41 mm).

a) F einreihig gekämmt. VFl braun, weißgrau gemischt mit zahlreichen schwarzen Querstrichen (Abb. **720**/9). 30–41 mm. g, VI/VII. – L fleischrot, an den S gelblich. Zweijährig in *Salix, Populus, Quercus* u. Obstbäumen. Geruch nach Holzessig zeigt Befall des Stammes an. *Cossus cossus* L.– **Weidenbohrer**

a*) F zweireihig gekämmt. Ähnlich voriger Art, aber kleiner. 27–38 mm. Sehr s ! VI/VII. – L in *Populus*. *Lamellocossus terebra* Denis & Schiffermüller

Familie *Thyrididae* – Fensterschwärmerchen

In Eur nur 1 Art. 6-7 mm, ♂-F in der M verdickt; Hlb mit Afterbüschel, Körper kräftig, Tst aufgebogen, R gut entw. Beide Fl mit offener MZ, am Saum geeckt (Abb. **704**/3), mit glasigen Fenstern auf schwarzbraunem Grunde, der von Goldschuppen durchsetzt ist; Fransen gescheckt (Abb. **712**/3). Lokal von den MGeb an südwärts; tags fliegend; V–VII. – L bräunlich, wicklerähnlich in zusammengerollten Blättern von *Clematis*, riecht wanzenartig. *Thyris fenestrella* Scopoli – **Fensterfleckchen**

Familie *Adelidae* – Langhornmotten

F beim ♂ die VFl an Lg weit übertreffend (Abb. **708**/6). K u. TstPaare lg abstehend behaart. Fl meist metallisch glänzend. – L anfangs minierend, später in einem beiderseits offenen Sack am Boden. Im Gebiet 4 Gattungen mit 29 Arten.

Gattung *Nematopogon* Zeller

LabTst u. MaxTst ausgebildet. 7 Arten im Gebiet.

N. swammerdamella L.

VFl strohgelb, glänzend, undeutlich gegittert (Abb. **720**/7). 9–11 mm. In Laubwäldern. IV–V. – L miniert anfangs in Blättern von *Fagus, Quercus* u. *Castanea* sowie an verschiedenen Rosengewächsen, lebt später in einem Sack am Boden.

N. metaxella HÜBNER
Sehr ähnlich voriger Art, kleiner, 6–7 mm. An der Querader des VFl ein undeutlicher Fleck. In Laubw. V–VII. – L an niedrigen Pfl, später in einem Sack am Boden.

Gattung *Adela* LATREILLE

Nur die LabTst ausgebildet. Das Genus umfasst 6 Arten, die nur bei Berücksichtigung der Kopulationsapparate sicher unterschieden werden können.
A. reaumurella L.
VFl blaugrün, stark glänzend. HFl schwach purpurblau glänzend. 7–8 mm. Häufig in Buchen- u. Eichenwäldern. V/VI. – L in einem aus Blattstücken angefertigten Sack am Boden.

In der Gattung *Nemophora* HOFFMANNSEGG stehen 11 Arten.

Häufig sind:
N. metallica PODA
VFl einfarbig grünlich bronzefarben. HFl dunkelviolett (Abb. **720**/8). KOS vgl. Abb. **720**/1. 9–10 mm. An Wiesen-, Wald- u. Ackerrändern. VI–VIII. – L in Skabiosenblüten, dann in einem Sack am Boden.
N. fasciella F.
VFl rotgolden, mit einer schwärzlichen MBinde, FlBasis messinggelb; HFl dunkelviolett. 7 mm. v um *Lamium.* VI–VIII. – L IX–V, anfangs in den Blüten von *Ballota, Marrubium* u. *Calamintha,* später in einem Sack auf Blättern.
N. degeerella L.
VFl mit schwarzen Aderstrichen auf gelbem Grund u. breiter gelber Querbinde, Saumfeld schwärzlich (Abb. **708**/5–6). KOS vgl. Abb. **720**/2. 7–10 mm. Häufig in Wäldern. V/VI. – L in einem Sack an niedrigen Pfl.

Familie ***Pyralidae* – Zünsler**

Erstes HlbSgm mit Tympanalorganen. HFl mit drei Innenrandadern. MaxTst u. LabTst ausgebildet. F nackt od. bewimpert, oft mit Schuppenwülsten hinter dem BasalGld. Chaetosema u.SaugR vorhanden od. fehlend. Im HFl sc u. rr gestielt od. ± parallel laufend. FlHaltung in der Ruhe dachförmig od. VFl annähernd horizontal übereinandergeschoben. Im. fliegen tagsüber, in der Dämmerung od. nachts. Lebensweise der L sehr verschiedenartig, viele sind Vorratsschädlinge von großer wirtschaftlicher Bedeutung. Sehr artenreiche Gruppe (bes. in den Trop), in Eur fast über 900 Arten, die in 13 Unterfamilien stehen.

Tabelle der bekanntesten Unterfamilien

1 Im VFl r_3 mit r_4 (Abb. **722**/4) od. r_{2-4} gestielt. ♀ mit od. ohne FlRudimente. Im. stets in Gewässernähe. – L aquatisch. Unterfamilie *Acentropinae* S. 727
1* Merkmale vereint nicht vorhanden **2**
2 VFl ohne r_5 (Abb. **722**/1). Unterfamilie *Phycitinae* S. 724
2* VFl mit r_5 .... **3**
3 Im HFl trägt der Cubitalstamm oberseits eine Haarbürste **4**
3* HFl in der Regel ohne Haarbürste auf dem Cubitalstamm **5**
4 LabTst bei ♂ u. ♀ von gleichem Bau. Im VFl ax an der Basis nicht gegabelt. Unterfamilie *Crambinae* S. 724
4* LabTst bei ♂ u. ♀ verschieden gebaut (Abb. **722**/2–3). Im VFl ax an der Basis gegabelt. Unterfamilie *Galleriinae* S. 723
5 **(3)** Im VFl r_5 mit r_4 u. bisweilen auch noch mit r_3 gestielt (Abb. **722**/7). Unterfamilie *Pyralinae* S. 727

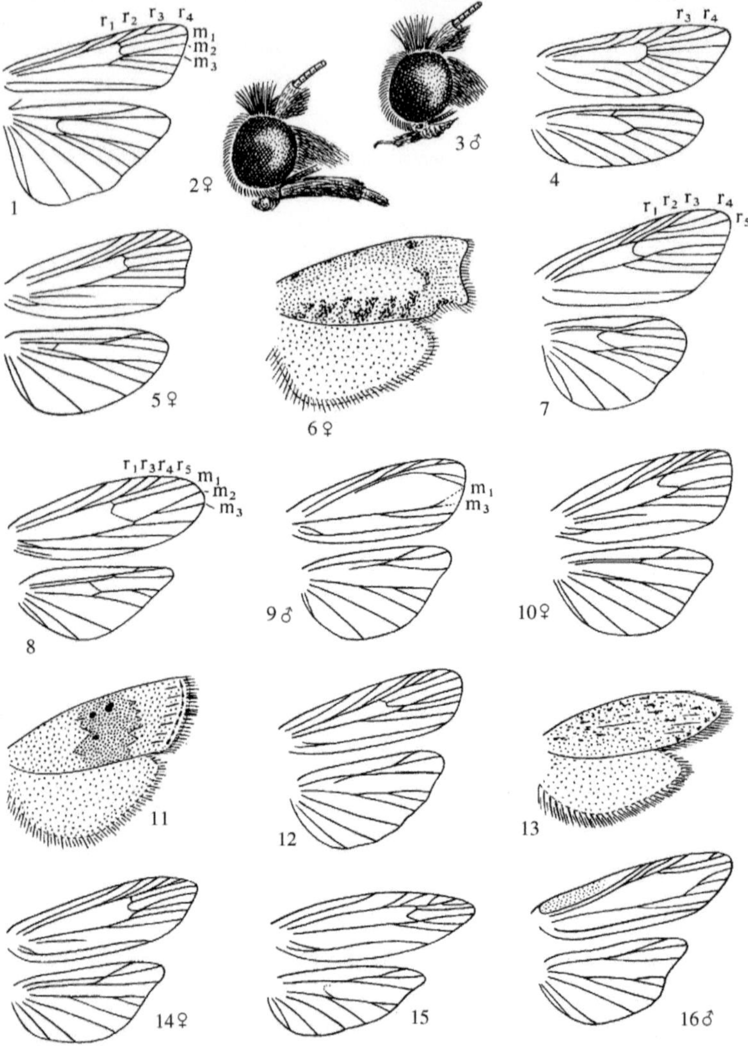

Abb. 722/1–16. 1 VFl u. HFl von *Dioryctria abietella*; KS von **2** *Paralipsa gularis*, ♀; **3** *P. gularis*, ♂; VFl u. HFl von **4** *Acentria ephemerella*; **5–6** *Galleria mellonella*, ♀; **7** *Pyralis farinalis*; **8** *Achroia grisella*; **9–11** *Aphomia sociella*, **9** ♂; **10** ♀; **11** FlZeichnung; **12** *Melissoblaptes zelleri*; **13** *Corcyra cephalonica*, ♂; **14** *Paralipsa gularis*, ♀; **15** *Corcyra cephalonica*; **16** *P. gularis*, ♂.

5* Im VFl r_5 frei **6**
6 Ohne Chaetosema. Unterfamilie *Pyraustinae* S. 729
6* Mit Chaetosema. LabTst ca. 4–5-mal so lg wie der K breit. Unterfamilie *Schoenobiinae* S. 727

Unterfamilie ***Galleriinae***

Geschlechtsdimorphismus im Bau der LabTst (Abb. **722**/2–3). Im VFl Axillaris (ax) an der Wurzel gegabelt. LabTst beim ♂ klein u. versteckt, beim ♀ größer, vorgestreckt od. hängend. MaxTst klein u. verborgen. Oc nicht ausgebildet. Chaetosema vorhanden. Verlauf der FlAdern bei ♂ u. ♀ oft versch. – L oft in Bienen u. Hummelnestern od. an trockenen Früchten aller Art.

1 Außenrand der VFl konkav (Abb. **722**/5). VFl aschgrau, gegen den VRand bräunlich. Innenrand hellgelb mit großen rotbraunen Flecken (Abb. **722**/6). 10–14 mm, Kosm, V–IX (mehrere Gen). Im. dringen in der Dämmerung zur Eiablage in Bienenstöcke ein. – L zerstören durch Gespinstgänge Waben, fressen Pollenreste u. Wachs. Verpuppung im Stock. Herbsttiere überw. *Galleria mellonella* L. – **Große Wachsmotte** od. **Bienenwolf**
1* Außenrand des VFl konvex **2**
2 VFl ohne r_2 (Abb. **722**/8). K gelb.Br u. VFl einfarbig lehmgraugelb. Fl weißlichgrau. 6–12 mm.V–IX, 3–4 Gen jährlich. Eiabl in Haufen (250–300 Stück)an Bienenstockwänden u. Waben. – L lebt in Bienenstöcken von Pollen u. Wachs. Bienenpuppen werden oft versponnen. Verpuppung in einzeln liegenden Kokons. *Achroia grisella* F. – **Kleine Wachsmotte**
2* VFl mit r_2. . . . . **3**
3 VFl der ♂♂ ohne m_2 . . . . **4**
3* Vfl der ♂♂ mit m_2 . . . . **6**
4 Im HFl fehlt m_2 . . . . **5**
4* Im HFl m_2 vorhanden. K, Thorax u. VFl weißlichgrau. Beim ♀ ist die FlFläche schwärzlich bis bräunlich verdunkelt. In der Z drei ± deutliche schwärzliche, innen heller gekernte Ringe. HFl hell graubraun (♂) od. weißlich (♀). 15–20 mm. V u. VIII,IX, im S des Gebietes. – L in Nestern sozialer Wespen. *Lamoria anella* DENIS & SCHIFFERMÜLLER
5 MZ des VFl nur beim ♂ offen (Abb. **722**/9–10). VFl weißlich fleischfarben, VRand u. Saum braun (♂) od. VFl aschgrau bis rötlichgrüngrau. Zwei scharf gezackte dunkle Querlinien (Abb. **722**/11). Frisch geschlüpfte Tiere mit moosgrüner Einmischung. 8–20 mm. Um Hummel- u. Wespennester u. Holzstapel. VI–IX. – L gesellig in Hummel- u. Wespennestern, frisst alte Zellen, Abfälle, Brut u. Waben. L auch in Holzstapeln u. Vogelnistkästen. Verpuppung in einem aus vielen Röhren bestehenden, zähen Gespinstballen. *Aphomia sociella* L.
5* MZ des VFl beim ♂ geschlossen (Abb. **722**/15). K weiß, VFl grau, entlang den Adern schwärzlich, Innenrand hell (Abb. **722**/13). ♂ 16 mm, ♀ 22 mm. Meist nur in Hafenstädten wie Hamburg u. Rostock in Vorratsspeichern (mit Waren eingeschleppt). VII–IX. – L in mit Kot bedeckten Gespinströhren an Vorräten aller Art, wie Reis, Mais, Getreide, Erdnüsse, Leinsamen usw. *Corcyra cephalonica* – **Reismotte**
6 **(3)** MZelle im VFl des ♂ geschlossen, r_3 u. r_4 an der Basis stark genähert (Abb. **722**/12). K, Br u. VFl aschgrau. 2 undeutliche Querlinien nahe der Wurzel u. im letzten FlDrittel. 10–16 mm. Auf trockenen u. sandigen Stellen. VII/VIII. – L überw bis V/VI zw Moos, Gräsern od. Kräutern in einer senkrechten bis 10 cm lg Erdröhre. Frisst Pfl u.Tierreste. *Melissoblaptes zelleri* DE JOANNIS
6* MZelle im VFl des ♂ offen, r_3 u. r_4 an der Basis weit entfernt (Abb. **722**/16). VFl graubraun, nahe der Basis u. hinter der FlM je eine dunkle zickzackförmig verlaufende Querbinde, dazw ein tiefschwarzer Punkt (♀) (Abb. **725**/2). VFl des ♂ graublau, statt des schwarzen Punktes ein gelber, rotbraun umrandeter, dreieckiger Fleck. 10–14

mm. In Speichern, vornehmlich der Hafenstädte. Mehrere Gen, je nach Temperatur. – L an trockenen Samen aller Art (Nüsse, Mandeln, Getreide usw.). Gemeinsame Verpuppung. *Paralipsa gularis* ZELLER – **Samenzünsler**

Unterfamilie *Crambinae*

MZ der HFl meist offen (Abb. **725**/8). LabTst lg u. vorgestreckt, MaxTst etwa dreieckig. Im. meist auf Wiesen od. trockenen Stellen.Tagsüber ruhen sie kopfabwärts an Grasstängeln. – L häufig in Gespinströhren an Gräsern od. Moosen. In Eur etwa 160 Arten mit 22 Gattungen. Sichere Determination oft nur bei Berücksichtigung der Kopulationsorgane.

a) An Gewässern um *Phragmites.* LabTst weit vorgestreckt, so lg wie der vierfache AuDurchmesser (Abb. **725**/1). VFl gelbbraun (♂) od bleich ockergelb (♀), Geäderverlauf Abb. **725**/3. 13–15 mm. VI/VII. – L im Stängel von *Phragmites,* wahrscheinlich zweijährig. *Chilo phragmitella* HÜBNER

b) Auf Wiesen u. Grasplätzen. VFl ockergelb mit breiter silberweißer Längsbinde (Abb. **725**/4), 9–11 mm; g; VI/VII. – L in Gespinströhre an versch. Gräsern, IX–V. *Crambus pascuella* L.

c) Auf sandigen dürren Stellen

a) VFl bleich ockergelb, mit schmalem weißem Längsstreifen (Abb. **725**/5). Geäderverlauf Abb. **725**/6). 11–14 mm. VIII/IX. – Lebensweise der L unbekannt. *Agriphila deliella* HÜBNER

a*) VFl bräunlichgelb bis dunkelbraun (Abb. **725**/9). 11–12 mm. VII–IX. – L in senkrechten Seidenröhren an Gräsern, z. B. *Deschampsia flexuosa.* *A. tristella* DENIS & SCHIFFERMÜLLER

d) An salzhaltigen Stellen im Binnenland u. an der Küste.VFl gelblichgraubraun mit zwei bräunlichen Querstreifen u. einem schwärzlichen Längsstreif.10–12 mm. VI/VII. – L in einer Gespinströhre am Stängelgrund von *Puccinellia maritima,* IX–V. *Pediasia contaminella* HÜBNER

e) An sumpfigen Stellen. VFl gelblichbraungrau, zwei Schrägreihen undeutlicher Punkte (Abb. **725**/7). Geäderverlauf Abb. **725**/11. 12–14 mm. VI–VIII. – L miniert die Blätter von *Typha latifolia.* *Calamotropha paludella* HÜBNER

f) In montanen Regionen; nur Alp. VFl ockergelblichbraun, mit weißer, zweimal geteilter Längsbinde (Abb. **725**/14). Geäderverlauf Abb. **725**/15. 9–12 mm. VI/VIII. – L soll an Moos leben. *Catoptria permutatellus* HERRICH-SCHÄFFER

Unterfamilie *Phycitinae*

VFl ohne r_5 (Abb. **725**/13). Häufig Geschlechtsdimorphismus im Bau der F. Viele Im. haben als Vorratsschädlinge wirtschaftliche Bedeutung. In Eur über 100 Genera mit etwa 500 Arten. Sichere Trennung nur bei Untersuchung der Genitalapparate möglich. Wichtige Arten sind:

Plodia interpunctella HÜBNER – **Dörrobstmotte**
K, Br rötlich, VFl bis vor der M hellgelb, dahinter braunrot mit breiten Querbinden (Abb. **725**/12). 7–10 mm. In Lagern, Speichern, Warenhäusern, Vorratsräumen usw. V–IX. Kosm. – L an pfl Produkten wie Nüsse, Mandeln, Rosinen, Sämereien, Getreide usw.

Ephestia kuehniella ZELLER – **Mehlmotte**
K, Br u. VFl lichtgrau.VFl mit zwei übereinanderliegenden Queraderpunkten u. zwei gezackten Querstreifen. 10–12 mm. Mehrere Gen. Vorwiegend in Mühlen,Speichern, Vorratsräumen. IV/X. Kosm. – L baut in Nährsubstrat (Mehl, Kleie, Sämereien usw.) Gespinstgänge.

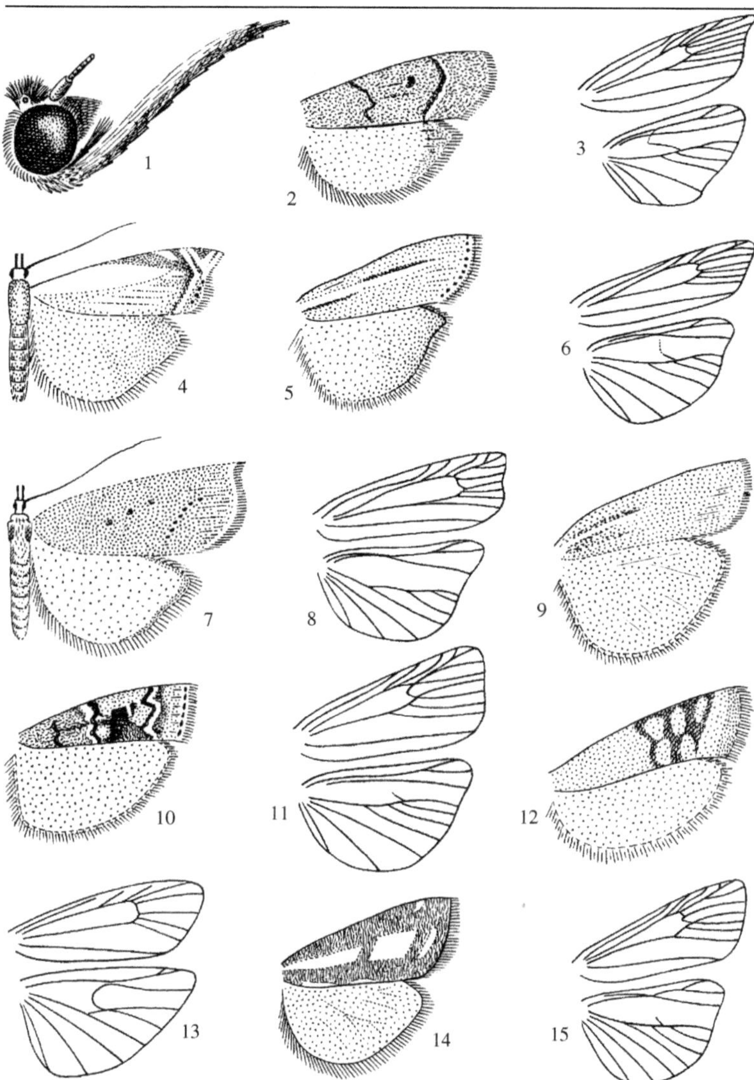

Abb. 725/1–15. 1 KS von *Chilo phragmitella*; VFl u. HFl von **2** *Paralipsa gularis*, ♀; **3** *Chilo phragmitella*; **4** *Crambus pascuella* (9–11 mm); **5–6** *Agriphila deliella*; **7** *Calamotropha paludella* (12–14 mm); **8** *Crambus pascuella*; **9** *Agriphila tristella*; **10** *Dioryctria abietella*; **11** *Calamotropha paludella*; **12–13** *Plodia interpunctella*; **14–15** *Catoptria permutatellus*.

E. elutella Hübner – **Heu- od. Kakaomotte**
VFl aschgrau, zwei dunkel gerandete Querlinien (Abb. **726**/1). Geäderverlauf Abb. **726**/2. 5–8 mm. In Warenhäusern, Speichern usw. VI/X. Kosm. – L an verschiedenartigen Vorräten wie Getreide, Nüsse, Sämereien.

Cadra cautella Walker – **Dattelmotte**
VFl braungrau, zwei undeutliche Querlinien. 7–9 mm.In Warenhäusern u. Speichern. Mehr trop verbreitet. V/VI. – L an gespeicherten pfl Produkten.

Dioryctria abietella Denis & Schiffermüller – **Fichtenzapfenzünsler**
K, Br u.VFl weißgrau, schwärzlich bestäubt. Zwei zickzackförmig verlaufende Querstreifen. Auf der Querader ein weißer Halbmond (Abb. **725**/10). 13–15 mm. In Kiefern- u. Fichtenwäldern.VI u. VIII/IX. – L in den Zapfen von *Abies, Larix, Pinus* u. a. Frisst Samen, lebt auch in *Chermes*-Gallen od. Wipfeltrieben. VII/X. Überw im Gespinst am Boden, Verpuppung im Frühj.

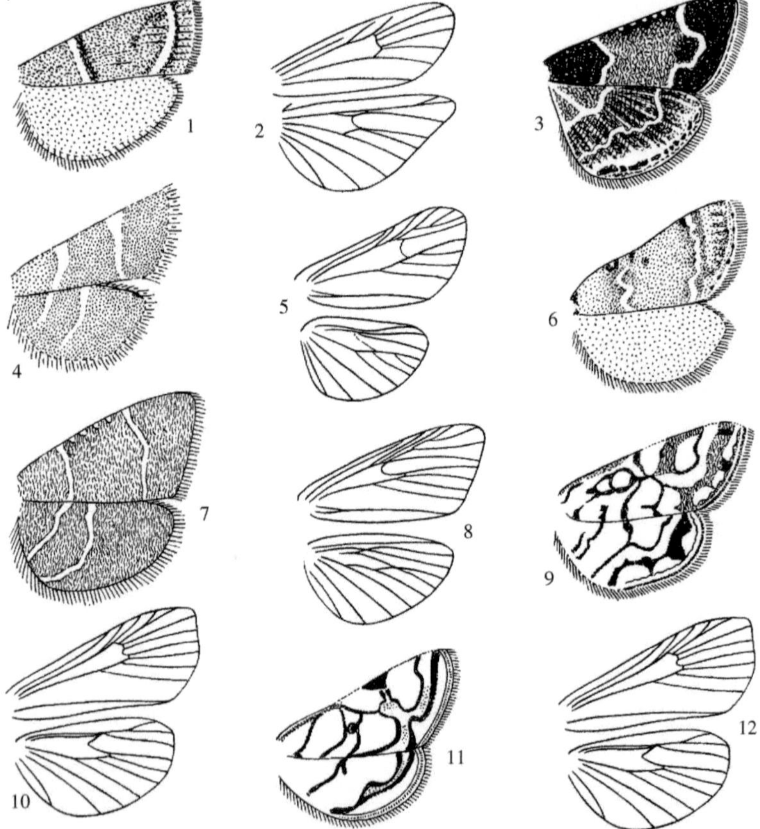

Abb. 726/1–12. VFl u. HFl von **1–2** *Ephestia elutella*; **3** *Pyralis farinalis*; **4–5** *Hypsopygia costalis*; **6** *Aglossa pinguinalis*; **7–8** *Orthopygia glaucinalis*; **9–10** *Elophila nymphaeata*; **11–12** *Paraponyx stagnata*.

Unterfamilie *Pyralinae*

Kräftige Tiere mit dicht beschuppten Fl u. ausgeprägter FlZeichnung. ImVFl oft r_3–r_5 gestielt. Cubitalstamm der MZ im HFl oberseits unbehaart. In Eur etwa 20 Gattungen mit ca 70 Arten, davon häufiger:

Aglossa pinguinalis L – **Fettzünsler**
K, Br u. VFl glänzend braungrau.Zwei zickzackförmig verlaufende, dunkel eingefasste Querstreifen (Abb. **726**/6). 14–18 mm. Im. tagsüber in dunklen Ecken verborgen, fliegen in der Dämmerung in Warenhäusern, Ställen, Scheunen u. Lagern. V–VII. – L in Gespinströhren unter Abfällen von Heu, Stroh, Getreide, Samen usw. VII–V.
Pyralis farinalis L. – **Mehlzünsler**
VFl mit violettbraunem Wurzelfeld. M- u. Außenfeld gelbviolett. Zwei gebogene, weißliche Querlinien (Abb. **726**/3). 8–14 mm. Fliegt in der Dämmerung; in Mühlen, Bäckereien, Speichern u. Lagern. Kosm. VI–VIII. – L in röhrenförmigen Gespinsten von vielerlei pfl Produkten wie Mehl, Getreide, Samen, Stroh usw. Material wird klumpenartig versponnen. IX–V.
Hypsopygia costalis F. – **Heuzünsler**
VFl bräunlich violett, mit zwei schmalen gelben Querlinien (Abb. **726**/4). Fransen goldgelb. Geäderverlauf Abb. **726**/5. 7–10 mm. In Häusern mit Strohdächern, Heu- u. Strohmieten, auch an Hecken u. Gartenzäunen nahe Scheunen. V–VII. – L an Heu, in Strohdächern, Eichhörnchen- u. Vogelnestern, Hühnerställen. IX–V.
Orthopygia glaucinalis L.
VFl grauolivfarben, Costa u. FlWurzel purpurn bestäubt, zwei gelbliche Querstreifen (Abb. **726**/7), Geäderverlauf Abb. **726**/8. 11–13 mm. In Strohhütten, Gartenlauben, Heuschobern VI–VIII. – L gesellig in röhrenartigen Gespinsten an verwesenden vegetabilischen Materialien, in Strohdächern, Vogelnestern wie vorige Art. Bis VI, wahrscheinlich überw.

Unterfamilie *Schoenobiinae*

Im Habitus der Im. den *Crambinae* ähnlich. Chaetosema vorhanden. Ohne SaugR od. dieser reduziert. Hlb des ♀ mit wolligem Afterbusch. Im Gebiet 3 Arten. Um stehende Gewässer v.

Schoenobius gigantella DENIS & SCHIFFERMÜLLER
LabTst annähernd so lg wie K u. Br zusammen (Abb. **728**/5). Geäderverlauf Abb. **728**/10. VFl gelbgrau, bräunlich bestäubt, schwärzliche Flecke. 12–18 mm. VI–VIII. – L in den Trieben von *Phragmites,* bohrt bis in die Wurzel, bis VI.
Donacaula forficella THUNBERG
VFl schmutziggelb mit braunem Schrägstreifen aus der Spitze (Abb. **728**/9). 12–15 mm. VI–VIII. – L nach der Überw bis V/VI. Anfangs minierend in Blättern von *Glyceria,* später im Stängel, dort Verpuppung.

Unterfamilie *Acentropinae*

Im VFl r_2–r_4 od. r_3 + r_4 gestielt. Im. stets in Gewässernähe, L leben aquatisch. In Eur 6 Gattungen mit 11 Arten.

Acentria ephemerella DENIS & SCHIFFERMÜLLER
VFl dünn weiß beschuppt, an den Adern bräunlich (Abb. **728**/8). ♀ tritt in zwei Formen auf: vollgeflügelt od. mit FlRudimenten.VFlLg 5–6 mm. An ruhigen Gewässern, Flüssen, Seen usw. Im. fliegen in der Dämmerung lebhaft über der Wasseroberfläche, leben im Wasser. Kopula auf dem Wasser. ♀ legt danach Eier an Wasserpfl

ab u. stirbt bald. V–IX. – L im PflStängel, in 1–3 m Tiefe, Atmung durch Stigmen, später frei in einem Blattgehäuse. X–V. Verpuppung nach der Überw, VI, in einem mit Luft gefüllten Kokon.

Elophila nymphaeata L.

VFl weiß, bräunlich bestäubt. VFl u. HFl mit brauner Zeichnung (Abb. **726**/9). Geäderverlauf Abb. **726**/10. 11–14 mm. VI–VIII. – L an den Blättern von *Nuphar, Nymphaea, Potamogeton* u. *Hydrocharis* in stehenden u. ruhigen Gewässern; VIII–VI.

Nymphula nitidulata HUFNAGEL

Vfl u. HFl glänzend weiß. Zeichnung ähnlich voriger Art (Abb. **726**/11). Geäderverlauf Abb. **726**/12. – L an *Sparganium*. Verpuppung in weißseidenem Kokon, an einem schwimmenden Blatt. VIII–V.

Cataclysta lemnata L.

VFl weiß, HFl mit silbernen Punkten auf schwarzem Saum (Abb. **728**/1). ♂ 7–9 mm. Beim ♀ Fl reichlich braun bestäubt. Geäderverlauf Abb. **728**/2. 9–11 mm. VI–IX. – L

Abb. 728/1–14. VFl u.HFl von **1** *Cataclysta lemnata*, ♂; **2** *C. lemnata*; **3–4** *Paraponyx stratiotata*; **5** KS von *Schoenobius gigantella*; **6** *Ostrinia nubilalis*, ♂; **7** *O. nubilalis*; **8** *Acentria ephemerella*, ♂; **9** *Donacaula forficella*; VFl u. HFl von **10** *Schoenobius gigantella*; **11–12** *Eurrhypara hortulata*; **13–14** *Nomophila noctuella*.

in einem aus *Lemna* od. *Phragmites*-Stückchen zusammengesponnenen Gehäuse. Nach der Überw Verpuppung in einem Schilfhalm. VIII–V.

Paraponyx stratiotata L.

VFl weiß, braun bestäubt, ein brauner Querstreifen u. ein gleichfarbiger, weiß gekernter MFleck (Abb. **728**/3). Geäderverlauf Abb. **728**/4. 9–11 mm. VI–VIII. – L in mit PflTeilen durchsetztem Gespinst unter der Wasseroberfläche zw Blättern u. Stielen von *Stratiotes.* VIII–V.

Unterfamilie ***Pyraustinae***

Sehr heterogen im Bau der Im. wie auch in der Lebensweise der L. Cubitalstamm der HFl oberseits ohne Haarkamm. Im VFl r_5 frei. In Eur über 30 Genera mit fast 200 Arten.

a) In Maisanbaugebieten:

Ostrinia nubilalis HÜBNER – **Maiszünsler**

VFl gelblichbraun bis graubraun (♂) od. blass zitronengelb (♀) (Abb. **728**/6). Ein Queraderstrich u. zwei gezackte Linien. Geäderverlauf Abb. **728**/7. ♂ 13–14 mm, ♀ 15–16 mm; fast kosm. – L schädlich an *Zea mays* (an Blättern, im Stängel, in Blütenständen u. reifen Kolben). Auch an *Humulus, Panicum, Cannabis, Beta* u. a.

b) In Wäldern u. Gärten um Sträucher u. Nesseln:

Eurrhypara hortulata L.

K u. Br ockergelb, Fl weiß, mit Doppelreihe ovaler, bräunlicher Flecke um den Saum (Abb. **728**/11). Geäderverlauf Abb. **728**/12. 12–14 mm. VI–VIII. – L zw zusammengezogenen Blättern od. nur in einem nach unten gebogenen Blatt von *Urtica, Mentha, Stachys*-Arten u. a. VIII/IX.Verpuppung im Frühj.

c) Auf trockenen grasreichen Plätzen:

Nomophila noctuella DENIS & SCHIFFERMÜLLER

VFl gelblich dunkelbraun, mit zwei gezackten schmalen Querlinien, dazw drei schwärzlich umrandete, braune Makeln (Abb. **728**/13). Geäderverlauf Abb. **728**/14. 12–14 mm. VI–IX. – L an *Trifolium, Polygonum, Poa* u. a. VII–IX.

Familie ***Tortricidae*** **– Wickler**

LabTst nach vorn gestreckt od. aufwärts gebogen, BasalGld klein, MGld in Seitenansicht ± dreieckig, EGld bisweilen von den Schuppen des MGld bedeckt. MaxTst rudimentär od. fehlend. Haltung der Fl während der Ruhe dachförmig (Abb. **730**/9–10). Im VFl m_1 immer frei, bei den ♂♂ bisweilen ein Costalumschlag (Abb. **730**/8). FlUmriss sehr verschiedenartig. L mit sehr unterschiedlicher Lebensweise zw Blättern, Blüten u. Früchten, in Trieben, Knospen, Blüten, Früchten, Gallen, in der Rinde od. im Wurzelstock. Viele Arten haben als PflSchädlinge wirtschaftliche Bedeutung.

In Eur 125 Gattungen mit 927 Arten, deren sichere Bestimmung nur nach Untersuchung der Kopulationsorgane möglich ist. Für die drei Unterfamilien (Anlehnung an J. RAZOWSKI 2001) können nur einige wichtige Arten als Beispiele erwähnt werden.

Unterfamilie ***Tortricinae***

Eupoecilia ambiguella HÜBNER – **Einbindiger Traubenwickler, Heu-** od.**Sauerwurm**

VFl ockergelb, hellgelb gemischt. Eine schwärzliche, bleigrau eingefasste MBinde (Abb. **733**/14). Geäderverlauf Abb. **733**/15. 7–8 mm; v ; IV/V u. VII/VIII. – L der 1. Gen in Blüten u. Knospen, die der 2. an Beeren von *Vitis.*Auch an *Viburnum, Rhamnus, Cornus, Ligustrum, Syringa, Lonicera* u. a.

Tortrix viridana L. – **Eichenwickler**

VFl einfarbig hellgrün, HFl grau (Abb. **730**/1). Geäderverlauf Abb. **730**/2. 9–11 mm. VI/VII. – L in Blattrolle an *Quercus*, oft Kahlfraß verursachend. IV/V.

Choristoneura hebenstreitella MÜLLER
Vfl grünlichgrau mit Gitterzeichnung. Wurzelfeld, die unter dem VRand verschmälerte MBinde u. der VRandfleck olivgrün (Abb. **730**/12). Geäderverlauf Abb. **730**/11. HFl braungrau. 10–14 mm, g.VI/VII. – L polyphag an *Sorbus, Sambucus, Prunus, Quercus, Pyrus, Ulmus, Corylus, Malus, Betula* u. a. V/VI.
Archips oporana L. – **Kiefernnadelwickler**
VFl graubraun mit gelblicher u. rötlicher Einmischung. Flecke od. Binden rotbraun (Abb. **730**/4). Geäderverlauf Abb. **730**/3. 9–12 mm. In Nadelw. VI/VIII. – L an versponnenen Nadeln von *Abies, Picea, Larix* u. *Juniperus.* Nach der Überw Fraß in Triebachsen, die absterben od. umknicken.
Pandemis cerasana HÜBNER
Alle Arten des Genus *Pandemis* haben am 2. FGld eine Einkerbung (Abb. **730**/5). VFl bräunlichgelb, blass gegittert. Wurzelfeld, MSchrägbinde u. VRandfleck dunkler. HFl braungrau (Abb. **730**/6). Geäderverlauf Abb. **730**/7. 8–12 mm, g, VI–VIII. – L polyphag, in einer Blattrolle, in der auch die Verpuppung stattfindet, an *Quercus, Acer, Betula, Tilia, Sorbus, Pyrus, Prunus, Ribes uva-crispa, Rhamnus* u. a. V/VI.
Sparganothis pilleriana DENIS & SCHIFFERMÜLLER – **Springwurmwickler** od. **Laubwurm**
VFl hellbräunlich ockergelb, stark grünlich glänzend. Zwei Schrägbinden (Abb. **731**/1). Geäderverlauf Abb. **731**/2. 10–12 mm. Meist in Weinbaugebieten. VII–IX. – L

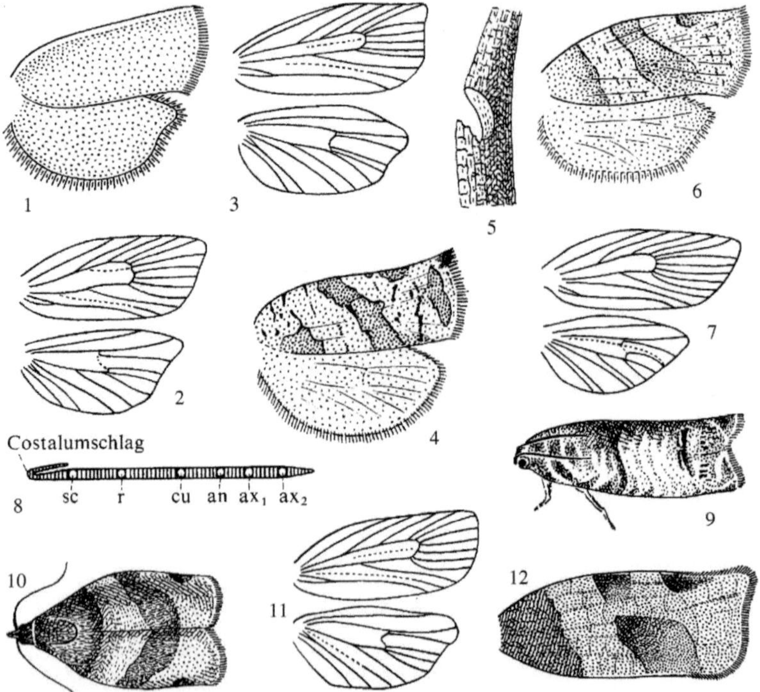

Abb. 730/1–12. VFl u. HFl von **1–2** *Tortrix viridana*; **3–4** *Archips oporana*; **5** 2. FGld von *Pandemis* mit Kerbe; **6–7** VFl u. HFl von *Pandemis cerasana*; **8** Costalumschlag; **9** *Cydia pomonella*, ruhend; **10** *Archips oporana*, ruhend; **11–12** VFl u. HFl von *Choristoneura hebenstreitella.*

polyphag, in zusammengerollten Blättern von *Clematis, Artemisia, Humulus, Salvia, Vitis* u. a.

Unterfamilie *Chlidanotinae*

Bekannte Genera sind *Olindia* GUENEÉ u. *Isotrias* MEYRICK.

Unterfamilie *Olethreutinae*

Cydia pomonella L. – **Obstmade, Apfelwickler**
VFl aschgrau mit schwarzbraunen Querwellen, HFl bräunlich. Geäderverlauf Abb. **731**/3. 7–9 mm. In Gärten, Obstplantagen usw. V–VIII. – L ab VII in Früchten (Äpfeln u. Birnen, auch Walnuss, Quitte, Pfirsich, Pflaume, Esskastanie).

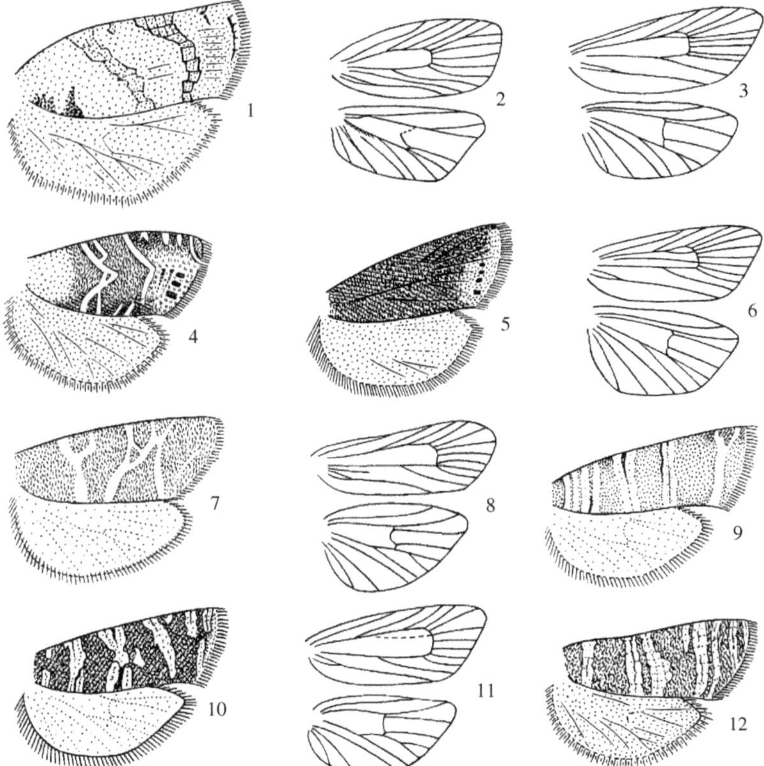

Abb. 731/1–12. VFl u.HFl von **1–2** *Sparganothis pilleriana*; **3** *Cydia pomonella*; **4** *C. pactolana*; **5–6** *C. funebrana*; **7–8** *Rhyacionia buoliana*; **9** *R. duplana*; **10–11** *Retinia resinella*; **12** *Blastesthia turionella*.

Weitere bekannte Arten der Gattung *Cydia* sind:

C. nigricana F. – **Olivenbrauner Erbsenwickler**;
C. fagiglandana ZELLER – **Buchelwickler**;
C. splendana HÜBNER – **Eichelwickler**;
C. pactolana ZELLER – **Olivenbrauner Fichtenrindenwickler** (Abb. **731**/4).
C. funebrana TREITSCHKE – **Pflaumenwickler**
VFl graubraun, aschgrau gemischt mit einer aus drei bis vier grauen Linien bestehenden Binde (Abb. **731**/5). Geäderverlauf Abb. **731**/6. 5–6 mm. In Obstplantagen u. Gärten. V/VI u. VIII–X. – L in Pflaumenfrüchten. VI u. VIII–X.
Rhyacionia buoliana DENIS & SCHIFFERMÜLLER – **Kieferntriebwickler**
VFl ziegelrot mit gelblicher Einmischung u. 4–6 z.T. gegabelten silberglänzenden Quer- u. Schräglinien (Abb. **731**/7). Geäderverlauf Abb. **731**/8. 8–10 mm. In Kiefernschonungen. VI–VIII. – L anfangs frei, später in den Knospen der Maitriebe, oft Zerstörung aller Triebe eines Quirls.
Rh. duplana HÜBNER – **Kieferntriebwickler**
VFl graubraun mit vier silbergrauen Querlinien, Saum gelblich (Abb. **731**/9). 7–9 mm. In Kiefernschonungen. III–V. – L in den Maitrieben von *Pinus,* bevorzugt 2–6jährige Bäume, Wipfel verkrüppeln, Baum buschartig.
*Rh. pinivor*ana LIENIG & ZELLER
Ähnlich voriger Art. Vfl rötlichbraun, Querlinien weißlich. An *Pinus.*
Retinia resinella L. – **Kiefernharzgallenwickler**
VFl dunkelbraun, dicht mit bleifarbenen, glänzenden Querlinien besetzt (Abb. **731**/10). Geäderverlauf Abb. **731**/11. 7–9 mm. In Kiefernschonungen. V/VI. – L zweijährig an *Pinus,* anfangs Fraß an Nadeln, später im Mark des Triebes, wodurch eine blasige Harzgalle entsteht.
Blastesthia turionella ZELLER – **Kiefernknospenwickler**
VFl in der basalen Hälfte braungrau, in der distalen rostgelb.Einige bleifarbene Binden bzw. Flecke (Abb. **731**/12). Geäderverlauf Abb. **733**/1. 8–9 mm. V–VII. – L in EKnospen von *Pinus.* Befall führt zur Verkrüppelung der Kronen, Büschel- u. Besenbildung.
Spilonota laricana HEINEMANN – **Lärchennadelwickler**
VFl weiß bis grau gewellt, Wurzelfeld u. Apex schwärzlichgrau, vor dem Innenwinkel ein kleiner dreieckiger Fleck (Abb. **733**/2). Geäderverlauf Abb. **731**/3. 5–6 mm; v um *Larix.*VI/VII. – L lebt an Kurztrieben von *Larix.* V/VI.
Sp. ocellana DENIS & SCHIFFERMÜLLER
7–9 mm. – L an versponnenen Gipfelblättern von *Crataegus, Sorbus, Prunus, Quercus, Alnus, Salix, Hippophae* u. a. V–VII.
Zeiraphera rufimitrana HERRICH-SCHÄFFER – **Rotköpfiger Tannenwickler**
K u. Br rostgelb, VFl dunkelgraubraun, eine weißlichgelbe am Innenrand verbreiterte MBinde, die von silberglänzenden Linien eingefasst ist (Abb. **733**/4). Geäderverlauf Abb. **733**/5. 5–7 mm. Im S des Gebietes v um *Abies.* VII/VIII. – L in Gespinst an den Maitrieben von *Abies.* IV–VI.
Epinotia tedella CLERCK – **Fichtennestwickler**
VFl dunkelbraun mit weißen z.T. geteilten Querbinden (Abb. **733**/6). Geäderverlauf Abb. **733**/7. 5–6 mm. Weit v um *Picea.* V–VII. – L an *Picea abies,* Nadeln minierend. An die erste ausgehöhlte Nadel werden neue angesponnen, so dass bis zu 20 Nadeln ein Nest bilden. VIII/IX. Verpuppung IV/V am Boden.
Ancylis comptana FRÖLICH – **Erdbeerwickler**
VFl braun, Innenrandfleck schwärzlichbraun. VRand bis zum Mittelschrägband grau. VRandhäkchen weiß (Abb. **733**/8). Geäderverlauf Abb. **733**/9. 5–7 mm; v in Erdbeerplantagen, fehlt im N des Gebietes. IV/V u. VII/VIII. – L in umgeschlagenen Blatträndern od. versponnenen Gipfelblättern von *Potentilla* u. *Fragaria.*
Hedya nubiferana HAWORTH – **Grauer Knospenwickler**
VFl bis über die M schwärzlichbraun, vor der M eine schmale blaugraue Binde. Äußere FlFläche weiß (Abb. **733**/10). Geäderverlauf Abb. **733**/11. 7–10 mm. g, VI–VIII.

– L polyphag. Zw versponnenen Blüten, Blattknospen od. Blättern von *Pyrus, Malus, Sorbus, Prunus, Betula, Myrica, Salix* u. a. IV/V.

Lobesia botrana DENIS & SCHIFFERMÜLLER – **Bekreuzter Traubenwickler, Gelbköpfiger Heu-** od. **Sauerwurm**

VFl gelblichbraun mit zwei bleigrauen Querbinden, die äußere gegen V- u. Innenrand gegabelt (Abb. **733**/12). Geäderverlauf Abb. **733**/13. 5–7 mm. Vorwiegend im S u. W

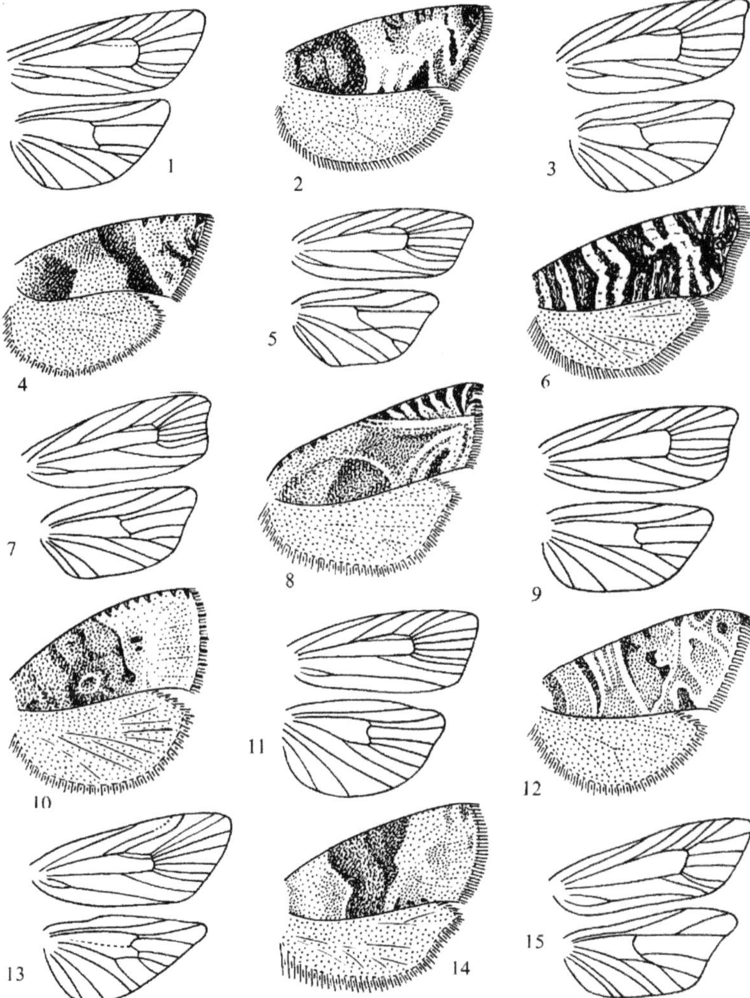

Abb. 733/1–15. VFl u.HFl von **1** *Blastesthia turionella*; **2–3** *Spilonota laricana*; **4–5** *Zeiraphera rufimitrana*; **6–7** *Epinotia tedella*; **8–9** *Ancylis comptana*; **10–11** *Hedya nubiferana*; **12–13** *Lobesia botrana*; **14–15** *Eupoecilia ambiguella*.

des Gebietes, in Weinbergen. V/VI u. VII/VIII. – L der 1. Gen in Knospen u. Blüten, die der 2. an versponnenen Beeren von *Vitis,* auch an *Clematis, Rhamnus, Crataegus* u. a.

Familie *Lasiocampidae* – Glucken

Im VFl r_2 u. r_3 gestielt, HFl ohne HaftBo, aber oft mit mehreren Praecostaladern (Abb. **706**/5). Körper sehr plump. K u. Au klein, keine Oc. R ± verkümmert. Tst oft groß u. vorgestreckt, dicht behaart, mit Basalfleck. F beim ♂ lg doppeltgekämmt, beim ♀ kurz kamm- od. sägezähnig. ♀-Hlb zuweilen mit Afterwolle. FlHaltung in der Ruhe steil dachförmig, wobei der VRand der HFl oft die VFl überragt u. entsprechend gefärbt ist (Abb. **735**/5). Flug nachts, einige ♂♂ auch Tagflieger; oft am Licht. – L 16füßig, lg-zylindrisch, mit dichtem, oft aus kurzen u. lg. Haaren gemischtem Haarkleid; charakteristisch seitlich abwärts gerichtete Haarbüschel; zuweilen Querwülste auf dem 2. u. 3. Sgm (Prachtflecke), auch Warzen, Höcker u. Haarpinsel (Abb. **735**/16). Meist auf Holzgewächsen; manche schädlich. P in einem Haargespinst od. festen Kokon. Überw als Ei, L od. P, manchmal mehrfach. Nomenklatur wie von SCHINTLMEISTER in KARSHOLT & RAZOWSKI verwendet. 22 Arten (Eur 39).

1 VFl mit weißem MFleck **7**
1* VFl ohne weißen MFleck **2**
2 Bis 22 mm, Fransen oft gescheckt **3**
2* Mindestens 24 mm, Fransen ungescheckt **6**
3 Fl ganzrandig **4**
3* FlRänder gezackt, VFl mit ausgebuchtetem Innenwinkel, Tst spitz; Fl mit 2–3 ± verloschenen, in Flecke aufgelösten Querbinden. – L variabel, bunt, mit SWarzen u. gelbroten Prachtflecken. Gattung *Phyllodesma* HÜBNER
a) Grau mit rotbraunen Einmischungen u. weißlichen, verwaschenen HFl-MBinden (Abb. **735**/1). 18–21 mm. Sehr lokal u. s in Blaubeerwäldern; IV/V.
Phyllodesma ilicifolia L. – **Blaubeerglucke**
a*) Grundfarbe gelbbraun, sonst wie vorige Art. 18–22 mm; z; in lichten Mischw u. Obstgärten, an Laubholz; V.
Phyllodesma tremulifolia HÜBNER – **Kleine Eichenglucke**
4 Stirn mit Höcker. Grundfarbe grau od. braungrau. HFl-MZelle geschlossen **5**
4* Stirn ohne Höcker. Grundfarbe gelb bis braun. HFl mit halboffener MZelle u. sehr kurzer Wurzelzelle. Tst kurz. Geschlechtsdimorph, ♂ kleiner, ♀-VFl gestreckter. – L lg, ohne Warzen, weich behaart, braun u. blau längsgestreift, jung vergesellschaftet in Nestgespinsten. Weiche P in gelbgepudertem Gespinst. Eigelege (Abb. **735**/15) ringförmig um Stängel. Gattung *Malacosoma* HÜBNER – **Ringelspinner**
a) ♂ durchscheinend dunkelbraun, schwach gebändert; ♀ ungezeichnet rotbraun. 12–19 mm. Bes. im N; nur ganz lokal. VI/VII. – L wie bei *M. castrensis* L. (**b***), aber etwas früher erwachsen. *Malacosoma franconica* DENIS & SCHIFFERMÜLLER
a*) VFl bei ♂ u. ♀ mit hellbegrenztem MFeld .... **b)**
b) Körper u. Fl gelb bis braunrot. VFl-MFeld meist dunkler, von schmalen hellen od. dunklen, wenig gebogenen Linien begrenzt; variabel; Fransen ungleich breit braun u. gelb gescheckt (Abb. **735**/2). 13–21 mm. VII/VIII. – L gestreift, K u. Nackenschild blau mit schwarzen Flecken (Abb. **735**/14). Oft schädlich an Obstbäumen.
Malacosoma neustria L. – **Gemeiner Ringelspinner**
b*) ♂: VKörper u. VFl gelb mit braunen, querverbundenen MLinien u. braunem Saumschatten; Hlb u. HFl dunkelbraun. ♀: Größer, braun mit beidseitig hellgelb abgesetztem MBand. 13–21 mm. Bes. im N, sonniges Ödland. VII/VIII. – L fleckenstreifig mit blauem K, an Bodenvegetation.
Malacosoma castrensis L. – **Wolfsmilchspinner**
5 Fl grau, dicht beschuppt, Fransen lg, gescheckt. VFl weißgrau bis grau mit dunklerem, schwarz abgesetztem MBand. ♀ mit Afterbusch. 15–18 mm. Buschige Moor-

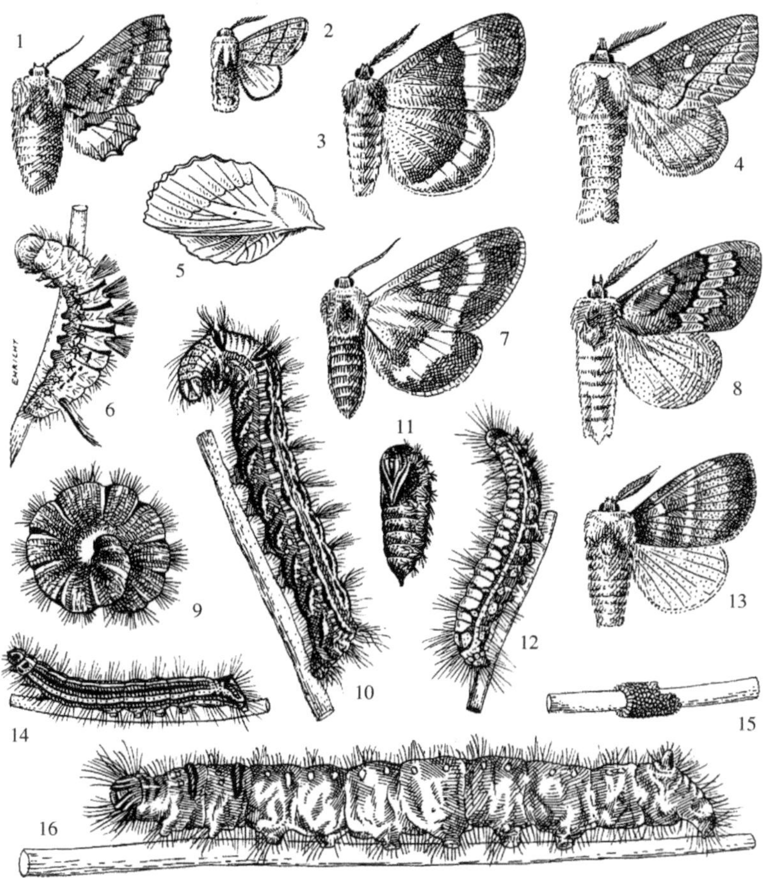

Abb. 735/1–16. 1 *Phyllodesma ilicifolia* (18–21 mm); **2** *Malacosoma neustria* (13–21 mm); **3** *Lasiocampa quercus*, ♂ (26–37 mm); **4** *Euthrix potatoria*, ♂ (24–36 mm); **5** *Phyllodesma*, sitzend; **6** *Calliteara pudibunda*, L; **7** *Lemonia dumi* (25–29 mm); **8** *Dendrolimus pini*, ♂ (25–36 mm); **9** *Macrothylacia rubi*, L; **10** *Dendrolimus pini*, L; **11** *Leucoma salicis*, P; **12** *L. salicis*, L; **13** *Macrothylacia rubi*, ♂ (24–33 mm); **14** *Malacosoma neustria*, L; **15** *M. neustria*, Eigelege; **16** *Gastropacha*, L.;

wiesen u. Bruchwälder, im N z; VIII/IX. – L sehr bunt u. variabel, kurz u. weich, gelbbraun behaart, blauschwarz mit gelben SgmGrenzen u. roten, weiß umpunkteten Warzenflecken; an Laubholz. *Trichiura crataegi* L. – **Weißdornspinner**

5* Fl braungrau, dünn beschuppt, Fransen kurz, gescheckt. VFl gestreckt; breites MFeld durch gezackte, helle Querlinien begrenzt. ♀ ohne Afterbusch. 15–19 mm. Jahrweise nicht s in Laubw; X/XI. – L variabel, etwas flach, schütter u. kurz behaart, mit SWülsten, grau, braun gerieselt, Rücken oft mit dunklen Rautenflecken. Bauch schwarzbraun, groß gefleckt; rotgelbes Nackenband u. Rückenwarzen; an Laubholz. *Poecilocampa populi* L. – **Kleine Pappelglucke**

6 **(2)** Fl ganzrandig. VFl mit 2 helleren Querstreifen, beim größeren ♀ auf braungrauem, beim ♂ auf zimtbraunem Grunde (Abb. **735**/13). 24–33 mm; v; Wiesen u. Koppeln, ♂ tags wild fliegend, ♀ schwerfällig, aber am Licht; V–VII. – L lg, z. T. filzig behaart, schwarzbraun mit schwarzen, im Jugendkleid gelb begrenzten Einschnitten (Abb. **735**/9), überw erwachsen. *Macrothylacia rubi* L. – **Brombeerspinner**

6* FlSaum gezackt. ♀ sehr groß (bis 43 mm). F stark gebogen, beim ♂ u. ♀ gekämmt; Tst schnabelartig lg. VFl am Innenwinkel abgeschrägt, aber mit Zacke bei ax_1 (Abb. **706**/5). – L flach, mit Prachtflecken, an den S mit fußähnlichen, z. T. zweilappigen Forts (Abb. **735**/16) u. einem stumpfen Zapfen auf dem 11. Sgm. Rücken kurz, S lg behaart, überw jung. P in weichem , bepudertem Haargespinst.
Gattung *Gastropacha* OCHSENHEIMER – **Echte Glucken**

a) Kupferig violettbraun. VFl mit 3, HFl mit 2 gezackten, dunklen Querstreifen. 29–43 mm. Baumschulen u. Aulandschaften; VI/VII. – L grau bis braun mit 2 blauen Prachtflecken, an Laubholz. *Gastropacha quercifolia* L. – **Kupferglucke**

a*) Heller lederbraun. VFl gestreckter, Querstreifen oft fleckig aufgelöst u. verdoppelt. 29–43 mm. Pappelalleen u. Auwälder, lokal u. s; VII (IX). – L hellgrau, 1. Prachtfleck blau, 2. rot, blau gerandet.
Gastropacha populifolia DENIS & SCHIFFERMÜLLER – **Große Pappelglucke**

7 **(1)** VFl saumwärts dünner beschuppt, mit weißem MFleck. Klein bis mittelgroß, Tst klein. ♀ braun, mit dickem, silbergrauem Afterbusch. ♂ kleiner, braun od. gelb. – L auf dunklem Grunde mit dichtbehaarten roten (od. blauen) Flecken u. Warzen u. rotbraunen BauchB, jung gesellig in Nestern, an Laubholz. P in festem rundovalem Kokon, oft mehrfach überw. Eigelege von Afterwolle umhüllt an Zweigen. 3 Arten, eine v. Gattung *Eriogaster* GERMAR – **Wollspinner**

Zum Beispiel:
Eriogaster lanestris L. – **Wollafter**
VFl schokoladenbraun mit weißem Wurzel- u. MFleck u. feiner weißer, am VRand verbreiteter Außenlinie, Saumfeld oft weißlich überstäubt. 15–22 mm; III/IV. Als Im. wenig beobachtet, umsomehr jahrweise die großen weißen Raupenbeutel an *Betula* u. *Prunus spinosa*. – L schwarz mit roten Flecken u. BauchB.

7* VFl dicht beschuppt; meist große Arten; ♀ ohne Afterbusch **8**
8 FlSaum gezähnt **12**
8* FlSaum ungezähnt, höchstens schwach gewellt **9**
9 Fl ganzrandig, ungezähnt u. ungewellt **10**
9* Fl schwach gewellt **11**

10 Stirn mit hornigem Forts; VSchienen mit EDorn. Fl ganzrandig; Tst kurz. – ♂ u. ♀ rötlich graubraun, VFl mit weißem MPunkt u. schmalem, scharf begrenztem Querstreif. 23–33 mm. Heiden u. Ödland; VIII/IX. – L gelb behaart bis auf die samtig schwarzblauen Sgm-Einschnitte, seitlich weiße Strichflecke u. Stigmen; K gelb gesprenkelt; sonneliebend. – P in eirundem Kokon am Boden.
Lasiocampa trifolii DENIS & SCHIFFERMÜLLER – **Kleespinner**

10* Stirn ohne hornigen Forts; VSchienen ohne EDorn. Sonst wie vor. Art, aber geschlechtsdimorph: ♂ dunkel, rotbraun, ♀ größer, gelb (braun); VFl u. HFl mit saumwärts ± verbreiterter, gelber Außenbinde, HFl-Fransen gelb (Abb. **735**/3). 26–37 mm. Z; ♂ Tagflieger; VI–VIII. – L ähnlich vor. Art, mehr braun statt gelb, K braun u. schwarz; an Laubholz. – P wie bei vor. Art. L od. P überw, manchmal beide.
Lasiocampa quercus L. – **Quittenvogel, Eichenspinner**

11 **(9)** Tst wenig vorstehend, VFl-Außenbinde gebuchtet u. gezähnt, zieht zum VRand. HFl-VRand ziemlich gerade (siehe US!). Sehr variabel, VFl grau bis braun mit weißem MPunkt u. 3 z. T. dunklen Querstreifen, mit grauen od. rotbraunen Zwischenfeldern. HFl einfarbig graubraun (Abb. **735**/8). 25–36 mm; VI–VIII. – L variabel, mit 2 blauen Prachtflecken, je 2 Rückenwarzen (dünn u. lg behaart) u. einem Warzenhöcker auf dem 11. Sgm; rötlich- bis schiefergrau mit hellen Rücken- u. SZeichnungen (Abb. **735**/10); zuweilen verheerend in Kiefernwäldern. Überw.
Dendrolimus pini L. – **Kiefernspinner**

11* Tst sehr lg u. buschig. VFl-Außenlinie fast gerade, mündet in den Apex, HFl-VRand stark gekrümmt. VFl mit 2 hellen MFlecken u. dunkler Außenlinie, saumwärts oft noch Wellenlinie. Stark geschlechtsdimorph; ♂-VFl meist violettbraun verdunkelt auf ± erhaltener gelber Grundfarbe (Abb. **735**/4); ♀ groß u. plump, ocker- bis ledergelb; Außenfeld der HFl dunkler abgesetzt. 24–36 mm. Gras- u. Schilfgebiete, ♂ am Licht. VII/VIII. – L dicht u. lg, z.T. filzig, braun behaart, mit Haarpinsel auf 2. u. 11. Sgm; schwarzbraun, mit gelben unterbrochenen Längsstreifen u. weißen Wollhaarbüscheln zw den Stigmen. An Gräsern, nimmt Wasser auf; überw.
Euthrix potatoria L. – **Graselefant, Trinkerin**

12 **(8)** 25–32 mm. Saum stark gezähnt; Tst lg u. spitz. Feurig gelbrot mit silberweißem, rundem MFleck im VFl u. geschwungener Innen- u. Außen-Querlinie; in Obstgärten zuweilen nicht s; VI–VIII. – L abgeflacht, blaugrau, fein dunkel u. gelblich gerieselt, mit nacktem rotem Prachtfleck u. Analhöcker; vordere SWarzen mit lg Haarpinseln, Körper oben kurz, seitlich lg u. weich behaart. Nachschieber gespreizt. An Laubholz, überw. *Odonestis pruni* L. – **Pflaumen- od. Feuerglucke**

12* 18–23 mm. Saum schwach gezähnt; Tst kurz. Fransen grell gescheckt. Schwärzlichgrau mit halbmondförmigem weißem MFleck im VFl u. stark gezähnter Innen- u. Außen-Querlinie (jetzt fast nur noch verdunkelte Formen). Z u. s in M u. S. 2 Stämme: V/VI od. VII/VIII. – L mit kurzer Rücken- u. lg SBehaarung, Haarpinsel auf 2. u. 11. Sgm. Rücken gelb mit schwarzen Rautenflecken u. schwarzgelben Schrägstrichen. An *Pinus* u. *Picea*, erwachsen od. jung überw.
Cosmotriche lobulina Denis & Schiffermüller – **Mondfleckglucke**

Familie *Endromidae* – Scheckflügel, Frühlingsbirkenspinner

Nomenklatur wie von Schintlmeister in Karsholt & Razowski verwendet. 1 Art (Eur ebenfalls 1).

Fl gestreckt, ganzrandig; im VFl r_2–r_5 gestielt (Abb. **705**/14). K eingezogen, R u. Tst rückgebildet, Au nackt. Leib zottig behaart, Beschuppung wenig dicht. Geschlechtsdimorph; ♀ groß, weißlich, orangebraun gemischt, mit schwarzem, gewinkeltem MFleck u. 2 schwarzbraunen, winkeligen Querstreifen. Saumfeld stärker braun gemischt mit 3 weißen Keilflecken im Apex; HFl weißlich. Nachts fliegend. ♂ kleiner, VFl bei gleicher Zeichnung viel dunkler braun, HFl lebhaft rostbraun, dunkler gezeichnet; tags fliegend (Abb. **738**/5). 25–39 mm. Birkenmoore; IV/V. – L nach vorn stark verjüngt, 16füßig, hellgrün mit weißlichen Schrägstreifen u. spitzem Höcker auf 11. Sgm. Jung gesellig an Birkenzweigen (Abb. **738**/3–4). Harte, glanzlose P in losem Gespinst am Boden, überw. *Endromis versicolora* L. – **Scheckflügel**

Familie *Saturniidae* – Nachtpfauenaugen

Nomenklatur wie von Schintlmeister in Karsholt & Razowski verwendet. 2 Arten (Eur 9).

Unterfamilie *Agliinae*

Eine Art. Im VFl m_2 mitten zw m_1 u. m_3 (Abb. **705**/12). F des ♂ doppelt-kammzähnig, beim ♀ nur verdickt u. beborstet. R stark verkümmert, Tst anliegend beschuppt. Grundfarbe beim ♂ ockergelb (♀ blasser) mit schwarzem, geschwungenem Querstreifen vor dem dunkleren Saum. Alle Fl mit großem, rundem, schwarzblauem MFleck, darin eine nagel- od. „T"-ähnliche weiße Zeichnung (Abb. **738**/6). 27–42 mm. Buchenwald; lokal treten geschwärzte Formen auf; IV/V. – L jung mit 5 lg gegabelten Rückendornen, erwachsen stark segmentiert, grün, Schrägstreifen u. Fußlinie hell;

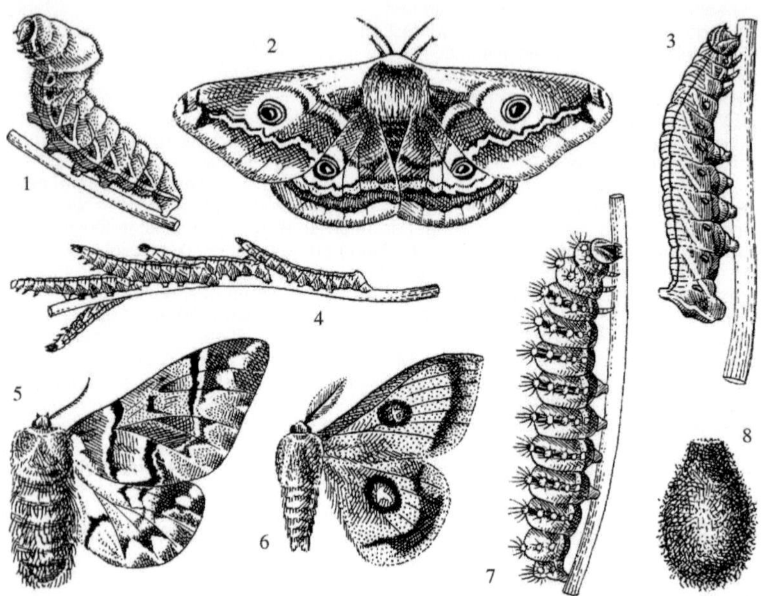

Abb. 738/1–8. 1 *Aglia tau*, L; **2** *Saturnia pavonia* (28–40 mm); **3** *Endromis versicolora*, erwachsene L; **4** *E. versicolora*, junge L; **5** *E. versicolora*, ♀ (25–39 mm); **6** *Aglia tau* (27–42 mm); **7** *Saturnia pavonia*, L; **8** *S. pavonia*, Kokon.

seitlich am 4. Sgm ein rotgelber Fleck (Abb. **738**/1); bes. an *Fagus*. P am Boden in leichtem Gespinst. *Aglia tau* L. – **Nagelfleck, Tau**

Unterfamilie ***Saturniinae***

Eine Art. Im VFl m_2 näher an m_1. F des ♂ mit lg, beim ♀ kurzen Kammzähnen; R u. Tst rückgebildet, in der Behaarung versteckt. K u. Au klein, Oc fehlen, Hlb kurz. Grundfarbe beim ♀ grau mit rotvioletten Einmischungen im VFl-Apex u. großem, rundem AuFleck auf jedem Fl zw 2 gewellten Binden in weißlicher Umgebung (Abb. **738**/2). Grundfarbe beim kleineren ♂ braun getönt, auf dem HFl rostgelb. 28–40 mm. Jahrweise häufig; IV/V. – L jung schwarz, später grün, mit roten Knopfwarzen auf ± ausgeprägten schwarzen Querbändern (Abb. **738**/7); oft an *Calluna*, aber polyphag. PKokon flaschenförmig mit Reusenverschluss (Abb. **738**/8).
Saturnia pavonia L. – **Kleines Nachtpfauenauge**

Familie ***Lemoniidae* – Herbstspinner**

Nomenklatur wie von Schintlmeister in Karsholt & Razowski verwendet. 2 Arten (Eur 4).

FlForm u. -geäder siehe Abb. **705**/7. VB mit starken, gesägten Klauen. Au nackt, ♀-F wie beim ♂ doppelt, aber kürzer gekämmt. Hlb beim ♀ sehr lg. ♂♂ kurzlebige, wilde

Tagflieger, gelegentlich auch am Licht. – L nur am Rücken behaart mit samtartigen SgmEinschnitten, Warzen lg behaart, an Bodenvegetation. P ohne Gespinst in der Erde. Ei überw. Gattung *Lemonia* HÜBNER

1 Einfarbig gelb mit schwarzem MPunkt im VFl. 23–25 mm; in M u. S an Grashängen lokal u. s. VIII/IX. – L schwarz, mit breiten, gelbbraunen SgmEinschnitten u. Längsstreifen, Rückenwarzen gelbrot beborstet.
Lemonia taraxaci DENIS & SCHIFFERMÜLLER – **Löwenzahnspinner**

1* Fl schwarzgrau, beim ♀ ± durchscheinend; Fransen gelb. VFlWurzel, MFleck u. äußere Querlinie gelb. HFl mit breiter gelber MBinde (Abb. **735**/7). 25–29 mm. Wiesen u. Grasland, z u. meist spärlich. X. – L dunkelbraun mit samtschwarzen Rückenflecken, Haare rostgelb. *Lemonia dumi* L. – **Habichtskrautspinner**

Familie *Sphingidae* – Schwärmer

Geäder siehe Abb. **705**/11. Hlb unten flach, beim ♂ mit Duftbüscheln in STaschen des 2. Sgm. Kräftige, pfeilschnelle Flieger, abends u. nachts (wenige Arten auch tags) vor Blüten wie ein Kolibri stehend, oft auch am Licht. Fl in der Ruhe dachförmig od. blattähnlich ausgebreitet (Abb. **740**/2–4). – L 16füßig, meist zylindrisch od. nach vorn verjüngt, nackt, glatt od. feinkörnig, alle mit Analhorn auf Sgm 11 (bei wenigen Arten zu stumpfer Erhebung rückgebildet); oft auffallend bunt (Abb. **741**/2–6); kaum schädlich. P meist in od. auf der Erde; einheimische Arten überw als P. – Nomenklatur wie von SCHINTLMEISTER in KARSHOLT & RAZOWSKI verwendet. 20 Arten (Eur 33). Einige Arten nur als Zuwanderer.

1 Fl im MFeld glasig durchsichtig (Abb. **740**/5). Am Tage hummelähnlich um Blüten fliegend. – L rauh wirkend durch winzige helle Punktwärzchen; grün mit gelblicher Nebenrückenlinie. Gattung *Hemaris* DALMAN
a) VFl u. bes. die HFl mit sehr schmalem, dunklem Saum, ohne Schuppenstreif in der VFl-MZelle; Hlb mit schwarzem Gürtel, orangegelb, mit weißgelben SBüscheln. 19–21 mm. Waldwiesen; V/VI. – L bläulichgrün mit rotbraunen SFlecken, Afterhorn rotbraun, fast gerade. Versteckt unter Skabiosenblättern (*Scabiosa*, *Knautia*).
Hemaris tityus L. – **Skabiosenschwärmer**
a*) VFl u. HFl mehr rotbraun u. breiter gesäumt, Zellenlängslinie der VFl beschuppt; Hlb mit rotbraunem Gürtel u. gelben SSchöpfen (Abb. **740**/5). 19–22 mm; V/VI. – L hellgrün, Bauch u. B dunkel abgesetzt, meist ungefleckt, Horn etwas gekrümmt. An *Lonicera* u. *Symphoricarpus*. *Hemaris fuciformis* L. – **Hummelschwärmer**

1* Fl voll beschuppt, ohne Glasflecke **2**

2 VFlSaum deutlich gezähnt, gezackt od. ausgenagt geschweift **11**

2* VFlSaum glatt **3**

3 Hlb mit breitem Afterbusch; klein, 21–24 mm. Körper u. VFl dunkelgrau mit schwachen Querbinden, HFl gelb, zum Saum hin geschwärzt. Zuwanderer, dem die Überw als Im. hier nur s gelingt; tags an Blüten; V–XI. – L grün od. rötlichbraun, hell längsgestreift, Afterhorn bläulich mit brauner Spitze; an *Galium*.
Macroglossum stellatarum L. – **Karpfen- od. Taubenschwänzchen**

3* Hlb ohne Afterbusch; große Arten **4**

4 Auffallend groß, 45–60 mm, BrOS mit totenkopfähnlicher Zeichnung (Abb. **740**/1); HFl u. Hlb gelb mit schwarzen (blauen) Bändern, VFl schwarzbraun u. heller gemischt, mit hellem MPunkt. R kurz u. dick. Zirpt bei Störung; dringt zuweilen in Bienenstöcke ein (Honigräuber). Aus dem S zufliegend; V–VII, nächste Gen. IX/X schlüpft hier, groß, aber unfruchtbar. – L grün (seltener dunkel braungrau), vorn u. hinten gelb, Rücken u. S mit blau-gelbschwarzen Winkelstreifen, Horn rauh, „S"-förmig gekrümmt. An Kartoffelkraut (*Solanum tuberosum*) u. a. *Solanaceae*.
Acherontia atropos L. – **Totenkopf**

4* Nicht auffallend groß. Anders gefärbt u. gezeichnet **5**

5 Hlb auf mindestens 5 Sgm seitlich schwarz u. hell gescheckt **6**
5* Hlb auf höchstens 2 Sgm gescheckt od. fast einfarbig **8**
6 Hlb schwarz-rot quergebändert **7**
6* Hlb ohne Rot, schwarz u. weißgrau gebändert, HFl einfarbig dunkelgrau; VFl aschgrau mit schwarzbraunen Zeichnungen (Abb. **740**/4). 33–45 mm. Kiefernwald, v; V–VIII. – L meist grün mit breitem rotbraunem Rückenstreif u. unterbrochenen hellen seitlichen Längsstreifen; Stigmen rot; Horn schwarz; an Pinus, aber s schädlich. P mit kurzer, anliegender RScheide.
Hyloicus pinastri L. – **Kiefernschwärmer, Tannenpfeil**

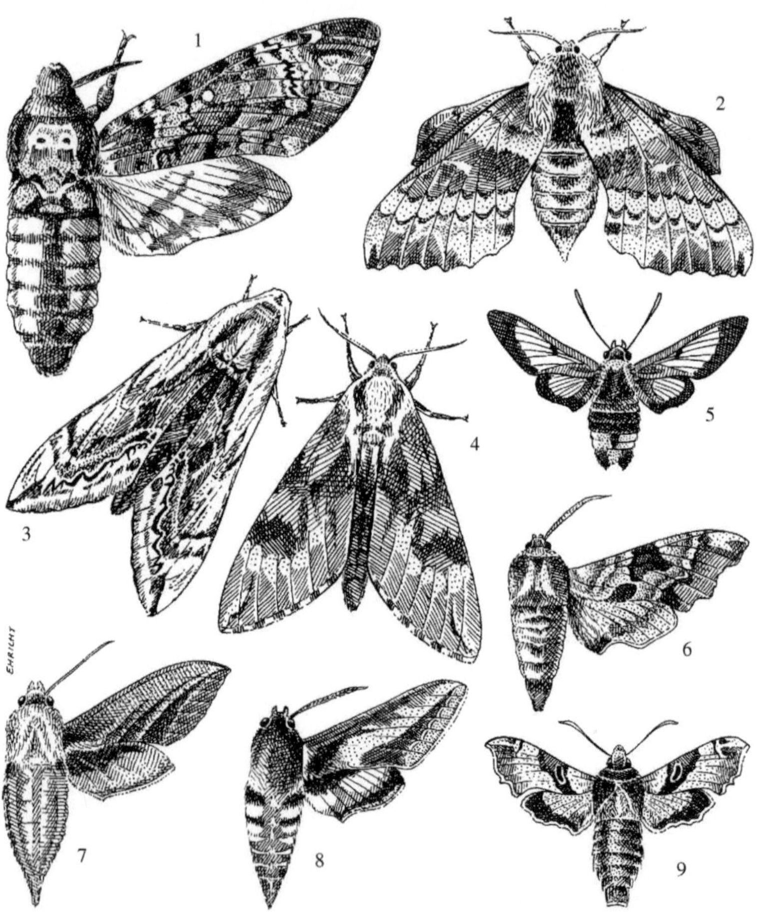

Abb. 740/1–9. 1 *Acherontia atropos* (45–60 mm); **2** *Laothoe populi* (30–45 mm); **3** *Sphinx ligustri* (40–50 mm); **4** *Hyloicus pinastri* (30–45 mm); **5** *Hemaris fuciformis* (19–21 mm); **6** *Mimas tiliae* (30–40 mm); **7** *Deilephila elpenor* (25–32 mm); **8** *Hyles galii* (32–35 mm); **9** *Proserpinus proserpina* (19–24 mm).

7 R über körperlg. VFl asch- bis blaugrau gemustert, HFl schwarzgrau gebändert, 45–55 mm. V–VII aus dem S zufliegend; nächste Gen. VIII–X hier schlüpfend, aber unfruchtbar. Abends an *Petunia, Nicotiana* u. a. – L variabel, meist gelbbraun (s grün), vordere Sgm hell längsgestreift, die übrigen mit 7 gelb u. braun abgesetzten Schrägstreifen; Horn gebogen, schwarz. An *Convolvulus.* P mit freier, gebogener RScheide (Abb. **741**/1). *Agrius convolvuli* L. – **Windenschwärmer**

7* R nicht über Körperlg. HFl schwarz-rosa gebändert. VFl rehbraun mit schwarzen Aderstrichen u. breiter schwarzbrauner Verdunkelung vom HRand zum Apex (Abb. **740**/3). 40–50 mm. V–VII. – L grün mit 7 lila-weiß abgesetzten seitlichen Schrägstreifen; Stigmen gelb; Horn krumm, schwarz-gelb; oft in „Sphinxhaltung" (Abb. **741**/4). Auf *Ligustrum, Syringa, Fraxinus,* v. P wie bei *H. pinastri* L. *Sphinx ligustri* L. – **Ligusterschwärmer**

8 **(5)** Hlb mit einem schwarzen SFleck od. fast einfarbig **9**

8* Hlb mit 2 schwarz-weißen SFlecken; F zur Spitze hin schwach keulig verdickt, mit kurzen EHaken. VFl gelb-grau mit olivgrünen Flecken u. Schrägbinden, HFl rosa-rot mit Weiß, Wurzel u. Saumband schwarz (Abb. **740**/8). – L glatt, bunt, mit Horn, die vorderen Sgm nicht in das 4. zurückziehbar, ohne AuFlecke. Gattung *Hyles* HÜBNER

a) VFl durch helle Adern deutlich liniiert. 37–41 mm. Subtrop, fliegt nur in einzelnen J in größerer Zahl zu. *Hyles livornica* ESPER – **Linienschwärmer**

a*) VFl nicht deutlich liniiert . . . . **b)**

b) US rosenrot, Fl oben weiß, VFl mit isoliertem VRand-Fleck u. meist hellerem Saum, zuweilen rot übergossen; HFl nur am Innenwinkel weiß. 30–34 mm; v; VI/VII (IX). – L schwärzlich, weiß punktiert, Rückenstreifen, K, B, Afterklappe rot, Horn rotschwarz, Stigmenlinie gelb u. rot, SFlecke gelb (Abb. **741**/6); an *Euphorbia.* *Hyles euphorbiae* L. – **Wolfsmilchschwärmer**

b*) US grau, F oben dunkel, FSpitze weiß; VFl mit breitem, dunkel olivfarbenem Saum, der den VRand-Fleck aufnimmt; HFl stärker weiß aufgehellt (Abb. **740**/8). 32–35 mm. Nur jahrweise häufiger; V/VI u. VIII. – L glänzend, dunkelgrün mit rundem gelben SFleck auf jedem Sgm, Horn rauh u. rot; an *Galium* u. *Epilobium.* *Hyles galii* ROTTEMBURG – **Labkrautschwärmer**

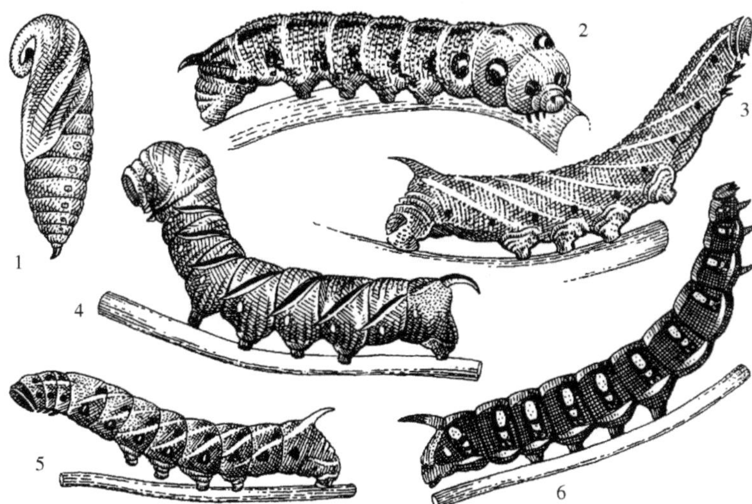

Abb. 741/1–6. 1 *Agrius convolvuli*, P; **2** *Deilephila elpenor*, L; **3** *Smerinthus ocellata*, L; **4** *Sphinx ligustri*, L; **5** *Laothoe populi*, L; **6** *Hyles euphorbiae*, L.

9 FlFarbe weinrot u. oliv, F zur Spitze nicht keulig verdickt. – L mit stark verjüngten vorderen Sgm, die in das verdickte 4. Sgm zurückgezogen werden können. Seitlich AuFlecke auf Sgm 4 u. 5 (Abb. **741**/2). Gattung *Deilephila* LASPEYRES – **Weinschwärmer**
a) VRand der VFl schmal rosa, sonst olivgrün in Rosarot übergehend, HRand weiß, HFl rot mit großem, schwarzem Wurzelfeld (Abb. **740**/7). 25–32 mm; v; V/VI u. VIII/IX. – L schwärzlich, seltener grün, dunkel gerieselt, Horn kurz (Abb. **741**/2); an *Epilobium, Galium, Vitis, Fuchsia* u. a. *Deilephila elpenor* L. – **Mittlerer Weinschwärmer**
a*) VFl olivgrün, VRand u. Saumfeld unregelmäßig breit, aber scharf begrenzt rot; HFl dunkel u. oliv schattiert, nur am Saum rot, Fransen gescheckt. 22–25 mm; v; V/VI. – L ähnlich voriger Art, aber ohne Horn, nur mit kleiner Erhöhung auf Sgm 11; an *Galium*. *Deilephila porcellus* L. – **Kleiner Weinschwärmer**

9* Farbe anders **10**

10 35–37 mm; Körper u. Fl äußerst schlank, längsgemustert. VFl olivgrau, schwärzlich geadert, mit silbrig-hellem Schrägband vom Apex bis zum HRand, Saum heller, mit silbrigem Band; MPunkt fein, schwarz; HFl schwarz geadert, innen rosa, nahe dem Saum u. am VRand schwärzlich gebändert. – Selten zufliegender Irrgast aus dem S. *Hippotion celerio* L. – **Großer Weinschwärmer**

10* Sehr groß; 47–56 mm; dunkel u. heller grün bis oliv u. rosa in geschwungenen Zeichnungen kontrastreich gemustert u. schattiert. Selten aus dem S zufliegend. – L vorn gelb, Sgm 3 seitlich mit großem, blauem, hellgekerntem AuFleck; vom 4. Sgm an grün mit heller SLinie. Horn gelb, kurz, gekörnt, abwärts gebogen. Gelegentlich an Oleanderbäumchen. *Daphnis nerii* L. – **Großer Oleanderschwärmer**

11 **(2)** 19–24 mm; R gut entw, Körper gedrungen; HFl gelb, breit schwarz gesäumt. VFl graugrün mit dunkelgrünem MBand (Abb. **740**/9). Im N z u. s, von den MGeb ab südwärts zuweilen häufiger, bes. als L, an feuchtwarmen Stellen. V/VI – L gestreckt, schwarzbraun (s grün) mit undeutlicher Rückenzeichnung u. schwarzen seitlichen Schrägstrichen. Statt des Horns ein gelber, dunkel gekernter Fleck; an *Oenothera, Epilobium, Lythrum*. *Proserpinus proserpina* PALLAS – **Kleiner Oleanderschwärmer**

11* Mindestens 30 mm. R schwach entw, Körper spitz endend; HFl nicht schwarz gerandet **12**

12 HSchienen mit M- u. ESpornen, HFl ohne auffällige Fleckenbildung. VFl schmal, am Außenrand bogig ausgenagt. Grundfarbe grün (s braun) mit dunkler, oft in Flecke aufgelöster MBinde, sehr variabel (Abb. **740**/6). 30–40 mm. Nicht s; V–VII. – L körnig, grün, oft seitlich mit 7 gelb-roten Schrägstreifen; Horn blau, darunter ein gelbrotes Schildchen; an *Tilia*, auch an anderen Laubhölzern. Oft in Ortschaften. *Mimas tiliae* L. – **Lindenschwärmer**

12* HSchienen nur mit ESpornen, HFl auffallend gefleckt od. geäugt **13**

13 Fl breit, Saum gezähnt. Grundfarbe grau bis braun (od. gelblich) mit wellig gezähnten Querlinien; VFl mit hellem MPunkt, HFl mit rostbraunem Fleck am Innenwinkel (Abb. **740**/2). 30–45 mm; V–VII (VIII). – L ähnlich *M. tiliae* L., aber gedrungener, mehr gelbgrün, Schrägstreifen gelb, Horn gerade, grüngelb, ohne Analschild; seitlich zuweilen rote Flecke, Haltung stark gekrümmt (Abb. **741**/5); an *Populus*. *Laothoe populi* L. – **Pappelschwärmer**

13* Fl gestreckter, VFlSaum geschweift, Innenwinkel mit stumpfem Zahn. Körper u. VFl rötlich grau mit braunen Schattierungen; HFl rot mit schwarzem, blau gekerntem AuFleck. 33–44 mm; v; VI–VIII. – L wie *L. populi* L., mehr bläulichgrün, Horn schwach gekrümmt u. blau, Schrägstreifen weißlich, Haltung gestreckter (Abb. **741**/3); an *Salix* u. *Malus*. *Smerinthus ocellata* L. – **Abendpfauenauge**

Überfamilie *Hesperioidea* – Unechte Tagfalter

Familie *Hesperiidae* – Dickköpfe

Klein, kräftig, mit sehr großen nackten Au u. breitgestellten, gekeulten F, die zuweilen EHaken tragen. Im Sitzen werden die VFl zusammengeklappt, die HFl oft gespreizt

(Abb. **712**/9). ♂♂ meist mit Duftfeldern auf den VFl (Costalumschlag od. „Stigma"). Flug schwirrend od. hüpfend. – L spindelförmig, 16füßig, nackt od. dünn behaart, K groß u. dunkel, scharf abgesetzt (Abb. **712**/4). BauchB mit Hakenkränzen (Abb. **709**/1); versteckt zw Pfl-Teilen u. dort nach Überw mit feinem Gürtel u. Gespinst aufrecht sich verpuppend (Abb. **712**/10); *Hesperiidae*-L werden wenig beobachtet. Nomenklatur wie von De Prins & Iversen in Karsholt & Razowski verwendet. Eur 45, im Gebiet 23 Arten.

1 HSchienen nur mit ESporn. klein, lebhaft gelb u. schwarz gefleckt (Abb. **712**/6–7). Auf Waldwiesen. – L fein behaart, zw Grashalmen; P mit KSpitze (Abb. **712**/10). Gattung *Carterocephalus* Lederer

a) Schwarz mit braungelben Flecken, ♂ u. ♀ fast gleich gefärbt. 13–14 mm. Im N z u. s, von den MGeb an südwärts v; V/VI. – L blassgrün, heller u. dunkler gestreift.
Carterocephalus palaemon Pallas – **Gelbwürfeliger Dickkopf**

a*) Gelb mit schwarzen Flecken; ♂ goldgelb, VFl mit wenigen dunklen Flecken, ♀ ähnlich *C. palaemon*, aber das Gelb überwiegt (Abb. **712**/6–7). 14–16 mm. Bes. im N u. O; V/VI. – L beinfarben mit rötlichen Linien.
Carterocephalus silvicola Meigen – **Golddickkopf**

1* HSchienen mit 2 Paar Spornen **2**
2 Grundfarbe gelb od. gelbbraun **3**
2* Grundfarbe grau bis schwarz **5**
3 FKolben mit gebogener Spitze. HFlUS gefleckt **4**
3* FKolben ohne gebogene Spitze. HFlUS ungefleckt. Klein, einfarbig braungelb mit schwarzem Rand. ♂ mit schrägem Duftstrich (Stigma) der VFl. Auf Grasplätzen z. T. häufig. – L fast nackt, zw Grashalmen. 3 ähnliche Arten. Gattung *Thymelicus* Hübner
4 HFlUS grünlich mit vielen deutlichen hellen Flecken (Abb. **712**/9). Fl graubraun, im MFeld gelbbraun gefleckt. ♂ mit breitem, schwarzem, innen silberfarbenem Stigma. 14–17 mm; VI–VIII. – L u. P in Gespinströhre am Boden, vorwiegend an Gräsern.
Hesperia comma L. – **Kommafalter**
4* HFlUS bräunlichgrau, helle Flecke verloschener, zur Wurzel meist fehlend. ♂ mit nicht silbern gekerntem Stigma. Sonst vor. Art sehr ähnlich.
Ochlodes venata Bremer & Grey – **Rostfarbiger Dickkopf**
5 **(2)** VSchiene mit Schienenblättchen (Epiphysis) auf der InnenS (Abb. **712**/2) **6**
5* VSchiene ohne Schienenblättchen. Schwarzbraun mit ± ausgeprägten gelben Flecken im VFl-Apex; HFlUS gelb mit großen, weißen, schwarzgesäumten, eirunden Flecken (Abb. **748**/9). 17–18 mm. Lokal auf sumpfigen Waldwiesen, mehr im O. Flug hüpfend. VI–VIII. *Heteropterus morpheus* Pallas – **Spiegelfleck-Dickkopf, Hüpferling**
6 Fransen gescheckt **7**
6* Fransen ungescheckt; FKeule stumpf, sichelartig gebogen. Düster graubraun, undeutlich gezeichnet mit 2 dunklen Querbändern der VFl u. feinen weißen Saumpunkten. Ruht mit ausgebreiteten Fl. 13–14 mm; v; aber nicht überall; IV/V u. VII/VIII. – L hellgrün, Fußstreif gelblich, K braun, an *Lotus*, *Coronilla* u. a.
Erynnis tages L. – **Dunkler Dickkopf, Grauling**
7 Die wenigen hellen Flecke der VFl z. T. glasig. Grundfarbe olivbraun, dunkel fleckig gemustert; HFlSaum tief gezähnt. ♂ mit gelber Costalfalte am VFl; v; Gärten u. Hänge mit Malvenarten. V/VI u. VII/VIII. – L (Abb. **712**/4) haarig, an *Malvaceae* in Blattumschlägen; rötlich grau, K schwarz.
Carcharodus alceae Esper – **Fensterdickkopf, Malvenfalter**
(Sehr ähnlich, jedoch größer, s, im S: *C. floccifera* Zeller)
7* Helle VFlFlecke beschuppt. Schwarzweiß gewürfelt. – L ± behaart, mit schwarzem, vorn abgeflachtem K. – Mehrere z. T. schwer unterscheidbare Arten.
Gattung *Pyrgus* Hübner – **Würfeldickköpfe**
Häufigste Art: *Pyrgus malvae* L. – **Malven-Würfelfleckfalter, Würfelbrett**
Klein, 10–11 mm; beide Fl auf dunklem Grunde reich weiß gewürfelt. Fransen lebhaft gescheckt (Abb. **712**/11). VFlFlecke manchmal weiß zusammenfließend (f. *taras* Bergsträsser). Sonnige Waldwege; IV–VI (VIII). – L an Fingerkraut (*Potentilla*), Erdbeere (*Fragaria*) u. a. – P (Abb. **712**/1).

Überfamilie *Papilionoidea* – Echte Tagfalter

F am E mit Keule. VFl u. HFl breit, meist lebhaft gleichgefärbt, in der Ruhe nach oben zusammengeklappt, nicht faltbar (Abb. **744**/4). – L 16-füßig, nackt, haarig od. dornentragend (Abb. **710**/1–6). P fast stets frei aufgehängt, kopfabwärts als StürzP, aufwärts u. mit Gürtelfaden als GürtelP (Abb. **710**/9–10 u. **710**/12–15). Überw kommt in allen Stadien vor. Nomenklatur wie von De Prins & Iversen in Karsholt & Razowski verwendet.

Familie *Papilionidae* – Ritter

Groß bis sehr groß. F kurz, gebogen, allmählich zur Keule verdickt; Au nackt Alle 6 B gut ausgebildet, ein Paar einfache Klauen am Tarsus. – L 16-füßig mit vorstreckbarer, fleischiger Nackengabel, die oft intensiv nach der NaPfl riecht (Eur 12, im Gebiet 4 Arten).

1 Gelb mit schwarzen Zeichnungen. HFl am Rande bogig gezahnt, mit schwanzartiger Spitze. Meist einzeln, gewandt segelnd. – L nackt, mit kleinem K (Abb. **710**/3); GürtelP an Zweigen u. Stängeln überw (Abb. **710**/12) **2**

Abb. 744/1–12. 1 Geäder von *Leptidea sinapis*; **2** *Iphiclides podalirius* (35–45 mm); **3** Geäder von *Colias* sp.; **4** Sitzender Tagfalter, *Gonepteryx rhamni* (27–30 mm); **5** *G. rhamni*, L; **6** *Leptidea sinapis* (18-25 mm); **7** *Pontia daplidice*, ♀ (22–26 mm); **8** Geäder von *Aporia crataegi*; **9** *Pieris brassicae*, ♀ (29–34 mm); **10** *Colias hyale* (22–25 mm); **11** *Anthocharis cardamines*, ♂ (21–25 mm); **12** *Pieris brassicae* ♂ (29–34 mm).

1* Weiß mit schwarzen u. roten Flecken, dünn beschuppt, Fl daher ± durchscheinend. HFl ganzrandig, breit gerundet, ohne Schwanzanhang. Flug schwerfällig; zählebige Blütenbesucher. Befruchtete ♀♀ mit horniger Legetasche am HlbE, die aus einem vom ♂ ausgeschiedenen Sekret bei der Kopula entsteht. – L mit kurz behaarten Knopfwarzen, samtschwarz mit gelbroten Fleckenreihen. P gedrungen, braun, weiß bereift, im Erdgespinst. Ei od. junge L überw.
Gattung *Parnassius* LATREILLE – **Apollofalter**

a) Hfl mit 2 roten, oft weiß gekernten u. schwarz umzogenen AuFlecken (Abb. **710**/8). 34–50 mm. In den MGeb nur noch z vorkommend, neigt zur Rassenbildung. V–VIII. – L an *Sedum*, tags meist versteckt. *Parnassius apollo* L. – **Apollo**

a*) HFl stets ohne rote AuFlecke, weiß, außen glasig od. schwarz bestäubt; VFl nur mit 2 schwarzen Zellflecken. 27–32 mm. Bes. im S, sehr lokal auch im Harz. VI. – L an *Corydalis*, am Tage verborgen. *Parnassius mnemosyne* L. – **Schwarzer Apollo**

2 Schwarzer Saum beider Fl mit gelben Mondflecken; HFl mit schwarzblauer Saumbinde u. rotem, blaugerandetem Analfleck (Abb. **710**/7). 34–45 mm. Sonnige Hügel u. Wiesen; V/VI u. VII/VIII. – L grün, schwarz quergestreift, mit roten Punkten (Abb. **710**/3). P (Abb. **710**/12). *Papilio machaon* L. – **Schwalbenschwanz**

2* Schwarzer Saum ohne Mondflecke; Grundfarbe bleichgelb; VFl mit 6 bis 7, HFl mit 1 dunklen, geraden Querstreifen; Analfleck orange u. blau geteilt (Abb. **744**/2). 35–45 mm. Ab Lausitz u. Thüringen südwärts, sonnige Kalkberge, gern um Bergkuppen segelnd. V/VI u. VII/VIII. – L gedrungen, hinten stark abfallend, grün, rot gefleckt mit gelben Schrägstreifen; an *Prunus spinosa*, *P. serotina* u. Steinobst
Iphiclides podalirius L. – **Segelfalter**

Familie ***Pieridae* – Weißlinge**

Im VFl fehlt ax_2, im HFl ax_2 vorhanden (Abb. **744**/1, 3, 8). Au nackt, rund, Grundfarbe weiß, auch gelb bis orange; oft geschlechtsdimorph. Verbreitet treten Duftschuppen auf, bes. beim ♂. – L 16füßig, schlank, mit kleinem, gewölbtem K, meist kurz u. weich behaart (Abb. **710**/5); vielfach an Kreuz- od. Schmetterlingsblütlern. GürtelP mit spitzem K (Abb. **710**/13–15). Überw als L, P od. Im. (Eur 46, im Gebiet 14 Arten).

1 FlForm geschweift; VFlApex spitz vorgezogen, HFl mit scharfer Zacke (Abb. **744**/4). ♂ gelb, ♀ grünlichweiß, Zellflecke klein, gelbrot. 27–30 mm; g; VII–VI; im Winter unter Laub versteckt. – L grün mit hellem SStreif (Abb. **744**/5), an *Rhamnus*.
Gonepteryx rhamni L. – **Zitronenfalter**

1* FlForm normal, mit gerundetem Apex u. ohne HFlZahn **2**

2 Fl weiß, dünn beschuppt, Adern auffallend schwarz. Praecostalsporn lg u. gebogen (Abb. **744**/8. 32–35 mm; VI/VII. – L grau, breit rotbraun längsgestreift, K, BrB u. Nachschieber schwarz; an Obstbäumen jung in Nestern überw, zuweilen schädlich, aber oft jahrzehntelang kaum zu beobachten. P (Abb. **710**/13).
Aporia crataegi L. – **Baumweißling**

2* Fl dicht beschuppt, Adern kaum hervortretend, s dunkel verbreitert **3**

3 MZelle der VFl kürzer als $^1/_2$ FlLg (Abb. **744**/1); Hlb u. Fl zart, schwacher Flug. Weiß, ♂ mit rundem, schwarzem Apikalfleck der VFl (Abb. **744**/6). 18–25 mm; z auf Waldlichtungen; V/VI u. VII/VIII. – L grün mit gelben SStreifen; an *Lathyrus*; P überw. 2 sehr ähnliche Arten. *Leptidea reali* REISSINGER u. *L. sinapis* L. – **Tintenfleck, Senfweißling**

3* MZelle der VFl mindestens von $^1/_2$ FlLg **4**

4 Grundfarbe weiß, Fransen nicht rot **5**

4* Grundfarbe gelb, orangerot od. weiß mit roten F, B u. Fransen. Saum schwarz gezeichnet (Abb. **744**/10). VFl ohne r_5, HFl ohne Praecostalsporn (Abb. **744**/3). Geschlechtsdimorph; HFlUS mit silberweißem, oft dunkel umzogenem MFleck in Form einer „8"; VRand oben zuweilen mit Duftfleck (*C. croceus* u. *C. myrmidone*). Rastlose Flieger, z. T. Wanderfalter. – L grün, sehr versteckt, meist an *Trifolium*, überw. – P mit spitzem K u. scharfer Rückenkante. 5 Arten. Gattung *Colias* F. – **Kleefalter**

a) Grundfarbe orange . . . . **d)**
a*) Grundfarbe beim ♂ gelb, beim ♀ weißlich . . . . **b)**
b) Fransen einfarbig lebhaft rot. Fl schwarz u. geschlossen breit gesäumt, mit hellen Einmischungen im Apex, Zellflecke meist klein, im HFl nur rund, nicht in Form einer „8". 22–27 mm; z auf Torfmooren, Eiszeitrelikt; VI/VII. – L an *Vaccinium uliginosum.* – Die Nominatform in Skandinavien, in MEur eine lebhafter gefärbte Unterart.
Colias palaeno europome ESPER – **Hochmoorgelbling**
b*) Fransen schwarz-rot, schwach gescheckt . . . . **c)**
c) Schwarze Randzeichnung im VFl mit hellen Flecken durchsetzt, im HFl wenig ausgeprägt; Zellfleck im VFl groß u. schwarz, im HFl in Form einer gelben „8" (Abb. **744**/10). 22–25 mm. Koppeln u. Kleefelder; erhält sich durch Zuzug aus südl Breiten; V–X in 2–3 Gen. – L grün, an *Trifolium.* *Colias hyale* L.– **Goldene Acht**
c*) Äußerst ähnlich, meist tiefer gelb, mit größerem „8"-Fleck der HFl. – L grün mit gelben Streifen, nur an *Hippocrepis.* *Colias australis* VERITY
d) (a) OS orange mit breiten schwarzen, beim ♂ von hellen Adern durchschnittenen, FlSäumen u. großem rundem VFlZellfleck. ♀ bunter, mit wenigen hellen Flecken in der Saumbinde (Grundfarbe zuweilen grünlich-weiß aufgehellt; ♀-Form *helice* HÜBNER). 22–28 mm; SEur, nur jahrweise häufiger zufliegend; VI–X in mehreren Gen.
Colias croceus FOURCROY – **Postillon**
d*) Ähnlich *C. croceus*, aber noch lebhafter gefärbt; Saumband der VFl nicht von hellen Adern durchschnitten, HFl des ♀ mit ausgeprägterer, bis zum I-Winkel reichender Saumbinde. Sehr z im S. *Colias myrmidone* ESPER

5 US der HFl grünfleckig **6**

5* US der HFl nicht grünfleckig, höchstens die Adern grüngrau beschattet. Fl weiß mit schwarzen Flecken u. Apexzeichnungen (Abb. **744**/9, 12). Neigen bei Massenvermehrung zu Wanderzügen. – L kurz behaart; als Feld- u. Gartenschädlinge z. T. gefürchtet, an *Brassica* u. anderen Kreuzblütengewächsen (Abb. **710**/5). GürtelP mit KSpitze u. Rückenkamm, überw (Abb. **710**/14). Gattung *Pieris* SCHRANK – **Echte Weißlinge**
a) HFl-US mit breit grüngrau beschatteten Adern, die oberseits dunkel angedeutet sind. FGeißel schwarzweiß geringt. Grundfarbe weiß, seltener gelb. ♂ stark nach Zitronenmelisse duftend. 20–25 mm. Kein Kulturfolger wie *P. brassicae* u. *P. rapae*, g, IV–X in 2–3 Gen. – L mattgrün, mit gelb eingefassten Stigmen.
Pieris napi L. – **Grünaderweißling, Heckenweißling**
a*) Dunkle Schattierung der HFlUS ausgedehnter od. fehlend, nicht auf die Adern beschränkt. FGeißel nicht deutlich geringt . . . . **b)**
b) 29–34 mm. Weiß mit tiefschwarzen Flecken (Abb. **744**/9, 12); Apex bis zur M des Außensaumes geschwärzt. HFlUS gelblich, ± dunkler überstäubt. Oft schädlich, Massenwanderer. V–X in 2–3 Gen. – L blaugrün mit gelben Flecken u. Streifen u. schwarzen Punkten (Abb. **710**/5). P gelbgrün mit schwarzen Punkten (Abb. **710**/14). Eiabl in Haufen. *Pieris brassicae* L. – **Großer Kohlweißling**
b*) 20–27 mm. Weiß (weißgelb) mit matter Schwarzzeichnung, die am Apex nur bis zu $^1/_3$ SaumLg reicht. HFlUS reiner gelb. Zuweilen schädlich. Massenwanderer; IV–X in 2–3 Gen. – L mattgrün, mit gelben Streifen. Eiabl einzeln.
Pieris rapae L. – **Kleiner Kohlweißling**

6 VFlZellfleck groß, vierkantig, mit heller Querader. HFlUS grob grünfleckig. ♂ u. ♀ oben weiß mit schwarzweiß geflecktem Apex, HFl durchscheinend schwarzfleckig, beim ♀ stärker (Abb. **744**/7). 22–26 mm. Ödland u. Schuttplätze, unbeständig auftretend; erhält sich durch Zuzug aus SOEur; IV/V u. VI–IX. – L graugrün u. gelb gestreift mit feinen schwarzen Punktwärzchen, an *Descurainia sophia.*
Pontia daplidice L. – **Resedaweißling**

6* VFlZellfleck kleiner, mondförmig, ohne helle Querader; HFlUS zerrissen gelbgrün gezeichnet. VFlOS weiß, Apex einfarbig dunkel, am Saum gescheckt; beim ♂ bis zum Zellfleck orangerot (Abb. **744**/11). 21–25 mm. Wiesen; IV–VI. – L blaugrün mit weißlichen Streifen, an *Cardamine pratensis* u. a. Kreuzblütlern. P (Abb. **710**/15).
Anthocharis cardamines L. – **Aurorafalter**

Familie *Lycaenidae*

Unterfamilie *Riodininae* – Würfelfalter

Früher eigene Familie *Nemeobiidae* [*Riodinidae*]. In Eur nur 1 Art: Im VFl sind r_{3-5}, im HFl r u. m_1 gestielt (Abb. **705**/5), Au oval, kurz behaart, weiß gesäumt. Schwarze Fleckenzeichnung auf braunem Grunde, an Scheckenfalter erinnernd (Abb. **748**/ 5–6). 17–18 mm. Im N lokal u. s, fehlt im NW, sonst lichte Wälder; V/VI. – L lg asselförmig, mit kurzen Haarbüscheln, olivbraun, mit dunklen Rückenfleckenreihen u. heller SLinie; an *Primula*, tags versteckt; überw; GürtelP fein behaart.
Hamearis lucina L. – **Perlbinde**

Unterfamilie *Lycaeninae* – Bläulinge

Klein, höchstens mittelgroß, meist geschlechtsdimorph, ♂♂ (seltener ♀♀) oft blau od. rot metallisch glänzend. HFl zuweilen mit Zipfeln. Au oval, oft silberweiß gerandet. F schwarz-weiß geringelt. VB der ♂♂ etwas verkürzt, mit sichelförmigem TarsalGld (Abb. **705**/1). – L (Abb. **710**/11) mit kurzen B, asselförmig, kurz u. fein behaart, K klein, dunkel, zurückziehbar. Einige Arten myrmecophil. P kurz u. rundlich (Abb. **748**/7). – 49 Arten (Eur 120).

1 FlUS fast einfarbig grün, FlOS einfarbig dunkelbraun, beim ♂ mit ovalem VFl-Duftfleck; HFl unten mit ± deutlicher Außenlinie heller Fleckchen. 15–17 mm; v; IV–VII (VIII). – L grün mit heller Rückenlinie u. zuweilen SFlecken, an *Genista*, *Rubus* u. a. P überw. *Callophrys rubi* L. – **Brombeerzipfelfalter**
1* FlUS nicht einfarbig grün **2**
2 HFl mit deutlichem Zipfel (Abb. **748**/11–12) **3**
2* HFl ohne Zipfel, höchstens mit winzigen Schwänzchen [*Cupido (Everes) argiades* PALLAS] **4**
3 Radius der VFl 4ästig. FlUS bleigrau od. rotgelb, VFl mit Zellfleck. – L an Laubholz, Ei überw. 2 Arten.
Gattungen *Thecla* F. u. *Neozephyrus* SIBATANI & ITO – **Große Zipfelfalter**
a) OS beim ♂ schwarzbraun mit Blauschiller, beim ♀ mit blauen Längsflecken; US bleigrau mit weißlichen Querstreifen. 17–18 mm. Eichenwälder, meist in Wipfelhöhe fliegend; VI–VIII. – L braun mit gelblichen, erhabenen Rückenflecken u. abgeplattetem ersten Sgm; an *Quercus*. *Neozephyrus quercus* L. – **Eichenzipfelfalter**
a*) Ohne Blauschiller; OS der VFl beim ♂ mit hellem Wisch am Zellfleck, beim ♀ mit großem, rotgelbem, nierenförmigem Fleck (Abb. **748**/12). US rotgelb mit teilweise doppelter weißer Querlinie. 19–21 mm. Jahrweise häufig in Obstgärten; VII–IX. – L (Abb. **710**/11) grün, mit doppelter, hinter dem K ein Dreieck säumender, gelber Rückenlinie; an *Prunus*. *Thecla betulae* L. – **Nierenfleck**
3* Radius der VFl 3ästig. FlUS braungrau, ohne Zellfleck, aber HFl mit heller Fleckenlinie, oft in „W"-Form, u. mit farbigen Flecken am Innenwinkel. FlOS stumpf schwärzlich braun mit ± rotgelben Fleckenwischen; VFl beim ♂ oft mit ovalem Duftfleck. Tags auf Blüten, an Hecken u. buschigen Waldrändern, Flug wirbelnd. – L asselförmig, Rücken stark gewölbt, kurz beborstet; an Laubgehölz. P gedrungen, z. T. kurz behaart; an Zweigen od. am Boden. Ei überw. 5 Arten.
Gattung *Satyrium* SCUDDER – **Kleine Zipfelfalter**

Beispiele:
a) *Satyrium w-album* KNOCH – **Weißes W**
US der HFl mit deutlicher weißer „W"-Zeichnung (Abb. **748**/11) u. rotbunter Saumbinde. 16–18 mm. Ulmenalleen; VI–VIII. – L grün, mit Doppelreihe weißer Rückenhöckerchen u. dunkelrot gefleckter BauchS; an *Ulmus*.

b) *Satyrium spini* DENIS & SCHIFFERMÜLLER – **Schlehenzipfelfalter**
US der HFl ähnlich *S. w-album*, vor dem IRand am Schwänzchen ein großer blauer Fleck, rote Flecken nicht bindenartig verschmolzen. 16–20 mm. Schlehenhecken. VI–VII. – L an *Prunus spinosa* u. *Crataegus*.

4 **(2)** Ader m_1 der VFl entspringt gemeinsam mit r_{4+5}. Au nackt. ♂ meist mit goldroter OS, ♀ auf goldrotem Grunde schwarz gefleckt bis einfarbig dunkel; US beim ♂ u. ♀ hell (gelbrot) mit schwarzen Flecken u. Punkten (Abb. **748**/2, 4). Gewandte Flieger. Sommerliche Wiesen u. Waldblößen. – L grün, asselförmig, kurz behaart; meist an Ampfer (*Rumex*), überw. P gerundet (Feuerfalter) **5**

4* Ader m_1 der VFl entspringt frei aus der Zelle (Abb. **748**/10). ♂ oben meist glänzend blau, ♀ schwarzbraun mit rotgelben Randflecken, ± blau bestäubt; US mit Fleckenzeichnung (Abb. **748**/3, 8). Wiesen u. Heiden, sitzen im Geb oft massenhaft an feuchten Wegstellen mit halbgeöffneten Fl, die gegeneinander reibend bewegt werden (Dufterzeugung ?). – L kurz asselförmig, Rücken stark gewölbt, wenig behaart, oft mit Drüsenorganen auf Sgm 10 u. 11, die Ameisen anlocken, in deren Nestern manche Arten überw; versteckt, meist an Schmetterlingsblütlern lebend. 26 z.T. schwer unterscheidbare Arten. **Bläulinge im engeren Sinn**

A. Allgemein verbreitete Bläulinge:

a) *Polyommatus (Polyommatus) icarus* ROTTEMBURG – **Wiesenbläuling**
HFlUS mit (beim ♂ wenig auffallendem) weißem Längswisch vor den rotgelben Saumflecken (Abb. **748**/8). ♂ oben blauviolett. USZeichnung leicht durchscheinend, Fransen weiß; ♀ dunkelbraun mit rotgelben Saumflecken; oft ± blau übergossen, Fransen grau. VFl unten fast stets mit WurzelAu, MFleck im HFl gekernt (Gegensatz zur ähnlichen *P.(P.) thersites* CANTENER). 14–18 mm. V–IX, in 2–3 Gen. Verbreitetster Bläuling!

b) *Plebeius (Plebeius) argus* L. – **Grastriftbläuling**
OS des ♂ violettblau, breit schwarz gesäumt, Fransen weiß; ♀ schwarzbraun, mit rostgelber HFl-Saumbinde, Fransen bräunlich. US kräftig gefleckt, HFl-Saum mit rot-

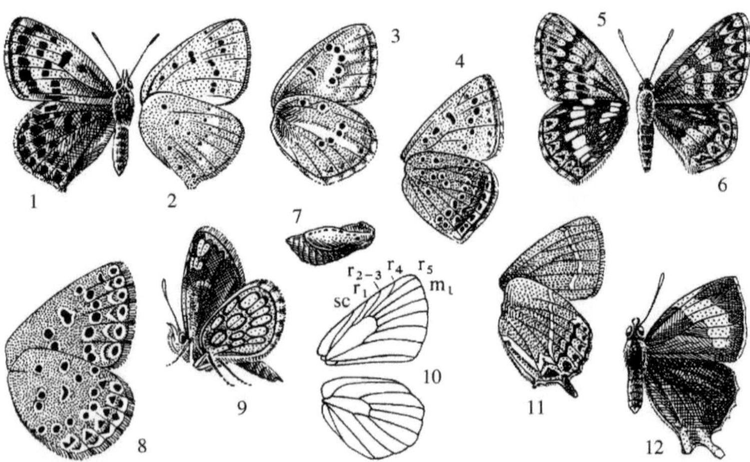

Abb. 748/1–12. 1 *Lycaena virgaureae*, FlOS des ♀; **2** *L. virgaureae*, FlUS des ♀; **3** *Polyommatus (Agrodiaetus) damon*, FlUS; **4** *Lycaena hippothoe* (16–19 mm), FlUS; **5** *Hamearis lucina* (17–18 mm), US; **6** *H. lucina* (17–18 mm), OS; **7** *Lycaeninae*, P; **8** *Polyommatus (Polyommatus) icarus*, FlUS; **9** *Heteropterus morpheus*, FlUS; **10** Geäder von *Lycaeninae*; **11** *Satyrium w-album* (16–18 mm), US; **12** *Thecla betulae* (19–21 mm).

gelber Kappenbinde u. blau-silbernen Flecken. VSchienen mit kurzem Dorn (2 sehr ähnliche Arten ohne Schienendornen). 14–16 mm. Auf Heiden oft massenhaft; VI–VIII.

c) *Aricia agestis* DENIS & SCHIFFERMÜLLER
Fransen gescheckt, ♂ u. ♀ dunkelbraun, Zellfleck deutlich, scharfe rotgelbe Saumbinde auf beiden Fl. US ähnlich *P. icarus* (Abb. **748**/8), aber heller, mit geschlossener durchgehender, gelbroter Binde, VFl ohne Wurzelpunkte. 13–14 mm; z; V/VI u. VII/VIII. (schwer trennbar von der dunkleren einbrütigen *A. artaxerxes* F.).

d) *Polyommatus (Cyaniris) semiargus* ROTTEMBURG – **Dunkelbläuling**
US einfarbig grau mit einer Bogenreihe zierlicher, geringter Flecke. ♂ oben dunkelviolettblau, schwarz gerandet, ♀ schwarzbraun. 16–18 mm; v; VI–VIII.

e) *Celastrina argiolus* L. – **Faulbaumbläuling**
US hellblau, meist schwach gefleckt. OS lichtblau, ♂ schmal, ♀ sehr breit schwarz gesäumt. 14–17 mm. Um Büsche an Waldrändern; IV/V u. VII/VIII.

B. Leicht kenntliche Bläulinge:

a) *Cupido (Everes) argiades* PALLAS – **Schwänzchenbläuling**
US ähnlich *C. argiolus* , aber HFl mit rotgelben Fleckchen am Innenwinkel u. mit winzigem Schwänzchen. OS beim ♂ blau mit schwarzem Rand, beim ♀ schwarzbraun, im Wurzelfeld oft blau übergossen. 14–16 mm; s u. z, warme Waldlichtungen; V/VI u. VII/VIII.

b) *Scolitantides orion* PALLAS
Fransen gescheckt; ♂ u. ♀ oben schwarzbraun mit groben schwarzen Flecken, beim ♂ stärker blau übergossen. US auf weißlichem Grunde mit geschlossener gelbroter Fleckenbinde am Saum u. groben, runden, nicht hell gesäumten Flecken. 14–19 mm. Trockenheiße Felsengebiete, fehlt im N. V/VI u. VII/VIII.

c) *Cupido (Cupido) minimus* FUESSLY – **Zwergbläuling**
Klein; 11–14 mm. US ähnlich *P. semiargus*. OS auch beim ♂ schwarzbraun, nur wurzelwärts fein blau bestäubt. – Im N z, sonst stellenweise g. V/VI u. VII/VIII.

d) *Maculinea arion* L. – **Großer Fleckenbläuling**
groß; 18–23 mm. US bräunlichgrau, grob gefleckt; HFlWurzel blaugrün; OS in beiden Geschlechtern blau mit schwarzen Flecken. – Auf Thymianpolstern (*Thymus*), lokal. VI–VIII.

e) *Glaucopsyche alexis* PODA
US aschgrau, ohne Randzeichnung, VFl mit großen, HFl mit kleinen Flecken u. ausgedehnt spangrünem Wurzelfeld; OS beim ♂ violettblau, schmal dunkel gerandet, beim ♀ meist blau, breit vom Saum her verdunkelt, s ganz dunkel. 16–19 mm. Im N wenig gefunden, mehr im Hügelland; V/VI.

f) *Polyommatus (Agrodiaetus) damon* DENIS & SCHIFFERMÜLLER – **Esparsettebläuling, Weißdolch**
HFlUS mit weißem Längswisch von der Wurzel bis zum Saum (Abb. **748**/3); ♂ oben glänzend hellblau, breit schwarz gesäumt; ♀ schwarzbraun, zuweilen mit wenigen hellen Randflecken am HFl. 17–19 mm. Im Vorland der MGeb lokal häufig; VII/VIII.

g) *Polyommatus (Meleageria) daphnis* DENIS & SCHIFFERMÜLLER – **Zackenbläuling**
HFl nahe dem Innenwinkel beim ♀ stark, beim ♂ schwächer gezähnt, ♂ oben glänzend hellblau, schmal schwarz gesäumt; ♀ blau, dunkel geadert u. doppelt gesäumt, weißliche Aufhellungen um die Zellpunkte u. zum Saum hin. 19–21 mm. Von den MGeb an südwärts, z, trockenheiße Stellen; VII/VIII.

C. Bläulinge auf Kalk- od. Moorböden:

a) *Polyommatus (Meleageria) bellargus* ROTTEMBURG – **Himmelblauer Bläuling**
Fransen schwarz-weiß gescheckt. ♂ oben strahlend himmelblau, mit feiner schwarzer Saumlinie, ♀ braun mit roten Randflecken bes. der HFl, oft blau übergossen. US ähnlich *P.(P.) icarus* (Abb. **748**/8), aber gröber gefleckt. 16–19 mm. Sonnige Kalkböden, im N sehr lokal; V/VI u. VIII/IX.

b) *Polyommatus (Meleageria) coridon* PODA – **Steppenheidebläuling**
Fransen gescheckt, beim ♀ etwas getrübt. ♂ oben grünblau glänzend, mit ± breitem, unscharf begrenztem dunklem FlSaum; ♀ wie bei *P.(M.) bellargus*, aber nur s grünblau übergossen; US ähnlich *P (P.) icarus* (Abb. **748**/8), aber mehr weiß u. etwas größer gefleckt. 17–20 mm. Steppenheiden mit *Coronilla*-Beständen, oft in Menge; VII/VIII.

c) *Maculinea alcon* DENIS & SCHIFFERMÜLLER – **Moorenzianbläuling**
♂-OS trübblau, schwarz gesäumt, ♀ mattbraun, von der Wurzel her schwach blau getönt; US braungrau mit stark geschwungener innerer u. matter äußerer Punktreihe. 18–21 mm; nur auf Enzianwiesen (*Gentiana pneumonanthe*); VII/VIII. Die ssp. *rebeli* HIRSCHKE mehr in Trockengebieten an *Gentiana cruciata*.

d) *Plebeius (Vacciniina) optilete* KNOCH – **Moorbläuling**
♂-OS trüb violettblau mit schwarzem Rand, ♀ schwarzbraun, an der Wurzel blau bestäubt; US aschgrau, grob gefleckt, VFl mit stark dem Saum genäherter Fleckenreihe, HFl mit auffallendem blaurotem Saumfleck (od. mehreren) nahe dem Innenwinkel. 14–15 mm. Torfmoore. VI/VII.

5 **(4)** HFlUS ohne schwarze Saumflecke **6**

5* HFlUS mit 2 Reihen schwarzer Saumflecke, dazw ± rote Binde **7**

6 HFlUS ledergelb, quer von weißen Fleckenwischen durchzogen (Abb. **748**/2). ♂ oben feurig rotgolden glänzend, schmal schwarz gesäumt; ♀ auf goldrotem Grund schwarz gefleckt (Abb. **748**/1); 18–20 mm; v; VI/VII.
Lycaena virgaureae L. – **Dukatenfalter**

6* HFlUS grau, ohne weiße Flecke, schwach gezeichnet. Bei ♂ u. ♀ VFl oben rotgolden, schwarz gesäumt u. gefleckt; HFl dunkel mit roter Randbinde. 14–16 mm; g; IV–X in 2–3 Gen. *Lycaena phlaeas* L. – **Kleiner Feuerfalter**

7 **(5)** VFlUS mit zusätzlichem schwarzem Fleck nahe der Wurzel am HRand. ♂ stark blauviolett übergossen, VFl oben rotgelb mit dunklen Fleckenreihen, HFl schwarz mit rotgelber Saumbinde; ♀ ohne Blauschiller, dadurch kontrastreicher u. mehr mit blauen Fleckenreihen in Saumnähe. HerbstGen dunkler (g. a. *obscura* RÜHL). 12–14 mm. Lokal auf Sumpfwiesen; V u. VII/VIII. – L an *Polygonum bistorta*.
Lycaena helle DENIS & SCHIFFERMÜLLER – **Zwergfeuerfalter**

7* VFlUS ohne den HRandfleck nahe der Wurzel **8**

8 Grundfarbe der HFlUS schwefel- bis graugelb, beide Fl mit ± roter Randbinde. ♂ oben schwarzbraun mit schwarzen Flecken u. schwacher rötlicher Randbinde. ♀ variabel, auf dunklem bis gelbrotem Grunde schwarz gefleckt mit roter Halbmond-Saumbinde. 15–17 mm; v; IV/V u. VII/VIII.
Lycaena tityrus PODA – **Schwefelvögelchen**

8* Grundfarbe der HFlUS grau, reich gepunktet (Abb. **748**/4) **9**

9 Grundfarbe der HFlUS blaugrau, der VFl rotgelb bis zum VRand, aber mit grau abgesetztem Außensaum. OS beim ♂ rotgolden, schwarz gesäumt, mit schwarzem VFl-Zellstrich, beim ♀ rotgolden, schwarz gefleckt u. breiter gerandet, HFl ± verdunkelt, mit rotem Saumband. 17–22 mm; z; Moorwiesen im N u. am ORhein. VII (IX). Nominatrasse in England ausgestorben.
Lycaena dispar rutilus WERNEBURG – **Großer Dukatenvogel**

9* US ± grau bis braungrau; auch beim ♀ VFlRand u. Apex breit grau beschattet, aber MFeld bis zum Saum rotgelb **10**

10 ♂-OS trübrot mit Zellfleck, FlRänder breit blauschillernd verdunkelt; ♀ variabel, auf rötlichem Grund mit dunklen Flecken ± dunkel überschattet, HFl dunkel mit roter Randbinde. VFlUS mit reihenförmig angeordneten Flecken, im Innenwinkel 2 kleine Strichpunkte (Abb. **748**/4). 16–19 mm. Feuchte Wiesen; V–VIII.
Lycaena hippothoe L. – **Rotlila-Feuerfalter**

10* ♂-OS mit stark blau übergossenen Fl auf rotgoldenem Grunde, matt schwarz gefleckt; ♀ ähnlich dunklem ♀ von *L. hippothoe* , aber die mittleren Flecke auf der US der VFl paarweise verschoben, die beiden Innenwinkel-Strichpunkte verwischt. 18–20 mm. Nur lokal häufig. VI/VII.
Lycaena alciphron ROTTEMBURG – **Blaulila-Feuerfalter**

Familie ***Nymphalidae* – Edel- u. Augenfalter**

Unterfamilien ***Apaturinae, Limenitinae, Nymphalinae, Heliconiinae* – Edelfalter**

Überwiegend stattlich, oft schnelle Flieger. Im VFl geht r_4 in den Außenrand; HFl mit breitem Analfeld zur Aufnahme des Hlb. F meist kräftig u. gerade. VB stark rückgebildet (Putzpfoten, Abb. **705**/2). L mit verzweigten Rücken- od. Scheindornen, od. schneckenförmig mit KHörnern (*Apaturinae*, Abb. **710**/1, 4, 6). – StürzP oft mit Metallflecken, Höckern u. Zacken (Abb. **710**/9, **752**/2). Eur 73, im Gebiet 42 Arten.

1 MZelle aller Fl offen (Abb. **751**/5). Groß, auf dunklem Grunde weißgefleckt, ♂ stark schillernd. Feuchte Laubw, vormittags an faulenden Stoffen saugend. – L grün, Haut körnig, schneckenförmig mit KHörnern u. Schwanzspitzen (Abb. **710**/6). P (Abb. **752**/2). *Apaturinae* – **Schillerfalter**

a) Helle HFl-MBinde nach außen mit spitzem Zahn, Innenwinkel mit AuFleck. ♂ blau schillernd. 35–40 mm; v; aber oft s. VII/VIII. – L mit blauen KHörnern, an *Salix*, jung überw (Abb. **710**/6). P bläulichgrün, K mit 2 Spitzen (Abb. **752**/2 u. **710**/6). *Apatura iris* L. – **Großer Schillerfalter**

a*) Helle HFl-MBinde außen ohne spitzen Zahn, HFl u. VFl mit rotgelb gerandetem AuFleck. ♂ beim Typus violett, bei der f. *clytie* DENIS & SCHIFFERMÜLLER rot schillernd mit gelben statt weißen Flecken. 30–38 mm; v; aber lokal u. s; VI/VII. – L mit schwarzen KHörnern, an *Populus*. *Apatura ilia* DENIS & SCHIFFERMÜLLER – **Kleiner Schillerfalter**

Abb. 751/1–7. 1 *Aglais urticae* (23–28 mm); **2** *Limenitis populi* (37–44 mm); **3** *Vanessa cardui* (26–30 mm); **4** *Limenitis camilla* (26–31 mm); Geäder von **5** *Apatura*; **6** *Araschnia*; **7** *Nymphalis*.

1* Wenigstens im VFl die MZelle durch Querader geschlossen **2**

2 F allmählich verdickt, ohne abgesetzte Keule. Im Aussehen u. Verhalten den *Apatura* ähnlich, aber ♂ ohne Blauschiller; US noch bunter, mit blaugrüner, rostroter u. weißer Zeichnung. – L mit Scheitelspitzen u. 2 Reihen Rückendornen od. Höckern, an Laubholz, jung überw. P mit zweigeteiltem KE u. beilförmigem Auswuchs am Rücken. *Limenitinae* – **Eisvögel**

a) Sehr groß, 37–44 mm, Fl oben dunkel mit heller MBinde u. roter Mondfleckenlinie vor dem Saum; HFl grünlich gesäumt. Beim ♂ helle Flecke ± dunkel bestäubt, ♀ größer u. bunter, mit weißer Fleckenbinde (Abb. **751**/2). Z, meist s; VI/VII. – L bizarr gestaltet, mit Dornen, Zapfen u. Hörnern; grün, dunkler u. heller schattiert, K braun; an *Populus tremula*. P gelbbraun, mit Höckern u. schwarzen Punkten, auf Blättern angesponnen. *Limenitis populi* L. – **Großer Eisvogel**

a*) Kleiner, 26–31 mm. Fl oben schwarz mit weißer mittlerer, schwarzgeaderter Fleckenbinde (Abb. **751**/4). Lokal häufig in feuchten Laubw; VI–VIII. – L grün, mit Doppelreihe rotbrauner Dornzapfen, rotem K u. brauner BauchS; an *Lonicera*. P grün mit Metallflecken u. Hörnern, an Blättern. (Eine weitere Art, *L. reducta* Staudinger, z u. s im S des Gebietes.) *Limenitis camilla* L. – **Kleiner Eisvogel**

2* F mit deutlich abgesetzter Keule **3**

3 Au behaart (Abb. **778**/11, *Nymphalinae*) **4**

3* Au nackt, Im. rotgelb mit schwarzen Fleckenreihen (*Heliconiinae*) **11**

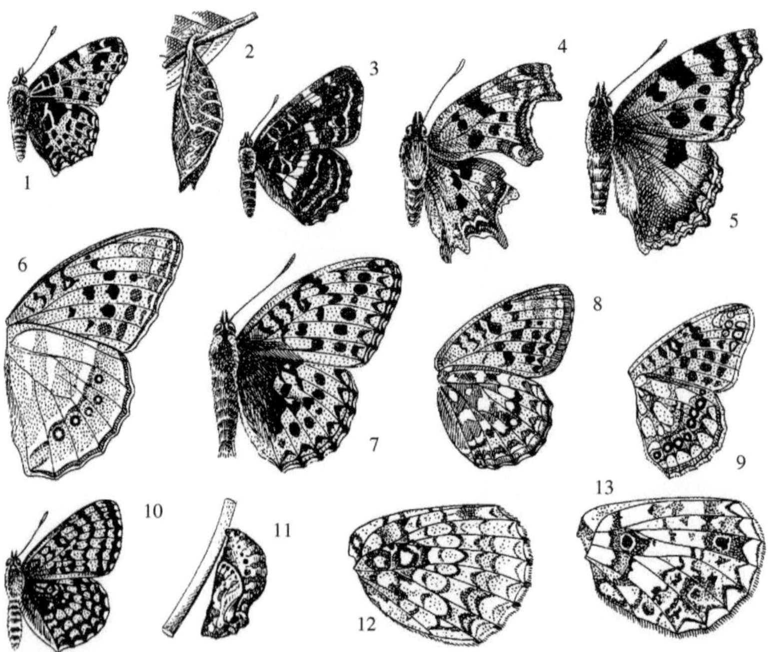

Abb. 752/1–13. 1 *Araschnia levana levana* (16–19 mm); **2** *Apatura iris*, P; **3** *Araschnia levana prorsa* (16–19 mm); **4** *Polygonia c-album* (22–25 mm); **5** *Nymphalis polychloros* (29–33 mm); **6** *Argynnis paphia*, FlUS; **7** *A. aglaja* (27–32 mm), OS; **8** *A. aglaja* (27–32 mm), FlUS; **9** *Issoria lathonia* (18–25 mm), FlUS; **10** *Melitaea athalia* (18–23 mm); **11** *M. athalia*, P; **12** *M. athalia*, US des HFl; **13** *Boloria (Clossiana) selene*, US des HFl.

4 Im VFl r_2 gemeinsam gestielt mit r_{3-5} (Abb. **751**/6). Klein, am FlSaum schwach geeckt; saisondimorph, im Frühj: auf rotbraunem Grunde schwarze u. weißgelbe Flecke (g. v. *levana* L., Abb. **752**/1); im Sommer: schwarz mit weißen u. rötlichen Fleckenbinden (g. a. *prorsa* L., Abb. **752**/3). 16–19 mm. Feuchte Wälder, in Ausbreitung begriffen; IV–VI u. VII/VIII; in 2 (3) Gen. – Dornraupe mit 2 KDornen, bräunlich, K schwarz; gesellig auf *Urtica*. P überw. *Araschnia levana* L. – **Landkärtchen**

4* Im VFl entspringt r_2 frei (Abb. **751**/7) **5**

5 HRand der VFl stark geschwungen; FlSaum auffallend gezackt u. gebuchtet. OS braun mit schwarzen Flecken (Abb. **752**/4); weißes „C"-Zeichen auf der variablen HflUS. 22–25 mm. Wälder u. Gärten; VII–V in 2 Gen. – L braun mit rotgelben Dornen, K schwarz, Rücken weiß; an *Ribes*, *Ulmus*, *Corylus*, einzeln lebend. P seitlich mit Metallglanz. Im. überw. *Polygonia c-album* L. – **Weißes C, C-Falter**

5* HRand der VFl gerade **6**

6 Außenrand der HFl ohne Zahnvorsprung (Abb. **751**/3); FKeule flach birnenförmig, spitz endend. Bunt, auf der US mit AuFleckenreihe. – Die nur scheinbar hier einheimischen 2 Arten erhalten sich im Gebiet vom Frühj ab durch Zuwanderung aus dem S. – L mit Dornen, einzeln in Blattgespinsten. P mit Metallflecken, am K mit stumpfen Spitzen. Gattung *Vanessa* F.

a) Schwarz mit roter Schrägbinde im VFl u. roter Saumbinde im HFl. VFlApex weiß u. bläulich gefleckt. 27–31 mm. Obstgärten, saugt gern an Früchten u. blutenden Bäumen; V/VI u. häufiger VII–X, bei uns s überw. – L an *Urtica*, variabel gefärbt, ohne helle Rückenlinie. *Vanessa atalanta* L. – **Admiral**

a*) Grundfarbe hell ziegelrot, dunkel gefleckt, im VFlApex schwarz mit weiß (Abb. **751**/3). 26–30 mm. Kosm; Wanderfalter; V/VI, danach häufiger bis X; vermutlich durch Klimaerwärmung stark zunehmend. – L variabel, mit heller Rückenlinie; an *Carduus*. *Vanessa cardui* L. – **Distelfalter**

6* Außenrand der HFl mit vorspringendem Zahn (Abb. **751**/7). VFl zweifach geeckt, FKeule stumpf endend. Bunt, allbekannt. Oft in Häusern überw. – Dornraupen gesellig, frei auf der NaPfl (Abb. **710**/4). P eckig, mit 2 KSpitzen (Abb. **710**/9). 5 Arten (Eckfalter) **7**

7 Fl samtartig schwarzbraun mit breit gelben Rändern, davor blau gefleckt. 35–45 mm; v; VII–V. – L schwarz mit rostroten Rückenflecken, K u. BauchB braun, an Laubholz (*Betula*). *Nymphalis antiopa* L. – **Trauermantel**

7* Fl anders gefärbt **8**

8 VFl u. HFl braunrot mit großem blauschwarzem AuFleck. 27–35 mm; v; VII–VI meist in 2 Gen. – L schwarz mit vielen weißen Pünktchen (Abb. **710**/4), an *Urtica*. P (Abb. **710**/9). *Inachis io* L. – **Tagpfauenauge**

8* Fl braun, schwarz gefleckt, ohne AuFlecke **9**

9 Höchstens 28 mm. feurig rotbraun, mit hellen u. schwarzen Flecken, bes. am VRand; HFlWurzelfeld dunkel, blaue Randflecke auch am VFl sichtbar (Abb. **751**/1). 23–28 mm; früher v u. g, heute gebietsweise s; VI–V in 2–3 Gen. – L an *Urtica*, schwärzlich u. gelb gestreift u. bedornt. P mit Metallflecken. *Aglais urticae* L. – **Kleiner Fuchs**

9* Mindestens 29 mm. HFl im Wurzelteil gelbbraun mit schwarzem Fleck, VFl ohne blaue Randflecke **10**

10 Grundfarbe gelbbraun, B dunkelbraun, heller Apexfleck gelb (Abb. **752**/5). 29–33 mm; v; VII–VI. – L an *Pyrus* u. anderem Laubholz, schwarz, Rücken- u. SStreif sowie Dornen rostbraun. *Nymphalis polychloros* L. – **Großer Fuchs**

10* Grundfarbe lebhafter rotbraun, B gelbbraun, heller VFl-Apexfleck weißlicher, Fl stärker gezackt, sonst sehr ähnlich *N. polychloros*. 32–35 mm. Östl. Art, im Gebiet nur gelegentlich; L schwarz, BauchB, Längsstreifen u. Punkte gelblich, an *Salix*. *Nymphalis xanthomelas* DENIS & SCHIFFERMÜLLER

11 **(3)** HFl mit offener MZelle. US ohne Silberflecke. Klein bis mittelgroß, rotgelb mit schwarzer Gitterzeichnung (Abb. **752**/10). Wiesen u. Waldblößen; einbrütig. – L mit beborsteten Fleischzapfen (Scheindornen); jung gesellig in Nestern, überw, dann einzeln; oft an Plantago. P (Abb. **752**/11). 10 z. T. schwer unterscheidbare Arten in 2 Gattungen. „*Melitaea*"-Gruppe (*Melitaeini*) – **Scheckenfalter**

Häufig od. leicht erkennbar:

a) *Melitaea athalia* ROTTEMBURG – **Gemeiner Scheckenfalter, Wachtelweizen-Scheckenfalter**

OS rotbraun, schwarz gegittert, ohne Punktreihe im Saumband (Abb. **752**/10). HFIUS gelblich, mit bogigen, schwarz eingefassten, gelb- bis rotbraunen Binden (Abb. **752**/12). 18–23 mm; g; V–VIII. – L schwarz, weiß gefleckt, Scheindornen gelb. P (Abb. **752**/11). Mehrere sehr ähnliche Arten.

b) *Euphydryas aurinia* ROTTEMBURG – **Skabiosen-Scheckenfalter**

Gelbrot, heller u. dunkler gebändert, schwärzlich gegittert. gelbrote Saumbinde der HFI mit kleinen schwarzen Punkten. HFIUS wie OS, aber viel matter gefärbt u. gezeichnet. 19–23 mm. Moorwiesen; V/VI. – L schwarz, gelbweiß punktiert u. gestreift, an *Succisa*.

c) *Melitaea cinxia* L. – **Wegerich-Scheckenfalter**

Einfarbig gelb bis gelbbraun, dunkel gegittert. HFI mit augenartig schwarzgelb gefleckter Saumbinde; US weißgelb mit schwarzumzogenen gelbroten Binden, die äußere mit schwarzer Punktreihe, die innere fleckig aufgelöst. 18–24 mm; v; V/VI. – L schwarz, weiß punktiert, K u. BauchB rotbraun.

d) *Melitaea didyma* ESPER – **Roter Scheckenfalter**

Hlb unten u. seitlich schwarzgelb geringelt. Dunkle Gitterzeichnung der Fl in Flecke aufgelöst, sehr variabel. Grundfarbe beim ♂ feurig gelbrot, beim ♀ oft blasser, grüngrau bestäubt od. mit vermehrter Fleckenzeichnung. HFIUS ähnlich *M. cinxia*, aber die gelbrote Saumbinde ungefleckt. 19–24 mm; z; sonnige Wald- u. Wegränder; VI–VIII. – L blaugrau, gelblich punktiert u. gestreift, Scheindornen braun, K rötlich u. schwarz.

11* HFI mit geschlossener MZelle; US mit Silberflecken od. violetten Tönen. Größe verschieden, OS gleichmäßig gelb- bis rotbraun, schwarz gefleckt (Abb. **752**/6–9, 13). Unterscheidung vornehmlich nach der US. Bekannte Falter, im Sommer auf Wiesen u. Waldblößen. – L mit behaarten Dornen (Abb. **710**/1), sehr versteckt an Veilchenarten; meist überw. P mit Höckern, Spitzen u. Einbuchtungen, z.T. metallfleckig. – 16 Arten, auf 4 Gattungen verteilt, äußerlich aber z.T. sehr ähnlich.

Heliconiinae – **Perlmutterfalter**

Leicht kenntlich z.B.:

a) *Argynnis aglaja* L. – **Großer Perlmutterfalter**

OS siehe Abb. **752**/7. HFIUS im Wurzelfeld grünlich mit unscharf umgrenzten großen Silberflecken, Saumbinde ohne AuFlecke (Abb. **752**/8). (2 sehr ähnliche Arten ohne Grün um die Silberflecke.) 27–32 mm. Wiesen; VI–VIII. – L schwarz mit doppelter heller Rückenlinie u. großen roten SFlecken.

b) *Issoria lathonia* L. – **Kleiner Perlmutterfalter**

OS im Wurzelfeld schwarzgrün bestäubt. HFIUS mit scharf begrenzten, auffallenden Silberflecken (Abb. **752**/9). 18–25 mm. Sandwege u. Ödland. IV–X, in 2–3 Gen. Wanderfalter. – L dunkelgrau mit hellen Längsstreifen u. SgmEinschnitten, Dornen rot, K schwarz.

c) *Boloria (Clossiana) selene* DENIS & SCHIFFERMÜLLER – **Braunfleckiger Perlmutterfalter**

HFIUS in der rostbraunen Wurzelbinde mit schwarzem Fleck (Abb. **752**/13), im M- u. Saumfeld mit Silberflecken. 21–23 mm; v; V/VI u. VII–IX. – L schwarzbraun, heller punktiert u. rotgelb gefleckt, Dornen hell.

d) *Boloria (Clossiana) euphrosyne* L. – **Veilchen-Perlmutterfalter**

Sehr ähnlich der vorigen Art, aber feuriger u. mit nur einem Silberfleck im MTeil der HFIUS. Lokal.

e) *Brenthis ino* ROTTEMBURG – **Violetter Perlmutterfalter**

HflUS mit breiter, hellgelber, wurzelwärts verschobener MBinde u. breitem, lilabräunlich gewölktem Außenfeld mit kleinen AuFlecken. ♀ oben zuweilen schwärzlichblau übergossen. 20–22 mm. Moorwiesen, lokal häufig; VI/VII. – L gelbgrau mit gelben Streifen u. Dornen, die schwarz beborstet sind, K braun, schwarz gefleckt.

f) *Brenthis daphne* DENIS & SCHIFFERMÜLLER – **Brombeer-Perlmutterfalter**
Voriger Art sehr ähnlich, aber größer (23–28 mm) u. unten stärker violett getönt. Sehr lokal u. s.
g) *Argynnis paphia* L. – **Kaisermantel, Silberstrich**
HFlUS auf grünlichem bis kupfrigem Grund mit 2 silbernen Halbstreifen am VRand u. einem durchgehenden Silberband (Abb. **752**/6). ♂ oben gelbrot mit dicken schwarzen Duftschuppenwülsten auf 4 Adern; ♀ größer, blasser, gelblich bis grünlichgrau, zuweilen ganz dunkel graugrün übergossen (♀-Form *valesina* ESPER). 33–38 mm. Waldwiesen; VI–VIII. – L braunschwarz mit gelben Dornen, Streifen, Punkten u. Flecken; K mit 2 lg Dornen (Abb. **710**/1).

Unterfamilie ***Satyrinae*** – **Augenfalter**

Meist düster gefärbt mit schwarzweißen AuZeichnungen vor dem Saum. Im Wurzelteil der VFl einzelne Adern blasig aufgetrieben (Abb. **705**/4). Au rund, F dünn, meist allmählich verdickt. VB ± verkümmert (Abb. **705**/2). Färbung oft geschlechtsdimorph. ♂♂ oft mit VFl-Duftfeldern, erscheinen 1–2 Wochen vor den ♀♀. Vielfach Geb- od. Hügellandtiere. – L spindelförmig, mit 2 Analspitzen (Abb. **710**/2), nackt od. kurz behaart, meist längsgestreift, K halbkugelig abgesetzt; nachts an Gräsern, tags versteckt; meist überw. P stumpf, gedrungen, mit Einbuchtung an der RückenS (Abb. **710**/10) u. 2 kleinen divergierenden Spitzen am K; teils freihängende StürzP, teils am od. im Boden, nackt od. mit Gespinst. 42 Arten (Eur 140).

1 Au behaart. Mittelgroß, meist braun od. gelb, schwarz gemustert, mit schwarzen, weißgekernten AuFlecken in wechselnder Zahl (Abb. **756**/2, 7). – L schlank, dünn behaart, grün; StürzP. 5 z. T. ähnliche Arten. „*Pararge*"-Gruppe – **Scheckaugen**
Leicht kenntlich:
a) *Pararge aegeria tircis* BUTLER – **Waldbrettspiel**
HFlSaum zackig gewellt. Grundfarbe blassgelb, schwarz gezeichnet; im VFl 1 Apikalauge, im HFl 3–4 ± weißgekernte AuFlecke (Abb. **756**/2). 22–25 mm; v; im Halbschatten der Wälder; IV–VI u. VII–IX. – Die satter gelbrote *Pararge aegeria aegeria* L. fliegt in SEur.
b) *Lasiommata megera* L. – **Mauerfuchs**
HFlSaum kaum gewellt. Fl auf rotgelbem Grunde schwarzbraun gezeichnet, AuFlecke ähnlich *P. aegeria tircis*. ♂ mit dunklem MBand (Duftfleck) schräg durch den VFl (Abb. **756**/7); ♀ im MFeld schwach gezeichnet. 23–25 mm; v; an steinigen Plätzen; V/VI u. VIII/IX.
c) *Lopinga achine* SCOPOLI – **Gelbringfalter, Bacchantin**
HFlSaum schwach gewellt. Graubraun, auffallend durch im VFl 5, im HFl 2–4 schwarze, gelb geringte, blinde AuFlecke. 27–28 mm. Lokal, gern im Halbschatten lichter Wälder mit reichem Bodenwuchs. VI/VII. Sehr lokal.
1* Au nackt **2**
2 Nur 1 VFlAder (sc) an der Wurzel aufgeblasen **3**
2* 2–3 VFlAdern an der Wurzel aufgeblasen **4**
3 VB sehr stark verkümmert. Fl schachbrettartig schwarzweiß (od. gelblich) gefleckt (Abb. **756**/3); AuFlecke meist nur auf der US. 23–28 mm; v; VI–VIII. – L feinhaarig, sandfarben od. grün, mit rötlichen Afterspitzen.
Melanargia galathea L. – **Schachbrett**
3* VB lg, dünn u. behaart. Fl mit samtartig schwarzbrauner Grundfarbe u. meist rotbrauner AuFleckenbinde (Abb. **756**/8); ♀ oft mit reicherer Zeichnung; variabel. Vornehmlich GebTiere, in den Alp artenreich. – L meist gelblich, dunkler gestreift, kurz beborstet, hinten stark verjüngt, mit sehr kurzen Afterspitzen, wenig bekannt. 7 Arten (Eur 52). Gattung *Erebia* DALMAN – **Mohrenfalter**

Verbreitet nur:

a) *Erebia aethiops* Esper – **Waldteufel**
FlSaum schwach wellig, beim ♀ gescheckt. HFlUS mit Querbinde zw. ± helleren Feldern, AuFlecke sehr klein od. fehlend. ♂ oben tief schwarzbraun, dunkelrostrote AuFleckenbinde wenig hervortretend; ♀ heller gefärbt u. reicher gezeichnet (Abb. **756**/8). 23–27 mm. Wälder des Hügellandes, z auch im N; VII/VIII.

b) *Erebia medusa* Denis & Schiffermüller – **Rundaugen-Mohrenfalter**
Fransen ungescheckt. Fl oben u. unten fast gleich, mit reich geäugter, rostgelber Fleckenbinde. 23–24 mm. Wiesen u. Waldblößen, nicht nur im Geb; V–VII.

c) *Erebia ligea* L. – **Großer Mohrenfalter**
Dunkle MBinde der HFlUS bes. am VRand saumwärts kreideweiß begrenzt; Fransen schwarz-weiß gescheckt. 25–28 mm. Im Halbschatten der MGeb-Wälder, mit 2jährigem Häufigkeitswechsel; VII/VIII.

4 **(2)** Drei Adern der VFlWurzel aufgeblasen (sc, c u. ax). Klein bis mittelgroß, gelb bis dunkelbraun, oben meist wenig geäugt. Oft häufig auf Grasplätzen, Wiesen u. an Waldrändern. – L grün, sehr fein behaart, K klein, kugelig. – 5 Arten, eine s.
Gattung *Coenonympha* Hübner – **Heufalter**

Am häufigsten:

a) *Coenonympha arcania* L. – **Perlgrasfalter**
HFlUS mit metallisch bleiglänzender Saumlinie, lebhaft gefärbt, mit weißem Saumfeld u. scharf hervortretenden, mehrfach umringten AuFlecken (Abb. **756**/1); VFl oben gelbbraun, breit schwarz gesäumt, HFl dunkler, meist nur am Innenwinkel gelb gefleckt. 17–21 mm. Auf buschigen Waldwiesen; VI/VII.

b) *Coenonympha pamphilus* L. – **Kälberauge, Kleiner Heufalter**
HFlUS grau, ohne Bleilinie, oft fast augenlos, mit heller Binde nahe dem VRand, die das dunkle Innenfeld begrenzt (Abb. **756**/6). OS mattockergelb mit schwachem AuFleck im VFlApex. 14–16 mm; g; V–IX in 2 bis 3 Gen.

Abb. **756/1–8**. **1** *Coenonympha arcania*, FlUS; **2** *Pararge aegeria tircis* (22–25 mm); **3** *Melanargia galathea* (23–28 mm); **4** *Hipparchia alcyone* (29–30 mm); **5** *H. semele* (28–30 mm); **6** *Coenonympha pamphilus*, FlUS; **7** *Lasiommata megera*, ♂ (23–25 mm); **8** *Erebia aethiops* (23–27 mm).

4* Nur 2 Adern der VFlWurzel aufgeblasen (sc u. c) **5**

5 MSchienen nur halb so lg wie MSchenkel, mit schwarzem EDorn. Meist große dunkle AuFalter, z.T. mit hellen Flecken u. Binden u. beim ♂ mit schrägem, samtigen Duftfleck der VFl. Sitzen gern an Baumstämmen od. am Boden. – L mehr gekörnt als behaart, längsgestreift (Abb. **710**/2). P an od. in der Erde. – 8 Arten, z.T. lokal. *Satyrini* – **Samtfalter**

Allgemeiner vorkommend:

a) *Hipparchia alcyone* DENIS & SCHIFFERMÜLLER – **Kleiner Waldportier**
OS stumpf schwarzbraun, mit breiter, verschatteter weißer Querbinde (Abb. **756**/4); VFl mit ApikalAu. 29–30 mm. Lichte Kiefernwälder, auf Sandböden; nur noch lokal häufig; VII/VIII.

b) *Hipparchia semele* L. – **Rostbinde, Heidefalter**
Rostbraun bis ockergelb, z.T. dunkel überdeckt. ♂ schwärzlich verdüstert mit deutlichem Duftschuppenwisch (Abb. **756**/5); ♀ lebhafter gescheckt u. geäugt. HFlUS braun u. weiß marmoriert. 28–30 mm. Sandfelder, ruht schräg am Boden od. an Stämmen mit tief eingezogenem VFl; VI–VIII. L (Abb. **710**/2).

c) *Chazara briseis* L. – **Berghexe**
FKolben breit, knopfförmig. Zeichnung u. Färbung erinnern an *H. alcyone*, aber im VFl der VRand scharf abgesetzt hell, die helle Querbinde dunkel geadert u. mit 2 AuFlecken. 27–33 mm. Von den MGeb an südwärts, sonnige, warme Kalkhügel; VII–IX.

d) *Minois dryas* SCOPOLI – **Blaukernauge, Blauäugiger Waldportier**
OS einfarbig schwarzbraun, VFl mit 2 schwarzen, blaugekernten AuFlecken, HFl mit einem kleinen Au. 28–39 mm. Im N sehr lokal auf Moorwiesen, im Hügelland an Pfeifengrashängen (Molinieten); VII/VIII.

5* MSchienen länger als $^1/_2$ SchenkelLg. Auf Blüten od. am Boden **6**

6 HFl zum Analwinkel hin kaum ausgeschnitten. VB stark verkümmert; OS u. US einfarbig schwarzbraun matt, oben oft kaum geäugt, unten AuFlecke gelb geringt. 21–36 mm; g; Waldränder, auf Brombeerblüten (*Rubus*); VI–VIII. – L gestreift, bräunlichgrau; P an der Erde. *Aphantopus hyperantus* L. – **Schornsteinfeger**

6* HFl zum Analwinkel hin deutlich ausgeschnitten. VB länger, aber sehr dünn; VFlUS in der M rostgelb, VRand stark gekrümmt. ♂ mit Duftschuppenwisch. – L grün, gestreift; StürzP an Grashalmen (Abb. **710**/10) **7**

7 OS beim ♂ fast einfarbig graubraun, beim ♀ im VFl ± braungelb aufgehellt **8**

7* OS rostgelb, breit dunkel gerandet; VFl mit zweifachem, HFl mit einfachem weißgekerntem Au. 18–21 mm. Sehr lokal; VII/VIII. *Pyronia tithonus* L. – **Gelbes Ochsenauge**

8 VFl mit meist einfach weißgekerntem (♀) od. blindem (♂) ApikalAu. Duftfeld breit verwaschen. 22–28 mm; g; VI–VIII. *Maniola jurtina* L. – **Großes Ochsenauge**

8* VFl beim ♀ stärker braungelb aufgehellt, mit 2 weit getrennten AuFlecken untereinander; ♂ mit scharfem, schmalem Duftstreif u. einem verloschenen ApikalAu. 20–22 mm; z an trockenen sandigen Kiefernheidestellen. VII/VIII. *Hyponephele lycaon* ROTTEMBURG – **Kleines Ochsenauge**

Familie ***Drepanidae***

Nomenklatur wie von SCHINTLMEISTER in KARSHOLT & RAZOWSKI verwendet. 22 Arten (Eur 39).

Unterfamilie ***Thyatirinae* – Eulenspinner**

Eulenartig, aber durch die im HFl bogig an r genäherte sc jetzt als Unterfamilie zu den *Drepanidae* gestellt (Abb. **706**/2). ♂-F nur ausnahmsweise gekämmt, Tst u. Oc klein, R kräftig, FlHaltung dachförmig; Im. am Licht u. Köder. – P überw (bis auf 1 Art). 9 Arten (Eur 10).

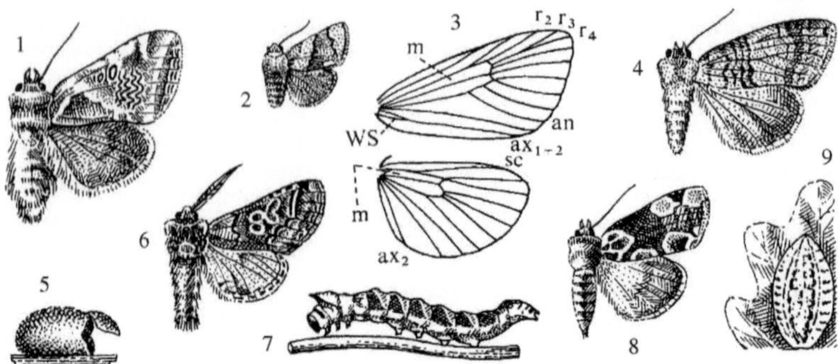

Abb. 758/1–9. 1 *Habrosyne pyritoides* (18–20 mm); **2** *Apoda limacodes* (10–13 mm); **3** Geäder der *Limacodidae*; **4** *Tethea or* (18–20 mm); **5** *Apoda limacodes*, Kokon; **6** *Diloba caeruleocephala* (20–21 mm); **7** *Thyatira batis*, L; **8** *Th. batis* (17–19 mm); **9** *Apoda limacodes*, L.

1 Farbenschön, auffallend gezeichnet, L freilebend **2**

1* Grau mit Querbänderung; L zw Blättern **3**

2 Hlb mit seitlichen Haarbüscheln, ♂-F kaum bewimpert. VFl olivgrau mit breit dreieckigem, orangebraunem MFeld, das weiß umgrenzt ist (Abb. **758**/1). 18–20 mm; v; VI–VIII. – L braunrot mit feiner dunkler Rückenlinie u. rötlichen Flecken daneben; 4. u. 5. Sgm oben seitlich mit weißlichem, dunkel gesäumtem Fleck. K u. HE in der Ruhe erhoben. An *Rubus*. *Habrosyne pyritoides* HUFNAGEL – **Achatspinner**

2* Hlb ohne Haarbüschel, ♂-F mit Wimperpinsel, VFl olivbraun mit 5 großen, runden, rosa getönten Flecken (Abb. **758**/8). 17–19 mm; v; V/VI u. VII/VIII. – L mit Rückenhöckern, braun u. rostfarben gescheckt, seitlich mit weißlichen Flecken; ruht U-förmig gekrümmt auf Himbeerblättern (Abb. **758**/7). *Thyatira batis* L. – **Roseneule**

3 **(1)** Au nackt; ♂-F verdickt, sehr kurz bewimpert. – L flach, hinten verjüngt, mit großem kugeligem K, zw Blättern. 4 Arten.

Gattungen *Tethea* OCHSENHEIMER, *Tetheella* WERNY, *Ochropacha* WALLENGREN – **Wollrückenspinner**

Zum Beispiel:

Tethea or DENIS & SCHIFFERMÜLLER – **Roseneule**

VFl grau mit mehreren schwärzlichen Querlinien, Wellenlinie u. dunklem Apexstrich, Ring- u. Nierenmakel hell in Form der Buchstaben „OR“ (Abb. **758**/4). 18–20 mm. IV–VI u. VIII. Geschwärzte Formen f. *albingensis* WARNECKE. – L blassgrün, K gelb, Mund schwarz, v an *Populus*.

3* Au behaart; ♂-F flachgedrückt, gelb. – L ähnlich voriger Gattungen.

Gattungen *Achyla* BILLBERG, *Cymatophorina* SPULER, *Polyploca* HÜBNER

Zum Beispiel:

Achyla flavicornis L. – **Wollbeinspinner**

VFl gestreckt, mit spitzem Apex, aschgrau, am VRand aufgehellt, mit ähnlicher Zeichnung wie bei *T. or*, aber viel kleinere Nierenmakel u. gescheckte Fransen; HFl schmaler u. im Wurzelteil heller. 18–19 mm. Birkenwälder, v; III/IV. – L wicklerartig lebend, dunkel grüngrau mit feiner heller Rückenlinie, zahlreichen weißen Punktwärzchen u. schwarzen SFlecken. BauchS scharf begrenzt hell; K braun; an *Betula*.

Unterfamilie ***Drepaninae*** – **Sichelflügler**

Im HFl sc u. r bogig getrennt; VFl-Spitze sichelartig vorgezogen (Abb. **706**/4). [Ausnahme: *Cilix* (Abb. **759**/7), aber L übereinstimmend]. Klein, breitflügelig, an Spanner erinnernd. Körper schmächtig, F kurz, doppelkammzähnig, Au nackt, R u. Tst kurz. FlHaltung je nach Art ausgebreitet od. flach bis steil dachförmig. Tags auf Blättern od. Zweigen ruhend, nachts am Licht. – L 14füßig, Nachschieber zu unpaarer Spitze am AnalSgm umgestaltet; K eingeschnitten, vordere Sgm oft mit paarigen Auswüchsen (Abb. **759**/6, 8). Auf Laubholz in 2 Gen. P in Blattgespinst, überw. 7 Arten (Eur 8).

1 Apex gerundet. Grundfarbe silberweiß, VFl mit bläulichbrauner, zum HRand verbreiterter, fleckiger Zeichnung (Abb. **759**/7). 12–13 mm; sitzt vogelkotähnlich auf Blättern; IV/V u. VII/VIII. – L rotbraun mit spitzen, weißen Höckern u. Wärzchen; an *Prunus* u. *Crataegus*. *Cilix glaucata* SCOPOLI – **Silberspinnerchen**

1* Apex sichelartig. Grundfarbe gelb bis braun **2**

2 HSchienen nur mit ESpornen. VFl mit einfacher Sichelspitze **3**

2* HSchienen mit M- u. ESpornen. VFl-Außensaum stark gezackt (Abb. **759**/1); ledergelb mit 2 braunen Querstreifen u. schwarzem MPunkt; HFl gelbweiß. Gleich sitzend einem vergilbten zusammengerollten Birkenblatt. 16–18 mm. In Birkenwäldern; IV–VI u. VII/VIII. – L (Abb. **759**/6) braun schattiert mit warzigen Erhebungen; an *Betula* u. *Alnus*. *Falcaria lacertinaria* L. – **Eidechsensichler**

3 Weißgelb bis bräunlich mit dunklen Wellenlinien u. schräg in die VFlSpitze ziehender dunkler Querlinie; ein größerer MFleck mit 2 Punkten daneben (Abb. **759**/2). US hell mit dunkler Zeichnung. 16–18 mm. Buschige Waldränder, v; IV–VI u. VII/VIII. – L (Abb. **759**/8) oben rotbraun, vorn mit 6 spitzen Zapfen, S scharf abgesetzt grün; an *Betula* u. *Alnus*. *Drepana falcataria* L. – **Birkensichler**

3* Dunkelbraun od. ockergelb bis braun **4**

4 Ähnlich *D. falcataria*, aber dunkelbraun, Zellflecke kleiner, mehr punktförmig, Außenlinie der VFl auf dem HFl fortgesetzt. US ockerfarben. 15–19 mm. Erlenbruchwald, z; V–VIII in 2 Gen. – L grün mit braunem Rücken, ähnlich *D. falcataria*; unter versponnenen Erlenblättern. *Drepana curvatula* BORKHAUSEN – **Erlensichler**

4* Anders geformt u. gezeichnet **5**

5 VFlSpitze stärker vorgezogen; Saumfeld mit violettbraunen Einmischungen, MFeld dunkler, wellig umgrenzt, mit gelblichen MFlecken. 18–20 mm. Im N s u. lokal, meist einbrütig, im S z u. zweibrütig. Laubw. – L gelb, seitlich u. vorn am Rücken violettbraun, mit geteiltem Fleischzapfen am 3. Sgm, Analspitze lg; bes. an *Tilia*. *Sabra harpagula* ESPER – **Lindensichler**

5* VFlSpitze weniger vorgezogen, MFeld nicht wellig begrenzt, Fl-Farbe lebhaft ockergelb bis gelbbraun **6**

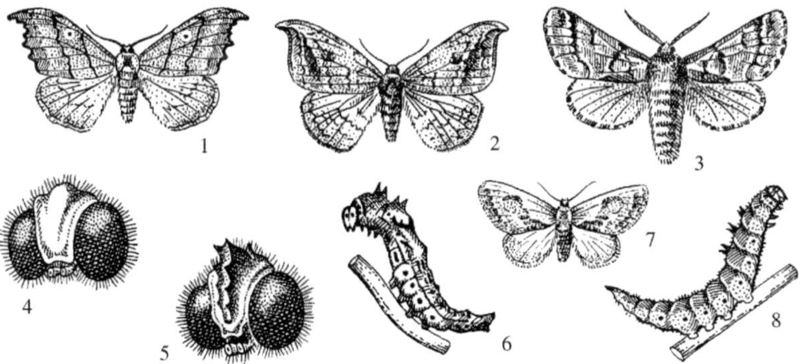

Abb. 759/1–8. 1 *Falcaria lacertinaria* (16–18 mm); **2** *Drepana falcataria* (16–18 mm); **3** *Thaumetopoea pinivora* (17–19 mm); K von **4** *Thaumetopoea processionea* (glatte Chitinleiste); **5** *T. pinivora* (gezähnte Chitinleiste); **6** *Falcaria lacertinaria*, L; **7** *Cilix glaucata* (12–13 mm); **8** *Drepana falcataria*, L.

6 MFeld dunkel u. geradlinig abgesetzt, Außenlinie im VFl nahe der VKante spitz abgewinkelt. 14–16 mm. Buchenwald, v; V–VIII in 2 Gen. – L hellbraun, mit weißlichem Streif u. hellerem Sattelfleck, 3. Sgm mit kurzer Spitze; an *Fagus*.
Watsonalla cultraria F. – **Buchensichler**

6* MFeld nicht verdunkelt abgesetzt. VFl mit 2 punktförmigen schwarzen Zellflecken auf dunkelbraunem (♂) od. hellem gelb-violettgrauem Grunde (♀); Außenlinie weniger spitz gewinkelt. 13–18 mm. Eichenwald, v; V–VIII in 2 Gen. – L grünlich, S bräunlich, Rücken mit gelbem, braun gesäumtem Sattelfleck u. Zapfen am 3. Sgm; an *Quercus*.
Watsonalla binaria HUFNAGEL – **Eichensichler**

Familie ***Geometridae* – Spanner**

Sichere Merkmale: Chaetosema am K (Abb. **708**/8), große offene Tympanalgrube am Anfang des Hlb (Abb. **708**/7), Fl ohne Analader. – Im VFl entspringt m_2 fast stets mitten m_1 u. m_3 od. näher an m_1; im HFl biegt sc zunächst nach vorn, dann erst zur Zelle (Abb. **760**/1–4). HaftBo meist vorhanden, Au rund, Körper schlank, Fl groß, VFl u. HFl oft gleichmäßig lebhaft gefärbt u. gezeichnet. FlHaltung flach ausgebreitet (Abb. **760**/12), s tagfalterartig aufgerichtet. Viele Arten tags leicht aufgescheucht, sonst jedoch mehr Dämmerungs- od. Nachttiere; oft starke Lichtflieger. – L meist lggestreckt, nackt, 3 erste BauchBPaare rückgebildet (wenige Ausnahmen), kriechen daher gebuckelt „spannerartig“ (Abb. **760**/7). VKörper in der Ruhe oft zweigartig steif weggestreckt (Abb. **768**/7–9); gestört lassen sie sich fallen u. hängen oft am Spinnfaden. – Verpuppung unterschiedlich: Viele Arten an od. in der Erde mit od. ohne Gespinst, wenige (*Cyclophora*) als GürtelP frei.

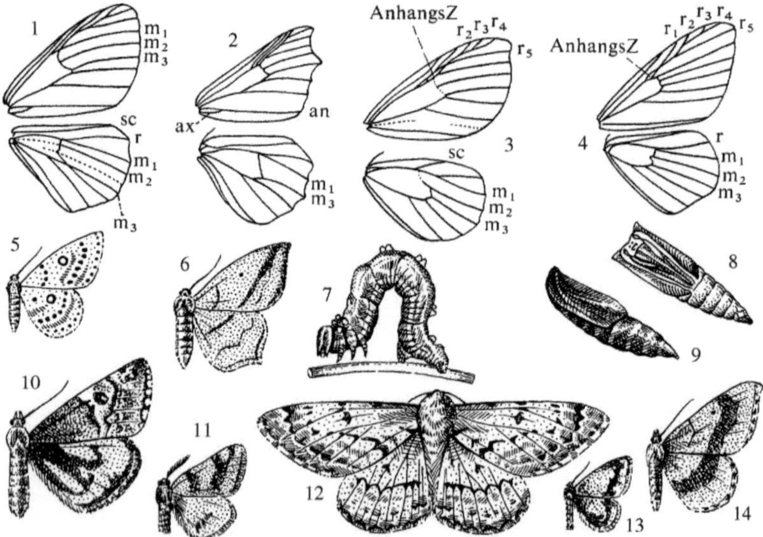

Abb. 760/1–14. 1–4 Geädertypen der *Geometridae*; **5** *Cyclophora albipunctata* (14–16 mm); **6** *Timandra griseata* (14–17 mm); **7** Spannerraupe in typischer Haltung; **8** *Cyclophora*, P; **9** *Abraxas grossulariata*, P; **10** *Archiearis parthenias* (18–19 mm); **11** *Lythria cruentaria* (12–15 mm); **12** *Hypomecis roboraria* in Ruhehaltung; **13** *Idaea muricata* (9–10 mm); **14** *I. aversata* (14–15 mm).

Die mitteleur *Geometridae* werden in 8 Unterfamilien mit 176 Gattungen u. 523 Arten (Eur ca. 925) eingeteilt. Hier werden nur im Anschluss an System u. Nomenklatur wie von MÜLLER in KARSHOLT & RAZOWSKI verwendet die bes. häufigen od. leichter erkennbaren neben den wichtigsten Schädlingen genannt. Literatur: EBERT (2001–2005), HAUSMANN (2001, 2004), KOCH (1984), MIRONOV (2003).

1 Im HFl m_2 gut ausgebildet (Abb. **760**/1, 4) **2**

1* Im HFl m_2 rückgebildet, nur als Falte angedeutet od. wenigstens schwächer als die anderen Adern (Abb. **760**/2). Unterfamilie *Ennominae* – **Rindenspanner** S. 761

2 Au oval, m_2 in der M zw. m_1 u. m_3 beginnend.
Unterfamilie *Archiearinae* – **Jungfernkinder** S. 761

2* Au rund **3**

3 ♀ flügellos, mit Afterbusch. Zelle des ♂ lg, bis $^2/_3$ FlLg.
Unterfamilie *Alsophilinae* (Gattung *Alsophila*) S. 766

3* ♀ mit Fl od. flügellos bzw. stummelflüglig, dann ohne Afterbusch **4**

4 Im HFl entspringt m_2 viel näher bei m_1 als bei m_3 (Abb. **760**/1).
Unterfamilie *Geometrinae* – **Grünspanner** S. 766

4* Im HFl entspringt m_2 etwa mitten zw m_1 u. m_3 (Abb. **760**/3–4) **5**

5 Im HFl entfernt sich sc nach kurzer Berührung sofort wieder vom ZellVRand (Abb. **760**/4). Unterfamilie *Sterrhinae* – **Kleinspanner** S. 767

5* Im HFl verschmilzt sc mit dem ZellVRand bis hinter die ZellM od. läuft dem Rand parallel (Abb. **760**/1, 3). Unterfamilie *Larentiinae* – **Blattspanner** S. 769

Unterfamilie ***Archiearinae* – Jungfernkinder**

Zottig behaart, äußerlich eulenähnlich, auch mit flach dachförmig gehaltenen Fl sitzend, im Bau aber spannerartig, nur mit ovalen statt runden Au. Deshalb früher eigene Familie *Brephidae* bildend. – Fliegen im zeitigen Frühj vormittags im Sonnenschein. – L nackt, unten abgeflacht, mit verkürzten ersten 2 Bauch-BPaaren (Abb. **763**/7); an Laubholz. P am Cremaster mit 2 quergestellten Spitzen; überw in morschem Holz. 1 Gattung mit 2 Arten (Eur 3).

1 18–19 mm. Fransen deutlich weißgrau gescheckt. ♂-F nur kurz sägezähnig. VFl braun, grau u. weißlich gemischt; HFl orangegelb mit schwarzem, nach innen zackig begrenztem Saumband u. breiter Schwärzung am Innenrand, mit dem MFleck verbunden (Abb. **760**/10). – In Birkenschlägen; III/IV.
Archiearis parthenias L. – **Birkenjungfernkind**

1* 16–18 mm. Fransen undeutlich weißgrau gescheckt. ♂-F doppelt kammzähnig. Färbung u. Zeichnung sehr ähnlich voriger Art, aber HFl-Saumband nur bei cu_2 mit Vorsprung nach innen u. MFleck meist isoliert. – In Espengehölzen; III/IV.
Archiearis notha HÜBNER – **Espenjungfernkind**

Unterfamilie ***Ennominae* – Rindenspanner**

Im HFl m_1 u. m_3 außen genähert; sc nähert sich der Zelle auf halber Lg, ohne zu verschmelzen; VFl ohne Anhangszelle, HaftBo vorhanden (Abb. **760**/2); beim ♂ unten oft bei ax_2 ein schuppenloser „Basalfleck“. Durchschnittlich größere Arten, viele kommen nachts an das Licht. Beide Fl oft gleichgefärbt u. gezeichnet, s mit vielen Querlinien, öfter fein dunkel überstreut, meist gut der Umgebung angepasst. Tags zum Teil wenig scheu an Stämmen od. Felsen ruhend. – L durch Haltung u. Färbung, Höcker od. Warzen vielfach täuschend zweigähnlich (Abb. **768**/7–9), weit mehr an Holzgewächsen als an Kräutern. P teils im Boden, teils zw Blättern. In Eur 118 Gattungen mit 299 Arten, davon im Gebiet viele Gattungen nur mit 1 Art vertreten. – Die strukturell u. anatomisch näherstehenden Gattungen sind hier zur besseren Übersicht nach äußerlich leicht erkennbaren Merkmalen in 6 Gruppen zusammengefasst.

A. *Abraxas*-Gruppe
Fl ganzrandig, Grundfarbe überwiegend weiß, schwarz gefleckt od. gebändert (Abb. **763**/13). Im. oft vogelkotähnlich auf Blättern ruhend.
Beispiele zur *Abraxas*-Gruppe:
a) *Arichanna melanaria* L. – **Torfmoorspanner**
VFl weiß, ± grau getrübt, mit geschwungenen Reihen schwarzer Flecke; HFl u. Hlb gelb, schwarz gefleckt. ♂-F doppelkammzähnig. 19–21 mm. In nährstoffärmeren Mooren; VI–VIII. – L gelb, schwarz längsgestreift, an *Ledum, Vaccinium uliginosum* u. *Oxycoccus*, überw.
b) *Abraxas grossulariata* L. – **Stachelbeerspanner**
Weiße Fl u. gelber Leib schwarz gefleckt, VFl mit Gelb im Außenband u. Wurzelfeld (Abb. **763**/13). 20–23 mm. Früher als Gartenschädling angesehen, jetzt seltener; VII/VIII. – L (Abb. **763**/19) weiß, schwarz gefleckt mit gelbem SStreif, an *Ribes, Salix* u. a., überw. P (Abb. **760**/9) glänzend schwarz u. gelb, zw Blättern versponnen.
c) *Calospilos sylvata* Scopoli – **„Vogeldreck"**
Fl weiß mit gelbschwarzem, silbrigem AuFleck am HRand u. an der Wurzel, sonst matt bleigrau gefleckt; Körper gelb, schwarz gefleckt. 18–20 mm.; z in feuchten Laubw; VI/VII. – L weiß-gelb, schwarz längsgestreift, an *Ulmus* u. *Prunus padus*, überw. Im. ruht tags auf Blättern, ähnelt Vogelkot (Name!).
d) *Lomaspilis marginata* L. – **Schwarzrandspanner**
Fl weiß, geschwungen schwarz eingefasst u. vom VRand her durch die M ± schwarz gefleckt; variabel. Körper schwarz (Abb. **763**/11). 12–14 mm; V/VIII in 2 Gen. – L grün, mit helleren Streifen, an *Salix* u. *Populus*. P überw.
e) *Cabera pusaria* L. – **Weißspanner**
Fl u. Körper weiß, VFl mit 3, HFl mit 2 feinen schwärzlichen, fast geraden Querlinien. ♂-F zu $^2/_3$ doppelkammzähnig. 15–17 mm; g; V –IX in 2 Gen. – L an *Betula, Salix* u. a.; sehr variabel, grün bis braun. P überw. (3 ähnliche Arten!).
B. *Ennomos*-Gruppe
Fl oft geeckt od. gezähnt, gelb od. braun (s grün), im VFl häufig mit einem geradlinig od. geschwungen abgegrenzten MFeld. Überwiegend große Arten (bis 30 mm) mit kräftigem Körper. ♂-F meist doppelkammzähnig (Abb. **763**/16, 20–21).
Beispiele zur *Ennomos*-Gruppe:
a) *Hylaea fasciaria* L.
Fl glattrandig; rötlich-braun, MFeld lebhafter gefärbt, im VFl beidseitig, im HFl außen graugrün begrenzt; od. (mehr im Geb) Fl grün mit hellen Querstreifen (ssp. *prasinaria* Denis & Schiffermüller). 17–21 mm; z in Nadelw; VI/VIII. – L 12füßig, 8. Sgm mit kurzen Füßen; rindenartig rotbraun bis grau, dunkler gezeichnet, überw an Nadelholz.
b) *Campaea margaritata* L. – **Silberblatt**
VFl-Apex spitz vorgezogen, Saum bei r_3 gebaucht; HFl leicht gezähnt, bes. bei r_3. Fl matt hellgrün, VFl mit 2, HFl mit einem fast geraden, weißlichen Querstreifen. 20–28 mm. Buchenwälder, Park- u. Gartenlandschaft; VI/VII u. VIII/IX. – L 12füßig, grau (bis grün) mit weißlichen SWärzchen; L der 2. Gen. überw. (S die braune, sonst ähnliche *Campaea honoraria* Denis & Schiffermüller).
c) Gattung *Ennomos* Treitschke – **Herbstlaubspanner**
Fl geeckt (Abb. **763**/16). VFl durch zwei gekrümmte Querlinien aufgeteilt. Körper kräftig, Br wollig behaart; gelbe Herbstfalter, gleichen in Ruhestellung mit schräg nach hinten gehaltenen Fl welken Blättern. 17–27 mm. – L (Abb. **768**/10) astartig in Form u. Haltung, an Laubholz. P zw Blättern versponnen. Ei überw. – 5 Arten.
d) Gattung *Selenia* Hübner – **Mondfleckspanner**
Habitus wie bei *Ennomos*. Fl mit kleinem, glasigem Mondfleck an der Querader (bei *S. dentaria* wenig auffallend). Grundfarbe gelbbraun, fein gesprenkelt u. quergebändert od. schattiert; Apex dunkel, halbmondförmig abgehoben (Abb. **768**/1). 16–24

mm; IV–VIII in 2 Gen. – L gedrungen, vorn verjüngt, astartig knorrig mit Höckern u. Warzen; an Laubholz (Abb. **763**/8); P überw. – 3 Arten.

e) *Colotois pennaria* L. – **Fliederspanner**

Apex spitz mit schwarz gerandetem weißem Fleckchen; Saum schwach gewellt. ♂-F breitflügelig, lebhaft rostbraun; VFl mit 2, HFl mit 1 Querstreifen, beide mit Zellpunkt; F mit lg, federartigen Kammzähnen; ♀-F schmalflügeliger, mit 2 Spitzen auf dem 11. Sgm, K rotbraun, an Laubholz, Ei überw.

f) *Crocallis elinguaria* L. – **Mordraupenspanner**

VFl hell ledergelb, MFeld kräftiger gefärbt, hinten schmaler, von wenig geschwungenen dunklen Querlinien eingefasst, mit großem, schwarzem Zellfleck, schwarze Saumpunkte, HFl wenig heller; v an buschigen Waldrändern. 18–20 mm. VI/VII. – L gelblich mit dunklen Punkten u. Strichen u. gewellter, rötlicher Subdorsale, überw, polyphag an Laubholz; Mordraupe!

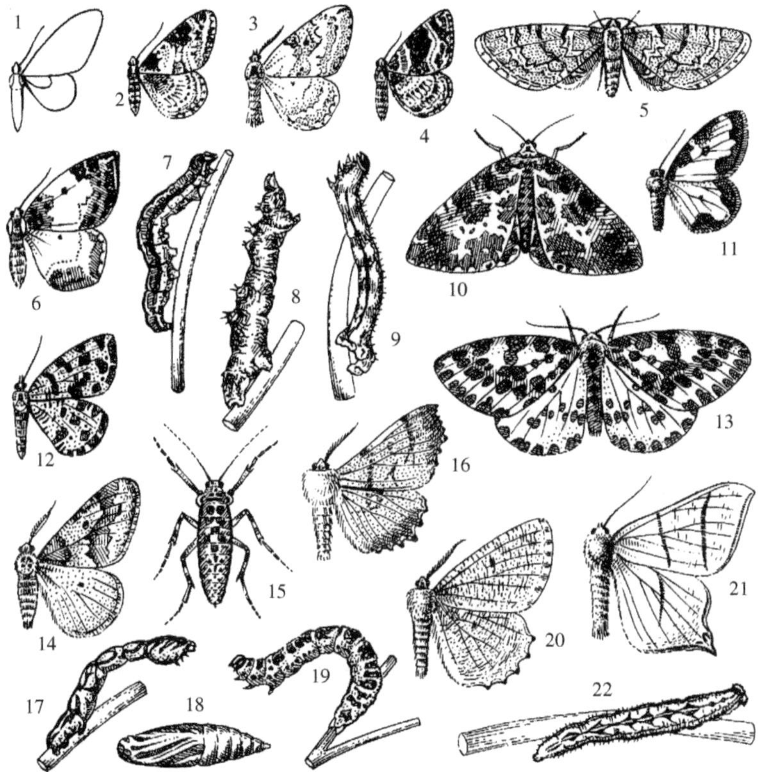

Abb. 763/1–22. **1** Lappenspanner, ♂; **2** *Xanthorhoe fluctuata* (12–15 mm); **3** *X. montanata* (15–17 mm); **4** *Epirrhoe alternata* (13–14 mm); **5** *Eupithecia* sp.; **6** *Mesoleuca albicillata* (15–18 mm); **7** *Archiearis* sp., L; **8** *Selenia tetralunaria*, L; **9** *Erannis defoliaria*, L; **10** *Rheumaptera hastata*; **11** *Lomaspilis marginata* (12–24 mm); **12** *Pseudopanthera macularia* (14–16 mm); **13** *Abraxas grossulariata* (20–23 mm); **14** *Erannis defoliaria*, ♂ (22–26 mm); **15** *E. defoliaria*, ♀; **16** *Ennomos autumnaria* (17–27 mm); **17** *Timandra griseata*, L; **18** *Eupithecia* sp., P; **19** *Abraxas grossulariata*, L; **20** *Angerona prunaria* (22–28 mm); **21** *Ourapteryx sambucaria* (27–30 mm); **22** *Eupithecia* sp., L.

g) *Crocallis tusciaria* BORKHAUSEN
Ähnlich voriger Art, aber mit gewinkeltem Innenband der VFl, gebietsweise dunkler braun in der f. *gaigeri* STAUDINGER. Mehr im S u. W.
h) *Angerona prunaria* L. – **Pflaumenspanner, Schlehenspanner**
HFlSaum zw m_1 u. m_3 schwach ausgenagt (Abb. **763**/20). Fl orange (♂) od. gelb (♀) mit Zellstrich u. vielen dunklen Querstrichelchen; Fransen gescheckt (Wurzel- u. Saumfeld verdunkelt: f. *sordiata* FUESSLY). 22–28 mm. Lichte Wälder; VI/VII. – L gestreckt, mit Zähnchen u. Spitzen, bes. seitlich am 8. Sgm; an Laubholz, überw; P zw Blättern.
i) *Ourapteryx sambucaria* L. – **Nachtschwalbenschwanz, Holunderspanner**
FlForm u. -Zeichnung (Abb. **763**/21). Bleichgelb, mit bräunlichen Schrägstrichen. 27–30 mm. Gärten u. Parkanlagen; VII. L sehr schlank, braun, heller streifig gemischt, mit runden u. spitzen Höckern; an *Hedera helix, Sambucus* u. a.; überw; P in beutelartigem, lockerem Gespinst an Zweigen.
k) *Opisthograptis luteolata* L. – **Gelbspanner, Schwefelspanner**
Fl ganzrandig, schwefelgelb, mit rotbraunen Flecken am Apex u. über dem weißgekernten Zellfleck; HFl mit kleinem MRing u. rötlichen Aderenden. 19–22 mm; v in Gärten u. an Waldrändern; V–VIII, je nach Überw der L od. P. – L grün bis grau mit rötlichem K u. Rückenhöcker; an Stein- u. Kernobst, auch an *Sorbus aucuparia.*

C. *Macaria*-Gruppe
FlSaum oft ganzrandig, höchstens gebaucht, ausgekehlt od. mit Spitze. Grundfarbe grau bis gelb od. braun. Kleinere Arten (um 15 mm). F u. Zeichnung versch., Verwandtschaft mehr durch Genitalbau begründet (vgl. Abb. **763**/12, **768**/12).
Beispiele zur *Macaria*-Gruppe:
a) Gattung *Epione* DUPONCHEL
Apex spitz, VFlSaum gebaucht, HFl zw m_1 u. m_3 ausgenagt. Goldgelb, fein orange gestrichelt, Saumfeld parallel od. vom Apex her scharf violettgrau abgesetzt, schwarze Zellpunkte, spitz geknickte vordere Querlinie der VFl. 13–16 mm. Bruchwald; VI–IX. – L mit schwacher Verdickung am 5. Sgm, graubraun mit Rautenflecken u. weißlichen Punktwarzen, an *Salix* u. *Populus*; meist Ei-Überw. – 2 Arten.
b) *Pseudopanthera macularia* L. – **Pantherspanner**
Apex spitz, Saum ganzrandig, Fl goldgelb mit schwarzen Flecken (Abb. **763**/12). 14–16 mm. Tags auf Waldwiesen, im N erst neuerdings häufiger; V–VII. – L an *Lamiaceae*, P überw.
c) *Macaria liturata* CLERCK – **Veilgrauer Kiefernspanner**
VFl unter dem Apex ± sichelförmig ausgebuchtet, dort Fransen dunkler markiert; HFl bei m_3 geeckt. Fl grau, MFeld außen breit rostbraun besäumt, auf dem VFl 3, auf dem HFl 2 Querlinien, die am VRand des VFls zu dunklen Flecken erweitert sind. 13–16 mm. V–VIII in 2 Gen. – L an Nadelbäumen – 4 ähnliche Arten, die restlichen 3 mehr gelbbraun ohne rostbraune Zeichnung.
d) *Chiasmia clathrata* L. – **Gitterspanner**
Fl ganzrandig, in Ruhe aufgerichtet, Fransen gescheckt; auf weißlichem bis gelblichem Grunde ein Gittermuster aus schwarzen Querstreifen u. schwarz angelegten Adern (Abb. **768**/12). 11–15 mm. Tags fliegend, einer der häufigsten Spanner, Kulturfolger; IV–VIII in 2 Gen. – Raupe grün, mit breitem, weißem Seitenstreif; an Klee.

D. *Erannis-Biston*-Gruppe
Fast nur Vorfrühlings- od. Spätherbstarten; FlSaum stets ganzrandig, ♀♀-Fl meist rückgebildet, dann ♀♀ flugunfähig; ♂♂ mit schlankem Körper u. dünnen, großflächigen Fl (*Erannis*) od. dickleibig, spinnerartig, träge (*Biston*); Grundfarbe überwiegend gelblich od. grau (Abb. **763**/14–15, **768**/2).
Beispiele zur *Erannis-Biston*-Gruppe:
a) Gattungen *Agriopis* HÜBNER u. *Erannis* HÜBNER
Habitus an *Alsophila* HÜBNER erinnernd, aber in Ruhehaltung breit dreieckig. ♂-VFl fast rechtwinklig, ♀-Fl ± rückgebildet. 5 Arten, darunter ein Schädling (Abb. **763**/14–15).

Erannis defoliaria CLERCK – **Großer Frostspanner**
♂-VFl gelblich, ± dunkel überstreut, oft ganz braun verdunkelt, mit schwarzem Zellfleck u. 2 dunkelbraunen, gewinkelten Querbändern; HFl heller (Abb. **763**/14). ♀ flügellos, gelblich, schwarz gefleckt (Abb. **763**/15. ♂ 22–26 mm; X–XII. – L bunt u. variabel, K u. Rücken braun, S u. Bauch scharf gelb u. rot abgesetzt, Haltung vgl. (Abb. **763**/9). Zuweilen schädlich in Laubw.; Ei überw.
b) *Apocheima pilosaria* DENIS & SCHIFFERMÜLLER – **Schneespanner**
Erster Frühlingsspanner, I–III!, ♂-FlForm ähnlich *Erannis*, aber Körper kräftiger, zottig behaart, Beschuppung dichter. Fl grau, schwach grünlich überstreut, VFl mit 3 undeutlichen dunklen Querbändern. HFl heller, mit 2 (3) bogigen Bändern; Hlb rötlichgrau. F lg gefiedert. ♂ 19–23 mm. ♀ flügellos, rötlichgrau u. schwarz gemischt. – L an Laubholz, braun, rötlich gezeichnet, seitlich mit spitzen Warzen. P überw.
c) Gattung *Lycia* HÜBNER – **Spinnerspanner**
Spinnerartig, träge, Körper zottig behaart, Fl ± durchscheinend beschuppt, ♂♂ um 16 mm, F gekämmt; Grundfarbe weißlich bis grau; ♀♀ nur mit FlStummeln (1 Ausnahme!). Meist in Laubw., III–IV. – L harthäutig, mit Warzen, K herzförmig; an Holzgewächsen od. Stauden; P überw; 5 Arten, alle untereinander kreuzbar. Zum Beispiel:
a) *Lycia pomonaria* HÜBNER
♂-F sehr dünn beschuppt, weißgrau mit dunklen Adern, VFl wenig quergebändert. – L an Laubholz.
b) *Lycia zonaria* DENIS & SCHIFFERMÜLLER
Grundfarbe weißlich, VFl u. HFl lebhaft dunkel gebändert. – L auf Ödland, bes. an *Artemisia campestris*.
c) *Lycia hirtaria* CLERCK
Größte Art, um 20 mm, ♀♀ voll geflügelt, ♂♂-Fl dichter beschuppt, grau, oft breit dunkler gebändert. – L an Laubholz.
d) Gattung *Biston* LEACH
♂ u. ♀ voll geflügelt, dickleibig, aber anliegender beschuppt als die nächstverwandten dickleibigen Arten (z. B. Gattung *Lycia* HÜBNER). Grundfarbe weiß, schwarz überstreut. – L an Laubholz, zweigähnlich (Abb. **768**/8–9); P überw, 2 Arten.

a) Spinnerähnlich, auch in der Haltung; R weich; ♂-Fl doppelkammzähnig, braun. VFl mit 2 gezackten, breiten, braunen Querbinden, zum MFeld schwarz abgegrenzt; HFl ähnlich, verloschener. Variabel, auch in schwarzer Form: f. *melanaria* KOCH. 22–26 mm; v in Eichenwäldern; III/IV. – L braun, Scheitelfurche flach.
Biston strataria HUFNAGEL

a*) FlHaltung spannerartig; R hornig; ♂-Fl nur bis $^3/_4$ doppelkammzähnig, schwarz. Fl mit angedeuteten zackigen schwarzen Querlinien, bes. am VRand (Abb. **768**/2), oft völlig geschwärzt (f. *carbonaria* JORDAN). 21–32 mm; v; V–VIII. – L (Abb. **768**/8–9) grün od. braun, der FutterPfl angepasst, K herzförmig.
Biston betularia L. – **Birkenspanner**

E. *Boarmia-Charissa*-Gruppe
Fliegen im Sommer. – Grau, meist mittelgroß bis groß, breitflügelig, ruhen tags gut angepasst an Bäumen od. Felsen (Abb. **760**/12, **768**/5, 16); VFl u. HFl meist gleichgefärbt u. -gezeichnet, oft fleckig gebändert. F sehr verschieden.
Beispiele zur *Boarmia-Gnophos*-Gruppe:
a) *Hypomecis roboraria* DENIS & SCHIFFERMÜLLER – **Großer Eichenspanner**
23–31 mm; ♂-F mit anliegenden Kammzähnen. Fl grau mit dunkel ausgefüllten Zellflecken, dunklem MSchatten u. gezackten, stellenweise fleckig erweiterten Querstreifen, Wellenlinie hell; US gelblich-weiß mit dunklem Subapikalfleck (Abb. **760**/12). VI/VII. – L astähnlich (Abb. **768**/7), an *Quercus*, überw.
b) *Aethalura punctulata* DENIS & SCHIFFERMÜLLER – **Grauer Rindenspanner**
13–16 mm. ♂-F bewimpert. Weißgrau, dunkler bestäubt, 3 (4) dunkle Querlinien, am VRand fleckig erweitert, auf den Adern gepunktet, Fransen gescheckt (Abb. **768**/5).

In Bruchwäldern g; IV–VII. – L grün bis braun, scheinbar quergebändert durch unterbrochene dunkle Rückenlinie u. -punkte; an *Alnus* u. *Betula*. P überw.

c) Gattungen *Charissa* CURTIS u. *Elophos* BOISDUVAL – **Felsenspanner**

Stirn oft blasig aufgetrieben, anliegend beschuppt. Zellfleck auf beiden Fl stets ringförmig. HFl meist stärker gewellt (Abb. **768**/16). ♂-VFl unten ohne Basalfleck. 16–26 mm, Haupt-V. im Geb, tags an Felsen od. Bäumen ruhend; meist im VII/VIII. L gedrungen, runzelig, mit Spitzen am 11. Sgm, meist grau bis bräunlich, tags versteckt, polyphag an Bodenvegetation, überw. Im Gebiet 10 schwer unterscheidbare Arten.

F. *Bupalus*-Gruppe

Zum Teil Tagflieger, dann lebhafter gefärbt (Abb. **768**/14–15), mittelgroß, FlSaum meist ganzrandig, VRand wenig gekrümmt, ♂-F doppelkammzähnig; Im. sonst wenig einheitlich.

Beispiele zur *Bupalus*-Gruppe:

a) *Ematurga atomaria* L. – **Heidespanner**

Tst vorstehend, grobborstig, ♂-VFl ohne Basalfleck. ♂ trübgelb, ♀ kleiner, weißlich; beide Fl ± dunkel bestreut, VFl mit 4, HFl mit 3 bräunlichen Querlinien, Fransen gescheckt (Abb. **768**/17–18). 13–17 mm; g; IV–VIII, in 2 od. 3 Gen. – L zylindrisch, steif, grau bis gelb, variabel, Rücken mit feinen Punktzeichnungen, polyphag, oft an *Calluna*.

b) *Bupalus piniaria* L. – **Kiefernspanner**

Tst kurz, anliegend beschuppt, ♂-VFl mit Basalfleck. Fl in Ruhe tagfalterartig aufgerichtet. ♂ weißlich od. gelblich, VFl vom Apex bis zur FlM, am Saum u. HRand schwarz, HFl am VRand u. Saum schwarz, mit 2 schwarzen Querstreifen u. Aderschatten; ♀ trüb rostgelb od. braun, mit verwaschenen dunkleren Flächen, bes. im Apikalteil; Fransen gescheckt (Abb. **768**/14–15); HFl-US mit weißem, zweimal dunkel unterbrochenem Längsstrahl. 19–22 mm. Gefürchteter Kiefernschädling! V–VII. – L grün, hell längsgestreift, an *Pinus* (Abb. **768**/13). P glänzend braun, überw unter Moos.

G. *Siona lineata* SCOPOLI – **Weißer Linienspanner**

20–24 mm; weiß, US mit schwarzen Adern u. Saumlinie, die oben durchschimmern. Im N nur sehr z, im S stellenweise häufig; tags leicht aufgescheucht auf Wiesen u. Grashängen, weißlingsartig umherfliegend, E V–VII. – L glatt, lg, gelblichgrau, dunkler gerieselt mit gelben SStreifen u. kurzen Afterspitzen, an *Hypericum, Sarothamnus* u. a., überw. – P in schlankem, an den E zugespitztem, gelbem Kokon an Stängeln.

Unterfamilie ***Alsophilinae***

Zelle lg, bis 2/3 FlLg, im HFl m_2 ausgebildet. VFl sehr gestreckt, werden im Sitzen gekreuzt. Fl sehr zart, dünn beschuppt, Fransen lg. ♀ grau, fast ungeflügelt, mit Afterbusch. ♂ 16–20 mm. – Raupen an Laubgehölzen. 2 Arten. (Abb. **768**/6, 11).

1 X–XII. VFl gelblich mit 2 schwachen Querstreifen u. Zellpunkt. Ei überw. *Alsophila aceraria* DENIS & SCHIFFERMÜLLER – **Herbstkreuzflügel**

1* II–IV. VFl bräunlichgrau, 2 helle gezackte Querlinien. Fransen mit Aderpunkten. P überw. *Alsophila aescularia* DENIS & SCHIFFERMÜLLER – **Frühlingskreuzflügel**

Unterfamilie ***Geometrinae*** – **Grünspanner**

Fast ausnahmslos grüne Im., deren Farbe leicht vergilbt. ♂-F meist doppelkammzähnig, oft auch beim ♀. HaftBo fehlt. – L vielfach grün mit gespaltenem Scheitel u. doppelter Spitze auf den 1. Sgm; meist überw die L, seltener die P. – 10 Gattungen mit 12 Arten.

Leicht kenntlich od. häufig:

a) *Pseudoterpna pruinata* HUFNAGEL – **Ginsterspanner**
Fl bläulich grün, weiß überstäubt; VFl mit 2, HFl mit 1 gezackten dunkleren Querlinie, beide mit weißlicher Wellenlinie. Stirn schwarz. 16–19 mm. Ginsterheiden; VI–IX in 2 Gen. – L grün mit weißen Streifen u. SKanten, steif u. gedrungen.

b) *Geometra papilionaria* L. – **Grünes Blatt**
Groß, 21–29 mm; breite Fl, prächtig grün mit gezähnten weißlichen Querstreifen u. in Flecke aufgelöster Wellenlinie. Wälder mit Vorkommen der FutterPfl, die ♂♂ am Licht; VI–VIII. – L grün mit gelblicher SLinie u. roten Höckern; an *Alnus*, *Betula* u. a.

c) *Thalera fimbrialis* SCOPOLI
Grün, VFl mit 2, HFl mit 1 hellen, geschwungenen Querlinie u. weiß-rostbraun gescheckten Fransen. HFl mit 2 deutlichen Zacken. F doppelkammzähnig. 16–17 mm. Heiden u. Ödland; VI–VIII. – L schlank, grün u. rötlich, mit roten Analspitzen; an *Achillea*.

d) *Hemithea aestivaria* HÜBNER
Ähnlich *Thalera fimbrialis*, trüb grün, VRand braun gesprenkelt, Fransen grau-weiß gescheckt; HFl mit 1 deutlichen Zacke. ♂-F nur gewimpert, ♀-F einfach; Tst länger. 13–17 mm. Gehölze u. Gärten; VI–VIII. – L auf Laubholz.

e) *Jodis putata* L. – **Glanzspanner**
Sehr klein, 11–12 mm; Fl glänzend, zart blaugrüne Farbe verblasst schnell; Querstreifen stark wellig gezähnt, HFl scharf geeckt; V/VI. Oft massenhaft über Beständen von *Vaccinium myrtillus*; daran die L.

f) *Jodis lactearia* L.
Wie vorige Art, aber die Querstreifen fast ungezähnt. – L mehr an Laubholz.

Unterfamilie *Sterrhinae* – Kleinspanner

VFl mit einfacher (s geteilter) Anhangszelle u. meist gestielten Adern r$_2$–r$_5$; HaftBo vorhanden (Abb. **760**/4). Im. meist klein, weißlich bis gelbbraun mit dunklen Linien. – L schlank (Abb. **768**/4) od. gedrungen (Abb. **763**/17), mit variabler Färbung u. Zeichnung; überw; an Bodenvegetation, z. T. an abgestorbenen, welken od. trockenen Blättern. P meist am od. im Boden (Ausnahmen bei *Cyclophora*). – 6 Gattungen mit 58 Arten.

1 VFl mit einfacher Anhangszelle **2**

1* VFl mit geteilter Anhangszelle. ♂-F bis zur Spitze doppelkammzähnig. Grundfarbe gelb, Fransen u. Querbänder rosa u. parallel zum Saum (nicht zum Apex ziehend). – L sehr lg u. schlank, an *Genista*, *Calluna* u. a.; rollen sich bei Berührung korkenzieherartig zusammen. P schlank, in leichtem Gespinst. Junge L (s Ei od. P) überw. – 2 Arten, davon eine nur im SW. Gattung *Rhodostrophia* HÜBNER – **Rotbandspanner**

2 HFl mit spitzer Zacke; aus dem spitz vorgezogenen VFl-Apex führt ein rötlicher Schrägstreifen zum HRand der HFl; Grundfarbe ledergelb, rosa gesäumt (Abb. **760**/6). 14–17 mm; g; V/VI u. VII–IX. – L gedrungen, mit verbreitertem 4. Sgm, braungrau, dunkler u. heller gezeichnet (Abb. **763**/17); an *Rumex*, überw.
Timandra griseata PETERSEN – **Ampferspanner**

2* HFl gerundet, höchstens schwach geeckt; kein Schrägstreif aus den VFl-Apex . . **3**

3 Fl mit ± deutlichem, ringförmigem, innen hellem MFleck. Im HFl entspringen m$_3$ u. cu$_1$ gemeinsam. ♂-F bis $^2/_3$ doppelkammzähnig, letztes Drittel nackt. Grundfarbe gelb mit rötlichen Tönen od. grau; oft mit mittlerem Querstreifen u. Aderpunktreihen (Abb. **760**/5). In Laubwäldern aus Gebüsch leicht aufzuscheuchen; meist 2 Gen. – L schlank, zylindrisch, mit deutlichen SgmEinschnitten, K vorn abgeflacht, variabel; an Laubholz. P wie GürtelP am Blatt befestigt, aber mit dem Rücken zur Unterlage (Abb. **760**/8); überw. – 10 z. T. schwer unterscheidbare Arten, die sich kreuzen lassen.
Gattung *Cyclophora* HÜBNER – **Gürtelpuppenspanner**

Beispiel:
Cyclophora albipunctata HUFNAGEL – Hellgrau; 14–16 mm (Abb. **760**/5) an *Betula*, V/VI u. VII/VIII.

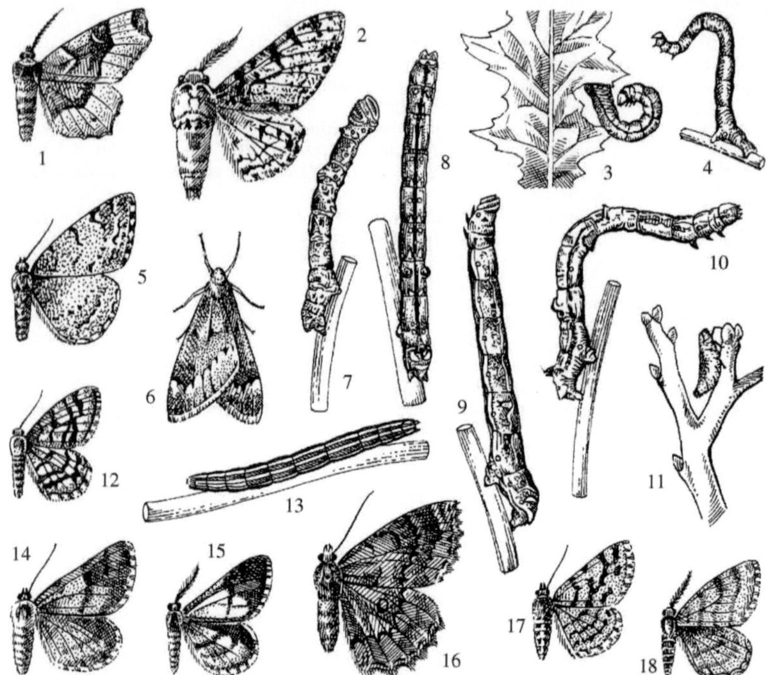

Abb. 768/1–18. **1** *Selenia tetralunaria* (19–24 mm); **2** *Biston betularia* (21–32 mm); **3** *Camptogramma bilineata*, L; **4** *Scopula floslactata*, L; **5** *Aethalura punctulata* (13–16 mm); **6** *Alsophila aescularia*, ♂; **7** *Hypomecis roboraria*, L; **8–9** *Biston betularia*, L in Rücken- u. SAnsicht; **10** *Ennomos autumnaria*, L.; **11** *Alsophila aescularia*, ♀; **12** *Chiasmia clathrata* (11–15 mm); **13** *Bupalus piniaria*, L; **14** *B. piniaria*, ♀; **15** *B. piniaria*, ♂ (19–20 mm); **16** *Charissa obscurata* (17–19 mm); **17** *Ematurga atomaria*, ♀; **18** *E. atomaria*, ♂ (13–17 mm).

3* Fl ohne ringförmigen MFleck; im HFl entspringen m_3 u. cu_1 deutlich getrennt (Abb. **760**/4); Im. klein, meist hellfarbig, mit matten Querlinien, s lebhafter gefärbt od. gezeichnet. – L gedrungen u. runzelig mit scharfer SKante od. schlank, rollt sich bei Berührung ein; oft an welken Blättern, versteckt am Boden; überw **4**

4 Im HFl r u. m_1 ungestielt; ♀-HSchienen mit 4 Dornen. – P meist hellbraun, glänzend. – 17 meist sehr ähnliche Arten. Gattung *Scopula* SCHRANK
Bes. häufig z. B.:
Scopula immutata L. – ♂ gelblich-weiß, ♀ weiß; VFl mit 5, HFl mit 4 schwach gelbgrauen Wellenlinien u. je 1 schwarzem Zellpunkt; Stirn dunkel. 11–12 mm; v, auf Wiesen; VI–IX.

4* Im HFl r u. m_1 gestielt; ♀-HSchienen mit 2 Dornen. – P weniger glänzend. – 27 z. T. sehr ähnliche Arten.
Gattung *Idaea* TREITSCHKE
Leicht kenntlich od. häufig:
a) *Idaea muricata* HUFNAGEL – **Purpurschneckenspanner**
Fl purpurrot, in der M u. am Saum gelb (Abb. **760**/13). 9–10 mm. Heidemoore; VI/VII.

b) *Idaea aversata* L.
Hellgelb mit dunkler Binde zw scharfen Querlinien, äußere vor der Costa rechtwinklig geknickt; schwarze Saumpunkte (Abb. **760**/14). Bei der häufigeren f. *spoliata* STAUDINGER fehlt die Verdunklung. 14–15 mm. V–IX mit partieller 2. Gen. (Mehrere sehr ähnliche Arten.)

Unterfamilie ***Larentiinae*** – **Blattspanner, Bindenspanner**

Klein bis mittelgroß, Fl meist mit zahlreichen, gruppen- u. farbweise vereinigten Querlinien u. -bändern, die oft ein Wurzel- u. ein MFeld abgrenzen. VFl mit einfacher od. geteilter Anhangszelle; r_2 aus der Zelle od. gestielt mit r_1; HaftBo fast stets vorhanden. Bei Tage leicht aufgescheucht, oft sehr scheu. – L meist ohne Höcker u. Auswüchse, schlank od. gedrungen, vielfach an Bodenvegetation, aber auch an Holzgewächsen. P meist an od. im Boden. Überw verschieden. – 65 Gattungen in MEur mit etwa 250 Arten (hier kann nur eine Auswahl vorgestellt werden).

1 Flugzeit im Spätherbst, X–XII; Fl, wenn vorhanden, zart, breit, wenig dicht beschuppt, seidig glänzend **2**
1* Andere Flugzeit, Fl dicht beschuppt **3**
2 ♂ u. ♀ voll geflügelt, VFl mit geteilter Anhangszelle, Zelle u. Querader normal. Fl grau mit dunkler Bänderung, oft kontrastreich, 18–22 mm. – L grün, oft purpurrot gezeichnet, Bauch blaugrün; an Laubholz. Ei überw. 3 sehr ähnliche Arten.
Gattung *Epirrita* SCHRANK
2* ♀ nur mit FlStummeln. ♂-VFl mit einfacher Anhangszelle u. gewinkelter Querader, Zelle länger als die Hälfte des Fl. Färbung u. Zeichnung schwach, gelblich- bis bräunlichgrau mit variablen Querbändern. Fl durchscheinend. – L gedrungen, grün, an Laubholz in leichten Blattgespinsten, oft sehr schädlich. Ei überw.
Gattung *Operophtera* HÜBNER
a) ♀ mit sehr kurzen FlStummeln; ♂ klein, 16–18 mm, bräunlich. X–XII. – K u. BrB der L grün. Obstbaumschädling! *Operophtera brumata* L. – **Kleiner Frostspanner**
a*) ♀ mit FlStummeln von mehr als ½ KörperLg. ♂ hell gelblichgrau, 17–19 mm; X–XII. – K u. BrB der L schwarz, mehr an Waldbäumen.
Operophtera fagata SCHARFENBERG – **Waldfrostspanner**
3 **(1)** Fl einfarbig **4**
3* Fl mehrfarbig, mit Zeichnungen **6**
4 Fl ungezeichnet lehmgrau, gerundet. 9–11 mm. Zuweilen in Menge über *Euphorbia cyparissias*; V/VI u. VIII/IX. *Minoa murinata* SCOPOLI – **Mausspanner, Mäuschen**
4* Fl andersfarbig **5**
5 Fl grau, weißgrau bis weiß, VFl spitz, gestreckt. VSchenkel stark verdickt. 13–19 mm; z, Schuttstellen, Feldraine, auf Koppeln; V/VI. – L an *Sisymbrium*. P überw. 2 Arten.
Gattung *Lithostege* HÜBNER – **Mehlspanner**
5* Fl schwarz mit weißen Apexfransen. 13–15 mm. Auf Bergwiesen zuweilen massenhaft; VI/VII. – L grün mit rotbrauner Afterklappe, an *Chaerophyllum*. Ei überw.
Odezia atrata L. – **Rußspanner, Schwarzspanner**
6 **(3)** Fl schwarz, Fransen weiß; VFl mit weißem Schrägfleck aus der VRandM in Form eines Beines. 13–15 mm; VI/VII. – L grün mit herzförmigen braunroten Rückenflecken; sehr lokal an feuchtschattigen Waldstellen, an *Actaea spicata*.
Baptria tibiale ESPER – **Beinspanner**
6* Grundfarbe der Fl nicht schwarz, reicher gezeichnet **7**
7 HFl ockergelb, VFl gelb bis oliv mit 2–3 roten Querbändern; Fransen rötlich (Abb. **760**/11). Tst lg, hängend, abstehend behaart; ♂-F lg-kammzähnig. 12–15 mm; IV–VI u. VII–IX. – L schlank, rötlich mit dunklen Streifen, an *Rumex* u. *Polygonum*. 2 sehr ähnliche Arten. Gattung *Lythria* HÜBNER – **Purpurspanner**
7* Anders gefärbt u.gezeichnet **8**
8 VFl mit einfacher (ungeteilter) Anhangszelle **9**

8* VFl mit doppelter (geteilter) Anhangszelle **10**

9 HFl wellig gezähnt, aber bei m_2 Lücke durch fehlenden Zahn. Fl grau, VFl schwärzlich gezeichnet mit Zellpunkt, Strichen u. Punkten im Saumfeld u. am VRand. Ruhestellung wie Abb. **763**/5. 12–13 mm; VI/VII. – L in Bruchwäldern an *Lysimachia*. *Anticollix sparsata* TREITSCHKE

9* HFl ungezähnt, klein; VFl gestreckt, fast stets mit einfacher Anhangszelle; Hlb mit kleinen Schöpfchen; meist grau od. braun, fein liniiert. Typische Ruhehaltung s. Abb. **763**/5. 9–13 mm. – L vielfach an Blüten, auch in Früchten, oft monophag, sehr variabel, der NaPfl angepasst; Rücken meist mit Winkelzeichnung (Abb. **763**/22). P (Abb. **763**/18) überw, s Ei od. L. 70 oft schwer trennbare Arten in 4 nahestehenden Gattungen, davon gehören 65 zur Gattung *Eupithecia* CURTIS – **Blütenspanner**

10 **(8)** VFl lang, VRand konvex; HFl klein, beim ♂ mit Hautlappen an der Wurzel (Abb. **763**/1) u. ohne ax_2. Meist grau mit Querbändern, seltener braun od. grün gemustert. 11–18 mm. Flugzeit verschieden, meist IV/V. – L grün, hinten mit 2 kurzen waagerechten Spitzen, an Laubholz. 5 Gattungen mit 7 Arten. *Lobophora* CURTIS-Gruppe – **Lappenspanner**

10* Anders gestaltet, ♂ ohne Hautlappen am HFl **11**

11 VSchiene deutlich kürzer als 1/2 SchenkelLg **12**

11* VSchiene mindestens von 1/2 SchenkelLg **14**

12 Mindestens 15 mm. VSchiene am E mit Hornklaue **13**

12* 12–14 mm. VSchiene am E ohne Hornklaue. FlUS rosabraun; Fransen gescheckt; VFlOS grau mit braunroten Einmischungen, MFeld dunkel u. hell eingefasst, außen stark gezackt. Lokal auf Torfmooren; VII/VIII. – Die graue Nominatform in NEur, im Gebiet die buntere mit Braun gemischte ssp. *imbutata* HÜBNER. *Carsia sororiata* HÜBNER

13 VSchenkel nicht verdickt; VFl mit scharfer Spitze; in Form, Färbung u. Zeichnung ähnlich *Carsia sororiata*. Ruhestellung mit flach dachförmiger, dreieckiger FlHaltung, meist kopfabwärts. 18–23 mm; V–VII u. VIII–IX. – L runzelig, mit SKante, grau, längsgestreift; an *Hypericum*. 3 sehr ähnliche Arten. Gattung *Aplocera* STEPHENS – **Johanniskrautspanner**

13* VSchenkel etwas verdickt; FlForm fast oval, mit gerundetem Apex. In Ruhe umschließen die Fl einen Zweig. – L an *Sarothamnus*, P überw. Gattung *Chesias* TREITSCHKE – **Ginsterspanner**

a) VFl undeutlich braungrau gemustert mit heller Strieme vom Apex nahe dem VRand bis zur Wurzel. 18–19 mm; v; IX/X. – L glatt, gelb od. grün, längsgestreift. *Chesias legatella* DENIS & SCHIFFERMÜLLER – **Herbst-Ginsterspanner**

a*) VFl weißgrau, Basallinie spitzgewinkelt, braun, Saumfeld braungemischt, durch gewinkelte, dunkle Querlinie scharf abgegrenzt, mit Apexwisch. 15–16 mm. Sehr z; IV/VI. – L variabel, grün bis grau. *Chesias rufata* F. – **Frühjahrs-Ginsterspanner**

14 **(11)** HFlSaum wellig gelappt od. gezähnt **15**

14* HFlSaum ganzrandig **17**

15 HFl stark glänzend, ca. 1 mm tief gelappt, schwach gezeichnet u. heller als die braunen, breit u. zackig gebänderten VFl. 19–24 mm. VII–V. Im. überw in Höhlen u. Kellern. *Triphosa dubitata* L. – **Höhlenspanner**

15* HFl nicht so tief gelappt, meist nur leicht gewellt **16**

16 ♂-HFlUS mit Haarbüschel am Innenrand; Fl hell, aber bedeckt mit zahlreichen feinen braunen Wellenlinien, 17–18 mm; v, in Heidelbeerwäldern, scheu; VI/VII. – L zw. Heidelbeerblättern eingesponnen. P überw. *Rheumaptera undulata* L. – **Wellenspanner**

16* ♂-HFlUS ohne Haarbüschel am Innenrand, ♂-HKörper stark verlängert mit Afterbusch. Gattung *Philereme* HÜBNER

Beispiel:

Philereme vetulata DENIS & SCHIFFERMÜLLER

Fl hellgrau, mit vielen unscharfen grauen Wellenlinien. 14–16 mm; um Kreuzdornbüsche. VI/VII. – Ei überw.

17 **(14)** VFl lg, Apex spitz, Saum schräg. Habitus u. Ruhehaltung ähnlich einer *Eupithecia* (**763**/5), aber größer, bis 18 mm. Grundfärbung braun bis weißgrau mit dunkler

Schrägzeichnung aus dem Apex zur HRandM; HFl reich parallel liniiert. – L an *Clematis* u. *Pulsatilla*; 2 Gen. P überw. 7 Arten.

Gattung *Horisme* HÜBNER – **Waldrebenspanner**

17* Habitus u. Ruhehaltung nicht einer *Eupithecia* ähnlich **18**

18 VFlRand der HFl länger als der HRand der VFl. ♂-F doppelkammzähnig, Spitze nackt. Im. mittelgroß (um 18 mm), meist grau od. braun, mit ausgeprägter, geradliniger Querbänderung der VFl u. spitzem, dunkel geteiltem Apex; HFl wenig gezeichnet. – L plump, steif, vorn etwas verjüngt; meist an *Genista* u. *Sarothamnus*; überw. – 7 Arten (einschl. der ähnlichen *Larentia clavaria* HAWORTH).

Gattung *Scotopteryx* HÜBNER – **Breitbandspanner**

Am häufigsten:

Scotopteryx chenopodiata L. – **Platterbsenspanner**

Trüb-braun, mit dunkler braunem, in der M grauem MFeld. 16–19 mm; häufig auf Wiesen u. Grasplätzen. VII–IX. – L an *Lathyrus*.

18* VRand der gerundeten HFl kürzer als der HRand der VFl **19**

19 Der lg Hlb in der Ruhe nach oben gekrümmt. Gesicht u. Tst spitz vorspringend; beim ♂ VFlUS an der Basis mit Haarbüschel; Grundfarbe meist gelb, mit breitem, dunklerem MFeld, Apex schräg geteilt, Größe um 17 mm. Hochsommerarten. – L schlank, vielfach an *Ribes*-Arten. P zw Blättern, grün od. hellbraun. – 7 Arten (einschließlich der seltenen, schwarzweiß genetzten *Eustroma reticulata* THUNBERG).

Gattung *Eulithis* HÜBNER – **Breitbandspanner**

Beispiele:

a) *Eulithis populata* L.

VFl gelb mit bräunlichem Wurzel- u. MFeld, das nach außen mit 2 gerundeten Zacken vorspringt; HFl hellgelb. In Heidelbeerwäldern, bes. im Geb oft die dunklere f. *musauaria* FREYER.

b) *Eulithis mellinata* F.

Ähnlich voriger Art, aber mit gescheckten Fransen u. hellerem Wurzel- u. MFeld.

c) *Eulithis prunata* L.

Größer, um 20 mm, MFeld der VFl dunkelbraun, von helleren gezackten Bändern eingefasst; HFl heller, vor dem Saum 3 helle, dunkel abgesetzte Zackenlinien. In Gärten häufig.

19* Hlb u. meist auch Tst kürzer; beim ♂ VFlUS ohne Haarbüschel. Größe versch., meist um 15 mm; sehr unterschiedlich gefärbt u. gezeichnet, oft reich gebändert. – Bilden in unseren Wäldern die Hauptmenge der tags aufgescheuchten Spanner, kommen ans Licht, weniger an den Köder. – L u. P nicht einheitlich, auch die Lebensweise verschieden.

Ehemalige Gattung *Cidaria* TREITSCHKE – **Echte Bindenspanner**

Die ehem. sehr große Gattung *Cidaria* ist heute in eine Vielzahl von Gattungen aufgespalten. Beispiele für leicht erkennbare od. sehr häufige Arten:

a) *Cidaria fulvata* FORSTER – **Rosenspanner**

VFl ockergelb, MBinde braun hervortretend, zackig begrenzt, vorn aufgehellt, Apex geteilt; HFl hellgelblich. 13–14 mm. Gärten u. Hecken, VI/VII. – L hellgrün, weißlich u.gelb längsgesteift, mit kurzen Afterspitzen, an Rosen. Ei überw.

b) *Cosmorhoe ocellata* L.

Grundfarbe weiß, schwach bleigraue Tönungen, Wurzel- u. MFeld der VFl bläulichschwarz, mit kräftigem Zellfleck, helle Wellenlinie nahe Apex durch dunkle Fleckchen angedeutet. 13–14 mm; v u. häufig, in 2 Gen. V/VI u. VIII. – L gedrungen, etwas beborstet, braun mit weißen Rückenwinkeln u. SStreifen, an *Galium*. Überw verpuppungsreif im Erdgehäuse.

c) *Thera obeliscata* HÜBNER

VFl bräunlich- bis rötlichgrau mit meist dunklerer, hinten schmaler MBinde, sehr variabel, Wellenlinie u. Apexstrich oft schwach ausgeprägt; HFl etwas heller, kaum gezeichnet. 12–17 mm; v in Kiefernwäldern, V–IX in 2 Gen. – L grün, dunkel u. weiß längsgestreift, Afterspitzen sehr kurz; an *Pinus*, überw. – 6 weitere sehr ähnliche Arten.

d) *Xanthorhoe fluctuata* L. – **Gartenspanner**
VFl weißgrau, die dunkle MBinde meist nur in der VHälfte ausgeprägt, Wurzelfeld u. 2 Flecke nahe dem Apex dunkelbraun, gewellte Querlinien ± vorhanden (Abb. **763**/2). 12–15 mm. Gärten, überall, Kulturfolger; IV–VI u. VII–IX. – L an *Brassicaceae*; P überw.
e) *Xanthorhoe montanata* Denis & Schiffermüller – **Mückenspanner**
VFl weiß mit dunkler, um den Zellpunkt ± aufgehellter u. über dem HRand eingeschnürter MBinde (Abb. **763**/3). 15–17 mm. Feuchte Wälder; V–VII. – L an *Galium*, *Primula* u. a., überw.
f) *Xanthorhoe ferrugata* Clerck – **Rostspanner**
Fl aschgrau. MFeld breit, rostbraun bis schwarz, helles Saumfeld mit Doppelfleck unterhalb eines dunklen Apexfleckes. HFl unscharf gebändert. 12–14 mm; g; V/VI u. VII–IX in 2–3 Gen. – L polyphag an *Galium* u. a. P überw. – Mehrere sehr ähnliche Arten!
g) *Perizoma parallelolineata* Retzius
VFl breit, weit vorgezogen, mit spitzem schwarz geteiltem Apex u. lg Saum; weiß, bräunlich bestäubt mit parallelen dunkleren Querstreifen u. Bändern; schwarze Randstriche, auch auf den am Saum stärker gefärbten, schwach gebänderten HFl. 15–16 mm; v im Geb, in der Ebene nur sehr z an Waldrändern, feuchtigkeitsliebend, tags an Bodenvegetation, VIII/IX. – L grün, mit feinen hellen Längslinien u. gelben Einschnitten, Rücken dunkler gefärbt als die S; polyphag an Kräutern, auch an *Prunus spinosa*. Ei überw.
h) *Entephria caesiata* Denis & Schiffermüller – **Grauer Gebirgsspanner**
Fl grau mit vielen gewellten dunkel-hellen Querlinien, MFeld verdunkelt, um den Zellpunkt heller; HFl hellgrau, schwächer gebändert. Variabel, oft stark geschwärzt. 16–20 mm. GebNadelw, häufig; VII/VIII. – L an *Vaccinium*, überw.
i) *Epirrhoe alternata* O. F. Müller – **Gemeiner Bindenspanner**
Wurzel-, M- u. Saumfeld braun, grau gemischt, MFeld beidseitig weiß begrenzt, außen mit dunkler Zwischenlinie; HFl reich gebändert (Abb. **763**/4). 13–14 mm; g; V–IX in 2 Gen. – L an Galium, P überwintert. (Mehrere sehr ähnliche Arten!)
k) *Mesoleuca albicillata* L. – **Himbeerspanner**
MFeld beider Fl durchgehend breit weiß; im VFl ein Fleck am VRand u. das Wurzelfeld scharf abgegrenzt blaubraun; Saumfeld beider Fl blaugrau (Abb. **763**/6). 15–18 mm. Wälder mit der FutterPfl; V–VIII. – L grün mit roten Rückendreiecken, an *Rubus idaeus*; P überw.
l) *Rheumaptera hastata* L. – **Lanzenspanner**
Körper, Fl u. Fransen schwarz-weiß gescheckt. Zeichnung siehe Abb. **763**/10. 16–19 mm. Birkenwälder, nur jahrweise häufig; V/VI. – L an Laubholz u. *Vaccinium myrtillus*, im Blatt leicht versponnen. P überw. (Mehrere ähnliche Arten!)
m) *Camptogramma bilineata* L. – **Gelber Linienspanner**
Grundfarbe goldgelb, mit zahlreichen gewellten Querlinien; MFeld nach außen oft verdunkelt, fein weiß begrenzt. 12–15 mm. Feuchte Wälder, g; VI–VIII. – L variabel, grün bis grau (Abb. **768**/3), an *Rumex*, *Taraxacum* u. a., überw.
n) *Pelurga comitata* L. – **Meldenspanner**
Braungelb, MFeld breit, mit Zellpunkt, nach außen gezackt, dunkler werdend; Apex vorgezogen, schräg dunkel geteilt. 15–17 mm. Sehr v; VII/VIII. – L an *Atriplex* u. *Chenopodium*, P überw.
o) *Asthena albulata* Hufnagel – **Weißglanzspanner**
Sehr zart; glänzend weiß, im VFl 6, im HFl 4 gewellte bräunliche Querlinien. Kein Zellpunkt, aber feine schwarze Saumpunkte (ähnlich eine seltenere Art mit Zellpunkt u. Saumstrichen, *Asthena anseraria* Herrich-Schäffer). 9–11 mm. Laubw; V–VIII. – L an *Carpinus betulus*, *Corylus* u. a.

Familie ***Notodontidae***

5 Unterfamilien mit 35 Arten (Eur 48). Nomenklatur wie von Schintlmeister in Karsholt & Razowski verwendet.

Unterfamilie *Thaumetopoeinae* – Prozessionsspinner

Früher eigene Familie *Thaumetopoeidae*. Kleine, graue tags s sichtbare Spinner. VFl beim ♂ mit 3 dunklen Querstreifen, HFl weißlich (Abb. **759**/3); ♀ eintöniger grau. – L 16füßig, mit lg brüchigen BoBüscheln auf Knopfwarzen; Rücken trägt vom 4. Sgm ab kurzhaarige „Spiegelflecke", deren Haare schwere Hautentzündungen bei Mensch u. Tier hervorrufen; gesellig in Nestern, kriechen in geordneten Reihen („Prozessionen", Name!) auf Futtersuche aus. Zuweilen schädlich in Wäldern. P im Sand, oft in gemeinsamen Haargespinsten. 2 weiter v Arten im Gebiet.

1 Stirn mit beulenartiger Chitinleiste unter dichter Beschuppung (mit Nadel zu erfühlen, (Abb. **759**/4), VSchiene ohne Hornstachel. HFl mit dunklem Bogenstreif. Fransen fast einfarbig grau. 13–18 mm. Mehr westl. der Elbe, Eichenwald; VII–IX. – L mit rotbraunen Spiegelflecken, an *Quercus*; kriechen in sich verbreiternden Staffelreihen.
Thaumetopoea processionea L. – **Eichenprozessionsspinner**

1* Stirn mit gezähnter Chitinleiste (Abb. **759**/5), VSchiene mit Hornstachel. ♂ kontrastreicher, Fransen gescheckt, VFl mit stark konvergierenden, gezähnten Querstreifen (Abb. **759**/3). 17–19 mm. Mehr im NO, sandige Kiefernwälder; VII/VIII. – L mit schwarzen, rotgelb gerandeten Spiegelflecken, sonst mehr grüngrau, an *Pinus*, kriechen in Einzelprozessionen.
Thaumetopoea pinivora TREITSCHKE – **Kiefernprozessionsspinner**

Unterfamilien *Pygaerinae, Notodontinae, Phalerinae u. Heterocampinae* – Zahnspinner

♂-F meist bis zur Spitze od. $^2/_3$ der Lg doppelkammzähnig. R kurz, Br dicht behaart, HFl mit HaftBo, sc von r meist getrennt, r u. m_1 gestielt (Abb. **705**/13). VFl vielfach mit zahnartigem, beschupptem Vorsprung am HRand, der in der Ruhe bei steil dachförmig gehaltenen Fl den Rücken überragt (Abb. **774**/6). Am Tage durch Schutztracht getarnt, nachts am Licht. Kein Massenauftreten, Schadfraß höchstens an Einzelbäumen. – L nackt od. dünn behaart, oft mit Höckern u. zuweilen bizarr gestaltet, nicht immer 16füßig, K groß; an Laubholz. P meist in der Erde, überw.

1 Tst (Palpen) weit vorragend, fast so lg wie die Br. 21–24 mm; bleich ockergelb, bräunlich gemischt. Hlb lg, beim ♂ mit geteiltem Afterbusch. Der scharfe dreieckige BrKamm, lg Tst u. gestreckte VFl mit lg Schuppenzahn u. gezähntem Saum geben den sitzenden Im. täuschende Ähnlichkeit mit morschem Holzspan (Abb. **774**/6). Weidengebiete, Laubmischw; IV–VIII in 2 Gen. – L schlank, nackt, vorn u. hinten flach, unten dunkel, oben weißgrün, die kantige S mit gelber Linie bis an die KS; an *Salix, Populus* u. a. Laubhölzern.
Pterostoma palpina CLERCK – **Palpenspinner, Schnauzenspinner**

1* Tst kürzer, von oben wenig sichtbar 2

2 HSchiene mit M- u. ESpornen 8

2* HSchiene ohne MSporne 3

3 HRand der VFl mit schwachem Schuppenzahn; Kammzähne der F beim ♂ auffallend lg, F beim ♀ sägezähnig. Wollig behaarte Spätherbstart, Fl dünn beschuppt. VFl rostbraun u. grau gemischt, beim ♀ dunkler bräunlich; mit dunklem MMond u. gezähnter, lichter äußerer Querlinie. 18–20 mm. Laubw mit Ahorn; X–XII. – L glatt, nackt, grün mit gelbweißen Längsstreifen, Stigmen gelb; an *Acer campestre* u. *A. pseudo-platanus*. Ei überw. *Ptilophora plumigera* DENIS & SCHIFFERMÜLLER – **Frostspinner**

3* HRand der VFl ohne Schuppenzahn 4

4 F im EDrittel ohne Kammzähne. Im. schmalflügelig, weißgrau (Abb. **774**/12) od. braun gezeichnet (Abb. **774**/13), ♀-F nur beborstet 5

4* ♂-F bis zur Spitze doppelkammzähnig. Habitus anders 6

5 F auch beim ♀ zu $^2/_3$ doppelkammzähnig. VFl schmal, weißgrau mit dunkleren Längswischen am VRand u. bes. HRand; MSchatten schwach gelblich; HFl weiß mit

schwarzem Analfleck (Abb. **774**/12). 20–26 mm. Eichenwälder, V/VI. – L gedrungen, nackt, mit großem K u. unpaaren Rückenhöckern, deren größter (4. Sgm) gegabelt ist. 14füßig, Nachschieber rückgebildet; grün, K, BrB u. SFlecke rötlich. P in festem, rindenfarbigem Pergamentgehäuse an Eichen- u. Buchenstämmen.
Harpyia milhauseri F. – **Pergamentspinner**

5* ♀-F einfach, nur beborstet, VFl gestreckt, Innenwinkel abgeschrägt, HFl rund; braungrau, mit undeutlichen helleren u. dunkleren Fleckenlinien. Auffallende Ruhehaltung (Abb. **774**/13). 22–30 mm. Buchenwald; IV–VII. – Die bizarre L braun, nackt, höckerig, 14füßig, mit lg BrB (Abb. **774**/5); an Laubholz, feuchtigkeitsliebend. P in weichem Gespinst zw Fall-Laub. *Stauropus fagi* L. – **Buchenspinner**

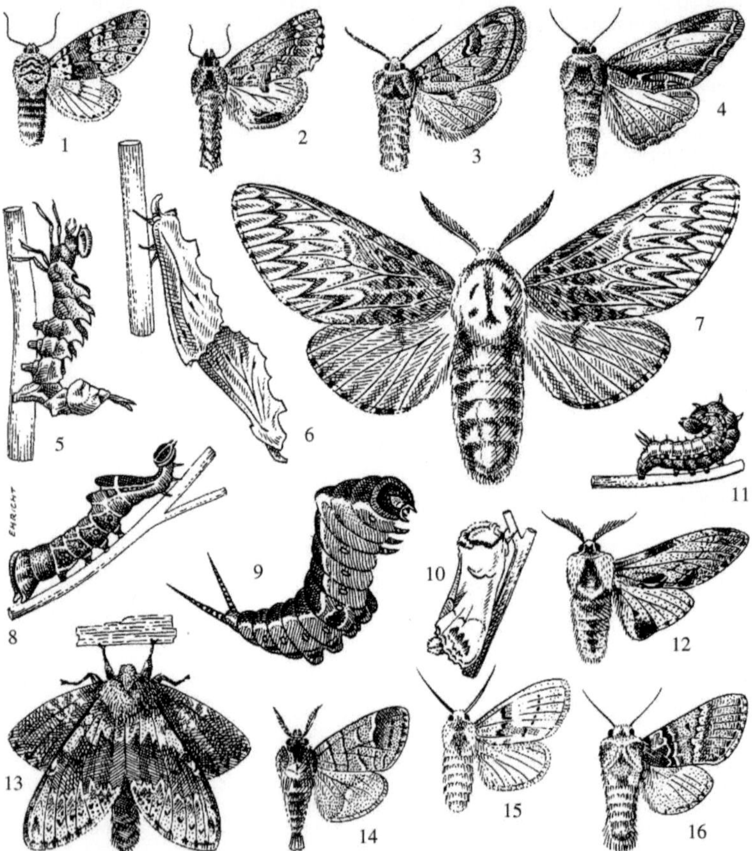

Abb. 774/1–16. 1 *Furcula bifida* (19–22 mm); **2** *Ptilodon capucina* (18–24 mm); **3** *Notodonta ziczac* (19–24 mm); **4** *Pheosia gnoma* (21–24 mm); **5** *Stauropus fagi*, L; **6** *Pterostoma palpina*, in Paarung; **7** *Cerura vinula* (28–36 mm); **8** *Notodonta ziczac*, L; **9** *Cerura vinula*, L; **10** *Phalera bucephala* (24–32 mm); **11** *Ptilodon capucina*, L; **12** *Harpyia milhauseri* (20–26 mm); **13** *Stauropus fagi* (22–30 mm); **14** *Clostera curtula* (15–18 mm); **15** *Leucodonta bicoloria* (17–18 mm); **16** *Drymonia ruficornis* (18–19 mm).

6 **(4)** Br u. Körper einfarbig schwarzgrau, dicht behaart, kurzleibig. Fl grau, heller u. bräunlich gemischt, ± undeutlich gezeichnet mit 2 Querstreifen, 15–17 mm. Auwälder, z; V–VIII in 2 Gen. – L schlank, glatt, 16füßig, grün mit roten Rücken-Querflecken zw gelben Streifen; an *Populus* zw Blättern. P im Blattkokon.

Gluphisia crenata ESPER

6* Br hell-dunkel gezeichnet. – L 14füßig, mit Schwanzgabel statt der Nachschieber **7**

7 Unter 22 mm. Heller Halskragen mit dunkler Querbinde scharf gegen Br abgesetzt. Fl weißlich; MBand, Apikalfleck u. Saumpunkte dunkel (Abb. **774**/1). – L *Cerura*-ähnlich. P in schwer sichtbaren festen Gehäusen an Stämmen. 3 z. T. sehr ähnliche Arten, zweibrütig. Gattung *Furcula* LAMARCK – **Kleine Gabelschwänze**

Zum Beispiel:

Furcula bifida BRAHM – **Espengabelschwanz**

Dunkle MBinde innen gerade, außen konkav, zur hellen Wurzel hin kräftig schwarz mit gelb abgesetzt; Saumfeld mit Zackenreihen (Abb. **774**/1). 19–22 mm. Waldränder; V/VI u. VIII. – L mit getrenntem, violettem Nacken- u. Sattelfleck; v; an Pappel- u. Espenbüschen.

7* Groß u. kräftig, über 27 mm. VKörper weiß bis grau, dunkel gepunktet. Fl auf weißlichem Grund mit dunkler innerer u. tiefgezackter doppelter äußerer Querbinde (Abb. **774**/7). – L (Abb. **774**/9) jung schwarz, später grün, 3. Sgm mit Pyramidenbuckel, Rücken mit weiß eingefasstem, grauem Nacken- u. Sattelfleck, K einziehbar, 1. Sgm rotgerandet mit 2 schwarzen Flecken u. Spritzdüse. Schwanzgabel mit vorstreckbaren roten Fäden; an *Populus* u. *Salix*. P in sehr festem Gehäuse. 2 einbrütige Arten.

Gattung *Cerura* SCHRANK – **Große Gabelschwänze**

a) HFl u. Hlb beim ♀ dunkelgrau, beim kleineren ♂ heller, Fl durchscheinend, mit Zellfleck (Abb. **774**/7). 28–36 mm; V–VII. – L mit lg Schwanzgabel u. breitem Sattel (Abb. **774**/9). *Cerura vinula* L. – **Gabelschwanz**

a*) Fl weiß mit schwarzer Zeichnung, Hlb schwarz mit weißer MLinie u. Spitze. 30–36 mm; s u. lokal, fehlt im NW; VI. – L mit kürzerer Schwanzgabel u. schmalerem Sattel, der aber auf dem 7. Sgm bis zu den B reicht.

Cerura erminea ESPER – **Hermelinspinner**

8 **(2)** HRand der VFl mit Schuppenzahn **9**

8* HRand der VFl ohne Schuppenzahn **15**

9 FlRänder gezähnt od. Fransen stark gescheckt **10**

9* FlRänder ungezähnt höchstens schwach gewellt; Fransen meist ungescheckt . . **12**

10 VFl breit, olivgrau, mit großem dreieckigem Silberfleck in der M. Schuppenzahn rostgelb, bes. lg (kleinerer am Innenwinkel). 16–20 mm. Sehr lokal, V/VI u. VIII. – L nackt, am 4. Querwulst mit 4 Höckern, 2 Höcker auf dem 11. Sgm; rotbraun u. grau gemischt, S gelblich gefleckt, an *Quercus*.

Spatalia argentina DENIS & SCHIFFERMÜLLER – **Silberfleckspinner**

10* Anders gefärbt **11**

11 R rückgebildet, Au nackt; VFl gestreckt, wenig dicht beschuppt. VRand dunkelbraun mit hellem Costalfleck, zum HRand u. Außenrand violettgrau aufgehellt; HFl rötlichgrau. 21–23 mm; z; Birkenmoore; IV/V. – L etwas flach, gelbgrün, Rücken runzelig, mit ± gelblichen Linien, SLinie gelb u. rot gefleckt; in Birkenwipfeln.

Odontosia carmelita ESPER – **Karmeliterin**

11* R ausgebildet, Au schwach behaart; Fl breit, dicht beschuppt; Br mit andersfarbigem vorderem Schuppenbusch. – L verschieden, dünn behaart, mit 2 Höckern auf dem 11. Sgm, an Laubholz.

a) VFl rostbraun od. dunkler mit feinen, schwarzen, scharf gezackten Querlinien; HFl heller mit dunklem Analfleck; Schopf innen hell (Abb. **774**/2). 18–24 mm; v; IV–VIII in 2 Gen. – L grün od. rosa, Rücken weißlich, gelbroter SStreif u. 2 rote, spitze Analhöcker; VKörper oft rückwärts emporgehoben (Abb. **774**/11). An Laubholz.

Ptilodon capucina L. – **Kamelspinner**

a*) VFl rostbraun, vorn breit hellgelb, Saumfeld vom Innenwinkel bis Ader m_1 weißgrau, Adern z. T. schwarz. 20–23 mm; v, im N nur sehr lokal; V/VI (VIII). – L grün, gelb

od. rötlich; Rücken mit kleinen Höckern, der Analhöcker geteilt; dunkler Nackenfleck bis zum 5. Sgm. HE oft hoch erhoben. An *Acer campestre* u. *A. pseudo-platanus*.
Ptilodon cucullina DENIS & SCHIFFERMÜLLER – **Ahornspinner**

12 **(9)** Au behaart, K eingezogen. VFl meist dunkel, gestreckt, Apex gerundet; HFl mit dunklem Analwinkel. – L mit rückwärts gerichteten Höckern von Sgm 5 bis 7 u. Pyramidenhöcker auf Sgm 11, richten oft V- u. HKörper auf (Zickzackform). Abweichend die höckerlose L von *Peridea anceps* GOEZE. An Laubholz. 5 Arten.
Gattungen *Notodonta* OCHSENHEIMER u. *Peridea* STEPHENS – **Echte Zahnspinner**

Zum Beispiel:
a) *Notodonta ziczac* L. – **Zickzackspinner**
VFl hell-bräunlich, VRand grau; ein dunkler MMond trennt das braungrau schattierte Saumfeld nebst Wellenlinie rundlich ab (Abb. **774**/3). 19–24 mm; v; V/VI u. VII/VIII. – L (Abb. **774**/8) violettgrau bis rötlich, mit 2 großen Rückenhöckern u. rotem, pyramidenförmig verdicktem HE. Auf Pappelbüschen.
b) *Peridea anceps* GOEZE – **Eichenzahnspinner**
25–32 mm; VFl grau, rostgelb gemischt, mit dunkleren gezackten Querlinien u. hell umgrenztem MStrich; HFl hell; VRand dunkler, im Sitzen sichtbar; v; Eichenwälder; IV/V. – L höckerlos, walzig, gelbgrün, Bauch dunkler; Rücken hell längsgestreift, S u. K mit rotgelben Schrägstreifen.

12* Au nackt **13**

13 Fl weiß od. weiß gemischt **14**

13* Grundfarbe graubraun, ohne Weiß. Br mit breitem Schopf. VFl quergebändert mit hellerem Wurzelfeld, HFl dunkel. – L schlank, höckerlos, etwas flach, stumpf grün mit hellroter SLinie.
a) Graubraun, BrBeschuppung dunkler gesäumt. Schräger Apexstrich der VFl u. bogige, doppelte innere Querbinde dunkel, Wurzelfeld gelblich. 18–20 mm. Sehr z; V/VI. – L an kleinsten Eichenbüschen. *Drymonia velitaris* HUFNAGEL
a*) Grau, eintöniger, dunkles Dreieck vor dem Apex, innere Querbinde gezackt, Wurzelfeld nicht gelb. 17–19 mm. Lokal u. meist s; VI/VII. – L an *Fagus*.
Drymonia obliterata ESPER – **Schwarzeck**

14 Schneeweiß. VFl mit orangegelben, nach innen schwarz begrenzten Flecken im MFeld u. großem Schuppenzahn (Abb. **774**/15). 17–18 mm. z in Birkenwäldern; V–VII. – L sehr spärlich behaart, höckerlos, glänzend gelbgrün, dunkler liniiert, mit breitem, gelbem SStreifen; in Birkenwipfeln.
Leucodonta bicoloria DENIS & SCHIFFERMÜLLER – **Weißer Zahnspinner, Goldpfeil**

14* VFl gestreckt, weißlich, längs gemustert, mit schwarzbraunen Verdunkelungen vor dem Apex am Rand u. bes. am HRand, wo sie von verästelter weißer Längslinie durchzogen werden; Schuppenzahn klein; HFl klein, weiß mit dunklem Analfleck (Abb. **774**/4). – L gestreckt, glänzend matt, mit winzigem Horn auf Erhebung des 11. Sgm; sehr variabel, grün bis violett; an Laubholz. 2 sehr ähnliche Arten.
Gattung *Pheosia* HÜBNER – **Porzellanspinner**
a) VFl am Innenwinkel mit kurzem weißem Keilfleck (Abb. **774**/4). 21–24 mm; v; V/VI u. VII/VIII. – L mit breitem, gelbem SStreif, Bauch schwarzgrau mit gelbem MStreif; an *Betula*. *Pheosia gnoma* F. – **Birken-Porzellanspinner**
a*) VFl am Innenwinkel ohne ausgeprägten weißen Keilfleck, aber mit mehreren hellen Aderstreifen. 23–28 mm; v; V/VI u. VII/VIII. – L mit weniger breitem, gelbem SStreif u. gelblichem Bauch; an *Populus*.
Pheosia tremula CLERCK – **Pappel-Porzellanspinner**

15 **(8)** Au behaart, F kurz, Hlb lg, beim ♂ schlank u. mit zweigeteiltem Afterbusch. Grundfarbe grau bis braun, K u. BrM samtartig dunkel. In der Ruhe Fl rund um den Leib gelegt, die dichtbehaarten VB vorgestreckt, Afterbusch erhoben. – L dick walzig, weich behaart, mit länger behaarten SWarzen u. Erhebungen auf Sgm 4 u. 11; bunt; meist zweibrütig mit PÜberw; an Laubholz. 4 Arten.
Gattung *Clostera* SAMOUELLE – **Steißheber**

Zum Beispiel:
Clostera curtula L. – **Erpelschwanz**
VFl rötlichgrau, mit 3 (4) feinen, hellen Querlinien, deren äußere einen großen, rundlichen, rotbraunen Apikalfleck begrenzt (Abb. **774**/14). 15–18 mm; v; IV/V u. VII/VIII. – L sehr variabel; weich graubehaart mit 2 schwarzen kleinen Erhöhungen. Meist im Gesamteindruck grau-rötlich; versponnen zw Blättern von Pappeln u. Weiden.

15* Au nackt **16**

16 ♂-F sägezähnig mit paarigen Wimpernpinseln; Hlb lg. Stattlich; silbergrau mit gelber VBr u. großem rundem gelbem Apikalfleck im VFl. In Ruhestellung mit eng um den Leib gerollten Fl, ein trockenes Zweigstück vortäuschend (Abb. **774**/10). 24–32 mm; v; V–VIII, 1 Gen. – L walzenförmig, weich u. lg gelb behaart, auf schwarzbraunem Grunde quer u. längs gelb gestreift; jung gesellig, später einzeln, an Laubbäumen (zuweilen Kahlfraß). *Phalera bucephala* L. – **Mondvogel**

16* ♂-F doppelkammzähnig; Hlb kurz, kleiner, eulenähnlich. VFl grau, quergebändert mit zackigen, dunklen, abgekehrt weißlichen Querlinien u. ± helldunklem MFeld mit schwarzem MMond; HFl heller grau (Abb. **774**/16). 18–19 mm. Eichenwälder; IV/V. – L glatt, grün, mit gelblichen; an *Quercus*. *Drymonia ruficornis* HUFNAGEL

Familie ***Noctuidae* – Eulen**

Artenreichste Familie, im Grundbau bei aller Verschiedenheit des Äußeren sehr einheitlich u. deshalb schwer aufzugliedern. Die Unterfamilien lassen sich tabellenmäßig oft nur nach den Jugendformen (u. dem Genitalbau) gegeneinander abgrenzen. – Geäder siehe Abb. **706**/1 u. **778**/4. Im HFl bildet sc eine kurze Wurzelzelle. – Größe versch, Körper kräftig, Behaarung dicht, Oc vorhanden, F meist borstenförmig, fein bewimpert. VFl länglich dreieckig, mit „Eulenzeichnung" (Abb. **778**/12); HFl faltbar, manchmal farbig, meist aber unscheinbar, mit MMond; Fl in der Ruhe meist dachförmig (Abb. **782**/3). Flug nachts od. in der Dämmerung, seltener am Tage; viele Arten am Köder u. Licht. – L zylindrisch, glatt, Warzen s büschelhaarig, meist punktförmig mit EinzelBo, deren Zahl u. Stellung vielfach Gattung u. Art kennzeichnen, 16füßig, manchmal mit verkürztem 1. u. 2. BauchBPaar; tags meist versteckt. P fast stets am od. im Boden, nackt in Erdhöhle od. in festerem Kokon; Mumientypus (Abb. **790**/15). – Die 515 deutschen *Noctuidae*–Arten gehören 18 Unterfamilien u. 211 Gattungen an (Eur 1250 Arten). Manche Arten untereinander sehr ähnlich u. nur durch Genitaluntersuchung sicher bestimmbar. Hier nur eine Auswahl gebracht. Nomenklatur wie von NOWACKI & FIBIGER in KARSHOLT & RAZOWSKI verwendet.

1 Im HFl m_2 schwächer als die anderen Adern, entspringt mitten zw m_1 u. m_3 od. etwas näher bei m_3 (Abb. **706**/1) (Trifine *Noctuidae*) **8**

1* Im HFl m_2 meist voll entw, entspringt nahe beim unteren Zellwinkel (Abb. **778**/4) (Quadrifine *Noctuidae*) **2**

2 Au behaart od. kurz bewimpert. Im. siehe Abb. **782**/6–7. – L dicht, büschelig u. bunt behaart. Früher als Unterfamilie zu den *Noctuidae* gehörend. Familie *Pantheidae* S. 798

2* Au nackt od. bewimpert. Im. anders. – L nackt od. spärlich beborstet **3**

3 Im HFl entfernt sich m_2 nach außen von m_3; Tst normal **4**

3* Im HFl verläuft m_2 parallel zu m_3; Tst oft sehr stark entw; Körper schlank.
Unterfamilien *Hypeninae* u. *Herminiinae* S. 780

4 Im HFl m_2 basal an m_3 genähert; Hlb plattgedrückt, Au bewimpert.
Unterfamilie *Calpinae* S. 784

4* Merkmale vereint nicht zutreffend **5**

5 Im HFl ist m_2 etwas schwächer u. entspringt deutlich oberhalb des unteren Zellwinkels. Kleine Arten, lebhaft gefärbt u. gezeichnet, steil dachförmig sitzend; Tagflieger.
Unterfamilien *Acontiinae* u. *Eustrotiinae* S. 785

5* Im HFl entspringt m_2 nicht oberhalb des unteren Zellwinkels **6**

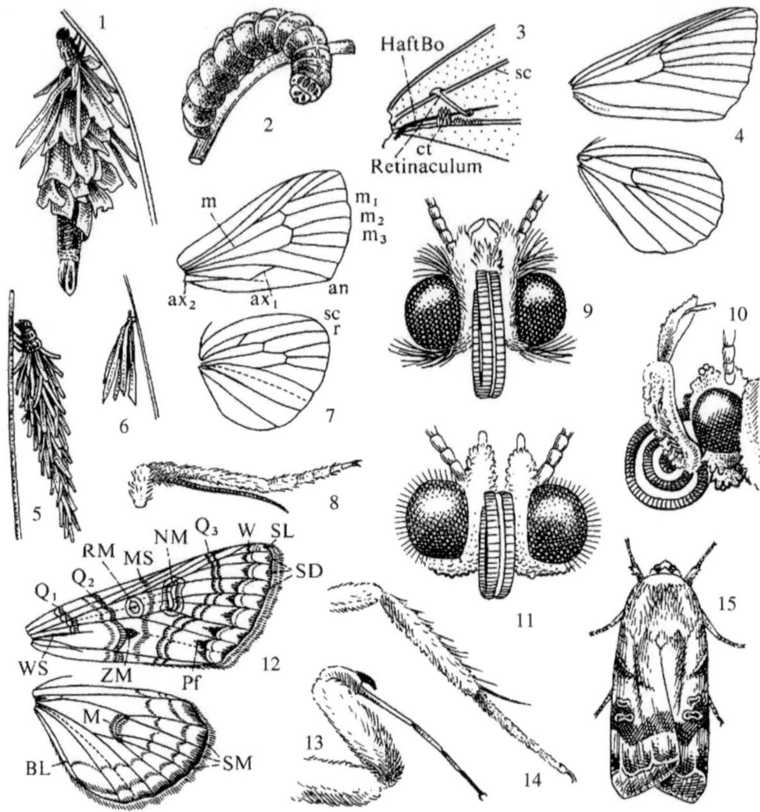

Abb. 778/1–15. 1 *Canephora hirsuta*, ♂-L mit Sack; **2** *Euxoa tritici*, L; **3** Retinaculum bei *Nycteola*; **4** quadrifines Geäder der *Noctuidae*; **5** *Canephora hirsuta*, ♀-L mit Sack; **6** *Psyche casta*, Sack; **7** Geäder der *Oiketicinae*; **8** Schienenblatt der *Oiketicinae*; **9** bewimperte Au; **10** Tst bei Plusiinen; **11** behaarte Au; **12** Fl-Zeichnung der VFl der *Noctuidae*: Q_1 = basale Querlinie, Q_2 = innere Querlinie, RM = Ringmakel, MS = Mittelschatten, NM = Nierenmakel, Q_3 = äußere Querlinie, W = Wellenlinie, SL = Saumlinie, SD = Saumdreiecke, Pf = Pfeilflecke, ZM = Zapfenmakel, WS = Wurzelstrahl; Fl-Zeichnung der HFl: M = Mittelmond, SM = Saummonde, BL = Bogenlinie; **13** VSchiene mit Endklaue; **14** VSchiene mit DornBo bei Noctuinen; **15** *Noctua fimbriata* (23-26 mm).

6 K u. Körper oben mit breiten Schuppen, kleine Arten. L mit spärlich behaarten Punktwarzen, an Flechten. Unterfamilie *Bryophilinae* S. 780

6* K u. Körper oben nicht mit breiten Schuppen, größere Arten **7**

7 Au überhängend bewimpert; VFl meist mit Metallflecken. Unterfamilie *Plusiinae* S. 784

7* Au nackt; HFl bis auf wenige Ausnahmen farbig gebändert (nicht gelb mit schwarzem Außenrand!). Unterfamilie *Catocalinae* S. 781

8 **(1)** Au nackt, aber bewimpert; FBasis mit Haarschopf, Körper zottig behaart, spinnerartig, Ring- u. Nierenmakel brillenförmige Zeichnung bildend. Unterfamilie *Dilobinae* S. 786

8* Merkmale vereint nicht vorhanden **9**
9 Fl fettig glänzend. Unterfamilie *Amphipyrinae* S. 786
9* Fl nicht fettig glänzend **10**
10 HSchienen stets bedornt, oft auch die MSchienen, seltener die VSchienen (Abb. **778**/14) **11**
10* Schienen unbedornt **12**
11 VSchienen mit gekrümmten EKlauen (Abb. **778**/13); meist Tagflieger. Unterfamilie *Heliothinae* S. 787
11* VSchienen ohne Endklauen. Unterfamilie *Noctuinae* S. 796
12 **(10)** Au behaart (Abb. **778**/11). Unterfamilie *Hadeninae* (teilweise) S. 787
12* Au nicht behaart, z. T. bewimpert **13**
13 Au lg bewimpert; Halskragen bei vielen Arten (*Cuculliini*) breit, kapuzenartig aufgerichtet. Unterfamilie *Cuculliinae* S. 785
13* Au nackt (unbehaart u. unbewimpert) **14**
14 K u. Körper oben fast ausschließlich behaart; Fl mit Pfeilzeichnung; L dicht u. büschelig behaart. Unterfamilie *Acronictinae* S. 779
14* Merkmale nicht zutreffend. Unterfamilie *Hadeninae* (teilweise) S. 787

Unterfamilie ***Acronictinae***

Im HFl ist m_2 nur schwach entw (Abb. **706**/1), Schienen unbedornt, K behaart, F meist bewimpert, Tst kurz, R meist lg, Au nackt. Mittelgroß (um 18 mm), meist grau, tags oft an Stämmen, Flug nachts (Abb. **792**/4–6). – L 16füßig, bunt, oft dicht behaart od. mit Haarbüscheln, -pinseln od. Fleischzapfen, freilebend (Abb. **790**/11, **792**/12). P in morschem Holz od. am Boden, in festerem Gehäuse, überw. Im Gebiet 4 Gattungen mit 16 Arten.

1 Br, VFl u. Fransen flechtenartig grün, schwarz u. weiß gefleckt; HFl graubraun, Innenwinkel u. Fransen ebenfalls schwarz-weiß gescheckt (Abb. **792**/4). 16–19 mm; v in Laubw; V–VII. – L büschelig behaart, schwarz, rot u. gelb gezeichnet mit 3 großen, gelben Rückenquerflecken, an *Quercus* u. *Fagus*. *Moma alpium* Osbeck – **Orion**
1* VFl nicht grün **2**
2 Weißgrau bis grau, nur mit Ader-Längszeichnung. Gattung *Simyra* Ochsenheimer
a) R rückgebildet, weich; ♂-F kurz doppeltgekämmt. VFl spitz, Innenwinkel sehr stumpf; gelblichgrau, mit breit grau eingefassten Adern; HFl grau, zum Saum hin weiß. 15–18 mm; sehr lokal; V u. VII/VIII. – L schwarzgrau, gelblich behaart, gelb u. rot gezeichnet; an *Rumex* u. *Euphorbia* auf dürrem Ödland. *Simyra nervosa* Denis & Schiffermüller
a*) R kurz, aber hornig; ♂-F borstenförmig. VFl breiter, weniger lanzettförmig; gelblich-weiß mit dunklen Striemen zw den Adern; HFl glänzend weiß. 16–20 mm; auf Sumpfwiesen; IV/V u. VII/VIII. – L variabel, braungrau, gelbgestreift mit rostrot u. schwarz sperrig behaarten Warzen; an *Phragmites* u. *Carex*. *Simyra albovenosa* Goeze
2* Anders gefärbt u. gezeichnet **3**
3 Hlb mit Rückenschöpfen. Dunkle BrBehaarung mit breiten weißen Haarschuppen vermengt. VFl dunkel olivbraun, Ringmakel weiß umzogen, Zapfenmakel hell angedeutet, Nierenmakel außen weiß, anschließend das Apexfeld weißlich aufgehellt; HFl graubraun; Fransen gescheckt. 16–19 mm; z; V–IX in 2 Gen. – L nur dünn u. spärlich behaart, schlaff, grün mit hellen Längsstreifen, an *Fraxinus*, *Ligustrum* u. *Syringa*. *Craniophora ligustri* Denis & Schiffermüller – **Ligustereule**
3* Rückenschöpfe höchstens angedeutet. VFl meist grau mit schwarzem Wurzelstrahl u. Pfeilfleck im Innenwinkel, ohne Zapfenmakel (Abb. **792**/5). – L sehr verschieden, bunt u. behaart (Abb. **790**/11, **792**/12). – 12 z. T. schwer unterscheidbare Arten. Gattung *Acronicta* Ochsenheimer

Zum Beispiel:

a) *Acronicta leporina* L. – **Pudel**

Weiß, selten grau bestäubt, VFl mit einzelnen schwarzen Haken u. Punkten, bes. an der VRandM. Fransen schwarz gepunktet (Abb. **792**/6). 15–22 mm; v; V–VIII. – L meist hellgrün, dicht u. lg seidig weiß behaart, an Laubholz.

b) *Acronicta psi* L. – **Pfeileule**

Grau. VFl mit schwarzem, ästigem Wurzelstrahl u. Pfeilfleck am Innenwinkel. 3 sehr ähnliche Arten. Ring- u. Nierenmakel berühren sich (Abb. **792**/5). 16–21 mm. V/VI u. VIII. – L (Abb. **790**/11) schwarz, Rücken gelb, S weiß u. rot gemustert; unverkennbar; v an Laubholz.

c) *Acronicta alni* L. – **Erleneule**

VFl aschgrau, im MFeld quer u. am HRand breit geschwärzt, Ringmakel hell; HFl weiß, Saum ± schwärzlich. 17–20 mm; z; V/VI. – L schwarz, Rücken mit großen gelben Querflecken, von denen einzelne lg, am E verbreiterte Haare ausgehen; auf Laubholz.

d) *Acronicta rumicis* L. – **Ampfereule**

VFl dunkel-schwarzgrau gewölkt, ohne Wurzelstrahl u. Pfeilfleck; kleiner weißer Fleck am Innenwinkel; zuweilen helle Wellenlinie; HFl braungrau. 17–21 mm; g; IV–VI u. VII/VIII. – L braun, mit rostgelb behaarten Sternwarzen, Rückenstreif unterbrochen rot mit weißen Schrägflecken, s weiß u. rotgelb gefleckt; polyphag, z. B. an *Rumex*.

Unterfamilie ***Bryophilinae***

Gattung *Cryphia* Hübner – **Flechteneulen**

Flechtenartig gefärbt, vorwiegend grau, oft mit grünlicher Einmischung; klein, um 13 mm. Meist lokal, s u. wenig v. VI–VIII. – L bunt, schlaff, spärlich behaart; leben versteckt an Baum- u. Felsflechten, überw. P in festem Gehäuse. 7 z. T. ähnliche Arten.

Unterfamilien ***Hypeninae* – Palpeneulen – u. *Herminiinae***

Beide Familien zusammen behandelt, weil Im. meist spanner- od. zünslerähnlich. Im HFl m_2 voll entw, weit getrennt von m_3 u. parallel dazu (Abb. **781**/1); Tst meist auffallend lg. Schlank, zünslerähnlich (*Pyralidae*), meist grau, tags leicht aufgescheucht; ♂-F oft mit Knoten (Abb. **781**/5), VB mit großen Haarpinseln (Abb. **781**/2). FlHaltung dreieckig, manchmal spannerartig ausgebreitet. – L meist 16füßig, spindelförmig, spärlich behaart; braungrau, verborgen an dürrem Laub, überw. P in leichtem Gespinst am Boden. 5 Gattungen mit 9 Arten (*Hypeninae*) bzw. 8 Gattungen mit 13 Arten (*Herminiinae*).

Zum Beispiel:

a) *Rivula sericealis* Scopoli – **Seideneulchen**

MGld der Tst unten mit vorspringendem Schuppenzahn. VFl gelb, Nierenmakel u. Saum bräunlich, HFl grau. 11–12 mm; v auf Wiesen, sitzen tags kopfabwärts an Halmen; V–IX in 2 Gen. – L stark beborstet, grün, mit weißen Längsstreifen u. großem, braunem K; überw; an *Carex* u. Gräsern.

b) Gattung *Hypena* Schrank – **Schnabeleulen**

1 Tst unten borstig, vorn spitz; Au bewimpert, Hlb kurz, oben beschopft. VFl mit dunkel geteiltem, spitzem Apex, samtig schwarzbraun, mit scharf abgegrenztem weißgrauem Saumfeld u. HRand, oft verdunkelt; HFl dunkelgrau (Abb. **781**/10). In Bodennähe kopfabwärts an Stämmen. 15–17 mm. Heidelbeerwälder; V–VIII. – L schlank, 14füßig, grün, mit eingeschnürten Sgm u. einzeln behaarten dunklen Punktwarzen; an *Vaccinium myrtillus*. P überw. *Hypena crassalis* F. – **Samteule**

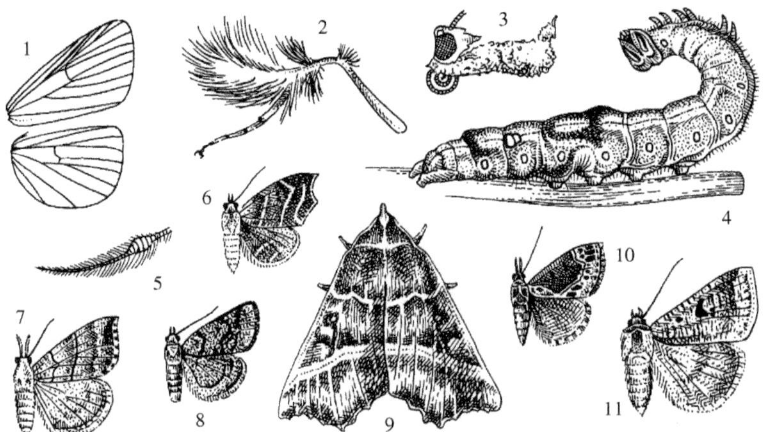

Abb. 781/1–11. 1 Geäder der *Hypeninae*; **2** VB einer *Herminia* sp.; **3** Tst von *Polypogon tentacularia*; **4** *Catocala fraxini*, L; **5** F einer *Polypogon* sp.; **6** *Laspeyria flexula* (14–16 mm); **7** *Hypena proboscidalis* (18–20 mm); **8** *Zanclognatha tarsipennalis* (14–16 mm); **9** *Scoliopteryx libatrix* (19–24 mm); **10** *Hypena crassalis* (15–17 mm); **11** *Lygephila pastinum* (18–23 mm).

1* Tst bis 1/3 FLg: Au unbewimpert; Hlb schlank, mit einem Basisschöpfchen. Apex spitz vorgezogen, dunkel geteilt; äußere Querlinie nach innen zum Zellfleck verschoben. 13–20 mm. V–X in 2 Gen od. mit Überw der Im. – L grün, 14füßig, mit tief eingeschnürten SgmGrenzen, kleinem K u. einzeln behaarten Warzen; bei Berührung abspringend; an *Urtica* u. *Humulus*. 3 Arten, am häufigsten:
Hypena proboscidalis L. – **Nesselschnabeleule**
VFl gelbbräunlich, Wurzel- u. MFeld ± dunkler, Innenlinie gezackt, äußere fast gerade, Wellenlinie schattig; HFl hellgrau (Abb. **781**/7). 18–20 mm. In Nesselbeständen; VI/VII u. VIII/IX.

c) *Polypogon tentacularia* L.
Tst überlg, fast von FLg, weit vorgestreckt (Abb. **781**/3); ♂-F mit langen dünnen Kammzähnen u. knotiger Verdickung (Abb. **781**/5). VFl bleich ockergelb, braun bestäubt, mit 3 feinen dunklen Querlinien; HFl wenig heller, mit unvollständiger Saumlinie. ♂ 14–16 mm, ♀ kleiner, Waldwiesen; VI–VIII. – L an Gräsern u. *Hieracium*.

d) Gattungen *Herminia* LATREILLE u. *Zanclognatha* LEDERER
Tst lg, sichelförmig aufgebogen, ♂-F borstig bewimpert; VB mit großen Haarpinseln (Abb. **781**/2). Grau bis braungrau, VFl mit meist gerader Innen- u. stark geschwungener, z. T. gezähnter Außenquerlinie, den MMond einschließend; statt der Wellenlinie eine dunkle, fast gerade od. konkave Linie; HFl grau mit schwacher Bänderung. 12–17 mm. Wälder u. Gärten; V–VIII in 1 (2) Gen. – L überw, an moderndem Laub. – Mehrere ähnliche Arten, z. B. *Zanclognatha tarsipennalis* TREITSCHKE (Abb. **781**/8).

Unterfamilie ***Catocalinae***

Mindestens die MSchienen bedornt (Abb. **704**/4), Au nackt, R lg, Geäder quadrifin (Abb. **795**/9), Zelle im VFl u. bes. im HFl kurz, HFl vieler Arten auffallend farbig gebändert. – L lg u. schlank, 1. u. 2. BauchBPaar ± verkümmert, AnalB lg nach hinten gespreizt (Abb. **781**/4). P blau bereift, in leichtem Gespinst zw. dürrem Laub. – 11 Gattungen mit 23 Arten.

1 Au klein, oval; kleine Tageulen, 13–15 mm. V/VI u. partiell VIII/IX. – L sehr lg, nackt, gelblich mit hellen u. dunklen Längslinien (Abb. **788**/13); VKörper oft eingerollt, an Klee. P überw **2**

1* Au groß, rund; große Nachtfalter **3**

2 VFl aschgrau u. braun gemischt mit helldunklen verschlungenen Zeichnungen (Abb. **782**/9); HFl gelbweiß mit dunklen Zackenbinden.
Callistege mi CLERCK – **Scheck-Tageule**

2* VFl braun mit dunklen Querbändern u. Subapikalfleck; HFl gelb mit dunkler Wurzel u. Querbändern vor dem Saum. *Euclidia glyphica* L. – **Braune Tageule**

3 **(1)** HFl graubraun mit breit dunklem Saumband. VFl gelbgrau, MFeld von feinen, gelben, ungezackten Querlinien begrenzt, nach außen braun beschattet, mit Wellenlinie; Ringmakel punktförmig, Nierenmakel braun (Abb. **782**/2). 24–29 mm. Eichenwälder; V/VI. – L rindenartig braungrau gerieselt, mit z. T. augenartigen Flecken u. gelben od. weißen Punkten; an zartesten Eichentrieben, bei Berührung sich fortschnellend, sonst vorn eingerollt. P überw.
Minucia lunaris DENIS & SCHIFFERMÜLLER – **Braunes Ordensband**

3* HFl kräftig rot, blau od. gelb gebändert. VFl grau mit Eulenzeichnung (Abb. **778**/12). Sitzen tags flach dachförmig, gut getarnt aber scheu, an Stämmen u. Wänden (Abb. **782**/5), nachts am Köder. – L gestreckt, Bauch abgeplattet, Kante mit behaarten Hautwimpern, K flach, Rücken des 8. Sgm oft mit Querwulst od. Zapfen; rindenartig

Abb. 782/1–10. **1** *Catocala promissa* (27–29 mm); **2** *Minucia lunaris* (24–29 mm); **3** *Autographa gamma* (17–21 mm); **4** Rückenschöpfe der *Plusiinae*; **5** *Catocala nupta* (37–38 mm); **6** *Panthea coenobita* (19–23 mm); **7** *Colocasia coryli* (17–19 mm); **8** *Panolis flammea* (16–17 mm); **9** *Callistege mi* (13–15 mm); **10** *Hadena* sp., L.

grau, flach angedrückt an Ästen von Laubholz (Abb. **781**/4). Ei überw. 11 Arten (Gattung *Catocala* SCHRANK, Ordensbänder) **4**

4 HFl schwarz mit blassblauer MBinde. 40–48 mm, größte einheimische Eule! J- u. stellenweise nicht s; VIII–X. – L an *Populus*, auch an *Fraxinus* (Abb. **781**/4).
Catocala fraxini L. – **Blaues Ordensband**

4* HFl rot- od. gelb gebändert **5**

5 HFl gelb mit 2 gekrümmten schwarzen Binden u. isoliertem schwarzem Fleck am Innenwinkel. HSchienen ohne Dornen. 23-25 mm; seltener werdend; VI–VIII. – L mit lg einzelnen Rückenzapfen; an *Prunus spinosa*, *Prunus domestica*, *Crataegus* u. *Pyrus*. *Catocala fulminea* SCOPOLI – **Gelbes Ordensband**

5* HFl rot gebändert **6**

6 Hlb oben rosarot; VFl silbergrau, HFl rosenrot mit kurzer, stumpf geeckter, schwarzer MBinde u. Saumband. 23–25 mm. Nordöstliche Art, nur sehr s in Moorwäldern im äußersten N u. NO. VII/VIII. – L an *Salix*. *Catocala pacta* L. – **Moor-Ordensband**

6* Hlb oben grau **7**

7 VFl aschgrau mit tief gezackten Querlinien, die zum Rand hin verlöschen; HFl rosenrot, MBinde kurz, stark gewinkelt u. eingeschnürt. Ruht kopfabwärts. 34–36 mm. Von den MGeb ab nach S häufiger werdend; VII/VIII. – L an *Salix*.
Catocala electa VIEWEG – **Weidenkarmin**

7* VFl dunkler grau mit reicher, aber oft verschwommener Querbänderung, od. braungrau mit deutlichen Zackenlinien **8**

8 VFl grau, HFl zinnoberrot **9**

8* VFl braungrau, HFl dunkel karminrot **10**

9 VFl-Bänderung regelmäßig gezackt, meist stark verloschen; HFl matt gelblichrot, mit wenig gestreckter durchgehender MBinde u. rötlicher Tönung im hellen Außensaum. 39–41 mm; v, im N z; VII–IX. – L an *Populus* (bes. Pyramidenpappel).
Catocala elocata ESPER – **Pappelkarmin**

9* VFl-Binden lebhafter u. unregelmäßiger gezackt, in der M etwas durchscheinender beschuppt; HFl trübrot mit stark geknickter, oft durchgehender MBinde; Saum weiß (Abb. **782**/5). 37–38 mm. Häufigste Art der Gattung; VII–IX. – L an *Populus* u. *Salix*.
Catocala nupta L. – **Rotes Ordensband**

10 **(8)** VFl sehr kontrastreich hell u. dunkel, zackig gebändert auf bräunlich-aschgrauem Grunde; HFl karminrot, MBinde mehr geschwungen als geeckt (Abb. **782**/1). 27–29 mm, z in Eichenwäldern; VI–VIII, die früheste *Catocala*-Art. – L grünlichgrau, flechtenartig gezeichnet, an *Quercus*.
Catocala promissa DENIS & SCHIFFERMÜLLER – **Kleiner Eichenkarmin**

10* VFl eichenrindenartig braun, grau gemischt mit hell hervortretendem Nierenmakelraum; HFl karminrot, mit zweimal stark geeckter, dem Saumband paralleler, durchgehender MBinde. 30–33 mm. Eichenwälder, häufig; VII–IX. – L grau od. braun, rindenartig, höckerig, an *Quercus*. *Catocala sponsa* L. – **Mittlerer Eichenkarmin**

Weitere häufigere od. auffällige Arten:

a) *Lygephila pastinum* TREITSCHKE – **Wickeneule**
Br glatt, grau mit schwarzbraunem Halskragen; VFl breit, violettgrau. Saumfeld ± bräunlich verdunkelt, Nierenmakel dreieckig, schwarzbraun gefüllt; HFl hellgrau, zum Saum dunkler (Abb. **781**/11). 18–23 mm; VI–VIII. – L tags versteckt, an *Vicia*; schlank, vorn u. hinten verjüngt, K klein, grau mit rötlichen, helleren u. dunkleren Längslinien u. Punkten, Bauch schwärzlich. Überw. als L. 2 weitere ähnliche Arten.

b) *Catephia alchymista* DENIS & SCHIFFERMÜLLER – **Weißes Ordensband**
Tst lg u. spitz; Br u. Hlb beschopft. VFl fast schwarz, außerhalb der Wellenlinie aufgehellt; HFl weiß, breit schwarz eingefasst, Fransen stellenweise weiß. 20–22 mm. Überall s; V/VI u. (IX). – L *Catocala*-ähnlich, aber mit schmalem, gelbem Halsring u. Zapfen auf Sgm 4 u. 11; an *Quercus*.

c) *Laspeyria flexula* DENIS & SCHIFFERMÜLLER – **Nadelwald-Flechteneule**
VFl unter dem verdunkelten Apex tief ausgeschnitten, aschgrau, fein dunkel bestreut, mit geraden hellen Querlinien u. Wellenlinie, 2 Nierenmakelpunkte; HFl blas-

ser mit hell-dunklem MStreif (Abb. **781**/6). 14–16 mm. In Nadelwäldern im Gezweig; VII/VIII. – L schwach behaart, flechtenartig graugrün u. schwarz gemustert, mit lg BrB u. stark verkürztem 1. u. 2. BauchBPaar (ähnlich *Catocala promissa* DENIS & SCHIFFERMÜLLER); an Nadelholzflechten.

Unterfamilie ***Calpinae***

Nur 2 Arten im Gebiet, davon auffallend:
Scoliopteryx libatrix L. – **Krebssuppe**
Au bewimpert, Stirn mit Schopf, Halskragen kapuzenförmig; Hlb flach, hinten abgestutzt. VFl am Saum stark gezackt, rötlichgrau, im Wurzel- u. MFeld krebsrot, Querlinien weiß, HFl braungrau, B braun-weiß gefleckt (Abb. **781**/9). 19–24 mm. Oft in Höhlen u. Kellern überw, daher im Haus zu finden; VIII–VI. – L lg u. glatt, glasig grün, mit dunklen Längslinien u. gelblichem SStreif, K grün mit schwarzem MStrich; an *Salix*, P im Blattgespinst.

Unterfamilie ***Plusiinae***

Au groß, rund, überhängend bewimpert; MSchienen ohne Dornen; Geäder quadrifin (Abb. **795**/9); R lg, Tst sichelförmig aufsteigend (Abb. **778**/10); Br u. Hlb mit auffallenden Schöpfen (Abb. **782**/4). VFl (bis auf *Abrostola*) mit Metallflecken u. vorgezogenem Innenwinkel. Mittelgroß, manche tags fliegend, oft am Licht, wenig am Köder, aber an Blüten. FlHaltung steil dachförmig (Abb. **782**/3). – L grün, spärlich behaart, vom erhöhten 11. Sgm bis zum kleinen K stark verjüngt; 1. u. 2. BauchBPaar rückgebildet, Gang daher spannerartig (Abb. **795**/13); meist an Kräutern, überw. P mit lg RScheide; in seidigem Gespinst unter Blättern. 13 Gattungen mit 29 Arten.
Häufig od. auffallend:
a) *Plusia festucae* L. – **Goldeule**
VFl rostbraun mit 2 tropfenförmigen Silberflecken u. goldenen Wischen zw feinen dunklen Schräglinien; HFl gelbgrau, Fransen rosa. 15–17 mm. Auf Sumpfwiesen zuweilen häufig; VI-IX in 2 Gen. – L an Seggen u. Gräsern.
b) *Plusia putnami* GROTE
Äußerlich fast wie vorige Art, mehr rostrot, Genitalstrukturen anders; v auf Sumpfwiesen; meist im VII.
c) *Autographa gamma* L. – **Gammaeule**
VFl violettgrau u. schwärzlich gemischt mit silbernem Gamma-Zeichen (Abb. **782**/3); HFl gelbgrau mit breitem dunklem Saumband. 17–21 mm. Zuweilen in Massen vom S einwandernd u. schädlich; V–X. – L polyphag.
d) *Autographa bractea* DENIS & SCHIFFERMÜLLER
VFl rötlichbraun schattiert mit großem, etwa rautenförmigem SilberMFleck, Innenrand geschweift; HFl bronzebraun, zum Saum dunkler. 21–22 mm. Ausbreiter von S nach N. VII/VIII. – L polyphag an Kräutern.
e) *Macdunnoughia confusa* STEPHENS – **Silbertropfen**
An *Aut. gamma* L. erinnernd, eintöniger, Metallfleck breiter ausgeprägt. 17–18 mm; V–X in 2–3 Gen. – L bes. an *Achillea*.
f) *Diachrysia chrysitis* L. – **Messingeule**
VFl violettbraun mit 2 breiten (oft verbundenen) glänzend grüngoldenen Querbinden; HFl braungrau. 18–19 mm; v; V–IX in 2–3 Gen. – L (Abb. **795**/13) an *Urtica* u. *Lamiaceae*.
g) *Polychrysia moneta* F.
Tst sehr lg aufgebogen. VFl blassgolden, heller u. dunkler gemischt, mit dunklem, spitz gebrochenem MStreif, feinen Aderlinien u. gezähnten Querstreifen, Makeln silbrig eingefasst; HFl gelbgrau. 18–20 mm; V–VIII in 2 Gen. – L versponnen in Blatt- u. Blütentrieben von *Aconitum* u. *Delphinium*.

h) Gattung *Abrostola* OCHSENHEIMER
VFl ohne Metallflecke, aber stellenweise mit aufgeworfenen Schuppen; braun bis schwarzgrau, Wurzel- u. Saumfeld heller, durch ungezähnte, doppelte, zur M konvexe Querlinien abgegrenzt; HFl dunkel, zur Wurzel aufgehellt. 15–17 mm; V–VIII, in 1–2 Gen. – L mit verkürztem ersten Bauchfußpaar, versch. gefärbt, an *Urtica* od. *Cynanchum*. 3 sehr ähnliche Arten.

Unterfamilien ***Acontiinae* u. *Eustrotiinae***

Geäder quadrifin (Abb. **795**/9), aber im HFl m_2 nur fast so stark entw. wie die übrigen Adern; Schienen unbedornt; Au nackt u. unbewimpert. meist kleine od. kleinste lebhaft gefärbte Tagflieger ohne ausgesprochene Eulenzeichnung. – L mit rückgebildetem 1. od. auch 2. BauchBPaar, an Gräsern od. in Blütenständen. P im Gespinst über der Erde, überw. – 8 Gattungen mit 12 Arten.
Häufig od. leicht kenntlich:
a) *Emmelia trabealis* SCOPOLI (*Acontiinae*) – **Windeneulchen**
VFl schwefelgelb, am VRand schwarz gefleckt, mit 2 schwarzen Längsstreifen am HRand u. Querbändern im Saumfeld; HFl braungrau. 10–11 mm. Ödland; V–VIII. – L in Blüten von *Convolvulus*.
b) *Protodeltote pygarga* HUFNAGEL
Wurzel- u. MFeld braunschwarz mit hellen umzogenen Makeln, Saumfeld am Innenwinkel breit weiß, zum Apex schmal auslaufend; HFl grau. 12–14 mm; an Baumstämmen u. Zweigen, tags scheu, nachts am Licht u. Köder; g; V–VIII. – L an Gräsern.
c) *Deltote bankiana* F. – **Silbereulchen**
VFl olivbraun mit 2 silbernen, kurz gezähnten Schrägbändern u. feinen Silberstrichen am Saum u. Apex; HFl weißgrau (Abb. **795**/17). 11–12 mm. Grasfluren, tags an Halmen; V–VII. L an *Calamagrostis*.

Unterfamilie ***Cuculliinae***

Au rund, nackt, aber mit lg, gekrümmten, überhängenden Wimpern (Abb. **778**/9); Schienen ohne Dornen; Geäder trifin (Abb. **706**/1). – L meist glatt, nackt, z. T. lebhaft gefärbt. P oft in festem Erdkokon. Alle Überw-Stadien vorkommend. Die *Psaphidinae* werden RONKAY & RONKAY folgend zu den *Cuculliinae* gestellt. – 27 Arten in 9 Gattungen, z. B.:

A. Gattungen *Cucullia* SCHRANK u. *Shargacucullia* G. & L. RONKAY – **Mönche**
Halskragen breit, kapuzenartig aufrichtbar (Name!); VFl lg u. schmal mit schrägem Saum u. vorgezogenem Apex, HFl klein; Hlb lg, oft mit kleinen Rückenschöpfen u. beim ♂ mit geteiltem Afterbusch. F fast nackt. Im. wenig variabel, tags mit steil dachförmigen Fl an Pfosten u. dgl. (Abb. **790**/7), in der Dämmerung um Blüten, aber trotz kräftigen R nicht am Köder, eher am Licht. – L meist bunt (Abb. **788**/14), tags frei an Blüten od. unter Blättern; an Stauden. P mit lg RScheide (Abb. **790**/19) in festem Erdkokon. – 19 z. T. sehr schwer unterscheidbare Arten. Auffallend od. häufig:
a) *Cucullia argentea* HUFNAGEL – **Silbermönch**
Fl grün mit großen silbernen Flecken u. kleinen schwarzen Zeichnungen bei den Makeln; HFl weißlich mit grauem Saum; Fransen weiß (Abb. **790**/10). 16–18 mm. Sandgegenden, bes. in BR. VI–VIII. – L mit wulstigen Sgm, schmutziggrün u. rötlich; in Farbe, Haltung u. Zeichnung den Blütenständen der FutterPfl, *Artemisia campestris*, angepasst, ohne spitze Höcker; im Herbst.
b) *Cucullia umbratica* L. – **Schattenmönch**
VFl aschgrau mit schwachem bräunlichem Schein in der Makelgegend, HFl beim ♀ braungrau, beim ♂ heller, dunkel geadert. Mehrere sehr ähnliche Arten! Groß, 22–25

mm; v; tags an Pfosten ruhend, V–VII. – L tags versteckt, düster schwärzlich mit braunen bis rotgelben Zeichnungen, an Korbblütlern.
c) *Shargacucullia verbasci* L. – **Brauner Mönch**
Fransen gezackt. VFl braungelb, am VRand verwaschen braun, am HRand scharf begrenzt dunkelbraun, gegen den Saum ein weißlicher Wisch; HFl weißlich, Saum bräunlich, beim ♀ dunkler (Abb. **790**/7). Mehrere sehr ähnliche Arten! 22–25 mm; v; als Im. versteckt; IV–VI. – L dickwalzig, bläulichweiß mit schwarzen u. gelben Flecken, ähnlich Abb. **788**/14, im VI an Blättern von *Verbascum.*
B. Gattungen *Asteroscopus* BOISDUVAL u. *Brachionycha* HÜBNER
K u. B zottig behaart; VSchiene mit EKlaue; Br u. Hlb ohne Schöpfe; R verkümmert. VFl lg, Apex stumpf; grau gemustert. Falter tags an Stämmen sitzend. – L prall, saftig-grün, hinten erhöht, bei Störung mit „sphinxartig" erhobenem VKörper, an Laubholz (Abb. **788**/15). P tief im Boden.
a) Herbstart. 20–22 mm. ♂-F von der Wurzel an doppelt gekämmt. VFl hellgrau mit kurzen, dunklen Längsstrichen u. schwarzem Wurzelstrahl, ohne Nierenmakel; v; X/XI in Laub- u. Mischw. – L grün, weiß u. gelb längsgestreift (Abb. **788**/15) an versch. Laubhölzern (*Quercus, Tilia* u. a.). *Asteroscopus sphinx* HUFNAGEL
a*) Frühlingsart. 23–25 mm. ♂-F an der Wurzel sägezähnig, sonst doppelt-gekämmt. VFl asch- od. braungrau, mit kräftiger schwarzer Längszeichnung u. großen Makeln; z; III/IV. – L grün, mit gelben Punkten, am 3. u. 11. Sgm seitlich mit breitem rotgelbem Schrägstreifen. An verschiedenen Laubhölzern (*Betula, Quercus* u. a.).
Brachionycha nubeculosa ESPER

Unterfamilie ***Amphipyrinae***

Geäder trifin (Abb. **706**/1), Schienen dornlos, Au weder behaart noch bewimpert. 6 Arten in 2 Gattungen, viele früher in diese Unterfamilie eingeordnete Arten werden heute zu den *Hadeninae* gerechnet.

Gattung *Amphipyra* OCHSENHEIMER – **Glanzeulen**

Beschuppung fettig glänzend, Br glatt behaart, Körper flach, ♂-F kurz bewimpert. Tst sichelförmig aufsteigend. meist düster gefärbt, ohne Zapfenmakel. Tags versteckt in Ritzen u. Spalten mit flach anliegenden Fl, nachts am Köder, gewandt kriechend. – L grün mit pyramidenförmiger Erhebung auf Sgm 11; an Kräutern od. Laubholz. P in lockerem Gespinst am od. im Boden. Ei überw. – 5 Arten.
Besonders häufig:
a) *Amphipyra pyramidea* L. – **Pyramideneule**
VFl dunkelbraun, doppelte Querlinie u. Wellenlinie gezackt, helldunkel, Ringmakel hell, dunkel gekernt; kennzeichnend die rotbraunen HFl mit dunklem VRand. 19–22 mm; v; VII–X.– L nackt, grün, schwach hell gestreift u. gepunktet, Höckerspitze rötlich mit je 2 weißen Streifen nach vorn u. hinten; an Laubholz.
b) *Amphipyra tragopoginis* CLERCK – **Graue Glanzeule, Dreipunkteule**
Glänzend schwarzgrau, mit dunkleren auf 3 Punkte reduzierten Makeln, sonst fast einfarbig; HFl heller braungrau. 17–18 mm; g; VII–X. – L ohne Höcker, grün, weiß längsgestreift, mit einzelnen dünnen Haaren; polyphag an Kräutern.

Unterfamilie ***Dilobinae***

Im Gebiet nur eine Art, über deren Einordnung in das System es stets wechselnde Auffassungen gegeben hat, u. die zeitweise zur Familie *Thyatiridae* gehörte:
Diloba caeruleocephala L. – **Blaukopf, Brilleneule**
FBasis mit Haarschopf; R kurz u. weich. Spinnerartig, plump, F beim ♂ doppelkammzähnig, beim ♀ sägezähnig. Au nackt, aber bewimpert; Oc fehlen; Körper zottig be-

haart; Br breit, hinten mit Schopf. VFl gestreckt, Färbung blaugrau u. bräunlich gemischt mit braunen zackigen hell angelegten Querstreifen. Ring- u. Nierenmakel meist zusammenstoßend, grünlich, grau ausgefüllt, Zeichnung dadurch brillenförmig (Abb. **758**/6). 20–21 mm; IX/X. – L bläulich-weiß u. gelbgrün, breit längsgestreift mit groben schwarzen behaarten Warzen; K bläulich mit 2 schwarzen Flecken. Erzeugt zuweilen Kahlfraß an Apfelbäumen.

Unterfamilie ***Heliothinae***

Geäder trifin (Abb. **706**/1), M- u. HSchienen bedornt, VSchienen mit EKlauen; Au groß, rund, nackt u. unbewimpert; Stirn gebuckelt; Körper anliegend beschuppt. Färbung, auch unten, lebhaft, oft gescheckt. Meist Tagflieger an Blüten. – L schlank, z. T. kurz u. einzeln behaart, oft lebhaft gefärbt. An Blüten u. Samen von Stauden u. Kräutern. P in leichtem Gespinst am od. im Boden. Überw. – 5 Gattungen mit 10 Arten.
Kennzeichnende Beispiele:

A. Gattung *Heliothis* OCHSENHEIMER
Alle Schienen bedornt, VSchienen mit 2 kräftigen EKlauen; Hlb ohne Schöpfe. HFl meist hell-dunkel aufgeteilt, zuweilen auch die VFl. 11–17 mm. – 5 Arten, davon 2 nur als Irrgäste aus dem S.
Am häufigsten:
a) *Heliothis viriplaca* HUFNAGEL – **Kardeneule**
Körper u. VFl olivgrau mit zum HRand verbreitertem dunklem MSchatten, Wellenlinie verloschen; HFl weißlich, schwarz gescheckt, Fransen hell. 14–17 mm; V–VIII in 2 Gen. – L graugrün, fein beborstet, hell längsgestreift u. bunt gezeichnet, K klein, schwarz punktiert, Nacken u. Afterplatte glänzend; polyphag an *Cichorium*, *Ononis* u. a.
b) *Heliothis maritima* GRASLIN
Sehr ähnlich voriger Art, nur im NW, der M u. im S.

B. *Periphanes delphinii* L. – **Rittersporneule**
M- u. HSchienen schwach bedornt, VSchiene nur mit 2 ungleich großen EKlauen; Stirn mit Hornplatte unter dem Buckel; Br mit kleinem Längsschopf. VFl auffallend violettrosa mit schmalem MSchatten u. stark geschwungenen, zur Wurzel u. nach außen dunkler begrenzten Querlinien, M- u. Saumfeld hell; HFl weiß mit dunkler Saumbinde, Fransen weiß. 15–17 mm. Jetzt nur noch sehr lokal u. s in M; V/VI. – L violettgrau mit schwarzen Punkten u. Zeichnungen, gelber Rücken- u. SLinie u. gelbschwarzem K; an *Delphinium*. P tief in der Erde.

Unterfamilie ***Hadeninae***

Au groß, rund, meist fein u. kurz behaart (Abb. **778**/11), früher Unterfamilie so beschrieben; heute werden einige Arten der Unterfamilien *Cuculliinae* u. *Amphipyrinae* hierzu gerechnet); Schienen dornlos, Geäder trifin. – L glatt, meist zylindrisch, höchstens hinten etwas verdickt; mehr an Kräutern u. Gräsern als an Bäumen. Überw oft als P.– 110 Gattungen mit 264 Arten.

A. *Mamestra*-Gruppe – **Gemüseeulen**
13–26 mm. VFl mit typischer Eulenzeichnung (Abb. **778**/12) u. oft ausgeprägtem „W"-Zeichen an der Wellenlinie; meist grau od. braun (seltener schwarz); Hlb mit Rückenschöpfen; R lg u. kräftig. Eifrige Ködergäste. – L meist frei, oft an GemüsePfl, zuweilen schädlich. P in der Erde.
Zum Beispiel:
a) *Melanchra persicariae* L. – **Nierenmakeleule, Flohkrauteule**
VFl schwarz mit grell weißem, innen ± dunklem Nierenmakel; Wellenlinie in Form heller Fleckchen; HFl hell, nach außen breit dunkel (Abb. **788**/4). 18–20 mm. Gärten, v;

VI–VIII. – L (Abb. **788**/10) trübgrün (seltener bräunlich), mit dunklen Rückenfleckchen u. -winkeln; polyphag.

b) *Mamestra brassicae* L. – **Kohleule**

VSchiene außen mit Dorn (Abb. **788**/8). VFl graubraun gemischt mit außen hell begrenztem Nierenmakel u. heller Wellenlinie; HFl braungrau. 19–23 mm. V–IX, in 2 Gen. – L sehr variabel, meist grün, schwach gezeichnet, als „Herzwurm" an *Brassica* bekannt u. schädlich.

c) *Discestra trifolii* HUFNAGEL – **Kleefeldeule**

Unscheinbar bräunlich-grau, VFl mit doppelten gezackten Querlinien, Nierenmakel unten schwarzgrau ausgefüllt, Wellenlinie mit „W"-Zeichen; HFl weißlich, am Saum breit dunkel; Fransen weiß. 15–17 mm; v, auch tags fliegend; V/VI u. VIII/IX. – L meist grün mit rosaweißem SStreif, variabel, bes. an Meldengewächsen (*Atriplex*, *Chenopodium*).

B. Gattung *Hadena* SCHRANK – **Kapseleulen**

Bau u. Zeichnung wie bei Mamestra, meist kleinere Arten; ♀ mit vorstreckbarer Legeröhre; mehr Licht- als Köderbesucher, auch tags auf Blüten. – L (Abb. **782**/10) in Sa-

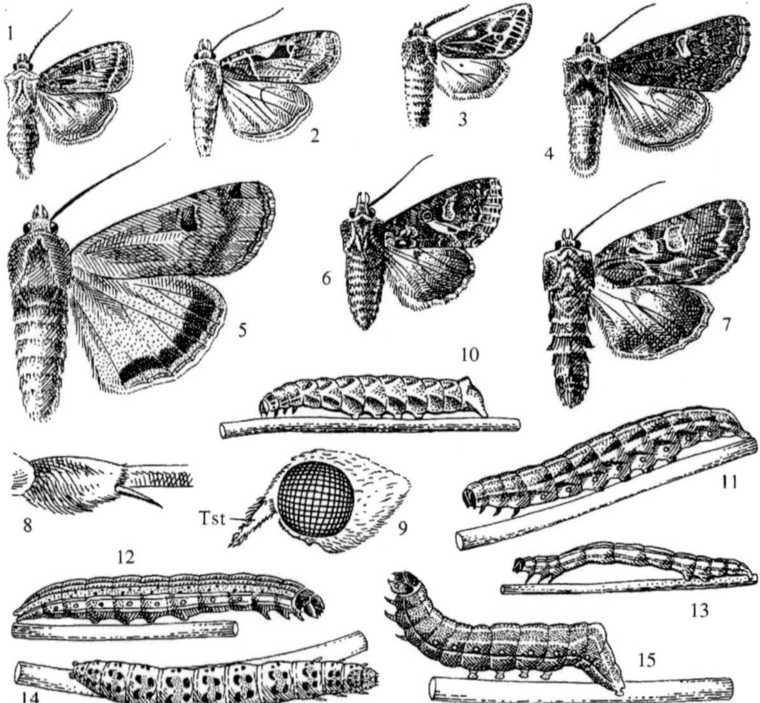

Abb. 788/1–15. **1** *Agrotis vestigialis* (14–18 mm); **2** *Xestia c-nigrum* (19–21 mm); **3** *Cerapteryx graminis* (12–17 mm); **4** *Melanchra persicariae* (18–20 mm); **5** *Noctua pronuba* (26–29 mm); **6** *Trachea atriplicis* (20–22 mm); **7** *Apamea monoglypha* (22–26 mm); **8** VSchienendorn von *Mamestra brassicae*; **9** Tst einer *Orthosia*; **10** *Melanchra persicariae*, L; **11** Noctuinen-L; **12** *Mythimna* sp., L; **13** *Callistege mi*, L; **14** *Cucullia* sp., L; **15** *Asteroscopus sphinx*, L.

menkapseln von Nelkenarten (*Caryophyllaceae*), seltener in Stängel u. Wurzel. P mit knopfförmig am E erweiterter RScheide, in der Erde. – 13 Arten. Leicht kenntlich z. B.:
Hadena compta Denis & Schiffermüller – **Nelkeneule**
VFl schwarz, mit breiter weißer MBinde; HFl grau, am Saum verdunkelt (Abb. **790**/1). 15–16 mm. Ödland, Gärten; VI/VII. – L in Kapseln von *Dianthus*.

C. Gattung *Orthosia* Ochsenheimer – **Frühlingseulen**
K eingezogen; Tst hängend, mit lg EGld (Abb. **788**/9); Br sehr breit, dicht wollig behaart, ohne Schöpfe; Hlb u. B kurz. Im. meist unscheinbar grau od. braun, VFl ohne Zapfenmakel. Um 18 mm. Gern an blühenden Weidenkätzchen; III/IV. – L meist an Laubholz. P überw im Boden. – 9 z. T. ähnliche Arten, z. B.:
a) *Orthosia gothica* L.
VFl braungrau schattiert mit auffallender Makelbildung (Abb. **790**/2). – L grün mit breitem weißem SStreif.
b) *Orthosia incerta* Hufnagel
Sehr variabel; VFl grau bis dunkel rotbraun mit ± dunklen Flecken u. markierten Makel- u. Linienzeichnungen. Deutlicher MSchatten (Abb. **790**/3). – L grün mit gelblichen Längsstreifen.

D. Gattung *Mythimna* Ochsenheimer – **Schilfeulen**
VFl gestreckt, meist ohne deutliche Eulenzeichnung, oft „schilffarben" mit Schatten od. Striemen längs der Adern; ca. 17 mm. ♂ z. T. mit 2 schwarzen Haarbüscheln am Hlb, F bewimpert mit EinzelBo. – L nackt, zart, lg spindelförmig, gelblich längsgestreift (Abb. **788**/12); tags versteckt, an *Phragmites*, *Carex* u. anderen Gräsern. P in zartem Gespinst am Boden od. in Rohrhalmen. – 21 Arten, z. B.:
a) *Mythimna impura* Hübner
VFl ockerbräunlich mit hellen, dunkel eingefassten Adern u. dunkler Strieme aus der Wurzel längs der FlM; meist 3 feine schwarze Punkte im Außendrittel; HFl dunkelgrau, Fransen hell (Abb. **790**/8). Mehrere ähnliche Arten! 16–17 mm; g; nachts an Gras- u. Schilfblüten; VI–IX, in 2 Gen. – L an *Carex* u. *Phragmites*.
b) *Mythimna turca* L.
Groß, 20–22 mm. Lebhaft rotbraun mit feiner Strichelung; VFl mit dunkler innerer u. äußerer Querlinie, Nierenmakel schmal; HFl rotgrau, Saum rötlich (Abb. **790**/4). US rotbraun mit schwarzer Außenlinie; in feuchten Wäldern; VI/VII. – L an *Luzula*.
c) *Mythimna conigera* Denis & Schiffermüller – **Zapfeneule**
VFl rötlich ockergelb mit scharfen Querlinien, innere spitz gewinkelt; Nierenmakel unten tropfenförmig weiß (Abb. **790**/6). 17–18 mm. Oft an Blüten, v. VI–VIII.
d) *Mythimna comma* L.
VFl gelbgrau mit dunkler Wurzelstrieme, hellen Adern u. dunklen Zwischenstrahlen (Abb. **790**/17). 16–19 mm. Auf Grasflächen, v; VI/VII u. VIII–X.

E. Auffallend u. zuweilen schädlich: *Cerapteryx graminis* L. – **Dreizackeule**
F des ♂ doppelt gekämmt; Hlb lg, beim ♂ mit kleinen Rückenschöpfchen. VFl olivgrau bis rotbraun, oft hell geadert u. mit hellem dreizackigem Nierenmakel; HFl dunkel mit hellem Wurzelfeld (Abb. **788**/3). 12–17 mm; VII/VIII. – L an Wurzeln verschiedener Wiesengräser.

F. Gattungen *Panolis* Hübner u. *Anarta* Ochsenheimer
3 kleine, lebhaft gefärbte Arten
a) HFl gelb, breit schwarz gerandet, klein (11–13 mm) . . . . **b)**
a*) HFl schwarzgrau; Körper u. B struppig behaart, K eingezogen, Tst sehr kurz, Au behaart, VFl sehr gestreckt mit schrägem Saum; grüngrau u. ziegelrot gemischt, Querstreifen braunrot u. weiß, Makeln unten gerade abgeschnitten (Abb. **782**/8). 16–17 mm; IV/V. – L (Abb. **795**/15) grün mit 3 feinen, weißen Rücken- u. orangegelben SStreifen, K u. BrB braun. Gefürchteter Kiefernschädling! P mit umwallter

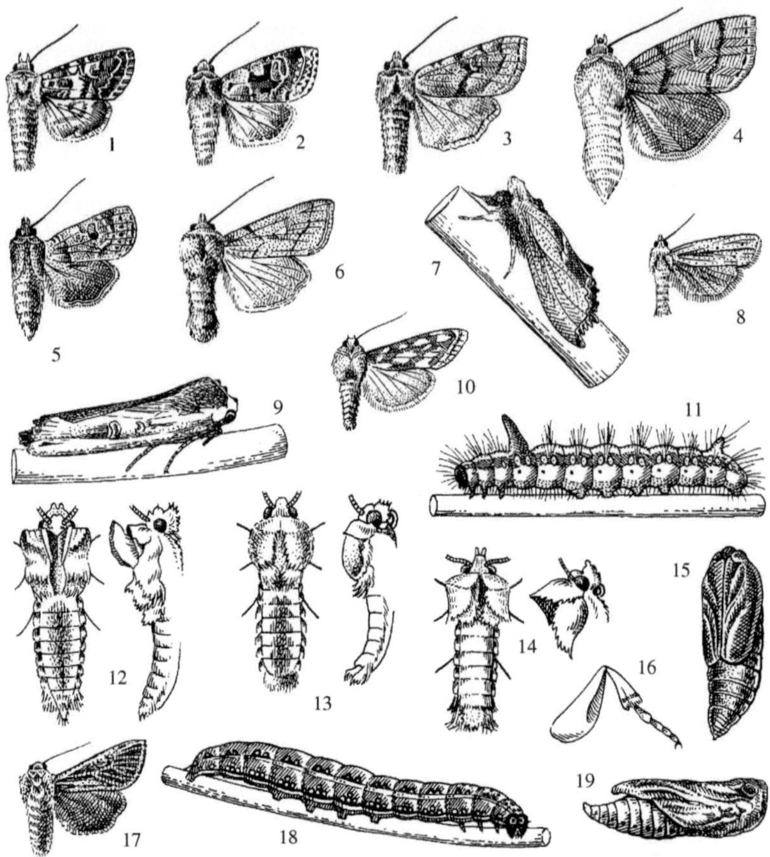

Abb. 790/1–19. **1** *Hadena compta* (15–16 mm); **2** *Orthosia gothica* (15–18 mm); **3** *O. incerta* (19–21 mm); **4** *Mythimna turca* (20–22 mm); **5** *Conistra vaccinii* (14–16 mm); **6** *Mythimna conigera* (17–18 mm); **7** *Shargacucullia verbasci* (21–23 mm); **8** *Mythimna impura* (16–17 mm); **9** *Xylena exsoleta* (25–30 mm); **10** *Cucullia argentea* (16–18 mm); **11** *Acronicta psi*, L; Rumpf in Rücken- u. SAnsicht von **12** *Lithophane*; **13** *Conistra*; **14** *Xanthia*; **15** *Noctua* sp., P; **16** VSchenkel einer *Dichonia*; **17** *Mythimna comma* (16–19 mm); **18** *Xylena exsoleta*, L; **19** *Cucullia* sp., P.

Rückengrube (Abb. **795**/14), überw unter Moos.

Panolis flammea DENIS & SCHIFFERMÜLLER – **Forleule**

b) VFl bunt, purpurbraun, unruhig dunkler u. heller gezeichnet, MFleck u. Wellenlinie weiß, Fransen gescheckt. Tags auf *Calluna*-Heiden fliegend, nachts am Licht u. an Blüten. V/VI u. VII/VIII. – L nackt, grün mit weißgelben Rückenflecken u. winklig gebrochenem weißen SStreifen, an *Calluna*. *Anarta myrtilli* L. – **Heidekrauteulchen**

b*) VFl schwarz, Wurzel- u. Saumfeld weißgrau bestäubt, Nierenmakel groß u. weiß, Fransen gescheckt. Sehr z auf Torfmooren; V/VI. – L nackt, rot, mit gelben Längslinien u. dunklen seitlichen Schrägstreifen, an *Vaccinium uliginosum*.

Anarta cordigera THUNBERG – **Moorbunteule**

G. Gattung *Lithophane* HÜBNER – **Holzeulen**
Br vierkantig, vorn mit geteiltem Längskamm; Hlb z. T. geschopft, etwas flach (Abb. **790**/12). VFl rindenartig grau od. braun, mit Längszeichnung od. Eulenmuster, auffallend gestreckt u. schmal; HFl wellig gesäumt. Überw Herbstfalter, um 20 mm. – L an Laubholz. – 6 Arten.

H. Gattung *Xylena* OCHSENHEIMER – **Moderhölzer**
Habitus ähnlich *Lithophane*, aber Br flacher, ohne Kamm, Ruhehaltung mit faltig um den Leib gerollten Fl (Abb. **790**/9). Stellen sich bei Berührung tot, holzartig graubraun, längsgezeichnet mit deutlichen Makeln, Pfeilflecken u. Wellenlinie; HFl dunkel graubraun, Fransen hell. 25–30 mm; oft am Köder u. an Weidenkätzchen; IX–V. – L (Abb. **790**/18) grün, gelb u. rot längsgestreift, mit schwarzweißen Ringflecken; polyphag an Stauden u. Kräutern. – 2 Arten, nahestehend die kleinere, grauere *Lithomoia solidaginis* HÜBNER.

I. Gattung *Dichonia* HÜBNER
VSchenkel keulig verdickt, mit Rinne zur Aufnahme der Schiene (Abb. **790**/16); Hlb kurz. – 3 Arten. Häufiger nur: *Dichonia aprilina* L. – **Aprileule**
VKörper u. VFl hellgrün, flechtenartig schwarz gemustert, Ring- u. Nierenmakel hell; HFl schwarzgrau, Fransen hell gescheckt. 22–24 mm. Eichenwälder; IX/X. – L rindenartig braungrau mit bogigen, schwarz-weiß umgrenzten Rautenflecken auf dem Rücken u. hellen SStreifen, Bauch hellgrau; erwachsen in Borkenritzen ruhend. P im Boden, Ei überw.

K. Gattungen *Polymixis* HÜBNER u. *Antitype* HÜBNER – **Felseneulen**
Spätsommereulen, hellgrau bis braunweiß, im Farbton oft den Felsen angepasst, an denen sie tags ruhen. VFl meist mit etwas verwaschener Eulenzeichnung, unruhig u. flechtenartig kleingemustert; HFl weiß, auch grau, fein schwarz gesäumt; Fransen hell. VB schwarz-weiß geringelt, F mit kleinem Basisbusch, beim ♂ fast gesägt, büschelig bewimpert. 17–22 mm; VII–IX. – L schlank u. nackt, an Kräutern. P in Erdhöhle. Ei überw. – 5 Arten

L. Gattung *Conistra* HÜBNER
Überw Spätherbsteulen. Br gerundet, Hlb ohne Schöpfe, flach, hinten abgestutzt (Abb. **790**/13). VFl kurz, fast gleich breit, mit gebuchtetem Saum, in der Ruhe flach übereinandergeschoben. Im. herbstlaubfarben, tags unter Laub versteckt, nachts am Köder. 14–18 mm; IX–V. – L sehr versteckt, meist nackt, braungrau mit dunklem Nackenschild, K klein; jung an Bäumen, später an Kräutern. (L von *C. rubiginea* DENIS & SCHIFFERMÜLLER, mit dicht behaarten Warzen, myrmecophil.) P in festem Erdkokon. 6 Arten. Äußerst häufig:
a) *Conistra vaccinii* L. – **Heidelbeereule**
Rostbraun bis schwarzbraun, fast einfarbig, mit unten dunkel ausgefülltem Nierenmakel od. lebhaft gebändert u. gezeichnet, sehr variabel, aber kenntlich am stark gebauchten VFlSaum ohne Einbuchtung unter dem Apex (Abb. **790**/5).
b) *Conistra ligula* ESPER
Sehr ähnlich der vorigen Art, aber mit leichter Einbuchtung des VFlSaums unter dem Apex. Nur lokal.
Der Gattung *Conistra* nahestehend:
Eupsilia transversa HUFNAGEL – **Mordraupeneule**
VKörper mit kantig zusammenstoßendem Halskragen u. BrKamm; Hlb flach. VFl sehr lg, am Saum gezackt; grau bis braun mit einfachen, unscharfen Querlinien u. hellerer Wellenlinie; Nierenmakel innen rötlich, gelb od. weiß, außen mit 2 hellen Punkten; HFl braungrau, Fransen heller. 17–19 mm. Laubw, v; IX–IV. – L samtartig schwarz, vorn u. hinten mit kleinen weißen SFlecken, K rostbraun. Nackenschild schwarz u. gelb, an Laubholz; Mordraupe!

M. Gattung *Agrochola* Hübner – **Herbsteulen**
In Größe, Bau u. Färbung ähnlich *Conistra*, aber Hlb nicht flach; spitz endend; VFl mehr dreieckig, Saum weniger gebaucht, schräger. Um 17 mm. Im Herbst im Laubw, gern am Köder, fast nie überw; VIII–X. – L u. P ähnlich *Conistra*, nicht ganz so versteckt lebend, z. T. Mordraupen. – 9 Arten.

N. Gattung *Xanthia* Ochsenheimer – **Gelbeulen**
Wie *Agrochola*, aber Halskragen u. Br mit schneideartigem Längskamm (Abb. **790**/14). VFl vorwiegend gelb bis rotgelb mit braunen od. grauen Flecken od. Bändern, HFl hell. 13–19 mm. Laubw, Alleen, Weidengebüsche, oft an Schilfblüte; VIII–X. – L vorn verjüngt, meist grau, K klein, Nackenschild dunkel u. hornig; jung in Kätzchen, später an Kräutern. – 7 Arten, zum Beispiel:
Xanthia togata Esper – **Weidengelbeule**
Goldgelb mit violettbrauner Zeichnung (Abb. **792**/2). 16–17 mm. Niederungen mit Weidengebüschen, v; VIII–X.

O. *Mormo maura* L. – **Schwarzes Ordensband**
Sehr groß! 33–35 mm. Fl breit, Saum gezackt. Auffallende Br- u. Rückenschöpfe. VFl schwarzgrau mit geeckten lichten Querstreifen u. dunklem MFeld; HFl schwarzgrau mit lichtem M- u. Saumband (Abb. **792**/1). In der M u. im S lokal häufig in Flussniede-

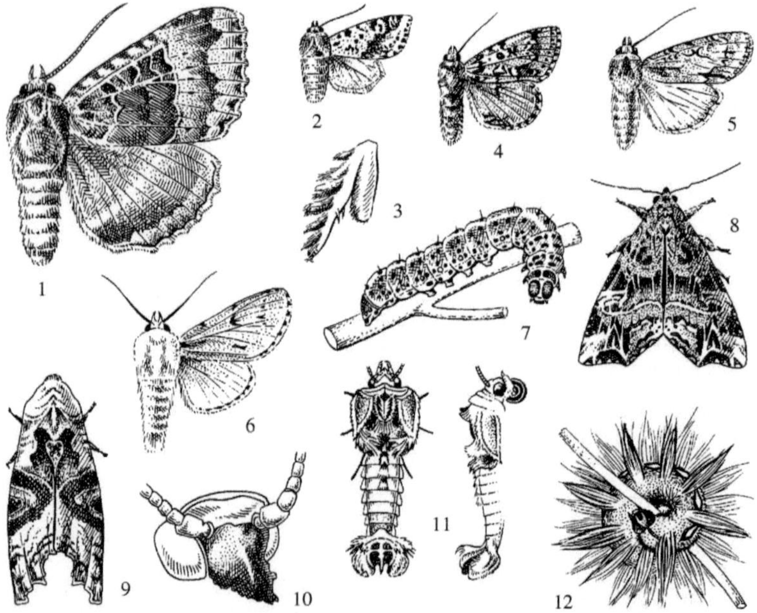

Abb. 792/1–12. 1 *Mormo maura* (33–35 mm); **2** *Xanthia togata* (16–17 mm); **3** MBein von *Callopistria juventina*; **4** *Moma alpium* (16–19 mm); **5** *Acronicta psi* (16–21 mm); **6** *A. leporina* (15–22 mm); **7** *Apamea monoglypha*, L; **8** *Callopistria juventina* (15–17 mm); **9** *Phlogophora meticulosa* (21–23 mm); **10** *Archanara*, K mit Stirnvorsprung; **11** *Apamea*, Rumpf in Rücken- u. SAnsicht; **12** *Acronicta aceris*, L.

rungen; VII/VIII. – L bräunlich, Rücken dunkler, seitlich mit hell-dunklen Schrägstreifen u. schwarzem Querstrich am erhöhten 11. Sgm; Stigmen rot, schwarz gesäumt; an *Rumex, Lamium, Alnus* u. a.; überw.

P. *Trachea atriplicis* L. – **Meldeneule**
Mit breiten Schuppen in der BrBehaarung; VFl mit stumpfen Apex, dunkelgrau, moosgrün gemischt, mit hellem (rosa), zweispitzigem Schrägfleck im MFeld; HFl grau, außen dunkler (Abb. **788**/6). 20–22 mm. Oft am Köder u. Licht. V–IX in 2 Gen. – L grün bis braun, dunkel gerieselt u. gestreift, SLinie gelb, am 11. Sgm seitlich ein gelber, schwarzgesäumter Fleck; an *Atriplex, Rumex* u. a. P überw.

Q. *Phlogophora meticulosa* L. – **Achateule**
Br hinten mit hohem, geteiltem Schopf, Hlb mit Rückenschöpfen. VFl gestreckt, Saum schräg, buchtig gezähnt, blassgelblich, rosa getönt; MFeld dunkler grünlich, dreieckig aufgeteilt, mit großen hellen Makeln, Saum außen dunkler gewölkt; HFl hell, Saum mit dunkleren Linien. Ruhehaltung mit eigenartig längsgefalteten, gespreizten Fl (Abb. **792**/9). 21–23 mm; IV–X in unregelmäßiger GenFolge u. Häufigkeit., z. T. überw. Wanderfalter. – L trübgrün, fein hell getüpfelt u. gestreift mit dunklen Schrägstreifen, polyphag.

R. *Callopistria juventina* STOLL – **Farneule**
Zierlich. ♂-F mit knotiger Verdickung, danach knieförmig abgebogen. B kurz, mit lg flaumigen Schuppenbüscheln (Abb. **792**/3). VFl violettrot, Adern gelblich, Saumecke u. Apex gelb gezeichnet (Abb. **792**/8). 15–17 mm. Lichte Kiefernwälder, z, tags flüchtig; VI–VIII. – L grün bis rötlich, mit mondförmigen, hellbegrenzten, großen Rückenflecken, an *Pteridium*; im PGespinst am Boden überw.

S. Gattung *Cosmia* OCHSENHEIMER
Apex mit etwas vorstehender Spitze, ♀-Hlb sehr spitz endend. VFl gelb bis braun, z. T. am VRand lebhaft gezeichnet; HFl dunkel mit gelben Fransen. 13–17 mm. Wälder; VII/VIII. – L glänzend grün, nackt, mit kleinen schwarzen Punktwarzen, schwarzem Nacken- u. Afterschild; an Laubholz zw Blättern. Mordraupen! P blaubereift, in leichtem Blattgespinst. Ei überw. 4 Arten.
Am häufigsten:
Cosmia trapezina L. – **Trapezeule**
VFl gelb, grau od. rötlich mit trapezartigem, oft dunklerem MFeld, vorn breit, hinten schmal; Nierenmakel unten punktförmig dunkel; HFl heller bis dunkler grau mit gelblichen Fransen. 15–17 mm.

T. Gattung *Apamea* OCHSENHEIMER – **Graswurzeleulen**
Körper robust, grob behaart; Br viereckig mit gespaltenen Schöpfen, Hlb mit Rückenschöpfen (Abb. **792**/11). Grundfarbe meist grau bis braun mit deutlicher Eulenzeichnung (Abb. **778**/12). Im Hochsommer nachts an Licht u. Köder, tags versteckt, FlHaltung dachförmig. – L (Abb. **792**/7) glänzend nackt, mit behaarten Punktwarzen u. hornigem Nackenschild, tags versteckt an Gräsern u. deren Wurzeln, überw. 20 Arten, davon oft in Gebäuden:
a) *Apamea monoglypha* HUFNAGEL – **Wurzelfresser**
VFl gelbbraun, dunkler u. heller gemischt, mit schwarzem Wurzelstrahl u. dunklem Längsstreif im MFeld, Wellenlinie gelblich mit „W"-Zeichen u. Pfeilflecken; heller Fleck am Innenwinkel (Abb. **788**/7). Grundfarbe zuweilen schwarz verdunkelt. 22–26 mm; v; VI–IX. – L (Abb. **792**/7).
b) *Apamea lateritia* HUFNAGEL – **Ziegeleule**
VFl ziegelrotbraun, schwach gezeichnet, Querlinien durch Aderpunkte angedeutet, Ring- u. Nierenmakel hell umzogen, weiße VRandpunkte, 21–25 mm; auf Sandböden, bes. im N g; VI–VIII.

U. Gattung *Oligia* HÜBNER – **Graseulen**
Habitus wie bei *Apamea*, aber kleiner, 9–16 mm. VFl meist mit dunklerem MFeld, bes. nahe dem HRand, Saumfeld heller, oft weißlich, auch das Wurzelfeld meist heller gemischt. Völlig geschwärzte Graseulen nicht s. VI–VIII. – L in Grashalmen. 4 Arten, z. T. schwer zu unterscheiden.

V. Gattungen *Hydraecia* GUENÉE u. *Amphipoea* BILLBERG
Bau ähnlich *Apamea*, aber Br mit scharfkantigem Längskamm. Färbung lebhafter, meist rotbraun mit scharf hervortretendem Nierenmakel, Wellenlinie schwach, Querlinien geschwungen od. fast geradlinig, nicht gezackt. Größe versch.; VIII–X. – L u. P in Stängeln von Stauden u. Gräsern. 7 Arten, z. T. nur anatomisch zu trennen.

W. *Calamia tridens* HUFNAGEL – **Grüneule**
VFl u. VKörper rein grün, weiß gesäumt, mit weißlichem Nierenmakel; HFl u. Hlb seidig weißgrau. 17–20 mm; am Licht u. abends frisch geschlüpft an Grashängen, tags leicht aufgescheucht; VII/VIII. – L dick, erdfarben mit heller Rückenlinie u. großen dunklen Punktwarzen, K, Nacken u. Afterplatte schwarzbraun gefärbt; an Wurzeln von *Plantago* u. a. Pfl. Ei überw.

X. *Staurophora celsia* L. – **Malachiteule**
Br u. VFl apfelgrün mit unverkennbarer brauner Zeichnung, HFl graubraun (Abb. **795**/6). 20–22 mm; z in sandigen Kiefernwäldern, oft am Licht; IX/X. – L blass gelblich-grau, rotbraun gezeichnet, ähnlich Abb. **792**/7; an Graswurzeln; Ei überw.

Y. Gattungen *Chortodes* TUTT u. *Arenostola* HAMPSON – **Sumpfgraseulen**
Stirn rauh behaart, aber ohne Vorsprünge; Br oft mit kleinen Schöpfchen; R gut entw. VFl weiß od. gelb bis rotgelb, fast zeichnungslos od. mit Aderschatten; Makeln s sichtbar. Klein bis mittelgroß; tags sehr versteckt zw Gras- u. Schilfhalmen, nachts am Licht, weniger am Köder. VII–IX. – L unten in den Halmen von *Phragmites*, Gräsern od. *Carex*. – 7 Arten, zum Beispiel:
a) *Chortodes pygmina* HAWORTH
Klein, 10–13 mm. VFl gelbgrau bis rotbraun, median mit schwarzgrauer Strieme, Außenlinie in schwarze Punkte aufgelöst, HFl schwarzgrau; Fransen rötlich. Auf Sumpfwiesen v. VIII–X. – L weiß, mit 2 rötlichen, verschwommenen Randstreifen, im Herztrieb von *Carex*-Arten. Ei überw. 2 ähnliche Arten mit spitzerem Apex: *Ch. fluxa* HÜBNER u. *Ch. extrema* HÜBNER.
b) *Chortodes elymi* TREITSCHKE – **Strandhafereule**
VFl schmal u. lg, Apex stumpf; gelblich, ± durch Aderschatten gebräunt u. mit einigen feinen Aderpunkten; HFl weißlich. Hlb lg u. schlank. 16–18 mm; an Nord- u. Ostsee im Dünengelände die häufigste Eule; VII/VIII. – L u. P in Stängeln von *Ammophila*.
c) *Arenostola phragmitidis* HÜBNER
VFl breit, mit spitzem Apex; zeichnungslos blass ockergelb, zum Saum dunkler getönt, Fransen bräunlich; HFl gelbgrau, Adern u. Fransen heller. 14–16 mm. Schilfbestände, häufig; VII/VIII. – L gelblich-weiß, Rücken u. S rotbraun gefleckt, K, Nacken u. Afterklappe schwarz; in Stängeln von *Phragmites*. P in der Erde.

Y*. Gattungen *Nonagria* OCHSENHEIMER, *Archanara* WALKER u. *Phragmatiphila* HAMPSON – **Rohreulen**
Stirn mit viereckigem Vorsprung (Abb. **792**/10), von Haarbüscheln verdeckt; Br schwach beschopft; R schwach; Hlb sehr lg. VFl braungrau bis rötlich schilffarben mit kräftigen Aderschatten u. Längswischen; Nierenmakel meist punktförmig, hell umrandet. Kleine bis große Arten. – Tags versteckt im Schilfdickicht, oft am Licht, kaum am Köder; VII–X. – L sehr lg, in Stängeln von *Typha* u. *Phragmites*; P darin meist kopfaufwärts (Abb. **795**/4–5). 7 Arten, zum Beispiel:
a) *Phragmatiphila nexa* HÜBNER
Klein, 11–15 mm, aber robust. VFl rotbraun mit auffallendem weißem Nierenmakel in S-Form (Abb. **795**/8); HFl dunkel mit rötlichen Fransen. ♂♂ wilde Lichtflieger. Schilf-

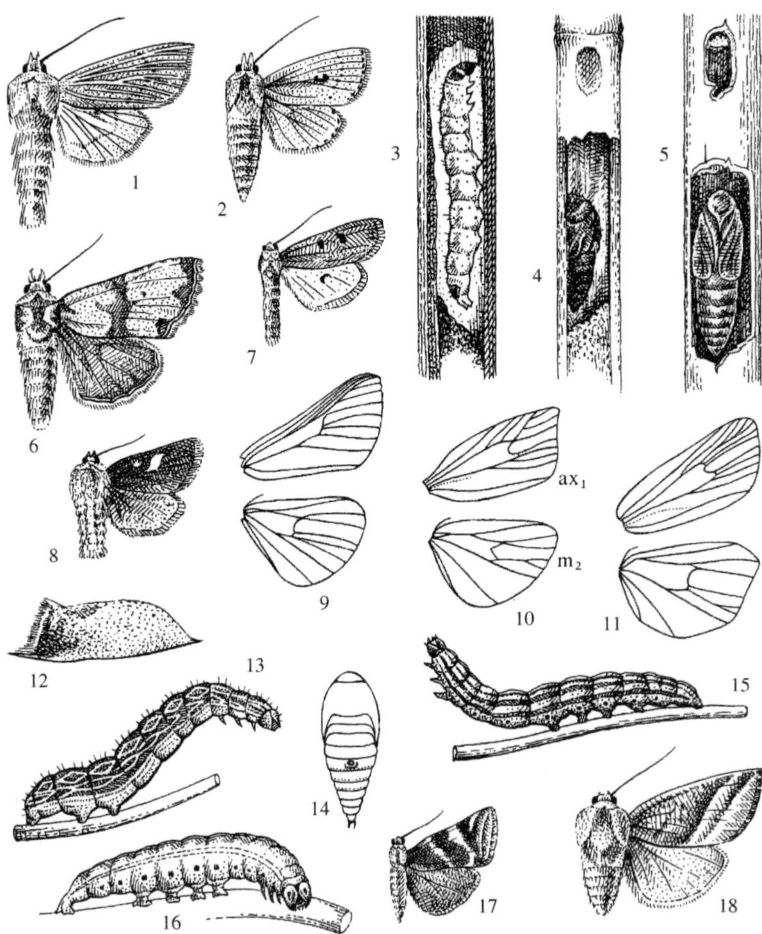

Abb. 795/1–18. 1 *Rhizedra lutosa* (19–25 mm); **2** *Archanara sparganii* (18–20 mm); **3** *A. geminipuncta*, L; **4** *A. geminipuncta*, P; **5** *A.* sp., P; **6** *Staurophora celsia* (20–22 mm); **7** *Chilodes maritima* (13–17 mm); **8** *Phragmatiphila nexa* (11–15 mm); **9** quadrifines Geäder der *Plusiinae*; **10** u. **11** Geäder der *Chloephorinae*; **12** *Pseudoips prasinana*, Kokon; **13** *Diachrysia chrysitis*, L; **14** *Panolis flammea*, P; **15** *P. flammea*, L; **16** *Pseudoips prasinana*, L; **17** *Deltote bankiana* (11–12 mm); **18** *Pseudoips prasinana* (15–18 mm).

gebiete, bes. im N, v. VIII–X. – L schmutzig weiß, unscharf rötlich längsgestreift, mit schwarz abgesetzter Stigmenlinie; in *Glyceria* überw.

b) *Nonagria typhae* THUNBERG

Groß, 20–24 mm. VFl-Apex stumpf; gelbgrau, bräunlich gemischt, mit helleren Adern u. schwarzen Pfeilpunkten u. Saummonden; oft schwarzbraun verdunkelt. HFl hell mit dunklem Saumband. Hlb sehr lg. *Typha*-Bestände, v. VIII–X. – L schmutzig fleischfarben, überw im unteren Teil des Schaftes von *Typha*, dessen Herztriebe vergilben. P darin kopfabwärts.

c) *Archanara algae* ESPER

16–18 mm. VFl-Apex spitzer; ♂ rötlich braun, mit medianer dunkler Längsstrieme, ♀ heller gelblich braun; feine schwärzliche Saumlinie. VIII/IX. – L grünlich, in *Typha* wie vorige. P kopfaufwärts mit lg KForts.

d) *Archanara sparganii* ESPER

Ähnlich voriger Art, 18–20 mm. Heller rötlich ockergelb mit stärkeren dunklen Längswischen u. kräftigen schwarzen Saumpunkten (Abb. **795**/2). VIII–X. – L gleiche Lebensweise. P aufrecht im *Typha*-Schaft mit kurzem KForts.

e) *Archanara geminipuncta* HAWORTH

14–17 mm. Rot- bis schwarzbraun mit 1 bis 2 weißen Nierenmakelpunkten, HFl braungrau. VIII/IX. – L u. P aufrecht im Stängel von *Phragmites*, mit ovalem Schlüpffenster (Abb. **795**/3–4), oft massenhaft in schilfreichen Flussniederungen.

Weitere Arten der „Rohreulen" strukturell nicht einheitlich, aber übereinstimmend in Färbung, Biotop, ähnlicher Lebensweise u. Raupenform, zum Beispiel:

a) *Rhizedra lutosa* HÜBNER

Groß, 19–25 mm. VFl-Spitze vorgezogen; ♂-F mit Wimperpinseln. Bleich gelbgrau, oft durch rötliche od. schwärzliche Wische verdunkelt, Adern hell, an Stelle der Außenlinie eine ± ausgebildete Punktreihe, wie bei den meisten Rohreulen; HFl weißgrau, oft mit Punktreihe (Abb **795**/1). In Schilfbeständen, v; fliegt auch in kalten Nebelnächten zum Licht. IX–XI. – L rötlichgrau glänzend, in den Wurzeln von Schilf, dort auch die P, diese manchmal auch im Erdreich. Ei überw.

b) *Sedina buettneri* HERING

Ähnlich voriger Art in FlForm u. -färbung, aber kleiner, 12–20 mm u. HFl mit rosa Aderstrahlen auf dunklem Grunde, Saum heller. In Flussniederungen mit Riedgrasbeständen; z; IX/X. – L weiß mit rötlichen Längsstreifen; im Herztrieb von *Carex acutiformis*, dort auch die P. Ei überw.

c) *Chilodes maritima* TAUSCHER – **Zünslereule**

Zünslerähnlich zierlich, 13–17 mm. Br mit Schopf. VFl schmal, gelblich grau mit ± weißlichen Adern u. dunklen Längsstrichen. Ring- u. Nierenmakel zuweilen schwarz (f. *bipunctata* HAWORTH) (Abb. **795**/7) od. zusätzlich durch schwarzen Längsstreif verbunden (f. *wismariensis* SCHMIDT). HFl weiß mit schwarzem MFleck. Schilfgebiete, z; VI–VIII. – L in Schilfstängeln, überw in Rohrstoppeln, dort auch die P.

Z. Gattung *Caradrina* OCHSENHEIMER u. Verwandte – **Staubeulen**

F dünn, lg, beim ♂ bewimpert; Hlb schlank, ohne Rückenschöpfe; Fl meist seidig glänzend, staubgrau, ohne Zapfenmakel. Ruhen mit flach übereinandergeschobenen Fl, tags versteckt; gestört, suchen sie „rutschend" zu entkommen. Lichtflieger. 13–17 mm. – L vorn verjüngt, bräunlich-grau, z. T. mit EinzelBo; an Bodenvegetation; meist überw. – Die Gruppe umfasst 18 Arten, die nach äußeren Merkmalen nicht immer zu trennen sind.

Unterfamilie ***Noctuinae***

Meist mittelgroß, unscheinbar gefärbt, VFl schmal, mit Eulenzeichnung (Abb. **778**/12), HFl zuweilen gelb, schwarz gesäumt. Au groß, rund, nackt u. unbewimpert; R kräftig; zumindest HSchienen bedornt; im HFl m_2 schwächer als die anderen Adern („trifines" Geäder, Abb. **706**/1). Tags versteckt mit flach übereinandergeschobenen VFl (Abb. **778**/15). – L (Abb. **778**/2) nackt u. glatt, nur mit EinzelBo, nachts fressend; meist an Bodenvegetation; überw; einige schädlich. P in Erdhöhle (Abb. **790**/15). Die zahlreichen deutschen Arten dieser Unterfamilie lassen eine natürliche Gliederung nach äußeren Strukturmerkmalen nicht zu, ihre Aufteilung in fast 30 Gattungen erfolgt hauptsächlich auf Grund des Genitalbaues. Hier müssen infolgedessen Gattungsgruppen nach äußerlichen Kennzeichen zusammengefasst u. Einzelbeispiele gegeben werden. – 29 Gattungen mit 92 z. T. schwer unterscheidbaren Arten.

A. *Euxoa-Agrotis*-Gruppe – **Erdraupeneulen**
Stirn fast stets vorgewölbt, mit warzen- od. kraterförmigem Vorsprung (unter Haaren verborgen). – Typische düster gefärbte, schwach gezeichnete Erdraupen (Abb. **778**/2), an Wurzeln u. untersten PflTeilen, sehr versteckt lebend.
Beispiele zur *Euxoa-Agrotis*-Gruppe:
a) *Euxoa tritici* L. – **Weizeneule**
VFl dunkelgrau bis -braun, VRand, Ring- u. Nierenmakel heller, Zapfenmakel dunkel, Wellenlinie mit 3 bis 4 Pfeilflecken; HFl weißlich-grau, zum Saum verdunkelt, mit Zellmond. Äußerst variabel u. mit verwandten Arten leicht zu verwechseln. 15–19 mm; VII/VIII. – L (Abb. **778**/2) zuweilen schädlich an Getreidewurzeln.
b) *Agrotis vestigialis* Hufnagel – **Kiefernsaateule**
♂-F fast bis zur Spitze doppeltgekämmt. VFl dunkel u. hell schattiert, weißlich gemischt. Makeln groß, bes. die Zapfenmakel, schwarz umrandet, Wellenlinie mit Pfeilflecken (Abb. **788**/1); HFl weißlich (♂) od. dunkel (♀). 14–18 mm. Oft tags fliegend; VII–IX. – L im N in Kiefernkulturen zuweilen schädlich.
c) *Agrotis segetum* Denis & Schiffermüller – **Saateule**
♂-F zu $^2/_3$ doppeltgekämmt. VFl heller od. dunkler bräunlich-grau mit ± ausgebildeten Querlinien u. schwärzlich umzogenen Makeln; HFl glänzend weiß mit bräunlichen Adern u. beim ♀ dunklerem Saum. 16–21 mm; V–VII u. VIII–XI. – L oft sehr schädlich an KulturPfl.
d) *Agrotis exclamationis* L. – **Gemeine Graseule**
VSchienen mit starkem Dorn; Halskragen mit dunklem Querstrich. VFl bräunlichgrau, meist schwach gezeichnet, Zapfenmakel (strichförmig) u. Nierenmakel scharf, dunkel abgehoben; HFl weißlich bis (♀) grau. 17–19 mm; V–VIII. 2. Gen. unvollständig. – L oft schädlich an KulturPfl.

B. *Diarsia-Xestia*-Gruppe nebst Einzelarten
Stirn glatt, ohne Vorsprung. VFl oft lebhafter gefärbt u. gezeichnet. – L oberirdisch lebend, tags versteckt, bunter gefärbt, Rücken vielfach mit nach vorn offenen Winkelzeichen, bes. auf den letzten, erhöhten Sgm (Abb. **788**/11).
Häufig od. auffallend, z. B.:
a) *Diarsia brunnea* Denis & Schiffermüller – **Braune Primeleule**
VFl heller od. dunkler purpurbraun, Nierenmakel gelblich, Ringmakel oval, zw beiden die Zelle eckig verdunkelt, dunkleres Band zw Außen- u. Wellenlinie; HFl braungrau, Fransen rosa. 19–20 mm. Wälder mit reichem Bodenwuchs; VI–VIII. – L braun, mit dunklen Schrägstreifen u. hellen Linien, 11. Sgm hinten mit hellem Querstrich; meist an *Primula* u. *Vaccinium myrtillus*.
b) *Xestia c-nigrum* L. – **Schwarzes C**
VFl violettbraun mit hellem dreieckigem VRandfleck auf schwarzem Zellgrund; Nierenmakel schwach aufgehellt, schwarzer Subapikalfleck; HFl gelblichweiß, zum Saum dunkler (Abb. **788**/2). 19–21 mm. Oft massenhaft am Licht; V/VI u. VIII/IX. – L grau, schwärzlich gerieselt mit stellenweise rötlicher Längszeichnung; polyphag.
c) *Ochropleura plecta* L.
VFl dunkel rotbraun, vorn mit breitem, cremefarbenem Streif, Ring- u. Nierenmakel klein u. hell in dunklem Wurzelstrahl; HFl weißlich. 14–15 mm; V–IX in 2 Gen. – L gelbbraun mit rötlichen Rückenlinien, gelbem SStreif u. Querstrich über der Afterklappe, Bauch grau; an *Cichorium*, *Lactuca* u. a.
d) *Eurois occulta* L. – **Große Heidelbeereule**
VFl gestreckt mit schrägem Saum, grauschwarz mit kräftiger Eulenzeichnung (Abb. **778**/12); Querlinien gezähnt, weiß, Ringmakel groß u. hell, Nieren- u. Zapfenmakel dunkel ausgefüllt; dunkles Band zw Außen- u. Wellenlinie mit Pfeilflecken; HFl

schwarzgrau, Fransen weiß. 24–30 mm. Blaubeerwälder. VI–VIII. – L braungrau, Rücken mit schwarzen Rautenflecken, hellen Linien u. Punkten, SLinie weiß mit schwarzen Flecken u. Punkten, K u. B braun; an *Vaccinium myrtillus*.

e) *Naenia typica* L. – **Gespensteule**

Stirn, Br u. HlbBasis geschopft; Fl breit u. kurz, braunschwarz; VFl mit hellen Adern, Querlinien u. hell umzogenen oberen Makeln in schwarzem Zellraum; Fransen wellig gezähnt. 17–21 mm; v; VI–VIII. – L grüngrau, Rücken dunkler, S mit schwarzen Flecken u. Schrägstrichen, SLinie hell, schwarz abgesetzt, 11. Sgm erhöht, mit weißem Querstrich, Bauch hellgrau; polyphag, z. B. an *Rumex*.

C. *Noctua*-Gruppe – **Bandeulen**

Hlb flach; HFl meist gelb, schwarz gerandet. 8 Arten, am auffallendsten:

a) *Noctua pronuba* L. – **Hausmutter**

VFl variabel, fast eintönig dunkelbraun bis gelb od. graubraun gemustert mit hellem VRand, verloschenen Querstreifen, dunkleren Makeln u. schwarzem Subapikalfleck; HFl gelb mit schmalem schwarzem Saumband (Abb. **788**/5). 26–29 mm. Tags oft in Häusern versteckt; VI–IX. – L graugelb od. grün mit blassen Linien, dunklen Schrägstrichen u. Punkten; polyphag.

b) *Noctua fimbriata* Schreber – **Gelbe Bandeule**

VFl hell ockergelb bis rotbraun od. olivgrün, seidig schattiert, Ring- u. Nierenmakel hell umzogen, dunkle innere u. helle, stumpf geeckte äußere Querlinie; HFl orangegelb mit breitem schwarzem Band; Tarsen schwarz-weiß geringelt (Abb. **778**/15). 23–26 mm. VII–IX. – L rötlich-gelb, Rücken mit schwarz-weißen Winkelzeichen, Stigmen hell auf dunklen Flecken; oft an *Primula*. P (Abb. **790**/15).

Familie ***Pantheidae***

Habitus vgl. Abb. **782**/6–7. Im HFl m_2 voll entw, entspringt nahe beim unteren Zellwinkel (quadrifines Geäder wie Abb. **795**/9), Au behaart od. kurz bewimpert, Schienen dornenlos; die L gleichen durch dichte, bunte, büschelige Behaarung den L der Eulen-Unterfamilie *Acronictinae*,

Jüngst als eigene Familie von den *Noctuidae* abgetrennt, dieser nahestehend. 3 Arten (Eur. 3).

1 Au nur spärlich, aber lg behaart, R kurz, hornig; Stirn schmal; VFl mit gestielter Anhangszelle, Färbung durch den Kontrast der dunkelbraunen Innen- zur weißgrauen Außenhälfte auffallend, aber variabel; HFl grau (Abb. **782**/7). 17–19 mm; v im Laubw; IV–VIII in 2 Gen. – L fleischfarben mit grauschwarzem Rückenband u. fuchsroten (z. T. schwarzen) Haarpinseln, an die Bürstenraupen der *Lymantriidae* erinnernd; an Laubholz. *Colocasia coryli* L. – **Haseleule**

1* Au kurz u. dicht behaart od. kurz bewimpert; Stirn breit; VFl mit ungestielter Anhangszelle **2**

2 Au behaart; R kräftig; VSchiene außen mit Schuppenpolstern; Hlb mit Schöpfen, gelb, oben schwarz gefleckt; Br u. VFl gelblichweiß mit zahlreichen, z. T. unterbrochenen schwarzen Zackenlinien u. Flecken, Ringmakel schwarz umzogen; HFl weiß, schwarz geadert (beim ♀ grau), HRand breit gelb. 18–21 mm; z im MGeb; V/VI. – L graublau, orange gestreift u. gezeichnet mit gelben Haaren auf braunen Warzen; 11. Sgm mit behaartem Fleischzapfen; an *Sorbus aucuparia*, *Crataegus* u. Kernobst. *Trichosea ludifica* L. – **Gelber Hermelin**

2* Au nur kurz bewimpert; R kurz u. weich; Hlb fast unbeschopft. VFl oberflächlich betrachtet ähnlich der Nonne (*Lymantria monacha* L.), weiß mit schwarzen Zackenbändern; HFl weißgrau, dunkler geadert; HlbRücken schwarz (nicht rosa), seitlich gescheckt (Abb. **782**/6). 19–23 mm. Z im Nadelw; VI/VII. – L sehr bunt, blaugrau od. schwarz, gelb u. rot gestreift u. gefleckt, mit großen Haarbüscheln u. Pinseln, bes. am 4. u. 11. Sgm; an *Picea* u. *Larix*. *Panthea coenobita* Esper – **Klosterfrau**

Familie ***Lymantriidae*** – **Schadspinner**

Wenig auffallend gefärbte Spinner verschiedener Größe, z. T. gefürchtete Wald- od. Gartenschädlinge. R ± verkümmert. K klein, Au kugelig. F doppelkammzähnig, auch beim ♀ zuweilen mit kurzen Kammzähnen. Hlb oft mit Afterbusch od. Afterwolle. Vielfach starke Geschlechtsunterschiede: ♂ lebhaft, kleiner, z. T. Tagflieger, doch oft auch am Licht; ♀ plump, wenig fliegend, z. T. ungeflügelt. Fl-Haltung dachförmig. – L 16füßig, mit sternförmig behaarten Warzen u. 2 ausstülpbaren Trichterwarzen, oft bunt, mit Rückenborsten u. SPinseln (Abb. **735**/6), meist an Laub- u. Nadelholz. P in (manchmal doppeltem) Haargespinst; weichhäutig, z. T. behaart (Abb. **735**/11). Nomenklatur wie von Schintlmeister in Karsholt & Razowski verwendet. 16 Arten (Eur 29).

1 Fl einfarbig, weiß bis schwarzgrau (s rötlich), höchstens mit einzelnen kleinen, schwarzen Punktzeichen **4**

1* Fl nicht einfarbig, VFl mit Flecken- u. Linienzeichnung **2**

2 VB enden in lgbehaarten Tarsen u. werden im Sitzen lg vorgestreckt (Abb. **799**/2) **3**

2* VB normal. VFl weiß bis graubraun mit dunklen Zickzackbinden. ♂ oft lebhaft auch am Tage fliegend, ♀ plump u. träge. – L gefürchtete Wald- u. Gartenschädlinge. Ei überw. Gattung *Lymantria* Hübner

a) VFl weiß mit schwarzen Zickzackbinden (Abb. **799**/3), HFl grau, Hlb beim ♀ rosa mit schwarzen SgmRändern u. lg, spitzer Legeröhre. In zunehmendem Maße treten geschwärzte Formen auf. 19–27 mm. Starke Lichtflieger; VII/VIII. – L grau (od. dunkler) mit hellem Rückenrautenfleck (Abb. **799**/1), jahrweise vernichtend in Nadelwäldern. *Lymantria monacha* L. – **Nonne**

a*) Zickzackbinden auf graubraunem (♂) od. gelblichweißem (♀) Grunde weniger deutlich ausgeprägt (Abb. **799**/4, 8). ♀ mit dickem braunem Afterbusch, dessen Schuppen schwammartig das Eigelege bedecken. ♂ 18–25 mm, ♀ 27–36 mm. VII–IX. – L grau mit blauen u. roten Knopfwarzen. Jahrweise schädlich an Obst- u. Alleebäumen. *Lymantria dispar* L. – **Schwammspinner**

3 ♂ klein u. zierlich, braun, HFl sehr breit; tags fliegend; ♀ flügellos, verlässt z. T. weder P noch Gespinst. – L mit Rückenbürsten u. Haarpinseln, bunt, im Sommer an Laubbäumen u. Sträuchern. 3 Arten. Gattung *Orgyia* Ochsenheimer – **Bürstenbinder**

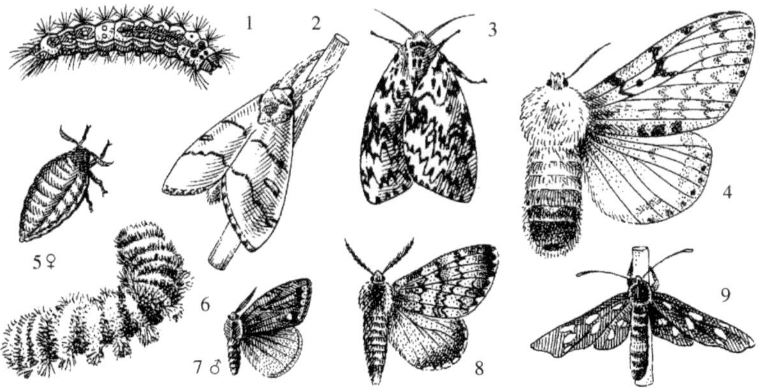

Abb. 799/1–9. 1 *Lymantria monacha*, L; **2** *Calliteara*; **3** *Lymantria monacha* (19–27 mm); **4** *L. dispar*, ♀ (27–36 mm); **5** *Orgyia antiqua*, ♀; **6** *Amata phegea*, L; **7** *Orgyia antiqua*, ♂ (11–15 mm); **8** *Lymantria dispar*, ♂ (18–25 mm); **9** *Amata phegea* (17–21 mm).

Häufig:
Orgyia antiqua L. – **Schlehenspinner**
♂ mit rostbraunen HFl u. dunkleren, schwach gebänderten VFl, weißer Mondfleck am Innenwinkel. ♀ hellgrau mit kurzen FlStummeln (Abb. **799**/5, 7). – ♂ 11–15 mm. V–X in 2 (3) Gen. – Eigelege auf dem PGespinst an Stämmen.

3* ♂ dem geflügelten ♀ ähnlich, wenig kleiner, grau. Meist mittelgroße Arten mit gebänderten VFl u. lg. ausgestreckten, rauh behaarten VB (Abb. **799**/2). – L an Laub- od. Nadelhölzern, mit Rückenbürsten u. Haarpinsel auf dem 11. Sgm, im allgemeinen überw. 4 Arten (Streckfüße).
Zum Beispiel:
Calliteara pudibunda L. – **Streckfuß, Buchenrotschwanz**
VFl weißgrau, dunkler bestäubt, mit mehreren dunklen Querbändern (oft schwarzgrau verdunkelt). 21–29 mm. ♂♂ starke Lichtflieger, ♀♀ sehr träge; IV–VI. – L grüngelb od. grau mit samtschwarzen SgmEinschnitten, gelben Rückenbürsten u. rötlichem Afterpinsel (Abb. **735**/6), verursacht zuweilen im Herbst Kahlfraß in Buchenwäldern. – P überw.

4 **(1)** B mit schwarzen Flecken od. Ringen **5**

4* B einfarbig **6**

5 F-Kammzähne gelblich, Fl weiß, im Leben grünlich durchscheinend. VFl mit schwarzem Queraderfleck in Form eines „L". B grob schwarz gefleckt. 23–26 mm. z in Buchenwäldern; VI/VII. – Die auf schwarzem Grunde rostgelb behaarte L an Laubholz, überw. – P zw Blättern. *Arctornis l-nigrum* Müller – **Schwarzes L**

5* F-Kammzähne schwarz, Fl einfarbig glänzend weiß; B schwarzweiß geringelt. 22–26 mm. VI–VIII. – L schwarzgrau mit weißen Rückenschildern u. roten Warzen (Abb. **735**/12), P schwarzglänzend mit hellen Haarbüscheln (Abb. **735**/11), oft schädlich an *Populus* u. *Salix*. – Eigelege als flache, weißglänzende „Spiegel" an Bäumen.
Leucoma salicis L. – **Pappelspinner**

6 **(4)** B (außen) u. Tst gelb. ♂: VFl gelblichgrau mit schwachen Punkten vor dem Saum, HFl heller. ♀ stumpf weiß. 17–21 mm. Im N lokal häufig an Seeufern; VII/VIII. – L gelb mit Rückenbürsten, an *Cladium*, *Phragmites*; überw. P in gelbem Gespinst an Halmen. *Laelia coenosa* Hübner – **Gelbbein**

6* B nicht gelb, gleichfarbig mit Fl u. Körper **7**

7 Hlb weiß mit gelbem Afterbusch **8**

7* Hlb einfarbig, der FlFarbe entsprechend, grau od. rötlich. Kleine dünnbeschuppte Im. – L mit behaarten Wärzchen, auf Eichenbüschen, überw.
Gattungen *Ocneria* Hübner u. *Parocneria* Dyar

a) Schwarzgrau, 13–16 mm. Sehr lokal, sonnige Hänge; VII/VIII.
Parocneria detrita Esper – **Rußspinner**

a*) Rötlich, Fl mit dunklerem äußerem Querstreifen. 16–18 mm. Nur im Rheingau; VII. *Ocneria rubea* Denis & Schiffermüller – **Rostspinner**

8 Im HFl alle 3 m-Adern vorhanden. Fl weiß, Afterbusch u. letzte HlbSgm goldbraun; VFl bes. beim ♂ oft mit wenigen schwarzen Punkten. 16–20 mm. VII/VIII. – L mit Brennhaaren! Schwarzbraun mit roten u. weißen Strichen u. Flecken, lg gelbbraun behaart, überw jung in zäh versponnenen Blattnestern. Oft sehr schädlich in Obstgärten u. Alleen. *Euproctis chrysorrhoea* L. – **Goldafter**

8* Im HFl nur 2 m-Adern. Fl schneeweiß; HlbE mit goldgelbem Afterbusch; VFl am Rand zuweilen schwach grau gefleckt. 17–22 mm. VII/VIII. – L schwarz, Rücken u. Fußstreif rot, s weiß, dünn behaart, überw jung im Einzelgespinst unter Borke.
Euproctis similis Fuessly – **Schwan**

Familie ***Nolidae***

Die klassischen *Nolidae* bilden heute die Unterfamilie *Nolinae* der *Nolidae*, während die früheren Unterfamilien *Eariadinae* u. *Chloephorinae* nicht mehr zu den *Noctuidae*

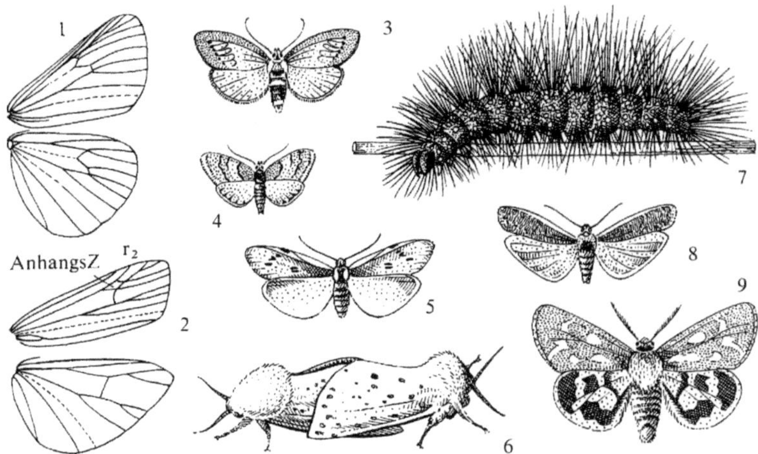

Abb. 801/1–9. Geäder von **1** *Parasemia*; **2** *Lithosiinae*; **3** *Miltochrista miniata* (12–15 mm); **4** *Nola cucullatella* (9–10 mm); **5** *Pelosia muscerda* (10–14 mm); **6** *Spilosoma lubricipeda* (18–20 mm), in Paarung; **7** *Arctia caja*, L; **8** *Eilema complana* (15–18 mm); **9** *Hyphoraia aulica* (17–19 mm).

sondern zu den *Nolidae* gerechnet werden. Damit zählen zu dieser Familie 3 Unterfamilien mit 19 Arten (Eur 31). Nomenklatur wie von Nowacki & Fibiger in Karsholt & Razowski verwendet.

Unterfamilie ***Nolinae*** **– Kleinbären**

VFl u. Fühlerwurzel mit Schuppenbüschen; Tst lg, den K überragend. Ohne Oc. Klein (um 10 mm). Sitzen kopfabwärts mit dachförmig gehaltenen Fl tags an Stämmen, nachts an Köder u. Licht. – L mit büschelhaarigen Warzen, 1. Bauchfußpaar verkümmert; überw, Schabefraß an Blättern. P in kahnförmigem Kokon an Stängeln.
Leicht kenntlich:
Nola cucullatella L. – **Kapuzenbärchen**
9–10 mm. Grau, VFl mit dunkelbraunem Wurzelfeld, durch schwarze Querbinde vom weißgrauen MFeld scharf abgesetzt (Abb. **801**/4). Gärten u. Hecken, VI/VII. – L grau, Rücken weiß abgesetzt, seitlich schieferblau, Fußlinie rötlich.

Unterfamilien ***Eariadinae*** **u.** ***Chloephorinae*** **– Kahnspinnereulen**

Geäder siehe Abb. **795**/10–11. ♂-Retinaculum querriegelförmig (Abb. **778**/3) von sc ausgehend. – P in kahnförmigem Gespinst (Abb. **795**/12).

1 Tstlg, hinten mit Schopf. VFl mit kleinen Schuppenpolstern, VFl-Rand an der Wurzel ausgebaucht. Wicklerähnlich, flechtenartig grünlich gemustert od. mehr einfarbig dunkelgrau; 11–13 mm; VI–VIII u. IX–V. Im. überw. – L grün, mit gelblichen SgmEinschnitten, dünn behaart; im Sommer an Laubholz. 1 Gattung mit 4 schwer unterscheidbaren Arten. Gattung *Nycteola* Hübner

1* Tst normal, Br ohne Schopf, VFl ohne Schuppenpolster, VRand an der Wurzel weniger vorgebaucht. Br u. VFl grün, HFl weiß. Klein bis mittelgroß, nicht als Im. überw. – L an Laubholz, teils frei, teils in Spitzentrieben versponnen **2**

2 Klein, 9–11 mm. VFl einfarbig grün od. mit 2 gewellten grünen Querstreifen. V/VI u. VII/VIII. – L in Spitzentrieben von *Salix* od. *Populus alba* versponnen. P überw.
Gattung *Earias* HÜBNER – **Kahneulchen**

a VFl zeichnungslos grün. – L grün, v an Weide.
Earias clorana L. – **Grüneulchen, Weidenkahneule**

a* VFl weißgrün, mit 2 grünen, gewellten Querstreifen. – L grünlichweiß, lokal an *Populus alba*. *Earias vernana* F.

2* Größer, 15–21 mm. VFl grün mit geraden, weißen parallelen Schrägstreifen. – L nackt, grün, hinten verjüngt, K u. BauchB groß (Abb. **795**/16), an Laubholz **3**

3 VFl grün mit 2–3 unscharfen, silberweißen Schrägstreifen (Abb. **795**/18); Fransen u. F rot, HFl gelb (♂) od. weiß (♀). 15–18 mm. Bes. in Buchenwäldern. V–VII. – L (Abb. **795**/16) grün mit 3 gelblichen Längslinien. P überw (Abb. **795**/12).
Pseudoips prasinana L. – **Kleiner Kahnspinner, Jägerhütchen**

3* VFl grün mit 2 scharfen, weißen Schrägstreifen; HFl bei ♂ u. ♀ weiß. 18–21 mm. Bes. in Eichenwäldern, VI/VII. – L grün mit Rückenzapfen am 2. Sgm; überw.
Bena bicolorana FUESSLY – **Großer Kahnspinner**

Familie *Arctiidae* – Bärenspinner

Wenig einheitlich. Viele auffällig bunt gefärbte Arten. Nomenklatur wie von ČERNY & STADEL NIELSEN in KARSHOLT & RAZOWSKI verwendet. Die deutschen *Arctiidae* werden in 3 Unterfamilien mit 32 Gattungen u. 48 Arten (Eur 97) eingeteilt.

1 HFl mit sc (Abb. **705**/10) **2**

1* HFl ohne sc. Unterfamilie *Syntominae* – **Fleckwidderchen, Widderbären** S. 803

2 Ohne Oc od. Oc sehr klein. F meist gewimpert. Im VFl entspringt r_2 vor dem E der MZelle (Abb. **801**/2). Mit Anhangszelle (AZ).
Unterfamilie *Lithosiinae* – **Flechtenbären** S. 802

2* Mit Oc. Meist kräftig, bunt, ♂ mit gekämmten F. Im HFl m_2 meist getrennt.
Unterfamilie *Arctiinae* – **Bären** S. 804

Unterfamilie *Lithosiinae* – Flechtenbären

Schlank, mit schmalen VFl u. sehr breiten HFl; meist gelb mit schwarzen Zeichnungen. Nachtflieger, aber tags leicht aufgescheucht, oft am Licht. – L spindelförmig, 16füßig, mit spärlich behaarten Wärzchen, bes. an Flechten; überw. P kurz, steif, mit anhängender L-Haut in leichtem Gespinst. 22 Arten.

1 Bis 10 mm, mit schwacher Zeichnung auf runden, durchscheinend gelbgrau beschuppten Fl **2**

1* Über 10 mm od. dichter beschuppt od. mit scharfer Zeichnung **3**

2 Fl stark durchscheinend, nur VFl mit 2 schwachen, gezackten Querlinien u. Zellfleck, HFl zeichnungslos; Stirn u. FBasis rauh behaart. 9–10 mm. Luftfeuchte Stellen (Geb-Schluchten, Küstenwälder). VI/VII. – L grau mit gelben (auf 7. Sgm schwarzen) Rückenflecken. *Nudaria mundana* L. – **Blankflügel, Blasser Flechtenbär**

2* Stärker beschuppt u. gezeichnet, VFl u. HFl mit Zellfleck u. Punktreihen; Stirn u. FBasis glatt beschuppt. 8–10 mm. Schilf- u. Moorwiesen; VI–VIII. – L an Lebermoosen.
Thumatha senex HÜBNER – **Rundflügelbär**

Ähnlich, aber doppelt so groß, nur im S *Paidia rica* FREYER

3 **(1)** VFl hellgelb mit breiter roter Außenkante, schwarzer Zickzacklinie u. Strichpunktreihe (Abb. **801**/3). 12–15 mm. Moor- u. Bruchwälder. VI/VII. – L schwarzgrau mit dichten lg, z. T. gefiederten Büschelhaaren. *Miltochrista miniata* FORSTER – **Rosenmotte**

3* VFl ohne Rot **4**

4 VFl mit 3 Querreihen schwarzer Punkte **5**
4* VFl nicht mit 3 Querreihen schwarzer Punkte **6**
5 HFl höchstens mit 3 kleinen Flecken im Außenwinkel, Körper zart, anliegend beschuppt. VFl ockergelb, HFl heller. 12 (♀)–18 (♂) mm. Meist z auf Ödland u. Heiden; VI–VIII. – L schwarz u. gelb gefleckt. *Setina irrorella* L. – **Steinflechtenbär**
5* Fleckenzeichnung stärker ausgeprägt. Körper robuster, rauher behaart, kleiner. Färbung ockergelb. – L kurz, dick, büschelig behaart, K klein.
Setina roscida DENIS & SCHIFFERMÜLLER – **Felsenflechtenbär**
(Ähnlich, aber etwas größer u. gelber, z im NO in Kiefernwäldern, *Setina kuhlweini* HÜBNER)
6 **(4)** VFl weißlich bis gelb mit je einem schwarzen Punkt am V- u. HRand; HFl dunkelgrau, Saum gelblich. 13–16 mm. Grasige Wege in lichten Wäldern; VI/VII. – L schwarzgrau, an Lebermoosen. *Cybosia mesomella* L. – **Kleine Würfelmotte**
6* Anders gefärbt u. gezeichnet **7**
7 Körper u. Fl schwarz, Halskragen rot. Hlb unten u. am E orange. 15–16 mm. Mehr im Hügelland, in Wäldern, jahrweise häufig; V–VII. – L grüngrau, Rückenwarzen gleichgroß, rot; Haare oben schwarz, seitlich gelb. *Atolmis rubricollis* L. – **Rotkragen**
7* Fl nicht einfarbig schwarz **8**
8 Über 20 mm. VFl: ♂ gelbgrau, VRand stahlblau; ♀ größer als ♂, gelb mit 2 eckigen stahlblauen Flecken im MFeld; HFl blassgelb (Abb. **804**/1, 11). 21–26 mm. Mischw, meist z, aber jahrweise massenhaft; VII/VIII. – L schwärzlich, OS heller, mit je 2 großen u. 2 kleinen Warzen; Sgm 2, 7 u. 11 dunkler gefleckt; an Baumflechten.
Lithosia quadra L. – **Stahl- od. Würfelmotte**
8* Unter 20 mm. Anders gezeichnet **9**
9 VFl mausgrau bis bräunlich mit 4–6 schwarzen Punktstrichen; HFl einfarbig heller gelbgrau (Abb. **801**/5). 10–14 mm. Moor- u. Bruchwälder; VII/VIII. – L an Algen.
Pelosia muscerda HUFNAGEL – **Rothals**
9* VFl ohne Punkte, HFl breit, in der Ruhe oft eng um den Leib gefaltet, Geäder meist mit rhombischer Anhangszelle (Abb. **801**/2). – L an Flechten. 9 Arten.
Gattung *Eilema* HÜBNER – **Flechtenspinner**
Beispiele häufigerer Arten:
a) *Eilema complana* L.
Häufigste Art. Leib grau, VFl grau mit gelbem, parallelem VRandStreif, HFl mattgelb, K u. HlbE gelb (Abb. **801**/8). 15–18 mm; VI–VIII. – L schwärzlich mit Reihen größerer orangeroter u. kleinerer gelber Flecke.
b) *Eilema sororcula* HUFNAGEL – **Frühlingsflechtenbärchen**
Früheste Art. einfarbig gelb, Costa stärker gekrümmt. 12–14 mm. Laubw; V/VI. – L schwärzlich mit gelben Fleckenreihen u. roten Warzen. Sgm 8 mit weißem Rückenfleck. P überw.

Unterfamilie ***Syntominae*** **– Fleckwidderchen, Widderbären**

HFl sehr klein u. mit reduziertem Geäder, bes. bei *Amata* F. (Abb. **705**/10). F fadenförmig. Ohne Oc. – L 16füßig, behaart, überw. Bes. artenreich in den Trop; Früher eigene Familie *Ctenuchidae*. 2 Arten.

1 Zygaenenähnlich, aber andere Ruhehaltung (Abb. **799**/9). Schwarzblau mit weißen Flecken; Hlb lg, 1. u. 5. Sgm oben gelb, F schwarz, Spitze weiß. Lokal an sonnigen Hängen, gesellig. 17–21 mm; VI/VII. – L (Abb. **799**/6) graubraun, bürstenartig behaart, an bodennaher Vegetation. *Amata phegea* L. – **Weißfleckwidderchen**
1* 12–14 mm. – K u. Hlb ockergelb, VFl braun mit glasigen weißen Flecken; HFl ± gelb mit braunem Saum; sehr lokal an Felshängen u. Heidewaldrändern. VII/VIII. – L dunkel mit gelbem Rückenstreif u. büschelig behaarten schwarzen Warzen, an Flechten.
Dysauxes ancilla L. – **Braunwidderchen**

Unterfamilie *Arctiinae* – Bären

Meist kräftig, bunt gefärbt mit schwach entw R. ♀-Hlb plump. FlHaltung meist dachförmig, z. T. Tagflieger, andere erst spät nachts am Licht. – L 16füßig, dicht u. lg behaart (Abb. **801**/7), daher Name „Bären"; polyphag an krautigen Pfl, laufen oft schnell, überw. P in weichem Haargespinst. – 24 Arten.

1 Im HFl berührt sc den ZellVRand nur in einem Punkt. R kräftig, Leib schlank. Tagflieger; prächtig gefärbt.
a) VFl grünschwarz glänzend mit weißen u. 2 gelben Flecken; HFl rot mit schwarzen Fleckenzeichnungen, bes. im Außenfeld. Hlb rot mit schwarzem Rückenstreif (Abb. **804**/4). (Selten abändernd in gelb statt rot od. mit reduzierten Flecken.) 21–27 mm. Feuchte Waldstellen; VII. – L blauschwarz mit gelben, schwarzgestrichelten Flecken.
Callimorpha dominula L. – **Schönbär**
a*) VFl grünschwarz mit gelblichen Schräg- u. Querstreifen; HFl gelbrot mit schwarzen Flecken, Hlb rotgelb mit schwarzer Punktreihe (Abb. **804**/3). 26–30 mm. S u. M,

Abb. 804/1–13. 1 *Lithosia quadra* (21–26 mm), ♂; **2** *Parasemia plantaginis* (16–21 mm); **3** *Euplagia quadripunctaria* (26–30 mm); **4** *Callimorpha dominula* (21–27 mm); **5** *Arctia caja* (26–37 mm); **6** *A. villica* (28–32 mm); **7** *Diacrisia sannio* (17–24 mm), ♂; **8** *Hyphoraia aulica* (17–19 mm); **9** *Arctia festiva* (22–28 mm); **10** *Spiris striata* (16–20 mm); **11** *Lithosia quadra* (21–26 mm), ♀; **12** *Rhyparia purpurata* (20–26 mm); **13** *Tyria jacobaeae* (18–21 mm).

an Felshängen, jahrweise nicht s; VII/VIII. – L schwärzlich, orange u. gelb gefleckt u. gestreift, Haare braun. *Euplagia quadripunctaria* PODA – **Spanische Flagge**

1* Im HFl verschmilzt sc mit ZellVRand bis etwa zur Hälfte **2**

2 HFl ohne m_2, Fl in Ruhe eng um den Hlb gerollt; ♂-F gekämmt. VFl schmal, HFl breit (wie Flechtenspinner) (Abb. **804**/10). – L spindelförmig, Warzen sternförmig kurz u. steif behaart, K schwarz. Gattungen *Spiris* HÜBNER u. *Coscinia* HÜBNER – **Grasbären**

a) VFl gelb u. schwarz längsgestreift. HFl satter gelb mit ± schwarzem Saum u. MFleck (s ganz schwarz, Abb. **804**/10); Tagflieger. 16–20 mm. Lokal auf sandigen Grasplätzen, bes. der Ebene; VI/VII. – L schwarz mit gelbem Rückenstreif. *Spiris striata* L. – **Gestreifter Grasbär, Strohhütchen**

a*) VFl weiß mit 4 Querreihen (manchmal verloschener) schwarzer Längsstriche od. -punkte, HFl schwarzgrau. Nachtflieger. 15–20 mm. Heidestellen, bes. im N; oft am Licht; VI/VII. – L graubraun mit weißlichem Rückenstreif. *Coscinia cribraria* L. – **Weißer Grasbär, Siebbär**

2* HFl mit voller Aderzahl. VFl breit, mit anderen Zeichnungen **3**

3 VFl u. HFl gleichgefärbt (grau, weiß od. gelblich), mit schwarzen Punkten **4**

3* VFl u. HFl versch. gemustert od. gefärbt **6**

4 Fl dünn beschuppt, ♂ braungrau, ♀ weiß, beide schwach gepunktet. Körper von FlFärbung. 15–18 mm. Heidemoore, Kiefernheiden; V–VII. – L bräunlich, K u. Warzen rostbraun, Haare ockergelb. *Diaphora mendica* CLERCK – **Graubär**

4* Fl dicht beschuppt, Grundfarbe weiß od. gelbweiß. Hlb gelb mit schwarzen Flecken **5**

5 Fl gelb (♂) od. gelbweiß (♀), VFl mit schräger Reihe schwarzer Flecke, 17–20 mm; v; in Gärten; VI/VII (auf Helgoland die stark verschwärzte f. *zatima* STOLL). – L braungelb, SLinie weiß, feine helle Rückenlinie. *Spilosoma lutea* HUFNAGEL – **Gelbe Tigermotte**

5* Fl u. VKörper weiß, ± schwarz gepunktet.

a) Dicht gepunktet, FSchaft schwarz (Abb. **801**/6). 18–20 mm; g; v; V–VII (VIII). – L dunkelbraun, Rückenstreif rotgelb, K mit gelbem „V"-Zeichen. *Spilosoma lubricipeda* L. – **Weiße Tigermotte**

a*) Schwächer gepunktet, FSchaft weiß, Spitze schwarz. Sonst wie vorige Art; seltener. – L schwarzbraun, Stigmen weiß. *Spilosoma urticae* ESPER – **Nesselbär**

6 **(3)** F nur gewimpert, in beiden Geschlechtern etwa gleich **7**

6* ♂-F gekämmt, ♀-F sägezähnig od. kurz gekämmt **9**

7 VFl durchscheinend zimtbraun mit 2 schwarzen Punkten, HFl rot mit schwarzer Zeichnung. 15–18 mm; g; v; IV/V u. VII/VIII in 2–3 Gen. – L variabel, grau, fuchsrot od. schwärzlich, Haare ebenso, K meist schwarz; L manchmal noch im Winter umherkriechend. *Phragmatobia fuliginosa* L. – **Zimtbär**

7* Anders gefärbt **8**

8 18–21 mm. Körper u. Fl schwarzgrau mit roter Längsstrieme unter dem VRand u. 2 roten Saumflecken, HFl rot mit schwarzen Fransen (Abb. **804**/13). Koppeln u. Ödland, z; Tagflieger; V/VI. – L schwarz u. gelb geringelt, spärlich behaart; an *Senecio* u. *Tussilago*. *Tyria jacobaeae* L. – **Karminbär, Blutbär**

8* Auffallend groß, 36–42 mm. Körper rotbraun. VFl braun mit gelben VRand-Flecken, HFl gelb mit schwarzen Fleckenreihen. Lokal u. s, am ehesten noch im Hügelland in gebüschreichen, feuchtwarmen Wäldern, vormittags fliegend, doch auch am Licht; VI/VII. – L braun, Behaarung hinten länger, rostrot; überw zweimal. *Pericallia matronula* L. – **Augsburger Bär**

9 **(6)** VKörper u. Fl schwarz bis auf gelbem Fleck am Innenwinkel der HFl. Hlb gelb mit schwarzen Flecken. ♂-F außen gekämmt, innen gesägt. 15–17 mm. Lokal u. jahrweise, mehr im S; V–VII. – L braunschwarz, Rückenlinie gelbrot, Haare hinten länger. *Phragmatobia luctifera* DENIS & SCHIFFERMÜLLER – **Trauerbär, Kaiserbär**

9* Fl nicht überwiegend schwarz. ♂-F doppelt gekämmt **10**

10 VFl im Grundton gelb mit schwächerer Zeichnung **11**

10* VFl auffallend gefleckt od. scharf gemustert **12**

11 ♂: Körper schlank, Fl breit. VFl gelb mit rotem Rand u. rötlichem MFleck; HFl hellgelb mit schwarzem MFleck u. ± ausgeprägtem Saumband (Abb. **804**/7); Tagflieger. ♀:

Körper plump, Fl kleiner, schmaler, im Grundton rötlicher u. stärker geschwärzt; flugunlustig. 17–24 mm. Moorwiesen u. Waldlichtungen; V–VII (IX). – L schwarzbraun, Rückenlinie weiß, SStreifen rot punktiert, Haare fuchsrot, borstig.
Diacrisia sannio L. – **Rotrandbär**

11* ♂ u. ♀: Körper kräftig, VFl gelb mit 5 Querreihen dunkler Flecke, HFl rot mit schwarzen Flecken (Abb. **804**/12). 20–26 mm; z; warme Heidegegenden, mehr östlich; VI/VII. – L schwarz, Rückenlinie abgesetzt weiß, 2 rostgelbe SStreifen, Haare gelb od. fuchsrot. *Rhyparia purpurata* L. – **Purpurbär**

12 **(10)** VFl mit kleiner Anhangszelle (Abb. **801**/1).
Gattungen *Parasemia* HÜBNER u. *Chelis* RAMBUR

a) Nachtflieger, Körper bei ♂ u. ♀ kräftig, nicht geschlechtsdimorph. VFl hell bis graubraun, HFl rosarot, beide schwarz gefleckt. 14–16 mm. Sehr lokal u. s, sonnigwarme Hänge. VI/VII. – L schwarzbraun behaart mit rötlicher MLinie u. seitlich mit kurzen rotgelben Schrägstreifen, sehr versteckt an *Galium*.
Chelis maculosa GERNING

a*) Tagflieger, Körper des ♂ schlank. Sehr veränderlich u. geschlechtsdimorph. ♂: VFl schwarz mit weißgelben Zeichnungen u. Längsstrieme über dem HRand, HFl gelblich, ± schwarz gemustert; ♀: schwarz u. rot (Abb. **804**/2). 16–21 mm. Grasige Stellen; in der Ebene z, im Bergland v; V–VII. – L schwarzbraun, Behaarung vorn u. hinten schwarz, dazwischen fuchsrot. *Parasemia plantaginis* L. – **Wegerichbär**

12* VFl ohne Anhangszelle. Flug nachts; Körper auch beim ♂ kräftig, nicht geschlechtsdimorph **13**

13 Unter 20 mm. Au behaart. VFl braun mit weißlichen Flecken, HFl gelb u. schwarz gemustert (Abb. **801**/9 u. **804**/8). 17–19 mm. Sonnige Hänge; s geworden, mehr östlich; V/VI. – L schwarz, Haare vorn u. seitlich rostrot, hinten länger u. schwarz.
Hyphoraia aulica L. – **Hofdame**

13* Über 20 mm, bunt; Au nur bewimpert **14**

14 VFl schwarz mit weißen Flecken; HFl gelb mit schwarzen Flecken. Hlb orangerot, schwarz gepunktet (Abb. **804**/6). 28–32 mm. Östl Art, lokal, wird immer seltener; VI/VII. – L gern unter Hecken, schwarz, Haarbüschel grau bis rötlich, K u. BrB rotbraun. *Arctia villica* L. – **Schwarzer Bär**

14* VFl nicht schwarz mit weißen Flecken; HFl rot mit blauschwarzen od. schwarzen Flecken **15**

15 VFl braun u. weiß, HFl rot mit blauschwarzen Flecken (Abb. **804**/5), variabel. 26–37 mm. Wiesen u. Waldlichtungen, häufig; VII/VIII. – L schwarz, Warzen weiß, Rückenhaare schwarz, grauspitzig, SHaare rostrot (Abb. **801**/7).
Arctia caja L. – **Brauner Bär**

15* VFl schwarz mit hellen Querbinden in wechselnder Breite, HFl rosa bis karminrot, schwarz gefleckt (Abb. **804**/9). 22–28 mm. Östl Art, sehr lokal auf sonnig warmen Sandheiden, bes. im N; Kulturflüchter; V/VI. – L schwarz, Haare grau, die Spitzen weißlich, SHaare rostbraun. *Arctia festiva* HUFNAGEL – **Englischer Bär**

Anhang

Familie ***Micropterigidae*** – **Urmotten**

Basis der VFl mit Jugum (Abb. **701**/3), Geäderverlauf Abb. **807**/3. MaxTst fünfgld (Abb. **807**/1); mit ihrer Hilfe wird Pollen aufgenommen, der mit dem OKf (Mandibeln) zermahlen wird. Häufig:

Micropterix calthella L. E IV–A VI. Auf Blüten von *Ranunculus* u. *Caltha* auf feuchten Wiesen (Abb. **807**/2). Fl goldviolett, Scheitel mit gelben Haaren. 4–4,5 mm. – L fressen Detritus u. verwesende PflTeile. P freigld.

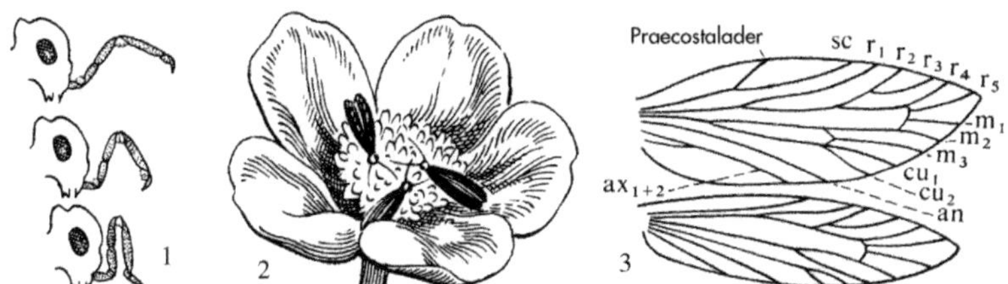

Abb. 807/1–3. *Micropterix calthella.* **1** K von der S, Bewegungen der MaxTst bei der NaAufnahme; **2** Im. in einer Hahnenfußblüte; **3** VFl u. HFl.

Familie *Eriocraniidae* – Trugmotten

Basis der VFl mit Jugum (Abb. **808**/1). OKf reduziert, SaugR vorhanden. Im. mit goldgelben u. violett gegitterten VFl, fliegen im Frühj. 5–7 mm. – L beinlos, minieren an *Quercus, Corylus* u. *Betula. Eriocrania* ZELLER mit 6 Arten im Gebiet.

Familie *Nepticulidae* – Zwergmotten

Kleinste Schmetterlinge, 1,5–3 mm. BasalGld der F sind zu AuDeckeln verbreitert (Abb. **808**/9). F einfarbig, erreichen nicht die VFlLg. – L zumeist minierend in Blättern, Stängeln usw. LStadium bei einigen Arten sehr kurz (36 Stunden), andere Arten zweijährig. Verpuppung in einem scheibenförmigen Kokon außerhalb der Mine. In Eur 6 Genera mit über 200 Arten.
Bekannte Gattungen: *Stigmella* SCHRANK u. *Ectoedemia* BUSCK.

Familie *Opostegidae*

Standen früher bei den Nepticuliden. Im Gebiet 2 Gattungen mit 3 Arten. *Opostega* ZELLER mit sehr großen AuDeckeln (Abb. **808**/9).

Familie *Heliozelidae* – Erzglanzmotten

MSporne der HSchienen entspringen vor der SchienenM. LabTst kurz, abwärts gerichtet. Kleine Falter (3–3,5 mm) mit metallisch glänzenden FlFarben. L minieren.
Antispila HÜBNER u. *Heliozela* HERRICH-SCHÄFFER mit 3 Arten.
A. metallella DENIS & SCHIFFERMÜLLER (*A. pfeifferella* HÜBNER ist ein Homonym). VFl bronzebraun mit grünlichem Schimmer, Binden u. Flecke wie in Abb. **808**/12, v um *Cornus,* IV–VI. – L in blasiger Mine an *Cornus.*
A. treitschkiella FISCHER VON ROESLERSTAMM. VFl dunkler als bei voriger Art. Zeichnung wie in Abb. **808**/5, v um *Cornus,* V/VI. – L miniert an *Cornus.*
H. resplendella STAINTON. VFl dunkelgrünlichbraun mit zwei Innenrandflecken (Abb. **808**/10). Häufig, um *Alnus.* V/VI u. VIII. – L miniert in Erlenblättern.

Familie *Prodoxidae*

Als eigene Familie von den *Incurvariidae* abgetrennt. *Lampronia* STEPHENS mit 13 Arten.

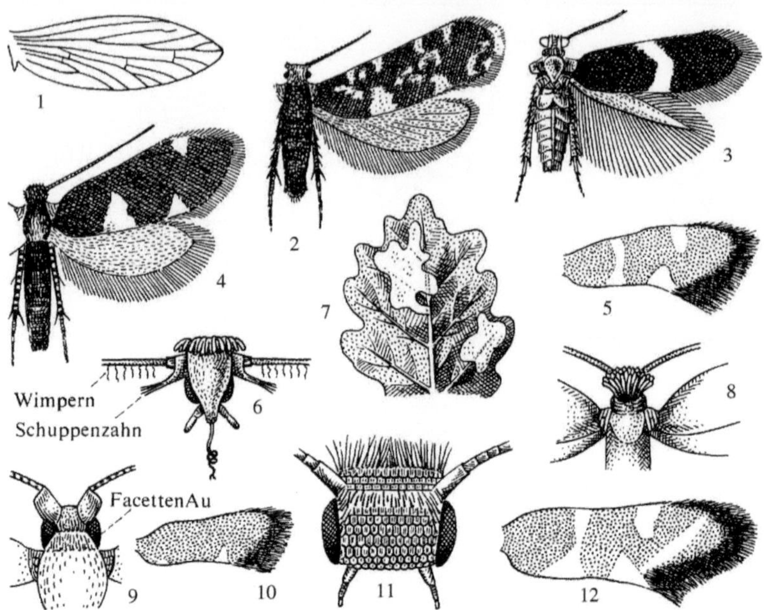

Abb. 808/1–12. 1 *Eriocrania* sp., VFl; **2** *Lampronia corticella* (5–7 mm); **3** *Ectoedemia atricollis* (2,5 mm); **4** *Incurvaria oehlmaniella*, (6–8 mm); **5** *Antispila treitschkiella*, VFl; **6** *Tischeria ekebladella*, KVS; **7** *T. ekebladella*, Blasenminen in Eichenblatt; **8** *T. ekebladella*, KOS; **9** *Opostega*, KOS; **10** *Heliozela resplendella*, VFl; **11** *Oinophila v-flava*, KVS; **12** *Antispila metallella*,VFl.

L. corticella L. (*L. rubiella* BJERKANDER). 5–7 mm.VFl dunkelbraun, goldgelb punktiert, mit 4 Flecken am VRand u. 2 am Innenrand (Abb. **808**/2). v, um *Rubus idaeus*. – L in Fruchtknospen von *Rubus idaeus*.

Familie *Incurvariidae* – Miniersackmotten

Mit od. ohne BoKamm am F. Fl relativ breit (Abb. **808**/4). VFl meist mit Flecken am Innenrand, z. T. als Binden bis zum VRand reichend. – L entweder ständig minierend od. später in einem flachen Sack am Boden lebend, an welken Blättern. Die L einiger Arten leben in Fruchtknospen. Im Gebiet 3 Gattungen mit 8 Arten.
Incurvaria oehlmaniella HÜBNER. Braune VFl mit hellgelben Flecken (Abb. **808**/4). Häufig. V–VII. – L miniert anfangs in Heidel- u. Preiselbeerblättern (*Vaccinium*), später in einem Sack am Boden.

Familie *Tischeriidae* – Schopfstirnmotten

K abstehend beschuppt (Abb. **808**/8). FBasis mit Schuppenzahn (Abb. **808**/6). F oft lg bewimpert. – L minieren an *Quercus, Castanea,* u. *Rosaceae*.Verpuppung in der Mine. Viele Arten mit 2 Gen. *Tischeria* ZELLER mit 3 Arten. Am häufigsten: *T. ekeblad-*

ella BJERKANDER (*T. complanella*) – **Eichenminiermotte**. VFl lehmgelb. – L in großen Blasenminen (IX/X) an Eichensträuchern (Abb. **808**/7).
Emmetia LERAUT mit 5 Arten.

Familie *Tineidae* – Echte Motten

Artenreiche Gruppe mit 8 UFamilien im Gebiet.
K meist dicht behaart. FBasis mit BoKamm. LabTst klein, SaugR schwach entw. Im. meist klein u. sehr beweglich. – L in sackähnlichen Gehäuse an Flechten, Pilzen, Haaren, Fellen od. verschiedenartigen Vorräten, wie Samen, Dörrobst, Getreide, Tabak usw. Mehrere Arten haben als Vorrats- u. Materialschädlinge wirtschaftliche Bedeutung.
Tineola bisselliella HUMMEL – **Kleidermotte**, Kosm; *Trichophaga tapetzella* L. – **Tapetenmotte**; *Tinea pellionella* L – **Pelzmotte**; *Nemapogon granella* L. – **Kornmotte**.
Die früher in einer eigenen Familie der *Oinophilidae* geführte **Weinkellermotte** *Oinophila v-flava* HAWORTH wird jetzt in die zu den *Tineidae* gehörende Unterfamilie *Hieroxestinae* gestellt. K mit typischer Beschuppung u. Behaarung (Abb. **808**/11). 4–5 mm. – L leben in Weinkellern, dort am Algen- u. Pilzbelag der Fässer, auch in Gewächshäusern. V.

Familie *Lypusidae*

Status als Familie umstritten. Nur die Art *Lypusa maurella* DENIS & SCHIFFERMÜLLER.

Überfamilie *Gracillaroidea*

Familie *Roeslerstammiidae*

Nur die Gattung *Roeslerstammia* ZELLER mit 2 Arten. *R. erxlebella* F. an Linde, anfangs minierend, später in einem Gespinst.

Familie *Douglasiidae*

Früher als Unterfamilie der *Glyphipterigidae* geführt. Im. fliegen in der Dämmerung, „wippen" wie *Glyphipterix* HÜBNER. – L minieren od. leben in u. um Blüten von niedrigen Pfl.
Tinagma ZELLER u. *Klimeschia* AMSEL. 6 Arten.

Familie *Bucculatricidae* – Zwergwickler

Gattung *Bucculatrix* ZELLER mit 19 Arten Arten. 3–4 mm. – L anfangs minierend, später frei an der Pfl.

Familie *Gracillariidae* – Miniermotten

Im. klein u. zart. K glatt beschuppt od. abstehend behaart. LabTst oft aufgebogen od. verkümmert. F meist so lg wie der VFl, FBasis mit BoKamm. – L anfangs in Minen, dann in einer Blattrolle od. in kegelartiger Blatttüte.

Unterfamilie *Gracillariinae*

In Eur 21 Gattungen mit 82 Arten. *Caloptilia elongella* L., einfarbig rotbraun od. ockergelb (Abb. **812**/5). 7–9 mm, g um *Alnus*. VI u. VIII–V. – L anfangs in oberseitiger silbrigweißer Mine, später in Blattrolle an *Alnus*.
Gracillaria syringella F. – **Fliedermotte**. 6–7 mm, III–V u. VII/VIII. – L an Blättern von *Syringa* in Minen u. Blattrollen.

Unterfamilie *Lithocolletinae*

In Eur 2 Gattungen mit 126 Arten. Gattung *Phyllonorycter* HÜBNER mit 125 Arten. Charakteristische FlZeichnung der Gattung Abb. **814**/1.
Cameraria ohridella DESCHKA & DIMIC – **Kastanienminiermotte**. 4–5 mm, IV–IX. – L minieren in Blättern von *Aesculus*.

Unterfamilie *Phyllocnistinae* – Saftschlürfermotten

L minieren ausschließlich im epidermalen Gewebe. Fraßgänge im Inneren der nährstoffarmen Oberhautzellen sehr lg. Nach dem Verlassen der Mine dringt Luft in den Gang, u. bei auffallendem Licht hebt sich dieser silbrigweiß von der übrigen Blattfläche ab. Die Verpuppung erfolgt außerhalb der Mine, im umgeschlagenen Blattrand. Kleine weiße Falter (Abb. **812**/7). HSchienen mit einer Reihe von dorsalen DornBo (Abb. **812**/6). Nur Gattung *Phyllocnistis* ZELLER mit 3 Arten.
Ph. saligna ZELLER (Abb. **812**/7). 3–4 mm. 2 Gen.; VI/VII u. IX um *Salix*. – L miniert meist blattunterseits.

Überfamilie *Yponomeutoidea*

Familie *Yponomeutidae* – Gespinstmotten

Sehr artenreiche Gruppe mit 4 UFamilien u. über 100 Arten.

Unterfamilie *Scythropiinae*

Nur 1 Art *Scythropia crataegella* L.

Unterfamilie *Yponomeutinae*

L bauen in Holzgewächsen große, schleierartige Gespinste. Mehrere Gattungen mit zahlreichen Arten. *Yponomeuta* LATREILLE. Gefürchtete Obstbaumschädlinge (Abb. **811**/3).
Y. evonymella L. Im. schneeweiß mit 5 Längsreihen schwarzer Punkte. 11–12 mm. An *Padus*.VI/VII. – L in großen Raupennestern, gemeinschaftliche Verpuppung.
Y. padella L an Obstbäumen.
Y. plumbella DENIS & SCHIFFERMÜLLER an *Prunus spinosa, Euonymus* u. *Rhamnus frangula*.
Y. sedella TREITSCHKE (*Y. vigintipunctata* RETZIUS an *Sedum*).

Unterfamile *Praydinae*

2 Gattungen: *Prays* HÜBNER u. *Atemelia* HERRICH-SCHÄFFER, insgesamt 3 Arten im Gebiet.

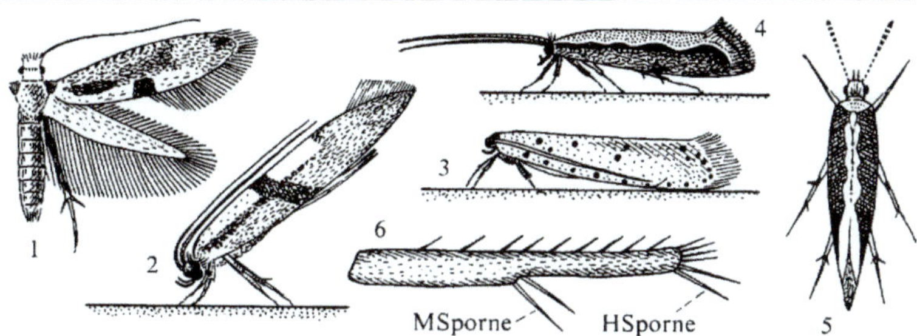

Abb. 811/1–6. 1 *Argyresthia pruniella* (5 mm); **2** *A. pruniella*, typische Haltung; **3** *Yponomeuta* sp., typische Haltung; **4–5** *Plutella xylostella* (7 mm); **6** *Schreckensteinia festaliella*, HSchiene.

Unterfamilie *Argyresthiinae*

Zeichnung der VFl ± wie Abb. **811**/2. Wenige Gattungen. Am bekanntesten *Argyresthia* Hübner mit fast 30 Arten. L minierend od. an Blättern, Knospen u. Früchten.
Argyresthia pruniella Clerck – **Kirschblütenmotte** (*A. ephippella* F.)
Rostbraun, IRand weiß, in der M ein dunkler Fleck (Abb. **811**/1). 5 mm. In Gärten u. Obstplantagen v, VI/VII. – L in Knospen von *Prunus domestica, Pyrus, Crataegus, Sorbus, Corylus* u. a.

Familie *Ypsolophidae*

LabTst überragen den K. MGld am E mit kräftigem, lg vorstehendem Busch. SaugR rudimentär. 5–7 mm. – L meist in Grasstängeln. *Ypsolopha* Latreille mit 16 u. *Ochsenheimeria* Hübner mit 3 Arten im Gebiet.

Familie *Plutellidae*

LabTst häufig sichelförmig aufgebogen. SaugR gut entw. F während der Ruhestellung nach vorn gestreckt. Spitze der VFl bei einigen Arten sichelartig gekrümmt. 3 Gattungen: *Plutella* Schrank mit 2 Arten, *Rhigognostis* Zeller mit 5 u. *Eidophasia* Stephens mit einer Art im Gebiet. *Plutella xylostella* L. (*maculipennis* Curtis) – **Kohlschabe** Kosm (Abb. **811**/4–5). – L an Kreuzblütengewächsen, schädlich.

Familie *Acrolepiidae*

Kleine Falter, unter 8 mm. Mit od. ohne Oc, K abstehend behaart. LabTst aufgebogen. Im HFl m_3 u. cu_1 immer gestielt – L meist minierend. 3 Gattungen mit 9 Arten.

Familie *Glyphipterigidae* – Rundstirnmotten

Unterfamilie *Glyphipteriginae*

Im Habitus den Wicklern ähnlich. Im VFl r_4 u. r_5 nicht gestielt. Im. fliegen tagsüber. Auffällig ist das „Wippen", Auf- u. Abbewegen der Fl beim Sitzen. – L im Stängel, in Samen od. in Blättern minierend.

Am bekanntesten *Glyphipterix* HÜBNER mit charakteristischer FlZeichnung (Abb. **814**/18). 7 Arten. *G. haworthana* STEPHENS (Abb. **814**/17), 6–7 mm. Auf Torfmooren um *Eriophorum*. IV/V u. VII/VIII. – L in Samen von *Eriophorum*.

G. equitella SCOPOLI (Abb. **814**/16), 3–5 mm. Weit v um *Sedum;* VI u. IX. – L miniert in Blättern u. Trieben von *Sedum*.

Unterfamilie ***Orthoteliinae***

VFl gelb- dunkelbraun. VRand u. Adern heller abgehoben. Nur eine Art *Orthotelia sparganella* THUNBERG. An Gewässern; v. VII/VIII – L in Inneren von WasserPfl., wie *Typha, Sparganium, Scirpus, Glyceria* u. *Iris*. 10–13 mm. V/VI.

Familie ***Heliodinidae*** **– Sonnenmotten**

Im VRand der VFl münden nur 4 Adern, r_4 mit r_5 verschmolzen. SaugR nackt. HSchienen oberseits anliegend beschuppt. VFl orangefarben mit silberfarbener Zeichnung. Nur 1 Gattung mit einer Art: *Heliodines roesella* L., 4–5 mm.

Familie ***Bedelliidae***

Nur *Bedelia somnulentella* ZELLER, Kosm, Raupe miniert VII–IX an den meisten *Convolvulaceae*.

Familie ***Lyonetiidae*** **– Langhorn-Blattminiermotten**

Basis der F zu AuDeckeln verbreitert. FGeißel fast immer so lg wie der VFl. K mit Haarbusch auf dem Scheitel. – L sind Blattminierer.

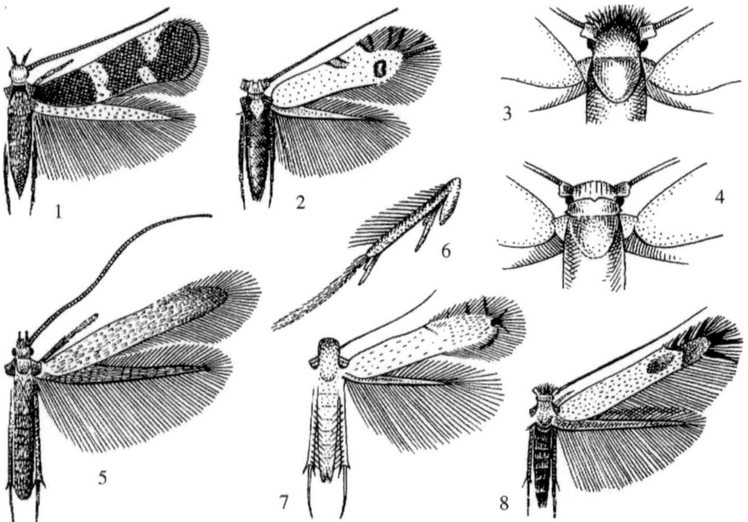

Abb. 812/1–8. 1 *Elachista albifrontella* (4–4,5 mm); **2** *Leucoptera spartifoliella* (4 mm); **3** *L.* sp. mit behaarter KOS; **4** *Leucoptera laburnella* mit glatter KOS; **5** *Caloptilia elongella* (7–9 mm); **6** *Phyllocnistis* sp., HSchiene mit dorsaler BoReihe; **7** *P. saligna* (3–4 mm); **8** *Lyonetia clerkella* (3–3,5 mm).

Unterfamilie *Lyonetiinae*

Lyonetia HÜBNER mit 4 Arten u. *Phyllobrostis* STAUDINGER mit 1 Art.
Lyonetia clerkella L. – **Schlangenminiermotte** (Abb. **812**/8). 2 Gen. VI/VII u. IX–V. Häufig um Obstbäume u. Rosengewächse. – L in schlangenförmiger Gangmine.

Unterfamilie *Cemiostominae*

K mit breiten Schuppen glatt bekleidet (Abb. **812**/4) od. behaart (Abb. **812**/3). BasalGld der F zu AuDeckeln verbreitert. 2–4 mm. Grundfarbe stets weiß od. bleigrau. – L minieren, bes. in Schmetterlingsblütengewächsen, im Blatt od. in Stängelrinde. Verpuppung außerhalb der Mine in einem Seidengespinst.
Gattung *Leucoptera* HÜBNER mit 9 Arten. *L. spartifoliella* HÜBNER (Abb. **812**/2). Weit v um *Genista,* V/VI.– L in Gangminen in der grünen Stängelrinde.

Überfamilie *Gelechioidea*

Hierunter werden die folgenden Familien zusammengefasst:
Ethmiidae, Depressariidae, Elachistidae, Agonoxenidae, Deuterogoniidae, Scythrididae, Chimabachidae, Oecophoridae, Lecithoceridae, Batrachedridae, Coleophoridae, Momphidae, Blastobasidae, Amphisbatidae, Cosmopterigidae u. *Gelechiidae,* weitere, hier nicht genannte Familien sind durch ihre Arten nicht im Gebiet vertreten. Einwandfreie Familienabgrenzungen sind nur bei Berücksichtigung des Geäderverlaufs u. der Genitalarmaturen möglich. Meist kleine Falter, die häufig durch gut entw. sichelförmig gebogene, oft den Scheitel überragende LabTst auffallen (Abb. **708**/2). FBasis mit BoKamm, mit einzelner Bo od. borstenlos. K meist anliegend beschuppt. Mit od. ohne Oc.HSchienen oberseits oft lg behaart. – L mit sehr verschiedenartiger Lebensweise: An Blättern, Trieben, Früchten, im Stängel, in Gallen, an Moosen u. Flechten, s in Minen, sehr artenreich.
Elachista albifrontella HÜBNER, 4–4,5 mm. VFl fast schwarz mit weißen Zeichnungen; v auf Wiesen. V/VI. – L miniert in Gräsern. (Abb. **812**/1), (Familie *Elachistidae).*
Chrysoesthia drurella F. 5–6 mm. Ockergelbe MBinde silbern eingefasst, V/VI. – L in Minen an *Festuca, Hierochloe* u. *Phragmites.* (Familie *Gelechiidae).*
Ethmia bipunctella F. 10–14 mm. VFl schwärzlich, Innenrand weißlich (Abb. **814**/14). g, V u. VIII. – L zw den Blüten von *Echium.* (Familie *Ethmiidae*).
Agonopterix subpropinquella STAINTON, 9 mm. VFl blass ockergelb mit undeutlichen Flecken u. Punkten (Abb. **814**/11). Geäderverlauf Abb. **814**/12, g; VIII/IX. – L zw versponnenen Blättern von *Carduus* u. *Centaurea* (Familie *Depressariidae*). OS der HlbSgm mit 2 Reihen stacheltragender Flecke (Abb. **814**/2).BasalGld der F oft mit einem Schuppenbusch. 5–9 mm (Abb. **814**/6). – L in charakteristischen Säcken, von denen aus sie minieren (Abb. **814**/3–5, 7). Die meisten Arten monophag. 3 Gattungen, am artenreichsten *Coleophora* HÜBNER mit über 300 Arten in Eur. *C. lutipennella* ZELLER – **Eichenknospenmotte**, *C.serratella* L – **Erlenknospenmotte** (Familie *Coleophoridae).*

Familie *Schreckensteiniidae*

Nur durch 1 Art vertreten., *Schreckensteinia festaliella* HÜBNER, 5 mm. VSchiene nur halb so lg wie der Schenkel. HSchienen mit gleich lg MSpornen (Abb. **811**/6). IV/V u. VII/VIII. – L an Brombeerblättern.

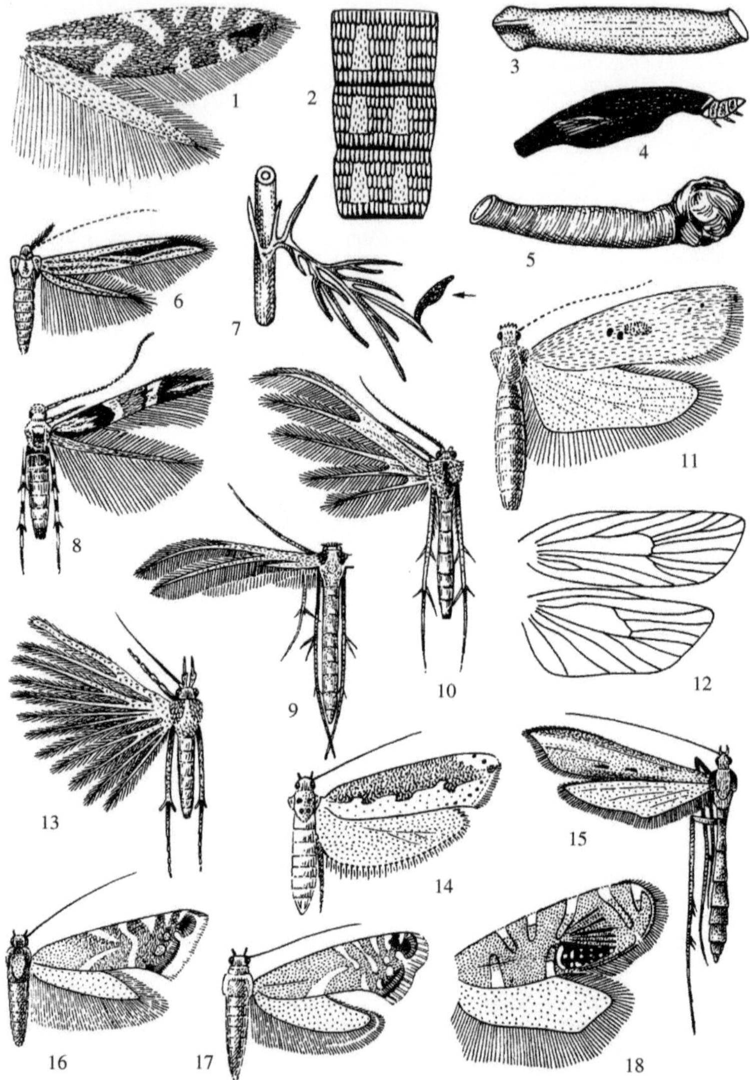

Abb. 814/1–18. **1** *Phyllonorycter* sp., VFl u. HFl; **2** schuppenlose Flecke auf dem Hlb einer Coleophoride; LSack von **3** *Coleophora follicularis*; **4** *C. ditella*; **5** *C. vibicella*; **6** *C. ditella* (5–7 mm); **7** *C. ditella*, LSack an Feldbeifuß; **8** *Cosmopterix* sp. (5–6 mm); **9** Federgeistchen in typischer Haltung (HB über Hlb gekreuzt); **10** *Pterophorus pentadactyla* (12–14 mm); **11** *Agonopterix subpropinquella* (9 mm); **12** *A. subpropinquella*, VFl u. HFl; **13** *Alucita hexadactyla* (5–7 mm); **14** *Ethmia bipunctella* (10–14 mm); **15** *Agdistis adactyla* (9–10 mm); **16** *Glyphipterix equitella* (3–5 mm); **17** *G. haworthana* (6–7 mm); **18** *Glyphipterix*, typische FlZeichnung.

Familie *Epermeniidae*

Wenige Gattungen u. Arten. Kleine Falter mit gut entw R . – L anfangs minierend, später frei in Gespinsten, häufig an *Apiaceae*. *Epermenia chaerophyllella* GOEZE, 6–7 mm. – L an Möhren schädlich.

Familie *Alucitidae* – Geistchen od. Federmotten

VFl u. HFl in 6 Federn gespalten. – L im Inneren von Blüten od. Stängeln.Verpuppung in einem Kokon am Boden od. am Stamm der NährPfl.
Alucita L. mit 5 Arten u. *Pterotopteryx* HANNEMANN mit 1 Art. (Abb. **814**/13).

Familie *Pterophoridae* – Federgeistchen

VFl in 2 u. HFl in 3 Federn gespalten (ausgenommen UFamilie *Agdistinae,* bei der beide Fl ganzrandig sind (Abb. **814**/15). B u. Hlb auffallend lg u. dünn. HSchienen $2^1/_2$-mal so lg wie der Schenkel (Abb. **814**/10, 15). In Ruhestellung Fl zusammengerollt u. waagerecht vom Körper abstehend, dadurch schnakenartiges Aussehen (Abb. **814**/9). Im. fliegen bei Sonnenuntergang u. nachts, tagsüber leicht von den FutterPfl ihrer L aufzustöbern. – L an niedrigen Pfl. Überw als Im., Ei, junge od. erwachsene L. Mehrere Gattungen mit ca. 50 Arten. Häufig: *Pterophorus pentadactyla* L. – **Federgeistchen.** Schneeweiß, auf Bahndämmen, Rainen u. in Gärten um *Convolvulus,* V u. VIII.

Familie *Carposinidae*

Nur die Gattung *Carposina* HERRICH-SCHÄFER mit 2 Arten.

Familie *Brachodidae* – Schwärmermotten

Stehen den Sesien nahe, HFl schwarz mit weißem Fleck in der M. Nur die Gattung *Brachodes* mit 3 Arten im Gebiet.

Literatur

BERGMANN, A. (1951–55): Die Großschmetterlinge Mitteldeutschlands. Bd. 1–5. – Urania-Verlag, Jena.
BROHMER, P. (1994): Fauna von Deutschland.19. Aufl. – Heidelberg.
EBERT, G. (Hrsg.) (1991–2005): Die Schmetterlinge Baden-Württembergs. Bd. 1–10. – Verlag Eugen Ulmer, Stuttgart.
FAJČIK, J. (1998): Die Schmetterlinge Mitteleuropas. Bd. 2. – Eigenverlag, Bratislava.
FAJČIK, J. & SLAMKA, F. (2003): Die Schmetterlinge Mitteleuropas. Bd. 1. 2. Aufl. – Eigenverlag, Bratislava.
FIBIGER, M. (Hrsg.) (1990ff.): Noctuidae Europaeae. Bd. 1–11. – Entomological Press.
FORSTER, W. & WOHLFARTH, T. (1954–1981): Die Schmetterlinge Mitteleuropas. Bd. 1–5. – Franckh'sche Verlagshandlung, Stuttgart.
FREINA, J. J. DE & WITT, T. J. (1987ff.): Die Bombyces und Sphinges der Westpalaearktis. Bd. 1–4. – Edition Forschung & Wissenschaft, München.
GAEDIKE, R. & HEINICKE, W. (Hrsg.) (1999): Entomofauna Germanica. Bd. 3. Verzeichnis der Schmetterlinge Deutschlands. – Entomologische Nachrichten und Berichte, Beiheft 5: 1–216.
GAEDIKE, R. & HÄUSER, CH. L. (2003): 33. Ordnung Lepidoptera, Schmetterlinge. – In: DATHE, H. H. (Hrsg.): Lehrbuch der Speziellen Zoologie, Bd. I: Wirbellose Tiere, 5. Teil: Insecta, 2. Aufl. – Spektrum Akademischer Verlag Heidelberg, Berlin: 672–733.

HAUSMANN, A. (2001–2004): The Geometrid Moths of Europe. Vol. 1–2. – Apollo Books, Stenstrup.
HIGGINS, L. G. & RILEY, N. D. (1978): Die Tagfalter Europas und Nordwestafrikas. 2. Aufl. – Verlag Paul Parey, Hamburg u. Berlin.
KARSHOLT, O. & RAZOWSKI, J. (Edit.) (1996): The Lepidoptera of Europe, A Distributional Checklist. – Apollo Books, Stenstrup.
KOCH, M. (1984): Wir bestimmen Schmetterlinge. – Neumann, Leipzig u. Radebeul.
KRISTENSEN, N. P. (Edit.) (1998): Lepidoptera, Moths and Butterflies. Vol. 1: Evolution, Systematics and Biogeography. – In: FISCHER, M. (Hrsg.), Handbuch der Zoologie, Bd. 4, Arthropoda: Insecta, Teilband 35. – W. de Gruyter, Berlin & New York. 487 S.
LERAUT, P. (2009): Moths of Europe. Vol. 2. – N. A. P Editions.
MIRONOV, V. (2003): The Geometrid Moths of Europe. Vol. 3. – Apollo Books, Stenstrup.
NAUMANN, C. M. et al. (1999): Western Palaearctic Zygaenidae. – Apollo Books, Stenstrup.
PORTER J. (1997): Colour Identification Guide to Caterpillars of the British Isles, Macrolepidoptera. 1st ed. – Viking, London.
RAZOWSKI, J. (2001): Die Tortriciden Mitteleuropas (Lepidoptera, Tortricidae). – Bratislava, 319 pp.
ROUGEOT, P. C. & VIETTE, P. (1983): Die Nachtfalter Europas und Nordafrikas. I. Schwärmer und Spinner (1. Teil). – Verlag Erich Bauer, Keltern.
SKINNER, B. (1998): Colour Identification Guide to Moths of the British Isles, Macrolepidoptera. 2nd ed. – Viking, London.
SKOU, P. (1986): The Geometroid Moths of North Europe, Lepidoptera: Drepanidae and Geometridae. – Entomonograph, Vol. 6, Kopenhagen.
SKOU, P. (1991): Nordens Ugler. – Apollo Books, Svendborg.

Mecoptera – Schnabelfliegen

Erich Kleinsteuber† & Wieland Röhricht

G. Klein bis mittelgroß. K nach unten gerichtet, schnabelartig verlängert, am VE mit beißenden Mundteilen. Fl nahezu gleichförmig, in Ruhe dachartig od. flach über den Hlb zusammengelegt od. rückgebildet. – **V.** Außer in arkt Gebieten u. Hawaii weltweit. – **B.** Vollständige Verwandlung. L raupenähnlich; Körper mit kräftigen Bo besetzt, am letzten HlbSgm (außer *Boreidae*) ausstülpbare Haftgabel, die zu spannerartiger Fortbewegung befähigt; im od. unmittelbar am Boden lebend. Ca. 600 Arten, im Gebiet 9.

1 Fl normal entw **2**
1* Fl rückgebildet. Klein, flohartig, mit lg HB. Familie *Boreidae* – **Winterhafte** S. 817
2 B auffallend lg, schnakenartig, letztes FußGld mit 1 ungezähnten Kralle; Fl ohne dunkle Flecke. Familie *Bittacidae* – **Mückenhafte** S. 817
2* B normal lg, letztes FußGld mit 2 gezähnten Krallen; Fl mit dunklen Flecken. Familie *Panorpidae* – **Skorpionsfliegen** S. 818

Familie ***Boreidae* – Winterhafte**

Körper flohähnlich, ♂ um 2 mm, ♀ bis 4 mm; dunkel bräunlich, bronzeglänzend (Abb. **817**/1). Im. von X–III/IV im Moos verborgen, Vorkommen oft auffallend lokalisiert; auf der Oberfläche bes. bei feuchtem, diesigem Wetter bei Temperaturen zw 5 u. 10 °C anzutreffen, auch auf Schnee an sonnigen, windstillen Tagen; springen bis 20 cm weit. Na: Im. u. L fressen tote od. verwesende tierische (Insekten) u. pfl Substanzen. Wenige Eier, werden neben Moosstämmchen oberflächlich in die Erde abgelegt. L im Boden zw Wurzelgeflecht, Entw 2 J. Ca. 25 Arten, ausschließlich holarkt; im Gebiet 2 Arten der Gattung *Boreus* LATREILLE (vermutlich konspezifisch).

a) *Boreus hyemalis* (L.) [*B. gigas* BRAUER] – **Gebirgs-Winterhaft, Schneefloh**
b) *Boreus westwoodi* HAGEN – **Westwoods Winterhaft**

Familie ***Bittacidae* – Mückenhafte**

Mittelgroß, schnakenähnlich; Fl dachartig über Hlb gelegt, VFlLg 17–20 mm (Abb. **817**/3). Auwälder u. angrenzende Wiesen, nur in südl Teilen des Gebiets; VII–IX. Im.

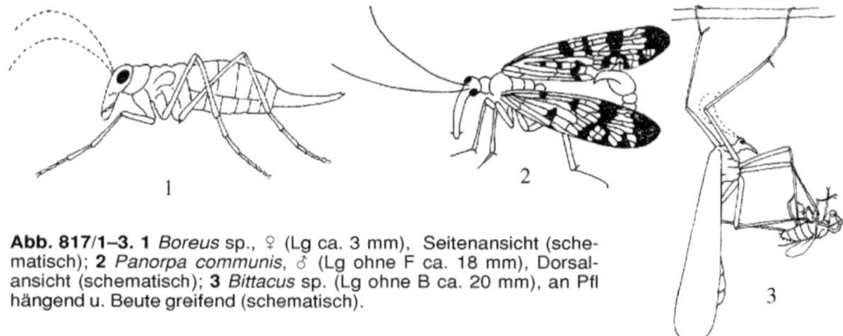

Abb. 817/1–3. 1 *Boreus* sp., ♀ (Lg ca. 3 mm), Seitenansicht (schematisch); **2** *Panorpa communis*, ♂ (Lg ohne F ca. 18 mm), Dorsalansicht (schematisch); **3** *Bittacus* sp. (Lg ohne B ca. 20 mm), an Pfl hängend u. Beute greifend (schematisch).

tagsüber an schattigen Stellen mit den VB an Pfl hängend, während der Dämmerung in kurzen Flügen dicht über der Vegetation umherstreifend; fangen mit den herabhängenden HB Insekten, die mit den MB u. HB zum Schnabel geführt werden. Kopula in hängender Stellung, ♂ übergibt ♀ Beuteinsekt. Eier werden einfach fallen gelassen. L kriechen im folgenden Frühj aus u. leben in dichtem PflWuchs unmittelbar am Boden. Weltweit ca. 70 Arten; im Gebiet 2 sehr s Arten.

1 Hü mit einigen schwarzen Bo; K, Schnabel u. Br braun bis dunkelbraun, Hlb hellbraun bis dunkelbraun. [*B. tipularius* (F.)]
Bittacus italicus (O. F. Müller) – **Italischer Mückenhaft**

1* Hü ohne Bo; K, Schnabel, Br u. Hlb gelblichbraun.
Bittacus hageni Brauer – **Hagens Mückenhaft**

Familie *Panorpidae* – Skorpionsfliegen

Ca. 20 mm, Hlb nach hinten kegelförmig verschmälert; ♂ mit HlbAnhängen, die in Form u. Haltung an das StachelGld der Skorpione erinnern (Abb. **817**/2); Fl leicht gespreizt u. flach über dem Hlb liegend, VFlLg 10–16 mm. Auf niedrigem Gebüsch, staudenreichen Gräben u. Wiesen. Im. unternehmen meist nur kurze Sprungflüge. Na: tote u. verwesende tierische u. pfl Substanzen. Während Kopula produziert ♂ mit den Speicheldrüsen bis zu 7 Sekretzylinder, die vor dem ♀ abgesetzt u. von diesem gefressen werden. Wenige Tage nach der Begattung werden an feuchten Stellen 40–140 Eier als kegelförmige Häufchen in Erdspalten abgelegt. L (Abb. **34**/8, s. Hauptschlüssel) leben am Boden od. unmittelbar unter der Erdoberfläche in selbstgegrabenen Gängen. 1–2 Gen im J; Überw als L. FlZeichnung u. Farbe ± variierend, Bestimmungsergebnis daher möglichst durch Untersuchung der ♂ GenitalSgm sichern. Ca. 150 Arten in allen Regionen außer SAmerika, im Gebiet 6 Arten.

1 Erste parallel zum VRand verlaufende Längsader (sc) des VFl verschmilzt in dessen M mit dem VRand (c); VFlLg 11–14 mm. (Abb. **819**/1). GenitalSgm des M fast kreisrund (Abb. **818**/1). z; V–VII. *Panorpa alpina* Rambur – **Alpen-Skorpionsfliege**

1* sc des VFl endet am FlMal. GenitalSgm des ♂ eiförmig (Abb. **818**/2–5) 2

2 FlZeichnung hellbraun od. bleich. HRand des 6.HlbSgm des ♂ oben mit knotigem Forts (Abb. **819**/2); VFlLg 11,5–13,5 mm. (GenitalSgm des ♂ Abb. **818**/2). z; VI–IX.
Panorpa cognata Rambur – **Kenntliche Skorpionsfliege**

2* FlZeichnung dunkel- od. schwarzbraun, HRand des 6.HlbSgm des ♂ oben anders 3

3 Zeichnung des VFl unter dem FlMal eine deutliche (s in der M unterbrochene) Querbinde bildend, nach dem FlHRand zu oft gegabelt (vgl. Abb. **817**/2); VFlLg 10,5–15,5 mm. (GenitalSgm des ♂ Abb. **818**/3). g; V–IX. 2 oft nicht sicher zu trennende Arten.
Panorpa communis L. u. *Panorpa vulgaris* Imhoff et Labram – **Gewöhnliche Skorpionsfliege**

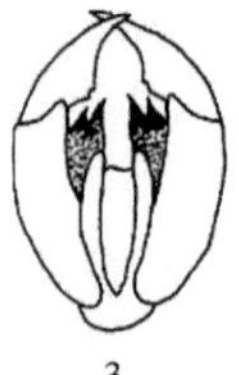

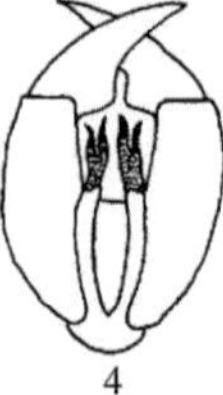

Abb. 818/1–5. GenitalSgm ♂. US von **1** *Panorpa alpina*; **2** *P. cognata*; **3** *P. communis*; **4** *P. germanica*; **5** *P. hybrida*.

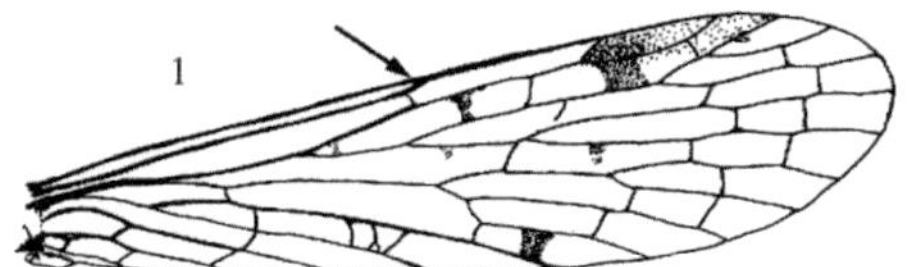

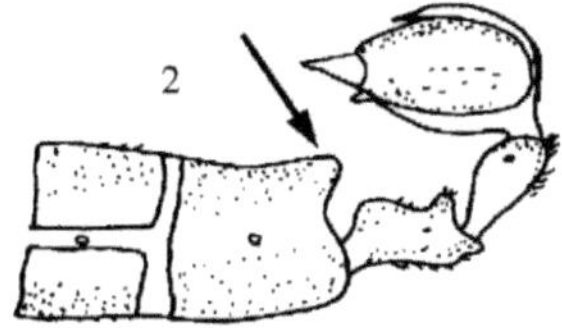

Abb. 819/1–2. 1 *Panorpa alpina*, VFl (Lg ca. 13 mm); **2** *P. cognata*, 5.–9. HlbSgm des ♂, SAnsicht.

3* Zeichnung des VFl unter dem FlMal keine Querbinde bildend, aus einzelnen Flecken bestehend **4**

4 An der Basis des VFl ein dunkler Fleck; ♂ mit deutlichem Sporn auf 3. HlbSgm; VFlLg 10–13,5 mm. (GenitalSgm des ♂ Abb. **818**/4). v; V–IX.
Panorpa germanica L. – **Deutsche Skorpionsfliege**

4* Basis des VFl ohne dunklen Fleck; VFlLg 13–16 mm. (GenitalSgm des ♂ Abb. **818**/5). s; VI–VII. *Panorpa hybrida* McLachlan – **Bastard-Skorpionsfliege**

Literatur

Kleinsteuber, E. (1977): Die Mecopteren Sachsens. – Veröff. Mus. Naturk. Karl-Marx-Stadt 9: S. 53-69

Saure, C. (2003): Verzeichnis der Schnabelfliegen (Mecoptera) Deutschlands. – In: Klausnitzer, B. (Hrsg.): Entomofauna Germanica. Band 6. – Entomologische Nachrichten und Berichte, Beiheft 7: 299–303. Dresden.

Strübing, H. (1958): Schneeinsekten. – Die Neue Brehm-Bücherei 220, A. Ziemsen Verlag Wittenberg Lutherstadt. 47 S.

Tjeder, B. (1951): Näbbsländor. Mecoptera. – Svensk Insektfauna 14: S. 1–42 + 2 Tafeln.

Willmann, R. (2003): 35. Ordnung Mecoptera, Schnabelfliegen. – In: Dathe, H. H. (Hrsg.): Lehrbuch der Speziellen Zoologie, Band I: Wirbellose Tiere, 5. Teil: Insecta, 2. Auflage. – Spektrum Akademischer Verlag Heidelberg, Berlin: 746–755.

Siphonaptera – Flöhe

Hubert Schumann †

G. Körper stark sklerotisiert, seitlich zusammengedrückt, gelb bis schwarzbraun gefärbt, ohne Fl (Abb. **821**/1–2). KörperLg 1,5–4,5 mm (nur *Hystrichopsylla* bis 6 mm). Tergite u. Sternite von vorn nach hinten schuppenartig übereinanderliegend. Bo u. Zähne nach hinten gerichtet. Mundwerkzeuge stechend-saugend mit 4gld UKfTst u. meist 5gld UlTst. Au fehlen od. als EinzelAu seitlich am K angeordnet. F in Grube versenkbar. Auf der Körperoberfläche als „Zähne" bezeichnete kräftige Kutikularforts, die meist in Reihen zusammenstehen u. an den Rändern der Sklerite Zahnkämme od. Ctenidien (Ct) bilden. Seitlich am URand des K befindet sich der Wangenkamm od. das Genalctenidium (GCt) (Abb. **821**/1; **822**/2), am HRand des 1. BrSgm liegt das Pronotalctenidium (PCt) (Abb. **821**/1; **822**/2), u. am HRand der HlbSgm können Abdominalctenidien (ACt) vorhanden sein (Abb. **821**/1). Die Anwesenheit, Form u. Größe der Ct bilden ein wichtiges differentialdiagnostisches Merkmal. MB u. HB haben stark vergrößerte Hü u. Schenkel. Sie dienen als SprungB. Die relativ großen u. kompliziert ausgebildeten äußeren Geschlechtsorgane des ♂ sind für eine genaue Artbestimmung unentbehrlich. ♀ mit 1–3 unterschiedlich geformten Spermatheken. – **L**: weißlich, KörperLg 4–7 mm (nur *Hystrichopsylla* bis 11 mm). Körper madenähnlich, ohne B u. Au, aber mit Bo u. Haaren sowie KKapsel; am letzten HlbSgm 1 Paar Nachschieber. – **P**: frei, immer innerhalb eines von der L gesponnenen Kokons. – **V.** Weltweit. Ca. 2200 Arten aus 200 Gattungen u. 15 Familien bekannt. In DE 74 Arten aus 27 Gattungen u. 6 Familien. – **B**. Blutsauger an Warmblütern (94% der Arten an Säugetieren, 6% an Vögeln). Holometabol; Entw in Nestern der Wirtstiere. L fressen organische Substanzen im Nistmaterial. Entw vom Ei zur Im. 2–4 Wo. **L., B.** Die meisten Floharten sind mehr nest- als wirtsspezifisch; ihr Vorkommen ist im wesentlichen an mikro- u. makroklimatische Bedingungen, an Landschaftsform u. Nestbeschaffenheit gebunden. Als Im. sind Flöhe vorwiegend Nestbewohner (Befall des Wirtes nur zur Na-Aufnahme) od. sie leben teils im Nest des Wirtes u. auf dem Wirt od. sie sind weitgehend zum stationären Parasitismus übergegangen. Abhängig von ihrer ökologischen Potenz können sich die Flöhe in einem od. auch in mehreren Nesttypen entw. Wirte mit abweichenden Neststrukturen besitzen auch vielfach sehr spezifische Flöhe. Meist sind die Flöhe nicht auf bestimmte Wirtstierarten als Blutspender angewiesen; ihre Wirtsspezifität kann sehr unterschiedlich ausgeprägt sein.

Einige Flöhe lassen sich an Hand der Ct u. anderer äußerer Merkmale mit Hilfe einer 10fach vergrößernden Lupe bestimmen, meist sind aber Mazeration der Flöhe in Kalilauge, ein Mikroskop u. Spezialliteratur unabdingbar.

1 Flöhe ohne Ct (Abb. **821**/2; **822**/4) **2**

1* Flöhe mindestens mit PCt (z. B. Abb. **821**/1) **3**

2 HHü auf InnenS mit Dörnchen. UlTst 4gld. HlbTerga mit nur einer BoReihe. K ohne Stirnhöcker (Abb. **821**/2). *Pulex* (*Pulicidae*)
P. irritans L. – **Menschenfloh**, am Menschen, Dachs u. Fuchs, gelegentlich auch an Haustieren (Schwein). [*Xenopsylla cheopis* (ROTHSCHILD) – **Pestfloh**, Einschleppungsmöglichkeit durch Ratten].

2* HHü auf InnenS ohne Dörnchen. UlTst 5gld. Mindestens HlbTergum 2 mit 2 BoReihen. K mit Stirnhöcker od. Resten desselben (Abb. **822**/4). *Chaetopsylla* (*Vermipsyllidae*)
Ch. globiceps (TASCHENBERG) – **Fuchsfloh**, am Fuchs, auch Dachs; *Ch. trichosa* KOHAUT – **Dachsfloh**, am Dachs, seltener Fuchs; *Ch. tuberculaticeps* (BEZZI), am Braunbär (in MEur nicht mehr vorhanden).

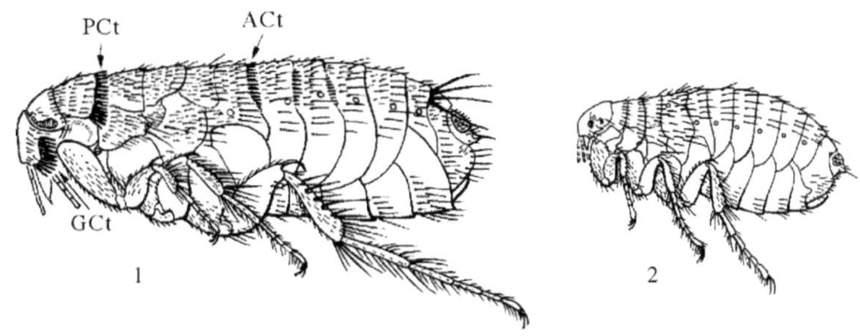

Abb. 821/1–2. 1 *Hystrichopsylla talpae* (♀), mit Ctenidien (von links nach rechts GCt, PCt, ACt); **2** *Pulex irritans* (♀), ohne Ctenidien.

3 **(1*)** PCt u. GCt ausgebildet (z.B. Abb. **822**/1–3, 7–10) **4**
3* Nur PCt vorhanden (z.B. Abb. **823**/4–5, 8–9, 13–14) **20**
4 KUS nur ganz vorn mit 2 breiten, abgestumpften Zähnen (z.B. Abb. **823**/3, 6). Auf Fledermäusen **5**
4* GCt sich über die gesamte US erstreckend od. weiter hinten, z.T. vertikal angeordnet; meist mit mehr als 2 Zähnen (z.B. Abb. **822**/2, 7–10; **823**/7, 9–10) **9**
5 Hlb ohne Ct. *Rhinolophopsylla* (*Ischnopsyllidae*)
R. unipectinata (Taschenberg) – **Hufeisennasenfloh**, an Hufeisennasen.
5* Hlb mit Ct od. PseudoCt **6**
6 7. Tergit des Hlb mit PseudoCt **7**
6* Nur erste Tergite des Hlb mit Ct, 7. Tergit ohne PseudoCt **8**
7 Außer dem PseudoCt des 7. HlbTergits nur Pronotum mit Ct. *Nycteridopsylla* (*Ischnopsyllidae*)
N. dictena (Kolenati), auf Fledermäusen.
7* Rücken mit 5 Ct (Pro- u. Metanotum; 1., 2. u. 7. HlbTergit). *Nycteridopsylla* (*Ischnopsyllidae*)
N. pentactena (Kolenati), an Mopsfledermaus, Langohr u.a.;
N. eusarca Dampf, am Abendsegler u.a.;
N. longiceps Rothschild, an Zwergfledermaus u.a.
8 **(6*)** Rücken mit 6 Ct (Pro- u. Metanotum; 1.–4. HlbTergit). *Ischnopsyllus (Ischnopsyllidae)*
I. hexactenus (Kolenati), an Langohr, Mopsfledermaus u.a.
8* Rücken mit 8 Ct (Pro- u. Metanotum; 1.–6. HlbTergit). *Ischnopsyllus (Ischnopsyllidae)*
I. octactenus (Kolenati), an Zwergfledermaus u.a.;
I. variabilis (Wagner), an Zwergfledermaus u.a.
I. intermedius (Rothschild), an Mausohr, Breitflügelfledermaus u.a.;
I. simplex Rothschild, an Fransenfledermaus, Bartfledermaus u.a.;
I. elongatus (Curtis), am Abendsegler u.a.
9 **(4*)** GCt horizontal angeordnet bzw. nach schräg oben verlaufend, mindestens 3 Zähne (z.B. Abb. **822**/2–3; **823**/2) **10**
9* GCt vertikal angeordnet, 2 bis vier Zähne (z.B. Abb. **822**/7–9; **823**/9–10) **14**
10 GCt mit mindestens 6 Zähnen (Abb. **822**/2–3) **11**
10* GCt mit höchstens 4 Zähnen (z.B. Abb. **822**/10; **823**/3) **12**
11 K relativ hoch (Abb. **822**/2). 1. Zahn des GCt nur halb so lg wie der 2. (Abb. **822**/2). *Ctenocephalides (Pulicidae)*
C. canis (Curtis) – **Hundefloh**, am Hund, seltener an Katze und Mensch.
11* K flach (Abb. **822**/3). 1. Zahn des GCt fast so lg wie der 2. (Abb. **822**/3). *Ctenocephalides (Pulicidae)*
C. felis (Bouché) – **Katzenfloh**, an Katze, Hund u. Mensch.

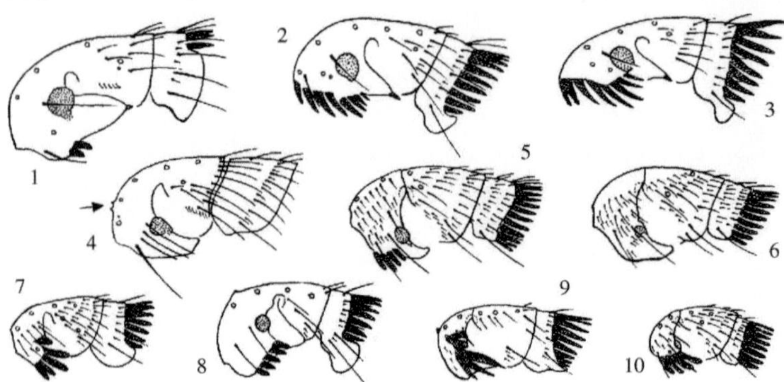

Abb. 822/1–10. K u. Pronotum (♀; gleiche Vergrößerung). **1** *Archaeopsylla erinacei*; **2** *Ctenocephalides canis*; **3** *C. felis*; **4** *Chaetopsylla trichosa*; **5** *Typhloceras poppei*; **6** *Atyphloceras nuperum*; **7** *Rhadinopsylla pentacantha*; **8** *Spilopsyllus cuniculi*; **9** *Palaeopsylla minor*; **10** *Doratopsylla dasycnema*.

12 **(10*)** GCt mit nur 3 relativ spitzen Zähnen (Abb. **823**/2).
Ctenophthalmus (*Ctenophthalmidae*)
C. bisoctodentatus Kolenati – **Maulwurfsfloh**, am Maulwurf;
C. agyrtes (Heller), am Maulwurf, an Wühlmäusen u. a. Säugern;
C. solutus Jordan & Rothschild, an Gelbhalsmaus u. a.;
C. orphilus Jordan & Rothschild, an Wühlmäusen (in Alp);
C. assimilis (Taschenberg), an Feldmaus, auch Maulwurf u. a.;
C. congener Rothschild, an Rötelmaus, Erdmaus, Wühlmäusen u. a.;
C. orientalis (Wagner), an Ziesel, Maulwurf u. a.;
C. uncinatus Wagner, an Rötelmaus u. a.

12* GCt mit 4 abgerundeten Zähnen (z. B. Abb. **822**/9) **13**

13 Letzter (oberster) Zahn des GCt leicht gekrümmt (Abb. **822**/9).
Doratopsylla (*Ctenophthalmidae*)
D. dasycnema (Rothschild), an Spitzmäusen.

13* Letzter Zahn des GCt gerade u. etwas kürzer als die vorhergehenden (Abb. **822**/5).
Typhloceras (*Hystrichopsyllidae*)
T. poppei Wagner, an Waldmaus.

14 **(9*)** Sehr großer Floh (4–6 mm). Außer GCt u. PCt auch AbdominalCt (Abb. **821**/1).
Hystrichopsylla (*Hystrichopsyllidae*)
H. talpae (Curtis) – **Großer Maulwurfsfloh**, am Maulwurf, auch an Wühlmäusen, Spitzmäusen u. a.

14* Flöhe von normaler Größe (bis höchstens 4 mm), ohne AbdominalCt **15**

15 GCt mit höchstens 2 Zähnen (Abb. **822**/1; **823**/7, 9) **16**

15* GCt mit mindestens 4 Zähnen (z. B. Abb. **822**/8–9; **823**/1, 12) **17**

16 PCt mit über 20 Zähnen (Abb. **823**/7, 9). *Peromyscopsylla* (*Ceratophyllidae*)
P. silvatica (Meinert), an Rötelmaus, Wühlmäusen u. a.;
P. fallax (Rothschild), an Rötelmaus (MGeb);
P. bidentata (Kolenati), an Rötelmaus, Wühlmäusen u. a.

16* PCt mit höchstens 4 Zähnen jederseits (Abb. **822**/1). *Archaeopsylla* (*Pulicidae*)
A. erinacei (Bouché) – **Igelfloh**, am Igel.

17 **(15*)** GCt mit 5 Zähnen (Abb. **822**/7–8) **18**

17* GCt mit 4 Zähnen (Abb. **822**/9; **823**/10, 12) **19**

18 Zähne des GCt in einer Reihe stehend, annähernd gleichlg. Au vorhanden (Abb. **822**/8). *Spilopsyllus* (*Pulicidae)*
S. cuniculi (DALE) – **Kaninchenfloh**, am Kaninchen.

18* Zähne des GCt leicht bogenförmig angeordnet (meist ungleich lg). Au rudimentär (Abb. **822**/7). *Rhadinopsylla* (*Ctenophthalmidae*)
R. pentacantha (ROTHSCHILD), an Feldmaus, Rötelmaus u. a.;
R. isacantha (ROTHSCHILD), an Rötelmaus u. a.;
R. integella JORDAN & ROTHSCHILD, an Rötelmaus, Erdmaus u. a.

19 **(17*)** Oberster Zahn des GCt sehr kurz u. abgestumpft, der darunter liegende spitz zulaufend (Abb. **822**/9; **823**/1, 12). *Palaeopsylla* (*Ctenophthalmidae*)
P. soricis (DALE) – **Spitzmausfloh**, an Spitzmäusen u. a.;
P. kohauti DAMPF, am Maulwurf u. a.; *P. minor* (DALE) – **Kleiner Maulwurfsfloh**, am Maulwurf.

19* Alle Zähne des GCt stumpf, nicht spitz zulaufend (Abb. **823**/10). *Leptopsylla* (*Ceratophyllidae*)
L. segnis (SCHÖNHERR) – **Hausmausfloh**, an Hausmaus u. a.

20 **(3*)** PCt mit weniger als 24 Zähnen (Säugetierflöhe) **21**

20* PCt mit mindestens 24 Zähnen (Vogelflöhe) (Abb. **823**/4, 8, 13–14). *Dasypsyllus, Ceratophyllus* (*Ceratophyllidae*)
D. gallinulae DALE, an Gebirgsstelze; *C. hirundinis* (CURTIS), *C. farreni* ROTHSCHILD u. *C. rusticus* WAGNER, an Mehlschwalbe; *C. styx* ROTHSCHILD – **Uferschwalbenfloh**, an Uferschwalbe; *C. affinis* NORDBERG, an Gebirgsstelze; *C. enefdae* IOFF, an Hausrotschwanz (Alp); *C. fringillae* (WALKER) – **Sperlingsfloh**, an Haussperling u. a.; *C. tribulis* JORDAN, an Feldsperling u. a.; *C. pullatus* JORDAN & ROTHSCHILD, an Meisen, Kleiber u. a.; *C. rossittensis* Dampf – **Krähenfloh**, an Kolkraben, an Raben- u. Nebelkrähe; *C. vagabundus* (BOHEMAN) – **Dohlenfloh**, an Dohle; *C. gallinae* (SCHRANK) – **Hühnerfloh**, in Kleinvogelnestern, in Höhlen u. Halbhöhlen, vorwiegend im Wald; *C. garei* ROTHSCHILD, in Nestern bodenbrütender Vögel, vorwiegend im Freiland; *C. columbae* (GERVAIS) – **Taubenfloh**, an Tauben.

21 K mit deutlicher Scheitelfurche (Abb. **822**/6; **823**/5). HRand des Metanotums glatt, ohne Dornfortsatz. *Amphipsylla* (*Leptopsyllidae*), *Atyphloceras* (*Hystrichopsyllidae*), *At. nuperus* (JORDAN), an Wühlmäusen, *Amphipsylla rossica* WAGNER, an Feldmaus.

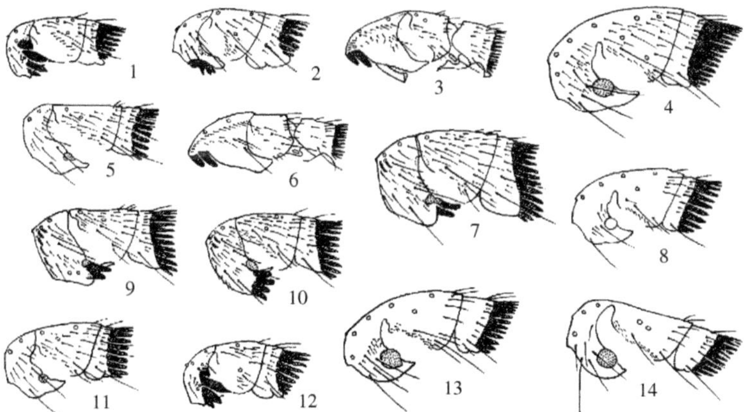

Abb. 823/1–14. K u. Pronotum (♂, ♀; gleiche Vergrößerung). **1** *Palaeopsylla soricis* (♂); **2** *Ctenophthalmus assimilis* (♀); **3** *Ischnopsyllus hexactenus* (♂); **4** *Dasypsyllus gallinulae* (♀); **5** *Amphipsylla rossica* (♂); **6** *Ischnopsyllus hexactenus* (♀); **7** *Peromyscopsylla bidentata* (♂); **8** *Nosopsyllus fasciatus* (♀); **9** *Peromyscopsylla silvatica* (♀); **10** *Leptopsylla segnis* (♀); **11** *Amphipsylla rossica* (♀); **12** *Palaeopsylla soricis* (♀); **13** *Ceratophyllus rossittensis* (♀); **14** *C. rossittensis* (♂).

21* K ohne deutliche Scheitelfurche (Abb. **823**/8). *Paraceras, Tarsopsylla, Monopsyllus, Myoxopsylla, Amalaraeus, Megabothris, Nosopsyllus* (*alles Ceratophyllidae*) *Amalaraeus penicilliger* (GRUBE) u. *Am. arvicolae* (IOFF), an Wühlmäusen; *Megabothris turbidus* (ROTHSCHILD) u. *M. walkeri* (ROTHSCHILD), an Wühlmäusen; *Ceratophyllus sciurorum* (SCHRANK) – **Eichhörnchenfloh**, an Eichhörnchen, Schläfern u. a.; *Myoxopsylla laverani* (ROTHSCHILD) – **Schläferfloh**, an Schläfern; *Nosopsyllus fasciatus* (BOSC) – **Europäischer Rattenfloh**, an Ratten u. Mäusen; *Paraceras melis* (WALKER) – **Dachsfloh**, am Dachs; *Tarsopsylla octodecimdentata* (KOLENATI), am Eichhörnchen.

Liste der wichtigsten Wirtstiere

Das Verzeichnis der Wirte kann wegen der unterschiedlichen Wirtsspezifität der einzelnen Floharten nur bedingt zur Artfeststellung herangezogen werden, gibt aber dennoch wertvolle Hinweise zur Erkennung der Arten. Genannt werden meist nur die Hauptwirte u. die wichtigsten Nebenwirte, gegebenenfalls Wirtstiergruppen.

Mensch:	*Pulex irritans, Ctenocephalides canis, C. felis, Ceratophyllus gallinae.*
Raubtiere	
Hund:	*Ctenocephalides canis, C. felis.*
Katze:	*Ctenocephalides felis, C. canis.*
Fuchs:	*Chaetopsylla globiceps, C. trichosa, Ctenocephalides canis, Pulex irritans.*
Dachs:	*Chaetopsylla trichosa, C. globiceps, Paraceras melis, Pulex irritans.*
Marder:	*Ceratophyllus sciurorum.*
Nagetiere	
Eichhörnchen:	*Ceratophyllus sciurorum, Tarsopsylla octodecimdentata.*
Ziesel:	*Ctenophthalmus orientalis.*
Schläfer:	*Myoxopsylla laverani, Ceratophyllus sciurorum.*
Rötelmaus:	*Rhadinopsylla isacantha, R. integella, Ctenophthalmus agyrtes, C. congener, C. uncinatus, Peromyscopsylla silvatica.*
Erdmaus:	*Ctenophthalmus agyrtes.*
Feldmaus:	*Ctenophthalmus assimilis, C. agyrtes, Rhadinopsylla pentacantha, Amphipsylla rossica, Nosopsyllus fasciatus.*
Schneemaus:	*Ctenophthalmus orphilus.*
Schermaus:	*Ctenophthalmus agyrtes.*
Kleinäugige Wühlmaus:	*Amalaraeus arvicolae.*
Wühlmäuse (allgemein):	*Rhadinopsylla isacantha, R. integella, R. pentacantha, Ctenophthalmus agyrtes, C. orphilus, C. congener, C. uncinatus, C. assimilis, Peromyscopsylla silvatica, P. fallax, P. bidentata, Hystrichopsylla talpae, Atyphloceras nuperus, Amalaraeus penicilliger, A. arvicolae, Megabothris turbidus, Nosopsyllus fasciatus, Amphipsylla rossica.*
Gelbhalsmaus:	*Ctenophthalmus solutus, C. agyrtes, Megabothris turbidus, Nosopsyllus fasciatus.*

Waldmaus:	*Typhloceras poppei, Nosopsyllus fasciatus.*
Brandmaus:	*Ctenophthalmus agyrtes, Megabothris turbidus, Nosopsyllus fasciatus.*
Hausmaus:	*Leptopsylla segnis, Nosopsyllus fasciatus.*
Ratten:	*Nosopsyllus fasciatus, Xenopsylla cheopis.*
Hasentiere	
Kaninchen:	*Spilopsyllus cuniculi.*
Insektenfresser	
Igel:	*Archaeopsylla erinacei.*
Maulwurf:	*Palaeopsylla minor, P. kohauti, Ctenophthalmus bisoctodentatus, C. assimilis, C. agyrtes, Hystrichopsylla talpae.*
Spitzmäuse:	*Doratopsylla dasycnema, Palaeopsylla soricis, Hystrichopsylla talpae, Ctenophthalmus agyrtes.*
Fledermäuse:	*Ischnopsyllus, Nycteridopsylla, Rhinolophopsylla.*
Vögel	
Bodenbrüter:	*Ceratophyllus garei, C. gallinae, Dasypsyllus gallinulae.*
Nester im Gebüsch:	*Ceratophyllus gallinae, Dasypsyllus gallinulae.*
Nester in Bäumen:	*Ceratophyllus gallinae.*
Nester in Baumhöhlen:	*Ceratophyllus gallinae, C. fringillae, C. pullatus, C. vagabundus, Dasypsyllus gallinulae.*
Schwalben:	*Ceratophyllus farreni, C. hirundinis, C. rusticus.*
Uferschwalbe:	*Ceratophyllus styx.*
Kolkrabe, Raben- und Nebelkrähe:	*Ceratophyllus rossittensis.*
Dohle:	*Ceratophyllus vagabundus.*
Tauben:	*Ceratophyllus columbae, C. gallinae.*
Hühner:	*Ceratophyllus gallinae.*
Gebirgsbachstelze:	*Dasypsyllus gallinulae, Ceratophyllus affinis.*
Haussperling:	*Ceratophyllus fringillae.*
Feldsperling:	*Ceratophyllus tribulis.*

Literatur

Hopkins, C. H. E. & Rothschild, M. (1953–1971): An illustrated catalogue of the Rothschild collection of fleas (Siphonaptera) in the British Museum. (5 Bd.) – London.

Kinzelbach, R. K. (2003): 34. Ordnung Siphonaptera (Aphaniptera), Flöhe. – In: Dathe, H. H. (Hrsg.): Lehrbuch der Speziellen Zoologie, Band I: Wirbellose Tiere, 5. Teil: Insecta, 2. Auflage. – Spektrum Akademischer Verlag Heidelberg, Berlin: 734–745.

Kutzscher, Ch. & Striese, D. (2003): Verzeichnis der Flöhe (Siphonaptera) Deutschlands. – In: Klausnitzer, B. (Hrsg.): Entomofauna Germanica. Band 6. – Entomologische Nachrichten und Berichte, Beiheft 7: 292–298. Dresden.

Peus, F. (1967): Zur Kenntnis der Flöhe Deutschlands. I–IV. – Dtsch. Ent. Z., N. F. 14, 81–108.

Peus, F. (1968–1972): Zool. Jahrb., Syst. 95, 571–633; Zool. Jahrb., Syst. 97, 1–54; Zool. Jahrb., Syst. 99, 408–504.

Skalon, O. I. (1988): Siphonaptera. – In: Bei-Bienko, G. Ya. (ed.): Keys to the Insects of the European Part of the USSR V, pt. 2. – Washington.

Traub, R., Rothschild, M. & Haddow, J. F. (1983): The Ceratophyllidae. – London.

Strepsiptera – Fächerflügler, Kolbenflügler

Joachim Oehlke

Hoch spezialisierte, artenarme Ordnung. Ca. 600 Arten, in DE wenigstens 16, wobei weiteren wirtsspezifischen Artaufspaltungen neue Untersuchungen vorausgehen müssen.

G. In MEur nur 1–7 mm, sonst höchstens 30 mm lg. ♂ mit einheitlichem Körperbau (Abb. **826**/1–3), immer geflügelt, mit gut entw Sinnesorganen. VFl stets zu kolbenförmigen (Name!) Schwingkölbchen umgestaltet, die ähnlich gebaut sind wie die Halteren der Dipteren u. vermutlich auch gleiche Funktion haben; stehen in Ruhe waagerecht seitwärts ab u. werden beim Fliegen sehr schnell auf u. ab bewegt. HFl häutig mit stark vergrößertem Analfeld, fächerartig faltbar (Name!) (Abb. **826**/4, 5). K stets breiter als lg, F mit 4–7 Gld (Abb. **829**/1–5), die zw den Au auf der Stirn ansetzen; 3. FGld stets, folgende oft mit je einem lg seitlichen Forts. K mit fast halbkugelig gewölbten, stark vorspringenden, großen KomplexAu, die aus 15 bis 150 Oc-ähnlichen EinzelAu (Ommatidien) zusammengesetzt sind. Mundwerkzeuge reduziert. B sind Klammerorgane, oft ohne Krallen. FußGld teils lappig erweitert. Hlb mit 10 Sgm, 9. Sternit unten mit hakenförmigem, in der Ruhe nach vorn geklapptem Begattungsorgan (Aedoeagus). Die ♀ sind stationäre Endoparasiten mit entsprechend rückgebildeten äußeren u. inneren Organen, Cephalothorax u. 9gld Hlb (Abb. **828**/6). Reduktionen können bei begatteten ♀ so weit gehen, dass nur noch Gebärorgane vorhanden sind. – **V.** Alle Erdteile, bes. in wärmeren Gebieten. In DE nur Arten der Familie *Stylopidae*. Die *Mengenillidae* mit freilebenden blattlausähnlichen ♀ (Abb. **828**/7), die als L in Silberfischchen *(Lepisma-* u. *Ctenolepisma*-Arten) leben, haben ihr nächstes

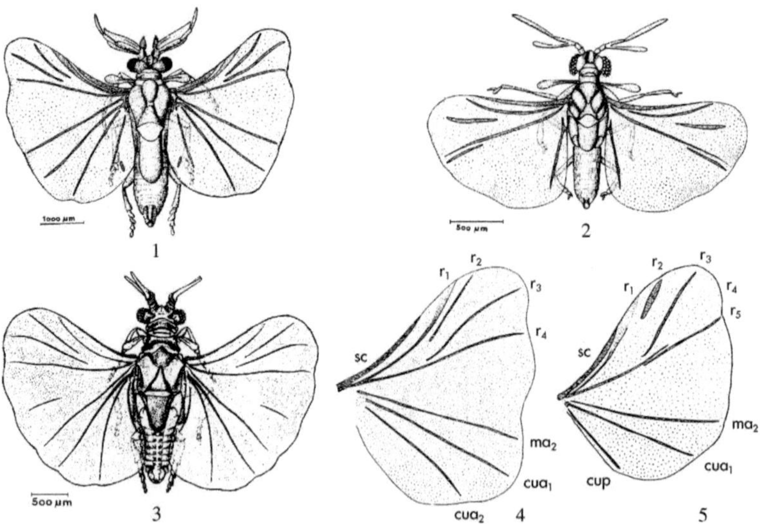

Abb. 826/1–5. ♂ Im. von **1** *Stylops melittae*; **2** *Xenos vesparum*; **3** *Elenchus tenuicornis*; HFl von **4** *Pseudoxenos heydeni*, ♂; **5** *Halictophagus tettigometrae*, ♂; (sc = Subcosta, r = Radius (Längsader), ma = Media anterior (Medialader), cua = Cubitus anterior (vordere Cubitalader), cup = Cubitus posterior (hintere Cubitalader).

Vorkommen im Mittelmeergebiet, fossil auch in MEur. – **L.** Lebensräume des Landes, in denen die Wirtsarten vorkommen. – **B.** Lebendgebärend, mit vollständiger Verwandlung u. auffälligem Geschlechtsdimorphismus. Zumindest L endoparasitisch im Hlb anderer Insekten; in MEur in Hautflüglern, Wanzen u. Zikaden, sonst auch in Heuschrecken (Grabschrecken), Silberfischchen, Fliegen, Schaben u. Fangschrecken. Befallene Wirte werden nach der ältesten Gattung der *Strepsiptera*, *Stylops*, als stylopisiert bezeichnet. Begattung durch Injektion der Spermien in die Leibeshöhle des ♀. Die 1000–2000 PrimärL je ♀ werden in den Brutkanal gepumpt u. gelangen so als staubfeine Masse auf den Hlb des Wirtes. Auf diese Weise wird für die V der 0,08–0,35 mm lg PrimärL gesorgt. Die PrimärL (Abb. **828**/8) besitzen Au, B sowie am HlbE befindliche SprungB, wodurch sie z. T. auch aktiv die WirtsL aufsuchen u. sich in diese einbohren. Hier entsteht die SekundärL, die sich von der Körperflüssigkeit des Wirts ernährt (Abb. **828**/9). Nach mehreren EntwStadien entsteht die Im., wobei bei den ♀ verschiedene larvale Häute erhalten bleiben. Die äußerst unruhigen ♂ durcheilen während der höchstens 5 Lebensstunden rastlos das Habitat, um mit ihrem außerordentlich feinem Geruchssinn die ♀ aufzuspüren. Während dies bei Bienenparasiten häufig im zeitigen Frühj erfolgt, können sich bei Zikaden 2 Gen entw. Bei der Gattung *Halictoxenos* ist Polyembryonie nachgewiesen. Für einige Arten verschiedener Gattungen wird Parthenogenese angenommen. – Strepsipteren erhält man durch Fang befallener Wirtstiere (Abb. **828**/10, 11), bes. regelmäßig, wenn diese in größeren Populationen auftreten. Durch unbegattete ♀ lassen sich ♂ anlocken, bei einigen Gruppen kommen letztere auch ans Licht. – Frisch erbeutete Exemplare werden in 70%igem Alkohol aufbewahrt. Durch Trocknung werden wichtige Bestimmungsmerkmale meist unkenntlich.
Die 16 in DE vorkommenden Gattungen u. Arten gliedern sich in folgende Familien:

Corioxenidae
Malayaxenos trapezonoti POHL & MELBER

Elenchidae
Elenchus tenuicornis (KIRBY)

Halictophagidae
Halictophagus agalliae ABDUL-NOUR
Halictophagus sulwoodensis WALOFF
Halictophagus sp.
Stenocranophilus quadratus PIERCE

Xenidae
Paraxenos hungaricus (SZÉKESSY)
Paraxenos sphecidarum (DUFOUR)
Pseudoxenos heydeni SAUNDERS
Xenos vesparum ROSSI

Stylopidae
Eurystylops oenipontana HOFENDER
Halictoxenos arnoldi PERKINS
Halictoxenos spencei NASSONOW
Halictoxenos tumulorum PERKINS
Hylecthrus rubi SAUNDERS
Stylops melittae KIRBY

1 ♂ Im. mit Fl **2**
1* ♀ Im. ragt nur mit dem Cephalothorax zw den Sgm des Wirtes heraus (Abb. **828**/10, 11), ungeflügelt **5**
2 F mit 7 Gld (Abb. **829**/1). Mandibeln kegelförmig. Familie *Halictophagidae* S. 829
2* F mit weniger als 7 Gld. Mandibeln messerförmig (Abb. **828**/3) **3**
3 Tarsen mit 2 Gld, F höchstens mit 4, zuweilen verwachsenen Gld, nur das 3. Gld mit seitlichem Forts (Abb. **829**/2). Familie *Elenchidae* S. 830
3* Tarsen mit 4 Gld, F mit 4–6 Gld **4**
4 F mit 5-6 Gld (Abb. **829**/3, 4), wenn 4gld (*Halictoxenos*), dann Maxillenbasis abgeflacht (Abb. **828**/1). Familie *Stylopidae* S. 828
4* F mit 4 Gld (Abb. **829**/5), Maxillen drehrund. Familie *Xenidae* S. 829
5 **(1)** Parasiten in Zikaden (*Auchenorrhyncha*) **6**
5* Parasiten in Hautflüglern (*Hymenoptera*) **7**
6 Brutspalte breitklaffend, halbmondförmig (Abb. **828**/4). Cephalothorax dorsal weichhäutig, ventral reduziert, ringförmig hinter der Brutspalte. Familie *Elenchidae* S. 830

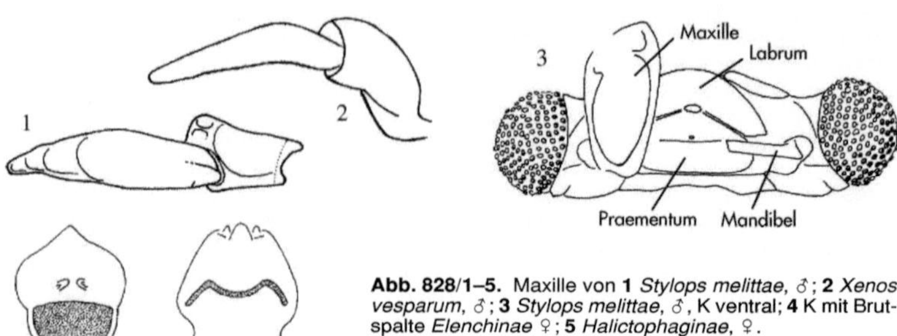

Abb. 828/1–5. Maxille von **1** *Stylops melittae*, ♂; **2** *Xenos vesparum*, ♂; **3** *Stylops melittae*, ♂, K ventral; **4** K mit Brutspalte *Elenchinae* ♀; **5** *Halictophaginae*, ♀.

6* Brutspalte schmal, schlitzförmig (Abb. **828**/5). Cephalothorax dorsal sklerotisiert, ventral groß. Familie *Halictophagidae* S. 829
7 **(5)** Parasiten in Bienen (*Apidae*). Familie *Stylopidae* S. 828
7* Parasiten in Falten- (*Vespidae, Eumenidae*) od. Grabwespen (*Sphecidae*). Familie *Xenidae* S. 829

Aus der Familie *Corioxenidae* wurde aus Wanzen in Niedersachsen von Pohl & Melber (1996) eine neue Art *Malayaxenos trapezonoti* beschrieben. Die ♂ unterscheiden sich durch fehlende Mandibeln, F mit 6 Gld, Tarsen mit 4 Gld, Klauen schwarz.

Familie ***Stylopidae***

KörperLg der ♂ 1,6–2,5 mm (*Hylecthrus, Halictoxenos*), 3,5–6 mm (*Stylops*), F 5–6gld, stets nur das 3. Gld mit verlängertem Forts (Abb. **829**/3, 4). Bei *Halictoxenos* 4 gld, wobei der Forts des 3. Gld etwa so lg wie das 4. Gld ist; ähnlich den *Xenidae,* doch schlanker. Praementum mit Hypopharynx zu einem einheitlichen Sklerit verschmolzen. Mandibeln stark sklerotisiert, messerförmig. Maxillen abgeflacht, subapical an der US des vorhergehenden Gld ansetzend, Tergit der VBr kurz. HFl Abb. **826**/1. Bei *Eurystylops* ist nur das ♀ bekannt. Flugzeit der ♂ von *Stylops* u. *Halictoxenos* schon ab III, von *H. rubi* VI–VIII. Alle Arten sind Parasiten in Bienen.

1 ♂ **2**
1* ♀ **4**
2 Mit 6 FGld (Abb. **829**/3) *Stylops melittae* Kirby
2* Mit weniger als 6 FGld **3**
3 Mit 5 FGld (Abb. **829**/4). *Hylecthrus rubi* Saunders
3* Mit 4 FGld (vgl. Abb. **829**/5) 3 Arten. *Halictoxenos* Pierce

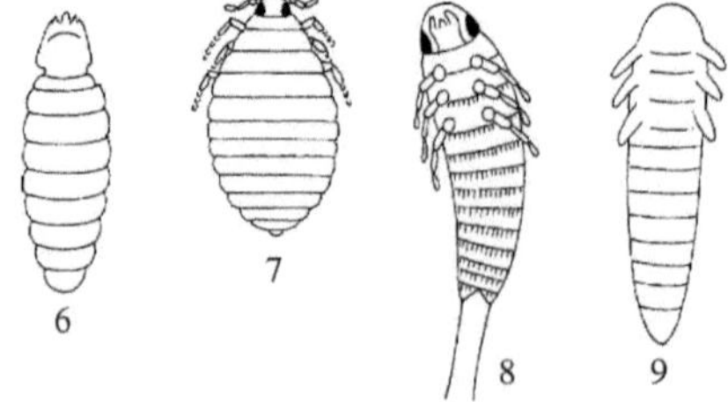

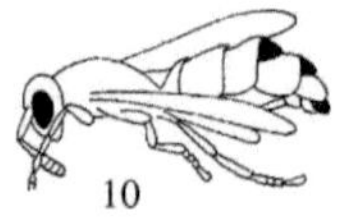

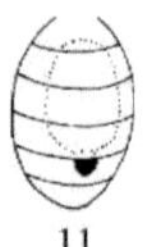

Abb. 828/6–11. ♀ Im. von **6** *Stylopidae*; **7** *Mengenillidae*; **8** PrimärL; **9** SekundärL; **10** u. **11** Strepsipteren-♀ im Hlb des Wirtes.

4 **(1)** In Sandbienen (*Andrena* F.). *Stylops melittae* KIRBY
4* In Furchenbienen (*Halictus* LATREILLE u. *Lasioglossum* CURTIS). 3 Arten. *Halictoxenos* PIERCE
4** In Urbienen (*Hylaeus* F.). *Hylecthrus rubi* SAUNDERS
4*** In Glanzbienen (*Dufourea* LEPELETIER). Nördlich bis TH. *Eurystylops oenipontana* HOFENEDER

Familie ***Xenidae***

♂: KörperLg 2–3,5 mm (*P. heydeni*), 4,4–5 mm (*X. vesparum*). F 4gld (Abb. **829**/5). Hsch ragt weiter über den HK als bei den *Stylopinae*. Maxillen mit rundem Querschnitt. Praementum nur als häutige Falte vorhanden. ♀: KörperLg bis 7 mm (*Xenos*). Cephalothorax breit, meist abgerundet. SgmGrenzen am Thorax zuweilen durch Pigmentierung angedeutet. Stigmaltrachee im 1. HlbSgm einfach. Flugzeit der ♂ von *X. vesparum* VII–IX. Die ♀ dieser Art überwintern in den *Polistes*-♀. Die Puparien der neuen Gen brechen von VI–VIII auf. Alle Arten der UFamilie sind Parasiten von Faltenwespen (*Vespidae* u. *Eumenidae*).

1 ♂ **2**
1* ♀ **3**
2 HFl mit CuP. (Abb. **826**/2). Nicht s. *Xenos vesparum* ROSSI
2* HFl ohne CuP. (Abb. **826**/4). In DE nördl bis Naumburg/Saale. Sehr s. *Pseudoxenos heydeni* SAUNDERS
3 In sozialen Faltenwespen, fast nur in Feldwespen (*Polistinae*). Cephalothorax bernsteingelb, sehr flach. *Xenos vesparum* ROSSI
3* In solitären Faltenwespen, Lehmwespen (*Eumenidae*). Cephalothorax meist dunkelkastanienbraun, weniger abgeflacht. *Pseudoxenos heydeni* SAUNDERS

Bei der jetzt hierher gehörigen Gattung *Paraxenos* SAUNDERS ♂ mit 2–3,4 mm, ♀ mit 3–4,5 mm KörperLg. Praementum des ♂ sklerotisiert, Stigmaltrachee im 1. AbdominalSgm des ♀ doppelt. Von den weltweit 35 Arten bisher nur eine Art in DE nachgewiesen. Sie parasitiert in Arten der Gattungen *Ammophila, Podalonia* u. *Sphex*. Alle weiteren Arten sind Parasiten bei Arten anderer Wirtsgattungen der Grabwespen (*Sphecidae*). Fundzeiten von V–VIII. *Paraxenos sphecidarum* (DUFOUR)

Familie ***Halictophagidae***

In DE nur die Gattung *Halictophagus* CURTIS und *Stenocranophilus* PIERCE. ♂: KörperLg etwa 2 mm. F 7gld mit SForts an Gld 3 bis 6, diese abgeflacht (Abb. **829**/1). Mandibeln kegelförmig, HFl Abb. **826**/5. Aedoeagus haken- od. ankerförmig. ♀: Kopfanteil des Cephalothorax nimmt etwa die Hälfte seiner Lg ein. Auch der dorsale Teil ist sklerotisiert u. mit Längsfalten durchzogen (dem Wirt zugewandte S). Arten der Familie in verschiedenen Zikadenarten (*Auchenorrhyncha*). s. *Halictophagus* sp. u. *Stenocranophilus quadratus* PIERCE

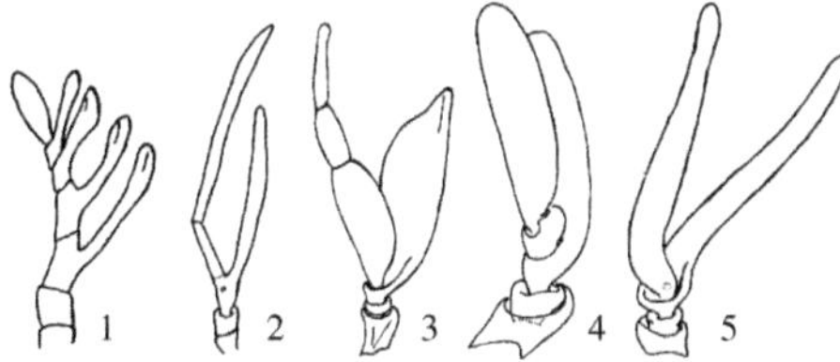

Abb. 829/1–5. Fühler der ♂ von
1 *Halictophagus* sp.;
2 *Elenchus tenuicornis*;
3 *Stylops melittae*;
4 *Hylecthrus rubi*;
5 *Xenos vesparum*.

Familie **_Elenchidae_**

Gattung *Elenchus* CURTIS

♂: KörperLg 0,7–1,8 mm, sehr variabel (Abb. **826**/3). F nur am 3. Gld mit SAst, distale Gld z.T. verwachsen (Abb. **829**/2). Mandibeln messerförmig, z.T. membranisiert. Maxillarpalpus mehr als 5-mal so lg wie die Maxillenbasis. Aedoeagus ohne Haken. ♀: Vom sklerotisierten Cephalothorax nimmt der K den größten Teil ein. Hinter der umfangreichen Brutspalte liegt ein Hypopharynx-Sklerit. Bei uns alle bisher angenommenen Arten nur zu einer eur Art. In MEur zwei Generationen in mehr als 30 Delphacidenarten (z.B.: *Callipygona* spp., *Chloriona* spp., *Dicranotropis* sp., *Javesella* spp., *Ribautodelphax* spp.). *Elenchus tenuicornis* KIRBY

Zusammenstellung der in DE möglicherweise stylopisierten Wirte u. ihrer Parasiten

Übergeordnetes Taxon der Wirte	Gattungen der Wirte	Gattung des Parasiten
Heteroptera, Wanzen	*Trapezonotus*:	*Malayaxenos*
Auchenorrhyncha, Zikaden		
Delphacidae, Spornzikaden	viele Genera:	*Elenchus*, *Halictophagus*
Stenocranophilus		
Hymenoptera, Hautflügler		
Vespidae, Faltenwespen (sozial)	(*Vespula*):	*Xenos*
	Polistes:	*Xenos*
Eumenidae, Lehmwespen (solitär)	*Oplomerus:*	*Pseudoxenos*
	Gymnomerus:	*Pseudoxenos*
	Stenodynerus:	*Pseudoxenos*
	Odontodynerus:	*Pseudoxenos*
	Allodynerus:	*Pseudoxenos*
	Euodynerus:	*Pseudoxenos*
	Ancistrocerus:	*Pseudoxenos*
	Odynerus:	*Pseudoxenos*
	Eumenes:	*Pseudoxenos*
Pompilidae, Wegwespen	*Episyron:*	gen. sp.
Sphecidae, Grabwespen	*Ammophila:*	*Paraxenos*
	Podalonia:	*Paraxenos*
	Sphex:	*Paraxenos*
	Stizus:	*Paraxenos*
	Bembecinus:	*Paraxenos*
	Bembix:	*Paraxenos*
	Tachytes:	*Paraxenos*
Apidae, Bienen		
Colletinae	*Hylaeus:*	*Hylecthrus*
Andreninae	*Andrena:*	*Stylops*
Halictinae	*Halictus:*	*Halictoxenos*
	Lasioglossum:	*Halictoxenos*
	Dufourea:	*Eurystylops*
	Nomia:	gen. sp.
	Rophites:	? *Eurystylops*

Literatur

HOFENEDER, K. & FULMEK, L. (1942, 1943, 1952): Verzeichnis der Strepsiptera und ihrer Wirte. – Arb. physiol. angew. Entomologie Berlin-Dahlem 9: 179–185, 249–283. 10: 33–58, 139–169, 196–230. Beitr. Entomol. 2: 473–521.

KINZELBACH, R. K. (1969): 78. Familie: Stylopidae, Fächerflügler (= Ordnung Strepsiptera). – In: FREUDE, H., HARDE, K. W. & LOHSE, G. A.: Die Käfer Mitteleuropas Bd. 8: 139–159.

KINZELBACH, R. K. (1978): Strepsiptera. – In: Tierwelt Deutschlands. 65. Teil. Fischer. 1–166.

KINZELBACH, R. K. & POHL, H. (2003): 27. Ordnung Strepsiptera, Fächerflügler. – In: DATHE, H. H. (Hrsg.): Lehrbuch der Speziellen Zoologie, Band I: Wirbellose Tiere, 5. Teil: Insecta, 2. Auflage. – Spektrum Akademischer Verlag Heidelberg, Berlin: 526–539.

POHL, H. & MELBER, A. (1996): Verzeichnis der mitteleuropäischen Fächerflügler und die Beschreibung einer neuen Art der Gattung *Malayaxenos* KIFUNE 1981. – Senckenbergiana 75 (172): 171–180.

POHL, H. & OEHLKE, J. (2003): Verzeichnis der Fächerflügler (Strepsiptera) Deutschlands. – In: KLAUSNITZER, B. (Hrsg.): Entomofauna Germanica. Band 6. – Entomologische Nachrichten und Berichte, Beiheft 7: 273–275. Dresden.

SZÉKESSY, V. (1959): Die Strepsipterenliteratur bis 1959. – Rovartani Közlem. Budapest 12: 349–401.

ULRICH, W. (1930): Ordnung Fächerflügler, Strepsiptera KIRBY. – In: Die Tierwelt Mitteleuropas, Ins. 2, Abt. XIII: 1–26.

Diptera – Zweiflügler

Hubert Schumann † unter Mitarbeit von
Dieter Doczkal (Syrphidae) & Joachim Ziegler (Larven)

G. Vorderflügel (VFl) bis auf wenige Ausnahmen vollständig ausgebildet, Hinterflügel (HFl) zu Halteren (HAL) od. Schwingkölbchen (Abb. **832**/1–2) umgewandelt. Dadurch von allen anderen Insekten unterschieden. Traditionell lassen sich die *Diptera*

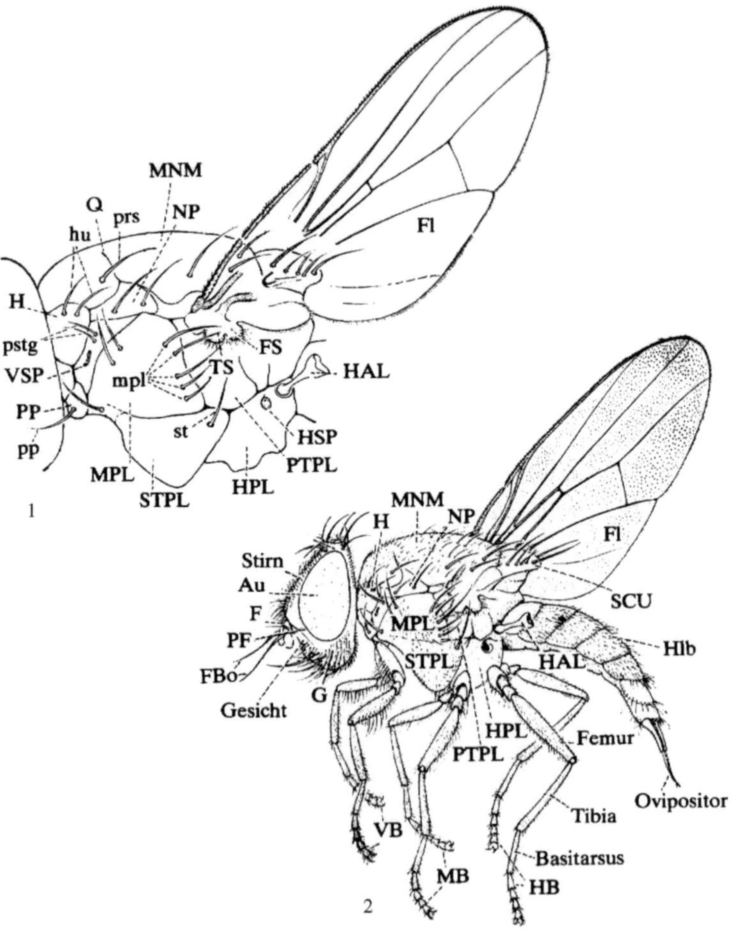

Abb. 832/1–2. 1 linke SAnsicht des Thorax von *Dasiops latifrons* mit den wesentlichen Bo; **2** *Dasiops latifrons*, ♀ (*Lonchaeidae*) (5 mm).

in Mücken (*Nematocera*) u. Fliegen (*Brachycera*) unterteilen. KörperLg: 0,8–35 mm. Mundwerkzeuge leckend- od. stechendsaugend, teilweise reduziert. Fühler (F) sehr verschiedenartig ausgebildet (Abb. **834**/1–15, **837**/2–9). Bei den *Nematocera* folgt auf die beiden BasalGld eine aus vielen gleichartig geformten Gld bestehende Geißel od. Flagellum (Abb. **837**/4–9), bei den *Brachycera* in der Regel nur ein 3., zum Teil geringeltes FGld, welches entweder einen Griffel (Abb. **834**/1, 5–6) od. eine FBo (Arista) (Abb. **834**/8–15, **837**/2–3) trägt. Oberhalb der FBasis befindet sich bei den schizophoren Dipteren eine schmale halbmondförmige Platte (Lunula = Lu) u. die Ptilinalnaht (PS), durch welche beim Schlüpfen die Stirnblase ausgestülpt wird (Abb. **833**/2). Die Stirn od. Frons (VF) liegt zw F bzw. Ptilinalnaht u. OcDreieck mit den OcellarBo (oc). Sie ist in die zentrale Interfrons mit den InterfrontalBo u. die lateralen, den Au anliegenden Wangenplatten (WP) (auch Frontorbital- od. Parafrontalplatten genannt), mit den nach innen (inclinat), außen (lateroclinat), oben (reclinat) od. unten (proclinat) gerichteten OrbitalBo (ors), unterteilt. OcDreieck mit 3 Oc, bei *Nematocera* z. T. fehlend. Auf dem Scheitel (Vertex) hinter dem OcDreieck befinden sich die PostvertikalBo (pvt), die inneren (vti) u. äußeren (vte) VertikalBo (Abb. **833**/1–2). Der Abschnitt unterhalb der FBasis gliedert sich in Gesicht u. Clypeus. Die unter den Au befindlichen Backen od. Genae (G) weisen am Mundrand häufig starke KreuzBo od. Vibrissen (vi) auf (Abb. **833**/1). Br z. T. mit transversaler Naht (Q) (Abb. **832**/1, **855**/1), welche das Mesonotum (MSN) in einen präsuturalen u. postsuturalen Abschnitt unterteilt. Vor dem Schildchen (Sch) od. Scutellum (SCU) grenzt sich bei den calyptraten Dipteren jederseits ein hinterer Callus (Abb. **855**/1, 3: PC) ab. Große Bedeutung besitzen die auf dem MSN befindlichen, meist in Reihen stehenden AcrostichalBo (ac), DorsozentralBo (dc), PosthumeralBo, PräsuturalBo u. ScutellarBo.

Die seitlichen Sklerite der Br setzen sich aus dem vor den vorderen Stigmen (VSP) liegenden Propleuron (PP) u. dem darauf folgenden Mesopleuron (MPL) = Anepisternum, Notopleuron (NP), Sternopleuron (STPL) = Katepisternum, Pteropleuron (PTPL) = Anepimeron u. Hypopleuron (HPL) = Meron zusammen (Abb. **832**/1–2, **855**/3). Zw Flügelansatz u. Pteropleuren befindet sich bei den calyptraten Dipteren eine Vorwölbung (Bulbus = Große Ampulle) (Abb. **855**/3: GA). Die auf den jeweiligen Skleriten stehenden Bo tragen deren Namen [z. B. SternopleuralBo (st) od. HypopleuralBo (hp)]. Beine (B) mit od. ohne TibialBo od. -sporne. Das 1., auf die Tibia folgende TarsenGld wird als Basitarsus (bt) bezeichnet (Abb. **863**/5). Das letzte TarsenGld unter den 2 Krallen mit lappenförmigen Pulvillen u. zw ihnen ein borstenartiges od. den Pul-

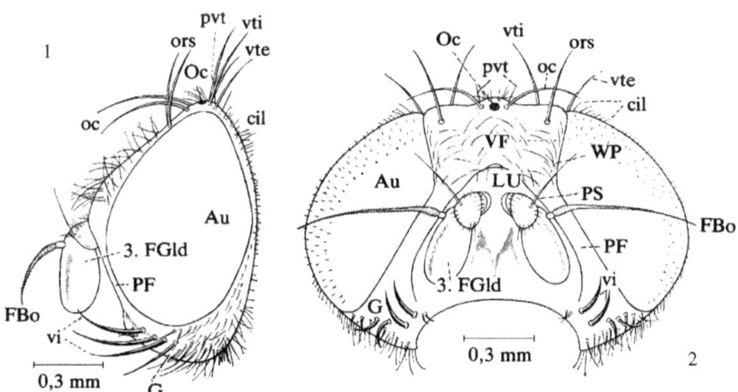

Abb. 833/1–2. K von *Dasiops spatiosus*, ♀ (*Lonchaeidae*) in SAnsicht (**1**) u. VAnsicht (**2**); L = Lunula, PS = Ptilinalnaht.

villen gleichgestaltetes Empodium (Abb. **837**/11–12). Ausbildung u. Größe des Thorakalschüppchens (TS) u. Flügelschüppchens (FS) zw FlWurzel u. Br sowie der Alula (AL) u. des Axillarlappens oft wesentlich (Abb. **835**/1; **837**/10). Wichtig für die Bestimmung der *Acalyptratae* sind Vorhandensein od. Fehlen von Bruchstellen der FlRandader Costa (c). Die nahe der Humeralquerader (h) u./od. der Mündung der Subcosta (sc) vorhandenen Costalbrüche sind manchmal undeutlich. Z des FlGeäders „geschlossen", wenn sie den FlRand nicht erreicht. Die Costa „endet an der FlSpitze", wenn dort ein deutliches E der Verstärkung erkennbar ist; sie „umgibt den ganzen Fl", wenn ein plötzlicher Abbruch der Verstärkung fehlt. Die Subcosta ist vollständig u. verläuft getrennt von der r_1 od. endet vor Erreichen der Costa. Die Längsadern können Gabeläste bilden. Der vor der Gabelung liegende Aderteil wird als Stammader bezeichnet (z. B. rs gabelt sich in r_2 u. r_3 auf). Die in der FlM liegende Z wird als DiskalZ (D), die nahe der FlWurzel zw r u. m sowie zw r u. cu liegenden Z werden als 1. (Ba_1) u. 2. BasalZ (Ba_2) bezeichnet. Wichtig sind Vorhandensein od. Fehlen, Größe u. Form der AnalZ (Cup) (Abb. **835**/1; **837**/1, 10). AbdominalSgm (Hlb) u. Legeapparat (Ovipositor) (Abb. **832**/2) sind von unterschiedlicher Gestalt. Hilfreich für die Bestimmung sind auch Vorkommen u. Lebensweise der Im. u. deren. L. – **V.** Die Zahl der in DE vorkommenden Dipterenarten betrug Ende 1998 9183 Arten (Schumann, Bähr-

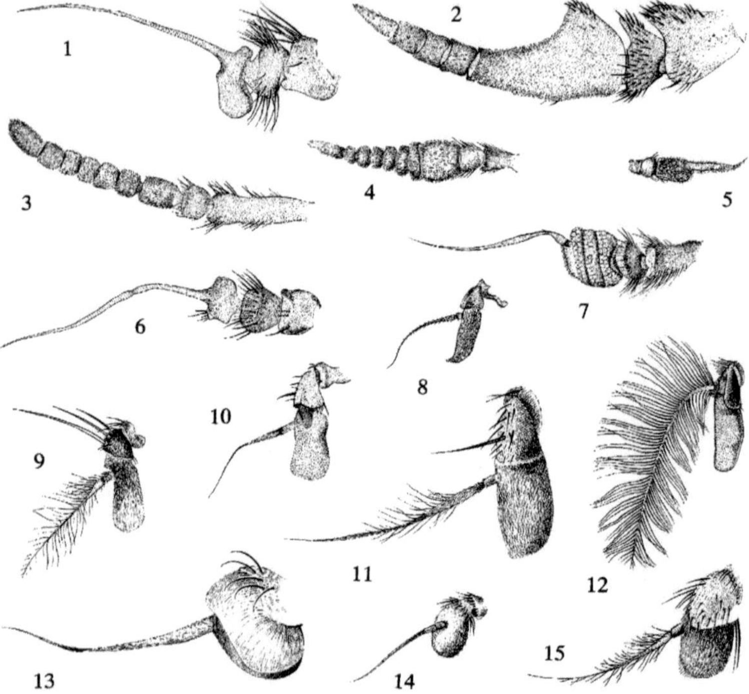

Abb. 834/1–15. F von **1** *Atherix* (*Athericidae*); **2** *Tabanus* (*Tabanidae*); **3** *Xylophagus* (*Xylophagidae*); **4** *Solva* (*Xylomyidae*); **5** *Spania* (*Rhagionidae*); **6** *Rhagio* (*Rhagionidae*); **7** *Sargus* (*Stratiomyidae*); **8** *Coenosia* (*Muscidae*); **9** *Thricops* (*Muscidae*); **10** *Scathophaga* (*Scathophagidae*); **11** *Sarcophaga* (*Sarcophagidae*); **12** *Volucella* (*Syrphidae*); **13** *Hypoderma* (*Hypodermatidae*); **14** u. **15** *Micropeza* (*Micropezidae*).

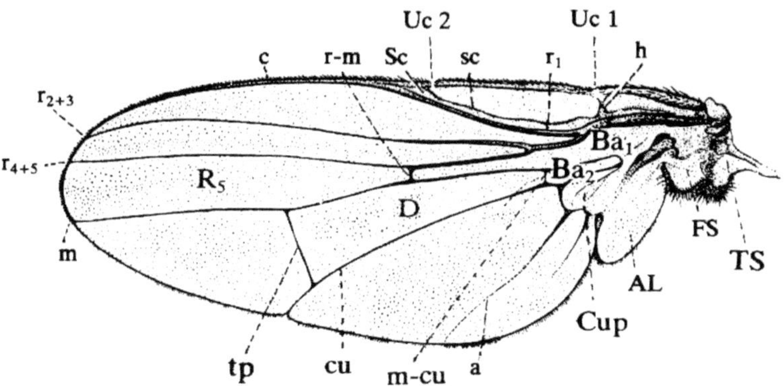

Abb. 835/1. Fl von *Dasiops latifrons* ♀ (*Lonchaeidae*).

MANN & STARK 1999); auf der ganzen Erde sind etwa 134 000 Arten bekannt. – **L.** Viele Larven (L) leben in verschiedenen aquatischen Biotopen. Die Mehrzahl ernährt sich von pfl od. tierischer Substanz. Die räuberischen L sind auf der Vegetation, unter Baumrinde, Steinen, im Boden u. im Wasser zu finden. Die Imagines (Im.) nehmen z. T. keine Nahrung mehr auf, andere sind Blutsauger, Räuber, Parasiten od. ernähren sich von Pfl- u. Tiersäften. Die Im. sind ohne Ausnahme echte Land-, niemals Wasserinsekten. – **B.** Bei allen Dipteren vollständige Verwandlung. Im allgemeinen eierlegend; jedoch auch Ovoviviparie, Larviparie u. Pupiparie. Aus dem Ei entw sich eine beinlose L, deren Lebensweise sich vollständig von der der Im. unterscheidet. Die L der *Nematocera* mit gut ausgeprägtem K, dieser bei höher entw Familien ± reduziert u. nur die vertikal gestellten u. parallel zueinander beweglichen Mundhaken deutlich erkennbar. Die P der *Nematocera* sind ohne Hülle frei beweglich, lassen die einzelnen Teile der Im. erkennen u. liegen frei. Die P der höheren Dipteren befinden sich in der zu einem Puparium (Tönnchen) verhärteten letzten LHaut. – Viele Dipteren sind von beachtlicher wirtschaftlicher, hygienischer (Stubenfliege, Fleischfliege usw.) bzw. human- od. veterinärmedizinischer Bedeutung durch die Fähigkeit der Im. Blut zu saugen, u. mancher FliegenL im menschlichen u. tierischen Körper zu leben u. dort schwere gesundheitliche Schäden zu verursachen. Viele Mücken u. Fliegen sind Krankheitsüberträger. Zahlreiche Dipteren sind als L Schädlinge der KulturPfl in Landwirtschaft, Garten- u. Obstbau, in der Forstwirtschaft als Samenschädlinge usw. Andererseits gibt es sehr viele nützliche Fliegen als Aas- u. Unratfresser, als Räuber u. Parasiten schädlicher Insekten (in Land- u. Forstwirtschaft) u. als Bestäuber nützlicher Pfl.

Übersicht über die Dipterenfamilien

Unterordnung *Nematocera* – Mücken

Anisopodidae
Bibionidae
Blephariceridae
Bolitophilidae
Canthyloscelidae
Cecidomyiidae
Ceratopogonidae
Chaoboridae
Chironomidae
Culicidae
Cylindrotomidae
Diadocidiidae
Ditomyiidae
Dixidae
Hesperinidae
Keroplatidae
Limoniidae
Mycetophilidae
Pediciidae
Pleciidae
Psychodidae
Ptychopteridae
Scatopsidae
Sciaridae
Simuliidae
Thaumaleidae
Tipulidae
Trichoceridae

Unterordnung *Brachycera Orthorrhapha*

Acroceridae	*Coenomyiidae*	*Microphoridae*	*Tabanidae*
Asilidae	*Dolichopodidae*	*Nemestrinidae*	*Therevidae*
Atelestidae	*Empididae*	*Rhagionidae*	*Xylomyidae*
Athericidae	*Hilarimorphidae*	*Scenopinidae*	*Xylophagidae*
Bombyliidae	*Hybotidae*	*Stratiomyidae*	

Unterordnung *Brachycera Cyclorrhapha (= Muscomorpha)*

Division ***Aschiza***

Lonchopteridae	*Phoridae*	*Platypezidae*
Opetiidae	*Pipunculidae*	*Syrphidae*

Division ***Schizophora***

Section ***Acalyptratae***

Acartophthalmidae	*Clusiidae*	*Megamerinidae*	*Psilidae*
Agromyzidae	*Coelopidae*	*Micropezidae*	*Pyrgotidae*
Anthomyzidae	*Conopidae*	*Milichiidae*	*Sciomyzidae*
Asteiidae	*Cremifaniidae*	*Neottiophilidae*	*Sepsidae*
Aulacigastridae	*Cryptochetidae*	*Odiniidae*	*Sphaeroceridae*
Braulidae	*Diastatidae*	*Opomyzidae*	*Stenomicridae*
Camillidae	*Drosophilidae*	*Otitidae*	*Strongylophthalmyiidae*
Campichoetidae	*Dryomyzidae*	*Pallopteridae*	*Tanypezidae*
Canacidae	*Ephydridae*	*Periscelididae*	*Tephritidae*
Carnidae	*Helcomyzidae*	*Phaeomyiidae*	*Tethinidae*
Chamaemyiidae	*Heleomyzidae*	*Piophilidae*	*Thyreophoridae*
Chloropidae	*Lauxaniidae*	*Platystomatidae*	*Trixoscelididae*
Chyromyidae	*Lonchaeidae*	*Pseudopomyzidae*	*Ulidiidae*

Section ***Calyptratae***

Anthomyiidae	*Gasterophilidae*	*Muscidae*	*Rhinophoridae*
Calliphoridae	*Hippoboscidae*	*Nycteribiidae*	*Sarcophagidae*
Fanniidae	*Hypodermatidae*	*Oestridae*	*Scatophagidae*
			Tachinidae

Die Bestimmung ist in vielen Gruppen äußerst schwierig, nur dem Spezialisten möglich u. zumindest bis zur Art oft nur durch Genitalpräparate erreichbar. Der Benutzer des Bestimmungsschlüssels sei darauf aufmerksam gemacht, dass bei den Dipteren mit einer Lupe in den meisten Fällen günstigstenfalls nur größere Kategorien (Familien, Gattungen) erkannt werden können, während normalerweise ein Binokular mit 60–100facher Vergrößerung zur näheren Identifizierung erforderlich ist, ganz abgesehen von der erwähnten Notwendigkeit einer Präparation der Genitalien. Trotz dieser Schwierigkeiten wurde versucht, die folgenden Bestimmungstabellen dem Charakter dieser Exkursionsfauna entsprechend auf relativ einfach erkennbaren Merkmalen aufzubauen, was aber nicht in allen Fällen möglich war. So sind manche Merkmale in ihrer Ausbildung variabel od. undeutlich, so dass in einzelnen Fällen Schwierigkeiten bei der Zuordnung auftreten können. Bei den *Acalyptratae* z. B. sind der Verlauf der Subcosta, die Brüche der Costa od. die Ausbildung der Vibrissen

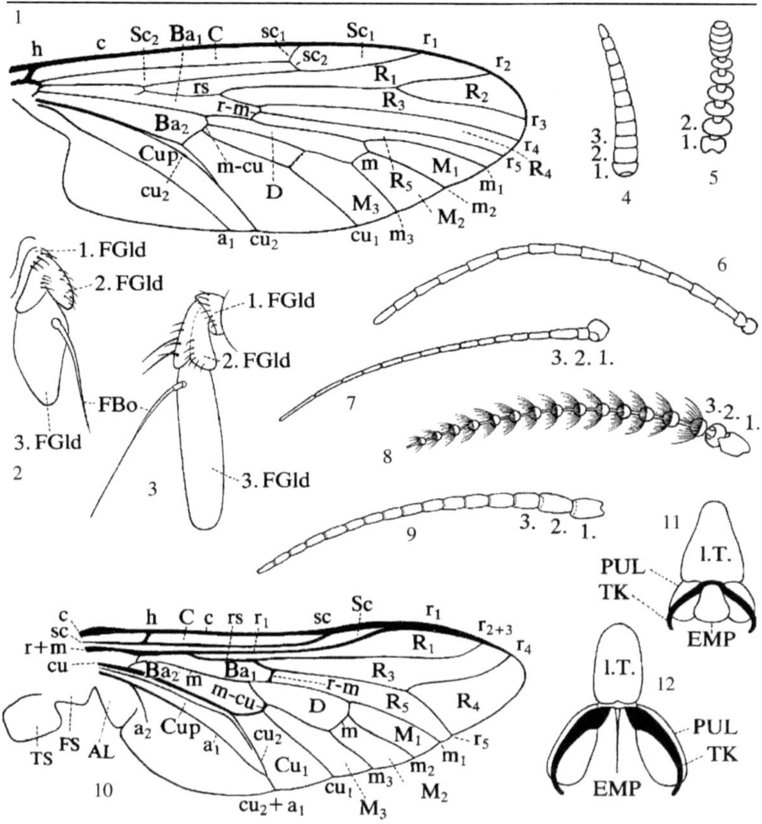

Abb. 837/1–12. **1** Fl von *Protoplasa fitchii* (*Tanyderidae*) mit den Abkürzungen für Adern u. Zellen; **2** F einer acalyptraten Fliege; **3** F einer calyptraten Fliege; **4–9** F von Nematoceren (1. = Scapus = 1. Gld des F, 2. = Pedicellus = 2. Gld des F, 3. = 3. Gld des F = 1. Gld der FGeißel; **4** *Simulium* (*Simuliidae*), **5** *Dilophus* (*Bibionidae*); **6** *Mycetophilidae*; **7** *Trichocera* (*Trichoceridae*); **8** *Psychoda* (*Psychodidae*); **9** *Sylvicola* (*Anisopodidae*); **10** Fl von *Tabanus* (*Tabanidae*) mit Abkürzungen für Adern u. Zellen; **11** Tarsenende der *Tabanidae*, Empodium pulvillenartig (l.T. = letztes TarsenGld, EMP = Empodium, PUL = Pulville, TK = Tarsenklaue); **12** Tarsenende der *Asilidae*, Empodium borstenartig.

manchmal sehr diffizil, dennoch bilden sie wichtige Klassifikationsmerkmale u. sind auch in vorliegender Tabelle nicht zu ersetzen. In Zweifelsfällen sollten deshalb weitere diagnostische Merkmale, insbesondere auch die Abbildungen herangezogen werden, möglicherweise ist sogar die Überprüfung beider Bestimmungswege notwendig.

Die folgenden Tabellen beinhalten alle Dipterenfamilien u. soweit möglich kleinere Kategorien, die in DE angetroffen werden können.

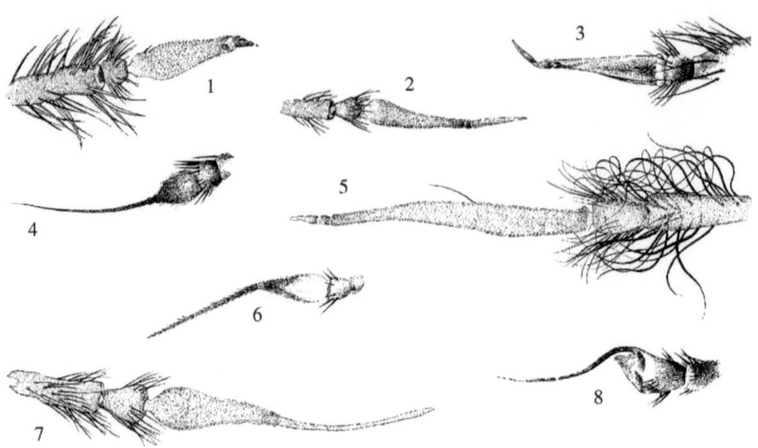

Abb. 838/1–8. F von **1** *Thereva*; **2** u. **3** *Empis* (*Empididae*); **4** *Platypeza* (*Platypezidae*); **5** *Promachus* (*Asilidae*); **6** *Tachydromia* (*Hybotidae*); **7** *Bombylius* (*Bombyliidae*); **8** *Dolichopus* (*Dolichopodidae*).

Verzeichnis der in den Schlüsseln u. in den Abb. am häufigsten gebrauchten Abkürzungen:

a	Analader	HPL	Hypopleura
ac	Acrostichalborste	Hü	Hüfte, Coxa
AL	Alula	HSP	Hinteres Stigma
Au	Komplexauge	K	Kopf
B	Bein	L	Larve
Ba_1	1. Basalzelle	LU	Lunula
Bo	Borste	m	Medialader
c	Costa	M	Medialzelle
C	Costalzelle	m-cu	Mediocubitalquerader
cil	Cilien	MNM	Mesonotum
Cup	Analzelle	MPL	Mesopleura
CX	Coxa, Hüfte	NP	Notopleura
D	Diskalzelle	Oc	Ocellen
dc	Dorsozentralborste	oc	OcellarBorste
F	Fühler	ors	OrbitalBorste
FBo	Fühlerborste, Arista	PC	Hinterer Callus
FGld	Fühlerglied	PF	Parafacialia, Wange
Fl	Flügel	PP	Propleura
FS	Flügelschüppchen od. obere Calyptra	pp	Propleuralborste
		prs	Präsuturalborste
G	Gena, Backe	PS	Ptilinalnaht
Ga	Bulbus, Große Ampulle	pstg	Prostigmatikalborste
h	Humeralquerader	pt	PteropleuralBorste
H	Schulterbeule, Humerus	PTPL	Pteropleura
HAL	Haltere	pvt	Postvertikalborste
Hlb	Hinterleib	Q	Präscutalnaht, Quernaht
hp	HypopleuralBorste	r	Radialader

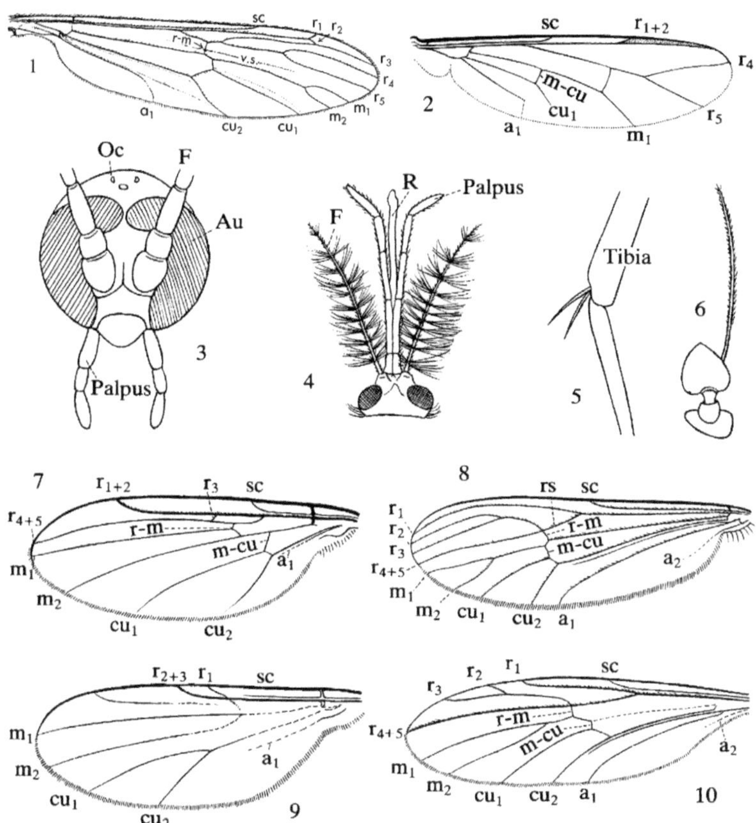

Abb. 839/1–10. **1** Fl von *Ptychoptera* (*Ptychopteridae*); **2** *Acrocera* (*Acroceridae*); **3** K von *Sciara* (*Sciaridae*); **4** *Aedes* ♂ (*Culicidae*); **5** Tibia des HB von *Chrysops* (*Tabanidae*); **6** F von *Phora* (*Phoridae*); **7** Fl von *Thaumalea* (*Thaumaleidae*); **8** *Dixa* (*Dixidae*); **9** *Ceratopogon* (*Ceratopogonidae*); **10** Fl einer Pachyneuride.

R	Rüssel	tp	Hintere Querader
R_1	Radialzelle	TS	Thorakalschüppchen od. untere Calyptra
r-m	Radiomedialquerader	Uc	Costalbruchstelle
rs	Radialsektor	VF	Frons, Stirn
sc	Subcosta	vi	Vibrisse
Sc	Subcostalzelle	VSP	Vorderes Stigma
SCH, SCU	Schildchen, Scutellum	vte	Äußere Scheitelborste
st	Sternopleuralborste	vti	Innere Scheitelborste
STPL	Sternopleura	WP	Wangenplatte (Frontorbitalplatte)
T	Hinterleibstergit		
ta	Mittlere Querader		

Beachte: In den Schlüsseln u. Beschreibungen werden allgemeine Größenangaben erwähnt. Dabei bedeutet „mittelgroß" ungefähr die Größe einer Stubenfliege; „klein" besagt kleiner u. „groß" größer als deren Ausmaße. „Sehr klein" weist auf eine Lg von weniger als 3 mm hin u. „sehr groß" bedeutet 20 mm od. mehr.

Bestimmungsschlüssel der Hauptgruppen der Dipteren

1 F vielgld, verlängert (bestehend aus 2 BasalGld u. einer Geißel aus meist 6–14 gleichförmigen Gld); Palpen in der Regel mit 3–5 Gld; AnalZ (Cup) offen, nicht verengt; meist schlanke Dipteren (Mücken).
Unterordnung ***Nematocera*** (Hauptschlüssel ab Punkt **3**)

1* F kurz, in der Regel 3gld (3. FGld meist mit borstenähnlicher Arista (Abb. **837**/2–3) od. ± gegld Griffel); AnalZ geschlossen od. zumindest verengt, Palpen mit 1–2 Gld; meist gedrungene Dipteren (Fliegen).
Unterordnung ***Brachycera*** s.l. (Hauptschlüssel ab Punkt **34**) **2**

2 Ptilinalnaht (PS) u. Lunula (LU) fehlend; Längsader r_{4+5} häufig gegabelt; AnalZ (Cup) meist sehr lg, kurz vor dem FlRand geschlossen od. offen; DiskalZ (D) meist vorhanden (Abb. **837**/10).
Orthorrhapha u. ***Cyclorrhapha Aschiza*** (Hauptschlüssel ab Punkt **34**)[1]

2* PS u. ± LU vorhanden (Abb. **833**/2: PS, LU); Längsader r_{4+5} nicht gegabelt; AnalZ sehr kurz od. reduziert (Abb. **835**/1). ***Cyclorrhapha Schizophora*** **3**
(Hauptschlüssel ab Punkt **62**)

3 2. FGld stets mit einem deutlichen dorsalen Spalt (Abb. **837**/3); Thorakalschüppchen (TS) in der Regel gut entwickelt, HAL verbergend; Br im allgemeinen mit vollständiger Quernaht (Abb. **855**/1: Q); schräg unter u. vor der FlBasis ein gewölbtes kleines Sklerit (Bulbus od. sog. Große Ampulle); Vibrissen u. inklinate untere OrbitalBo (ors) vorhanden (Abb. **855**/4). ***Schizophora Calyptratae*** (Hauptschlüssel ab Punkt **62**)

3* 2. FGld ohne od. mit nur kurzer Andeutung eines Spaltes (Abb. **837**/2); Thorakalschüppchen (TS) sehr klein (Abb. **835**/1); Br ohne vollständige Quernaht; vorgewölbtes Sklerit (Bulbus) vor u. unter der FlBasis nicht entw, wenn vorhanden, Vibrissen fehlend; falls Vibrissen u. inklinate OrbitalBo vorhanden sind, erreicht sc nicht den FlRand. ***Schizophora Acalyptratae*** (Hauptschlüssel ab Punkt **74**)

Hauptschlüssel

1 Fl vorhanden u. vollständig ausgebildet **2**

1* Fl fehlend od. weitgehend reduziert **134**

2 F vielgld, meist länger als K u. Br, bestehend aus 2 BasalGld u. einer deutlich gegld Geißel aus mindestens 6 gleichartigen Sgm (Abb. **837**/4–9, **839**/4); AnalZ des Fl fehlend od. zum FlRande offen; Palpen in der Regel mit 3–5 Sgm (*Nematocera*) **3**

2* F kürzer, bestehen in der Regel aus 3 Sgm. Das 3. FGld oft mit einem EGriffel (Abb. **834**/1, 5–7) od. einer dorsalen Arista (Abb. **834**/8–15); wenn geringelt (Abb. **834**/2–4), dann immer die geschlossene od. am FlRand verengte AnalZ vorhanden; Palpen mit 1–2 Sgm (*Brachycera*) **34**

3 FlMembran zw den höchstens 8 Längsadern mit einem spinnwebartigen Netzwerk feiner Falten; MNM mit unterbrochener Quernaht vor den FlWurzeln; Oc vorhanden; Au durch eine horizontale Quernaht unterteilt (außer *Liponeura*). – Schnakenähnliche Mücken, s, in der Nähe schnellfließender Gewässer.
Familie *Blephariceridae* – **Lid-** od. **Netzmücken** S. 875

3* Fl ohne spinnwebähnlichen Falten zw den Längsadern **4**

---

[1] Die zu den *Calyptratae* gehörende Familie *Hippoboscidae* wird aufgrund anderer Merkmale in diesem Bestimmungsteil berücksichtigt.

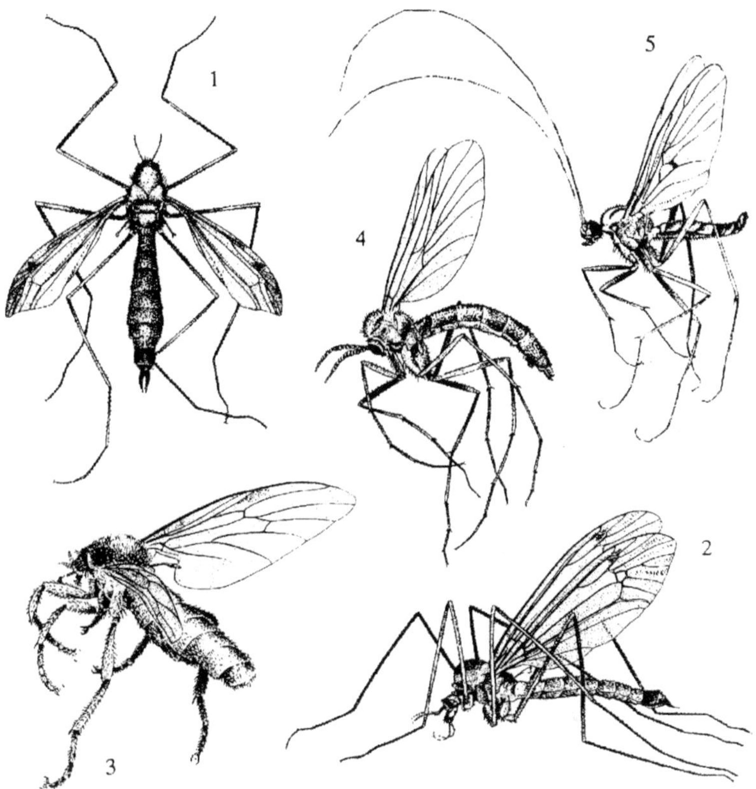

Abb. 841/1–5. 1 u. **2** *Tipula* (*Tipulidae*) (bis 35 mm); **3** *Bibio* (*Bibionidae*) (12 mm); **4** *Symmerus* (*Ditomyiidae*) (6 mm); **5** *Macrocera* (*Keroplatidae*) (5 mm).

4 HAL an Basis mit fingerförmigem Forts (Prähaltere), der Stigma überdeckt (Abb. **846**/2); MNM mit ± U-förmiger Naht; Oc fehlend; zw r u. m sowie cu u. a Längsfalten (Vena spuria); nur eine Analader (a_1) erreicht den FlRand (Abb. **839**/1).
Familie *Ptychopteridae* – **Faltenmücken** S. 875

4* HAL basal ohne fingerförmigen Forts; Vena spuria fehlt **5**

5 MNM in Höhe der FlBasis mit einer V-förmigen Naht, deren Schenkel stark auseinander weichen (Abb. **841**/1); 2 Analadern erreichen den FlRand; B lg u. dünn **6**

5* MNM ohne V-förmige Naht **10**

6 FlAder a_2 sehr kurz, bogenförmig, mündet nahe der FlBasis in den FlRand (Abb. **842**/1); Oc vorhanden. Schlanke, 3–8 mm große Mücken mit lg, dünnen F (Abb. **837**/7) u. B sowie verlängerten Fl (Abb. **872**/7). – Die Mücken sind von Herbst bis Frühling auch bei niedrigen Temperaturen häufig schwärmend anzutreffen.
Familie *Trichoceridae* – **Wintermücken** S. 872

6* Oc fehlend; a_2 lg, nur schwach gebogen u. erst in ziemlicher Entfernung von der FlWurzel in den FlRand mündend (Abb. **842**/4, 9). – Mittelgroße bis sehr große Mücken mit lggestrecktem Körper; mit ungewöhnlich lg, leicht abbrechbaren B u. reich geaderten Fl. – In feuchten Biotopen, über Grasland u. an Büschen. **7**

7 Au mit kurzen Härchen zw den Ommatidien. Familie *Pediciidae* S. 875

7* Au nackt **8**

8 K schnauzenförmig verlängert (Rostrum); EGld der Palpen peitschenförmig, länger als die vorangehenden zwei Sgm; sc in der Regel in r_1 mündend (Abb. **842**/9; **874**/1); F in der Regel mit 13 Sgm; Tibien meist mit Spornen; Meist große Arten (bis 3,5 cm KörperLg u. 10 cm FlSp) (Abb. **841**/1–2). Familie *Tipulidae* – **Schnaken** S. 872

8* K nicht schnauzenförmig nach vorn verlängert; EGld der Palpen kurz; sc_1 mündet in c od. endet frei; F mit 14–16 od. unter 13 Sgm; Tibien mit od. ohne Sporne; meist kleinere Arten **9**

9 sc_1 in der Regel frei endend, sc_2 in r mündend; rs meist nur mit 2 Ästen; cu_2 in Höhe des HRandes der DiskalZ scharf nach unten gebogen u. steil in den FlRand mündend; r_{1+2} mündet meist vor der FlSpitze in r_3; Tibien mit Spornen; F meist mit 16 Gld. Familie *Cylindrotomidae* – **Moosmücken** S. 873

9* sc in die Costa mündend, vorher meist durch Gabelast mit der r verbunden; rs meist mit drei Ästen (Abb. **842**/4) od. Tibien ohne Sporne; F mit 14–16 Sgm od. bei *Hexatoma* unter 13 Sgm. Familie *Limoniidae* – **Stelzmücken** S. 875

10 **(5*)** Oc fehlen **11**

10* Oc vorhanden **19**

11 Mindestens 10 Längsadern erreichen den FlRand; Costa umzieht den ganzen Fl (Abb. **877**/2; **839**/8) **12**

11* Höchstens 8 Längsadern erreichen den FlRand; Costa endet meist an FlSpitze (Abb. **839**/7, 9) **15**

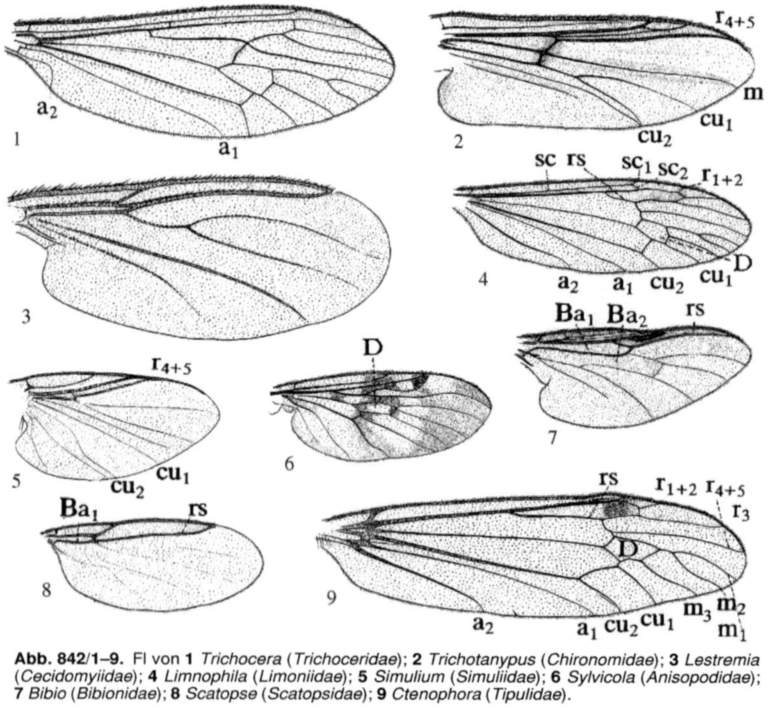

Abb. 842/1–9. Fl von **1** *Trichocera* (*Trichoceridae*); **2** *Trichotanypus* (*Chironomidae*); **3** *Lestremia* (*Cecidomyiidae*); **4** *Limnophila* (*Limoniidae*); **5** *Simulium* (*Simuliidae*); **6** *Sylvicola* (*Anisopodidae*); **7** *Bibio* (*Bibionidae*); **8** *Scatopse* (*Scatopsidae*); **9** *Ctenophora* (*Tipulidae*).

12 Queradern undeutlich, nur nahe der FlWurzel; sc sehr kurz, meist frei endend; Fl kurz, breit, apikal leicht zugespitzt (Abb. **845**/5); Adern wie auch der übrige Körper lg u. dicht behaart; Fl in Ruhe dachförmig über dem Körper zusammengelegt. – Kleine (1,5–4,5 mm), mottenähnliche Mücken, häufig in Nähe von Gewässern u. Feuchtgebieten, auch in Toiletten u. an Abwasserrohren, schnell laufend.
Familie *Psychodidae* – **Schmetterlingsmücken** S. 875

12* Hauptqueradern nahe od. hinter der FlM; sc länger, mündet nahe od. hinter der FlM in c **13**

13 StechR vorhanden, länger als K u. Br (Abb. **839**/4); FlAdern, K, B u. übriger Körper mit Schuppen besetzt (Abb. **877**/2, 5); Tibien ohne deutliche Sporne.
Familie *Culicidae* – **Stechmücken** S. 876

13* R sehr kurz; FlAdern u. andere Körperteile ohne od. nur mit einzelnen Schuppen, aber z. T. behaart **14**

14 Zweige des rs leicht nach unten gebogen (Abb. **839**/8); FlAdern nur mit spärlichen kurzen Dornen u. Härchen; F 16gld, lg u. dünn, spärlich behaart. – Kleine (5–7 mm) lgbeinige Mücken an feuchten Stellen in Auen u. Wäldern.
Familie *Dixidae* – **Doppeladermücken** S. 876

14* rs u. seine Zweige gerade od. fast gerade verlaufend; FlAdern behaart; sofern einige Schuppen vorhanden, nur auf FlRand beschränkt; F 15gld, deutlich behaart.
Familie *Chaoboridae* – **Büschelmücken** S. 876

15 **(11*)** Höchstens 4 Längsadern erreichen den FlRand (Abb. **845**/6); Au über F stark genähert; Basitarsus sehr kurz, kürzer als das 2. TarsalGld; Mücken sehr klein u. fragil. (Siehe auch Nr. **20***). Familie *Cecidomyiidae* pt. – **Gallmücken** S. 879
Unterfamilie *Cecidomyiinae*
Unterfamilie *Porricondylinae*

15* Mindestens 6 Längsadern erreichen den FlRand; Basitarsus nicht kürzer als das 2. TarsalGld, meist länger **16**

16 F relativ kurz; die basalen 5 FGld keulenförmig verdickt, die folgenden dünneren 7 Sgm von diesem Kegel abgesetzt. Zw r_{1+2} u. r_{4+5} eine senkrecht verlaufende Querader r_3 (Abb. **839**/7); c umläuft den ganzen Fl, wenn auch am HRand schwach entw;

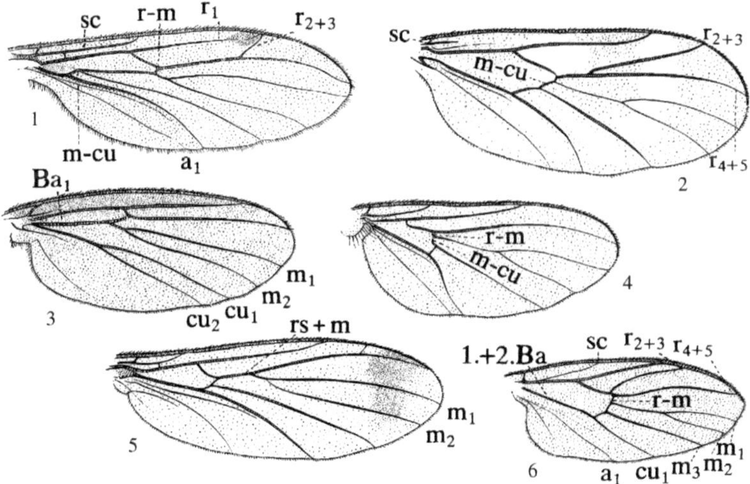

Abb. 843/1–6. Fl von **1** *Bolitophila* (*Bolitophilidae*); **2** *Ditomyia* (*Ditomyiidae*); **3** *Mycetophila* (*Mycetophilidae*); **4** *Diadocidia* (*Diadocidiidae*); **5** *Orfelia* (*Keroplatidae*); **6** *Mycetobia* (*Anisopodidae*).

7 Längsadern erreichen den FlRand; r_{4+5} u. m_1 apikal ± konvergent. – Kleine (3,5–4 mm), rötlichgelbe od. bräunliche Mücken, vorwiegend im Geb.
Familie *Thaumaleidae* – **Dunkelmücken** S. 877

16* FBasis nicht kegelförmig verdickt; c nur am FlVRand, endet an FlSpitze; senkrecht verlaufende r_3 fehlend **17**

17 F kurz u. kräftig, so lg wie der K, sich apikal verjüngend; FGld breit u. nur kurz behaart (Abb. **837**/4). Die vorderen Längsadern (bis zur r_{4+5}) auffallend verdickt, die hinteren faltenartig, nur schwach entw; die beiden cu-Äste ohne basalen Stiel; Fl sehr breit, mit deutlichem Anallappen (Abb. **842**/5). – Kleine, dunkle, gedrungene Mücken; s über 3 mm, mit kurzen, verdickten B; fliegenähnlich. Mit stechenden Mundwerkzeugen; Blutsauger. Familie *Simuliidae* – **Kriebelmücken** S. 878

17* F länger als der K u. bes. bei den ♂♂ deutlich behaart. Fl lg u. schmal, mit deutlicheren hinteren Adern; die beiden Äste des cu entspringen aus einem lg basalen Stiel **18**

18 Zwei m-Äste vorhanden, die aus einer Gabelung entspringen od. voneinander unabhängig verlaufen (Abb. **839**/9); m_2 bisweilen basal sehr schwach ausgebildet; r-Adern münden meist weit vor der FlSpitze u. umschließen häufig deutlich ausgebildete Z. K hinten rundlich; MNM ohne Längsfurche; vorderes Thorakalstigma fast rundlich; VB nicht verlängert, HB am längsten. FL in Ruhe flach auf dem Rücken übereinander liegend. StechR ausgebildet. Kleine (1–5 mm), blutsaugende Mücken.
Familie *Ceratopogonidae* – **Gnitzen** S. 877

18* Nur eine m-Ader vorhanden; r-Adern länger, r_{4+5} endet meist nahe der FlSpitze (Abb. **842**/2). MNM meist mit Längsfurche od. Kiel; vorderes Thorakalstigma oval; VB häufig verlängert; Mundteile rudimentär. Fl (mit Ausnahme der Gattung *Podonomus*) in Ruhe nicht flach auf dem Rücken übereinander liegend. – Meist massenhaft u. in Schwärmen auftretende Mücken; viele Arten im Sitzen mit den VB zuckend.
Familie *Chironomidae* – **Zuckmücken** S. 878

19 **(10*)** FlGeäder reduziert; nur drei deutlich ausgebildete vordere Adern, die übrigen schwach entw. Tibien meist ohne Sporne. Kleine (meist nur bis 4 mm KörperLg) Mücken **20**

19* FlGeäder nicht reduziert; Tibien meist mit Spornen **21**

20 F kurz u. dick, pfriemförmig; FSgm kurz u. schwer voneinander unterscheidbar. Palpen 1gld; Costa (c) nur bis zur Mündung der rs reichend, sich höchstens über $^3/_4$ der FlLg erstreckend (Abb. **842**/8); Tibien der MB u. HB ohne Apikalsporne. – Kleine schwarze Mücken. (Siehe auch Nr. **26***).
Familie *Scatopsidae* pt. – **Dungmücken** S. 879

20* Die Sgm der relativ lg F sind perlschnurartig gegliedert u. mit lg Haarquirlen u. Sinneshaaren versehen; dorsale AuBrücke vorhanden; FlMembran fein behaart; c umläuft einen großen Teil des Fl, meist deutlich bis zur FlSpitze entw (Abb. **842**/3); Tibien ohne Apikalsporne. – Kleine u. zarte Mücken. (Siehe auch Nr. **15**).
Familie *Cecidomyiidae* pt. – **Gallmücken** S. 879
Unterfamilie *Lestremiinae*

21 **(19*)** DiskalZ (D) vorhanden, in der Nähe der FlM liegend (Abb. **842**/6); F länger als der K, bestehend aus 2 kurzen BasalGld u. 14 GeißelGld (Abb. **837**/9). – Mittelgroße schlanke Mücken mit gefleckten Fl; häufig über Laub; in Wäldern, auf Wiesen, in Gärten u. auch an Fenstern. (Siehe auch Nr. **28**).
Familie *Anisopodidae* pt. – **Pfriemenmücken** S. 878
Gattung *Sylvicola* Harris

21* DiskalZ fehlt **22**

22 Fl mit zwei geschlossenen BasalZ (Ba_1 u. Ba_2); F entspringen tief im Gesicht, nahe dem Mundrand; Pulvillen vorhanden **23**

22* Fl ohne od. mit nur einer BasalZ (entweder sind beide BasalZ verschmolzen od. nur die obere vorhanden) (Abb. **843**/1–6); F entspringen in Höhe der AuM od. höher **25**

23 F länger als K u. Br zusammen; FGld bedeutend länger als breit; B lg u. dünn. – L sind xylophag. Nur eine Art: *Hesperinus imbecillus* Loew (4,5–6 mm).
Familie *Hesperinidae*

23* F nur von KopfLg; FGld breiter als lg (Abb. **837**/5) **24**

24 Femora der VB stark verdickt; Tibien der VB mit kräftigen Apikalspornen u./od. mit 1–2 Dornenringen. rs nicht gegabelt (Abb. **842**/7). – Meist dunkel gefärbte, plump aussehende Mücken (Abb. **841**/3), die im Frühj oft in großen Mengen auftreten.
Familie *Bibionidae* – **Haarmücken, Märzfliegen** S. 878

24* Femora der VB nicht auffallend verdickt; Tibien der VB nur mit kurzen Spornen; rs gegabelt. – Schwarze, 5–7 mm große Art: Nur *Penthetria funebris* MEIGEN.
Familie *Pleciidae*

25 **(22*)** Tibien der MB u. HB ohne Apikalsporne; Hü kurz; F kurz u. kräftig **26**

25* Tibien mit Apikalspornen (Abb. **877**/8); Hü in der Regel lg, länger als $^1/_2$ der Femora (Abb. **841**/4–5), wenn kürzer, dann hintere Querader (tp) entw; F meist so lg od. länger als Br **27**

26 c reicht über die Mündung der r_{4+5} hinaus, fast bis zur FlSpitze; rs gegabelt in einen sehr kurzen r_{2+3}-Ast u. eine lg r_{4+5}; Palpen mit 3–4 Sgm; F besteht aus 16 Gld. – Nur eine Art (5 mm): *Hyperoscelis eximia* (BOHEMAN). Familie *Canthyloscelidae*

26* c endet weit vor der FlSpitze (Abb. **842**/8) u. erreicht nur das E der rs (rs nicht gegabelt); vordere FlAdern stark pigmentiert, die hinteren nur schwach ausgebildet. Palpen nur 1-segmentig; F kurz, mit 7–12 breiten Sgm. (Siehe auch Nr. **20**).
Familie *Scatopsidae* pt. – **Dungmücken** S. 879

27 **(25*)** rs mit 3 freien Ästen (vorderer Ast in r_2 u. r_3 gegabelt); Querader m-cu steht vor der r-m; m basal nur zart u. faltenartig (Abb. **839**/10). – (Bisher aus DE nicht gemeldet).
Familie *Pachyneuridae*

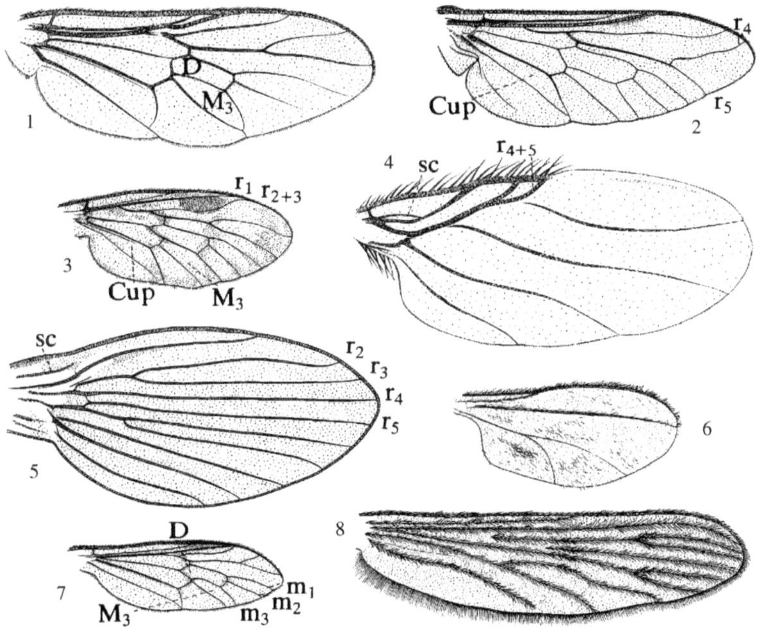

Abb. 845/1–8. Fl von **1** *Solva* (*Xylomyidae*); **2** *Tabanus* (*Tabanidae*); **3** *Rhagio* (*Rhagionidae*); **4** *Megaselia* (*Phoridae*); **5** *Ulomyia* (*Psychodidae*); **6** *Asphondylia* (*Cecidomyiidae*); **7** *Xylophagus* (*Xylophagidae*); **8** *Anopheles* (*Culicidae*).

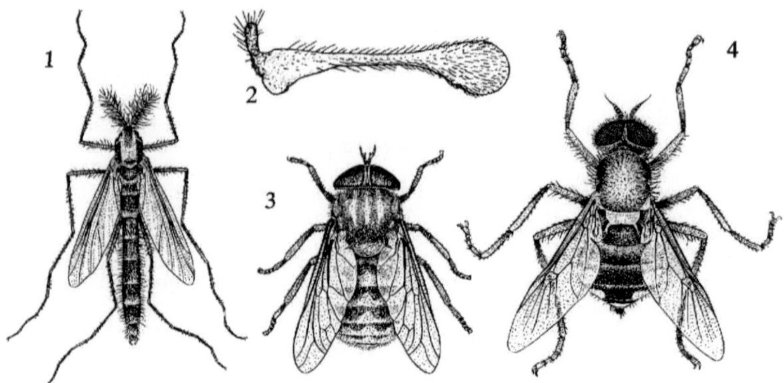

Abb. 846/1–4. **1** *Chironomus* (*Chironomidae*) (11 mm); **2** Haltere und Prähaltere einer Ptychopteride; **3** *Tabanus* (*Tabanidae*) (23 mm); **4** *Oxycera* (*Stratiomyidae*) (7 mm).

27* rs einfach od. zweiästig **28**

28 Die 2 BasalZ sind zu einer Z verschmolzen; von ihrem HRand gehen 5 Längsadern aus. Querader r-m steht unmittelbar unter der Gabelstelle von rs; sc u. a_1 erreichen den FlRand (Abb. **843**/6). – Kleine (2,5 mm) dunkle Mücken. (Siehe auch Nr. **21**).
Familie *Anisopodidae* pt. – **Pfriemenmücken** S. 878
Gattung *Mycetobia* MEIGEN

28* In der Regel fehlen die BasalZ od. nur die obere BasalZ (Ba_1) ist vorhanden. Wenn doch in einigen Fällen eine aus Ba_1 u. Ba_2 verschmolzene Z vorhanden ist, liegt die Querader r-m weit vor der rs-Gabelstelle; sc u. a_1 erreichen nicht immer den FlRand (Abb. **843**/1–5) **29**

29 Au fast immer über den F durch eine stegartige AuBrücke verbunden (Abb. **839**/3); Körper in der Regel ohne kräftige Bo; FlAdern am FlVRand stärker ausgebildet; c endet zw r_{4+5} u. m; Querader m-cu fehlend; m-Stammader etwa von gleicher Lg wie die Gabeläste von m (Abb. **880**/1); Mesopleuren nackt. – Kleine, braune bis schwarze Mücken (Abb. **880**/2), leben an feuchten u. schattigen Orten.
Familie *Sciaridae* – **Trauermücken** S. 879

29* Au voneinander getrennt, sind nicht über den F miteinander verbunden (außer *Diadocidiidae*); Körper häufig mit Bo; Gabeläste von m in der Regel länger als die m-Stammader. – F lg, mit deutlich voneinander getrennten GeißelSgm (Abb. **837**/6); Mesopleuren behaart; Hü meist länger als die Br. – Schlanke u. zarte Mücken (Abb. **841**/4–5), bes. an geschützten u. schattigen Stellen, bevorzugen Dämmerlicht u. kommen in pilzreichen Waldungen vor.
Superfamilie *Mycetophiloidea* – **Pilzmücken** **30**

30 Stammadern der cu u. m verlaufen voneinander getrennt (Querader m-cu fehlt) od. sind unmittelbar an der FlBasis miteinander verbunden; a erreicht nicht den HRand des Fl (Abb. **843**/3; **877**/3, 6–8). Familie *Mycetophilidae* S. 878

30* Stammadern der cu u. m sind in od. vor der FlM durch eine Querader od. Verschmelzung miteinander verbunden; a erreicht meist in Form einer Falte den HRand des Fl **31**

31 sc kurz, frei endend; rs gegabelt in r_{2+3} u. r_{4+5}; r_{2+3} mindestens halb so lg wie r_{4+5} (Abb. **843**/2; **841**/4). Familie *Ditomyiidae* S. 879

31* sc vollständig ausgebildet (s frei endend); rs nicht gegabelt, falls doch, dann r_{2+3} kürzer als die Hälfte von r_{4+5} **32**

32 Querader r-m fehlt (rs u. m können aber über eine kurze Strecke verschmolzen sein) (Abb. **843**/5; **841**/5). Familie *Keroplatidae* S. 879

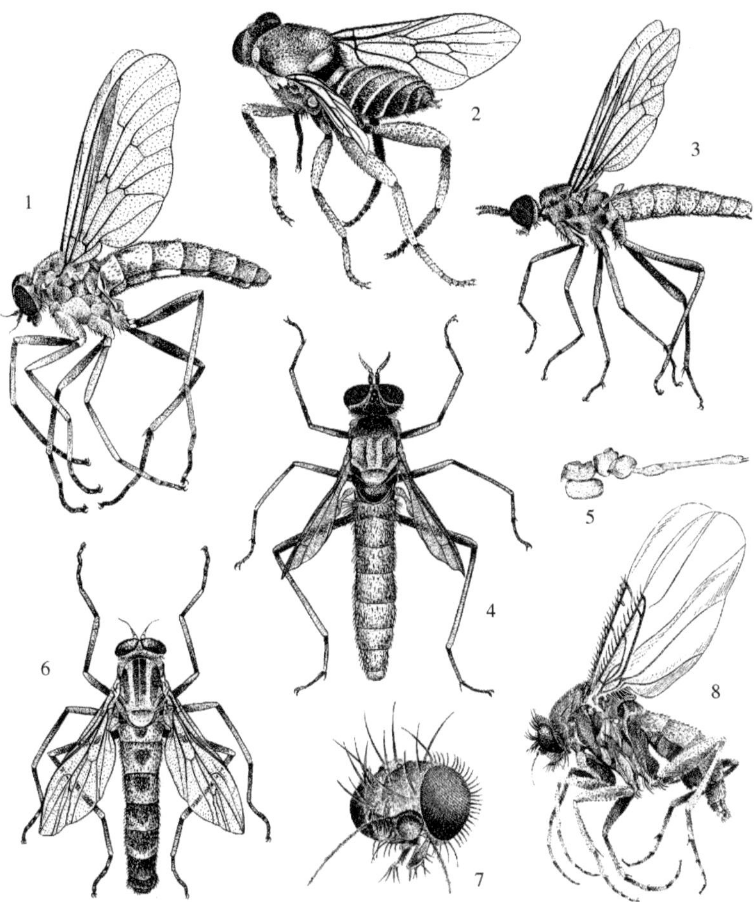

Abb. 847/1–8. **1** *Rhagio* (*Rhagionidae*) (12 mm); **2** *Solva* (*Xylomyidae*) (5,5 mm); **3** u. **4** *Xylophagus* (*Xylophagidae*) (9 mm); **5** F von *Ogcodes* (*Acroceridae*); **6** *Rhagio* (*Rhagionidae*) (12 mm); **7** K von *Megaselia*; **8** *Megaselia* (*Phoridae*) (2 mm).

32* Querader r-m vorhanden **33**

33 Querader r-m u. m-cu stehen fast senkrecht übereinander; rs nahe der FlBasis aus der r_1 entspringend; r_{2+3} fehlend (Abb. **843**/4); AuBrücke oberhalb der F vorhanden. Familie *Diadocidiidae* S. 879

33* Querader r-m in der FlM, weit entfernt von der basal gelegenen m-cu; rs gegabelt, die sehr kurze r_{2+3} in die r_1 od. c mündend (Abb. **843**/1). Familie *Bolitophilidae* S. 878

34 **(2*)** Empodien an den B haftlappenartig, dadurch Tarsen mit 3 gleichgestalteten Haftlappen (Abb. **837**/11); cu_2 u. a_1 verlaufen getrennt u. treffen sich am od. in der Nähe des FlRandes. – (Einige *Dolichopodidae* u. *Empididae* mit lappenartigen Empodien unterscheiden sich durch das FlGeäder) **35**

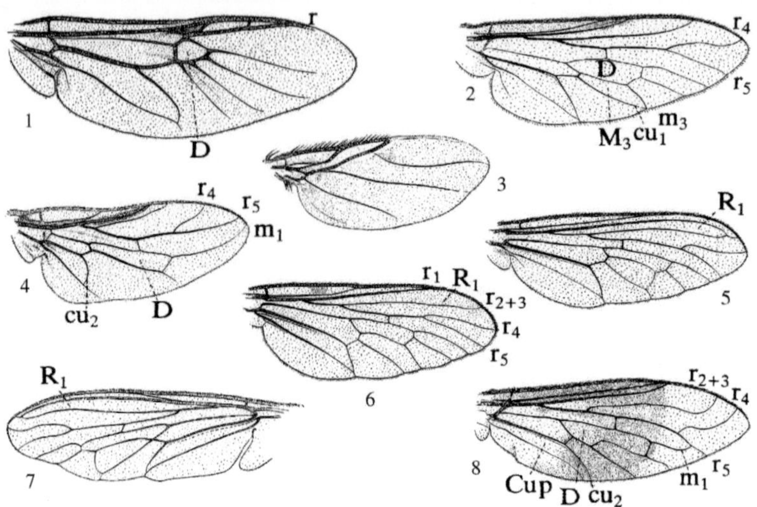

Abb. 848A/1–8. Fl von **1** *Oxycera* (*Stratiomyidae*); **2** *Thereva* (*Therevidae*); **3** *Phora* (*Phoridae*); **4** *Scenopinus* (*Scenopinidae*); **5** *Laphria* (*Asilidae*); **6** *Leptarthrus* (*Asilidae*); **7** *Machimus* (*Asilidae*); **8** *Callostoma* (*Bombyliidae*).

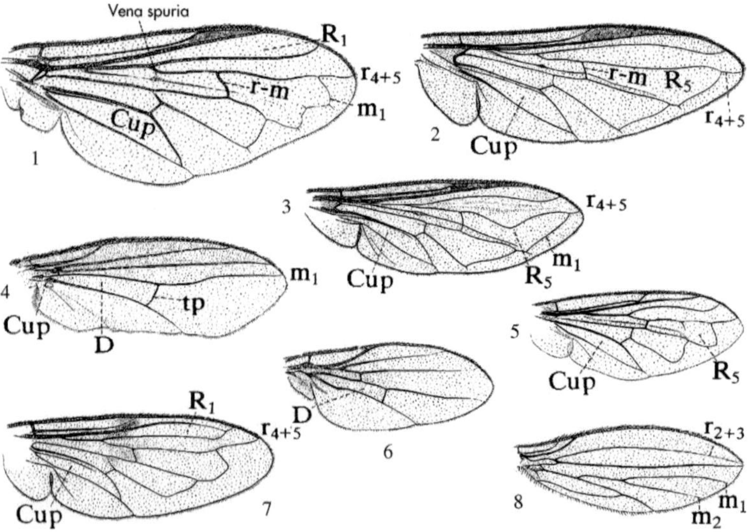

Abb. 848B/1–8. Fl von **1** *Eumerus* (*Syrphidae*); **2** *Syrphus* (*Syrphidae*); **3** *Didea* (*Syrphidae*); **4** *Dolichopus* (*Dolichopodidae*); **5** *Microdon* (*Syrphidae*); **6** *Chlorops* (*Chloropidae*); **7** *Volucella* (*Syrphidae*); **8** *Lonchoptera* (*Lonchopteridae*).

34* Empodien nur borstenartig ausgebildet od. fehlend, dadurch Tarsen nur mit 2 Haftlappen (Arolien) (Abb. **837**/12), bisweilen fehlen auch die Arolien **43**

35 Sehr abweichende Körpergestalt mit kleinem K, der fast nur aus Au besteht u. tief an großer buckliger Br ansitzt (Abb. **886**/3); F abweichend (Abb. **847**/5); Thorakalschüppchen außerordentlich groß, größer als K; Hlb meist aufgebläht. c nur am FlVRand, FlGeäder reduziert (Abb. **839**/2). – Seltene, kleine bis mittelgroße Fliegen. Häufig an Sträuchern. – Spinnenparasiten. Familie *Acroceridae* – **Kugelfliegen** S. 885

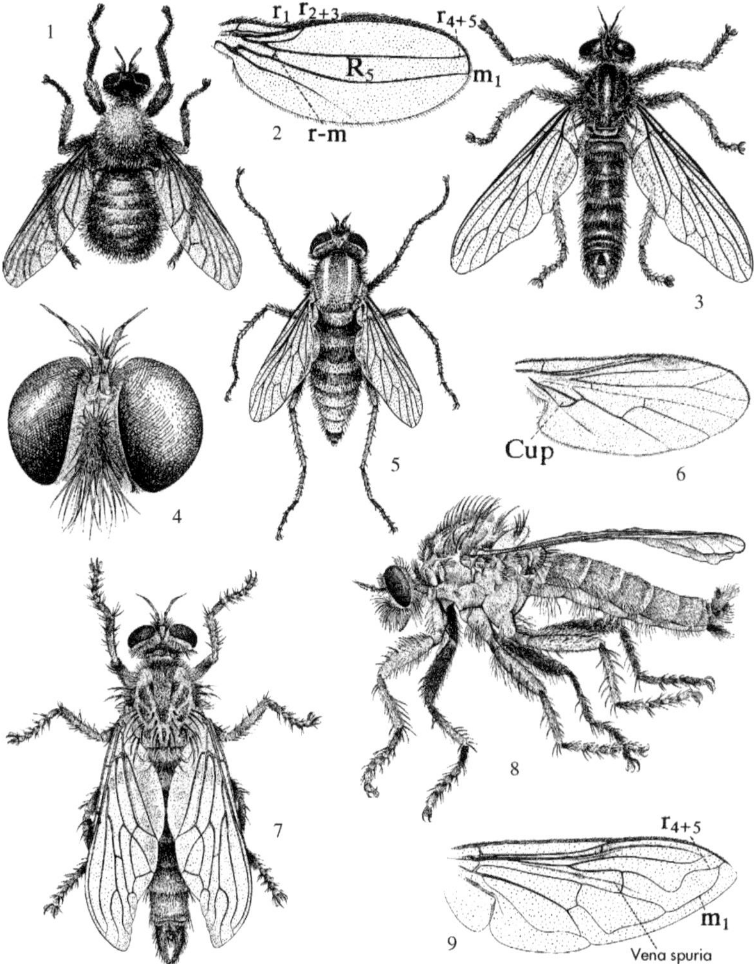

Abb. 849/1–9. 1 *Laphria* (*Asilidae*) (17 mm); Fl von **2** *Asteia* (*Asteiidae*); **3** *Pamponerus* (*Asilidae*) (15 mm); **4** K von *Machimus* (*Asilidae*); **5** *Thereva* (*Therevidae*) (11 mm); **6** Fl von *Gloma* (*Empididae*); **7** u. **8** *Machimus* (*Asilidae*) (17 mm); Fl von **9** *Eristalis* (*Syrphidae*).

35* Körpergestalt nicht anormal; K von normaler Größe; Thorakalschüppchen nicht größer als der K **36**

36 3. FGld noch aus Ringen (Sgm) bestehend od. mindestens apical geringelt (Abb. **834**/2–4, 7) **37**

36* 3. FGld kompakt, Sgm nicht mehr erkennbar; in der Regel mit einem griffelartigen Forts versehen (Abb. **834**/1, 5–6) **41**

37 Großer flacher K, hinten konkav ausgerandet, der Br breit ansitzend (Abb. **846**/3); Thorakalschüppchen groß; r_4 u. r_5 bilden eine Gabel, die die FlSpitze einschließt (Abb. **845**/2); AnalZ (Cup) am FlRand od. kurz davor geschlossen; Tibien an den MB immer mit Spornen (Abb. **839**/5); F häufig mit dornartigem Forts (Abb. **834**/2). – Mittelgroße bis sehr große (22 mm) Fliegen, deren Au im Leben häufig gefärbte Bänder od. Flecken aufweisen. – ♀♀ blutsaugend, ♂♂ Blütenbesucher.
Familie *Tabanidae* – **Bremsen** S. 881

37* Kopf rundlicher, HK nicht stark ausgerandet; Schüppchen meist klein od. rudimentär **38**

38 Äste der r u. c enden weit vor der FlSpitze; DiskalZ (D) klein u. schmal, meist dem FlVRand genähert; Adern im vorderen Teil des Fl kräftig, im hinteren Teil blass (Abb. **848A**/1). Sch oft mit dornartigen Forts; Tibialsporne meist fehlend; F geringelt u. z. T. mit Griffel (Abb. **834**/7). – Häufig schwarz u. gelb od. grün gezeichnete od. metallisch glänzende Fliegen (Abb. **846**/4); sonnenliebende Blumenbesucher, vielfach in Wassernähe. Familie *Stratiomyidae* – **Waffenfliegen** S. 880

38* FlGeäder andersartig, DiskalZ nicht verkleinert; Tibien mindestens an den HB mit apikalen Spornen **39**

39 Z M_3 geschlossen; c endet hinter FlSpitze (Abb. **845**/1); Tibien der VB ohne apikale Sporne; F in Abb. **834**/4. – Vorwiegend im Wald vorkommende, schlanke Fliegen.
Familie *Xylomyidae* S. 880

39* Z M_3 offen; c umläuft den Fl (Abb. **845**/7); Tibien der VB mit apikalen Spornen . . **40**

40 Sch mit 2 Dornen; vom HRand der DiskalZ (D) gehen 4 Äste ab; Palpen 1gld; AL gut entw. – Große (bis 20 mm), plumpe, rotgelbe Fliegen mit kräuterkäseähnlichem Geruch. – L leben räuberisch: Nur *Coenomyia ferruginea* (SCOPOLI) – **Stinkfliege**.
Familie *Coenomyiidae*

40* Sch ohne Dornen; vom HRand der DiskalZ gehen 3 Äste ab (Abb. **845**/7); Palpen 2-segmentig; AL reduziert. – Mittelgroße Fliegen mit lg schlankem Hlb (Abb. **847**/3–4), vorwiegend im Wald an Baumstämmen. Familie *Xylophagidae* – **Holzfliegen** S. 880

41 **(36*)** FlGeäder sehr abweichend; in der hinteren FlHälfte mit vielen Längs- u. Queradern, die ein Netzwerk von SekundärZ bilden (Abb. **886**/1). Tibien ohne Sporne. – Mittelgroße Fliegen mit lg R (Abb. **886**/1–2). (Bisher in DE noch nicht nachgewiesen).
Familie *Nemestrinidae* – **Netzfliegen** S. 885

41* FlGeäder normal, ohne SekundärZ; Tibien mit ESpornen; c umzieht den Fl, wenn auch am HRand nur schwach ausgebildet; Z M_3 offen **42**

42 Ader r_1 u. r_{2+3} münden gemeinsam in die c, dadurch Z R_1 geschlossen; AnalZ geschlossen. 3. FGld nierenförmig, Griffel oberständig (Abb. **834**/1); Tibien der Hb mit 2 ESpornen. Familie *Athericidae* – **Ibisfliegen** S. 882

42* Ader r_1 u. r_{2+3} münden getrennt in c; AnalZ (Cup) offen (Abb. **845**/3), wenn geschlossen, Tibien der Hb mit nur einem Sporn; 3. FGld meist oval, zwiebel- od. kegelförmig mit endständigem Griffel (Abb. **834**/5–6); Subscutellum nicht entwickelt. – Schlanke, lgbeinige, gelblichbraune bis schwarze Fliegen (Abb. **847**/1, 6), meist dunkel gefleckt, häufig in der Nähe von Wäldern kopfabwärts an Stämmen u. Holzpfählen sitzend. Familie *Rhagionidae* – **Schnepfenfliegen** S. 882

43 **(34*)** Körper der Fliegen in Anpassung an die parasitische Lebensweise an Vögeln u. Säugetieren dorsoventral abgeflacht u. lederartig (Abb. **865**/2); Palpen schließen scheidenartig den StechR ein; F klein u. unscheinbar; Hü jedes BPaares weit voneinander getrennt; B besitzen sehr große EKrallen; Fl oft reduziert od. abgebrochen. Ptilinalnaht u. Lunula vorhanden. Fliegen meist bräunlich gefärbt. (zu *Calyptratae* gehörend). Familie *Hippoboscidae* – **Lausfliegen** S. 916

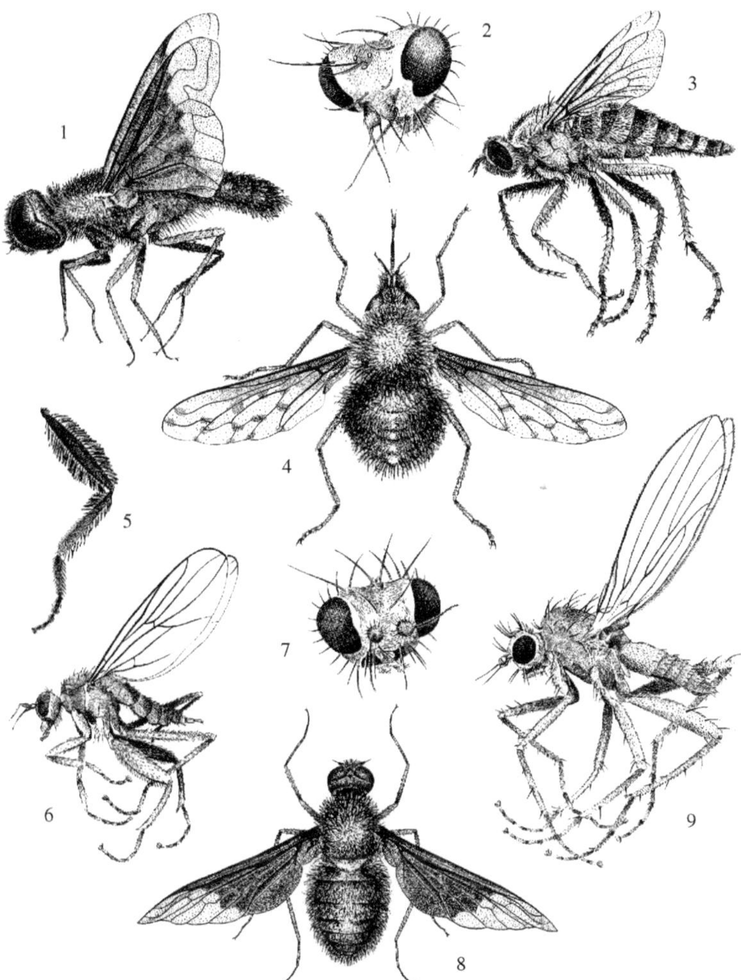

Abb. 851/1–9. 1 *Hemipenthes* (*Bombyliidae*) (12 mm); **2** K von *Lonchoptera* (*Lonchopteridae*); **3** *Thereva* (*Therevidae*) (11 mm); **4** *Bombylius* (*Bombyliidae*) (11 mm); **5** HB von *Empis* (*Empididae*); **6** *Tachydromia* (*Hybotidae*) (3 mm); **7** K von *Lonchoptera* (*Lonchopteridae*); **8** *Hemipenthes* (*Bombyliidae*) (12 mm); **9** *Lonchoptera* (*Lonchopteridae*) (2 mm).

43* Fliegen nicht stark dorsoventral abgeplattet; Hü der BPaare liegen dicht zusammen; Stirn ohne Ptilinalnaht u. Lunula – Keine Ektoparasiten **44**

44 FlGeäder abnorm, stark reduziert; bestehend aus 3 VRandadern, die stark verdickt, weit vor der FlSpitze in die kräftig beborstete c münden u. im hinteren Teil des Fl aus 3–4 schwach ausgebildeten Längsadern; Queradern jenseits der FlBasis fehlen

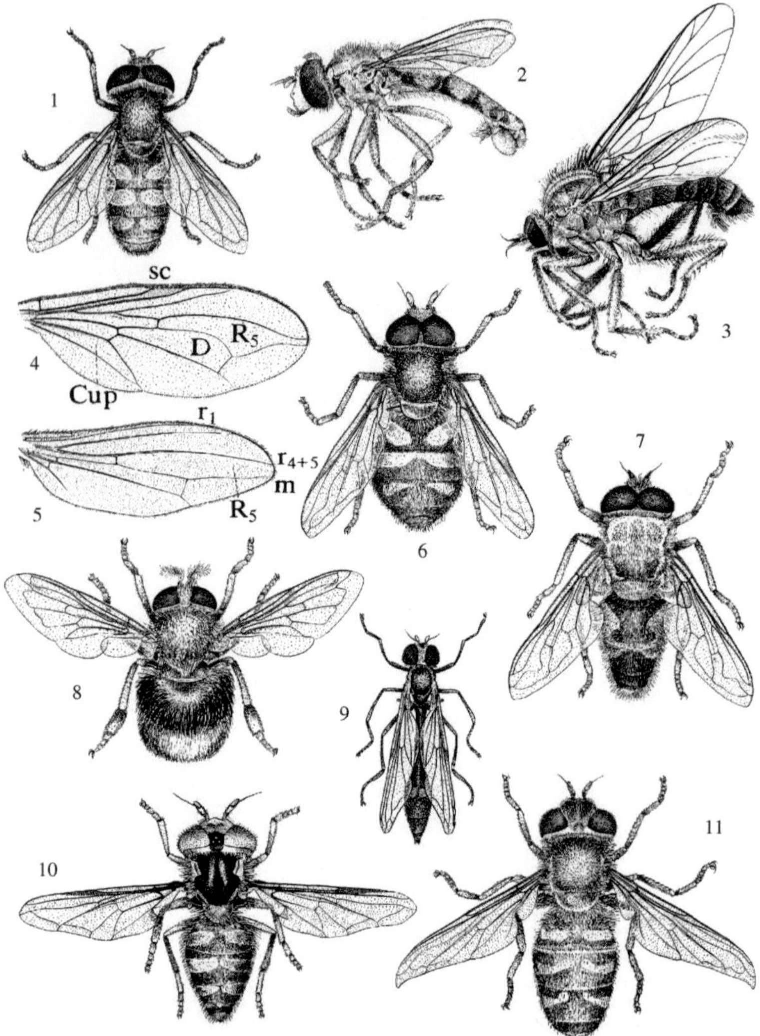

Abb. 852/1–11. 1 *Eupeodes* (*Syrphidae*) (9 mm); **2** *Sphaerophoria* (*Syrphidae*) (8 mm); **3** *Empis* (*Empididae*) (10 mm); **4** Fl von *Pipunculus* (*Pipunculidae*); **5** Fl von *Micropeza* (*Micropezidae*); **6** *Didea* (*Syrphidae*) (13 mm); **7** *Eristalis* (*Syrphidae*) (11 mm); **8** *Volucella* (*Syrphidae*) (15 mm); **9** *Baccha* (*Syrphidae*) (9 mm); **10** *Dasysyrphus* (*Syrphidae*) (8 mm); **11** *Scaeva* (*Syrphidae*) (12 mm).

(Abb. **845**/4; **848A**/3); K u. Palpen auffallend beborstet; der rundliche F mit einer lg Arista (Abb. **839**/6; **847**/7). Hb lg, Femora seitlich abgeplattet. – Sehr kleine, schwarze Fliegen von buckliger Gestalt (Abb. **847**/8), die schnell u. ruckweise laufend am Boden, auf Blüten, oft auch an Fenstern vorkommen.
Familie *Phoridae* – **Buckel-** od. **Rennfliegen** S. 891

44* Fliegen ohne diese Merkmale **45**

45 Fl lanzettförmig, am Apex spitz zulaufend; AL fehlend; Queradern nur unmittelbar an der FlBasis; m in m_1 u. m_2 gegabelt (Abb. **848B**/8; **851**/9); Längsadern außer sc u. r_{2-3} mit schwarzen Härchen. – Kleine (2–4 mm) schlanke, bräunliche od. gelbe Fliegen (Abb. **851**/2, 7, 9) auf Wiesen, im Wald u. an Bachrändern.
Familie *Lonchopteridae* – **Lanzettfliegen** S. 890

45* Fl an der Spitze ± abgerundet, mit einer od. zumeist mehreren Queradern jenseits der FlBasis **46**

46 Scheitel (Vertex) zw den Au eingesenkt; Oc auf einem Höcker in dieser Einsenkung; Au deutlich hervorstehend, in beiden Geschlechtern getrennt (dichoptisch); Gesicht lg u. konvex, mit bartartigen Haaren (Abb. **849**/4; **885**/1); F länglich, mit EGriffel (Abb. **838**/5); R kurz u. hornig; Ader r 4-ästig (Abb. **848A**/5–7). – Meist robuste u. große Fliegen mit meist lg Hlb (Abb. **885**/1–6), die andere Insekten fangen u. aussaugen.
Familie *Asilidae* – **Raubfliegen** S. 883

46* Scheitel zw den Au nicht od. ganz wenig eingesenkt; Au nicht hervorstehend, oft holoptisch; Gesicht kurz u. ohne Bart **47**

47 Ader r 4-ästig, mit der in den FlRand mündenden Gabel r_4 u. r_5 (Abb. **848A**/2, 4, 8; **849**/6) **48**

47* Ader r nur 3-ästig, da r_{4+5} sich nicht aufgabelt (Abb. **848B**/1–5; **855**/9) **52**

48 Vom HRand der DiskalZ (D) gehen 3 m-Äste aus; m_3 bildet mit der cu_1 eine geschlossene Z (M_3) od. beide Äste laufen konvergent zum FlRand (Abb. **848A**/2); der lggestreckte F besitzt einen kleinen EGriffel od. EDorn (Abb. **838**/1); Hlb länglich u. spitz zulaufend; Au der ♂♂ holoptisch; ♀♀ mit einem Dornenkranz am Ovipositor. – Mittelgroße, spärlich behaarte Fliegen (Abb. **849**/5; **851**/3), sitzen oft auf Gebüsch od. am Erdboden. Familie *Therevidae* – **Stilettfliegen** S. 883

48* DiskalZ fehlend od. vom HRand der DiskalZ gehen in der Regel nur 2 Äste aus, wenn 3, dann aber nie eine geschlossene M_3-Z vorhanden (Abb. **848A**/4, 8; **849**/6); zw r_5 bis cu_2 im Höchstfall 4 HRandZ vorhanden **49**

49 c u. m_1 münden an od. vor der FlSpitze; m_1 mündet in r_5 od. nähert sich ihr bis zum FlRand; maximal 3 HRandZ (Abb. **848A**/4); 3. FGld ohne EGriffel od. -Bo. – Kahle, kleine (4–7 mm), schwarze Fliegen mit flachem Hlb, bisweilen häufig an Fenstern.
Familie *Scenopinidae* – **Fensterfliegen** S. 883

49* Ader m_1 endet unterhalb der FlSpitze; c setzt sich im Normalfall über die FlSpitze hinaus fort; 3. FGld mit deutlichem EGriffel od. -Bo. od. Arista **50**

50 AnalZ (Cup) kurz, weit vor dem FlRand geschlossen (Abb. **849**/6) od. ganz fehlend; sc häufig reduziert; F in Abb. **838**/2–3; Körper nicht auffallend behaart (Abb. **852**/3). (Siehe auch Nr. **61***). Familie *Empididae* pt. – **Tanzfliegen** S. 887

50* AnalZ (Cup) offen (Abb. **848A**/8) od. nahe dem FlRand geschlossen **51**

51 DiskalZ (D) vorhanden (Abb. **848A**/8), wenn fehlend, dann r_{4+5} u. m_{1+2} nicht gleichzeitig gegabelt; r_{2+3} u. r_4 häufig scharf nach oben gebogen. – Meist bepelzte, dicht behaarte, mittelgroße bis große Fliegen (Abb. **851**/1, 4, 8); Körper vielfach mit hell getönten Mustern; K rundlich mit lg R; Fl häufig dunkel gebändert od. gefleckt. – Sehr schnelle Flieger, an Blüten rüttelnd; Fl in Ruhe gespreizt gehalten; vorwiegend an sonnigen, trockenen Stellen.
Familie *Bombyliidae* – **Wollschweber, Hummelfliegen, Trauerschweber** S. 886

51* DiskalZ fehlend; r_4 u. r_5 sowie m_1 u. m_2 als Gabeläste; AnalZ geschlossen. – Kleine (3–5 mm), sparsam behaarte, dunkelbraune bis schwarze Fliegen, über deren B. wenig bekannt ist. Familie *Hilarimorphidae* S. 886

52 **(47*)** Stirn ohne Bogennaht (Ptilinalnaht) u. ohne LU **53**

52* Stirn über der FBasis mit Ptilinalnaht u. ± deutlichen LU (Abb. **833**/2); AnalZ in der Regel klein od. fehlend **62**

53 AnalZ (Cup) verlängert u. nahe dem FlRand geschlossen (Abb. **848B**/1–3); K in der Regel ohne Bo **54**

53* AnalZ kurz od. fehlend (Abb. **848B**/4; **849**/6), wenn etwas länger, dann KBo vorhanden u. 3. FGld ohne Arista **55**

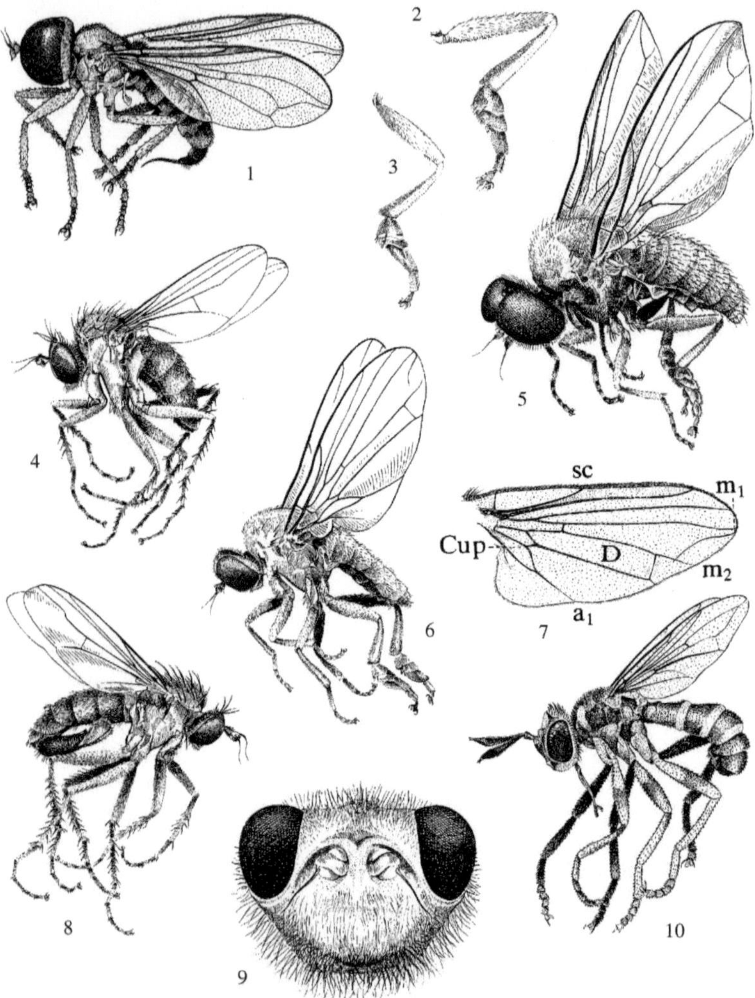

Abb. 854/1–10. **1** *Pipunculus* (*Pipunculidae*) (4,5 mm); **2** u. **3** HB von *Platypeza*; **4** *Dolichopus* (*Dolichopodidae*) (4,5 mm); **5** *Platypeza* (*Platypezidae*) (4,5 mm); **6** *Platypeza* (*Platypezidae*) (4 mm); **7** Fl von *Platypeza*; **8** *Dolichopus* (*Dolichopodidae*) (5,5 mm); **9** K von *Hypoderma* (*Hypodermatidae*); **10** *Conops* (*Conopidae*) (11 mm).

54 Z R_5 durch die nach oben gebogene u. in die r_{4+5} mündende m_1 geschlossen; zw den Längsadern r_{4+5} u. m_1 verläuft meist eine Scheinader (Vena spuria) (Abb. **848B**/1–3, 5); 3. FGld in der Regel mit dorsaler Arista. – Meist gelbschwarz gezeichnete od. dunkle Fliegen (Abb. **852**/1–2, 6–11), vielfach Bienen od. Wespen ähnelnd. Ausgezeichnete Flieger, Blütenbesucher. Familie *Syrphidae* – **Schwebfliegen** S. 892

54* Z R_5 offen, oft apikal verengt; eine Scheinader (Vena spuria) fehlt (Abb. **852**/4). K halbkugelig bis kugelig, in beiden Geschlechtern fast nur aus den vergrößerten Au bestehend (Abb. **854**/1). – Kleine, dunkle Fliegen, die elegant schwebend auf Wiesen u. über niedriger Vegetation angetroffen werden. – Zikadenparasiten. Familie *Pipunculidae* – **Augenfliegen** S. 892

55 **(53*)** 2. FGld meistens doppelt so lg wie das 3. FGld u. nach vorn gerichtet; 3. FGld mit dorsaler Arista: Gattung *Sepedon* LATREILLE. (Siehe auch Nr. **91**). (Gehört zu den *Acalyptratae*). Familie *Sciomyzidae* pt. S. 905

55* 2. FGld kürzer als das 3. FGld **56**

56 Analader (a_1) u. sc erreichen den FlRand; AnalZ (Cup) spitz auslaufend (Abb. **854**/7); Tarsen der Hb bes. bei den ♂♂ abgeflacht u. verbreitert (Abb. **854**/2–3); Griffel endständig (Abb. **838**/4); Fl basal verbreitert. – Kleine (2–5 mm), als ♂♂ braune od. schwarze, als ♀♀ hellgrau u. schwarz gezeichnete Fliegen; im Wald an beschatteten Blättern (Abb. **854**/5). Familie *Platypezidae* – **Plattfußfliegen** S. 891

56* Analader kürzer, wenn aber den FlRand erreichend, dann sc rudimentär od. AnalZ nicht spitz auslaufend; Tarsen nicht abgeflacht **57**

57 Ader m_1 gegabelt; Analader kurz u. AnalZ (Cup) spitzwinklig; c umläuft den Fl; AL entwickelt; hintere Querader (tp) fehlt; Arista 2gld. – Kleine (2,5–3 mm) schwarze Art mit dunklen HAL: *Opetia nigra* MEIGEN. Familie *Opetiidae*

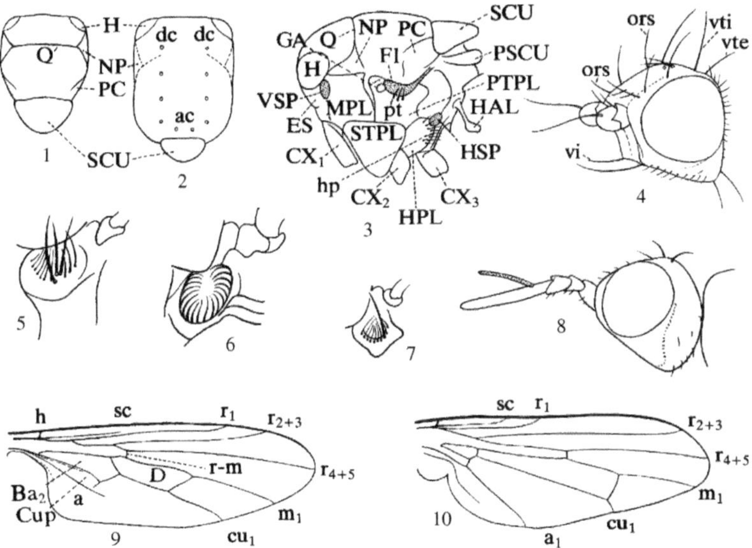

Abb. 855/1–10. **1** MNM der *Calyptratae* (PC = hinterer Callus); **2** MNM der *Acalyptratae*; **3** Thorax einer Tachinide (CX = Hü, PSCU = Postscutellum, PC = hinterer Callus, hp = HypopleuralBo, pt = PteropleuralBo); **4** K von *Clusia* (*Clusiidae*); **5–7** Metathorakalstigmen mit umgebenden Haaren von: *Orygma* (*Sepsidae*) (**5**); andere *Acalyptratae* (**6**); *Sepsidae* (**7**); **8** K von *Loxocera* (*Psilidae*); **9** Fl einer Hybotide; **10** Fl einer Scathophagine (*Scathophagidae*).

57* Ader m_1 s gegabelt; AnalZ (Cup) hinten meist abgerundet, spitzwinklig od. fehlend; sc meist reduziert; hintere Querader (tp) in der Regel vorhanden; AL meist reduziert. . . Superfamilie *Empidoidea* **58**

58 Äußere Querader (tp) vorhanden, durch das Fehlen der inneren Querader ist die 2. BasalZ mit der DiskalZ verschmolzen; am HRand dieser Zelle entspringen 2 Äste, der obere (m_1) ist häufig winklig nach oben gebogen; sc in r mündend od. frei endend; rs entspringt in Nähe der Humeralquerader (h); Costa endet an Mündung von m_1; Querader r-m nahe der FlBasis; AnalZ (Cup) sehr klein (Abb. **848B**/4); Arista ent-

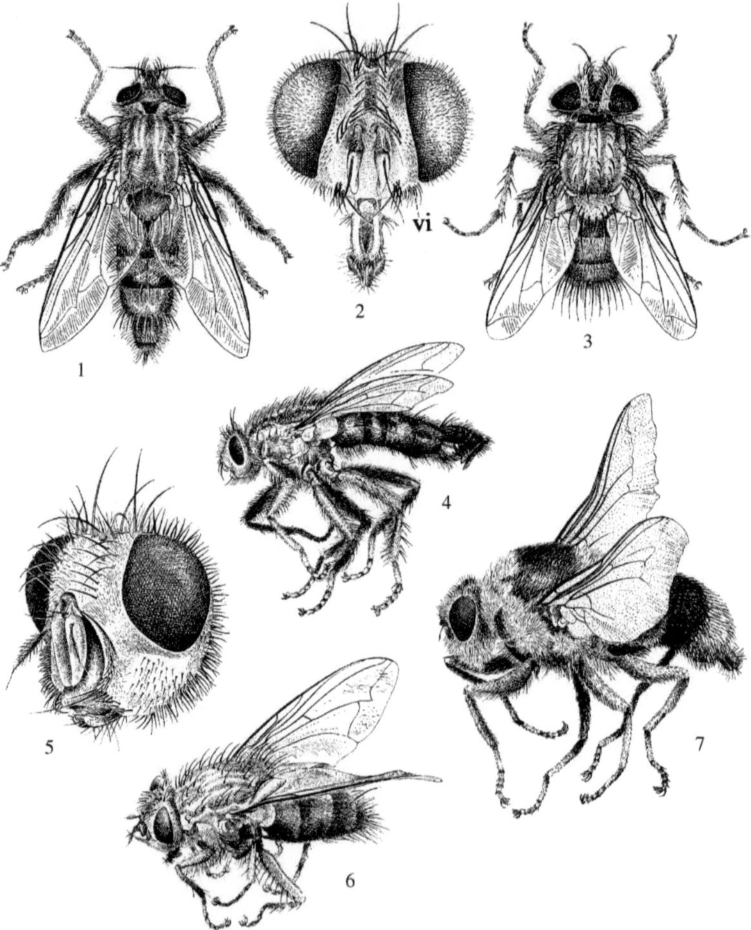

Abb. 856/1–7. 1 *Sarcophaga* (*Sarcophagidae*) (16 mm); **2** K von *Winthemia* (*Tachinidae*); **3** *Winthemia* (*Tachinidae*) (8 mm); **4** *Sarcophaga* (*Sarcophagidae*) (16 mm); **5** K von *Calliphora* (*Calliphoridae*); **6** *Calliphora* (*Calliphoridae*) (12 mm); **7** *Hypoderma* (*Hypodermatidae*) (12 mm).

springt distal od. dorsal (Abb. **838**/8); Genitalien des ♂ unterhalb des Hlb nach vorn gebogen (Abb. **854**/8); Körper häufig metallisch grün glänzend u. bilateral komprimiert. – Kleine bis mittelgroße lgbeinige Fliegen (Abb. **854**/4, 8), räuberisch lebend, R kurz, meist weich u. fleischig; Fliegen bes. häufig in Sumpf- u. Wassernähe.
Familie *Dolichopodidae* – **Langbeinfliegen** S. 889

58* Fliegen ohne diese Merkmalskombination **59**

59 Fl mit AL, Tibien u. Metatarsi der HB lateral abgeplattet, Hlb des ♀ am E deutlich zugespitzt. – Kleine (2–3 mm) schwarze Fliegen. Familie *Atelestidae* S. 889

59* AL nicht ausgebildet **60**

60 Costa umzieht den ganzen Fl, sc erreicht FlRand; rs entspringt in Höhe der Humeralquerader; Basal- u. AnalZ relativ klein, DiskalZ vorhanden. – Sehr kleine (2–2,5 mm), graue bis schwarze Fliegen. Familie *Microphoridae* S. 888

60* Costa endet an FlSpitze od. (s) umzieht den Fl; rs entspringt aus r distalwärts der Humeralquerader (h); BasalZ nicht verkleinert **61**

61 Prosternum klein, von den Episterna durch Membran getrennt; Metapleuren unbehaart; Costa endet an FlSpitze; sc ± reduziert; DiskalZ fehlend od. vorhanden (Abb. **855**/9); AnalZ vorhanden od. fehlend; Genitalapparat des ♂ axial od. aufgebogen. – Kleine (1–3, maximal 5 mm) Fliegen (Abb. **851**/6). Familie *Hybotidae* S. 888

61* In der Regel Ader r_{4+5} in r_4 u. r_5 gegabelt (siehe Nr. **50**), wenn nicht, dann Prosternum groß u. mit Episterna verbunden; Metapleuren behaart od. Costa umgibt Fl; 1. FGld beborstet. – Kleine bis mittelgroße (kaum über 10 mm) räuberische Fliegen mit har-

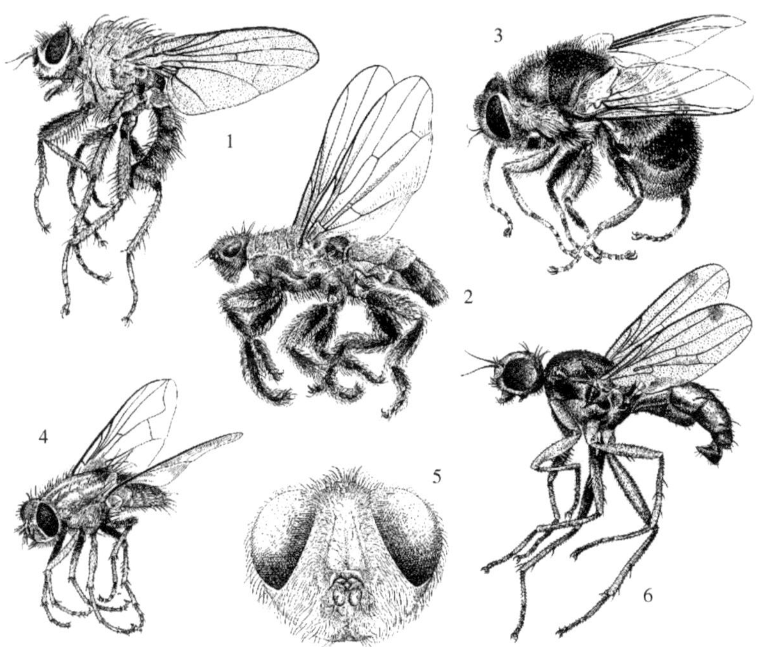

Abb. 857/1–6. **1** *Phorbia* (*Anthomyiidae*) (10 mm); **2** *Coelopa* (*Coelopidae*) (5,5 mm); **3** *Gasterophilus* (*Gasterophilidae*) (10 mm); **4** *Musca* (*Muscidae*) (7 mm); **5** K von *Gasterophilus* (*Gasterophilidae*); **6** *Sepsis* (*Sepsidae*) (4 mm).

tem, oft lg R. – Manche Arten Blütenbesucher, andere hygropetrisch, auch Wasserläufer; ♂♂ tanzen oft in Schwärmen. (Siehe auch Nr. **50**).

Familie *Empididae* pt. – **Tanzfliegen** S. 887

62 **(52*)** Mundteile fehlend od. rudimentär; Mundöffnung klein; stärkere KörperBo fehlen; Körper pelzig behaart **63**

62* R u. Mundöffnung nicht reduziert; Körper in der Regel mit Bo **65**

63 Ader m_1 gerade zum FlRand laufend; r_{4+5} u. m_1 laufen distal auseinander; Thorakalschüppchen klein; F sehr kurz. – Relativ große Fliegen (11–13 mm) (Abb. **857**/3, 5). –

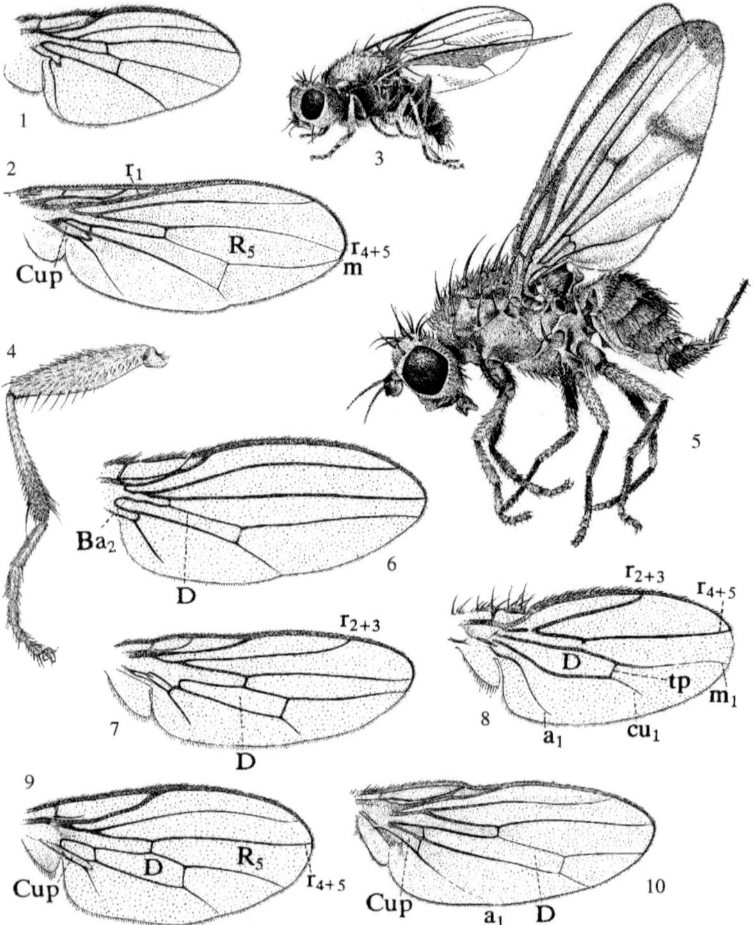

Abb. 858/1–10. Fl von **1** *Cryptochetum* (*Cryptochetidae*); **2** *Tanypeza* (*Tanypezidae*); **3** *Piophila* (*Piophilidae*) (3 mm); **4** VB von *Fannia* (*Muscidae*); **5** *Palloptera modesta* ♀ (*Pallopteridae*) (4 mm); **6** Fl von *Aulacigaster* (*Aulacigastridae*); **7** *Saltella* (*Sepsidae*); **8** *Leptocera* (*Sphaeroceridae*); **9** *Periscelis* (*Periscelididae*); **10** *Coelopa* (*Coelopidae*).

L leben im Verdauungstrakt von Pferd u. Esel.
Familie *Gasterophilidae* – **Magendasseln** S. 915

63* Ader m_1 nach oben gebogen, bildet sog. Spitzenquerader, dadurch Z R_5 verengt od. geschlossen; Thorakalschüppchen groß **64**

64 Z R_5 geschlossen, wenn offen, dann an der Krümmungsstelle von m_1 mit einem AderForts; unter den F gelegene Gesichtsplatte schmal u. kahl; kleine F mit nackter Arista.; – Nackte bis stark behaarte (8–15 mm lg), unterschiedliche gefärbte Fliegen. Leben als L im Nasenraum, Rachen u. in Stirnhöhlen bei Wiederkäuern.
Familie *Oestridae* – **Nasen-** u. **Rachendasseln** S. 917

64* Z R_5 offen, an der Krümmungsstelle von m_1 ohne AderForts; Gesichtsplatte schildförmig verbreitert, behaart (Abb. **856**/7; **854**/9). – L bilden Dasselbeulen in der Haut von Huftieren u. Nagern. Familie *Hypodermatidae* – **Hautdasseln** S. 918

65 **(62*)** 2. FGld dorsal stets mit einer Längsspalte od. Längsnaht (Abb. **837**/3); 3. FGld länglich, nach unten gerichtet; zw vorderer FlInsertion u. Pteropleura befindet sich ein deutlich vorgewölbtes Sklerit (Bulbus od. Große Ampulle = GA); MNM außer bei manchen *Scatophagidae* mit einer vollständigen Quernaht od. zumindest MLinie; hintere Calli aber immer deutlich abgegrenzt (Abb. **855**/1, 3: Q, PC); Thorakalschüppchen meist gut entwickelt. (*Calyptratae*) **66**

65* 2. FGld ohne deutliche äußere Spalte od. Naht (Abb. **837**/2) od. nur mit einem kurzen Einschnitt (sollte ein Spalt vorhanden sein, ist die Quernaht nur an den S des MNM ausgebildet u. die hinteren Calli sind nicht durch eine Furche abgesetzt); 3. FGld meist rundlich; ein deutlich vorgewölbtes Sklerit (Bulbus = GA) fehlt, falls vorhanden, fehlen Vibrissen; MNM ohne vollständige Quernaht (Abb. **855**/2); Thorakalschüppchen (TS) klein od. rudimentär (wenn größer, sind die hinteren Calli nicht ausgeprägt). – Meist kleinere Fliegen, Au in beiden Geschlechtern deutlich getrennt. (*Acalyptratae*) **74**

66 Meist ± vertikal angeordnete HypopleuralBo (unter hinterem Thorakalstigma bzw. über Hü der HB) u. PteropleuralBo vorhanden (Abb. **855**/3: hp, pt); m_1 apikal meist aufgebogen (Spitzenquerader), dadurch Z R_5 verengt od. geschlossen **67**

66* HypopleuralBo u. PteropleuralBo fehlen od. nur PteropleuralBo fehlen **70**

67 Das unter dem Sch liegend Postscutellum ist stark nach außen vorgewölbt (Abb. **725**/3: PSCU); HypopleuralBo bogenförmig angeordnet; dorsale HlbSgm mit meist starken Bo; die ventralen Ränder der abdominalen T überdecken meist das 2. Hlb-Sternit; Arista häufig kahl (Abb. **856**/2–3). – Unterschiedlich große Fliegen, häufig auf Blumen, im Gras u. auf Laub.
Familie *Tachinidae* – **Raupen-** od. **Schmarotzerfliegen** S. 917

67* Postscutellum fehlt od. nur schwach entw; wenn größer, fehlen Fächerklappen des HStigmas; Arista in der Regel zumindest teilweise gefiedert; 2. HlbSternit liegt frei (die scheinbar 1. Bauchplatte) od. überdeckt das entsprechende HlbT **68**

68 Thorakalschüppchen (TS) schmal, zungenförmig, vom Scutellum abgespreizt, sein äußerer Rand ± konkav; m bildet Spitzenquerader, die häufig in die r_{4+5} mündet u. eine geschlossene Z (R_5) bildet; an den hinteren Stigmen Haare od. Fransen, ohne Fächerklappe. Familie *Rhinophoridae* S. 917

68* Thorakalschüppchen breit, der Br anliegend, sein äußerer Rand konvex; die Öffnung des hinteren Thorakalstigmas durch deckelartige Bildungen eingeengt **69**

69 Körper goldgrün bis metallisch blau glänzend od. dunkel u. mit gelbweißen filzähnlichen Härchen an der Br; äußere posthumerale Bo liegt tiefer (d. h. den Pleuren näher) als die präsuturale Bo; in der Regel 2 (s 3) NotopleuralBo (vgl. Abb. **832**/2: NP); Propleuren meist fein behaart; 2 od. 3 SternopleuralBo, meist 2:1 angeordnet. Arista meist bis zur Spitze gefiedert (Abb. **856**/5–6).
Familie *Calliphoridae* – **Schmeißfliegen, Brummer** S. 916

69* Br häufig mit schwarzen Streifen auf grauem Grund u. Hlb schachbrettartig gemustert; äußere posthumerale Bo liegt höher od. auf gleicher Höhe mit der PräsuturalBo; Propleuren kahl; in der Regel 4 NotopleuralBo; 2 SternopleuralBo, ist eine 3. vorhanden, steht sie mit den beiden anderen in fast einer Linie od. ist 2:1 angeordnet; Arista kahl od. meist nur in der basalen Hälfte gefiedert (Abb. **834**/11); m winklig, an der Krümmung häufig mit einem Ader- od. FaltenForts; ♂♂-Genitalien meist deutlich vorragend (Abb. **856**/1, 4). Familie *Sarcophagidae* – **Fleischfliegen** S. 917

70 **(66*)** PteropleuralBo fehlen, HypopleuralBo vorhanden; Hlb lg, zylindrisch; m gerade. – Nur eine Art: *Eginia ocypterata* (MEIGEN). Familie *Muscidae* pt., Gattung *Eginia*

70* Sowohl Hypopleural- wie auch PteropleuralBo fehlen, höchstens einige Härchen vorhanden; m seltener aufgebogen **71**

71 Ader a_1 erreicht, zumindest in Form einer Falte, den hinteren FlRand (Abb. **855**/10), wenn nicht (bei einigen *Scathophagidae*), sind die Thorakalschüppchen länglich ausgebildet **72**

71* Ader a_1 kürzer, nicht den FlRand erreichend **73**

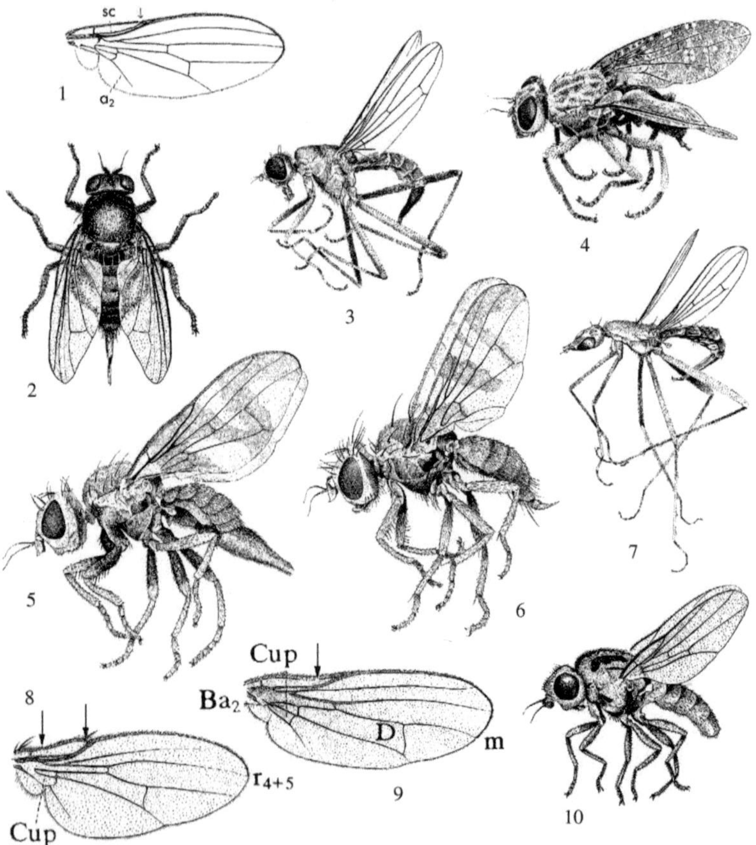

Abb. 860/1–10. **1** Fl von *Chyromya* (*Chyromyidae*); **2** *Lonchaea peregrina* ♀ (*Lonchaeidae*) (7 mm); **3** *Cnodacophora* (*Micropezidae*) (7 mm); **4** *Platystoma* (*Platystomatidae*) (7,5 mm); **5** *Urophora* (*Tephritidae*) (5,5 mm); **6** *Rhagoletis* (*Tephritidae*) (3,5 mm); **7** *Micropeza* (*Micropezidae*) (5,5 mm); **8** Fl von *Leucophenga* (*Drosophilidae*); **9** *Psila* (*Psilidae*); **10** *Chlorops* (*Chloropidae*) (2,5 mm).

72 Sch an der US mit feinen Härchen u. Au der ♂♂ genähert, falls Härchen an der US des Sch fehlen u. die Au auch bei den ♂♂ weit auseinander (z. B. *Fucellinae*) stehen, besitzt die Stirn kräftige InterfrontalBo. HK mit schwarzen Haaren u. Bo, nie mit weißlichen Haaren; meist 2 SternopleuralBo; Thorakalschüppchen (TS) so groß od. größer als das FlSchüppchen (FS). – Relativ kleine Fliegen.
Familie *Anthomyiidae* – **Blumenfliegen** S. 915

72* US des Sch ohne Härchen; Au in beiden Geschlechtern breit getrennt; Stirn ohne InterfrontalBo; HK ventral mit zahlreichen, seidenartig weißlichen Härchen; Thorakalschüppchen schmal, kleiner als das FlSchüppchen; meist nur eine SternopleuralBo; Fl in Abb. **855**/10. – L leben kopro-, sapro- od. phytophag; Im. räuberisch, vielfach an Exkrementen. Familie *Scathophagidae* – **Dungfliegen** S. 915

73 **(71*)** Ader a_2 nach vorn, zum E der a_1 od. um deren Spitze gebogen; sc entfernt sich im EAbschnitt geradlinig von r_1 (Abb. **893**/1); Tibien der HB nahe der M neben der PräapikalBo mit einer zusätzlichen submedianen DorsalBo. Familie *Fanniidae* S. 915

73* Ader a_2 nicht zur od. um die Spitze der a_1 gebogen; sc ± bogenförmig den FlRand erreichend; Tibien der HB s nahe der M mit einer zusätzlichen DorsalBo. – Prototyp der Fliegen, mit der kosm v Stubenfliege. Familie *Muscidae* – **„Echte Fliegen"** S. 915

74 **(65*)** Oc u. OcDreieck fehlen; 2. FGld verlängert, Arista pubeszent; AnalZ (Cup) außen durch eine winklig zur a gebogene Querader abgeschlossen (Abb. **863**/7); r_2 nahe der M mit einem nach unten gebogenen Forts (r_3); Fl gefleckt; BasalSgm des Ovipositors länger als die übrigen HlbSgm u. von der Form eines Vogelschnabels. – Nur eine 8–9 mm große, rötlichgelbe Art: *Adapsila coarctata* WAGA. – Nächtliche Lebensweise, alle bekannten L *Scarabaeidae*-Parasiten. Familie *Pyrgotidae*

74* Oc vorhanden; andere Merkmalskombinationen **75**

75 R sehr lg, in der Regel länger als der K, nach vorn gerichtet, manchmal gekniet, meist dünn u. stark sklerotisiert; Ptilinalnaht kurz; K ± groß u. aufgeblasen, Gesicht breit, mit Gruben unterhalb der F; 2. FGld meist sehr lg; F griffelförmig od. mit basal verdickter Arista; AnalZ (Cup) verlängert u. apikal zugespitzt (Abb. **854**/10) (mit Ausnahme der Gattung *Dalmannia*); Z R_5 geschlossen od. apikal verengt; Hlb keulenförmig, apikal nach unten gebogen (Abb. **854**/10). – Bräunlich getönte, kahle od. ziemlich schwach behaarte, oft wespenähnliche Fliegen (3–20 mm); Blumenbesucher.
Familie *Conopidae* – **Dickkopffliegen** S. 900

75* R kürzer, wenn länger als K, dann 2. FGld kürzer als 3. FGld; AnalZ kurz **76**

76 Basitarsus (bt) der HB meist sehr kurz u. verdickt, kürzer als das 2. TarsalSgm (Abb. **863**/5); OrbitalBo (ors) kräftig, niemals einwärts gebogen, wenn klein, dann gekreuzte InterfrontalBo vorhanden. 3. FGld rundlich, mit einer lg nackten od. pubeszenten Arista; c mit 2 od. 3 Bruchstellen, sc unvollständig (Abb. **858**/8); AnalZ u. Zweige der m jenseits der DiskalZ häufig reduziert. – Kleine, schwarze bis braune Fliegen (1–5 mm); an Exkrementen, faulenden organischen Substraten etc. (Siehe auch Nr. **150**).
Familie *Sphaeroceridae* – **Dungfliegen** S. 908

76* Basitarsus der Hb nicht geschwollen u. verdickt, in der Regel länger als das 2. TarsalSgm; andere Merkmalskombination **77**

77 Arista fehlend, nur ein kurzer Dorn an der Spitze des großen, fast bis zum URand des K reichenden 3. FGld vorhanden; Au sehr groß u. pubeszent; Fl in Abb. **858**/1. – Sehr kleine (bis 2 mm), dunkel getönte Fliegen; L sind Parasiten von Coccidae. Nur eine Art: *Cryptochetum buccatum* HENDEL. Familie *Cryptochetidae*

77* Arista vorhanden **78**

78 Ader sc vollständig od. fast vollständig, endet getrennt von der r_1 in der Costa (c) od. kurz davor (Abb. z. B. **835**/1; **858**/2, 6–7, 10) **79**

78* Ader sc unvollständig, erreicht die Costa nicht; endet frei od. verschmilzt distal mit der r_1 od. ist als Falte rechtwinklig zur Costa hin gebogen (Abb. **849**/2; **858**/1, 9; **893**/3, 5; **863**/3)[1] **112**

[1] Schwierigkeiten bei der Zuordnung könnten bei einigen Agromyziden, Tethiniden, Milichiiden u. Carniden auftreten.

79 Hinteres Thorakalstigma mit zumindest einer feinen Bo neben der kurzen Behaarung (Abb. **855**/5, 7); Backen mit BoReihe u. vi; Palpen rudimentär (außer *Orygma*); c ohne Bruchstelle **80**

79* Hinteres Thorakalstigma nur mit kurzer Behaarung, ohne Bo (Abb. **855**/6); Palpen gut entw, wenn rudimentär, dann kleine gelb-weiße Fliegen (*Chyromyidae*; s. Nr. **108***) **81**

80 K kugelförmig mit großen Au; Backen schmal; Sch nicht behaart; Tibien u. Femora der VB bei ♂♂ oft gezähnt od. eingekerbt; Hlb spitz zulaufend u. meist an der Basis verengt; Fl häufig mit schwarzem Fleck an der FlSpitze. – Kleine ameisenähnliche, kahle, metallisch-schwarze od. rötliche Fliegen (Abb. **857**/6; **858**/7); Fl häufig auf- u. niederschlagend; in der Umgebung von Exkrementen, Dung usw. u. auf Blüten.
Familie *Sepsidae* pt. – **Schwingfliegen** S. 904

80* K hinten abgeflacht; Au klein; Backen verbreitert; Sch behaart; Fl gebräunt, ohne Spitzenfleck. – Mittelgroße, graue, sehr borstige Fliegen mit abgeflachter Br, ♂♂ mit großer, zangenartig unter dem Hlb gebogener Genitalarmatur. – Nur an Meeresküsten, an faulenden Algen. – Nur eine Art: *Orygma luctuosum* MEIGEN.
Familie *Sepsidae* pt. S. 904

81 **(79*)** DorsalS der Br abgeflacht; B u. Hlb auffallend borstig od. behaart (Abb. **857**/2); pvt meist konvergent (vgl. Abb. **833**/2); a_1 erreicht den FlRand zumindest als Falte; AnalZ ± winkelig abgeschlossen; c ohne Bruchstelle (Abb. **858**/10); Mundrand u. Backen hervortretend, mit Bo, aber ohne deutliche vi; letztes TarsenGld dreieckig u. verbreitert, mit borstenartigen Haaren über den Krallen. – Mittelgroße, sehr borstige, graue, dunkelbraune od. schwarze Fliegen mit abgeflachtem Körper. – Nur an Meeresküsten, auf Tang u. faulenden Algen. Familie *Coelopidae* – **Tangfliegen** S. 904

81* DorsalS der Br nicht abgeflacht, sondern leicht gewölbt; wenn abgeflacht, dann B nicht stark beborstet, letztes TarsenGld nicht dreieckig od. pvt divergent **82**

82 c nur nahe der Humeralquerader (h) mit Bruchstelle **83**

82* c ohne Bruchstelle od. mit Bruchstelle nahe der Mündung der sc in die Costa od. sogar mit 2 Bruchstellen nahe der sc u. nahe der h **84**

83 Au mit sehr feiner Behaarung; pvt weit getrennt u. divergent; 2–3 Paar OrbitalBo, vibrissenähnliche Bo u. SternopleuralBo vorhanden; Fl klar, ohne Muster. – Sehr kleine (2 mm) Fliegen, auf Pilzen u. Aas. Familie *Acartophthalmidae* S. 913

83* Au nackt; K groß; FGruben tief, F durch Kiel getrennt; Fl mit kräftigem Muster; pvt sehr klein bis fehlend; nur 1–2 Paar schwache OrbitalBo; vi fehlen; r_1 oberseits beborstet; r_{4+5} vor der FlSpitze mündend; (Abb. **863**/1); SternopleuralBo fehlen. – Fl mit braunen Querbinden od. schwärzlich mit hellen Punktflecken (Abb. **860**/4). (Siehe auch Nr. **96**). Familie *Platystomatidae* pt. S. 903

84 **(82*)** c ohne Bruchstelle; durch Verengung der c wird in manchen Gattungen (z. B. *Tanypeza*, dann stelzenartige B)scheinbar eine Bruchstelle vorgetäuscht **85**

84* c mit mindestens einer Bruchstelle nahe der Mündung der sc; manchmal nur als Knick od. Kerbung zu erkennen (z. B. bei manchen *Piophilidae* u. *Lonchaeidae*) **98**

85 2. FGld mit einem spitzen Forts an der AußenS; Arista subdorsal (Abb. **855**/4); vi vorhanden; pvt divergent; 2–4 Paar OrbitalBo; MesopleuralBo vorhanden. – Gattung *Clusiodes* COQUILLETT: (Siehe auch Nr. **102***). Familie *Clusiidae* pt. S.912

85* 2. FGld ohne Forts; vi fehlen; andere Merkmalskombination **86**

86 Schlanke Fliegen mit stelzenartigen B; r_{4+5} u. m konvergierend, dadurch Z R_5 geschlossen od. stark verengt (Abb. **852**/5); Tibien ohne präapikale Bo **87**

86* Fliegen gedrungen (Ausnahme: *Megamerinidae*); B nicht ungewöhnlich lg u. schlank; r_{4+5} u. m in der Regel apikal nicht zusammenlaufend; Z R_5 offen **88**

87 K u. Au im Profil flach, länger als hoch od. so lg wie hoch; OcellarBo fehlen; Sternopleuren ohne Behaarung, aber immer mit deutlichen Bo; r_1 dorsal nackt; HRand der AnalZ (Cup) gerade od. zugespitzt (Abb. **860**/3, 7). – Kleine bis mittelgroße Fliegen mit stabförmigem Körper u. sehr lg B u. Fl; Genitalien vorragend; bevorzugen feuchte u. schattige Orte; bewegen sich gravitätisch wie auf Stelzen laufend.
Familie *Micropezidae* – **Stelzfliegen** S. 901

87* K u. Au in SAnsicht höher als lg; OcellarBo vorhanden; auf Scheitel u. beiden S der Stirn silberne Flächen; Sternopleuren behaart, aber ohne Bo; r_1 dorsal beborstet; AnalZ am HRande deutlich gerundet (Abb. **858**/2). – Eine 7 mm große, seltene Art: *Tanypeza longimana* FALLÉN. Familie *Tanypezidae* – **Zartfliegen**

88 **(86*)** Einige od. alle Tibien mit einer präapikalen DorsalBo (vgl. Abb. **863**/4: prt); Körper häufig, zumindest aber teilweise, hell gefärbt **89**

88* Tibien ohne präapikale DorsalBo **93**

89 Kleinere Fliegen (bis 6 mm), mit klaren, leicht getönten od. nur schwach gefleckten Fl; PostvertikalBo (pvt) konvergent od. sich sogar kreuzend; a_1 kurz, den FlRand nicht erreichend; AnalZ (Cup) kurz, hinterer Rand bauchig, niemals spitzwinklig; stets mit PräapikalBo an den Tibien der VB u. MB; Tibien der MB mit 1–2 ESpornen; meist 2 Paar OrbitalBo (ors). – Unter schattiger Vegetation, meist in feuchten Biotopen. Familie *Lauxaniidae* – **Faul-** od. **Polierfliegen** S. 906

89* In der Regel größere Fliegen (bis 12 mm); PostvertikalBo (pvt) parallel, divergent od. s fehlend (falls in einigen Fällen die pvt leicht konvergent erscheinen, handelt es sich um größere Fliegen mit meist netzartig gezeichneten Fl u. nach vorn gestreckten F); Analader (a_1) dem FlRand genähert od. ihn erreichend **90**

90 r_1 endet vor od. in der FlM ln der c; Femora der MB meist mit einer Bo nahe der M der VS (Abb. **863**/4); F mit häufig verlängertem u. nach vorn gerichtetem 2. FGld; im Pro-

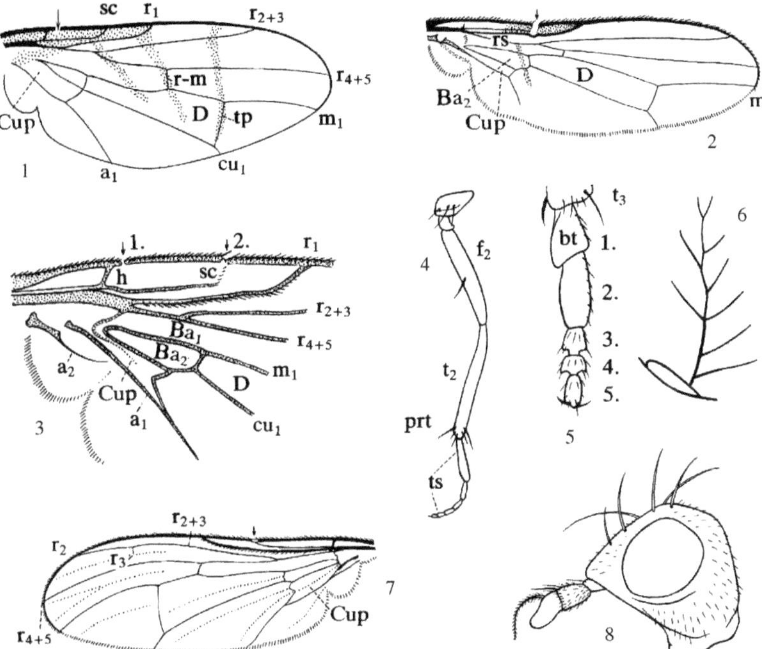

Abb. 863/1–8. Fl von **1** *Rivellia* (*Platystomatidae*); **2** *Chyliza* (*Psilidae*); **3** FlWurzel der *Tephritidae*; **4** MB von *Tetanocera* (*Sciomyzidae*) (f_2 = Femur, t_2 = Tibia, prt = präapikale TibialBo, ts = TarsenGld); **5** TarsenGld des HB von *Borborus* (*Sphaeroceridae*) (t_3 = Tibia, bt = Basitarsus); **6** Arista von *Drosophila* (*Drosophilidae*); **7** Fl von *Adapsila* (*Pyrgotidae*); **8** K von *Trypetoptera* (*Sciomyzidae*).

fil das Gesicht konkav u. zurückgezogen (Abb. **863**/8); Clypeus klein u. ± unter dem unteren Rand des Gesichts liegend **91**

90* r_1 endet jenseits der FlM in die c; Femora der MB ohne Bo; F in der Regel nicht nach vorn ragend; 2. FGld nicht verlängert; Clypeus groß u. deutlich unter dem unteren Gesichtsrand vorgewölbt **92**

91 Tibien der MB u. HB ohne Bo (außer den PräapikalBo u. den ESpornen); Tibien der MB am E mit Dornenkranz; Femora der HB häufig mit BoReihen. Kleine bis größere Fliegen (bis 12 mm), meist mit netzartig gezeichneten od. getönten Fl. – Fliegen grau, bräunlich od. schwarz; leben in der Nähe von Gewässern od. in feuchten Biotopen; L ernähren sich räuberisch von Schnecken.
Familie *Sciomyzidae* – **Netz-** od. **Hornfliegen** S. 905

91* Tibien der MB u. HB mit 2–3 prädorsalen u. postdorsalen Bo; sonst ähnlich den *Sciomyzidae*. – Bräunliche Fliegen (3–9 mm) mit bräunlich getönten Fl. – L sind Parasitoide bei Chilopoden. Familie *Phaeomyiidae* S. 905

92 **(90*)** 3. FGld länger als breit; F liegen an der Basis eng zusammen; Palpen mit apikaler Bo; Mundrand vorstehend; Backen nur in unterer Hälfte behaart; c ohne längere Bo; Fl überragen weit den Hlb. – Mittelgroße (5–10 mm), gelbliche od. rötlichbraune Fliegen an faulenden Substanzen u. Exkrementen u. an Pilzen.
Familie *Dryomyzidae*– **Baumfliegen** S. 904

92* 3. FGld kugelförmig; F durch Kiel getrennt; Palpen ohne apikale Bo; Mundrand nicht vorstehend; Backen bis zu den Au behaart; c mit deutlichen Bo. – Graue Fliegen (6–10 mm), nur am Meeresstrand. Familie *Helcomyzidae* – **Strandfliegen** S. 904

93 **(88*)** Hintere Femora verdickt, mit 2 ventralen Dornenreihen; Stirn ist am VRand etwas hervorgehoben; pvt u. OcellarBo fehlen; Hlb lg mit einer Taille; Fl schmal, AnalZ relativ lg u. parallelseitig; Analader fast od. ganz den FlRand erreichend; AL fehlend. – Seltene, schlanke, schwarzgrüne Fliegen (8–9 mm) mit gelben B, bes. in Auwäldern. – Nur eine Art: *Megamerina dolium* (F.). Familie *Megamerinidae*

93* Femore der HB nicht verdickt u. bedornt; AnalZ (Cup) relativ kurz, O- u. URand nicht parallelseitig; StirnVRand nicht über Umgebung gehoben **94**

94 r_1 dorsal unbeborstet, höchstens mit Mikrotrichien; sc kurz vor der Mündung in die c sehr eng an die r_1 angelagert, dann wieder divergent; apikaler Teil der Z zw sc u. r_1 geschwärzt; AnalZ (Cup) nicht spitz zulaufend **95**

94* r_1 dorsal beborstet od. mit BoHaaren besetzt od. AnalZ (Cup) spitz auslaufend; Fl häufig gemustert **96**

95 sc mündet etwa in der M zw h u. r_1 in die c; Z zw sc u. r_1 geschwärzt; Fl klar; pvt divergent. – Kleine (1–2,5 mm) dunkle Fliegen, leben räuberisch von Aphiden. Nur eine Art: *Cremifania nigrocellulata* Czerny. Familie *Cremifaniidae*

95* sc mündet nahe der r_1 in die c; Fl hell, nur zw sc u. r_1 leicht getönt; pvt konvergent od. fehlend; Arista nur pubeszent. – Mesonotum mit 2–4 Paar DorsozentralBo; AnalZ sehr klein; Analader (a_1) fast fehlend. – Kleine (2–5 mm) graue Fliegen mit silbriger Bestäubung; auf dem Hlb oft mit braunen od. schwarzen Flecken.
Familie *Chamaemyiidae* – **Blattlausfliegen** S. 906

96 **(94*)** r_1 oberseits beborstet; AnalZ (Cup) nicht spitz auslaufend, sondern HRand abgerundet (Abb. **863**/1); pvt fehlen od. nur schwach entw., dann divergent; SternopleuralBo fehlen; r_{4+5} endet vor FlSpitze; Fl sehr stark gemustert (Abb. **860**/4); HK geschwollen. – Durch die FlZeichnung sehr auffällig. (Siehe auch Nr. **83***).
Familie *Platystomatidae* pt. S. 903

96* r_1 kahl u. AnalZ (Cup) spitz zulaufend od. r_1 nur in der distalen Hälfte beborstet u. AnalZ nicht spitz auslaufend; pvt divergent, aber klein; SternopleuralBo vorhanden **97**

97 r_1 kahl; AnalZ (Cup) in eine Spitze ausgezogen; Z R_5 gegen den FlRand meist verengt od. geschlossen; klare transparente Fl; Körper metallisch glänzend. – Fliegen oft auf Blüten od. Dung. (Siehe auch Nr. **110**)
Familie *Ulidiidae* pt. – **Schmuckfliegen** S. 902
u. die Otitide *Seioptera vibrans* Kirby

97* r_1 oberseits in der Distalhälfte beborstet; AnalZ ohne Zipfel. – Kleine bis mittelgroße Fliegen mit oft auffällig gemustertem Fl. (Siehe auch Nr. **110***)
Familie *Otitidae* pt. – **Schmuckfliegen** S. 902
u. die Ulidiide *Homalocephala albitarsis* ZETTERSTEDT

98 **(84*)** VibrissenBo od. vibrissenähnliche Bo vorhanden (Abb. **833**/1–2: vi) **99**

98* VibrissenBo (vi) fehlen **109**

99 Stirn stark vorstehend u. Gesicht nach unten hinten zurückweichend, dadurch K im Profil dreieckig; Au rundlich u. klein; unter den F grubenartige Vertiefung; jederseits 2 vi; sc eng an der r_1 entlang laufend; Sch außergewöhnlich lg od. abgeflacht, mit 2 kurzen apikalen, starke Bo tragenden Höckern; B stark behaart, mit kräftigen Krallen. – 2 sehr seltene, 6–9 mm große Fliegenarten, die wahrscheinlich in DE nicht mehr vorkommen. Familie *Thyreophoridae*

99* Fliegen nicht mit dieser Merkmalskombination **100**

100 2. BasalZ (Ba_2) u. DiskalZ (D) durch Fehlen der basalen Querader verschmolzen; Arista nur pubeszent; pvt u. oc fehlen; Costalbruch nahe der Mündung der sc u. Costa nahe der h stark verdünnt (Abb. **858**/6); dem Au nahestehende untere ors nach innen, die hintere nach oben (reklinat) gerichtet. – Kleine (2 mm) Fliegen an ausfließendem Baumsaft od. faulenden PflStoffen. – Nur eine Art: *Aulacigaster leucopeza* MEIGEN. Familie *Aulacigastridae* S. 914

100* 2. BasalZ (Ba_2) u. DiskalZ (D) durch basale Querader ± getrennt (vgl. Abb. **835**/1) **101**

101 Mundöffnung sehr groß (ähnlich den *Ephydridae*); F breit getrennt; Backen mit einer od. mehreren nach oben gebogenen Bo unter den Au; 3–5 Paar nach außen gebogene ors; unterer Rand des Gesichtes vorgewölbt; 2 vi; SternopleuralBo fehlen; sc teilweise dicht neben der r_1 verlaufend, gegen die Mündung in die c verblassend; a_1 sehr kurz. – Sehr kleine (bis 3,5 mm) graue od. graubraune Fliegen, an den Meeresküsten. (Siehe auch Nr. **128**). Familie *Canacidae* pt. S. 909

101* Mundöffnung nicht ungewöhnlich groß; Backen ohne nach oben gebogene Bo; meist mit weniger als 3 Paar ors, wenn 3, dann nicht nach außen gebogen **102**

102 2. FGld in der Regel mit einem spitzen Forts an der AußenS u. einer dorsalen Bo; Arista subdorsal (Abb. **855**/4); vi vorhanden; 2–4 Paar reklinate ors; pvt divergent od. fehlend; AnalZ (Cup) mit einem nach außen gewölbten äußeren Rand. – Kleine (3–4

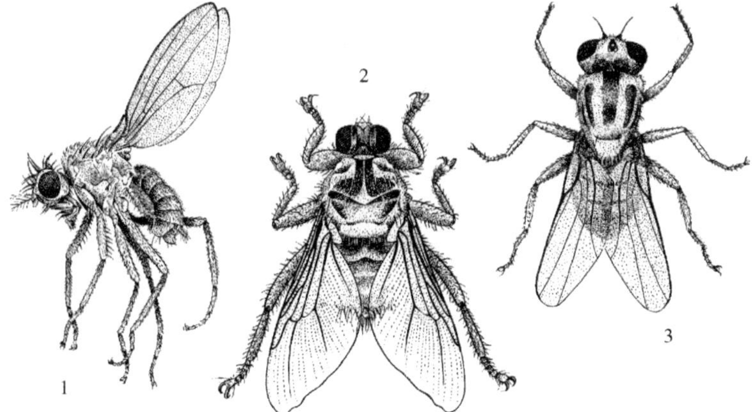

Abb. 865/1–3. 1 *Drosophila* (*Drosophilidae*) (2 mm); **2** *Hippobosca* (*Hippoboscidae*); **3** *Chlorops* (*Chloropidae*) (2,5 mm).

mm), relativ seltene Fliegen, mit rauchig getönten Fl, gelb bis schwarz, im Wald. (Siehe auch Nr. **85**). Familie *Clusiidae* pt. S. 912

102* 2. FGld ohne winkligen Vorsprung an der AußenS; meist nur 2 Paar ors; Arista dorsal (Abb. **833**/1) **103**

103 PostvertikalBo (pvt) divergent, parallel od. fehlend **104**

103* PostvertikalBo (pvt) konvergent od. sich kreuzend **106**

104 Au groß; oval od. ± länglich; K im Profil höher als lg (Abb. **833**/1–2), HK flach; Stirn ohne längere Bo, nur 1 Paar ors in Höhe des OcDreiecks; Stirn des ♂ verengt bis auf $^1/_4$ od. $^1/_5$ der KBreite; HAL schwarz; Fl klar, ohne Flecken (Abb. **835**/1); ♀ mit stilettförmigem, bohrerartigem Ovipositor (Abb. **832**/2); Mesopleuren mit zahlreichen hinteren RandBo; mehrere vibrissenähnliche Bo. – Schwarze bis blaugrüne, ± metallisch glänzende Fliegen (2–7 mm); vornehmlich im Wald u. in dessen Nähe. (Siehe auch Nr. **111**). Familie *Lonchaeidae* pt. S. 907

104* K u. Au rundlich; Stirn bei beiden Geschlechtern nicht verengt; ♀ ohne bohrerartigen Ovipositor **105**

105 r_1 oberseits beborstet; Analader a_1 erreicht fast den FlRand; 3–5 SternopleuralBo; OcDreieck fast bis zum VRand der Stirn reichend. – Seltene, 8–9 mm große, glänzend rötlichbraune Fliegen; L leben ektoparasitisch an Jungvögeln in Vogelnestern. Nur eine Art: *Neottiophilum praeustum* (MEIGEN).
Familie *Neottiophilidae* – **Vogelsauger** S. 907

105* r_1 oberseits unbeborstet; Analader gebogen, erreicht nicht den FlRand; maximal 2 schwache SternopleuralBo; MesopleuralBo fehlen; OcDreieck von normaler Größe. 3–6 mm große, meist metallisch schwarze od. bläulich glänzende Fliegen (Abb. **858**/3), zahlreich in der Nähe faulender Stoffe, an Käse, Kadavern, Exkrementen usw. Familie *Piophilidae* – **Käsefliegen** S. 907

106 **(103*)** Tibien mit dorsalen PräapikalBo; Costa mit längeren u. kräftigeren Bo, die sich meist deutlich von der Normalbeborstung abheben (ähnlich Abb. **858**/8) **107**

106* Tibien ohne od. höchstens mit nur ganz unscheinbaren PräapikalBo; Costa ohne od. nur mit schwachen Bo **108**

107 OcellarBo entspringen neben od. am Rande des OcDreiecks u. unterhalb des vorderen Oc; Scheitelplatten lg, fast bis zum Ansatz der F; 2 ors; InterfrontalBo fehlen; sc fast parallel zur r verlaufend; Analader kurz; nicht den FlRand erreichend; MesopleuralBo vorhanden (vgl. Abb. **832**/1–2: MPL). – Kleine (bis 3 mm), gelbe od. dunkle Fliegen, an trockenen u. sandigen Stellen. Familie *Trixoscelididae* S. 913

107* OcellarBo entspringen am Rande od. auf dem OcDreieck oberhalb des vorderen Oc; Scheitelplatte kurz; 1–2 Paar reklinate ors; InterfrontalBo vorhanden; EAbschnitt der sc divergent zur r verlaufend; Analader variabel, erreicht manchmal den FlRand; MesopleuralBo meist fehlend. – Kleine bis mittelgroße (bis 8 mm) bräunliche od. gelbliche Fliegen; auf Exkrementen, Kadavern, an Baumsäften, in Höhlen u. Tierbauten.
Familie *Heleomyzidae* pt. – **Scheufliegen** S. 913

108 **(106*)** Analader erreicht den FlRand; 2–3 Paar nach außen od. hinten gebogene ors; PropleuralBo (pp) u. MesopleuralBo vorhanden; deutliche Narben auf dem MNM. – *Borboropsini.* Familie *Heleomyzidae* pt. – **Scheufliegen** S. 913

108* Analader (a_1) erreicht nicht den FlRand (Abb. **860**/1); 2–3 Paar ors, nicht nach außen gebogen; Palpen reduziert; PropleuralBo fehlen. – Kleine (1–3 mm) hellgelbe Fliegen mit goldmetallisch glänzenden Au; im Freien, s, manchmal am Fenster.
Familie *Chyromyidae* S. 914

109 **(98*)** r_1 in der Distalhälfte oberseits mit Bo od. AnalZ (Cup) am HRand spitz zulaufend **110**

109* r_1 oberseits nicht beborstet u. AnalZ (Cup) nicht spitz zulaufend **111**

110 AnalZ in eine Spitze ausgezogen; r_1 oberseits ohne Bo; Z R_5 gegen den FlRand meist verengt od. geschlossen. (Siehe auch Nr. **97**).
Familie *Ulidiidae* pt. – **Schmuckfliegen** S. 902

110* r_1 oberseits in der Distalhälfte beborstet; AnalZ (Cup) ohne Zipfel; Fl oft auffällig gemustert. (Siehe auch Nr. **97***). Familie *Otitidae* pt. – **Schmuckfliegen** S. 902

111 **(109*)** Au groß, oval od. länglich; K im Profil höher als lg (Abb. **833**/1–2), HK flach; Backen sehr schmal; Halterenkopf schwarz; Fl klar, ohne Flecken (Abb. **835**/1); nur postsuturale dc; ♀ mit stilettförmigem Ovipositor (Abb. **832**/2). – Kleine (2–7 mm), dunkle, glatte, vielfach metallisch glänzende Fliegen. (Siehe auch Nr. **104***).
Familie *Lonchaeidae* pt. S. 907

111* K im Profil ± kugelförmig; Au rundlich, kleiner; Stirn des ♂ verengt bis auf $^1/_4$ der KBreite; 1 Paar ors; keine vi, aber bei einigen Arten ein längeres Buccalhaar; Halterenkopf hell; Fl meist gefleckt; außer postsuturalen häufig präsuturale dc; ♀ mit stilettförmigem, bohrerartigem Ovipositor (vgl. Abb. **858**/5). – Graue, rötlichgelbe od. gelbe Fliegen, 3,5–4 mm; nicht häufig, oft im Sitzen die Fl vibrierend.
Familie *Pallopteridae* S. 907

112 **(78*)** sc basal fast parallel zur r verlaufend, dann fast rechtwinkelig zur Costa aufgebogen, diese dann allerdings meist nur als Falte erreichend (Abb. **863**/2–3) (z.T. auch bei *Psilidae* – siehe Nr. **129**); AnalZ (Cup) in der Regel hinten mit einem spitzen Forts; Fl fast immer auffällig gemustert (Abb. **860**/5–6); Costa mit deutlichen Bruchstellen; 2–3 Paar konvergente ors; vi fehlen, aber meist sind eine od. mehrere stärkere PeristomalBo vorhanden; ♀ mit stilettförmigem, steifem u. nicht zurückziehbarem Ovipositor. – Schöne, kleine bis mittelgroße Fliegen auf Blüten u. Vegetation.
Familie *Tephritidae* – **Frucht-** od. **Bohrfliegen** S. 903

112* sc nicht senkrecht zur Costa aufgebogen, wenn, dann andere Merkmalskombination **113**

113 OcDreieck klein u. nach vorn mitten auf die Stirn gerückt; OcellarBo fehlend; pvt leicht divergent; innere VertikalBo klein u. nach vorn gerichtet; Palpen rudimentär; Arista mit lg Fiederhaaren; c bis zur m reichend u. mit subcostaler Bruchstelle; Z R_5 apikal verengt; Gesicht mit medianem Forts. – Sehr kleine (1–2 mm) bleiche bis gelbliche Fliegen. Familie *Stenomicridae* S. 907

113* Nicht mit dieser Merkmalskombination **114**

114 Costa ohne Bruchstellen (wenn auch in einigen Fällen eingeschnürt) **115**

114* Costa vor od. an der r_1 gebrochen od. mit Narben einer Bruchstelle; bisweilen Costalbruch außerdem nahe der Humeralquerader (h) **116**

115 Costa reicht nur bis zur Mündung der r_{4+5}; Z R_5 apikal nicht verengt; Querader r-m etwa in der M des Fl; DiskalZ (D) vorhanden (Abb. **858**/9); 2. FGld zuweilen dorsal wie eine Kapuze über das 3. Gld vorspringend; Arista gefiedert. – Sehr kleine (2–4 mm) Fliegen, grau od. gelbgrau, mit schwarzgelb gestreiften B, an ausfließendem Baumsaft. Familie *Periscelididae* S. 907

115* Costa erreicht die Mündung von m_1; Z R_5 sehr lg u. apikal durch die konvergierenden r_{4+5} u. m_1 verengt; Querader r-m im Basalteil des Fl; DiskalZ nicht ausgebildet; r_{2+3} sehr kurz (Ausnahme *Leiomyza*) u. schon nahe der r_1 in die c mündend (Abb. **849**/2); AnalZ fehlend; Arista pubeszent od. gefiedert. – Sehr kleine (1,5–2 mm) Fliegen mit z.T. auffallender Färbung (z.B. dorsale Br glänzend schwarz, Pleuren u. B gelb, Hlb rötlich od. gelblich u. schwarz gemustert); im Wald od. dessen Nähe, manchmal auch an Fenstern. Familie *Asteiidae* S. 914

116 **(114*)** AnalZ u. Analader fehlen (Abb. **848B**/6); die basale Querader m-cu meist fehlend, dadurch 2. BasalZ u. DiskalZ verschmolzen (Abb. **893**/3) **117**

116* AnalZ (Cup) vorhanden, zuweilen sehr klein u. unscheinbar (Abb. **860**/8); Analader vorhanden od. reduziert; basale Querader vorhanden, dadurch 2. BasalZ (Ba_2) u. DiskalZ (D) getrennt (Abb. **863**/2) od. reduziert (z.B. viele *Drosophilidae*) (Abb. **865**/1) **122**

117 Costa nur mit einer Bruchstelle vor od. nahe der Mündung der r_1 (Abb. **848B**/6) **118**

117* Costa mit 2 Bruchstellen, vor der Mündung von r_1 u. nahe der Querader h (Abb. **893**/3) **119**

118 OcDreieck meist auffallend groß u. charakteristisch, weit nach vorn reichend u. oft den größeren Teil der Stirn plattenähnlich einnehmend; Propleuren mit einer deutlichen, senkrechten Kante (wenn K der Br dicht anliegt, schlecht sichtbar); KBo, bes. ors, schwach entwickelt od. fehlend; pvt konvergent od. fehlend; Tibien ohne PräapikalBo; unterer Rand der DiskalZ in der M leicht gebogen (Abb. **848B**/6). – Sehr kleine bis kleine, kahle, fast borstenlose Fliegen (Abb. **860**/10; **865**/3), schwarz od. gelb bis gelblichgrün, oft mit dunklen Längsstreifen versehen; sehr häufig auf Wiesen u. Grasflächen. Familie *Chloropidae* – **Halmfliegen** S. 911

118* OcDreieck nicht deutlich; pvt gekreuzt; 3 Paar reclinate ors; vi vorhanden; 4 Paar DorsozentralBo. – Kleine (bis 2 mm), glänzend schwarze Fliegen; s, auf Wiesen. – Nur eine Art: *Pseudopomyza atrimana* (MEIGEN). Familie *Pseudopomyzidae*

119 **(117*)** Gesicht oft stark vorgewölbt, meist mit großer Mundöffnung (Abb. **893**/2); falls Arista gefiedert, nur oberseits mit lg Haaren; PostvertikalBo fehlen, aber zuweilen divergente PostocellarBo; eigentliche vi fehlen od. nur schwach entwickelt u. dann undeutlich von den übrigen Bo unterscheidbar; Z R_5 nicht verengt u. r_{2+3} nicht nahe der r_1 mündend (Abb. **893**/3) (Unterschied zu *Asteidae*); Fl zuweilen marmoriert. – Sehr kleine bis kleine, graue, dunkle od. braune Fliegen, vorwiegend in Wasser- od. Sumpfnähe; oft in großen Mengen auftretend.
Familie *Ephydridae* – **Sumpffliegen** od. **Weitmaulfliegen** S. 909

119* Gesicht nicht vorgewölbt, sondern ± konkav; Mundöffnung nicht erweitert; PostvertikalBo (pvt) fehlend, parallel od. konvergent; vi vorhanden **120**

120 2 Paar ors, die vorderen nach unten, die hinteren nach oben gerichtet; pvt gekreuzt; InterfrontalBo fehlend; vi deutlich; Tibien der MB mit PräapikalBo; Arista oberseits mit lg, unterseits mit kurzen Haaren; Mesopleuren mit Bo. – Seltene, sehr kleine bis kleine, glänzend schwarze Fliegen (2–3 mm). Familie *Camillidae* S. 911

120* Untere ors nach innen gekrümmt (inclinat); InterfrontalBo vorhanden; Tibien ohne PräapikalBo; Arista pubeszent **121**

121 Zahlreiche InterfrontalBo vorhanden; Mesopleuren ohne Bo; Fl an der r_1-Einmündung mit deutlichem Costalbruch u. Verdickung der c bei *Milichiinae*; Backen relativ schmal, wenn breit, dann Bo meist am unteren Backenrand; *Madicinae* meist mit verlängerten Labellen; vi stärker als MundBo. – Kleine (2–4 mm), graue bis glänzend schwarze Fliegen; auf Blüten, an organischen Materialien u. als Kommensalen bei Spinnen u. räuberischen Insekten. (Siehe auch Nr. **124**). Familie *Milichiidae* pt. – **Nistfliegen** S. 908

121* 1–2 Paar InterfrontalBo über der Ptilinalnaht; 4 ors, die 2 unteren inclinat, die 2 oberen lateroclinat; Mesopleuren mit Bo; Fl ohne tiefen Einschnitt an der r_1-Einmündung; pvt fehlend od. parallel; Backen breit, mit meist einer BoReihe in der M; F in tiefen Gruben; R kurz. – Sehr kleine (1–2,5 mm), ± glänzend schwarze Fliegen; L saprophag in Vogelnestern, darunter die ektoparasitische Gefiederfliege *Carnus hemapterus* NITZSCH. (Siehe auch Nr. **124***).
Familie *Carnidae* pt. – **Nistfliegen** u. **Gefiederfliegen** S. 909

122 **(116*)** Costa mit 2 Bruchstellen (vor der Mündung der r_1 u. nahe der Humeralquerader (h) **123**

122* Costa nur mit einer Bruchstelle (vor od. an der Mündung von r_1) **127**

123 Tibien ohne PräapikalBo **124**

123* Tibien mit PräapikalBo (falls undeutlich, finden sich auf der Stirn eine proclinate u. reclinate ors) **125**

124 Zahlreiche InterfrontalBo vorhanden; Mesopleuren ohne Bo; pvt konvergent bis gekreuzt. (Weitere Merkmale siehe unter Nr. **121**).
Familie *Milichiidae* pt. – **Nistfliegen** S. 908

124* 1–2 Paar InterfrontalBo über der Ptilinalnaht; Mesopleuren mit Bo; pvt fehlend od. parallel; F liegen in sehr tiefen Gruben u. sind durch hohen Kiel getrennt. (Weitere Merkmale siehe unter Nr. **121*** u. **153**).
Familie *Carnidae* pt. **Nist-** od. **Gefiederfliegen** S. 909

125 **(123*)** Mesopleuren behaart u. am HRand mit Bo; 2 Paar kräftige ors, die proklinate ors (nach unten gerichtete) steht dem Au näher als die reklinate (nach hinten gerichtete) ors; beide ors hinter der StirnM in Scheitelnähe stehend; Arista kurz behaart; Br kräftig gewölbt; Costa mit deutlichen Bo im Basalteil; PräapikalBo kräftig entw. – Meist grau bestäubte kleine (2–4 mm) Fliegen; häufig auf sumpfigen Wiesen.
Familie *Diastatidae* S. 911

125* Mesopleuren unbehaart u. ohne Bo **126**

126 3 Paar ors, die proclinate ors (zumeist die vorderste) steht nie näher dem AuRand als die reclinaten ors; Arista in der Regel lg gefiedert (Abb. **863**/6), mit einer charakteristischen Gabel an der Spitze; ors meist unter der StirnM stehend; kräftige konvergente bis gekreuzte pvt; Costa ohne deutliche Bo; AnalZ (Cup) vorhanden (Abb. **860**/8). – Sehr kleine bis kleine (2–4 mm), meist gelbliche od. rötlichbraune Fliegen, mit hellen roten Au (Abb. **865**/1). – Vorwiegend in der Nähe gärender Stoffe, bes. an Früchten; oft auch in Wohnungen.
Familie *Drosophilidae* – **Tau-, Frucht-** od. **Essigfliegen** S. 910

126* Proclinate ors steht zw AuRand u. reklinater ors; beide ors in od. hinter der StirnM stehend; Arista pubeszent behaart; PräapikalBo schwach entw. – Kleine (2–4 mm) grauschwarze Fliegen mit graubraun getönten Fl; häufig auf Wiesen.
Familie *Campichoetidae* S. 911

127 **(122*)** SternopleuralBo fehlend; Tibien ohne PräapikalBo; PostvertikalBo divergent od. fehlend **128**

127* SternopleuralBo vorhanden; pvt u. vi variabel **130**

128 vi vorhanden; Mundöffnung sehr groß; unterer Rand des Gesichtes sehr vorgewölbt; Backen mit einer od. mehreren nach oben gekrümmten Bo unter dem Au; 3–5 Paar nach außen gebogene ors; OcDreieck groß. – Kleine graue od. graubraune Fliegen, nur an den Meeresküsten. (Siehe auch Nr. **101**). Familie *Canacidae* pt. S.909

128* vi fehlend; Mundöffnung nicht ungewöhnlich groß; Backen ohne nach oben gebogene Bo; ohne 3 Paar nach außen gebogene ors; OcDreieck kleiner **129**

129 Notopleuren ohne od. mit einer Bo; Mesopleuren ohne Bo, nur mit feinen Haaren; Bruchstelle der c liegt ziemlich weit vor der Mündung der r_1; HRand der AnalZ gerade; DiskalZ (D) relativ lg; Costa verläuft bis zu m_1; sc bricht plötzlich ab u. läuft meist als senkrechte Falte zur c (Abb. **863**/2); OcDreieck liegt nahe dem Scheitel. – Hierzu gehört auch die Gattung *Loxocera* MEIGEN, deren 2. FGld einen Spalt aufweist u. deren 3. FGld bandförmig verlängert ist. – Meist schlanke u. mittelgroße Fliegen (3–9 mm) von schwarzer od. gelber Färbung.
Familie *Psilidae* – **Nacktfliegen** S. 901

129* Notopleuren mit zwei Bo; Mesopleuren mit einer Bo u. feinen Härchen; K rundlich; OcDreieck undeutlich, reicht bis zur StirnM; HRand der AnalZ konvex. – 4–5,5 mm messende, schlanke Fliegen von schwarzbräunlicher Färbung; Gesicht u. B gelb. – Nur eine Art: *Strongylophthalmyia ustulata* HELLER.
Familie *Strongylophthalmyiidae*

130 **(127*)** Tibien gelb gebändert, mit schwach ausgebildeten PräapikalBo, wenn ohne, dann Tibien der MB mit einem Kranz von ESpornen; auf den großen Fronto-Orbitalplatten befinden sich 1 Paar einwärts gebogener unterer ors u. 2 Paar, in der unteren Stirnhälfte entspringender, nach hinten gebogener ors; MesopleuralBo meist fehlend; pvt divergent; Costa endet an r_{4+5}; 1 Paar DorsozentralBo vor u. 3 Paar hinter der BrQuernaht (vgl. Abb. **855**/2: dc). – Kleine (3–4 mm), grauschwarze, seltene Fliegen mit dunklen Flecken auf dem Hlb u. breiten Fl, auf denen zumindest die Queradern bräunlich umwölkt sind. – An Baumwunden u. Baumsäften vorkommend.
Familie *Odiniidae* S. 912

130* Tibien ohne PräapikalBo (bei *Agromyzidae* auf den Tibien der MB oft 1–2 posterodorsale Bo); MesopleuralBo meist vorhanden; andere Anordnung der ors **131**

131 pvt konvergent od. parallel, wenn fehlend sind alle ors nach außen gebogen; vi vorhanden, aber bisweilen schwach entw **132**

131* pvt divergent od. fehlend; vi vorhanden od. fehlend **133**

132 1–4 Paar ors, ± nach außen gekrümmt; MesopleuralBo vorhanden; präsuturale DorsozentralBo (vor der BrQuernaht) vorhanden (vgl. Abb. **855**/2: dc); Analader fehlt; Backen höher als 3. FGld breit; OcDreieck nicht länger als die Hälfte der Stirn; sc schwach entw, nur im basalen Teil erkennbar. – Sehr kleine (1,5–3 mm), graue od. graubraune Fliegen; an Meeresküsten u. an Salzstellen.
Familie *Tethinidae* S. 908

132* Von den 2–3 Paar ors zumindest 1 Paar nach hinten gebogen; Mesopleuren nackt; präsuturale DorsozentralBo fehlen; Analader vorhanden; Fl lg u. schlank; Costa mit lg Haaren, aber ohne stärkere Bo; Backen schmaler als 3. FGld breit; vi vorhanden; 2 SternopleuralBo; 3. FGld mit lg Pubeszens; Femora der VB mit ventralem borstenähnlichem Dorn. – Sehr kleine (bis 2,5 mm), schlanke Fliegen, in Gras u. anderer Vegetation. Familie *Anthomyzidae* S. 913

133 **(131*)** VibrissenBo vorhanden; pvt divergent; Mesopleuren mit Bo; meist 2 Paar in der oberen Stirnhälfte liegende, nach hinten gebogene u. 1–3 Paar untere, nach innen gebogene ors (Abb. **893**/4); Ovipositor bohrerartig, Basalteil nicht einziehbar; sc mündet in r_1 od. als Falte in c (Abb. **893**/5). – Sehr kleine bis kleine (meist 2–3 mm) schwarze Fliegen, zuweilen mit gelber Zeichnung. L minieren in Pfl u. erzeugen charakteristische Fraßbilder. [Hier auch *Selachops flavocinctus* WAHLBERG (4 mm) mit dicht behaartem dreieckigem K; ohne Vibrissen; andere Anordnung der ors; Arista an der Spitze des 3. FGld; F in tiefen Gruben.].
Familie *Agromyzidae* – **Minierfliegen** S. 912

133* VibrissenBo fehlen (bei *Geomyza* kräftige Pseudovibrissen); Mesopleuren mit Bo; pvt meist fehlend; nur ein Paar reklinate ors; hintere Querader (tp) in od. hinter der FlM; Fl lg u. schmal; AL bei *Geomyza* reduziert; r_{2+3} sehr lg u. gegen die Mündung der r_{4+5} konvergierend; 2. BasalZ u. AnalZ sehr klein; stets 1 MesopleuralBo u. 1 SternopleuralBo vorhanden. – Kleine (3–4,5 mm) schlanke Fliegen mit gefleckten Fl, in Gras u. Röhricht, im Unterholz des Waldes.
Familie *Opomyzidae* – **Saft-** u. **Wiesenfliegen** S. 914

134 **(1*)** F aus 6 od. mehr deutlichen Sgm bestehend; Palpen meist mit 3–5 Sgm (*Nematocera*) **135**

134* F aus höchstens 5 Sgm bestehend **143**

135 MNM mit einer V-förmigen Naht (Abb. **891**/1); ♀ mit lg chitinisiertem Ovipositor. – Im Winter auf Schnee, mit spinnenartiger Bewegung, ca. 4,5 mm: Gattung *Chionea* DALMAN (Abb. **25**/6). Familie *Limoniidae* S. 875

135* MNM ohne V-förmige Naht **136**

136 Oc fehlend **137**

136* Oc vorhanden **138**

137 Basitarsus länger als 2. TarsalGld; Mesothorax groß u. über K vorgezogen; Hlb an Basis eingeschnürt. – Winzige Mücken (1,5 mm), an Meeresküsten: Gattung *Clunio* HALIDAY. Familie *Chironomidae*

137* Basitarsus kürzer als 2. TarsalGld. Familie *Cecidomyiidae* S. 879

138 **(136*)** Au sich über den F berührend (Abb. **839**/3) **139**

138* Au sich nicht über den F berührend **140**

139 HAL vorhanden; B kräftig; Tibien ohne apikale Sporne (bis 2 mm messende Mücken: Gattung *Thripomorpha* ENDERLEIN). Familie *Scatopsidae* S. 879

139* HAL fehlend; B schlank; Tibien mit apikalen Spornen (z. B. Gattung *Epidapus* HALIDAY). Familie *Sciaridae* S. 879

140 **(138*)** Tarsenklauen gezähnelt; Pulvillen fehlen; Tibien ohne apikale Sporne (z. B. Gattung *Wasmanniella* KIEFFER). Familie *Cecidomyiidae* S. 878

140* Tarsenklauen nicht gezähnelt **141**

141 Körper von abnormer, asselförmiger od. larvenförmiger Gestalt; HAL fehlend; F inserieren über den Au; Gattung *Dahlica* ENDERLEIN. Familie *Mycetophilidae* S. 879

141* K von normaler Mückengestalt; F inserieren unter den Au **142**

142 F kurz; 1. GeißelGld so lg wie breit. – ♂ von *Penthetria funebris* MEIGEN. (Siehe auch Nr. **24***). Familie *Pleciidae*

142* F lg; 1. GeißelGld kopflg. – ♀ von *Hesperinus imbecillus* (LOEW). (Siehe auch Nr. **23**). Familie *Hesperinidae*

143 **(134*)** Hü auf der VentralS der Br getrennt, sich nicht berührend; Krallen der Tarsen kräftig entwickelt; Hlb meist nur undeutlich segmentiert **144**

143* Hü der gegenüberliegenden B sich berührend; Krallen der Tarsen einfach; Hlb deutlich segmentiert **147**

144 MNM kurz, den Sgm des Hlb ähnelnd; Sch fehlt; K breit; F in seitlichen Gruben; Au sehr klein; Oc fehlend; kräftige B; HAL fehlen; EGld der Tarsen mit kammähnlichen Anhängen. – Milbenähnliche Fliegen (1–1,5 mm), leben auf Honigbienen (Abb. **32**/7). Familie *Braulidae* – **Bienenläuse** S. 908

144* Br u. Hlb differenziert; Sch vorhanden; andere Merkmalskombination. – Parasiten von Vögeln u. Säugetieren **145**

145 K sehr klein u. schmal, kann in eine Vertiefung der Br zurückgeschlagen werden; Au u. Oc rudimentär od. fehlend; B lg, Femora u. Tibien meist verdickt; Basitarsi lg, schlank u. gekrümmt; Krallen kräftig entw; HAL vorhanden. – Spinnenartiges Aussehen; Lg ca. 3 mm; Ektoparasiten von Fledermäusen (Abb. **35**/2). Familie *Nycteribiidae* – **Fledermauslausfliegen** S. 916

145* K größer, nicht zurückschlagbar; 1. TarsalGld von gleicher Lg wie 2. TarsalGld **146**

146 K eng in eine entsprechende Vertiefung des vorderen BrRandes eingepasst; Palpen verlängert u. eine Scheide für den StechR bildend; Au oval od. rund; K u. Br abgeflacht; Tarsalkrallen kräftig entw, lg u. gekrümmt, an der Basis gezähnt. Ektoparasiten von Vögeln u. Säugetieren; meist braun-dunkelbraun gefärbt; 3–10 mm groß. (Siehe auch Nr. **43**). Familie *Hippoboscidae* – **Lausfliegen** S. 916

146* K nicht fest an Br angepasst; Palpen sehr verbreitert, blattartig am K vorragend; Au u. Oc rudimentär od. fehlend; Tarsalkrallen nicht gezähnt. – Nur wenige mm große Ektoparasiten von Fledermäusen; in DE noch nicht nachgewiesen. Familie *Streblidae*

147 **(143*)** Stirn ohne Ptilinalnaht **148**

147* Stirn mit Ptilinalnaht **150**

148 F scheinbar aus einem einzigen kugeligen Gld bestehend mit einer lg Arista; Femora der Hb robust u. seitlich abgeflacht; Körper kurz, breit, abgeflacht, asselförmig (z. B. bei Ameisen lebend: Gattung *Aenigmatias* MEINERT). Familie *Phoridae*

148* F bestehen aus 3 Sgm; Femora der Hb nicht abgeflacht **149**

149 R kurz; HinterK ± konkav. Familie *Dolichopodidae* S. 889

149* R verlängert u. vorstehend [z. B. Gattung *Chersodromia* WALKER), sehr kleine (1 mm) Fliegen, in Wassernähe]. Familie *Hybotidae* S. 888 u. *Empididae* S. 887

150 **(147*)** Basitarsi der HB kurz u. verbreitert, kürzer als das 2. TarsalGld (z. B. Arten der Gattungen *Crumomyia* MACQUART, *Aptilotus* MIK, *Spelobia* SPULER). (Siehe auch Nr. **76**). Familie *Sphaeroceridae* S. 908

150* Basitarsi der HB nicht verbreitert u. länger als das 2. TarsalGld **151**

151 OcDreieck stark entw, nach vorn beträchtlich verlängert; Propleuren mit einer scharfen vertikalen Kante; KBo schwach entw od. fehlend; fast borstenlose Fliegen (z. B. Gattung *Elachiptera* MACQUART). (Siehe auch Nr. **118**). Familie *Chloropidae* S. 911

151* OcDreieck nicht vergrößert; andere Merkmalskombination **152**

152 Gesicht nach außen vorgewölbt, mit großer Mundöffnung (z. B. Arten der Gattung *Philygria* STENHAMMAR). (Siehe auch Nr. **119**). Familie *Ephydridae* S. 909

152* Gesicht nicht vorgewölbt; Mundöffnung von normaler Größe **153**

153 Hlb aufgebläht u. angeschwollen; untere ors nach innen gebogen; in der M der Backen eine BoReihe. – Kleine (1 mm) glänzend schwarze Fliege; Hlb, Tibien u. Tarsen der VB gelb; ektoparasitisch bei Vögeln lebend: *Carnus hemapterus* NITZSCH. Familie *Carnidae*

153* Hlb normal geformt; ors nicht nach innen gebogen **154**

154 Tibien ohne PräapikalBo; 2 reklinate ors; Femur der VB mit kräftiger Bo; Gattung *Stiphrosoma* CZERNY. (Siehe auch Nr. **132***) Familie *Anthomyzidae*

154* Tibien mit PräapikalBo **155**

155 Arista lg gefiedert; 1 proclinate ors vorhanden (z. B. Gattung *Lordiphosa* BASDEN). (Siehe auch Nr. **126**). Familie *Drosophilidae* S. 910

155* Arista pubeszent od. kahl; Stirn mit bestäubten Streifen, auf welchen nicht mehr als 2 Paar ors stehen. (Siehe auch Nr. **107***) Familie *Heleomyzidae* S. 913

Unterordnung ***Nematocera***

Familie ***Trichoceridae***

Sehr ähnlich einigen kleineren *Tipulidae.* L in faulender Substanz, in Pilzen, Höhlen u. Minen. DE 18 Arten. (Abb. **842**/1; **872**/2, 5, 7).

1 Au unbehaart; Tibialsporne einfach, sehr klein; Ovipositor kurz u. fleischig. Gattung *Diazosma* BERGROTH

Nur eine Art, 5–8 mm. *Diazosma hirtipenne* (SIEBKE)

1* Au behaart; Tibialsporne paarig; Ovipositor hart, nach unten gebogen (Abb. **874**/6). Gattung *Trichocera* MEIGEN

Familie ***Tipulidae***

Große Mücken mit schlankem Körper, schmalen Fl u. lg dünnen B, leicht abbrechend; Tibien ohne od. mit Spornen; Genitalien in beiden Geschlechtern vorragend. – Graue od. graubraune L, oft bedeutende Schädlinge der Landwirtschaft. LE bei kaudaler Betrachtung einer Teufelsmaske ähnlich (Abb. **873**/4). L meist semiaquatisch od. terrestrisch. 123 Arten. (Abb. **841**/1–2; **872**/1, 3–4, 6; **874**/1–5, 7).

1 Fl ohne DiskalZ (D); Tibien ohne deutliche Sporne. Gattung *Dolichopeza* CURTIS
1* Fl mit DiskalZ; alle Tibien mit Spornen **2**
2 F ohne wirtelig angeordnete lg Haare **3**
2* F mit wirtelig angeordneten lg Haaren (Abb. **872**/1, 3–4) **6**

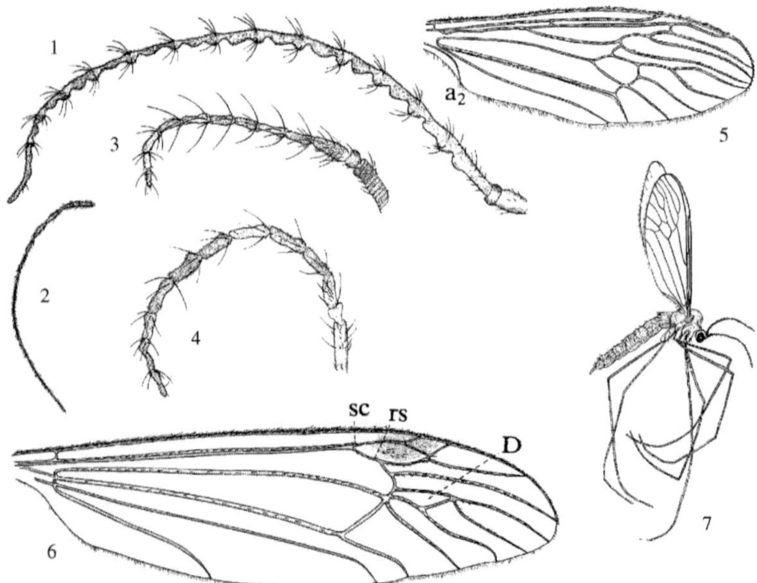

Abb. 872/1–7. F von **1** *Nephrotoma* (*Tipulidae*); **2** *Trichocera*; **3–4** *Tipula* (*Tipulidae*); Fl von **5** *Trichocera*; **6** *Nephrotoma* (*Tipulidae*); **7** *Trichocera* (*Trichoceridae*) (7 mm).

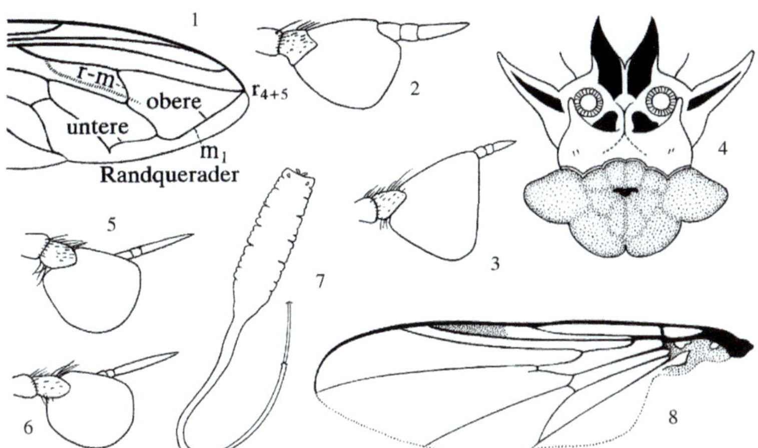

Abb. 873/1–8. 1 FlE von *Pocota personata* (HARRIS) (*Syrphidae*); **2** u. **3** F von *Pelecocera tricincta* (MEIGEN), ♂ (**3**), ♀ (**2**) (*Syrphidae*); **4** HE der L von *Tipula soosi* (MANNHEIMS) (*Tipulidae*) (7 mm); **5** u. **6** F von *Chamaesyrphus*, ♂♂ (*Syrphidae*); **7** *Eristalis* L (*Syrphidae*); **8** Fl von *Chalarus spurius* (FALLÉN) (*Pipunculidae*).

3 F des ♂ mit kammartig angeordneten Forts; F des ♀ sägeartig od. einfach; glänzende Arten; Grundfarbe gelb mit schwarzen Zeichen od. fast ganz schwarz **4**

3* F des ♂ sägeartig; F des ♀ einfach; matte Arten; Grundfarbe bräunlichgrau mit schwarzen Zeichen. Gattung *Prionocera* LOEW

4 F des ♂ mit einem lg basalen Forts u. einem etwas kürzeren subapikalen am 4. u. den folgenden Sgm; F des ♀ mit einfachen GeißelSgm u. außer dem 1. kurz u. gerundet, breiter als lg. Gattung *Dictenidia* BRULLÉ

4* F des ♂ mit mehr als 2 Forts am 4. u. den folgenden Sgm; F des ♀ mit sägeartigem Geißelgld od. vorwiegend länger als breit **5**

5 F des ♂ am 4. u. den folgenden Sgm mit 2 lg basalen Forts u. einem ziemlich kurzen, gerundeten; F des ♀ mit zumindest lg basalen GeißelGld, nur die EGld sägeartig; Ovipositor mehr als $^1/_3$ so lg wie der Hlb. Gattung *Tanyptera* LATREILLE

5* F des ♂ am 4. u. den folgenden Sgm mit 2 lg basalen u. 2 etwas kürzeren subapikalen Forts; am F des ♀ alle GeißelGld kurz u. sägeartig; Ovipositor weniger als $^1/_5$ so lg wie der Hlb. Gattung *Ctenophora* MEIGEN

6 **(2*)** FlAder rs in der Regel kurz (Abb. **872**/6); sc endet nahe der Basis der rs; Körperfarbe schwarz u. gelb; Körper in der Regel glänzend; vorderer Teil der dorsalen Br mit 3 bisweilen ineinanderfließenden blanken, schwarzen Streifen.
Gattung *Nephrotoma* MEIGEN (Abb. **874**/7)

6* rs in der Regel lg; sc endet weit entfernt von der Basis der rs; Körperfarbe in der Regel grau, braun od. mattgelb, s schwarz; wenn BrStreifen vorhanden, in der Regel matt, s schwach glänzend. Gattung *Tipula* L. (Abb. **874**/1–5)

Familie ***Cylindrotomidae***

L phytophag, in der Regel hellgrün, raupenähnlich, auf Land- u. Wassermoosen od. blühenden Pfl. – Im. 11–16 mm. 4 Arten.

1 FlZ M_1 vorhanden (oberste der 3 von der DiskalZ ausgehenden Adern gegabelt). Körper gelbbraun; Br mit 3 schwarzen Streifen. *Cylindrotoma distinctissima* (MEIGEN)

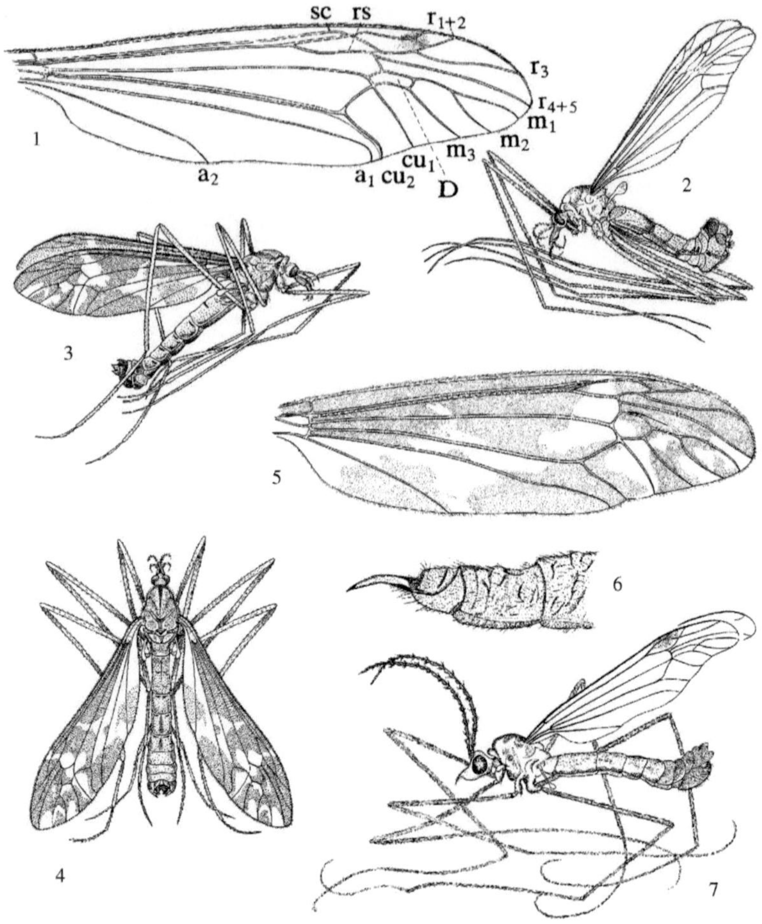

Abb. 874/1–7. 1 Fl von *Tipula*; **2** *Tipula* (*Tipulidae*) (15 mm); **3** u. **4** *Tipula* (*Tipulidae*) (23 mm); **5** Fl von *Tipula*; **6** Hlb u. Ovipositor von *Trichocera* (*Trichoceridae*); **7** *Nephrotoma* (*Tipulidae*) (12,5 mm).

1* Z M_1 fehlend (3 einfache Adern gehen von der DiskalZ aus) **2**

2 K u. Br mit tiefen Punkturen; m-cu deutlich jenseits der Basis der DiskalZ; Körper ± braun; 11–14 mm. *Triogma trisulcata* (SCHUMMEL)

2* K u. Br glatt, ohne Punkturen; m-cu an od. nahe der Basis der DiskalZ **3**

3 K sich hinter den Au stetig u. beträchtlich verengend; Br hell glänzend mit 3 schwarzen Streifen. *Diogma glabrata* (MEIGEN)

3* K unmittelbar hinter den Au etwas eckig; danach sich mäßig verengend; Br matt. *Phalacrocera replicata* (L.)

Familie *Limoniidae*

Im. meist kleiner als *Tipulidae*, ihnen in ihrer Lebensweise ähnelnd; kommen vorwiegend in feuchten u. schattenreichen Biotopen vor; in Ruhehaltung liegen die Fl meist übereinander. – L sind carnivor od. phytophag u. leben aquatisch, semiaquatisch od. terrestrisch. 280 Arten.

1 Radialsektor (rs) nur mit 2 Ästen (r_3 u. r_{4+5}). Unterfamilie *Limoniinae*
1* Radialsektor (rs) mit 3 Ästen (r_3, r_4 u. r_5) **2**
2 Tibialsporne vorhanden, wenn auch klein; m_1 u. m_2 vielfach als Gabeläste (Abb. **842**/4). Unterfamilien *Limnophilinae* u. *Dactylolabinae*
2* Tibialsporne fehlen (aber durch verstärkte Haare bei den meisten *Gonomyia*-Arten vertreten); m_{1+2} nicht aufgegabelt (außer in den Gattungen *Crypteria* Bergroth u. *Neolimnophila* Alexander). Unterfamilie *Chioneinae*

Familie *Pediciidae*

sc_2 mündet queraderähnlich vor Abzweig des rs in r; m_1 u. m_2 meist als Gabeläste; Fl meist unbehaart; Tibien mit ESpornen. Im. mittelgroß bis sehr groß (Gattung *Pedicia* Latreille). L leben z. T. räuberisch in Wassernähe. 36 Arten.

Familie *Psychodidae*

FlGeäder strahlenförmig; sc nur im basalen Drittel des Fl, frei endend od. in c mündend; F perlschnurartig, mit 14–16 Sgm. – L aquatisch od. in feuchten Substraten od. in faulenden organischen Substanzen (auch Exkrementen). 143 Arten.

1 rs mit 4 Ästen (2 einfache Adern zw den 2 Hauptgabeln). Unterfamilie *Psychodinae*
1* rs mit 3 Ästen (eine einfache Ader zw den Hauptgabeln). **2**
2 cu_1 endet etwa in der M des FlHRandes; Fl dicht behaart. Unterfamilie *Trichomyiinae*
2* cu_1 kurz, endet im Basalteil des Fl; Fl schwach behaart. Unterfamilie *Sycoracinae*

Familie *Ptychopteridae*

Glänzend schwarze, z. T. rot u. gelb gemusterte Mücken mit charakteristischer U-förmiger Naht auf der dorsalen Br, die sich von der V-förmigen Naht der *Tipulidae* u. *Trichoceridae* unterscheidet. Männliche Genitalien außergewöhnlich hervorragend; Fl 8–12 mm lg. – L aquatisch, im Schlamm sehr seichter Gewässer, mit lg Atemrohr; P mit einem normalen u. einem stark verlängerten Prothorakalhorn. – Nur 1 Gattung: *Ptychoptera* Meigen. 8 Arten.

Familie *Blephariceridae*

Im. mittelgroß (5–7 mm) mit schlankem Körper u. lg dünnen B; F mit 9–15 Gld; R vertikal, so lg od. länger als K; ♀♀ räuberisch, ♂♂ Nektar saugend; Fl lg u. irisierend. – L u. P auf Steinen in schnell fließenden, sauerstoffreichen Geb-Bächen; besitzen eine Reihe ventraler Saugorgane. 7 Arten.

1 Apikaler Abschnitt der m_2 vorhanden; K ohne lg Behaarung **2**
1* m_2 fehlend; K mit lg u. dichten Haaren bedeckt. *Hapalothrix lugubris* Loew
2 Au in der oberen Hälfte mit großen, in der unteren Hälfte mit kleinen Facetten; Au oberhalb der F genähert. *Blepharicera fasciata* (Westwood)
2* Facetten der Au gleichgroß; Au oberhalb der F breit getrennt. Gattung *Liponeura* Loew

Familie *Dixidae*

In der allgemeinen Erscheinung nicht unähnlich einigen kleineren *Tipulidae*, aber durch das Fehlen der V-förmigen MNMNaht leicht von diesen unterscheidbar. FlAder sc endet über od. vor der Basis der rs. L aquatisch, aber nicht sehr aktive Schwimmer, meist auf Steinen od. Vegetation an der Wasseroberfläche, häufig den Körper in Form eines verkehrten U gekrümmt. ♂♂ u. ♀♀ Blütenbesucher. 16 Arten.

Gattungen *Dixa* MEIGEN u. *Dixella* DYAR & SHANNON

Familie *Chaoboridae*

Durch FlGeäder u. gefiederte F der ♂♂ den *Culicidae* ähnlich, aber unterschieden durch die kurzen Mundteile. Beim ♂ erreichen die Fl in ihrer Lg beachtlicherweise nicht das HlbE, wodurch sie bei oberflächlicher Betrachtung leicht mit einigen *Chironomidae* verwechselt werden können. ♂♂ u. ♀♀ Blütenbesucher. – L karnivor, erbeuten *Culicidae*-L, kleine Crustaceen usw., Planktonorganismen. 7 Arten.

1 Basitarsus kurz, ca. $^1/_4$ der Lg des stark verlängerten 2. TarsenGld; Klauen mit 1 kurzen basalen u. 1 sehr lg zentralen Zahn. Gattung *Mochlonyx* LOEW

1* Basitarsus normal verlängert, fast od. gerade zweimal so lg wie das 2. TarsenGld; Klauen klein, einfach. Gattung *Chaoborus* LICHTENSTEIN

Familie *Culicidae*

Von der Mehrzahl anderer Nematoceren durch den verlängerten R unterschieden. ♂♂ von den ♀♀ durch die gefiederten F unterscheidbar. ♂♂ Blütenbesucher, ♀♀ Blutsauger. – L in Tümpeln u. langsam fließenden Gewässern ohne Wellengang, mit dem Atemrohr an der Wasseroberfläche hängend. P beweglich. 46 Arten.

1 Palpen des ♀ schlank u. verlängert, von gleicher Lg wie der R; Palpen des ♂ fast von gleicher Lg wie beim ♀, aber mit einem glatten Stiel u. mit einem behaarten, golfstockähnlichen K endend; Hlb in beiden Geschlechtern ohne Schuppen, nur mit feinen Haaren; in Ruhestellung Hlb von der Unterlage weiter entfernt angehoben als die Br, R in einer Linie mit der Br. – „Fiebermücken" (Abb. **877**/2, 5).
Unterfamilie *Anophelinae*
Sch gleichmäßig gerundet, mit ununterbrochener BoReihe: Gattung *Anopheles* MEIGEN

1* Palpen des ♀ kurz, $^1/_8$–$^1/_2$ so lg wie der R; Palpen des ♂ lg u. behaart, an der Spitze nur bei wenigen Arten verstärkt; Hlb in beiden Geschlechtern stark beschuppt; in Ruhestellung R mit dem Hlb einen Winkel bildend. Hlb parallel zur Oberfläche gehalten, auf der die Mücke sitzt; Sch dreilappig, mit 3 isolierten BoGruppen.
Unterfamilie *Culicinae*

Unterfamilie *Culicinae*

1 Mit Bo hinter dem Prothorakalstigma; Klauen des ♀ an den VB u. MB gezähnt; Hlb des ♀ spitz zulaufend; Cerci lg hervorstehend. Gattung *Aedes* MEIGEN

1* Hinter dem Prothorakalstigma keine Bo; alle Klauen des ♀ einfach, ungezähnt; Hlb am E stumpf; Cerci nicht sichtbar **2**

2 Tarsen ohne bleiche Ringe; letztes TarsenGld mit Pulvillen; Spitzen der Palpen des ♂ gekniet. Gattung *Culex* L.

2* Tarsen zumindest an den HB mit bleichen Ringen; letzte TarsenGld ohne Pulvillen; Palpen des ♂ anders gestaltet **3**

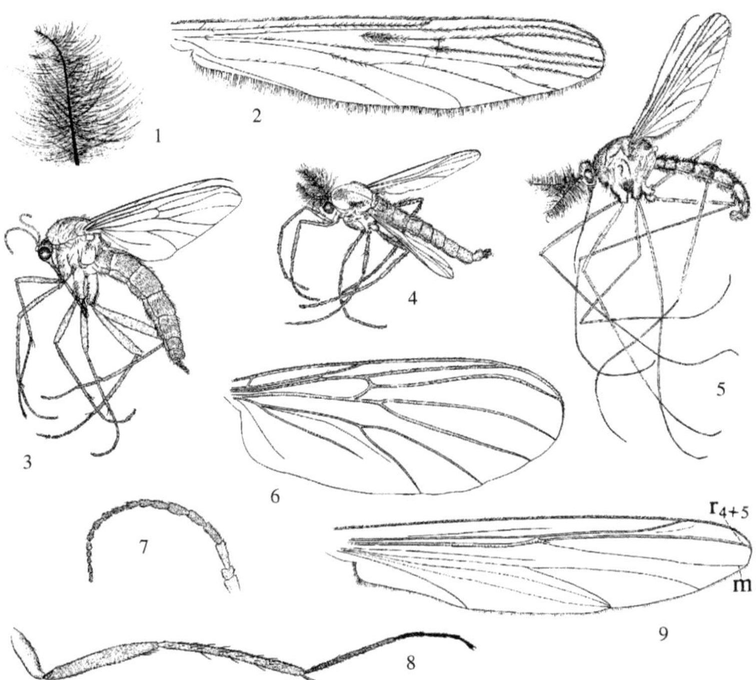

Abb. 877/1–9. 1 F von *Glyptotendipes*; **2** Fl von *Anopheles*; **3** *Gnoriste* (*Mycetophilidae*) (9 mm); **4** *Glyptotendipes* (*Chironomidae*) (8 mm); **5** *Anopheles* (*Culicidae*) (5,5 mm); **6** Fl von *Gnoriste*; **7** F von *Gnoriste*; **8** HB von *Gnoriste*; **9** Fl von *Glyptotendipes*.

3 Vor dem Thorakalstigma keine Bo, FlSchuppen breit; Mücken gelblich gefärbt. – L leben unter Wasser an Pfl angeheftet. Gattung *Coquillettidia* DYAR

3* Mit Bo vor dem Prothorakalstigma (SpirakularBo); FlSchuppen sehr schmal; Mücken von dunkler Farbe. Gattung *Culiseta* FELT

Familie ***Thaumaleidae***

3–4 mm große Mücken, mit kurzer sc u. mit gegen den FlRand konvergierenden r_4 u. m_1. – L aquatisch, bevorzugen Stellen, wo kaltes, sehr seichtes Wasser über Steine rieselt, so dass der LRücken sich außerhalb des Wassers befindet. 15 Arten.

Familie ***Ceratopogonidae***

K hinten gerundet, im Gegensatz zu dem abgeflachten K der *Chironomidae*; hinterer BrRücken ohne deutliche Längsfurche od. -kiel in der M (ein bei den *Chironomidae* vorhandenes Merkmal). Mundteile kurz, ♀♀ Blutsauger; manche Arten auch auf Insekten, andere Blütenbesucher, Nektarsauger. Dunkle Flecken u. Wolken auf den Fl charakteristisch (z. B. Gattungen *Culicoides* LATREILLE, *Forcipomyia* MEIGEN). – L unter Baumrinde (*Forcipomyia*), in feuchter, verfallender PflSubstanz od. aquatisch (*Culicoides*). – Bestimmung der Gattungen u. Arten schwierig. 332 Arten.

Familie *Chironomidae*

Leicht in Gestalt u. Größe mit den *Chaoboridae* zu verwechseln; die ♂♂ der *Chironomidae* haben aber gefiederte F u. Fl, die sich nicht bis zum HlbE erstrecken, die Fl ohne Schuppen auf den Adern od. am HRand, das Geäder sehr charakteristisch. Insgesamt sehr zarte Mücken, oft von beachtlicher Schönheit. In SAnsicht beide Geschlechter mit auffallend buckliger Br, die dorsal den K überdeckt. Die meisten *Chironomidae*-L leben aquatisch, wenige terrestrisch. L in großen Mengen im Wasser, wichtige Fischnahrung, Bedeutung als Indikatoren spezieller Wasserqualitäten; in Aquarienhandlungen als Fischfutter in Form „roter Mückenlarven". – Bestimmung der Gattungen u. Arten sehr schwierig.
696 Arten. (Abb. **877**/1, 4, 9).

Familie *Simuliidae*

Im. im Frühjahr in großen Mengen auftretend; ♀♀ Blutsauger, von großer wirtschaftlicher Bedeutung, verursachen Krankheit u. Tod von Haustieren. L in fließendem Wasser. – Wichtigste Gattung: *Simulium* LATREILLE. 50 Arten.

Familie *Anisopodidae*

L in faulendem organischer Substanz, Dünger usw. 8 Arten.

1 DiskalZ (D) vorhanden (Abb. **842**/6). Gattung *Sylvicola* HARRIS
1* DiskalZ fehlend (Abb. **843**/6). Gattung *Mycetobia* MEIGEN

Familie *Bibionidae*

Im. versch. Arten bisweilen für kurze Zeit in ungewöhnlicher Menge als Plage auftretend. Vorwiegend schwarz, behaart, von kräftiger Gestalt, mit kurzen, breiten, oft dunklen Fl u. kräftigen B. Im. von Bedeutung für die Befruchtung der Obstbäume, L als Schädlinge an PflWurzeln. 20 Arten.

1 An der Spitze der Tibien der VB eine Dornenkrone (kleiner Kreis von 7–9 Spornen); auf dem VTeil der Br eine zweifache Dornenkette. Gattung *Dilophus* MEIGEN
1* Tibien der VB ohne Dornenkrone, aber mit klauenähnlichem, schnabelförmigem Forts, ohne Dornenkette auf der Br. Gattung *Bibio* GEOFFROY

Familie *Mycetophilidae*

Zartgld, kleine bis mittelgroße (4–8 mm) Mücken von gelblicher, bräunlicher od. dunkler Färbung; F mit 11–17 Gld, entspringen in der M des K; Br bucklig; Hü lg u. Tibien mit lg Spornen. – L vorwiegend fungivor an Pilzen u. Pilzmyzel, unter Rinde, in sich zersetzendem Holz u. PflMaterialien, leben z.T. in Schleimröhren unter Gespinsten, auch in Nestern u. im Moos. 574 Arten. (Abb. **877**/3, 6–8).

Familie *Bolitophilidae*

Mittelgroße, graue bis graubräunliche Mücken mit lg B; a_1 erreicht FlRand. – L leben in Pilzen. 22 Arten. (Abb. **843**/1). Gattung *Bolitophila* MEIGEN

Familie ***Ditomyiidae***

Schlanke Mücken (5–8 mm) mit kräftigen HumeralBo. – L entw sich in Pilzen. 4 Arten. (Abb. **841**/4; **843**/2).

Familie ***Keroplatidae***

Meist kleine Mücken; z. T. mit lg Fl. – L bilden Gespinste, leben räuberisch an Pilzen, unter Baumrinde, an sich zersetzendem Holz, in Höhlungen etc. 60 Arten. (Abb. **841**/5; **843**/5).

Familie ***Diadocidiidae***

Kleine (3–4 mm) gelbliche Mücken; Tibien ohne Apikalsporne u. Bo in Längsreihen; rs nicht gegabelt; a_1 erreicht FlRand. – L fanden sich in Schleimröhren unter moderndem Holz. 4 Arten. (Abb. **843**/4). Gattung *Diadocidia* RUTHE

Familie ***Sciaridae***

s größer als 4 mm. – L entwickeln sich in sich zersetzendem u. verpilztem PflMaterial, z. B. Holz, Wurzeln, Laub, treten aber auch in Pilzkellern od. Gewächshäusern bisweilen als Schädlinge auf. Die L von *Sciara militaris* durchziehen als „Heerwurm-Trauermücken" in Zügen bis 15 m Lg (in der Regel unter 4 m) u. einer Breite von etwa 15 cm gelegentlich den Waldboden. Artenreichste Gattungen sind *Bradysia* WINNERTZ u. *Corynoptera* WINNERTZ. 342 Arten. (Abb. **880**/1–2).

Familie ***Scatopsidae***

Die etwa 2–3 mm großen Im. finden sich oftmals in größerer Zahl am Laub von Hecken u. Büschen, an Dung, zuweilen auch an Fenstern. – Die bisher bekannten L in zerfallender organischer Substanz. – Im Gegensatz zu den *Bibionidae* Im. mit unbehaartem Körper, fehlenden Tibialspornen u. mit in beiden Geschlechtern über den F genäherten Au, ähnlich den *Sciaridae* u. *Lestremiinae*. – Häufigste Art *Scatopse notata* (L.), deren ♂♂ sind von anderen Arten durch die extrem kurzen Basitarsi der HB unterscheidbar. 47 Arten.

Familie ***Cecidomyiidae***

Trotz ihres Namens „Gallmücken" verursachen nur etwa zwei Drittel aller *Cecidomyiidae* Gallen an Pfl. L der *Lestremiinae* leben in verfallender organischer Substanz, unter Baumrinde, manche schädigen primär Pilze. Viele *Cecidomyiinae*-L leben als Inquilinen in den Gallen von anderen Insekten, unter Baumrinde, in faulendem Holz od. als Räuber. – Durch die vielen gallbildenden Arten fallen die L mehr auf als die Im. Viele Gallen sind artspezifisch u. können die Bestimmung unterstützen. Viele L sind bedeutende land- u. forstwirtschaftliche Schädlinge („Hessenfliege", Kiefer-Weiden-Gallmücken u. a.). – Die Im. sind kleine bis winzige, zarte Mücken (kaum größer als 4–5 mm), mit breiten, oft am HRand lg behaarten u. bewimperten Fl; B lg u. dünn; F lg, perlschnurartig, sehr charakteristisch jedes Gld mit Haarquirlen versehen; Genitalien in beiden Geschlechtern vorragend, Ovipositor oft sehr lg; FlGeäder weitgehend reduziert, bisweilen erreichen nur 3 lg Adern den FlRand; Queradern, wenn vorhanden, nahe der FlBasis. 836 Arten.

1 Oc vorhanden. – Basitarsus länger als 2. TarsenGld; Tibien ohne Apikalsporne. Unterfamilie *Lestremiinae*

1* Oc fehlend. – Basitarsus sehr kurz, kürzer als das 2. TarsenGld **2**
2 Stammader rs fehlend od. schwach entwickelt. Unterfamilie *Cecidomyiinae*
2* Stammader rs vorhanden. Unterfamilie *Porricondylinae*

Unterordnung *Brachycera*

Familie *Xylophagidae*

Im. saugen Säfte u. Nektar, die L sind Räuber unter Baumrinde (*Xylophagus*). Im. mittelgroß (6–19 mm), lg, schlank; mit kurzen Haaren, ohne Bo, bei oberflächlicher Betrachtung den *Xylomyidae* ähnelnd, aber von weniger robuster Gestalt u. relativ leicht von diesen zu unterscheiden durch das Fehlen einer geschlossenen Z unmittelbar unter der DiskalZ. 4 Arten. (Abb. **847**/3–4; **880**/3). Gattung *Xylophagus* MEIGEN

Familie *Xylomyidae*

L unter der Rinde vorwiegend von Laubhölzern, räuberisch u. saprophag, insbesondere unter Pappel- u. Akazienrinde. Bei den Im. Au des ♂ sich nicht berührend, insgesamt von ichneumonidenähnlicher Gestalt. Körper schwarz u. gelb, B gelblich, Sch ohne Dornen. Körper robuster als bei den ähnlichen Xylophagiden, von diesen durch das Vorhandensein einer geschlossenen Z unmittelbar unter der DiskalZ unterschieden (Abb. **845**/1; **847**/2). 3 Arten.

1 Palpen mit 2 Sgm; Femora der HB verdickt, mit ventralen Zähnen. Gattung *Solva* WALKER
1* Palpen mit 1 Sgm; Femora der HB schlank u. ungezähnt. *Xylomya maculata* (MEIGEN)

Familie *Stratiomyidae*

Die „Waffenfliegen“ kommen vorwiegend in Waldungen u. Forsten vor. L terrestrisch od. aquatisch. – Kleine bis ziemlich große (3–20 mm), in der Körpergestalt abgeflach-

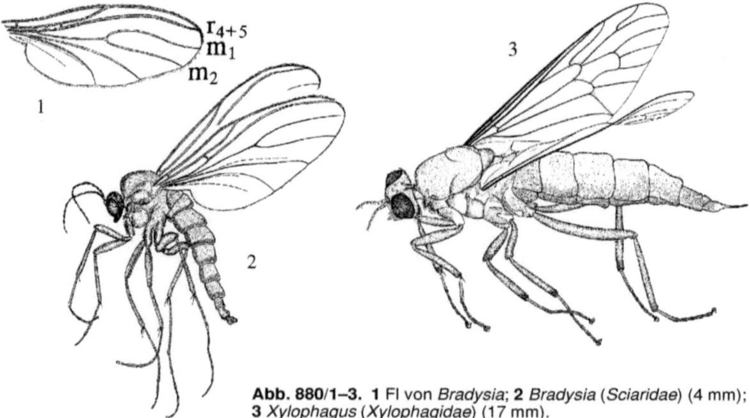

Abb. 880/1–3. 1 Fl von *Bradysia*; **2** *Bradysia* (*Sciaridae*) (4 mm); **3** *Xylophagus* (*Xylophagidae*) (17 mm).

te Fliegen, ohne Bo, oft mit metallischem Glanz od. auffallend gefärbt; 3. FGld geringelt; Au des ♂ sich in der Regel berührend; Sch oft mit Dornen; Tibien ohne Sporne; die Costa nicht den ganzen Fl umgebend. Träge Fliegen, mehr ruhend als fliegend. In Ruhe die Fl über dem Hlb so zusammengelegt, dass die Costalränder ± parallel verlaufen. 66 Arten.

1 Hlb mit 7 sichtbaren DorsalSgm (außer *Exodontha* mit 5 Sgm). – Sch mit 4 od. 6 dornähnlichen Forts am HRand, die wie die Oberfläche des Sch selbst pubeszent sind. Unterfamilie *Beridinae* **2**

1* Hlb mit 5 od. 6 Sgm. – Sch mit od. ohne Dornen **5**

2 Hlb in Aufsicht kreisrund; Tibien der MB mit einem kleinen Sporn; über 7 mm lg. *Exodontha dubia* (ZETTERSTEDT)

2* Hlb in Aufsicht parallelseitig; Tibien ohne Sporne; unter 7 mm; schlanke Fliegen . . **3**

3 Au nackt; mittlere HlbSgm gelb mit braunen Randsäumen. – FlGeäder charakteristisch, ebenso die kräftige Entw der HB; Sch mit 4 gelben Dornen. *Chorisops tibialis* (MEIGEN)

3* Au behaart; Hlb in der Regel einfarbig **4**

4 Von der DiskalZ (D) gehen 4 Adern aus, von denen die 3. den FlRand nicht erreicht; Tibien der HB beachtlich verdickt. *Actina chalybea* MEIGEN

4* Von der DiskalZ gehen 3 vollständige Adern zum FlRand. Gattung *Beris* LATREILLE

5 **(1*)** 3 HRandadern gehen von der DiskalZ aus. Unterfamilie *Pachygasterinae*

5* 4 HRandadern vorhanden **6**

6 Alle 4 HRandadern entspringen aus der DiskalZ (Abb. **848A**/1). Unterfamilie *Clitellariinae* **7**

6* 4. HRandader entspringt nicht aus der DiskalZ, sondern aus der 2. BasalZ **10**

7 Sch mit 2 Dornen **8**

7* Sch ohne Dornen **9**

8 Vor den FlWurzeln am Mesothorax jederseits ein großer Dorn; F mit EGriffel; Mesothorax rötlich behaart. *Clitellaria ephippium* (F.)

8* Mesothorax ohne Dorn oberhalb der FlWurzel; F mit EBo; Hlb in der Regel gerundet, mit auffallender gelber Zeichnung (Abb. **846**/4). Gattung *Oxycera* MEIGEN

9 **(7*)** Unterer Teil des K in SAnsicht charakteristisch, stark nasenförmig nach vorn verlängert; 3. FGld mit deutlicher Ringelung; kleinere schwarze u. weiße Fliegen, ca. 5 mm; ♂♂ mit sich berührenden Au u. mit in der Regel vorwiegend weißem Hlb mit schwarzen Zeichen; ♀♀ mit vorwiegend schwarzem Hlb mit weißen od. bleichgelben Flecken. Gattung *Nemotelus* GEOFFROY

9* K nicht nasenförmig verlängert; über 10 mm. *Lasiopa villosa* (F.)

10 **(6*)** 3. FGld gerundet, mit lg Arista an der Spitze; Körper erzgrün glänzend. – Sch ohne Dorne. Unterfamilie *Sarginae* **11**

10* 3. FGld spindelförmig u. ohne Arista; Körper nie erzgrün glänzend. . . . . Unterfamilie *Stratiomyinae* **13**

11 Au dicht behaart. Gattung *Chloromyia* DUNCAN

11* Au kaum behaart od. nackt **12**

12 Kleine Fliegen (unter 5 mm); nackt. Gattung *Microchrysa* LOEW

12* Größere Fliegen (über 6 mm); meist ziemlich dicht behaart. Gattung *Sargus* F.

13 **(10*)** 1. FGld 4–6-mal so lg wie das 2. Gattung *Stratiomys* GEOFFROY

13* 1. FGld höchstens zweimal so lg wie das 2. . . . . **14**

14 rs gegabelt; DiskalZ von Normalgröße. Gattung *Odontomyia* MEIGEN

14* rs einfach; DiskalZ sehr schmal. Gattung *Oplodontha* RONDANI

Familie ***Tabanidae***

Nur für einen kleinen Teil der Arten sind die Lebensweisen bekannt. Diese betreffen meist L aus semiaquatischen Biotopen. Von einigen wird angenommen, dass sie in stehenden od. fließenden Gewässern leben od. an feuchten terrestrischen Stellen. Manche L räuberisch od. kannibalisch. Einige Arten haben eine weite V., andere sind auf bestimmte Fundorte mit speziellen Bedingungen beschränkt. – Fliegen ohne Bo, mit großem K, so breit od. breiter als die Br. 3. FGld geringelt; Au des ♂ sich berührend, des ♀ getrennt; Mundteile kräftig, beim ♀ dolchartig stechend-saugend. Saugt an Menschen, Vieh u. Wild; ♂♂ leben vorwiegend von Nektar; Palpen vorragend, beim ♀ herabhängend; Costa sich um den ganzen Fl erstreckend. Einige der größten u. schnellsten Flieger unter den heimischen Fliegen. 58 Arten.

1 Tibien der HB mit Apikalspornen **2**
1* Tibien der HB ohne Apikalsporne **4**
2 Fl mit auffallender, dunkler, schwarzbrauner bis schwarzer Querbinde, die bisweilen fast den ganzen Fl einnimmt, ca. 10 mm (♀♀ durch HlbZeichnung u. Färbung unterscheidbar). Gattung *Chrysops* MEIGEN
2* Fl ohne dunkle Querbinden **3**
3 R normal; 3. FGld mit 5 Ringen; 10–13 mm. *Sylvius alpinus* (SCOPOLI)
3* R schlank u. etwa körperlg; 3. FGld mit 8 Ringen. – Sehr große Art (16–22 mm). *Pangonius micans* (MEIGEN)
4 **(1*)** 3. FGld asymmetrisch, mit einem ± spitzen Höcker; F säbelförmig (Abb. **834**/2); große, kräftige Fliegen (bis zu 50 mm FlSp). Mehrere Gattungen, z. B. *Hybomitra* ENDERLEIN u. *Tabanus* L.
4* 3. FGld zylindrisch, schlank **5**
5 Fl ohne Zeichnung; F scheinbar sechsgld, da EGriffel aus 3 fast gleichen Sgm bestehend, die vom 3. FGld deutlich abgesetzt sind; 12–14 mm. *Heptatoma pellucens* (F.)
5* Fl marmoriert, mit weißen Flecken od. Bändern gezeichnet; EGriffel der F deutlich vom 3. Gld abgesetzt, aber mit nur undeutlichen Sgm. – In Ruhe Fl dachartig über den Hlb gelegt. Gattung *Haematopota* MEIGEN

Familie ***Rhagionidae***

Im. u. L räuberisch. *Symphoromyia*-Fliegen saugen bei Mensch u. Wirbeltieren Blut. Kleine bis ziemlich große, schlanke, lgbeinige Fliegen, ohne Bo; F nicht vorragend, 3. FGld nicht geringelt u. in der Regel mit Griffel; Au des ♂ sich in der Regel berührend. – L sind terrestrisch. 35 Arten.

1 Tibien der HB mit 2 Spornen; in der Regel größere Arten (5–14 mm); 3. FGld rund, oval od. konisch, mit lg mittelständiger EBo (Abb. **834**/6); Fl häufig mit Flecken; AnalZ (Cup) offen. Gattung *Rhagio* F.
1* Tibien der HB mit höchstens einem Sporn; in der Regel kleinere Arten von 2–7 mm, aber auch solche bis 14 mm Länge **2**
2 3. FGld nierenförmig. Gattung *Symphoromyia* FRAUENFELD
2* 3. FGld rund, oval od. konisch **3**
3 3. FGld mit EGriffel; Metapleura nackt **4**
3* 3. FGld mit lg, schlanker Arista, deutlich länger als die basalen 3 Sgm zusammen; Fl häufig mit Flecken; Metapleura behaart. Gattung *Chrysopilus* MACQUART
4 EGriffel nahe der M des 3. FGld. Gattung *Ptiolina* ZETTERSTEDT
4* EGriffel am unteren E des 3. FGld (Abb. **834**/5). *Spania nigra* MEIGEN

Familie ***Athericidae***

Mittelgroße, meist schwarze Fliegen mit grauer Bestäubung u. z. T. mit hellen Quer- u. Längsstreifen; Fl meist dunkel gefleckt. – *Atherix*-♀♀ sammeln sich in großer Zahl zur Eiablage an Stellen über der Wasseroberfläche (an Zweigen od. Brückenunterseite), die absterbenden ♀♀ verkleben mit den Eiern zu großen Trauben u. dienen den schlüpfenden L als erste Nahrung. Später fallen die L ins Wasser, wo sie ihre weitere Entw. durchlaufen. 5 Arten.

Familie ***Therevidae***

Im. gelegentlich an den Blüten von Sträuchern od. auf Laub, häufiger in trockener, sandiger Umgebung, mit oft schnellem Flug von kurzer Dauer. Wirklich räuberische Lebensweise der Im. wurde bisher nicht nachgewiesen. – L räuberisch od. kannibalisch, im Sand od. verrottendem Holz. – Borstige Fliegen mit schlanken B; BasalSgm der F lg, 2. Gld sehr kurz; 3. konisch verlängert, mit kurzem, scharfem EGriffel (Abb. **838**/1); Costa den gesamten Fl umgebend. Der Name „Stilettfliegen" rührt von der charakteristischen Körpergestalt der Im. her: Die Br entspricht dem „Griff" u. der lg zugespitzte Hlb der „Klinge". 32 Arten.

1 Prosternum nackt; unterer Teil der Stirn u. seitlicher Teil des Gesichtes unbehaart. Gattung *Pandivirilia* IRWIN & LYNEBORG
1* Prosternum behaart **2**
2 Abstand der Au bei den ♂♂ mindest doppelt so breit wie der vordere Oc; 4. T der ♂♂ glänzend schwarz. *Dichoglena nigripennis* (RUTHÉ)
2* Abstand der Au bei den ♂♂ nur das 1,5fache der Weite des vorderen Oc; 4. T des Hlb zumindest teilweise tomentös **3**
3 1. FGld verdickt u. breiter als 3. FGld. *Dialineura anilis* (L.)
3* 1. FGld so breit od. schmaler als 3. FGld **4**
4 Gesicht länger als breit u. nackt. Gattung *Cliorismia* ENDERLEIN
4* GesichtsLg entsprechend der Breite od. kürzer; Gesicht behaart od. nackt **5**
5 Seitlicher Teil des Gesichts unbehaart; Stirn nur schwach behaart. *Acrosathe annulata* (F.
5* Gesicht u. Stirn dicht behaart. Gattung *Thereva* LATREILLE

Familie ***Scenopinidae***

Lebensweise der Im. nicht bekannt; alle L offensichtlich Räuber anderer Insekten, wie Vorratsschädlinge, Borkenkäfer usw. – Im. ohne Bo; F herabhängend, zwei BasalGld kurz, 3. lg, ohne Griffel; Au des ♂ sich berührend [*Scenopinus fenestralis* (L.)] od. getrennt.
Die Familie ist im Gebiet nur durch die Gattung *Scenopinus* LATREILLE vertreten. Häufigste Art: *Scenopinus fenestralis* (L.), oft an Fenstern; mattschwarze Fliegen, mit rötlichbraunen B u. diese mit schwärzlicher Zeichnung; F tief angesetzt in einer Grube, 3. FGld verlängert u. gegen das E leicht zugespitzt, wo sich eine merkwürdige ovale Depression befindet; auf dem 2. HlbT in beiden Geschlechtern 1 Paar eigentümliche ovale Narben. 3 Arten.

Familie ***Asilidae***

Im. räuberisch gegenüber anderen Insekten od. solchen ihrer eigenen Art, auf die sie in eigenartiger Weise am Boden od. auf Ästen sitzend warten, wobei die *Leptogaster*-Arten meist Gras, die *Laphria*-Arten Waldungen bevorzugen. Die meisten L karnivor wie die Im., oft im Boden od. Stöcken u. liegenden Bäumen. Mittelgroße bis große, kräftige beborstete u. behaarte Fliegen von schlanker Gestalt mit stark beborsteten B; 3. FGld nicht geringelt, außer der Gattung *Laphria* mit einem Griffel; Gesicht mit vorragendem Bart; Mundteile hart u. in beiden Geschlechtern zum Stechen entw; Empodium borstenähnlich; Pulvillen groß od. fehlend (Gattung *Leptogaster*); in Ruhe

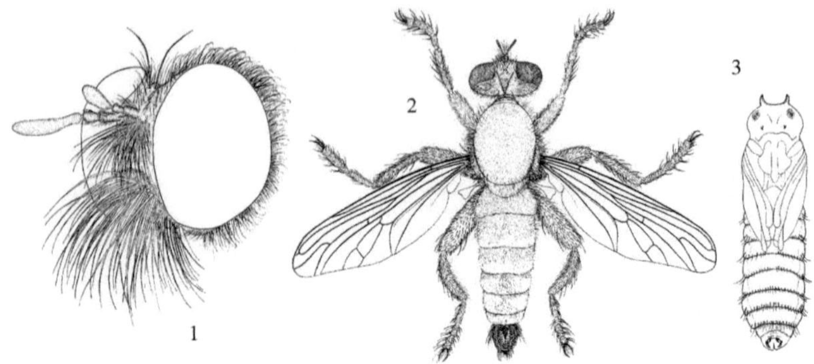

Abb. 884/1–3. **1** K von *Choerades*; **2** *Choerades* (*Asilidae*) (18,5 mm); **3** P von *Choerades*.

Fl über dem Hlb gefaltet; Genitalien in beiden Geschlechtern vorragend. 81 Arten. (Abb. **884**/1–3; **885**/1–6).

1 Taster eingld; F mit ± lg EBo am 3. Gld **2**
1* Taster zweigld; 3. FGld mit od. ohne EGriffel **8**
2 Auffallend zarte u. schlanke Fliegen mit lg Hlb, bes. im Flug gestaltlich fast tipulidenähnlich erscheinend; Tarsen ohne Pulvillen; FlZe R_1 stets offen. – AL u. Axillarlappen der Fl fehlend; Empodium wie eine Klaue entw, die üblichen Krallen stark verlängert u. nur wenig gekrümmt; Mundteile gegenüber anderen *Asilidae* vergleichsweise schwach entw. Gattung *Leptogaster* MEIGEN
2* Kräftigere Fliegen, mit Pulvillen an den Tarsen, Z R_1 stets geschlossen u. mit Stiel an der Spitze (Unterfamilie *Asilinae*) **3**
3 HlbSgm ohne stärkere Bo vor den HRändern **4**
3* HlbSgm mit deutlichen starken Bo vor den HRändern der T u. bisweilen auch der Sternite **6**
4 Gesicht unter den F unbestäubt. – Glänzend schwarze Fliegen. *Rhadiurgus variabilis* (ZETTERSTEDT)
4* Gesicht deutlich bestäubt **5**
5 Auffallend schwefelgelb u. rostrote Fliegen, sehr groß (20–25 mm); am UGesicht ohne deutlichen Höcker. – 3. FGld mit dünnem Griffel. *Asilus crabroniformis* L.
5* Einfarbig braungraue Fliegen, etwas kleiner (18–21 mm); mit stark vorspringendem Gesichtshöcker (Abb. **849**/3). *Pamponerus germanicus* (L.)
6 **(3*)** HKBo lg u. etwa auf halber Lg fast rechtwinklig nach vorn umgebogen; 7. u. oft auch 8. HlbSgm des ♀ glänzend schwarz od. dunkelblau, auch beim ♂ diese Sgm bisweilen unbestäubt (Abb. **885**/1–6). Gattung *Neoitamus* OSTEN-SACKEN
6* HKBo kurz u. kräftig, nicht stark gebogen **7**
7 Vor der Mesonotalquernaht (Q) keine Dorsozentral- (dc) od. AkrostichalBo (ac). – Größere Fliegen (ca. 15 mm), häufig in Sanddünen an der Küste od. an sandigen Stellen des Binnenlandes; hellgraue Körperfarbe mit beträchtlicher weißlicher Bestäubung u. weißlichen Bo; Ovipositor des ♀ an der Spitze mit 4 od. 6 kräftigen, kurzen Bo. *Philonicus albiceps* (MEIGEN)
7* Vor der Mesonotalquernaht Dorsozentral- u. AkrostichalBo vorhanden; Gesichtshöcker kräftig entw u. zumindest bis etwas über die GesichtsM reichend (Abb. **849**/4, 7–8; **848A**/7). Gattung *Machimus* LOEW
8 **(1*)** Größere bis große, in der Regel stark behaarte, teilweise hummelähnliche Fliegen; 3. FGld ohne EGriffel; FlZ R_1 stets geschlossen u. am E gegen die FlSpitze gestielt (Abb. **849**/1; **848A**/5). Unterfamilie *Laphriinae*. Gattung *Laphria* MEIGEN

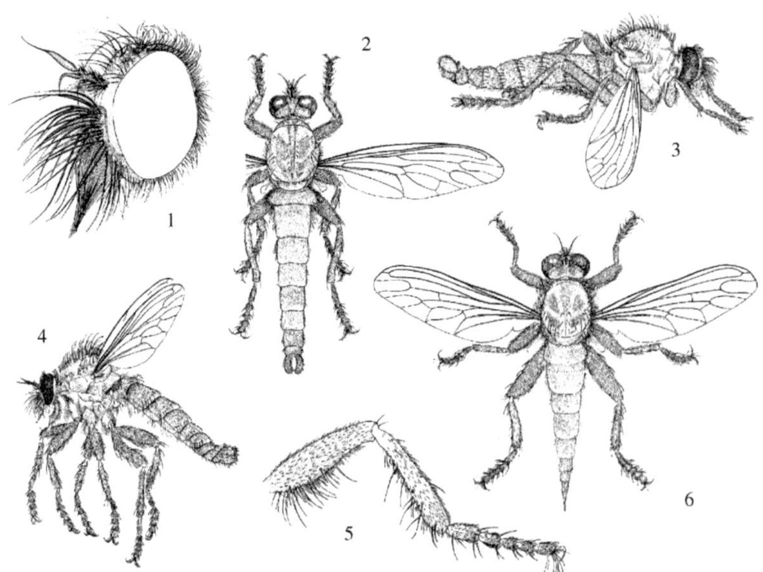

Abb. 885/1–6. **1** K von *Neoitamus*; **2** u. **3** *Neoitamus* (*Asilidae*) (17,5 mm); **4** *Neoitamus* (*Asilidae*) (13 mm); **5** VB von *Neoitamus*; **6** *Neoitamus* (*Asilidae*) (15 mm).

8* Zarte, kaum behaarte Fliegen; 3. FGld mit EGriffel; Z R_1 offen **9**
9 Tibien der VB mit starkem, gekrümmtem Apikalsporn. Unterfamilie *Dasypogoninae* **10**
9* Tibien der VB ohne Apikalsporne. Unterfamilie *Stenopogoninae* **11**
10 Tibien der MB mit Apikalspornen. Gattung *Leptarthrus* STEPHENS
10* Tibien der MB ohne Apikalsporne. Gattungen *Molobratia* HULL u. *Dasypogon* MEIGEN
11 **(9*)** F länger als der K hoch, auf einem StirnForts oberhalb der AuM stehend; Pleuren mit silbrigen, glänzenden Binden. – Femora der HB mit kurzer, aufrechter Behaarung auf ihrer ganzen Lg. Gattung *Dioctria* MEIGEN
11* F kürzer als der K hoch; Pleuren ohne glänzende Binden. Gattungen *Holopogon* LOEW, *Stichopogon* LOEW, *Lasiopogon* LOEW, *Cyrtopogon* LOEW

Familie ***Nemestrinidae***

s zu beobachtende Fliegen; in der Regel schwebend u. sich mit lautem Gesumm niederstürzend. Einige L Parasiten anderer Insekten. Im Gebiet *Hirmoneura obscura* WIEDEMANN (14 mm) möglich. (Abb. **886**/1–2).

Familie ***Acroceridae***

Alle bekannten Arten sind Innenparasiten von *Araneae.* 4–5 mm große, borstenlose Fliegen mit bemerkenswert kugeligem Körper u. kleinem K; Au in beiden Geschlech-

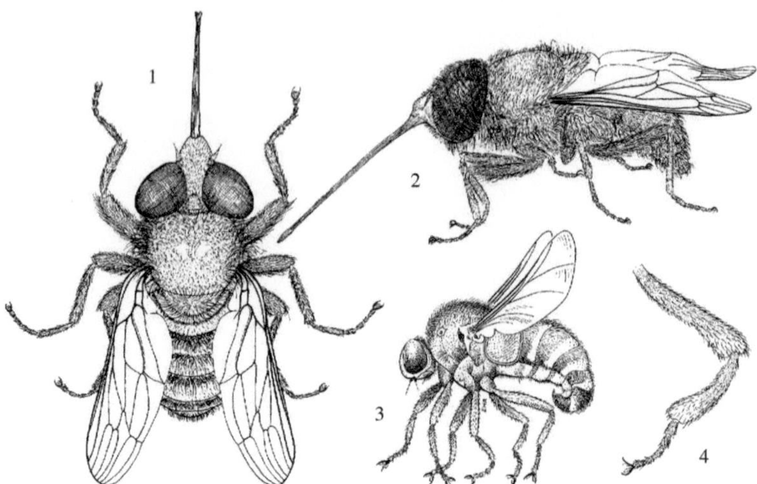

Abb. 886/1–4. 1 u. **2** *Neorhynchocephalus* (*Nemestrinidae*) (13 mm ohne R); **3** *Ogcodes* (*Acroceridae*) (4,5 mm); **4** HB von *Ogcodes*.

tern sich berührend; F mit nur 2 Sgm (BasalSgm verborgen); R fehlend od. stummelförmig; Costa sich nicht über die FlSpitze hinaus erstreckend. In der Gattung *Ogcodes* Adern ziemlich schwach u. undeutlich. 11 Arten. (Abb. **886**/3–4).

1 FAnsätze unter der KM; 3. FGld mit lg, dünnem Griffel (Abb. **847**/5). Gattung *Ogcodes* LATREILLE

1* FAnsätze über der KM (nahe dem Scheitel); 3. FGld mit sehr lg Arista **2**

2 r_{2+3} stets vorhanden. Gattung *Acrocera* MEIGEN

2* r_{2+3} fehlt. Gattung *Paracrocera* MIK

Familie ***Bombyliidae***

Im. („Hummel- u. Trauerschweber") Nektar- u. Pollenfresser, ruhen häufig auf kahlen Stellen des Bodens, auf Steinen, Holz u. Blättern. L Endo- u. Ektoparasiten von L anderer Pterygota od. räuberisch. – Fliegen mit lg dünnen B; 3. FGld nicht geringelt, Griffel klein od. rudimentär, segmentiert; Costa den Fl umgebend. 40 Arten. (Abb. **887**/1–4).

1 R sehr lg, dünn u. chitinös; Au des ♂ sich berührend od. genähert. u. a. Gattungen *Bombylius* L. u. *Phthiria* MEIGEN

1* R kurz, mit vorragenden Labellen, fleischig; Au des ♂ getrennt. – HRand der Au tief eingebuchtet, eine von dieser Bucht in das Au verlaufende Linie teilt die Facetten. u. a. Gattungen *Anthrax* SCOPOLI, *Villa* LIOY, *Hemipenthes* LOEW, u. *Exoprosopa* MACQUART

Familie ***Hilarimorphidae***

Nur Gattung *Hilarimorpha* SCHINER. Costa umgibt Fl; r_5 endet an FlSpitze; Fl getrübt; 3. FGld lateral komprimiert, in der M am breitesten; Stylus mit stiftförmigen Forts. Ähnlich kleinen Rhagioniden. – Vorkommen nahe Gewässern. 2 Arten.

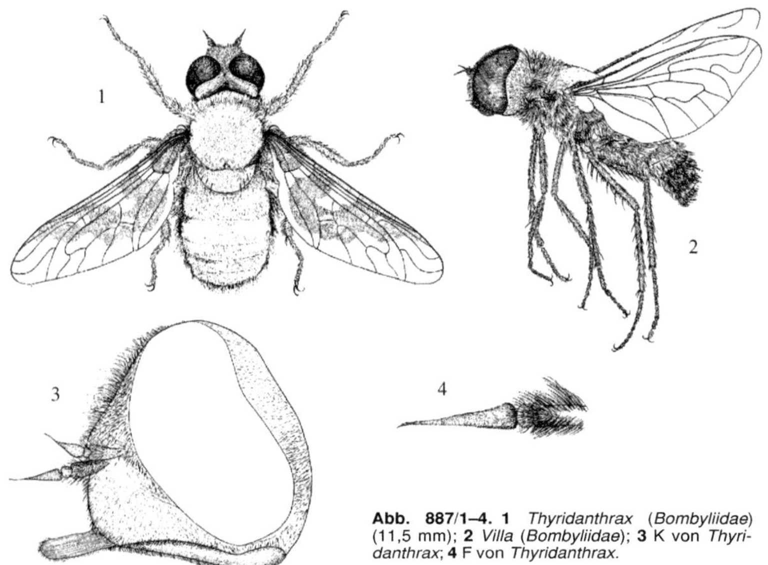

Abb. 887/1–4. 1 *Thyridanthrax* (*Bombyliidae*) (11,5 mm); **2** *Villa* (*Bombyliidae*); **3** K von *Thyridanthrax*; **4** F von *Thyridanthrax*.

Familie *Empididae*

Die „Tanzfliegen" weisen im FlGeäder u. in der Genitalstruktur mehr Verschiedenheiten auf als irgendeine andere Fliegenfamilie. Die 1–15 mm lg, vorwiegend beborsteten Im. haben in vielen Gattungen bei den ♂♂ sich berührende Au. Wahrscheinlich sind alle Im. Räuber kleiner Dipteren. Ein od. mehrere BPaare einiger Arten sind vergrößert u. gespornt od. in ihrer Gestalt verändert (verdickte Femora od. Basitarsi); Empodium in der Regel dünn u. borstenähnlich, in der Gattung *Clinocera* MEIGEN polsterartig; Fl in Ruhe über dem Hlb gefaltet; FlGeäder oft weitgehend reduziert; FlFläche bisweilen bewölkt od. bebändert. Ein charakteristisches Merkmal aller *Empididae* ist das Vorhandensein eines Einschnittes od. einer Kerbe an den inneren AuRändern, nahe der Basis der F. – L in feuchter Erde, verrottendem Holz od. verfallender Vegetation, unter Baumrinde od. aquatisch, alle räuberisch. 383 Arten.

1 AL u. Axillarlappen schwach entw od. fehlend; Fl schmal, am E der 2. BasalZ viel schmaler als in FlM (außer *Brachystoma*). Hü der VB stark verlängert, länger als die hinteren; Tibialsporne fehlen; R kurz, nie länger als der K; Hü der MB im hinteren Drittel der Br **2**

1* Axillarlappen deutlich entw u. fast einen rechten Winkel bildend; Fl am E der 2. BasalZ so breit od. breiter als in FlM; Hü der VB nicht auffallend verlängert (kürzer als die Femora); R sehr lg, länger als der K, vertikal gerichtet. – Zum Teil größere Fliegen (bis 12 mm). Unterfamilie *Empidinae* S. 888
Unterfamilie *Oreogetoninae* (im Gegensatz zu den *Empidinae* R waagerecht od. schräg nach vorn gerichtet u. Gesicht breit). U. a. Gattungen *Gloma* MEIGEN u. *Oreogeton* SCHINER (Abb **849**/6).

2 VB als RaubB entw, dem K genähert u. von den hinteren B abgerückt; Femora der VB ± verdickt, ventral mit Dornen; Hü der VB verlängert, doppelt so lg wie Hü der HB; F inserieren unterhalb der KM; Körper u. B oft gelblich. Unterfamilie *Hemerodromiinae*

2* VB schlank, keine RB, nicht von den andern B abgerückt; Femora der VB nicht verdickt; Hü der VB nicht stark verlängert; F inserieren oberhalb der KM.
Unterfamilie *Clinoceratinae* (u. Gattung *Brachystoma* MEIGEN)

Unterfamilie ***Empidinae***

1 r_{4+5} einfach, nicht gegabelt. – Metapleura mit deutlichen Bo od. borstigen Haaren vor den HAL. Gattung *Rhamphomyia* MEIGEN
1* r_{4+5} gegabelt **2**
2 Metapleura mit deutlichen Bo vor den HAL. – Costa an der FlSpitze endend od. im weiteren Verlauf undeutlich; 3. FGld mit EGriffel. – Im. mit komplizierten Paarungstänzen. L in fruchtbarem, feuchtem Boden. Gattung *Empis* L.
2* Metapleura ohne deutliche Bo. – Costa um den gesamten Fl reichend; sc vollständig u. in die Costa mündend. – Im. häufig entlang schmaler Wasserläufe, oft in der Luft tanzend. Gattung *Hilara* MEIGEN

Familie ***Microphoridae***

Au der ♂♂ holoptisch mit vergrößerten Facetten im oberen Teil (Gattung *Microphorus* MACQUART) od. dichoptisch wie bei allen ♀♀ (Gattung *Microphorella* DECKER); 3. FGld verlängert, konisch mit terminalem Stylus. 6 Arten.

Familie ***Hybotidae***

sc rudimentär, erreicht nicht die Costa; rs mit 2 Ästen, r_{4+5} nicht gegabelt; c endet an Mündung von r_{4+5} od. m_1. 229 Arten.

1 DiskalZ fehlend; m nicht gegabelt; in der Regel ohne AnalZ, wenn diese vorhanden, dann sehr schmal u. Analadern undeutlich. Kleine (1–5 mm) räuberische Fliegen, meist laufend im Buschwerk u. an niedrigen Pfl anzutreffen.
Unterfamilie *Tachydromiinae*
Häufigste Gattungen:
a) Gattung *Platypalpus* MACQUART: Femora der MB beträchtlich vergrößert u. mit extremen Dornen behaftet, während die Tibien der MB einen gekrümmten Apikalsporn aufweisen; die Tibien werden auf die Femora zurückgeklappt u. bilden so für die ergriffene Beute eine Art Messer.
b) Gattung *Tachydromia* MEIGEN: Fl häufig mit dunklem Querband. Im. schnell über den Boden laufend od. auf Baumstämmen u. Blättern, s fliegend.
c) Gattung *Tachypeza* MEIGEN: oft braun getönte Fl; Im. häufig auf Baumstämmen laufend.
d) Gattung *Chersodromia* WALKER: mit hellen Fl; Im. am Strand od. Ufer von Salz- od. Süßwasser.
e) Gattung *Drapetis* MEIGEN.
1* DiskalZ vorhanden, wenn fehlend, dann m in m_1 u. m_2 gegabelt; AnalZ (Cup) vorhanden (Abb. **855**/9) **2**
2 AnalZ groß, so lg od. länger als 2. BasalZ; von DiskalZ gehen 2 Adern aus; Femora der HB ± erweitert u. an US mit kräftigen Dornen. Unterfamilie *Hybotinae*
(z. B. Gattung *Hybos* MEIGEN: im Unterholz feuchter, bewaldeter Stellen)
2* AnalZ kürzer als 2. BasalZ; am HRand der DiskalZ entspringen 2 od. 3 Adern; Femora der HB in der Regel schlank. Unterfamilie *Ocydromiinae*
(z. B. Gattung *Bicellaria* MACQUART: Au in beiden Geschlechtern holoptisch; DiskalZ fehlend; R kurz, nach unten gerichtet. – Räuberisch, fangen ihre Beute im Flug.)

Familie *Atelestidae*

Au der ♂♂ holoptisch, der ♀♀ dichoptisch; F inserieren in der M des K; 3. FGld relativ kurz; Costa endet an m_1; B ohne deutliche Bo. 3 Arten.

Gattung *Atelestus* WALKER (mit DiskalZ)
Meghyperus sudeticus LOEW (ohne DiskalZ)

Familie *Dolichopodidae*

Im. praktisch überall, obgleich viele Arten begrenzte Lebensräume in der Nähe von Gewässern od. feuchten Stellen haben. Die ♂♂ einiger Arten, bes. aus der Gattung *Dolichopus* mit charakteristischen Paarungstänzen. Die meisten L räuberisch im Boden u. unter Baumrinde lebend, od. in verfallender PflSubstanz, aquatisch. – K in SAnsicht in der Regel lg-oval, höher als breit; Au in beiden Geschlechtern getrennt; Empodium in der Regel borstenförmig, aber in den Gattungen *Hydrophorus, Medeterus* etc. polsterartig; Fl manchmal mit weißen od. dunklen Zeichen; sc schwach entw od. fehlend; 2. BasalZ (Ba_2) u. DiskalZ (D) vereinigt; AnalZ (Cup) kurz; Genitalien des ♂ oft weit vorragend. – In den Tabellen nur ein Teil der vorkommenden Gattungen. 356 Arten.

1 FlAder m gegabelt in m_1 u. m_2 (der untere Zweig der Gabel oft schwach, aber trotzdem stets leicht unterscheidbar); zarte Fliegen mit sehr lg B.
Unterfamilie *Sciapodinae*
(Gattung *Sciapus* ZELLER: Sch mit 2 starken Bo u. bisweilen einem schwachen basalen Haar).

1* m nicht gegabelt **2**

2 1. FGld auf der DorsalS behaart; HK nach außen gewölbt. – Tibien der MB mit Kranz von 5 ApikalBo; Genitalien des ♂ deutlich sichtbar.
Unterfamilie *Dolichopodinae* S. 890

2* 1. FGld dorsal nicht behaart (wenn ausnahmsweise, dann HK nach innen gewölbt od. Genitalien des ♂ klein u. nicht frei sichtbar) **3**

3 FBo apikal (höchstens subapikal) auf dem 3. FGld **4**

3* FBo dorsal auf 3. FGld **5**

4 HK nach innen gewölbt u. sich dem Thorax anlegend; Genitalien des ♂ groß; Tibien der MB u. HB ohne apikalen BoKranz; 3. FGld kurz.
Unterfamilie *Medeterinae* S. 890

4* HK nach außen gewölbt; Tibien der MB mit apikalem Kranz von 5 Bo; 3. FGld in der Regel sehr stark verlängert; Genitalien des ♂ groß. Unterfamilie *Rhaphiinae*
Häufige Gattungen: Gattung *Raphium* MEIGEN: Im. in der Regel auf Laub an feuchten Stellen. *R. macrocerum* MEIGEN mit enorm verlängertem, bandartigem 3. FGld, das einen dünnen gegliederten Griffel an der Spitze aufweist. Gattung *Achalcus* LOEW

5 **(3*)** HK nach innen gewölbt, sich der Br anlegend; in der Regel silbern glänzende Fliegen. Unterfamilie *Diaphorinae* S. 890

5* HK nach außen gewölbt; ohne Silberglanz **6**

6 Br vor dem Sch deutlich abgeplattet; Genitalien des ♂ groß; Hlb lg, die Fl knapp überragend. Unterfamilie *Neurigoninae*
Gattung *Neurigona* RONDANI: Im. auf Baumstämmen u. im Unterholz. Lebensweise der L unbekannt.

6* Br vor dem Sch nicht abgeplattet; Genitalien des ♂ klein; Hlb kurz, die FlSpitze nicht erreichend **7**

7 Palpen breit u. spatelförmig, dem R anliegend; m-cu im äußeren FlDrittel.
Unterfamilie *Hydrophorinae* S. 890

7* Palpen klein u. unscheinbar; m-cu in FlM. – Im. bisweilen auf der Oberfläche von Teichen u. träge fließenden Gräben laufend, auch im Winter.
Unterfamilie *Sympycninae*

Unterfamilie ***Dolichopodinae***

1 Basitarsi der HB dorsal mit 1 od. mehreren starken Bo; Arista nackt od. nur schwach pubeszent. Gattung *Dolichopus* LATREILLE
1* Basitarsi der HB ohne Bo **2**
2 Arista gefiedert; Fl mit schwarzem Querband. Gattung *Poecilobothrus* MIK
2* Arista nackt od. nur pubeszent. Femora der HB mit PräapikalBo. Gattungen *Hercostomus* LOEW, *Tachytrechus* HALIDAY u. a.

Unterfamilie ***Medeterinae***[1]

1 Analader fehlend. – Haare u. Bo gelb. Gattung *Thrypticus* GERSTÄCKER (Im Gegensatz zu den L der Gattung *Medetera* sollen die L von *Thrypticus* phytophag sein.)
1* Analader vorhanden **2**
2 Sch mit 4 Bo. – Bo s gelb. Gattung *Medetera* FISCHER VON WALDHEIM
2* Sch mit 2 Bo **3**
3 AkrostichalBo in zwei Reihen vorhanden; 6 DorsozentralBo; Au behaart. – Hü der HB mit 1 aufrechten Bo; Femora der HB ohne PräapikalBo; 3. FGld ± kurz u. gerundet, mit apikaler od. subapikaler Arista. (♀♀ kaum zu bestimmen) Gattung *Chrysotus* MEIGEN (Unterfamilie *Diaphorinae*)
3* AkrostichalBo fehlend; 3 DorsozentralBo; Au nackt. Gattung *Medetera* FISCHER VON WALDHEIM

Unterfamilie ***Diaphorinae***

1 Costa bis zur r_{4+5} reichend; m an der Biegungsstelle verdünnt od. unterbrochen. Gattung *Asyndetus* LOEW
1* Costa bis zur m reichend; m nicht verdünnt od. unterbrochen **2**
2 Sch mit 4 Bo. – 3. FGld ± dreieckig, URand verlängert. – Im. häufig auf feuchtem Boden u. in der Krautschicht; in Gewässernähe. Gattung *Argyra* MACQUART
2* Sch mit 2 Bo. Gattungen *Diaphorus* MEIGEN, *Chrysotus* MEIGEN (vgl. Tabelle *Medeterinae*)

Unterfamilie ***Hydrophorinae***

1 AkrostichalBo einreihig vorhanden. – Femora der VB in der Basalhälfte verdickt u. unterseits stark beborstet. – Oft als Wasserläufer, häufige Küstenarten. Gattung *Hydrophorus* FALLÉN
1* AkrostichalBo fehlend. Gattung *Thinophilus* WAHLBERG u. a.

Unterordnung ***Cyclorrhapha***

Division ***Aschiza*** (***Cyclorrhapha*** ohne Ptilinalnaht)

Familie ***Lonchopteridae***

L unter Blättern u. verfallender PflSubstanz. – Im. mit ± kugelförmigem 3. FGld u. lg Arista; Au in beiden Geschlechtern getrennt; Pulvillen klein; Empodium fehlend; Genitalien des ♂ vorragend. 9 Arten. Gattung *Lonchoptera* MEIGEN

[1] Aus praktischen Gründen wurde hier die Gattung *Chrysotus* (Unterfamilie *Diaphorinae*) mit aufgenommen.

Familie ***Phoridae***

Grauschwarze, braune od. gelbe, unauffällige Fliegen. Häufig in der Umgebung verfallender pfl u. tierischer Substanz. Lebensweise der L teils parasitisch, teils fungivor etc. – Gattungen u. Arten schwer zu bestimmen. – Sehr charakteristisches FlGeäder; 3. FGld groß, die beiden BasalSgm verbergend, mit lg dorsaler u. apikaler Arista; Au in beiden Geschlechtern getrennt; in Ruhe Fl über dem Hlb gefaltet; Fl bisweilen bei den ♀♀ reduziert od. fehlend; sc kaum unterscheidbar; Genitalien des ♂ in der Regel vorragend, mit einem bes. Analorgan. 364 Arten.

1. Gattungsgruppe (mit *Phora* LATREILLE): Tibien mit deutlichen, isolierten größeren Bo; in beiden Geschlechtern mit Fl. – L z. T. in toten Schnecken, anderem Aas u. Pilzen.
2. Gattungsgruppe (mit *Megaselia* RONDANI, *Pseudacteon* COQUILLETT): Tibien ohne isolierte Haare, aber in der Regel mit zahlreichen, kurzen schwachen Bo od. nur Härchen; in beiden Geschlechtern mit Fl.
L der ersten beiden Gruppen in der Regel saprophag, aber auch parasitisch gegenüber *Coleoptera*- u. *Lepidoptera*-L.
3. Gattungsgruppe (mit *Aenigmatias* MEINERT): Parasiten von Ameisen; ♂ stets mit Fl: Körper sehr kurz, breit u. abgeflacht; K im Dorsalaspekt fast so breit wie die Br u. dieser eng ansitzend. ♀ flügellos, in der Körpergestalt einer winzigen Schabe gleichend.

Familie ***Platypezidae***

Im Unterholz feuchter Wälder mit gedämpftem Sonnenschein an Pilzen, auf Blättern im Zickzack ruckartig laufend od. bewegungslos in der Luft schwebend od. über den feuchten Sand von Gewässern laufend. – L, soweit bekannt, fungivor. – Dünn behaarte Fliegen, in den meisten Fällen durch die abgeflachten Tarsen der HB u. das FlGeäder charakterisiert; Au des ♂ sich berührend; B kurz u. kräftig; an den HB die drei od. vier basalen Sgm der Tarsen vergrößert u. 3. FGld kurzoval; Genitalien des ♂ unter den Hlb gekrümmt, manchmal vorragend. 23 Arten.

1 Hintere Querader des Fl fehlend; vorderer Zweig der m_{1+2} nur gegen den FlRand durch einen Aderrest vertreten, dieser ohne Verbindung zum hinteren Zweig. Gattung *Microsania* ZETTERSTEDT
1* Hintere Querader vorhanden **2**
2 AkrostichalBo vorhanden; Körper schlank u. zart **3**
2* AkrostichalBo fehlend; Körper kurz u. plump. m_{1+2} gegabelt **5**
3 m_{1+2} gegabelt. *Platypezina connexa* (BOHEMAN)
3* m_{1+2} nicht gegabelt **4**
4 r_1 mit Dornen. Gattung *Callomyia* MEIGEN
4* r_1 ohne Dornen. Gattung *Agathomyia* VERRALL
5 **(2*)** AnalZ sehr lg, zumindest zweimal so lg wie ihre Entfernung vom FlRand. Gattung *Polyporivora* KESSEL & MAGGIONCALDA
5* AnalZ kurz od. von mittlerer Lg, deutlich weniger als zweimal so lg wie ihre Entfernung vom FlRand **6**
6 Hintere Querader, verglichen auf der 5. Längsader, deutlich mehr als ihre Lg vom FlRand entfernt. *Lindneromyia dorsalis* (MEIGEN)
Bolopus furcatus (FALLÉN)
6* Hintere Querader, verglichen auf der 5. Längsader, nicht weiter als ihre Lg vom FlRand entfernt **7**
7 Basitarsi der HB länger als 3. TarsenGld in beiden Geschlechtern. Gattung *Protoclythia* KESSEL
7* 3. TarsenGld der HB länger als die Basitarsi in beiden Geschlechtern **8**

8 Vordere Querader (r-m) weit vor der Mündung der sc in die Costa (etwa in Zweidrittel Höhe der zweiten CostalZ); Hlb tiefschwarz. *Paraplatypeza atra* (MEIGEN)
8* Vordere Querader (r-m) kurz vor der Mündung der sc in die Costa. Gattung *Platypeza* MEIGEN

Familie ***Pipunculidae***

Dünn behaarte Fliegen in langsamem, schwachem, schwebendem Flug zw Gras u. niedriger Vegetation. Gesicht u. Stirn auch der ♀♀ nur wenig mehr als ein schmaler Kiel mit den FAnsätzen; 3. FGld kurz u. gerundet, nierenförmig od. mit ventralem, nach außen gebogenem Schnabel; Au des ♂ in der Regel sich berührend, wenig getrennt beim ♀; Fl viel länger als der Hlb; in der Regel an der Spitze breit u. basal beträchtlich verengt; FlGeäder charakteristisch: r_{4+5} u. m_1 gebogen u. gegen den FlRand konvergierend; AnalZ lg, nahe dem FlRand geschlossen (in der Gattung *Chalarus* WALKER m_1 gekürzt u. hintere Querader fehlend); Ovipositor des ♀ mit zwiebelförmiger Basis u. lg schnabelförmigem E. – L Innenparasiten von Insekten, vorwiegend Homopteren. 111 Arten.

1 OcBo vorhanden; Occiput in SAnsicht nicht od. kaum die Au überragend; mehr behaarte Arten. Unterfamilie *Chalarinae* **2**
1* OcBo fehlend; Occiput in SAnsicht ± vorragend; in der Regel nicht dicht behaarte Arten **3**
2 DiskalZ am E offen, keine äußere Querader (Abb. **873**/8). Gattung *Chalarus* WALKER
2* DiskalZ durch eine Querader geschlossen. Gattung *Verrallia* MIK
3 **(1*)** Im HRand des Au ein tiefer Ausschnitt; Br u. Sch mit starken RandBo; große Fliegen. Gattung *Nephrocerus* ZETTERSTEDT
3* Kein deutlicher HRandausschnitt des Au; Br u. Sch ohne starke Bo; kleinere Fliegen. Unterfamilie *Pipunculinae* **4**
4 Sc nicht überschattet **5**
4* Sc ganz od. teilweise dunkel überschattet **6**
5 r-m ungefähr in Höhe der M der DiskalZ. – (Bei einigen Arten Au des ♂ sich berührend.) Gattung *Tomosvaryella* ACZÉL
5* r-m in Höhe des basalen Teiles der DiskalZ. – Au des ♂ auf der Stirn getrennt, manchmal nur extrem schmal. Gattung *Dorylomorpha* ACZÉL
6 **(4*)** Diskale Br gleichmäßig behaart. – Mit einem Fächer propleuraler Haare. Gattung *Pipunculus* LATREILLE
6* Br nur mit sehr kurzen Haaren in zwei dorsozentralen Reihen, zw diesen kahl . . . **7**
7 Fächer propleuraler Haare vorhanden; in der Regel mehr glänzende Arten; Körper nie ganz matt. Gattung *Cephalops* FALLÉN
7* Ohne Fächer propleuraler Haare; in der Regel sehr matte, bräunliche od. bräunlichschwarze Arten. Gattung *Eudorylas* ACZÉL

Familie ***Syrphidae***

L u. Im. sehr vielgestaltig. Viele Arten mit Hummel- od. Wespenmimikry. Im. 3–22 mm lg, oft bunt gezeichnet. Meist borstenlose Fliegen; F in der Regel herabhängend, bisweilen verlängert u. nach vorn gerichtet, meist mit einer dorsalen Arista, die in der Regel ± kahl ist. ♂ meist holoptisch. Fl mit einer „Vena spuria" (falsche Ader), die zw der r_{4+5} u. der m_1 liegt u. an keinem E mit einer anderen Ader verbunden ist. Die obere u. die untere Randquerader laufen ± parallel zum HRand des Fl, die Z R_5 dadurch geschlossen, ein sehr charakteristisches Merkmal der Familie (Abb. **848B**/1–3, 5, 7). B der ♂ oft mit sekundären Geschlechtsmerkmalen. Genitalien des ♂ nicht vorragend. L zoophag (*Syrphinae* u. *Pipizini* v. a. Blattläuse; *Microdontinae* Ameisenbrut; *Volucella inanis* an L u. P von Sozialen Faltenwespen), phytophag (*Cheilosia, Merodon,*

Eumerus) od. saprophag, letztere in sehr unterschiedlichem Substrat (z. B: *Rhingia* coprophag, *Brachyopa* in Saftausflüssen von Baumwunden, *Temnostoma* in Totholz, *Eristalis* in faulem Wasser [„Rattenschwanzlarven" Abb. **873**/7], etc.). Im. fressen Nektar u. Pollen, wichtige Blütenbestäuber. In praktisch allen terrestrischen Lebensräumen, bes. zahlreich in Wäldern, in Feuchtgebieten u. im Geb. Bestimmung der Arten in vielen Gattungen schwierig, v. a. *Cheilosia,* Tribus *Pipizini*, Subtribus *Chrysogasterina* u. viele Gattungen der *Syrphinae*. Ca. 470 Arten.

1 Humerus unbehaart, durch den HK teilweise verdeckt. HK stark konkav, der Br dicht anliegend. r-m vor der M von R_5 (Abb. **848B**/2). ♂ mit 5 von oben sichtbaren T. Unterfamilie *Syrphinae* S. 894

1* Humerus behaart[1], nicht durch den HK verdeckt. r-m vor, in od. hinter der M von R_5. ♂ mit 4 von oben sichtbaren T **2**

2 F verlängert, mindestens so lg wie der K, mit dorsaler Arista, ohne StirnForts. r_{4+5} mit einer in R_5 ragenden Anhangsader (Abb. **848B**/5). Gesicht konvex, ohne Höcker, vollständig behaart. SCU am HRand meist mit einem Paar kleiner Dornen. ♂ dichoptisch. Unterfamilie *Microdontinae*

Nur Gattung *Microdon* MEIGEN (6 Arten).

2* F meist kürzer als der K, wenn länger, dann mit EGriffel od. auf einem StirnForts inseriert (Abb. **897**/1). r_{4+5} ohne in R_5 ragende Anhangsader (Ausnahme: Tribus *Cerioidini*). Gesicht konkav bis gerade od. mit MHöcker od. großteils nackt. SCU ohne Dornenpaar. ♂ meist holoptisch. Unterfamilie *Eristalinae* S. 897

[1] Die Haare sind etwa so lg wie die auf dem MNM. Bei Arten mit sehr kurz behaartem MNM (z. B. Gattung *Chrysogaster*) ist die Humerus-Behaarung daher leicht zu übersehen!

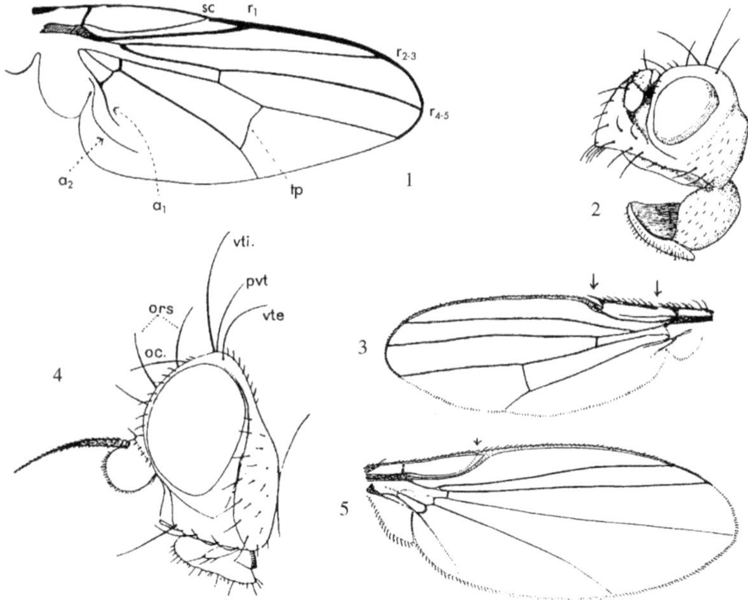

Abb. 893/1–5. 1 Fl von *Fannia* (*Fanniidae*); **2– 3** K u. Fl von *Teichomyza* (*Ephydridae*); **4–5** K u. Fl von *Phytomyza* (*Agromyzidae*).

Unterfamilie ***Syrphinae***

1 T1 in der M etwa halb so lg wie T2 (Abb. **894**/2), unter dem SCU vorragend. Klein (3–7 mm). – 12 Arten. Gattung *Paragus* LATREILLE

1* T1 viel kürzer als die halbe Lg von T2 (Abb. **894**/3), in der M vom SCU verdeckt .. **2**

2 F ungefähr so lg wie der K, 3. FGld mehr als 3-mal so lg wie hoch. – 11 Arten. Gattung *Chrysotoxum* MEIGEN

2* F viel kürzer als der K, 3. FGld höchstens doppelt so lg wie hoch **3**

3 Hlb sehr schlank, mehr als 20-mal so lg wie an der schmalsten Stelle breit (Abb. **852**/9). – 1 od. 2 Arten. Gattung *Baccha* F.

3* Hlb breiter, weniger als 10-mal so lg wie breit **4**

4 Cuticula von Gesicht u. SCU schwarz (oft durch helle Bestäubung ± verdeckt) u. T4 mit dunklem HRand. Metasternum u. Au nackt **5**

4* Cuticula von Gesicht u./od. SCU zumindest teilweise hell (± gelb) u. HRand von T4 hell. Metasternum u. Au behaart od. nackt[1] **10**

5 Arista-Behaarung etwa doppelt so lg wie der ∅ der Aristabasis. ♂ mit stark verformter HTibia. *Spazigaster ambulans* (F.)

5* Arista praktisch nackt (Härchen kürzer als der maximale Arista-∅). HTibia des ♂ ohne besondere Strukturen (abgesehen von auffälliger Behaarung bei manchen Arten) **6**

6 MNM grob punktiert. B u. Hlb schwarz. *Syrphocheilosia claviventris* (STROBL)

6* MNM sehr fein punktiert, B z.T. hell (gelb bis hellbraun). Hlb bei den meisten Arten mit hellen Flecken **7**

7 Groß (10–13 mm). Hlb breit, weniger als doppelt so lg wie breit. LU gelb. STPL vorn durchgehend behaart. *Xanthandrus comtus* (HARRIS)

7* Kleiner, s über 9 mm. Hlb meist mehr als doppelt so lg wie breit. LU dunkel. STPL mit breit getrenntem ventralem u. dorsalem Haarfleck **8**

8 FGruben konfluent. T2–4 mit sehr schmalen, spitz dreieckigen Flecken, die mindestens 3-mal so breit wie lg u. oft zu einer Binde verschmolzen sind. ♂ ohne auffällige Strukturen u./od. Bo an den VB. Metasternum vollständig (ähnlich Abb. **894**/5). *Meligramma cingulatum* (EGGER)

---

[1] Bei einzelnen Arten kann das Gesicht ganz schwarz sein u. das Scutellum hat nur einen diffus aufgehellten Fleck. Durch die anderen Merkmale sind diese dennoch sicher zuzuordnen. Nur dunkle Exemplare der seltenen *Meligramma cingulatum* (EGGER) können mit den angegebenen Merkmalen nicht immer sicher von den *Bacchini* unterschieden werden.

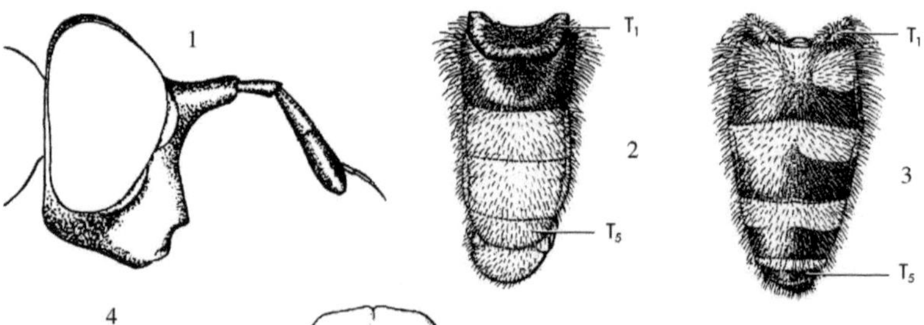

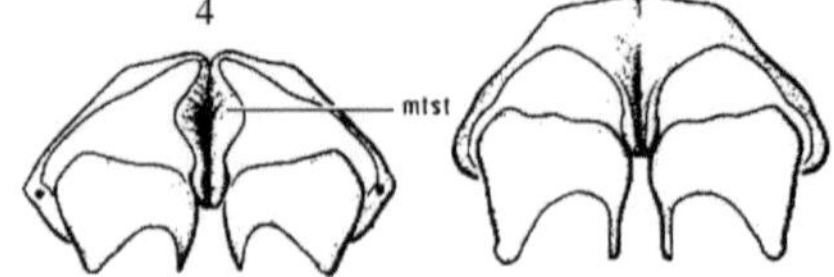

Abb. 894/1–5. 1 K von *Psarus abdominalis*, ♂ (*Syrphidae*); **2** Hlb dorsal von *Paragus haemorrhous*, ♂ (*Syrphidae*); **3** *Epistrophe grossulariae*, ♂ (*Syrphidae*); **4** Metasternum von *Melanostoma mellinum* (*Syrphidae*); **5** *Platycheirus* (*Syrphidae*).

8* FGruben getrennt. Wenn T2–4 helle Flecken tragen, sind diese fast immer mindestens so lg wie breit. ♂ mit besonderen Strukturen an den VB (außer *Melanostoma*) **9**

9 Metasternum reduziert (Abb. **894**/4). ♂ mit schlanken VB ohne besondere Strukturen. – Mehrere Arten. Gattung *Melanostoma* SCHINER

9* Metasternum vollständig (Abb. **894**/5). ♂ mit verbreiterter VTibia u. VTarsus od. mit auffälligen Bo. Gattungen *Platycheirus* LE PELETIER & SERVILLE (ca. 35 Arten) u. *Pyrophaena* SCHINER (2 Arten)

10 **(4*)** Fl in der M mit schmaler brauner Querbinde **11**

10* Fl ohne dunkle Querbinde, nur das Pterostigma farbig, sonst höchstens (am VRand) diffus gebräunt **12**

11 Hummelmimikry: Hlb vorn (T1+2) weißlich, in der M (T2–4) schwarz u. hinten (T4+5) hellrot behaart, die rot behaarten Teile mit roter Cuticula. *Eriozona syrphoides* (FALLÉN)

11* Keine Hummelmimikry, T4+5 schwarz, rein schwarz od. schwarz u. weiß behaart. – 2 Arten. Gattung *Leucozona* SCHINER

12 **(10*)** MNM am SRand, zumindest vor der Quernaht, mit leuchtend gelbem od. weißem scharf begrenztem Streifen. Pleuren mit ebensolchen Flecken **13**

12* MNM einfarbig dunkel od. mit unscharf aufgehelltem, zumindest vor der Quernaht dicht bestäubtem SRand. Pleuren ohne gelbe Flecke od. diese sind dick bestäubt u. matt **15**

13 Hlb eingeschnürt. MPL schwarz. *Doros profuges* (HARRIS)

13* Hlb nicht eingeschnürt. MPL mit gelbem Fleck **14**

14 Hlb breiter als der Thorax, max. $2^1/_2$-mal so lg wie breit, mindestens T4+5 mit abgesetztem SRand. – 6 Arten. Gattung *Xanthogramma* SCHINER

14* Hlb schlank, schmaler als der Thorax, mehr als 3-mal so lg wie breit, SRand nicht abgesetzt (Abb. **852**/2). – 15 Arten. Gattung *Sphaerophoria* LE PELETIER & SERVILLE

15 **(12*)** Der flache vordere Teil der MPL behaart (wie Abb. **897**/4) **16**

15* Der flache vordere Teil der MPL unbehaart **18**

16 FlHRand ohne schwarze Punkte. – 8 Arten. Gattung *Parasyrphus* MATSUMURA

16* FlHRand mit kleinen schwarzen Punkten (Abb. **895**/3) **17**

17 Metasternum behaart. T3+4 mit je 2 hellen Querbinden. *Episyrphus balteatus* (DEGEER)

17* Metasternum unbehaart. T3+4 mit je 1 Binde od. einem Fleckenpaar. – 2 Arten. Gattung *Meliscaeva* FREY

18 **(15*)** R_5 durch eine Ausbuchtung von r_{4+5} eingeschnürt (Abb. **848B**/3). Unterhalb des HSP stehen ein paar längere Haare. – 3 Arten. Gattung *Didea* MACQUART

18* R_5 nicht eingeschnürt (Abb. **848B**/2). Ohne Haare unterhalb des HSP **19**

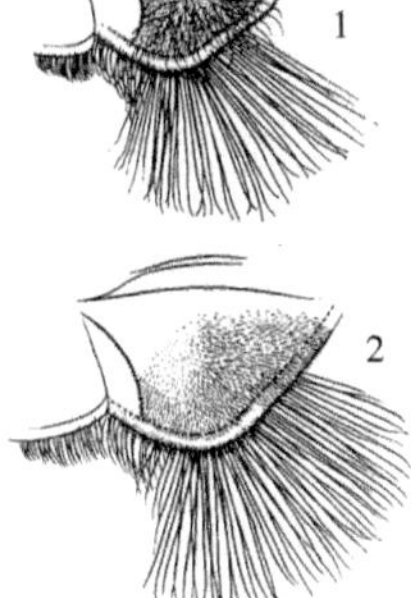

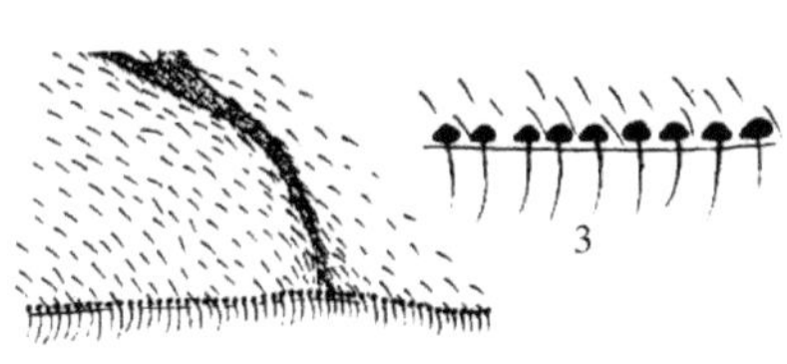

Abb. 895/1–3. Calyptra dorsal von **1** *Syrphus torvus* (*Syrphidae*); **2** *Epistrophe grossulariae* (*Syrphidae*); **3** FlHRand von *Episyrphus balteatus* (*Syrphidae*).

19 Thorakalschüppchen (TS) oben mit lg Haaren besetzt (Abb. **895**/1). – 5 Arten. Gattung *Syrphus* F.

19* TS oben ohne lg Haare (Abb. **895**/2) **20**

20 Au vollständig behaart **21**

20* Au (fast) nackt **25**

21 FlMembran nur zerstreut mit Mikrotrichien besetzt, im apikalen 1/3 mit breiten nackten Säumen entlang den Adern. STPL ventral in ganzer Lg behaart (Abb. **896**/1). – 3 Arten. Gattung *Scaeva* F.

21* FlMembran mindestens im apikalen 1/3 vollständig u. dicht mit Mikrotrichien besetzt. STPL im vorderen Drittel unbehaart (Abb. **896**/2–3) **22**

22 Metasternum dicht behaart. r_{4+5} stark geschwungen (ähnlich Abb. **848B**/3). *Megasyrphus erraticus* (L.)

22* Metasternum nackt (ausnahmsweise mit einzelnen Haaren). r_{4+5} fast gerade (ähnlich Abb. **848B**/2) **23**

23 T2 mit einem dem VRand anliegenden (oft verschmolzenen) Paar ± quadratischer gelblicher od. graublauer Flecken, die mindestens die vordere T-Hälfte einnehmen u. mindestens doppelt so lg sind wie die Flecken auf T3. – 2 Arten. Gattung *Ischyrosyrphus* BIGOT

23* Die fast immer weit vom VRand abgerückten hellen Flecken auf T2 nicht wesentlich länger als die auf T3 .... **24**

24 Hlb breit oval. Tergite mit abgesetztem SRand. – 12 Arten. Gattung *Dasysyrphus* ENDERLEIN

24* Hlb schmal, mit ± parallelen SRändern. SRand der Tergite nicht abgesetzt. Gattung *Melangyna* VERRALL z. T.

25 **(20*)** r_{4+5} stark geschwungen (ähnlich Abb. **848B**/3). *Eupeodes* (*Lapposyrphus*) *lapponicus* (ZETTERSTEDT)

25* r_{4+5} nahezu gerade (ähnlich Abb. **848B**/2) **26**

26 T2–5 mit abgesetztem SRand. Oberer u. unterer Haarfleck des STPL vorn fast zusammenstoßend, hinten breit getrennt (Abb. **896**/2). – Ca. 10 Arten. Gattung *Eupeodes* (*Eupeodes*) OSTEN-SACKEN

26* SRand von T2–5 (fast) nicht abgesetzt. Oberer u. unterer Haarfleck des STPL vorn breit getrennt (Abb. **896**/3) **27**

27 Hlb breit oval. Oberer u. unterer Haarfleck des STPL hinten schmal verbunden (Abb. **896**/3). – 11 Arten. Gattung *Epistrophe* WALKER

27* Hlb schlank. Oberer u. unterer Haarfleck des STPL getrennt **28**

28 Gesicht mit dunklem MStreifen. – 9 Arten. Gattung *Melangyna* VERRALL

28* Gesicht ohne dunklen MStreifen (Mundrand oft schwarz u. MHöcker gebräunt). . **29**

29 T3+4 mit breiten gelben Binden. FlHRand mit kleinen schwarzen Punkten (wie Abb. **895**/3). *Fagisyrphus cinctus* (FALLÉN)

29* T3+4 mit getrennten SFlecken od. mit sehr schmalen Binden. FlHRand ohne schwarze Punkte. Gattung *Meligramma* FREY (3 Arten) u. *Epistrophella euchroma* (KOWARZ)

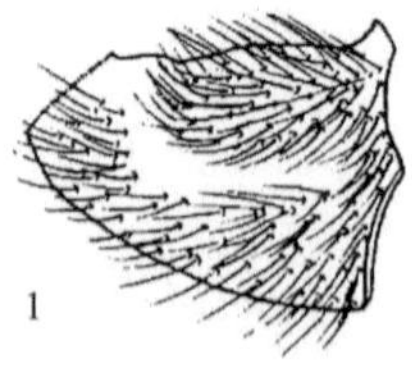

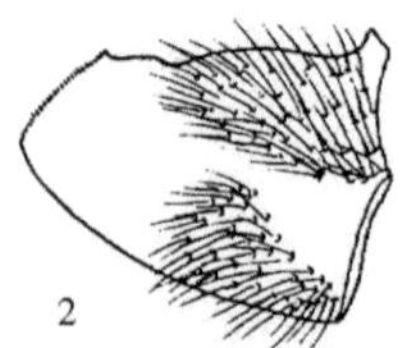

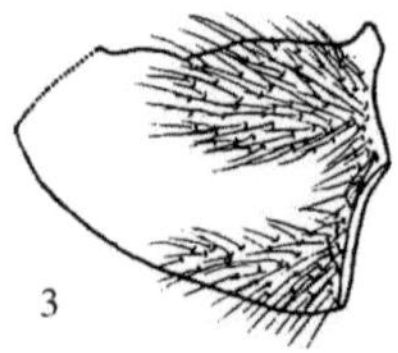

Abb. 896/1–3. STPL von **1** *Scaeva pyrastri* (*Syrphidae*); **2** *Eupeodes corollae* (*Syrphidae*); **3** *Epistrophe grossulariae* (*Syrphidae*).

Unterfamilie ***Eristalinae***

1 F mit EGriffel u. so lg od. länger als der K (Abb. **897**/1). Groß (9–15 mm) **2**

1* F mit dorsaler Arista; im Zweifelsfall (Gattung *Pelecocera* Abb. **873**/2, 3) F kürzer als der K u. die Tiere klein (3–8 mm) **4**

2 Au dicht behaart. K, Br u. Hlb ohne gelbe Zeichnungen, lg behaart. r_{4+5} ± gerade, ohne Anhangsader. – 6 Arten. Gattung *Callicera* PANZER

2* Au nackt. K, Br u. Hlb mit gelben Zeichnungen, kurz behaart. r_{4+5} mit scharfem Knick u./od. mit Anhangsader in R_5 ...... **3**

3 F sitzen auf einem Forts der Stirn, der länger ist als der Scapus (Abb. **897**/1). *Ceriana conopsoides* (L.)

3* Stirnforts viel kürzer als der Scapus. 2 Arten. *Sphiximorpha* RONDANI

4 **(1*)** F lg, auf einem Stirnforts sitzend, Arista nahe dem Apex inseriert (Abb. **894**/1). Hlb oben ausgedehnt rot gefärbt. *Psarus abdominalis* (F.)

4* F kürzer, entweder nicht auf einem Stirnforts od. Arista nahe der Basis des 3. FGld inseriert **5**

5 R_1 geschlossen (Abb. **848B**/7; **849**/9) **6**

5* R_1 offen (Abb. **848B**/1) **8**

6 r_{4+5} gerade (Abb. **848B**/7). – 5 Arten. Gattung *Volucella* GEOFFROY

6* r_{4+5} tief eingebuchtet (Abb. **849**/9) **7**

7 Au mit dunklen Flecken. SCU schwarz. – 2 Arten. Gattung *Eristalinus* RONDANI

7* Au einfarbig. SCU weiß, gelb od. rot. – 16 Arten. Gattung *Eristalis* LATREILLE

8 **(5*)** HFemur anterobasal mit einem auffälligen Fleck dichtstehender kurzer Setulae (Abb. **897**/2) u. der flache vordere Teil der MPL unbehaart u. R_5 stark eingebuchtet (Abb. **849**/9) **9**

8* HFemur basal ohne solchen Setulae-Fleck u./od. vorderer Teil der MPL behaart. R_5 s stark eingebuchtet **16**

9 Au behaart **10**

9* Au nackt **11**

10 Gesicht gelb mit dunklem MStreifen. T4 gelb u. schwarz behaart. Nicht hummelartig. *Myathropa florea* (L.)

10* Gesicht schwarz. T4 rot behaart. Hummelmimikry. *Mallota fuciformis* (F.)

11 **(9*)** FlBasis ausgedehnt nackt. MNM ohne deutliche Längsstreifen. Hummel- od. Bienenmimikry. – 2 od. 3 Arten. Gattung *Mallota* MEIGEN z. T.

11* Fl vollständig mit Mikrotrichien besetzt. MNM mit auffälligen Längsstreifen. Nicht hummel- od. bienenartig **12**

12 T4 mit je einem Paar weißlicher Längsstreifen. Arista schwarz. *Lejops vittatus* (MEIGEN)

12* T2–4 mit Querflecken od. -binden. Arista orange bis rotbraun **13**

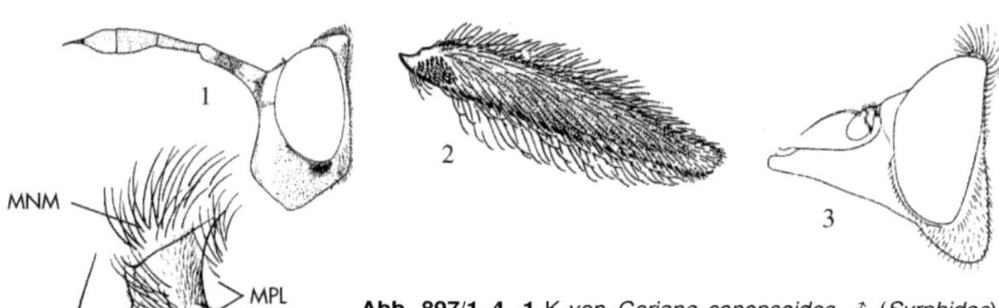

Abb. 897/1–4. 1 K von *Ceriana conopsoides*, ♂ (*Syrphidae*); **2** HFemur anterior von *Eristalis tenax* (*Syrphidae*); **3** K von *Rhingia campestris*, ♂ (*Syrphidae*); **4** MPL von *Trichopsomyia flavitarsis* (*Syrphidae*).

13 Gesicht in der unteren Hälfte in ganzer Breite behaart. Der konvexe obere Teil der HPL behaart. VTarsus des ♂ breiter als die VTibia. *Mesembrius peregrinus* LOEW
13* Gesicht mit breitem nacktem MStreifen. HPL unbehaart. VTarsus nicht breiter als die VTibia **14**
14 Gesicht mit unbestäubter schwarzer od. gelber MStrieme. F schwarz bis schwarzbraun. Groß (11–18 mm). – 4 Arten. Gattung *Helophilus* MEIGEN
14* Gesicht vollständig hell bestäubt, ohne schwarze MStrieme. F orange bis rotbraun. Kleiner (7–11 mm) **15**
15 US der HTibia auf ganzer Lg mit scharfer Kante. – 5 Arten. Gattung *Anasimyia* SCHINER
15* US der HTibia nur in der basalen Hälfte mit scharfer Kante. – 3 Arten. Gattung *Parhelophilus* GIRSCHNER
16 **(8*)** Arista sehr lg behaart, die Haare auf je eine dorsale u. ventrale Reihe beschränkt, die längsten mindestens so lg wie die Höhe des 3. FGld (wie Abb. **834**/12) **17**
16* Arista unbehaart od. kurz behaart, dann die Haare viel kürzer als die Höhe des 3. FGld u. nicht in zwei Reihen angeordnet. **18**
17 T schwarz. – 2 Arten. Gattung *Arctophila* SCHINER
17* T schwarz mit hellen Querstreifen. – 2 Arten. Gattung *Sericomyia* MEIGEN
18 **(16*)** Obere Randquerader (m_1) rücklaufend in r_{4+5} mündend (Abb. **848B**/1) **19**
18* Obere Randquerader (m_1) nicht rücklaufend, ± parallel zum FlRand, in einem rechten bis spitzen Winkel in r_{4+5} mündend (Abb. **849**/9; **873**/1) **21**
19 r_{4+5} mit tiefer Bucht (ähnlich **849**/9). Apex des HFemur anterior mit dreieckigem Forts (ähnlich Abb. **899**/2). Au dicht behaart. – 10 Arten. Gattung *Merodon* MEIGEN
19* r_{4+5} gerade od. nur schwach gebuchtet. Apex des HFemur ohne dreieckigen Forts od. Au nackt **20**
20 Obere Randquerader (m_1) doppelt geknickt (Abb. **848B**/1). T2–4 mit je einem Paar weißer „Staub"-Flecken. – 19 Arten. Gattung *Eumerus* MEIGEN
20* Obere Randquerader (m_1) einfach geknickt (ähnlich Abb. **848B**/5). Hlb ohne weiße „Staubflecken". Ca. 12 Arten. Gattung *Orthonevra* MACQUART
21 **(18*)** Au behaart **22**
21* Au nackt **29**
22 Gesicht mit MHöcker **23**
22* Gesicht ohne MHöcker **24**
23 Gesicht schwarz. r-m vor der M von R_5. – Etwa 80 Arten. Gattung *Cheilosia* MEIGEN
23* Gesicht gelb. r-m in od. hinter der M von R_5. – 2 Arten. Gattung *Ferdinandea* RONDANI
24 **(22*)** Metasternum nicht reduziert (ähnlich Abb. **894**/5), dicht u. lg behaart. Clypeus nicht hufeisenförmig. – 4 Arten. Gattung *Psilota* MEIGEN
24* Metasternum reduziert (ähnlich Abb. **894**/4), nackt. Clypeus hufeisenförmig **25**
25 T2+3 etwa gleich lg, T4 sehr klein, von oben kaum sichtbar. *Triglyphus primus* LOEW
25* T2–4 ungefähr gleich lg **26**
26 Flacher vorderer Teil der MPL mit einigen lg Haaren (Abb. **897**/4). – 3 Arten. Gattung *Trichopsomyia* WILLISTON
26* Flacher vorderer Teil der MPL nur mit mikroskopisch kurzen Trichien **27**
27 Der konvexe obere Teil der HPL unbehaart. Oft T2 od. T2+3 mit heller Zeichnung. Obere $^2/_3$ des Gesichts mit ± breitem nacktem MStreifen. – Ca. 9 Arten. Gattung *Pipiza* FALLÉN
27* Der konvexe obere Teil der HPL lg behaart. Alle T ganz schwarz. Gesicht nahezu vollständig behaart **28**
28 Obere Randquerader mündet ± rechtwinklig in r_{4+5}. T dicht u. runzlig punktiert. – 9 Arten. Gattung *Pipizella* RONDANI
28* Obere Randquerader mündet spitzwinklig in r_{4+5}. T fein u. nicht runzlig punktiert. – 6–8 Arten. Gattung *Heringia* RONDANI
29 **(21*)** r-m vor der M von R_5 (ähnlich Abb. **848B**/2, 3, 7) **30**
29* r-m in od. hinter der M von R_5 (ähnlich Abb. **848**/1; **873**/1) **41**

30 HTibia ventral in ganzer Lg mit einer scharfen Kante. Fl mit stark reduziertem Mikrotrichienbesatz. *Syritta pipiens* (L.)
30* HTibia ventral ohne scharfe Kante od. diese nur in der basalen Hälfte. Fl mit dichtem Mikrotrichienbesatz **31**
31 V- u. MFemur in der distalen Hälfte anterior u. posterior mit je einer Reihe kurzer kräftiger Dornen. – 4 Arten. Gattung *Myolepta* NEWMAN
31* V- u. MFemur ohne solche Dornen **32**
32 SCU ganz od. z. T. hell (gelb bis rotbraun) **33**
32* SCU ganz dunkel **35**
33 Hlb schwarz. Gattung *Cheilosia* MEIGEN z. T.
33* Hlb rotbraun **34**
34 Gesicht lg schnabelartig vorgezogen (Abb. **897**/3). – 3 Arten. Gattung *Rhingia* SCOPOLI
34* Gesicht nicht schnabelartig vorgezogen. Gattung *Brachyopa* MEIGEN (14 Arten) u. *Hammerschmidtia ferruginea* (FALLÉN)
35 **(32*)** Hlb ± eingeschnürt. AL schmaler als Z Ba_2. ♂ dichoptisch **36**
35* Hlb nicht eingeschnürt. AL so breit od. breiter als Z Ba_2. ♂ meist holoptisch **37**
36 Gesicht im Profil stark konkav. Obere Randquerader (m_1) bildet mit r_{4+5} einen (schwach) spitzen Winkel. – 10 Arten. Gattung *Sphegina* MEIGEN
36* Gesicht im Profil fast gerade. Obere Randquerader (m_1) bildet mit r_{4+5} einen rechten bis stumpfen Winkel. – 8 Arten. Gattung *Neoascia* WILLISTON
37 **(35*)** Gesicht (z. T.) gelb. Gattungen *Pelecocera* MEIGEN (2 Arten) u. *Chamaesyrphus* MIK (3 Arten)
37* Gesicht schwarz (oft mit heller Bestäubung) **38**
38 Letzter Abschnitt von r_{4+5} (von der Mündung der oberen Randquerader (m_1) bis zum FlRand) nicht länger als h. Gesicht ohne MHöcker. *Lejota ruficornis* (ZETTERSTEDT)
38* Letzter Abschnitt von r_{4+5} länger als h, wenn nur wenig länger, dann Gesicht mit MHöcker **39**
39 LU sehr groß, fast so lg wie breit. T2–4 mit grau bestäubten Fleckenpaaren. *Portevinia maculata* (FALLÉN)
39* LU schmal. T2–4 ohne grau bestäubte Flecken **40**
40 Gesicht ohne Querriefen, mit kräftigem MHöcker, außer den meist breiten Gesichtsleisten (zw Frontogenalnaht u. Au) meist unbehaart. US des SCU dicht behaart. Gattung *Cheilosia* MEIGEN z. T.
40* Gesicht seitlich mit einigen Querriefen, ♀ ohne, ♂ ohne od. mit kleinem MHöcker, behaart (oft nur kurz u. spärlich), Gesichtsleisten meist sehr schmal, SCU ventral nackt od. nur spärlich behaart. Gattungen *Chrysogaster* MEIGEN (5 Arten), *Lejogaster* RONDANI (2 Arten), *Melanogaster* RONDANI (5 Arten) u. *Riponnensia splendens* (MEIGEN)
41 **(29*)** Metasternum lg behaart (etwa so lg wie auf den HCoxen) **42**
41* Metasternum nur mit mikroskopisch kurzen Härchen besetzt **47**
42 HFemur ventral mit präapikalem Forts (Abb. **899**/1, 2). HRand des SCU gelb . . . **43**
42* HFemur ohne Forts. SCU schwarz **44**

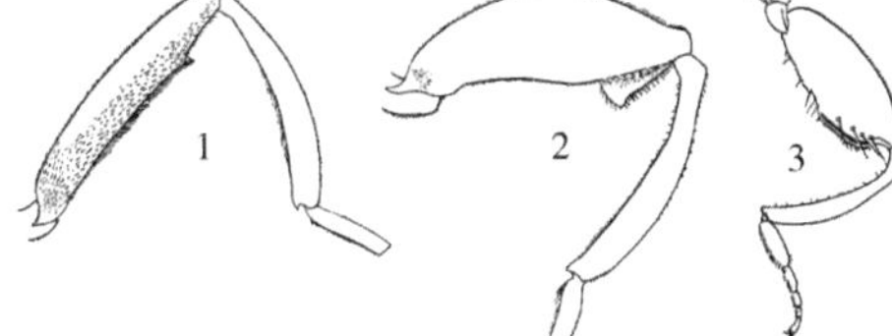

Abb. 899/1–3. HFemur von
1 *Spilomyia saltuum* (*Syrphidae*);
2 *Tropidia scita* (*Syrphidae*);
3 *Syritta pipiens* (*Syrphidae*).

43 HFemur mit kleinem Zähnchen (Abb. **899**/1). Br u. Hlb ± reich gelb gezeichnet (Wespenmimikry). – 3 od. 4 Arten. Gattung *Spilomyia* MEIGEN
43* HFemur mit dreieckigem Forts (Abb. **899**/2). Hlb mit roter Zeichnung, Br dunkel. – 2 Arten. Gattung *Tropidia* MEIGEN
44 **(42*)** Gesicht mit MHöcker. Gattungen *Brachymyia* WILLISTON (2 Arten) u. *Criorhina* MEIGEN (3 Arten)
44* Gesicht ohne MHöcker **45**
45 HTibia ventral in ganzer Lg mit scharfer Kante (Abb. **899**/3). Gesicht mit stumpfem Längskiel. *Syritta pipiens* (L.)
45* HTibia ohne scharfe Kante. Gesicht nicht gekielt. **46**
46 Hlb, meist auch Br, reich gelb gezeichnet (Wespenmimikry). – 4 Arten. Gattung *Temnostoma* LE PELETIER & SERVILLE
46* Hlb ganz schwarz od. mit roter/rotbrauner Zeichnung, nicht wespenartig. – 5 Arten. Gattung *Chalcosyrphus* CURRAN
47 **(41*)** T4 überwiegend od. ganz rot u. T2 schwarz. *Blera fallax* (L.)
47* T4 schwarz od., falls vorn schmal rot, dann auch T2 rot **48**
48 Tarsen ganz gelb. HFemur schlank, ohne Dornen. Hlb prächtig goldgrün mit mattschwarzen Bändern. *Caliprobola speciosa* (ROSSI)
48* Tarsen ganz od. teilweise schwarz. HFemur oft verdickt u. apikoventral mit Dornen **49**
49 Hummelmimikry: Behaarung der vorderen Hälfte der Br u. T3 gelbrot, T4 ± weiß, hintere Hälfte der Br u. Scutellum sowie T1+2 schwarz. *Pocota personata* (HARRIS)
49* Nicht hummelartig **50**
50 Hlb kurz u. breit, T2 mehr als 3-mal so breit wie lg. Klein (7–9 mm). *Lejota ruficornis* (ZETTERSTEDT)
50* Hlb schlanker, T2 bis zu 2-mal so breit wie lg. Groß (9–16 mm) **51**
51 K von vorn mit dreieckigem Umriss. Körperbehaarung lg. – 3 Arten. Gattung *Brachypalpus* MACQUART
51* K von vorn mit ± elliptischem Umriss. Körperbehaarung kurz **52**
52 B schwarz . Oberer u. unterer Haarfleck des STPL verbunden. *Brachypalpoides lentus* (MEIGEN)
52* B schwarz mit gelblichen Zeichnungen. Oberer u. unterer Haarfleck des STPL breit getrennt. – 10 Arten. Gattung *Xylota* MEIGEN

Division *Schizophora (Cyclorrhapha)*

Sektion *Acalyptratae*

Familie *Conopidae*

L Innenparasiten vorwiegend von Hymenopteren. Im. häufig auf Blüten. – Mittelgroße bis ziemlich große, in der Regel kahle od. ziemlich dünn behaarte Fliegen, oft mit großer Ähnlichkeit zu Hymenopteren; K groß, in Dorsalansicht so breit od. breiter als die Br; F lg, 3. FGld mit EGriffel (*Conopinae*) od. kurz, herabhängend, mit kurzer, dorsaler, gegld Arista (*Myopinae*); Mundöffnung breit, mit lg, schlankem (außer in der Gattung *Leopoldius*) vorwärts gerichtetem R, der gegld od. gekrümmt sein kann, entweder nur an der Basis od. auch in der M, im letzten Fall ist der vordere Abschnitt wie ein Taschenmesser zurückgeklappt; Fl bisweilen mit dunklen Mustern; AnalZ lg, zugespitzt, Spitze meist dicht am HRand (nur in der Gattung *Dalmannia* ist die AnalZ kurz); Hlb oft basal eingeschnürt, bes. beim ♂; Genitalien in SAnsicht in beiden Geschlechtern in der Regel vorragend u. von ungewöhnlicher Form. 52 Arten.

1 AnalZ (Cup) lg u. zugespitzt, sich fast od. ganz bis zum FlRand ausdehnend; Hlb in der Regel keulenförmig **2**
1* AnalZ sehr kurz, nicht zugespitzt u. weit vor dem FlRand endend; Hlb in Dorsalansicht fast kreisförmig. Unterfamilie *Dalmanniinae*
Nur Gattung *Dalmannia* ROBINEAU-DESVOIDY.

2 3. FGld mit EGriffel; Oc fehlend. – Mit Spuren einer Vena spuria. Unterfamilie *Conopinae* S. 901

2* 3. FGld mit dorsaler Arista; Oc vorhanden. Unterfamilie *Myopinae* S. 901

Unterfamilie ***Conopinae***

1 R kurz u. kräftig, in SAnsicht meist kürzer als die Breite des K. Gattungen *Leopoldius* RONDANI u. *Abrachyglossum* KRÖBER

1* R länger als der K in SAnsicht breit. Gattungen *Conops* L. u. *Physocephala* SCHINER

Unterfamilie ***Myopinae***

1 R nur an der Basis gekniet. Gattung *Zodion* LATREILLE

1* R an der Basis u. in der M gekniet **2**

2 Backen sehr hoch, in SAnsicht zumindest gleich der Höhe der Au. – Hlb an der Basis kaum zugespitzt; Fl ± getrübt durch Schatten, bes. an den Queradern. Gattungen *Myopa* F. u. *Melanosoma* ROBINEAU-DESVOIDY

2* Backen in SAnsicht viel schmaler (niedriger) als die Höhe der Au, die mehr als die Hälfte der KHöhe erreicht **3**

3 F viel länger als ihr Abstand vom Scheitel, in der Regel so lg wie der K; kleine, grau getönte Fliegen, ca. 4–6 mm. – Unterer Teil des Gesichtes etwas silbrig. Gattung *Thecophora* RONDANI

3* F viel kürzer als ihr Abstand vom Scheitel; rostbraune Fliegen, ca. 9–14 mm; Hlb stark gekrümmt. Gattung *Sicus* SCOPOLI

Familie ***Micropezidae***

Die von nur wenigen L bekannte Lebensweise ist saprophag. Im. in der Regel auf Büschen u. niedriger Vegetation an Flussufern u. Bachrändern, leben räuberisch von Aphiden u. kleineren Dipteren. – 3. FGld kurz u. gerundet; Gesicht fliehend (bes. stark in der Gattung *Micropeza* MEIGEN); OcBo u. VibrissenBo fehlend; R kräftig; Tibien ohne PräapikalBo; Fl schmal, AL reduziert; Costa ohne Unterbrechung; sc vollständig, manchmal basal dicht neben der r_2 u. deswegen gegen das E besser zu erkennen; r_{2+3} u. r_{4+5} gegen den FlRand konvergierend; DiskalZ getrennt od. (in der Gattung *Micropeza*) mit der 2. BasalZ vereinigt; Genitalien in beiden Geschlechtern vorragend u. charakteristisch. 13 Arten.

1 Tibien der MB u. HB gleichmäßig fein behaart u. ohne Bo. Unterfamilie *Calobatinae* (Gattungen *Calobata* MEIGEN, *Cnodacophora* CZERNY u. *Neria* ROBINEAU-DESVOIDY)

1* Tibien der MB u. HB auf der HS der ganzen Lg nach mit kurzen Bo **2**

2 DiskalZ (D) u. 2. BasalZ (Ba_2) getrennt; OrbitalBo vorhanden. Unterfamilie *Taeniapterinae* (Gattung *Rainieria* ROINDANI)

2* DiskalZ u. 2. BasalZ verschmolzen (trennende Querader fehlt). OrbitalBo fehlen. Unterfamilie *Micropezinae* (Gattung *Micropeza* MEIGEN: K in SAnsicht auffallend flach-dreieckig, schlangenkopfähnlich.)

Familie ***Psilidae***

L phytophag, in den Wurzeln u. Stängeln von Pfl u. unter Baumrinde lebend (u.a. „Möhrenfliege" als landwirtschaftlicher Schädling von einiger Bedeutung.) – Im. ruhen auf Laub u. Gras, sind meist schattenliebend. – Kleine bis mäßig große Fliegen; PostvertikalBo divergent od. fehlend; Oc Dreieck groß; Genitalien in beiden Geschlechtern meist unscheinbar, in der Gattung *Loxocera* MEIGEN ♀ mit lg Ovipositor. 30 Arten.

1 3. FGld sehr lg u. dünn, bandförmig, od. alle drei FGld verlängert; Femora der HB vor der Spitze mit lggestrecktem Haarpolster; 1 NotopleuralBo. – ♀ mit lg Ovipositor; auffallend schwarz u. rot gefärbte, schmale Fliegen. Gattung *Loxocera* MEIGEN

1* 3. FGld nicht auffallend verlängert, in der Regel höchstens dreimal so lg wie breit (wenn etwas verlängert, dann gegen das E verschmälert u. Arista buschig behaart); Femora der HB ohne Haarpolster **2**

2 HK abgeflacht, so dass K in SAnsicht halbkreisförmig; Breite der Backen geringer als $^1/_3$ der Lg des vertikalen Au∅; 1 NotopleuralBo. Gattung *Chyliza* FALLÉN

2* HK nach außen gewölbt; UGesicht stark fliehend; Backen breiter als $^1/_3$ der Lg des vertikalen Au∅ **3**

3 NotopleuralBo fehlend; ♀ mit eigenartig gebautem, maulartigem Legerohr; ♂ mit gebogenen u. verdickten Femora der HB. Gattung *Psilosoma* ZETTERSTEDT

3* NotopleuralBo vorhanden; ♀ mit einfachem Legerohr; ♂ Femora der HB ohne Besonderheiten. Gattungen *Psila* MEIGEN u. *Chamaepsila* HENDEL

Familie ***Ulidiidae***

FlAder r_1 auf der dorsalen Oberfläche unbehaart; R_5 gegen den FlRand stark verengt bis geschlossen; Fl glashell bis einfarbig durchscheinend. – AnalZ (Cup) mit deutlichem Zipfel, aus dem die Analader hervorgeht (außer Gattung *Homalocephala* ZETTERSTEDT). 4 Arten.

1 r_1 beborstet; AnalZ (Cup) ohne Zipfel, stumpf; R_5 gegen den FlRand nicht verengt. – L unter Baumrinde u. in Baumsaft.
Homalocephala albitarsis ZETTERSTEDT (*Otitidae*)

1* r_1 ohne Bo; AnalZ mit spitzem Forts **2**

2 F in tiefen, scharf umgrenzten Gruben. – Im. auf Exkrementen u. Blüten an feuchten Stellen. Gattung *Ulidia* MEIGEN

2* FGruben vollkommen fehlend od. nur sehr schwach u. nicht scharf umgrenzt; r_{4+5} u. m gegen den FlRand bis zur Berührung genähert od. miteinander verschmolzen (R_5 geschlossen). – Im. auf Pferdedünger u. Dunghaufen, wo sich die L entw u. auf verfallender PflSubstanz. *Physiphora alceae* (PREYSSLER)

Familie ***Otitidae***

In der Regel r_1 auf der dorsalen Oberfläche behaart od. beborstet; Fl oft auffällig gemustert (außer Gattung *Seioptera* KIRBY); L der meisten Arten saprophag. – PostvertikalBo divergent; Tibien ohne PräapikalBo; Ovipositor des ♀ mit nicht zurückziehbarer Scheide. 26 Arten.

1 r_1 ohne Haare u. Bo. MesopleuralBo fehlend; 2 SternopleuralBo vorhanden. – Typisches FlWippen. – Im. Räuber von kleinen Homopteren. L in Mist u. Gartenerde, offenbar auch phytophag. *Seioptera vibrans* (L.) (*Ulidiidae*)

1* r_1 beborstet; AnalZ ohne lg ausgezogenen Zipfel; Mesopleural- u. 1 SternopleuralBo vorhanden **2**

2 PropleuralBo fehlend. *Cephalia rufipes* MEIGEN

2* PropleuralBo vorhanden **3**

3 Kein Gesichtskiel u. keine deutlichen FGruben vorhanden; AnalZ (Cup) mit verlängertem, deutlichem Zipfel. L teilweise unter Baumrinde.
Myennis octopunctata (COQUEBERT)

3* Gesichtskiel u. FGruben deutlich; AnalZ nur mit sehr kleinem Zipfel **4**
4 Backen schmal, ihre Breite nicht mehr als $^1/_6$ bis $^1/_4$ des vertikalen Au∅ **5**
4* Backenbreite wenigstens $^1/_3$ des vertikalen Au∅ **6**
5 r_{4+5} u. m gegen den FlRand deutlich konvergierend (R_5 am E verengt); 3. FGld in der Regel am Oberrand deutlich nach innen gewölbt, mit scharfer Spitze. – Größere Arten (6–8 mm). Gattung *Ceroxys* MACQUART
5* r_{4+5} u. m am E parallel (R_5 gegen den FRand nicht verengt); 3. FGld am Oberrand nicht nach innen gewölbt, aber häufig ebenfalls mit deutlicher, wenn auch nicht sehr scharfer Spitze. – Kleinere Arten (3–6 mm). Gattung *Herina* ROBINEAU-DESVOIDY
6 **(4*)** 3. FGld am Oberrand nach innen gewölbt, am E mit scharfer Spitze. Gattung *Melieria* ROBINEAU-DESVOIDY
6* 3. FGld am Oberrand nach außen gewölbt, am E stets abgerundet, ± elliptisch . . **7**
7 F stets ± deutlich u. meist auffällig verlängert; 2. FGld stets länger als das erste; 3. FGld gegen das E deutlich verschmälert, so dass es eine etwas dreieckige Gestalt erhält. – K in SAnsicht oft schlangenkopfähnlich. *Dorycera graminum* (F.)
7* F nie verlängert; 2. FGld nicht erheblich länger als das erste; 3. FGld gleichmäßig elliptisch, gegen das E nicht verschmälert **8**
8 K etwas blasig aufgetrieben; Wangen auffallend breit; etwa halb so hoch wie das Au. *Tetanops myopina* FALLÉN
8* K nicht blasig aufgetrieben; Wangen nicht auffallend breit, $^1/_3$ od. weniger der AuHöhe. Gattung *Otites* LATREILLE

Familie ***Platystomatidae***

Lebensweise offenbar saprophag. – Tibien ohne dorsale PräapikalBo; Ovipositor des ♀ mit nicht zurückziehbarer Scheide. 3 Arten.

1 3. FGld kurz u. gerundet; FlMembran dunkel mit zahlreichen klaren Flecken. Hlb breit eiförmig. Gattung *Platystoma* MEIGEN
1* 3. FGld lg u. dünn; FlMembran klar, mit verdunkelter Basis u. Spitze u. zwei schmalen transversalen Bändern dazw; Hlb spindelförmig. *Rivellia syngenesiae* (F.)

Familie ***Tephritidae***

Die ♀♀ der meisten *Tephritidae*-Arten legen ihre Eier in lebendes, gesundes PflGewebe u. ihre L leben u. fressen in verschiedenen PflTeilen. Einige sind Gallbildner, wenige Blattminierer, andere entw sich in Früchten u. Samen od. in Blüten von Korbblütengewächsen. L von bes. wirtschaftlicher Bedeutung als Schädlinge, leben in Früchten u. Pfl u. vernichten weltweit beachtliche Werte. Zum Beispiel in Südfrüchten u. anderem Obst: *Ceratitis capitata* (WIEDEMANN) (oft eingeschleppt). Spargelfliege: *Plioreocepta poeciloptera* SCHRANK. Kirschfliege: *Rhagoletis cerasi* (L.). 110 Arten.
1. Gruppe: Entw in Blütenköpfen (Gattungen *Urophora* ROBINEAU-DESVOIDY, *Myopites* BLOT, *Trypeta* MEIGEN, *Xyphosia* ROBINEAU-DESVOIDY, *Trupanea* SCHRANK, *Ensina* ROBINEAU-DESVOIDY, *Noeeta* ROBINEAU-DESVOIDY, *Tephritis* LATREILLE usw.).
Diese Gruppe greift vorwiegend die Blütenköpfe von Korbblütengewächsen an (Disteln u. a.).
2. Gruppe: Blattminierer (Gattungen *Euleia* WALKER, *Urophora* ROBINEAU-DESVOIDY, *Acidia* ROBINEAU-DESVOIDY usw.).
In diese Gruppe gehört die Sellerierfliege *Euleia heraclei* (L.).
3. Gruppe: Entw in Stängeln od. Wurzeln (Gattungen *Oxyna* ROBINEAU-DESVOIDY, *Terellia* ROBINEAU-DESVOIDY, *Dithryca* RONDANI usw.).
4. Gruppe: Entw in Früchten (Gattungen *Rhagoletis* LOEW, *Anomoia* WALKER, *Ceratitis* MACLEAY usw.).

Familie *Helcomyzidae*

Entw in faulendem Tang. 2 Arten.

1 Sch behaart; Costa in der M anteroventral beborstet; 2–3 kleine ors; Stirn u. MNM gelblichgrau; Fl weißlich; 6–10 mm. *Helcomyza ustulata* CURTIS
1* Sch unbehaart; Costa unbeborstet; 3 ors. B glänzend rostgelb; 4,5–7,5 mm. *Heterocheila buccata* FALLÉN

(auch *Malacomyia*: siehe *Coelopidae*)

Familie *Coelopidae*

Alle bekannten L leben in faulendem Tang. 3 Arten.

1 Mesopleuren behaart u. eine hintere Bo. *Malacomyia sciomyzina* (HALIDAY)
1* Mesopleuren nackt **2**
2 Peristomalien, Hlb u. B mit Bo (Macrochaeten). *Coelopa* (*Fucomyia*) *frigida* (F.)
2* Peristomalien, Hlb u. B ohne Bo (Machrochaeten), mit weicher, stellenweise verlängerter Behaarung. *Coelopa* (*Coelopa*) *pilipes* HALIDAY

Familie *Dryomyzidae*

Im. an schattigen Orten, im Buschwerk u. häufig an Exkrementen. – L saprophag, Entw. in Pilzen u. Kot. 3 Arten. Gattung *Dryomyza* FALLÉN.

Familie *Sepsidae*

VB des ♂ oft mit sekundären Geschlechtsmerkmalen: Femora u. Tibien deformiert u. mit Dornen od. stachligen Auswüchsen; Tibien mit od. ohne PräapikalBo; Costa ohne Unterbrechung; sc vollständig u. deutlich von der r_1 getrennt. 31 Arten.

1 Fl an der Mündung der r_{2+3} in die Costa mit einem dunklen Punkt (Abb. **857**/6): Gattung *Sepsis* FALLÉN
1* Fl stets ohne dunklen subapikalen Punkt **2**
2 1. u. 2. BasalZ (Ba_1 u. Ba_2) miteinander verschmolzen (Abb. **858**/7). Gattung *Saltella* ROBINEAU-DESVOIDY
2* 1. u. 2. BasalZ getrennt **3**
3 MesopleuralBo u. äußere ScheitelBo (vte) fehlend. Sch nicht halb so lg wie breit; nur die apikalen ScutellarBo kräftig; PostvertikalBo (pvt) vorhanden. Gattung *Themira* ROBINEAU-DESVOIDY
3* Zumindest die MesopleuralBo stets vorhanden u. gut entw **4**
4 **(3*)** Backen auffallend breit (extrem hoch), etwa so breit wie der Au∅; 3 DorsozentralBo (dc) u. 3 lg OrbitalBo (ors) vorhanden; größere Fliegen (6–8 mm). – K u. Br abgeflacht; Fl gebräunt; ♂ mit auffallend großem, symmetrischem, zangenartig unter den Hlb gebogenem Hypopygium (Genitalarmatur). – Nur an Meeresküsten, auf Tang, faulenden Algen. *Orygma luctuosum* MEIGEN
4* Backen viel schmaler; höchstens 2 dc u. höchstens 1 deutliche ors vorhanden; kleinere Fliegen (bis 4 mm) **5**
5 OrbitalBo (ors) kräftig ausgebildet. Gattung *Meroplius* RONDANI
5* OrbitalBo (ors) nur sehr schwach ausgebildet od. fehlend. Gattung *Nemopoda* ROBINEAU-DESVOIDY

Familie *Phaeomyiidae*

Ähnlich *Sciomyzidae*. Vorwiegend im Geb. 3 Arten. Gattung *Pelidnoptera* RONDANI

Familie *Sciomyzidae*

Soweit bekannt, parasitisch od. räuberisch gegenüber Wasserschnecken. L vorwiegend aquatisch; einige Arten möglicherweise in feuchter Erde, Exkrementen od. verfallender PflSubstanz. – K bei dorsaler Betrachtung so breit wie od. breiter als die Br; 2. FGld bisweilen bedeutend verdickt od. verlängert; 3. FGld in der Regel dreieckig (Oberrand ± nach innen gewölbt), manchmal kurz-oval; Arista kahl od. gefiedert; Tibien mit PräapikalBo; Fl oft auffallend länger als der Hlb, manchmal mit dunklen Zeichen; sc vollständig; in ihrem Verlauf gegen die Mündung in die Costa deutlich von der r_1 getrennt; 2. Basal- (Ba_2) u. AnalZ (Cup) kurz, AnalZ distal nach außen gewölbt; Hlb meist lg u. schmal. 78 Arten.

1 HRand der AnalZ in der unteren Ecke spitz zulaufend; FlAdern r_{4+5} u. m im EAbschnitt konvergent u. vor der FlSpitze den FlRand erreichend. Unterfamilie *Salticellinae* S. 905

1* HRand der AnalZ senkrecht od. gerundet; PostvertikalBo konvergent. Unterfamilie *Sciomyzinae* S. 905

Unterfamilie *Salticellinae*

Femora der VB u. HB auffallend verdickt u. unterseits zweizeilig bedornt. (7,5–10 mm). *Salticella fasciata* (MEIGEN)

Unterfamilie *Sciomyzinae*

1 PropleuralBo vorhanden; 2. FGld kurz; StirnMLeiste fehlt od. vorhanden. Tribus *Sciomyzini* S. 905

1* PropleuralBo fehlend; 2. FGld oft verlängert; StirnMLeiste stets vorhanden. Tribus *Tetanocerini* S. 906

Tribus *Sciomyzini*

1 Arista dorsal, fast am E des 3. FGld entspringend; 2. FGld oben mit 1lg Bo; nur 1 NotopleuralBo. (3–4,5 mm). *Tetanura pallidiventris* FALLÉN

1* Arista dorsal, nahe der Basis des 3. FGld entspringend **2**

2 Analader als Falte in Richtung zur FlSpitze gebogen, fast parallel zum FlHRand verlaufend, diesen aber nicht erreichend; Fl mit 2 Querbinden. (2–4 mm). Gattung *Colobaea* ZETTERSTEDT

2* Analader zum FlHRand verlaufend **3**

3 Tibien der VB mit 2 PräapikalBo. Gattung *Sciomyza* FALLÉN

3* Tibien der VB mit 1 PräapikalBo **4**

4 Stirn glänzend; Backen schmal; Körper schwarzglänzend. (2,5–4 mm). Gattung *Pteromicra* LIOY

4* Stirn größtenteils bereift; Backen breit; Körper nicht schwarzglänzend **5**

5 2 Paar ors; Prosternum nackt; innerer hinterer Rand der Hü ohne Haare. Gattung *Pherbellia* ROBINEAU-DESVOIDY

5* 1 Paar ors; Prosternum behaart; innerer hinterer Rand der Hü mit Haaren; Gesicht im Profil nasenartig vorspringend. (3,5–4,5 mm). *Ditaeniella grisescens* (MEIGEN)

Tribus *Tetanocerini*

1 Fl netzartig gemustert od. mit zahlreichen schwarzen Flecken **2**
1* Fl ohne netzartiges Muster, meist mit dunklem VRand u. geschwärzten Queradern od. mit einzelnen dunklen Flecken **9**
2 2 Paar ors **3**
2* Nur 1 Paar ors. (4–6 mm). *Dictya umbrarum* (L.)
3 3. FGld an der Spitze mit lg schwarzen Haaren. (6–10 mm). Gattung *Coremacera* RONDANI
3* 3. FGld an der Spitze ohne lg schwarze Haare **4**
4 Pteropleuren behaart u./od. mit Bo **5**
4* Pteropleuren nackt **8**
5 SubalarBo vorhanden **6**
5* SubalarBo fehlend. Gattung *Psacadina* ENDERLEIN
6 Arista mit kurzen weißen Härchen; MNM mit deutlichen Streifen. Gattung *Limnia* ROBINEAU-DESVOIDY
6* Arista mit lg schwarzen Haaren; MNM ohne Längsstreifen **7**
7 Fl dunkel, mit zahlreichen hellen Flecken. *Trypetoptera punctulata* (SCOPOLI)
7* Fl netzartig gemustert. Gattung *Pherbina* ROBINEAU-DESVOIDY
8 **(4*)** Femora der HB mit 2 Reihen dornähnlicher Bo; innerer HRand der HHü behaart. Gattung *Dichetophora* RONDANI
8* Femora der HB ohne ventrale Bo; innerer Rand der HHü nackt. Gattung *Euthycera* LATREILLE
9 **(1*)** OcBo fehlen; Scutellum mit 1 Paar Bo; 2. FGld stabförmig. Gattung *Sepedon* LATREILLE
9* OcBo vorhanden; Scutellum mit 2 Paar Bo; 2. FGld kurz **10**
10 Tibien der HB mit 2 PräapikalBo; Backen nicht breiter als 3. FGld. Gattung *Anticheta* HALIDAY
10* Tibien der HB mit 1 PräapikalBo; wenn 2, dann Backen breiter als 3. FGld **11**
11 Mesopleuron u. Pteropleuron nackt; innerer HRand der HHü nackt **12**
11* Mesopleuron u. Pteropleuron behaart; innerer HRand der HHü behaart **14**
12 3. FGld verlängert, über 3-mal so lg wie breit; 2. FGld kurz. (4–5 mm). *Ectinocera borealis* ZETTERSTEDT
12* 3. FGld kürzer, höchstens 2-mal so lg wie breit; wenn länger, dann auch 2. FGld lg **13**
13 Fl mit 5–7 dunklen Flecken; Arista nur pubeszent. *Hydromya dorsalis* (F.)
13* Fl ohne dunkle Flecken, meist FlVorderrand u. Queradern dunkel; Arista moderat bis lg behaart; Femora der MB in der M der VS mit kräftiger Bo. Gattung *Tetanocera* DUMÉRIL
14 **(11*)** SubalarBo vorhanden; hintere Querader bogenförmig. Gattung *Ilione* HALIDAY
14* SubalarBo fehlend; hintere Querader fast rechtwinklig gekrümmt. Gattung *Elgiva* MEIGEN

Familie ***Lauxaniidae***

L saprophag unter Laub, Stroh, pfl Abfall, überwintertem Klee, in Vogelnestern usw. Im. in der Regel schattenliebend, im Wald u. in dichter Vegetation in Wassernähe, manchmal auf Blüten. – Kleine Fliegen von versch. Färbung, bisweilen mit gefleckten Fl; Costa ohne Unterbrechung; sc vollständig u. deutlich von der r_1 getrennt verlaufend. – Gattungen schwer unterscheidbar. 67 Arten.

Familie ***Chamaemyiidae***

L einiger Gattungen Räuber von *Aphidae, Chermesidae* u. *Coccidae*. – Determination der Im. schwierig, nur durch diffizile Beborstungsmerkmale unterscheidbare Gattungen. 29 Arten.

Familie ***Periscelididae***

Seltene Fliegen. Tibien ohne PräapikalBo. 6 Arten. Gattung *Periscelis* LOEW

Familie ***Stenomicridae***

Fl hyalin; AnalZ schwach entw od. fehlend; Analader kurz; Costa reicht bis zur m. Palpen rudimentär; 2 Paar ors; Tibien ohne PräapikalBo; Femora der VB an der US mit lg Bo. – Schlanke Fliegen mit lg, schmalen Fl. 2 Arten.
(Neuerdings auch Unterfamilie der *Periscelididae*.)

Familie ***Piophilidae***

L in tierischen Produkten u. Pilzen, an Kadavern, in moderndem Holz u. in Vogelnestern.
Mehrere schwer unterscheidbare Gattungen. 2. FGld mit vorragender, aufrechter Bo; VibrissenBo stark; Costa an der Mündung der sc od. nahe derselben gebrochen; sc vollständig, nahe der Mündung der r_1 ebenfalls in der Costa endend; ein einziges Paar DorsozentralBo (dc). – *Piophila* casei (L.) = Käsefliege, L weltweiter Vorratsschädling. – L mit Sprungvermögen bis zu 23 cm weit u. 20 cm hoch. 12 Arten.

Familie ***Neottiophilidae***

L ektoparasitische Blutsauger in den Nestern verschiedener Vogelarten. 1 Art.
OcDreieck mit der Spitze fast bis zum VRand der Stirn reichend; unterhalb der Vibrisse eine Reihe gleichstarker Bo; Femora der HB auf der US ohne Dornen; Costa stark gedörnelt; 8,5–9,5 mm; Fl mit Schatten an den Queradern u. an der FlSpitze; AnalZ (Cup) durch gewundene Querader geschlossen. *Neottiophilum praeustum* (MEIGEN)

Familie ***Pallopteridae***

L saprophag, phytophag u. räuberisch, im letzten Fall teilweise forstwirtschaftlich sehr nützlich als Feinde der Borkenkäfer u. deren L; in Blütenköpfen, PflStängeln u. unter Baumrinde lebend. – Die Im. einiger Arten bewegen im Sitzen die Fl auf u. nieder. 16 Arten.

1 Meist mit 4 sehr starken u. lg SternopleuralBo; Costa deutlich gedörnelt; 6 DorsozentralBo (dc). *Eurygnathomyia bicolor* (ZETTERSTEDT)

1* Nur 1 SternopleuralBo (s 2); Costa nicht gedörnelt; höchstens 4 DorsozentralBo. – 3 Gattungen mit zahlreichen Arten, deren Unterscheidung nach den Schatten auf den Fl u. Beborstungsmerkmalen erfolgt. Unterfamilie *Pallopterinae*

Familie ***Lonchaeidae***

Die L der meisten Arten dringen sekundär in kranke od. geschwächte PflSubstanz ein, sehr viele Arten leben als L zusammen mit Borken- u. Bockkäfern sowie deren L unter Baumrinde, einige durch Vernichtung dieser Forstschädlinge ausgesprochen nützlich. Wenige Arten besiedeln primär Koniferensamen, greifen Früchte an od. verursachen Gallbildung an Gräsern. Im Gebiet sind die meisten Arten im Wald od. dessen Nähe zu finden. – Wesentliches Erkennungsmerkmal der *Lonchaeidae*-Im. sind die stets dunklen (schwarzen od. schwarzbraunen) HAL. 47 Arten.

1 Poststigmatikalhaare od. -Bo vorhanden (Abb. **832**/1: pstg); bei den meisten Arten an der Vorderfront der Backen 1–7 starke vibrissenähnliche Bo. Unterfamilie *Dasiopinae*

1* Poststigmatikalhaare od. -Bo fehlend; deutliche Vibrissen- od. vibrissenähnliche Bo in der Regel fehlend. Unterfamilie *Lonchaeinae*

Familie ***Sphaeroceridae***

L in Exkrementen verschiedener Wirbeltiere, bes. auch von Haustieren, in verfallender organischer Substanz, bei Pilzen od. an Baumsäften usw., einige an Tang an den Küsten. – Winzige bis kleine Fliegen mit charakteristisch verbreiterten u. verkürzten Basitarsi der HB; Femora kräftig, Tibien oft mit gebogenem Apikalsporn. 137 Arten.

1 FlLängsadern m_1 u. cu_1 scheinen an der hinteren Querader (tp) beim Verlassen der DiskalZ aufzuhören od. werden sehr schwach; 2. BasalZ mit der DiskalZ vereinigt; AnalZ fehlend; Bo am Sch vorhanden. Unterfamilie *Limosininae*

1* m_1 erreicht den FlRand; AnalZ vorhanden; 2. BasalZ u. DiskalZ getrennt **2**

2 Die cu_1-Längsader erreicht nicht den FlRand; Sch mit Bo. Unterfamilie *Copromycinae*

2* Die cu_1-Längsader erreicht den FlRand; Sch ohne Bo; aber manchmal mit Zähnen od. mit warzigen Auswüchsen auf seiner diskalen Fläche, die auch auf der dorsalen Br od. sogar auf der Stirn vorkommen können. Unterfamilie *Sphaerocerinae*

Familie ***Braulidae***

Nur Gattung *Braula* NITZSCH: *Braula coeca* NITZSCH. „Bienenlaus"; durch das Fehlen der Fl u. HAL sowie die Umwandlung der beiden Krallen jedes Tarsi zu einem vielzähnigen Kamm unschwer von allen übrigen Dipteren unterscheidbar. 1 Art.

Familie ***Tethinidae***

L u. ihre Lebensweise offenbar unbekannt. Im. der Gattung *Tethina* HALIDAY kommen wahrscheinlich nur an Meeresküsten vor, die von *Pelomyiella* HENDEL an der Küste u. an Binnensalzstellen. 10 Arten.

1 2. BasalZ u. DiskalZ nicht deutlich getrennt (Querader reduziert), AkrostichalBo (ac) fehlend; kleine gekreuzte Bo auf der Stirn fehlend; Backen behaart. Gattung *Pelomyiella* HENDEL

1* 2. Basal- u. DiskalZ deutlich getrennt; AkrostichalBo vorhanden; kleine gekreuzte Bo auf der Stirn vorhanden; Backen nackt. Gattung *Tethina* HALIDAY

Familie ***Milichiidae***

L saprophag od. koprophag. Die *Milichiidae*-Im. oft an Kadavern, Exkrementen od. verfallendem PflMaterial. Einige Arten in Ameisen-, andere in Vogelnestern od. als Kommensalen räuberischer Insekten. 13 Arten.

1 Fl an der distalen Unterbrechung der Costa tief eingeschnitten; sc am inneren E dieses Einschnittes mündend. Unterfamilie *Milichiinae*: Gattung *Milichia* MEIGEN

1* Fl an der distalen Costa-Unterbrechung nicht eingeschnitten Unterfamilie *Madizinae* **2**

2 3. FGld des ♂ etwa halb so groß wie ein Au; Au behaart; 3 Paar lateroclinate ors. Gattung *Phyllomyza* FALLÉN
2* 3. FGld von normaler Größe, viel kleiner als ein Au; Au nackt od. fast nackt; 2 Paar lateroclinate ors **3**
3 Br u. meist auch der Hlb unbestäubt, glänzend schwarz. Gattung *Madiza* FALLÉN
3* Br u. Hlb mit dichter grauer bis bräunlicher Bestäubung, nicht stark glänzend. Gattungen *Desmometopa* LOEW, *Leptometopa* BECKER u. *Neophyllomyza* MELANDER

Familie ***Carnidae***

F in tiefen Gruben, durch deutlichen Kiel getrennt. Im. finden sich häufig an Aas u. Exkrementen; L saprophag, entwickeln sich oft in Vogelnestern. 11 Arten.

1 Fl ohne Queradern; Fl nur bei jungen Im. vorhanden, später abbrechend. *Carnus hemapterus* NITZSCH
1* Fl mit Queradern. r-m u. m-cu sehr nahe beieinander. Gattung *Meoneura* RONDANI

Familie ***Canacidae***

L fressen Algen auf sandigem Strand od. von Wellen überspülten Steinen u. Felsen. Im. auf der Oberfläche von Salztümpeln. 2 Arten.

1 4 Paar starke, schwarze DorsozentralBo (dc) u. andere Bo auf der dorsalen Br. 3 Paar ors. (2,5 mm). *Canace nasica* (HALIDAY)
1* Nur 2 Paar DorsozentralBo; alle Bo weißlich u. nur schwach entw. 4 Paar ors. (2–2,5 mm). *Xanthocanace ranula* (LOEW)

Familie ***Ephydridae***

L in Sümpfen, nützlich als Nahrung für Wasservögel. L aquatisch od. semiaquatisch, teilweise räuberisch. Einige auf verfallender PflSubstanz od. Exkrementen, minieren Blätter od. befinden sich in den Stängeln von Land- u. WasserPfl. Im. in der Regel auf der Oberfläche von Schlamm od. Wasser od. auf niedriger, aus dem Wasser ragender Vegetation od. an den Küsten. Einige Arten (z. B. Gerstenminierfliege) als Schädlinge an Getreide von gewisser landwirtschaftlicher Bedeutung. Im. Räuber von kleinen Insekten, auf faulendem Material u. Exkrementen. 174 Arten.

1 2. FGld mit einem nach vorn gerichteten, gekrümmten Dorn **2**
1* 2. FGld ohne solchen Dorn **3**
2 Costa an der Mündung der r_{4+5} endend. Gattung *Notiphila* FALLÉN
2* Costa bis zur Mündung der m reichend; r_{2+3} sehr lg, zunächst dicht neben u. parallel der r_1 verlaufend, in Höhe deren Mündung in die Costa so gebogen, dass sie von hier parallel dem FlRand bis zu ihrer eigenen Mündung verläuft. (1,5 mm). *Clanoneurum cimiciforme* (HALIDAY)
3 **(1*)** Mundöffnung klein; Au in der Regel mit deutlicher Behaarung **4**
3* Mundöffnung sehr groß; Au meist ohne deutliche Behaarung. Gesicht stark vorgewölbt. **7**
4 Costa an der Mündung der r_{4+5} endend. Nur 1 DorsozentralBo (dc) dicht vor dem Sch, dieses mit nur 2 Bo; nur 1 NotopleuralBo. (1–1,4 mm). *Axysta cesta* (HALIDAY)
4* Costa bis zur Mündung der m reichend **5**
5 Arista oberseits gefiedert **6**
5* Arista nackt od. nur mikroskopisch pubeszent. Schwer bestimmbare Gattungen

6 Hü u. Femora der VB stark verdickt; Femora der VB mit einer Dornenreihe; Tibien der VB mit langem Apikalsporn (Tibia in Femur einknickbar wie ein Taschenmesser): RaubB. Gattung *Ochthera* LATREILLE
6* Hü u. Femora der VB normal, nicht verdickt. 3 Paar DorsozentralBo; Au behaart. (1–3 mm). Gattung *Hydrellia* ROBINEAU-DESVOIDY
7 **(3*)** Clypeus nicht vor den Mundrand vortretend; Arista gefiedert od. nackt **8**
7* Clypeus deutlich sichtbar, vor den Mundrand hervortretend; Arista nackt, höchstens pubeszent **14**
8 Arista gefiedert (Cilien stets nur auf der OS) **9**
8* Arista nackt od. mikroskopisch pubeszent **10**
9 4 Paar DorsozentralBo (dc); Sch behaart. Tarsenklauen kurz, krumm, mit deutlichen Pulvillen. Gattung *Coenia* ROBINEAU-DESVOIDY
9* Nur 3 Paar DorsozentralBo; Sch nackt. Tarsenklauen gekrümmt. Gattung *Philotelma* BECKER
10 **(8*)** Costa nur bis zur Mündung der r_{4+5} reichend. Gattung *Scatophila* BECKER
10* Costa bis zur Mündung der m reichend **11**
11 MNM mit 5 Paar DorsozentralBo; Tarsenklauen gerade; Pulvillen undeutlich. Gattung *Ephydra* FALLÉN
11* MNM mit nur 2 Paar DorsozentralBo **12**
12 Fl gefleckt. Gattung *Scatella* ROBINEAU-DESVOIDY
12* Fl ungefleckt **13**
13 Sch mit 2–4 Bo. *Lamproscatella sibilans* (HALIDAY)
13* Sch mit 6 Bo. *Teichomyza fusca* (MACQUART)
14 **(7*)** sc auf ihrer ganzen Lg von der r_1 getrennt u. selbst in die Costa mündend. (4–5 mm). *Halmopota salinarius* (BOUCHÉ)
14* sc nur im Basalteil deutlich, im weiteren Verlauf mit der r_1 vereinigt. (2,5–5 mm). Gattung *Parydra* STENHAMMER

Familie ***Drosophilidae***

Fliegen meist in der Umgebung verdorbener Früchte, an Säften, an Pilzen usw., L leben von Mikroorganismen solcher Substrate. Einige Arten in Blüten, an Baumsäften od. in verfallender organischer Substanz: Einige *Scaptomyza*-Arten sind Blattminierer, verschiedene *Chymomyza*-L u. die L von *Stegana* (*Steganina*) *coleoptrata* (SCOPOLI) leben unter Baumrinde, letztere vorwiegend in den LentiZ der Birken- u. Kirschbaumrinde. Manche *Drosophilidae* haben eine gewisse Bedeutung als Schädlinge. Viele *Drosophila*-Arten leicht zu züchten, werden in Laboratorien für genetische, cytologische u. physiologische Untersuchungen häufig verwendet. 59 Arten.

1 Arista kahl od. höchstens pubeszent **2**
1* Arista gefiedert **4**
2 Fl mit dunklen Flecken am E von r_{2+3} u. r_{4+5}. *Gitona distigma* MEIGEN
2* Fl ohne Flecken **3**
3 OcellarBo vorhanden; B braun bis schwarz. *Cacoxenus indagator* LOEW
3* OcellarBo fehlen; B gelb. *Acletoxenus formosus* (LOEW)
4 **(1*)** r_{4+5} u. m apikal stark konvergent; Fl gewölbt. Gattung *Stegana* MEIGEN
4* r_{4+5} u. m parallel, divergent od. schwach konvergent **5**
5 2. BasalZ u. DiskalZ getrennt; MNM grau gefleckt od. Schulterbeule mit weißen Flecken. Gattung *Amiota* LOEW
5* 2. BasalZ u. DiskalZ verschmolzen **6**
6 Proklinate ors steht hinter der vorderen reklinaten ors. Gattung *Chymomyza* CZERNY
6* Proklinate ors steht vor der vorderen reklinaten ors **7**
7 Costa vor dem Bruch an der r_1-Mündung verdickt u. geschwärzt; Fl eingeschnitten. *Mycodrosophila poecilogaster* (LOEW)

7* Costa vor dem Bruch an der r_1-Mündung nicht verdickt u. nur schwach geschwärzt; Fl nicht tief eingeschnitten **8**
8 Stirn vorn fast doppelt so breit wie lg. *Microdrosophila congesta* (ZETTERSTEDT)
8* Stirn schmaler **9**
9 Die hintere reklinate ors steht den VertikalBo näher als den beiden vorderen ors; MNM u. Hlb von vorn gesehen silbrig; relativ große Art (4 mm). *Leucophenga maculata* (DUFOUR)
9* Die hintere reklinate ors steht den beiden vorderen ors näher als den VertikalBo **10**
10 AcrostichalBo in 2 od. 4 Reihen; wenn in 4 Reihen nur ein unteres Fiederhaar an der Arista. Gattung *Scaptomyza* HARDY
10* AcrostichalBo in 4 od. mehr Reihen; an US der Arista mindestens 2 Strahlen. Gattung *Drosophila* FALLÉN

Familie ***Diastatidae***

Fliegen auf sumpfigen Wiesen u. im Wald. 6 Arten.
Nur eine etwas eingerückt stehende, rückwärts gebogene (reklinate) OrbitalBo; Mesopleuren mit Bo; 3. FGld kurz. Gattung *Diastata* MEIGEN

Familie ***Campichoetidae***

2 etwas eingerückt stehende, rückwärts gebogene (reklinate) OrbitalBo; Mesopleuren kahl; 3. FGld zylindrisch, über zweimal so lg wie breit. 3 Arten.
Gattung *Campichoeta* MACQUART

Familie ***Camillidae***

Nur zwei ca. 2 mm große Arten; an schattigen Wiesenplätzen. 2 Arten.
Gattung *Camilla* HALIDAY

Familie ***Chloropidae***

Die meisten Fliegen der Unterfamilie *Chloropinae* gelb u. schwarz gestreift. Die häufigeren Arten der *Oscinellinae* sind vorwiegend dunkelgrau bis schwarz u. unscheinbarer. – Die L vieler Arten saprophag, andere phytophag, vorwiegend in Grasstängeln minierend, darunter einige „Halmfliegen" als wirtschaftlich wichtige Getreideschädlinge: *Oscinella frit* (L.), *Chlorops pumilionis* (BJERKANDER), *Meromyza*-Arten u. a.; *Lipara*-Arten sind Gallbildner, andere karnivor. (Der folgende Schlüssel enthält nur einige wichtige Gattungen). 198 Arten.

1 Costa bis zur Mündung der m reichend (s unmittelbar vor deren Mündung endend, aber stets bis deutlich hinter die M zw den Mündungen der r_{4+5} u. m sichtbar); m nicht zarter als die anderen Längsadern; vorwiegend dunkelgraue bis schwarze, unauffällige Fliegen. Unterfamilie *Oscinellinae* **2**
1* Costa nur bis zur Mündung der r_{4+5} reichend od. etwas darüber hinaus, aber nie die M zw den Mündungen der r_{4+5} u. m erreichend; m oft auffallend zarter als die anderen Längsadern; Färbung auffallend gelb, grün u. schwarz (als Streifen u. Flecken). Unterfamilie *Chloropinae* **3**
2 KörperLg höchstens 3 mm. Verschiedene Gattungen, darunter *Elachiptera* MACQUART (viele Arten am Sch mit warzigem Rand, die Warzen tragen die Bo; Arista auffallend kräftig u. dicht pubeszent, buschig behaart).
Oscinella BECKER [mit der Fritfliege *O. frit* (L.).] u. a.
In einigen Gattungen FlReduktion: vgl. Nr. **151** der Haupttabelle.

2* KörperLg 4–8 mm. Gattung *Lipara* MEIGEN
Lipara lucens MEIGEN verursacht beachtliche Gallen in Schilfbeständen.

3 **(1*)** Femora der HB stark verdickt; Tibien der HB entsprechend gekrümmt **4**

3* Femora der HB nicht verdickt; Tibien der HB ± gerade.
Gattungen *Chlorops* MEIGEN, *Thaumatomyia* ZENKER u. a.

4 OcDreieck fast die ganze Stirn einnehmend, mit stark nach außen vorgewölbten SRändern, punktiert u. behaart; Stirn weit vor den Au hervorragend.
Gattung *Platycephala* FALLÉN

4* OcDreieck klein, den Stirnvorderrand nicht erreichend, mit geraden SRändern, ein gleichseitiges, spitzes, ± glänzendes Dreieck bildend, nicht punktiert, nicht behaart; Stirn nur wenig vor den Au hervorragend. Gattung *Meromyza* MEIGEN
L Getreideschädlinge: *Meromyza saltatrix* (L.)

Familie ***Odiniidae***

Lebensweise der L wenig bekannt; sie wurden aus den Gängen des Rüsselkäfers *Cryptorhynchus lapathi* L. gezüchtet. Wahrscheinlich leben die L von den Exkrementen des Käfers. – Im. wurden an Baumwunden, Pilzen u. an verrottendem Holz gefunden. 9 Arten.

1 Mesopleuren nackt, ohne Bo od. Haare; 5 DorsozentralBo (dc); PostvertikalBo lg u. kräftig; Tibien ohne PräapikalBo, aber die Tibien der MB mit einem Kranz von ESpornen. KörperLg 2–4 mm. Gattung *Odinia* ROBINEAU-DESVOIDY

1* Mesopleuren behaart, am HRand mit 2 Bo; nur 4 dc vorhanden; PostvertikalBo winzig; Tibien mit PräapikalBo; Tibien der MB nur mit einem ESporn.
Neoalticomerus formosus (LOEW)

Familie ***Agromyzidae***

Die L der meisten Arten sind Minierer in Blättern od. Stängeln einer sehr großen Zahl von Pfl, aber nur von unbedeutendem wirtschaftlichem Interesse. – Die Bestimmung nach den WirtsPfl u. der Minenart der zahlreichen Arten ist leichter als nach den wenig häufigen Im. Die nicht gefiederte Arista lässt die Minierfliegen (*Agromyzidae*) von den minierenden Arten der *Drosophilidae* unterscheiden, die eine auffallend gefiederte Arista haben. 552 Arten.

Charakteristische Merkmale einiger Gattungen:
Melanagromyza HENDEL: HAL schwarz.
Ophiomyia BRAŽNIKOV: HAL dunkel wie in der Gattung *Melanagromyza* HENDEL, aber außerdem mit Gesichtskiel.
Phytobia LIOY: L im Kambium des untersten Teiles von Laubholzstämmen u. Wurzeln, bewirken „Markflecken" u. „Braunfleckigkeit" des befallenen Holzes.
Cerodontha RONDANI: 3. FGld mit subapikalem Dorn; Costa bis zur m reichend.
Liriomyza MIK: Sch gelb; Costa bis zur Mündung der m reichend.
Pseudonapomyza HENDEL: FlZelle M oben offen.
Napomyza WESTWOOD: Hintere FlQuerader vorhanden, aber ganz nahe der FlBasis, eine sehr kurze DiskalZ bildend; Costa nur bis zur Mündung der r_{4+5} reichend.
Phytomyza FALLÉN: Hintere FlQuerader fehlend; Costa nur bis zur Mündung der r_{4+5} reichend; hintere FlAdern deutlich schwächer als die vorderen.

Familie ***Clusiidae***

Die bisher bekannten L leben unter Baumrinde. Die Fliegen befinden sich meist in der Nähe von verrottendem Holz u. Pilzen. 9 Arten.

1 Alle OrbitalBo (ors) rückwärts gerichtet. F nahe beieinander; Arista dünn. Ein Paar kleine gekreuzte InterfrontalBo zw den vorderen OrbitalBo; FlQueradern sehr dicht beieinander u. vor der FlM; 2. FGld mit auffallender oberer u. unterer Bo; dunkel gefärbte Fliegen. Gattung *Clusiodes* COQUILLETT

1* Die vordersten OrbitalBo konvergent od. vorwärts gerichtet **2**

2 Postvertikal- u. PräscutellarBo fehlend; hintere ScutellarBo konvergent; vorderste OrbitalBo konvergent (nach innen gebogen). – FlQueradern weiter voneinander entfernt als in der Gattung *Clusiodes*. *Clusia flava* (MEIGEN)

2* Postvertikal- u. PräscutellarBo vorhanden; hintere ScutellarBo divergent; vorderste OrbitalBo vorwärts gerichtet. *Paraclusia tigrina* (FALLÉN)

Familie ***Acartophthalmidae***

1 Vorderer Teil der Stirn u. F mit Ausnahme des V- u. ORandes des 3. FGld gelb; Gesicht u. Backen weiß od. gelblich; FlVRand gebräunt. (2 mm). 2 Arten. *Acartophthalmus bicolor* OLDENBERG

1* Ganzer K schwarz; Fl hyalin. (2 mm). *Acartophthalmus nigrinus* (ZETTERSTEDT)

Familie ***Heleomyzidae***

Soweit bekannt, leben die L der *Suillinae* in Pilzen. Im. werden häufig an schattigen Stellen gefunden. Die *Heleomyzinae* sind mit verschiedenartiger, verfallender pfl u. tierischer Substanz verbunden; Im. kommen in Vogelnestern u. Tierbauen vor. 74 Arten.

1 Orbitalplatten vorn schräg einwärts liegend (dadurch vorderer Teil vom AuRand getrennt); nur 1 Paar ors; ProepisternalBo fehlt; HumeralBo fehlen; a_1 kurz, nicht den FlRand erreichend. Unterfamilie *Suillinae*
Gattung *Suillia* ROBINEAU-DESVOIDY

1* Orbitalplatten nicht nach innen gerichtet, sondern den Au anliegend; 1–2 Paar ors; ProepisternalBo vorhanden; HumeralBo vorhanden; a_1 erreicht den FlRand **2**

2 Tibien der MB mit einer ventroapikalen Bo; Backen posterior mit einer lg, nach vorn gerichteten Bo. Unterfamilie *Heteromyzinae*

2* Tibien der MB mit 2 ventroapikalen Bo; Backen posterior ohne lg nach vorn gerichtete Bo. Unterfamilie *Heleomyzinae*

Familie ***Trixoscelididae***

Fl mit ± kräftigen Flecken od. Schatten. – Bes. an den Meeresküsten u. in Heiden. 4 Arten. Gattung *Trixoscelis* RONDANI

Familie ***Anthomyzidae***

L sind in Schilfgallen, in den Stängeln von Binse (*Juncus*) u. Reisquecke (*Leersia*), zw den Blättern von *Arundo*, Rohrkolben, Taubnessel u. a. gefunden worden. – Die *Anthomyzidae* sind bes. gekennzeichnet durch die in der FlM liegende hintere Querader in Verbindung mit der ungewöhnlich lg Pubeszenz des 3. FGld u. den lg Costalcilien. – Eine abnorme FlEntw findet sich in der Gattung *Stiphrosoma* CZERNY, wo die Fl in der Regel teilweise verkümmert u. bisweilen nur bandartig ausgeprägt sind (vgl. Nr. **154**). Jedoch finden sich auch Exemplare, bei denen Fl u. Geäder fast normal entw sind. 14 Arten.

1 Fl mit unvollständigem Geäder od. Fl stark verkümmert u. weitgehend reduziert. Körper kurz u. gedrungen. Gattung *Stiphrosoma* CZERNY

1* Fl normal. Körper schlank **2**
2 2. FGld über das 1. kappenförmig übergreifend; Femora der VB ohne Dorn.
Gattung *Anagnota* BECKER
2* 2. FGld nicht kappenförmig auf das 1. übergreifend; Femora der VB mit Dorn . . . **3**
3 Jederseits 3 ors vorhanden; pvt vorhanden. Gattung *Anthomyza* FALLÉN
3* Jederseits nur eine ors vorhanden; pvt fehlen. *Paranthomyza nitida* (MEIGEN)

Familie ***Opomyzidae***

Die bekannten L leben phytophag in den Halmen von Wildgräsern u. Getreide, wo sie bisweilen schädlich werden. 15 Arten.

1 Axillarlappen u. AL deutlich ausgeprägt; Sch behaart; Arista pubeszent.
Gattung *Opomyza* FALLÉN
1* Axillarlappen u. AL fehlend (Fl schmal u. lanzettförmig); Sch nackt; Arista auf der OS gefiedert. Gattung *Geomyza* FALLÉN

Familie ***Chyromyidae***

Die L einiger Arten wurden in Vogelnestern, Tierbauen u. verrottendem Holz gefunden. – Die Im. haben gewisse Ähnlichkeit mit den *Heleomyzidae*, aber ohne Bo an der Costa u. ohne präapikale Bo an den Tibien. Auch die für die *Heleomyzidae* charakteristischen Vertikalplatten sind nicht in dieser Weise ausgeprägt. F sehr kurz, BasalGld oft verborgen; Gesicht fliehend; sc vollständig, aber gegen die Mündung in die Costa schwach entw, ± parallel zur r_1 verlaufend u. teilweise durch sie verborgen; Queradern genähert. 5 Arten.

1 2–3 Paar ors, nie inklinat; HK konkav; MNM ganz od. zur Hälfte schwarz.
Gattung *Aphaniosoma* BECKER
1* 3 Paar ors, das untere Paar inklinat; HK konvex. MNM ganz gelb.
Gattung *Chyromya* ROBINEAU-DESVOIDY

Familie ***Aulacigastridae***

L im Baumfluss. – Glänzend braun, ca. 2 mm; 2 Paar OrbitalBo, an den Wurzeln dicht beieinanderstehend, die vordere nach vorn gebogen u. die etwas nach innen gerückte hintere rückwärts gebogen (umgekehrte Anordnung gegenüber der bei den *Diastatidae*); 2 Paar starke VibrissenBo vorhanden u. eine Haarreihe rings um den Mundrand; Mundöffnung sehr breit, ähnlich der der *Ephydridae*; sc vollständig od. fast vollständig; HlbT mit transversalen Furchen. 1 Art. *Aulacigaster leucopeza* (MEIGEN)

Familie ***Asteiidae***

Über die B. der Familie ist fast nichts bekannt. Die Im. sind zarte Fliegen, die s gesammelt werden. 7 Arten.

1 Hintere FlQuerader fehlend; Arista gefiedert; AL fehlend; r_{2+3} kurz, dicht bei der Mündung der r_1 in der Basalhälfte des Fl in die Costa mündend. (1,5–2,5 mm).
Gattung *Asteia* MEIGEN
1* Hintere Querader vorhanden, der vorderen Querader genähert, vor der FlM,; Arista pubeszent; AL vorhanden; r_{2+3} lg, erst nahe der FlSpitze in die Costa mündend (weit entfernt von der r_1). (1,5–2 mm). Gattung *Leiomyza* MACQUART

Sektion ***Calyptratae***

Familien ***Anthomyiidae*** (227 Arten), ***Scathophagidae*** (57 Arten) u. ***Muscidae*** (317 Arten)

Die L bes. aus der Unterfamilie *Anthomyiinae* zeigen in ihrer Lebensweise eine große Vielfalt. Sie sind als WurzelfliegenL bekannt. Viele Arten der Gattungen *Delia* ROBINEAU-DESVOIDY u. *Pegomya* ROBINEAU-DESVOIDY gehören zu den wichtigsten landwirtschaftlichen Schädlingen, wie die Brachfliege *Delia coarctata* (FALLÉN), Zwiebelfliege *Delia antiqua* (MEIGEN), Kleine u. Große Kohlfliege/Rettichfliege *Delia radicum* (L.) u. *Delia floralis* (FALLÉN), Salatfliege *Botanophila gnava* (MEIGEN), Rübenfliege *Pegomya hyoscyami* (PANZER) u. a. – Die L versch *Scathophagidae* leben koprophag bes. in Kuhdung, einige sind aquatisch, andere räuberisch. – Die L der Gattung *Fucellia* ROBINEAU-DESVOIDY sind aquatisch od. semiaquatisch u. zoophag. – Die Biologie vieler Arten aus der Familie *Scathophagidae* ist unbekannt, aber die bekannten Lebensweisen deuten auf eine extreme Vielfalt hin. Die meisten bekannten L sind phytophag, einige Blattminierer, andere leben in Blütenblättern von Seerosen (*Nymphaea*) od. zerstören die Blütenknospen von Wiesen-Lieschgras (*Phleum pratense*), kommen auch an anderen Gräsern vor u. werden so zu landwirtschaftlichen Schädlingen. Viele *Scathophaga*-L leben im Dung. – Von den über 300 aus Deutschland bekannten Musciden-Arten liegen nur relativ wenige Beobachtungen über die Lebensweise der L vor. Diese verteilen sich auf folgende ökologische Verhältnisse u. umfassen Saprophagie sowie räuberisches u. kommensales Dasein: Faulende Stoffe pfl u. tierischer Herkunft einschließlich Aas; Dung u. Exkremente von Tieren u. vom Menschen; Nester u. Bauten von Säugetieren, Vögeln u. Insekten; tote u. geschwächte L u. Im. von Insekten; Eigelege von Heuschrecken; Strandanwurf, Algenmassen, Moospolster in Gewässernähe usw.; in Pilzen; unter Baumrinde, in verrottendem Holz, in Harzgallen; phytophag in lebenden Pfl. Die Im. der *Anthomyiidae* ähneln mit ihrem dunklen Körper vielen *Muscidae*-Arten, deren KörperLg zw 2 u. 12 mm variiert. Einige *Muscidae* sind gelblich od. schwarz, aber die meisten Arten grau u. braun. Ihre Fl sind in der Regel ungefleckt. Die Im. vieler Gattungen leben räuberisch od. in der Umgebung des Menschen, wie die Stubenfliege (*Musca domestica* L.). Die Fliegen aus der Tribus *Stomoxyini* sind Blutsauger [z. B. *Stomoxys calcitrans* (L.)]. Die Unterscheidung der meisten *Anthomyiidae*-, *Scathophagidae*- u. *Muscidae*-Arten ist außerordentlich schwierig. Wegen der diffizilen Unterscheidungsmerkmale u. des Umfanges der Familien muss in vorliegender Fauna auf Bestimmungsschlüssel verzichtet werden. Für Interessenten sei hier auf die umfassenden u. ausgezeichneten Gattungs- u. Arttabellen der *Anthomyiidae* u. *Muscidae* von HENNIG, W. [In: LINDNER, E. (Hrsg.): Die Fliegen der palaearktischen Region, VII (1) (1966–1976) u. VII (2) (1955–1964)] verwiesen.

Familie ***Fanniidae***

Pteropleura nackt; Arista kurz behaart od. fast nackt. – sc nur mit einer Biegung in der Nähe ihrer Wurzel, von da ab ziemlich geradlinig zum FlRand verlaufend u. sich dabei stetig weiter von der r_1 entfernend; die 2. Analader (a_2) umgreift die stark verkürzte Analader (a_1) bogenförmig (Abb. **893**/1). 56 Arten.

Gattung *Fannia* ROBINEAU-DESVOIDY u. a.

Familie ***Gasterophilidae***

L endoparasitisch bei Säugetieren, entwickeln sich im Magen u. im Darm der *Equidae* u. sind als „Pferdebiesfliegen" u. „Magenbremsen" bekannt. (ca. 12 mm). 4 Arten.

Gattung *Gasterophilus* LEACH

Familie *Hippoboscidae*

Die meisten Arten sind auf einen engen Wirtskreis beschränkt. Viviparie (Pupiparie) kennzeichnet die Vermehrung in dieser Familie. 12 Arten.

1 Fl vollständig, wenn auch im Vergleich zu anderen Dipteren mäßig entw, mit mehr als 3 Adern **2**
1* Fl reduziert (entweder von normaler Größe, aber mit weniger als 4 Adern, od. gesamter Fl größenmäßig reduziert) od. ganz fehlend **3**
2 Auf Eulen, Falkenvögeln, Tauben, Hähern, Singvögeln. Gattungen *Ornithomya* LATREILLE u. *Ornithophila* RONDANI
2* Auf Säugetieren, im Wald u. in dessen Nähe. Gattung *Hippobosca* L.
3 **(1)** Fl u. HAL in beiden Geschlechtern vollständig fehlend. – Auf Schafen. *Melophagus ovinus* (L.): „Schaflaus“
3* Fl reduziert vorhanden (Geäder u. Größe reduziert) **4**
4 Fl von normaler Größe, jedoch mit nur 3 Längsadern, weitere höchstens als zarte Falten angedeutet. – Adern mit präformierter Bruchstelle nahe der FlBasis, wo die Fl nach Erreichen des Wirtes abbrechen (junge Im. besitzen in beiden Geschlechtern die reduzierten Fl); HAL vorhanden (hierdurch u. durch das Verbleiben eines Restes der FlBasis sind auch die flügellosen Tiere von *Melophagus*-Exemplaren zu unterscheiden). – Auf Reh, Rotwild, Wildschwein, Dachs u. Fuchs, oft auch am Menschen, bes. im Haar. Gattung *Lipoptena* NITZSCH: *Lipoptena cervi* (L.) u. *Lipoptena fortisetosa* MAA
4* Fl auffallend klein od. abgebrochen **5**
5 Fl abgebrochen, aber ein Rest der FlWurzel enthalten. – HAL vorhanden (vgl. Nr. **4**). Gattung *Lipoptena* NITZSCH
5* Fl klein, lanzettlich zugespitzt (Fl so weit reduziert, dass sie für den Flug nicht mehr ausreichen u. die Tiere flugunfähig sind) **6**
6 Winzige Oc vorhanden; bandartige Fl fast so lg wie die B. *Stenepteryx hirundinis* (L.)
6* Oc fehlend; Fl breiter, von ungefähr halber BLg. *Crataerina pallida* LATREILLE

Stenepteryx hirundinis (L.). u. *Crataerina pallida* LATREILLE kommen an Schwalben u. Mauerseglern vor.

Familie *Nycteribiidae*

Kleine (2–4 mm), gelbliche bis gelbbraune Arten, von spinnenähnlicher Gestalt; ohne Fl, aber mit HAL; K in Kerbe der Br zurückgeschlagen; Br dorsoventral abgeflacht; thorakale u. abdominale Ctenidien. – Blutsauger bei Fledermäusen; Pupipar. 8 Arten.

1 Au vorhanden; Tibien mehr als viermal so lg wie breit **2**
1* Au fehlend **3**
2 Au bestehen aus einer einzigen unpigmentierten Linse; HALGrube geschlossen; behaarte Arten. Gattung *Penicillidia* KOLENATI
2* Au pigmentiert, bestehen aus 2 Linsen; HALGrube offen. Sehr kleine Arten (2–2,5 mm). Gattung *Basilia* MIRANDA-RIBEIRO
3 **(1*)** Tibien kurz u. breit, 2–3,5-mal so lg wie breit. Gattung *Nycteribia* LATREILLE
3* Tibien länger u. schmaler; 4–8-mal so lg wie breit. Gattung *Phthiridium* HERMANN

Familie *Calliphoridae*

Im. besuchen Blüten u. verschiedene organische Stoffe; Vertreter der Familie gehören zu den wichtigsten Aasfliegen. Die L sind omnivor, nekrophag, karnivor od. parasitisch. In Anbetracht ihrer Brut- u. Fraßgewohnheiten sind die Fleisch- u. Schmeißfliegen von beachtlicher Bedeutung für die Übertragung von Krankheiten. Determination schwierig. In diese Familie gehören u. a. die Gattungen: *Calliphora*

ROBINEAU-DESVOIDY [mit *C. vicina* ROBINEAU-DESVOIDY u. *C. vomitoria* (L.), den bekannten „Brummern" u. „Schmeißfliegen"] u. *Lucilia* ROBINEAU-DESVOIDY [mit *L. caesar* (L.), den „Goldfliegen"]. 62 Arten.

Familie ***Sarcophagidae***

Nahrung der L ist außerordentlich verschieden, besteht aber fast niemals aus pfl Stoffen. Im. benötigen Zucker, den sie als Nektar, Honigtau od. aus Baumsäften u. aus den Säften beschädigter Früchte aufnehmen. Die L der Unterfamilie *Miltogramminae*, soweit bekannt, leben in Hymenopterennestern als Parasiten. Bei den L der Unterfamilie *Sarcophaginae* sind alle Stufen des Parasitismus ausgeprägt, die von ihrer ursprünglichen Nekrophagie ausgehen. 130 Arten.

Familie ***Tachinidae***

Die L der *Tachinidae* sind Innenparasiten vorwiegend von Insekten, bes. von Lepidopteren, in etwas geringerem Maße auch von Coleopteren, Hemipteren, Orthopteren u. Hymenopteren sowie gelegentlich anderer Gruppen. Die Parasiten greifen in der Regel die L ihrer Wirte an, manche aber auch die Im. selbst. Meist bewirken sie den Tod derselben. – Die in der Regel stark beborsteten u. in der Gestalt robusten Dipteren sind sehr flugtüchtig. Manche Im. besuchen Blüten, andere laufen schnell am Boden, offenbar auf der Suche nach den Wirten od. den Pfl, auf denen diese leben. Vermehrung durch winzige Eier, die auf Pfl gelegt u. von den Wirten beim Fraß des PflGewebes mit aufgenommen werden, durch größere Eier, die auf den Wirt selbst abgelegt werden, od. durch L, die die Fliegen ebenfalls auf dem Wirt od. in dessen Nähe absetzen. Viele Arten nützlich u. von Bedeutung für die biologische Schädlingsbekämpfung.
Die Taxonomie der Familie ist wie die der *Calliphoridae, Sarcophagidae, Anthomyiidae* u. *Muscidae* extrem schwierig. Eine Bestimmungstabelle für kleinere Kategorien erscheint unter der Bedingung einer zehnfach vergrößernden Lupe unmöglich. Abgesehen davon ist auch bei stärkerer Vergrößerung eine Bestimmung der *Tachinidae* wie die der anderen Familien nur nach lg Einarbeitung durchführbar. Verwiesen sei hier auf die Bearbeitung von TSCHORSNIG & HERTING: Die Raupenfliegen Mitteleuropas. In: Stuttg. Beitr. Naturkd., Ser. A, Nr. 506 (1994). 494 Arten.

Familie ***Rhinophoridae***

Kleine bis mittelgroße (3–9 mm) schlanke Fliegen mit meist dunklem Körper. F inserieren meist unterhalb der AuM; Arista pubeszent od. kurz behaart, PP nackt. – L parasitieren in Asseln u. in Eigelegen von Spinnen, Im. meist im Gras, auf Laub od. auf Blüten. 10 Arten.

Familie ***Oestridae***

L als Endoparasiten in der Nasen- u. Rachenhöhle bei Huftieren. 6 Arten.

1 m_{1+2} bzw. m_1 nicht vor dem FlRand mit der r_{4+5} zusammentreffend (R_5 offen od. höchstens unmittelbar am FlRand geschlossen); m_1 an der Krümmungsstelle stets mit einem Forts (m_2); Clypeus schmal, kahl. Unterfamilie *Cephenemyiinae* S. 918

1* m_{1+2} vor dem FlRand in die r_{4+5} mündend (R_5 deutlich vor dem FlRand geschlossen u. zu diesem gestielt). – m_1 hat an der Krümmungsstelle in der Regel keinen m_2-Forts; Clypeus schmal, kahl; Gesicht durch eine Furche in der M geteilt. Unterfamilie *Oestrinae* S. 918

Unterfamilie ***Oestrinae***

1 Orbiten mit Vertiefungen, die auf dem Grund schwarze Plättchen tragen; R (selbst ein rudimentärer) fehlend; Hlb glatt mit wechselnd schimmernder Zeichnung. (10–12 mm). *Oestrus ovis* L., „Schafbremse"

1* Orbiten mit großen braunen Warzen besetzt; ein (rudimentärer) R vorhanden; Hlb in der Regel mit großen schwarzen Warzen. (9–11 mm). L in den KHöhlen von Pferd u. Esel. Im Gebiet höchstens *Rhinoestrus purpureus* (BRAUER)

Unterfamilie ***Cephenemyiinae***

1 m_1-Forts (m_2) an dessen Krümmungsstelle lg, apikalwärts allmählich verjüngt; 6. HlbT ungefähr so lg wie das 5.; Körper dicht u. lg behaart. – Mit einem vorragenden Mundbart glänzender rötlicher Haare. Gattung *Cephenemyia* LATREILLE
Sämtliche L der Gattung parasitieren in Nasen- u. Rachenhöhlen der *Cervidae* (Hirsche) mit strenger Wirtsspezifität. KörperLg der Im. 14–18 mm.

1* m_1-Forts (m_2) apikal plötzlich abbrechend; 6. HlbT halb so lg wie das 5.; Körper spärlich u. kurz behaart, scheinbar kahl. – L parasitieren an verschiedenen Unterarten des Hirsches, beim Damwild u. Reh in Nasen- u. Rachenhöhle. KörperLg der Im. 13–14 mm. *Pharyngomyia picta* (MEIGEN)

Familie ***Hypodermatidae***

L parasitieren unter der Haut von Nagetieren u. Huftieren. 5 Arten.

1 MNM u. Hlb mit Macrochaeten (Macrochaeten an den Rändern des MNM, den Pleuren, der SchSpitze u. an den HRändern der HlbT); 3. FGld freiliegend; kugelförmige Tst u. rudimentärer R vorhanden; Thorakalschüppchen länglich. – Clypeus schildförmig. (12–14 mm); L parasitieren unter der Haut. von Nagetieren. *Oestromyia leporina* (PALLAS)

1* MNM u. Hlb behaart (Haare manchmal lg u. dicht, bisweilen kurz u. schütter), Macrochaeten fehlen; 3. FGld entweder frei od. im 2. FGld eingeschlossen; entweder kugelförmige Tst od. rudimentärer R erhalten, öfter jedoch fehlen die Mundwerkzeuge; Thorakalschüppchen rund; Clypeus schildförmig, etwas länger als breit od. so lg wie breit; Legeröhre des ♀ lg, aus dem Hlb vorschiebbar, fernrohrartig. – L parasitieren unter der Haut von Huftieren. Gattung *Hypoderma* LATREILLE

Gattung *Hypoderma* LATREILLE

1 Sch am Hrand nur mit seichter Längsfurche, nicht 2 deutliche Ausbuchtungen bildend; Körper lg behaart 2

1* Sch zweispitzig (am HRand in Dorsalansicht mit 2 deutlichen Ausbuchungen); Körper dicht u. kurz behaart 3

2 Haarkleid des MNM vor u. hinter der Quernaht verschieden gefärbt (vordere Hälfte gelb, hintere dunkel graubraun-schwarz). – MNMHaare vor der Quernaht gelblich; 3. FGld des ♂ von außen sichtbar, sein sichtbarer Teil ist aber viel kürzer als das 2. FGld. – KörperLg 13–15 mm, hummelähnlich. – L parasitieren im Körper von Rindern, s in Pferden, Ziegen u. gelegentlich beim Menschen. *Hypoderma bovis* (L.)

2* Haarkleid des MNM vor u. hinter der Quernaht gleich gefärbt (gelblich grau bis braun). – Saum der Thorakalschüppchen bräunlich; Femora schwarz od. schwarzbraun; Apikalhaare am Hlb bräunlichgelb. (11–13 mm). – L in der Regel im Körper des Rindes, bisweilen des Pferdes, der Ziege, des Schafes u. s sogar im Menschen. *Hypoderma lineatum* (VILLERS)

3 **(1*)** Fl mit braunem Fleck am Berührungspunkt des Anallappens u. der AL. (12,5–13 mm). – L in der Haut des Hirsches. *Hypoderma actaeon* BAUER

3* Fl ohne Fleck am Berührungspunkt des Anallappens u. der AL. – Obere $^2/_3$ der Orbiten dunkel, unteres Drittel hellbraun; Krallen braun, am E schwarz. (11–12 mm). – L in der Regel unter der Haut von Hirsch u. Reh. *Hypoderma diana* BRAUER

Larven

Da schon die Im. der Zweiflügler in vielen Fällen ungenügend bekannt sind, verwundert es wohl nicht, wenn die Kenntnis ihrer L noch unzureichender ist. Nach einer Schätzung von SMITH (1989) sind von weniger als 2% der Arten die immaturen Stadien beschrieben. Der folgende Schlüssel für Dipteren-L ist deshalb ein erster Versuch, wenigstens für einige ökologisch interessante Gruppen der in DE vorkommenden Zweiflügler eine praktische Bestimmungshilfe anzubieten. Als Bestimmungsschlüssel für Exkursionen schließt er auch die Kenntnis der L-Habitate ein, da diese Informationen bei Geländearbeiten fast immer vorliegen. Außerdem sind diese ökologischen Merkmale für eine praktische Anwendung vielfach einfacher zu nutzen als morphologische Details. Die angegebenen Bestimmungsmerkmale beziehen sich jeweils auf die L im letzten Entwicklungsstadium. Eine Artbestimmung ist nur in wenigen Gruppen möglich, weil die weiterführende Spezialliteratur über DipterenL gegenwärtig noch sehr lückenhaft ist u. ihre Anwendung außerdem gut ausgestattete Mikroskope u. spezifische Kenntnisse voraussetzt.

Die L sind generell beinlos u. haben oft eine reduzierte od., bei den meisten Fliegenarten, ganz fehlende KKapsel („Maden"). Auch ihre Biologie u. Ökologie sind sehr viel anders als bei den Im. Dipteren-L besiedeln nahezu alle Habitate. Im Boden, an od. in lebenden u. abgestorbenen Pfl (insbesondere in totem Holz u. in Pilzen), in Dung, in toten Tieren u. im Wasser können sie oft bes. zahlreich beobachtet werden. Neben saprophagen u. phytophagen Arten gibt es viele L, die zoophag als Prädatoren, Parasiten od. Parasitoide leben. Ganz ungewöhnliche Anpassungsleistungen zeigen einige ausländische Dipterenarten, die sich als L in Petroleumtümpeln, in heißen Quellen od. im Meer entwickeln.

Zusätzlich zu den in diesem Band allgemein gebrauchten Abkürzungen werden im Abschnitt Zweiflügler (Larven) noch folgende Kürzel verwendet:

Atemr	Atemrohr	Parap	Parapodien (Scheinfüße)
Mhk	Mundhaken	St	Stigmen

Hauptbestimmungsschlüssel

1 L entwickeln sich im Wasser . . . . S. 919
1* L leben terrestrisch **2**
2 L entwickeln sich als Parasitoide in lebenden Gliederfüßern . . . . S. 924
2* L leben nicht in Gliederfüßern **3**
3 L entwickeln sich als Parasiten in od. an lebenden Wirbeltieren . . . . S. 927
3* L leben in anderen Habitaten . . . . S. 930

Bestimmungsschlüssel für die im Wasser lebenden Dipterenlarven

Die Dipteren haben mehrfach unabhängig voneinander den aquatischen Lebensraum besiedelt. Sie waren dabei bes. erfolgreich u. sind die artenreichste Ordnung unter den wasserlebenden Insekten.

1 KKapsel vollständig sklerotisiert, frei u. nicht einziehbar, OKf arbeiten in horizontaler Ebene gegeneinander (Abb. **921**/1, 7, 8) . . . . Unterordnung „*Nematocera*" partim **4**

1* KKapsel unvollständig, nur teilweise sklerotisiert, mitunter eingezogen od. auch ganz fehlend (Abb. **921**/2–6, 9, 10; **923**/1) **2**

2 OKf arbeiten in horizontaler Ebene od. schräg gegeneinander, ihre Spitzen sind nach innen gerichtet; KKapsel vom HRand her reduziert, oft ± eingezogen (Abb. **921**/4, 9) . . . . Unterordnung *„Nematocera"* partim **18**

2* OKf (Mhk) arbeiten in vertikaler Ebene parallel zueinander, ihre Spitzen sind nach unten gerichtet (Abb. **921**/2, 3, 5, 6) **3**

3 KKapsel vorhanden, aber unvollständig od. nur teilweise sklerotisiert (Abb. **921**/2, 5, 10; **923**/7; **926**/5) . . . . Unterordnung *Brachycera „Orthorrhapha"* **23**

3* KKapsel fehlt ganz (keine sklerotisierten äußeren KKapselteile vorhanden); vom inneren Cephalopharyngealskelett meist nur die Spitzen der Mhk sichtbar (Abb. **921**/3, 6; **923**/1; **929**/10) . . . . Unterordnung *Brachycera Cyclorrhapha* **29**

4 **(1)** Hlb mit ± lg, zurückziehbarem Atemr; HlbSgm kurz behaart, deutlich länger als breit u. an ihren E wulstartig verdickt; 1.–3. Sgm mit hakenbesetzten Forts (Parap) (Abb. **923**/2); L einiger Arten leben als Sammler organischer Substanz im Schlamm sehr seichter Gewässer; 25–45 mm lg; 8 Arten.
Familie *Ptychopteridae* (einzige Gattung *Ptychoptera* MEIGEN) – **Faltenmücken**

4* Hlb ohne Atemr od. Atemr kurz u. nicht zurückziehbar; HlbSgm meist nicht länger als breit (bei einigen *Ceratopogonidae* [17] auch deutlich länger als breit – diesen fehlt aber das Atemr) **5**

5 Br deutlich breiter als der Hlb; BrSgm miteinander verschmolzen (Abb. **923**/3; **929**/1, 2) **6**

5* Br nicht od. nicht wesentlich breiter als der Hlb (außer kurz vor der Verpuppung, dann schimmern aber die B- u. FlAnlagen durch die Haut), BrSgm nicht od. nur z. T. miteinander verschmolzen **9**

6 In Br u. HlbE paarweise Bläschen (Erweiterungen der Tracheenstämme), die als hydrostatische Organe fungieren (Abb. **923**/3); hyalin od. bräunlich gefärbt; leben als Plankton waagerecht schwimmend in stehenden Gewässern; 12–15 mm lg; 7 Arten . . . . Familie *Chaoboridae* – **Büschelmücken 7**

6* In Br u. HlbE keine hydrostatischen Organe vorhanden; dunkel gefärbt; oberflächengebunden; etwa 10 mm lg; 46 Arten . . . . Familie *Culicidae* – **Stechmücken 8**

7 Ohne St; OS des K schmal, seitlich abgeflacht; in Seen u. Teichen; 4 Arten.
Gattung *Chaoborus* LICHTENSTEIN

7* Mit St (Hst am Atemr); OS des K breit, seitlich nicht abgeflacht; in temporären Gewässern; 3 Arten. Gattung *Mochlonyx* LOEW

8 **(6*)** Atemr fehlt, die L liegen waagerecht unter der Wasseroberfläche (Abb. **929**/1); 6 Arten. Unterfamilie *Anophelinae* (einzige Gattung *Anopheles* MEIGEN)

8* Atemr vorhanden, die L hängen schräg kopfunter an der Wasseroberfläche (Abb. **929**/2); leben in stehenden, flachen u. mitunter sehr kleinen Gewässern; 40 Arten.
Unterfamilie *Culicinae*

9 **(5*)** HlbE mit blattähnlichen Forts u. lg Behaarung; 1. u. 2. HlbSgm mit Parap; die L sitzen U-förmig gekrümmt direkt unter der Wasseroberfläche an Steinen, Blättern u. ä. (Abb. **929**/4); 6–10 mm lg; 16 Arten. Familie *Dixidae* – **Doppeladermücken 10**

9* HlbE ohne blattähnliche Forts; Parap anders od. fehlend **11**

10 Einige Sgm dorsal mit BoRingen („Kronen"); 6 Arten. Gattung *Dixa* MEIGEN

10* Alle Sgm ohne solche BoRinge; 10 Arten. Gattung *Dixella* DYAR & SHANNON

11 **(9*)** HlbE verdickt u. mit terminalem Hakenkranz, mit dem sich die L auf dem Substrat anheften; K mit paarigen Fächern; Br mit unpaarem Parap (Abb. **923**/4); leben als Filtrierer in fließenden Gewässern auf Blättern, Steinen u.ä.; 3–15 mm lg; 50 Arten.
Familie *Simuliidae* – **Kriebelmücken**

11* Hlb nicht verdickt, K ohne Fächer **12**

12 Sgm zusätzlich in bis zu 26 Abschnitte untergliedert, OS häufig mit kleinen stärker sklerotisierten Platten u. mit Forts (Abb. **926**/4); etwa 10 mm lg; 136 Arten (part. limnisch). Familie *Psychodidae* – **Schmetterlingsmücken** (Unterfamilie *Psychodinae*)

12* Sgm nicht zusätzlich untergliedert **13**

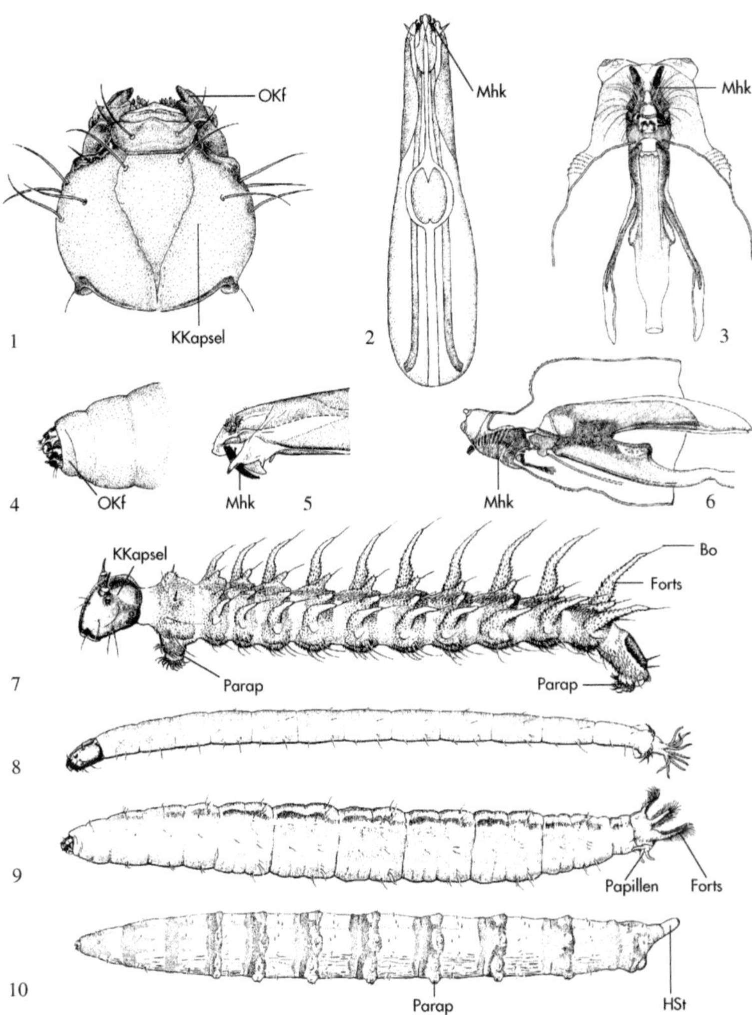

Abb. 921/1–10. 1 Vollständig sklerotisierte KKapsel (OS) von *Bibio* sp. (*Bibionidae*). OKf in horizontaler Ebene mit nach innen gerichteten Spitzen; **2** Teilweise sklerotisierte KKapsel (US) von *Tabanus* sp. (*Tabanidae*). Mhk parallel mit vertikal arbeitenden u. nach unten gerichteten Spitzen; **3** KBereich von *Phormia* sp. (*Calliphoridae*) ohne äußere Sklerotisierung. Die US zeigt die Lage des inneren Cephalopharyngealskeletts mit den aus der Mundöffnung vortretenden Spitzen der Mhk; **4** Eingezogene u. unvollständige KKapsel von *Prionocera* sp. (*Tipulidae*) von der S; **5** S des vorderen KBereichs von *Tabanus* sp.; **6** Desgl. bei *Phormia* sp.; **7** *Atrichopogon* sp. (*Ceratopogonidae*) von der S mit freier KKapsel, kräftigen Parap sowie beborsteten Forts; **8** *Dasyhelea* sp. (*Ceratopogonidae*) mit freier KKapsel und Papillen; **9** *Prionocera* sp. (*Tipulidae*) mit eingezogener KKapsel. HlbE mit lappenähnlichen behaarten Forts sowie Papillen; **10** KKapsel von *Tabanus* sp. (*Tabanidae*) ist ebenfalls reduziert u. eingezogen. Hlb mit Parap in der Form von Kriechwülsten.

13 Sgm tragen Papillen od. Forts mit kräftigen Bo; Parap an VBr u. am HlbE; raupenähnliches Aussehen (Abb. **921**/7; **926**/3); 10–14 mm lg; wahrsch. 93 Arten (nur einige davon limnisch) ....
.... Familie *Ceratopogonidae* – **Gnitzen** (Unterfamilie *Forcipomyiinae*) **14**

13* Sgm ohne kräftige, beborstete Papillen od. Forts **15**

14 Sgm mit apikal knollig verdickten Bo (Abb. **926**/3); ca. 63 Arten.
Gattung *Forcipomyia* MEIGEN

14* Sgm ohne knollig verdickte Bo, mit beborsteten fleischigen Forts (Abb. **921**/7); ca. 31 Arten. Gattung *Atrichopogon* KIEFFER

15 **(13*)** Sgm dorsal mit großen, stark sklerotisierten, dunklen Platten (Abb. **926**/1; **929**/6) **16**

15* Sgm dorsal ohne dunkle, sklerotisierte Platten **17**

16 Kurz u. gedrungen, asselförmig, jedes HlbSgm mit breiter Dorsalplatte; K zurückziehbar; L winzig (bis 3 mm lg); 5 Arten (Abb. **929**/6).
Familie *Psychodidae* – **Schmetterlingsmücken**
(Unterfamilie *Sycoracinae*, einzige Gattung *Sycorax* HALIDAY)

16* Lg u. schmal, Sgm mit schmalen dorsalen Platten; Mundwerkzeuge nach unten gerichtet (Abb. **926**/1); in der Spritzzone von Fließgewässern u. in Quellen; 13 mm lg; wahrsch. 15 Arten.
Familie *Thaumaleidae* – **Dunkelmücken** (einzige Gattung *Thaumalea* RUTHÉ)

17 **(15*)** Ohne Parap; sehr schlank, HlbSgm doppelt so lg wie breit od. länger (Abb. **921**/8); 10–17 mm lg; etwa 240 Arten (part. aquatisch).
Familie *Ceratopogonidae* – **Gnitzen** (partim)

17* Mit Parap am ersten u. letzten HlbSgm; manchmal vorderes Paar zu einem Parap verschmolzen od. das HPaar reduziert (Abb. **926**/2); L am Gewässerboden, viele Arten in Röhren; Körper oft rötlich gefärbt, 2–30 mm lg; 696 Arten (meist aquatisch).
Familie *Chironomidae* – **Zuckmücken**

18 **(2)** Körper sehr ungewöhnlich geformt (Abb. **929**/5): 5 deutliche sekundäre Einschnitte gliedern den ventral abgeplatteten Körper in 6 Teile. Der erste u. größte Teil besteht aus K, Br u. erstem HlbSgm. US mit 6 Saugnäpfen; mit seitl. beborsteten Forts (Parap); in schnellfließenden Gebirgsbächen, weiden Algen von Steinen. 10 mm lg; 7 Arten. Familie *Blephariceridae* – **Lid**- od. **Netzmücken**

18* Körper walzen- od. wurmförmig, nicht in sechs Sgm gegliedert; ohne Saugnäpfe **19**

19 HlbE mit 6 lappenartigen Forts; wirkt dadurch u. wegen der 2 augenähnlichen HSt u. der mundähnlichen Analpapillen wie eine Maske (Abb. **873**/4; **921**/9); 12–60 mm lg; 123 Arten (part. limnisch) .... Familie *Tipulidae* – **Schnaken** **20**

19* HlbE mit 5 od. weniger lappenartigen Forts **21**

20 UPaar der Forts am HlbE mehr als dreimal so lg wie breit; mit lg Randbehaarung; 4 Arten. Gattung *Prionocera* LOEW

20* UPaar der Forts am HlbE bis zu zweimal so lg wie breit; Randbehaarung kurz od. fehlend (part. limnisch). Gattung *Tipula* L. u.a.

21 **(19*)** Sgm mit zahnartigen od. fadenförmigen Forts, die in Längsreihen angeordnet sind; raupenähnliches Aussehen (Abb. **923**/5, 6); Parap vorhanden; an Wasserpfl u. Moosen; 15–25 mm lg; 4 Arten, davon 2 limnisch ....
.... Familie *Cylindrotomidae* – **Moosmücken** **22**

21* Sgm ohne solche Forts (Abb. **923**/7). Keine Parap od. bis zu 6 Paare ausgebildet; 25–45 mm lg; 280 Arten (part. limnisch).
Familien *Limoniidae* u. *Pediciidae* – **Stelzmücken**

22 Sgm mit lg fadenförmigen Forts (länger als der Körperdurchmesser) (Abb. **923**/5), grünlich bis dunkelbraun; 20–25 mm lg; im Wasser auf Torfmoos.
Phalacrocera replicata (L.)

22* Sgm mit kürzeren Forts, diese dorsal mit Nebenzähnen, MBr u. HBr ventral mit je 3 Zapfenpaaren; braungrün; 15–18 mm lg; semiaquatisch auf Moosen.
Triogma trisulcata (SCHUMMEL)

[Ähnliche, grüne terrestrische L: *Diogma glabrata* (MEIGEN), auf Moosen; 14–17 mm lg, deren dorsale Forts ebenso Nebenzähne tragen, die aber an MBr u. HBr ventral

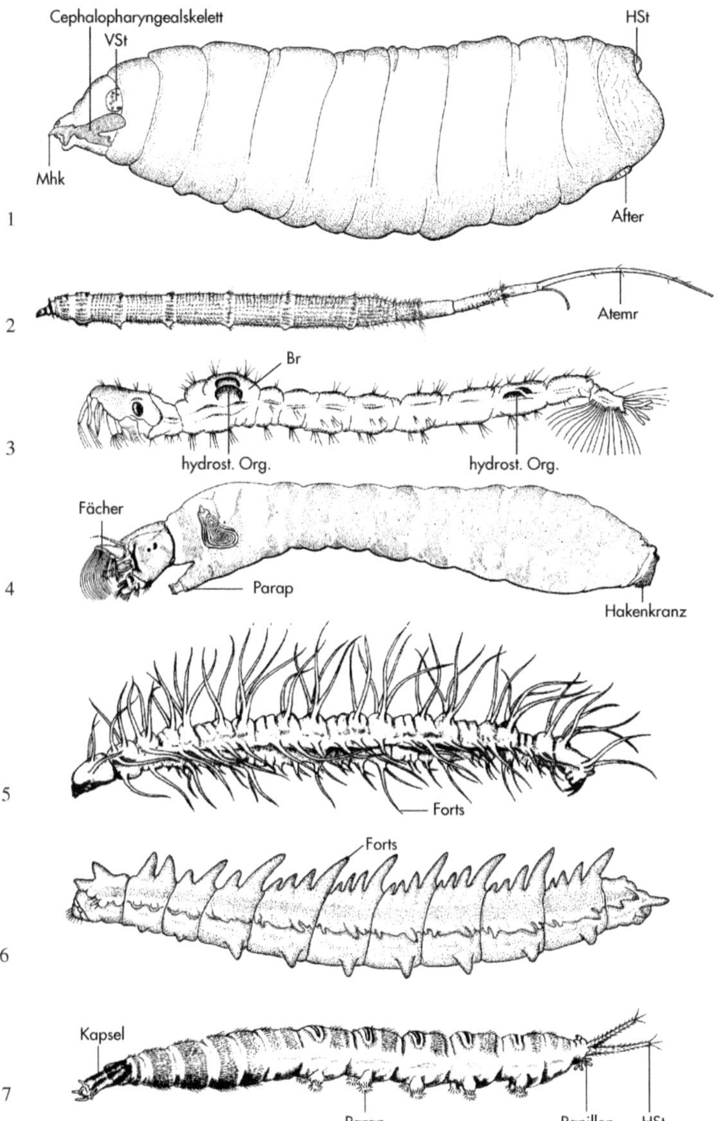

Abb. 923/1–7. S der maturen L von **1** *Meigenia uncinata* (*Tachinidae*) mit durchscheinendem Cephalopharyngealskelett, **2** *Ptychoptera* sp. (*Ptychopteridae*), **3** *Chaoborus crystallinus* (*Chaoboridae*), **4** *Simulium* sp. (*Simuliidae*), **5** *Phalacrocera replicata* (*Cylindrotomidae*), **6** *Cylindrotoma distinctissima* (*Cylindrotomidae*) u. **7** *Dicranota* sp. (*Pediciidae*).

nur 2 Zapfenpaare aufweisen sowie *Cylindrotoma distinctissima* (MEIGEN) (Abb. **923**/6); auf Blättern von Krautpflanzen; ohne Nebenzähne an den dorsalen Forts; 14–18 mm lg.]

23 **(3)** Dorsoventral abgeflacht; Kutikula durch Kalkeinlagerungen gepanzert; aquatisch lebende L mit ± deutlich ausgeprägtem Atemr u. einem apikalen Haarkranz (Abb. **929**/3); 40–60 mm lg; 66 Arten (part. limnisch).
Familie *Stratiomyidae* – **Waffenfliegen**

23* Nicht abgeflacht od. gepanzert; ± weichhäutig **24**

24 Sgm an ihrem Rand mit kurzen u. breiten Parap, die ringförmig angeordnet sind („Kriechwülste"); Körper walzenförmig, Kutikula mit sehr feiner Behaarung, oft gestreift (Abb. **921**/10); bis 50 mm lg; 58 Arten (part. limnisch) .... Familie *Tabanidae* – **Bremsen** **25**

24* Sgm mit längeren Parap, die nicht in Form von Kriechwülsten angeordnet sind .. **26**

25 HlbSgm 1–7 jeweils mit 4 Paar Parap auf den Kriechwülsten; 49 Arten.
Unterfamilie *Tabaninae*

25* HlbSgm 1–7 jeweils mit 3 Paar Parap auf den Kriechwülsten; 8 Arten.
Unterfamilie *Chrysopsinae*

26 **(24*)** VE u. HE zugespitzt, HlbE mit 2 od. mehr lg Forts. An den Sgm auch dorsal u. lateral Forts, die ventralen 7–8 Parapodienpaare mit derben Haken; 5 Arten (Abb. **926**/5, 6) .... Familie *Athericidae* – **Ibisfliegen** **27**

26* Nur VE zugespitzt, HE anders geformt; HlbE ohne lg Forts; Sgm nur ventral mit Parap; 968 Arten (part. limnisch). einige Vertreter der Familien *Empididae*, *Hybotidae* u. *Dolichopodidae* – **Tanz-** u. **Langbeinfliegen**

27 Hlb-Forts unbehaart u. länger als die HlbSgm 6–8 zusammengenommen; Parap am 8. HlbSgm fehlend (Abb. **926**/6). *Atrichops crassipes* (MEIGEN)

27* Hlb-Forts behaart u. kürzer; Parap am 8. HlbSgm vorhanden (Abb. **926**/5) **28**

28 Parap der HlbSgm 1–7 gedrungen, weniger als zweimal so lg wie breit; dorsale Forts an den HlbSgm 2–5 kurz u. unscheinbar (Abb. **926**/5); 3 Arten.
Gattung *Atherix* MEIGEN

28* Parap der HlbSgm 1–7 schlanker, mindestens zweimal so lg wie breit; dorsale Forts lg u. auffällig. *Ibisia marginata* (FABRICIUS)

29 **(3*)** Lg rückziehbares unpaares Atemr mit kurzem Haarkranz an der Spitze. Körper weich u. walzenförmig („Rattenschwanz-L") (Abb. **929**/7). In Schlamm u. auch in stark verschmutztem Wasser, selbst in Jauche. 6–30 mm lg (ohne Atemr); 440 Arten (part. limnisch). Familie *Syrphidae* – **Schwebfliegen** (Tribus *Eristalini*)
[Merkmale treffen nur auf einige Arten aquatischer Schwebfliegen zu]

29* Mit anderen Merkmalen **30**

30 Atemr vor der Spitze gegabelt; 8 Parapodienpaare, vor dem auffällig großen letzten Paar eine Lücke. 0,5-18 mm lg (mit Atemr); 177 Arten (part. limnisch).
Familie *Ephydridae* – **Sumpf-** od. **Weitmaulfliegen**
[Merkmale treffen nur auf einige Arten aquatischer Sumpffliegen zu]

30* Mit anderen Merkmalen. andere *Cyclorrhapha*
[Schwierig zu unterscheidende Arten der Familien *Syrphidae* – **Schwebfliegen**, *Sciomyzidae* – **Netz-** od. **Hornfliegen**, *Ephydridae* – **Sumpf**- od. **Weitmaulfliegen**, *Scathophagidae* – **Dungfliegen** u. *Muscidae* – **Echte Fliegen**]

Bestimmungsschlüssel für die parasitisch in Gliederfüßern lebenden Dipterenlarven

Der Übergang zur parasitischen Lebensweise ist bei den Dipteren offensichtlich vielfach erfolgt. Soweit bekannt, leben wahrscheinlich alle in DE vorkommenden Arten der Familien *Acroceridae*, *Conopidae*, *Cryptochetidae*, *Phaeomyiidae*, *Pipunculidae*, *Rhinophoridae* u. *Tachinidae* als L endoparasitisch in Gliedertieren. Dagegen haben sich innerhalb der *Anthomyiidae*, *Bombyliidae*, *Phoridae* u. *Sarcophagidae* nur jeweils einige Arten od. Gattungen zu echten Parasitoiden entwickelt. Einige Wirtsgruppen werden von Vertretern aus nur einer einzigen Zweiflüglerfamilie parasitiert. Das Merkmal der Wirtsbindung eignet sich deshalb auch zur Bestimmung einiger Taxa. So handelt es sich um die Familie *Rhinophoridae* – **Asselfliegen** (10 Arten), wenn die L als Parasitoide in Landasseln leben; um *Eginia ocypterata* MEIGEN (*Muscidae*), wenn sie sich in Tausendfüßern entwickeln; wenn sie in Spinnen (od. in Spinnengelegen) parasitieren, sind es Arten der Familie *Acroceridae* – **Kugel**- od. **Spinnenfliegen** (11 Arten); Parasiten in Zikaden gehören zur Familie *Pipunculidae* – **Augenfliegen** (111 Arten); in Wanzen parasitieren Arten der Familie *Tachinidae* (Unterfamilie Phasiinae) – **Wanzenfliegen** (ca. 70 Arten). Als Parasitoide von Napfschildläusen sind L bekannt, die am HlbE zwei lg schlauchartige Anhänge besitzen. Sie gehören zur Familie *Cryptochetidae*, die hier nur mit der Art *Cryptochetum buccatum* HENDEL vertreten ist. Im folgenden Schlüssel sind weitere Wirtsgruppen aufgeführt.

1 Parasitoide in Hundertfüßern. Familie *Tachinidae* (partim) – **Raupenfliegen**
2 Arten: *Eloceria delecta* (MEIGEN) u. *Loewia foeda* (MEIGEN). Bisher ist nur von *L. foeda* die mature L bekannt. HSt dieser Art mit Porenplatten. Auch Vertreter der Familie *Phaeomyiidae* mit der einzigen Gattung *Pelidnoptera* RONDANI (3 Arten) werden als Parasiten von *Chilopoda* genannt. Ebenso *Megaselia elongata* (WOOD), Familie *Phoridae* – **Renn**- od. **Buckelfliegen**.

1* In anderen Gliedertieren **2**

2 Parasitoide in Ohrwürmern; larvale HSt auf StTrägern, StSchlitze sind halbkreisförmig angeordnet; 2 Arten . . . . Familie *Tachinidae* (partim) – **Raupenfliegen 3**

2* In anderen Insekten **4**

3 HSt mit jeweils ca. 25–30 kurzen geraden StSchlitzen. *Ocytata pallipes* (FALLÉN)

3* HSt mit jeweils ca. 8–13 lg etwas gewundenen StSchlitzen. *Triarthria setipennis* (FALLÉN)

4 **(2*)** Parasitoide in Ameisen **5**

4* In anderen Insekten **6**

5 Parasitoide in Ameisenpuppen od. Im.; L dorsal mit Querfurchen, kleiner als 6 mm; 2 Arten.
Familie *Phoridae* – **Renn**- od. **Buckelfliegen** (Gattung *Aenigmatias* MEINERT)

5* Parasitoide in Ameisenköniginnen (bekannt von *Lasius niger*); L ohne Querfurchen, größer als 6 mm; 2 Arten.
Familie *Tachinidae* – **Raupenfliegen** (Gattung *Strongygaster* MACQUART)

6 **(4*)** Parasitoide in SchnakenL **7**

6* In anderen Insekten **8**

7 Mit Papillen, kleiner als 6 mm; 1 Art. Familie *Phoridae* – **Renn**- od. **Buckelfliegen**
[*Megaselia paludosa* (WOOD) u. möglicherweise weitere Arten]

7* Ohne Papillen; größer; wenige Arten. Familie *Tachinidae* – **Raupenfliegen**
(Gattungen *Admontia* BRAUER & BERGENSTAMM u. *Siphona* MEIGEN)

8 **(6*)** Parasitoide in Heuschrecken **9**

8* In anderen Insekten **11**

9 HSt auf einem gemeinsamen säulenartig verlängerten StTräger, der apikal getrennt sein kann; Hst jeweils mit drei StSchlitzen; VSt fehlen; 2 Arten.
Familie *Tachinidae* – **Raupenfliegen** (Gattung *Acemya* ROBINEAU-DESVOIDY)

9* HSt nicht auf einer gemeinsamen Säule **10**

10 HSt in eine Grube eingesenkt; mit ventral inserierten StNarben (Abb. **926**/9, 10); wenige Arten. Familie *Sarcophagidae* – **Fleischfliegen** (Gattung *Blaesoxipha* LOEW u. Arten der Gattung *Sarcophaga* MEIGEN)

10* HSt nicht in eine Grube eingesenkt, StNarbe nicht ventral angeordnet; 2 Arten.
Familie *Anthomyiidae* – **Blumenfliegen** [*Acyglossa atramentaria* (MEIGEN) u. *Tettigoniomyia cribrata* (VILLENEUVE)]

11 **(8*)** Ohne Papillen am HlbE (Abb. **923**/1) **12**

11* Mit Papillen am HlbE (Abb. **926**/7, 9) **15**

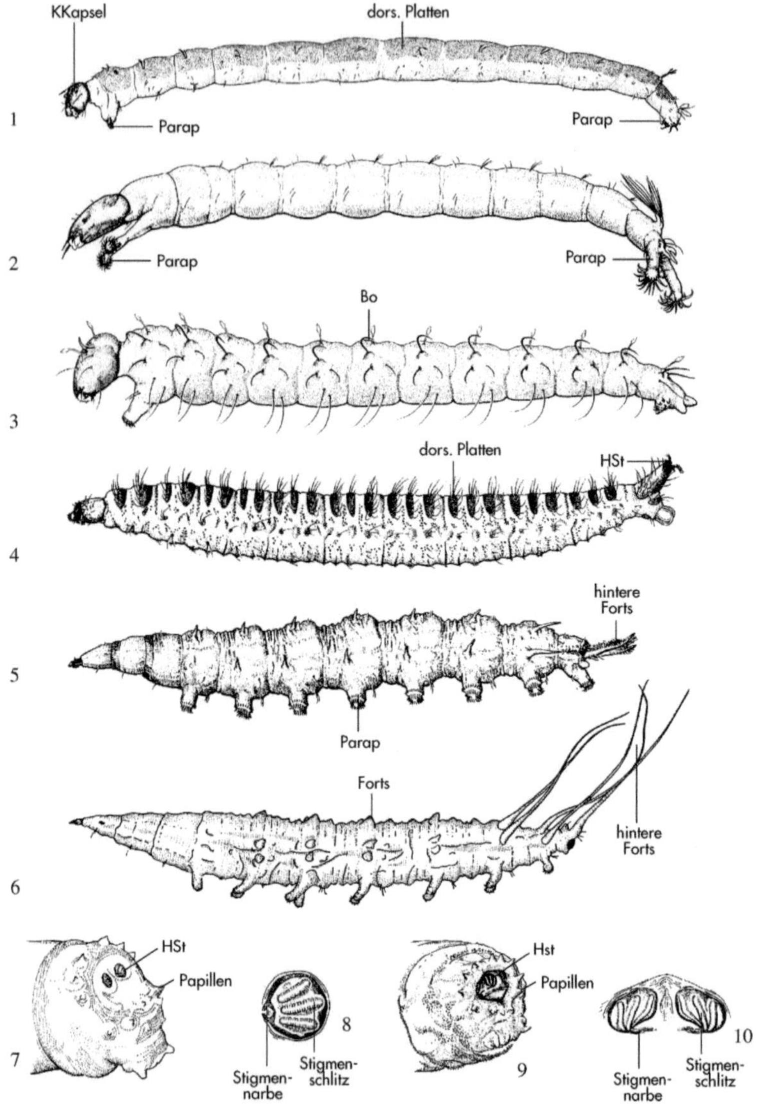

Abb. 926/1–10. S der maturen L von **1** *Thaumalea* sp. (*Thaumaleidae*), **2** *Ablabesmyia* sp. (*Chironomidae*), **3** *Forcipomyia* sp. (*Ceratopogonidae*), **4** *Pericoma* sp. (*Psychodidae*), **5** *Atherix* sp. (*Athericidae*), **6** *Atrichops crassipes* (*Athericidae*), **7** HlbE von *Cynomya* sp. (*Calliphoridae*) u. **8** rechtes HSt mit lateral inserierter Stigmennarbe; **9** HlbE von *Ravinia* sp. (*Sarcophagidae*) mit den HSt in einer Grube u. **10** HSt dieser Art. Die Stigmennarbe ist unscheinbar u. liegt ventral.

12 StNarben der HSt ventral angeordnet; manchmal undeutlich ausgebildet. In diesem Fall weisen die nahezu vertikal ausgerichteten StSchlitze auf die ventrale Lage der StNarben hin (Abb. **926**/10). Parasitisch (überwiegend kleptoparasitisch) bei solitären Bienen u. Wespen; 44 Arten.
Familie *Sarcophagidae* (Unterfamilie *Miltogramminae*) – **Satellitenfliegen**

12* StNarben anders angeordnet, meistens lateral inseriert (Abb. **926**/8) **13**

13 Mit zugespitztem VE u. abgerundetem od. abgestutztem HlbE, letztes HlbSgm oft mit einem Terminalhöcker; fast 500 Arten, Parasitoide von Schmetterlingsraupen, BlattwespenL sowie L u. Im. von Käfern. Familie *Tachinidae* (partim) – **Raupenfliegen**

13* Andere Körperform, kein Terminalhöcker am HlbE; LParasiten vor allem bei aculeaten Hautflüglern. **14**

14 Birnenförmig, mit lg zugespitztem VE; LParasiten bei aculeaten Hautflüglern.
Familie *Conopidae* – **Dickkopffliegen**

14* Walzenförmig, vorn u. hinten abgerundet; LParasiten von aculeaten Hautflüglern, Zweiflüglern (u.a. Hyperparasiten bei Raupenfliegen), Schmetterlingen u. Käfern.
Familie *Bombyliidae* – **Wollschweber, Hummelfliegen, Trauerschweber**

15 **(11*)** HSt in eine Grube eingesenkt; mit ventral inserierten StNarben (Abb. **926**/9); einige Arten parasitieren in L von Schmetterlingen od. Käfern.
Familie *Sarcophagidae* (partim) – **Fleischfliegen**

15* HSt nicht in eine Grube eingesenkt; mit anders angeordneten StNarben; einige Arten sind als Parasiten von Käfer- u. NematocerenL bekannt, 364 Arten (partim).
Familie *Phoridae* – **Buckel-** od. **Rennfliegen**

Bestimmungstabelle der in oder an Wirbeltieren als Parasiten lebenden Dipterenlarven

Der Befall von lebenden Wirbeltieren einschließlich des Menschen mit Dipteren-L wird als Myiasis bezeichnet. Der Begriff schließt alle Arten ein, die von abgestorbenem od. lebendem Körpergewebe, von Körperflüssigkeiten od. auch von aufgenommener Nahrung leben. Meistens sind es permanente Parasiten; der Befall kann aber auch temporär sein, wie bei den Blutsaugern (Zumpt, 1965). Die meisten Arten der Wirbeltierparasiten rufen eine ± starke Schädigung des Wirtes hervor, die in Einzelfällen zum Tod führen kann. Die Parasitierung von Jungvögeln durch mehrere L der Vogelfliege endet allerdings häufig tödlich u. der Wirt der Krötenfliege stirbt wohl immer an der Myiasis.
Die *Gasterophilidae* werden hier in Übereinstimmung mit Nörr, zitiert in Lindner (1969), als Magendasseln, die *Hypodermatidae* als Hautdasseln u. die *Oestridae* als Nasen- od. Rachendasseln bezeichnet. Der vielfach für diese Gruppen verwendete Name Bremsen (meist in Zusammensetzungen) ist bereits für die Dipterenfamilie *Tabanidae* vergeben u. sollte der Eindeutigkeit halber auch nur für diese benutzt werden.

1 Im Magen-Darm-Trakt von Pferden. Im vorderen Bereich der Sgm Reihen kräftiger Dorne. HSt in einer verschließbaren Grube inseriert. Beide HSt einschließlich StNarben ± miteinander verschmolzen, mit jeweils 3 vertikal ausgerichteten StSchlitzen (Abb. **929**/10, 12); 4 Arten .... Familie *Gasterophilidae* – **Magendasseln 2**

1* Lebensweise anders, HSt anders gestaltet **3**

2 Nur eine Reihe Dornen auf den Sgm. *Gasterophilus nasalis* (L.)

2* Mit Bedornung in zwei Reihen (Abb. **929**/10); 3 Arten.
Gattung *Gasterophilus* Leach, partim

3 **(1*)** Parasiten unter der Haut von Huftieren, Nagern od. nestjungen Vögeln; HSt nicht in einer tiefen Grube **4**

3* Lebensweise anders **9**

4 Parasiten unter der Haut von nestjungen Vögeln; HSt mit 3 StSchlitzen (ähnl. Abb. **926**/8); 1 Art. Familie *Calliphoridae*, *Trypocalliphora braueri* (Hendel) – **Vogelfliege**

4* Parasiten unter der Haut von Huftieren od. Nagern, HSt mit Porenplatten (Abb. **929**/13); 5 Arten. .... Familie *Hypodermatidae* – **Hautdasseln 5**

5 Cephalopharyngealskelett entwickelt, mit deutlichen Mhk, Parasit bei Wühlmäusen u. Bisamratte. *Oestromyia leporina* (PALLAS) – **Wühlmaus-Hautdassel**

5* Cephalopharyngealskelett reduziert, Mhk fehlen; Parasiten bei Huftieren; 4 Arten .... Gattung *Hypoderma* LATREILLE **6**

6 Um die HSt ein breiter Bereich mit kleinen Dornen; SgmHRänder der OS mindestens bis zum 7. Sgm mit Dornenreihen; Parasiten beim Rind **7**

6* Um die HSt kein Bereich od. nur ein schmaler Bereich mit kleinen Dornen; Sgm-Hinterränder der OS höchstens bis zum 5. Sgm mit Dornenreihen; Parasiten von Reh od. Hirschen („Hautengerlinge") **8**

7 SgmHRänder der OS bis zum 7. od. 8. Sgm mit Dornenreihen. *Hypoderma bovis* (L.) – **Gewöhnliche** od. **Große Rinder-Hautdassel**

7* SgmHRänder der OS bis zum 9. od. 10. Sgm mit Dornenreihen. *Hypoderma lineatum* (DE VILLERS) – **Kleine Rinder-Hautdassel**

8 **(6*)** SgmHRänder der OS nur auf dem 2. u. 3. Sgm mit Dornenreihen; Parasit an Rot- u. Damhirsch. *Hypoderma actaeon* BRAUER – **Hirsch-Hautdassel**

8* SgmHRänder der OS mindestens auch auf dem 4. Sgm mit Dornenreihen; Parasit am Reh, seltener an Rot- u. Damhirsch. *Hypoderma diana* BRAUER – **Reh-Hautdassel**

9 **(3*)** Im Rachen- u. Nasenraum sowie in den Stirnhöhlen von Wirbeltieren **10**

9* Lebensweise anders **14**

10 Im Nasen- u. Rachenraum von Huftieren, HSt in einer Grube, HSt mit Porenplatten (Abb. **929**/13); 6 Arten .... Familie *Oestridae* – **Nasen-** u. **Rachendasseln 11**

10* Anfangs in den Nasenöffnungen von lebenden Amphibien; zerstören im weiteren die anderen Gewebspartien des K u. weitere Körperteile; HSt nicht in einer Grube, mit 3 StSchlitzen (ähnlich Abb. **926**/7, 8); 1 Art. Familie *Calliphoridae*, *Lucilia bufonivora* MONIEZ – **Krötenfliege**

11 HSt mit zentral inserierten StNarben, die Porenfelder der StPlatten schließen die Narben ringsum ohne Unterbrechung ein; Parasit bei Schaf u. Hausziege. *Oestrus ovis* L. – **Schaf-Nasendassel**

11* HSt mit submarginal bis semiventral inserierten StNarben, die Porenfelder der StPlatten umschließen die Narben nicht od. nicht vollkommen (Abb. **929**/13) ... **12**

12 Anordnung der Dornen auf OS sehr unregelmäßig, auf US regelmäßige Dornenreihen; Parasit bei Pferd u. Esel. *Rhinoestrus purpureus* (BRAUER) – **Pferde-Nasendassel**

12* Dornenreihen auf OS in regelmäßigen Reihen, ähnlich der Anordnung auf der US; Parasiten bei Hirschen **13**

13 HSt im unteren Bereich untereinander höchstens zweimal so weit entfernt, wie im oberen Bereich (ähnlich Abb. **929**/13); 3 Arten. Gattung *Cephenemyia* LATREILLE
Parasit beim Reh. *Cephenemyia stimulator* (CLARK) – **Reh-Rachendassel**
Parasit beim Rothirsch. *Cephenemyia auribarbis* (MEIGEN) – **Hirsch-Rachendassel**
Parasit beim Elch. *Cephenemyia ulrichii* (BRAUER) – **Elch-Rachendassel**]

13* HSt im unteren Bereich untereinander etwa dreimal weiter voneinander entfernt wie im oberen Bereich; Parasit bei Rothirsch u. (seltener) bei Damhirsch u. Reh. *Pharyngomyia picta* (MEIGEN) – **Rachendassel**

14 **(9*)** Wundparasiten bei warmblütigen Wirbeltieren (fakultativ od. obligatorisch) od. aktiv Wunden verursachend **15**

14* Ektoparasitische temporäre Blutsauger bei nestjungen Vögeln **16**

15 HSt nicht in einer Grube, StNarben semiventral angeordnet (ähnlich Abb. **926**/7, 8); ca. 10 Arten. Familie *Calliphoridae* – **Schmeißfliegen**
[Arten der Gattungen *Calliphora* ROBINEAU-DESVOIDY (4 Arten), *Lucilia* ROBINEAU-DESVOIDY (5 Arten) sowie die Art *Protophormia terraenovae* (ROBINEAU-DESVOIDY) können intestinal od. in vorhandenen Wunden von warmblütigen Tieren u. dem Menschen Myiasis erzeugen. *Lucilia sericata* (MEIGEN) u. *Protophormia terraenovae* sind allerdings auch als Verursacher von Wunden bei Schafen bekannt.]

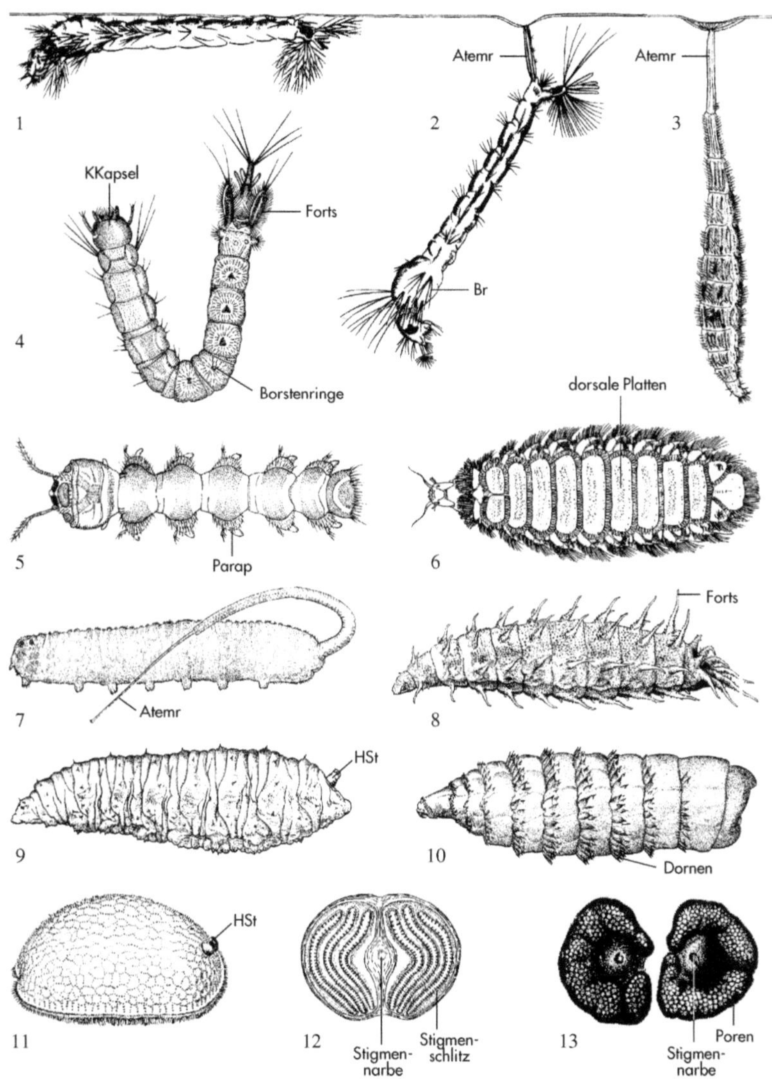

Abb. 929/1–13. S der maturen L von **1** *Anopheles* sp. (*Culicidae*), **2** *Culex* sp. (*Culicidae*) u. **3** *Stratiomys* sp. (Stratiomyidae) an der Wasseroberfläche. **4** *Dixa* sp. (*Dixidae*) in typischer Haltung. OS von **5** *Liponeura* sp. (*Blephariceridae*) u. **6** *Sycorax silacea* (*Psychodidae*). S der Larven von **7** *Eristalis tenax* (*Syrphidae*), **8** *Fannia canicularis* (*Fanniidae*), **9** *Syrphus* sp. (*Syrphidae*), **10** *Gasterophilus intestinalis* (*Gasterophilidae*) u. **11** *Microdon* sp. (*Syrphidae*). HSt von **12** *Gasterophilus intestinalis* (*Gasterophilidae*) u. **13** *Hypoderma lineatum* (*Hypodermatidae*).

15* HSt in einer Grube, StNarbe ventral angeordnet, StSchlitze vertikal (ähnlich Abb. **826**/9, 10); ca. 5 Arten. Familie *Sarcophagidae* – **Fleischfliegen**
[*Wohlfahrtia magnifica* (SCHINER) u. *W. vigil* (WALKER) sind obligatorische Parasiten bei warmblütigen Wirbeltieren u. dem Menschen (vor allem bei Kindern). Die L werden auf die Schleimhaut von Augen u. Nase od. anderen zugänglichen Stellen sowie an kleine Hautwunden bzw. Hautfalten abgelegt. Fakultativ treten auch einige andere Arten aus der Gattung *Sarcophaga* MEIGEN als Wundparasiten sowie intestinal auf.]

16 **(14*)** HSt mit den StNarben außerhalb der StPlatten; Mikrotrichienbänder am VRand der Sgm; bis 11 mm lg, 1 Art.
Familie *Neottiophilidae* (*Neottiophilum praestrum* (MEIGEN) – **Vogelsauger**

16* HSt mit laterial bis semiventral auf den StPlatten angeordneten StNarben (ähnl. Abb. **926**/8); auf der ganzen Oberfläche mit Mikrotrichien besetzt; größer, 4 Arten.
Familie *Calliphoridae* (Gattung *Protocalliphora* HOUGH) – **Vogelblutfliegen**
[In Vogelnestern sind mitunter weitere LFormen zu finden, die aber nicht parasitisch sondern saprophag leben.]

Dipterenlarven, die in anderen Habitaten leben

Die terrestrisch lebenden Dipteren-L, die sich nicht parasitisch in od. an Tieren entwickeln, bilden eine weitere artenreiche Gruppe. In ihrer Gesamtheit sind sie unter Exkursionsbedingungen bes. schwierig zu bestimmen. Im Folgenden wird deshalb nur ein Hauptschlüssel für die Unterordnungen angeboten. Für darüber hinaus Interessierte sei auf die Übersichten bei STEHR (1991) (vor allem nordamerikanische Taxa) u. SMITH (1989) (ausschließlich Fauna von Großbritannien) verwiesen. Außerdem sind für ökologische od. systematische Gruppen Einzelbearbeitungen publiziert, von denen nachfolgend eine Auswahl genannt wird. Für die Bestimmung der einheimischen Blattminen steht das Werk von HERING (1957) zur Verfügung. Die Gallen lassen sich mit BUHR (1964) determinieren. Die häufigsten terricolen Dipteren-L des Waldes behandelt BRAUNS (1954), u. holzbewohnende Taxa sind in der Publikation von KRIVOŠEINA & MAMAEV (1967) enthalten. Ein Bestimmungsschlüssel für Schwebfliegen-L wurde von ROTHERAY (1993) veröffentlicht.

1 OKf arbeiten in horizontaler Ebene direkt od. schräg gegeneinander, ihre Spitzen sind nach innen gerichtet; KKapsel vollständig u. frei od. auch unvollständig, mitunter eingezogen (Abb. **921**/1, 4, 7–9). Unterordnung *„Nematocera“*

1* OKf (Mhk) arbeiten in vertikaler Ebene parallel zueinander, ihre Spitzen sind nach unten gerichtet; KKapsel unvollständig, nur teilweise sklerotisiert, mitunter eingezogen, meistens ganz fehlend (Abb. **921**/2, 3, 5, 6) **2**

2 KKapsel vorhanden, aber unvollständig od. nur teilweise sklerotisiert, mitunter eingezogen (Abb. **921**/2, 5, 10; **923**/7; **926**/5). Unterordnung *„Orthorrhapha“*

2* KKapsel fehlt ganz (keine sklerotisierten äußeren KKapselteile vorhanden); vom inneren Cephalopharyngealskelett meist nur die Spitzen der Mhk sichtbar (Abb. **921**/3, 6; **923**/1; **929**/8, 10) Unterordnung *Cyclorrhapha*

Literatur

ARNAUD, P. et al. (1985): Diptera (The Flies). – In: ARNETT, R. H. (Hrsg.): American Insects. New York.

BÄHRMANN, R. & SANDER, F. (1995): Diptera, Zweiflügler. – In: BÄHRMANN, R. (Hrsg.): Bestimmung wirbelloser Tiere. Jena, Stuttgart.

BEI-BIENKO, G. YA. (Hrsg.) (1988–89): Key to the Insects of the European Part of the USSR. Vol. V. Diptera and Siphonaptera, 2 Bde. – Washington.

BORROR, D. J., TRIPLEHORN, CH. A. & JOHNSON, N. F. (eds.) (1992): Introduction to the Study of Insects. – Fort Worth et al.

DAHL, F. (Hrsg.) (1927ff.): Die Tierwelt Deutschlands und der angrenzenden Meeresteile. (Mehrere Dipterenbände.) – Jena.
ENDERLEIN, G. (1936): Zweiflügler, Diptera. – In: BROHMER, P.; EHRMANN, P. & ULMER, G.: Die Tierwelt Mitteleuropas, Bd. VI, Insekten, 3. Teil. Leipzig.
FAUNA ENTOMOLOGICA SCANDINAVICA (1973ff): (Mehrere Dipterenbände.).
HANDBOOKS FOR THE IDENTIFICATION OF BRITISH INSECTS (1949ff): (Dipteren in Vol. IX u. Vol. X.) London.
HAUPT, J. & HAUPT, H. (1998): Fliegen und Mücken. – Augsburg.
HENDEL, F. (1928): Zweiflügler oder Diptera. II. Allgemeiner Teil. – In: DAHL, F. (Hrsg.): Die Tierwelt Deutschlands. Teil 11. Jena.
HENNIG, W. (1973): 31. Diptera (Zweiflügler). – In: KÜKENTHAL, W.: Handbuch der Zoologie. Bd. 4. Arthropoda, 2. Hälfte: Insecta. Berlin.
INSECTA HELVETICA FAUNA (1985ff.): (Mehrere Dipterenbände.).
LINDNER, E. (Hrsg.) (1923ff.): Die Fliegen der palaearktischen Region. (In vielen Bänden, noch im Erscheinen begriffen.) – Stuttgart.
LINDNER, E. (1949): Handbuch, Bd. 1. – In: LINDNER, E. (Hrsg.): Die Fliegen der palaearktischen Region. Stuttgart.
LUNDBECK, W. (1916): Diptera Danica. Genera and species of flies hitherto found in Denmark. Part. 5: Lonchopteridae, Syrphidae. – Copenhagen (G.E.C. Gad). 603 S.
MCALPINE, J. F. (Hrsg.) (1981 u. 1987): Manual of Nearctic Diptera. Vol. 1 und Vol. 2. Research Branch Agriculture Canada, Monograph Nr. 27 und Nr. 28. – Ottawa.
MORGE, G. (1990): Diptera – Zweiflügler. – In: STRESEMANN, E.: Exkursionsfauna von Deutschland. Bd. 2/2 (7. Aufl.). Berlin.
NARTSHUK, E. P. (1997): Key to families of higher Dipterans of the series Acalyptrata (Diptera) of the Fauna of Russia and neighbouring countries. – Ent. obozr. 76, 857–873, (Russisch).
PAPP, L. & DARVAS, B. (eds.) (1997 und 1998): Contributions to a Manual of Palaearctic Diptera. Vol. 2 und Vol. 3. – Budapest.
SACK, P. (1932): Syrphidae. – In: LINDNER, E. (Hrsg.): Die Fliegen der palaearktischen Region, 4 (6): 1–451. Stuttgart.
SCHUMANN, H., BÄHRMANN, R. & STARK, A. (Hrsg.) (1999): Checkliste der Dipteren Deutschlands. – Studia dipterologica. Suppl. 2. Halle.
SICK, F. (1979): Diptera, Zweiflügler. – In: BROHMER, P.: Fauna von Deutschland. 14. Aufl. Heidelberg.
SOÓS, A. & PAPP, L. (eds.) (1984ff.): Catalogue of Palaearctic Diptera. – Budapest.
THOMPSON, F. C. & VOCKEROTH, J. R. (1987): Syrphidae. – In: MCALPINE, J. F., PETERSON, B. V., SHEWELL, G. E., TESKEY, H. J., VOCKEROTH, J. R. & WOOD, D. M. (Hrsg.): Manual of Nearctic Diptera, Vol. 2: vi+675-1332. – Research Branch Agriculture Canada, Ottawa.
TORP, E. (1994): Danmarks Svirrefluer (Diptera: Syrphidae). – Apollo Books, Stenstrup, 490 S.
TSCHORSNIG, H.-P. & HERTING, B. (1994): Die Raupenfliegen (Diptera: Tachinidae) Mitteleuropas: Bestimmungstabellen und Angaben zur Verbreitung und Ökologie der einzelnen Arten. – Stuttg. Beitr. Naturk., Ser. A, Nr. 506. Stuttgart.
VOCKEROTH, J. R. (1969): A revision of the genera of the Syrphini (Diptera: Syrphidae). – Mem. Ent. Soc. Canada 62: 1–176. Ottawa.
ZIEGLER, J. (2003): 36. Ordnung Diptera, Zweiflügler (Fliegen und Mücken). – In: DATHE, H. H. (Hrsg.): Lehrbuch der Speziellen Zoologie, Band I: Wirbellose Tiere, 5. Teil: Insecta, 2. Auflage. – Spektrum Akademischer Verlag Heidelberg, Berlin: 756–860.

Larven

BRAUNS, A. (1954): Untersuchungen zur angewandten Bodenbiologie. 1: Terricole Dipterenlarven. – Musterschmidt-Wissenschaftsverlag Göttingen, Frankfurt, Berlin; 179 S.
BROCK, V., KIEL, E. & PIPER, W. (1995): Gewässerfauna des norddeutschen Tieflandes. – Blackwell Wissenschafts-Verlag Berlin, Wien, 225 S.
BUHR, H. (1964): Bestimmungstabelle der Gallen (Zoo- u. Phytocecidien) an Pflanzen Mittel- u. Nordeuropas. 2 Bde. – Gustav Fischer, Jena; 1572 S., 25 Taf.
ENGELHARDT, W. (1996): Was lebt in Tümpel, Bach und Weiher? Pflanzen und Tiere unserer Gewässer. – Franckh-Kosmos Verlag, Stuttgart, 313 S.
FERRAR, P. (1987): A Guide to the Breeding Habits and Immature Stages of Diptera Cyclorrhapha. Part 1–2. Entomonograph 8. – E. J. Brill / Scandinavian Science Press Leiden, Copenhagen; 907 S.
GRUNIN, K. J. (1965): Hypodermatidae. 64b, 1–154. – In: LINDNER, E.: Die Fliegen der palaearktischen Region. – E. Schweizerbart'sche Verlagsbuchhandlung, Stuttgart.
HENNIG, W. (1948–1952): Die Larvenformen der Dipteren. 3 Bde. – Akademie-Verlag Berlin; 1544 S.
HERING, E. M. (1957): Bestimmungstabelle der Blattminen von Europa. 3 Bde. – W. Junk, s'Gravenhage; 1185 S., 221 S.
ILLIES, J. (Hrsg.) (1978): Limnofauna Europaea. 2. Aufl. – Gustav Fischer Verlag, Stuttgart; 532 S.
JUNG, H. F. (1956): Beitrag zur Biologie, Morphologie und Systematik der europäischen Psychodiden (Diptera). – Dt. ent. Z. (N. F.) 3 (2–4): 97–257, Berlin.
KRIVOŠEINA, N. P. & MAMAEV, B. M. (1967): Opredelitel' ličinok dvukrylych nasekomych-obitatelej drevesiny [Bestimmungsbuch für holzbewohnende Dipterenlarven] [Russ.] – Izd. Nauka, Moskva; 366 S.

LINDNER, E. (Hrsg.) (1923ff.): Die Fliegen der Palaearktischen Region. – E. Schweizerbart'sche Verlagsbuchhandlung, Stuttgart.
MCALPINE, J. F. et al. (Hrsg.) (1981): Manual of Nearctic Diptera. 1. – Research Branch Agriculture Canada, Monograph 27, Minister of Supply and Services Canada, Hull; S. 1–674.
MCALPINE, J. F. (Hrsg.) (1987): Manual of Nearctic Diptera. 2 – Research Branch Agriculture Canada, Monograph 28, Minister of Supply and Services Canada, Hull; S. 675–1332.
NAGEL, P. (1989): Bildbestimmungsschlüssel der Saprobien; Makrozoobenthon. – Gustav Fischer Verlag, Stuttgart, New York; 183 S.
NILSSON, A. N. (Hrsg.) (1997): Aquatic Insects of North Europe. 2 – Apollo Books, Stenstrup; 440 S.
OOSTERBROEK, P. & DE JONG, H. (2005): *Eginia ocypterata* (Diptera: Muscidae) in The Netherlands. – Entomologische Berichten 65 (5): 142–144; Amsterdam.
PAPP, L. & DARVAS, B. (Hrsg.) (1997): Contributions to a Manual of Palaearctic Diptera. 2. – Budapest; 592 S.
ROTHERAY, G. E. (1993): Color Guide to Hoverfly Larvae (Diptera, Syrphidae) in Britain and Europe. – Dipterist Digest 9, Derek Whiteley, Sheffield; S. 1–155.
SCHMEDTJE, U. & ZWICK, H. (1992): Diptera. – In SCHMEDTJE, U. & KOHMANN, F.: Bestimmungsschlüssel für die Saprobier-DIN-Arten (Makroorganismen). – Informationsberichte des Bayerischen Landesamtes für Wasserwirtschaft 88/2; Wasserwirtschaftsamt, Deggendorf.
SMITH, K. G. V. (1989): An introduction to the immature stages of British flies. Diptera larvae, with notes on eggs, puparia and pupae. – Handbk. Ident. Br. Insects 10(14), London; S. 1–280.
STEHR, F. W. (Hrsg.) (1991): Immature Insects. Band 2. – Kendall/Hunt Publishing Co., Dubuque; 974 S.
THOMAS, A. G. B. (1974): Diptères torrenticolespeu connus: 1. – Les Athericidae (larves et imagos) du sud de la France (Brachycera, Orthorrhapha). – Annls. Limnol. 10: 55–84.
WIEDERHOLM, T. (ed.) (1983): Chironomidae of the Holarctic region. Keys and diagnoses. Part 1. Larvae. – Entomologica Scandinavica Supplement 19: 1–457; Sandby.
ZIEGLER, J. (1998): Die Morphologie der Puparien und der larvalen Cephalopharyngealskelette der Raupenfliegen (Diptera, Tachinidae) und ihre phylogenetische Bewertung. – Studia dipterologica Supplement 3. Ampyx-Verlag Halle, 244 S.
ZUMPT, F. (1965): Myiasis in Man and Animals in the Old World. – Butterworths, London; 267 S.

Bisherige Auflagen

Band 2/1

Stresemann, Exkursionsfauna von Deutschland. Insekten – Erster Halbband. Wirbellose II/1. Herausgegeben von E. Stresemann. Verlag Volk und Wissen Berlin.

1. Auflage 1964
2. Auflage 1967
3. Auflage 1970

Stresemann, Exkursionsfauna für die Gebiete der DDR und der BRD, Bd. 2/1, Wirbellose, Insekten – Erster Teil. Herausgegeben von E. Stresemann †. Weitergeführt von H.-J. Hannemann, B. Klausnitzer, K. Senglaub. Verlag Volk und Wissen Berlin.

4. Auflage 1978, stark bearbeitet
5. Auflage 1981
6. Auflage 1984
7. Auflage 1986
8. Auflage 1989

Stresemann, Exkursionsfauna von Deutschland, Bd. 2/1, Wirbellose, Insekten – Erster Teil. Begründet von E. Stresemann †. Weitergeführt von H.-J. Hannemann, B. Klausnitzer, K. Senglaub in Zusammenarbeit mit zahlreichen Fachleuten. Gustav Fischer Verlag Jena.

8. Auflage 1994, Neuausgabe

Die **1.–3. Auflage** wurde bearbeitet von Dr. Fritz Burmeister, Kleinmachnow; Dr. Wolfgang Crome, Berlin; Prof. Dr. Karl Hermann Christian Jordan, Bautzen; Dr. Stefan von Kéler, Berlin; Dr. Alfred Palissa, Berlin; Dr. Hans Schiemenz, Dresden; Prof. Dr. Ulrich Sedlag, Eberswalde; Dr. Gerhard Steinbach, Berlin; Dr. Dietrich Winkler, Berlin.

Die **4.–8. Auflage** wurde bearbeitet von
Dipl.-Biol. Dietrich Braasch, Potsdam: *Trichoptera;*
Prof. Dr. Wolfdietrich Eichler, Berlin: *Phthiraptera;*
Dr. Ursula Göllner-Scheiding, Berlin: *Heteroptera;*
Dr. Kurt K. Günther, Berlin: *Psocoptera;*
Dr. Wolfgang Joost, Leipzig: *Plecoptera;*
Prof. Dr. Bernhard Klausnitzer, Leipzig: *Coleoptera* unter Mitarbeit von Dr. Lothar Dieckmann, Eberswalde: *Curculionidae;* Dr. Fritz Hieke, Berlin: *Cicindelidae, Carabidae;* Karl-Heinz Mohr, Halle: *Chrysomelidae;* Dr. Klaus Rudolph, Dessau: *Elateridae, Eucnemidae;* Dr. Manfred Uhlig, Berlin: *Staphylinidae;*
Dr. Erich Kleinsteuber, Chemnitz: *Megaloptera, Raphidioptera, Planipennia, Mecoptera;*
Dr. Joachim Oehlke, Eberswalde: *Strepsiptera, Hymenoptera;*
Dr. Alfred Palissa, Berlin: *Apterygota;*
Dr. Hans Schiemenz, Dresden: Allgemeines zur entomologischen Arbeit, Das System der Insekten, Allgemeine Charakteristik der Insekten, Hauptschlüssel, *Odonata, Dermaptera, Blattodea, Isoptera, Saltatoria;*
Prof. Dr. Gert Schliephake, Köthen: *Thysanoptera;*
Dipl.-Biol. Wolfgang Zimmermann, Gotha: *Ephemeroptera.*

Band 2/2

Stresemann, Exkursionsfauna von Deutschland. Insekten – Zweiter Halbband. Wirbellose II/2. Herausgegeben von E. Stresemann – Verlag Volk und Wissen Berlin.

1. Auflage 1969

Stresemann, Exkursionsfauna für die Gebiete der DDR und der BRD, Bd. 2/2, Wirbellose, Insekten – Zweiter Teil. Herausgegeben von E. Stresemann †. Weitergeführt von K. Senglaub und H.-J. Hannemann. Verlag Volk und Wissen Berlin.

2. Auflage 1974 3. Auflage 1976

Stresemann, Exkursionsfauna für die Gebiete der DDR und der BRD, Bd. 2/2, Wirbellose, Insekten – Zweiter Teil. Herausgegeben von E. Stresemann †. Weitergeführt von H.-J. Hannemann, B. Klausnitzer, K. Senglaub. Verlag Volk und Wissen Berlin.

4. Auflage 1984 5. Auflage 1986, stark bearbeitet 6. Auflage 1988

Stresemann, Exkursionsfauna von Deutschland, Bd. 2/2, Wirbellose, Insekten – Zweiter Teil. Herausgegeben von E. Stresemann †. Weitergeführt von H.-J. Hannemann, B. Klausnitzer, K. Senglaub. Verlag Volk und Wissen Berlin.

7. Auflage 1990

Stresemann, Exkursionsfauna von Deutschland, Bd. 2/2, Wirbellose, Insekten – Zweiter Teil. Herausgegeben von E. Stresemann †. Weitergeführt von H.-J. Hannemann, B. Klausnitzer, K. Senglaub in Zusammenarbeit mit zahlreichen Fachleuten. Gustav Fischer Verlag Jena.

7. Auflage 1994, Neuausgabe

Die **1.–4. Auflage** wurde bearbeitet von
Dr. Wolfgang Crome, Berlin: Allgemeine Charakteristik der Insekten;
Prof. Dr. Hans-Joachim Hannemann, Berlin: *Lepidoptera,* Kleinschmetterlinge;
Dr. Hermann Haupt, Halle: *Auchenorrhyncha, Psyllina, Aleyrodina;*
Dr. Stefan Kéler, Berlin: Hauptschlüssel;
Prof. Dr. Günther Morge, Eberswalde: *Diptera;*
Prof. Dr. Fritz Paul Müller, Rostock: *Aphidina;*
Prof. Dr. Fritz Peus, Berlin: *Siphonaptera;*
Prof. Dr. Heinrich Schmutterer, Gießen: *Coccina;*
Dr. Ernst Urbahn, Zehdenick: *Lepidoptera,* Großschmetterlinge.

Die **5.–7. Auflage** wurde bearbeitet von
Dr. Rudolf Bährmann, Jena: *Aleyrodina;*
Dr. Jörg Gelbrecht, Berlin: *Lepidoptera,* Großschmetterlinge;
Prof. Dr. Hans-Joachim Hannemann, Berlin: *Lepidoptera,* Kleinschmetterlinge;
Prof. Dr. Bernhard Klausnitzer, Dresden: *Psyllina;*
Prof. Dr. Günther Morge, Eberswalde: *Diptera;*
Dr. Bernd Müller, Berlin: *Lepidoptera,* Großschmetterlinge;
Prof. Dr. Fritz Paul Müller, Rostock: *Aphidina;*
Prof. Dr. Hans Joachim Müller, Jena: *Auchenorrhyncha;*
Dr. Hans Schiemenz, Dresden: Allgemeines zur entomologischen Arbeit, Das System der Insekten, Allgemeine Charakteristik der Insekten, Hauptschlüssel;
Prof. Dr. Heinrich Schmutterer, Gießen: *Coccina;*
Dr. Hubert Schumann, Berlin: *Siphonaptera,* Durchsicht *Diptera.*

Band 2 (in einem Band)

Stresemann, Exkursionsfauna von Deutschland, Bd. 2, Wirbellose: Insekten. Begründet von E. Stresemann †. Herausgegeben von H.-J. Hannemann, B. Klausnitzer, K. Senglaub in Zusammenarbeit mit zahlreichen Fachleuten. Spektrum Akademischer Verlag.

9. Auflage 2000, neu bearbeitet

Stresemann, Exkursionsfauna von Deutschland, Bd. 2, Wirbellose: Insekten. Begründet von E. Stresemann †. Weitergeführt von H.-J. Hannemann, B. Klausnitzer, K. Senglaub. Herausgegeben von B. Klausnitzer in Zusammenarbeit mit zahlreichen Fachleuten. Spektrum Akademischer Verlag.

10. Auflage 2005

Die **9.–10. Auflage** wurde bearbeitet von
Prof. Dr. Rudolf Bährmann, Jena: *Aleyrodina*;
Lutz Behne, Müncheberg: *Curculionidae* s. l.;
Dr. Stephan M. Blank, Müncheberg: *Symphyta* mit Dr. Andreas Taeger und Dr. Manfred Kraus;
Prof. Dr. Horst Bohn, München: *Blattoptera*;
Dr. Daniel Burckhardt, Basel: *Psyllina* mit Prof. Dr. Bernhard Klausnitzer;
Prof. Dr. Holger H. Dathe, Müncheberg: *Apidae*;
Dipl.-Biol. Dieter Doczkal, Malsch: *Syrphidae*;
Prof. Dr. Bernd Gerken, Höxter: *Odonata* (Exuvien) mit Dr. Klaus Sternberg;
Frau Dr. Ursula Göllner-Scheiding, Berlin: *Heteroptera*;
Dr. Kurt K. Günther, Berlin: *Psocoptera*;
Prof. Dr. Hans-Joachim Hannemann, Berlin: Hauptschlüssel mit Prof. Dr. Bernhard Klausnitzer, Hinweise zur Benutzung, *Lepidoptera* mit Dr. Bernd Müller;
Dr. Fritz Hieke, Berlin: *Carabidae*;
Dipl.-Biol. Hans-Joachim Jacobs, Ranzin: *Sphecidae*, *Chrysididae*;
Dr. Wolfgang Joost †: *Plecoptera,* ab 10. Aufl. mit Ralf Küttner;
Prof. Dr. Bernhard Klausnitzer, Dresden: System der Insekten; Charakteristik der Insekten; Hauptschlüssel mit Prof. Dr. Hans-Joachim Hannemann; *Dermaptera*; *Mantodea*; *Psyllina* mit Dr. Daniel Burckhardt; *Coleoptera* unter Mitarbeit von Dr. Fritz Hieke (*Carabidae*), Dr. Manfred Uhlig (*Staphylinidae*) und Lutz Behne (*Curculionidae* s.l.);
Dr. Erich Kleinsteuber †, Chemnitz: *Megaloptera, Raphidioptera, Planipennia, Mecoptera* mit Dipl.-Biol. Wieland Röhricht;
Dr. Manfred Kraus, Nürnberg: *Symphyta* mit Dr. Andreas Taeger und Dr. Stephan M. Blank;
Dr. Günther Köhler, Jena: *Ensifera* (Imagines); *Caelifera* (Imagines);
Dipl.-Biol. Ralf Küttner, Limbach-Oberfrohna: *Plecoptera,* ab 10. Aufl., mit Dr. Wolfgang Joost †;
Dr. Eberhard Mey, Rudolstadt: *Phthiraptera*;
Dr. Wolfram Mey, Berlin: *Trichoptera*;
Dr. Bernd Müller, Berlin: *Lepidoptera* mit Prof. Dr. Hans-Joachim Hannemann;
Prof. Dr. Fritz Paul Müller†: *Aphidina* mit Dr. Thomas Thieme;
Prof. Dr. Hans Joachim Müller, Großhansdorf: *Auchenorrhyncha* mit Doz. Dr. Werner Witsack;
Prof. Dr. Joachim Oehlke, Eberswalde; *Hymenoptera* unter Mitarbeit von Dr. Stephan M. Blank, Dr. Manfred Kraus, Dr. Andreas Taeger (*Symphyta*), Prof. Dr. Holger H. Dathe (*Apidae*) und Dipl.-Biol. Hans-Joachim Jacobs (*Sphecidae*, *Chrysididae*); *Strepsiptera*;
Dr. Martin Oschmann, Bernburg: *Tettigonioidea* (Larven), *Caelifera* (Larven);

Prof. Dr. Alfred Palissa, Berlin: *Diplura*, *Protura*, *Collembola*, *Archaeognatha*, *Zygentoma*;
Dipl.-Biol. Rolf Reinhardt, Mittweida: Wissenschaftliches Sammeln und Gesetzlichkeiten;
Dipl.-Biol. Wieland Röhricht, Buckow: *Megaloptera*, *Mecoptera*, *Raphidioptera; Neuroptera* mit Dr. Erich Kleinsteuber †;
Prof. Dr. Gert Schliephake; Köthen: *Thysanoptera*;
Prof. Dr. Eberhard G. Schmidt, Essen: *Odonata* (Imagines);
Prof. Dr. Heinrich Schmutterer, Wettenberg: *Coccina*;
Dr. Hubert Schumann, Berlin: *Siphonaptera*; *Diptera* unter Mitarbeit von Dipl.-Biol. Dieter Doczkal (*Syrphidae*) und Dr. Joachim Ziegler (Larven);
Dr. Klaus Sternberg, Stutensee-Blankenburg: *Odonata* (Exuvien) mit Prof. Dr. Bernd Gerken
Dr. Andreas Taeger, Müncheberg: *Symphyta* mit Dr. Stephan M. Blank, Dr. Manfred Kraus
Dr. Thomas Thieme, Sagerheide: *Aphidina*, mit Prof. Dr. Fritz Paul Müller †;
Dr. Manfred Uhlig, Berlin: *Staphylinidae*;
Prof. Dr. Herbert Weidner, Hof: *Isoptera*;
Doz. Dr. Werner Witsack, Halle: *Auchenorrhyncha* mit Prof. Dr. Hans Joachim Müller;
Dr. Joachim Ziegler, Berlin: *Diptera* (Larven);
Dr. Wolfgang Zimmermann, Weimar: *Ephemeroptera*.

Bildquellenverzeichnis

Die ausführlichen Quellenangaben finden sich in den Literaturverzeichnissen der jeweiligen Ordnungen bzw. Unterordnungen.
Herr Spantekow, Herr Ehricht und Herr Lüders haben die Abbildungen der Vorauflagen z.T. nach Tierpräparaten, z.T. nach nicht mehr genauer ermittelbaren Quellen gezeichnet.

Allg. Charakteristik – alle Abbildungen wurden von H.-J. Ehricht gezeichnet
Hauptschlüssel – alle Abbildungen wurden von H.-J. Ehricht gezeichnet, außer:
32/7 aus Jacob & Renner (1989): Biologie und Ökologie der Insekten. Jena, 690 S.
35/1–7 nach Chinery (1998), verändert
38/1–10 nach Engelhardt (1986) und Ludwig (1989), verändert
Diplura – alle Abbildungen wurden von H. Spantekow gezeichnet, außer:
42/3 wurde von A. Palissa gezeichnet
Protura – alle Abbildungen wurden von H. Spantekow gezeichnet, außer:
43/2 nach Palissa (1964)
Collembola – alle Abbildungen wurden von H. Spantekow gezeichnet, außer:
48/5 wurde von A. Palissa gezeichnet
Archaeognatha – alle Abbildungen wurden von A. Palissa gezeichnet
Zygentoma – alle Abbildungen wurden von H. Spantekow gezeichnet
Ephemeroptera – alle Abbildungen wurden von H. Spantekow gezeichnet, außer:
60/9,10, 62/2,3, 64/1–8 wurden von Bettina Zimmermann nach Studemann et al. (1991) gezeichnet
65/4, 5 wurden von Bettina Zimmermann nach Bauernfeind (1994) gezeichnet
58/1, 60/6 stammen aus Schönemund (1930)
60/4 aus Landa (1969)
63/1, 66/1–4 aus Bauernfeind & Humpesch (2001)
63/2,3 aus Studemann et al. (1992)
Odonata (Imagines) – alle Abbildungen wurden von E. G. Schmidt neu gezeichnet. Ein Teil der Abbildungen orientierte sich an Vorlagen, die ± stark verändert wurden, und zwar:
69/5 an Robert (1959)
70/2–3 an Geijskes & Tol (1983)
72/3–5, 73/3–5, 73/10,12,14,16–20, 86/11,13,15,17 an Schmidt (1929)
79/6 an Aquilar & Dommanget (1998)
79/10 an Asahina (1973)
81/4 an Askew (2004)
Odonata (Exuvien) – alle Abbildungen aus Gerken & Sternberg (1999) bzw. nach Brockhaus & Fischer (2005)
Plecoptera – alle Abbildungen wurden von H. Spantekow gezeichnet, außer:
99/1,2 aus Tierno de Figueroa (2003)
103/3 aus Illies (1955)
103/9 aus Mendel (1968)
104/3,5,6, 106/1–4 aus Kis (1974)
107/6,8 aus Zwick (1970)
Dermaptera – alle Abbildungen aus Harz (1960)
Mantodea – Abbildung aus Us (1992)
Blattoptera – alle Abbildungen wurden von H. Bohn gezeichnet, außer:
114/1 wurde durch H. Spantekow gezeichnet
Isoptera – alle Abbildungen wurden von H. Spantekow gezeichnet, außer:
119/1 aus Weidner (1993)

Ensifera – alle Abbildungen wurden von K. Seifert gezeichnet
Caelifera – alle Abbildungen wurden von K. Seifert gezeichnet
Psocoptera – alle Abbildungen wurden von H. Spantekow gezeichnet
Phthiraptera – die Abbildungen 156/1–3, 158/1,3 u. 159/2 wurden von H. Spantekow gezeichnet, 158/2, 159/1,3–7 wurden von E. Mey gezeichnet
Thysanoptera – alle Abbildungen wurden von H. Spantekow gezeichnet
Psyllina – alle Abbildungen wurden von D. Burckhardt gezeichnet
Aleyrodina – alle Abbildungen wurden von H.-J. Ehricht gezeichnet
Aphidina – alle Abbildungen wurden von F. P. Müller gezeichnet
Coccina – alle Abbildungen wurden von H.-J. Ehricht gezeichnet
Auchenorrhyncha – alle Abbildungen wurden von H.-J. Ehricht gezeichnet
Heteroptera – alle Abbildungen wurden von H. Spantekow gezeichnet
Raphidioptera – alle Abbildungen wurden von W. Röhricht gezeichnet, aus Aspöck et al. (1991)
Megaloptera – Abbildung wurde von H. Spantekow gezeichnet
Neuroptera – alle Abbildungen wurden von H. Spantekow gezeichnet, außer: 323/1,2, 326/5, 326/6 wurden durch W. Röhricht gezeichnet
Coleoptera – alle Abbildungen wurden von L. Lüders gezeichnet, außer:
561/12–15, 562/14,15, 564/3–6, 569/4,5 wurden von B. Klausnitzer gezeichnet
335/3, 336/9, 337/5–8, 338/5–8, 339/11,12, 346/1,2, 349/1,2 sind Originale von J. Schmidt
367/2–4, 369/18, 375/5,6 aus Hansen (1987)
385/3, 426/9, 427/2,6, 428/1–8 aus Drost et al. (1992)
426/1–8 aus Klausnitzer in Lohse & Lucht (1992),
447/8,9 aus Klausnitzer & Klausnitzer (1997)
523/5,6, 524/5,6 aus Grüne (1979)
557/1–16 aus Klausnitzer (1991–1999) Bd. L1
559/5,7,9,12–17, 561/4,8, 552/12, 564/1,2, 567/1–3,7,8, 568/1–7 aus Klausnitzer (1991–1999) Bd. L2
559/1–4,6,8,10,11, 561/5,7,9–10, 552/1–9, 569/1–3,6–12 aus Klausnitzer (1991–1999) Bd. L3
561/3, 562/11, 566/1–12, 567/4–6 aus Klausnitzer (1991–1999) Bd. L4
561/1,2,6, 562/1,13 aus Klausnitzer (1991–1999) Bd. L5
360/1–5, 362/1–9, 363/1–16, 365/1–4, 375/2, 424/4 aus Freude, Harde, Lohse (1964–1989) Bd. 1
367/5,6 369/2, 371/1,2, 373/2–4, 374/1–9, 385/8, 424/1,2 aus Freude, Harde, Lohse (1964–1989) Bd. 3
384/1–5,9–14, 385/9–15, 398/1–5, 399/1–5 aus Freude, Harde, Lohse (1964–1989) Bd. 4
384/7,8,15, 385/1–7 aus Freude, Harde, Lohse (1964–1989) Bd. 5
367/1, 406/1–7, 408/1,2,4,7, 411/1–4,8, 413/1–4, 416/2–4, 417/1, 420/1–9, 422/1–9, 424/3,5, 427/4,5, 430/3–8, 432/1–10 aus Freude, Harde, Lohse (1964–1989) Bd. 6
384/6, 416/5–7, 435/1–9, 437/1–8, 438/1–6, 439/9, 441/1–5, 442/9, 444/1–8, 447/1, 451/6, 454/2,6,9–11, 457/7 aus Freude, Harde, Lohse (1964–1989) Bd. 7
451/7–10, 452/1–10, 455/1, 457/4–6,8–14, 461/1–6,12–14, 468/1,2, 471/1,2, 472/4 aus Freude, Harde, Lohse (1964–1989) Bd. 8
485/9, 486/1,2,5,6, 488/3, 495/1,2, 504/1–11, 505/1–7, 509/8–10, 511/1,2,7,8, 513/15,16, 515/1–6 aus Freude, Harde, Lohse (1964–1989) Bd. 9
516/1–4,6, 517/1–7 aus Freude, Harde, Lohse (1964–1989) Bd. 10
476/5,6 aus Freude, Harde, Lohse (1964–1989) Bd. 13
511/3,4 aus Freude, Harde, Lohse (1964–1989) Bd. 14
416/1, 483/1,2, 485/1,10 aus Freude, Harde, Lohse (1964–1989) Bd. 15
Hymenoptera – alle Abbildungen wurden von H. Spantekow gezeichnet, außer:
576/2, 619/4, 631/7, 636/7, 640/1, 643/3, 654/11,14,15, 655/7,8 wurden von J. Oehlke gezeichnet

589/3, 591/1,3, 596/7 wurden von Brigitte Ewald gezeichnet
635/5, 636/6, 639/1 aus Dollfuss (1991)
574/2,3, 576/5, 578/3,7,8, 579/2–12, 580/1–4,7–10, 581/1–6,8, 582/1–6, 583/1–8, 10,11, 584/1,2,8, 585/1–5, 654/1–5, 655/1–4 aus Goulet & Huber (1993)
612/1,2 aus Klausnitzer (1978)
643/1,5–8,10–12 aus Kunz (1994)
610/5–13, 612/3–15 aus Lorenz & Kraus (1957)
631/2–6, 633/1–12 aus Mauss (1992)
660/9–12, 662/1–11, 663/1–15, 665/1–9, 666/1–11, 667/1–6, 669/1–11, 670/1–8 aus Mauss & Treiber (1994)
594/6,7 aus Muche (1981)
636/3, 639/4 aus Oehlke (1970)
610/3 aus Quinlan & Gauld (1981)
619/1,2,5–10, 621/1–11, 623/1–13, 625/1,2,5–9, 627/1,2,5–15, 631/1 aus Scheuchel (1995)
625/3,4, 627/3,4 aus Scheuchel (1996)
627/16 aus Sedlag (1986)
646/3–9, 648/1–8, 650/1–13, 652/1–13 aus Seifert (1996)
594/1–5 aus Taeger & Blank (1998)
610/1,2,4 aus Zhelochovtsev (1988)

Trichoptera – alle Abbildungen wurden von W. Mey gezeichnet, außer:
682/1–5,683/1,2, 684/1–7, 685/1–4, 686/1 wurden durch H. Spantekow gezeichnet

Lepidoptera – alle Abbildungen wurden von H.-J. Ehricht gezeichnet

Mecoptera – alle Abbildungen wurden von W. Röhricht gezeichnet, außer:
817/1–3 wurden durch H. Spantekow gezeichnet

Siphonaptera – alle Abbildungen wurden von H.-J. Ehricht gezeichnet

Strepsiptera – alle Abbildungen aus Kinzelbach (1978), z. T. verändert, außer:
828/4–11 wurden von H. Spantekow gezeichnet

Diptera – alle Abbildungen wurden von H.-J. Ehricht gezeichnet, außer:
846/2 wurde durch H. Schumann gezeichnet
839/1, 860/1, 893/2–5 aus Hendel (1928)
893/1 aus Lindner (1923)
894/1 aus Sack (1932)
894/2–5, 897/2 aus Thompson & Vockeroth (1987)
895/1–3, 897/3,4, 899/1–3 aus Torp (1994)
896/1–3 aus Vockeroth (1969)
897/1 aus Lundbeck (1916)

Diptera, Larven – alle Abbildungen wurden von Brigitte Ewald nach folgenden Quellen gezeichnet
921/1,3–6, 926/1,4 verändert nach McAlpine et al. (1981)
921/2 verändert nach Krivoseina & Mamaev (1967)
921/7–10, 923/2,4, 926/2,3,5, 7–10, 929/7–12 aus McAlpine et al. (1981)
923/1 verändert nach Ziegler (1998)
923/3,5 929/3–5 verändert nach Engelhardt (1996)
923/6 verändert nach Brock et al. (1995)
923/7, 929/1,2 aus Engelhardt (1996)
926/6 verändert nach Thomas (1974)
929/6 aus Jung (1956)
929/13 aus Grunin (1965)

Register

Seitenzahlen mit * verweisen auf eine Zeichnung.

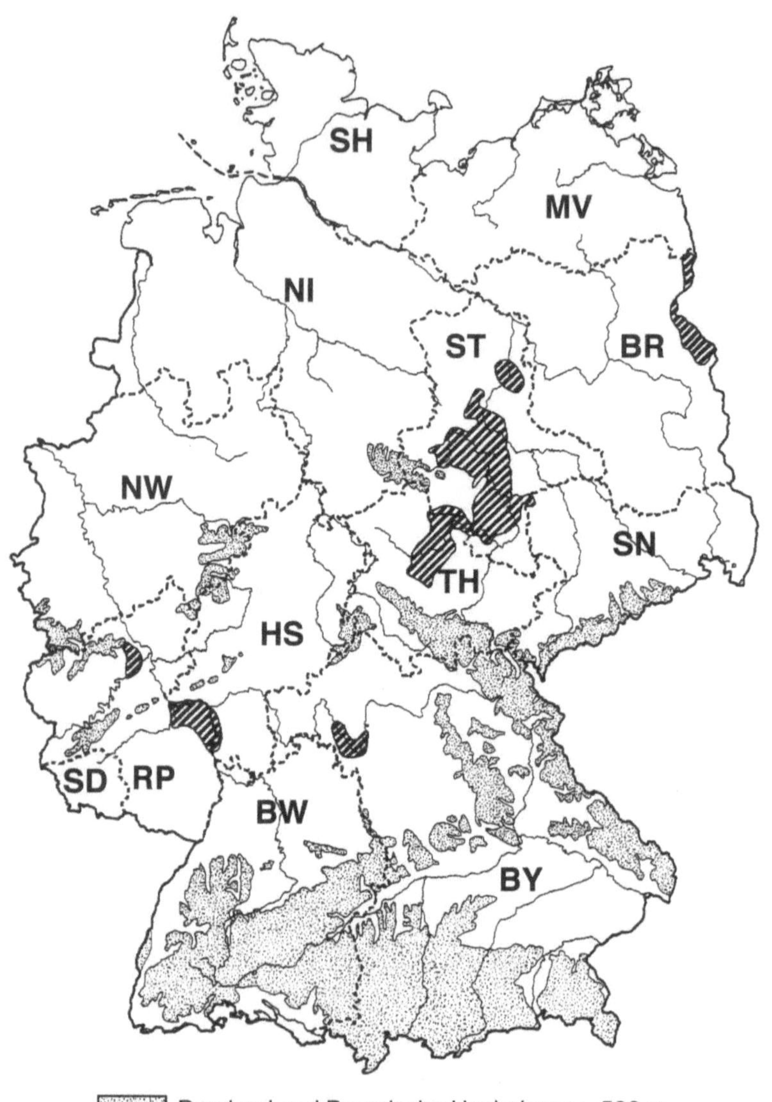
SH
MV
NI
ST
BR
NW
SN
TH
HS
SD
RP
BW
BY
Bergland und Bayerische Hochebene > 500 m
Trockengebiet

Abkürzungen Bundesländer

BR	Brandenburg mit Berlin
BW	Baden-Württemberg
BY	Bayern
HS	Hessen
MV	Mecklenburg-Vorpommern
NI	Niedersachsen mit Bremen
NW	Nordrhein-Westfalen
RP	Rheinland-Pfalz
SD	Saarland
SH	Schleswig-Holstein mit Hamburg
SN	Sachsen
ST	Sachsen-Anhalt
TH	Thüringen
CH	Schweiz
DE	Deutschland
ÖS	Österreich